U0378990

五 金 手 册

主　　　编　李维荣
副　主　编　田　争　刘　洋
主要编写人员　李维荣　田　争　刘　洋
　　　　　　　李新华　李　冉　卢　君

机 械 工 业 出 版 社

本手册在分析和总结现有五金资料的基础上，本着实用、全面和新颖的原则，依据我国现行五金类产品的国家标准和行业标准，就市场上常见五金商品的品种、规格、性能及用途进行了科学、系统的介绍。内容包括常用数据和资料，常用金属材料，通用零部件及器材，量具、刃具，以及工具、建筑五金和日用五金。

本手册适于从事五金件产品的设计、生产、销售、采购和管理人员使用，也可作为大专院校师生的参考资料。

图书在版编目（CIP）数据

五金手册/李维荣主编. —3 版. —北京：机械工业出版社，2018. 10 （2021.4 重印）

ISBN 978-7-111-60618-5

Ⅰ.①五… Ⅱ.①李… Ⅲ.①五金制品-技术手册 Ⅳ.① TS914-62

中国版本图书馆 CIP 数据核字（2018）第 176040 号

机械工业出版社（北京市百万庄大街 22 号 邮政编码 100037）

策划编辑：曲彩云 责任编辑：曲彩云 李含杨
责任校对：郑 婕 刘 岚 王 延
封面设计：马精明 责任印制：郜 敏
北京圣夫亚美印刷有限公司印刷
2021 年 4 月第 3 版第 2 次印刷
169mm×239mm·91.75 印张·2 插页·1886 千字
2501—4400 册
标准书号：ISBN 978-7-111-60618-5
定价：239.00 元

前　言

　　五金原指金、银、铜、铁、锡五种金属，现在泛指金属及其制品，包括钢铁材料、非铁材料，以及机械配件、传动件、电动工具、气动工具、建筑五金和日用五金等。随着国民经济建设的发展和科学技术的进步，五金材料及产品的应用越来越广，其产品规格日益增多，相应的标准和资料不断更新。由于五金涉及的标准来源繁杂、数量很大，加上各行业不断推出新的标准，给从事与五金相关的各种专业的生产、科研、设计、制造、销售、采购及使用等人员带来很大的不便。为了给和五金相关的各种专业人员以及大专院校师生提供最新的五金方面的标准资料，我们在分析和总结现有五金资料的基础上，依据我国现行五金类产品的标准及有关材料，编写了本手册，具体介绍市场上常见五金商品的品种、规格、性能及用途，以满足广大从事五金件设计、生产、销售及使用等方面人员的需求。

　　本手册具有以下特色：

　　（1）资料新颖　在编写过程中，我们全面核实查对了相关的现行国家标准和行业标准，采用最新标准资料，并参考总结了大量的相关文献资料，进行了精心整理。

　　（2）内容全面　本手册主要内容包括常用数据和资料，常用金属材料，通用零部件及器材，量具、刃具，工具，建筑五金和日用五金。

　　（3）实用性强　本手册科学、系统地介绍了常用五金件的品种、规格、性能及用途，具有极强的实用性，适合从事五金件产品的设计、生产、营销、采购和管理的人员，以及五金件产品用户使用。

　　本手册共7章。第1章为常用数据和资料，内容包括国内外主要标准代号、法定计量单位及换算、常用计算公式和数据等；第2章为常用金属材料，包括钢铁材料、非铁材料的分类、代号表示方法、技术要求，以及型材及其加工产品等；第3章为通用零部件及器材，包括紧固连接用螺纹，常用紧固件、弹簧、带传动、链条及滚动轴承等产品的形式、尺寸及技术要求；第4章为量具、刃具，包括尺类量具、指示表及其他量具，以及钻头、铣刀、螺纹加工工具等刃具；第5章为工具，包括手动工具和钳工工具；第6章为建筑五金，包括建筑用金属型材和管材；第7章为日用五金，包括厨房用具、锁具和日用小五金。

　　本手册的出版得到了有关专家、技术人员的支持和机械工业出版社的大力协助，在此表示衷心感谢。由于时间仓促，加上编者水平有限，手册中难免会有这样或那样的缺点、不足和错误，恳请广大读者提出宝贵的批评意见和建议。

编　者

目　　录

五 金 手 册

第1章　常用数据和资料

1　常用标准代号

1.1　国家标准和行业标准代号（见表 1-1）

表 1-1　国家标准和行业标准代号及说明

标准代号	说　　明	标准代号	说　　明
GB	强制性国家标准	MH	民用航空标准
GB/T	推荐性国家标准	MT	煤炭行业标准
GJB	国家军用标准	MZ	民政工作行业标准
CB	船舶行业标准	NY	农业行业标准
BB	包装行业标准	QB	轻工行业标准
CECS	工程建设行业标准	QC	汽车行业标准
CH	测绘行业标准	QJ	航天工业行业标准
CJ	城镇建设行业标准	QX	气象行业标准
DA	档案行业标准	SC	水产行业标准
DL	电力行业标准	SD	水电行业标准
DZ	地质矿产行业标准	SH	石油化工行业标准
EJ	核工业行业标准	SJ	电子行业标准
FZ	纺织行业标准	SL	水利行业标准
GA	公共安全行业标准	SN	进出口商品检验行业标准
GH	供销合作行业标准	SY	石油天然气行业标准
GY	广播电影电视行业标准	TB	铁路运输行业标准
HB	航空工业行业标准	TD	土地管理行业标准
HG	化工行业标准	TY	体育行业标准
HJ	环境保护行业标准	WB	物资管理行业标准
HY	海洋工作行业标准	WH	文化行业标准
JB	机械行业标准	WJ	兵工民品标准
JC	建材行业标准	WM	对外经济贸易行业标准
JG	建筑工业行业标准	WS	卫生行业标准
JR	金融系统行业标准	XB	稀土行业标准
JT	交通行业标准	CY	新闻出版行业标准
JY	教育行业标准	YB	黑色冶金行业标准
KY	科学研究标准	YC	烟草行业标准
LB	旅游行业标准	YD	邮电通信行业标准
LD	劳动和劳动安全行业标准	YS	有色金属行业标准
LS	粮食行业标准	YY	医药行业标准
LY	林业行业标准	ZY	中医药行业标准

注：中华人民共和国标准化法明确规定，我国实行国家标准、行业标准、地方标准、团体标准和企业标准五级标准管理制度。国家标准、行业标准、地方标准又分为强制性标准和推荐性标准，推荐性标准在标准代号后加"/T"字样。

1.2 部分国际组织或国家标准代号 (见表1-2)

表1-2 部分国际组织或国家标准代号

代号	国际组织或国家	代号	国际组织或国家
ISO	国际标准化组织	CCC/CCD	关税合作理事会
IEC	国际电工委员会	WIPO/OMPI	世界知识产权组织
BIMP	国际计量局	UPU	万国邮政联盟
BISFA	国际人造纤维标准化局	AOW	亚洲大洋洲开放系统互连研讨会
CCIR	国际无线电咨询委员会	ASEB	亚洲电子数据交换理事会
CCITT	国际电报电话咨询委员会	EBU	欧洲广播联盟
CEE	国际电气设备合格认证委员会	EN	欧洲标准化委员会
CIE	国际照明委员会	CENELEC	欧洲电工标准化委员会
CISPR	国际无线电干扰特别委员会	ANSI	美国国家标准
IATA	国际航空运输协会	BS	英国国家标准
ICAC	国际棉花咨询委员会	CSA	加拿大国家标准
ICAO/OACI	国际民航组织	DIN	德国国家标准
ICRP/CIPR	国际辐射防护委员会	JIS	日本工业标准
ICRU	国际辐射单位和测量委员会	NF	法国国家标准
IDF/FIL	国际制酪业联合会	SIS	瑞典国家标准
IFLA	国际图书馆协会与学会联合会	SNV	瑞士标准协会
IIR/IIF	国际制冷学会	UNI	意大利国家标准
IIW	国际焊接学会	ГОСТ	俄罗斯国家标准
ILO/OIT	国际劳工组织	AISI	美国钢铁学会
IMO/OMI	国际海事组织	ASME	美国机械工程师协会
IOOC/COI	国际橄榄油理事会	ASTM	美国材料与试验协会
ITU	国际电信联盟	API	美国石油学会
IWS	国际羊毛局	IFI	美国工业用紧固件协会
LAEA/AIEA	国际原子能机构	MIL	美国军用标准
OIML	国际法制计量组织	SAE	美国机动车工程师学会
SEMI	国际半导体设备和材料协会	UL	美国保险商试验所
UIC	国际铁路联盟	NEMA	美国电气制造商协会
UNIATEC	国际电影技术协会联合会	SMPTE	电影电视工程师协会(美)
UNESCO	联合国教科文组织	IP	英国石油学会
FAO	联合国粮农组织	KS	韩国工业标准
CAC	食品法典委员会		

2 常用量、单位及换算

2.1 国际单位制 (SI) (摘自 GB 3100—1993)

2.1.1 SI 的基本单位 (见表1-3)

表1-3 SI 的基本单位

量的名称	量的单位	单位符号	量的名称	量的单位	单位符号
长度	米	m	热力学温度	开[尔文]	K
质量	千克(公斤)	kg	物质的量	摩[尔]	mol
时间	秒	s	发光强度	坎[德拉]	cd
电流	安[培]	A			

注：1. 在人民生活和贸易中，质量习惯称为重量。

2. [ ] 内的字，是在不致混淆的情况下，可以省略的字，后同。

3. ( ) 内的字为前者的同义词，后同。

2.1.2　SI 的辅助单位和具有专门名称的 SI 导出单位（见表 1-4）

表 1-4　SI 的辅助单位和具有专门名称的 SI 导出单位

量的名称	量的单位	单位符号
[平面]角	弧度	rad
立体角	球面角	sr
频率	赫[兹]	Hz
力	牛[顿]	N
压力,压强,应力	帕[斯卡]	Pa
能[量],功,热量	焦[耳]	J
功率,辐[射能]通量	瓦[特]	W
电荷[量]	库[仑]	C
电压,电动势,电位(电势)	伏[特]	V
电容	法[拉]	F
电阻	欧[姆]	Ω
电导	西[门子]	S
磁通[量]	韦[伯]	Wb
磁通[量]密度,磁感应强度	特[斯拉]	T
电感	亨[利]	H
摄氏温度	摄氏度	℃
光通量	流[明]	lm
[光]照度	勒[克斯]	lx
[放射性]活度	贝可[勒尔]	Bq
吸收剂量 比授[予]能 比释动能	戈[瑞]	Gy
剂量当量	希[沃特]	Sv

2.1.3　SI 单位的倍数单位（见表 1-5）

表 1-5　SI 单位的倍数单位

符　号	中文词头名称	所表示的因数	符　号	中文词头名称	所表示的因数
Y	尧[它]	10^{24}	d	分	10^{-1}
Z	泽[它]	10^{21}	c	厘	10^{-2}
E	艾[可萨]	10^{18}	m	毫	10^{-3}
P	拍[它]	10^{15}	μ	微	10^{-6}
T	太[拉]	10^{12}	n	纳[诺]	10^{-9}
G	吉[咖]	10^{9}	p	皮[可]	10^{-12}
M	兆	10^{6}	f	飞[母托]	10^{-15}
k	千	10^{3}	a	阿[托]	10^{-18}
h	百	10^{2}	z	仄[普托]	10^{-21}
da	十	10	y	幺[科托]	10^{-24}

注：词头符号与所紧接的单位符号应作为一个整体对待，它们共同组成一个新的单位，并具有相同的幂次，而且还可以和其他单位构成组合单位。不得使用重叠词头。由于历史原因，质量的 SI 单位名称"千克"中已包括 SI 词头"千"，所以质量的倍数单位由词头加在"克"前构成。

2.1.4 可与国际单位制并用的我国法定计量单位（见表1-6）

表1-6 可与国际单位制并用的我国法定计量单位

量的名称	量的单位	单位符号	与SI单位的换算关系
时间	分[钟]	min	1min＝60s
	[小]时	h	1h＝60min＝3600s
	日、(天)	d	1d＝24h＝86400s
[平面]角	度	(°)	1°＝(π/180)rad
	[角]分	(′)	1′＝(1/60)°＝(π/10800)rad
	[角]秒	(″)	1″＝(1/60)′＝(π/648000)rad
体积	升	L,(1)	1L＝1dm^3＝10^{-3}m^3
质量	吨	t	1t＝10^{3}kg
	原子质量单位	u	1u≈1.660540×10^{-27}kg
旋转速度	转每分	r/min	1r/min＝(1/60)s^{-1}
长度	海里	n mile	1 n mile＝1852m(只用于航行)
速度	节	kn	1kn＝1n mile/h＝(1852/3600)m/s (只用于航行)
能	电子伏	eV	1eV≈1.6021892×10^{-19}J
级差	分贝	dB	—
线密度	特[克斯]	tex	1tex＝10^{-6}kg/m
面积	公顷	hm^2	1hm^2＝10^{4}m^2

注：1. 平面角单位度、分、秒的符号，在组合单位中应采用（°）、（′）、（″）的形式。例如，不用°/s 而用（°）/s。
　　2. 在升的符号中，小写字母1为备用符号。
　　3. 公顷的国际通用符号为ha。

2.2 常用单位及换算

2.2.1 长度单位及换算

（1）法定长度单位（见表1-7）

表1-7 法定长度单位

单位名称	微米	毫米	厘米	分米	米	千米
单位符号	μm	mm	cm	dm	m	km
对基本单位的换算比率	10^{-6}	10^{-3}	10^{-2}	10^{-1}	基本单位	10^3

（2）英制长度单位（见表1-8）

表1-8 英制长度单位

单位名称	英寸	英尺	英里
单位符号	in	ft	mile

（3）常用长度单位的换算关系（见表1-9）

表1-9 常用长度单位的换算关系

换算量	单位换算			
	m	in	ft	mile
1m	1	39.3701	3.28084	6.2137×10^{-4}
1in	0.0254	1	0.0833333	1.57828×10^{-5}
1ft	0.3048	12	1	1.89182×10^{-4}
1mile	1609.344	63360	5280	1

（4）英寸与毫米的换算关系（见表 1-10）

表 1-10　英寸与毫米的换算关系

分数英寸数	小数英寸数	毫米数	分数英寸数	小数英寸数	毫米数	分数英寸数	小数英寸数	毫米数
1/64	0.015625	0.396875	23/64	0.359375	9.128125	45/64	0.703125	17.859375
1/32	0.031250	0.793750	3/8	0.375000	9.525000	23/32	0.718750	18.256250
3/64	0.046875	1.190625	25/64	0.390625	9.921875	47/64	0.734375	18.653125
1/16	0.062500	1.587500	13/32	0.406250	10.318750	3/4	0.750000	19.050000
5/64	0.078125	1.984375	27/64	0.421875	10.715625	49/64	0.765625	19.446875
3/32	0.093750	2.381250	7/16	0.437500	11.112500	25/32	0.781250	19.843750
7/64	0.109375	2.778125	29/64	0.453125	11.509375	51/64	0.796875	20.240625
1/8	0.125000	3.175000	15/32	0.468750	11.906250	13/16	0.812500	20.637500
9/64	0.140625	3.571875	31/64	0.484375	12.303125	53/64	0.828125	21.034375
5/32	0.156250	3.968750	1/2	0.500000	12.700000	27/32	0.843750	21.431250
11/64	0.171875	4.365625	33/64	0.515625	13.096845	55/64	0.859375	21.828125
3/16	0.187500	4.762500	17/32	0.531250	13.493750	7/8	0.875000	22.225000
13/64	0.203125	5.159375	35/64	0.546875	13.890625	57/64	0.890625	22.621875
7/32	0.218750	5.556250	9/16	0.562500	14.287500	29/32	0.906250	23.018750
15/64	0.234375	5.953125	37/64	0.578125	14.684375	59/64	0.921875	23.415625
1/4	0.250000	6.350000	19/32	0.593750	15.081250	15/16	0.937500	23.812500
17/64	0.265625	6.746875	39/64	0.609375	15.478125	61/64	0.953125	24.209375
9/32	0.281250	7.143750	5/8	0.625000	15.875000	31/32	0.968750	24.606250
19/64	0.296875	7.540625	41/64	0.640625	16.271875	63/64	0.984375	25.003125
5/16	0.312500	7.937500	21/32	0.656250	16.668750	1	1.00000	25.400000
21/64	0.328125	8.334375	43/64	0.671875	17.065625			
11/32	0.343750	8.731250	11/16	0.687500	17.462500			

（5）毫米与英寸的换算关系（见表 1-11）

表 1-11　毫米与英寸的换算关系

毫米数	英寸数	毫米数	英寸数	毫米数	英寸数	毫米数	英寸数	毫米数	英寸数
1	0.039370	21	0.826772	41	1.614173	61	2.401575	81	3.188976
2	0.078740	22	0.866142	42	1.653543	62	2.440945	82	3.228346
3	0.118110	23	0.905512	43	1.692913	63	2.480315	83	3.267717
4	0.157480	24	0.944882	44	1.732283	64	2.519685	84	3.307087
5	0.196850	25	0.984252	45	1.771654	65	2.559055	85	3.346457
6	0.236220	26	1.023622	46	1.811024	66	2.598425	86	3.385827
7	0.275591	27	1.062992	47	1.850394	67	2.637795	87	3.425197
8	0.314961	28	1.102362	48	1.889764	68	2.677165	88	3.464567
9	0.354331	29	1.141732	49	1.929134	69	2.716535	89	3.503937
10	0.393701	30	1.181102	50	1.968504	70	2.755906	90	3.543307
11	0.433071	31	1.220472	51	2.007874	71	2.795276	91	3.582677
12	0.472441	32	1.259843	52	2.047244	72	2.834646	92	3.622047
13	0.511811	33	1.299213	53	2.086614	73	2.874016	93	3.661417
14	0.551181	34	1.338583	54	2.125984	74	2.913386	94	3.700787
15	0.590551	35	1.377953	55	2.165354	75	2.952756	95	3.740157
16	0.629921	36	1.417323	56	2.204724	76	2.992126	96	3.779528
17	0.669291	37	1.456693	57	2.244094	77	3.031496	97	3.818898
18	0.708661	38	1.496063	58	2.283465	78	3.070866	98	3.858268
19	0.748031	39	1.535433	59	2.322835	79	3.110236	99	3.897638
20	0.787402	40	1.574803	60	2.362205	80	3.149606	100	3.937008

2.2.2 常用线规的线径尺寸（见表1-12）

表1-12 常用线规的线径尺寸

线规号码	SWG		BWG		BG		AWG	
	mm	in	mm	in	mm	in	mm	in
7/0	12.700	0.500	—	—	16.932	0.6666	—	—
6/0	11.786	0.464	—	—	15.875	6.250	14.732	0.5800
5/0	10.973	0.432	12.700	0.500	14.943	0.5883	13.110	0.5165
4/0	10.160	0.400	11.532	0.454	13.757	0.5416	11.684	0.4600
3/0	9.449	0.372	10.795	0.425	12.700	0.5000	10.404	0.4096
2/0	8.839	0.348	9.652	0.380	11.308	0.4452	9.266	0.3648
0	8.230	0.324	8.636	0.340	10.069	0.3964	8.252	0.3249
1	7.620	0.300	7.620	0.300	8.971	0.3532	7.348	0.2893
2	7.010	0.276	7.214	0.284	7.993	0.3147	6.544	0.2576
3	6.401	0.252	6.579	0.259	7.122	0.2804	5.827	0.2294
4	5.893	0.232	6.045	0.238	6.350	0.2500	5.189	0.2043
5	5.385	0.212	5.588	0.220	5.652	0.2225	4.621	0.1819
6	4.877	0.192	5.156	0.203	5.032	0.1981	4.115	0.1620
7	4.470	0.176	4.572	0.180	4.481	0.1764	3.665	0.1443
8	4.064	0.160	4.191	0.165	3.988	0.1570	3.264	0.1285
9	3.658	0.144	3.759	0.148	3.551	0.1398	2.906	0.1144
10	3.251	0.128	3.404	0.134	3.175	0.1250	2.588	0.1019
11	2.946	0.116	3.048	0.120	2.827	0.1113	2.305	0.0907
12	2.642	0.104	2.769	0.109	2.517	0.0991	2.053	0.0808
13	2.337	0.092	2.413	0.095	2.240	0.0882	1.828	0.0720
14	2.032	0.080	2.108	0.083	1.994	0.0785	1.628	0.0641
15	1.829	0.072	1.829	0.072	1.775	0.0699	1.450	0.0571
16	1.626	0.064	1.651	0.065	1.588	0.0625	1.291	0.0508
17	1.422	0.056	1.473	0.058	1.412	0.0556	1.150	0.0453
18	1.219	0.048	1.245	0.049	1.257	0.0495	1.024	0.0403
19	1.016	0.040	1.067	0.042	1.118	0.0440	0.912	0.0359
20	0.914	0.036	0.889	0.035	0.996	0.0392	0.812	0.0320
21	0.813	0.032	0.813	0.032	0.887	0.0349	0.723	0.0285
22	0.711	0.0280	0.711	0.028	0.794	0.03125	0.644	0.02535
23	0.610	0.0240	0.635	0.025	0.707	0.02782	0.573	0.02257
24	0.559	0.0220	0.559	0.022	0.629	0.02476	0.511	0.02010
25	0.508	0.0200	0.508	0.020	0.560	0.02204	0.455	0.01790
26	0.457	0.0180	0.457	0.018	0.498	0.01961	0.405	0.01594
27	0.417	0.0164	0.406	0.016	0.443	0.01745	0.361	0.01420
28	0.376	0.0148	0.356	0.014	0.397	0.01562	0.321	0.01264
29	0.345	0.0136	0.330	0.013	0.353	0.01390	0.286	0.01126
30	0.315	0.0124	0.305	0.012	0.312	0.01230	0.255	0.01003
31	0.295	0.0116	0.254	0.010	0.279	0.01100	0.227	0.00893
32	0.274	0.0108	0.229	0.009	0.249	0.00980	0.202	0.00795
33	0.254	0.0100	0.203	0.008	0.221	0.00870	0.180	0.00708
34	0.234	0.0092	0.178	0.007	0.196	0.00770	0.160	0.00630

（续）

线规号码	SWG		BWG		BG		AWG	
	mm	in	mm	in	mm	in	mm	in
35	0.213	0.0084	0.127	0.005	0.175	0.00690	0.143	0.00561
36	0.193	0.0076	0.102	0.004	0.155	0.00610	0.127	0.00500
37	0.173	0.0068	—	—	0.137	0.00540	0.113	0.00445
38	0.152	0.0060	—	—	0.122	0.00480	0.101	0.00396
39	0.132	0.0052	—	—	0.109	0.00430	0.090	0.00353
40	0.122	0.0048	—	—	0.098	0.00386	0.080	0.00314
41	0.112	0.0044	—	—	0.087	0.00343	0.071	0.00280
42	0.102	0.0040	—	—	0.078	0.00306	0.063	0.00249
43	0.091	0.0036	—	—	0.069	0.00272	0.056	0.00222
44	0.081	0.0032	—	—	0.061	0.00242	0.050	0.00198
45	0.071	0.0028	—	—	0.055	0.00215	0.048	0.00176
46	0.061	0.0024	—	—	0.049	0.00192	0.040	0.00157
47	0.051	0.0020	—	—	0.043	0.00170	0.035	0.00140
48	0.041	0.0016	—	—	0.039	0.00152	0.032	0.00124
49	0.030	0.0012	—	—	0.034	0.00135	0.028	0.00111
50	0.025	0.0010	—	—	0.030	0.00120	0.025	0.00099

注：SWG——英国标准线规；

　　BWG——伯明翰线规；

　　BG——伯明翰板规；

　　AWG——美国线规。

2.2.3　常用面积单位及换算

（1）法定面积单位（见表 1-13）

表 1-13　法定面积单位

单位名称	平方毫米	平方厘米	平方米	公顷	平方公里
单位符号	mm^2	cm^2	m^2	hm^2	km^2
对基本单位的换算比率	10^{-6}	10^{-4}	基本单位	10^4	10^6

（2）英制面积单位（见表 1-14）

表 1-14　英制面积单位

单位名称	平方英寸	平方英尺	平方码	英亩	平方英里
单位符号	in^2	ft^2	yd^2	acre	$mile^2$

（3）常用面积单位换算（见表 1-15）

表 1-15　常用面积单位换算

换算量	单位换算			
	平方米（m^2）	公顷（hm^2）	［市］亩	平方英寸（in^2）
$1m^2$	1	1×10^{-4}	1.5×10^{-3}	1.55×10^3
$1hm^2$	1×10^4	1	15	1.55×10^7
1 市亩	6.66667×10^2	6.66667×10^{-2}	1	1.03333×10^6
$1in^2$	6.4516×10^{-4}	6.4516×10^{-8}	9.67742×10^{-7}	1
$1ft^2$	9.29030×10^{-2}	9.29030×10^{-6}	1.39355×10^{-4}	1.44×10^2
$1yd^2$	0.836127	8.36127×10^{-5}	1.25419×10^{-3}	1.296×10^3
1acre	4.04686×10^3	0.404686	6.07029	6.27264×10^6
$1mile^2$	2.58999×10^6	2.58999×10^2	3.88499×10^3	4.01449×10^9

（续）

换算量	单位换算			
	平方英尺（ft^2）	平方码（yd^2）	英亩（acre）	平方英里（mile^2）
1m^2	10.7639	1.19599	2.47105×10^{-4}	3.86102×10^{-7}
1hm^2	1.07639×10^5	1.19599×10^4	2.47105	3.86102×10^{-3}
1［市］亩	7.17593×10^3	7.97327×10^2	0.16466	2.57401×10^{-4}
1in^2	6.94444×10^{-4}	7.71605×10^{-4}	1.59423×10^{-7}	2.49098×10^{-10}
1ft^2	1	0.111111	2.29568×10^{-5}	3.58701×10^{-8}
1yd^2	9	1	2.06612×10^{-4}	3.22831×10^{-7}
1acre	4.3560×10^4	4.84×10^3	1	1.5625×10^{-2}
1mile^2	2.78784×10^4	3.0976×10^6	640	1

2.2.4 常用体积和容积单位及换算

（1）法定体积和容积单位（见表1-16）

表1-16 法定体积和容积单位

单位名称	毫升	厘升	分升	升	十升	百升	千升
单位符号	mL	cL	dL	L	daL	hL	kL
对基本单位的换算比率	10^{-3}	10^{-2}	10^{-1}	基本单位	10	10^2	10^3

（2）英制体积和容积单位（见表1-17）

表1-17 英制体积和容积单位

单位名称	立方英寸	立方英尺	立方码	英蒲式耳	美蒲式耳
单位符号	in^3	ft^3	yd^3	UKbu	USbu
单位名称	英品脱	美干品脱	美液品脱	英加仑	美加仑
单位符号	UKpt	US drypt	USliqpt	UKgal	USgal

（3）常用体积和容积单位换算（见表1-18）

表1-18 常用体积和容积单位换算

换算量	单位换算			
	立方米（m^3）	升（L）	立方英寸（in^3）	立方英尺（ft^3）
1m^3	1	10^3	6.10237×10^4	35.3147
1L	10^{-3}	1	61.0237	0.0353147
1in^3	1.6387064×10^{-5}	1.6387064×10^{-2}	1	5.78704×10^{-4}
1ft^3	0.0283168	28.3168	1.728×10^3	1
1yd^3	0.764555	764.555	4.6656×10^4	27
1UKbu	0.0363687	36.3687	2.21936×10^3	1.28435
1USbu	0.0352391	35.2391	2.15042×10^3	1.24446
1UKpt	5.68261×10^{-4}	0.568261	34.6774	0.0200680
1USdrypt	5.50610×10^{-4}	0.550610	33.6003	0.0194446
1USliqpt	4.73176×10^{-4}	4.73176	28.875	0.0167101
1UKgal	4.54609×10^{-3}	4.54609	277.420	0.160544
1USgal	3.78541×10^{-3}	3.78541	231	0.133681

（续）

换算量	单位换算			
	立方码（yd³）	英蒲式耳（UKbu）	美蒲式耳（USbu）	英品脱（UKpt）
1m³	1.30795	27.4961	28.3776	1.75975×10^{-3}
1L	1.30795×10^{-3}	0.0274961	0.0283776	1.75975
1in³	2.14335×10^{-5}	4.50581×10^{-4}	4.65025×10^{-4}	0.0288372
1ft³	0.0370370	0.778604	0.803564	49.8307
1yd³	1	21.0223	21.6962	—
1UKbu	0.0475685	1	1.03206	—
1USbu	0.0460910	0.68939	1	—
1UKpt	—	—	—	—
1USdrypt	7.20170×10^{-4}	0.0151397	0.015625	—
1USliqpt	—	—	—	0.832674
1UKgal	—	—	—	8
1USgal	—	—	—	6.66139

换算量	单位换算			
	美干品脱（USdrypt）	美液品脱（USliqpt）	英加仑（UKgal）	美加仑（USgal）
1m³	1.81617×10^{3}	2.11338×10^{3}	219.969	264.172
1L	1.81617	2.11338	0.219969	0.264172
1in³	0.0297616	0.0346320	3.60465×10^{-3}	4.32900×10^{-3}
1ft³	51.4281	59.8442	6.22883	7.48052
1yd³	1.38856×10^{3}	—	—	—
1UKbu	66.0517	—	—	—
1USbu	64	—	—	—
1UKpt	—	1.20095	0.125	0.150119
1USdrypt	1	—	—	—
1USliqpt	—	1	0.104084	0.125
1UKgal	—	9.60760	1	1.20095
1USgal	—	8	0.832674	1

2.2.5 常用质量单位及换算

（1）法定质量单位（见表1-19）

表1-19 法定质量单位

单位名称	毫克	厘克	分克	克	十克	百克	千克	吨
单位符号	mg	cg	dg	g	dag	hg	kg	t
对基本单位的换算比率	10^{-6}	10^{-5}	10^{-4}	10^{-3}	10^{-2}	10^{-1}	基本单位	10^{3}

（2）常用质量单位换算（见表1-20）

表1-20 常用质量单位换算

换算量	单位换算			
	吨（t）	千克（kg）	克（g）	［市］斤
1t	1	1×10^{3}	1×10^{6}	2×10^{3}
1kg	1×10^{-3}	1	1×10^{3}	2
1g	1×10^{-6}	1×10^{-3}	1	2×10^{-3}
1［市］斤	5×10^{-4}	0.5	500	1
1ton	1.01605	1.01605×10^{3}	1.01605×10^{6}	—

（续）

换算量	单位换算			
	吨（t）	千克（kg）	克（g）	［市］斤
1USton	0.907185	907.185	9.071851×10^5	—
1lb	4.5359237×10^{-4}	0.45359237	453.59237	0.907184
1oz	2.83495×10^{-5}	0.0283495	28.3495	0.0566990

换算量	单位换算			
	英吨（ton）	美吨（uston）	磅（lb）	盎司（oz）
1t	0.984207	1.10231	2.20462×10^3	3.52740×10^4
1kg	9.84207×10^{-4}	1.10231×10^{-3}	2.20462	35.2740
1g	9.84207×10^{-7}	1.10231×10^{-6}	2.20462×10^{-3}	0.0352740
1［市］斤			1.10231	17.63770
1ton	1	1.12	2240	3.5840×10^4
1USton	0.892857	1	2000	3.2000×10^4
1lb	4.46429×10^{-4}	5×10^{-4}	1	16
1oz	2.79018×10^{-5}	3.125×10^{-5}	6.25×10^{-2}	1

2.2.6 常用力单位及换算（见表1-21）

表1-21 常用力、力矩单位及换算

换算量	单位换算			
	牛顿（N）	达因（dyn）	千克力（kgf）	克力（gf）
1N	1	1×10^5	0.101972	101.972
1dyn	1×10^{-5}	1	1.01972×10^{-4}	1.01972×10^{-3}
1kgf	9.80665	9.80665×10^5	1	1×10^3
1gf	9.80665×10^3	9.80665×10^2	1×10^{-3}	1
1lbf	4.44822	4.44822×10^5	0.453592	453.592
1pdl	0.138255	1.38255×10^4	0.0140981	14.0981
1sh	1×10^3	1×10^8	101.972	1.01972×10^5

换算量	单位换算		
	磅力（lbf）	磅达（pdl）	斯坦（sh）
1N	0.224809	7.23301	1×10^{-3}
1dyn	2.24809×10^{-6}	7.23301×10^{-5}	1×10^{-8}
1kgf	2.20462	70.9316	9.80665×10^{-3}
1gf	2.20462×10^{-3}	0.0709316	9.80665×10^{-6}
1lbf	1	32.1740	4.44822×10^{-3}
1pdl	0.0310810	1	1.38255×10^{-4}
1sh	224.809	7.23301×10^3	1

2.2.7 常用温度单位及换算（见表1-22）

表1-22 常用温度单位及换算

摄氏温度（℃）	华氏温度（℉）	兰氏温度（°R）	热力学温度（K）
C	$\dfrac{9}{5}C+32$	$\dfrac{4}{5}C$	C+273.15
$\dfrac{5}{9}(F-32)$	F	$\dfrac{9}{4}(F-32)$	$\dfrac{5}{9}(F-32)+273.15$
$\dfrac{5}{4}R$	$\dfrac{9}{4}R+32$	R	$\dfrac{5}{4}R+273.15$
K-273.15	$\dfrac{9}{5}(K-273.15)+32$	$\dfrac{4}{5}(K-273.15)$	K

3　常用公式及数值

3.1　常用型材断面面积计算（见表 1-23）

表 1-23　常用型材类别、图形及断面面积计算公式

型材类别	图　形	断面面积计算公式
方型材		$A = a^2$
圆角方型材		$A = a^2 - 0.8584 r^2$
板材、带材		$A = a\delta$
圆角板材、带材		$A = a\delta - 0.8584 r^2$
圆材		$A = \dfrac{\pi}{4} d^2 \approx 0.7854 d^2$
六角型材		$A = 0.866 s^2 = 2.598 a^2$
八角型材		$A = 0.8284 s^2 = 4.8284 a^2$
管材		$A = \pi\delta(D - \delta)$
等边角钢		$A = d(2b - d) + 0.2146(r^2 - 2r_1^2)$

（续）

型材类别	图　形	断面面积计算公式
不等边角钢		$A = d(B+b-d) + 0.2146(r^2 - 2r_1^2)$
工字钢		$A = hd + 2t(b-d) + 0.8584(r^2 - r_1^2)$
槽钢		$A = hd + 2t(b-d) + 0.4292(r^2 - r_1^2)$

3.2　常用材料的密度（见表1-24）

表 1-24　常用材料的密度

材料名称	密度/（g/cm³）	材料名称	密度/（g/cm³）
铸铁	6.6~7.7	混凝土	1.8~2.45
工业纯铁	7.87	普通黏土砖	1.7
钢材	7.85	黏土耐火砖	2.1
高速钢	8.3~8.7	工业橡胶	1.3~1.8
不锈钢（含铬13%）	7.75	皮革	0.4~1.2
铜材（纯铜材）、白铜、黄铜、锡青铜	8.45~8.9	纤维纸板	1.3
		普通玻璃	2.4~2.7
HAl60-1-1 铝黄铜、铝青铜、铍铜	7.5~8.3	石英玻璃	2.2
		碳化钙（电石）	2.22
铝、铝合金	2.5~2.95	电木（胶木）	1.3~1.4
铅板	11.37	聚氯乙烯	1.35~1.4
钨钴合金	14.4~15.3	聚乙烯	0.92~0.95
5 钨钴钛合金	12.3~13.2	氟塑料	2.1~2.2
15 钨钴钛合金	11~11.7	赛璐珞	1.35~1.4
锡基轴承合金	7.34~7.75	有机玻璃	1.18
铅基轴承合金	9.33~10.67	泡沫塑料	0.2
马尾松、榆木	0.533~0.548	尼龙	1.04~1.15
柞栎（柞木）	0.766	石棉板	1~1.3
软木	0.1~0.4	石棉线	0.45~0.55
胶合板	0.56	石棉布制动带	2
石墨	1.9~2.3		

3.3　材料摩擦因数

3.3.1　常用材料的滑动摩擦因数（见表 1-25）

表 1-25　常用材料的滑动摩擦因数

材料名称	摩擦因数 f		
	静摩擦	动摩擦	
	无润滑剂	无润滑剂	有润滑剂
钢-钢	0.15,0.1~0.12①	0.15	0.05~0.10
钢-软钢	—	0.2	0.1~0.2
钢-铸铁	0.3	0.18	0.05~0.15
钢-青铜	0.15,0.1~0.15①	0.15	0.1~0.15
钢-巴氏合金		0.15~0.3	
钢-铜铅合金		0.15~0.3	
钢-硬质合金	0.35~0.55	—	
钢-橡胶	0.9	0.6~0.8	
钢-塑料	0.09~0.1①	—	
钢-尼龙	—	0.3~0.5	0.05~0.1
钢-软木	—	0.15~0.39	
硬钢-红宝石		0.24	
硬钢-蓝宝石		0.35	
硬钢-二硫化钼		0.15	
硬钢-电木		0.35	
硬钢-玻璃		0.48	
硬钢-硬质橡胶		0.38	
硬钢-石墨		0.15	
铸铁-铸铁	0.18①	0.15	0.07~0.12
铸铁-青铜		0.15~0.2	0.07~0.15

① 表示有润滑剂的情况。

3.3.2　工程塑料的摩擦因数（见表 1-26）

表 1-26　工程塑料的摩擦因数

下试样的塑料名称	上试样（钢）		上试样（塑料）	
	静摩擦因数	动摩擦因数	静摩擦因数	动摩擦因数
聚四氟乙烯	0.10	0.05	0.04	0.04
聚全氟乙丙烯	0.25	0.18	—	
低密度聚乙烯	0.27	0.26	0.33	0.33
高密度聚乙烯	0.18	0.08~0.12	0.12	0.11
聚甲醛	0.14	0.13	—	—
聚偏二氯乙烯	0.33	0.25	—	
聚碳酸酯	0.60	0.53	—	
聚苯二甲酸乙二醇酯	0.29	0.28	0.27①	0.20①
聚酰胺（尼龙 66）	0.37	0.34	0.42①	0.35①
聚三氟氯乙烯	0.45①	0.33①	0.43①	0.32①
聚氯乙烯	0.45①	0.40①	0.50①	0.40①
聚偏二氯乙烯	0.68①	0.45①	0.90①	0.52①

① 粘滑运动。

3.3.3 常用材料的滚动摩擦因数（见表1-27）

表 1-27 常用材料的滚动摩擦因数

材料名称	摩擦因数	材料名称	摩擦因数
软钢-软钢	0.005	木材-木材	0.05～0.08
淬火钢-淬火钢	0.001	铸铁轮或钢轮-钢轨	0.05
铸铁-铸铁	0.005	有滚珠轴承小车-钢轨	0.009
木材-钢	0.03～0.04	无滚珠轴承小车-钢轨	0.021
软木-软木	0.15	钢板间的滚珠（根据表面情况）	0.02～0.07

3.4 金属硬度与强度换算

3.4.1 碳素钢及合金钢洛氏硬度（HRC）与其他硬度、强度换算值（见表1-28）

表 1-28 碳素钢及合金钢洛氏硬度（HRC）与其他硬度、强度换算值（摘自 GB/T 1172—1999）

硬 度						抗拉强度 R_m/MPa								
洛氏硬度	表面洛氏硬度			维氏硬度	布氏硬度 $(F/D^2=30)$	碳素钢	铬钢	铬钒钢	铬镍钢	铬钼钢	铬镍钼钢	铬锰硅钢	超高强度钢	不锈钢
HRC	HRA	HR15N	HR30N	HR45N	HV	HBW								
20.0	60.2	68.8	40.7	19.2	226	225	774	742	736	782	747	—	781	—	740
20.5	60.4	69.0	41.2	19.8	228	227	784	751	744	787	753	—	788	—	749
21.0	60.7	69.3	41.7	20.4	230	229	793	760	753	792	760	—	794	—	758
21.5	61.0	69.5	42.2	21.0	233	232	803	769	761	797	767	—	801	—	767
22.0	61.2	69.8	42.6	21.5	235	234	813	779	770	803	774	—	809	—	777
22.5	61.5	70.0	43.1	22.1	238	237	823	788	779	809	781	—	816	—	786
23.0	61.7	70.3	43.6	22.7	241	240	833	798	788	815	789	—	824	—	796
23.5	62.0	70.6	44.0	23.3	244	242	843	808	797	822	797	—	832	—	806
24.0	62.2	70.8	44.5	23.9	247	245	854	818	807	829	805	—	840	—	816
24.5	62.5	71.1	45.0	24.5	250	248	864	828	816	836	813	—	848	—	826
25.0	62.8	71.4	45.3	25.1	253	251	875	838	826	843	822	—	856	—	837
25.5	63.0	71.6	45.9	25.7	256	254	886	848	837	851	831	850	865	—	847
26.0	63.3	71.9	46.4	26.9	259	257	897	859	847	859	840	859	874	—	858
26.5	63.5	72.2	46.9	26.9	262	260	908	870	858	867	850	869	883	—	868
27.0	63.8	72.4	47.3	27.5	266	263	919	880	869	876	860	879	893	—	879
27.5	64.0	72.7	47.8	28.1	269	266	930	891	880	885	870	890	902	—	890
28.0	64.3	73.0	48.3	28.7	273	269	942	902	892	894	880	901	912	—	901
28.5	64.6	73.3	48.7	29.3	276	273	954	914	903	904	891	912	922	—	913
29.0	64.8	73.5	49.2	29.9	280	276	965	925	915	914	902	923	933	—	924
29.5	65.1	73.8	49.7	30.5	284	280	977	937	928	924	913	935	943	—	936
30.0	65.3	74.1	50.2	31.1	288	283	989	948	940	935	924	947	954	—	947
30.5	65.6	74.4	50.6	31.7	292	287	1002	960	953	946	936	959	965	—	959
31.0	65.8	74.7	51.1	32.3	296	291	1014	972	966	957	948	972	977	—	971
31.5	66.1	74.9	51.6	32.9	300	294	1027	984	980	969	961	985	989	—	983

（续）

硬　　度							抗拉强度 R_m/MPa								
洛氏硬度		表面洛氏硬度			维氏硬度	布氏硬度 $(F/D^2=30)$	碳素钢	铬钢	铬钒钢	铬镍钢	铬钼钢	铬镍钼钢	铬锰硅钢	超高强度钢	不锈钢
HRC	HRA	HR15N	HR30N	HR45N	HV	HBW									
32.0	66.4	75.2	52.0	33.5	304	298	1039	996	993	981	974	999	1001	—	996
32.5	66.6	75.5	52.5	34.1	308	302	1052	1009	1007	994	987	1012	1013	—	1008
33.0	66.9	75.8	53.0	34.7	313	306	1065	1022	1022	1007	1001	1027	1026	—	1021
33.5	67.1	76.1	53.4	35.3	317	310	1078	1034	1036	1020	1015	1041	1039	—	1034
34.0	67.4	76.4	53.9	35.9	321	314	1092	1048	1051	1034	1029	1056	1052	—	1047
34.5	67.7	76.7	54.4	36.5	326	318	1105	1061	1067	1048	1043	1071	1066	—	1060
35.0	67.9	77.0	54.8	37.0	331	323	1119	1074	1082	1063	1058	1087	1079	—	1074
35.5	68.2	77.2	55.3	37.6	335	327	1133	1088	1098	1078	1074	1103	1094	—	1087
36.0	68.4	77.5	55.8	38.2	340	332	1147	1102	1114	1093	1090	1119	1108	—	1101
36.5	68.7	77.8	56.2	38.8	345	336	1162	1116	1131	1109	1106	1136	1123	—	1116
37.0	69.0	78.1	56.7	39.4	350	341	1177	1131	1148	1125	1122	1153	1139	—	1130
37.5	69.2	78.4	57.2	40.0	355	345	1192	1146	1165	1142	1139	1171	1155	—	1145
38.0	69.5	78.7	57.6	40.6	360	350	1207	1161	1183	1159	1157	1189	1171	—	1161
38.5	69.7	79.0	58.1	41.2	365	355	1222	1176	1201	1177	1174	1207	1187	1170	1176
39.0	70.0	79.3	58.6	41.8	371	360	1238	1192	1219	1195	1192	1226	1204	1195	1193
39.5	70.3	79.6	59.0	42.4	376	365	1254	1208	1238	1214	1211	1245	1222	1219	1209
40.0	70.5	79.9	59.5	43.0	381	370	1271	1225	1257	1233	1230	1265	1240	1243	1226
40.5	70.8	80.2	60.0	43.6	387	375	1288	1242	1276	1252	1249	1285	1258	1267	1244
41.0	71.1	80.5	60.4	44.2	393	381	1305	1260	1296	1273	1269	1306	1277	1290	1262
41.5	71.3	80.8	60.9	44.8	398	386	1322	1278	1317	1293	1289	1327	1296	1313	1280
42.0	71.6	81.1	61.3	45.4	404	392	1340	1296	1337	1314	1310	1348	1316	1336	1299
42.5	71.8	81.4	61.8	45.9	410	397	1359	1315	1358	1336	1331	1370	1336	1359	1319
43.0	72.1	81.7	62.3	46.5	416	403	1378	1335	1380	1358	1353	1392	1357	1381	1339
43.5	72.4	82.0	62.7	47.1	422	409	1397	1355	1401	1380	1375	1415	1378	1404	1361
44.0	72.6	82.3	63.2	47.7	428	415	1417	1376	1424	1404	1397	1439	1400	1427	1383
44.5	72.9	82.6	63.6	48.3	435	422	1438	1398	1446	1427	1420	1462	1422	1450	1405
45.0	73.2	82.9	64.1	48.9	441	428	1459	1420	1469	1451	1444	1487	1445	1473	1429
45.5	73.4	83.2	64.6	49.5	448	435	1481	1444	1493	1476	1468	1512	1469	1496	1453
46.0	73.7	83.5	65.0	50.1	454	441	1503	1468	1517	1502	1492	1537	1493	1520	1479
46.5	73.9	83.7	65.5	50.7	461	448	1526	1493	1541	1527	1517	1563	1517	1544	1505
47.0	74.2	84.0	65.9	51.2	468	455	1550	1519	1566	1554	1542	1589	1543	1569	1533
47.5	74.5	84.3	66.4	51.8	475	463	1575	1546	1591	1581	1568	1616	1569	1594	1562
48.0	74.7	84.6	66.8	52.4	482	470	1600	1574	1617	1608	1595	1643	1595	1620	1592
48.5	75.0	84.9	67.3	53.0	489	478	1626	1603	1643	1636	1622	1671	1623	1646	1623
49.0	75.3	85.2	67.7	53.6	497	486	1653	1633	1670	1665	1649	1699	1651	1674	1655
49.5	75.5	85.5	68.2	54.2	504	494	1681	1665	1697	1695	1677	1728	1679	1702	1689

（续）

硬 度							抗拉强度 R_m/MPa								
洛氏硬度		表面洛氏硬度			维氏硬度	布氏硬度 ($F/D^2=30$)	碳素钢	铬钢	铬钒钢	铬镍钢	铬钼钢	铬镍钼钢	铬锰硅钢	超高强度钢	不锈钢
HRC	HRA	HR15N	HR30N	HR45N	HV	HBW									
50.0	75.8	85.7	68.6	54.7	512	502	1710	1698	1724	1724	1706	1758	1709	1731	1725
50.5	76.1	86.0	69.1	55.3	520	510	—	1732	1752	1755	1735	1788	1739	1761	—
51.0	76.3	86.3	69.5	55.9	527	518	—	1768	1780	1786	1764	1819	1770	1792	—
51.5	76.6	86.6	70.0	56.5	535	527	—	1806	1809	1818	1794	1850	1801	1824	—
52.0	76.9	86.8	70.4	57.1	544	535	—	1845	1839	1850	1825	1881	1834	1857	—
52.5	77.1	87.1	70.9	57.6	552	544	—	—	1869	1883	1856	1914	1867	1892	—
53.0	77.4	87.4	71.3	58.2	561	552	—	—	1899	1917	1888	1947	1901	1929	—
53.5	77.7	87.6	71.8	58.8	569	561	—	—	1930	1951	—	—	1936	1966	—
54.0	77.9	87.9	72.2	59.4	578	569	—	—	1961	1986	—	—	1971	2006	—
54.5	78.2	88.1	72.6	59.9	587	577	—	—	1993	2022	—	—	2008	2047	—
55.0	78.5	88.4	73.1	60.5	596	585	—	—	2026	2058	—	—	2045	2090	—
55.5	78.7	88.6	73.5	61.1	606	593	—	—	—	—	—	—	—	2135	—
56.0	79.0	88.9	73.9	61.7	615	601	—	—	—	—	—	—	—	2181	—
56.5	79.3	89.1	74.4	62.2	625	608	—	—	—	—	—	—	—	2230	—
57.0	79.5	89.4	74.8	62.8	635	616	—	—	—	—	—	—	—	2281	—
57.5	79.8	89.6	75.2	63.4	645	622	—	—	—	—	—	—	—	2334	—
58.0	80.1	89.8	75.6	63.9	655	628	—	—	—	—	—	—	—	2390	—
58.5	80.3	90.0	76.1	64.5	666	634	—	—	—	—	—	—	—	2448	—
59.0	80.6	90.2	76.5	65.1	676	639	—	—	—	—	—	—	—	2509	—
59.5	80.9	90.4	76.9	65.6	687	643	—	—	—	—	—	—	—	2572	—
60.0	81.2	90.6	77.3	66.2	698	647	—	—	—	—	—	—	—	2639	—
60.5	81.4	90.8	77.7	66.8	710	650	—	—	—	—	—	—	—	—	—
61.0	81.7	91.0	78.1	67.3	721	—	—	—	—	—	—	—	—	—	—
61.5	82.0	91.2	78.6	67.9	733	—	—	—	—	—	—	—	—	—	—
62.0	82.2	91.4	79.0	68.4	745	—	—	—	—	—	—	—	—	—	—
62.5	82.5	91.5	79.4	69.0	757	—	—	—	—	—	—	—	—	—	—
63.0	82.8	91.7	79.8	69.5	770	—	—	—	—	—	—	—	—	—	—
63.5	83.1	91.8	80.2	70.1	782	—	—	—	—	—	—	—	—	—	—
64.0	83.3	91.9	80.6	70.6	795	—	—	—	—	—	—	—	—	—	—
64.5	83.6	92.1	81.0	71.2	809	—	—	—	—	—	—	—	—	—	—
65.0	83.9	92.2	81.3	71.7	822	—	—	—	—	—	—	—	—	—	—
65.5	84.1	—	—	—	836	—	—	—	—	—	—	—	—	—	—
66.0	84.4	—	—	—	850	—	—	—	—	—	—	—	—	—	—
66.5	84.7	—	—	—	865	—	—	—	—	—	—	—	—	—	—
67.0	85.0	—	—	—	879	—	—	—	—	—	—	—	—	—	—
67.5	85.2	—	—	—	894	—	—	—	—	—	—	—	—	—	—
68.0	85.5	—	—	—	909	—	—	—	—	—	—	—	—	—	—

3.4.2 碳素钢洛氏硬度(HRB)与其他硬度、强度换算值(见表 1-29)

表 1-29 碳素钢洛氏硬度(HRB)与其他硬度、强度换算值(摘自 GB/T 1172—1999)

硬 度							抗拉强度 R_m
洛氏硬度	表面洛氏硬度			维氏硬度	布氏硬度		/MPa
					HBW		
HRB	HR15T	HR30T	HR45T	HV	$F/D^2 = 10$	$F/D^2 = 30$	
60.0	80.4	56.1	30.4	105	102	—	375
60.5	80.5	56.4	30.9	105	102	—	377
61.0	80.7	56.7	31.4	106	103	—	379
61.5	80.8	57.1	31.9	107	103	—	381
62.0	80.9	57.4	32.4	108	104	—	382
62.5	81.1	57.7	32.9	108	104	—	384
63.0	81.2	58.0	33.5	109	105	—	386
63.5	81.4	58.3	34.0	110	105	—	388
64.0	81.5	58.7	34.5	110	106	—	390
64.5	81.6	59.0	35.0	111	106	—	393
65.0	81.8	59.3	35.5	112	107	—	395
65.5	81.9	59.6	36.1	113	107	—	397
66.0	82.1	59.9	36.6	114	108	—	399
66.5	82.2	60.3	37.1	115	108	—	402
67.0	82.3	60.6	37.6	115	109	—	404
67.5	82.5	60.9	38.1	116	110	—	407
68.0	82.6	61.2	38.6	117	110	—	409
68.5	82.7	61.5	39.2	118	111	—	412
69.0	82.9	61.9	39.7	119	112	—	415
69.5	83.0	62.2	40.2	120	112	—	418
70.0	83.2	62.5	40.7	121	113	—	421
70.5	83.3	62.8	41.2	122	114	—	424
71.0	83.4	63.1	41.7	123	115	—	427
71.5	83.6	63.5	42.3	124	115	—	430
72.0	83.7	63.8	42.8	125	116	—	433
72.5	83.9	64.1	43.3	126	117	—	437
73.0	84.0	64.4	43.8	128	118	—	440
73.5	84.1	64.7	44.3	129	119	—	444
74.0	84.3	65.1	44.8	130	120	—	447
74.5	84.4	65.4	45.4	131	121	—	451
75.0	84.5	65.7	45.9	132	122	—	455
75.5	84.7	66.0	46.4	134	123	—	459
76.0	84.8	66.3	46.9	135	124	—	463
76.5	85.0	66.6	47.4	136	125	—	467
77.0	85.1	67.0	47.9	138	126	—	471
77.5	85.2	67.3	48.5	139	127	—	475
78.0	85.4	67.6	49.0	140	128	—	480
78.5	85.5	67.9	49.5	142	129	—	484
79.0	85.7	68.2	50.0	143	130	—	489
79.5	85.8	68.6	50.5	145	132	—	493

（续）

硬 度							抗拉强度 R_m
洛氏硬度	表面洛氏硬度			维氏硬度	布氏硬度		/MPa
HRB	HR15T	HR30T	HR45T	HV	HBW		
					$F/D^2=10$	$F/D^2=30$	
80.0	85.9	68.9	51.0	146	133	—	498
80.5	86.1	69.2	51.6	148	134	—	503
81.0	86.2	69.5	52.1	149	136	—	508
81.5	86.3	69.8	52.6	151	137	—	513
82.0	86.5	70.2	53.1	152	138	—	518
82.5	86.6	70.5	53.6	154	140	—	523
83.0	86.8	70.8	54.1	156	—	152	529
83.5	86.9	71.1	54.7	157	—	154	534
84.0	87.0	71.4	55.2	159	—	155	540
84.5	87.2	71.8	55.7	161	—	156	546
85.0	87.3	72.1	56.2	163	—	158	551
85.5	87.5	72.4	56.7	165	—	159	557
86.0	87.6	72.7	57.2	166	—	161	563
86.5	87.7	73.0	57.8	168	—	163	570
87.0	87.9	73.4	58.3	170	—	164	576
87.5	88.0	73.7	58.8	172	—	166	582
88.0	88.1	74.0	59.3	174	—	168	589
88.5	88.3	74.3	59.8	176	—	170	596
89.0	88.4	74.6	60.3	178	—	172	603
89.5	88.6	75.0	60.9	180	—	174	609
90.0	88.7	75.3	61.4	183	—	176	617
90.5	88.8	75.6	61.9	185	—	178	624
91.0	89.0	75.9	62.4	187	—	180	631
91.5	89.1	76.2	62.9	189	—	182	639
92.0	89.3	76.6	63.4	191	—	184	646
92.5	89.4	76.9	64.0	194	—	187	654
93.0	89.5	77.2	64.5	196	—	189	662
93.5	89.7	77.5	65.0	199	—	192	670
94.0	89.8	77.8	65.5	201	—	195	678
94.5	89.9	78.2	66.0	203	—	197	686
95.0	90.1	78.5	66.5	206	—	200	695
95.5	90.2	78.8	67.1	208	—	203	703
96.0	90.4	79.1	67.6	211	—	206	712
96.5	90.5	79.4	68.1	214	—	209	721
97.0	90.6	79.8	68.6	216	—	212	730
97.5	90.8	80.1	69.1	219	—	215	739
98.0	90.9	80.4	69.6	222	—	218	749
98.5	91.1	80.7	70.2	225	—	222	758
99.0	91.2	81.0	70.7	227	—	226	768
99.5	91.3	81.4	71.2	230	—	229	778
100.0	91.5	81.7	71.7	233	—	232	788

注：本表强度值适用于低碳钢。

3.4.3　铜合金硬度与强度换算值（见表 1-30）

表 1-30　铜合金硬度与强度换算值（摘自 GB/T 3771—1983）

硬度							强度/MPa							
布氏硬度 ($F/D^2=30$)	维氏硬度	洛氏硬度		表面洛氏硬度			黄铜		铍青铜					
							板材	棒材	板材			棒材		
HBW	HV	HRB	HRF	HR 15T	HR 30T	HR 45T	R_m	R_m	R_m	$R_{p0.2}$	$R_{p0.01}$	R_m	$R_{p0.2}$	$R_{p0.01}$
90.0	90.5	53.7	87.1	77.2	50.8	26.7	—	—	—	—	—	—	—	—
91.0	91.5	53.9	87.2	77.3	51.0	26.9	—	—	—	—	—	—	—	—
92.0	92.6	54.2	87.4	77.4	51.2	27.2	—	—	—	—	—	—	—	—
93.0	93.6	54.5	87.6	77.5	51.4	27.6	—	—	—	—	—	—	—	—
94.0	94.7	54.8	87.7	77.6	51.6	27.7	—	—	—	—	—	—	—	—
95.0	95.7	55.1	87.9	77.7	51.8	28.1	—	—	—	—	—	—	—	—
96.0	96.8	55.5	88.1	77.8	52.0	28.4	—	—	—	—	—	—	—	—
97.0	97.8	55.8	88.3	77.9	52.3	28.8	—	—	—	—	—	—	—	—
98.0	98.9	56.2	88.5	78.0	52.5	29.1	—	—	—	—	—	—	—	—
99.0	99.9	56.6	88.8	78.2	52.9	29.6	—	—	—	—	—	—	—	—
100.0	101.0	57.1	89.1	78.3	53.2	30.1	—	—	—	—	—	—	—	—
101.0	102.0	57.5	89.3	78.5	53.5	30.5	—	—	—	—	—	—	—	—
102.0	103.0	58.0	89.6	78.6	53.8	31.0	—	—	—	—	—	—	—	—
103.0	104.1	58.5	89.9	78.8	54.2	31.5	—	—	—	—	—	—	—	—
104.0	105.1	58.9	90.1	78.9	54.4	31.9	—	—	—	—	—	—	—	—
105.0	106.2	59.4	90.4	79.1	54.8	32.4	—	—	—	—	—	—	—	—
106.0	107.2	60.0	90.7	79.2	55.1	32.9	—	—	—	—	—	—	—	—
107.0	108.3	60.5	91.0	79.4	55.5	33.4	—	—	—	—	—	—	—	—
108.0	109.3	61.0	91.3	79.6	55.8	33.9	—	—	—	—	—	—	—	—
109.0	110.4	61.5	91.6	79.7	56.2	34.4	—	—	—	—	—	—	—	—
110.0	111.4	62.1	91.9	79.9	56.5	35.0	372	384	—	—	—	—	—	—
111.0	112.5	62.6	92.2	80.1	56.9	35.5	374	387	—	—	—	—	—	—
112.0	113.5	63.2	92.6	80.3	57.4	36.2	375	389	—	—	—	—	—	—
113.0	114.6	63.7	92.8	80.4	57.6	36.5	377	392	—	—	—	—	—	—
114.0	115.6	64.3	93.2	80.6	58.1	37.2	379	395	—	—	—	—	—	—
115.0	116.7	64.9	93.5	80.8	58.4	37.7	380	398	—	—	—	—	—	—
116.0	117.7	65.4	93.8	81.0	58.8	38.2	382	400	—	—	—	—	—	—
117.0	118.8	66.0	94.2	81.2	59.3	38.9	384	403	—	—	—	—	—	—
118.0	119.8	66.6	94.5	81.4	59.6	39.4	385	406	—	—	—	—	—	—
119.0	120.9	67.1	94.8	81.5	60.0	40.0	388	409	—	—	—	—	—	—
120.0	121.9	67.7	95.1	81.7	60.3	40.5	390	412	—	—	—	—	—	—
121.0	122.9	68.2	95.4	81.9	60.7	41.0	392	414	—	—	—	—	—	—
122.0	124.0	68.8	95.8	82.1	61.2	41.7	394	417	—	—	—	—	—	—
123.0	125.0	69.4	96.1	82.3	61.5	42.2	396	420	—	—	—	—	—	—
124.0	126.1	69.9	96.4	82.5	61.9	42.7	399	423	—	—	—	—	—	—
125.0	127.1	70.5	96.7	82.6	62.2	43.2	401	426	—	—	—	—	—	—
126.0	128.2	71.0	97.0	82.8	62.6	43.7	404	429	—	—	—	—	—	—
127.0	129.2	71.5	97.3	83.0	63.0	44.3	406	431	—	—	—	—	—	—
128.0	130.3	72.1	97.7	83.2	63.4	44.9	409	434	—	—	—	—	—	—

（续）

布氏硬度 ($F/D^2=30$)	维氏硬度	洛氏硬度		表面洛氏硬度			强度/MPa						
							黄铜		铍青铜				
							板材	棒材	板材			棒材		
HBW	HV	HRB	HRF	HR 15T	HR 30T	HR 45T	R_m	R_m	R_m	$R_{p0.2}$	$R_{p0.01}$	R_m	$R_{p0.2}$	$R_{p0.01}$
129.0	131.3	72.6	97.9	83.3	63.7	45.3	411	437	—	—	—	—	—	—
130.0	132.4	73.1	98.2	83.5	64.0	45.8	414	440	—	—	—	—	—	—
131.0	133.4	73.6	98.5	83.6	64.4	46.3	417	443	—	—	—	—	—	—
132.0	134.5	74.1	98.8	83.8	64.7	46.8	420	447	—	—	—	—	—	—
133.0	135.5	74.7	99.2	84.0	65.2	47.5	423	450	—	—	—	—	—	—
134.0	136.6	75.1	99.4	84.1	65.5	47.9	426	453	—	—	—	—	—	—
135.0	137.6	76.6	99.7	84.3	65.8	48.4	429	456	—	—	—	—	—	—
136.0	138.6	76.1	100.0	84.5	66.2	48.9	431	459	—	—	—	—	—	—
137.0	139.7	76.6	100.2	84.6	66.4	49.2	434	463	—	—	—	—	—	—
138.0	140.7	77.0	100.5	84.8	66.8	49.8	437	466	—	—	—	—	—	—
139.0	141.8	77.5	100.8	84.9	67.1	50.3	440	469	—	—	—	—	—	—
140.0	142.8	77.9	101.0	85.0	67.4	50.6	444	472	—	—	—	—	—	—
141.0	143.9	78.4	101.3	85.2	67.7	51.1	447	476	—	—	—	—	—	—
142.0	144.9	78.8	101.5	85.3	67.9	51.5	451	479	—	—	—	—	—	—
143.0	146.0	79.2	101.7	85.4	68.2	51.8	454	482	—	—	—	—	—	—
144.0	147.0	79.7	102.0	85.6	68.5	52.3	458	485	—	—	—	—	—	—
145.0	148.1	80.1	102.2	85.7	68.8	52.7	461	488	—	—	—	—	—	—
146.0	149.1	80.5	102.5	85.8	69.1	53.2	465	492	—	—	—	—	—	—
147.0	150.2	80.8	102.6	85.9	69.3	53.4	469	495	—	—	—	—	—	—
148.0	151.2	81.2	102.9	86.1	69.6	53.9	473	499	—	—	—	—	—	—
149.0	152.3	81.6	103.1	86.2	69.8	54.2	477	502	—	—	—	—	—	—
150.0	153.3	82.0	103.3	86.3	70.1	54.6	480	506	—	—	—	—	—	—
151.0	154.3	82.3	103.5	86.4	70.3	54.9	483	509	—	—	—	—	—	—
152.0	155.4	82.7	103.7	86.6	70.6	55.3	488	513	—	—	—	—	—	—
153.0	156.4	83.0	103.9	86.7	70.8	55.6	492	516	—	—	—	—	—	—
154.0	157.5	83.3	104.1	86.8	71.0	56.0	496	520	—	—	—	—	—	—
155.0	158.5	83.7	104.3	86.9	71.3	56.3	500	524	—	—	—	—	—	—
156.0	159.6	84.0	104.5	87.0	71.5	56.6	504	527	—	—	—	—	—	—
157.0	160.6	84.3	104.7	87.1	71.7	57.0	509	530	—	—	—	—	—	—
158.0	161.7	84.6	104.8	87.2	71.9	57.2	513	534	—	—	—	—	—	—
159.0	162.7	84.9	105.0	87.3	72.1	57.5	518	537	—	—	—	—	—	—
160.0	163.8	85.2	105.2	87.4	72.3	57.9	522	541	—	—	—	—	—	—
161.0	164.8	85.5	105.3	87.5	72.5	58.0	527	545	—	—	—	—	—	—
162.0	165.9	85.8	105.5	87.6	72.7	58.4	531	549	—	—	—	—	—	—
163.0	166.9	86.0	105.6	87.6	72.8	58.5	535	553	—	—	—	—	—	—
164.0	168.0	86.3	105.8	87.7	73.1	58.9	540	556	—	—	—	—	—	—
165.0	169.0	86.6	106.0	87.9	73.3	59.2	554	560	—	—	—	—	—	—
166.0	170.1	86.8	106.1	87.9	73.4	59.4	550	564	—	—	—	—	—	—
167.0	171.1	87.1	106.3	88.0	73.7	59.7	555	568	—	—	—	—	—	—
168.0	172.1	87.4	106.4	88.1	73.8	59.9	560	572	—	—	—	—	—	—
169.0	173.2	87.6	106.5	88.1	73.9	60.1	565	576	—	—	—	—	—	—

（续）

硬度							强度/MPa							
布氏硬度 ($F/D^2=30$)	维氏硬度	洛氏硬度		表面洛氏硬度			黄铜		铍青铜					
							板材	棒材	板材			棒材		
HBW	HV	HRB	HRF	HR 15T	HR 30T	HR 45T	R_m	R_m	R_m	$R_{p0.2}$	$R_{p0.01}$	R_m	$R_{p0.2}$	$R_{p0.01}$
170.0	174.2	87.9	106.7	88.2	74.1	60.4	570	580	545	467	326	649	367	285
171.0	175.3	88.1	106.8	88.3	74.2	60.6	575	583	548	470	329	652	371	288
172.0	176.3	88.4	107.0	88.4	74.5	61.0	580	587	551	473	330	654	375	291
173.0	177.4	88.6	107.1	88.4	74.6	61.1	585	591	555	477	333	657	379	294
174.0	178.4	88.8	107.2	88.5	74.7	61.3	590	595	558	480	335	660	382	297
175.0	179.5	89.1	107.4	88.6	75.0	61.6	596	599	561	483	337	662	386	300
176.0	180.5	89.3	107.5	88.7	75.1	61.8	601	603	565	486	340	665	390	303
177.0	181.6	89.6	107.7	88.8	75.3	62.2	607	607	568	489	342	668	394	306
178.0	182.6	89.8	107.8	88.9	75.4	62.3	612	612	571	493	345	670	398	308
179.0	183.7	90.0	107.9	88.9	75.6	62.5	618	616	575	496	347	673	402	311
180.0	184.7	90.3	108.1	89.0	75.8	62.8	624	620	578	499	349	676	406	314
181.0	185.8	90.5	108.2	89.1	75.9	63.0	630	624	581	503	352	678	410	317
182.0	186.8	90.8	108.4	89.2	76.1	63.4	635	628	584	506	354	681	414	320
183.0	187.8	91.0	108.5	89.3	76.3	63.5	640	633	587	510	357	684	418	323
184.0	188.9	91.3	108.7	89.4	76.5	63.9	646	636	591	513	359	686	422	326
185.0	189.9	91.5	108.8	89.4	76.6	64.1	653	640	594	516	361	688	426	329
186.0	191.0	91.8	109.0	89.5	76.9	64.4	659	645	597	520	364	691	430	330
187.0	192.0	92.0	109.1	89.6	77.0	64.6	665	649	601	523	366	694	433	333
188.0	193.1	92.3	109.2	89.7	77.1	64.7	671	653	604	527	368	697	437	336
189.0	194.1	92.5	109.4	89.8	77.3	65.1	677	658	608	530	371	700	441	339
190.0	195.2	92.8	109.5	89.8	77.5	65.3	684	662	611	533	373	703	445	342
191.0	196.2	93.1	109.7	89.9	77.7	65.6	689	667	614	536	376	705	449	345
192.0	197.3	93.3	109.8	90.0	77.8	65.8	696	671	618	539	378	708	453	348
193.0	198.3	93.6	110.0	90.1	78.0	66.1	702	676	621	542	380	711	457	351
194.0	199.4	93.9	110.2	90.2	78.3	66.5	709	680	625	546	382	714	461	353
195.0	200.4	94.2	110.3	90.3	78.4	66.6	715	685	628	549	384	717	465	356
196.0	201.5	94.4	110.4	90.3	78.5	66.8	722	688	631	553	387	720	469	359
197.0	202.5	94.7	110.6	90.4	78.8	67.2	729	693	634	556	389	723	473	362
198.0	203.5	95.0	110.8	90.6	79.0	67.5	735	698	637	559	392	726	477	365
199.0	204.6	95.3	111.0	90.7	79.2	67.8	742	702	641	563	394	729	481	368
200.0	205.6	95.6	111.1	90.7	79.4	68.0	749	707	644	566	396	732	484	371
201.0	206.7	95.9	111.3	90.8	79.6	68.4	—	—	648	570	399	735	488	374
202.0	207.7	96.2	111.5	90.9	79.8	68.7	—	—	651	573	401	737	492	376
203.0	208.8	96.5	111.7	91.1	80.1	69.0	—	—	654	576	404	740	496	378
204.0	209.8	96.8	111.8	91.2	80.2	69.2	—	—	658	580	406	743	500	381
205.0	210.9	97.2	112.1	91.3	80.5	69.7	—	—	661	583	408	746	504	384
206.0	211.9	97.5	112.2	91.4	80.7	69.9	—	—	665	586	411	749	508	387
207.0	212.9	97.8	112.4	91.5	80.9	70.2	—	—	668	589	413	752	512	390
208.0	214.0	98.1	112.6	91.6	81.1	70.6	—	—	672	592	416	755	516	393
209.0	215.0	98.4	112.7	91.7	81.3	70.8	—	—	675	596	418	758	520	396
210.0	216.1	98.8	113.0	91.8	81.6	71.3	—	—	679	599	420	761	524	398

（续）

硬度							强度/MPa							
布氏硬度 $(F/D^2=30)$	维氏硬度	洛氏硬度		表面洛氏硬度			黄铜		铍青铜					
							板材	棒材	板材			棒材		
HBW	HV	HRB	HRF	HR 15T	HR 30T	HR 45T	R_m	R_m	R_m	$R_{p0.2}$	$R_{p0.01}$	R_m	$R_{p0.2}$	$R_{p0.01}$
211.0	217.2	17.8	59.1	67.8	38.7	17.1	—	—	682	602	423	764	528	401
212.0	218.2	18.0	59.2	67.9	38.9	17.3	—	—	685	606	425	767	532	404
213.0	219.3	18.2	59.3	68.0	39.0	17.6	—	—	688	609	428	770	535	407
214.0	220.3	18.4	59.4	68.2	39.2	17.8	—	—	692	613	430	774	539	410
215.0	221.3	18.6	59.5	68.3	39.4	18.0	—	—	695	616	431	777	543	413
216.0	222.4	18.8	59.6	68.4	39.6	18.3	—	—	699	619	434	780	547	416
217.0	223.4	18.9	59.7	68.4	39.7	18.4	—	—	702	623	436	783	551	419
218.0	224.5	19.1	59.8	68.5	39.9	18.6	—	—	706	626	438	786	555	421
219.0	225.5	19.3	59.9	68.7	40.1	18.9	—	—	709	630	441	788	559	424
220.0	226.6	19.5	60.0	68.8	40.3	19.1	—	—	713	633	443	792	563	427
221.0	227.6	19.7	60.1	68.9	40.5	19.3	—	—	716	635	446	795	567	430
222.0	228.7	19.9	60.2	69.0	40.7	19.6	—	—	720	639	448	798	571	432
223.0	229.7	20.0	60.2	69.1	40.8	19.7	—	—	723	642	450	801	575	435
224.0	230.8	20.2	60.3	69.2	40.9	19.9	—	—	727	645	453	804	579	438
225.0	231.8	20.4	60.4	69.3	41.1	20.1	—	—	730	649	455	808	583	441
226.0	232.9	20.6	60.5	69.4	41.3	20.4	—	—	734	652	458	811	586	443
227.0	233.9	20.8	60.6	69.5	41.5	20.6	—	—	736	656	460	814	590	446
228.0	235.0	20.9	60.7	69.5	41.6	20.7	—	—	740	659	462	817	594	449
229.0	236.0	21.1	60.8	69.7	41.8	21.0	—	—	743	662	465	820	597	452
230.0	237.0	21.3	60.9	69.8	42.0	21.2	—	—	747	666	467	824	601	455
231.0	238.1	21.5	61.0	69.9	42.2	21.4	—	—	750	669	470	827	605	458
232.0	239.1	21.7	61.1	70.0	42.4	21.6	—	—	754	673	472	831	609	461
233.0	240.2	21.8	61.2	70.1	42.5	21.8	—	—	757	676	474	834	613	464
234.0	241.2	22.0	61.3	70.2	42.6	22.0	—	—	761	679	477	837	617	466
235.0	242.3	22.2	61.4	70.3	42.8	22.2	—	—	764	683	479	840	621	469
236.0	243.3	22.4	61.5	70.4	43.0	22.5	—	—	768	685	482	843	625	472
237.0	244.4	22.5	61.5	70.5	43.1	22.6	—	—	772	689	483	846	629	475
238.0	245.4	22.7	61.6	70.6	43.3	22.8	—	—	775	692	485	850	633	478
239.0	246.5	22.9	61.7	70.7	43.5	23.0	—	—	779	695	488	853	636	481
240.0	247.5	23.0	61.8	70.8	43.6	23.2	—	—	782	699	490	857	640	483
241.0	248.6	23.2	61.9	70.9	43.8	23.4	—	—	786	702	493	860	644	486
242.0	249.6	23.4	62.0	71.0	44.0	23.7	—	—	788	705	495	863	648	488
243.0	250.7	23.6	62.1	71.1	44.2	23.9	—	—	792	709	497	867	652	491
244.0	251.7	23.7	62.1	71.1	44.3	24.0	—	—	796	712	500	870	656	494
245.0	252.7	23.9	62.2	71.2	44.4	24.2	—	—	799	716	502	874	660	497
246.0	253.8	24.1	62.3	71.3	44.6	24.4	—	—	803	719	505	877	664	500
247.0	254.8	24.2	62.4	71.4	44.7	24.6	—	—	806	722	507	881	668	503
248.0	255.9	24.4	62.5	71.5	44.9	24.8	—	—	810	726	509	884	672	506
249.0	256.9	24.6	62.6	71.6	45.1	25.0	—	—	814	729	512	888	676	509
250.0	258.0	24.7	62.6	71.7	45.2	25.1	—	—	817	733	514	890	680	510
251.0	259.0	24.9	62.7	71.8	45.4	25.4	—	—	821	735	517	894	684	514

（续）

硬度							强度/MPa						
布氏硬度 $(F/D^2=30)$	维氏硬度	洛氏硬度		表面洛氏硬度			黄铜		铍青铜					
							板材	棒材	板材			棒材		
HBW	HV	HRB	HRF	HR 15T	HR 30T	HR 45T	R_m	R_m	R_m	$R_{p0.2}$	$R_{p0.01}$	R_m	$R_{p0.2}$	$R_{p0.01}$
252.0	260.1	25.1	62.8	71.9	45.6	25.6	—	—	824	738	519	897	687	517
253.0	261.1	25.2	62.9	72.0	45.7	25.7	—	—	828	742	521	901	691	520
254.0	262.2	25.4	63.0	72.1	45.9	26.0	—	—	832	745	524	904	696	523
255.0	263.2	25.6	63.1	72.2	46.1	26.2	—	—	836	748	526	908	699	526
256.0	264.3	25.7	63.1	72.3	46.2	26.3	—	—	838	752	529	911	703	529
257.0	265.3	25.9	63.2	72.4	46.3	26.5	—	—	842	755	531	915	707	532
258.0	266.4	26.0	63.3	72.4	46.4	26.7	—	—	845	759	533	918	711	533
259.0	267.4	26.2	63.4	72.5	46.6	26.9	—	—	849	762	535	922	715	536
260.0	268.5	26.4	63.5	72.6	46.8	27.1	—	—	852	765	537	925	719	539
261.0	269.5	26.5	63.5	72.7	46.9	27.2	—	—	856	769	540	929	723	542
262.0	270.5	26.7	63.6	72.8	47.1	27.4	—	—	860	772	542	933	727	545
263.0	271.6	26.8	63.7	72.9	47.2	27.6	—	—	863	776	544	936	731	548
264.0	272.6	27.0	63.8	73.0	47.4	27.8	—	—	867	779	547	939	735	551
265.0	273.7	27.2	63.9	73.1	47.6	28.0	—	—	871	782	549	942	738	554
266.0	274.7	27.3	64.0	73.2	47.7	28.2	—	—	874	786	551	946	742	556
267.0	275.8	27.5	64.1	73.3	47.9	28.4	—	—	878	788	554	950	746	559
268.0	276.8	27.6	64.1	73.3	48.0	28.6	—	—	882	792	556	953	750	562
269.0	277.9	27.8	64.2	73.4	48.1	28.8	—	—	885	795	559	957	754	565
270.0	278.9	27.9	64.3	73.5	48.2	28.9	—	—	888	798	561	961	758	568
271.0	280.0	28.1	64.4	73.6	48.4	29.1	—	—	892	802	563	964	762	571
272.0	281.0	28.2	64.4	73.7	48.5	29.2	—	—	895	805	566	968	766	574
273.0	282.1	28.4	64.5	73.8	48.7	29.4	—	—	899	808	568	972	770	577
274.0	283.1	28.6	64.6	73.9	48.9	29.6	—	—	903	812	571	975	774	580
275.0	284.2	28.7	64.7	74.0	49.0	29.8	—	—	907	815	573	979	778	582
276.0	285.2	28.9	64.8	74.1	49.2	30.0	—	—	910	819	575	983	782	584
277.0	286.2	29.0	64.8	74.1	49.3	30.1	—	—	914	822	578	986	786	587
278.0	287.3	29.2	64.9	74.2	49.5	30.3	—	—	918	825	580	989	789	590
279.0	288.3	29.3	65.0	74.3	49.6	30.5	—	—	921	829	583	993	793	593
280.0	289.4	29.5	65.1	74.4	49.8	30.7	—	—	925	832	584	997	797	596
281.0	290.4	29.6	65.1	74.5	49.9	30.9	—	—	929	836	586	1000	801	599
282.0	291.5	29.8	65.2	74.6	50.0	31.1	—	—	932	838	589	1004	805	602
283.0	292.5	29.9	65.3	74.6	50.1	31.2	—	—	936	841	591	1008	809	604
284.0	293.6	30.1	65.4	74.7	50.3	31.4	—	—	939	845	594	1012	813	607
285.0	294.6	30.2	65.4	74.8	50.4	31.6	—	—	943	848	596	1015	817	610
286.0	295.7	30.4	65.5	74.9	50.6	31.8	—	—	946	851	598	1019	821	613
287.0	296.7	30.5	65.6	75.0	50.7	31.9	—	—	950	855	601	1023	825	616
288.0	297.8	30.7	65.7	75.1	50.9	32.1	—	—	954	858	603	1027	829	619
289.0	298.8	30.8	65.7	75.1	51.0	32.3	—	—	958	862	606	1030	832	622
290.0	299.9	31.0	65.8	75.2	51.2	32.5	—	—	961	865	608	1034	836	625
291.0	300.9	31.1	65.9	75.3	51.3	32.6	—	—	965	868	610	1038	839	627
292.0	301.9	31.2	65.9	75.4	51.4	32.7	—	—	969	872	613	1041	843	630

（续）

硬度							强度/MPa						
布氏硬度 ($F/D^2=30$)	维氏硬度	洛氏硬度		表面洛氏硬度			黄铜		铍青铜				
							板材	棒材	板材			棒材		
HBW	HV	HRB	HRF	HR 15T	HR 30T	HR 45T	R_m	R_m	R_m	$R_{p0.2}$	$R_{p0.01}$	R_m	$R_{p0.2}$	$R_{p0.01}$
293.0	303.0	31.4	66.0	75.5	51.6	32.9	—	—	973	875	615	1045	847	633
294.0	304.0	31.5	66.1	75.5	51.7	33.1	—	—	976	879	618	1049	851	635
295.0	305.1	31.7	66.2	75.6	51.8	33.3	—	—	980	882	620	1052	855	638
296.0	306.1	31.8	66.2	75.7	51.9	33.4	—	—	984	885	622	1056	859	642
297.0	307.2	32.0	66.3	75.8	52.1	33.6	—	—	988	888	625	1060	863	644
298.0	308.2	32.1	66.4	75.9	52.2	33.8	—	—	990	891	627	1064	867	647
299.0	309.3	32.3	66.5	76.0	52.4	34.0	—	—	994	895	630	1068	871	649
300.0	310.3	32.4	66.5	76.0	52.5	34.1	—	—	998	898	632	1072	875	652
301.0	311.4	32.5	66.6	76.1	52.6	34.2	—	—	1002	901	634	1075	879	657
302.0	312.4	32.7	66.7	76.2	52.8	34.4	—	—	1006	905	636	1079	883	658
303.0	313.5	32.8	66.8	76.3	52.9	34.6	—	—	1009	908	638	1083	887	661
304.0	314.5	33.0	66.9	76.4	53.1	34.8	—	—	1013	911	641	1087	890	664
305.0	315.6	33.1	66.9	76.4	53.2	34.9	—	—	1017	915	643	1090	894	667
306.0	316.6	33.2	67.0	76.5	53.3	35.0	—	—	1021	918	645	1094	898	670
307.0	317.7	33.4	67.1	76.6	53.5	35.2	—	—	1025	921	648	1098	902	672
308.0	318.7	33.5	67.1	76.7	53.6	35.4	—	—	1028	925	650	1102	906	675
309.0	319.7	33.7	67.2	76.8	53.7	35.6	—	—	1032	928	653	1105	910	678
310.0	320.8	33.8	67.3	76.8	53.8	35.7	—	—	1036	932	655	1109	914	681
311.0	321.8	33.9	67.3	76.9	53.9	35.9	—	—	1040	935	657	1113	918	684
312.0	322.9	34.1	67.4	77.0	45.1	36.1	—	—	1043	938	660	1117	922	686
313.0	323.9	34.2	67.5	77.0	54.2	36.2	—	—	1046	941	662	1121	926	689
314.0	325.0	34.3	67.5	77.1	54.3	36.3	—	—	1050	944	664	1125	930	692
315.0	326.0	34.5	67.6	77.2	54.5	36.5	—	—	1054	948	666	1129	934	694
316.0	327.1	34.6	67.7	77.3	54.6	36.7	—	—	1058	951	669	1133	938	697
317.0	328.1	34.8	67.8	77.4	54.8	36.9	—	—	1062	955	672	1137	941	700
318.0	329.2	34.9	67.8	77.4	54.9	37.0	—	—	1066	958	674	1140	945	703
319.0	330.2	35.0	67.9	77.5	55.0	37.2	—	—	1069	961	676	1144	949	706
320.0	331.3	35.2	68.0	77.6	55.2	37.4	—	—	1072	965	679	1148	953	709
321.0	332.3	35.3	68.0	77.6	55.3	37.5	—	—	1077	968	681	1152	957	712
322.0	333.4	35.4	68.1	77.7	55.4	37.6	—	—	1081	971	684	1156	961	715
323.0	334.4	35.6	68.2	77.8	55.5	37.8	—	—	1085	974	685	1160	965	717
324.0	335.4	35.7	68.2	77.9	55.6	38.0	—	—	1089	978	687	1164	969	720
325.0	336.5	35.8	68.3	78.0	55.7	38.1	—	—	1092	982	690	1168	973	723
326.0	337.5	36.0	68.4	78.1	55.9	38.3	—	—	1095	985	692	1172	977	726
327.0	338.6	36.1	68.4	78.1	56.0	38.4	—	—	1099	988	695	1176	981	729
328.0	339.6	36.2	68.5	78.2	56.1	38.5	—	—	1103	992	697	1180	985	732
329.0	340.7	36.4	68.6	78.3	56.3	38.8	—	—	1107	994	699	1183	989	735
330.0	341.7	36.5	68.6	78.3	56.4	38.9	—	—	1111	998	702	1187	992	737
331.0	342.8	36.6	68.7	78.4	56.5	39.0	—	—	1115	1001	704	1191	996	739
332.0	343.8	36.7	68.7	78.5	56.6	39.1	—	—	1119	1004	707	1194	1000	742
333.0	344.9	36.9	68.8	78.6	56.8	39.4	—	—	1123	1008	709	1199	1004	745

（续）

硬度							强度/MPa							
布氏硬度 $(F/D^2=30)$	维氏硬度	洛氏硬度		表面洛氏硬度			黄铜		铍青铜					
							板材	棒材	板材			棒材		
HBW	HV	HRB	HRF	HR 15T	HR 30T	HR 45T	R_{m}	R_{m}	R_{m}	$R_{p0.2}$	$R_{p0.01}$	R_{m}	$R_{p0.2}$	$R_{p0.01}$
334.0	345.9	37.0	68.9	78.6	56.9	39.5	—	—	1127	1011	711	1203	1008	748
335.0	347.0	37.1	68.9	78.7	57.0	39.6	—	—	1130	1014	714	1207	1012	751
336.0	348.0	37.3	69.0	78.8	57.1	39.8	—	—	1134	1018	716	1211	1016	754
337.0	349.1	37.4	69.1	78.8	57.2	39.9	—	—	1138	1021	719	1215	1020	757
338.0	350.1	37.5	69.1	78.9	57.3	40.1	—	—	1141	1025	721	1219	1024	760
339.0	351.1	37.7	69.2	79.0	57.5	40.3	—	—	1145	1028	723	1223	1028	762
340.0	352.2	37.8	69.3	79.1	57.6	40.4	—	—	1149	1031	726	1227	1032	765
341.0	353.2	37.9	69.3	79.1	57.7	40.5	—	—	1153	1035	728	1231	1036	768
342.0	354.3	38.0	69.4	79.2	57.8	40.6	—	—	1157	1038	731	1235	1040	771
343.0	355.3	38.2	69.5	79.3	58.0	40.9	—	—	1161	1041	733	1239	1043	774
344.0	356.4	38.3	69.5	79.3	58.1	41.0	—	—	1165	1044	735	1243	1047	777
345.0	357.4	38.4	69.6	79.4	58.2	41.1	—	—	1169	1047	737	1246	1051	780
346.0	358.5	38.5	69.7	79.5	58.3	41.2	—	—	1173	1051	739	1250	1055	783
347.0	359.5	38.7	69.8	79.6	58.5	41.5	—	—	1177	1054	742	1254	1059	785
348.0	360.6	38.8	69.8	79.6	58.6	41.6	—	—	1181	1058	744	1258	1063	787
349.0	361.6	38.9	69.9	79.7	58.7	41.7	—	—	1184	1061	746	1262	1066	790
350.0	362.7	39.0	69.9	79.8	58.8	41.8	—	—	1188	1064	749	1266	1070	793
351.0	363.7	39.2	70.0	79.9	58.9	42.0	—	—	1192	1068	751	1270	1074	796
352.0	364.8	39.3	70.1	79.9	59.0	42.2	—	—	1195	1071	754	1274	1078	799
353.0	365.8	39.4	70.1	80.0	59.1	42.3	—	—	1199	1074	756	1278	1082	802
354.0	366.9	39.5	70.2	80.1	59.2	42.4	—	—	1203	1078	758	1282	1086	805
355.0	367.9	39.8	70.3	80.2	59.5	42.7	—	—	1207	1081	761	1286	1090	807
356.0	368.9	39.9	70.4	80.2	59.6	42.9	—	—	1211	1085	763	1291	1093	810
357.0	370.0	40.0	70.4	80.3	59.7	43.0	—	—	1215	1088	766	1294	1097	813
358.0	371.0	40.2	70.5	80.4	59.9	43.2	—	—	1219	1090	768	1298	1101	816
359.0	372.1	40.3	70.6	80.5	60.0	43.3	—	—	1223	1094	770	1302	1105	819
360.0	373.1	40.4	70.6	80.5	60.1	43.4	—	—	1227	1097	773	1306	1109	822
361.0	374.2	40.5	70.7	80.6	60.2	43.5	—	—	1231	1101	775	1310	1113	825
362.0	375.2	40.6	70.7	80.7	60.3	43.7	—	—	1235	1104	777	1314	1117	828
363.0	376.3	40.8	70.8	80.8	60.5	43.9	—	—	1239	1107	780	1318	1121	830
364.0	377.3	40.9	70.9	80.8	60.6	44.0	—	—	1243	1111	782	1322	1125	833
365.0	378.4	41.0	70.9	80.9	60.7	44.1	—	—	1246	1114	785	1326	1129	836
366.0	379.4	41.1	71.0	80.9	60.8	44.2	—	—	1250	1117	786	1330	1133	838
367.0	380.5	41.2	71.0	81.0	60.8	44.4	—	—	1254	1121	788	1334	1137	841
368.0	381.5	41.3	71.1	81.0	60.9	44.5	—	—	1258	1124	791	1339	1141	844
369.0	382.6	41.4	71.1	81.1	61.0	44.6	—	—	1262	1128	793	1343	1144	847
370.0	383.6	41.5	71.2	81.1	61.1	44.7	—	—	1266	1131	796	1346	1148	850
371.0	384.6	41.6	71.2	81.2	61.2	44.8	—	—	1270	1134	798	1350	1152	852
372.0	385.7	41.7	71.3	81.3	61.3	44.9	—	—	1274	1138	800	1354	1156	855
373.0	386.7	41.9	71.4	81.4	61.5	45.2	—	—	1278	1141	803	1358	1160	858
374.0	387.8	42.0	71.4	81.4	61.6	45.3	—	—	1282	1144	805	1362	1164	861

（续）

硬度							强度/MPa							
布氏硬度 $(F/D^2=30)$	维氏硬度	洛氏硬度		表面洛氏硬度			黄铜		铍青铜					
							板材	棒材	板材			棒材		
HBW	HV	HRB	HRF	HR 15T	HR 30T	HR 45T	R_m	R_m	R_m	$R_{p0.2}$	$R_{p0.01}$	R_m	$R_{p0.2}$	$R_{p0.01}$
375.0	388.8	42.1	71.5	81.5	61.7	45.4	—	—	1286	1147	808	1366	1168	864
376.0	389.9	42.2	71.5	81.5	61.8	45.5	—	—	1290	1150	810	1370	1172	867
377.0	390.9	42.3	71.6	81.6	61.9	45.6	—	—	1293	1154	812	1374	1176	870
378.0	392.0	42.4	71.6	81.7	62.0	45.8	—	—	1298	1157	815	1379	1180	872
379.0	393.0	42.6	71.7	81.8	62.2	46.0	—	—	1302	1161	817	1383	1184	875
380.0	394.1	42.7	71.8	81.8	62.3	46.1	—	—	1306	1164	820	1387	1188	878
381.0	395.1	42.8	71.8	81.9	62.4	46.2	—	—	1310	1167	822	1391	—	—
382.0	396.2	42.9	71.9	81.9	62.5	46.3	—	—	1314	1171	824	1395	—	—
383.0	397.2	43.1	71.9	82.0	62.6	46.5	—	—	1318	1174	827	1398	—	—
384.0	398.3	43.2	72.0	82.1	62.7	46.7	—	—	1322	1177	829	1402	—	—
385.0	399.3	43.3	72.1	82.2	62.8	46.8	—	—	1326	1181	832	1406	—	—
386.0	400.3	43.4	72.1	82.2	62.9	46.9	—	—	1330	1184	834	1410	—	—
387.0	401.4	43.5	72.2	82.3	63.0	47.0	—	—	1334	1188	836	1415	—	—
388.0	402.4	43.6	72.2	82.3	63.1	47.2	—	—	1338	1191	838	1419	—	—
389.0	403.5	43.7	72.3	82.4	63.2	47.3	—	—	1342	1193	840	1423	—	—
390.0	404.5	43.9	72.4	82.5	63.4	47.5	—	—	1345	1197	843	1427	—	—
391.0	405.6	44.0	72.4	82.6	63.5	47.6	—	—	1349	1200	845	1431	—	—
392.0	406.6	44.1	72.5	82.6	63.6	47.7	—	—	1354	1204	847	1435	—	—
393.0	407.7	44.2	72.6	82.7	63.7	47.9	—	—	1358	1207	850	1439	—	—
394.0	408.7	44.3	72.6	82.7	63.8	48.0	—	—	1362	1210	852	1443	—	—
395.0	409.8	44.4	72.7	82.8	63.9	48.1	—	—	1366	1214	855	1446	—	—
396.0	410.8	44.6	72.8	82.9	64.1	48.3	—	—	1370	1217	857	1451	—	—
397.0	411.9	44.7	72.8	82.9	64.2	48.4	—	—	1374	1220	859	1455	—	—
398.0	412.9	44.8	72.9	83.0	64.3	48.6	—	—	1378	1224	862	1459	—	—
399.0	414.0	44.9	72.9	83.1	64.4	48.7	—	—	1382	1227	864	1463	—	—
400.0	415.0	45.0	73.0	83.1	64.4	48.8	—	—	1386	1231	867	1467	—	—
401.0	416.0	45.1	73.0	83.2	64.5	48.9	—	—	1391	—	—	1471	—	—
402.0	417.1	45.3	73.1	83.3	64.7	49.1	—	—	1395	—	—	1475	—	—
403.0	418.1	45.4	73.2	83.3	64.8	49.3	—	—	1398	—	—	1479	—	—
404.0	419.2	45.5	73.2	83.4	64.9	49.4	—	—	1402	—	—	1483	—	—
405.0	420.2	45.6	73.3	83.5	65.0	49.5	—	—	1406	—	—	1488	—	—
406.0	421.3	45.7	73.3	83.5	65.1	49.6	—	—	1410	—	—	1492	—	—
407.0	422.3	45.8	73.4	83.6	65.2	49.7	—	—	1414	—	—	1496	—	—
408.0	423.4	45.9	73.4	83.6	65.3	49.8	—	—	1419	—	—	1499	—	—
409.0	424.4	46.0	73.5	83.7	65.4	50.0	—	—	1423	—	—	1503	—	—
410.0	425.5	46.2	73.6	83.8	65.6	50.2	—	—	1427	—	—	1507	—	—
411.0	426.5	46.3	73.6	83.8	65.7	50.3	—	—	1431	—	—	1511	—	—
412.0	427.6	46.4	73.7	83.9	65.8	50.4	—	—	1435	—	—	1515	—	—
413.0	428.6	46.5	73.7	84.0	65.9	50.5	—	—	1439	—	—	1519	—	—
414.0	429.7	46.6	73.8	84.0	66.0	50.7	—	—	1444	—	—	1523	—	—
415.0	430.7	46.7	73.8	84.1	66.1	50.8	—	—	1447	—	—	1528	—	—
416.0	431.8	46.8	73.9	84.1	66.2	50.9	—	—	1451	—	—	1532	—	—
417.0	432.8	46.9	73.9	84.2	66.3	51.0	—	—	1455	—	—	1536	—	—
418.0	433.8	47.0	74.0	84.3	66.4	51.1	—	—	1459	—	—	1540	—	—
419.0	434.9	47.2	74.1	84.4	66.6	51.3	—	—	1464	—	—	1544	—	—
420.0	435.9	47.3	74.1	84.4	66.6	51.5	—	—	1468	—	—	1547	—	—

注：本表只适用于黄铜（H62、HPb59-1 等）和铍青铜。

4　化学元素的名称和符号（见表 1-31）

表 1-31　化学元素的名称和符号

原子序数	符号	元素名称	原子序数	符号	元素名称
1	H	氢	56	Ba	钡
2	He	氦	57	La	镧
3	Li	锂	58	Ce	铈
4	Be	铍	59	Pr	镨
5	B	硼	60	Nd	钕
6	C	碳	61	Pm	钷
7	N	氮	62	Sm	钐
8	O	氧	63	Eu	铕
9	F	氟	64	Gd	钆
10	Ne	氖	65	Tb	铽
11	Na	钠	66	Dy	镝
12	Mg	镁	67	Ho	钬
13	Al	铝	68	Er	铒
14	Si	硅	69	Tm	铥
15	P	磷	70	Yb	镱
16	S	硫	71	Lu	镥
17	Cl	氯	72	Hf	铪
18	Ar	氩	73	Ya	钽
19	K	钾	74	W	钨
20	Ca	钙	75	Re	铼
21	Sc	钪	76	Os	锇
22	Ti	钛	77	Ir	铱
23	V	钒	78	Pt	铂
24	Cr	铬	79	Au	金
25	Mn	锰	80	Hg	汞
26	Fe	铁	81	Tl	铊
27	Co	钴	82	Pb	铅
28	Ni	镍	83	Bi	铋
29	Cu	铜	84	Po	钋
30	Zn	锌	85	At	砹
31	Ga	镓	86	Rn	氡
32	Ge	锗	87	Fr	钫
33	As	砷	88	Ra	镭
34	Se	硒	89	Ac	锕
35	Br	溴	90	Th	钍
36	Kr	氪	91	Pb	镤
37	Rb	铷	92	U	铀
38	Sr	锶	93	Np	镎
39	Y	钇	94	Pu	钚
40	Zr	锆	95	Am	镅
41	Nb	铌	96	Cm	锔
42	Mo	钼	97	Bk	锫
43	Te	锝	98	Cf	锎
44	Ru	钌	99	Es	锿
45	Rh	铑	100	Fm	镄
46	Pd	钯	101	Md	钔
47	Ag	银	102	No	锘
48	Cd	镉	103	Lr	铹
49	In	铟	104	Rf	𬬻
50	Sn	锡	105	Db	𬭊
51	Sb	锑	106	Sg	𬭳
52	Te	碲	107	Bh	𬭶
53	I	碘	108	Hs	𬭸
54	Xe	氙	109	Mt	䥑
55	Cs	铯			

第2章 常用金属材料

1 通用技术资料

1.1 金属材料主要力学性能项目 (见表 2-1)

表 2-1 金属材料主要力学性能项目

名称	定义和说明	符号	单位
规定塑性延伸强度	塑性延伸率等于规定的引伸计标距(L_e)百分率时对应的应力。使用的符号应附下脚标说明所规定的塑性延伸率,如 $R_{p0.2}$ 表示规定塑性延伸率为 0.2%时的应力	R_p	
规定总延伸强度	总延伸率等于规定的引伸计标距 L_e 百分率时的应力。使用的符号应附下脚标说明所规定的总延伸率,如 $R_{t0.5}$ 表示规定总延伸率为 0.5%时的应力	R_t	
规定残余延伸强度	卸除应力后残余延伸率等于规定的引伸计标距 L_e 百分率时对应的应力。使用的符号应附下脚标说明所规定的残余延伸率,如 $R_{r0.2}$ 表示规定残余延伸率为 0.2%时的应力	R_r	
规定非比例压缩强度	试样标距段的非比例压缩变形达到规定的原始标距百分比时的压缩应力。表示此压缩强度的符号应以下脚标说明,如 $R_{pc0.01}$、$R_{pc0.2}$ 分别表示规定非比例压缩应变为 0.01%、0.2%时的压缩应力	R_{pc}	
规定总压缩强度	试样标距段总压缩变形(弹性变形加塑性变形)达到规定的原始标距百分比时的压缩应力。表示此压缩强度的符号应附以下脚标说明,如 $R_{tc1.5}$ 表示规定总压缩应变为 1.5%时的压缩应力	R_{tc}	MPa
屈服强度	当金属材料呈现屈服现象时,在试验期间发生塑性变形而力不增加时的应力。应区分上屈服强度和下屈服强度	—	
上屈服强度	试样发生屈服而力首次下降前的最大应力值	R_{eH}	
下屈服强度	在屈服期间,不计初始瞬时效应时的最低应力值	R_{eL}	
压缩屈服强度	当金属材料呈现屈服现象时,试样在试验过程中达到力不再增加而仍继续变形所对应的压缩应力,应区分上压缩屈服强度和下压缩屈服强度	—	
上压缩屈服强度	试样发生屈服而力首次下降前的最高压应力	R_{eHc}	
下压缩屈服强度	在屈服期间不计初始瞬时效应时的最低压缩应力	R_{eLc}	
抗拉强度	与最大力 F_m 相对应的应力。通过拉伸试验到断裂过程中的最大试验力和试样原始横截面积之间的比值来计算	R_m	
抗压强度	对于脆性材料,试样压至破坏过程中的最大压缩应力;对于压缩中不以粉碎性破裂失效的塑性材料,则抗压强度取决于规定应变和试样几何形状	R_{mc}	

（续）

名称	定义和说明	符号	单位
标距	用于测量试样尺寸变化的部分长度	L	mm
原始标距	室温下施力前的试样标距	L_0	
断后标距	在室温下将断后的两部分紧密地对接在一起,保证两部分的轴线位于同一条直线上,测量试样断裂后的标距	L_u	
引伸计标距	用引伸计测量试样延伸时所使用试样平行长度部分的长度 注:对于测定屈服强度和规定强度性能,建议 L_e 应尽可能跨越试样平行长度。理想的 L_e 应大于 $L_0/2$ 但小于约 $0.9L_c$ (L_c 为试样两头部或两夹持部分(不带头试样)之间平行部分的长度)。这将保证引伸计检测到发生在试样上的全部屈服。最大力时或在最大力之后的性能,推荐 L_e 等于 L_0 或近似等于 L_0,但测定断后伸长率时 L_e 应等于 L_0。	L_e	
伸长率	原始标距的伸长与原始标距 L_0 之比的百分率	A	
残余伸长率	卸除指定的应力后,试样原始标距的增量,以原始标距 L_0 的百分率表示	—	
断后伸长率	断后标距的残余伸长 (L_u-L_0) 与原始标距 (L_0) 之比的百分率 注:对于比例试样,若原始标距不为 $5.65\sqrt{S_o}^{1)}$ (S_o 为平行长度的原始横截面积),符号 A 应附以下脚注说明所使用的比例系数,例如,$A_{11.3}$ 表示原始标距为 $11.3\sqrt{S_o}$ 的断后伸长率。对于非比例试样,符号 A 应附以下脚注说明所使用的原始标距,以毫米(mm)表示,例如,A_{80mm} 表示原始标距为 80mm 的断后伸长率。	A	
延伸率	用引伸计标距 L_e 表示的延伸百分率	—	%
残余延伸率	试样施加并卸除应力后引伸计标距的延伸与引伸计标距 L_e 之比的百分率	—	
屈服总延伸率	呈现明显屈服(不连续屈服)现象的金属材料,屈服开始至均匀加工硬化开始之间引伸计标距的延伸与引伸计标距 L_e 之比的百分率	A_e	
最大力总延伸率	最大力时原始标距的总延伸(弹性延伸加塑性延伸)与引伸计标距 L_e 之比的百分率	A_{gt}	
最大力塑性延伸率	最大力时原始标距的塑性延伸与引伸计标距 L_e 之比的百分率	A_g	
断裂总延伸率	断裂时刻原始标距的总延伸(弹性延伸加塑性延伸)与引伸计标距 L_e 之比的百分率	A_t	
断面收缩率	断裂后试样横截面积的最大缩减量 (S_0-S_u) 与原始横截面积 (S_0) 之比的百分率:$Z=\dfrac{S_0-S_u}{S_0}\times100\%$ 式中,S_u 为断后最小横截面积,单位为 mm^2	Z	
布氏硬度	材料抵抗通过硬质合金球压头施加试验力所产生永久压痕变形的度量单位 注:1. HBW = $0.102\times$试验力(N)/永久压痕表面积(mm^2)。 2. 假设压痕保持球形不变,其表面积是根据平均压痕直径和球的直径计算的。	HBW	—

（续）

名称	定义和说明	符号	单位
洛氏硬度	材料抵抗通过硬质合金或钢球压头,或对应某一标尺的金刚石圆锥体压头施加试验力所产生永久压痕变形的度量单位 注:HR = $N - h/S$ 式中,N 和 S 为给定的洛氏硬度标尺常数,h(mm) 为在施加并卸除主试验力后初试验力下的压痕深度增量。	HR	
维氏硬度	材料抵抗通过金刚石正四棱锥体压头施加试验力所产生永久压痕变形的度量单位 注:1. HV = 0.102×试验力(N)/永久压痕的表面积(mm^2)。 2. 假设压痕保持压头理想的几何形状不变,其表面积是根据两对角线的平均长度计算的。	HV	
里氏硬度	用规定质量的冲击体在弹性力作用下以一定速度冲击试样表面,用冲头在距试样表面 1mm 处的回弹速度与冲击速度的比值计算硬度值 注:HL = 1000×冲击体回弹速度/冲击体冲击速度表示。	HL	—
努氏硬度	材料抵抗通过金刚石菱形锥体压头施加试验力所产生永久压痕变形的度量单位 注:1. HK = 0.102×试验力(N)/永久压痕投影面积(mm^2)。 2. 假设压痕保持压头理想的几何形状不变,其投影面积是根据长对角线的长度计算的。	HK	
马氏硬度	材料抵抗通过金刚石棱锥体(正四棱锥体或正三棱锥体)压头施加试验力所产生塑性变形和弹性变形的度量单位 注:1. HM = 试验力(N)/压头过接触零点后的表面积 A_s(h)。 2. 压头的表面积是根据压痕深度和压头面积函数计算的。	HM	
杨氏模量	低于比例极限的应力与相应应变的比值 注:杨氏模量为正应力和线性应变下的弹性模量特例。	E	MPa
压缩弹性模量	在试验过程中,应力应变呈线性关系时的压缩应力与应变的比值	E_c	
吸收能量	摆锤冲击前所具有的势能和试样断裂后残留的能量的差,且风阻和摩擦损耗已被补偿,从试验机的读数装置上读出	K	J
实际吸收能量	通过摆锤冲击试验机试验折断试样时所需要的总能量 注:它等于试样被折断的过程中,摆锤从起始位置到第一个半周期终止,产生的势能的差。	KV 或 KU	
疲劳寿命	达到疲劳失效判据的实际循环次数	N_f	次
疲劳强度	在指定寿命下使试样失效的应力水平	S	
N 次循环后的疲劳强度	在规定应力比下,使试样的寿命为 N 次循环的应力振幅值 注:一些金属通常显现不出定义中的"疲劳极限"或"耐久极限"。这是因为,在低于此应力作用下,金属可以承受无数次循环。通常情况下,应力曲线中的平台被认为是传统的"疲劳极限"或"耐力极限",但是在这个应力水平以下也会发生失效。	σ_N	MPa

1.2　分类

1.2.1　金属材料分类（见表 2-2）

表 2-2　金属材料分类

按组成成分分	1）纯金属（简单金属）——指由一种金属元素组成的物质。目前已知纯金属有 80 多种，但工业上采用的为数很少 2）合金（复杂金属）——指由一种金属元素（为主的）与另外一种（或几种）金属元素（或非金属元素）组成的物质。它的种类很多，如工业上常用的生铁和钢，就是铁碳合金；黄铜就是铜锌合金……由于合金的各项性能一般较优于纯金属，因此在工业上合金的应用比纯金属广泛
按实用分	1）黑色金属——指钢和铁的合金，如生铁、铁合金、铸铁和钢等 2）有色金属——又称非铁金属。指除黑色金属外的金属和合金，如铜、锡、铅、锌、铝以及黄铜、青铜、铝合金和轴承合金等。另外，在工业上还采用铬、镍、锰、钼、钴、钒、钨及钛等，这些金属主要用作合金附加物，以改善金属的性能，其中钨、钛、钴多作为生产刀具用的硬质合金。所有上述有色金属都称为工业用金属，以区别于贵重金属（铂、金、银）与稀有金属（包括放射性的铀、镭等）

1.2.2　黑色金属分类（见表 2-3）

表 2-3　黑色金属分类

生铁	来源——把铁矿石放到高炉中冶炼，得到的产品即为生铁（液状）。把液状生铁浇注于砂模或钢模中，即成块状生铁（生铁块） 组成成分——是碳质量分数大于 2% 的一种铁碳合金，此外还含有硅、锰、磷、硫等元素 品种——有炼钢用生铁、铸造用生铁、球墨铸铁用生铁
铁合金	定义——指铁与硅、锰、铬及钛等元素组成的合金的总称。铁与硅组成的合金，称为硅铁；铁与锰组成的合金，称为锰铁…… 用途——供铸造或炼钢作还原剂或作合金元素添加剂
铸铁	来源——把铸造生铁放到熔铁炉中熔炼，产品即为铸铁（液状）。再把液状铸铁浇注成铸件，这种铸件称为铸铁件 品种——工业上常用的有灰铸铁（铸铁）、可锻铸铁（马铁、玛钢）、球墨铸铁和耐热铸铁等
钢	来源——把炼钢用生铁放到炼钢炉内熔炼即得到钢。钢的产品有钢锭、连铸坯（供轧制成各种钢材）和直接铸成各种钢铸件等。通常所讲的钢，一般指轧制成各种钢材的钢 组成成分——是碳质量分数小于 2% 的一种铁碳合金。此外尚含有硅、锰、磷、硫等元素，但这些元素的含量要比生铁中的少

1.2.3　生铁分类及说明（见表 2-4）

表 2-4　生铁分类及说明

分类方法	分类名称	说　　　　明
按用途	炼钢生铁	炼钢生铁指用于平炉、转炉炼钢用的生铁，一般硅含量较低 [$w(Si) \leqslant 1.75\%$]、硫含量较高 [$w(S) \leqslant 0.07\%$]，质硬而脆，断口呈白色，故也称白口铁
	铸造生铁	铸造生铁指用于铸造各种生铁铸件的生铁，一般硅含量较高 [$w(Si)$ 达 3.75%]、硫含量稍低 [$w(S) \leqslant 0.06\%$]，断口呈灰色，故也称灰口铁
按化学成分	普通生铁	普通生铁是指不含其他合金元素的生铁，如炼钢生铁、铸造生铁均属此类
	特种生铁	特种生铁分为天然合金生铁及铁合金两种。前者指用共生金属的铁矿石或精矿成的，含有一定量的合金元素（由矿石成分决定）的特种生铁，可用来炼钢及铸造；后者指在炼铁时特意加入其他成分，炼成含有多种合金元素的特种生铁，其品种较多，如锰铁、硅铁、铬铁等，是炼钢的原料之一，也可用于铸造

1.2.4 铸铁分类及说明（见表 2-5）

表 2-5 铸铁分类及说明

分类方法	分类名称	说 明
按断口颜色	灰铸铁	其断口呈暗灰色,有一定的力学性能和良好的被切削性能,普遍应用于工业中
	白口铸铁	其断口呈白亮色,硬而脆,不能进行切削加工,很少在工业上直接用来制作机械零件。由于其具有很高的表面硬度和耐磨性,又称激冷铸铁或冷硬铸铁
	麻口铸铁	其断口呈灰白相间的麻点状,性能不好,极少应用
按化学成分	普通铸铁	指不含任何合金元素的铸铁,如灰铸铁、可锻铸铁、球墨铸铁等
	合金铸铁	是在普通铸铁内加入一些合金元素,用以提高某些特殊性能,配制而成的高级铸铁,如各种耐蚀、耐热、耐磨的特殊性能铸铁
按生产方法和组织性能	普通灰铸铁	(见灰铸铁)
	孕育铸铁	是在灰铸铁基础上,采用"变质处理"而成,又称变质铸铁。其强度、塑性和韧性均比一般灰铸铁好得多,组织也较均匀。主要用于制造力学性能要求较高,而截面尺寸变化较大的大型铸件
	可锻铸铁	由一定成分的白口铸铁经石墨化退化而成,比灰铸铁具有较高的韧性,又称韧性铸铁,其并不可锻造。常用来制造承受冲击载荷的铸件
	球墨铸铁	和钢相比,除塑性、韧性稍低外,其他性能均接近,是兼有钢和铸铁优点的优良材料,在机械工程上应用广泛
	特殊性能铸铁	根据用途不同,可分为耐磨铸铁、耐热铸铁、耐蚀铸铁等等,大都属于合金铸铁,在机械制造上应用较广泛

1.2.5 钢分类（摘自 GB 13304.2—2008）

非合金钢、低合金钢和合金钢按主要质量等级及主要性能或使用特性进行分类。

1）按主要质量等级分类见表 2-6。

表 2-6 按主要质量等级分类

钢的类别	按主要质量等级分类
非合金钢	普通质量非合金钢
	优质非合金钢
	特殊质量非合金钢
低合金钢	普通质量低合金钢
	优质低合金钢
	特殊质量低合金钢
合金钢	优质合金钢
	特殊质量合金钢

2）按主要性能或使用特性分类见表 2-7。

表 2-7 按主要性能或使用特性分类

钢的类别	按主要性能或使用特性分类
非合金钢	1）以规定最高强度为主要特性的非合金钢 2）以规定最低强度为主要特性的非合金钢 3）以限制碳含量为主要特性的非合金钢(但下述 4)、5)项包括的钢除外) 4）非合金易切削钢,钢中硫含量最低值,熔炼分析值不小于 0.070%,并(或)加入 Pb、Bi、Te、Se、Sn、Ca 或 P 等元素 5）非合金工具钢 6）具有专门规定磁性或电性能的非合金钢 7）其他非合金钢

（续）

钢的类别	按主要性能或使用特性分类
低合金钢	1) 可焊接的低合金高强度结构钢 2) 低合金耐候钢 3) 低合金混凝土用钢及预应力用钢 4) 铁道用低合金钢 5) 矿用低合金钢 6) 其他低合金钢，如焊接用钢
合金钢	1) 工程结构用合金钢 2) 机械结构用合金钢 3) 不锈、耐蚀和耐热钢 4) 工具钢 5) 轴承钢 6) 特殊物理性能钢 7) 其他，如焊接用合金钢

3) 非合金钢的主要分类及举例见表 2-8。

表 2-8　非合金钢的主要分类及举例

按主要特性分类	按主要质量等级分类		
	1	2	3
	普通质量非合金钢	优质非合金钢	特殊质量非合金钢
以规定最高强度为主要特性的非合金钢	普通质量低碳结构钢板和钢带 GB 912 中的 Q195 牌号	1) 冲压薄板低碳钢 GB/T 5213 中的 DC01 2) 供镀锡、镀锌、镀铅板带和原板用碳素钢 GB/T 2518 、GB/T 2520 、YB/T 5364 全部碳素钢牌号 3) 不经热处理的冷顶锻和冷挤压用钢 GB/T 6478 中表 1 的牌号	—
以规定最低强度为主要特性的非合金钢	1) 碳素结构钢 GB/T 700 中的 Q215 中 A、B 级，Q235 的 A、B 级 Q275 的 A、B 级 2) 碳素钢筋钢 GB 1499.1 中的 HPB235、HPB300 3) 铁道用钢 GB/T 11264 中的 50Q、55Q、GB/T 11265 中的 Q235-A	1) 碳素结构钢 GB/T 700 中除普通质量 A、B 级钢以外的所有牌号及 A、B 级规定冷成型性及模锻性特殊要求者 2) 优质碳素结构钢 GB/T 699 中除 65Mn、70Mn、70、75、80、85 以外的所有牌号 3) 锅炉和压力容器用钢 GB 713 中的 Q245R，GB 3087 中的 10、20，GB 6479 中的 10、20 及 GB 6653 中的 HP235、HP265 4) 造船用钢 GB 712 中的 A、B、D、E，GB/T 5312 中的所有牌号及 GB/T 9945 中的 A、B、D、E 5) 铁道用钢 GB 2585 中的 U74，GB 8601 中的 CL60B 级及 GB 8602 中的 LG60B 级、LG 65B 级 6) 桥梁用钢 GB/T 714 中的 Q235qC、Q235qD	1) 优质碳素结构钢 GB/T 699 中的 65Mn、70Mn、70、75、80、85 钢 2) 保证淬透性钢 GB/T 5216 中的 45H 3) 保证厚度方向性能钢 GB/T 5313 中的所有非合金钢，GB/T 19879 中的 Q235GJ 4) 汽车用钢 GB/T 20564.1 中的 CR180BH、CR220BH、CR260BH 及 GB/T 20564.2 中的 CR260/450DP 5) 铁道用钢 GB 5068 中的所有牌号，GB 8601 中的 CL60A 级及 GB 8602 中的 LG60A、LG65A 级 6) 航空用钢 包括所有航空专用非合金结构钢牌号

（续）

按主要特性分类	按主要质量等级分类		
	1	2	3
	普通质量非合金钢	优质非合金钢	特殊质量非合金钢
以规定最低强度为主要特性的非合金钢	4）一般工程用不进行热处理的普通质量碳素钢 GB/T 14292 中的所有普通质量碳素钢 5）锚链用钢 GB/T 18669 中的 CM370	7）汽车用钢 YB/T 4151 中的 330CL、380CL，YB/T 5227 中的 12LW、YB/T 5035 中的 45 及 YB/T 5209 中的 08Z、20Z 8）输送管线用钢 GB/T 3091 中的 Q195、Q215A、Q215B、Q235A、Q235B 及 GB/T 8163 中的 10、20 9）工程结构用铸造碳素钢 GB 11352 中的 ZG200-400、ZG230-450、ZG270-500、ZG310-570、ZG340-640 及 GB 7659 中的 ZG200-400H、ZG230-450H、ZG275-485H 10）预应力及混凝土钢筋用优质非合金钢	7）兵器用钢 包括各种兵器用非合金结构钢牌号 8）核压力容器用非合金钢 9）输送管线用钢 GB/T 21237 中的 L245、L290、L320、L360 10）锅炉和压力容器用钢 GB 5310 中的所有非合金钢
以碳含量为主要特性的非合金钢	1）普通碳素钢盘条 GB/T 701 中的所有牌号（C 级钢除外）及 YB/T 170.2 中的所有牌号（C4D、C7D 除外） 2）一般用途低碳钢丝 YB/T 5294 中的所有碳钢牌号 3）热轧花纹钢板及钢带 YB/T 4159 中的普通质量碳素结构钢	1）焊条用钢（不包括成品分析 S、P 不大于 0.025 的钢） GB/T 14957 中的 H08A、H08MnA、H15A、H15Mn，GB/T 3429 中的 H08A、H08MnA、H15A、H15Mn 2）冷镦用钢 YB/T 4155 中的 BL1、BL2、BL3，GB/T 5953 中的 ML10~ML45，YB/T 5144 中的 ML15、ML20 及 GB/T 6478 中的 ML08Mn、ML22Mn、ML25~ML45、ML15Mn~ML35Mn 3）花纹钢板 YB/T 4159 优质非合金钢 4）盘条钢 GB/T 4354 中的 25~65、40Mn~60Mn 5）非合金调质钢（特殊质量钢除外） 6）非合金表面硬化钢（特殊质量钢除外） 7）非合金弹簧钢（特殊质量钢除外）	1）焊条用钢（成品分析 S、P 不大于 0.025 的钢） GB/T 14957 中的 H08E、H08C 及 GB/T 3429 中的 H04E、H08E、H08C 2）碳素弹簧钢 GB/T 1222 中的 65~85、65Mn 及 GB/T 4357 中的所有非合金钢 3）特殊盘条钢 YB/T 5100 中的 60、60Mn、65、65Mn、70、70Mn、75、80、T8MnA、T9A（所有牌号）及 YB/T 146 中所有非合金钢 4）非合金调质钢 （符合本部分中的 4.1.3.2 规定） 5）非合金表面硬化钢 （符合本部分中的 4.1.3.2 规定） 6）火焰及感应淬火硬化钢 （符合本部分中的 4.1.3.2 规定） 7）冷顶锻和冷挤压钢 （符合本部分中的 4.1.3.2 规定）

（续）

按主要 特性分类	按主要质量等级分类		
	1	2	3
	普通质量非合金钢	优质非合金钢	特殊质量非合金钢
非合金 易切削钢	—	易切削结构钢 GB/T 8731 中的牌号 Y08～Y45、 Y08Pb、Y12Pb、Y15Pb、Y45Ca	特殊易切削钢 要求测定热处理后冲击韧性等 GJB 1494 中的 Y75
非合金 工具钢	—	—	碳素工具钢 GB/T 1298 中的全部牌号
规定磁 性能和电 性能的非 合金钢	—	1) 非合金电工钢板、带 GB/T 2521 电工钢板、带 2) 具有规定导电性能（<9S/m） 的非合金电工钢	1) 具有规定导电性能（≥9S/ m）的非合金电工钢 2) 具有规定磁性能的非合金软 磁材料 GB/T 6983 规定的非合金钢
其他非 合金钢	栅栏用钢丝 YB/T 4026 中普 通质量非合金钢 牌号		原料纯铁 GB/T 9971 中的 YT1、YT2、YT3

4) 低合金钢的主要分类及举例见表 2-9。

表 2-9　低合金钢的主要分类及举例

按主要 特性分类	按主要质量等级分类		
	1	2	3
	普通质量低合金钢	优质低合金钢	特殊质量低合金钢
可焊接 合金高强 度结构钢	一般用途低合金 结构钢 GB/T 1591 中的 Q295、Q345 牌号的 A 级钢	1) 一般用途低合金结构钢 GB/T 1591 中的 Q295B、Q345（A 级钢以外）和 Q390（E 级钢以外） 2) 锅炉和压力容器用低合金钢 GB 713 除 Q245 以外的所有牌 号、GB 6653 中除 HP235、HP265 以外的所有牌号及 GB 6479 中的 16Mn、15MnV 3) 造船用低合金钢 GB 712 中的 A32、D32、E32、 A36、D36、E36、A40、D40、E40 及 GB/T 9945 中的高强度钢 4) 汽车用低合金钢 GB/T 3273 中所有牌号，YB/T 5209 中的 08Z、20Z 及 YB/T 4151 中的 440CL、490CL、540CL 5) 桥梁用低合金钢 GB/T 714 中除 Q235q 以外的钢 6) 输送管线用低合金钢 GB/T 3091 中的 Q295A、Q295B、 Q345A、Q345B 及 GB/T 8163 中的 Q295、Q345 7) 锚链用低合金钢 GB/T 18669 中的 CM490、CM690 8) 钢板桩 GB/T 20933 中的 Q295bz、Q390bz	1) 一般用途低合金结构钢 GB/T 1591 中的 Q390E、Q345E、 Q420 和 Q460 2) 压力容器用低合金钢 GB/T 19189 中的 12MnNiVR 及 GB 3531 中的所有牌号 3) 保证厚度方向性能低合金钢 GB/T 19879 中除 Q235GJ 以外 的所有牌号及 GB/T 5313 中所有 低合金牌号 4) 造船用低合金钢 GB 712 中的 F32、F36、F40 5) 汽车用低合金钢 GB/T 20564.2 中的 CR300/ 500DP 及 YB/T 4151 中的 590CL 6) 低焊接裂纹敏感性钢 YB/T 4137 中所有牌号 7) 输送管线用低合金钢 GB/T 21237 中的 L390、L415、 L450、L485 8) 舰船兵器用低合金钢 9) 核能用低合金钢

（续）

按主要 特性分类	按主要质量等级分类		
	1	2	3
	普通质量低合金钢	优质低合金钢	特殊质量低合金钢
低合金 耐候钢	—	低合金耐候性钢 GB/T 4171 中所有牌号	—
低合金 混凝土 用钢	一般低合金钢筋钢 GB 1499.2 中的所 有牌号	—	预应力混凝土用钢 YB/T 4160 中的 30MnSi
铁道用 低合金钢	低合金轻轨钢 GB/T 11264 中的 45SiMnP、50SiMnP	1）低合金重轨钢 GB 2585 中的除 U74 以外的 牌号 2）起重机用低合金钢轨钢 YB/T 5055 中的 U71Mn 3）铁路用异型钢 YB/T 5181 中的 09CuPRE YB/T 5182 中的 09V	铁路用低合金车轮钢 GB 8601 中的 CL 45 MnSiV
矿用低 合金钢	矿用低合金钢 GB/T 3414 中的 M510、M540、M565 热轧钢 GB/T 4697 中的 所有牌号	矿用低合金结构钢 GB/T 3414 中的 M540、M565 热 处理钢	矿用低合金结构钢 GB/T 10560 中的 20Mn2A、 20MnV、25MnV
其他低 合金钢	—	1）易切削结构钢 GB/T 8731 中的 Y08MnS、Y15Mn、 Y40Mn、Y45Mn、Y45MnS、Y45MnSPb 2）焊条用钢 GB/T 3429 中的 H08MnSi、H10MnSi	焊条用钢 GB/T 3429 中的 H05MnSiTiZrAlA、 H11MnSi、H11MnSiA

5）合金钢的分类见表 2-10。

1.2.6 常用有色金属材料分类（见图 2-1）

1.3 钢铁产品牌号表示方法（摘自 GB/T 221—2008）

1.3.1 基本原则

钢铁产品牌号的表示，通常采用大写汉语拼音字母、化学元素符号和阿拉伯数字相结合的方法表示。为了便于国际交流和贸易的需要，也可采用大写英文字母或国际惯例表示符号。

采用汉语拼音字母或英文字母表示产品名称、用途、特性和工艺方法时，一般从产品名称中选取有代表性的汉字的汉语拼音的首位字母或英文单词的首位字母。当和另一产品所选字母重复时，改取第二个字母或第三个字母，或同时选取两个（或多个）汉字或英文单词的首位字母。

采用汉语拼音字母或英文字母，原则上只取一个，一般不超过三个。

产品牌号中的元素含量用质量分数表示。

表 2-10　合金钢的分类

按主要质量分类	优质合金钢		特殊质量合金钢	
	1		2	3
按主要使用特性分类	工程结构用合金钢	其他	工程结构用合金钢	机械结构用合金钢①（第4、6除外）
按其他特性（除上述特性以外）对钢进一步分类举例	11 一般工程结构用合金钢 GB/T 20933 中的 Q420bz 12 合金钢筋钢 GB/T 20065 中的合金钢 13 凿岩钎杆用钢 GB/T 1301 中的合金钢 14 耐磨钢 GB/T 5680 中的合金钢	16 电工用硅（铝）钢（无磁导率要求） GB/T 6983 中的合金钢 17 铁道用合金钢 GB/T 11264 中的 30CuCr 18 易切削钢 GB/T 8731 中的含锡钢 19 其他	21 锅炉和压力容器用合金钢（4类除外） GB/T 19189 中的 07MnCrMoVR、07MnNiMoVDR GB 713 中的合金钢 GB 5310 中的合金钢 22 热处理合金钢筋钢 23 汽车用钢 GB/T 20564.2 中的 CR340/590DP、CR 420/780DP 及 CR 550/980DP 24 预应力用钢 YB/T 4160 中的合金钢 25 矿用合金钢 GB/T 10560 中的合金钢 26 输送管线用钢 GB/T 21237 中的 L555、L690 27 高锰钢	31 V、MnV、Mn（x）系钢 32 SiMn（x）系钢 33 Cr（x）系钢 34 CrMo（x）系钢 35 CrNiMo（x）系钢 36 Ni（x）系钢 37 B（x）系钢 38 其他

按主要质量分类	特殊质量合金钢				
	4	5	6	7	8
按主要使用特性分类	不锈、耐蚀和耐热钢②	工具钢	轴承钢	特殊物理性能钢	其他
按其他特性（除上述特性以外）对钢进一步分类举例	41 马氏体型 或 42 铁素体型 411/421 Cr（x）系钢 412/422 CrNi（x）系钢 413/423 CrMo(x)、CrCo(x)系钢 414/424 CrAl(x)、CrSi(x)系钢 415/425 其他 43 奥氏体型 或 44 奥氏-铁素体型 或 45 沉淀硬化型 431/441/451 CrNi（x）系钢 432/442/452 CrNiMo（x）系钢 433/443/453 CrNi+Ti 或 Nb 钢 434/444/454 CrNiMo+Ti 或 Nb 钢 435/445/455 CrNi+V、W、Co 钢 436/446 CrNiSi（x）系钢 437 CrMnSi（x）系钢 438 其他	51 合金工具钢 GB/T 1299 中所有牌号 511 Cr（x） 512 Ni（x）、CrNi（x） 513 Mo（x）、CrMo（x） 514 V（x）、CrV（x） 515 W（x）、CrW（x）系钢 516 其他 52 高速钢 GB/T 9943 中所有牌号 521 WMo系钢 522 W系钢 523 Co系钢	61 高碳铬轴承钢 GB/T 18254 中所有牌号 62 渗碳轴承钢 GB/T 3203 中所有牌号 63 不锈轴承钢 GB/T 3086 中所有牌号 64 高温轴承钢 65 无磁轴承钢	71 软磁钢（除 16 外） GB/T 14986 中所有牌号 72 永磁钢 GB/T 14991 中所有牌号 73 无磁钢 74 高电阻钢和合金 GB/T 1234 中所有牌号	焊接用钢 GB/T 3429 中的合金钢

注：（x）表示该合金系列中还包括有其他合金元素，如 Cr（x）系，除 Cr 钢外，还包括 CrMn 钢等。
① GB/T 3007 中所有牌号，GB/T 1222 和 GB/T 6478 中的合金钢等。
② GB/T 1220、GB/T 1221、GB/T 2100、GB/T 6892 和 GB/T 12230 中的所有牌号。

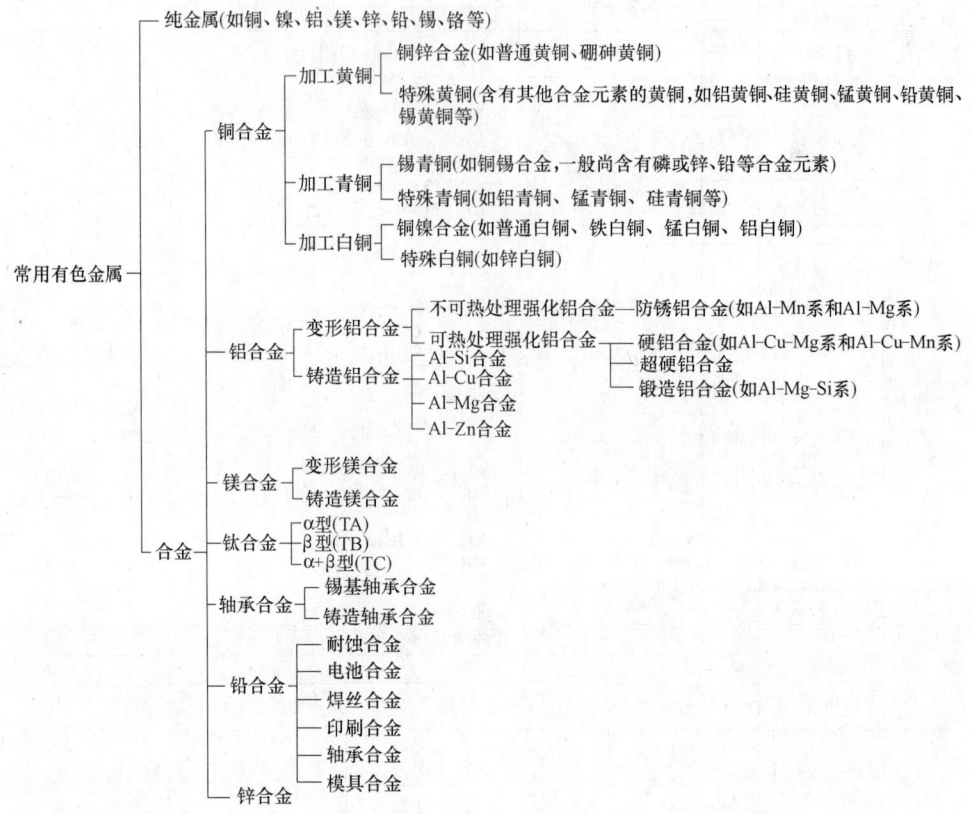

图 2-1　常用有色金属材料分类

1.3.2　牌号表示方法

（1）生铁

生铁产品牌号通常由两部分组成：

第一部分：表示产品用途、特性及工艺方法的大写汉语拼音字母。

第二部分：表示主要元素平均含量（以千分之几计）的阿拉伯数字。炼钢用生铁、铸造用生铁、球墨铸铁用生铁、耐磨生铁为硅元素平均含量，脱碳低磷粒铁为碳元素平均含量，含钒生铁为钒元素平均含量，见表 2-11。

表 2-11　生铁产品牌号表示方法

序号	产品名称	第一部分			第二部分	牌号示例
		采用汉字	汉语拼音	采用字母		
1	炼钢用生铁	炼	LIAN	L	硅含量为 0.85%～1.25% 的炼钢生铁，阿拉伯数字为 10	L10
2	铸造用生铁	铸	ZHU	Z	硅含量为 2.80%～3.20% 的铸造生铁，阿拉伯数字为 30	Z30

（续）

序号	产品名称	第一部分			第二部分	牌号示例
		采用汉字	汉语拼音	采用字母		
3	球墨铸铁用生铁	球	QIU	Q	硅含量为 1.00%～1.40% 的球墨铸铁用生铁，阿拉伯数字为 12	Q12
4	耐磨生铁	耐磨	NAI MO	NM	硅含量为 1.60%～2.00% 的耐磨生铁，阿拉伯数字为 18	NM18
5	脱碳低磷粒铁	脱粒	TUO LI	TL	碳含量为 1.20%～1.60% 的炼钢用脱碳低磷粒铁，阿拉伯数字为 14	TL14
6	含钒生铁	钒	FAN	F	钒含量不小于 0.40% 的含钒生铁，阿拉伯数字为 04	F04

（2）碳素结构钢和低合金结构钢

1）碳素结构钢和低合金结构钢的牌号通常由四部分组成。

第一部分：前缀符号+强度值（以 N/mm^2 或 MPa 为单位），其中通用结构钢前缀符号为代表屈服强度的汉语拼音的首个字母"Q"，专用结构钢的前缀符号见表 2-12。

表 2-12　专用结构钢的前缀符号

产品名称	采用的汉字及汉语拼音或英文单词			采用字母	位置
	汉字	汉语拼音	英文单词		
热轧光圆钢筋	热轧光圆钢筋	—	Hot Rolled Plain Bars	HPB	牌号头
热轧带肋钢筋	热轧带肋钢筋	—	Hot Rolled Ribbed Bars	HRB	牌号头
细晶粒热轧带肋钢筋	热轧带肋钢筋+细	—	Hot Rolled Ribbed Bars+Fine	HRBF	牌号头
冷轧带肋钢筋	冷轧带肋钢筋	—	Cold Rolled Ribbed Bars	CRB	牌号头
预应力混凝土用螺纹钢筋	预应力、螺纹、钢筋	—	Prestressing、Screw、Bars	PSB	牌号头
焊接气瓶用钢	焊瓶	HAN PING	—	HP	牌号头
管线用钢	管线	—	Line	L	牌号头
船用锚链钢	船锚	CHUAN MAO	—	CM	牌号头
煤机用钢	煤	MEI	—	M	牌号头

第二部分（必要时）：钢的质量等级，用英文字母 A、B、C、D、E、F……表示。

第三部分（必要时）：脱氧方式表示符号，即沸腾钢、半镇静钢、镇静钢、特殊镇静钢分别以"F""b""Z""TZ"表示。镇静钢、特殊镇静钢表示符号通常可以省略。

第四部分（必要时）：产品用途、特性和工艺方法表示符号见表 2-13。

表 2-13　第四部分的表示符号

产品名称	采用的汉字及汉语拼音或英文单词			采用字母	位置
	汉字	汉语拼音	英文单词		
锅炉和压力容器用钢	容	RONG	—	R	牌号尾
锅炉用钢(管)	锅	GUO	—	G	牌号尾
低温压力容器用钢	低容	DI RONG	—	DR	牌号尾

（续）

产品名称	采用的汉字及汉语拼音或英文单词			采用字母	位置
	汉字	汉语拼音	英文单词		
桥梁用钢	桥	QIAO	—	Q	牌号尾
耐候钢	耐候	NAI HOU	—	NH	牌号尾
高耐候钢	高耐候	GAO NAI HOU	—	GNH	牌号尾
汽车大梁用钢	梁	LIANG	—	L	牌号尾
高性能建筑结构用钢	高建	GAO JIAN	—	GJ	牌号尾
低焊接裂纹敏感性钢	低焊接裂纹敏感性	—	Crack Free	CF	牌号尾
保证淬透性钢	淬透性	—	Hardenability	H	牌号尾
矿用钢	矿	KUANG	—	K	牌号尾
船用钢	采用国际符号				

碳素结构钢和低合金结构钢的牌号表示示例见表 2-14。

表 2-14　碳素结构钢和低合金结构钢牌号表示示例

序号	产品名称	第一部分	第二部分	第三部分	第四部分	牌号示例
1	碳素结构钢	最小屈服强度 235MPa	A 级	沸腾钢	—	Q235AF
2	低合金高强度结构钢	最小屈服强度 345MPa	D 级	特殊镇静钢	—	Q345D
3	热轧光圆钢筋	屈服强度特征值 235MPa	—	—	—	HPB235
4	热轧带肋钢筋	屈服强度特征值 335MPa	—	—	—	HRB335
5	细晶粒热轧带肋钢筋	屈服强度特征值 335MPa	—	—	—	HRBF335
6	冷轧带肋钢筋	最小抗拉强度 550MPa	—	—	—	CRB550
7	预应力混凝土用螺纹钢筋	最小屈服强度 830MPa	—	—	—	PSB830
8	焊接气瓶用钢	最小屈服强度 345MPa	—	—	—	HP345
9	管线用钢	最小规定总延伸强度 415MPa	—	—	—	L415
10	船用锚链钢	最小抗拉强度 370MPa	—	—	—	CM370
11	煤机用钢	最小抗拉强度 510MPa	—	—	—	M510
12	锅炉和压力容器用钢	最小屈服强度 345MPa	—	特殊镇静钢	压力容器"容"的汉语拼音首位字母"R"	Q345R

　　2）根据需要，低合金高强度结构钢的牌号也可采用两位阿拉伯数字（表示平均碳含量，以万分之几计）加金属化学元素符号，以及必要时加代表产品用途、特性和工艺方法的表示符号，按顺序表示。例如，碳含量为 0.15%~0.26%，锰含量为 1.20%~1.60% 的矿用钢牌号为 20MnK。

　　（3）优质碳素结构钢和优质碳素弹簧钢

　　1）优质碳素结构钢牌号通常由下述五部分组成。

　　第一部分：以两位阿拉伯数字表示平均碳含量（以万分之几计）。

　　第二部分（必要时）：较高含锰量的优质碳素结构钢，加锰元素符号 Mn。

　　第三部分（必要时）：钢材冶金质量，即高级优质钢、特级优质钢分别以 A、E 表示，优质钢不用字母表示。

　　第四部分（必要时）：脱氧方式表示符号，即沸腾钢、半镇静钢、镇静钢分别

以 "F" "b" "Z" 表示，但镇静钢表示符号通常可以省略。

第五部分（必要时）：产品用途、特性或工艺方法表示符号。

2）优质碳素弹簧钢的牌号表示方法与优质碳素结构钢相同。

优质碳素结构钢和优质碳素弹簧钢的牌号表示示例见表 2-15。

表 2-15　优质碳素结构钢和优质碳素弹簧钢的牌号表示示例

序号	产品名称	第一部分	第二部分	第三部分	第四部分	第五部分	牌号示例
1	优质碳素结构钢	碳含量：0.05%~0.11%	锰含量：0.25%~0.50%	优质钢	沸腾钢	—	08F
2	优质碳素结构钢	碳含量：0.47%~0.55%	锰含量：0.50%~0.80%	高级优质钢	镇静钢	—	50A
3	优质碳素结构钢	碳含量：0.48%~0.56%	锰含量：0.70%~1.00%	特级优质钢	镇静钢	—	50MnE
4	保证淬透性用钢	碳含量：0.42%~0.50%	锰含量：0.50%~0.85%	高级优质钢	镇静钢	保证淬透性钢表示符号"H"	45AH
5	优质碳素弹簧钢	碳含量：0.62%~0.70%	锰含量：0.90%~1.20%	优质钢	镇静钢	—	65Mn

（4）易切削钢

易切削钢的牌号通常由三部分组成。

第一部分：易切削钢的表示符号为 "Y"。

第二部分：以两位阿拉伯数字表示平均碳含量（以万分之几计）。

第三部分：易切削元素符号，如含钙、铅、锡等易切削元素的易切削钢分别以 Ca、Pb、Sn 表示。加硫和加硫磷易切削钢，通常不加易切削元素符号 S、P。较高锰含量的加硫或加硫磷易切削钢，本部分为锰元素符号 Mn。为区分牌号，对较高硫含量的易切削，在牌号尾部加硫元素符号 S。

例如，碳含量为 0.42%~0.50%、钙含量为 0.002%~0.006% 的易切削钢，其牌号表示为 Y45Ca；碳含量为 0.40%~0.48%、锰含量为 1.35%~1.65%、硫含量为 0.16%~0.24% 的易切削钢，其牌号表示为 Y45Mn；碳含量为 0.40%~0.48%、锰含量为 1.35%~1.65%、硫含量为 0.24%~0.32% 的易切削钢，其牌号表示为 Y45MnS。

（5）合金结构钢和合金弹簧钢

1）合金结构钢牌号通常由四部分组成。

第一部分：以两位阿拉伯数字表示平均碳含量（以万分之几计）。

第二部分：合金元素含量以化学元素符号及阿拉伯数字表示。具体表示方法为：当平均含量小于 1.50% 时，牌号中仅标明元素，一般不标明含量；当平均含量为 1.50%~2.49%、2.50%~3.49%、3.50%~4.49%、4.50%~5.49%……时，在合金元素后相应写成 2、3、4、5 等。

注意，化学元素符号的排列顺序推荐按含量值递减排列。如果两个或多个元素的含量相等时，相应符号位置按英文字母的顺序排列。

第三部分：钢材冶金质量，即高级优质钢、特级优质钢分别以 A、E 表示，优质钢不用字母表示。

第四部分（必要时）：产品用途、特性或工艺方法表示符号。

2）合金弹簧钢的表示方法与合金结构钢相同。

合金结构钢和合金弹簧钢牌号的表示示例见表2-16。

表2-16　合金结构钢和合金弹簧钢的牌号表示示例

序号	产品名称	第一部分	第二部分	第三部分	第四部分	牌号示例
1	合金结构钢	碳含量：0.22%~0.29%	铬含量：1.50%~1.80% 钼含量：0.25%~0.35% 钒含量：0.15%~0.30%	高级优质钢	—	25Cr2MoVA
2	锅炉和压力容器用钢	碳含量：≤0.22%	锰含量：1.20%~1.60% 钼含量：0.45%~0.65% 铌含量：0.025%~0.050%	特级优质钢	锅炉和压力容器用钢	18MnMoNbER
3	优质弹簧钢	碳含量：0.56%~0.64%	硅含量：1.60%~2.00% 锰含量：0.70%~1.00%	优质钢	—	60Si2Mn

（6）车辆车轴及机车车辆用钢

车辆车轴及机车车辆用钢牌号通常由两部分组成。

第一部分：车辆车轴用钢的表示符号为"LZ"或机车车辆用钢的表示符号为"JZ"。

第二部分：以两位阿拉伯数字表示平均碳含量（以万分之几计）。

（7）非调质机械结构钢

非调质机械结构钢牌号通常由四部分组成。

第一部分：非调质机械结构钢的表示符号为"F"。

第二部分：以两位阿拉伯数字表示平均碳含量（以万分之几计）。

第三部分：合金元素含量，以化学元素符号及阿拉伯数字表示，表示方法同合金结构钢第二部分。

第四部分（必要时）：改善切削性能的非调质机械结构钢加硫元素符号S。

（8）工具钢

工具钢通常分为碳素工具钢、合金工具钢和高速工具钢三大类。

1）碳素工具钢。碳素工具钢牌号通常由四部分组成。

第一部分：碳素工具钢的表示符号为"T"。

第二部分：阿拉伯数字表示平均碳含量（以千分之几计）。

第三部分（必要时）：较高含锰量碳素工具钢，加锰元素符号Mn。

第四部分（必要时）：钢材冶金质量，即高级优质碳素工具钢以"A"表示，优质钢不用字母表示。

2）合金工具钢。合金工具钢牌号通常由两部分组成。

第一部分：当平均碳含量小于1.00%时，采用一位数字表示碳含量（以千分之几计）；当平均碳含量不小于1.00%时，不标明碳含量数字。

第二部分：合金元素含量，以化学元素符号及阿拉伯数字表示，表示方法同合金结构钢第二部分。低铬（平均铬含量小于1%）合金工具钢，在铬含量（以千分之几计）前加数字"0"。

3）高速工具钢。高速工具钢牌号的表示方法与合金结构钢相同，但在牌号头部一般不标明表示碳含量的阿拉伯数字。为了区别牌号，在牌号头部可以加"C"表示高碳高速工具钢。

（9）轴承钢

轴承钢分为高碳铬轴承钢、渗碳轴承钢、高碳铬不锈轴承钢和高温轴承钢四大类。

1）高碳铬轴承钢。高碳铬轴承钢牌号通常由两部分组成。

第一部分：（滚珠）轴承钢的表示符号为"G"，但不标明碳含量。

第二部分：合金元素"Cr"符号及其含量（以千分之几计）。其他合金元素含量以化学元素符号及阿拉伯数字表示，表示方法同合金结构钢第二部分。

2）渗碳轴承钢。在牌号头部加符号"G"，其他采用合金结构钢的牌号表示方法。对高级优质渗碳轴承钢，在牌号尾部加符号"A"。例如，碳含量为0.17%~0.23%，铬含量为0.35%~0.65%，镍含量为0.40%~0.70%，钼含量为0.15%~0.30%的高级优质渗碳轴承钢，其牌号表示为"G20CrNiMoA"。

3）高碳铬不锈轴承钢和高温轴承钢。在牌号头部加符号"G"，采用不锈钢和耐热钢的牌号表示方法。例如，碳含量为0.90%~1.00%、铬含量为17.0%~19.0%的高碳铬不锈轴承钢，其牌号表示为G95Cr18；碳含量为0.75%~0.85%、铬含量为3.75%~4.25%、钼含量为4.00%~4.50%的高温轴承钢，其牌号表示为G80Cr4Mo4V。

（10）钢轨钢、冷镦钢

钢轨钢、冷镦钢的牌号通常由三部分组成。

第一部分：钢轨钢的表示符号为"U"、冷镦钢（铆螺钢）的表示符号为"ML"。

第二部分：以阿拉伯数字表示平均碳含量，优质碳素结构钢同优质碳素结构钢第一部分；合金结构钢同合金结构钢第一部分。

第三部分：合金元素含量，以化学元素符号及阿拉伯数字表示，表示方法同合金结构钢第二部分。

（11）不锈钢和耐热钢

不锈钢和耐热钢牌号采用化学元素符号和表示各元素含量的阿拉伯数字表示。各元素含量的阿拉伯数字表示应符合下列规定。

1）用两位或三位阿拉伯数字表示碳含量最佳控制值（以万分之几或十万分之几计）。

只规定碳含量上限者，当碳含量上限不大于0.10%时，以其上限的3/4表示碳含量；当碳含量上限大于0.10%时，以其上限的4/5表示碳含量。例如，碳含量上限为0.08%，碳含量以06表示；碳含量上限为0.20%，碳含量以16表示；碳含量上限为0.15%，碳含量以12表示。

对于超低碳不锈钢（即碳含量不大于0.030%），用三位阿拉伯数字表示碳含量最佳控制值（以十万分之几计）。例如，当碳含量上限为 0.030% 时，其牌号中的碳含量以 022 表示；当碳含量上限为 0.020% 时，其牌号中的碳含量以 015 表示。

凡规定上、下限者，以平均碳含量×100 表示。例如，当碳含量为 0.16% ~ 0.25% 时，其牌号中的碳含量以 20 表示。

2）合金元素含量以化学元素符号及阿拉伯数字表示，表示方法同合金结构钢第二部分。钢中有意加入的铌、钛、锆、氮等合金元素，虽然含量很低，也应在牌号中标出。例如，碳含量不大于 0.08%、铬含量为 18.00% ~ 20.00%、镍含量为 8.00% ~ 11.00% 的不锈钢，牌号为 06Cr19Ni10；碳含量不大于 0.030%、铬含量为 16.00% ~ 19.00%、钛含量为 0.10% ~ 1.00% 的不锈钢，牌号为 022Cr18Ti；碳含量为 0.15% ~ 0.25%、铬含量为 14.00% ~ 16.00%、锰含量为 14.00% ~ 16.00%、镍含量为 1.50% ~ 3.00%、氮含量为 0.15% ~ 0.30% 的不锈钢，牌号为 20Cr15Mn15Ni2N；碳含量为不大于 0.25%、铬含量为 24.00% ~ 26.00%、镍含量为 19.00% ~ 22.00% 的耐热钢，牌号为 20Cr25Ni20。

（12）焊接用钢

焊接用钢包括焊接用碳素钢、焊接用合金钢和焊接用不锈钢等。

焊接用钢牌号通常由两部分组成。

第一部分：焊接用钢的表示符号为 "H"。

第二部分：各类焊接用钢牌号的表示方法。其中优质碳素结构钢、合金结构钢和不锈钢应分别符合本节（3）、（5）及（11）的规定。

（13）冷轧电工钢

冷轧电工钢分为取向电工钢和无取向电工钢，牌号通常由三部分组成。

第一部分：材料公称厚度（单位为 mm）100 倍的数字。

第二部分：普通级取向电工钢表示符号为 "Q"、高磁导率级取向电工钢表示符号为 "QG" 或无取向电工钢表示符号为 "W"。

第三部分：对取向电工钢，磁极化强度在 1.7T 和频率在 50Hz，以 W/kg 为单位及相应厚度产品的最大比总损耗值的 100 倍；对无取向电工钢，磁极化强度在 1.5T 和频率在 50Hz，以 W/kg 为单位及相应厚度产品的最大比总损耗值的 100 倍。

例如，公称厚度为 0.30mm、比总损耗 $P1.7/50$ 为 1.30W/kg 的普通级取向电工钢，牌号为 30Q130；公称厚度为 0.30mm、比总损耗 $P1.7/50$ 为 1.10W/kg 的高磁导率级取向电工钢，牌号为 30QG110；公称厚度为 0.50mm、比总损耗 $P1.5/50$ 为 4.0W/kg 的无取向电工钢，牌号为 50W400。

（14）电磁纯铁

电磁纯铁牌号通常由三部分组成。

第一部分：电磁纯铁的表示符号为 "DT"。

第二部分：以阿拉伯数字表示不同牌号的顺序号。

第三部分：根据电磁性能不同，分别采用加质量等级的表示符号 "A" "C" "E"。

（15）原料纯铁

原料纯铁牌号通常由两部分组成。

第一部分：原料纯铁的表示符号为"YT"。

第二部分：以阿拉伯数字表示不同牌号的顺序号。

（16）高电阻电热合金

高电阻电热合金牌号采用化学元素符号和阿拉伯数字表示。牌号的表示方法与不锈钢和耐热钢的牌号表示方法相同（镍铬基合金不标出含碳量）。例如，铬含量为 18.00%～21.00%，镍含量为 34.00%～37.00%，碳含量不大于 0.08% 的合金（其余为铁），其牌号表示为"06Cr20Ni35"。

1.3.3　有关各种钢的牌号表示示例（见表 2-17）

表 2-17　各种钢的牌号表示示例

产品名称	第一部分			第二部分	第三部分	第四部分	牌号示例
	汉字	汉语拼音	采用字母				
车辆车轴用钢	辆轴	LIANG ZHOU	LZ	碳含量:0.40%～0.48%	—	—	LZ45
机车车辆用钢	机轴	JI ZHOU	JZ	碳含量:0.40%～0.48%	—	—	JZ45
非调质机械结构钢	非	FEI	F	碳含量:0.32%～0.39%	钒含量:0.06%～0.13%	硫含量0.035%～0.075%	F35VS
碳素工具钢	碳	TAN	T	碳含量:0.80%～0.90%	锰含量:0.40%～0.60%	高级优质钢	T8MnA
合金工具钢		碳含量:0.85%～0.95%		硅含量:1.20%～1.60% 铬含量:0.95%～1.25%	—	—	9SiCr
高速工具钢		碳含量:0.80%～0.90%		钨含量:5.50%～6.75% 钼含量:4.50%～5.50% 铬含量:3.80%～4.40% 钒含量:1.75%～2.20%	—	—	W6Mo5Cr4V2
高速工具钢		碳含量:0.86%～0.94%		钨含量:5.90%～6.70% 钼含量:4.70%～5.20% 铬含量:3.80%～4.50% 钒含量:1.75%～2.10%	—	—	CW6Mo5Cr4V2
高碳铬轴承钢	滚	GUN	G	铬含量:1.40%～1.65%	硅含量:0.45%～0.75% 锰含量:0.95%～1.25%		GCr15SiMn
钢轨钢	轨	GUI	U	碳含量:0.66%～0.74%	硅含量:0.85%～1.15% 锰含量:0.85%～1.15%		U70MnSi
冷镦钢	铆螺	MAO LUO	ML	碳含量:0.26%～0.34%	铬含量:0.80%～1.10% 钼含量:0.15%～0.25%	—	ML30CrMo
焊接用钢	焊	HAN	H	碳含量:≤0.10%的高级优质碳素结构钢			H08A

（续）

产品名称	第一部分			第二部分	第三部分	第四部分	牌号示例
	汉字	汉语拼音	采用字母				
焊接用钢	焊	HAN	H	碳含量：≤0.10% 铬含量：0.80%～1.10% 钼含量：0.40%～0.60% 的高级优质合金结构钢	—	—	H08CrMoA
电磁纯铁	电铁	DIAN TIE	DT	顺序号4	磁性能A级	—	DT4A
原料纯铁	原铁	YUAN TIE	YT	顺序号1	—	—	YT1

2 钢

2.1 碳素结构钢（摘自 GB/T 700—2006）

2.1.1 牌号表示方法

碳素结构钢的牌号由代表屈服强度的字母、屈服强度数值、质量等级符号及脱氧方法符号四个部分按顺序组成，如 Q235AF。

牌号中符号含义如下：

Q——钢材屈服强度"屈"字汉语拼音首位字母；

A、B、C、D——分别为质量等级；

F——沸腾钢"沸"字汉语拼音首位字母；

Z——镇静钢"镇"字汉语拼音首位字母；

TZ——特殊镇静钢"特镇"两字汉语拼音首位字母。

在牌号组成表示方法中，"Z"与"TZ"符号可以省略。

2.1.2 牌号及化学成分（见表2-18）

表2-18 碳素结构钢的牌号及化学成分（熔炼分析）

牌号	统一数字代号[1]	等级	厚度(或直径) /mm	脱氧方法	化学成分(质量分数,%),不大于				
					C	Si	Mn	P	S
Q195	U11952	—	—	F、Z	0.12	0.30	0.50	0.035	0.040
Q215	U12152	A	—	F、Z	0.15	0.35	1.20	0.045	0.050
	U12155	B							0.045
Q235	U12352	A	—	F、Z	0.22	0.35	1.40	0.045	0.050
	U12355	B			0.20[2]				0.045
	U12358	C		Z	0.17			0.040	0.040
	U12359	D		TZ				0.035	0.035
Q275	U12752	A	—	F、Z	0.24	0.35	1.50	0.045	0.050
	U12755	B	≤40	Z	0.21			0.045	0.045
			>40		0.22				
	U12758	C		Z	0.20			0.040	0.040
	U12759	D		TZ				0.035	0.035

① 表中为镇静钢、特殊镇静钢牌号的统一数字代号，沸腾钢牌号的统一数字代号如下：

Q195F—U11950；Q215AF—U12150，Q215BF—U12153；Q235AF—U12350，Q235BF—U12353；Q275AF—U12750。

② 经需方同意，Q235B 的碳含量可不大于 0.22%。

　　D 级钢应有足够细化晶粒的元素，并在质量证明书中注明细化晶粒元素的含量。当采用铝脱氧时，钢中酸溶铝含量应不小于 0.015%，或总铝含量应不小于 0.020%。

　　钢中残余元素铬、镍、铜含量应各不大于 0.30%，氮含量应不大于 0.008%。如供方能保证，均可不做分析。

　　氮含量允许超过 0.008% 的规定值，但氮含量每增加 0.001%，磷的最大含量应减少 0.005%，熔炼分析氮的最大含量应不大于 0.012%；如果钢中的酸溶铝含量不小于 0.015% 或总铝含量不小于 0.020%，氮含量的上限值可以不受限制。固定氮的元素应在质量证明书中注明。

　　经需方同意，A 级钢的铜含量可不大于 0.35%。此时，供方应做铜含量的分析，并在质量证明书中注明其含量。

　　钢中砷的含量应不大于 0.080%。用含砷矿冶炼生铁所冶炼的钢，砷含量由供需双方协议规定。如原料中不含砷，可不做砷的分析。

　　在保证钢材力学性能符合本标准规定的情况下，各牌号 A 级钢的碳、锰、硅含量可以不作为交货条件，但其含量应在质量证明书中注明。

　　在供应商品连铸坯、钢锭和钢坯时，为了保证轧制钢材各项性能达到标准要求，可以根据需方要求规定各牌号的碳、锰含量下限。

　　沸腾钢成品钢材和钢坯的化学成分偏差不作保证。

2.1.3　力学性能 （见表 2-19 和表 2-20）

表 2-19　碳素结构钢的拉伸和冲击试验性能

牌号	等级	屈服强度[①] R_{eH}/MPa≥						抗拉强度[②] R_m/MPa	断后伸长率 A(%) ≥					冲击试验（V 型缺口）	
		厚度（或直径）/mm							厚度（或直径）/mm					温度/℃	冲击吸收能量（纵向）/J ≥
		≤16	>16~40	>40~60	>60~100	>100~150	>150~200		≤40	>40~60	>60~100	>100~150	>150~200		
Q195	—	195	185	—	—	—	—	315~430	33	—	—	—	—	—	—
Q215	A	215	205	195	185	175	165	335~450	31	30	29	27	26	—	—
	B													+20	27
Q235	A	235	225	215	215	195	185	370~500	26	25	24	22	21	—	—
	B													+20	27[③]
	C													0	
	D													-20	
Q275	A	275	265	255	245	225	215	410~540	22	21	20	18	17	—	—
	B													+20	27
	C													0	
	D													-20	

① Q195 的屈服强度值仅供参考，不作为交货条件。
② 对厚度大于 100mm 的钢材，抗拉强度下限允许降低 20MPa。宽带钢（包括剪切钢板）抗拉强度上限不作为交货条件。
③ 对厚度小于 25mm 的 Q235B 级钢材，如供方能保证冲击吸收能量值合格，经需方同意，可不做检验。

表 2-20 碳素结构钢的弯曲试验性能

牌　号	试样方向	冷弯试验 180°　$B=2a$[①]	
		钢材厚度（直径）[②]/mm	
		≤60	>60~100
		弯心直径 d	
Q195	纵	0	—
	横	0.5a	
Q215	纵	0.5a	1.5a
	横	a	2a
Q235	纵	a	2a
	横	1.5a	2.5a
Q275	纵	1.5a	2.5a
	横	2a	3a

① B 为试样宽度，a 为试样厚度（或直径）。
② 当钢材厚度（或直径）大于 100mm 时，弯曲试验由双方协商确定。

用 Q195 和 Q235B 级沸腾钢轧制的钢材，其厚度（或直径）不大于 25mm。

做拉伸和冷弯试验时，型钢和钢棒取纵向试样；钢板、钢带取横向试样，断后伸长率允许比规定降低 2%（绝对值）。当窄钢带取横向试样如果受宽度限制时，可以取纵向试样。

当 A 级钢冷弯试验合格时，抗拉强度上限可以不作为交货条件。

厚度不小于 12mm 或直径不小于 16mm 的钢材应做冲击试验，试样尺寸为 10mm×10mm×55mm。经供需双方协议，厚度为 6~12mm 或直径为 12~16mm 的钢材可以做冲击试验，试样尺寸为 10mm×7.5mm×55mm 或 10mm×5mm×55mm 或 10mm×产品厚度×55mm。

夏比（V 型缺口）冲击吸收能量值按一组三个试样单值的算术平均值计算，允许其中一个试样的单个值低于规定值，但不得低于规定值的 70%。

如果没有满足上述条件，可从同一抽样产品上再取三个试样进行试验，先后六个试样的平均值不得低于规定值，允许有两个试样低于规定值，但其中低于规定值 70%的试样只允许有一个。

2.2　优质碳素结构钢（摘自 GB/T 699—2015）

2.2.1　分类及代号

（1）按使用加工方法分类

优质碳素结构钢按使用加工方法分为以下两类：

1）压力加工用钢（UP）：①热加工用钢，UHP；②顶锻用钢，UF；③冷拔坯料用钢，UCD。

2）切削加工用钢（UC）。

（2）按表面种类分类

优质碳素结构钢按表面种类分为以下五类：

1）压力加工表面（SPP）。

2）酸洗（SA）。

3）喷丸（砂）（SS）。

4）剥皮（SF）。

5）磨光（SP）。

2.2.2　牌号及化学成分（见表 2-21）

表 2-21　优质碳素结构钢的牌号及化学成分

序号	统一数字代号	牌号	化学成分（质量分数，%）							
			C	Si	Mn	P	S	Cr	Ni	Cu[①]
						≤				
1	U20082	08[②]	0.05~0.11	0.17~0.37	0.35~0.65	0.035	0.035	0.10	0.30	0.25
2	U20102	10	0.07~0.13	0.17~0.37	0.35~0.65	0.035	0.035	0.15	0.30	0.25
3	U20152	15	0.12~0.18	0.17~0.37	0.35~0.65	0.035	0.035	0.25	0.30	0.25
4	U20202	20	0.17~0.23	0.17~0.37	0.35~0.65	0.035	0.035	0.25	0.30	0.25
5	U20252	25	0.22~0.29	0.17~0.37	0.50~0.80	0.035	0.035	0.25	0.30	0.25
6	U20302	30	0.27~0.34	0.17~0.37	0.50~0.80	0.035	0.035	0.25	0.30	0.25
7	U20352	35	0.32~0.39	0.17~0.37	0.50~0.80	0.035	0.035	0.25	0.30	0.25
8	U20402	40	0.37~0.44	0.17~0.37	0.50~0.80	0.035	0.035	0.25	0.30	0.25
9	U20452	45	0.42~0.50	0.17~0.37	0.50~0.80	0.035	0.035	0.25	0.30	0.25
10	U20502	50	0.47~0.55	0.17~0.37	0.50~0.80	0.035	0.035	0.25	0.30	0.25
11	U20552	55	0.52~0.60	0.17~0.37	0.50~0.80	0.035	0.035	0.25	0.30	0.25
12	U20602	60	0.57~0.65	0.17~0.37	0.50~0.80	0.035	0.035	0.25	0.30	0.25
13	U20652	65	0.62~0.70	0.17~0.37	0.50~0.80	0.035	0.035	0.25	0.30	0.25
14	U20702	70	0.67~0.75	0.17~0.37	0.50~0.80	0.035	0.035	0.25	0.30	0.25
15	U20702	75	0.72~0.80	0.17~0.37	0.50~0.80	0.035	0.035	0.25	0.30	0.25
16	U20802	80	0.77~0.85	0.17~0.37	0.50~0.80	0.035	0.035	0.25	0.30	0.25
17	U20852	85	0.82~0.90	0.17~0.37	0.50~0.80	0.035	0.035	0.25	0.30	0.25
18	U21152	15Mn	0.12~0.18	0.17~0.37	0.70~1.00	0.035	0.035	0.25	0.30	0.25
19	U21202	20Mn	0.17~0.23	0.17~0.37	0.70~1.00	0.035	0.035	0.25	0.30	0.25
20	U21252	25Mn	0.22~0.29	0.17~0.37	0.70~1.00	0.035	0.035	0.25	0.30	0.25
21	U21302	30Mn	0.27~0.34	0.17~0.37	0.70~1.00	0.035	0.035	0.25	0.30	0.25
22	U21352	35Mn	0.32~0.39	0.17~0.37	0.70~1.00	0.035	0.035	0.25	0.30	0.25
23	U21402	40Mn	0.37~0.44	0.17~0.37	0.70~1.00	0.035	0.035	0.25	0.30	0.25
24	U21452	45Mn	0.42~0.50	0.17~0.37	0.70~1.00	0.035	0.035	0.25	0.30	0.25
25	U21502	50Mn	0.48~0.56	0.17~0.37	0.70~1.00	0.035	0.035	0.25	0.30	0.25
26	U21602	60Mn	0.57~0.65	0.17~0.37	0.70~1.00	0.035	0.035	0.25	0.30	0.25
27	U21652	65Mn	0.62~0.70	0.17~0.37	0.90~1.20	0.035	0.035	0.25	0.30	0.25
28	U21702	70Mn	0.67~0.75	0.17~0.37	0.90~1.20	0.035	0.035	0.25	0.30	0.25

注：未经用户同意不得有意加入本表中未规定的元素。应采取措施防止从废钢或其他原料中带入影响钢性能的元素。

① 热压力加工用钢的铜含量应不大于 0.20%。

② 用铝脱氧的镇静钢，碳、锰含量下限不限，锰含量上限为 0.45%，硅含量不大于 0.03%，全铝含量为 0.020%~0.070%，此时牌号为 08Al。

2.2.3 力学性能（见表 2-22）

表 2-22 优质碳素结构钢的力学性能

序号	牌号	试样毛坯尺寸①/mm	推荐的热处理制度③			力学性能					交货硬度 HBW	
			正火	淬火	回火	抗拉强度 R_m /MPa	下屈服强度 R_{eL}④ /MPa	断后伸长率 A (%)	断面收缩率 Z (%)	冲击吸收能量 KU_2 /J	未热处理钢	退火钢
			加热温度/℃					≥			≤	
1	08	25	930	—		325	195	33	60	—	131	—
2	10	25	930	—		335	205	31	55	—	137	—
3	15	25	920	—		375	225	27	55	—	143	—
4	20	25	910	—		410	245	25	55	—	156	—
5	25	25	900	870	600	450	275	23	50	71	170	—
6	30	25	880	860	600	490	295	21	50	63	179	—
7	35	25	870	850	600	530	315	20	45	55	197	—
8	40	25	860	840	600	570	335	19	45	47	217	187
9	45	25	850	840	600	600	355	16	40	39	229	197
10	50	25	830	830	600	630	375	14	40	31	241	207
11	55	25	820	—	—	645	380	13	35	—	255	217
12	60	25	810	—	—	675	400	12	35	—	255	229
13	65	25	810	—	—	695	410	10	30	—	255	229
14	70	25	790	—	—	715	420	9	30	—	269	229
15	75	试样②	—	820	480	1080	880	7	30	—	285	241
16	80	试样②	—	820	480	1080	930	6	30	—	285	241
17	85	试样②	—	820	480	1130	980	6	30	—	302	255
18	15Mn	25	920	—	—	410	245	26	55	—	163	—
19	20Mn	25	910	—	—	450	275	24	50	—	197	—
20	25Mn	25	900	870	600	490	295	22	50	71	207	—
21	30Mn	25	880	860	600	540	315	20	45	63	217	187
22	35Mn	25	870	850	600	560	335	18	45	55	229	197
23	40Mn	25	860	840	600	590	355	17	45	47	229	207
24	45Mn	25	850	840	600	620	375	15	40	39	241	217
25	50Mn	25	830	830	600	645	390	13	40	31	255	217
26	60Mn	25	810	—	—	690	410	11	35	—	269	229
27	65Mn	25	830	—	—	735	430	9	30	—	285	229
28	70Mn	25	790	—	—	785	450	8	30	—	285	229

注：1. 表中的力学性能适用于公称直径或厚度不大于 80mm 的钢棒。
　　2. 公称直径或厚度大于 80~250mm 的钢棒，允许其断后伸长率、断面收缩率比表中的规定分别降低 2%（绝对值）和 5%（绝对值）。
　　3. 公称直径或厚度大于 120~250mm 的钢棒允许改锻（轧）成 70~80mm 的试料取样检验，其结果应符合表中的规定。
① 当钢棒尺寸小于试样毛坯尺寸时，用原尺寸钢棒进行热处理。
② 对留有加工余量的试样，其性能为淬火+回火状态下的性能。
③ 热处理温度允许调整范围：正火±30℃，淬火±20℃，回火±50℃；推荐保温时间：正火不少于 30min，空冷；淬火不少于 30min，75、80 和 85 钢油冷，其他钢棒水冷；600℃回火不少于 1h。
④ 当屈服现象不明显时，可用规定塑性延伸强度 $R_{p0.2}$ 代替。

2.3　易切削结构钢（摘自 GB/T 8731—2008）

2.3.1　牌号及化学成分

易切削结构钢包括硫系易切削钢、铅系易切削钢、锡系易切削钢和钙系易切削钢四类，其牌号及化学成分见表 2-23～表 2-26。

表 2-23　硫系易切削钢的牌号及化学成分（熔炼分析）

牌号	化学成分（质量分数，%）				
	C	Si	Mn	P	S
Y08	≤0.09	≤0.15	0.75～1.05	0.04～0.09	0.26～0.35
Y12	0.08～0.16	0.15～0.35	0.70～1.00	0.08～0.15	0.10～0.20
Y15	0.10～0.18	≤0.15	0.80～1.20	0.05～0.10	0.23～0.33
Y20	0.17～0.25	0.15～0.35	0.70～1.00	≤0.06	0.08～0.15
Y30	0.27～0.35	0.15～0.35	0.70～1.00	≤0.06	0.08～0.15
Y35	0.32～0.40	0.15～0.35	0.70～1.00	≤0.06	0.08～0.15
Y45	0.42～0.50	≤0.40	0.70～1.10	≤0.06	0.15～0.25
Y08MnS	≤0.09	≤0.07	1.00～1.50	0.04～0.09	0.32～0.48
Y15Mn	0.14～0.20	≤0.15	1.00～1.50	0.04～0.09	0.08～0.13
Y35Mn	0.32～0.40	≤0.10	0.90～1.35	≤0.04	0.18～0.30
Y40Mn	0.37～0.45	0.15～0.35	1.20～1.55	≤0.05	0.20～0.30
Y45Mn	0.40～0.48	≤0.40	1.35～1.65	≤0.04	0.16～0.24
Y45MnS	0.40～0.48	≤0.40	1.35～1.65	≤0.04	0.24～0.33

表 2-24　铅系易切削钢的牌号及化学成分（熔炼分析）

牌号	化学成分（质量分数，%）					
	C	Si	Mn	P	S	Pb
Y08Pb	≤0.09	≤0.15	0.75～1.05	0.04～0.09	0.26～0.35	0.15～0.35
Y12Pb	≤0.15	≤0.15	0.85～1.15	0.04～0.09	0.26～0.35	0.15～0.35
Y15Pb	0.10～0.18	≤0.15	0.80～1.20	0.05～0.10	0.23～0.33	0.15～0.35
Y45MnSPb	0.40～0.48	≤0.40	1.35～1.65	≤0.04	0.24～0.33	0.15～0.35

表 2-25　锡系易切削钢的牌号及化学成分（熔炼分析）

牌　号	化学成分（质量分数，%）					
	C	Si	Mn	P	S	Sn
Y08Sn	≤0.09	≤0.15	0.75～1.20	0.04～0.09	0.26～0.40	0.09～0.25
Y15Sn	0.13～0.18	≤0.15	0.40～0.70	0.03～0.07	≤0.05	0.09～0.25
Y45Sn	0.40～0.48	≤0.40	0.60～1.00	0.03～0.07	≤0.05	0.09～0.25
Y45MnSn	0.40～0.48	≤0.40	1.20～1.70	≤0.06	0.20～0.35	0.09～0.25

注：本表中所列牌号为专利所有，见国家发明专利"含锡易切削结构钢"，专利号为 ZL 03 1 22768.6，国际专利主分类号为 C22C 38/04。

表 2-26　钙系易切削钢的牌号及化学成分（熔炼分析）

牌　号	化学成分（质量分数，%）					
	C	Si	Mn	P	S	Ca
Y45Ca[①]	0.42～0.50	0.20～0.40	0.60～0.90	≤0.04	0.04～0.08	0.002～0.006

① Y45Ca 钢中残余元素镍、铬、铜含量各不大于 0.25%；当供热压力加工用时，铜含量不大于 0.20%。供方能保证合格时可不做分析。

2.3.2 力学性能（见表 2-27~表 2-37）

表 2-27 以热轧状态交货的易切削钢条钢和盘条的布氏硬度

分类	牌号	布氏硬度 HBW ≤
硫系易切削钢	Y08	163
	Y12	170
	Y15	170
	Y20	175
	Y30	187
	Y35	187
	Y45	229
	Y08MnS	165
	Y15Mn	170
	Y35Mn	229
	Y40Mn	229
	Y45Mn	241
	Y45MnS	241
铅系易切削钢	Y08Pb	165
	Y12Pb	170
	Y15Pb	170
	Y45MnSPb	241
锡系易切削钢	Y08Sn	165
	Y15Sn	165
	Y45Sn	241
	Y45MnSn	241
钙系易切削钢	Y45Ca	241

表 2-28 以热轧状态交货的硫系易切削钢条钢和盘条的力学性能

牌号	力学性能		
	抗拉强度 R_m/MPa	断后伸长率 $A(\%) \geq$	断面收缩率 $Z(\%) \geq$
Y08	360~570	25	40
Y12	390~540	22	36
Y15	390~540	22	36
Y20	450~600	20	30
Y30	510~655	15	25
Y35	510~655	14	22
Y45	560~800	12	20
Y08MnS	350~500	25	40
Y15Mn	390~540	22	36
Y35Mn	530~790	16	22
Y40Mn	590~850	14	20
Y45Mn	610~900	12	20
Y45MnS	610~900	12	20

表 2-29 以热轧状态交货的铅系易切削钢条钢和盘条的力学性能

牌号	力学性能		
	抗拉强度 R_m/MPa	断后伸长率 $A(\%) \geq$	断面收缩率 $Z(\%) \geq$
Y08Pb	360~570	25	40
Y12Pb	360~570	22	36
Y15Pb	390~540	22	36
Y45MnSPb	610~900	12	20

表 2-30 以热轧状态交货的锡系易切削钢条钢和盘条的力学性能

牌号	力学性能		
	抗拉强度 R_m/MPa	断后伸长率 $A(\%) \geqslant$	断面收缩率 $Z(\%) \geqslant$
Y08Sn	350~500	25	40
Y15Sn	390~540	22	36
Y45Sn	600~745	12	26
Y45MnSn	610~850	12	26

表 2-31 以热轧状态交货的钙系易切削钢条钢和盘条的力学性能

牌号	力学性能		
	抗拉强度 R_m/MPa	断后伸长率 $A(\%) \geqslant$	断面收缩率 $Z(\%) \geqslant$
Y45Ca	600~745	12	26

表 2-32 用经热处理毛坯制成的 Y45Ca 试样测定钢的力学性能

牌号	力学性能				
	下屈服强度 R_{eL}/(N/mm²)	抗拉强度 R_m/MPa	断后伸长率 $A(\%)$	断面收缩率 $Z(\%)$	冲击吸收能量 KV_2/J
	≥				
Y45Ca	355	600	16	40	39

注：热处理制度，拉伸试样毛坯（直径为25mm）正火处理，加热温度为830~850℃，保温时间不小于30min；冲击试样毛坯（直径为15mm）调质处理，淬火温度840℃±20℃（淬火），回火温度600℃±20℃。

表 2-33 以冷拉状态交货的硫系易切削钢条钢和盘条的力学性能

牌号	力学性能			断后伸长率 $A(\%)$	布氏硬度 HBW
	抗拉强度 R_m/MPa				
	钢材公称尺寸/mm			≥	
	8~20	>20~30	>30		
Y08	480~810	460~710	360~710	7.0	140~217
Y12	530~755	510~735	490~685	7.0	152~217
Y15	530~755	510~735	490~685	7.0	152~217
Y20	570~785	530~745	510~705	7.0	167~217
Y30	600~825	560~765	540~735	6.0	174~223
Y35	625~845	590~785	570~765	6.0	176~229
Y45	695~980	655~880	580~880	6.0	196~255
Y08MnS	480~810	460~710	360~710	7.0	140~217
Y15Mn	530~755	510~735	490~685	7.0	152~217
Y45Mn	695~980	655~880	580~880	6.0	196~255
Y45MnS	695~980	655~880	580~880	6.0	196~255

表 2-34 以冷拉状态交货的铅系易切削钢条钢和盘条的力学性能

牌号	力学性能			断后伸长率 $A(\%)$	布氏硬度 HBW
	抗拉强度 R_m/MPa				
	钢材公称尺寸/mm			≥	
	8~20	>20~30	>30		
Y08Pb	480~810	460~710	360~710	7.0	140~217
Y12Pb	480~810	460~710	360~710	7.0	140~217
Y15Pb	530~755	510~735	490~685	7.0	152~217
Y45MnSPb	695~980	655~880	580~880	6.0	196~255

表 2-35 以冷拉状态交货的锡系易切削钢条钢和盘条的力学性能

牌号	力学性能				布氏硬度 HBW
	抗拉强度 R_m/MPa			断后伸长率 $A(\%)$ ≥	
	钢材公称尺寸/mm				
	8~20	>20~30	>30		
Y08Sn	480~705	460~685	440~635	7.5	140~200
Y15Sn	530~755	510~735	490~685	7.0	152~217
Y45Sn	695~920	655~855	635~835	6.0	196~255
Y45MnSn	695~920	655~855	635~835	6.0	196~255

表 2-36 以冷拉状态交货的钙系易切削钢条钢和盘条的力学性能

牌号	力学性能				布氏硬度 HBW
	抗拉强度 R_m/MPa			断后伸长率 $A(\%)$ ≥	
	钢材公称尺寸/mm				
	8~20	>20~30	>30		
Y45Ca	695~920	655~855	635~835	6.0	196~255

表 2-37 Y40Mn 冷拉条钢高温回火状态的力学性能

力学性能		布氏硬度 HBW
抗拉强度 R_m/MPa	断后伸长率 $A(\%)$	
590~785	≥17	179~229

2.4 低合金高强度结构钢 (摘自 GB/T 1591—2008)

2.4.1 牌号表示方法

低合金高强度结构钢的牌号由代表屈服强度的汉语拼音字母、屈服强度数值、质量等级符号三个部分组成，如 Q345D。其中：

Q——钢的屈服强度的"屈"字汉语拼音的首位字母；

345——屈服强度数值，单位 MPa；

D——质量等级为 D 级。

当需方要求钢板具有厚度方向性能时，则在上述规定的牌号后加上代表厚度方向 (Z 向) 性能级别的符号，如 Q345DZ15。

2.4.2 牌号及化学成分

低合金高强度结构钢的牌号及化学成分 (熔炼分析) 见表 2-38。

(1) 对低合金高强度结构钢化学成分的要求

1) 当需要加入细化晶粒元素时，钢中应至少含有 Al、Nb、V、Ti 中的一种。加入的细化晶粒元素应在质量证明书中注明含量。

2) 当采用全铝 (Al_t) 含量表示时，$w(Al_t)$ 应不小于 0.020%。

3) 钢中氮元素含量应符合表中的规定，如供方保证，可不进行氮元素含量分析。如果钢中加入 Al、Nb、V、Ti 等具有固氮作用的合金元素，氮元素含量不作限制，固氮元素含量应在质量证明书中注明。

4) 当各牌号中的 Cr、Ni、Cu 作为残余元素时，其含量各不大于 0.30% (质量分数)，如供方保证，可不作分析；当需要加入时，其含量应符合表中的规定或

表 2-38　低合金高强度结构钢的牌号及化学成分（熔炼分析）

牌号	质量等级	化学成分①②（质量分数,%）														
		C	Si	Mn	P	S	Nb	V	Ti	Cr	Ni	Cu	N	Mo	B	Als
		≤														不小于
Q345	A	≤0.20	≤0.50	≤1.70	0.035	0.035	0.07	0.15	0.20	0.30	0.50	0.30	0.012	0.10	—	—
	B	≤0.20			0.035	0.035										—
	C	≤0.20			0.030	0.030										0.015
	D	≤0.18			0.030	0.025										0.015
	E	≤0.18			0.025	0.020										0.015
Q390	A	≤0.20	≤0.50	≤1.70	0.035	0.035	0.07	0.20	0.20	0.30	0.50	0.30	0.015	0.10	—	—
	B				0.035	0.035										
	C				0.030	0.030										0.015
	D				0.030	0.025										
	E				0.025	0.020										
Q420	A	≤0.20	≤0.50	≤1.70	0.035	0.035	0.07	0.20	0.20	0.30	0.80	0.30	0.015	0.20	—	—
	B				0.035	0.035										
	C				0.030	0.030										0.015
	D				0.030	0.025										
	E				0.025	0.020										

（续）

化学成分①②（质量分数，%）

牌号	质量等级	C	Si	Mn	P	S	Nb	V	Ti	Cr ≤	Ni ≤	Cu ≤	N ≤	Mo ≤	B ≤	Als 不小于
Q460	C	≤0.20	≤0.60	≤1.80	0.030	0.030										
	D				0.030	0.025	0.11	0.20	0.20	0.30	0.80	0.55	0.015	0.20	0.004	0.015
	E				0.025	0.020										
Q500	C	≤0.18	≤0.60	≤1.80	0.030	0.030										
	D				0.030	0.025	0.11	0.12	0.20	0.60	0.80	0.55	0.015	0.20	0.004	0.015
	E				0.025	0.020										
Q550	C	≤0.18	≤0.60	≤2.00	0.030	0.030										
	D				0.030	0.025	0.11	0.12	0.20	0.80	0.80	0.80	0.015	0.30	0.004	0.015
	E				0.025	0.020										
Q620	C	≤0.18	≤0.60	≤2.00	0.030	0.030										
	D				0.030	0.025	0.11	0.12	0.20	1.00	0.80	0.80	0.015	0.30	0.004	0.015
	E				0.025	0.020										
Q690	C	≤0.18	≤0.60	≤2.00	0.030	0.030										
	D				0.030	0.025	0.11	0.12	0.20	1.00	0.80	0.80	0.015	0.30	0.004	0.015
	E				0.025	0.020										

① 型材及棒材的 P、S 含量可提高 0.005%，其中 A 级钢上限可为 0.045%。
② 当细化晶粒元素组合加入时，20w(Nb+V+Ti) ≤0.22%，20w(Mo+Cr) ≤0.30%。

由供需双方协议规定。

5）为改善钢的性能，可加入 RE 元素，其加入量按钢水质量的 0.02%~0.20%计算。

6）在保证钢材力学性能符合规定的情况下，各牌号 A 级钢中的 C、Si、Mn 化学成分可不作交货条件。

（2）除 A 级钢以外的钢材，交货状态下的碳当量

1）热轧、控轧状态交货钢材的碳当量见表 2-39。

表 2-39 热轧、控轧状态交货钢材的碳当量

牌 号	碳当量（CEV）（%）		
	公称厚度或直径≤63mm	公称厚度或直径>63~250mm	公称厚度>250mm
Q345	≤0.44	≤0.47	≤0.47
Q390	≤0.45	≤0.48	≤0.48
Q420	≤0.45	≤0.48	≤0.48
Q460	≤0.46	≤0.49	—

2）正火、正火轧制及正火加回火状态交货钢材的碳当量见表 2-40。

表 2-40 正火、正火轧制及正火加回火状态交货钢材的碳当量

牌 号	碳当量（CEV）（%）		
	公称厚度≤63mm	公称厚度>63~120mm	公称厚度>120~250mm
Q345	≤0.45	≤0.48	≤0.48
Q390	≤0.46	≤0.48	≤0.49
Q420	≤0.48	≤0.50	≤0.52
Q460	≤0.53	≤0.54	≤0.55

3）热机械轧制（TMCP）或热机械轧制加回火状态交货钢材的碳当量见表 2-41。

表 2-41 热机械轧制（TMCP）或热机械轧制加回火状态交货钢材的碳当量

牌 号	碳当量（CEV）（%）		
	公称厚度≤63mm	公称厚度>63~120mm	公称厚度>120~150mm
Q345	≤0.44	≤0.45	≤0.45
Q390	≤0.46	≤0.47	≤0.47
Q420	≤0.46	≤0.47	≤0.47
Q460	≤0.47	≤0.48	≤0.48
Q500	≤0.47	≤0.48	≤0.48
Q550	≤0.47	≤0.48	≤0.48
Q620	≤0.48	≤0.49	≤0.49
Q690	≤0.49	≤0.49	≤0.49

4）当热机械轧制（TMCP）或热机械轧制加回火状态交货钢材的碳含量不大于 0.12%时，可采用焊接裂纹敏感指数（Pcm）代替碳当量评估钢材的可焊性。热机械轧制（TMCP）或热机械轧制加回火状态交货钢材 Pcm 值见表 2-42。

表 2-42 热机械轧制（TMCP）或热机械轧制加回火状态交货钢材的 Pcm 值

牌号	Pcm（%）	牌号	Pcm（%）
Q345	≤0.20	Q500	≤0.25
Q390	≤0.20	Q550	≤0.25
Q420	≤0.20	Q620	≤0.25
Q460	≤0.20	Q690	≤0.25

2.4.3 力学性能（见表 2-43～表 2-45）

表 2-43 低合金高强度结构钢的拉伸试验性能

拉伸试验①②③

牌号	质量等级	下屈服强度 R_{eL}/MPa 以下公称厚度（直径,边长）									抗拉强度 R_m/MPa 以下公称厚度（直径,边长）							断后伸长率 A（%）公称厚度（直径,边长）					
		≤16mm	>16~40mm	>40~63mm	>63~80mm	>80~100mm	>100~150mm	>150~200mm	>200~250mm	>250~400mm	≤40mm	>40~63mm	>63~80mm	>80~100mm	>100~150mm	>150~250mm	>250~400mm	≤40mm	>40~63mm	>63~100mm	>100~150mm	>150~250mm	>250~400mm
Q345	A B C D E	≥345	≥335	≥325	≥315	≥305	≥285	≥275	≥265	—	470~630	470~630	470~630	470~630	450~600	450~600	—	≥21	≥20	≥20	≥19	≥18	≥17
Q390	A B C D E	≥390	≥370	≥350	≥330	≥310	—	—	—	—	490~650	490~650	490~650	490~650	470~620	—	—	≥20	≥19	≥19	≥18	—	—
Q420	A B C D E	≥420	≥400	≥380	≥360	≥340	—	—	—	—	520~680	520~680	520~680	520~680	500~650	—	—	≥19	≥18	≥18	≥18	—	—
Q460	C D E	≥460	≥440	≥420	≥400	≥380	—	—	—	—	550~720	550~720	550~720	550~720	530~700	—	—	≥17	≥16	≥16	≥16	—	—
Q500	C D E	≥500	≥480	≥470	≥450	≥440	—	—	—	—	610~770	600~760	590~750	540~730	—	—	—	≥17	≥17	≥17	—	—	—
Q550	C D E	≥550	≥530	≥520	≥500	≥490	—	—	—	—	670~830	620~810	600~790	590~780	—	—	—	≥16	≥16	≥16	—	—	—
Q620	C D E	≥620	≥600	≥590	≥570	—	—	—	—	—	710~880	690~880	670~860	—	—	—	—	≥15	≥15	≥15	—	—	—
Q690	C D E	≥690	≥670	≥660	≥640	—	—	—	—	—	770~940	750~920	730~900	—	—	—	—	≥14	≥14	≥14	—	—	—

① 当屈服不明显时，可测量 $R_{p0.2}$ 代替下屈服强度。

② 对宽度不小于 600mm 的扁平材，拉伸试验取横向试样；型材及棒材取纵向试样，对宽度小于 600mm 的扁平材，断后伸长率最小值相应提高 1%（绝对值）。

③ 厚度 >250~400mm 的数值适用于扁平材。

表 2-44 低合金高强度结构钢夏比 (V 型) 冲击试验温度和冲击吸收能量

牌 号	质量等级	冲击试验温度 /℃	冲击吸收能量(KV_2)[①]/J		
			公称厚度(直径、边长)		
			12~150mm	>150~250mm	>250~400mm
Q345	B	20	≥34	≥27	—
	C	0			
	D	−20			
	E	−40			27
Q390	B	20	≥34	—	—
	C	0			
	D	−20			
	E	−40			
Q420	B	20	≥34	—	—
	C	0			
	D	−20			
	E	−40			
Q460	C	0	≥34	—	—
	D	−20		—	—
	E	−40		—	—
Q500、Q550、Q620、Q690	C	0	≥55	—	—
	D	−20	≥47	—	—
	E	−40	≥31	—	—

① 冲击试验取纵向试样。

表 2-45 低合金高强度结构钢的弯曲试验

牌号	试 样 方 向	180°弯曲试验 [d=弯心直径,a=试样厚度(直径)]	
		钢材厚度(直径、边长)	
		≤16mm	>16~100mm
Q345 Q390 Q420 Q460	宽度不小于 600mm 扁平材,拉伸试验取横向试样。宽度小于 600mm 的扁平材、型材及棒材取纵向试样	2a	3a

注: 弯曲试验按需方要求进行。当供方保证弯曲试验合格时,可不做弯曲试验。

2.5 合金结构钢 (摘自 GB/T 3077—2015)

2.5.1 分类及代号

(1) 按冶金质量分类

合金结构钢按冶金质量分为以下三类:

1) 优质钢。

2) 高级优质钢 (牌号后加 "A")。

3) 特级优质钢 (牌号后加 "E")。

(2) 按使用加工方法分类

合金结构钢按使用加工方法分为以下两类:

1) 压力加工用钢 (UP):①热压力加工, UHF;②顶锻用钢, UF;③冷拔坯料, UCD。

2) 切削加工用钢 (UC)。

(3) 按表面种类分类

合金结构钢按表面种类分为以下五类:

1) 压力加工表面 (SPP)。

2) 酸洗 (SA)。

3) 喷丸 (砂) (SS)。

4) 剥皮 (SF)。

5) 磨光 (SP)。

2.5.2 牌号及化学成分（见表2-46）

表2-46 合金结构钢的牌号及化学成分

钢组	序号	统一数字代号	牌号	化学成分（质量分数，%）										
				C	Si	Mn	Cr	Mo	Ni	W	B	Al	Ti	V
Mn	1	A00202	20Mn2	0.17~0.24	0.17~0.37	1.40~1.80	—	—	—	—	—	—	—	—
	2	A00302	30Mn2	0.27~0.34	0.17~0.37	1.40~1.80	—	—	—	—	—	—	—	—
	3	A00352	35Mn2	0.32~0.39	0.17~0.37	1.40~1.80	—	—	—	—	—	—	—	—
	4	A00402	40Mn2	0.37~0.44	0.17~0.37	1.40~1.80	—	—	—	—	—	—	—	—
	5	A00452	45Mn2	0.42~0.49	0.17~0.37	1.40~1.80	—	—	—	—	—	—	—	—
	6	A00502	50Mn2	0.47~0.55	0.17~0.37	1.40~1.80	—	—	—	—	—	—	—	—
MnV	7	A01202	20MnV	0.17~0.24	0.17~0.37	1.30~1.60	—	—	—	—	—	—	—	0.07~0.12
SiMn	8	A10272	27SiMn	0.24~0.32	1.10~1.40	1.10~1.40	—	—	—	—	—	—	—	—
	9	A10352	35SiMn	0.32~0.40	1.10~1.40	1.10~1.40	—	—	—	—	—	—	—	—
	10	A10422	42SiMn	0.39~0.45	1.10~1.40	1.10~1.40	—	—	—	—	—	—	—	—
SiMn-MoV	11	A14202	20SiMn2MoV	0.17~0.23	0.90~1.20	2.20~2.60	—	0.30~0.40	—	—	—	—	—	0.05~0.12
	12	A14262	25SiMn2MoV	0.22~0.28	0.90~1.20	2.20~2.60	—	0.30~0.40	—	—	—	—	—	0.05~0.12
	13	A14372	37SiMn2MoV	0.33~0.39	0.60~0.90	1.60~1.90	—	0.40~0.50	—	—	—	—	—	0.05~0.12

类别	序号	统一数字代号	牌号	C	Si	Mn		Mo			B		Ti	V
B	14	A70402	40B	0.37~0.44	0.17~0.37	0.60~0.90	—	—	—	—	0.0008~0.0035	—	—	—
	15	A70452	45B	0.42~0.49	0.17~0.37	0.60~0.90	—	—	—	—	0.0008~0.0035	—	—	—
	16	A70502	50B	0.47~0.55	0.17~0.37	0.60~0.90	—	—	—	—	0.0008~0.0035	—	—	—
MnB	17	A712502	25MnB	0.23~0.28	0.17~0.37	1.00~1.40	—	—	—	—	0.0008~0.0035	—	—	—
	18	A713502	35MnB	0.32~0.38	0.17~0.37	1.10~1.40	—	—	—	—	0.0008~0.0035	—	—	—
	19	A71402	40MnB	0.37~0.44	0.17~0.37	1.10~1.40	—	—	—	—	0.0008~0.0035	—	—	—
	20	A71452	45MnB	0.42~0.49	0.17~0.37	1.10~1.40	—	—	—	—	0.0008~0.0035	—	—	—
Mn-MoB	21	A72202	20MnMoB	0.16~0.22	0.17~0.37	0.90~1.20	—	0.20~0.30	—	—	0.0008~0.0035	—	—	—
MnVB	22	A73152	15MnVB	0.12~0.18	0.17~0.37	1.20~1.60	—	—	—	—	0.0008~0.0035	—	—	0.07~0.12
	23	A73202	20MnVB	0.17~0.23	0.17~0.37	1.20~1.60	—	—	—	—	0.0008~0.0035	—	—	0.07~0.12
	24	A73402	40MnVB	0.37~0.44	0.17~0.37	1.10~1.40	—	—	—	—	0.0008~0.0035	—	—	0.05~0.10
MnTiB	25	A74202	20MnTiB	0.17~0.24	0.17~0.37	1.30~1.60	—	—	—	—	0.0008~0.0035	—	0.04~0.10	—
	26	A74252	25MnTiBRE①	0.22~0.28	0.20~0.45	1.30~1.60	—	—	—	—	0.0008~0.0035	—	0.04~0.10	—

（续）

钢组	序号	统一数字代号	牌号	化学成分（质量分数，%）										
				C	Si	Mn	Cr	Mo	Ni	W	B	Al	Ti	V
Cr	27	A20152	15Cr	0.12~0.17	0.17~0.37	0.40~0.70	0.70~1.00	—	—	—	—	—	—	—
	28	A20202	20Cr	0.18~0.24	0.17~0.37	0.50~0.80	0.70~1.00	—	—	—	—	—	—	—
	29	A20302	30Cr	0.27~0.34	0.17~0.37	0.50~0.80	0.80~1.10	—	—	—	—	—	—	—
	30	A20352	35Cr	0.32~0.39	0.17~0.37	0.50~0.80	0.80~1.10	—	—	—	—	—	—	—
	31	A20402	40Cr	0.37~0.44	0.17~0.37	0.50~0.80	0.80~1.10	—	—	—	—	—	—	—
	32	A20452	45Cr	0.42~0.49	0.17~0.37	0.50~0.80	0.80~1.10	—	—	—	—	—	—	—
	33	A20502	50Cr	0.47~0.54	0.17~0.37	0.50~0.80	0.80~1.10	—	—	—	—	—	—	—
CrSi	34	A21382	38CrSi	0.35~0.43	1.00~1.30	0.30~0.60	1.30~1.60	—	—	—	—	—	—	—
CrMo	35	A30122	12CrMo	0.08~0.15	0.17~0.37	0.40~0.70	0.40~0.70	0.40~0.55	—	—	—	—	—	—
	36	A30152	15CrMo	0.12~0.18	0.17~0.37	0.40~0.70	0.80~1.10	0.40~0.55	—	—	—	—	—	—
	37	A30202	20CrMo	0.17~0.24	0.17~0.37	0.40~0.70	0.80~1.10	0.15~0.25	—	—	—	—	—	—
	38	A30252	25CrMo	0.22~0.29	0.17~0.37	0.60~0.90	0.90~1.20	0.15~0.30	—	—	—	—	—	—
	39	A30302	30CrMo	0.26~0.33	0.17~0.37	0.60~0.70	0.80~1.10	0.15~0.25	—	—	—	—	—	—

组别	序号	统一数字代号	牌号	C	Si	Mn	Cr	Mo				Al		V
	40	A30352	35CrMo	0.32~0.40	0.17~0.37	0.40~0.70	0.80~1.10	0.15~0.25	—	—	—	—	—	—
	41	A30422	42CrMo	0.38~0.45	0.17~0.37	0.50~0.80	0.90~1.20	0.15~0.25	—	—	—	—	—	—
	42	A30502	50CrMo	0.46~0.54	0.17~0.37	0.50~0.80	0.90~1.20	0.15~0.30	—	—	—	—	—	—
CrMoV	43	A31122	12CrMoV	0.08~0.15	0.17~0.37	0.40~0.70	0.30~0.60	0.25~0.35	—	—	—	—	—	0.15~0.30
	44	A31352	35CrMoV	0.30~0.38	0.17~0.37	0.40~0.70	1.00~1.30	0.20~0.30	—	—	—	—	—	0.10~0.20
	45	A31132	12Cr1MoV	0.08~0.15	0.17~0.37	0.40~0.70	0.90~1.20	0.25~0.35	—	—	—	—	—	0.15~0.30
	46	A31252	25Cr2MoV	0.22~0.29	0.17~0.37	0.40~0.70	1.50~1.80	0.25~0.35	—	—	—	—	—	0.15~0.30
	47	A31262	25Cr2Mo1V	0.22~0.29	0.17~0.37	0.50~0.80	2.10~2.50	0.90~1.10	—	—	—	—	—	0.30~0.50
CrMoAl	48	A33382	38CrMoAl	0.35~0.42	0.20~0.45	0.30~0.60	1.35~1.65	0.15~0.25	—	—	—	0.70~1.10	—	—
CrV	49	A23402	40CrV	0.37~0.44	0.17~0.37	0.50~0.80	0.80~1.10	—	—	—	—	—	—	0.10~0.20
	50	A23502	50CrV	0.47~0.54	0.17~0.37	0.50~0.80	0.80~1.10	—	—	—	—	—	—	0.10~0.20
CrMn	51	A22152	15CrMn	0.12~0.18	0.17~0.37	1.10~1.40	0.40~0.70	—	—	—	—	—	—	—
	52	A22202	20CrMn	0.17~0.23	0.17~0.37	0.90~1.20	0.90~1.20	—	—	—	—	—	—	—
	53	A22402	40CrMn	0.37~0.45	0.17~0.37	0.90~1.20	0.90~1.20	—	—	—	—	—	—	—

（续）

钢组	序号	统一数字代号	牌号	化学成分（质量分数,%）										
				C	Si	Mn	Cr	Mo	Ni	W	B	Al	Ti	V
CrMnSi	54	A24202	20CrMnSi	0.17~0.23	0.90~1.20	0.80~1.10	0.80~1.10	—	—	—	—	—	—	—
	55	A24252	25CrMnSi	0.22~0.28	0.90~1.20	0.80~1.10	0.80~1.10	—	—	—	—	—	—	—
	56	A24302	30CrMnSi	0.28~0.34	0.90~1.20	0.80~1.10	0.80~1.10	—	—	—	—	—	—	—
	57	A24352	35CrMnSi	0.32~0.39	1.10~1.40	0.80~1.10	1.10~1.40	—	—	—	—	—	—	—
CrMnMo	58	A34202	20CrMnMo	0.17~0.23	0.17~0.37	0.90~1.20	1.10~1.40	0.20~0.30	—	—	—	—	—	—
	59	A34402	40CrMnMo	0.37~0.45	0.17~0.37	0.90~1.20	0.90~1.20	0.20~0.30	—	—	—	—	—	—
CrMnTi	60	A26202	20CrMnTi	0.17~0.23	0.17~0.37	0.80~1.10	1.00~1.30	—	—	—	—	—	0.04~0.10	—
	61	A26302	30CrMnTi	0.24~0.32	0.17~0.37	0.80~1.10	1.00~1.30	—	—	—	—	—	0.04~0.10	—
	62	A40202	20CrNi	0.17~0.23	0.17~0.37	0.40~0.70	0.45~0.75	—	1.00~1.40	—	—	—	—	—
	63	A40402	40CrNi	0.37~0.44	0.17~0.37	0.50~0.80	0.45~0.75	—	1.00~1.40	—	—	—	—	—
	64	A40452	45CrNi	0.42~0.49	0.17~0.37	0.50~0.80	0.45~0.75	—	1.00~1.40	—	—	—	—	—
	65	A40502	50CrNi	0.47~0.54	0.17~0.37	0.50~0.80	0.45~0.75	—	1.00~1.40	—	—	—	—	—
	66	A41122	12CrNi2	0.10~0.17	0.17~0.37	0.30~0.60	0.60~0.90	—	1.50~1.90	—	—	—	—	—
	67	A41342	34CrNi2	0.30~0.37	0.17~0.37	0.60~0.90	0.80~1.10	—	1.20~1.60	—	—	—	—	—

CrNi	68	A42122	12CrNi3	0.10~0.17	0.17~0.37	0.30~0.60	0.60~0.90	—	2.75~3.15	—	—	—	—	—
	69	A42202	20CrNi3	0.17~0.24	0.17~0.37	0.30~0.60	0.60~0.90	—	2.75~3.15	—	—	—	—	—
	70	A42302	30CrNi3	0.27~0.33	0.17~0.37	0.30~0.60	0.60~0.90	—	2.75~3.15	—	—	—	—	—
	71	A42372	37CrNi3	0.34~0.41	0.17~0.37	0.30~0.60	1.20~1.60	—	3.00~3.50	—	—	—	—	—
	72	A43122	12Cr2Ni4	0.10~0.16	0.17~0.37	0.30~0.60	1.25~1.65	—	3.25~3.65	—	—	—	—	—
	73	A43202	20Cr2Ni4	0.17~0.23	0.17~0.37	0.30~0.60	1.25~1.65	—	3.25~3.65	—	—	—	—	—
CrNiMo	74	A50152	15CrNiMo	0.13~0.18	0.17~0.37	0.70~0.90	0.45~0.65	0.45~0.60	0.70~1.00	—	—	—	—	—
	75	A50202	20CrNiMo	0.17~0.23	0.17~0.37	0.60~0.95	0.40~0.70	0.20~0.30	0.35~0.75	—	—	—	—	—
	76	A50302	30CrNiMo	0.28~0.33	0.17~0.37	0.70~0.90	0.70~1.00	0.25~0.45	0.60~0.80	—	—	—	—	—
	77	A50300	30Cr2Ni2Mo	0.26~0.34	0.17~0.37	0.50~0.80	1.80~2.20	0.30~0.50	1.80~2.20	—	—	—	—	—
	78	A50300	30Cr2Ni4Mo	0.26~0.33	0.17~0.37	0.50~0.80	1.20~1.50	0.30~0.60	3.30~4.30	—	—	—	—	—
	79	A50342	34Cr2Ni2Mo	0.30~0.38	0.17~0.37	0.50~0.80	1.30~1.70	0.15~0.30	1.30~1.70	—	—	—	—	—
	80	A50352	35Cr2Ni4Mo	0.32~0.39	0.17~0.37	0.50~0.80	1.60~2.00	0.25~0.45	3.60~4.10	—	—	—	—	—

（续）

钢组	序号	统一数字代号	牌号	化学成分（质量分数，%）											
				C	Si	Mn	Cr	Mo	Ni	W	B	Al	Ti	V
CrNiMo	81	A50402	40CrNiMo	0.37~0.44	0.17~0.37	0.50~0.80	0.60~0.90	0.15~0.25	1.25~1.65	—	—	—	—	—
	82	A50400	40CrNi2Mo	0.38~0.43	0.17~0.37	0.60~0.80	0.70~0.90	0.20~0.30	1.65~2.00	—	—	—	—	—
CrMn-NiMo	83	A50182	18CrMnNiMo	0.15~0.21	0.17~0.37	1.10~1.40	1.00~1.30	0.20~0.30	1.00~1.30	—	—	—	—	—
CrNi-MoV	84	A51452	45CrNiMoV	0.42~0.49	0.17~0.37	0.50~0.80	0.80~1.10	0.20~0.30	1.30~1.80	—	—	—	—	0.10~0.20
CrNiW	85	A52182	18Cr2Ni4W	0.13~0.19	0.17~0.37	0.30~0.60	1.35~1.65	—	4.00~4.50	0.80~1.20	—	—	—	—
	86	A52252	25Cr2Ni4W	0.21~0.28	0.17~0.37	0.30~0.60	1.35~1.65	—	4.00~4.50	0.80~1.20	—	—	—	—

注：1. 未经用户同意不得有意加入本表中未规定的元素，应采取联质措施防止从废钢或其他原料中带入影响钢性能的元素。
2. 表中各牌号可按高级优质钢或特级优质钢订货，但应在牌号后加字母"A"或"E"。
3. 钢中残余含量及残余磷含量见下表：

钢的质量等级	化学成分（质量分数，%）不大于					
	P	S	Cu②	Cr	Ni	Mo
优质钢	0.030	0.030	0.30	0.30	0.30	0.10
高级优质钢	0.020	0.020	0.25	0.30	0.30	0.10
特级优质钢	0.020	0.010	0.25	0.30	0.30	0.10

4. 钢中残余钨、钒、钛含量应作分析，结果记入质量证明书中。根据需方要求，可对残余钨、钒、钛含量加以限制。

① 稀土按 0.05% 计算量加入，成品分析结果供参考。
② 热压力加工用钢的铜含量不大于 0.20%。

2.5.3　力学性能（见表 2-47）

表 2-47　合金结构钢的力学性能

钢组	序号	牌号	试样毛坯尺寸①/mm	淬火 加热温度/℃ 第1次淬火	淬火 加热温度/℃ 第2次淬火	淬火 冷却介质	回火 加热温度/℃	回火 冷却介质	抗拉强度 R_m/MPa	下屈服强度 R_{eL}②/MPa ≥	断后伸长率 A(%) ≥	断面收缩率 Z(%) ≥	冲击吸收能量 $KU_2$③/J	供货状态为退火或高温回火，钢棒布氏硬度 HBW ≤
Mn	1	20Mn2	15	850	—	水、油	200	水、空气	785	590	10	40	47	187
	2	30Mn2	25	840	—	水	500	水、空气	785	635	12	45	63	207
	3	35Mn2	25	840	—	水	500	水	835	685	12	45	55	207
	4	40Mn2	25	840	—	水、油	540	水	885	735	12	45	55	217
	5	45Mn2	25	840	—	油	550	水、油	885	735	10	45	47	217
	6	50Mn2	25	820	—	油	550	水、油	930	785	9	40	39	229
MnV	7	20MnV	15	880	—	水、油	200	水、油	785	590	10	40	55	187
SiMn	8	27SiMn	25	920	—	水	450	水	980	835	12	40	39	217
	9	35SiMn	25	900	—	水	570	水	885	735	15	45	47	229
	10	42SiMn	25	880	—	水	590	水	885	735	15	40	47	229
SiMnMoV	11	20SiMn2MoV	试样	900	—	油	200	水、空气	1380	—	10	45	55	269
	12	25SiMn2MoV	试样	900	—	油	200	水、空气	1470	—	10	40	47	269
	13	37SiMn2MoV	25	870	—	水、油	650	水、空气	980	835	12	50	63	269
B	14	40B	25	840	—	水	550	水	785	635	12	45	55	207
	15	45B	25	840	—	水	550	水	835	685	12	45	47	217
	16	50B	20	840	—	油	600	空气	785	540	10	45	39	207
MnB	17	25MnB	25	850	—	油	500	水、油	835	635	10	45	47	207
	18	35MnB	25	850	—	油	500	水、油	930	735	10	45	47	207
	19	40MnB	25	850	—	油	500	水、油	980	785	10	45	47	207
	20	45MnB	25	840	—	油	500	水、油	1030	835	9	40	39	217

（续）

| 钢组 | 序号 | 牌号 | 试样毛坯尺寸①/mm | 推荐的热处理制度 | | | | | 力学性能 | | | | | 供货状态为退火或高温回火，钢棒布氏硬度 HBW ≤ |
				淬火 加热温度/℃ 第1次淬火	第2次淬火	冷却介质	回火 加热温度/℃	冷却介质	抗拉强度 R_m/MPa	下屈服强度 R_{eL}②/MPa	断后伸长率 A(%) ≥	断面收缩率 Z(%)	冲击吸收能量 $KU_2$③/J	
MnMoB	21	20MnMoB	15	880	—	油	200	油、空气	1080	885	10	50	55	207
MnVB	22	15MnVB	15	860	—	油	200	水、空气	885	635	10	45	55	207
	23	20MnVB	15	860	—	油	200	水、空气	1080	885	10	45	55	207
	24	40MnVB	25	850	—	油	520	水、油	980	785	10	45	47	207
	25	20MnTiB	15	860	—	油	200	水、空气	1130	930	10	45	55	187
	26	25MnTiBRE	试样	860	—	油	200	水、空气	1380	—	—	40	47	229
MnTiB	27	15Cr	15	880	770~820	水、油	180	油、空气	685	490	12	45	55	179
	28	20Cr	15	880	780~820	水、油	200	水、空气	835	540	10	40	47	179
	29	30Cr	25	860	—	油	500	水、油	885	685	11	45	47	187
	30	35Cr	25	860	—	油	500	水、油	930	735	11	45	47	207
	31	40Cr	25	850	—	油	520	水、油	980	785	9	45	47	207
	32	45Cr	25	840	—	油	520	水、油	1030	835	9	40	39	217
	33	50Cr	25	830	—	油	520	水、油	1080	930	9	40	39	229
CrSi	34	38CrSi	25	900	—	油	600	水、油	980	835	12	50	55	255
CrMo	35	12CrMo	30	900	—	空气	650	空气	410	265	24	60	110	179
	36	15CrMo	30	900	—	空气	650	空气	440	295	22	60	94	179
	37	20CrMo	15	880	—	水、油	500	水、油	885	685	12	50	78	197
	38	25CrMo	25	870	—	油	600	水、油	900	600	14	55	68	229
	39	30CrMo	15	880	—	油	540	水、油	930	735	12	50	71	229
	40	35CrMo	25	850	—	油	550	油	980	835	12	45	63	229
	41	42CrMo	25	850	—	油	560	水、油	1080	930	12	45	63	229
	42	50CrMo	25	840	—	油	560	油	1130	930	11	45	48	248

类别	序号	牌号	试样尺寸/mm	淬火温度/℃ 第一次	淬火温度/℃ 第二次	淬火冷却剂	回火温度/℃	回火冷却剂	R_m	R_{eL}	A/%	Z/%	KU/J	HBW
CrMoV	43	12CrMoV	30	970	—	空气	750	空气	440	225	22	50	78	241
	44	35CrMoV	25	900	—	油	630	水、油	1080	930	10	50	71	241
	45	12Cr1MoV	30	970	—	空气	750	空气	490	245	22	50	71	179
	46	25Cr2MoV	25	900	—	油	640	油	930	785	14	55	63	241
	47	25Cr2Mo1V	25	1040	—	空气	700	空气	735	590	16	50	47	241
CrMoAl	48	38CrMoAl	30	940	—	水、油	640	水、油	980	835	14	50	71	229
CrV	49	40CrV	25	880	—	油	650	水、油	885	735	10	50	71	241
	50	50CrV	25	850	—	油	500	水、油	1280	1130	10	40	—	255
CrMn	51	15CrMn	15	880	—	油	200	水、空气	785	590	12	50	47	179
	52	20CrMn	15	850	—	油	200	空气	930	735	10	45	47	187
	53	40CrMn	25	840	—	油	550	水、油	980	835	9	45	47	229
CrMnSi	54	20CrMnSi	25	880	—	油	480	水、油	785	635	12	45	55	207
	55	25CrMnSi	25	880	—	油	480	水、油	1080	885	10	40	39	217
	56	30CrMnSi	25	880	—	油	540	水、油	1080	835	10	45	39	229
	57	35CrMnSi	试样	950	—	空气、油	230	空气、油	1620	1280	9	40	31	241
			试样	加热到880℃，于280~310℃等温淬火										
CrMnMo	58	20CrMnMo	15	850	890	油	200	水、空气	1180	885	10	45	55	217
	59	40CrMnMo	25	850	—	油	600	水、油	980	785	10	45	63	217
CrMnTi	60	20CrMnTi	15	880	870	油	200	水、空气	1080	850	10	45	55	217
	61	30CrMnTi	试样	880	850	油	200	水、空气	1470	—	9	40	47	229
CrNi	62	20CrNi	25	850	—	水、油	460	水、油	785	590	10	50	63	197
	63	40CrNi	25	820	—	油	500	水、油	980	785	10	45	55	241
	64	45CrNi	25	820	—	油	530	水、油	980	785	10	45	55	255
	65	50CrNi	25	820	—	油	500	水、油	1080	835	8	40	39	255
	66	12CrNi2	15	860	780	水、空气	200	水、油	785	590	12	50	63	207
	67	34CrNi2	25	840	—	水、油	530	水、油	930	735	11	45	71	241

（续）

钢组	序号	牌号	试样毛坯尺寸①/mm	推荐的热处理制度					力学性能					供货状态为退火或高温回火钢棒布氏硬度 HBW ≤
				淬火			回火							
				加热温度/℃		冷却介质	加热温度/℃	冷却介质	抗拉强度 R_m/MPa	下屈服强度 R_{eL}②/MPa	断后伸长率 A(%) ≥	断面收缩率 Z(%)	冲击吸收能量 $KU_2$③/J	
				第1次淬火	第2次淬火									
CrNi	68	12CrNi3	15	860	780	油	200	水、空气	930	685	11	50	71	217
	69	20CrNi3	25	830	—	水、油	480	水、油	930	735	11	55	78	241
	70	30CrNi3	25	820	—	油	500	水、油	980	785	9	45	63	241
	71	37CrNi3	25	820	—	油	500	油	1130	980	10	50	47	269
	72	12Cr2Ni4	15	860	780	油	200	水、空气	1080	835	10	50	71	269
	73	20Cr2Ni4	15	880	780	油	200	空气	1180	1080	10	45	63	269
CrNiMo	74	15CrNiMo	15	850	—	油	200	空气	930	750	10	40	46	197
	75	20CrNiMo	15	850	—	油	200	空气	980	785	9	40	47	197
	76	30CrNiMo	25	850	—	油	500	水、油	980	785	10	50	63	269
	77	40CrNiMo	25	850	—	油	600	水、油	980	835	12	55	78	269
	78	40CrNi2Mo	25	正火 890 淬火 850	850	油	560~580	空气	1050	980	12	45	48	269
		40CrNi2Mo	试样	正火 890 淬火 850	850	油	220 两次回火	空气	1790	1500	6	25	—	
	79	30Cr2Ni2Mo	25	850	—	油	520	水、油	980	835	10	50	71	269
	80	34Cr2Ni2Mo	25	850	—	油	540	水、油	1080	930	10	50	71	269
	81	30Cr2Ni4Mo	25	850	—	油	560	水、油	1080	930	10	50	71	269
	82	35Cr2Ni4Mo	25	850	—	油	560	水、油	1130	980	10	50	71	269
CrMnNiMo	83	18CrMnNiMo	15	830	—	油	200	空气	1180	885	10	45	71	269
CrNiMoV	84	45CrNiMoV	试样	860	—	油	460	油	1470	1330	7	35	31	269
CrNiW	85	18Cr2Ni4W	15	950	850	空气	200	空气	1180	835	10	45	78	269
	86	25Cr2Ni4W	25	850	—	油	550	水、油	1080	930	11	45	71	269

注：1. 表中所列热处理温度允许调整范围：淬火±15℃，低温回火±20℃，高温回火±50℃。

2. 硼钢在淬火前可先经正火，正火温度应不高于其淬火温度，用原尺寸毛坯进行热处理。

① 当钢棒尺寸小于试样毛坯尺寸时，用钢棒实际尺寸进行热处理。

② 当屈服现象不明显时，可用规定塑性延伸强度 $R_{p0.2}$ 代替。

③ 对直径或厚度小于 16mm 的圆钢和厚度小于 12mm 的方钢、扁钢，不做冲击试验。

2.6　保证淬透性结构钢（摘自 GB/T 5216—2014）

（1）分类及代号

保证淬透性结构钢按钢类分为非合金结构钢和合金结构钢；保证淬透性结构钢按使用加工方法分为压力加工用钢（UP）和切削加工用钢（UC）。钢的使用加工方法应在合同或订单中注明。

保证淬透性结构钢的代号为"H"，按淬透性级别分为基准带（H）、上 2/3 带（HH）、下 2/3 带（HL），如 40CrH、40CrHH、40CrHL。

对含硫保证淬透性结构钢在"H"之前加入"S"，如 16CrMnSH、16CrMnSHH、16CrMnSHL。

保证淬透性结构钢的牌号统一数字代号按 GB/T 17616《钢铁及合金牌号统一数字代号体系》标准编写。

（2）牌号及化学成分（见表 2-48）

表 2-48　保证淬透性结构钢的牌号及化学成分

序号	统一数字代号	牌号	化学成分(质量分数,%)										
			C	Si①	Mn	Cr	Ni	Mo	B	Ti	V	S②	P
1	U59455	45H	0.42~0.50	0.17~0.37	0.50~0.85	—	—	—	—	—	—		
2	A20155	15CrH	0.12~0.18	0.17~0.37	0.55~0.90	0.85~1.25	—	—	—	—	—		
3	A20205	20CrH	0.17~0.23	0.17~0.37	0.50~0.85	0.70~1.10	—	—	—	—	—		
4	A20215	20Cr1H	0.17~0.23	0.17~0.37	0.55~0.90	0.85~1.25	—	—	—	—	—		
5	A20255	25CrH	0.23~0.28	≤0.37	0.60~0.90	0.90~1.20	—	—	—	—	—		
6	A20285	28CrH	0.24~0.31	≤0.37	0.60~0.90	0.90~1.20	—	—	—	—	—		
7	A20405	40CrH	0.37~0.44	0.17~0.37	0.50~0.85	0.70~1.10	—	—	—	—	—		
8	A20455	45CrH	0.42~0.49	0.17~0.37	0.50~0.85	0.70~1.10	—	—	—	—	—	≤0.035	≤0.030
9	A22165	16CrMnH	0.14~0.19	≤0.37	1.00~1.30	0.80~1.10	—	—	—	—	—		
10	A22205	20CrMnH	0.17~0.22	≤0.37	1.10~1.40	1.00~1.30	—	—	—	—	—		
11	A25155	15CrMnBH	0.13~0.18	≤0.37	1.00~1.30	0.80~1.10	—	—		—	—		
12	A25175	17CrMnBH	0.15~0.20	≤0.37	1.00~1.40	1.00~1.30	—	—		—	—		
13	A71405	40MnBH	0.37~0.44	0.17~0.37	1.00~1.40	—	—	—	0.0008~0.0035	—	—		
14	A71455	45MnBH	0.42~0.49	0.17~0.37	1.00~1.40	—	—	—		—	—		
15	A73205	20MnVBH	0.17~0.23	0.17~0.37	1.05~1.45	—	—	—		—	0.07~0.12		
16	A74205	20MnTiBH	0.17~0.23	0.17~0.37	1.20~1.55	—	—	—		0.04~0.10	—		

（续）

序号	统一数字代号	牌号	化学成分(质量分数,%)										
			C	Si①	Mn	Cr	Ni	Mo	B	Ti	V	S②	P
17	A30155	15CrMoH	0.12~0.18	0.17~0.37	0.55~0.90	0.85~1.25	—	0.15~0.25	—	—	—		
18	A30205	20CrMoH	0.17~0.23	0.17~0.37	0.55~0.90	0.85~1.25	—	0.15~0.25	—	—	—		
19	A30225	22CrMoH	0.19~0.25	0.17~0.37	0.55~0.90	0.85~1.25	—	0.35~0.45	—	—	—		
20	A30355	35CrMoH	0.32~0.39	0.17~0.37	0.55~0.95	0.85~1.25	—	0.15~0.35	—	—	—		
21	A30425	42CrMoH	0.37~0.44	0.17~0.37	0.55~0.90	0.85~1.25	—	0.15~0.25	—	—	—		
22	A34205	20CrMnMoH	0.17~0.23	0.17~0.37	0.85~1.20	1.05~1.40	—	0.20~0.30	—	—	—		
23	A26205	20CrMnTiH	0.17~0.23	0.17~0.37	0.80~1.20	1.00~1.45	—	—	—	0.04~0.10	—		
24	A42175	17Cr2Ni2H	0.14~0.20	0.17~0.37	0.50~0.90	1.40~1.70	1.40~1.70	—	—	—	—		
25	A42205	20CrNi3H	0.17~0.23	0.17~0.37	0.30~0.65	0.60~0.95	2.70~3.25	—	—	—	—		
26	A43125	12Cr2Ni4H	0.10~0.17	0.17~0.37	0.30~0.65	1.20~1.75	3.20~3.75	—	—	—	—	≤0.035	≤0.030
27	A50205	20CrNiMoH	0.17~0.23	0.17~0.37	0.60~0.95	0.35~0.65	0.35~0.75	0.15~0.25	—	—	—		
28	A50225	22CrNiMoH	0.19~0.25	0.17~0.37	0.60~0.95	0.35~0.65	0.35~0.75	0.15~0.25	—	—	—		
29	A50275	27CrNiMoH	0.24~0.30	0.17~0.37	0.60~0.95	0.35~0.65	0.35~0.75	0.15~0.25	—	—	—		
30	A50215	20CrNi2MoH	0.17~0.23	0.17~0.37	0.40~0.70	0.35~0.65	1.55~2.00	0.20~0.30	—	—	—		
31	A50405	40CrNi2MoH	0.37~0.44	0.17~0.37	0.55~0.90	0.65~0.95	1.55~2.00	0.20~0.30	—	—	—		
32	A50185	18Cr2Ni2MoH	0.15~0.21	0.17~0.37	0.50~0.90	1.50~1.80	1.40~1.70	0.25~0.35	—	—	—		

① 根据需方要求，16CrMnH、20CrMnH、25CrH 和 28CrH 钢中的 Si 含量允许不大于 0.12%（质量分数，后同），但此时应考虑其对力学性能的影响。

② 根据需方要求，钢中的硫含量也可以在 0.015%~0.035% 范围。此时，硫含量允许偏差为 ±0.005%。

（3）退火或高温回火状态交货钢材的硬度（见表 2-49）

表 2-49　退火或高温回火状态交货钢材的硬度

序号	牌号	退火或高温回火后的硬度 HBW ≤
1	45H	197
2	20CrH	179
3	28CrH	217
4	40CrH	207

（续）

序号	牌号	退火或高温回火后的硬度 HBW≤
5	45CrH	217
6	40MnBH	207
7	45MnBH	217
8	20MnVBH	207
9	20MnTiBH	187
10	16CrMnH	207
11	20CrMnH	217
12	20CrMnMoH	217
13	20CrMnTiH	217
14	17Cr2Ni2H	229
15	20CrNi3H	241
16	12Cr2Ni4H	269
17	20CrNiMoH	197
18	18Cr2Ni2MoH	229

2.7　工模具钢（摘自 GB/T 1299—2014）

2.7.1　分类及代号

（1）按用途分类

工模具钢按用途分为八类：

1）刃具模具用非合金钢。

2）量具刃具用钢。

3）耐冲击工具用钢。

4）轧辊用钢。

5）冷作模具用钢。

6）热作模具用钢。

7）塑料模具用钢。

8）特殊用途模具用钢。

（2）按使用加工方法分类

工模具钢按使用加工方法分为两类：

1）压力加工用钢（UP）：①热压力加工（UHP）；②冷压力加工（UCP）。

2）切削加工用钢（UC）。

使用的加工方法应在合同中注明。

（3）钢按化学成分分类

工模具钢按化学成分分为四类：

1）非合金工具钢（牌号头带"T"）。

2）合金工具钢。

3）非合金模具钢（牌号头带"SM"）。

4）合金模具钢。

注意：非合金工具钢即为原碳素工具钢。

2.7.2 牌号及化学成分（见表 2-50～表 2-57）

表 2-50 刃具模具用非合金钢的牌号及化学成分（成品分析）

序号	统一数字代号	牌号	化学成分(质量分数,%)		
			C	Si	Mn
1-1	T00070	T7	0.65～0.74	≤0.35	≤0.40
1-2	T00080	T8	0.75～0.84	≤0.35	≤0.40
1-3	T01080	T8Mn	0.80～0.90	≤0.35	0.40～0.60
1-4	T00090	T9	0.85～0.94	≤0.35	≤0.40
1-5	T00100	T10	0.95～1.04	≤0.35	≤0.40
1-6	T00110	T11	1.05～1.14	≤0.35	≤0.40
1-7	T00120	T12	1.15～1.24	≤0.35	≤0.40
1-8	T00130	T13	1.25～1.35	≤0.35	≤0.40

注：表中钢可供应高级优质钢，此时牌号后加"A"。

表 2-51 量具刃具用钢的牌号及化学成分（成品分析）

序号	统一数字代号	牌号	化学成分(质量分数,%)				
			C	Si	Mn	Cr	W
2-1	T31219	9SiCr	0.85～0.95	1.20～1.60	0.30～0.60	0.95～1.25	—
2-2	T30108	8MnSi	0.75～0.85	0.30～0.60	0.80～1.10	—	—
2-3	T30200	Cr06	1.30～1.45	≤0.40	≤0.40	0.50～0.70	—
2-4	T31200	Cr2	0.95～1.10	≤0.40	≤0.40	1.30～1.65	—
2-5	T31209	9Cr2	0.80～0.95	≤0.40	≤0.40	1.30～1.70	—
2-6	T30800	W	1.05～1.25	≤0.40	≤0.40	0.10～0.30	0.80～1.20

表 2-52 耐冲击工具用钢的牌号及化学成分（成品分析）

序号	统一数字代号	牌号	化学成分(质量分数,%)						
			C	Si	Mn	Cr	W	Mo	V
3-1	T40294	4CrW2Si	0.35～0.45	0.80～1.10	≤0.40	1.00～1.30	2.00～2.50	—	—
3-2	T40295	5CrW2Si	0.45～0.55	0.50～0.80	≤0.40	1.00～1.30	2.00～2.50	—	—
3-3	T40296	6CrW2Si	0.55～0.65	0.50～0.80	≤0.40	1.10～1.30	2.20～2.70	—	—
3-4	T40356	6CrMnSi2Mo1V	0.50～0.65	1.75～2.25	0.60～1.00	0.10～0.50	—	0.20～1.35	0.15～0.35
3-5	T40355	5Cr3MnSiMo1	0.45～0.55	0.20～1.00	0.20～0.90	3.00～3.50	—	1.30～1.80	≤0.35
3-6	T40376	6CrW2SiV	0.55～0.65	0.70～1.00	0.15～0.45	0.90～1.20	1.70～2.20	—	0.10～0.20

表 2-53　轧辊用钢的牌号及化学成分（成品分析）

序号	统一数字代号	牌号	化学成分（质量分数，%）									
			C	Si	Mn	P	S	Cr	W	Mo	Ni	V
4-1	T42239	9Cr2V	0.85~0.95	0.20~0.40	0.20~0.45	①	①	1.40~1.70	—	—	—	0.10~0.25
4-2	T42309	9Cr2Mo	0.85~0.95	0.25~0.45	0.20~0.35	①	①	1.70~2.10	—	0.20~0.40	—	—
4-3	T42319	9Cr2MoV	0.80~0.90	0.15~0.40	0.25~0.55	①	①	1.80~2.40	—	0.20~0.40	—	0.05~0.15
4-4	T42518	8Cr3NiMoV	0.82~0.90	0.30~0.50	0.20~0.45	≤0.020	≤0.015	2.80~3.20	—	0.20~0.40	0.60~0.80	0.05~0.15
4-5	T42519	9Cr5NiMoV	0.82~0.90	0.50~0.80	0.20~0.50	≤0.020	≤0.015	4.80~5.20	—	0.20~0.40	0.30~0.50	0.10~0.20

① 见表 2-58。

表 2-54　冷作模具用钢的牌号及化学成分（成品分析）

序号	统一数字代号	牌号	化学成分（质量分数，%）										
			C	Si	Mn	P	S	Cr	W	Mo	V	Nb	Co
5-1	T20019	9Mn2V	0.85~0.95	≤0.40	1.70~2.00	①	①	—	—	—	0.10~0.25	—	—
5-2	T20299	9CrWMn	0.85~0.95	≤0.40	0.90~1.20	①	①	0.50~0.80	0.50~0.80	—	—	—	—
5-3	T21290	CrWMn	0.90~1.05	≤0.40	0.80~1.10	①	①	0.90~1.20	1.20~1.60	—	—	—	—
5-4	T20250	MnCrWV	0.90~1.05	0.10~0.40	1.05~1.35	①	①	0.50~0.70	0.50~0.70	—	0.05~0.15	—	—
5-5	T21347	7CrMn2Mo	0.65~0.75	0.10~0.50	1.80~2.50	①	①	0.90~1.20	—	0.90~1.40	—	—	—
5-6	T21355	5Cr8MoVSi	0.48~0.53	0.75~1.05	0.35~0.50	≤0.030	≤0.015	8.00~9.00	—	1.25~1.70	0.30~0.55	—	—
5-7	T21357	7CrSiMnMoV	0.65~0.75	0.85~1.15	0.65~1.05	①	①	0.90~1.20	—	0.20~0.50	0.15~0.30	—	—
5-8	T21350	Cr8Mo2SiV	0.95~1.03	0.80~1.20	0.20~0.50	①	①	7.80~8.30	—	2.00~2.80	0.25~0.40	—	—

（续）

序号	统一数字代号	牌号	化学成分（质量分数，%）										
			C	Si	Mn	P	S	Cr	W	Mo	V	Nb	Co
5-9	T21320	Cr4W2MoV	1.12~1.25	0.40~0.70	≤0.40	①	①	3.50~4.00	1.90~2.60	0.80~1.20	0.80~1.10	—	—
5-10	T21386	6Cr4W3Mo2VNb	0.60~0.70	≤0.40	≤0.40	①	①	3.80~4.40	2.50~3.50	1.80~2.50	0.80~1.20	0.20~0.35	—
5-11	T21836	6W6Mo5Cr4V	0.55~0.65	≤0.40	≤0.50	①	①	3.70~4.30	6.00~7.00	4.50~5.50	0.70~1.10	—	—
5-12	T21830	W6Mo5Cr4V2	0.80~0.90	0.15~0.40	0.20~0.45	①	①	3.80~4.40	5.50~6.75	4.50~5.50	1.75~2.20	—	—
5-13	T21209	Cr8	1.60~1.90	0.20~0.60	0.20~0.60	①	①	7.50~8.50	—	—	—	—	—
5-14	T21200	Cr12	2.00~2.30	≤0.40	≤0.40	①	①	11.50~13.00	—	—	—	—	—
5-15	T21290	Cr12W	2.00~2.30	0.10~0.40	0.30~0.60	①	①	11.00~13.00	0.60~0.80	—	—	—	—
5-16	T21317	7Cr7Mo2V2Si	0.68~0.78	0.70~1.20	≤0.40	①	①	6.50~7.50	—	1.90~2.30	1.80~2.20	—	—
5-17	T21318	Cr5Mo1V	0.95~1.05	≤0.50	≤1.00	①	①	4.75~5.50	—	0.90~1.40	0.15~0.50	—	—
5-18	T21319	Cr12MoV	1.45~1.70	≤0.40	≤0.40	①	①	11.00~12.50	—	0.40~0.60	0.15~0.30	—	—
5-19	T21310	Cr12Mo1V1	1.40~1.60	≤0.60	≤0.60	①	①	11.00~13.00	—	0.70~1.20	0.50~1.10	—	≤1.00

① 见表2-58。

表 2-55　热作模具用钢的牌号及化学成分（成品分析）

序号	统一数字代号	牌号	化学成分（质量分数，%）											
			C	Si	Mn	P	S	Cr	W	Mo	Ni	V	Al	Co
6-1	T22345	5CrMnMo	0.50~0.60	0.25~0.60	1.20~1.60	①	①	0.60~0.90	—	0.15~0.30	—	—	—	—
6-2	T22505	5CrNiMo②	0.50~0.60	≤0.40	0.50~0.80	①	①	0.50~0.80	—	0.15~0.30	1.40~1.80	—	—	—
6-3	T23504	4CrNi4Mo	0.40~0.50	0.10~0.40	0.20~0.50	①	①	1.20~1.50	—	0.15~0.35	3.80~4.30	—	—	—
6-4	T23514	4Cr2NiMoV	0.35~0.45	≤0.40	≤0.40	①	①	1.80~2.20	—	0.45~0.60	1.10~1.50	0.10~0.30	—	—
6-5	T23515	5CrNi2MoV	0.50~0.60	0.10~0.40	0.60~0.90	①	①	0.80~1.20	—	0.35~0.55	1.50~1.80	0.05~0.15	—	—
6-6	T23535	5Cr2NiMoVSi	0.46~0.54	0.60~0.90	0.40~0.60	①	①	1.50~2.00	—	0.80~1.20	0.80~1.20	0.30~0.50	—	—
6-7	T23208	8Cr3	0.75~0.85	≤0.40	≤0.40	①	①	3.20~3.80	—	—	—	—	—	—
6-8	T23274	4Cr5W2VSi	0.32~0.42	0.80~1.20	≤0.40	①	①	4.50~5.50	1.60~2.40	—	—	0.60~1.00	—	—
6-9	T23273	3Cr2W8V	0.30~0.40	≤0.40	≤0.40	①	①	2.20~2.70	7.50~9.00	—	—	0.20~0.50	—	—
6-10	T23352	4Cr5MoSiV	0.33~0.43	0.80~1.20	0.20~0.50	①	①	4.75~5.50	—	1.10~1.60	—	0.30~0.60	—	—
6-11	T23353	4Cr5MoSiV1	0.32~0.45	0.80~1.20	0.20~0.50	①	①	4.75~5.50	—	1.10~1.75	—	0.80~1.20	—	—

五 金 手 册

（续）

| 序号 | 统一数字代号 | 牌号 | 化学成分（质量分数，%） ||||||||||||
			C	Si	Mn	P	S	Cr	W	Mo	Ni	V	Al	Co
6-12	T23354	4Cr3Mo3SiV	0.35~0.45	0.80~1.20	0.25~0.70	①	①	3.00~3.75	—	2.00~3.00	—	0.25~0.75	—	—
6-13	T23355	5Cr4Mo3SiMnVA1	0.47~0.57	0.80~1.10	0.80~1.10	①	①	3.80~4.30	—	2.80~3.40	—	0.80~1.20	0.30~0.70	—
6-14	T23364	4CrMnSiMoV	0.35~0.45	0.80~1.10	0.80~1.10	①	①	1.30~1.50	—	0.40~0.60	—	0.20~0.40	—	—
6-15	T23375	5Cr5WMoSi	0.50~0.60	0.75~1.10	0.20~0.50	①	①	4.75~5.50	1.00~1.50	1.15~1.65	—	—	—	—
6-16	T23324	4Cr5MoWVSi	0.32~0.40	0.80~1.20	0.20~0.50	①	①	4.75~5.50	1.10~1.60	1.25~1.60	—	0.20~0.50	—	—
6-17	T23323	3Cr3Mo3W2V	0.32~0.42	0.60~0.90	≤0.65	①	①	2.80~3.30	1.20~1.80	2.50~3.00	—	0.80~1.20	—	—
6-18	T23325	5Cr4W5Mo2V	0.40~0.50	≤0.40	≤0.40	①	①	3.40~4.40	4.50~5.30	1.50~2.10	—	0.70~1.10	—	—
6-19	T23314	4Cr5Mo2V	0.35~0.42	0.25~0.50	0.40~0.60	≤0.020	≤0.008	5.00~5.50	—	2.30~2.60	—	0.60~0.80	—	—
6-20	T23313	3Cr3Mo3V	0.28~0.35	0.10~0.40	0.15~0.45	≤0.030	≤0.020	2.70~3.20	—	2.50~3.00	—	0.40~0.70	—	—
6-21	T23314	4Cr5Mo3V	0.35~0.40	0.30~0.50	0.30~0.50	≤0.030	≤0.020	4.80~5.20	—	2.70~3.20	—	0.40~0.60	—	—
6-22	T23393	3Cr3Mo3VCo3	0.28~0.35	0.10~0.40	0.15~0.45	≤0.030	≤0.020	2.70~3.20	—	2.60~3.00	—	0.40~0.70	—	2.50~3.00

① 见表 2-58。
② 经供需双方同意允许钒含量小于 0.20%。

78

表 2-56　塑料模具用钢的牌号及化学成分（成品分析）

序号	统一数字代号	牌号	化学成分（质量分数,%）												
			C	Si	Mn	P	S	Cr	W	Mo	Ni	V	Al	Co	其他
7-1	T10450	SM45	0.42~0.48	0.17~0.37	0.50~0.80	①	①	—	—	—	—	—	—	—	—
7-2	T10500	SM50	0.47~0.53	0.17~0.37	0.50~0.80	①	①	—	—	—	—	—	—	—	—
7-3	T10550	SM55	0.52~0.58	0.17~0.37	0.50~0.80	①	①	—	—	—	—	—	—	—	—
7-4	T25303	3Cr2Mo	0.28~0.40	0.20~0.80	0.60~1.00	①	①	1.40~2.00	—	0.30~0.55	—	—	—	—	—
7-5	T25553	3Cr2MnNiMo	0.32~0.40	0.20~0.40	1.10~1.50	①	①	1.70~2.00	—	0.25~0.40	0.85~1.15	—	—	—	—
7-6	T25344	4Cr2Mn1MoS	0.35~0.45	0.30~0.50	1.40~1.60	≤0.030	0.05~0.10	1.80~2.00	—	0.15~0.25	—	—	—	—	—
7-7	T25378	8Cr2MnWMoVS	0.75~0.85	≤0.40	1.30~1.70	≤0.030	0.08~0.15	2.30~2.60	0.70~1.10	0.50~0.80	—	0.10~0.25	—	—	—
7-8	T25515	5CrNiMnMoVSCa	0.50~0.60	≤0.45	0.80~1.20	≤0.030	0.06~0.15	0.80~1.20	—	0.30~0.60	0.80~1.20	0.15~0.30	—	—	Ca:0.002~0.008
7-9	T25512	2CrNiMoMnV	0.24~0.30	≤0.30	1.40~1.60	≤0.025	≤0.015	1.25~1.45	—	0.45~0.60	0.80~1.20	0.10~0.20	—	—	—
7-10	T25572	2CrNi3MoAl	0.20~0.30	0.20~0.50	0.50~0.80	①	①	1.20~1.80	—	0.20~0.40	3.00~4.00	—	1.00~1.60	—	—
7-11	T25611	1Ni3MnCuMoAl	0.10~0.20	≤0.45	1.40~2.00	≤0.030	≤0.015	—	—	0.20~0.50	2.90~3.40	—	0.70~1.20	—	Cu:0.80~1.20
7-12	A64060	06Ni6CrMoVTiAl	≤0.06	≤0.50	≤0.50	①	①	1.30~1.60	—	0.90~1.20	5.50~6.50	0.08~0.16	0.50~0.90	—	Ti:0.90~1.30
7-13	A64000	00Ni18Co8Mo5TiAl	≤0.03	≤0.10	≤0.15	≤0.010	≤0.010	≤0.60	—	4.50~5.00	17.5~18.5	—	0.05~0.15	8.50~10.0	Ti:0.80~1.10
7-14	S42023	2Cr13	0.16~0.25	≤1.00	≤1.00	①	①	12.00~14.00	—	—	≤0.60	—	—	—	—
7-15	S42043	4Cr13	0.35~0.45	≤0.60	≤0.80	①	①	12.00~14.00	—	—	≤0.60	—	—	—	—

（续）

序号	统一数字代号	牌号	化学成分（质量分数，%）												
			C	Si	Mn	P	S	Cr	W	Mo	Ni	V	Al	Co	其他
7-16	T25444	4Cr13NiVSi	0.35~0.45	0.90~1.20	0.40~0.70	≤0.010	≤0.003	13.00~14.00	—	—	0.15~0.30	0.25~0.35	—	—	—
7-17	T25402	2Cr17Ni2	0.12~0.22	≤1.00	≤1.50	①	①	15.00~17.00	—	—	1.50~2.50	—	—	—	—
7-18	T25303	3Cr17Mo	0.33~0.45	≤1.00	≤1.50	①	①	15.50~17.50	—	0.80~1.30	≤1.00	—	—	—	—
7-19	T25513	3Cr17NiMoV	0.32~0.40	0.30~0.60	0.60~0.80	≤0.025	≤0.005	16.00~18.00	—	1.00~1.30	0.60~1.00	0.15~0.35	—	—	—
7-20	S44093	9Cr18	0.90~1.00	≤0.80	≤0.80	①	①	17.00~19.00	—	—	≤0.60	—	—	—	—
7-21	S46993	9Cr18MoV	0.85~0.95	≤0.80	≤0.80	①	①	17.00~19.00	—	1.00~1.30	≤0.60	0.07~0.12	—	—	—

① 见表2-58。

表2-57　特殊用途模具用钢的牌号及化学成分（成品分析）

序号	统一数字代号	牌号	化学成分（质量分数，%）													
			C	Si	Mn	P	S	Cr	W	Mo	Ni	V	Al	Nb	Co	其他
8-1	T26377	7Mn15Cr2Al3V2WMo	0.65~0.75	≤0.80	14.50~16.50	①	①	2.00~2.50	0.50~0.80	0.50~0.80	—	1.50~2.00	2.30~3.30	—	—	—
8-2	S31049	2Cr25Ni20Si2	≤0.25	1.50~2.50	≤1.50	①	①	24.00~27.00	—	—	18.00~21.00	—	—	—	—	—
8-3	S51740	0Cr17Ni4Cu4Nb	≤0.07	≤1.00	≤1.00	①	①	15.00~17.00	—	—	3.00~5.00	—	—	Nb:0.15~0.45	—	Cu:3.00~5.00
8-4	H21231	Ni25Cr15Ti2MoMn	≤0.08	≤1.00	≤2.00	≤0.030	≤0.020	13.50~17.00	—	1.00~1.50	22.00~26.00	0.10~0.50	≤0.40	—	—	Ti:1.80~2.50 B:0.001~0.010
8-5	H07718	Ni53Cr19Mo3TiNb	≤0.08	≤0.35	≤0.35	≤0.015	≤0.015	17.00~21.00	—	2.80~3.30	50.00~55.00	0.20~0.80	—	Nb+Ta②:4.75~5.50	≤1.00	Ti:0.65~1.15 B≤0.006

① 见表2-58。
② 除非特殊要求，允许仅分析 Nb。

表 2-58　工模具钢中残余元素含量

组别	冶炼方法	化学成分(质量分数,%),不大于					Cu	Cr	Ni
		P		S					
1	电弧炉	高级优质非合金工具钢	0.030	高级优质非合金工具钢	0.020		0.25	0.25	0.25
		其他钢类	0.030	其他钢类	0.030				
2	电弧炉+真空脱气	冷作模具用钢高级优质非合金工具钢	0.030	冷作模具用钢高级优质非合金工具钢	0.020				
		其他钢类	0.025	其他钢类	0.025				
3	电弧炉+电渣重熔真空电弧重熔(VAR)	0.025		0.010					

注：供制造铅浴淬火非合金工具钢丝时，钢中残余铬含量不大于 0.10%（质量分数，后同），镍含量不大于 0.12%，铜含量不大于 0.20%，三者之和不大于 0.40%。

2.7.3　交货硬度（见表 2-59~表 2-66）

表 2-59　刃具模具用非合金钢交货状态的硬度值及试样的淬火硬度值

序号	统一数字代号	牌号	退火交货状态的钢材硬度 HBW≤	试样淬火硬度		
				淬火温度/℃	冷却介质	洛氏硬度 HRC≥
1-1	T00070	T7	187	800~820	水	62
1-2	T00080	T8	187	780~800	水	62
1-3	T01080	T8Mn	187	780~800	水	62
1-4	T00090	T9	192	760~780	水	62
1-5	T00100	T10	197	760~780	水	62
1-6	T00110	T11	207	760~780	水	62
1-7	T00120	T12	207	760~780	水	62
1-8	T00130	T13	217	760~780	水	62

注：非合金工具钢材退火后冷拉交货的布氏硬度应不大于 241HBW。

表 2-60　量具刃具用钢交货状态的硬度值及试样的淬火硬度值

序号	统一数字代号	牌号	退火交货状态的钢材硬度 HBW	试样淬火硬度		
				淬火温度/℃	冷却介质	洛氏硬度 HRC≥
2-1	T31219	9SiCr	197~241①	820~860	油	62
2-2	T30108	8MnSi	≤229	800~820	油	60
2-3	T30200	Cr06	187~241	780~810	水	64
2-4	T31200	Cr2	179~229	830~860	油	62
2-5	T31209	9Cr2	179~217	820~850	油	62
2-6	T30800	W	187~229	800~830	水	62

① 根据需方要求，并在合同中注明，制造螺纹刃具用钢的硬度值为 187~229HBW。

表 2-61　耐冲击工具用钢交货状态的硬度值及试样的淬火硬度值

序号	统一数字代号	牌号	退火交货状态的钢材硬度 HBW	试样淬火硬度		
				淬火温度/℃	冷却介质	洛氏硬度 HRC≥
3-1	T40294	4CrW2Si	179~217	860~900	油	53
3-2	T40295	5CrW2Si	207~255	860~900	油	55
3-3	T40296	6CrW2Si	229~285	860~900	油	57
3-4	T40356	6CrMnSi2Mo1V[①]	≤229	667℃±15℃预热,885℃(盐浴)或900℃(炉控气氛)±6℃加热,保温 5~15min 油冷,58~204℃回火		58
3-5	T40355	5Cr3MnSiMo1V[①]	≤235	667℃±15℃预热,941℃(盐浴)或955℃(炉控气氛)±6℃加热,保温 5~15min 油冷,56~204℃回火		56
3-6	T40376	6CrW2SiV	≤225	870~910	油	58

注：保温时间指试样达到加热温度后保持的时间。

① 试样在盐浴中的保持时间为 5min，在炉控气氛中的保持时间为 5~15min。

表 2-62　轧辊用钢交货状态的硬度值及试样的淬火硬度值

序号	统一数字代号	牌号	退火交货状态的钢材硬度 HBW	试样淬火硬度		
				淬火温度/℃	冷却介质	洛氏硬度 HRC≥
4-1	T42239	9Cr2V	≤229	830~900	空气	64
4-2	T42309	9Cr2Mo	≤229	830~900	空气	64
4-3	T42319	9Cr2MoV	≤229	880~900	空气	64
4-4	T42518	8Cr3NiMoV	≤269	900~920	空气	64
4-5	T42519	9Cr5NiMoV	≤269	930~950	空气	64

表 2-63　冷作模具用钢交货状态的硬度值及试样的淬火硬度值

序号	统一数字代号	牌号	退火交货状态的钢材硬度 HBW	试样淬火硬度		
				淬火温度/℃	冷却介质	洛氏硬度 HRC≥
5-1	T20019	9Mn2V	≤229	780~810	油	62
5-2	T20299	9CrWMn	197~241	800~830	油	62
5-3	T21290	GrWMn	207~255	800~830	油	62
5-4	T20250	MnCrMV	≤255	790~820	油	62
5-5	T21347	7CrMn2Mo	≤235	820~870	空气	61
5-6	T21355	5Cr8MoVSi	≤229	1000~1050	油	59
5-7	T21357	7CrSiMnMoV	≤235	870~900℃油冷或空冷,150℃±10℃回火空冷		60
5-8	T21350	Cr8Mo2SiV	≤255	1020~1040	油或空气	62
5-9	T21320	Cr4W2MoV	≤269	960~980 或 1020~1040	油	60
5-10	T21386	6Cr4W3Mo2VN[②]	≤255	1100~1160	油	60
5-11	T21836	6W6Mo5Cr4V	≤269	1180~1200	油	60

（续）

序号	统一数字代号	牌号	退火交货状态的钢材硬度 HBW	试样淬火硬度		
				淬火温度/℃	冷却介质	洛氏硬度 HRC ≥
5-12	T21830	W6Mo5Cr4V2①	≤255	730~840℃预热,1210~1230℃（盐浴或控制气氛）加热,保温5~15min油冷,540~560℃回火两次（盐浴或控制气氛）,每次2h		64（盐浴）63（炉控气氛）
5-13	T21209	Cr8	≤255	920~980	油	63
5-14	T21200	Cr12	217~269	950~1000	油	60
5-15	T21290	Cr12W	≤255	950~980	油	60
5-16	T21317	7Cr7Mo2V2Si	≤255	1100~1150	油或空气	60
5-17	T21318	Cr5Mo1V①	≤255	790℃±15℃预热,940℃（盐浴）或950℃（炉控气氛）±6℃加热,保温5~15min油冷;200℃±6℃回火一次,2h		60
5-18	T21319	Cr12MoV	207~255	950~1000	油	58
5-19	T21310	Cr12Mo1V1②	≤255	820℃±15℃预热,1000℃（盐浴）±6℃或1010℃（炉控气氛）±6℃加热,保温10~20min空冷,200℃±6℃回火一次,2h		59

注：保温时间指试样达到加热温度后保持的时间。

① 试样在盐浴中的保持时间为5min，在炉控气氛中的保持时间为5~15min。

② 试样在盐浴中保持时间为10min；在炉控气氛中保持时间为10~20min。

表 2-64　热作模具用钢交货状态的硬度值及试样的淬火硬度值

序号	统一数字代号	牌号	退火交货状态的钢材硬度 HBW	试样淬火硬度		
				淬火温度/℃	冷却介质	洛氏硬度 HRC
6-1	T22345	5CrMnMo	197~241	820~850	油	②
6-2	T22505	5CrNiMo	197~241	830~860	油	②
6-3	T23504	4CrNi4Mo	≤285	840~870	油或空气	②
6-4	T23514	4Cr2NiMoV	≤220	910~960	油	②
6-5	T23515	5CrNi2MoV	≤255	850~880	油	②
6-6	T23535	5Cr2NiMoVSi	≤255	960~1010	油	②
6-7	T42208	8Cr3	207~255	850~880	油	②
6-8	T23274	4Cr5W2VSi	≤229	1030~1050	油或空气	②
6-9	T23273	3Cr2W8V	≤255	1075~1125	油	②
6-10	T23352	4Cr5MoSiV①	≤229	790℃±15℃预热,1010℃（盐浴）或1020℃（炉控气氛）1020℃±6℃加热,保温5~15min油冷,550℃±6℃回火两次回火,每次2h		②
6-11	T23353	4Cr5MoSiV1①	≤229	790℃±15℃预热,1000℃（盐浴）或1010℃（炉控气氛）±6℃加热,保温5~15min油冷,550℃±6℃回火两次回火,每次2h		②

（续）

序号	统一数字代号	牌号	退火交货状态的钢材硬度HBW	试样淬火硬度		洛氏硬度HRC
				淬火温度/℃	冷却介质	
6-12	T23354	4Cr3Mo3SiV①	≤229	790℃±15℃预热,1010℃（盐浴）或1020℃（炉控气氛）1020℃±6℃加热,保温5~15min油冷,550℃±6℃回火两次回火,每次2h		②
6-13	T23355	5Cr4Mo3SiMnVA1	≤255	1090~1120	②	②
6-14	T23364	4CrMnSiMoV	≤255	870~930	油	②
6-15	T23375	5Cr5WMoSi	≤248	990~1020	油	②
6-16	T23324	4Cr5MoWVSi	≤235	1000~1030	油或空气	②
6-17	T23323	3Cr3Mo3W2V	≤255	1060~1130	油	②
6-18	T23325	5Cr4W5Mo2V	≤269	1100~1150	油	②
6-19	T23314	4Cr5Mo2V	≤220	1000~1030	油	②
6-20	T23313	3Cr3Mo3V	≤229	1010~1050	油	②
6-21	T23314	4Cr5Mo3V	≤229	1000~1030	油或空气	②
6-22	T23393	3Cr3Mo3VCo3	≤229	1000~1050	油	②

注：保温时间指试样到加热温度后保持的时间。
① 试样在盐浴中的保持时间为5min；在炉控气氛中的保持时间为5~15min。
② 根据需方要求，并在合同中注明，可提供实测值。

表 2-65　塑料模具用钢交货状态的硬度值及试样的淬火硬度值

序号	统一数字代号	牌号	交货状态的钢材硬度		试样淬火硬度		
			退火硬度HBW≤	预硬化硬度HRC	淬火温度/℃	冷却介质	洛氏硬度HRC≥
7-1	T10450	SM45	热轧交货状态硬度:155~215		—	—	—
7-2	T10500	SM50	热轧交货状态硬度:165~225		—	—	—
7-3	T10550	SM55	热轧交货状态硬度:170~230		—	—	—
7-4	T25303	3Cr2Mo	235	28~36	850~880	油	52
7-5	T25553	3Cr2MnNiMo	235	30~36	830~870	油或空气	48
7-6	T25344	4Cr2Mn1MoS	235	28~36	830~870	油	51
7-7	T25378	8Cr2MnWMoVS	235	40~48	860~900	空气	62
7-8	T25515	5CrNiMnMoVSCa	255	35~45	860~920	油	62
7-9	T25512	2CrNiMoMnV	235	30~38	850~930	油或空气	48
7-10	T25572	2CrNi3MoAl	—	38~43	—	—	—
7-11	T25611	1Ni3MnCuMoAl	—	38~42	—	—	—
7-12	A64060	06Ni6CrMoVTiAl	255	43~48	850~880℃固溶,油或空冷500~540℃时效,空冷		实测

（续）

序号	统一数字代号	牌号	交货状态的钢材硬度		试样淬火硬度		
			退火硬度 HBW≤	预硬化硬度 HRC	淬火温度/℃	冷却介质	洛氏硬度 HRC ≥
7-13	A64000	00Ni18Co8Mo5TiAl	协议	协议	805~825℃固溶,空冷 460~530℃时效,空冷		协议
7-14	S42023	20Cr13	220	30~36	1000~1050	油	45
7-15	S42043	40Cr13	235	30~36	1050~1100	油	50
7-16	T25444	4Cr13NiVSi	235	30~36	1000~1030	油	50
7-17	T25402	2Cr17Ni2	285	28~32	1000~1050	油	49
7-18	T25303	3Cr17Mo	285	33~38	1000~1040	油	46
7-19	T25513	3Cr17NiMoV	285	33~38	1030~1070	油	50
7-20	S44093	95Cr18	255	协议	1000~1050	油	55
7-21	S46993	90Cr18MoV	269	协议	1050~1075	油	55

表 2-66　特殊用途模具用钢交货状态的硬度值及试样的淬火硬度值

序号	统一数字代号	牌号	交货状态的钢材硬度	试样淬火硬度	
			退火硬度 HBW	热处理制度	洛氏硬度 HRC ≥
8-1	T26377	7Mn15Cr2Al3V2WMo	—	1170~1190℃固溶,水冷 650~700℃时效,空冷	45
8-2	S31049	2Cr25Ni20Si2	—	1040~1150℃固溶,水或空冷	①
8-3	S51740	05Cr17Ni4Cu4Nb	协议	1020~1060℃固溶,空冷 470~630℃时效,空冷	①
8-4	H21231	Ni25Cr15Ti2MoMn	≤300	950~980℃固溶,水或空冷 620~720℃时效,空冷	①
8-5	H07718	Ni53Cr19Mo3TiNb	≤300	980~1000℃固溶,水、油或空冷 710~730℃时效,空冷	①

① 根据需方要求，并在合同中注明，可提供实测值。

2.8　高速工具钢（摘自 GB/T 9943—2008）

1）高速工具钢的牌号及化学成分（熔炼分析）见表 2-67。

表 2-67　高速工具钢的牌号及化学成分（熔炼分析）

序号	统一数字代号	牌号[1]	化学成分(质量分数,%)									
			C	Mn	Si[2]	S[3]	P	Cr	V	W	Mo	Co
1	T63342	W3Mo3Cr4V2	0.95~1.03	≤0.40	≤0.45	≤0.030	≤0.030	3.80~4.50	2.20~2.50	2.70~3.00	2.50~2.90	—
2	T64340	W4Mo3Cr4VSi	0.83~0.93	0.20~0.40	0.70~1.00	≤0.030	≤0.030	3.80~4.40	1.20~1.80	3.50~4.50	2.50~3.50	—
3	T51841	W18Cr4V	0.73~0.83	0.10~0.40	0.20~0.40	≤0.030	≤0.030	3.80~4.50	1.00~1.20	17.20~18.70	—	—
4	T62841	W2Mo8Cr4V	0.77~0.87	≤0.40	≤0.70	≤0.030	≤0.030	3.50~4.50	1.00~1.40	1.40~2.00	8.00~9.00	—
5	T62942	W2Mo9Cr4V2	0.95~1.05	0.15~0.40	≤0.70	≤0.030	≤0.030	3.50~4.50	1.75~2.20	1.50~2.10	8.20~9.20	—
6	T66541	W6Mo5Cr4V2	0.80~0.90	0.15~0.40	0.20~0.45	≤0.030	≤0.030	3.80~4.40	1.75~2.20	5.50~6.75	4.50~5.50	—
7	T66542	CW6Mo5Cr4V2	0.86~0.94	0.15~0.40	0.20~0.45	≤0.030	≤0.030	3.80~4.50	1.75~2.10	5.90~6.70	4.70~5.20	—
8	T66642	W6Mo6Cr4V2	1.00~1.10	≤0.40	≤0.45	≤0.030	≤0.030	3.80~4.50	2.30~2.60	5.90~6.70	5.50~6.50	—
9	T69341	W9Mo3Cr4V	0.77~0.87	0.20~0.40	0.20~0.40	≤0.030	≤0.030	3.80~4.40	1.30~1.70	8.50~9.50	2.70~3.30	—
10	T66543	W6Mo5Cr4V3	1.15~1.25	0.15~0.40	0.20~0.45	≤0.030	≤0.030	3.80~4.50	2.70~3.20	5.90~6.70	4.70~5.20	—
11	T66545	CW6Mo5Cr4V3	1.25~1.32	0.15~0.40	≤0.70	≤0.030	≤0.030	3.75~4.50	2.70~3.20	5.90~6.70	4.70~5.20	—
12	T66544	W6Mo5Cr4V4	1.25~1.40	≤0.40	≤0.45	≤0.030	≤0.030	3.80~4.50	3.70~4.20	5.20~6.00	4.20~5.00	—
13	T66546	W6Mo5Cr4V2Al	1.05~1.15	0.15~0.40	0.20~0.60	≤0.030	≤0.030	3.80~4.40	1.75~2.20	5.50~6.75	4.50~5.50	Al: 0.80~1.20
14	T71245	W12Cr4V5Co5	1.50~1.60	0.15~0.40	0.15~0.40	≤0.030	≤0.030	3.75~5.00	4.50~5.25	11.75~13.00	—	4.75~5.25
15	T76545	W6Mo5Cr4V2Co5	0.87~0.95	0.15~0.40	0.20~0.45	≤0.030	≤0.030	3.80~4.50	1.70~2.10	5.90~6.70	4.70~5.20	4.50~5.00
16	T76438	W6Mo5Cr4V3Co8	1.23~1.33	≤0.40	≤0.70	≤0.030	≤0.030	3.80~4.50	2.70~3.20	5.90~6.70	4.70~5.30	8.00~8.80
17	T77445	W7Mo4Cr4V2Co5	1.05~1.15	0.20~0.60	0.15~0.50	≤0.030	≤0.030	3.75~4.50	1.75~2.25	6.25~7.00	3.25~4.25	4.75~5.75
18	T72948	W2Mo9Cr4VCo8	1.05~1.15	0.15~0.40	0.15~0.65	≤0.030	≤0.030	3.50~4.25	0.95~1.35	1.15~1.85	9.00~10.00	7.75~8.75
19	T71010	W10Mo4Cr4V3Co10	1.20~1.35	≤0.40	≤0.45	≤0.030	≤0.030	3.80~4.50	3.00~3.50	9.00~10.00	3.20~3.90	9.50~10.50

[1] 表中牌号 W18Cr4V、W12Cr4V5Co5 为钨系高速工具钢，其他牌号为钨钼系高速工具钢。
[2] 电渣钢的硅含量下限不限。
[3] 根据需方要求，为改善钢的可加工性能，其硫含量可规定为 0.06%~0.15%。

2）交货状态高速工具钢棒的硬度及试样淬回火硬度见表 2-68。

表 2-68　交货状态高速工具钢棒的硬度及试样淬回火硬度

序号	牌号	交货硬度[1]（退火态）HBW ≤	试样热处理制度及淬回火硬度					
			预热温度/℃	淬火温度/℃		淬火冷却介质	回火温度[2]/℃	硬度[3] HRC ≥
				盐浴炉	箱式炉			
1	W3Mo3Cr4V2	255	800 ~ 900	1180 ~ 1120	1180 ~ 1120	油或盐浴	540 ~ 560	63
2	W4Mo3Cr4VSi	255		1170 ~ 1190	1170 ~ 1190		540 ~ 560	63
3	W18Cr4V	255		1250 ~ 1270	1260 ~ 1280		550 ~ 570	63
4	W2Mo8Cr4V	255		1180 ~ 1120	1180 ~ 1120		550 ~ 570	63
5	W2Mo9Cr4V2	255		1190 ~ 1210	1200 ~ 1220		540 ~ 560	64
6	W6Mo5Cr4V2	255		1200 ~ 1220	1210 ~ 1230		540 ~ 560	64
7	CW6Mo5Cr4V2	255		1190 ~ 1210	1200 ~ 1220		540 ~ 560	64
8	W6Mo6Cr4V2	262		1190 ~ 1210	1190 ~ 1210		550 ~ 570	64
9	W9Mo3Cr4V	255		1200 ~ 1220	1220 ~ 1240		540 ~ 560	64
10	W6Mo5Cr4V3	262		1190 ~ 1210	1200 ~ 1220		540 ~ 560	64
11	CW6Mo5Cr4V3	262		1180 ~ 1200	1190 ~ 1210		540 ~ 560	64
12	W6Mo5Cr4V4	269		1200 ~ 1220	1200 ~ 1220		550 ~ 570	64
13	W6Mo5Cr4V2Al	269		1200 ~ 1220	1230 ~ 1240		550 ~ 570	65
14	W12Cr4V5Co5	277		1220 ~ 1240	1230 ~ 1250		540 ~ 560	65
15	W6Mo5Cr4V2Co5	269		1190 ~ 1210	1200 ~ 1220		540 ~ 560	64
16	W6Mo5Cr4V3Co8	285		1170 ~ 1190	1170 ~ 1190		550 ~ 570	65
17	W7Mo4Cr4V2Co5	269		1180 ~ 1200	1190 ~ 1210		540 ~ 560	66
18	W2Mo9Cr4VCo8	269		1170 ~ 1190	1180 ~ 1200		540 ~ 560	66
19	W10Mo4Cr4V3Co10	285		1220 ~ 1240	1220 ~ 1240		550 ~ 570	66

① 退火+冷拉态的硬度允许比退火态指标增加 50HBW。
② 回火温度为 550~570℃时，回火 2 次，每次 1h；回火温度为 540~560℃时，回火 2 次，每次 2h。
③ 试样淬回火硬度供方若能保证可不检验。

2.9　冷镦和冷挤压用钢（摘自 GB/T 6478—2015）

2.9.1　分类

冷镦和冷挤压用钢按钢的使用状态分为四类：非热处理型、表面硬化型、调质型（包括含硼钢）和非调质型冷镦和冷挤压用钢。

2.9.2　牌号及化学成分（见表 2-69 ~ 表 2-73）

表 2-69　非热处理型冷镦和冷挤压用钢的牌号及化学成分（熔炼分析）

序号	统一数字代号	牌号	化学成分（质量分数,%）					
			C	Si	Mn	P	S	Al$_t$[1]
1	U40048	ML04Al	≤0.06	≤0.10	0.20 ~ 0.40	≤0.035	≤0.035	≥0.020
2	U40068	ML06Al	≤0.08	≤0.10	0.30 ~ 0.60	≤0.035	≤0.035	≥0.020
3	U40088	ML08Al	0.05 ~ 0.10	≤0.10	0.30 ~ 0.60	≤0.035	≤0.035	≥0.020
4	U40108	ML10Al	0.08 ~ 0.13	≤0.10	0.30 ~ 0.60	≤0.035	≤0.035	≥0.020
5	U40102	ML10	0.08 ~ 0.13	0.10 ~ 0.30	0.30 ~ 0.60	≤0.035	≤0.035	—
6	U40128	ML12Al	0.10 ~ 0.15	≤0.10	0.30 ~ 0.60	≤0.035	≤0.035	≥0.020

（续）

序号	统一数字代号	牌号	化学成分（质量分数,%）					
			C	Si	Mn	P	S	Al$_t$①
7	U40122	ML12	0.10~0.15	0.10~0.30	0.30~0.60	≤0.035	≤0.035	—
8	U40158	ML15Al	0.13~0.18	≤0.10	0.30~0.60	≤0.035	≤0.035	≥0.020
9	U40152	ML15	0.13~0.18	0.10~0.30	0.30~0.60	≤0.035	≤0.035	—
10	U40208	ML20Al	0.18~0.23	≤0.10	0.30~0.60	≤0.035	≤0.035	≥0.020
11	U40202	ML20	0.18~0.23	0.10~0.30	0.30~0.60	≤0.035	≤0.035	—

① 当测定酸溶铝时，$w(Al_s)$≥0.015%。

表 2-70　表面硬化型冷镦和冷挤压用钢的牌号及化学成分（熔炼分析）

序号	统一数字代号	牌号	化学成分（质量分数,%）						
			C	Si	Mn	P	S	Cr	Al$_t$①
1	U41188	ML18Mn	0.15~0.20	≤0.10	0.60~0.90	≤0.030	≤0.035	—	≥0.020
2	U41208	ML20Mn	0.18~0.23	≤0.10	0.70~1.00	≤0.030	≤0.035	—	≥0.020
3	A20154	ML15Cr	0.13~0.18	0.10~0.30	0.60~0.90	≤0.035	≤0.035	0.90~1.20	≥0.020
4	A20204	ML20Cr	0.18~0.23	0.10~0.30	0.60~0.90	≤0.035	≤0.035	0.90~1.20	≥0.020

表 2-69 中序号 4~11 八个牌号也适于表面硬化型钢。

① 当测定酸溶铝时，$w(Al_s)$≥0.015%。

表 2-71　调质型冷镦和冷挤压用钢的牌号及化学成分（熔炼分析）

序号	统一数字代号	牌号	化学成分（质量分数,%）						
			C	Si	Mn	P	S	Cr	Mo
1	U40252	ML25	0.23~0.28	0.10~0.30	0.30~0.60	≤0.025	≤0.025		
2	U40302	ML30	0.28~0.33	0.10~0.30	0.60~0.90	≤0.025	≤0.025	—	
3	U40352	ML35	0.33~0.38	0.10~0.30	0.60~0.90	≤0.025	≤0.025		
4	U40402	ML40	0.38~0.43	0.10~0.30	0.60~0.90	≤0.025	≤0.025		
5	U40452	ML45	0.43~0.48	0.10~0.30	0.60~0.90	≤0.025	≤0.025		
6	L20151	ML15Mn	0.14~0.20	0.10~0.30	1.20~1.60	≤0.025	≤0.025		
7	U41252	ML25Mn	0.23~0.28	0.10~0.30	0.60~0.90	≤0.025	≤0.025		
8	A20304	ML30Cr	0.28~0.33	0.10~0.30	0.60~0.90	≤0.025	≤0.025	0.90~1.20	—
9	A20354	ML35Cr	0.33~0.38	0.10~0.30	0.60~0.90	≤0.025	≤0.025	0.90~1.20	—
10	A20404	ML40Cr	0.38~0.43	0.10~0.30	0.60~0.90	≤0.025	≤0.025	0.90~1.20	—
11	A20454	ML45Cr	0.43~0.48	0.10~0.30	0.60~0.90	≤0.025	≤0.025	0.90~1.20	—
12	A30204	ML20CrMo	0.18~0.23	0.10~0.30	0.60~0.90	≤0.025	≤0.025	0.90~1.20	0.15~0.30

（续）

序号	统一数字代号	牌号	化学成分（质量分数,%）						
			C	Si	Mn	P	S	Cr	Mo
13	A30254	ML25CrMo	0.23 ~ 0.28	0.10 ~ 0.30	0.60 ~ 0.90	≤0.025	≤0.025	0.90 ~ 1.20	0.15 ~ 0.30
14	A30304	ML30CrMo	0.28 ~ 0.33	0.10 ~ 0.30	0.60 ~ 0.90	≤0.025	≤0.025	0.90 ~ 1.20	0.15 ~ 0.30
15	A30354	ML35CrMo	0.33 ~ 0.38	0.10 ~ 0.30	0.60 ~ 0.90	≤0.025	≤0.025	0.90 ~ 1.20	0.15 ~ 0.30
16	A30404	ML40CrMo	0.38 ~ 0.43	0.10 ~ 0.30	0.60 ~ 0.90	≤0.025	≤0.025	0.90 ~ 1.20	0.15 ~ 0.30
17	A30454	ML45CrMo	0.43 ~ 0.48	0.10 ~ 0.30	0.60 ~ 0.90	≤0.025	≤0.025	0.90 ~ 1.20	0.15 ~ 0.30

表 2-72　含硼调质型冷镦和冷挤压用钢的牌号及化学成分（熔炼分析）

序号	统一数字代号	牌号	化学成分（质量分数,%）							
			C	Si[1]	Mn	P	S	B[2]	Al$_t$[3]	其他
1	A70204	ML20B	0.18 ~ 0.23	0.10 ~ 0.30	0.60 ~ 0.90					—
2	A70254	ML25B	0.23 ~ 0.28	0.10 ~ 0.30	0.60 ~ 0.90					—
3	A70304	ML30B	0.28 ~ 0.33	0.10 ~ 0.30	0.60 ~ 0.90					—
4	A70354	ML35B	0.33 ~ 0.38	0.10 ~ 0.30	0.60 ~ 0.90					—
5	A71154	ML15MnB	0.14 ~ 0.20	0.10 ~ 0.30	1.20 ~ 1.60					—
6	A71204	ML20MnB	0.18 ~ 0.23	0.10 ~ 0.30	0.80 ~ 1.10					—
7	A71254	ML25MnB	0.23 ~ 0.28	0.10 ~ 0.30	0.90 ~ 1.20	≤0.025	≤0.025	0.0008 ~ 0.0035	≥0.020	—
8	A71304	ML30MnB	0.28 ~ 0.33	0.10 ~ 0.30	0.90 ~ 1.20					—
9	A71354	ML35MnB	0.33 ~ 0.38	0.10 ~ 0.30	1.10 ~ 1.40					—
10	A71404	ML40MnB	0.38 ~ 0.43	0.10 ~ 0.30	1.10 ~ 1.40					—
11	A20374	ML37CrB	0.34 ~ 0.41	0.10 ~ 0.30	0.50 ~ 0.80					Cr:0.20 ~ 0.40
12	A73154	ML15MnVB	0.13 ~ 0.18	0.10 ~ 0.30	1.20 ~ 1.60					V:0.07 ~ 0.12
13	A73204	ML20MnVB	0.18 ~ 0.23	0.10 ~ 0.30	1.20 ~ 1.60					
14	A74204	ML20MnTiB	0.18 ~ 0.23	0.10 ~ 0.30	1.30 ~ 1.60					Ti:0.04 ~ 0.10

① 经供需双方协商,硅含量下限可低于 0.10%（质量分数）。
② 如果淬透性和力学性能能满足要求,硼含量下限可放宽到 0.0005%（质量分数）。
③ 当测定酸溶铝（Al$_s$）时,$w(Al_s) \geq 0.015\%$。

表 2-73　非调质型冷镦和冷挤压用钢的牌号及化学成分（熔炼分析）

序号	统一数字代号	牌号	化学成分(质量分数,%)						
			C	Si	Mn	P	S	Nb	V
1	L27208	MFT8	0.16~0.26	≤0.30	1.20~1.60	≤0.025	≤0.015	≤0.10	≤0.08
2	L27228	MFT9	0.18~0.26	≤0.30	1.20~1.60	≤0.025	≤0.015	≤0.10	≤0.08
3	L27128	MFT10	0.08~0.14	0.20~0.35	1.90~2.30	≤0.025	≤0.015	≤0.20	≤0.10

注：根据不同强度级别和不同规格的需求，可添加 Cr、B 等其他元素。

2.9.3　力学性能（见表 2-74~表 2-76）

表 2-74　热轧状态非热处理型钢材的力学性能

统一数字代号	牌号	抗拉强度 R_m /MPa≤	断面收缩率 Z (%)≥
U40048	ML04Al	440	60
U40088	ML08Al	470	60
U40108	ML10Al	490	55
U40158	ML15Al	530	50
U40152	ML15	530	50
U40208	ML20Al	580	45
U40202	ML20	580	45

注：表中未列牌号钢材的力学性能按供需双方协议。未规定时，供方报实测值，并在质量证明书中注明。

表 2-75　退火状态交货的表面硬化型和调质型钢材的力学性能

类型	统一数字代号	牌号	抗拉强度 R_m /MPa≤	断面收缩率 Z (%)≥
表面硬化型	U40108	ML10Al	450	65
	U40158	ML15Al	470	64
	U40152	ML15	470	64
	U40208	ML20Al	490	63
	U40202	ML20	490	63
	A20204	ML20Cr	560	60
调质型	U40302	ML30	550	59
	U40352	ML35	560	58
	U41252	ML25Mn	540	60
	A20354	ML35Cr	600	60
	A20404	ML40Cr	620	58
含硼调质型	A70204	ML20B	500	64
	A70304	ML30B	530	62
	A70354	ML35B	570	62
	A71204	ML20MnB	520	62
	A71354	ML35MnB	600	60
	A20374	ML37CrB	600	60

注：1. 表中未列牌号钢材的力学性能按供需双方协议。未规定时，供方报实测值，并在质量证明书中注明。
　　2. 当钢材直径大于 12mm 时，断面收缩率可降低 2%（绝对值）。

表 2-76 热轧状态交货的非调质型钢材的力学性能

统一数字代号	牌号	抗拉强度 R_m /MPa	断后伸长率 A (%) ≥	断面收缩率 Z (%) ≥
L27208	MFT8	630~700	20	52
L27228	MFT9	680~750	18	50
L27128	MFT10	≥800	16	48

2.9.4 热处理试样的力学性能 （见表 2-77 和表 2-78）

表 2-77 表面硬化型钢材热轧状态的硬度及试样的力学性能

统一数字代号	牌号[1]	规定塑性延伸强度 $R_{p0.2}$ /MPa ≥	抗拉强度 R_m /MPa	断后伸长率 A(%) ≥	热轧状态布氏硬度 HBW ≤
U40108	ML10Al	250	400~700	15	137
U40158	ML15Al	260	450~750	14	143
U40152	ML15	260	450~750	14	—
U40208	ML20Al	320	520~820	11	156
U40202	ML20	320	520~820	11	—
A20204	ML20Cr	490	750~1100	9	—

注：试样毛坯直径为 25mm；对公称直径小于 25mm 的钢材，按钢材实际尺寸计。
[1] 表中未列牌号，供方报实测值，并在质量证明书中注明。

表 2-78 调质型钢 （包括含硼钢） 热轧状态的硬度及试样经热处理后的力学性能

统一数字代号	牌号[1]	规定塑性延伸强度 $R_{p0.2}$ /MPa	抗拉强度 R_m /MPa	断后伸长率 A (%)	断面收缩率 Z (%)	热轧状态布氏硬度 HBW
		≥				≤
U40252	ML25	275	450	23	50	170
U40302	ML30	295	490	21	50	179
U40352	ML35	430	630	17	—	187
U40402	ML40	335	570	19	45	217
U40452	ML45	355	600	16	40	229
L20151	ML15Mn	705	880	9	45	—
U41252	ML25Mn	275	450	23	50	170
A20354	ML35Cr	630	850	14	—	—
A20404	ML40Cr	660	900	11	—	—
A30304	ML30CrMo	785	930	12	50	—
A30354	ML35CrMo	835	980	12	45	—
A30404	ML40CrMo	930	1080	12	45	—
A70204	ML20B	400	550	16	—	—
A70304	ML30B	480	630	14	—	—
A70354	ML35B	500	650	14	—	—
A71154	ML15MnB	930	1130	9	45	—
A71204	ML20MnB	500	650	14	—	—
A71354	ML35MnB	650	800	12	—	—
A73154	ML15MnVB	720	900	10	45	207
A73204	ML20MnVB	940	1040	9	45	—
A74204	ML20MnTiB	930	1130	10	45	—
A20374	ML37CrB	600	750	12		

注：试样的热处理毛坯直径为 25mm。对公称直径小于 25mm 的钢材，按钢材实际尺寸计。
[1] 表中未列牌号，供方报实测值，并在质量证明书中注明。

2.10 弹簧钢 （摘自 GB/T 1222—2016）

1） 弹簧钢的牌号及化学成分 （熔炼分析） 见表 2-79。

2） 弹簧钢的力学性能见表 2-80。

表 2-79 弹簧钢的牌号及化学成分（熔炼分析）

序号	统一数字代号	牌号	化学成分（质量分数，%）											
			C	Si	Mn	Cr	V	W	Mo	B	Ni	Cu②	P	S
1	U20652	65	0.62~0.70	0.17~0.37	0.50~0.80	≤0.25	—	—	—	—	≤0.35	≤0.25	≤0.030	≤0.030
2	U20702	70	0.67~0.75	0.17~0.37	0.50~0.80	≤0.25	—	—	—	—	≤0.35	≤0.25	≤0.030	≤0.030
3	U20802	80	0.77~0.85	0.17~0.37	0.50~0.80	≤0.25	—	—	—	—	≤0.35	≤0.25	≤0.030	≤0.030
4	U20852	85	0.82~0.90	0.17~0.37	0.50~0.80	≤0.25	—	—	—	—	≤0.35	≤0.25	≤0.030	≤0.030
5	U21653	65Mn	0.62~0.70	0.17~0.37	0.90~1.20	≤0.25	—	—	—	—	≤0.35	≤0.25	≤0.030	≤0.030
6	U21702	70Mn	0.67~0.75	0.17~0.37	0.90~1.20	≤0.25	—	—	—	—	≤0.35	≤0.25	≤0.030	≤0.030
7	A76282	28SiMnB	0.24~0.32	0.60~1.00	1.20~1.60	≤0.25	—	—	—	0.0008~0.0035	≤0.35	≤0.25	≤0.025	≤0.020
8	A77406	40SiMnVBE①	0.39~0.42	0.90~1.35	1.20~1.55	—	0.09~0.12	—	—	0.0008~0.0025	≤0.35	≤0.25	≤0.020	≤0.012
9	A77552	55SiMnVB	0.52~0.60	0.70~1.00	1.00~1.30	≤0.35	0.08~0.16	—	—	0.0008~0.0035	≤0.35	≤0.25	≤0.025	≤0.020
10	A11383	38Si2	0.35~0.42	1.50~1.80	0.50~0.80	≤0.25	—	—	—	—	≤0.35	≤0.25	≤0.025	≤0.020
11	A11603	60Si2Mn	0.56~0.64	1.50~2.00	0.70~1.00	≤0.35	—	—	—	—	≤0.35	≤0.25	≤0.025	≤0.020
12	A22553	55CrMn	0.52~0.60	0.17~0.37	0.65~0.95	0.65~0.95	—	—	—	—	≤0.35	≤0.25	≤0.025	≤0.020
13	A22603	60CrMn	0.56~0.64	0.17~0.37	0.70~1.00	0.70~1.00	—	—	—	—	≤0.35	≤0.25	≤0.025	≤0.020
14	A22609	60CrMnB	0.56~0.64	0.17~0.37	0.70~1.00	0.70~1.00	—	—	—	0.0008~0.0035	≤0.35	≤0.25	≤0.025	≤0.020
15	A34603	60CrMnMo	0.56~0.64	0.17~0.37	0.70~1.00	0.70~1.00	—	—	0.25~0.35	—	≤0.35	≤0.25	≤0.025	≤0.020
16	A21553	55SiCr	0.51~0.59	1.20~1.60	0.50~0.80	0.50~1.00	—	—	—	—	≤0.35	≤0.25	≤0.025	≤0.020
17	A21603	60Si2Cr	0.56~0.64	1.40~1.80	0.40~0.70	0.70~1.00	—	—	—	—	≤0.35	≤0.25	≤0.025	≤0.020
18	A24563	56Si2MnCr	0.52~0.60	1.60~2.00	0.70~1.00	0.20~0.45	—	—	—	—	≤0.35	≤0.25	≤0.025	≤0.020
19	A45523	52SiCrMnNi	0.49~0.56	1.20~1.50	0.70~1.00	0.70~1.00	—	—	—	—	0.50~0.70	≤0.25	≤0.025	≤0.020
20	A28553	55SiCrV	0.51~0.59	1.20~1.60	0.50~0.80	0.50~0.80	0.10~0.20	—	—	—	≤0.35	≤0.25	≤0.025	≤0.020
21	A28603	60Si2CrV	0.56~0.64	1.40~1.80	0.40~0.70	0.90~1.20	0.10~0.20	—	—	—	≤0.35	≤0.25	≤0.025	≤0.020
22	A28600	60Si2MnCrV	0.56~0.64	1.50~2.00	0.70~1.00	0.20~0.40	0.10~0.20	—	—	—	≤0.35	≤0.25	≤0.025	≤0.020
23	A23503	50CrV	0.46~0.54	0.17~0.37	0.50~0.80	0.80~1.10	0.10~0.20	—	—	—	≤0.35	≤0.25	≤0.025	≤0.020
24	A25513	51CrMnV	0.47~0.55	0.17~0.37	0.70~1.10	0.90~1.20	0.10~0.25	—	—	—	≤0.35	≤0.25	≤0.025	≤0.020
25	A36523	52CrMnMoV	0.48~0.56	0.17~0.37	0.70~1.10	0.90~1.20	0.10~0.25	—	0.15~0.30	—	≤0.35	≤0.25	≤0.025	≤0.020
26	A27303	30W4Cr2V	0.26~0.34	0.17~0.37	≤0.40	2.00~2.50	0.50~0.80	4.00~4.50	—	—	≤0.35	≤0.25	≤0.025	≤0.020

① 40SiMnVBE 为专利牌号。
② 根据需方要求，并在合同中注明，钢中残余铜含量可不大于 0.20%。

表 2-80　弹簧钢的力学性能

序号	牌号	热处理制度①			力学性能				
		淬火温度/℃	淬火冷却介质	回火温度/℃	抗拉强度 R_m/MPa	下屈服强度 $R_{eL}^{②}$/MPa	断后伸长率		断面收缩率 Z(%)
							A(%)	$A_{11.3}$(%)	
					≥				
1	65	840	油	500	980	785	—	9.0	35
2	70	830	油	480	1030	835	—	8.0	30
3	80	820	油	480	1080	930	—	6.0	30
4	85	820	油	480	1130	980	—	6.0	30
5	65Mn	830	油	540	980	785	—	8.0	30
6	70Mn	③	—	—	785	450	8.0	—	30
7	28SiMnB④	900	水或油	320	1275	1180	—	5.0	25
8	40SiMnVBE④	880	油	320	1800	1680	9.0	—	40
9	55SiMnVB	860	油	460	1375	1225	—	5.0	30
10	38Si2	880	水	450	1300	1150	8.0	—	35
11	60Si2Mn	870	油	440	1570	1375	—	5.0	20
12	55CrMn	840	油	485	1225	1080	9.0	—	20
13	60CrMn	840	油	490	1225	1080	9.0	—	20
14	60CrMnB	840	油	490	1225	1080	9.0	—	20
15	60CrMnMo	860	油	450	1450	1300	6.0	—	30
16	55SiCr	860	油	450	1450	1300	6.0	—	25
17	60Si2Cr	870	油	420	1765	1570	6.0	—	20
18	56Si2MnCr	860	油	450	1500	1350	6.0	—	25
19	52SiCrMnNi	860	油	450	1450	1300	6.0	—	35
20	55SiCrV	860	油	400	1650	1600	5.0	—	35
21	60Si2CrV	850	油	410	1860	1665	6.0	—	20
22	60Si2MnCrV	860	油	400	1700	1650	5.0	—	30
23	50CrV	850	油	500	1275	1130	10.0	—	40
24	51CrMnV	850	油	450	1350	1200	6.0	—	30
25	52CrMnMoV	860	油	450	1450	1300	6.0	—	35
26	30W4Cr2V⑤	1075	油	600	1470	1325	7.0	—	40

注：1. 力学性能试验采用直径为 10mm 的比例试样，推荐取留有少许加工余量的试样毛坯（一般尺寸为 11~12mm）。
2. 对于直径或边长小于 11mm 的棒材，用原尺寸钢材进行热处理。
3. 对于厚度小于 11mm 的扁钢，允许采用矩形试样。当采用矩形试样时，断面收缩率不作为验收条件。
① 表中热处理温度允许调整范围为：淬火，±20℃；回火，±50℃（28MnSiB 钢±30℃）。根据需方要求，其他钢回火可按±30℃进行。
② 当检测钢材屈服现象不明显时，可用 $R_{p0.2}$ 代替 R_{eL}。
③ 70Mn 的推荐热处理制度为：正火 790℃，允许调整范围为±30℃。
④ 典型力学性能参数参见 GB/T 1222—2016 中的附录 D。
⑤ 30W4Cr2V 除抗拉强度外，其他力学性能检验结果供参考，不作为交货依据。

3）钢材交货状态的硬度见表 2-81。

表 2-81　钢材交货状态的硬度

组号	牌号	交货状态	代码	布氏硬度 HBW≤
1	65、70、80	热轧	WHR	285
2	85、65Mn、70Mn、28SiMnB			302
3	60Si2Mn、50CrV、55SiMnVB 55CrMn、60CrMn			321
4	60Si2Cr、60Si2CrV、60CrMnB 55SiCr、30W4Cr2V、40SiMnVBE	热轧	WHR	供需双方协商
		热轧+去应力退火	WHR+A	321
5	38Si2	热轧	WHR	321
		去应力退火	A	280
		软化退火	SA	217
6	56Si2MnCr、51CrMnV、55SiCrV 60Si2MnCrV、52SiCrMnNi 52CrMnMoV、60CrMnMo	热轧	WHR	供需双方协商
		去应力退火	A	280
		软化退火	SA	248
7	所有牌号	冷拉+去应力退火	WCD+A	321
8		冷拉	WCD	供需双方协商

2.11 渗碳轴承钢（摘自 GB/T 3203—2016）

1）渗碳轴承钢的牌号及化学成分见表 2-82。

表 2-82 渗碳轴承钢的牌号及化学成分（熔炼分析）

序号	牌号	化学成分（质量分数，%）						
		C	Si	Mn	Cr	Ni	Mo	Cu
1	G20CrMo	0.17~0.23	0.20~0.35	0.65~0.95	0.35~0.65	≤0.30	0.08~0.15	≤0.25
2	G20CrNiMo	0.17~0.23	0.15~0.40	0.60~0.90	0.35~0.65	0.40~0.70	0.15~0.30	≤0.25
3	G20CrNi2Mo	0.19~0.23	0.25~0.40	0.55~0.70	0.45~0.65	1.60~2.00	0.20~0.30	≤0.25
4	G20Cr2Ni4	0.17~0.23	0.15~0.40	0.30~0.60	1.25~1.75	3.25~3.75	≤0.08	≤0.25
5	G10CrNi3Mo	0.08~0.13	0.15~0.40	0.40~0.70	1.00~1.40	3.00~3.50	0.08~0.15	≤0.25
6	G20Cr2Mn2Mo	0.17~0.23	0.15~0.40	1.30~1.60	1.70~2.00	≤0.30	0.20~0.30	≤0.25
7	G23Cr2Ni2Si1Mo	0.20~0.25	1.20~1.50	0.20~0.40	1.35~1.75	2.20~2.60	0.25~0.35	≤0.25

钢中残余元素含量					
	化学成分（质量分数，%）				
元素	P	S	Al	Ca	Ti	H
	≤					
化学成分	0.020	0.015	0.050	0.0010	0.0050	0.0002

注：钢材（或坯）的氧含量应不大于 0.0015%，但电渣重熔钢的氧含量可不大于 0.0020%。

2）渗碳轴承钢的纵向力学性能见表 2-83。

表 2-83 渗碳轴承钢的纵向力学性能

序号	牌号	毛坯直径/mm	淬火		冷却介质	回火	冷却介质	力学性能			
			温度/℃			温度/℃		抗拉强度 R_m /MPa	断后伸长率 A （%）	断面收缩率 Z （%）	冲击吸收能量 KU_2/J
			一次	二次				≥			
1	G20CrMo	15	860~900	770~810	油	150~200	空气	880	12	45	63
2	G20CrNiMo	15	860~900	770~810		150~200		1180	9	45	63
3	G20CrNi2Mo	25	860~900	780~820		150~200		980	13	45	63
4	G20Cr2Ni4	15	850~890	770~810		150~200		1180	10	45	63
5	G10CrNi3Mo	15	860~900	770~810		180~200		1080	9	45	63
6	G20Cr2Mn2Mo	15	860~900	790~830		180~200		1280	9	40	55
7	G23Cr2Ni2Si1Mo	15	860~900	790~830		150~200		1180	10	40	55

注：表中所列力学性能适用于公称直径小于或等于 80mm 的钢材。对公称直径为 81~100mm 的钢材，允许其断后伸长率、断面收缩率及冲击吸收能量较表中的规定分别降低 1%（绝对值）、5%（绝对值）及 5%；对公称直径为 101~150mm 的钢材，允许其断后伸长率、断面收缩率及冲击吸收能量较表中的规定分别降低 3%（绝对值）、15%（绝对值）及 15%；对公称直径大于 150mm 的钢材，其力学性能指标由供需双方协商。

2.12 不锈钢棒（摘自 GB/T 1220—2007）

2.12.1 分类

不锈钢棒按组织特征分为奥氏体型、奥氏体-铁素体型、铁素体型、马氏体型和沉淀硬化型五种类型。

不锈钢棒按使用加工方法不同分为压力加工用钢（UP）（热压力加工，UHP；热顶锻用钢，UHF；冷拔坯料，UCD）和切削加工用钢（UC）两大类。

2.12.2　牌号及化学成分（见表2-84～表2-88）

表2-84　奥氏体型不锈钢的牌号及化学成分（熔炼分析）

GB/T 20878 中序号	统一数字代号	新牌号	旧牌号	化学成分（质量分数，%）										
				C	Si	Mn	P	S	Ni	Cr	Mo	Cu	N	其他元素
1	S35350	12Cr17Mn6Ni5N	1Cr17Mn6Ni5N	0.15	1.00	5.50~7.50	0.050	0.030	3.50~5.50	16.00~18.00	—	—	0.05~0.25	—
3	S35450	12Cr18Mn9Ni5N	1Cr18Mn8Ni5N	0.15	1.00	7.50~10.00	0.050	0.030	4.00~6.00	17.00~19.00	—	—	0.05~0.25	—
9	S30110	12Cr17Ni7	1Cr17Ni7	0.15	1.00	2.00	0.045	0.030	6.00~8.00	16.00~18.00	—	—	0.10	—
13	S30210	12Cr18Ni9	1Cr18Ni9	0.15	1.00	2.00	0.045	0.030	8.00~10.00	17.00~19.00	—	—	0.10	—
15	S30317	Y12Cr18Ni9	Y1Cr18Ni9	0.15	1.00	2.00	0.20	≥0.15	8.00~10.00	17.00~19.00	(0.60)	—	—	—
16	S30327	Y12Cr18Ni9Se	Y1Cr18Ni9Se	0.15	1.00	2.00	0.20	0.060	8.00~10.00	17.00~19.00	—	—	—	Se≥0.15
17	S30408	06Cr19Ni10	0Cr18Ni9	0.08	1.00	2.00	0.045	0.030	8.00~11.00	18.00~20.00	—	—	—	—
18	S30403	022Cr19Ni10	00Cr19Ni10	0.030	1.00	2.00	0.045	0.030	8.00~12.00	18.00~20.00	—	—	—	—
22	S30488	06Cr18Ni9Cu3	0Cr18Ni9Cu3	0.08	1.00	2.00	0.045	0.030	8.50~10.50	17.00~19.00	—	3.00~4.00	—	—
23	S30458	06Cr19Ni10N	0Cr19Ni9N	0.08	1.00	2.00	0.045	0.030	8.00~11.00	18.00~20.00	—	—	0.10~0.16	—
24	S30478	06Cr19Ni9NbN	0Cr19Ni10NbN	0.08	1.00	2.00	0.045	0.030	7.50~10.50	18.00~20.00	—	—	0.15~0.30	Nb:0.15

（续）

GB/T 20878 中序号	统一数字代号	新牌号	旧牌号	化学成分（质量分数，%）										
				C	Si	Mn	P	S	Ni	Cr	Mo	Cu	N	其他元素
25	S30453	022Cr19Ni10N	00Cr18Ni10N	0.030	1.00	2.00	0.045	0.030	8.00~11.00	18.00~20.00	—	—	0.10~0.16	—
26	S30510	10Cr18Ni12	1Cr18Ni12	0.12	1.00	2.00	0.045	0.030	10.50~13.00	17.00~19.00	—	—	—	—
32	S30908	06Cr23Ni13	0Cr23Ni13	0.08	1.00	2.00	0.045	0.030	12.00~15.00	22.00~24.00	—	—	—	—
35	S31008	06Cr25Ni20	0Cr25Ni20	0.08	1.50	2.00	0.045	0.030	19.00~22.00	24.00~26.00	—	—	—	—
38	S31608	06Cr17Ni12Mo2	0Cr17Ni12Mo2	0.08	1.00	2.00	0.045	0.030	10.00~14.00	16.00~18.00	2.00~3.00	—	—	—
39	S31603	022Cr17Ni12Mo2	00Cr17Ni14Mo2	0.030	1.00	2.00	0.045	0.030	10.00~14.00	16.00~18.00	2.00~3.00	—	—	—
41	S31668	06Cr17Ni12Mo2Ti	0Cr18Ni12Mo3Ti	0.08	1.00	2.00	0.045	0.030	10.00~14.00	16.00~18.00	2.00~3.00	—	—	Ti≥5 w(C)
43	S31658	06Cr17Ni12Mo2N	0Cr17Ni12Mo2N	0.08	1.00	2.00	0.045	0.030	10.00~13.00	16.00~18.00	2.00~3.00	—	0.10~0.16	—
44	S31653	022Cr17Ni12Mo2N	00Cr17Ni13Mo2N	0.030	1.00	2.00	0.045	0.030	10.00~13.00	16.00~18.00	2.00~3.00	—	0.10~0.16	—
45	S31688	06Cr18Ni12Mo2Cu2	0Cr18Ni12Mo2Cu2	0.08	1.00	2.00	0.045	0.030	10.00~14.00	17.00~19.00	1.20~2.75	1.00~2.50	—	—
46	S31683	022Cr18Ni14Mo2Cu2	00Cr18Ni14Mo2Cu2	0.030	1.00	2.00	0.045	0.030	12.00~16.00	17.00~19.00	1.20~2.75	1.00~2.50	—	—

序号	统一数字代号	新牌号	旧牌号	C	Si	Mn	P	S	Ni	Cr	Mo	Cu	N	其他元素
49	S31708	06Cr19Ni13Mo3	0Cr19Ni13Mo3	0.08	1.00	2.00	0.045	0.030	11.00~15.00	18.00~20.00	3.00~4.00	—	—	—
50	S31703	022Cr19Ni13Mo3	00Cr19Ni13Mo3	0.030	1.00	2.00	0.045	0.030	11.00~15.00	18.00~20.00	3.00~4.00	—	—	—
52	S31794	03Cr18Ni16Mo5	0Cr18Ni16Mo5	0.04	1.00	2.50	0.045	0.030	15.00~17.00	16.00~19.00	4.00~6.00	—	—	—
55	S32168	06Cr18Ni11Ti	0Cr18Ni10Ti	0.08	1.00	2.00	0.045	0.030	9.00~12.00	17.00~19.00	—	—	—	Ti:5w(C)~0.70
62	S34778	06Cr18Ni11Nb	0Cr18Ni11Nb	0.08	1.00	2.00	0.045	0.030	9.00~12.00	17.00~19.00	—	—	—	Nb:10w(C)~1.10
64	S38148	06Cr18Ni13Si4①	0Cr18Ni13Si4①	0.08	3.00~5.00	2.00	0.045	0.030	11.50~15.00	15.00~20.00	—	—	—	—

注:1. 表中所列成分除明范围或最小值外,其余均为最大值。括号内数值为可加入或允许含有的最大值。

2. 牌号与国外标准牌号对照参见 GB/T 20878《不锈钢和耐热钢 牌号及化学成分》。

① 必要时,可添加本表以外的合金元素。

表 2-85　奥氏体-铁素体型不锈钢的牌号及化学成分(熔炼分析)

GB/T 20878 中序号	统一数字代号	新牌号	旧牌号	化学成分(质量分数,%)										
				C	Si	Mn	P	S	Ni	Cr	Mo	Cu	N	其他元素
67	S21860	14Cr18Ni11Si4AlTi	1Cr18Ni11Si4AlTi	0.10~0.18	3.40~4.00	0.80	0.035	0.030	10.00~12.00	17.50~19.50	—	—	—	Ti:0.40~0.70 Al:0.10~0.30

（续）

GB/T 20878 中序号	统一数字代号	新牌号	旧牌号	化学成分（质量分数，%）										
				C	Si	Mn	P	S	Ni	Cr	Mo	Cu	N	其他元素
68	S21953	022Cr19Ni5Mo3Si2N	00Cr18Ni5Mo3Si2	0.030	1.30~2.00	1.00~2.00	0.035	0.030	4.50~5.50	18.00~19.50	2.50~3.00	—	0.05~0.12	—
70	S22253	022Cr22Ni5Mo3N	—	0.030	1.00	2.00	0.030	0.020	4.50~6.50	21.00~23.00	2.50~3.50	—	0.08~0.20	—
71	S22053	022Cr23Ni5Mo3N	—	0.030	1.00	2.00	0.030	0.020	4.50~6.50	22.00~23.00	3.00~3.50	—	0.14~0.20	—
73	S22553	022Cr25Ni6Mo2N	—	0.030	1.00	2.00	0.035	0.030	5.50~6.50	24.00~26.00	1.20~2.50	—	0.10~0.20	—
75	S25554	03Cr25Ni6Mo3Cu2N	—	0.04	1.00	1.50	0.035	0.030	4.50~6.50	24.00~27.00	2.90~3.90	1.50~2.50	0.10~0.25	—

注：1. 表中所列成分除标明范围或最小值外，其余均为最大值。
2. 牌号与国外标准牌号对照参见 GB/T 20878《不锈钢和耐热钢 牌号及化学成分》。

表 2-86 铁素体型不锈钢的牌号及化学成分（熔炼分析）

GB/T 20878 中序号	统一数字代号	新牌号	旧牌号	化学成分（质量分数，%）										
				C	Si	Mn	P	S	Ni	Cr	Mo	Cu	N	其他元素
78	S11348	06Cr13Al	0Cr13Al	0.08	1.00	1.00	0.040	0.030	(0.60)	11.50~14.50	—	—	—	Al: 0.10~0.30
83	S11203	022Cr12	00Cr12	0.030	1.00	1.00	0.040	0.030	(0.60)	11.00~13.50	—	—	—	—
85	S11710	10Cr17	1Cr17	0.12	1.00	1.00	0.040	0.030	(0.60)	16.00~18.00	—	—	—	—

序号	统一数字代号	新牌号	旧牌号	C	Si	Mn	P	S	Ni	Cr	Mo	Cu	N	其他元素
86	S11717	Y10Cr17	Y1Cr17	0.12	1.00	1.25	0.060	≥0.15	(0.60)	16.00~18.00	(0.60)	—	—	—
88	S11790	10Cr17Mo	1Cr17Mo	0.12	1.00	1.00	0.040	0.030	(0.60)	16.00~18.00	0.75~1.25	—	—	—
94	S12791	008Cr27Mo①	00Cr27Mo①	0.010	0.40	0.40	0.030	0.020	—	25.00~27.50	0.75~1.50	—	0.015	—
95	S13091	008Cr30Mo2①	00Cr30Mo2①	0.010	0.40	0.40	0.030	0.020	—	28.50~32.00	1.50~2.50	—	0.015	—

注：1. 表中所列成分除标明范围或最小值外，其余均为最大值。括号内数值为可加入或允许含有的最大值。

2. 牌号与国外标准牌号对照参见 GB/T 20878《不锈钢和耐热钢 牌号及化学成分》。

① 允许含有小于或等于 0.50%镍、小于或等于 0.20%铜，而 $w(Ni+Cu) \leqslant 0.50\%$，必要时，可添加表中以外的合金元素。

表 2-87 马氏体型不锈钢的牌号及化学成分（熔炼分析）

GB/T 20878 中序号	统一数字代号	新牌号	旧牌号	化学成分（质量分数,%）										
				C	Si	Mn	P	S	Ni	Cr	Mo	Cu	N	其他元素
96	S40310	12Cr12	1Cr12	0.15	0.50	1.00	0.040	0.030	(0.60)	11.50~13.00	—	—	—	—
97	S41008	06Cr13	0Cr13	0.08	1.00	1.00	0.040	0.030	(0.60)	11.50~13.50	—	—	—	—
98	S41010	12Cr13①	1Cr13①	0.08~0.15	1.00	1.00	0.040	0.030	(0.60)	11.50~13.50	—	—	—	—
100	S41617	Y12Cr13	Y1Cr13	0.15	1.00	1.25	0.060	≥0.15	(0.60)	12.00~14.00	(0.60)	—	—	—
101	S42020	20Cr13	2Cr13	0.16~0.25	1.00	1.00	0.040	0.030	(0.60)	12.00~14.00	—	—	—	—

（续）

GB/T 20878 中序号	统一数字代号	新牌号	旧牌号	化学成分（质量分数,%）										
				C	Si	Mn	P	S	Ni	Cr	Mo	Cu	N	其他元素
102	S42030	30Cr13	3Cr13	0.26~0.35	1.00	1.00	0.040	0.030	(0.60)	12.00~14.00	—	—	—	—
103	S42037	Y30Cr13	Y3Cr13	0.26~0.35	1.00	1.25	0.060	≥0.15	(0.60)	12.00~14.00	(0.60)	—	—	—
104	S42040	40Cr13	4Cr13	0.36~0.45	0.60	0.80	0.040	0.030	(0.60)	12.00~14.00	—	—	—	—
106	S43110	14Cr17Ni2	1Cr17Ni2	0.11~0.17	0.80	0.80	0.040	0.030	1.50~2.50	16.00~18.00	—	—	—	—
107	S43120	17Cr16Ni2	—	0.12~0.22	1.00	1.50	0.040	0.030	1.50~2.50	15.00~17.00	—	—	—	—
108	S44070	68Cr17	7Cr17	0.60~0.75	1.00	1.00	0.040	0.030	(0.60)	16.00~18.00	(0.75)	—	—	—
109	S44080	85Cr17	8Cr17	0.75~0.95	1.00	1.00	0.040	0.030	(0.60)	16.00~18.00	(0.75)	—	—	—
110	S44096	108Cr17	11Cr17	0.95~1.20	1.00	1.00	0.040	0.030	(0.60)	16.00~18.00	(0.75)	—	—	—
111	S44097	Y108Cr17	Y11Cr17	0.95~1.20	1.00	1.25	0.060	≥0.15	(0.60)	16.00~18.00	(0.75)	—	—	—
112	S44090	95Cr18	9Cr18	0.90~1.00	0.80	0.80	0.040	0.030	(0.60)	17.00~19.00	—	—	—	—
115	S45710	13Cr13Mo	1Cr13Mo	0.08~0.18	0.60	1.00	0.040	0.030	(0.60)	11.50~14.00	0.30~0.60	—	—	—
116	S45830	32Cr13Mo	3Cr13Mo	0.28~0.35	0.80	1.00	0.040	0.030	(0.60)	12.00~14.00	0.50~1.00	—	—	—
117	S45990	102Cr17Mo	9Cr18Mo	0.95~1.10	0.80	0.80	0.040	0.030	(0.60)	16.00~18.00	0.40~0.70	—	—	—
118	S46990	90Cr18MoV	9Cr18MoV	0.85~0.95	0.80	0.80	0.040	0.030	(0.60)	17.00~19.00	1.00~1.30	—	—	V:0.07~0.12

注：1. 表中所列成分除标明范围或成分值外，其余均为最大值。括号内数值为可加入或允许含有的最大值。

2. 牌号与国外标准牌号对照参见 GB/T 20878《不锈钢和耐热钢 牌号及化学成分》。

① 相对于 GB/T 20878 调整成分牌号。

表 2-88　沉淀硬化型不锈钢的牌号及化学成分（熔炼分析）

GB/T 20878 中序号	统一数字代号	新牌号	旧牌号	化学成分（质量分数,%）										
				C	Si	Mn	P	S	Ni	Cr	Mo	Cu	N	其他元素
136	S51550	05Cr15Ni5Cu4Nb	—	0.07	1.00	1.00	0.040	0.030	3.50~5.50	14.00~15.50	—	2.50~4.50	—	Nb: 0.15~0.45
137	S51740	05Cr17Ni4Cu4Nb	0Cr17Ni4Cu4Nb	0.07	1.00	1.00	0.040	0.030	3.00~5.00	15.00~17.50	—	3.00~5.00	—	Nb: 0.15~0.45
138	S51770	07Cr17Ni7Al	0Cr17Ni7Al	0.09	1.00	1.00	0.040	0.030	6.50~7.75	16.00~18.00	—	—	—	Al: 0.75~1.50
139	S51570	07Cr15Ni7Mo2Al	0Cr15Ni7Mo2Al	0.09	1.00	1.00	0.040	0.030	6.50~7.75	14.00~16.00	2.00~3.00	—	—	Al: 0.75~1.50

注：1. 表中所列成分除明范围或最小值外，其余均为匀最大值。
　　2. 牌号与国外标准牌号对照参见 GB/T 20878《不锈钢和耐热钢　牌号及化学成分》。

2.12.3　常温力学性能（见表 2-89~表 2-93）

表 2-89　经固溶处理的奥氏体型不锈钢棒或试样的力学性能[1]

GB/T 20878 中序号[3]	统一数字代号	新牌号	旧牌号	规定塑性延伸强度 $R_{p0.2}$[2] /MPa	抗拉强度 R_m /MPa	断后伸长率 A (%)	断面收缩率 Z[3] (%)	硬度[2]		
								HBW	HRB	HV
				≥				≤		
1	S35350	12Cr17Mn6Ni5N	1Cr17Mn6Ni5N	275	520	40	45	241	100	253
3	S35450	12Cr18Mn9Ni5N	1Cr18Mn8Ni5N	275	520	40	45	207	95	218
9	S30110	12Cr17Ni7	1Cr17Ni7	205	520	40	60	187	90	200
13	S30210	12Cr18Ni9	1Cr18Ni9	205	520	40	60	187	90	200

（续）

GB/T 20878 中序号	统一数字代号	新牌号	旧牌号	规定塑性延伸强度 $R_{p0.2}$② /MPa ≥	抗拉强度 R_m /MPa ≥	断后伸长率 A (%) ≥	断面收缩率 Z③ (%) ≥	硬度② HBW ≤	硬度② HRB ≤	硬度② HV ≤
15	S30317	Y12Cr18Ni9	Y1Cr18Ni9	205	520	40	50	187	90	200
16	S30327	Y12Cr18Ni9Se	Y1Cr18Ni9Se	205	520	40	50	187	90	200
17	S30408	06Cr19Ni10	0Cr18Ni9	205	520	40	60	187	90	200
18	S30403	022Cr19Ni10	00Cr19Ni10	175	480	40	60	187	90	200
22	S30488	06Cr18Ni9Cu3	0Cr18Ni9Cu3	175	480	40	60	187	90	200
23	S30458	06Cr19Ni10N	0Cr19Ni9N	275	550	35	50	217	95	220
24	S30478	06Cr19Ni10NbN	0Cr19Ni10NbN	345	685	35	50	250	100	260
25	S30453	022Cr19Ni10N	00Cr18Ni10N	245	550	40	50	217	95	220
26	S30510	10Cr18Ni12	1Cr18Ni12	175	480	40	60	187	90	200
32	S30908	06Cr23Ni13	0Cr23Ni13	205	520	40	60	187	90	200
35	S31008	06Cr25Ni20	0Cr25Ni20	205	520	40	50	187	90	200
38	S31608	06Cr17Ni12Mo2	0Cr17Ni12Mo2	205	520	40	60	187	90	200
39	S31603	022Cr17Ni12Mo2	00Cr17Ni14Mo2	175	480	40	60	187	90	200
41	S31668	06Cr17Ni12Mo2Ti	0Cr18Ni12Mo3Ti	205	530	40	55	187	90	200
43	S31658	06Cr17Ni12Mo2N	0Cr17Ni12Mo2N	275	550	35	50	217	95	220
44	S31653	022Cr17Ni12Mo2N	00Cr17Ni13Mo2N	245	550	40	50	217	95	220
45	S31688	06Cr18Ni12Mo2Cu2	0Cr18Ni12Mo2Cu2	205	520	40	60	187	90	200
46	S31683	022Cr18Ni14Mo2Cu2	00Cr18Ni14Mo2Cu2	175	480	40	60	187	90	200
49	S31708	06Cr19Ni13Mo3	0Cr19Ni13Mo3	205	520	40	60	187	90	200
50	S31703	022Cr19Ni13Mo3	00Cr19Ni13Mo3	175	480	40	60	187	90	200
52	S31794	03Cr18Ni16Mo5	0Cr18Ni16Mo5	175	480	40	45	187	90	200
55	S32168	06Cr18Ni11Ti	0Cr18Ni10Ti	205	520	40	50	187	90	200
62	S34778	06Cr18Ni11Nb	0Cr18Ni11Nb	205	520	40	50	187	90	200
64	S38148	06Cr18Ni13Si4	0Cr18Ni13Si4	205	520	40	50	207	95	218

① 本表仅适用于直径、边长、厚度或对边距离小于或等于 180mm 的钢棒。大于 180mm 的钢棒，可改锻成距离 180mm 的样坯检验，或由供需双方协商，规定允许降低其力学性能的数值。

② 规定塑性延伸强度和硬度，仅当需方要求时（合同中注明）才进行测定，且供方可根据钢棒的尺寸或状态任选一种方法测定硬度。

③ 扁钢不适用，但需方要求时，由供需双方协商。

表 2-90　经固溶处理的奥氏体-铁素体型不锈钢棒或试样的力学性能①

GB/T 20878 中序号	统一数字代号	新牌号	旧牌号	规定塑性延伸强度 $R_{p0.2}$② /MPa	抗拉强度 R_m /MPa	断后伸长率 A (%) ≥	断面收缩率 Z③ (%)	冲击吸收能量 $KU_2$④ /J	硬度② HBW	硬度② HRB ≤	硬度② HV
67	S21860	14Cr18Ni11Si4AlTi	1Cr18Ni11Si4AlTi	440	715	25	40	63	—	—	—
68	S21953	022Cr19Ni5Mo3Si2N	00Cr18Ni5Mo3Si2N	390	590	20	40	—	290	30	300
70	S22253	022Cr22Ni5Mo3N	—	450	620	25	—	—	290	—	—
71	S22053	022Cr23Ni5Mo3N	—	450	655	25	—	—	290	—	—
73	S25553	022Cr25Ni6Mo2N	—	450	620	20	—	—	260	—	—
75	S25554	03Cr25Ni6Mo3Cu2N	—	550	750	25	—	—	290	—	—

① 本表仅适用于直径、边长、厚度或对边距离小于或等于 75mm 的钢棒。大于 75mm 的钢棒，可改锻成 75mm 的样坯检验或供需双方协商，规定允许降低其力学性能的数值。
② 规定塑性延伸强度和硬度，仅当需方要求时（合同中注明）才进行测定，且供方可根据钢棒的尺寸或状态任选一种方法测定硬度。
③ 扁钢不适用，但需方要求时，由供需双方协商确定。
④ 直径或对边距离小于或等于 16mm 的圆钢、六角钢、八角钢和边长或厚度小于等于 12mm 的方钢、扁钢不做冲击试验。

表 2-91　经退火处理的铁素体型不锈钢棒或试样的力学性能①

GB/T 20878 中序号	统一数字代号	新牌号	旧牌号	规定塑性延伸强度 $R_{p0.2}$② /MPa	抗拉强度 R_m /MPa	断后伸长率 A (%) ≥	断面收缩率 Z③ (%)	冲击吸收能量 $KU_2$④ /J	硬度② HBW ≤
78	S11348	06Cr13Al	0Cr13Al	175	410	20	60	78	183
83	S11203	022Cr12	00Cr12	195	360	22	60	—	183
85	S11710	10Cr17	1Cr17	205	450	22	50	—	183
86	S11717	Y10Cr17	Y1Cr17	205	450	22	50	—	183
88	S11790	10Cr17Mo	1Cr17Mo	205	450	22	60	—	183
94	S12791	008Cr27Mo	00Cr27Mo	245	410	20	45	—	219
95	S13091	008Cr30Mo2	00Cr30Mo2	295	450	20	45	—	228

① 本表仅适用于直径、边长、厚度或对边距离小于或等于 75mm 的钢棒。大于 75mm 的钢棒，可改锻成 75mm 的样坯检验或供需双方协商，规定允许降低其力学性能的数值。
② 规定塑性延伸强度和硬度，仅当需方要求时（合同中注明）才进行测定。
③ 扁钢不适用，但需方要求时，由供需双方协商确定。
④ 直径或对边距离小于或等于 16mm 的圆钢、六角钢、八角钢和边长或厚度小于等于 12mm 的方钢、扁钢不做冲击试验。

表 2-92 经热处理的马氏体型不锈钢棒或试样的力学性能[①]

GB/T 20878 中序号	统一数字代号	新牌号	旧牌号	组别	经淬火回火后试样的力学性能和硬度							退火后钢棒的硬度[③]
					规定塑性延伸强度 $R_{p0.2}$ /MPa	抗拉强度 R_m /MPa	断后伸长率 A (%)	断面收缩率 Z[②] (%)	冲击吸收能量 KU_2[④] /J	HBW	HRC	HBW
					≥							≤
96	S40310	12Cr12	1Cr12	—	390	590	25	55	118	170	—	200
97	S41008	06Cr13	0Cr13	—	345	490	24	60	—	—	—	183
98	S41010	12Cr13	1Cr13	—	345	540	22	55	78	159	—	200
100	S41617	Y12Cr13	Y1Cr13	—	345	540	17	45	55	159	—	200
101	S42020	20Cr13	2Cr13	—	440	640	20	50	63	192	—	223
102	S42030	30Cr13	3Cr13	—	540	735	12	40	24	217	—	235
103	S42037	Y30Cr13	Y3Cr13	—	540	735	8	35	24	217	—	235
104	S42040	40Cr13	4Cr13	—	—	—	—	—	—	—	50	235
106	S43110	14Cr17Ni2	1Cr17Ni2	—	700	1080	10	—	39	—	—	285
107	S43120	17Cr16Ni2[⑤]	—	1	700	900~1050	12	—	—	—	—	295
				2	600	800~950	14	45	25(A_{KV})	—	—	
108	S44070	68Cr17	7Cr17	—	—	—	—	—	—	—	54	255
109	S44080	85Cr17	8Cr17	—	—	—	—	—	—	—	56	255
110	S44096	108Cr17	11Cr17	—	—	—	—	—	—	—	58	269
111	S44097	Y108Cr17	Y11Cr17	—	—	—	—	—	—	—	58	269
112	S44090	95Cr18	9Cr18	—	—	—	—	—	—	—	55	255
115	S45710	13Cr13Mo	1Cr13Mo	—	490	690	20	60	78	192	—	200
116	S45830	32Cr13Mo	3Cr13Mo	—	—	—	—	—	—	—	50	207
117	S45990	102Cr17Mo	9Cr18Mo	—	—	—	—	—	—	—	55	269
118	S46990	90Cr18MoV	9Cr18MoV	—	—	—	—	—	—	—	55	269

① 本表仅适用于直径、边长、厚度或对边距离小于或等于75mm的钢棒。大于75mm的钢棒，可改锻成75mm的样坯检验或由供需双方协商，规定允许降低其力学性能的数值。

② 扁钢不适用，但需方要求时，由供需双方协商。

③ 采用750℃退火时，其硬度由供需双方协商。

④ 直径或边长距小于等于16mm的圆钢、六角钢，八角钢和边长或厚度小于等于12mm的方钢、扁钢不做冲击试验。

⑤ 17Cr16Ni2钢的性能组别应在合同中注明，未注明时，由供方自行选择。

表 2-93　沉淀硬化型不锈钢棒或试样的力学性能①

GB/T 20878 中序号	统一数字代号	新牌号	旧牌号	热处理 类型	组别	规定塑性延伸强度 $R_{p0.2}$ /MPa	抗拉强度 R_m /MPa	断后伸长率 A (%)	断面收缩率 Z② (%)	硬度③ HBW	硬度③ HRC
						$\geq$	$\geq$	$\geq$			
136	S51550	05Cr15Ni5Cu4Nb	—	固溶处理	0	—	—	—	—	≤363	≤38
				沉淀硬化 480℃时效	1	1180	1310	10	35	≥375	≥40
				550℃时效	2	1000	1070	12	45	≥331	≥35
				580℃时效	3	865	1000	13	45	≥302	≥31
				620℃时效	4	725	930	16	50	≥277	≥28
137	S51740	05Cr17Ni4Cu4Nb	0Cr17Ni4Cu4Nb	固溶处理	0	—	—	—	—	≤363	≤38
				沉淀硬化 480℃时效	1	1180	1310	10	40	≥375	≥40
				550℃时效	2	1000	1070	12	45	≥331	≥35
				580℃时效	3	865	1000	13	45	≥302	≥31
				620℃时效	4	725	930	16	50	≥277	≥28
138	S51770	07Cr17Ni7Al	0Cr17Ni7Al	固溶处理	0	≤380	≤1030	20	—	≤229	—
				沉淀硬化 510℃时效	1	1030	1230	4	10	≥388	—
				565℃时效	2	960	1140	5	25	≥363	—
139	S51570	07Cr15Ni7Mo2Al	0Cr15Ni7Mo2Al	固溶处理	0	—	—	—	—	≤269	—
				沉淀硬化 510℃时效	1	1210	1320	6	20	≥388	—
				565℃时效	2	1100	1210	7	25	≥375	—

① 本表仅适用于直径、边长、厚度或对边距离小于或等于 75mm 的钢棒。大于 75mm 的钢棒，可改锻成 75mm 的样坯检验或由供需双方协商，规定允许降低其力学性能的数值。
② 扁钢不适用，但需方要求时，由供需双方协商确定。
③ 供方可根据钢棒的尺寸或状态任选一种方法测定硬度。

2.13 耐热钢棒(摘自 GB/T 1221—2007)

2.13.1 分类

耐热钢棒按组织特征分为奥氏体型、铁素体型、马氏体型和沉淀硬化型四种类型。

耐热钢棒按使用加工方法不同分为压力加工用钢(UP)(热压力加工，UHP;热顶锻用钢，UHF;冷拔坯料，UCD)和切削加工用钢(UC)两大类。

2.13.2 牌号及化学成分(见表 2-94~表 2-97)

表 2-94 奥氏体型耐热钢的牌号及化学成分(熔炼分析)

GB/T 20878 序号	统一数字代号	新牌号	旧牌号	化学成分(质量分数,%)										
				C	Si	Mn	P	S	Ni	Cr	Mo	Cu	N	其他元素
6	S35650	53Cr21Mn9Ni4N	5Cr21Mn9Ni4N	0.48~0.58	0.35	8.00~10.00	0.040	0.030	3.25~4.50	20.00~22.00	—	—	0.35~0.50	—
7	S35750	26Cr18Mn12Si2N	3Cr18Mn12Si2N	0.22~0.30	1.40~2.20	10.50~12.50	0.050	0.030	—	17.00~19.00	—	—	0.22~0.33	—
8	S35850	22Cr20Mn10Ni2Si2N	2Cr20Mn9Ni2Si2N	0.17~0.26	1.80~2.70	8.50~11.00	0.050	0.030	2.00~3.00	18.00~21.00	—	—	0.20~0.30	—
17	S30408	06Cr19Ni10	0Cr18Ni9	0.08	1.00	2.00	0.045	0.030	8.00~11.00	18.00~20.00	—	—	—	—
30	S30850	22Cr21Ni12N	2Cr21Ni12N	0.15~0.28	0.75~1.25	1.00~1.60	0.040	0.030	10.50~12.50	20.00~22.00	—	—	0.15~0.30	—
31	S30920	16Cr23Ni13	2Cr23Ni13	0.20	1.00	2.00	0.040	0.030	12.00~15.00	22.00~24.00	—	—	—	—
32	S30908	06Cr23Ni13	0Cr23Ni13	0.08	1.00	2.00	0.045	0.030	12.00~15.00	22.00~24.00	—	—	—	—
34	S31020	20Cr25Ni20	2Cr25Ni20	0.25	1.50	2.00	0.040	0.030	19.00~22.00	24.00~26.00	—	—	—	—
35	S31008	06Cr25Ni20	0Cr25Ni20	0.08	1.50	2.00	0.040	0.030	19.00~22.00	24.00~26.00	—	—	—	—

序号	统一数字代号	新牌号	旧牌号	C	Si	Mn	P	S	Ni	Cr	Mo	Cu	N	其他元素
38	S31608	06Cr17Ni12Mo2	0Cr17Ni12Mo2	0.08	1.00	2.00	0.045	0.030	10.00~14.00	16.00~18.00	2.00~3.00	—	—	—
49	S31708	06Cr19Ni13Mo3	0Cr19Ni13Mo3	0.08	1.00	2.00	0.045	0.030	11.00~15.00	18.00~20.00	3.00~4.00	—	—	—
55	S32168	06Cr18Ni11Ti	0Cr18Ni10Ti	0.08	1.00	2.00	0.045	0.030	9.00~12.00	17.00~19.00	—	—	—	Ti:5w(C)~0.70
57	S32590	45Cr14Ni14W2Mo	4Cr14Ni14W2Mo	0.40~0.50	0.80	0.70	0.040	0.030	13.00~15.00	13.00~15.00	0.25~0.40	—	—	W:2.00~2.75
60	S33010	12Cr16Ni35	1Cr16Ni35	0.15	1.50	2.00	0.040	0.030	33.00~37.00	14.00~17.00	—	—	—	—
62	S34778	06Cr18Ni11Nb	0Cr18Ni11Nb	0.08	1.00	2.00	0.045	0.030	9.00~12.00	17.00~19.00	—	—	—	Nb:10w(C)~1.10
64	S38148	06Cr18Ni13Si4①	0Cr18Ni13Si4①	0.08	3.00~5.00	2.00	0.045	0.030	11.50~15.00	15.00~20.00	—	—	—	—
65	S38240	16Cr20Ni14Si2	1Cr20Ni14Si2	0.20	1.50~2.50	1.50	0.040	0.030	12.00~15.00	19.00~22.00	—	—	—	—
66	S38340	16Cr25Ni20Si2	1Cr25Ni20Si2	0.20	1.50~2.50	1.50	0.040	0.030	18.00~21.00	24.00~27.00	—	—	—	—

注：1. 表中所列成分除标明范围或最小值外，其余均为最大值。
2. 本标准牌号与国外标准牌号对照参见 GB/T 20878《不锈钢和耐热钢　牌号及化学成分》。
① 必要时，可添加上表以外的合金元素。

表 2-95　铁素体型耐热钢的牌号及化学成分（熔炼分析）

GB/T 20878 序号	统一数字代号	新牌号	旧牌号	化学成分（质量分数,%）										
				C	Si	Mn	P	S	Ni	Cr	Mo	Cu	N	其他元素
78	S11348	06Cr13Al	0Cr13Al	0.08	1.00	1.00	0.040	0.030	—	11.50~14.50	—	—	—	Al:0.10~0.30

（续）

GB/T 20878 序号	统一数字代号	新牌号	旧牌号	化学成分（质量分数,%）										
				C	Si	Mn	P	S	Ni	Cr	Mo	Cu	N	其他元素
83	S11203	022Cr12	00Cr12	0.030	1.00	1.00	0.040	0.030	—	11.00~13.50	—	—	—	—
85	S11710	10Cr17	1Cr17	0.12	1.00	1.00	0.040	0.030	—	16.00~18.00	—	—	—	—
93	S12550	16Cr25N	2Cr25N	0.20	1.00	1.50	0.040	0.030	—	23.00~27.00	—	(0.30)	0.25	—

注：1. 本表所列成分除标明范围或为最小值，其余均为最大值。括号内值为可加入或允许含有的最大值。
2. 牌号与国外标准牌号对照参见 GB/T 20878《不锈钢和耐热钢 牌号及化学成分》。

表 2-96 马氏体型耐热钢的牌号及化学成分（熔炼分析）

GB/T 20878 序号	统一数字代号	新牌号	旧牌号	化学成分（质量分数,%）										
				C	Si	Mn	P	S	Ni	Cr	Mo	Cu	N	其他元素
98	S41010	12Cr13①	1Cr13①	0.08~0.15	1.00	1.00	0.040	0.030	(0.60)	11.50~13.50	—	—	—	—
101	S42020	20Cr13	2Cr13	0.16~0.25	1.00	1.00	0.040	0.030	(0.60)	12.00~14.00	—	—	—	—
106	S43110	14Cr17Ni2	1Cr17Ni2	0.11~0.17	0.80	0.80	0.040	0.030	1.50~2.50	16.00~18.00	—	—	—	—
107	S43120	17Cr16Ni2	—	0.12~0.22	1.00	1.50	0.040	0.030	1.50~2.50	15.00~17.00	—	—	—	—
113	S45110	12Cr5Mo	1Cr5Mo	0.15	0.50	0.60	0.040	0.030	0.60	4.00~6.00	0.40~0.60	—	—	—
114	S45610	12Cr12Mo	1Cr12Mo	0.10~0.15	0.50	0.30~0.50	0.035	0.030	0.30~0.60	11.50~13.00	0.30~0.60	0.30	—	—

115	S45710	13Cr13Mo	1Cr13Mo	0.08~0.18	0.60	1.00	0.040	0.030	(0.60)	11.50~14.00	0.30~0.60	—	—	—
119	S46010	14Cr11MoV	1Cr11MoV	0.11~0.18	0.50	0.60	0.035	0.030	0.60	10.00~11.50	0.50~0.70	—	—	V:0.25~0.40
122	S46250	18Cr12MoVNbN	2Cr12MoVNbN	0.15~0.20	0.50	0.50~1.00	0.035	0.030	(0.60)	10.00~13.00	0.30~0.90	—	0.05~0.10	V:0.10~0.40 Nb:0.20~0.60
123	S47010	15Cr12WMoV	1Cr12WMoV	0.12~0.18	0.50	0.50~0.90	0.035	0.030	0.40~0.80	11.00~13.00	0.50~0.70	—	—	W:0.70~1.10 V:0.15~0.30
124	S47220	22Cr12NiWMoV	2Cr12NiMoWV	0.20~0.25	0.50	0.50~1.00	0.040	0.030	0.50~1.00	11.00~13.00	0.75~1.25	—	—	W:0.75~1.25 V:0.20~0.40
125	S47310	13Cr11Ni2W2MoV	1Cr11Ni2W2MoV	0.10~0.16	0.60	0.60	0.035	0.030	1.40~1.80	10.50~12.00	0.35~0.50	—	—	W:1.50~2.00 V:0.18~0.30
128	S47450	18Cr11NiMoNbVN[1]	(2Cr11NiMoNbVN)[1]	0.15~0.20	0.50	0.50~0.80	0.030	0.025	0.30~0.60	10.00~12.00	0.60~0.90	—	0.04~0.09	V:0.20~0.30 Al:0.30 Nb:0.20~0.60
130	S48040	42Cr9Si2	4Cr9Si2	0.35~0.50	2.00~3.00	0.70	0.035	0.030	0.60	8.00~10.00	—	—	—	—

（续）

GB/T 20878序号	统一数字代号	新牌号	旧牌号	化学成分（质量分数，%）										
				C	Si	Mn	P	S	Ni	Cr	Mo	Cu	N	其他元素
131	S48045	45Cr9Si3	—	0.40~0.50	3.00~3.50	0.60	0.030	0.030	0.60	7.50~9.50	—	—	—	—
132	S48140	40Cr10Si2Mo	4Cr10Si2Mo	0.35~0.45	1.90~2.60	0.70	0.035	0.030	0.60	9.00~10.50	0.70~0.90	—	—	—
133	S48380	80Cr20Si2Ni	8Cr20Si2Ni	0.75~0.85	1.75~2.25	0.20~0.60	0.030	0.030	1.15~1.65	19.00~20.50	—	—	—	—

注：1. 本表所列成分除标明范围或最小值外，其余均为最大值。括号内值为可加入或允许含有的最大值。
2. 牌号与国外标准牌号对照参见 GB/T 20878 《不锈钢和耐热钢 牌号及化学成分》。
① 相对于 GB/T 20878 调整成分牌号。

表 2-97 沉淀硬化型耐热钢的牌号及化学成分（熔炼分析）

GB/T 20878序号	统一数字代号	新牌号	旧牌号	化学成分（质量分数，%）										
				C	Si	Mn	P	S	Ni	Cr	Mo	Cu	N	其他元素
137	S51740	05Cr17Ni4Cu4Nb	0Cr17Ni4Cu4Nb	0.07	1.00	1.00	0.040	0.030	3.00~5.00	15.00~17.50	—	3.00~5.00	—	Nb:0.15~0.45
138	S51770	07Cr17Ni7Al	0Cr17Ni7Al	0.09	1.00	1.00	0.040	0.030	6.50~7.75	16.00~18.00	—	—	—	Al:0.75~1.50
143	S51525	06Cr15Ni25-Ti2MoAlVB	0Cr15Ni25-Ti2MoAlVB	0.08	1.00	2.00	0.040	0.030	24.00~27.00	13.50~16.00	1.00~1.50	—	—	Al:0.35 Ti:1.90~2.35 B:0.001~0.010 V:0.10~0.50

注：1. 表中所列成分除标明范围或最小值外，其余均为最大值。
2. 牌号与国外标准牌号对照参见 GB/T 20878 《不锈钢和耐热钢 牌号及化学成分》。

2.13.3　常温力学性能（见表 2-98～表 2-101）

表 2-98　经热处理的奥氏体型耐热钢棒或试样的力学性能①

GB/T 20878 序号	统一数字代号	新牌号	旧牌号	热处理状态	规定塑性延伸强度 $R_{p0.2}$②/MPa ≥	抗拉强度 R_m/MPa ≥	断后伸长率 A/(%) ≥	断面收缩率 Z③/(%) ≥	布氏硬度 HBW② ≤
6	S35650	53Cr21Mn9Ni4N	5Cr21Mn9Ni4N	固溶+时效	560	885	8	—	≥302
7	S35750	26Cr18Mn12Si2N	3Cr18Mn12Si2N	固溶处理	390	685	35	45	248
8	S35850	22Cr20Mn10Ni2Si2N	2Cr20Mn9Ni2Si2N	固溶处理	390	635	35	45	248
17	S30408	06Cr19Ni10	0Cr18Ni9		205	520	40	60	187
30	S30850	22Cr21Ni12N	2Cr21Ni12N	固溶+时效	430	820	26	20	269
31	S30920	16Cr23Ni13	2Cr23Ni13		205	560	45	50	201
32	S30908	06Cr23Ni13	0Cr23Ni13		205	520	40	60	187
34	S31020	20Cr25Ni20	2Cr25Ni20		205	590	40	50	201
35	S31008	06Cr25Ni20	0Cr25Ni20	固溶处理	205	520	40	50	187
38	S31608	06Cr17Ni12Mo2	0Cr17Ni12Mo2		205	520	40	60	187
49	S31708	06Cr19Ni13Mo3	0Cr19Ni13Mo3		205	520	40	60	187
55	S32168	06Cr18Ni11Ti	0Cr18Ni10Ti		205	520	40	50	187
57	S32590	45Cr14Ni14W2Mo	4Cr14Ni14W2Mo	退火	315	705	20	35	248
60	S33010	12Cr16Ni35	1Cr16Ni35		205	560	40	50	201
62	S34778	06Cr18Ni11Nb	0Cr18Ni11Nb		205	520	40	50	187
64	S38148	06Cr18Ni13Si4	0Cr18Ni13Si4	固溶处理	205	520	40	60	207
65	S38240	16Cr20Ni14Si2	1Cr20Ni14Si2		295	590	35	50	187
66	S38340	16Cr25Ni20Si2	1Cr25Ni20Si2		295	590	35	50	187

① 53Cr21Mn9Ni4N 和 22Cr21Ni12N 仅适用于直径、边长及对边距或厚度小于或等于 25mm 的钢棒；对大于 25mm 的钢棒，可改锻成 25mm 的样坯检验，或由供需双方协商确定。其余牌号仅适用于直径、边长及对边距或厚度等于 180mm 的钢棒，或改锻成 180mm 的样坯检验，或由供需双方协商确定，或当需方要求时（合同中注明）才进行测定。

② 规定塑性延伸强度和硬度，仅当需方要求时（合同中注明）才进行测定。

③ 扁钢不适用，但需方要求时，可由供需双方协商确定。

表2-99 经退火的铁素体型耐热型钢棒式试样的力学性能①

GB/T 20878 序号	统一数字代号	新牌号	旧牌号	热处理状态	规定塑性延伸强度 $R_{p0.2}$ /MPa ≥	抗拉强度 R_m /MPa ≥	断后伸长率 A (%) ≥	断面收缩率 Z③ (%) ≥	布氏硬度 HBW ≤
78	S11348	06Cr13Al	0Cr13Al	退火	175	410	20	60	183
83	S11203	022Cr12	00Cr12		195	360	22	60	183
85	S11710	10Cr17	1Cr17		205	450	22	50	183
93	S12550	16Cr25N	2Cr25N		275	510	20	40	201

① 本表仅适用于直径、边长，及对边距离或厚度小于或等于75mm的钢棒。大于75mm的钢棒可改锻成75mm的样坯检验，或由供需双方协商确定，允许降低其力学性能的数值。

② 规定塑性延伸强度和硬度，仅当需方要求时（合同中注明）才进行测定。

③ 扁钢不适用，但需双方要求时，由供需双方协商确定。

表2-100 经淬火回火的马氏体型钢耐热棒式试样的力学性能①

GB/T 20878 序号	统一数字代号	新牌号	旧牌号	热处理状态	规定塑性延伸强度 $R_{p0.2}$ /MPa ≥	抗拉强度 R_m /MPa ≥	断后伸长率 A (%) ≥	断面收缩率 Z② (%) ≥	冲击吸收能量 $KU_2$② /J ≥	经淬火回火后的硬度 HBW ≤	退火后的硬度③ HBW ≤
98	S41010	12Cr13	1Cr13	淬火+回火	345	540	22	55	78	159	200
101	S42020	20Cr13	2Cr13		440	640	20	50	63	192	223
106	S43110	14Cr17Ni2	1Cr17Ni2		—	1080	10	—	39	—	—
107	S43120	17Cr16Ni2⑤	—		1　700	900~1050	12	45	25(KV)	—	295
					2　600	800~950	14				
113	S45110	12Cr5Mo	1Cr5Mo		390	590	18	—	—	—	200
114	S45610	12Cr12Mo	1Cr12Mo		550	685	18	60	78	217~248	255
115	S45710	13Cr13Mo	1Cr13Mo		490	690	20	60	78	192	200
119	S46010	14Cr11MoV	1Cr11MoV		490	685	16	55	47	—	200
122	S46250	18Cr12MoVNbN	2Cr12MoVNbN		685	835	15	30	—	—	269
123	S47010	15Cr12WMoV	1Cr12WMoV		585	735	15	45	47	≤321	—
124	S47220	22Cr12NiMoWV	2Cr12NiMoWV		735	885	10	25	—	≤341	269

（表 2-100 续）

序号	统一数字代号	新牌号	旧牌号	组别	热处理	规定塑性延伸强度 $R_{p0.2}$/MPa	抗拉强度 R_m/MPa	断后伸长率 A(%)	断面收缩率 Z(%)	冲击吸收能量/J	硬度 HBW	硬度 HBW
125	S47310	13Cr11Ni2W2MoV⑤	1Cr11Ni2W2MoV⑤	1	淬火+回火	735	885	15	55	71	269~321	269
				2		885	1080	12	50	55	311~388	255
128	S47450	18Cr11NiMoNbVN	(2Cr11NiMoNbVN)			760	930	12	32	20(KV)	277~331	269
130	S48040	42Cr9Si2	4Cr9Si2			590	885	19	50	—	—	—
131	S48045	45Cr9Si3	—			685	930	15	35	—	≥269	—
132	S48140	40Cr10Si2Mo	4Cr10Si2Mo			685	885	10	35	—	—	269
133	S48380	80Cr20Si2Ni	8Cr20Si2Ni			685	885	10	15	8	≥262	321

① 本表仅适用于直径、边长及对边距离或厚度小于或等于75mm的钢棒。大于75mm的钢棒可改锻成75mm的样坯检验，或由供需双方协商确定，允许降低其力学性能的数值。
② 扁钢不适用，但需方要求时，由供需双方协商确定。
③ 采用750℃退火时，其硬度由供需双方协商。
④ 直径或对边距离小于或等于16mm的圆钢、六角钢和边长或厚度小于或等于12mm的方钢、扁钢不做冲击试验。
⑤ 17Cr16Ni2 和 13Cr11Ni2W2MoV 钢的性能组别应在合同中注明，未注明的，由供方自行选择。

表 2-101　沉淀硬化型耐热钢棒或热钢棒试样的力学性能①

GB/T 20878 序号	统一数字代号	新牌号	旧牌号	热处理 类型	组别	规定塑性延伸强度 $R_{p0.2}$/MPa	抗拉强度 R_m/MPa	断后伸长率 A(%)	断面收缩率 Z(%)	硬度③ HBW	硬度③ HRC
						≥					
137	S51740	05Cr17Ni4Cu4Nb	0Cr17Ni4Cu4Nb	固溶处理	0	—	—	—	—	≤363	≤38
				沉淀硬化 480℃时效	1	1180	1310	10	40	≥375	≥40
				550℃时效	2	1000	1070	12	45	≥331	≥35
				580℃时效	3	865	1000	13	45	≥302	≥31
				620℃时效	4	725	930	16	50	≥277	≥28
138	S51770	07Cr17Ni7Al	0Cr17Ni7Al	固溶处理	0	≤380	≤1030	20	—	≤229	—
				沉淀硬化 510℃时效	1	1030	1230	4	10	≥388	—
				565℃时效	2	960	1140	5	25	≥363	—
143	S51525	06Cr15Ni25Ti2MoAlVB	0Cr15Ni25Ti2MoAlVB	固溶+时效		590	900	15	18	≥248	—

① 本表仅适用于直径、边长、厚度或对边距离小于或等于75mm的钢棒。大于75mm的钢棒可改锻成75mm的样坯检验，或由供需双方协商确定，允许降低其力学性能的数值。
② 扁钢不适用，但需方要求时，由供需双方协商确定。
③ 供方可根据钢棒的尺寸或状态任选一种方法测定硬度。

3 钢型材尺寸和理论质量

3.1 型钢

3.1.1 热轧圆钢和方钢（见表2-102）

表2-102 热轧圆钢和方钢的尺寸及理论质量（摘自 GB/T 702—2017）

圆钢公称直径 d 或方钢公称边长 a/mm	理论质量/（kg/m）		圆钢公称直径 d 或方钢公称边长 a/mm	理论质量/（kg/m）	
	圆钢	方钢		圆钢	方钢
5.5	0.186	0.237	75	34.7	44.2
6	0.222	0.283	80	39.5	50.2
6.5	0.260	0.332	85	44.5	56.7
7	0.302	0.385	90	49.9	63.6
8	0.395	0.502	95	55.6	70.8
9	0.499	0.636	100	61.7	78.5
10	0.617	0.785	105	68.0	86.5
11	0.746	0.950	110	74.6	95.0
12	0.888	1.13	115	81.5	104
13	1.04	1.33	120	88.8	113
14	1.21	1.54	125	96.3	123
15	1.39	1.77	130	104	133
16	1.58	2.01	135	112	143
17	1.78	2.27	140	121	154
18	2.00	2.54	145	130	165
19	2.23	2.83	150	139	177
20	2.47	3.14	155	148	189
21	2.72	3.46	160	158	201
22	2.98	3.80	165	168	214
23	3.26	4.15	170	178	227
24	3.55	4.52	180	200	254
25	3.85	4.91	190	223	283
26	4.17	5.31	200	247	314
27	4.49	5.72	210	272	—
28	4.83	6.15	220	298	—
29	5.18	6.60	230	326	—
30	5.55	7.06	240	355	—
31	5.92	7.54	250	385	—
32	6.31	8.04	260	417	—
33	6.71	8.55	270	449	—
34	7.13	9.07	280	483	—
35	7.55	9.62	290	518	—
36	7.99	10.2	300	555	—
38	8.90	11.3	310	592	—
40	9.86	12.6	320	631	—
42	10.9	13.8	330	671	—
45	12.5	15.9	340	713	—
48	14.2	18.1	350	755	—
50	15.4	19.6	360	799	—
53	17.3	22.0	370	844	—
55	18.6	23.7	380	890	—
56	19.3	24.6			
58	20.7	26.4			
60	22.2	28.3			
63	24.5	31.2			
65	26.0	33.2			
68	28.5	36.3			
70	30.2	38.5			

注：表中钢的理论质量是按密度为 7.85g/cm³ 计算。

3.1.2　一般用途热轧扁钢（见表2-103）

表2-103　一般用途热轧扁钢的尺寸及理论质量（摘自 GB/T 702—2017）

厚度/mm；理论质量/(kg/m)

公称宽度/mm	3	4	5	6	7	8	9	10	11	12	14	16	18	20	22	25	28	30	32	36	40	45	50	56	60
10	0.24	0.31	0.39	0.47	0.55	0.63																			
12	0.28	0.38	0.47	0.57	0.66	0.75																			
14	0.33	0.44	0.55	0.66	0.77	0.88																			
16	0.38	0.50	0.63	0.75	0.88	1.00	1.13	1.26																	
18	0.42	0.57	0.71	0.85	0.99	1.13	1.27	1.41																	
20	0.47	0.63	0.78	0.94	1.10	1.26	1.41	1.57	1.73	1.88															
22	0.52	0.69	0.86	1.04	1.21	1.38	1.55	1.73	1.90	2.07															
25	0.59	0.78	0.98	1.18	1.37	1.57	1.77	1.96	2.16	2.36	2.75	3.14													
28	0.66	0.88	1.10	1.32	1.54	1.76	1.98	2.20	2.42	2.64	3.08	3.52													
30	0.71	0.94	1.18	1.41	1.65	1.88	2.12	2.36	2.59	2.83	3.30	3.77	4.24	4.71											
32	0.75	1.00	1.26	1.51	1.76	2.01	2.26	2.51	2.76	3.01	3.52	4.02	4.52	5.02											
35	0.82	1.10	1.37	1.65	1.92	2.20	2.47	2.75	3.02	3.30	3.85	4.40	4.95	5.50											
40	0.94	1.26	1.57	1.88	2.20	2.51	2.83	3.14	3.45	3.77	4.40	5.02	5.65	6.28	6.91	7.85	8.79								
45	1.06	1.41	1.77	2.12	2.47	2.83	3.18	3.53	3.89	4.24	4.95	5.65	6.36	7.06	7.77	8.83	9.89	10.60	11.30	12.72					
50	1.18	1.57	1.96	2.36	2.75	3.14	3.53	3.93	4.32	4.71	5.50	6.28	7.06	7.85	8.64	9.81	10.99	11.78	12.56	14.13					
55		1.73	2.16	2.59	3.02	3.45	3.89	4.32	4.75	5.18	6.04	6.91	7.77	8.64	9.50	10.79	12.09	12.95	13.82	15.54					
60		1.88	2.36	2.83	3.30	3.77	4.24	4.71	5.18	5.65	6.59	7.54	8.48	9.42	10.36	11.78	13.19	14.13	15.07	16.96	18.84	21.20			
65		2.04	2.55	3.06	3.57	4.08	4.59	5.10	5.61	6.12	7.14	8.16	9.18	10.20	11.23	12.76	14.29	15.31	16.33	18.37	20.41	22.96			
70		2.20	2.75	3.30	3.85	4.40	4.95	5.50	6.04	6.59	7.69	8.79	9.89	10.99	12.09	13.74	15.39	16.48	17.58	19.78	21.98	24.73			
75		2.36	2.94	3.53	4.12	4.71	5.30	5.89	6.48	7.06	8.24	9.42	10.60	11.78	12.95	14.72	16.48	17.66	18.84	21.20	23.55	26.49			
80		2.51	3.14	3.77	4.40	5.02	5.65	6.28	6.91	7.54	8.79	10.05	11.30	12.56	13.82	15.70	17.58	18.84	20.10	22.61	25.12	28.26	31.40		
85			3.34	4.00	4.67	5.34	6.01	6.67	7.34	8.01	9.34	10.68	12.01	13.34	14.68	16.68	18.68	20.02	21.35	24.02	26.69	30.03	33.36	37.37	40.04
90			3.53	4.24	4.95	5.65	6.36	7.06	7.77	8.48	9.89	11.30	12.72	14.13	15.54	17.66	19.78	21.20	22.61	25.43	28.26	31.79	35.32	39.56	42.39
95			3.73	4.47	5.22	5.97	6.71	7.46	8.20	8.95	10.44	11.93	13.42	14.92	16.41	18.64	20.88	22.37	23.86	26.85	29.83	33.56	37.29	41.76	44.74
100			3.92	4.71	5.50	6.28	7.06	7.85	8.64	9.42	10.99	12.56	14.13	15.70	17.27	19.62	21.98	23.55	25.12	28.26	31.40	35.32	39.25	43.96	47.10
105			4.12	4.95	5.77	6.59	7.42	8.24	9.07	9.89	11.54	13.19	14.84	16.48	18.13	20.61	23.08	24.73	26.38	29.67	32.97	37.09	41.21	46.16	49.46
110			4.32	5.18	6.04	6.91	7.77	8.64	9.50	10.36	12.09	13.82	15.54	17.27	19.00	21.59	24.18	25.90	27.63	31.09	34.54	38.86	43.18	48.36	51.81
120			4.71	5.65	6.59	7.54	8.48	9.42	10.36	11.30	13.19	15.07	16.96	18.84	20.72	23.55	26.38	28.26	30.14	33.91	37.68	42.39	47.10	52.75	56.52
125				5.89	6.87	7.85	8.83	9.81	10.79	11.78	13.74	15.70	17.66	19.62	21.58	24.53	27.48	29.44	31.40	35.32	39.25	44.16	49.06	54.95	58.88
130				6.12	7.14	8.16	9.18	10.20	11.23	12.25	14.29	16.33	18.37	20.41	22.45	25.51	28.57	30.62	32.66	36.74	40.82	45.92	51.02	57.15	61.23
140					7.69	8.79	9.89	10.99	12.09	13.19	15.39	17.58	19.78	21.98	24.18	27.48	30.77	32.66	35.17	39.56	43.96	49.46	54.95	61.54	65.94
150					8.24	9.42	10.60	11.78	12.95	14.13	16.48	18.84	21.20	23.55	25.90	29.44	32.97	35.32	37.68	42.39	47.10	52.99	58.88	65.94	70.65
160						10.05	11.30	12.56	13.82	15.07	17.58	20.10	22.61	25.12	27.63	31.40	35.17	37.68	40.19	45.22	50.24	56.52	62.80	70.34	75.36
180						11.30	12.72	14.13	15.54	16.96	19.78	22.61	25.43	28.26	31.09	35.32	39.56	42.39	45.22	50.87	56.52	63.58	70.65	79.13	84.78
200					10.99	12.56	14.13	15.70	17.27	18.84	21.98	25.12	28.26	31.40	34.54	39.25	43.96	47.10	50.24	56.52	62.80	70.65	78.50	87.92	94.20

注：1. 表中的理论质量按密度 7.85g/cm³ 计算。

2. 经供需双方协商并在合同中注明，也可提供表中以外的尺寸及理论质量。

3.1.3 热轧六角钢和热轧八角钢（见表2-104）

表2-104 热轧六角钢和热轧八角钢的尺寸及理论质量（摘自 GB/T 702—2017）

对边距离 s/mm	截面面积 A/cm²		理论质量/（kg/m）	
	六角钢	八角钢	六角钢	八角钢
8	0.5543	—	0.435	—
9	0.7015	—	0.551	—
10	0.866	—	0.680	—
11	1.048	—	0.823	—
12	1.247	—	0.979	—
13	1.464	—	1.05	—
14	1.697	—	1.33	—
15	1.949	—	1.53	—
16	2.217	2.120	1.74	1.66
17	2.503	—	1.96	—
18	2.806	2.683	2.20	2.16
19	3.126	—	2.45	—
20	3.464	3.312	2.72	2.60
21	3.819	—	3.00	—
22	4.192	4.008	3.29	3.15
23	4.581	—	3.60	—
24	4.988	—	3.92	—
25	5.413	5.175	4.25	4.06
26	5.854	—	4.60	—
27	6.314	—	4.96	—
28	6.790	6.492	5.33	5.10
30	7.794	7.452	6.12	5.85
32	8.868	8.479	6.96	6.66
34	10.011	9.572	7.86	7.51
36	11.223	10.731	8.81	8.42
38	12.505	11.956	9.82	9.39
40	13.86	13.250	10.88	10.40
42	15.28	—	11.99	—
45	17.54	—	13.77	—
48	19.95	—	15.66	—
50	21.65	—	17.00	—
53	24.33	—	19.10	—
56	27.16	—	21.32	—
58	29.13	—	22.87	—
60	31.18	—	24.50	—
63	34.37	—	26.98	—
65	36.59	—	28.72	—
68	40.04	—	31.43	—
70	42.43	—	33.30	—

注：表中的理论质量按密度 7.85g/cm³ 计算。

表中截面面积（A）计算公式：$A = \dfrac{1}{4}ns^2 \mathrm{tg}\dfrac{\phi}{2} \times \dfrac{1}{100}$

六角形：$A = \dfrac{3}{2}s^2 \mathrm{tg}30° \times \dfrac{1}{100} \approx 0.866s^2 \times \dfrac{1}{100}$

八角形：$A = 2s^2 \mathrm{tg}22°30' \times \dfrac{1}{100} \approx 0.828s^2 \times \dfrac{1}{100}$

式中 n——正 n 边形边数；

ϕ——正 n 边形圆内角：$\phi = 360/n$。

3.1.4　热轧工具钢扁钢（见表 2-105）

表 2-105　热轧工具钢扁钢的尺寸及理论质量（摘自 GB/T 702—2017）

扁钢公称厚度/mm　理论质量/(kg/m)

公称宽度/mm	4	6	8	10	12	16	18	20	22	25	28	32	36	40	45	50	56	63	71	80	90	100
10	0.31	0.47	0.63																			
12	0.38	0.57	0.75	0.94																		
16	0.50	0.75	1.00	1.26	1.51																	
20	0.63	0.94	1.26	1.57	1.88	2.51	2.83															
25	0.78	1.18	1.57	1.96	2.36	3.14	3.53	3.93	4.32													
32	1.00	1.51	2.01	2.51	3.01	4.02	4.52	5.02	5.53	6.28	7.03											
40	1.26	1.88	2.51	3.14	3.77	5.02	5.65	6.28	6.91	7.85	8.79	10.05	11.30									
50	1.57	2.36	3.14	3.93	4.71	6.28	7.06	7.85	8.64	9.81	10.99	12.56	14.13	15.70	17.66							
63	1.98	2.97	3.96	4.95	5.93	7.91	8.90	9.89	10.88	12.36	13.85	15.83	17.80	19.78	22.25	24.73	27.69					
71	2.23	3.34	4.46	5.57	6.69	8.92	10.03	11.15	12.26	13.93	15.61	17.84	20.06	22.29	25.08	27.87	31.21	35.11				
80	2.51	3.77	5.02	6.28	7.54	10.05	11.30	12.56	13.82	15.70	17.58	20.10	22.61	25.12	28.26	31.40	35.17	39.56	44.59			
90	2.83	4.24	5.65	7.07	8.48	11.30	12.72	14.13	15.54	17.66	19.78	22.61	25.43	28.26	31.79	35.32	39.56	44.51	50.16	56.52		
100	3.14	4.71	6.28	7.85	9.42	12.56	14.13	15.70	17.27	19.62	21.98	25.12	28.26	31.40	35.32	39.25	43.96	49.46	55.74	62.80	70.65	
112	3.52	5.28	7.03	8.79	10.55	14.07	15.83	17.58	19.34	21.98	24.62	28.13	31.65	35.17	39.56	43.96	49.24	55.39	62.42	70.34	79.13	87.92
125	3.93	5.89	7.85	9.81	11.78	15.70	17.36	19.62	21.58	24.53	27.48	31.40	35.32	39.25	44.16	49.06	54.95	61.82	69.67	78.50	88.31	98.13
140	4.40	6.59	8.79	10.99	13.19	17.58	19.78	21.98	24.18	27.48	30.77	35.17	39.56	43.96	49.46	54.95	61.54	69.24	78.03	87.92	98.81	109.90
160	5.02	7.54	10.05	12.56	15.07	20.10	22.61	25.12	27.63	31.40	35.17	40.19	45.22	50.24	56.52	62.80	70.34	79.13	89.18	100.48	113.04	125.60
180	5.65	8.48	11.30	14.13	16.96	22.61	25.43	28.26	31.09	35.33	39.56	45.22	50.87	56.52	63.59	70.65	79.13	89.02	100.32	113.04	127.17	141.30
200	6.28	9.42	12.56	15.70	18.84	25.12	28.26	31.40	34.54	39.25	43.96	50.24	56.52	62.80	70.65	78.50	87.92	98.91	111.47	125.60	141.30	157.00
224	7.03	10.55	14.07	17.58	21.10	28.13	31.65	35.17	38.68	43.96	49.24	56.27	63.30	70.34	79.13	87.92	98.47	110.78	124.85	140.67	158.26	175.84
250	7.85	11.78	15.70	19.63	23.55	31.40	35.33	39.25	43.18	49.06	54.95	62.80	70.65	78.50	88.31	98.13	109.90	123.64	139.34	157.00	176.63	196.25
280	8.79	13.19	17.58	21.98	26.38	35.17	39.56	43.96	48.36	54.95	61.54	70.34	79.13	87.92	98.91	109.90	123.09	138.47	156.06	175.84	197.82	219.80
310	9.73	14.60	19.47	24.34	29.20	38.94	43.80	48.67	53.54	60.84	68.14	77.87	87.61	97.34	109.51	121.68	136.28	153.31	172.78	194.68	219.02	243.35

注：表中的理论质量按密度 7.85g/cm³ 计算，对于高合金钢计算理论质量时，应采用相应牌号的密度进行计算。

3.1.5 冷拉圆钢、方钢、六角钢（见表2-106）

表2-106　冷拉圆钢、方钢、六角钢材的截面形状、尺寸及理论质量（摘自 GB/T 905—1994）

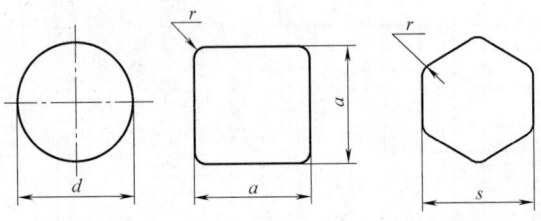

a) 圆钢截面形状　　b) 方钢截面形状　　c) 六角钢截面形状

尺寸 /mm	圆钢		方钢		六角钢	
	截面面积 /mm²	理论质量 /(kg/m)	截面面积 /mm²	理论质量 /(kg/m)	截面面积 /mm²	理论质量 /(kg/m)
3.0	7.069	0.0555	9.000	0.0706	7.794	0.0612
3.2	8.042	0.0631	10.24	0.0804	8.868	0.0696
3.5	9.621	0.0755	12.25	0.0962	10.61	0.0833
4.0	12.57	0.0986	16.00	0.126	13.86	0.109
4.5	15.90	0.125	20.25	0.159	17.54	0.138
5.0	19.63	0.154	25.00	0.196	21.65	0.170
5.5	23.76	0.187	30.25	0.237	26.20	0.206
6.0	28.27	0.222	36.00	0.283	31.18	0.245
6.3	31.17	0.254	39.69	0.312	34.37	0.270
7.0	38.48	0.302	49.00	0.385	42.44	0.333
7.5	44.18	0.347	56.25	0.442	—	—
8.0	50.27	0.395	64.00	0.502	55.43	0.435
8.5	56.75	0.445	72.25	0.567	—	—
9.0	63.62	0.499	81.00	0.636	70.15	0.551
9.5	70.88	0.556	90.25	0.708	—	—
10.0	78.54	0.617	100.0	0.785	86.60	0.680
10.5	86.59	0.680	110.2	0.865	—	—
11.0	95.03	0.746	121.0	0.950	104.8	0.823
11.5	103.9	0.815	132.2	1.04	—	—
12.0	113.1	0.888	144.0	1.13	124.7	0.979
13.0	132.7	1.04	169.0	1.33	146.4	1.15
14.0	153.9	1.21	196.0	1.54	169.7	1.33
15.0	176.7	1.39	225.0	1.77	194.9	1.53

（续）

尺寸 /mm	圆钢		方钢		主角钢	
	截面面积 /mm²	理论质量 /(kg/m)	截面面积 /mm²	理论质量 /(kg/m)	截面面积 /mm²	理论质量 /(kg/m)
16.0	201.1	1.58	256.0	2.01	221.7	1.74
17.0	227.0	1.78	289.0	2.27	250.3	1.96
18.0	254.5	2.00	324.0	2.54	280.6	2.20
19.0	283.5	2.23	361.0	2.83	312.6	2.45
20.0	314.2	2.47	400.0	3.14	346.4	2.72
21.0	346.4	2.72	441.0	3.46	381.9	3.00
22.0	380.1	2.98	484.0	3.80	419.2	3.29
24.0	452.4	3.55	576.0	4.52	498.8	3.92
25.0	490.9	3.85	625.0	4.91	541.3	4.25
26.0	530.9	4.17	676.0	5.31	585.4	4.60
28.0	615.8	4.83	784.0	6.15	679.0	5.33
30.0	706.9	5.55	900.0	7.06	779.4	6.12
32.0	804.2	6.31	1024	8.04	886.8	6.96
34.0	907.9	7.13	1156	9.07	1001	7.86
35.0	962.1	7.55	1225	9.62	—	—
36.0	—	—	—	—	1122	8.81
38.0	1134	8.90	1444	11.3	1251	9.82
40.0	1257	9.86	1600	12.6	1386	10.9
42.0	1385	10.9	1764	13.8	1528	12.0
45.0	1590	12.5	2025	15.9	1754	13.8
48.0	1810	14.2	2304	18.1	1995	15.7
50.0	1968	15.4	2500	19.6	2165	17.0
52.0	2206	17.3	2809	22.0	2433	19.1
55.0	—	—	—	—	2620	20.5
56.0	2463	19.3	3136	24.6	—	—
60.0	2827	22.2	3600	28.3	3118	24.5
63.0	3117	24.5	3969	31.2	—	—
65.0	—	—	—	—	3654	28.7
67.0	3526	27.7	4489	35.2	—	—
70.0	3848	30.2	4900	38.5	4244	33.3
75.0	4418	34.7	5625	44.2	4871	38.2
80.0	5027	39.5	6400	50.2	5543	43.5

注：1. 表内尺寸一栏，对圆钢表示直径，对方钢表示边长，对六角钢表示对边距离。
　　2. 表中理论质量按密度 7.85g/cm³ 计算，对高合金钢计算理论质量时，应采用相应牌号的密度。

3.1.6 锻制圆钢、方钢和扁钢（见表2-107和表2-108）

表2-107 锻制圆钢、方钢的截面形状、尺寸及理论质量（摘自 GB/T 908—2008）

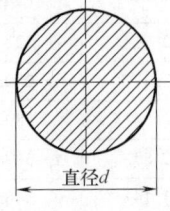

a) 圆钢截面形状

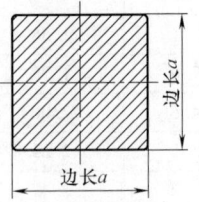

b) 方钢截面形状

圆钢公称直径 d 或方钢公称边长 a/ mm	理论质量/ (kg/m)		圆钢公称直径 d 或方钢公称边长 a/ mm	理论质量/ (kg/m)	
	圆钢	方钢		圆钢	方钢
50	15.4	19.6	70	30.2	38.5
55	18.6	23.7	75	34.7	44.2
60	22.2	28.3	80	39.5	50.2
65	26.0	33.2	85	44.5	56.7
90	49.9	63.6	220	298	380
95	55.6	70.8	230	326	415
100	61.7	78.5	240	355	452
105	68.0	86.5	250	385	491
110	74.6	95.0	260	417	531
115	81.5	104	270	449	572
120	88.8	113	280	483	615
125	96.3	123	290	518	660
130	104	133	300	555	707
135	112	143	310	592	754
140	121	154	320	631	804
145	130	165	330	671	855
150	139	177	340	712	908
160	158	201	350	755	962
170	178	227	360	799	1017
180	200	254	370	844	1075
190	223	283	380	890	1134
200	247	314	390	937	1194
210	272	346	400	986	1256

注：表中理论质量按密度 7.85g/cm³ 计算。对高合金钢计算理论质量时，应采用相应牌号的密度。

表 2-108　锻制扁钢的截面形状、尺寸及理论质量（摘自 GB/T 908—2008）

公称宽度 b/mm	公称厚度 t/mm 理论质量/(kg/m)																					
	20	25	30	35	40	45	50	55	60	65	70	75	80	85	90	100	110	120	130	140	150	160
40	6.28	7.85	9.42																			
45	7.06	8.83	10.6																			
50	7.85	9.81	11.8	13.7	15.7																	
55	8.64	10.8	13.0	15.1	17.3																	
60	9.42	11.8	14.1	16.5	18.8	21.1	23.6															
65	10.2	12.8	15.3	17.8	20.4	23.0	25.5															
70	11.0	13.7	16.5	19.2	22.0	24.7	27.5	30.2	33.0													
75	11.8	14.7	17.7	20.6	23.6	26.5	29.4	32.4	35.3													
80	12.6	15.7	18.8	22.0	25.1	28.3	31.4	34.5	37.7	40.8	44.0											
90	14.1	17.7	21.2	24.7	28.3	31.8	35.3	38.8	42.4	45.9	49.4											
100	15.7	19.6	23.6	27.5	31.4	35.3	39.2	43.2	47.1	51.0	55.0	58.9	62.8	66.7								

五 金 手 册

（续）

公称厚度 t/mm，理论质量/(kg/m)

公称宽度 b/mm	20	25	30	35	40	45	50	55	60	65	70	75	80	85	90	100	110	120	130	140	150	160
110	17.3	21.6	25.9	30.2	34.5	38.8	43.2	47.5	51.8	56.1	60.4	64.8	69.1	73.4								
120	18.8	23.6	28.3	33.0	37.7	42.4	47.1	51.8	56.5	61.2	65.9	70.6	75.4	80.1								
130	20.4	25.5	30.6	35.7	40.8	45.9	51.0	56.1	61.2	66.3	71.4	76.5	81.6	86.7								
140	22.0	27.5	33.0	38.5	44.0	49.4	55.0	60.4	65.9	71.4	76.9	82.4	87.9	93.4	98.9	110						
150	23.6	29.4	35.3	41.2	47.1	53.0	58.9	64.8	70.7	76.5	82.4	88.3	94.2	100	106	118						
160	25.1	31.4	37.7	44.0	50.2	56.5	62.8	69.1	75.4	81.6	87.9	94.2	100	107	113	126	138	151				
170	26.7	33.4	40.0	46.7	53.4	60.0	66.7	73.4	80.1	86.7	93.4	100	107	113	120	133	147	160				
180	28.3	35.3	42.4	49.4	56.5	63.6	70.6	77.7	84.8	91.8	98.9	106	113	120	127	141	155	170	184	198		
190						67.1	74.6	82.0	89.5	96.9	104	112	119	127	134	149	164	179	194	209		
200						70.6	78.5	86.4	94.2	102	110	118	127	133	141	157	173	188	204	220		
210						74.2	82.4	90.7	98.9	107	115	124	132	140	148	165	181	198	214	231	247	264
220						77.7	86.4	95.0	103.6	112	121	130	138	147	155	173	190	207	224	242	259	276
230												135	144	153	162	180	199	217	235	253	271	289
240												141	151	160	170	188	207	226	245	264	283	301
250												147	157	167	177	196	216	235	255	275	294	314
260												153	163	173	184	204	224	245	265	286	306	326
280												165	176	187	198	220	242	264	286	308	330	352
300												177	188	200	212	236	259	283	306	330	353	377

注：表中理论质量按密度7.85g/cm³计算。对高合金钢计算理论质量时，应采用相应牌号的密度。

122

3.1.7 热轧型钢（见表 2-109~表 2-112）

表 2-109 热轧工字钢的截面形状、尺寸及主要参数（摘自 GB/T 706—2016）

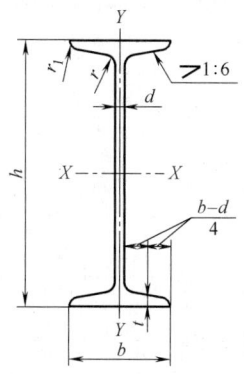

h—高度 　d—腰厚度 　r—内圆弧半径
b—腿宽度 　t—腿中间厚度 　r_1—腿端圆弧半径

型号	截面尺寸/mm						截面面积 /cm²	理论质量 /(kg/m)	惯性矩/cm⁴		惯性半径/cm		截面系数 /cm³	
	h	b	d	t	r	r_1			I_x	I_y	i_x	i_y	W_x	W_y
10	100	68	4.5	7.6	6.5	3.3	14.33	11.3	245	33.0	4.14	1.52	49.0	9.72
12	120	74	5.0	8.4	7.0	3.5	17.80	14.0	436	46.9	4.95	1.62	72.7	12.7
12.6	126	74	5.0	8.4	7.0	3.5	18.10	14.2	488	46.9	5.20	1.61	77.5	12.7
14	140	80	5.5	9.1	7.5	3.8	21.50	16.9	712	64.4	5.76	1.73	102	16.1
16	160	88	6.0	9.9	8.0	4.0	26.11	20.5	1130	93.1	6.58	1.89	141	21.2
18	180	94	6.5	10.7	8.5	4.3	30.74	24.1	1660	122	7.36	2.00	185	26.0
20a	200	100	7.0	11.4	9.0	4.5	35.55	27.9	2370	158	8.15	2.12	237	31.5
20b		102	9.0				39.55	31.1	2500	169	7.96	2.06	250	33.1
22a	220	110	7.5	12.3	9.5	4.8	42.10	33.1	3400	225	8.99	2.31	309	40.9
22b		112	9.5				46.50	36.5	3570	239	8.78	2.27	325	42.7
24a	240	116	8.0	13.0	10.0	5.0	47.71	37.5	4570	280	9.77	2.42	381	48.4
24b		118	10.0				52.51	41.2	4800	297	9.57	2.38	400	50.4
25a	250	116	8.0				48.51	38.1	5020	280	10.2	2.40	402	48.3
25b		118	10.0				53.51	42.0	5280	309	9.94	2.40	423	52.4
27a	270	122	8.5	13.7	10.5	5.3	54.52	42.86	6550	345	10.9	2.51	485	56.6
27b		124	10.5				59.92	47.06	6870	366	10.7	2.47	509	58.9
28a	280	122	8.5				55.37	43.5	7110	345	11.3	2.50	508	56.6
28b		124	10.5				60.97	47.9	7480	379	11.1	2.49	534	61.2
30a	300	126	9.0	14.4	11.0	5.5	61.22	48.1	8950	400	12.1	2.55	597	63.5
30b		128	11.0				67.22	52.8	9400	422	11.8	2.50	627	65.9
30c		130	13.0				73.22	57.5	9850	445	11.6	2.46	657	68.5
32a	320	130	9.5	15.0	11.5	5.8	67.12	52.7	11100	460	12.8	2.62	692	70.8
32b		132	11.5				73.52	57.7	11600	502	12.6	2.61	726	76.0
32c		134	13.5				79.92	62.7	12200	544	12.3	2.61	760	81.2

（续）

型号	截面尺寸/mm						截面面积/cm²	理论质量/(kg/m)	惯性矩/cm⁴		惯性半径/cm		截面系数/cm³	
	h	b	d	t	r	r_1			I_x	I_y	i_x	i_y	W_x	W_y
36a	360	136	10.0	15.8	12.0	6.0	76.44	60.0	15800	552	14.4	2.69	875	81.2
36b		138	12.0				83.64	65.7	16500	582	14.1	2.64	919	84.3
36c		140	14.0				90.84	71.3	17300	612	13.8	2.60	962	87.4
40a	400	142	10.5	16.5	12.5	6.3	86.07	67.6	21700	660	15.9	2.77	1090	93.2
40b		144	12.5				94.07	73.8	22800	692	15.6	2.71	1140	96.2
40c		146	14.5				102.1	80.1	23900	727	15.2	2.65	1190	99.6
45a	450	150	11.5	18.0	13.5	6.8	102.4	80.4	32200	855	17.7	2.89	1430	114
45b		152	13.5				111.4	87.4	33800	894	17.4	2.84	1500	118
45c		154	15.5				120.4	94.5	35300	938	17.1	2.79	1570	122
50a	500	158	12.0	20.0	14.0	7.0	119.2	93.6	46500	1120	19.7	3.07	1860	142
50b		160	14.0				129.2	101	48600	1170	19.4	3.01	1940	146
50c		162	16.0				139.2	109	50600	1220	19.0	2.96	2080	151
55a	550	166	12.5	21.0	14.5	7.3	134.1	105	62900	1370	21.6	3.19	2290	164
55b		168	14.5				145.1	114	65600	1420	21.2	3.14	2390	170
55c		170	16.5				156.1	123	68400	1480	20.9	3.08	2490	175
56a	560	166	12.5				135.4	106	65600	1370	22.0	3.18	2340	165
56b		168	14.5				146.6	115	68500	1490	21.6	3.16	2450	174
56c		170	16.5				157.8	124	71400	1560	21.3	3.16	2550	183
63a	630	176	13.0	22.0	15.0	7.5	154.6	121	93900	1700	24.5	3.31	2980	193
63b		178	15.0				167.2	131	98100	1810	24.2	3.29	3160	204
63c		180	17.0				179.8	141	102000	1920	23.8	3.27	3300	214

注：表中 r、r_1 的数据用于孔型设计，不作为交货条件。

表 2-110　热轧槽钢的截面形状、尺寸及主要参数（摘自 GB/T 706—2016）

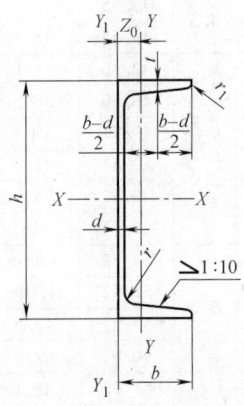

h—高度　d—腰厚度　r—内圆弧半径　Z_0—重心距离
b—腿宽度　t—腿中间厚度　r_1—腿端圆弧半径

（续）

型号	截面尺寸 /mm						截面面积 /cm²	理论质量 /(kg/m)	惯性矩 /cm⁴			惯性半径 /cm		截面系数 /cm³		重心距离 /cm
	h	b	d	t	r	r_1			I_x	I_y	I_{y1}	i_x	i_y	W_x	W_y	Z_0
5	50	37	4.5	7.0	7.0	3.5	6.925	5.44	26.0	8.30	20.9	1.94	1.10	10.4	3.55	1.35
6.3	63	40	4.8	7.5	7.5	3.8	8.446	6.63	50.8	11.9	28.4	2.45	1.19	16.1	4.50	1.36
6.5	65	40	4.3	7.5	7.5	3.8	8.292	6.51	55.2	12.0	28.3	2.54	1.19	17.0	4.59	1.38
8	80	43	5.0	8.0	8.0	4.0	10.24	8.04	101	16.6	37.4	3.15	1.27	25.3	5.79	1.43
10	100	48	5.3	8.5	8.5	4.2	12.74	10.0	198	25.6	54.9	3.95	1.41	39.7	7.80	1.52
12	120	53	5.5	9.0	9.0	4.5	15.36	12.1	346	37.4	77.7	4.75	1.56	57.7	10.2	1.62
12.6	126	53	5.5	9.0	9.0	4.5	15.69	12.3	391	38.0	77.1	4.95	1.57	62.1	10.2	1.59
14a	140	58	6.0	9.5	9.5	4.8	18.51	14.5	564	53.2	107	5.52	1.70	80.5	13.0	1.71
14b	140	60	8.0	9.5	9.5	4.8	21.31	16.7	609	61.1	121	5.35	1.69	87.1	14.1	1.67
16a	160	63	6.5	10.0	10.0	5.0	21.95	17.2	866	73.3	144	6.28	1.83	108	16.3	1.80
16b	160	65	8.5	10.0	10.0	5.0	25.15	19.8	935	83.4	161	6.10	1.82	117	17.6	1.75
18a	180	68	7.0	10.5	10.5	5.2	25.695	20.2	1270	98.6	190	7.04	1.96	141	20.0	1.88
18b	180	70	9.0	10.5	10.5	5.2	29.295	23.0	1370	111	210	6.84	1.95	152	21.5	1.84
20a	200	73	7.0	11.0	11.0	5.5	28.835	22.6	1780	128	244	7.86	2.11	178	24.2	2.01
20b	200	75	9.0	11.0	11.0	5.5	32.835	25.8	1910	144	268	7.64	2.09	191	25.9	1.95
22a	220	77	7.0	11.5	11.5	5.8	31.83	25.0	2390	158	298	8.67	2.23	218	28.2	2.10
22b	220	79	9.0	11.5	11.5	5.8	36.23	28.5	2570	176	326	8.42	2.21	234	30.1	2.03
24a	240	78	7.0	12.0	12.0	6.0	34.21	26.9	3050	174	325	9.45	2.25	254	30.5	2.10
24b	240	80	9.0	12.0	12.0	6.0	39.01	30.6	3280	194	355	9.17	2.23	274	32.5	2.03
24c	240	82	11.0	12.0	12.0	6.0	43.81	34.4	3510	213	388	8.96	2.21	293	34.4	2.00
25a	250	78	7.0	12.0	12.0	6.0	34.91	27.4	3370	176	322	9.82	2.24	270	30.6	2.07
25b	250	80	9.0	12.0	12.0	6.0	39.91	31.3	3530	196	353	9.41	2.22	282	32.7	1.98
25c	250	82	11.0	12.0	12.0	6.0	44.91	35.3	3690	218	384	9.07	2.21	295	35.9	1.92
27a	270	82	7.5	12.5	12.5	6.2	39.27	30.8	4360	216	393	10.5	2.34	323	35.5	2.13
27b	270	84	9.5	12.5	12.5	6.2	44.67	35.1	4690	239	428	10.3	2.31	347	37.7	2.06
27c	270	86	11.5	12.5	12.5	6.2	50.07	39.3	5020	261	467	10.1	2.28	372	39.8	2.03
28a	280	82	7.5	12.5	12.5	6.2	40.02	31.4	4760	218	388	10.9	2.33	340	35.7	2.10
28b	280	84	9.5	12.5	12.5	6.2	45.62	35.8	5130	242	428	10.6	2.30	366	37.9	2.02
28c	280	86	11.5	12.5	12.5	6.2	51.22	40.2	5500	268	463	10.4	2.29	393	40.3	1.95
30a	300	85	7.5	13.5	13.5	6.8	43.89	34.5	6050	260	467	11.7	2.43	403	41.1	2.17
30b	300	87	9.5	13.5	13.5	6.8	49.89	39.2	6500	289	515	11.4	2.41	433	44.0	2.13
30c	300	89	11.5	13.5	13.5	6.8	55.89	43.9	6950	316	560	11.2	2.38	463	46.4	2.09
32a	320	88	8.0	14.0	14.0	7.0	48.50	38.1	7600	305	552	12.5	2.50	475	46.5	2.24
32b	320	90	10.0	14.0	14.0	7.0	54.90	43.1	8140	336	593	12.2	2.47	509	49.2	2.16
32c	320	92	12.0	14.0	14.0	7.0	61.30	48.1	8690	374	643	11.9	2.47	543	52.6	2.09
36a	360	96	9.0	16.0	16.0	8.0	60.89	47.8	11900	455	818	14.0	2.73	660	63.5	2.44
36b	360	98	11.0	16.0	16.0	8.0	68.09	53.5	12700	497	880	13.6	2.70	703	66.9	2.37
36c	360	100	13.0	16.0	16.0	8.0	75.29	59.1	13400	536	948	13.4	2.67	746	70.0	2.34
40a	400	100	10.5	18.0	18.0	9.0	75.04	58.9	17600	592	1070	15.3	2.81	879	78.8	2.49
40b	400	102	12.5	18.0	18.0	9.0	83.04	65.2	18600	640	114	15.0	2.78	932	82.5	2.44
40c	400	104	14.5	18.0	18.0	9.0	91.04	71.5	19700	688	1220	14.7	2.75	986	86.2	2.42

注：表中 r、r_1 的数据用于孔型设计，不作为交货条件。

表 2-111　热轧等边角钢的截面形状、尺寸及主要参数（摘自 GB/T 706—2016）

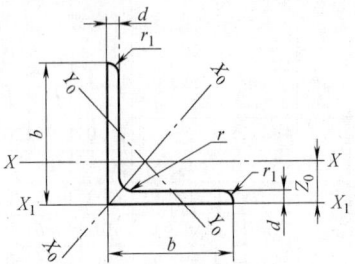

b—边宽度　r—内圆弧半径　Z_0—重心距离
d—边厚度　r_1—边端圆弧半径

型号	截面尺寸 /mm			截面面积 /cm²	理论质量/ (kg/m)	外表面积/ (m²/m)	惯性矩/cm⁴				惯性半径 /cm			截面系数/cm³			重心距离 /cm
	b	d	r				I_x	I_{x1}	I_{x0}	I_{y0}	i_x	i_{x0}	i_{y0}	W_x	W_{x0}	W_{y0}	Z_0
2	20	3	3.5	1.132	0.89	0.078	0.40	0.81	0.63	0.17	0.59	0.75	0.39	0.29	0.45	0.20	0.60
		4		1.459	1.15	0.077	0.50	1.09	0.78	0.22	0.58	0.73	0.38	0.36	0.55	0.24	0.64
2.5	25	3		1.432	1.12	0.098	0.82	1.57	1.29	0.34	0.76	0.95	0.49	0.46	0.73	0.33	0.73
		4		1.859	1.46	0.097	1.03	2.11	1.62	0.43	0.74	0.93	0.48	0.59	0.92	0.40	0.76
3.0	30	3		1.749	1.37	0.117	1.46	2.71	2.31	0.61	0.91	1.15	0.59	0.68	1.09	0.51	0.85
		4		2.276	1.79	0.117	1.84	3.63	2.92	0.77	0.90	1.13	0.58	0.87	1.37	0.62	0.89
3.6	36	3	4.5	2.109	1.66	0.141	2.58	4.68	4.09	1.07	1.11	1.39	0.71	0.99	1.61	0.76	1.00
		4		2.756	2.16	0.141	3.29	6.25	5.22	1.37	1.09	1.38	0.70	1.28	2.05	0.93	1.04
		5		3.382	2.65	0.141	3.95	7.84	6.24	1.65	1.08	1.36	0.7	1.56	2.45	1.00	1.07
4	40	3		2.359	1.85	0.157	3.59	6.41	5.69	1.49	1.23	1.55	0.79	1.23	2.01	0.96	1.09
		4		3.086	2.42	0.157	4.60	8.56	7.29	1.91	1.22	1.54	0.79	1.60	2.58	1.19	1.13
		5		3.792	2.98	0.156	5.53	10.7	8.76	2.30	1.21	1.52	0.78	1.96	3.10	1.39	1.17
4.5	45	3	5	2.659	2.09	0.177	5.17	9.12	8.20	2.14	1.40	1.76	0.89	1.58	2.58	1.24	1.22
		4		3.486	2.74	0.177	6.65	12.2	10.6	2.75	1.38	1.74	0.89	2.05	3.32	1.54	1.26
		5		4.292	3.37	0.176	8.04	15.2	12.7	3.33	1.37	1.72	0.88	2.51	4.00	1.81	1.30
		6		5.077	3.99	0.176	9.33	18.4	14.8	3.89	1.36	1.70	0.80	2.95	4.64	2.06	1.33
5	50	3	5.5	2.971	2.33	0.197	7.18	12.5	11.4	2.98	1.55	1.96	1.00	1.96	3.22	1.57	1.34
		4		3.897	3.06	0.197	9.26	16.7	14.7	3.82	1.54	1.94	0.99	2.56	4.16	1.96	1.38
		5		4.803	3.77	0.196	11.2	20.9	17.8	4.64	1.53	1.92	0.98	3.13	5.03	2.31	1.42
		6		5.688	4.46	0.196	13.1	25.1	20.7	5.42	1.52	1.91	0.98	3.68	5.85	2.63	1.46
5.6	56	3	6	3.343	2.62	0.221	10.2	17.6	16.1	4.24	1.75	2.20	1.13	2.48	4.08	2.02	1.48
		4		4.39	3.45	0.220	13.2	23.4	20.9	5.46	1.73	2.18	1.11	3.24	5.28	2.52	1.53
		5		5.415	4.25	0.220	16.0	29.3	25.4	6.61	1.72	2.17	1.10	3.97	6.42	2.98	1.57
		6		6.42	5.04	0.220	18.7	35.3	29.7	7.73	1.71	2.15	1.10	4.68	7.49	3.40	1.61
		7		7.404	5.81	0.219	21.2	41.2	33.6	8.82	1.69	2.13	1.09	5.36	8.49	3.80	1.64
		8		8.367	6.57	0.219	23.6	47.2	37.4	9.89	1.68	2.11	1.09	6.03	9.44	4.16	1.68
6	60	5	6.5	5.829	4.58	0.236	19.9	36.1	31.6	8.21	1.85	2.33	1.19	4.59	7.44	3.48	1.67
		6		6.914	5.43	0.235	23.4	43.3	36.9	9.60	1.83	2.31	1.18	5.41	8.70	3.98	1.70
		7		7.977	6.26	0.235	26.4	50.7	41.9	11.0	1.82	2.29	1.17	6.21	9.88	4.45	1.74
		8		9.02	7.08	0.235	29.5	58.0	46.7	12.3	1.81	2.27	1.17	6.98	11.0	4.88	1.78

（续）

型号	截面尺寸/mm			截面面积/cm²	理论质量/(kg/m)	外表面积/(m²/m)	惯性矩/cm⁴				惯性半径/cm			截面系数/cm³			重心距离/cm
	b	d	r				I_x	I_{x1}	I_{x0}	I_{y0}	i_x	i_{x0}	i_{y0}	W_x	W_{x0}	W_{y0}	Z_0
6.3	63	4	7	4.978	3.91	0.248	19.0	33.4	30.2	7.89	1.96	2.46	1.26	4.13	6.78	3.29	1.70
		5		6.143	4.82	0.248	23.2	41.7	36.8	9.57	1.94	2.45	1.25	5.08	8.25	3.90	1.74
		6		7.288	5.72	0.247	27.1	50.1	43.0	11.2	1.93	2.43	1.24	6.00	9.66	4.46	1.78
		7		8.412	6.60	0.247	30.9	58.6	49.0	12.8	1.92	2.41	1.23	6.88	11.0	4.98	1.82
		8		9.515	7.47	0.247	34.5	67.1	54.6	14.3	1.90	2.40	1.23	7.75	12.3	5.47	1.85
		10		11.66	9.15	0.246	41.1	84.3	64.9	17.3	1.88	2.36	1.22	9.39	14.6	6.36	1.93
7	70	4	8	5.570	4.37	0.275	26.4	45.7	41.8	11.0	2.18	2.74	1.40	5.14	8.44	4.17	1.86
		5		6.876	5.40	0.275	32.2	57.2	51.1	13.3	2.16	2.73	1.39	6.32	10.3	4.95	1.91
		6		8.160	6.41	0.275	37.8	68.7	59.9	15.6	2.15	2.71	1.38	7.48	12.1	5.67	1.95
		7		9.424	7.40	0.275	43.1	80.3	68.4	17.8	2.14	2.69	1.38	8.59	13.8	6.34	1.99
		8		10.67	8.37	0.274	48.2	91.9	76.4	20.0	2.12	2.68	1.37	9.68	15.4	6.98	2.03
7.5	75	5	9	7.412	5.82	0.295	40.0	70.6	63.3	16.6	2.33	2.92	1.50	7.32	11.9	5.77	2.04
		6		8.797	6.91	0.294	47.0	84.6	74.4	19.5	2.31	2.90	1.49	8.64	14.0	6.67	2.07
		7		10.16	7.98	0.294	53.6	98.7	85.0	22.2	2.30	2.89	1.48	9.93	16.0	7.44	2.11
		8		11.50	9.03	0.294	60.0	113	95.1	24.9	2.28	2.88	1.47	11.2	17.9	8.19	2.15
		9		12.83	10.1	0.294	66.1	127	105	27.5	2.27	2.86	1.46	12.4	19.8	8.89	2.18
		10		14.13	11.1	0.293	72.0	142	114	30.1	2.26	2.84	1.46	13.6	21.5	9.56	2.22
8	80	5	9	7.912	6.21	0.315	48.8	85.4	77.3	20.3	2.48	3.13	1.60	8.34	13.7	6.66	2.15
		6		9.397	7.38	0.314	57.4	103	91.0	23.7	2.47	3.11	1.59	9.87	16.1	7.65	2.19
		7		10.86	8.53	0.314	65.6	120	104	27.1	2.46	3.10	1.58	11.4	18.4	8.58	2.23
		8		12.30	9.66	0.314	73.5	137	117	30.4	2.44	3.08	1.57	12.8	20.6	9.46	2.27
		9		13.73	10.8	0.314	81.1	154	129	33.6	2.43	3.06	1.56	14.3	22.7	10.3	2.31
		10		15.13	11.9	0.313	88.4	172	140	36.8	2.42	3.04	1.56	15.6	24.8	11.1	2.35
9	90	6	10	10.64	8.35	0.354	82.8	146	131	34.3	2.79	3.51	1.80	12.6	20.6	9.95	2.44
		7		12.30	9.66	0.354	94.8	170	150	39.2	2.78	3.50	1.78	14.5	23.6	11.2	2.48
		8		13.94	10.9	0.353	106	195	169	44.0	2.76	3.48	1.78	16.4	26.6	12.4	2.52
		9		15.57	12.2	0.353	118	219	187	48.7	2.75	3.46	1.77	18.3	29.4	13.5	2.56
		10		17.17	13.5	0.353	129	244	204	53.3	2.74	3.45	1.76	20.1	32.0	14.5	2.59
		12		20.31	15.9	0.352	149	294	236	62.2	2.71	3.41	1.75	23.6	37.1	16.5	2.67
10	100	6	12	11.93	9.37	0.393	115	200	182	47.9	3.10	3.90	2.00	15.7	25.7	12.7	2.67
		7		13.80	10.8	0.393	132	234	209	54.7	3.09	3.89	1.99	18.1	29.6	14.3	2.71
		8		15.64	12.3	0.393	148	267	235	61.4	3.08	3.88	1.98	20.5	33.2	15.8	2.76
		9		17.46	13.7	0.392	164	300	260	68.0	3.07	3.86	1.97	22.8	36.8	17.2	2.80
		10		19.261	15.1	0.392	180	334	285	74.4	3.05	3.84	1.96	25.1	40.3	18.5	2.84
		12		22.80	17.9	0.391	209	402	331	86.8	3.03	3.81	1.95	29.5	46.8	21.1	2.91
		14		26.26	20.6	0.391	237	471	374	99.0	3.00	3.77	1.94	33.7	52.9	23.4	2.99
		16		29.63	23.3	0.390	263	540	414	111	2.98	3.74	1.94	37.8	58.6	25.6	3.06
11	110	7	12	15.20	11.9	0.433	177	311	281	73.4	3.41	4.30	2.20	22.1	36.1	17.5	2.96
		8		17.24	13.5	0.433	199	355	316	82.4	3.40	4.28	2.19	25.0	40.7	19.4	3.01
		10		21.26	16.7	0.432	242	445	384	100	3.38	4.25	2.17	30.6	49.4	22.9	3.09
		12		25.20	19.8	0.431	283	535	448	117	3.35	4.22	2.15	36.1	57.6	26.2	3.16
		14		29.06	22.8	0.431	321	625	508	133	3.32	4.18	2.14	41.3	65.3	29.1	3.24

（续）

型号	截面尺寸 /mm			截面面积 /cm²	理论质量/ (kg/m)	外表面积/ (m²/m)	惯性矩/cm⁴				惯性半径 /cm			截面系数/cm³			重心距离 /cm
	b	d	r				I_x	I_{x1}	I_{x0}	I_{y0}	i_x	i_{x0}	i_{y0}	W_x	W_{x0}	W_{y0}	Z_0
12.5	125	8		19.75	15.5	0.492	297	521	471	123	3.88	4.88	2.50	32.5	53.3	25.9	3.37
		10		24.37	19.1	0.491	362	652	574	149	3.85	4.85	2.48	40.0	64.9	30.6	3.45
		12		28.91	22.7	0.491	423	783	671	175	3.83	4.82	2.46	41.2	76.0	35.0	3.53
		14		33.37	26.2	0.490	482	916	764	200	3.80	4.78	2.45	54.2	86.4	39.1	3.61
		16		37.74	29.6	0.489	537	1050	851	224	3.77	4.75	2.43	60.9	96.3	43.0	3.68
14	140	10	14	27.37	21.5	0.551	515	915	817	212	4.34	5.46	2.78	50.6	82.6	39.2	3.82
		12		32.51	25.5	0.551	604	1100	959	249	4.31	5.43	2.76	59.8	96.6	45.0	3.90
		14		37.57	29.5	0.550	689	1280	1090	284	4.28	5.40	2.75	68.8	110	50.5	3.98
		16		42.54	33.4	0.549	770	1470	1220	319	4.26	5.36	2.74	77.5	123	55.6	4.06
15	150	8		23.75	18.6	0.592	521	900	827	215	4.69	5.90	3.01	47.4	78.0	38.1	3.99
		10		29.37	23.1	0.591	638	1130	1010	262	4.66	5.87	2.99	58.4	95.5	45.5	4.08
		12		34.91	27.4	0.591	749	1350	1190	308	4.63	5.84	2.97	69.0	112	52.4	4.15
		14		40.37	31.7	0.590	856	1580	1360	352	4.60	5.80	2.95	79.5	128	58.8	4.23
		15		43.06	33.8	0.590	907	1690	1440	374	4.59	5.78	2.95	84.6	136	61.9	4.27
		16		45.74	35.9	0.589	958	1810	1520	395	4.58	5.77	2.94	89.6	143	64.9	4.31
16	160	10	16	31.50	24.7	0.630	780	1370	1240	322	4.98	6.27	3.20	66.7	109	52.8	4.31
		12		37.44	29.4	0.630	917	1640	1460	377	4.95	6.24	3.18	79.0	129	60.7	4.39
		14		43.30	34.0	0.629	1050	1910	1670	432	4.92	6.20	3.16	91.0	147	68.2	4.47
		16		49.07	38.5	0.629	1180	2190	1870	485	4.89	6.17	3.14	103	165	75.3	4.55
18	180	12		42.24	33.2	0.710	1320	2330	2100	543	5.59	7.05	3.58	101	165	78.4	4.89
		14		48.90	38.4	0.709	1510	2720	2410	622	5.56	7.02	3.56	116	189	88.4	4.97
		16		55.47	43.5	0.709	1700	3120	2700	699	5.54	6.98	3.55	131	212	97.8	5.05
		18		61.96	48.6	0.708	1880	3500	2990	762	5.50	6.94	3.51	146	235	105	5.13
20	200	14	18	54.64	42.9	0.788	2100	3730	3340	864	6.20	7.82	3.98	145	236	112	5.46
		16		62.01	48.7	0.788	2370	4270	3760	971	6.18	7.79	3.96	164	266	124	5.54
		18		69.30	54.4	0.787	2620	4810	4160	1080	6.15	7.75	3.94	182	294	136	5.62
		20		76.51	60.1	0.787	2870	5350	4550	1180	6.12	7.72	3.93	200	322	147	5.69
		24		90.66	71.2	0.785	3340	6460	5290	1380	6.07	7.64	3.90	236	374	167	5.87
22	220	16	21	68.62	53.9	0.866	3190	5680	5060	1310	6.81	8.59	4.37	200	326	154	6.03
		18		76.75	60.3	0.866	3540	6400	5620	1450	6.79	8.55	4.35	223	361	168	6.11
		20		84.76	66.5	0.865	3870	7110	6150	1590	6.76	8.52	4.34	245	395	182	6.18
		22		92.68	72.8	0.865	4200	7830	6670	1730	6.73	8.48	4.32	264	429	195	6.26
		24		100.5	78.9	0.864	4520	8550	7170	1870	6.71	8.45	4.31	289	461	208	6.33
		26		108.3	85.0	0.864	4830	9280	7690	2000	6.68	8.41	4.30	310	492	221	6.41
25	250	18	24	87.84	69.0	0.985	5270	9380	8370	2170	7.75	9.76	4.97	290	473	224	6.84
		20		97.05	76.2	0.984	5780	10400	9180	2380	7.72	9.73	4.95	320	519	243	6.92
		22		106.2	83.3	0.983	6280	11500	9970	2580	7.69	9.69	4.93	349	564	261	7.00
		24		115.2	90.4	0.983	6770	12500	10700	2200	7.67	9.66	4.92	378	608	278	7.07
		26		124.2	97.5	0.982	7240	13600	11500	2980	7.64	9.62	4.90	406	650	295	7.15
		28		133.0	104	0.982	7700	14600	12200	3180	7.61	9.58	4.89	433	691	311	7.22
		30		141.8	111	0.981	8160	15700	12900	3380	7.58	9.55	4.88	461	731	327	7.30
		32		150.5	118	0.981	8600	16800	13600	3570	7.56	9.51	4.87	488	770	342	7.37
		35		163.4	128	0.980	9240	18400	14600	3850	7.52	9.46	4.86	527	827	364	7.48

注：截面图中的 $r_1 = 1/3d$ 及表中 r 的数据用于孔型设计，不作为交货条件。

表 2-112　热轧不等边角钢的截面形状、尺寸及主要参数（摘自 GB/T 706—2016）

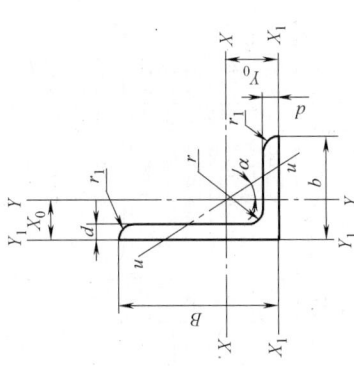

B—长边宽度
d—边厚度
r_1—边端圆弧半径
Y_0—重心距离
b—短边宽度
r—内圆弧半径
X_0—重心距离

型号	截面尺寸/mm B	b	d	r	截面面积/cm²	理论质量/(kg/m)	外表面积/(m²/m)	惯性矩/cm⁴ I_x	I_{x1}	I_y	I_{y1}	I_u	惯性半径/cm i_x	i_y	i_u	截面系数/cm³ W_x	W_y	W_u	$\tan\alpha$	重心距离/cm X_0	Y_0
2.5/1.6	25	16	3	3.5	1.162	0.91	0.080	0.70	1.56	0.22	0.43	0.14	0.78	0.44	0.34	0.43	0.19	0.16	0.392	0.42	0.86
			4		1.499	1.18	0.079	0.88	2.09	0.27	0.59	0.17	0.77	0.43	0.34	0.55	0.24	0.20	0.381	0.46	0.90
3.2/2	32	20	3		1.492	1.17	0.102	1.53	3.27	0.46	0.82	0.28	1.01	0.55	0.43	0.72	0.30	0.25	0.382	0.49	1.08
			4	4	1.939	1.52	0.101	1.93	4.37	0.57	1.12	0.35	1.00	0.54	0.42	0.93	0.39	0.32	0.374	0.53	1.12
4/2.5	40	25	3		1.890	1.48	0.127	3.08	5.39	0.93	1.59	0.56	1.28	0.70	0.54	1.15	0.49	0.40	0.385	0.59	1.32
			4		2.467	1.94	0.127	3.93	8.53	1.18	2.14	0.71	1.36	0.69	0.54	1.49	0.63	0.52	0.381	0.63	1.37
4.5/2.8	45	28	3	5	2.149	1.69	0.143	4.45	9.10	1.34	2.23	0.80	1.44	0.79	0.61	1.47	0.62	0.51	0.383	0.64	1.47
			4		2.806	2.20	0.143	5.69	12.1	1.70	3.00	1.02	1.42	0.78	0.60	1.91	0.80	0.66	0.380	0.68	1.51
5/3.2	50	32	3	5.5	2.431	1.91	0.161	6.24	12.5	2.02	3.31	1.20	1.60	0.91	0.70	1.84	0.82	0.68	0.404	0.73	1.60
			4		3.177	2.49	0.160	8.02	16.7	2.58	4.45	1.53	1.59	0.90	0.69	2.39	1.06	0.87	0.402	0.77	1.65

（续）

型号	截面尺寸/mm				截面面积/cm²	理论质量/(kg/m)	外表面积/(m²/m)	惯性矩/cm⁴					惯性半径/cm			截面系数/cm³			tanα	重心距离/cm	
	B	b	d	r				I_x	I_{x1}	I_y	I_{y1}	I_u	i_x	i_y	i_u	W_x	W_y	W_u		X_0	Y_0
5.6/3.6	56	36	3	6	2.743	2.15	0.181	8.88	17.5	2.92	4.7	1.73	1.80	1.03	0.79	2.32	1.05	0.87	0.408	0.80	1.78
			4		3.590	2.82	0.180	11.5	23.4	3.76	6.33	2.23	1.79	1.02	0.79	3.03	1.37	1.13	0.408	0.85	1.82
			5		4.415	3.47	0.180	13.9	29.3	4.49	7.94	2.67	1.77	1.01	0.78	3.71	1.55	1.36	0.404	0.88	1.87
6.3/4	63	40	4	7	4.058	3.19	0.202	16.5	33.3	5.23	8.63	3.12	2.02	1.14	0.88	3.87	1.70	1.40	0.398	0.92	2.04
			5		4.993	3.92	0.202	20.0	41.6	6.31	10.9	3.76	2.00	1.12	0.87	4.74	2.07	1.71	0.396	0.95	2.08
			6		5.908	4.64	0.201	23.4	50.0	7.29	13.1	4.34	1.96	1.11	0.86	5.59	2.43	1.99	0.393	0.99	2.12
			7		6.802	5.34	0.201	26.5	58.1	8.24	15.5	4.97	1.98	1.10	0.86	6.40	2.78	2.29	0.389	1.03	2.15
7/4.5	70	45	4	7.5	4.553	3.57	0.226	23.2	45.9	7.55	12.3	4.40	2.26	1.29	0.98	4.86	2.17	1.77	0.410	1.02	2.24
			5		5.609	4.40	0.225	28.0	57.1	9.13	15.4	5.40	2.23	1.28	0.98	5.92	2.65	2.19	0.407	1.06	2.28
			6		6.644	5.22	0.225	32.5	68.4	10.6	18.6	6.35	2.21	1.26	0.98	6.95	3.12	2.59	0.404	1.09	2.32
			7		7.658	6.01	0.225	37.2	80.0	12.0	21.8	7.16	2.20	1.25	0.97	8.03	3.57	2.94	0.402	1.13	2.36
7.5/5	75	50	5	8	6.126	4.81	0.245	34.9	70.0	12.6	21.0	7.41	2.39	1.44	1.10	6.83	3.3	2.74	0.435	1.17	2.40
			6		7.260	5.70	0.245	41.1	84.3	14.7	25.4	8.54	2.38	1.42	1.08	8.12	3.88	3.19	0.435	1.21	2.44
			8		9.467	7.43	0.244	52.4	113	18.5	34.2	10.9	2.35	1.40	1.07	10.5	4.99	4.10	0.429	1.29	2.52
			10		11.59	9.10	0.244	62.7	141	22.0	43.4	13.1	2.33	1.38	1.06	12.8	5.04	4.99	0.423	1.36	2.60
8/5	80	50	5	8	6.376	5.00	0.255	42.0	85.2	12.8	21.1	7.66	2.56	1.42	1.10	7.78	3.32	2.74	0.388	1.14	2.60
			6		7.560	5.93	0.255	49.5	103	15.0	25.1	8.85	2.56	1.41	1.08	9.25	3.91	3.20	0.387	1.18	2.65
			7		8.724	6.85	0.255	56.2	119	17.0	29.8	10.2	2.54	1.39	1.08	10.6	4.48	3.70	0.384	1.21	2.69
			8		9.867	7.75	0.254	62.8	136	18.9	34.3	11.4	2.52	1.38	1.07	11.9	5.03	4.16	0.381	1.25	2.73

（续）

型号	b	b_1	d	r																	
9/5.6	90	56	5	9	7.212	5.66	0.287	60.5	121	18.3	29.5	11.0	2.90	1.59	1.23	9.92	4.21	3.49	0.385	1.25	2.91
			6		8.557	6.72	0.286	71.0	146	21.4	35.6	12.9	2.88	1.58	1.23	11.7	4.96	4.13	0.384	1.29	2.95
			7		9.881	7.76	0.286	81.0	170	24.4	41.7	14.7	2.86	1.57	1.22	13.5	5.70	4.72	0.382	1.33	3.00
			8		11.18	8.78	0.286	91.0	194	27.2	42.9	16.3	2.85	1.56	1.21	15.3	6.41	5.29	0.380	1.36	3.04
10/6.3	100	63	6	9	9.618	7.55	0.320	99.1	200	30.9	50.5	18.4	3.21	1.79	1.38	14.6	6.35	5.25	0.394	1.43	3.24
			7		11.11	8.72	0.320	113	233	35.3	59.1	21.0	3.20	1.78	1.38	16.9	7.29	6.02	0.394	1.47	3.28
			8		12.58	9.88	0.319	127	265	39.4	67.9	23.5	3.18	1.77	1.37	19.1	8.21	6.78	0.391	1.50	3.32
			10		15.47	12.1	0.319	154	333	47.1	85.7	28.3	3.15	1.74	1.35	23.3	9.98	8.24	0.387	1.58	3.40
10/8	100	80	6	10	10.64	8.35	0.354	107	200	61.2	103	31.7	3.17	2.40	1.72	15.2	10.2	8.37	0.627	1.97	2.95
			7		12.30	9.66	0.354	123	233	70.1	120	36.2	3.16	2.39	1.72	17.5	11.7	9.60	0.626	2.01	3.00
			8		13.94	10.9	0.353	138	267	78.6	137	40.6	3.14	2.37	1.71	19.8	13.2	10.8	0.625	2.05	3.04
			10		17.17	13.5	0.353	167	334	94.7	172	49.1	3.12	2.35	1.69	24.2	16.1	13.1	0.622	2.13	3.12
11/7	110	70	6	10	10.64	8.35	0.354	133	266	42.9	69.1	25.4	3.54	2.01	1.54	17.9	7.90	6.53	0.403	1.57	3.53
			7		12.30	9.66	0.354	153	310	49.0	80.8	29.0	3.53	2.00	1.53	20.6	9.09	7.50	0.402	1.61	3.57
			8		13.94	10.9	0.353	172	354	54.9	92.7	32.5	3.51	1.98	1.53	23.3	10.3	8.45	0.401	1.65	3.62
			10		17.17	13.5	0.353	208	443	65.9	117	39.2	3.48	1.96	1.51	28.5	12.5	10.3	0.397	1.72	3.70
12.5/8	125	80	7	11	14.10	11.1	0.403	228	455	74.4	120	43.8	4.02	2.30	1.76	26.9	12.0	9.92	0.408	1.80	4.01
			8		15.99	12.6	0.403	257	520	83.5	138	49.2	4.01	2.28	1.75	30.4	13.6	11.2	0.407	1.84	4.06
			10		19.71	15.5	0.402	312	650	101	173	59.5	3.98	2.26	1.76	37.3	16.6	13.6	0.404	1.92	4.14
			12		23.35	18.3	0.402	364	780	117	210	69.4	3.95	2.24	1.72	44.0	19.4	16.0	0.400	2.00	4.22

（续）

型号	B	b	d	r	截面面积/cm²	理论质量/(kg/m)	外表面积/(m²/m)	I_x	I_{x1}	I_y	I_{y1}	I_u	i_x	i_y	i_u	W_x	W_y	W_u	$\tan\alpha$	X_0	Y_0
	截面尺寸/mm							惯性矩/cm⁴					惯性半径/cm			截面系数/cm³				重心距离/cm	
14/9	140	90	8	12	18.04	14.2	0.453	366	731	121	196	70.8	4.50	2.59	1.98	38.5	17.3	14.3	0.411	2.04	4.50
			10		22.26	17.5	0.452	446	913	140	246	85.8	4.47	2.56	1.96	47.3	21.2	17.5	0.409	2.12	4.58
			12		26.40	20.7	0.451	522	1100	170	297	100	4.44	2.54	1.95	55.9	25.0	20.5	0.406	2.19	4.66
			14		30.46	23.9	0.451	594	1280	192	349	114	4.42	2.51	1.94	64.2	28.5	23.5	0.403	2.27	4.74
15/9	150	90	8	12	18.84	14.8	0.473	442	898	123	196	74.1	4.84	2.55	1.98	43.9	17.5	14.5	0.364	1.87	4.92
			10		23.26	18.3	0.472	539	1120	149	246	89.9	4.81	2.53	1.97	54.0	21.4	17.7	0.362	2.05	5.01
			12		27.60	21.7	0.471	632	1350	173	297	105	4.79	2.50	1.95	63.8	25.1	20.8	0.359	2.12	5.09
			14		31.86	25.0	0.471	721	1570	196	350	120	4.76	2.48	1.94	73.3	28.8	23.8	0.356	2.20	5.17
			15		33.95	26.7	0.471	764	1680	207	376	127	4.74	2.47	1.93	78.0	30.5	25.3	0.354	2.24	5.21
			16		36.03	28.3	0.470	806	1800	217	403	134	4.73	2.45	1.93	82.6	32.3	26.8	0.352	2.27	5.25
16/10	160	100	10	13	25.32	19.9	0.512	669	1360	205	337	122	5.14	2.85	2.19	62.1	26.6	21.9	0.390	2.28	5.24
			12		30.05	23.6	0.511	785	1640	239	406	142	5.11	2.82	2.17	73.5	31.3	25.8	0.388	2.36	5.32
			14		34.71	27.2	0.510	896	1910	271	476	162	5.08	2.80	2.16	84.6	35.8	29.6	0.385	2.43	5.40
			16		39.28	30.8	0.510	1000	2180	302	548	183	5.05	2.77	2.16	95.3	40.2	33.4	0.382	2.51	5.48
18/11	180	110	10	14	28.37	22.3	0.571	956	1940	278	447	167	5.80	3.13	2.42	79.0	32.5	26.9	0.376	2.44	5.89
			12		33.71	26.5	0.571	1120	2330	325	539	195	5.78	3.10	2.40	93.5	38.3	31.7	0.374	2.52	5.98
			14		38.97	30.6	0.570	1290	2720	370	632	222	5.75	3.08	2.39	108	44.0	36.3	0.372	2.59	6.06
			16		44.14	34.6	0.569	1440	3110	412	726	249	5.72	3.06	2.38	122	49.4	40.9	0.369	2.67	6.14
20/12.5	200	125	12	14	37.91	29.8	0.641	1570	3190	483	788	286	6.44	3.57	2.74	117	50.0	41.2	0.392	2.83	6.54
			14		43.87	34.4	0.640	1800	3730	551	922	327	6.41	3.54	2.73	135	57.4	47.3	0.390	2.91	6.62
			16		49.74	39.0	0.639	2020	4260	615	1060	366	6.38	3.52	2.71	152	64.9	53.3	0.388	2.99	6.70
			18		55.53	43.6	0.639	2240	4790	677	1200	405	6.35	3.49	2.70	169	71.7	59.2	0.385	3.06	6.78

注：截面图中的 $r_1=1/3d$ 及表中 r 的数据用于孔型设计，不作为交货条件。

3.1.8　不锈钢热轧等边角钢（见表 2-113）

表 2-113　不锈钢热轧等边角钢标准截面尺寸、理论质量及主要参数（摘自 YB/T 5309—2006）

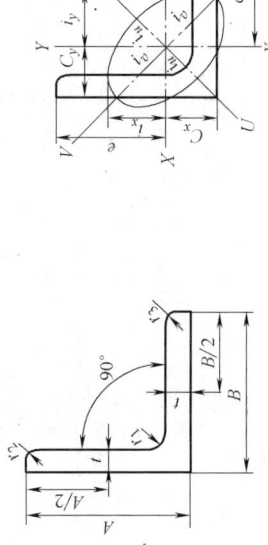

| 标准截面尺寸/mm | | | | | 理论质量/(kg/m) | | | 参　考　数　参　数 | | | | | | | | | | | | |
| A×B | t | r_1 | r_2 | 截面面积/cm² | 12Cr18Ni9 06Cr19Ni9 022Cr19Ni11 06Cr18Ni11Ti | 06Cr17Ni12Mo2 022Cr17Ni14Mo2 06Cr18Ni11Nb | 10Cr17 | 重心位置/cm | | 截面惯性矩/cm⁴ | | | | 截面惯性半径/cm | | | | 截面系数/cm³ | |
								C_x	C_y	I_x	I_y	最大 I_u	最小 I_v	i_x	i_y	最大 i_u	最小 i_v	Z_x	Z_y
20×20	3	4	2	1.127	0.894	0.899	0.868	0.60	0.60	0.39	0.39	0.61	0.16	0.59	0.59	0.74	0.38	0.28	0.28
25×25	3	4	2	1.427	1.13	1.14	1.10	0.72	0.72	0.80	0.80	1.26	0.33	0.75	0.75	0.94	0.48	0.45	0.45
25×25	4	4	3	1.836	1.46	1.47	1.41	0.79	0.79	0.98	0.98	1.55	0.42	0.73	0.73	0.92	0.48	0.57	0.57
30×30	3	4	2	1.727	1.37	1.38	1.33	0.84	0.84	1.42	1.42	2.26	0.59	0.91	0.91	1.14	0.58	0.66	0.66
30×30	4	4	3	2.236	1.77	1.78	1.72	0.88	0.88	1.77	1.77	2.81	0.74	0.89	0.89	1.12	0.57	0.84	0.84
30×30	5	4	3	2.746	2.18	2.19	2.11	0.92	0.92	2.14	2.14	3.37	0.91	0.88	0.88	1.11	0.57	1.03	1.03
30×30	6	4	4	3.206	2.54	2.56	2.47	0.94	0.94	2.41	2.41	3.79	1.04	0.87	0.87	1.09	0.57	1.17	1.17

注：截面惯性矩 $I=ai^2$；截面惯性半径 $i=I/a$；截面系数 $Z=I/e$；a 为截面积

（续）

标准截面尺寸/mm					理论质量/(kg/m)			参 考 数											
					12Cr19Ni9 60Cr19Ni9 022Cr19Ni11 06Cr18Ni11Ti	06Cr17Ni12Mo2 022Cr17Ni14Mo2 06Cr18Ni11Nb	10Cr17	重心位置/cm		截面惯性矩/cm⁴				截面惯性半径/cm				截面系数/cm³	
$A \times B$	t	r_1	r_2	截面面积/cm²				C_x	C_y	I_x	I_y	最大 I_u	最小 I_u	i_x	i_y	最大 i_u	最小 i_v	Z_x	Z_y
40×40	3	4.5	2	2.336	1.85	1.86	1.80	1.09	1.09	3.53	3.53	5.60	1.46	1.23	1.23	1.55	0.79	1.21	1.21
40×40	4	4.5	3	3.045	2.45	2.46	2.38	1.12	1.12	4.46	4.46	7.09	1.84	1.21	1.21	1.53	0.78	1.55	1.55
40×40	5	4.5	3	3.755	2.98	3.00	2.89	1.17	1.17	5.42	5.42	8.59	2.25	1.20	1.20	1.51	0.77	1.91	1.91
40×40	6	4.5	4	4.415	3.61	3.63	3.51	1.20	1.20	6.19	6.19	9.79	2.58	1.18	1.18	1.49	0.76	2.21	2.21
50×50	4	6.5	3	3.892	3.09	3.11	3.00	1.37	1.37	9.06	9.06	14.4	3.76	1.53	1.53	1.92	0.98	2.49	2.49
50×50	5	6.5	3	4.802	3.81	3.83	3.70	1.41	1.41	11.1	11.1	17.5	4.58	1.52	1.52	1.91	0.98	3.08	3.08
50×50	6	6.5	4.5	5.644	4.48	4.50	4.35	1.44	1.44	12.6	12.6	20.0	5.20	1.50	1.50	1.88	0.96	3.55	3.55
60×60	5	6.5	3	5.802	4.60	4.63	4.47	1.66	1.66	19.6	19.6	31.2	8.08	1.84	1.84	2.32	1.18	4.52	4.52
60×60	6	6.5	4	6.862	5.44	5.48	5.28	1.69	1.69	22.8	22.8	36.1	9.40	1.82	1.82	2.29	1.17	5.29	5.29
65×65	5	8.5	3	6.367	5.05	5.08	4.90	1.77	1.77	25.3	25.3	40.1	10.5	1.99	1.99	2.51	1.28	5.35	5.35
65×65	6	8.5	4	7.527	5.97	6.01	5.80	1.81	1.81	29.4	29.4	46.9	12.2	1.98	1.98	2.49	1.27	6.26	6.26
65×65	7	8.5	5	8.658	6.87	6.91	6.67	1.84	1.84	32.8	32.8	51.6	13.7	1.95	1.95	2.45	1.26	7.04	7.04
65×65	8	8.5	6	9.761	7.74	7.79	7.52	1.88	1.88	36.8	36.8	58.3	15.3	1.94	1.94	2.44	1.25	7.96	7.96
70×70	6	8.5	4	8.127	6.44	6.49	6.26	1.93	1.93	37.1	37.1	58.9	15.3	2.14	2.14	2.69	1.37	7.33	7.33

（续）

70×70	7	8.5	5	9.358	7.42	7.47	7.21	1.97	1.97	41.5	41.5	65.7	17.3	2.11	2.11	2.65	1.36	8.25	8.25
70×70	8	8.5	6	10.56	8.37	8.43	8.13	2.01	2.01	46.6	46.6	74.0	19.3	2.10	2.10	2.65	1.35	9.34	9.34
75×75	6	8.5	4	8.727	6.92	6.96	6.72	2.06	2.06	46.1	46.1	73.2	19.0	2.30	2.30	2.90	1.48	8.47	8.47
75×75	7	8.5	5	10.06	7.98	8.03	7.75	2.09	2.09	51.7	51.7	81.9	21.5	2.27	2.27	2.85	1.46	9.56	9.56
75×75	8	8.5	6	11.36	9.01	9.07	8.75	2.13	2.13	58.1	58.1	92.2	23.9	2.26	2.26	2.85	1.45	10.8	10.8
75×75	9	8.5	6	12.69	10.1	10.1	9.77	2.17	2.17	64.4	64.4	102	26.7	2.25	2.25	2.84	1.45	12.1	12.1
80×80	6	8.5	4	9.327	7.40	7.44	7.18	2.18	2.18	56.4	56.4	89.6	23.2	2.46	2.46	3.10	1.58	9.70	9.70
80×80	7	8.5	5	10.76	8.53	8.59	8.29	2.22	2.22	62.7	62.7	102	23.3	2.41	2.41	3.07	1.47	10.8	10.8
80×80	8	8.5	6	12.16	9.64	9.70	9.36	2.25	2.25	71.2	71.2	113	29.3	2.42	2.42	3.05	1.55	12.4	12.4
80×80	9	8.5	6	13.59	10.8	10.8	10.5	2.30	2.30	79.2	79.2	126	32.7	2.41	2.41	3.04	1.55	13.9	13.9
90×90	8	10	6	13.82	11.0	11.0	10.9	2.50	2.50	102	102	165	39.7	2.72	2.72	3.46	1.69	15.7	15.7
90×90	9	10	6	15.45	12.3	12.3	11.6	2.54	2.54	114	114	183	44.4	2.72	2.72	3.44	1.70	17.6	17.6
90×90	10	10	7	17.00	13.5	13.6	13.1	2.57	2.57	125	125	199	51.7	2.71	2.71	3.42	1.74	19.5	19.5
100×100	8	10	6	15.42	12.2	12.3	11.9	2.75	2.75	145	145	230	59.3	3.07	3.07	3.86	1.96	20.0	20.0
100×100	9	10	6	17.25	13.7	13.8	13.3	2.79	2.79	160	160	255	65.3	3.04	3.04	3.85	1.95	22.2	22.2
100×100	10	10	7	19.00	15.1	15.2	14.6	2.82	2.82	175	175	278	72.0	3.05	3.05	3.83	1.95	24.4	24.4

注：角钢的标准长度规定为 4.0m、5.0m（设计时尽可能不用）、6.0m，其允许偏差为 $^{+40}_{0}$ mm。

3.1.9 结构用冷弯空心型钢 (见表2-114~表2-116)

表2-114 圆形型钢的截面形状、尺寸及主要参数 (摘自 GB/T 6728—2017)

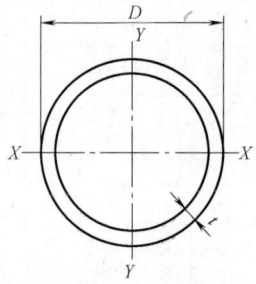

D—外径 t—壁厚

外径 D /mm	允许偏差 /mm	壁厚 t /mm	理论质量 M /(kg/m)	截面面积 A/cm²	惯性矩 I/cm⁴	惯性半径 R/cm	弹性模数 Z/cm³	塑性模数 S/cm³	扭转常数 J/cm⁴	扭转常数 C/cm³	单位长度表面积 A_s/m²
21.3 (21.3)	±0.5	1.2	0.59	0.76	0.38	0.712	0.36	0.49	0.77	0.72	0.067
		1.5	0.73	0.93	0.46	0.702	0.43	0.59	0.92	0.86	0.067
		1.75	0.84	1.07	0.52	0.694	0.49	0.67	1.04	0.97	0.067
		2.0	0.95	1.21	0.57	0.686	0.54	0.75	1.14	1.07	0.067
		2.5	1.16	1.48	0.66	0.671	0.62	0.89	1.33	1.25	0.067
		3.0	1.35	1.72	0.74	0.655	0.70	1.01	1.48	1.39	0.067
26.8 (26.9)	±0.5	1.2	0.76	0.97	0.79	0.906	0.59	0.79	1.58	1.18	0.084
		1.5	0.94	1.19	0.96	0.896	0.71	0.96	1.91	1.43	0.084
		1.75	1.08	1.38	1.09	0.888	0.81	1.1	2.17	1.62	0.084
		2.0	1.22	1.56	1.21	0.879	0.90	1.23	2.41	1.80	0.084
		2.5	1.50	1.91	1.42	0.864	1.06	1.48	2.85	2.12	0.084
		3.0	1.76	2.24	1.61	0.848	1.20	1.71	3.23	2.41	0.084
33.5 (33.7)	±0.5	1.5	1.18	1.51	1.93	1.132	1.15	1.54	3.87	2.31	0.105
		2.0	1.55	1.98	2.46	1.116	1.47	1.99	4.93	2.94	0.105
		2.5	1.91	2.43	2.94	1.099	1.76	2.41	5.89	3.51	0.105
		3.0	2.26	2.87	3.37	1.084	2.01	2.80	6.75	4.03	0.105
		3.5	2.59	3.29	3.76	1.068	2.24	3.16	7.52	4.49	0.105
		4.0	2.91	3.71	4.11	1.053	2.45	3.50	8.21	4.90	0.105
42.3 (42.4)	±0.5	1.5	1.51	1.92	4.01	1.443	1.89	2.50	8.01	3.79	0.133
		2.0	1.99	2.53	5.15	1.427	2.44	3.25	10.31	4.87	0.133
		2.5	2.45	3.13	6.21	1.410	2.94	3.97	12.43	5.88	0.133
		3.0	2.91	3.70	7.19	1.394	3.40	4.64	14.39	6.80	0.133
		4.0	3.78	4.81	8.92	1.361	4.22	5.89	17.84	8.44	0.133
48 (48.3)	±0.5	1.5	1.72	2.19	5.93	1.645	2.47	3.24	11.86	4.94	0.151
		2.0	2.27	2.89	7.66	1.628	3.19	4.23	15.32	6.38	0.151
		2.5	2.81	3.57	9.28	1.611	3.86	5.18	18.55	7.73	0.151
		3.0	3.33	4.24	10.78	1.594	4.49	6.08	21.57	8.98	0.151
		4.0	4.34	5.53	13.49	1.562	5.62	7.77	26.98	11.24	0.151
		5.0	5.30	6.75	15.82	1.530	6.59	9.29	31.65	13.18	0.151

（续）

外径 D /mm	允许偏差 /mm	壁厚 t /mm	理论质量 M /(kg/m)	截面面积 A/cm²	惯性矩 I/cm⁴	惯性半径 R/cm	弹性模数 Z/cm³	塑性模数 S/cm³	扭转常数		单位长度表面积 A_s/m²
									J/cm⁴	C/cm³	
60 (60.3)	±0.6	2.0	2.86	3.64	15.34	2.052	5.11	6.73	30.68	10.23	0.188
		2.5	3.55	4.52	18.70	2.035	6.23	8.27	37.40	12.47	0.188
		3.0	4.22	5.37	21.88	2.018	7.29	9.76	43.76	14.58	0.188
		4.0	5.52	7.04	27.73	1.985	9.24	12.56	55.45	18.48	0.188
		5.0	6.78	8.64	32.94	1.953	10.98	15.17	65.88	21.96	0.188
75.5 (76.1)	±0.76	2.5	4.50	5.73	38.24	2.582	10.13	13.33	76.47	20.26	0.237
		3.0	5.36	6.83	44.97	2.565	11.91	15.78	89.94	23.82	0.237
		4.0	7.05	8.98	57.59	2.531	15.26	20.47	115.19	30.51	0.237
		5.0	8.69	11.07	69.15	2.499	18.32	24.89	138.29	36.63	0.237
88.5 (88.9)	±0.90	3.0	6.33	8.06	73.73	3.025	16.66	21.94	147.45	33.32	0.278
		4.0	8.34	10.62	94.99	2.991	21.46	28.58	189.97	42.93	0.278
		5.0	10.30	13.12	114.72	2.957	25.93	34.90	229.44	51.85	0.278
		6.0	12.21	15.55	133.00	2.925	30.06	40.91	266.01	60.11	0.278
114 (114.3)	±1.15	4.0	10.85	13.82	209.35	3.892	36.73	48.42	418.70	73.46	0.358
		5.0	13.44	17.12	254.81	3.858	44.70	59.45	509.61	89.41	0.358
		6.0	15.98	20.36	297.73	3.824	52.23	70.06	595.46	104.47	0.358
140 (139.7)	±1.40	4.0	13.42	17.09	395.47	4.810	56.50	74.01	790.94	112.99	0.440
		5.0	16.65	21.21	483.76	4.776	69.11	91.17	967.52	138.22	0.440
		6.0	19.83	25.26	568.03	4.742	85.15	107.81	1136.13	162.30	0.440
165 (168.3)	±1.65	4	15.88	20.23	655.94	5.69	79.51	103.71	1311.89	159.02	0.518
		5	19.73	25.13	805.04	5.66	97.58	128.04	1610.07	195.16	0.518
		6	23.53	29.97	948.47	5.63	114.97	151.76	1896.93	229.93	0.518
		8	30.97	39.46	1218.92	5.56	147.75	197.36	2437.84	295.50	0.518
219.1 (219.1)	±2.20	5	26.4	33.60	1928	7.57	176	229	3856	352	0.688
		6	31.53	40.17	2282	7.54	208	273	4564	417	0.688
		8	41.6	53.10	2960	7.47	270	357	5919	540	0.688
		10	51.6	65.70	3598	7.40	328	438	7197	657	0.688
273 (273)	±2.75	5	33.0	42.1	3781	9.48	277	359	7562	554	0.858
		6	39.5	50.3	4487	9.44	329	428	8974	657	0.858
		8	52.3	66.6	5852	9.37	429	562	11700	857	0.858
		10	64.9	82.6	7154	9.31	524	692	14310	1048	0.858
325 (323.9)	±3.25	5	39.5	50.3	6436	11.32	396	512	12871	792	1.20
		6	47.2	60.1	7651	11.328	471	611	15303	942	1.20
		8	62.5	79.7	10014	11.21	616	804	20028	1232	1.20
		10	77.7	99.0	12287	11.14	756	993	24573	1512	1.20
		12	92.6	118.0	14472	11.07	891	1176	28943	1781	1.20
355.6 (355.6)	±3.55	6	51.7	65.9	10071	12.4	566	733	20141	1133	1.12
		8	68.6	87.4	13200	12.3	742	967	26400	1485	1.12
		10	85.2	109.0	16220	12.2	912	1195	32450	1825	1.12
		12	101.7	130.0	19140	12.2	1076	1417	38279	2153	1.12

（续）

外径 D/mm	允许偏差/mm	壁厚 t/mm	理论质量 M/(kg/m)	截面面积 A/cm²	惯性矩 I/cm⁴	惯性半径 R/cm	弹性模数 Z/cm³	塑性模数 S/cm³	扭转常数 J/cm⁴	扭转常数 C/cm³	单位长度表面积 A_s/m²
406.4 (406.4)	±4.10	8	78.6	100	19870	14.1	978	1270	39750	1956	1.28
		10	97.8	125	24480	14.0	1205	1572	48950	2409	1.28
		12	116.7	149	28937	14.0	1424	1867	57874	2848	1.28
457 (457)	±4.6	8	88.6	113	28450	15.9	1245	1613	56890	2490	1.44
		10	110	140	35090	15.8	1536	1998	70180	3071	1.44
		12	131.7	168	41.556	15.7	1819	2377	83113	3637	1.44
508 (508)	±5.10	8	98.6	126	39280	17.7	1546	2000	78560	3093	1.60
		10	123	156	48520	17.6	1910	2480	97040	3621	1.60
		12	146.8	187	57536	17.5	2265	2953	115072	4530	1.60
610	±6.10	8	118.8	151	68552	21.3	2248	2899	137103	4495	1.92
		10	148	189	84847	21.2	2781	3600	169694	5564	1.92
		12.5	184.2	235	104755	21.1	3435	4463	209510	6869	1.92
		16	234.4	299	131782	21.0	4321	5647	263563	8641	1.92

注：括号内为 ISO 4019 所列规格。

表 2-115　方形型钢的截面形状、尺寸及主要参数（摘自 GB/T 6728—2017）

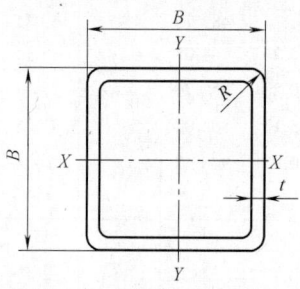

B—边长　t—壁厚　R—外圆弧半径

边长 B/mm	允许偏差/mm	壁厚 t/mm	理论质量 M/(kg/m)	截面面积 A/cm²	惯性矩 $I_x = I_y$/cm⁴	惯性半径 $r_x = r_y$/cm	截面系数 $W_x = W_y$/cm³	扭转常数 I_t/cm⁴	扭转常数 C_t/cm³
20	±0.50	1.2	0.679	0.865	0.498	0.759	0.498	0.823	0.75
		1.5	0.826	1.052	0.583	0.744	0.583	0.985	0.88
		1.75	0.941	1.199	0.642	0.732	0.642	1.106	0.98
		2.0	1.050	1.340	0.692	0.720	0.692	1.215	1.06
25	±0.50	1.2	0.867	1.105	1.025	0.963	0.820	1.655	1.24
		1.5	1.061	1.352	1.216	0.948	0.973	1.998	1.47
		1.75	1.215	1.548	1.357	0.936	1.086	2.261	1.65
		2.0	1.363	1.736	1.482	0.923	1.186	2.502	1.80
30	±0.50	1.5	1.296	1.652	2.195	1.152	1.463	3.555	2.21
		1.75	1.490	1.898	2.470	1.140	1.646	4.048	2.49
		2.0	1.677	2.136	2.721	1.128	1.814	4.511	2.75
		2.5	2.032	2.589	3.154	1.103	2.102	5.347	3.20
		3.0	2.361	3.008	3.500	1.078	2.333	6.060	3.58

（续）

边长 B/ mm	允许偏差/ mm	壁厚 t/ mm	理论质量 M/（kg/m）	截面面积 A/cm²	惯性矩 $I_x = I_y$/ cm⁴	惯性半径 $r_x = r_y$/ cm	截面系数 $W_x = W_y$/ cm³	扭转常数	
								I_t/cm⁴	C_t/cm³
40	±0.50	1.5	1.767	2.525	5.489	1.561	2.744	8.728	4.13
		1.75	2.039	2.598	6.237	1.549	3.118	10.009	4.69
		2.0	2.305	2.936	6.939	1.537	3.469	11.238	5.23
		2.5	2.817	3.589	8.213	1.512	4.106	13.539	6.21
		3.0	3.303	4.208	9.320	1.488	4.660	15.628	7.07
		4.0	4.198	5.347	11.064	1.438	5.532	19.152	8.48
50	±0.50	1.5	2.238	2.852	11.065	1.969	4.426	17.395	6.65
		1.75	2.589	3.298	12.641	1.957	5.056	20.025	7.60
		2.0	2.933	3.736	14.146	1.945	5.658	22.578	8.51
		2.5	3.602	4.589	16.941	1.921	6.776	27.436	10.22
		3.0	4.245	5.408	19.463	1.897	7.785	31.972	11.77
		4.0	5.454	6.947	23.725	1.847	9.490	40.047	14.43
60	±0.60	2.0	3.560	4.540	25.120	2.350	8.380	39.810	12.60
		2.5	4.387	5.589	30.340	2.329	10.113	48.539	15.22
		3.0	5.187	6.608	35.130	2.305	11.710	56.892	17.65
		4.0	6.710	8.547	43.539	2.256	14.513	72.188	21.97
		5.0	8.129	10.356	50.468	2.207	16.822	85.560	25.61
70	±0.65	2.5	5.170	6.590	49.400	2.740	14.100	78.500	21.20
		3.0	6.129	7.808	57.522	2.714	16.434	92.188	24.74
		4.0	7.966	10.147	72.108	2.665	20.602	117.975	31.11
		5.0	9.699	12.356	84.602	2.616	24.172	141.183	36.65
80	±0.70	2.5	5.957	7.589	75.147	3.147	18.787	118.52	28.22
		3.0	7.071	9.008	87.838	3.122	21.959	139.660	33.02
		4.0	9.222	11.747	111.031	3.074	27.757	179.808	41.84
		5.0	11.269	14.356	131.414	3.025	32.853	216.628	49.68
90	±0.75	3.0	8.013	10.208	127.277	3.531	28.283	201.108	42.51
		4.0	10.478	13.347	161.907	3.482	35.979	260.088	54.17
		5.0	12.839	16.356	192.903	3.434	42.867	314.896	64.71
		6.0	15.097	19.232	220.420	3.385	48.982	365.452	74.16
100	±0.80	4.0	11.734	11.947	226.337	3.891	45.267	361.213	68.10
		5.0	14.409	18.356	271.071	3.842	54.214	438.986	81.72
		6.0	16.981	21.632	311.415	3.794	62.283	511.558	94.12
110	±0.90	4.0	12.99	16.548	305.94	4.300	55.625	486.47	83.63
		5.0	15.98	20.356	367.95	4.252	66.900	593.60	100.74
		6.0	18.866	24.033	424.57	4.203	77.194	694.85	116.47
120	±0.90	4.0	14.246	18.147	402.260	4.708	67.043	635.603	100.75
		5.0	17.549	22.356	485.441	4.659	80.906	776.632	121.75
		6.0	20.749	26.432	562.094	4.611	93.683	910.281	141.22
		8.0	26.840	34.191	696.639	4.513	116.106	1155.010	174.58
130	±1.00	4.0	15.502	19.748	516.97	5.117	79.534	814.72	119.48
		5.0	19.120	24.356	625.68	5.068	96.258	998.22	144.77
		6.0	22.634	28.833	726.64	5.020	111.79	1173.6	168.36
		8.0	28.921	36.842	882.86	4.895	135.82	1502.1	209.54

（续）

边长 B/ mm	允许偏差/ mm	壁厚 t/ mm	理论质量 M/(kg/m)	截面面积 A/cm²	惯性矩 $I_x=I_y$/ cm⁴	惯性半径 $r_x=r_y$/ cm	截面系数 $W_x=W_y$/ cm³	扭转常数	
								I_t/cm⁴	C_t/cm³
140	±1.10	4.0	16.758	21.347	651.598	5.524	53.085	1022.176	139.8
		5.0	20.689	26.356	790.523	5.476	112.931	1253.565	169.78
		6.0	24.517	31.232	920.359	5.428	131.479	1475.020	197.9
		8.0	31.864	40.591	1153.735	5.331	164.819	1887.605	247.69
150	±1.20	4.0	18.014	22.948	807.82	5.933	107.71	1264.8	161.73
		5.0	22.26	28.356	982.12	5.885	130.95	1554.1	196.79
		6.0	26.402	33.633	1145.9	5.837	152.79	1832.7	229.84
		8.0	33.945	43.242	1411.8	5.714	188.25	2364.1	289.03
160	±1.20	4.0	19.270	24.547	987.152	6.341	123.394	1540.134	185.25
		5.0	23.829	30.356	1202.317	6.293	150.289	1893.787	225.79
		6.0	28.285	36.032	1405.408	6.245	175.676	2234.573	264.18
		8.0	36.888	46.991	1776.496	6.148	222.062	2876.940	333.56
170	±1.30	4.0	20.526	26.148	1191.3	6.750	140.15	1855.8	210.37
		5.0	25.400	32.356	1453.3	6.702	170.97	2285.3	256.80
		6.0	30.170	38.433	1701.6	6.654	200.18	2701.0	300.91
		8.0	38.969	49.642	2118.2	6.532	249.2	3503.1	381.28
180	±1.40	4.0	21.800	27.70	1422	7.16	158	2210	237
		5.0	27.000	34.40	1737	7.11	193	2724	290
		6.0	32.100	40.80	2037	7.06	226	3223	340
		8.0	41.500	52.80	2546	6.94	283	4189	432
190	±1.50	4.0	23.00	29.30	1680	7.57	176	2607	265
		5.0	28.50	36.40	2055	7.52	216	3216	325
		6.0	33.90	43.20	2413	7.47	254	3807	381
		8.0	44.00	56.00	3208	7.35	319	4958	486
200	±1.60	4.0	24.30	30.90	1968	7.91	197	3049	295
		5.0	30.10	38.40	2410	7.93	241	3763	362
		6.0	35.80	45.60	2833	7.88	283	4459	426
		8.0	46.50	59.20	3566	7.76	357	5815	544
		10	57.00	72.60	4251	7.65	425	7072	651
220	±1.80	5.0	33.2	42.4	3238	8.74	294	5038	442
		6.0	39.6	50.4	3813	8.70	347	5976	521
		8.0	51.5	65.6	4828	8.58	439	7815	668
		10	63.2	80.6	5782	8.47	526	9533	804
		12	73.5	93.7	6487	8.32	590	11149	922
250	±2.00	5.0	38.0	48.4	4805	9.97	384	7443	577
		6.0	45.2	57.6	5672	9.92	454	8843	681
		8.0	59.1	75.2	7229	9.80	578	11598	878
		10	72.7	92.6	8707	9.70	697	14197	1062
		12	84.8	108	9859	9.55	789	16691	1226
280	±2.20	5.0	42.7	54.4	6810	11.2	486	10513	730
		6.0	50.9	64.8	8054	11.1	575	12504	863
		8.0	66.6	84.8	10317	11.0	737	16436	1117
		10	82.1	104.6	12479	10.9	891	20173	1356
		12	96.1	122.5	14232	10.8	1017	23804	1574

（续）

边长 B/mm	允许偏差/mm	壁厚 t/mm	理论质量 M/(kg/m)	截面面积 A/cm²	惯性矩 $I_x=I_y$/cm⁴	惯性半径 $r_x=r_y$/cm	截面系数 $W_x=W_y$/cm³	扭转常数 I_t/cm⁴	扭转常数 C_t/cm³
300	±2.40	6.0	54.7	69.6	9964	12.0	664	15434	997
		8.0	71.6	91.2	12801	11.8	853	20312	1293
		10	88.4	113	15519	11.7	1035	24966	1572
		12	104	132	17767	11.6	1184	29514	1829
350	±2.80	6.0	64.1	81.6	16008	14.0	915	24683	1372
		8.0	84.2	107	20618	13.9	1182	32557	1787
		10	104	153	25189	13.8	1439	40127	2182
		12	123	156	29054	13.6	1660	47598	2552
400	±3.20	8.0	96.7	123	31269	15.9	1564	48934	2362
		10	120	153	38216	15.8	1911	60431	2892
		12	141	180	44319	15.7	2216	71843	3395
		14	163	208	50414	15.6	2521	82735	3877
450	±3.60	8.0	109	139	44966	18.0	1999	70043	3016
		10	135	173	55100	17.9	2449	86629	3702
		12	160	204	64164	17.7	2851	103150	4357
		14	185	236	73210	17.6	3254	119000	4989
500	±4.00	8.0	122	155	62172	20.0	2487	96483	3750
		10	151	193	76341	19.9	3054	119470	4612
		12	179	228	89187	19.8	3568	142420	5440
		14	207	264	102010	19.7	4080	164530	6241
		16	235	299	114260	19.6	4570	186140	7013

注：表中理论质量按密度 7.85g/cm³ 计算。

表 2-116 矩形型钢的截面形状、尺寸及主要参数（摘自 GB/T 6728—2017）

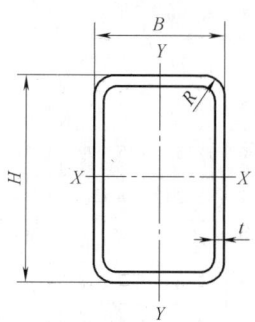

H—长边　B—短边　t—壁厚　R—外圆弧半径

边长/mm		允许偏差/mm	壁厚 t/mm	理论质量 M/(kg/m)	截面面积 A/cm²	惯性矩/cm⁴		惯性半径/cm		截面系数/cm³		扭转常数	
H	B					I_x	I_y	r_x	r_y	W_x	W_y	I_t/cm⁴	C_t/cm³
30	20	±0.50	1.5	1.06	1.35	1.59	0.84	1.08	0.788	1.06	0.84	1.83	1.40
			1.75	1.22	1.55	1.77	0.93	1.07	0.777	1.18	0.93	2.07	1.56
			2.0	1.36	1.74	1.94	1.02	1.06	0.765	1.29	1.02	2.29	1.71
			2.5	1.64	2.09	2.21	1.15	1.03	0.742	1.47	1.15	2.68	1.95

（续）

边长/mm		允许偏差/mm	壁厚 t/mm	理论质量 M/(kg/m)	截面面积 A/cm²	惯性矩/cm⁴		惯性半径/cm		截面系数/cm³		扭转常数	
H	B	/mm	t/mm	M/(kg/m)	A/cm²	I_x	I_y	r_x	r_y	W_x	W_y	I_t/cm⁴	C_t/cm³
40	20	±0.50	1.5	1.30	1.65	3.27	1.10	1.41	0.815	1.63	1.10	2.74	1.91
			1.75	1.49	1.90	3.68	1.23	1.39	0.804	1.84	1.23	3.11	2.14
			2.0	1.68	2.14	4.05	1.34	1.38	0.793	2.02	1.34	3.45	2.36
			2.5	2.03	2.59	4.69	1.54	1.35	0.770	2.35	1.54	4.06	2.72
			3.0	2.36	3.01	5.21	1.68	1.32	0.748	2.60	1.68	4.57	3.00
40	25	±0.50	1.5	1.41	1.80	3.82	1.84	1.46	1.010	1.91	1.47	4.06	2.46
			1.75	1.63	2.07	4.32	2.07	1.44	0.999	2.16	1.66	4.63	2.78
			2.0	1.83	2.34	4.77	2.28	1.43	0.988	2.39	1.82	5.17	3.07
			2.5	2.23	2.84	5.57	2.64	1.40	0.965	2.79	2.11	6.15	3.59
			3.0	2.60	3.31	6.24	2.94	1.37	0.942	3.12	2.35	7.00	4.01
40	30	±0.50	1.5	1.53	1.95	4.38	2.81	1.50	1.199	2.19	1.87	5.52	3.02
			1.75	1.77	2.25	4.96	3.17	1.48	1.187	2.48	2.11	6.31	3.42
			2.0	1.99	2.54	5.49	3.51	1.47	1.176	2.75	2.34	7.07	3.79
			2.5	2.42	3.09	6.45	4.10	1.45	1.153	3.23	2.74	8.47	4.46
			3.0	2.83	3.61	7.27	4.60	1.42	1.129	3.63	3.07	9.72	5.03
50	25	±0.50	1.5	1.65	2.10	6.65	2.25	1.78	1.04	2.66	1.80	5.52	3.41
			1.75	1.90	2.42	7.55	2.54	1.76	1.024	3.02	2.03	6.32	3.54
			2.0	2.15	2.74	8.38	2.81	1.75	1.013	3.35	2.25	7.06	3.92
			2.5	2.62	2.34	9.89	3.28	1.72	0.991	3.95	2.62	8.43	4.60
			3.0	3.07	3.91	11.17	3.67	1.69	0.969	4.47	2.93	9.64	5.18
50	30	±0.50	1.5	1.767	2.252	7.535	3.415	1.829	1.231	3.014	2.276	7.587	3.83
			1.75	2.039	2.598	8.566	3.868	1.815	1.220	3.426	2.579	8.682	4.35
			2.0	2.305	2.936	9.535	4.291	1.801	1.208	3.814	2.861	9.727	4.84
			2.5	2.817	3.589	11.296	5.050	1.774	1.186	4.518	3.366	11.666	5.72
			3.0	3.303	4.206	12.827	5.696	1.745	1.163	5.130	3.797	13.401	6.49
			4.0	4.198	5.347	15.239	6.682	1.688	1.117	6.095	4.455	16.244	7.77
50	40	±0.50	1.5	2.003	2.552	9.300	6.602	1.908	1.608	3.720	3.301	12.238	5.24
			1.75	2.314	2.948	10.603	7.518	1.896	1.596	4.241	3.759	14.059	5.97
			2.0	2.619	3.336	11.840	8.348	1.883	1.585	4.736	4.192	15.817	6.673
			2.5	3.210	4.089	14.121	9.976	1.858	1.562	5.648	4.988	19.222	7.965
			3.0	3.775	4.808	16.149	11.382	1.833	1.539	6.460	5.691	22.336	9.123
			4.0	4.826	6.148	19.493	13.677	1.781	1.492	7.797	6.839	27.82	11.06
55	25	±0.50	1.5	1.767	2.252	8.453	2.460	1.937	1.045	3.074	1.968	6.273	3.458
			1.75	2.039	2.598	9.606	2.779	1.922	1.034	3.493	2.223	7.156	3.916
			2.0	2.305	2.936	10.689	3.073	1.907	1.023	3.886	2.459	7.992	4.342

142

（续）

边长/mm		允许偏差	壁厚	理论质量 M	截面面积	惯性矩/cm⁴		惯性半径/cm		截面系数/cm³		扭转常数	
H	B	/mm	t/mm	/(kg/m)	A/cm²	I_x	I_y	r_x	r_y	W_x	W_y	I_t/cm⁴	C_1/cm³
55	40	±0.50	1.5	2.121	2.702	11.674	7.158	2.078	1.627	4.245	3.579	14.017	5.794
			1.75	2.452	3.123	13.329	8.158	2.065	1.616	4.847	4.079	16.175	6.614
			2.0	2.776	3.536	14.904	9.107	2.052	1.604	5.419	4.553	18.208	7.394
55	50	±0.60	1.75	2.726	3.473	15.811	13.660	2.133	1.983	5.749	5.464	23.173	8.415
			2.0	3.090	3.936	17.714	15.298	2.121	1.971	6.441	6.119	26.142	9.433
60	30	±0.60	2.0	2.620	3.337	15.046	5.078	2.123	1.234	5.015	3.385	12.57	5.881
			2.5	3.209	4.089	17.933	5.998	2.094	1.211	5.977	3.998	15.054	6.981
			3.0	3.774	4.808	20.496	6.794	2.064	1.188	6.832	4.529	17.335	7.950
			4.0	4.826	6.147	24.691	8.045	2.004	1.143	8.230	5.363	21.141	9.523
60	40	±0.60	2.0	2.934	3.737	18.412	9.831	2.220	1.622	6.137	4.915	20.702	8.116
			2.5	3.602	4.589	22.069	11.734	2.192	1.595	7.356	5.867	25.045	9.722
			3.0	4.245	5.408	25.374	13.436	2.166	1.576	8.458	6.718	29.121	11.175
			4.0	5.451	6.947	30.974	16.269	2.111	1.530	10.324	8.134	36.298	13.653
70	50	±0.60	2.0	3.562	4.537	31.475	18.758	2.634	2.033	8.993	7.503	37.454	12.196
			3.0	5.187	6.608	44.046	26.099	2.581	1.987	12.584	10.439	53.426	17.06
			4.0	6.710	8.547	54.663	32.210	2.528	1.941	15.618	12.884	67.613	21.189
			5.0	8.129	10.356	63.435	37.179	2.171	1.894	18.121	14.871	79.908	24.642
80	40	±0.70	2.0	3.561	4.536	37.355	12.720	2.869	1.674	9.339	6.361	30.881	11.004
			2.5	4.387	5.589	45.103	15.255	2.840	1.652	11.275	7.627	37.467	13.283
			3.0	5.187	6.608	52.246	17.552	2.811	1.629	13.061	8.776	43.680	15.283
			4.0	6.710	8.547	64.780	21.474	2.752	1.585	16.195	10.737	54.787	18.844
			5.0	8.129	10.356	75.080	24.567	2.692	1.540	18.770	12.283	64.110	21.744
80	60	±0.70	3.0	6.129	7.808	70.042	44.886	2.995	2.397	17.510	14.962	88.111	24.143
			4.0	7.966	10.147	87.945	56.105	2.943	2.351	21.976	18.701	112.583	30.332
			5.0	9.699	12.356	103.247	65.634	2.890	2.304	25.811	21.878	134.503	35.673
90	40	±0.75	3.0	5.658	7.208	70.487	19.610	3.127	1.649	15.663	9.805	51.193	17.339
			4.0	7.338	9.347	87.894	24.077	3.066	1.604	19.532	12.038	64.320	21.441
			5.0	8.914	11.356	102.487	27.651	3.004	1.560	22.774	13.825	75.426	24.819
90	50	±0.75	2.0	4.190	5.337	57.878	23.368	3.293	2.093	12.862	9.347	53.366	15.882
			2.5	5.172	6.589	70.263	28.236	3.266	2.070	15.614	11.294	65.299	19.235
			3.0	6.129	7.808	81.845	32.735	3.237	2.047	18.187	13.094	76.433	22.316
			4.0	7.966	10.147	102.696	40.695	3.181	2.002	22.821	16.278	97.162	27.961
			5.0	9.699	12.356	120.570	47.345	3.123	1.957	26.793	18.938	115.436	36.774
90	55	±0.75	2.0	4.346	5.536	61.75	28.957	3.340	2.287	13.733	10.53	62.724	17.601
			2.5	5.368	6.839	75.049	33.065	3.313	2.264	16.678	12.751	76.877	21.357
90	60	±0.75	3.0	6.600	8.408	93.203	49.764	3.329	2.432	20.711	16.588	104.552	27.391
			4.0	8.594	10.947	117.499	62.387	3.276	2.387	26.111	20.795	133.852	34.501
			5.0	10.484	13.356	138.653	73.218	3.222	2.311	30.811	24.406	160.273	40.712

五金手册

（续）

边长/mm		允许偏差/mm	壁厚 t/mm	理论质量 M /(kg/m)	截面面积 A/cm²	惯性矩/cm⁴		惯性半径/cm		截面系数/cm³		扭转常数	
H	B					I_x	I_y	r_x	r_y	W_x	W_y	I_t/cm⁴	C_t/cm³
95	50	±0.75	2.0	4.347	5.537	66.084	24.521	3.455	2.104	13.912	9.808	57.458	16.804
			2.5	5.369	6.839	80.306	29.647	3.247	2.082	16.906	11.895	70.324	20.364
100	50	±0.80	3.0	6.690	8.408	106.451	36.053	3.558	2.070	21.290	14.421	88.311	25.012
			4.0	8.594	10.947	134.124	44.938	3.500	2.026	26.824	17.975	112.409	31.35
			5.0	10.484	13.356	158.155	52.429	3.441	1.981	31.631	20.971	133.758	36.804
120	50	±0.90	2.5	6.350	8.089	143.97	36.704	4.219	2.130	23.995	14.682	96.026	26.006
			3.0	7.543	9.608	168.58	42.693	4.189	2.108	28.097	17.077	112.87	30.317
120	60	±0.90	3.0	8.013	10.208	189.113	64.398	4.304	2.511	31.581	21.466	156.029	37.138
			4.0	10.478	13.347	240.724	81.235	4.246	2.466	40.120	27.078	200.407	47.048
			5.0	12.839	16.356	286.941	95.968	4.188	2.422	47.823	31.989	240.869	55.846
			6.0	15.097	19.232	327.950	108.716	4.129	2.377	54.658	36.238	277.361	63.597
120	80	±0.90	3.0	8.955	11.408	230.189	123.430	4.491	3.289	38.364	30.857	255.128	50.799
			4.0	11.734	14.947	294.569	157.281	4.439	3.243	49.094	39.320	330.438	64.927
			5.0	14.409	18.356	353.108	187.747	4.385	3.198	58.850	46.936	400.735	77.772
			6.0	16.981	21.632	105.998	214.977	4.332	3.152	67.666	53.744	165.940	83.399
140	80	±1.00	4.0	12.990	16.547	429.582	180.407	5.095	3.301	61.368	45.101	410.713	76.478
			5.0	15.979	20.356	517.023	215.914	5.039	3.256	73.860	53.978	498.815	91.834
			6.0	18.865	24.032	569.935	247.905	4.983	3.211	85.276	61.976	580.919	105.83
150	100	±1.20	4.0	14.874	18.947	594.585	318.551	5.601	4.110	79.278	63.710	660.613	104.94
			5.0	18.334	23.356	719.164	383.988	5.549	4.054	95.888	79.797	806.733	126.81
			6.0	21.691	27.632	834.615	444.135	5.495	4.009	111.282	88.827	915.022	147.07
			8.0	28.096	35.791	1039.101	519.308	5.388	3.917	138.546	109.861	1147.710	181.85
160	60	±1.20	3	9.898	12.608	389.86	83.915	5.561	2.580	48.732	27.972	228.15	50.14
			4.5	14.498	18.469	552.08	116.66	5.468	2.513	69.01	38.886	324.96	70.085
160	80	±1.20	4.0	14.216	18.117	597.691	203.532	5.738	3.348	71.711	50.883	493.129	88.031
			5.0	17.519	22.356	721.650	214.089	5.681	3.304	90.206	61.020	599.175	105.9
			6.0	20.749	26.433	835.936	286.832	5.623	3.259	104.192	76.208	698.881	122.27
			8.0	26.810	33.644	1036.485	343.599	5.505	3.170	129.560	85.899	876.599	149.54
180	65	±1.20	3.0	11.075	14.108	550.35	111.78	6.246	2.815	61.15	34.393	306.75	61.849
			4.5	16.264	20.719	784.13	156.47	6.152	2.748	87.125	48.144	438.91	86.993
180	100	±1.30	4.0	16.758	21.317	926.020	373.879	6.586	4.184	102.891	74.755	852.708	127.06
			5.0	20.689	26.356	1124.156	451.738	6.530	4.140	124.906	90.347	1012.589	153.88
			6.0	24.517	31.232	1309.527	523.767	6.475	4.095	145.503	104.753	1222.933	178.88
			8.0	31.861	40.391	1643.149	651.132	6.362	4.002	182.572	130.226	1554.606	222.49
200	100	±1.30	4.0	18.014	22.941	1199.680	410.261	7.230	4.230	119.968	82.152	984.151	141.81
			5.0	22.259	28.356	1459.270	496.905	7.173	4.186	145.920	99.381	1203.878	171.94
			6.0	26.101	33.632	1703.224	576.855	7.116	4.141	170.332	115.371	1412.986	200.1
			8.0	34.376	43.791	2145.993	719.014	7.000	4.052	214.599	143.802	1798.551	249.6
200	120	±1.40	4.0	19.3	24.5	1353	618	7.43	5.02	135	103	1345	172
			5.0	23.8	30.4	1649	750	7.37	4.97	165	125	1652	210
			6.0	28.3	36.0	1929	874	7.32	4.93	193	146	1947	245
			8.0	36.5	46.4	2386	1079	7.17	4.82	239	180	2507	308

（续）

边长/mm		允许偏差 /mm	壁厚 t/mm	理论质量 M /（kg/m）	截面面积 A/cm²	惯性矩/cm⁴		惯性半径/cm		截面系数 /cm³		扭转常数	
H	B					I_x	I_y	r_x	r_y	W_x	W_y	I_t/cm⁴	C_t/cm³
200	150	±1.50	4.0	21.2	26.9	1584	1021	7.67	6.16	158	136	1942	219
			5.0	26.2	33.4	1935	1245	7.62	6.11	193	166	2391	267
			6.0	31.1	39.6	2268	1457	7.56	6.06	227	194	2826	312
			8.0	40.2	51.2	2892	1815	7.43	5.95	283	242	3664	396
220	140	±1.50	4.0	21.8	27.7	1892	948	8.26	5.84	172	135	1987	224
			5.0	27.0	34.4	2313	1155	8.21	5.80	210	165	2447	274
			6.0	32.1	40.8	2714	1352	8.15	5.75	247	193	2891	321
			8.0	41.5	52.8	3389	1685	8.01	5.65	308	241	3746	407
250	150	±1.60	4.0	24.3	30.9	2697	1234	9.34	6.32	216	165	2665	275
			5.0	30.1	38.4	3304	1508	9.28	6.27	264	201	3285	337
			6.0	35.8	45.6	3886	1768	9.23	6.23	311	236	3886	396
			8.0	46.5	59.2	4886	2219	9.08	6.12	391	296	5050	504
260	180	±1.80	5.0	33.2	42.4	4121	2350	9.86	7.45	317	261	4695	426
			6.0	39.6	50.4	4856	2763	9.81	7.40	374	307	5566	501
			8.0	51.5	65.6	6145	3493	9.68	7.29	473	388	7267	642
			10	63.2	80.6	7363	4174	9.56	7.20	566	646	8850	772
300	200	±2.00	5.0	38.0	48.4	6241	3361	11.4	8.34	416	336	6836	552
			6.0	45.2	57.6	7370	3962	11.3	8.29	491	396	8115	651
			8.0	59.1	75.2	9389	5042	11.2	8.19	626	504	10627	838
			10	72.7	92.6	11313	6058	11.1	8.09	754	606	12987	1012
350	250	±2.20	5.0	45.8	58.4	10520	6306	13.4	10.4	601	504	12234	817
			6.0	54.7	69.6	12457	7458	13.4	10.3	712	594	14554	967
			8.0	71.6	91.2	16001	9573	13.2	10.2	914	766	19136	1253
			10	88.4	113	19407	11588	13.1	10.1	1109	927	23500	1522
400	200	±2.40	5.0	45.8	58.4	12490	4311	14.6	8.60	624	431	10519	742
			6.0	54.7	69.6	14789	5092	14.5	8.55	739	509	12069	877
			8.0	71.6	91.2	18974	6517	14.4	8.45	949	652	15820	1133
			10	88.4	113	23003	7864	14.3	8.36	1150	786	19368	1373
			12	104	132	26248	8977	14.1	8.24	1312	898	22782	1591
400	250	±2.60	5.0	49.7	63.4	14440	7056	15.1	10.6	722	565	14773	937
			6.0	59.4	75.6	17118	8352	15.0	10.5	856	668	17580	1110
			8.0	77.9	99.2	22048	10744	14.9	10.4	1102	860	23127	1440
			10	96.2	122	26806	13029	14.8	10.3	1340	1042	28423	1753
			12	113	144	30766	14926	14.6	10.2	1538	1197	33597	2042
450	250	±2.80	6.0	64.1	81.6	22724	9245	16.7	10.6	1010	740	20687	1253
			8.0	84.2	107	29336	11916	16.5	10.5	1304	953	27222	1628
			10	104	133	35737	14470	16.4	10.4	1588	1158	33473	1983
			12	123	156	41137	16663	16.2	10.3	1828	1333	39591	2314
500	300	±3.20	6.0	73.5	93.6	33012	15151	18.8	12.7	1321	1010	32420	1688
			8.0	96.7	123	42805	19624	18.6	12.6	1712	1308	42767	2202
			10	120	153	52328	23933	18.5	12.5	2093	1596	52736	2693
			12	141	180	60604	27726	18.3	12.4	2424	1848	62581	3156
550	350	±3.60	8.0	109	139	59783	30040	20.7	14.7	2174	1717	63051	2856
			10	135	173	73276	36752	20.6	14.6	2665	2100	77901	3503
			12	160	204	85249	42769	20.4	14.5	3100	2444	92646	4118
			14	185	236	97269	48731	20.3	14.4	3537	2784	106760	4710
600	400	±4.00	8.0	122	155	80670	43564	22.8	16.8	2689	2178	88672	3591
			10	151	193	99081	53429	22.7	16.7	3303	2672	109720	4413
			12	179	228	115670	62391	22.5	16.5	3856	3120	130680	5201
			14	207	264	132310	71282	22.4	16.4	4410	3564	150850	5962
			16	235	299	148210	79760	22.3	16.3	4940	3988	170510	6694

注：表中理论质量按密度 7.85g/cm³ 计算。

五金手册

3.1.10 通用冷弯开口型钢（见表 2-117 ~ 表 2-125）

表 2-117 冷弯等边角钢（JD）的截面形状、尺寸及主要参数（摘自 GB/T 6723—2017）

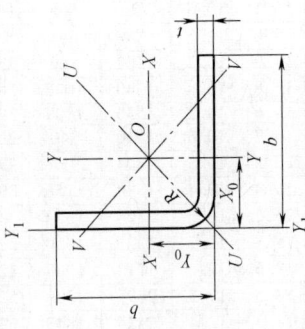

b—边宽度
t—边厚度
R—内圆弧半径

规格	尺寸/mm		理论质量	截面面积	重心	惯性矩/cm⁴			回转半径/cm			截面系数/cm³	
$b×b×t$	b	t	$M/(\mathrm{kg/m})$	$/\mathrm{cm^2}$	Y_0 $/\mathrm{cm}$	$I_x=I_y$	I_u	I_v	$r_x=r_y$	r_u	r_v	$W_{ymax}=W_{xmax}$	$W_{ymin}=W_{xmin}$
20×20×1.2	20	1.2	0.354	0.451	0.559	0.179	0.292	0.066	0.630	0.804	0.385	0.321	0.124
20×20×2.0		2.0	0.566	0.721	0.599	0.278	0.457	0.099	0.621	0.796	0.371	0.464	0.198
30×30×1.6	30	1.6	0.714	0.909	0.829	0.817	1.328	0.307	0.948	1.208	0.581	0.986	0.376
30×30×2.0		2.0	0.880	1.121	0.849	0.998	1.626	0.369	0.943	1.204	0.573	1.175	0.464
30×30×3.0		3.0	1.274	1.623	0.898	1.409	2.316	0.603	0.931	1.194	0.556	1.568	0.671
40×40×1.6	40	1.6	0.965	1.229	1.079	1.985	3.213	0.758	1.270	1.616	0.785	1.839	0.679
40×40×2.0		2.0	1.194	1.521	1.099	2.438	3.956	0.919	1.265	1.612	0.777	2.218	0.840
40×40×2.5		2.5	1.47	1.87	1.132	2.96	4.85	1.07	1.26	1.61	0.76	2.62	1.03
40×40×3.0		3.0	1.745	2.223	1.148	3.496	5.710	1.282	1.253	1.602	0.759	3.043	1.226
50×50×2.0	50	2.0	1.508	1.921	1.349	4.848	7.845	1.850	1.588	2.020	0.981	3.593	1.327
50×50×2.5		2.5	1.86	2.37	1.381	5.93	9.65	2.20	1.58	2.02	0.96	4.29	1.64
50×50×3.0		3.0	2.216	2.823	1.398	7.015	11.414	2.616	1.576	2.010	0.962	5.015	1.948
50×50×4.0		4.0	2.894	3.686	1.448	9.022	14.755	3.290	1.564	2.000	0.944	6.229	2.540

146

规格		厚度											
60×60×2.0	60	2.0	1.822	2.321	1.599	8.478	13.694	3.262	1.910	2.428	1.185	5.302	1.926
60×60×2.5		2.5	2.25	2.87	1.630	10.41	16.90	3.91	1.90	2.43	1.17	6.38	2.38
60×60×3.0		3.0	2.687	3.423	1.648	12.342	20.028	4.657	1.898	2.418	1.166	7.486	2.836
60×60×4.0		4.0	3.522	4.486	1.698	15.970	26.030	5.911	1.886	2.408	1.147	9.403	3.712
70×70×3.0	70	3.0	3.158	4.023	1.898	19.853	32.152	7.553	2.221	2.826	1.370	10.456	3.891
70×70×4.0		4.0	4.150	5.286	1.948	25.799	41.944	9.654	2.209	2.816	1.351	13.242	5.107
75×75×2.5	75	2.5	2.84	3.62	2.005	20.65	33.43	7.87	2.39	3.04	1.48	10.30	3.76
75×75×3.0		3.0	3.39	4.31	2.031	24.47	39.70	9.23	2.38	3.03	1.46	12.05	4.47
80×80×4.0	80	4.0	4.778	6.086	2.198	39.009	63.299	14.719	2.531	3.224	1.555	17.745	6.723
80×80×5.0		5.0	5.895	7.510	2.247	47.677	77.622	17.731	2.519	3.214	1.536	21.209	8.288
100×100×4.0	100	4.0	6.034	7.686	2.698	77.571	125.528	29.613	3.176	4.041	1.962	28.749	10.623
100×100×5.0		5.0	7.465	9.510	2.747	95.237	154.539	35.335	3.164	4.031	1.943	34.659	13.132
150×150×6.0	150	6.0	13.458	17.254	4.062	391.442	635.468	147.415	4.763	6.069	2.923	96.367	35.787
150×150×8.0		8.0	17.685	22.673	4.169	508.593	830.207	186.979	4.736	6.051	2.872	121.994	46.957
150×150×10		10	21.783	27.927	4.277	619.211	1016.638	221.785	4.709	6.034	2.818	144.777	57.746
200×200×6.0	200	6.0	18.138	23.254	5.310	945.753	1529.328	362.177	6.377	8.110	3.947	178.108	64.381
200×200×8.0		8.0	23.925	30.673	5.416	1237.149	2008.393	465.905	6.351	8.091	3.897	228.425	84.829
200×200×10		10	29.583	37.927	5.522	1516.787	2472.471	561.104	6.324	8.074	3.846	274.681	104.765
250×250×8.0	250	8.0	30.164	38.672	6.664	2453.559	3970.580	936.538	7.965	10.133	4.921	368.181	133.811
250×250×10		10	37.383	47.927	6.770	3020.384	4903.304	1137.464	7.939	10.114	4.872	446.142	165.682
250×250×12		12	44.472	57.015	6.876	3568.836	5812.612	1325.061	7.912	10.097	4.821	519.028	196.912
300×300×10	300	10	45.183	57.927	8.018	5286.252	8559.138	2013.367	9.553	12.155	5.896	659.298	240.481
300×300×12		12	53.832	69.015	8.124	6263.069	10167.49	2358.645	9.526	12.138	5.846	770.934	286.299
300×300×14		14	62.022	79.516	8.277	7182.256	11740.00	2624.502	9.504	12.150	5.745	867.737	330.629
300×300×16		16	70.312	90.144	8.392	8095.516	13279.70	2911.336	9.477	12.137	5.683	964.671	374.654

表 2-118　冷弯不等边角钢（JB）的截面形状、尺寸及主要参数（摘自 GB/T 6723—2017）

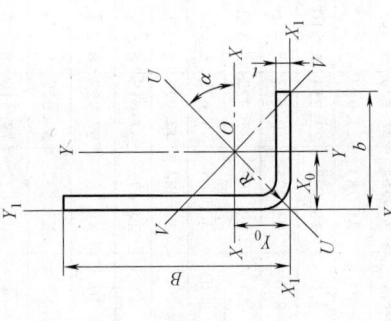

B—长边宽度
b—短边宽度
t—边厚度
R—内圆弧半径

规格	尺寸/mm			理论质量/(kg/m)	截面面积/cm²	重心/cm		惯性矩/cm⁴				回转半径/cm				截面系数/cm³			
$B \times b \times t$	B	b	t			X_0	Y_0	I_x	I_y	I_u	I_v	r_x	r_y	r_u	r_v	$W_{x\max}$	$W_{x\min}$	$W_{y\max}$	$W_{y\min}$
30×20×2.0	30	20	2.0	0.723	0.921	0.490	1.011	0.860	0.318	1.014	0.164	0.966	0.587	1.049	0.421	0.850	0.432	0.648	0.210
30×20×3.0			3.0	1.039	1.323	0.536	1.068	1.201	0.441	1.421	0.220	0.952	0.577	1.036	0.408	1.123	0.621	0.823	0.301
50×30×2.5	50	30	2.5	1.473	1.877	0.674	1.706	4.962	1.419	5.597	0.783	1.625	0.869	1.726	0.645	2.907	1.506	2.103	0.610
50×30×4.0			4.0	2.266	2.886	0.741	1.794	7.419	2.104	8.395	1.128	1.603	0.853	1.705	0.625	4.134	2.314	2.838	0.931
60×40×2.5	60	40	2.5	1.866	2.377	0.913	1.939	9.078	3.376	10.665	1.790	1.954	1.191	2.117	0.867	4.682	2.235	3.694	1.094
60×40×4.0			4.0	2.894	3.686	0.981	2.023	13.774	5.091	16.239	2.625	1.932	1.175	2.098	0.843	6.807	3.463	5.184	1.686
70×40×3.0	70	40	3.0	2.452	3.123	0.861	2.402	16.301	4.142	18.092	2.351	2.284	1.151	2.406	0.867	6.785	3.545	4.810	1.319
70×40×4.0			4.0	3.208	4.086	0.905	2.461	21.038	5.317	23.381	2.973	2.268	1.140	2.391	0.853	8.546	4.635	5.872	1.718

规格 b×a×t	a	b	t	(1)	(2)	(3)	(4)	(5)	(6)	(7)	(8)	(9)	(10)	(11)	(12)	(13)	(14)	(15)	(16)
80×50×3.0	80	50	3.0	2.923	3.723	2.631	1.096	25.450	8.086	29.092	4.444	2.614	1.473	2.795	1.092	9.670	4.740	7.371	2.071
80×50×4.0			4.0	3.836	4.886	2.688	1.141	33.025	10.449	37.810	5.664	2.599	1.462	2.781	1.076	12.281	6.218	9.151	2.708
100×60×3.0	100	60	3.0	3.629	4.623	3.297	1.259	49.787	14.347	56.038	8.096	3.281	1.761	3.481	1.323	15.100	7.427	11.389	3.026
100×60×4.0			4.0	4.778	6.086	3.354	1.304	64.939	18.640	73.177	10.402	3.266	1.749	3.467	1.307	19.356	9.772	14.289	3.969
100×60×5.0			5.0	5.895	7.510	3.412	1.349	79.395	22.707	89.566	12.536	3.251	1.738	3.453	1.291	23.263	12.053	16.830	4.882
150×120×6.0	150	120	6.0	12.054	15.454	4.500	2.962	362.949	211.071	475.645	98.375	4.846	3.696	5.548	2.532	80.655	34.567	71.260	23.354
150×120×8.0			8.0	15.813	20.273	4.615	3.064	470.343	273.077	619.416	124.003	4.817	3.670	5.528	2.473	101.916	45.291	89.124	30.559
150×120×10			10	19.443	24.927	4.732	3.167	571.010	331.066	755.971	146.105	4.786	3.644	5.507	2.421	120.670	55.611	104.536	37.481
200×160×8.0	200	160	8.0	21.429	27.473	6.000	3.950	1147.099	667.089	1503.275	310.914	6.462	4.928	7.397	3.364	191.183	81.936	168.883	55.360
200×160×10			10	24.463	33.927	6.115	4.051	1403.661	815.267	1846.212	372.716	6.432	4.902	7.377	3.314	229.544	101.092	201.251	68.229
200×160×12			12	31.368	40.215	6.231	4.154	1648.244	956.261	2176.288	428.217	6.402	4.876	7.356	3.263	264.523	119.707	230.202	80.724
250×220×10	250	220	10	35.043	44.927	7.188	5.652	2894.335	2122.346	4102.990	913.691	8.026	6.873	9.556	4.510	402.662	162.494	375.504	129.823
250×220×12			12	41.664	53.415	7.299	5.756	3417.040	2504.222	4859.116	1062.097	7.998	6.847	9.538	4.459	468.151	193.042	435.063	154.163
250×220×14			14	47.826	61.316	7.466	5.904	3895.841	2856.311	5590.119	1162.033	7.971	6.825	9.548	4.353	521.811	222.188	483.793	177.455
300×260×12	300	260	12	50.088	64.215	8.686	6.638	5970.485	4218.566	8347.648	1841.403	9.642	8.105	11.402	5.355	687.369	280.120	635.517	217.879
300×260×14			14	57.654	73.916	8.851	6.782	6835.520	5438.329	9625.709	2041.085	9.616	8.085	11.412	5.255	772.288	323.208	712.367	251.393
300×260×16			16	65.320	83.744	8.972	6.894	7697.062		10876.951	2258.440	9.587	8.059	11.397	5.193	857.898	366.039	788.850	284.640

表 2-119 冷弯等边边槽钢（CD）的截面形状、尺寸及主要参数（摘自 GB/T 6723—2017）

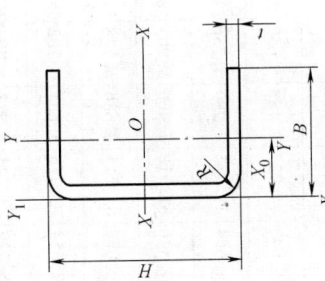

B—边宽度
H—高度
t—边厚度
R—内圆弧半径

规格	尺寸/mm			理论质量	截面面积	重心 X_0	惯性矩/cm⁴		回转半径/cm		截面系数/cm³		
$H×B×t$	H	B	t	/(kg/m)	/cm²	/cm	I_x	I_y	r_x	r_y	W_x	W_{ymax}	W_{ymin}
20×10×1.5	20	10	1.5	0.401	0.511	0.324	0.281	0.047	0.741	0.305	0.281	0.146	0.070
20×10×2.0			2.0	0.505	0.643	0.349	0.330	0.058	0.716	0.300	0.330	0.165	0.089
50×30×2.0	50	30	2.0	1.604	2.043	0.922	8.093	1.872	1.990	0.957	3.237	2.029	0.901
50×30×3.0			3.0	2.314	2.947	0.975	11.119	2.632	1.942	0.994	4.447	2.699	1.299
50×50×3.0		50	3.0	3.256	4.147	1.850	17.755	10.834	2.069	1.616	7.102	5.855	3.440
60×30×2.5	60	30	2.5	2.15	2.74	0.883	14.38	2.40	2.31	0.94	4.89	2.71	1.13
80×40×2.5	80	40	2.5	2.94	3.74	1.132	36.70	5.92	3.13	1.26	9.18	5.23	2.06
80×40×3.0			3.0	3.48	4.34	1.159	42.66	6.93	3.10	1.25	10.67	5.98	2.44
100×40×2.5	100	40	2.5	3.33	4.24	1.013	62.07	6.37	3.83	1.23	12.41	6.29	2.13
100×40×3.0			3.0	3.95	5.03	1.039	72.44	7.47	3.80	1.22	14.49	7.19	2.52
100×50×3.0		50	3.0	4.433	5.647	1.398	87.275	14.030	3.931	1.576	17.455	10.031	3.896
100×50×4.0			4.0	5.788	7.373	1.448	111.051	18.045	3.880	1.564	22.210	12.458	5.081
120×40×2.5	120	40	2.5	3.72	4.74	0.919	95.92	6.72	4.50	1.19	15.99	7.32	2.18
120×40×3.0			3.0	4.42	5.63	0.944	112.28	7.90	4.47	1.19	18.71	8.37	2.58

规格													
140×50×3.0	140	50	3.0	5.36	6.83	1.187	191.53	15.52	5.30	1.51	27.36	13.08	4.07
140×50×3.5			3.5	6.20	7.89	1.211	218.88	17.79	5.27	1.50	31.27	14.69	4.70
140×60×3.0	140	60	3.0	5.846	7.447	1.527	220.977	25.929	5.447	1.865	31.568	16.970	5.798
140×60×4.0			4.0	7.672	9.773	1.575	284.429	33.601	5.394	1.854	40.632	21.324	7.594
140×60×5.0			5.0	9.436	12.021	1.623	343.066	40.823	5.342	1.842	49.009	25.145	9.327
160×60×3.0	160	60	3.0	6.30	8.03	1.432	300.87	26.90	6.12	1.83	37.61	18.79	5.89
160×60×3.5			3.5	7.20	9.29	1.456	344.94	30.92	6.09	1.82	43.12	21.23	6.81
200×80×4.0	200	80	4.0	10.812	13.773	1.966	821.120	83.686	7.721	2.464	82.112	42.564	13.869
200×80×5.0			5.0	13.361	17.021	2.013	1000.710	102.441	7.667	2.453	100.071	50.886	17.111
200×80×6.0			6.0	15.849	20.190	2.060	1170.516	120.388	7.614	2.441	117.051	58.436	20.267
250×130×6.0	250	130	6.0	22.703	29.107	3.630	2876.401	497.071	9.941	4.132	230.112	136.934	53.049
250×130×8.0			8.0	29.755	38.147	3.739	3687.729	642.760	9.832	4.105	295.018	171.907	69.405
300×150×6.0	300	150	6.0	26.915	34.507	4.062	4911.518	782.884	11.930	4.763	327.435	192.734	71.575
300×150×8.0			8.0	35.371	45.347	4.169	6337.148	1017.186	11.822	4.736	422.477	243.988	93.914
300×150×10			10	43.566	55.854	4.277	7660.498	1238.423	11.711	4.708	510.700	289.554	115.492
350×180×8.0	350	180	8.0	42.235	54.147	4.983	10488.540	1771.765	13.918	5.721	599.345	355.562	136.112
350×180×10			10	52.146	66.854	5.092	12749.074	2166.713	13.809	5.693	728.519	425.513	167.858
350×180×12			12	61.799	79.230	5.501	14869.892	2542.823	13.700	5.665	849.708	462.247	203.442
400×200×10	400	200	10	59.166	75.854	5.522	18932.658	3033.575	15.799	6.324	946.633	549.362	209.530
400×200×12			12	70.223	90.030	5.630	22159.727	3569.548	15.689	6.297	1107.986	634.022	248.403
400×200×14			14	80.366	103.033	5.791	24854.034	4051.828	15.531	6.271	1242.702	699.677	285.159
450×220×10	450	220	10	66.186	84.854	5.956	26844.416	4103.714	17.787	6.954	1193.085	689.005	255.779
450×220×12			12	78.647	100.830	6.063	31506.135	4838.741	17.676	6.927	1400.273	798.077	303.617
450×220×14			14	90.194	115.633	6.219	35494.843	5510.415	17.520	6.903	1577.549	886.061	349.180
500×250×12	500	250	12	88.943	114.030	6.876	44593.265	7137.673	19.775	7.912	1783.731	1038.056	393.824
500×250×14			14	102.206	131.033	7.032	50455.689	8152.938	19.623	7.888	2018.228	1159.405	453.748
550×280×12	550	280	12	99.239	127.230	7.691	60862.568	10068.396	21.872	8.896	2213.184	1309.114	495.760
550×280×14			14	114.218	146.433	7.846	69095.642	11527.579	21.722	8.873	2512.569	1469.230	571.975
600×300×14	600	300	14	124.046	159.033	8.276	89412.972	14364.512	23.711	9.504	2980.432	1735.683	661.228
600×300×16			16	140.624	180.287	8.392	100367.430	16191.032	23.595	9.477	3345.581	1929.341	749.307

表 2-120　冷弯不等边槽钢的截面形状、尺寸及主要参数（摘自 GB/T 6723—2017）

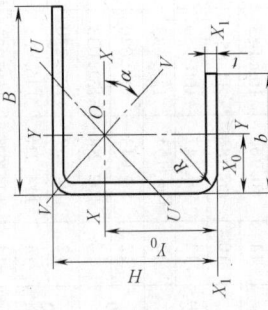

B—长边宽度
b—短边宽度
H—高度
t—边厚度
R—内圆弧半径

规格 H×B×b×t	尺寸/mm				理论质量 /(kg/m)	截面面积 /cm²	重心/cm		惯性矩/cm⁴			
	H	B	b	t			X_0	Y_0	I_x	I_y	I_u	I_v
50×32×20×2.5	50	32	20	2.5	1.840	2.344	0.817	2.803	8.536	1.853	8.769	1.619
50×32×20×3.0	50	32	20	3.0	2.169	2.764	0.842	2.806	9.804	2.155	10.083	1.876
80×40×20×2.5	80	40	20	2.5	2.586	3.294	0.828	4.588	28.922	3.775	29.607	3.090
80×40×20×3.0	80	40	20	3.0	3.064	3.904	0.852	4.591	33.654	4.431	34.473	3.611
100×60×30×3.0	100	60	30	3.0	4.242	5.404	1.326	5.807	77.936	14.880	80.845	11.970
150×60×50×3.0	150	60	50	3.0	5.890	7.504	1.304	7.793	245.876	21.452	246.257	21.071
200×70×60×4.0	200	70	60	4.0	9.832	12.605	1.469	10.311	706.995	47.735	707.582	47.149
200×70×60×5.0	200	70	60	5.0	12.061	15.463	1.527	10.315	848.963	57.959	849.689	57.233
250×80×70×5.0	250	80	70	5.0	14.791	18.963	1.647	12.823	1616.200	92.101	1617.030	91.271
250×80×70×6.0	250	80	70	6.0	17.555	22.507	1.696	12.825	1891.478	108.125	1892.465	107.139
300×90×80×6.0	300	90	80	6.0	20.831	26.707	1.822	15.330	3222.869	161.726	3223.981	160.613
300×90×80×8.0	300	90	80	8.0	27.259	34.947	1.918	15.334	4115.825	207.555	4117.270	206.110
350×100×90×6.0	350	100	90	6.0	24.107	30.907	1.953	17.834	5064.502	230.463	5065.739	229.226
350×100×90×8.0	350	100	90	8.0	31.627	40.547	2.048	17.837	6506.423	297.082	6508.041	295.464
400×150×100×8.0	400	150	100	8.0	38.491	49.347	2.882	21.589	10787.704	763.610	10843.850	707.463
400×150×100×10	400	150	100	10	47.466	60.854	2.981	21.602	13071.444	931.170	13141.358	861.255
450×200×150×10	450	200	150	10	59.166	75.854	4.402	23.950	22328.149	2337.132	22430.862	2234.420
450×200×150×12	450	200	150	12	70.223	90.030	4.504	23.960	26133.270	2750.039	26256.075	2627.235
500×250×200×12	500	250	200	12	84.263	108.030	6.008	26.355	40821.990	5579.208	40985.443	5415.752
500×250×200×14	500	250	200	14	96.746	124.033	6.159	26.371	46087.838	6369.068	46277.561	6179.346
550×300×250×14	550	300	250	14	113.126	145.033	7.714	28.794	67847.216	11314.348	68086.256	11075.308
550×300×250×16	550	300	250	16	128.144	164.287	7.831	28.800	76016.861	12738.984	76288.341	12467.503

表 2-121　冷弯内卷边槽钢（CN）的截面形状、尺寸及主要参数（摘自 GB/T 6723—2017）

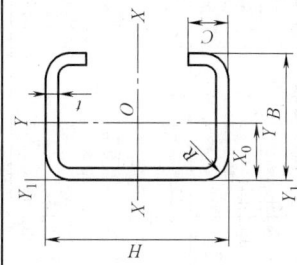

B—边宽度
H—高度
C—内卷边高度
t—边厚度
R—内圆弧半径

规格	尺寸/mm				理论质量 /(kg/m)	截面面积 /cm²	重心/cm X_0	惯性矩/cm⁴		回转半径/cm		截面系数/cm³		
$H×B×C×t$	H	B	C	t				I_x	I_y	r_x	r_y	W_x	$W_{y\max}$	$W_{y\min}$
60×30×10×2.5	60	30	10	2.5	2.363	3.010	1.043	16.009	3.353	2.306	1.055	5.336	3.214	1.713
60×30×10×3.0	60	30	10	3.0	2.743	3.495	1.036	18.077	3.688	2.274	1.027	6.025	3.559	1.878
80×40×15×2.0	80	40	15	2.0	2.72	3.47	1.452	34.16	7.79	3.14	1.50	8.54	5.36	3.06
100×50×15×2.5	100	50	15	2.5	4.11	5.23	1.706	81.34	17.19	3.94	1.81	16.27	10.08	5.22
100×50×20×2.5	100	50	20	2.5	4.325	5.510	1.853	84.932	19.889	3.925	1.899	16.986	10.730	6.321
100×50×20×3.0	100	50	20	3.0	5.098	6.495	1.848	98.560	22.802	3.895	1.873	19.712	12.333	7.235
120×50×20×2.5	120	50	20	2.4	4.70	5.98	1.706	129.40	20.96	4.56	1.87	21.57	12.28	6.36
120×60×20×3.0	120	60	20	3.0	6.01	7.65	2.106	170.68	37.36	4.72	2.21	28.45	17.74	9.59
140×50×20×2.0	140	50	20	2.0	4.14	5.27	1.590	154.03	18.56	5.41	1.88	22.00	11.68	5.44
140×50×20×2.5	140	50	20	2.5	5.09	6.48	1.580	186.78	22.11	5.39	1.85	26.68	13.96	6.47
140×60×20×2.5	140	60	20	2.5	5.503	7.010	1.974	212.137	34.786	5.500	2.227	30.305	17.615	8.642
140×60×20×3.0	140	60	20	3.0	6.511	8.295	1.969	248.006	40.132	5.467	2.199	35.429	20.379	9.956
160×60×20×2.0	160	60	20	2.0	4.76	6.07	1.850	236.59	29.99	6.24	2.22	29.57	16.19	7.23
160×60×20×2.5	160	60	20	2.5	5.87	7.48	1.850	288.13	35.96	6.21	2.19	36.02	19.47	8.66

（续）

规格 $H \times B \times C \times t$	尺寸/mm H	B	C	t	理论质量 /(kg/m)	截面面积 /cm²	重心/cm X_0	惯性矩/cm⁴ I_x	I_y	回转半径/cm r_x	r_y	截面系数/cm³ W_x	W_{ymax}	W_{ymin}
160×70×20×3.0	160	70	20	3.0	7.42	9.45	2.224	373.64	60.42	6.29	2.53	46.71	27.17	12.65
180×60×20×3.0	180	60	20	3.0	7.453	9.495	1.739	449.695	43.611	6.881	2.143	49.966	25.073	10.235
180×70×20×3.0	180	70	20	3.0	7.924	10.095	2.106	496.693	63.712	7.014	2.512	55.188	30.248	13.019
180×70×20×2.0	180	70	20	2.0	5.39	6.87	2.110	343.93	45.18	7.08	2.57	38.21	21.37	9.25
180×70×20×2.5	180	70	20	2.5	6.66	9.48	2.110	420.20	54.42	7.04	2.53	46.69	25.82	11.12
200×60×20×3.0	200	60	20	3.0	7.924	10.095	1.644	578.425	45.041	7.569	2.112	57.842	27.382	10.342
200×70×20×2.0	200	70	20	2.0	5.71	7.27	2.000	440.04	46.71	7.78	2.54	44.00	23.32	9.35
200×70×20×2.5	200	70	20	2.5	7.05	8.98	2.000	538.21	56.27	7.74	2.50	53.82	28.18	11.25
200×70×20×3.0	200	70	20	3.0	8.395	10.695	1.996	636.643	65.883	7.715	2.481	63.664	32.999	13.167
220×75×20×2.0	220	75	20	2.0	6.18	7.87	2.080	574.45	56.88	8.54	2.69	52.22	27.35	10.50
220×75×20×2.5	220	75	20	2.5	7.64	9.73	2.070	703.76	68.66	8.50	2.66	63.98	33.11	12.65
250×40×15×3.0	250	40	15	3.0	7.924	10.095	0.790	773.495	14.809	8.753	1.211	61.879	18.734	4.614
300×40×15×3.0	300	40	15	3.0	9.102	11.595	0.707	1231.616	15.356	10.306	1.150	82.107	21.700	4.664
400×50×15×3.0	400	50	15	3.0	11.928	15.195	0.783	2837.843	28.888	13.666	1.378	141.892	36.879	6.851
450×70×30×6.0	450	70	30	6.0	28.092	36.015	1.421	8796.963	159.703	15.629	2.106	390.976	112.388	28.626
450×70×30×8.0	450	70	30	8.0	36.421	46.693	1.429	11030.645	182.734	15.370	1.978	490.251	127.875	32.801
500×100×40×6.0	500	100	40	6.0	34.176	43.815	2.297	14275.246	479.809	18.050	3.309	571.010	208.885	62.289
500×100×40×8.0	500	100	40	8.0	44.533	57.093	2.293	18150.796	578.026	17.830	3.182	726.032	252.083	75.000
500×100×40×10	500	100	40	10	54.372	69.708	2.289	21594.366	648.778	17.601	3.051	863.775	283.433	84.137
550×120×50×8.0	550	120	50	8.0	51.397	65.893	2.940	26259.069	1069.797	19.963	4.029	954.875	363.877	118.079
550×120×50×10	550	120	50	10	62.952	80.708	2.933	31484.498	1229.103	19.751	3.902	1144.891	419.060	135.558
550×120×50×12	550	120	50	12	73.990	94.859	2.926	36186.756	1349.879	19.531	3.772	1315.882	461.339	148.763
600×150×60×12	600	150	60	12	86.158	110.459	3.902	54745.539	2755.348	21.852	4.994	1824.851	706.137	248.274
600×150×60×14	600	150	60	14	97.395	124.865	3.840	57733.224	2867.742	21.503	4.792	1924.441	746.808	256.966
600×150×60×16	600	150	60	16	109.025	139.775	3.819	63178.379	3010.816	21.260	4.641	2105.946	788.378	269.280

表 2-122　冷弯外卷边槽钢（CW）的截面形状、尺寸及主要参数（摘自 GB/T 6723—2017）

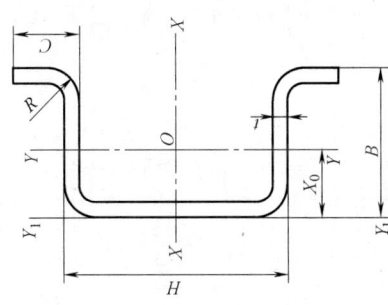

B—边宽度
H—高度
C—外卷边高度
r—边厚度
R—外卷边弧半径

规格 H×B×C×t	尺寸/mm H	B	C	t	理论质量/(kg/m)	截面面积/cm²	重心/cm X_0	惯性矩/cm⁴ I_x	I_y	回转半径/cm r_x	r_y	截面系数/cm³ W_x	W_{ymax}	W_{ymin}
30×30×16×2.5	30	30	16	2.5	2.009	2.560	1.526	6.010	3.126	1.532	1.105	2.109	2.047	2.122
50×20×15×3.0	50	20	15	3.0	2.272	2.895	0.823	13.863	1.539	2.188	0.729	3.746	1.869	1.309
60×25×32×2.5	60	25	32	2.5	3.030	3.860	1.279	42.431	3.959	3.315	1.012	7.131	3.095	3.243
60×25×32×3.0	60	25	32	3.0	3.544	4.515	1.279	49.003	4.438	3.294	0.991	8.305	3.469	3.635
80×40×20×4.0	80	40	20	4.0	5.296	6.746	1.573	79.594	14.537	3.434	1.467	14.213	9.241	5.900
100×30×15×3.0	100	30	15	3.0	3.921	4.995	0.932	77.669	5.575	3.943	1.056	12.527	5.979	2.696
150×40×20×4.0	150	40	20	4.0	7.497	9.611	1.176	325.197	18.311	5.817	1.380	35.736	15.571	6.484
150×40×20×5.0	150	40	20	5.0	8.913	11.427	1.158	370.697	19.357	5.696	1.302	41.189	16.716	6.811

（续）

规格 H×B×C×t	尺寸/mm H	B	C	t	理论质量 /(kg/m)	截面面积 /cm²	重心/cm X_0	惯性矩/cm⁴ I_x	I_y	回转半径/cm r_x	r_y	截面系数/cm³ W_x	$W_{y\max}$	$W_{y\min}$
200×50×30×4.0	200	50	30	4.0	10.305	13.211	1.525	834.155	44.255	7.946	1.830	66.203	29.020	12.735
200×50×30×5.0	200	50	30	5.0	12.423	15.927	1.511	976.969	49.376	7.832	1.761	78.158	32.678	10.999
250×60×40×5.0	250	60	40	5.0	15.933	20.427	1.856	2029.828	99.403	9.968	2.206	126.864	53.558	23.987
250×60×40×6.0	250	60	40	6.0	18.732	24.015	1.853	2342.687	111.005	9.877	2.150	147.339	59.906	26.768
300×70×50×6.0	300	70	50	6.0	22.944	29.415	2.195	4246.582	197.478	12.015	2.591	218.896	89.967	41.098
300×70×50×8.0	300	70	50	8.0	29.557	37.893	2.191	5304.784	233.118	11.832	2.480	276.291	106.398	48.475
350×80×60×6.0	350	80	60	6.0	27.156	34.815	2.533	6973.923	319.329	14.153	3.029	304.538	126.068	58.410
350×80×60×8.0	350	80	60	8.0	35.173	45.093	2.475	8804.763	365.038	13.973	2.845	387.875	147.490	66.070
400×90×70×8.0	400	90	70	8.0	40.789	52.293	2.773	13577.846	548.603	16.114	3.239	518.238	197.837	88.101
400×90×70×10	400	90	70	10	49.692	63.708	2.868	16171.507	672.619	15.932	3.249	621.981	234.525	109.690
450×100×80×8.0	450	100	80	8.0	46.405	59.493	3.206	19821.232	855.920	18.253	3.793	667.382	266.974	125.982
450×100×80×10	450	100	80	10	56.712	72.708	3.205	23751.957	987.987	18.074	3.686	805.151	308.264	145.399
500×150×90×10	500	150	90	10	69.972	89.708	5.003	38191.923	2907.975	20.633	5.694	1157.331	581.246	290.885
500×150×90×12	500	150	90	12	82.414	105.659	4.992	44274.544	3291.816	20.470	5.582	1349.834	659.418	328.918
550×200×100×12	550	200	100	12	98.326	126.059	6.564	66449.957	6427.780	22.959	7.141	1830.577	979.247	478.400
550×200×100×14	550	200	100	14	111.591	143.065	6.815	74080.384	7829.699	22.755	7.398	2052.088	1148.892	593.834
600×250×150×14	600	250	150	14	138.891	178.065	9.717	125436.851	17163.911	26.541	9.818	2876.992	1766.380	1123.072
600×250×150×16	600	250	150	16	156.449	200.575	9.700	139827.681	18879.946	26.403	9.702	3221.836	1946.386	1233.983

表 2-123　冷弯 Z 形钢（Z）的截面形状、尺寸及主要参数（摘自 GB/T 6723—2017）

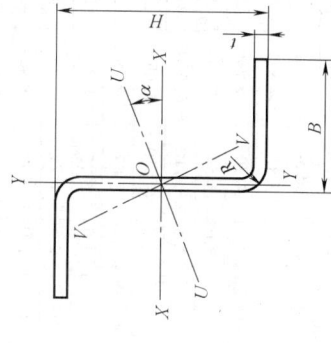

B—边宽度
H—高度
t—边厚度
R—弧半径

规格 $H×B×t$	尺寸/mm H	B	t	理论质量 /(kg/m)	截面面积 /cm²	惯性矩 /cm⁴ I_x	I_y	I_u	I_v	回转半径 /cm r_v	惯性极矩 /cm⁴ I_{xy}	截面系数 /cm³ W_x	W_y	角度 $\tan\alpha$
80×40×2.5	80	40	2.5	2.947	3.755	37.021	9.707	43.307	3.421	0.954	14.532	9.255	2.505	0.432
80×40×3.0			3.0	3.491	4.447	43.148	11.429	50.606	3.970	0.944	17.094	10.787	2.968	0.436
100×50×2.5	100	50	2.5	3.732	4.755	74.429	19.321	86.840	6.910	1.205	28.947	14.885	3.963	0.428
100×50×3.0			3.0	4.433	5.647	87.275	22.837	102.038	8.073	1.195	34.194	17.455	4.708	0.431
140×70×3.0	140	70	3.0	6.291	8.065	249.769	64.316	290.867	23.218	1.697	96.492	35.681	9.389	0.426
140×70×4.0			4.0	8.272	10.605	322.421	83.925	376.599	29.747	1.675	125.922	46.061	12.342	0.430
200×100×3.0	200	100	3.0	9.099	11.665	749.379	191.180	870.468	70.091	2.451	286.800	74.938	19.409	0.422
200×100×4.0			4.0	12.016	15.405	977.164	251.093	1137.292	90.965	2.430	376.703	97.716	25.622	0.425
300×120×4.0	300	120	4.0	16.384	21.005	2871.420	438.304	3124.579	185.144	2.969	824.655	191.428	37.144	0.307
300×120×5.0			5.0	20.251	25.963	3506.942	541.080	3823.534	224.489	2.940	1019.410	233.796	46.049	0.311
400×150×6.0	400	150	6.0	31.595	40.507	9598.705	1271.376	10321.169	548.912	3.681	2556.980	479.935	86.488	0.283
400×150×8.0			8.0	41.611	53.347	12449.116	1661.661	13404.115	706.662	3.640	3348.736	622.456	113.812	0.285

表 2-124 冷弯卷边 Z 形钢（ZJ）的截面形状、尺寸及主要参数（摘自 GB/T 6723—2017）

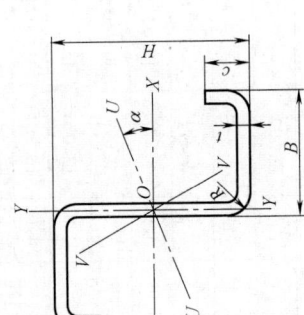

B—边宽度
H—高度
C—卷边高度
t—边厚度
R—弧半径

规格 H×B×C×t	尺寸/mm H	B	C	t	理论质量 /(kg/m)	截面面积 /cm²	惯性矩/cm⁴ I_x	I_y	I_u	I_v	回转半径 /cm r_v	惯性极矩 /cm⁴ I_{xy}	截面系数 /cm³ W_x	W_y	角度 tanα
100×40×20×2.0	100	40	20	2.0	3.208	4.086	60.618	17.202	71.373	6.448	1.256	24.136	12.123	4.410	0.445
100×40×20×2.5	100	40	20	2.5	3.933	5.010	73.047	20.324	85.730	7.641	1.234	28.802	14.609	5.245	0.440
120×50×20×2.0	120	50	20	2.0	3.82	4.87	106.97	30.23	126.06	11.14	1.51	42.77	17.83	6.17	0.446
120×50×20×2.5	120	50	20	2.5	4.70	5.98	129.39	35.91	152.05	13.25	1.49	51.30	21.57	7.37	0.442
120×50×20×3.0	120	50	20	3.0	5.54	7.05	150.14	40.88	175.92	15.11	1.46	58.99	25.02	8.43	0.437
140×50×20×2.5	140	50	20	2.5	5.110	6.510	188.502	36.358	210.140	14.720	1.503	61.321	26.928	7.458	0.352
140×50×20×3.0	140	50	20	3.0	6.040	7.695	219.848	41.554	244.527	16.875	1.480	70.775	31.406	8.567	0.348
160×60×20×2.5	160	60	20	2.5	5.87	7.48	288.12	58.15	323.13	23.14	1.76	96.32	36.01	9.90	0.364
160×60×20×3.0	160	60	20	3.0	6.95	8.85	336.66	66.66	376.76	26.56	1.73	111.51	42.08	11.39	0.360
160×70×20×2.5	160	70	20	2.5	6.27	7.98	319.13	87.74	374.76	32.11	2.01	126.37	39.89	12.76	0.440
160×70×20×3.0	160	70	20	3.0	7.42	9.45	373.64	101.10	437.72	37.03	1.98	146.86	46.71	14.76	0.436
180×70×20×2.5	180	70	20	2.5	6.680	8.510	422.926	88.578	476.503	35.002	2.028	144.165	46.991	12.884	0.371
180×70×20×3.0	180	70	20	3.0	7.924	10.095	496.693	102.345	558.511	40.527	2.003	167.926	55.188	14.940	0.368

规格	b		a	t											
230×75×25×3.0	230	75	25	3.0	9.573	12.195	951.373	138.928	1030.579	59.722	2.212	265.752	82.728	18.901	0.298
230×75×25×4.0	230	75	25	4.0	12.518	15.946	1222.685	173.031	1320.991	74.725	2.164	335.933	106.320	23.703	0.292
250×75×25×3.0	250	75	25	3.0	10.044	12.795	1160.008	138.933	1236.730	62.211	2.205	290.214	92.800	18.902	0.264
250×75×25×4.0	250	75	25	4.0	13.146	16.746	1492.957	173.042	1588.130	77.869	2.156	366.984	119.436	23.704	0.259
300×100×30×4.0	300	100	30	4.0	16.545	21.211	2828.642	416.757	3066.877	178.522	2.901	794.575	188.576	42.526	0.300
300×100×30×6.0	300	100	30	6.0	23.880	30.615	3944.956	548.081	4258.604	234.434	2.767	1078.794	262.997	56.503	0.291
400×120×40×8.0	400	120	40	8.0	40.789	52.293	11648.355	1293.651	12363.204	578.802	3.327	2813.016	582.418	111.522	0.254
400×120×40×10	400	120	40	10	49.692	63.708	13835.982	1463.588	14645.376	654.194	3.204	3266.384	691.799	127.269	0.248

表 2-125　卷边等边角钢 (JJ) 的截面形状、尺寸及主要参数 (摘自 GB/T 6723—2017)

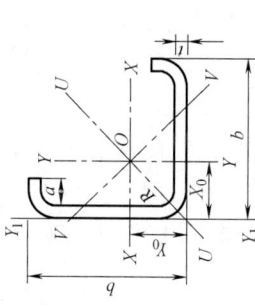

b—边宽度
t—边厚度
a—卷边高度
R—弧半径

规格	尺寸/mm			理论质量 /(kg/m)	截面面积 /cm²	重心 Y_0 /cm	惯性矩/cm⁴			回转半径/cm			截面系数/cm³	
$b×a×t$	b	a	t				$I_x=I_y$	I_u	I_v	$r_x=r_y$	r_u	r_v	$W_{ymax}=W_{xmax}$	$W_{ymin}=W_{xmin}$
40×15×2.0	40	15	2.0	1.53	1.95	1.404	3.93	5.74	2.12	1.42	1.72	1.04	2.80	1.51
60×20×2.0	60	20	2.0	2.32	2.95	2.026	13.83	20.56	7.11	2.17	2.64	1.55	6.83	3.48
75×20×2.0	75	20	2.0	2.79	3.55	2.396	25.60	39.01	12.19	2.69	3.31	1.81	10.68	5.02
75×20×2.5	75	20	2.5	3.42	4.36	2.401	30.76	46.91	14.60	2.66	3.28	1.83	12.81	6.03

3.2 钢板、钢带

3.2.1 冷轧钢板和钢带（摘自 GB/T 708—2006）

（1）分类及代号

1）按边缘状态分为切边（EC）和不切边（EM）。

2）按尺寸精度分为普通厚度精度（PT. A）、较高厚度精度（PT. B）；普通宽度精度（PW. A）、较高宽度精度（PW. B）；普通长度精度（PL. A）、较高长度精度（PL. B）。

3）按不平度精度分为普通不平度精度（PF. A）和较高不平度精度（PF. B）。

4）按产品形态、边缘状态所对应的尺寸精度分类见表 2-126。

表 2-126 按产品形态、边缘状态所对应的尺寸精度分类

产品形态	分类及代号								
	边缘状态	厚度精度		宽度精度		长度精度		平面度精度	
		普通	较高	普通	较高	普通	较高	普通	较高
钢带	不切边（EM）	PT. A	PT. B	PW. A	—	—	—	—	—
	切边（EC）	PT. A	PT. B	PW. A	PW. B	—	—	—	—
钢板	不切边（EM）	PT. A	PT. B	PW. A	—	PL. A	PL. B	PF. A	PF. B
	切边（EC）	PT. A	PT. B	PW. A	PW. B	PL. A	PL. B	PF. A	PF. B
纵切钢带	切边（EC）	PT. A	PT. B	PW. A	—	—	—	—	—

（2）尺寸

1）尺寸范围：冷轧钢板和钢带（包括纵切钢带）的公称厚度为 0.30~4.00mm；钢板和钢带公称宽度为 600~2050mm；钢板的公称长度为 1000~6000mm。

2）推荐的公称尺寸：钢板和钢带（包括纵切钢带）的公称厚度在规定的尺寸范围内，公称厚度小于 1mm 的钢板和钢带按 0.05mm 倍数的任何尺寸；公称厚度不小于 1mm 的钢板和钢带按 0.1mm 倍数的任何尺寸。钢板和钢带（包括纵切钢带）的公称宽度在规定的尺寸范围内，按 10mm 倍数的任何尺寸。钢板的公称长度在规定的尺寸范围内，按 50mm 倍数的任何尺寸。

（3）尺寸允许偏差

1）厚度允许偏差：规定的最小屈服强度小于 280MPa 的冷轧钢板和钢带的厚度允许偏差见表 2-127。

规定的最小屈服强度为 280MPa~<360MPa 的冷轧钢板和钢带的厚度允许偏差比表 2-127 规定值增加 20%；规定的最小屈服强度为不小于 360MPa 的冷轧钢板和钢带的厚度允许偏差比表 2-217 规定值增加 40%。

2）切边冷轧钢板、钢带的宽度允许偏差见表 2-128。不切边冷轧钢板、钢带的宽度允许偏差由供需双方协商确定。

表 2-127　规定的最小屈服强度小于 280MPa 的冷轧钢板和钢带的厚度允许偏差

（单位：mm）

公称厚度	厚度允许偏差①					
	普通精度（PT. A）			较高精度（PT. B）		
	公称宽度			公称宽度		
	≤1200	>1200~1500	>1500	≤1200	>1200~1500	>1500
≤0.40	±0.04	±0.05	±0.06	±0.025	±0.035	±0.045
>0.40~0.60	±0.05	±0.06	±0.07	±0.035	±0.045	±0.050
>0.60~0.80	±0.06	±0.07	±0.08	±0.040	±0.050	±0.050
>0.80~1.00	±0.07	±0.08	±0.09	±0.045	±0.060	±0.060
>1.00~1.20	±0.08	±0.09	±0.10	±0.055	±0.070	±0.070
>1.20~1.60	±0.10	±0.11	±0.11	±0.070	±0.080	±0.080
>1.60~2.00	±0.12	±0.13	±0.13	±0.080	±0.090	±0.090
>2.00~2.50	±0.14	±0.15	±0.15	±0.100	±0.110	±0.110
>2.50~3.00	±0.16	±0.17	±0.17	±0.110	±0.120	±0.120
>3.00~4.00	±0.17	±0.19	±0.19	±0.140	±0.150	±0.150

① 距钢带焊缝处 15m 内的厚度允许偏差比表中规定值增加 60%；距钢带两端各 15m 内的厚度允许偏差比表中规定值增加 60%。

表 2-128　切边冷轧钢板、钢带的宽度允许偏差　（单位：mm）

公称宽度	宽度允许偏差		公称宽度	宽度允许偏差	
	普通精度（P——. A）	较高精度（P——. B）		普通精度（P——. A）	较高精度（P——. B）
≤1200	+4 0	+2 0	>1500	+6 0	+3 0
>1200~1500	+5 0	+2 0			

3）纵切冷轧钢带的宽度允许偏差见表 2-129。

表 2-129　纵切冷轧钢带的宽度允许偏差　（单位：mm）

公称厚度	宽度允许偏差				
	公称宽度				
	≤125	>125~250	>250~400	>400~600	>600
≤0.40	+0.3 0	+0.6 0	+1.0 0	+1.5 0	+2.0 0
>0.40~1.0	+0.5 0	+0.8 0	+1.2 0	+1.5 0	+2.0 0
>1.0~1.8	+0.7 0	+1.0 0	+1.5 0	+2.0 0	+2.5 0
>1.8~4.0	+1.0 0	+1.3 0	+1.7 0	+2.0 0	+2.5 0

4）冷轧钢板的长度允许偏差见表 2-130。

表 2-130　冷轧钢板的长度允许偏差　（单位：mm）

公称长度	长度允许偏差	
	普通精度（PL. A）	高级精度（PL. B）
≤2000	+6 0	+3 0
>2000	+0.3%×公称长度 0	+0.15%×公称长度 0

3.2.2 优质碳素结构钢冷轧钢板和钢带（摘自 GB/T 13237—2013）

1）分类及代号见表2-131。

表 2-131　优质碳素结构钢冷轧钢板和钢带的分类及代号

按表面质量分类		按边缘状态分类	
类　别	代　号	类　别	代　号
较高级表面	FB	切边	EC
高级表面	FC	不切边	EM
超高级表面	FD	—	—

2）牌号及化学成分见表2-132。

表 2-132　优质碳素结构钢的牌号及化学成分（熔炼分析）

牌号	化学成分[1]（质量分数，%）								
	C	Si	Mn	Al_s	P	S	Ni	Cr	Cu
							≤		
08Al	≤0.10	≤0.03	≤0.45	0.015~0.065	0.030	0.030	0.30	0.10	0.25
08	0.05~0.11	0.17~0.37	0.35~0.65	—	0.035	0.035	0.30	0.25	0.25
10	0.07~0.13	0.17~0.37	0.35~0.65	—	0.035	0.035	0.30	0.25	0.25
15	0.12~0.18	0.17~0.37	0.35~0.65	—	0.035	0.035	0.30	0.25	0.25
20	0.17~0.23	0.17~0.37	0.35~0.65	—	0.035	0.035	0.30	0.25	0.25
25	0.22~0.29	0.17~0.37	0.50~0.80	—	0.035	0.035	0.30	0.25	0.25
30	0.27~0.34	0.17~0.37	0.50~0.80	—	0.035	0.035	0.30	0.25	0.25
35	0.32~0.39	0.17~0.37	0.50~0.80	—	0.035	0.035	0.30	0.25	0.25
40	0.37~0.44	0.17~0.37	0.50~0.80	—	0.035	0.035	0.30	0.25	0.25
45	0.42~0.50	0.17~0.37	0.50~0.80	—	0.035	0.035	0.30	0.25	0.25
50	0.47~0.55	0.17~0.37	0.50~0.80	—	0.035	0.035	0.30	0.25	0.25
55	0.52~0.60	0.17~0.37	0.50~0.80	—	0.035	0.035	0.30	0.25	0.25
60	0.57~0.65	0.17~0.37	0.50~0.80	—	0.035	0.035	0.30	0.25	0.25
65	0.62~0.70	0.17~0.37	0.50~0.80	—	0.035	0.035	0.30	0.25	0.25
70	0.67~0.75	0.17~0.37	0.50~0.80	—	0.035	0.035	0.30	0.25	0.25

① 可用 Al_t 代替 Al_s 的测定，此时 $w(Al_t)$ 应为 0.020%~0.070%。

经供需双方协商，并在合同中注明，也可供应 GB/T 699《优质碳素结构钢》规定的其他牌号。

3）钢板和钢带的力学性能见表2-133。

表 2-133　优质碳素结构钢冷轧钢板和钢带的力学性能

牌号	抗拉强度[1][2] R_m /MPa	以下公称厚度(mm)的断后伸长率[3] A_{80mm}(%)（L_0=80mm，b=20mm）					
		≤0.6	>0.6~1.0	>1.0~1.5	>1.5~2.0	>2.0~≤2.5	>2.5
08Al	275~410	≥21	≥24	≥26	≥27	≥28	≥30
08	275~410	≥21	≥24	≥26	≥27	≥28	≥30
10	295~430	≥21	≥24	≥26	≥27	≥28	≥30
15	335~470	≥19	≥21	≥23	≥24	≥25	≥26
20	355~500	≥18	≥20	≥22	≥23	≥24	≥25
25	375~490	≥18	≥20	≥21	≥22	≥23	≥24

（续）

牌号	抗拉强度[①][②] R_m /MPa	以下公称厚度(mm)的断后伸长率[③]A_{80mm}(%) ($L_0=80mm, b=20mm$)					
		≤0.6	>0.6~1.0	>1.0~1.5	>1.5~2.0	>2.0~≤2.5	>2.5
30	390~510	≥16	≥18	≥19	≥21	≥21	≥22
35	410~530	≥15	≥16	≥18	≥19	≥19	≥20
40	430~550	≥14	≥15	≥17	≥18	≥18	≥19
45	450~570	—	≥14	≥15	≥16	≥16	≥17
50	470~590	—	—	≥13	≥14	≥14	≥15
55	490~610	—	—	≥11	≥12	≥12	≥13
60	510~630	—	—	≥10	≥10	≥10	≥11
65	530~650	—	—	≥8	≥8	≥8	≥9
70	550~670	—	—	≥6	≥6	≥6	≥7

① 拉伸试验取横向试样。
② 在需方同意的情况下，25、30、35、40、45、50、55、60、65 和 70 牌号钢板和钢带的抗拉强度上限值允许比规定值提高 50MPa。
③ 经供需双方协商，可采用其他标距。

3.2.3　冷轧低碳钢板及钢带（摘自 GB/T 5213—2008）

（1）牌号命名方法

冷轧低碳钢板及钢带的牌号由三部分组成：第一部分为字母"D"，代表冷成形用钢板及钢带；第二部为字母"C"，代表轧制条件为冷轧；第三部分为两位数字序列号，即 01、03、04 等。

示例：DC01

D——表示冷成形用钢板及钢带；

C——表示轧制条件为冷轧；

01——表示数字序列号。

（2）分类及代号（见表 2-134~表 2-136）

表 2-134　冷轧低碳钢板及钢带按用途分类及代号

牌　号	用　途	牌　号	用　途
DC01	一般用	DC05	特深冲用
DC03	冲压用	DC06	超深冲用
DC04	深冲用	DC07	特超深冲用

表 2-135　冷轧低碳钢板及钢带按表面质量分类及代号

级　别	代　号	级　别	代　号
特高级表面	FB	超高级表面	FD
高级表面	FC		

表 2-136　冷轧低碳钢板及钢带按表面结构分类及代号

表　面　结　构	代　号
光亮表面	B
麻面	D

（3）牌号及化学成分（熔炼分析）（见表 2-137）

表 2-137 冷轧低碳钢的牌号及化学成分（熔炼分析）

牌号	化学成分(质量分数,%)					
	C	Mn	P	S	Al$_t$[1]	Ti[2]
DC01	≤0.12	≤0.60	≤0.045	≤0.045	≥0.020	—
DC03	≤0.10	≤0.45	≤0.035	≤0.035	≥0.020	—
DC04	≤0.08	≤0.40	≤0.030	≤0.030	≥0.020	—
DC05	≤0.06	≤0.35	≤0.025	≤0.025	≥0.015	—
DC06	≤0.02	≤0.30	≤0.020	≤0.020	≥0.015	≤0.30[3]
DC07	≤0.01	≤0.25	≤0.020	≤0.020	≥0.015	≤0.20[3]

① 对于牌号 DC01、DC03 和 DC04，当 $w(C) \leq 0.01$ 时 $w(Al_t) \geq 0.015$。

② DC01、DC03、DC04 和 DC05 也可以添加 Nb 或 Ti。

③ 可以用 Nb 代替部分 Ti，钢中 C 和 N 应全部被固定。

（4）力学性能（见表 2-138）

表 2-138 冷轧低碳钢板及钢带的力学性能

牌号	屈服强度[1][2] R_{eL} 或 $R_{P0.2}$/MPa ≥	抗拉强度 R_m/MPa	断后伸长率[3][4] A_{80mm}(%) ($L_0 = 80mm, b = 20mm$) ≥	r_{90}值[5] ≥	n_{90}值[5] ≥
DC01	280[6]	270~410	28	—	—
DC03	240	270~370	34	1.3	—
DC04	210	270~350	38	1.6	0.18
DC05	180	270~330	40	1.9	0.20
DC06	170	270~330	41	2.1	0.22
DC07	150	250~310	44	2.5	0.23

① 无明显屈服时采用 $R_{P0.2}$，否则采用 R_{eL}。当厚度大于 0.50mm 且不大于 0.70mm 时，屈服强度上限值可以增加 20MPa；当厚度不大于 0.50mm 时，屈服强度上限值可以增加 40MPa。

② 经供需双方协商同意，DC01、DC03、DC04 屈服强度的下限值可设定为 140MPa，DC05、DC06 屈服强度的下限值可设定为 120MPa，DC07 屈服强度的下限值可设定为 100MPa。

③ 试样为 GB/T 228 中的 P6 试样，试样方向为横向。

④ 当厚度大于 0.50mm 且不大于 0.70mm 时，断后伸长率最小值可以降低 2%（绝对值）；当厚度不大于 0.50mm 时，断后伸长率最小值可以降低 4%（绝对值）。

⑤ r_{90}值和 n_{90}值的要求仅适用于厚度不小于 0.50mm 的产品。当厚度大于 2.0mm 时，r_{90}值可以降低 0.2。

⑥ DC01 的屈服强度上限值的有效期仅为从生产完成之日起 8 天内。

3.2.4 碳素结构钢冷轧钢带（摘自 GB/T 716—1991）

（1）分类及代号（见表 2-139）

（2）尺寸（见表 2-140）

（3）力学性能（见表 2-141）

3.2.5 热轧钢板和钢带（摘自 GB/T 709—2006）

（1）分类及代号

1）按边缘状态分为切边，EC；不切边，EM。

表 2-139 碳素结构钢冷轧钢带的分类及代号

按尺寸精度分	普通精度钢带(P),宽度较高精度钢带(K),厚度较高精度钢带(H),宽度、厚度较高精度钢带(KH)
按表面精度分	普通精度表面钢带(Ⅰ):除允许有其深度或高度不大于钢带厚度允许偏差的个别的凹面、凸块、压痕、结疤、纵向划伤或划痕,以及轻微的锈痕、粉状氧化皮的薄层外,不得有其他缺陷
	较高精度表面钢带(Ⅱ):除允许有其深度或高度不大于钢带厚度允许偏差之半的个别凹面、凸块、结疤、纵向划伤或划痕外,不得有其他缺陷
按边缘状态分	切边钢带(Q),不切边钢带(BQ)
按力学性能分	软钢带(R),半软钢带(BR),硬钢带(Y)

表 2-140 碳素结构钢冷轧钢带的厚度和宽度

厚度/mm	宽度/mm
0.10~3.00	10~250

表 2-141 碳素结构钢冷轧钢带的力学性能

类别	抗拉强度/MPa	断后伸长率(%)	维氏硬度 HV
软钢带(R)	275~440	≥23	≤130
半软钢带(BR)	370~490	≥10	105~145
冷硬钢带(Y)	490~785	—	140~230

2) 按厚度偏差种类分为 N 类偏差, 正偏差和负偏差相等; A 类偏差, 按公称厚度规定负偏差; B 类偏差, 固定负偏差为 0.3mm; C 类偏差, 固定负偏差为零, 按公称厚度规定正偏差。

3) 按厚度精度分为普通厚度精度, PT.A; 较高厚度精度, PT.B。

(2) 尺寸

1) 热轧钢板和钢带的尺寸范围: 单轧钢板公称厚度为 3~400mm; 单轧钢板公称宽度为 600~4800mm; 钢板公称长度为 2000~20000mm; 钢带 (包括连轧钢板) 公称厚度为 0.8~25.4mm; 钢带 (包括连轧钢板) 公称宽度为 600~2200mm; 纵切钢带公称宽度为 120~900mm。

2) 热轧钢板和钢带推荐的公称尺寸: 单轧钢板的公称厚度在规定的尺寸范围内, 厚度小于 30mm 的钢板按 0.5mm 倍数的任何尺寸; 厚度不小于 30mm 的钢板按 1mm 倍数的任何尺寸。单轧钢板的公称宽度在规定的尺寸范围内, 按 10mm 或 50mm 倍数的任何尺寸。钢带 (包括连轧钢板) 的公称厚度在规定的尺寸范围内, 按 0.1mm 倍数的任何尺寸。钢带 (包括连轧钢板) 的公称宽度在规定的尺寸范围内, 按 10mm 倍数的任何尺寸。钢板的长度在规定的尺寸范围内, 按 50mm 或 100mm 倍数的任何尺寸。

(3) 厚度允许偏差 (见表 2-142~表 2-146)

表 2-142　单轧钢板的厚度允许偏差（N 类）　　　（单位：mm）

公称厚度	下列公称宽度的厚度允许偏差			
	≤1500	>1500~2500	>2500~4000	>4000~4800
3.00~5.00	±0.45	±0.55	±0.65	—
>5.00~8.00	±0.50	±0.60	±0.75	—
>8.00~15.0	±0.55	±0.65	±0.80	±0.90
>15.0~25.0	±0.65	±0.75	±0.90	±1.10
>25.0~40.0	±0.70	±0.80	±1.00	±1.20
>40.0~60.0	±0.80	±0.90	±1.10	±1.30
>60.0~100	±0.90	±1.10	±1.30	±1.50
>100~150	±1.20	±1.40	±1.60	±1.80
>150~200	±1.40	±1.60	±1.80	±1.90
>200~250	±1.60	±1.80	±2.00	±2.20
>250~300	±1.80	±2.00	±2.20	±2.40
>300~400	±2.00	±2.20	±2.40	±2.60

表 2-143　单轧钢板的厚度允许偏差（A 类）　　　（单位：mm）

公称厚度	下列公称宽度的厚度允许偏差			
	≤1500	>1500~2500	>2500~4000	>4000~4800
3.00~5.00	+0.55 -0.35	+0.70 -0.40	+0.85 -0.45	—
>5.00~8.00	+0.65 -0.35	+0.75 -0.45	+0.95 -0.55	—
>8.00~15.0	+0.70 -0.40	+0.85 -0.45	+1.05 -0.55	+1.20 -0.60
>15.0~25.0	+0.85 -0.45	+1.00 -0.50	+1.15 -0.65	+1.50 -0.70
>25.0~40.0	+0.90 -0.50	+1.05 -0.55	+1.30 -0.70	+1.60 -0.80
>40.0~60.0	+1.05 -0.55	+1.20 -0.60	+1.45 -0.75	+1.70 -0.90
>60.0~100	+1.20 -0.60	+1.50 -0.70	+1.75 -0.85	+2.00 -1.00
>100~150	+1.60 -0.80	+1.90 -0.90	+2.15 -1.05	+2.40 -1.20
>150~200	+1.90 -0.90	+2.20 -1.00	+2.45 -1.15	+2.50 -1.30
>200~250	+2.20 -1.00	+2.40 -1.20	+2.70 -1.30	+3.00 -1.40
>250~300	+2.40 -1.20	+2.70 -1.30	+2.95 -1.45	+3.20 -1.60
>300~400	+2.70 -1.30	+3.00 -1.40	+3.25 -1.55	+3.50 -1.70

表 2-144　单轧钢板的厚度允许偏差（B 类）　　（单位：mm）

公称厚度	下列公称宽度的厚度允许偏差							
	≤1500		>1500~2500		>2500~4000		>4000~4800	
3.00~5.00		+0.60		+0.80		+1.00		—
>5.00~8.00		+0.70		+0.90		+1.20		—
>8.00~15.0		+0.80		+1.00		+1.30		+1.50
>15.0~25.0		+1.00		+1.20		+1.50		+1.90
>25.0~40.0		+1.10		+1.30		+1.70		+2.10
>40.0~60.0	−0.30	+1.30	−0.30	+1.50	−0.30	+1.90		+2.30
>60.0~100		+1.50		+1.80		+2.30	−0.30	+2.70
>100~150		+2.10		+2.50		+2.90		+3.30
>150~200		+2.50		+2.90		+3.30		+3.50
>200~250		+2.90		+3.30		+3.70		+4.10
>250~300		+3.30		+3.70		+4.10		+4.50
>300~400		+3.70		+4.10		+4.50		+4.90

表 2-145　单轧钢板的厚度允许偏差（C 类）　　（单位：mm）

公称厚度	下列公称宽度的厚度允许偏差							
	≤1500		>1500~2500		>2500~4000		>4000~4800	
3.00~5.00		+0.90		+1.10		+1.30		—
>5.00~8.00		+1.00		+1.20		+1.50		—
>8.00~15.0		+1.10		+1.30		+1.60		+1.80
>15.0~25.0		+1.30		+1.50		+1.80		+2.20
>25.0~40.0		+1.40		+1.60		+2.00		+2.40
>40.0~60.0	0	+1.60	0	+1.80	0	+2.20	0	+2.60
>60.0~100		+1.80		+2.20		+2.60		+3.00
>100~150		+2.40		+2.80		+3.20		+3.60
>150~200		+2.80		+3.20		+3.60		+3.80
>200~250		+3.20		+3.60		+4.00		+4.40
>250~300		+3.60		+4.00		+4.40		+4.80
>300~400		+4.00		+4.40		+4.80		+5.20

表 2-146　钢带（包括连轧钢板）的厚度允许偏差　　（单位：mm）

公称厚度	钢带厚度允许偏差[①]							
	普通精度　PT.A				较高精度　PT.B			
	公称宽度				公称宽度			
	600~1200	>1200~1500	>1500~1800	>1800	600~1200	>1200~1500	>1500~1800	>1800
0.8~1.5	±0.15	±0.17	—	—	±0.10	±0.12	—	—
>1.5~2.0	±0.17	±0.19	±0.21	—	±0.13	±0.14	±0.14	—
>2.0~2.5	±0.18	±0.21	±0.23	±0.25	±0.14	±0.15	±0.17	±0.20
>2.5~3.0	±0.20	±0.22	±0.24	±0.26	±0.15	±0.17	±0.19	±0.21
>3.0~4.0	±0.22	±0.24	±0.26	±0.27	±0.17	±0.18	±0.21	±0.22
>4.0~5.0	±0.24	±0.26	±0.28	±0.29	±0.19	±0.21	±0.22	±0.23
>5.0~6.0	±0.26	±0.28	±0.29	±0.31	±0.21	±0.22	±0.23	±0.25
>6.0~8.0	±0.29	±0.30	±0.31	±0.35	±0.23	±0.24	±0.25	±0.28
>8.0~10.0	±0.32	±0.33	±0.34	±0.40	±0.26	±0.26	±0.27	±0.32
>10.0~12.5	±0.35	±0.36	±0.37	±0.43	±0.28	±0.29	±0.30	±0.36

（续）

公称厚度	钢带厚度允许偏差[①]							
	普通精度 PT. A				较高精度 PT. B			
	公称宽度				公称宽度			
	600~1200	>1200~1500	>1500~1800	>1800	600~1200	>1200~1500	>1500~1800	>1800
>12.5~15.0	±0.37	±0.38	±0.40	±0.46	±0.30	±0.31	±0.33	±0.39
>15.0~25.4	±0.40	±0.42	±0.45	±0.50	±0.32	±0.34	±0.37	±0.42

[①] 规定最小屈服强度 $R_e \geqslant 345$MPa 的钢带，厚度偏差应增加 10%。

（4）宽度允许偏差

1）切边单轧钢板的宽度允许偏差见表 2-147。

表 2-147 切边单轧钢板的宽度允许偏差 （单位：mm）

公称厚度	公称宽度	允许偏差
3~16	≤1500	+10 0
	>1500	+15 0
>16	≤2000	+20 0
	>2000~3000	+25 0
	>3000	+30 0

2）不切边单轧板的宽度允许偏差由供需双方协商确定。

3）不切边钢带（包括连轧钢板）的宽度允许偏差见表 2-148。

表 2-148 不切边钢带（包括连轧钢板）的宽度允许偏差 （单位：mm）

公称宽度	允许偏差	公称宽度	允许偏差
≤1500	+20 0	>1500	+25 0

4）切边钢带（包括连轧钢板）的宽度允许偏差见表 2-149。

表 2-149 切边钢带（包括连轧钢板）的宽度允许偏差 （单位：mm）

公称宽度	允许偏差	公称宽度	允许偏差
≤1200	+3 0	>1500	+6 0
>1200~1500	+5 0		

5）纵切钢带的宽度允许偏差见表 2-150。

表 2-150 纵切钢带的宽度允许偏差 （单位：mm）

公称宽度	公称厚度		
	≤4.0	>4.0~8.0	>8.0
120~160	+1 0	+2 0	+2.5 0
>160~250	+1 0	+2 0	+2.5 0

（5）长度允许偏差（见表 2-151 和表 2-152）

表 2-151　单轧钢板的长度允许偏差　　（单位：mm）

公称长度	允许偏差	公称长度	允许偏差
2000～4000	+20 0	>10000～15000	+75 0
>4000～6000	+30 0	>15000～20000	+100 0
>6000～8000	+40 0	>20000	由供需双方协商
>8000～10000	+50 0		

表 2-152　连轧钢板的长度允许偏差　　（单位：mm）

公称长度	允许偏差	公称长度	允许偏差
2000～8000	+0.5%×公称长度	>8000	+40 0

（6）平面度

单轧钢板按下列两类钢分别规定了钢板的平面度。

钢类 L：规定的最低屈服强度值 ≤460MPa，未经淬火或淬火加回火处理的钢板。

钢类 H：规定的最低屈服强度值 >460～700MPa，以及所有淬火或淬火加回火的钢板。

1）单轧钢板的平面度见表 2-153。

表 2-153　单轧钢板的平面度　　（单位：mm）

公称厚度	钢类 L				钢类 H			
	下列公称宽度钢板的平面度≤							
	≤3000		>3000		≤3000		>3000	
	测量长度							
	1000	2000	1000	2000	1000	2000	1000	2000
3～5	9	14	15	24	12	17	19	29
>5～8	8	12	14	21	11	15	18	26
>8～15	7	11	11	17	10	14	16	22
>15～25	7	10	10	15	10	13	14	19
>25～40	6	9	9	13	9	12	15	17
>40～400	5	8	8	11	8	11	11	15

如果测量时直尺（线）与钢板接触点之间的距离小于 1000mm，则平面度最大允许值应符合以下要求：对钢类 L，为接触点间距离（300～1000mm）的 1%；对钢类 H，为接触点间距离（300～1000mm）的 1.5%。但两者均不得超过表 2-153 中的规定。

2）连轧钢板的平面度见表 2-154。

表 2-154　连轧钢板的平面度　　　　　　　　（单位：mm）

公称厚度	公称宽度	平面度≤		
		规定的屈服强度，R_{eL}		
		<220MPa	220~320MPa	>320MPa
≤2	≤1200	21	26	32
	>1200~1500	25	31	36
	>1500	30	38	45
>2	≤1200	18	22	27
	>1200~1500	23	29	34
	>1500	28	35	42

3.2.6　优质碳素结构钢热轧钢板和钢带（摘自 GB/T 711—2017）

1）牌号及化学成分（熔炼分析）见表 2-155。

表 2-155　优质碳素结构钢的牌号及化学成分（熔炼分析）

牌号	化学成分(质量分数，%)							
	C	Si	Mn	P	S	Cr	Ni	Cu
						≤		
08	0.05~0.11	0.17~0.37	0.35~0.65	0.035	0.030	0.10	0.30	0.25
08Al[①]	≤0.11	≤0.03	≤0.45	0.035	0.030	0.10	0.30	0.25
10	0.07~0.13	0.17~0.37	0.35~0.65	0.035	0.030	0.15	0.30	0.25
15	0.12~0.18	0.17~0.37	0.35~0.65	0.035	0.030	0.20	0.30	0.25
20	0.17~0.23	0.17~0.37	0.35~0.65	0.035	0.030	0.25	0.30	0.25
25	0.22~0.29	0.17~0.37	0.50~0.80	0.035	0.030	0.25	0.30	0.25
30	0.27~0.34	0.17~0.37	0.50~0.80	0.035	0.030	0.25	0.30	0.25
35	0.32~0.39	0.17~0.37	0.50~0.80	0.035	0.030	0.25	0.30	0.25
40	0.37~0.44	0.17~0.37	0.50~0.80	0.035	0.030	0.25	0.30	0.25
45	0.42~0.50	0.17~0.37	0.50~0.80	0.035	0.030	0.25	0.30	0.25
50	0.47~0.55	0.17~0.37	0.50~0.80	0.035	0.030	0.25	0.30	0.25
55	0.52~0.60	0.17~0.37	0.50~0.80	0.035	0.030	0.25	0.30	0.25
60	0.57~0.65	0.17~0.37	0.50~0.80	0.035	0.030	0.25	0.30	0.25
65	0.62~0.70	0.17~0.37	0.50~0.80	0.035	0.030	0.25	0.30	0.25
70	0.67~0.75	0.17~0.37	0.50~0.80	0.035	0.030	0.25	0.30	0.25
20Mn	0.17~0.23	0.17~0.37	0.70~1.00	0.035	0.030	0.25	0.30	0.25
25Mn	0.22~0.29	0.17~0.37	0.70~1.00	0.035	0.030	0.25	0.30	0.25
30Mn	0.27~0.34	0.17~0.37	0.70~1.00	0.035	0.030	0.25	0.30	0.25
35Mn	0.32~0.39	0.17~0.37	0.70~1.00	0.035	0.035	0.25	0.30	0.25
40Mn	0.37~0.44	0.17~0.37	0.70~1.00	0.035	0.035	0.25	0.30	0.25
45Mn	0.42~0.50	0.17~0.37	0.70~1.00	0.035	0.035	0.25	0.30	0.25
50Mn	0.47~0.55	0.17~0.37	0.70~1.00	0.035	0.030	0.20	0.30	0.25
55Mn	0.52~0.60	0.17~0.37	0.70~1.00	0.035	0.035	0.25	0.30	0.25
60Mn	0.57~0.65	0.17~0.37	0.70~1.00	0.035	0.030	0.25	0.30	0.25
65Mn	0.62~0.70	0.17~0.37	0.90~1.20	0.035	0.030	0.25	0.30	0.25
70Mn	0.67~0.75	0.17~0.37	0.90~1.20	0.035	0.035	0.25	0.30	0.25

注：1. 钢中残余元素铬、镍、铜含量供方若能保证合格，可不进行分析。

2. 氧气转炉冶炼的钢其含氮量应不大于 0.008%，供方能保证合格，可不进行分析。

3. 成品钢板和钢带的化学成分允许偏差应符合 GB/T 222 的规定。

① 钢中酸溶铝（Al_s）含量为 0.015%~0.065%（质量分数）或全铝（Al_t）含量为 0.02%~0.070%（质量分数）。

2) 钢板和钢带的力学性能见表 2-156。

表 2-156　优质碳素结构钢热轧钢板和钢带的力学性能

牌号	抗拉强度 R_m/MPa	断后伸长率 A(%)	牌号	抗拉强度 R_m/MPa	断后伸长率 A(%)
	≥	≥		≥	≥
08	325	33	65[①]	695	10
08Al	325	33	70[①]	715	9
10	335	32	20Mn	450	24
15	370	30	25Mn	490	22
20	410	28	30Mn	540	20
25	450	24	35Mn	560	18
30	490	22	40Mn	590	17
35	530	20	45Mn	620	15
40	570	19	50Mn	650	13
45	600	17	55Mn	675	12
50	625	16	60Mn[①]	695	11
55[①]	645	13	65Mn[①]	735	9
60[①]	675	12	70Mn[①]	785	8

注：1. 热处理指正火、退火或高温回火。
　　2. 经供需双方协商，45、45Mn 及以上牌号的力学性可按实际值交货，表 2-246 中的指标仅供参考。
　　3. 对热处理状态交货的钢板，当其伸长率较表中规定提高 2% 以上（绝对值）时，允许抗拉强度比表中规定降低 40MPa。
　　4. 当钢板和钢带厚度大于 20mm 时，厚度每增加 1mm，断后伸长率允许降低 0.25%（绝对值），厚度不大于 32mm 的总降低值不得大于 2%（绝对值），厚度大于 32mm 的总降低值不得大于 3%（绝对值）。
① 经供需双方协议，单张轧制钢板也可以热轧状态交货，以热处理样坯测定力学性能。

3.2.7　合金结构钢热轧厚钢板（见表 2-157）

表 2-157　以退火状态交货的钢板的力学性能

序号	牌号	力学性能		
		抗拉强度 R_m/MPa	断后伸长率 A(%) ≥	布氏硬度 HBW ≤
1	45Mn2	600~850	13	—
2	27SiMn	550~800	18	—
3	40B	500~700	20	—
4	45B	550~750	18	—
5	50B	550~750	16	—
6	15Cr	400~600	21	—
7	20Cr	400~650	20	—
8	30Cr	500~700	19	—
9	35Cr	550~750	18	—
10	40Cr	550~800	16	—
11	20CrMnSiA	450~700	21	—
12	25CrMnSiA	500~700	20	229
13	30CrMnSiA	550~750	19	229
14	35CrMnSiA	600~800	16	—

注：1. 以正火状态交货的钢板，在断后伸长率符合表 2-157 中规定的情况下，抗拉强度上限允许比表中数值提高 50MPa。
　　2. 对厚度大于 20mm 的钢板，厚度每增加 1mm，断后伸长率允许比表中规定值降低 0.25%（绝对值），但不应超过 2%（绝对值）。

3.2.8 塑料模具用热轧钢板（摘自 YB/T 107—2013）

（1）牌号表示方法

1）碳素塑料模具钢：钢的牌号由代表塑料模具中的"塑模"两汉字汉语拼音的第一个字母和碳含量两部分组成。

示例：SM35。

S、M——"塑料模具"中的"塑"、"模"的汉语拼音的第一个字母；

35——对于碳素塑料模具钢，以两位阿拉伯数字表示的平均碳含量（以万分之几计）。

2）合金塑料模具钢：钢的牌号由代表塑料模具中的"塑模"两汉字汉语拼音的第一个字母、碳含量与合金元素含量组成。

示例：SM3Cr2Mo。

S、M——"塑料模具"中的"塑"、"模"的汉语拼音的第一个字母；

3——对于合金塑料模具钢，以一位阿拉伯数字表示的平均碳含量（以千分之几计）；

Cr2Mo——以化学元素符号和阿拉伯数字表示合金元素含量。平均含量小于 1.50% 时，牌号中仅标明元素，一般不标明含量；平均含量为 1.50% ~ 2.49%、2.50% ~ 3.49%、3.50% ~ 4.49%……时在合金元素后相应写成 2、3、4……

（2）牌号及化学成分（见表 2-158）

表 2-158 塑料模具钢的牌号及化学成分（熔炼分析）

牌号	化学成分（质量分数,%）								
	C	Si	Mn	P	S	Cr	Mo	Ni	Cu
SM35[1]	0.32~0.38								
SM45[1]	0.42~0.48								
SM48[1]	0.45~0.51	0.17~0.37	0.50~0.80	≤0.025	≤0.025	≤0.20	—	≤0.20	≤0.30
SM50[1]	0.47~0.53								
SM53[1]	0.50~0.56								
SM55[1]	0.52~0.58								
SM3Cr2Mo	0.28~0.40	0.20~0.80	0.60~1.00	≤0.025	≤0.025	1.40~2.00	0.30~0.55	≤0.25	≤0.25
SM3Cr2MnNiMh[2]	0.32~0.40	0.20~0.40	1.10~1.50	≤0.025	≤0.025	1.70~2.00	0.25~0.40	0.85~1.15	≤0.25
SM4Cr2Mn[2]	0.35~0.45	0.20~0.40	1.30~1.60	≤0.025	≤0.025	1.80~2.10	0.15~0.25	—	—
SM4Cr2MnS[2]	0.35~0.45	0.30~0.50	1.40~1.60	≤0.025	0.05~0.10	1.80~2.00	0.15~0.25	—	—
SM4Cr2MnNi[2]	0.35~0.45	0.20~0.40	1.30~1.60	≤0.025	≤0.025	1.80~2.10	0.15~0.25	0.90~1.20	—
SM4Cr	0.37~0.44	0.17~0.37	0.50~0.80	≤0.025	≤0.025	0.80~1.10	—	—	≤0.25
SM1Ni3Mn2CuAl[3]	0.10~0.15	≤0.35	1.40~2.00			—	0.25~0.50	2.90~3.40	0.80~1.20
SM2Cr13	0.16~0.25	≤1.00	≤1.00	≤0.025	≤0.025	12.00~14.00	—	≤0.60	
SM3Cr17Mo	0.28~0.35	≤0.80	≤1.00			16.00~18.00	0.75~1.25	≤0.60	
SM4Cr13	0.35~0.45	≤0.60	≤0.80			12.00~14.00	—	≤0.60	

① SM35~SM55 钢中残余元素 $w(\text{Ni+Cr}) \leq 0.35\%$。

② 经供需双方协商，$w(\text{Mn})$ 上限可提到 1.80%。

③ $w(\text{Al})$ 应为 0.70%~1.10%。

（3）硬度（见表 2-159）

表 2-159　钢以退火、淬火+回火、正火+回火状态交货时的硬度

牌　号	退火硬度 HBW	淬火+回火、正火+回火硬度
SM35	150~205	—
SM45	155~210	—
SM48	160~215	—
SM50	165~220	—
SM53	170~225	—
SM55	175~230	—
SM3Cr2Mo	—	28~34HRC
SM3Cr2MnNiMo	—	29~34HRC
		290~340HBW
SM4Cr2Mn	—	28~34HRC
SM4Cr2MnS	—	29~34HRC
SM4Cr2MnNi	—	30~37HRC
		320~370HBW
SM4Cr	—	
SM1Ni3Mn2CuAl	≤235	36~43HRC
SM2Cr13	≤235	30~36HRC
SM3Cr17Mo	≤235	30~36HRC
SM4Cr13	≤235	30~36HRC

（4）力学性能

根据需方要求，并在合同中注明，可对钢板进行力学性能检验，其检验结果应符合表 2-160 的规定。

表 2-160　塑料模具用热轧钢板的力学性能

牌号	试样推荐热处理制度	上屈服强度[①] R_{eH}/MPa	抗拉强度 R_m/MPa	断后伸长率 A(%)	纵向冲击吸收能量 KV_2/J 室温(23℃±5℃)
SM35	850℃油冷 +560℃回火	≥345	≥590	≥16	≥35
SM45		≥355	≥600	≥16	
SM48		≥365	≥610	≥14	
SM50		≥375	≥630	≥14	
SM53		≥380	≥640	≥13	
SM55	850℃油冷 +560℃回火	≥385	≥645	≥13	≥45
SM3Cr2Mo		≥660	≥960	≥15	
SM3Cr2MnNiMo		≥680	≥980	≥15	
SM4Cr2Mn	由供需双方协商确定	由供需双方协商确定			
SM4Cr2MnS					
SM4Cr2MnNi					
SM4Cr					
SM1Ni3Mn2CuAl					
SM2Cr13					
SM3Cr17Mo					
SM4Cr13					

① 当屈服现象不明显时，应测量规定塑性延伸强度 $R_{p0.2}$ 来代替上屈服强度 R_{eH}。

3.2.9 合金结构钢薄钢板（摘自 YB/T 5132—2007[⊖]）

（1）牌号及化学成分

1）钢板由下列牌号的钢制造。

优质钢：40B、45B、50B、15Cr、20Cr、30Cr、35Cr、40Cr、50Cr、12CrMo、15CrMo、20CrMo、30CrMo、35CrMo、12Cr1MoV、12CrMoV、20CrNi、40CrNi、20CrMnTi 和 30CrMnSi。

高级优质钢：12Mn2A、16Mn2A、45Mn2A、50BA、15CrA、38CrA、20CrMnSiA、25CrMnSiA、30CrMnSiA 和 35CrMnSiA。

2）钢的化学成分（熔炼分析）及对残余元素的要求应符合 GB/T 3077 的规定。

3）高级优质钢 12Mn2A、16Mn2A 和 38CrA 的化学成分应符合表 2-161 中的规定。

表 2-161　12Mn2A、16Mn2A 和 38CrA 的化学成分

统一数字代号	牌号	化学成分(质量分数,%)						
		C	Si	Mn	S	P	Cr	Cu
					≤			≤
A00123	12Mn2A	0.08~0.17	0.17~0.37	1.20~1.60	0.030	0.030	—	0.25
A00163	16Mn2A	0.12~0.20	0.17~0.37	2.00~2.40	0.030	0.030		0.25
A20383	38CrA	0.34~0.42	0.17~0.37	0.50~0.80	0.030	0.030	0.80~1.10	0.25

（2）退火或回火状态下的力学性能（见表 2-162）

表 2-162　退火或回火状态下合金结构钢薄钢板的力学性能

牌号	抗拉强度 R_m /MPa	断后伸长率 $A_{11.3}$(%) ≥	牌号	抗拉强度 R_m /MPa	断后伸长率 $A_{11.3}$(%) ≥
12Mn2A	390~570	22	30Cr	490~685	17
16Mn2A	490~635	18	35Cr	540~735	16
45Mn2A	590~835	12	38CrA	540~735	16
35B	490~635	19	40Cr	540~785	14
40B	510~655	18	20CrMnSiA	440~685	18
45B	540~685	16	25CrMnSiA	490~685	18
50B、50BA	540~715	14	30CrMnSi, 30CrMnSiA	490~735	16
15Cr、15CrA	390~590	19			
20Cr	390~590	18	35CrMnSiA	590~785	14

注：1. 表中未列牌号的力学性能仅供参考或由供需双方协议确定。
　　2. 对于厚度大于 0.9mm 钢板，断后伸长率仅供参考。
　　3. 对于正火和不热处理交货的钢板，在保证断后伸长率的情况下，抗拉强度上限允许较表中规定的数值提高 50MPa。

（3）杯突试验

对冷冲压用厚度为 0.5~1.0mm 的 12Mn2A、16Mn2A、25GrMnSiA 和 30GMnSiA 钢板，应进行杯突试验，冲压深度应符合表 2-163 的规定。

表 2-163　杯突试验冲压深度　　　　　　　（单位：mm）

钢板公称厚度	牌号			钢板公称厚度	牌号		
	12Mn2A	16Mn2A,25CrMnSiA	30CrMnSiA		12Mn2A	16Mn2A,25CrMnSiA	30CrMnSiA
	冲压深度≥				冲压深度≥		
0.5	7.3	6.6	6.5	0.8	8.5	7.5	7.2
0.6	7.7	7.0	6.7	0.9	8.8	7.7	7.5
0.7	8.0	7.2	7.0	1.0	9.0	8.0	7.7

注：钢板厚度在表中所列厚度之间时，冲压深度应采用相邻较大厚度的指标。

⊖　YB/J 5132—2007 中引用的标准部分已经更新，用户在引用该标准时应予以注意。

3.2.10 不锈钢和耐热钢的牌号及化学成分（见表 2-164～表 2-168）

表 2-164 奥氏体型不锈钢和耐热钢的牌号及化学成分（摘自 GB/T 20878—2007）

序号	统一数字代号	新牌号	旧牌号	化学成分（质量分数，%）										
				C	Si	Mn	P	S	Ni	Cr	Mo	Cu	N	其他元素
1	S35350	12Cr17Mn6Ni5N	1Cr17Mn6Ni5N	0.15	1.00	5.50~7.50	0.050	0.030	3.50~5.50	16.00~18.00	—	—	0.05~0.25	—
2	S35950	10Cr17Mn9Ni4N		0.12	0.80	8.00~10.50	0.035	0.025	3.50~4.50	16.00~18.00	—	—	0.15~0.25	—
3	S35450	12Cr18Mn9Ni5N	1Cr18Mn8Ni5N	0.15	1.00	7.50~10.00	0.050	0.030	4.00~6.00	17.00~19.00	—	—	0.05~0.25	—
4	S35020	20Cr13Mn9Ni4	2Cr13Mn9Ni4	0.15~0.25	0.80	8.00~10.00	0.035	0.025	3.70~5.00	12.00~14.00	—	—	—	—
5	S35550	20Cr15Mn15Ni2N	2Cr15Mn15Ni2N	0.15~0.25	1.00	14.00~16.00	0.050	0.030	1.50~3.00	14.00~16.00	—	—	0.15~0.30	—
6	S35650	53Cr21Mn9Ni4N[1]	5Cr21Mn9Ni4N[1]	0.48~0.58	0.35	8.00~10.00	0.040	0.030	3.25~4.50	20.00~22.00	—	—	0.35~0.50	—
7	S35750	26Cr18Mn12Si2N[1]	3Cr18Mn12Si2N[1]	0.22~0.30	1.40~2.20	10.50~12.50	0.050	0.030	—	17.00~19.00	—	—	0.22~0.33	—
8	S35850	22Cr20Mn10Ni2Si2N[1]	2Cr20Mn9Ni2Si2N[1]	0.17~0.26	1.80~2.70	8.50~11.00	0.050	0.030	2.00~3.00	18.00~21.00	—	—	0.20~0.30	—
9	S30110	12Cr17Ni7	1Cr17Ni7	0.15	1.00	2.00	0.045	0.030	6.00~8.00	16.00~18.00	—	—	0.10	—
10	S30103	022Cr17Ni7		0.030	1.00	2.00	0.045	0.030	5.00~8.00	16.00~18.00	—	—	0.20	—
11	S30153	022Cr17Ni7N		0.030	1.00	2.00	0.045	0.030	5.00~8.00	16.00~18.00	—	—	0.07~0.20	—
12	S30220	17Cr18Ni9	2Cr18Ni9	0.13~0.21	1.00	2.00	0.035	0.025	8.00~10.50	17.00~19.00	—	—	—	—
13	S30210	12Cr18Ni9[1]	1Cr18Ni9[1]	0.15	1.00	2.00	0.045	0.030	8.00~10.00	17.00~19.00	—	—	0.10	—
14	S30240	12Cr18Ni9Si3[1]	1Cr18Ni9Si3[1]	0.15	2.00~3.00	2.00	0.045	0.030	8.00~10.00	17.00~19.00	—	—	0.10	—

（续）

序号	统一数字代号	新牌号	旧牌号	化学成分(质量分数,%)										
				C	Si	Mn	P	S	Ni	Cr	Mo	Cu	N	其他元素
15	S30317	Y12Cr18Ni9	Y1Cr18Ni9	0.15	1.00	2.00	0.20	≥0.15	8.00~10.00	17.00~19.00	(0.60)	—	—	—
16	S30327	Y12Cr18Ni9Se	Y1Cr18Ni9Se	0.15	1.00	2.00	0.20	0.060	8.00~10.00	17.00~19.00	—	—	—	Se≥0.15
17	S30408	06Cr19Ni10①	0Cr18Ni9①	0.08	1.00	2.00	0.045	0.030	8.00~11.00	18.00~20.00	—	—	—	—
18	S30403	022Cr19Ni10	00Cr19Ni10	0.030	1.00	2.00	0.045	0.030	8.00~12.00	18.00~20.00	—	—	—	—
19	S30409	07Cr19Ni10		0.04~0.10	1.00	2.00	0.045	0.030	8.00~11.00	18.00~20.00	—	—	—	—
20	S30450	05Cr19Ni10Si2CeN		0.04~0.06	1.00~2.00	0.80	0.045	0.030	9.00~10.00	18.00~19.00	—	—	0.12~0.18	Ce:0.03~0.08
21	S30480	06Cr18Ni9Cu2	0Cr18Ni9Cu2	0.08	1.00	2.00	0.045	0.030	8.00~10.50	17.00~19.00	—	1.00~3.00	—	—
22	S30488	06Cr18Ni9Cu3	0Cr18Ni9Cu3	0.08	1.00	2.00	0.045	0.030	8.50~10.50	17.00~19.00	—	3.00~4.00	—	—
23	S30458	06Cr19Ni10N	0Cr19Ni9N	0.08	1.00	2.00	0.045	0.030	8.00~11.00	18.00~20.00	—	—	0.10~0.16	—
24	S30478	06Cr19Ni9NbN	0Cr19Ni10NbN	0.08	1.00	2.50	0.045	0.030	7.50~10.50	18.00~20.00	—	—	0.15~0.30	Nb:0.15
25	S30453	022Cr19Ni10N	00Cr18Ni10N	0.030	1.00	2.00	0.045	0.030	8.00~11.00	18.00~20.00	—	—	0.10~0.16	—
26	S30510	10Cr18Ni12	1Cr18Ni12	0.12	1.00	2.00	0.045	0.030	10.50~13.00	17.00~19.00	—	—	—	—
27	S30508	06Cr18Ni12	0Cr18Ni12	0.08	1.00	2.00	0.045	0.030	11.00~13.50	16.50~19.00	—	—	—	—
28	S30608	06Cr16Ni18	0Cr16Ni18	0.08	1.00	2.00	0.045	0.030	17.00~19.00	15.00~17.00	—	—	—	—

序号	统一数字代号	新牌号	旧牌号	C	Si	Mn	P	S	Ni	Cr	Mo	Cu	N	其他
29	S30808	06Cr20Ni11		0.08	1.00	2.00	0.045	0.030	10.00~12.00	19.00~21.00	—	—	—	—
30	S30850	22Cr21Ni12N[1]	2Cr21Ni12N[1]	0.15~0.28	0.75~1.25	1.00~1.60	0.040	0.030	10.50~12.50	20.00~22.00	—	—	0.15~0.30	—
31	S30920	16Cr23Ni13[1]	2Cr23Ni13[1]	0.20	1.00	2.00	0.040	0.030	12.00~15.00	22.00~24.00	—	—	—	—
32	S30908	06Cr23Ni13[1]	0Cr23Ni13[1]	0.08	1.00	2.00	0.045	0.030	12.00~15.00	22.00~24.00	—	—	—	—
33	S31010	14Cr23Ni18	1Cr23Ni18	0.18	1.00	2.00	0.035	0.025	17.00~20.00	22.00~25.00	—	—	—	—
34	S31020	20Cr25Ni20[1]	2Cr25Ni20[1]	0.25	1.50	2.00	0.040	0.030	19.00~22.00	24.00~26.00	—	—	—	—
35	S31008	06Cr25Ni20[1]	0Cr25Ni20[1]	0.08	1.50	2.00	0.045	0.030	19.00~22.00	24.00~26.00	—	—	—	—
36	S31053	022Cr25Ni22Mo2N		0.030	0.40	2.00	0.030	0.015	21.00~23.00	24.00~26.00	2.00~3.00	—	0.10~0.16	—
37	S31252	015Cr20Ni18Mo6CuN		0.020	0.80	1.00	0.030	0.010	17.50~18.50	19.50~20.50	6.00~6.50	0.50~1.00	0.18~0.22	—
38	S31608	06Cr17Ni12Mo2[2]	0Cr17Ni12Mo2[2]	0.08	1.00	2.00	0.045	0.030	10.00~14.00	16.00~18.00	2.00~3.00	—	—	—
39	S31603	022Cr17Ni12Mo2	00Cr17Ni14Mo2	0.030	1.00	2.00	0.045	0.030	10.00~14.00	16.00~18.00	2.00~3.00	—	—	—
40	S31609	07Cr17Ni12Mo2[1]	1Cr17Ni12Mo2[1]	0.04~0.10	1.00	2.00	0.045	0.030	10.00~14.00	16.00~18.00	2.00~3.00	—	—	—
41	S31668	06Cr17Ni12Mo2Ti[1]	0Cr18Ni12Mo3Ti[1]	0.08	1.00	2.00	0.045	0.030	10.00~14.00	16.00~18.00	2.00~3.00	—	—	Ti≥5w(C)~
42	S31678	06Cr17Ni12Mo2Nb		0.08	1.00	2.00	0.045	0.030	10.00~14.00	16.00~18.00	2.00~3.00	—	0.10	Nb:10w(C)~ 1.10

（续）

序号	统一数字代号	新牌号	旧牌号	化学成分（质量分数，%）										
				C	Si	Mn	P	S	Ni	Cr	Mo	Cu	N	其他元素
43	S31658	06Cr17Ni12Mo2N	0Cr17Ni12Mo2N	0.08	1.00	2.00	0.045	0.030	10.00~13.00	16.00~18.00	2.00~3.00	—	0.10~0.16	—
44	S31653	022Cr17Ni12Mo2N	00Cr17Ni13Mo2N	0.030	1.00	2.00	0.045	0.030	10.00~13.00	16.00~18.00	2.00~3.00	—	0.10~0.16	—
45	S31688	06Cr18Ni12Mo2Cu2	0Cr18Ni12Mo2Cu2	0.08	1.00	2.00	0.045	0.030	10.00~14.00	17.00~19.00	1.20~2.75	1.00~2.50	—	—
46	S31683	022Cr18Ni14Mo2Cu2	00Cr18Ni14Mo2Cu2	0.030	1.00	2.00	0.045	0.030	12.00~16.00	17.00~19.00	1.20~2.75	1.00~2.50	—	—
47	S31693	022Cr18Ni15Mo3N	00Cr18Ni15Mo3N	0.030	1.00	2.00	0.025	0.010	14.00~16.00	17.00~19.00	2.35~4.20	0.50	0.10~0.20	—
48	S31782	015Cr21Ni26Mo5Cu2		0.020	1.00	2.00	0.045	0.035	23.00~28.00	19.00~23.00	4.00~5.00	1.00~2.00	0.10	—
49	S31708	06Cr19Ni13Mo3	0Cr19Ni13Mo3	0.08	1.00	2.00	0.045	0.030	11.00~15.00	18.00~20.00	3.00~4.00		—	—
50	S31703	022Cr19Ni13Mo3①	00Cr19Ni13Mo3①	0.030	1.00	2.00	0.045	0.030	11.00~15.00	18.00~20.00	3.00~4.00		—	—
51	S31793	022Cr18Ni14Mo3	00Cr18Ni14Mo3	0.030	1.00	2.00	0.025	0.010	13.00~15.00	17.00~19.00	2.25~3.50	0.50	0.10	—
52	S31794	03Cr18Ni16Mo5	0Cr18Ni16Mo5	0.04	1.00	2.50	0.045	0.030	15.00~17.00	16.00~19.00	4.00~6.00		—	—
53	S31723	022Cr19Ni16Mo5N		0.030	1.00	2.00	0.045	0.030	13.50~17.50	17.00~20.00	4.00~5.00	—	0.10~0.20	—
54	S31753	022Cr19Ni13Mo4N		0.030	1.00	2.00	0.045	0.030	11.00~15.00	18.00~20.00	3.00~4.00	—	0.10~0.22	—
55	S32168	06Cr18Ni11Ti①	0Cr18Ni10Ti①	0.08	1.00	2.00	0.045	0.030	9.00~12.00	17.00~19.00	—	—	—	Ti:5w(C)~0.70
56	S32169	07Cr19Ni11Ti	1Cr18Ni11Ti	0.04~0.10	0.75	2.00	0.030	0.030	9.00~13.00	17.00~20.00	—	—	—	Ti:4w(C)~0.60

（上接前表）

序号	统一数字代号	新牌号	旧牌号	C	Si	Mn	P	S	Ni	Cr	Mo	Cu	N	其他元素
57	S32590	45Cr14Ni14W2Mo①	4Cr14Ni14W2Mo①	0.40~0.50	0.80	0.70	0.040	0.030	13.00~15.00	13.00~15.00	0.25~0.40	—	—	W:2.00~2.75
58	S32652	015Cr24Ni22Mo8Mn3CuN		0.020	0.50	2.00~4.00	0.030	0.005	21.00~23.00	24.00~25.00	7.00~8.00	0.30~0.60	0.45~0.55	—
59	S32720	24Cr18Ni8W2②	2Cr18Ni8W2②	0.21~0.28	0.30~0.80	0.70	0.030	0.025	7.50~8.50	17.00~19.00	—	—	—	W:2.00~2.50
60	S33010	12Cr16Ni35①	1Cr16Ni35①	0.15	1.50	2.00	0.040	0.030	33.00~37.00	14.00~17.00	—	—	—	—
61	S34553	022Cr24Ni17Mo5Mn6NbN		0.030	1.00	5.00~7.00	0.030	0.010	16.00~18.00	23.00~25.00	4.00~5.00	—	0.40~0.60	Nb:0.10
62	S34778	06Cr18Ni11Nb①	0Cr18Ni11Nb①	0.08	1.00	2.00	0.045	0.030	9.00~12.00	17.00~19.00	—	—	—	Nb:10w(C)~1.10
63	S34779	07Cr18Ni11Nb①	1Cr19Ni11Nb①	0.04~0.10	1.00	2.00	0.045	0.030	9.00~12.00	17.00~19.00	—	—	—	Nb:8w(C)~1.10
64	S38148	06Cr18Ni13Si4①②	0Cr18Ni13Si4①②	0.08	3.00~5.00	2.00	0.045	0.030	11.50~15.00	15.00~20.00	—	—	—	—
65	S38240	16Cr20Ni14Si2①	1Cr20Ni14Si2①	0.20	1.50~2.50	1.50	0.040	0.040	12.00~15.00	19.00~22.00	—	—	—	—
66	S38340	16Cr25Ni20Si2①	1Cr25Ni20Si2①	0.20	1.50~2.50	1.50	0.040	0.040	18.00~21.00	24.00~27.00	—	—	—	—

注：表中所列成分标明范围或最小值外，其余均为最大值。括号内值为允许添加的最大值。
① 耐热钢或可作耐热钢使用。
② 必要时，可添加上表以外的合金元素。

表 2-165　奥氏体-铁素体型不锈钢的牌号及化学成分（摘自 GB/T 20878—2007）

序号	统一数字代号	新牌号	旧牌号	化学成分（质量分数,%）										
				C	Si	Mn	P	S	Ni	Cr	Mo	Cu	N	其他元素
67	S21860	14Cr18Ni11Si4AlTi	1Cr18Ni11Si4AlTi	0.10~0.18	3.40~4.00	0.80	0.035	0.030	10.00~12.00	17.50~19.50	—	—	—	Ti:0.40~0.70 Al:0.10~0.30

（续）

序号	统一数字代号	新牌号	旧牌号	化学成分（质量分数，%）										
				C	Si	Mn	P	S	Ni	Cr	Mo	Cu	N	其他元素
68	S21953	022Cr19Ni5Mo3Si2N	00Cr18Ni5Mo3Si2	0.030	1.30~2.00	1.00~2.00	0.035	0.030	4.50~5.50	18.00~19.50	2.50~3.00	—	0.05~0.12	—
69	S22160	12Cr21Ni5Ti	1Cr21Ni5Ti	0.09~0.14	0.80	0.80	0.035	0.030	4.80~5.80	20.00~22.00	—	—	—	Ti:5[$w(C)-0.02$]~0.80
70	S22253	022Cr22Ni5Mo3N		0.030	1.00	2.00	0.030	0.020	4.50~6.50	21.00~23.00	2.50~3.50	—	0.08~0.20	—
71	S22053	022Cr23Ni5Mo3N		0.030	1.00	2.00	0.030	0.020	4.50~6.50	22.00~23.00	3.00~3.50	—	0.14~0.20	—
72	S23043	022Cr23Ni4MoCuN		0.030	1.00	2.50	0.035	0.030	3.00~5.50	21.50~24.00	0.05~0.60	0.05~0.60	0.05~0.20	—
73	S22553	022Cr25Ni6Mo2N		0.030	1.00	2.00	0.030	0.030	5.50~6.50	24.00~26.00	1.20~2.50	—	0.10~0.20	—
74	S22583	022Cr25Ni7Mo3WCuN		0.030	1.00	0.75	0.030	0.030	5.50~7.50	24.00~26.00	2.50~3.50	0.20~0.80	0.10~0.30	W:0.10~0.50
75	S25554	03Cr25Ni6Mo3Cu2N		0.04	1.00	1.50	0.035	0.030	4.50~6.50	24.00~27.00	2.90~3.90	1.50~2.50	0.10~0.25	—
76	S25073	022Cr25Ni7Mo4N		0.030	0.08	1.20	0.035	0.020	6.00~8.00	24.00~26.00	3.00~5.00	0.50	0.24~0.32	—
77	S27603	022Cr25Ni7Mo4WCuN		0.030	1.00	1.00	0.030	0.010	6.00~8.00	24.00~26.00	3.00~4.00	0.50~1.00	0.20~0.30	W:0.50~1.00 $w(Cr)+3.3Mo+16w(N)≥40$

注：表中所列成分除明范围或最小值外，其余均为最大值。

表 2-166 铁素体型不锈钢和耐热钢的牌号及化学成分（摘自 GB/T 20878—2007）

序号	统一数字代号	新牌号	旧牌号	化学成分（质量分数，%）										
				C	Si	Mn	P	S	Ni	Cr	Mo	Cu	N	其他元素
78	S11348	06Cr13Al①	0Cr13Al①	0.08	1.00	1.00	0.040	0.030	(0.60)	11.50~14.50	—	—	—	Al:0.10~0.30

序号	统一数字代号	新牌号	旧牌号	C	Si	Mn	P	S	Ni	Cr	Mo	Cu	N	其他
79	S11168	06Cr11Ti	0Cr11Ti	0.08	1.00	1.00	0.045	0.030	(0.60)	10.50~11.70	—	—	—	Ti:6w(C)~0.75
80	S11163	022Cr11Ti[1]		0.030	1.00	1.00	0.040	0.020	(0.60)	10.50~11.70	—	—	0.030	Ti≥8(C+N); Ti:0.15~0.50; Nb:0.10
81	S11173	022Cr11NbTi[1]		0.030	1.00	1.00	0.040	0.020	(0.60)	10.50~11.70	—	—	0.030	(Ti+Nb): 8w(C+N)+0.08~0.75; Ti≥0.05
82	S11213	022Cr12Ni[1]		0.030	1.00	1.50	0.040	0.015	0.30~1.00	10.50~12.50	—	—	0.030	—
83	S11203	022Cr12[1]	00Cr12[1]	0.030	1.00	1.00	0.040	0.030	(0.60)	11.00~13.50	—	—	—	—
84	S11510	10Cr15	1Cr15	0.12	1.00	1.00	0.040	0.030	(0.60)	14.00~16.00	—	—	—	—
85	S11710	10Cr17[1]	1Cr17[1]	0.12	1.00	1.00	0.040	0.030	(0.60)	16.00~18.00	—	—	—	—
86	S11717	Y10Cr17	Y1Cr17	0.12	1.00	1.25	0.060	≥0.15	(0.60)	16.00~18.00	(0.60)	—	—	—
87	S11863	022Cr18Ti	00Cr17	0.030	0.75	1.00	0.040	0.030	(0.60)	16.00~19.00	—	—	—	Ti或Nb:0.10~1.00
88	S11790	10Cr17Mo	1Cr17Mo	0.12	1.00	1.00	0.040	0.030	(0.60)	16.00~18.00	0.75~1.25	—	—	—
89	S11770	10Cr17MoNb		0.12	1.00	1.00	0.040	0.030	—	16.00~18.00	0.75~1.25	—	—	Nb:5w(C)~0.80
90	S11862	019Cr18MoTi		0.025	1.00	1.00	0.040	0.030	(0.60)	16.00~19.00	0.75~1.50	—	0.025	Ti,Nb,Zr或其组合 8w(C+N)~0.80
91	S11873	022Cr18NbTi		0.030	1.00	1.00	0.040	0.015	(0.60)	17.50~18.50	—	—	—	Ti:0.10~0.60; Nb≥0.30+3w(C)
92	S11972	019Cr19Mo2NbTi	00Cr18Mo2	0.025	1.00	1.00	0.040	0.030	1.00	17.50~19.50	1.75~2.50	—	0.035	(Ti+Nb): [0.20+4w(C+N)]~0.80

（续）

序号	统一数字代号	新牌号	旧牌号	C	Si	Mn	P	S	Ni	Cr	Mo	Cu	N	其他元素
														化学成分（质量分数，%）
93	S12550	16Cr25N①	2Cr25N①	0.20	1.00	1.50	0.040	0.030	(0.60)	23.00~27.00	—	(0.30)	0.25	—
94	S12791	008Cr27Mo②	00Cr27Mo②	0.010	0.40	0.40	0.030	0.020	—	25.00~27.50	0.75~1.50	—	0.015	—
95	S13091	008Cr30Mo2②	00Cr30Mo2②	0.010	0.40	0.40	0.030	0.020	—	28.50~32.00	1.50~2.50	—	0.015	—

注：表中所列成分除标明范围或最小值外，其余均为最大值。括号内值为允许添加的最大值。
① 耐热钢或可作耐热钢使用。
② 允许含有小于等于0.50%Ni，小于或等于0.20%Cu，但 w(Ni+Cu) 应小于或等于0.50%；根据需要，可添加上表以外的合金元素。

表2-167 马氏体型不锈钢和耐热钢的牌号及化学成分（摘自 GB/T 20878—2007）

序号	统一数字代号	新牌号	旧牌号	C	Si	Mn	P	S	Ni	Cr	Mo	Cu	N	其他元素
														化学成分（质量分数，%）
96	S40310	12Cr12①	1Cr12①	0.15	0.50	1.00	0.040	0.030	(0.60)	11.50~13.00	—	—	—	—
97	S41008	06Cr13	0Cr13	0.08	1.00	1.00	0.040	0.030	(0.60)	11.50~13.50	—	—	—	—
98	S41010	12Cr13①	1Cr13①	0.15	1.00	1.00	0.040	0.030	(0.60)	11.50~13.50	—	—	—	—
99	S41595	04Cr13Ni5Mo		0.05	0.60	0.50~1.00	0.030	0.030	3.50~5.50	11.50~14.00	0.50~1.00	—	—	—
100	S41617	Y12Cr13	Y1Cr13	0.15	1.00	1.25	0.060	≥0.15	(0.60)	12.00~14.00	(0.60)	—	—	—
101	S42020	20Cr13①	2Cr13①	0.16~0.25	1.00	1.00	0.040	0.030	(0.60)	12.00~14.00	—	—	—	—
102	S42030	30Cr13	3Cr13	0.26~0.35	1.00	1.00	0.040	0.030	(0.60)	12.00~14.00	—	—	—	—
103	S42037	Y30Cr13	Y3Cr13	0.26~0.35	1.00	1.25	0.060	≥0.15	(0.60)	12.00~14.00	(0.60)	—	—	—
104	S42040	40Cr13	4Cr13	0.36~0.45	0.60	0.80	0.040	0.030	(0.60)	12.00~14.00	—	—	—	—

序号	统一数字代号	牌号	旧牌号	C	Si	Mn	P	S	Cr	Ni	Mo			
105	S41427	Y25Cr13Ni2	Y2Cr13Ni2	0.20~0.30	0.50	0.80~1.20	0.08~0.12	0.15~0.25	12.00~14.00	1.50~2.00	(0.60)	—	—	—
106	S43110	14Cr17Ni2①	1Cr17Ni2①	0.11~0.17	0.80	0.80	0.040	0.030	16.00~18.00	1.50~2.50	—	—	—	—
107	S43120	17Cr16Ni2①		0.12~0.22	1.00	1.50	0.040	0.030	15.00~17.00	1.50~2.50	—	—	—	—
108	S44070	68Cr17	7Cr17	0.60~0.75	1.00	1.00	0.040	0.030	16.00~18.00	(0.60)	(0.75)	—	—	—
109	S44080	85Cr17	8Cr17	0.75~0.95	1.00	1.00	0.040	0.030	16.00~18.00	(0.60)	(0.75)	—	—	—
110	S44096	108Cr17	11Cr17	0.95~1.20	1.00	1.00	0.040	0.030	16.00~18.00	(0.60)	(0.75)	—	—	—
111	S44097	Y108Cr17	Y11Cr17	0.95~1.20	1.00	1.25	0.060	≥0.15	16.00~18.00	(0.60)	(0.75)	—	—	—
112	S44090	95Cr18	9Cr18	0.90~1.00	0.80	0.80	0.040	0.030	17.00~19.00	(0.60)	—	—	—	—
113	S45110	12Cr5Mo①	1Cr5Mo①	0.15	0.50	0.60	0.040	0.030	4.00~6.00	(0.60)	0.40~0.60	—	—	—
114	S45610	12Cr12Mo①	1Cr12Mo①	0.10~0.15	0.50	0.30~0.50	0.040	0.030	11.50~13.00	(0.60)	0.30~0.60	(0.30)	—	—
115	S45710	13Cr13Mo①	1Cr13Mo①	0.08~0.18	0.60	1.00	0.040	0.030	11.50~14.00	(0.60)	0.30~0.60	(0.30)	—	—
116	S45830	32Cr13Mo	3Cr13Mo	0.28~0.35	0.80	1.00	0.040	0.030	12.00~14.00	(0.60)	0.50~1.00	—	—	—
117	S45990	102Cr17Mo	9Cr18Mo	0.95~1.10	0.80	0.80	0.040	0.030	16.00~18.00	(0.60)	0.40~0.70	—	—	—
118	S46990	90Cr18MoV	9Cr18MoV	0.85~0.95	0.80	0.80	0.040	0.030	17.00~19.00	(0.60)	1.00~1.30	—	—	V:0.07~0.12
119	S46010	14Cr11MoV①	1Cr11MoV①	0.11~0.18	0.50	0.60	0.035	0.030	10.00~11.50	0.60	0.50~0.70	—	—	V:0.25~0.40

（续）

序号	统一数字代号	新牌号	旧牌号	化学成分（质量分数,%）										
				C	Si	Mn	P	S	Ni	Cr	Mo	Cu	N	其他元素
120	S46110	158Cr12MoV①	1Cr12MoV①	1.45~1.70	0.40	0.35	0.030	0.025	—	11.00~12.50	0.40~0.60	—	—	V:0.15~0.30
121	S46020	21Cr12MoV①	2Cr12MoV①	0.18~0.24	0.10~0.50	0.30~0.80	0.030	0.025	0.30~0.60	11.00~12.50	0.80~1.20	0.30	—	V:0.25~0.35
122	S46250	18Cr12MoVNbN①	2Cr12MoVNbN①	0.15~0.20	0.50	0.50~1.00	0.035	0.030	(0.60)	10.00~13.00	0.30~0.90	—	0.05~0.10	V:0.10~0.40 Nb:0.20~0.60
123	S47010	15Cr12WMoV①	1Cr12WMoV①	0.12~0.18	0.50	0.50~0.90	0.035	0.030	0.40~0.80	11.00~13.00	0.50~0.70	—	—	W:0.70~1.10 V:0.15~0.30
124	S47220	22Cr12NiWMoV①	2Cr12NiMoWV①	0.20~0.25	0.50	0.50~1.00	0.040	0.030	0.50~1.00	11.00~13.00	0.75~1.25	—	—	W:0.75~1.25 V:0.20~0.40
125	S47310	13Cr11Ni2W2MoV①	1Cr11Ni2W2MoV①	0.10~0.16	0.60	0.60	0.035	0.030	1.40~1.80	10.50~12.00	0.35~0.50	—	—	W:1.50~2.00 V:0.18~0.30
126	S47410	14Cr12Ni2W2MoVNb①	1Cr12Ni2W2MoVNb①	0.11~0.17	0.60	0.60	0.030	0.025	1.80~2.20	11.00~12.00	0.80~1.20	—	—	W:0.70~1.00 V:0.20~0.30 Nb:0.15~0.30
127	S47250	10Cr12Ni3Mo2VN		0.08~0.13	0.40	0.50~0.90	0.030	0.025	2.00~3.00	11.00~12.50	1.50~2.00	—	0.020~0.04	V:0.25~0.40
128	S47450	18Cr11NiMoNbVN①	2Cr11NiMoNbVN①	0.15~0.20	0.50	0.50~0.80	0.020	0.015	0.30~0.60	10.00~12.00	0.60~0.90	0.10	0.04~0.09	V:0.20~0.30 Al:0.30 Nb:0.20~0.60
129	S47710	13Cr14Ni3W2VB①	1Cr14Ni3W2VB①	0.10~0.16	0.60	0.60	0.300	0.030	2.80~3.40	13.00~15.00	—	—	—	W:1.60~2.20 Ti:0.05 B:0.004 V:0.18~0.25
130	S48040	42Cr9Si2	4Cr9Si2	0.35~0.50	2.00~3.00	0.70	0.035	0.030	0.60	8.00~10.00	—	—	—	—
131	S48045	45Cr9Si3		0.40~0.50	3.00~3.50	0.60	0.030	0.030	0.60	7.50~9.50	—	—	—	—
132	S48140	40Cr10Si2Mo①	4Cr10Si2Mo①	0.35~0.45	1.90~2.60	0.70	0.035	0.030	0.60	9.00~10.50	0.70~0.90	—	—	—
133	S48380	80Cr20Si2Ni①	8Cr20Si2Ni①	0.75~0.85	1.75~2.25	0.20~0.60	0.030	0.030	1.15~1.65	19.00~20.50	—	—	—	—

注：表中所列成分除标明范围或最大值外，其余均为最大值。括号内值为允许添加的最大值。

① 耐热钢或可作耐热钢使用。

表 2-168　沉淀硬化型不锈钢和耐热钢的牌号及化学成分（摘自 GB/T 20878—2007）

序号	统一数字代号	新牌号	旧牌号	化学成分（质量分数，%）										
				C	Si	Mn	P	S	Ni	Cr	Mo	Cu	N	其他元素
134	S51380	04Cr13Ni8Mo2Al		0.05	0.10	0.20	0.010	0.008	7.50~8.50	12.30~13.20	2.00~3.00	—	0.01	Al:0.90~1.35
135	S51290	022Cr12Ni9Cu2NbTi①		0.030	0.50	0.50	0.040	0.030	7.50~9.50	11.00~12.50	0.50	1.50~2.50	—	Ti:0.80~1.40 Nb:0.10~0.50
136	S51550	05Cr15Ni5Cu4Nb		0.07	1.00	1.00	0.040	0.030	3.50~5.50	14.00~15.50	—	2.50~4.50	—	Nb:0.15~0.45
137	S51740	05Cr17Ni4Cu4Nb①	0Cr17Ni4Cu4Nb①	0.07	1.00	1.00	0.040	0.030	3.00~5.00	15.00~17.50	—	3.00~5.00	—	Nb:0.15~0.45
138	S51770	07Cr17Ni7Al①	0Cr17Ni7Al①	0.09	1.00	1.00	0.040	0.030	6.50~7.75	16.00~18.00	—	—	—	Al:0.75~1.50
139	S51570	07Cr15Ni7Mo2Al①	0Cr15Ni7Mo2Al①	0.09	1.00	1.00	0.040	0.030	6.50~7.75	14.00~16.00	2.00~3.00	—	—	Al:0.75~1.50
140	S51240	07Cr12Ni4Mn5Mo3Al	0Cr12Ni4Mn5Mo3Al	0.09	0.80	4.40~5.30	0.030	0.025	4.00~5.00	11.00~12.00	2.70~3.30	—	—	Al:0.50~1.00
141	S51750	09Cr17Ni5Mo3N		0.07~0.11	0.50	0.50~1.25	0.040	0.030	4.00~5.00	16.00~17.00	2.50~3.20	—	0.07~0.13	—
142	S51778	06Cr17Ni7AlTi①		0.08	1.00	1.00	0.040	0.030	6.00~7.50	16.00~17.50	—	—	—	Al:0.40 Ti:0.40~1.20
143	S51525	06Cr15Ni25Ti2MoAlVB①	0Cr15Ni25Ti2MoAlVB①	0.08	1.00	1.00	0.040	0.030	24.00~27.00	13.50~16.00	1.00~1.50	—	—	Al:0.35 Ti:1.90~2.35 B:0.001~0.010 V:0.10~0.50

注：表中所列成分除标明范围或最小值外，其余均为最大值。
① 可作耐热钢使用。

3.2.11　不锈钢冷轧钢板和钢带（摘自 GB/T 3280—2015）

(1) 分类及代号

1) 按加工硬化状态分类：①1/4 冷作硬化状态，H1/4；②1/2 冷作硬化状态，H1/2；③3/4 冷作硬化状态，H3/4；④冷作硬化状态，H；⑤特别冷作硬化状态，H2。

2) 按边缘状态分类：①切边，EC；②不切边，EM。

3) 按尺寸、外形精度等级分类：①宽度普通精度，PW.A；②宽度较高精度，PW.B；③厚度普通精度，PT.A；④厚度较高精度，PT.B；⑤长度普通精度，PL.A；⑥长度较高精度，PL.B；⑦不平度普通级，PF.A；⑧不平度较高级，PF.B；⑨镰刀弯普通精度，PC.A；⑩镰刀弯较高精度，PC.B。

(2) 牌号及化学成分（见表 2-169～表 2-173）

表 2-169　奥氏体型钢的牌号及化学成分

统一数字代号	牌号	化学成分（质量分数，%）										
		C	Si	Mn	P	S	Ni	Cr	Mo	Cu	N	其他元素
S30103	022Cr17Ni7①	0.030	1.00	2.00	0.045	0.030	6.00~8.00	16.00~18.00	—	—	0.20	—
S30110	12Cr17Ni7	0.15	1.00	2.00	0.045	0.030	6.00~8.00	16.00~18.00	—	—	0.10	—
S30153	022Cr17Ni7N①	0.030	1.00	2.00	0.045	0.030	6.00~8.00	16.00~18.00	—	—	0.07~0.20	—
S30210	12Cr18Ni9①	0.15	0.75	2.00	0.045	0.030	8.00~10.00	17.00~19.00	—	—	0.10	—
S30240	12Cr18Ni9Si3	0.15	2.00~3.00	2.00	0.045	0.030	8.00~10.00	17.00~19.00	—	—	0.10	—
S30403	022Cr19Ni10①	0.030	0.75	2.00	0.045	0.030	8.00~12.00	17.50~19.50	—	—	0.10	—
S30408	06Cr19Ni10①	0.07	0.75.	2.00	0.045	0.030	8.00~10.50	17.50~19.50	—	—	0.10	—
S30409	07Cr19Ni10①	0.04~0.10	0.75	2.00	0.045	0.030	8.00~10.50	18.00~20.00	—	—	—	—
S30450	05Cr19Ni10Si2CeN①	0.04~0.06	1.00~2.00	0.80	0.045	0.030	9.00~10.00	18.00~19.00	—	—	0.12~0.18	Ce:0.03~0.08
S30453	022Cr19Ni10N①	0.030	0.75	2.00	0.045	0.030	8.00~12.00	18.00~20.00	—	—	0.10~0.16	—
S30458	06Cr19Ni10N①	0.08	0.75	2.00	0.045	0.030	8.00~10.50	18.00~20.00	—	—	0.10~0.16	—
S30478	06Cr19Ni9NbN①	0.08	1.00	2.50	0.045	0.030	7.50~10.50	18.00~20.00	—	—	0.15~0.30	Nb:0.15
S30510	10Cr18Ni12①	0.12	0.75	2.00	0.045	0.030	10.50~13.00	17.00~19.00	—	—	—	—
S30859	08Cr21Ni11Si2CeN①	0.05~0.10	1.40~2.00	0.80	0.040	0.030	10.00~12.00	20.00~22.00	—	—	0.14~0.20	Ce:0.03~0.08
S30908	06Cr23Ni13①	0.08	0.75	2.00	0.045	0.030	12.00~15.00	22.00~24.00	—	—	—	—

统一数字代号	牌号	C	Si	Mn	P	S	Ni	Cr	Mo	Cu	N	其他
S31008	06Cr25Ni20	0.08	1.50	2.00	0.045	0.030	19.00~22.00	24.00~26.00	—	—	—	—
S31053	022Cr25Ni22Mo2N①	0.020	0.50	2.00	0.030	0.010	20.50~23.50	24.00~26.00	1.60~2.60	—	0.09~0.15	—
S31252	015Cr20Ni18Mo6CuN	0.020	0.80	1.00	0.030	0.010	17.50~18.50	19.50~20.50	6.00~6.50	0.50~1.00	0.18~0.25	—
S31603	022Cr17Ni12Mo2①	0.030	0.75	2.00	0.045	0.030	10.00~14.00	16.00~18.00	2.00~3.00	—	0.10	—
S31608	06Cr17Ni12Mo2①	0.08	0.75	2.00	0.045	0.030	10.00~14.00	16.00~18.00	2.00~3.00	—	0.10	—
S31609	07Cr17Ni12Mo2①	0.04~0.10	0.75	2.00	0.045	0.030	10.00~14.00	16.00~18.00	2.00~3.00	—	—	—
S31653	022Cr17Ni12Mo2N①	0.030	0.75	2.00	0.045	0.030	10.00~14.00	16.00~18.00	2.00~3.00	—	0.10~0.16	—
S31658	06Cr17Ni12Mo2N①	0.08	0.75	2.00	0.045	0.030	10.00~14.00	16.00~18.00	2.00~3.00	—	0.10~0.16	—
S31668	06Cr18Ni12Mo2Ti①	0.08	0.75	2.00	0.045	0.030	10.00~14.00	16.00~18.00	2.00~3.00	—	—	Ti≥5w(C)
S31678	06Cr17Ni12Mo2Nb①	0.08	0.75	2.00	0.045	0.030	10.00~14.00	16.00~18.00	2.00~3.00	—	0.10	Nb:10w(C)~1.10
S31688	06Cr18Ni12Mo2Cu2	0.08	1.00	2.00	0.045	0.030	10.00~14.00	16.00~18.00	1.20~2.75	1.00~2.50	—	—
S31703	022Cr19Ni13Mo3①	0.030	0.75	2.00	0.045	0.030	11.00~15.00	18.00~20.00	3.00~4.00	—	0.10	—
S31708	06Cr19Ni13Mo3①	0.08	0.75	2.00	0.045	0.030	11.00~15.00	18.00~20.00	3.00~4.00	—	0.10	—
S31723	022Cr19Ni16Mo5N①	0.030	0.75	2.00	0.045	0.030	13.50~17.50	17.00~20.00	4.00~5.00	—	0.10~0.20	—
S31753	022Cr19Ni13Mo4N①	0.030	0.75	2.00	0.045	0.030	11.00~15.00	18.00~20.00	3.00~4.00	—	0.10~0.22	—
S31782	015Cr21Ni26Mo5Cu2	0.020	1.00	2.00	0.045	0.035	23.00~28.00	19.00~23.00	4.00~5.00	1.00~2.00	0.10	—
S32168	06Cr18Ni11Ti①	0.08	0.75	2.00	0.045	0.030	9.00~12.00	17.00~19.00	—	—	0.10	Ti≥5×w(C)
S32169	07Cr19Ni11Ti①	0.04~0.10	0.75	2.00	0.045	0.030	9.00~12.00	17.00~19.00	—	—	—	Ti:4w(C+N)~0.70
S32652	015Cr24Ni22Mo8Mn3CuN	0.020	0.50	2.00~4.00	0.030	0.005	21.00~23.00	24.00~25.00	7.00~8.00	0.30~0.60	0.45~0.55	—
S34553	022Cr24Ni17Mo5Mn6NbN	0.030	1.00	5.00~7.00	0.030	0.010	16.00~18.00	23.00~25.00	4.00~5.00	—	0.40~0.60	Nb:0.10
S34778	06Cr18Ni11Nb①	0.08	0.75	2.00	0.045	0.030	9.00~13.00	17.00~19.00	—	—	—	Nb:10w(C)~1.00
S34779	07Cr18Ni11Nb①	0.04~0.10	0.75	2.00	0.045	0.030	9.00~13.00	17.00~19.00	—	—	—	Nb:8w(C)~1.00
S38367	022Cr21Ni25Mo7N	0.030	1.00	2.00	0.040	0.030	23.50~25.50	20.00~22.00	6.00~7.00	0.75	0.18~0.25	—
S38926	015Cr20Ni25Mo7CuN	0.020	0.50	2.00	0.030	0.010	24.00~26.00	19.00~21.00	6.00~7.00	0.50~1.50	0.15~0.25	—

注：表中所列成分除标明范围或最小值，其余均为最大值。
① 为相对于 GB/T 20878—2007 调整化学成分的牌号。

表 2-170 奥氏体-铁素体型钢的牌号及化学成分

统一数字代号	牌号	化学成分(质量分数,%)										
		C	Si	Mn	P	S	Ni	Cr	Mo	Cu	N	其他元素
S21860	14Cr18Ni11Si4AlTi	0.10~0.18	3.40~4.00	0.80	0.035	0.030	10.00~12.00	17.50~19.50	—	—	—	Ti:0.40~0.70 Al:0.10~0.30
S21953	022Cr19Ni5Mo3Si2N	0.030	1.30~2.00	1.00~2.00	0.030	0.030	4.50~5.50	18.00~19.50	2.50~3.00	—	0.05~0.10	—
S22053	022Cr23Ni5Mo3N	0.030	1.00	2.00	0.030	0.020	4.50~6.50	22.00~23.00	3.00~3.50	—	0.14~0.20	—
S22152	022Cr21Mn5Ni2N	0.030	1.00	4.00~6.00	0.040	0.030	1.00~3.00	19.50~21.50	0.60	1.00	0.05~0.17	—
S22153	022Cr21Ni3Mo2N	0.030	1.00	2.00	0.030	0.020	3.00~4.00	19.50~22.50	1.50~2.00	—	0.14~0.20	—
S22160	12Cr21Ni5Ti	0.09~0.14	0.80	0.80	0.035	0.030	4.80~5.80	20.00~22.00	—	—	—	Ti:5[$w(C)$-0.02] ~0.80
S22193	022Cr21Mn3Ni3Mo2N	0.030	1.00	2.00~4.00	0.040	0.030	2.00~4.00	19.00~22.00	1.00~2.00	—	0.14~0.20	—
S22253	022Cr22Mn3Ni2MoN	0.030	1.00	2.00~3.00	0.040	0.020	1.00~2.00	20.50~23.50	0.10~1.00	0.50	0.15~0.27	—
S22293	022Cr22Ni5Mo3N	0.030	1.00	2.00	0.030	0.020	4.50~6.50	21.00~23.00	2.50~3.50	—	0.08~0.20	—
S22294	03Cr22Mn5Ni2MoCuN	0.04	1.00	4.00~6.00	0.040	0.030	1.35~1.70	21.00~22.00	0.10~0.80	0.10~0.80	0.20~0.25	—
S22353	022Cr23Ni2N	0.030	1.00	2.00	0.040	0.010	1.00~2.80	21.50~24.00	0.45	—	0.18~0.26	—
S22493	022Cr24Ni4Mn3Mo2CuN	0.030	0.70	2.50~4.00	0.035	0.005	3.00~4.50	23.00~25.00	1.00~2.00	0.10~0.80	0.20~0.30	—
S22553	022Cr25Ni6Mo2N	0.030	1.00	2.00	0.030	0.030	5.50~6.50	24.00~26.00	1.50~2.50	—	0.10~0.20	—
S23043	022Cr23Ni4MoCuN①	0.030	1.00	2.50	0.040	0.020	3.00~5.50	21.50~24.50	0.05~0.60	0.05~0.60	0.05~0.20	—
S25073	022Cr25Ni7Mo4N	0.030	0.80	1.20	0.035	0.020	6.00~8.00	24.00~26.00	3.00~5.00	0.50	0.24~0.32	—
S25554	03Cr25Ni6Mo3Cu2N	0.04	1.00	1.50	0.040	0.030	4.50~6.50	24.00~27.00	2.90~3.90	1.50~2.50	0.10~0.25	—
S27603	022Cr25Ni7Mo4WCuN①	0.030	1.00	1.00	0.030	0.010	6.00~8.00	24.00~26.00	3.00~4.00	0.50~1.00	0.20~0.30	W:0.50~1.00

注：表中所列成分除标明范围或最小值，其余均为最大值。

① 为相对于 GB/T 20878—2007 调整化学成分的牌号。

表 2-171　铁素体型钢的牌号及化学成分

统一数字代号	牌号	化学成分（质量分数，%）										
		C	Si	Mn	P	S	Ni	Cr	Mo	Cu	N	其他元素
S11163	022Cr11Ti	0.030	1.00	1.00	0.040	0.020	0.60	10.50~11.75	—	—	0.030	Ti:0.15~0.50 且 Ti≥8w(C+N)，Nb:0.10
S11173	022Cr11NbTi	0.030	1.00	1.00	0.040	0.020	0.60	10.50~11.70	—	—	0.030	Ti+Nb:8w(C+N)+0.08~0.75，Ti≥0.05
S11203	022Cr12	0.030	1.00	1.00	0.040	0.030	0.60	11.00~13.50	—	—	—	—
S11213	022Cr12Ni	0.030	1.00	1.50	0.040	0.015	0.30~1.00	10.50~12.50	—	—	0.030	—
S11348	06Cr13Al	0.08	1.00	1.00	0.040	0.030	0.60	11.50~14.50	—	—	—	Al:0.10~0.30
S11510	10Cr15	0.12	1.00	1.00	0.040	0.030	0.60	14.00~16.00	—	—	—	—
S11573	022Cr15NbTi	0.030	1.20	1.20	0.040	0.030	0~60	14.00~16.00	—	—	0.030	Ti+Nb:0.30~0.80
S11710	10Cr17①	0.12	0.75	1.00	0.040	0.030	0.75	16.00~18.00	—	—	—	—
S11763	022Cr17NbTi①	0.030	0.75	1.00	0.035	0.030	—	16.00~19.00	—	—	—	Ti+Nb:0.10~1.00
S11790	10Cr17Mo	0.12	1.00	1.00	0.040	0.030	—	16.00~18.00	0.75~1.25	—	—	—
S11862	019Cr18MoTi①	0.025	1.00	1.00	0.040	0.030	—	16.00~19.00	0.75~1.50	—	0.025	Ti、Nb、Zr或其组合：8w(C+N)~0.80
S11863	022Cr18Ti	0.030	1.00	1.00	0.040	0.030	0.50	17.00~19.00	—	—	0.030	Ti:[0.20+4w(C+N)]~1.10，Al:0.15
S11873	022Cr18Nb	0.030	1.00	1.00	0.040	0.015	—	17.50~18.50	—	—	—	Ti:0.10~0.60，Nb≥0.30+3w(C)
S11882	019Cr18CuNb	0.025	1.00	1.00	0.040	0.030	0.60	16.00~20.00	—	0.30~0.80	0.025	Nb:8w(C+N)~0.8
S11972	019Cr19Mo2NbTi	0.025	1.00	1.00	0.040	0.030	1.00	17.50~19.50	1.75~2.50	—	0.035	Ti+Nb:[0.20+4w(C+N)]~0.80
S11973	022Cr18NbTi	0.030	1.00	1.00	0.040	0.030	0.50	17.00~19.00	—	—	0.030	Ti+Nb:[0.20+4w(C+N)]~0.75，Al:0.15
S12182	019Cr21CuTi	0.025	1.00	1.00	0.030	0.030	—	20.50~23.00	—	0.30~0.80	0.025	Ti、Nb、Zr或其组合：8w(C+N)~0.80
S12361	019Cr23Mo2Ti	0.025	1.00	1.00	0.040	0.030	—	21.00~24.00	1.50~2.50	0.60	0.025	Ti、Nb、Zr或其组合：8w(C+N)~0.80
S12362	019Cr23MoTi	0.025	1.00	1.00	0.040	0.030	—	21.00~24.00	0.70~1.50	0.60	0.025	Ti、Nb、Zr或其组合：8w(C+N)~0.80
S12763	022Cr27Ni2Mo4NbTi	0.030	1.00	1.00	0.040	0.030	1.00~3.50	25.00~28.00	3.00~4.00	—	0.040	Ti+Nb:0.20~1.00 且 Ti+Nb≥6w(C+N)
S12791	008Cr27Mo①	0.010	0.40	0.40	0.030	0.020	—	25.00~27.50	0.75~1.50	—	0.015	Ni+Cu≤0.50

（续）

统一数字代号	牌号	化学成分（质量分数，%）										其他元素
		C	Si	Mn	P	S	Ni	Cr	Mo	Cu	N	
S12963	022Cr29Mo4NbTi	0.030	1.00	1.00	0.040	0.030	1.00	28.00~30.00	3.60~4.20	—	0.045	Ti+Nb:0.20~1.00 且 Ti+Nb≥6w(C+N)
S13091	008Cr30Mo2①②	0.010	0.40	0.40	0.030	0.020	0.50	28.50~32.00	1.50~2.50	0.20	0.015	Ni+Cu≤0.50

注：表中所列成分除标明范围或最小值，其余均为最大值。
① 为相对于 GB/T 20878—2007 调整化学成分的牌号。
② 可含有 V、Ti、Nb 中的一种或几种元素。

表 2-172　马氏体型钢的牌号及化学成分

统一数字代号	牌号	化学成分（质量分数，%）										其他元素
		C	Si	Mn	P	S	Ni	Cr	Mo	Cu	N	
S40310	12Cr12	0.15	0.50	1.00	0.040	0.030	0.60	11.50~13.00	—	—	—	—
S41008	06Cr13	0.08	1.00	1.00	0.040	0.030	0.60	11.50~13.50	—	—	—	—
S41010	12Cr13	0.15	1.00	1.00	0.040	0.030	0.60	11.50~13.50	—	—	—	—
S41595	04Cr13Ni5Mo	0.05	0.60	0.50~1.00	0.030	0.030	3.50~5.50	11.50~14.00	0.50~1.00	—	—	—
S42020	20Cr13	0.16~0.25	1.00	1.00	0.040	0.030	0.60	12.00~14.00	—	—	—	—
S42030	30Cr13	0.26~0.35	1.00	1.00	0.040	0.030	0.60	12.00~14.00	—	—	—	—
S42040	40Cr13①	0.36~0.45	0.80	0.80	0.040	0.030	0.60	12.00~14.00	—	—	—	—
S43120	17Cr16Ni2②	0.12~0.20	1.00	1.00	0.025	0.015	2.00~3.00	15.00~18.00	—	—	—	—
S44070	68Cr17	0.60~0.75	1.00	1.00	0.040	0.030	0.60	16.00~18.00	0.75	—	—	—
S46050	50Cr15MoV	0.45~0.55	1.00	1.00	0.040	0.015	—	14.00~15.00	0.50~0.80	—	—	V:0.10~0.20

注：表中所列成分除标明范围或最小值，其余均为最大值。
① 为相对于 GB/T 20878—2007 调整化学成分的牌号。
② 可含有 V、Ti、Nb 中的一种或几种元素。

表 2-173　沉淀硬化型钢的牌号及化学成分

统一数字代号	牌号	化学成分（质量分数，%）										其他元素
		C	Si	Mn	P	S	Ni	Cr	Mo	Cu	N	
S51380	04Cr13Ni8Mo2Al①	0.05	0.10	0.20	0.010	0.008	7.50~8.50	12.30~13.25	2.00~2.50	—	0.01	Al:0.90~1.35
S51290	022Cr12Ni9Cu2NbTi①	0.05	0.50	0.50	0.040	0.030	7.50~9.50	11.00~12.50	0.50	1.50~2.50	—	Ti:0.80~1.40, (Nb+Ta):0.10~0.50
S51770	07Cr17Ni7Al	0.09	1.00	1.00	0.040	0.030	6.50~7.75	16.00~18.00	—	—	—	Al:0.75~1.50
S51570	07Cr15Ni7Mo2Al	0.09	1.00	1.00	0.040	0.030	6.50~7.75	14.00~16.00	2.00~3.00	—	—	Al:0.75~1.50
S51750	09Cr17Ni5Mo3N①	0.07~0.11	0.50	0.50~1.25	0.040	0.030	4.00~5.00	16.00~17.00	2.50~3.20	—	0.07~0.13	—
S51778	06Cr17Ni7AlTi	0.08	1.00	1.00	0.040	0.030	6.00~7.50	16.00~17.50	—	—	—	Al:0.40,Ti:0.40~1.20

注：表中所列成分除标明范围或最小值，其余均为最大值。
① 为相对于 GB/T 20878—2007 调整化学成分的牌号。

（3）力学性能（见表 2-174 ~ 表 2-183）

表 2-174　经固溶处理的奥氏体型不锈钢冷轧钢板和钢带的力学性能

统一数字代号	牌　　号	规定塑性延伸强度 $R_{p0.2}$/MPa	抗拉强度 R_m/MPa	断后伸长率[1]A(%)	硬　度　值		
					HBW	HRB	HV
		≥			≤		
S30103	022Cr17Ni7	220	550	45	241	100	242
S30110	12Cr17Ni7	205	515	40	217	95	220
S30153	022Cr17Ni7N	240	550	45	241	100	242
S30210	12Cr18Ni9	205	515	40	201	92	210
S30240	12Cr18Ni9Si3	205	515	40	217	95	220
S30403	022Cr19Ni10	180	485	40	201	92	210
S30408	06Cr19Ni10	205	515	40	201	92	210
S30409	07Cr19Ni10	205	515	40	201	92	210
S30450	05Cr19Ni10Si2CeN	290	600	40	217	95	220
S30453	022Cr19Ni10N	205	515	40	217	95	220
S30458	06Cr19Ni10N	240	550	30	217	95	220
S30478	06Cr19Ni9NbN	345	620	30	241	100	242
S30510	10Cr18Ni12	170	485	40	183	88	200
S30859	08Cr21Ni11Si2CeN	310	600	40	217	95	220
S30908	06Cr23Ni13	205	515	40	217	95	220
S31008	06Cr25Ni20	205	515	40	217	95	220
S31053	022Cr25Ni22Mo2N	270	580	25	217	95	220
S31252	015Cr20Ni18Mo6CuN	310	690	35	223	96	225
S31603	022Cr17Ni12Mo2	180	485	40	217	95	220
S31608	06Cr17Ni12Mo2	205	515	40	217	95	220
S31609	07Cr17Ni12Mo2	205	515	40	217	95	220
S31653	022Cr17Ni12Mo2N	205	515	40	217	95	220
S31658	06Cr17Ni12Mo2N	240	550	35	217	95	220
S31668	06Cr17Ni12Mo2Ti	205	515	40	217	95	220
S31678	06Cr17Ni12Mo2Nb	205	515	30	217	95	220
S31688	06Cr18Ni12Mo2Cu2	205	520	40	187	90	200
S31703	022Cr19Ni13Mo3	205	515	40	217	95	220
S31708	06Cr19Ni13Mo3	205	515	35	217	95	220
S31723	022Cr19Ni16Mo5N	240	550	40	223	96	225
S31753	022Cr19Ni13Mo4N	240	550	40	217	95	220
S31782	015Cr21Ni26Mo5Cu2	220	490	35	—	90	200
S32168	06Cr18Ni11Ti	205	515	40	217	95	220
S32169	07Cr19Ni11Ti	205	515	40	217	95	220
S32652	015Cr24Ni22Mo8Mn3CuN	430	750	40	250	—	252
S34553	022Cr24Ni17Mo5Mn6NbN	415	795	35	241	100	242
S34778	06Cr18Ni11Nb	205	515	40	201	92	210
S34779	07Cr18Ni11Nb	205	515	40	201	92	210
S38367	022Cr21Ni25Mo7N	310	690	30	—	100	258
S38926	015Cr20Ni25Mo7CuN	295	650	35	—	—	—

① 厚度不大于 3mm 时使用 A_{50mm} 试样。

表 2-175　H1/4 状态的钢板和钢带的力学性能

统一数字代号	牌　号	规定塑性延伸强度 $R_{p0.2}$/MPa	抗拉强度 R_m/MPa	断后伸长率[1]A(%)		
				厚度 <0.4mm	厚度 0.4~<0.8mm	厚度 ≥0.8mm
		≥		≥		
S30103	022Cr17Ni7	515	825	25	25	25
S30110	12Cr17Ni7	515	860	25	25	25
S30153	022Cr17Ni7N	515	825	25	25	25
S30210	12Cr18Ni9	515	860	10	10	12
S30403	022Cr19Ni10	515	860	8	8	10
S30408	06Cr19Ni10	515	860	10	10	12
S30453	022Cr19Ni10N	515	860	10	10	12
S30458	06Cr19Ni10N	515	860	12	12	12
S31603	022Cr17Ni12Mo2	515	860	8	8	8
S31608	06Cr17Ni12Mo2	515	860	10	10	10
S31658	06Cr17Ni12Mo2N	515	860	12	12	12

①　厚度不大于 3mm 时使用 A_{50mm} 试样。

表 2-176　H1/2 状态的钢板和钢带的力学性能

统一数字代号	牌　号	规定塑性延伸强度 $R_{p0.2}$/MPa	抗拉强度 R_m/MPa	断后伸长率[1]A(%)		
				厚度 <0.4mm	厚度 0.4~<0.8mm	厚度 ≥0.8mm
		≥		≥		
S30103	022Cr17Ni7	690	930	20	20	20
S30110	12Cr17Ni7	760	1035	15	18	18
S30153	022Cr17Ni7N	690	930	20	20	20
S30210	12Cr18Ni9	760	1035	9	10	10
S30403	022Cr19Ni10	760	1035	5	6	6
S30408	06Cr19Ni10	760	1035	6	7	7
S30453	022Cr19Ni10N	760	1035	6	7	7
S30458	06Cr19Ni10N	760	1035	6	8	8
S31603	022Cr17Ni12Mo2	760	1035	5	6	6
S31608	06Cr17Ni12Mo2	760	1035	6	7	7
S31658	06Cr17Ni12Mo2N	760	1035	6	8	8

①　厚度不大于 3mm 时使用 A_{50mm} 试样。

表 2-177　H 状态的钢板和钢带的力学性能

统一数字代号	牌　号	规定塑性延伸强度 $R_{p0.2}$/MPa	抗拉强度 R_m/MPa	断后伸长率[1]A(%)		
				厚度 <0.4mm	厚度 0.4~<0.8mm	厚度 ≥0.8mm
		≥		≥		
S30110	12Cr17Ni7	965	1275	8	9	9
S30210	12Cr18Ni9	965	1275	3	4	4

①　厚度不大于 3mm 时使用 A_{50mm} 试样。

表 2-178　H2 状态的钢板和钢带的力学性能

统一数字代号	牌　号	规定塑性延伸强度 $R_{p0.2}$/MPa	抗拉强度 R_m/MPa	断后伸长率[1]A(%)		
				厚度 <0.4mm	厚度 0.4~<0.8mm	厚度 ≥0.8mm
		≥		≥		
S30110	12Cr17Ni7	1790	1860	—	—	—

①　厚度不大于 3mm 时使用 A_{50mm} 试样。

表 2-179 经固溶处理的奥氏体-铁素体型不锈钢冷轧钢板和钢带的力学性能

统一数字代号	牌 号	规定塑性延伸强度 $R_{p0.2}$/MPa	抗拉强度 R_m/MPa	断后伸长率[1] $A(\%)$	硬度值	
		≥			HBW	HRC
					≤	
S21860	14Cr18Ni11Si4AlTi	—	715	25	—	—
S21953	022Cr19Ni5Mo3Si2N	440	630	25	290	31
S22053	022Cr23Ni5Mo3N	450	655	25	293	31
S22152	022Cr21Mn5Ni2N	450	620	25	—	25
S22153	022Cr21Ni3Mo2N	450	655	25	293	31
S22160	12Cr21Ni5Ti	—	635	20	—	—
S22193	022Cr21Mn3Ni3Mo2N	450	620	25	293	31
S22253	022Cr22Mn3Ni2MoN	450	655	30	293	31
S22293	022Cr22Ni5Mo3N	450	620	25	293	31
S22294	03Cr22Mn5Ni2MoCuN	450	650	30	290	—
S22353	022Cr23Ni2N	450	650	30	290	
S22493	022Cr24Ni4Mn3Mo2CuN	540	740	25	290	
S22553	022Cr25Ni6Mo2N	450	640	25	295	31
S23043	022Cr23Ni4MoCuN	400	600	25	290	31
S25073	022Cr25Ni7Mo4N	550	795	15	310	32
S25554	03Cr25Ni6Mo3Cu2N	550	760	15	302	32
S27603	022Cr25Ni7Mo4WCuN	550	750	25	270	—

① 厚度不大于 3mm 时使用 A_{50mm} 试样。

表 2-180 经退火处理的铁素体型不锈钢冷轧钢板和钢带的力学性能

统一数字代号	牌 号	规定塑性延伸强度 $R_{p0.2}$/MPa	抗拉强度 R_m/MPa	断后伸长率[1] $A(\%)$	180°弯曲试验弯曲压头直径 D	硬度值		
		≥				HBW	HRB	HV
						≤		
S11163	022Cr11Ti	170	380	20	$D = 2a$	179	88	200
S11173	022Cr11NbTi	170	380	20	$D = 2a$	179	88	200
S11203	022Cr12	195	360	22	$D = 2a$	183	88	200
S11213	022Cr12Ni	280	450	18	—	180	88	200
S11348	06Cr13Al	170	415	20	$D = 2a$	179	88	200
S11510	10Cr15	205	450	22	$D = 2a$	183	89	200
S11573	022Cr15NbTi	205	450	22	$D = 2a$	183	89	200
S11710	10Cr17	205	420	22	$D = 2a$	183	89	200
S11763	022Cr17Ti	175	360	22	$D = 2a$	183	88	200
S11790	10Cr17Mo	240	450	22	$D = 2a$	183	89	200
S11862	019Cr18MoTi	245	410	20	$D = 2a$	217	96	230
S11863	022Cr18Ti	205	415	22	$D = 2a$	183	89	200
S11873	022Cr18Nb	250	430	18	—	180	88	200
S11882	019Cr18CuNb	205	390	22	$D = 2a$	192	90	200
S11972	019Cr19Mo2NbTi	275	415	20	$D = 2a$	217	96	230
S11973	022Cr18NbTi	205	415	20	$D = 2a$	183	89	200
S12182	019Cr21CuTi	205	390	22	$D = 2a$	192	90	200
S12361	019Cr23Mo2Ti	245	410	20	$D = 2a$	217	96	230
S12362	019Cr23MoTi	245	410	20	$D = 2a$	217	96	230

（续）

统一数字代号	牌　号	规定塑性延伸强度 $R_{p0.2}$/MPa	抗拉强度 R_m/MPa	断后伸长率[1] $A(\%)$	180°弯曲试验弯曲压头直径 D	硬度值		
		≥				HBW	HRB	HV
						≤		
S12763	022Cr27Ni2Mo4NbTi	450	585	18	$D=2a$	241	100	242
S12791	008Cr27Mo	275	450	22	$D=2a$	187	90	200
S12963	022Cr29Mo4NbTi	415	550	18	$D=2a$	255	25[2]	257
S13091	008Cr30Mo2	295	450	22	$D=2a$	207	95	220

注：a 为弯曲试样厚度。

[1] 厚度不大于 3mm 时使用 A_{50mm} 试样。

[2] 为 HRC 硬度值。

表 2-181　经退火处理的马氏体型不锈钢冷轧钢板和钢带（17Cr16Ni2 除外）的力学性能

统一数字代号	牌　号	规定塑性延伸强度 $R_{p0.2}$/MPa	抗拉强度 R_m/MPa	断后伸长率[1] $A(\%)$	180°弯曲试验弯曲压头直径 D	硬度值		
		≥				HBW	HRB	HV
						≤		
S40310	12Cr12	205	485	20	$D=2a$	217	96	210
S41008	06Cr13	205	415	22	$D=2a$	183	89	200
S41010	12Cr13	205	450	20	$D=2a$	217	96	210
S41595	04Cr13Ni5Mo	620	795	15	—	302	32[2]	308
S42020	20Cr13	225	520	18	—	223	97	234
S42030	30Cr13	225	540	18	—	235	99	247
S42040	40Cr13	225	590	15	—	—	—	—
S43120	17Cr16Ni2[3]	690	880~1080	12	—	262~326	—	—
		1050	1350	10	—	388	—	—
S44070	68Cr17	245	590	15	—	255	25[2]	269
S46050	50Cr15MoV	—	≤850	12	—	280	100	280

注：a 为弯曲试样厚度。

[1] 厚度不大于 3mm 时使用 A_{50mm} 试样。

[2] 为 HRC 硬度值。

[3] 表列为淬火、回火后的力学性能。

表 2-182　经固溶处理的沉淀硬化型不锈钢冷轧钢板和钢带试样的力学性能

统一数字代号	牌　号	钢材厚度 /mm	规定塑性延伸强度 $R_{p0.2}$/MPa	抗拉强度 R_m/MPa	断后伸长率[1] $A(\%)$	硬度值	
			≤		≥	HRC	HBW
						≤	
S51380	04Cr13Ni8Mo2Al	0.10~8.0	—	—	—	38	363
S51290	022Cr12Ni9Cu2NbTi	0.30~8.0	1105	1205	3	36	331
S51770	07Cr17Ni7Al	0.10~<0.30	450	1035	—	92[2]	—
		0.30~8.0	380	1035	20		
S51570	07Cr15Ni7Mo2Al	0.10~<8.0	450	1035	25	100[2]	—
S51750	09Cr17Ni5Mo3N	0.10~<0.30	585	1380	8	30	—
		0.30~8.0	585	1380	12	30	
S51778	06Cr17Ni7AlTi	0.10~<1.50	515	825	4	32	—
		1.50~8.0	515	825	5	32	

[1] 厚度不大于 3mm 时使用 A_{50mm} 试样。

[2] 为 HRB 硬度值。

表 2-183 经时效处理后的沉淀硬化型不锈钢冷轧钢板和钢带试样的力学性能

统一数字代号	牌号	钢材厚度/mm	处理①温度/℃	规定塑性延伸强度 $R_{p0.2}$/MPa	抗拉强度 R_m/MPa	断后②③伸长率 A(%)	硬度值 HRC	硬度值 HBW
				≥			≥	
S51380	04Cr13Ni8Mo2Al	0.10~<0.50	510±6	1410	1515	6	45	—
		0.50~<5.0		1410	1515	8	45	—
		5.0~8.0		1410	1515	10	45	—
		0.10~<0.50	538±6	1310	1380	6	43	
		0.50~<5.0		1310	1380	8	43	
		5.0~8.0		1310	1380	10	43	
S51290	022Cr12Ni9Cu2NbTi	0.10~<0.50	510±6 或 482±6	1410	1525	—	44	
		0.50~<1.50		1410	1525	3	44	
		1.50~8.0		1410	1525	4	44	
S51770	07Cr17Ni7Al	0.10~<0.30	760±15	1035	1240	3	38	
		0.30~<5.0	15±3	1035	1240	5	38	
		5.0~8.0	566±6	965	1170	7	38	352
		0.10~<0.30	954±8	1310	1450	1	44	
		0.30~<5.0	−73±6	1310	1450	3	44	
		5.0~8.0	510±6	1240	1380	6	43	401
S51570	07Cr15Ni7Mo2Al	0.10~<0.30	760±15	1170	1310	3	40	
		0.30~<5.0	15±3	1170	1310	5	40	
		5.0~8.0	566±6	1170	1310	4	40	375
		0.10~<0.30	954±8	1380	1550	2	46	
		0.30~<5.0	−73±6	1380	1550	4	46	
		5.0~8.0	510±6	1380	1550	4	45	429
		0.10~1.2	冷轧	1205	1380	1	41	
		0.10~1.2	冷轧+482	1580	1655	1	46	
S51750	09Cr17Ni5Mo3N	0.10~<0.30	455±8	1035	1275	6	42	
		0.30~5.0		1035	1275	8	42	
		0.10~<0.30	540±8	1000	1140	6	36	
		0.30~5.0		1000	1140	8	36	
S51778	06Cr17Ni7AlTi	0.10~<0.80	510±8	1170	1310	3	39	
		0.80~<1.50		1170	1310	4	39	
		1.50~8.0		1170	1310	5	39	
		0.10~<0.80	538±8	1105	1240	3	37	
		0.80~<1.50		1105	1240	4	37	
		1.50~8.0		1105	1240	5	37	
		0.10~<0.80	566±8	1035	1170	3	35	
		0.80~<1.50		1035	1170	4	35	
		1.50~8.0		1035	1170	5	35	

① 为推荐性热处理温度,供方应向需方提供推荐性热处理制度。
② 适用于沿宽度方向的试验,垂直于轧制方向且平行于钢板表面。
③ 厚度不大于 3mm 时使用 A_{50mm} 试样。

3.2.12 不锈钢热轧钢板和钢带(摘自 GB/T 4237—2015)

(1) 分类及代号

1) 按边缘状态分类:①切边,EC;②不切边,EM。

2) 按尺寸、外形精度等级分类:①厚度普通精度,PT.A;②厚度较高精度,PT.B;③不平度普通级,PF.A;④不平度较高级,PF.B。

(2) 牌号及化学成分(见表 2-184~表 2-188)

表 2-184　奥氏体型钢的牌号及化学成分

统一数字代号	牌号	化学成分(质量分数,%)										
		C	Si	Mn	P	S	Ni	Cr	Mo	Cu	N	其他元素
S30103	022Cr17Ni7①	0.030	1.00	2.00	0.045	0.030	6.00~8.00	16.00~18.00	—	—	0.20	—
S30110	12Cr17Ni7	0.15	1.00	2.00	0.045	0.030	6.00~8.00	16.00~18.00	—	—	0.10	—
S30153	022Cr17Ni7N①	0.030	1.00	2.00	0.045	0.030	6.00~8.00	16.00~18.00	—	—	0.07~0.20	—
S30210	12Cr18Ni9①	0.15	0.75	2.00	0.045	0.030	8.00~10.00	17.00~19.00	—	—	0.10	—
S30240	12Cr18Ni9Si3	0.15	2.00~3.00	2.00	0.045	0.030	8.00~10.00	17.00~19.00	—	—	0.10	—
S30403	022Cr19Ni10①	0.030	0.75	2.00	0.045	0.030	8.00~12.00	17.50~19.50	—	—	0.10	—
S30408	06Cr19Ni10①	0.07	0.75	2.00	0.045	0.030	8.00~10.50	17.50~19.50	—	—	0.10	—
S30409	07Cr19Ni10①	0.04~0.10	0.75	2.00	0.045	0.030	8.00~10.50	18.00~20.00	—	—	—	—
S30450	05Cr19Ni10Si2CeN①	0.04~0.06	1.00~2.00	0.80	0.045	0.030	9.00~10.00	18.00~19.00	—	—	0.12~0.18	Ce:0.03~0.08
S30453	022Cr19Ni10N①	0.030	0.75	2.00	0.045	0.030	8.00~12.00	18.00~20.00	—	—	0.10~0.16	—
S30458	06Cr19Ni10N①	0.08	0.75	2.00	0.045	0.030	8.00~10.50	18.00~20.00	—	—	0.10~0.16	—
S30478	06Cr19Ni9NbN	0.08	1.00	2.50	0.045	0.030	7.50~10.50	18.00~20.00	—	—	0.15~0.30	Nb:0.15
S30510	10Cr18Ni12①	0.12	0.75	2.00	0.045	0.030	10.50~13.00	17.00~19.00	—	—	—	—
S30859	08Cr21Ni11Si2CeN	0.05~0.10	1.40~2.00	0.80	0.040	0.030	10.00~12.00	20.00~22.00	—	—	0.14~0.20	Ce:0.03~0.08
S30908	06Cr23Ni13①	0.08	0.75	2.00	0.045	0.030	12.00~15.00	22.00~24.00	—	—	—	—
S31008	06Cr25Ni20	0.08	1.50	2.00	0.045	0.030	19.00~22.00	24.00~26.00	—	—	—	—
S31053	022Cr25Ni22Mo2N①	0.020	0.50	2.00	0.030	0.010	20.50~23.50	24.00~26.00	1.60~2.60	—	0.09~0.15	—
S31252	015Cr20Ni18Mo6CuN	0.020	0.80	1.00	0.030	0.010	17.50~18.50	19.50~20.50	6.00~6.50	0.50~1.00	0.18~0.25	—
S31603	022Cr17Ni12Mo2②	0.030	0.75	2.00	0.045	0.030	10.00~14.00	16.00~18.00	2.00~3.00	—	0.10	—
S31608	06Cr17Ni12Mo2①	0.08	0.75	2.00	0.045	0.030	10.00~14.00	16.00~18.00	2.00~3.00	—	0.10	—
S31609	07Cr17Ni12Mo2②	0.04~0.10	0.75	2.00	0.045	0.030	10.00~14.00	16.00~18.00	2.00~3.00	—	—	—
S31653	022Cr17Ni12Mo2N①	0.030	0.75	2.00	0.045	0.030	10.00~14.00	16.00~18.00	2.00~3.00	—	0.10~0.16	—
S31658	06Cr17Ni12Mo2N①	0.08	0.75	2.00	0.045	0.030	10.00~14.00	16.00~18.00	2.00~3.00	—	0.10~0.16	—
S31668	06Cr17Ni12Mo2Ti①	0.08	0.75	2.00	0.045	0.030	10.00~14.00	16.00~18.00	2.00~3.00	—	—	Ti≥5w(C)
S31678	06Cr17Ni12Mo2Nb①	0.08	0.75	2.00	0.045	0.030	10.00~14.00	16.00~18.00	2.00~3.00	—	0.10	Nb:10w(C)~1.10
S31688	06Cr18Ni12Mo2Cu2①	0.08	1.00	2.00	0.045	0.030	10.00~14.00	17.00~19.00	1.20~2.75	1.00~2.50	0.10	—
S31703	022Cr19Ni13Mo3①	0.030	0.75	2.00	0.045	0.030	11.00~15.00	18.00~20.00	3.00~4.00	—	0.10	—
S31708	06Cr19Ni13Mo3①	0.08	0.75	2.00	0.045	0.030	11.00~15.00	18.00~20.00	3.00~4.00	—	0.10	—

统一数字代号	牌号	C	Si	Mn	P	S	Ni	Cr	Mo	Cu	N	其他元素
S31723	022Cr19Ni16Mo5N[①]	0.030	0.75	2.00	0.045	0.030	13.50~17.50	17.00~20.00	4.00~5.00	—	0.10~0.20	—
S31753	022Cr19Ni13Mo4N[①]	0.030	0.75	2.00	0.045	0.030	11.00~15.00	18.00~20.00	3.00~4.00	—	0.10~0.22	—
S31782	015Cr21Ni26Mo5Cu2	0.020	1.00	2.00	0.045	0.035	23.00~28.00	19.00~23.00	4.00~5.00	1.00~2.00	0.10	—
S32168	06Cr18Ni11T[①]	0.08	0.75	2.00	0.045	0.030	9.00~12.00	17.00~19.00	—	—	0.10	Ti$\geqslant 5 \times w(C)$
S32169	07Cr19Ni11Ti[①]	0.04~0.10	0.75	2.00	0.045	0.030	9.00~12.00	17.00~19.00	—	—	—	Ti:$4w(C+N) \sim 0.70$
S32652	015Cr24Ni22Mo8Mn3CuN	0.020	0.50	2.00~4.00	0.030	0.005	21.00~23.00	24.00~25.00	7.00~8.00	0.30~0.60	0.45~0.55	—
S34553	022Cr24Ni17Mo5Mn6NbN	0.030	1.00	5.00~7.00	0.030	0.010	16.00~18.00	23.00~25.00	4.00~5.00	—	0.40~0.60	Nb:0.10
S34778	06Cr18Ni11Nb[①]	0.08	0.75	2.00	0.045	0.030	9.00~13.00	17.00~19.00	—	—	—	Nb:$10w(C) \sim 1.00$
S34779	07Cr18Ni11Nb[①]	0.04~0.10	0.75	2.00	0.045	0.030	9.00~13.00	17.00~19.00	—	—	—	Nb:$8w(C) \sim 1.00$
S38367	022Cr21Ni25Mo7N	0.030	1.00	2.00	0.040	0.040	23.50~25.50	20.00~22.00	6.00~7.00	0.75	0.18~0.25	—
S38926	015Cr20Ni25Mo7CuN	0.020	0.50	2.00	0.030	0.010	24.00~26.00	19.00~21.00	6.00~7.00	0.50~1.50	0.15~0.25	—

注：表中所列成分除标明范围或最小值，其余均为最大值。

① 为相对于 GB/T 20878—2007 调整化学成分的牌号。

表 2-185　奥氏体·铁素体型钢的牌号及化学成分

统一数字代号	牌号	化学成分（质量分数，%）										
		C	Si	Mn	P	S	Ni	Cr	Mo	Cu	N	其他元素
S21860	14Cr18Ni11Si4AlTi	0.10~0.18	3.40~4.00	0.80	0.035	0.030	10.00~12.00	17.50~19.50	—	—	—	Ti:0.40~0.70 Al:0.10~0.30
S21953	022Cr19Ni5Mo3Si2N	0.030	1.30~2.00	1.00~2.00	0.030	0.030	4.50~5.50	18.00~19.50	2.50~3.00	—	0.05~0.10	—
S22053	022Cr23Ni5Mo3N	0.030	1.00	2.00	0.030	0.020	4.50~6.50	22.00~23.00	3.00~3.50	—	0.14~0.20	—
S22152	022Cr21Mn5Ni2N	0.030	1.00	4.00~6.00	0.040	0.030	1.00~3.00	19.50~21.50	0.60	1.00	0.05~0.17	—
S22153	022Cr21Ni3Mo2N	0.030	1.00	2.00	0.030	0.020	3.00~4.00	19.50~22.50	1.50~2.00	—	0.14~0.20	—
S22160	12Cr21Ni5Ti	0.09~0.14	0.80	0.80	0.035	0.030	4.80~5.80	20.00~22.00	—	—	—	Ti:$5[w(C)-0.02]\sim0.80$

（续）

统一数字代号	牌号	化学成分（质量分数，%）										
		C	Si	Mn	P	S	Ni	Cr	Mo	Cu	N	其他元素
S22193	022Cr21Mn3Ni3Mo2N	0.030	1.00	2.00~4.00	0.040	0.030	2.00~4.00	19.00~22.00	1.00~2.00	—	0.14~0.20	—
S22253	022Cr22Mn3Ni2MoN	0.030	1.00	2.00~3.00	0.040	0.020	1.00~2.00	20.50~23.50	0.10~1.00	0.50	0.15~0.27	—
S22293	022Cr22Ni5Mo3N	0.030	1.00	2.00	0.030	0.020	4.50~6.50	21.00~23.00	2.50~3.50	—	0.08~0.20	—
S22294	03Cr22Mn5Ni2MoCuN	0.04	1.00	4.00~6.00	0.040	0.030	1.35~1.70	21.00~22.00	0.10~0.80	0.10~0.80	0.20~0.25	—
S22353	022Cr23Ni2N	0.030	1.00	2.00	0.040	0.010	1.00~2.80	21.50~24.00	0.45	—	0.18~0.26	—
S22493	022Cr24Ni4Mn3Mo2CuN	0.030	0.70	2.50~4.00	0.035	0.005	3.00~4.50	23.00~25.00	1.00~2.00	0.10~0.80	0.20~0.30	—
S22553	022Cr25Ni6Mo2N	0.030	1.00	2.00	0.030	0.030	5.50~6.50	24.00~26.00	1.50~2.50	—	0.10~0.20	—
S23043	022Cr23Ni4MoCuN①	0.030	1.00	2.50	0.040	0.030	3.00~5.50	21.50~24.50	0.05~0.60	0.05~0.60	0.05~0.20	—
S25073	022Cr25Ni7Mo4N	0.030	0.80	1.20	0.035	0.020	6.00~8.00	24.00~26.00	3.00~5.00	0.50	0.24~0.32	—
S25554	03Cr25Ni6Mo3Cu2N	0.04	1.00	1.50	0.040	0.030	4.50~6.50	24.00~27.00	2.90~3.90	1.50~2.50	0.10~0.25	—
S27603	022Cr25Ni7Mo4WCuN①	0.030	1.00	1.00	0.030	0.010	6.00~8.00	24.00~26.00	3.00~4.00	0.50~1.00	0.20~0.30	W:0.50~1.00

注：表中所列成分除标明范围或最小值，其余均为最大值。

① 为相对于 GB/T 20878—2007 调整化学成分的牌号。

表 2-186 铁素体型钢的牌号及化学成分

统一数字代号	牌号	化学成分（质量分数，%）										
		C	Si	Mn	P	S	Ni	Cr	Mo	Cu	N	其他元素
S11163	022Cr11Ti	0.030	1.00	1.00	0.040	0.020	0.60	10.50~11.75	—	—	0.030	Ti:0.15~0.50 且 Ti≥8w(C+N),Nb:0.10
S11173	022Cr11NbTi	0.030	1.00	1.00	0.040	0.020	0.60	10.50~11.70	—	—	0.030	Ti+Nb:8w(C+N) +0.08~0.75 Ti≥0.05
S11203	022Cr12	0.030	1.00	1.00	0.040	0.030	0.60	11.00~13.50	—	—	—	—
S11213	022Cr12Ni	0.030	1.00	1.50	0.040	0.015	0.30~1.00	10.50~12.50	—	—	0.030	—

统一数字代号	牌号	C	Si	Mn	P	S	Ni	Cr	Mo	Cu	N	其他
S11348	06Cr13Al	0.08	1.00	1.00	0.040	0.030	0.60	11.50~14.50	—	—	—	Al:0.10~0.30
S11510	10Cr15	0.12	1.00	1.00	0.040	0.030	0.60	14.00~16.00	—	—	—	—
S11573	022Cr15NbTi	0.030	1.20	1.20	0.040	0.030	0.60	14.00~16.00	0.50	—	0.030	Ti、Nb:0.30~0.80
S11710	10Cr17①	0.12	1.00	1.00	0.040	0.030	0.75	16.00~18.00	—	—	—	—
S11763	022Cr17NbTi①	0.030	0.75	1.00	0.035	0.030	—	16.00~19.00	—	—	—	Ti、Nb:0.10~1.00
S11790	10Cr17Mo	0.12	1.00	1.00	0.040	0.030	—	16.00~18.00	0.75~1.25	—	—	—
S11862	019Cr18MoTi①	0.025	1.00	1.00	0.040	0.030	—	16.00~19.00	0.75~1.50	—	0.025	Ti、Nb、Zr或其组合：$8w(C+N)\sim0.80$
S11863	022Cr18Ti	0.030	1.00	1.00	0.040	0.030	0.50	17.00~19.00	—	—	0.030	Ti：$[0.20+4w(C+N)]\sim1.10$　Al:0.15
S11873	022Cr18Nb	0.030	1.00	1.00	0.040	0.015	—	17.50~18.50	—	—	—	Ti:0.10~0.60　Nb$\geqslant0.30+3w(C)$
S11882	019Cr18CuNb	0.025	1.00	1.00	0.040	0.030	0.60	16.00~20.00	—	0.30~0.80	0.025	Nb:$8w(C+N)\sim0.8$
S11972	019Cr19Mo2NbTi	0.025	1.00	1.00	0.040	0.030	1.00	17.50~19.50	1.75~2.50	—	0.035	Ti+Nb:$[0.20+4w(C+N)]\sim0.80$
S11973	022Cr18NbTi	0.030	1.00	1.00	0.040	0.030	0.50	17.00~19.00	—	—	0.030	Ti+Nb:$[0.20+4w(C+N)]\sim0.75$　Al:0.15
S12182	019Cr21CuTi	0.025	1.00	1.00	0.030	0.030	—	20.50~23.00	—	0.30~0.80	0.025	Ti、Nb、Zr或其组合：$8w(C+N)\sim0.80$
S12361	019Cr23Mo2Ti	0.025	1.00	1.00	0.040	0.030	—	21.00~24.00	1.50~2.50	0.60	0.025	Ti、Nb、Zr或其组合：$8w(C+N)\sim0.80$
S12362	019Cr23MoTi	0.025	1.00	1.00	0.040	0.030	—	21.00~24.00	0.70~1.50	0.60	0.025	Ti、Nb、Zr或其组合：$8w(C+N)\sim0.80$
S12763	022Cr27Ni2Mo4NbTi	0.030	1.00	1.00	0.040	0.030	1.00~3.50	25.00~28.00	3.00~4.00	—	0.040	Ti+Nb:0.20~1.00　且 Ti+Nb$\geqslant6w(C+N)$
S12791	008Cr27Mo①	0.010	0.40	0.40	0.030	0.020	—	25.00~27.50	0.75~1.50	—	0.015	Ni+Cu≤0.50
S12963	022Cr29Mo4NbTi	0.030	1.00	1.00	0.040	0.030	1.00	28.00~30.00	3.60~4.20	—	0.045	Ti+Nb:0.20~1.00　且 Ti+Nb$\geqslant6w(C+N)$
S13091	008Cr30Mo2①②	0.010	0.40	0.40	0.030	0.020	0.50	28.50~32.00	1.50~2.50	0.20	0.015	Ni+Cu≤0.50

注：表中所列成分除明确范围或最小值，其余均为最大值。

① 为相对于 GB/T 20878—2007 调整化学成分的牌号。

② 可含有 V、Ti、Nb 中的一种或几种元素。

表 2-187　马氏体型钢的牌号及化学成分

统一数字代号	牌号	化学成分（质量分数，%）										
		C	Si	Mn	P	S	Ni	Cr	Mo	Cu	N	其他元素
S40310	12Cr12	0.15	0.50	1.00	0.040	0.030	0.60	11.50~13.00	—	—	—	—
S41008	06Cr13	0.08	1.00	1.00	0.040	0.030	0.60	11.50~13.50	—	—	—	—
S41010	12Cr13	0.15	1.00	1.00	0.040	0.030	0.60	11.50~13.50	—	—	—	—
S41595	04Cr13Ni5Mo	0.05	0.60	0.50~1.00	0.030	0.030	3.50~5.50	11.50~14.00	0.50~1.00	—	—	—
S42020	20Cr13	0.16~0.25	1.00	1.00	0.040	0.030	0.60	12.00~14.00	—	—	—	—
S42030	30Cr13	0.26~0.35	1.00	1.00	0.040	0.030	0.60	12.00~14.00	—	—	—	—
S42040	40Cr13①	0.36~0.45	0.80	0.80	0.040	0.030	0.60	12.00~14.00	—	—	—	—
S43120	17Cr16Ni2①	0.12~0.20	1.00	1.00	0.025	0.015	2.00~3.00	15.00~18.00	—	—	—	—
S44070	68Cr17	0.60~0.75	1.00	1.00	0.040	0.030	0.60	16.00~18.00	0.75	—	—	—
S46050	50Cr15MoV	0.45~0.55	1.00	1.00	0.040	0.015	—	14.00~15.00	0.50~0.80	—	—	V:0.10~0.20

注：表中所列成分除标明范围或最小值，其余均为最大值。
① 为相对于 GB/T 20878—2007 调整化学成分的牌号。

表 2-188　沉淀硬化型钢的牌号及化学成分

统一数字代号	牌号	化学成分（质量分数，%）										
		C	Si	Mn	P	S	Ni	Cr	Mo	Cu	N	其他元素
S51380	04Cr13Ni8Mo2Al①	0.05	0.10	0.20	0.010	0.008	7.50~8.50	12.30~13.25	2.00~2.50	—	0.01	Al:0.90~1.35
S51290	022Cr12Ni9Cu2NbTi①	0.05	0.50	0.50	0.040	0.030	7.50~9.50	11.00~12.50	0.50	1.50~2.50	—	Ti:0.80~1.40 Nb+Ta:0.10~0.50
S51770	07Cr17Ni7Al	0.09	1.00	1.00	0.040	0.030	6.50~7.75	16.00~18.00	—	—	—	Al:0.75~1.50
S51570	07Cr15Ni7Mo2Al	0.09	1.00	1.00	0.040	0.030	6.50~7.75	14.00~16.00	2.00~3.00	—	—	Al:0.75~1.50
S51750	09Cr17Ni5Mo3N①	0.07~0.11	0.50	0.50~1.25	0.040	0.030	4.00~5.00	16.00~17.00	2.50~3.20	—	0.07~0.13	—
S51778	06Cr17Ni7AlTi	0.08	1.00	1.00	0.040	0.030	6.00~7.50	16.00~17.50	—	—	—	Al:0.40 Ti:0.40~1.20

注：表中所列成分除标明范围或最小值，其余均为最大值。
① 为相对于 GB/T 20878—2007 调整化学成分的牌号。

（3）力学性能（见表 2-189～表 2-194）

表 2-189　经固溶处理的奥氏体型不锈钢热轧钢板和钢带的力学性能

统一数字代号	牌　号	规定塑性延伸强度 $R_{p0.2}$/MPa	抗拉强度 R_m/MPa	断后伸长率[1]A(%)	硬　度　值		
					HBW	HRB	HV
		≥			≤		
S30103	022Cr17Ni7	220	550	45	241	100	242
S30110	12Cr17Ni7	205	515	40	217	95	220
S30153	022Cr17Ni7N	240	550	45	241	100	242
S30210	12Cr18Ni9	205	515	40	201	92	210
S30240	12Cr18Ni9Si3	205	515	40	217	95	220
S30403	022Cr19Ni10	180	485	40	201	92	210
S30408	06Cr19Ni10	205	515	40	201	92	210
S30409	07Cr19Ni10	205	515	40	201	92	210
S30450	05Cr19Ni10Si2CeN	290	600	40	217	95	220
S30453	022Cr19Ni10N	205	515	40	217	95	220
S30458	06Cr19Ni10N	240	550	30	217	95	220
S30478	06Cr19Ni9NbN	275	585	30	241	100	242
S30510	10Cr18Ni12	170	485	40	183	88	200
S30859	08Cr21Ni11Si2CeN	310	600	40	217	95	220
S30908	06Cr23Ni13	205	515	40	217	95	220
S31008	06Cr25Ni20	205	515	40	217	95	220
S31053	022Cr25Ni22Mo2N	270	580	25	217	95	220
S31252	015Cr20Ni18Mo6CuN	310	655	35	223	96	225
S31603	022Cr17Ni12Mo2	180	485	40	217	95	220
S31608	06Cr17Ni12Mo2	205	515	40	217	95	220
S31609	07Cr17Ni12Mo2	205	515	40	217	95	220
S31653	022Cr17Ni12Mo2N	205	515	40	217	95	220
S31658	06Cr17Ni12Mo2N	240	550	35	217	95	220
S31668	06Cr17Ni12Mo2Ti	205	515	40	217	95	220
S31678	06Cr17Ni12Mo2Nb	205	515	30	217	95	220
S31688	06Cr18Ni12Mo2Cu2	205	520	40	187	90	200
S31703	022Cr19Ni13Mo3	205	515	40	217	95	220
S31708	06Cr19Ni13Mo3	205	515	35	217	95	220
S31723	022Cr19Ni16Mo5N	240	550	40	223	96	225
S31753	022Cr19Ni13Mo4N	240	550	40	217	95	220
S31782	015Cr21Ni26Mo5Cu2	220	490	35	—	90	200
S32168	06Cr18Ni11Ti	205	515	40	217	95	220
S32169	07Cr19Ni11Ti	205	515	40	217	95	220
S32652	015Cr24Ni22Mo8Mn3CuN	430	750	40	250	—	252
S34553	022Cr24Ni17Mo5Mn6NbN	415	795	35	241	100	242
S34778	06Cr18Ni11Nb	205	515	40	201	92	210
S34779	07Cr18Ni11Nb	205	515	40	201	92	210
S38367	022Cr21Ni25Mo7N	310	690	30	241	—	—
S38926	015Cr20Ni25Mo7CuN	295	650	35	—	—	—

① 厚度不大于 3mm 时使用 A_{50mm} 试样。

表 2-190　经固溶处理的奥氏体-铁素体型不锈钢热轧钢板和钢带的力学性能

统一数字代号	牌　号	规定塑性延伸强度 $R_{p0.2}$/MPa	抗拉强度 R_m/MPa	断后伸长率[①] A(%)	硬度值	
		≥			HBW	HRC
					≤	
S21860	14Cr18Ni11Si4AlTi	—	715	25	—	—
S21953	022Cr19Ni5Mo3Si2N	440	630	25	290	31
S22053	022Cr23Ni5Mo3N	450	655	25	293	31
S22152	022Cr21Mn5Ni2N	450	620	25	—	25
S22153	022Cr21Ni3Mo2N	450	655	25	293	31
S22160	12Cr21Ni5Ti	—	635	20	—	—
S22193	022Cr21Mn3Ni3Mo2N	450	620	25	293	31
S22253	022Cr22Mn3Ni2MoN	450	655	30	293	31
S22293	022Cr22Ni5Mo3N	450	620	25	293	31
S22294	03Cr22Mn5Ni2MoCuN	450	650	30	290	—
S22353	022Cr23Ni2N	450	650	30	290	—
S22493	022Cr24Ni4Mn3Mo2CuN	480	680	25	290	—
S22553	022Cr25Ni6Mo2N	450	640	25	295	31
S23043	022Cr23Ni4MoCuN	400	600	25	290	31
S25554	03Cr25Ni6Mo3Cu2N	550	760	15	302	32
S25073	022Cr25Ni7Mo4N	550	795	15	310	32
S27603	022Cr25Ni7Mo4WCuN	550	750	25	270	

① 厚度不大于 3mm 时使用 A_{50mm} 试样。

表 2-191　经退火处理的铁素体型不锈钢热轧钢板和钢带的力学性能

统一数字代号	牌　号	规定塑性延伸强度 $R_{p0.2}$/MPa	抗拉强度 R_m/MPa	断后伸长率[①] A(%)	180°弯曲试验弯曲压头直径 D	硬度值		
		≥				HBW	HRB	HV
						≤		
S11163	022Cr11Ti	170	380	20	$D=2a$	179	88	200
S11173	022Cr11NbTi	170	380	20	$D=2a$	179	88	200
S11213	022Cr12Ni	280	450	18	—	180	88	200
S11203	022Cr12	195	360	22	$D=2a$	183	88	200
S11348	06Cr13Al	170	415	20	$D=2a$	179	88	200
S11510	10Cr15	205	450	22	$D=2a$	183	89	200
S11573	022Cr15NbTi	205	450	22	$D=2a$	183	89	200
S11710	10Cr17	205	420	22	$D=2a$	183	89	200
S11763	022Cr17NbTi	175	360	22	$D=2a$	183	88	200
S11790	10Cr17Mo	240	450	22	$D=2a$	183	89	200
S11862	019Cr18MoTi	245	410	20	$D=2a$	217	96	230
S11863	022Cr18Ti	205	415	22	$D=2a$	183	89	200
S11873	022Cr18NbTi	250	430	18	—	180	88	200
S11882	019Cr18CuNb	205	390	22	$D=2a$	192	90	200
S11972	019Cr19Mo2NbTi	275	415	20	$D=2a$	217	96	230
S11973	022Cr18NbTi	205	415	22	$D=2a$	183	89	200
S12182	019Cr21CuTi	205	390	22	$D=2a$	192	90	200
S12361	019Cr23Mo2Ti	245	410	20	$D=2a$	217	96	230
S12362	019Cr23MoTi	245	410	20	$D=2a$	217	96	230

（续）

统一数字代号	牌　号	规定塑性延伸强度 $R_{p0.2}$/MPa	抗拉强度 R_m/MPa	断后伸长率[1] A(%)	180°弯曲试验弯曲压头直径 D	硬度值		
		≥				HBW	HRB	HV
						≤		
S12763	022Cr27Ni2Mo4NbTi	450	585	18	$D=2a$	241	100	242
S12791	008Cr27Mo	275	450	22	$D=2a$	187	90	200
S12963	022Cr29Mo4NbTi	415	550	18	$D=2a$	255	25[2]	257
S13091	008Cr30Mo2	295	450	22	$D=2a$	207	95	220

注：a 为弯曲试样厚度。

[1] 厚度不大于 3mm 时使用 A_{50mm} 试样。

[2] 为 HRC 硬度值。

表 2-192　经退火处理的马氏体型不锈钢热轧钢板和钢带的力学性能

统一数字代号	牌　号	规定塑性延伸强度 $R_{p0.2}$/MPa	抗拉强度 R_m/MPa	断后伸长率[1] A(%)	180°弯曲试验弯曲压头直径 D	硬度值		
		≥				HBW	HRB	HV
						≤		
S40310	12Cr12	205	485	20	$D=2a$	217	96	210
S41008	06Cr13	205	415	22	$D=2a$	183	89	200
S41010	12Cr13	205	450	20	$D=2a$	217	96	210
S41595	04Cr13Ni5Mo	620	795	15	—	302	32[2]	308
S42020	20Cr13	225	520	18	—	223	97	234
S42030	30Cr13	225	540	18	—	235	99	247
S42040	40Cr13	225	590	15	—	—	—	—
S43120	17Cr16Ni2[3]	690	880~1080	12	—	262~326	—	—
		1050	1350	10	—	388	—	—
S44070	68Cr17	245	590	15	—	255	25[2]	269
S46050	50Cr15MoV	—	≤850	12	—	280	100	280

注：a 为弯曲试样厚度。

[1] 厚度不大于 3mm 时使用 A_{50mm} 试样。

[2] 为 HRC 硬度值。

[3] 表列为淬火、回火后的力学性能。

表 2-193　经固溶处理的沉淀硬化型不锈钢热轧钢板和钢带的试样的力学性能

统一数字代号	牌　号	钢材厚度 /mm	规定塑性延伸强度 $R_{p0.2}$/MPa	抗拉强度 R_m/MPa	断后伸长率[1] A(%)	硬度值	
			≤	≥		HRC	HBW
						≤	
S51380	04Cr13Ni8Mo2Al	2.0~102	—	—	—	38	363
S51290	022Cr12Ni9Cu2NbTi	2.0~102	1105	1205	3	36	331
S51770	07Cr17Ni7Al	2.0~102	380	1035	20	92[2]	—
S51570	07Cr15Ni7Mo2Al	2.0~102	450	1035	325	100[2]	—
S51750	09Cr17Ni5Mo3N	2.0~102	585	1380	12	30	—
S51778	06Cr17Ni7AlTi	2.0~102	515	825	5	32	—

[1] 厚度不大于 3mm 时使用 A_{50mm} 试样。

[2] 为 HRB 硬度值。

表 2-194　经时效处理后的沉淀硬化型不锈钢热轧钢试样的力学性能

统一数字代号	牌　号	钢材厚度/mm	处理温度①	规定塑性延伸强度 $R_{p0.2}$/MPa	抗拉强度 R_m/MPa	断后伸长率②③ $A(\%)$	硬度值	
							HRC	HBW
				≥				≥
S51380	04Cr13Ni8Mo2Al	2~<5	510℃±5℃	1410	1515	8	45	—
		5~<16		1410	1515	10	45	—
		16~100		1410	1515	10	45	429
		2~<5	540℃+5℃	1310	1380	8	43	—
		5~<16		1310	1380	10	43	—
		16~100		1310	1380	10	43	401
S51290	022Cr12Ni9Cu2NbTi	≥2	480℃±6℃ 或 510℃±5℃	1410	1525	4	44	—
S51770	07Cr17Ni7Al	2~<5	760℃±15℃ 15℃±3℃ 566℃±6℃	1035	1240	6	38	—
		5~16		965	1170	7	38	352
		2~<5	954℃±8℃ −73℃±6℃ 510℃±6℃	1310	1450	4	44	—
		5~16		1240	1380	6	43	401
S51570	07Cr15Ni7Mo2Al	2~<5	760℃±15℃ 15℃±3℃ 566℃±6℃	1170	1310	5	40	—
		5~<16		1170	1310	4	40	375
S51570	07Cr15Ni7Mo2Al	2~<5	954℃±8℃ −73℃±6℃ 510℃±6℃	1380	1550	4	46	—
		5~16		1380	1550	4	45	429
S51570	07Cr15Ni7Mo3N	2~5	455℃±10℃	1035	1275	8	42	—
		2~5	540℃±10℃	1000	1140	8	36	—
S51778	06Cr17Ni7AlTi	2~<3	510℃±10℃	1170	1310	5	39	—
		≥3		1170	1310	8	39	363
		2~<3	540℃±10℃	1105	1240	5	37	—
		≥3		1105	1240	8	38	352
		2~<3	565℃±10℃	1035	1170	5	35	—
		≥3		1035	1170	8	36	331

① 为推荐性热处理温度，供方应向需方提供推荐性热处理制度。
② 适用于沿宽度方向的试验，垂直于轧制方向且平行于钢板表面。
③ 厚度不大于 3mm 时使用 A_{50mm} 试样。

3.2.13　不锈钢复合钢板和钢带（摘自 GB/T 8165—2008）

（1）分类级别及代号（见表 2-195）

表 2-195　复合钢板（带）的分类级别及代号

级别	代　号			用　途
	爆炸法	轧制法	爆炸轧制法	
Ⅰ级	BⅠ	RⅠ	BRⅠ	适用于不允许有未结合区存在的、加工时要求严格的结构件上
Ⅱ级	BⅡ	RⅡ	BRⅡ	适用于可允许有少量未结合区存在的结构件上
Ⅲ级	BⅢ	RⅢ	BRⅢ	适用于复层材料只作为抗腐蚀层来使用的一般结构件上

（2）尺寸

1）复合中厚板总公称厚度不小于 6.0mm。轧制复合带及其剪切钢板总公称厚度为 0.8 ~ 6.0mm，见表 2-196。

表 2-196 轧制复合带及其剪切钢板的总公称厚度　　　　（单位：mm）

轧制复合板(带)总公称厚度	复层厚度 ≥			表 示 法	
	对称型 A、B 面	非对称型		对称型	非对称型
		A 面	B 面		
0.8	0.09	0.09	0.06	总厚度(复×2+基) 例：3.0(0.25×2+2.50)	总厚度 (A 面复层+B 面复层+基层) 例：1.5(0.20+0.13+1.17)
1.0	0.12	0.12	0.06		
1.2	0.14	0.14	0.06		
1.5	0.16	0.16	0.08		
2.0	0.18	0.18	0.10		
2.5	0.22	0.22	0.12		
3.0	0.25	0.25	0.15		
3.5 ~ 6.0	0.30	0.30	0.15		

注：A 面为钢板较厚复层面。

2）复合中厚板公称宽度为 1450 ~ 4000mm，轧制复合带及其剪切钢板公称宽度为 900 ~ 1200mm。

3）复合中厚板长度为 4000 ~ 10000mm。轧制复合带可成卷交货，其剪切钢板公称长度为 2000mm，或其他定尺。成卷交货的钢带内径应在合同中注明。

4）单面复合中厚板的复层公称厚度为 1.0 ~ 18mm，通常为 2 ~ 4mm。也可根据需方需要，由供需双方协商确定。

5）单面复合中厚板的基层最小厚度为 5mm，也可根据需方需要，由供需双方协商确定。

6）单面或双面复合板（带）用于焊接时复层最小厚度为 0.3mm，用于非焊接时复层最小厚度为 0.06mm。

（3）尺寸允许偏差

1）复合中厚板的厚度允许偏差见表 2-197。

表 2-197 复合中厚板的厚度允许偏差　　　　（单位：mm）

复层厚度允许偏差		复合中厚板总厚度允许偏差		
I 级、II 级	III 级	复合中厚板总公称厚度/mm	允许偏差（%）	
			I 级、II 级	III 级
不大于复层公称尺寸的±9%，且不大于 1mm	不大于复层公称尺寸的±10%，且不大于 1mm	6 ~ 7	+10 -8	±9
		>7 ~ 15	+9 -7	±8
		>15 ~ 25	+8 -6	±7
		>25 ~ 30	+7 -5	±6
		>30 ~ 60	+6 -4	±5
		>60	协商	协商

2) 复合中厚板的宽度允许偏差见表2-198。

表2-198　复合中厚板的宽度允许偏差　　　（单位：mm）

公称厚度	下列宽度的宽度允许偏差			
	<1450	≥1450		
		Ⅰ级	Ⅱ级	Ⅲ级
6~7	按GB/T 709	+6 0	+10 0	+15 0
>7~25		+20 0	+25 0	+30 0
>25		+25 0	+30 0	+35 0

3) 复合中厚板的长度允许偏差，按基层钢板标准相应的规定。特殊要求由供需双方协商。

4) 复合中厚板的不平度，每米平面度见表2-199。不允许有明显凹凸不平。

表2-199　复合中厚板每米平面度　　　（单位：mm）

复合钢板总公称厚度	下列宽度的允许平面度		复合钢板总公称厚度	下列宽度的允许平面度	
	1000~1450	>1450		1000~1450	>1450
6~8	9	10	>15~25	8	9
>8~15	8	9	>25	7	8

5) 轧制复合带及其剪切钢板的厚度允许偏差见表2-200。

表2-200　轧制复合带及其剪切钢板的厚度允许偏差　　　（单位：mm）

公称厚度	复层厚度允许偏差	厚度允许偏差		公称厚度	复层厚度允许偏差	厚度允许偏差	
		A级精度	B级精度			A级精度	B级精度
0.8~1.0	不大于复层公称尺寸的±10%	±0.07	±0.08	>2.5~3.0	不大于复层公称尺寸的±10%	±0.15	±0.17
>1.0~1.2		±0.08	±0.10	>3.0~3.5		±0.17	±0.19
>1.2~1.5		±0.10	±0.12	>3.5~4.0		±0.18	±0.20
>1.5~2.0		±0.12	±0.14	>4.0~5.0		±0.20	±0.22
>2.0~2.5		±0.13	±0.16	>5.0~6.0		±0.22	±0.25

6) 轧制复合带及其剪切钢板的宽度和长度的允许偏差应符合GB/T 708《冷轧钢板和钢带的尺寸、外形、重量及允许偏差》的规定。成卷交货的钢卷头、尾厚度不正常的长度各不超过6000mm。

7) 轧制复合带及其剪切钢板的不平度应不大于10mm/m。

(4) 复合板（带）复层和基层材料（见表2-201）

表2-201　复合板（带）复层和基层材料

复层材料		基层材料	
标准号	GB/T 3280、GB/T 4237	标准号	GB/T 3274、GB 713、GB 3531、GB/T 710
典型钢号	06Cr13 06Cr13Al 022Cr17Ti 06Cr19Ni10 06Cr18Ni11Ti	典型钢号	Q235-A、B、C Q345-A、B、C Q245R、Q345R、15CrMoR 09MnNiDR 08Al

（续）

	复层材料		基层材料
标准号	GB/T 3280、GB/T 4237	标准号	GB/T 3274、GB 713、GB 3531、GB/T 710
典型钢号	06Cr17Ni12Mo2 022Cr17Ni12Mo2 022Cr25Ni7Mo4N 022Cr22Ni5Mo3N 022Cr19Ni5Mo3Si2N 06Cr25Ni20 06Cr23Ni13	典型钢号	Q235-A、B、C Q345-A、B、C Q245R、Q345R、15CrMoR 09MnNiDR 08Al

注：根据需方要求也可选用表 7 以外的牌号，其质量应符合相应标准并有质量证明书。

（5）界面结合率

1）复合中厚板复层与基层间的面积结合率见表 2-202。

表 2-202　复合中厚板复层与基层间的面积结合率

界面结合级别	类别	结合率(%)	未结合状态	检测细则
Ⅰ级	B Ⅰ BR Ⅰ R Ⅰ	100	单个未结合区长度不大于 50mm，面积不大于 900mm² 以下的未结合区不计	见 GB/T 8165 的附录 A
Ⅱ级	B Ⅱ BR Ⅱ R Ⅱ	≥99	单个未结合区长度不大于 50mm，面积不大于 2000mm²	
Ⅲ级	B Ⅲ BR Ⅲ R Ⅲ	≥95	单个未结合区长度不大于 75mm，面积不大于 4500mm²	

2）轧制复合带及其剪切钢板每面的复层与基层间的面积结合率各不小于 99%（检测方法见 GB/T 8165 的附录 A）

（6）力学性能

1）复合中厚板的力学性能见表 2-203。

表 2-203　复合中厚板的力学性能

级别	界面抗剪强度 τ/MPa	上屈服强度[①] R_{eH}/MPa	抗拉强度 R_m/MPa	断后伸长率 A(%)	冲击吸收能量 KV_2/J
Ⅰ级 Ⅱ级	≥210	不小于基层对应厚度钢板标准值[②]	不小于基层对应厚度钢板标准下限值，且不大于上限值 35MPa[③]	不小于基层对应厚度钢板标准值[④]	应符合基层对应厚度钢板的规定[⑤]
Ⅲ级	≥200				

① 屈服现象不明显时，按 $R_{p0.2}$。
② 复合钢板和钢带的屈服下限值也可按式（1）计算：

$$R_p = \frac{t_1 R_{p1} + t_2 R_{p2}}{t_1 + t_2} \qquad (1)$$

式中　R_{p1}——复层钢板的屈服点下限值，单位为 MPa；
　　　R_{p2}——基层钢板的屈服点下限值，单位为 MPa；
　　　t_1——复层钢板的厚度，单位为 mm；
　　　t_2——基层钢板的厚度，单位为 mm。
③ 复合钢板和钢带的抗拉强度下限值也可按式（2）计算：

$$R_m = \frac{t_1 R_{m1} + t_2 R_{m2}}{t_1 + t_2} \qquad (2)$$

式中　R_{m1}——复层钢板的抗拉强度下限值，单位为 MPa；
　　　R_{m2}——基层钢板的抗拉强度下限值，单位为 MPa；
　　　t_1——复层钢板的厚度，单位为 mm；
　　　t_2——基层钢板的厚度，单位为 mm。
④ 当复层伸长率标准值小于基层标准值、复合钢板伸长率小于基层，但又不小于复层标准值时，允许剖去复层仅对基层进行拉伸试验，其伸长率应不小于基层标准值。
⑤ 复合钢板复层不做冲击试验。

2）对轧制复合带及其剪切钢板，当基层选用深冲钢时，其力学性能见表 2-204。当复层为 06Cr13 钢时，其力学性能按复层为铁素体不锈钢的规定。

表 2-204　轧制复合带及其剪切钢板的力学性能

基层钢号	上屈服强度① R_{eH}/MPa	抗拉强度 R_m/MPa	断后伸长率 A（%）	
			复层为奥氏体不锈钢	复层为铁素体不锈钢
08Al	≤350	345～490	≥28	≥18

① 屈服现象不明显时，按 $R_{p0.2}$。

（7）冷弯性能

1）复合中厚板弯曲试验条件及结果见表 2-205。

表 2-205　复合中厚板弯曲试验条件及结果

总公称厚度/mm	试样宽度/mm	弯曲角度	弯芯直径 d		试验结果	
			内弯	外弯	内弯	外弯
≤25	$b=2a$	180°	$a<20mm,d=2a$ $a≥20mm,d=3a$	$a<20mm,d=2a$ $a≥20mm,d=3a$	在弯曲部分的外侧不得产生肉眼可见的裂纹	
>25	$b=2a$	180°	加工复层厚度至 25mm，弯芯直径按基层钢板标准	加工基层厚度至 25mm，弯芯直径按基层钢板标准		

注：a 为复合钢板总公称厚度。

2）轧制复合带及其剪切钢板弯曲试验条件及结果见表 2-206。

表 2-206　轧制复合带及其剪切钢板弯曲试验条件及结果

总公称厚度/mm	试样宽度 b/mm	弯曲角度	弯芯直径 d	内弯、外弯试验结果
0.8～6.0	$b=10$	180°	$d=2a$	在弯曲部分的外侧不得产生裂纹

注：a 为复合钢板总厚度。

（8）轧制复合带及其剪切钢板的杯突值

基层为 08Al 钢时的双面对称轧制复合带及其剪切钢板，经供需双方协商并在合同中注明交货状态的可进行杯突试验，其每个测量点的杯突值见表 2-207。当基层为其他牌号时，不进行杯突试验。

表 2-207　轧制复合带及其剪切钢板的杯突值　　　　　（单位：mm）

公称厚度	拉延级别 冲压深度　≥	公称厚度	拉延级别 冲压深度　≥
0.8	9.3	1.5	10.3
1.0	9.6	2.0	11.0
1.2	10.0		

注：中间厚度的轧制复合板（带），其杯突试验值按内插法计算。

3.2.14　连续热镀锌钢板和钢带（摘自 GB/T 2518—2008）

（1）牌号命名方法

连续热镀锌钢板及钢带的牌号由产品用途代号、钢级代号（或序列号）、钢种特性（如有）、热镀代号（D）和镀层种类代号五部分构成，其中热镀代号（D）和镀层种类代号之间用加号"+"连接。具体规定如下。

1）用途代号

① DX：第一位字母 D 表示冷成形用扁平钢材，第二位字母如果为 X，代表基板的轧制状态不规定，第二位字母如果为 C，则代表基板规定为冷轧基板；第二位字母如果为 D，则代表基板规定为热轧基板。

② S：表示为结构用钢。

③ HX：第一位字母 H 代表冷成形用高强度扁平钢材。第二位字母如果为 X，代表基板的轧制状态不规定，第二位字母如果为 C，则代表基板规定为冷轧基板；第二位字母如果为 D，则代表基板规定为热轧基板。

2）钢级代号（或序列号）：

① 51~57：两位数字，用以代表钢级序列号。

② 180~980：三位数字，用以代表钢级代号；根据牌号命名方法的不同，一般为规定的最小屈服强度，或最小屈服强度和最小抗拉强度，单位为 MPa。

3）钢种特性。钢种特性通常用一到两位字母表示，其中：

① Y 表示钢种类型为无间隙原子钢。

② LA 表示钢种类型为低合金钢。

③ B 表示钢种类型为烘烤硬化钢。

④ DP 表示钢种类型为双相钢。

⑤ TR 表示钢种类型为相变诱导塑性钢。

⑥ CP 表示钢种类型为复相钢。

⑦ G 表示钢种特性不规定。

4）热镀代号。热镀代号表示为 D。

5）镀层种类代号。纯锌镀层表示为 Z，锌铁合金镀层表示为 ZF。

（2）牌号命名示例

1）DC57D+ZF：

表示产品用途为冷成形用，扁平钢材，规定基板为冷轧基板，钢级序列号为 57，锌铁合金镀层热镀产品。

2）S350GD+Z：

表示产品用途为结构用，规定的最小屈服强度值 350MPa，钢种特性不规定，纯锌镀层热镀产品。

3）HX340LAD+ZF：

表示产品用途为冷成形用，高强度扁平钢材，不规定基板状态，规定的最小屈服强度值为 340MPa，钢种类型为高强度低合金钢，锌铁合金镀层热镀产品。

4）HC340/690DPD+Z：

表示产品用途为冷成形用，高强度扁平钢材，规定基板为冷轧基板，规定的最小屈服强度值为 340MPa，规定的最小抗拉强度值为 590MPa，钢种类型为双相钢，纯锌镀层热镀产品。

（3）牌号及钢种特性（见表2-208）

表 2-208　连续热镀锌钢板和钢带的牌号及钢种特性

牌　号	钢种特性	牌　号	钢种特性
DX51D+Z,DX51D+ZF	低碳钢	HX180YD+Z,HX180YD+ZF	无间隙原子钢
DX52D+Z,DX52D+ZF		HX220YD+Z,HX220YD+ZF	
DX53D+Z,DX53D+ZF	无间隙原子钢	HX260YD+Z,HX260YD+ZF	
DX54D+Z,DX54D+ZF		HX180BD+Z,HX180BD+ZF	烘烤硬化钢
DX56D+Z,DX56D+ZF		HX220BD+Z,HX220BD+ZF	
DX57D+Z,DX57D+ZF		HX260BD+Z,HX260BD+ZF	
S220GD+Z,S220GD+ZF	结构钢	HX300BD+Z,HX300BD+ZF	
S250GD+Z,S250GD+ZF		HC260/450DPD+Z,HC260/450DPD+ZF	双相钢
S280GD+Z,S280GD+ZF		HC300/500DPD+Z,HC300/500DPD+ZF	
S320GD+Z,S320GD+ZF		HC340/600DPD+Z,HC340/600DPD+ZF	
S350GD+Z,S350GD+ZF		HC450/780DPD+Z,HC450/780DPD+ZF	
S550GD+Z,S550GD+ZF		HC600/980DPD+Z,HC600/980DPD+ZF	
HX260LAD+Z,HX260LAD+ZF	低合金钢	HC430/690TRD+Z,HC410/690TRD+ZF	相变诱导塑性钢
HX300LAD+Z,HX300LAD+ZF		HC470/780TRD+Z,HC440/780TRD+ZF	
HX340LAD+Z,HX340LAD+ZF		HC350/600CPD+Z,HC350/600CPD+ZF	复相钢
HX380LAD+Z,HX380LAD+ZF		HC500/780CPD+Z,HC500/780CPD+ZF	
HX420LAD+Z,HX420LAD+ZF		HC700/980CPD+Z,HC700/980CPD+ZF	

（4）分类及代号（见表2-209和表2-210）

表 2-209　连续热镀锌钢板和钢带按表面质量分类及代号

级　别	代　号
普通级表面	FA
较高级表面	FB
高级表面	FC

表 2-210　连续热镀锌钢板和钢带的镀层种类、镀层表面结构、表面处理的分类及代号

分类项目	类　别		代　号
镀层种类	纯锌镀层		Z
	锌铁合金镀层		ZF
镀层表面结构	纯锌镀层(Z)	普通锌花	N
		小锌花	M
		无锌花	F
	锌铁合金镀层(ZF)	普通锌花	R
表面处理	铬酸钝化		C
	涂油		O
	铬酸钝化+涂油		CO
	无铬钝化		C5
	无铬钝化+涂油		CO5
	磷化		P
	磷化+涂油		PO
	耐指纹膜		AF
	无铬耐指纹膜		AF5
	自润滑膜		SL
	无铬自润滑膜		SL5
	不处理		U

（5）公称尺寸（见表 2-211）

表 2-111　连续热镀锌钢板和钢带的公称尺寸

项　　目		公称尺寸/mm
公称厚度		0.30～5.0
公称宽度	钢板及钢带	600～2050
	纵切钢带	<600
公称长度	钢板	1000～8000
公称内径	钢带及纵切钢带	610 或 508

注：钢板及钢带的公称厚度包含基板厚度和镀层厚度。

（6）力学性能（见表 2-212～表 2-219）

表 2-212　连续热镀锌钢板和钢带的力学性能（一）

牌　　号	屈服强度[1][2] R_{eL} 或 $R_{p0.2}$/MPa	抗拉强度 R_m/MPa	断后伸长率[3] A_{80mm}(%) ≥	r_{90} ≥	n_{90} ≥
DX51D+Z，DX51D+ZF	—	270～500	22	—	—
DX52D+Z[6]，DX52D+ZF[6]	140～300	270～420	26	—	—
DX53D+Z，DX53D+ZF	140～260	270～380	30	—	—
DX54D+Z	120～220	260～350	36	1.6	0.18
DX54D+ZF			34	1.4	0.18
DX56D+Z	120～180	260～350	39	1.9[4]	0.21
DX56D+ZF			37	1.7[4][5]	0.20[5]
DX57D+Z	120～170	260～350	41	2.1[4]	0.22
DX57D+ZF			39	1.9[4][5]	0.21[5]

注：对于表中牌号为 DX51D+Z、DX51D+ZF、DX52D+Z、DX52D+ZF 的钢板及钢带，应保证在制造后一
　　个月内，钢板及钢带的力学性能符合表中的规定；对于表中其他牌号的钢板及钢带，应保证在制造
　　后六个月内，钢板及钢带的力学性能符合表中的规定。

[1] 无明显屈服时采用 $R_{p0.2}$，否则采用 R_{eL}。

[2] 试样为 GB/T 228 中的 P6 试样，试样方向为横向。

[3] 当产品公称厚度大于 0.5mm，但不大于 0.7mm 时，断后伸长率允许下降 2%；当产品公称厚度不大于
　　0.5mm 时，断后伸长率允许下降 4%。

[4] 当产品公称厚度大于 1.5mm，r_{90} 允许下降 0.2。

[5] 当产品公称厚度小于等于 0.7mm 时，r_{90} 允许下降 0.2。n_{90} 允许下降 0.01。

[6] 屈服强度值仅适用于光整的 FB、FC 级表面的钢板及钢带。

表 2-213　连续热镀锌钢板和钢带的力学性能（二）

牌　　号	屈服强度[1][2] R_{eH} 或 $R_{p0.2}$/MPa	抗拉强度[3] R_m/MPa	断后伸长率[4] A_{80mm}(%)	牌　　号	屈服强度[1][2] R_{eH} 或 $R_{p0.2}$/MPa	抗拉强度[3] R_m/MPa	断后伸长率[4] A_{80mm}(%)
	≥				≥		
S220GD+Z，S220GD+ZF	220	300	20	S320GD+Z，S320GD+ZF	320	390	17
S250GD+Z，S250GD+ZF	250	330	19	S350GD+Z，S350GD+ZF	350	420	16
S280GD+Z，S280GD+ZF	280	360	18	S550GD+Z，S350GD+ZF	550	560	—

[1] 无明显屈服时采用 $R_{p0.2}$，否则采用 R_{eH}。

[2] 试样为 GB/T 228 中的 P6 试样，试样方向为纵向。

[3] 除 S550GD+Z 和 S550GD+ZF 外，其他牌号的抗拉强度可要求 140MPa 的范围值。

[4] 当产品公称厚度大于 0.5mm，但不大于 0.7mm 时，断后伸长率允许下降 2%；当产品公称厚度不大于
　　0.5mm 时，断后伸长率允许下降 4%。

表 2-214 连续热镀锌钢板和钢带的力学性能 (三)

牌 号	屈服强度[1][2] R_{eL} 或 $R_{p0.2}$/MPa	抗拉强度 R_m/MPa	断后伸长率[3] A_{80mm}(%) ≥	r_{90}[4] ≥	n_{90} ≥
HX180YD+Z	180~240	340~400	34	1.7	0.18
HX180YD+ZF			32	1.5	0.18
HX220YD+Z	220~280	340~410	32	1.5	0.17
HX220YD+ZF			30	1.3	0.17
DX260YD+Z	260~320	380~440	30	1.4	0.16
DX260YD+ZF			28	1.2	0.16

注: 对于表中规定牌号的钢板及钢带, 应保证在制造后六个月内, 钢板及钢带的力学性能能符合表中的规定。

① 无明显屈服时采用 $R_{p0.2}$, 否则采用 R_{eL}。

② 试样为 GB/T 228 中的 P6 试样, 试样方向为横向。

③ 当产品公称厚度大于 0.5mm, 但不大于 0.7mm 时, 断后伸长率 (A_{80mm}) 允许下降 2%; 当产品公称厚度不大于 0.5mm 时, 断后伸长率 (A_{80mm}) 允许下降 4%。

④ 当产品公称厚度大于 1.5mm 时, r_{90} 允许下降 0.2。

表 2-215 连续热镀锌钢板和钢带的力学性能 (四)

牌 号	屈服强度[1][2] R_{eL} 或 $R_{p0.2}$/MPa	抗拉强度 R_m/MPa	断后伸长率[3] A_{80mm}(%) ≥	r_{90}[4] ≥	n_{90} ≥	烘烤硬化值 BH_2/MPa ≥
HX180BD+Z	180~240	300~360	34	1.5	0.16	30
HX180BD+ZF			32	1.3	0.16	30
HX220BD+Z	220~280	340~400	32	1.2	0.15	30
HX220BD+ZF			30	1.0	0.15	30
HX260BD+Z	260~320	360~440	28	—	—	30
HX260BD+ZF			26	—	—	30
HX300BD+Z	300~360	400~480	26	—	—	30
HX300BD+ZF			24	—	—	30

注: 对于表中规定牌号的钢板及钢带, 应保证在产品制造后三个月内, 钢板及钢带的力学性能符合表中的规定。

① 无明显屈服时采用 $R_{p0.2}$, 否则采用 R_{eL}。

② 试样为 GB/T 228 中的 P6 试样, 试样方向为横向。

③ 当产品公称厚度大于 0.5mm, 但不大于 0.7mm 时, 断后伸长率允许下降 2%; 当产品公称厚度不大于 0.5mm 时, 断后伸长率允许下降 4%。

④ 当产品公称厚度大于 1.5mm 时, r_{90} 允许下降 0.2。

表 2-216 连续热镀锌钢板和钢带的力学性能 (五)

牌 号	屈服强度[1][2] R_{eL} 或 $R_{p0.2}$/MPa	抗拉强度 R_m/MPa	断后伸长率[3]A_{80mm}(%) ≥
HX260LAD+Z	260~330	350~430	26
HX260LAD+ZF			24
HX300LAD+Z	300~380	380~480	23
HX300LAD+ZF			21

（续）

牌　号	屈服强度①② R_{eL} 或 $R_{p0.2}$/MPa	抗拉强度 R_m/MPa	断后伸长率③A_{80mm}（%） ≥
HX340LAD+Z	340~420	410~510	21
HX340LAD+ZF			19
HX380LAD+Z	380~480	440~560	19
HX380LAD+ZF			17
HX420LAD+Z	420~520	470~590	17
HX420LAD+ZF			15

注：对于表中规定牌号的钢板及钢带，应保证在制造后六个月内，钢板及钢带的力学性能符合表中的规定。

① 无明显屈服时采用 $R_{p0.2}$，否则采用 R_{eL}。

② 试样为 GB/T 228 中的 P6 试样，试样方向为横向。

③ 当产品公称厚度大于 0.5mm，但小于等于 0.7mm 时，断后伸长率允许下降 2%；当产品公称厚度不大于 0.5mm 时，断后伸长率允许下降 4%。

表 2-217　连续热镀锌钢板和钢带的力学性能（六）

牌　号	屈服强度①② R_{eL} 或 $R_{p0.2}$/ MPa	抗拉强度 R_m/MPa ≥	断后伸长率③ A_{80mm}（%） ≥	n_0 ≥	烘烤硬化值 BH_2/MPa ≥
HC260/450DPD+Z	260~340	450	27	0.16	30
HC260/450DPD+ZF			25		30
HC300/500DPD+Z	300~380	500	23	0.15	30
HC300/500DPD+ZF			21		30
HC340/600DPD+Z	340~420	600	20	0.14	30
HC340/600DPD+ZF			18		30
HC450/780DPD+Z	450~560	780	14	—	30
HC450/780DPD+ZF			12		30
HC600/980DPD+Z	600~750	980	10	—	30
HC600/980DPD+ZF			8		30

① 无明显屈服时采用 $R_{p0.2}$，否则采用 R_{eL}。

② 试样为 GB/T 228 中的 P6 试样，试样方向为纵向。

③ 当产品公称厚度大于 0.5mm，但小于等于 0.7mm 时，断后伸长率允许下降 2%；当产品公称厚度不大于 0.5mm 时，断后伸长率允许下降 4%。

表 2-218　连续热镀锌钢板和钢带的力学性能（七）

牌　号	屈服强度①② R_{eL} 或 $R_{p0.2}$/ MPa	抗拉强度 R_m/MPa ≥	断后伸长率③ A_{80mm}（%） ≥	n_0 ≥	烘烤硬化值 BH_2/MPa ≥
HC430/690TRD+Z	430~550	690	23	0.18	40
HC430/690TRD+ZF			21		40
HC470/780TRD+Z	470~600	780	21	0.16	40
HC470/780TRD+ZF			18		40

① 无明显屈服时采用 $R_{p0.2}$，否则采用 R_{eL}。

② 试样为 GB/T 228 中的 P6 试样，试样方向为纵向。

③ 当产品公称厚度大于 0.5mm，但小于等于 0.7mm 时，断后伸长率允许下降 2%；当产品公称厚度不大于 0.5mm 时，断后伸长率允许下降 4%。

表 2-219 连续热镀锌钢板和钢带的力学性能（八）

牌　号	屈服强度[1][2] R_{eL} 或 $R_{p0.2}$/MPa	抗拉强度 R_m/MPa ≥	断后伸长率[3] A_{80mm}（%） ≥	烘烤硬化值 BH_2/MPa ≥
HC350/600CPD+Z	350~500	600	16	30
HC350/600CPD+ZF			14	
HC500/780CPD+Z	500~700	780	10	30
HC500/780CPD+ZF			8	
HC700/980CPD+Z	700~900	980	7	30
HC700/980CPD+ZF			5	

① 无明显屈服时采用 $R_{p0.2}$，否则采用 R_{eL}。

② 试样为 GB/T 228 中的 P6 试样，试样方向为纵向。

③ 当产品公称厚度大于 0.5mm，但小于等于 0.7mm 时，断后伸长率允许下降 2%；当产品公称厚度不大于 0.5mm 时，断后伸长率允许下降 4%。

（7）镀层重量（见表 2-220~表 2-222）

表 2-220 可供的公称镀层重量

镀层形式	适用的镀层表面结构	下列镀层种类的公称镀层重量范围[1]（g/m²）	
		纯锌镀层（Z）	锌铁合金镀层（ZF）
等厚镀层	N、M、F、R	50~600	60~180
差厚镀层[2]	N、M、F	25~150（每面）	—

① 50g/m² 镀层（纯锌和锌铁合金）的厚度约为 7.1μm。

② 对于差厚镀层形式，镀层较重面的镀层重量与另一面的镀层重量比值应不大于 3。

表 2-221 推荐的公称镀层重量及相应的镀层代号

镀层种类	镀层形式	推荐的公称镀层重量/（g/m²）	镀层代号
Z	等厚镀层	60	60
		80	80
		100	100
		120	120
		150	150
		180	180
		200	200
		220	220
		250	250
		275	275
		350	350
		450	450
		600	600
ZF	等厚镀层	60	60
		90	90
		120	120
		140	140
Z	差厚镀层	30/40	30/40
		40/60	40/60
		40/100	40/100

表 2-222 差厚镀层的公称镀层重量及镀层重量试验值

镀层种类	镀层形式	镀层代号	公称镀层重量/(g/m²) ≥	
			单面三点平均值	单面单点值
Z	差厚镀层	A/B①	A/B①	(0.85×A)/(0.85×B)

① A、B 分别为钢板及钢带上、下表面（或内、外表面）对应的公称镀层重量（g/m²）。

（8）镀层表面结构（见表 2-223）

表 2-223 连续热镀锌钢板和钢带的镀层表面结构

镀层种类	镀层表面结构	代号	特　征
Z	普通锌花	N	锌层在自然条件下凝固得到的肉眼可见的锌花结构
	小锌花	M	通过特殊控制方法得到的肉眼可见的细小锌花结构
	无锌花	F	通过特殊控制方法得到的肉眼不可见的细小锌花结构
ZF	普通锌花	R	通过对纯锌镀层的热处理后获得的镀层表面结构，该表面结构通常灰色无光

3.2.15 连续电镀锌、锌镍合金镀层钢板及钢带（摘自 GB/T 15675—2008）

（1）牌号表示方法

连续电镀锌、锌镍合金钢板及钢带的牌号由基板牌号和镀层种类两部分组成，中间用"+"连接。

示例 1：DC01+ZE，DC01+ZN

DC01——基板牌号；

ZE，ZN——镀层种类：纯锌镀层，锌镍合金镀层。

示例 2：CR180BH+ZE，CR180BH+ZN

CR180BH——基板牌号；

ZE，ZN——镀层种类：纯锌镀层，锌镍合金镀层。

（2）钢板及钢带按表面质量级别的分类及代号（见表 2-224）

表 2-224 钢板及钢带按表面质量级别的分类及代号

级别	代号	级别	代号
普通级表面	FA	高级表面	FC
较高级表面	FB		

（3）钢板及钢带按镀层种类和代号及镀层形式的分类（见表 2-225）

表 2-225 钢板及钢带按镀层种类和代号及镀层形式的分类

按镀层种类和代号	按镀层形式
纯锌镀层,ZE	等厚镀层
锌镍合金镀层,ZN	差厚镀层
	单面镀层

（4）钢板及钢带镀层重量的表示方法

钢板及钢带镀层重量的表示方法示例如下：

钢板：上表面镀层重量（g/m²）/下表面镀层重量（g/m²），例如，40/40、10/20、0/30。

钢带：外表面镀层重量（g/m²）/内表面镀层重量（g/m²），例如，50/50、30/40、0/40。

（5）钢板及钢带表面处理的种类和代号（见表2-226）

表2-226　钢板及钢带表面处理的种类和代号

类别	表面处理种类	代　号
表面处理	铬酸钝化	C
	铬酸钝化+涂油	CO
	磷化(含铬封闭处理)	PC
	磷化(含铬封闭处理)+涂油	PCO
	无铬钝化	C5
	无铬钝化+涂油	CO5
	磷化(含无铬封闭处理)	PC5
	磷化(含无铬封闭处理)+涂油	PCO5
	磷化(不含封闭处理)	P
	磷化(不含封闭处理)+涂油	PO
	涂油	O
	无铬耐指纹	AF5
	不处理	U

（6）化学成分[⊖]

连续电镀锌、锌镍合金镀层钢板及钢带可采用 GB/T 5213《冷轧低碳钢板及钢带》、GB/T 20564.1《汽车用高强度冷连轧钢板及钢带　第1部分：烘烤硬化钢》、GB/T 20564.2《汽车用高强度冷连轧钢板及钢带　第2部分：双相钢》、GB/T 20564.3《汽车用高强度冷连轧钢板及钢带　高强度无间隙原子钢》等国家标准中产品作为基板。连续电镀锌、锌镍合金镀层钢板及钢带的化学成分应符合相应基板的规定。

（7）力学和工艺性能

1）对于采用 GB/T 5213、GB/T 20564.1、GB/T 20564.2 和 GB/T 20564.3 等作为基板的纯锌镀层钢板及钢带的力学性能及工艺性能应符合相应基板的规定。

2）对于采用 GB/T 5213、GB/T 20564.1、GB/T 20564.2 和 GB/T 20564.3 等作为基板的锌镍合金镀层钢板及钢带的力学性能，若双面镀层重量之和小于 50g/m²，其断后伸长率允许比相应基板的规定值下降2%（绝对值），r 值允许比相应基板的规定值下降0.2；若双面镀层重量之和不小于 50g/m²，其断后伸长率允许比相应基板的规定值下降3%（绝对值），r 值允许比相应基板的规定值下降0.3；其他力学性能及工艺性能应符合相应基板的规定。

3）对于其他基板的电镀锌、锌镍合金镀层钢板及钢带，其力学和工艺性能的

⊖　GB/T 15675—2008 中引用的部分标准已经更新，用户在引用该标准时应予以注意。

要求，应在订货时协商确定。

（8）镀层重量（见表 2-227 和表 2-228）

表 2-227　纯锌镀层及锌镍合金镀层的可供重量　（单位：g/m²）

镀层形式	镀层种类	
	纯锌镀层（单面）	锌镍合金镀层（单面）
等厚	3~90	10~40
差厚	3~90，两面差值最大值为 40	10~40，两面差值最大值为 20
单面	10~110	10~40

注：50g/m² 纯锌镀层的厚度约为 7.1μm，50g/m² 锌镍合金镀层的厚度约为 6.8μm。

表 2-228　等厚镀层和单面镀层的推荐的公称镀层重量　（单位：g/m²）

镀层形式	镀层种类	
	纯锌镀层	锌镍合金镀层
等厚	3/3、10/10、15/15、20/20、30/30、40/40、50/50、60/60、70/70、80/80、90/90	10/10、15/15、20/20、25/25、30/30、35/35、40/40
单面	10、20、30、40、50、60、70、80、90、100、110	10、15、20、25、30、35、40

3.2.16　连续热镀铝锌合金镀层钢板及钢带（摘自 GB/T 14978—2008）

（1）牌号命名方法

连续热镀铝锌合金镀层钢板及钢带的牌号由产品用途代号，钢级代号（或序列号），钢种特性（如有）、热镀代号（D）和镀层种类代号五部分构成，其中热镀代号（D）和镀层种类代号之间用加号"+"连接。详细规定如下：

1）用途代号：

① DX：第一位字母 D 表示冷成形用扁平钢材，第二位字母如果为 X，代表基板的轧制冷态不规定，第二位字母如果为 C，则代表基板规定为冷轧基板；第二位字母如果 D，则代表基板规定为热轧基板。

② S：表示为结构用钢。

2）钢级代号（或序列号）：

① 51~54：2 位数字，用以代表钢级序列号。

② 250~550：3 位数字，用以代表钢级代号；此处为规定的最小屈服强度，单位为 MPa。

3）钢种特性：G 表示不规定钢种特性。

4）热镀代号：热镀代号表示为 D。

5）镀层种类代号：镀层种类代号表示为 AI，代表铝锌合金镀层。

（2）牌号命名示例

1）DX51D+AZ：表示产品用途为冷成形用，扁平钢材，不规定基板状态，钢级序列号为 51，铝锌合金镀层的热镀产品。

2）S350GD+AZ：表示产品用途为结构用，规定的最小屈服强度值为 350MPa，钢种特性不规定，铝锌合金镀层的热镀产品。

（3）钢板及钢带的牌号和钢种特性（见表 2-229）

表 2-229　钢板及钢带的牌号和钢种特性

牌　号	钢种特性	牌　号	钢种特性
DX51D+AZ		S280GD+AZ	
DX52D+AZ	低碳钢或无间隙原子钢	S300GD+AZ	
DX53D+AZ		S320GD+AZ	结构钢
DX54D+AZ		S350GD+AZ	
S250GD+AZ	结构钢	S550GD+AZ①	

① 适用于轧硬后不完全退火产品。

（4）分类和代号（见表 2-230 和表 2-231）

表 2-230　钢板及钢带按表面质量的分类和代号

级　别	代　号	级　别	代　号
普通级表面	FA	较高级表面	FB

表 2-231　钢板及钢带按镀层种类、镀层表面结构、表面处理的分类和代号

项　目	分　类	代　号
镀层种类	铝锌合金镀层	AZ
镀层表面结构	普通锌花	N
表面处理	铬酸钝化	C
	无铬钝化	C5
	涂油	O
	铬酸钝化处理+涂油	CO
	无铬钝化+涂油	CO5
	耐指纹膜	AF
	无铬耐指纹膜	AF5
	不处理	U

（5）尺寸（见表 2-232）

表 2-232　钢板及钢带的公称尺寸

项　目		公称尺寸/mm
公称厚度		0.30~3.0
公称宽度	钢板及钢带	600~2050
	纵切钢带	<600
公称长度	钢板	1000~8000
公称内径	钢带及纵切钢带	610 或 508

注：1. 纵切钢带特指由钢带（母带）经纵切后获得的窄钢带，宽度一般在 600mm 以下。
　　2. 钢板及钢带的公称厚度包含基板厚度和镀层厚度。

（6）力学性能（见表 2-233 和表 2-234）

表 2-233　冷成形用钢板及钢带的力学性能

牌　号	拉伸试验[1]		
	屈服强度[2] R_{eL} 或 $R_{p0.2}$/MPa ≤	抗拉强度 R_m/MPa ≤	断后伸长率[3] A_{80mm}(%) ≥
DX51D+AZ	—	500	22
DX52D+AZ[4]	300	420	26
DX53D+AZ	260	380	30
DX54D+AZ	220	350	36

注：拉伸试样为带镀层的试样。

[1] 试样为 GB/T 228 中的 P6 试样，试样方向为横向。

[2] 当屈服现象不明显时采用 $R_{p0.2}$，否则采用 R_{eL}。

[3] 当产品公称厚度大于 0.5mm，但小于等于 0.7mm 时，断后伸长率允许下降 2%；当产品公称厚度不大于 0.5mm 时，断后伸长率允许下降 4%。

[4] 屈服强度值仅适用于光整的 FB 级表面的钢板及钢带。

表 2-234　结构用钢板及钢带的力学性能

牌　号	拉伸试验[1]		
	屈服强度[2] R_{eH} 或 $R_{p0.2}$/MPa ≥	抗拉强度 R_m/MPa ≥	断后伸长率[3] A_{80mm}(%) ≥
S250GD+AZ	250	330	19
S280GD+AZ	280	360	18
S300GD+AZ	300	380	17
S320GD+AZ	320	390	17
S350GD+AZ	350	420	16
S550GD+AZ	550	560	—

注：拉伸试样为带镀层试样。

[1] 试样为 GB/T 228 中的 P6 试样，试样方向为纵向。

[2] 当屈服现象不明显时采用 $R_{p0.2}$，否则采用 R_{eH}。

[3] 当产品公称厚度大于 0.5mm，但小于等于 0.7mm 时，断后伸长率允许下降 2%；当产品公称厚度不大于 0.5mm 时，断后伸长率允许下降 4%。

（7）镀层重量（见表 2-235）

表 2-235　推荐的公称镀层重量及相应的镀层代号

镀层种类	镀层形式	推荐的公称镀层重量[1]/ (g/m²)	镀层代号
热镀铝锌合金镀层(AZ)	等厚镀层	60	60
		80	80
		100	100
		120	120
		150	150
		180	180
		200	200

注：镀层重量三点试验平均值应不小于公称重量，单点镀层重量试验值应不小于公称镀层重量的 85%。

[1] 50g/m² 热镀铝锌合金镀层的厚度约为 13.3μm。

3.2.17 冷轧电镀锡钢板及钢带（摘自 GB/T 2520—2008）

（1）分类及代号（见表 2-236）

表 2-236 钢板及钢带的分类及代号

分类方式	类 别	代 号
原板钢种	—	MR，L，D
调质度	一次冷轧钢板及钢带	T-1、T-1.5、T-2、T-2.5、T-3、T-3.5、T-4、T-5
	二次冷轧钢板及钢带	DR-7M、DR-8、DR-8M、DR-9、DR-9M、DR-10
退火方式	连续退火	CA
	罩式退火	BA
差厚镀锡标识	薄面标识方法	D
	厚面标识方法	A
表面状态	光亮表面	B
	粗糙表面	R
	银色表面	S
	无光表面	M
钝化方式	化学钝化	CP
	电化学钝化	CE
	低铬钝化	LCr
边部形状	直边	SL
	花边	WL

（2）牌号及标记示例

1）普通用途的钢板及钢带，其牌号通常由原板钢种、调质度代号和退火方式构成。如 MR T-2.5 CA、L T-3 BA、MR DR-8 BA。

2）用于制作二片拉拔罐（DI）的钢板及钢带，原板钢种只适用于 D 钢种。其牌号由原板钢种 D、调质度代号、退火方式和代号 DI 构成。如 D T-2.5 CA DI。

3）用于制作盛装酸性内容物的素面（镀锡量 5.6/2.8g/m^2 以上）食品罐的钢板及钢带，即 K 板，原板钢种通常为 L 钢种。其牌号通常由原板钢种 L、调质度代号、退火方式和代号 K 构成。如 L T-2.5 CA K。

4）用于制作盛装蘑菇等要求低铬钝化处理的食品罐的钢板及钢带，原板钢种通常为 MR 钢种和 L 钢种。其牌号由原板钢种 MR 或 L、调质度代号、退火方式和代号 LCr 构成。如 MR T-2.5 CA LCr。

（3）尺寸

1）当钢板及钢带的公称厚度小于 0.50mm 时，按 0.01mm 的倍数进级；当钢板及钢带的公称厚度大于等于 0.50mm 时，按 0.05mm 的倍数进级。

2）如要求标记轧制宽度方向，可在表示轧制宽度方向的数字后面加上字母 W。如 0.26×832W×760。

3）钢卷内径可为 406mm、420mm、450mm 或 508mm。

（4）调质度

钢板及钢带的调质度用洛氏硬度（HR30Tm）的值来表示。

1）一次冷轧钢板及钢带的硬度（HR30Tm）（见表 2-237）。

表 2-237　一次冷轧钢板及钢带的硬度（HR30Tm）

调质度代号	表面硬度 HR30Tm[①]	调质度代号	表面硬度 HR30Tm[①]
T-1	49±4	T-3	57±4
T-1.5	51±4	T-3.5	59±4
T-2	53±4	T-4	61±4
T-2.5	55±4	T-5	65±4

① 硬度为 2 个试样的平均值，允许其中 1 个试验值超出规定允许范围 1 个单位。

2）二次冷轧钢板及钢带的硬度（HR30Tm）（见表 2-238）。

表 2-238　二次冷轧钢板及钢带的硬度（HR30Tm）

调质度代号	表面硬度 HR30Tm[①]	调质度代号	表面硬度 HR30Tm[①]
DR-7M	71±5	DR-9M	77±5
DR-8/DR-8M	73±5	DR-10	80±5
DR-9	76±5		

① 硬度为 2 个试样的平均值，允许其中 1 个试验值超出规定允许范围 1 个单位。

3）如对二次冷轧钢板及钢带的屈服强度有要求，可在订货时协商。各调质度代号的屈服强度目标值可参考表 2-239 的规定。

表 2-239　各调质代号的屈服强度目标值

调质度代号	屈服强度目标值[①②③]/MPa	调质度代号	屈服强度目标值[①②③]/MPa
DR-7M	520	DR-9	620
DR-8	550	DR-9M	660
DR-8M	580	DR-10	690

① 屈服强度是根据需要而测定的参考值。
② 屈服强度可采用拉伸试验或回弹试验进行测定。屈服强度为 2 个试样的平均值，试样方向为纵向。通常情况下，屈服强度按 GB/T 2520—2008 中附录 B（资料性附录）所规定的回弹试验换算而来的。仲裁时采用拉伸试验的方法测定。
③ 对于拉伸试验，试样的平行部分宽度为（12.5±1）mm，标距 $L_0 = 50$ mm。试验前，试样应在 200℃下人工时效 20min。

（5）镀锡量（见表 2-240）

表 2-240　钢板及钢带的镀锡带代号、公称镀锡量及最小平均镀锡量

镀锡方式	镀锡量代号	公称镀锡量/(g/m^2)	最小平均镀锡量/(g/m^2)
等厚镀锡	1.1/1.1	1.1/1.1	0.90/0.90
	2.2/2.2	2.2/2.2	1.80/1.80
	2.8/2.8	2.8/2.8	2.45/2.45
	5.6/5.6	5.6/5.6	5.05/5.05
	8.4/8.4	8.4/8.4	7.55/7.55
	11.2/11.2	11.2/11.2	10.1/10.1
差厚镀锡	1.1/2.8	1.1/2.8	0.90/2.45
	1.1/5.6	1.1/5.6	0.90/5.05
	2.8/5.6	2.8/5.6	2.45/5.05
	2.8/8.4	2.8/8.4	2.45/7.55
	5.6/8.4	5.6/8.4	5.05/7.55

（续）

镀锡方式	镀锡量代号	公称镀锡量/（g/m²）	最小平均镀锡量/（g/m²）
	2.8/11.2	2.8/11.2	2.45/10.1
	5.6/11.2	5.6/11.2	5.05/10.1
差厚镀锡	8.4/11.2	8.4/11.2	7.55/10.1
	2.8/15.1	2.8/15.1	2.45/13.6
	5.6/15.1	5.6/15.1	5.05/13.6

注：1. 对表中规定以外的其他镀锡量，可在订货时协商。
　　2. 镀锡量代号中斜线左侧的数字表示钢板上表面或钢带外表面的镀锡量，斜线右侧的数字表示钢板下表面或钢带内表面的镀锡量。
　　3. 对于差厚镀锡产品，上、下表面的镀锡量可以互换。
　　4. 镀锡量每面三点试验值的平均值应不小于相应面的最小平均镀锡量，每面单点试验值应不小于相应面的最小平均镀锡量的80%。最小平均镀锡量按相对于公称镀锡量的百分比（%）计算时，修约到 0.05g/m²。

3.2.18 耐热钢钢板和钢带（摘自 GB/T 4238—2015）

（1）尺寸

冷轧钢和钢带的尺寸应符合 GB/T 3280《不锈钢冷轧钢板和钢带》的相应规定；热轧钢板和钢带的尺寸应符合 GB/T 4237《不锈钢热轧钢板和钢带》的相应规定。

（2）牌号及化学成分（见表 2-241～表 2-244）

表 2-241　奥氏体型耐热钢的牌号及化学成分（熔炼分析）

统一数字代号	牌号	化学成分（质量分数，%）					
		C	Si	Mn	P	S	Ni
S30210	12Cr18Ni9[1]	0.15	0.75	2.00	0.045	0.030	8.00~11.00
S30240	12Cr18Ni9Si3	0.15	2.00~3.00	2.00	0.045	0.030	8.00~10.00
S30408	06Cr19Ni10[1]	0.07	0.75	2.00	0.045	0.030	8.00~10.50
S30409	07Cr19Ni10	0.04~0.10	0.75	2.00	0.045	0.030	8.00~10.50
S30450	05Cr19Ni10Si2CeN	0.04~0.06	1.00~2.00	0.80	0.045	0.030	9.00~10.00
S30808	06Cr20Ni11[1]	0.08	0.75	2.00	0.045	0.030	10.00~12.00
S30859	08Cr21Ni11Si2CeN	0.05~0.10	1.40~2.00	0.80	0.040	0.030	10.00~12.00
S30920	16Cr23Ni13[1]	0.20	0.75	2.00	0.045	0.030	12.00~15.00
S30908	06Cr23Ni13	0.08	0.75	2.00	0.045	0.030	12.00~15.00
S31020	20Cr25Ni20[1]	0.25	1.50	2.00	0.045	0.030	19.00~22.00
S31008	06Cr25Ni20	0.08	1.50	2.00	0.045	0.030	19.00~22.00
S31608	06Cr17Ni12Mo2[1]	0.08	0.75	2.00	0.045	0.030	10.00~14.00
S31609	07Cr17Ni12Mo2[1]	0.04~0.10	0.75	2.00	0.045	0.030	10.00~14.00
S31708	06Cr19Ni13Mo3[1]	0.08	0.75	2.00	0.045	0.030	11.00~15.00
S32168	06Cr18Ni11Ti[1]	0.08	0.75	2.00	0.045	0.030	9.00~12.00
S32169	07Cr19Ni11Ti[1]	0.04~0.10	0.75	2.00	0.045	0.030	9.00~12.00
S33010	12Cr6Ni35	0.15	1.50	2.00	0.045	0.030	33.00~37.00
S34778	06Cr18Ni11Nb[1]	0.08	0.75	2.00	0.045	0.030	9.00~13.00
S34779	07Cr18Ni11Nb[1]	0.04~0.10	0.75	2.00	0.045	0.030	9.00~13.00
S38240	16Cr20Ni14Si2	0.20	1.50~2.50	1.50	0.040	0.030	12.00~15.00
S38340	16Cr25Ni20Si2	0.20	1.50~2.50	1.50	0.045	0.030	18.00~21.00

（续）

统一数字代号	牌号	化学成分(质量分数,%)				
		Cr	Mo	N	V	其他
S30210	12Cr18Ni9[①]	17.00~19.00	—	0.10	—	—
S30240	12Cr18Ni9Si3	17.00~19.00	—	0.10	—	—
S30408	06Cr19Ni10[①]	17.50~19.50	—	0.10	—	—
S30409	07Cr19Ni10	18.00~20.00	—	—	—	—
S30450	05Cr19Ni10Si2CeN	18.00~19.00	—	0.12~0.18	—	Ce:0.03~0.08
S30808	06Cr20Ni11[①]	19.00~21.00	—	—	—	—
S30859	08Cr21Ni11Si2CeN	20.00~22.00	—	0.14~0.20	—	Ce:0.03~0.08
S30920	16Cr23Ni13[①]	22.00~24.00	—	—	—	—
S30908	06Cr23Ni13[①]	22.00~24.00	—	—	—	—
S31020	20Cr25Ni20[①]	24.00~26.00	—	—	—	—
S31008	06Cr25Ni20	24.00~26.00	—	—	—	—
S31608	06Cr17Ni12Mo2[①]	16.00~18.00	2.00~3.00	0.10	—	—
S31609	07Cr17Ni12Mo2[①]	16.00~18.00	2.00~3.00	—	—	—
S31708	06Cr19Ni13Mo3[①]	18.00~20.00	3.00~4.00	0.10	—	—
S32168	06Cr18Ni11Ti[①]	17.00~19.00	—	—	—	Ti:5w(C)~0.70
S32169	07Cr19Ni11Ti[①]	17.00~19.00	—	—	—	Ti:4w(C+N)~0.70
S33010	12Cr6Ni35	14.00~17.00	—	—	—	—
S34778	06Cr18Ni11Nb[①]	17.00~19.00	—	—	—	Nb:10w(C)~1.00
S34779	07Cr18Ni11Nb[①]	17.00~19.00	—	—	—	Nb:8w(C)~1.00
S38240	16Cr20Ni14Si2	19.00~22.00	—	—	—	—
S38340	16Cr25Ni20Si2	24.00~27.00	—	—	—	—

注：表中所列成分除标明范围或最小值外，其余均为最大值。

① 为相对于 GB/T 20878 调整化学成分的牌号。

表 2-242　铁素体型耐热钢的牌号及化学成分（熔炼分析）

统一数字代号	牌号	化学成分(质量分数,%)								
		C	Si	Mn	P	S	Cr	Ni	N	其他
S11348	06Cr13Al	0.08	1.00	1.00	0.040	0.030	11.50~14.50	0.60	—	Al:0.10~0.30
S11163	022Cr11Ti[①]	0.030	1.00	1.00	0.040	0.020	10.50~11.70	0.60	0.030	Ti:0.15~0.50 且 Ti≥8w(C+N);Nb:0.10
S11173	022Cr11NbTi	0.030	1.00	1.00	0.040	0.020	10.50~11.70	0.60	0.030	(Ti+Nb): [0.08+8w(C+N)] ~0.75,Ti≥0.05
S11710	10Cr17	0.12	1.00	1.00	0.040	0.030	16.00~18.00	0.75	—	—
S12550	16Cr25N[①]	0.20	1.00	1.50	0.040	0.030	23.00~27.00	0.75	0.25	—

注：表中所列成分除标明范围或最小值外，其余均为最大值。

① 为相对于 GB/T 20878 调整化学成分的牌号。

表 2-243　马氏体型耐热钢的牌号及化学成分（熔炼分析）

统一数字代号	牌号	化学成分(质量分数,%)									
		C	Si	Mn	P	S	Cr	Ni	Mo	N	其他
S40310	12Cr12	0.15	0.50	1.00	0.040	0.030	11.50~13.00	0.60	—		—
S41010	12Cr13[①]	0.15	1.00	1.00	0.040	0.030	11.50~13.50	0.75	0.50		—
S47220	22Cr12NiMoWV[①]	0.20~0.25	0.50	0.50~1.00	0.025	0.025	11.00~12.50	0.50~1.00	0.90~1.25		V:0.20~0.30,W:0.90~1.25

注：表中所列成分除标明范围或最小值外，其余均为最大值。

① 为相对于 GB/T 20878 调整化学成分的牌号。

表 2-244　沉淀硬化型耐热钢的牌号及化学成分（熔炼分析）

统一数字代号	牌号	化学成分(质量分数,%)										
		C	Si	Mn	P	S	Cr	Ni	Cu	Al	Mo	其他
S51290	022Cr12Ni9Cu2NbTi[①]	0.05	0.50	0.50	0.040	0.030	11.00~12.50	7.50~9.50	1.50~2.50	—	0.50	Ti:0.80~1.40,(Nb+Ta):0.10~0.50
S51740	05Cr17Ni4Cu4Nb	0.07	1.00	1.00	0.040	0.030	15.00~17.50	3.00~5.00	3.00~5.00	—	—	Nb:0.15~0.45
S51770	07Cr17Ni7Al	0.09	1.00	1.00	0.040	0.030	16.00~18.00	6.50~7.75	—	0.75~1.50	—	
S51570	07Cr15Ni7Mo2Al	0.09	1.00	1.00	0.040	0.030	14.00~16.00	6.50~7.75	—	0.75~1.50	2.00~3.00	
S51778	06Cr17Ni7AlTi	0.08	1.00	1.00	0.040	0.030	16.00~17.50	6.00~7.50	—	0.40	—	Ti:0.40~1.20
S51525	06Cr15Ni25Ti2MoAlVB	0.08	1.00	2.00	0.040	0.030	13.50~16.00	24.00~27.00	—	0.35	1.00~1.50	Ti:1.90~2.35,V:0.10~0.50,B:0.001~0.010

注：表中所列成分除标明范围或最小值外，其余均为最大值。

① 为相对于 GB/T 20878 调整化学成分的牌号。

（3）力学性能（见表 2-245～表 2-249）

表 2-245　经固溶处理的奥氏体型耐热钢板和钢带的力学性能

统一数字代号	牌　号	拉伸试验			硬度试验		
		规定塑性延伸强度 $R_{p0.2}$/MPa	抗拉强度 R_m/MPa	断后伸长率[①] $A(\%)$	HBW	HRB	HV
		≥			≤		
S30210	12Cr18Ni9	205	515	40	201	92	210
S30240	12Cr18Ni9Si3	205	515	40	217	95	220
S30408	06Cr19Ni10	205	515	40	201	92	210
S30409	07Cr19Ni10	205	515	40	201	92	210
S30450	05Cr19Ni10Si2CeN	290	600	40	217	95	220
S30808	06Cr20Ni11	205	515	40	183	88	200
S30859	08Cr21Ni11Si2CeN	310	600	40	217	95	220
S30920	16Cr23Ni13	205	515	40	217	95	220
S30908	06Cr23Ni13	205	515	40	217	95	220
S31020	20Cr25Ni20	205	515	40	217	95	220
S31008	06Cr25Ni20	205	515	40	217	95	220
S31608	06Cr17Ni12Mo2	205	515	40	217	95	220
S31609	07Cr17Ni12Mo2	205	515	40	217	95	220
S31708	06Cr19Ni13Mo3	205	515	35	217	95	220
S32168	06Cr18Ni11Ti	205	515	40	217	95	220
S32169	07Cr19Ni11Ti	205	515	40	217	95	220
S33010	12Cr16Ni35	205	560	—	210	92	210
S34778	06Cr18Ni11Nb	205	515	40	201	92	210
S34779	07Cr18Ni11Nb	205	515	40	201	92	210
S38240	16Cr20Ni14Si2	220	540	40	217	95	220
S38340	16Cr25Ni20Si2	220	540	35	217	95	220

① 厚度不大于 3mm 时使用 A_{50mm} 试样。

表 2-246　经退火处理的铁素体型耐热钢板和钢带的力学性能

统一数字代号	牌号	拉伸试验			硬度试验			弯曲试验	
		规定塑性延伸强度 $R_{p0.2}$/MPa	抗拉强度 R_m/MPa	断后伸长率[①] A/%	HBW	HRB	HV	弯曲角度	弯曲压头直径 D
		≥			≤				
S11348	06Cr13Al	170	415	20	179	88	200	180°	$D=2a$
S11163	022Cr11Ti	170	380	20	179	88	200	180°	$D=2a$
S11173	022Cr11NbTi	170	380	20	179	88	200	180°	$D=2a$
S11710	10Cr17	205	420	22	183	89	200	180°	$D=2a$
S12550	16Cr25N	275	510	20	201	95	210	135°	—

注：a 为钢板和钢带的厚度。

① 厚度不大于 3mm 时使用 A_{50mm} 试样。

表 2-247　经退火处理的马氏体型耐热钢板和钢带的力学性能

统一数字代号	牌号	拉伸试验			硬度试验			弯曲试验	
		规定塑性延伸强度 $R_{p0.2}$/MPa	抗拉强度 R_m/MPa	断后伸长率[1] $A(\%)$	HBW	HRB	HV	弯曲角度	弯曲压头直径 D
		≥			≤				
S40310	12Cr12	205	485	25	217	88	210	180°	$D=2a$
S41010	12Cr13	205	450	20	217	96	210	180°	$D=2a$
S47220	22Cr12NiMoWV	275	510	20	200	95	210	—	$a\geqslant3mm, D=a$

注：a 为钢板和钢带的厚度。

[1] 厚度不大于 3mm 时使用 A_{50mm} 试样。

表 2-248　经固溶处理的沉淀硬化型耐热钢板和钢带的试样的力学性能

统一数字代号	牌号	钢材厚度/mm	规定塑性延伸强度 $R_{p0.2}$/MPa	抗拉强度 R_m/MPa	断后伸长率[1] $A(\%)$	硬度值	
						HRC	HBW
S51290	022Cr12Ni9Cu2NbTi	0.30~100	≤1105	≤1205	≥3	≤36	≤331
S51740	05Cr17Ni4Cu4Nb	0.4~100	≤1105	≤1255	≥3	≤38	≤363
S51770	07Cr17Ni7Al	0.1~<0.3	≤450	≤1035	—	—	—
		0.3~100	≤380	≤1035	≥20	≤92[2]	—
S51570	07Cr15Ni7Mo2Al	0.10~100	≤450	≤1035	≥25	≤100[2]	—
S51778	06Cr17Ni7AlTi	0.10~<0.80	≤515	≤825	≥3	≤32	—
		0.80~1.50	≤515	≤825	≥4	≤32	—
		1.50~100	≤515	≤825	≥5	≤32	—
S51525	06Cr15Ni25Ti2MoAlVB[3]	<2	—	≥725	≥25	≤91[2]	≤192
		≥2	≥590	≥900	≥15	≤101[2]	≤248

[1] 当厚度不大于 3mm 时，使用 A_{50mm} 试样。
[2] HRB 硬度值。
[3] 时效处理后的力学性能。

表 2-249　经时效处理后的耐热钢板和钢带的试样的力学性能

统一数字代号	牌号	钢材厚度/mm	处理温度[1]	规定塑性延伸强度 $R_{p0.2}$/MPa	抗拉强度 R_m/MPa	断后伸长率[2][3] $A(\%)$	硬度值	
							HRC	HBW
				≥				
S51290	022Cr12Ni9Cu2NbTi	0.10~<0.75	510℃±10℃ 或 480℃±6℃	1410	1525	—	≥44	—
		0.75~<1.50		1410	1525	3	≥44	—
		1.50~16		1410	1525	4	≥44	—
S51740	05Cr17Ni4Cu4Nb	0.1~<5.0	482℃±10℃	1170	1310	5	40~48	—
		5.0~<16		1170	1310	8	40~48	388~477
		16~100		1170	1310	10	40~48	388~477
		0.1~<5.0	496℃±10℃	1070	1170	5	38~46	—
		5.0~<16		1070	1170	8	38~47	375~477
		16~100		1070	1170	10	38~47	375~477

（续）

统一数字代号	牌号	钢材厚度/mm	处理温度①	规定塑性延伸强度 $R_{p0.2}$ /MPa	抗拉强度 R_m /MPa	断后伸长率②③ $A(\%)$	硬度值	
				≥			HRC	HBW
S51740	05Cr17Ni4Cu4Nb	0.1~<5.0	552℃±10℃	1000	1070	5	35~43	—
		5.0~<16		1000	1070	8	33~42	321~415
		16~100		1000	1070	12	33~42	321~415
		0.1~<5.0	579℃±10℃	860	1000	5	31~40	—
		5.0~<16		860	1000	9	29~38	293~375
		16~100		860	1000	13	29~38	293~375
		0.1~<5.0	593℃±10℃	790	965	5	31~40	—
		5.0~<16		790	965	10	29~38	293~375
		16~100		790	965	14	29~38	293~375
		0.1~<5.0	621℃±10℃	725	930	8	28~38	—
		5.0~<16		725	930	10	26~36	269~352
		16~100		725	930	16	26~36	269~352
S51740	05Cr17Ni4Cu4Nb	0.1~<5.0	760℃±10℃	515	790	9	26~36	255~331
		5.0~<16	621℃±10℃	515	790	11	24~34	248~321
		16~100		515	790	18	24~34	248~321
S51770	07Cr17Ni7Al	0.05~<0.30	760℃±15℃	1035	1240	3	≥38	—
		0.30~<5.0	15℃±3℃	1035	1240	5	≥38	—
		5.0~16	566℃±6℃	965	1170	7	≥38	≥352
		0.05~<0.30	954℃±8℃	1310	1450	1	≥44	—
		0.30~<5.0	-73℃±6℃	1310	1450	3	≥44	—
		5.0~16	510℃±6℃	1240	1380	6	≥43	≥401
S51570	07Cr15Ni7Mo2Al	0.05~<0.30	760℃±15℃	1170	1310	3	≥40	—
		0.30~<5.0	15℃±3℃	1170	1310	5	≥40	—
		5.0~16	566℃±10℃	1170	1310	4	≥40	≥375
		0.05~<0.30	954℃±8℃	1380	1550	2	≥46	—
		0.30~<5.0	-73℃±6℃	1380	1550	4	≥46	—
		5.0~16	510℃±6℃	1380	1550	4	≥45	≥429
S51778	06Cr17Ni7AlTi	0.10~<0.80	510℃±8℃	1170	1310	3	≥39	—
		0.80~<1.50		1170	1310	4	≥39	—
		1.50~16		1170	1310	5	≥39	—
		0.10~<0.75	538℃±8℃	1105	1240	3	≥37	—
		0.75~<1.50		1105	1240	4	≥37	—
		1.50~16		1105	1240	5	≥37	—
		0.10~<0.75	566℃±8℃	1035	1170	3	≥35	—
		0.75~<1.50		1035	1170	4	≥35	—
		1.50~16		1035	1170	5	≥35	—
S51525	06Cr15Ni25Ti2MoAlVB	2.0~<8.0	700℃~760℃	590	900	15	≥101	≥248

① 表中所列为推荐性热处理温度。供方应向需方提供推荐性热处理制度。
② 适用于沿宽度方向的试验。垂直于轧制方向且平行于钢板表面。
③ 厚度不大于 3mm 时使用 A_{50mm} 试样。

3.2.19 高强度结构用调质钢板（摘自 GB/T 16270—2009）

（1）牌号、化学成分（熔炼分析）和碳当量（见表 2-250）

表 2-250　钢的牌号、化学成分（熔炼分析）和碳当量 CEV

牌号	化学成分[①][②]（质量分数,%）,不大于													碳当量[③]		
														产品厚度/mm		
	C	Si	Mn	P	S	Cu	Cr	Ni	Mo	B	V	Nb	Ti	≤50	>50~100	>100~150
Q460C Q460D	0.20	0.80	1.70	0.025	0.015	0.50	1.50	2.00	0.70	0.0050	0.12	0.06	0.05	0.47	0.48	0.50
Q460E Q460F				0.020	0.010											
Q500C Q500D	0.20	0.80	1.70	0.025	0.015	0.50	1.50	2.00	0.70	0.0050	0.12	0.06	0.05	0.47	0.70	0.70
Q500E Q500F				0.020	0.010											
Q550C Q550D	0.20	0.80	1.70	0.025	0.015	0.50	1.50	2.00	0.70	0.0050	0.12	0.06	0.05	0.65	0.77	0.83
Q550E Q550F				0.020	0.010											
Q620C Q620D	0.20	0.80	1.70	0.025	0.015	0.50	1.50	2.00	0.70	0.0050	0.12	0.06	0.05	0.65	0.77	0.83
Q620E Q620F				0.020	0.010											
Q690C Q690D	0.20	0.80	1.80	0.025	0.015	0.50	1.50	2.00	0.70	0.0050	0.12	0.06	0.05	0.65	0.77	0.83
Q690E Q690F				0.020	0.010											
Q800C Q800D	0.20	0.80	2.00	0.025	0.015	0.50	1.50	2.00	0.70	0.0050	0.12	0.06	0.05	0.72	0.82	—
Q800E Q800F				0.020	0.010											
Q890C Q890D	0.20	0.80	2.00	0.025	0.015	0.50	1.50	2.00	0.70	0.0050	0.12	0.06	0.05	0.72	0.82	—
Q890E Q890F				0.020	0.010											
Q960C Q960D	0.20	0.80	2.00	0.025	0.015	0.50	1.50	2.00	0.70	0.0050	0.12	0.06	0.05	0.82	—	—
Q960E Q960F				0.020	0.010											

注：根据需方要求，经供需双方协商并在合同中注明，可以提供碳当量，碳当量 $= w(\text{C}) + w(\text{Mn}+\text{Mo})/10 + w(\text{Cr}+\text{Cu})/20 + w(\text{Ni})/40$。

① 根据需要生产厂可添加其中一种或几种合金元素，最大值应符合表中规定，其含量应在质量证明书中报告。

② 钢中至少添加 Nb、Ti、V、Al 中的一种细化晶粒元素，其中至少一种元素的最小量为 0.015%（对于 Al 为 Als）。也可用 Alt 替代 Als，此时最小量为 0.018%。

③ 碳当量 $= w(\text{C}) + w(\text{Mn})/6 + w(\text{Cr}+\text{Mo}+\text{V})/5 + w(\text{Ni}+\text{Cu})/15$。

（2）力学性能和工艺性能（见表 2-251）

表 2-251　钢板的力学性能和工艺性能

牌号	拉伸试验[1]							冲击试验[1]			
	屈服强度[2] R_{eH}/MPa,不小于			抗拉强度 R_m/MPa			断后伸长率 A(%)	冲击吸收能量(纵向) KV_2/J			
	厚度/mm			厚度/mm				试验温度/℃			
	≤50	>50~100	>100~150	≤50	>50~100	>100~150		0	-20	-40	-60
Q460C Q460D Q460E Q460F	460	440	400	550~720	500~670		17	47	47	34	34
Q500C Q500D Q500E Q500F	500	480	440	590~770	540~720		17	47	47	34	34
Q550C Q550D Q550E Q550F	550	530	490	640~820	590~770		16	47	47	34	34
Q620C Q620D Q620E Q620F	620	580	560	700~890	650~830		15	47	47	34	34
Q690C Q690D Q690E Q690F	690	650	630	770~940	760~930	710~900	14	47	47	34	34
Q800C Q800D Q800E Q800F	800	740	—	840~1000	800~1000	—	13	34	34	27	27
Q890C Q890D Q890E Q890F	890	830	—	940~1100	880~1100	—	11	34	34	27	27
Q960C Q960D Q960E Q960F	960	—	—	980~1150			10	34	34	27	27

注：夏比摆锤冲击能量，按一组三个试样算术平均值计算，允许其中一个试样单个值低于表中规定值，但不得低于规定值的 70%。

① 拉伸试验适用于横向试样，冲击试验适用于纵向试样。

② 当屈服现象不明显时，采用 $R_{p0.2}$。

3.2.20 热处理弹簧钢带（摘自 YB/T 5063—2007）

1) 分类及代号见表 2-252。

表 2-252 热处理弹簧钢带的分类及代号

分类方法	类　别	代　号
按边缘状态分	切边钢带	EC
	不切边钢带	EM
按尺寸精度分	普通厚度精度	PT. A
	较高厚度精度	PT. B
	普通宽度精度	PW. A
	较高宽度精度	PW. B
按力学性能分	I 组强度钢带	I
	II 组强度钢带	II
	III 组强度钢带	III
按表面状态分	抛光钢带	SB
	光亮钢带	SL
	经色调处理的钢带	SC
	灰暗色钢带	SD

2) 尺寸。钢带的尺寸应符合 GB/T 15391《宽度小于 600mm 冷轧钢带的尺寸、外形及允许偏差》的相应规定。

3) 力学性能见表 2-253。

表 2-253 热处理弹簧钢带的力学性能

强度级别	抗拉强度 R_m/MPa	强度级别	抗拉强度 R_m/MPa
I	1270~1560	III	>1860
II	>1560~1860		

注：1. 根据需方要求，经双方协议，III级强度的钢带，其强度值可以规定上限。

2. 根据需方要求，强度级别为 I、II 级的可进行断后伸长率的测定，其数值由供需双方协议规定。

3. 根据需方要求，并在合同中注明，厚度不小于 0.25mm 的钢带可进行维氏硬度试验来代替拉伸试验。维氏硬度试验数值由供需双方协议规定。

3.2.21 包装用钢带（摘自 GB/T 25820—2010）

(1) 分类及代号

包装用钢带（简称捆带）的分类及代号有以下几种。

1) 按强度分：低强捆带，牌号有 650KD、730KD、780KD，中强捆带，牌号有 830KD、880KD，高强捆带，牌号有 930KD、980KD，超高强捆带，牌号有 1150KD、1250KD。

2) 按表面状态分：发蓝，SBL，涂漆，SPA，镀锌，SZE。

3) 按用途分：普通用和机用。

(2) 捆带的宽度和厚度（见表 2-254）

表 2-254　捆带的宽度和厚度　　　　　　（单位：mm）

公称厚度	公称宽度					
	16	19	25.4	31.75	32	40
0.4	√					
0.5	√	√				
0.6	√	√				
0.7		√				
0.8		√	√	√	√	
0.9		√	√	√	√	√
1.0		√	√	√	√	√
1.2				√	√	√

注："√"表示生产供应的捆带。

（3）力学性能和工艺性能（见表 2-255 和表 2-256）

表 2-255　捆带的拉伸性能

牌号	抗拉强度[①]R_m/MPa ≥	断后伸长率 A_{30mm}(%) ≥
650KD	650	6
730KD	730	8
780KD	780	8
830KD	830	10
880KD	880	10
930KD	930	10
980KD	980	12
1150KD	1150	8
1250KD	1250	6

① 焊缝抗拉强度不得低于规定抗拉强度最小值的 80%。

表 2-256　捆带反复弯曲试验的最少次数

公称厚度 /mm	反复弯曲次数 r=3mm	公称厚度 /mm	反复弯曲次数 r=3mm
0.4	12	0.8	5
0.5	8	0.9	5
0.6	6	1.0	4
0.7	5	1.2	3

注：r 为弯曲半径。

3.3　钢丝

3.3.1　钢丝分类（见表 2-257）

表 2-257　钢丝分类（摘自 GB/T 341—2008）

分类方式	类型名称及说明
按截面形状分类	圆形钢丝
	异型钢丝 1）方形钢丝 2）矩形钢丝

（续）

分类方式	类型名称及说明
按截面形状分类	3）菱形钢丝
	4）扁形钢丝
	5）梯形钢丝
	6）三角形钢丝
	7）六角形钢丝
	8）八角形钢丝
	9）椭圆形钢丝
	10）弓形钢丝
	11）扇形钢丝
	12）半圆形钢丝
	13）Z 形钢丝
	14）卵形钢丝
	15）其他特殊断面钢丝
	周期性变截面钢丝
	1）螺旋肋钢丝
	2）刻痕钢丝
按截面尺寸分类	微细钢丝（直径或截面尺寸不大于 0.10mm 的钢丝）
	细钢丝（直径或截面尺寸大于 0.10mm 到 0.50mm 的钢丝）
	较细钢丝（直径或截面尺寸大于 0.50mm 到 1.50mm 的钢丝）
	中等钢丝（直径或截面尺寸大于 1.50mm 到 3.0mm 的钢丝）
	较粗钢丝（直径或截面尺寸大于 3.0mm 到 6.0mm 的钢丝）
	粗钢丝（直径或截面尺寸大于 6.0mm 到 16.0mm 的钢丝）
	特粗钢丝（直径或截面尺寸大于 16.0mm 的钢丝）
按化学成分分类	低碳钢丝（含碳量不大于 0.25% 的碳素钢丝）
	中碳钢丝（含碳量大于 0.25% 到 0.60% 的碳素钢丝）
	高碳钢丝（含碳量大于 0.60% 的碳素钢丝）
	低合金钢丝（含合金元素成分总量不大于 5.0% 的钢丝）
	中合金钢丝（含合金元素成分总量大于 5.0% 到 10.0% 的钢丝）
	高合金钢丝（含合金元素成分总量大于 10.0% 的钢丝）
	特殊性能合金丝
按最终热处理方法分类	退火钢丝
	正火钢丝
	油淬火-回火钢丝
	索氏体化（派登脱）钢丝
	固溶处理钢丝
	稳定化处理钢丝
按加工方法分类	冷拉钢丝
	冷轧钢丝
	温拉钢丝
	直条钢丝
	银亮钢丝
	磨光钢丝
	抛光钢丝
按抗拉强度分类	低强度钢丝（抗拉强度不大于 500MPa 的钢丝）
	较低强度钢丝（抗拉强度大于 500MPa 到 800MPa 的钢丝）
	中等强度钢丝（抗拉强度大于 800MPa 到 1000MPa 的钢丝）

（续）

分类方式	类型名称及说明
按抗拉强度分类	较高强度钢丝（抗拉强度大于 1000MPa 到 2000MPa 的钢丝）
	高强度钢丝（抗拉强度大于 2000MPa 到 3000MPa 的钢丝）
	超高强度钢丝（抗拉强度大于 3000MPa 的钢丝）
按用途分类	一般用途钢丝
	结构钢丝
	弹簧钢丝
	工具钢丝
	冷顶锻（冷镦）钢丝
	不锈钢丝
	轴承钢丝
	高速工具钢丝
	易切削钢丝
	焊接钢丝
	高温合金丝
	精密合金丝
	耐蚀合金丝
	弹性合金丝
	膨胀合金丝
	电阻合金丝
	软磁合金丝
	电热合金丝
	捆扎包装钢丝
	制钉钢丝
	织网钢丝
	制绳钢丝
	制针钢丝
	铆钉钢丝
	抽芯铆钉芯轴钢丝
	针布钢丝
	琴钢丝
	乐器用钢丝
	编织和针织钢丝
	胸罩钢丝
	医疗器械钢丝
	链条钢丝
	辐条钢丝
	钢筋混凝土用钢丝
	预应力混凝土用钢丝（PC 钢丝）
	钢芯铝绞线钢丝
	铠装电缆钢丝
	架空通讯钢丝
	胎圈钢丝
	橡胶软管增强用钢丝
	录井钢丝
	边框和支架钢丝

（续）

分类方式	类型名称及说明
按用途分类	喷涂用钢丝
	铝包钢丝
	铜包钢丝
	光缆用钢丝
	食品包装用光亮钢丝
	引爆用钢丝

3.3.2 冷拉圆钢丝、方钢丝、六角钢丝的外形、尺寸、截面面积和理论质量（见表 2-258）

表 2-258 冷拉圆钢丝、方钢丝、六角钢丝的外形、尺寸、

截面面积和理论质量（摘自 GB/T 342—1997）

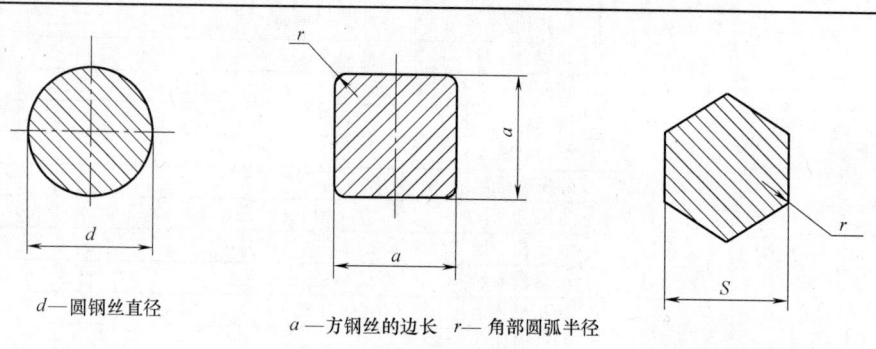

d—圆钢丝直径

a—方钢丝的边长 r—角部圆弧半径

S—六角钢丝的对边距离

r—角部圆弧半径

公称尺寸 /mm	圆 形		方 形		六 角 形	
	截面面积 /mm²	理论质量 /(kg/1000m)	截面面积 /mm²	理论质量 /(kg/1000m)	截面面积 /mm²	理论质量 /(kg/1000m)
0.050	0.0020	0.016	—	—	—	—
0.055	0.0024	0.019	—	—	—	—
0.063	0.0031	0.024	—	—	—	—
0.070	0.0038	0.030	—	—	—	—
0.080	0.0050	0.039	—	—	—	—
0.090	0.0064	0.050	—	—	—	—
0.10	0.0079	0.062	—	—	—	—
0.11	0.0095	0.075	—	—	—	—
0.12	0.0113	0.089	—	—	—	—
0.14	0.0154	0.121	—	—	—	—
0.16	0.0201	0.158	—	—	—	—
0.18	0.0254	0.199	—	—	—	—
0.20	0.0314	0.246	—	—	—	—
0.22	0.0380	0.298	—	—	—	—
0.25	0.0491	0.385	—	—	—	—

（续）

公称尺寸 /mm	圆　形		方　形		六　角　形	
	截面面积 /mm²	理论质量 /（kg/1000m）	截面面积 /mm²	理论质量 /（kg/1000m）	截面面积 /mm²	理论质量 /（kg/1000m）
0.28	0.0616	0.484	—	—	—	—
0.30*	0.0707	0.555	—	—	—	—
0.32	0.0804	0.631	—	—	—	—
0.35	0.096	0.754	—	—	—	—
0.40	0.126	0.989	—	—	—	—
0.45	0.159	1.248	—	—	—	—
0.50	0.196	1.539	0.250	1.962	—	—
0.55	0.238	1.868	0.302	2.371	—	—
0.60*	0.283	2.22	0.360	2.826	—	—
0.63	0.312	2.447	0.397	3.116	—	—
0.70	0.385	3.021	0.490	3.846	—	—
0.80	0.503	3.948	0.640	5.024	—	—
0.90	0.636	4.993	0.810	6.358	—	—
1.00	0.785	6.162	1.000	7.850	—	—
1.10	0.950	7.458	1.210	9.498	—	—
1.20	1.131	8.878	1.440	11.30	—	—
1.40	1.539	12.08	1.960	15.39	—	—
1.60	2.011	15.79	2.560	20.10	2.217	17.40
1.80	2.545	19.98	3.240	25.43	2.806	22.03
2.00	3.142	24.66	4.000	31.40	3.464	27.20
2.20	3.801	29.84	4.840	37.99	4.192	32.91
2.50	4.909	38.54	6.250	49.06	5.413	42.49
2.80	6.158	48.34	7.840	61.54	6.790	53.30
3.00*	7.069	55.49	9.000	70.65	7.795	61.19
3.20	8.042	63.13	10.24	80.38	8.869	69.62
3.50	9.621	75.52	12.25	96.16	10.61	83.29
4.00	12.57	98.67	16.00	125.6	13.86	108.8
4.50	15.90	124.8	20.25	159.0	17.54	137.7
5.00	19.64	154.2	25.00	196.2	21.65	170.0
5.50	23.76	186.5	30.25	237.5	26.20	205.7
6.00*	28.27	221.9	36.00	282.6	31.18	244.8
6.30	31.17	244.7	39.69	311.6	34.38	269.9
7.00	38.48	302.1	49.00	384.6	42.44	333.2
8.00	50.27	394.6	64.00	502.4	55.43	435.1
9.00	63.62	499.4	81.00	635.8	70.15	550.7
10.0	78.54	616.5	100.00	785.0	86.61	679.9
11.0	95.03	746.0	—	—	—	—
12.0	113.1	887.8	—	—	—	—
14.0	153.9	1208.1	—	—	—	—
16.0	201.1	1578.6	—	—	—	—

注：1. 表中的理论质量是按密度为 7.85g/cm³ 计算的，对特殊合金钢丝，在计算理论质量时应采用相应牌号的密度。

2. 表内尺寸一栏，对于圆钢丝表示直径；对于方钢丝表示边长；对于六角钢丝表示对边距离。

3. 表中的钢丝直径系列采用 R20 优先数系，其中 "*" 符号系列补充的 R40 优先数系中的优先系数。

3.3.3 一般用途低碳钢丝（摘自 YB/T 5294—2009）

1）一般用途低碳钢丝分类及代号见表 2-259。

表 2-259　一般用途低碳钢丝的分类及代号

按交货状态分类		按钢丝用途分类	
分类	代号	分类	代号
冷拉钢丝	WCD	普通用	—
退火钢丝	TA	制钉用	—
镀锌钢丝	SZ	建筑用	—

2）一般用途低碳钢丝力学性能见表 2-260。

表 2-260　一般用途低碳钢丝的力学性能

公称直径 mm	抗拉强度 R_m/MPa					弯曲试验（180°/次）		伸长率(%)（标距 100mm）	
	冷拉钢丝			退火钢丝	镀锌钢丝[①]	冷拉钢丝		冷拉建筑用钢丝	镀锌钢丝
	普通用	制钉用	建筑用			普通用	建筑用		
≤0.30	≤980	—	—			见 6.2.3	—		≥10
>0.30~0.80	≤980	—	—				—		
>0.80~1.20	≤980	880~1320	—				—		
>1.20~1.80	≤1060	785~1220	—	295~540	295~540	≥6	—		
>1.80~2.50	≤1010	735~1170	—				—		
>2.50~3.50	≤960	685~1120	≥550				—		≥12
>3.50~5.00	≤890	590~1030	≥550			≥4	≥4	≥2	
>5.00~6.00	≤790	540~930	≥550						
>6.00	≤690	—	—						

① 对于先镀后拉的镀锌钢丝的力学性能按冷拉钢丝的力学性能执行。

3.3.4 通信线用镀锌低碳钢丝（摘自 GB/T 346—1984）

（1）分类和代号（见表 2-261）

表 2-261　通信线用镀锌低碳钢丝的分类及代号

按锌层表面状态分类		按锌层质(重)量分类		按钢丝用钢的含铜量分类	
分类	代号	分类	代号	分类	代号
钝化处理	DH	Ⅰ组	—	含铜钢	Cu
未经钝化处理	—	Ⅱ组	—	普通钢	—

（2）力学性能（见表 2-262）

表 2-262　通信线用镀锌低碳钢丝的力学性能

公称直径/mm	抗拉强度/MPa	伸长率(%)，(L_0=200mm)≥
1.2		
1.5		
2.0	360~550	
2.5		
3.0		12
4.0		
5.0	360~500	
6.0		

（3）物理性能

钢丝在 20℃ 时的电阻率：普通的，$\rho_{20} < 0.132\Omega/\mathrm{mm}^2/\mathrm{m}$；含铜的，$\rho_{20} < 0.146\Omega/\mathrm{mm}^2/\mathrm{m}$。

（4）镀层要求

钢丝的锌层重量、均匀性（硫酸铜试验）和牢固性（缠绕试验）见表 2-263。

表 2-263　通信线用镀锌低碳钢丝的锌层重量、均匀性和牢固性

钢丝直径 /mm	I组			II组			牢固性(缠绕试验)	
	锌层重量 /(g/m²) 不小于	均匀性 浸入硫酸铜溶液次数≥		锌层重量 /(g/m²) 不小于	均匀性 浸入硫酸铜溶液次数≥		芯轴直径 为钢丝直径倍数	缠绕圈数
		60s	30s		60s	30s		
1.2	120	2	—	—	—	—	4	6
1.5	150	2	—	230	2	1		
2.0	190	2	—	240	3	—		
2.5	210	2	—	260	3	—		
3.0	230	3	—	275	3	1	5	
4.0	245	3	—	290	3	1		
5.0	245	3	—	290	3	1		
6.0	245	3	—	290	3	1		

（5）交货捆质量（见表 2-264）

表 2-264　通信线用镀锌低碳钢丝的交货捆质量

钢丝直径 /mm	50kg 标准捆			非标准捆	
	每捆钢丝根数≤		配捆单根钢丝质量/kg≥	单根钢丝质量/kg≥	
	正常的	配捆的		正常的	最低质量
1.2	1	4	2	10	3
1.5	1	3	3	10	5
2.0	1	3	5	20	8
2.5	1	2	5	20	10
3.0	1	2	10	25	12
4.0	1	2	10	40	15
5.0	1	2	15	50	20
6.0	1	2	15	50	20

3.3.5　优质碳素结构钢丝（摘自 YB/T 5303—2010）

（1）分类及代号（见表 2-265）

表 2-265　优质碳素结构钢丝的分类及代号

按力学性能分类		按截面形状分类		按表面状态分类	
分类	代号	分类	代号	分类	代号
硬状态	I	圆形钢丝	d	冷拉	WCD
软状态	R	方形钢丝	a	银亮	ZY
—	—	六角钢丝	S	—	—

（2）力学性能（见表 2-266 和表 2-267）

表 2-266　硬状态优质碳素结构钢丝的力学性能

钢丝公称直径/mm	抗拉强度 R_m/MPa 不小于					反复弯曲/次 不少于				
	牌号									
	08、10	15、20	25、30、35	40、45、50	55、60	8~10	15~20	25~35	40~50	55~60
0.3~0.8	750	800	1000	1100	1200	—	—	—	—	—
>0.8~1.0	700	750	900	1000	1100	6	6	6	5	5
>1.0~3.0	650	700	800	900	1000	6	6	5	4	4
>3.0~6.0	600	650	700	800	900	5	5	5	4	4
>6.0~10.0	550	600	650	750	800	5	4	3	2	2

注：1. 直径小于 0.7mm 的钢丝用打结拉伸试验代替弯曲试验，其打结破断力应不小于不打结破断力的 50%。直径大于 7.0mm 的钢丝，其反复弯曲次数不做考核要求。

2. 方钢丝和六角钢丝不做反复弯曲性能检验。

表 2-267　软状态优质碳素结构钢丝的力学性能

牌号	抗拉强度 R_m/MPa	断后伸长率 A(%) 不小于	断面收缩率 Z(%) 不小于
10	450~700	8	50
15	500~750	8	45
20	500~750	7.5	40
25	550~800	7	40
30	550~800	7	35
35	600~850	6.5	35
40	600~850	6	35
45	650~900	6	30
50	650~900	6	30

注：当需方要求并在合同中注明时，直径大于 3.0mm 的钢丝可做断后伸长率和断面收缩率试验。

（3）盘重

每盘应由一根钢丝组成，其质量应符合表 2-268 的规定。

表 2-268　每盘钢丝的质量

钢丝公称直径/mm	每盘质量/kg 不小于	钢丝公称直径/mm	每盘质量/kg 不小于
≥0.3~1.0	6	>3.0~6.0	12
>1.0~3.0	10	>6.0~10.0	15

3.3.6　合金结构钢丝（摘自 YB/T 5301—2010）

（1）分类及代号　合金结构钢丝按交货状态分为两种：冷拉钢丝，其代号为 WCD；退火钢丝，其代号为 A。

（2）尺寸

钢丝尺寸应符合 GB/T 342—1997《冷拉圆、方、六角钢丝尺寸、外形、重量及允许偏差》中的规定。

（3）牌号及化学成分

合金结构钢丝用钢的牌号及化学成分（熔炼分析）应符合 GB/T 3077 中的

规定。

（4）力学性能（见表 2-269）

表 2-269　合金结构钢丝交货状态的力学性能

交货状态	公称尺寸≤5.00mm	公称尺寸>5.00mm
	抗拉强度 R_m/MPa	硬度 HBW
冷拉	≤1080	≤302
退火	≤930	≤296

3.3.7　冷拉碳素弹簧钢丝（摘自 GB/T 4357—2009）

（1）分类和标记

1）冷拉碳素弹簧钢丝按照抗拉强度分类为低抗拉强度、中等抗拉强度和高抗拉强度，分别用符号 L、M 和 H 代表。按照弹簧载荷特点分类，分为静载荷和动载荷，分别用 S 和 D 代表。表 2-270 列出了不同强度等级和不同载荷类型对应的直径范围及类别代码，表中代码的首位是弹簧载荷分类代码，第二位是抗拉强度等级代码。

表 2-270　钢丝的强度等级、载荷类型对应的直径范围及类别代码

强度等级	静载荷	公称直径范围/mm	动载荷	公称直径范围/mm
低抗拉强度	SL 型	1.00~10.00	—	—
中等抗拉强度	SM 型	0.30~13.00	DM 型	0.08~13.00
高抗拉强度	SH 型	0.30~13.00	DH 型	0.05~13.00

2）冷拉碳素弹簧钢丝按照表面状态分类，分为光面钢丝和镀层钢丝。

3）标记示例。

例 1：2.00mm 中等抗拉强度级、适用于动载的光面弹簧钢丝，标记为：

光面弹簧钢丝-GB/T 4357-2.00mm-DM

例 2：4.50mm 高抗拉强度级、适用于静载的镀锌弹簧钢丝，标记为：

镀锌弹簧钢丝-GB/T 4357-4.50mm-SH

（2）力学性能（见表 2-271）

表 2-271　冷拉碳素弹簧钢丝的力学性能

钢丝公称直径[①]/mm	抗拉强度[②]/MPa				
	SL 型	SM 型	DM 型	SH 型	DH[③] 型
0.05			—		2800~3520
0.06			—		2800~3520
0.07			—		2800~3520
0.08			2780~3100		2800~3480
0.09	—	—	2740~3060	—	2800~3430
0.10			2710~3020		2800~3380
0.11			2690~3000		2800~3350
0.12			2660~2960		2800~3320
0.14			2620~2910		2800~3250

（续）

钢丝公称直径[①]/mm	抗拉强度[②]/MPa				
	SL 型	SM 型	DM 型	SH 型	DH[③] 型
0.16			2570~2860		2800~3200
0.18			2530~2820		2800~3160
0.20	—		2500~2790	—	2800~3110
0.22			2470~2760		2770~3080
0.25			2420~2710		2720~3010
0.28			2390~2670		2680~2970
0.30		2370~2650	2370~2650	2660~2940	2660~2940
0.32		2350~2630	2350~2630	2640~2920	2640~2920
0.34		2330~2600	2330~2600	2610~2890	2610~2890
0.36		2310~2580	2310~2580	2590~2890	2590~2890
0.38		2290~2560	2290~2560	2570~2850	2570~2850
0.40		2270~2550	2270~2550	2560~2830	2570~2830
0.43		2250~2520	2250~2520	2530~2800	2570~2800
0.45	—	2240~2500	2240~2500	2510~2780	2570~2780
0.48		2220~2480	2240~2500	2490~2760	2570~2760
0.50		2200~2470	2200~2470	2480~2740	2480~2740
0.53		2180~2450	2180~2450	2460~2720	2460~2720
0.56		2170~2430	2170~2430	2440~2700	2440~2700
0.60		2140~2400	2140~2400	2410~2670	2410~2670
0.63		2130~2380	2130~2380	2390~2650	2390~2650
0.65		2120~2370	2120~2370	2380~2640	2380~2640
0.70		2090~2350	2090~2350	2360~2610	2360~2610
0.80		2050~2300	2050~2300	2310~2560	2310~2560
0.85		2030~2280	2030~2280	2290~2530	2290~2530
0.90		2010~2260	2010~2260	2270~2510	2270~2510
0.95		2000~2240	2000~2240	2250~2490	2250~2490
1.00	1720~1970	1980~2220	1980~2220	2230~2470	2230~2470
1.05	1710~1950	1960~2220	1960~2220	2210~2450	2210~2450
1.10	1690~1940	1950~2190	1950~2190	2200~2430	2200~2430
1.20	1670~1910	1920~2160	1920~2160	2170~2400	2170~2400
1.25	1660~1900	1910~2130	1910~2130	2140~2380	2140~2380
1.30	1640~1890	1900~2130	1900~2130	2140~2370	2140~2370
1.40	1620~1860	1870~2100	1870~2100	2110~2340	2110~2340
1.50	1600~1840	1850~2080	1850~2080	2090~2310	2090~2310
1.60	1590~1820	1830~2050	1830~2050	2060~2290	2060~2290
1.70	1570~1800	1810~2030	1810~2030	2040~2260	2040~2260
1.80	1550~1780	1790~2010	1790~2010	2020~2240	2020~2240
1.90	1540~1760	1770~1990	1770~1990	2000~2220	2000~2220
2.00	1520~1750	1760~1970	1760~1970	1980~2200	1980~2200
2.10	1510~1730	1740~1960	1740~1960	1970~2180	1970~2180
2.25	1490~1710	1720~1930	1720~1930	1940~2150	1940~2150
2.40	1470~1690	1700~1910	1700~1910	1920~2130	1920~2130
2.50	1460~1680	1690~1890	1690~1890	1900~2110	1900~2110
2.60	1450~1660	1670~1880	1670~1880	1890~2100	1890~2100

（续）

钢丝公称直径[①]/mm	抗拉强度[②]/MPa				
	SL 型	SM 型	DM 型	SH 型	DH[③] 型
2.80	1420~1640	1650~1850	1650~1850	1860~2070	1860~2070
3.00	1410~1520	1630~1830	1630~1830	1840~2040	1840~2040
3.20	1390~1600	1610~1810	1610~1810	1820~2020	1820~2020
3.40	1370~1580	1590~1780	1590~1780	1790~1990	1790~1990
3.60	1350~1560	1570~1760	1570~1760	1770~1970	1770~1970
3.80	1340~1540	1550~1740	1550~1740	1750~1950	1750~1950
4.00	1320~1520	1530~1730	1530~1730	1740~1930	1740~1930
4.25	1310~1500	1510~1700	1510~1700	1710~1900	1710~1900
4.50	1290~1490	1500~1680	1500~1680	1690~1880	1690~1880
4.75	1270~1470	1480~1670	1480~1670	1680~1840	1680~1840
5.00	1260~1450	1460~1650	1460~1650	1660~1830	1660~1830
5.30	1240~1430	1440~1630	1440~1630	1640~1820	1640~1820
5.60	1230~1420	1430~1610	1430~1610	1620~1800	1620~1800
6.00	1210~1390	1400~1580	1400~1580	1590~1770	1590~1770
6.30	1190~1380	1390~1560	1390~1560	1570~1750	1570~1750
6.50	1180~1370	1380~1550	1380~1550	1560~1740	1560~1740
7.00	1160~1340	1350~1530	1350~1530	1540~1710	1540~1710
7.50	1140~1320	1330~1500	1330~1500	1510~1680	1510~1680
8.00	1120~1300	1310~1480	1310~1480	1490~1660	1490~1660
8.50	1110~1280	1290~1460	1290~1460	1470~1630	1470~1630
9.00	1090~1260	1270~1440	1270~1440	1450~1610	1450~1610
9.50	1070~1250	1260~1420	1260~1420	1430~1590	1430~1590
10.00	1060~1230	1240~1400	1240~1400	1410~1570	1410~1570
10.50		1220~1380	1220~1380	1390~1550	1390~1550
11.00		1210~1370	1210~1370	1380~1530	1380~1530
12.00	—	1180~1340	1180~1340	1350~1500	1350~1500
12.50		1170~1320	1170~1320	1380~1480	1330~1480
13.00		1160~1310	1160~1310	1320~1470	1320~1470

注：直条定尺钢丝的极限强度最多可能低 10%；矫直和切断作业也会降低扭转值。

① 中间尺寸钢丝抗拉强度值按表中相邻较大钢丝的规定执行。

② 对特殊用途的钢丝，可商定其他抗拉强度。

③ 对直径为 0.08~0.18mm 的 DH 型钢丝，经供需双方协商，其抗拉强度波动值范围可规定为 300MPa。

3.3.8 重要用途碳素弹簧钢丝（摘自 YB/T 5311—2010）

（1）分类、代号及尺寸范围（见表 2-272）

表 2-272 重要用途碳素弹簧钢丝的分类、代号及尺寸范围

组别	钢丝公称直径范围/mm	用　途
E	0.10~7.00	主要用于制造承受中等应力的动载荷的弹簧
F	0.10~7.00	主要用于制造承受较高应力的动载荷的弹簧
G	1.00~7.00	主要用于制造承受振动载荷的阀门弹簧

（2）化学成分（见表 2-273）

表 2-273　钢丝用钢的化学成分（熔炼分析）

组别	化学成分(质量分数,%)							
	C	Mn	Si	P	S	Cr	Ni	Cu
E、F、G	0.60~0.95	0.30~1.00	≤0.37	≤0.025	≤0.020	≤0.15	≤0.15	≤0.20

（3）力学性能（见表 2-274）

表 2-274　重要用途碳素弹簧钢丝的力学性能

直径/mm	抗拉强度 R_m/MPa			直径/mm	抗拉强度 R_m/MPa		
	E组	F组	G组		E组	F组	G组
0.10	2440~2890	2900~3380	—	0.90	2070~2400	2410~2740	—
0.12	2440~2860	2870~3320	—	1.00	2020~2350	2360~2660	1850~2110
0.14	2440~2840	2850~3250	—	1.20	1940~2270	2280~2580	1820~2080
0.16	2440~2840	2850~3200	—	1.40	1880~2200	2210~2510	1780~2040
0.18	2390~2770	2780~3160	—	1.60	1820~2140	2150~2450	1750~2010
0.20	2390~2750	2760~3110	—	1.80	1800~2120	2060~2360	1700~1960
0.22	2370~2720	2730~3080	—	2.00	1790~2090	1970~2250	1670~1910
0.25	2340~2690	2700~3050	—	2.20	1700~2000	1870~2150	1620~1860
0.28	2310~2660	2670~3020	—	2.50	1680~1960	1830~2110	1620~1860
0.30	2290~2640	2650~3000	—	2.80	1630~1910	1810~2070	1570~1810
0.32	2270~2620	2630~2980	—	3.00	1610~1890	1780~2040	1570~1810
0.35	2250~2600	2610~2960	—	3.20	1560~1840	1760~2020	1570~1810
0.40	2250~2580	2590~2940	—	3.50	1500~1760	1710~1970	1470~1710
0.45	2210~2560	2570~2920	—	4.00	1470~1730	1680~1930	1470~1710
0.50	2190~2540	2550~2900	—	4.50	1420~1680	1630~1880	1470~1710
0.55	2170~2520	2530~2880	—	5.00	1400~1650	1580~1830	1420~1660
0.60	2150~2500	2510~2850	—	5.50	1370~1610	1550~1800	1400~1640
0.63	2130~2480	2490~2830	—	6.00	1350~1580	1520~1770	1350~1590
0.70	2100~2460	2470~2800	—	6.50	1320~1550	1490~1740	1350~1590
0.80	2080~2430	2440~2770	—	7.00	1300~1530	1460~1710	1300~1540

3.3.9　不锈钢丝（摘自 GB/T 4240—2009）

（1）类别、牌号、交货状态及代号（见表 2-275）

表 2-275　不锈钢丝的类别、牌号、交货状态及代号

类　　别	牌　　号	交货状态及代号
奥氏体	12Cr17Mn6Ni5N 12Cr18Mn9Ni5N 12Cr18Ni9 06Cr19Ni9 10Cr18Ni12 06Cr17Ni12Mo2 Y06Cr17Mn6Ni6Cu2 Y12Cr18Ni9 Y12Cr18Ni9Cu3	软态(S)、轻拉(LD)、冷拉(WCD)

（续）

类　别	牌　号	交货状态及代号
奥氏体	02Cr19Ni10 06Cr20Ni11 16Cr23Ni13 06Cr23Ni13 06Cr25Ni20 20Cr25Ni20Si2 022Cr17Ni12Mo2 06Cr19Ni13Mo3 06Cr17Ni12Mo2Ti	软态（S）、轻拉（LD）、冷拉（WCD）
铁素体	06Cr13Al 06Cr11Ti 02Cr11Nb 10Cr17 Y10Cr17 10Cr17Mo 10Cr17MoNb	软态（S）、轻拉（LD）、冷拉（WCD）
马氏体	12Cr13 Y12Cr13 20Cr13 30Cr13 32Cr13Mo Y30Cr13 Y16Cr17Ni2Mo	软态（S）、轻拉（LD）
	40Cr13 12Cr12Ni2 20Cr17Ni2	软态（S）

（2）力学性能（见表 2-276~表 2-278）

表 2-276　软态不锈钢丝的力学性能

牌号	公称直径范围/mm	抗拉强度 R_m/MPa	断后伸长率[1]A(%)≥
12Cr17Mn6Ni5N 12Cr18Mn9Ni5N 12Cr18Ni9 Y12Cr18Ni9 16Cr23Ni13 20Cr25Ni20Si2	0.05~0.10	700~1000	15
	>0.10~0.30	660~950	20
	>0.30~0.60	640~920	20
	>0.60~1.0	620~900	25
	>1.0~3.0	620~880	30
	>3.0~6.0	600~850	30
	>6.0~10.0	580~830	30
	>10.0~16.0	550~800	30
Y06Cr17Mn6Ni6Cu2 Y12Cr18Ni9Cu3 06Cr19Ni9 022Cr19Ni10 10Cr18Ni12 06Cr17Ni12Mo2 06Cr20Ni11 06Cr23Ni13 06Cr25Ni20 06Cr17Ni12Mo2 022Cr17Ni14Mo2 06Cr19Ni13Mo3 06Cr17Ni12Mo2Ti	0.05~0.10	650~930	15
	>0.10~0.30	620~900	20
	>0.30~0.60	600~870	20
	>0.60~1.0	580~850	25
	>1.0~3.0	570~830	30
	>3.0~6.0	550~800	30
	>6.0~10.0	520~770	30
	>10.0~16.0	500~750	30

（续）

牌号	公称直径范围/mm	抗拉强度 R_m/MPa	断后伸长率[①]A(%) ≥
30Cr13 32Cr13Mo Y30Cr13	1.0~2.0	600~850	10
40Cr13 12Cr12Ni2 Y16Cr17Ni2Mo 20Cr17Ni2	>2.0~16.0	600~850	15

① 易切削钢丝和公称直径小于 1.0mm 的钢丝，伸长率供参考，不作判定依据。

表 2-277　轻拉不锈钢丝的力学性能

牌号	公称尺寸范围/mm	抗拉强度 R_m/MPa
12Cr17Mn6Ni5N 12Cr18Mn9Ni5N	0.50~1.0	850~1200
Y06Cr17Mn6Ni6Cu2 12Cr18Ni9	>1.0~3.0	830~1150
Y12Cr18Ni9 Y12Cr18Ni9Cu3	>3.0~6.0	800~1100
06Cr19Ni9 022Cr19Ni10	>6.0~10.0	770~1050
10Cr18Ni12 06Cr20Ni11	>10.0~16.0	750~1030
16Cr23Ni13 06Cr23Ni13	0.50~1.0	850~1200
06Cr25Ni20	>1.0~3.0	830~1150
20Cr25Ni20Si2 06Cr17Ni12Mo2	>3.0~6.0	800~1100
022Cr17Ni14Mo2	>6.0~10.0	770~1050
06Cr19Ni13Mo3 06Cr17Ni12Mo2Ti	>10.0~16.0	750~1030
06Cr13Al 06Cr11Ti 022Cr11Nb 10Cr17 Y10Cr17	>3.0~6.0	530~780 500~750
10Cr17Mo 10Cr17MoNb	>6.0~16.0	480~730
12Cr13	1.0~3.0	600~850
Y12Cr13	>3.0~6.0	580~820
20Cr13	>6.0~16.0	550~800
30Cr13	1.0~3.0	650~950
32Cr13Mo	>3.0~6.0	600~900
Y30Cr13 Y16Cr17Ni2Mo	>6.0~16.0	600~850

表 2-278　冷拉不锈钢丝的力学性能

牌号	公称尺寸范围/mm	抗拉强度 R_m/MPa
12Cr17Mn6Ni5N	0.10~1.0	1200~1500
12Cr18Mn9Ni5N 12Cr18Ni9	>1.0~3.0	1150~1450
06Cr19Ni9	>3.0~6.0	1100~1400
10Cr18Ni12 06Cr17Ni12Mo2	>6.0~12.0	950~1250

3.3.10　熔焊用钢丝（摘自 GB/T 14957—1994）

（1）牌号及化学成分见表 2-279

表 2-279　熔焊用钢丝的牌号及化学成分

钢种	序号	牌号	化学成分（质量分数，%）										
			C	Mn	Si	Cr	Ni	Mo	V	Cu	其他	S ≤	P ≤
碳素结构钢	1	H08A	≤0.10	0.30~0.55	≤0.03	≤0.20	≤0.30	—	—	≤0.20	—	0.030	0.030
	2	H08E	≤0.10	0.30~0.55	≤0.03	≤0.20	≤0.30	—	—	≤0.20	—	0.020	0.020
	3	H08C	≤0.10	0.30~0.55	≤0.03	≤0.10	≤0.10	—	—	≤0.20	—	0.015	0.015
	4	H08MnA	≤0.10	0.80~1.10	≤0.07	≤0.20	≤0.30	—	—	≤0.20	—	0.030	0.030
	5	H15A	0.11~0.18	0.35~0.65	≤0.03	≤0.20	≤0.30	—	—	≤0.20	—	0.030	0.030
	6	H15Mn	0.11~0.18	0.80~1.10	≤0.03	≤0.20	≤0.30	—	—	≤0.20	—	0.035	0.035
合金结构钢	7	H10Mn2	0.12	1.50~1.90	≤0.07	≤0.20	≤0.30	—	—	≤0.20	—	0.035	0.035
	8	H08Mn2Si	0.11	1.70~2.10	0.65~0.95	≤0.20	≤0.30	—	—	≤0.20	—	0.035	0.035
	9	H08Mn2SiA	0.11	1.80~2.10	0.65~0.95	≤0.20	≤0.30	—	—	≤0.20	—	0.030	0.030
	10	H10MnSi	0.14	0.80~1.10	0.60~0.90	≤0.20	≤0.30	—	—	≤0.20	—	0.035	0.035
	11	H10MnSiMo	0.14	0.90~1.20	0.70~1.10	≤0.20	≤0.30	0.15~0.25	—	≤0.20	—	0.035	0.035
	12	H10MnSiMoTiA	0.08~0.12	1.00~1.30	0.40~0.70	≤0.20	≤0.30	0.20~0.40	—	≤0.20	Ti:0.05~0.15	0.025	0.030
	13	H08MnMoA	≤0.10	1.20~1.60	≤0.25	≤0.20	≤0.30	0.30~0.50	—	≤0.20	Ti:0.15（加入量）	0.030	0.030
	14	H08Mn2MoA	0.06~0.11	1.60~1.90	≤0.25	≤0.20	≤0.30	0.50~0.70	—	≤0.20	Ti:0.15（加入量）	0.030	0.030
	15	H10Mn2MoA	0.08~0.13	1.70~2.00	≤0.40	≤0.20	≤0.30	0.60~0.80	—	≤0.20	Ti:0.15（加入量）	0.030	0.030
	16	H08Mn2MoVA	0.06~0.11	1.60~1.90	≤0.25	≤0.20	≤0.30	0.50~0.70	0.06~0.12	≤0.20	Ti:0.15（加入量）	0.030	0.030
	17	H10Mn2MoVA	0.08~0.13	1.70~2.00	≤0.40	≤0.20	≤0.30	0.60~0.80	0.06~0.12	≤0.20	Ti:0.15（加入量）	0.030	0.030

（续）

钢种	序号	牌号	化学成分（质量分数，%）									S ≤	P ≤
			C	Mn	Si	Cr	Ni	Mo	V	Cu	其他	S	P
合金结构钢	18	H08CrMoA	≤0.10	0.40~0.70	0.15~0.35	0.80~1.10	≤0.30	0.40~0.60	—	≤0.20	—	0.030	0.030
	19	H13CrMoA	0.11~0.16	0.40~0.70	0.15~0.35	0.80~1.10	≤0.30	0.40~0.60	—	≤0.20	—	0.030	0.030
	20	H18CrMoA	0.15~0.22	0.40~0.70	0.15~0.35	0.80~1.10	≤0.30	0.15~0.25	—	≤0.20	—	0.025	0.030
	21	H08CrMoVA	≤0.10	0.40~0.70	0.15~0.35	1.00~1.30	≤0.30	0.50~0.70	0.15~0.35	≤0.20	—	0.030	0.030
	22	H08CrNi2MoA	0.05~0.10	0.50~0.85	0.10~0.30	0.70~1.00	1.40~1.80	0.20~0.40	—	≤0.20	—	0.025	0.030
	23	H30CrMnSiA	0.25~0.35	0.80~1.10	0.90~1.20	0.80~1.10	≤0.30	—	—	≤0.20	—	0.025	0.025
	24	H10MoCrA	≤0.12	0.40~0.70	0.15~0.35	0.45~0.65	≤0.30	0.40~0.60	—	≤0.20	—	0.030	0.030

注：根据供需双方协议，也可供给表中以外的牌号。

（2）捆重（见表2-280）

表2-280 捆（盘）状熔焊用钢丝的直径和捆重

公称直径	捆（盘）的内径/mm	每捆（盘）的质量/kg			
		碳素结构钢		合金结构钢	
		一般	最小	一般	最小
1.6 2.0 2.5 3.0	350	30	15	10	5
3.2 4.0 5.0 6.0	400	40	20	15	8

注：每批供货时最小质量的钢丝捆（盘），不得超过每批总质量的10%。

3.4　钢管

3.4.1　无缝钢管的规格和质量（摘自 GB/T 17395—2008）

1) 普通钢管的外径、壁厚及理论质量见表 2-281。

表 2-281　普通钢管的外径、壁厚及理论质量

外径/mm			壁厚/mm														
系列 1	系列 2	系列 3	0.25	0.30	0.40	0.50	0.60	0.80	1.0	1.2	1.4	1.5	1.6	1.8	2.0	2.2 (2.3)	2.5 (2.6)	2.8
			单位长度理论质量①/（kg/m）														
	6		0.035	0.042	0.055	0.068	0.080	0.103	0.123	0.142	0.159	0.166	0.174	0.186	0.197			
	7		0.042	0.050	0.065	0.080	0.095	0.122	0.148	0.172	0.193	0.203	0.213	0.231	0.247	0.260	0.277	
	8		0.048	0.057	0.075	0.092	0.109	0.142	0.173	0.201	0.228	0.240	0.253	0.275	0.296	0.315	0.339	
	9		0.054	0.064	0.085	0.105	0.124	0.162	0.197	0.231	0.262	0.277	0.292	0.320	0.345	0.369	0.401	0.428
10(10.2)			0.060	0.072	0.095	0.117	0.139	0.182	0.222	0.260	0.297	0.314	0.331	0.364	0.395	0.423	0.462	0.497
	11		0.066	0.079	0.105	0.129	0.154	0.201	0.247	0.290	0.331	0.351	0.371	0.408	0.444	0.477	0.524	0.566
	12		0.072	0.087	0.114	0.142	0.169	0.221	0.271	0.320	0.366	0.388	0.410	0.453	0.493	0.532	0.586	0.635
		13(12.7)	0.079	0.094	0.124	0.154	0.183	0.241	0.296	0.349	0.401	0.425	0.450	0.497	0.543	0.586	0.647	0.704
13.5			0.082	0.098	0.129	0.160	0.191	0.251	0.308	0.364	0.418	0.444	0.470	0.519	0.567	0.613	0.678	0.739
		14	0.085	0.101	0.134	0.166	0.198	0.260	0.321	0.379	0.435	0.462	0.489	0.542	0.592	0.640	0.709	0.773
	16		0.097	0.116	0.154	0.191	0.228	0.300	0.370	0.438	0.504	0.536	0.568	0.630	0.691	0.749	0.832	0.911
17(17.2)			0.103	0.124	0.164	0.203	0.243	0.320	0.395	0.468	0.539	0.573	0.608	0.675	0.740	0.803	0.894	0.981
		18	0.109	0.131	0.174	0.216	0.257	0.339	0.419	0.497	0.573	0.610	0.647	0.719	0.789	0.857	0.956	1.05
	19		0.116	0.138	0.183	0.228	0.272	0.359	0.444	0.527	0.608	0.647	0.687	0.764	0.838	0.911	1.02	1.12
	20		0.122	0.146	0.193	0.240	0.287	0.379	0.469	0.556	0.642	0.684	0.726	0.808	0.888	0.966	1.08	1.19
21(21.3)					0.203	0.253	0.302	0.399	0.493	0.586	0.677	0.721	0.765	0.852	0.937	1.02	1.14	1.26
		22			0.213	0.265	0.317	0.418	0.518	0.616	0.711	0.758	0.805	0.897	0.986	1.07	1.20	1.33
	25				0.243	0.302	0.361	0.477	0.592	0.704	0.815	0.869	0.923	1.03	1.13	1.24	1.39	1.53
		25.4			0.247	0.307	0.367	0.485	0.602	0.716	0.829	0.884	0.939	1.05	1.15	1.26	1.41	1.56
27(26.9)					0.262	0.327	0.391	0.517	0.641	0.764	0.884	0.943	1.00	1.12	1.23	1.35	1.51	1.67
	28				0.272	0.339	0.405	0.537	0.666	0.793	0.918	0.980	1.04	1.16	1.28	1.40	1.57	1.74

（续）

外径/mm			壁厚/mm 单位长度理论质量[①]/(kg/m)																
系列1	系列2	系列3	(2.9)3.0	3.2	3.5(3.6)	4.0	4.5	5.0	(5.4)5.5	6.0	(6.3)6.5	7.0(7.1)	7.5	8.0	8.5	(8.8)9.0	9.5	10
	6																	
	7																	
	8																	
	9																	
10(10.2)			0.518	0.537	0.561													
	11		0.592	0.616	0.647													
	12		0.666	0.694	0.734	0.789												
	13(12.7)		0.740	0.773	0.820	0.888												
13.5			0.777	0.813	0.863	0.937												
		14	0.814	0.852	0.906	0.986												
	16		0.962	1.01	1.08	1.18	1.28	1.36										
17(17.2)			1.04	1.09	1.17	1.28	1.39	1.48										
		18	1.11	1.17	1.25	1.38	1.50	1.60										
	19		1.18	1.25	1.34	1.48	1.61	1.73	1.83	1.92								
	20		1.26	1.33	1.42	1.58	1.72	1.85	1.97	2.07								
21(21.3)			1.33	1.40	1.51	1.68	1.83	1.97	2.10	2.22								
		22	1.41	1.48	1.60	1.78	1.94	2.10	2.24	2.37								
	25		1.63	1.72	1.86	2.07	2.28	2.47	2.64	2.81	2.97	3.11						
		25.4	1.66	1.75	1.89	2.11	2.32	2.52	2.70	2.87	3.03	3.18						
27(26.9)			1.78	1.88	2.03	2.27	2.50	2.71	2.92	3.11	3.29	3.45						
	28		1.85	1.96	2.11	2.37	2.61	2.84	3.05	3.26	3.45	3.63						

（续）

外径/mm			壁厚/mm 单位长度理论质量①/(kg/m)															
系列 1	系列 2	系列 3	0.25	0.30	0.40	0.50	0.60	0.80	1.0	1.2	1.4	1.5	1.6	1.8	2.0	2.2 (2.3)	2.5 (2.6)	2.8
		30			0.292	0.364	0.435	0.576	0.715	0.852	0.987	1.05	1.12	1.25	1.38	1.51	1.70	1.88
	32(31.8)				0.312	0.388	0.465	0.616	0.765	0.911	1.06	1.13	1.20	1.34	1.48	1.62	1.82	2.02
34(33.7)					0.331	0.413	0.494	0.655	0.814	0.971	1.13	1.20	1.28	1.43	1.58	1.73	1.94	2.15
		35			0.341	0.425	0.509	0.675	0.838	1.00	1.16	1.24	1.32	1.47	1.63	1.78	2.00	2.22
	38				0.371	0.462	0.553	0.734	0.912	1.09	1.26	1.35	1.44	1.61	1.78	1.94	2.19	2.43
	40				0.391	0.487	0.583	0.773	0.962	1.15	1.33	1.42	1.52	1.70	1.87	2.05	2.31	2.57
42(42.4)									1.01	1.21	1.40	1.50	1.59	1.78	1.97	2.16	2.44	2.71
		45(44.5)							1.09	1.30	1.51	1.61	1.71	1.92	2.12	2.32	2.62	2.91
48(48.3)									1.16	1.38	1.61	1.72	1.83	2.05	2.27	2.48	2.81	3.12
	51								1.23	1.47	1.71	1.83	1.95	2.18	2.42	2.65	2.99	3.33
		54							1.31	1.56	1.82	1.94	2.07	2.32	2.56	2.81	3.18	3.54
	57								1.38	1.65	1.92	2.05	2.19	2.45	2.71	2.97	3.36	3.74
60(60.3)									1.46	1.74	2.02	2.16	2.30	2.58	2.86	3.14	3.55	3.95
	63(63.5)								1.53	1.83	2.13	2.28	2.42	2.72	3.01	3.30	3.73	4.16
	65								1.58	1.89	2.20	2.35	2.50	2.81	3.11	3.41	3.85	4.30
	68								1.65	1.98	2.30	2.46	2.62	2.94	3.26	3.57	4.04	4.50
	70								1.70	2.04	2.37	2.53	2.70	3.03	3.35	3.68	4.16	4.64
		73							1.78	2.12	2.47	2.64	2.82	3.16	3.50	3.84	4.35	4.85
76(76.1)									1.85	2.21	2.58	2.76	2.94	3.29	3.65	4.00	4.53	5.05
	77										2.61	2.79	2.98	3.34	3.70	4.06	4.59	5.12
	80										2.71	2.90	3.09	3.47	3.85	4.22	4.78	5.33

（续）

单位长度理论质量[①]/(kg/m)

外径/mm			壁厚/mm																
系列1	系列2	系列3	(2.9)3.0	3.2	3.5(3.6)	4.0	4.5	5.0	(5.4)5.5	6.0	(6.3)6.5	7.0(7.1)	7.5	8.0	8.5	(8.8)9.0	9.5	10
		30	2.00	2.11	2.29	2.56	2.83	3.08	3.32	3.55	3.77	3.97	4.16	4.34				
	32(31.8)		2.15	2.27	2.46	2.76	3.05	3.33	3.59	3.85	4.09	4.32	4.53	4.74				
34(33.7)			2.29	2.43	2.63	2.96	3.27	3.58	3.87	4.14	4.41	4.66	4.90	5.13				
		35	2.37	2.51	2.72	3.06	3.38	3.70	4.00	4.29	4.57	4.83	5.09	5.33	5.56	5.77		
	38		2.59	2.75	2.98	3.35	3.72	4.07	4.41	4.74	5.05	5.35	5.64	5.92	6.18	6.44	6.68	6.91
	40		2.74	2.90	3.15	3.55	3.94	4.32	4.68	5.03	5.37	5.70	6.01	6.31	6.60	6.88	7.15	7.40
42(42.4)			2.89	3.06	3.32	3.75	4.16	4.56	4.95	5.33	5.69	6.04	6.38	6.71	7.02	7.32	7.61	7.89
		45(44.5)	3.11	3.30	3.58	4.04	4.49	4.93	5.36	5.77	6.17	6.56	6.94	7.30	7.65	7.99	8.32	8.63
48(48.3)			3.33	3.54	3.84	4.34	4.83	5.30	5.76	6.21	6.65	7.08	7.49	7.89	8.28	8.66	9.02	9.37
	51		3.55	3.77	4.10	4.64	5.16	5.67	6.17	6.66	7.13	7.60	8.05	8.48	8.91	9.32	9.72	10.11
		54	3.77	4.01	4.36	4.93	5.49	6.04	6.58	7.10	7.61	8.11	8.60	9.08	9.54	9.99	10.43	10.85
	57		4.00	4.25	4.62	5.23	5.83	6.41	6.99	7.55	8.10	8.63	9.16	9.67	10.17	10.65	11.13	11.59
60(60.3)			4.22	4.48	4.88	5.52	6.16	6.78	7.39	7.99	8.58	9.15	9.71	10.26	10.80	11.32	11.83	12.33
	63(63.5)		4.44	4.72	5.14	5.82	6.49	7.15	7.80	8.43	9.06	9.67	10.27	10.85	11.42	11.99	12.53	13.07
	65		4.59	4.88	5.31	6.02	6.71	7.40	8.07	8.73	9.38	10.01	10.64	11.25	11.84	12.43	13.00	13.56
	68		4.81	5.11	5.57	6.31	7.05	7.77	8.48	9.17	9.86	10.53	11.19	11.84	12.47	13.10	13.71	14.30
	70		4.96	5.27	5.74	6.51	7.27	8.02	8.75	9.47	10.18	10.88	11.56	12.23	12.89	13.54	14.17	14.80
		73	5.18	5.51	6.00	6.81	7.60	8.38	9.16	9.91	10.66	11.39	12.11	12.82	13.52	14.21	14.88	15.54
76(76.1)			5.40	5.75	6.26	7.10	7.93	8.75	9.56	10.36	11.14	11.91	12.67	13.42	14.15	14.87	15.58	16.28
	77		5.47	5.82	6.34	7.20	8.05	8.88	9.70	10.51	11.30	12.08	12.85	13.61	14.36	15.09	15.81	16.52
	80		5.70	6.06	6.60	7.50	8.38	9.25	10.11	10.95	11.78	12.60	13.41	14.21	14.99	15.76	16.52	17.26

（续）

| 外径/mm | | | 壁厚/mm 单位长度理论质量①/(kg/m) | | | | | | | | | | | | | | | |
系列 1	系列 2	系列 3	11	12 (12.5)	13	14 (14.2)	15	16	17 (17.5)	18	19	20	22 (22.2)	24	25	26	28	30
		30																
	32 (31.8)																	
34 (33.7)																		
		35																
	38																	
	40																	
42 (42.4)																		
		45 (44.5)	9.22	9.77														
48 (48.3)			10.04	10.65														
	51		10.85	11.54														
		54	11.66	12.43	13.14	13.81												
	57		12.48	13.32	14.11	14.85												
60 (60.3)			13.29	14.21	15.07	15.88	16.65	17.36										
	63 (63.5)		14.11	15.09	16.03	16.92	17.76	18.55										
	65		14.65	15.68	16.67	17.61	18.50	19.33										
	68		15.46	16.57	17.63	18.64	19.61	20.52										
	70		16.01	17.16	18.27	19.33	20.35	21.31	22.22									
		73	16.82	18.05	19.24	20.37	21.46	22.49	23.48	24.41	25.30							
76 (76.1)			17.63	18.94	20.20	21.41	22.57	23.68	24.74	25.75	26.71	27.62						
	77		17.90	19.24	20.52	21.75	22.94	24.07	25.15	26.19	27.18	28.11						
	80		18.72	20.12	21.48	22.79	24.05	25.25	26.41	27.52	28.58	29.59						

251

（续）

壁厚/mm

单位长度理论质量①/（kg/m）

外径/mm 系列1	系列2	系列3	0.25	0.30	0.40	0.50	0.60	0.80	1.0	1.2	1.4	1.5	1.6	1.8	2.0	2.2(2.3)	2.5(2.6)	2.8
		83(82.5)									2.82	3.01	3.21	3.60	4.00	4.38	4.96	5.54
	85										2.89	3.09	3.29	3.69	4.09	4.49	5.09	5.68
89(88.9)											3.02	3.24	3.45	3.87	4.29	4.71	5.33	5.95
	95										3.23	3.46	3.69	4.14	4.59	5.03	5.70	6.37
102(101.6)											3.47	3.72	3.96	4.45	4.93	5.41	6.13	6.85
		108									3.68	3.94	4.20	4.71	5.23	5.74	6.50	7.26
114(114.3)												4.16	4.44	4.98	5.52	6.07	6.87	7.68
	121											4.42	4.71	5.29	5.87	6.45	7.31	8.16
	127													5.56	6.17	6.77	7.68	8.58
	133																8.05	8.99
140(139.7)																		
		142(141.3)																
	146																	
		152(152.4)																
		159																
168(168.3)																		
		180(177.8)																
		194(193.7)																
	203																	
219(219.1)																		
		232																
		245(244.5)																
		267(267.4)																

（续）

| 外径/mm | | | 壁厚/mm 单位长度理论质量①/(kg/m) | | | | | | | | | | | | | | | |
系列 1	系列 2	系列 3	(2.9)3.0	3.2	3.5(3.6)	4.0	4.5	5.0	(5.4)5.5	6.0	(6.3)6.5	7.0(7.1)	7.5	8.0	8.5	(8.8)9.0	9.5	10
		83（82.5）	5.92	6.30	6.86	7.79	8.71	9.62	10.51	11.39	12.26	13.12	13.96	14.80	15.62	16.42	17.22	18.00
	85		6.07	6.46	7.03	7.99	8.93	9.86	10.78	11.69	12.58	13.47	14.33	15.19	16.04	16.87	17.69	18.50
89（88.9）			6.36	6.77	7.38	8.38	9.38	10.36	11.33	12.28	13.22	14.16	15.07	15.98	16.87	17.76	18.63	19.48
	95		6.81	7.24	7.90	8.98	10.04	11.10	12.14	13.17	14.19	15.19	16.18	17.16	18.13	19.09	20.03	20.96
102（101.6）			7.32	7.80	8.50	9.67	10.82	11.96	13.09	14.21	15.31	16.40	17.48	18.55	19.60	20.64	21.67	22.69
		108	7.77	8.27	9.02	10.26	11.49	12.70	13.90	15.09	16.27	17.44	18.59	19.73	20.86	21.97	23.08	24.17
114（114.3）			8.21	8.74	9.54	10.85	12.15	13.44	14.72	15.98	17.23	18.47	19.70	20.91	22.12	23.31	24.48	25.65
	121		8.73	9.30	10.14	11.54	12.93	14.30	15.67	17.02	18.35	19.68	20.99	22.29	23.58	24.86	26.12	27.37
	127		9.17	9.77	10.66	12.13	13.59	15.04	16.48	17.90	19.32	20.72	22.10	23.48	24.84	26.19	27.53	28.85
	133		9.62	10.24	11.18	12.73	14.26	15.78	17.29	18.79	20.28	21.75	23.21	24.66	26.10	27.52	28.93	30.33
140（139.7）			10.14	10.80	11.78	13.42	15.04	16.65	18.24	19.83	21.40	22.96	24.51	26.04	27.57	29.08	30.57	32.06
		142（141.3）	10.28	10.95	11.95	13.61	15.26	16.89	18.51	20.12	21.72	23.31	24.88	26.44	27.98	29.52	31.04	32.55
	146		10.58	11.27	12.30	14.01	15.70	17.39	19.06	20.72	22.36	24.00	25.62	27.23	28.82	30.41	31.98	33.54
		152（152.4）	11.02	11.74	12.82	14.60	16.37	18.13	19.87	21.60	23.32	25.03	26.73	28.41	30.08	31.74	33.39	35.02
		159			13.42	15.29	17.15	18.99	20.82	22.64	24.45	26.24	28.02	29.79	31.55	33.29	35.03	36.75
168（168.3）					14.20	16.18	18.14	20.10	22.04	23.97	25.89	27.79	29.69	31.57	33.43	35.29	37.13	38.97
		180（177.8）			15.23	17.36	19.48	21.58	23.67	25.75	27.81	29.87	31.91	33.93	35.95	37.95	39.95	41.92
		194（193.7）			16.44	18.74	21.03	23.31	25.57	27.82	30.06	32.28	34.50	36.70	38.89	41.06	43.23	45.38
	203				17.22	19.63	22.03	24.41	26.79	29.15	31.50	33.84	36.16	38.47	40.77	43.06	45.33	47.60
219（219.1）										31.52	34.06	36.60	39.12	41.63	44.13	46.61	49.08	51.54
		232								33.44	36.15	38.84	41.52	44.19	46.85	49.50	52.13	54.75
		245（244.5）								35.36	38.23	41.09	43.93	46.76	49.58	52.38	55.17	57.95
		267（267.4）								38.62	41.76	44.88	48.00	51.10	54.19	57.26	60.33	63.38

（续）

外径/mm			壁厚/mm 单位长度理论质量/(kg/m)															
系列1	系列2	系列3	11	12(12.5)	13	14(14.2)	15	16	17(17.5)	18	19	20	22(22.2)	24	25	26	28	30
		83(82.5)	19.53	21.01	22.44	23.82	25.15	26.44	27.67	28.85	29.99	31.07	33.10					
	85		20.07	21.60	23.08	24.51	25.89	27.23	28.51	29.74	30.93	32.06	34.18					
89(88.9)			21.16	22.79	24.37	25.89	27.37	28.80	30.19	31.52	32.80	34.03	36.35	38.47				
	95		22.79	24.56	26.29	27.97	29.59	31.17	32.70	34.18	35.61	36.99	39.61	42.02				
	102(101.6)		24.69	26.63	28.53	30.38	32.18	33.93	35.64	37.29	38.89	40.44	43.40	46.17	47.47	48.73	51.10	
		108	26.31	28.41	30.46	32.45	34.40	36.30	38.15	39.95	41.70	43.40	46.66	49.71	51.17	52.58	55.24	57.71
114(114.3)			27.94	30.19	32.38	34.53	36.62	38.67	40.67	42.62	44.51	46.36	49.91	53.27	54.87	56.43	59.39	62.15
	121		29.84	32.26	34.62	36.94	39.21	41.43	43.60	45.72	47.79	49.82	53.71	57.41	59.19	60.91	64.22	67.33
	127		31.47	34.03	36.55	39.01	41.43	43.80	46.12	48.39	50.61	52.78	56.97	60.96	62.89	64.76	68.36	71.77
	133		33.10	35.81	38.47	41.09	43.65	46.17	48.63	51.05	53.42	55.74	60.22	64.51	66.59	68.61	72.50	76.20
140(139.7)			34.99	37.88	40.72	43.50	46.24	48.93	51.57	54.16	56.70	59.19	64.02	68.66	70.90	73.10	77.34	81.38
		142(141.3)	35.54	38.47	41.36	44.19	46.98	49.72	52.41	55.04	57.63	60.17	65.11	69.84	72.14	74.38	78.72	82.86
	145		36.62	39.66	42.64	45.57	48.46	51.30	54.08	56.82	59.51	62.15	67.28	72.21	74.60	76.94	81.48	85.82
		152(152.4)	38.25	41.43	44.56	47.65	50.68	53.66	56.60	59.48	62.32	65.11	70.53	75.76	78.30	80.79	85.62	90.26
		159	40.15	43.50	46.81	50.06	53.27	56.43	59.53	62.59	65.60	68.56	74.33	79.90	82.62	85.28	90.46	95.44
168(168.3)			42.59	46.17	49.69	53.17	56.60	59.98	63.31	66.59	69.82	73.00	79.21	85.23	88.17	91.05	96.67	102.10
		180(177.8)	45.85	49.72	53.54	57.31	61.04	64.71	68.34	71.91	75.44	78.92	85.72	92.33	95.56	98.74	104.96	110.98
		194(193.7)	49.64	53.86	58.03	62.15	66.22	70.24	74.21	78.13	82.00	85.82	93.32	100.62	104.20	107.72	114.63	121.33
	203		52.09	56.52	60.91	65.25	69.55	73.79	77.98	82.13	86.22	90.26	98.20	105.95	109.74	113.49	120.84	127.99
219(219.1)			56.43	61.26	66.04	70.78	75.46	80.10	84.69	89.23	93.71	98.15	106.88	115.42	119.61	123.75	131.89	139.83
		232	59.95	65.11	70.21	75.27	80.27	85.23	90.14	95.00	99.81	104.57	113.94	123.11	127.62	132.09	140.87	149.45
		245(244.5)	63.48	68.95	74.38	79.76	85.08	90.36	95.59	100.77	105.90	110.98	120.99	130.80	135.64	140.42	149.84	159.07
		267(267.4)	69.45	75.46	81.43	87.35	93.22	99.04	104.81	110.53	116.21	121.83	132.93	143.83	149.20	154.53	165.04	175.34

① 单位长度理论质量

（续）

外径/mm 系列1	系列2	系列3	壁厚/mm 单位长度理论质量①/(kg/m) 32	34	36	38	40	42	45	48	50	55	60	65
		83(82.5)												
	85													
	95													
102(101.6)														
		108												
114(114.3)			70.24											
	121		74.97											
	127													
	133		79.71	83.01	86.12									
140(139.7)			85.23	88.88	92.33									
		142(141.3)	86.81	90.56	94.11									
	146		89.97	93.91	97.66	101.21								
		152(152.4)	94.70	98.94	102.99	106.83	110.48							
		159	100.22	104.81	109.20	113.39	117.39	121.19	126.51					
168(168.3)			107.33	112.36	117.19	121.83	126.27	130.51	136.50					
		180(177.8)	116.80	122.42	127.85	133.07	138.10	142.94	149.82	156.26	160.30			
		194(193.7)	127.85	134.16	140.27	146.19	151.92	157.44	165.36	172.83	177.56			
	203		134.95	141.71	148.27	154.63	160.79	166.76	175.34	183.48	188.66	200.75		
219(219.1)			147.57	155.12	162.47	169.62	176.58	183.33	193.10	202.42	208.39	222.45		
		232	157.83	166.02	174.01	181.81	189.40	196.80	207.53	217.81	224.42	240.08	254.51	267.70
		245(244.5)	168.09	176.92	185.55	193.99	202.22	210.26	221.95	233.20	240.45	257.71	273.74	288.54
		267(267.4)	185.45	195.37	205.09	214.60	223.93	233.05	246.37	259.24	267.58	287.55	306.30	323.81

外径/mm ｜ 壁厚/mm

单位长度理论质量①/（kg/m）

系列1	系列2	系列3	3.5(3.6)	4.0	4.5	5.0	(5.4)5.5	6.0	(6.3)6.5	7.0(7.1)	7.5	8.0	8.5	(8.8)9.0	9.5	10	11
273									42.72	45.92	49.11	52.28	55.45	58.60	61.73	64.86	71.07
	299(298.5)										53.92	57.41	60.90	64.37	67.83	71.27	78.13
		302									54.47	58.00	61.52	65.03	68.53	72.01	78.94
		318.5									57.52	61.26	64.98	68.69	72.39	76.08	83.42
325(323.9)											58.73	62.54	66.35	70.14	73.92	77.68	85.18
	340(339.7)											65.50	69.49	73.47	77.43	81.38	89.25
	351											67.67	71.80	75.91	80.01	84.10	92.23
356(355.6)														77.02	81.18	85.33	93.59
		368												79.68	83.99	88.29	96.85
	377													81.68	86.10	90.51	99.29
	402													87.23	91.96	96.67	106.07
406(406.4)														88.12	92.89	97.66	107.15
		419												91.00	95.94	100.87	110.68
	426													92.55	97.58	102.59	112.58
	450													97.88	103.20	108.51	119.09
457														99.44	104.84	110.24	120.99
	473													102.99	108.59	114.18	125.33
	480													104.54	110.23	115.91	127.23
	500													108.98	114.92	120.84	132.65
508														110.76	116.79	122.81	134.82
	530													115.64	121.95	128.24	140.79
		560(559)												122.30	128.97	135.64	148.93
610														133.39	140.69	147.97	162.50

（续）

外径/mm			壁厚/mm 单位长度理论质量①/(kg/m)														
系列 1	系列 2	系列 3	12(12.5)	13	14(14.2)	15	16	17(17.5)	18	19	20	22(22.2)	24	25	26	28	30
273			77.24	88.36	89.42	95.44	101.41	107.33	113.20	119.02	124.79	136.18	147.38	152.90	158.38	169.18	179.78
	299(298.5)		84.93	91.69	98.40	105.06	111.67	118.23	124.74	131.20	137.61	150.29	162.77	168.93	175.05	187.13	199.02
		302	85.82	92.65	99.44	106.17	112.85	119.49	126.07	132.61	139.09	151.92	164.54	170.78	176.97	189.20	201.24
		318.5	90.71	97.94	105.13	112.27	119.36	126.40	133.39	140.34	147.23	160.87	174.31	180.95	187.55	200.60	213.45
325(323.9)			92.63	100.03	107.38	114.68	121.93	129.13	136.28	143.38	150.44	164.39	178.16	184.96	191.72	205.09	218.25
	340(339.7)		97.07	104.84	112.56	120.23	127.85	135.42	142.94	150.41	157.83	172.53	187.03	194.21	201.34	215.44	229.35
	351		100.32	108.36	116.35	124.29	132.19	140.03	147.82	155.57	163.26	178.50	193.54	200.99	208.39	223.04	237.49
356(355.6)			101.80	109.97	118.08	126.14	134.16	142.12	150.04	157.91	165.73	181.21	196.50	204.07	211.60	226.49	241.19
		368	105.35	113.81	122.22	130.58	138.89	147.16	155.37	163.53	171.64	187.72	203.61	211.47	219.29	234.78	250.07
	377		108.02	116.70	125.33	133.91	142.45	150.93	159.36	167.75	176.08	192.61	208.93	217.02	225.06	240.99	256.73
	402		115.42	124.71	133.96	143.16	152.31	161.41	170.46	179.46	188.41	206.17	223.73	232.44	241.09	258.26	275.22
406(406.4)			116.60	126.00	135.34	144.64	153.89	163.09	172.24	181.34	190.39	208.34	226.10	234.90	243.66	261.02	278.18
		419	120.45	130.16	139.83	149.45	159.02	168.54	178.01	187.43	196.80	215.39	233.79	242.92	251.99	269.99	287.80
	426		122.52	132.41	142.25	152.04	161.78	171.47	181.11	190.71	200.25	219.19	237.93	247.23	256.48	274.83	292.98
	450		129.62	140.10	150.53	160.92	171.25	181.53	191.77	201.95	212.09	232.21	252.14	262.03	271.87	291.40	310.74
457			131.69	142.35	152.95	163.51	174.01	184.47	194.88	205.23	215.54	236.01	256.28	266.34	276.36	296.23	315.91
	473		136.43	147.48	158.48	169.42	180.33	191.18	201.98	212.73	223.43	244.69	265.75	276.21	286.62	307.28	327.75
	480		138.50	149.72	160.89	172.01	183.09	194.11	205.09	216.01	226.89	248.49	269.90	280.53	291.11	312.12	332.93
	500		144.42	156.13	167.80	179.41	190.98	202.50	213.96	225.38	236.75	259.34	281.73	292.86	303.93	325.93	347.93
508			146.79	158.70	170.56	182.37	194.14	205.85	217.51	229.13	240.70	263.68	286.47	297.79	309.06	331.45	353.65
	530		153.30	165.75	178.16	190.51	202.82	215.07	227.28	239.44	251.55	275.62	299.49	311.35	323.17	346.64	369.92
		560(559)	162.17	175.37	188.51	201.61	214.65	227.65	240.60	253.50	266.34	291.89	317.25	329.85	342.40	367.36	392.12
610			176.97	191.40	205.78	220.10	234.38	248.61	262.79	276.92	291.01	319.02	346.84	360.68	374.46	401.88	429.11

（续）

外径/mm			壁厚/mm 单位长度理论质量[①]/(kg/m)														
系列1	系列2	系列3	32	34	36	38	40	42	45	48	50	55	60	65	70	75	80
273			190.19	200.40	210.41	220.23	229.85	239.27	253.03	266.34	274.98	295.69	315.17	333.42	350.44	366.22	380.77
	299(298.5)		210.71	222.20	233.50	244.59	255.49	266.20	281.88	297.12	307.04	330.96	353.65	375.10	395.32	414.31	432.07
		302	213.08	224.72	236.16	247.40	258.45	269.30	285.21	300.67	310.74	335.03	358.09	379.91	400.50	419.86	437.99
		318.5	226.10	238.55	250.81	262.87	274.73	286.39	303.52	320.21	331.08	357.41	382.50	406.36	428.99	450.38	470.54
325(323.9)			231.23	244.00	256.58	268.96	281.14	293.13	310.74	327.90	339.10	366.22	392.12	416.78	440.21	462.40	483.37
	340(339.7)		243.06	256.58	269.90	283.02	295.94	308.66	327.38	345.66	357.59	386.57	414.31	440.83	466.10	490.15	512.96
	351		251.75	265.80	279.66	293.32	306.79	320.16	339.59	358.68	371.16	401.49	430.59	458.46	485.09	510.49	534.66
356(355.6)			255.69	269.99	284.10	298.01	311.72	325.24	345.14	364.60	377.32	408.27	437.99	466.47	493.72	519.74	544.53
		368	265.16	280.06	294.75	309.26	323.56	337.67	358.46	378.80	392.12	424.55	455.75	485.71	514.44	541.94	568.20
	377		272.26	287.60	302.75	317.69	332.44	346.99	368.44	389.46	403.22	436.76	469.06	500.14	529.98	558.58	585.96
	402		291.99	308.57	324.94	341.12	357.10	372.88	396.19	419.05	434.04	470.67	506.06	540.21	573.13	604.82	635.28
406(406.4)			295.15	311.92	328.49	344.87	361.05	377.03	400.63	423.78	438.98	476.09	511.97	546.62	580.04	612.22	643.17
		419	305.41	322.82	340.03	357.05	373.87	390.49	415.05	439.17	455.01	493.72	531.21	567.46	602.48	636.27	668.82
	426		310.93	328.69	346.25	363.61	380.77	397.74	422.82	447.46	463.64	503.22	541.57	578.68	614.57	649.22	682.63
	450		329.87	348.81	367.56	386.10	404.45	422.60	449.46	475.87	493.23	535.77	577.08	617.16	656.00	693.61	729.98
457			335.40	354.68	373.77	392.66	411.35	429.85	457.23	484.16	501.86	545.27	587.44	628.38	668.08	706.55	743.79
	473		348.02	368.10	387.98	407.66	427.14	446.42	474.98	503.10	521.59	566.97	611.11	654.02	695.70	736.15	755.36
	480		353.55	373.97	394.19	414.22	434.04	453.67	482.75	511.38	530.22	576.46	621.47	665.25	707.79	749.09	789.17
	500		369.33	390.74	411.95	432.96	453.77	474.39	504.95	535.06	554.89	603.59	651.07	697.31	742.31	786.09	828.63
508			375.64	397.45	419.05	440.46	461.66	482.68	513.82	544.53	564.75	614.44	662.90	710.13	756.12	800.88	844.41
	530		393.01	415.89	438.58	461.07	483.37	505.46	538.24	570.57	591.88	644.28	695.46	745.40	794.10	841.58	887.82
		560(559)	416.68	441.06	465.22	489.19	512.96	536.54	571.53	606.08	628.87	684.97	739.85	793.49	845.89	897.06	947.00
610			456.14	482.97	509.61	536.04	562.28	588.33	627.02	665.27	690.52	752.79	813.83	873.64	932.21	989.55	1045.65

（续）

外径/mm			壁厚/mm					
			单位长度理论质量[①]/(kg/m)					
系列 1	系列 2	系列 3	85	90	95	100	110	120
273			394.09					
	299(298.5)		448.59	463.88	477.94	490.77		
		302	454.88	470.54	484.97	498.16		
		318.5	489.47	507.16	523.63	538.86		
325(323.9)			503.10	521.59	538.86	554.89		
	340(339.7)		534.54	554.89	574.00	591.88		
	351		557.60	579.30	599.77	619.01		
356(355.6)			568.08	590.40	611.48	631.34		
		368	593.23	617.03	639.60	660.93		
	377		612.10	637.01	660.68	683.13		
	402		664.51	692.50	719.25	744.78		
406(406.4)			672.89	701.37	728.63	754.64		
		419	700.14	730.23	759.08	786.70		
	426		714.82	745.77	775.48	803.97		
	450		765.12	799.03	831.71	863.15		
457			779.80	814.57	848.11	880.42		
	473		813.34	850.08	885.60	919.88		
	480		828.01	865.62	902.00	937.14		
	500		869.94	910.01	948.85	986.46	1057.98	
508			886.71	927.77	967.60	1006.19	1079.68	
	530		932.82	976.60	1019.14	1060.45	1139.36	1213.35
		560(559)	995.71	1043.18	1089.42	1134.43	1220.75	1302.13
610			1100.52	1154.16	1206.57	1257.74	1356.39	1450.10

（续）

壁厚/mm　单位长度理论质量①/(kg/m)

系列1	系列2	系列3	9	9.5	10	11	12(12.5)	13	14(14.2)	15	16	17(17.5)	18	19	20	22(22.2)
	630		137.83	145.37	152.90	167.92	182.89	197.81	212.68	227.50	242.28	257.00	271.67	286.30	300.87	329.87
		660	144.49	152.40	160.30	176.06	191.77	207.43	223.04	238.60	254.11	269.58	284.99	300.35	315.67	346.15
		699					203.31	219.93	236.50	253.03	269.50	285.93	302.30	318.63	334.90	367.31
711							206.86	223.78	240.65	257.47	274.24	290.96	307.63	324.25	340.82	373.82
	720						209.52	226.66	243.75	260.80	277.79	294.73	311.62	328.47	345.26	378.70
	762														365.98	401.49
		788.5													379.05	415.87
813															391.13	429.16
		864													416.29	456.83
914																
		965														
1016																

壁厚/mm　单位长度理论质量①/(kg/m)

系列1	系列2	系列3	24	25	26	28	30	32	34	36	38	40	42	45	48
	630		358.68	373.01	387.29	415.70	443.91	471.92	499.74	527.36	554.79	582.01	609.04	649.22	688.95
		660	376.43	391.50	406.52	436.41	466.10	495.60	524.90	554.00	582.90	611.61	640.12	682.51	724.46
		699	399.52	415.55	431.53	463.34	494.96	526.38	557.60	588.62	619.45	650.08	680.51	725.79	770.62
711			406.62	422.95	439.22	471.63	503.84	535.85	567.66	599.28	630.69	661.92	692.94	739.11	784.83
	720		411.95	428.49	444.99	477.84	510.49	542.95	575.21	607.27	639.13	670.79	702.26	749.09	795.48
	762		436.81	454.39	471.92	506.84	541.57	576.09	610.42	644.55	678.49	712.23	745.77	795.71	845.20
		788.5	452.49	470.73	488.92	525.14	561.17	597.01	632.64	668.08	703.32	738.37	773.21	825.11	876.57
813			466.99	485.83	504.62	542.06	579.30	616.34	653.18	689.83	726.28	762.54	798.59	852.30	905.57
		864	497.18	517.28	537.33	577.28	617.03	656.59	695.95	735.11	774.08	812.85	851.42	908.90	965.94

（续）

外径/mm 系列1	外径/mm 系列2	外径/mm 系列3	壁厚/mm 单位长度理论质量①/(kg/m)													
			24	25	26	28	30	32	34	36	38	40	42	45	48
914				548.10	569.39	611.80	654.02	696.05	737.87	779.50	820.93	862.17	903.20	964.39	1025.13
	965			579.55	602.09	647.02	691.76	736.30	780.64	824.78	868.73	912.48	956.03	1020.99	1085.50
1016				610.99	634.79	682.24	729.49	776.54	823.40	870.06	916.52	962.79	1008.86	1077.59	1145.87

外径/mm 系列1	外径/mm 系列2	外径/mm 系列3	壁厚/mm 单位长度理论质量①/(kg/m)													
			50	55	60	65	70	75	80	85	90	95	100	110	120
	630		715.19	779.92	843.43	905.70	966.73	1026.54	1085.11	1142.45	1198.55	1253.42	1307.06	1410.64	1509.29
		660	752.18	820.61	887.82	953.79	1018.52	1082.03	1144.30	1205.33	1265.14	1323.71	1381.05	1492.02	1598.07
		699	800.27	873.51	945.52	1016.30	1085.85	1154.16	1221.24	1287.09	1351.70	1415.08	1477.23	1597.82	1713.49
711			815.06	889.79	963.28	1035.54	1106.56	1176.36	1244.92	1312.24	1378.33	1443.19	1506.82	1630.38	1749.00
	720		826.16	902.00	976.60	1049.97	1122.10	1193.00	1262.67	1331.11	1398.31	1464.28	1529.02	1654.79	1775.63
	762		877.95	958.96	1038.74	1117.29	1194.61	1270.69	1345.53	1419.15	1491.53	1562.68	1632.60	1768.73	1899.93
		788.5	910.63	994.91	1077.96	1159.77	1240.35	1319.70	1397.82	1474.70	1550.35	1624.77	1697.95	1840.62	1978.35
813			940.84	1028.14	1114.21	1199.05	1282.65	1365.02	1446.15	1526.06	1604.73	1682.17	1758.37	1907.08	2050.86
		864	1003.73	1097.32	1189.67	1280.80	1370.69	1459.35	1546.77	1632.97	1717.92	1801.65	1884.14	2045.43	2201.78
914			1065.38	1165.14	1263.66	1360.95	1457.00	1551.83	1645.42	1737.78	1828.90	1918.79	2007.45	2181.07	2349.75
		965	1128.27	1234.31	1339.12	1442.70	1545.05	1646.16	1746.04	1844.68	1942.10	2038.28	2133.22	2319.42	2500.68
1016			1191.15	1303.49	1414.59	1524.45	1633.09	1740.49	1846.66	1951.59	2055.29	2157.76	2259.00	2457.77	2651.61

注：1. 括号内尺寸为相应的 ISO 4200 的规格。
2. 普通钢管的外径分为三个系列：系列 1 是通用系列，属推荐选用系列；系列 2 是非通用系列；系列 3 是少数特殊、专用系列。
① 钢管的理论质量 W 按公式 $W=\pi\rho(D-S)S/1000$ 计算。式中，钢的密度 ρ 为 $7.85\,kg/dm^3$；D 为钢管的公称外径（mm）；S 为钢管的公称壁厚（mm）。后同。

2) 精密钢管的外径、壁厚及理论质量见表 2-282。

表 2-282　精密钢管的外径、壁厚及理论质量

外径/mm 系列2	系列3	壁厚/mm 单位长度理论质量[①]/(kg/m)																			
		0.5	(0.8)	1.0	(1.2)	1.5	(1.8)	2.0	(2.2)	2.5	(2.8)	3.0	(3.5)	4	(4.5)	5	(5.5)	6	(7)	8	(9)	10
4		0.043	0.063	0.074	0.083																	
5		0.055	0.083	0.099	0.112																	
6		0.068	0.103	0.123	0.142	0.166	0.186	0.197														
8		0.092	0.142	0.173	0.201	0.240	0.275	0.296	0.315	0.339												
10		0.117	0.182	0.222	0.260	0.314	0.364	0.395	0.423	0.462												
12		0.142	0.221	0.271	0.320	0.388	0.453	0.493	0.532	0.586	0.635	0.666										
12.7		0.150	0.235	0.289	0.340	0.414	0.484	0.528	0.570	0.629	0.684	0.718										
	14	0.166	0.260	0.321	0.379	0.462	0.542	0.592	0.640	0.709	0.773	0.814	0.906									
16		0.191	0.300	0.370	0.438	0.536	0.630	0.691	0.749	0.832	0.911	0.962	1.08	1.18								
18		0.216	0.339	0.419	0.497	0.610	0.719	0.789	0.857	0.956	1.05	1.11	1.25	1.38	1.50							
20		0.240	0.379	0.469	0.556	0.684	0.808	0.888	0.966	1.08	1.19	1.26	1.42	1.58	1.72	1.85						
	22	0.265	0.418	0.518	0.616	0.758	0.897	0.986	1.07	1.20	1.33	1.41	1.60	1.78	1.94	2.10						
25		0.302	0.477	0.592	0.704	0.869	1.03	1.13	1.24	1.39	1.53	1.63	1.86	2.07	2.28	2.47	2.64	2.81				
28		0.339	0.537	0.666	0.793	0.980	1.16	1.28	1.40	1.57	1.74	1.85	2.11	2.37	2.61	2.84	3.05	3.26	3.63	3.95		
30		0.364	0.576	0.715	0.852	1.05	1.25	1.38	1.51	1.70	1.88	2.00	2.29	2.56	2.83	3.08	3.32	3.55	3.97	4.34		
32		0.388	0.616	0.765	0.911	1.13	1.34	1.48	1.62	1.82	2.02	2.15	2.46	2.76	3.05	3.33	3.59	3.85	4.32	4.74		
35		0.425	0.675	0.838	1.00	1.24	1.47	1.63	1.78	2.00	2.22	2.37	2.72	3.06	3.38	3.70	4.00	4.29	4.83	5.33		
38		0.462	0.734	0.912	1.09	1.35	1.61	1.78	1.94	2.19	2.43	2.59	2.98	3.35	3.72	4.07	4.41	4.74	5.35	5.92	6.44	6.91
40		0.487	0.773	0.962	1.15	1.42	1.70	1.87	2.05	2.31	2.57	2.74	3.15	3.55	3.94	4.32	4.68	5.03	5.70	6.31	6.88	7.40
42			0.813	1.01	1.21	1.50	1.78	1.97	2.16	2.44	2.71	2.89	3.32	3.75	4.16	4.56	4.95	5.33	6.04	6.71	7.32	7.89

（续）

单位长度理论质量①/（kg/m）

外径/mm		壁厚/mm																	
系列2	系列3	(0.8)	1.0	(1.2)	1.5	(1.8)	2.0	(2.2)	2.5	(2.8)	3.0	(3.5)	4	(4.5)	5	(5.5)	6	(7)	8
	45	0.872	1.09	1.30	1.61	1.92	2.12	2.32	2.62	2.91	3.11	3.58	4.04	4.49	4.93	5.36	5.77	6.56	7.30
48		0.931	1.16	1.38	1.72	2.05	2.27	2.48	2.81	3.12	3.33	3.84	4.34	4.83	5.30	5.76	6.21	7.08	7.89
50		0.971	1.21	1.44	1.79	2.14	2.37	2.59	2.93	3.26	3.48	4.01	4.54	5.05	5.55	6.04	6.51	7.42	8.29
	55	1.07	1.33	1.59	1.98	2.36	2.61	2.86	3.24	3.60	3.85	4.45	5.03	5.60	6.17	6.71	7.25	8.29	9.27
60		1.17	1.46	1.74	2.16	2.58	2.86	3.14	3.55	3.95	4.22	4.88	5.52	6.16	6.78	7.39	7.99	9.15	10.26
63		1.23	1.53	1.83	2.28	2.72	3.01	3.30	3.73	4.16	4.44	5.14	5.82	6.49	7.15	7.80	8.43	9.67	10.85
70		1.37	1.70	2.04	2.53	3.03	3.35	3.68	4.16	4.64	4.96	5.74	6.51	7.27	8.02	8.75	9.47	10.88	12.23
76		1.48	1.85	2.21	2.76	3.29	3.65	4.00	4.53	5.05	5.40	6.26	7.10	7.93	8.75	9.56	10.36	11.91	13.42
80		1.56	1.95	2.33	2.90	3.47	3.85	4.22	4.78	5.33	5.70	6.60	7.50	8.38	9.25	10.11	10.95	12.60	14.21
	90				3.27	3.92	4.34	4.76	5.39	6.02	6.44	7.47	8.48	9.49	10.48	11.46	12.43	14.33	16.18
100				2.63	3.64	4.36	4.83	5.31	6.01	6.71	7.18	8.33	9.47	10.60	11.71	12.82	13.91	16.05	18.15
	110			2.92	4.01	4.80	5.33	5.85	6.63	7.40	7.92	9.19	10.46	11.71	12.95	14.17	15.39	17.78	20.12
120				3.22		5.25	5.82	6.39	7.24	8.09	8.66	10.06	11.44	12.82	14.18	15.53	16.87	19.51	22.10
130						5.69	6.31	6.93	7.86	8.78	9.40	10.92	12.43	13.93	15.41	16.89	18.35	21.23	24.07
	140					6.13	6.81	7.48	8.48	9.47	10.14	11.78	13.42	15.04	16.65	18.24	19.83	22.96	26.04
150						6.58	7.30	8.02	9.09	10.16	10.88	12.65	14.40	16.15	17.88	19.60	21.31	24.69	28.02
160						7.02	7.79	8.56	9.71	10.86	11.62	13.51	15.39	17.26	19.11	20.96	22.79	26.41	29.99
170												14.37	16.38	18.37	20.35	22.31	24.27	28.14	31.96
	180														21.58	23.67	25.75	29.87	33.93
190															25.03	27.23	31.59	35.91
200																28.71	33.32	37.88
	220																	36.77	41.83

（续）

壁厚/mm　单位长度理论质量①/(kg/m)

外径/mm 系列2	外径/mm 系列3	(5.5)	(9)	10	(11)	12.5	(14)	16	(18)	20	(22)	25
	45		7.99	8.63	9.22	10.02						
48			8.66	9.37	10.04	10.94						
50			9.10	9.86	10.58	11.56						
	55		10.21	11.10	11.94	13.10	14.16					
60			11.32	12.33	13.29	14.64	15.88	17.36				
63			11.99	13.07	14.11	15.57	16.92	18.55				
70			13.54	14.80	16.01	17.73	19.33	21.31				
76			14.87	16.28	17.63	19.58	21.41	23.68				
80			15.76	17.26	18.72	20.81	22.79	25.25	27.52			
	90		17.98	19.73	21.43	23.89	26.24	29.20	31.96	34.53	36.89	
100			20.20	22.20	24.14	26.97	29.69	33.15	36.40	39.46	42.32	46.24
	110		22.42	24.66	26.86	30.06	33.15	37.09	40.84	44.39	47.74	52.41
120			24.64	27.13	29.57	33.14	36.60	41.04	45.28	49.32	53.17	58.57
130			26.86	29.59	32.28	36.22	40.05	44.98	49.72	54.26	58.60	64.74
	140		29.08	32.06	34.99	39.30	43.50	48.93	54.16	59.19	64.02	70.90
150			31.30	34.53	37.71	42.39	46.96	52.87	58.60	64.12	69.45	77.07
160			33.52	36.99	40.42	45.47	50.41	56.82	63.03	69.05	74.87	83.23
170			35.73	39.46	43.13	48.55	53.86	60.77	67.47	73.98	80.30	89.40
	180		37.95	41.92	45.85	51.64	57.31	64.71	71.91	78.92	85.72	95.56
190			40.17	44.39	48.56	54.72	60.77	68.66	76.35	83.85	91.15	101.73
200			42.39	46.86	51.27	57.80	64.22	72.60	80.79	88.78	96.57	107.89
	220		46.83	51.79	56.70	63.97	71.12	80.50	89.67	98.65	107.43	120.23

壁厚/mm　单位长度理论质量①/(kg/m)

外径/mm 系列2	外径/mm 系列3	6	(7)	8	9	10	(11)	12.5	(14)	16	(18)	20	(22)	25
	240		40.22	45.77	51.27	56.72	62.12	70.13	78.03	88.39	98.55	108.51	118.28	132.56
	260		43.68	49.72	55.71	61.65	67.55	76.30	84.93	96.28	107.43	118.38	129.13	144.89

注：1. 括号内尺寸不推荐使用。
2. 精密钢管的外径的密度按钢的密度为7.85kg/dm³计算。
① 理论重量按钢的密度为7.85kg/dm³计算。

3）不锈钢管的外径和壁厚见表 2-283。

表 2-283　不锈钢管的外径和壁厚

外径/mm			壁厚/mm													
系列 1	系列 2	系列 3	0.5	0.6	0.7	0.8	0.9	1.0	1.2	1.4	1.5	1.6	2.0	2.2(2.3)	2.5(2.6)	2.8(2.9)
	6		•	•	•	•	•	•	•							
	7		•	•	•	•	•	•	•							
	8		•	•	•	•	•	•	•							
	9		•	•	•	•	•	•	•							
10(10.2)			•	•	•	•	•	•	•	•	•	•	•			
	12		•	•	•	•	•	•	•	•	•	•	•	•	•	•
	12.7		•	•	•	•	•	•	•	•	•	•	•	•	•	•
13(13.5)		14	•	•	•	•	•	•	•	•	•	•	•	•	•	•
	16		•	•	•	•	•	•	•	•	•	•	•	•	•	•
17(17.2)		18	•	•	•	•	•	•	•	•	•	•	•	•	•	•
	19		•	•	•	•	•	•	•	•	•	•	•	•	•	•
	20		•	•	•	•	•	•	•	•	•	•	•	•	•	•
21(21.3)		22	•	•	•	•	•	•	•	•	•	•	•	•	•	•
	24				•	•	•	•	•	•	•	•	•	•	•	•
	25	25.4			•	•	•	•	•	•	•	•	•	•	•	•
27(26.9)		30						•	•	•	•	•	•	•	•	•
32(31.8)								•	•					•	•	•

265

（续）

外径/mm			壁厚/mm											
系列1	系列2	系列3	3.0	3.2	3.5(3.6)	4.0	4.5	5.0	5.5(5.6)	6.0	(6.3)6.5	7.0(7.1)	7.5	8.0
	6													
	7													
	8													
	9													
10(10.2)														
	12													
	12.7		•	•										
13(13.5)			•	•										
		14	•	•										
	16		•	•	•									
17(17.2)			•	•	•	•								
		18	•	•	•	•	•							
	19		•	•	•	•	•							
	20		•	•	•	•	•							
21(21.3)			•	•	•	•	•	•						
		22	•	•	•	•	•	•						
	24		•	•	•	•	•	•						
	25		•	•	•	•	•	•	•	•				
		25.4	•	•	•	•	•	•	•	•				
27(26.9)			•	•	•	•	•	•	•	•				
		30	•	•	•	•	•	•	•	•	•			
32(31.8)			•	•	•	•	•	•	•	•	•			

（续）

外径/mm			壁厚/mm														
系列 1	系列 2	系列 3	1.0	1.2	1.4	1.5	1.6	2.0	2.2(2.3)	2.5(2.6)	2.8(2.9)	3.0	3.2	3.5(3.6)	4.0	4.5	5.0
34(33.7)			●	●	●	●	●	●	●	●	●	●	●	●	●	●	●
		35	●	●	●	●	●	●	●	●	●	●	●	●	●	●	●
	38		●	●	●	●	●	●	●	●	●	●	●	●	●	●	●
	40		●	●	●	●	●	●	●	●	●	●	●	●	●	●	●
42(42.4)			●	●	●	●	●	●	●	●	●	●	●	●	●	●	●
		45(44.5)	●	●		●	●	●	●	●	●	●	●	●	●	●	●
48(48.3)			●			●	●	●	●	●	●	●	●	●	●	●	●
	51					●	●	●	●	●	●	●	●	●	●	●	●
		54				●	●	●	●	●	●	●	●	●	●	●	●
	57						●	●	●	●	●	●	●	●	●	●	●
60(60.3)							●	●	●	●	●	●	●	●	●	●	●
	64(63.5)						●	●	●	●	●	●	●	●	●	●	●
	68						●	●	●	●	●	●	●	●	●	●	●
	70						●	●	●	●	●	●	●	●	●	●	●
	73						●	●	●	●	●	●	●	●	●	●	●
76(76.1)							●	●	●	●	●	●	●	●	●	●	●
		83(82.5)					●	●	●	●	●	●	●	●	●	●	●
89(88.9)							●	●	●	●	●	●	●	●	●	●	●
	95							●	●	●	●	●	●	●	●	●	●
	102(101.6)							●	●	●	●	●	●	●	●	●	●
	108							●	●	●	●	●	●	●	●	●	●
114(114.3)							●	●	●	●	●	●	●	●	●	●	●

（续）

壁厚/mm

外径/mm			壁厚/mm												
系列1	系列2	系列3	5.5(5.6)	6.0	(6.3)6.5	7.0(7.1)	7.5	8.0	8.5	(8.8)9.0	9.5	10	11	12(12.5)	14(14.2)
34(33.7)			●	●	●										
		35	●	●	●										
	38		●	●	●										
	40		●	●	●										
42(42.4)			●	●	●	●	●	●							
		45(44.5)	●	●	●	●	●	●	●						
48(48.3)			●	●	●	●	●	●	●						
	51		●	●	●	●	●	●	●	●	●				
		54	●	●	●	●	●	●	●	●	●				
	57		●	●	●	●	●	●	●	●	●	●			
60(60.3)			●	●	●	●	●	●	●	●	●	●			
	64(63.5)		●	●	●	●	●	●	●	●	●	●			
	68		●	●	●	●	●	●	●	●	●	●	●	●	
	70		●	●	●	●	●	●	●	●	●	●	●	●	
	73		●	●	●	●	●	●	●	●	●	●	●	●	
76(76.1)			●	●	●	●	●	●	●	●	●	●	●	●	
		83(82.5)	●	●	●	●	●	●	●	●	●	●	●	●	●
89(88.9)			●	●	●	●	●	●	●	●	●	●	●	●	●
	95		●	●	●	●	●	●	●	●	●	●	●	●	●
	102(101.6)		●	●	●	●	●	●	●	●	●	●	●	●	●
	108		●	●	●	●	●	●	●	●	●	●	●	●	●
114(114.3)			●	●	●	●	●	●	●	●	●	●	●	●	●

（续）

外径/mm			壁厚/mm												
系列 1	系列 2	系列 3	1.6	2.0	2.2(2.3)	2.5(2.6)	2.8(2.9)	3.0	3.2	3.5(3.6)	4.0	4.5	5.0	5.5(5.6)	6.0
	127		•	•	•	•	•	•	•	•	•	•	•	•	•
	133		•	•	•	•	•	•	•	•	•	•	•	•	•
140(139.7)					•	•	•	•	•	•	•	•	•	•	•
	146		•	•	•	•	•	•	•	•	•	•	•	•	•
	152		•	•	•	•	•	•	•	•	•	•	•	•	•
	159		•	•	•	•	•	•	•	•	•	•	•	•	•
168(168.3)					•	•	•	•	•	•	•	•	•	•	•
	180			•	•	•	•	•	•	•	•	•	•	•	•
	194			•	•	•	•	•	•	•	•	•	•	•	
219(219.1)					•	•	•	•	•	•	•	•	•	•	
	245			•	•	•	•	•	•	•	•	•	•	•	
273						•	•	•	•	•	•	•	•	•	
325(323.9)						•	•	•	•	•	•	•	•	•	
	351					•	•	•	•	•	•	•	•	•	
356(323.6)						•	•	•	•	•	•	•	•	•	
	377						•	•	•	•	•	•	•	•	
406(406.4)								•	•	•	•	•	•	•	•
	426											•	•	•	•

（续）

外径/mm			壁厚/mm									
系列 1	系列 2	系列 3	(6.3)6.5	7.0(7.1)	7.5	8.0	8.5	(8.8)9.0	9.5	10	11	12(12.5)
	127		•	•	•	•	•	•	•	•	•	•
	133		•	•	•	•	•	•	•	•	•	•
140(139.7)			•	•	•	•	•	•	•	•	•	•
	146		•	•	•	•	•	•	•	•	•	•
	152		•	•	•	•	•	•	•	•	•	•
	159		•	•	•	•	•	•	•	•	•	•
168(168.3)			•	•	•	•	•	•	•	•	•	•
	180		•	•	•	•	•	•	•	•	•	•
	194		•	•	•	•	•	•	•	•	•	•
219(219.1)			•	•	•	•	•	•	•	•	•	•
	245		•	•	•	•	•	•	•	•	•	•
273			•	•	•	•	•	•	•	•	•	•
325(323.9)			•	•	•	•	•	•	•	•	•	•
	351		•	•	•	•	•	•	•	•	•	•
356(355.6)			•	•	•	•	•	•	•	•	•	•
	377		•	•	•	•	•	•	•	•	•	•
406(406.4)			•	•	•	•	•	•	•	•	•	•
	426		•	•	•	•	•	•	•	•	•	•

（续）

外径/mm			壁厚/mm										
系列 1	系列 2	系列 3	14(14.2)	15	16	17(17.5)	18	20	22(22.2)	24	25	26	28
	127		•	•	•								
	133		•	•	•								
140(139.7)			•	•	•								
	146		•	•	•								
	152		•	•	•								
	159		•	•	•								
168(168.3)			•	•	•	•	•						
	180		•	•	•	•	•						
	194		•	•	•	•	•						
219(219.1)			•	•	•	•	•	•	•	•	•	•	•
	245		•	•	•	•	•	•	•	•	•	•	•
273			•	•	•	•	•	•	•	•	•	•	•
325(323.9)			•	•	•	•	•	•	•	•	•	•	•
	351		•	•	•	•	•	•	•	•	•	•	•
356(355.6)			•	•	•	•	•	•	•	•	•	•	•
	377		•	•	•	•	•	•	•	•	•	•	•
406(406.4)			•	•	•	•	•	•	•	•	•	•	•
	426		•	•	•	•	•	•					

注：1. 括号内尺寸为相应的英制单位。
　　2. "•" 表示常用规格。
　　3. 不锈钢管的外径分为系列 1、系列 2 和系列 3，系列 1 是通用系列，属推荐选用系列；系列 2 是非通用系列；系列 3 是少数特殊、专用系列。

3.4.2 结构用无缝钢管（摘自 GB/T 8162—2008）

（1）优质碳素结构钢、低合金高强度结构钢和牌号为 Q235、Q275 的无缝钢管的力学性能（见表 2-284）

表 2-284　优质碳素结构钢、低合金高强度结构钢和牌号为
Q235、Q275 的无缝钢管的力学性能

牌号	质量等级	抗拉强度 R_m/MPa	下屈服强度 $R_{eL}^①$/MPa 壁厚/mm			断后伸长率 A(%)	冲击试验	
			≤16	>16~30	>30		温度/℃	吸收能量 KV_2/J
			≥					≥
10	—	≥335	205	195	185	24	—	—
15	—	≥375	225	215	205	22	—	—
20	—	≥410	245	235	225	20	—	—
25	—	≥450	275	265	255	18	—	—
35	—	≥510	305	295	285	17	—	—
45	—	≥590	335	325	315	14	—	—
20Mn	—	≥450	275	265	255	20	—	—
25Mn	—	≥490	295	285	275	18	—	—
Q235	A	375~500	235	225	215	25	—	
	B						+20	27
	C						0	
	D						−20	
Q275	A	415~540	275	265	255	22	—	
	B						+20	27
	C						0	
	D						−20	
Q295	A	390~570	295	275	255	22	—	34
	B						+20	
Q345	A	470~630	345	325	295	20	—	34
	B						+20	
	C						0	
	D					21	−20	
	E						−40	27
Q390	A	490~650	390	370	350	18	—	34
	B						+20	
	C						0	
	D					19	−20	
	E						−40	27
Q420	A	520~680	420	400	380	18	—	34
	B						+20	
	C						0	
	D					19	−20	
	E						−40	27
Q460	C	550~720	460	440	420	17	0	34
	D						−20	
	E						−40	27

① 拉伸试验时，如不能测定屈服强度，可测定规定塑性延伸强度 $R_{p0.2}$ 代替 R_{eL}。

（2）合金钢无缝钢管的力学性能（见表 2-285）

表 2-285　合金钢无缝钢管的力学性能

序号	牌号	推荐的热处理制度[1]					拉伸性能			钢管退火或高温回火交货状态布氏硬度 HBW
		淬火（正火）			回火		抗拉强度 R_m/MPa	下屈服强度[6] R_{eL}/MPa	断后伸长率 A(%)	
		温度/℃		冷却剂	温度/℃	冷却剂				
		第一次	第二次				≥			≤
1	40Mn2	840	—	水、油	540	水、油	885	735	12	217
2	45Mn2	840	—	水、油	550	水、油	885	735	10	217
3	27SiMn	920	—	水	450	水、油	980	835	12	217
4	40MnB[2]	850	—	油	500	水、油	980	785	10	207
5	45MnB[2]	840	—	油	500	水、油	1030	835	9	217
6	20Mn2B[2][5]	880	—	油	200	水、空	980	785	10	187
7	20Cr[3][5]	880	800	水、油	200	水、空	835	540	10	179
							785	490	10	179
8	30Cr	860	—	油	500	水、油	885	685	11	187
9	35Cr	860	—	油	500	水、油	930	735	11	207
10	40Cr	850	—	油	520	水、油	980	785	9	207
11	45Cr	840	—	油	520	水、油	1030	835	9	217
12	50Cr	830	—	油	520	水、油	1080	930	9	229
13	38CrSi	900	—	油	600	水、油	980	835	12	255
14	12CrMo	900	—	空	650	空	410	265	24	179
15	15CrMo	900	—	空	650	空	440	295	22	179
16	20CrMo[3][5]	880	—	水、油	500	水、油	885	685	11	197
							845	635	12	197
17	35CrMo	850	—	油	550	水、油	980	835	12	229
18	42CrMo	850	—	油	560	水、油	1080	930	12	217
19	12CrMoV	970	—	空	750	空	440	225	22	241
20	12Cr1MoV	970	—	空	750	空	490	245	22	179
21	38CrMoAl[3]	940	—	水、油	640	水、油	980	835	12	229
							930	785	14	229
22	50CrVA	860	—	油	500	水、油	1275	1130	10	255
23	20CrMn	850	—	油	200	水、空	930	735	10	187
24	20CrMnSi[5]	880	—	油	480	水、油	785	635	12	207
25	30CrMnSi[3][5]	880	—	油	520	水、油	1080	885	8	229
							980	835	10	229
26	35CrMnSiA[5]	880	—	油	230	水、空	1620	—	9	229
27	20CrMnTi[4][5]	880	870	油	200	水、空	1080	835	10	217
28	30CrMnTi[4][5]	880	850	油	200	水、空	1470	—	9	229
29	12CrNi2	860	780	水、油	200	水、空	785	590	12	207
30	12CrNi3	860	780	油	200	水、空	930	685	11	217
31	12Cr2Ni4	860	780	油	200	水、空	1080	835	10	269
32	40CrNiMoA	850	—	油	600	水、油	980	835	12	269
33	45CrNiMoVA	860	—	油	460	油	1470	1325	7	269

① 表中所列热处理温度允许调整范围：淬火±20℃，低温回火±30℃，高温回火±50℃。
② 含硼钢在淬火前可先正火，正火温度应不高于其淬火温度。
③ 按需方指定的一组数据交货；当需方未指定时，可按其中任一组数据交货。
④ 含铬锰钛钢第一次淬火可用正火代替。
⑤ 于 280℃ ~320℃ 等温淬火。
⑥ 拉伸试验时，如不能测定屈服强度，可测定规定塑性延伸强度 $R_{p0.2}$ 代替 R_{eL}。

（3）尺寸

钢管的外径和壁厚应符合 GB/T 17395 的规定。根据需方要求，经供需双方协商，可供应其他外径和壁厚的钢管。

钢管的长度应符合下列规定：

1）钢管的通常长度为 3000～12500mm。

2）根据需方要求，经供需双方协商，并在合同中注明，钢管可按范围长度交货。范围长度应在通常长度范围内。

3）根据需方要求，经供需双方协商，并在合同中注明，钢管可按定尺长度或倍尺长度交货。钢管的定尺长度应在通常长度范围内。

3.4.3 冷拔或冷轧精密无缝钢管（摘自 GB/T 3639—2009）

（1）分类及代号

冷拔或冷轧精密无缝钢管按交货状态分为五类，其类别及代号见表 2-286。

表 2-286 冷拔或冷轧精密无缝钢管按交货状态分类的类别及代号

类别（按交货状态分类）	代 号	说 明
冷加工/硬	+C	最后冷加工之后钢管不进行热处理
冷加工/软	+LC	最后热处理之后进行适当的冷加工
冷加工后消除应力退火	+SR	最后冷加工后，钢管在控制气氛中进行去应力退火
退火	+A	最后冷加工之后，钢管在控制气氛中进行完全退火
正火	+N	最后冷加工之后，钢管在控制气氛中进行正火

（2）力学性能（见表 2-287）

表 2-287 交货状态冷拔或冷轧精密无缝钢管的室温纵向力学性能

牌号	交货状态											
	+C[1]		+LC[1]		+SR			+A[2]		+N		
	$R_m/$ MPa	A (%)	$R_m/$ MPa	A (%)	$R_m/$ MPa	$R_{eH}/$ MPa	A (%)	$R_m/$ MPa	A (%)	$R_m/$ MPa	$R_{eH}[3]/$ MPa	A (%)
	≥											
10	430	8	380	10	400	300	16	335	24	320～450	215	27
20	550	5	520	8	520	375	12	390	21	440～570	255	21
35	590	5	550	7	—	—	—	510	17	≥460	280	21
45	645	4	630	6	—	—	—	590	14	≥540	340	18
Q345B	640	4	580	7	580	450	10	450	22	490～630	355	22

① 受冷加工变形程度的影响，屈服强度非常接近抗拉强度，因此，推荐按下列关系式计算：
——+C 状态：$R_{eH} \geq 0.8R_m$ ； ——+LC 状态：$R_{eH} \geq 0.7R_m$。

② 推荐按下列关系式计算：$R_{eH} \geq 0.5R_m$。

③ 对外径不大于 30mm 且壁厚不大于 3mm 的钢管，其最小上屈服强度可降低 10MPa。

3.4.4 冷拔异型钢管（摘自 GB/T 3094—2012）

（1）分类及代号（见表 2-288）

表 2-228　冷拔异型钢管的分类及代号

分　类	代　号	分　类	代　号
方形钢管	D-1	平椭圆形钢管	D-4
矩形钢管	D-2	内外六角形钢管	D-5
椭圆形钢管	D-3	直角梯形钢管	D-6

（2）力学性能（见表 2-289）

表 2-289　以热处理状态交货的冷拔异型钢管的纵向力学性能

序号	牌号	质量等级	抗拉强度 R_m/MPa	下屈服强度 R_{eL}/MPa	断后伸长率 A(%)	冲击试验	
						温度/℃	吸收能量 KV_2/J
			≥				≥
1	10	—	335	205	24	—	—
2	20	—	410	245	20	—	—
3	35	—	510	305	17	—	—
4	45	—	590	335	14	—	—
5	Q195	—	315~430	195	33	—	—
6	Q215	A	335~450	215	30	—	—
		B				+20	27
7	Q235	A	370~500	235	25	—	—
		B				+20	27
		C				0	
		D				-20	
8	Q345	A	470~630	345	20	—	—
		B				+20	34
		C				0	
		D			21	-20	
		E				-40	27
9	Q390	A	490~650	390	18	—	—
		B				+20	34
		C				0	
		D			19	-20	
		E				-40	27

注：1. 冷拔状态交货的钢管，不作力学性能试验。当钢管以热处理状态交货时，钢管的纵向力学性能应符合上表的规定；合金结构钢钢管的纵向力学性能应符合 GB/T 3077《合金结构钢》的规定。

2. 以热处理状态交货的 Q195、Q215、Q235、Q345 和 Q390 钢管，当周长不小于 240mm 且壁厚不小于 10mm 时，应进行冲击试验，其夏比 V 型缺口冲击吸收能量（KV_2）应符合表 2-379 中的规定。冲击试样宽度应为 10mm、7.5mm 或 5mm 中尽可能的较大尺寸；如无法截取宽度为 5mm 的试样时，可不进行冲击试验。

3. 对周长不小于 240mm 且壁厚不小于 10mm 的合金结构钢钢管，其标准试样冲击吸收能量应符合 GB/T 3077 的规定。

4. 冷拔焊接钢管的力学性能试验取样位置应位于母材区域。

（3）钢管的外形、尺寸、理论质量和物理参数（见表 2-290~表 2-295）

表 2-290 方形钢管的外形、尺寸、理论质量和物理参数

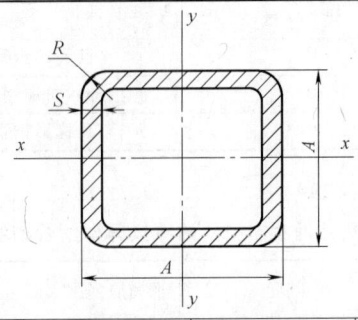

公称尺寸		截面面积	理论质量[①]	惯性矩	截面系数
A	S	F	G	$J_x = J_y$	$W_x = W_y$
mm		cm²	kg/m	cm⁴	cm³
12	0.8	0.347	0.273	0.072	0.119
	1	0.423	0.332	0.084	0.140
14	1	0.503	0.395	0.139	0.199
	1.5	0.711	0.558	0.181	0.259
16	1	0.583	0.458	0.216	0.270
	1.5	0.831	0.653	0.286	0.357
18	1	0.663	0.520	0.315	0.351
	1.5	0.951	0.747	0.424	0.471
	2	1.211	0.951	0.505	0.561
20	1	0.743	0.583	0.442	0.442
	1.5	1.071	0.841	0.601	0.601
	2	1.371	1.076	0.725	0.725
	2.5	1.643	1.290	0.817	0.817
22	1	0.823	0.646	0.599	0.544
	1.5	1.191	0.935	0.822	0.748
	2	1.531	1.202	1.001	0.910
	2.5	1.843	1.447	1.140	1.036
25	1.5	1.371	1.077	1.246	0.997
	2	1.771	1.390	1.535	1.228
	2.5	2.143	1.682	1.770	1.416
	3	2.485	1.951	1.955	1.564
30	2	2.171	1.704	2.797	1.865
	3	3.085	2.422	3.670	2.447
	3.5	3.500	2.747	3.996	2.664
	4	3.885	3.050	4.256	2.837
32	2	2.331	1.830	3.450	2.157
	3	3.325	2.611	4.569	2.856
	3.5	3.780	2.967	4.999	3.124
	4	4.205	3.301	5.351	3.344
35	2	2.571	2.018	4.610	2.634
	3	3.685	2.893	6.176	3.529
	3.5	4.200	3.297	6.799	3.885
	4	4.685	3.678	7.324	4.185

（续）

公称尺寸		截面面积	理论质量[①]	惯性矩	截面系数
A	S	F	G	$J_x = J_y$	$W_x = W_y$
mm		cm²	kg/m	cm⁴	cm³
	2	2.651	2.081	5.048	2.804
36	3	3.805	2.987	6.785	3.769
	4	4.845	3.804	8.076	4.487
	5	5.771	4.530	8.975	4.986
	2	2.971	2.332	7.075	3.537
40	3	4.285	3.364	9.622	4.811
	4	5.485	4.306	11.60	5.799
	5	6.571	5.158	13.06	6.532
	2	3.131	2.458	8.265	3.936
42	3	4.525	3.553	11.30	5.380
	4	5.805	4.557	13.69	6.519
	5	6.971	5.472	15.51	7.385
	2	3.371	2.646	10.29	4.574
45	3	4.885	3.835	14.16	6.293
	4	6.285	4.934	17.28	7.679
	5	7.571	5.943	19.72	8.763
	2	3.771	2.960	14.36	5.743
50	3	5.485	4.306	19.94	7.975
	4	7.085	5.562	24.56	9.826
	5	8.571	6.728	28.32	11.33
	2	4.171	3.274	19.38	7.046
55	3	6.085	4.777	27.11	9.857
	4	7.885	6.190	33.66	12.24
	5	9.571	7.513	39.11	14.22
	3	6.685	5.248	35.82	11.94
60	4	8.685	6.818	44.75	14.92
	5	10.57	8.298	52.35	17.45
	6	12.34	9.688	58.72	19.57
	3	7.285	5.719	46.22	14.22
65	4	9.485	7.446	58.05	17.86
	5	11.57	9.083	68.29	21.01
	6	13.54	10.63	77.03	23.70
	3	7.885	6.190	58.46	16.70
70	4	10.29	8.074	73.76	21.08
	5	12.57	9.868	87.18	24.91
	6	14.74	11.57	98.81	28.23
	4	11.09	8.702	92.08	24.55
75	5	13.57	10.65	109.3	29.14
	6	15.94	12.51	124.4	33.16
	8	19.79	15.54	141.4	37.72
	4	11.89	9.330	113.2	28.30
80	5	14.57	11.44	134.8	33.70
	6	17.14	13.46	154.0	38.49
	8	21.39	16.79	177.2	44.30

（续）

公称尺寸		截面面积	理论质量[①]	惯性矩	截面系数
A	S	F	G	$J_x = J_y$	$W_x = W_y$
mm		cm²	kg/m	cm⁴	cm³
90	4	13.49	10.59	164.7	36.59
	5	16.57	13.01	197.2	43.82
	6	19.54	15.34	226.6	50.35
	8	24.59	19.30	265.8	59.06
100	5	18.57	14.58	276.4	55.27
	6	21.94	17.22	319.0	63.80
	8	27.79	21.82	379.8	75.95
	10	33.42	26.24	432.6	86.52
108	5	20.17	15.83	353.1	65.39
	6	23.86	18.73	408.9	75.72
	8	30.35	23.83	491.4	91.00
	10	36.62	28.75	564.3	104.5
120	6	26.74	20.99	573.1	95.51
	8	34.19	26.84	696.8	116.1
	10	41.42	32.52	807.9	134.7
	12	48.13	37.78	897.0	149.5
125	6	27.94	21.93	652.7	104.4
	8	35.79	28.10	797.0	127.5
	10	43.42	34.09	927.2	148.3
	12	50.53	39.67	1033.2	165.3
130	6	29.14	22.88	739.5	113.8
	8	37.39	29.35	906.3	139.4
	10	45.42	35.66	1057.6	162.7
	12	52.93	41.55	1182.5	181.9
140	6	31.54	24.76	935.3	133.6
	8	40.59	31.86	1153.9	164.8
	10	49.42	38.80	1354.1	193.4
	12	57.73	45.32	1522.8	217.5
150	8	43.79	34.38	1443.0	192.4
	10	53.42	41.94	1701.2	226.8
	12	62.53	49.09	1922.6	256.3
	14	71.11	55.82	2109.2	281.2
160	8	46.99	36.89	1776.7	222.1
	10	57.42	45.08	2103.1	262.9
	12	67.33	52.86	2386.8	298.4
	14	76.71	60.22	2630.1	328.8
180	8	53.39	41.91	2590.7	287.9
	10	65.42	51.36	3086.9	343.0
	12	76.93	60.39	3527.6	392.0
	14	87.91	69.01	3915.3	435.0
200	10	73.42	57.64	4337.6	433.8
	12	86.53	67.93	4983.6	498.4
	14	99.11	77.80	5562.3	556.2
	16	111.2	87.27	6076.4	607.6

（续）

公称尺寸		截面面积	理论质量[①]	惯性矩	截面系数
A	S	F	G	$J_x = J_y$	$W_x = W_y$
mm		cm^2	kg/m	cm^4	cm^3
250	10	93.42	73.34	8841.9	707.3
	12	110.5	86.77	10254.2	820.3
	14	127.1	99.78	11556.2	924.5
	16	143.2	112.4	12751.4	1020.1
280	10	105.4	82.76	12648.9	903.5
	12	124.9	98.07	14726.8	1051.9
	14	143.9	113.0	16663.5	1190.2
	16	162.4	127.5	18462.8	1318.8

① 当 $S \leqslant 6$mm 时，$R = 1.5S$，方形钢管理论质量推荐计算公式见式（1）；当 $S > 6$mm 时，$R = 2S$，方形钢管理论质量推荐计算公式见式（2）。

$$G = 0.0157S(2A - 2.8584S) \tag{1}$$
$$G = 0.0157S(2A - 3.2876S) \tag{2}$$

式中　G—方形钢管的理论质量（钢的密度按 7.85kg/dm^3）（kg/m）;

　　　A—方形钢管的边长（mm）;

　　　S—方形钢管的公称壁厚（mm）。

表 2-291　矩形钢管的外形、尺寸、理论质量和物理参数

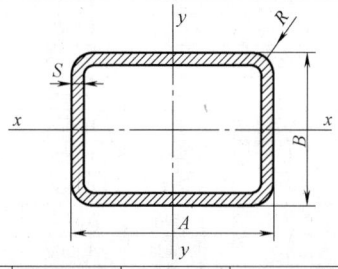

公称尺寸			截面面积	理论质量[①]	惯性矩		截面系数	
A	B	S	F	G	J_x	J_y	W_x	W_y
mm			cm^2	kg/m	cm^4		cm^3	
10	5	0.8	0.203	0.160	0.007	0.022	0.028	0.045
		1	0.243	0.191	0.008	0.025	0.031	0.050
12	6	0.8	0.251	0.197	0.013	0.041	0.044	0.069
		1	0.303	0.238	0.015	0.047	0.050	0.079
14	7	1	0.362	0.285	0.026	0.080	0.073	0.115
		1.5	0.501	0.394	0.080	0.099	0.229	0.141
		2	0.611	0.480	0.031	0.106	0.090	0.151
	10	1	0.423	0.332	0.062	0.106	0.123	0.151
		1.5	0.591	0.464	0.077	0.134	0.154	0.191
		2	0.731	0.574	0.085	0.149	0.169	0.213
16	8	1	0.423	0.332	0.041	0.126	0.102	0.157
		1.5	0.591	0.464	0.050	0.159	0.124	0.199
		2	0.731	0.574	0.053	0.177	0.133	0.221
	12	1	0.502	0.395	0.108	0.171	0.180	0.213
		1.5	0.711	0.558	0.139	0.222	0.232	0.278
		2	0.891	0.700	0.158	0.256	0.264	0.319

（续）

公称尺寸			截面面积	理论质量[①]	惯性矩		截面系数	
A	B	S	F	G	J_x	J_y	W_x	W_y
mm			cm²	kg/m	cm⁴		cm³	
18	9	1	0.483	0.379	0.060	0.185	0.134	0.206
		1.5	0.681	0.535	0.076	0.240	0.168	0.266
		2	0.851	0.668	0.084	0.273	0.186	0.304
	14	1	0.583	0.458	0.173	0.258	0.248	0.286
		1.5	0.831	0.653	0.228	0.342	0.326	0.380
		2	1.051	0.825	0.266	0.402	0.380	0.446
20	10	1	0.543	0.426	0.086	0.262	0.172	0.262
		1.5	0.771	0.606	0.110	0.110	0.219	0.110
		2	0.971	0.762	0.124	0.400	0.248	0.400
	12	1	0.583	0.458	0.132	0.298	0.220	0.298
		1.5	0.831	0.653	0.172	0.396	0.287	0.396
		2	1.051	0.825	0.199	0.465	0.331	0.465
25	10	1	0.643	0.505	0.106	0.465	0.213	0.372
		1.5	0.921	0.723	0.137	0.624	0.274	0.499
		2	1.171	0.919	0.156	0.740	0.313	0.592
	18	1	0.803	0.630	0.417	0.696	0.463	0.557
		1.5	1.161	0.912	0.567	0.956	0.630	0.765
		2	1.491	1.171	0.685	1.164	0.761	0.931
30	15	1.5	1.221	0.959	0.435	1.324	0.580	0.883
		2	1.571	1.233	0.521	1.619	0.695	1.079
		2.5	1.893	1.486	0.584	1.850	0.779	1.233
	20	1.5	1.371	1.007	0.859	1.629	0.859	1.086
		2	1.771	1.390	1.050	2.012	1.050	1.341
		2.5	2.143	1.682	1.202	2.324	1.202	1.549
35	15	1.5	1.371	1.077	0.504	1.969	0.672	1.125
		2	1.771	1.390	0.607	2.429	0.809	1.388
		2.5	2.143	1.682	0.683	2.803	0.911	1.602
	25	1.5	1.671	1.312	1.661	2.811	1.329	1.606
		2	2.171	1.704	2.066	3.520	1.652	2.011
		2.5	2.642	2.075	2.405	4.126	1.924	2.358
40	11	1.5	1.401	1.100	0.276	2.341	0.501	1.170
	20	2	2.171	1.704	1.376	4.184	1.376	2.092
		2.5	2.642	2.075	1.587	4.903	1.587	2.452
		3	3.085	2.422	1.756	5.506	1.756	2.753
	30	2	2.571	2.018	3.582	5.629	2.388	2.815
		2.5	3.143	2.467	4.220	6.664	2.813	3.332
		3	3.685	2.893	4.768	7.564	3.179	3.782
50	25	2	2.771	2.175	2.861	8.595	2.289	3.438
		3	3.985	3.129	3.781	11.64	3.025	4.657
		4	5.085	3.992	4.424	13.96	3.540	5.583
	40	2	3.371	2.646	8.520	12.05	4.260	4.821
		3	4.885	3.835	11.68	16.62	5.840	6.648
		4	6.285	4.934	14.20	20.32	7.101	8.128

（续）

公称尺寸			截面面积	理论质量[①]	惯性矩		截面系数	
A	B	S	F	G	J_x	J_y	W_x	W_y
mm			cm^2	kg/m	cm^4		cm^3	
60	30	2	3.371	2.646	5.153	15.35	3.435	5.117
		3	4.885	3.835	6.964	21.18	4.643	7.061
		4	6.285	4.934	8.344	25.90	5.562	8.635
	40	2	3.771	2.960	9.965	18.72	4.983	6.239
		3	5.485	4.306	13.74	26.06	6.869	8.687
		4	7.085	5.562	16.80	32.19	8.402	10.729
70	35	2	3.971	3.117	8.426	24.95	4.815	7.130
		3	5.785	4.542	11.57	34.87	6.610	9.964
		4	7.485	5.876	14.09	43.23	8.051	12.35
	50	3	6.685	5.248	26.57	44.98	10.63	12.85
		4	8.685	6.818	33.05	56.32	13.22	16.09
		5	10.57	8.298	38.48	66.01	15.39	18.86
80	40	3	6.685	5.248	17.85	53.47	8.927	13.37
		4	8.685	6.818	22.01	66.95	11.00	16.74
		5	10.57	8.298	25.40	78.45	12.70	19.61
	60	4	10.29	8.074	57.32	90.07	19.11	22.52
		5	12.57	9.868	67.52	106.6	22.51	26.65
		6	14.74	11.57	76.28	121.0	25.43	30.26
90	50	3	7.885	6.190	33.21	83.39	13.28	18.53
		4	10.29	8.074	41.53	105.4	16.61	23.43
		5	12.57	9.868	48.65	124.8	19.46	27.74
	70	4	11.89	9.330	91.21	135.0	26.06	30.01
		5	14.57	11.44	108.3	161.0	30.96	35.78
		6	15.94	12.51	123.5	184.1	35.27	40.92
100	50	3	8.485	6.661	36.53	108.4	14.61	21.67
		4	11.09	8.702	45.78	137.5	18.31	27.50
		5	13.57	10.65	53.73	163.4	21.49	32.69
	80	4	13.49	10.59	136.3	192.8	34.08	38.57
		5	16.57	13.01	163.0	231.2	40.74	46.24
		6	19.54	15.34	186.9	265.9	46.72	53.18
120	60	4	13.49	10.59	82.45	245.6	27.48	40.94
		5	16.57	13.01	97.85	294.6	32.62	49.10
		6	19.54	15.34	111.4	338.9	37.14	56.49
	80	4	15.09	11.84	159.4	299.5	39.86	49.91
		6	21.94	17.22	219.8	417.0	54.95	69.49
		8	27.79	21.82	260.5	495.8	65.12	82.63
140	70	6	23.14	18.17	185.1	558.0	52.88	79.71
		8	29.39	23.07	219.1	665.5	62.59	95.06
		10	35.43	27.81	247.2	761.4	70.62	108.8
	120	6	29.14	22.88	651.1	827.5	108.5	118.2
		8	37.39	29.35	797.3	1014.4	132.9	144.9
		10	45.43	35.66	929.2	1184.7	154.9	169.2

（续）

公称尺寸			截面面积	理论质量①	惯性矩		截面系数	
A	B	S	F	G	J_x	J_y	W_x	W_y
mm			cm²	kg/m	cm⁴		cm³	
150	75	6	24.94	19.58	231.7	696.2	61.80	92.82
		8	31.79	24.96	276.7	837.4	73.80	111.7
		10	38.43	30.16	314.7	965.0	83.91	128.7
	100	6	27.94	21.93	451.7	851.8	90.35	113.6
		8	35.79	28.10	549.5	1039.3	109.9	138.6
		10	43.43	34.09	635.9	1210.4	127.2	161.4
160	60	6	24.34	19.11	146.6	713.1	48.85	89.14
		8	30.99	24.33	172.5	851.7	57.50	106.5
		10	37.43	29.38	193.2	976.4	64.40	122.1
	80	6	26.74	20.99	285.7	855.5	71.42	106.9
		8	34.19	26.84	343.8	1036.7	85.94	129.6
		10	41.43	32.52	393.5	1201.7	98.37	150.2
180	80	6	29.14	22.88	318.6	1152.6	79.65	128.1
		8	37.39	29.35	385.4	1406.5	96.35	156.3
		10	45.43	35.66	442.8	1640.3	110.7	182.3
	100	8	40.59	31.87	651.3	1643.4	130.3	182.6
		10	49.43	38.80	757.9	1929.6	151.6	214.4
		12	57.73	45.32	845.3	2170.6	169.1	241.2
200	80	8	40.59	31.87	427.1	1851.1	106.8	185.1
		12	57.73	45.32	543.4	2435.4	135.9	243.5
		14	65.51	51.43	582.2	2650.7	145.6	265.1
	120	8	46.99	36.89	1098.9	2441.3	183.2	244.1
		12	67.33	52.86	1459.2	3284.8	243.2	328.5
		14	76.71	60.22	1598.7	3621.2	266.4	362.1
220	110	8	48.59	38.15	981.1	2916.5	178.4	265.1
		12	69.73	54.74	1298.6	3934.5	236.1	357.7
		14	79.51	62.42	1420.5	4343.1	258.3	394.8
	200	10	77.43	60.78	4699.0	5445.9	469.9	495.1
		12	91.33	71.70	5408.3	6273.3	540.8	570.3
		14	104.7	82.20	6047.5	7020.7	604.8	638.2
240	180	12	91.33	71.70	4545.4	7121.4	505.0	593.4
250	150	10	73.43	57.64	2682.9	5960.2	357.7	476.8
		12	86.53	67.93	3068.1	6852.7	409.1	548.2
		14	99.11	77.80	3408.5	7652.9	454.5	612.2
	200	10	83.43	65.49	5241.0	7401.0	524.1	592.1
		12	98.53	77.35	6045.3	8553.5	604.5	684.3
		14	113.1	88.79	6775.4	9604.6	677.5	768.4
300	150	10	83.43	65.49	3173.7	9403.9	423.2	626.9
		14	113.1	88.79	4058.1	12195.7	541.1	813.0
		16	127.2	99.83	4427.9	13399.1	590.4	893.3
	200	10	93.43	73.34	6144.3	11507.2	614.4	767.1
		14	127.1	99.78	7988.6	1560.8	798.9	1004.1
		16	143.2	112.39	8791.7	1628.7	879.2	1108.6

（续）

公称尺寸			截面面积	理论质量[①]	惯性矩		截面系数	
A	B	S	F	G	J_x	J_y	W_x	W_y
mm			cm²	kg/m	cm⁴		cm³	
400	200	10	113.4	89.04	7951.0	23348.1	795.1	1167.4
		14	155.1	121.76	10414.8	30915.0	1041.5	1545.8
		16	175.2	137.51	11507.0	34339.4	1150.7	1717.0

① 当 $S \leqslant 6$mm 时，$R=1.5S$，矩形钢管理论质量推荐计算公式见式（3）；当 $S>6$mm 时，$R=2S$，矩形钢管理论质量推荐计算公式见式（4）。

$$G = 0.0157S(A+B-2.8584S) \qquad (3)$$
$$G = 0.0157S(A+B-3.2876S) \qquad (4)$$

式中　G—矩形钢管的理论质量（钢的密度按 7.85kg/dm³）（kg/m）；
　　　　A、B—矩形钢管的长、宽（mm）；
　　　　S—矩形钢管的公称壁厚（mm）。

表 2-292　椭圆形钢管的外形、尺寸、理论质量和物理参数

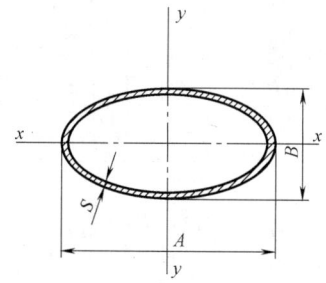

公称尺寸			截面面积	理论质量[①]	惯性矩		截面系数	
A	B	S	F	G	J_x	J_y	W_x	W_y
mm			cm²	kg/m	cm⁴		cm³	
10	5	0.5	0.110	0.086	0.003	0.011	0.013	0.021
		0.8	0.168	0.132	0.005	0.015	0.018	0.030
		1	0.204	0.160	0.005	0.018	0.021	0.035
	7	0.5	0.126	0.099	0.007	0.013	0.021	0.026
		0.8	0.195	0.152	0.010	0.019	0.030	0.038
		1	0.236	0.185	0.012	0.022	0.034	0.044
12	6	0.5	0.134	0.105	0.006	0.019	0.020	0.031
		0.8	0.206	0.162	0.009	0.028	0.028	0.046
		1.2	0.294	0.231	0.011	0.036	0.036	0.061
	8	0.5	0.149	0.117	0.012	0.022	0.029	0.037
		0.8	0.231	0.182	0.017	0.033	0.042	0.055
		1.2	0.332	0.260	0.022	0.044	0.055	0.073
18	9	0.8	0.319	0.251	0.032	0.101	0.072	0.112
		1.2	0.464	0.364	0.043	0.139	0.096	0.155
		1.5	0.565	0.444	0.049	0.164	0.109	0.182
	12	0.8	0.357	0.280	0.063	0.120	0.104	0.133
		1.2	0.520	0.408	0.086	0.166	0.143	0.185
		1.5	0.636	0.499	0.100	0.197	0.166	0.218

（续）

公称尺寸			截面面积	理论质量[①]	惯性矩		截面系数	
A	B	S	F	G	J_x	J_y	W_x	W_y
mm			cm^2	kg/m	cm^4		cm^3	
24	8	0.8	0.382	0.300	0.033	0.208	0.081	0.174
		1.2	0.558	0.438	0.043	0.292	0.107	0.243
		1.5	0.683	0.536	0.049	0.346	0.121	0.289
	12	0.8	0.432	0.339	0.081	0.249	0.136	0.208
		1.2	0.633	0.497	0.112	0.352	0.186	0.293
		1.5	0.778	0.610	0.131	0.420	0.218	0.350
30	18	1	0.723	0.567	0.299	0.674	0.333	0.449
		1.5	1.060	0.832	0.416	0.954	0.462	0.636
		2	1.382	1.085	0.514	1.199	0.571	0.800
34	17	1.5	1.131	0.888	0.410	1.277	0.482	0.751
		2	1.477	1.159	0.505	1.613	0.594	0.949
		2.5	1.806	1.418	0.583	1.909	0.685	1.123
43	32	1.5	1.696	1.332	2.138	3.398	1.336	1.581
		2	2.231	1.751	2.726	4.361	1.704	2.028
		2.5	2.749	2.158	3.259	5.247	2.037	2.440
50	25	1.5	1.696	1.332	1.405	4.278	1.124	1.711
		2	2.231	1.751	1.776	5.498	1.421	2.199
		2.5	2.749	2.158	2.104	6.624	1.683	2.650
55	35	1.5	2.050	1.609	3.243	6.592	1.853	2.397
		2	2.702	2.121	4.157	8.520	2.375	3.098
		2.5	3.338	2.620	4.995	10.32	2.854	3.754
60	30	1.5	2.050	1.609	2.494	7.528	1.663	2.509
		2	2.702	2.121	3.181	9.736	2.120	3.245
		2.5	3.338	2.620	3.802	11.80	2.535	3.934
65	35	1.5	2.286	1.794	3.770	10.02	2.154	3.084
		2	3.016	2.368	4.838	13.00	2.764	4.001
		2.5	3.731	2.929	5.818	15.81	3.325	4.865
70	35	1.5	2.403	1.887	4.036	12.11	2.306	3.460
		2	3.173	2.491	5.181	15.73	2.960	4.495
		2.5	3.927	3.083	6.234	19.16	3.562	5.474
76	38	1.5	2.615	2.053	5.212	15.60	2.743	4.104
		2	3.456	2.713	6.710	20.30	3.532	5.342
		2.5	4.280	3.360	8.099	24.77	4.263	6.519
80	40	1.5	2.757	2.164	6.110	18.25	3.055	4.564
		2	3.644	2.861	7.881	23.79	3.941	5.948
		2.5	4.516	3.545	9.529	29.07	4.765	7.267
84	56	1.5	3.228	2.534	13.33	24.95	4.760	5.942
		2	4.273	3.354	17.34	32.61	6.192	7.765
		2.5	5.301	4.162	21.14	39.95	7.550	9.513
90	40	1.5	2.992	2.349	6.817	24.74	3.409	5.497
		2	3.958	3.107	8.797	32.30	4.399	7.178
		2.5	4.909	3.853	10.64	39.54	5.321	8.787

① 椭圆形钢管理论质量推荐计算公式见式（5）：

$$G = 0.0123S(A+B-2S) \qquad (5)$$

式中　G—椭圆形钢管的理论质量（钢的密度按 7.85kg/dm^3）（kg/m）；

　　　A、B—椭圆形钢管的长轴、短轴（mm）；

　　　S—椭圆形钢管的公称壁厚（mm）。

表 2-293　平椭圆形钢管的外形、尺寸、理论质量和物理参数

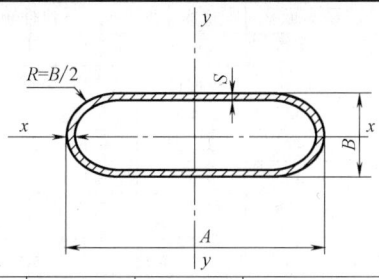

公称尺寸			截面面积	理论质量[1]	惯性矩		截面系数	
A	B	S	F	G	J_x	J_y	W_x	W_y
mm			cm^2	kg/m	cm^4		cm^3	
10	5	0.8	0.186	0.146	0.006	0.007	0.024	0.014
		1	0.226	0.177	0.018	0.021	0.071	0.042
14	7	0.8	0.268	0.210	0.018	0.053	0.053	0.076
		1	0.328	0.258	0.021	0.063	0.061	0.090
18	12	1	0.466	0.365	0.089	0.160	0.149	0.178
		1.5	0.675	0.530	0.120	0.219	0.199	0.244
		2	0.868	0.682	0.142	0.267	0.237	0.297
24	12	1	0.586	0.460	0.126	0.352	0.209	0.293
		1.5	0.855	0.671	0.169	0.491	0.282	0.409
		2	1.108	0.870	0.203	0.609	0.339	0.507
30	15	1	0.740	0.581	0.256	0.706	0.341	0.471
		1.5	1.086	0.853	0.353	1.001	0.470	0.667
		2	1.417	1.112	0.432	1.260	0.576	0.840
35	25	1	0.954	0.749	0.832	1.325	0.666	0.757
		1.5	1.407	1.105	1.182	1.899	0.946	1.085
		2	1.845	1.448	1.493	2.418	1.195	1.382
40	25	1	1.054	0.827	0.976	1.889	0.781	0.944
		1.5	1.557	1.223	1.390	2.719	1.112	1.360
		2	2.045	1.605	1.758	3.479	1.407	1.740
45	15	1	1.040	0.816	0.403	2.137	0.537	0.950
		1.5	1.536	1.206	0.558	3.077	0.745	1.367
		2	2.017	1.583	0.688	3.936	0.917	1.750
50	25	1	1.254	0.984	1.264	3.423	1.011	1.369
		1.5	1.857	1.458	1.804	4.962	1.444	1.985
		2	2.445	1.919	2.289	6.393	1.831	2.557
55	25	1	1.354	1.063	1.408	4.419	1.127	1.607
		1.5	2.007	1.576	2.012	6.423	1.609	2.336
		2	2.645	2.076	2.554	8.296	2.043	3.017
60	30	1	1.511	1.186	2.221	5.983	1.481	1.994
		1.5	2.243	1.761	3.197	8.723	2.131	2.908
		2	2.959	2.323	4.089	11.30	2.726	3.768
63	10	1	1.343	1.054	0.245	4.927	0.489	1.564
		1.5	1.991	1.563	0.327	7.152	0.655	2.271
		2	2.623	2.059	0.389	9.228	0.778	2.929

（续）

公称尺寸			截面面积	理论质量①	惯性矩		截面系数	
A	B	S	F	G	J_x	J_y	W_x	W_y
mm			cm²	kg/m	cm⁴		cm³	
70	35	1.5	2.629	2.063	5.167	14.02	2.952	4.006
		2	3.473	2.727	6.649	18.24	3.799	5.213
		2.5	4.303	3.378	8.020	22.25	4.583	6.358
75	35	1.5	2.779	2.181	5.588	16.87	3.193	4.499
		2	3.673	2.884	7.194	21.98	4.111	5.862
		2.5	4.553	3.574	8.682	26.85	4.961	7.160
80	30	1.5	2.843	2.232	4.416	18.98	2.944	4.746
		2	3.759	2.951	5.660	24.75	3.773	6.187
		2.5	4.660	3.658	6.798	30.25	4.532	7.561
85	25	1.5	2.907	2.282	3.256	21.11	2.605	4.967
		2	3.845	3.018	4.145	27.53	3.316	6.478
		2.5	4.767	3.742	4.945	33.66	3.956	7.920
90	30	1.5	3.143	2.467	5.026	26.17	3.351	5.816
		2	4.159	3.265	6.445	34.19	4.297	7.598
		2.5	5.160	4.050	7.746	41.87	5.164	9.305

① 平椭圆形钢管理论质量推荐计算公式见式（6）：

$$G = 0.0157S(A + 0.5708B - 1.5708S)$$

(6)

式中　G—椭圆形钢管的理论质量（钢的密度按 7.85kg/dm³）（kg/m）；
　　　A、B—平椭圆形钢管的长、宽（mm）；
　　　S—平椭圆形钢管的公称壁厚（mm）。

表 2-294　内外六角形钢管的外形、尺寸、理论质量和物理参数

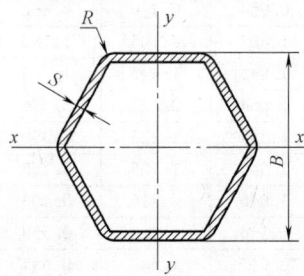

公称尺寸		截面面积	理论质量①	惯性矩	截面系数	
B	S	F	G	$J_x = J_y$	W_x	W_y
mm		cm²	kg/m	cm⁴	cm³	
10	1	0.305	0.240	0.034	0.069	0.060
	1.5	0.427	0.335	0.043	0.087	0.075
	2	0.528	0.415	0.048	0.096	0.084
12	1	0.375	0.294	0.063	0.105	0.091
	1.5	0.531	0.417	0.082	0.136	0.118
	2	0.667	0.524	0.094	0.157	0.136
14	1	0.444	0.348	0.104	0.149	0.129
	1.5	0.635	0.498	0.138	0.198	0.171
	2	0.806	0.632	0.163	0.232	0.201

（续）

公称尺寸		截面面积	理论质量[①]	惯性矩	截面系数	
B	S	F	G	$J_x = J_y$	W_x	W_y
mm		cm²	kg/m	cm⁴	cm³	
19	1	0.617	0.484	0.278	0.292	0.253
	1.5	0.895	0.702	0.381	0.401	0.347
	2	1.152	0.904	0.464	0.489	0.423
21	1	0.686	0.539	0.381	0.363	0.314
	2	1.291	1.013	0.649	0.618	0.535
	3	1.813	1.423	0.824	0.785	0.679
27	1	0.894	0.702	0.839	0.622	0.538
	2	1.706	1.339	1.482	1.098	0.951
	3	2.436	1.912	1.958	1.450	1.256
32	2	2.053	1.611	2.566	1.604	1.389
	3	2.956	2.320	3.461	2.163	1.873
	4	3.777	2.965	4.139	2.587	2.240
36	2	2.330	1.829	3.740	2.078	1.799
	3	3.371	2.647	5.107	2.837	2.457
	4	4.331	3.400	6.187	3.437	2.977
41	3	3.891	3.054	7.809	3.809	3.299
	4	5.024	3.944	9.579	4.673	4.046
	5	6.074	4.768	11.00	5.366	4.647
46	3	4.411	3.462	11.33	4.926	4.266
	4	5.716	4.487	14.03	6.100	5.283
	5	6.940	5.448	16.27	7.074	6.126
57	3	5.554	4.360	22.49	7.890	6.833
	4	7.241	5.684	28.26	9.917	8.588
	5	8.845	6.944	33.28	11.68	10.11
65	3	6.385	5.012	34.08	10.48	9.080
	4	8.349	6.554	43.15	13.28	11.50
	5	10.23	8.031	51.20	15.76	13.64
70	3	6.904	5.420	43.03	12.29	10.65
	4	9.042	7.098	54.70	15.63	13.53
	5	11.10	8.711	65.16	18.62	16.12
85	4	11.12	8.730	101.3	23.83	20.64
	5	13.70	10.75	121.7	28.64	24.80
	6	16.19	12.71	140.4	33.03	28.61
95	4	12.51	9.817	143.8	30.27	26.21
	5	15.43	12.11	173.5	36.53	31.63
	6	18.27	14.34	201.0	42.31	36.64
105	4	13.89	10.91	196.7	37.47	32.45
	5	17.16	13.47	238.2	45.38	39.30
	6	20.35	15.97	276.9	52.74	45.68

① 内外六角形钢管理论质量推荐计算公式见式（7）：

$$G = 0.02719S(B - 1.1862S) \tag{7}$$

式中　G—内外六角形钢管的理论质量（按 $R = 1.5S$，钢的密度按 7.85kg/dm³）（kg/m）；

　　　　B—内外六角形钢管的对边距离（mm）；

　　　　S—内外六角形钢管的公称壁厚（mm）。

表 2-295　直角梯形钢管的外形、尺寸、理论质量和物理参数

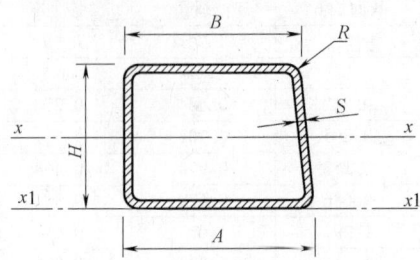

公称尺寸				截面面积	理论质量①	惯性矩	截面系数	
A	B	H	S	F	G	J_x	W_{xa}	W_{xb}
mm				cm²	kg/m	cm⁴	cm³	
35	20	35	2	2.312	1.815	3.728	2.344	1.953
	25	30	2	2.191	1.720	2.775	1.959	1.753
	30	25	2	2.076	1.630	1.929	1.584	1.504
45	32	50	2	3.337	2.619	11.64	4.935	4.409
	40	30	1.5	2.051	1.610	2.998	2.039	1.960
50	35	60	2.2	4.265	3.348	21.09	7.469	6.639
	40	30	1.5	2.138	1.679	3.143	2.176	2.021
	40	35	1.5	2.287	1.795	4.484	2.661	2.471
	45	30	1.5	2.201	1.728	3.303	2.242	2.164
	45	30	2	2.876	2.258	4.167	2.828	2.730
	45	40	2	3.276	2.572	8.153	4.419	4.006
55	50	40	2	3.476	2.729	8.876	4.510	4.369
60	55	50	1.5	3.099	2.433	12.50	5.075	4.930

① 直角梯形钢管理论质量推荐计算公式见式（8）：

$$G = \left\{ S \left[A+B+H+0.283185S + \frac{H}{\sin\alpha} - \frac{2S}{\sin\alpha} - 2S \left(\mathrm{tg}\frac{180°-\alpha}{2} + \mathrm{tg}\frac{\alpha}{2} \right) \right] \right\} 0.00785 \qquad (8)$$

$$\alpha = \mathrm{arctg}\frac{H}{A-B}$$

式中　G—直角梯形钢管的理论质量（按 $R=1.5S$，钢的密度按 7.85kg/dm³）（kg/m）；

　　　A—直角梯形钢管的下底（mm）；

　　　B—直角梯形钢管的上底（mm）；

　　　H—直角梯形钢管的高（mm）；

　　　S—直角梯形钢管的公称壁厚（mm）。

3.4.5　输送流体用无缝钢管（摘自 GB/T 8163—2008）

（1）交货状态下钢管的纵向力学性能（见表 2-296）

表 2-296　交货状态下输送流体用无缝钢管的纵向力学性能

牌号	质量等级	拉伸性能					冲击试验	
		抗拉强度 R_m/MPa	下屈服强度① R_{eL}/MPa			断后伸长率 $A(\%)$	温度/℃	吸收能量 KV_2/J
			壁厚/mm					
			≤16	>16~30	>30			
			≥					≥
10	—	335~475	205	195	185	24	—	—
20	—	410~530	245	235	225	20	—	—

（续）

牌号	质量等级	拉伸性能					冲击试验	
		抗拉强度 R_m/MPa	下屈服强度[①]R_{eL}/MPa			断后伸长率 $A(\%)$	温度/℃	吸收能量 KV_2/J
			壁厚/mm					
			≤16	>16~30	>30			
			≥					≥
Q295	A	390~570	295	275	255	22	—	—
	B						+20	34
Q345	A	470~630	345	325	295	20	—	—
	B						+20	34
	C					21	0	
	D						−20	
	E						−40	27
Q390	A	490~650	390	370	350	18	—	—
	B						+20	34
	C					19	0	
	D						−20	
	E						−40	27
Q420	A	520~680	420	400	380	18	—	—
	B						+20	34
	C					19	0	
	D						−20	
	E						−40	27
Q460	C	550~720	460	440	420	17	0	34
	D						−20	
	E						−40	27

① 拉伸试验时，如不能测定屈服强度，可测定规定非比例延伸强度 $R_{p0.2}$ 代替 R_{eL}。

（2）尺寸

钢管的外径和壁厚应符合 GB/T 17395 的规定。根据需方要求，经供需双方协商，可供应其他外径和壁厚的钢管。

钢管的长度应符合下列规定：

1）钢管的通常长度为 3000~12500mm。

2）根据需方要求，经供需双方协商，并在合同中注明，钢管可按范围长度交货。范围长度应在通常长度范围内。

3）根据需方要求，经供需双方协商，并在合同中注明，钢管可按定尺长度或倍尺长度交货。钢管的定尺长度应在通常长度范围内。

3.4.6　结构用不锈钢无缝钢管（摘自 GB/T 14975—2012）

1）钢管的公称外径和公称壁厚。钢管的公称外径和公称壁厚应符合 GB/T 17395 的相关规定。根据需方要求，经供需双方协商，可供应 GB/T 17395 规定以外的其他尺寸钢管。

2）钢管的推荐热处理制度、力学性能、硬度及密度见表 2-297。

表 2-297 钢管的推荐热处理制度、力学性能、硬度及密度

组织类型	序号	GB/T 20878 统一数字代号	牌号	推荐热处理制度	抗拉强度 R_m/MPa ≥	规定塑性延伸强度 $R_{p0.2}$/MPa ≥	断后伸长率 A(%) ≥	硬度 HBW/HV/HRB ≤	密度 ρ/(kg/dm³)
奥氏体型	1	13 S30210	12Cr18Ni9	1010~1150℃,水冷或其他方式快冷	520	205	35	192HBW/200HV/90HRB	7.93
	2	17 S30438	06Cr19Ni10	1010~1150℃,水冷或其他方式快冷	520	205	35	192HBW/200HV/90HRB	7.93
	3	18 S30403	022Cr19Ni10	1010~1150℃,水冷或其他方式快冷	480	175	35	192HBW/200HV/90HRB	7.90
	4	23 S30458	06Cr19Ni10N	1010~1150℃,水冷或其他方式快冷	550	275	35	192HBW/200HV/90HRB	7.93
	5	24 S30478	06Cr19Ni9NbN	1010~1150℃,水冷或其他方式快冷	685	345	35	—	7.98
	6	25 S30453	022Cr19Ni10N	1010~1150℃,水冷或其他方式快冷	550	245	440	192HBW/200HV/90HRB	7.93
	7	32 S30908	06Cr23Ni13	1030~1150℃,水冷或其他方式快冷	520	205	40	192HBW/200HV/90HRB	7.98
	8	35 S31008	06Cr25Ni20	1030~1180℃,水冷或其他方式快冷	520	205	40	192HBW/200HV/90HRB	7.98
	9	37 S31252	015Cr20Ni18Mo6CuN	≥1150℃,水冷或其他方式快冷	635	310	35	220HBW/230HV/96HRB	8.00
	10	38 S31608	06Cr17Ni12Mo2	1010~1150℃,水冷或其他方式快冷	520	205	35	192HBW/200H/90HRB	8.00
	11	39 S31603	022Cr17Ni12Mo2	1010~1150℃,水冷或其他方式快冷	480	175	35	192HBW/200HV/90HRB	8.00
	12	40 S31609	07Cr17Ni12Mo2	≥1040℃,水冷或其他方式快冷	515	205	35	192HBW/200HV/90HRB	7.98
	13	41 S31668	06Cr17Ni12Mo2Ti	1000~1100℃,水冷或其他方式快冷	530	205	35	192HBW/200HV/90HRB	7.90
	14	44 S31653	022Cr17Ni12Mo2N	1010~1150℃,水冷或其他方式快冷	550	245	40	192HBW/200HV/90HRB	8.04
	15	43 S31658	06Cr17Ni12Mo2N	1010~1150℃,水冷或其他方式快冷	550	275	35	192HBW/200HV/90HRB	8.00
	16	45 S31688	06Cr18Ni12Mo2Cu2	1010~1150℃,水冷或其他方式快冷	520	205	35	—	7.96
	17	46 S31683	022Cr18Ni14Mo2Cu2	1010~1150℃,水冷或其他方式快冷	480	180	35	—	7.96
	18	48 S31782	015Cr21Ni26Mo5Cu2	≥1100℃,水冷或其他方式快冷	490	215	35	192HBW/200HV/90HRB	8.00

（续）

组织类型	序号	GB/T 20878 序号	统一数字代号	牌号	推荐热处理制度	抗拉强度 R_m/MPa ≥	规定塑性延伸强度 $R_{p0.2}$/MPa ≥	断后伸长率 A(%) ≥	硬度 HBW/HV/HRB ≤	密度 ρ/(kg/dm³)
奥氏体型	19	49	S31708	06Cr19Ni13Mo3	1010~1150℃,水冷或其他方式快冷	520	205	35	192HBW/200HV/90HRB	8.00
	20	50	S31703	022Cr19Ni13Mo3	1010~1150℃,水冷或其他方式快冷	480	175	35	192HBW/200HV/90HRB	7.98
	21	55	S32168	06Cr18Ni11Ti	920~1150℃,水冷或其他方式快冷	520	205	35	192HBW/200HV/90HRB	8.03
	22	56	S32169	07Cr19Ni11Ti	冷拔(轧)≥1100℃,热轧(挤,扩)≥1050℃,水冷或其他方式快冷	520	205	35	192HBW/200HV/90HRB	7.93
	23	62	S34778	06Cr18Ni11Nb	980~1150℃,水冷或其他方式快冷	520	205	35	192HBW/200HV/90HRB	8.03
	24	63	S34779	07Cr18Ni11Nb	冷拔(轧)≥1100℃,热轧(挤,扩)≥1050℃,水冷或其他方式快冷	520	205	35	192HBW/200HV/90HRB	8.00
	25	66	S38340	16Cr25Ni20Si2	1030~1180℃,水冷或其他方式快冷	520	205	40	192HBW/200HV/90HRB	7.98
铁素体型	26	78	S11348	06Cr13Al	780~830℃,空冷或缓冷	415	205	20	207HBW/95HRB	7.75
	27	84	S11510	10Cr15	780~850℃,空冷或缓冷	415	240	20	190HBW/90HRB	7.70
	28	85	S11710	10Cr17	780~850℃,空冷或缓冷	410	245	20	190HBW/90HRB	7.70
	29	87	S11863	022Cr18Ti	780~950℃,空冷或缓冷	415	205	20	190HBW/90HRB	7.70
	30	92	S11972	019Cr19Mo2NbTi	800~1050℃,空冷	415	275	20	217HBW/230HV/96HRB	7.75
马氏体型	31	97	S41008	06Cr13	800~900℃,缓冷或750℃空冷	370	180	22	—	7.75
	32	98	S41010	12Cr13	800~900℃,缓冷或750℃空冷	410	205	20	207HBW/95HRB	7.70
	33	101	S42020	20Cr13	800~900℃,缓冷或750℃空冷	470	215	19	—	7.75

3.4.7　不锈钢极薄壁无缝钢管（摘自 GB/T 3089—2008）

1）钢管的公称外径和公称壁厚见表 2-298。

表 2-298　钢管的公称外径和公称壁厚　（单位：mm）

公称外径×公称壁厚				
10.3×0.15	12.4×0.20	15.4×0.20	18.4×0.20	20.4×0.20
24.4×0.20	26.4×0.20	32.4×0.20	35.0×0.50	40.4×0.20
40.6×0.30	41.0×0.50	41.2×0.60	48.0×0.25	50.5×0.25
53.2×0.60	55.0×0.50	59.6×0.30	60.0×0.25	60.0×0.50
61.0×0.35	61.0×0.50	61.2×0.60	67.6×0.30	67.8×0.40
70.2×0.60	74.0×0.50	75.5×0.25	75.6×0.30	82.8×0.40
83.0×0.50	89.6×0.30	89.8×0.40	90.2×0.40	90.5×0.25
90.6×0.30	90.8×0.40	95.6×0.30	101.0×0.50	102.6×0.30
110.9×0.45	125.7×0.35	150.8×0.40	250.8×0.40	

2）以热处理状态交货钢管的力学性能见表 2-299。

表 2-299　以热处理状态交货钢管的力学性能

序号	统一数字代号	新牌号	旧牌号	抗拉强度 R_m/MPa	断后伸长率 A(%)
				≥	
1	S30408	06Cr19Ni10	0Cr18Ni9	520	35
2	S30403	022Cr19Ni10	00Cr19Ni10	440	40
3	S31603	022Cr17Ni12Mo2	00Cr17Ni14Mo2	480	40
4	S31668	06Cr17Ni12Mo2Ti	0Cr18Ni12Mo3Ti	540	35
5	S32168	06Cr18Ni11Ti	0Cr18Ni10Ti	520	40

3.4.8　不锈钢小直径无缝钢管（GB/T 3090—2000）

1）钢管的外径和壁厚见表 2-300。

表 2-300　钢管的外径和壁厚　（单位：mm）

外径	壁厚														
	0.10	0.15	0.20	0.25	0.30	0.35	0.40	0.45	0.50	0.55	0.60	0.70	0.80	0.90	1.00
0.30	×														
0.35	×														
0.40	×	×													
0.45	×	×													
0.50	×	×													
0.55	×	×													
0.60	×	×	×												
0.70	×	×	×												
0.80	×	×	×												
0.90	×	×	×	×											
1.00	×	×	×	×	×										
1.20	×	×	×	×	×	×	×								
1.60	×	×	×	×	×	×	×	×	×	×					
2.00	×	×	×	×	×	×	×	×	×	×	×	×			
2.20	×	×	×	×	×	×	×	×	×	×	×	×	×		
2.50	×	×	×	×	×	×	×	×	×	×	×	×	×	×	×
2.80	×	×	×	×	×	×	×	×	×	×	×	×	×		
3.00	×	×	×	×	×	×	×	×	×	×	×	×	×		
3.20	×	×	×	×	×	×	×	×	×	×	×	×	×		

（续）

外径	壁　厚														
	0.10	0.15	0.20	0.25	0.30	0.35	0.40	0.45	0.50	0.55	0.60	0.70	0.80	0.90	1.00
3.40	×	×	×	×	×	×	×	×	×	×	×	×	×	×	×
3.60	×	×	×	×	×	×	×	×	×	×	×	×	×	×	×
3.80	×	×	×	×	×	×	×	×	×	×	×	×	×	×	×
4.00	×	×	×	×	×	×	×	×	×	×	×	×	×	×	×
4.20	×	×	×	×	×	×	×	×	×	×	×	×	×	×	×
4.50	×	×	×	×	×	×	×	×	×	×	×	×	×	×	×
4.80	×	×	×	×	×	×	×	×	×	×	×	×	×	×	×
5.00		×	×	×	×	×	×	×	×	×	×	×	×	×	×
5.50		×	×	×	×	×	×	×	×	×	×	×	×	×	×
6.00		×	×	×	×	×	×	×	×	×	×	×	×	×	×

注：×号表示有这种规格尺寸的钢管。

2）硬态交货的钢管不做力学性能检验，软态钢管的力学性能应符合表 2-301 的规定，半冷硬态钢管的力学性能由供需双方协议。

表 2-301　软态钢管的力学性能

序号	牌号	推荐热处理制度	抗拉强度 R_m/MPa	断后伸长率 A（%）	密度 /kg/dm³
			≥		
1	0Cr18Ni9	1010~1150℃，急冷	520	35	7.93
2	00Cr19Ni10	1010~1150℃ 急冷	480	35	7.93
3	0Cr18Ni10Ti	920~1150℃，急冷	520	35	7.95
4	0Cr17Ni12Mo2	1010~1150℃ 急冷	520	35	7.90
5	00Cr17Ni14Mo2	1010~1150℃ 急冷	480	35	7.98
6	1Cr18Ni9Ti	1000~1100℃，急冷	520	35	7.90

注：对于外径小于 3.2mm，或壁厚小于 0.30mm 的较小直径和较薄壁厚的钢管，其断后伸长率不小于 25%。

3.4.9　直缝电焊钢管（摘自 GB/T 13793—2016）

1）钢管的外径和壁厚。直缝电焊钢管的公称外径（D）和公称壁厚（t）应符合 GB/T 21835 的规定。根据需方要求，经供需双方协商，可供应 GB/T 21835 规定以外尺寸的钢管。

2）直缝电焊钢管的力学性能见表 2-302。

表 2-302　直缝电焊钢管的力学性能

牌　　号	下屈服强度[①] R_{eL}/MPa	抗拉强度 R_m/MPa	断后伸长率 A（%）	
			$D \leqslant 168.3$mm	$D > 168.3$mm
	≥			
08、10	195	315	22	
15	215	355	20	
20	235	390	19	
Q195[②]	195	315	15	20
Q215A、Q215B	215	335		
Q235A、Q235B、Q235C	235	370		
Q275、Q275B、Q275C	275	410	13	18
Q345A、Q345B、Q345C	345	470		

（续）

牌 号	下屈服强度① R_{eL}/MPa	抗拉强度 R_m/MPa	断后伸长率 A(%)	
			$D \leqslant 168.3\text{mm}$	$D > 168.3\text{mm}$
		$\geqslant$		
Q390A、Q390B、Q390C	390	490	19	
Q420A、Q420B、Q420C	420	520	19	
Q460C、Q460D	460	550	17	

① 当屈服不明显时，可测量 $R_{p0.2}$ 或 $R_{t0.5}$ 代替下屈服强度。
② Q195 的屈服强度值仅作为参考，不作交货条件。

3.4.10 低压流体输送用焊接钢管（摘自 GB/T 3091—2015）

1）钢管的外径和壁厚。低压流体输送用焊接钢管的外径（D）不大于 219.1mm 的钢管按公称口径（DN）和公称壁厚（t）交货，其公称口径和公称壁厚应符合表 2-303 中的规定。其中管端用螺纹或沟槽连接的钢管尺寸参见 GB/T 309—2015 的附录 A。

外径大于 219.1mm 的钢管按公称外径和公称壁厚交货，其公称外径和公称壁厚应符合 GB/T 21835 的规定。

2）钢管镀锌层的重量系数见表 2-304 和表 2-305。

表 2-303 外径不大于 219.1mm 的钢管公称口径、外径、公称壁厚和圆度

（单位：mm）

公称口径 （DN）	外径（D）			最小公称壁厚 t	圆度 $\leqslant$
	系列 1	系列 2	系列 3		
6	10.2	10.0	—	2.0	0.20
8	13.5	12.7	—	2.0	0.20
10	17.2	16.0	—	2.2	0.20
15	21.3	20.8	—	2.2	0.30
20	26.9	26.0	—	2.2	0.35
25	33.7	33.0	32.5	2.5	0.40
32	42.4	42.0	41.5	2.5	0.40
40	48.3	48.0	47.5	2.75	0.50
50	60.3	59.5	59.0	3.0	0.60
65	76.1	75.5	75.0	3.0	0.60
80	88.9	88.5	88.0	3.25	0.70
100	114.3	114.0	—	3.25	0.80
125	139.7	141.3	140.0	3.5	1.00
150	165.1	168.3	159.0	3.5	1.20
200	219.1	219.0	—	4.0	1.60

注：1. 表中的公称口径系近似内径的名义尺寸，不表示外径减去两倍壁厚所得的内径。
2. 系列 1 是通用系列，属推荐选用系列；系列 2 是非通用系列；系列 3 是少数特殊、专用系列。

表 2-304 镀锌层 300g/m² 的重量系数

公称壁厚/mm	2.0	2.2	2.3	2.5	2.8	2.9	3.0	3.2	3.5	3.6
重量系数 c	1.038	1.035	1.033	1.031	1.027	1.026	1.025	1.024	1.022	1.021
公称壁厚/mm	3.8	4.0	4.5	5.0	5.4	5.5	5.6	6.0	6.3	7.0
重量系数 c	1.020	1.019	1.017	1.015	1.014	1.014	1.014	1.013	1.012	1.011
公称壁厚/mm	7.1	8.0	8.8	10	11	12.5	14.2	16	17.5	20
重量系数 c	1.011	1.010	1.009	1.008	1.007	1.006	1.005	1.005	1.004	1.004

表 2-305　镀锌层 $500g/m^2$ 的重量系数

公称壁厚/mm	2.0	2.2	2.3	2.5	2.8	2.9	3.0	3.2	3.5	3.6
重量系数 c	1.064	1.058	1.055	1.051	1.045	1.044	1.042	1.040	1.036	1.035
公称壁厚/mm	3.8	4.0	4.5	5.0	5.4	5.5	5.6	6.0	6.3	7.0
重量系数 c	1.034	1.032	1.028	1.025	1.024	1.023	1.023	1.021	1.020	1.018
公称壁厚/mm	7.1	8.0	8.8	10	11	12.5	14.2	16	17.5	20
重量系数 c	1.018	1.016	1.014	1.013	1.012	1.010	1.009	1.008	1.007	1.006

3) 钢管的力学性能见表 2-306。

表 2-306　低压流体输送用焊接钢管的力学性能

牌号	下屈服强度 R_{eL}/MPa ≥		抗拉强度 R_m/MPa ≥	断后伸长率 A(%)	
	$t \leq 16mm$	$t > 16mm$		$D \leq 168.3mm$	$D > 168.3mm$
Q195[①]	195	185	315	15	20
Q215A、Q215B	215	205	335		
Q235A、Q235B	235	225	370		
Q275A、Q275B	275	265	410	13	18
Q345A、Q345B	345	325	470		

① Q195 的屈服强度值仅供参考，不作为交货条件。

3.4.11　流体输送用不锈钢焊接钢管（摘自 GB/T 12771—2008）

1) 钢管的外径和壁厚。流体输送用不锈钢焊接钢管的外径和壁厚应符合 GB/T 21835 的规定。根据需方要求，经供需双方协商，可供应其他外径和壁厚的钢管。

2) 钢管的力学性能见表 2-307。

表 2-307　流体输送用不锈钢焊接钢管的力学性能

序号	新牌号	旧牌号	规定塑性延伸强度[①] $R_{p0.2}$/MPa	抗拉强度 R_m/MPa	断后伸长率 A(%)	
					热处理状态	非热处理状态
			≥	≥	≥	≥
1	12Cr18Ni9	1Cr18Ni9	210	520	35	25
2	06Cr19Ni10	0Cr18Ni9	210	520		
3	022Cr19Ni10	00Cr19Ni10	180	480		
4	06Cr25Ni20	0Cr25Ni20	210	520		
5	06Cr17Ni12Mo2	0Cr17Ni12Mo2	210	520		
6	022Cr17Ni12Mo2	00Cr17Ni14Mo2	180	480		
7	06Cr18Ni11Ti	0Cr18Ni10Ti	210	520		
8	06Cr18Ni11Nb	0Cr18Ni11Nb	210	520		

（续）

序号	新牌号	旧牌号	规定塑性延伸强度① $R_{p0.2}$/MPa	抗拉强度 R_m/MPa	断后伸长率 A(%)	
					热处理状态	非热处理状态
			≥			
9	022Cr18Ti	00Cr17	180	360		
10	019Cr19Mo2NbTi	00Cr18Mo2	240	410	20	
11	06Cr13Al	0Cr13Al	177	410		
12	022Cr11Ti	—	275	400	18	—
13	022Cr12Ni	—	275	400	18	—
14	06Cr13	0Cr13	210	410	20	

① 规定塑性延伸强度仅在需方要求，合同中注明时才给予保证。

3）钢管的材料密度见表2-308。

表2-308　流体输送用不锈钢焊接钢管的材料密度

序号	新牌号	旧牌号	密度/(kg/dm³)
1	12Cr18Ni9	1Cr18Ni9	7.93
2	06Cr19Ni10	0Cr18Ni9	
3	022Cr19Ni10	00Cr19Ni10	7.90
4	06Cr18Ni11Ti	0Cr18Ni10Ti	8.03
5	06Cr25Ni20	0Cr25Ni20	7.98
6	06Cr17Ni12Mo2	0Cr17Ni12Mo2	8.00
7	022Cr17Ni12Mo2	00Cr17Ni14Mo2	
8	06Cr18Ni11Nb	0Cr18Ni11Nb	8.03
9	022Cr18Ti	00Cr17	7.70
10	022Cr11Ti	—	
11	06Cr13Al	0Cr13Al	
12	019Cr19Mo2NbTi	00Cr18Mo2	7.75
13	022Cr12Ni	—	
14	06Cr13	0Cr13	

3.4.12　流体输送用不锈钢无缝钢管（摘自GB/T 14976—2012）

（1）尺寸

流体输送用不锈钢无缝钢管的外径和壁厚应符合GB/T 17395的相关规定。根据需方要求，经供需双方协商，可供应GB/T 17395规定以外的其他尺寸钢管。

钢管的长度应符合以下规定。

1）流体输送用不锈钢无缝钢管的通常长度：热轧（挤、扩）钢管为2000~12000mm；冷拔（轧）钢管为1000~12000mm。

2）根据需方要求，经供需双方协商，并在合同中注明，钢管可按定尺长度或倍尺长度交货。定尺长度和倍尺长度应在通常长度范围内。

（2）钢管的纵向力学性能（见表2-309）

表 2-309　热处理状态流体输送用不锈钢无缝钢管的纵向力学性能

组织类型	序号	GB/T 20878 序号	GB/T 20878 统一数字代号	牌号	推荐热处理制度	力学性能 抗拉强度 R_m/MPa ≥	规定塑性延伸强度 $R_{p0.2}$/MPa ≥	断后伸长率 A(%) ≥	密度 ρ/(kg/dm³)
奥氏体型	1	13	S30210	12Cr18Ni9	1010~1150℃,水冷或其他方式快冷	520	205	35	7.93
	2	17	S30438	06Cr19Ni10	1010~1150℃,水冷或其他方式快冷	520	205	35	7.93
	3	18	S30403	022Cr19Ni10	1010~1150℃,水冷或其他方式快冷	480	175	35	7.90
	4	23	S30458	06Cr19Ni10N	1010~1150℃,水冷或其他方式快冷	550	275	35	7.93
	5	24	S30478	06Cr19Ni9NbN	1010~1150℃,水冷或其他方式快冷	685	345	35	7.98
	6	25	S30453	022Cr19Ni10N	1010~1150℃,水冷或其他方式快冷	550	245	40	7.93
	7	32	S30908	06Cr23Ni13	1030~1180℃,水冷或其他方式快冷	520	205	40	7.98
	8	35	S31008	06Cr25Ni20	1030~1180℃,水冷或其他方式快冷	520	205	40	7.98
	9	38	S31608	06Cr17Ni12Mo2	1010~1150℃,水冷或其他方式快冷	520	205	35	8.00
	10	39	S31603	022Cr17Ni12Mo2	1010~1150℃,水冷或其他方式快冷	480	175	35	8.00
	11	40	S31609	07Cr17Ni12Mo2	≥1040℃,水冷或其他方式快冷	515	205	35	7.98
	12	41	S31668	06Cr17Ni12Mo2Ti	1000~1100℃,水冷或其他方式快冷	530	205	35	7.90
	13	43	S31658	06Cr17Ni12Mo2N	1010~1150℃,水冷或其他方式快冷	550	275	35	8.00
	14	44	S31653	022Cr17Ni12Mo2N	1010~1150℃,水冷或其他方式快冷	550	245	40	8.04
	15	45	S31688	06Cr18Ni12Mo2Cu2	1010~1150℃,水冷或其他方式快冷	520	205	35	7.96
	16	46	S31683	022Cr18Ni14Mo2Cu2	1010~1150℃,水冷或其他方式快冷	480	180	35	7.96
	17	49	S31708	06Cr19Ni13Mo3	1010~1150℃,水冷或其他方式快冷	520	205	35	8.00
	18	50	S31703	022Cr19Ni13Mo3	1010~1150℃,水冷或其他方式快冷	480	175	35	7.98
	19	55	S32168	06Cr18Ni11Ti	920~1150℃,水冷或其他方式快冷	520	205	35	8.03
	20	56	S32169	07Cr19Ni11Ti	冷拔(轧)≥1100℃,热轧(挤,扩)≥1050℃,水冷或其他方式快冷	520	205	35	7.93
	21	62	S34778	06Cr18Ni11Nb	980~1150℃,水冷或其他方式快冷	520	205	35	8.03
	22	63	S34779	07Cr18Ni11Nb	冷拔(轧)≥1100℃,热轧(挤,扩)≥1050℃,水冷或其他方式快冷	520	205	35	8.00
铁素体型	23	78	S11348	06Cr13Al	780~830℃,空冷或缓冷	415	205	20	7.75
	24	84	S11510	10Cr15	780~850℃,空冷或缓冷	415	240	20	7.70
	25	85	S11710	10Cr17	780~850℃,空冷或缓冷	415	240	20	7.70
	26	87	S11863	022Cr18Ti	780~950℃,空冷或缓冷	415	205	20	7.70
	27	92	S11972	019Cr19Mo2NbTi	800~1050℃,空冷	415	275	20	7.75
马氏体型	28	97	S41008	06Cr13	800~900℃,缓冷或750℃空冷	370	180	22	7.75
	29	98	S41010	12Cr13	800~900℃,缓冷或750℃空冷	415	205	20	7.70

3.5 钢丝绳和绳具

3.5.1 重要用途钢丝绳（摘自 GB 8918—2006）

（1）适用范围

该钢丝绳适用于矿井提升、高炉卷扬、大型浇铸、石油钻井、大型吊装、繁忙起重、索道、地面缆车、船舶和海上设施等用途的圆股及异形股钢丝绳。

（2）分类（见表2-310）

表2-310　重要用途钢丝绳的分类

组别	类别	分类原则	典型结构		直径范围
			钢丝绳	股绳	mm
1	6×7	6个圆股,每股外层丝可到7根,中心丝(或无)外捻制1~2层钢丝,钢丝等捻距	6×7 6×9W	(1+6) (3+3/3)	8~36 14~36
2	6×19	6个圆股,每股外层丝8~12根,中心丝外捻制2~3层钢丝,钢丝等捻距	6×19S 6×19W 6×25Fi 6×26WS 6×31WS	(1+9+9) (1+6+6/6) (1+6+6F+12) (1+5+5/5+10) (1+6+6/6+12)	12~36 12~40 12~44 20~40 22~46
3	6×37	6个圆股,每股外层丝14~18根,中心丝外捻制3~4层钢丝,钢丝等捻距	6×29Fi 6×36WS 6×37S(点线接触) 6×41WS 6×49SWS 6×55SWS	(1+7+7F+14) (1+7+7/7+14) (1+6+15+15) (1+8+8/8+16) (1+8+8+8/8+16) (1+9+9+9/9+18)	14~44 18~60 20~60 32~56 36~60 36~64
4	8×19	8个圆股,每股外层丝8~12根,中心丝外捻制2~3层钢丝,钢丝等捻距	8×19S 8×19W 8×25Fi 8×26WS 8×31WS	(1+9+9) (1+6+6/6) (1+6+6F+12) (1+5+5/5+10) (1+6+6/6+12)	20~44 18~48 16~52 24~48 26~56
5	8×37	8个圆股,每股外层丝14~18根,中心丝外捻制3~4层钢丝,钢丝等捻距	8×36WS 8×41WS 8×49SWS 8×55SWS	(1+7+7/7+14) (1+8+8/8+16) (1+8+8+8/8+16) (1+9+9+9/9+18)	22~60 40~56 44~64 44~64
6	18×7	钢丝绳中有17或18个圆股,每股外层丝4~7根,在纤维芯或钢芯外捻制2层股	17×7 18×7	(1+6) (1+6)	12~60 12~60
7	18×19	钢丝绳中有17或18个圆股,每股外层丝8~12根,钢丝等捻距钢丝等捻距,在纤维芯或钢芯外捻制2层股	18×19W 18×19S	(1+6+6/6) (1+9+9)	24~60 28~60
8	34×7	钢丝绳中有34~36个圆股,每股外层丝可到7根,在纤维芯或钢芯外捻制3层股	34×7 36×7	(1+6) (1+6)	16~60 20~60
9	35W×7	钢丝绳中有24~40个圆股,每股外层丝4~8根,在纤维芯或钢芯(钢丝)外捻制3层股	35W×7 24W×7	(1+6)	16~60

注：组别4、5、6、7、8、9的类别栏目左侧合并为"圆股钢丝绳"。

（续）

组别	类别	分类原则	典型结构		直径范围
			钢丝绳	股绳	mm
10	6V×7	6 个三角形股，每股外层丝 7~9 根，三角形股芯外捻制 1 层钢丝	6V×18 6V×19	（/3×2+3/+9） （/1×7+3/+9）	20~36 20~36
11	6V×19	6 个三角形股，每股外层丝 10~14 根，三角形股芯或纤维芯外捻制 2 层钢丝	6V×21 6V×24 6V×30 6V×34	（FC+9+12） （FC+12+12） （6+12+12） （/1×7+3/+12+12）	18~36 18~36 20~38 28~44
12	6V×37	6 个三角形股，每股外层丝 15~18 根，三角形股芯外捻制 2 层钢丝	6V×37 6V×37S 6V×43	（/1×7+3/+12+15） （/1×7+3/+12+15） （/1×7+3/+15+18）	32~52 32~52 38~58
13	4V×39	4 个扇形股，每股外层丝 15~18 根，纤维股芯外捻制 3 层钢丝	4V×39S 4V×48S	（FC+9+15+15） （FC+12+18+18）	16~36 20~40
14	6Q×19+ 6V×21	钢丝绳中有 12~14 个股，在 6 个三角形股外，捻制 6~8 个椭圆股	6Q×19+ 6V×21 6Q×33+ 6V×21	外股（5+14） 内股（FC+9+12） 外股（5+13+15） 内股（FC+9+12）	40~52 40~60

注：1. 13 组及 11 组中异形股钢丝绳中 6V×21、6V×24 结构仅为纤维绳芯，其余组别的钢丝绳，可由需方指定纤维芯或钢芯。

　　2. 三角形股芯的结构可以相互代替，或改用其他结构的三角形股芯，但应在订货合同中注明。

　　3. 钢丝绳的主要用途推荐，参见 GB 8918—2006 附录 D（资料性附录）。

（3）钢丝绳的力学性能（见表 2-311~表 2-325）

表 2-311　第 1 组 6×7 类钢丝绳的力学性能

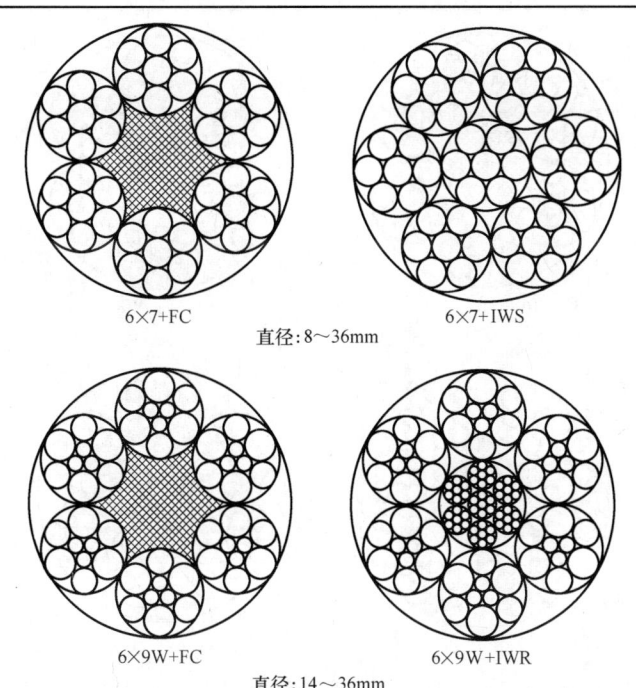

6×7+FC　　　　　　6×7+IWS

直径：8~36mm

6×9W+FC　　　　　　6×9W+IWR

直径：14~36mm

（续）

钢丝绳公称直径		钢丝绳参考质量/（kg/100m）			钢丝绳公称抗拉强度/MPa									
					1570		1670		1770		1870		1960	
					钢丝绳最小破断拉力/kN									
D/mm	允许偏差（%）	天然纤维芯钢丝绳	合成纤维芯钢丝绳	钢芯钢丝绳	纤维芯钢丝绳	钢芯钢丝绳	纤维芯钢丝绳	钢芯钢丝绳	纤维芯钢丝绳	钢芯钢丝绳	纤维芯钢丝绳	钢芯钢丝绳	纤维芯钢丝绳	钢芯钢丝绳
8		22.5	22.0	24.8	33.4	36.1	35.5	38.4	37.6	40.7	39.7	43.0	41.6	45.0
9		28.4	27.9	31.3	42.2	45.7	44.9	48.6	47.6	51.5	50.3	54.4	52.7	57.0
10		35.1	34.4	38.7	52.1	56.4	55.4	60.0	58.8	63.5	62.1	67.1	65.1	70.4
11		42.5	41.6	46.8	63.1	68.2	67.1	72.5	71.1	76.9	75.1	81.2	78.7	85.1
12		50.5	49.5	55.7	75.1	81.2	79.8	86.3	84.6	91.5	89.4	96.7	93.7	101
13		59.3	58.1	65.4	88.1	95.3	93.7	101	99.3	107	105	113	110	119
14		68.8	67.4	75.9	102	110	109	118	115	125	122	132	128	138
16		89.9	88.1	99.1	133	144	142	153	150	163	159	172	167	180
18	+5	114	111	125	169	183	180	194	190	206	201	218	211	228
20	0	140	138	155	208	225	222	240	235	254	248	269	260	281
22		170	166	187	252	273	268	290	284	308	300	325	315	341
24		202	198	223	300	325	319	345	338	366	358	387	375	405
26		237	233	262	352	381	375	405	397	430	420	454	440	476
28		275	270	303	409	442	435	470	461	498	487	526	510	552
30		316	310	348	469	507	499	540	529	572	559	604	586	633
32		359	352	396	534	577	568	614	602	651	636	687	666	721
34		406	398	447	603	652	641	693	679	735	718	776	752	813
36		455	446	502	676	730	719	777	762	824	805	870	843	912

注：钢丝绳结构为 6×7+FC、6×7+IWS、6×9W+FC 和 6×9W+IWR。

表 2-312　第 2 组 6×19 类钢丝绳的力学性能

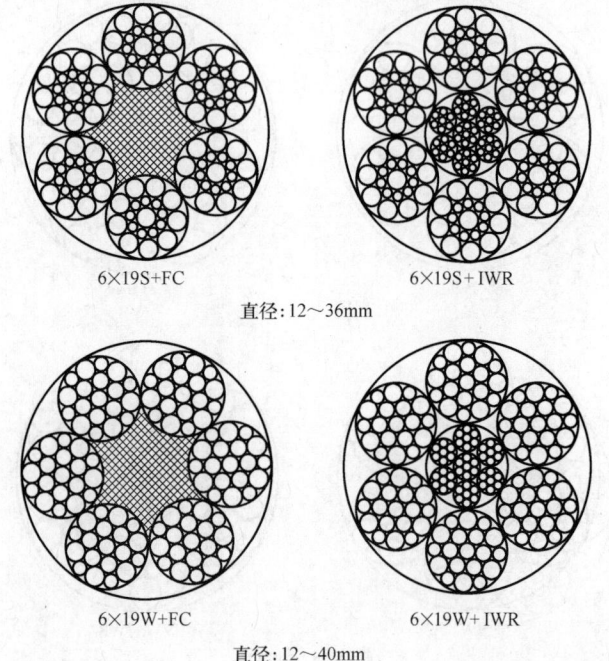

6×19S+FC　　　6×19S+IWR

直径：12～36mm

6×19W+FC　　　6×19W+IWR

直径：12～40mm

（续）

钢丝绳公称直径		钢丝绳参考质量/（kg/100m）		钢丝绳公称抗拉强度/MPa										
				1570		1670		1770		1870		1960		
				钢丝绳最小破断拉力/kN										
D/mm	允许偏差（%）	天然纤维芯钢丝绳	合成纤维芯钢丝绳	钢芯钢丝绳	纤维芯钢丝绳	钢芯钢丝绳	纤维芯钢丝绳	钢芯钢丝绳	纤维芯钢丝绳	钢芯钢丝绳	纤维芯钢丝绳	钢芯钢丝绳	纤维芯钢丝绳	钢芯钢丝绳
12		53.1	51.8	58.4	74.6	80.5	79.4	85.6	84.1	90.7	88.9	95.9	93.1	100
13		62.3	60.8	68.5	87.6	94.5	93.1	100	98.7	106	104	113	109	118
14		72.2	70.5	79.5	102	110	108	117	114	124	121	130	127	137
16		94.4	92.1	104	133	143	141	152	150	161	158	170	166	179
18		119	117	131	168	181	179	193	189	204	200	216	210	226
20		147	144	162	207	224	220	238	234	252	247	266	259	279
22		178	174	196	251	271	267	288	283	304	299	322	313	338
24	+5	212	207	234	298	322	317	342	336	363	355	383	373	402
26	0	249	243	274	350	378	373	402	395	426	417	450	437	472
28		289	282	318	406	438	432	466	458	494	484	522	507	547
30		332	324	365	466	503	496	535	526	567	555	599	582	628
32		377	369	415	531	572	564	609	598	645	632	682	662	715
34		426	416	469	599	646	637	687	675	728	713	770	748	807
36		478	466	525	671	724	714	770	757	817	800	863	838	904
38		532	520	585	748	807	796	858	843	910	891	961	934	1010
40		590	576	649	829	894	882	951	935	1010	987	1070	1030	1120

注：钢丝绳结构为 6×19S+FC、6×19S+IWR、6×19W+FC 和 6×19W+IWR。

表 2-313　第 2 组 6×19 类和第 3 组 6×37 类钢丝绳的力学性能

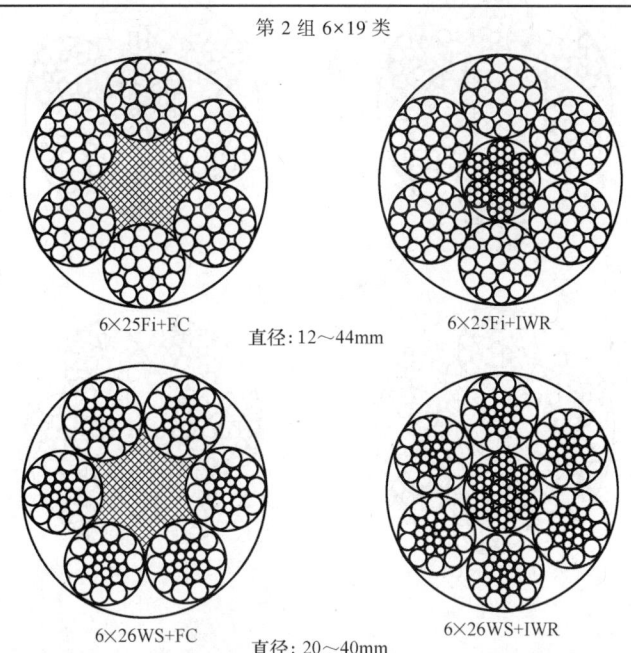

第 2 组 6×19 类

6×25Fi+FC　　直径：12～44mm　　6×25Fi+IWR

6×26WS+FC　　直径：20～40mm　　6×26WS+IWR

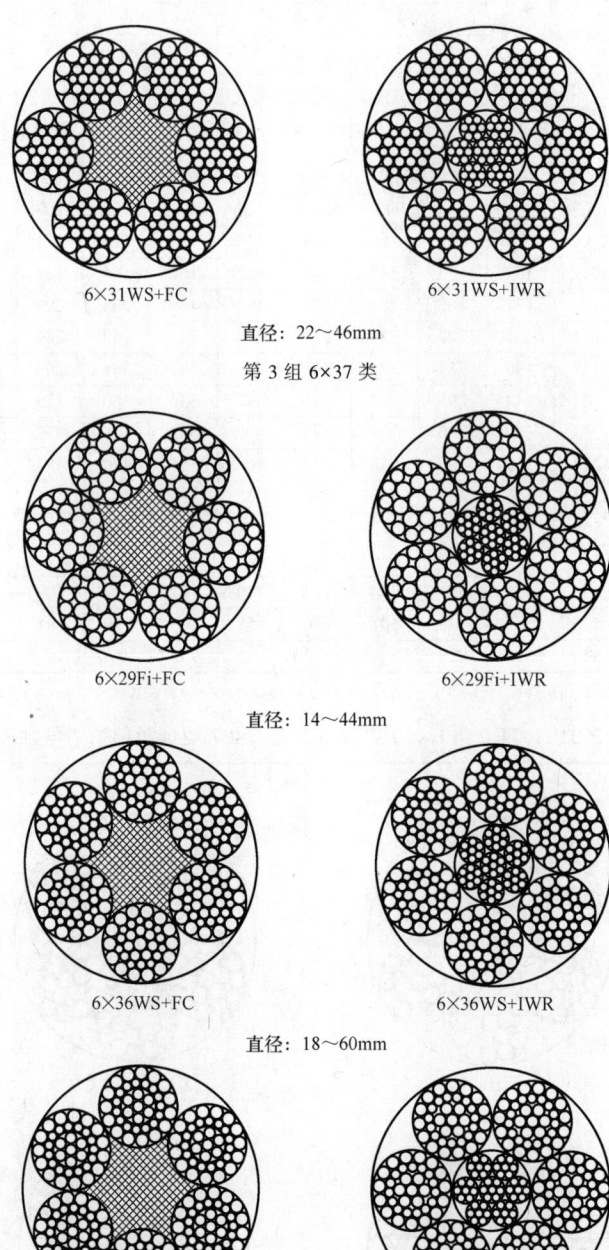

6×31WS+FC　　　　　　　6×31WS+IWR

直径：22～46mm

第 3 组 6×37 类

6×29Fi+FC　　　　　　　6×29Fi+IWR

直径：14～44mm

6×36WS+FC　　　　　　　6×36WS+IWR

直径：18～60mm

6×37S+FC　　　　　　　6×37S+IWR

直径：20～60mm

（续）

第 3 组 6×37 类

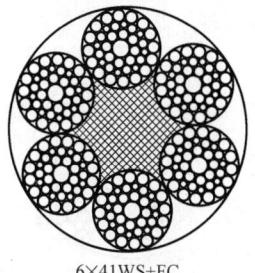 

6×41WS+FC	6×41WS+IWR

直径：32～56mm

6×49SWS+FC	6×49SWS+IWR

直径：36～60mm

6×55SWS+FC	6×55SWS+IWR

直径：36～64mm

钢丝绳公称直径		钢丝绳参考质量/（kg/100m）			钢丝绳公称抗拉强度/MPa									
					1570		1670		1770		1870		1960	
					钢丝绳最小破断拉力/kN									
D/mm	允许偏差（%）	天然纤维芯钢丝绳	合成纤维芯钢丝绳	钢芯钢丝绳	纤维芯钢丝绳	钢芯钢丝绳	纤维芯钢丝绳	钢芯钢丝绳	纤维芯钢丝绳	钢芯钢丝绳	纤维芯钢丝绳	钢芯钢丝绳	纤维芯钢丝绳	钢芯钢丝绳
12	+5 0	54.7	53.4	60.2	74.6	80.5	79.4	85.6	84.1	90.7	88.9	95.9	93.1	100
13		64.2	62.7	70.6	87.6	94.5	93.1	100	98.7	106	104	113	109	118
14		74.5	72.7	81.9	102	110	108	117	114	124	121	130	127	137
16		97.3	95.0	107	133	143	141	152	150	161	158	170	166	179
18		123	120	135	168	181	179	193	189	204	200	216	210	226
20		152	148	167	207	224	220	238	234	252	247	266	259	279
22		184	180	202	251	271	267	288	283	305	299	322	313	338

（续）

钢丝绳公称直径		钢丝绳参考质量/(kg/100m)			钢丝绳公称抗拉强度/MPa									
					1570		1670		1770		1870		1960	
					钢丝绳最小破断拉力/kN									
D/mm	允许偏差(%)	天然纤维芯钢丝绳	合成纤维芯钢丝绳	钢芯钢丝绳	纤维芯钢丝绳	钢芯钢丝绳	纤维芯钢丝绳	钢芯钢丝绳	纤维芯钢丝绳	钢芯钢丝绳	纤维芯钢丝绳	钢芯钢丝绳	纤维芯钢丝绳	钢芯钢丝绳
24	+5 0	219	214	241	298	322	317	342	336	363	355	383	373	402
26		257	251	283	350	378	373	402	395	426	417	450	437	472
28		298	291	328	406	435	432	466	458	494	484	522	507	547
30		342	334	376	466	503	496	535	526	567	555	599	582	628
32		389	380	428	531	572	564	609	598	645	632	682	662	715
34		439	429	483	599	646	637	687	675	728	713	770	748	807
36		492	481	542	671	724	714	770	757	817	800	863	838	904
38		549	536	604	748	807	796	858	843	910	891	961	934	1010
40		608	594	669	829	894	882	951	935	1010	987	1070	1030	1120
42	+5 0	670	654	737	914	985	972	1050	1030	1110	1090	1170	1140	1230
44		736	718	809	1000	1080	1070	1150	1130	1220	1190	1290	1250	1350
46		804	785	884	1100	1180	1170	1260	1240	1330	1310	1410	1370	1480
48		876	855	963	1190	1290	1270	1370	1350	1450	1420	1530	1490	1610
50		950	928	1040	1300	1400	1380	1490	1460	1580	1540	1660	1620	1740
52		1030	1000	1130	1400	1510	1490	1610	1580	1700	1670	1800	1750	1890
54		1110	1080	1220	1510	1630	1610	1730	1700	1840	1800	1940	1890	2030
56		1190	1160	1310	1620	1750	1730	1860	1830	1980	1940	2090	2030	2190
58		1280	1250	1410	1740	1880	1850	2000	1960	2120	2080	2240	2180	2350
60		1370	1340	1500	1870	2010	1980	2140	2100	2270	2220	2400	2330	2510
62		1460	1430	1610	1990	2150	2120	2290	2250	2420	2370	2560	2490	2680
64		1560	1520	1710	2120	2290	2260	2440	2390	2580	2530	2730	2650	2860

注：钢丝绳结构为 6×25Fi+FC、6×25Fi+IWR、6×26WS+FC、6×26WS+IWR、6×29Fi+FC、6×29Fi+IWR、6×31WS+FC、6×31WS+IWR、6×36WS+FC、6×36WS+IWR、6×37S+FC、6×37S+IWR、6×41WS+FC、6×41WS+IWR、6×49SWS+FC、6×49SWS+IWR、6×55SWS+FC 和 6×55SWS+IWR。

表 2-314　第 4 组 8×19 类钢丝绳的力学性能

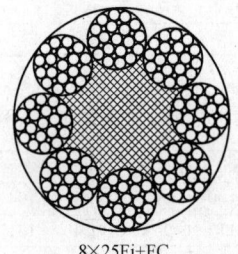
8×25Fi+FC

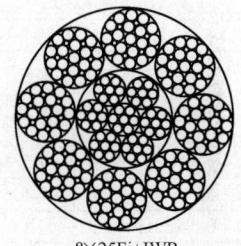
8×25Fi+IWR

直径:16～52mm

（续）

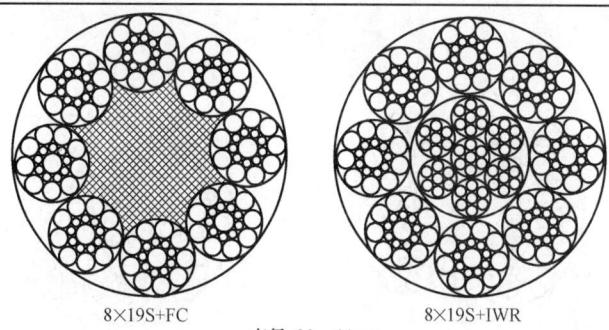

8×19S+FC　　　8×19S+IWR

直径：20～44mm

钢丝绳公称直径		钢丝绳参考质量/（kg/100m）			钢丝绳公称抗拉强度/MPa									
					1570		1670		1770		1870		1960	
					钢丝绳最小破断拉力/kN									
D/mm	允许偏差（%）	天然纤维芯钢丝绳	合成纤维芯钢丝绳	钢芯钢丝绳	纤维芯钢丝绳	钢芯钢丝绳	纤维芯钢丝绳	钢芯钢丝绳	纤维芯钢丝绳	钢芯钢丝绳	纤维芯钢丝绳	钢芯钢丝绳	纤维芯钢丝绳	钢芯钢丝绳
18		112	108	137	149	176	159	187	168	198	178	210	186	220
20		139	133	169	184	217	196	231	207	245	219	259	230	271
22		168	162	204	223	263	237	280	251	296	265	313	278	328
24		199	192	243	265	313	282	333	299	353	316	373	331	391
26		234	226	285	311	367	331	391	351	414	370	437	388	458
28		271	262	331	361	426	384	453	407	480	430	507	450	532
30		312	300	380	414	489	440	520	467	551	493	582	517	610
32	+5	355	342	432	471	556	501	592	531	627	561	663	588	694
34	0	400	386	488	532	628	566	668	600	708	633	748	664	784
36		449	432	547	596	704	634	749	672	794	710	839	744	879
38		500	482	609	664	784	707	834	749	884	791	934	829	979
40		554	534	576	736	869	783	925	830	980	877	1040	919	1090
42		611	589	744	811	958	863	1020	915	1080	967	1140	1010	1200
44		670	646	817	891	1050	947	1120	1000	1190	1060	1250	1110	1310
46		733	706	893	973	1150	1040	1220	1100	1300	1160	1370	1220	1430
48		798	769	972	1060	1250	1130	1330	1190	1410	1260	1490	1320	1560

注：钢丝绳结构为 8×19S+FC、8×19S+IWR、8×19W+FC 和 8×19W+IWR。

表 2-315　第 4 组 8×19 类和第 5 组 8×37 类钢丝绳的力学性能

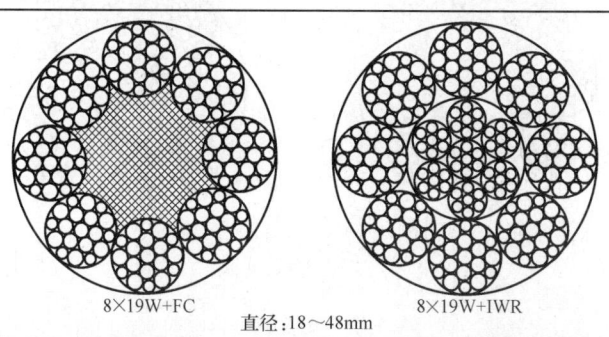

8×19W+FC　　　8×19W+IWR

直径：18～48mm

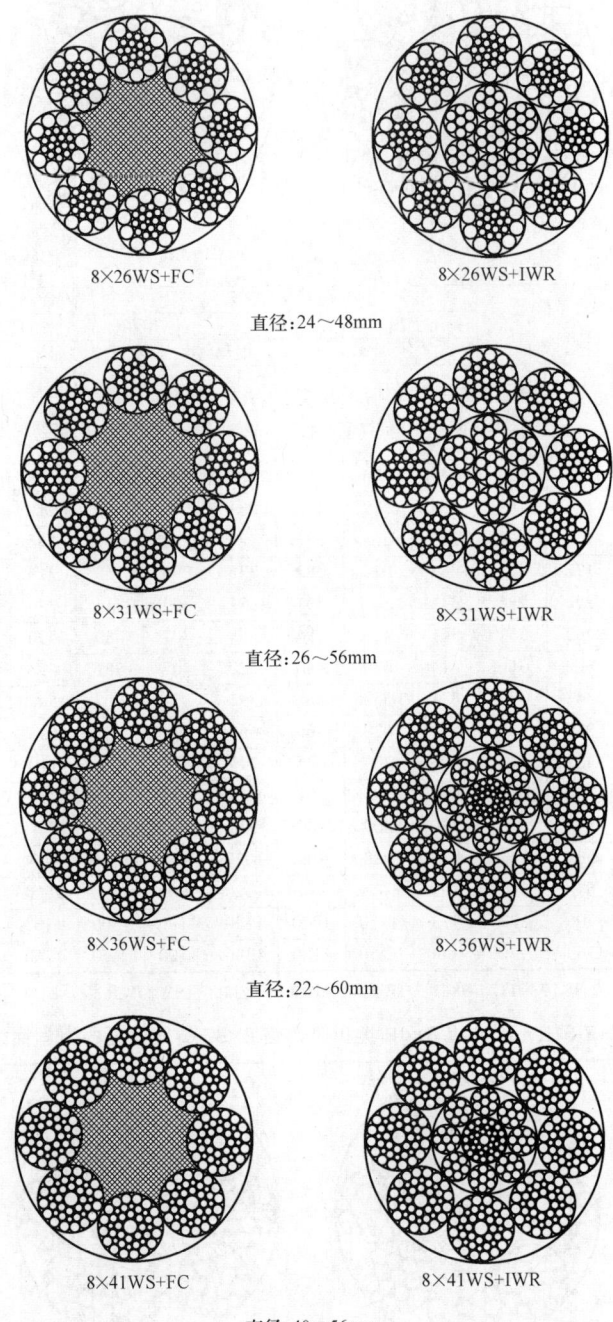

8×26WS+FC　　　　　8×26WS+IWR

直径:24～48mm

8×31WS+FC　　　　　8×31WS+IWR

直径:26～56mm

8×36WS+FC　　　　　8×36WS+IWR

直径:22～60mm

8×41WS+FC　　　　　8×41WS+IWR

直径:40～56mm

（续）

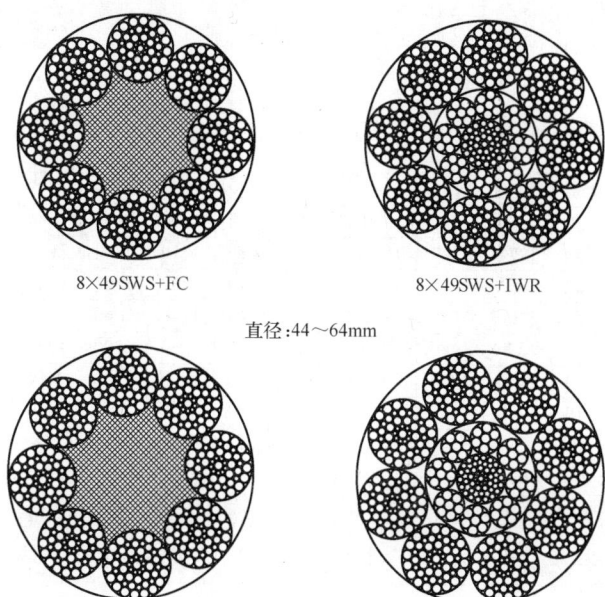

8×49SWS+FC　　　　　　8×49SWS+IWR

直径:44～64mm

8×55SWS+FC　　　　　　8×55SWS+IWR

直径:44～64mm

钢丝绳公称直径		钢丝绳参考质量/（kg/100m）		钢丝绳公称抗拉强度/MPa									
				1570		1670		1770		1870		1960	
				钢丝绳最小破断拉力/kN									
D/mm	允许偏差（%）	天然纤维芯钢丝绳	合成纤维芯钢丝绳	钢芯钢丝绳	纤维芯钢丝绳	钢芯钢丝绳	纤维芯钢丝绳	钢芯钢丝绳	纤维芯钢丝绳	钢芯钢丝绳	纤维芯钢丝绳	钢芯钢丝绳	纤维芯钢丝绳	钢芯钢丝绳
16	+5 0	91.4	88.1	111	118	139	125	148	133	157	140	166	147	174
18		116	111	141	149	176	159	187	168	198	178	210	186	220
20		143	138	174	184	217	196	231	207	245	219	259	230	271
22		173	166	211	223	263	237	280	251	296	265	313	278	328
24		206	198	251	265	313	282	333	299	353	316	373	331	391
26		241	233	294	311	367	331	391	351	414	370	437	388	458
28		280	270	341	361	426	384	453	407	480	430	507	450	532
30		321	310	392	414	489	440	520	467	551	493	582	517	610
32		366	352	445	471	556	501	592	531	627	561	663	588	694
34		413	398	503	532	628	566	668	600	708	633	748	664	784
36		463	446	564	596	704	634	749	672	794	710	839	744	879
38		516	497	628	664	784	707	834	749	884	791	934	829	979
40		571	550	696	736	869	783	925	830	980	877	1040	919	1090
42		630	607	767	811	958	863	1020	915	1080	967	1140	1010	1200
44		691	666	842	891	1050	947	1120	1000	1190	1060	1250	1110	1310
46		755	728	920	973	1150	1040	1220	1100	1300	1160	1370	1220	1430
48		823	793	1000	1060	1250	1130	1330	1190	1410	1260	1490	1320	1560

（续）

钢丝绳公称直径		钢丝绳参考质量/（kg/100m）		钢丝绳公称抗拉强度/MPa										
				1570		1670		1770		1870		1960		
				钢丝绳最小破断拉力/kN										
D /mm	允许偏差（%）	天然纤维芯钢丝绳	合成纤维芯钢丝绳	钢芯钢丝绳	纤维芯钢丝绳	钢芯钢丝绳	纤维芯钢丝绳	钢芯钢丝绳	纤维芯钢丝绳	钢芯钢丝绳	纤维芯钢丝绳	钢芯钢丝绳	纤维芯钢丝绳	钢芯钢丝绳
50		892	860	1090	1150	1360	1220	1440	1300	1530	1370	1620	1440	1700
52		965	930	1180	1240	1470	1320	1560	1400	1660	1480	1750	1550	1830
54	+5	1040	1000	1270	1340	1580	1430	1680	1510	1790	1600	1890	1670	1980
56		1120	1080	1360	1440	1700	1530	1810	1630	1920	1720	2030	1800	2130
58	0	1200	1160	1460	1550	1830	1650	1940	1740	2060	1840	2180	1930	2280
60		1290	1240	1570	1660	1960	1760	2080	1870	2200	1970	2330	2070	2440
62		1370	1320	1670	1770	2090	1880	2220	1990	2350	2110	2490	2210	2610
64		1460	1410	1780	1880	2230	2000	2370	2120	2510	2240	2650	2350	2780

注：钢丝绳结构为 8×25Fi+FC、8×25Fi+IWR、8×26WS+FC、8×26WS+IWR、8×31WS+FC、8×31WS+IWR、8×36WS+FC、8×36WS+IWR、8×41WS+FC、8×41WS+IWR、8×49SWS+FC、8×49SWS+IWR、8×55SWS+FC 和 8×55SWS+IWR。

表 2-316　第 6 组 18×7 类和第 7 组 18×19 类钢丝绳的力学性能

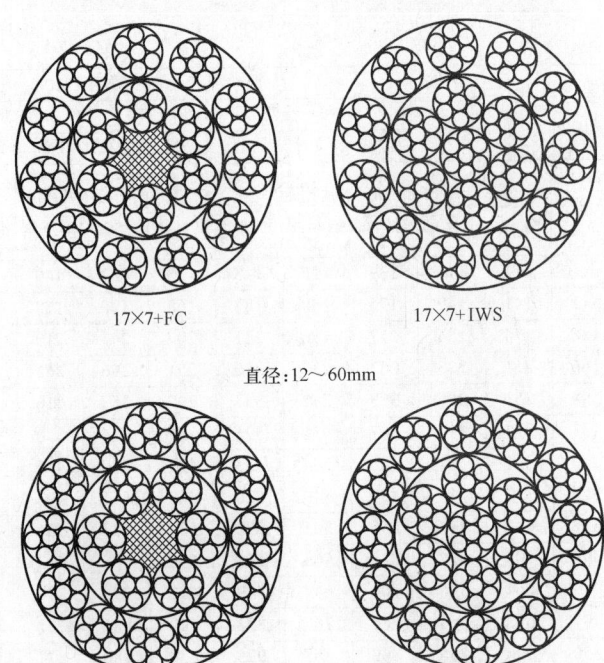

第 6 组 18×7 类

17×7+FC　　　　17×7+IWS

直径：12～60mm

18×7+FC　　　　18×7+IWS

直径：12～60mm

（续）

第 7 组 18×19 类

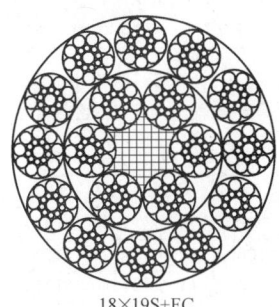

18×19S+FC

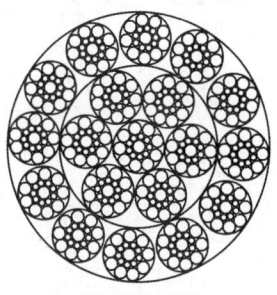

18×19S+1WS

直径:28～60mm

18×19W+FC

18×19W+1WS

直径:24～60mm

钢丝绳公称直径		钢丝绳参考质量/(kg/100m)		钢丝绳公称抗拉强度/MPa									
				1570		1670		1770		1870		1960	
				钢丝绳最小破断拉力/kN									
D /mm	允许偏差 (%)	纤维芯钢丝绳	钢芯钢丝绳	纤维芯钢丝绳	钢芯钢丝绳	纤维芯钢丝绳	钢芯钢丝绳	纤维芯钢丝绳	钢芯钢丝绳	纤维芯钢丝绳	钢芯钢丝绳	纤维芯钢丝绳	钢芯钢丝绳
12		56.2	61.9	70.1	74.2	74.5	78.9	79.0	83.6	83.5	88.3	87.5	92.6
13		65.9	72.7	82.3	87.0	87.5	92.6	92.7	98.1	98.0	104	103	109
14		76.4	84.3	95.4	101	101	107	108	114	114	120	119	126
16		99.8	110	125	132	133	140	140	149	148	157	156	165
18		126	139	158	167	168	177	178	188	188	199	197	208
20		156	172	195	206	207	219	219	232	232	245	243	257
22	+5	189	208	236	249	251	265	266	281	281	297	294	311
24	0	225	248	280	297	298	316	316	334	334	353	350	370
26		264	291	329	348	350	370	371	392	392	415	411	435
28		306	337	382	404	406	429	430	455	454	481	476	504
30		351	387	438	463	466	493	494	523	522	552	547	579
32		399	440	498	527	530	561	562	594	594	628	622	658
34		451	497	563	595	598	633	634	671	670	709	702	743
36		505	557	631	667	671	710	711	752	751	795	787	833

（续）

钢丝绳公称直径		钢丝绳参考质量/(kg/100m)		钢丝绳公称抗拉强度/MPa									
				1570		1670		1770		1870		1960	
				钢丝绳最小破断拉力/kN									
D/mm	允许偏差（%）	纤维芯钢丝绳	钢芯钢丝绳	纤维芯钢丝绳	钢芯钢丝绳	纤维芯钢丝绳	钢芯钢丝绳	纤维芯钢丝绳	钢芯钢丝绳	纤维芯钢丝绳	钢芯钢丝绳	纤维芯钢丝绳	钢芯钢丝绳
38		563	621	703	744	748	791	792	838	837	886	877	928
40		624	688	779	824	828	876	878	929	928	981	972	1030
42		688	759	859	908	913	966	968	1020	1020	1080	1070	1130
44		755	832	942	997	1000	1060	1060	1120	1120	1190	1180	1240
46		825	910	1030	1090	1100	1160	1160	1230	1230	1300	1290	1360
48	+5 0	899	991	1120	1190	1190	1260	1260	1340	1340	1410	1400	1480
50		975	1080	1220	1290	1290	1370	1370	1450	1450	1530	1520	1610
52		1050	1160	1320	1390	1400	1480	1480	1570	1570	1660	1640	1740
54		1140	1250	1420	1500	1510	1600	1600	1690	1690	1790	1770	1870
56		1220	1350	1530	1610	1620	1720	1720	1820	1820	1920	1910	2020
58		1310	1450	1640	1730	1740	1840	1850	1950	1950	2060	2040	2160
60		1400	1550	1750	1850	1860	1970	1980	2090	2090	2210	2190	2310

注：钢丝绳结构为 17×7+FC、17×7+IWS、18×7+FC、18×7+IWS、18×19S+FC、18×19S+IWS、18×19W+FC 和 18×19W+IWS。

表 2-317　第 8 组 34×7 类钢丝绳的力学性能

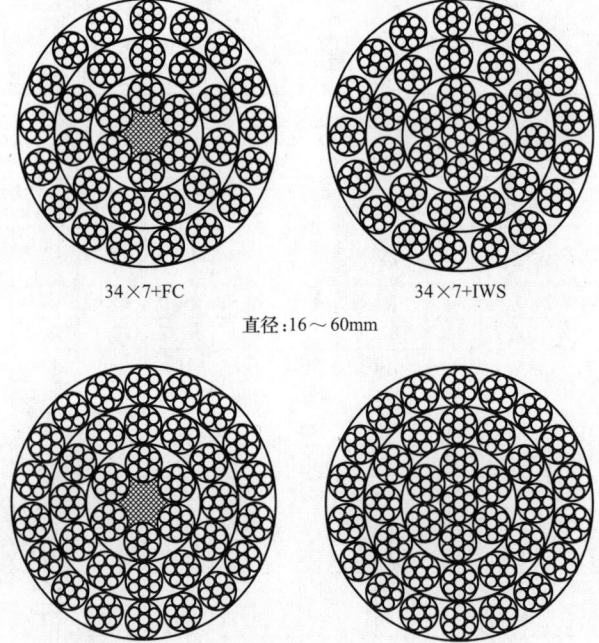

34×7+FC　　　　　　34×7+IWS

直径:16～60mm

36×7+FC　　　　　　36×7+IWS

直径:16～60mm

（续）

钢丝绳公称直径		钢丝绳参考质量/(kg/100m)	钢丝绳公称抗拉强度/MPa									
			1570		1670		1770		1870		1960	
			钢丝绳最小破断拉力/kN									
D /mm	允许偏差（%）	纤维芯钢丝绳 / 钢芯钢丝绳	纤维芯钢丝绳	钢芯钢丝绳	纤维芯钢丝绳	钢芯钢丝绳	纤维芯钢丝绳	钢芯钢丝绳	纤维芯钢丝绳	钢芯钢丝绳	纤维芯钢丝绳	钢芯钢丝绳
16	+5 0	99.8　110	124	128	132	136	140	144	147	152	155	160
18		126　139	157	162	167	172	177	182	187	193	196	202
20		156　172	193	200	206	212	218	225	230	238	241	249
22		189　208	234	242	249	257	264	272	279	288	292	302
24		225　248	279	288	296	306	314	324	332	343	348	359
26		264　291	327	337	348	359	369	380	389	402	408	421
28		306　337	379	391	403	416	427	441	452	466	473	489
30		351　387	435	449	463	478	491	507	518	535	543	561
32		399　440	495	511	527	544	558	576	590	609	618	638
34		451　497	559	577	595	614	630	651	666	687	698	721
36		505　557	627	647	667	688	707	729	746	771	782	808
38		563　621	698	721	743	767	787	813	832	859	872	900
40		624　688	774	799	823	850	872	901	922	951	966	997
42		688　759	853	881	907	937	962	993	1020	1050	1060	1100
44		755　832	936	967	996	1030	1060	1090	1120	1150	1170	1210
46		825　910	1020	1060	1090	1120	1150	1190	1220	1260	1280	1320
48		899　991	1110	1150	1190	1220	1260	1300	1330	1370	1390	1440
50		975　1080	1210	1250	1290	1330	1360	1410	1440	1490	1510	1560
52		1050　1160	1310	1350	1390	1440	1470	1520	1560	1610	1630	1690
54		1140　1250	1410	1460	1500	1550	1590	1640	1680	1730	1760	1820
56		1220　1350	1520	1570	1610	1670	1710	1770	1810	1860	1890	1950
58		1310　1450	1630	1680	1730	1790	1830	1890	1940	2000	2030	2100
60		1400　1550	1740	1800	1850	1910	1960	2030	2070	2140	2170	2240

注：钢丝绳结构为 34×7+FC、34×7+IWS、36×7+FC 和 36×7+IWS。

表 2-318　第 9 组 35W×7 类钢丝绳的力学性能

35W×7

24W×7

直径：16～60mm

（续）

钢丝绳公称直径		钢丝绳参考质量/	钢丝绳公称抗拉强度/MPa				
		(kg/100m)	1570	1670	1770	1870	1960
D/mm	允许偏差（%）		钢丝绳最小破断拉力/kN				
16		118	145	154	163	172	181
18		149	183	195	206	218	229
20		184	226	240	255	269	282
22		223	274	291	308	326	342
24		265	326	346	367	388	406
26		311	382	406	431	455	477
28		361	443	471	500	528	553
30		414	509	541	573	606	635
32		471	579	616	652	689	723
34		532	653	695	737	778	816
36	+5	596	732	779	826	872	914
38	0	664	816	868	920	972	1020
40		736	904	962	1020	1080	1130
42		811	997	1060	1120	1190	1240
44		891	1090	1160	1230	1300	1370
46		973	1200	1270	1350	1420	1490
48		1060	1300	1390	1470	1550	1630
50		1150	1410	1500	1590	1680	1760
52		1240	1530	1630	1720	1820	1910
54		1340	1650	1750	1860	1960	2060
56		1440	1770	1890	2000	2110	2210
58		1550	1900	2020	2140	2260	2370
60		1660	2030	2160	2290	2420	2540

注：钢丝绳结构为 35W×7 和 24W×7。

表 2-319　第 10 组 6V×7 类钢丝绳的力学性能

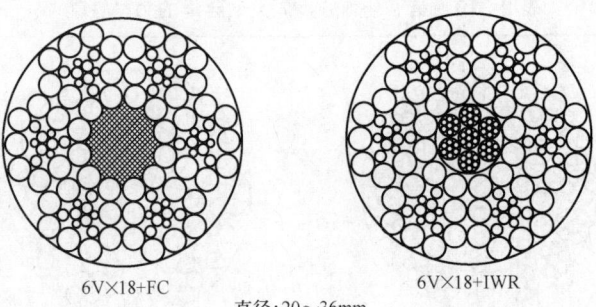

6V×18+FC　　　　　　6V×18+IWR

直径：20～36mm

（续）

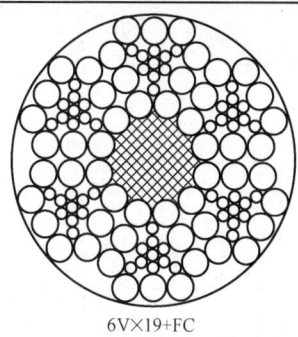

6V×19+FC

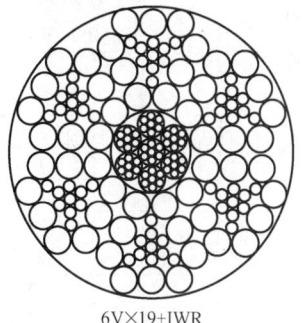

6V×19+IWR

直径：20～36mm

钢丝绳公称直径		钢丝绳参考质量/（kg/100m）			钢丝绳公称抗拉强度/MPa									
					1570		1670		1770		1870		1960	
					钢丝绳最小破断拉力/kN									
D/mm	允许偏差（%）	天然纤维芯钢丝绳	合成纤维芯钢丝绳	钢芯钢丝绳	纤维芯钢丝绳	钢芯钢丝绳	纤维芯钢丝绳	钢芯钢丝绳	纤维芯钢丝绳	钢芯钢丝绳	纤维芯钢丝绳	钢芯钢丝绳	纤维芯钢丝绳	钢芯钢丝绳
20	+60	165	162	175	236	250	250	266	266	282	280	298	294	312
22		199	196	212	285	302	303	322	321	341	339	360	356	378
24		237	233	252	339	360	361	383	382	406	404	429	423	449
26		279	273	295	398	422	423	449	449	476	474	503	497	527
28		323	317	343	462	490	491	521	520	552	550	583	576	612
30		371	364	393	530	562	564	598	597	634	631	670	662	702
32		422	414	447	603	640	641	681	680	721	718	762	753	799
34		476	467	505	681	722	724	768	767	814	811	860	850	902
36		534	524	566	763	810	812	861	860	913	909	965	953	1010

注：钢丝绳结构为 6V×18+FC、6V×18+IWR、6V×19+FC 和 6V×19+IWR。

表 2-320　第 11 组 6V×19 类钢丝绳的力学性能 （一）

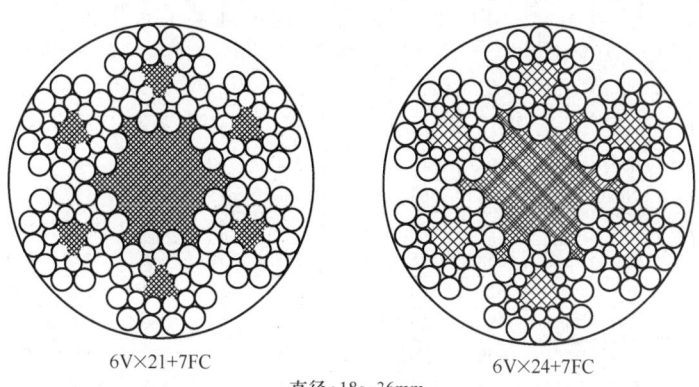

6V×21+7FC　　　　　　　　6V×24+7FC

直径：18～36mm

（续）

钢丝绳公称直径		钢丝绳参考质量/（kg/100m）		钢丝绳公称抗拉强度/MPa				
				1570	1670	1770	1870	1960
D/mm	允许偏差（%）	天然纤维芯钢丝绳	合成纤维芯钢丝绳	钢丝绳最小破断拉力/kN				
18		121	118	168	179	190	201	210
20		149	146	208	221	234	248	260
22		180	177	252	268	284	300	314
24		215	210	300	319	338	357	374
26	+6	252	247	352	374	396	419	439
28	0	292	286	408	434	460	486	509
30		335	329	468	498	528	557	584
32		382	374	532	566	600	634	665
34		431	422	601	639	678	716	750
36		483	473	674	717	760	803	841

注：钢丝绳结构为6V×21+7FC 和 6V×24+7FC。

表 2-321　第 11 组 6V×19 类钢丝绳的力学性能（二）

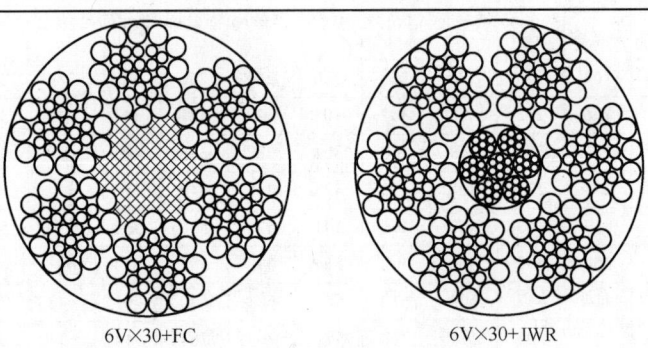

6V×30+FC　　　　　　　6V×30+IWR

直径：20～38mm

钢丝绳公称直径		钢丝绳参考质量/（kg/100m）			钢丝绳公称抗拉强度/MPa									
					1570		1670		1770		1870		1960	
					钢丝绳最小破断拉力/kN									
D/mm	允许偏差（%）	天然纤维芯钢丝绳	合成纤维芯钢丝绳	钢芯钢丝绳	纤维芯钢丝绳	钢芯钢丝绳	纤维芯钢丝绳	钢芯钢丝绳	纤维芯钢丝绳	钢芯钢丝绳	纤维芯钢丝绳	钢芯钢丝绳	纤维芯钢丝绳	钢芯钢丝绳
20		162	159	172	203	216	216	230	229	243	242	257	254	270
22		196	192	208	246	261	262	278	278	295	293	311	307	326
24		233	229	247	293	311	312	331	330	351	349	370	365	388
26		274	268	290	344	365	366	388	388	411	410	435	429	456
28	+6	318	311	336	399	423	424	450	450	477	475	504	498	528
30	0	365	357	386	458	486	487	517	516	548	545	579	572	606
32		415	407	439	521	553	554	588	587	623	620	658	650	690
34		468	459	496	588	624	625	664	663	703	700	743	734	779
36		525	515	556	659	700	701	744	743	789	785	833	823	873
38		585	573	619	735	779	781	829	828	879	875	928	917	973

注：钢丝绳结构为6V×30+FC 和 6V×30+IWR。

表 2-322　第 11 组 6V×19 类和第 12 组 6V×37 类钢丝绳的力学性能

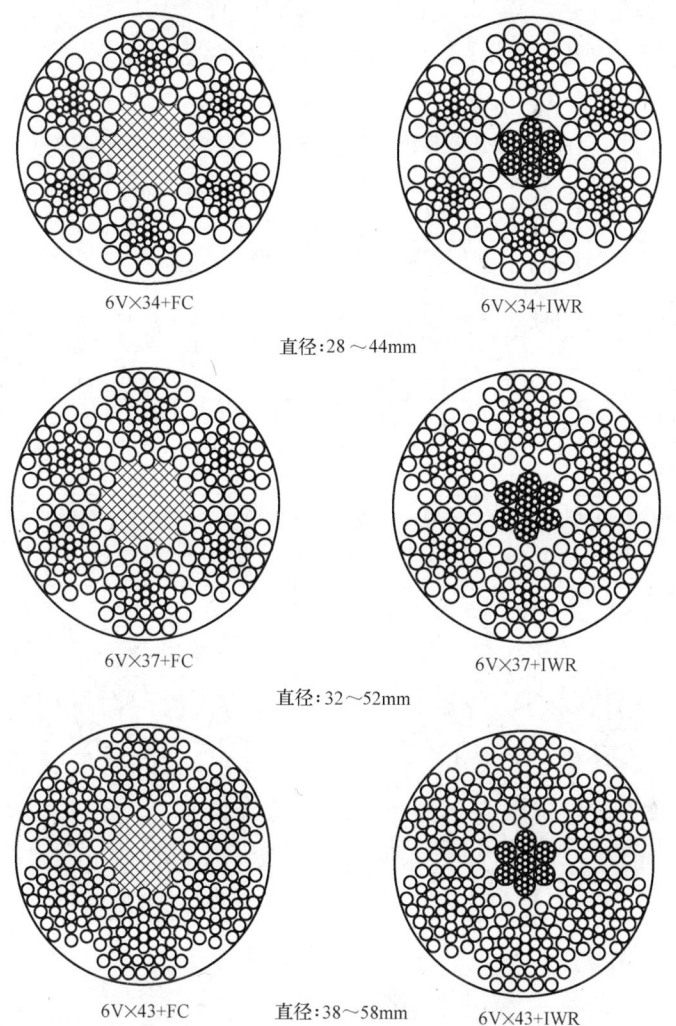

6V×34+FC　　　　　　　　　　6V×34+IWR

直径:28～44mm

6V×37+FC　　　　　　　　　　6V×37+IWR

直径:32～52mm

6V×43+FC　　　直径:38～58mm　　　6V×43+IWR

钢丝绳公称直径		钢丝绳参考质量/ （kg/100m）			钢丝绳公称抗拉强度/MPa									
					1570		1670		1770		1870		1960	
					钢丝绳最小破断拉力/kN									
D /mm	允许 偏差 （%）	天然 纤维芯 钢丝绳	合成 纤维芯 钢丝绳	钢芯 钢丝绳	纤维芯 钢丝绳	钢芯 钢丝绳	纤维芯 钢丝绳	钢芯 钢丝绳	纤维芯 钢丝绳	钢芯 钢丝绳	纤维芯 钢丝绳	钢芯 钢丝绳	纤维芯 钢丝绳	钢芯 钢丝绳
28		318	311	336	443	470	471	500	500	530	528	560	553	587
30		364	357	386	509	540	541	574	573	609	606	643	635	674
32	+6	415	407	439	579	614	616	653	652	692	689	731	723	767
34	0	468	459	496	653	693	695	737	737	782	778	826	816	866
36		525	515	556	732	777	779	827	826	876	872	926	914	970
38		585	573	619	816	866	868	921	920	976	972	1030	1020	1080

（续）

钢丝绳公称直径		钢丝绳参考质量/ （kg/100m）			钢丝绳公称抗拉强度/MPa									
					1570		1670		1770		1870		1960	
					钢丝绳最小破断拉力/kN									
D /mm	允许 偏差 （%）	天然 纤维芯 钢丝绳	合成 纤维芯 钢丝绳	钢芯 钢丝绳	纤维芯 钢丝绳	钢芯 钢丝绳	纤维芯 钢丝绳	钢芯 钢丝绳	纤维芯 钢丝绳	钢芯 钢丝绳	纤维芯 钢丝绳	钢芯 钢丝绳	纤维芯 钢丝绳	钢芯 钢丝绳
40		648	635	686	904	960	962	1020	1020	1080	1080	1140	1130	1200
42		714	700	757	997	1060	1060	1130	1120	1190	1190	1260	1240	1320
44		784	769	831	1090	1160	1160	1240	1230	1310	1300	1380	1370	1450
46		857	840	908	1200	1270	1270	1350	1350	1430	1420	1510	1490	1580
48	+6	933	915	988	1300	1380	1390	1470	1470	1560	1550	1650	1630	1730
50	0	1010	993	1070	1410	1500	1500	1590	1590	1690	1680	1790	1760	1870
52		1100	1070	1160	1530	1620	1630	1720	1720	1830	1820	1930	1910	2020
54		1180	1160	1250	1650	1750	1750	1860	1860	1970	1960	2080	2060	2180
56		1270	1240	1350	1770	1880	1890	2000	2000	2120	2110	2240	2210	2350
58		1360	1340	1440	1900	2020	2020	2150	2140	2270	2260	2400	2370	2520

注：钢丝绳结构为 6V×34+FC、6V×34+IWR、6V×37+FC、6V×37+IWR、6V×43+FC 和 6V×43+IWR。

表 2-323　第 12 组 6V×37 类钢丝绳的力学性能

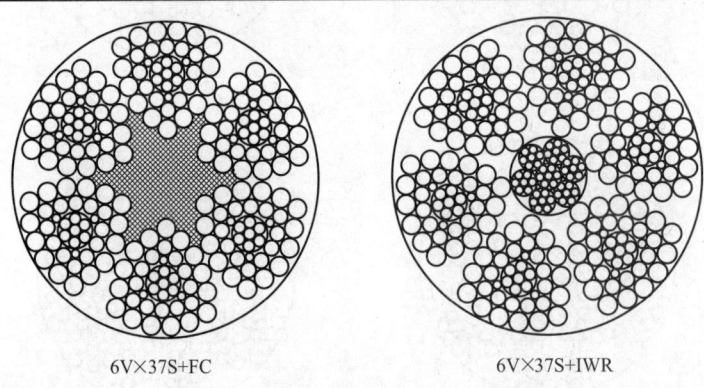

6V×37S+FC　　　　　6V×37S+IWR

直径:32～52mm

钢丝绳公称直径		钢丝绳参考质量/ （kg/100m）			钢丝绳公称抗拉强度/MPa									
					1570		1670		1770		1870		1960	
					钢丝绳最小破断拉力/kN									
D /mm	允许 偏差 （%）	天然 纤维芯 钢丝绳	合成 纤维芯 钢丝绳	钢芯 钢丝绳	纤维芯 钢丝绳	钢芯 钢丝绳	纤维芯 钢丝绳	钢芯 钢丝绳	纤维芯 钢丝绳	钢芯 钢丝绳	纤维芯 钢丝绳	钢芯 钢丝绳	纤维芯 钢丝绳	钢芯 钢丝绳
32		427	419	452	596	633	634	673	672	713	710	753	744	790
34		482	473	511	673	714	716	760	759	805	802	851	840	891
36	+6	541	530	573	754	801	803	852	851	903	899	954	942	999
38	0	602	590	638	841	892	894	949	948	1010	1000	1060	1050	1110
40		667	654	707	931	988	991	1050	1050	1110	1110	1180	1160	1230
42		736	721	779	1030	1090	1090	1160	1160	1230	1220	1300	1280	1360
44		808	792	855	1130	1200	1200	1270	1270	1350	1340	1420	1410	1490

（续）

钢丝绳公称直径		钢丝绳参考质量/（kg/100m）		钢丝绳公称抗拉强度/MPa										
				1570		1670		1770		1870		1960		
				钢丝绳最小破断拉力/kN										
D/mm	允许偏差（%）	天然纤维芯钢丝绳	合成纤维芯钢丝绳	钢芯钢丝绳	纤维芯钢丝绳	钢芯钢丝绳	纤维芯钢丝绳	钢芯钢丝绳	纤维芯钢丝绳	钢芯钢丝绳	纤维芯钢丝绳	钢芯钢丝绳	纤维芯钢丝绳	钢芯钢丝绳
46	+6 0	883	865	935	1230	1310	1310	1390	1390	1470	1470	1560	1540	1630
48		961	942	1020	1340	1420	1430	1510	1510	1600	1600	1700	1670	1780
50		1040	1020	1100	1460	1540	1550	1640	1640	1740	1730	1840	1820	1930
52		1130	1110	1190	1570	1670	1670	1780	1770	1880	1870	1990	1970	2090

注：钢丝绳结构为 6V×37S+FC 和 6V×37S+IWR。

表 2-324　第 13 组 4V×39 类钢丝绳的力学性能

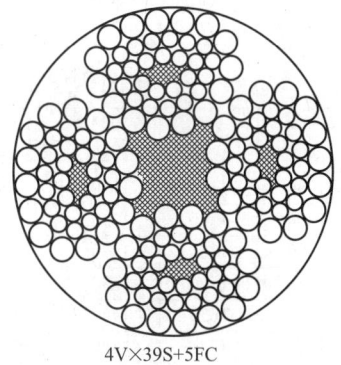

4V×39S+5FC
直径：16～36mm

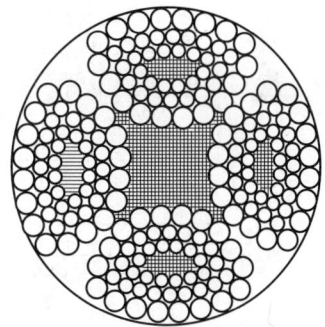

4V×48S+5FC
直径：20～40mm

钢丝绳公称直径		钢丝绳参考质量/（kg/100m）		钢丝绳公称抗拉强度/MPa				
				1570	1670	1770	1870	1960
D/mm	允许偏差（%）	天然纤维芯钢丝绳	合成纤维芯钢丝绳	钢丝绳最小破断拉力/kN				
16	+6 0	105	103	145	154	163	172	181
18		133	130	183	195	206	218	229
20		164	161	226	240	255	269	282
22		198	195	274	291	308	326	342
24		236	232	326	346	367	388	406
26		277	272	382	406	431	455	477
28		321	315	443	471	500	528	553
30		369	362	509	541	573	606	635
32		420	412	579	616	652	689	723
34		474	465	653	695	737	778	816
36		531	521	732	779	826	872	914
38		592	580	816	868	920	972	1020
40		656	643	904	962	1020	1080	1130

注：钢丝绳结构为 4V×39S+5FC 和 4V×48S+5FC。

表 2-325　第 14 组 6Q×19+6V×21 类钢丝绳的力学性能

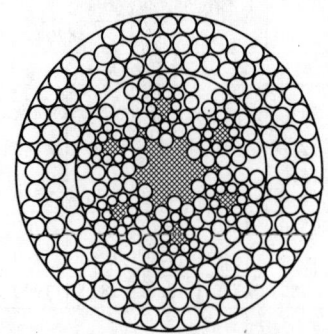

6Q×19+6V×21+7FC
直径：40～52mm

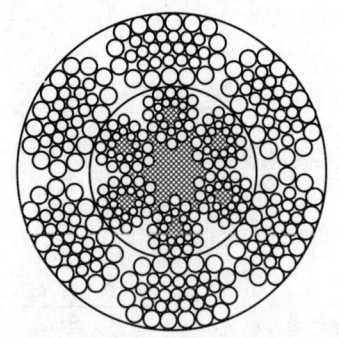

6Q×33+6V×21+7FC
直径：40～60mm

钢丝绳公称直径		钢丝绳参考质量/ （kg/100m）		钢丝绳公称抗拉强度/MPa				
				1570	1670	1770	1870	1960
D/mm	允许偏差 （%）	天然纤维 芯钢丝绳	合成纤维 芯钢丝绳	钢丝绳最小破断拉力/kN				
40		656	643	904	962	1020	1080	1130
42		723	709	997	1060	1120	1190	1240
44		794	778	1090	1160	1230	1300	1370
46		868	851	1200	1270	1350	1420	1490
48		945	926	1300	1390	1470	1550	1630
50	+6 0	1030	1010	1410	1500	1590	1680	1760
52		1110	1090	1530	1630	1720	1820	1910
54		1200	1170	1650	1750	1860	1960	2060
56		1290	1260	1770	1890	2000	2110	2210
58		1380	1350	1900	2020	2140	2260	2370
60		1480	1450	2030	2160	2290	2420	2540

注：钢丝绳结构为 6Q×19+6V×21+7FC 和 6Q×33+6V×21+7FC。

3.5.2　压实股钢丝绳（摘自 YB/T 5359—2010）

（1）术语和定义

1）压实股：通过模拔、轧制或锻打等变形加工后，钢丝的形状和股的尺寸发生改变，而钢丝的金属横截面积保持不变的股。

2）压实股钢丝绳：成绳之前，外层股经过模拔、轧制或锻打等压实加工的钢丝绳。

（2）分类

钢丝绳按其股数和股外层钢丝的数目分类见表 2-326。

表 2-326　压实股钢丝绳的分类

组别	类别	钢丝绳			外层股			
		股数	外层股数	股的层数	钢丝数	外层钢丝数	钢丝层数	股捻制类型
1	6×K7	6	6	1	5~9	4~8	1	单捻
2	6×K19	6	6	1	15~26	7~12	2~3	平行捻

（续）

组别	类别	钢丝绳			外层股			
		股数	外层股数	股的层数	钢丝数	外层钢丝数	钢丝层数	股捻制类型
3	6×K36	6	6	1	29~57	12~18	3~4	平行捻
4	8×K19	8	8	1	15~26	7~12	2~3	平行捻
5	8×K36	8	8	1	29~57	12~18	3~4	平行捻
6	15×K7	15	15	1	5~9	4~8	1	单捻
7	16×K7	16	16	1	5~9	4~8	1	单捻
8	18×K7	17~18	10~12	2	5~9	4~8	1	单捻
9	18×K19	17~18	10~12	2	15~26	7~12	2~3	平行捻
10	35（W）×K7	27~40	15~18	3	5~9	4~8	1	单捻
11	8×K19-PWRC（K）	16	8	2	15~26	7~12	2~3	平行捻
12	8×K36-PWRC（K）	16	8	2	29~57	12~18	3~4	平行捻

注：1. 1 组~10 组可为交互捻和同向捻，其中 8 组~10 组多层股钢丝绳的内层绳捻法由生产厂家确定。
　　2. 11 组~12 组仅为交互捻，仅适用于钢丝绳不运动的使用场所。

（3）钢丝绳的捻法分类（见图 2-2）

右交互捻(sZ)　　　左交互捻(zS)　　　右同向捻(zZ)　　　左同向捻(sS)

图 2-2　钢丝绳的捻法分类

（4）典型结构（见图 2-3~图 2-9）

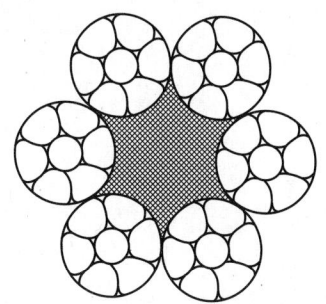

钢丝绳结构：6×K7-FC
股结构：(1-6) 直径：10~40mm

图 2-3　第 1 组 6×K7 类典型结构

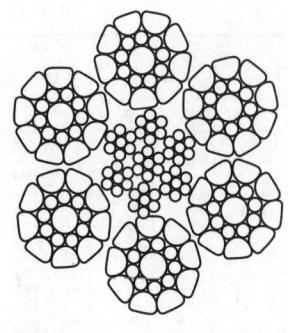

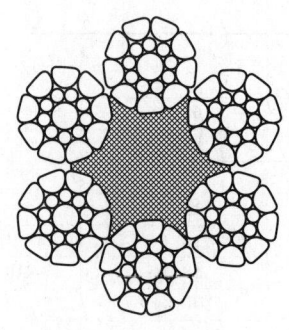

钢丝绳结构: 6×K19S-IWRC

钢丝绳结构: 6×K19S-FC

股结构: (1-9-9)　　　直径: 12~40mm

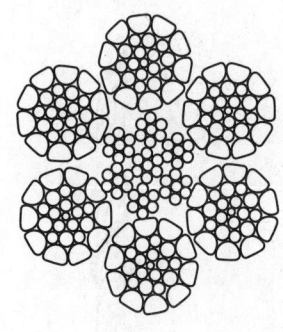

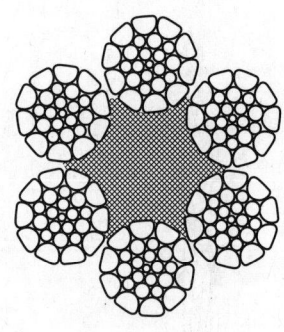

钢丝绳结构: 6×K26WS-IWRC

钢丝绳结构: 6×K26WS-FC

股结构: (1-5-5+5-10)　　　直径: 14~40mm

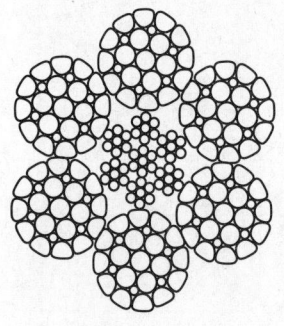

钢丝绳结构: 6×K25F-IWRC

钢丝绳结构: 6×K25F-FC

股结构: (1-6-6F-12)　　　直径: 16~46mm

图 2-4　第 2、3 组 6×K19

钢丝绳结构:6×K31WS-IWRC

股结构:(1-6-6+6-12)

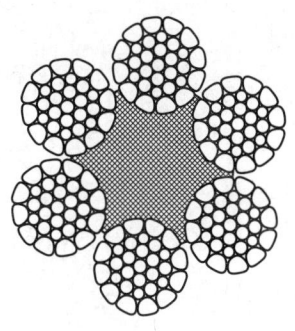

钢丝绳结构:6×K31WS-FC

直径:16~46mm

钢丝绳结构:6×K29F-IWRC

股结构:(1-7-7F-14)

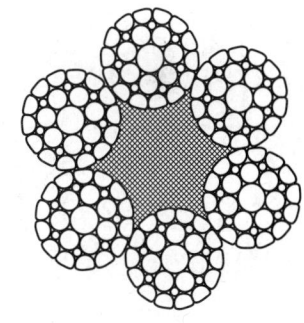

钢丝绳结构:6×K29F-FC

直径:18~46mm

钢丝绳结构:6×K36WS-IWRC

股结构:(1-7-7+7-14)

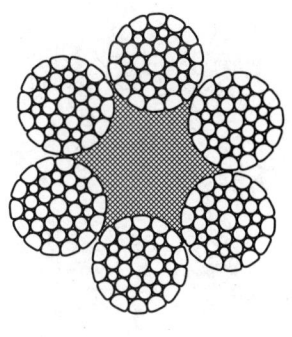

钢丝绳结构:6×K36WS-FC

直径:18~60mm

和 6×K36 类典型结构

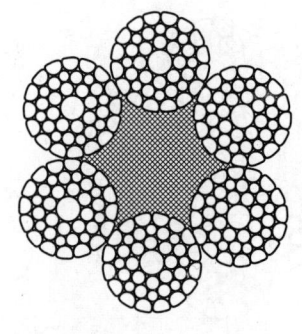

钢丝绳结构：6×K41WS－IWRC   钢丝绳结构：6×K41WS－FC

股结构：(1－8－8+8－16)   直径：22～68mm

图 2-4   第 2、3 组 6×K19 和 6×K36 类典型结构 （续）

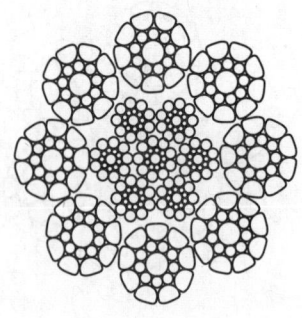

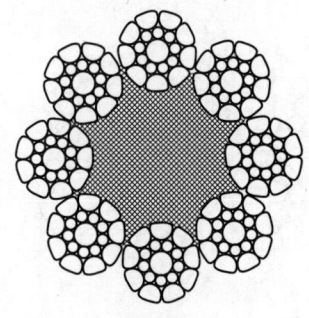

钢丝绳结构：8×K19S－IWRC   钢丝绳结构：8×K19S－FC

股结构：(1－9－9)   直径：16～48mm

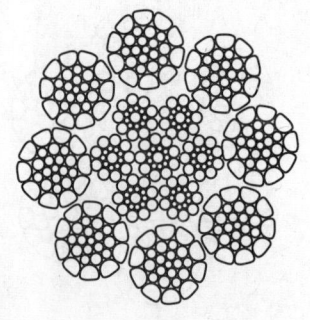

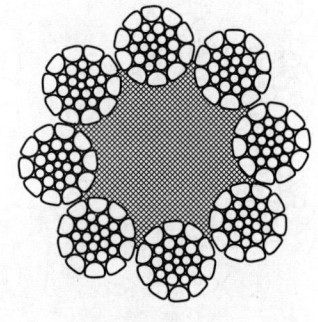

钢丝绳结构：8×K26WS－IWRC   钢丝绳结构：8×K26WS－FC

股结构：(1－5－5+5－10)   直径：18～48mm

图 2-5   第 4、5 组 8×K19 和 8×K36 类典型结构

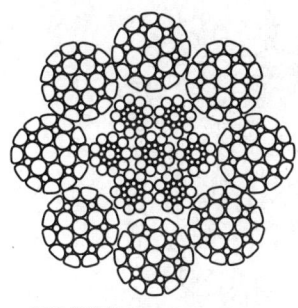

钢丝绳结构：8×K25F−IWRC
股结构：(1−6−6F−12)

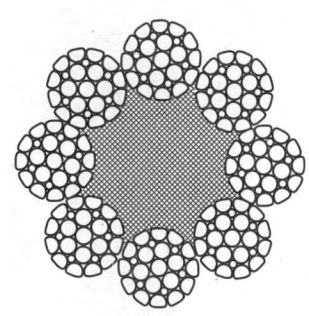

钢丝绳结构：8×K25F−FC
直径：20～56mm

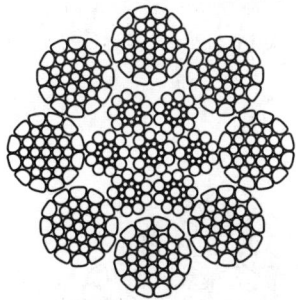

钢丝绳结构：8×K31WS−IWRC
股结构：(1−6−6+6−12)

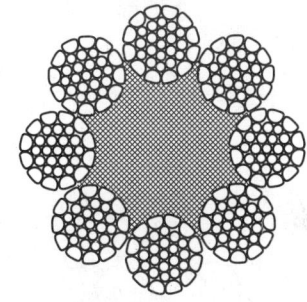

钢丝绳结构：8×K31WS−FC
直径：20～56mm

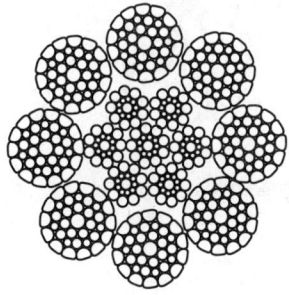

钢丝绳结构：8×K36WS−IWRC
股结构：(1−7−7+7−14)

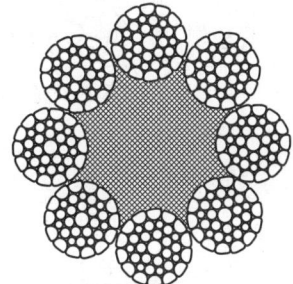

钢丝绳结构：8×K36WS−FC
直径：22～70mm

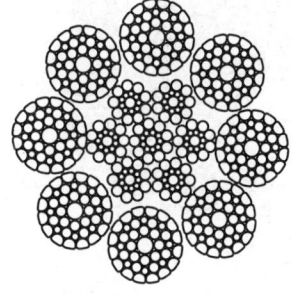

钢丝绳结构：8×K41WS−IWRC
股结构：(1−8−8+8−16)

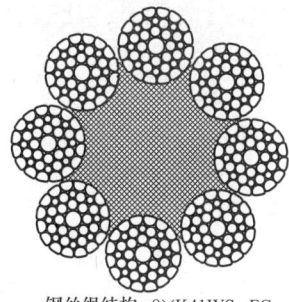

钢丝绳结构：8×K41WS−FC
直径：28～70mm

图 2-5　第 4、5 组 8×K19 和 8×K36 类典型结构（续）

钢丝绳结构:15×K7-IWRC　　　　钢丝绳结构:16×K7-IWRC

股结构:(1-6)　　　　直径20~60mm

图 2-6　第 6、7 组 15×K7 和 16×K7 类典型结构

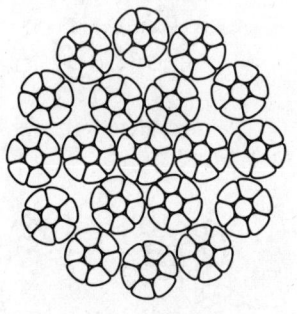 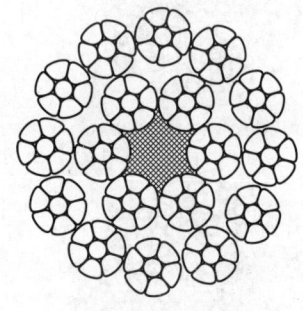

钢丝绳结构:18×K7-WSC　　　　钢丝绳结构:18×K7-FC

股结构:(1-6)　　　　直径14~50mm

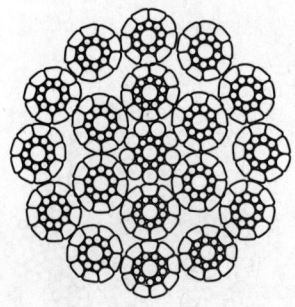 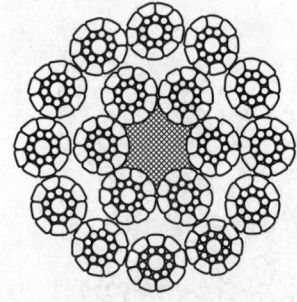

钢丝绳结构:18×K19S-WSC　　　　钢丝绳结构:18×K19S-FC

股结构:(1-9-9)　　　　直径20~60mm

图 2-7　第 8、9 组 18×K7 和 18×K19 类典型结构

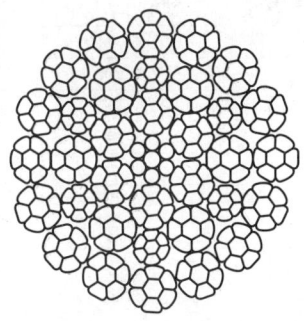

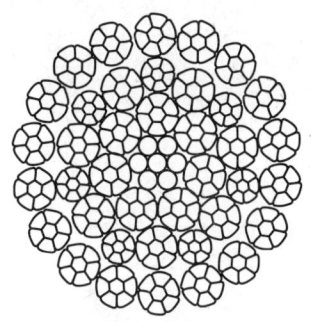

钢丝绳结构:35(W)×K7
股结构:(1-6)
直径:14～60mm

钢丝绳结构:40(W)×K7
股结构:(1-6)
直径:20～60mm

图 2-8　第 10 组 35（W）×K7 类典型结构

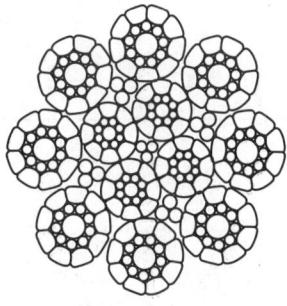

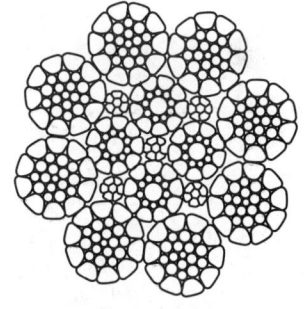

钢丝绳结构:8×K19S-PWRC(K)
股结构:(1-9-9)
直径:16～48mm

钢丝绳结构:8×K26WS-PWRC(K)
股结构:(1-5-5+5-10)
直径:10～48mm

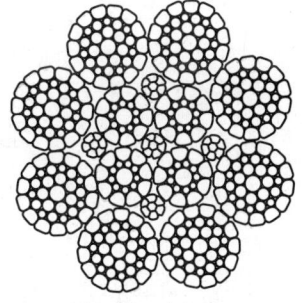

钢丝绳结构:8×K31WS-PWRC(K)
股结构:(1-6-6+6-12)
直径:20～56mm

钢丝绳结构:8×K36WS-PWRC(K)
股结构:(1-7-7+7-14)
直径 22～60mm

图 2-9　第 11、12 组 8×K19-PWRC（K）和 8×K36-PWRC（K）类典型结构

（5）钢丝绳的力学性能（见表 2-327～表 2-333）

表 2-327 第 1 组 6×K7 类钢丝绳的力学性能

钢丝绳公称直径/mm	参考质量/(kg/100m)	钢丝绳公称抗拉强度级别/MPa			
		1570	1670	1770	1870
		钢丝绳最小破断拉力/kN			
10	41.0	58.9	62.6	66.4	70.1
12	59.0	84.8	90.2	95.6	101
14	80.4	115	123	130	137
16	105	151	160	170	180
18	133	191	203	215	227
20	164	236	250	266	280
22	198	285	303	321	339
24	236	339	361	382	404
26	277	398	423	449	474
28	321	462	491	520	550
30	369	530	564	597	631
32	420	603	641	680	718
34	474	681	724	767	811
36	531	763	812	860	909
38	592	850	904	958	1010
40	656	942	1000	1060	1120

注：最小破断拉力总和=最小破断拉力×1.134。

表 2-328 第 2、3 组 6×K19 和 6×K36 类钢丝绳的力学性能

钢丝绳公称直径/mm	参考质量/(kg/100m)		钢丝绳公称抗拉强度级别/MPa							
			1570		1670		1770		1870	
			钢丝绳最小破断拉力/kN							
	纤维芯	钢芯	纤维芯	钢芯	纤维芯	钢芯	纤维芯	钢芯	纤维芯	钢芯
12	61.2	68.7	84.3	92.7	89.7	98.6	95.1	105	100	110
14	83.3	93.5	115	126	122	134	129	142	137	150
16	109	122	150	165	159	175	169	186	179	196
18	138	155	190	209	202	222	214	235	226	248
20	170	191	234	257	249	274	264	290	279	307
22	206	231	283	312	301	331	320	351	338	371
24	245	275	337	371	359	394	380	418	402	442
26	287	322	396	435	421	463	446	491	472	518
28	333	374	459	505	488	537	518	569	547	601
30	382	429	527	579	561	616	594	653	628	690
32	435	488	600	659	638	701	676	743	714	785
34	491	551	677	744	720	792	763	839	806	886
36	551	618	759	834	807	887	856	941	904	994
38	614	689	846	930	899	989	953	1050	1010	1110
40	680	763	937	1030	997	1100	1060	1160	1120	1230
42	750	841	1030	1140	1100	1210	1160	1280	1230	1350
44	823	923	1130	1250	1210	1330	1280	1400	1350	1480
46	899	1010	1240	1360	1320	1450	1400	1540	1480	1620
48	979	1100	1350	1480	1440	1580	1520	1670	1610	1770
50	1060	1190	1460	1610	1560	1710	1650	1810	1740	1920

（续）

钢丝绳公称直径/mm	参考质量/（kg/100m）		钢丝绳公称抗拉强度级别/MPa							
			1570		1670		1770		1870	
			钢丝绳最小破断拉力/kN							
	纤维芯	钢芯	纤维芯	钢芯	纤维芯	钢芯	纤维芯	钢芯	纤维芯	钢芯
52	1150	1290	1580	1740	1680	1850	1790	1960	1890	2070
54	1240	1390	1710	1880	1820	2000	1930	2120	2030	2240
56	1330	1500	1840	2020	1950	2150	2070	2280	2190	2400
58	1430	1600	1970	2170	2100	2300	2220	2440	2350	2580
60	1530	1720	2110	2320	2240	2460	2380	2610	2510	2760
62	1630	1830	2250	2470	2390	2630	2540	2790	2680	2950
64	1740	1950	2400	2640	2550	2800	2700	2970	2860	3140
66	1850	2080	2550	2800	2710	2980	2880	3160	3040	3340
68	1970	2210	2710	2980	2880	3170	3050	3360	3030	3550

注：最小破断拉力总和=最小破断拉力×1.214（纤维芯）或 1.260（钢芯）。

表 2-329　第 4、5 组 8×K19 和 8×K36 类钢丝绳的力学性能

钢丝绳公称直径/mm	参考质量/（kg/100m）		钢丝绳公称抗拉强度级别/MPa							
			1570		1670		1770		1870	
			钢丝绳最小破断拉力/kN							
	纤维芯	钢芯	纤维芯	钢芯	纤维芯	钢芯	纤维芯	钢芯	纤维芯	钢芯
16	104	127	133	165	140	175	150	186	158	196
18	131	160	168	209	179	222	189	235	200	248
20	162	198	207	257	220	274	234	290	247	307
22	196	240	251	312	267	331	283	351	299	371
24	233	285	298	371	317	394	336	418	355	442
26	274	335	350	435	373	463	395	491	417	518
28	318	388	406	505	432	537	458	569	484	601
30	364	446	466	579	496	616	526	653	555	690
32	415	507	531	659	564	701	598	743	632	785
34	468	572	599	744	637	792	675	839	713	886
36	525	642	671	834	714	887	757	941	800	994
38	585	715	748	930	796	989	843	1050	891	1110
40	648	792	829	1030	882	1100	935	1160	987	1230
42	714	873	914	1140	972	1210	1030	1280	1090	1350
44	784	958	1000	1250	1070	1330	1130	1400	1190	1480
46	857	1050	1100	1360	1170	1450	1240	1540	1310	1620
48	933	1140	1190	1480	1270	1580	1350	1670	1420	1770
50	1010	1240	1300	1610	1380	1710	1460	1810	1540	1920
52	1100	1340	1400	1740	1490	1850	1580	1960	1670	2070
54	1180	1440	1510	1880	1610	2000	1700	2120	1800	2240
56	1270	1550	1620	2020	1730	2150	1830	2280	1940	2400
58	1360	1670	1740	2170	1850	2300	1960	2440	2080	2580
60	1460	1780	1870	2320	1980	2460	2100	2610	2220	2760
62	1560	1900	1990	2470	2120	2630	2250	2790	2370	2950
64	1660	2030	2120	2640	2260	2800	2390	2970	2530	3140
66	1760	2160	2260	2800	2400	2980	2540	3160	2690	3340
68	1870	2290	2400	2980	2550	3170	2700	3360	2850	3550
70	1980	2430	2540	3150	2700	3360	2860	3560	3020	3760

注：最小破断拉力总和=最小破断拉力×1.214（纤维芯）或 1.260（钢芯）。

表 2-330　第 6、7 组 15×K7 和 16×K7 类钢丝绳的力学性能

钢丝绳公称直径/mm	参考质量/(kg/100m)	钢丝绳公称抗拉强度级别/MPa				
		1570	1670	1770	1870	1960
		钢丝绳最小破断拉力/kN				
20	196	257	274	290	307	321
22	237	312	331	351	371	389
24	282	371	394	418	442	463
26	331	435	463	491	518	543
28	384	505	537	569	601	630
30	441	579	616	653	690	723
32	502	659	701	743	785	823
34	566	744	792	839	886	929
36	635	834	887	941	994	1040
38	708	930	989	1050	1110	1160
40	784	1030	1100	1160	1230	1290
42	864	1140	1210	1280	1350	1420
44	949	1250	1330	1400	1480	1560
46	1040	1360	1450	1540	1620	1700
48	1130	1480	1580	1670	1770	1850
50	1220	1610	1710	1810	1920	2010
52	1320	1740	1850	1960	2070	2170
54	1430	1880	2000	2120	2240	2340
56	1540	2020	2150	2280	2400	2520
58	1650	2170	2300	2440	2580	2700
60	1760	2320	2460	2610	2760	2890

注：最小破断拉力总和=最小破断拉力×1.287。

表 2-331　第 8、9 组 18×K7 和 18×K19 类钢丝绳的力学性能

钢丝绳公称直径/mm	参考质量/(kg/100m)		钢丝绳公称抗拉强度级别/MPa									
	1570		1570		1670		1770		1870		1960	
	纤维芯	钢芯	纤维芯	钢芯	纤维芯	钢芯	纤维芯	钢芯	纤维芯	钢芯	纤维芯	钢芯
14	83.7	92.1	108	114	115	121	121	128	128	136	134	142
16	109	120	141	149	150	158	159	168	168	177	176	186
18	138	152	178	188	189	200	201	212	212	224	222	235
20	171	188	220	232	234	247	248	262	262	277	274	290
22	207	227	266	281	283	299	300	317	317	335	332	351
24	246	271	317	335	337	356	357	377	377	399	395	418
26	289	318	371	393	395	418	419	443	442	468	464	490
28	335	368	431	455	458	484	486	513	513	542	538	569
30	384	423	495	523	526	556	558	589	589	623	617	653
32	437	481	563	595	599	633	634	671	670	709	702	743
34	494	543	635	672	676	714	716	757	757	800	793	838
36	553	609	712	753	758	801	803	849	848	897	889	940
38	617	679	793	839	844	892	895	946	945	999	991	1050
40	683	752	879	929	935	989	991	1050	1050	1110	1100	1160
42	753	829	969	1020	1030	1090	1090	1160	1150	1220	1210	1280

（续）

钢丝绳公称直径/mm	参考质量/(kg/100m)		钢丝绳公称抗拉强度级别/MPa									
			1570		1670		1770		1870		1960	
			钢丝绳最小破断拉力/kN									
	纤维芯	钢芯	纤维芯	钢芯	纤维芯	钢芯	纤维芯	钢芯	纤维芯	钢芯	纤维芯	钢芯
44	827	910	1060	1120	1130	1200	1200	1270	1270	1340	1330	1400
46	904	995	1160	1230	1240	1310	1310	1390	1380	1460	1450	1530
48	984	1080	1270	1340	1350	1420	1430	1510	1510	1590	1580	1670
50	1070	1180	1370	1450	1460	1540	1550	1640	1640	1730	1720	1810
52	1150	1270	1490	1570	1580	1670	1680	1770	1770	1870	1850	1960
54	1250	1370	1600	1690	1700	1800	1810	1910	1910	2020	2000	2110
56	1340	1470	1720	1820	1830	1940	1940	2050	2050	2170	2150	2270
58	1440	1580	1850	1950	1970	2080	2080	2200	2200	2330	2310	2440
60	1540	1690	1980	2090	2100	2220	2230	2360	2360	2490	2470	2610

注：最小破断拉力总和 = 最小破断拉力×1.283。

表 2-332 第 10 组 35(W)×K7 类钢丝绳的力学性能

钢丝绳公称直径/mm	参考质量/(kg/100m)	钢丝绳公称抗拉强度级别/MPa				
		1570	1670	1770	1870	1960
		钢丝绳最小破断拉力/kN				
14	100	126	134	142	150	158
16	131	165	175	186	196	206
18	165	209	222	235	248	260
20	204	257	274	290	307	321
22	247	312	331	351	371	389
24	294	371	394	418	442	463
26	345	435	463	491	518	543
28	400	505	537	569	601	630
30	459	579	616	653	690	723
32	522	659	701	743	785	823
34	590	744	792	839	886	929
36	661	834	887	941	994	1040
38	736	930	989	1050	1110	1160
40	816	1030	1100	1160	1230	1290
42	900	1140	1210	1280	1350	1420
44	987	1250	1330	1400	1480	1560
46	1080	1360	1450	1540	1620	1700
48	1180	1480	1580	1670	1770	1850
50	1280	1610	1710	1810	1920	2010
52	1380	1740	1850	1960	2070	2170
54	1490	1880	2000	2120	2240	2340

（续）

钢丝绳公称直径/mm	参考质量/（kg/100m）	钢丝绳公称抗拉强度级别/MPa				
		1570	1670	1770	1870	1960
		钢丝绳最小破断拉力/kN				
56	1600	2020	2150	2280	2400	2520
58	1720	2170	2300	2440	2580	2700
60	1840	2320	2460	2610	2760	2890

注：最小破断拉力总和＝最小破断拉力×1.287。

表 2-333　第 11、12 组 8×K19-PWRC（K）和 8×K36-PWRC（K）类
钢丝绳的力学性能

钢丝绳公称直径/mm	参考质量/（kg/100m）	钢丝绳公称抗拉强度级别/MPa			
		1570	1670	1770	1870
		钢丝绳最小破断拉力/kN			
10	51	69.1	73.5	77.9	82.3
12	73	99.0	106	112	118
14	100	135	144	153	161
16	131	177	188	199	211
18	165	224	238	252	267
20	204	276	294	312	329
22	247	334	356	377	398
24	294	398	423	449	474
26	345	467	497	526	556
28	400	542	576	611	645
30	459	622	661	701	741
32	522	707	752	797	843
34	590	799	849	900	951
36	661	895	952	1010	1070
38	736	998	1060	1120	1190
40	816	1110	1180	1250	1320
42	900	1220	1300	1370	1450
44	987	1340	1420	1510	1590
46	1080	1460	1550	1650	1740
48	1180	1590	1690	1790	1900
50	1280	1730	1840	1950	2060
52	1380	1870	1990	2110	2220
54	1490	2010	2140	2270	2400
56	1600	2170	2300	2440	2580
58	1720	2320	2470	2620	2770
60	1840	2490	2650	2800	2960

注：最小破断拉力总和＝最小破断拉力×1.250。

3.5.3　电梯用钢丝绳（见表 2-334～表 2-338）

表 2-334　光面钢丝、纤维芯、结构为 6×19 类的电梯用钢丝绳（摘自 GB 8903—2005）

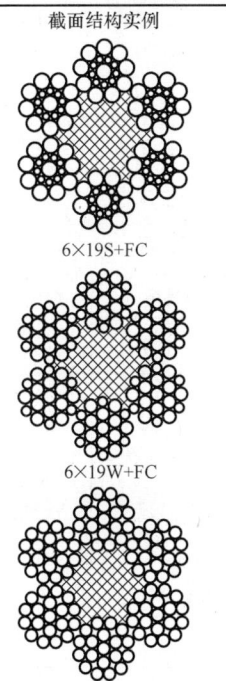

截面结构实例

6×19S+FC

6×19W+FC

6×25Fi+FC

钢丝绳结构		股结构	
项目	数量	项目	数量
股数	6	钢丝	19～25
外股	6	外层钢丝	9～12
股的层数	1	钢丝层数	2
钢丝绳钢丝	114 至 150		

典型例子		外层钢丝的数量		外层钢丝系数[①]
钢丝绳	股	总数	每股	a
6×19S	1+9+9	54	9	0.080
6×19W	1+6+6/6	72	12　6	0.0738
			6	0.0556
6×25Fi	1+6+6F+12	72	12	0.064

最小破断拉力系数	$K_1 = 0.330$
单位质量系数[①]	$W_1 = 0.359$
金属截面积系数[①]	$C_1 = 0.384$

钢丝绳公称直径	参考质量[①]	最小破断拉力/kN						
		双强度/MPa				单强度/MPa		
mm	kg/100m	1180/1770 等级	1320/1620 等级	1370/1770 等级	1570/1770 等级	1570 等级	1620 等级	1770 等级
6	12.9	16.3	16.8	17.8	19.5	18.7	19.2	21.0
6.3	14.2	17.9	—	—	21.5	—	21.2	23.2
6.5[②]	15.2	19.1	19.7	20.9	22.9	21.9	22.6	24.7
8[②]	23.0	28.9	29.8	31.7	34.6	33.2	34.2	37.4
9	29.1	36.6	37.7	40.1	43.8	42.0	43.3	47.3
9.5	32.4	40.8	42.0	44.7	48.8	46.8	48.2	52.7
10[②]	35.9	45.2	46.5	49.5	54.1	51.8	53.5	58.4
11[②]	43.4	54.7	54.3	59.9	65.5	62.7	64.7	70.7
12	51.7	65.1	67.0	71.3	77.9	74.6	77.0	84.1
12.7	57.9	72.9	75.0	79.8	87.3	83.6	86.2	94.2
13[②]	60.7	76.4	78.6	83.7	91.5	87.6	90.3	98.7
14	70.4	88.6	91.4	97.0	106	102	105	114
14.3	73.4	92.4	—	—	111	—	—	119
15	80.8	102	—	111	122	117	—	131
16[②]	91.9	116	119	127	139	133	137	150
17.5	110	138	—	—	166	—	—	179
18	116	146	151	160	175	168	173	189
19[②]	130	163	168	179	195	187	193	211
20	144	181	186	198	216	207	214	234
20.6	152	192	—	—	230	—	—	248
22[②]	174	219	225	240	262	251	259	283

① 只作参考。

② 对新电梯的优先尺寸。

表 2-335　光面钢丝、纤维芯、结构为 8×19 类别的电梯用钢丝绳（摘自 GB 8903—2005）

截面结构实例	钢丝绳结构		绳股结构	
8×19S+FC	项目	数量	项目	数量
	股数	8	钢丝	19~25
	外股	8	外层钢丝	9~12
	股的层数	1	钢丝层数	2
	钢丝绳钢丝		152 至 200	

典型例子		外层钢丝的数量		外层钢丝系数①
钢丝绳	股	总数	每股	a
8×19S	1+9+9	72	9	0.0655
8×19W	1+6+6/6	96	12　6	0.0606
			6	0.0450
8×25Fi	1+6+6F+12	96	12	0.0525

最小破断拉力系数	$K_1 = 0.293$
单位重量系数①	$W_1 = 0.340$
金属截面积系数①	$C_1 = 0.349$

截面结构实例（续）： 8×19W+FC　 8×25Fi+FC

钢丝绳公称直径	参考质量①	最小破断拉力/kN						
		双强度/MPa				单强度/MPa		
mm	kg/100m	1180/1770 等级	1320/1620 等级	1370/1770 等级	1570/1770 等级	1570 等级	1620 等级	1770 等级
8②	21.8	25.7	26.5	28.1	30.8	29.4	30.4	33.2
9	27.5	32.5	—	35.6	38.9	37.3	—	42.0
9.5	30.7	36.2	37.3	39.7	43.6	41.5	42.8	46.8
10②	34.0	40.1	41.3	44.0	48.1	46.0	47.5	51.9
11②	41.1	48.6	50.0	53.2	58.1	55.7	57.4	62.8
12	49.0	57.8	59.5	63.3	69.2	66.2	68.4	74.7
12.7	54.8	64.7	66.6	70.9	77.5	74.2	76.6	83.6
13②	57.5	67.8	69.8	74.3	81.2	77.7	80.2	87.6
14	66.6	78.7	81.0	86.1	94.2	90.2	93.0	102
14.3	69.5	82.1	—	—	98.3	—	—	—
15	76.5	90.3	—	98.9	108	104	—	117
16②	87.0	103	106	113	123	118	122	133
17.5	104	123	—	—	147	—	—	—
18	110	130	134	142	156	149	154	168
19②	123	145	149	159	173	166	171	187
20	136	161	165	176	192	184	190	207
20.6	144	170	—	—	204	—	—	—
22②	165	194	200	213	233	223	230	251

① 只作参考。

② 对新电梯的优先尺寸。

表 2-336 光面钢丝、钢芯、8×19 结构类别的电梯用钢丝绳（一）（摘自 GB 8903—2005）

截面结构实例	钢丝绳结构		股结构	
	项目	数量	项目	数量
	股数	8	钢丝	19～25
	外股	8	外层钢丝	9～12
	股的层数	1	钢丝层数	2
	外股钢丝数		152 至 200	

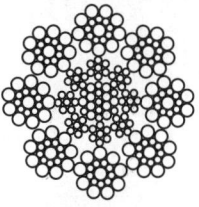

8×19S+IWR③

8×19W+IWR③

8×25Fi+IWR③

典型例子		外层钢丝的数量		外层钢丝系数①
钢丝绳	股	总数	每股	a
8×19S	1+9+9	72	9	0.0655
8×19W	1+6+6/6	96	12 6	0.0606
			6	0.0450
8×25Fi	1+6+6F+12	96	12	0.0525
最小破断拉力系数		$K_2 = 0.356$		
单位重量系数①		$W_2 = 0.407$		
金属截面积系数①		$C_2 = 0.457$		

钢丝绳公称直径	参考质量①	最小破断拉力/kN				
		双强度/MPa			单强度/MPa	
mm	kg/100m	1180/1770 等级	1320/1770 等级	1570/1770 等级	1570 等级	1770 等级
8②	26.0	33.6	35.8	38.0	35.8	40.3
9	33.0	42.5	45.3	48.2	45.3	51.0
9.5	36.7	47.4	50.4	53.7	50.4	56.9
10②	40.7	52.5	55.9	59.5	55.9	63.0
11②	49.2	63.5	67.6	79.1	67.6	76.2
12	58.6	75.6	80.5	85.6	80.5	90.7
12.7	65.6	84.7	90.1	95.9	90.1	102
13②	68.8	88.7	94.5	100	94.5	106
14	79.8	102	110	117	110	124
15	91.6	118	126	134	126	142
16②	104	134	143	152	143	161
18	132	170	181	193	181	204
19②	147	190	202	215	202	227
20	163	210	224	238	224	252
22②	197	254	271	288	271	305

① 只作参考。

② 对新电梯的优先尺寸。

③ 钢丝绳外股与钢丝绳芯分层捻制。

表 2-337　光面钢丝、钢芯、8×19 结构类别的钢丝绳（二）（摘自 GB 8903—2005）

截面结构实例	钢丝绳结构		股结构	
	项目	数量	项目	数量
	股数	8	钢丝	19～25
	外股	8	外层钢丝	9～12
	股的层数	1	钢丝层数	2
	外股钢丝绳		152 至 200	

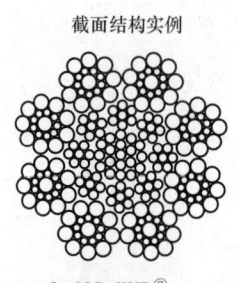

8×19S+IWR[3]

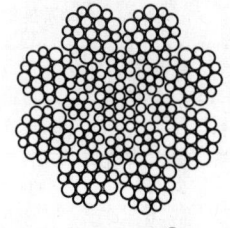

8×19W+IWR[3]

典型例子		外层钢丝的数量		外层钢丝系数[1]
钢丝绳	股	总数	每股	a
8×19S	1+9+9	72	9	0.0655
8×19W	1+6+6/6	96	12　6	0.0606
			6	0.0450
8×25Fi	1+6+6F+12	96	12	0.0525
最小破断拉力系数		$K_2 = 0.405$		
单位重量系数[1]		$W_2 = 0.457$		
金属截面积系数[1]		$C_2 = 0.488$		

钢丝绳公称直径	参考质量[1]	最小破断拉力/kN				
		双强度/MPa			单强度/MPa	
mm	kg/100m	1180/1770 等级	1370/1770 等级	1570/1770 等级	1570 等级	1770 等级
8	29.2	38.2	40.7	43.3	40.7	45.9
9	37.0	48.4	51.5	54.8	51.5	58.1
9.5	41.2	53.9	57.4	61.0	57.4	64.7
10[2]	45.7	59.7	63.6	67.6	63.6	71.7
11[2]	55.3	72.3	76.9	81.8	76.9	86.7
12	65.8	86.0	91.6	97.4	91.6	103
12.7	73.7	96.4	103	109	103	116
13[2]	77.2	101	107	114	107	121
14	89.6	117	125	133	125	141
15	103	134	143	152	143	161
16[2]	117	153	163	173	163	184
18	148	194	206	219	206	232
19[2]	165	216	230	244	230	259
20	183	239	254	271	254	287
22[2]	221	289	308	327	308	347

① 只作参考。

② 对新电梯的优先尺寸。

③ 钢丝绳外股与钢丝绳芯一次平行捻制。

表 2-338　光面钢丝、大直径的补偿用钢丝绳（摘自 GB 8903—2005）

截面结构实例

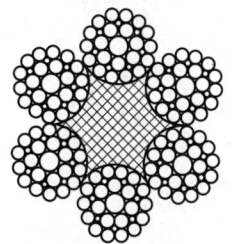

6×29Fi+FC

6×36WS+FC

钢丝绳结构		股结构	
项目	数量	项目	数量
股数	6	钢丝	25~41
外股	6	外层钢丝	12~16
股的层数	1	钢丝层数	2~3
钢丝绳钢丝数		150~246	

典型例子		外层钢丝的数量		外层钢丝系数①
				a
钢丝绳	股	总数	每股	
6×29Fi	1+7+7F+14	84	14	0.056
6×36WS	1+7+7/7+14			

钢丝绳类别：6×36

最小破断拉力系数	$K_1 = 0.330$
单位重量系数①	$W_1 = 0.367$
金属截面积系数①	$C_1 = 0.393$

钢丝绳公称直径	参考质量①	钢丝绳类别	最小破断拉力/kN		
mm	kg/100m		1570MPa 等级	1770MPa 等级	1960MPa 等级
24	211		298	336	373
25	229		324	365	404
26	248		350	395	437
27	268		378	426	472
28	288		406	458	507
29	309		436	491	544
30	330		466	526	582
31	353	6×36 类别(包括	498	561	622
32	376	6×36WS 和 6×29Fi)	531	598	662
33	400		564	636	704
34	424		599	675	748
35	450		635	716	792
36	476		671	757	838
37	502		709	800	885
38	530		748	843	934

① 仅作参考。

3.5.4 操纵用钢丝绳（摘自 GB/T 14451—2008）

（1）术语和定义

1）柔性钢丝绳：汽车电动门窗升降器及各种耐疲劳精密机械装置用的操纵用钢丝绳。

2）普通钢丝绳：除柔性钢丝绳外的其他操纵用钢丝绳。

（2）结构和断面（见表2-339）

表2-339 操纵用钢丝绳的结构和断面

结构标记	1×7	1×12
断面		
结构标记	1×19	1×37
断面		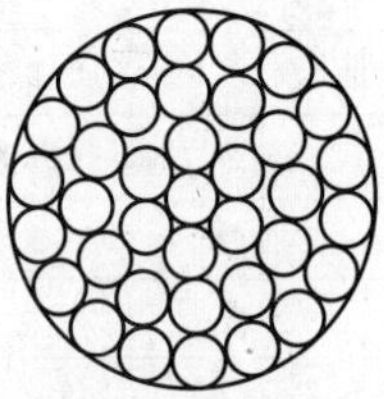
结构标记	6×7-WSC	6×19-WSC
断面	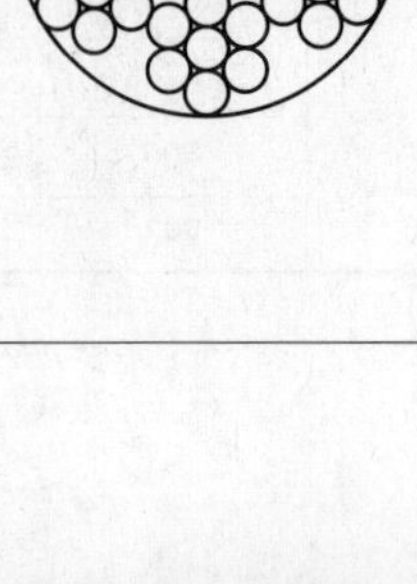	

（续）

结构标记	6×7-WSC	8×7-WSC
断面	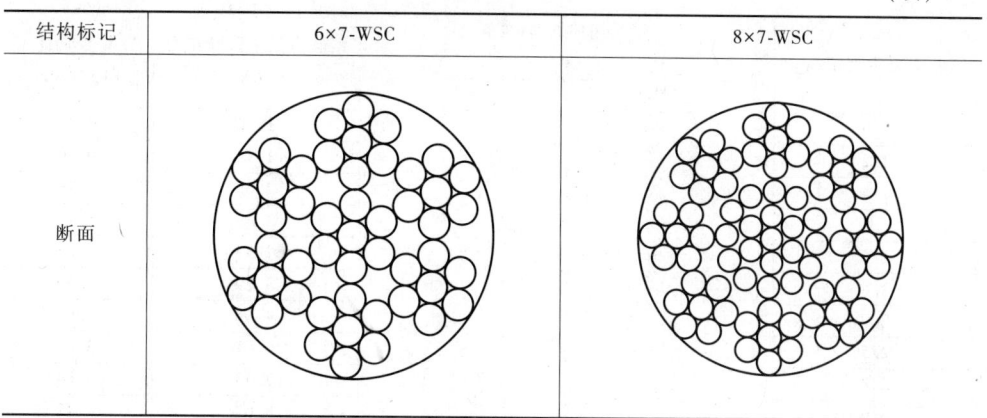	

（3）力学性能（见表 2-340 ~ 表 2-346）

表 2-340　操纵用 1×7 类钢丝绳的力学性能

钢丝绳公称直径 /mm	钢丝绳伸长率(%) ≤		钢丝绳最小破断拉力 /kN	参考质量/ (kg/100m)
	弹性	永久		
0.9			0.90	0.41
1.0			1.03	0.50
1.2			1.52	0.74
1.4			2.08	1.01
1.5	0.8	0.2	2.25	1.15
1.6			2.77	1.42
1.8			3.19	1.63
2.0			4.02	2.05

表 2-341　操纵用 1×12 类钢丝绳的力学性能

钢丝绳公称直径 /mm	钢丝绳伸长率(%) ≤		钢丝绳最小破断拉力 /kN	参考质量/ (kg/100m)
	弹性	永久		
1.0			1.05	0.49
1.2			1.50	0.70
1.4			2.00	0.95
1.5			2.30	1.09
1.6			2.50	1.24
1.8	0.8	0.2	3.10	1.56
2.0			3.90	1.95
2.5			5.60	3.05
2.8			7.35	3.80
3.0			8.40	4.40

表 2-342　操纵用 1×19 类钢丝绳的力学性能

钢丝绳公称直径/mm	钢丝绳伸长率(%) ≤		钢丝绳最小破断拉力 /kN	参考质量 /(kg/100m)
	弹性	永久		
1.0			1.06	0.49
1.2			1.52	0.70
1.4			2.08	0.96
1.5			2.39	1.10
1.6			2.59	1.25
1.8			3.29	1.59
2.0			4.06	1.96
2.5			6.01	3.07
2.8	0.8	0.2	7.53	3.84
3.0			8.63	4.41
3.2			10.10	5.10
3.5			11.74	5.99
3.8			13.72	7.23
4.0			15.37	8.00
4.5			19.46	10.1
4.8			22.1	11.6
5.0			24.00	12.6
5.3			27.0	14.2

表 2-343　操纵用 1×37 类钢丝绳的力学性能

钢丝绳公称直径/mm	钢丝绳伸长率(%) ≤		钢丝绳最小破断拉力 /kN	参考质量 /(kg/100m)
	弹性	永久		
1.5			2.41	1.16
1.6			2.65	1.30
1.8			3.38	1.61
2.0			3.92	1.96
2.5			6.20	3.10
2.8	0.8	0.2	7.60	3.86
3.0			8.80	4.50
3.5			11.80	6.00
3.8			13.20	7.30
4.0			14.70	7.90
4.5			18.50	10.00
5.0			23.00	12.30

表 2-344　操纵用 6×7-WSC 类钢丝绳的力学性能

钢丝绳公称直径/mm	钢丝绳伸长率(%) ≤		钢丝绳最小破断拉力 /kN	参考质量 /(kg/100m)
	弹性	永久		
1.0	0.9	0.2	1.00	0.50
1.1			1.17	0.58

（续）

钢丝绳公称直径/mm	钢丝绳伸长率(%)≤		钢丝绳最小破断拉力/kN	参考质量/(kg/100m)
	弹性	永久		
1.2	0.9	0.2	1.35	0.67
1.4			1.76	0.87
1.5			1.99	0.98
1.6			2.29	1.13
1.8			2.81	1.39
2.0			3.38	1.67
2.5			5.45	2.37
2.8			6.45	3.34
3.0			7.28	3.77
3.5	1.1		10.37	5.37
3.6			10.68	5.68
4.0			12.92	6.70
4.5			15.89	8.69
4.8			17.79	9.73
5.0			19.79	10.83
5.5			23.19	12.68
6.0			28.11	15.37

表 2-345　操纵用 6×19-WSC 类钢丝绳的力学性能

钢丝绳公称直径/mm	钢丝绳伸长率(%)≤		钢丝绳最小破断拉力/kN	参考质量/(kg/100m)
	弹性	永久		
1.8	0.9	0.2	2.59	1.32
2.0			3.03	1.55
2.5			5.15	2.63
2.8			6.56	3.35
3.0			7.25	3.70
3.5	1.1		9.53	4.87
4.0			12.13	6.20
4.5			16.13	8.33
4.8			16.58	8.89
5.0			18.74	10.04
5.5			23.23	12.45
6.0			27.66	14.82

表 2-346　操纵用 6×7-WSC 和 8×7-WSC 类钢丝绳的力学性能

钢丝绳结构	公称直径	允许偏差	最小破断拉力	伸长率		切断处直径允许增大值	参考质量
				弹性	永久		
	mm		kN	%		mm	kg/100m
6×7-WSC	1.50	+0.15 0	1.80	≤0.9	≤0.1	0.22	0.96
	1.80	+0.08 -0.08	3.00			0.25	1.34

（续）

钢丝绳结构	公称直径	允许偏差	最小破断拉力	伸长率		切断处直径允许增大值	参考质量
				弹性	永久		
	mm		kN	%		mm	kg/100m
8×7-WSC	1.50	+0.08 −0.08	1.90	≤0.9	≤0.1	0.22	0.99
	1.80	+0.08 −0.08	3.00			0.25	1.36

3.5.5 胶管用钢丝绳（摘自 GB/T 12756—1991）

1）胶管用钢丝绳的结构和断面如图 2-10 所示。

2）胶管用钢丝绳的主要技术数据见表 2-347。

3）钢丝绳的最短长度见表 2-348。

4）制绳用钢丝的力学性能见表 2-349。

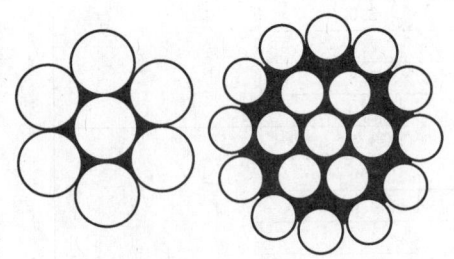

1×7钢丝绳　　　1×19钢丝绳

图 2-10　胶管用钢丝绳的结构和断面

表 2-347　胶管用钢丝绳的主要技术系数

结构	钢丝绳		钢丝公称直径 /mm	钢丝总横断面积（参考） /mm²	钢丝绳最小破断拉力 /kN	钢丝绳百米参考质量 /（kg/100m）
	公称直径 /mm	允许偏差 /mm				
1×7	2.1	+0.20 0	0.7	2.79	4.67	2.27
1×19	3.5	+0.20 −0.05	0.7	7.41	12.40	6.02
	4.0	+0.20 −0.05	0.8	9.66	16.17	7.85

表 2-348　钢丝绳的最短长度

钢丝绳直径/mm	每根钢丝绳的最短长度/m
2.1	1500
3.5、4.0	800

表 2-349　制绳用钢丝的力学性能

钢丝直径/mm	拉拉强度/MPa	弯曲圆弧半径/mm	最小反复弯曲次数	最小扭转次数
0.7	1860	1.75	8	28
0.8	1860	2.5	13	28

3.5.6 不锈钢丝绳（摘自 GB/T 9944—2015）

1）不锈钢丝绳的结构和断面如图 2-11 所示。

2）不锈钢丝绳的典型结构和公称直径见表 2-350。

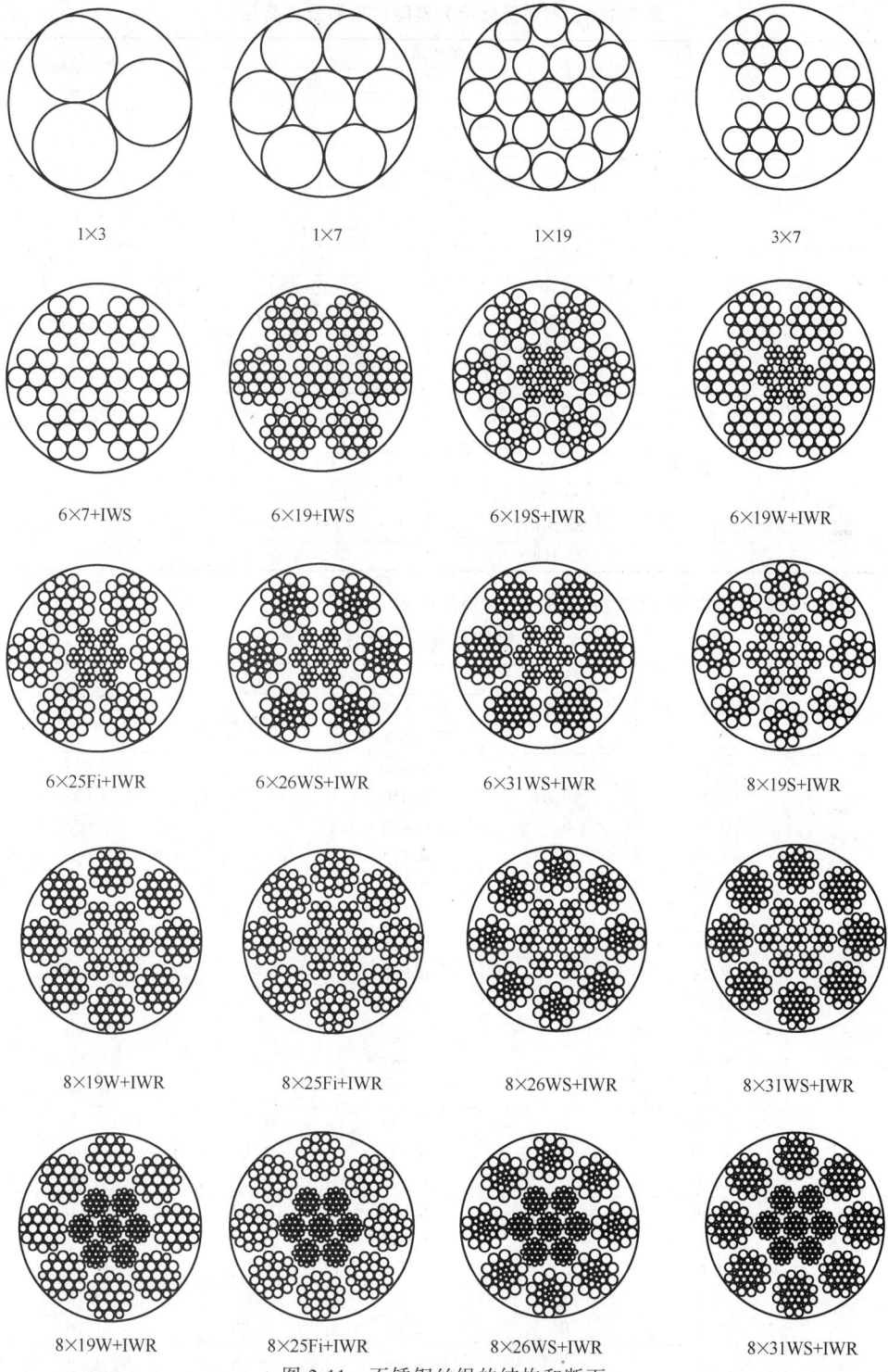

图 2-11　不锈钢丝绳的结构和断面

表 2-350　不锈钢丝绳的典型结构和公称直径

类别	典型结构		公称直径/mm
	钢丝绳	股绳	
1×3	1×3	3+0	0.15~0.65
1×7	1×7	6+1	0.15~1.2
1×19	1×19	12+6+1	0.6~6.0
3×7	3×7	6+1	0.7~1.2
6×7	6×7	6+1	0.45~8.0
6×19(a)	6×19S	9+9+1	6.0~28.0
	8×19W	6/6+6+1	
	6×25Fi	12+6F+6+1	
	6×26WS	10+5/5+5+1	
	6×31WS	12+6/6+6+1	
6×19(b)	6×19	12+6+1	1.6~28.5
8×19	8×19S	9+9+1	8.0~28.0
	8×19W	6/6+6+1	
	8×25Fi	12+6F+6+1	
	8×26WS	10+5/5+5+1	
	8×31WS	12+6/6+6+1	

3）不锈钢丝绳的力学性能见表 2-351 和表 2-352。

表 2-351　不锈钢丝绳的力学性能（一）

结构	公称直径/mm	允许偏差/mm	最小破断拉力/kN		参考质量/(kg/100m)
			12Cr18Ni9 06Cr19Ni10	06Cr17Ni12Mo2	
1×3	0.15	+0.03 0	0.022	—	0.012
	0.25		0.056		0.029
	0.35		0.113		0.055
	0.45		0.185		0.089
	0.55	+0.06 0	0.284	—	0.135
	0.65		0.393		0.186
1×7	0.15	+0.03 0	0.025	—	0.011
	0.25		0.063		0.031
	0.30		0.093		0.044
	0.35		0.127		0.061
	0.40		0.157		0.080
	0.45		0.200		0.100
	0.50	+0.06 0	0.255	0.231	0.125
	0.60		0.382	0.333	0.180
	0.70		0.540	0.445	0.245
	0.80	+0.08 0	0.667	0.588	0.327
	0.90		0.823	0.736	0.400
	1.0		1.00	0.910	0.500
	1.2	+0.10 0	1.32	1.21	0.70
	1.5		2.26	2.05	1.18
	2.0	+0.20 0	4.02	3.63	2.10

（续）

结构	公称直径/mm	允许偏差/mm	最小破断拉力/kN		参考质量 /（kg/100m）
			12Cr18Ni9 06Cr19Ni10	06Cr17Ni12Mo2	
1×7	2.5	+0.25 0	6.13	5.34	3.27
	3.0	+0.30 0	8.83	7.70	4.71
	3.5	+0.35 0	11.6	9.81	6.67
	4.0	+0.40 0	15.1	12.7	8.34
	5.0	+0.50 0	22.8	19.2	13.1
	6.0	+0.60 0	33.0	27.8	18.9
1×19	0.60 0.70 0.80	+0.08 0	0.343 0.470 0.617	—	0.175 0.240 0.310
	0.90	+0.09 0	0.774	—	0.390
	1.0	+0.10 0	0.950	0.814	0.500
	1.2 1.5	+0.12 0	1.27 2.25	1.17 1.81	0.70 1.10
	2.0	+0.20 0	3.82	3.24	2.00
	2.5	+0.25 0	5.58	5.10	3.13
	3.0	+0.30 0	8.03	7.31	4.50
	3.5	+0.35 0	10.6	9.32	6.13
	4.0	+0.40 0	13.9	12.2	8.19
	5.0	+0.50 0	21.0	17.8	12.9
	6.0	+0.60 0	30.4	25.5	18.5
3×7	0.70 0.80	+0.08 0	0.323 0.488	—	0.182 0.238
	1.0 1.2	+0.12 0	0.686 0.931	—	0.375 0.540
6×7-WSC	0.45 0.50 0.60 0.70	+0.09 0	0.142 0.176 0.253 0.345	— — — —	0.08 0.12 0.15 0.20

（续）

结构	公称直径/mm	允许偏差/mm	最小破断拉力/kN 12Cr18Ni9 06Cr19Ni10	06Cr17Ni12Mo2	参考质量 /（kg/100m）
6×7-WSC	0.80	+0.09	0.461	0.384	0.26
	0.90	0	0.539	0.485	0.32
	1.0	+0.15	0.637	0.599	0.40
	1.2 *	0	1.20	0.915	0.65
	1.5		1.67	1.47	0.93
	1.6 *	+0.20	2.15	1.63	1.20
	1.8	0	2.25	1.94	1.35
	2.0		2.94	2.55	1.65
	2.4 *	+0.30	4.10	3.45	2.40
	3.0	0	6.37	5.39	3.70
	3.2		7.15	6.14	4.20
	3.5	+0.40	7.64	6.81	5.10
	4.0	0	9.51	8.90	6.50
	4.5		12.1	11.3	8.30
	5.0	+0.50 0	14.7	13.9	10.5
	6.0	+0.60	18.6	18.6	15.1
	8.0	0	40.6	35.6	26.6
6×19-WSC	1.5	+0.20	1.63	1.37	0.93
	1.6	0	1.85	1.56	1.12
	2.4 *	+0.30	4.10	3.52	2.60
	3.2 *	0	7.85	6.08	4.30
	4.0 *		10.7	9.51	6.70
	4.8 *		16.5	13.69	9.70
	5.0	+0.40	17.4	14.9	10.5
	5.6 *	0	22.3	18.6	12.8
	6.0		23.5	20.8	14.9
	6.4 *		28.5	23.7	16.4
	7.2 *	+0.50 0	34.7	29.9	20.8
	8.0 *	+0.56 0	40.1	36.1	25.8
	9.5 *	+0.66 0	53.4	47.9	36.2
6×19-IWRC	11.0	+0.76 0	72.5	64.3	53.0
	12.7	+0.84 0	101	85.7	68.2
	14.3	+0.91 0	127	109	87.8
	16.0	+0.99 0	156	136	106
	19.0	+1.14 0	221	192	157

（续）

结构	公称直径/mm	允许偏差/mm	最小破断拉力/kN		参考质量 /（kg/100m）
			12Cr18Ni9 06Cr19Ni10	06Cr17Ni12Mo2	
6×19-IWRC	22.0	+1.22 0	295	249	213
	25.4	+1.27 0	380	321	278
	28.5	+1.37 0	474	413	357
	30.0	+1.50 0	499	448	396

注：表中带"＊"的钢丝绳（12Cr18Ni9、06Cr19Ni10 材质）规格适用于飞机操纵用钢丝绳。

表 2-352 不锈钢丝绳的力学性能（二）

结构	公称直径/mm	允许偏差/mm	最小破断拉力/kN 12Cr18Ni9 06Cr19Ni10	参考质量 /（kg/100m）
6×19S 6×19W 6×25Fi 6×26WS 6×31WS	6.0	+0.42	23.9	15.4
	7.0	0	32.6	20.7
	8.0	+0.56	42.6	27.0
	8.75		54.0	32.4
	9.0	0	54.0	34.2
	10.0		63.0	42.2
	11.0	+0.66	76.2	53.1
	12.0	0	85.6	60.8
	13.0	+0.82	106	71.4
	14.0		123	82.8
	16.0	0	161	108
	18.0	+1.10	192	137
	20.0	0	237	168
	22.0	+1.20	304	216
	24.0	0	342	241
	26.0	+1.40	401	282
	28.0	0	466	327
	30.0	+1.60	503	376
	32.0	0	572	428
	35.0	+1.75 0	687	512
8×19S 8×19W 8×25Fi 8×26WS 8×31WS	8.0	+0.56	42.6	28.3
	8.75		54.0	33.9
	9.0	0	54.0	35.8
	10.0		61.2	44.2
	11.0	+0.66	74.0	53.5
	12.0	0	83.3	63.7
	13.0	+0.82	103	74.8
	14.0		120	86.7
	16.0	0	156	113
	18.0	+1.10	187	143
	20.0	0	231	176
	22.0	+1.20	296	219
	24.0	0	332	252
	26.0	+1.40	390	296
	28.0	0	453	343

（续）

结构	公称直径/mm	允许偏差/mm	最小破断拉力/kN 12Cr18Ni9 06Cr19Ni10	参考质量 /（kg/100m）
8×19S	30.0	+1.60 0	489	392
8×19W	32.0		556	445
8×25Fi				
8×26WS	35.0	+1.75 0	651	533
8×31WS				

注：1. 8.75mm 钢丝绳主要用于电气化铁路接触网滑轮补偿装置。

2. 公称直径≤8.00mm 为钢丝股芯，≥8.75mm 为钢丝绳芯。

4）疲劳性能。用于飞机操纵用钢丝绳，应进行疲劳试验，其疲劳次数、滑轮直径、钢丝绳在试验时所保持的张力及试验后破断拉力应符合表 2-353 规定。

表 2-353　用于飞机操纵用钢丝绳的疲劳性能

结构	公称直径/mm	滑轮直径/mm	施加张力/N	疲劳次数	试验后破断拉力/kN ≥
6×7-WSC	1.2	14.27	13.5	70000	0.70
	1.6	19.05	22	70000	1.28
	2.4	30.98	40	70000	2.45
6×19-WSC	2.4	16.7	40	70000	2.45
	3.2	22.2	80	70000	4.70
	4.0	37.7	107	130000	6.40
	4.8	45.2	165	130000	9.90
	5.6	52.8	225	130000	13.4
	6.4	60.3	285	130000	17.0
	7.2	67.8	350	130000	20.8
	8.0	75.4	400	130000	24.0
	9.5	90.5	535	130000	32.0

注：1 循环＝2 次疲劳。

3.5.7　绳具（见表 2-354～表 2-358）

表 2-354　钢丝绳用楔形接头的形式和尺寸（摘自 GB/T 5973—2006[⊖]）

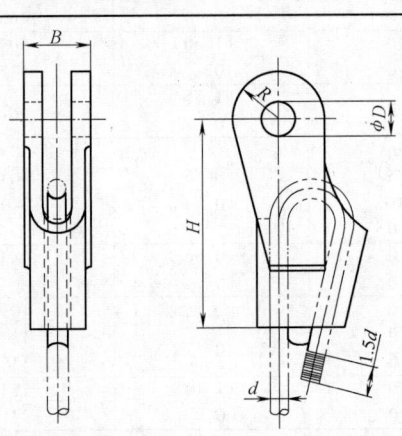

（续）

楔形接头规格（钢丝绳公称直径）d/mm	尺寸/mm					断裂载荷/kN	许用载荷/kN	单组质量/kg
	适用钢丝绳公称直径/d	B	D (H10)	H	R			
6	6	29	16	105	16	12	4	0.59
8	>6~8	31	18	125	25	21	7	0.80
10	>8~10	38	20	150	25	32	11	1.04
12	>10~12	44	25	180	30	48	16	1.73
14	>12~14	51	30	185	35	66	22	2.34
16	>14~16	60	34	195	42	85	28	3.27
18	>16~18	64	36	195	44	108	36	4.00
20	>18~20	72	38	220	50	135	45	5.45
22	>20~22	76	40	240	52	168	56	6.37
24	>22~24	83	50	260	60	190	63	8.32
26	>24~26	92	55	280	65	215	75	10.16
28	>26~28	94	55	320	70	270	90	13.97
32	>28~32	110	65	360	77	336	112	17.94
36	>32~36	122	70	390	85	450	150	23.03
40	>36~40	145	75	470	90	540	180	32.35

注：表中许用载荷和断裂载荷是楔套材料采用 GB/T 11352—1989 中规定的 ZG 270-500 铸钢件，楔的材料采用 GB/T 9439—1988 中规定的 HT 200 灰铸铁件确定的。

表 2-355　钢丝绳用普通套环的形式和尺寸（摘自 GB/T 5974.1—2006）

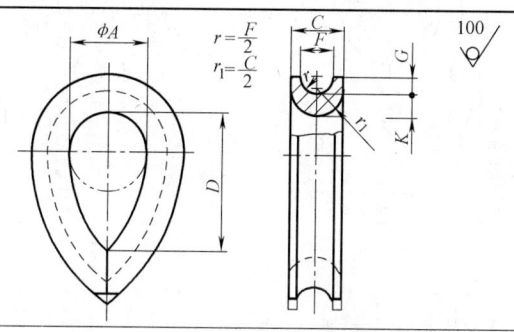

套环规格（钢丝绳公称直径）d/mm	尺寸/mm										单件质量/kg
	F	C		A		D		G min	K		
		公称尺寸	极限偏差	公称尺寸	极限偏差	公称尺寸	极限偏差		公称尺寸	极限偏差	
6	6.7±0.2	10.5	0 -1.0	15	+1.5 0	27	+2.7 0	3.3	4.2	0 -0.1	0.032
8	8.9±0.3	14.0		20		36		4.4	5.6		0.075
10	11.2±0.3	17.5	0 -1.4	25	+2.0 0	45	+3.6 0	5.5	7.0	0 -0.2	0.150
12	13.4±0.4	21.0		30		54		6.6	8.4		0.250
14	15.6±0.5	24.5		35		63		7.7	9.8		0.393
16	17.8±0.6	28.0		40		72		8.8	11.2		0.605
18	20.1±0.6	31.5	0 -2.8	45	+4.0 0	81	+7.2 0	9.9	12.6	0 -0.4	0.867
20	22.3±0.7	35.0		50		90		11.0	14.0		1.205
22	24.5±0.8	38.5		55		99		12.1	15.4		1.563

（续）

套环规格（钢丝绳公称直径）d/mm	F	C 公称尺寸	C 极限偏差	A 公称尺寸	A 极限偏差	D 公称尺寸	D 极限偏差	G min	K 公称尺寸	K 极限偏差	单件质量/kg
24	26.7±0.9	42.0		60		108		13.2	16.8		2.045
26	29.0±0.9	45.5	0	65	+4.8	117	+8.6	14.3	18.2	0	2.620
28	31.2±1.0	49.0	-3.4	70	0	126	0	15.4	19.6	-0.6	3.290
32	35.6±1.2	56.0		80		144		17.6	22.4		4.854
36	40.1±1.3	63.0		90		162		19.8	25.2		6.972
40	44.5±1.5	70.0	0	100	+6.0	180	+11.3	22.0	28.0	0	9.624
44	49.0±1.6	77.0	-4.4	110	0	198	0	24.2	30.8	-0.8	12.808
48	53.4±1.8	84.0		120		216		26.4	33.6		16.595
52	57.9±1.9	91.0	0	130	+7.8	234	+14.0	28.6	36.4	0	20.945
56	62.3±2.1	98.0	-5.5	140	0	252	0	30.8	39.2	-1.1	26.310
60	66.8±2.2	105.0		150		270		33.0	42.0		31.396

表 2-356　钢丝绳用重型套环的形式和尺寸（摘自 GB/T 5974.2—2006）

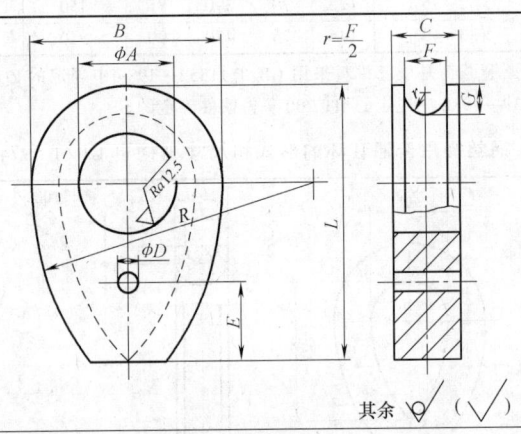

其余 ∇（√）

套环规格（钢丝绳公称直径）d/mm	F	C 公称尺寸	C 极限偏差	A 公称尺寸	A 极限偏差	B 公称尺寸	B 极限偏差	L 公称尺寸	L 极限偏差	R 公称尺寸	R 极限偏差	G min	D	E	单件质量/kg
8	8.9±0.3	14.0		20	+0.149 +0.065	40		56		59		6.0	5	20	0.08
10	11.2±0.3	17.5	0	25		50	±2	70	±3	74	+3	7.5			0.17
12	13.4±0.4	21.0	-1.4	30		60		84		89	0	9.0			0.32
14	15.6±0.5	24.5		35		70		98		104		10.5			0.50
16	17.8±0.6	28.0		40	+0.180 +0.080	80		112		118		12.0			0.78
18	20.1±0.6	31.5	0	45		90	±4	126	±6	133	+6	13.5			1.14
20	22.3±0.7	35.0	-2.8	50		100		140		148		15.0			1.41
22	24.5±0.8	38.5		55		110		154		163		16.5			1.96
24	26.7±0.9	42.0		60	+0.220 +0.100	120		168		178		18.0	10	30	2.41
26	29.0±0.9	45.5	0	65		130	±6	182	±9	193	+9	19.5			3.46
28	31.2±1.0	49.0	-3.4	70		140		196		207	0	21.0			4.30
32	35.6±1.2	56.0		80		160		224		237		24.0			6.46

（续）

套环规格(钢丝绳公称直径)d/mm	F	尺寸/mm													单件质量/kg
		C		A		B		L		R		G min	D	E	
		公称尺寸	极限偏差	公称尺寸	极限偏差	公称尺寸	极限偏差	公称尺寸	极限偏差	公称尺寸	极限偏差				
36	40.1±1.3	63.0		90		180		252		267		27.0	10	30	9.77
40	44.5±1.5	70.0	0 −4.4	100	+0.260 +0.120	200	±9	280	±13	296	+13 0	30.0			12.94
44	49.0±1.6	77.0		110		220		308		326		33.0			17.02
48	53.4±1.8	84.0		120		240		336		356		36.0			22.75
52	57.9±1.9	91.0	0 −5.5	130	+0.305 +0.145	260	±13	364	±18	385	+19 0	39.0	15	45	28.41
56	62.3±2.1	98.0		140		280		392		415		42.0			35.56
60	66.8±2.2	105.0		150		300		420		445		45.0			48.35

表 2-357　钢丝绳夹的形式和尺寸（摘自 GB/T 5976—2006[⊖]）

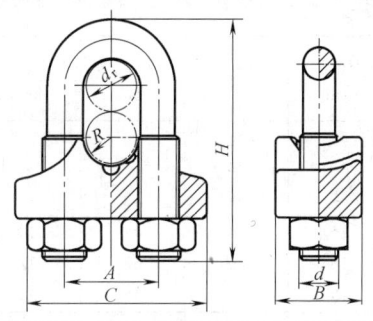

绳夹规格(钢丝绳公称直径)d_r/mm	尺寸/mm						螺母 GB/T 41—2000 d	单组质量/kg
	适用钢丝绳公称直径 d_r	A	B	C	R	H		
6	6	13.0	14	27	3.5	31	M6	0.034
8	>6~8	17.0	19	36	4.5	41	M8	0.073
10	>8~10	21.0	23	44	5.5	51	M10	0.140
12	>10~12	25.0	28	53	6.5	62	M12	0.243
14	>12~14	29.0	32	61	7.5	72	M14	0.372
16	>14~16	31.0	32	63	8.5	77	M14	0.402
18	>16~18	35.0	37	72	9.5	87	M16	0.601
20	>18~20	37.0	37	74	10.5	92	M16	0.624
22	>20~22	43.0	46	89	12.0	108	M20	1.122
24	>22~24	45.5	46	91	13.0	113	M20	1.205
26	>24~26	47.5	46	93	14.0	117	M20	1.244
28	>26~28	51.5	51	102	15.0	127	M22	1.605
32	>28~32	55.5	51	106	17.0	136	M22	1.727
36	>32~36	61.5	55	116	19.5	151	M24	2.286
40	>36~40	69.0	62	131	21.5	168	M27	3.133
44	>40~44	73.0	62	135	23.5	178	M27	3.470
48	>44~48	80.0	69	149	25.5	196	M30	4.701
52	>48~52	84.5	69	153	28.0	205	M30	4.897
56	>52~56	88.5	69	157	30.0	214	M30	5.075
60	>56~60	98.5	83	181	32.0	237	M36	7.921

⊖ GB/T 5976—2006 中引用的部分标准已经更新，用户在引用该标准时应予以注意。

表 2-358　钢丝绳铝合金压制接头的形式和基本参数（摘自 GB/T 6946—2008）

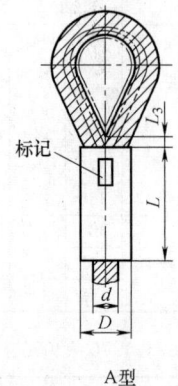

A型

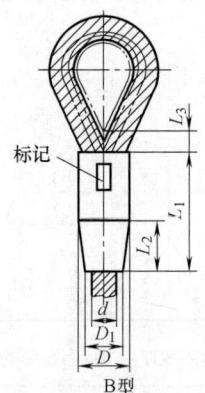

B型

接头号	D/mm		D_{1min} /mm	L_{min} /mm	L_{1min} /mm	L_{2max} /mm	$L_3 \approx$ /mm	压制力(参考值) /kN
	公称尺寸	极限偏差						
6	13	+0.35 0	—	30	—	—	3	300
7	15		—	34	—	—	4	350
8	17		—	38	42	—	4	400
9	19	+0.40 0	15	44	48	20	5	450
10	21		16	49	53	22	5	500
11	23		18	54	75	24	6	600
12	25	+0.50 0	19	59	75	27	6	700
13	27		21	64	75	29	7	800
14	29		22	69	75	31	7	1000
16	33	+0.60 0	25	78	83	35	8	1200
18	37		28	88	90	40	9	1400
20	41		31	98	110	44	10	1600
22	45	+0.80 0	34	108	115	49	11	1800
24	49		37	118	126	53	12	2000
26	54		41	127	142	57	13	2250
28	58	+1.0 0	44	137	150	62	14	2550
30	62		47	147	155	66	15	2950
32	66		50	157	176	71	16	3400
34	70	+1.5 0	53	167	180	75	17	3800
36	74		56	176	185	79	18	4300
38	78		59	186	205	84	19	4800
40	82	+2.0 0	62	196	210	88	20	5300
44	90		68	215	228	96	22	6200
48	98		74	235	248	106	24	7300
52	106	+2.0 0	80	255	270	114	26	8600
56	114		86	275	290	124	28	10000
60	124		93	295	315	132	30	12000
65	135		102	360	—	144	33	15300

注：图中 d 为钢丝绳公称直径（mm），其与接头号的关系见 GB/T 6946—2008 中的表 3。

4 铜及铜合金

4.1 加工铜及铜合金牌号及化学成分（见表2-359~表2-363）

表2-359 加工铜的牌号及化学成分（摘自GB/T 5231—2012）

分类	代号	牌号	Cu+Ag（最小值）②	化学成分（质量分数，%）											
				P	Ag	Bi①	Sb①	As①	Fe	Ni	Pb	Sn	S	Zn	O
无氧铜	C10100	TU00	99.99②	0.0003	0.0025	0.0001	0.0004	0.0005	0.0010	0.0010	0.0005	0.0002	0.0015	0.0001	0.0005
				Te≤0.0002, Se≤0.0003, Mn≤0.00005, Cd≤0.0001											
	T10130	TU0	99.97	0.002	—	0.001	0.002	0.002	0.004	0.002	0.003	0.002	0.004	0.003	0.001
	T10150	TU1	99.97	0.002	—	0.001	0.002	0.002	0.004	0.002	0.003	0.002	0.004	0.003	0.002
	T10180	TU2③	99.95	0.002	—	0.001	0.002	0.002	0.004	0.002	0.004	0.002	0.004	0.003	0.003
	C10200	TU3	99.95	—	—	—	—	—	—	—	—	—	—	—	0.0010
银无氧铜	T10350	TU00Ag0.06	99.99	0.002	0.05~0.08	0.0003	0.0005	0.0004	0.0025	0.0006	0.0006	0.0007	—	0.0005	0.0005
	C10500	TUAg0.03	99.95	—	≥0.034	—	—	—	—	—	—	—	—	—	0.0010
	T10510	TUAg0.05	99.96	0.002	0.02~0.06	0.001	0.002	0.002	0.004	0.002	0.004	0.002	0.004	0.003	0.003
	T10530	TUAg0.1	99.96	0.002	0.06~0.12	0.001	0.002	0.002	0.004	0.002	0.004	0.002	0.004	0.003	0.003
	T10540	TUAg0.2	99.96	0.002	0.15~0.25	0.001	0.002	0.002	0.004	0.002	0.004	0.002	0.004	0.003	0.003
	T10550	TUAg0.3	99.96	0.002	0.25~0.35	0.001	0.002	0.002	0.004	0.002	0.004	0.002	0.004	0.003	0.003
锆无氧铜	T10600	TUZr0.15	99.97④	0.002	Zr:0.11~0.21	0.001	0.002	0.002	0.004	0.002	0.003	0.002	0.004	0.003	0.002
纯铜	T10900	T1	99.95	—	—	0.001	0.002	0.002	0.005	0.002	0.003	0.002	0.005	0.005	0.02
	T11050	T2⑤⑥	99.90	—	—	0.001	0.002	0.002	0.005	0.002	0.005	0.002	0.005	0.005	—
	T11090	T3	99.70	0.001	—	0.002	—	—	0.005	—	0.01	—	0.005	0.005	—
银铜	T11200	TAg0.1~0.01	99.9⑦	0.004~0.012	0.08~0.12	—	—	—	—	0.05	—	—	—	—	0.05
	T11210	TAg0.1	99.5⑧	—	0.06~0.12	0.002	0.005	0.01	0.05	0.2	0.01	0.05	0.01	—	0.1
	T11220	TAg0.15	99.5	—	0.10~0.20	0.002	0.005	0.01	0.05	0.2	0.01	0.05	0.01	—	0.1
磷脱氧铜	C12000	TP1	99.90	0.004~0.012	—	—	—	—	—	—	—	—	—	—	—
	C12200	TP2	99.9	0.015~0.040	—	—	—	—	—	—	—	—	—	—	—
	T12210	TP3	99.9	0.01~0.025	—	—	—	—	—	—	—	—	—	—	0.01
	T12400	TP4	99.90	0.040~0.065	—	—	—	—	—	—	—	—	—	—	0.002

（续）

分类	代号	牌号	Cu+Ag（最小值）	P	Ag	Bi①	Sb①	As①	Fe	Ni	Pb	Sn	S	Zn	O	Cd
碲铜	T14440	TTe0.3	99.9②	0.001	Te:0.20~0.35	0.001	0.0015	0.002	0.008	0.002	0.01	0.001	0.0025	0.005	—	0.01
	T14450	TTe0.5~0.008	99.8⑧	0.004~0.012	Te:0.4~0.6	0.001	0.003	0.002	0.008	0.005	0.01	0.01	0.003	0.008	—	0.01
	C14500	TTe0.5	99.90⑩	0.004~0.012	Te:0.40~0.7	—	—	—	—	—	—	0.01	—	—	—	—
	C14510	TTe0.5~0.02	99.85⑩	0.010~0.030	Te:10.30~0.7	—	—	—	—	—	0.05	0.05	—	—	—	—
硫铜	C14700	TS0.4	99.90⑪	0.002~0.005	—	—	—	—	—	—	—	—	0.20~0.50	—	—	—
锆铜	C15000	TZr0.15⑫	99.80	—	Zr:0.10~0.20	—	—	—	—	—	—	—	—	—	—	—
	T15200	TZr0.2	99.5④	—	Zr:0.15~0.30	0.002	0.005	—	0.05	0.2	0.01	0.05	0.01	—	—	—
	T15400	TZr0.4	99.5④	—	Zr:0.30~0.50	0.002	0.005	—	0.05	0.2	0.01	0.05	0.01	—	—	—
弥散无氧铜	T15700	TUAl0.12	余量	0.002	Al₂O₃:0.16~0.26	0.001	0.002	0.002	0.004	0.002	0.003	0.002	0.004	0.003	—	—

化学成分（质量分数，%）

① 砷、铋、锑可不分析，但供方必须保证不大于极限值。
② 此值为铜含量，铜含量无氧铜 TU2 氧含量不大于 99.99% （质量分数）。
③ 电工用无氧铜 TU2 氧含量不大于 0.002% （质量分数）。
④ 此值为 $w(Cu+Ag+Zr)$。
⑤ 经双方协商，可供应 P 含量不大于 0.001% （质量分数）的导电 T2 铜。
⑥ 电力机车接触用纯铜线坯；$w(Bi) \leqslant 0.0005\%$，$w(Pb) \leqslant 0.0050\%$，$w(O) \leqslant 0.035\%$，$w(P) \leqslant 0.001\%$，其他杂质总和 $\leqslant 0.03\%$ （质量分数）。
⑦ 此值为 $w(Cu+Ag+P)$。
⑧ 此值为铜量。
⑨ 此值为 $w(Cu+Ag+Te)$。
⑩ 此值为 $w(Cu+Ag+Te+P)$。
⑪ 此值为 $w(Cu+Ag+S+P)$。
⑫ 此牌号 $w(Cu+Ag+Zr)$ 不小于 99.9%。

表 2-360　加工高铜①合金的牌号及化学成分（摘自 GB/T 5231—2012）

分类	代号	牌号	化学成分（质量分数,%）															
			Cu	Be	Ni	Cr	Si	Fe	Al	Pb	Ti	Zn	Sn	S	P	Mn	Co	杂质总和
镉铜	C16200	TCd1	余量	—	—	—	—	0.02	—	—	—	—	—	—	—	Cd:0.7~1.2	—	0.5
铍铜	C17300	TBe1.9-0.4②	余量	1.80~2.00	—	—	0.20	—	0.20	0.20~0.6	—	—	—	—	—	—	—	0.9
	T17490	TBe0.3~1.5	余量	0.25~0.50	—	—	0.20	0.10	0.20	—	—	—	—	—	—	Ag:0.90~1.10	1.40~1.70	0.5
	C17500	TBe0.6~2.5	余量	0.4~0.7	—	—	0.20	0.10	0.20	—	—	—	—	—	—	—	2.4~2.7	1.0
	C17510	TBe0.4-1.8	余量	0.2~0.6	1.4~2.2	—	0.20	0.10	0.20	—	—	—	—	—	—	—	0.3	1.3
	T17700	TBe1.7	余量	1.6~1.85	0.2~0.4	—	0.15	0.15	0.15	0.005	0.10~0.25	—	—	—	—	—	—	0.5
	T17710	TBe1.9	余量	1.85~2.1	0.2~0.4	—	0.15	0.15	0.15	0.005	0.10~0.25	—	—	—	—	—	—	0.5
	T17715	TBe1.9-0.1	余量	1.85~2.1	0.2~0.4	—	0.15	0.15	0.15	0.005	0.10~0.25	—	—	—	—	Mg:0.07~0.13	—	0.5
	T17720	TBe2	余量	1.80~2.1	0.2~0.5	—	0.15	0.15	0.15	0.005	—	—	—	—	—	—	—	0.5
镍铬铜	C18000	TNi2.4-0.6-0.5	余量	—	1.8~3.0③	0.10~0.8	0.40~0.8	0.15	—	—	—	—	—	—	—	—	—	0.65
	C18135	TCr0.3-0.3	余量	—	—	0.20~0.6	—	—	—	—	—	—	—	—	—	Cd:0.20~0.6	—	0.5
铬铜	T18140	TCr10.5	余量	—	0.05	0.4~1.1	0.05	0.1	—	—	—	—	—	—	—	—	—	0.5
	T18142	TCr0.5-0.2-0.1	余量	—	—	0.4~1.0	—	—	0.1~0.25	—	—	—	—	—	—	Mg:0.1~0.25	—	0.5
	T18144	TCr0.5-0.1	余量	—	0.05	0.40~0.70	0.05	0.05	—	0.005	—	0.05~0.25	0.01	0.005	—	Ag:0.08~0.13	—	0.25
	T18146	TCr0.7	余量	—	0.05	0.55~0.85	—	0.1	—	—	—	—	—	—	—	—	—	0.5

（续）

分类	代号	牌号	化学成分（质量分数，%）																
			Cu	Zr	Cr	Ni	Si	Fe	Al	Pb	Mg	Zn	Sn	S	P	B	Sb	Bi	杂质总和
铬铜	T18148	TCr0.8	余量	—	0.6~0.9	0.05	0.03	0.03	0.005	—	—	—	—	0.005	—	—	—	—	0.2
	C18150	TCr1-0.15	余量	0.05~0.25	0.50~1.5	—	—	—	—	—	—	—	—	—	—	—	—	—	0.3
	T18160	TCr1-0.18	余量	0.05~0.30	0.5~1.5	—	0.10	0.10	0.05	0.05	0.05	—	—	—	0.10	0.02	0.01	0.01	0.3④
	T18170	TCr0.6-0.4-0.05	余量	0.3~0.6	0.4~0.8	—	0.05	0.05	—	—	0.04~0.08	—	—	—	0.01	—	—	—	0.5
	C18200	TCr1	余量	—	0.6~1.2	—	0.10	0.10	—	0.05	—	—	—	—	—	—	—	—	0.75
镁铜	T18658	TMg0.2	余量	—	—	—	—	—	—	—	0.1~0.3	—	—	—	0.01	—	—	—	0.1
	C18661	TMg0.4	余量	—	—	—	—	0.10	—	—	0.10~0.7	—	0.20	—	0.001~0.02	—	—	—	0.8
	T18664	TMe0.5	余量	—	—	—	—	—	—	—	0.4~0.7	—	—	—	0.01	—	—	—	0.1
	T18667	TMg0.8	余量	—	—	0.006	—	0.005	—	0.005	0.70~0.85	0.005	0.002	0.005	—	—	0.005	0.002	0.3
铅铜	C18700	TPb1	余量	—	—	—	—	—	—	0.8~1.5	—	—	—	—	—	—	—	—	0.5
铁铜	C19200	TFe1.0	98.5	—	—	—	—	0.8~1.2	—	—	—	0.20	—	—	0.01~0.04	—	—	—	0.4
	C19210	TFe0.1	余量	—	—	—	—	0.05~0.15	—	—	—	—	—	—	0.025~0.04	—	—	—	0.2
	C19400	TFe2.5	97.0	—	—	—	—	2.1~2.6	—	0.03	—	0.05~0.20	—	—	0.015~0.15	—	—	—	—
钛铜	C19910	TTi3.0~0.2	余量	—	—	—	—	0.17~0.23	—	—	—	—	—	—	—	Ti:2.9~3.4	—	—	0.5

① 高铜合金，指铜含量为 96.0%~99.3%（质量分数）的合金。
② 该牌号 w(Ni+Co)≥0.20%，w(Ni+Co+Fe)≤0.6%。
③ 此值为 w(Ni+Co)。
④ 此值为表中所列杂质元素实测值总和。

354

表 2-361 加工黄铜的牌号及化学成分（摘自 GB/T 5231—2012）

分类		代号	牌号	化学成分（质量分数，%）								
				Cu	Fe①	Pb	Si	Ni	B	As	Zn	杂质总和
铜锌合金	普通黄铜	C21000	H95	94.0~96.0	0.05	0.05	—	—	—	—	余量	0.3
		C22000	H90	89.0~91.0	0.05	0.05	—	—	—	—	余量	0.3
		C23000	H85	84.0~86.0	0.05	0.05	—	—	—	—	余量	0.3
		C24000	H80②	78.5~81.5	0.05	0.05	—	—	—	—	余量	0.3
		T26100	H70②	68.5~71.5	0.10	0.03	—	—	—	—	余量	0.3
		T26300	H68	67.0~70.0	0.10	0.03	—	—	—	—	余量	0.3
		T26800	H66	64.0~68.5	0.05	0.09	—	—	—	—	余量	0.45
		C27000	H65	63.0~68.5	0.07	0.09	—	—	—	—	余量	0.45
		T27300	H63	62.0~65.0	0.15	0.08	—	—	—	—	余量	0.5
		T27600	H62	60.5~63.5	0.15	0.08	—	—	—	—	余量	0.5
		T28200	H59	57.0~60.0	0.3	0.5	—	—	—	—	余量	1.0
	硼砷黄铜	T22130	HB90-0.1	89.0~91.0	0.02	0.02	0.5	—	0.05~0.3	—	余量	0.5③
		T23030	HAs85-0.05	84.0~86.0	0.10	0.03	—	—	—	0.02~0.08	余量	0.3
		C26130	HAs70-0.05	68.5~71.5	0.05	0.05	—	—	—	0.02~0.08	余量	0.4
		C26330	HAs68-0.04	67.0~70.0	0.10	0.03	—	—	—	0.03~0.06	余量	0.3
铜锌铅合金	铅黄铜	C31400	HPb89-2	87.5~90.5	0.10	1.3~2.5	—	Ni:0.7	—	—	余量	1.2
		C33000	HPb66-0.5	65.0~68.0	0.07	0.25~0.7	—	—	—	—	余量	0.5
		T34700	HPb63-3	62.0~65.0	0.10	2.4~3.0	—	—	—	—	余量	0.75
		T34900	HPb63-0.1	61.5~63.5	0.15	0.05~0.3	—	—	—	—	余量	0.5
		T35100	HPb62-0.8	60.0~63.0	0.2	0.5~1.2	—	—	—	—	余量	0.75
		C35300	HPb62-2	60.0~63.0	0.15	1.5~2.5	—	—	—	—	余量	0.65
		C36000	HPb62-3	60.0~63.0	0.35	2.5~3.7	—	—	—	—	余量	0.85
		T36210	HPb62-2-0.1	61.0~63.0	0.1	1.7~2.8	0.05	0.1	0.1	0.02~0.15	余量	0.55
		T36220	HPb61-2-1	59.0~62.0	—	1.0~2.5	—	—	0.30~1.5	0.02~0.25	余量	0.4
		T36230	HPb61-2-0.1	59.2~62.3	0.2	1.7~2.8	—	—	0.2	0.08~0.15	余量	0.5
		C37100	HPb61-1	58.0~62.0	0.15	0.6~1.2	—	—	—	—	余量	0.55
		C37700	HPb60-2	58.0~61.0	0.30	1.5~2.5	—	—	—	—	余量	0.8
		T37900	HPb60-3	58.0~61.0	0.3	2.5~3.5	—	—	0.3	—	余量	0.8③

（续）

分类	代号	牌号	化学成分（质量分数，%）									
			Cu	Fe①	Pb	Al	Mn	Sn	As	Zn	杂质总和
铜锌铅合金（铅黄铜）	T38100	HPb59-1	57.0~60.0	0.5	0.8~1.9	—	—	—	—	余量	1.0
	T38200	HPb59-2	57.0~60.0	0.5	1.5~2.5	—	—	0.5	—	余量	1.0③
	T38210	HPb58-2	57.0~59.0	0.5	1.5~2.5	—	—	0.5	—	余量	1.0③
	T38300	HPb59-3	57.5~59.5	0.50	2.0~3.0	—	—	—	—	余量	1.2
	T38310	HPb58-3	57.0~59.0	0.5	2.5~3.5	—	—	0.5	—	余量	1.0③
	T38400	HPb57-4	56.0~58.0	0.5	3.5~4.5	—	—	0.5	—	余量	1.2③

分类	代号	牌号	化学成分（质量分数，%）													
			Cu	Te	B	Si	As	Bi	Cd	Sn	P	Ni	Mn	Fe①	Pb	Zn	杂质总和
铜锌锡合金、复杂黄铜（锡黄铜）	T41900	HSn90-1	88.0~91.0	—	—	—	—	—	—	0.25~0.75	—	—	—	0.10	0.03	余量	0.2
	C44300	HSn72-1	70.0~73.0	—	—	—	0.02~0.06	—	—	0.8~1.2④	—	—	—	0.06	0.07	余量	0.4
	T45000	HSn70-1	69.0~71.0	—	—	—	0.03~0.06	—	—	0.8~1.3	—	—	—	0.10	0.05	余量	0.3
	T45010	HSn70-1-0.01	69.0~71.0	—	0.0015~0.02	—	0.03~0.06	—	—	0.8~1.3	—	—	—	0.10	0.05	余量	0.3
	T45020	HSn70-1-0.01-0.04	69.0~71.0	—	0.0015~0.02	—	0.03~0.06	—	—	0.8~1.3	—	0.05~1.00	0.02~2.00	0.10	0.05	余量	0.3
	T46100	HSn65-0.03	63.5~68.0	—	—	—	—	—	—	0.01~0.2	0.01~0.07	—	—	0.05	0.03	余量	0.3
	T46300	HSn62-1	61.0~63.0	—	—	—	—	—	—	0.7~1.1	—	—	—	0.10	0.10	余量	0.3
	T46410	HSn60-1	59.0~61.0	—	—	—	—	—	—	1.0~1.5	—	—	—	0.10	0.30	余量	1.0
铋黄铜	T49230	HBi60-2	69.0~62.0	—	—	—	—	2.0~3.5	0.01	0.3	—	—	—	0.2	0.1	余量	0.5③
	T49240	HBi60-1.3	58.0~62.0	—	—	—	—	0.3~2.3	0.01	0.05~1.2⑤	—	—	—	0.1	0.2	余量	0.3③
	C49260	HBi60-1-0-0.05	58.0~63.0	—	—	0.10	—	0.50~1.8	0.001	0.50	0.05~0.15	—	—	0.50	0.09	余量	1.5

（续）

分类	代号	牌号	化学成分（质量分数，%）														
			Cu	Te	Al	Si	As	Bi	Cd	Sn	P	Ni	Mn	Fe①	Pb	Zn	杂质总和
复杂黄铜（铋黄铜）	T49310	HBi60-0.5-0.01	58.5~61.5	0.010~0.015	—	—	0.01	0.45~0.65	0.01	—	—	—	—	—	0.1	余量	0.5③
	T49320	HBi60-0.8-0.01	58.5~61.5	0.010~0.015	—	—	0.01	0.70~0.95	0.01	—	—	—	—	—	0.1	余量	0.5③
	T49330	HBi60-1.1-0.01	58.5~61.5	0.010~0.015	—	—	0.01	1.00~1.25	0.01	—	—	—	—	—	0.1	余量	0.5③
	T49360	HBi59-1	58.0~60.0	—	—	—	—	0.8~2.0	0.01	0.2	—	—	—	0.2	0.1	余量	0.5③
	C49350	HBi62-1	61.0~63.0	Sb:0.02~0.10	—	0.30	—	0.50~2.5	—	1.5~3.0	0.04~0.15	—	—	—	0.09	余量	0.9
复杂黄铜（锰黄铜）	T67100	HMn64-8-5-1.5	63.0~66.0	—	4.5~6.0	1.0~2.0	—	—	—	0.5	—	0.5	7.0~8.0	0.5~1.5	0.3~0.8	余量	1.0
	T67200	HMn62-3-3-0.7	60.0~63.0	—	2.4~3.4	0.5~1.5	—	—	—	0.1	—	—	2.7~3.7	0.1	0.05	余量	1.2
	T67300	HMn62-3-3-1	59.0~65.0	—	1.7~3.7	0.5~1.3	Cr:0.07~0.27	—	—	—	—	0.2~0.6	2.2~3.8	0.6	0.18	余量	0.8
	T67310	HMn62-13⑥	59.0~65.0	—	0.5~2.5⑦	0.05	—	—	—	—	—	0.05~0.5⑧	10~15	0.05	0.03	余量	0.15③
	T67320	HMn55-3-1⑨	53.0~58.0	—	3.0~4.0	—	—	—	—	—	—	—	3.0~4.0	0.5~1.5	0.5	余量	1.5

357

（续）

分类		代号	牌号	化学成分（质量分数，%）												
				Cu	Fe[1]	Pb	Al	Mn	P	Sb	Ni	Si	Cd	Sn	Zn	杂质总和
复杂黄铜	锰黄铜	T67330	HMn59-2-1.5-0.5	58.0~59.0	0.35~0.65	0.3~0.6	1.4~1.7	1.8~2.2	—	—	—	0.6~0.9	—	—	余量	0.3
		T67400	HMn58-2[2]	57.0~60.0	1.0	0.1	—	1.0~2.0	—	—	—	—	—	—	余量	1.2
		T67410	HMn57-3-1[3]	55.0~58.5	1.0	0.2	0.5~1.5	2.5~3.5	—	—	—	—	—	—	余量	1.3
		T67420	HMn57-2-2-0.5	56.5~58.5	0.3~0.8	0.3~0.8	1.3~2.1	1.5~2.3	—	—	0.5	0.5~0.7	—	0.5	余量	1.0
	铁黄铜	T67600	HFe59-1-1	57.0~60.0	0.6~1.2	0.20	0.1~0.5	0.5~0.8	—	—	—	—	—	0.3~0.7	余量	0.3
		T67610	HFe58-1-1	56.0~58.0	0.7~1.3	0.7~1.3	—	—	—	—	—	—	—	—	余量	0.5
	锑黄铜	T68200	HSb61-0.8-0.5	59.0~63.0	0.2	0.2	—	—	0.04~0.15	0.4~1.2	0.05~1.2[10]	0.3~1.0	0.01	—	余量	0.5[3]
		T68210	HSb60-0.9	58.0~62.0	—	0.2	—	—	0.05~0.40	0.3~1.5	0.05~0.9[10]	—	0.01	—	余量	0.3[3]
	硅黄铜	T68310	HSi80-3	79.0~81.0	0.6	0.1	—	—	0.04	—	—	2.5~4.0	—	—	余量	1.5
		T68320	HSi75-3	73.0~77.0	0.1	0.1	—	0.1	—	—	0.1	2.7~3.4	0.01	0.2	余量	0.6[3]
		C68350	HSi62-0.6	59.0~64.0	0.15	0.09	0.30	—	—	—	0.20	0.3~1.0	—	0.6	余量	2.0
		T68360	HSi61~0.6	59.0~63.0	0.15	0.2	—	—	0.03~0.12	—	0.05~1.0[5]	0.4~1.0	0.01	—	余量	0.3
	铝黄铜	C68700	HAl77-2	76.0~79.0	0.06	0.07	1.8~2.5	As:0.02~0.06	—	—	—	—	—	—	余量	0.6
		T68900	HAl67-2.5	66.0~68.0	0.6	0.5	2.0~3.0	—	—	—	—	—	—	—	余量	1.5
		T69200	HAl66-6-3-2	64.0~68.0	2.0~4.0	0.5	6.0~7.0	1.5~2.5	—	—	—	—	—	—	余量	1.5
		T69210	HAl64-5-4-2	63.0~66.0	1.8~3.0	0.2~1.0	4.0~6.0	3.0~5.0	—	—	—	0.5	—	0.3	余量	1.3

358

（续）

分类	代号	牌号	化学成分（质量分数，%）														
			Cu	Fe①	Pb	Al	As	Bi	Mg	Cd	Mn	Ni	Si	Co	Sn	Zn	杂质总和
铝黄铜	T69220	HAl61-4-3-1.5	59.0~62.0	0.5~1.3	—	3.5~4.5	—	—	—	—	—	2.5~4.0	0.5~1.5	1.0~2.0	0.2~1.0	余量	1.3
	T69230	HAl61-4-3-1	59.0~62.0	0.3~1.3	—	3.5~4.5	—	—	—	—	—	2.5~4.0	0.5~1.5	0.5~1.0	—	余量	0.7
	T69240	HAl60-1-1	58.0~61.0	0.70~1.50	0.40	0.70~1.50	—	—	—	—	0.1~0.6	—	—	—	—	余量	0.7
	T69250	HAl59-3-2	57.0~60.0	0.50	0.10	2.5~3.5	—	—	—	—	—	2.0~3.0	—	—	—	余量	0.9
镁黄铜	T69800	HMg60-1	59.0~61.0	0.2	0.1	—	—	0.3~0.8	0.5~2.0	0.01	—	—	—	—	0.3	余量	0.5③
镍黄铜	T69900	HNi65-5	64.0~67.0	0.15	0.03	—	—	—	—	—	—	5.0~6.5	—	—	—	余量	0.3
	T69910	HNi56-3	54.0~58.0	0.15~0.5	0.2	0.3~0.5	—	—	—	—	—	2.0~3.0	—	—	—	余量	0.6

复杂黄铜

① 抗磁用黄铜中铁的质量分数不大于 0.030%。
② 特殊用途的 H70、H80 的杂质最大值为：w(Fe) 0.07%，w(Sb) 0.002%，w(P)0.005%，w(As)0.005%，w(S)0.002%，杂质总和为 0.20%（质量分数）。
③ 此值为表中所列杂质元素实测值总和。
④ 此牌号为管材产品时，Sn 含量最小值为 0.9%（质量分数）。
⑤ 此值为 w(Sb+B+Ni+Sn)。
⑥ 此牌号 w(P)≤0.005%，w(B)≤0.01%，w(Bi)≤0.005%，w(Sb)≤0.005%。
⑦ 此值为 w(Ti+Al)。
⑧ 此值为 w(Ni+Co)。
⑨ 供异型铸造和热锻用的 HMn57-3-1，HMn58-2 的磷的质量分数不大于 0.03%。供特殊使用的 HMn55-3-1 的铝的质量分数不大于 0.1%。
⑩ 此值为 w(Ni+Sn+B)。
⑪ 此值为 w(Ni+Fe+B)。

表 2-362 加工青铜的牌号及化学成分（摘自 GB/T 5231—2012）

化学成分（质量分数，%）

分类	代号	牌号	Cu	Sn	P	Fe	Pb	Al	B	Ti	Mn	Si	Ni	Zn	杂质总和
	T50110	QSn0.4	余量	0.15~0.55	0.001	—	—	—	—	—	—	—	0≤0.035	—	0.1
	T50120	QSn0.6	余量	0.4~0.8	0.01	0.020	—	—	—	—	—	—	—	—	0.1
	T50130	QSn0.9	余量	0.85~1.05	0.03	0.05	—	—	—	—	—	—	—	—	0.1
	T50300	QSn0.5-0.025	余量	0.25~0.6	0.015~0.035	0.010	—	—	—	—	—	—	—	—	0.1
	T50400	QSn1-0.5-0.5	余量	0.9~1.2	0.09	—	0.01	0.01	S≤0.005	—	0.3~0.6	0.3~0.6	—	—	0.1
	C50500	QSn1.5-0.2	余量	1.0~1.7	0.03~0.35	0.10	0.05	—	—	—	—	—	—	0.30	0.95
	C50700	QSn1.8	余量	1.5~2.0	0.30	0.10	0.05	—	—	—	—	—	—	—	0.95
	T50800	QSn4-3	余量	3.5~4.5	0.03	0.05	0.02	0.002	—	—	—	—	—	2.7~3.3	0.2
锡青铜②	C51000	QSn5-0.2	余量	4.2~5.8	0.03~0.35	0.10	0.05	—	—	—	—	—	—	0.30	0.95
	T51010	QSn5-0.3	余量	4.5~5.5	0.01~0.40	0.1	0.02	—	—	—	—	—	0.2	0.2	0.75
	C51100	QSn4-0.3	余量	3.5~4.9	0.03~0.35	0.10	0.05	—	—	—	—	—	—	0.30	0.95
	T51500	QSn6-0.05	余量	6.0~7.0	0.05	0.10	—	—	Ag:0.05~0.12	—	—	—	—	0.05	0.2
	T51510	QSn6.5-0.1	余量	6.0~7.0	0.10~0.25	0.05	0.02	0.002	—	—	—	—	—	0.3	0.4
	T51520	QSn6.5-0.4	余量	6.0~7.0	0.26~0.40	0.02	0.02	0.002	—	—	—	—	—	0.3	0.4
	T51530	QSn7-0.2	余量	6.0~8.0	0.10~0.25	0.05	0.02	0.01	—	—	—	—	—	0.3	0.45
	C52100	QSn8-0.3	余量	7.0~9.0	0.03~0.35	0.10	0.05	—	—	—	—	—	—	0.20	0.85
	T52500	QSn15-1-1	余量	12~18	0.5	0.1~1.0	—	—	0.002~1.2	0.002	0.6	—	—	0.5~2.0	1.0⑤
	T53300	QSn4-4-2.5	余量	3.0~5.0	0.03	0.05	1.5~3.5	0.002	—	—	—	—	—	3.0~5.0	0.2
	T53500	QSn4-4-4	余量	3.0~5.0	0.03	0.05	3.5~4.5	0.002	—	—	—	—	—	3.0~5.0	0.2

铜锡、铜锡磷、铜锡铝合金

（续）

化学成分（质量分数，%）

分类	代号	牌号	Cu	Al	Fe	Ni	Mn	P	Zn	Sn	Si	Pb	As①	Mg	Sb①	Bi①	S	杂质总和
铬青铜	T55600	QCr4.5-2.5-0.6	余量	Cr:3.5~5.5	0.05	0.2~1.0	0.5~2.0	0.005	0.05	—	—	—	Ti:1.5~3.5	—	—	—	—	0.1⑤
锰青铜	T56100	QMn1.5	余量	0.07	0.1	0.1	1.20~1.80	—	—	0.05	0.1	0.01	—	—	0.005	0.002	0.01	0.3
锰青铜	T56200	QMn2	余量	0.07	0.1	—	1.5~2.5	—	—	0.05	0.1	0.01	Cr≤0.1	—	0.05	0.002	—	0.5
锰青铜	T56300	QMn5	余量	—	0.35	—	4.5~5.5	0.01	0.4	0.1	0.1	0.03	0.01	—	0.002	—	—	0.9
铝青铜	T60700	QAl5	余量	4.0~6.0	0.5	—	0.5	0.01	0.5	0.1	0.1	0.03	—	—	—	—	—	1.6
铝青铜	C60300	QAl6	余量	5.0~6.5	0.10	—	—	—	—	—	—	0.10	0.02~0.35	—	—	—	—	0.7
铝青铜	C61000	QAl7	余量	6.0~8.5	0.50	—	—	—	0.20	—	0.10	0.02	—	—	—	—	—	1.3
铝青铜	T61700	QAl9-2	余量	8.0~10.0	0.5	—	1.5~2.5	0.01	1.0	0.1	0.01	0.03	—	—	—	—	—	1.7
铝青铜	T61720	QAl9-4	余量	8.0~10.0	2.0~4.0	—	0.5	0.01	1.0	0.1	0.1	0.01	—	—	—	—	—	1.7
铝青铜	T61740	QAl9-5-1-1	余量	8.0~10.0	0.5~1.5	4.0~6.0	0.5~1.5	0.01	0.3	0.1	0.1	0.01	0.01	—	—	—	—	0.6
铝青铜	T61760	QAl10-3-1.5③	余量	8.5~10.0	2.0~4.0	—	1.0~2.0	0.01	0.5	0.1	0.1	0.03	—	—	—	—	—	0.75
铝青铜	T61780	QAl10-4-4④	余量	9.5~11.0	3.5~5.5	3.5~5.5	0.3	0.01	0.5	0.1	0.1	0.02	—	—	—	—	—	1.0
铝青铜	T61790	QAl10-4-1	余量	8.5~11.0	3.0~5.0	3.0~5.0	0.5~2.0	—	—	—	—	—	—	—	—	—	—	0.8
铝青铜	T62100	QAl10-5-5	余量	8.0~11.0	4.0~6.0	4.0~6.0	0.5~2.5	—	0.5	0.2	0.25	0.05	—	0.10	—	—	—	1.2
铝青铜	T62200	QAl11-6-6	余量	10.0~11.5	5.5~6.5	5.5~6.5	0.5	0.1	0.6	0.2	0.2	0.05	—	—	—	—	—	1.5

化学成分（质量分数，%）

分类	代号	牌号	Cu	Si	Fe	Ni	Mn	Zn	Pb	P	Sn	As①	Sb①	Al	S	杂质总和
铜硅合金	C64700	QSi0.6-2	余量	0.40~0.8	0.10	1.6~2.2⑥	0.1~0.4	0.50	0.09	—	—	—	—	—	—	1.2
铜硅合金	T64720	QSi1-3	余量	0.6~1.1	0.1	2.4~3.4	0.1~0.4	0.2	0.15	—	—	—	—	0.02	—	0.5
铜硅合金	T64730	QSi3-1②	余量	2.7~3.5	0.3	0.2	1.0~1.5	0.5	0.03	—	—	—	—	—	—	1.1
铜硅合金	T64740	QSi3.5-3-1.5	余量	3.0~4.0	1.2~1.8	0.2	0.5~0.9	2.5~3.5	0.25	0.03	0.25	0.002	0.002	—	—	1.1

① 砷、锑和铋可不分析，但供方必须保证不大于界限值。
② 抗磁用锡青铜中铁的质量分数不大于 0.020%，QSi3-1 中铁的质量分数不大于 0.030%。
③ 非耐磨材料用 QAl10-3-1.5，其铁的质量分数可达 1%，但杂质总和应不大于 1.25%（质量分数）。
④ 经双方协商，焊接或特殊要求的 QAl10-4-4，其铁的质量分数不大于 0.2%。
⑤ 此值为表中所列杂质元素实测值总和。
⑥ 此值为 w(Ni+Co)。

表 2-363　加工白铜的牌号及化学成分（摘自 GB/T 5231—2012）

化学成分（质量分数，%）

分类		代号	牌号	Cu	Ni+Co	Al	Fe	Mn	Pb	P	S	C	Mg	Si	Zn	Sn	杂质总和
铜镍合金	普通白铜	T70110	B0.6	余量	0.57~0.63	—	0.005	—	0.005	0.002	0.005	0.002	—	0.002	—	—	0.1
		T70380	B5	余量	4.4~5.0	—	0.20	—	0.01	0.002	0.01	0.03	—	—	—	—	0.5
		T71050	B19②	余量	18.0~20.0	—	0.5	0.5	0.005	0.01	0.01	0.05	0.05	0.15	0.3	—	1.8
		C71100	B23	余量	22.0~24.0	—	0.10	0.15	0.05	—	—	—	—	—	0.20	—	1.0
		T71200	B25	余量	24.0~26.0	—	0.5	0.5	0.005	0.01	0.01	0.05	0.05	0.15	0.3	0.03	1.8
		T71400	B30	余量	29.0~33.0	—	0.9	1.2	0.05	0.006	0.01	0.05	—	0.15	—	—	2.3
	铁白铜	C70400	BFe5-1.5-0.5	余量	4.8~6.2	—	1.3~1.7	0.30~0.8	0.05	—	—	—	—	—	1.0	—	1.55
		T70510	BFe7-0.4-0.4	余量	6.0~7.0	—	0.1~0.7	0.1~0.7	0.01	0.01	0.01	0.03	—	0.02	0.05	—	0.7
		T70590	BFe10-1-1	余量	9.0~11.0	—	1.0~1.5	0.5~1.0	0.02	0.006	0.01	0.05	—	0.15	0.3	0.03	0.7
		C70610	BFe10-1.5-1	余量	10.0~11.0	—	1.0~2.0	0.50~1.0	0.01	—	0.05	0.05	—	—	—	—	0.6
		T70620	BFe10-1.6-1	余量	9.0~11.0	—	1.5~1.8	0.5~1.0	0.03	0.02	0.01	0.05	—	—	0.20	—	0.4
		T70900	BFe16-1-1-0.5	余量	15.0~18.0	Ti≤0.03	0.50~1.00	0.2~1.0	0.05	0.05	Cr:0.30~0.70	—	—	0.03	1.0	—	1.1
		C71500	BFe30-0.7	余量	29.0~33.0	—	0.40~1.0	1.0	0.05	—	—	—	—	0.03	1.0	—	2.5
		T71510	BFe30-1-1	余量	29.0~32.0	—	0.5~1.0	0.5~1.2	0.02	0.006	0.01	0.05	—	0.15	1.0	0.03	0.7
		T71520	BFe30-2-2	余量	29.0~32.0	0.2	1.7~2.3	1.5~2.5	0.01	—	0.03	0.06	—	—	0.3	—	0.6
	锰白铜	T71620	BMn3-12③	余量	2.0~3.5	—	0.20~0.50	11.5~13.5	0.020	0.005	0.020	0.05	0.03	0.1~0.3	—	—	0.5
		T71660	BMn40-1.5③	余量	39.0~41.0	—	0.50	1.0~2.0	0.005	0.005	0.02	0.10	0.05	0.10	0.20	—	0.9
		T71670	BMn43-0.5③	余量	42.0~44.0	—	0.15	0.10~1.0	0.002	0.002	0.01	0.10	0.05	0.10	—	—	0.6
	铝白铜	T72400	BAl6-1.5	余量	5.5~6.5	1.2~1.8	0.50	0.20	0.003	—	0.03	—	—	—	—	—	1.1
		T72600	BAl13-3	余量	12.0~15.0	2.3~3.0	1.0	0.50	0.003	0.01	—	—	—	—	—	—	1.9

分类	代号	牌号	化学成分（质量分数，%）															
			Cu	Ni+Co	Fe	Mn	Pb	Al	Si	P	S	C	Sn	Bi①	Ti	Sb①	Zn	杂质总和
锌白铜（铜镍锌合金）	C73500	BZn18-10	70.5~73.5	16.5~19.5	0.25	0.50	0.09	—	—	—	—	—	—	—	—	—	余量	1.35
	T74600	BZn15-20	62.0~65.0	13.5~16.5	0.5	0.3	0.02	Mg≤0.05	0.15	0.005	0.01	0.03	—	0.002	As①≤0.010	0.002	余量	0.9
	C75200	BZn18-18	63.0~66.5	16.5~19.5	0.25	0.50	0.05	—	—	—	—	—	—	—	—	—	余量	1.3
	T75210	BZn18-17	62.0~66.0	16.5~19.5	0.25	0.50	0.03	—	—	—	—	—	—	—	—	—	余量	0.9
	T76100	BZn9-29	60.0~63.0	7.2~10.4	0.3	0.5	0.03	0.005	0.15	0.005	0.005	0.03	0.08	0.002	0.005	0.002	余量	0.8④
	T76200	BZn12-24	63.0~66.0	11.0~13.0	0.3	0.5	0.03	—	—	0.005	0.005	0.03	0.03	—	—	—	余量	0.8④
	T76210	BZn12-26	60.0~63.0	10.5~13.0	0.3	0.5	0.03	0.005	0.15	0.005	0.005	0.03	0.08	0.002	0.005	0.002	余量	0.8④
	T76220	BZn12-29	57.0~60.0	11.0~13.5	0.3	0.5	0.03	—	—	0.005	0.005	0.03	0.03	—	—	—	余量	0.8④
	T76300	BZn18-20	60.0~63.0	16.5~19.5	0.3	0.5	0.03	0.005	0.15	0.005	0.005	0.03	0.08	0.002	0.005	0.002	余量	0.8④
	T76400	BZn22-16	60.0~63.0	20.5~23.5	0.3	0.5	0.03	0.005	0.15	0.005	0.005	0.03	0.08	0.002	0.005	0.002	余量	0.8④
	T76500	BZn25-18	56.0~59.0	23.5~26.5	0.3	0.5	0.03	0.005	0.15	0.005	0.005	0.03	0.08	0.002	0.005	0.002	余量	0.8④
	T77000	BZn18-26	53.5~56.5	16.5~19.5	0.25	0.50	0.05	—	—	—	—	—	—	—	—	—	余量	0.8
	T77500	BZn40-20	38.0~42.0	38.0~41.5	0.3	0.5	0.03	0.005	0.15	0.005	0.005	0.10	0.08	0.002	0.005	0.002	余量	0.8④
	T78300	BZn15-21-1.8	60.0~63.0	14.0~16.0	0.3	0.5	1.5~2.0	—	0.15	—	—	—	—	—	—	—	余量	0.9
	T79500	BZn15-24-1.5	58.0~60.0	12.5~15.5	0.25	0.05~0.5	1.4~1.7	—	—	0.02	0.005	—	—	—	—	—	余量	0.75
	C79800	BZn10-41-2	45.5~48.5	9.0~11.0	0.25	1.5~2.5	1.5~2.5	—	—	—	—	—	—	—	—	—	余量	0.75
	C79860	BZn12-37-1.5	42.3~43.7	11.8~12.7	0.20	5.6~6.4	1.3~1.8	—	0.06	0.005	—	—	0.10	—	—	—	余量	0.56

① 铋、锑和砷可不分析，但供方必须保证正不大于界限值。
② 特殊用途的 B19 白铜带，可供应硅的质量分数不大于 0.05% 的材料。
③ 为保证电气性能，对 BMn3-12 合金，作热电偶用的 BMn40-1.5 和 BMn43-0.5 合金，其规定有最大值和最小值的成分，允许略微超出表中的规定。
④ 此值为表中所列杂质元素实测值总和。

4.2 铜及铜合金棒材

4.2.1 铜及铜合金拉制棒（摘自 GB/T 4423—2007）

（1）牌号、状态和规格（见表 2-364）

表 2-364　铜及铜合金拉制棒材的牌号、状态和规格

牌号	状态	直径（或对边距离）/mm	
		圆形棒、方形棒、六角形棒	矩形棒
T2、T3、TP2、H96、TU1、TU2	Y（硬）、M（软）	3~80	3~80
H90	Y（硬）	3~40	—
H80、H65	Y（硬）、M（软）	3~40	—
H68	Y₂（半硬）	3~80	—
	M（软）	13~35	
H62	Y₂（半硬）	3~80	3~80
HPb59-1	Y₂（半硬）	3~80	3~80
H63、HPb63-0.1	Y₂（半硬）	3~40	—
HPb63-3	Y（硬）	3~30	3~80
	Y₂（半硬）	3~60	
HPb61-1	Y₂（半硬）	3~20	—
HFe59-1-1、HFe58-1-1、HSn62-1、HMn58-2	Y（硬）	4~60	—
QSn6.5-0.1、QSn6.5-0.4、QSn4-3、QSn4-0.3、QSi3-1、QAl9-2、QAl9-4、QAl10-3-1.5、QZr0.2、QZr0.4	Y（硬）	4~40	
QSn7-0.2	Y（硬）、T（特硬）	4~40	
QCd1	Y（硬）、M（软）	4~60	
QCr0.5	Y（硬）、M（软）	4~40	
QSi1.8	Y（硬）	4~15	
BZn15-20	Y（硬）、M（软）	4~40	
BZn15-24-1.5	T（特硬）、Y（硬）、M（软）	3~18	
BFe30-1-1	Y（硬）、M（软）	16~50	
BMn40-1.5	Y（硬）	7~40	

注：经双方协商，可供其他规格棒材，具体要求应在合同中注明。

（2）尺寸及其允许偏差（见表 2-365 和表 2-366）

表 2-365　圆形棒、方形棒和六角形棒材的尺寸及其允许偏差（单位：mm）

直径（或对边距）	圆形棒				方形棒或六角形棒			
	紫黄铜类		青白铜类		紫黄铜类		青白铜类	
	高精级	普通级	高精级	普通级	高精级	普通级	高精级	普通级
3~6	±0.02	±0.04	±0.03	±0.06	±0.04	±0.07	±0.06	±0.10
>6~10	±0.03	±0.05	±0.04	±0.06	±0.04	±0.08	±0.08	±0.11
>10~18	±0.03	±0.06	±0.05	±0.08	±0.05	±0.10	±0.10	±0.13
>18~30	±0.04	±0.07	±0.06	±0.10	±0.06	±0.10	±0.10	±0.15
>30~50	±0.08	±0.10	±0.09	±0.10	±0.12	±0.13	±0.13	±0.16
>50~80	±0.10	±0.12	±0.12	±0.15	±0.15	±0.24	±0.24	±0.30

注：1. 单向偏差为表中数值的 2 倍。

2. 棒材直径或对边距允许偏差等级应在合同中注明，否则按普通级精度供货。

表 2-366　矩形棒材的尺寸及其允许偏差　　　（单位：mm）

宽度或高度	紫黄铜类		青铜类	
	高精级	普通级	高精级	普通级
≤3	±0.08	±0.10	±0.12	±0.15
>3~6	±0.08	±0.10	±0.12	±0.15
>6~10	±0.08	±0.10	±0.12	±0.15
>10~18	±0.11	±0.14	±0.15	±0.18
>18~30	±0.18	±0.21	±0.20	±0.24
>30~50	±0.25	±0.30	±0.30	±0.38
>50~80	±0.30	±0.35	±0.40	±0.50

注：1. 单向偏差为表中数值的 2 倍。

2. 矩形棒的宽度或高度允许偏差等级应在合同中注明，否则按普通级精度供货。

（3）矩形棒材截面的宽高比（见表 2-367）

表 2-367　矩形棒材截面的宽高比

高度/mm	宽度/高度　　　≤
≤10	2.0
>10~20	3.0
>20	3.5

注：经双方协商，可供其他规格棒材，具体要求应在合同中注明。

（4）力学性能（见表 2-368 和表 2-369）

表 2-368　圆形棒、方形棒和六角形棒材的力学性能

牌号	状态	直径、对边距/mm	抗拉强度 R_m/MPa ≥	断后伸长率 A(%) ≥	布氏硬度 HBW
T2、T3	Y	3~40	275	10	—
		>40~60	245	12	—
		>60~80	210	16	—
	M	3~80	200	40	—
TU1、TU2、TP2	Y	3~80	—	—	—
H96	Y	3~40	275	8	—
		>40~60	245	10	—
		>60~80	205	14	—
	M	3~80	200	40	—
H90	Y	3~40	330	—	—
H80	Y	3~40	390	—	—
	M	3~40	275	50	—
H68	Y2	3~12	370	18	—
		>12~40	315	30	—
		>40~80	295	34	—
	M	13~35	295	50	—
H65	Y	3~40	390	—	—
	M	3~40	295	44	—
H62	Y2	3~40	370	18	—
		>40~80	335	24	—
HPb61-1	Y2	3~20	390	11	—

（续）

牌号	状态	直径、对边距 /mm	抗拉强度 R_m/MPa ≥	断后伸长率 A(%) ≥	布氏硬度 HBW
HPb59-1	Y_2	3~20	420	12	—
		>20~40	390	14	—
		>40~80	370	19	—
HPb63-0.1、H63	Y_2	3~20	370	13	—
		>20~40	340	21	—
HPb63-3	Y	3~15	490	4	—
		>15~20	450	9	—
		>20~30	410	12	—
	Y_2	3~20	390	12	—
		>20~60	360	16	—
HSn62-1	Y	4~40	390	17	—
		>40~60	360	23	—
HMn58-2	Y	4~12	440	24	—
		>12~40	410	24	—
		>40~60	390	29	—
HFe58-1-1	Y	4~40	440	11	—
		>40~60	390	13	—
HFe59-1-1	Y	4~12	490	17	—
		>12~40	440	19	—
		>40~60	410	22	—
QAl9-2	Y	4~40	540	16	—
QAl9-4	Y	4~40	580	13	—
QAl10-3-1.5	Y	4~40	630	8	—
QSi3-1	Y	4~12	490	13	—
		>12~40	470	19	—
QSi1.8	Y	3~15	500	15	—
QSn6.5-0.1、QSn6.5-0.4	Y	3~12	470	13	—
		>12~25	440	15	—
		>25~40	410	18	—
QSn7-0.2	Y	4~40	440	19	130~200
	T	4~40	—	—	≥180
QSn4-0.3	Y	4~12	410	10	—
		>12~25	390	13	—
		>25~40	355	15	—
QSn4-3	Y	4~12	430	14	—
		>12~25	370	21	—
		>25~35	335	23	—
		>35~40	315	23	—
QCd1	Y	4~60	370	5	≥100
	M	4~60	215	36	≤75
QCr0.5	Y	4~40	390	6	—
	M	4~40	230	40	—
QZr0.2、QZr0.4	Y	3~40	294	6	130[①]

（续）

牌号	状态	直径、对边距/mm	抗拉强度 R_m/MPa ≥	断后伸长率 A(%) ≥	布氏硬度 HBW
BZn15-20	Y	4~12	440	6	—
		12~25	390	8	—
		25~40	345	13	—
	M	3~40	295	33	—
BZn15-24-1.5	T	3~18	590	3	—
	Y	3~18	440	5	—
	M	3~18	295	30	—
BFe30-1-1	Y	16~50	490	—	—
	M	16~50	345	25	—
BMn40-1.5	Y	7~20	540	6	—
		>20~30	490	8	—
		>30~40	440	11	—

注：直径或对边距离小于 10mm 的棒材不做硬度试验。

① 此硬度值为经淬火处理及冷加工时效后的性能参考值。

表 2-369　矩形棒材的力学性能

牌号	状态	高度/mm	抗拉强度 R_m/MPa ≥	断后伸长率 A(%) ≥
T2	M	3~80	196	36
	Y	3~80	245	9
H62	Y_2	3~20	335	17
		>20~80	335	23
HPb59-1	Y_2	5~20	390	12
		>20~80	375	18
HPb63-3	Y_2	3~20	380	14
		>20~80	365	19

4.2.2　铜及铜合金挤制棒（摘自 YS/T 649—2007）

（1）牌号、状态和规格（见表 2-370）

表 2-370　铜及铜合金挤制棒材的牌号、状态和规格

牌号	状态	直径或长边对边距/mm		
		圆形棒	矩形棒①	方形、六角形棒
T2、T3	挤制（R）	30~300	20~120	20~120
TU1、TU2、TP2		16~300	—	16~120
H96、HFe58-1-1、HAl60-1-1		10~160	—	10~120
HSn62-1、HMn58-2、HFe59-1-1		10~220	—	10~120
H80、H68、H59		16~120	—	16~120
H62、HPb59-1		10~220	5~50	10~120
HSn70-1、HAl77-2		10~160	—	10~120
HMn55-3-1、HMn57-3-1、HAl66-6-3-2、HAl67-2.5		10~160	—	10~120
QAl9-2		10~200	—	30~60

（续）

牌　号	状态	直径或长边对边距/mm		
		圆形棒	矩形棒①	方形、六角形棒
QAl9-4、QAl10-3-1.5、QAl10-4-4、QAl10-5-5	挤制（R）	10~200	—	—
QAl11-6-6、HSi80-3、HNi56-3		10~160	—	—
QSi1-3		20~100	—	—
QSi3-1		20~160	—	—
QSi3.5-3-1.5、BFe10-1-1、BFe30-1-1、BAl13-3、BMn40-1.5		40~120	—	—
QCd1		20~120	—	—
QSn4-0.3		60~180	—	—
QSn4-3、QSn7-0.2		40~180	—	40~120
QSn6.5-0.1、QSn6.5-0.4		40~180	—	30~120
QCr0.5		18~160	—	—
BZn15-20		25~120	—	—

注：直径（或对边距）为10~50mm的棒材，供应长度为1000~5000mm；直径（或对边距）>50~75mm的棒材，供应长度为500~5000mm；直径（或对边距）>75~120mm的棒材，供应长度为500~4000mm；直径（或对边距）>120mm的棒材，供应长度为300~4000mm。

① 矩形棒的对边距指两短边的距离。

（2）棒材直径、对边距允许偏差（见表2-371）

表2-371　铜及铜合金挤制棒材的直径、对边距的允许偏差

牌号（种类）①	直径、对边距的允许偏差	
	普通级	高精级
纯铜、无氧铜、磷脱氧铜	±2.0%直径或对边距	±1.8%直径或对边距
普通黄铜、铅黄铜	±1.2%直径或对边距	±1.0%直径或对边距
复杂黄铜（除铅黄铜外）、青铜	±1.5%直径或对边距	±1.2%直径或对边距
白铜	±2.2%直径或对边距	±2.0%直径或对边距

注：1. 允许偏差的最小值应不小于±0.3mm。

2. 精度等级应在合同中注明，否则按普通级供货。

3. 如要求正偏差或负偏差，其值应为表中数值的2倍。

① 铜及铜合金牌号和种类的定义见 GB/T 5231 及 GB/T 11086。

（3）力学性能（见表2-372）

表2-372　铜及铜合金挤制棒材的室温纵向力学性能

牌　号	直径（对边距）/mm	抗拉强度 R_m/MPa	断后伸长率 $A(\%)$	布氏硬度 HBW
T2、T3、TU1、TU2、TP2	≤120	≥186	≥40	—
H96	≤80	≥196	≥35	—
H80	≤120	≥275	≥45	—
H68	≤80	≥295	≥45	—
H62	≤160	≥295	≥35	—
H59	≤120	≥295	≥30	—
HPb59-1	≤160	≥340	≥17	—
HSn62-1	≤120	≥365	≥22	—
HSn70-1	≤75	≥245	≥45	—
HMn58-2	≤120	≥395	≥29	—

（续）

牌　号	直径（对边距）/mm	抗拉强度 R_m/MPa	断后伸长率 A（%）	布氏硬度 HBW
HMn55-3-1	≤75	≥490	≥17	—
HMn57-3-1	≤70	≥490	≥16	—
HFe58-1-1	≤120	≥295	≥22	—
HFe59-1-1	≤120	≥430	≥31	—
HAl60-1-1	≤120	≥440	≥20	—
HAl66-6-3-2	≤75	≥735	≥8	—
HAl67-2.5	≤75	≥395	≥17	—
HAl77-2	≤75	≥245	≥45	—
HNi56-3	≤75	≥440	≥28	—
HSi80-3	≤75	≥295	≥28	—
QAl9-2	≤45	≥490	≥18	110~190
	>45~160	≥470	≥24	
QAl9-4	≤120	≥540	≥17	110~190
	>120	≥450	≥13	
QAl10-3-1.5	≤16	≥610	≥9	130~190
	>16	≥590	≥13	
QAl10-4-4 QAl10-5-5	≤29	≥690	≥5	170~260
	>29~120	≥635	≥6	
	>120	≥590	≥6	
QAl11-6-6	≤28	≥690	≥4	—
	>28~50	≥635	≥5	—
QSi1-3	≤80	≥490	≥11	—
QSi3-1	≤100	≥345	≥23	—
QSi3.5-3-1.5	40~120	≥380	≥35	—
QSn4-0.3	60~120	≥280	≥30	—
QSn4-3	40~120	≥275	≥30	—
QSn6.5-0.1、 QSn6.5-0.4	≤40	≥355	≥55	—
	>40~100	≥345	≥60	—
	>100	≥315	≥64	—
QSn7-0.2	40~120	≥355	≥64	≥70
QCd1	20~120	≥196	≥38	≤75
QCr0.5	20~160	≥230	≥35	—
BZn15-20	≤80	≥295	≥33	—
BFe10-1-1	≤80	≥280	≥30	—
BFe30-1-1	≤80	≥345	≥28	—
BAl13-3	≤80	≥685	≥7	—
BMn40-1.5	≤80	≥345	≥28	—

注：直径大于 50mm 的 QAl10-3-1.5 棒材，当断后伸长率 A 不小于 16% 时，其抗拉强度可不小于 540MPa。

4.2.3　数控车床用铜合金棒（摘自 YS/T 551—2009）

（1）牌号、状态和规格（见表 2-373）

表 2-373　数控车床用铜合金棒的牌号、状态和规格

牌　号	状　态	直径（最小平行面距离）/mm
HPb59-1、HPb59-3、HPb60-2（C37700）、 HPb62-3（C36000）、HPb63-3	半硬（Y_2）	4~80
	硬（Y）	4~40
HSb60-0.9、HSb61-0.8-0.5、HBi60-1.3	半硬（Y_2）	4~80
	硬（Y）	4~40

（续）

牌　号	状　态	直径(最小平行面距离)/mm
QTe0.5(C14500)、QS0.4(C14700)	半硬(Y₂)	4~80
	硬(Y)	4~40
QSn4-4-4	半硬(Y₂)	4~20
	硬(Y)	

注：1. 经双方协商，可供其他规格的棒材，也可成盘供货。

2. 与 ASTM（美国材料与试验协会）标准相对应的牌号见 YS/T 551—2009 附录 B。

（2）尺寸及尺寸允许偏差

1）圆形和正六角形棒材的直径和最小平行面距离及其允许偏差见表 2-374。

表 2-374　圆形和正六角形棒材的直径和最小平行面距离及其允许偏差（单位：mm）

直径或最小平行面距离	允许偏差	
	圆形	正六角形
4~12	±0.04	±0.06
>12~25	±0.05	±0.10
>25~50	±0.06	±0.13
>50~80	±0.15%[①]	±0.30%[①]

注：1. 经供需双方协商，可供应其他规格和允许偏差的棒材。

2. 需方要求单向偏差时，其值为表中数值的 2 倍。

① 直径（最小平行面距离）的"0.15%"和"0.30%"，精确到 0.01mm。

2）QTe0.5、QS0.4 矩形和方形棒材的尺寸及其允许偏差见表 2-375。

表 2-375　QTe0.5、QS0.4 矩形和方形棒材的尺寸及其允许偏差　（单位：mm）

高度	宽　度							
	4~12		>12~30		>30~50		>50~80	
	高度允许偏差	宽度允许偏差	高度允许偏差	宽度允许偏差	高度允许偏差	宽度允许偏差	高度允许偏差	宽度允许偏差
4~12	±0.08	±0.09	±0.08	±0.13	±0.09	±0.20	±0.10	±0.30%[②]
>12~25	—		±0.10		±0.10		±0.11	
>25~50	—		±0.11		±0.11		±0.13	
>50~80	—						±0.30%[①]	

注：1. 经供需双方协商，可供应其他规格和允许偏差的棒材。

2. 需方要求单向偏差时，其值为表中数值的 2 倍。

① 高度值的"0.30%"，精确到 0.01mm。

② 宽度值的"0.30%"，精确到 0.01mm。

3）QTe0.5、QS0.4 以外矩形和方形棒材的尺寸及其允许偏差见表 2-376。

表 2-376　QTe0.5、QS0.4 以外矩形和方形棒材的尺寸及其允许偏差　（单位：mm）

高度	宽　度							
	4~12		>12~30		>30~50		>50~80	
	高度允许偏差	宽度允许偏差	高度允许偏差	宽度允许偏差	高度允许偏差	宽度允许偏差	高度允许偏差	宽度允许偏差
4~12	±0.09	±0.09	±0.10	±0.13	±0.11	±0.20	±0.11	±0.30%[②]
>12~25	—		±0.11		±0.13		±0.13	
>25~50	—		±0.13		±0.13		±0.15	
>50~80	—						±0.30%[①]	

注：1. 经供需双方协商，可供应其他规格和允许偏差的棒材。

2. 需方要求单向偏差时，其值为表中数值的 2 倍。

① 高度值的"0.30%"，精确到 0.01mm。

② 宽度值的"0.30%"，精确到 0.01mm。

4）棒材的圆度应不大于直径允许偏差的一半。

5）数控车床用铜合金棒的最大弯曲（弧的深度）见表 2-377。

表 2-377　数控车床用铜合金棒材的最大弯曲（弧的深度）（单位：mm）

直径（最小平行面距离）		长　度	最大弯曲量（弧的深度）
圆形	4~6.35	1000~3000	1.0（在任何 1000mm 长度上）
		>3000	6（在任何 3000mm 长度上）
	>6.35	1000~3000	1.5（在任何 1000mm 长度上）
		>3000	6（在任何 3000mm 长度上）
	仅对直径>6.35 的局部直线度偏差	—	0.40（在总长度的任何 300mm 长度上）
矩（方）形、正六角形	4~6.35	1000~3000	4（在任何 1000mm 长度上）
		>3000	12.7（在任何 3000mm 长度上）
	>6.35	1000~3000	3（在任何 1000mm 长度上）
		>3000	9.5（在任何 3000mm 长度上）

（3）力学性能（见表 2-378）

表 2-378　数控车床用铜合金棒的室温纵向力学性能

牌号	状态	直径（最小平行面距离）/mm	抗拉强度 R_m/MPa ≥	断后伸长率 A（%）≥
HPb59-1、HPb60-2	Y_2	4~20	420	12
		>20~40	390	14
		>40~80	370	19
	Y	4~12	480	5
		>12~25	460	7
		>25~40	440	10
HPb59-3、HPb62-3	Y_2	4~12	400	7
		>12~25	380	10
		>25~50	345	15
		>50~80	310	20
	Y	4~12	480	4
		>12~25	450	6
		>25~40	410	12
HPb63-3	Y_2	4~20	390	12
		>20~80	360	16
	Y	4~15	490	4
		>15~20	450	9
		>20~40	410	12
HSb60-0.9	Y_2	4~12	390	8
		>12~25	370	10
		>25~50	335	16
		>50~80	300	18
	Y	4~12	480	4
		>12~25	450	6
		>25~40	420	10

（续）

牌号	状态	直径 （最小平行面距离） /mm	抗拉强度 R_m/MPa ≥	断后伸长率 A(%) ≥
HSb61-0.8-0.5	Y_2	4~12	420	7
		>12~25	400	9
		>25~50	370	14
		>50~80	350	16
	Y	4~12	490	3
		>12~25	450	5
		>25~40	410	8
HBi60-1.3	Y_2	4~12	400	6
		>12~25	380	8
		>25~50	350	13
		>50~80	330	15
	Y	4~12	460	3
		>12~25	440	6
		>25~40	410	8
QSn4-4-4	Y_2	4~12	430	15
		>12~20	400	15
	Y	4~12	450	7
		>12~20	420	7
QTe0.5、QS0.4	Y_2	4~80	260	8
	Y	4~40	330	4

4.2.4 铅黄铜拉花棒（摘自 YS/T 76—2010）

（1）牌号、状态和规格（见表 2-379）

表 2-379 铅黄铜拉花棒材的牌号、状态和规格

牌 号	状态	直径/mm	长度/mm	花 形	
				直纹	网纹
HPb59-1、 HPb59-3、 RHPb58-2[①]	Z、Y_2	3~45	1000~5000 （直条供应）	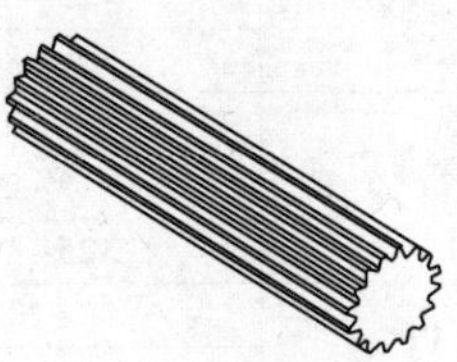	
		≤8	≥4000 （可成卷供应）		

注：经供需双方协议，可供应其他牌号和规格的棒材。

① 此牌号为再生铜合金牌号。

（2）结构、尺寸及允许偏差

1）铅黄铜拉花棒材的齿形结构、尺寸及允许偏差见表 2-380。

2）铅黄铜拉花棒材的圆度应不大于直径允许偏差的一半。

3）铅黄铜拉花棒材的直线度见表 2-381。

4）网纹拉花棒的网纹旋转角度与棒材轴向线成 30°。

（3）力学性能（见表 2-382）

表 2-380 铅黄铜拉花棒材的齿形结构、尺寸及允许偏差

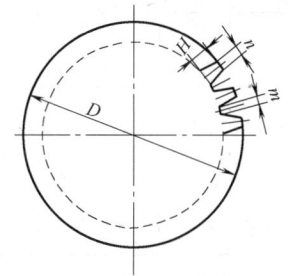

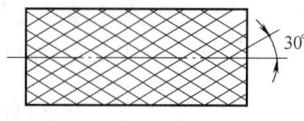

a) 拉花棒材齿形截面   b) 直纹展开   c) 网纹展开

注:n 为齿顶宽;m 为齿根宽;H 为齿高

直径 D/mm		齿数 Z		齿高 H/mm		齿顶宽 n 和齿根宽 m/mm	
公称尺寸	允许偏差	范围	优选齿数	公称尺寸	允许偏差	公称尺寸	允许偏差
3~6	±0.06	15~50	15、20、25、28、30、32、35、38、40、45、50	0.20、0.30			
>6~10	±0.08	20~60	20、25、28、30、32、35、38、40、42、45、50、60	0.20、0.30、0.40		0.2、0.3、0.4	±0.05
>10~18	±0.10	25~90	25、28、30、32、38、40、42、45、48、50、52、55、58、60、62、65、70、80、90	0.30、0.40、0.50	±0.05		
>18~30	±0.12	45~120	45、48、50、55、58、60、62、65、70、75、80、85、90、95、100、105、110、120	0.30、0.40、0.50		0.2、0.3、0.4、0.5	±0.05
>30~45	±0.15	60~160	60、62、65、70、75、80、85、90、95、100、105、110、120、130、140、150、160				

注:铅黄铜拉花棒的其他齿数、齿高、齿顶宽、齿根宽由供需双方协商确定。

表 2-381 铅黄铜拉花棒材的直线度   (单位:mm)

直　　径		3~18	>18
每米直线度	普通级	≤10	≤8
	高级	≤5	≤4

注:需方在订货时,需明确直线度级别,未明确的按普通级进行供货。

表 2-382 铅黄铜拉花棒材的力学性能

牌　　号	状　　态	抗拉强度 R_m/MPa	伸长率 A(%)
HPb59-1	Z	≥340	≥8
	Y_2	≥390	≥12
HPb59-3	Z	—	—
	Y_2	≥360	≥12

（续）

牌　号	状　态	抗拉强度 R_m/MPa	伸长率 A(%)
RHPb58-2	Z	≥250	—
	Y_2	≥350	≥6

4.2.5　铍青铜圆形棒材（摘自 YS/T 334—2009）

（1）牌号、状态和规格（见表 2-383）

表 2-383　铍青铜圆形棒材的牌号、状态和规格

牌　号	状　态	规　格	
		直径/mm	长度/mm
QBe2、 QBe1.9、 QBe1.9-0.1、 QBe1.7、 QBe0.6-2.5(C17500)、 QBe0.4-1.8(C17510)、 QBe0.3-1.5、 C17000、 C17200、 C17300	半硬态（Y_2）、 硬态（Y）、 硬时效态（TH04）	5～10	1000～5000
		>10～20	1000～4000
		>20～40	500～3000
	软态或固溶退火态（M）、 软时效态（TF00）	5～120	500～5000
	热加工态（R）	20～30	500～5000
		>30～50	500～3000
		>50～120	500～2500

注：1. 牌号 QBe0.6-2.5、QBe0.4-1.8 和 QBe0.3-1.5 没有半硬态（Y_2）。
　　2. 定尺或倍尺长度应在订货合同中注明，否则按不定尺长度供货。
　　3. 其他规格的产品，可由双方协商确定。

（2）牌号及化学成分（见表 2-384）

表 2-384　铍青铜圆形棒材的牌号及化学成分

牌号	主要成分（质量分数,%）							杂质含量（质量分数,%）≤					
	Be	Ni	Co	Ti	Mg	Ag	Cu	Al	Fe	Pb	Si	Co	杂质总和
QBe2	1.80～2.1	0.2～0.5	—	—	—	—	余量	0.15	0.15	0.005	0.15	—	0.5
QBe1.9	1.85～2.1	0.2～0.4	—	0.10～0.25	—	—	余量	0.15	0.15	0.005	0.15	—	0.5
QBe1.9-0.1	1.85～2.1	0.2～0.4	—	0.10～0.25	0.07～0.13	—	余量	0.15	0.15	0.005	0.15	—	0.5
QBe1.7	1.6～1.85	0.2～0.4	—	0.10～0.25	—	—	余量	0.15	0.15	0.005	0.15	—	0.5
QBe0.6-2.5	0.40～0.70	—	2.40～2.70	—	—	—	余量	0.20	0.10	—	0.20	—	—
QBe0.4-1.8	0.20～0.60	1.40～2.20	—	—	—	—	余量	0.20	0.10	—	0.20	0.30	—
QBe0.3-1.5	0.25～0.50	—	1.40～1.70	—	—	0.90～1.10	余量	0.20	0.20	—	0.20	—	—

（续）

牌　号	主要成分(质量分数,%)					杂质含量(质量分数,%)≤	
	Be	Ni+Co	Co+Ni+Fe	Pb	Cu	Al	Si
C17000	1.60~1.79	≥0.2	≤0.6	—	余量	0.20	0.20
C17200	1.80~2.00	≥0.2	≤0.6	—	余量	0.20	0.20
C17300	1.80~2.00	≥0.2	≤0.6	0.2~0.6	余量	0.20	0.20

注：1. Cu 量可用 100%与所有被分析元素含量总和的差值求得。

2. 当表中所有元素都测定时，其总量应不小于 99.5%。

3. 需方有特殊要求时，由供需双方协商确定。

（3）力学性能（见表 2-385 和表 2-386）

表 2-385　铍青铜圆形棒材的力学性能

牌号	状态	直径/mm	抗拉强度 R_m/MPa	规定塑性延伸强度 $R_{p0.2}$/MPa	断后伸长率 $A(\%)$ ≥	硬度 HRB
QBe2、QBe1.9、QBe1.9-0.1、QBe1.7、C17000、C17200、C17300	R	20~120	450~700	≥140	10	≥45
	M	5~120	400~600	≥140	30	45~85
	Y_2	5~40	550~700	≥450	10	≥78
	Y	5~10	660~900	≥520	5	≥88
		>10~25	620~860	≥520	5	
		>25	590~830	≥510	5	
QBe0.6-2.5、QBe0.4-1.8、QBe0.3-1.5	M	5~120	≥240	—	20	20~50
	R	20~120				
	Y	5~40	≥440	—	5	60~80

表 2-386　铍青铜圆形棒材时效处理后的力学性能

牌号	状态	直径/mm	抗拉强度 R_m/MPa	规定塑性延伸强度 $R_{p0.2}$/MPa	断后伸长率 $A(\%)$ ≥	洛氏硬度	
						HRC	HRB
QBe1.7、C17000	TF00	5~120	1000~1310	≥860	—	32~39	
	TH04	5~10	1170~1450	≥990	—	35~41	
		>10~25	1130~1410	≥960	—	34~41	
		>25	1100~1380	≥930	—	33~40	
QBe2、QBe1.9、QBe1.9-0.1、C17200、C17300	TF00	5~120	1100~1380	≥890	2	35~42	
	TH04	5~10	1200~1550	≥1100	1	37~45	
		>10~25	1150~1520	≥1050	1	36~44	
		>25	1120~1480	≥1000	1	35~44	
QBe0.6-2.5、QBe0.4-1.8、QBe0.3-1.5	TF00	5~120	690~895	—	6		92~100
	TH04	5~40	760~965	—	3		95~102

注：1. 抗拉强度上限值仅作为参考，不作为材料最终检验结果判定依据。

2. 用于特殊用途的产品可采用其他热处理工艺，其性能要求应由供需双方协商确定。

3. 时效热处理工艺见表 2-387。

表 2-387　时效热处理工艺

牌　号	状　态		直径/mm	时效工艺
	时效前	时效后		
QBe2、QBe1.9、QBe1.9-0.1、QBe1.7、C17000、C17200、C17300	M	TF00	5~120	(320℃±5℃)×3h,空冷
	Y	TH04	≤20	(320℃±5℃)×2h,空冷
			>20~40	(320℃±5℃)×3h,空冷
QBe0.6-2.5、QBe0.4-1.8、QBe0.3-1.5	M	TF00	5~120	(480℃±5℃)×3h,空冷
	Y	TH04	5~40	(480℃±5℃)×2h,空冷

4.3 铜及铜合金板材、带材

4.3.1 铜及铜合金板材（摘自 GB/T 2040—2017）

（1）牌号、状态和规格（见表 2-388）

表 2-388　铜及铜合金板材的牌号、状态和规格

分类	牌号	代号	状态	规格		
				厚度/mm	宽度/mm	长度/mm
无氧铜、纯铜、磷脱氧铜	TU1、TU2、T2、T3、TP1、TP2	T10150、T10180、T11050、T11090、C12000、C12200	热轧（M20）	4~80	≤3000	≤6000
			软化退火（O60）、1/4 硬（H01）、1/2 硬（H02）、硬（H04）、特硬（H06）	0.2~12	≤3000	≤6000
铁铜	TFe0.1	C19210	软化退火（O60）、1/4 硬（H01）、1/2 硬（H02）、硬（H04）	0.2~5	≤610	≤2000
	TFe2.5	C19400	软化退火（O60）、1/2 硬（H02）、硬（H04）、特硬（H06）	0.2~5	≤610	≤2000
镉铜	TCd1	C16200	硬（H04）	0.5~10	200~300	800~1500
铬铜	TCr0.5	T18140	硬（H04）	0.5~15	≤1000	≤2000
	TCr0.5-0.2-0.1	T18142	硬（H04）	0.5~15	100~600	≥300
普通黄铜	H95	C21000	软化退火（O60）、硬（H04）	0.2~10	≤3000	≤6000
	H80	C24000	软化退火（O60）、硬（H04）			
	H90、H85	C22000、C23000	软化退火（O60）、1/2 硬（H02）、硬（H04）			
	H70、H68	T26100、T26300	热轧（M20）	4~60	≤3000	≤6000
			软化退火（O60）、1/4 硬（H01）、1/2 硬（H02）、硬（H04）、特硬（H06）、弹性（H08）	0.2~10		
	H66、H65	C26800、C27000	软化退火（O60）、1/4 硬（H01）、1/2 硬（H02）、硬（H04）、特硬（H06）、弹性（H08）	0.2~10	≤3000	≤6000
	H63、H62	T27300、T27600	热轧（M20）	4~60		
			软化退火（O60）、1/2 硬（H02）、硬（H04）、特硬（H06）	0.2~10		
	H59	T28200	热轧（M20）	4~60		
			软化退火（O60）、硬（H04）	0.2~10		
铅黄铜	HPb59-1	T38100	热轧（M20）	4~60	≤3000	≤6000
			软化退火（O60）、1/2 硬（H02）、硬（H04）	0.2~10		
	HPb60-2	C37700	硬（H04）、特硬（H06）	0.5~10		
锰黄铜	HMn58-2	T67400	软化退火（O60）、1/2 硬（H02）、硬（H04）	0.2~10		
锡黄铜	HSn62-1	T46300	热轧（M20）	4~60		

（续）

分类	牌号	代号	状态	规格		
				厚度/mm	宽度/mm	长度/mm
锡黄铜	HSn62-1	T46300	软化退火（O60）、1/2 硬（H02）、硬（H04）	0.2～10	≤3000	≤6000
	HSn88-1	C42200	1/2 硬（H02）	0.4～2	≤610	≤2000
锰黄铜	HMn55-3-1、HMn57-3-1	T67320、T67410	热轧（M20）	4～40	≤1000	≤2000
铝黄铜	HAl60-1-1、HAl67-2.5、HAl66-6-3-2	T69240、T68900、T69200				
镍黄铜	HNi65-5	T69900				
锡青铜	QSn6.5-0.1	T51510	热轧（M20）	9～50	≤610	≤2000
			软化退火（O60）、1/4 硬（H01）、1/2 硬（H02）、硬（H04）、特硬（H06）、弹性（H08）	0.2～12		
	QSn6.5-0.4、Sn4-3、Sn4-0.3、QSn7-0.2	T51520、T50800、C51100、T51530	软化退火（O60）、硬（H04）、特硬（H06）	0.2～12	≤600	≤2000
	QSn8-0.3	C52100	软化退火（O60）、1/4 硬（H01）、1/2 硬（H02）、硬（H04）、特硬（H06）	0.2～5	≤600	≤2000
	QSn4-4-2.5、QSn4-4-4	T53300、T53500	软化退火（O60）、1/2 硬（H02）、1/4 硬（H01）、硬（H04）	0.8～5	200～600	800～2000
锰青铜	QMn1.5	T56100	软化退火（O60）	0.5～5	100～600	≤1500
	QMn5	T56300	软化退火（O60）、硬（H04）			
铝青铜	QAl5	T60700	软化退火（O60）、硬（H04）	0.4～12	≤1000	≤2000
	QAl7	C61000	1/2 硬（H02）、硬（H04）			
	QAl9-2	T61700	软化退火（O60）、硬（H04）			
	QAl9-4	T61720	硬（H04）			
硅青铜	QSi3-1	T64730	软化退火（O60）、硬（H04）、特硬（H06）	0.5～10	100～1000	≥500
普通白铜 铁白铜	B5、B19 BFe10-1-1、BFe30-1-1	T70380、T71050、T70590、T71510	热轧（M20）	7～60	≤2000	≤4000
			软化退火（O60）、硬（H04）	0.5～10	≤600	≤1500
锰白铜	BMn3-12	T71620	软化退火（O60）	0.5～10	100～600	800～1500
	BMn40-1.5	T71660	软化退火（O60）、硬（H04）			
铝白铜	BAl6-1.5	T72400	硬（H04）	0.5～12	≤600	≤1500
	BAl13-3	T72600	固溶热处理+冷加工（硬）+沉淀热处理（TH04）			
锌白铜	BZn15-20	T74600	软化退火（O60）、1/2 硬（H02）、硬（H04）、特硬（H06）	0.5～10	≤600	≤1500
	BZn18-17	T75210	软化退火（O60）、1/2 硬（H02）、硬（H04）	0.5～5	≤600	≤1500
	BZn18-26	C77000	1/2 硬（H02）、硬（H04）	0.25～2.5	≤610	≤1500

注：经供需双方协商，可以供应其他规格的板材。

（2）力学性能（见表 2-389）

表 2-389　铜及铜合金板材的室温力学性能

牌号	状态	拉伸试验			硬度试验	
		厚度/mm	抗拉强度 R_m /MPa	断后伸长率 $A_{11.3}$ （%）	厚度/mm	维氏硬度 HV
T2、T3、 TP1、TP2、 TU1、TU2	M20	4~14	≥195	≥30	—	—
	O60	0.3~10	≥205	≥30	≥0.3	≤70
	H01		215~295	≥25		60~95
	H02		245~345	≥8		80~110
	H04		295~395	—		90~120
	H06		≥350	—		≥110
TFe0.1	O60	0.3~5	255~345	≥30	≥0.3	≤100
	H01		275~375	≥15		90~120
	H02		295~430	≥4		100~130
	H04		335~470	≥4		110~150
TFe2.5	O60	0.3~5	≥310	≥20	≥0.3	≤120
	H02		365~450	≥5		115~140
	H04		415~500	≥2		125~150
	H06		460~515	—		135~155
TCd1	H04	0.5~10	≥390	—	—	—
TQCr0.5、 TCr0.5-0.2-0.1	H04	—	—	—	0.5~15	≥100
H95	O60	0.3~10	≥215	≥30	—	—
	H04		≥320	≥3		
H90	O60	0.3~10	≥245	≥35	—	
	H02		330~440	≥5		
	H04		≥390	≥3		
H85	O60	0.3~10	≥260	≥35	≥0.3	≤85
	H02		305~380	≥15		80~115
	H04		≥350	≥3		≥105
H80	O60	0.3~10	≥265	≥50	—	—
	H04		≥390	≥3		
H70、H68	M20	4~14	≥290	≥40	—	—
H70、 H68、 H66、 H65	O60	0.3~10	≥290	≥40	≥0.3	≤90
	H01		325~410	≥35		85~115
	H02		355~440	≥25		100~130
	H04		410~540	≥10		120~160
	H06		520~620	≥3		150~190
	H08		≥570	—		≥180
H63、 H62	M20	4~14	≥290	≥30	—	—
	O60	0.3~10	≥290	≥35	≥0.2	≤95
	H02		350~470	≥20		90~130
	H04		410~630	≥10		125~165
	H06		≥585	≥2.5		≥155
H59	M20	4~14	≥290	≥25	—	—
	O60	0.3~10	≥290	≥10	≥0.3	—
	H04		≥410	≥5		≥130

（续）

牌号	状态	拉伸试验			硬度试验	
		厚度/mm	抗拉强度 R_m /MPa	断后伸长率 $A_{11.3}$ （%）	厚度/mm	维氏硬度 HV
HPb59-1	M20	4~14	≥370	≥18	—	—
	O60	0.3~10	≥340	≥25		
	H02		390~490	≥12		
	H04		≥440	≥5		
HPb60-2	H04	—	—	—	0.5~2.5	165~190
					2.6~10	—
	H06	—	—	—	0.5~1.0	≥180
HMn58-2	O60	0.3~10	≥380	≥30	—	—
	H02		440~610	≥25		
	H04		≥585	≥3		
HSn62-1	M20	4~14	≥340	≥20	—	—
	O60	0.3~10	≥295	≥35		
	H02		350~400	≥15		
	H04		≥390	≥5		
HSn88-1	H02	0.4~2	370~450	≥14	0.4~2	110~150
HMn55-3-1	M20	4~15	≥490	≥15	—	—
HMn57-3-1	M20	4~8	≥440	≥10	—	—
HAl60-1-1	M20	4~15	≥440	≥15	—	—
HAl67-2.5	M20	4~15	≥390	≥15	—	—
HAl66-6-3-2	M20	4~8	≥685	≥3	—	—
HNi65-5	M20	4~15	≥290	≥35	—	—
QSn6.5-0.1	M20	9~14	≥290	≥38	—	—
	O60	0.2~12	≥315	≥40	≥0.2	≤120
	H01	0.2~12	390~510	≥35		110~155
	H02	0.2~12	490~610	≥8		150~190
	H04	0.2~3	590~690	≥5		180~230
		>3~12	540~690	≥5		180~230
	H06	0.2~5	635~720	≥1		200~240
	H08	0.2~5	≥690	—		≥210
QSn6.5-0.4、QSn7-0.2	O60	0.2~12	≥295	≥40	—	—
	H04		540~690	≥8		
	H06		≥665	≥2		
QSn4-3、QSn4-0.3	O60	0.2~12	≥290	≥40	—	—
	H04		540~690	≥3		
	H06		≥635	≥2		
QSn8-0.3	O60	0.2~5	≥345	≥40	≥0.2	≤120
	H01		390~510	≥35		100~160
	H02		490~610	≥20		150~205
	H04		590~705	≥5		180~235
	H06		≥685	—		≥210
QSn4-4-2.5、QSn4-4-4	O60	0.8~5	≥290	≥35	≥0.8	—
	H01		390~490	≥10		
	H02		420~510	≥9		
	H04		≥635	≥5		

（续）

牌号	状态	拉伸试验			硬度试验	
		厚度/mm	抗拉强度 R_m /MPa	断后伸长率 $A_{11.3}$ （%）	厚度/mm	维氏硬度 HV
QMn1.5	O60	0.5~5	≥205	≥30	—	—
QMn5	O60	0.5~5	≥290	≥30		
	H04		≥440	≥3		
QAl5	O60	0.4~12	≥275	≥33		
	II04		≥585	≥2.5		
QAl7	O60	0.4~12	585~740	≥10		
	H04		≥635	≥5		
QAl9-2	O60	0.4~12	≥440	≥18	—	—
	H04		≥585	≥5		
QAl9-4	H04	0.4~12	≥585	—		
QSi3-1	O60	0.5~10	≥340	≥40		
	H04		585~735	≥3		
	H06		≥685	≥1		
B5	M20	7~14	≥215	≥20		
	O60	0.5~10	≥215	≥30		
	H04		≥370	≥10		
B19	M20	7~14	≥295	≥20		
	O60	0.5~10	≥290	≥25		
	H04		≥390	≥3		
BFe10-1-1	M20	7~14	≥275	≥20		
	O60	0.5~10	≥275	≥25		
	H04		≥370	≥3		
BFe30-1-1	M20	7~14	≥345	≥15		
	O60	0.5~10	≥370	≥20		
	H04		≥530	≥3		
BMn3-12	O60	0.5~10	≥350	≥25	—	—
BMn40-1.5	O60	0.5~10	390~590	—		
	H04		≥590	—		
BAl6-1.5	H04	0.5~12	≥535	≥3		
BAl13-3	TH04	0.5~12	≥635	≥5		
BZn15-20	O60	0.5~10	≥340	≥35		
	H02		440~570	≥5		
	H04		540~690	≥1.5		
	H06		≥640	≥1		
BZn18-17	O60	0.5~5	≥375	≥20	≥0.5	
	H02		440~570	≥5		120~180
	H04		≥540	≥3		≥150
BZn18-26	H02	0.25~2.5	540~650	≥13	0.5~2.5	145~195
	H04		645~750	≥5		190~240

注：1. 超出表中规定厚度范围的板材，其性能指标由供需双方协商。

2. 表中的"—"表示没有统计数据，如果需方要求该性能，其性能指标由供需双方协商。

3. 维氏硬度试验力由供需双方协商。

4.3.2 铜及铜合金带材（摘自 GB/T 2059—2017）

1) 牌号、状态和规格见表 2-390。

表 2-390　铜及铜合金带材的牌号、状态和规格

分类	牌号	代号	状态	厚度/mm	宽度/mm
无氧铜、纯铜、磷脱氧铜	TU1、TU2、T2、T3、TP1、TP2	T10150、T10180、T11050、T11090、C12000、C12200	软化退火态(O60)、1/4 硬(H01)、1/2 硬(H02)、硬(H04)、特硬(H06)	>0.15~0.50	≤610
				>0.50~5.0	≤1200
镉铜	TCd1	C16200	硬(H04)	>0.15~1.2	≤300
普通黄铜	H95、H80、H59	C21000、C24000、T28200	软化退火态(O60)、硬(H04)	>0.15~0.50	≤610
				>0.5~3.0	≤1200
	H85、H90	C23000、C22000	软化退火态(O60)、1/2 硬(H02)、硬(H04)	>0.15~0.50	≤610
				>0.5~3.0	≤1200
	H70、H68、H66、H65	T26100、T26300、C26800、C27000	软化退火态(O60)、1/4 硬(H01)、1/2 硬(H02)、硬(H04)、特硬(H06)、弹硬(H08)	>0.15~0.50	≤610
				>0.50~3.5	≤1200
	H63、H62	T27300、T27600	软化退火态(O60)、1/2 硬(H02)、硬(H04)、特硬(H06)	>0.15~0.50	≤610
				>0.50~3.0	≤1200
锰黄铜	HMn58-2	T67400	软化退化态(O60)、1/2 硬(H02)、硬(H04)	>0.15~0.20	≤300
铅黄铜	HPb59-1	T38100		>0.20~2.0	≤550
铅黄铜	HPb59-1	T38100	特硬(H06)	0.32~1.5	≤200
锡黄铜	HSn62 -1	T46300	硬(H04)	>0.15~0.20	≤300
				>0.20~2.0	≤550
铝青铜	QAl5	T60700	软化退火态(O60)、硬(H04)	>0.15~1.2	≤300
	QAl7	C61000	1/2 硬(H02)、硬(H04)		
	QAl9-2	T61700	软化退火态(O60)、硬(H04)、特硬(H06)		
	QAl9-4	T61720	硬(H04)		
锡青铜	QSn6.5-0.1	T51510	软化退火态(O60)、1/4 硬(H01)、1/2 硬(H02)、硬(H04)、特硬(H06)、弹硬(H08)	>0.15~2.0	≤610
	QSn7-0.2、Sn6.5-0.4、QSn4-3、QSn4-0.3	T51530、T51520、T50800、C51100	软化退火态(O60)、硬(H04)、特硬(H06)	>0.15~2.0	≤610
	QSn8-0.3	C52100	软化退火态(O60)、1/4 硬(H01)、1/2 硬(H02)、硬(H04)、特硬(H06)、弹硬(H08)	>0.15~2.6	≤610
	QSn4-4-2.5、QSn4-4-4	T53300、T53500	软化退火态(O60)、1/4 硬(H01)、1/2 硬(H02)、硬(H04)	0.80~1.2	≤200
锰青铜	QMn1.5	T56100	软化退火态(O60)	>0.15~1.2	≤300
	QMn5	T56300	软化退火态(O60)、硬(H04)		
硅青铜	QSi3-1	T64730	软化退火态(O60)、硬(H04)、特硬(H06)	>0.15~1.2	≤300
普通白铜、铁白铜、锰白铜	B5、B19、BFe10-1-1、BFe30-1-1、BMn40-1.5	T70380、T71050、T70590、T71510、T71660	软化退火态(O60)、硬(H04)	>0.15~1.2	≤400

（续）

分类	牌号	代号	状态	厚度/mm	宽度/mm
锰白铜	BMn3-12	T71620	软化退火态（O60）	>0.15~1.2	≤400
铝白铜	BAl6-1.5	T72400	硬（H04）	>0.15~1.2	≤300
	BAl13-3	T72600	固溶热处理+冷加工（硬）+沉淀热处理（TH04）		
锌白铜	BZn15-20	T74600	软化退火态（O60）、1/2硬（H02）、硬（H04）、特硬（H06）	>0.15~1.2	≤610
	BZn18-18	C75200	软化退火态（O60）、1/4硬（H01）、1/2硬（H02）、硬（H04）	>0.15~1.0	≤400
	BZn18-17	T75210	软化退火态（O60）、1/2硬（H02）、硬（H04）	>0.15~1.2	≤610
	BZn18-26	C77000	1/4硬（H01）、1/2硬（H02）、硬（H04）	>0.15~2.0	≤610

注：经供需双方协商，也可供应其他规格的带材。

2）力学性能见表2-391。

表2-391　铜及铜合金带材的力学性能

牌号	状态	拉伸试验			硬度试验
		厚度/mm	抗拉强度 R_m /MPa	断后伸长率 $A_{11.3}$ （%）	维氏硬度 HV
TU1、TU2、T2、T3、TP1、TP2	O60	>0.15	≥195	≥30	≤70
	H01		215~295	≥25	60~95
	H02		245~345	≥8	80~110
	H04		295~395	≥3	90~120
	H06		≥350	—	≥110
TCd1	H04	≥0.2	≥390	—	—
H95	O60	≥0.2	≥215	≥30	
	H04		≥320	3	
H90	O60	≥0.2	≥245	≥35	
	H02		330~440	≥5	—
	H04		≥390	≥3	
H85	O60	≥0.2	≥260	≥40	≤85
	H02		305~380	≥15	80~115
	H04		≥350	—	≥105
H80	O60	≥0.2	≥265	≥50	
	H04		≥390	≥3	
H70、H68、H66、H65	O60	≥0.2	≥290	≥40	≤90
	H01		325~410	≥35	85~115
	H02		355~460	≥25	100~130
	H04		410~540	≥13	120~160
	H06		520~620	≥4	150~190
	H08		≥570	—	≥180
H63、H62	O60	≥0.2	≥290	≥35	≤95
	H02		350~470	≥20	90~130
	H04		410~630	≥10	125~165
	H06		≥585	≥2.5	≥155

（续）

牌号	状态	拉伸试验			硬度试验
		厚度/mm	抗拉强度 R_m /MPa	断后伸长率 $A_{11.3}$ （%）	维氏硬度 HV
H59	O60	≥0.2	≥290	≥10	—
	H04		≥410	≥5	≥130
HPb59-1	O60	≥0.2	≥340	≥25	
	H02		390~490	≥12	
HPb59-1	H04	≥0.2	≥440	≥5	
	H06	≥0.32	≥590	≥3	
HMn58-2	O60	≥0.2	≥380	≥30	
	H02		440~610	≥25	
	H04		≥585	≥3	
HSn62-1	H04	≥0.2	390	≥5	—
QAl5	O60	≥0.2	≥275	≥33	
	H04		≥585	≥2.5	
QAl7	H02	≥0.2	585~740	≥10	—
	H04		≥635	≥5	
QAl9-2	O60	≥0.2	≥440	≥18	—
	H04		≥585	≥5	
	H06		≥880	—	
QAl9-4	H04	≥0.2	≥635	—	—
QSn4-3、 QSn4-0.3	O60	>0.15	≥290	≥40	
	H04		540~690	≥3	
	H06		≥635	≥2	
QSn6.5-0.1	O60	>0.15	≥315	≥40	≤120
	H01		390~510	≥35	110~155
	H02		490~610	≥10	150~190
	H04		590~690	≥8	180~230
	H06		635~720	≥5	200~240
	H08		≥690	—	≥210
QSn7-0.2、 QSn6.5-0.4	O60	>0.15	≥295	≥40	—
	H04		540~690	≥8	
	H06		≥665	≥2	
QSn8-0.3	O60	>0.15	≥345	≥45	≤120
	H01		390~510	≥40	100~160
	H02		490~610	≥30	150~205
	H04		590~705	≥12	180~235
	H06		685~785	≥5	210~250
	H08		≥735	—	≥230
QSn4-4-2.5、 QSn4-4-4	O60	≥0.8	≥290	≥35	
	H01		390~490	≥10	—
	H02		420~510	≥9	—
	H04		≥490	≥5	

（续）

牌号	状态	拉伸试验			硬度试验
		厚度/mm	抗拉强度 R_m /MPa	断后伸长率 $A_{11.3}$ （%）	维氏硬度 HV
QMn1.5	O60	≥0.2	≥205	≥30	—
QMn5	O60	≥0.2	≥290	≥30	
	H04		≥440	≥3	
QSi3-1	O60	>0.15	≥370	≥45	
	H04		635~785	≥5	
	H06		735	≥2	
B5	O60	≥0.2	≥215	≥32	
	H04		≥370	≥10	
B19	O60	≥0.2	≥290	≥25	
	H04		≥390	≥3	
BFe10-1-1	O60	≥0.2	≥275	≥25	
	H04		≥370	≥3	
BFe30-1-1	O60	≥0.2	≥370	≥23	
	H04		≥540	≥3	
BMn3-12	O60	≥0.2	≥350	≥25	—
BMn40-1.5	O60	≥0.2	390~590	—	
	H04		≥635		
BAl6-1.5	H04	≥0.2	≥600	≥5	
BAl13-3	TH04	≥0.2	实测值		
BZn15-20	O60	>0.15	≥340	≥35	—
	H02		440~570	≥5	
	H04		540~690	≥1.5	
	H06		≥640	≥1	
BZn18-18	O60	≥0.2	≥385	≥35	≤105
	H01		400~500	≥20	100~145
	H02		460~580	≥11	130~180
	H04		≥545	≥3	≥165
BZn18-17	O60	≥0.2	≥375	≥20	—
	H02		440~570	≥5	120~180
	H04		≥540	≥3	≥150
BZn18-26	H01	≥0.2	≥475	≥25	≤165
	H02		540~650	≥11	140~195
	H04		≥645	≥4	≥190

注：1. 超出表中规定厚度范围的带材，其性能指标由供需双方协商。

2. 表中的"—"，表示没有统计数据，如果需方要求该性能，其性能指标由供需双方协商。

3. 维氏硬度的试验力由供需双方协商。

3）表 2-392 中所列牌号及状态的带材可进行弯曲试验，弯曲试验条件应符合表中的规定。试验后，弯曲处不应有肉眼可见的裂纹。

表 2-392　铜及铜合金带材的弯曲试验

牌号	状态	厚度/mm	弯曲角度	内侧半径
T2、T3、TP1、TP2、TU1、TU2、H95、H90、H80、H70、H68、H66、H65、H63、H62	O60	≤2	180°	0 倍带厚
	H02			1 倍带厚
	H04			1.5 倍带厚
H59	O60	≤2	180°	1 倍带厚
	H04		90°	1.5 倍带厚
QSn8-0.3、QSn7-0.2、QSn6.5-0.4、QSn6.5-0.1、QSn4-3、QSn4-0.3	O60	≥1	180°	0.5 倍带厚
	H02			1.5 倍带厚
	H04			2 倍带厚
QSi3-1	H04	≥1	180°	1 倍带厚
	H06		90°	2 倍带厚
BMn40-1.5	O60	≥1	180°	1 倍带厚
	H04		90°	1 倍带厚
BZn15-20	H04、H06	>0.15	90°	2 倍带厚

4）BMn3-12、BMn40-1.5、QMn1.5 牌号的带材可进行电性能试验，其电性能应符合表 2-393 中的规定。

表 2-393　BMn3-12、BMn40-1.5、QMn1.5 带材的电性能

牌号	电阻率 ρ(20℃±1℃)/$\Omega \cdot m$	电阻温度系数 α(0~100℃)/℃$^{-1}$	与铜的热电动势率 Q(0~100℃)/(V/℃)
BMn3-12	(0.42~0.52)×10^{-6}	±6×10^{-5}	≤1×10^{-6}
BMn40-1.5	(0.45~0.52)×10^{-6}	—	—
QMn1.5	≤0.087×10^{-6}	≤0.9×10^{-3}	—

4.4　铜及铜合金管材

4.4.1　铜及铜合金拉制管（摘自 GB/T 1527—2006）

（1）牌号、状态和规格（见表 2-394）

表 2-394　铜及铜合金拉制管材的牌号、状态和规格

牌　号	状　态	规格			
		圆形		矩（方）形	
		外径/mm	壁厚/mm	对边距/mm	壁厚/mm
T2、T3、TU1、TU2、TP1、TP2	软（M）、轻软（M₂）、硬（Y）、特硬（T）	3~360	0.5~15	3~100	1~10
	半硬（Y₂）	3~100			
H96、H90	软（M）、轻软（M₂）、半硬（Y₂）、硬（Y）	3~200	0.2~10	3~100	0.2~7
H85、H80、H85A					
H70、H68、H59、HPb59-1、HSn62-1、HSn70-1、H70A、H68A		3~100			
H65、H63、H62、HPb66-0.5、H65A		3~200			

（续）

牌　号	状　态	规格			
		圆形		矩(方)形	
		外径/mm	壁厚/mm	对边距/mm	壁厚/mm
HPb63-0.1	半硬(Y₂)	18~31	6.5~13		
	1/3硬(Y₃)	8~31	3.0~13		
BZn15-20	硬(Y)、半硬(Y₂)、 软(M)	4~40		—	
BFe10-1-1	硬(Y)、半硬(Y₂)、 软(M)	8~160	0.5~8		
BFe30-1-1	半硬(Y₂)、软(M)	8~80			

注：1. 对外径≤100mm的圆形直管，其供应长度为1000~7000mm；其他规格的圆形直管供应长度
　　为500~6000mm。
　　2. 矩（方）形直管的供应长度为1000~5000mm。
　　3. 对外径≤30mm、壁厚<3mm的圆形管材，以及圆周长≤100mm或圆周长与壁厚之比≤15的矩
　　（方）形管材，可供应长度≥6000mm的盘管。

（2）力学性能（见表2-395和表2-396）

表2-395　纯铜圆形管材的纵向室温力学性能

牌号	状态	壁厚/mm	拉伸试验		硬度试验	
			抗拉强度 R_m /MPa　≥	伸长率 A(%) ≥	维氏硬度[2] HV	布氏硬度[3] HBW
T2、T3、 TU1、TU2、 TP1、TP2	软(M)	所有	200	40	40~65	35~60
	轻软(M₂)	所有	220	40	45~75	40~70
	半硬(Y₂)	所有	250	20	70~100	65~95
	硬(Y)	≤6	290	—	95~120	90~115
		>6~10	265	—	75~110	70~105
		>10~15	250	—	70~100	65~95
	特硬[1](T)	所有	360	—	≥110	≥150

注：矩（方）形管材的室温力学性能由供需双方协商确定。
① 特硬（T）状态的抗拉强度仅适用于壁厚≤3mm的管材；对壁厚>3mm的管材，其性能由供需双方协
　商确定。
② 维氏硬度试验载荷由供需双方协商确定。软（M）状态的维氏硬度试验仅适用于壁厚≥1mm的管材。
③ 布氏硬度试验仅适用于壁厚≥3mm的管材。

表2-396　黄铜、白铜管材的室温纵向力学性能

牌　号	状态	拉伸试验		硬度试验	
		抗拉强度 R_m/MPa ≥	伸长率 A(%) ≥	维氏硬度[1] HV	布氏硬度[2] HBW
H96	M	205	42	45~70	40~65
	M₂	220	35	50~75	45~70
	Y₂	260	18	75~105	70~100
	Y	320	—	≥95	≥90
H90	M	220	42	45~75	40~70
	M₂	240	35	50~80	45~75
	Y₂	300	18	75~105	70~100
	Y	360	—	≥100	≥95

（续）

牌　号	状态	拉 伸 试 验		硬 度 试 验	
		抗拉强度 R_m/MPa	伸长率 A(%)	维氏硬度[1]	布氏硬度[2]
		≥	≥	HV	HBW
H85、H85A	M	240	43	45~75	40~70
	M_2	260	35	50~80	45~75
	Y_2	310	18	80~110	75~105
	Y	370	—	≥105	≥100
H80	M	240	43	45~75	40~70
	M_2	260	40	55~85	50~80
	Y_2	320	25	85~120	80~115
	Y	390	—	≥115	≥110
H70、H68、H70A、H68A	M	280	43	55~85	50~80
	M_2	350	25	85~120	80~115
	Y_2	370	18	95~125	90~120
	Y	420	—	≥115	≥110
H65、HPb66-0.5、H65A	M	290	43	55~85	50~80
	M_2	360	25	80~115	75~110
	Y_2	370	18	90~120	85~115
	Y	430	—	≥110	≥105
H63、H62	M	300	43	60~90	55~85
	M_2	360	25	75~110	70~105
	Y_2	370	18	85~120	80~115
	Y	440	—	≥115	≥110
H59、HPb59-1	M	340	35	75~105	70~100
	M_2	370	20	85~115	80~110
	Y_2	410	15	100~130	95~125
	Y	470	—	≥125	≥120
HSn70-1	M	295	40	60~90	55~85
	M_2	320	35	70~100	65~95
	Y_2	370	20	85~110	80~105
	Y	455	—	≥110	≥105
HSn62-1	M	295	35	60~90	55~85
	M_2	335	30	75~105	70~100
	Y_2	370	20	85~110	80~105
	Y	455	—	≥110	≥105
HPb63-0.1	半硬(Y_2)	353	20	—	110~165
	1/3硬(Y_3)	—	—	—	70~125
BZn15-20	软(M)	295	35	—	—
	半硬(Y_2)	390	20	—	—
	硬(Y)	490	8	—	—

（续）

牌　号	状态	拉 伸 试 验		硬 度 试 验	
		抗拉强度 R_m/MPa $\geqslant$	伸长率 A(%) $\geqslant$	维氏硬度[①] HV	布氏硬度[②] HBW
BFe10-1-1	软(M)	290	30	75~110	70~105
	半硬(Y_2)	310	12	105	100
	硬(Y)	480	8	150	145
BFe30-1-1	软(M)	370	35	135	130
	半硬(Y_2)	480	12	85~120	80~115

① 维氏硬度试验载荷由供需双方协商确定。软（M）状态的维氏硬度试验仅适用于壁厚 $\geqslant$0.5mm 的管材。

② 布氏硬度试验仅适用于壁厚 $\geqslant$3mm 的管材。

4.4.2　镍及镍合金管（摘自 GB/T 2882—2013）

（1）牌号、状态和规格（见表 2-397）

表 2-397　镍及镍合金管材的牌号、状态和规格

牌号	状态	规格		
		外径/mm	壁厚/mm	长度/mm
N2、N4、DN	软态(M)、硬态(Y)	0.35~18	0.05~0.90	
N6	软态(M)、半硬态(Y_2)、硬态(Y)、消除应力状态(Y_0)	0.35~110	0.05~8.00	
N5(N02201)、N7(N02200)、N8	软态(M)、消除应力状态(Y_0)	5~110	1.00~8.00	
NCr15-8(N06600)	软态(M)	12~80	1.00~3.00	
NCu30(N04400)	软态(M)、消除应力状态(Y_0)	10~110	1.00~8.00	100~15000
NCu28-2.5-1.5	软态(M)、硬态(Y)	0.35~110	0.05~5.00	
	半硬态(Y_2)	0.35~18	0.05~0.90	
NCu40-2-1	软态(M)、硬态(Y)	0.35~110	0.05~6.00	
	半硬态(Y_2)	0.35~18	0.05~0.90	
NSi0.19、NMg0.1	软态(M)、硬态(Y)、半硬态(Y_2)	0.35~18	0.05~0.90	

（2）管材的公称尺寸（见表 2-398）

（3）管材的力学性能见表 2-399

4.4.3　无缝铜水管和铜气管（摘自 GB/T 18033—2007）

（1）牌号、状态和规格（见表 2-400）

（2）管材的外形尺寸系列（见表 2-401）

（3）室温纵向力学性能（见表 2-402）

表 2-398　镍及镍合金管材的公称尺寸 （单位：mm）

外径	壁厚										
	0.05~0.06	>0.06~0.09	>0.09~0.12	>0.12~0.15	>0.15~0.20	>0.20~0.25	>0.25~0.30	>0.30~0.40	>0.40~0.50	>0.50~0.60	>0.60~0.70
0.35~0.4	○	—	—	—	—	—	—	—	—	—	—
>0.40~0.50	○	○	—	—	—	—	—	—	—	—	—
>0.50~0.60	○	○	○	—	—	—	—	—	—	—	—
>0.60~0.70	○	○	○	○	—	—	—	—	—	—	—
>0.70~0.80	○	○	○	○	○	—	—	—	—	—	—
>0.80~0.90	○	○	○	○	○	○	—	—	—	—	—
>0.90~1.50	○	○	○	○	○	○	○	—	—	—	—
>1.50~1.75	○	○	○	○	○	○	○	○	—	—	—
>1.75~2.00	—	○	○	○	○	○	○	○	○	—	—
>2.00~2.25	—	○	○	○	○	○	○	○	○	○	—
>2.25~2.50	—	○	○	○	○	○	○	○	○	○	○
>2.50~3.50	—	○	○	○	○	○	○	○	○	○	○
>3.50~4.20	—	—	○	○	○	○	○	○	○	○	○
>4.20~6.00	—	—	○	○	○	○	○	○	○	○	○
>6.00~8.50	—	—	—	○	○	○	○	○	○	○	○
>8.50~10	—	—	—	—	—	○	○	○	○	○	○
>10~12	—	—	—	—	—	—	—	○	○	○	○
>12~14	—	—	—	—	—	—	—	—	—	○	○
>14~15	—	—	—	—	—	—	—	—	—	—	○
>15~18	—	—	—	—	—	—	—	—	—	—	—
>18~20	—	—	—	—	—	—	—	—	—	—	—
>20~30	—	—	—	—	—	—	—	—	—	—	—
>30~35	—	—	—	—	—	—	—	—	—	—	—
>35~40	—	—	—	—	—	—	—	—	—	—	—
>40~60	—	—	—	—	—	—	—	—	—	—	—
>60~90	—	—	—	—	—	—	—	—	—	—	—
>90~110	—	—	—	—	—	—	—	—	—	—	—

（续）

外 径	>0.70~0.90	>0.90~1.00	>1.00~1.25	>1.25~1.80	>1.80~3.00	>3.00~4.00	>4.00~5.00	>5.00~6.00	>6.00~7.00	>7.00~8.00	长 度
0.35~0.4	—	—	—	—	—	—	—	—	—	—	
>0.40~0.50	—	—	—	—	—	—	—	—	—	—	
>0.50~0.60	—	—	—	—	—	—	—	—	—	—	
>0.60~0.70	—	—	—	—	—	—	—	—	—	—	
>0.70~0.80	—	—	—	—	—	—	—	—	—	—	
>0.80~0.90	—	—	—	—	—	—	—	—	—	—	≤3000
>0.90~1.50	—	—	—	—	—	—	—	—	—	—	
>1.50~1.75	—	—	—	—	—	—	—	—	—	—	
>1.75~2.00	—	—	—	—	—	—	—	—	—	—	
>2.00~2.25	—	—	—	—	—	—	—	—	—	—	
>2.25~2.50	○	—	—	—	—	—	—	—	—	—	
>2.50~3.50	○	—	—	—	—	—	—	—	—	—	
>3.50~4.20	○	○	—	—	—	—	—	—	—	—	
>4.20~6.00	○	○	○	—	—	—	—	—	—	—	
>6.00~8.50	○	○	○	○	—	—	—	—	—	—	
>8.50~10	○	○	○	○	○	—	—	—	—	—	
>10~12	○	○	○	○	○	—	—	—	—	—	
>12~14	○	○	○	○	○	—	—	—	—	—	
>14~15	○	○	○	○	○	○	—	—	—	—	
>15~18	○	○	○	○	○	○	—	—	—	—	
>18~20	○	○	○	○	○	○	—	—	—	—	
>20~30	—	—	○	○	○	○	○	—	—	—	
>30~35	—	—	—	○	○	○	○	○	—	—	
>35~40	—	—	—	—	○	○	○	○	—	—	≤15000
>40~60	—	—	—	—	—	○	○	○	○	—	
>60~90	—	—	—	—	—	—	○	○	○	○	
>90~110	—	—	—	—	—	○	○	○	○	○	

注："○" 表示可供规格；"—" 表示不推荐采用规格，需要其他规格的产品应由供需双方商定。

表 2-399　镍及镍合金管材的力学性能

牌号	壁厚/mm	状态	抗拉强度 R_m/MPa 不小于	规定塑性延伸强度 $R_{p0.2}$/MPa	断后伸长率(%)≥ A	A_{50mm}
N4、N2、DN	所有规格	M	390	—	35	—
		Y	540	—	—	—
N6	<0.90	M	390	—	—	35
		Y	540	—	—	—
	≥0.90	M	370	—	35	—
		Y_2	450	—	—	12
		Y	520	—	6	—
		Y_0	460	—	—	—
N7(N02200)、N8	所有规格	M	380	105	—	35
		Y_0	450	275	—	15
N5(N02201)	所有规格	M	345	80	—	35
		Y_0	415	205	—	15
NCu30(N04400)	所有规格	M	480	195	—	35
		Y_0	585	380	—	15
NCu28-2.5-1.5、NCu40-2-1、NSi0.19、NMg0.1	所有规格	M	440	—	—	20
		Y_2	540	—	6	—
		Y	585	—	3	—
NCr15-8(N06600)	所有规格	M	550	240	—	30

注：1. 外径小于 18mm、壁厚小于 0.90mm 的硬（Y）态镍及镍合金管材的断后伸长率值仅供参考。

2. 供农用飞机作喷头用的 NCu28-2.5-1.5 合金硬状态管材，其抗拉强度应不小于 645MPa、断后伸长率应不小于 2%。

表 2-400　无缝铜水管和铜气管材的牌号、状态和规格

牌号	状态	种类	规格 外径/mm	壁厚/mm	长度/mm
TP2、TU2	硬（Y）	直管	6~325	0.6~8	≤6000
	半硬（Y_2）		6~159		
	软（M）		6~108		
	软（M）	盘管	≤28		≥15000

表 2-401　无缝铜水管和铜气管材的外形尺寸系列

公称尺寸 DN/mm	公称外径/mm	壁厚/mm A 型	B 型	C 型	理论质量/(kg/m) A 型	B 型	C 型	最大工作压力 p/MPa 硬态（Y） A 型	B 型	C 型	半硬态（Y2） A 型	B 型	C 型	软态（M） A 型	B 型	C 型
4	6	1.0	0.8	0.6	0.140	0.117	0.091	24.00	18.80	13.7	19.23	14.9	10.9	15.8	12.3	8.95
6	8	1.0	0.8	0.6	0.197	0.162	0.125	17.50	13.70	10.0	13.89	10.9	7.98	11.4	8.95	6.57
8	10	1.0	0.8	0.6	0.253	0.207	0.158	13.70	10.70	7.94	10.87	8.55	6.30	8.95	7.04	5.19
10	12	1.2	0.8	0.6	0.364	0.252	0.192	13.67	8.87	6.65	1.87	7.04	5.21	8.96	5.80	4.29
15	15	1.2	1.0	0.7	0.465	0.393	0.281	10.79	8.87	6.11	8.55	7.04	4.85	7.04	5.80	3.99
—	18	1.2	1.0	0.8	0.566	0.477	0.386	8.87	7.31	5.81	7.04	5.81	4.61	5.80	4.97	3.80
20	22	1.5	1.2	0.9	0.864	0.701	0.535	9.08	7.19	5.32	7.21	5.70	4.22	6.18	4.70	3.48
25	28	1.5	1.2	0.9	1.116	0.903	0.685	7.05	5.59	4.62	5.60	4.44	3.30	4.61	3.65	2.72

（续）

公称尺寸 DN/ mm	公称外径/ mm	壁厚/mm			理论质量/(kg/m)			最大工作压力 p/MPa								
								硬态（Y）			半硬态（Y2）			软态（M）		
		A 型	B 型	C 型	A 型	B 型	C 型	A 型	B 型	C 型	A 型	B 型	C 型	A 型	B 型	C 型
32	35	2.0	1.5	1.2	1.854	1.411	1.140	7.54	5.54	4.44	5.98	4.44	3.52	4.93	3.65	2.90
40	42	2.0	1.5	1.2	2.247	1.706	1.375	6.23	4.63	3.68	4.95	3.68	2.92	4.08	3.03	2.41
50	54	2.5	2.0	1.2	3.616	2.921	1.780	6.06	4.81	2.85	4.81	3.77	2.26	3.96	3.14	1.86
65	67	2.5	2.0	1.5	4.529	3.652	2.759	4.85	3.85	2.87	3.85	3.06	2.27	3.17	3.05	1.88
—	76	2.5	2.0	1.5	5.161	4.157	3.140	4.26	3.38	2.52	3.38	2.69	2.00	2.80	2.68	1.65
80	89	2.5	2.0	1.5	6.074	4.887	3.696	3.62	2.88	2.15	2.87	2.29	1.71	2.36	2.28	1.41
100	108	3.5	2.5	1.5	10.274	7.408	4.487	4.19	2.97	1.77	3.33	2.36	1.40	2.74	1.94	1.16
125	133	3.5	2.5	1.5	12.731	9.164	5.540	3.38	2.40	1.43	2.68	1.91	1.41			
150	159	4.0	3.5	2.0	17.415	15.287	8.820	3.23	2.82	1.60	2.56	2.24	1.27			
200	219	6.0	5.0	4.0	35.898	30.055	24.156	3.53	2.93	2.33	—	—	—			
250	267	7.0	5.5	4.5	51.122	40.399	33.180	3.37	2.64	2.15	—	—	—			
—	273	7.5	5.8	5.0	55.932	43.531	37.640	3.54	2.16	1.53	—	—	—			
300	325	8.0	6.5	5.5	71.234	58.151	49.359	3.16	2.56	2.16	—	—	—			

注：1. 最大计算工作压力 p 指工作条件为 65℃时，硬态（Y）允许应力为 63MPa；半硬态（Y₂）允许应力为 50N/mm²；软态（M）允许应力为 41.2MPa。

    2. 加工铜的密度值取 8.94g/cm³，作为计算每米铜管质量的依据。

    3. 客户需要其他规格尺寸的管材，供需双方可协商解决。

表 2-402　无缝铜水管和铜气管材的室温纵向力学性能

牌号	状态	公称外径 /mm	抗拉强度 R_m/MPa ≥	伸长率 A （%） ≥	维氏硬度 HV5
TP2、 TU2	Y	≤100	315		>100
		>100	295		
	Y₂	≤67	250	30	75~100
		>67~159	250	20	
	M	≤108	205	40	40~75

注：维氏硬度仅供选择性试验。

4.4.4　热交换器用铜合金无缝管（摘自 GB/T 8890—2015）

（1）牌号、状态和规格（见表 2-403）

表 2-403　热交换器用铜合金无缝管材的牌号、状态和规格

牌　　号	代号	供应状态	种类	规格		
				外径/mm	壁厚/mm	长度/mm
BFe10-1-1	T70590	软化退火（O60）、 硬（H80）	盘管	3~20	0.3~1.5	—
BFe10-1.4-1	C70600					
BFe10-1-1	T70590	软化退火（O60）	直管	4~160	0.5~4.5	<6000
		退火至1/2硬（O82）、硬（H80）		6~76	0.5~4.5	<18000
BFe30-0.7	C71500	软化退火（O60）、 退火至1/2硬（O82）	直管	6~76	0.5~4.5	<18000
BFe30-1-1	T71510					

（续）

牌　号	代号	供应状态	种类	规格		
				外径/mm	壁厚/mm	长度/mm
HAl77-2	C68700	软化退火（O60）、退火至 1/2 硬（O82）	直管	6~76	0.5~4.5	<18000
HSn72-1	C44300					
HSn70-1	T45000					
HSn70-1-0.01	T45010					
HSn70-1-0.01-0.04	T45020					
HAs68-0.04	T26330					
HAs70-0.05	C26130					
HAs85-0.05	T23030					

（2）外径及其允许偏差（见表 2-404）

表 2-404　热交换器用铜合金无缝管材的外径及其允许偏差　　（单位：mm）

外径	外径允许偏差	
	普通级	高精级
3~15	0 -0.12	0 -0.10
>15~25	0 -0.20	0 -0.16
>25~50	0 -0.30	0 -0.20
>50~75	0 -0.35	0 -0.25
>75~100	0 -0.40	0 -0.30
>100~130	0 -0.50	0 -0.35
>130~160	0 -0.80	0 -0.50

（3）室温力学性能（见表 2-405）

表 2-405　热交换器用铜合金无缝管材的室温力学性能

牌　号	状态	抗拉强度 R_m/MPa ≥	断后伸长率 A(%) ≥
BFe30-1-1、BFe30-0.7	O60	370	30
	O82	490	10
BFe10-1-1、BFe10-1.4-1	O60	290	30
	O82	345	10
	H80	480	—
HAL77-2	O60	345	50
	O82	370	45
HSn72-1、HSn70-1、HSn70-1-0.01、HSn70-1-0.01-0.04	O60	295	42
	O82	320	38
HAs68-0.04、HAs70-0.05	O60	295	42
	O82	320	38
HAs85-0.05	O60	245	28
	O82	295	22

（4）扩口试验

外径小于 100mm 的管材应进行扩口试验，并应符合表 2-406 的规定。

（5）压扁试验

外径大于 100mm 的管材应进行压扁试验。O60 状态的管材压扁后，内壁间距应等于壁厚；O82 状态的管材压扁后，内壁间距应等于三倍壁厚。

表 2-406　热交换器用铜合金无缝管材的扩口试验

牌号	状态	扩口量(%)	顶心锥角
BFe30-1-1、BFe30-0.7、BFe10-1-1、BFe10-1.4-1、HAl77-2、HSn72-1、HSn70-1、HSn70-1-0.01、HSn70-1-0.01-0.04、HAs68-0.04、HAs70-0.05、HAs85-0.05	O60	30	45°
	O82	20	

（6）水压试验

管材可进行水压试验，试验压力由供需双方协商确定。管材经水压试验时，应持续 10~15s 不产生渗漏和破裂。

4.4.5　铜及铜合金散热管（摘自 GB/T 8891—2013）

（1）牌号、状态和规格（见表 2-407）

表 2-407　铜及铜合金散热管材的牌号、状态和规格

牌号	代号	状态	规格			长度/mm
			圆管 直径 D/mm×壁厚 S/mm	扁管 宽度 A/mm×高度 B/mm×壁厚 S/mm	矩形管 长边 A/mm×短边 B/mm×壁厚 S/mm	
TU0	T10130	拉拔硬（H80）、轻拉（H55）	(4~25)×(0.20~2.00)	—	—	250~4000
T2	T11050	拉拔硬（H80）	(10~50)×(0.20~0.80)	(15~25)×(1.9~6.0)×(0.20~0.80)	(15~25)×(5~12)×(0.20~0.80)	
H95	T21000					
H90	T22000	轻拉（H55）				
H85	T23000					
H80	T24000					
H68	T26300	轻软退火（O50）				
HAs68-0.04	T26330					
H65	T27000					
H63	T27300					
HSn70-1	T45000	软化退火（O60）				

注：经供需双方协商可供应其他牌号或规格的管材。

（2）外形、尺寸及允许偏差

1）铜及铜合金散热管材的横截面如图 2-12 所示。

2）铜及铜合金散热圆管的尺寸及其允许偏差见表 2-408。

（3）力学性能（见表 2-409）

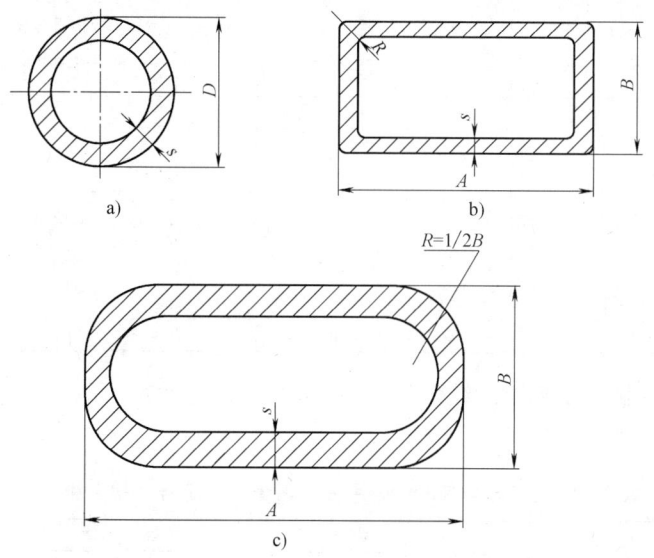

图 2-12 铜及铜合金散热管材的横截面

a) 圆管   b) 矩形管   c) 扁管

表 2-408   铜及铜合金散热圆管的尺寸及其允许偏差   （单位：mm）

外径 D	允许偏差		壁厚	允许偏差	
	普通级	高精级		普通级	高精级
4~15	±0.06	±0.05	0.20~0.30	±0.03	±0.02
			>0.30~0.50	±0.04	±0.02
			>0.50~0.70	±0.05	±0.03
			>0.70~0.90	±0.06	±0.04
			>0.90~1.50	±0.07	±0.05
			>1.50~2.00	±0.08	±0.06
>15~25	±0.08	±0.06	0.20~0.30	±0.05	±0.03
			>0.30~0.50	±0.06	±0.04
			>0.50~0.70	±0.08	±0.06
			>0.70~0.90	±0.09	±0.07
			>0.90~1.50	±0.10	±0.08
			>1.50~2.00	±0.12	±0.10
>25~50	±0.12	±0.08	0.20~0.30	±0.06	±0.04
			>0.30~0.50	±0.08	±0.06
			>0.50~0.70	±0.09	±0.07
			>0.70~0.80	±0.10	±0.08

注：1. 按高精级订货时应在合同中注明，未注明时按普通级供货。

　　2. 外径允许偏差包括圆度允许偏差。

表 2-409　铜及铜合金散热管材的力学性能

牌　号	状　态	抗拉强度 R_m /MPa $\geqslant$	断后伸长率 A （%） $\geqslant$
T2	拉拔硬（H80）	295	—
TU0	轻拉（H55）	250	20
	拉拔硬（H80）	295	—
H95	拉拔硬（H80）	320	—
H90	轻拉（H55）	300	18
H85	轻拉（H55）	310	18
H80	轻拉（H55）	320	25
H68、HAs68-0.01、H65、H63	轻软退火（O50）	350	25
HSn70-1	软化退火（O60）	295	40

4.4.6　空调与制冷设备用无缝铜管 （GB/T 17791—2007）

（1）牌号、状态和规格 （见表 2-410）

表 2-410　空调与制冷设备用无缝铜管材的牌号、状态和规格

牌号	状态	种类	规　格		
			外径/mm	壁厚/mm	长度/mm
TU1、TU2、T2、TP1、TP2	软（M）、轻软（M_2）、半硬（Y_2）、硬（Y）	直管	3~30	0.25~2.0	400~10000
		盘管		0.25~2.0	—

（2）盘卷内外直径 （见表 2-411）

表 2-411　空调与制冷设备用无缝铜管材的盘卷内外直径　（单位：mm）

类型	最小内径	最大外径	卷高	外径
水平盘管	560	1150	$\geqslant$200	—
蚊香形盘管	—	—	—	$\leqslant$1100

（3）尺寸及其允许偏差 （见表 2-412）

表 2-412　空调与制冷设备用无缝铜管材的尺寸及其允许偏差

（单位：mm）

平均外径		壁　厚				
尺寸范围	允许偏差 （±）	0.25~0.4	>0.4~0.6	>0.6~0.8	>0.8~1.5	>1.5~2.0
		允许偏差（±）				
3~15	0.05	0.03	0.04	0.05	0.06	0.07
>15~20	0.05	0.04	0.05	0.06	0.07	0.09
>20~30	0.07	—	0.05	0.07	0.09	0.10

4.4.7　铜及铜合金挤制管 （摘自 YS/T 662—2007）

（1）铜及铜合金挤制管材的牌号、状态和规格 （见表 2-413）

（2）铜及铜合金挤制管材的力学性能 （见表 2-414）

表 2-413　铜及铜合金挤制管材的牌号、状态和规格

牌　号	状　态	规格		
		外径/mm	壁厚/mm	长度/mm
TU1、TU2、T2、T3、TP1、TP2	挤制（R）	30～300	5～65	300～6000
H96、H62、HPb59-1、HFe59-1-1		20～300	1.5～42.5	
H80、H65、H68、HSn62-1、HSi80-3、HMn58-2、HMn57-3-1		60～220	7.5～30	
QAl9-2、QAl9-4、QAl10-3-1.5、QAl10-4-4		20～250	3～50	500～6000
QSi3.5-3-1.5		80～200	10～30	
QCr0.5		100～220	17.5～37.5	500～3000
BFe10-1-1		70～250	10～25	300～3000
BFe30-1-1		80～120	10～25	

表 2-414　铜及铜合金挤制管材的力学性能

牌　号	壁厚/mm	抗拉强度 R_m/MPa	断后伸长率 A(%)	布氏硬度 HBW
T2、T3、TU1、TU2、TP1、TP2	≤65	≥185	≥42	—
H96	≤42.5	≥185	≥42	—
H80	≤30	≥275	≥40	—
H68	≤30	≥295	≥45	—
H65、H62	≤42.5	≥295	≥43	—
HPb59-1	≤42.5	≥390	≥24	—
HFe59-1-1	≤42.5	≥430	≥31	—
HSn62-1	≤30	≥320	≥25	—
HSi80-3	≤30	≥295	≥28	—
HMn58-2	≤30	≥395	≥29	—
HMn57-3-1	≤30	≥490	≥16	—
QAl9-2	≤50	≥470	≥16	—
QAl9-4	≤50	≥450	≥17	—
QAl10-3-1.5	<16	≥590	≥14	140～200
	≥16	≥540	≥15	135～200
QAl10-4-4	≤50	≥635	≥6	170～230
QSi3.5-3-1.5	≤30	≥360	≥35	—
QCr0.5	≤37.5	≥220	≥35	—
BFe10-1-1	≤25	≥280	≥28	—
BFe30-1-1	≤25	≥345	≥25	—

4.4.8　铜及铜合金毛细管（摘自 GB/T 1531—2009）

（1）牌号、状态和规格（见表 2-415）

表 2-415　铜及铜合金毛细管材的牌号、状态和规格

牌　号	供应状态	规格	长度/mm	
		外径/mm×内径/mm	盘管	直管
T2、TP1、TP2、H85、H80、H70、H68、H65、H63、H62	硬（Y）、半硬（Y_2）、软（M）	（φ0.5～φ6.10）×（φ0.3～φ4.45）	≥3000	50～6000
H96、H90 QSn4-0.3、QSn6.5-0.1	硬（Y）、软（M）			

注：根据用户需要，可供应其他牌号、状态和规格的管材。

（2）室温力学性能（见表 2-416）

4.4.9　压力表用铜合金管（摘自 GB/T 8892—2014）

（1）牌号、状态和规格（见表 2-417）

表 2-416　铜及铜合金毛细管材的室温力学性能

牌　号	状态	拉 伸 试 验		硬 度 试 验
		抗拉强度 R_m/MPa	断后伸长率 A(%)	维氏硬度 HV
TP2、T2、TP1	M	≥205	≥40	—
	Y_2	245~370	—	—
	Y	≥345	—	—
H96	M	≥205	≥42	45~70
	Y	≥320	—	≥90
H90	M	≥220	≥42	40~70
	Y	≥360	—	≥95
H85	M	≥240	≥43	40~70
	Y_2	≥310	≥18	75~105
	Y	≥370	—	≥100
H80	M	≥240	≥43	40~70
	Y_2	≥320	≥25	80~115
	Y	≥390	—	≥110
H70、H68	M	≥280	≥43	50~80
	Y_2	≥370	≥18	90~120
	Y	≥420	—	≥110
H65	M	≥290	≥43	50~80
	Y_2	≥370	≥18	85~115
	Y	≥430	—	≥105
H63、H62	M	≥300	≥43	55~85
	Y_2	≥370	≥18	70~105
	Y	≥440	—	≥110
QSn4-0.3	M	≥325	≥30	≥90
QSn6.5-0.1	Y	≥490	—	≥120

注：外径与内径之差小于 0.30mm 的毛细管不做拉伸试验。有特殊要求者，由供需双方协商解决。

表 2-417　压力表用铜合金管材的牌号、状态和规格

牌号	代号	状态	规格尺寸/mm
QSn4-0.3	T51010	软化退火（O60）、半硬+应力消除（HR02）、硬+应力消除（HR04）	圆管的 $D \times t \times l$ 为 $(\phi1.5 \sim \phi25) \times (0.10 \sim 1.80) \times \leqslant 6000$
QSn6.5-0.1	T51510		
H68	T26300	半硬+应力消除（HR02）、硬+应力消除（HR04）	扁管的 $A \times B \times t \times l$ 为 $(7.5 \sim 20) \times (5 \sim 7) \times (0.15 \sim 1.0) \times \leqslant 6000$
BFe10-1-1	T70590	半硬+应力消除（HR02）、硬+应力消除（HR04）	椭圆管的 $A \times B \times t \times l$ 为 $(5 \sim 15) \times (2.5 \sim 6) \times (0.15 \sim 1.0) \times \leqslant 6000$

注：根据用户需要，可供应其他牌号、形状、状态和规格的管材。

（2）室温纵向力学性能（见表 2-418）

表 2-418　压力表用铜合金管材的室温纵向力学性能

牌号	状态	抗拉强度 R_m /MPa	断后伸长率 A （%）	断后伸长率 $A_{11.3}$ （%）
QSn4-0.3、QSn6.5-0.1	软化退火（O60）	325~480	≥41	≥35
	半硬+应力消除（HR02）	450~550	≥11	≥8
	硬+应力消除（HR04）	490~635	≥4	≥2
H68	半硬+应力消除（HR02）	345~405	≥34	≥30
	硬+应力消除（HR04）	≥390	≥12	≥9
BFe10-1-1	半硬+应力消除（HR02）	≥310	≥16	≥12
	硬+应力消除（HR04）	≥480	≥9	≥8

4.4.10 焊割用铜及铜合金无缝管 （摘自 GB/T 27672—2011）

（1）牌号、状态和规格 （见表 2-419）

表 2-419 焊割用铜及铜合金无缝管材的牌号、状态和规格

牌号	状态	管材规格			
		外轮廓形状	外径(或对边距)/mm	内径/mm	长度/mm
TP2、T2	硬（H04）	圆形	$\phi2.4\sim\phi12$	$\phi0.50\sim\phi3.50$	400~4000
QCr1-0.15、（C18150）、QCr1 QZr0.2 QZr0.4 QZr0.15（C15000）	固溶+冷加工+沉淀硬化(TH04)	椭圆形	6~12（长轴）	$\phi0.60\sim\phi3.50$	
			4~9（短轴）		
		六边形	4~12（对边距）	$\phi0.60\sim\phi3.50$	
		方形	4~12（对边距）	$\phi0.60\sim\phi3.50$	

（2）管材的室温力学性能和电性能 （见表 2-420）

表 2-420 焊割用铜及铜合金无缝管材的室温力学性能和电性能

牌号	状态	抗拉强度 R_m /MPa ≥	断后伸长率 A （%） ≥	洛氏硬度 HRB ≥	导电率 （%，IACS） ≥
TP2	硬（H04）	315	—	—	—
T2		315	—	—	—
QCr1-0.15	固溶+冷加工+沉淀硬化(TH04)	560	9	80	75
QCr1		560	9	78	75
QZr0.2、QZr0.4、QZr0.15		415		65	80

5 铝及铝合金

5.1 高纯铝的牌号及化学成分 （见表 2-421）

表 2-421 高纯铝的牌号及化学成分 （摘自 YS/T 275—2008）

牌号	化学成分(质量分数,%)											
	Al ≤	杂质含量/10⁻⁴ ≤										
		Cu	Si	Fe	Ti	Zn	Pb	Ca	Cd	Ag	In	Cu+Si+Fe+Ti+Zn+Ga	总和
Al-5N	99.999	2.8	2.5	2.5	1.0	0.9	0.5	0.5	0.2	0.2	0.2	—	10
Al-5N5	99.9995	2.8	2.5	2.5	1.0	0.9	0.5	0.5	0.2	0.2	0.2	5	5

注：1. 铝质量分数为 100%与表中质量分数等于或大于 0.10×10^{-4}%的杂质总和的差值。
   2. 分析数值的判定采用修约比较法，数值修约规则按 GB/T 8170 的有关规定进行。修约位数与表中所列极限值位数一致。
   3. 对杂质元素 As、Hg、Cr 或其他杂质，需方如有要求，可由供需双方协商。
   4. 如果需方有特殊要求，供需双方另行商定，但含量小于 0.10×10^{-4}%的杂质不计入杂质总和。

5.2 变形铝及铝合金

5.2.1 牌号及化学成分（见表 2-422 和表 2-423）

表 2-422 变形铝及铝合金的牌号（适用国际牌号）及化学成分（摘自 GB/T 3190—2008）

化学成分（质量分数，%）

序号	牌号	Si	Fe	Cu	Mn	Mg	Cr	Ni	Zn		Ti	Zr	其他		Al
													单个	合计	
1	1035	0.35	0.6	0.10	0.05	0.05	—	—	0.10	V:0.05	0.03	—	0.03	—	99.35
2	1040	0.30	0.50	0.10	0.05	0.05	—	—	0.10	V:0.05	0.03	—	0.03	—	99.40
3	1045	0.30	0.45	0.10	0.05	0.05	—	—	0.05	V:0.05	0.03	—	0.03	—	99.45
4	1050	0.25	0.40	0.05	0.05	0.05	—	—	0.05	V:0.05	0.03	—	0.03	—	99.50
5	1050A	0.25	0.40	0.05	0.05	0.05	—	—	0.07	—	0.05	—	0.03	—	99.50
6	1060	0.25	0.35	0.05	0.03	0.03	—	—	0.05	V:0.05	0.03	—	0.03	—	99.60
7	1065	0.25	0.30	0.05	0.03	0.03	—	—	0.05	V:0.05	0.03	—	0.03	—	99.65
8	1070	0.20	0.25	0.04	0.03	0.03	—	—	0.04	V:0.05	0.03	—	0.03	—	99.70
9	1070A	0.20	0.25	0.03	0.03	0.03	—	—	0.07	—	0.03	—	0.03	—	99.70
10	1080	0.15	0.15	0.03	0.02	0.02	—	—	0.03	Ga:0.03，V:0.05	0.03	—	0.02	—	99.80
11	1080A	0.15	0.15	0.03	0.02	0.02	—	—	0.06	Ga[①]:0.03	0.02	—	0.02	—	99.80
12	1085	0.10	0.12	0.03	0.02	0.02	—	—	0.03	Ga:0.03，V:0.05	0.02	—	0.01	—	99.85
13	1100	Si+Fe:0.95		0.05~0.20	0.05	—	—	—	0.10	①	—	—	0.05	0.15	99.00
14	1200	Si+Fe:1.00		0.05	0.05	—	—	—	0.10	—	0.05	—	0.05	0.15	99.00
15	1200A	Si+Fe:1.00		0.10	0.30	0.30	0.10	—	0.10	—	—	—	0.05	0.15	99.00
16	1120	0.10	0.40	0.05~0.35	0.01	0.20	0.01	—	0.05	Ga:0.03，B:0.05，V+Ti:0.02	—	—	0.03	0.10	99.20
17	1230②	Si+Fe:0.70		0.10	0.05	0.05	—	—	0.10	V:0.05	0.03	—	0.03	—	99.30
18	1235	Si+Fe:0.65		0.05	0.05	0.05	—	—	0.10	V:0.05	0.06	—	0.03	—	99.35
19	1435	0.15	0.30~0.50	0.02	0.05	0.05	—	—	0.10	V:0.05	0.03	—	0.03	—	99.35
20	1145	Si+Fe:0.55		0.05	0.05	0.05	—	—	0.05	V:0.05	0.03	—	0.03	—	99.45
21	1345	0.30	0.40	0.10	0.05	0.05	—	—	0.05	—	0.03	—	0.03	—	99.45
22	1350	0.10	0.40	0.05	0.01	—	0.01	—	0.05	Ga:0.03，B:0.05，V+Ti:0.02	—	—	0.03	0.10	99.50

		Si	Fe	Cu	Mn	Mg	Cr	Ni	Zn	其他	Ti	其他	其他单个	其他合计	Al
23	1450	0.25	0.40	0.05	0.05	0.05	—	—	0.07	①	0.10~0.20	—	0.03	—	99.50
24	1260	Si+Fe:0.40		0.04	0.01	0.03	—	—	0.05	V:0.05①	0.03	—	0.03	—	99.60
25	1370	0.10	0.25	0.02	0.01	0.02	0.01	—	0.04	Ga:0.03、B:0.02、V+Ti:0.02	—	—	0.02	0.10	99.70
26	1275	0.08	0.12	0.05~0.10	0.02	0.02	—	—	0.03	Ga:0.03、V:0.03	0.02	—	0.01	—	99.75
27	1185	Si+Fe:0.15		0.01	0.02	0.02	—	—	0.03	Ga:0.03、V:0.05	0.02	—	0.01	—	99.85
28	1285	0.08③	0.08③	0.02	0.01	0.01	—	—	0.03	Ga:0.03、V:0.05	0.02	—	0.01	—	99.85
29	1385	0.05	0.12	0.02	0.01	0.02	0.01	—	0.03	Ga:0.03、V+Ti④:0.03	—	—	0.01	—	99.85
30	2004	0.20	0.20	5.5~6.5	0.10	0.50	—	—	0.10	—	0.05	0.30~0.50	0.05	0.15	余量
31	2011	0.40	0.7	5.0~6.0	—	—	—	—	0.30	⑤	0.15	—	0.05	0.15	余量
32	2014	0.50~1.2	0.7	3.9~5.0	0.40~1.2	0.20~0.8	0.10	—	0.25	⑥	0.15	—	0.05	0.15	余量
33	2014A	0.50~0.9	0.50	3.9~5.0	0.40~1.2	0.20~0.8	0.10	0.10	0.25	—	0.15	Zr+Ti:0.20	0.05	0.15	余量
34	2214	0.50~1.2	0.30	3.9~5.0	0.40~1.2	0.20~0.8	0.10	—	0.25	⑥	0.15	—	0.05	0.15	余量
35	2017	0.20~0.8	0.7	3.5~4.5	0.40~1.0	0.40~0.8	0.10	—	0.25	⑥	0.15	—	0.05	0.15	余量
36	2017A	0.20~0.8	0.7	3.5~4.5	0.40~1.0	0.40~1.0	0.10	—	0.25		—	Zr+Ti:0.25	0.05	0.15	余量
37	2117	0.8	0.7	2.2~3.0	0.20	0.20~0.50	0.10	—	0.25	—	—	—	0.05	0.15	余量
38	2218	0.9	1.0	3.5~4.5	0.20	1.2~1.8	0.10	1.7~2.3	0.10	—	—	—	0.05	0.15	余量
39	2618	0.10~0.25	0.9~1.3	1.9~2.7	—	1.3~1.8	—	0.9~1.2	0.10	—	0.04~0.10	—	0.05	0.15	余量

（续）

化学成分（质量分数，%）

序号	牌号	Si	Fe	Cu	Mn	Mg	Cr	Ni	Zn		Ti	Zr	其他		Al
													单个	合计	
40	2618A	0.15~0.25	0.9~1.4	1.8~2.7	0.25	1.2~1.8	—	0.8~1.4	0.15	—	0.20	Zr+Ti:0.25	0.05	0.15	余量
41	2219	0.20	0.30	5.8~6.8	0.20~0.40	0.02	—	—	0.10	V:0.05~0.15	0.02~0.10	0.10~0.25	0.05	0.15	余量
42	2519	0.25⑦	0.30⑦	5.3~6.4	0.10~0.50	0.05~0.40	—	—	0.10	V:0.05~0.15	0.02~0.10	0.10~0.25	0.05	0.15	余量
43	2024	0.50	0.50	3.8~4.9	0.30~0.9	1.2~1.8	0.10	—	0.25	⑥	0.15	—	0.05	0.15	余量
44	2024A	0.15	0.20	3.7~4.5	0.15~0.8	1.2~1.5	0.10	—	0.25	—	0.15	—	0.05	0.15	余量
45	2124	0.20	0.30	3.8~4.9	0.30~0.9	1.2~1.8	0.10	—	0.25	⑥	0.15	—	0.05	0.15	余量
46	2324	0.10	0.12	3.8~4.4	0.30~0.9	1.2~1.8	0.10	—	0.25	—	0.15	—	0.05	0.15	余量
47	2524	0.06	0.12	4.0~4.5	0.45~0.7	1.2~1.6	0.05	—	0.15	—	0.10	—	0.05	0.15	余量
48	3002	0.08	0.10	0.15	0.05~0.25	0.05~0.20	—	—	0.05	V:0.05	0.03	—	0.03	0.10	余量
49	3102	0.40	0.7	0.10	0.05~0.40	—	—	—	0.30	—	0.10	—	0.05	0.15	余量
50	3003	0.6	0.7	0.05~0.20	1.0~1.5	—	—	—	0.10	—	—	—	0.05	0.15	余量
51	3103	0.50	0.7	0.10	0.9~1.5	0.30	0.10	—	0.20	①	—	Zr+Ti:0.10	0.05	0.15	余量
52	3103A	0.50	0.7	0.10	0.7~1.4	0.30	0.10	—	0.20	—	0.10	Zr+Ti:0.10	0.05	0.15	余量
53	3203	0.6	0.7	0.05	1.0~1.5	—	—	—	0.10	①	—	—	0.05	0.15	余量

序号	牌号														
54	3004	0.30	0.7	0.25	1.0~1.5	0.8~1.3	—	—	0.25	—	—	—	0.05	0.15	余量
55	3004A	0.40	0.7	0.25	0.8~1.5	0.8~1.5	0.10	—	0.25	Pb:0.03	0.05	—	0.05	0.15	余量
56	3104	0.6	0.8	0.05~0.25	0.8~1.4	0.8~1.3	—	—	0.25	Ga:0.05、V:0.05	0.10	—	0.05	0.15	余量
57	3204	0.30	0.7	0.10~0.25	0.8~1.5	0.8~1.5	—	—	0.25	—	—	—	0.05	0.15	余量
58	3005	0.6	0.7	0.30	1.0~1.5	0.20~0.6	0.10	—	0.25	—	0.10	—	0.05	0.15	余量
59	3105	0.6	0.7	0.30	0.30~0.8	0.20~0.8	0.20	—	0.40	—	0.10	—	0.05	0.15	余量
60	3105A	0.6	0.7	0.30	0.30~0.8	0.20~0.8	0.20	—	0.25	—	0.10	—	0.05	0.15	余量
61	3006	0.50	0.7	0.10~0.30	0.50~0.8	0.30~0.6	0.20	—	0.15~0.40	—	0.10	—	0.05	0.15	余量
62	3007	0.50	0.7	0.05~0.30	0.30~0.8	0.6	0.20	—	0.40	—	0.10	—	0.05	0.15	余量
63	3107	0.6	0.7	0.05~0.15	0.40~0.9	—	—	—	0.20	—	0.10	—	0.05	0.15	余量
64	3207	0.30	0.45	0.10	0.40~0.8	0.10	—	—	0.10	—	—	—	0.05	0.10	余量
65	3207A	0.35	0.6	0.25	0.30~0.8	0.40	0.20	—	0.25	—	—	—	0.05	0.15	余量
66	3307	0.6	0.8	0.30	0.50~0.9	0.30	0.20	—	0.40	—	0.10	—	0.05	0.15	余量
67	4004②	9.0~10.5	0.8	0.25	0.10	1.0~2.0	—	—	0.20	—	—	—	0.05	0.15	余量

5 金 手 册

序号	牌号	化学成分（质量分数，%）													
		Si	Fe	Cu	Mn	Mg	Cr	Ni	Zn		Ti	Zr	其他 单个	其他 合计	Al
68	4032	11.0~13.5	1.0	0.50~1.3	—	0.8~1.3	0.10	0.50~1.3	0.25	—	—	—	0.05	0.15	余量
69	4043	4.5~6.0	0.8	0.30	0.05	0.05	—	—	0.10	①	0.20	—	0.05	0.15	余量
70	4043A	4.5~6.0	0.6	0.30	0.15	0.20	—	—	0.10	①	0.15	—	0.05	0.15	余量
71	4343	6.8~8.2	0.8	0.25	0.10	—	—	—	0.20	—	—	—	0.05	0.15	余量
72	4045	9.0~11.0	0.8	0.30	0.05	0.05	—	—	0.10	—	0.20	—	0.05	0.15	余量
73	4047	11.0~13.0	0.8	0.30	0.15	0.10	—	—	0.20	①	—	—	0.05	0.15	余量
74	4047A	11.0~13.0	0.6	0.30	0.15	0.10	—	—	0.20	①	0.15	—	0.05	0.15	余量
75	5005	0.30	0.7	0.20	0.20	0.50~1.1	0.10	—	0.25	—	—	—	0.05	0.15	余量
76	5005A	0.30	0.45	0.05	0.15	0.7~1.1	0.10	—	0.20	—	—	—	0.05	0.15	余量
77	5205	0.15	0.7	0.03~0.10	0.10	0.6~1.0	0.10	—	0.05	—	—	—	0.05	0.15	余量
78	5006	0.40	0.8	0.10	0.40~0.8	0.8~1.3	0.10	—	0.25	—	0.10	—	0.05	0.15	余量
79	5010	0.40	0.7	0.25	0.10~0.30	0.20~0.6	0.15	—	0.30	—	0.10	—	0.05	0.15	余量
80	5019	0.40	0.50	0.10	0.10~0.6	4.5~5.6	0.20	—	0.20	Mn+Cr: 0.10~0.6	0.20	—	0.05	0.15	余量
81	5049	0.40	0.50	0.10	0.50~1.1	1.6~2.5	0.30	—	0.20	—	0.10	—	0.05	0.15	余量
82	5050	0.40	0.7	0.20	0.10	1.1~1.8	0.10	—	0.25	—	—	—	0.05	0.15	余量
83	5050A	0.40	0.7	0.20	0.30	1.1~1.8	0.10	—	0.25	—	—	—	0.05	0.15	余量
84	5150	0.08	0.10	0.10	0.03	1.3~1.7	—	—	0.10	—	0.06	—	0.03	0.10	余量

序号	牌号														
85	5250	0.08	0.10	0.10	0.04~0.15	1.3~1.8	—	—	0.05	Ga:0.03、V:0.05	—	—	0.03	0.10	余量
86	5051	0.40	0.7	0.25	0.20	1.7~2.2	—	0.10	0.25	—	0.10	—	0.05	0.15	余量
87	5251	0.40	0.50	0.15	0.10~0.50	1.7~2.4	—	0.15	0.15	—	0.15	—	0.05	0.15	余量
88	5052	0.25	0.40	0.10	0.10	2.2~2.8	—	0.15~0.35	0.10	—	—	—	0.05	0.15	余量
89	5154	0.25	0.40	0.10	0.10	3.1~3.9	—	0.15~0.35	0.20	①	0.20	—	0.05	0.15	余量
90	5154A	0.50	0.50	0.10	0.50	3.1~3.9	—	0.25	0.20	Mn+Cr①：0.10~0.50	0.20	—	0.05	0.15	余量
91	5454	0.25	0.40	0.10	0.50~1.0	2.4~3.0	—	0.05~0.20	0.25	—	0.20	—	0.05	0.15	余量
92	5554	0.25	0.40	0.10	0.50~1.0	2.4~3.0	—	0.05~0.20	0.25	①	0.05~0.20	—	0.05	0.15	余量
93	5754	0.40	0.40	0.10	0.50	2.6~3.6	—	0.30	0.20	Mn+Cr：0.10~0.6	0.15	—	0.05	0.15	余量
94	5056	0.30	0.40	0.10	0.05~0.20	4.5~5.6	—	0.05~0.20	0.10	—	—	—	0.05	0.15	余量
95	5356	0.25	0.40	0.10	0.05~0.20	4.5~5.5	—	0.05~0.20	0.10	①	0.06~0.20	—	0.05	0.15	余量
96	5456	0.25	0.40	0.10	0.50~1.0	4.7~5.5	—	0.05~0.20	0.25	—	0.20	—	0.05	0.15	余量
97	5059	0.45	0.50	0.25	0.6~1.2	5.0~6.0	—	0.25	0.40~0.9	—	0.20	0.05~0.25	0.05	0.15	余量
98	5082	0.20	0.35	0.15	0.15	4.0~5.0	—	0.15	0.25	—	0.10	—	0.05	0.15	余量

（续）

| 序号 | 牌号 | 化学成分（质量分数，%） | | | | | | | | | | | 其他 | | Al |
		Si	Fe	Cu	Mn	Mg	Cr	Ni	Zn		Ti	Zr	单个	合计	
99	5182	0.20	0.35	0.15	0.20~0.50	4.0~5.0	0.10	—	0.25	—	0.10	—	0.05	0.15	余量
100	5083	0.40	0.40	0.10	0.40~1.0	4.0~4.9	0.05~0.25	—	0.25	—	0.15	—	0.05	0.15	余量
101	5183	0.40	0.40	0.10	0.50~1.0	4.3~5.2	0.05~0.25	—	0.25	①	0.15	—	0.05	0.15	余量
102	5383	0.25	0.25	0.20	0.7~1.0	4.0~5.2	0.25	—	0.40	—	0.15	0.20	0.05	0.15	余量
103	5086	0.40	0.50	0.10	0.20~0.7	3.5~4.5	0.05~0.25	—	0.25	—	0.15	—	0.05	0.15	余量
104	6101	0.30~0.7	0.50	0.10	0.03	0.35~0.8	0.03	—	0.10	B:0.06	—	—	0.03	0.10	余量
105	6101A	0.30~0.7	0.40	0.05	—	0.40~0.9	—	—	—	—	—	—	0.03	0.10	余量
106	6101B	0.30~0.6	0.10~0.30	0.05	0.05	0.35~0.6	—	—	0.10	—	—	—	0.03	0.10	余量
107	6201	0.50~0.9	0.50	0.10	0.03	0.6~0.9	0.03	—	0.10	B:0.06	—	—	0.03	0.10	余量
108	6005	0.6~0.9	0.35	0.10	0.10	0.40~0.6	0.10	—	0.10	—	0.10	—	0.05	0.15	余量
109	6005A	0.50~0.9	0.35	0.30	0.50	0.40~0.7	0.30	—	0.20	Mn+Cr:0.12~0.50	0.10	—	0.05	0.15	余量
110	6105	0.6~1.0	0.35	0.10	0.15	0.45~0.8	0.10	—	0.10	—	0.10	—	0.05	0.15	余量
111	6106	0.30~0.6	0.35	0.25	0.05~0.20	0.40~0.8	0.20	—	0.10	—	—	—	0.05	0.10	余量

序号	牌号														
112	6009	0.6~1.0	0.50	0.15~0.6	0.20~0.8	0.40~0.8	0.10	—	0.25	—	0.10	—	0.05	0.15	余量
113	6010	0.8~1.2	0.50	0.15~0.6	0.20~0.8	0.6~1.0	0.10	—	0.25	—	0.10	—	0.05	0.15	余量
114	6111	0.6~1.1	0.40	0.50~0.9	0.10~0.45	0.50~1.0	0.10	—	0.15	—	0.10	—	0.05	0.15	余量
115	6016	1.0~1.5	0.50	0.20	0.20	0.25~0.6	0.10	—	0.20	—	0.15	—	0.05	0.15	余量
116	6043	0.40~0.9	0.50	0.30~0.9	0.35	0.6~1.2	0.15	—	0.20	Bi:0.40~0.7 Sn:0.20~0.40	0.15	—	0.05	0.15	余量
117	6351	0.7~1.3	0.50	0.10	0.40~0.8	0.40~0.8	—	—	0.20	—	0.20	—	0.05	0.15	余量
118	6060	0.30~0.6	0.10~0.30	0.10	0.10	0.35~0.6	0.05	—	0.15	—	0.10	—	0.05	0.15	余量
119	6061	0.40~0.8	0.7	0.15~0.40	0.15	0.8~1.2	0.04~0.35	—	0.25	—	0.15	—	0.05	0.15	余量
120	6061A	0.40~0.8	0.7	0.15~0.40	0.15	0.8~1.2	0.04~0.35	—	0.25	⑧	0.15	—	0.05	0.15	余量
121	6262	0.40~0.8	0.7	0.15~0.40	0.15	0.8~1.2	0.04~0.14	—	0.25	⑨	0.15	—	0.05	0.15	余量
122	6063	0.20~0.6	0.35	0.10	0.10	0.45~0.9	0.10	—	0.10	—	0.10	—	0.05	0.15	余量
123	6063A	0.30~0.6	0.15~0.35	0.10	0.15	0.6~0.9	0.05	—	0.15	—	0.10	—	0.05	0.15	余量

（续）

化学成分（质量分数，%）

序号	牌号	Si	Fe	Cu	Mn	Mg	Cr	Ni	Zn		Ti	Zr	其他 单个	其他 合计	Al
124	6463	0.20~0.6	0.15	0.20	0.05	0.45~0.9	—	—	0.05		—	—	0.05	0.15	余量
125	6463A	0.20~0.6	0.15	0.25	0.05	0.30~0.9	—	—	0.05			—	0.05	0.15	余量
126	6070	1.0~1.7	0.50	0.15~0.40	0.40~1.0	0.50~1.2	0.10	—	0.25		0.15	—	0.05	0.15	余量
127	6181	0.8~1.2	0.45	0.10	0.15	0.6~1.0	0.10	—	0.20		0.10	—	0.05	0.15	余量
128	6181A	0.7~1.1	0.15~0.50	0.25	0.40	0.6~1.0	0.15	V:0.10	—	0.30	0.25	—	0.05	0.15	余量
129	6082	0.7~1.3	0.50	0.10	0.40~1.0	0.6~1.2	0.25	—	0.20		0.10	—	0.05	0.15	余量
130	6082A	0.7~1.3	0.50	0.10	0.40~1.0	0.6~1.2	0.25	⑧	—	0.20	0.10	—	0.05	0.15	余量
131	7001	0.35	0.40	1.6~2.6	0.20	2.6~3.4	0.18~0.35	—	6.8~8.0		0.20	—	0.05	0.15	余量
132	7003	0.30	0.35	0.20	0.30	0.50~1.0	0.20	—	5.0~6.5		0.20	0.05~0.25	0.05	0.15	余量
133	7004	0.25	0.35	0.05	0.20~0.7	1.0~2.0	0.05	—	3.8~4.6		0.05	0.10~0.20	0.05	0.15	余量
134	7005	0.35	0.40	0.10	0.20~0.7	1.0~1.8	0.06~0.20	—	4.0~5.0		0.01~0.06	0.08~0.20	0.05	0.15	余量
135	7020	0.35	0.40	0.20	0.05~0.50	1.0~1.4	0.10~0.35	⑩	—	4.0~5.0	—		0.05	0.15	余量
136	7021	0.25	0.40	0.25	0.10	1.2~1.8	0.05	—	5.0~6.0		0.10	0.08~0.18	0.05	0.15	余量
137	7022	0.50	0.50	0.50~1.0	0.10~0.40	2.6~3.7	0.10~0.30	—	4.3~5.2		—	Ti+Zr:0.20	0.05	0.15	余量

408

序号	牌号														
138	7039	0.30	0.40	0.10	0.10~0.40	2.3~3.3	0.15~0.25	—	3.5~4.5	—	0.10	—	0.05	0.15	余量
139	7049	0.25	0.35	1.2~1.9	0.20	2.0~2.9	0.10~0.22	—	7.2~8.2	—	0.10	—	0.05	0.15	余量
140	7049A	0.40	0.50	1.2~1.9	0.50	2.1~3.1	0.05~0.25	—	7.2~8.4	—	—	Zr+Ti:0.25	0.05	0.15	余量
141	7050	0.12	0.15	2.0~2.6	0.10	1.9~2.6	0.04	—	5.7~6.7	—	0.06	0.08~0.15	0.05	0.15	余量
142	7150	0.12	0.15	1.9~2.5	0.10	2.0~2.7	0.04	—	5.9~6.9	—	0.06	0.08~0.15	0.05	0.15	余量
143	7055	0.10	0.15	2.0~2.6	0.05	1.8~2.3	0.04	—	7.6~8.4	—	0.06	0.08~0.25	0.05	0.15	余量
144	7072②	Si+Fe:0.7		0.10	0.10	0.10	—	—	0.8~1.3	—	—	—	0.05	0.15	余量
145	7075	0.40	0.50	1.2~2.0	0.30	2.1~2.9	0.18~0.28	—	5.1~6.1	⑪	0.20	—	0.05	0.15	余量
146	7175	0.15	0.20	1.2~2.0	0.10	2.1~2.9	0.18~0.28	—	5.1~6.1	—	0.10	—	0.05	0.15	余量
147	7475	0.10	0.12	1.2~1.9	0.06	1.9~2.6	0.18~0.25	—	5.2~6.2	—	0.06	—	0.05	0.15	余量
148	7085	0.06	0.08	1.3~2.0	0.04	1.2~1.8	0.04	—	7.0~8.0	⑫	0.06	0.08~0.15	0.05	0.15	余量
149	8001	0.17	0.45~0.7	0.15	—	—	—	0.9~1.3	0.05	—	—	—	0.05	0.15	余量
150	8006	0.40	1.2~2.0	0.30	0.30~1.0	0.10	—	—	0.10	—	—	—	0.05	0.15	余量

（续）

序号	牌号	化学成分（质量分数，%）											其他		Al
		Si	Fe	Cu	Mn	Mg	Cr	Ni	Zn		Ti	Zr	单个	合计	
151	8011	0.50~0.9	0.6~1.0	0.10	0.20	0.05	0.05	—	0.10	—	0.08	—	0.05	0.15	余量
152	8011A	0.40~0.8	0.50~1.0	0.10	0.10	0.10	0.10	—	0.10	—	0.05	—	0.05	0.15	余量
153	8014	0.30	1.2~1.6	0.20	0.20~0.6	0.10	—	—	0.10	—	0.10	—	0.05	0.15	余量
154	8021	0.15	1.2~1.7	0.05	—	—	—	—	—	—	—	—	0.05	0.15	余量
155	8021B	0.40	1.1~1.7	0.05	0.03	0.01	0.03	—	0.05	—	0.05	—	0.03	0.10	余量
156	8050	0.15~0.30	1.1~1.2	0.05	0.45~0.55	0.05	0.05	—	0.10	—	—	—	0.05	0.15	余量
157	8150	0.30	0.9~1.3	—	0.20~0.7	—	—	—	—	—	0.05	—	0.05	0.15	余量
158	8079	0.05~0.30	0.7~1.3	0.05	0.10	—	—	—	0.10	—	—	—	0.05	0.15	余量
159	8090	0.20	0.30	1.0~1.6	0.10	0.6~1.3	0.10	—	0.25	⑬	0.10	0.04~0.16	0.05	0.15	余量

① 焊接电极及填料焊丝的 w(Be)≤0.0003%。
② 主要用作包覆材料。
③ w(Si+Fe)≤0.14%。
④ w(B)≤0.02%。
⑤ w(Bi): 0.20%~0.6%, w(Pb): 0.20%~0.6%。
⑥ 经供需双方协商并同意，挤压产品与锻件的 w(Zr+Ti)最大可达 0.20%。
⑦ w(Si+Fe)≤0.40%。
⑧ w(Pb)≤0.003%。
⑨ w(Bi): 0.40%~0.7%, w(Pb): 0.40%~0.7%。
⑩ w(Zr): 0.08%~0.20%, w(Zr+Ti): 0.08%~0.25%。
⑪ 经供需双方协商并同意，挤压产品与锻件的 w(Zr+Ti)最大可达 0.25%。
⑫ w(B)≤0.001%, w(Cd)≤0.003%, w(Co)≤0.001%, w(Li)≤0.008%。
⑬ w(Li): 2.2%~2.7%。

表 2-423　变形铝及铝合金的字符牌号及化学成分（摘自 GB/T 3190—2008）

序号	牌号	化学成分（质量分数，%）											其他		Al	旧牌号
		Si	Fe	Cu	Mn	Mg	Cr	Ni	Zn		Ti	Zr	单个	合计		
1	1A99	0.003	0.003	0.005	—	—	—	—	0.001	—	0.002	—	0.002	—	99.99	LG5
2	1B99	0.0013	0.0015	0.0030	—	—	—	—	0.001	—	0.001	—	0.001	—	99.993	—
3	1C99	0.0010	0.0010	0.0015	—	—	—	—	0.001	—	0.001	—	0.001	—	99.995	—
4	1A97	0.015	0.015	0.005	—	—	—	—	0.001	—	0.002	—	0.005	—	99.97	LG4
5	1B97	0.015	0.030	0.005	—	—	—	—	0.001	—	0.005	—	0.005	—	99.97	—
6	1A95	0.030	0.030	0.010	—	—	—	—	0.003	—	0.008	—	0.005	—	99.95	—
7	1B95	0.030	0.040	0.010	—	—	—	—	0.003	—	0.008	—	0.005	—	99.95	—
8	1A93	0.040	0.040	0.010	—	—	—	—	0.005	—	0.010	—	0.007	—	99.93	LG3
9	1B93	0.040	0.050	0.010	—	—	—	—	0.005	—	0.010	—	0.007	—	99.93	—
10	1A90	0.060	0.060	0.010	—	—	—	—	0.008	—	0.015	—	0.01	—	99.90	LG2
11	1B90	0.060	0.060	0.010	—	—	—	—	0.008	—	0.010	—	0.01	—	99.90	—
12	1A85	0.08	0.10	0.01	—	—	—	—	0.01	—	0.01	—	0.01	—	99.85	LG1
13	1A80	0.15	0.15	0.03	0.02	0.02	—	—	0.03	Ga:0.03、V:0.05	0.03	—	0.02	—	99.80	—
14	1A80A	0.15	0.15	0.03	0.02	0.02	—	—	0.06	Ga:0.03	0.02	—	0.02	—	99.80	—
15	1A60	0.11	0.25	0.01	—	—	—	—	—	—	V+Ti+Mn+Cr:0.02	—	0.03	—	99.60	—
16	1A50	0.30	0.30	0.01	0.05	0.05	—	—	0.03	Fe+Si:0.45	—	—	0.03	—	99.50	LB2
17	1R50	0.11	0.25	0.01	—	—	—	—	—	RE:0.03~0.30	V+Ti+Mn+Cr:0.02	—	0.03	—	99.50	—
18	1R35	0.25	0.35	0.05	0.03	0.03	—	—	0.05	RE:0.10~0.25,V:0.05	0.03	—	0.03	—	99.35	—
19	1A30	0.10~0.20	0.15~0.30	0.05	0.12~0.18	0.01	—	0.01	0.02	—	0.02	—	0.03	—	99.30	L4-1
20	1B30	0.05~0.15	0.20~0.30	0.03	—	0.03	—	—	0.03	—	0.02~0.05	—	0.03	—	99.30	—

化学成分（质量分数,%） （续）

序号	牌号	Si	Fe	Cu	Mn	Mg	Cr	Ni	Zn		Ti	Zr	其他 单个	其他 合计	Al	旧牌号
21	2A01	0.50	0.50	2.2~3.0	0.20	0.20~0.50	—	—	0.10	—	0.15	—	0.05	0.10	余量	LY1
22	2A02	0.30	0.30	2.6~3.2	0.45~0.7	2.0~2.4	—	—	0.10	—	0.15	—	0.05	0.10	余量	LY2
23	2A04	0.30	0.30	3.2~3.7	0.50~0.8	2.1~2.6	—	—	0.10	Be①:0.001~0.01	0.05~0.40	—	0.05	0.10	余量	LY4
24	2A06	0.50	0.50	3.8~4.3	0.50~1.0	1.7~2.3	—	—	0.10	Be①:0.001~0.005	0.03~0.15	—	0.05	0.10	余量	LY6
25	2B06	0.20	0.30	3.8~4.3	0.40~0.9	1.7~2.3	—	—	0.10	Be:0.0002~0.005	0.10	—	0.05	0.10	余量	—
26	2A10	0.25	0.20	3.9~4.5	0.30~0.50	0.15~0.30	—	—	0.10	—	0.15	—	0.05	0.10	余量	LY10
27	2A11	0.7	0.7	3.8~4.8	0.40~0.8	0.40~0.8	—	0.10	0.30	Fe+Ni:0.7	0.15	—	0.05	0.10	余量	LY11
28	2B11	0.50	0.50	3.8~4.5	0.40~0.8	0.40~0.8	—	—	0.10	—	0.15	—	0.05	0.10	余量	LY8
29	2A12	0.50	0.50	3.8~4.9	0.30~0.9	1.2~1.8	—	0.10	0.30	Fe+Ni:0.50	0.15	—	0.05	0.10	余量	LY12
30	2B12	0.50	0.50	3.8~4.5	0.30~0.7	1.2~1.6	—	—	0.10	—	0.15	—	0.05	0.10	余量	LY9
31	2D12	0.20	0.30	3.8~4.9	0.30~0.9	1.2~1.8	—	0.05	0.10	—	0.10	—	0.05	0.10	余量	—
32	2E12	0.06	0.12	4.0~4.6	0.40~0.7	1.2~1.8	—	—	0.15	Be:0.0002~0.005	0.10	—	0.05	0.10	余量	—
33	2A13	0.7	0.6	4.0~5.0	—	0.30~0.50	—	—	0.6	—	0.15	—	0.10	0.15	余量	LY13
34	2A14	0.6~1.2	0.7	3.9~4.8	0.40~1.0	0.40~0.8	—	0.10	0.30	—	0.15	—	0.05	0.10	余量	LD10

序号	牌号															
35	2A16	0.30	0.30	6.0~7.0	0.40~0.8	0.05	—	—	0.10	—	0.10~0.20	0.20	0.05	0.10	余量	LY16
36	2B16	0.25	0.30	5.8~6.8	0.20~0.40	0.05	—	—	—	V:0.05~0.15	0.08~0.20	0.10~0.25	0.05	0.10	余量	LY16-1
37	2A17	0.30	0.30	6.0~7.0	0.40~0.8	0.25~0.45	—	—	0.10	—	0.10~0.20	—	0.05	0.10	余量	LY17
38	2A20	0.20	0.30	5.8~6.8	—	0.02	—	—	0.10	V:0.05~0.15、B:0.001~0.01	0.07~0.16	0.10~0.25	0.05	0.15	余量	LY20
39	2A21	0.20	0.20~0.6	3.0~4.0	0.05	0.8~1.2	—	1.8~2.3	0.20	—	0.05	—	0.05	0.15	余量	—
40	2A23	0.05	0.06	1.8~2.8	0.20~0.6	0.6~1.2	—	—	0.15	Li:0.30~0.9	0.15	0.06~0.16	0.10	0.15	余量	—
41	2A24	0.20	0.30	3.8~4.8	0.6~0.9	1.2~1.8	0.10	—	0.25	—	0.20Ti+Zr	0.08~0.12	0.05	0.15	余量	—
42	2A25	0.06	0.06	3.6~4.2	0.50~0.7	1.0~1.5	—	0.06	—	—	—	—	0.05	0.10	余量	—
43	2B25	0.05	0.15	3.1~4.0	0.20~0.8	1.2~1.8	—	0.15	0.10	Be:0.0003~0.0008	0.03~0.07	0.08~0.25	0.05	0.10	余量	—
44	2A39	0.05	0.06	3.4~5.0	0.30~0.8	0.30~0.8	—	—	0.30	Ag:0.30~0.6	0.15	0.10~0.25	0.10	0.15	余量	—
45	2A40	0.25	0.35	4.5~5.2	0.40~0.6	0.50~1.0	0.10~0.20	—	—	—	0.04~0.12	0.10~0.25	0.05	0.15	余量	—
46	2A49	0.25	0.8~1.2	3.2~3.8	0.30~0.6	1.8~2.2	—	0.8~1.2	—	—	0.08~0.12	—	0.05	0.15	余量	—
47	2A50	0.7~1.2	0.7	1.8~2.6	0.40~0.8	0.40~0.8	—	0.10	0.30	Fe+Ni:0.7	0.15	—	0.05	0.10	余量	LD5
48	2B50	0.7~1.2	0.7	1.8~2.6	0.40~0.8	0.40~0.8	0.01~0.20	0.10	0.30	Fe+Ni:0.7	0.02~0.10	—	0.05	0.10	余量	LD6

（续）

序号	牌号	化学成分（质量分数,%）											其他		Al	旧牌号
		Si	Fe	Cu	Mn	Mg	Cr	Ni	Zn		Ti	Zr	单个	合计		
49	2A70	0.35	0.9~1.5	1.9~2.5	0.20	1.4~1.8	—	0.9~1.5	0.30	—	0.02~0.10	—	0.05	0.10	余量	LD7
50	2B70	0.25	0.9~1.4	1.8~2.7	0.20	1.2~1.8	—	0.8~1.4	0.15	Pb:0.05, Sn:0.05	0.10	Ti+Zr:0.20	0.05	0.15	余量	—
51	2D70	0.10~0.25	0.9~1.4	2.0~2.6	0.10	1.2~1.8	0.10	0.9~1.4	0.10	—	0.05~0.10	—	0.05	0.10	余量	—
52	2A80	0.50~1.2	1.0~1.6	1.9~2.5	0.20	1.4~1.8	—	0.9~1.5	0.30	—	0.15	—	0.05	0.10	余量	LD8
53	2A90	0.50~1.0	0.50~1.0	3.5~4.5	0.20	0.40~0.8	—	1.8~2.3	0.30	—	0.15	—	0.05	0.10	余量	LD9
54	2A97	0.15	0.15	2.0~3.2	0.20~0.6	0.25~0.50	—	—	0.17~1.0	Be:0.001~0.10, Li:0.8~2.3	0.001~0.10	0.08~0.20	0.05	0.15	余量	—
55	3A21	0.6	0.7	0.20	1.0~1.6	0.05	—	—	0.10[②]	—	0.15	—	0.05	0.10	余量	LF21
56	4A01	4.5~6.0	0.6	0.20	—	—	—	—	Zn+Sn:0.10	—	0.15	—	0.05	0.15	余量	LT1
57	4A11	11.5~13.5	1.0	0.50~1.3	0.20	0.8~1.3	0.10	0.50~1.3	0.25	—	0.15	—	0.05	0.15	余量	LD11
58	4A13	6.8~8.2	0.50	Cu+Zn:0.15	0.50	0.05	—	—	—	Ca:0.10	0.15	—	0.05	0.15	余量	LT13
59	4A17	11.0~12.5	0.50	Cu+Zn:0.15	0.50	0.05	—	—	—	Ca:0.10	0.15	—	0.05	0.15	余量	LT17
60	4A91	1.0~4.0	0.7	0.7	1.2	1.0	0.20	0.20	1.2		0.20	—	0.05	0.15	余量	—
61	5A01	0.40Si+Fe		0.10	0.30~0.7	6.0~7.0	0.10~0.20	—	0.25	—	0.15	0.10~0.20	0.05	0.15	余量	LF15
62	5A02	0.40	0.40	0.10	0.15~0.40 或 Cr:0.15~0.40	2.0~2.8	—	—	—	Si+Fe:0.6	0.15	—	0.05	0.15	余量	LF2

序号	牌号	Si	Fe	Cu	Mn	Mg	Cr	Zn	其他					Al	旧牌号
63	5B02	0.40	0.40	0.10	0.20~0.6	1.8~2.6	0.05	0.20	—	0.10	—	0.05	0.10	余量	—
64	5A03	0.50~0.8	0.50	0.10	0.30~0.6	3.2~3.8	—	0.20	—	0.15	—	0.05	0.10	余量	LF3
65	5A05	0.50	0.50	0.10	0.30~0.6	4.8~5.5	—	0.20	—	—	—	0.05	0.10	余量	LF5
66	5B05	0.40	0.40	0.20	0.20~0.6	4.7~5.7	—	—	Si+Fe:0.6	0.15	—	0.05	0.10	余量	LF10
67	5A06	0.40	0.40	0.10	0.50~0.8	5.8~6.8	—	0.20	Be[①]:0.0001~0.005	0.02~0.10	—	0.05	0.10	余量	LF6
68	5B06	0.40	0.40	0.10	0.50~0.8	5.8~6.8	0.10	0.20	Be[①]:0.0001~0.005	0.10~0.30	—	0.05	0.10	余量	LF14
69	5A12	0.30	0.30	0.05	0.40~0.8	8.3~9.6	0.10	0.20	Be:0.005、Sb:0.004~0.05	0.05~0.15	—	0.05	0.10	余量	LF12
70	5A13	0.30	0.30	0.05	0.40~0.8	9.2~10.5	—	0.20	Be:0.005、Sb:0.004~0.05	0.05~0.15	—	0.05	0.10	余量	LF13
71	5A25	0.20	0.30	—	0.05~0.50	5.0~6.3	—	—	Be:0.0002~0.002；Sc:0.10~0.40	0.10	0.06~0.20	0.10	0.15	余量	—
72	5A30	Si+Fe:0.40		0.10	0.50~1.0	4.7~5.5	—	0.25	Cr:0.05~0.20	0.03~0.15	—	0.05	0.10	余量	LF16
73	5A33	0.35	0.35	0.10	0.10	6.0~7.5	—	0.50~1.5	Be[①]:0.0005~0.005	0.05~0.15	0.10~0.30	0.05	0.10	余量	LF33
74	5A41	0.40	0.40	0.10	0.30~0.6	6.0~7.0	—	0.20	—	0.02~0.10	—	0.05	0.10	余量	LT41
75	5A43	0.40	0.40	0.10	0.15~0.40	0.6~1.4	—	—	—	0.15	—	0.05	0.15	余量	LF43

（续）

序号	牌号	化学成分（质量分数，%）											其他		Al	旧牌号
		Si	Fe	Cu	Mn	Mg	Cr	Ni	Zn		Ti	Zr	单个	合计		
76	5A56	0.15	0.20	0.10	0.30~0.40	5.5~6.5	0.10~0.20	—	0.50~1.0	—	0.10~0.18	—	0.05	0.15	余量	—
77	5A66	0.005	0.01	0.005	—	1.5~2.0	—	—	—	—	—	—	0.005	0.01	余量	LT66
78	5A70	0.15	0.25	0.05	0.30~0.7	5.5~6.5	—	—	0.05	Sc:0.15~0.30、Be:0.0005~0.005	0.02~0.05	0.05~0.15	0.05	0.15	余量	—
79	5B70	0.10	0.20	0.05	0.15~0.40	5.5~6.5	—	—	0.05	Sc:0.20~0.40、Be:0.0005~0.005	0.02~0.05	0.10~0.20	0.05	0.15	余量	—
80	5A71	0.20	0.30	0.05	0.30~0.7	5.8~6.8	0.10~0.20	—	0.05	Sc:0.20~0.35、Be:0.0005~0.005	0.05~0.15	0.05~0.15	0.05	0.15	余量	—
81	5B71	0.20	0.30	0.10	0.30	5.8~6.8	0.30	—	0.30	Sc:0.30~0.50、Be:0.0005~0.005、B:0.003	0.02~0.05	0.08~0.15	0.05	0.15	余量	—
82	5A90	0.15	0.20	0.05	—	4.5~6.0	—	—	—	Na:0.005、Li:1.9~2.3	0.10	0.08~0.15	0.05	0.15	余量	—
83	6A01	0.40~0.9	0.35	0.35	0.50	0.40~0.8	0.30	—	0.25	Mn+Cr:0.50	—	—	0.05	0.10	余量	6N01
84	6A02	0.50~1.2	0.50	0.20~0.6	0.15~0.35 或 Cr:0.15~0.35	0.45~0.9	—	—	0.20	—	0.15	—	0.05	0.10	余量	LD2

序号	牌号												其他单个	其他合计	Al	旧牌号
85	6B02	0.7~1.1	0.40	0.10~0.40	0.10~0.30	0.40~0.8	—	—	0.15	—	0.01~0.04	—	0.05	0.10	余量	LD2-1
86	6R05	0.40~0.9	0.30~0.50	0.15~0.25	0.10	0.20~0.6	0.10	—	—	RE:0.10~0.20	0.10	—	0.05	0.15	余量	—
87	6A10	0.7~1.1	0.50	0.30~0.8	0.30~0.9	0.7~1.1	0.05~0.25	—	0.20	—	0.02~0.10	0.04~0.20	0.05	0.15	余量	—
88	6A51	0.50~0.7	0.50	0.15~0.35	—	0.45~0.6	—	—	0.25	Sn:0.15~0.35	0.01~0.04	—	0.05	0.15	余量	—
89	6A60	0.7~1.1	0.30	0.6~0.8	0.50~0.7	0.7~1.0	—	—	0.20~0.40	Ag:0.30~0.50	0.04~0.12	0.10~0.20	0.05	0.15	余量	—
90	7A01	0.30	0.30	0.01	—	—	—	—	0.9~1.3	Si+Fe:0.45	—	—	0.03	—	余量	LB1
91	7A03	0.20	0.20	1.8~2.4	0.10	1.2~1.6	0.05	—	6.0~6.7	—	0.02~0.08	—	0.05	0.10	余量	LC3
92	7A04	0.50	0.50	1.4~2.0	0.20~0.6	1.8~2.8	0.10~0.25	—	5.0~7.0	—	0.10	—	0.05	0.10	余量	LC4
93	7B04	0.10	0.05~0.25	1.4~2.0	0.20~0.6	1.8~2.8	0.10~0.25	0.10	5.0~6.5	—	0.05	—	0.05	0.10	余量	—
94	7C04	0.30	0.30	1.4~2.0	0.30~0.50	2.0~2.6	0.10~0.25	—	5.5~6.5	—	—	—	0.05	0.10	余量	—
95	7D04	0.10	0.15	1.4~2.2	0.10	2.0~2.6	0.05	—	5.5~6.7	Be:0.02~0.07	0.10	0.08~0.16	0.05	0.10	余量	—

五 金 手 册

(续)

化学成分（质量分数,%）

序号	牌号	Si	Fe	Cu	Mn	Mg	Cr	Ni	Zn		Ti	Zr	其他		Al	旧牌号
													单个	合计		
96	7A05	0.25	0.25	0.20	0.15~0.40	1.1~1.7	0.05~0.15	—	4.4~5.0	—	0.02~0.06	0.10~0.25	0.05	0.15	余量	—
97	7B05	0.30	0.35	0.20	0.20~0.7	1.0~2.0	0.30	—	4.0~5.0	V:0.10	0.20	0.25	0.05	0.10	余量	7N01
98	7A09	0.50	0.50	1.2~2.0	0.15	2.0~3.0	0.16~0.30	—	5.1~6.1	—	0.10	—	0.05	0.10	余量	LC9
99	7A10	0.30	0.30	0.50~1.0	0.20~0.35	3.0~4.0	0.10~0.20	—	3.2~4.2	—	0.10	—	0.05	0.10	余量	LC10
100	7A12	0.10	0.06~0.15	0.8~1.2	0.10	1.6~2.2	0.10~0.20	—	6.3~7.2	Be:0.0001~0.02	0.03~0.06	0.10~0.18	0.05	0.10	余量	—
101	7A15	0.50	0.50	0.50~1.0	0.10~0.40	2.4~3.0	0.10~0.30	—	4.4~5.4	Be:0.005~0.01	0.05~0.15	—	0.05	0.15	余量	LC15
102	7A19	0.30	0.40	0.08~0.30	0.30~0.50	1.3~1.9	0.10~0.20	—	4.5~5.3	Be[①]:0.0001~0.004	—	0.08~0.20	0.05	0.15	余量	LC19
103	7A31	0.30	0.6	0.10~0.40	0.20~0.50	2.5~3.3	0.10~0.20	—	3.6~4.5	Be[①]:0.0001~0.001	0.02~0.10	0.08~0.25	0.05	0.15	余量	—
104	7A33	0.25	0.30	0.25~0.55	0.05	2.2~2.7	0.10~0.20	—	4.6~5.4	—	0.05	—	0.05	0.10	余量	—
105	7B50	0.12	0.15	1.8~2.6	0.10	2.0~2.8	0.04	—	6.0~7.0	Be:0.0002~0.002	0.10	0.08~0.16	0.10	0.15	余量	—
106	7A52	0.25	0.30	0.05~0.20	0.20~0.50	2.0~2.8	0.15~0.25	—	4.0~4.8	—	0.05~0.18	0.05~0.15	0.05	0.15	余量	LC52

107	7A55	0.10	0.10	1.8~2.5	0.05	1.8~2.8	0.04	—	7.5~8.5	—	0.01~0.05	0.08~0.20	0.10	0.15	余量	—
108	7A68	0.15	0.35	2.0~2.6	0.15~0.40	1.6~2.5	0.10~0.20	—	6.5~7.2	Be:0.005	0.05~0.20	0.05~0.20	0.05	0.15	余量	—
109	7B68	0.05	0.05	2.0~2.6	0.05	1.8~2.8	0.04	—	7.8~9.0	—	0.01~0.05	0.08~0.25	0.10	0.15	余量	—
110	7D68	0.12	0.25	2.0~2.6	0.10	2.3~3.0	0.05	—	8.0~9.0	Be:0.0002~0.002	0.03	0.10~0.20	0.05	0.10	余量	7A60
111	7A85	0.05	0.08	1.2~2.0	0.10	1.2~2.0	0.05	—	7.0~8.2	—	0.05	0.08~0.16	0.05	0.15	余量	—
112	7A88	0.50	0.75	1.0~2.0	0.20~0.6	1.5~2.8	0.05~0.20	0.20	4.5~6.0	—	0.10	—	0.10	0.20	余量	—
113	8A01	0.05~0.30	0.18~0.40	0.15~0.35	0.08~0.35	—	—	—	—	—	0.01~0.03	—	0.05	0.15	余量	—
114	8A06	0.55	0.50	0.10	0.10	0.10	—	—	0.10	Si+Fe:1.0	—	—	0.05	0.15	余量	L6

① 铍含量均按规定加入，可不做分析。
② 做铆钉线材的 3A21 合金、锌含量不大于 0.03%（质量分数）。

变形铝及铝合金新旧牌号对照见表2-424。

表 2-424　变形铝及铝合金新旧牌号对照（摘自 GB/T 3190—2008）

新牌号	旧牌号	新牌号	旧牌号	新牌号	旧牌号
1A99	LG5	2A21	214	5A66	LT66
1B99	—	2A23	—	5A70	—
1C99		2A24	—	5B70	—
1A97	LC4	2A25	225	5A71	—
1B97		2B25	—	5B71	—
1A95	—	2A39	—	5A90	
1B95	—	2A40	—	6A01	6N01
1A93	LG3	2A49	149	6A02	LD2
1B93	—	2A50	LD5	6B02	LD2-1
1A90	LG2	2B50	LD6	6R05	—
1B90	—	2A70	LD7	6A10	—
1A85	LG1	2B70	LD7-1	6A51	651
1A80		2D70		6A60	—
1A80A	—	2A80	LD8	7A01	LB1
1A60	—	2A90	LD9	7A03	LC3
1A50	LB2	2A97	—	7A04	LC4
1R50		3A21	LF21	7B04	—
1R35	—	4A01	LT1	7C04	—
1A30	L4-1	4A11	LD11	7D04	—
1B30	—	4A13	LT13	7A05	705
2A01	LY1	4A17	LT17	7B05	7N01
2A02	LY2	4A91	491	7A09	LC9
2A04	LY4	5A01	2102、LF15	7A10	LC10
2A06	LY6	5A02	LF2	7A12	
2B06	—	5B02	—	7A15	LC15、157
2A10	LY10	5A03	LF3	7A19	919、LC19
2A11	LY11	5A05	LF5	7A31	183-1
2B11	LY8	5B05	LF10	7A33	LB733
2A12	LY12	5A06	LF6	7B50	—
2B12	LY9	5B06	LF14	7A52	LC52、5210
2D12	—	5A12	LF12	7A55	—
2E12	—	5A13	LF13	7A68	—
2A13	LY13	5A25	—	7B68	—
2A14	LD10	5A30	2103、LF16	7D68	7A60
2A16	LY16	5A33	LF33	7A85	—
2B16	LY16-1	5A41	LT41	7A88	—
2A17	LY17	5A43	LF43	8A01	
2A20	LY20	5A56		8A06	L6

5.2.2　状态代号（摘自 GB/T 16475—2008）

（1）基础状态代号（见表 2-425）

（2）O 状态的细分状态代号（见表 2-426）

表 2-425　变形铝及铝合金基础状态代号及适用范围

代号	名称	适用范围
F	自由加工状态	适用于在成形过程中,对于加工硬化和热处理条件无特殊要求的产品,该状态产品对力学性能不作规定
O	退火状态	适用于经完全退火后获得最低强度的产品状态
H	加工硬化状态	适用于通过加工硬化提高强度的产品
W	固溶热处理状态	适用于经固溶热处理后,在室温下自然时效的一种不稳定状态。该状态不作为产品交货状态,仅表示产品处于自然时效阶段
T	不同于 F、O 或 H 状态的热处理状态	适用于固溶热处理后,经过(或不经过)加工硬化达到稳定的状态

表 2-426　变形铝及铝合金 O 状态的细分状态代号及适用范围

代号	名称	适用范围
O1	高温退火后慢速冷却状态	适用于超声波检验或尺寸稳定化前,将产品或试样加热至近似固溶热处理规定的温度并进行保温(保温时间与固溶热处理规定的保温时间相近),然后出炉置于空气中冷却的状态。该状态产品对力学性能不作规定,一般不作为产品的最终交货状态
O2	热机械处理状态	适用于使用方在产品进行热机械处理前,将产品进行高温(可至固溶热处理规定的温度)退火,以获得良好成型性的状态
O3	均匀化状态	适用于连续铸造的拉线坯或铸带,为消除或减少偏析和利于后继加工变形,而进行的高温退火状态

（3）H 状态的细分状态代号

1）H 后面第 1 位数字表示的状态。H 后面的第 1 位数字表示获得该状态的基本工艺,用数字 1~4 表示,见表 2-427。

表 2-427　H 后面第 1 位数字表示的状态及适用范围

代号	名称	适用范围
H1X	单纯加工硬化的状态	适用于未经附加热处理,只经加工硬化即可获得所需强度的状态
H2X	加工硬化后不完全退火的状态	适用于加工硬化程度超过成品规定要求后,经不完全退火,使强度降低到规定指标的产品。对于室温下自然时效软化的合金,H2X 状态与对应的 H3X 状态具有相同的最小极限抗拉强度值;对于其他合金,H2X 状态与对应的 H1X 状态具有相同的最小极限抗拉强度值,但伸长率比 H1X 稍高
H3X	加工硬化后稳定化处理的状态	适用于加工硬化后经低温热处理或由于加工过程中的受热作用致使其力学性能达到稳定的产品。H3X 状态仅适用于在室温下时效(除非经稳定化处理)的合金
H4X	加工硬化后涂漆(层)处理的状态	适用于加工硬化后,经涂漆(层)处理导致了不完全退火的产品

2）H 后面第 2 位数字表示的状态。H 后面的第 2 位数字表示产品的最终加工硬化程度,用数字 1~9 来表示。

数字 8 表示硬状态。通常采用 O 状态的最小抗拉强度与表 2-428 规定的强度差值之和,来确定 HX8 状态的最小抗拉强度值。

表 2-428　HX8 状态最小抗拉强度值的确定

O 状态的最小抗拉强度 /MPa	HX8 状态与 O 状态的最小抗拉强度差值/MPa	O 状态的最小抗拉强度 /MPa	HX8 状态与 O 状态的最小抗拉强度差值/MPa
≤40	55	165~200	100
45~60	65	205~240	105
65~80	75	245~280	110
85~100	85	285~320	115
105~120	90	≥325	120
125~160	95		

O（退火）状态与 HX8 状态之间的状态见表 2-429。

表 2-429　O（退火）状态与 HX8 状态之间的状态

细分状态代号	最终加工硬化程度
HX1	最终抗拉强度极限值为 O 状态与 HX2 状态的中间值
HX2	最终抗拉强度极限值为 O 状态与 HX4 状态的中间值
HX3	最终抗拉强度极限值为 HX2 状态与 HX4 状态的中间值
HX4	最终抗拉强度极限值为 O 状态与 HX8 状态的中间值
HX5	最终抗拉强度极限值为 HX4 状态与 HX6 状态的中间值
HX6	最终抗拉强度极限值为 HX4 状态与 HX8 状态的中间值
HX7	最终抗拉强度极限值为 HX6 状态与 HX8 状态的中间值

数字 9 为超硬状态，用 HX9 表示。HX9 状态的最小抗拉强度极限值，超过 HX8 状态至少 10MPa 及以上。

3）H 后面第 3 位数字表示的状态。H 后面的第 3 位数字或字母，表示影响产品特性，但产品特性仍接近其两位数字状态（H112、H116、H321 状态除外）的特殊处理，见表 2-430。

表 2-430　H 后面第 3 位数字表示的状态及代号释义

细分状态代号	代 号 释 义
HX11	适用于最终退火后又进行了适量的加工硬化,但加工硬化程度又不及 H11 状态的产品
H112	适用于经热加工成形但不经冷加工而获得一些加工硬化的产品,该状态产品对力学性能有要求
H116	适用于 $w(Mg)$≥3.0% 的 5XXX 系合金制成的产品。这些产品最终经加工硬化后,具有稳定的拉伸性能和在快速腐蚀试验中具有合适的耐蚀性。腐蚀试验包括晶间腐蚀试验和剥落腐蚀试验。这种状态的产品适用于温度不高于 65℃ 的环境
H321	适用于 $w(Mg)$≥3.0% 的 5XXX 系合金制成的产品。这些产品最终经热稳定化处理后,具有稳定的拉伸性能和在快速腐蚀试验中具有合适的耐蚀性。腐蚀试验包括晶间腐蚀试验和剥落腐蚀试验。这种状态的产品适用于温度不高于 65℃ 的环境
HXX4	适用于 HXX 状态坯料制作花纹板或花纹带材的状态。这些花纹板或花纹带材的力学性能与坯料不同。如 H22 状态的坯料经制作成花纹板后的状态为 H224
HXX5	适用于 HXX 状态带坯制作的焊接管。管材的几何尺寸和合金与带坯一致,但力学性能可能与带坯不同
H32A	是对 H32 状态进行强度和弯曲性能改良的工艺改进状态

（4）T 状态的细分状态代号

1）T 后面的数字 1~10 表示基本处理状态，其代号释义见表 2-431。

表 2-431　T 状态的细分状态代号及代号释义

状态代号	代 号 释 义
T1	高温成形+自然时效 适用于高温成形后冷却、自然时效，不再进行冷加工（或影响力学性能极限的矫平、矫直）的产品
T2	高温成形+冷加工+自然时效 适用于高温成形后冷却、进行冷加工（或影响力学性能极限的矫平、矫直）以提高强度，然后自然时效的产品
T3[①]	固溶热处理+冷加工+自然时效 适用于固溶热处理后，进行冷加工（或影响力学性能极限的矫平、矫直）以提高强度，然后自然时效的产品
T4[①]	固溶热处理+自然时效 适用于固溶热处理后，不再进行冷加工（或影响力学性能极限的矫直、矫平），然后自然时效的产品
T5	高温成形+人工时效 适用高温成形后冷却，不经冷加工（或影响力学性能极限的矫直、矫平），然后进行人工时效的产品
T6[①]	固溶热处理+人工时效 适用于固溶热处理后，不再进行冷加工（或影响力学性能极限的矫直、矫平），然后人工时效的产品
T7[①]	固溶热处理+过时效 适用于固溶热处理后，进行过时效至稳定化状态。为获取除力学性能外的其他某些重要特性，在人工时效时，强度在时效曲线上越过了最高峰点的产品
T8[①]	固溶热处理+冷加工+人工时效 适用于固溶热处理后，经冷加工（或影响力学性能极限的矫直、矫平）以提高强度，然后人工时效的产品
T9[①]	固溶热处理+人工时效+冷加工 适用于固溶热处理后，人工时效，然后进行冷加工（或影响力学性能极限的矫直、矫平）以提高强度的产品
T10	高温成形+冷加工+人工时效 适用于高温成形后冷却，经冷加工（或影响力学性能极限的矫直、矫平）以提高强度，然后进行人工时效的产品

① 某些 6XXX 系或 7XXX 系的合金，无论是炉内固溶热处理，还是高温成形后急冷以保留可溶性组分在固溶体中，均能达到相同的固溶热处理效果，这些合金的 T3、T4、T6、T7、T8 和 T9 状态可采用上述两种处理方法的任一种，但应保证产品的力学性能和其他性能（如耐蚀性能）

2）T1~T10 后面的附加数字表示的状态。T1~T10 后面的附加数字表示影响产品特性的特殊处理，见表 2-432。

T_51、T_510 和 T_511 为拉伸消除应力状态。T1、T4、T5、T6 状态的材料不进行冷加工或影响力学性能极限的矫直、矫平，因此拉伸消除应力状态中应无

T151、T1510、T1511，T451、T4510、T4511、T551、T5510、T5511、T651、T6510、T6511 状态。

表 2-432　T1～T10 后面附加数字表示的状态及代号释义

状态代号	代号释义
T_51	适用于固溶热处理或高温成形后冷却，按规定量进行拉伸的厚板、薄板、轧制棒、冷精整棒、自由锻件、环形锻件或轧制环，这些产品拉伸后不再进行矫直，其规定的永久拉伸变形量如下： 1) 厚板：1.5%～3% 2) 薄板：0.5%～3% 3) 轧制棒或冷精整棒：1%～3% 4) 自由锻件、环形锻件或轧制：1%～5%
T_510	适用于固溶热处理或高温成形后冷却，按规定量进行拉伸的挤压棒材、型材和管材，以及拉伸（或拉拔）管材，这些产品拉伸后不再进行矫直，其规定的永久拉伸变形量如下： 1) 挤制棒材、型材和管材：1%～3% 2) 拉伸（或拉拔）管材：0.5%～3%
T_511	适用于固溶热处理或高温成形后冷却，按规定量进行拉伸的挤压棒材、型材和管材，以及拉伸（或拉拔）管材，这些产品拉伸后可轻微矫直以符合标准公差，其规定的永久拉伸变形量如下： 1) 挤制棒材、型材和管材：1%～3% 2) 拉伸（或拉拔）管材：0.5%～3%
T_52	压缩消除应力状态。适用于固溶热处理或高温成形后冷却，通过压缩来消除应力，以产生 1%～5% 的永久变形量的产品
T_54	拉伸与压缩相结合消除应力状态。适用于在终锻模内通过冷整形来消除应力的模锻件
T7X	过时效状态
T79	初级过时效状态
T76	中级过时效状态。具有较高强度、好的抗应力腐蚀和剥落腐蚀性能
T74	中级过时效状态。具强度、抗应力腐蚀和抗剥落腐蚀性能介于 T73 与 T76 之间
T73	完全过时效状态。具有最好的抗应力腐蚀和抗剥落腐蚀性能
T81	适用于固溶热处理后，经 1% 左右的冷加工变形提高强度，然后进行人工时效的产品
T87	适用于固溶热处理后，经 7% 左右的冷加工变形提高强度，然后进行人工时效的产品

（5）W 状态的细分状态代号（见表 2-433）

表 2-433　W 状态的细分状态代号及代号释义

细分状态代号	代号释义
W_h	室温下具体自然时效时间的不稳定状态。如 W2h，表示产品淬火后，在室温下自然时效 2h
W_h/_51、W_h/_52、W_h/_54	表示室温下具体自然时效时间的不稳定消除应力状态。如 W2h/351，表示产品淬火后，在室温下自然时效 2h 便开始拉伸的消除应力状态

5.3　铝及铝合金板材、带材

5.3.1　一般工业用铝及铝合金板、带材的一般要求（摘自 GB/T 3880.1—2012）

（1）铝或铝合金类别（见表 2-434）

表 2-434　一般工业用铝及铝合金板、带材的牌号系列及类别

牌号 系列	铝或铝合金类别	
	A 类	B 类
1XXX	所有	—
2XXX	—	所有
3XXX	Mn 的最大含量（质量分数，后同）不大于 1.8%，Mg 的最大含量不大于 1.8%，Mn 的最大含量与 Mg 的最大含量之和不大于 2.3%，如：3003、3103、3005、3105、3102、3A21	A 类外的其他合金，如 3004、3104
4XXX	Si 的最大含量不大于 2%。如：4006、4007	A 类外的其他合金，如 4015
5XXX	Mg 的最大含量不大于 1.8%，Mn 的最大含量不大于 1.8%，Mg 的最大含量与 Mn 的最大含量之和不大于 2.3%。如：5005、5005A、5050	A 类外的其他合金。如 5A02、5A03、5A05、5A06、5040、5049、5449、5251、5052、5154A、5454、5754、5082、5182、5083、5383、5086
6XXX	—	所有
7XXX	—	所有
8XXX	不可热处理强化的合金。如 8A06、8011、8011A、8079	可热处理强化的合金

（2）尺寸偏差等级（见表 2-435）

表 2-435　一般工业用铝及铝合金板、带材的尺寸偏差等级

尺寸项目	尺寸偏差等级	
	板材	带材
厚度	冷轧板材:高精级、普通级 热轧板材:不分级	冷轧带材:高精级、普通级 热轧带材:不分级
宽度	冷轧板材:高精级、普通级 热轧板材:不分级	冷轧带材:高精级、普通级 热轧带材:不分级
长度	冷轧板材:高精级、普通级 热轧板材:不分级	—
不平度	高精级、普通级	—
侧边弯曲度	冷轧板材:高精级、普通级 热轧板材:高精级、普通级	冷轧带材:高精级、普通级 热轧带材:不分级
对角线	高精级、普通级	—

（3）牌号、状态及厚度（见表 2-436）

表 2-436　一般工业用铝及铝合金板、带材的牌号、状态及厚度

牌号	铝或铝合金 类别	状　　态	板材厚度/mm	带材厚度/mm
1A97、1A93、 1A90、1A85	A	F	>4.50~150.00	—
		H112	>4.50~80.00	—
1080A	A	Q、H111	>0.20~12.50	—
		H12、H22、H14、H24	>0.20~6.00	—
		H16、H26	>0.20~4.00	>0.20~4.00
		H18	>0.20~3.00	>0.20~3.00
		H112	>6.00~25.00	—
		F	>2.50~6.00	—

（续）

牌号	铝或铝合金类别	状　态	板材厚度/mm	带材厚度/mm
1070	A	O	>0.20~50.00	>0.20~6.00
		H12、H22、H14、H24	>0.20~6.00	>0.20~6.00
		H16、H26	>0.20~4.00	>0.20~4.00
		H18	>0.20~3.00	>0.20~3.00
		H112	>4.50~75.00	—
		F	>4.50~150.00	>2.50~8.00
1070A	A	O、H111	>0.20~25.00	—
		H12、H22、H14、H24	>0.20~6.00	—
		H16、H26	>0.20~4.00	—
		H18	>0.20~3.00	—
		H112	>6.00~25.00	—
		F	>4.50~150.00	>2.50~8.00
1060	A	O	>0.20~80.00	>0.20~6.00
		H12、H22	>0.50~6.00	>0.50~6.00
		H14、H24	>0.20~6.00	>0.20~6.00
		H16、H26	>0.20~4.00	>0.20~4.00
		H18	>0.20~3.00	>0.20~3.00
		H112	>4.50~80.00	—
		F	>4.50~150.00	>2.50~8.00
1050	A	O	>0.20~50.00	>0.20~6.00
		H12、H22、H14、H24	>0.20~6.00	>0.20~6.00
		H16、H26	>0.20~4.00	>0.20~4.00
		H18	>0.20~3.00	>0.20~3.00
		H112	>4.50~75.00	—
		F	>4.50~150.00	>2.50~8.00
1050A	A	O	>0.20~80.00	>0.20~6.00
		H111	>0.20~80.00	—
		H12、H22、H14、H24	>0.20~6.00	>0.20~6.00
		H16、H26	>0.20~4.00	>0.20~4.00
		H18、H28、H19	>0.20~3.00	>0.20~3.00
		H112	>6.00~80.00	—
		F	>4.50~150.00	>2.50~8.00
1145	A	O	>0.20~10.00	>0.20~6.00
		H12、H22、H14、H24、H16、H26、H18	>0.20~4.50	>0.20~4.50
		H112	>4.50~25.00	—
		F	>4.50~150.00	>2.50~8.00
1235	A	O	>0.20~1.00	>0.20~1.00
		H12、H22	>0.20~4.50	>0.20~4.50
		H14、H24	>0.20~3.00	>0.20~3.00
		H16、H26	>0.20~4.00	>0.20~4.00
		H18	>0.20~3.00	>0.20~3.00

（续）

牌号	铝或铝合金类别	状　态	板材厚度/mm	带材厚度/mm
1100	A	O	>0.20~80.00	>0.20~6.00
		H12、H22、H14、H24	>0.20~6.00	>0.20~6.00
		H16、H26	>0.20~4.00	>0.20~4.00
		H18、H28	>0.20~3.20	>0.20~3.20
		H112	>6.00~80.00	—
		F	>4.50~150.00	>2.50~8.00
1200	A	O	>0.20~80.00	>0.20~6.00
		H111	>0.20~80.00	—
		H12、H22、H14、H24	>0.20~6.00	>0.20~6.00
		H16、H26	>0.20~4.00	>0.20~4.00
		H18、H19	>0.20~3.00	>0.20~3.00
		H112	>6.00~80.00	—
		F	>4.50~150.00	>2.50~8.00
2A11、包铝 2A11	B	O	>0.50~10.00	>0.50~6.00
		T1	>4.50~80.00	—
		T3、T4	>0.50~10.00	—
		F	>4.50~150.00	—
2A12、包铝 2A12	B	O	>0.50~10.00	—
		T1	>4.50~80.00	—
		T3、T4	>0.50~10.00	—
		F	>4.50~150.00	—
2A14	B	O	0.50~10.00	—
		T1	>4.50~40.00	—
		T6	0.50~10.00	—
		F	>4.50~150.00	—
2E12、包铝 2E12	B	T3	0.80~6.00	—
2014	B	O	>0.40~25.00	—
		T3	>0.40~6.00	—
		T4	>0.40~100.00	—
		T6	>0.40~160.00	—
		F	>4.50~150.00	—
包铝 2014	B	O	>0.50~25.00	—
		T3	>0.50~6.30	—
		T4	>0.50~6.30	—
		T6	>0.50~6.30	—
		F	>4.50~150.00	—
2014A、包铝 2014A	B	O	>0.20~6.00	—
		T4	>0.20~80.00	—
		T6	>0.20~140.00	—
2024	B	O	>0.40~25.00	>0.50~6.00
		T3	>0.40~150.00	—
		T4	>0.40~6.00	—
		T8	>0.40~40.00	—
		F	>4.50~80.00	—

（续）

牌号	铝或铝合金类别	状 态	板材厚度/mm	带材厚度/mm
包铝 2024	B	O	>0.20~45.50	—
		T3	>0.20~6.00	—
		T4	>0.20~3.20	—
		F	>4.50~80.00	—
2017、包铝 2017	B	O	>0.40~25.00	>0.50~6.00
		T3、T4	>0.40~6.00	—
		F	>4.50~150.00	—
2017A、包铝 2017A	B	O	0.40~25.00	—
		T4	0.40~200.00	—
2219、包铝 2219	B	O	>0.50~50.00	—
		T81	>0.50~6.30	—
		T87	>1.00~12.50	—
3A21	A	O	>0.20~10.00	—
		H14	>0.80~4.50	—
		H24、H18	>0.20~4.50	—
		H112	>4.50~80.00	—
		F	>4.50~150.00	—
3102	A	H18	>0.20~3.00	>0.20~3.00
3003	A	O	>0.20~50.00	>0.20~6.00
		H111	>0.20~50.00	—
		H12、H22、H14、H24	>0.20~6.00	>0.20~6.00
		H16、H26	>0.20~4.00	>0.20~4.00
		H18、H28、H19	>0.20~3.00	>0.20~3.00
		H112	>4.50~80.00	—
		F	>4.50~150.00	>2.50~8.00
3103	A	O、H111	>0.20~50.00	—
		H12、H22、H14、H24、H16	>0.20~6.00	—
		H26	>0.20~4.00	—
		H18、H28、H19	>0.20~3.00	—
		H112	>4.50~80.00	—
		F	>20.00~80.00	—
3004	B	O	>0.20~50.00	>0.20~6.00
		H111	>0.20~50.00	—
		H12、H22、H32、H14	>0.20~6.00	>0.20~6.00
		H24、H34、H26、H36、H18	>0.20~3.00	>0.20~3.00
		H16	>0.20~4.00	>0.20~4.00
		H28、H38、H19	>0.20~1.50	>0.20~1.50
		H112	>4.50~80.00	—
		F	>6.00~80.00	>2.50~8.00

（续）

牌号	铝或铝合金类别	状　态	板材厚度/mm	带材厚度/mm
3104	B	O	>0.20~3.00	>0.20~3.00
		H111	>0.20~3.00	—
		H12、H22、H32	>0.50~3.00	>0.50~3.00
		H14、H24、H34、H16、H26、H36	>0.20~3.00	>0.20~3.00
		H18、H28、H38、H19、H29、H39	>0.20~0.50	>0.20~0.50
		F	>6.00~80.00	>2.50~8.00
3005	A	O	>0.20~6.00	>0.20~6.00
		H111	>0.20~6.00	—
		H12、H22、H14	>0.20~6.00	>0.20~6.00
		H24	>0.20~3.00	>0.20~3.00
		H16	>0.20~4.00	>0.20~4.00
		H26、H18、H28	>0.20~3.00	>0.20~3.00
		H19	>0.20~1.50	>0.20~1.50
		F	>6.00~80.00	>2.50~8.00
3105	A	O、H12、H22、H14、H24、H16、H26、H18	>0.20~3.00	>0.20~3.00
		H111	>0.20~3.00	
		H28、H19	>0.20~1.50	>0.20~1.50
		F	>6.00~80.00	>2.50~8.00
4006	A	O	>0.20~6.00	—
		H12、H14	>0.20~3.00	—
		F	2.50~6.00	—
4007	A	O、H111	>0.20~12.50	—
		H12	>0.20~3.00	—
		F	2.50~6.00	—
4015	B	O、H111	>0.20~3.00	—
		H12、H14、H16、H18	>0.20~3.00	—
5A02	B	O	>0.50~10.00	—
		H14、H24、H34、H18	>0.50~4.50	—
		H112	>4.50~80.00	—
		F	>4.50~150.00	—
5A03	B	O、H14、H24、H34	>0.50~4.50	>0.50~4.50
		H112	>4.50~50.00	—
		F	>4.50~150.00	—

（续）

牌号	铝或铝合金类别	状　态	板材厚度/mm	带材厚度/mm
5A05	B	O	>0.50~4.50	>0.50~4.50
		H112	>4.50~50.00	—
		F	>4.50~150.00	—
5A06	B	O	0.50~4.50	>0.50~4.50
		H112	>4.50~50.00	—
		F	>4.50~150.00	—
5005、5005A	A	O	>0.20~50.00	>0.20~6.00
		H111	>0.20~50.00	
		H12、H22、H32、H14、H24、H34	>0.20~6.00	>0.20~6.00
		H16、H26、H36	>0.20~4.00	>0.20~4.00
		H18、H28、H38、H19	>0.20~3.00	>0.20~3.00
		H112	>6.00~80.00	—
		F	4.50~150.00	>2.50~8.00
5040	B	H24、H34	0.80~1.80	
		H26、H36	1.00~2.00	
5049	B	O、H111	>0.20~100.00	
		H12、H22、H32、H14、H24、H34、H16、H26、H36	>0.20~6.00	
		H18、H28、H38	>0.20~3.00	
		H112	6.00~80.00	
5449	B	O、H111、H22、H24、H26、H28	>0.50~3.00	
5050	A	O、H111	>0.20~50.00	
		H12	>0.20~3.00	
		H22、H32、H14、H24、H34	>0.20~6.00	
		H16、H26、H36	>0.20~4.00	
		H18、H28、H38	>0.20~3.00	
		H112	6.00~80.00	
		F	2.50~80.00	
5251	B	O、H111	>0.20~50.00	
		H12、H22、H32、H14、H24、H34	>0.20~6.00	
		H16、H26、H36	>0.20~4.00	
		H18、H28、H38	>0.20~3.00	
		F	2.50~80.00	
5052	B	O	>0.20~80.00	>0.20~6.00
		H111	>0.20~80.00	
		H12、H22、H32、H14、H24、H34、H16、H26、H36	>0.20~6.00	>0.20~6.00
		H18、H28、H38	>0.20~3.00	>0.20~3.00
		H112	>6.00~80.00	—
		F	>2.50~150.00	>2.50~8.00

（续）

牌号	铝或铝合金类别	状　态	板材厚度/mm	带材厚度/mm
5154A	B	O、H111	>0.20~50.00	—
		H12、H22、H32、H14、H24、H34、H26、H36	>0.20~6.00	>0.20~6.00
		H18、H28、H38	>0.20~3.00	>0.20~3.00
		H19	>0.20~1.50	>0.20~1.50
		H112	6.00~80.00	—
		F	>2.50~80.00	—
5454	B	O、H111	>0.20~80.00	—
		H12、H22、H32、H14、H24、H34、H26、H36	>0.20~6.00	—
		H28、H38	>0.20~3.00	
		H112	6.00~120.00	—
		F	>4.50~150.00	—
5754	B	O、H111	>0.20~100.00	—
		H12、H22、H32、H14、H24、H34、H16、H26、H36	>0.20~6.00	—
		H18、H28、H38	>0.20~3.00	
		H112	6.00~80.00	—
		F	>4.50~150.00	—
5082	B	H18、H38、H19、H39	>0.20~0.50	>0.20~0.50
		F	>4.50~150.00	—
5182	B	O	>0.20~3.00	>0.20~3.00
		H111	>0.20~3.00	—
		H19	>0.20~1.50	>0.20~1.50
5083	B	O	>0.20~200.00	>0.20~4.00
		H111	>0.20~200.00	—
		H12、H22、H32、H14、H24、H34	>0.20~6.00	>0.20~6.00
		H16、H26、H36	>0.20~4.00	—
		H116、H321	>1.50~80.00	—
		H112	>6.00~120.00	—
		F	>4.50~150.00	—
5383	B	O、H111	>0.20~150.00	—
		H22、H32、H24、H34	>0.20~6.00	—
		H116、H321	>1.50~80.00	—
		H112	>6.00~80.00	—
5086	B	O、H111	>0.20~150.00	—
		H12、H22、H32、H14、H24、H34	>0.20~6.00	—
		H16、H26、H36	>0.20~4.00	—
		H18	>0.20~3.00	—
		H116、H321	>1.50~50.00	—
		H112	>6.00~80.00	—
		F	>4.50~150.00	—

（续）

牌号	铝或铝合金类别	状 态	板材厚度/mm	带材厚度/mm
6A02	B	O、T4、T6	>0.50~10.00	—
		T1	>4.50~80.00	—
		F	>4.50~150.00	—
6061	B	O	0.40~25.00	0.40~6.00
		T4	0.40~80.00	—
		T6	0.40~100.00	—
		F	>4.50~150.00	>2.50~8.00
6016	B	T4、T6	0.40~3.00	—
6063	B	O	0.50~20.00	—
		T4、T6	0.50~10.00	—
6082	B	O	0.40~25.00	—
		T4	0.40~80.00	—
		T6	0.40~12.50	—
		F	>4.50~150.00	—
7A04、包铝 7A04 7A09、包铝 7A09	B	O、T6	>0.50~10.00	—
		T1	>4.50~40.00	—
		F	>4.50~150.00	—
7020	B	O、T4	0.40~12.50	—
		T6	0.40~200.00	—
7021	B	T6	1.50~6.00	—
7022	B	T6	3.00~200.00	—
7075	B	O	>0.40~75.00	—
		T6	>0.40~60.00	—
		T76	>1.50~12.50	—
		T73	>1.50~100.00	—
		F	>6.00~50.00	—
包铝 7075	B	O	>0.39~50.00	—
		T6	>0.39~6.30	—
		T76	>3.10~6.30	—
		F	>6.00~100.00	—
7475	B	T6	>0.35~6.00	—
		T76、T761	1.00~6.50	—
包铝 7475	B	O、T761	1.00~6.50	—
8A06	A	O	>0.20~10.00	—
		H14、H24、H18	>0.20~4.50	—
		H112	>4.50~80.00	—
		F	>4.50~150.00	>2.50~8.00
8011	—	H14、H24、H16、H26	>0.20~0.50	>0.20~0.50
		H18	0.20~0.50	0.20~0.50
8011A	A	O	>0.20~12.50	>0.20~6.00
		H111	>0.20~12.50	—
		H22	>0.20~3.00	>0.20~3.00
		H14、H24	>0.20~6.00	>0.20~6.00
		H16、H26	>0.20~4.00	>0.20~4.00
		H18	>0.20~3.00	>0.20~3.00
8079	A	H14	>0.20~0.50	>0.20~0.50

（4）与表 2-436 中厚度对应的宽度和长度（见表 2-437）

表 2-437　与表 2-436 中厚度对应的宽度和长度　　　　（单位：mm）

板、带材厚度	板材的宽度和长度		带材的宽度和内径	
	板材的宽度	板材的长度	带材的宽度	带材的内径
>0.20~0.50	500.0~1660.0	500~4000	≤1800.0	75、150、200、300、405、505、605、650、750
>0.50~0.80	500.0~2000.0	500~10000	≤2400.0	
>0.80~1.20	500.0~2400.0①	1000~10000	≤2400.0	
>1.20~3.00	500.0~2400.0	1000~10000	≤2400.0	
>3.00~8.00	500.0~2400.0	1000~15000	≤2400.0	
>8.00~15.00	500.0~2500.0	1000~15000	—	—
15.00~250.00	500.0~3500.0	1000~20000	—	—

注：带材是否带套筒及套筒材质，由供需双方商定后在订货单（或合同）中注明。

① A 类合金最大宽度为 2000.0mm。

（5）包覆材料及包覆层厚度

正常包铝或工艺包铝的一般工业用铝及铝合金板材应进行双面包裹，并符合表 2-438 中的规定。

表 2-438　包覆材料及包覆层厚度

牌　　号	包铝类别	包覆材料牌号	板材厚度/mm	每面包覆层厚度占板材厚度的百分比 ≥
2A11、2A12	工艺包铝	1230 或 1A50	所有	≤1.5%
包铝 2A11、包铝 2A12	正常包铝		0.50~1.60	4%
			其他	2%
2A14	工艺包铝		所有	≤1.5%
2E12	工艺包铝		所有	≤1.5%
包铝 2E12	正常包铝		0.80~1.60	4%
	正常包铝		其他	2%
2014、2014A 2017、2017A	工艺包铝	6003 或 1230、1A50	所有	≤1.5%
包铝 2014、包铝 2014A 包铝 2017、包铝 2017A	正常包铝		≤0.63	8%
			>0.63~1.00	6%
			>1.00~2.50	4%
			>2.50	2%
2024	工艺包铝	1230 或 1A50	所有	≤1.5%
包铝 2024	正常包铝		≤1.60	4%
			>1.60	2%
2219	工艺包铝	7072 或 1A50	所有	≤1.5%
包铝 2219	正常包铝		≤1.00	8%
			>1.00~2.50	4%
			>2.50	2%
5A06	工艺包铝	1230 或 1A50	所有	≤1.5%
7A04、7A09	工艺包铝	7072 或 7A01	所有	≤1.5%
包铝 7A04、包铝 7A09	正常包铝		0.50~1.60	4%
			>1.60	2%
7075	工艺包铝	7072 或 7A01	≤1.60	≤1.5%
		7008 或 7A01	>1.60	≤1.5%
包铝 7075	正常包铝	7072 或 7A01	0.50~1.60	4%
		7008 或 7A01	>1.60	2%

（续）

牌　号	包铝类别	包覆材料牌号	板材厚度/mm	每面包覆层厚度占板材厚度的百分比 ≥
7475	工艺包铝	7072 或 7A01	所有	≤1.5%
包铝 7475	正常包铝		<1.60	4%
			≥1.60~4.80	2.5%
			≥4.80	1.5%

5.3.2　一般工业用铝及铝合金板、带材的力学性能（见表 2-439）

表 2-439　一般工业用铝及铝合金板、带材的力学性能（摘自 GB/T 3880.2—2012）

牌号	包铝分类	供应状态	试样状态	厚度/mm	室温拉伸试验结果				弯曲半径②	
					抗拉强度 R_m/MPa	规定塑性延伸强度 $R_{p0.2}$/MPa	断后伸长率①（%）			
							A_{50mm}	A	90°	180°
					≥	≥				
1A97、1A93	—	H112	H112	>4.50~80.00	附实测值				—	—
		F	—	>4.50~150.00	—				—	—
1A90、1A85	—	H112	H112	>4.50~12.50	60		21	—	—	—
				>12.50~20.00			—	19	—	—
				>20.00~80.00	附实测值				—	—
		F	—	>4.50~150.00	—				—	—
1080A	—	O、H111	O、H111	>0.20~0.50	60~90	15	26	—	0t	0t
				>0.50~1.50			28	—	0t	0t
				>1.50~3.00			31	—	0t	0t
				>3.00~6.00			35	—	0.5t	0.5t
				>6.00~12.50			35	—	0.5t	0.5t
		H12	H12	>0.20~0.50	8~120	55	5	—	0t	0.5t
				>0.50~1.50			6	—	0t	0.5t
				>1.50~3.00			7	—	0.5t	0.5t
				>3.00~6.00			9	—	1.0t	—
		H22	H22	>0.20~0.50	80~120	50	8	—	0t	0.5t
				>0.50~1.50			9	—	0t	0.5t
				>1.50~3.00			11	—	0.5t	0.5t
				>3.00~6.00			13	—	1.0t	—
		H14	H14	>0.20~0.50	100~140	70	4	—	0t	0.5t
				>0.50~1.50			4	—	0.5t	0.5t
				>1.50~3.00			5	—	1.0t	1.0t
				>3.00~6.00			6	—	1.5t	—
		H24	H24	>0.20~0.50	100~140	60	5	—	0t	0.5t
				>0.50~1.50			6	—	0.5t	0.5t
				>1.50~3.00			7	—	1.0t	1.0t
				>3.00~6.00			9	—	1.5t	—
		H16	H16	>0.20~0.50	110~150	90	2	—	0.5t	1.0t
				>0.50~1.50			2	—	1.0t	1.0t
				>1.50~4.00			3	—	1.0t	1.0t
		H26	H26	>0.20~0.50	110~150	80	3	—	0.5t	—
				>0.50~1.50			3	—	1.0t	—
				>1.50~4.00			4	—	1.0t	—

（续）

牌号	包铝分类	供应状态	试样状态	厚度/mm	室温拉伸试验结果					弯曲半径②	
					抗拉强度 R_m/MPa	规定塑性延伸强度 $R_{p0.2}$/MPa	断后伸长率① （%）			90°	180°
							A_{50mm}	A			
					≥						
1080A	—	H18	H18	>0.20~0.50	125	105	2	—	1.0t	—
				>0.50~1.50			2	—	2.0t	—
				>1.50~3.00			2	—	2.5t	—
		H112	H112	>6.00~12.50	70	—	20	—	—	—
				>12.50~25.00	70	—	—	20	—	—
		F	—	2.50~25.00	—	—	—	—	—	—
1070	—	O	O	>0.20~0.30	55~95		15	—	0t	—
				>0.30~0.50			20	—	0t	—
				>0.50~0.80			25	—	0t	—
				>0.80~1.50			30	—	0t	—
				>1.50~6.00		15	35	—	0t	—
				>6.00~12.50			35	—	—	—
				>12.50~50.00			—	30	—	—
		H12	H12	>0.20~0.30	70~100		2	—	0t	—
				>0.30~0.50		—	3	—	0t	—
				>0.50~0.80			4	—	0t	—
				>0.80~1.50			6	—	0t	—
				>1.50~3.00		55	8	—	0t	—
				>3.00~6.00			9	—	0t	—
		H22	H22	>0.20~0.30	70		2	—	0t	—
				>0.30~0.50			3	—	0t	—
				>0.50~0.80			4	—	0t	—
				>0.80~1.50			6	—	0t	—
				>1.50~3.00		55	8	—	0t	—
				>3.00~6.00			9	—	0t	—
		H14	H14	>0.20~0.30	85~120		1	—	0.5t	—
				>0.30~0.50		—	2	—	0.5t	—
				>0.50~0.80			3	—	0.5t	—
				>0.80~1.50			4	—	1.0t	—
				>1.50~3.00		65	5	—	1.0t	—
				>3.00~6.00			6	—	1.0t	—
		H24	H24	>0.20~0.30	85		1	—	0.5t	—
				>0.30~0.50		—	2	—	0.5t	—
				>0.50~0.80			3	—	0.5t	—
				>0.80~1.50			4	—	1.0t	—
				>1.50~3.00		65	5	—	1.0t	—
				>3.00~6.00			6	—	1.0t	—
		H16	H16	>0.20~0.50	100~135		1	—	1.0t	—
				>0.50~0.80		—	2	—	1.0t	—
				>0.80~1.50			3	—	1.5t	—
				>1.50~4.00		75	4	—	1.5t	—

五 金 手 册

（续）

牌号	包铝分类	供应状态	试样状态	厚度/mm	室温拉伸试验结果					弯曲半径②	
					抗拉强度 R_m/MPa	规定塑性延伸强度 $R_{p0.2}$/MPa	断后伸长率① (%)				
							A_{50mm}	A	90°	180°
					≥					
1070	—	H26	H26	>0.20~0.50	100	—	1	—	1.0t	—
				>0.50~0.80			2	—	1.0t	—
				>0.80~1.50		75	3	—	1.5t	—
				>1.50~4.00			4	—	1.5t	—
		H18	H18	>0.20~0.50	120		1	—	—	—
				>0.50~0.80			2	—	—	—
				>0.80~1.50			3	—	—	—
				>1.50~3.00			4	—	—	—
		H112	H112	>4.50~6.00	75	35	13	—	—	—
				>6.00~12.50	70	35	15	—	—	—
				>12.50~25.00	60	25	—	20	—	—
				>25.00~75.00	55	15	—	25	—	—
		F	—	>2.50~150.00	—				—	—
1070A	—	O、H111	O、H111	>0.20~0.50	60~90	15	23	—	0t	0t
				>0.50~1.50			25	—	0t	0t
				>1.50~3.00			29	—	0t	0t
				>3.00~6.00			32	—	0.5t	0.5t
				>6.00~12.50			35	—	0.5t	0.5t
				>12.50~25.00			—	32	—	—
		H12	H12	>0.20~0.50	80~120	55	5	—	0t	0.5t
				>0.50~1.50			6	—	0t	0.5t
				>1.50~3.00			7	—	0.5t	0.5t
				>3.00~6.00			9	—	1.0t	—
		H22	H22	>0.20~0.50	80~120	50	7	—	0t	0.5t
				>0.50~1.50			8	—	0t	0.5t
				>1.50~3.00			10	—	0.5t	0.5t
				>3.00~6.00			12	—	1.0t	—
		H14	H14	>0.20~0.50	100~140	70	4	—	0t	0.5t
				>0.50~1.50			4	—	0.5t	0.5t
				>1.50~3.00			5	—	1.0t	1.0t
				>3.00~6.00			6	—	1.5t	—
		H24	H24	>0.20~0.50	100~140	60	5	—	0t	0.5t
				>0.50~1.50			6	—	0.5t	0.5t
				>1.50~3.00			7	—	1.0t	1.0t
				>3.00~6.00			9	—	1.5t	—
		H16	H16	>0.20~0.50	110~150	90	2	—	0.5t	1.0t
				>0.50~1.50			2	—	1.0t	1.0t
				>1.50~4.00			3	—	1.0t	1.0t
		H26	H26	>0.20~0.50	110~150	80	3	—	0.5t	—
				>0.50~1.50			3	—	1.0t	—
				>1.50~4.00			4	—	1.0t	—

436

（续）

牌号	包铝分类	供应状态	试样状态	厚度/mm	室温拉伸试验结果				弯曲半径②	
					抗拉强度 R_m/MPa	规定塑性延伸强度 $R_{p0.2}$/MPa	断后伸长率①（%）		90°	180°
						≥	A_{50mm}	A		
1070A	—	H18	H18	>0.20~0.50	125	105	2	—	1.0t	—
				>0.50~1.50			2	—	2.0t	—
				>1.50~3.00			2	—	2.5t	—
		H112	H112	>6.00~12.50	70	20	20	—	—	—
				>12.50~25.00		—	—	20	—	—
		F	—	2.50~150.00	—				—	—
1060	—	O	O	>0.20~0.30	60~100	15	15	—	—	—
				>0.30~0.50			18	—	—	—
				>0.50~1.50			23	—	—	—
				>1.50~6.00			25	—	—	—
				>6.00~80.00			25	22	—	—
		H12	H12	>0.50~1.50	80~120	60	6	—	—	—
				>1.50~6.00			12	—	—	—
		H22	H22	>0.50~1.50	80	60	6	—	—	—
				>1.50~6.00			12	—	—	—
		H14	H14	>0.20~0.30	95~135	70	1	—	—	—
				>0.30~0.50			2	—	—	—
				>0.50~0.80			2	—	—	—
				>0.80~1.50			4	—	—	—
				>1.50~3.00			6	—	—	—
				>3.00~6.00			10	—	—	—
		H24	H24	>0.20~0.30	95	70	1	—	—	—
				>0.30~0.50			2	—	—	—
				>0.50~0.80			2	—	—	—
				>0.80~1.50			4	—	—	—
				>1.50~3.00			6	—	—	—
				>3.00~6.00			10	—	—	—
		H16	H16	>0.20~0.30	110~155	75	1	—	—	—
				>0.30~0.50			2	—	—	—
				>0.50~0.80			2	—	—	—
				>0.80~1.50			3	—	—	—
				>1.50~4.00			5	—	—	—
		H26	H26	>0.20~0.30	110	75	1	—	—	—
				>0.30~0.50			2	—	—	—
				>0.50~0.80			2	—	—	—
				>0.80~1.50			3	—	—	—
				>1.50~4.00			5	—	—	—
		H18	H18	>0.20~0.30	125	85	1	—	—	—
				>0.30~0.50			2	—	—	—
				>0.50~1.50			3	—	—	—
				>1.50~3.00			4	—	—	—

（续）

牌号	包铝分类	供应状态	试样状态	厚度/mm	室温拉伸试验结果				弯曲半径②	
					抗拉强度 R_m/MPa	规定塑性延伸强度 $R_{p0.2}$/MPa	断后伸长率①（%）		90°	180°
						≥	A_{50mm}	A		
1060	—	H112	H112	>4.50~6.00	75		10	—	—	—
				>6.00~12.50	75		10	—	—	—
				>12.50~40.00	70	—	—	18	—	—
				>40.00~80.00	60		—	22	—	—
		F	—	>2.50~150.00			—		—	—
1050	—	O	O	>0.20~0.50	60~100		15	—	0t	—
				>0.50~0.80			20	—	0t	—
				>0.80~1.50			25	—	0t	—
				>1.50~6.00		20	30	—	0t	—
				>6.00~50.00			28	28	—	—
		H12	H12	>0.20~0.30	80~120		2	—	0t	—
				>0.30~0.50			3	—	0t	—
				>0.50~0.80			4	—	0t	—
				>0.80~1.50			6	—	0.5t	—
				>1.50~3.00		65	8	—	0.5t	—
				>3.00~6.00			9	—	0.5t	—
		H22	H22	>0.20~0.30	80		2	—	0t	—
				>0.30~0.50			3	—	0t	—
				>0.50~0.80			4	—	0t	—
				>0.80~1.50			6	—	0.5t	—
				>1.50~3.00		65	8	—	0.5t	—
				>3.00~6.00			9	—	0.5t	—
		H14	H14	>0.20~0.30	95~130		1	—	0.5t	—
				>0.30~0.50		—	2	—	0.5t	—
				>0.50~0.80			3	—	0.5t	—
				>0.80~1.50			4	—	1.0t	—
				>1.50~3.00		75	5	—	1.0t	—
				>3.00~6.00			6	—	1.0t	—
		H24	H24	>0.20~0.30	95		1	—	0.5t	—
				>0.30~0.50		—	2	—	0.5t	—
				>0.50~0.80			3	—	0.5t	—
				>0.80~1.50			4	—	1.0t	—
				>1.50~3.00		75	5	—	1.0t	—
				>3.00~6.00			6	—	1.0t	—
		H16	H16	>0.20~0.50	120~150		1	—	2.0t	—
				>0.50~0.80			2	—	2.0t	—
				>0.80~1.50		85	3	—	2.0t	—
				>1.50~4.00			4	—	2.0t	—
		H26	H26	>0.20~0.50	120		1	—	2.0t	—
				>0.50~0.80			2	—	2.0t	—
				>0.80~1.50		85	3	—	2.0t	—
				>1.50~4.00			4	—	2.0t	—

（续）

牌号	包铝分类	供应状态	试样状态	厚度/mm	室温拉伸试验结果				弯曲半径[2]	
					抗拉强度 R_m/MPa	规定塑性延伸强度 $R_{p0.2}$/MPa	断后伸长率[1]（%）		90°	180°
							A_{50mm}	A		
					≥					
1050	—	H18	H18	>0.20~0.50	130	—	1	—	—	—
				>0.50~0.80			2	—	—	—
				>0.80~1.50			3	—	—	—
				>1.50~3.00			4	—	—	—
		H112	H112	>4.50~6.00	85	45	10	—	—	—
				>6.00~12.50	80	45	10	—	—	—
				>12.50~25.00	70	35	—	16	—	—
				>25.00~50.00	65	30	—	22	—	—
				>50.00~75.00	65	30	—	22	—	—
		F	—	>2.50~150.00					—	—
1050A	—	O、H111	O、H111	>0.20~0.50	>65~95	20	20	—	0t	0t
				>0.50~1.50			22	—	0t	0t
				>1.50~3.00			26	—	0t	0t
				>3.00~6.00			29	—	0.5t	0.5t
				>6.00~12.50			35	—	1.0t	1.0t
				>12.50~80.00			—	32	—	—
		H12	H12	>0.20~0.50	>85~125	65	2	—	0t	0.5t
				>0.50~1.50			4	—	0t	0.5t
				>1.50~3.00			5	—	0.5t	0.5t
				>3.00~6.00			7	—	1.0t	1.0t
		H22	H22	>0.20~0.50	>85~125	55	4	—	0t	0.5t
				>0.50~1.50			5	—	0t	0.5t
				>1.50~3.00			6	—	0.5t	0.5t
				>3.00~6.00			11	—	1.0t	1.0t
		H14	H14	>0.20~0.50	>105~145	85	2	—	0t	1.0t
				>0.50~1.50			2	—	0.5t	1.0t
				>1.50~3.00			4	—	1.0t	1.0t
				>3.00~6.00			5	—	1.5t	—
		H24	H24	>0.20~0.50	>105~145	75	3	—	0t	1.0t
				>0.50~1.50			4	—	0.5t	1.0t
				>1.50~3.00			5	—	1.0t	1.0t
				>3.00~6.00			8	—	1.5t	1.5t
		H16	H16	>0.20~0.50	>120~160	100	1	—	0.5t	—
				>0.50~1.50			2	—	1.0t	—
				>1.50~4.00			3	—	1.5t	—
		H26	H26	>0.20~0.50	>120~160	90	2	—	0.5t	—
				>0.50~1.50			3	—	1.0t	—
				>1.50~4.00			4	—	1.5t	—
		H18	H18	>0.20~0.50	135	120	1	—	1.0t	—
				>0.50~1.50	140		2	—	2.0t	—
				>1.50~3.00			2	—	3.0t	—

（续）

牌号	包铝分类	供应状态	试样状态	厚度/mm	室温拉伸试验结果				弯曲半径②	
					抗拉强度 R_m/MPa	规定塑性延伸强度 $R_{p0.2}$/MPa	断后伸长率① （%）		90°	180°
						≥	A_{50mm}	A		
1050A	—	H28	H28	>0.20~0.50	140	110	2	—	1.0t	—
				>0.50~1.50			2	—	2.0t	—
				>1.50~3.00			3	—	3.0t	—
		H19	H19	>0.20~0.50	155	140	1	—	—	—
				>0.50~1.50	150	130		—	—	—
				>1.50~3.00				—	—	—
		H112	H112	>6.00~12.50	75	30	20		—	—
				>12.50~80.00	70	25	—	20	—	—
		F	—	2.50~150.00					—	—
1145	—	O	O	>0.20~0.50	60~100	20	15	—	—	—
				>0.50~0.80			20	—	—	—
				>0.80~1.50			25	—	—	—
				>1.50~6.00			30	—	—	—
				>6.00~10.00			28	—	—	—
		H12	H12	>0.20~0.30	80~120	65	2	—	—	—
				>0.30~0.50			3	—	—	—
				>0.50~0.80			4	—	—	—
				>0.80~1.50			6	—	—	—
				>1.50~3.00			8	—	—	—
				>3.00~4.50			9	—	—	—
		H22	H22	>0.20~0.30	80	—	2	—	—	—
				>0.30~0.50			3	—	—	—
				>0.50~0.80			4	—	—	—
				>0.80~1.50			6	—	—	—
				>1.50~3.00			8	—	—	—
				>3.00~4.50			9	—	—	—
		H14	H14	>0.20~0.30	95~125	75	1	—	—	—
				>0.30~0.50			2	—	—	—
				>0.50~0.80			3	—	—	—
				>0.80~1.50			4	—	—	—
				>1.50~3.00			5	—	—	—
				>3.00~4.50			6	—	—	—
		H24	H24	>0.20~0.30	95	—	1	—	—	—
				>0.30~0.50			2	—	—	—
				>0.50~0.80			3	—	—	—
				>0.80~1.50			4	—	—	—
				>1.50~3.00			5	—	—	—
				>3.00~4.50			6	—	—	—
		H16	H16	>0.20~0.50	120~145	—	1	—	—	—
				>0.50~0.80			2	—	—	—
				>0.80~1.50		85	3	—	—	—
				>1.50~4.50			4	—	—	—

（续）

牌号	包铝分类	供应状态	试样状态	厚度/mm	室温拉伸试验结果				弯曲半径[2]	
					抗拉强度 R_m/MPa	规定塑性延伸强度 $R_{p0.2}$/MPa	断后伸长率[1]（%）		90°	180°
						≥	A_{50mm}	A		
1145	—	H26	H26	>0.20~0.50	120	—	1	—	—	—
				>0.50~0.80			2	—	—	—
				>0.80~1.50			3	—	—	—
				>1.50~4.50			4	—	—	—
		H18	H18	>0.20~0.50	125	—	1	—	—	—
				>0.50~0.80			2	—	—	—
				>0.80~1.50			3	—	—	—
				>1.50~4.50			4	—	—	—
		H112	H112	>4.50~6.50	85	45	10	—	—	—
				>6.50~12.50	80	45	10	—	—	—
				>12.50~25.00	70	35	—	16	—	—
		F	—	>2.50~150.00	—				—	—
1235	—	O	O	>0.20~1.00	65~105	—	15	—	—	—
		H12	H12	>0.20~0.30	95~130	—	2	—	—	—
				>0.30~0.50			3	—	—	—
				>0.50~1.50			6	—	—	—
				>1.50~3.00			8	—	—	—
				>3.00~4.50			9	—	—	—
		H22	H22	>0.20~0.30	95	—	2	—	—	—
				>0.30~0.50			3	—	—	—
				>0.50~1.50			6	—	—	—
				>1.50~3.00			8	—	—	—
				>3.00~4.50			9	—	—	—
		H14	H14	>0.20~0.30	115~150	—	1	—	—	—
				>0.30~0.50			2	—	—	—
				>0.50~1.50			3	—	—	—
				>1.50~3.00			4	—	—	—
		H24	H24	>0.20~0.30	115	—	1	—	—	—
				>0.30~0.50			2	—	—	—
				>0.50~1.50			3	—	—	—
				>1.50~3.00			4	—	—	—
		H16	H16	>0.20~0.50	130~165	—	1	—	—	—
				>0.50~1.50			2	—	—	—
				>1.50~4.00			3	—	—	—
		H26	H26	>0.20~0.50	130	—	1	—	—	—
				>0.50~1.50			2	—	—	—
				>1.50~4.00			3	—	—	—
		H18	H18	>0.20~0.50	145	—	1	—	—	—
				>0.50~1.50			2	—	—	—
				>1.50~3.00			3	—	—	—

（续）

牌号	包铝分类	供应状态	试样状态	厚度/mm	室温拉伸试验结果					弯曲半径②	
					抗拉强度 R_m/MPa	规定塑性延伸强度 $R_{p0.2}$/MPa	断后伸长率①（%）			90°	180°
							A_{50mm}	A			
					≥						
1200	—	O、H111	O、H111	>0.20~0.50	75~105	25	19	—	0t	0t
				>0.50~1.50			21	—	0t	0t
				>1.50~3.00			24	—	0t	0t
				>3.00~6.00			28	—	0.5t	0.5t
				>6.00~12.50			33	—	1.0t	1.0t
				>12.50~80.00			—	30	—	—
		H12	H12	>0.20~0.50	95~135	75	2	—	0t	0.5t
				>0.50~1.50			4	—	0t	0.5t
				>1.50~3.00			5	—	0.5t	0.5t
				>3.00~6.00			6	—	1.0t	1.0t
		H22	H22	>0.20~0.50	95~135	65	4	—	0t	0.5t
				>0.50~1.50			5	—	0t	0.5t
				>1.50~3.00			6	—	0.5t	0.5t
				>3.00~6.00			10	—	1.0t	1.0t
		H14	H14	>0.20~0.50	105~155	95	1	—	0t	1.0t
				>0.50~1.50			3	—	0.5t	1.0t
				>1.50~3.00	115~155		4	—	1.0t	1.0t
				>3.00~6.00			5	—	1.5t	1.5t
		H24	H24	>0.20~0.50	115~155	90	3	—	0t	1.0t
				>0.50~1.50			4	—	0.5t	1.0t
				>1.50~3.00			5	—	1.0t	1.0t
				>3.00~6.00			7	—	1.5t	—
		H16	H16	>0.20~0.50	120~170	110	1	—	0.5t	—
				>0.50~1.50	130~170	115	2	—	1.0t	—
				>1.50~4.00			3	—	1.5t	—
		H26	H26	>0.20~0.50	130~170	105	2	—	0.5t	—
				>0.50~1.50			3	—	1.0t	—
				>1.50~4.00			4	—	1.5t	—
		H18	H18	>0.20~0.50	150	130	1	—	1.0t	—
				>0.50~1.50			2	—	2.0t	—
				>1.50~3.00			2	—	3.0t	—
		H19	H19	>0.20~0.50	160	140	1	—	—	—
				>0.50~1.50			1	—	—	—
				>1.50~3.00			1	—	—	—
		H112	H112	>6.00~12.50	85	35	16	—	—	—
				>12.50~80.00	80	30	—	16	—	—
		F	—	>2.50~150.00	—				—	—

（续）

牌号	包铝分类	供应状态	试样状态	厚度/mm	抗拉强度 R_m/MPa	规定塑性延伸强度 $R_{p0.2}$/MPa	断后伸长率[①] (%) A_{50mm}	A	弯曲半径[②] 90°	180°
包铝 2A11、2A11	正常包铝或工艺包铝	O	O	>0.50~3.00	≤225	—	12	—	—	—
				>3.00~10.00	≤235	—	12	—	—	—
			T42[③]	>0.50~3.00	350	185	15	—	—	—
				>3.00~10.00	355	195	15	—	—	—
		T1	T42	>4.50~10.00	355	195	15	—	—	—
				>10.00~12.50	370	215	11	—	—	—
				>12.50~25.00	370	215	—	11	—	—
				>25.00~40.00	330	195	—	8	—	—
				>40.00~70.00	310	195	—	6	—	—
				>70.00~80.00	285	195	—	4	—	—
		T3	T3	>0.50~1.50	375	215	15	—	—	—
				>1.50~3.00	375	215	17	—	—	—
				>3.00~10.00	375	215	15	—	—	—
		T4	T4	>0.50~3.00	360	185	15	—	—	—
				>3.00~10.00	370	195	15	—	—	—
		F	—	>4.50~150.00			—		—	—
		O	O	>0.50~4.50	≤215	—	14	—	—	—
				>4.50~10.00	≤235	—	12	—	—	—
			T42[③]	>0.50~3.00	390	245	15	—	—	—
				>3.00~10.00	410	265	12	—	—	—
		T1	T42	>4.50~10.00	410	265	12	—	—	—
				>10.00~12.50	420	275	7	—	—	—
				>12.50~25.00	420	275	—	7	—	—
				>25.00~40.00	390	255	—	5	—	—
				>40.00~70.00	370	245	—	4	—	—
				>70.00~80.00	345	245	—	3	—	—
		T3	T3	>0.50~1.60	405	270	15	—	—	—
				>1.60~10.00	420	275	15	—	—	—
		T4	T4	>0.50~3.00	405	270	13	—	—	—
				>3.00~4.50	425	275	12	—	—	—
				>4.50~10.00	425	275	12	—	—	—
		F	—	>4.50~150.00					—	—
2A14	工艺包铝	O	O	0.50~10.00	≤245	—	10	—	—	—
		T6	T6	0.50~10.00	430	340	5	—	—	—
		T1	T62	>4.50~12.50	430	340	5	—	—	—
				>12.50~40.00	430	340	—	5	—	—
		F	—	>4.50~150.00			—		—	—
包铝 2E12、2E12	正常包铝或工艺包铝	T3	T3	0.80~1.50	405	270	—	15	—	5.0t
				>1.50~3.00	≥420	275	—	15	—	5.0t
				>3.00~6.00	425	275	—	15	—	8.0t

（续）

牌号	包铝分类	供应状态	试样状态	厚度/mm	室温拉伸试验结果				弯曲半径②	
					抗拉强度 R_m/MPa	规定塑性延伸强度 $R_{p0.2}$/MPa	断后伸长率① (%)			
							A_{50mm}	A	90°	180°
						≥				
2014	工艺包铝或不包铝	O	O	>0.40~1.50	≤220	≤140	12	—	0t	0.5t
				>1.50~3.00			13	—	1.0t	1.0t
				>3.00~6.00			16	—	1.5t	—
				>6.00~9.00			16	—	2.5t	—
				>9.00~12.50			16	—	4.0t	—
				>12.50~25.00			—	10	—	—
		T3	T3	>0.40~1.50	395	245	14	—	—	—
				>1.50~6.00	400	245	14	—	—	—
		T4	T4	>0.40~1.50	395	240	14	—	3.0t	3.0t
				>1.50~6.00	395	240	14	—	5.0t	5.0t
				>6.00~12.50	400	250	14	—	8.0t	—
				>12.50~40.00	400	250		10	—	—
				>40.00~100.00	395	250		7	—	—
		T6	T6	>0.40~1.50	440	390	6	—	—	—
				>1.50~6.00	440	390	7	—	—	—
				>6.00~12.50	450	395	7	—	—	—
				>12.50~40.00	460	400		6	5.0t	—
				>40.00~60.00	450	390		5	7.0t	—
				>60.00~80.00	435	380		4	10.0t	—
				>80.00~100.00	420	360		4	—	—
				>100.00~125.00	410	350		4	—	—
				>125.00~160.00	390	340		2	—	—
		F	—	>4.50~150.00	—		—	—	—	—
包铝 2014	正常包铝	O	O	>0.50~0.63	≤205	≤95	16		—	—
				>0.63~1.00	≤220				—	—
				>1.00~2.50	≤205				—	—
				>2.50~12.50	≤205			9	—	—
				>12.50~25.00	≤220④	—	—	5	—	—
		T3	T3	>0.50~0.63	370	230	14	—	—	—
				>0.63~1.00	380	235	14	—	—	—
				>1.00~2.50	395	240	15	—	—	—
				>2.50~6.30	395	240	15	—	—	—
		T4	T4	>0.50~0.63	370	215	14	—	—	—
				>0.63~1.00	380	220	14	—	—	—
				>1.00~2.50	395	235	15	—	—	—
				>2.50~6.30	395	235	15	—	—	—
		T6	T6	>0.50~0.63	425	370	7	—	—	—
				>0.63~1.00	435	380	7	—	—	—
				>1.00~2.50	440	395	8	—	—	—
				>2.50~6.30	440	395	8	—	—	—
		F	—	>4.50~150.00	—		—	—	—	—

（续）

牌号	包铝分类	供应状态	试样状态	厚度/mm	室温拉伸试验结果				弯曲半径②	
					抗拉强度 R_m/MPa	规定塑性延伸强度 $R_{p0.2}$/MPa	断后伸长率① (%)		90°	180°
					≥		A_{50mm}	A		
包铝 2014A、2014A	正常包铝、工艺包铝或不包铝	O	O	>0.20~0.50	≤235	≤110	—	—	1.0t	—
				>0.50~1.50			14	—	2.0t	—
				>1.50~3.00			16	—	2.0t	—
				>3.00~6.00			16	—	2.0t	—
		T4	T4	>0.20~0.50	400	225	—	—	3.0t	—
				>0.50~1.50		225	13	—	3.0t	—
				>1.50~6.00			14	—	5.0t	—
				>6.00~12.50			14	—	—	—
				>12.50~25.00		250	—	12	—	—
				>25.00~40.00		250	—	10	—	—
				>40.00~80.00	395		—	7	—	—
		T6	T6	>0.20~0.50	440	380	—	—	5.0t	—
				>0.50~1.50			6	—	5.0t	—
				>1.50~3.00			7	—	6.0t	—
				>3.00~6.00			8	—	5.0t	—
				>6.00~12.50	460	410	8	—	—	—
				>12.50~25.00	460	410	—	6	—	—
				>25.00~40.00	450	400	—	5	—	—
				>40.00~60.00	430	390	—	5	—	—
				>60.00~90.00	430	390	—	4	—	—
				>90.00~115.00	420	370	—	4	—	—
				>115.00~140.00	410	350	—	4	—	—
2024	工艺包铝或不包铝	O	O	>0.40~1.50	≤220	≤140	12	—	0t	0.5t
				>1.50~3.00			13	—	1.0t	2.0t
				>3.00~6.00			13	—	1.5t	3.0t
				>6.00~9.00			13	—	2.5t	—
				>9.00~12.50			13	—	4.0t	—
				>12.50~25.00	—	—	—	11	—	—
		T3	T3	>0.40~1.50	435	290	12	—	4.0t	4.0t
				>1.50~3.00	435	290	14	—	4.0t	4.0t
				>3.00~6.00	440	290	14	—	5.0t	5.0t
				>6.00~12.50	440	290	13	—	8.0t	—
				>12.50~40.00	430	290	—	11	—	—
				>40.00~80.00	420	290	—	8	—	—
				>80.00~100.00	400	285	—	7	—	—
				>100.00~120.00	380	270	—	5	—	—
				>120.00~150.00	360	250	—	5	—	—
		T4	T4	>0.40~1.50	425	275	12	—	—	4.0t
				>1.50~6.00	425	275	14	—	—	5.0t
		T8	T8	>0.40~1.50	460	400	5	—	—	—
				>1.50~6.00	460	400	6	—	—	—
				>6.00~12.50	460	400	5	—	—	—
				>12.50~25.00	455	400	—	4	—	—
				>25.00~40.00	455	395	—	4	—	—
		F	—	>4.50~80.00	—				—	—

（续）

牌号	包铝分类	供应状态	试样状态	厚度/mm	室温拉伸试验结果				弯曲半径②	
					抗拉强度 R_{m}/MPa	规定塑性延伸强度 $R_{p0.2}$/MPa	断后伸长率①（%）		90°	180°
							A_{50mm}	A		
						≥				
包铝2024	正常包铝	O	O	>0.20~0.25	≤205	≤95	10	—	—	—
				>0.25~1.60	≤205	≤95	12	—	—	—
				>1.60~12.50	≤220	≤95	12	—	—	—
				>12.50~45.50	≤220④	—	—	10	—	—
		T3	T3	>0.20~0.25	400	270	10	—	—	—
				>0.25~0.50	405	270	12	—	—	—
				>0.50~1.60	405	270	15	—	—	—
				>1.60~3.20	420	275	15	—	—	—
				>3.20~6.00	420	275	15	—	—	—
		T4	T4	>0.20~0.50	400	245	12	—	—	—
				>0.50~1.60	400	245	15	—	—	—
				>1.60~3.20	420	260	15	—	—	—
		F	—	>4.50~80.00	—	—	—	—	—	—
包铝2017、2017	正常包铝、工艺包铝或不包铝	O	O	>0.40~1.60	≤215	≤110	12	—	0.5t	—
				>1.60~2.90					1.0t	—
				>2.90~6.00					1.5t	—
				>6.00~25.00					—	—
			T42③	>0.40~0.50	355	195	12	—	—	—
				>0.50~1.60			15	—	—	—
				>1.60~2.90			17	—	—	—
				>2.90~6.50			15	—	—	—
				>6.50~25.00		185	12	—	—	—
		T3	T3	>0.40~0.50	375	215	12	—	1.5t	—
				>0.50~1.60			15	—	2.5t	—
				>1.60~2.90			17	—	3t	—
				>2.90~6.00			15	—	3.5t	—
		T4	T4	>0.40~0.50	355	195	12	—	1.5t	—
				>0.50~1.60			15	—	2.5t	—
				>1.60~2.90			17	—	3t	—
				>2.90~6.00			15	—	3.5t	—
		F	—	>4.50~150.00	—				—	—
包铝、2017A、2017A	正常包铝、工艺包铝或不包铝	O	O	0.40~1.50	≤225	≤145	12	—	0.5t	0.5t
				>1.50~3.00			14		1.0t	1.0t
				>3.00~6.00			13		1.5t	—
				>6.00~9.00					2.5t	—
				>9.00~12.50					4.0t	—
				>12.50~25.00			—	12	—	—

（续）

牌号	包铝分类	供应状态	试样状态	厚度/mm	室温拉伸试验结果				弯曲半径②	
					抗拉强度 R_m/MPa	规定塑性延伸强度 $R_{p0.2}$/MPa	断后伸长率① （%）		90°	180°
						≥	A_{50mm}	A		
包铝 2017A、2017A	正常包铝、工艺包铝或不包铝	T4	T4	0.40~1.50	390	245	14	—	3.0t	3.0t
				>1.50~6.00		245	15	—	5.0t	5.0t
				>6.00~12.50		260	13	—	8.0t	—
				>12.50~40.00		250	—	12	—	—
				>40.00~60.00	385	245	—	12	—	—
				>60.00~80.00	370	240	—	7	—	—
				>80.00~120.00	360		—	6	—	—
				>120.00~150.00	350		—	4	—	—
				>150.00~180.00	330	220	—	2	—	—
				>180.00~200.00	300	200	—	2	—	—
包铝 2219、2219	正常包铝、工艺包铝或不包铝	O	O	>0.50~12.50	≤220	≤110	12	—	—	—
				>12.50~50.00	≤220④	≤110④	—	10	—	—
		T81	T81	>0.50~1.00	340	255	6	—	—	—
				>1.00~2.50	380	285	7	—	—	—
				>2.50~6.30	400	295	7	—	—	—
		T87	T87	>1.00~2.50	395	315	6	—	—	—
				>2.50~6.30	415	330	6	—	—	—
				>6.30~12.50	415	330	7	—	—	—
3A21	—	O	O	>0.20~0.80	100~150		19	—	—	—
				>0.80~4.50			23	—	—	—
				>4.50~10.00			21	—	—	—
		H14	H14	>0.80~1.30	145~215	—	6	—	—	—
				>1.30~4.50			6	—	—	—
		H24	H24	>0.20~1.30	145		6	—	—	—
				>1.30~4.50			6	—	—	—
		H18	H18	>0.20~0.50	185		1	—	—	—
				>0.50~0.80			2	—	—	—
				>0.80~1.30			3	—	—	—
				>1.30~4.50			4	—	—	—
		H112	H112	>4.50~10.00	110	—	16	—	—	—
				>10.00~12.50	120		16	—	—	—
				>12.50~25.00	120		—	16	—	—
				>25.00~80.00	110		—	16	—	—
		F	—	>4.50~150.00	—				—	—
3102	—	H18	H18	>0.20~0.50	160		3	—	—	—
				>0.50~3.00			2	—	—	—

（续）

牌号	包铝分类	供应状态	试样状态	厚度/mm	室温拉伸试验结果				弯曲半径②	
					抗拉强度 R_m/MPa	规定塑性延伸强度 $R_{p0.2}$/MPa	断后伸长率① (%)		90°	180°
						≥	A_{50mm}	A		
3003	—	O、H111	O、H111	>0.20~0.50	95~135	35	15	—	0t	0t
				>0.50~1.50			17	—	0t	0t
				>1.50~3.00			20	—	0t	0t
				>3.00~6.00			23	—	1.0t	1.0t
				>6.00~12.50			24	—	1.5t	—
				>12.50~50.00			—	23	—	—
		H12	H12	>0.20~0.50	120~160	90	3	—	0t	1.5t
				>0.50~1.50			4	—	0.5t	1.5t
				>1.50~3.00			5	—	1.0t	1.5t
				>3.00~6.00			6	—	1.0t	
		H22	H22	>0.20~0.50	120~160	80	6	—	0t	1.0t
				>0.50~1.50			7	—	0.5t	1.0t
				>1.50~3.00			8	—	1.0t	1.0t
				>3.00~6.00			9	—	1.0t	—
		H14	H14	>0.20~0.50	145~195	125	2	—	0.5t	2.0t
				>0.50~1.50			2	—	1.0t	2.0t
				>1.50~3.00			3	—	1.0t	2.0t
				>3.00~6.00			4	—	2.0t	—
		H24	H24	>0.20~0.50	145~195	115	4	—	0.5t	1.5t
				>0.50~1.50			4	—	1.0t	1.5t
				>1.50~3.00			5	—	1.0t	1.5t
				>3.00~6.00			6	—	2.0t	—
		H16	H16	>0.20~0.50	170~210	150	1	—	1.0t	2.5t
				>0.50~1.50			2	—	1.5t	2.5t
				>1.50~4.00			2	—	2.0t	2.5t
		H26	H26	>0.20~0.50	170~210	140	2	—	1.0t	2.0t
				>0.50~1.50			3	—	1.5t	2.0t
				>1.50~4.00			3	—	2.0t	2.0t
		H18	H18	>0.20~0.50	190	170	1	—	1.5t	—
				>0.50~1.50			2	—	2.5t	—
				>1.50~3.00			2	—	3.0t	—
		H28	H28	>0.20~0.50	190	160	2	—	1.5t	—
				>0.50~1.50			2	—	2.5t	—
				>1.50~3.00			3	—	3.0t	—
		H19	H19	>0.20~0.50	210	180	1	—	—	—
				>0.50~1.50			2	—	—	—
				>1.50~3.00			2	—	—	—
		H112	H112	>4.50~12.50	115	70	10	—	—	—
				>12.50~80.00	100	40	—	18	—	—
		F	—	>2.50~150.00		—			—	—

（续）

牌号	包铝分类	供应状态	试样状态	厚度/mm	室温拉伸试验结果				弯曲半径②	
					抗拉强度 R_m/MPa	规定塑性延伸强度 $R_{p0.2}$/MPa	断后伸长率① （%）		90°	180°
						≥	A_{50mm}	A		
3103	—	O、H111	O、H111	>0.20~0.50	90~130	35	17	—	0t	0t
				>0.50~1.50			19	—	0t	0t
				>1.50~3.00			21	—	0t	0t
				>3.00~6.00			24	—	1.0t	1.0t
				>6.00~12.50			28	—	1.5t	—
				>12.50~50.00			—	25	—	—
		H12	H12	>0.20~0.50	115~155	85	3	—	0t	1.5t
				>0.50~1.50			4	—	0.5t	1.5t
				>1.50~3.00			5	—	1.0t	1.5t
				>3.00~6.00			6	—	1.0t	—
		H22	H22	>0.20~0.50	115~155	75	6	—	0t	1.0t
				>0.50~1.50			7	—	0.5t	1.0t
				>1.50~3.00			8	—	1.0t	1.0t
				>3.00~6.00			9	—	1.0t	—
		H14	H14	>0.20~0.50	140~180	120	2	—	0.5t	2.0t
				>0.50~1.50			2	—	1.0t	2.0t
				>1.50~3.00			3	—	1.0t	2.0t
				>3.00~6.00			4	—	2.0t	—
		H24	H24	>0.20~0.50	140~180	110	4	—	0.5t	1.5t
				>0.50~1.50			4	—	1.0t	1.5t
				>1.50~3.00			5	—	1.0t	1.5t
				>3.00~6.00			6	—	2.0t	—
		H16	H16	>0.20~0.50	160~200	145	1	—	1.0t	2.5t
				>0.50~1.50			2	—	1.5t	2.5t
				>1.50~4.00			2	—	2.0t	2.5t
				>4.00~6.00			2	—	1.5t	2.0t
		H26	H26	>0.20~0.50	160~200	135	2	—	1.0t	2.0t
				>0.50~1.50			3	—	1.5t	2.0t
				>1.50~4.00			3	—	2.0t	2.0t
		H18	H18	>0.20~0.50	185	165	1	—	1.5t	—
				>0.50~1.50			2	—	2.5t	—
				>1.50~3.00			2	—	3.0t	—
		H28	H28	>0.20~0.50	185	155	2	—	1.5t	—
				>0.50~1.50			2	—	2.5t	—
				>1.50~3.00			3	—	3.0t	—

（续）

牌号	包铝分类	供应状态	试样状态	厚度/mm	室温拉伸试验结果				弯曲半径②	
					抗拉强度 R_m/MPa	规定塑性延伸强度 $R_{p0.2}$/MPa	断后伸长率①（%）		90°	180°
							A_{50mm}	A		
					≥					
3103	—	H19	H19	>0.20~0.50	200	175	1	—	—	—
				>0.50~1.50			2	—	—	—
				>1.50~3.00			2	—	—	—
		H112	H112	>4.50~12.50	110	70	10	—	—	—
				>12.50~80.00	95	40	—	18	—	—
		F	—	>20.00~80.00	—				—	—
3004	—	O、H111	O、H111	>0.20~0.50	155~200	60	13	—	0t	0t
				>0.50~1.50			14	—	0t	0t
				>1.50~3.00			15	—	0t	0.5t
				>3.00~6.00			16	—	1.0t	1.0t
				>6.00~12.50			16	—	2.0t	—
				>12.50~50.00			—	14	—	—
		H12	H12	>0.20~0.50	190~240	155	2	—	0t	1.5t
				>0.50~1.50			3	—	0.5t	1.5t
				>1.50~3.00			4	—	1.0t	2.0t
				>3.00~6.00			5	—	1.5t	—
		H22、H32	H22、H32	>0.20~0.50	190~240	145	4	—	0t	1.0t
				>0.50~1.50			5	—	0.5t	1.0t
				>1.50~3.00			6	—	1.0t	1.5t
				>3.00~6.00			7	—	1.5t	—
		H14	H14	>0.20~0.50	220~265	180	1	—	0.5t	2.5t
				>0.50~1.50			2	—	1.0t	2.5t
				>1.50~3.00			2	—	1.5t	2.5t
				>3.00~6.00			3	—	2.0t	—
		H24、H34	H24、H34	>0.20~0.50	220~265	170	3	—	0.5t	2.0t
				>0.50~1.50			4	—	1.0t	2.0t
				>1.50~3.00			4	—	1.5t	2.0t
		H16	H16	>0.20~0.50	240~285	200	1	—	1.0t	3.5t
				>0.50~1.50			1	—	1.5t	3.5t
				>1.50~4.00			2	—	2.5t	—
		H26、H36	H26、H36	>0.20~0.50	240~285	190	3	—	1.0t	3.0t
				>0.50~1.50			3	—	1.5t	3.0t
				>1.50~3.00			3	—	2.5t	—
		H18	H18	>0.20~0.50	260	230	1	—	1.5t	—
				>0.50~1.50			1	—	2.5t	—
				>1.50~3.00			2	—	—	—

（续）

牌号	包铝分类	供应状态	试样状态	厚度/mm	抗拉强度 R_m/MPa	规定塑性延伸强度 $R_{p0.2}$/MPa	断后伸长率[①]（%） A_{50mm}	A	弯曲半径[②] 90°	180°
					≥					
3004	—	H28、H38	H28、H38	>0.20~0.50	260	220	2	—	1.5t	—
				>0.50~1.50			3	—	2.5t	—
		H19	H19	>0.20~0.50	270	240	1	—	—	—
				>0.50~1.50			1	—	—	—
		H112	H112	>4.50~12.50	160	60	7	—	—	—
				>12.50~40.00			—	6	—	—
				>40.00~80.00			—	6	—	—
		F	—	>2.50~80.00			—			
3104	—	O、H111	O、H111	>0.20~0.50	155~195		10	—	0t	0t
				>0.50~0.80			14	—	0t	0t
				>0.80~1.30		60	16	—	0.5t	0.5t
				>1.30~3.00			18	—	0.5t	0.5t
		H12、H32	H12、H32	>0.50~0.80	195~245		3	—	0.5t	0.5t
				>0.80~1.30		145	4	—	1.0t	1.0t
				>1.30~3.00			5	—	1.0t	1.0t
		H22	H22	>0.50~0.80	195	—	3	—	0.5t	0.5t
				>0.80~1.30			4	—	1.0t	1.0t
				>1.30~3.00			5	—	1.0t	1.0t
		H14、H34	H14、H34	>0.20~0.50	225~265		1	—	1.0t	1.0t
				>0.50~0.80			3	—	1.5t	1.5t
				>0.80~1.30		175	3	—	1.5t	1.5t
				>1.30~3.00			4	—	1.5t	1.5t
		H24	H24	>0.20~0.50	225	—	1	—	1.0t	1.0t
				>0.50~0.80			3	—	1.5t	1.5t
				>0.80~1.30			3	—	1.5t	1.5t
				>1.30~3.00			4	—	1.5t	1.5t
		H16、H36	H16、H36	>0.20~0.50	245~285		1	—	2.0t	2.0t
				>0.50~0.80			2	—	2.0t	2.0t
				>0.80~1.30		195	3	—	2.5t	2.5t
				>1.30~3.00			4	—	2.5t	2.5t
		H26	H26	>0.20~0.50	245	—	1	—	2.0t	2.0t
				>0.50~0.80			2	—	2.0t	2.0t
				>0.80~1.30			3	—	2.5t	2.5t
				>1.30~3.00			4	—	2.5t	2.5t
		H18、H38	H18、H38	>0.20~0.50	265	215	1	—	—	—
		H28	H28	>0.20~0.50	265	—	1	—	—	—

（续）

牌号	包铝分类	供应状态	试样状态	厚度/mm	室温拉伸试验结果				弯曲半径②	
					抗拉强度 R_m/MPa	规定塑性延伸强度 $R_{p0.2}$/MPa ≥	断后伸长率① （%）		90°	180°
							A_{50mm}	A		
3104	—	H19、H29、H39	H19、H29、H39	>0.20~0.50	275	—	1	—	—	—
		F	—	>2.50~80.00	—	—	—	—	—	—
3005	—	O、H111	O、H111	>0.20~0.50	115~165	45	12	—	0t	0t
				>0.50~1.50			14	—	0t	0t
				>1.50~3.00			16	—	0.5t	1.0t
				>3.00~6.00			19	—	1.0t	—
		H12	H12	>0.20~0.50	145~195	125	3	—	0t	1.5t
				>0.50~1.50			4	—	0.5t	1.5t
				>1.50~3.00			4	—	1.0t	2.0t
				>3.00~6.00			5	—	1.5t	—
		H22	H22	>0.20~0.50	145~195	110	5	—	0t	1.0t
				>0.50~1.50			5	—	0.5t	1.0t
				>1.50~3.00			6	—	1.0t	1.5t
				>3.00~6.00			7	—	1.5t	—
		H14	H14	>0.20~0.50	170~215	150	1	—	0.5t	2.5t
				>0.50~1.50			2	—	1.0t	2.5t
				>1.50~3.00			2	—	1.5t	—
				>3.00~6.00			3	—	2.0t	—
		H24	H24	>0.20~0.50	170~215	130	4	—	0.5t	1.5t
				>0.50~1.50			4	—	1.0t	1.5t
				>1.50~3.00			4	—	1.5t	—
		H16	H16	>0.20~0.50	195~240	175	1	—	1.0t	—
				>0.50~1.50			2	—	1.5t	—
				>1.50~4.00			2	—	2.5t	—
		H26	H26	>0.20~0.50	195~240	160	3	—	1.0t	—
				>0.50~1.50			3	—	1.5t	—
				>1.50~3.00			3	—	2.5t	—
		H18	H18	>0.20~0.50	220	200	1	—	1.5t	—
				>0.50~1.50			2	—	2.5t	—
				>1.50~3.00			2	—	—	—
		H28	H28	>0.20~0.50	220	190	2	—	1.5t	—
				>0.50~1.50			2	—	2.5t	—
				>1.50~3.00			3	—	—	—
		H19	H19	>0.20~0.50	235	210	1	—	—	—
				>0.50~1.50	235	210	1	—	—	—
		F	—	>2.50~80.00	—				—	—
4007	—	H12	H12	>0.20~0.50	140~180	110	4	—	—	—
				>0.50~1.50			4	—	—	—
				>1.50~3.00			5	—	—	—
		F	—	2.50~6.00	110	—	—	—	—	—

（续）

牌号	包铝分类	供应状态	试样状态	厚度/mm	室温拉伸试验结果				弯曲半径②	
					抗拉强度 R_m/MPa	规定塑性延伸强度 $R_{p0.2}$/MPa	断后伸长率① （%）		90°	180°
							A_{50mm}	A		
					≥					
4015	—	O、H111	O、H111	>0.20~3.00	≤150	45	20	—	—	—
		H12	H12	>0.20~0.50	120~175	90	4	—	—	—
				>0.50~3.00			4	—	—	—
		H14	H14	>0.20~0.50	150~200	120	2	—	—	—
				>0.50~3.00			3	—	—	—
		H16	H16	>0.20~0.50	170~220	150	1	—	—	—
				>0.50~3.00			2	—	—	—
		H18	H18	>0.20~3.00	200~250	180	1	—	—	—
5A02	—	O	O	>0.50~1.00	165~225	—	17	—	—	—
				>1.00~10.00			19	—	—	—
		H14、H24、H34	H14、H24、H34	>0.50~1.00	235	—	4	—	—	—
				>1.00~4.50			6	—	—	—
		H18	H18	>0.50~1.00	265		3	—	—	—
				>1.00~4.50			4	—	—	—
		H112	H112	>4.50~12.50	175	—	7	—	—	—
				>12.50~25.00	175		—	7	—	—
				>25.00~80.00	155		—	6	—	—
		F	—	>4.50~150.00			—	—	—	—
5A03	—	O	O	>0.50~4.50	195	100	16	—	—	—
		H14、H24、H34	H14、H24、H34	>0.50~4.50	225	195	8	—	—	—
		H112	H112	>4.50~10.00	185	80	16	—	—	—
				>10.00~12.50	175	70	13	—	—	—
				>12.50~25.00	175	70	—	13	—	—
				>25.00~50.00	165	60	—	12	—	—
		F	—	>4.50~150.00		—		—	—	—
5A05	—	O	O	0.50~4.50	275	145	16	—	—	—
		H112	H112	>4.50~10.00	275	125	16	—	—	—
				>10.00~12.50	265	115	14	—	—	—
				>12.50~25.00	265	115	—	14	—	—
				>25.00~50.00	255	105	—	13	—	—
		F	—	>4.50~150.00		—		—	—	—
3105	—	O、H111	O、H111	>0.20~0.50	100~155	40	14	—	—	0t
				>0.50~1.50			15	—	—	0t
				>1.50~3.00			17	—	—	0.5t
		H12	H12	>0.20~0.50	130~180	105	3	—	—	1.5t
				>0.50~1.50			4	—	—	1.5t
				>1.50~3.00			4	—	—	1.5t

453

（续）

牌号	包铝分类	供应状态	试样状态	厚度/mm	室温拉伸试验结果				弯曲半径[2]	
					抗拉强度 R_m/MPa	规定塑性延伸强度 $R_{p0.2}$/MPa	断后伸长率[1]（%）		90°	180°
						≥	A_{50mm}	A		
3105	—	H22	H22	>0.20~0.50	130~180	105	6	—	—	—
				>0.50~1.50			6	—	—	—
				>1.50~3.00			7	—	—	—
		H14	H14	>0.20~0.50	150~200	130	2	—	—	2.5t
				>0.50~1.50			2	—	—	2.5t
				>1.50~3.00			2	—	—	2.5t
		H24	H24	>0.20~0.50	150~200	120	4	—	—	2.5t
				>0.50~1.50			4	—	—	2.5t
				>1.50~3.00			5	—	—	2.5t
		H16	H16	>0.20~0.50	175~225	160	1	—	—	—
				>0.50~1.50			2	—	—	—
				>1.50~3.00			2	—	—	—
		H26	H26	>0.20~0.50	175~225	150	3	—	—	—
				>0.50~1.50			3	—	—	—
				>1.50~3.00			3	—	—	—
		H18	H18	>0.20~3.00	195	180	1	—	—	—
		H28	H28	>0.20~1.50	195	170	2	—	—	—
		H19	H19	>0.20~1.50	215	190	1	—	—	—
		F	—	>2.50~80.00		—			—	—
4006	—	O	O	>0.20~0.50	95~130	40	17	—	—	0t
				>0.50~1.50			19	—	—	0t
				>1.50~3.00			22	—	—	0t
				>3.00~6.00			25	—	—	1.0t
		H12	H12	>0.20~0.50	120~160	90	4	—	—	1.5t
				>0.50~1.50			4	—	—	1.5t
				>1.50~3.00			5	—	—	1.5t
		H14	H14	>0.20~0.50	140~180	120	3	—	—	2.0t
				>0.50~1.50			3	—	—	2.0t
				>1.50~3.00			3	—	—	2.0t
		F	—	2.50~6.00		—		—	—	—
4007	—	O、H111	O、H111	>0.20~0.50	110~150	45	15	—	—	—
				>0.50~1.50			16	—	—	—
				>1.50~3.00			19	—	—	—
				>3.00~6.00			21	—	—	—
				>6.00~12.50			25	—	—	—
5A06	工艺包铝或不包铝	O	O	0.50~4.50	315	155	16	—		
		H112	H112	>4.50~10.00	315	155	16	—		
				>10.00~12.50	305	145	12	—		
				>12.50~25.00	305	145	—	12		
				>25.00~50.00	295	135	—	6		
		F	—	>4.50~150.00		—			—	—

（续）

牌号	包铝分类	供应状态	试样状态	厚度/mm	室温拉伸试验结果				弯曲半径[2]	
					抗拉强度 R_m/MPa	规定塑性延伸强度 $R_{p0.2}$/MPa	断后伸长率[1]（%）		90°	180°
							A_{50mm}	A		
					≥					
5005、5005A	—	O、H111	O、H111	>0.20~0.50	100~145	35	15	—	0t	0t
				>0.50~1.50			19	—	0t	0t
				>1.50~3.00			20	—	0t	0.5t
				>3.00~6.00			22	—	1.0t	1.0t
				>6.00~12.50			24	—	1.5t	—
				>12.50~50.00			—	20	—	—
		H12	H12	>0.20~0.50	125~165	95	2	—	0t	1.0t
				>0.50~1.50			2	—	0.5t	1.0t
				>1.50~3.00			4	—	1.0t	1.5t
				>3.00~6.00			5	—	1.0t	—
		H22、H32	H22、H32	>0.20~0.50	125~165	80	4	—	0t	1.0t
				>0.50~1.50			5	—	0.5t	1.0t
				>1.50~3.00			6	—	1.0t	1.5t
				>3.00~6.00			8	—	1.0t	—
		H14	H14	>0.20~0.50	145~185	120	2	—	0.5t	2.0t
				>0.50~1.50			2	—	1.0t	2.0t
				>1.50~3.00			3	—	1.0t	2.5t
				>3.00~6.00			4	—	2.0t	—
		H24、H34	H24、H34	>0.20~0.50	145~185	110	3	—	0.5t	1.5t
				>0.50~1.50			4	—	1.0t	1.5t
				>1.50~3.00			5	—	1.0t	2.0t
				>3.00~6.00			6	—	2.0t	—
		H16	H16	>0.20~0.50	165~205	145	1	—	1.0t	
				>0.50~1.50			2	—	1.5t	
				>1.50~3.00			3	—	2.0t	
				>3.00~4.00			3	—	2.5t	
		H26、H36	H26、H36	>0.20~0.50	165~205	135	2	—	1.0t	
				>0.50~1.50			3	—	1.5t	
				>1.50~3.00			4	—	2.0t	
				>3.00~4.00			4	—	2.5t	
		H18	H18	>0.20~0.50	185	165	1	—	1.5t	
				>0.50~1.50			2	—	2.5t	
				>1.50~3.00			2	—	3.0t	
		H28、H38	H28、H38	>0.20~0.50	185	160	1	—	1.5t	
				>0.50~1.50			2	—	2.5t	
				>1.50~3.00			3	—	3.0t	
		H19	H19	>0.20~0.50	205	185	1	—	—	—
				>0.50~1.50			2	—	—	—
				>1.50~3.00			2	—	—	—
		H112	H112	>6.00~12.50	115	—	8	—	—	—
				>12.50~40.00	105		—	10	—	—
				>40.00~80.00	100		—	16	—	—
		F	—	>2.5~150.00		—			—	—

（续）

牌号	包铝分类	供应状态	试样状态	厚度/mm	室温拉伸试验结果				弯曲半径②	
					抗拉强度 R_m/MPa	规定塑性延伸强度 $R_{p0.2}$/MPa	断后伸长率① （%）		90°	180°
							A_{50mm}	A		
					≥					
5040	—	H24、H34	H24、H34	0.80~1.80	220~260	170	6	—	—	—
		H26、H36	H26、H36	1.00~2.00	240~280	205	5	—	—	—
5049	—	O、H111	O、H111	>0.20~0.50	190~240	80	12	—	0t	0.5t
				>0.50~1.50			14	—	0.5t	0.5t
				>1.50~3.00			16	—	1.0t	1.0t
				>3.00~6.00			18	—	1.0t	1.0t
				>6.00~12.50			18	—	2.0t	—
				>12.50~100.00			—	17	—	—
		H12	H12	>0.20~0.50	220~270	170	4	—	—	—
				>0.50~1.50			5	—	—	—
				>1.50~3.00			6	—	—	—
				>3.00~6.00			7	—	—	—
		H22、H32	H22、H32	>0.20~0.50	220~270	130	7	—	0.5t	1.5t
				>0.50~1.50			8	—	1.0t	1.5t
				>1.50~3.00			10	—	1.5t	2.0t
				>3.00~6.00			11	—	1.5t	—
		H14	H14	>0.20~0.50	240~280	190	3	—	—	—
				>0.50~1.50			3	—	—	—
				>1.50~3.00			4	—	—	—
				>3.00~6.00			4	—	—	—
		H24、H34	H24、H34	>0.20~0.50	240~280	160	6	—	1.0t	2.5t
				>0.50~1.50			6	—	1.5t	2.5t
				>1.50~3.00			7	—	2.0t	2.5t
				>3.00~6.00			8	—	2.5t	—
		H16	H16	>0.20~0.50	265~305	220	2	—	—	—
				>0.50~1.50			3	—	—	—
				>1.50~3.00			3	—	—	—
				>3.00~6.00			3	—	—	—
		H26、H36	H26、H36	>0.20~0.50	265~305	190	4	—	1.5t	—
				>0.50~1.50			4	—	2.0t	—
				>1.50~3.00			5	—	3.0t	—
				>3.00~6.00			6	—	3.5t	—
		H18	H18	>0.20~0.50	290	250	1	—	—	—
				>0.50~1.50			2	—	—	—
				>1.50~3.00			2	—	—	—
		H28、H38	H28、H38	>0.20~0.50	290	230	3	—	—	—
				>0.50~1.50			3	—	—	—
				>1.50~3.00			4	—	—	—
		H112	H112	6.00~12.50	210	100	12	—	—	—
				>12.50~25.00	200	90	—	10	—	—
				>25.00~40.00	190	80	—	12	—	—
				>40.00~80.00	190	80	—	14	—	—

（续）

牌号	包铝分类	供应状态	试样状态	厚度/mm	室温拉伸试验结果				弯曲半径②	
					抗拉强度 R_m/MPa	规定塑性延伸强度 $R_{p0.2}$/MPa	断后伸长率① (%)		90°	180°
						≥	A_{50mm}	A		
5449	—	O、H111	O、H111	>0.50~1.50	190~240	80	14	—	—	—
				>1.50~3.00			16	—	—	—
		H22	H22	>0.50~1.50	220~270	130	8	—	—	—
				>1.50~3.00			10	—	—	—
		H24	H24	>0.50~1.50	240~280	160	6	—	—	—
				>1.50~3.00			7	—	—	—
		H26	H26	>0.50~1.50	265~305	190	4	—	—	—
				>1.50~3.00			5	—	—	—
		H28	H28	>0.50~1.50	290	230	3	—	—	—
				>1.50~3.00			4	—	—	—
5050	—	O、H111	O、H111	>0.20~0.50	130~170	45	16	—	0t	0t
				>0.50~1.50			17	—	0t	0t
				>1.50~3.00			19	—	0t	0.5t
				>3.00~6.00			21	—	1.0t	—
				>6.00~12.50			20	—	2.0t	—
				>12.50~50.00			—	20	—	—
		H12	H12	>0.20~0.50	155~195	130	2	—	0t	
				>0.50~1.50			2	—	0.5t	
				>1.50~3.00			4	—	1.0t	
		H22、H32	H22、H32	>0.20~0.50	155~195	100	4	—	0t	1.0t
				>0.50~1.50			5	—	0.5t	1.0t
				>1.50~3.00			7	—	1.0t	1.5t
				>3.00~6.00			10	—	1.5t	—
		H14	H14	>0.20~0.50	175~215	150	2	—	0.5t	
				>0.50~1.50			2	—	1.0t	
				>1.50~3.00			3	—	1.5t	
				>3.00~6.00			4	—	2.0t	
		H24、H34	H24、H34	>0.20~0.50	175~215	135	3	—	0.5t	1.5t
				>0.50~1.50			4	—	1.0t	1.5t
				>1.50~3.00			5	—	1.5t	2.0t
				>3.00~6.00			8	—	2.0t	—
		H16	H16	>0.20~0.50	195~235	170	1	—	1.0t	
				>0.50~1.50			2	—	1.5t	
				>1.50~3.00			2	—	2.5t	
				>3.00~4.00			3	—	3.0t	
		H26、H36	H26、H36	>0.20~0.50	195~235	160	2	—	1.0t	
				>0.50~1.50			3	—	1.5t	
				>1.50~3.00			4	—	2.5t	
				>3.00~4.00			6	—	3.0t	
		H18	H18	>0.20~0.50	220	190	1	—	1.5t	
				>0.50~1.50			2	—	2.5t	
				>1.50~3.00			2	—	—	—

（续）

牌号	包铝分类	供应状态	试样状态	厚度/mm	室温拉伸试验结果				弯曲半径②	
					抗拉强度 R_m/MPa	规定塑性延伸强度 $R_{p0.2}$/MPa	断后伸长率① （%）		90°	180°
						≥	A_{50mm}	A		
5050	—	H28、H38	H28、H38	>0.20~0.50	220	180	1	—	1.5t	—
				>0.50~1.50			2	—	2.5t	—
				>1.50~3.00			3	—	—	—
		H112	H112	6.00~12.50	140	55	12	—	—	—
				>12.50~40.00			—	10	—	—
				>40.00~80.00			—	10	—	—
		F	—	2.50~80.00	—				—	—
5251	—	O、H111	O、H111	>0.20~0.50	160~200	60	13	—	0t	0t
				>0.50~1.50			14	—	0t	0t
				>1.50~3.00			16	—	0.5t	0.5t
				>3.00~6.00			18	—	1.0t	—
				>6.00~12.50			18	—	2.0t	—
				>12.50~50.00			—	18	—	—
		H12	H12	>0.20~0.50	190~230	150	3	—	0t	2.0t
				>0.50~1.50			4	—	1.0t	2.0t
				>1.50~3.00			5	—	1.0t	2.0t
				>3.00~6.00			8	—	1.5t	—
		H22、H32	H22、H32	>0.20~0.50	190~230	120	4	—	0t	1.5t
				>0.50~1.50			6	—	1.0t	1.5t
				>1.50~3.00			8	—	1.0t	1.5t
				>3.00~6.00			10	—	1.5t	—
		H14	H14	>0.20~0.50	210~250	170	2	—	0.5t	2.5t
				>0.50~1.50			2	—	1.5t	2.5t
				>1.50~3.00			3	—	1.5t	2.5t
				>3.00~6.00			4	—	2.5t	—
		H24、H34	H24、H34	>0.20~0.50	210~250	140	3	—	0.5t	2.0t
				>0.50~1.50			5	—	1.5t	2.0t
				>1.50~3.00			6	—	1.5t	2.0t
				>3.00~6.00			8	—	2.5t	—
		H16	H16	>0.20~0.50	230~270	200	1	—	1.0t	3.5t
				>0.50~1.50			2	—	1.5t	3.5t
				>1.50~3.00			3	—	2.0t	3.5t
				>3.00~4.00			3	—	3.0t	—
		H26、H36	H26、H36	>0.20~0.50	230~270	170	3	—	1.0t	3.0t
				>0.50~1.50			4	—	1.5t	3.0t
				>1.50~3.00			5	—	2.0t	3.0t
				>3.00~4.00			7	—	3.0t	—
		H18	H18	>0.20~0.50	255	230	1	—	—	—
				>0.50~1.50			2	—	—	—
				>1.50~3.00			2	—	—	—
		H28、H38	H28、H38	>0.20~0.50	255	200	2	—	—	—
				>0.50~1.50			3	—	—	—
				>1.50~3.00			3	—	—	—
		F	—	2.50~80.00	—				—	—

（续）

牌号	包铝分类	供应状态	试样状态	厚度/mm	室温拉伸试验结果				弯曲半径②	
					抗拉强度 R_m/MPa	规定塑性延伸强度 $R_{p0.2}$/MPa	断后伸长率①（%）		90°	180°
							A_{50mm}	A		
						≥				
5052	—	O、H111	O、H111	>0.20~0.50	170~215	65	12	—	0t	0t
				>0.50~1.50			14	—	0t	0t
				>1.50~3.00			16	—	0.5t	0.5t
				>3.00~6.00			18	—	1.0t	—
				>6.00~12.50	165~215		19	—	2.0t	—
				>12.50~80.00			—	18	—	—
		H12	H12	>0.20~0.50	210~260	160	4	—		
				>0.50~1.50			5	—		
				>1.50~3.00			6	—		
				>3.00~6.00			8	—		
		H22、H32	H22、H32	>0.20~0.50	210~260	130	5	—	0.5t	1.5t
				>0.50~1.50			6	—	1.0t	1.5t
				>1.50~3.00			7	—	1.5t	1.5t
				>3.00~6.00			10	—	1.5t	—
		H14	H14	>0.20~0.50	230~280	180	3	—	—	—
				>0.50~1.50			3	—	—	—
				>1.50~3.00			4	—	—	—
				>3.00~6.00			4	—	—	—
		H24、H34	H24、H34	>0.20~0.50	230~280	150	4	—	0.5t	2.0t
				>0.50~1.50			5	—	1.5t	2.0t
				>1.50~3.00			6	—	2.0t	2.0t
				>3.00~6.00			7	—	2.5t	—
		H16	H16	>0.20~0.50	250~300	210	2	—	—	—
				>0.50~1.50			3	—	—	—
				>1.50~3.00			3	—	—	—
				>3.00~6.00			3	—	—	—
		H26、H36	H26、H36	>0.20~0.50	250~300	180	3	—	1.5t	—
				>0.50~1.50			4	—	2.0t	—
				>1.50~3.00			5	—	3.0t	—
				>3.00~6.00			6	—	3.5t	—
		H18	H18	>0.20~0.50	270	240	1	—	—	—
				>0.50~1.50			2	—	—	—
				>1.50~3.00			2	—	—	—
		H28、H38	H28、H38	>0.20~0.50	270	210	3	—	—	—
				>0.50~1.50			3	—	—	—
				>1.50~3.00			4	—	—	—
		H112	H112	>6.00~12.50	190	80	7	—	—	—
				>12.50~40.00	170	70	—	10	—	—
				>40.00~80.00	170	70	—	14	—	—
		F	—	>2.50~150.00	—				—	—

(续)

牌号	包铝分类	供应状态	试样状态	厚度/mm	室温拉伸试验结果 抗拉强度 R_m/MPa	规定塑性延伸强度 $R_{p0.2}$/MPa $\geqslant$	断后伸长率[①] (%) A_{50mm}	A	弯曲半径[②] 90°	180°
5154A	—	O、H111	O、H111	>0.20~0.50	215~275	85	12	—	0.5t	0.5t
				>0.50~1.50			13	—	0.5t	0.5t
				>1.50~3.00			15	—	1.0t	1.0t
				>3.00~6.00			17	—	1.5t	—
				>6.00~12.50			18	—	2.5t	—
				>12.50~50.00			—	16	—	—
		H12	H12	>0.20~0.50	250~305	190	3	—	—	—
				>0.50~1.50			4	—	—	—
				>1.50~3.00			5	—	—	—
				>3.00~6.00			6	—	—	—
		H22、H32	H22、H32	>0.20~0.50	250~305	180	5	—	0.5t	1.5t
				>0.50~1.50			6	—	1.0t	1.5t
				>1.50~3.00			7	—	2.0t	2.0t
				>3.00~6.00			8	—	2.5t	—
		H14	H14	>0.20~0.50	270~325	220	2	—	—	—
				>0.50~1.50			3	—	—	—
				>1.50~3.00			3	—	—	—
				>3.00~6.00			4	—	—	—
		H24、H34	H24、H34	>0.20~0.50	270~325	200	4	—	1.0t	2.5t
				>0.50~1.50			5	—	2.0t	2.5t
				>1.50~3.00			6	—	2.5t	3.0t
				>3.00~6.00			7	—	3.0t	—
		H26、H36	H26、H36	>0.20~0.50	290~345	230	3	—	—	—
				>0.50~1.50			3	—	—	—
				>1.50~3.00			4	—	—	—
				>3.00~6.00			5	—	—	—
		H18	H18	>0.20~0.50	310	270	1	—	—	—
				>0.50~1.50			1	—	—	—
				>1.50~3.00			1	—	—	—
		H28、H38	H28、H38	>0.20~0.50	310	250	3	—	—	—
				>0.50~1.50			3	—	—	—
				>1.50~3.00			3	—	—	—
		H19	H19	>0.20~0.50	330	285	1	—	—	—
				>0.50~1.50			1	—	—	—
		H112	H112	6.00~12.50	220	125	8	—	—	—
				>12.50~40.00	215	90	—	9	—	—
				>40.00~80.00	215	90	—	13	—	—
		F	—	2.50~80.00	—				—	—
5454	—	O、H111	O、H111	>0.20~0.50	215~275	85	12	—	0.5t	0.5t
				>0.50~1.50			13	—	0.5t	0.5t
				>1.50~3.00			15	—	1.0t	1.0t
				>3.00~6.00			17	—	1.5t	—
				>6.00~12.50			18	—	2.5t	—
				>12.50~80.00			—	16	—	—
		H12	H12	>0.20~0.50	250~305	190	3	—	—	—
				>0.50~1.50			4	—	—	—
				>1.50~3.00			5	—	—	—
				>3.00~6.00			6	—	—	—

（续）

牌号	包铝分类	供应状态	试样状态	厚度/mm	室温拉伸试验结果				弯曲半径②	
					抗拉强度 R_m/MPa	规定塑性延伸强度 $R_{p0.2}$/MPa	断后伸长率① （%）			
							A_{50mm}	A	90°	180°
					≥					
5454	—	H22、H32	H22、H32	>0.20~0.50	250~305	180	5	—	0.5t	1.5t
				>0.50~1.50			6	—	1.0t	1.5t
				>1.50~3.00			7	—	2.0t	2.0t
				>3.00~6.00			8	—	2.5t	—
		H14	H14	>0.20~0.50	270~325	220	2	—		
				>0.50~1.50			3	—		
				>1.50~3.00			3	—		
				>3.00~6.00			4	—		
		H24、H34	H24、H34	>0.20~0.50	270~325	200	4	—	1.0t	2.5t
				>0.50~1.50			5	—	2.0t	2.5t
				>1.50~3.00			6	—	2.5t	3.0t
				>3.00~6.00			7	—	3.0t	—
		H26、H36	H26、H36	>0.20~1.50	290~345	230	3	—	—	—
				>1.50~3.00			4	—	—	—
				>3.00~6.00			5	—	—	—
		H28、H38	H28、H38	>0.20~3.00	310	250	3	—	—	—
		H112	H112	6.00~12.50	220	125	8	—	—	—
				>12.50~40.00	215	90	—	9	—	—
				>40.00~120.00			—	13	—	—
		F	—	>4.50~150.00	—				—	—
5754	—	O、H111	O、H111	>0.20~0.50	190~240	80	12	—	0t	0.5t
				>0.50~1.50			14	—	0.5t	0.5t
				>1.50~3.00			16	—	1.0t	1.0t
				>3.00~6.00			18	—	1.0t	1.0t
				>6.00~12.50			18	—	2.0t	—
				>12.50~100.00			—	17	—	—
		H12	H12	>0.20~0.50	220~270	170	4	—		
				>0.50~1.50			5	—		
				>1.50~3.00			6	—		
				>3.00~6.00			7	—		
		H22、H32	H22、H32	>0.20~0.50	220~270	130	7	—	0.5t	1.5t
				>0.50~1.50			8	—	1.0t	1.5t
				>1.50~3.00			10	—	1.5t	2.0t
				>3.00~6.00			11	—	1.5t	—
		H14	H14	>0.20~0.50	240~280	190	3	—	—	—
				>0.50~1.50			3	—	—	—
				>1.50~3.00			4	—	—	—
				>3.00~6.00			4	—	—	—
		H24、H34	H24、H34	>0.20~0.50	240~280	160	6	—	1.0t	2.5t
				>0.50~1.50			6	—	1.5t	2.5t
				>1.50~3.00			7	—	2.0t	2.5t
				>3.00~6.00			8	—	2.5t	—

（续）

牌号	包铝分类	供应状态	试样状态	厚度/mm	室温拉伸试验结果				弯曲半径②	
					抗拉强度 R_m/MPa	规定塑性延伸强度 $R_{p0.2}$/MPa	断后伸长率① （%）		90°	180°
						≥	A_{50mm}	A		
5754	—	H16	H16	>0.20~0.50	265~305	220	2	—	—	—
				>0.50~1.50			3	—	—	—
				>1.50~3.00			3	—	—	—
				>3.00~6.00			3	—	—	—
		H26、H36	H26、H36	>0.20~0.50	265~305	190	4	—	1.5t	—
				>0.50~1.50			4	—	2.0t	—
				>1.50~3.00			5	—	3.0t	—
				>3.00~6.00			6	—	3.5t	—
		H18	H18	>0.20~0.50	290	250	1	—	—	—
				>0.50~1.50			2	—	—	—
				>1.50~3.00			2	—	—	—
		H28、H38	H28、H38	>0.20~0.50	290	290	3	—	—	—
				>0.50~1.50			3	—	—	—
				>1.50~3.00			4	—	—	—
		H112	H112	6.00~12.50	190	100	12	—	—	—
				>12.50~25.00		90	—	10	—	—
				>25.00~40.00		80	—	12	—	—
				>40.00~80.00			—	14	—	—
		F	—	>4.50~150.00						
5082	—	H18、H38	H18、H38	>0.20~0.50	335	—	1	—	—	—
		H19、H39	H19、H39	>0.20~0.50	355	—	1	—	—	—
		F	—	>4.50~150.00		—				
5182	—	O、H111	O、H111	>0.2~0.50	255~315	110	11	—	—	1.0t
				>0.50~1.50			12	—	—	1.0t
				>1.50~3.00			13	—	—	1.0t
		H19	H19	>0.20~1.50	380	320	1	—	—	—
5083	—	O、H111	O、H111	>0.20~0.50	275~350	125	11	—	0.5t	1.0t
				>0.50~1.50			12	—	1.0t	1.0t
				>1.50~3.00			13	—	1.0t	1.5t
				>3.00~6.30			15	—	1.5t	—
				>6.30~12.50			16	—	2.5t	—
				>12.50~50.00	270~345	115	—	15	—	—
				>50.00~80.00			—	14	—	—
				>80.00~120.00	260	110	—	12	—	—
				>120.00~200.00	255	105	—	12	—	—
		H12	H12	>0.20~0.50	315~375	250	3	—	—	—
				>0.50~1.50			4	—	—	—
				>1.50~3.00			5	—	—	—
				>3.00~6.00			6	—	—	—

（续）

牌号	包铝分类	供应状态	试样状态	厚度/mm	室温拉伸试验结果				弯曲半径②	
					抗拉强度 R_m/MPa	规定塑性延伸强度 $R_{p0.2}$/MPa	断后伸长率① （%）		90°	180°
						≥	A_{50mm}	A		
5083	—	H22、H32	H22、H32	>0.20~0.50	305~380	215	5	—	0.5t	2.0t
				>0.50~1.50			6	—	1.5t	2.0t
				>1.50~3.00			7	—	2.0t	3.0t
				>3.00~6.00			8	—	2.5t	—
		H14	H14	>0.20~0.50	340~400	280	2	—	—	—
				>0.50~1.50			3	—	—	—
				>1.50~3.00			3	—	—	—
				>3.00~6.00			3	—	—	—
		H24、H34	H24、H34	>0.20~0.50	340~400	250	4	—	1.0t	—
				>0.50~1.50			5	—	2.0t	—
				>1.50~3.00			6	—	2.5t	—
				>3.00~6.00			7	—	3.5t	—
		H16	H16	>0.20~0.50	360~420	300	1	—	—	—
				>0.50~1.50			2	—	—	—
				>1.50~3.00			2	—	—	—
				>3.00~4.00			2	—	—	—
		H26、H36	H26、H36	>0.20~0.50	360~420	280	2	—	—	—
				>0.50~1.50			3	—	—	—
				>1.50~3.00			3	—	—	—
				>3.00~4.00			3	—	—	—
		H116、H321	H116、H321	1.50~3.00	305	215	8	—	2.0t	—
				>3.00~6.00			10	—	2.5t	—
				>6.00~12.50			12	—	4.0t	—
				>12.50~40.00			—	10	—	—
				>40.00~80.00	285	200	—	10	—	—
		H112	H112	>6.00~12.50	275	125	12	—	—	—
				>12.50~40.00	275	125	—	10	—	—
				>40.00~80.00	270	115	—	10	—	—
				>40.00~120.00	260	110	—	10	—	—
		F	—	>4.50~150.00	—				—	
5383	—	O、H111	O、H111	>0.20~0.50	290~360	145	11	—	0.5t	1.0t
				>0.50~1.50			12	—	1.0t	1.0t
				>1.50~3.00			13	—	1.0t	1.5t
				>3.00~6.00			15	—	1.5t	—
				>6.00~12.50			16	—	2.5t	—
				>12.50~50.00			—	15	—	—
				>50.00~80.00	285~355	135	—	14	—	—
				>80.00~120.00	275	130	—	12	—	—
				>120.00~150.00	270	125	—	12	—	—

（续）

牌号	包铝分类	供应状态	试样状态	厚度/mm	室温拉伸试验结果				弯曲半径②	
					抗拉强度 R_m/MPa	规定塑性延伸强度 $R_\text{p0.2}$/MPa	断后伸长率① （%）		90°	180°
							A_50mm	A		
					≥					
5383	—	H22、H32	H22、H32	>0.20~0.50	305~380	220	5	—	0.5t	2.0t
				>0.50~1.50			6	—	1.5t	2.0t
				>1.50~3.00			7	—	2.0t	3.0t
				>3.00~6.00			8	—	2.5t	—
		H24、H34	H24、H34	>0.20~0.50	340~400	270	4	—	1.0t	—
				>0.50~1.50			5	—	2.0t	—
				>1.50~3.00			6	—	2.5t	—
				>3.00~6.00			7	—	3.5t	—
		H116、H321	H116、H321	1.50~3.00	305	220	8	—	2.0t	3.0t
				>3.00~6.00			10	—	2.5t	—
				>6.00~12.50			12	—	4.0t	—
				>12.50~40.00			—	10	—	—
				>40.00~80.00	285	205	—	10	—	—
		H112	H112	6.00~12.50	290	145	12	—	—	—
				>12.50~40.00			—	10	—	—
				>40.00~80.00	285	135	—	10	—	—
5086	—	O、H111	O、H111	>0.20~0.50	240~310	100	11	—	0.5t	1.0t
				>0.50~1.50			12	—	1.0t	1.0t
				>1.50~3.00			13	—	1.0t	1.0t
				>3.00~6.00			15	—	1.5t	1.5t
				>6.00~12.50			17	—	2.5t	—
				>12.50~150.00			—	16	—	—
		H12	H12	>0.20~0.50	275~335	200	3	—	—	—
				>0.50~1.50			4	—	—	—
				>1.50~3.00			5	—	—	—
				>3.00~6.00			6	—	—	—
		H22、H32	H22、H32	>0.20~0.50	275~335	185	5	—	0.5t	2.0t
				>0.50~1.50			6	—	1.5t	2.0t
				>1.50~3.00			7	—	2.0t	2.0t
				>3.00~6.00			8	—	2.5t	—
		H14	H14	>0.20~0.50	300~360	240	2	—	—	—
				>0.50~1.50			3	—	—	—
				>1.50~3.00			3	—	—	—
				>3.00~6.00			3	—	—	—
		H24、H34	H24、H34	>0.20~0.50	300~360	220	4	—	1.0t	2.5t
				>0.50~1.50			5	—	2.0t	2.5t
				>1.50~3.00			6	—	2.5t	2.5t
				>3.00~6.00			7	—	3.5t	—

（续）

牌号	包铝分类	供应状态	试样状态	厚度/mm	室温拉伸试验结果				弯曲半径②	
					抗拉强度 R_m/MPa	规定塑性延伸强度 $R_{p0.2}$/MPa	断后伸长率① （%）			
							A_{50mm}	A	90°	180°
					≥					
5086	—	H16	H16	>0.20~0.50	325~385	270	1	—	—	—
				>0.50~1.50			2	—	—	—
				>1.50~3.00			2	—	—	—
				>3.00~4.00			2	—	—	—
		H26、H36	H26、H36	>0.20~0.50	325~385	250	2	—	—	—
				>0.50~1.50			3	—	—	—
				>1.50~3.00			3	—	—	—
				>3.00~4.00			3	—	—	—
		H18	H18	>0.20~0.50	345	290	1	—	—	—
				>0.50~1.50			1	—	—	—
				>1.50~3.00			1	—	—	—
		H116、H321	H116、H321	1.50~3.00	275	195	8	—	2.0t	2.0t
				>3.00~6.00			9	—	2.5t	—
				>6.00~12.50			10	—	3.5t	—
				>12.50~50.00			—	9	—	—
		H112	H112	>6.00~12.50	250	105	8	—	—	—
				>12.50~40.00	240	105	—	9	—	—
				>40.00~80.00	240	100	—	12	—	—
		F	—	>4.50~150.00	—	—	—	—	—	—
6A02	—	O	O	>0.50~4.50	≤145	—	21	—	—	—
				>4.50~10.00			16	—	—	—
			T62⑤	>0.50~4.50	295		11	—	—	—
				>4.50~10.00			8	—	—	—
		T4	T4	>0.50~0.80	195	—	19	—	—	—
				>0.80~2.90			21	—	—	—
				>2.90~4.50			19	—	—	—
				>4.50~10.00	175		17	—	—	—
		T6	T6	>0.50~4.50	295	—	11	—	—	—
				>4.50~10.00			8	—	—	—
		T1	T62⑥	>4.50~12.50			8	—	—	—
				>12.50~25.00			—	7	—	—
				>25.00~40.00	285		—	6	—	—
				>40.00~80.00	275		—	6	—	—
			T42⑥	>4.50~12.50	175		17	—	—	—
				>12.50~25.00			—	14	—	—
				>25.00~40.00			—	12	—	—
				>40.00~80.00	165		—	10	—	—
		F	—	>4.50~150.00	—	—	—	—	—	—
6061	—	O	O	0.40~1.50	≤150	≤85	14	—	0.5t	1.0t
				>1.50~3.00			16	—	1.0t	1.0t
				>3.00~6.00			19	—	1.0t	—
				>6.00~12.50			16	—	2.0t	—
				>12.50~25.00			—	16	—	—

牌号	包铝分类	供应状态	试样状态	厚度/mm	室温拉伸试验结果				弯曲半径②	
					抗拉强度 R_m/MPa	规定塑性延伸强度 $R_{p0.2}$/MPa	断后伸长率① （%）		90°	180°
							A_{50mm}	A		
					≥					
6061	—	T4	T4	0.40~1.50	205	110	12	—	1.0t	1.5t
				>1.50~3.00			14	—	1.5t	2.0t
				>3.00~6.00			16	—	3.0t	—
				>6.00~12.50			18	—	4.0t	—
				>12.50~40.00			—	15	—	—
				>40.00~80.00			—	14		
		T6	T6	0.40~1.50	290	240	6	—	2.5t	
				>1.50~3.00			7	—	3.5t	
				>3.00~6.00			10	—	4.0t	
				>6.00~12.50			9	—	5.0t	
				>12.50~40.00			—	8		
				>40.00~80.00			—	6		
				>80.00~100.00			—	5		
		F	—	>2.50~150.0	—					
6016	—	T4	T4	0.40~3.00	170~250	80~140	24	—	0.5t	0.5t
		T6	T6	0.40~3.00	260~300	180~260	10	—	—	—
6063	—	O	O	0.50~5.00	≤130		20	—	—	—
				>5.00~12.50			15	—	—	—
				>12.50~20.00			—	15	—	—
			T62⑤	0.50~5.00	230	180	—	8	—	—
				>5.00~12.50	220	170	—	6	—	—
				>12.50~20.00	220	170	6		—	—
		T4	T4	0.50~5.00	150		10		—	—
				5.00~10.00	130		10		—	—
		T6	T6	0.50~5.00	240	190	8		—	—
				>5.00~10.00	230	180	8		—	—
6082	—	O	O	0.40~1.50	≤150	≤85	14	—	0.5t	1.0t
				>1.50~3.00			16	—	1.0t	1.0t
				>3.00~6.00			18	—	1.5t	
				>6.00~12.50			17	—	2.5t	
				>12.50~25.00	≤155	—	—	16	—	
		T4	T4	0.40~1.50	205	110	12	—	1.5t	3.0t
				>1.50~3.00			14	—	2.0t	3.0t
				>3.00~6.00			15	—	3.0t	—
				>6.00~12.50			14	—	4.0t	—
				>12.50~40.00			—	13		
				>40.00~80.00			—	12		
6082	—	T6	T6	0.40~1.50	310	260	6	—	2.5t	
				>1.50~3.00			7	—	3.5t	
				>3.00~6.00			10	—	4.5t	
				>6.00~12.50	300	255	9	—	6.0t	
		F	—	>4.50~150.00						

（续）

牌号	包铝分类	供应状态	试样状态	厚度/mm	室温拉伸试验结果				弯曲半径②	
					抗拉强度 R_m/MPa	规定塑性延伸强度 $R_{p0.2}$/MPa	断后伸长率①（%）		90°	180°
					≥		A_{50mm}	A		
包铝 7A04、包铝 7A09、7A04、7A09	正常包铝或工艺包铝	O	O	0.50~10.00	≤245	—	11	—	—	—
		O	T62⑤	0.50~2.90	470	390	7	—	—	—
				>2.90~10.00	490	410		—	—	—
		T6	T6	0.50~2.90	480	400		—	—	—
				>2.90~10.00	490	410		—	—	—
		T1	T62	>4.50~10.00	490	410		—	—	—
				>10.00~12.50	490	410	4		—	—
				>12.50~25.00					—	—
				>25.50~40.00			3		—	—
		F	—	>4.50~150.00	—				—	—
7020	—	O	O	0.40~1.50	≤220	≤140	12	—	2.0t	—
				>1.50~3.00			13	—	2.5t	—
				>3.00~6.00			15	—	3.5t	—
				>6.00~12.50			12	—	5.0t	—
		T4⑦	T4⑦	0.40~1.50	320	210	11	—	—	—
				>1.50~3.00			12	—	—	—
				>3.00~6.00			13	—	—	—
				>6.00~12.50			14	—	—	—
		T6	T6	0.40~1.50	350	280	7	—	3.5t	—
				>1.50~3.00			8	—	4.0t	—
				>3.00~6.00			10	—	5.5t	—
				>6.00~12.50			10	—	8.0t	—
				>12.50~40.00			—	9	—	—
				>40.00~100.00	340	270	—	8	—	—
				>100.00~150.00			—	7	—	—
				>150.00~175.00	330	260	—	6	—	—
				>175.00~200.00			—	5	—	—
7021	—	T6	T6	1.50~3.00	400	350	7	—	—	—
				>3.00~6.00			6	—	—	—
7022	—	T6	T6	3.00~12.50	450	370	8	—	—	—
				>12.50~25.00			—	8	—	—
				>25.00~50.00			—	7	—	—
				>50.00~100.00	430	350	—	5	—	—
				>100.00~200.00	410	330	—	3	—	—
7075	工艺包铝或不包铝	O	O	0.40~0.80	≤275	≤145	10	—	0.5t	1.0t
				>0.80~1.50					1.0t	2.0t
				>1.50~3.00					1.0t	3.0t
				>3.00~6.00					2.5t	
				>6.00~12.50					4.0t	
				>12.50~75.00	—	—	—	9	—	—

（续）

牌号	包铝分类	供应状态	试样状态	厚度/mm	室温拉伸试验结果				弯曲半径[2]	
					抗拉强度 R_m/MPa	规定塑性延伸强度 $R_{p0.2}$/MPa	断后伸长率[1]（%）		90°	180°
							A_{50mm}	A		
					≥					
7075	工艺包铝或不包铝	O	T62[5]	0.40~0.80	525	460	6	—	—	—
				>0.80~1.50	540	460	6	—	—	—
				>1.50~3.00	540	470	7	—	—	—
				>3.00~6.00	545	475	8	—	—	—
				>6.00~12.50	540	460	8	—	—	—
				>12.50~25.00	540	470	—	6	—	—
				>25.00~50.00	530	460	—	5	—	—
				>50.00~60.00	525	440	—	4	—	—
				>60.00~75.00	495	420	—	4	—	—
		T6	T6	0.40~0.80	525	460	6	—	4.5t	—
				>0.80~1.50	540	460	6	—	5.5t	—
				>1.50~3.00	540	470	7	—	6.5t	—
				>3.00~6.00	545	475	8	—	8.0t	—
				>6.00~12.50	540	460	8	—	12.0t	—
				>12.50~25.00	540	470	—	6	—	—
				>25.00~50.00	530	460	—	5	—	—
				>50.00~60.00	525	440	—	4	—	—
		T76	T76	>1.50~3.00	500	425	7	—	—	—
				>3.00~6.00	500	425	8	—	—	—
				>6.00~12.50	490	415	7	—	—	—
		T73	T73	>1.50~3.00	460	385	7	—	—	—
				>3.00~6.00	460	385	8	—	—	—
				>6.00~12.50	475	390	7	—	—	—
				>12.50~25.00	475	390	—	6	—	—
				>25.00~50.00	475	390	—	5	—	—
				>50.00~60.00	455	360	—	5	—	—
				>60.00~80.00	440	340	—	5	—	—
				>80.00~100.00	430	340	—	5	—	—
		F	—	>6.00~50.00	—					
包铝7075	正常包铝	O	O	>0.39~1.60	≤275	≤145	10	—	—	—
				>1.60~4.00				—	—	—
				>4.00~12.50				—	—	—
				>12.50~50.00	—		—	9	—	—
		O	T62[5]	>0.39~1.00	505	435	7	—	—	—
				>1.00~1.60	515	445	8	—	—	—
				>1.60~3.20	515	445	8	—	—	—
				>3.20~4.00	515	445	8	—	—	—
				>4.00~6.30	525	455	8	—	—	—
				>6.30~12.50	525	455	9	—	—	—
				>12.50~25.00	540	470	—	6	—	—
				>25.00~50.00	530	460	—	5	—	—
				>50.00~60.00	525	440	—	4	—	—

（续）

牌号	包铝分类	供应状态	试样状态	厚度/mm		室温拉伸试验结果				弯曲半径[2]	
						抗拉强度 R_m/MPa	规定塑性延伸强度 $R_{p0.2}$/MPa	断后伸长率[1]（%）		90°	180°
								A_{50mm}	A		
						≥					
包铝7075	正常包铝	T6	T6	>0.39~1.00		505	435	7	—	—	—
				>1.00~1.60		515	445	8	—	—	—
				>1.60~3.20		515	445	8	—	—	—
				>3.20~4.00		515	445	8	—	—	—
				>4.00~6.30		525	455	8	—	—	—
		T76	T76	>3.10~4.00		470	390	8	—	—	—
				>4.00~6.30		485	405	8	—	—	—
		F	—	>6.00~100.00		—				—	—
包铝7475	正常包铝	O	O	1.00~1.60		≤250	≤140	10	—	—	2.0t
				>1.60~3.20		≤260	≤140	10	—	—	3.0t
				>3.20~4.80		≤260	≤140	10	—	—	4.0t
				>4.80~6.50		≤270	≤145	10	—	—	4.0t
		T761[8]	T761[8]	1.00~1.60		455	379	9	—	—	6.0t
				>1.60~2.30		469	393	9	—	—	7.0t
				>2.30~3.20		469	393	9	—	—	8.0t
				>3.20~4.80		469	393	9	—	—	9.0t
				>4.80~6.50		483	414	9	—	—	9.0t
7475	工艺包铝或不包铝	T6	T6	>0.35~6.00		515	440	9	—	—	—
		T76、T761[8]	T76、T761[8]	1.00~1.60	纵向	490	420	9	—	—	6.0t
					横向	490	415	9	—	—	
				>1.60~2.30	纵向	490	420	9	—	—	7.0t
					横向	490	415	9	—	—	
				>2.30~3.20	纵向	490	420	9	—	—	8.0t
					横向	490	415	9	—	—	
				>3.20~4.80	纵向	490	420	9	—	—	9.0t
					横向	490	415	9	—	—	
				>4.80~6.50	纵向	490	420	9	—	—	9.0t
					横向	490	415	9	—	—	
8A06	—	O	O	>0.20~0.30		≤110	—	16	—	—	—
				>0.30~0.50				21	—	—	—
				>0.50~0.80				26	—	—	—
				>0.80~10.00				30	—	—	—
		H14、H24	H14、H24	>0.20~0.30		100		1	—	—	—
				>0.30~0.50				3	—	—	—
				>0.50~0.80				4	—	—	—
				>0.80~1.00				5	—	—	—
				>1.00~4.50				6	—	—	—
		H18	H18	>0.20~0.30		135		1	—	—	—
				>0.30~0.80				2	—	—	—
				>0.80~4.50				3	—	—	—
		H112	H112	>4.50~10.00		70	—	19	—	—	—
				>10.00~12.50		80		19	—	—	—
				>12.50~25.00		80		—	19	—	—
				>25.00~80.00		65		—	16	—	—
		F	—	>2.50~150		—				—	—

（续）

牌号	包铝分类	供应状态	试样状态	厚度/mm	室温拉伸试验结果				弯曲半径②	
					抗拉强度 R_m/MPa	规定塑性延伸强度 $R_{p0.2}$/MPa	断后伸长率① (%)		90°	180°
							A_{50mm}	A		
					≥					
8011	—	H14	H14	>0.20~0.50	125~165	—	2	—	—	—
		H24	H24	>0.20~0.50	125~165	—	3	—	—	—
		H16	H16	>0.20~0.50	130~185	—	1	—	—	—
		H26	H26	>0.20~0.50	130~185	—	2	—	—	—
		H18	H18	0.20~0.50	165	—	1	—	—	—
8011A	—	O、H111	O、H111	>0.20~0.50	85~130	30	19	—	—	—
				>0.50~1.50			21	—	—	—
				>1.50~3.00			24	—	—	—
				>3.00~6.00			25	—	—	—
				>6.00~12.50			30	—	—	—
		H22	H22	>0.20~0.50	105~145	90	4	—	—	—
				>0.50~1.50			5	—	—	—
				>1.50~3.00			6	—	—	—
		H14	H14	>0.20~0.50	120~170	110	1	—	—	—
				>0.50~1.50	125~165		3	—	—	—
				>1.50~3.00			3	—	—	—
				>3.00~6.00			4	—	—	—
		H24	H24	>0.20~0.50	125~165	100	3	—	—	—
				>0.50~1.50			4	—	—	—
				>1.50~3.00			5	—	—	—
				>3.00~6.00			6	—	—	—
		H16	H16	>0.20~0.50	140~190	130	1	—	—	—
				>0.50~1.50	145~185		2	—	—	—
				>1.50~4.00			3	—	—	—
		H26	H26	>0.20~0.50	145~185	120	2	—	—	—
				>0.50~1.50			3	—	—	—
				>1.50~4.00			4	—	—	—
		H18	H18	>0.20~0.50	160	145	1	—	—	—
				>0.50~1.50	165		2	—	—	—
				>1.50~3.00			2	—	—	—
8079	—	H14	H14	>0.20~0.50	125~175					

① 当 A_{50mm} 和 A 两栏均有数值时，A_{50mm} 适用于厚度不大于 12.5mm 的板材，A 适用于厚度大于 12.5mm 的板材。

② 弯曲半径中的 t 表示板材的厚度，对表中既有 90°弯曲也有 180°弯曲的产品，当需方未指定采用 90°弯曲或 180°弯曲时，弯曲半径由供方任选一种。

③ 对于 2A11、2A12、2017 合金的 O 状态板材，需要 T42 状态的性能值时，应在订货单（或合同）中注明，未注明时，不检测该性能。

④ 厚度为 >12.5~25.00mm 的 2014、2024、2219 合金 O 状态的板材，其拉伸试样由心材机加工得到，不得有包铝层。

⑤ 对于 6A02、6063、7A04、7A09 和 7075 合金的 O 状态板材，需要 T62 状态的性能值时，应在订货单（或合同）中注明，未注明时，不检测该性能。

⑥ 对于 6A02 合金 T1 状态的板材，当需方未注明需要 T62 或 T42 状态的性能时，由供方任选一种。

⑦ 应尽量避免订购 7020 合金 T4 状态的产品。T4 状态产品的性能是在室温下自然时效 3 个月后才能达到规定的稳定的力学性能，将淬火后的试样在 60~65℃ 的条件下持续 60h 后也可以得到近似的自然时效性能值。

⑧ T761 状态专用于 7475 合金薄板和带材，与 T76 状态的定义相同，是在固溶处理后进行人工过时效以获得良好的抗剥落腐蚀性能的状态。

5.3.3　一般工业用铝及铝合金板、带材的尺寸偏差（摘自 GB/T 3880.3—2012）

（1）厚度允许偏差（见表 2-440～表 2-442）

表 2-440　普通级冷轧板、带材的厚度允许偏差　　　（单位：mm）

厚度	下列宽度上的厚度允许偏差[①]										
	≤1000.0		>1000.0~1250.0		>1250.0~1600.0		>1600.0~2000.0		>2000.0~2500.0	>2500.0~3000.0	>3000.0~3500.0
	A 类	B 类	A 类	B 类	A 类	B 类	A 类	B 类	所有	所有	所有
>0.20~0.40	±0.03	±0.05	±0.05	±0.06	±0.06	±0.6	—	—	—	—	—
>0.40~0.50	±0.05	±0.05	±0.06	±0.08	±0.07	±0.08	±0.08	±0.09	±0.12	—	—
>0.50~0.60	±0.05	±0.05	±0.07	±0.08	±0.07	±0.08	±0.08	±0.09	±0.12	—	—
>0.60~0.80	±0.05	±0.06	±0.07	±0.08	±0.07	±0.08	±0.09	±0.10	±0.13	—	—
>0.80~1.00	±0.07	±0.08	±0.08	±0.09	±0.08	±0.09	±0.10	±0.11	±0.15	—	—
>1.00~1.20	±0.07	±0.08	±0.09	±0.10	±0.09	±0.10	±0.11	±0.12	±0.15	—	—
>1.20~1.50	±0.09	±0.10	±0.12	±0.13	±0.12	±0.13	±0.13	±0.14	±0.15	—	—
>1.50~1.80	±0.09	±0.10	±0.12	±0.13	±0.12	±0.13	±0.14	±0.15	±0.15	—	—
>1.80~2.00	±0.09	±0.10	±0.12	±0.13	±0.12	±0.13	±0.14	±0.15	±0.15	—	—
>2.00~2.50	±0.12	±0.13	±0.14	±0.15	±0.14	±0.15	±0.15	±0.16	±0.16	—	—
>2.50~3.00	±0.13	±0.15	±0.16	±0.17	±0.16	±0.17	±0.17	±0.18	±0.18	—	—
>3.00~3.50	±0.14	±0.15	±0.17	±0.18	±0.17	±0.18	±0.22	±0.23	±0.19	—	—
>3.50~4.00	±0.15		±0.18		±0.18		±0.23		±0.24	±0.51	±0.57
>4.00~5.00	±0.23		±0.24		±0.24		±0.26		±0.28	±0.54	±0.63
>5.00~6.00	±0.25		±0.26		±0.26		±0.26		±0.28	±0.60	±0.69

[①] 厚度大于或等于 4.00mm、平均镁含量（质量分数）大于 3% 的高镁合金板、带材，其厚度偏差为公称厚度的 ±5%，当该值小于表中对应数值时，以表中规定为准。

表 2-441　高精级冷轧板、带材的厚度允许偏差　　　（单位：mm）

厚度	下列宽度上的厚度允许偏差										
	≤1000.0		>1000.0~1250.0		>1250.0~1600.0		>1600.0~2000.0		>2000.0~2500.0	>2500.0~3000.0	>3000.0~3500.0
	A 类	B 类	A 类	B 类	A 类	B 类	A 类	B 类	所有	所有	所有
>0.20~0.40	±0.02	±0.03	±0.04	±0.05	±0.05	±0.06	—	—	—	—	—
>0.40~0.50	±0.03	±0.03	±0.04	±0.05	±0.05	±0.06	±0.06	±0.07	±0.10	—	—
>0.50~0.60	±0.03	±0.04	±0.05	±0.06	±0.06	±0.07	±0.07	±0.08	±0.11	—	—
>0.60~0.80	±0.03	±0.04	±0.06	±0.07	±0.07	±0.08	±0.08	±0.09	±0.12	—	—
>0.80~1.00	±0.04	±0.05	±0.06	±0.08	±0.08	±0.09	±0.09	±0.10	±0.13	—	—
>1.00~1.20	±0.04	±0.05	±0.07	±0.09	±0.09	±0.10	±0.10	±0.12	±0.14	—	—
>1.20~1.50	±0.05	±0.07	±0.09	±0.11	±0.10	±0.12	±0.11	±0.14	±0.16	—	—
>1.50~1.80	±0.06	±0.08	±0.10	±0.12	±0.11	±0.13	±0.12	±0.14	±0.17	—	—
>1.80~2.00	±0.06	±0.09	±0.11	±0.13	±0.12	±0.14	±0.14	±0.15	±0.19	—	—
>2.00~2.50	±0.07	±0.10	±0.12	±0.14	±0.13	±0.15	±0.15	±0.16	±0.20	—	—
>2.50~3.00	±0.08	±0.11	±0.13	±0.15	±0.15	±0.17	±0.17	±0.18	±0.23	—	—
>3.00~3.50	±0.10	±0.12	±0.15	±0.17	±0.17	±0.19	±0.18	±0.20	±0.24	—	—
>3.50~4.00	±0.15		±0.18		±0.18		±0.23		±0.24	±0.34	±0.38
>4.00~5.00	±0.18		±0.22		±0.24		±0.25		±0.28	±0.36	±0.42
>5.00~6.00	±0.20		±0.24		±0.25		±0.26		±0.28	±0.40	±0.46

表 2-442　热轧板、带材的厚度允许偏差　　　　（单位：mm）

厚　　度	下列宽度上的厚度允许偏差				
	≤1250.0	>1250.0~ 1600.0	>1600.0~ 2000.0	>2.000.0~ 2500.0	>2500.0~ 3500.0
2.50~4.00	±0.28	±0.28	±0.32	±0.35	±0.40
>4.00~5.00	±0.30	±0.30	±0.35	±0.40	±0.45
>5.00~6.00	±0.32	±0.32	±0.40	±0.45	±0.50
>6.00~8.00	±0.35	±0.40	±0.40	±0.50	±0.55
>8.00~10.00	±0.45	±0.50	±0.50	±0.55	±0.60
>10.00~15.00	±0.50	±0.60	±0.65	±0.65	±0.80
>15.00~20.00	±0.60	±0.70	±0.75	±0.80	±0.90
>20.00~30.00	±0.65	±0.75	±0.85	±0.90	±1.00
>30.00~40.00	±0.75	±0.85	±1.00	±1.10	±1.20
>40.00~50.00	±0.90	±1.00	±1.10	±1.20	±1.50
>50.00~60.00	±1.10	±1.20	±1.40	±1.50	±1.70
>60.00~80.00	±1.40	±1.50	±1.70	±1.90	±2.00
>80.00~100.00	±1.70	±1.80	±1.90	±2.10	±2.20
>100.00~150.00	±2.10	±2.20	±2.50	±2.60	—
>150.00~220.00	±2.50	±2.60	±2.90	±3.00	—
>220.00~250.00	±2.80	±2.90	±3.20	±3.30	—

（2）宽度允许偏差（见表 2-443~表 2-446）

表 2-443　冷轧板材的宽度允许偏差　　　　（单位：mm）

级别	厚度	下列宽度上的宽度允许偏差				
		≤500.0	>500.0~ 1250.0	>1250.0~ 2000.0	>2000.0~ 3000.0	>3000.0~ 3500.0
普通级	>0.20~3.00	+2.0 0	+5.0 0	+6.0 0	+8.0 0	—
	>3.00~6.00	+4.0 0	+6.0 0	+8.0 0	+12.0 0	—
高精级	>0.20~3.00	+1.5 0	+3.0 0	+4.0 0	+5.0 0	—
	>3.00~6.00	+3.0 0	+4.0 0	+5.0 0	+8.0 0	+8.0 0

表 2-444　切边热轧板材的宽度允许偏差　　　　（单位：mm）

厚度	下列宽度上的宽度允许偏差			
	≤1000.0	>1000.0~2000.0	>2000.0~3000.0	>3000.0~3500.0
≤6.00	+5.0 0	+7.0 0	+8.0 0	+10.0 0
>6.00~12.00	+6.0 0	+7.0 0	+8.0 0	+10.0 0
>12.00~50.00	+6.0 0	+8.0 0	+9.0 0	+10.0 0
>50.00~200.00	+8.0 0	+8.0 0	+9.0 0	+10.0 0
>200.00~250.00	+11.0 0	+11.00 0	+12.0 0	+12.0 0

表 2-445　冷轧带材的宽度允许偏差　　　（单位：mm）

级别	厚度	下列宽度上的宽度允许偏差					
		≤100.0	>100.0~300.0	>300.0~500.0	>500.0~1250.0	>1250.0~1650.0	>1650.0~3500.0
普通级	>0.20~0.60	+0.5 0	+0.6 0	+1.0 0	+3.0 0	+4.0 0	+5.0 0
	>0.60~1.00	+0.5 0	+0.8 0	+1.5 0	+3.0 0	+4.0 0	+5.0 0
	>1.00~2.00	+0.6 0	+1.0 0	+2.0 0	+3.0 0	+4.0 0	+5.0 0
	>2.00~3.00	+2.0 0	+2.0 0	+3.0 0	+4.0 0	+5.0 0	+6.0 0
	>3.00~6.00	—	+3.0 0	+4.0 0	+5.0 0	+5.0 0	+8.0 0
高精级	>0.20~0.60	+0.3 0	+0.4 0	+0.6 0	+1.5 0	+2.5 0	+3 0
	>0.60~1.00	+0.3 0	+0.5 0	+1 0	+1.5 0	+2.5 0	+3 0
	>1.00~2.00	+0.4 0	+0.7 0	+1.2 0	+2 0	+2.5 0	+3 0
	>2.00~3.00	+1 0	+1 0	+1.5 0	+2 0	+2.5 0	+4 0
	>3.00~6.00	—	+1.5 0	+2 0	+3 0	+3 0	+5 0

表 2-446　热轧带材的宽度允许偏差　　　（单位：mm）

厚　度	下列宽度上的宽度允许偏差	
	<500.0	500.0~3500.0
2.50~15.00	不要求或供需双方协商确定	+8 0
>15.00	不要求或供需双方协商确定	

（3）长度允许偏差（见表 2-447 和表 2-448）

表 2-447　冷轧板材的长度允许偏差　　　（单位：mm）

级别	厚度	下列长度上的长度允许偏差				
		≤1000	>1000~2000	>2000~3000	>3000~5000	>5000
普通级	>0.20~6.00	+8 0	+10 0	+12 0	+14 0	+16 0
高精级	>0.20~3.00	+3 0	+4 0	+6 0	+8 0	+0.2%×公称长度
	>3.00~6.00	+4 0	+6 0	+8 0	+10 0	

表 2-448 热轧板材的长度允许偏差 （单位：mm）

厚度	下列长度上的长度允许偏差[①]									
	≤1000		>1000~2000		>2000~3000		>3000~3500		>3500~6000	
	剪切	锯切	剪切	锯切	剪切	锯切	剪切	锯切	剪切	锯切
≤6.00	+10 0	+5 0	+12 0	+7 0	+14 0	+8 0	+16 0	+10 0	+18 0	+10 0
>6.00~12.00	+30 0	+6 0	+30 0	+7 0	+30 0	+8 0	+40 0	+10 0	+40 0	+10 0
>12.00~50.00	+40 0	+6 0	+40 0	+8 0	+40 0	+9 0	+50 0	+10 0	+50 0	+10 0
>50.00~200.00	—	+8 0	—	+8 0	—	+9 0	—	+10 0	—	+10 0
>200.00~250.00	—	+11 0	—	+11 0	—	+12 0	—	+12 0	—	+12 0

① 长度大于6000mm的板材，其长度允许偏差为+0.2%×公称长度。

5.3.4 钎焊用铝及铝合金复合板（摘自 YS/T 69—2012）

（1）牌号、状态、规格及包覆率（见表 2-449）

表 2-449 钎焊用铝及铝合金复合板的牌号、状态、规格及包覆率

复合板牌号	状态	规格			包覆率（%）
		厚度/mm	宽度/mm	长度/mm	
4004/3003、4004/3005、4004/3003/4004、4004/3A11/4004、4004/3003/7072、4004/6063、4004/6060、4004/6A02、4104/3003、4104/3003/4104、4104/7A11/4104、4104/6063、4104/6063/4104、4104/6060、4104/6A02、4A13/3003、4A13/3003/4A13、4A13/3A11/4A13、4A13/7A11/4A13、4A17/3003/4A17、4A17/3A11/4A17、4A17/7A11/4A17、4343/3003、4343/7A11、4343/7A11/4343、4343/3003/7072、4343/3003/4343、4343/3003/1100、4343/3A11/4343、4343/7A11/7072、4343/7A11/1100、4343/6951/4343、4A43/3003、4A43/3003/7072、4A43/3003/4A43、4A43/3A11/4A43、4045/3003、4045/3003/7072、4045/7A11/4045/3003/4045、4045/7A11/7072、4045/3A11/4045、4045/6951/4045、4A45/3A11/4A45、4A45/3003/4A45、4047/3003	O H12 H22 H14 H24 H16 H26 H18	0.21~5.00	≤1600	≤10000	5~18

（2）室温拉伸力学性能（见表 2-450）

5.3.5 瓶盖用铝及铝合金板、带、箔材（摘自 YS/T 91—2009）

（1）牌号、状态和规格（见表 2-451）

（2）力学性能及工艺性能（见表 2-452）

表 2-450　钎焊用铝及铝合金复合板的室温拉伸力学性能

复合板牌号	状态	厚度/mm	抗拉强度 R_m/MPa	断后伸长率 A_{50mm}(%)$\geqslant$
4A13/3003、4A13/3003/4A13、4A13/3A11/4A13、4A13/7A11/4A13、4A17/3003/4A17、4A17/3A11/4A17、4A17/7A11/4A17、4343/3003、4343/7A11/4343、4343/3003/7072、4343/7A11/7072、4343/3003/4343、4343/7A11/1100、4343/3003/1100、4343/7A11/1100、4343/3A11/4343、4A43/3003、4A43/3003/7072、4A43/3003/4A43、4A43/3A11/4A43、4045/3003、4045/3003/7072、4045/7A11、4045/3003/4045、4045/3A11/4045、4045/7A11/7072、4A45/3A11/4A45、4A45/3003/4A45、4047/3003	O	>0.20~1.30	95~150	18
		>1.30~5.00		20
	H12	>0.20~1.30	120~170	4
		>1.30~5.00		5
	H22	>0.20~1.30	120~170	6
		>1.30~5.00		7
	H14	>0.20~1.30	150~200	2
		>1.30~5.00		5
	H24	>0.20~1.30	150~200	3
		>1.30~5.00		5
	H16	>0.20~1.30	170~230	1
		>1.30~5.00		2
	H26	>0.20~1.30	170~230	2
		>1.30~5.00		3
	H18	>0.20~5.00	$\geqslant$200	1
4004/3003、4004/3005、4004/3003/4004、4004/3A11/4004、4004/3003/7072、4104/3003、4104/3003/4104、4104/7A11/4A04	O	>0.20~1.30	95~165	18
		>1.30~5.00		20
	H12	>0.20~1.30	125~205	3
		>1.30~5.00		6
	H22	>0.20~1.30	125~205	3
		>1.30~5.00		7
	H14	>0.20~1.30	145~225	2
		>1.30~5.00		4
	H24	>0.20~1.30	145~225	3
		>1.30~5.00		5
4004/6063、4004/6060、4004/6A02、4104/6063、4104/6063/4104、4104/6060、4104/6A02、4343/6951/4343、4045/6951/4045	O	0.20~5.00	$\leqslant$140	16

表 2-451　瓶盖用铝及铝合金板、带、箔材的牌号、状态和规格

牌号	状态	规格				
		厚度/mm	宽度/mm		板材长度/mm	带材、箔材卷内径[①]/mm
			板材	带材、箔材		
1060	O	0.15~0.50	500~1500	50~1500	500~2000	75、150、200、300、350、405、485、505
	H22	0.40~0.50				
1100	H14、H24	0.20~0.50				
	H16、H26、H18	0.15~0.50				
8011、8011A	H14、H24、H16、H26	0.15~0.50				
	H18	0.20~0.50				
3003	H14、H24	0.20~0.50				
	H16、H26、H18	0.15~0.50				
3105	H14、H24、H16、H26、H18	0.15~0.50				
5052	H18、H19	0.2~0.50				

① 对带材、箔材卷外径尺寸有要求时，供需双方协商，商定的尺寸须在合同中注明。

表 2-452　瓶盖用铝及铝合金板、带、箔材的力学性能及工艺性能

| 牌号 | 状态 | 厚度/mm | 力学性能 | | 工艺性能 |
			抗拉强度 R_m/MPa	断后伸长率 A_{50mm}（%）≥	制耳率（%）≤
1060	O	0.15~0.32	55~95	15	6
		>0.32~0.50	55~95	18	6
	H22	0.40~0.50	75~110	6	5
1100	H14、H24	0.20~0.32	110~145	1	3
		>0.32~0.50	110~145	2	
	H16、H26	0.15~0.32	130~165	1	
		>0.32~0.50	130~165	2	
	H18	0.15~0.50	≥150	1	
8011、8011A	H14	0.15~0.50	125~165	2	
	H24	0.15~0.20	125~165	2	
		>0.20~0.50	125~165	3	
	H16	0.15~0.50	130~165	1	
	H26	0.15~0.20	130~165	1	
		0.20~0.50	130~165	2	
	H18	0.20~0.50	≥165	1	
3003	H14	0.20~0.50	145~185	1	4
	H24	0.20~0.50	145~185	4	
	H16	0.15~0.50	170~210	1	
	H26	0.15~0.20	170~210	1	
		>0.20~0.50	170~210	2	
	H18	0.15~0.20	≥185	1	
		0.20~0.50	≥190	1	
3105	H14	0.20~0.50	150~200	2	
	H24	0.20~0.50	150~200	4	
	H16	0.15~0.50	175~225	1	
	H26	0.15~0.50	175~225	3	
	H18	0.20~0.50	≥195	1	
5052	H18	0.20~0.50	280~320	3	
	H19	0.20~0.50	≥285	2	

5.3.6　表盘及装饰用铝及铝合金板（摘自 YS/T 242—2009）

（1）牌号、状态和规格（见表 2-453）

（2）室温力学性能（见表 2-454）

表 2-453　表盘及装饰用铝及铝合金板的牌号、状态和规格

牌　号	状　态	规格		
		厚度[①]/mm	宽度/mm	长度/mm
1035、1050A、1060、1070A、1070、1100、1200	O、H14、H24	0.30~4.00	1000、1200、1500	2000、2500、3000、3500、4000、4500
1035、1050A、1060、1070A、1070、1100、1200	H18	0.30~2.00		
3003	O	0.60	1150	
	H14	0.15	450	
	H16	0.28、0.50、0.80	1575、1220	
	H18	0.30	1385	
5052	H22、H32	0.20~1.00	1000~1500	2000、2500、3000、3500、4000、4500
	H24	0.50~1.00	1000~1500	
8011	H14	0.35	1750	
	H18	0.35	1570	

① 0.3~0.4mm 的厚度只供应宽 1000mm，长 2000mm 的板材。

表 2-454　表盘及装饰用铝及铝合金板材的室温力学性能

牌　号	状　态	厚度/mm	室温拉伸试验结果		
			抗拉强度 R_m/MPa	规定塑性延伸强度 $R_{p0.2}$/MPa	断后伸长率 A_{50mm}(%)
			≥		
1035	O	0.30~0.50	75~110	—	15
		>0.50~0.80	75~110	—	20
		>0.80~1.30	75~110	—	25
		>1.3~4.0	75~110	—	30
	H14、H24	0.30~0.50	120~145	—	2
		>0.50~0.80	120~145	—	3
		>0.80~1.30	120~145	—	4
		>1.30~4.00	120~145	—	5
	H18	0.30~0.50	155	—	1
		>0.50~0.80	155	—	2
		>0.80~1.30	155	—	3
		>1.30~2.00	155	—	4
1050A	O	0.30~0.50	65~95	20	20
		>0.50~1.50	65~95	20	22
		>1.50~3.00	65~95	20	26
		>3.00~4.00	65~95	20	29
	H14	0.30~0.50	105~145	85	2
		>0.50~1.50	105~145	85	3
		>1.50~3.00	105~145	85	4
		>3.00~4.00	105~145	85	5
	H24	0.30~0.50	105~145	75	3
		>0.50~1.50	105~145	75	4
		>1.50~3.00	105~145	75	5
		>3.00~4.00	105~145	75	8
	H18	0.30~0.50	140	120	1
		>0.50~1.50	140	120	2
		>1.50~2.00	140	120	2

（续）

牌 号	状 态	厚度/mm	室温拉伸试验结果		
			抗拉强度 R_m/MPa	规定塑性延伸强度 $R_{P0.2}$/MPa	断后伸长率 A_{50mm}（%）
				$\geqslant$	
1060	O	0.30~0.50	60~100	15	18
		>0.50~1.50	60~100	15	23
		>1.50~4.00	60~100	15	25
	H14、H24	0.30~0.50	95~135	70	2
		>0.50~0.80	95~135	70	2
		>0.80~1.50	95~135	70	4
		>1.50~4.00	95~135	70	6
	H18	0.30~0.50	125	85	2
		>0.50~1.50	125	85	3
		>1.50~2.00	125	85	4
1070A	O	0.30~0.50	60~90	15	23
		>0.50~1.50	60~90	15	25
		>1.50~3.00	60~90	15	29
		>3.00~4.00	60~90	15	32
	H14	0.30~0.50	100~140	70	4
		>0.50~1.50	100~140	70	4
		>1.50~3.00	100~140	70	5
		>3.00~4.00	100~140	70	6
	H24	0.30~0.50	100~140	60	5
		>0.50~1.50	100~140	60	6
		>1.50~3.00	100~140	60	7
		>3.00~4.00	100~140	60	9
	H18	0.30~0.50	125	105	2
		>0.50~1.50	125	105	2
		>1.50~2.00	125	105	2
1070	O	0.30~0.50	55~95	—	20
		>0.50~0.80	55~95	—	25
		>0.80~1.50	55~95	15	30
		>1.50~4.00	55~95	15	35
	H14、H24	0.30~0.50	85~120	—	2
		>0.50~0.80	85~120	—	3
		>0.80~1.50	85~120	65	4
		>1.50~3.00	85~120	65	5
		>3.00~4.00	85~120	65	6

（续）

牌 号	状 态	厚度/mm	室温拉伸试验结果		
			抗拉强度 R_m/MPa	规定塑性延伸强度 $R_{P0.2}$/MPa	断后伸长率 A_{50mm}（%）
			≥		
1070	H18	0.30~0.50	120	—	1
		>0.50~0.80	120	—	2
		>0.80~1.50	120	—	3
		>1.50~2.00	120	—	4
1100	O	0.30~0.50	75~105	25	17
		>0.50~1.50	75~105	25	22
		>1.50~4.00	75~105	25	30
	H14、H24	0.30~0.50	110~145	95	2
		>0.50~1.50	110~145	95	3
		>1.50~4.00	110~145	95	5
	H18	0.30~0.50	150	—	1
		>0.50~1.50	150	—	2
		>1.50~2.00	150	—	4
1200	O	0.30~0.50	75~105	25	19
		>0.50~1.50	75~105	25	21
		>1.50~3.00	75~105	25	24
		>3.00~4.00	75~105	25	28
	H14	0.30~0.50	115~155	95	2
		>0.50~1.50	115~155	95	3
		>1.50~3.00	115~155	95	4
		>3.00~4.00	115~155	95	5
	H24	0.30~0.50	115~155	90	3
		>0.50~1.50	115~155	90	4
		>1.50~3.00	115~155	90	5
		>3.00~4.00	115~155	90	7
	H18	0.30~0.50	150	130	1
		>0.50~1.50	150	130	2
		>1.50~2.00	150	130	2

（续）

牌　号	状　态	厚度/mm	室温拉伸试验结果		
			抗拉强度 R_m/MPa	规定塑性延伸强度 $R_{P0.2}$/MPa	断后伸长率 A_{50mm}（%）
			≥		
3003	O	0.60	118~121	—	33~36
	H14	0.15	165	—	2.0
	H16	0.28	165	—	2.5
		0.50	174	—	2.5
		0.80	164	—	3.0
	H18	0.30	245	—	2.0
5052	H22	0.20~1.00	215~265	130	6
	H32	0.20~1.00	215~265	130	6
	H24	0.50~1.00	230~280	150	5
8011	H14	0.35	143~150	—	3.2~4.0
	H18	0.35	171~184	—	2.8~3.5

5.4　铝及铝合金棒材和线材

5.4.1　铝及铝合金挤压棒材（见表 2-455~表 2-457）

表 2-455　铝及铝合金挤压棒材的牌号、类别、状态和规格（摘自 GB/T 3191—2010）

牌　号		供货状态	试样状态	规格
Ⅱ类（2×××系、7×××系合金及含镁量平均值大于或等于3%的5×××系合金的棒材）	Ⅰ类（除Ⅱ类外的其他棒材）			
—	1070A	H112	H112	圆棒直径：$\phi5$~$\phi600$mm；方棒、六角棒对边距离：5~200mm。长度：1~6m
—	1060	O	O	
		H112	H112	
—	1050A	H112	H112	
—	1350	H112	H112	
—	1035	O	O	
		H112	H112	
—	1200	H112	H112	
2A02	—	T1、T6	T62、T6	
2A06	—	T1、T6	T62、T6	
2A11	—	T1、T4	T42、T4	
2A12	—	T1、T4	T42、T4	
2A13	—	T1、T4	T421、T4	
2A14	—	T1、T6、T6511	T62、T6、T6511	
2A16	—	T1、T6、T6511	T62、T6、T6511	
2A50	—	T1、T6	T62、T6	
2A70	—	T1、T6	T62、T6	

（续）

牌　　号		供货状态	试样状态	规格
II 类 （2×××系、7×××系合金及含镁量平均值大于或等于 3%的 5×××系合金的棒材）	I 类 （除 II 类外的其他棒材）	供货状态	试样状态	规格
2A80	—	T1、T6	T62、T6	
2A90	—	T1、T6	T62、T6	
2014、2014A	—	T4、T4510、T4511	T4、T4510、T4511	
		T6、T6510、T6511	T6、T6510、T6511	
2017	—	T4	T42、T4	
2017A	—	T4、T4510、T4511	T4、T4510、T4511	
2024	—	O	O	
		T3、T3510、T3511	T3、T3510、T3511	
—	3A21	O	O	
		H112	H112	
—	3102	H112	H112	
—	3003、3103	O	O	
		H112	H112	
—	4A11	T1	T62	
—	4032	T1	T62	
—	5A02	O	O	圆棒
		H112	H112	直径：
5A03	—	H112	H112	$\phi 5 \sim$
5A05	—	H112	H112	$\phi 60mm$；
5A06	—	H112	H112	方棒、
5A12	—	H112	H112	六角棒
—	5005、5005A	H112	H112	对边距
		O	O	离：5～
5019	—	H112	H112	200mm。
		O	O	长度：
5049	—	H112	H112	1～6m
—	5251	H112	H112	
		O	O	
—	5052	H112	H112	
		O	O	
5154A	—	H112	H112	
		O	O	
—	5454	H112	H112	
		O	O	
5754	—	H112	H112	
		O	O	
5083	—	H112	H112	
		O	O	
5086	—	H112	H112	
		O	O	

481

（续）

牌 号		供货状态	试样状态	规格
Ⅱ类 （2×××系、7×××系合金及含镁量平均值大于或等于3%的5×××系合金的棒材）	Ⅰ类 （除Ⅱ类外的其他棒材）			
—	6A02	T1、T6	T62、T6	圆棒直径：φ5～φ60mm；方棒、六角棒对边距离：5～200mm。长度：1～6m
—	6101A	T6	T6	
—	6005、6005A	T5	T5	
		T6	T6	
7A04	—	T1、T6	T62、T6	
7A09	—	T1、T6	T62、T6	
7A15	—	T1、T6	T62、T6	
7003		T5	T5	
		T6	T6	
7005	—	T6	T6	
7020	—	T6	T6	
7021	—	T6	T6	
7022	—	T6	T6	
7049A		T6、T6510、T6511	T6、T6510、T6511	
7075		O	O	
		T6、T6510、T6511	T6、T6510、T6511	
—	8A06	O	O	
		H112	H112	

表 2-456　铝及铝合金挤压棒材的室温纵向力学性能（摘自 GB/T 3191—2010）

牌号	供货状态	试样状态	直径（方棒、六角棒指内切圆直径）/mm	抗拉强度 R_m/MPa	规定塑性延伸强度 $R_{p0.2}$/MPa	断后伸长率（%）	
						A	A_{50mm}
				≥			
1070A	H112	H112	≤150.0	55	15	—	—
1060	O	O	≤150.00	60～95	15	22	—
	H112	H112		60	15	22	—
1050A	H112	H112	≤150.0	65	20	—	—
1350	H112	H112	≤150.0	60	—	25	—
1200	H112	H112	≤150.0	75	20	—	—
1035、8A06	O	O	≤150.00	60～120	—	25	—
	H112	H112		60	—	25	—
2A02	T1、T6	T62、T6	≤150.00	430	275	10	—
2A06	T1、T6	T62、T6	≤22.00	430	285	10	—
			>22.00～100.00	440	295	9	—
			>100.00～150.00	430	285	10	—
2A11	T1、T4	T42、T4	≤150.00	370	215	12	—
2A12	T1、T4	T42、T4	≤22.00	390	255	12	—
			>22.00～150.00	420	255	12	—

（续）

牌号	供货状态	试样状态	直径(方棒、六角棒指内切圆直径)/mm	抗拉强度 R_m/MPa	规定塑性延伸强度 $R_{p0.2}$/MPa	断后伸长率（%）	
						A	A_{50mm}
				$\geqslant$			
2A13	T1、T4	T42、T4	≤22.00	315	—	4	—
			>22.00~150.00	345	—	4	—
2A14	T1、T6、T6511	T62、T6、T6511	≤22.00	440	—	10	—
			>22.00~150.00	450	—	10	—
2014、2014A	T4、T4510、T4511	T4、T4510、T4511	≤25.00	370	230	13	11
			>25.00~75.00	410	270	12	—
			>75.00~150.00	390	250	10	—
			>150.00~200.00	350	230	8	—
2014、2014A	T6、T6510、T6511	T6、T6510、T6511	≤25.00	415	370	6	5
			>25.00~75.00	460	415	7	—
			>75.00~150.00	465	420	7	—
			>150.00~200.00	430	350	6	—
			>200.00~250.00	420	320	5	—
2A16	T1、T6、T6511	T62、T6、T6511	≤150.00	355	235	8	—
2017	T4	T42、T4	≤120.00	345	215	12	—
2017A	T4、T4510、T4511	T4、T4510、T4511	≤25.00	380	260	12	10
			>25.00~75.00	400	270	10	—
			>75.00~150.00	390	260	9	—
			>150.00~200.00	370	240	8	—
			>200.00~250.00	360	220	7	—
2024	O	O	≤150.00	≤250	≤150	12	10
	T3、T3510、T3511	T3、T3510、T3511	≤50.00	450	310	8	6
			>50.00~100.00	440	300	8	—
			>100.00~200.00	420	280	8	—
			>200.00~250.00	400	270	8	—
2A50	T1、T6	T62、T6	≤150.00	355	—	12	—
2A70、2A80、2A90	T1、T6	T62、T6	≤150.00	355	—	8	—
3102	H112	H112	≤250.00	80	30	25	23
3003	O	O	≤250.00	95~130	35	25	20
	H112	H112		90	30	25	20
3103	O	O	≤250.00	95	35	25	20
	H112	H112		95~135	35	25	20
3A21	O	O	≤150.00	≤165	—	20	20
	H112	H112		90	—	20	—
4A11、4032	T1	T62	100.00~200.00	360	290	2.5	2.5
5A02	O	O	≤150.00	≤225	—	10	—
	H112	H112		170	70	—	—
5A03	H112	H112	≤150.00	175	80	13	13
5A05	H112	H112	≤150.0	265	120	15	15

（续）

牌号	供货状态	试样状态	直径(方棒、六角棒指内切圆直径)/mm	抗拉强度 R_m/MPa	规定塑性延伸强度 $R_{p0.2}$/MPa	断后伸长率（%）	
						A	A_{50mm}
				≥			
5A06	H112	H112	≤150.00	315	155	15	15
5A12	H112	H112	≤150.00	370	185	15	15
5052	H112	H112	≤250.00	170	70	—	—
	O	O		170~230	70	17	15
5005、5005A	H112	H112	≤200.00	100	40	18	16
	O	O	≤60.00	100~150	40	18	16
5019	H112	H112	≤200.00	250	110	14	12
	O	O	≤200.00	250~320	110	15	13
5049	H112	H112	≤250.00	180	80	15	15
5251	H112	H112	≤250.00	160	60	16	14
	O	O		160~220	60	17	15
5154A、5454	H112	H112	≤250.00	200	85	16	16
	O	O		200~275	85	18	18
5754	H112	H112	≤150.00	180	80	14	12
			>150.00~250.00	180	70	13	—
	O	O	≤150.00	180~250	80	17	15
5083	O	O	≤200.00	270~350	110	12	10
	H112	H112		270	125	12	10
5086	O	O	≤250.00	240~320	95	18	15
	H112	H112	≤200.00	240	95	12	10
6101A	T6	T6	≤150.00	200	170	10	10
6A02	T1、T6	T62、T6	≤150.00	295	—	12	12
6005、6005A	T5	T5	≤25.00	260	215	8	—
	T6	T6	≤25.00	270	225	10	8
			>25.00~50.00	270	225	8	—
			>50.00~100.00	260	215	8	—
6110A	T5	T5	≤120.00	380	360	10	8
	T6	T6	≤120.00	410	380	10	8
6351	T4	T4	≤150.00	205	110	14	12
	T6	T6	≤20.00	295	250	8	6
			>20.00~75.00	300	255	8	—
			>75.00~150.00	310	260	8	—
			>150.00~200.00	280	240	6	—
			>200.00~250.00	270	200	6	—
6060	T4	T4	≤150.00	120	60	16	14
	T5	T5		160	120	8	6
	T6	T6		190	150	8	6
6061	T6	T6	≤150.00	260	240	9	—
	T4	T4		180	110	14	—

（续）

牌号	供货状态	试样状态	直径(方棒、六角棒指内切圆直径)/mm	抗拉强度 R_m/MPa	规定塑性延伸强度 $R_{p0.2}$/MPa	断后伸长率（%）	
						A	A_{50mm}
				$\geqslant$			
6063	T4	T4	≤150.00	130	65	14	12
			>150.00~200.00	120	65	12	—
	T5	T5	≤200.00	175	130	8	6
	T6	T6	≤150.00	215	170	10	8
			>150.00~200.00	195	160	10	—
6063A	T4	T4	≤150.00	150	90	12	10
			>150.00~200.00	140	90	10	—
	T5	T5	≤200.00	200	160	7	5
	T6	T6	≤150.00	230	190	7	5
			>150.00~200.00	220	160	7	—
6463	T4	T4	≤150.00	125	75	14	12
	T5	T5		150	110	8	6
	T6	T6		195	160	10	8
6082	T6	T6	≤20.00	295	250	8	6
			>20.00~150.00	310	260	8	—
			>150.00~200.00	280	240	6	—
			>200.00~250.00	270	200	6	—
7003	T5	T5	≤250.00	310	260	10	8
	T6	T6	≤50.00	350	290	10	8
			>50.00~150.00	340	280	10	8
7A04、7A09	T1,T6	T62,T6	≤22.00	490	370	7	—
			>22.00~150.00	530	400	6	—
7A15	T1,T6	T62,T6	≤150.00	490	420	6	—
7005	T6	T6	≤50.00	350	290	10	8
			>50.00~150.00	340	270	10	—
7020	T6	T6	≤50.00	350	290	10	8
			>50.00~150.00	340	275	10	—
7021	T6	T6	≤40.00	410	350	10	8
7022	T6	T6	≤80.00	490	420	7	5
			>80.00~200.00	470	400	7	—
7049A	T6、T6510、T6511	T6、T6510、T6511	≤100.00	610	530	5	4
			>100.00~125.00	560	500	5	—
			>125.00~150.00	520	430	5	—
			>150.00~180.00	450	400	3	—
7075	O	O	≤200.00	≤275	≤165	10	8
	T6、T6510、T6511	T6、T6510、T6511	≤25.00	540	480	7	5
			>25.00~100.00	560	500	7	—
			>100.00~150.00	530	470	6	—
			>150.00~250.00	470	400	5	—

表 2-457　2A02、2A16 合金棒材的高温持久纵向拉伸力学性能（摘自 GB/T 5191—2010）

牌　号	温度/℃	应力/MPa	保温时间/h
2A02	270±3	64	100
		78[①]	50[①]
2A16	300±3	69	100

① 2A02 合金棒材，78MPa 应力、保温 50h 的试验结果不合格时，以 64MPa 应力、保温 100h 的试验结果作为高温持久纵向拉伸力学性能是否合格的最终判定依据。

5.4.2　电工圆铝杆（见表 2-458 和表 2-459）

表 2-458　电工圆铝杆的材料牌号和典型直径（摘自 GB/T 3954—2014）

材料牌号	典型直径/mm
1B90	
1B93	
1B95	
1B97	7.5
1A60	9.5
1R50	12.0
1350	15.0
1370	19.0
6101	24.0
6201	
8A07	
8030	

表 2-459　电工圆铝杆的力学性能和电性能（摘自 GB/T 3954—2014）

材料牌号	状态	抗拉强度/MPa	断后伸长率（%） （200mm 标距）≥	电阻率（20℃）/(nΩ·m) ≤
1B90、1B93、 1B95、1B97	O	35~65	35	27.15
	H14	60~90	15	27.25
1A60、1R50	O	60~90	25	27.55
	H12	80~110	13	27.85
	H13	95~115	11	28.01
	H14	110~130	8	28.01
	H16	120~150	6	28.01
1350	O	60~95	25	27.90
	H12	85~115	12	28.03
	H14	105~135	10	28.08
	H16	120~150	8	28.12
1370	O	60~95	25	27.90
	H12	85~115	11	28.01
	H13	105~135	8	28.03
	H14	115~150	6	28.05
	H16	130~160	5	28.08
6101[①]	T4	150~200	10	34.50
6201[①]	T4	160~220	10	34.50
8A07	H15	95~135	7	28.64
	H17	120~160	6	31.25
8030	H14	105~155	10	29.73

① 自然时效 7 天以上检测。

5.4.3　电工圆铝线（见表 2-460～表 2-462）

表 2-460　电工圆铝线的型号、状态和直径（摘自 GB/T 3955—2009）

型　号	状态代号	名　称	直径范围/mm
LR	O	软圆铝线	0.30～10.00
LY4	H4	H4 状态硬圆铝线	0.30～6.00
LY6	H6	H6 状态硬圆铝线	0.30～10.00
LY8	H8	H8 状态硬圆铝线	0.30～5.00
LY9	H9	H9 状态硬圆铝线	1.25～5.00

表 2-461　电工的力学性能（摘自 GB/T 3955—2009）

型　号	直径/mm	抗拉强度/MPa		断后伸长率(%) ≥
		min	max	
LR	0.30～1.00	—	98	15
	1.01～10.00	—	98	20
LY4	0.30～6.00	95	125	—
LY6	0.30～6.00	125	165	—
	6.01～10.00	125	165	3
LY8	0.30～5.00	160	205	—
LY9	1.25 及以下	200	—	—
	1.26～1.50	195		
	1.51～1.75	190		
	1.76～2.00	185		
	2.01～2.25	180		
	2.26～2.50	175		
	2.51～3.00	170		
	3.01～3.50	165		
	3.51～5.00	160		

表 2-462　电工圆铝线的电性能（摘自 GB/T 3955—2009）

型号	20℃时直流电阻率 ρ/$10^{-6}\Omega\cdot m$
LR	0.02759
LY4	
LY6	0.028264
LY8	
LY9	

注：计算时，20℃时的物理数据应取下列数值：密度为 2.703kg/dm³；线胀系数为 0.000023℃⁻¹；LR 型电阻温度系数为 0.00413℃⁻¹，其余型号电阻温度系数为 0.00403℃⁻¹。

5.5　铝及铝合金拉制圆线材（摘自 GB/T 3195—2016）

铝及铝合金拉制圆线材按用途分为导体用线材、焊接用线材、铆钉用线材、线缆编织用线材及蒸发料用线材。

5.5.1 牌号、供应状态和直径（见表 2-463~表 2-467）

表 2-463　导体用线材的牌号、供应状态和直径

牌　号	供应状态	直径/mm
1350	O	9.50~25.00
	H12、H22	
	H14、H24	
	H16、H26	
	H19	1.20~6.50
1A50	O、H19	0.80~20.00
8017、8030、8076、8130、8176、8177	O、H19	0.20~17.00
8C05、8C12	O	0.30~2.50
	H14、H18	0.30~2.50

表 2-464　焊接用线材的牌号、供应状态和直径

牌号[①]	供应状态	直径/mm
1035	O、H18	0.80~20.00
	H14	3.00~20.00
1050A、1060、1070A、1100、1200	O、H18	0.80~20.00
	H14	3.00~20.00
2A14、2A16、2A20	O、H14、H18	0.80~20.00
	H12	7.00~20.00
3A21	O、H14、H18	0.80~20.00
	H12	7.00~20.00
4A01、4043、4043A、4047	O、H14、H18	0.80~20.00
	H12	7.00~20.00
5A02、5A03、5A05、5A06	O、H14、H18	0.80~20.00
	H12	7.00~20.00
5B05、5A06、5B06、5087、5A33、5183、5183A、5356、5356A、5554、5A56	O	0.80~20.00
	H18、H14	0.80~7.00
	H12	7.00~20.00
4A47、4A54	H14	0.50~8.00

① 需方可参考（GB/T 3195—2016）附录 A 选择焊接用线材。

表 2-465　铆钉用线材的牌号、供应状态和直径

牌　号	供应状态	直径/mm
1035	H18	1.60~3.00
	H14	3.00~20.00
1100	O	1.60~25.00
2A01、2A04、2B11、2B12、2A10	H14、T4	1.60~20.00
2B16	T6	1.60~10.00
2017、2021、2117、2219	O、H13	1.60~25.00
3003	O、H14	
3A21	H14	1.60~20.00
5A02		

（续）

牌　号	供应状态	直径/mm
5A05	H18	0.80~7.00
	O、H14	1.60~20.00
5B05、5A06	H12	
5005、5052、5056	O	1.60~25.00
6061		
	H18、T6	1.60~20.00
7A03	H14、T6	
7050	O、H13、T7	1.60~25.00

表 2-466　线缆编织用线材的牌号、供应状态和直径

牌　号	供应状态	直径/mm
5154、5154A、5154C	O	0.10~0.50
	H38	0.10~0.50

表 2-467　蒸发料用线材的牌号、供应状态和直径

牌　号	供应状态	直径/mm
Al-Si1	H14	2.00~8.00

需要其他牌号、供应状态或尺寸规格的线材时，由供需双方协商确定，并在订货单（或合同）中注明。

5.5.2　力学性能（见表 2-468）

表 2-468　导体、铆钉及线缆编织用线材的室温拉伸力学性能

牌号	试样状态	直径/mm	力学性能			
			抗拉强度 R_m/MPa	规定塑性延伸强度 $R_{p0.2}$/MPa	断后伸长率(%)	
					A_{200mm}	A
1350	O	9.50~12.70	60~100	—	—	—
	H12、H22		80~120	—	—	—
	H14、H24		100~140	—	—	—
	H16、H26		115~155	—	—	—
	H19	1.20~2.00	≥160	—	≥1.2	—
		>2.00~2.50	≥175	—	≥1.5	—
		>2.50~3.50	≥160	—		—
		>3.50~5.30	≥160	—	≥1.8	—
		>5.30~6.50	≥155	—	≥2.2	—
1100	O	1.60~25.00	≤110	—	—	—
	H14		110~145	—	—	—
1A50	O	0.80~1.00	≥75	—	≥10.0	—
		>1.00~2.00		—	≥12.0	—
		>2.00~3.00		—	≥15.0	—
		>3.00~5.00		—	≥18.0	—
	H19	0.80~1.00	≥160	—	≥1.0	—
		>1.00~1.50	≥155	—	≥1.2	—
		>1.50~3.00		—	≥1.5	—
		>3.00~4.00	≥135	—		—
		>4.00~5.00		—	≥2.0	—

（续）

牌号	试样状态	直径/mm	抗拉强度 R_m/MPa	规定塑性延伸强度 $R_{p0.2}$/MPa	断后伸长率(%) A_{200mm}	A
2017	O	1.60~25.00	≤240	—	—	—
	H13		205~275	—	—	—
	T4		≥380	≥220	—	≥10
2024	O	1.60~25.00	≤240	—	—	—
	H13		220~290	—	—	—
	T42	1.60~3.20	≥425			
		>3.20~25.00	≥425	≥275	—	≥9
2117	O	1.60~25.00	≤175	—	—	—
	H15		190~240	—	—	—
	H13		170~220	—	—	—
	T4		≥260	≥125	—	≥16
2219	O		≤220	—	—	—
	H13		190~260	—	—	—
	T4		≥380	≥240	—	≥5
3003	O	1.60~25.00	≤130	—	—	—
	H14		140~180	—	—	—
5052	O		≤220	—	—	—
5056	O		≤320	—	—	—
5154、5154A、5154C	O	0.10~0.50	≤220	—	≥6	—
	H38	>0.10~0.16	≥290	—	≥3	
		>0.16~0.50	≥310	—	≥3	
6061	O		≤155	—	—	—
	H13		150~210	—	—	—
	T6	1.60~25.00	≥290	≥240	—	≥9
7050	O		≤275	—	—	—
	H13		235~305	—	—	—
	T7		≥485	≥400	—	≥9
8017	O	0.20~1.00	98~159	—	≥10	—
8030		>1.00~3.00		—	≥12	—
8076		>3.00~5.00		—	≥15	—
8130	H19	0.20~1.00	≥185	—	≥1.0	—
8176		>1.00~3.00		—	≥1.2	—
8177		>3.00~5.00		—	≥1.5	—
8C05	O	0.30~2.50	170~190	—		—
	H14		191~219	—	≥3.0	—
	H18		220~249	—		—
8C12	O	0.30~2.50	250~259	—		—
	H14		260~269	—		—
	H18		270~289	—		—

5.5.3　电阻率（见表 2-469）

表 2-469　导体及线缆编织用线材的电阻率

牌　号	试样状态	20℃ 时的电阻率 ρ /（$10^{-6}\Omega\cdot m$）$\leqslant$
1350	O	0.027899
	H12、H22	0.028035
	H14、H24	0.028080
	H16、H26	0.028126
1350	H19	0.028265
1A50	H19	0.028200
5154、5154A、5154C	O	0.052000
	H38	0.052000
8017、8030、8076 8130、8176、8177	O	0.028264
	H19	0.028976
8C05	O、H14、H18	0.028500
8C12	O、H14、H18	0.030500

5.5.4　铆钉用线材的抗剪强度和铆接性能（见表 2-470）

表 2-470　铆钉用线材的抗剪强度和铆接性能

牌号	试样状态	直径/mm	抗剪强度 τ/MPa $\geqslant$	铆接性能	
				试样突出高度与直径之比	铆接试验时间
1035	H14	3.00~20.00	60	—	—
2A01	T4	1.60~4.50	185	1.5	淬火 96h 以后
		>4.50~10.00		1.4	
		>10.00~20.00		—	—
2A04	H14	1.60~5.50	—	1.5	
		>5.50~10.00		1.4	
	T4	1.60~5.00	275	1.3	淬火后 6h 以内
		>5.00~6.00			淬火后 4h 以内
		>6.00~8.00	265	1.2	淬火后 2h 以内
		>8.00~20.00		—	—
2A10	T4	1.60~4.50	245	1.5	淬火时效后
		>4.50~8.00		1.4	
		>8.00~10.00	235	1.3	
		>8.00~20.00		—	—

（续）

牌号	试样状态	直径/mm	抗剪强度 τ/MPa ≥	铆接性能	
				试样突出高度与直径之比	铆接试验时间
2017	T4	1.60~25.00	225	—	—
2024	T42	1.60~25.00	255	—	—
2117	T4		180	—	—
2219	T6		205	—	—
2B11[①]	T4	1.60~4.50	235	1.5	淬火后 1h 以内
		>4.50~10.00		1.4	
		>10.00~20.00		—	—
2B12[①]	T4	1.60~4.50	265	1.4	淬火后 20min 以内
		>4.50~8.00		1.3	
		>8.00~10.00		1.2	
		>10.00~20.00		—	—
2B16	T6	1.60~4.50	270	1.4	淬火时效后
		4.50~8.00		1.3	
		8.00~10.00		1.2	
3A21	H14	1.60~10.00	80	1.5	—
		>10.00~20.00	—	—	
5A02	H14	1.60~10.00	115	1.5	—
		>10.00~20.00	—	—	
5A05	H18	0.80~7.00	165	1.5	—
5B05	H12	1.60~10.00	155	1.5	—
		>10.00~20.00	—	—	
5A06	H12	1.60~10.00	165	1.5	—
		>10.00~20.00	—	—	
6061	T6	1.60~20.00	170	—	—
7A03	H14	1.60~8.00	—	1.4	—
		>8.00~10.00		1.3	
		>10.00~20.00		—	
	T6	1.60~4.50	285	1.4	—
		>4.50~8.00		1.3	
		>8.00~10.00		1.2	
		>10.00~20.00		—	
7050	T7	1.60~25.00	270	—	—

① 因为 2B11、2B12 合金铆钉在变形时会破坏其时效过程，所以设计使用时，2B11 抗剪强度指标按 215MPa 计算；2B12 按 245MPa 计算。

5.6　铝及铝合金管材

5.6.1　铝及铝合金管材的尺寸规格（见表 2-471～表 2-475）

表 2-471　挤压无缝圆管的截面典型规格（摘自 GB/T 4436—2012）

（单位：mm）

外径 \ 壁厚	5.00	6.00	7.00	7.50	8.00	9.00	10.00	12.50	15.00	17.50	20.00	22.50	25.00	27.50	30.00	32.50	35.00	37.50	40.00	42.50	45.00	47.50	50.00
25.00	—	—																					
28.00	—	—	—	—																			
30.00	—	—	—	—	—	—																	
32.00	—	—	—	—	—	—	—																
34.00	—	—	—	—	—	—	—	—															
36.00	—	—	—	—	—	—	—	—															
38.00	—	—	—	—	—	—	—	—	—														
40.00	—	—	—	—	—	—	—	—	—														
42.00	—	—	—	—	—	—	—	—	—	—													
45.00	—	—	—	—	—	—	—	—	—	—	—												
48.00	—	—	—	—	—	—	—	—	—	—	—												
50.00	—	—	—	—	—	—	—	—	—	—	—	—											
52.00	—	—	—	—	—	—	—	—	—	—	—	—											
55.00	—	—	—	—	—	—	—	—	—	—	—	—	—										
58.00	—	—	—	—	—	—	—	—	—	—	—	—	—										
60.00	—	—	—	—	—	—	—	—	—	—	—	—	—	—									
62.00	—	—	—	—	—	—	—	—	—	—	—	—	—	—									
65.00	—	—	—	—	—	—	—	—	—	—	—	—	—	—	—								
70.00	—	—	—	—	—	—	—	—	—	—	—	—	—	—	—								
75.00	—	—	—	—	—	—	—	—	—	—	—	—	—	—	—	—	—						
80.00	—	—	—	—	—	—	—	—	—	—	—	—	—	—	—	—	—	—					
85.00	—	—	—	—	—	—	—	—	—	—	—	—	—	—	—	—	—	—	—				
90.00	—	—	—	—	—	—	—	—	—	—	—	—	—	—	—	—	—	—	—	—			
95.00	—	—	—	—	—	—	—	—	—	—	—	—	—	—	—	—	—	—	—	—	—		
100.00	—	—	—	—	—	—	—	—	—	—	—	—	—	—	—	—	—	—	—	—	—	—	—

（续）

外径	壁厚 5.00	6.00	7.00	7.50	8.00	9.00	10.00	12.50	15.00	17.50	20.00	22.50	25.00	27.50	30.00	32.50	35.00	37.50	40.00	42.50	45.00	47.50	50.00
105.00	—	—															—	—	—	—	—	—	—
110.00	—	—															—	—	—	—	—	—	—
115.00	—	—															—	—	—	—	—	—	—
120.00	—	—	—														—	—	—	—	—	—	—
125.00	—	—	—														—	—	—	—	—	—	—
130.00	—	—	—														—	—	—	—	—	—	—
135.00	—	—	—	—	—	—											—	—	—	—	—	—	—
140.00	—	—	—	—	—	—											—	—	—	—	—	—	—
145.00	—	—	—	—	—	—											—	—	—	—	—	—	—
150.00	—	—	—		—	—											—	—	—	—	—	—	—
155.00	—	—	—		—	—											—	—	—	—	—	—	—
160.00	—	—	—		—	—														—	—	—	—
165.00	—	—	—		—	—														—	—	—	—
170.00	—	—	—		—	—														—	—	—	—
175.00	—	—	—		—	—														—	—	—	—
180.00	—	—	—		—	—														—	—	—	—
185.00	—	—	—		—	—														—	—	—	—
190.00	—	—	—		—	—																	
195.00	—	—	—		—	—																	
200.00	—	—	—		—	—																	
205.00	—	—			—	—	—	—															
210.00	—	—			—	—	—	—															
215.00	—	—			—	—	—	—															
220.00	—	—			—	—	—	—															

225.00	—	—	—	—	—	—	—
230.00	—	—	—	—	—	—	—
235.00	—	—	—	—	—	—	—
240.00	—	—	—	—	—	—	—
245.00	—	—	—	—	—	—	—
250.00	—	—	—	—	—	—	—
260.00	—	—	—	—	—	—	—
270.00							
280.00							
290.00							
300.00							
310.00							
320.00							
330.00							
340.00							
350.00							
360.00							
370.00							
380.00							
390.00							
400.00							
450.00							

注：空白处表示可供规格。

表 2-472　冷拉、冷轧有缝圆管和无缝圆管的截面典型规格（摘自 GB/T 4436—2012）

（单位：mm）

外径	壁厚										
	0.50	0.75	1.00	1.50	2.00	2.50	3.00	3.50	4.00	4.50	5.00
6.00				—	—	—	—	—	—	—	—
8.00						—	—	—	—	—	—
10.00							—	—	—	—	—
12.00								—	—	—	—
14.00								—	—	—	—
15.00								—	—	—	—
16.00									—	—	—
18.00									—	—	—
20.00										—	—
22.00											
24.00											
25.00											
26.00	—										
28.00	—										
30.00	—										
32.00	—										
34.00	—										
35.00	—										
36.00	—										
38.00	—										
40.00	—										
42.00	—										
45.00	—										
48.00	—										
50.00	—										
52.00	—										
55.00	—										
58.00	—										
60.00	—										
65.00	—	—	—								
70.00	—	—	—								
75.00	—	—	—								
80.00	—	—	—	—							
85.00	—	—	—	—							
90.00	—	—	—	—							
95.00	—	—	—	—	—						
100.00	—	—	—	—	—						
105.00	—	—	—	—	—						
110.00	—	—	—	—	—						
115.00	—	—	—	—	—	—					
120.00	—	—	—	—	—	—	—				

注：空白处表示可供规格。

表 2-473　冷拉有缝正方形管和无缝正方形管的截面典型规格（摘自 GB/T 4436—2012）

（单位：mm）

边长	壁厚						
	1.00	1.50	2.00	2.50	3.00	4.50	5.00
10.00			—	—	—	—	—
12.00			—	—	—	—	—
14.00				—	—	—	—
16.00				—	—	—	—
18.00					—	—	—
20.00					—	—	—
22.00	—					—	—
25.00	—					—	—
28.00	—						—
32.00	—						—
36.00	—						—
40.00	—						—
42.00	—						
45.00	—						
50.00	—						
55.00	—	—					
60.00	—	—					
65.00	—	—					
70.00	—	—					

注：空白处表示可供规格。

表 2-474　冷拉有缝矩形管和无缝矩形管的截面典型规格（摘自 GB/T 4436—2012）

（单位：mm）

边长（宽×高）	壁厚						
	1.00	1.50	2.00	2.50	3.00	4.00	5.00
14.00×10.00				—	—	—	—
16.00×12.00				—	—	—	—
18.00×10.00				—	—	—	—
18.00×14.00					—	—	—
20.00×12.00					—	—	—
22.00×14.00					—	—	—
25.00×15.00						—	—
28.00×16.00						—	—
28.00×22.00						—	—
32.00×18.00							—
32.00×25.00							
36.00×20.00							
36.00×28.00							
40.00×25.00	—						
40.00×30.00	—						
45.00×30.00	—						
50.00×30.00	—						
55.00×40.00	—						
60.00×40.00	—	—					
70.00×50.00	—	—					

注：空白处表示可供规格。

表 2-475　冷拉有缝椭圆形管和无缝椭圆形管的截面典型规格（摘自 GB/T 4436—2012）

（单位：mm）

长轴	短轴	壁厚
27.00	11.50	1.00
33.50	14.50	1.00
40.50	17.00	1.00
40.50	17.00	1.50
47.00	20.00	1.00
47.00	20.00	1.50
54.00	23.00	1.50
54.00	23.00	2.00
60.50	25.50	1.50
60.50	25.50	2.00
67.50	28.50	1.50
67.50	28.50	2.00
74.00	31.50	1.50
74.00	31.50	2.00
81.00	34.00	2.00
81.00	34.00	2.50
87.50	37.00	2.00
87.50	40.00	2.50
94.50	40.00	2.50
101.00	43.00	2.50
108.00	45.50	2.50
114.50	48.50	2.50

5.6.2　铝及铝合金热挤压无缝圆管（见表 2-476 和表 2-477）

表 2-476　铝及铝合金热挤压无缝圆管的牌号及供应状态

（摘自 GB/T 4437.1—2015）

牌　号	供 应 状 态
1100、1200	O、H112、F
1035	O
1050A	O、H111、H112、F
1060、1070A	O、H112
2014	O、T1、T4、T4510、T4511、T6、T6510、T6511
2017、2A12	O、T1、T4
2024	O、T1、T3、T3510、T3511、T4、T81、T8510、T8511
2219	O、T1、T3、T3510、T3511、T81、T8510、T8511
2A11	O、T1
2A14、2A50	T6
3003、包铝 3003	O、H112、F
3A21	H112
5051A、5083、5086	O、H111、H112、F
5052	O、H112、F
5154、5A06	O、H112

（续）

牌　号	供 应 状 态
5454、5456	O、H111、H112
5A02、5A03、5A05	H112
6005、6105	T1、T5
6005A	T1、T5、T61[①]
6041	T5、T6511
6042	T5、T5511
6061	O、T1、T4、T4510、T4511、T51、T6、T6510、T6511、F
6351、6082	O、H111、T4、T6
6162	T5、T5510、T5511、T6、T6510、T6511
6262、6064	T6、T6511
6063	O、T1、T4、T5、T52、T6、T66[②]、F
6066	O、T1、T4、T4510、T4511、T6、T6510、T6511
6A02	O、T1、T4、T6
7050	T6510、T73511、T74511
7075	O、H111、T1、T6、T6510、T6511、T73、T73510、T73511
7178	O、T1、T6、T6510、T6511
7A04、7A09、7A15	T1、T6
7B05	O、T4、T6
8A06	H112

① 固溶处理后进行欠时效以提高变形性能的状态。

② 固溶处理后人工时效，通过工艺控制使力学性能达到本部分要求的特殊状态。

表 2-477　铝及铝合金热挤压无缝圆管的室温拉伸力学性能

（摘自 GB/T 4437.1—2015）

牌号	供应状态	试样状态	壁厚/mm	室温拉伸试验结果			
				抗拉强度 R_m /MPa	规定塑性延伸强度 $R_{p0.2}$ /MPa	断后伸长率(%)	
						A_{50mm}	A
				≥			
1100、1200	O	O	所有	75~105	20	25	22
	H112	H112	所有	75	25	25	22
	F	—	所有	—	—	—	—
1035	O	O	所有	60~100	—	25	23
1050A	O、H111	O、H111	所有	60~100	20	25	23
	H112	H112	所有	60	20	25	23
	F	—	所有	—	—	—	—
1060	O	O	所有	60~95	15	25	22
	H112	H112	所有	60	—	25	22
1070A	O	O	所有	60~95	—	25	22
	H112	H112	所有	60	20	25	22

（续）

牌号	供应状态	试样状态	壁厚/mm	室温拉伸试验结果			
				抗拉强度 R_m/MPa	规定塑性延伸强度 $R_{p0.2}$/MPa	断后伸长率（%）	
						A_{50mm}	A
				≥			
2014	O	O	所有	≤205	≤125	12	10
	T4、T4510、T4511	T4、T4510、T4511	所有	345	240	12	10
			所有	345	240	12	10
	T1[①]	T42	所有	345	200	12	10
		T62	≤18.00	415	365	7	6
			>18	415	365	—	6
	T6、T6510、T6511	T6、T6510、T6511	≤12.50	415	365	7	6
			12.50~18.00	440	400	—	6
			>18.00	470	400	—	6
2017	O	O	所有	≤245	≤125	16	16
	T4	T4	所有	345	215	12	12
	T1	T42	所有	335	195	12	—
2024	O	O	全部	≤240	≤130	12	10
	T3、T3510、T3511	T3、T3510、T3511	≤6.30	395	290	10	—
			>6.30~18.00	415	305	10	9
			>18.00~35.00	450	315	—	9
			>35.00	470	330	—	7
	T4	T4	≤18.00	395	260	12	10
			>18.00	395	260	—	9
	T1	T42	≤18.00	395	260	12	10
			>18.00~35.00	395	260	—	9
			>35.00	395	260	—	7
	T81、T8510、T8511	T81、T8510、T8511	>1.20~6.30	440	385	4	—
			>6.30~35.00	455	400	5	4
			>35.00	455	400	—	4
2219	O	O	所有	≤220	≤125	12	10
	T31、T3510、T3511	T31、T3510、T3511	≤12.50	290	180	14	12
			>12.50~80.00	310	185	—	12
	T1	T62	≤25.00	370	250	6	5
			>25.00	370	250	—	5
	T81、T8510、T8511	T81、T8510、T8511	≤80.00	440	290	6	5

（续）

牌号	供应状态	试样状态	壁厚/mm	室温拉伸试验结果			
				抗拉强度 R_m /MPa	规定塑性延伸强度 $R_{p0.2}$ /MPa	断后伸长率（%）	
						A_{50mm}	A
				$\geqslant$			
2A11	O	O	所有	≤245	—	—	10
	T1	T1	所有	350	195	—	10
2A12	O	O	所有	≤245	—	—	10
	T1	T42	所有	390	255	—	10
	T4	T4	所有	390	255	—	10
2A14	T6	T6	所有	430	350	6	—
2A50	T6	T6	所有	380	250	—	10
3003	O	O	所有	95~130	35	25	22
	H112	H112	≤1.60	95	35	—	—
			>1.60	95	35	25	22
	F	F	所有	—	—	—	—
包铝 3003	O	O	所有	90~125	30	25	22
	H112	H112	所有	90	30	25	22
	F	F	所有	—	—	—	—
3A21	H112	H112	≤165	—	—	—	—
5051A	O、H111	O、H111	所有	150~200	60	16	18
	H112	H112	所有	150	60	14	16
	F	—	所有	—	—	—	—
5052	O	O	所有	170~240	70	15	17
	H112	H112	所有	170	70	13	15
	F	—	所有	—	—	—	—
5083	O	O	所有	270~350	110	14	12
	H111	H111	所有	275	165	12	10
	H112	H112	所有	270	110	12	10
	F	—	所有	—	—	—	—
5154	O	O	所有	205~285	75	—	—
	H112	H112	所有	205	75	—	—
5454	O	O	所有	215~285	85	14	12
	H111	H111	所有	230	130	12	10
	H112	H112	所有	215	85	12	10
5456	O	O	所有	285~365	130	14	12
	H111	H111	所有	290	180	12	10
	H112	H112	所有	285	130	12	10
5086	O	O	所有	240~315	95	14	12
	H111	H111	所有	250	145	12	10
	H112	H112	所有	240	95	12	10
	F	—	所有	—	—	—	—
5A02	H112	H112	所有	225	—	—	—
5A03	H112	H112	所有	175	70	—	15
5A05	H112	H112	所有	225	110	—	15
5A06	H112、O	H112、O	所有	315	145	—	15

（续）

牌号	供应状态	试样状态	壁厚/mm	室温拉伸试验结果			
				抗拉强度 R_m /MPa	规定塑性延伸强度 $R_{p0.2}$ /MPa	断后伸长率(%)	
						A_{50mm}	A
				≥			
6005	T1	T1	≤12.50	170	105	16	14
	T5	T5	≤3.20	260	240	8	—
			3.20~25.00	260	240	10	9
6005A	T1	T1	≤6.30	170	100	15	—
	T5	T5	≤6.30	260	215	7	—
			6.30~25.00	260	215	9	8
	T61	T61	≤6.30	260	240	8	—
			6.30~25.00	260	240	10	9
6105	T1	T1	≤12.50	170	105	16	14
	T5	T5	≤12.50	260	240	8	7
6041	T5、T6511	T5、T6511	10.00~50.00	310	275	10	9
6042	T5、T5511	T5、T5511	10.00~12.50	260	240	10	—
			12.50~50.00	290	240		9
6061	O	O	所有	≤150	≤110	16	14
	T1②	T1	≤16.00	180	95	16	14
		T42	所有	180	85	16	14
		T62	≤6.30	260	240	8	—
			>6.30	260	240	10	9
	T4、T4510、T4511	T4、T4510、T4511	所有	180	110	16	14
	T51	T51	≤16.00	240	205	8	7
	T6、T6510、T6511	T6、T6510、T6511	≤6.30	260	240	8	—
			>6.30	260	240	10	9
	F	—	所有	—	—	—	—
6351	O、H111	O、H111	≤25.00	≤160	≤110	12	14
	T4	T4	≤19.00	220	130	16	14
	T6	T6	≤3.20	290	255	8	—
			>3.20~25.00	290	255	10	9
6162	T5、T5510、T5511	T5、T5510、T5511	≤25.00	255	235	7	6
	T6、T6510、T6511	T6、T6510、T6511	≤6.30	260	240	8	—
			>6.30~12.50	260	240	10	9
6262	T6、T6511	T6、T6511	所有	260	240	10	9

（续）

牌号	供应状态	试样状态	壁厚/mm	室温拉伸试验结果			
				抗拉强度 R_m /MPa	规定塑性延伸强度 $R_{p0.2}$ /MPa	断后伸长率(%)	
						A_{50mm}	A
				$\geqslant$			
6063	O	O	所有	$\leqslant 130$	—	18	16
	T1[③]	T1	$\leqslant 12.50$	115	60	12	10
			$>12.50 \sim 25.00$	110	55	—	10
		T42	$\leqslant 12.50$	130	70	14	12
			$>12.50 \sim 25.00$	125	60	—	12
	T4	T4	$\leqslant 12.50$	130	70	14	12
			$>12.50 \sim 25.00$	125	60	—	12
	T5	T5	$\leqslant 25.00$	175	130	6	8
	T52	T52	$\leqslant 25.00$	$150 \sim 205$	$110 \sim 170$	8	7
	T6	T6	所有	205	170	10	9
	T66	T66	$\leqslant 25.00$	245	200	8	10
	F	—	所有	—	—	—	—
6064	T6、T6511	T6、T6511	$10.00 \sim 50.00$	260	240	10	9
6066	O	O	所有	$\leqslant 200$	$\leqslant 125$	16	14
	T4、T4510、T4511	T4、T4510、T4511	所有	275	170	14	12
	T1[①]	T42	所有	275	165	14	12
		T62	所有	345	290	8	7
	T6、T6510、T6511	T6、T6510、T6511	所有	345	310	8	7
6082	O、H111	O、H111	$\leqslant 25.00$	$\leqslant 160$	$\leqslant 110$	12	14
	T4	T4	$\leqslant 25.00$	205	110	12	14
	T6	T6	$\leqslant 5.00$	290	250	6	8
			$>5.00 \sim 25.00$	310	260	8	10
6A02	O	O	所有	$\leqslant 145$	—	—	17
	T4	T4	所有	205	—	—	14
	T1	T62	所有	295	—	—	8
	T6	T6	所有	295	—	—	8
7050	T76510	T76510	所有	545	475	7	—
	T73511	T73511	所有	485	415	8	7
	T74511	T74511	所有	505	435	7	—
7075	O、H111	O、H111	$\leqslant 10.00$	$\leqslant 275$	$\leqslant 165$	10	10
	T1	T62	$\leqslant 6.30$	540	485	7	—
			$>6.30 \sim 12.50$	560	505	7	6
			$>12.50 \sim 70.00$	560	495	—	6

（续）

牌号	供应状态	试样状态	壁厚/mm	室温拉伸试验结果			
				抗拉强度 R_m /MPa	规定塑性延伸强度 $R_{p0.2}$ /MPa	断后伸长率（%）	
						A_{50mm}	A
				$\geqslant$			
7075	T6、T6510、T6511	T6、T6510、T6511	≤6.30	540	485	7	—
			>6.30~12.50	560	505	7	6
			>12.50~70.00	560	495	—	6
	T73、T73510、T73511	T73、T73510、T73511	1.60~6.30	470	400	5	7
			>6.30~35.00	485	420	6	8
			>35.00~70.00	475	405	—	8
7178	O	O	所有	≤275	≤165	10	9
	T6、T6510、T6511	T6、T6510、T6511	≤1.60	565	525	—	—
			>1.60~6.30	580	525	5	—
			>6.30~35.00	600	540	5	4
			>35.00~60.00	580	515	—	4
			>60.00~80.00	565	490	—	4
	T1	T62	≤1.60	545	505	—	—
			>1.60~6.30	565	510	5	—
			>6.30~35.00	595	530	5	4
			>35.00~60.00	580	515	—	4
			>60.00~80.00	565	490	—	4
7A04、7A09	T1	T62	≤80	530	400	—	5
	T6	T6	≤80	530	400	—	5
7B05	O	O	≤12.00	245	145	12	—
	T4	T4	≤12.00	305	195	11	—
	T6	T6	≤6.00	325	235	10	—
			>6.00~12.00	335	225	10	—

（续）

牌号	供应状态	试样状态	壁厚/mm	室温拉伸试验结果				
				抗拉强度 R_m /MPa	规定塑性延伸强度 $R_{p0.2}$ /MPa	断后伸长率（%）		
						A_{50mm}		A
				≥				
7A15	T1	T62	≤80	470	420	—		6
	T6	T6	≤80	470	420	—		6
8A06	H112	H112	所有	≤120	—	—		20

① T1 状态供货的管材，由供需双方商定提供 T42 或 T62 试样状态的性能，并在订货单（或合同）中注明，未注明时提供 T42 试样状态的性能。

② T1 状态供货的管材，由供需双方商定提供 T1 或 T42、T62 试样状态的性能，并在订货单（或合同）中注明，未注明时提供 T1 试样状态的性能。

③ T1 状态供货的管材，由供需双方商定提供 T1 或 T42 试样状态的性能，并在订货单（或合同）中注明，未注明时提供 T1 试样状态的性能。

5.6.3　铝及铝合金拉（轧）制无缝管（见表 2-478 和表 2-479）

表 2-478　铝及铝合金拉（轧）制无缝管材的牌号及状态（摘自 GB/T 6893—2010）

牌　号	状　态
1035、1050、1050A、1060、1070、1070A、1100、1200、8A06	O、H14
2017、2024、2A11、2A12	O、T4
2A14	T4
3003	O、H14
3A21	O、H14、H18、H24
5052、5A02	O、H14
5A03	O、H34
5A05、5056、5083	O、H32
5A06、5754	O
6061、6A02	O、T4、T6
6063	O、T6
7A04	O
7020	T6

表 2-479　铝及铝合金拉（轧）制无缝管材的力学性能（摘自 GB/T 6893—2010）

牌号	状态	壁厚/mm	室温纵向拉伸力学性能				
			抗拉强度 R_m /MPa	规定塑性延伸强度 $R_{p0.2}$ /MPa	断后伸长率（%）		
					全截面试样	其他试样	
					A_{50mm}	A_{50mm}	A[①]
			≥				
1035、1050A、1050	O	所有	60~95	—		22	25
	H14	所有	100~135	70		5	6

（续）

牌号	状态	壁厚/mm		抗拉强度 R_m /MPa	规定塑性延伸强度 $R_{p0.2}$ /MPa	断后伸长率(%) 全截面试样 A_{50mm}	其他试样 A_{50mm}	其他试样 $A^{①}$
1060、1070A、1070	O	所有		60~95	—		—	
	H14	所有		85	70		—	
1100、1200	O	所有		70~105	—		16	20
	H14	所有		110~145	80	—	4	5
2A11	O	所有		≤245	—		10	
	T4	外径≤22	≤1.5	375	195		13	
			>1.5~2.0				14	
			>2.0~5.0				—	
		外径>22~50	≤1.5	390	225		12	
			>1.5~5.0				13	
		>50	所有	390	225		11	
2017	O	所有		≤245	≤125	17	16	16
	T4	所有		375	215	13	12	12
2A12	O	所有		≤245	—		10	
	T4	外径≤22	≤2.0	410	225		13	
			>2.0~5.0					
		外径>22~50	所有	420	275		12	
		>50	所有	420	275		10	
2A14	T4	外径≤22	1.0~2.0	360	205		10	
			>2.0~5.0	360	205		—	
		外径>22	所有	360	205		10	
2024	O	所有		≤240	≤140	—	10	12
	T4	0.63~1.2		440	290	12	10	—
		>1.2~5.0		440	290	14	10	—
3003	O	所有		95~130	35	—	20	25
	H14	所有		130~165	110	—	4	6
3A21	O	所有		≤135	—		—	
	H14	所有		135	—		—	
	H18	外径<60,壁厚0.5~5.0		185	—			
		外径≥60,壁厚2.0~5.0		175	—			
	H24	外径<60,壁厚0.5~5.0		145	—		8	
		外径≥60,壁厚2.0~5.0		135	—		8	
5A02	O	所有		≤225	—		—	
	H14	外径≤55,壁厚≤2.5		225	—			
		其他所有		195	—			

（续）

牌号	状态	壁厚/mm	室温纵向拉伸力学性能				
			抗拉强度 R_m /MPa	规定塑性延伸强度 $R_{p0.2}$ /MPa	断后伸长率（%）		
					全截面试样	其他试样	
					A_{50mm}	A_{50mm}	A[①]
			≥				
5A03	O	所有	175	80	15		
	H34	所有	215	125	8		
5A05	O	所有	215	90	15		
	H32	所有	245	145	8		
5A06	O	所有	315	145	15		
5052	O	所有	170~230	65	—	17	20
	H14	所有	230~270	180	—	4	5
5056	O	所有	≤315	100	16		
	H32	所有	305	—	—		
5083	O	所有	270~350	110	—	14	16
	H32	所有	280	200	—	4	6
5754	O	所有	180~250	80	—	14	16
6A02	O	所有	≤155	—	14		
	T4	所有	205	—	14		
	T6	所有	305	—	8		
6061	O	所有	≤150	≤110	—	14	16
	T4	所有	205	110	—	14	16
	T6	所有	290	240	—	8	10
6063	O	所有	≤130	—	—	15	20
	T6	所有	220	190	—	8	10
7A04	O	所有	≤265	—	8		
7020	T6	所有	350	280	—	8	10
8A06	O	所有	≤120	—	20		
	H14	所有	100	—	5		

① A 表示原始标距（L_0）为 $5.65\sqrt{S_0}$ 的断后伸长率。

6　铸铁件、铸钢件

6.1　灰铸铁的牌号和力学性能（见表 2-480）

表 2-480　灰铸铁的材料牌号和力学性能（摘自 GB/T 9439—2010）

牌号	铸件壁厚 /mm	抗拉强度 R_m（强制性值）		铸件本体预期抗拉强度 R_m /MPa
		单铸试棒 /MPa	附铸试棒或试块 /MPa	
		≥	≥	≥
HT100	>5~40	100	—	—
HT150	>5~10	150	—	155
	>10~20		—	130
	>20~40		120	110
	>40~80		110	95
	>80~150		100	80
	>150~300		90	—

（续）

牌号	铸件壁厚 /mm	抗拉强度 R_m（强制性值）		铸件本体预期 抗拉强度 R_m /MPa ≥
		单铸试棒 /MPa ≥	附铸试棒或试块 /MPa ≥	
HT200	>5~10	200	—	205
	>10~20		—	180
	>20~40		170	155
	>40~80		150	130
	>80~150		140	115
	>150~300		130	—
HT225	>5~10	225	—	230
	>10~20		—	200
	>20~40		190	170
	>40~80		170	150
	>80~150		155	135
	>150~300		145	—
HT250	>5~10	250	—	250
	>10~20		—	225
	>20~40		210	195
	>40~80		190	170
	>80~150		170	155
	>150~300		160	—
HT275	>10~20	275	—	250
	>20~40		230	220
	>40~80		205	190
	>80~150		190	175
	>150~300		175	—
HT300	>10~20	300	—	270
	>20~40		250	240
	>40~80		220	210
	>80~150		210	195
	>150~300		190	—
HT350	>10~20	350	—	315
	>20~40		290	280
	>40~80		260	250
	>80~150		230	225
	>150~300		210	—

注：1. 当铸件壁厚大于 300mm 时，其力学性能由供需双方商定。
2. 当某牌号的铁液浇注壁厚均匀、形状简单的铸件时，壁厚变化引起抗拉强度的变化可从本表查出参考数据，当铸件壁厚不均匀，或有型芯时，此表只能给出不同壁厚处大致的抗拉强度值，铸件的设计应根据关键部位的实测值进行。
3. 表中斜体字数值表示指导值，其余抗拉强度值均为强制性值，铸件本体预期抗拉强度值不作为强制性值。

6.2 球墨铸铁件的力学性能（见表 2-481～表 2-484）

表 2-481 单铸试样的力学性能（摘自 GB/T 1348—2009）

材料牌号	抗拉强度 R_m/MPa ≥	屈服强度 $R_{p0.2}$/MPa ≥	断后伸长率 A(%) ≥	布氏硬度 HBW	主要基体组织
QT350-22L	350	220	22	≤160	铁素体
QT350-22R	350	220	22	≤160	铁素体
QT350-22	350	220	22	≤160	铁素体

（续）

材料牌号	抗拉强度 R_m/MPa ≥	屈服强度 $R_{p0.2}$/MPa ≥	断后伸长率 $A(\%)$ ≥	布氏硬度 HBW	主要基体组织
QT400-18L	400	240	18	120～175	铁素体
QT400-18R	400	250	18	120～175	铁素体
QT400-18	400	250	18	120～175	铁素体
QT400-15	400	250	15	120～180	铁素体
QT450-10	450	310	10	160～210	铁素体
QT500-7	500	320	7	170～230	铁素体+珠光体
QT550-5	550	350	5	180～250	铁素体+珠光体
QT600-3	600	370	3	190～270	珠光体+铁素体
QT700-2	700	420	2	225～305	珠光体
QT800-2	800	480	2	245～335	珠光体或索氏体
QT900-2	900	600	2	280～360	回火马氏体或屈氏体+索氏体

注：1. 如需求球铁 QT500-10 时，其性能要求见 GB/T 1348—2009 附录 A。

2. 字母"L"表示该牌号有低温（-20℃或-40℃）下的冲击性能要求；字母"R"表示该牌号有室温（23℃）下的冲击性能要求。

3. 伸长率是从原始标距 $L_0 = 5d$ 上测得的，d 是试样上原始标距处的直径。

表 2-482　球墨铸铁件 V 型缺口单铸试样的冲击吸收能量 （摘自 GB/T 1348—2009）

牌号	最小冲击吸收能量/J					
	室温(23±5)℃		低温(-20±2)℃		低温(-40±2)℃	
	三个试样平均值	个别值	三个试样平均值	个别值	三个试样平均值	个别值
QT350-22L	—	—	—	—	12	9
QT350-22R	17	14	—	—	—	—
QT400-18L	—,	—	12	9	—	—
QT400-18R	14	11	—	—	—	—

注：1. 冲击吸收能量是从砂型铸造的铸件或者导热性与砂型相当的铸型中铸造的铸块上测得的。用其他方法生产的铸件的冲击吸收能量应满足经双方协商的修正值。

2. 这些材料牌号也可用于压力容器，其断裂韧度见附录 D。

表 2-483　球墨铸铁件附铸试样的力学性能 （摘自 GB/T 1348—2009）

材料牌号	铸件壁厚/mm	抗拉强度 R_m/MPa ≥	规定塑性延伸强度 $R_{p0.2}$/MPa ≥	断后伸长率 $A(\%)$ ≥	布氏硬度 HBW	主要基体组织
QT350-22AL	≤30	350	220	22	≤160	铁素体
	>30～60	330	210	18		
	>60～200	320	200	15		
QT350-22AR	≤30	350	220	22	≤160	铁素体
	>30～60	330	220	18		
	>60～200	320	210	15		
QT350-22A	≤30	350	220	22	≤160	铁素体
	>30～60	330	210	18		
	>60～200	320	200	15		
QT400-18AL	≤30	380	240	18	120～175	铁素体
	>30～60	370	230	15		
	>60～200	360	220	12		

（续）

材料牌号	铸件壁/mm	抗拉强度 R_m/MPa ⩾	规定塑性延伸强度 $R_{p0.2}$/MPa ⩾	断后伸长率 $A(\%)$ ⩾	布氏硬度 HBW	主要基体组织
QT400-18AR	≤30	400	250	18	120~175	铁素体
	>30~60	390	250	15		
	>60~200	370	240	12		
QT400-18A	≤30	400	250	18	120~175	铁素体
	>30~60	390	250	15		
	>60~200	370	240	12		
QT400-15A	≤30	400	250	15	120~180	铁素体
	>30~60	390	250	14		
	>60~200	370	240	11		
QT450-10A	≤30	450	310	10	160~210	铁素体
	>30~60	420	280	9		
	>60~200	390	260	8		
QT500-7A	≤30	500	320	7	170~230	铁素体+珠光体
	>30~60	450	300	7		
	>60~200	420	290	5		
QT550-5A	≤30	550	350	5	180~250	铁素体+珠光体
	>30~60	520	330	4		
	>60~200	500	320	3		
QT600-3A	≤30	600	370	3	190~270	珠光体+铁素体
	>30~60	600	360	2		
	>60~200	550	340	1		
QT700-2A	≤30	700	420	2	225~305	珠光体
	>30~60	700	400	2		
	>60~200	650	380	1		
QT800-2A	≤30	800	480	2	245~335	珠光体或索氏体
	>30~60	由供需双方商定				
	>60~200					
QT900-2A	≤30	900	600	2	280~360	回火马氏体或索氏体+屈氏体
	>30~60	由供需双方商定				
	>60~200					

注：1. 从附铸试样测得的力学性能并不能准确地反映铸件本体的力学性能，但与单铸试棒上测得的值相比更接近于铸件的实际性能值。

2. 伸长率在原始标距 $L_0 = 5d$ 上测得，d 是试样上原始标距处的直径。

3. 如需球铁 QT500-10，其性能要求见 GB/T 1348—2009 附录 A。

表2-484 球墨铸铁件 V 型缺口附铸试样的冲击吸收能量 （摘自 GB/T 1348—2009）

牌号	铸件壁厚/mm	最小冲击吸收能量/J					
		室温(23±5)℃		低温(-20±2)℃		低温(-40±2)℃	
		三个试样平均值	个别值	三个试样平均值	个别值	三个试样平均值	个别值
QT350-22AR	≤60	17	14	—	—	—	—
	>60~200	15	12	—	—	—	—
QT350-22AL	≤60	—	—	—	—	12	9
	>60~200	—	—	—	—	10	7
QT400-18AR	≤60	14	11	—	—	—	—
	>60~200	12	9	—	—	—	—
QT400-18AL	≤60	—	—	12	9	—	—
	>60~200	—	—	10	7	—	—

注：从附铸试样测得的力学性能并不能准确地反映铸件本体的力学性能，但与单铸试样上测得的值相比更接近于铸件的实际性能值。

6.3　可锻铸铁件的牌号和力学性能（见表 2-485 和表 2-486）

表 2-485　黑心可锻铸铁和珠光体可锻铸铁的牌号和力学性能（摘自 GB/T 9440—2010）

牌号	试样直径 $d^{①②}$/mm	抗拉强度 R_m/MPa ≥	0.2%屈服强度 $R_{p0.2}$/MPa ≥	断后伸长率 A(%) ($L_0=3d$) ≥	布氏硬度 HBW
KTH 275-05[③]	12 或 15	275	—	5	≤150
KTH 300-06[③]	12 或 15	300	—	6	
KTH 330-08	12 或 15	330	—	8	
KTH 350-10	12 或 15	350	200	10	
KTH 370-12	12 或 15	370	—	12	
KTZ 450-06	12 或 15	450	270	6	150~200
KTZ 500-05	12 或 15	500	300	5	165~215
KTZ 550-04	12 或 15	550	340	4	180~230
KTZ 600-03	12 或 15	600	390	3	195~245
KTZ 650-02[④⑤]	12 或 15	650	430	2	210~260
KTZ 700-02	12 或 15	700	530	2	240~290
KTZ 800-01[④]	12 或 15	800	600	1	270~320

① 如果需方没有明确要求，供方可以任意选取两种试样直径中的一种。
② 试样直径代表同样壁厚的铸件，如果铸件为薄壁件时，供需双方可以协商选取直径为 6mm 或者 9mm 试样。
③ KTH 275-05 和 KTH 300-06 为专门用于保证压力密封性能，而不要求高强度或者高延展性的工作条件。
④ 油淬加回火。
⑤ 空冷加回火。

表 2-486　白心可锻铸铁的牌号和力学性能（摘自 GB/T 9440—2010）

牌号	试样直径 d/mm	抗拉强度 R_m/MPa ≥	0.2%屈服强度 $R_{p0.2}$/MPa ≥	断后伸长率 A(%) ($L_0=3d$) ≥	布氏硬度 HBW ≤
KTB 350-04	6	270	—	10	230
	9	310	—	5	
	12	350	—	4	
	15	360	—	3	
KTB 360-12	6	280	—	16	200
	9	320	170	15	
	12	360	190	12	
	15	370	200	7	
KTB 400-05	6	300	—	12	220
	9	360	200	8	
	12	400	220	5	
	15	420	230	4	
KTB 450-07	6	330	—	12	220
	9	400	230	10	
	12	450	260	7	
	15	480	280	4	
KTB 550-04	6	—	—	—	250
	9	490	310	5	
	12	550	340	4	
	15	570	350	3	

注：1. 所有级别的白心可锻铸铁均可以焊接。
　　2. 对于小尺寸的试样，很难判断其屈服强度，屈服强度的检测方法和数值由供需双方在签订订单时商定。
　　3. 试样直径与表 2-485 中①②相同。

6.4 抗磨白口铸铁件（摘自 GB/T 8263—2010）

6.4.1 牌号及化学成分（见表 2-487）

表 2-487 抗磨白口铸铁件的牌号及化学成分（摘自 GB/T 8263—2010）

牌号	化学成分（质量分数,%）								
	C	Si	Mn	Cr	Mo	Ni	Cu	S	P
BTMNi4Cr2-DT	2.4~3.0	≤0.8	≤2.0	1.5~3.0	≤1.0	3.3~5.0	—	≤0.10	≤0.10
BTMNi4Cr2-GT	3.0~3.6	≤0.8	≤2.0	1.5~3.0	≤1.0	3.3~5.0	—	≤0.10	≤0.10
BTMCr9Ni5	2.5~3.6	1.5~2.2	≤2.0	8.0~10.0	≤1.0	4.5~7.0	—	≤0.06	≤0.06
BTMCr2	2.1~3.6	≤1.5	≤2.0	1.0~3.0	—	—	—	≤0.10	≤0.10
BTMCr8	2.1~3.6	1.5~2.2	≤2.0	7.0~10.0	≤3.0	≤1.0	≤1.2	≤0.06	≤0.06
BTMCr12-DT	1.1~2.0	≤1.5	≤2.0	11.0~14.0	≤3.0	≤2.5	≤1.2	≤0.06	≤0.06
BTMCr12-GT	2.0~3.6	≤1.5	≤2.0	11.0~14.0	≤3.0	≤2.5	≤1.2	≤0.06	≤0.06
BTMCr15	2.0~3.6	≤1.2	≤2.0	14.0~18.0	≤3.0	≤2.5	≤1.2	≤0.06	≤0.06
BTMCr20	2.0~3.3	≤1.2	≤2.0	18.0~23.0	≤3.0	≤2.5	≤1.2	≤0.06	≤0.06
BTMCr26	2.0~3.3	≤1.2	≤2.0	23.0~30.0	≤3.0	≤2.5	≤1.2	≤0.06	≤0.06

注：1. 牌号中"DT"和"GT"分别是"低碳"和"高碳"的汉语拼音大写字母，表示该牌号含碳量的高低。

2. 允许加入微量 V、Ti、Nb、B 和 RE 等元素。

6.4.2 表面硬度（见表 2-488）

表 2-488 抗磨白口铸铁的表面硬度

牌 号	表 面 硬 度					
	铸态或铸态去应力处理		硬化态或硬化态去应力处理		软化退火态	
	HRC	HBW	HRC	HBW	HRC	HBW
BTMNi4Cr2-DT	≥53	≥550	≥56	≥600	—	—
BTMNi4Cr2-GT	≥53	≥550	≥56	≥600	—	—
BTMCr9Ni5	≥50	≥500	≥56	≥600	—	—
BTMCr2	≥45	≥435	—	—	—	—
BTMCr8	≥46	≥450	≥56	≥600	≤41	≤400
BTMCr12-DT	—	—	≥50	≥500	≤41	≤400
BTMCr12-GT	≥46	≥450	≥58	≥650	≤41	≤400
BTMCr15	≥46	≥450	≥58	≥650	≤41	≤400
BTMCr20	≥46	≥450	≥58	≥650	≤41	≤400
BTMCr26	≥46	≥450	≥58	≥650	≤41	≤400

注：1. 洛氏硬度值（HRC）和布氏硬度值（HBW）之间没有精确的对应值，因此，这两种硬度值应独立使用。

2. 铸件断面深度 40%处的硬度应不低于表面硬度值的 92%。

6.5 耐热铸铁件的力学性能（见表 2-489 和表 2-490）

表 2-489 耐热铸铁件的室温力学性能（摘自 GB/T 9437—2009）

铸铁牌号	抗拉强度 R_m/MPa ≥	硬度 HBW
HTRCr	200	189~288
HTRCr2	150	207~288
HTRCr16	340	400~450

（续）

铸 铁 牌 号	抗拉强度 R_m/MPa ≥	硬度/HBW
HTRSi5	140	160~270
QTRSi4	420	143~187
QTRSi4Mo	520	188~241
QTRSi4Mo1	550	200~240
QTRSi5	370	228~302
QTRAl4Si4	250	285~341
QTRAl5Si5	200	302~363
QTRAl22	300	241~364

注：允许用热处理方法达到上述性能。

表 2-490　耐热铸铁件的高温短时抗拉强度（摘自 GB/T 9437—2009）

铸铁牌号	在下列温度时的最小抗拉强度 R_m/MPa				
	500℃	600℃	700℃	800℃	900℃
HTRCr	225	144	—	—	—
HTRCr2	243	166	—	—	—
HTRCr16	—	—	—	144	88
HTRSi5	—	—	41	27	—
QTRSi4	—	—	75	35	—
QTRSi4Mo	—	—	101	46	—
QTRSi4Mo1	—	—	101	46	—
QTRSi5	—	—	67	30	—
QTRAl4Si4	—	—	—	82	32
QTRAl5Si5	—	—	—	167	75
QTRAl22	—	—	—	130	77

6.6　一般工程用铸造碳钢件（摘自 GB/T 11352—2009）

6.6.1　牌号及化学成分（见表 2-491）

表 2-491　一般工程用铸造碳钢件的牌号及化学成分

牌号	主要元素（质量分数，%）≤					残余元素（质量分数，%）≤					残余元素总量
	C	Si	Mn	S	P	Ni	Cr	Cu	Mo	V	
ZG 200-400	0.20	0.60	0.80	0.035	0.035	0.40	0.35	0.40	0.20	0.05	1.00
ZG 230-450	0.30		0.90								
ZG 270-500	0.40										
ZG 310-570	0.50										
ZG 340-640	0.60										

注：1. 对上限减少 0.01%（质量分数，后同）的 C，允许增加 0.04% 的 Mn；ZG 200-400 的 Mn 最高至 1.00%，其余四个牌号的 Mn 最高至 1.20%。

2. 除另有规定外，残余元素不作为验收依据。

6.6.2 力学性能（见表 2-492）

表 2-492　一般工程用铸造碳钢件的力学性能

牌号	屈服强度 $R_{eH}(P_{p0.2})$/MPa ≥	抗拉强度 R_m/MPa ≥	断后伸长率 A(%) ≥	根据合同选择		
				断面收缩率 Z(%) ≥	冲击吸收能量 KV/J ≥	冲击吸收能量 KU/J ≥
ZG 200-400	200	400	25	40	30	47
ZG 230-450	230	450	22	32	25	35
ZG 270-500	270	500	18	25	22	27
ZG 310-570	310	570	15	21	15	24
ZG 340-640	340	640	10	18	10	16

注：1. 表中所列的各牌号性能，适用于厚度小于 100mm 的铸件。当铸件厚度大于 100mm 时，表中规定的 R_{eH}（$R_{p0.2}$）屈服强度仅供设计使用。

　　2. 表中冲击吸收能量 kU 的试样缺口为 2mm。

6.7　一般工程与结构用低合金钢铸件（摘自 GB/T 14408—2014）

6.7.1　材料牌号及化学成分（见表 2-493）

表 2-493　一般工程与结构用低合金钢铸件的材料牌号及化学成分

材料牌号	S(质量分数,%) ≤	P(质量分数,%) ≤
ZGD270-480		
ZGD290-510		
ZGD345-570		
ZGD410-620	0.040	0.040
ZGD535-720		
ZGD650-830		
ZGD730-910	0.035	0.035
ZGD840-1030		
ZGD1030-1240	0.020	0.020
ZGD1240-1450		

6.7.2　力学性能（见表 2-494）

表 2-494　一般工程与结构用低合金铸件的力学性能

材料牌号	屈服强度 $R_{p0.2}$/MPa ≥	抗拉强度 R_m/MPa ≥	断后伸长率 A(%) ≥	断面收缩率 Z(%) ≥	冲击吸收能量 KV/J ≥
ZGD270-480	270	480	18	38	25
ZGD290-510	290	510	16	35	25
ZGD345-570	345	570	14	35	20
ZGD410-620	410	620	13	35	20
ZGD535-720	535	720	12	30	18
ZGD650-830	650	830	10	25	18
ZGD730-910	730	910	8	22	15
ZGD840-1030	840	1030	6	20	15
ZGD1030-1240	1030	1240	5	20	22
ZGD1240-1450	1240	1450	4	15	18

6.8　焊接结构用铸钢件（摘自 GB/T 7659—2010）

6.8.1　牌号及化学成分（见表 2-495）

表 2-495　焊接结构用铸钢件的牌号及化学成分

牌号	主要元素(质量分数,%)					残余元素(质量分数,%)					
	C	Si	Mn	P	S	Ni	Cr	Cu	Mo	V	总和
ZG200-400H	≤0.20	≤0.60	≤0.80	≤0.025	≤0.025	≤0.40	≤0.35	≤0.40	≤0.15	≤0.05	≤1.0
ZG230-450H	≤0.20	≤0.60	≤1.20	≤0.025	≤0.025						
ZG270-480H	0.17~0.25	≤0.60	0.80~1.20	≤0.025	≤0.025						
ZG300-500H	0.17~0.25	≤0.60	1.00~1.60	≤0.025	≤0.025						
ZG340-550H	0.17~0.25	≤0.80	1.00~1.60	≤0.025	≤0.025						

注：1. 实际碳含量比表中碳上限每减少 0.01%（质量分数，后同），允许实际锰含量超出表中锰上限
　　 0.04%，但总超出量不得大于 0.2%。

　　2. 残余元素一般不做分析，如需方有要求时，可做残余元素的分析。

6.8.2　力学性能（见表 2-496）

表 2-496　焊接结构用铸钢件的力学性能

牌号	拉伸性能			根据合同选择	
	上屈服强度 R_{eH}/ MPa ≥	抗拉强度 R_m/ MPa ≥	断后伸长率 A (%) ≥	断面收缩率 Z (%) ≥	冲击吸收能量 KV/ J ≥
ZG200-400H	200	400	25	40	45
ZG230-450H	230	450	22	35	45
ZG270-480H	270	480	20	35	40
ZG300-500H	300	500	20	21	40
ZG340-550H	340	550	15	21	35

注：当无明显屈服时，测定规定塑性延伸强度 $R_{p0.2}$。

6.9　一般用途耐热钢和合金铸件（摘自 GB/T 8492—2014）

6.9.1　材料牌号及化学成分（见表 2-497）

表 2-497　一般用途耐热钢和合金铸件的材料牌号及化学成分

材料牌号	主要元素含量(质量分数,%)								
	C	Si	Mn	P	S	Cr	Mo	Ni	其他
ZG30Cr7Si2	0.20~0.35	1.0~2.5	0.5~1.0	0.04	0.04	6~8	0.5	0.5	
ZG40Cr13Si2	0.30~0.50	1.0~2.5	0.5~1.0	0.04	0.03	12~14	0.5	1	
ZG40Cr17Si2	0.30~0.50	1.0~2.5	0.5~1.0	0.04	0.03	16~19	0.5	1	
ZG40Cr24Si2	0.30~0.50	1.0~2.5	0.5~1.0	0.04	0.03	23~26	0.5	1	
ZG40Cr28Si2	0.30~0.50	1.0~2.5	0.5~1.0	0.04	0.03	27~30	0.5	1	
ZGCr29Si2	1.20~1.40	1.0~2.5	0.5~1.0	0.04	0.03	27~30	0.5	1	

（续）

材料牌号	主要元素含量（质量分数，%）								
	C	Si	Mn	P	S	Cr	Mo	Ni	其他
ZG25Cr18Ni9Si2	0.15~0.35	1.0~2.5	2.0	0.04	0.03	17~19	0.5	8~10	
ZG25Cr20Ni14Si2	0.15~0.35	1.0~2.5	2.0	0.04	0.03	19~21	0.5	13~15	
ZG40Cr22Ni10Si2	0.30~0.50	1.0~2.5	2.0	0.04	0.03	21~23	0.5	9~11	
ZG40Cr24Ni24Si2Nb	0.25~0.5	1.0~2.5	2.0	0.04	0.03	23~25	0.5	23~25	Nb：1.2~1.8
ZG40Cr25Ni12Si2	0.30~0.50	1.0~2.5	2.0	0.04	0.03	24~27	0.5	11~14	
ZG40Cr25Ni20Si2	0.30~0.50	1.0~2.5	2.0	0.04	0.03	24~27	0.5	19~22	
ZG40Cr27Ni4Si2	0.30~0.50	1.0~2.5	1.5	0.04	0.03	25~28	0.5	3~6	
ZG45Cr20Co20Ni20 Mo3W3	0.35~0.60	1.0	2.0	0.04	0.03	19~22	2.5~3.0	18~22	Co：18~22 W：2~3
ZG10Ni31Cr20Nb1	0.05~0.12	1.2	1.2	0.04	0.03	19~23	0.5	30~34	Nb：0.8~1.5
ZG40Ni35Cr17Si2	0.30~0.50	1.0~2.5	2.0	0.04	0.03	16~18	0.5	34~36	
ZG40Ni35Cr26Si2	0.30~0.50	1.0~2.5	2.0	0.04	0.03	24~27	0.5	33~36	
ZG40Ni35Cr26Si2Nb1	0.30~0.50	1.0~2.5	2.0	0.04	0.03	24~27	0.5	33~36	Nb：0.8~1.8
ZG40Ni38Cr19Si2	0.30~0.50	1.0~2.5	2.0	0.04	0.03	18~21	0.5	36~39	
ZG40Ni38Cr19Si2Nb1	0.30~0.50	1.0~2.5	2.0	0.04	0.03	18~21	0.5	36~39	Nb：1.2~1.8
ZNiCr28Fe17W5Si2C0.4	0.35~0.55	1.0~2.5	1.5	0.04	0.03	27~30		47~50	W：4~6
ZNiCr50Nb1C0.1	0.10	0.5	0.5	0.02	0.02	47~52	0.5	a	N：0.16 N+C：0.2 Nb：1.4~1.7
ZNiCr19Fe18Si1C0.5	0.40~0.60	0.5~2.0	1.5	0.04	0.03	16~21	0.5	50~55	
ZNiFe18Cr15Si1C0.5	0.35~0.65	2.0	1.3	0.04	0.03	13~19		64~69	
ZNiCr25Fe20Co15 W5Si1C0.46	0.44~0.48	1.0~2.0	2.0	0.04	0.03	24~26		33~37	W：4~6 Co：14~16
ZCoCr28Fe18C0.3	0.50	1.0	1.0	0.04	0.03	25~30	0.5	1	Co：48~52 Fe：20 最大值

注：1. 表中的单个值表示最大值。

2. a 为余量。

6.9.2 力学性能及最高使用温度（见表 2-498）

表 2-498 一般用途耐热钢和合金铸件材料的力学性能及最高使用温度

牌 号	规定塑性延伸强度 $R_{p0.2}$/MPa ≥	抗拉强度 R_m/MPa ≥	断后伸长率 $A(\%)$ ≥	布氏硬度 HBW	最高使用温度[①]/℃
ZG30Cr7Si2	—	—	—		750

（续）

牌　号	规定塑性延伸强度 $R_{p0.2}$/MPa ≥	抗拉强度 R_m/MPa ≥	断后伸长率 A(%) ≥	布氏硬度 HBW	最高使用温度[1]/℃
ZG40Cr13Si2	—	—	—	300[2]	850
ZG40Cr17Si2	—	—	—	300[2]	900
ZG40Cr24Si2	—	—	—	300[2]	1050
ZG40Cr28Si2	—	—	—	320[2]	1100
ZGCr29Si2	—	—	—	400[2]	1100
ZG25Cr18Ni9Si2	230	450	15	—	900
ZG25Cr20Ni14Si2	230	450	10	—	900
ZG40Cr22Ni10Si2	230	450	8	—	950
ZG40Cr24Ni24Si2Nb1	220	400	4	—	1050
ZG40Cr25Ni12Si2	220	450	6	—	1050
ZG40Cr25Ni20Si2	220	450	6	—	1100
ZG45Cr27Ni4Si2	250	400	3	400[3]	1100
ZG45Cr20Co20Ni20Mo3W3	320	400	6	—	1150
ZG10Ni31Cr20Nb1	170	440	20	—	1000
ZG40Ni35Cr17Si2	220	420	6	—	980
ZG40Ni35Cr26Si2	220	440	6	—	1050
ZG40Ni35Cr26Si2Nb1	220	440	4	—	1050
ZG40Ni38Cr19Si2	220	420	6	—	1050
ZG40Ni38Cr19Si2Nb1	220	420	4	—	1100
ZNiCr28Fe17W5Si2C0.4	220	400	3	—	1200
ZNiCr50Nb1C0.1	230	540	8	—	1050
ZNiCr19Fe18Si1C0.5	220	440	5	—	1100
ZNiFe18Cr15Si1C0.5	200	400	3	—	1100
ZNiCr25Fe20Co15W5Si1C0.46	270	480	5	—	1200
ZCoCr28Fe18C0.3	[4]	[4]	[4]	[4]	1200

① 最高使用温度取决于实际使用条件，所列数据仅供用户参考。这些数据适用于氧化气氛，实际的合金成分对其也有影响。

② 退火态最大 HBW 硬度值，铸件也可以铸态提供，此时硬度限制就不适用。

③ 最大 HBW 值。

④ 由供需双方协商确定。

6.10 工程结构用中、高强度不锈钢铸件（摘自 GB/T 6967—2009）

6.10.1 牌号及化学成分（见表 2-499）

表 2-499 工程结构用中、高强度不锈钢铸件的牌号及化学成分

铸钢牌号	主要元素 （质量分数，%）								残余元素 （质量分数，%）			
	C	Si	Mn	P	S	Cr	Ni	Mo	Cu	V	W	总量
ZG20Cr13	0.16~ 0.24	0.80	0.80	0.035	0.025	11.5~13.5	—	—	0.50	0.05	0.10	0.50
ZG15Cr13	≤0.15	0.80	0.80	0.035	0.025	11.5~13.5	—	—	0.50	0.05	0.10	0.50
ZG15Cr13Ni1	≤0.15	0.80	0.80	0.035	0.025	11.5~13.5	≤1.00	≤0.50	0.50	0.05	0.10	0.50
ZG10Cr13Ni1Mo	≤0.10	0.80	0.80	0.035	0.025	11.5~13.5	0.8~1.80	0.20~0.50	0.50	0.05	0.10	0.50
ZG06Cr13Ni4Mo	≤0.06	0.80	1.00	0.035	0.025	11.5~13.5	3.5~5.0	0.40~1.00	0.50	0.05	0.10	0.50
ZG06Cr13Ni5Mo	≤0.06	0.80	1.00	0.035	0.025	11.5~13.5	4.5~6.0	0.40~1.00	0.50	0.05	0.10	0.50
ZG06Cr16Ni5Mo	≤0.06	0.80	1.00	0.035	0.025	15.5~17.0	4.5~6.0	0.40~1.00	0.50	0.05	0.10	0.50
ZG04Cr13Ni4Mo	≤0.04	0.80	1.50	0.030	0.010	11.5~13.5	3.5~5.0	0.40~1.00	0.50	0.05	0.10	0.50
ZG04Cr13Ni5Mo	≤0.04	0.80	1.50	0.030	0.010	11.5~13.5	4.5~6.0	0.40~1.00	0.50	0.05	0.10	0.50

注：表中的单个值表示最大值。

6.10.2 力学性能（见表 2-500）

表 2-500 工程结构用中、高强度不锈钢铸件的力学性能

铸钢牌号		屈服强度 $R_{p0.2}$/MPa	抗拉强度 R_m/MPa	断后伸长率 A(%)	断面收缩率 Z(%)	冲击吸收能量 KV/J	布氏硬度 HBW
ZG15Cr13		345	540	18	40	—	163~229
ZG20Cr13		390	590	16	35	—	170~235
ZG15Cr13Ni1		450	590	16	35	20	170~241
ZG10Cr13Ni1Mo		450	620	16	35	27	170~241
ZG06Cr13Ni4Mo		550	750	15	35	50	221~294
ZG06Cr13Ni5Mo		550	750	15	35	50	221~294
ZG06Cr16Ni5Mo		550	750	15	35	50	221~294
ZG04Cr13Ni4Mo	HT1[1]	580	780	18	50	80	221~294
	HT2[2]	830	900	12	35	35	294~350
ZG04Cr13Ni5Mo	HT1[1]	580	780	18	50	80	221~294
	HT2[2]	830	900	12	35	35	294~350

注：表中的单个值表示最小值。

① 回火温度应在 600~650℃。

② 回火温度应在 500~550℃。

第3章 通用零部件及器材

1 紧固连接用螺纹

1.1 普通螺纹

1.1.1 牙形和基本尺寸（见表 3-1）

表 3-1 普通螺纹的牙形和基本尺寸（摘自 GB/T 196—2003）

（单位：mm）

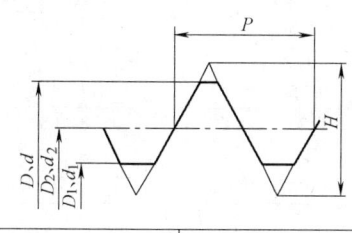

公称直径 （大径） $D 、 d$	螺距 P	中径 $D_2 、 d_2$	小径 $D_1 、 d_1$
1	0.25	0.838	0.729
	0.2	0.870	0.783
1.1	0.25	0.938	0.829
	0.2	0.970	0.883
1.2	0.25	1.038	0.929
	0.2	1.070	0.983
1.4	0.3	1.205	1.075
	0.2	1.270	1.183
1.6	0.35	1.373	1.221
	0.2	1.470	1.383
1.8	0.35	1.573	1.421
	0.2	1.670	1.583
2	0.4	1.740	1.567
	0.25	1.838	1.729
2.2	0.45	1.908	1.713
	0.25	2.038	1.929
2.5	0.45	2.208	2.013
	0.35	2.273	2.121
3	0.5	2.675	2.459
	0.35	2.773	2.621
3.5	0.6	3.110	2.850
	0.35	3.273	3.121

（续）

公称直径 （大径） D、d	螺距 P	中径 D_2、d_2	小径 D_1、d_1
4	0.7	3.545	3.242
	0.5	3.675	3.459
4.5	0.75	4.013	3.688
	0.5	4.175	3.959
5	0.8	4.480	4.134
	0.5	4.675	4.459
5.5	0.5	5.175	4.959
6	1	5.350	4.917
	0.75	5.513	5.188
7	1	6.350	5.917
	0.75	6.513	6.188
8	1.25	7.188	6.647
	1	7.350	6.917
	0.75	7.513	7.188
9	1.25	8.188	7.647
	1	8.350	7.917
	0.75	8.513	8.188
10	1.5	9.026	8.376
	1.25	9.188	8.647
	1	9.350	8.917
	0.75	9.513	9.188
11	1.5	10.026	9.376
	1	10.350	9.917
	0.75	10.513	10.188
12	1.75	10.863	10.106
	1.5	11.026	10.376
	1.25	11.188	10.647
	1	11.350	10.917
14	2	12.701	11.835
	1.5	13.026	12.376
	1.25	13.188	12.647
	1	13.350	12.917
15	1.5	14.026	13.376
	1	14.350	13.917
16	2	14.701	13.835
	1.5	15.026	14.376
	1	15.350	14.917
17	1.5	16.026	15.376
	1	16.350	15.917
18	2.5	16.376	15.294
	2	16.701	15.835
	1.5	17.026	16.376
	1	17.350	16.917

（续）

公称直径 （大径） D、d	螺距 P	中径 D_2、d_2	小径 D_1、d_1
20	2.5	18.376	17.294
	2	18.701	17.835
	1.5	19.026	18.376
	1	19.350	18.917
22	2.5	20.376	19.294
	2	20.701	19.835
	1.5	21.026	20.376
	1	21.350	20.917
24	3	22.051	20.752
	2	22.701	21.835
	1.5	23.026	22.376
	1	23.350	22.917
25	2	23.701	22.835
	1.5	24.026	23.376
	1	24.350	23.917
26	1.5	25.026	24.376
27	3	25.051	23.752
	2	25.701	24.835
	1.5	26.026	25.376
	1	26.350	25.917
28	2	26.701	25.835
	1.5	27.026	26.376
	1	27.350	26.917
30	3.5	27.727	26.211
	3	28.051	26.752
	2	28.701	27.835
	1.5	29.026	28.376
	1	29.350	28.917
32	2	30.701	29.835
	1.5	31.026	30.376
33	3.5	30.727	29.211
	3	31.051	29.752
	2	31.701	30.835
	1.5	32.026	31.376
35	1.5	34.026	33.376
36	4	33.402	31.670
	3	34.051	32.752
	2	34.701	33.835
	1.5	35.026	34.376
38	1.5	37.026	36.376
39	4	36.402	34.670
	3	37.051	35.752
	2	37.701	36.835
	1.5	38.026	37.376

（续）

公称直径 （大径） D、d	螺距 P	中径 D_2、d_2	小径 D_1、d_1
40	3	38. 051	36. 752
	2	38. 701	37. 835
	1. 5	39. 026	38. 376
42	4. 5	39. 077	37. 129
	4	39. 402	37. 670
	3	40. 051	38. 752
	2	40. 701	39. 835
	1. 5	41. 026	40. 376
45	4. 5	42. 077	40. 129
	4	42. 402	40. 670
	3	43. 051	41. 752
	2	43. 701	42. 835
	1. 5	44. 026	43. 376
48	5	44. 752	42. 587
	4	45. 402	43. 670
	3	46. 051	44. 752
	2	46. 701	45. 835
	1. 5	47. 026	46. 376
50	3	48. 051	46. 752
	2	48. 701	47. 835
	1. 5	49. 026	48. 376
52	5	48. 752	45. 587
	4	49. 402	47. 670
	3	50. 051	48. 752
	2	50. 701	49. 835
	1. 5	51. 026	50. 376
55	4	52. 402	50. 670
	3	53. 051	51. 752
	2	53. 701	52. 835
	1. 5	54. 026	53. 376
56	5. 5	52. 428	50. 046
	4	53. 402	51. 670
	3	54. 051	52. 752
	2	54. 701	53. 835
	1. 5	55. 026	54. 376
58	4	55. 402	53. 670
	3	56. 051	54. 752
	2	56. 701	55. 835
	1. 5	57. 026	56. 376
60	5. 5	56. 428	54. 046
	4	57. 402	55. 670
	3	58. 051	56. 752
	2	58. 701	57. 835
	1. 5	59. 026	58. 376

（续）

公称直径 （大径） D、d	螺距 P	中径 D_2、d_2	小径 D_1、d_1
62	4	59.402	57.670
	3	60.051	58.752
	2	60.701	59.835
	1.5	61.026	60.376
64	6	60.103	57.505
	4	61.402	59.670
	3	62.051	60.752
	2	62.701	61.835
	1.5	63.026	62.376
65	4	62.402	60.670
	3	63.051	61.752
	2	63.701	62.835
	1.5	64.026	63.376
68	6	64.103	61.505
	4	65.402	63.670
	3	66.051	64.752
	2	66.701	65.835
	1.5	67.026	66.376
70	6	66.103	63.505
	4	67.402	65.670
	3	68.051	66.752
	2	68.701	67.835
	1.5	69.026	68.376
72	6	68.103	65.505
	4	69.402	67.670
	3	70.051	68.752
	2	70.701	69.835
	1.5	71.026	70.376
75	4	72.402	70.670
	3	73.051	71.752
	2	73.701	72.835
	1.5	74.026	73.376
76	6	72.103	69.505
	4	73.402	71.670
	3	74.051	72.752
	2	74.701	73.835
	1.5	75.026	74.376
78	2	76.700	75.835
80	6	76.103	73.505
	4	77.402	75.670
	3	78.051	76.752
	2	78.701	77.835
	1.5	79.026	78.376

（续）

公称直径 （大径） D、d	螺距 P	中径 D_2、d_2	小径 D_1、d_1
82	2	80.701	79.835
85	6	81.103	78.505
	4	82.402	80.670
	3	83.051	81.752
	2	83.701	82.835
90	6	86.103	83.505
	4	87.402	85.670
	3	88.051	86.752
	2	88.701	87.835
95	6	91.103	88.505
	4	92.402	90.670
	3	93.051	91.752
	2	93.701	92.835
100	6	96.103	93.505
	4	97.402	95.670
	3	98.051	96.752
	2	98.701	97.835
105	6	101.103	98.505
	4	102.402	100.670
	3	103.051	101.752
	2	103.701	102.835
110	6	106.103	103.505
	4	107.402	105.670
	3	108.051	106.752
	2	108.701	107.835
115	6	111.103	108.505
	4	112.402	110.670
	3	113.051	111.752
	2	113.701	112.835
120	6	116.103	113.505
	4	117.402	115.670
	3	118.051	116.752
	2	118.701	117.835
125	6	121.103	118.505
	4	122.402	120.670
	3	123.051	121.752
	2	123.701	122.835
130	6	126.103	123.505
	4	127.402	125.670
	3	128.051	126.752
	2	128.701	127.835

（续）

公称直径 （大径） D、d	螺距 P	中径 D_2、d_2	小径 D_1、d_1
135	6	131. 103	128. 505
	4	132. 402	130. 670
	3	133. 051	131. 752
	2	133. 701	132. 835
140	6	136. 103	133. 505
	4	137. 402	135. 670
	3	138. 051	136. 752
	2	138. 701	137. 835
145	6	141. 103	138. 505
	4	142. 402	140. 670
	3	143. 051	141. 752
	2	143. 701	142. 835
150	8	144. 804	141. 340
	6	146. 103	143. 505
	4	147. 402	145. 670
	3	148. 051	146. 752
	2	148. 701	147. 835
155	6	151. 103	148. 505
	4	152. 402	150. 670
	3	153. 051	151. 752
160	8	154. 804	151. 340
	6	156. 103	153. 505
	4	157. 402	155. 670
	3	158. 051	156. 752
165	6	161. 103	158. 505
	4	162. 402	160. 670
	3	163. 051	161. 752
170	8	164. 804	161. 340
	6	166. 103	163. 505
	4	167. 402	165. 670
	3	168. 051	166. 752
175	6	171. 103	168. 505
	4	172. 402	170. 670
	3	173. 051	171. 752
180	8	174. 804	171. 340
	6	176. 103	173. 505
	4	177. 402	175. 670
	3	178. 051	176. 752
185	6	181. 103	178. 505
	4	182. 402	180. 670
	3	183. 051	181. 752

（续）

公称直径 （大径） D、d	螺距 P	中径 D_2、d_2	小径 D_1、d_1
190	8	184.804	181.340
	6	186.103	183.505
	4	187.402	185.670
	3	188.051	186.752
195	6	191.103	188.505
	4	192.402	190.670
	3	193.051	191.752
200	8	194.804	191.340
	6	196.103	193.505
	4	197.402	195.670
	3	198.051	196.752
205	6	201.103	198.505
	4	202.402	200.670
	3	203.051	201.752
210	8	204.804	201.340
	6	206.103	203.505
	4	207.402	205.670
	3	208.051	206.752
215	6	211.103	208.505
	4	212.402	210.670
	3	213.051	211.752
220	8	214.804	211.340
	6	216.103	213.505
	4	217.402	215.670
	3	218.051	216.752
225	6	221.103	218.505
	4	222.402	220.670
	3	223.051	221.752
230	8	224.804	221.340
	6	226.103	223.505
	4	227.402	225.670
	3	228.051	226.752
235	6	231.103	228.505
	4	232.402	230.670
	3	233.051	231.752
240	8	234.804	231.340
	6	236.103	233.505
	4	237.402	235.670
	3	238.051	236.752
245	6	241.103	238.505
	4	242.402	240.670
	3	243.051	241.752
250	8	244.804	241.340
	6	246.103	243.505
	4	247.402	245.670
	3	248.051	246.752

（续）

公称直径 （大径） D、d	螺距 P	中径 D_2、d_2	小径 D_1、d_1
255	6	251.103	248.505
	4	252.402	250.670
260	8	254.804	251.340
	6	256.103	253.505
	4	257.402	255.670
265	6	261.103	258.505
	4	262.402	260.670
270	8	264.804	261.340
	6	266.103	263.505
	4	267.402	265.670
275	6	271.103	268.505
	4	272.402	270.670
280	8	274.804	271.340
	6	276.103	273.505
	4	277.402	275.670
285	6	281.103	278.505
	4	282.402	280.670
290	8	284.804	281.340
	6	286.103	283.505
	4	287.402	285.670
295	6	291.103	288.505
	4	292.402	290.670
300	8	294.804	291.340
	6	296.103	293.505
	4	297.402	295.670

1.1.2　公差（摘自 GB/T 197—2003）

（1）内螺纹的公差带位置（见图 3-1）

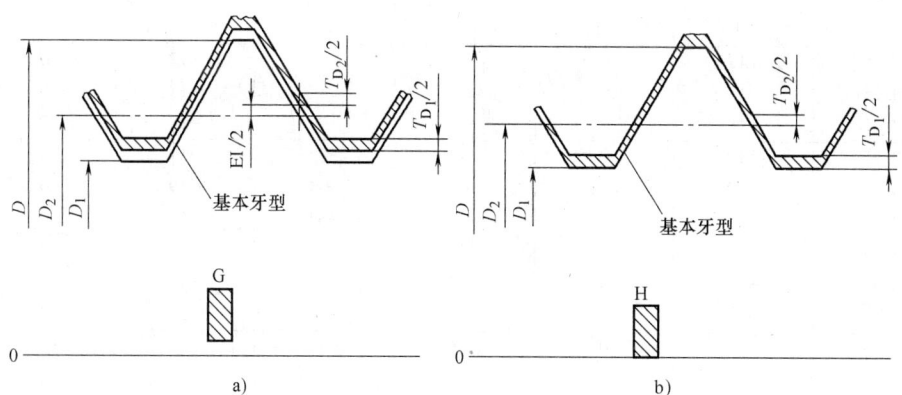

图 3-1　内螺纹的公差带位置

a）公差带位置为 G　b）公差带位置为 H

T_{D_1}—内螺纹小径公差　T_{D_2}—内螺纹中径公差　EI—内螺纹直径的下偏差（基本偏差）

（2）外螺纹的公差带位置（见图 3-2）

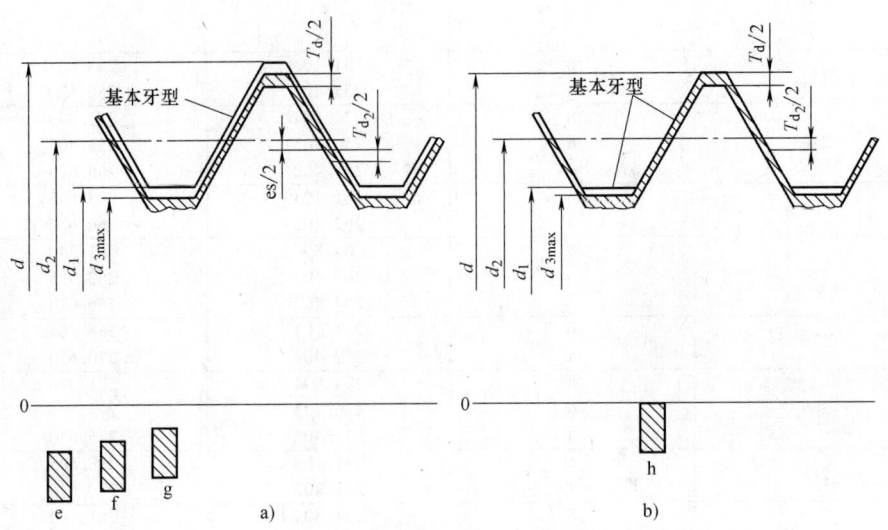

图 3-2　外螺纹的公差带位置

a）公差带位置为 e、f 和 g　b）公差带位置为 h

T_{d_2}—外螺纹中径公差　d_3—外螺纹的外径　T_d—外螺纹大径公差　es—外螺纹直径的上偏差（基本偏差）

（3）内、外螺纹的基本偏差（见表 3-2）

表 3-2　内、外螺纹的基本偏差　　　　　　（单位：mm）

螺距 P/mm	基本偏差					
	内螺纹		外螺纹			
	G	H	e	f	g	h
	EI	EI	es	es	es	es
0.2	+17	0	—	—	−17	0
0.25	+18	0	—	—	−18	0
0.3	+18	0	—	—	−18	0
0.35	+19	0	—	−34	−19	0
0.4	+19	0	—	−34	−19	0
0.45	+20	0	—	−35	−20	0
0.5	+20	0	−50	−36	−20	0
0.6	+21	0	−53	−36	−21	0
0.7	+22	0	−56	−38	−22	0
0.75	+22	0	−56	−38	22	0
0.8	+24	0	−60	−38	−24	0
1	+26	0	−60	−40	−26	0
1.25	+28	0	−63	−42	−28	0
1.5	+32	0	−67	−45	−32	0
1.75	+34	0	−71	−48	−34	0

（续）

螺距	基本偏差					
	内螺纹		外螺纹			
P/mm	G	H	e	f	g	h
	EI	EI	es	es	es	es
2	+38	0	−71	−52	−38	0
2.5	+42	0	−80	−58	−42	0
3	+48	0	−85	−63	−48	0
3.5	+53	0	−90	−70	−53	0
4	+60	0	−95	−75	−60	0
4.5	+63	0	−100	−80	−63	0
5	+71	0	−106	−85	−71	0
5.5	+75	0	−112	−90	−75	0
6	+80	0	−118	−95	−80	0
8	+100	0	−140	−118	−100	0

注：外螺纹直径的上偏差（es）和内螺纹直径的下偏差（EI）为基本偏差。

（4）内螺纹小径公差（T_{D_1}）（见表 3-3）

表 3-3　内螺纹小径公差（T_{D_1}）　　　（单位：μm）

螺距	公差等级				
P/mm	4	5	6	7	8
0.2	38	—	—	—	—
0.25	45	56	—	—	—
0.3	53	67	85	—	—
0.35	63	80	100	—	—
0.4	71	90	112	—	—
0.45	80	100	125	—	—
0.5	90	112	140	180	—
0.6	100	125	160	200	—
0.7	112	140	180	224	—
0.75	118	150	190	236	—
0.8	125	160	200	250	315
1	150	190	236	300	375
1.25	170	212	265	335	425
1.5	190	236	300	375	475
1.75	212	265	335	425	530
2	236	300	375	475	600
2.5	280	355	450	560	710
3	315	400	500	630	800
3.5	355	450	560	710	900
4	375	475	600	750	950
4.5	425	530	670	850	1060
5	450	560	710	900	1120
5.5	475	600	750	950	1180
6	500	630	800	1000	1250
8	630	800	1000	1250	1600

（5）外螺纹大径公差（T_d）（见表 3-4）

表 3-4　外螺纹大径公差（T_d）　　　　（单位：μm）

螺距	公差等级		
P/mm	4	6	8
0.2	36	56	—
0.25	42	67	—
0.3	48	75	—
0.35	53	85	—
0.4	60	95	—
0.45	63	100	—
0.5	67	106	—
0.6	80	125	—
0.7	90	140	—
0.75	90	140	—
0.8	95	150	236
1	112	180	280
1.25	132	212	335
1.5	150	236	375
1.75	170	265	425
2	180	280	450
2.5	212	335	530
3	236	375	600
3.5	265	425	670
4	300	475	750
4.5	315	500	800
5	335	530	850
5.5	355	560	900
6	375	600	950
8	450	710	1180

（6）内螺纹中径公差（T_{D_2}）（见表 3-5）

表 3-5　内螺纹中径公差（T_{D_2}）　　　　（单位：μm）

基本大径 D/mm		螺距	公差等级				
>	≤	P/mm	4	5	6	7	8
0.99	1.4	0.2	40	—	—	—	—
		0.25	45	56	—	—	—
		0.3	48	60	75	—	—
1.4	2.8	0.2	42	—	—	—	—
		0.25	48	60	—	—	—
		0.35	53	67	85	—	—
		0.4	56	71	90	—	—
		0.45	60	75	95	—	—
2.8	5.6	0.35	56	71	90	—	—
		0.5	63	80	100	125	—
		0.6	71	90	112	140	—
		0.7	75	95	118	150	—

（续）

基本大径 D/mm		螺距	公差等级				
>	≤	P/mm	4	5	6	7	8
2.8	5.6	0.75	75	95	118	150	—
		0.8	80	100	125	160	200
5.6	11.2	0.75	85	106	132	170	—
		1	95	118	150	190	236
		1.25	100	125	160	200	250
		1.5	112	140	180	224	280
11.2	22.4	1	100	125	160	200	250
		1.25	112	140	180	224	280
		1.5	118	150	190	236	300
		1.75	125	160	200	250	315
		2	132	170	212	265	335
		2.5	140	180	224	280	355
22.4	45	1	106	132	170	212	—
		1.5	125	160	200	250	315
		2	140	180	224	280	355
		3	170	212	265	335	425
		3.5	180	224	280	355	450
		4	190	236	300	375	475
		4.5	200	250	315	400	500
45	90	1.5	132	170	212	265	335
		2	150	190	236	300	375
		3	180	224	280	355	450
		4	200	250	315	400	500
		5	212	265	335	425	530
		5.5	224	280	355	450	560
		6	236	300	375	475	600
90	180	2	160	200	250	315	400
		3	190	236	300	375	475
		4	212	265	335	425	530
		6	250	315	400	500	630
		8	280	355	450	560	710
180	355	3	212	265	335	425	530
		4	236	300	375	475	600
		6	265	335	425	530	670
		8	300	375	475	600	750

（7）外螺纹中径公差（T_{d_2}）（见表 3-6）

表 3-6　外螺纹中径公差（T_{d_2}）　　　　（单位：μm）

基本大径 d/mm		螺距	公差等级						
>	≤	P/mm	3	4	5	6	7	8	9
0.99	1.4	0.2	24	30	38	48	—	—	—
		0.25	26	34	42	53	—	—	—
		0.3	28	36	45	56	—	—	—

（续）

基本大径 d/mm		螺距	公差等级						
>	≤	P/mm	3	4	5	6	7	8	9
1.4	2.8	0.2	25	32	40	50	—	—	—
		0.25	28	36	45	56	—	—	—
		0.35	32	40	50	63	80	—	—
		0.4	34	42	53	67	85	—	—
		0.45	36	45	56	71	90	—	—
2.8	5.6	0.35	34	42	53	67	85	—	—
		0.5	38	48	60	75	95	—	—
		0.6	42	53	67	85	106	—	—
		0.7	45	56	71	90	112	—	—
		0.75	45	56	71	90	112	—	—
		0.8	48	60	75	95	118	150	190
5.6	11.2	0.75	50	63	80	100	125	—	—
		1	56	71	90	112	140	180	224
		1.25	60	75	95	118	150	190	236
		1.5	67	85	106	132	170	212	265
11.2	22.4	1	60	75	95	118	150	190	236
		1.25	67	85	106	132	170	212	265
		1.5	71	90	112	140	180	224	280
		1.75	75	95	118	150	190	236	300
		2	80	100	125	160	200	250	315
		2.5	85	106	132	170	212	265	335
22.4	45	1	63	80	100	125	160	200	250
		1.5	75	95	118	150	190	236	300
		2	85	106	132	170	212	265	335
		3	100	125	160	200	250	315	400
		3.5	106	132	170	212	265	335	425
		4	112	140	180	224	280	355	450
		4.5	118	150	190	236	300	375	475
45	90	1.5	80	100	125	160	200	250	315
		2	90	112	140	180	224	280	355
		3	106	132	170	212	265	335	425
		4	118	150	190	236	300	375	475
		5	125	160	200	250	315	400	500
		5.5	132	170	212	265	335	425	530
		6	140	180	224	280	355	450	560
90	180	2	95	118	150	190	236	300	375
		3	112	140	180	224	280	355	450
		4	125	160	200	250	315	400	500
		6	150	190	236	300	375	475	600
		8	170	212	265	335	425	530	670
180	355	3	125	160	200	250	315	400	500
		4	140	180	224	280	355	450	560
		6	160	200	250	315	400	500	630
		8	180	224	280	355	450	560	710

1.2　自攻螺钉用螺纹（见表 3-7）

表 3-7　自攻螺钉用螺纹的型式和尺寸（摘自 GB/T 5280—2002）

（单位：mm）

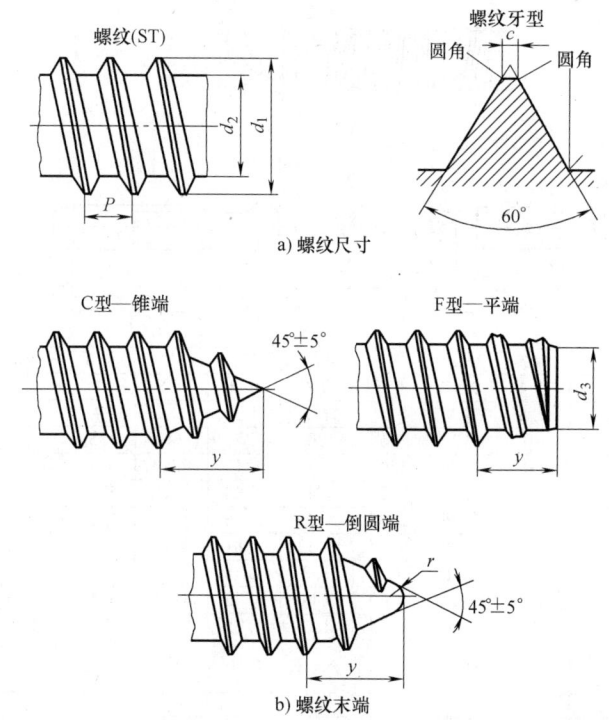

a) 螺纹尺寸

b) 螺纹末端

注：由辗制螺纹形成不超出 C 型锥端顶点多余的金属是允许的。顶点轻微的倒圆或截锥较理想

螺纹规格		ST1.5	ST1.9	ST2.2	ST2.6	ST2.9	ST3.3	ST3.5	ST3.9	ST4.2	ST4.8	ST5.5	ST6.3	ST8	ST9.5
P	≈	0.5	0.6	0.8	0.9	1.1	1.3	1.3	1.3	1.4	1.6	1.8	1.8	2.1	2.1
d_1	max	1.52	1.90	2.24	2.57	2.90	3.30	3.53	3.91	4.22	4.80	5.46	6.25	8.00	9.65
	min	1.38	1.76	2.10	2.43	2.76	3.12	3.35	3.73	4.04	4.62	5.28	6.03	7.78	9.43
d_2	max	0.91	1.24	1.63	1.90	2.18	2.39	2.64	2.92	3.10	3.58	4.17	4.88	6.20	7.85
	min	0.84	1.17	1.52	1.80	2.08	2.29	2.51	2.77	2.95	3.43	3.99	4.70	5.99	7.59
d_3	max	0.79	1.12	1.47	1.73	2.01	2.21	2.41	2.67	2.84	3.30	3.86	4.55	5.84	7.44
	min	0.69	1.02	1.37	1.60	1.88	2.08	2.26	2.51	2.69	3.12	3.68	4.34	5.64	7.24
c	max	0.1	0.1	0.1	0.1	0.1	0.1	0.1	0.1	0.1	0.15	0.15	0.15	0.15	0.15
r[1]	≈	—	—	—	—	—	—	0.5	0.6	0.6	0.7	0.8	0.9	1.1	1.4
y 参考[2]	C 型	1.4	1.6	2	2.3	2.6	3	3.2	3.5	3.7	4.3	5	6	7.5	8
	F 型	1.1	1.2	1.6	1.8	2.1	2.5	2.5	2.7	2.8	3.2	3.6	3.6	4.2	4.2
	R 型							2.7	3	3.2	3.6	4.3	5	6.3	—
号码	No.[3]	0	1	2	3	4	5	6	7	8	10	12	14	16	20

① r 是参考尺寸，仅供指导。末端不一定是完整的球面，但触摸时不应是尖锐的。

② 不完整螺纹的长度。

③ 以前的螺纹标记，仅为信息。

1.3　自攻锁紧螺钉的螺杆　弧形三角截面螺纹（见表3-8）

表3-8　弧形三角截面螺纹的型式和尺寸（摘自 GB/T 6559—1986）

（单位：mm）

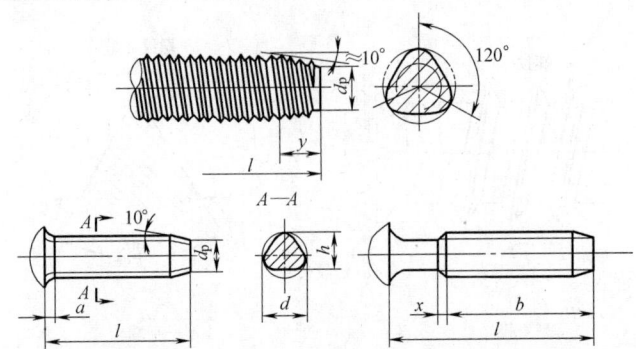

螺纹规格			M2	M2.5	M3	(M3.5)	M4	M5	M6	M8	M10	M12
P			0.4	0.45	0.5	0.6	0.7	0.8	1	1.25	1.5	1.75
a	max		0.8	0.9	1	1.2	1.4	1.6	2	2.5	3	3.5
b	min		10	12	16	20	25	30	35	35	35	35
d	max		2.04	2.58	3.08	3.58	4.13	5.13	6.16	8.17	10.18	12.19
	min		1.96	2.48	2.98	3.48	3.98	4.98	5.99	7.98	9.97	11.95
h	max		1.95	2.46	2.95	3.43	3.96	4.93	5.93	7.91	9.89	11.87
	min		1.87	2.36	3.85	3.33	3.81	4.78	5.78	7.76	9.74	11.72
y	≈		1.4	1.4	1.5	1.8	2.0	2.5	3.0	3.8	4.5	5.5
d_p	max		1.65	2.14	2.60	3.00	3.45	4.35	5.19	6.96	8.72	10.49
x	max		1	1.1	1.25	1.5	1.75	2	2.5	3.2	3.8	4.4

l 公称	min	max	M2	M2.5	M3	(M3.5)	M4	M5	M6	M8	M10	M12
4	3.7	4.3	*									
5	4.7	5.3		*								
6	5.7	6.3			*							
8	7.7	8.3				*	*					
10	9.7	10.3						*				
12	11.6	12.4							*			
(14)	13.6	14.4										
16	15.6	16.4								*		
20	19.6	20.4									*	
25	24.6	25.4										*
30	29.6	30.4										
35	34.5	35.5										
40	39.5	40.5										
45	44.5	45.5										
50	49.5	50.5										
(55)	54.4	55.6										
60	59.4	60.6										
(65)	64.4	65.6										
70	69.4	70.6										
80	79	81										

注：1. 螺纹的其余参数的基本尺寸按 GB/T 197 规定；公差按 GB/T 197 的 6g 级规定，供制造碾制螺纹工具使用，在制品上不予检查。

2. 末端外接圆直径（d_p）由制造工艺保证，在制品上不予检查。

3. 尽可能不采用括号内的规格。

4. 标"*"号者，不适用于沉头和半沉头螺钉。

5. 公称长度在虚线以上的螺钉，制出全螺纹（$b \approx l-a$）。

1.4　木螺钉用螺纹（见表 3-9）

表 3-9　木螺钉用螺纹的型式和尺寸（摘自 GB/T 922—1986）（单位：mm）

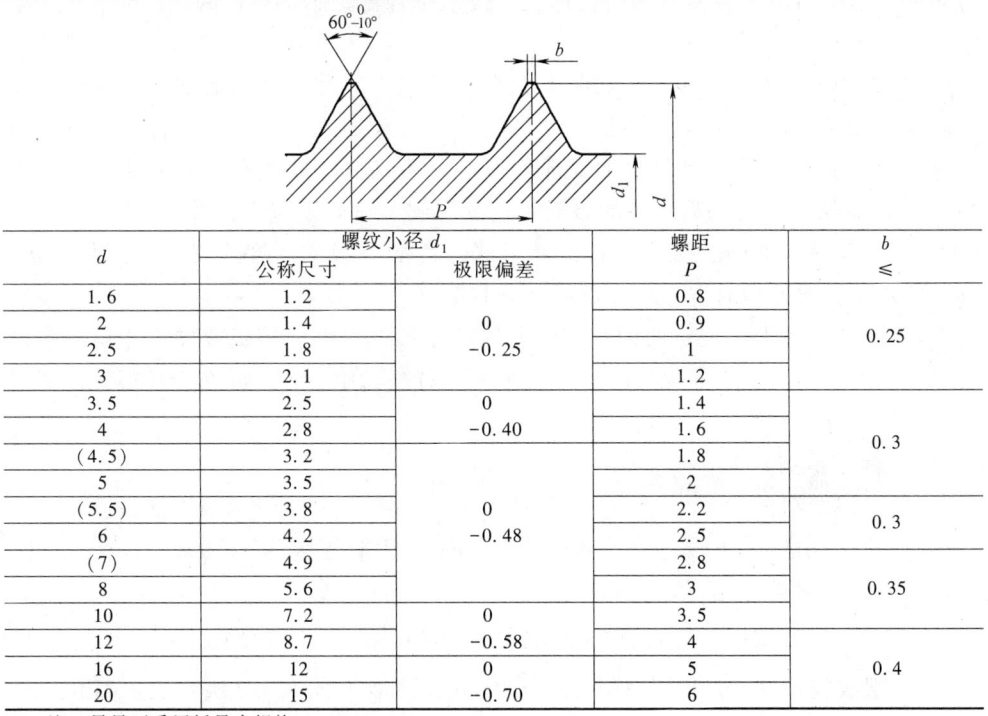

d	螺纹小径 d_1		螺距	b
	公称尺寸	极限偏差	P	$\leqslant$
1.6	1.2		0.8	
2	1.4	0	0.9	
2.5	1.8	−0.25	1	0.25
3	2.1		1.2	
3.5	2.5	0	1.4	
4	2.8	−0.40	1.6	0.3
(4.5)	3.2		1.8	
5	3.5		2	
(5.5)	3.8	0	2.2	0.3
6	4.2	−0.48	2.5	
(7)	4.9		2.8	
8	5.6		3	0.35
10	7.2	0	3.5	
12	8.7	−0.58	4	
16	12	0	5	0.4
20	15	−0.70	6	

注：尽量不采用括号内规格。

2　紧固件

2.1　标记（摘自 GB/T 1237—2000）

2.1.1　标记的组成（见图 3-3）

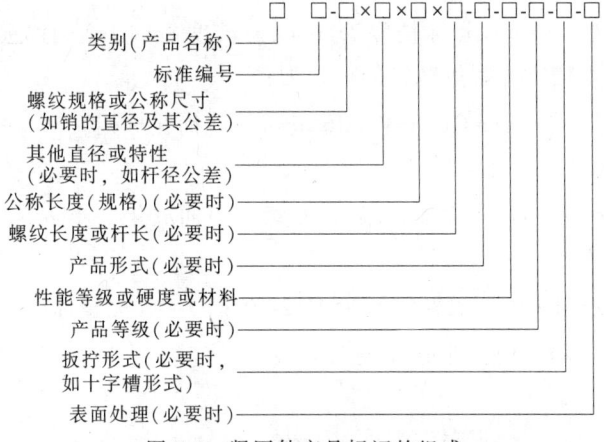

图 3-3　紧固件产品标记的组成

2.1.2 标记的简化原则

在不致引起误解或混乱的前提下，可以对标记做简化处理。在紧固件产品标准中的标记示例给出了省略后的简化标记。使用符合标记示例条件的产品时，可直接使用。具体的简化原则如下：

1）类别（名称）、标准年代号及其前面的"－"允许全部或部分省略，省略年代号的标准应以现行标准为准。

2）标记中的"－"允许全部或部分省略；标记中"其他直径或特性"前面的"×"允许省略。但省略后不应导致对标记的误解，一般以空格代替。

3）当产品标准中只规定一种产品形式、性能等级或硬度或材料、产品等级、扳拧形式及表面处理时，允许全部或部分省略。

4）当产品标准中规定两种及其以上的产品形式、性能等级或硬度或材料、产品等级、扳拧形式及表面处理时，应规定可以省略其中一种，并在产品标准的标记示例中给出省略后的简化标记。

2.1.3 标记示例

（1）外螺纹件

1）螺纹规格 $d = M12$、公称长度 $l = 80mm$、性能等级为 10.9 级、表面氧化、产品等级为 A 级的六角头螺栓的标记为：

螺栓 GB/T 5782—2000-M12×80-10.9-A-O　　（完整标记）

2）螺纹规格 $d = M12$、公称长度 $l = 80mm$、性能等级为 8.8 级、表面氧化、产品等级为 A 级的六角头螺栓的标记为：

螺栓 GB/T 5782 M12×80　　（简化标记）

3）螺纹规格 $d = M6$、公称长度 $l = 6mm$、长度 $z = 4mm$、性能等级为 33H 级、表面氧化的开槽盘头定位螺钉的标记为：

螺钉 GB/T 828—1988-M6×6×4-33H-O　　（完整标记）

4）螺纹规格 $d = M6$、公称长度 $l = 6mm$、长度 $z = 4mm$、性能等级为 14H 级、不经表面处理的开槽盘头定位螺钉的标记为：

螺钉 GB/T 828M6×6×4　　（简化标记）

（2）内螺纹件

1）螺纹规格 $D = M12$、性能等级为 10 级、表面氧化、产品等级为 A 级的 I 型六角螺母的标记为：

螺母 GB/T 6170—2000-M12-10-A-O　　（完整标记）

2）螺纹规格 $D = M12$、性能等级为 8 级、不经表面处理、产品等级为 A 级的 I 型六角螺母的标记为：

螺母 GB/T 6170 M12　　（简化标记）

（3）垫圈

1）标准系列、规格 8mm、性能等级为 300HV、表面氧化、产品等级为 A 级的平垫圈的标记为：

　　　　垫圈 GB/T 97.1—1985-8-300HV-A-O　（完整标记）

2）标准系列、规格 8mm、性能等级为 140HV、不经表面处理、产品等级为 A 级的平垫圈的标记为：

　　　　垫圈 GB/T 97.1　8　（简化标记）

（4）自攻螺钉

1）螺纹规格 ST3.5、公称长度 $l=16$mm、Z 形槽、表面氧化的 F 型十字槽盘头自攻螺钉的标记为：

　　　　自攻螺钉 GB/T 845—1985-ST3.5×16-F-Z-O　（完整标记）

2）螺纹规格 ST3.5、公称长度 $l=16$mm、H 形槽、镀锌钝化的 C 型十字槽盘头自攻螺钉的标记为：

　　　　自攻螺钉 GB/T 845 ST3.5×16　（简化标记）

（5）销

1）公称直径 $d=6$mm、公差为 m6、公称长度 $l=30$mm、材料为 C1 组马氏体不锈钢、表面简单处理的圆柱销的标记为：

　　　　销 GB/T 119.2—2000-6 m6×30-C1-简单处理　（完整标记）

2）公称直径 $d=6$mm、公差为 m6、公称长度 $l=30$mm、材料为钢、普通淬火（A 型）、表面氧化的圆柱销的标记为：

　　　　销 GB/T 119.26×30　（简化标记）

（6）铆钉

1）公称直径 $d=5$mm、公称长度 $l=10$mm、性能等级为 08 级的开口型扁圆头抽芯铆钉的标记为：

　　　　抽芯铆钉 GB/T 12618—1990-5×10-08　（完整标记）

2）公称直径 $d=5$mm、公称长度 $l=10$mm、性能等级为 10 级的开口型扁圆头抽芯铆钉的标记为：

　　　　抽芯铆钉 GB/T 12618 5×10　（简化标记）

（7）挡圈

1）公称直径 $d=30$mm、外径 $D=40$mm、材料为 35 钢、热处理硬度 25～35HRC、表面氧化的轴肩挡圈的标记为：

　　　挡圈 GB/T 886—1986-30×40-35 钢、热处理 25～35HRC-O　（完整标记）

2）公称直径 $d=30$mm、外径 $D=40$mm、材料为 35 钢、不经热处理及表面处理的轴肩挡圈的标记为：

　　　　挡圈 GB/T 886 30×40　（简化标记）

2.2 机械和工作性能

2.2.1 螺栓、螺钉和螺栓的机械性能 （摘自 GB/T 3098.1—2010）

（1）性能等级的标记制度

螺栓、螺钉和螺柱性能等级的代号，由点隔开的两部分数字组成：

1）点左边的一或二位数字表示公称抗拉强度（$R_{m,公称}$）的 1/100，以 MPa 计。

2）点右边的数字表示公称屈服强度（下屈服强度）（$R_{eL,公称}$）或规定塑性延伸 0.2% 的公称应力（$R_{p0.2,公称}$）或规定塑性延伸 0.0048d 的公称应力（$R_{pf,公称}$）与公称抗拉强度（$R_{m,公称}$）比值的 10 倍（见表 3-10）。

表 3-10　性能等级代号中点右边数字的确定

点右边的数字	.6	.8	.9
$\dfrac{R_{eL,公称}}{R_{m,公称}}$ 或 $\dfrac{R_{p0.2,公称}}{R_{m,公称}}$ 或 $\dfrac{R_{pf,公称}}{R_{m,公称}}$	0.6	0.8	0.9

例如，紧固件的公称抗拉强度 $R_{m,公称}=800\text{MPa}$ 和屈服比为 0.8，其性能等级标记为"8.8"。

若材料性能与 8.8 级相同，但其实际承载能力又低于 8.8 级的紧固件（降低承载能力的）产品，其性能等级应标记为"08.8"。

（2）紧固件各性能等级用钢的化学成分和回火温度（见表 3-11）

表 3-11　紧固件各性能等级用钢的化学成分和回火温度

性能等级	材料和热处理	化学成分(熔炼分析)(质量分数,%)[①]				回火温度 /℃
		C	P	S	B[②]	
		min	max	max	max	max	min
4.6[③][④]	碳钢或添加元素的碳素钢	—	0.55	0.050	0.060	未规定	—
4.8[④]			0.55	0.050	0.060		
5.6[③]		0.13	0.55	0.050	0.060		
5.8[④]		—	0.55	0.050	0.060		
6.8[④]		0.15	0.55	0.050	0.060		
8.8[⑥]	添加元素的碳素钢(如硼或锰或铬)淬火并回火或	0.15[⑤]	0.40	0.025	0.025	0.003	425
	碳素钢淬火并回火或	0.25	0.55	0.025	0.025		
	合金钢淬火并回火[⑦]	0.20	0.55	0.025	0.025		
9.8[⑥]	添加元素的碳素钢(如硼或锰或铬)淬火并回火或	0.15[⑤]	0.40	0.025	0.025	0.003	425
	碳素钢淬火并回火或	0.25	0.55	0.025	0.025		
	合金钢淬火并回火[⑦]	0.20	0.55	0.025	0.025		
10.9[⑥]	添加元素的碳素钢(如硼或锰或铬)淬火并回火或	0.20[⑤]	0.55	0.025	0.025	0.003	425
	碳素钢淬火并回火或	0.25	0.55	0.025	0.025		
	合金钢淬火并回火[⑦]	0.20	0.55	0.025	0.025		

（续）

性能等级	材料和热处理	化学成分（熔炼分析）（质量分数，%）[1]					回火温度/℃
		C		P	S	B[2]	
		min	max	max	max	max	min
12.9[6][8][9]	合金钢淬火并回火[7]	0.30	0.50	0.025	0.025	0.003	425
12.9[6][8][9]	添加元素的碳素钢（如硼或锰或铬或钼）淬火并回火	0.28	0.50	0.025	0.025	0.003	380

① 有争议时，实施成品分析。

② B 的含量可达 0.005%（质量分数，后同），非有效硼由添加钛和/或铝控制。

③ 对 4.6 和 5.6 级冷镦紧固件，为保证达到要求的塑性和韧性，可能需要对其冷镦用线材或冷镦紧固件产品进行热处理。

④ 这些性能等级允许采用易切钢制造，其 S、P 和 Pb 的最大含量为：$w(S)$ 为 0.34%；$w(P)$ 为 0.11%；$w(Pb)$ 为 0.35%。

⑤ 对含 C 量低于 0.25% 的添加 B 的碳素钢，其 Mn 的最低含量分别为：8.8 级为 0.6%；9.8 级和 10.9 级为 0.7%。

⑥ 对这些性能等级用的材料，应有足够的淬透性，以确保紧固件螺纹截面的芯部在"淬硬"状态，回火前获得约 90% 的马氏体组织。

⑦ 这些合金钢至少应含有下列的一种元素，其最小含量分别为：$w(Cr)$ 为 0.30%；$w(Ni)$ 为 0.30%；$w(Mo)$ 为 0.20%，$w(V)$ 为 0.10%。当含有二、三或四种复合的合金成分时，合金元素的含量不能少于单个合金元素含量总和的 70%。

⑧ 对 12.9/12.9 级表面不允许有金相能测出的白色磷化物聚集层。去除磷化物聚集层应在热处理前进行。

⑨ 当考虑使用 12.9/12.9 级，应谨慎从事。紧固件制造者的能力、服役条件和扳拧方法都应仔细考虑。除表面处理外，使用环境也可能造成紧固件的应力腐蚀开裂。

（3）机械或物理性能（见表 3-12～表 3-16）

表 3-12　螺栓、螺钉和螺柱的机械或物理性能

序号	机械或物理性能		性能等级									
			4.6	4.8	5.6	5.8	6.8	8.8		9.8	10.9	12.9/12.9
								$d \leq$ 16mm[1]	$d >$ 16mm[2]	$d \leq$ 16mm		
1	抗拉强度 R_m/MPa	公称[3]	400		500		600	800		900	1000	1200
		min	400	420	520	520	600	800	830	900	1040	1220
2	下屈服强度 R_{eL}[4]/MPa	公称[3]	240	—	300	—	—	—		—	—	—
		min	240		300							
3	规定塑性延伸 0.2% 的应力 $R_{p0.2}$/MPa	公称[3]	—	—	—	—	—	640	640	720	900	1080
		min	—	—	—	—	—	640	660	720	940	1100
4	紧固件实物的规定塑性延伸 0.0048d 的应力 R_{pf}/MPa	公称[3]	—	320	—	400	480	—		—	—	—
		min	—	340[5]	—	420[5]	480[5]	—		—	—	—
5	保证应力 S_p[6]/MPa	公称	225	310	280	380	440	580	600	650	830	970
	保证应力比 $S_{P,公称}/R_{eL,min}$ 或 $S_{P,公称}/R_{P0.2,min}$ 或 $S_{P,公称}/R_{Rf,min}$		0.94	0.91	0.93	0.90	0.92	0.91	0.91	0.90	0.88	0.88
6	机械加工试件的断后伸长率 A(%)	min	22	—	20	—	—	12	12	10	9	8
7	机械加工试件的断面收缩率 Z(%)	min						52		48	48	44
8	紧固件实物的断后伸长率 A_f	min		0.24	—	0.22	0.20	—		—	—	—

（续）

序号	机械或物理性能		性能等级					8.8		9.8	10.9	12.9/12.9
			4.6	4.8	5.6	5.8	6.8	d≤16mm①	d>16mm②	d≤16mm		
9	头部坚固性		不得断裂或出现裂缝									
10	维氏硬度 HV，$F \geqslant 98$N	min	120	130	155	160	190	250	255	290	320	385
		max	220⑦				250	320	335	360	380	435
11	布氏硬度 HBW，$F=30D^2$	min	114	124	147	152	181	245	250	286	316	380
		max	209⑦				238	316	331	355	375	429
12	洛氏硬度 HRB	min	67	71	79	82	89	—				
		max	95.0⑦				99.5	—				
	洛氏硬度 HRC	min						22	23	28	32	39
		max						32	34	37	39	44
13	表面硬度 HV0.3	max	—					⑧		⑧⑨		⑧⑩
14	螺纹未脱碳层的高度 E/mm	min						$1/2H_1$			$2/3H_1$	$3/4H_1$
	螺纹全脱碳层的深度 G/mm	max						0.015				
15	再回火后硬度的降低值/HV	max						20				
16	破坏扭矩 M_B/Nm	min						按 GB/T 3098.13 的规定				
17	吸收能量 K_V⑪⑫/J	min	—	27	—			27	27	27	27	⑬
18	表面缺陷		GB/T 5779.1⑭									GB/T 5779.3

① 数值不适用于栓接结构。
② 对栓接结构 $d \geqslant$ M12。
③ 规定公称值，仅为性能等级标记制度的需要，见 GB/T 3098.1—2010 第 5 章。
④ 在不能测定下屈服强度 R_{eL} 的情况下，允许测量规定塑性延伸率 0.2% 的应力 $R_{p0.2}$。
⑤ 对性能等级 4.8、5.8 和 6.8 的 $R_{Pf,min}$ 数值尚在调查研究中。表中数值是按保证载荷比计算给出的，而不是实测值。
⑥ 表 3-14 和表 3-16 规定了保证载荷值。
⑦ 在紧固件的末端测定硬度时，应分别为 250HV、238HBW 或 99.5HRB$_{max}$。
⑧ 当采用 HV0.3 测定表面硬度及芯部硬度时，紧固件的表面硬度不应比芯部硬度高出 30HV 单位。
⑨ 表面硬度不应超出 390HV。
⑩ 表面硬度不应超出 435HV。
⑪ 试验温度在 −20℃ 下测定，见 GB/T 3098.1—2010。
⑫ 适用于 $d \geqslant$ 16mm。
⑬ K_V 数值尚在调查研究中。
⑭ 由供需双方协议，可用 GB/T 5779.3 代替 GB/T 5779.1。

表 3-13 最小拉力载荷（粗牙螺纹）

螺纹规格 (d)	螺纹公称应力截面积 $A_{s,公称}$①/mm²	性能等级								
		4.6	4.8	5.6	5.8	6.8	8.8	9.8	10.9	12.9/12.9
		最小拉力载荷 $F_{m,min}$ ($A_{s,公称} \times R_{m,min}$)/N								
M3	5.03	2010	2110	2510	2620	3020	4020	4530	5230	6140
M3.5	6.78	2710	2850	3390	3530	4070	5420	6100	7050	8270

（续）

螺纹规格 (d)	螺纹公称应力截面积 $A_{s,公称}$[1]/mm²	性能等级								
		4.6	4.8	5.6	5.8	6.8	8.8	9.8	10.9	12.9/12.9
		最小拉力载荷 $F_{m,min}$($A_{s,公称}×R_{m,min}$)/N								
M4	8.78	3510	3690	4390	4570	5270	7020	7900	9130	10700
M5	14.2	5680	5960	7100	7380	8520	11350	12800	14800	17300
M6	20.1	8040	8440	10000	10400	12100	16100	18100	20900	24500
M7	28.9	11600	12100	14400	15000	17300	23100	26000	30100	35300
M8	36.6	14600[2]	15400	18300[2]	19000	22000	29200[2]	32900	38100[2]	44600
M10	58	23200[2]	24400	29000[2]	30200	34800	46400[2]	52200	60300[2]	70800
M12	84.3	33700	35400	42200	43800	50600	67400[3]	75900	87700	103000
M14	115	46000	48300	57500	59800	69000	92000[3]	104000	120000	140000
M16	157	62800	65900	78500	81600	94000	125000[3]	141000	163000	192000
M18	192	76800	80600	96000	99800	115000	159000	—	200000	234000
M20	245	98000	103000	122000	127000	147000	203000	—	255000	299000
M22	303	121000	127000	152000	158000	182000	252000	—	315000	370000
M24	353	141000	148000	176000	184000	212000	293000	—	367000	431000
M27	459	184000	193000	230000	239000	275000	381000	—	477000	560000
M30	561	224000	236000	280000	292000	337000	466000	—	583000	684000
M33	694	278000	292000	347000	361000	416000	576000	—	722000	847000
M36	817	327000	343000	408000	425000	490000	678000	—	850000	997000
M39	976	390000	410000	488000	508000	586000	810000	—	1020000	1200000

① $A_{s,公称}$ 的计算见 GB/T 3098.1—2010 9.1.6.1。
② 6az 螺纹（GB/T 22029）的热浸镀锌紧固件，应按 GB/T 5267.3 中附录 A 的规定。
③ 对栓接结构为：70000N(M12)、95500N(M14) 和 130000N(M16)。

表 3-14 保证载荷（粗牙螺纹）

螺纹规格 (d)	螺纹公称应力截面积 $A_{s,公称}$[1]/mm²	性能等级								
		4.6	4.8	5.6	5.8	6.8	8.8	9.8	10.9	12.9/12.9
		保证载荷 F_P($A_{s,公称}×S_{P,公称}$)/N								
M3	5.03	1130	1560	1410	1910	2210	2920	3270	4180	4880
M3.5	6.78	1530	2100	1900	2580	2980	3940	4410	5630	6580
M4	8.78	1980	2720	2460	3340	3860	5100	5710	7290	8520
M5	14.2	3200	4400	3980	5400	6250	8230	9230	11800	13800
M6	20.1	4520	6230	5630	7640	8840	11600	13100	16700	19500
M7	28.9	6500	8960	8090	11000	12700	16800	18800	24000	28000
M8	36.6	8240[2]	11400	10200[2]	13900	16100	21200[2]	23800	30400[2]	35500
M10	58	13000[2]	18000	16200[2]	22000	25500	33700[2]	37700	48100[2]	56300
M12	84.3	19000	26100	23600	32000	37100	48900[3]	54800	70000	81800
M14	115	25900	35600	32200	43700	50600	66700[3]	74800	95500	112000
M16	157	35300	48700	44000	59700	69100	91000[3]	102000	130000	152000
M18	192	43200	59500	53800	73000	84500	115000	—	159000	186000
M20	245	55100	76000	68600	93100	108000	147000	—	203000	238000
M22	303	68200	93900	84800	115000	133000	182000	—	252000	294000
M24	353	79400	109000	98800	134000	155000	212000	—	293000	342000
M27	459	103000	142000	128000	174000	202000	275000	—	381000	445000
M30	561	126000	174000	157000	213000	247000	337000	—	466000	544000

（续）

螺纹规格（d）	螺纹公称应力截面积 $A_{s,公称}$[①]/mm²	性能等级								
		4.6	4.8	5.6	5.8	6.8	8.8	9.8	10.9	12.9/12.9
		保证载荷 F_P（$A_{s,公称}×S_{P,公称}$）/N								
M33	694	156000	215000	194000	264000	305000	416000	—	576000	673000
M36	817	184000	253000	229000	310000	359000	490000	—	678000	792000
M39	976	220000	303000	273000	371000	429000	586000	—	810000	947000

① $A_{s,公称}$ 的计算见 GB/T 3098.1—2010 9.1.6.1。

② 6az 螺纹（GB/T 22029）的热浸镀锌紧固件，应按 GB/T 5267.3 中附录 A 的规定。

③ 对栓接结构为：50700N（M12）、68800N（M14）和 94500N（M16）。

表 3-15 最小拉力载荷（细牙螺纹）

螺纹规格（d×P）	螺纹公称应力截面积 $A_{s,公称}$[①]/mm²	性能等级								
		4.6	4.8	5.6	5.8	6.8	8.8	9.8	10.9	12.9/12.9
		最小拉力载荷 $F_{m,min}$（$A_{s,公称}×R_{m,min}$）/N								
M8×1	39.2	15700	16500	19600	20400	23500	31360	35300	40800	47800
M10×1.25	61.2	24500	25700	30600	31800	36700	49000	55100	63600	74700
M10×1	64.5	25800	27100	32300	33500	38700	51600	58100	67100	78700
M12×1.5	88.1	35200	37000	44100	45800	52900	70500	79300	91600	107000
M12×1.25	92.1	36800	38700	46100	47900	55300	73700	82900	95800	112000
M14×1.5	125	50000	52500	62500	65000	75000	100000	112000	130000	152000
M16×1.5	167	66800	70100	83500	86800	100000	134000	150000	174000	204000
M18×1.5	216	86400	90700	108000	112000	130000	179000	—	225000	264000
M20×1.5	272	109000	114000	136000	141000	163000	226000	—	283000	332000
M22×1.5	333	133000	140000	166000	173000	200000	276000	—	346000	406000
M24×2	384	154000	161000	192000	200000	230000	319000	—	399000	469000
M27×2	496	198000	208000	248000	258000	298000	412000	—	516000	605000
M30×2	621	248000	261000	310000	323000	373000	515000	—	646000	758000
M33×2	761	304000	320000	380000	396000	457000	632000	—	791000	928000
M36×3	865	346000	363000	432000	450000	519000	718000	—	900000	1055000
M39×3	1030	412000	433000	515000	536000	618000	855000	—	1070000	1260000

① $A_{s,公称}$ 的计算见 GB/T 3098.1—2010 9.1.6.1。

表 3-16 保证载荷（细牙螺纹）

螺纹规格（d×P）	螺纹公称应力截面积 $A_{s,公称}$[①]/mm²	性能等级								
		4.6	4.8	5.6	5.8	6.8	8.8	9.8	10.9	12.9/12.9
		保证载荷 F_P（$A_{s,公称}×S_{P,公称}$）/N								
M8×1	39.2	8820	12200	11000	14900	17200	22700	25500	32500	38000
M10×1.25	61.2	13800	19000	17100	23300	26900	355000	39800	50800	59400
M10×1	64.5	14500	20000	18100	24500	28400	37400	41900	53500	62700
M12×1.5	88.1	19800	27300	24700	33500	38800	51100	57300	73100	85500
M12×1.25	92.1	20700	28600	25800	35000	40500	53400	59900	76400	89300
M14×1.5	125	28100	38800	35000	47500	55000	72500	81200	104000	121000
M16×1.5	167	37600	51800	46800	63500	73500	96900	109000	139000	162000
M18×1.5	216	48600	67000	60500	82100	95000	130000	—	179000	210000

（续）

螺纹规格 （$d \times P$）	螺纹公称 应力截面 积 $A_{s,公称}$ [1] /mm²	性能等级								
		4.6	4.8	5.6	5.8	6.8	8.8	9.8	10.9	12.9/ <u>12.9</u>
		保证载荷 F_P（$A_{s,公称} \times S_{P,公称}$）/N								
M20×1.5	272	61200	84300	76200	103000	120000	163000	—	226000	264000
M22×1.5	333	74900	103000	93200	126000	146000	200000	—	276000	323000
M24×2	384	86400	119000	108000	146000	169000	230000	—	319000	372000
M27×2	496	112000	154000	139000	188000	218000	298000	—	412000	481000
M30×2	621	140000	192000	174000	236000	273000	373000	—	515000	602000
M33×2	761	171000	236000	213000	289000	335000	457000	—	632000	738000
M36×3	865	195000	268000	242000	329000	381000	519000	—	718000	839000
M39×3	1030	232000	319000	288000	391000	453000	618000	—	855000	999000

[1] $A_{s,公称}$ 的计算见 GB/T 3098.1—2010 9.1.6.1。

2.2.2　螺母的机械性能（摘自 GB/T 3098.2—2015）

（1）标记制度

1）螺母型式标记。按螺母高度规定了三种型式螺母的技术要求：

① 2 型、高螺母：最小高度 $m_{min} \approx 0.9D$ 或 $>0.9D$。

② 1 型、标准螺母：最小高度 $m_{min} \geqslant 0.8D$。

③ 0 型、薄螺母：最小高度；$0.45D \leqslant m_{min} < 0.8D$。

D 为螺母螺纹公称直径（mm）。

2）性能等级标志。

① 标准螺母（1 型）和高螺母（2 型）：1 型和 2 型螺母性能等级的代号由数字组成。它相当于可与其搭配使用的螺栓、螺钉或螺柱的最高性能等级标记中左边的数字。

标准螺母（1 型）和高螺母（2 型）的性能等级代号，应按表 3-17 中第二行的规定。当螺母规格小或螺母的形状不允许时，则可按表 3-17 使用时钟面法标志。

表 3-17　标准螺母（1 型）和高螺母（2 型）性能等级标注代号

性能等级	5	6	8
标志代号	5	6	8
标志符号（时钟面法）[1]			

（续）

性能等级	9	10	12
标志代号	9	10	12
标志符号（时钟面法）[①]			

[①] 12 点位置（基准标志）可用制造者识别标志或一个圆点标志。

② 薄螺母（0 型）。0 型性能等级的代号（见表 3-18）由两位数字组成：

第一位数字为 "0"，表示这种螺母比标准螺母或高螺母降低了承载能力。因此当超载时，可能发生螺纹脱扣。

第二位数字表示用淬硬试验芯棒测试的公称保证应力的 1/100，以 MPa 计。

表 3-18　薄螺母（0 型）性能等级标志代号

性能等级	04	05
标志代号	04	05

3）螺母型式和性能等级对应的公称直径范围见表 3-19。

表 3-19　螺母型式和性能等级对应的公称直径范围

性能等级	公称直径范围 D/mm		
	标准螺母（1 型）	高螺母（2 型）	薄螺母（0 型）
04	—	—	M5≤D≤M39 M8×1≤D≤M39×3
05	—	—	M5≤D≤M39 M8×1≤D≤M39×3
5	M5≤D≤M39 M8×1≤D≤M39×3	—	—
6	M5≤D≤M39 M8×1≤D≤M39×3	—	—
8	M5≤D≤M39 M8×1≤D≤M39×3	M16≤D≤M39 M8×1≤D≤M16×1.5	—
10	M5≤D≤M39 M8×1≤D≤M16×1.5	M5≤D≤M39 M8×1≤D≤M39×3	—
12	M5≤D≤M16	M5≤D≤M39 M8×1≤D≤M16×1.5	—

（2）各性能等级螺母的材料、热处理及化学成分（见表 3-20）

544

表 3-20　各性能等级螺母的材料、热处理及化学成分

性能等级		材料与螺母热处理	化学成分极限 (熔炼分析)(质量分数,%)[1]			
			C max	Mn min	P max	S max
粗牙螺纹	04[3]	碳素钢[4]	0.58	0.25	0.60	0.150
	05[3]	碳素钢淬火并回火[5]	0.58	0.30	0.048	0.058
	5[2]	碳素钢[4]	0.58	—	0.60	0.150
	6[2]	碳素钢[4]	0.58	—	0.60	0.150
	8 高螺母(2型)	碳素钢[4]	0.58	0.25	0.60	0.150
	8 标准螺母(1型)$D \leq M16$	碳素钢[4]	0.58	0.25	0.60	0.150
	8[3] 标准螺母(1型)$D > M16$	碳素钢淬火并回火[5]	0.58	0.30	0.048	0.058
	10[3]	碳素钢淬火并回火[5]	0.58	0.30	0.048	0.058
	12[3]	碳素钢淬火并回火[5]	0.58	0.45	0.048	0.058
细牙螺纹	04[2]	碳素钢[4]	0.58	0.25	0.060	0.150
	05[3]	碳素钢淬火并回火[5]	0.58	0.30	0.048	0.058
	5[2]	碳素钢[4]	0.58	—	0.060	0.150
	6[2] $D \leq M16$	碳素钢[4]	0.58	—	0.060	0.150
	6[2] $D > M16$	碳素钢淬火并回火[5]	0.58	0.30	0.048	0.058
	8 高螺母(2型)	碳素钢[4]	0.58	0.25	0.060	0.150
	8[3] 标准螺母(1型)	碳素钢淬火并回火[5]	0.58	0.30	0.048	0.058
	10[3]	碳素钢淬火并回火[5]	0.58	0.30	0.048	0.058
	12[3]	碳素钢淬火并回火[5]	0.58	0.45	0.048	0.058

注："—"表示未规定极限。

[1] 有争议时,实施成品分析。

[2] 根据供需协议,这些性能等级的螺母可以用易切钢制造,其 S、P 和 Pb 的最大含量为:$w(S)$ 为 0.34%;$w(P)$ 为 0.11%;$w(Pb)$ 为 0.35%。

[3] 为满足机械性能的要求,可能需要添加合金元素。

[4] 由制造者选择,可以淬火并回火。

[5] 对这些性能等级用的材料,应有足够的淬透性,以确保紧固件基体金属在"淬硬"状态、回火前,在螺母螺纹截面中获得约 90% 的马氏体组织。

(3) 机械性能 (见表 3-21～表 3-24)

表 3-21　粗牙螺纹螺母的保证载荷

螺纹规格 (D)	螺距 P/mm	保证载荷[1]/N						
		性能等级						
		04	05	5	6	8	10	12
M5	0.8	5400	7100	8250	9500	12140	14800	16300
M6	1	7640	10000	11700	13500	17200	20900	23100
M7	1	11000	14500	16800	19400	24700	30100	33200
M8	1.25	13900	18300	21600	24900	31800	38100	42500
M10	1.5	22000	29000	34200	39400	50500	60300	67300
M12	1.75	32000	42200	51400	59000	74200	88500	100300
M14	2	43700	57500	70200	80500	101200	120800	136900
M16	2	59700	78500	95800	109900	138200	164900	186800

（续）

螺纹规格 （D）	螺距 P/mm	保证载荷[①]/N 性能等级						
		04	05	5	6	8	10	12
M18	2.5	73000	96000	121000	138200	176600	203500	230400
M20	2.5	93100	122500	154400	176400	225400	259700	294000
M22	2.5	115100	151500	190900	218200	278800	321200	363600
M24	3	134100	176500	222400	254200	324800	374200	423600
M27	3	174400	229500	289200	330500	422300	486500	550800
M30	3.5	213200	280500	353400	403900	516100	594700	673200
M33	3.5	263700	347000	437200	499700	638500	735600	832800
M36	4	310500	408500	514700	588200	751600	866000	980400
M39	4	370900	488000	614900	702700	897900	1035000	1171000

① 使用薄螺母时，应考虑其脱扣载荷低于全承载能力螺母的保证载荷。

表 2-22　粗牙螺纹螺母的硬度值

螺纹规格 （D）	性能等级													
	04		05		5		6		8		10		12	
	维氏硬度 HV													
	min	max	min	max	min	max	min	max	min	max	min	max	min	max
M5≤D≤M16	188	302	272	353	130	302	150	302	200	302	272	353	295[③]	353
M16<D≤M39					146		170		233[①]	353[②]			272	
	布氏硬度 HBW													
M5≤D≤M16	179	287	259	336	124	287	143	287	190	287	259	336	280[③]	336
M16<D≤M39					139		162		221[①]	336[②]			259	
	洛氏硬度 HRC													
M5≤D≤M16	—	30	26	36	—	30	—	30	—	30	26	36	29[③]	36
M16<D≤M39									—	36[②]			26	

注：1. 表面缺陷按 GB/T 5779.2 的规定。
　　2. 验收检查时，维氏硬度试验为仲裁方法。
① 高螺母（2型）的最低硬度值为 180HV（171HBW）。
② 高螺母（2型）的最高硬度值为 302HV（287HBW；30HRC）。
③ 高螺母（2型）的最低硬度值为 272HV（259HBW；26HRC）。

表 3-23　细牙螺纹螺母保证载荷

螺纹规格 （D×P）	保证载荷[①]/N 性能等级						
	04	05	5	6	8	10	12
M8×1	14900	19600	27000	30200	37400	43100	47000
M10×1.25	23300	30600	44200	47100	58400	67300	73400
M10×1	24500	32200	44500	49700	61600	71000	77400
M12×1.5	33500	44000	60800	68700	84100	97800	105700
M12×1.25	35000	46000	63500	71800	88000	102200	110500
M14×1.5	47500	62500	86300	97500	119400	138800	150000
M16×1.5	63500	83500	115200	130300	159500	185400	200400

（续）

螺纹规格 (D×P)	保证载荷[1]/N 性能等级						
	04	05	5	6	8	10	12
M18×2	77500	102000	146900	177500	210100	220300	—
M18×1.5	81700	107500	154800	187000	221500	232200	—
M20×2	98000	129000	185800	224500	265700	278600	—
M20×1.5	103400	136000	195800	236600	280200	293800	—
M22×2	120800	159000	229000	276700	327500	343400	—
M22×1.5	126500	166500	239800	289700	343000	359600	—
M24×2	145900	192000	276500	334100	395500	414700	—
M27×2	188500	248000	351100	431500	510900	536700	—
M30×2	236000	310500	447100	540300	639600	670700	—
M33×2	289200	380500	547900	662100	783800	821900	—
M36×3	328700	432500	622800	804400	942800	934200	—
M39×3	391400	5158000	741600	957900	1123000	1112000	—

[1] 使用薄螺母时，应考虑其脱扣载荷低于全承载能力螺母的保证载荷。

表 3-24 细牙螺纹螺母硬度性能

螺纹规格 (D×P)	性能等级													
	04		05		5		6		8		10		12	
	维氏硬度 HV													
	min	max	min	max	min	max	min	max	min	max	min	max	min	max
8×1≤D≤16×1.5	188	302	272	353	175	302	188	302	250[1]	353[2]	295[3]	353	295	353
16×1.5<D≤39×3					190		238		295	353	260		—	—
	布氏硬度 HBW													
8×1≤D≤16×1.5	179	287	259	336	166	287	179	287	238[1]	336[2]	280[3]	36	280	336
16×1.5<D≤39×3					181		221		280	336	247		—	—
	洛氏硬度 HRC													
8×1≤D≤16×1.5	—	30	26	36	—	30	—	30	22.2[1]	36[2]	29[3]	36	29	36
16×1.5<D≤39×3									29.2	36	24		—	—

注：1. 表面缺陷按 GB/T 5779.2 的规定。

2. 验收检查时，维氏硬度试验为仲裁方法。

[1] 高螺母（2 型）的最低硬度值为 195HV（185HBW）。

[2] 高螺母（2 型）的最高硬度值为 302HV（287HBW；30HRC）。

[3] 高螺母（2 型）的最低硬度值为 250HV（238HBW；22.2HRC）。

2.2.3 紧定螺钉的机械性能（摘自 GB/T 3098.3—2016）

（1）硬度等级的标记（见表 3-25）

表 3-25 硬度等级的标记

硬度等级标记	14H	22H	33H	45H
维氏硬度 HV$_{min}$	140	220	330	450

注：标记的数字部分表示最低维氏硬度的 1/10。字母 H 表示硬度。

（2）各硬度等级用材料的化学成分及热处理（见表 3-26）

表 3-26 各硬度等级用材料的化学成分及热处理

硬度等级	材料	热处理[1]	化学成分极限(熔炼分析)[2]（质量分数,%）			
			C		P	S
			max	min	max	max
14H	碳素钢[3]	—	0.50	—	0.11	0.15
22H	碳素钢[4]	淬火并回火	0.50	0.19	0.05	0.05
33H	碳素钢[4]	淬火并回火	0.50	0.19	0.05	0.05
45H	碳素钢[4][5]	淬火并回火	0.50	0.45	0.05	0.05
	添加元素的碳素钢[4]（如硼或锰或铬）	淬火并回火	0.50	0.28	0.05	0.05
	合金钢[4][6]	淬火并回火	0.50	0.30	0.05	0.05

① 不允许表面硬化。

② 有争议时，实施成品分析。

③ 可以使用易切钢，其 Pb、P 和 S 的最大含量分别为 0.35%（质量分数，后同）、0.11%、0.34%。

④ 可以使用最大 Pb 含量为 0.35% 的钢。

⑤ 仅适用于 $d \leqslant M16$。

⑥ 这些合金钢至少应含有下列的一种元素，其最小含量分别为 $w(Cr) = 0.30\%$、$w(Ni) = 0.30\%$、$w(Mo) = 0.20\%$、$w(V) = 0.10\%$。当含有二、三或四种复合的合金成分时，合金元素的含量不能少于单个合金元素含量（质量分数）总和的 70%。

（3）机械和物理性能（见表 3-27）

表 3-27 紧定螺钉的机械和物理性能

序号	机械和物理性能			硬度等级			
				14H	22H	33H	45H
1	维氏硬度 HV10		min	140	220	330	450
			max	290	300	440	560
	布氏硬度 HBW $F = 30D^2$		min	133	209	314	428
			max	276	285	418	532
	洛氏硬度	HRB	min	75	95	—	—
			max	105	①	—	—
		HRC	min	—	①	33	45
			max	—	30	44	53
2	扭矩强度			—	—	—	见表 5
3	螺纹未脱碳层的高度 E/mm		min	—	$1/2H_1$	$2/3H_1$	$3/4H_1$
4	螺纹全脱碳层的深度 G/mm		max	—	0.015	0.015	②
5	表面硬度 HV0.3		max	—	320	450	580
6	无增碳 HV0.3		max	—	③	③	③
7	表面缺陷			GB/T 5779.1			

① 对 22H 级如进行洛氏硬度试验时，需要采用 HRB 试验最小值和 HRC 试验最大值。

② 对 45H 不允许有全脱碳层。

③ 当采用 HV0.3 测定表面硬度及芯部硬度时，紧固件的表面硬度不应比芯部硬度高出 30HV 单位。

（4）保证扭矩（见表 3-28）

表 3-28　45H 的内六角紧定螺钉和内六角花形紧定螺钉的保证扭矩

螺纹公称直径 d/mm	试验的内六角紧定螺钉的最小长度[①]				保证扭矩/ N·m
	mm				
	平端	锥端	圆柱端	凹端	
3	4	5	6	5	0.9
4	5	6	8	6	2.5
5	6	8	8	6	5
6	8	8	10	8	8.5
8	10	10	12	10	20
10	12	12	16	12	40
12	16	16	20	16	65
16	20	20	25	20	160
20	25	25	30	25	310
24	30	30	35	30	520
30	36	36	45	36	860

① 内六角花形紧定螺钉不要求最小长度（因对所有长度，t_{min} 是相同的）。

2.2.4　自攻螺钉的机械性能（见表 3-29）

表 3-29　自攻螺钉的机械性能（摘自 GB/T 3098.5—2016）

螺纹规格	破坏扭矩 /N·m	渗碳层深度/mm		表面硬度	芯部硬度	显微组织
		min	max			
ST2.2	0.45	0.04	0.10	≥450HV0.3	270~370HV5	在渗碳层与心部之间的显微组织不应呈现带状亚共析铁素体
ST2.6	0.9					
ST2.9	1.5	0.05	0.18			
ST3.3	2					
ST3.5	2.7					
ST3.9	3.4	0.10	0.23		270~370HV10	
ST4.2	4.4					
ST4.8	6.3					
ST5.5	10					
ST6.3	13.6	0.15	0.28			
ST8	30.5					
ST9.5	68.0					

2.2.5　不锈钢螺栓、螺钉和螺柱的机械性能（摘自 GB/T 3098.6—2014）

（1）标记制度

螺栓、螺钉和螺柱的不锈钢组别及性能等级的标记制度如图 3-4 所示。材料标记由半字线隔开的两部分组成。第一部分标记钢的组别，第二部分标记性能等级。

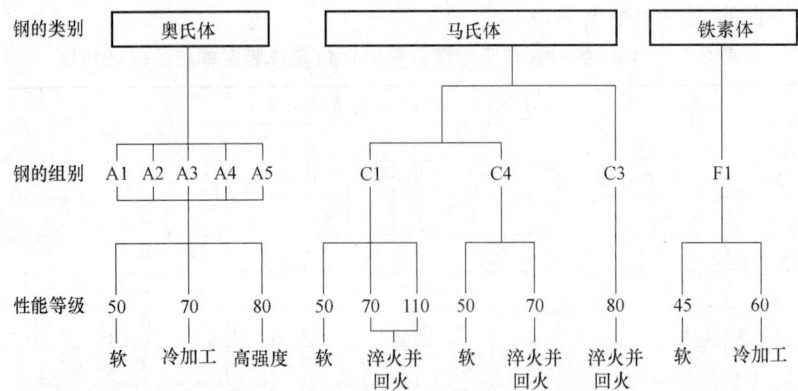

图 3-4　螺栓、螺钉和螺柱的不锈钢组别及性能等级的标记制度

注：1. 图中钢的类别和组别的分级，在 GB/T 3098.6—2014 附录 B（资料性附录）中说明，化学成分按表 3-30 中的规定。

2. 碳含量低于 0.03%（质量分数）的低碳奥氏体不锈钢（A2、A4）可增加标记"L"，如 A4L-80。

3. 性能等级按 GB/T 5267.4 进行表面钝化处理，可以增加标记"P"，如 A4-80P。

表 3-30　不锈钢的类别、组别及化学成分

类别	组别	化学成分①（质量分数,%）										注
		C	Si	Mn	P	S	N	Cr	Mo	Ni	Cu	W	
奥氏体	A1	0.12	1	6.5	0.2	0.15~0.35	—	16~19	0.7	5~10	1.75~2.25	—	②③④
	A2	0.10	1	2	0.05	0.03	—	15~20	—⑤	8~19	4	—	⑥⑦
	A3	0.08	1	2	0.045	0.03	—	17~19	—⑤	9~12	1	—	⑧
	A4	0.08	1	2	0.045	0.03	—	16~18	2~3	10~15	4	—	⑦⑨
	A5	0.08	1	2	0.045	0.03	—	16~18.5	2~3	10.5~14	1	—	⑧⑨
马氏体	C1	0.09~0.15	1	1	0.05	0.03	—	11.5~14	—	1	—	—	⑨
	C3	0.17~0.25	1	1	0.04	0.03	—	16~18	—	1.5~2.5	—	—	—
	C4	0.08~0.15	1	1.5	0.06	0.15~0.35	—	12~14	0.6	1	—	—	②⑨
铁素体	F1	0.12	1	1	0.04	0.03	—	15~18	—⑩	1	—	—	⑪⑫

注：1. 在 GB/T 3098.6—2014 附录 B（资料性附录）中给出不锈钢的类别和组别，以及其特性和应用的说明。

2. 在 GB/T 3098.6—2014 附录 C（资料性附录）和附录 D（资料性附录）中分别给出按 ISO 683-13 和 ISO 4954 已标准化的不锈钢材料示例。

3. 在 GB/T 3098.6—2014 附录 E（资料性附录）中给出某些特殊用途的材料。

① 除已表明者外，均为最大值。

② 硫可用硒代。

③ 如果镍含量低于 8%（质量分数，后同），则锰的最小含量应为 5%。

④ 当镍含量大于 8%时，对铜的最小含量不予限制。

⑤ 由制造者确定钼的含量，但对某些使用场合，如有必要限定钼的极限含量时，则应在订单中由用户注明。

⑥ 如果铬含量低于 17%，则镍的最小含量应为 12%。

⑦ 对最大碳含量达到 0.03%的奥氏体不锈钢，氮含量最高可以达到 0.22%。

⑧ 为稳定组织，钛含量应≥5w(C)~0.8%，并应按本表适当标志，或者铌和/或钽含量应≥10w(C)~1.0%，并应按本表规定适当标志。

⑨ 对较大直径的产品，为达到规定的机械性能，由制造者确定可以用较高的碳含量，但对奥氏体钢不得超过 0.12%。

⑩ 由制造者确定可以有钼。

⑪ 钛含量可能为≥5w(C)~0.8%。

⑫ 铌和/或钽含量≥10w(C)~1%。

（2）机械性能（见表 3-31～表 3-33）

表 3-31　奥氏体钢组螺栓、螺钉和螺柱的机械性能

钢的类别	钢的组别	性能等级	抗拉强度 $R_m^{①}$/MPa ≥	规定塑性延伸率为 0.2%时的应力 $R_{p0.2}^{①}$/MPa ≥	断后伸长量 $A^{②}$/mm ≥
奥氏体	A1、A2、A3、A4、A5	50	500	210	0.6d
		70	700	450	0.4d
		80	800	600	0.3d

注：d 为螺纹公称直径。

① 按螺纹公称应力截面积计算（见 GB/T 3098.6—2014 附录 A）。

② 按 GB/T 3098.6—2014 规定测量的实际长度。

表 3-32　马氏体和铁素体钢组螺栓、螺钉和螺柱的机械性能

钢的类别	钢的组别	性能等级	抗拉强度 $R_m^{①}$/MPa ≥	规定塑性延伸率为 0.2%时的应力 $R_{p0.2}^{①}$/MPa ≥	断后伸长量 $A^{②}$/mm ≥	硬度		
						HB	HRC	HV
马氏体	C1	50	500	250	0.2d	147～209	—	155～220
		70	700	410	0.2d	209～314	20～34	220～330
		110③	1100	820	0.2d	—	36～45	350～440
	C3	80	800	640	0.2d	228～323	21～35	240～340
	C4	50	500	250	0.2d	147～209	—	155～220
		70	700	410	0.2d	209～314	20～34	220～330
铁素体	F1④	45	450	250	0.2d	128～209	—	135～220
		60	600	410	0.2d	171～271	—	180～285

注：由马氏体钢制造的螺栓和螺钉的楔负载强度，不应低于表中抗拉强度的最小值。

① 按螺纹公称应力截面积计算（GB/T 3098.6—2014 见附录 A）。

② 按 GB/T 3098.6—2014 规定测量的实际长度。

③ 淬火并回火，最低回火温度为 275℃。

④ 螺纹公称直径 d≤24mm。

表 3-33　奥氏体钢螺栓和螺钉的最小破坏扭矩

螺纹规格 (d)	破坏扭矩 M_B /N·m		
	性能等级		
	50	70	80
M1.6	0.15	0.2	0.24
M2	0.3	0.4	0.48
M2.5	0.6	0.9	0.96
M3	1.1	1.6	1.8
M4	2.7	3.8	4.3
M5	5.5	7.8	8.8
M6	9.3	13	15
M8	23	32	37
M10	46	65	74
M12	80	110	130
M16	210	290	330

注：对马氏体和铁素体钢紧固件的破坏扭矩值，应由制造者与使用者协商确定。

2.2.6 自挤螺钉的机械性能（摘自 GB/T 3098.7—2000）

（1）材料

自挤螺钉应由渗碳钢冷镦制造，其材料的化学成分见表 3-34。

表 3-34 自挤螺钉用材料的化学成分

分　析	化学成分(质量分数,%)	
	C	Mn
桶样	0.15～0.25	0.70～1.65
检验	0.13～0.27	0.64～1.71

注：如果通过添加钛和（或）铝使不起作用的硼受到控制，则硼含量可达到 0.005%（质量分数）。

（2）表面渗碳层深度（见表 3-35）

表 3-35 自挤螺钉的表面渗碳层深度　　　（单位：mm）

螺纹公称直径	表面渗碳层深度	
	min	max
2、2.5	0.04	0.12
3、3.5	0.05	0.18
4、5	0.10	0.25
6、8	0.15	0.28
10、12	0.15	0.32

（3）机械和工作性能（见表 3-36）

表 3-36 自挤螺钉的机械和工作性能

螺纹公称直径 /mm	破坏扭矩 /N·m ≥	拧入扭矩 /N·m ≤	破坏拉力载荷(参考) /N ≥
2	0.5	0.3	1940
2.5	1.2	0.6	3150
3	2.1	1.1	4680
3.5	3.4	1.7	6300
4	4.9	2.5	8170
5	10	5	13200
6	17	8.5	18700
8	42	21	34000
10	85	43	53900
12	150	75	78400

2.2.7 有效力矩型钢锁紧螺母的工作性能（见表 3-37~表 3-44）

表 3-37 04 级有效力矩型螺母试验夹紧力和有效力矩（摘自 GB/T 3098.9—2010）

螺纹规格 (D) 或 $(D×P)$	试验夹紧力 $F_{80}^{①}/N$	评价总摩擦系数 $\mu_{tot}^{②}$ 夹紧力		有效力矩/N·m		
		上极限 $F_{75}^{③}/N$	下极限 $F_{65}^{④}/N$	第一次拧入 $T_{Fv,max}^{⑤}$	第一次拧出 $T_{Fd,min}^{⑥}$	第五次拧出 $T_{Fd,min}^{⑥}$
M3	1528	1433	1242	0.43	0.12	0.08
M4	2672	2505	2171	0.9	0.18	0.12
M5	4320	4050	3510	1.6	0.29	0.2
M6	6112	5730	4966	3	0.45	0.3

（续）

螺纹规格 (D) 或 (D×P)	试验夹紧力 $F_{80}^{①}/N$	评价总摩擦系数 $\mu_{tot}^{②}$ 夹紧力		有效力矩/N·m		
		上极限 $F_{75}^{③}/N$	下极限 $F_{65}^{④}/N$	第一次拧入 $T_{Fv,max}^{⑤}$	第一次拧出 $T_{Fd,min}^{⑥}$	第五次拧出 $T_{Fd,min}^{⑥}$
M7	8800	8250	7150	4.5	0.65	0.45
M8	11120	10425	9035	6	0.85	0.6
M8×1	11920	11175	9685			
M10	17600	16500	14300	10.5	1.5	1
M10×1.25	18640	17475	15145			
M10×1	19600	18375	15925			
M12	25600	24000	20800	15.5	2.3	1.6
M12×1.5	26800	25125	21775			
M12×1.25	28000	26250	22750			
M14	34960	32775	28405	24	3.3	2.3
M14×1.5	38000	35625	30875			
M16	47760	44775	38805	32	4.5	3
M16×1.5	50800	47625	41275			
M18	58400	54750	47450	42	6	4.2
M18×1.5	65360	61275	53105			
M20	74480	69825	60515	54	7.5	5.3
M20×1.5	82720	77550	67210			
M22	92080	86325	74815	68	9.5	6.5
M22×1.5	101200	94875	82225			
M24	107280	100575	87165	80	11.5	8
M24×2	116720	109425	94835			
M27	139520	130800	113360	94	13.5	10
M27×2	150800	141375	122525			
M30	170560	159900	138580	108	16	12
M30×2	188800	177000	153400			
M33	210960	197775	171405	122	18	14
M33×2	231360	216900	187980			
M36	248400	232875	201825	136	21	16
M36×3	262960	246525	213655			
M39	296720	278175	241085	150	23	18
M39×3	313120	293550	254410			

注：1. 用统计程序控制法（SPC）对有效力矩试验的评定与统计无关。

　　2. 拧入有效力矩值不应超过表中规定的数值，拧出有效力矩值不应小于表中规定的数值。

① 3mm≤d≤39mm 的 04 级螺母的夹紧力，等于 04 级螺母保证载荷的 80%。保证载荷值在 GB/T 3098.2 和 GB/T 3098.4 中给出。

② 参见 GB/T 3098.9—2010 附录 B（资料性附录）。

③ 夹紧力的上极限值等于保证载荷的 75%，参见 GB/T 3098.9—2010 附录 B（资料性附录）。

④ 夹紧力的下极限值等于保证载荷的 65%，参见 GB/T 3098.9—2010 附录 B（资料性附录）。

⑤ 第 1 次拧入有效力矩仅适用于全金属锁紧螺母；对非金属嵌件锁紧螺母，第 1 次拧入有效力矩的最大值为这些数值的 50%。

⑥ 表中数值要求在实验室条件下完成。这类紧固件的应用取决于其适用性，在正常使用时，零件的性能也可能会改变。对产品性能有疑问时，推荐对整个接头（用实际使用的零件）进行附加的试验。

表 3-38 05 级有效力矩型螺母试验夹紧力和有效力矩（摘自 GB/T 3098.9—2010）

螺纹规格 (D) 或 (D×P)	试验夹紧力 $F_{80}^{①}$/N	评价总摩擦系数 $\mu_{tot}^{②}$夹紧力		有效力矩/N·m		
		上极限 $F_{75}^{③}$/N	下极限 $F_{65}^{④}$/N	第一次拧入 $T_{Fv,max}^{⑤}$	第一次拧出 $T_{Fd,min}^{⑥}$	第五次拧出 $T_{Fd,min}^{⑥}$
M3	2000	1875	1625	0.6	0.15	0.1
M4	3520	3300	2860	1.2	0.22	0.15
M5	5680	5325	4615	2.1	0.35	0.24
M6	8000	7500	6500	4	0.55	0.4
M7	11600	10875	9425	6	0.85	0.6
M8	14640	13725	11895	8	1.15	0.8
M8×1	15680	14700	12740			
M10	23200	21750	18850	14	2	1.4
M10×1.25	24480	22950	19890			
M10×1	25760	24150	20930			
M12	33760	31650	27430	21	3.1	2.1
M12×1.5	35200	33000	28600			
M12×1.25	36800	34500	29900			
M14	46000	43125	37375	31	4.4	3
M14×1.5	50000	46875	40625			
M16	62800	58875	51025	42	6	4.2
M16×1.5	66800	62625	54275			
M18	76800	72000	62400	56	8	5.5
M18×1.5	86000	80625	69875			
M20	98000	91875	79625	72	10.5	7
M20×1.5	108800	102000	88400			
M22	121200	113625	98475	90	13	9
M22×1.5	133200	124875	108225			
M24	141200	132375	114725	106	15	10.5
M24×2	153600	144000	124800			
M27	183600	172125	149175	123	17	12
M27×2	198400	186000	161200			
M30	224400	210375	182325	140	19	14
M30×2	248400	232875	201825			
M33	277600	260250	225550	160	21.5	15.5
M33×2	304400	285375	247325			
M36	326800	306375	265525	180	24	17.5
M36×3	346000	324375	281125			
M39	390400	366000	317200	200	26.5	19.5
M39×3	412000	386250	334750			

注：1. 用统计程序控制法（SPC）对有效力矩试验的评定与统计无关。

2. 拧入有效力矩值不应超过表中规定的数值，拧出有效力矩值不应小于表中规定的数值。

① 3mm≤d≤39mm 的 05 级螺母的夹紧力，等于 05 级螺母保证载荷的 80%。保证载荷值在 GB/T 3098.2 和 GB/T 3098.4 中给出。

② 参见 GB/T 3098.9—2010 附录 B（资料性附录）。

③ 夹紧力的上极限值等于保证载荷的 75%，参见 GB/T 3098.9—2010 附录 B（资料性附录）。

④ 夹紧力的下极限值等于保证载荷的 65%，参见 GB/T 3098.9—2010 附录 B（资料性附录）。

⑤ 第 1 次拧入有效力矩仅适用于全金属锁紧螺母；对非金属嵌件锁紧螺母，第 1 次拧入有效力矩最大值为这些数值的 50%。

⑥ 表中数值要求在实验室条件下完成。这类紧固件的应用取决于其适用性，在正常使用时，零件的性能也可能会改变。对产品性能有疑问时，推荐对整个接头（用实际使用的零件）进行附加的试验。

表 3-39　5 级有效力矩型螺母试验夹紧力和有效力矩（摘自 GB/T 3098.9—2010）

螺纹规格 (D) 或 (D×P)	试验夹紧力 $F_{80}^{①}$/N	评价总摩擦系数 $\mu_{tot}^{②}$ 夹紧力		有效力矩/N·m		
		上极限 $F_{75}^{③}$/N	下极限 $F_{65}^{④}$/N	第一次拧入 $T_{Fv,max}^{⑤}$	第一次拧出 $T_{Fd,min}^{⑥}$	第五次拧出 $T_{Fd,min}^{⑥}$
M3	1528	1433	1242	0.43	0.12	0.08
M4	2672	2505	2171	0.9	0.18	0.12
M5	4320	4050	3510	1.6	0.29	0.2
M6	6112	5730	4966	3	0.45	0.3
M7	8800	8250	7150	4.5	0.65	0.45
M8	11120	10425	9035	6	0.85	0.6
M8×1	11920	11175	9685			
M10	17600	16500	14300	10.5	1.5	1
M10×1.25	18640	17475	15145			
M10×1	19600	18375	15925			
M12	25600	24000	20800	15.5	2.3	1.6
M12×1.5	26800	25125	21775			
M12×1.25	28000	26250	22750			
M14	34960	32775	28405	24	3.3	2.3
M14×1.5	38000	35625	30875			
M16	47760	44775	38805	32	4.5	3
M16×1.5	50800	47625	41275			
M18	58400	54750	47450	42	6	4.2
M18×1.5	65680	61575	53365			
M20	74480	69825	60515	54	7.5	5.3
M20×1.5	82400	77250	66950			
M22	92000	86250	74750	68	9.5	6.5
M22×1.5	100800	94500	81900			
M24	107200	100500	87100	80	11.5	8
M24×2	116800	109500	94900			
M27	113600	106500	92300	94	13.5	10
M27×2	123200	115500	100100			
M30	139200	130500	113100	108	16	12
M30×2	153600	144000	124800			
M33	172000	161250	139750	122	18	14
M33×2	188800	177000	153400			
M36	202400	189750	164450	136	21	16
M36×3	214400	201000	174200			
M39	242400	227250	196950	150	23	18
M39×3	255200	239250	207350			

注：1. 用统计程序控制法（SPC）对有效力矩试验的评定与统计无关。

　　2. 拧入有效力矩值不应超过表中规定的数值，拧出有效力矩值不应小于表中规定的数值。

① 5 级螺母的夹紧力：当 3mm ≤ d ≤ 24mm 时，等于 5.8 级螺栓保证载荷的 80%；当 d > 24mm 时，等于 4.8 级螺栓保证载荷的 80%。螺栓保证载荷值在 GB/T 3098.1 中给出。

② 参见 GB/T 3098.9—2010 附录 B（资料性附录）。

③ 夹紧力的上极限值等于保证载荷的 75%，参见 GB/T 3098.9—2010 附录 B（资料性附录）。

④ 夹紧力的下极限值等于保证载荷的 65%，参见 GB/T 3098.9—2010 附录 B（资料性附录）。

⑤ 第 1 次拧入有效力矩仅适用于全金属锁紧螺母；对非金属嵌件锁紧螺母，第 1 次拧入有效力矩最大值为这些数值的 50%。

⑥ 表中数值要求在实验室条件下完成。这类紧固件的应用取决于其适用性，在正常使用时，零件的性能也可能会改变。对产品性能有疑问时，推荐对整个接头（用实际使用的零件）进行附加的试验。

表 3-40　6 级有效力矩型螺母试验夹紧力和有效力矩（摘自 GB/T 3098.9—2010）

螺纹规格 (D)或 (D×P)	试验夹紧力 $F_{80}^{①}$/N	评价总摩擦系数 $\mu_{tot}^{②}$夹紧力		有效力矩/N·m		
		上极限 $F_{75}^{③}$/N	下极限 $F_{65}^{④}$/N	第一次拧入 $T_{Fv,max}^{⑤}$	第一次拧出 $T_{Fd,min}^{⑥}$	第五次拧出 $T_{Fd,min}^{⑥}$
M3	1768	1658	1437	0.43	0.12	0.08
M4	3088	2895	2509	0.9	0.18	0.12
M5	5000	4688	4063	1.6	0.29	0.2
M6	7072	6630	5746	3	0.45	0.3
M7	10160	9525	8255	4.5	0.65	0.45
M8	12880	12075	10465	6	0.85	0.6
M8×1	13760	12900	11180			
M10	20400	19125	16575	10.5	1.5	1
M10×1.25	21520	20175	17485			
M10×1	22720	21300	18460			
M12	29680	27825	24115	15.5	2.3	1.6
M12×1.5	31040	29100	25220			
M12×1.25	32400	30375	26325			
M14	40480	37950	32890	24	3.3	2.3
M14×1.5	44000	41250	35750			
M16	55280	51825	44915	32	4.5	3
M16×1.5	58800	55125	47775			
M18	67600	63375	54925	42	6	4.2
M18×1.5	76000	71250	61750			
M20	86400	81000	70200	54	7.5	5.3
M20×1.5	96000	90000	78000			
M22	106400	99750	86450	68	9.5	6.5
M22×1.5	116800	109500	94900			
M24	124000	116250	100750	80	11.5	8
M24×2	135200	126750	109850			
M27	161600	151500	131300	94	13.5	10
M27×2	174400	163500	141700			
M30	197600	185250	160550	108	16	12
M30×2	218400	204750	177450			
M33	244000	228750	198250	122	18	14
M33×2	268000	251250	217750			
M36	287200	269250	233350	136	21	16
M36×3	304800	285750	247650			
M39	343200	321750	278850	150	23	18
M39×3	362400	339750	294450			

注：1. 用统计程序控制法（SPC）对有效力矩试验的评定与统计无关。

2. 拧入有效力矩值不应超过表中规定的数值，拧出有效力矩值不应小于表中规定的数值。

① 6 级螺母的夹紧力等于 6.8 级螺栓保证载荷的 80%。螺栓保证载荷值在 GB/T 3098.1 中给出。

② 参见 GB/T 3098.9—2010 附录 B（资料性附录）。

③ 夹紧力的上极限值等于保证载荷的 75%，参见 GB/T 3098.9—2010 附录 B（资料性附录）。

④ 夹紧力的下极限值等于保证载荷的 65%，参见 GB/T 3098.9—2010 附录 B（资料性附录）。

⑤ 第 1 次拧入有效力矩仅适用于全金属锁紧螺母；对非金属嵌件锁紧螺母，第 1 次拧入有效力矩最大值为这些数值的 50%。

⑥ 表中数值要求在实验室条件下完成。这类紧固件的应用取决于其适用性，在正常使用时，零件的性能也可能会改变。对产品性能有疑问时，推荐对整个接头（用实际使用的零件）进行附加的试验。

表 3-41　8 级有效力矩型螺母试验夹紧力和有效力矩（摘自 GB/T 3098.9—2010）

螺纹规格 (D) 或 $(D \times P)$	试验夹紧力 $F_{80}^{①}/N$	评价总摩擦系数 $\mu_{tot}^{②}$ 夹紧力		有效力矩/N·m		
		上极限 $F_{75}^{③}/N$	下极限 $F_{65}^{④}/N$	第一次拧入 $T_{Fv,max}^{⑤}$	第一次拧出 $T_{Fd,min}^{⑥}$	第五次拧出 $T_{Fd,min}^{⑥}$
M3	2336	2190	1898	0.43	0.12	0.08
M4	4080	3825	3315	0.9	0.18	0.12
M5	6584	6173	5350	1.6	0.29	0.2
M6	9280	8700	7540	3	0.45	0.3
M7	13440	12600	10920	4.5	0.65	0.45
M8	16960	15900	13780	6	0.85	0.6
M8×1	18160	17025	14755			
M10	26960	25275	21905	10.5	1.5	1
M10×1.25	28400	26625	23075			
M10×1	29920	28050	24310			
M12	39120	36675	31785	15.5	2.3	1.6
M12×1.5	40880	38325	33215			
M12×1.25	42720	40050	34710			
M14	53360	50025	43355	24	3.3	2.3
M14×1.5	58000	54375	47125			
M16	72800	68250	59150	32	4.5	3
M16×1.5	77520	72675	62985			
M18	92000	86250	74750	42	6	4.2
M18×1.5	104000	97500	84500			
M20	117600	110250	95550	54	7.5	5.3
M20×1.5	130400	122250	105950			
M22	145600	136500	118300	68	9.5	6.5
M22×1.5	160000	150000	130000			
M24	169600	159000	137800	80	11.5	8
M24×2	184000	172500	149500			
M27	220000	206250	178750	94	13.5	10
M27×2	238400	223500	193700			
M30	269600	252750	219050	108	16	12
M30×2	298400	279750	242450			
M33	332800	312000	270400	122	18	14
M33×2	365600	342750	297050			
M36	392000	367500	318500	136	21	16
M36×3	415200	389250	337350			
M39	468800	439500	380900	150	23	18
M39×3	494400	463500	401700			

注：1. 用统计程序控制法（SPC）对有效力矩试验的评定与统计无关。
　　2. 拧入有效力矩值不应超过表中规定的数值，拧出有效力矩值不应小于表中规定的数值。
① 8 级螺母的夹紧力等于 8.8 级螺栓保证载荷的 80%。螺栓保证载荷值在 GB/T 3098.1 中给出。
② 参见 GB/T 3098.9—2010 附录 B（资料性附录）。
③ 夹紧力的上极限值等于保证载荷的 75%，参见 GB/T 3098.9—2010 附录 B（资料性附录）。
④ 夹紧力的下极限值等于保证载荷的 65%，参见 GB/T 3098.9—2010 附录 B（资料性附录）。
⑤ 第 1 次拧入有效力矩仅适用于全金属锁紧螺母；对非金属嵌件锁紧螺母，第 1 次拧入有效力矩最大值为这些数值的 50%。
⑥ 表中数值要求在实验室条件下完成。这类紧固件的应用取决于其适用性，在正常使用时，零件的性能也可能会改变。对产品性能有疑问时，推荐对整个接头（用实际使用的零件）进行附加的试验。

表 3-42　9 级有效力矩型螺母试验夹紧力和有效力矩（摘自 GB/T 3098.9—2010）

螺纹规格 (D) 或 $(D \times P)$	试验夹紧力 $F_{80}^{①}/N$	评价总摩擦系数 $\mu_{tot}^{②}$ 夹紧力		有效力矩/N·m		
		上极限 $F_{75}^{③}/N$	下极限 $F_{65}^{④}/N$	第一次拧入 $T_{Fv,max}^{⑤}$	第一次拧出 $T_{Fd,min}^{⑥}$	第五次拧出 $T_{Fd,min}^{⑥}$
M3	2616	2453	2126	0.43	0.12	0.08
M4	4568	4283	3712	0.9	0.18	0.12
M5	7384	6923	6000	1.6	0.29	0.2
M6	10480	9825	8515	3	0.45	0.3
M7	15040	14100	12220	4.5	0.65	0.45
M8	19040	17850	15470	6	0.85	0.6
M8×1	20400	19125	16575			
M10	30160	28275	24505	10.5	1.5	1
M10×1.25	31840	29850	25870			
M10×1	33520	31425	27235			
M12	43840	41100	35620	15.5	2.3	1.6
M12×1.5	45840	42975	37245			
M12×1.25	47920	44925	38935			
M14	59840	56100	48620	24	3.3	2.3
M14×1.5	64960	60900	52780			
M16	81600	76500	66300	32	4.5	3
M16×1.5	87200	81750	70850			

注：1. 用统计程序控制法（SPC）对有效力矩试验的评定与统计无关。
　　2. 拧入有效力矩值不应超过表中规定的数值，拧出有效力矩值不应小于表中规定的数值。
① 9 级螺母的夹紧力等于 9.8 级螺栓保证载荷的 80%。螺栓保证载荷值在 GB/T 3098.1 中给出。
② 参见 GB/T 3098.9—2010 附录 B（资料性附录）。
③ 夹紧力的上极限值等于保证载荷的 75%，参见 GB/T 3098.9—2010 附录 B（资料性附录）。
④ 夹紧力的下极限值等于保证载荷的 65%，参见 GB/T 3098.9—2010 附录 B（资料性附录）。
⑤ 第 1 次拧入有效力矩仅适用于全金属锁紧螺母；对非金属嵌件锁紧螺母，第 1 次拧入有效力矩最大值为这些数值的 50%。
⑥ 表中数值要求在实验室条件下完成。这类紧固件的应用取决于其适用性，在正常使用时，零件的性能也可能会改变。对产品性能有疑问时，推荐对整个接头（用实际使用的零件）进行附加的试验。

表 3-43　10 级有效力矩型螺母试验夹紧力和有效力矩（摘自 GB/T 3098.9—2010）

螺纹规格 (D) 或 $(D \times P)$	试验夹紧力 $F_{80}^{①}/N$	评价总摩擦系数 $\mu_{tot}^{②}$ 夹紧力		有效力矩/N·m		
		上极限 $F_{75}^{③}/N$	下极限 $F_{65}^{④}/N$	第一次拧入 $T_{Fv,max}^{⑤}$	第一次拧出 $T_{Fd,min}^{⑥}$	第五次拧出 $T_{Fd,min}^{⑥}$
M3	3344	3135	2717	0.6	0.15	0.1
M4	5832	5468	4739	1.2	0.22	0.15
M5	9440	8850	7670	2.1	0.35	0.24
M6	13360	12525	10855	4	0.55	0.4
M7	19200	18000	15600	6	0.85	0.6
M8	24320	22800	19760	8	1.15	0.8
M8×1	26000	24375	21125			
M10	38480	36075	31265	14	2	1.4
M10×1.25	40640	38100	33020			
M10×1	42800	40125	34775			

（续）

螺纹规格 (D) 或 (D×P)	试验夹紧力 $F_{80}^{①}$/N	评价总摩擦系数 $\mu_{tot}^{②}$ 夹紧力		有效力矩/N·m		
		上极限 $F_{75}^{③}$/N	下极限 $F_{65}^{④}$/N	第一次拧入 $T_{Fv,max}^{⑤}$	第一次拧出 $T_{Fd,min}^{⑥}$	第五次拧出 $T_{Fd,min}^{⑥}$
M12	56000	52500	45500	21	3.1	2.1
M12×1.5	58480	54825	47515			
M12×1.25	61120	57300	49660			
M14	76400	71625	62075	31	4.4	3
M14×1.5	83200	78000	67600			
M16	104000	97500	84500	42	6	4.2
M16×1.5	111200	104250	90350			
M18	127200	119250	103350	56	8	5.5
M18×1.5	143200	134250	116350			
M20	162400	152250	131950	72	10.5	7
M20×1.5	180800	169500	146900			
M22	201600	189000	163800	90	13	9
M22×1.5	220800	207000	179400			
M24	234400	219750	190450	106	15	10.5
M24×2	255200	239250	207350			
M27	304800	285750	247650	123	17	12
M27×2	329600	309000	267800			
M30	372800	349500	302900	140	19	14
M30×2	412000	386250	334750			
M33	460800	432000	374400	160	21.5	15.5
M33×2	505600	474000	410800			
M36	542400	508500	440700	180	24	17.5
M36×3	574400	538500	466700			
M39	648000	607500	526500	200	26.5	19.5
M39×3	684000	641250	555750			

注：1. 用统计程序控制法（SPC）对有效力矩试验的评定与统计无关。

2. 拧入有效力矩值不应超过表中规定的数值，拧出有效力矩值不应小于表中规定的数值。

① 10 级螺母的夹紧力等于 10.9 级螺栓保证载荷的 80%。螺栓保证载荷值在 GB/T 3098.1 中给出。

② 参见 GB/T 3098.9—2010 附录 B（资料性附录）。

③ 夹紧力的上极限值等于保证载荷的 75%，参见 GB/T 3098.9—2010 附录 B（资料性附录）。

④ 夹紧力的下极限值等于保证载荷的 65%，参见 GB/T 3098.9—2010 附录 B（资料性附录）。

⑤ 第 1 次拧入有效力矩仅适用于全金属锁紧螺母；对非金属嵌件锁紧螺母，第 1 次拧入有效力矩最大值为这些数值的 50%。

⑥ 表中数值要求在实验室条件下完成。这类紧固件的应用取决于其适用性，在正常使用时，零件的性能也可能会改变。对产品性能有疑问时，推荐对整个接头（用实际使用的零件）进行附加的试验。

表 3-44　12 级有效力矩型螺母试验夹紧力和有效力矩（摘自 GB/T 3098.9—2010）

螺纹规格 (D) 或 (D×P)	试验夹紧力 $F_{80}^{①}$/N	评价总摩擦系数 $\mu_{tot}^{②}$ 夹紧力		有效力矩/N·m		
		上极限 $F_{75}^{③}$/N	下极限 $F_{65}^{④}$/N	第一次拧入 $T_{Fv,max}^{⑤}$	第一次拧出 $T_{Fd,min}^{⑥}$	第五次拧出 $T_{Fd,min}^{⑥}$
M3	3904	3660	3172	0.6	0.15	0.1
M4	6816	6390	5538	1.2	0.22	0.15
M5	11040	10350	8970	2.1	0.35	0.24
M6	15600	14625	12675	4	0.55	0.4

（续）

螺纹规格 (*D*) 或 (*D×P*)	试验夹紧力 $F_{80}^{①}$/N	评价总摩擦系数 $\mu_{tot}^{②}$ 夹紧力		有效力矩/N · m		
		上极限 $F_{75}^{③}$/N	下极限 $F_{65}^{④}$/N	第一次拧入 $T_{Fv, max}$⑤	第一次拧出 $T_{Fd, min}$⑥	第五次拧出 $T_{Fd, min}$⑥
M7	22400	21000	18200	6	0.85	0.6
M8	28400	26625	23075	8	1.15	0.8
M8×1	30400	28500	24700			
M10	45040	42225	36595	14	2	1.4
M10×1.25	47520	44550	38610			
M10×1	50160	47025	40755			
M12	65440	61350	53170	21	3.1	2.1
M12×1.5	68400	64125	55575			
M12×1.25	71440	66975	58045			
M14	89600	84000	72800	31	4.4	3
M14×1.5	96800	90750	78650			
M16	121600	114000	98800	42	6	4.2
M16×1.5	129600	121500	105300			
M18	148800	139500	120900	56	8	5.5
M18×1.5	168000	157500	136500			
M20	190400	178500	154700	72	10.5	7
M20×1.5	211200	198000	171600			
M22	235200	220500	191100	90	13	9
M22×1.5	258400	242250	209950			
M24	273600	256500	222300	106	15	10.5
M24×2	297600	279000	241800			
M27	356000	333750	289250	123	17	12
M27×2	384800	360750	312650			
M30	435200	408000	353600	140	19	14
M30×2	481600	451500	391300			
M33	538400	504750	437450	160	21.5	15.5
M33×2	590400	553500	479700			
M36	633600	594000	514800	180	24	17.5
M36×3	671200	629250	545350			
M39	757600	710250	615550	200	26.5	19.5
M39×3	799200	749250	649350			

注: 1. 用统计程序控制法（SPC）对有效力矩试验的评定与统计无关。

2. 拧入有效力矩值不应超过表中规定的数值，拧出有效力矩值不应小于表中规定的数值。

① 12 级螺母的夹紧力等于 12.9 级螺栓保证载荷的 80%。螺栓保证载荷值在 GB/T 3098.1 中给出。

② 参见 GB/T 3098.9—2010 附录 B（资料性附录）。

③ 夹紧力的上极限值等于保证载荷的 75%，参见 GB/T 3098.9—2010 附录 B（资料性附录）。

④ 夹紧力的下极限值等于保证载荷的 65%，参见 GB/T 3098.9—2010 附录 B（资料性附录）。

⑤ 第 1 次拧入有效力矩仅适用于全金属锁紧螺母；对非金属嵌件锁紧螺母，第 1 次拧入有效力矩最大值为这些数值的 50%。

⑥ 表中数值要求在实验室条件下完成。这类紧固件的应用取决于其适用性，在正常使用时，零件的性能也可能会改变。对产品性能有疑问时，推荐对整个接头（用实际使用的零件）进行附加的试验。

2.2.8 有色金属螺栓、螺钉、螺栓和螺母的机械性能（摘自 GB/T 3098.10—1993⊖）

(1) 标记制度

⊖ GB/T 3098.10—1993 中引用的部分标准已经更新，用户在引用该标准时应予以注意。

有色金属制造的螺栓、螺钉、螺柱和螺母性能等级的标记代号由字母和数字两部分组成，字母与有色金属材料化学元素符号的字母相同，数字表示性能等级序号，其性能等级的标记代号见表 3-45。

表 3-45　性能等级的标记代号

性能等级	CU1	CU2	CU3	CU4	CU5	CU6	CU7
	AL1	AL2	AL3	AL4	AL5	AL6	

（2）各性能等级适用的有色金属材料牌号（见表 3-46）

表 3-46　各性能等级适用的有色金属材料牌号

性能等级	材料牌号	标准编号	性能等级	材料牌号	标准编号
CU1	T2	GB 5231	AL1	5A02（LF2）	GB 3190
CU2	H63	GB 5232	AL2	2A11（LF11）、5A05（LF5）	GB 3190
CU3	HPb58-2	GB 5232	AL3	5A43（LF43）	GB 3190
CU4	QSn6.5-0.4	GB 5233	AL4	ZB11（LY8）、2A90（LD9）	GB 3190
CU5	QSil-3	GB 5233	AL5	—	—
CU6	—	—	AL6	7A19（LC9）	GB 3190
CU7	QAl-10-4-4	GB 5233			

注：括号内的牌号为曾用牌号。

（3）机械性能和工作性能（见表 3-47~表 3-49）

表 3-47　外螺纹件的力学性能

性能等级	螺纹直径 d /mm	抗拉强度 R_m/MPa ≥	屈服强度 $R_{p0.2}$/MPa ≥	断后伸长率 A（%） ≥
CU1	≤39	240	160	14
CU2	≤6	440	340	11
	>6~39	370	250	19
CU3	≤6	440	340	11
	>6~39	370	250	19
CU4	≤12	470	340	22
	>12~39	400	200	33
CU5	≤39	590	540	12
CU6	>6~39	440	180	18
CU7	>12~39	640	270	15
AL1	≤10	270	230	3
	>10~20	250	180	4
AL2	≤14	310	205	6
	>14~36	280	200	6
AL3	≤6	320	250	7
	>6~39	310	260	10
AL4	≤10	420	290	6
	>10~39	380	260	10
AL5	≤39	460	380	7
AL6	≤39	510	440	7

表 3-48　螺栓、螺钉和螺柱的最小拉力载荷或螺母的保证载荷

螺纹直径 d 或 D /mm	螺距 P /mm	公称应力截面积 A_s/mm²	性能 等 级						
			CU1	CU2	CU3	CU4	CU5	CU6	CU7
			最小拉力载荷 $A_s \times R_m$ 或保证载荷 $A_s \times S_p$/N						
3	0.5	5.03	1210	2210	2210	2360	2970	—	—
3.5	0.6	6.78	1630	2980	2980	3190	4000	—	—
4	0.7	8.78	2110	3860	3860	4130	5180	—	—
5	0.8	14.2	3410	6250	6250	6670	8380	—	—
6	1	20.1	4820	8840	8840	9450	11860	—	—
7	1	28.9	6940	10690	10690	13580	17050	12720	—
8	1.25	36.6	8780	13540	13540	17200	21590	16100	—
10	1.5	58.0	13920	21460	21460	27260	34220	25520	—
12	1.75	84.3	20230	31190	31190	39620	49740	37090	—
14	2	115	27600	42550	42550	46000	67850	50600	73600
16	2	157	37680	58090	58090	62800	92630	69080	100500
18	2.5	192	46080	71040	71040	76800	113300	84480	122900
20	2.5	245	58800	90650	90650	98000	144500	107800	156800
22	2.5	303	72720	112100	112100	121200	178800	133300	193900
24	3	353	84720	130600	130600	141200	208300	155300	225900
27	3	459	110200	169800	169800	183600	270800	202000	293800
30	3.5	561	134600	207600	207600	224400	331000	246800	359000
33	3.5	694	166600	256800	256800	277600	—	305400	444200
36	4	817	196100	302300	302300	326800	—	359500	522900
39	4	976	234200	361100	361100	390400	—	429400	624600

螺纹直径 d 或 D /mm	螺距 P /mm	公称应力截面积 A_s/mm²	性能 等 级					
			AL1	AL2	AL3	AL4	AL5	AL6
			最小拉力载荷 $A_s \times R_m$ 或保证载荷 $A_s \times S_p$/N					
3	0.5	5.03	1360	1560	1610	2110	2310	2570
3.5	0.6	6.78	1830	2100	2170	2850	3120	3460
4	0.7	8.78	2370	2720	2810	3690	4040	4480
5	0.8	14.2	3830	4400	4540	5960	6530	7240
6	1	20.1	5430	6230	6430	8440	9250	10250
7	1	28.9	7800	8960	8960	12140	13290	14740
8	1.25	36.6	9880	11350	11350	15370	16840	18670
10	1.5	58.0	15660	17980	17980	24360	26680	29580
12	1.75	84.3	21080	26130	26130	32030	38780	42990
14	2	115	28750	35650	35650	43700	52900	58650
16	2	157	39250	43960	48670	59660	72220	80070
18	2.5	192	48000	53760	59520	72960	88320	97920
20	2.5	245	61250	68600	75950	93100	112700	124900
22	2.5	303	—	84840	93930	115100	139400	154500
24	3	353	—	98840	109400	134100	162400	180000
27	3	459	—	128500	142300	174400	211100	234100
30	3.5	561	—	157100	173900	213200	258100	286100
33	3.5	394	—	194300	215100	263700	319200	353900
36	4	817	—	228800	253300	310500	375800	416700
39	4	976	—	—	302600	370900	449000	497800

注：S_p 为保证应力。

表 3-49　螺栓、螺钉的最小破坏扭矩

螺纹直径 d/ mm	性 能 等 级										
	CU1	CU2	CU3	CU4	CU5	AL1	AL2	AL3	AL4	AL5	AL6
	最小破坏扭矩/N·m										
1.6	0.06	0.10	0.10	0.11	0.14	0.06	0.07	0.08	0.1	0.11	0.12
2	0.12	0.21	0.21	0.23	0.28	0.13	0.15	0.16	0.2	0.22	0.25
2.5	0.24	0.45	0.45	0.5	0.6	0.27	0.3	0.3	0.43	0.47	0.5
3	0.4	0.8	0.8	0.9	1.1	0.5	0.6	0.6	0.8	0.8	0.9
3.5	0.7	1.3	1.3	1.4	1.7	0.8	0.9	0.9	1.2	1.3	1.5
4	1	1.9	1.9	2	2.5	1.1	1.3	1.4	1.8	1.9	2.2
5	2.1	3.8	3.8	4.1	5.1	2.4	2.7	2.8	3.7	4	4.5

2.2.9　不锈钢螺母的机械性能 （摘自 GB/T 3098.15—2014）

（1）标记制度

螺母的不锈钢组别和性能等级的标记制度如图 3-5 所示。材料标记由半字线隔开的两部分组成。第一部分标记钢的组别，第二部分标记性能等级。

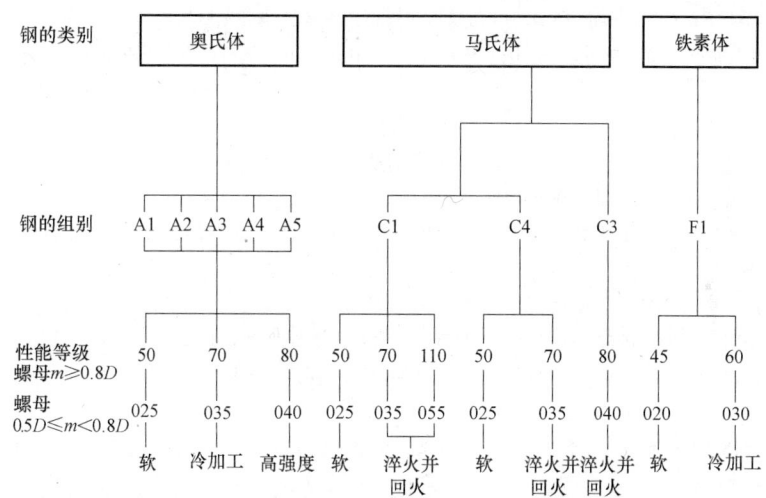

图 3-5　螺母的不锈钢组别和性能等级的标记制度

注：1. 图中钢的类别和组别的分级，在 GB/T 3098.15—2014 附录 B（资料性附录）中说明，化学成分按表 3-50 中的规定。

2. 碳含量低于 0.03%（质量分数）的低碳奥氏体不锈钢（A2、A4）可增加标记"L"，如 A4L-80。

3. 按 GB/T 5267.4 进行表面钝化处理，可以增加标记"P"，如：A4-80P。

m 为螺母高度（公称值），D 为螺纹公称直径。

表 3-50　不锈钢的类别、组别及化学成分

类别	组别	化学成分[①]（质量分数,%）										注
		C	Si	Mn	P	S	N	Cr	Mo	Ni	Cu	W	
奥氏体	A1	0.12	1	6.5	0.2	0.15~0.35		16~19	0.7	5~10	1.75~2.25	—	②③④
	A2	0.10	1	2	0.05	0.03		15~20	—[⑤]	8~19	4		⑥⑦

（续）

类别	组别	化学成分① （质量分数,%）											注
		C	Si	Mn	P	S	N	Cr	Mo	Ni	Cu	W	
奥氏体	A3	0.08	1	2	0.045	0.03		17~19	—⑤	9~12	1		⑧
	A4	0.08	1	2	0.045	0.03		16~18.5	2~3	10~15	4		⑦⑨
	A5	0.08	1	2	0.045	0.03		16~18.5	2~3	10.5~14	1		⑧⑨
马氏体	C1	0.09~0.15	1	1	0.05	0.03		11.5~14	—	1			⑨
	C3	0.17~0.25	1	1	0.04	0.03		16~18		1.5~2.5			—
	C4	0.08~0.15	1	1.5	0.06	0.15~0.35		12~14	0.6				②⑨
铁素体	F1	0.12	1	1	0.04	0.03		15~18	—⑩	1			⑪⑫

注：1. 不锈钢的类别和组别，以及涉及其特性和应用的说明，在 GB/T 3098.15—2014 附录 A（资料性附录）中给出。

2. 按 ISO 683-13 和 ISO 4954 已标准化的不锈钢材料示例，在 GB/T 3098.15—2014 附录 B（资料性附录）和 GB/T 3098.15—2014 附录 C（资料性附录）中分别给出。

3. 某些特殊用途的材料，在 GB/T 3098.15—2014 附录 D（资料性附录）中给出。

① 除已表明者外，均系最大值。

② 硫可用硒代替。

③ 如镍含量低于 8%（质量分数，后同），则锰的最小含量应为 5%。

④ 镍含量大于 8% 时，对铜的最小含量不予限制。

⑤ 由制造者决定可以有钼含量。但对某些使用场合，如有必要限定钼的极限含量时，则应在订单中由用户注明。

⑥ 如果铬含量低于 17%，则镍的最小含量应为 12%。

⑦ 对最大碳含量达到 0.03% 的奥氏体不锈钢，氮含量最高可以达到 0.22%。

⑧ 为了稳定组织，钛含量应 $\geq 5w(C)$~0.8%，并应按本表适当标志，或者铌和/或钽含量应 $\geq 10w(C)$~1.0%，并应按本表适当标志。

⑨ 对较大直径的产品，为达到规定的机械性能，由制造者决定可以用较高的含碳量，但对奥氏体钢不应超过 0.12%。

⑩ 由制造者决定可以有钼含量。

⑪ 钛含量可能为 $\geq 5w(C)$~0.8%。

⑫ 铌和/或钽含量 $\geq 10w(C)$~1.0%。

（2）机械性能（见表 3-51 和表 3-52）

表 3-51　奥氏体钢组螺母的机械性能

类别	组别	性能等级		保证应力 S_p/MPa ≥	
		螺母 $m \geq 0.8D$	螺母 $0.5D \leq m < 0.8D$	螺母 $m \geq 0.8D$	螺母 $0.5D \leq m < 0.8D$
奥氏体	A1、A2、A3、A4、A5	50	025	500	250
		70	035	700	350
		80	040	800	400

表 3-52　马氏体和铁素体钢组螺母的机械性能

类别	组别	性能等级		保证应力 S_p/MPa ≥		硬度		
		螺母 $m \geqslant 0.8D$	螺母 $0.5D \leqslant m < 0.8D$	螺母 $m \geqslant 0.8D$	螺母 $0.5D \leqslant m < 0.8D$	HB	HRC	HV
马氏体	C1	50	025	500	250	147~209	—	155~220
		70	—	700	—	209~314	20~34	220~330
		110[①]	055[①]	1100	550	—	36~45	350~440
	C3	80	040	800	400	228~323	21~35	240~340
	C4	50	—	500	—	147~209	—	155~220
		70	035	700	350	209~314	20~34	220~330
铁素体	F1[②]	45	020	450	200	128~209	—	135~220
		60	030	600	300	171~271	—	180~285

① 淬火并回火，最低回火温度为 275°C。
② 螺纹公称直径 $D \leqslant 24\mathrm{mm}$。

2.2.10　不锈钢紧定螺钉的机械性能（摘自 GB/T 3098.16—2014）

（1）标记制度

紧定螺钉和类似的紧固件不锈钢组别及硬度等级的标记制度如图 3-6 所示。材料标记由半字线隔开的两部分组成。第一部分标记钢的组别，第二部分标记硬度等级。

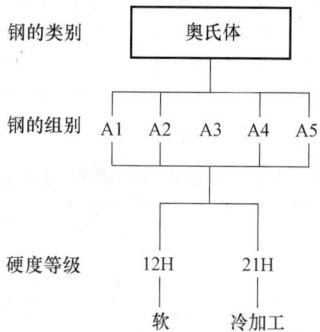

图 3-6　紧定螺钉和类似的紧固件不锈钢组别及硬度等级的标记制度

注：1. 图中钢的类别和组别的分级，在 GB/T 3098.16—2014 附录 A（资料性附录）中说明，化学成分按表 3-53 中的规定。

2. 碳含量低于 0.03%（质量分数）的低碳奥氏体不锈钢（A2、A4）可增加标记"L"，如 A4L-21H。

3. 对硬度等级，紧定螺钉和类似的紧固件按 GB/T 5267.4 钝化处理，可以增加标记"P"，如 A4-21HP。

硬度等级标记由表示最小维氏硬度 1/10 的两个数字和表示硬度的字母 H 组成，见表 3-54。

表 3-53　不锈钢组别与化学成分

类别	组别	化学成分[①]（质量分数,%）									注
		C	Si	Mn	P	S	Cr	Mo	Ni	Cu	
奥氏体	A1	0.12	1	6.5	0.2	0.15~0.35	16~19	0.7	5~10	1.75~2.25	②③④

（续）

类别	组别	化学成分[①]（质量分数,%）									注
		C	Si	Mn	P	S	Cr	Mo	Ni	Cu	
奥氏体	A2	0.10	1	2	0.05	0.03	15~20	—[⑤]	8~19	4	[⑥][⑦]
	A3	0.08	1	2	0.045	0.03	17~19	—[⑤]	9~12	1	[⑧]
	A4	0.08	1	2	0.045	0.03	16~18.5	2~3	10~15	4	[⑦][⑨]
	A5	0.08	1	2	0.045	0.03	16~18.5	2~3	10.5~14	1	[⑧][⑨]

注：1：不锈钢的类别和组别，以及涉及其特性和应用的说明，在 GB/T 3098.16—2014 附录 A（资料性附录）中给出。

2：按 ISO 683-13 和 ISO 4954 已标准化的不锈钢材料示例，在 GB/T 3098.16—2014 附录 B（资料性附录）和 GB/T 3098.16—2014 附录 C（资料性附录）中分别给出。

① 除已表明者外，均系最大值。

② 硫可用硒代。

③ 如镍含量低于 8%（质量分数,后同），则锰的最小含量应为 5%。

④ 当镍含量大于 8%时，对铜的最小含量不予限制。

⑤ 由制造者决定可以有钼含量，但对某些使用场合，如有必要限定钼的极限含量时，则应在订单中由用户注明。

⑥ 如果铬含量低于 17%，则镍的最小含量应为 12%。

⑦ 对最大碳含量达到 0.03%的不锈钢，氮含量最高可以达到 0.22%。

⑧ 为稳定组织，钛含量应 $\geq 5w(C) \sim 0.8\%$，并应按本表适当标志，或者铌和/或钽含量应 $\geq 10w(C) \sim 1.0\%$，并应按本表规定适当标志。

⑨ 对较大直径的产品，为达到规定的机械性能，由制造者决定可以用较高的含碳量，但不得超过 0.12%。

表 3-54 以维氏硬度表示的硬度等级的标记

硬度等级	12H	21H
维氏硬度/HV min	125	210

（2）机械性能（见表 3-55 和表 3-56）

表 3-55 不锈钢紧定螺钉的硬度

硬度	硬度等级	
	12H	21H
	硬度	
维氏硬度 HV	125~209	≥210
布氏硬度 HBW	123~213	≥214
洛氏硬度 HRB	70~95	≥96

表 3-56 不锈钢内六角紧定螺钉的保证扭矩

螺纹公称直径 d/mm	试验的紧定螺钉的最小长度[①]/mm				硬度等级	
					12H	21H
	平端	锥端	圆柱端	凹端	保证扭矩/N·m ≥	
1.6	2.5	3	3	2.5	0.03	0.05
2	4	4	4	3	0.06	0.1
2.5	4	4	5	4	0.18	0.3
3	4	5	6	5	0.25	0.42
4	5	6	8	6	0.8	1.4
5	6	8	8	6	1.7	2.8
6	8	8	10	8	3	5
8	10	10	12	10	7	12

（续）

螺纹公称直径 d/mm	试验的紧定螺钉的最小长度[1]/mm				硬度等级	
					12H	21H
	平端	锥端	圆柱端	凹端	保证扭矩/N·m ≥	
10	12	12	16	12	14	24
12	16	16	20	16	25	42
16	20	20	25	20	63	105
20	25	25	30	25	126	210
24	30	30	35	30	200	332

[1] 试验的最小长度应在产品标准中点画线以下的长度，即至少应当有一个标准的内六角深度的长度。

2.3　螺栓

2.3.1　品种、规格及技术要求（见表 3-57）

表 3-57　螺栓的品种、规格及技术要求

序号	名称及标准号	规格范围	产品等级	螺纹公差	材料及性能等级	表面处理
1	六角头螺栓 C 级[1] GB/T 5780—2016	M5~M64	C 级	8g	钢 $d \leqslant 39$mm：4.6、4.8 $d > 39$mm：按协议	1) 不经处理 2) 电镀 3) 非电解锌片涂层
2	六角头螺栓　全螺纹　C 级[1] GB/T 5781—2016	M5~M64	C 级	8g	钢 $d \leqslant 39$mm：3.6、4.6、4.8 $d > 39$mm：按协议	1) 不经处理 2) 电镀 3) 非电解锌片涂层
3	六角头螺栓[1] GB/T 5782—2016	M1.6~M64	A 和 B 级	6g	钢 $d < 3$mm：按协议 　3mm $\leqslant d \leqslant 39$mm：5.6、8.8、10.9 3mm $\leqslant d \leqslant 16$mm：9.8 $d > 39$mm：按协议	1) 氧化 2) 电镀 3) 非电解锌片涂层
					不锈钢 $d \leqslant 24$mm：A2-70、A4-70 24mm $< d \leqslant 39$mm：A2-50、A4-50 $d > 39$mm：按协议	1) 简单处理 2) 钝化处理
					有色金属 CU2、CU3、AL4	1) 简单处理 2) 电镀
4	六角头螺栓　全螺纹[1] GB/T 5783—2016	M1.6~M64	A 和 B 级	6g	钢 $d < 3$mm：按协议 　3mm $\leqslant d \leqslant 39$mm：5.6、8.8、10.9 3mm $\leqslant d \leqslant 16$mm：9.8 $d > 39$mm：按协议	1) 氧化 2) 电镀 3) 非电解锌片涂层
					不锈钢 $d \leqslant 24$mm：A2-70、A4-70 24mm $< d \leqslant 39$mm：A2-50、A4-50 $d > 39$mm：按协议	1) 简单处理 2) 钝化处理
					有色金属 CU2、CU3、AL4	1) 简单处理 2) 电镀

（续）

序号	名称及标准号	规格范围	产品等级	螺纹公差	材料及性能等级	表面处理
5	六角头螺栓—细杆—B级[①] GB/T 5784—1986	M3~M20	B级	6g	钢 5.8、6.8、8.8	1）不经处理 2）镀锌钝化 3）氧化
					不锈钢 A2-70	不经处理
6	六角头螺栓 细牙[①] GB/T 5785—2016	8~64	A和B级	6g	钢 $d \leqslant 39mm$：5.6、8.8、10.9 $d>39mm$：按协议	1）氧化 2）电镀 3）非电解锌片涂层
					不锈钢 $d \leqslant 24mm$：A2-70、A4-70 $24mm<d \leqslant 39mm$：A2-50、A4-50 $d>39mm$：按协议	1）简单处理 2）钝化处理
					有色金属 CU2、CU3、AL4	1）简单处理 2）电镀
7	六角头螺栓 细牙全螺纹[①] GB/T 5786—2016	M8×1~M64×4	A和B级	6g	钢 $d \leqslant 39mm$：5.6、8.8、10.9 $d>39mm$：按协议	1）不经处理 2）电镀 3）非电解锌片涂层
					不锈钢 $d \leqslant 24mm$：A2-70、A4-70 $24mm < d \leqslant 39mm$：A2-50、A4-50 $d>39mm$：按协议	1）简单处理 2）钝化处理
					有色金属 CU2、CU3、AL4	1）简单处理 2）电镀
8	六角头带槽螺栓 GB/T 29.1—2013	M3~M12	A级[②]	6g	钢 5.6、8.8、10.9	1）氧化 2）电镀 3）非电解锌片涂层
					不锈钢 A2-70、A4-70	简单处理
					有色金属 CU2、CU3、AL4	
9	六角头带十字槽螺栓 GB/T 29.2—2013	M4~M8	B级	6g	钢 5.8	1）不经处理 2）电镀
10	六角头螺杆带孔螺栓 GB/T 31.1—2013	M6~M48	A和B级[②]	6g	钢 $d \leqslant 39mm$：5.6、8.8、10.9 $d>39mm$：按协议	1）氧化 2）电镀 3）非电解锌片涂层
					不锈钢 $d \leqslant 24mm$：A2-70、A4-70 $24mm<d \leqslant 39mm$：A2-50、A4-50 $d>39mm$：按协议	简单处理
11	六角头螺杆带孔螺栓 细杆 B级 GB/T 31.2—1988	M6~M20	B级	6g	钢 5.8、6.8、8.8	1）不经处理 2）镀锌钝化 3）氧化
					不锈钢 A2-70	不经处理

（续）

序号	名称及标准号	规格范围	产品等级	螺纹公差	材料及性能等级	表面处理
12	六角头螺杆带孔螺栓 细牙 A 和 B 级 GB/T 31.3—1988	M8×1 ~ M48×3	A 和 B 级[②]	6g	钢 $d \leqslant 39mm$：8.8、10.9 $d>39mm$：按协议	1）氧化 2）镀锌钝化
					不锈钢 $d \leqslant 20mm$：A2-70 $20<d \leqslant 39mm$：A2-50 $d>39mm$：按协议	不经处理
13	六角头头部带孔螺栓 A 和 B 级 GB/T 32.1—1988	M6 ~ M48	A 和 B 级[②]	6g	钢 $d \leqslant 39mm$：8.8、10.9 $d>39mm$：按协议	1）氧化 2）镀锌钝化
					不锈钢 $d \leqslant 20mm$：A2-70 $20mm<d \leqslant 39mm$：A2-50 $d>39mm$：按协议	不经处理
14	六角头头部带孔螺栓 细杆 B 级 GB/T 32.2—1988	M6 ~ M20	B 级	6g	钢 5.8、6.8、8.8	1）不经处理 2）镀锌钝化 3）氧化
					不锈钢 A2-70	不经处理
15	六角头头部带孔螺栓 细牙 A 和 B 级 GB/T 32.3—1988	M8×1 ~ M48×3	A 和 B 级[②]	6g	钢 $d \leqslant 39mm$：8.8、10.9 $d>39mm$：按协议	1）氧化 2）镀锌钝化
					不锈钢 $d \leqslant 20mm$：A2-70 $20mm<d \leqslant 39mm$：A2-50 $d>39mm$：按协议	不经处理
16	六角头加强杆螺栓 GB/T 27—2013	M6 ~ M48	A 和 B 级[②]	6g	钢 $d \leqslant 39mm$：8.8 $d>39mm$：按协议	氧化
17	六角头螺杆带孔加强杆螺栓 GB/T 28—2013	M6 ~ M48	A 和 B 级[②]	6g	钢 $d \leqslant 39mm$：8.8 $d>39mm$：按协议	氧化
18	六角法兰面螺栓 加大系列 B 级[①] GB/T 5789—1986	M5 ~ M20	B 级	6g	钢 8.8、12.9	1）氧化 2）镀锌钝化
					不锈钢 A2-70	不经处理
19	六角法兰面螺栓 加大系列 细杆 B 级[①] GB/T 5790—1986	M5 ~ M20	B 级	6g	钢 8.8、10.9	1）氧化 2）镀锌钝化
					不锈钢 A2-70	不经处理
20	六角法兰面螺栓 小系列 GB/T 16674.1—2016	M5 ~ M16	A 级	6g	钢 8.8、9.8、10.9	1）氧化 2）电镀
					不锈钢 A2-70	简单处理
21	方头螺栓 C 级[①] GB/T 8—1988	M10 ~ M48	C 级	8g	钢 $d \leqslant 39mm$：4.8 $d>39mm$：按协议	1）不经处理 2）氧化 3）镀锌钝化

（续）

序号	名称及标准号	规格范围	产品等级	螺纹公差	材料及性能等级	表面处理
22	小方头螺栓 GB/T 35—2013	M5～M48	B级	6g	钢 $d \leqslant 39mm$：5.8、8.8 $d > 39mm$：按协议	1）不经处理 2）电镀
23	圆头方颈螺栓[①] GB/T 12—2013	M6～M20	C级	A2-70级为6g，其余为8g	钢 4.6、4.8	1）不经处理 2）电镀
					不锈钢 A2-50、A2-70	简单处理
24	小半圆头低方颈螺栓 B级[①] GB/T 801—1998	M6～M20	B级	6g	钢 4.8、8.8、10.9	1）不经处理 2）镀锌钝化 3）热镀锌
25	扁圆头方颈螺栓[①] GB/T 14—2013	M5～M20	C级	8.8、A2-70级：6g 其余8g	钢 4.6、4.8、8.8	1）不经处理 2）电镀 3）热浸镀锌
					不锈钢 A2-50、A2-70	简单处理
26	加强半圆头方颈螺栓[①] GB/T 794—1993	M6～M20	A型：B级	6g	钢 8.8	氧化
			B型：C级	8g	钢 3.6、4.8	1）不经处理 2）氧化
27	圆头带榫螺栓 GB/T 13—2013	M6～M24	C级	8g	钢 4.6、4.8	1）不经处理 2）电镀
28	扁圆头带榫螺栓[①] GB/T 15—2013	M6～M24	C级	8g	钢 4.8	1）不经处理 2）电镀
29	沉头方颈螺栓[①] GB/T 10—2013	M6～M20	C级	8g	钢 4.6、4.8	1）不经处理 2）氧化
30	沉头带榫螺栓[①] GB/T 11—2013	M6～M24	C级	8g	钢 4.6、4.8	1）不经处理 2）电镀
31	沉头双榫螺栓 GB/T 800—1988	M6～M12	C级	8g	钢 4.8	1）不经处理 2）氧化 3）镀锌钝化
32	T型槽用螺栓 GB/T 37—1988	M5～M48	B级	6g	钢 $d \leqslant 39mm$：8.8 $d > 39mm$：按协议	1）氧化 2）镀锌钝化
33	活节螺栓[①] GB/T 798—1988	M4～M36	C级	8g	钢 4.6、5.6	1）不经处理 2）镀锌钝化
34	地脚螺栓[①] GB/T 799—1988	M6～M48	C级	8g	钢 $d \leqslant 39mm$：3.6 $d > 39mm$：按协议[③]	1）不经处理 2）氧化 3）镀锌钝化
35	钢网架螺栓球节点用高强度螺栓 GB/T 16939—2016	M12～M85×4	除GB/T 16939—2016表1规定,B级	6g	M12～M36 10.9S[④]	氧化
					M39～M85×4：9.8S	

① 商品紧固件品种，应优先选用。
② A级用于 $d \leqslant 24mm$ 和 $l \leqslant 150mm$（按较小值）的螺栓；B级用于 $d > 24mm$ 或 $l > 10d$ 或 $l > 150mm$（按较小值）的螺栓。
③ 地脚螺栓由于结构的原因，不进行楔负载及头杆结合强度试验。
④ 性能等级中的"S"表示钢结构用螺栓。

2.3.2　A 级和 B 级六角头螺栓（见表 3-58～表 3-66）

表 3-58　六角头螺栓的型式、优选的规格及尺寸（摘自 GB/T 5782—2016）

（单位：mm）

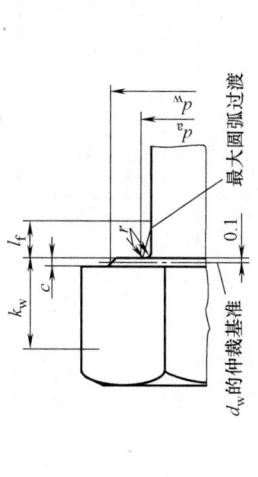

注：螺栓末端应倒角，对螺纹规格 ≤M4 可为辗制末端（GB/T 2）；不完整螺纹的长度 $u≤2P$

标记示例：

螺纹规格为 M12、公称长度 $l=80mm$、性能等级为 8.8 级、表面不经处

理、产品等级为 A 级的六角头螺栓的标记为：

螺栓　GB/T 5782　M12×80

螺纹规格 (d)			M1.6	M2	M2.5	M3	M4	M5	M6	M8	M10
P①			0.35	0.4	0.45	0.5	0.7	0.8	1	1.25	1.5
b 参考		②	9	10	11	12	14	16	18	22	26
		③	15	16	17	18	20	22	24	28	32
		④	28	29	30	31	33	35	37	41	45
c		max	0.25	0.25	0.25	0.40	0.40	0.50	0.50	0.60	0.60
		min	0.10	0.10	0.10	0.15	0.15	0.15	0.15	0.15	0.15
d_a		max	2	2.6	3.1	3.6	4.7	5.7	6.8	9.2	11.2
d_s		公称=max	1.60	2.00	2.50	3.00	4.00	5.00	6.00	8.00	10.00
	产品等级 A	min	1.46	1.86	2.36	2.86	3.82	4.82	5.82	7.78	9.78
	产品等级 B	min	1.35	1.75	2.25	2.75	3.70	4.70	5.70	7.64	9.64
d_w	产品等级 A	min	2.27	3.07	4.07	4.57	5.88	6.88	8.88	11.63	14.63
	产品等级 B	min	2.30	2.95	3.95	4.45	5.74	6.74	8.74	11.47	14.47
e	产品等级 A	min	3.41	4.32	5.45	6.01	7.66	8.79	11.05	14.38	17.77
	产品等级 B	min	3.28	4.18	5.31	5.88	7.50	8.63	10.89	14.20	17.59
l_f		max	0.6	0.8	1	1	1.2	1.2	1.4	2	2
k	公称		1.1	1.4	1.7	2	2.8	3.5	4	5.3	6.4
	产品等级 A	max	1.225	1.525	1.825	2.125	2.925	3.65	4.15	5.45	6.58
		min	0.975	1.275	1.575	1.875	2.675	3.35	3.85	5.15	6.22
	产品等级 B	max	1.3	1.6	1.9	2.2	3.0	3.74	4.24	5.54	6.69
		min	0.9	1.2	1.5	1.8	2.6	3.26	3.76	5.06	6.11
k_w⑤	产品等级 A	min	0.68	0.89	1.10	1.31	1.87	2.35	2.70	3.61	4.35
	产品等级 B	min	0.63	0.84	1.05	1.26	1.82	2.28	2.63	3.54	4.28
r		min	0.1	0.1	0.1	0.1	0.2	0.2	0.25	0.4	0.4
s		公称=max	3.20	4.00	5.00	5.50	7.00	8.00	10.00	13.00	16.00
	产品等级 A	min	3.02	3.82	4.82	5.32	6.78	7.78	9.78	12.73	15.73
	产品等级 B	min	2.90	3.70	4.70	5.20	6.64	7.64	9.64	12.57	15.57

折线以上的规格 推荐采用 GB/T 5783

l_s 和 l_g [⑥]

公称 l	l(A) min	l(A) max	l(B) min	l(B) max	l_s min	l_g max	l_s min	l_g max	l_s min	l_g max	l_s min	l_g max	l_s min	l_g max	l_s min	l_g max	l_s min	l_g max	l_s min	l_g max	l_s min	l_g max
12	11.65	12.35	—	—	1.2	3																
16	15.65	16.35	—	—	5.2	7	4	6														
20	19.58	20.42	18.95	21.05			8	10	3.75	5												
25	24.58	25.42	23.95	26.05					6.75	9	5.5	8										
30	29.58	30.42	28.95	31.05					11.75	14	10.5	13	7.5	11								
35	34.5	35.5	33.75	36.25							15.5	18	12.5	16	5	9						
40	39.5	40.5	38.75	41.25									17.5	21	10	14	7	12	11.57	18		
45	44.5	45.5	43.75	46.25									22.5	26	15	19	12	17	16.75	23	11.5	19
50	49.5	50.5	48.75	51.25											20	24	17	22	21.75	28	16.5	24
55	54.4	55.6	53.5	56.5											25	29	22	27	26.75	33	21.5	29
60	59.4	60.6	58.5	61.5											30	34	27	32	31.75	38	26.5	34
65	64.4	65.6	63.5	66.5													32	37	36.75	43	31.5	39
70	69.4	70.6	68.5	71.5													37	42	41.75	48	36.5	44
80	79.4	80.6	78.5	81.5															51.75	58	46.5	54
90	89.3	90.7	88.25	91.75																	56.5	64
100	99.3	100.7	98.25	101.75																	66.5	74
110	109.3	100.7	108.25	111.75																		
120	119.3	120.7	118.25	121.75																		

（续）

螺纹规格 (d)			M12	M16	M20	M24	M30	M36	M42	M48	M56	M64
P①			1.75	2	2.5	3	3.5	4	4.5	5	5.5	6
b 参考	②		30	38	46	54	66	—	—	—	—	—
	③		36	44	52	60	72	84	96	108	—	—
	④		49	57	65	73	85	97	109	121	137	153
c	max		0.60	0.8	0.8	0.8	0.8	0.8	1.0	1.0	1.0	1.0
	min		0.15	0.2	0.2	0.2	0.2	0.2	0.3	0.3	0.3	0.3
d_a	max		13.7	17.7	22.4	26.4	33.4	39.4	45.6	52.6	63	71
d_s	公称 = max		12.00	16.00	20.00	24.00	30.00	36.00	42.00	48.00	56.00	64.00
	产品等级 A	min	11.73	15.73	19.67	23.67	—	—	—	—	—	—
	产品等级 B	min	11.57	15.57	19.48	23.48	29.48	35.38	41.38	47.33	55.26	63.26
d_w	产品等级 A	min	16.63	22.49	28.19	33.61	—	—	—	—	—	—
	产品等级 B	min	16.47	22	27.7	33.25	42.75	51.11	59.95	69.45	78.66	88.16
e	产品等级 A	min	20.03	26.75	33.53	39.98	—	—	—	—	—	—
	产品等级 B	min	19.85	26.17	32.95	39.55	50.85	60.79	71.3	82.6	93.56	104.86
l_f	max		3	3	4	4	6	6	8	10	12	13
k	公称		7.5	10	12.5	15	18.7	22.5	26	30	35	40
	产品等级 A	max	7.68	10.18	12.715	15.215	—	—	—	—	—	—
		min	7.32	9.82	12.285	14.785	—	—	—	—	—	—
	产品等级 B	max	7.79	10.29	12.85	15.35	19.12	22.92	26.42	30.42	35.5	40.5
		min	7.21	9.71	12.15	14.65	18.28	22.08	25.58	29.58	34.5	39.5
k_w⑤	产品等级 A	min	5.12	6.87	8.6	10.35	—	—	—	—	—	—
	产品等级 B	min	5.05	6.8	8.51	10.26	12.8	15.46	17.91	20.71	24.15	27.65
r	min		0.6	0.6	0.8	0.8	1	1	1.2	1.6	2	2
s	公称 = max		18.00	24.00	30.00	36.00	46	55.0	65.0	75.0	85.0	95.0
	产品等级 A	min	17.73	23.67	29.67	35.38	—	—	—	—	—	—
	产品等级 B	min	17.57	23.16	29.16	35.00	45	53.8	63.1	73.1	82.8	92.8

l_s 和 l_g⑥ 表

l 公称	产品等级 A min	A max	B min	B max	l_s min	l_g max	l_s min	l_g max	l_s min	l_g max	l_s min	l_g max	l_s min	l_g max	l_s min	l_g max	l_s min	l_g max	l_s min	l_g max	l_s min	l_g max	l_s min	l_g max
50	49.5	50.5	—	—	11.25	20																		
55	54.4	55.6	53.5	56.5	16.25	25																		
60	59.4	60.6	58.5	61.5	21.25	30																		
65	64.4	65.6	63.56	66.5	26.25	35	17	27																
70	69.4	70.6	68.5	71.5	31.25	40	22	32																
80	79.4	80.6	78.5	81.5	41.25	50	32	42	21.5	34														
90	89.3	90.7	88.25	91.75	51.25	60	42	52	31.5	44	21	36												
100	99.3	100.7	98.25	101.75	61.25	70	52	62	41.5	54	31	46												
110	109.3	110.77	108.25	111.75	71.25	80	62	72	51.5	64	41	56	26.5	44										
120	119.3	120.7	118.25	121.75	81.25	90	72	82	61.5	74	51	66	36.5	54										
130	129.2	130.8	128	132			76	86	65.5	78	55	70	40.5	58										
140	139.2	140.8	138	142			86	96	75.5	88	65	80	50.5	68	36	56								
150	149.2	150.8	148	152			96	106	85.5	98	75	90	60.5	78	46	66								
160	—	—	158	162			106	116	95.5	108	85	100	70.5	88	56	76	41.5	64						
180	—	—	178	182					115.5	128	105	120	90.5	108	76	96	61.5	84	47	72				
200	—	—	197.7	202.3					135.5	148	125	140	110.5	128	96	116	81.5	104	67	92				
220	—	—	217.7	222.3							132	147	117.5	135	103	123	88.5	111	74	99	55.5	83		
240	—	—	237.7	242.3							152	167	137.5	155	123	143	108.5	131	94	119	75.5	103		
260	—	—	257.4	262.6									157.5	175	143	163	128.5	151	114	139	95.5	123	77	107

575

（续）

螺纹规格(d)					M12		M16		M20		M24		M30		M36		M42		M48		M56		M64	
产品等级	A		B										l_s 和 l_g[⑥]											
	min	max	min	max	l_s min	l_g max	l_s min	l_g max	l_s min	l_g max	l_s min	l_g max	l_s min	l_g max	l_s min	l_g max	l_s min	l_g max	l_s min	l_g max	l_s min	l_g max	l_s min	l_g max
公称 l																								
280	—	—	277.4	282.6									177.5	195	163	183	148.5	171	134	159	115.5	143	97	127
300	—	—	297.4	302.6									197.5	215	183	203	168.5	191	154	179	135.5	163	117	147
320	—	—	317.15	322.85											203	223	188.5	211	174	199	155.5	183	137	167
340	—	—	337.15	342.85											223	243	208.5	231	194	219	175.5	203	157	187
360	—	—	357.15	362.85											243	263	228.5	251	214	239	195.5	223	177	207
380	—	—	377.15	382.85													248.5	271	234	259	215.5	243	197	227
400	—	—	397.15	402.85													268.5	291	254	279	235.5	263	217	247
420	—	—	416.85	423.15													288.5	311	274	299	255.5	283	237	267
440	—	—	436.85	443.15													308.5	331	294	319	275.5	303	257	287
460	—	—	456.85	463.15															314	339	295.5	323	277	307
480	—	—	476.85	483.15															334	359	315.5	343	297	327
500	—	—	496.85	503.15																	335.5	363	317	347

注：优选长度由 $l_{s,min}$ 和 $l_{g,max}$ 确定。阶梯虚线以上为 A 级。阶梯虚线以下为 B 级。

① P 为螺距。

② $l_{公称} \leqslant 125mm$。

③ $125mm < l_{公称} \leqslant 200mm$。

④ $l_{公称} > 200mm$。

⑤ $k_{wmin} = 0.7k\ min$。

⑥ $l_{gmax} = l_{公称} - b$。
$l_{gmin} = l_{gmax} - 5P$。

表 3-59　细牙六角头螺栓的型式、优选的规格及尺寸（摘自 GB/T 5785—2016）　　（单位：mm）

标记示例：
螺纹规格为 M12×1.5，公称长度 l＝80mm，细牙螺纹，性能等级为 8.8 级、表面不经处理，产品等级为 A 级的六角头螺栓的标记为：
螺栓　GB/T 5785　M12×1.5×80

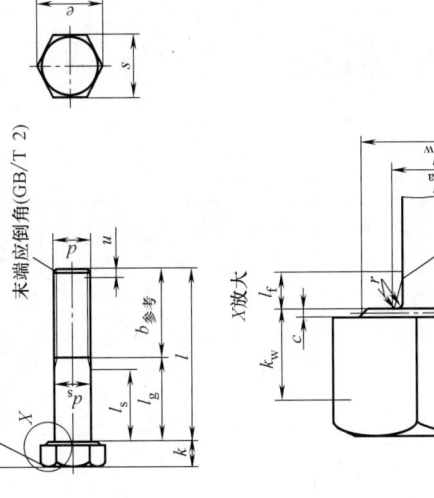

末端应倒角(GB/T 2)

X放大

最大圆弧过渡

d_{w} 的伸展基准

注：不完整螺纹的长度 $u \leqslant 2P$

（续）

螺纹规格（$d \times P$）		M8×1	M10×1	M12×1.5	M16×1.5	M20×1.5	M24×2	M30×2	M36×3	M42×3	M48×3	M56×4	M64×4
b 参考	①	22	26	30	38	46	54	66	84	96	108	—	—
	②	28	32	36	44	52	60	72	97	109	121	137	153
	③	41	45	49	57	65	73	85	—	—	—	—	—
c	max	0.60	0.60	0.60	0.8	0.8	0.8	0.8	0.8	1.0	1.0	1.0	1.0
	min	0.15	0.15	0.15	0.2	0.2	0.2	0.2	0.2	0.3	0.3	0.3	0.3
d_a	max	9.2	11.2	13.7	17.7	22.4	26.4	33.4	39.4	45.6	52.6	63	71
d_s	公称=max	8.00	10.00	12.00	16.00	20.00	24.00	30.00	36.00	42.00	48.00	56.00	64.00
	产品等级 A min	7.78	9.78	11.73	15.73	19.67	23.67	—	—	—	—	—	—
	产品等级 B min	7.64	9.64	11.57	15.57	19.48	23.48	29.48	35.38	41.38	47.38	55.26	63.26
d_w	产品等级 A min	11.63	14.63	16.63	22.49	28.19	33.61	—	—	—	—	—	—
	产品等级 B min	11.47	14.47	16.47	22	27.7	33.25	42.75	51.11	59.95	69.45	78.66	88.16
e	产品等级 A min	14.38	17.77	20.03	26.75	33.53	39.98	—	—	—	—	—	—
	产品等级 B min	14.20	17.59	19.85	26.17	32.95	39.55	50.85	60.79	71.3	82.6	93.56	104.86
l_f	max	2	2	3	3	4	4	6	6	8	10	12	13
k	公称	5.3	6.4	7.5	10	12.5	15	18.7	22.5	26	30	35	40
	产品等级 A max	5.45	6.58	7.68	10.18	12.715	15.215	—	—	—	—	—	—
	产品等级 A min	5.15	6.22	7.32	9.82	12.285	14.785	—	—	—	—	—	—
	产品等级 B max	5.54	6.69	7.79	10.29	12.85	15.35	19.12	22.92	26.42	30.42	35.5	40.5
	产品等级 B min	5.06	6.11	7.21	9.71	12.15	14.65	18.28	22.08	25.58	29.58	34.5	39.5
k_w [④]	产品等级 A min	3.61	4.35	5.12	6.87	8.6	10.35	—	—	—	—	—	—
	产品等级 B min	3.54	4.28	5.05	6.8	8.51	10.26	12.8	15.46	17.91	20.71	24.15	27.65
r	min	0.4	0.4	0.6	0.6	0.8	0.8	1	1	1.2	1.6	2	2
s	公称=max	13.00	16.00	18.00	24.00	30.00	36.00	46	55.0	65.0	75.0	85.0	95.0
	产品等级 A min	12.73	15.73	17.73	23.67	29.67	35.38	—	—	—	—	—	—
	产品等级 B min	12.57	15.57	17.57	23.16	29.16	35	45	53.8	63.1	73.1	82.8	92.8

l_s 和 l_g [5]

阶梯实线以上的规格推荐采用 GB/T 5786

公称 l	l 产品等级 A min	l 产品等级 A max	l 产品等级 B min	l 产品等级 B max	l_s min	l_g max	l_s min	l_g max	l_s min	l_g max	l_s min	l_g max	l_s min	l_g max	l_s min	l_g max	l_s min	l_g max	l_s min	l_g max	l_s min	l_g max	l_s min	l_g max	l_s min	l_g max	l_s min	l_g max
35	34.5	35.5	—	—	11.75	18																						
40	39.5	40.5	—	—	16.75	23																						
45	44.5	45.5	—	—	21.75	28	11.5	19																				
50	49.5	50.5	—	—	26.75	33	16.5	24																				
55	54.4	55.6	—	—	31.75	38	21.5	29	11.25	20																		
60	59.4	60.6	—	—	36.75	43	26.5	34	16.25	25																		
65	64.4	65.6	—	—	41.75	48	31.5	39	21.25	30	17	27																
70	69.4	70.6	—	—	51.75	58	36.5	44	26.25	35	22	32																
80	79.4	80.6	—	—			46.5	54	31.25	40	32	42	21.5	34														
90	89.3	90.7	88.25	91.75			56.5	64	41.25	50	42	52	31.5	44														
100	99.3	100.7	98.25	101.75			66.5	74	51.25	60	52	62	41.5	54	31	46												
110	109.3	110.7	108.25	111.75					61.25	70	62	72	51.5	64	41	56												
120	119.3	120.7	118.25	121.75					71.25	80	72	82	61.5	74	51	66	36	56										
130	129.2	130.8	128	132					81.25	90	76	86	65.5	78	55	70	46	66	36.5	54								
140	139.2	140.8	138	142							86	96	75.5	88	65	80	56	76	40.5	58	41.5	64						
150	149.2	150.8	148	152							96	106	85.5	98	75	90	76	96	50.5	68	61.5	84						
160	—	—	158	162							106	116	95.5	108	85	100	96	116	60.5	78	81.5	104						
180	—	—	178	182									115.5	128	105	120	116	136	70.5	88	88.5	111						
200	—	—	197.7	202.3									135.5	148	125	140	123	143	90.5	108	108.5	131	67	92				
220	—	—	217.7	222.3											132	147	143	163	110.5	128	128.5	151	74	99	55.5	83		
240	—	—	237.7	242.3											152	167	163	183	117.5	135	148.5	171	94	119	75.5	103		
260	—	—	257.4	262.6													183	203	137.5	155	168.5	191	114	139	95.5	123	77	107
280	—	—	277.4	282.6															157.5	175			134	159	115.5	143	97	127
300	—	—	297.4	302.6															177.5	195			154	179	135.5	163	117	147

（续）

公称	l 产品等级 A min	A max	B min	B max	M8×1 l_s min	M8×1 l_g max	M10×1 l_s min	M10×1 l_g max	M12×1.5 l_s min	M12×1.5 l_g max	M16×1.5 l_s min	M16×1.5 l_g max	M20×1.5 l_s min	M20×1.5 l_g max	M24×2 l_s min	M24×2 l_g max	M30×2 l_s min	M30×2 l_g max	M36×3 l_s min	M36×3 l_g max	M42×3 l_s min	M42×3 l_g max	M48×3 l_s min	M48×3 l_g max	M56×4 l_s min	M56×4 l_g max	M64×4 l_s min	M64×4 l_g max
320	—	—	317.15	322.85															203		188.5	211	174	199	155.5	183	137	167
340	—	—	337.15	342.85															223		208.5	231	194	219	175.5	203	157	187
360	—	—	357.15	362.85															243		228.5	251	214	239	195.5	223	177	207
380	—	—	377.15	382.85																	248.5	271	234	259	215.5	243	197	227
400	—	—	397.15	402.85																	268.5	291	254	279	235.5	263	217	247
420	—	—	416.85	423.15																	288.5	311	274	299	255.5	283	237	267
440	—	—	436.85	443.15																	308.5	331	294	319	275.5	303	257	287
460	—	—	456.85	463.15																			314	339	295.5	323	277	307
480	—	—	476.85	483.15																			334	359	315.5	343	297	327
500	—	—	496.85	503.15																					335.5	363	317	347

l_s 和 l_g ⑤

注：选用的长度规格由 $l_{s\,min}$ 和 $l_{g\,max}$ 确定。阶梯虚线以上为 A 级，阶梯虚线以下为 B 级。

① $l_{公称}$ ≤125mm。
② 125mm<$l_{公称}$≤200mm。
③ $l_{公称}$ >200mm。
④ $k_{w\,min}$ = 0.7k_{min}。
⑤ $l_{g\,max}$ = $l_{公称}$ - b，
 $l_{s\,min}$ = $l_{g\,max}$ - 5P。
 P 为螺距。

表 3-60 六角头螺杆带孔螺栓的型式、优选的规格及尺寸（摘自 GB/T 31.1—2013）

（单位：mm）

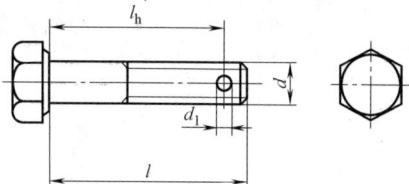

标记示例：

螺纹规格 d = M12、公称长度 l = 60mm、性能等级为 8.8 级、表面氧化处理、产品等级为 A 级的螺杆带 3.2mm 开口销孔的六角头螺杆带孔螺栓的标记为：

螺栓 GB/T 31.1 M12×60

螺纹规格(d)		M6	M8	M10	M12	M16	M20	M24	M30	M36	M42	M48
d_1	max	1.85	2.25	2.75	3.5	4.3	4.3	5.3	6.66	6.66	8.36	8.36
	min	1.6	2	2.5	3.2	4	4	5	6.3	6.3	8	8
l[①] 公称						l_h+IT14						
30		26.7										
35		31.7	31									
40		36.7	36	35								
45		41.7	41	40	39							
50		46.7	46	45	44							
(55)[②]		51.7	51	50	49	48						
60		56.7	56	55	54	53						
(65)[②]			61	60	59	58	57					
70			66	65	64	63	62					
80			76	75	74	73	72	70				
90				85	84	83	82	80	78			
100				95	94	93	92	90	88			
110					104	103	102	100	98	97		
120					114	113	112	110	108	107		
130						123	122	120	118	117	115	
140						133	132	130	128	127	125	124
150						143	142	140	138	137	135	134
160						153	152	150	158	147	145	144
180							172	170	168	167	165	164
200							182	190	188	187	185	184
220								210	208	207	205	204
240								230	228	227	225	224
260									248	247	245	244
280									268	267	265	264
300									288	287	285	284

① 阶梯实线间为通用长度规格范围。

② 尽可能不采用括号内的规格。

表 3-61　六角头头部带孔螺栓的型式和尺寸（摘自 GB/T 32.1—1988）

（单位：mm）

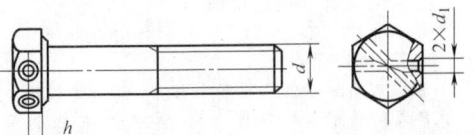

标记示例：

螺纹规格 d = M12、公称长度 l = 80mm、性能等级为 8.8 级、表面氧化、A 级六角头头部带孔螺栓的标记为：

螺栓　GB/T 32.1　M12×80

螺纹规格(d)		M6	M8	M10	M12	(M14)	M16	(M18)	M20	(M22)	M24	(M27)	M30	M36	M42	M48
d_1	公称	1.6	2.0	2.5	3.2	3.2	4.0	4.0	4.0	5.0	5.0	5.0	6.3	6.3	8.0	8.0
	min	1.6	2.0	2.5	3.2	3.2	4.0	4.0	4.0	5.0	5.0	5.0	6.3	6.3	8.0	8.0
	max	1.85	2.25	2.75	3.5	3.5	4.3	4.3	4.3	5.3	5.3	5.3	6.6	6.6	8.3	8.3
$h \approx$		2.0	2.6	3.2	3.7	4.4	5.0	5.7	6.2	7.0	7.5	8.5	9.3	11.2	13	15

注：尽可能不采用括号内的规格。

表 3-62　细牙六角头螺杆带孔螺栓的型式和尺寸（摘自 GB/T 31.3—1988）

（单位：mm）

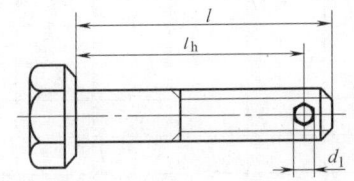

标记示例：

螺纹规格 d = M12、公称长度 l = 80mm、性能等级为 8.8 级、表面氧化的六角头螺杆带孔螺栓的标记为：

螺栓　GB 31.3 M12×1.5×80

注：其余的型式与尺寸按 GB 5785 的规定

螺纹规格 ($d×P$)		M8×1	M10×1.25	M12×1.5	(M14×1.5)	M16×1.5	(M18×2)	M20×2
d_1	max	2.25	2.75	3.50	3.50	4.30	4.30	4.30
	min	2.00	2.50	3.20	3.20	4.00	4.00	4.00

螺纹规格 ($d×P$)		(M22×2)	M24×2	(M27×2)	M30×2	M36×3	M42×3	M48×3
d_1	max	5.30	5.30	5.30	6.66	6.66	8.36	8.36
	min	5.00	5.00	5.00	6.30	6.30	8.00	8.00

l 公称	螺纹规格(d)												
	8	10	12	(14)	16	(18)	20	(22)	24	(27)	30	36	42	48
	l_h												
35	31													
40	36	36												
45	41	41	40											
50	46	46	45	45										
(55)	51	51	50	50	49									
60	56	56	55	55	54	54								
(65)	61	61	60	60	59	59	59							
70	66	66	65	65	64	64	64	63						
80	76	76	75	75	74	74	74	73	73					
90		86	85	85	84	84	84	83	83	82	81			
100		96	95	95	94	94	94	93	93	92	91			
110			105	105	104	104	104	103	103	102	101	100		

（续）

l 公称	螺纹规格(d)													
	8	10	12	(14)	16	(18)	20	(22)	24	(27)	30	36	42	48
	l_h													
120			115	115	114	114	114	113	113	112	111	110		
130				125	124	124	124	123	123	122	121	120	118	
140				135	134	134	134	133	133	132	131	130	128	128
150					144	144	144	143	143	142	141	140	138	138
160					154	154	154	153	153	152	151	150	148	148
180						174	174	173	173	172	171	170	168	168
200							194	193	193	192	191	190	188	188
220								213	213	212	211	210	208	208
240									233	232	231	230	228	228
260										252	251	250	248	248
280											271	270	268	268
300											291	290	288	288

注：1. 尽可能不采用括号内的规格。

　　2. l_h 的公差按 +IT14。

表 3-63　细牙六角头头部带孔螺栓的型式和尺寸（摘自 GB/T 32.3—1988）

（单位：mm）

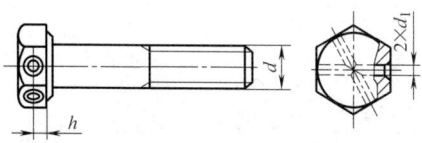

注：其余的型式与尺寸按 GB 5785 规定

标记示例：

　　螺纹规格 d＝M12×1.5、公称长度 l＝80mm、性能等级为 8.8 级、表面氧化的六角头头部带孔螺栓的标记为：

　　螺栓　GB 32.3　M12×1.5

螺纹规格 ($d×P$)	M8×1	M10×1	M12×1.5	(M14×1.5)	M16×1.5	(M18×1.5)	M20×2
	—	(M10×1.25)	(M12×1.25)	—	—	—	(M20×1.5)
d_1 公称	2	2	2	2	3	3	3
d_1 min	2	2	2	2	3	3	3
d_1 max	2.25	2.25	2.25	2.25	3.25	3.25	3.25
$h≈$	2.6	3.2	3.7	4.4	5.0	5.7	6.2

螺纹规格 ($d×P$)	(M22×2)	(M24×2)	M27×2	M30×2	M36×3	M42×3	M48×3
	—	—	—	—	—	—	—
d_1 公称	3	3	3	3	4	4	4
d_1 min	3	3	3	3	4	4	4
d_1 max	3.25	3.25	3.25	3.25	4.3	4.3	4.3
$h≈$	7.0	7.5	8.5	9.3	11.2	13	15

注：尽可能不采用括号内的规格。

表 3-64　六角头加强杆螺栓型式和尺寸（摘自 GB/T 27—2013）

（单位：mm）

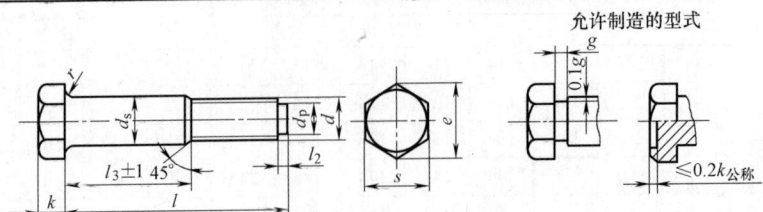

标记示例：

螺纹规格 d = M12、公称长度 l = 80mm、机械性能等级为 8.8 级、表面氧化处理、产品等级为 A 级六角头加强杆螺栓的标记为：

螺栓　GB/T 27　M12×80

若 d_s 按 m6 制造，其余条件同上，应标记为：

螺栓 GB/T 27　M12 m6×80

注：无螺纹部分杆径（d_s）末端 45° 倒角根据制造工艺要求，允许制成大于 45°、小于 1.5P（粗牙螺纹螺距）的颈部

螺纹规格（d）			M6	M8	M10	M12	M16	M20	M24	M30	M36	M42	M48
P[①]			1	1.25	1.5	1.75	2	2.5	3	3.5	4	4.5	5
d_s	max		7	9	11	13	17	21	25	32	38	44	50
(h9)	min		6.964	8.964	10.957	12.957	16.957	20.948	24.948	31.938	37.938	43.938	49.938
s	max		10	13	16	18	24	30	36	46	55	65	75
	min	A	9.78	12.73	15.73	17.73	23.67	29.67	35.38	—	—	—	—
		B	9.64	12.57	15.57	17.57	23.16	29.16	35	45	53.8	63.8	73.1
	公称		4	5	6	7	9	11	13	17	20	23	26
k	A	min	3.85	4.85	5.85	6.82	8.82	10.78	12.78	—	—	—	—
		max	4.15	5.15	6.15	7.18	9.18	11.22	13.22	—	—	—	—
	B	min	3.76	4.76	5.76	6.71	8.71	10.65	12.65	16.65	19.58	22.58	25.58
		max	4.24	5.24	6.24	7.29	9.29	11.35	13.35	17.35	20.42	23.42	25.42
r	min		0.25	0.4	0.4	0.6	0.6	0.8	0.8	1	1	1.2	1.6
d_p			4	5.5	7	8.5	12	15	18	23	28	33	38
l_2			1.5			2	3	4		5	6	7	8

长度 l[②]				螺纹规格（d）										
	产品等级			M6	M8	M10	M12	M16	M20	M24	M30	M36	M42	M48
公称	A		B					l_3						
	min	max	min	max										
25	24.58	25.42	—	—	13	10								
(28)[③]	27.58	28.42	—	—	16	13								
30	29.58	30.42	—	—	18	15	12							
(32)[②]	31.50	32.50	—	—	20	17	14							
35	34.50	35.50	—	—	23	20	17	13						
(38)[③]	37.50	38.50	—	—	26	23	20	16						
40	39.50	40.50	—	—	28	25	22	18						
45	44.50	45.50	—	—	33	30	27	23	17					
50	49.50	50.50	—	—	38	35	32	28	22					
(55)[③]	54.50	55.95	—	—	43	40	37	33	27	23				
60	59.05	60.95	58.50	61.50	48	45	42	38	32	28				

（续）

长度 l②				螺纹规格（d）										
公称	产品等级			M6	M8	M10	M12	M16	M20	M24	M30	M36	M42	M48
	A		B							l_3				
	min	max	min	max										

公称	A min	A max	B min	B max	M6	M8	M10	M12	M16	M20	M24	M30	M36	M42	M48
(65)③	64.05	65.95	63.50	66.50	53	50	47	43	37	33	27				
70	69.05	70.95	68.50	71.50		55	52	48	42	38	32				
(75)③	74.05	75.95	73.50	76.50		60	57	53	47	43	37				
80	79.05	80.95	78.50	81.50		65	62	58	52	48	42	30			
(85)③	83.90	86.10	83.25	86.75			67	63	57	53	47	35			
90	88.90	91.10	88.25	91.75			72	68	62	58	52	40	35		
(95)③	93.90	96.10	93.25	96.75			77	73	67	63	57	45	40		
100	98.90	101.10	98.25	101.75			82	78	72	68	62	50	45		
110	108.90	111.10	108.25	111.75			92	88	82	78	72	60	55	45	
120	118.90	121.10	118.25	121.75			102	98	92	88	82	70	65	55	50
130	128.75	131.10	128.00	132.00				108	102	98	92	80	75	65	60
140	138.75	141.25	138.00	142.00				118	112	108	102	90	85	75	70
150	148.75	151.25	148.00	152.00				128	122	118	112	100	95	85	80
160			158.00	162.00				138	132	128	122	110	105	95	90
170			168.00	172.00				148	142	138	132	120	115	105	100
180			178.00	182.00				158	152	148	142	130	125	115	110
190			187.70	192.30					162	158	152	140	135	125	120
200			197.70	202.30					172	168	162	150	145	135	130
210			207.70	212.30								160	155	145	140
220			217.70	222.30								170	165	155	150
230			227.70	232.30								180	175	165	160
240			237.70	242.30									185	175	170
250			247.70	252.30									195	185	180
260			257.40	262.60									205	195	190
280			277.40	282.60									225	215	210
300			297.40	302.40									245	235	230

注：根据使用要求，无螺纹部分杆径（d_s）允许按 m6 或 u8 铸造，但应在标记中注明。

① P 为螺距。

② 阶梯实线间为通用长度规格范围。

③ 尽可能不采用括号内的规格。

表 3-65　六角头螺杆带孔加强杆螺栓型式、优选的规格及尺寸（摘自 GB/T 28—2013）

（单位：mm）

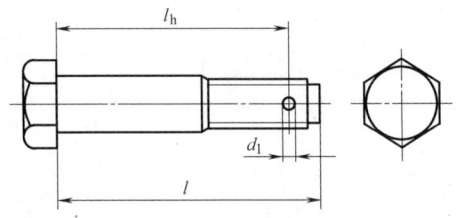

标记示例：

螺纹规格 d＝M12、d_s 按 GB/T 27 规定、公称长度 l＝80mm、机械性能等级为 8.8 级、表面氧化处理、产品等级为 A 级的螺杆带 3.2mm 开口销孔的六角头螺杆带孔加强杆螺栓的标记为：

螺栓　GB/T 28　M12×80

若 d_s 按 m6 制造，其余条件同上时，应加标记 m6：

螺栓　GB/T 28　M12m6×80

（续）

螺纹规格(d)		M6	M8	M10	M12	M16	M20	M24	M30	M36	M42	M48
d_1	max	1.85	2.25	2.75	3.5	4.3	4.3	5.3	6.66	6.66	8.36	8.36
	min	1.6	2	2.5	3.2	4	4	5	6.3	6.3	8	8
l[①] 公称						l_h+IT14						
25		20.5	19.5									
(28)[②]		23.5	22.5									
30		25.5	24.5	24								
(32)[②]		27.5	26.5	26								
35		30.5	29.5	29	28							
(38)[②]		33.5	32.5	32	31							
40		35.5	34.5	34	33							
45		40.5	39.5	39	38	36						
50		45.5	44.5	44	43	41						
(55)[②]		50.5	49.5	49	48	46	45					
60		55.5	54.5	54	53	51	50					
(65)[②]		60.5	59.5	59	58	56	55	54				
70			64.5	64	63	61	60	59				
(75)[②]			69.5	69	68	66	65	64				
80			74.5	74	73	71	70	69	66			
(85)[②]				79	78	76	75	74	71			
90				84	83	81	80	79	76	74		
(95)[②]				89	88	86	85	84	81	79		
100				94	93	91	90	89	86	84		
110				104	103	101	100	99	96	94	91	
120				114	113	111	110	109	106	104	101	100
130					123	121	120	119	116	114	111	110
140					133	131	130	129	126	124	121	120
150					143	141	140	139	136	134	131	130
160					153	151	150	149	146	144	141	140
170					163	161	160	159	156	154	151	150
180					173	171	170	169	166	164	161	160
190						181	180	179	176	174	171	170
200						191	190	189	186	184	181	180
210									196	194	191	190
220									206	204	201	200
230									216	214	211	210
240										224	221	220
250										234	231	230
260										244	241	240
280										264	261	260
300										284	281	280

① 阶梯实线间为通用长度规格范围。

② 尽可能不采用括号内的规格。

表 3-66　小系列六角法兰面螺栓的型式和尺寸(摘自 GB/T 16674.1—2016)

(单位:mm)

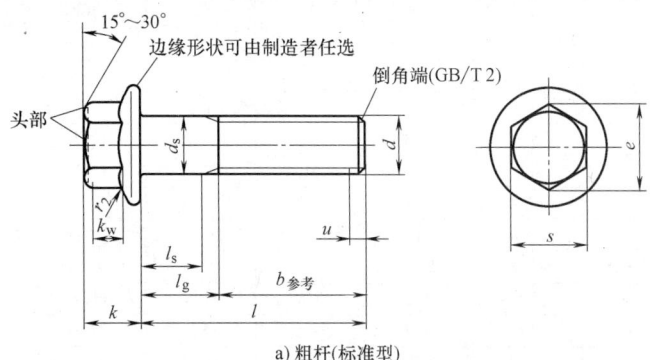

a) 粗杆(标准型)

注:头部顶面应为平的或凹穴的,由制造者选择。顶面应倒角或倒圆。倒角或倒圆起始的最小直径应为对边宽度的最大值减去其数值的 15%。如头部顶面制成凹穴型,其边缘可以倒圆;不完整螺纹的长度 $u \leqslant 2P$

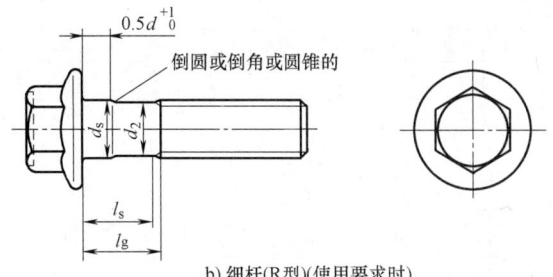

b) 细杆(R型)(使用要求时)

注:其他尺寸,见图 a;$d_2 \approx$ 螺纹中径(辗制螺纹坯径)

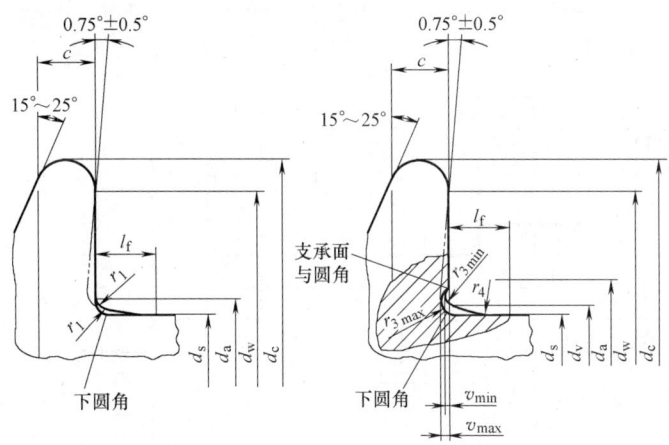

F型　无沉割槽(标准型)　　U型　有沉割槽(使用要求或制造者选择)

注:c 在 d_{wmin} 处测量;支承面与圆角应光滑连接

c)头下形状(支承面)

（续）

螺纹规格（d）		M5	M6	M8	M10	M12	(M14)①	M16
P②		0.8	1	1.25	1.5	1.75	2	2
b参考	③	16	18	22	26	30	34	38
	④	—	—	28	32	36	40	44
	⑤	—	—	—	—	—	—	57
c	min	1	1.1	1.2	1.5	1.8	2.1	2.4
d_a F型	max	5.7	6.8	9.2	11.2	13.7	15.7	17.7
U型	max	6.2	7.5	10	12.5	15.2	17.7	20.5
d_c	max	11.4	13.6	17	20.8	24.7	28.6	32.8
d_s	max	5.00	6.00	8.00	10.00	12.00	14.00	16.00
	min	4.82	5.82	7.78	9.78	11.73	13.73	15.73
d_v	max	5.5	6.6	8.8	10.8	12.8	14.8	17.2
d_w	min	9.4	11.6	14.9	18.7	22.5	26.4	30.6
e	min	7.59	8.71	10.95	14.26	16.5	19.86	23.15
k	max	5.6	6.9	8.5	9.7	12.1	12.9	15.2
k_w	min	2.3	2.9	3.8	4.3	5.4	5.6	6.8
l_f	max	1.4	1.6	2.1	2.1	2.1	2.1	3.2
r_1	min	0.2	0.25	0.4	0.4	0.6	0.6	0.6
$r_2$⑥	max	0.3	0.4	0.5	0.6	0.7	0.9	1
r_3	max	0.25	0.26	0.36	0.45	0.54	0.63	0.72
	min	0.10	0.11	0.16	0.20	0.24	0.28	0.32
r_4	参考	4	4.4	5.7	5.7	5.7	5.7	8.8
s	max	7.00	8.00	10.00	13.00	15.00	18.00	21.00
	min	6.78	7.78	9.78	12.73	14.73	17.73	20.67
v	max	0.15	0.20	0.25	0.30	0.35	0.45	0.50
	min	0.05	0.05	0.10	0.15	0.15	0.20	0.25

l⑦﹑⑧			l_s 和 l_g														
公称	min	max	l_s min	l_g max	l_s min	l_g max	l_s min	l_g max	l_s min	l_g max	l_s min	l_g max	l_s min	l_g max	l_s min	l_g max
10	9.71	10.29	—	—												
12	11.65	12.35	—	—												
16	15.65	16.35	—	—												
20	19.58	20.42	—	—	—	—	—	—	—	—						
25	24.58	25.42	5	9	—	—	—	—	—	—	—	—				
30	29.58	30.42	10	14	7	12	—	—	—	—	—	—	—	—		
35	34.5	35.5	15	19	12	17	6.75	13	—	—	—	—	—	—	—	—
40	39.5	40.5	20	24	17	22	11.75	18	6.5	14	—	—	—	—	—	—
45	44.5	45.5	25	29	22	27	16.75	23	11.5	19	6.25	15	—	—	—	—
50	49.5	50.5	30	34	27	32	21.75	28	16.5	24	11.25	20	6	16	—	—
55	54.4	55.6			32	37	26.75	33	21.5	29	16.25	25	11	21	7	17
60	59.4	60.6			37	42	31.75	38	26.5	34	21.25	30	16	26	12	22
65	64.4	65.6					36.75	43	31.5	39	26.25	35	21	31	17	27
70	69.4	70.6					41.75	48	36.5	44	31.25	40	26	36	22	32
80	79.4	80.6					51.75	58	46.5	54	41.25	50	36	46	32	42

（续）

公称	l[⑦][⑧] min	l[⑦][⑧] max	l_s min	l_g max	l_s min	l_g max	l_s min	l_g max	l_s min	l_g max	l_s min	l_g max	l_s min	l_g max	l_s min	l_g max
90	89.3	90.7							56.5	64	51.25	60	46	56	42	52
100	99.3	100.7							66.5	74	61.25	70	56	66	52	62
110	109.3	110.7									71.25	80	66	76	62	72
120	119.3	120.7									81.25	90	76	86	72	82
130	129.2	130.8											80	90	76	86
140	139.2	140.8											90	100	86	96
150	149.2	150.8													96	106
160	159.2	160.8													106	116

注：如果产品通过了 GB/T 16674.1—2016 中附录 A 的检验，则应视为满足了尺寸 c、e 和 k_w 的要求。

① 尽可能不采用括号内的规格。

② P 为螺距。

③ $l_{公称} \leqslant 125mm$。

④ $125mm < l_{公称} \leqslant 200mm$。

⑤ $l_{公称} > 200mm$。

⑥ r_2 适用于棱角和六角面。

⑦ 阶梯虚线以上 "—"，即未规定 l_s 和 l_g 尺寸的螺栓应制出全螺纹。

⑧ 细杆型（R 型）仅适用于虚线以下的规格。

2.3.3　A 级和 B 级全螺纹六角头螺栓（见表 3-67～表 3-69）

表 3-67　全螺纹六角头螺栓的型式、优选的螺纹规格及尺寸（摘自 GB/T 5783—2016）

（单位：mm）

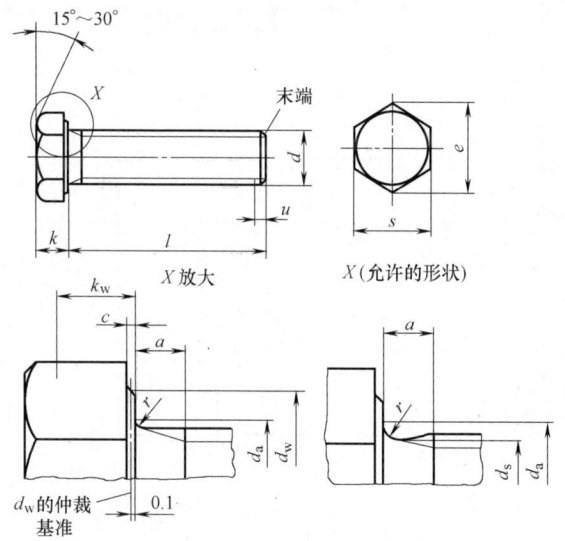

注：末端应倒角，对螺纹规格 ≤ M4 可为辗制末端（GB/T 2）；不完整螺纹的长度 $u \leqslant 2P$；$d_a \approx$ 螺纹中径

标记示例：

螺纹规格为 M12、公称长度 $l = 80mm$、全螺纹、性能等级为 8.8 级、表面不经处理、产品等级为 A 级的六角头螺栓的标记为：

螺栓　GB/T 5783　M12×80

螺纹规格(d)				M1.6	M2	M2.5	M3	M4	M5	M6
P①				0.35	0.4	0.45	0.5	0.7	0.6	1
a			max②	1.05	1.20	1.35	1.50	2.10	2.40	3.00
			min	0.35	0.40	0.45	0.50	0.70	0.80	1.00
c			max	0.25	0.25	0.25	0.40	0.40	0.50	0.50
			min	0.10	0.10	0.10	0.15	0.15	0.15	0.15
d_a			max	2.00	2.60	3.10	3.60	4.70	5.70	6.80
d_w	产品等级	A	min	2.27	3.07	4.07	4.57	5.88	6.88	8.88
		B		2.30	2.95	3.95	4.45	5.74	6.74	8.74
e	产品等级	A	min	3.41	4.32	5.45	6.01	7.66	8.79	11.05
		B		3.28	4.18	5.31	5.88	7.50	8.63	10.89
k		公称		1.1	1.4	1.7	2	2.8	3.5	4
	产品等级	A	max	1.225	1.525	1.825	2.125	2.925	3.65	4.15
			min	0.975	1.275	1.575	1.875	2.675	3.35	3.85
		B	max	1.30	1.60	1.90	2.20	3.00	3.74	4.24
			min	0.90	1.20	1.50	1.80	2.60	3.26	3.76
k_w③	产品等级	A	min	0.68	0.89	1.10	1.31	1.87	2.35	2.70
		B		0.63	0.84	1.05	1.26	1.82	2.28	2.63
r		min		0.10	0.10	0.10	0.10	0.20	0.20	0.25
s		公称＝max		3.2	4	5	5.5	7	8	10
	产品等级	A	min	3.02	3.82	4.82	5.32	6.78	7.78	9.78
		B		2.90	3.70	4.70	5.20	6.64	7.64	9.64

l 公称	产品等级 A min	A max	B min	B max
2	1.8	2.2	—	—
3	2.8	3.2	—	—
4	3.76	4.24	—	—
5	4.76	5.24	—	—
6	5.76	6.24	—	—
8	7.71	8.29	—	—
10	9.71	10.29	—	—
12	11.65	12.35	—	—
16	15.65	16.35	—	—
20	19.58	20.42	18.95	21.05
25	24.58	25.42	23.95	26.05
30	29.58	30.42	28.95	31.05
35	34.5	35.5	33.75	36.25
40	39.5	40.5	38.75	41.25
45	44.5	45.5	43.75	46.25
50	49.5	50.5	48.75	51.25
55	54.4	55.6	53.5	56.5
60	59.4	60.6	58.5	61.5
65	64.4	65.6	63.5	66.5
70	69.4	70.6	68.5	71.5
80	79.4	80.6	78.5	81.5
90	89.3	90.7	88.25	91.75
100	99.3	100.7	98.25	101.75
110	109.3	110.7	108.25	111.75
120	119.3	120.7	118.25	121.75
130	129.2	130.8	128	132
140	139.2	140.8	138	142
150	149.2	150.8	148	152
160	—	—	158	162
180	—	—	178	182
200	—	—	197.7	202.3

注：在阶梯实线间为优选长度范围。阶梯虚线以上为 A 级；阶梯虚线以下为 B 级。

① P 为螺距。

② 按 GB/T 3 标准系列 a_{max} 值。

③ $k_{wmin} = 0.7 k_{min}$。

（续）

M8	M10	M12	M16	M20	M24	M30	M36	M42	M48	M56	M64
1.25	1.5	1.75	2	2.5	3	3.5	4	4.5	5	5.5	6
4.00	4.50	5.30	6.00	7.50	9.00	10.50	12.00	13.5	15.00	16.5	18.00
1.25	1.5	1.75	2.00	2.50	3.00	3.50	4.00	4.50	5.00	5.50	6.00
0.60	0.60	0.60	0.80	0.80	0.80	0.80	0.80	1.00	1.00	1.00	1.00
0.15	0.15	0.15	0.20	0.20	0.20	0.20	0.20	0.30	0.30	0.30	1.00
9.20	11.20	13.70	17.70	22.40	26.40	33.40	39.40	45.60	52.60	63.00	71.00
11.63	14.63	16.63	22.49	28.19	33.61						
11.47	14.47	16.47	22.00	27.70	33.25	42.75	51.11	59.95	69.45	78.66	88.16
14.38	17.77	20.03	26.75	33.53	39.98						
14.20	17.59	19.85	26.17	32.95	39.55	50.85	60.79	71.30	82.60	93.56	104.86
5.3	6.4	7.5	10	12.5	15	18.7	22.5	26	30	35	40
5.45	6.58	7.68	10.18	12.715	15.215						
5.15	6.22	7.32	9.82	12.285	14.785						
5.54	6.69	7.79	10.29	12.85	15.35	19.12	22.92	26.42	30.42	35.50	40.50
5.06	6.11	7.21	9.71	12.15	14.65	18.28	22.08	25.58	29.58	34.50	39.50
3.61	4.35	5.12	6.87	8.6	10.35						
3.54	4.28	5.05	6.8	8.51	10.26	12.80	15.46	17.91	20.71	24.15	27.65
0.40	0.40	0.60	0.60	0.80	0.80	1.00	1.00	1.20	1.60	2.00	2.00
13	16	18	24	30	36	46	55	65	75	85	95
12.73	15.73	17.73	23.67	29.67	35.38						
12.57	15.57	17.57	23.16	29.16	35.00	45.00	53.80	63.10	73.10	82.80	92.80

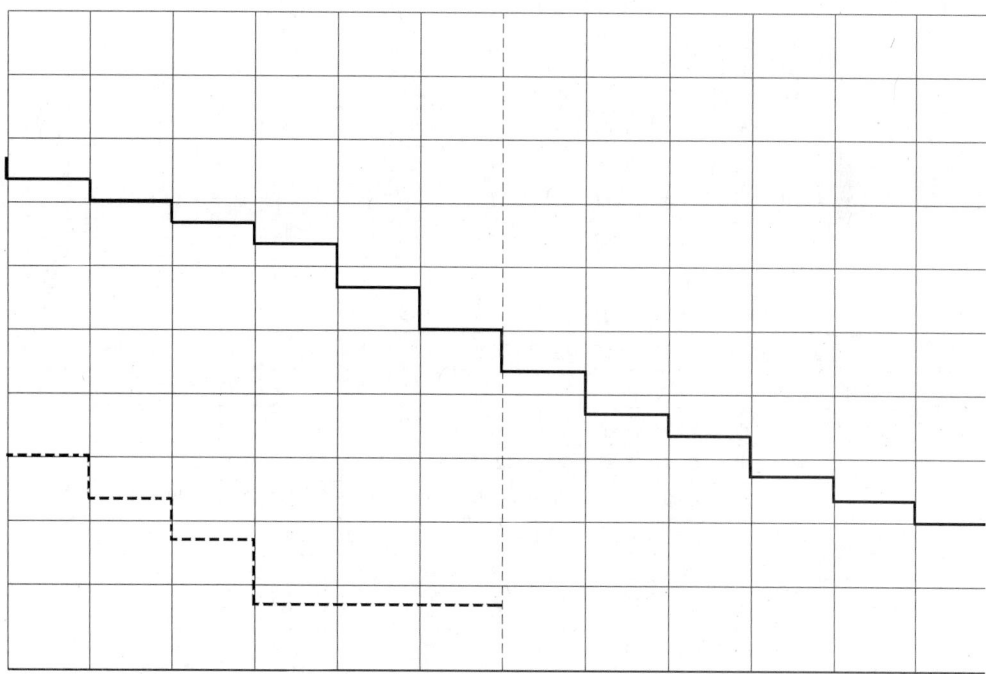

表 3-68　细牙全螺纹六角头螺栓的型式、优选的螺纹规格及尺寸
（摘自 GB/T 5786—2016）　　　　　　　（单位：mm）

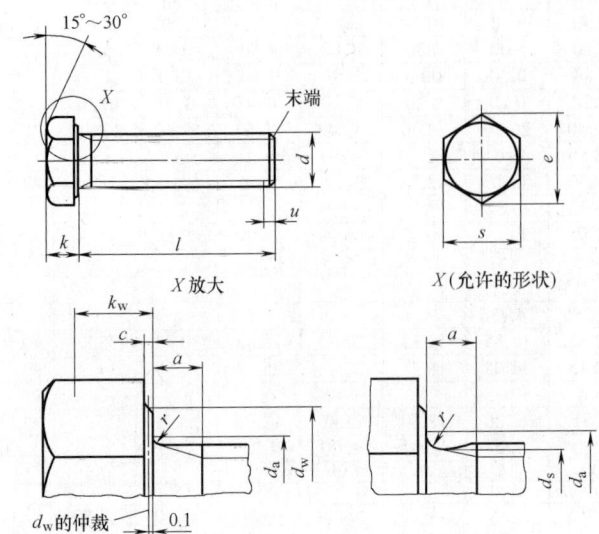

注：末端应倒角，对螺纹规格 ≤ M4 可为辗制末端（GB/T 2）；不完整螺纹的长度 $u \leqslant 2P$；$d_a \approx$ 螺纹中径

标记示例：

螺纹规格为 M12×1.5、公称长度 $l=80$mm、细牙螺纹、全螺纹、性能等级为 8.8 级、表面不经处理、产品等级为 A 级的六角头螺栓的标记为：

螺栓　GB/T 5786　M12×1.5×8.0

螺纹规格（$d \times P$）			M8×1	M10×1	M12×1.5	M16×1.5	M20×1.5	M24×2	M30×2	M36×3	M42×3	M48×3	M56×4	M64×4
a		max	3	3	4.5	4.5	4.5	6	6	9	9	9	12	12
		min	1	1	1.5	1.5	1.5	2	2	3	3	3	4	4
c		max	0.60	0.60	0.60	0.8	0.8	0.8	0.8	0.8	1.0	1.0	1.0	1.0
		min	0.15	0.15	0.15	0.2	0.2	0.2	0.2	0.2	0.3	0.3	0.3	0.3
d_a		max	9.2	11.2	13.7	17.7	22.4	26.4	33.4	39.4	45.6	52.6	63	71
d_w	产品等级	A	11.63	14.63	16.63	22.49	28.19	33.61	—	—	—	—	—	—
		B (min)	11.47	14.47	16.47	22	27.7	33.25	42.75	51.11	59.95	69.45	78.66	88.16
e	产品等级	A	14.38	17.77	20.03	26.75	33.53	39.98	—	—	—	—	—	—
		B (min)	14.20	17.59	19.85	26.17	32.95	39.55	50.85	60.79	71.3	82.6	93.56	104.86
k	公称		5.3	6.4	7.5	10	12.5	15	18.7	22.5	26	30	35	40
	产品等级	A max	5.45	6.58	7.68	10.18	12.715	15.215	—	—	—	—	—	—
		A min	5.15	6.22	7.32	9.82	12.285	14.785	—	—	—	—	—	—
		B max	5.54	6.69	7.79	10.29	12.85	15.35	19.15	22.92	26.42	30.42	35.5	40.5
		B min	5.06	6.11	7.21	9.71	12.15	14.65	18.28	22.08	25.58	29.58	34.5	39.5
k_w [1]	产品等级	A (min)	3.61	4.35	5.12	6.87	8.6	10.35	—	—	—	—	—	—
		B (min)	3.54	4.28	5.05	6.8	8.51	10.26	12.8	15.46	17.91	20.71	24.15	27.65
r		min	0.4	0.4	0.6	0.6	0.8	0.8	1	1	1.2	1.6	2	2
s	公称 = max		13.00	16.00	18.00	24.00	30.00	36.00	46	55.0	65.0	75.0	85.0	95.0
	产品等级	A (min)	12.73	15.73	17.73	23.67	29.67	35.28	—	—	—	—	—	—
		B (min)	12.57	15.57	17.57	23.16	29.16	35	45	53.8	63.1	73.1	82.8	92.8

（续）

螺纹规格(d×P)	M8× 1	M10× 1	M12× 1.5	M16× 1.5	M20× 1.5	M24× 2	M30× 2	M36× 3	M42× 3	M48× 3	M56× 4	M64× 4

$l^{②}$

公称	产品等级 A min	A max	B min	B max
16	15.65	16.35	—	—
20	19.58	20.42	—	—
25	24.58	25.42	—	—
30	29.58	30.42	—	—
35	34.5	35.5	—	—
40	39.5	40.5	38.75	41.25
45	44.5	45.5	43.75	46.25
50	49.5	50.5	48.75	51.25
55	54.4	55.6	53.5	56.5
60	59.4	60.6	58.5	61.5
65	64.4	65.6	63.5	66.5
70	69.4	70.6	68.5	71.5
80	79.4	80.6	78.5	81.5
90	89.3	90.7	88.25	91.75
100	99.3	100.7	98.25	101.75
110	109.3	110.7	108.25	111.75
120	119.3	120.7	118.25	121.75
130	129.2	130.8	128	132
140	139.2	140.8	138	142
150	149.2	150.8	148	152
160	—	—	158	162
180	—	—	178	182
200	—	—	197.7	202.3
220	—	—	217.7	222.3
240	—	—	237.7	242.3
260	—	—	257.4	262.6
280	—	—	277.4	282.6
300	—	—	297.4	302.6
320	—	—	317.15	322.85
340	—	—	337.15	342.85
360	—	—	357.15	362.85
380	—	—	377.15	382.85
400	—	—	397.15	402.85
420	—	—	416.85	423.15
440	—	—	436.85	443.15
460	—	—	456.85	463.15
480	—	—	476.85	483.15
500	—	—	496.85	503.15

① $k_{wmin} = 0.7k_{min}$。

② 在阶梯实线间选用长度规格：阶梯虚线以上为 A 级；阶梯虚线以下为 B 级。

表 3-69　头部带槽螺栓的型式和尺寸（摘自 GB/T 29.1—2013）（单位:mm）

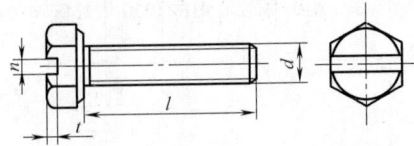

标记示例:

螺纹规格 d＝M12、公称长度 l＝80mm、机械性能等级为 8.8 级、表面氧化处理、产品等级为 A 级六角头带槽螺栓的标记为:

螺栓　GB/T 29.1　M12×80

螺纹规格(d)		M3	M4	M5	M6	M8	M10	M12
n	公称	0.8	1.2	1.2	1.6	2	2.5	3
	min	0.86	1.26	1.28	1.66	2.06	2.56	3.06
	max	1	1.51	1.51	1.91	2.31	2.81	3.31
t　min		0.7	1	1.2	1.4	1.9	2.4	3

l 公称	M3	M4	M5	M6	M8	M10	M12
6							
8							
10							
12							
16		通用					
20							
25			长度				
30							
35				规格			
40							
45							
50					范围		
55							
60							
65							
70							
80							
90							
100							
110							
120							

注: 其余的型式尺寸按 GB/T 5783 规定。

2.3.4　B 级六角头螺栓（见表 3-70～表 3-75）

表 3-70　B 级细杆六角头螺栓的型式和尺寸（摘自 GB/T 5784—1986）

（单位：mm）

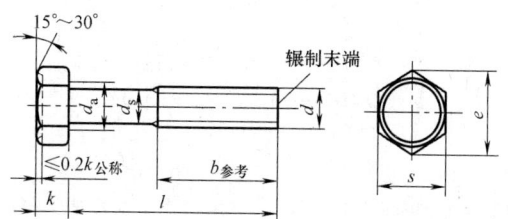

标记示例：
螺栓规格 d = M12、公称长度 l = 80mm、性能等级为 5.8 级、不经表面处理、B 级六角头螺栓的标记为：
螺栓　GB/T 5784—1986　M12×80
注：末端按 GB/T 2 规定；d_s 约等于螺纹中径或螺纹大径；凹穴型式由制造者选择，亦可不制出凹穴

螺纹规格(d) （6g）		M3	M4	M5	M6	M8	M10	M12	(M14)	M16	M20
$b_{参考}$	l≤125	12	14	16	18	22	26	30	34	38	46
	125<l≤200	—	—	—	—	28	32	36	40	44	52
d_a	max	3.6	4.7	5.7	6.8	9.2	11.2	13.7	15.7	17.7	22.4
e	min	5.98	7.50	8.63	10.89	14.20	17.59	19.85	22.78	26.17	32.95
s	max	5.5	7	8	10	13	16	18	21	24	30
	min	5.20	6.64	7.64	9.64	12.57	15.57	17.57	20.16	23.16	29.16
k	公称	2	2.8	3.5	4	5.3	6.4	7.5	8.8	10	12.5
l[①]长度范围		20~30	20~40	25~50	25~60	30~80	40~100	45~120	50~140	55~150	65~150

注：尽可能不采用括号内的规格。
① 公称长度 l 系列为 20~50（5 进位）、(55)、60 (65)、70~150（10 进位）。

表 3-71   B 级细杆六角头螺杆带孔螺栓的型式和尺寸（摘自 GB/T 31.2—1988）

（单位：mm）

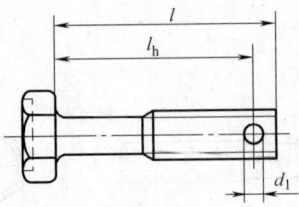

标记示例：

螺纹规格 d＝M12、公称长度 l＝80mm、性能等级为 5.8 级、不经表面处理的六角头螺杆带孔螺栓的标记为：

螺栓   GB/T 31.2   M12×80

螺纹规格（d）		M6	M8	M10	M12	（M14）	M16	M20
d_1	max	1.90	2.40	2.90	3.40	3.40	4.48	4.48
	min	1.50	2.00	2.50	3.00	3.00	4.00	4.00
$l-l_h$		3		4		5		6

注：1. 尽可能不采用括号内的规格。

2. 公称长度 l（mm）系列为 25～50（5 进位）、（55）、60、（65）、70～140（10 进位）。

3. 其余的型式与尺寸按 GB/T 5784 规定。

表 3-72   B 级细杆六角头头部带孔螺栓的型式和尺寸（摘自 GB/T 32.2—1988）

（单位：mm）

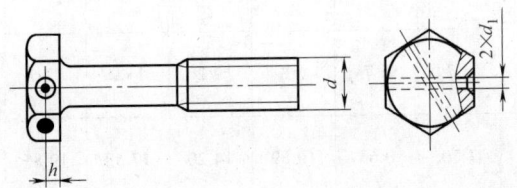

标注示例：

螺纹规格 d＝M12、公称长度 l＝80mm、性能等级为 5.8 级、不经表面处理的六角头头部带孔螺栓的标记为：

螺栓 GB/T 32.2   M12×80

螺纹规格（d）		M6	M8	M10	M12	（M14）	M16	M20
d_1	公称	1.6	2.0	2.5	3.2	3.2	3.2	4.0
	min	1.6	2.0	2.5	3.2	3.2	3.2	4.3
	max	1.85	2.25	2.75	3.5	3.5	3.5	3.25
$h≈$		2.0	2.6	3.2	3.7	4.4	5.0	6.2

注：1. 尽可能不采用括号内的规格。

2. 其余的型式与尺寸按 GB/T 5784 规定。

表 3-73　B 级六角头带十字槽螺栓的型式和尺寸（摘自 GB/T 29.2—2013）

（单位：mm）

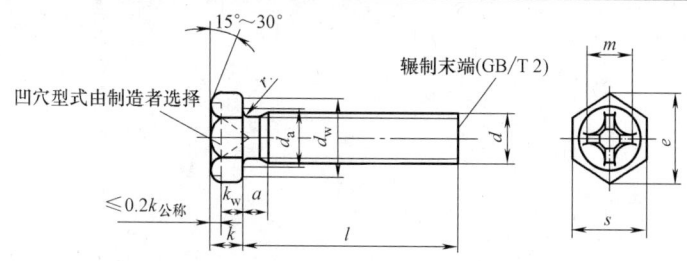

标记示例：

螺纹规格 d = M6、公称长度 l = 40mm、性能等级为 5.8 级、不经表面处理、产品等级为 B 级的六角头带十字槽螺栓的标记为：

螺栓 GB/T 29.2　M6×40

螺纹规格（d）			M4	M5	M6	M8
a max			2.1	2.4	3	3.75
d_a max			4.7	5.7	6.8	9.2
d_w min			5.7	6.7	8.7	11.4
e min			7.5	8.53	10.89	14.2
k		公称	2.8	3.5	4	5.3
		min	2.6	3.26	3.76	5.06
		max	3	3.74	4.24	5.54
k_w		min	1.8	2.3	2.6	3.5
r		max	0.2	0.2	0.25	0.4
s		max	7	8	10	13
		min	6.64	7.64	9.64	12.57
十字槽 H 型	槽号	No.	2		3	
	m	参考	4	4.8	6.2	7.2
	插入深度	max	1.93	2.73	2.86	3.86
		min	1.4	2.19	2.31	3.34
l						
公称	min	max				
8	7.25	8.75				
10	9.25	10.75	通用			
12	11.1	12.9				
(14)[①]	13.1	14.9		长度		
16	15.1	16.9				
20	18.95	21.05				
25	23.95	26.05			规格	
30	28.95	31.05				
35	33.75	36.25				范围
40	38.75	41.25				
45	43.75	46.25				
50	48.75	51.25				
(55)	53.5	56.5				
60	58.5	61.5				

① 尽可能不采用括号内的规格。

表 3-74 B 级六角法兰面螺栓（加大系列）的型式和尺寸（摘自 GB/T 5789—1986）　　（单位：mm）

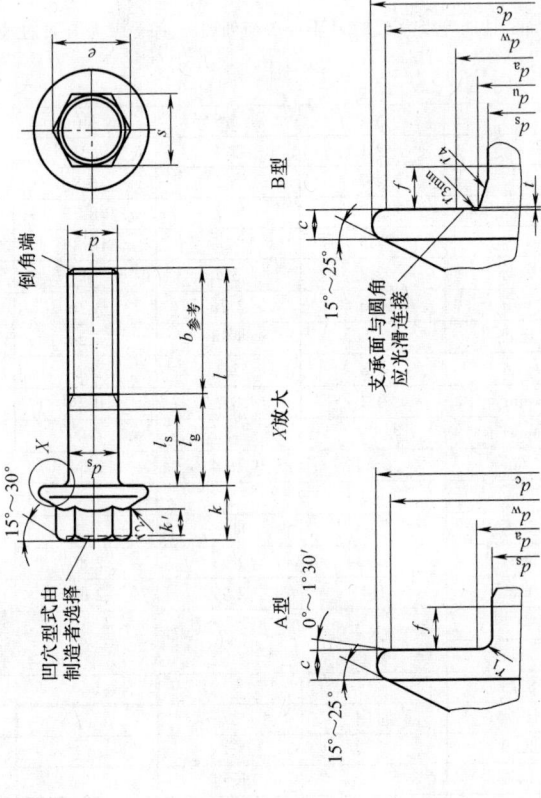

注：末端按 GB/T 2—1985 的规定；$l_{gmax} = l_{公称} - b_{参考}$；$l_{smin} = l_{gmax} - 5P$；$P$ 为螺距

标记示例：

螺纹规格 d = M12、公称长度 l = 80mm、性能等级为 8.8 级、表面氧化，A 或 B 型的六角法兰面螺栓的标记为：

螺栓 GB 5789—1986—M12×80

螺纹规格 d = M12、公称长度 l = 80mm、性能等级为 8.8 级、表面氧化，A 型的六角法兰面螺栓的标记为：

螺栓 GB 5789—1986—AM12×80

螺纹规格 (d)		M5	M6	M8	M10	M12	(M14)	M16	M20
b 参考	l≤125	16	18	22	26	30	34	38	46
	125<l≤200	—	—	28	32	36	40	44	52
	l>200	—	—	—	—	—	—	57	65
c min		1	1.1	1.2	1.5	1.8	2.1	2.4	3
d_a max	A 型	5.7	6.8	9.2	11.2	13.7	15.7	17.7	22.4
	B 型	6.2	7.4	10	12.6	15.2	17.7	20.7	25.7
d_c max		11.8	14.2	18	22.3	26.6	30.5	35	43
d_s	max	5	6	8	10	12	14	16	20
	min	4.82	5.82	7.78	9.78	11.73	13.73	15.73	19.67
d_u max		5.5	6.6	9	11	13.5	15.5	17.5	22
d_w min		9.8	12.2	15.8	19.6	23.8	27.6	31.9	39.9
e min		8.56	10.8	14.08	16.32	19.68	22.58	25.94	32.66
f max		1.4	2	2	2	3	3	3	4
k max		5.4	6.6	8.1	9.2	10.4	12.4	14.1	17.7
k' min		2	2.5	3.2	3.6	4.6	5.5	6.2	7.9
r_1 min		0.25	0.4	0.4	0.4	0.6	0.6	0.6	0.8
r_2 max		0.3	0.4	0.5	0.6	0.7	0.9	1	1.2
r_3 min		0.1	0.1	0.15	0.2	0.25	0.3	0.35	0.4
r_4 参考		3	3.4	4.3	4.3	6.4	6.4	6.4	8.5
s	max	8	10	13	15	18	21	24	30
	min	7.64	9.64	12.57	14.57	17.57	20.16	23.16	29.16
t	max	0.15	0.2	0.25	0.3	0.35	0.45	0.5	0.65
	min	0.05	0.05	0.1	0.15	0.15	0.2	0.25	0.3

(续)

无螺纹杆部长度 l_s 和夹紧长度 l_g

公称	l		M5		M6		M8		M10		M12		(M14)		M16		M20	
螺纹规格(d)	min	max	l_s min	l_g max	l_s min	l_g max	l_s min	l_g max	l_s min	l_g max	l_s min	l_g max	l_s min	l_g max	l_s min	l_g max	l_s min	l_g max
10	9.3	10.7	—	2.4														
12	11.1	12.9	—	2.4	—	3												
16	15.1	16.9	—	2.4	—	3	—	4										
20	18.9	21.1	—	4	—	3	—	4	—	4.5								
25	23.9	26.1	5	9	—	7	—	4	—	4.5	—	5.3						
30	28.9	31.1	10	14	7	12	—	8	—	4.5	—	5.3	—	6				
35	33.7	36.3	15	19	12	17	6.75	13	—	9	—	5.3	—	6				
40	38.7	41.3	20	24	17	22	11.75	18	6.5	14	—	10	—	6	—	6	—	7.5
45	43.7	46.3	25	29	22	27	16.75	23	11.5	19	6.25	15	—	11	—	7	—	7.5
50	48.7	51.3	30	34	27	32	21.75	28	16.5	24	11.25	20	6	16	—	12	—	7.5
(55)	53.5	56.5			32	37	26.75	33	21.5	29	16.25	25	11	21	7	17	—	9
60	58.5	61.5			37	42	31.75	38	26.5	34	21.25	30	16	26	12	22	—	14
(65)	63.5	66.5			42	47	36.75	43	31.5	39	26.25	35	21	31	17	27	—	19
70	68.5	71.5					41.75	48	36.5	44	31.25	40	26	36	22	32	11.5	24
80	78.5	81.5					51.75	58	46.5	54	41.25	50	36	46	32	42	21.5	34
90	88.3	91.7							56.5	64	51.25	60	46	56	42	52	31.5	44
100	98.3	101.7							66.5	74	61.25	70	56	66	52	62	41.5	54
110	108.3	111.7									71.25	80	66	76	62	72	51.5	64
120	118.3	121.7									81.25	90	76	86	72	82	61.5	74
130	128	132											80	90	76	86	65.5	78
140	138	142											90	100	86	96	75.5	88
150	148	152													96	106	85.5	98
160	158	162													106	116	95.5	108
180	178	182															115.5	128
200	197.7	202.3															135.5	148

注: 1. 尽可能不采用括号内的规格。
2. 折线之间为商品规格范围。

表 3-75　B 级细杆六角法兰面螺栓（加大系列）的型式和尺寸（摘自 GB/T 5790—1986）

（单位：mm）

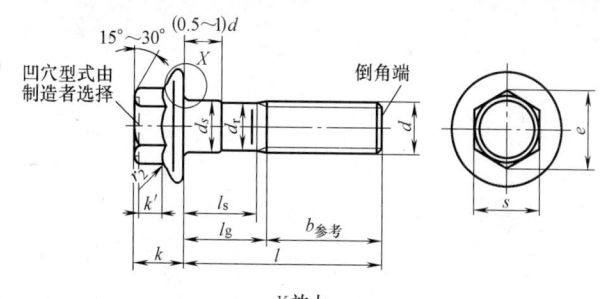

X 放大

A 型

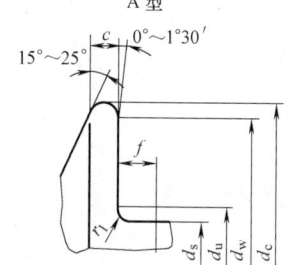

B 型

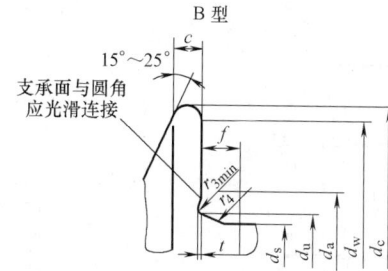

注：末端按 GB/T 2—1985 的规定；$l_{gmax} = l_{公称} - b_{参考}$；$l_{smin} = l_{gmax} - 5P$；$d_r \approx$ 螺纹中径；P 为螺距

标记示例：

螺纹规格 $d = M12$、公称长度 $l = 80mm$、性能等级为 8.8 级、表面氧化、细杆、A 或 B 型的六角法兰面螺栓的标记为：

螺栓　GB 5790—1986—M12×80

螺纹规格 $d = M12$、公称长度 $l = 80mm$、性能等级为 8.8 级、表面氧化、细杆、A 型的六角法兰面螺栓的标记为：

螺栓　GB 5790—1986—AM12×80

螺纹规格（d）		M5	M6	M8	M10	M12	(M14)	M16	M20
$b_{参考}$	$l \leqslant 125$	16	18	22	26	30	34	38	46
	$125 < l \leqslant 200$	—	—	28	32	36	40	44	52
	$l > 200$	—	—	—	—	—	—	57	65
c	min	1	1.1	1.2	1.5	1.8	2.1	2.4	3
d_a max	A 型	5.7	6.8	9.2	11.2	13.7	15.7	17.7	22.4
	B 型	6.2	7.4	10	12.6	15.2	17.7	20.7	25.7
d_c	max	11.8	14.2	18	22.3	26.6	30.5	35	43
d_s	max	5	6	8	10	12	14	16	20
	min	4.82	5.82	7.78	9.78	11.73	13.73	15.73	19.67
d_u	max	5.5	6.6	9	11	13.5	15.5	17.5	22
d_w	min	9.8	12.2	15.8	19.6	23.8	27.6	31.9	39.9
e	min	8.56	10.08	14.08	16.32	19.68	22.58	25.94	32.66
f	max	1.4	2	2	2	3	3	3	4
k	max	5.4	6.6	8.1	9.2	10.4	12.4	14.1	17.7
k'	min	2	2.5	3.2	3.6	4.6	5.5	6.2	7.9
r_1	min	0.25	0.4	0.4	0.4	0.6	0.6	0.6	0.8
r_2	max	0.3	0.4	0.5	0.6	0.7	0.9	1	1.2
r_3	min	0.1	0.1	0.15	0.2	0.25	0.3	0.35	0.4
r_4	参考	3	3.4	4.3	4.3	6.4	6.4	6.4	8.5
s	max	8	10	13	15	18	21	24	30
	min	7.64	9.64	12.57	14.57	17.57	20.16	23.16	29.16
t	max	0.15	0.2	0.25	0.3	0.35	0.45	0.5	0.65
	min	0.05	0.05	0.1	0.15	0.15	0.2	0.25	0.3

注：尽可能不采用括号内的规格。

2.3.5 C级六角头螺栓和全螺纹六角头螺栓（见表 3-76 和表 3-77）

表 3-76 C 级六角头螺栓的型式、优选的螺纹螺栓规格及尺寸（摘自 GB/T 5780—2016）

（单位：mm）

允许的垫圈面形式

X 放大

d_w 的仲裁基准

注：末端无特殊要求；不完整螺纹的长度 $u \leqslant 2P$

标记示例：

螺纹规格为 M12、公称长度 $l = 80$mm、性能等级为 4.8 级、表面不经处理、产品等级为 C 级的六角头螺栓的标记为：

螺栓 GB/T 5780 M12×80

602

螺纹规格（d）	M5	M6	M8	M10	M12	M16	M20
P①	0.8	1	1.25	1.5	1.75	2	2.5
b参考 ②	16	18	22	26	30	38	46
b参考 ③	22	24	28	32	36	44	52
b参考 ④	35	37	41	45	49	57	65
c max	0.5	0.5	0.6	0.6	0.6	0.8	0.8
d_a max	6	7.2	10.2	12.2	14.7	18.7	24.4
d_s max	5.48	6.48	8.58	10.58	12.7	16.7	20.84
d_s min	4.52	5.52	7.42	9.42	11.3	15.3	19.16
d_w min	6.74	8.74	11.47	14.47	16.47	22	27.7
e min	8.63	10.89	14.2	17.59	19.85	26.17	32.95
k 公称	3.5	4	5.3	6.4	7.5	10	12.5
k max	3.875	4.375	5.675	6.85	7.95	10.75	13.4
k min	3.125	3.625	4.925	5.95	7.05	9.25	11.6
k_w⑤ min	2.19	2.54	3.45	4.17	4.94	6.48	8.12
r min	0.2	0.25	0.4	0.4	0.6	0.6	0.8
s 公称=max	8.00	10.00	13.00	16.00	18.00	24.00	30.00
s min	7.64	9.64	12.57	15.57	17.57	23.16	29.16

l_s 和 l_g⑥

l 公称	l min	l max	M5 l_s min	M5 l_g max	M6 l_s min	M6 l_g max	M8 l_s min	M8 l_g max	M10 l_s min	M10 l_g max	M12 l_s min	M12 l_g max	M16 l_s min	M16 l_g max	M20 l_s min	M20 l_g max
25	23.95	26.05	5	9												
30	28.95	31.05	10	14												
35	33.75	36.25	15	19	7	12										
40	38.75	41.25	20	24	12	17	11.75	18								
45	43.75	46.25	25	29	17	22	16.75	23	11.5	19						
50	48.75	51.25	30	34	22	27	21.75	28	16.5	24						
55	53.5	56.5			27	32	26.75	33	21.5	29	16.25	25				
60	58.5	61.5			32	37	31.75	38	26.5	34	21.25	30				
65	63.5	66.5			37	42	36.75	43	31.5	39	26.25	35	17	27		
70	68.5	71.5					41.75	48	36.5	44	31.25	40	22	32		

折线以上的规格推荐采用 GB/T 5781

（续）

螺纹规格(d)	l		M5		M6		M8		M10		M12		M16		M20	
公称	min	max	l_s min	l_g max	l_s min	l_g max	l_s min	l_g max	l_s min	l_g max	l_s min	l_g max	l_s min	l_g max	l_s min	l_g max
80	78.5	81.5					51.75	58	46.5	54	41.25	50	32	42	21.5	34
90	88.25	91.75							56.5	64	51.25	60	42	52	31.5	44
100	98.25	101.75							66.5	74	61.25	70	52	62	41.5	54
110	108.25	111.75									71.25	80	62	72	51.5	64
120	118.25	121.75									81.25	90	72	82	61.5	74
130	128	132											76	86	65.5	78
140	138	142											86	96	75.5	88
150	148	152											96	106	85.5	98
160	156	164											106	·116	95.5	108
180	176	184													115.5	128
200	195.4	204.6													135.5	148
220	215.4	224.6														
240	235.4	244.6														
260	254.8	265.2														
280	274.8	285.2														
300	294.8	305.2														
320	314.3	325.7														
340	334.3	345.7														
360	354.3	365.7														
380	374.3	385.7														
400	394.3	405.7														
420	413.7	426.3														
440	433.7	446.3														
460	453.7	466.3														
480	473.7	486.3														
500	493.7	506.3														

l_s 和 l_g ①

螺纹规格 (d)			M24	M30	M36	M42	M48	M56	M64
P[1]	②		3	3.5	4	4.5	5	5.5	6
b 参考	②		54	66	—	—	—	—	—
	③		60	72	84	96	108	—	—
	④		73	85	97	109	121	137	153
c	max		0.8	0.8	0.8	1	1	1	1
d_a	max		28.4	35.4	42.4	48.6	56.6	67	75
d_s	max		24.84	30.84	37	43	49	57.2	65.2
	min		23.16	29.16	35	41	47	54.8	62.8
d_w	min		33.25	42.75	51.11	59.95	69.45	78.66	88.16
e			39.55	50.85	60.79	71.3	82.6	93.56	104.86
k	公称		15	18.7	22.5	26	30	35	40
	max		15.9	19.75	23.55	27.05	31.05	36.25	41.25
	min		14.1	17.65	21.45	24.95	28.95	33.75	38.75
k_w[2]	min		9.87	12.36	15.02	17.47	20.27	23.63	27.13
r	min		0.8	1	1	1.2	1.6	2	2
s	公称 ＝max		36	46	55.0	65.0	75.0	85.0	95.0
	min		35	45	53.8	63.1	73.1	82.8	92.8

l			l_s min	l_g max	l_s min	l_g max	l_s min	l_g max	l_s min	l_g max	l_s min	l_g max	l_s min	l_g max	l_s min	l_g max
公称	min	max														
25	23.95	26.05														
30	28.95	31.05														
35	33.75	36.25														
40	38.75	41.25														
45	43.75	46.25														
50	48.75	51.25														
55	53.5	56.5														
60	58.5	61.5														
65	63.5	66.5														
70	68.5	71.5														
80	78.5	81.5														
90	88.25	91.75														

l_s 和 l_g[6]

折线以上的规格推荐采用 GB/T 5781

（续）

螺纹规格(d) 公称	l min	l max	M24 l_s min	M24 l_g max	M30 l_s min	M30 l_g max	M36 l_s min	M36 l_g max	M42 l_s min	M42 l_g max	M48 l_s min	M48 l_g max	M56 l_s min	M56 l_g max	M64 l_s min	M64 l_g max
100	98.25	101.75	31	46												
110	108.25	111.75	41	56												
120	118.25	121.75	51	66												
130	128	132	55	70	36.5	54										
140	138	142	65	80	40.5	58	36	56								
150	148	152	75	90	50.5	68	46	66								
160	156	164	85	100	60.5	78	56	76								
180	176	184	105	120	70.5	88	76	96								
200	195.4	204.6	125	140	90.5	108	96	116	61.5	84						
220	215.4	224.6	132	147	110.5	128	103	123	81.5	104	67	92				
240	235.4	244.6	152	167	117.5	135	123	143	88.5	111	74	99	75.5	103		
260	254.8	265.2			137.5	155	143	163	108.5	131	94	119	95.5	123	77	107
280	274.8	285.2			157.5	175	163	183	128.5	151	114	139	115.5	143	97	127
300	294.8	305.2			177.5	195	183	203	148.5	171	134	159	135.5	143	117	147
320	314.3	325.7			197.5	215	203	223	168.5	191	154	159	155.5	163	137	167
340	334.3	345.7					223	243	188.5	211	174	179	175.5	183	157	147
360	354.3	365.7					243	263	208.5	231	194	199	195.5	203	177	167
380	374.3	385.7							228.5	251	214	219	215.5	223	197	187
400	394.3	405.7							248.5	271	234	239	235.5	243	217	207
420	413.7	426.3							268.5	291	254	259	255.5	263	237	227
440	433.7	446.3							288.5	311	274	279	275.5	283	257	247
460	453.7	466.3									294	299	295.5	303	277	267
480	473.7	486.3									314	319	315.5	323	297	287
500	493.7	506.3									334	339	335.5	343	317	307

l_s 和 l_g①

注：优选长度由 $l_{s\,min}$ 和 $l_{g\,max}$ 确定。
① P 为螺距。
② $l_{公称} \leqslant 125mm$。
③ $125mm < l_{公称} \leqslant 200mm$。
④ $l_{公称} > 200mm$。
⑤ $k_{w\,min} = 0.7k_{min}$。
⑥ $l_{g\,max} = l_{公称} - b$，$l_{g\,min} = l_{g\,max} - 5P$。

表 3-77　C 级全螺纹六角头螺栓的型式、优选的螺纹规格及尺寸（摘自 GB/T 5781—2016）　　（单位：mm）

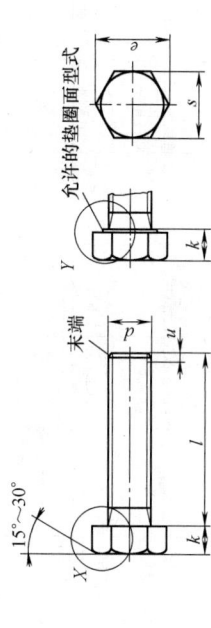

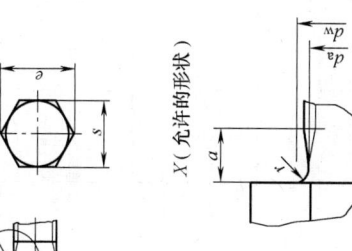

X（允许的形状）

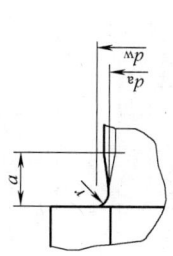

Y（允许的形状）

X 放大

Y 放大

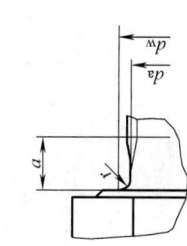

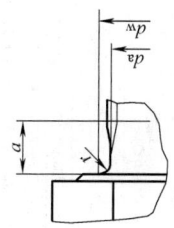

注：末端无特殊要求；不完整螺纹的长度 $u \leqslant 2P$；$d_a \approx$ 螺纹中径

标记示例：

螺纹规格为 M12、公称长度 $l = 80$mm、全螺纹、性能等级为 4.8 级、表面不经处理、产品等级为 C 级的六角头螺栓的标记为：

螺栓　GB/T 5781　M12×80

（续）

螺纹规格 (d)		M5	M6	M8	M10	M12	M16	M20	M24	M30	M36	M42	M48	M56	M64
P①		0.8	1	1.25	1.5	1.75	2	2.5	3	3.5	4	4.5	5	5.5	6
a	max	2.4	3	4	4.5	5.3	6	7.5	9	10.5	12	13.5	15	16.5	18
	min	0.8	1	1.25	1.5	1.75	2	2.5	3	3.5	4	4.5	5	5.5	6
c	max	0.5	0.5	0.6	0.6	0.6	0.8	0.8	0.8	0.8	0.8	1	1	1	1
d_a	max	6	7.2	10.2	12.2	14.7	18.7	24.4	28.4	35.4	42.4	48.6	56.6	67	75
d_w	min	6.74	8.74	11.47	14.47	16.47	22	27.7	33.25	42.75	51.11	59.95	69.45	78.66	88.16
e	min	8.63	10.89	14.2	17.59	19.85	26.17	32.95	39.55	50.85	60.79	71.3	82.6	93.56	104.86
k	公称	3.5	4	5.3	6.4	7.5	10	12.5	15	18.7	22.5	26	30	35	40
	max	3.875	4.375	5.675	6.85	7.95	10.75	13.4	15.9	19.75	23.55	27.05	31.05	36.25	41.25
	min	3.125	3.625	4.925	5.95	7.05	9.25	11.6	14.1	17.65	21.45	24.95	28.95	33.75	38.75
k_w②	min	2.19	2.54	3.45	4.17	4.94	6.48	8.12	9.87	12.36	15.02	17.47	20.27	23.63	27.13
r	min	0.2	0.25	0.4	0.4	0.5	0.6	0.8	0.8	1	1	1.2	1.6	2	2
s	公称=max	8.00	10.00	13.00	16.00	18.00	24.00	30.00	36	46	55.0	65.0	75.0	85.0	95.0
	min	7.64	9.64	12.57	15.57	17.57	23.16	29.16	35	45	53.8	63.1	73.1	82.8	92.8

l③

公称	min	max
10	9.25	10.75
12	11.1	12.9
16	15.1	16.9
20	18.95	21.05
25	23.95	26.05
30	28.95	31.05
35	33.75	36.25
40	38.75	41.25
45	43.75	46.25
50	48.75	51.25
55	53.5	56.5
60	58.5	61.5
65	63.5	66.5
70	68.5	71.5
80	78.5	81.5

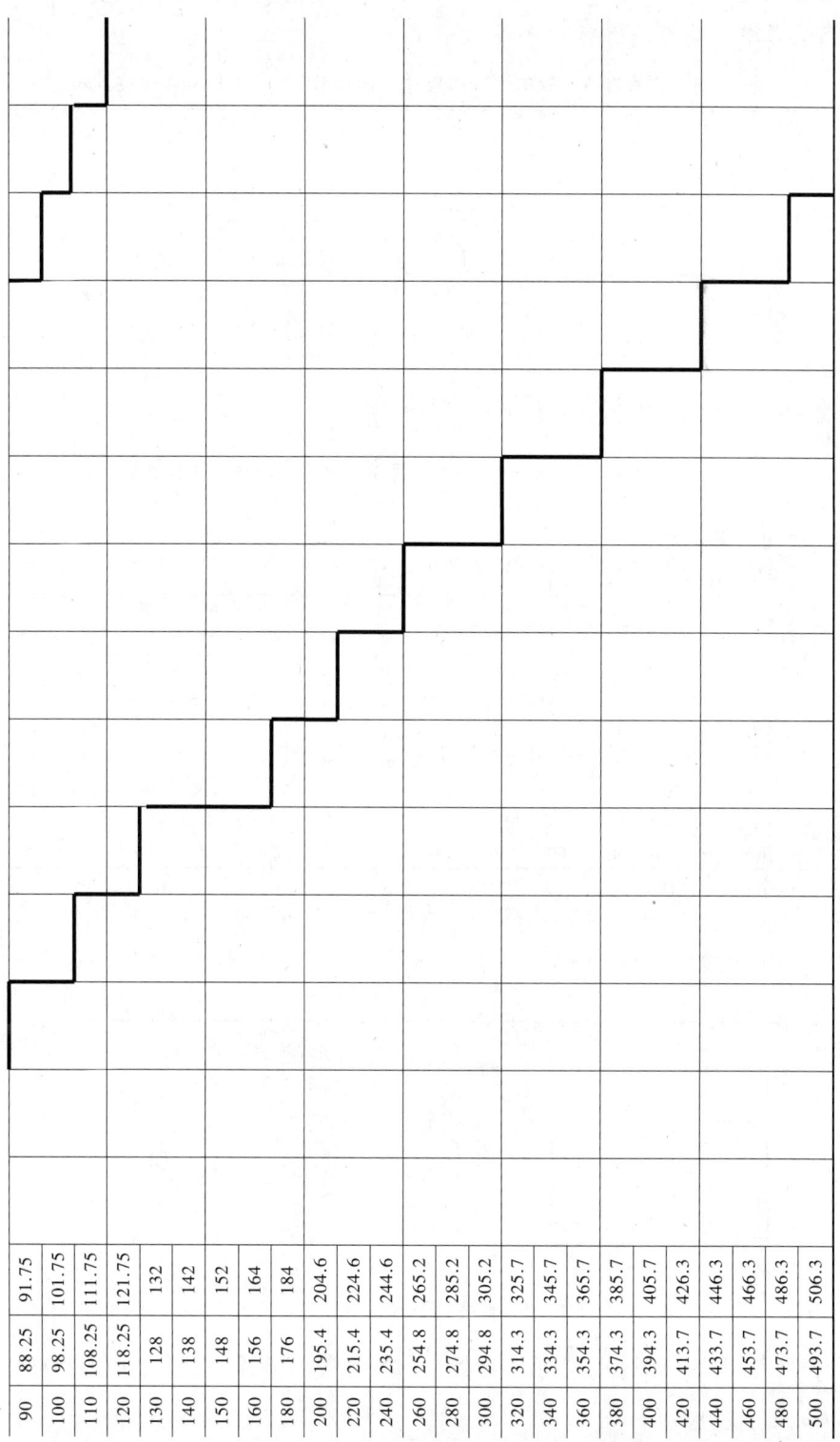

90				
100	88.25	91.75		
110	98.25	101.75		
120	108.25	111.75		
130	118.25	121.75		
140	128	132		
150	138	142		
160	148	152		
180	156	164		
200	176	184		
220	195.4	204.6		
240	215.4	224.6		
260	235.4	244.6		
280	254.8	265.2		
300	274.8	285.2		
320	294.8	305.2		
340	314.3	325.7		
360	334.3	345.7		
380	354.3	365.7		
400	374.3	385.7		
420	394.3	405.7		
440	413.7	426.3		
460	433.7	446.3		
480	453.7	466.3		
500	473.7	486.3		
	493.7	506.3		

① P 为螺距。

② $k_{wmin} = 0.7 k_{min}$。

③ 在阶梯实线间为优选长度。

2.3.6 方头螺栓（见表3-78和表3-79）

表 3-78 C 级方头螺栓的型式和尺寸（摘自 GB/T 8—1988）（单位：mm）

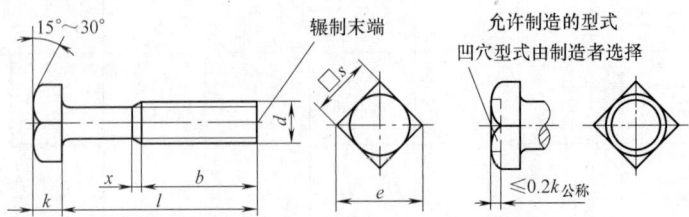

注：末端按 GB/T 2 规定；无螺纹部分杆径约等于螺纹中径或螺纹大径

标记示例：

螺纹规格 d = M12、公称长度 l = 80mm、性能等级为 4.8 级、不经表面处理的方头螺栓的标记为：

螺栓 GB/T 8 M12×80

螺纹规格（d）（8g）		M10	M12	(M14)	M16	(M18)	M20	(M22)	M24	(M27)	M30	M36	M42	M48
b 参考	$l \leqslant 125$	26	30	34	38	42	46	50	54	60	66	78	—	—
	$125 < l \leqslant 200$	32	36	40	44	48	52	56	60	66	72	84	96	108
	$l > 200$	—	—	53	57	61	65	69	73	79	85	97	109	121
e min		20.24	22.84	26.21	30.11	34.01	37.91	42.9	45.5	52.0	58.5	69.94	82.03	95.03
k（公称）		7	8	9	10	12	13	14	15	17	19	23	26	30
s max		16	18	21	24	27	30	34	36	41	46	55	65	75
x max		3.8	4.3	5			6.3		7.5		8.8	10	11.3	12.5
l[1] 长度范围		20~100	25~120	25~140	30~160	35~180	35~200	50~220	55~240	60~260	60~300	80~300	80~300	110~300

注：尽可能不采用括号内的规格。

[1] 长度 l（mm）系列为 20~50（5 进位）、(55)、60、(65)、70~150（10 进位）、160~500（20 进位）。

表 3-79 B 级小方头螺栓型式、优选的规定及尺寸（摘自 GB/T 35—2013）

（单位：mm）

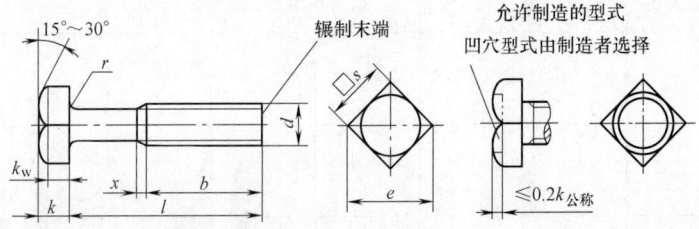

注：末端按 GB/T 2 规定；无螺纹部分杆径约等于螺纹中径或螺纹大径

标记示例：

螺纹规格 d = M12、公称长度 l = 80mm、性能等级为 5.8 级、不经表面处理、产品等级为 B 级的小方头螺栓的标记为：

螺栓 GB/T 35 M12×80

（续）

螺纹规格(d)	M5	M6	M8	M10	M12	M16	M20	M24	M30	M36	M42	M48
P①	0.8	1	1.25	1.5	1.75	2	2.5	3	3.5	4	4.5	5
b　l≤125	16	18	22	26	30	38	46	54	66	78	—	—
b　125<l≤200	—	—	28	32	36	44	52	60	72	84	96	108
b　l>200	—	—	—	—	—	57	65	73	85	97	109	121
e　min	9.93	12.53	16.34	20.24	22.84	30.11	37.91	45.5	58.5	69.94	82.03	95.05
k　公称	3.5	4	5	6	7	9	11	13	17	20	23	26
k　min	3.26	3.76	4.76	5.76	6.71	8.71	10.65	12.65	16.65	19.58	22.58	25.58
k　max	3.74	4.24	5.24	6.24	7.29	9.29	11.35	13.35	17.35	20.42	23.42	26.42
k_w　min	2.28	2.63	3.33	4.03	4.70	6.1	7.45	8.85	11.65	13.71	15.81	17.91
r　min	0.2	0.25	0.4	0.4	0.6	0.6	0.8	0.8	1	1	1.2	1.6
s　max	8	10	13	16	18	24	30	36	46	55	65	75
s　min	7.64	9.64	12.57	15.57	17.57	23.16	29.16	35	45	53.5	63.1	73.1
x　max	2	2.5	3.2	3.8	4.3	5	6.3	7.5	8.8	10	11.3	12.5

l

公称	min	max
20	18.95	21.05
25	23.95	26.05
30	28.95	31.05
35	33.75	36.25
40	38.75	41.25
45	43.75	46.25
50	48.75	51.25
(55)②	53.5	56.5
60	58.5	61.5
(65)②	63.5	66.5
70	68.5	71.5
80	78.5	81.5
90	88.25	91.75
100	98.25	101.75
110	108.25	111.75
120	118.25	121.75
130	128	132
140	138	142
150	148	152
160	156	164
180	176	184
200	195.4	204.6
220	215.4	224.6
240	235.4	244.6
260	254.8	265.2
280	274.8	285.2
300	294.8	305.2

通用长度规格范围

① P 为螺距。
② 尽可能不使用括号内的规格。

2.3.7 C级圆头方颈螺栓和C级扁圆头方颈螺栓（见表3-80和表3-81）

表3-80 C级圆头方颈螺栓的型式和尺寸（摘自 GB/T 12—2013）

（单位：mm）

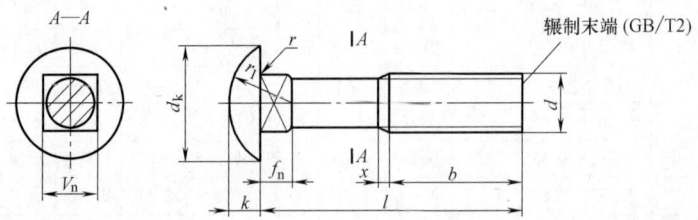

注：无螺纹部分杆径约等于螺纹中径或螺纹大径

标记示例：

螺纹规格 d=M12、公称长度 l=80mm、性能等级为 4.8 级、不经表面处理、产品等级为 C 级的圆头方颈螺栓的标记为：

螺栓 GB/T 12 M12×80

螺纹规格（d）			M6	M8	M10	M12	(M14)[2]	M16	M20
P[1]			1	1.25	1.5	1.75	2	2	2.5
b	$l \leqslant 125$		18	22	26	30	34	38	46
	$125 < l \leqslant 200$		—	28	32	36	40	44	52
d_k	max		13.1	17.1	21.3	25.3	29.3	33.6	41.6
	min		11.3	15.3	19.16	23.16	27.16	31	39
f_n	max		4.4	5.4	6.4	8.45	9.45	10.45	12.55
	min		3.6	4.6	5.6	7.55	8.55	9.55	11.45
k	max		4.08	5.28	6.48	8.9	9.9	10.9	13.1
	min		3.2	4.4	5.6	7.55	8.55	9.55	11.45
V_n	max		6.3	8.36	10.36	12.43	14.43	16.43	20.82
	min		5.84	7.8	9.8	11.76	13.76	15.76	19.22
r min			0.5	0.5	0.5	0.8	0.8	1	1
$r_1 \approx$			7	9	11	13	15	18	22
x max			2.5	3.2	3.8	4.3	5	5	6.3
l									
公称	min	max							
16	15.1	16.9							
20	18.95	21.05							
25	23.95	26.05							
30	28.95	31.05							
35	33.75	36.25							
40	38.75	41.25							
45	43.75	46.25	通						
50	48.75	51.25							
(55)[2]	53.5	56.5	用						
60	58.5	61.5							

（续）

螺纹规格(d)			M6	M8	M10	M12	(M14)②	M16	M18
l									
公称	min	max							
(65)②	63.5	66.5		长					
70	68.5	71.5		度					
80	78.5	81.5			规				
90	88.25	91.75				格			
100	98.25	101.75							
110	108.25	111.75					范		
120	118.25	121.75						围	
130	128	132							
140	138	142							
150	148	152							
160	156	164							
180	176	184							
200	195.4	204.6							

① P 为螺距。
② 尽可能不采用括号内的规格。

表 3-81　C 级扁圆头方颈螺栓的型式和尺寸（摘自 GB/T 14—2013）

（单位：mm）

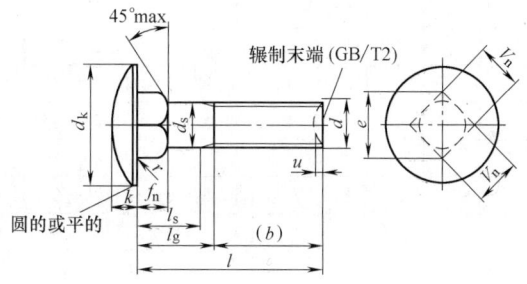

注：不完整螺纹的长度 $u \leqslant 2P$
标记示例：
螺纹规格 d = M12、公称长度 l = 80mm、性能等级为 4.8 级、不经表面处理、产品等级为 C 级的扁圆头方颈螺栓
的标记为：
　　螺栓　GB/T 14　M12×80

螺纹规格(d)		M5	M6	M8	M10	M12	M16	M20
P①		0.8	1	1.25	1.5	1.75	2	2.5
b②	$l \leqslant 125$	16	18	22	26	30	38	46
	$125 < l \leqslant 200$	—	—	28	32	36	44	52
	$l > 200$	—	—	—	—	—	57	65
d_k	max=公称	13	16	20	24	30	38	46
	min	11.9	14.9	18.7	22.7	28.7	36.4	44.4
d_s	max	5.48	6.48	8.58	10.58	12.7	16.7	20.84
	min	≈螺纹中径						
e③	min	5.9	7.2	9.6	12.2	14.7	19.9	24.9

（续）

螺纹规格(d)		M5	M6	M8	M10	M12	M16	M20
f_n	max	4.1	4.6	5.6	6.6	8.8	12.9	15.9
	min	2.9	3.4	4.4	5.4	7.2	11.1	14.1
k	max	3.1	3.6	4.6	5.8	6.8	8.9	10.9
	min	2.5	3	4	5	6	8	10
r max		0.4	0.5	0.8	0.8	1.2	1.2	1.6
V_n	max	5.48	6.48	8.58	10.58	12.7	16.7	20.84
	min	4.52	5.52	7.42	9.42	11.3	15.3	19.16

$l^{④⑧}$　无螺纹杆部长度 $l_s^{⑥}$ 和夹紧长度 $l_g^{⑦}$

公称	min	max	l_s min	l_g max	l_s min	l_g max	l_s min	l_g max	l_s min	l_g max	l_s min	l_g max	l_s min	l_g max	l_s min	l_g max
20	18.95	21.05		4												
25	23.95	26.05	5	9												
30	28.95	31.05	10	14	7	12										
35	33.75	36.25	15	19	12	17										
40	38.75	41.25	20	24	17	22	11.75	18								
45	43.75	46.25	25	29	22	27	16.75	23	11.5	19						
50	48.75	51.25	30	34	27	32	21.75	28	16.5	24						
(55)⑤	53.5	56.5			32	37	26.75	33	21.5	29	16.25	25				
60	58.5	61.5			37	42	31.75	38	26.5	34	21.25	30				
(65)⑤	63.5	66.5					36.75	43	31.5	39	26.25	35	17	27		
70	68.5	71.5					41.75	48	36.5	44	31.25	40	22	32		
80	78.5	81.5					47.75	52	40.5	48	36.25	44	26	36	15.5	28
90	88.25	91.75							50.5	58	45.25	54	36	46	25.5	38
100	98.25	101.75							60.5	68	55.25	64	46	56	35.5	48
110	108.25	111.75									65.25	74	56	66	45.5	58
120	118.25	121.75									75.25	84	66	76	55.5	68
130	128	132											64	74	52.5	65
140	138	142											74	84	62.5	75
150	148	152											84	94	72.5	85
160	156	164											94	104	82.5	95
180	176	184											114	124	102.5	115
200	195.4	204.6											134	144	122.5	135

① P 为螺距。

② 公称长度 $l \leqslant 70$mm 和螺纹直径 $d \leqslant$M12 的螺栓，允许制出全螺纹（$l_{gmax} = f_{nmax} + 2P$）。

③ e_{min} 的测量范围：从支承面起长度等于 $0.8f_{nmin}$（$e_{min} = 1.3V_{nmin}$）。

④ 公称长度在 200mm 以上，采用按 20mm 递增的尺寸

⑤ 尽可能不采用括号内的规格。

⑥ $l_{smin} = l_{gmax} - 5P$。

⑦ $l_{gmax} = l_{公称} - b$。

⑧ 阶梯实线间为通用长度规格范围。

2.3.8 其他螺栓（见表 3-82～表 3-88）

表 3-82 C 级沉头方颈螺栓的型式和尺寸（摘自 GB/T 10—2013）

（单位：mm）

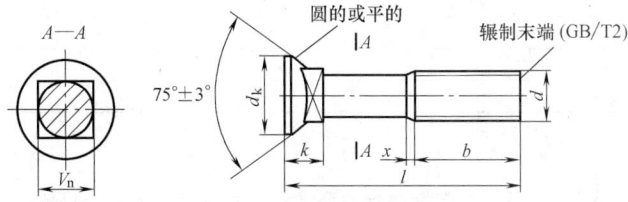

注：无螺纹部分杆径约等于螺纹中径或螺纹大径

标记示例：

螺纹规格 d＝M12、公称长度 l＝80mm、性能等级为 4.8 级、不经表面处理、产品等级为 C 级的沉头方颈螺栓的标记为：

螺栓 GB/T 10　M12×80

螺纹规格(d)		M6	M8	M10	M12	M16	M20
P[①]		1	1.25	1.5	1.75	2	2.5
b	$l \leqslant 125$	18	22	26	30	38	46
	$125 < l \leqslant 200$	—	28	32	36	44	52
d_k	max	11.05	14.55	17.55	21.65	28.65	36.80
	min	9.95	13.45	16.45	20.35	27.35	35.2
k	max	6.1	7.25	8.45	11.05	13.05	15.05
	min	5.3	6.35	7.55	9.95	11.95	13.95
V_n	max	6.36	8.36	10.36	12.43	16.43	20.52
	min	5.84	7.8	9.8	11.76	15.76	19.72
x max		2.5	3.2	3.8	4.3	5	6.3

l								
公称	min	max						
25	23.95	26.05						
30	28.95	31.05						
35	33.75	36.25						
40	38.75	41.25	通用					
45	43.75	46.25						
50	48.75	51.25						
(55)[②]	53.5	56.5		长度				
60	58.5	61.5						
(65)[②]	63.5	66.5						
70	68.5	71.5			规格			
80	78.5	81.5						
90	88.25	91.75						
100	98.25	101.75				范围		
110	108.25	111.75						
120	118.25	121.75						
130	128	132						

（续）

螺纹规格（d）			M6	M8	M10	M12	M16	M20
	l							
公称	min	max						
140	138	142						
150	148	152						
160	156	164						
180	176	184						
200	195.4	204.6						

① P 为螺距。

② 尽可能不采用括号内的规格。

表 3-83　C 级沉头带榫螺栓的型式和尺寸（摘自 GB/T 11—2013）

（单位：mm）

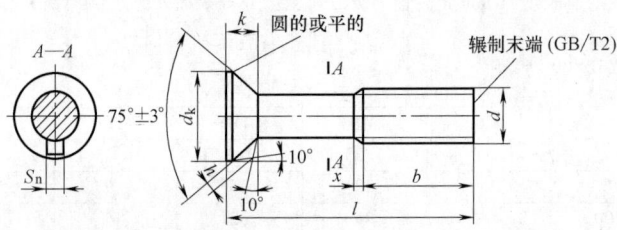

注：无螺纹部分杆径约等于螺纹中径或螺纹大径

标记示例：

螺纹规格 d = M12、公称长度 l = 80mm、性能等级为 4.8 级、不经表面处理、产品等级为 C 级的沉头带榫螺栓的标记为：

螺栓　GB/T 11　M12×80

螺纹规格（d）		M6	M8	M10	M12	(M14)②	M16	M20	(M22)②	M24
	P①	1	1.25	1.5	1.75	2	2	2.5	2.5	3
b	l≤125	18	22	26	30	34	38	46	50	54
	125<l≤200	—	28	32	36	40	44	52	56	60
d_k	max	11.05	14.55	17.55	21.65	24.65	28.65	36.8	40.8	45.8
	min	9.95	13.45	16.45	20.35	23.35	27.35	35.2	39.2	44.2
S_n	max	2.7	2.7	3.8	3.8	4.3	4.8	4.8	6.3	6.3
	min	2.3	2.3	3.2	3.2	3.7	4.2	4.2	5.7	5.7
h	max	1.2	1.6	2.1	2.4	2.9	3.3	4.2	4.5	5
	min	0.8	1.1	1.4	1.6	1.9	2.2	2.8	3	3.3
k	≈	4.1	5.3	6.2	8.5	8.9	10.2	13	14.3	16.5
x	max	2.5	3.2	3.8	4.3	5	5	6.3	6.3	7.5

公称	min	max	l									
25	23.95	26.05										
30	28.95	31.05										
35	33.75	36.25	通									
40	38.75	41.25										
45	43.75	46.25	用									
50	48.75	51.25										

（续）

螺纹规格(d)			M6	M8	M10	M12	(M14)[②]	M16	M20	(M22)[②]	M24
	l										
公称	min	max									
(55)[②]	53.5	56.5				长					
60	58.5	61.5									
(65)[②]	63.5	66.5				度					
70	68.5	71.5									
80	78.5	81.5					规				
90	88.25	91.75									
100	98.25	101.75						格			
110	108.25	111.75									
120	118.25	121.75				*			范		
130	128	132									
140	138	142							围		
150	148	152									
160	156	164									
180	176	184									
200	195.4	204.6									

① P 为螺距。

② 尽可能不采用括号内的规格。

表 3-84　C 级沉头双榫螺栓的型式和尺寸（摘自 GB/T 800—1988）

（单位：mm）

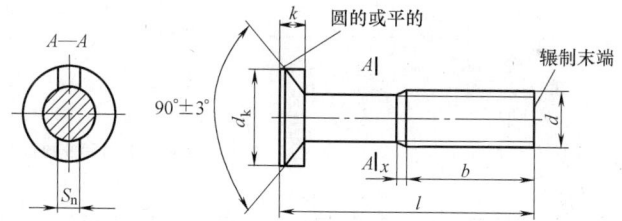

注：末端按 GB/T 2 规定；无螺纹部分杆径约等于螺纹中径或等于螺纹大径

标记示例：

螺纹规格 d=M10、公称长度 l=70mm、性能等级为 4.8 级、不经表面处理的 C 级沉头双榫

螺栓的标记为：

螺栓　GB/T 800　M10×70

螺纹规格(d)		M6	M8	M10	M12
b		18	22	26	30
d_k	max	11.05	14.55	17.55	21.65
	min	9.95	13.45	16.45	20.35
S_n	max	3.20	4.20	5.24	5.24
	min	2.80	3.80	4.76	4.76
k		3.0	4.1	4.5	5.5
x　max		2.5	3.2	3.8	4.2

（续）

螺纹规格(d)			M6	M8	M10	M12
	l					
公称	min	max				
25	23.95	26.05				
30	28.95	31.05				
35	33.75	36.25				
40	38.75	41.25				
45	43.75	46.25		通用		
50	48.75	51.25				
(55)	53.5	56.5			规格	
60	58.5	61.5				
(65)	63.5	66.5				范围
70	68.5	71.5				
80	78.5	81.5				

注：尽可能不采用括号内的规格。

表 3-85 B 级 T 形槽用螺栓的型式和尺寸（摘自 GB/T 37—1988）

（单位：mm）

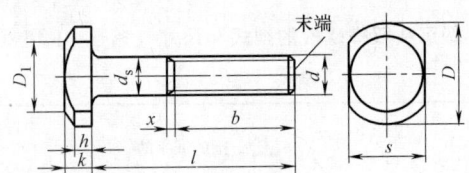

注：$D_1 \approx 0.95s$；末端按 GB/T 2 规定

标记示例：

螺纹规格 $d=$ M12、公称长度 $l=$ 80mm、性能等级为 8.8 级、表面氧化的 T 形槽用螺栓的标记为：

螺栓 GB/T 37 M12×80

螺纹规格(d)(6g)		M5	M6	M8	M10	M12	M16	M20	M24	M30	M36	M42	M48
b	$l \leqslant 125$	16	18	22	26	30	38	46	54	66	78	—	—
	$125 < l \leqslant 200$	—	—	28	32	36	44	52	60	72	84	96	108
	$l > 200$	—	—	—	—	—	57	65	73	85	97	109	121
d_s max		5	6	8	10	12	16	20	24	30	36	42	48
D		12	16	20	25	30	38	46	58	75	85	95	105
k max		4.24	5.24	6.24	7.29	8.89	11.95	14.35	16.35	20.42	24.42	28.42	32.50
h		2.8	3.4	4.1	4.8	6.5	9	10.4	11.8	14.5	18.5	22	26
s 公称		9	12	14	18	22	28	34	44	56	67	76	86
x max		2.0	2.5	3.2	3.8	4.2	5	6.3	7.5	8.8	10	11.3	12.5
l[1] 长度范围		25~50	30~60	35~80	40~100	45~120	55~160	65~200	80~240	90~300	110~300	130~300	140~300

[1]. 公称长度 l（mm）系列为 25~50（5 进位）、(55)、60、(65)、70~160（10 进位）、180~300（20 进位）。尽可能不采用括号内的规格。

表 3-86　C 级活节螺栓的型式和尺寸（摘自 GB/T 798—1988）

（单位：mm）

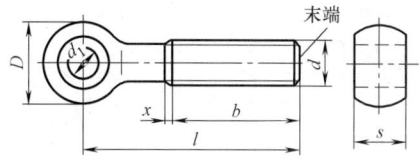

注：末端按 GB/T 2 规定；无螺纹部分杆径约等于螺纹中径或螺纹大径

标记示例：

螺纹规格 d＝M12、公称长度 l＝80mm、性能等级为 4.6 级、不经表面处理的活节颈螺栓的标记为：

螺栓 GB/T 798　M12×80

螺纹规格(d)(8g)		M4	M5	M6	M8	M10	M12	M16	M20	M24	M30	M36
d	公称	3	4	5	6	8	10	12	16	20	25	30
s	公称	5	6	8	10	12	14	18	22	26	34	40
b		14	16	18	22	26	30	38	52	60	72	84
D		8	10	12	14	18	20	28	34	42	52	64
x	max	1.75	2	2.5	3.2	3.8	4.2	5	6.3	7.5	8.8	10
l[1] 长度范围		20~35	25~45	30~55	35~70	40~110	50~130	60~160	70~180	90~260	110~300	130~300

[1] 公称长度 l（mm）系列为 20~50（5 进位）、（55）、60、（65）、70~160（10 进位）、180~300（20 进位）。尽可能不采用括号内的规格。

表 3-87　C 级地脚螺栓的型式和尺寸（摘自 GB/T 799—1988）

（单位：mm）

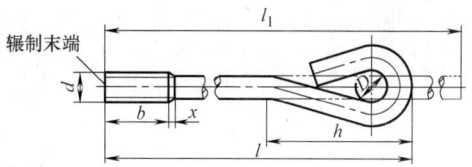

注：末端按 GB/T 2 规定；无螺纹部分杆径约等于螺纹中径或螺纹大径

标记示例：

螺纹规格 d＝M20、公称长度 l＝400mm、性能等级为 3.6 级、不经表面处理的地脚螺栓的标记为：

螺栓 GB/T 799　M20×400

螺纹规格(d)(8g)		M6	M8	M10	M12	M16	M20	M24	M30	M36	M42	M48
b	max	27	31	36	40	50	58	68	80	94	106	118
	min	24	28	32	36	44	52	60	72	84	96	108
D		10		15		20		30		45	60	70
h		41	46	65	82	93	127	139	192	244	261	302
l_1		$l+37$		$l+53$		$l+72$		$l+110$		$l+165$	$l+217$	$l+225$
x	max	2.5	3.2	3.8	4.3	5	6.3	7.5	8.8	10	11.3	12.5
l[1] 长度范围		80~160	120~220	160~300	160~400	220~500	300~630	300~800	400~1000	500~1000	630~1250	630~1500

[1] 公称长度 l（mm）系列为 80、120、160、220、300、400、500、630、800、1000、1250、1500。

表 3-88　钢网架球节点用高强度螺栓的型式和尺寸（摘自 GB/T 16939—2016）

（单位：mm）

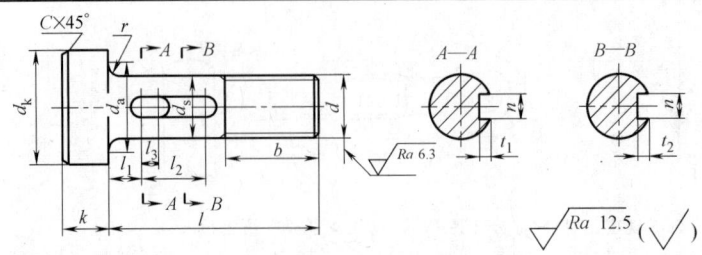

注：末端按 GB/T 2 规定

标记示例：

螺纹规格 d＝M30、公称长度 l＝98mm、性能等级为 10.9 级、表面氧化的钢网架球节点用高强度螺栓的标记为：

螺栓　GB/T 16939　M30×98

螺纹规格(d)		M12	M14	M16	M20	M24	M27	M30	M36	M39	M42	M45	M48
P		1.75	2	2	2.5	3	3	3.5	4	4	4.5	4.5	5
b	min	15	17	20	25	30	33	37	44	47	50	55	58
	max	18.5	21	24	30	36	39	44	52	55	59	64	68
C	≈	1.5				2.0		2.5		3.0			
d_k	max	18	21	24	30	36	41	46	55	60	65	70	75
	min	17.38	20.38	23.48	29.48	35.38	40.38	45.38	54.26	59.26	64.26	69.26	74.26
d_s	max	12.35	14.35	16.35	20.42	24.42	27.42	30.42	36.50	39.50	42.50	45.50	48.50
	min	11.65	13.65	15.65	19.58	23.58	26.58	29.58	35.50	38.50	41.50	44.50	47.50
k	公称	6.4	7.5	10	12.5	15	17	18.7	22.5	25	26	28	30
	max	7.15	8.25	10.75	13.4	15.9	17.9	19.75	23.55	26.05	27.05	29.05	31.05
	min	5.65	6.75	9.25	11.6	14.1	16.1	17.65	21.45	23.95	24.95	26.95	28.95
r	min	0.8				1.0		1.5		2.0			
d_a	max	15.20	17.20	19.20	24.40	28.40	32.40	35.40	42.40	45.40	48.60	52.60	56.60
l	公称	50	54	62	73	82	90	98	125	128	136	145	148
	max	50.80	54.95	62.95	73.95	83.1	91.1	99.1	126.25	129.25	137.25	146.25	149.25
	min	49.20	53.05	61.05	72.05	80.9	88.9	96.9	123.75	126.75	134.75	143.75	146.75
l_1	公称	18			22	24		28		43		48	
	max	18.35			22.42	24.42		28.42		43.50		48.50	
	min	17.65			21.58	23.58		27.58		42.50		47.50	
l_2	参考	10			13	16	18	20	24	26	30		
l_3		4											
n	max	3.3				5.3		6.3		8.36			
	min	3				5		6		8			
t_1	max	2.8				3.30		4.38		5.38			
	min	2.2				2.70		3.62		4.62			
t_2	max	2.3				2.80		3.30		4.38			
	min	1.7				2.20		2.70		3.62			

（续）

螺纹规格（d）		M56×4	M60×4	M64×4	M68×4	M72×4	M76×4	M80×4	M85×4
P		4	4	4	4	4	4	4	4
b	min	66	70	74	78	83	87	92	98
	max	74	78	82	86	91	95	100	106
C	≈	3.0			3.5			4.0	
d_k	max	90	95	100	100	105	110	125	125
	min	89.13	94.13	99.13	99.13	104.13	109.13	124	124
d_s	max	56.60	60.60	64.60	68.68	72.72	76.76	80.80	85.85
	min	55.86	59.86	63.86	67.94	71.98	76.02	80.06	84.98
k	公称	35	38	40	45	45	50	55	55
	max	36.25	39.25	41.25	46.39	46.39	51.55	56.71	56.71
	min	33.75	36.75	38.75	43.56	43.56	48.4	53.24	53.24
r	min	2.5				3.0			
d_a	max	67.00	71.00	75.00	79.00	83.00	87.00	91.00	96.00
l	公称	172	196	205	215	230	240	245	265
	max	173.25	197.45	206.45	217.3	232.3	242.3	247.3	267.5
	min	170.75	194.55	203.55	212.3	227.7	237.7	242.7	262.4
l_1	公称	53		58		63			68
	max	53.60		58.60		63.60			68.60
	min	52.40		57.40		62.40			67.40
l_2	参考	42		57		65	70	75	80	85
l_3		4							
n	max	8.36							
	min	8							
t_1	max	5.38							
	min	4.62							
t_2	max	4.38							
	min	3.62							

注：推荐的套筒、封板或锥头底厚及螺栓旋入球体长度等参见 GB/T 16939—2016 中的附录 A。

2.4　螺柱

2.4.1　品种、规格及技术要求（见表 3-89）

表 3-89　螺柱的品种、规格及技术要求

序号	名称及标准号	规格范围	产品等级	螺纹公差	材料及性能等级	表面处理
1	双头螺柱　$b_m = 1d$ GB/T 897—1988	M5~M48	B级	6g[2]	钢：4.8、5.8、6.8、8.8、10.9、12.9	1)不经处理 2)氧化 3)镀锌钝化
					不锈钢：A2-50、A2-70	不经处理
2	双头螺柱　$b_m = 1.25d$[1] GB/T 898—1988	M5~M48	B级	6g[2]	钢：4.8、5.8、6.8、8.8、10.9、12.9	1)不经处理 2)氧化 3)镀锌钝化
					不锈钢：A2-50、A2-70	不经处理

（续）

序号	名称及标准号	规格范围	产品等级	螺纹公差	材料及性能等级	表面处理
3	双头螺柱 $b_m=1.5d$ GB/T 899—1988	M2～M48	B级	6g②	钢：4.8、5.8、6.8、8.8、10.9、12.9	1)不经处理 2)氧化 3)镀锌钝化
					不锈钢：A2-50、A2-70	不经处理
4	双头螺柱 $b_m=2d$ GB/T 900—1988	M2～M48	B级	6g③	钢：4.8、5.8、6.8、8.8、10.9、12.9	1)不经处理 2)氧化 3)镀锌钝化
					不锈钢：A2-50、A2-70	不经处理
5	等长双头螺柱 B级① GB/T 901—1988	M2～M56	B级	6g	钢：④ 4.8、5.8、6.8、8.8、10.9、12.9	1)不经处理 2)镀锌钝化
					不锈钢：A2-50、A2-70	不经处理
6	等长双头螺柱 C级 GB/T 953—1988	M8～M48	C级	8g	钢：4.8、6.8、8.8	1)不经处理 2)镀锌钝化
7	手工焊用焊接螺柱① GB/T 902.1—2008	M3～M20	—	6g	钢：4.8	1)不经处理 2)镀锌钝化
8	电弧螺柱焊用焊接螺柱① GB/T 902.2—2010	M6～M24	—	—	钢：4.8	不经处理
					不锈钢：A2-50、A2-70、A4-50、A4-70、A5-50、A5-70	简单处理
9	储能焊用焊接螺柱① GB/T 902.3—2008	M3～M8	—	—	钢：8.8、10.9	电镀铜
					不锈钢：A2-50	简单处理
					有色金属：CU2	简单处理
10	短周期电弧螺柱焊用焊接螺柱① GB/T 902.4—2010	M3～M10 (PS型) M3～M6 (IS型)	—	—	钢：4.8	电镀铜
					不锈钢：A2-50	简单处理
11	电弧螺柱焊用无头焊钉 GB/T 10432.1—2010	6～16	A级	—	钢：4.8	不经处理
					不锈钢：A2-50、A2-70、A4-50、A4-70、A5-50、A5-70	简单处理
12	电弧螺柱焊用无头焊钉 GB/T 10432.2—2010	3～8	A级	—	钢：4.8	电镀铜
					不锈钢：A2-50	简单处理
13	螺杆 GB/T 15389—1994	M4～M42	—	—	钢：4.6、4.8、5.6、5.8	1)不经处理 2)镀锌钝化
					不锈钢：A2-70、A4-70	不经处理
					有色金属：CU2、CU3	不经处理

① 商品紧固件品种应优先选用。
② 也可以采用过渡配合螺纹，其代号为 GM、G2M。
③ 也可以采用过渡或过盈配合螺纹，其代号为 GM、G3M、YM。
④ 根据使用要求，可采用 30Cr、40Cr、30CrMnSi、35CrMoA、40MnA 及 40B 等材料制造螺柱，其性能按供需双方协议。

2.4.2　双头螺柱（见表 3-90~表 3-93）

表 3-90　$b_m = 1d$ 双头螺柱的型式和尺寸（摘自 GB/T 897—1988）

（单位：mm）

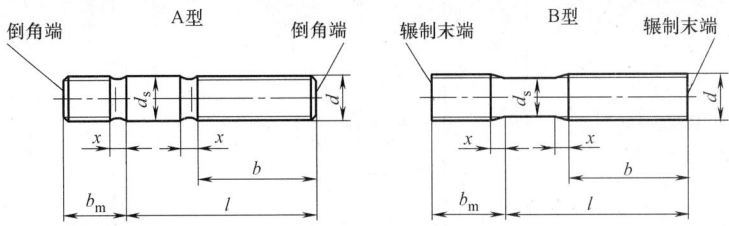

注：d_s 约等于螺纹中径(仅适用于 B 型)；末端按 GB 2 规定

标记示例：

两端均为粗牙普通螺纹，$d = 10mm$、$l = 50mm$、性能等级为 4.8 级、不经表面处理、B 型、$b_m = 1d$ 的双头螺柱的标记为：

螺柱 GB 897　M10×50

旋入机体一端为粗牙普通螺纹，旋螺母一端为螺距 $P = 1mm$ 的细牙普通螺纹，$d = 10mm$、$l = 50mm$、性能等级为 4.8 级、不经表面处理、A 型、$b_m = 1d$ 的双头螺柱的标记为：

螺柱 GB 897　AM10-M10×1×50

旋入机体一端为过渡配合螺纹的第一种配合，旋螺母一端为粗牙普通螺纹，$d = 10mm$、$l = 50mm$、性能等级为 8.8 级、镀锌钝化、B 型、$b_m = 1d$ 的双头螺柱的标记为：

螺柱　GB 897　GM 10-M10×50-8.8-Zn·D

螺纹规格(d)		M5	M6	M8	M10	M12	(M14)	M16	(M18)	M20
b_m	公称	5	6	8	10	12	14	16	18	20
	min	4.40	5.40	7.25	9.25	11.10	13.10	15.10	17.10	18.95
	max	5.60	6.60	8.75	10.75	12.90	14.90	16.90	18.90	21.05
d_s	max	5	6	8	10	12	14	16	18	20
	min	4.7	5.7	7.64	9.64	11.57	13.57	15.57	17.57	19.48
x　max		2.5P								

l			b							
公称	min	max								
16	15.10	16.90	10							
(18)	17.10	18.90								
20	18.95	21.05		10	12					
(22)	20.95	23.05								
25	23.95	26.05		14	16	14	16			
(28)	26.95	29.05								
30	28.95	31.05	16					18	20	
(32)	30.75	33.25		16		16	18			
35	33.75	36.25					20	20		
(38)	36.75	39.25				20			22	25
40	38.75	41.25		18	22	25				
45	43.75	46.25					25	30		
50	48.75	51.25				26			35	35
(55)	53.5	56.5					30	34		
60	58.5	61.5						38		

（续）

螺纹规格(d)			M5	M6	M8	M10	M12	(M14)	M16	(M18)	M20
l			b								
公称	min	max									
(65)	63.5	66.5									35
70	68.5	71.5		18							
(75)	73.5	76.5			22						
80	78.5	81.5									
(85)	83.25	86.75									
90	88.25	91.75				26	30	34	38	42	
(95)	93.25	96.75									
100	98.25	101.75									46
110	108.25	111.75									
120	118.25	121.75									
130	128.0	132.0				32					
140	138.0	142.0									
150	148.0	152.0						40			
160	158.0	162.0					36				
170	168.0	172.0							44	48	52
180	178.0	182.0									
190	187.7	192.3									
200	197.7	202.3									

螺纹规格(d)		(M22)	M24	(M27)	M30	(M33)	M36	(M39)	M42	M48
b_m	公称	22	24	27	30	33	36	39	42	48
	min	20.95	22.95	26.95	28.95	31.75	34.75	37.75	40.75	46.75
	max	23.05	25.05	28.05	31.05	34.25	37.25	40.25	43.25	49.25
d_s	max	22	24	27	30	33	36	39	42	48
	min	21.48	23.48	26.48	29.48	32.38	35.38	38.38	41.38	47.38

x max						$2.5P$					

l			(M22)	M24	(M27)	M30	(M33)	M36	(M39)	M42	M48
公称	min	max	b								
40	38.75	41.25	30								
45	43.75	46.25									
50	48.75	51.25		30							
(55)	53.75	56.5			35						
60	58.5	61.5	40			40					
(65)	63.5	66.5		45			45				
70	68.5	71.5						45			
(75)	73.5	76.5			50				50	50	
80	78.5	81.5				50					
(85)	83.25	86.75					60				60
90	88.25	91.75						60			
(95)	93.25	96.75	50	54					65	70	
100	98.25	101.75			60						80
110	108.25	111.75				66	72				
120	118.25	121.75						78	84	90	102

（续）

螺纹规格 d			(M22)	M24	(M27)	M30	(M33)	M36	(M39)	M42	M48
l			b								
公称	min	max									
130	128.0	132.0									
140	138.0	142.0									
150	148.0	152.0									
160	158.0	162.0									
170	168.0	172.0	56	60	66	72	78	84	90	96	108
180	178.0	182.0									
190	187.7	192.3									
200	197.7	202.3									
210	207.7	212.3									
220	217.7	222.3									
230	227.7	232.3				85					
240	237.7	242.3									
250	247.7	252.3					91	97	103	109	121
260	257.4	262.6									
280	277.4	282.6									
300	297.4	302.6									

注：1. 尽可能不采用括号内的规格。

　　2. *P* 为粗牙螺距。

　　3. 折线之间为通用规格范围。

　　4. 当 $b-b_m \leqslant 5mm$ 时，旋螺母一端应制成倒圆端，或在端面中心制出凹点。

　　5. 允许采用细牙螺纹和过渡配合螺纹。

表 3-91　$b_m = 1.2d$ 双头螺柱的型式和尺寸（商品规格）（摘自 GB/T 898—1988）

（单位：mm）

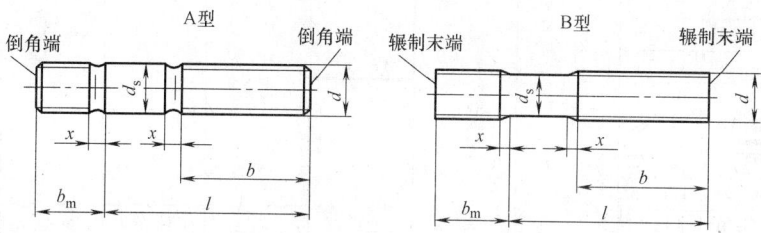

注：d_s 约等于螺纹中径（仅适用于 B 型）；末端按 GB 2 规定

标记示例：

两端均为粗牙普通螺纹，$d=10mm$、$l=50mm$、性能等级为 4.8 级、不经表面处理、B 型 $b_m = 1.25d$ 的双头螺柱的标记为：

　　螺柱　GB 898　M10×50

旋入机体一端为粗牙普通螺纹，旋螺母一端为螺距 $P=1mm$ 的细牙普通螺纹，$d=10mm$、$l=50mm$、性能等级为 4.8 级、不经表面处理、A 型 $b_m = 1.25d$ 的双头螺柱的标记为：

　　螺柱 GB 898　AM10-M10×1×50

旋入机体一端为过渡配合螺纹的第一种配合，旋螺母一端为粗牙普通螺纹，$d=10mm$、$l=50mm$、性能等级为 8.8 级、镀锌钝化、B 型 $b_m = 1.25d$ 的双头螺柱的标记为：

　　螺柱　GB 898　GM 10-M10×50-8.8-Zn·D

五金手册

（续）

螺纹规格(d)		M5	M6	M8	M10	M12	M16	M20
b_m	公称	6	8	10	12	15	20	25
	min	5.40	7.25	9.25	11.10	14.10	18.95	23.95
	max	6.60	8.75	10.75	12.90	15.90	21.05	26.05
d_s	max	5	6	8	10	12	16	20
	min	4.7	5.7	7.64	9.64	11.57	15.57	19.48
x	max	2.5P						

l 公称	min	max	M5 (b)	M6	M8	M10	M12	M16	M20
16	15.10	16.90							
(18)	17.10	18.90	10						
20	18.95	21.05		10					
(22)	20.95	23.05			12				
25	23.95	26.05				14			
(28)	26.95	29.05		14			16		
30	28.95	31.05			16				
(32)	30.75	33.25				16		20	
35	33.75	36.25	16				20		
(38)	36.75	39.25							25
40	38.75	41.25							
45	43.75	46.25						30	
50	48.75	51.25							
(55)	53.5	56.5		18					35
60	58.5	61.5							
(65)	63.5	66.5			22				
70	68.5	71.5							
(75)	73.5	76.5							
80	78.5	81.5							
(85)	83.25	86.75						38	
90	88.25	91.75				26	30		
(95)	93.25	96.75							46
100	98.25	101.75							
110	108.25	111.75							
120	118.25	121.75							
130	128.0	132.0				32			
140	138.0	142.0							
150	148.0	152.0					36	44	52
160	158.0	162.0							
170	168.0	172.0							
180	178.0	182.0							
190	187.7	192.3							
200	197.7	202.3							

注：1. 尽可能不采用括号内的规格。

2. P 为粗牙螺距。

3. 折线之间为商品规格范围。

4. 当 $b-b_m \leqslant 5\text{mm}$ 时，旋螺母一端应制成倒圆端，或在端面中心制出凹点。

5. 允许采用细牙螺纹和过渡配合螺纹。

表 3-92 B 级等长双头螺柱的型式和尺寸（摘自 GB/T 901—1988）

（单位：mm）

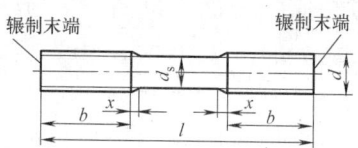

注：d_s 约等于螺纹中径；末端按 GB/T 2 规定

标记示例：

螺纹规格 d = M12、公称长度 l = 100mm、性能等级为 4.8 级、不经表面处理的 B 级等长双头螺柱的标记为：

螺柱　GB/T 901　M12×100

螺纹规格 (d)(6g)	M2	M2.5	M3	M4	M5	M6	M8	M10	M12	(M14)	M16	(M18)
b	10	11	12	14	16	18	28	32	36	40	44	48
x max	1.5P											
l[①] 长度范围	10~60	10~80	12~250	16~300	20~300	25~300	32~300	40~300	50~300	60~300	60~300	60~300
螺纹规格 d(6g)	M20	(M22)	M24	(M27)	M30	(M33)	M36	(M39)	M42	M48	M56	
b	52	56	60	66	72	78	84	89	96	108	124	
x max	1.5P											
l[①] 长度范围	70~300	80~300	90~300	100~300	120~400	140~400	140~500	140~500	140~500	150~500	190~500	

注：尽可能不采用括号内的规格。

① 公称长度 l（mm）系列为 10、12、（14）、16、（18）、20、（22）、25、（28）、30、（32）、35、（38）、40、45、50、（55）、60、（65）、70、（75）、80、（85）、90、（95）、100~190（10 进位）、200（200）、（210）、220、（230）、（240）、250、（260）、280、300、320、350、380、400、420、450、480、500。

表 3-93 C 级等长双头螺柱的型式和尺寸（摘自 GB/T 953—1988）

（单位：mm）

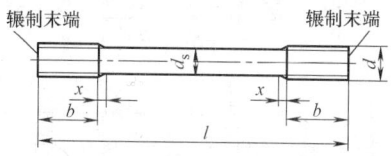

注：d_s 约等于螺纹中径；末端按 GB/T 2 规定

标记示例：

螺纹规格 d = M10、公称长度 l = 100mm、螺纹长度 b = 26mm 性能等级为 4.8 级、不经表面处理的 C 级等长双头螺柱的标记为：

螺柱　GB/T 953　M10×100

需要加长螺纹时，应加标记 Q：

螺柱　GB/T 953　M10×100-Q

螺纹规格(d)(8g)		M8	M10	M12	(M14)	M16	(M18)	M20	(M22)
b	标准	22	26	30	34	38	42	46	50
	加长	41	45	49	53	57	61	65	69
x max		1.5P							
l[①] 长度范围		100~600	100~800	130~1000	130~1000	170~1500	170~1500	200~1500	200~1800

（续）

螺纹规格(d)(8g)		M24	(M27)	M30	(M33)	M36	(M39)	M42	M48
b	标准	54	60	66	72	78	84	90	102
	加长	72	79	85	91	97	103	109	121
x max		1.5P							
l① 长度范围		300~1800	300~2000	350~2500	350~2500	350~2500	350~2500	550~2500	550~2500

注：尽可能不采用括号内的规格。

① 公称长度 l（mm）系列为 100~200（10 进位）、220~320（20 进位）、350、380、400、420、450、480、500~1000（50 进位）、1100~2500（100 进位）。

2.4.3 焊接螺柱（见表 3-94~表 3-97）

表 3-94 手工焊用焊接螺柱的型式和尺寸（GB/T 902.1—2008）

（单位：mm）

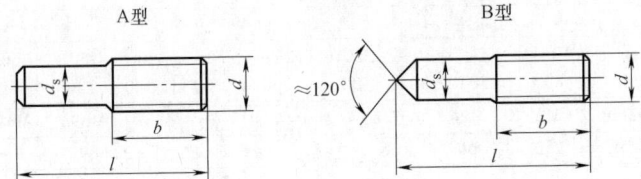

注：d_s 约等于螺纹中径；末端应为倒角端，如需方同意也可制成辗制末端（GB/T 2）。

标记示例：

螺纹规格 d=M10、公称长度 l=50mm、螺纹长度 26mm、性能等级为 4.8 级、不经表面处理、按 A 型制造的手工焊接螺柱的标记为：

螺柱 GB/T 902.1 M10×50

需要加长螺纹时应加标记 Q：

螺柱 GB/T 902.1 M10×50-Q

按 B 型制造时应加标记 B：

螺柱 GB/T 902.1 M10×50-B

螺纹规格(d①)			M3	M4	M5	M6	M8	M10	M12	(M14)	M16	(M18)	M20
b^{+2P}_{0}		标准	12	14	16	18	22	26	30	34	38	42	46
		加长	15	20	22	24	28	45	49	53	57	61	65
l①②													
公称	min	max											
10	9.10	10.90											
12	11.10	12.90											
16	15.10	16.90											
20	18.95	21.05											
25	23.95	26.05											
30	28.95	31.05											
35	33.75	36.25											
40	38.75	41.25											
45	43.75	46.25			商								
50	48.75	51.25											
(55)	53.50	56.50											
60	58.50	61.50					品						
(65)	63.50	66.50											

（续）

螺纹规格(d①)			M3	M4	M5	M6	M8	M10	M12	(M14)	M16	(M18)	M20
l①②													
公称	min	max											
70	68.50	71.50											
80	78.50	81.50						规					
90	88.25	91.75											
100	98.25	101.75											
(110)	108.25	111.75							格				
120	118.25	121.75											
(130)	128.00	132.00											
140	138.00	142.00								范			
150	148.00	152.00											
160	158.00	162.00											
180	178.00	182.00									围		
200	197.70	202.30											
220	217.70	222.30											
240	237.70	242.30											
260	257.40	262.60											
280	277.40	282.60											
300	297.40	302.60											

① 尽可能不采用括号内的规格。
② 虚线以上的规格，制成全螺纹。

表 3-95 电弧螺柱焊用焊接螺柱的型式和尺寸（摘自 GB/T 902.2—2010）

（单位：mm）

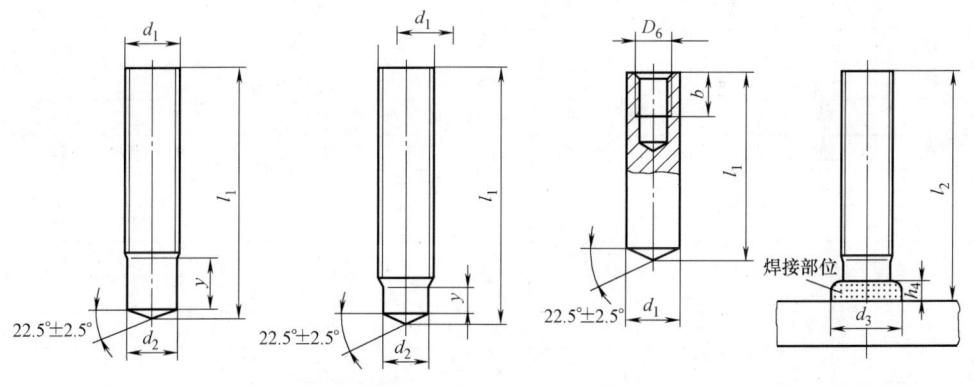

a) 螺纹螺柱(PD型)   b) 带缩杆的螺纹螺柱(RD型)   c) 内螺纹螺柱(ID型)   d) 焊接后

标记示例：

公称直径 d_1 = M12、长度 l_2 = 40mm、性能等级为 4.8 级的螺纹螺柱（PD 型）的标记为：

焊接螺柱 GB/T 902.2 PD M12×40

公称直径 d_1 = M12、长度 l_2 = 40mm、性能等级为 4.8 级的带缩杆的螺纹螺柱（RD 型）的标记为：

焊接螺柱：GB/T 902.2 RD M12×40

公称直径 d_1 = 12mm、D_6 = M8、长度 l_2 = 20mm、性能等级为 4.8 级的内螺纹螺柱（ID 型）的标记为：

焊接螺柱 GB/T 902.2 ID 12×M8×20

（续）

螺纹螺柱（PD）尺寸

d_1	M6		M8		M10		M12		M16		M20		M24	
d_2	5.35		7.19		9.03		10.86		14.6		18.38		22.05	
d_3	8.5		10		12.5		15.5		19.5		24.5		30	
h_4	3.5		3.5		4		4.5		6		7		10	
$l_1 \pm 1$	$l_2+2.2$		$l_2+2.4$		$l_2+2.6$		$l_2+3.1$		$l_2+3.9$		$l_2+4.3$		$l_2+5.1$	
l_2	y_{min}	b	y_{min}	b	y_{min}	b	y_{min}	b	y_{min}	b	y_{min}	b	y_{min}	b
15	9	—	—	—	—	—	—	—	—	—	—	—	—	—
20	9	—	9	—	9.5	—	—	—	—	—	—	—	—	—
25	9	—	9	—	9.5	—	11.5	—	—	—	—	—	—	—
30	9	—	9	—	9.5	—	11.5	—	13.5	—	—	—	—	—
35	—	20	9	—	9.5	—	11.5	—	13.5	—	15.5	—	—	—
40	—	20	9	—	9.5	—	11.5	—	13.5	—	15.5	—	—	—
45	—	—	9	—	9.5	—	11.5	—	13.5	—	15.5	—	—	—
50	—	—	—	40	—	40	—	40	13.5	—	—	35	20	—
55	—	—	—	—	—	—	—	—	—	40	—	40	—	—
60	—	—	—	—	—	—	—	—	—	40	—	40	—	—
65	—	—	—	—	—	—	—	—	—	40	—	40	—	—
70	—	—	—	—	—	—	—	—	—	—	—	40	—	50
80	—	—	—	—	—	—	—	—	—	—	—	50	—	50
100	—	—	—	—	—	40	—	40	—	80	—	70	—	70
140	—	—	—	—	—	80	—	80	—	80	—	—	—	—
150	—	—	—	—	—	80	—	80	—	80	—	—	—	—
160	—	—	—	—	—	80	—	80	—	80	—	—	—	—

带缩杆的螺纹螺柱（RD）、15mm≤l_2≤100mm 尺寸

d_1	M6	M8	M10	M12	M16	M20	M24
d_2	4.7	6.2	7.9	9.5	13.2	16.5	20
d_3	7	9	11.5	13.5	18	23	28
h_4	2.5	2.5	3	4	5	6	7
y_{min}	4	4	5	6	7.5/11[①]	9/13[①]	12/15[①]
$l_1 \pm 1$	$l_2+2.0$	$l_2+2.2$	$l_2+2.4$	$l_2+2.8$	$l_2+3.6$	$l_2+3.9$	$l_2+4.7$

内螺纹螺柱（ID）尺寸

d_1	10	10	12	14.6	14.6	16	18
D_6	M5	M6	M8	M8	M10	M10	M12
d_3	13	13	16	18.5	18.5	21	23
b	7	9	9.5	15	15	15	18
h_4	4	4	5	6	6	7	7
l_2	15	15	20	25	25	25	30
$l_1 \pm 1$	$l_2+2.8$	$l_2+2.8$	$l_2+3.4$	$l_2+3.9$	$l_2+3.9$	$l_2+3.9$	$l_2+4.2$

① 斜划（/）后的尺寸适用于 GB/T 902.2—2010 中表5斜划后的磁环。

表 3-96　储能焊用焊接螺柱的型式和尺寸（摘自 GB/T 902.3—2008）

（单位：mm）

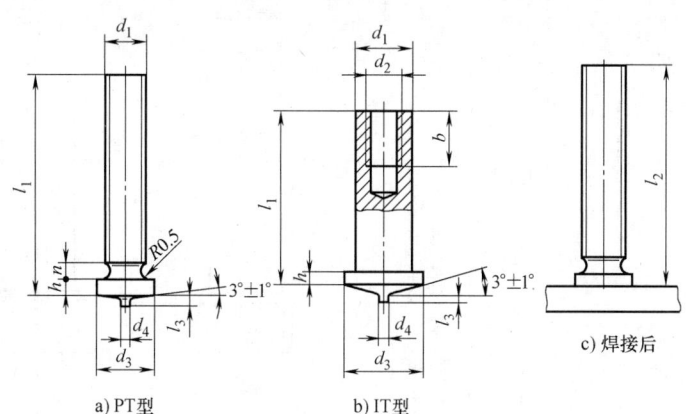

a) PT型　　　b) IT型　　　c) 焊接后

标记示例：

螺纹规格 d＝M4、长度 l_2＝20mm、性能等级为 4.8 级、电镀铜表面处理的焊接螺柱（PT 型）的标记为：

焊接螺柱　GB/T 902.3　M4×20　PT

公称直径 d_1＝5mm、螺纹规格 d_2＝M3、长度 l_2＝20mm、性能等级为 4.8 级、电镀铜表面处理的内螺纹焊接螺柱（IT 型）的标记为：

焊接螺柱　GB/T 902.3　5×M3×20　IT

注：$l_2 \approx l_1 - 0.3$mm

d_1	PT	M3	M4	M5	M6	M8
	IT（$d_1 \pm 0.1$）	5	6	7.1	—	—
	d_2	M3	M4	M5	—	—
$l_1^{①}$	PT	6~20	8~25	10~30		12~30
	IT	10~25	12~20	12~25	—	—
$d_3 \pm 0.2$	PT	4.5	5.5	6.5	7.5	9
	IT	6.5	7.5	9	—	—
$d_4 \pm 0.08$	PT	0.6	0.65	0.75		
	IT	0.75			—	—
$l_3 \pm 0.05$	PT	0.55		0.80		0.85
	IT	0.80		0.85	—	—
h	PT	0.7~1.4		0.8~1.4		
	IT	0.8~1.4			—	—
n　max		1.5		2		3
b		5	6	7.5	—	—

注：其他长度由双方协议，但 l_1 最小值应大于等于 $1.5d_1$。

① 公称长度 l（mm）系列为 6~12（2 进位）、16、20、25、30。

表 3-97　短周期电弧螺柱焊用焊接螺柱的型式和尺寸（摘自 GB/T 902.4—2010）

（单位：mm）

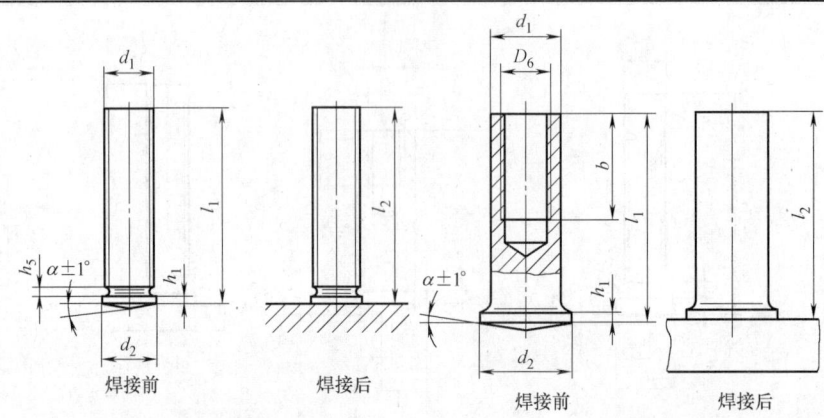

a) 带法兰的螺纹螺柱(PS型)　　　　　b) 内螺纹螺柱(IS型)

标记示例：

公称直径 d_1 = M4、长度 l_2 = 20mm、性能等级为 4.8 级、经电镀铜表面处理（电镀 Cu、3、半光亮-无色）的短周期电弧螺柱焊用带法兰的螺纹螺柱（PS 型）的标记为：

焊接螺柱　GB/T 902.4　PS　M4×20　C1E

内螺纹直径 D_6 = M4、长度 l_2 = 20mm、性能等级为 4.8 级、经电镀铜表面处理（电镀 Cu、3、半光亮-无色）的短周期电弧螺柱焊用内螺纹螺柱（IS 型）的标记为：

焊接螺柱　GB/T 902.4　IS　M4×20　C1E

注：α=7°，用于单板厚度≥2mm 且焊接时间>60ms 时，α 角可增加到 14°；l_2（焊后长度）由 l_1 及焊接能量确定；对 IS 型，孔的深度由制造者确定

d_1	PS[1]	M3	M4	M5	M6	M8	M10
	IS(d_1±0.1)	5.0	6.0	7.1	8.0	—	—
	D_6	M3	M4	M5	M6	—	—
l_1[2]	PS	6~20	8~25	10~16	20~30	12~40	16~40
	IS	10~16	10~20		16~25	—	—
d_2±0.2	PS	4	5	6	7	9	11
	IS	6.0	7.0	9.0		—	—
h_1	PS	0.7~1.4				0.8~1.4	
	IS	0.7~1.4		0.8~1.4		—	—
h_5	max	0.6		1.0		1.5	2.0
b	min	5	6(l_1>12)	10(l_1>16)		—	—

① 对 PS 型，使用其他螺纹应经协议。

② 公称长度 l(mm) 系列为 6、8、10、12、16、20、25、30、35、40。

2.4.4　螺杆（见表 3-98）

表 3-98　螺杆的型式和尺寸（摘自 GB/T 15389—1994）　（单位：mm）

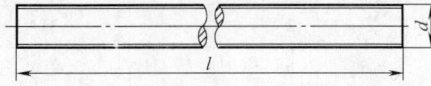

标记示例：

螺纹规格 d = M10、公称长度 l = 1000mm、性能等级为 4.8 级、不经表面处理的螺杆的标记为：

螺杆　GB/T 15389　M10×1000

（续）

螺纹规格 （6g）	d	M4	M5	M6	M8	M10	M12	（M14）	M16	（M18）
	$d×P$	—	—	—	M8×1	M10×1	M12×1.5	（M14×1.5）	M16×1.5	（M18×1.5）
		—	—	—	—	（M10×1.25）	（M12×1.25）	—	—	—

螺纹规格 （6g）	d	M20	（M22）	M24	（M27）	M30	（M33）	M36	（M39）	M42
	$d×P$	M20×1.5	（M22×1.5）	M24×2	（M27×2）	M30×2	（M33×2）	M36×3	（M39×3）	M42×3
		—	—	—	—	—	—	—	—	—

注：1. 尽可能不采用括号内的规格。

　　2. 螺杆长度 l（mm）系列为 1000、2000、3000、4000。

2.5　螺母

2.5.1　品种、规格及技术要求（见表3-99）

表 3-99　螺母的品种、规格及技术要求

序号	名称及标准号	规格范围	产品等级	螺纹公差	材料及性能等级	表面处理
1	1型六角螺母　C级[①] GB/T 41—2016	M5~M64	C级	7H	钢： M5<D≤M39：5； D>M39：按协议	1) 不经处理 2) 电镀 3) 非电解锌片涂层 4) 热浸镀锌层
2	1型六角螺母[①] GB/T 6170—2015	M1.6~M64	D≤M16，A级； D>M16，B级	6H	钢： D<M5：按协议 M5≤D≤M16：6、8、10（QT） M16<D≤M39：6、8（QT）、10（QT） D>M39：按协议	1) 不经处理 2) 电镀 3) 非电解锌片涂层 4) 热浸镀锌层
					不锈钢： D≤M24：A2-70、A4-70 M24<D≤M39：A2-50、A4-50 D>M39：按协议	1) 简单处理 2) 钝化处理
					有色金属 CU2、CU3、AL4	1) 简单处理 2) 电镀
3	1型六角螺母　细牙[①] GB/T 6171—2016	M8~M64	D≤M16，A级； D>B16，B级	6H	钢： M8≤D≤M16：6、8（QT）、10（QT） M16<D≤M39：6（QT）、8（QT） D>M39：按协议	1) 不经处理 2) 电镀 3) 非电解锌片涂层
					不锈钢： D≤M24：A2-70、A4-70 M24<D≤M39：A2-50、A4-50 D>M39：按协议	1) 简单处理 2) 钝化处理
					有色金属： CU2、CU3、AL4	1) 简单处理 2) 电镀

（续）

序号	名称及标准号	规格范围	产品等级	螺纹公差	材料及性能等级	表面处理
4	2 型六角螺母[①] GB/T 6175—2016	M5～M36	$D \leq$ M16，A 级；$D >$ M16，B 级	6H	钢： 10（QT）、12（QT）	1）不经处理 2）电镀 3）非电解锌片涂层 4）热浸镀锌层
5	六角螺母　细牙[①] GB/T 6176—2016	M8～M36	$D \leq$ M16，A 级；$D >$ M16，B 级	6H	钢： M8 $\leq D \leq$ 16：8、10（QT）、12（QT） M16$< D \leq$ M36：10（QT）	1）不经处理 2）电镀 3）非电解锌片涂层
6	2 型六角法兰面螺母[①] GB/T 6177.1—2016	M5～M20	$D \leq$ M16，A 级；$D >$ M16，B 级	6H	钢： 8、10（QT）、12（QT）	1）不经处理 2）电镀 3）非电解锌片涂层 4）热浸镀锌层
					不锈钢： A2-70	1）简单处理 2）钝化处理
7	2 型六角法兰面螺母　细牙[①] GB/T 6177.2—2000	M8×1～M20×1.5	$D \leq$ M16，A 级；$D >$ M16，B 级	6H	钢： 8、10（QT）、12（QT）	1）不经处理 2）电镀 3）非电解锌片涂层
					不锈钢： A2-70	1）简单处理 2）钝化处理
8	六角薄螺母[①] GB/T 6172.1—2016	M1.6～M64	$D \leq$ M16，A 级；$D >$ M16，B 级	6H	钢： $D <$ M5：按协议 M5 $\leq D \leq$ M39：04、05（QT） $D >$ M39：按协议	1）不经处理 2）电镀 3）非电解锌片涂层 4）热浸镀锌
					不锈钢： 　$D \leq$ M24：A2-035、A4-035 　M24 $\leq D \leq$ M39：A2-025、A4-025 $D >$ M39：按协议	1）简单处理 2）钝化处理
					有色金属： CU2、CU3、AL4	1）简单处理 2）电镀
9	六角薄螺母　细牙[①] GB/T 6173—2015	M8×1～M64×4	$D \leq$ M16，A 级；$D >$ M16，B 级	6H	钢： $D \leq$ M39：04、05（QT） $D >$ M39：按协议	1）不经处理 2）电镀 3）非电解锌片涂层
					不锈钢： 　$D \leq$ M24：A2-035、A4-035 　M24 $< D \leq$ M39：A2-025、A4-025 $D >$ M39：按协议	1）简单处理 2）钝化处理
					有色金属： CU2、CU3、AL4	1）简单处理 2）电镀

（续）

序号	名称及标准号	规格范围	产品等级	螺纹公差	材料及性能等级	表面处理
10	六角薄螺母　无倒角① GB/T 6174—2016	M1.6~M10	B 级	6H	钢：110 HV30	1）不经处理 2）电镀 3）非电解锌片涂层
					有色金属： CU2、CU3、AL4	1）简单处理 2）电镀
11	六角厚螺母 GB/T 56—1988	M16~M48	B 级	6H	钢： 5、8、10	1）不经处理 2）氧化
12	1 型六角开槽螺母 C 级① GB/T 6179—1986	M5~M36	C 级	7H	钢： 4、5	1）不经处理 2）镀锌钝化
13	1 型六角开槽螺母 A 和 B 级① GB/T 6178—1986	M4~M36	D≤M16，A 级；D>M16，B 级	6H	钢： 6、8、10	1）不经处理 2）镀锌钝化
14	1 型六角开槽螺母 细牙 A 和 B 级 GB/T 9457—1988	M8×1~M36×3	D≤M16，A 级；D>M16，B 级	6H	钢： 6、8、10(D≤16)	1）氧化 2）不经处理 3）镀锌钝化
15	2 型六角开槽螺母 A 和 B 级① GB/T 6180—1986	M5~M36	D≤M16，A 级；D>M16，B 级	6H	钢： 9、12	1）氧化 2）镀锌钝化
16	2 型六角开槽螺母 细牙 A 和 B 级 GB/T 9458—1988	M8×1~M36×3	D≤M16，A 级；D>M16，B 级	6H	钢： 8(D≤16)、10	1）氧化 2）镀锌钝化
17	六角开槽薄螺母 A 和 B 级① GB/T 6181—1986	M5~M36	D≤M16，A 级；D>M16，B 级	6H	钢： 04、05	1）不经处理 2）镀锌钝化
					不锈钢： A2-50	不经处理
18	六角开槽薄螺母 细牙 A 和 B 级 GB/T 9459—1988	M8×1~M36×3	D≤M16，A 级；D>M16，B 级	6H	钢： 04、05	1）不经处理 2）镀锌钝化 3）氧化
19	精密机构用六角螺母① GB/T 18195—2000	M1~M1.4	F 级	5H	钢： 11H、14H	1）不经处理 2）电镀
					不锈钢： A1-50、A4-50	简单处理
20	球面六角螺母 GB/T 804—1988	M6~M48	D≤M16，A 级；D>M16，B 级	6H	钢 8、10	氧化

（续）

序号	名称及标准号	规格范围	产品等级	螺纹公差	材料及性能等级	表面处理
21	小六角特扁细牙螺母 GB/T 808—1988	M4×0.5 ~ M24×1	$D\leqslant$ M16×1，A级；$D>$ M16×1，B级	6H	钢： Q215、Q235 黄铜： HPb59-1	1）不经处理 2）镀锌钝化
22	1 型非金属嵌件六角锁紧螺母[①] GB/T 889.1—2015	M3~ M36	$D\leqslant$ M16，A级；$D>$M16，B级	6H	钢： $D<$M5：按协议 M5$\leqslant D\leqslant$M16：5、8、10（QT） M16$<D\leqslant$M36：5、8（QT）、10（QT）	1）不经处理 2）电镀 3）非电解锌片涂层
23	1 型非金属嵌件六角锁紧螺母 细牙[①] GB/T 889.2—2016	M8×1 ~ M36×3	$D\leqslant$M16，A级；$D>$M16，B级	6H	钢： M8$\leqslant D\leqslant$M16：6、8（QT）、10（QT） M16$<D\leqslant$M36：6（QT）、8（QT）、10（QT）	1）不经处理 2）电镀 3）非电解锌片涂层
24	1 型全金属六角锁紧螺母[①] GB/T 6184—2000	M5~ M36	$D\leqslant$M16，A级；$D>$M16，B级	6H	钢： 5、8、10	1）氧化 2）电镀
25	2 型非金属嵌件六角锁紧螺母[①] GB/T 6182—2016	M5~ M36	$D\leqslant$M16，A级；$D>$M16，B级	6H	钢： 10（QT）、12（QT）	1）不经处理 2）电镀 3）非电解锌片涂层
26	2 型全金属六角锁紧螺母[①] GB/T 6185.1—2016	M5~ M36	$D\leqslant$M16，A级；$D>$M16，B级	6H	钢： 5、8、10（QT）、12（QT）	1）不经处理 2）电镀 3）非电解锌片涂层 4）热浸镀锌层
27	2 型全金属六角锁紧螺母 细牙[①] GB/T 6185.2—2016	M8×1 ~ M36×3	$D\leqslant$M16，A级；$D>$M16，B级	6H	钢： M8$\leqslant D\leqslant$M16：8、10（QT）、12（QT） M16$<D\leqslant$M36：8（QT）、10（QT）	1）不经处理 2）电镀 3）非电解锌片涂层
28	2 型全金属六角锁紧螺母[①] GB/T 6186—2000	M5~ M36	$D\leqslant$M16，A级；$D>$M16，B级	6H	钢： 9	1）氧化 2）电镀
29	非金属嵌件六角锁紧螺母[①] GB/T 6172.2—2000	M3~ M36	$D\leqslant$M16，A级；$D>$M16，B级	6H	钢： 04、05	1）不经处理 2）电镀
30	非金属嵌件六角法兰面锁紧螺母[①] GB/T 6183.1—2016	M5~ M20	$D\leqslant$M16，A级；$D>$M16，B级	6H	钢： 8、10（QT）	1）不经处理 2）电镀 3）非电解锌片涂层

（续）

序号	名称及标准号	规格范围	产品等级	螺纹公差	材料及性能等级	表面处理
31	非金属嵌件六角法兰面锁紧螺母　细牙① GB/T 6183.2—2016	M8×1 ~ M20×1.5	D≤M16, A 级; D>M16, B 级	6H	钢: M8≤D≤M16:6、8、10 (QT) M16<D≤M20:6(QT)、8(QT)、10(QT)	1)不经处理 2)电镀 3)非电解锌层涂层
32	全金属六角法兰面锁紧螺母① GB/T 6187.1—2016	M5 ~ M20	D≤M16, A 级; D>M16, B 级	6H	钢: 8、10(QT)、12(QT)	1)不经处理 2)电镀 3)非电解锌片涂层
33	全金属六角法兰面锁紧螺母　细牙① GB/T 6187.2—2000	M8×1 ~ M20×1.5	D≤M16, A 级; D>M16, B 级	6H	钢: M8≤D≤M16:6、8、10 (QT) M16<D≤M20:6(QT)、8(QT)、10(QT)	1)不经处理 2)电镀 3)非电解锌片涂层
34	方螺母　C 级 GB/T 39—1988	M3 ~ M24	C 级	7H	钢: 4、5	1)不经处理 2)镀锌钝化
35	圆螺母 GB/T 812—1988	M10×1 ~ M200×3	—	6H	45 钢: 1)槽或全部热处理后35~45HRC 2)调质 24~30HRC	氧化
36	小圆螺母 GB/T 810—1988	M10×1 ~ M200×3	—	6H	45 钢: 1)槽或全部热处理后35~45HRC 2)调质 24~30HRC	氧化
37	端面带孔圆螺母 GB/T 815—1988	M2 ~ M10	A 级	6H	钢: Q235	1)氧化 2)镀锌钝化
38	侧面带孔圆螺母 GB/T 816—1988	M2 ~ M10	A 级	6H	钢: Q235	1)氧化 2)镀锌钝化
39	带槽圆螺母 GB/T 817—1988	M1.4 ~ M12	A 级	6H	钢: Q235	1)不经处理 2)氧化 3)镀锌钝化
40	嵌装圆螺母 GB/T 809—1988	M2 ~ M12	—	6H	黄铜: H62、HPb59-1	—
41	焊接六角螺母① GB/T 13681—1992	M4 ~ M16	A 级	6G	钢(w_C≤0.25%)具有可焊性	1)不经处理 2)镀锌钝化
42	焊接方螺母① GB/T 13680—1992	M4 ~ M16	A 级	6G	钢(w_C≤0.25%)具有可焊性	1)不经处理 2)镀锌钝化
43	蝶形螺母　圆翼① GB/T 62.1—2004②	M2 ~ M24	—	7H	钢: Q215、Q235、KHT300-6	1)氧化 2)电镀
					保证扭矩: I 级不锈钢:12Cr18Ni9	简单处理
44	蝶形螺母　方翼① GB/T 62.2—2004②	M3 ~ M20	—	7H	有色金属:H62 保证扭矩: II 级	简单处理

（续）

序号	名称及标准号	规格范围	产品等级	螺纹公差	材料及性能等级	表面处理
45	蝶形螺母 冲压① GB/T 62.3—2004②	M3～M10	—	7H	钢:Q215、Q235 保证扭矩:A 型,Ⅱ级; B 型,Ⅲ级)	1)氧化 2)电镀
46	蝶形螺母 压铸 GB/T 62.4—2004②	M3～M10	—	7H	锌合金:ZZnAlCu3 保证扭矩:Ⅱ级	—
47	环形螺母① GB/T 63—1988	M3～M24	—	6H	钢:5、6	1)氧化 2)镀锌钝化
48	盖形螺母 GB/T 923—2009	M4～M24	$D \leqslant$M16,A 级,$D>$M16,B 级	6H	钢:6	1)氧化 2)电镀 3)非电解锌片涂层 4)热浸镀锌
					不锈钢:A1-50	简单处理
					有色金属:CU3 或 CU6 (由制造者选择)	1)简单处理 2)电镀
49	组合式盖形螺母① GB/T 802.1—2008	M4～M24	$D \leqslant$M16,A 级;$D>$M16,B 级	6H	钢:6、8	1)氧化 2)电镀 3)非电解锌片涂层
					不锈钢:A2-50、A2-70、A4-50、A4-70	简单处理
					有色金属:CU2、CU3、AL4	简单处理
50	六角法兰面盖形螺母 焊接型① GB/T 802.3—2009	M4～M24	$D \leqslant$M16,A 级;$D>$M16,B 级	6H	钢:6、8	1)氧化 2)电镀 3)非电解锌片涂层 4)热浸镀锌
					不锈钢:A2-50、A2-70、A4-50、A4-70	简单处理
51	六角低球面盖形螺母 焊接型① GB/T 802.4—2009	M4～M64	$D \leqslant$M16,A 级;$D>$M16,B 级	6H	钢:5、6	1)氧化 2)电镀 3)非电解锌片涂层 4)热浸镀锌
					不锈钢:A1-50	简单处理
					有色金属:CU3 或 CU6	1)简单处理 2)电镀
52	非金属嵌件六角锁紧盖形螺母 焊接型① GB/T 802.5—2009	M4～M20	$D \leqslant$M16,A 级;$D>$M16,B 级	6H	钢:5、6(仅适用细牙螺母)、8、10	1)氧化 2)电镀 3)非电解锌片涂层
53	扣紧螺母① GB/T 805—1988	M6～M48	—	—	钢:65Mn 淬火并回火 30～40HRC	1)氧化 2)镀锌钝化

（续）

序号	名称及标准号	规格范围	产品等级	螺纹公差	材料及性能等级	表面处理
54	滚花高螺母 GB/T 806—1988	M1.6~ M10	A 级	6H	钢：5	1) 不经处理 2) 镀锌钝化
55	滚花薄螺母 GB/T 807—1988	M1.4~ M10	A 级	6H	钢：5	1) 不经处理 2) 镀锌钝化
56	平头铆螺母 GB/T 17880.1—1999	M3~M12 M10×1 M12×1.5	—	6H	钢：08F，ML10	电镀锌
					铝合金：5056、6061	不经处理
57	沉头铆螺母 GB/T 17880.2—1999	M3~M12 M10×1 M12×1.5	—	6H	钢：08F，ML10	电镀锌
					铝合金：5056、6061	不经处理
58	小沉头铆螺母 GB/T 17880.3—1999	M3~M12 M10×1 M12×1.5	—	6H	钢：08F、ML10	电镀锌
59	120°小沉头铆螺母 GB/T 17880.4—1999	M3~M12 M10×1 M12×1.5	—	6H	钢：08F、ML10	电镀锌
60	平头六角铆螺母 GB/T 17880.5—1999	M3~M12 M10×1 M12×1.5	—	6H	钢：08F、ML10	电镀锌

注：QT 表示淬火并回火。
① 商品紧固件品种，应优先选用。
② GB/T 62.1—2004～GB/T 62.4—2004 中所引用的牌号部分已经更新，用户引用该标准时应予以注意。

2.5.2　B 级六角螺母（见表 3-100～表 3-111）

表 3-100　1 型六角螺母的型式、优选的螺纹规格及尺寸（摘自 GB/T 6170—2015）

（单位：mm）

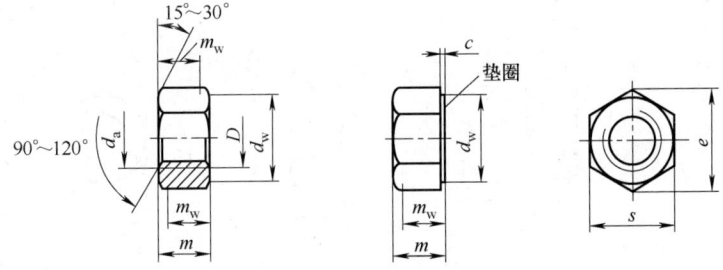

注：要求垫圈面型式时，应在订单中注明
标记示例：
螺纹规格为 M12、性能等级为 8 级、表面不经处理、产品等级为 A 级的 1 型六角螺母的标记为：
螺母　GB/T 6170　M12

（续）

螺纹规格（D）		M1.6	M2	M2.5	M3	M4	M5	M6	M8	M10	M12
P[①]		0.35	0.4	0.45	0.5	0.7	0.8	1	1.25	1.5	1.75
c	max	0.20	0.20	0.30	0.40	0.40	0.50	0.50	0.60	0.60	0.60
	min	0.10	0.10	0.10	0.15	0.15	0.15	0.15	0.15	0.15	0.15
d_a	max	1.84	2.30	2.90	3.45	4.60	5.75	6.75	8.75	10.80	13.00
	min	1.60	2.00	2.50	3.00	4.00	5.00	6.00	8.00	10.00	12.00
d_w min		2.40	3.10	4.10	4.60	5.90	6.90	8.90	11.60	14.60	16.60
e min		3.41	4.32	5.45	6.01	7.66	8.79	11.05	14.38	17.77	20.03
m	max	1.30	1.60	2.00	2.40	3.20	4.70	5.20	6.80	8.40	10.80
	min	1.05	1.35	1.75	2.15	2.90	4.40	4.90	6.44	8.04	10.37
m_w min		0.80	1.10	1.40	1.70	2.30	3.50	3.90	5.20	6.40	8.30
s	公称=max	3.20	4.00	5.00	5.50	7.00	8.00	10.0	13.00	16.00	18.00
	min	3.02	3.82	4.82	5.32	6.78	7.78	9.78	12.73	15.73	17.73
螺纹规格（D）		M16	M20	M24	M30	M36	M42	M48	M56	M64	
P[①]		2	2.5	3	3.5	4	4.5	5	5.5	6	
c	max	0.80	0.80	0.80	0.80	0.80	1.00	1.00	1.00	1.00	
	min	0.20	0.20	0.20	0.20	0.20	0.30	0.30	0.30	0.30	
d_a	max	17.30	21.60	25.90	32.40	38.90	45.40	51.80	60.50	69.10	
	min	16.00	20.00	24.00	30.00	36.00	42.00	48.00	56.00	64.00	
d_w min		22.50	27.70	33.30	42.80	51.10	60.00	69.50	78.70	88.20	
e min		26.75	32.95	39.55	50.85	60.79	71.30	82.60	93.56	104.86	
m	max	14.80	18.00	21.50	25.60	31.00	34.00	38.00	45.00	51.00	
	min	14.10	16.90	20.20	24.30	29.40	32.40	36.40	43.40	49.10	
m_w min		11.30	13.50	16.20	19.40	23.50	25.90	29.10	34.70	39.30	
s	公称=max	24.00	30.00	36.00	46.00	55.00	65.00	75.00	85.00	95.00	
	min	23.67	29.16	35.00	45.00	53.80	63.10	73.10	82.80	92.80	

① P 为螺距。

表 3-101　1 型细牙六角标准螺母的型式、优选的螺纹规格及尺寸（摘自 GB/T 6171—2016）

（单位：mm）

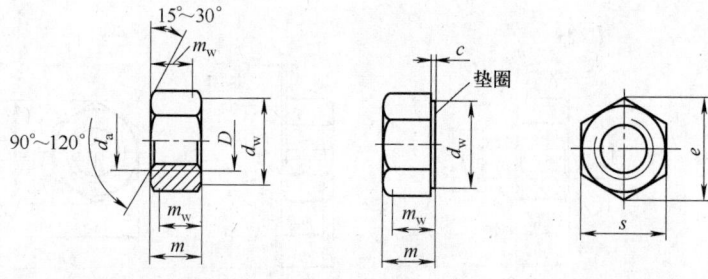

注：要求垫圈面型式时，应在订单中注明

标记示例：

螺纹规格 D = M12×1.5、性能等级为 8 级、表面不经处理、A 级 1 型六角细牙螺母的标记为：

螺母 GB/T 6171　M12×1.5

（续）

螺纹规格 (D×P)		M8× 1	M10× 1	M12× 1.5	M16× 1.5	M20× 1.5	M24× 2	M30× 2	M36× 3	M42× 3	M48× 3	M56× 4	M64× 4
c	max	0.60	0.60	0.60	0.80	0.80	0.80	0.80	0.80	1.00	1.00	1.00	1.00
	min	0.15	0.15	0.15	0.20	0.20	0.20	0.20	0.20	0.30	0.30	0.30	0.30
d_a	max	8.75	10.80	13.00	17.30	21.60	25.90	32.40	38.90	45.40	51.80	60.50	69.10
	min	8.00	10.00	12.00	16.00	20.00	24.00	30.00	36.00	42.00	48.00	56.00	64.00
d_w	min	11.63	14.63	16.63	22.49	27.70	33.25	42.75	51.11	59.95	69.45	78.66	88.16
e	min	14.38	17.77	20.03	26.75	32.95	39.55	50.85	60.79	71.30	82.60	93.56	104.86
m	max	6.80	8.40	10.80	14.80	18.00	21.50	25.60	31.00	34.00	38.00	45.00	51.00
	min	6.44	8.04	10.37	14.10	16.90	20.20	24.30	29.40	32.40	36.40	43.40	49.10
m_w	min	5.15	6.43	8.30	11.28	13.52	16.16	19.44	23.52	25.92	29.12	34.72	39.28
s	公称=max	13.00	16.00	18.00	24.00	30.00	36.00	46.00	55.00	65.00	75.00	85.00	95.00
	min	12.73	15.73	17.73	23.67	29.16	35.00	45.00	53.80	63.10	73.10	82.80	92.80

表 3-102　2 型六角螺母的型式和尺寸（摘自 GB/T 6175—2016）

（单位：mm）

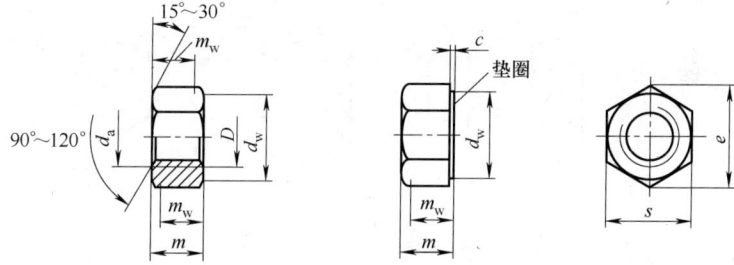

注：要求垫圈面型式时，应在订单中注明

标记示例：

螺纹规格为 M12、性能等级为 10 级、表面不经处理、产品等级为 A 级的 2 型六角螺母的标记：

螺母　GB/T 6175　M12

螺纹规格(D)		M5	M6	M8	M10	M12	(M14)[①]
P		0.8	1	1.25	1.5	1.75	2
c	max	0.50	0.50	0.60	0.60	0.60	0.60
d_a	max	5.75	6.75	8.75	10.80	13.00	15.10
	min	5.00	6.00	8.00	10.00	12.00	14.00
d_w	min	6.90	8.90	11.60	14.60	16.60	19.60
e	min	8.79	11.05	14.38	17.77	20.03	23.36
m	max	5.10	5.70	7.50	9.30	12.00	14.10
	min	4.80	5.40	7.14	8.94	11.57	13.40
m_w	min	3.84	4.32	5.71	7.15	9.26	10.70
s	max	8.00	10.00	13.00	16.00	18.00	21.00
	min	7.78	9.78	12.73	15.73	17.73	20.67

螺纹规格(D)	M16	M20	M24	M30	M36
P[②]	2	2.5	3	3.5	4
c　max	0.80	0.80	0.80	0.80	0.80

（续）

螺纹规格（D）		M16	M20	M24	M30	M36
d_a	max	17.30	21.60	25.90	32.40	38.90
	min	16.00	20.00	24.00	30.00	36.00
d_w	min	22.50	27.70	33.20	42.70	51.10
e	min	26.75	32.95	39.55	50.85	60.79
m	max	16.40	20.30	23.90	28.60	34.70
	min	15.70	19.00	22.60	27.30	33.10
m_w	min	12.60	15.20	18.10	21.80	26.50
s	max	24.00	30.00	36.00	46.00	55.00
	min	23.67	29.16	35.00	45.00	53.80

① 尽可能不采用括号内的规格。

② P 为螺距。

表 3-103　2 型细牙六角螺母的结构型式、优选的螺纹规格及尺寸（摘自 GB/T 6176—2016）

（单位：mm）

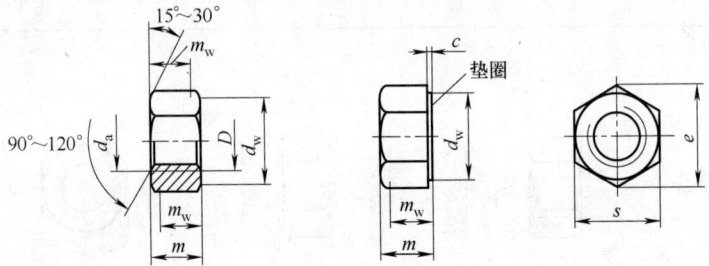

注：要求垫圈面型式时，应在订单中注明

标记示例：

螺纹规格为 M16×1.5、性能等级为 10 级、表面不经处理、产品等级为 A 级、细牙螺纹的 2 型六角螺母的标记：

　　螺母　GB/T 6176　M16×1.5

螺纹规格（D×P）		M8×1	M10×1	M12×1.5	M16×1.5	M20×1.5	M24×2	M30×2	M36×3
c	max	0.60	0.60	0.60	0.80	0.80	0.80	0.80	0.80
	min	0.15	0.15	0.15	0.20	0.20	0.20	0.20	0.20
d_a	max	8.75	10.80	13.00	17.30	21.60	25.90	32.40	38.90
	min	8.00	10.00	12.00	16.00	20.00	24.00	30.00	36.00
d_w	min	11.63	14.63	16.63	22.49	27.70	33.25	42.75	51.11
e	min	14.38	17.77	20.03	26.75	32.95	39.55	50.85	60.79
m	max	7.50	9.30	12.00	16.40	20.30	23.90	28.60	34.70
	min	7.14	8.94	11.57	15.70	19.00	22.60	27.30	33.10
m_w	min	5.71	7.15	9.26	12.56	15.20	18.08	21.84	26.48
s	公称=max	13.00	16.00	18.00	24.00	30.00	36.00	46.00	55.00
	min	12.73	15.73	17.73	23.67	29.16	35.00	45.00	53.80

表 3-104　六角薄螺母的型式、优选的螺纹规格及尺寸（摘自 GB/T 6172.1—2016）

（单位：mm）

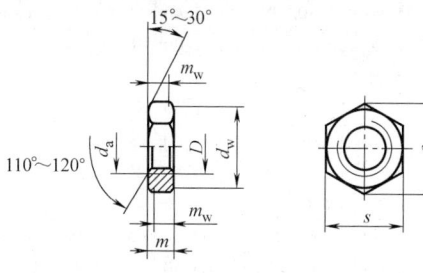

标记示例：

螺纹规格为 M12、性能等级为 04 级、表面不经处理、产品等级为 A 级、倒角的六角薄螺母的标记为：

螺母　GB/T 6172.1　M12

螺纹规格（D）		M1.6	M2	M2.5	M3	M4	M5	M6	M8	M10	M12
P[①]		0.35	0.4	0.45	0.5	0.7	0.8	1	1.25	1.5	1.75
d_a	max	1.84	2.30	2.90	3.45	4.60	5.75	6.75	8.75	10.80	13.00
	min	1.60	2.00	2.50	3.00	4.00	5.00	6.00	8.00	10.00	12.00
d_w	min	2.40	3.10	4.10	4.60	5.90	6.90	8.90	11.60	14.60	16.60
e	min	3.41	4.32	5.45	6.01	7.66	8.79	11.05	14.38	17.77	20.03
m	max	1.00	1.20	1.60	1.80	2.20	2.70	3.20	4.00	5.00	6.00
	min	0.75	0.95	1.35	1.55	1.95	2.45	2.90	3.70	4.70	5.70
m_w	min	0.60	0.80	1.10	1.20	1.60	2.00	2.3	3.0	3.8	4.60
s	公称 = max	3.20	4.00	5.00	5.50	7.00	8.00	10.00	13.00	16.00	18.00
	min	3.02	3.82	4.82	5.32	6.78	7.78	9.78	12.73	15.73	17.73
螺纹规格（D）		M16	M20	M24	M30	M36	M42	M48	M56	M64	
P[①]		2	2.5	3	3.5	4	4.5	5	5.5	6	
d_a	max	17.30	21.60	25.90	32.40	38.90	45.40	51.80	60.50	69.10	
	min	16.00	20.00	24.00	30.00	36.00	42.00	48.00	56.00	64.00	
d_w	min	22.50	27.70	33.20	42.80	51.10	60.00	69.50	78.70	88.20	
e	min	26.75	32.95	39.55	50.85	60.79	71.30	82.60	93.56	104.86	
m	max	8.00	10.00	12.00	15.00	18.00	21.00	24.00	28.00	32.00	
	min	7.42	9.10	10.90	13.90	16.90	19.70	22.70	26.70	30.40	
m_w	min	5.90	7.30	8.70	11.10	13.50	15.80	18.20	21.40	24.30	
s	公称 = max	24.00	30.00	36.00	46.00	55.00	65.00	75.00	85.00	95.00	
	min	23.67	29.16	35.00	45.00	53.80	63.10	73.10	82.80	92.80	

① P 为螺距。

表 3-105　细牙六角薄螺母的型式、优选的螺纹规格及尺寸（摘自 GB/T 6173—2015）

（单位：mm）

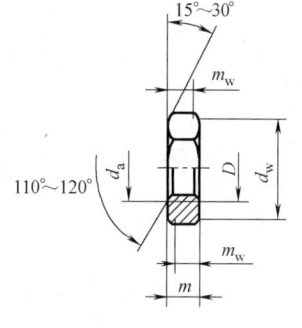

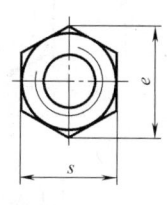

标记示例：

螺纹规格为 M16×1.5、性能等级为 05 级、表面不经处理、产品等级为 A 级、细牙螺纹、倒角的六角薄螺母的标记为：

螺母　GB/T 6173　M16×1.5

（续）

螺纹规格 (D×P)		M8× 1	M10× 1	M12× 1.5	M16× 1.5	M20× 1.5	M24× 2	M30× 2	M36× 3	M42× 3	M48× 3	M56× 4	M64× 4
d_a	max	8.75	10.80	13.00	17.30	21.60	25.90	32.40	38.90	45.40	51.80	60.50	69.10
	min	8.00	10.00	12.00	16.00	20.00	24.00	30.00	36.00	42.00	48.00	56.00	64.00
d_w	min	11.63	14.63	16.63	22.49	27.70	33.25	42.75	51.11	59.95	69.45	78.66	88.16
e	min	14.38	17.77	20.03	26.75	32.95	39.55	50.85	60.79	71.30	82.60	93.56	104.86
m	max	4.00	5.00	6.00	8.00	10.00	12.00	15.00	18.00	21.00	24.00	28.00	32.00
	min	3.70	4.70	5.70	7.42	9.10	10.90	13.90	16.90	19.70	22.70	26.70	30.40
m_w	min	2.96	3.76	4.56	5.94	7.28	8.72	11.12	13.52	15.76	18.16	21.36	24.32
s	公称＝max	13.00	16.00	18.00	24.00	30.00	36.00	46.00	55.00	65.00	75.00	85.00	95.00
	min	12.73	15.73	17.73	23.67	29.16	35.00	45.00	53.80	63.10	73.10	82.80	92.80

表 3-106　六角厚螺母的型式和尺寸（摘自 GB/T 56—1988）（单位：mm）

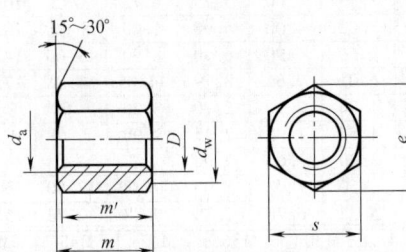

标记示例：
螺纹规格 D = M20、性能等级为 5 级、不经表面处理的六角厚螺母的标记为：
螺母　GB/T 56　M20

螺纹规格 (D)(6H)		M16	(M18)	M20	(M22)	M24	(M27)	M30	M36	M42	M48
d_a	max	17.30	19.5	21.6	23.7	25.9	29.1	32.4	38.9	45.4	51.8
d_w	min	22.5	24.8	27.7	31.4	33.2	38	42.7	51.1	60.6	69.4
e	min	26.17	29.56	32.95	37.29	39.55	45.2	50.85	60.79	72.09	82.6
s	max	24	27	30	34	36	41	46	55	65	75
	min	23.16	26.16	29.16	33	35	40	45	53.8	63.1	73.1
m	max	25	28	32	35	38	42	48	55	65	75
m'	min	19.33	21.73	24.32	26.72	29.12	32.32	37.12	42.48	50.48	58.48

注：尽可能不采用括号内的规格。

表 3-107　球面六角螺母的型式和尺寸（摘自 GB/T 804—1988）

（单位：mm）

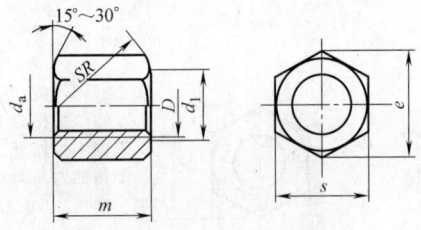

标记示例：
螺纹规格 D = M20、性能等级为 8 级、表面氧化的球面六角螺母的标记为：
螺母　GB/T 804　M20

（续）

螺纹规格(D)（6H）		M6	M8	M10	M12	M16	M20	M24	M30	M36	M42	M48
d_a　min		6	8	10	12	16	20	24	30	36	42	48
d_1		7.5	9.5	11.5	14	18	22	26	32	38	44	50
e　min		11.05	14.38	17.77	20.03	26.75	32.95	39.55	50.85	60.79	72.09	82.6
s	max	10	13	16	18	24	30	36	46	55	65	75
	min	9.78	12.73	15.73	17.73	23.67	29.16	35	45	53.8	63.8	73.1
m　max		10.29	12.35	16.35	20.42	25.42	32.5	38.5	48.5	55.6	65.6	75.6

注：A 级用于 $D \leqslant$ M16；B 级用于 $D>$ M16。

表 3-108　B 级无倒角六角薄螺母型式、优选的螺纹规格及尺寸（摘自 GB/T 6174—2016）

（单位：mm）

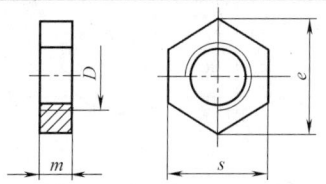

标记示例：

螺纹规格 D = M6、钢螺母硬度大于或等于为 110HV30、不经表面处理、产品等级为 B 级的无倒角六角薄螺母的标记为：

螺母　GB/T 6174　M6

螺纹规格(D)		M1.6	M2	M2.5	M3	(M3.5)[①]	M4	M5	M6	M8	M10
P[②]		0.35	0.4	0.45	0.5	0.6	0.7	0.8	1	1.25	1.5
e　min		3.28	4.18	5.31	5.88	6.44	7.50	8.63	10.89	14.20	17.59
m	max	1.00	1.20	1.60	1.80	2.00	2.20	2.70	3.20	4.00	5.00
	min	0.75	0.95	1.35	1.55	1.75	1.95	2.45	2.90	3.70	4.70
s	公称=max	3.20	4.00	5.00	5.50	6.00	7.00	8.00	10.00	13.00	16.00
	min	2.90	3.70	4.70	5.20	5.70	6.64	7.64	9.64	12.57	15.57

① 尽可能不采用括号内的规格。
② P 为螺距。

表 3-109　2 型六角法兰面螺母的型式和尺寸（摘自 GB/T 6177.1—2016）

（单位：mm）

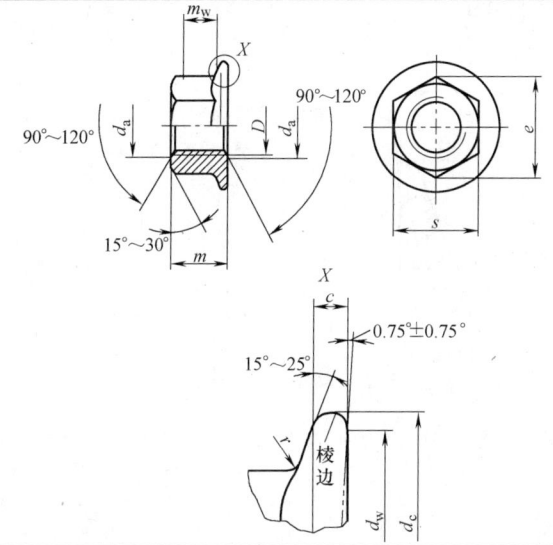

注：m_w 是扳拧高度,见表注；c 在 d_{wmin} 处测量；棱边形状由制造者任选

标记示例：

螺纹规格为 M12、性能等级为 10 级、表面不经处理、产品等级为 A 级的 2 型六角法兰面螺母的标记为：

螺母　GB/T 6177.1　M12

（续）

螺纹规格（D）	M5	M6	M8	M10	M12	(M14)[①]	M16	M20
P[②]		0.8	1	1.25	1.5	1.75	2	2	2.5
c　min		1.0	1.1	1.2	1.5	1.8	2.1	2.4	3.0
d_a	max	5.75	6.75	8.75	10.80	13.00	15.10	17.30	21.60
	min	5.00	6.00	8.00	10.00	12.00	14.00	16.00	20.00
d_c	max	11.8	14.2	17.9	21.8	26.0	29.9	34.5	42.8
d_w	min	9.8	12.2	15.8	19.6	23.8	27.6	31.9	39.9
e	min	8.79	11.05	14.38	16.64	20.03	23.36	26.75	32.95
m	max	5.00	6.00	8.00	10.00	12.00	14.00	16.00	20.00
	min	4.70	5.70	7.64	9.64	11.57	13.30	15.30	18.70
m_w	min	2.5	3.1	4.6	5.6	6.8	7.7	8.9	10.7
s	max	8.00	10.00	13.00	15.00	18.00	21.00	24.00	30.00
	min	7.78	9.78	12.73	14.73	17.73	20.67	23.67	29.16
r[③]	max	0.3	0.4	0.5	0.6	0.7	0.9	1.0	1.2

注：如产品通过了 GB/T 6177.1—2016 中附录 A 的检验，则应视为满足了尺寸 e、c 和 m_w 的要求。

① 尽可能不采用括号内的规格。

② P 为螺距。

③ r 适用于棱角和六角面。

表 3-110　2 型细牙六角法兰面螺母的型式和尺寸（摘自 GB/T 6177.2—2016）

（单位：mm）

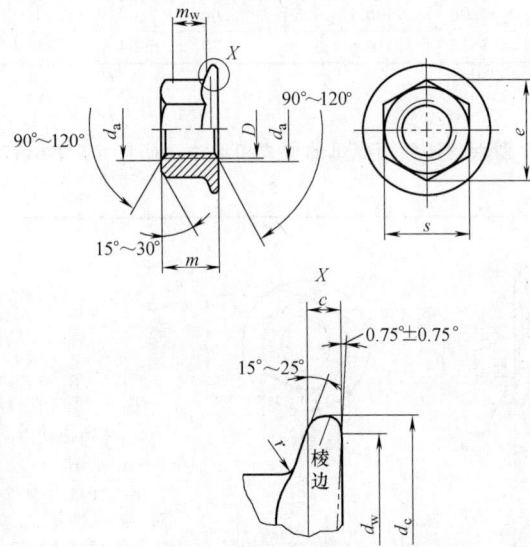

注：m_w 是扳拧高度，见表 1 注；c 在 d_{wmin} 处测量；棱边形状由制造者任选

标记示例：

螺纹规格为 M12×1.25、细牙螺纹、性能等级为 10 级、表面不经处理、产品等级为 A 级的 2 型六角法兰面螺母的标记为：

螺母　GB/T 6177.2　M12×1.25

（续）

螺纹规格 ($D \times P$[1])		M8×1	M10×1.25 (M10×1)[2]	M12×1.25 (M12×1.5)[2]	(M14×1.5)[2]	M16×1.5	M20×1.5
c	min	1.2	1.5	1.8	2.1	2.4	3.0
d_a	max	8.75	10.80	13.00	15.10	17.30	21.60
	min	8.00	10.00	12.00	14.00	16.00	20.00
d_c	max	17.9	21.8	26.0	29.9	34.5	42.8
d_w	min	15.8	19.6	23.8	27.6	31.9	39.9
e	min	14.38	16.64	20.03	23.36	26.75	32.95
m	max	8.00	10.00	12.00	14.00	16.00	20.00
	min	7.64	9.64	11.57	13.30	15.30	18.70
m_w	min	4.6	5.6	6.8	7.7	8.9	10.7
s	max	13.00	15.00	18.00	21.00	24.00	30.00
	min	12.73	14.73	17.73	20.67	23.67	29.16
r[3]	max	0.5	0.6	0.7	0.9	1.0	1.2

注：如产品通过了 GB/T 6177.2—2016 中附录 A 的检验，则应视为满足了尺寸 e、c 和 m_w 的要求。

[1] P 为螺距。

[2] 尽可能不采用括号内的规格。

[3] r 适用于棱角和六角面。

表 3-111　小六角特扁细牙螺母的型式和尺寸（摘自 GB/T 808—1988）

（单位：mm）

允许制造的型式

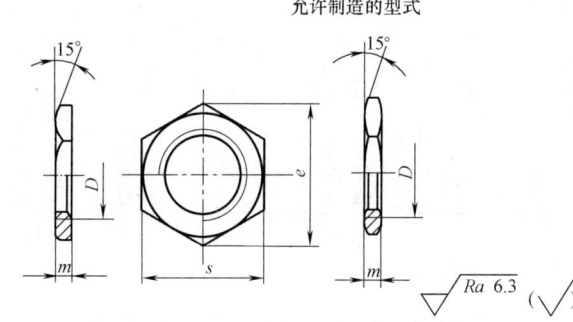

标记示例：

螺纹规格 D = M10×1、材料为 Q215、不经表面处理的小六角特扁细牙螺母的标记为：

螺母　GB/T 808　M10×1

$\sqrt{Ra\ 6.3}$　$(\sqrt{\ })$

螺纹规格($D \times P$)(6H)		M4×0.5	M5×0.5	M6×0.75	M8×1	M8×0.75	M10×1	M10×0.75	M12×1.25	M12×1
e	min	7.66	8.79	11.05	13.25	13.25	15.51	15.51	18.90	18.90
s	max	7	8	10	12	12	14	14	17	17
	min	6.78	7.78	9.78	11.73	11.73	13.73	13.73	16.73	16.73
m	max	1.7	1.7	2.4	3	2.4	3	2.4	3.74	3
	min	1.3	1.3	2	2.6	2	2.6	2	3.26	2.6
螺纹规格($D \times P$)(6H)		M14×1	M16×1.5	M16×1	M18×1.5	M18×1	M20×1	M22×1	M24×1.5	M24×1
e	min	21.10	24.49	24.49	26.75	26.75	30.14	33.53	35.72	35.72
s	max	19	22	22	24	24	27	30	32	32
	min	18.67	21.67	21.67	23.16	23.16	26.16	29.16	31	31
m	max	3.2	4.24	3.2	4.24	3.44	3.74	3.74	4.24	3.74
	min	2.8	3.76	2.8	3.76	2.96	3.26	3.26	3.76	3.26

2.5.3 1型C级六角螺母（见表3-112）

表3-112 1型C级六角螺母的型式、优选的螺纹规格及尺寸（摘自 GB/T 41—2016）

（单位：mm）

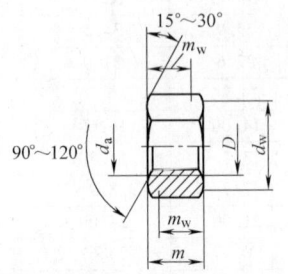
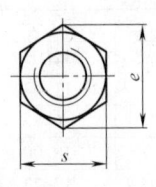

标记示例：
螺纹规格 $D = M12$、性能等级为 5 级、不经表面处理、产品等级为 C 级的 1 型六角螺母的标记为：
螺母 GB/T 41 M12

螺纹规格(D)		M5	M6	M8	M10	M12	M16	M20
$P^{①}$		0.8	1	1.25	1.5	1.75	2	2.5
d_w	min	6.70	8.70	11.50	14.50	16.50	22.00	27.70
e	min	8.63	10.89	14.20	17.59	19.85	26.17	32.95
m	max	5.60	6.40	7.90	9.50	12.20	15.90	19.00
	min	4.40	4.90	6.40	8.00	10.40	14.10	16.90
m_w	min	3.50	3.70	5.10	6.40	8.30	11.30	13.50
s	公称＝max	8.00	10.00	13.00	16.00	18.00	24.00	30.00
	min	7.64	9.64	12.57	15.57	17.57	23.16	29.16
螺纹规格(D)		M24	M30	M36	M42	M48	M56	M64
$P^{①}$		3	3.5	4	4.5	5	5.5	6
d_w	min	33.30	42.80	51.10	60.00	69.50	78.70	88.20
e	min	39.55	50.85	60.79	71.30	82.60	93.56	104.86
m	max	22.30	26.40	31.90	34.90	38.90	45.90	52.40
	min	20.20	24.30	29.40	32.40	36.40	43.40	49.40
m_w	min	16.20	19.40	23.20	25.90	29.10	34.70	39.50
s	公称＝max	36.00	46.00	55.00	65.00	75.00	85.00	95.00
	min	35.00	45.00	53.80	63.10	73.10	82.80	92.80

① P 为螺距。

2.5.4 六角开槽螺母（见表3-113～表3-119）

表3-113 A和B级1型六角开槽螺母的型式和尺寸（摘自 GB/T 6178—1986）

（单位：mm）

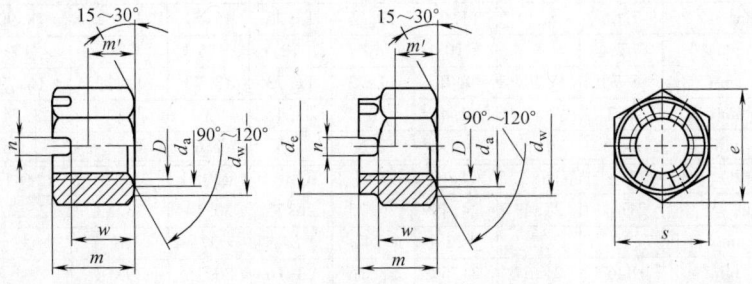

注：槽的底部允许制成平底；($m-w$)长度内允许制成喇叭形的螺纹孔；六角与螺母开槽端的端面交接处允许有圆钝

（续）

螺纹规格（D）		M4	M5	M6	M8	M10	M12	(M14)	M16	M20	M24	M30	M36
d_a	max	4.6	5.75	6.75	8.75	10.8	13	15.1	17.3	21.6	25.9	32.4	38.9
	min	4	5	6	8	10	12	14	16	20	24	30	36
d_e	max	—	—	—	—	—	—	—	—	28	34	42	50
	min	—	—	—	—	—	—	—	—	27.16	33	41	49
d_w	min	5.9	6.9	8.9	11.6	14.6	16.6	19.6	22.5	27.7	33.2	42.7	51.1
e	min	7.66	8.79	11.05	14.38	17.77	20.03	23.35	26.75	32.95	39.55	50.85	60.79
m	max	5	6.7	7.7	9.8	12.4	15.8	17.8	20.8	24	29.5	34.6	40
	min	4.7	6.4	7.34	9.44	11.97	15.37	17.37	20.28	23.16	28.66	33.6	39
m'	min	2.32	3.52	3.92	5.15	6.43	8.3	9.68	11.28	13.52	16.16	19.44	23.52
n	min	1.2	1.4	2	2.5	2.8	3.5	3.5	4.5	4.5	5.5	7	7
	max	1.8	2	2.6	3.1	3.4	4.25	4.25	5.7	5.7	6.7	8.5	8.5
s	max	7	8	10	13	16	18	21	24	30	36	46	55
	min	6.78	7.78	9.78	12.73	15.73	17.73	20.67	23.67	29.16	35	45	53.8
w	max	3.2	4.7	5.2	6.8	8.4	10.8	12.8	14.8	18	21.5	25.6	31
	min	2.9	4.4	4.9	6.44	8.04	10.37	12.37	14.37	17.37	20.88	24.98	30.38
开口销		1×10	1.2×12	1.6×14	2×16	2.5×20	3.2×22	3.2×25	4×28	4×36	5×40	6.3×50	6.3×63

注：尽可能不采用括号内的规格。

表 3-114　细牙 A 和 B 级 1 型六角开槽螺母的型式和尺寸（摘自 GB/T 9457—1988）

（单位：mm）

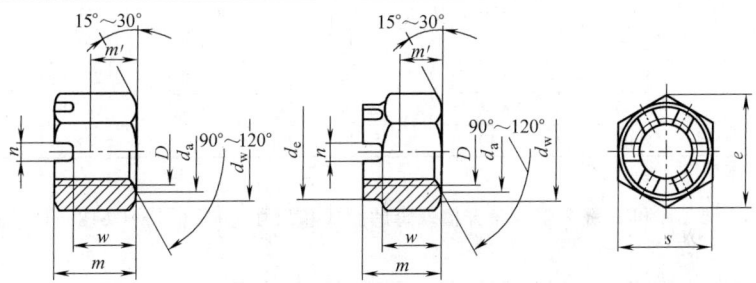

标记示例：

螺纹规格 D = M8×1、性能等级为 8 级、不经表面处理 A 级的 1 型六角开槽螺母的标记为：

螺母　GB 9457　M8×1

注：槽的底部允许制成平底；$(m-w)$ 长度内允许制成喇叭形的螺纹孔；六角与螺母开槽端的端面交接处允许有圆钝

螺纹规格 （D×P）		M8×1	M10×1 (M10×1.25)①	M12×1.5 (M12×1.25)①	(M14×1.5)①	M16×1.5	(M18×1.5)①	M20×2 (M20×1.5)①
d_a	max	8.75	10.8	13	15.1	17.3	19.5	21.6
	min	8	10	12	14	16	18	20
d_e	max	—	—	—	—	—	25	28
	min	—	—	—	—	—	24.16	27.16
d_w	min	11.6	14.6	16.6	19.6	22.5	24.8	27.7
e	min	14.38	17.77	20.03	23.36	26.75	29.56	32.95
m	max	9.8	12.4	15.8	17.8	20.8	21.8	24
	min	9.04	11.97	15.37	17.37	20.28	20.96	23.16
m'	min	5.15	6.43	8.3	9.68	11.28	12.08	13.52

（续）

螺纹规格 （D×P）		M8×1	M10×1 （M10×1.25）①	M12×1.5 （M12×1.25）①	（M14×1.5）①	M16×1.5	（M18×1.5）①	M20×2 （M20×1.5）①
n	max	3.1	3.4	4.25	4.25	5.7	5.7	5.7
	min	2.5	2.8	3.5	3.5	4.5	4.5	4.5
s	max	13	16	18	21	24	27	30
	min	12.73	15.73	17.73	20.67	23.67	26.16	29.16
w	max	6.8	8.4	10.8	12.8	14.8	15.8	18
	min	6.44	8.04	10.37	12.37	14.37	15.1	17.3
开口销		2×16	2.5×20	3.2×22	3.2×26	4×28	4×32	4×36

螺纹规格（D×P）		（M22×1.5）①	M24×2	（M27×2）①	M30×2	（M33×2）①	M36×3
d_a	max	23.7	25.9	29.1	32.4	35.6	38.9
	min	22	24	27	30	33	36
d_e	max	30	34	38	42	46	50
	min	29.16	33	37	41	45	49
d_w	min	31.4	33.2	38	42.7	46.6	51.1
e	min	37.29	39.55	45.2	50.85	55.37	60.79
m	max	27.4	29.5	31.8	34.6	37.7	40
	min	26.56	28.66	30.8	33.6	36.7	39
m'	min	14.85	16.16	18.37	19.44	22.16	23.52
n	max	6.7	6.7	6.7	8.5	8.5	8.5
	min	5.5	5.5	5.5	7	7	7
s	max	34	36	41	46	50	55
	min	33	35	40	45	49	53.8
w	max	19.4	21.5	23.8	25.6	28.7	31
	min	18.56	20.66	22.96	24.76	27.86	30
开口销		5×40	5×40	5×45	6.3×50	6.3×60	6.3×65

① 尽可能不采用括号内的规格。

表 3-115　A 和 B 级 2 型六角开槽螺母的型式和尺寸（摘自 GB/T 6180—1986）

（单位：mm）

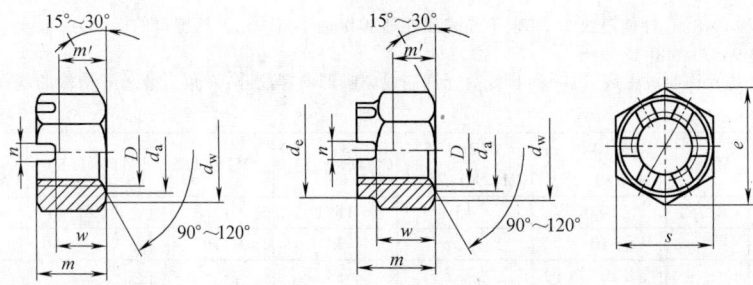

注：槽的底部允许制成平底；(m−w) 长度内允许制成喇叭形的螺纹孔；六角与螺母开槽端的端面交接处允许有圆钝

标记示例：

螺纹规格为 D = 5、性能等级为 9 级、不经表面处理、A 级的 2 型六角开槽螺母的标记为：

螺母　GB/T 6180　M5

（续）

螺纹规格(D)		M5	M6	M8	M10	M12	(M14)①	M16	M20	M24	M30	M36
d_a	max	5.75	6.75	8.75	10.8	13	15.1	17.3	21.6	25.9	32.4	38.9
	min	5	6	8	10	12	14	16	20	24	30	36
d_e	max	—	—	—	—	—	—	—	28	34	42	50
	min	—	—	—	—	—	—	—	27.16	33	41	49
d_w	min	6.9	8.9	11.6	14.6	16.6	19.6	22.5	27.7	33.2	42.7	51.1
e	min	8.79	11.05	14.38	17.77	20.03	23.35	26.75	32.95	39.55	50.85	60.79
m	max	6.9	8.3	10	12.3	16	19.1	21.1	26.3	31.9	37.6	43.7
	min	6.6	7.94	9.64	11.87	15.57	18.58	20.58	25.46	31.06	36.7	42.7
m'	min	3.84	4.32	5.71	7.15	9.26	10.7	12.6	15.2	18.1	21.8	26.5
n	min	1.4	2	2.5	2.8	3.5	3.5	4.5	4.5	5.5	7	7
	max	2	2.6	3.1	3.4	4.25	4.25	5.7	5.7	6.7	8.5	8.5
s	max	8	10	13	16	18	21	24	30	36	46	55
	min	7.85	9.78	12.73	15.73	17.73	20.67	23.67	29.16	35	45	53.8
w	max	5.1	5.7	7.5	9.3	12	14.1	16.4	20.3	23.9	28.6	34.7
	min	4.8	5.4	7.14	8.94	11.57	13.4	15.7	19	22.6	27.3	33.1
开口销		1.2×12	1.6×14	2×16	2.5×20	3.2×22	3.2×25	4×28	4×36	5×40	6.3×50	6.3×63

① 尽可能不采用括号内的规格

表 3-116　细牙 A 和 B 级 2 型六角开槽螺母的型式和尺寸（摘自 GB/T 9458—1988）

（单位：mm）

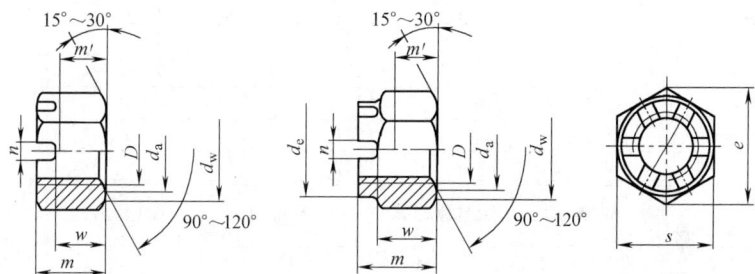

注:槽的底部允许制成平底;(m-w)长度内允许制成喇叭形的螺纹孔;六角与螺母开槽端的端面交接处允许有圆钝

标记示例:

螺纹规格为 D = M8×1、性能等级为 8 级、表面氧化、A 级 2 型六角开槽细牙螺母的标记为:

螺母　GB/T 9458　M8×1

螺纹规格 (D×P)		M8×1	M10×1 (M10×1.25)①	M12×1.5 (M12×1.25)①	(M14×1.5)①
d_a	max	8.75	10.8	13	15.1
	min	8	10	12	14
d_e	max				
	min				
d_w	min	11.6	14.6	16.6	19.6
e	min	14.38	17.77	20.03	23.35
m	max	10.5	13.3	17	19.1
	min	10.07	12.87	16.57	18.58
m'	min	5.71	7.15	9.26	10.7

（续）

螺纹规格 ($D\times P$)		M8×1	M10×1 （M10×1.25）[①]	M12×1.5 （M12×1.25）[①]	（M14×1.5）[①]
n	max	3.1	3.4	4.25	4.25
	min	2.5	2.8	3.5	3.5
s	max	13	16	18	21
	min	12.73	15.73	17.73	20.67
w	max	7.5	9.3	12	14.1
	min	7.14	8.94	11.57	13.67
开口销		2×16	2.5×20	3.2×22	3.2×26

螺纹规格 ($D\times P$)		M16×1.5	（M18×1.5）[①]	M20×2 （M20×1.5）[①]	（M22×1.5）[①]
d_a	max	17.3	19.5	21.6	23.7
	min	16	18	20	22
d_e	max	—	25	28	30
	min	—	24.16	27.16	29.16
d_w	min	22.5	24.8	27.7	31.4
e	min	26.75	29.56	32.95	37.29
m	max	22.4	23.6	26.3	29.8
	min	21.88	22.76	25.46	28.96
m'	min	12.6	13.5	15.2	16.4
n	max	5.7	5.7	5.7	6.7
	min	4.5	4.5	4.5	5.5
s	max	24	27	30	34
	min	23.67	26.16	29.16	33
w	max	16.4	17.6	20.3	21.8
	min	15.97	16.9	19.46	20.5
开口销		4×28	4×32	4×36	5×40

螺纹规格 ($D\times P$)		M24×2	（M27×2）[①]	M30×2	（M33×2）[①]	M36×3
d_a	max	25.9	29.1	32.4	35.6	38.9
	min	24	27	30	33	36
d_e	max	34	38	42	46	50
	min	33	37	41	45	49
d_w	min	33.2	38	42.7	46.6	51.1
e	min	39.55	45.2	50.85	55.37	60.79
m	max	31.9	34.7	37.6	41.5	43.7
	min	30.9	33.7	36.6	40.5	42.7
m'	min	18.1	20.3	21.8	24.7	26.5
n	max	6.7	6.7	8.5	8.5	8.5
	min	5.5	5.5	7	7	7
s	max	36	41	46	50	55
	min	35	40	45	49	53.8
w	max	23.9	26.7	28.6	32.5	34.7
	min	23.06	25.4	27.76	30.9	33.7
开口销		5×40	5×45	6.3×50	6.3×60	6.3×65

[①] 尽可能不采用括号内的规格。

表 3-117　A 和 B 级六角开槽薄螺母的型式和尺寸（摘自 GB/T 6181—1986）

（单位：mm）

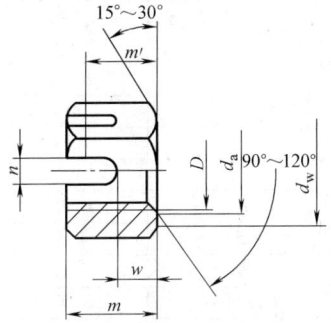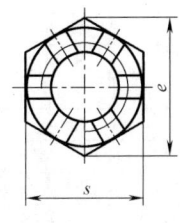

注:槽的底部允许制成平底;$(m-w)$
长度内允许制成喇叭形的螺纹孔;六角
与螺母开槽端的端面交接处允许有圆钝
标记示例:
　螺纹规格为 $D=12$、性能等级为 04 级、
不经表面处理、A 级的六角开槽薄螺母
的标记为:
　螺母　GB/T 6181　M12

螺纹规格(D)		M5	M6	M8	M10	M12	(M14)[1]	M16	M20	M24	M30	M36
d_a	max	5.75	6.75	8.75	10.8	13	15.1	17.3	21.6	25.9	32.4	38.9
	min	5	6	8	10	12	14	16	20	24	30	36
d_w	min	6.9	8.9	11.6	14.6	16.6	19.4	22.5	27.7	33.2	42.7	51.1
e	min	8.79	11.05	14.38	17.77	20.03	23.35	26.75	32.95	39.55	50.85	60.79
m	max	5.1	5.7	7.5	9.3	12	14.1	16.4	20.3	23.9	28.6	34.7
	min	4.8	5.4	7.14	8.94	11.57	13.4	15.7	19	22.6	27.3	33.1
m'	min	3.84	4.32	5.71	7.15	9.26	10.7	12.6	15.2	18.1	21.8	26.5
n	max	2	2.6	3.1	3.4	4.25	4.25	5.7	5.7	6.7	8.5	8.5
	min	1.4	2	2.5	2.8	3.5	3.5	4.5	4.5	5.5	7	7
s	max	8	10	13	16	18	21	24	30	36	46	55
	min	7.78	9.78	12.73	15.73	17.73	20.67	23.67	29.16	35	45	53.8
w	max	3.1	3.5	4.5	5.3	7	9.1	10.4	14.3	15.9	19.6	23.7
	min	2.8	3.2	4.2	5	6.64	8.74	9.97	13.87	15.41	19.08	23.18
开口销		1.2×12	1.6×14	2×16	2.5×20	3.2×22	3.2×25	4×28	4×36	5×40	6.3×50	6.3×63

[1] 尽可能不采用括号内的规格。

表 3-118　细牙 A 和 B 级六角开槽薄螺母的型式和尺寸（摘自 GB/T 9459—1988）

（单位：mm）

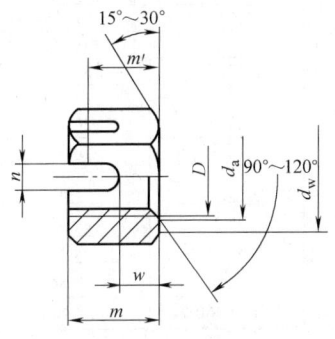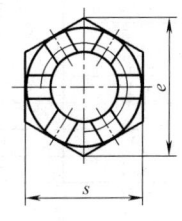

注:槽的底部允许制成平底;$(m-w)$
长度内允许制成喇叭形的螺纹孔;六角
与螺母开槽端的端面交接处允许有圆钝
标记示例:
　螺纹规格为 $D=$ M10×1、性能等级为
04 级、表面氧化、A 级六角开槽细牙薄
螺母的标记为:
　螺母　GB/T 9459　M10×1

（续）

螺纹规格 $(D \times P)$		M8×1	M10×1 (M10×1.25)[1]	M12×1.5 (M12×1.25)[1]	(M14×1.5)[1]
d_a	max	8.75	10.8	13	15.1
	min	8	10	12	14
d_w	min	11.6	14.6	16.6	19.6
e	min	14.38	17.77	20.03	23.35
m	max	7.5	9.3	12	14.1
	min	7.14	8.94	11.57	13.4
m'	min	5.71	7.15	9.26	10.7
n	max	3.1	3.4	4.25	4.25
	min	2.5	2.8	3.5	3.5
s	max	13	16	18	21
	min	12.73	15.73	17.73	20.67
w	max	4.5	5.3	7	9.1
	min	4.2	5	6.64	8.74
开口销		2×16	2.5×20	3.2×22	3.2×26

螺纹规格 $(D \times P)$		M16×1.5	(M18×1.5)[1]	M20×2 (M20×1.5)[1]	(M22×1.5)[1]
d_a	max	17.3	19.5	21.6	23
	min	16	18	20	22
d_w	min	22.5	24.8	27.7	31.4
e	min	26.75	29.56	32.95	37.29
m	max	16.4	17.6	20.3	21.8
	min	15.7	16.9	19	20.5
m'	min	12.6	13.5	15.2	16.4
n	max	5.7	5.7	5.7	6.7
	min	4.5	4.5	4.5	5.5
s	max	24	27	30	34
	min	23.67	26.16	29.16	33
w	max	10.4	11.6	14.3	14.8
	min	9.97	10.9	13.6	14.1
开口销		4×28	4×32	4×36	5×40

螺纹规格 $(D \times P)$		M24×2	(M27×2)[1]	M30×2	(M33×2)[1]	M36×3
d_a	max	25.9	29.1	32.4	35.6	38.9
	min	24	27	30	33	36
d_w	min	33.2	38	42.7	46.6	51.1
e	min	39.55	45.2	50.85	55.37	60.79
m	max	23.9	26.7	28.6	32.5	34.7
	min	22.6	25.4	27.3	30.9	33.1
m'	min	18.1	20.3	21.8	24.7	26.5
n	max	6.7	6.7	8.5	8.5	8.5
	min	5.5	5.5	7	7	7
s	max	36	41	46	50	55
	min	35	40	45	49	53.8
w	max	15.9	18.7	19.6	23.5	25.7
	min	15.2	17.86	18.76	22.66	24.86
开口销		5×40	5×45	6.3×50	6.3×60	6.3×65

① 尽可能不采用括号内的规格。

表 3-119　C 级 1 型六角开槽螺母的型式和尺寸（摘自 GB/T 6179—1986）

（单位：mm）

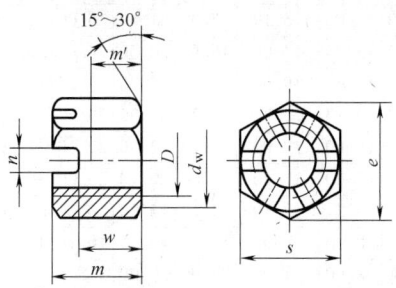

注：槽的底部允许制成平底；$(m-w)$ 长度内允许制成喇叭形的螺纹孔；六角与螺母开槽端的端面交接处允许有圆钝

标记示例：

螺纹规格 $D=$M5、性能等级为 5 级、不经表面处理、C 级 1 型六角开槽螺母的标记为：

螺母　GB/T 6179　M5

螺纹规格 (D)(6H)		M5	M6	M8	M10	M12	(M14)[①]	M16	M20	M24	M30	M36
d_w	min	6.9	8.7	11.5	14.5	16.5	19.2	22	27.7	33.2	42.7	51.1
e	min	8.63	10.89	14.20	17.59	19.85	22.78	26.17	32.95	39.55	50.85	60.79
s	max	8	10	13	16	18	21	24	30	36	46	55
	min	7.64	9.64	12.57	15.57	17.57	20.16	23.16	29.16	35	45	53.8
m	max	7.6	8.9	10.94	13.54	17.17	18.9	21.9	25	30.3	35.4	40.9
m'	min	3.5	3.9	5.1	6.4	8.3	9.7	11.3	13.5	16.2	19.5	23.5
w	max	5.6	6.4	7.94	9.54	12.17	13.9	15.9	19	22.3	26.4	31.9
	min	4.4	4.9	6.04	8.04	10.37	12.1	14.1	16.9	20.2	24.3	29.4
n	min	1.4	2	2.5	2.8	3.5	3.5	4.5			5.5	7
开口销		1.2×12	1.6×14	2×16	2.5×20	3.2×22	3.2×26	4×28	4×36	5×40	6.3×50	6.3×65

① 尽可能不采用括号内的规格。

2.5.5　六角锁紧螺母（见表 3-120~表 3-128）

表 3-120　1 型非金属嵌件六角锁紧螺母的型式和尺寸（摘自 GB/T 889.1—2015）

（单位：mm）

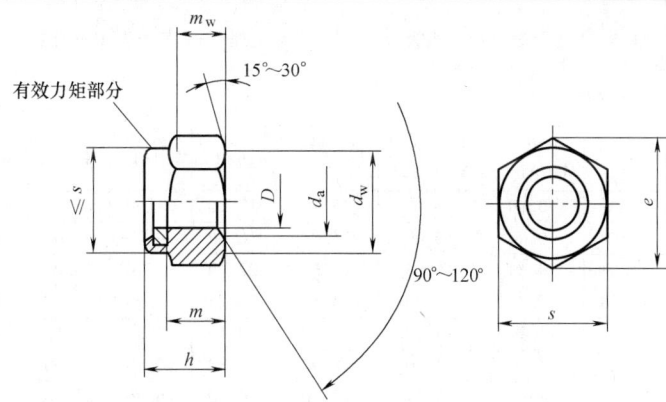

注：有效力矩部分形状由制造者自选

标记示例：

螺纹规格为 M12、性能等级为 8 级、表面不经处理、产品等级为 A 级的 1 型非金属嵌件六角锁紧螺母的标记为：

螺母　GB/T 889.1　M12

五金手册

（续）

螺纹规格（D）		M3	M4	M5	M6	M8	M10	M12	(M14)[1]	M16	M20	M24	M30	M36
P[2]		0.5	0.7	0.8	1	1.25	1.5	1.75	2	2	2.5	3	3.5	4
d_a	max	3.45	4.60	5.75	6.75	8.75	10.80	13.00	15.10	17.30	21.60	25.90	32.40	38.90
	min	3.00	4.00	5.00	6.00	8.00	10.00	12.00	14.00	16.00	20.00	24.00	30.00	36.00
d_w	min	4.57	5.88	6.88	8.88	11.63	14.63	16.63	19.64	22.49	27.70	33.25	42.75	51.11
e	min	6.01	7.66	8.79	11.05	14.38	17.77	20.03	23.36	26.75	32.95	39.55	50.85	60.79
h	max	4.50	6.00	6.80	8.00	9.50	11.90	14.90	17.00	19.10	22.80	27.10	32.60	38.90
	min	4.02	5.52	6.22	7.42	8.92	11.20	14.20	15.90	17.80	20.70	25.00	30.10	36.40
m	min	2.15	2.90	4.40	4.90	6.44	8.04	10.37	12.10	14.10	16.90	20.20	24.30	29.40
m_w	min	1.72	2.32	3.52	3.92	5.15	6.43	8.30	9.68	11.28	13.52	16.16	19.44	23.52
s	max	5.50	7.00	8.00	10.00	13.00	16.00	18.00	21.00	24.00	30.00	36.00	46.00	55.00
	min	5.32	6.78	7.78	9.78	12.73	15.73	17.73	20.67	23.67	29.16	35.00	45.00	53.80

① 尽可能不采用括号内的规格。

② P 为螺距。

表 3-121　细牙 1 型非金属嵌件六角锁紧螺母的型式和尺寸（摘自 GB/T 889.2—2016）

（单位：mm）

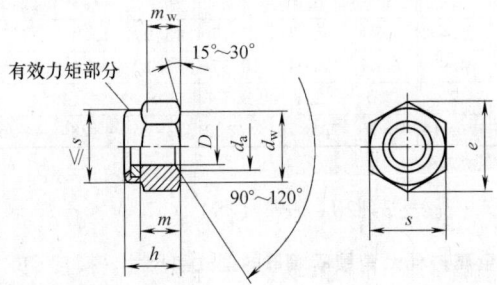

注：有效力矩部分形状由制造者自选

标记示例：

螺纹规格为 M12×1.5、细牙螺纹、性能等级为 8 级、表面不经处理、产品等级为 A 级的 1 型非金属嵌件六角锁紧螺母的标记为：

螺母　GB/T 889.2　M12×1.5

螺纹规格 $(D×P$[1]$)$		M8×1	M10×1 M10×1.25	M12×1.25 M12×1.5	(M14× 1.5)[2]	M16×1.5	M20×1.5	M24×2	M30×2	M36×3
d_a	max	8.75	10.80	13	15.10	17.30	21.60	25.90	32.40	38.90
	min	8.00	10.00	12.00	14.00	16.00	20.00	24.00	30.00	36.00
d_w	min	11.63	14.63	16.63	19.64	22.49	27.70	33.25	42.75	51.11
e	min	14.38	17.77	20.03	23.36	26.75	32.95	39.55	50.85	60.79
h	max	9.50	11.90	14.90	17.00	19.10	22.80	27.10	32.60	38.90
	min	8.92	11.20	14.20	15.90	17.80	20.70	25.00	30.10	36.40
m	min	6.44	8.04	10.37	12.10	14.10	16.90	20.20	24.30	29.40
m_w	min	5.15	6.43	8.30	9.68	11.28	13.52	16.16	19.44	23.52
s	max	13.00	16.00	18.00	21.00	24.00	30.00	36.00	46.00	55.00
	min	12.73	15.73	17.73	20.67	23.67	29.16	35.00	45.00	53.80

① P 为螺距。

② 尽可能不采用括号内的规格。

表 3-122　2 型非金属嵌件六角锁紧螺母的型式和尺寸 (摘自 GB/T 6182—2016)

(单位：mm)

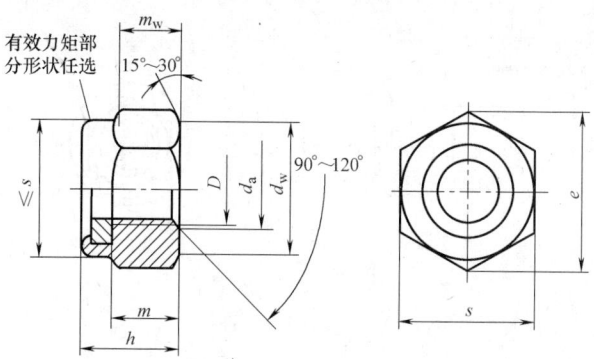

标记示例：

螺纹规格 D=M12、性能等级为 10 级、表面不经处理、产品等级为 A 级的 2 型非金属嵌件六角锁紧螺母的标记为：

螺母　GB/T 6182　M12

螺纹规格 (D)		M5	M6	M8	M10	M12	(M14)[①]	M16	M20	M24	M30	M36
P[②]		0.8	1	1.25	1.5	1.75	2	2	2.5	3	3.5	4
d_a	max	5.75	6.75	8.75	10.80	13.00	15.10	17.30	21.60	25.90	32.40	38.90
	min	5.00	6.00	8.00	10.00	12.00	14.00	16.00	20.00	24.00	30.00	36.00
d_w	min	6.88	8.88	11.63	14.63	16.63	19.64	22.49	27.70	33.25	42.75	51.11
e	min	8.79	11.05	14.38	17.77	20.03	23.36	26.75	32.95	39.55	50.85	60.79
h	max	7.20	8.50	10.20	12.80	16.10	18.30	20.70	25.10	29.50	35.60	42.60
	min	6.62	7.92	9.50	12.10	15.40	17.00	19.40	23.00	27.40	33.10	40.10
m[③]	min	4.80	5.40	7.14	8.94	11.57	13.40	15.70	19.00	22.60	27.30	33.10
m_w[④]	min	3.84	4.32	5.71	7.15	9.26	10.70	12.60	15.20	18.10	21.80	26.50
s	max	8.00	10.00	13.00	16.00	18.00	21.00	24.00	30.00	36.00	46.00	55.00
	min	7.78	9.78	12.73	15.73	17.73	20.67	23.67	29.16	35.00	45.00	53.80

① 尽可能不采用括号内的规格。

② P 为螺距。

③ 最小螺纹高度。

④ 最小扳拧高度。

表 3-123 2 型非金属嵌件六角法兰面锁紧螺母的型式和尺寸（摘自 GB/T 6183.1—2016）

（单位：mm）

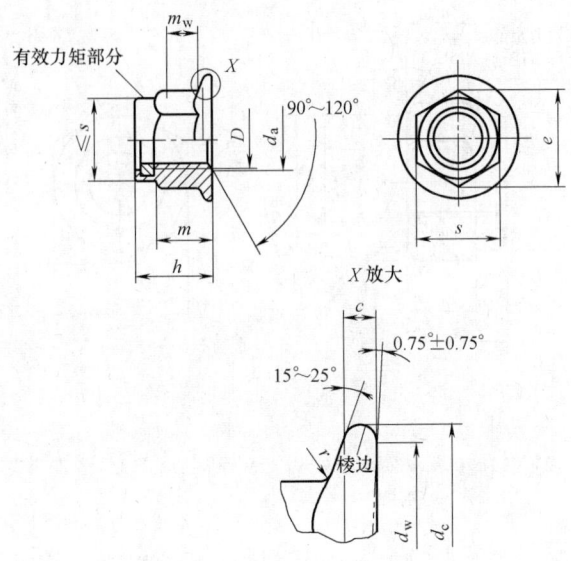

注：有效力矩部分形状由制造者自选；m_w 为扳拧高度，见表注；c 在 d_{wmin} 处测量；棱边形状由制造者任选

标记示例：

螺纹规格为 M12、性能等级为 8 级、表面不经处理、产品等级为 A 级的 2 型非金属嵌件六角锁紧螺母的标记为：

螺母 GB/T 6183.1 M12

螺纹规格(D)		M5	M6	M8	M10	M12	(M14)[1]	M16	M20
P[2]		0.8	1	1.25	1.5	1.75	2	2	2.5
c min		1.0	1.1	1.2	1.5	1.8	2.1	2.4	3.0
d_a	max	5.75	6.75	8.75	10.80	13.00	15.10	17.30	21.60
	min	5.00	6.00	8.00	10.00	12.00	14.00	16.00	20.00
d_c max		11.8	14.2	17.9	21.8	26.0	29.9	34.5	42.8
d_w min		9.8	12.2	15.8	19.6	23.8	27.6	31.9	39.9
e min		8.79	11.05	14.38	16.64	20.03	23.36	26.75	32.95
h	max	7.10	9.10	11.10	13.50	16.10	18.20	20.30	24.80
	min	6.52	8.52	10.40	12.80	15.40	16.90	19.00	22.70
m[3] min		4.70	5.70	7.64	9.64	11.57	13.30	15.30	18.70
m_w min		2.5	3.1	4.6	5.6	6.8	7.7	8.9	10.7
s	max	8.00	10.00	13.00	15.00	18.00	21.00	24.00	30.00
	min	7.78	9.78	12.73	14.73	17.73	20.67	23.67	29.16
r[4] max		0.3	0.4	0.5	0.6	0.7	0.9	1.0	1.2

注：如产品通过了 GB/T 6183.1—2016 中附录 A 的检验，则应视为满足了尺寸 e、c 和 m_w 的要求。

① 尽可能不采用括号内的规格。

② P 为螺距。

③ 最小螺纹高度。

④ r 适用于棱角和六角面。

表 3-124 2 型细牙非金属嵌件六角法兰面锁紧螺母的型式和尺寸（摘自 GB/T 6183.2—2016）

（单位：mm）

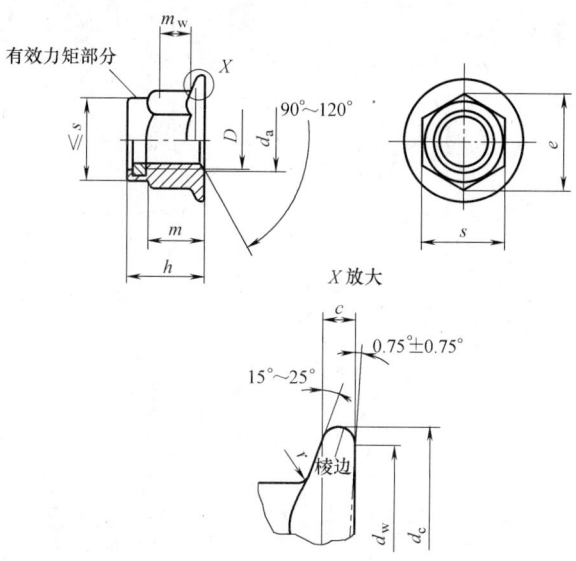

注：有效力矩部分形状由制造者自选；m_w 为扳拧高度，见表注；c 在 d_{wmin} 处测量；棱边形状由制造者任选

标记示例：

螺纹规格为 M12×1.5、细牙螺纹、性能等级为 8 级、表面不经处理、产品等级为 A 级的 2 型非金属嵌件六角锁紧螺母的标记为：

螺母 GB/T 6183.2 M12×1.5

螺纹规格 $(D×P^{①})$		M8×1	M10×1 (M10×1.25)[②]	M12×1.5 (M12×1.25)[②]	(M14×1.5)[②]	M16×1.5	M20×1.5
c		1.2	1.5	1.8	2.1	2.4	3.0
d_a	max	8.75	10.80	13.00	15.10	17.30	21.60
	min	8.00	10.00	12.00	14.00	16.00	20.00
d_c	max	17.9	21.8	26.00	29.9	34.5	42.8
d_w	min	15.8	19.6	23.8	27.6	31.9	39.9
e	min	14.38	16.64	20.03	23.36	26.75	32.95
h	max	11.10	13.50	16.10	18.20	20.30	24.80
	min	8.74	10.30	12.57	14.80	17.20	20.30
$m^{③}$	min	7.64	9.64	11.57	13.30	15.30	18.70
m_w	min	4.6	5.6	6.8	7.7	8.9	10.7
s	max	13.00	15.00	18.00	21.00	24.00	30.00
	min	12.73	14.73	17.73	20.67	23.67	29.16
$r^{④}$	max	0.5	0.6	0.7	0.9	1.0	1.2

注：如产品通过了 GB/T 6183.2—2016 中附录 A 的检验，则应视为满足了尺寸 e、c 和 m_w 的要求。

① P 为螺距。

② 尽可能不采用括号内的规格。

③ 最小螺纹高度。

④ r 适用于棱角和六角面。

表 3-125　2 型全金属六角法兰面锁紧螺母的型式和尺寸（摘自 GB/T 6187.1—2016）

（单位：mm）

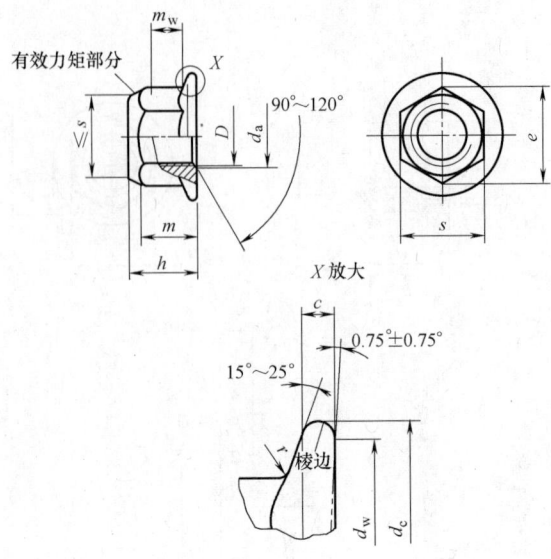

X 放大

注：有效力矩部分形状由制造者自选；m_w 为扳拧高度，见表注；c 在 d_{wmin} 处测量；棱边形状由制造者任选

标记示例：

螺纹规格为 M12、性能等级为 8 级、表面不经处理、产品等级为 A 级的 2 型全金属六角法兰面锁紧螺母的
标记为：

螺母　GB/T 6187.1　M12

螺纹规格（D）		M5	M6	M8	M10	M12	(M14)[1]	M16	M20
P[2]		0.8	1	1.25	1.5	1.75	2	2	2.5
c　min		1.0	1.1	1.2	1.5	1.8	2.1	2.4	3.0
d_a	max	5.75	6.75	8.75	10.80	13.00	15.10	17.30	21.60
	min	5.00	6.00	8.00	10.00	12.00	14.00	16.00	20.00
d_c　max		11.8	14.2	17.9	21.8	26.0	29.9	34.5	42.8
d_w　min		9.8	12.2	15.8	19.6	23.8	27.6	31.9	39.9
e　min		8.79	11.05	14.38	16.64	20.03	23.36	26.75	32.95
h	max	6.20	7.30	9.40	11.40	13.80	15.90	18.30	22.40
	min	5.70	6.80	8.74	10.34	12.57	14.80	17.20	20.30
m[3]　min		4.70	5.70	7.64	9.64	11.57	13.30	15.30	18.70
m_w　min		2.5	3.1	4.6	5.6	6.8	7.7	8.9	10.7
s	max	8.00	10.00	13.00	15.00	18.00	21.00	24.00	30.00
	min	7.78	9.78	12.73	14.73	17.73	20.67	23.67	29.16
r[4]　max		0.3	0.4	0.5	0.6	0.7	0.9	1.0	1.2

注：如产品通过了 GB/T 6187.1—2016 中附录 A 的检验，则应视为满足了尺寸 e、c 和 m_w 的要求。

① 尽可能不采用括号内的规格。

② P 为螺距。

③ m 为最小螺纹高度。

④ r 适用于棱角和六角面。

表 3-126　2 型细牙全金属六角法兰面锁紧螺母的型式和尺寸（摘自 GB/T 6187.2—2016）

（单位：mm）

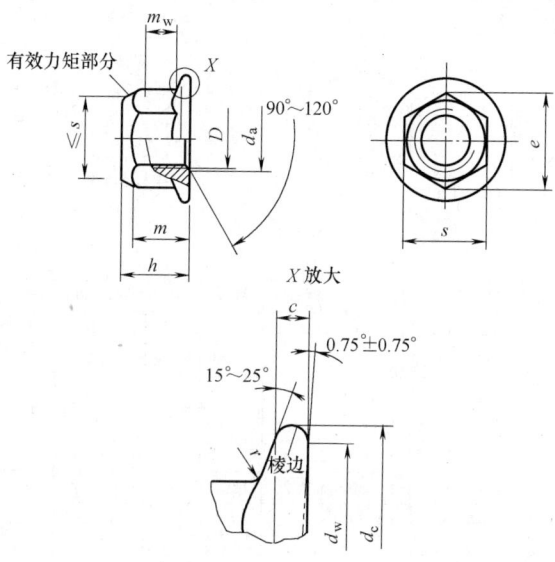

有效力矩部分

X 放大

注：有效力矩部分形状由制造者自选；m_w 为扳拧高度，见表注；c 在 d_{wmin} 处测量；棱边形状由制造者任选

标记示例：

螺纹规格为 M12×1.5、细牙螺纹、性能等级为 8 级、表面不经处理、产品等级为 A 级的 2 型全金属六角法兰面锁紧螺母的标记为：

螺母　GB/T 6187.2　M12×1.5

螺纹规格 （$D \times P$①）	M8×1	M10×1 （M10×1.25）②	M12×1.5 （M12×1.25）②	（M14×1.5）②	M16×1.5	M20×1.5
c　min	1.2	1.5	1.8	2.1	2.4	3.0
d_a　max	8.75	10.80	13.00	15.10	17.30	21.60
min	8.00	10.00	12.00	14.00	16.00	20.00
d_c　max	17.9	21.8	26.0	29.9	34.5	42.8
d_w　min	15.8	19.6	23.8	27.6	31.9	39.9
e　min	14.38	16.64	20.03	23.36	26.00	32.95
h　max	9.40	11.40	13.80	15.90	18.30	22.40
min	8.74	10.34	12.57	14.80	17.20	20.30
m③　min	7.64	9.64	11.57	13.30	15.30	18.70
m_w　min	4.6	5.6	6.8	7.7	8.9	10.7
s　max	13.00	15.00	18.00	21.00	24.00	30.00
min	12.73	14.73	17.73	20.67	23.67	29.16
r④　max	0.5	0.6	0.7	0.9	1.0	1.2

注：如产品通过了 GB/T 6187.2—2016 中附录 A 的检验，则应视为满足了尺寸 e、c 和 m_w 的要求。

① P 为螺距。

② 尽可能不采用括号内的规格。

③ m 为最小螺纹高度。

④ r 适用于棱角和六角面。

表 3-127　1 型全金属六角锁紧螺母的型式和尺寸（摘自 GB/T 6184—2000）

（单位：mm）

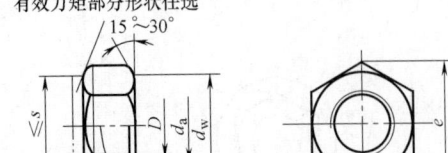

有效力矩部分形状任选

15°～30°

90°～120°

标记示例：

螺纹规格 D＝M12、性能等级为 8 级、表面氧化、A 级 Ⅰ 型全金属六角锁紧螺母的标记为：

螺母　GB/T 6184　M12

螺纹规格(D)		M5	M6	M8	M10	M12	(M14)[①]	M16	(M18)[①]	M20	(M22)[①]	M24	M30	M36
P[②]		0.8	1	1.25	1.5	1.75	2	2	2.5	2.5	2.5	3	3.5	4
d_a	max	5.75	6.75	8.75	10.8	13	15.1	17.3	19.5	21.6	23.7	25.9	32.4	38.9
	min	5.00	6.00	8.00	10.0	12	14.0	16.0	18.0	20.0	22.0	24.0	30.0	36.0
d_w	min	6.88	8.88	11.63	14.63	16.63	19.64	22.49	24.9	27.7	31.4	33.25	42.75	51.11
e	min	8.79	11.05	14.38	17.77	20.03	23.36	26.75	29.56	32.95	37.29	39.55	50.85	60.79
h	max	5.3	5.9	7.10	9.00	11.60	13.2	15.2	17.00	19.0	21.0	23.0	26.9	32.5
	min	4.8	5.4	6.44	8.04	10.37	12.1	14.1	15.01	16.9	18.1	20.2	24.3	29.4
m_w	min	3.52	3.92	5.15	6.43	8.3	9.68	11.28	12.08	13.52	14.5	16.16	19.44	23.52
s	max	8.00	10.00	13.00	16.00	18.00	21.00	24.00	27.00	30.00	34	36	46	55.0
	min	7.78	9.78	12.73	15.73	17.73	20.67	23.67	26.16	29.16	33	35	45	53.8

① 尽可能不采用括号内的规格。

② P 为螺距。

表 3-128　2 型全金属六角锁紧螺母的型式和尺寸（摘自 GB/T 6185.1—2016）

（单位：mm）

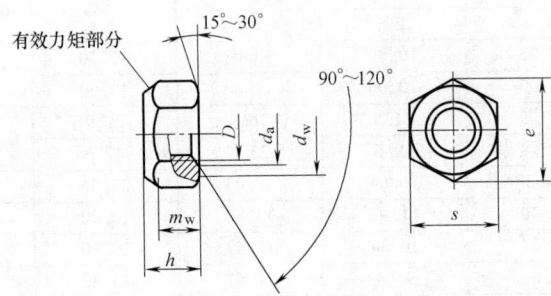

有效力矩部分

15°～30°

90°～120°

注：有效力矩部分形状由制造者自选

标记示例：

螺纹规格 D＝M12、性能等级为 8 级、表面不经处理、产品等级为 A 级的 2 型全金属六角锁紧螺母的标记为：

螺母　GB/T 6185.1　M12

（续）

螺纹规格(D)		M5	M6	M8	M10	M12	(M14)[①]	M16	M20	M24	M30	M36
P[②]		0.8	1	1.25	1.5	1.75	2	2	2.5	3	3.5	4
d_a	max	5.75	6.75	8.75	10.80	13.00	15.10	17.30	21.60	25.90	32.40	38.90
	min	5.00	6.00	8.00	10.00	12.00	14.00	16.00	20.00	24.00	30.00	36.00
d_w	min	6.88	8.88	11.63	14.63	16.63	19.64	22.49	27.70	33.25	42.75	51.11
e	min	8.79	11.05	14.38	17.77	20.03	23.36	26.75	32.95	39.55	50.85	60.79
h	max	5.10	6.00	8.00	10.00	13.30	14.10	16.40	20.30	23.90	30.00	36.00
	min	4.80	5.40	7.14	8.94	11.57	13.40	15.70	19.00	22.60	27.30	33.10
m_w	min	3.52	3.92	5.15	6.43	8.30	9.68	11.28	13.52	16.16	19.44	23.52
s	max	8.00	10.00	13.00	16.00	18.00	21.00	24.00	30.00	36.00	46.00	55.00
	min	7.78	9.78	12.73	15.73	17.73	20.67	23.67	29.16	35.00	45.00	53.80

① 尽可能不采用括号内的规格。

② P 为螺距。

2.5.6　C 级方螺母（见表 3-129）

表 3-129　C 级方螺母的型式和尺寸（摘自 GB/T 39—1988）（单位：mm）

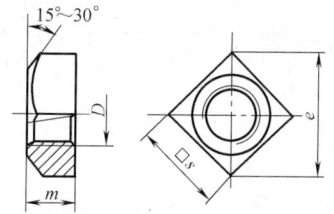

标记示例：

螺纹规格 $D=$ M16、性能等级为 5 级、不经表面处理、C 级方螺母的标记为：

螺母　GB/T 39　M16

螺纹规格(D)(7H)		M3	M4	M5	M6	M8	M10	M12	(M14)	M16	(M18)	M20	(M22)	M24
s	max	5.5	7	8	10	13	16	18	21	24	27	30	34	36
	min	5.2	6.64	7.64	9.64	12.57	15.57	17.57	20.16	23.16	26.16	29.16	33	35
m	max	2.4	3.2	4	5	6.5	8	10	11	13	15	16	18	19
	min	1.4	2	2.8	3.8	5.0	6.5	8.5	9.2	11.2	13.2	14.2	16.2	16.9
e	min	6.76	8.63	9.93	12.53	16.34	20.24	22.84	26.21	30.11	34.01	37.91	42.9	45.5

注：尽可能不采用括号内的规格。

2.5.7　圆形螺母（见表 3-130~表 3-135）

表 3-130　圆螺母的型式和尺寸（摘自 GB/T 812—1988）（单位：mm）

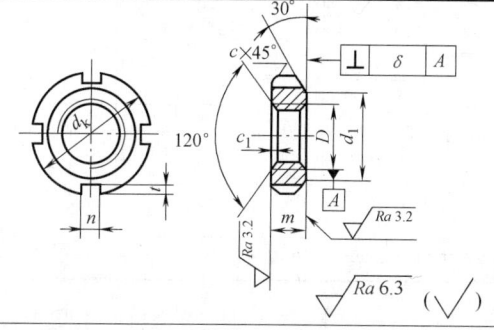

注：$D \leqslant$ M100×2,槽数 4,$D \geqslant$ M105×2,槽数 6

标记示例：

螺纹规格 $D=$ M16×1.5、材料为 45 钢、槽或全部热处理后硬度 35~45HRC、表面氧化的圆螺母的标记为：

螺母　GB/T 812　M16×1.5

(续)

螺纹规格(D×P) (6H)	d_k	d_1	m	n min	t min	c	c_1
M10×1	22	16		4	2	0.5	
M12×1.25	25	19					
M14×1.5	28	20	8				
M16×1.5	30	22					
M18×1.5	32	24					
M20×1.5	35	27					
M22×1.5	38	30		5	2.5		
M24×1.5	42	34				1	0.5
M25×1.5							
M27×1.5	45	37					
M30×1.5	48	40					
M33×1.5	52	43	10				
M35×1.5							
M36×1.5	55	46		6	3		
M39×1.5	58	49					
M40×1.5							
M42×1.5	62	53					
M45×1.5	68	59					
M48×1.5	72	61					
M50×1.5							
M52×1.5	78	67					
M55×2				8	3.5		
M56×2	85	74	12				
M60×2	90	79					
M64×2	95	84					
M65×2							
M68×2	100	88					
M72×2	105	93				1.5	
M75×2							
M76×2	110	98	15	10	4		
M80×2	115	103					
M85×2	120	108					
M90×2	125	112					1
M95×2	130	117					
M100×2	135	122	18	12	5		
M105×2	140	127					
M110×2	150	135					
M115×2	155	140					
M120×2	160	145	22	14	6		
M125×2	165	150					
M130×2	170	155					
M140×2	180	165					
M150×2	200	180	26				
M160×3	210	190					
M170×3	220	200		16	7		
M180×3	230	210				2	1.5
M190×3	240	220	30				
M200×3	250	230					
垂直度 δ	按 GB/T 1184 附表 3 中 9 级规定						

注:仅用于滚动轴承锁紧装置。

表 3-131　小圆螺母的型式和尺寸（摘自 GB/T 810—1988）（单位：mm）

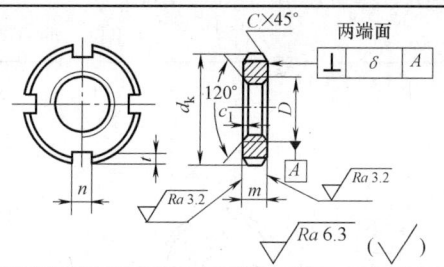

注：$D \leqslant$ M100×2,槽数 4,$D \geqslant$ M105×2,槽数 6

标记示例：

螺纹规格 $D =$ M16×1.5、材料为 45 钢、槽或全部热处理后硬度 35～45HRC、表面氧化的小圆螺母的标记为：

螺母　GB/T 810　M16×1.5

螺纹规格（$D \times P$）（6H）	GB/T 810					
	d_k	m	n min	t min	C	c_1
M10×1	20	6	4	2	0.5	0.5
M12×1.25	22					
M14×1.5	25					
M16×1.5	28					
M18×1.5	30					
M20×1.5	32					
M22×1.5	35	8	5	2.5		
M24×1.5	38					
M27×1.5	42					
M30×1.5	45					
M33×1.5	48					
M36×1.5	52		6	3	1	
M39×1.5	55					
M42×1.5	58					
M45×1.5	62					
M48×1.5	68	10				
M52×1.5	72					
M56×2	78		8	3.5		1
M60×2	80					
M64×2	85					
M68×2	90					
M72×2	95	12				
M76×2	100					
M80×2	105		10	4		
M85×2	110					
M90×2	115					
M95×2	120					
M100×2	125					
M105×2	130	15	12	5	1.5	
M110×2	135					
M115×2	140					
M120×2	145					
M125×2	150					
M130×2	160		14	6		
M140×2	170	18				
M150×2	180					
M160×3	195					
M170×3	205					
M180×3	220	22	16	7	2	1.5
M190×3	230					
M200×3	240					
垂直度 δ	按 GB/T 1184 附表 3 中 9 级规定					

表 3-132　端面带孔圆螺母的型式和尺寸（摘自 GB/T 815—1988）

（单位：mm）

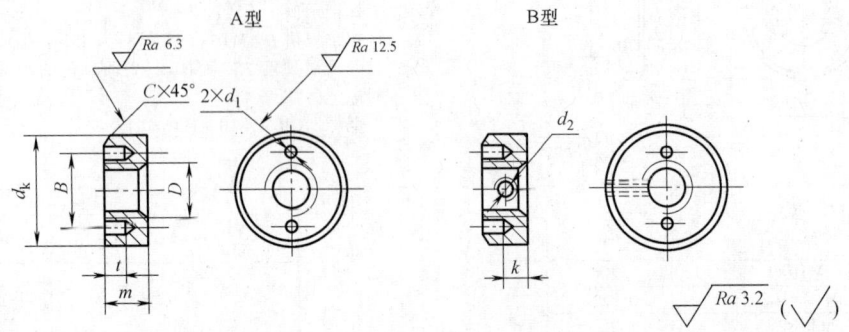

标记示例：

螺纹规格 D＝M5、材料为 Q235、不经表面处理的 A 型端面带孔圆螺母的标记为：

螺母　GB/T 815　M5

螺纹规格（D）（6H）	M2	M2.5	M3	M4	M5	M6	M8	M10
d_k　max	5.5	7	8	10	12	14	18	22
m　max	2	2.2	2.5	3.5	4.2	5	6.5	8
d_1	1	1.2	1.5		2	2.5	3	3.5
t	2	2.2	1.5	2	2.5	3	3.5	4
B	4	5	5.5	7	8	10	13	15
k	1	1.1	1.3	1.8	2.1	2.5	3.3	4
C	0.2		0.3	0.4		0.5		0.8
d_2	M1.2	M1.4		M2		M2.5	M3	
垂直度 δ	按 GB/T 1184 附表 3 中 9 级规定							

表 3-133　侧面带孔圆螺母的型式和尺寸（摘自 GB/T 816—1988）

（单位：mm）

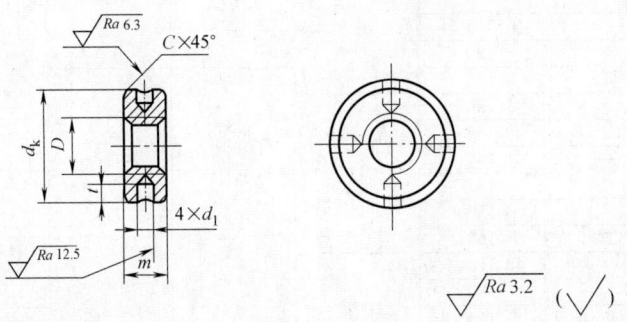

标记示例：

螺纹规格 D＝M5、材料为 Q235、不经表面处理的侧面带孔圆螺母的标记为：

螺母　GB/T 816　M5

（续）

螺纹规格(D)(6H)	M2	M2.5	M3	M4	M5	M6	M8	M10
d_k　max	5.5	7	8	10	12	14	18	22
m　max	2	2.2	2.5	3.5	4.2	5	6.5	8
d_1	1	1.2	1.5		2	2.5	3	3.5
t	1.2		1.5	2	2.5	3	3.5	4
C	0.2		0.3	0.4			0.5	0.8
垂直度 δ	按 GB/T 1184 附表 3 中 9 级规定							

表 3-134　带槽圆螺母的型式和尺寸（摘自 GB/T 817—1988）

（单位：mm）

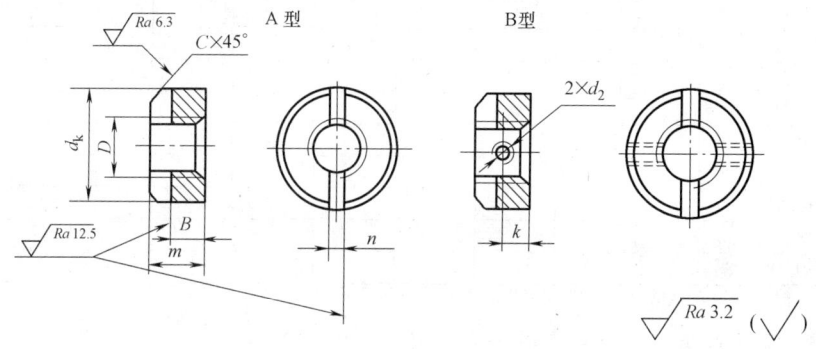

标记示例：

螺纹规格 D = M5、材料为 Q235、不经表面处理的 A 型带槽圆螺母的标记为：

螺母　GB/T 817　M5

螺纹规格(D)(6H)		M1.4	M1.6	M2	M2.5	M3	M4	M5	M6	M8	M10	M12
d_k　max		3	4	4.5	5.5	6	8	10	11	14	18	22
m　max		1.6	2	2.2	2.5	3	3.5	4.2	5	6.5	8	10
B　max		1.1	1.2	1.4	1.6	2	2.5	2.8	3	4	5	6
n	公称	0.4		0.5	0.6	0.8	1	1.2	1.6	2	2.5	3
	min	0.46		0.56	0.66	0.86	0.96	1.26	1.66	2.06	2.56	3.06
	max	0.6		0.7	0.8	1	1.31	1.51	1.91	2.31	2.81	3.31
k		—			1.1	1.3	1.8	2.1	2.5	3.3	4	5
C		0.1			0.2		0.3	0.4			0.5	0.8
d_2		—			M1.4			M2			M3	M4
垂直度 δ		按 GB/T 3103.1 第 11.2 条对 A 级产品的规定										

表 3-135　嵌装圆螺母（摘自 GB/T 809—1988）　　（单位：mm）

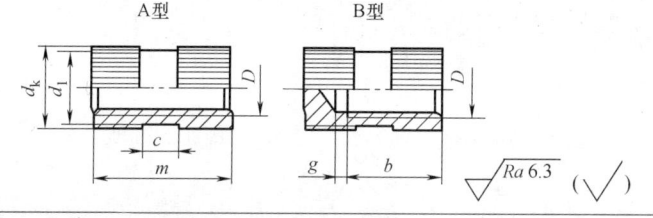

标记示例：

螺纹规格 D = M5、高度 m = 10mm、材料为 H62 的 A 型嵌装圆螺母的标记为：

螺母　GB/T 809　M5×10

（续）

螺纹规格(D)(6H)			M2	M2.5	M3	M4	M5	M6	M8	M10	M12
d_k（滚花前）	max		4	4.5	5	6	8	10	12	15	18
	min		3.82	4.32	4.82	6.82	7.78	9.78	11.73	14.73	17.73
	d_1 max		3	3.5	4	5	7	9	10	13	16
m 公称	b min	c	g									
2	—	0.6	—									
3		0.8										
4		1.2										
5												
6	2.76	2	1.5									
8	4.26											
10	5.71	3										
12	7.71											
14	9.71											
16	10.65	4										
18	11.65											
20	13.65	6	2.5									
25	18.58											
30	19.58	8										

注：粗折线为 A 型的选用范围；虚折线为 B 型的选用范围。

2.5.8 焊接螺母（见表 3-136 和表 3-137）

表 3-136 焊接方螺母的型式和尺寸（摘自 GB/T 13680—1992）

（单位：mm）

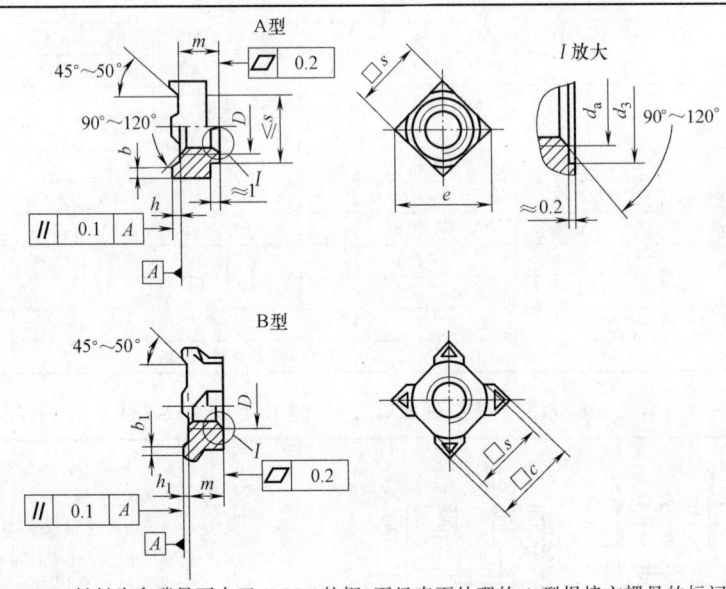

标记示例：

螺纹规格 D＝M10、材料为含碳量不大于 0.25% 的钢、不经表面处理的 A 型焊接方螺母的标记为：

螺母　GB/T 13680　M10

注：尽可能不采用 B 型

（续）

螺纹规格（6G）	D	M4	M5	M6	M8	M10	M12	M14	M16
	D×P	—	—	—	M8×1	M10×1	M12×1.5	（M14×1.5）	M16×1.5
		—	—	—	—	（M10×1.25）	（M12×1.25）	—	—
b	max	0.8	1.0	1.2	1.5	1.8	2	2.5	2.5
b	min	0.5	0.7	0.9	1.2	1.4	1.6	2.1	2.1
b_1	max	1.5	1.5	1.5	1.5	1.5	2	—	—
b_1	min	0.3	0.3	0.3	0.3	0.3	0.5	—	—
d_3	max	5.18	6.18	7.72	10.22	12.77	13.77	17.07	19.13
d_3	min	5	6	7.5	10	12.5	13.5	16.8	18.8
d_a	max	4.6	5.75	6.75	8.75	10.8	13	15.1	17.3
d_a	min	4	5	6	8	10	12	14	16
e min		8.63	9.93	12.53	16.34	20.24	22.84	26.21	30.11
h	max	0.7	0.9	0.9	1.1	1.3	1.5	1.5	1.7
h	min	0.5	0.7	0.7	0.9	1.1	1.3	1.3	1.5
m	max	3.5	4.2	5	6.5	8	9.5	11	13
m	min	3.2	3.9	4.7	6.14	7.64	9.14	10.3	12.3
s	max	7	8	10	13	16	18	21	24
s	min	6.64	7.64	9.64	12.57	15.57	17.57	20.16	23.16
h_1	max	1	1	1	1	1	1.2	—	—
h_1	min	0.8	0.8	0.8	0.8	0.8	1	—	—
$0.5(c-s)$	max	0.3~0.5	0.3~0.5	0.3~0.5	0.3~0.5	0.5~1	0.5~1	—	—

注：尽可能不采用括号内的规格。

表 3-137　焊接六角螺母的型式和尺寸（摘自 GB/T 13681—1992）

（单位：mm）

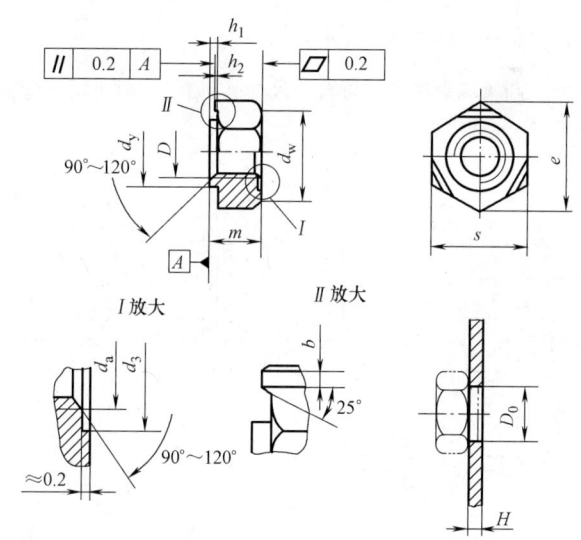

标记示例：

螺纹规格 D = M10、材料为含碳量不大于 0.25% 的钢、不经表面处理的焊接六角螺母的标记为：

螺母　GB/T 13681　M10

（续）

螺纹规格（6G）	D	M4	M5	M6	M8	M10	M12	M14	M16
	D×P	—	—	—	M8×1	M10×1	M12×1.5	（M14×1.5）	M16×1.5
		—	—	—	—	（M10×1.25）	（M12×1.25）	—	—
d_a	max	4.6	5.75	6.75	8.75	10.8	13	15.1	17.3
	min	4	5	6	8	10	12	14	16
d_w	min	7.88	8.88	9.63	12.63	15.63	17.37	19.57	21.57
e	min	9.83	10.95	12.02	15.38	18.74	20.91	24.27	26.51
d_y	max	5.97	6.96	7.96	10.45	12.45	14.75	16.75	18.735
	min	5.885	6.87	7.87	10.34	12.34	14.64	16.64	18.605
d_3	max	6.18	7.22	8.22	10.77	12.77	15.07	17.07	19.13
	min	6	7	8	10.5	12.5	14,8	16.8	18.8
h_1	max	0.65	0.7	0.75	0.9	1.15	1.4	1.8	
	min	0.55	0.6		0.75	0.95	1.2	1.6	
h_2	max	0.35	0.40		0.50	0.65	0.80	1	
	min	0.25	0.30		0.35	0.50	0.60	0.80	
b	max	1		1.12	1.25	1.55	1.55	1.9	
	min	0.6		0.68	0.75	0.95	0.95	1.1	
m	max	3.5	4	5	6.5	8	10	11	13
	min	3.2	3.7	4.7	6.14	7.64	9.64	10.3	12.3
s	max	9	10	11	14	17	19	22	24
	min	8.78	9.78	10.73	13.73	16.73	18.67	21.67	23.67
D_0	max	6.075	7.09	8.09	10.61	12.61	14.91	16.91	18.93
	min	6	7	8	10.5	12.5	14.8	16.8	18.8
H	max	3	3.5	4	4.5	5		6	
	min	0.75	0.9		1	1.25	1.5	2	

注：尽可能不采用括号内的规格。

2.5.9　其他螺母（见表 3-138 ~ 表 3-150）

表 3-138　圆翼蝶形螺母的型式和尺寸（摘自 GB/T 62.1—2004）

（单位：mm）

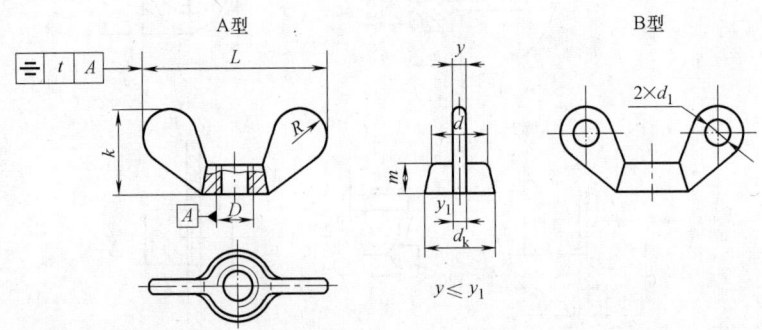

标记示例：

螺纹规格 D = M10、材料为 Q215、保证扭矩为 I 级、表面氧化处理、两翼为半圆形的 A 型蝶形螺母的标记为：

螺母　GB/T 62.1　M10

（续）

螺纹规格 （D）（7H）	d_k min	d ≈	L		k		m min	y max	y_1 max	d_1 max	t max
M2	4	3	12		6		2	2.5	3	2	0.3
M2.5	5	4	16		8		3	2.5	3	2.5	0.3
M3	5	4	16	±1.5	8		3	2.5	3	3	0.4
M4	7	6	20		10		4	3	4	4	0.4
M5	8.5	7	25		12	±1.5	5	3.5	4.5	4	0.5
M6	10.5	9	32		16		6	4	5	5	0.5
M8	14	12	40		20		8	4.5	5.5	6	0.6
M10	18	15	50		25		10	5.5	6.5	7	0.7
M12	22	18	60	±2	30		12	7	8	8	1
(M14)	26	22	70		35		14	8	9	9	1.1
M16	26	22	70		35		14	8	9	10	1.2
(M18)	30	25	80		40	±2	16	8	10	10	1.4
M20	34	28	90		45		18	9	11	11	1.5
(M22)	38	32	100	±2.5	50		20	10	12	11	1.6
M24	43	36	112		56		22	11	13	12	1.8

注：尽可能不采用括号内的规格。

表 3-139　方翼蝶形螺母的型式和尺寸（摘自 GB/T 62.2—2004）

（单位：mm）

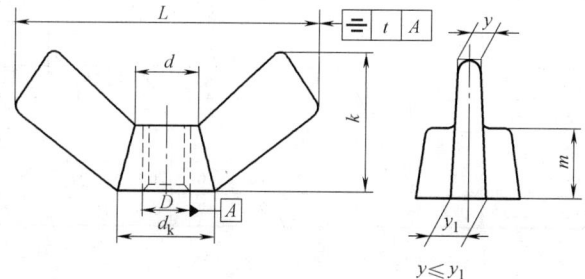

$y \leqslant y_1$

标记示例：

螺纹规格 D＝M10、材料为 Q215、保证扭矩为Ⅰ级、表面氧化处理、两翼为长方形的蝶形螺母的标记为：

螺母　GB/T 62.2　M10

螺纹规格 （D）（7H）	d_k min	d ≈	L		k		m min	y max	y_1 max	t max
M3	6.5	4	17		9		3	3	4	0.4
M4	6.5	4	17		9		3	3	4	0.4
M5	8	6	21	±1.5	11		4	3.5	4.5	0.5
M6	10	7	27		13	±1.5	4.5	4	5	0.5
M8	13	10	31		16		6	4.5	5.5	0.6
M10	16	12	36		18		7.5	5.5	6.5	0.7
M12	20	16	48		23		9	7	8	1
(M14)	20	16	48	±2	23		9	7	8	1.1
M16	27	22	68		35		12	8	9	1.2
(M18)	27	22	68		35	±2	12	8	9	1.4
M20	27	22	68		35		12	8	9	1.5

注：尽可能不采用括号内的规格。

表 3-140　冲压蝶形螺母的型式和尺寸（摘自 GB/T 62.3—2004）

（单位：mm）

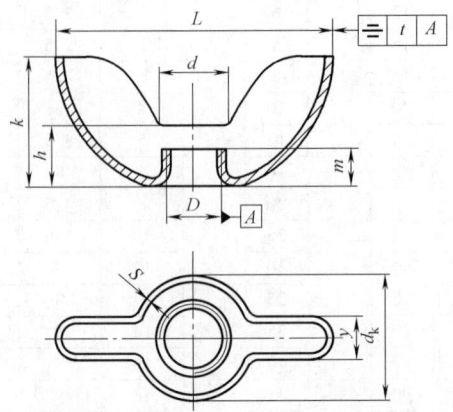

标记示例：

螺纹规格 $D = M5$、材料为 Q215、保证扭矩为 Ⅱ 级、经表面氧化处理、用钢板冲压制成的 A 型蝶形螺母的标记为：

螺母　GB/T 62.3　M5

螺纹规格 (D) (7H)	d_k max	d ≈	L	k	h ≈	y max	A 型 (高型)		B 型 (低型)		t max
							m	S	m	S	
M3	10	5	16	6.5	2	4	3.5		1.4		0.4
M4	12	6	19	8.5	2.5	5	4	±0.5	1.6	±0.3	0.4
M5	13	7	22 ±1	9	3	5.5	4.5		1.8		0.5
M6	15	9	25	9.5 ±1	3.5	6	5		2.4	±0.4	0.5
M8	17	10	28	11	5	7	6	±0.8	3.1	±0.5	0.6
M10	20	12	35 ±1.5	12	6	8	7		3.8		0.7

注：A 型、B 型 S 列：1 适用于 M3~M6，1.2 适用于 M8、M10；B 型 S 列：0.8 适用于 M3、M4，1 适用于 M6，1.2 适用于 M8。

表 3-141　压铸蝶形螺母的型式和尺寸（摘自 GB/T 62.4—2004）

（单位：mm）

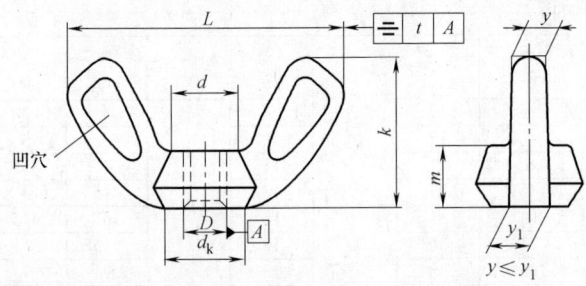

注：有无凹穴及其型式与尺寸，由制造者确定

标记示例：

螺纹规格 $D = M5$、材料为 ZZnAlCu3、保证扭矩为 Ⅱ 级、不经表面处理、用锌合金压铸制成的蝶形螺母的标记为：

螺母　GB/T 62.4　M5

（续）

螺纹规格 (D) (7H)	d_k min	d ≈	L		k		m min	y max	y_1 max	t max
M3	5	4	16		8.5		2.4	2.5	3	0.4
M4	7	6	21		11		3.2	3	4	0.4
M5	8.5	7	21	±1.5	11	±1.5	4	3.5	4.5	0.5
M6	10.5	9	23		14		5	4	5	0.5
M8	13	10	30		16		6.5	4.5	5.5	0.6
M10	16	12	37	±2	19		8	5.5	6.5	0.7

表 3-142　环形螺母的型式和尺寸（摘自 GB/T 63—1988）（单位：mm）

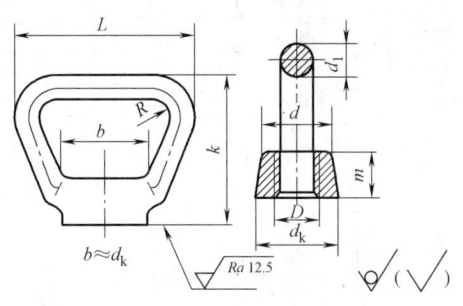

标记示例：
　螺纹规格 D = M16、材料 ZCuZn40Mn2、不经表面处理的环形螺母的标记为：
　　螺母　GB/T 63　M16

螺纹规格 (D) (6H)	M12	(M14)	M16	(M18)	M20	(M22)	M24	螺纹规格 (D) (6H)	M12	(M14)	M16	(M18)	M20	(M22)	M24
d_k	24		30		36		46	L	66		76		86		98
d	20		26		30		38	d_1	10		12		13		14
m	15		18		22		26	R	6				8		10
k	52		60		72		84								

注：尽可能不采用括号内的规格。

表 3-143　组合式盖形螺母的型式和尺寸（摘自 GB/T 802.1—2008）

（单位：mm）

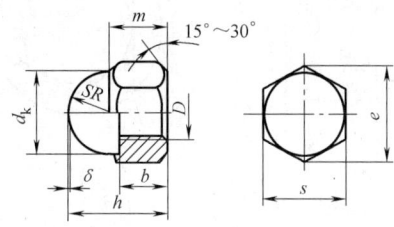

标记示例：
螺纹规格 D = M12、性能等级为 6 级、表面氧化处理的组合式盖形螺母的标记为：
螺母　GB/T 802.1　M12

（续）

螺纹规格 (D)(6H)	第1系列	M4	M5	M6	M8	M10	M12
	第2系列	—	—	—	M8×1	M10×1	M12×1.5
	第3系列	—	—	—	M10×1.25	M12×1.25	
d_k	≈	6.2	7.2	9.2	13	16	18
e	min	7.66	8.79	11.05	14.38	17.77	20.03
h	max=公称	7	9	11	15	18	22
m	≈	4.5	5.5	6.5	8	10	12
b	≈	2.5	4	5	6	8	10
SR		3.2	3.6	4.6	6.5	8	9
s	公称	7	8	10	13	16	18
	min	6.78	7.78	9.78	12.73	15.73	17.73
δ	≈	0.5	0.5	0.8	0.8	0.8	1
螺纹规格 (D)(6H)	第1系列	(M14)[1]	M16	(M18)[1]	M20	(M22)[1]	M24
	第2系列	(M14×1.5)[1]	M16×1.5	(M18×1.5)[1]	M20×2	(M22×1.5)[1]	M24×2
	第3系列	—	—	(M18×2)[1]	M20×1.5	(M22×2)[1]	—
d_k	≈	20	22	25	28	30	34
e	min	23.35	26.75	29.56	32.95	37.29	39.55
h	max=公称	24	26	30	35	38	40
m	≈	13	15	17	19	21	22
b	≈	11	13	14	16	18	19
SR	≈	10	11.5	12.5	14	15	17
s	公称	21	24	27	30	34	36
	min	20.67	23.67	26.16	29.16	33	35
δ	≈	1	1	1.2	1.2	1.2	1.2

① 尽可能不采用括号内的规格；按螺纹规格第1至第3系列，依次优先选用。

表 3-144　焊接型六角法兰面盖形螺母的型式和尺寸（摘自 GB/T 802.3—2009）

（单位：mm）

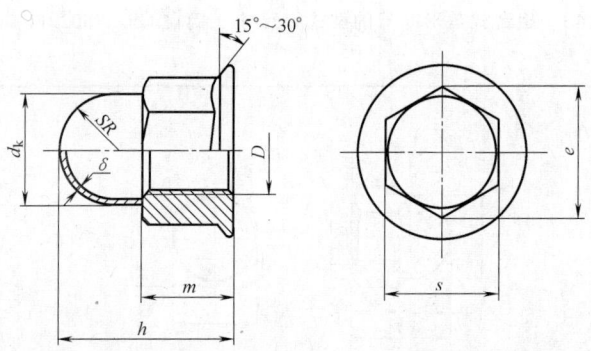

标记示例：

螺纹规格 D=M12、性能等级为 6 级、表面氧化处理的焊接型六角法兰面盖形螺母的标记为：

螺母　GB/T 802.3　M12

（续）

螺纹规格 (D) (6H)	第 1 系列	M4	M5	M6	M8	M10
	第 2 系列	—	—	—	M8×1	M10×1
	第 3 系列	—	—	—	—	M10×1.25
d_k	max	6.5	7.5	9.5	12.5	15
e	min	7.66	8.79	11.05	14.38	17.77
h	max=公称	7.5	9	11	14	18
	min	7.14	8.64	10.57	13.57	17.57
m	max	4.5	5	6	8	10
	min	4.2	4.7	5.7	7.64	9.64
SR	≈	3.25	3.75	4.75	6.25	7.5
s	max=公称	7	8	10	13	16
	min	6.78	7.78	9.78	12.73	15.73
δ	≈	0.5	0.5	0.8	0.8	0.8
螺纹规格 (D) (6H)	第 1 系列	M12	(M14)[①]	M16	M20	M24
	第 2 系列	M12×1.5	(M14×1.5)[①]	M16×1.5	M20×2	M24×2
	第 3 系列	M12×1.25	—	—	M20×1.5	—
d_k	max	17	20	23	28	34
e	min	20.03	23.35	26.75	32.95	39.55
h	max=公称	22	26	30	32	36
	min	21.48	25.48	29.48	31	35
m	max	12	14	16	20	24
	min	11.57	13.3	15.3	18.7	22.7
SR	≈	8.5	10	11.5	14	17
s	max=公称	18	21	24	30	36
	min	17.73	20.67	23.67	29.16	35
δ	≈	1	1	1	1.2	1.2

① 尽可能不采用括号内的规格；按螺纹规格第 1~3 系列，依次优先选用。

表 3-145　焊接型六角低球面盖形螺母的型式和尺寸（摘自 GB/T 802.4—2009）

（单位：mm）

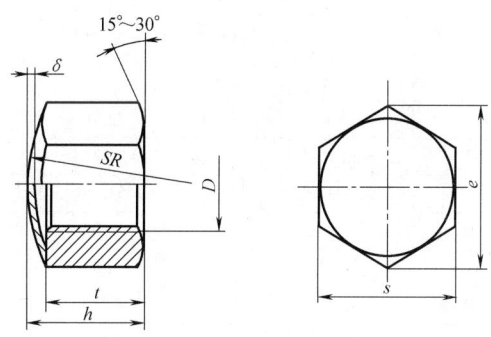

标记示例：

螺纹规格 D＝M12、性能等级为 6 级、表面氧化处理的焊接型六角低球面盖形螺母的标记为：

螺母　GB/T 802.4　M12

（续）

螺纹规格 (D)(6H)	第1系列	M4	M5	M6	M8	M10	M12
	第2系列	—	—	—	M8×1	M10×1	M12×1.5
	第3系列	—	—	—	—	M10×1.25	M12×1.25
e	min	7.66	8.79	11.05	14.38	17.77	20.03
h	max=公称	5.5	7	9	12	14	16
	min	5.2	6.64	8.64	11.57	13.57	15.57
SR	≈	8	10	12	15	20	25
s	公称	7	8	10	13	16	18
	min	6.78	7.78	9.78	12.73	15.73	17.73
t	max	4.64	5.44	7.29	9.79	11.35	13.85
	min	4.16	4.96	6.71	9.21	10.65	13.15
δ	≈	0.5	0.5	0.8	0.8	0.8	1

螺纹规格 (D)(6H)	第1系列	(M14)[1]	M16	(M18)[1]	M20	(M22)[1]	M24
	第2系列	(M14×1.5)[1]	M16×1.5	(M18×1.5)[1]	M20×2	(M22×1.5)[1]	M24×2
	第3系列	—	—	(M18×2)[1]	M20×1.5	(M22×2)[1]	—
e	min	23.35	26.75	29.56	32.95	37.29	39.55
h	max=公称	18	20	22	25	28	30
	min	17.57	19.48	21.48	24.48	27.48	29.48
SR	≈	28	30	32	35	35	40
s	公称	21	24	27	30	34	36
	min	20.67	23.67	26.16	29.16	33	35
t	max	15.35	17.35	19.42	21.42	22.42	24.42
	min	14.65	16.65	18.58	20.58	21.58	23.58
δ	≈	1	1	1.2	1.2	1.2	1.2

螺纹规格 (D)(6H)	第1系列	(M27)[1]	M30	M36	M42	M48	M64
	第2系列	(M27×2)[1]	M30×2	M36×3	M42×3	M48×3	M64×2
	第3系列	—	—	—	—	—	—
e	min	45.2	50.85	60.79	72.02	82.60	104.86
h	max=公称	32	34	44	52	58	75
	min	31.38	33.38	43.38	51.26	57.26	74.26
SR	≈	50	60	70	80	90	130
s	公称	41	46	55	65	75	95
	min	40	45	53.8	63.1	73.1	92.8
t	max	26.42	28.42	36.5	42.5	48.5	62.6
	min	25.58	27.58	35.5	41.5	47.5	61.4
δ	≈	1.5	1.5	1.5	2	2	2

[1] 尽可能不采用括号内的规格；按螺纹规格第1~3系列，依次优先选用。

表 3-146　焊接型非金属嵌件六角锁紧盖形螺母的型式和尺寸（摘自 GB/T 802.5—2009）

（单位：mm）

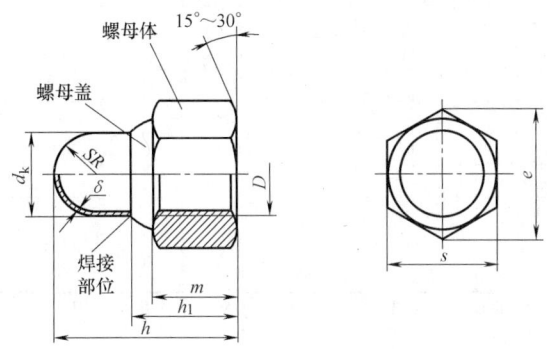

标记示例：

螺纹规格 D = M12、性能等级为 5 级、表面氧化处理的焊接型非金属嵌件六角锁紧盖形螺母的标记为：

螺母　GB/T 802.5　M12

螺纹规格 (D)	第 1 系列	M4	M5	M6	M8	M10
	第 2 系列	—	—	—	M8×1	M10×1
	第 3 系列	—	—	—	—	M10×1.25
d_k	max	6.5	7.5	9.5	12.5	16
e	min	7.66	8.79	11.05	14.38	17.77
h_1	公称	5.6	6	7.5	8.9	10.5
	max	5.85	6.25	7.85	9.25	10.9
	min	5.35	5.75	7.15	8.55	10.1
h	公称	9.6	10.5	12	14	18.1
	max	9.9	10.85	12.35	14.35	18.5
	min	9.3	10.15	11.65	13.65	17.7
m	min[2]	2.9	4.4	4.9	6.44	8.04
SR	≈	2.5	3	3.5	4.6	5.8
s	公称	7	8	10	13	16
	min	6.78	7.78	9.78	12.73	15.73
δ	≈	0.5	0.5	0.8	0.8	0.8
每 1000 件钢螺母质量 (ρ = 7.85kg/dm³) /kg[3]		1.4	1.55	3.3	5.3	10.1

螺纹规格 (D)	第 1 系列	M12	(M14)[1]	M16	M20
	第 2 系列	M12×1.5	(M14×1.5)[1]	M16×1.5	M20×2
	第 3 系列	M12×1.25	—	—	M20×1.5
d_k	max	18	21	23	28
e	min	20.03	23.35	26.75	32.95
h_1	公称	13.5	15.5	16.5	21
	max	13.9	15.9	16.9	21.5
	min	13.1	15.1	16.1	20.5
h	公称	22.5	26.4	27.5	35
	max	22.9	26.8	27.9	35.5
	min	22.1	26	27.1	34.5

（续）

螺纹规格（D）	第1系列	M12	(M14)[①]	M16	M20
	第2系列	M12×1.5	(M14×1.5)[①]	M16×1.5	M20×2
	第3系列	M12×1.25	—	—	M20×1.5
m	min[②]	10.37	12.1	14.1	16.9
SR	≈	6.8	7.8	8.8	10.8
s	公称	18	21	24	30
	min	17.73	20.67	23.67	29.16
δ	≈	1	1	1	1.2
每1000件钢螺母质量（$\rho=7.85kg/dm^3$）/kg[③]		18.3	26.1	37.1	111

① 尽可能不采用括号内的规格；按螺纹规格第1~3系列，依次优先选用。
② 最小螺纹长度。
③ 近似的质量，也可以是细牙螺母的计算值。

表3-147　六角盖形螺母的型式和尺寸（摘自 GB/T 923—2009）

（单位：mm）

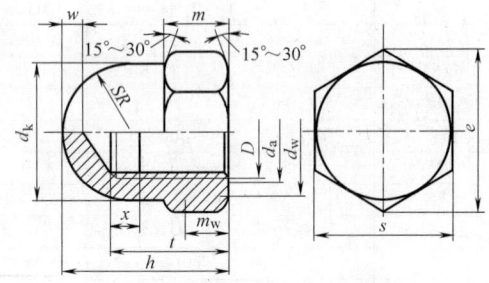

a) $D \leqslant 10mm$ 盖形螺母的型式与尺寸

标记示例：
　　螺纹规格 $D=$M12、性能等级为6级、表面氧化处理的六角盖形螺母的标记为：
　　螺母 GB/T 923　M12

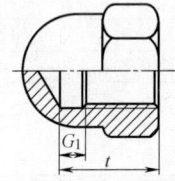

b) $D \geqslant 12mm$ 盖形螺母的型式与尺寸

注：其余尺寸见图a

螺纹规格（D）	第1系列	M4	M5	M6	M8	M10	M12
	第2系列	—	—	—	M8×1	M10×1	M12×1.5
	第3系列	—	—	—	—	M10×1.25	M12×1.25
P[①]		0.7	0.8	1	1.25	1.5	1.75
d_a	max	4.6	5.75	6.75	8.75	10.8	13
	min	4	5	6	8	10	12
d_k	max	6.5	7.5	9.5	12.5	15	17
d_w	min	5.9	6.9	8.9	11.6	14.6	16.6
e	min	7.66	8.79	11.05	14.38	17.77	20.03

（续）

螺纹规格(D)		M4	M5	M6	M8	M10	M12
	第1系列	M4	M5	M6	M8	M10	M12
	第2系列	—	—	—	M8×1	M10×1	M12×1.5
	第3系列	—	—	—	—	M10×1.25	M12×1.25
x_{max}[②]	第1系列	1.4	1.6	2	2.5	3	—
	第2系列	—	—	—	2	2	—
	第3系列	—	—	—	—	2.5	—
G_{1max}[③]	第1系列	—	—	—	—	—	6.4
	第2系列	—	—	—	—	—	5.6
	第3系列	—	—	—	—	—	4.9
h	max = 公称	8	10	12	15	18	22
	min	7.64	9.64	11.57	14.57	17.57	21.48
m	max	3.2	4	5	6.5	8	10
	min	2.9	3.7	4.7	6.14	7.64	9.64
m_w	min	2.32	2.96	3.76	4.91	6.11	7.71
SR	≈	3.25	3.75	4.75	6.25	7.5	8.5
s	公称	7	8	10	13	16	18
	min	6.78	7.78	9.78	12.73	15.73	17.73
t	max	5.74	7.79	8.29	11.35	13.35	16.35
	min	5.26	7.21	7.71	10.65	12.65	15.65
w	min	2	2	2	2	2	3
每1000件钢螺母质量 (ρ = 7.85kg/dm³) /kg		④	④	4.66	11	20.1	28.3

螺纹规格(D)		(M14)[⑤]	M16	(M18)[⑤]	M20	(M22)[⑤]	M24
	第1系列	(M14)[⑤]	M16	(M18)[⑤]	M20	(M22)[⑤]	M24
	第2系列	(M14×1.5)[⑤]	M16×1.5	(M18×1.5)[⑤]	M20×2	(M22×1.5)[⑤]	M24×2
	第3系列	—	—	(M18×2)[⑤]	M20×1.5	(M22×2)	—
P[①]		2	2	2.5	2.5	2.5	3
d_a	max	15.1	17.3	19.5	21.6	23.7	25.9
	min	14	16	18	20	22	24
d_k	max	20	23	26	28	33	34
d_w	min	19.6	22.5	24.9	27.7	31.4	33.3
e	min	23.35	26.75	29.56	32.95	37.29	39.55
x_{max}[②]	第1系列	—	—	—	—	—	—
	第2系列	—	—	—	—	—	—
	第3系列	—	—	—	—	—	—
G_{1max}[③]	第1系列	7.3	7.3	9.3	9.3	9.3	10.7
	第2系列	5.6	5.6	5.6	7.3	5.6	7.3
	第3系列	—	—	7.3	5.6	7.3	—
h	max = 公称	25	28	32	34	39	42
	min	24.48	27.48	31	33	38	41
m	max	11	13	15	16	18	19
	min	10.3	12.3	14.3	14.9	16.9	17.7
m_w	min	8.24	9.84	11.44	11.92	13.52	14.16
SR	≈	10	11.5	13	14	16.5	17
s	公称	21	24	27	30	34	36
	min	20.67	23.67	26.16	29.16	33	35

（续）

螺纹规格	第1系列	(M14)[5]	M16	(M18)[5]	M20	(M22)[5]	M24
(D)	第2系列	(M14×1.5)[5]	M16×1.5	(M18×1.5)[5]	M20×2	(M22×1.5)[5]	M24×2
	第3系列	—	—	(M18×2)[5]	M20×1.5	(M22×2)	—
t	max	18.35	21.42	25.42	26.42	29.42	31.5
	min	17.65	20.58	24.58	25.58	28.58	30.5
w	min	4	4	5	5	5	6
每1000件钢螺母质量 ($\rho=7.85\text{kg/dm}^3$) /kg		[4]	54.3	95	104	[4]	216

① P 为粗牙螺纹螺距，按 GB/T 197。
② 内螺纹的收尾 $x_{max}=2P$，适用于 $D \leqslant$ M10。
③ 内螺纹的退刀槽 G_{1max}，适用于 $D>$ M10。
④ 目前尚无数据。
⑤ 尽可能不采用括号内的规格；按螺纹规格第1~3系列，依次优先选用。

表 3-148　扣紧螺母的型式和尺寸（摘自 GB/T 805—1988）（单位：mm）

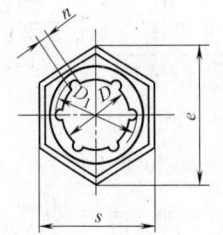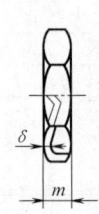

标记示例：
螺纹规格 D = M12、材料为 65Mn、热处理硬度 30~45HRC、表面氧化的扣紧螺母的标记为：
螺母　GB/T 805　M12

螺纹规格	D		s		D_1	n	e	m	δ
($D×P$)	max	min	max	min					
6×1	5.3	5	10	9.73	7.5	1	11.5	3	0.4
8×1.25	7.16	6.8	13	12.73	9.5		16.2	4	0.5
10×1.5	8.86	8.5	16	15.73	12	1.5	19.6	5	0.6
12×1.75	10.73	10.3	18	17.73	14		21.9		0.7
(14×2)	12.43	12	21	20.67	16	2	25.4	6	0.8
16×2	14.43	14	24	23.67	18		27.7		
(18×1.25)	15.93	15.5	27	26.16	20.5	2.5	31.2	7	1
20×2.5	17.93	17.5	30	29.16	22.5		34.6		
(22×2.5)	20.02	19.5	34	33	25		36.9		
24×3	21.52	21	36	35	27	3	41.6	9	1.2
(27×3)	24.52	24	41	40	30		47.3		
30×3.5	27.02	26.5	46	45	34		53.1		1.4
36×4	32.62	32	55	53.8	40		63.5	12	
42×4.5	38.12	37.5	65	63.8	47		75		1.8
48×5	43.62	43	75	73.1	54		86.5	14	

注：尽可能不采用括号内的规格。

表 3-149　滚花高螺母的型式和尺寸（摘自 GB/T 806—1988）

（单位：mm）

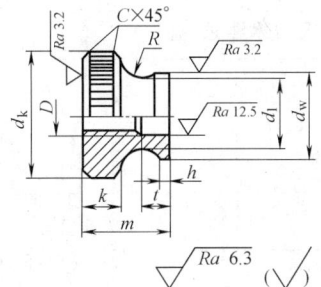

标记示例：

螺纹规格 D = M5、性能等级为 5 级、不经表面处理的滚花高螺母的标记为：

螺母　GB/T 806　M5

螺纹规格(D)(6H)		M1.6	M2	M2.5	M3	M4	M5	M6	M8	M10
d_k	max	7	8	9	11	12	16	20	24	30
（滚花前）	min	6.78	7.78	8.78	10.73	11.73	15.73	19.67	23.67	29.67
d_w	max	4	4.5	5	6	8	10	12	16	20
	min	3.7	4.2	4.7	5.7	7.64	9.64	11.57	15.57	19.48
C			0.2			0.3		0.5		0.8
m max		4.7	5	5.5	7	8	10	12	16	20
k			2		2.2	2.8	3	4	5	6	8
t max			1.5			2		2.5	3	4	5	6.5
R min			1.25		1.5		2		2.5	3	4	5
h		0.8		1		1.2	1.5	2	2.5	3	3.8
d_1		3.6	3.8	4.4	5.2	6.4	9.0	11.0	13.0	17.5

表 3-150　滚花薄螺母的型式和尺寸（摘自 GB/T 807—1988）

（单位：mm）

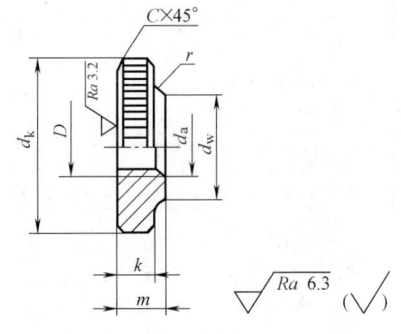

标记示例：

螺纹规格 D = M5、性能等级为 5 级、不经表面处理的滚花薄螺母的标记为：

螺母　GB 807　M5

螺纹规格(D)		M1.4	M1.6	M2	M2.5	M3	M4	M5	M6	M8	M10
d_k	max	6	7	8	9	11	12	16	20	24	30
（滚花前）	min	5.78	6.78	7.78	8.78	10.73	11.73	15.73	19.67	23.67	29.67
m	max	2	2.5	2.5	2.5	3	3	4	5	6	8
	min	1.75	2.25	2.25	2.25	2.75	2.75	3.7	4.7	5.7	7.64
k		1.5		2		2.0	2.5	2.5	3.5	4.0	5.0	6.0
d_w	max	3.5	4	4.5	5	6	8	10	12	16	20
	min	3.2	3.7	4.2	4.7	5.7	7.64	9.64	11.57	15.57	19.48
r			0.5							1	2
C			0.2			0.3		0.5		0.8
d_a	max	1.64	1.84	2.3	2.9	3.45	4.6	5.75	6.75	8.75	10.8
	min	1.4	1.6	2	2.5	3	4	5	6	8	10

2.6 螺钉

2.6.1 品种、规格及技术要求（见表3-151）

表3-151　螺钉的品种、规格及技术要求

序号	名称及标准号	规格范围	产品等级	螺纹公差	材料及性能等级	表面处理
1	开槽圆柱头螺钉① GB/T 65—2016	M1.6~ M10	A级	6g	钢： $d<3mm$:按协议 $d≥3mm$:4.8、5.8	1）不经处理 2）电镀 3）非电解锌片涂层
					不锈钢： A2-50、A2-70	1）简单处理 2）钝化处理
					有色金属： $d<3mm$:按协议 $d≥3mm$:CU2、CU3、AL4	1）简单处理 2）电镀
2	开槽盘头螺钉① GB/T 67—2016	M1.6~ M10	A级	6g	钢： $d<3mm$:按协议 $d≥3mm$:4.8、5.8	1）不经处理 2）电镀 3）非电解锌片涂层
					不锈钢： A2-50、A2-70	1）简单处理 2）钝化处理
					有色金属： $d<3mm$:按协议 $d≥3mm$:CU2、CU3、AL4	1）简单处理 2）电镀
3	开槽沉头螺钉① GB/T 68—2016	M1.6~ M10	A级	6g	钢： $d<3mm$:按协议 $d≥3mm$:4.8、5.8	1）不经处理 2）电镀 3）非电解锌片涂层
					不锈钢： A2-50、A2-70	1）简单处理 2）钝化处理
					有色金属： $d<3mm$:按协议 $d≥3mm$:CU2、CU3、AL4	1）简单处理 2）电镀
4	开槽半沉头螺钉① GB/T 69—2016	M1.6~ M10	A级	6g	钢： $d<3mm$:按协议 $d≥3mm$:4.8、5.8	1）不经处理 2）电镀 3）非电解锌片涂层
					不锈钢： A2-50、A2-70	1）简单处理 2）钝化处理
					有色金属： $d<3mm$:按协议 $d≥3mm$:CU2、CU3、AL4	1）简单处理 2）电镀

（续）

序号	名称及标准号	规格范围	产品等级	螺纹公差	材料及性能等级	表面处理
5	开槽大圆柱头螺钉 GB/T 833—1988	M1.6~M10	A 级	6g	钢： 4.8	1）不经处理 2）镀锌钝化
					不锈钢： A1-50、C4-50	不经处理
6	开槽球面大圆柱头螺钉 GB/T 947—1988	M1.6~M10	A 级	6g	钢： 4.8	1）不经处理 2）镀锌钝化
					不锈钢： A1-50、C4-50	不经处理
7	开槽带孔球面圆柱头螺钉 GB/T 832—1988	M1.6~M10	A 级和B 级	6g	钢： 4.8	1）不经处理 2）镀锌钝化
					不锈钢： A1-50、C4-50	不经处理
8	十字槽圆柱头螺钉[①] GB/T 822—2016	M2.5~M8	A 级	6g	钢： $d<3mm$：按协议 $d\geqslant3mm$：4.8、5.8	1）不经处理 2）电镀 3）非电解锌片涂层
					不锈钢： A2-70	1）简单处理 2）钝化处理
					有色金属： $d<3mm$：按协议 $d\geqslant3mm$：CU2、CU3、AL4	1）简单处理 2）电镀
9	十字槽盘头螺钉[①] GB/T 818—2016	M1.6~M10	A 级	6g	钢： $d<3mm$：按协议 $d\geqslant3mm$：4.8	1）不经处理 2）电镀 3）非电解锌片涂层
					不锈钢： A2-50、A2-70	1）简单处理 2）钝化处理
					有色金属： $d<3mm$：按协议 $d\geqslant3mm$：CU2、CU3、AL4	1）简单处理 2）电镀
10	十字槽小盘头螺钉[①] GB/T 823—2016	M2~M8	A 级	6g	钢： $d<3mm$：按协议 $d\geqslant3mm$：4.8	1）不经处理 2）镀锌 3）非电解锌片涂层
					不锈钢： A1-50、C4-50	1）不经处理 2）钝化处理
11	十字槽沉头螺钉　第 1部分：钢 4.8 级[①] GB/T 819.1—2016	M1.6~M10	A 级	6g	钢： $d<3mm$：按协议 $d\geqslant3mm$：4.8	1）不经处理 2）电镀

（续）

序号	名称及标准号	规格范围	产品等级	螺纹公差	材料及性能等级	表面处理
12	十字槽沉头螺钉　第2部分:8.8级、不锈钢及有色金属螺钉① GB/T 819.2—2016	M2~M10	A级	6g	钢: $d<3mm$:按协议 $d≥3mm$:8.8	1)不经处理 2)电镀 3)非电解锌片涂层
					不锈钢: A2-70	1)简单处理 2)钝化处理
					有色金属: $d<3mm$:按协议 $d≥3mm$:CU2、CU3	1)简单处理 2)电镀
13	十字槽半沉头螺钉① GB/T 820—2000	M1.6~M10	A级	6g	钢: 4.8	1)不经处理 2)电镀
					不锈钢: A2-50、A2-70	简单处理
					有色金属: CU2、CU3、AL4	
14	精密机械用紧固件十字槽螺钉 GB/T 13806.1—1992	M1.2~M3	A级和F级	M1.2、M1.4:4h M1.6~M3:6g	钢: Q215	1)不经处理 2)氧化 3)镀锌钝化
					铜: H68、HPb59-1	
15	内六角圆柱头螺钉① GB/T 70.1—2008	M1.6~M64	A级	12.9级,5g6g;其他等级,6g	钢: $d<3mm$:按协议 $3mm≤d≤39mm$:8.8、10.9、12.9 $d>39mm$:按协议	1)氧化 2)电镀 3)非电解锌片涂层
					不锈钢: $d≤24mm$:A2-70、A4-70、A5-70 $24mm<d≤39mm$:A2-50、A3-50、A4-50 $d>39mm$:按协议	简单处理
					有色金属: CU2、CU3	1)简单处理 2)电镀
16	内六角平圆头螺钉① GB/T 70.2—2015	M3~M16	A级	012.9级,5g6g;其他等级,6g	钢: 08.8、010.9、012.9	1)不经处理 2)电镀 3)非电解锌片涂层
					不锈钢: A2-070、A2-070、A4-070、A5-070、A2-080、A2-080、A4-080、A5-080	1)简单处理 2)钝化处理
17	内六角沉头螺钉① GB/T 70.3—2008	M3~M20	A级	12.9级,5g6g;其他等级,6g	钢: 8.8、10.9、12.9	1)氧化 2)电镀 3)非电解锌片涂层

（续）

序号	名称及标准号	规格范围	产品等级	螺纹公差	材料及性能等级	表面处理
18	内六角圆柱头轴肩螺钉[1] GB/T 5281—1985	6.5~25mm（M5~M20）	A级	5g6g	钢： 12.9[2]	1）氧化 2）镀锌钝化
19	内六角花形低圆柱头螺钉[1] GB/T 2671.1—2017	M2~M10	A级	6g	钢： $d<3mm$：按协议 $d≥3mm$：4.8、5.8	1）不经处理 2）电镀 3）非电解锌片涂层
					不锈钢： A2-50、A2-70、A3-50、A3-70	1）简单处理 2）钝化处理
					有色金属： $d<3mm$：按协议 $d≥3mm$：CU2、CU3	1）简单处理 2）电镀
20	内六角花形圆柱头螺钉[1] GB/T 2671.2—2017	M2~M20	A级	12.9级，5g6g；其他等级，6g	钢： $d<3mm$：按协议 $d≥3mm$：8.8、9.8、10.9、12.9	1）不经处理 2）电镀 3）非电解锌片涂层
					不锈钢： A2-70、A4-70、A3-70、A5-70	1）简单处理 2）钝化处理
					有色金属： $d<3mm$：按协议 $d≥3mm$：CU2、CU3	1）简单处理 2）电镀
21	内六角花形盘头螺钉[1] GB/T 2672—2017	M2~M10	A级	6g	钢： $d<3mm$：按协议 $d≥3mm$：4.8	1）不经处理 2）电镀 3）非电解锌片涂层
					不锈钢： A2-70、A3-70	1）简单处理 2）钝化处理
					有色金属： $d<3mm$：按协议 $d≥3mm$：CU2、CU3	1）简单处理 2）电镀
22	内六角花形沉头螺钉[1] GB/T 2673—2007	M6~M20	A级	6g	钢： 4.8	1）不经处理 2）电镀 3）非电解锌片涂层
					不锈钢： A2-70、A3-70	简单处理
					有色金属： CU2、CU3	1）简单处理 2）电镀

（续）

序号	名称及标准号	规格范围	产品等级	螺纹公差	材料及性能等级	表面处理
23	内六角花形半沉头螺钉① GB/T 2674—2017	M2~M10	A级	6g	钢：4.8	1）不经处理 2）电镀 3）非电解锌片涂层
					不锈钢：A2-70、A3-70	简单处理
					有色金属：CU2、CU3	1）简单处理 2）电镀
24	开槽平端紧定螺钉① GB/T 73—2017	M1.2~M12	A级	6g	钢：$d<1.6$mm：按协议 $d\geq1.6$mm：14H、22H	1）不经处理 2）电镀 3）非电解锌片涂层
					不锈钢：$d<1.6$mm：按协议 $d\geq1.6$mm：A1-12H	1）简单处理 2）电镀
					有色金属：CU2、CU3	1）简单处理 2）电镀
25	开槽长圆柱端紧定螺钉 GB/T 75—1985	M1.6~M12	A级	6g	钢：14H、22H	1）氧化 2）镀锌钝化
					不锈钢：A1-50	不经处理
26	开槽锥端紧定螺钉① GB/T 71—1985	M1.2~M12	A级	6g	钢：14H、22H	1）氧化 2）镀锌钝化
					不锈钢：A1-50	不经处理
27	开槽凹端紧定螺钉① GB/T 74—1985	M1.6~M12	A级	6g	钢：14H、22H	1）氧化 2）镀锌钝化
					不锈钢：A1-50	不经处理
28	内六角平端紧定螺钉① GB/T 77—2007	M1.6~M24	A级	6g	钢：45H	1）不经处理 2）氧化 3）电镀 4）非电解锌片涂层
					不锈钢：A1-12H、A2-21H、A3-21H、A4-21H、A5-21H	简单处理
					有色金属：CU2、CU3、AL4	1）简单处理 2）电镀
29	内六角锥端紧定螺钉① GB/T 78—2007	M1.6~M24	A级	6g	钢：45H	1）不经处理 2）氧化 3）电镀 4）非电解锌片涂层
					不锈钢：A1-12H、A2-21H、A3-21H、A4-21H、A5-21H	简单处理
					有色金属：CU2、CU3、AL4	1）简单处理 2）电镀

（续）

序号	名称及标准号	规格范围	产品等级	螺纹公差	材料及性能等级	表面处理
30	内六角圆柱端紧定螺钉① GB/T 79—2007	M1.6~M24	A级	6g	钢：45H	1）不经处理 2）氧化 3）电镀 4）非电解锌片涂层
					不锈钢： A1-12H、A2-21H、A3-21H、A4-21H、A5-21H	简单处理
					有色金属： CU2、CU3、AL4	1）简单处理 2）电镀
31	内六角凹端紧定螺钉① GB/T 80—2007	M1.6~M24	A级	6g	钢：45H	1）不经处理 2）氧化 3）电镀 4）非电解锌片涂层
					不锈钢： A1-12H、A2-21H、A3-21H、A4-21H、A5-21H	简单处理
					有色金属： CU2、CU3、AL4	1）简单处理 2）电镀
32	方头倒角端紧定螺钉 GB/T 821—1988	M5~M20	A级	45H级，5g6g；其他等级，6g	钢：33H、45H	1）氧化 2）镀锌钝化
					不锈钢：A1-50、C4-50	不经处理
33	方头长圆柱端紧定螺钉 GB/T 85—1988	M5~M20	A级	45H级，5g6g；其他等级，6g	钢：33H、45H	1）氧化 2）镀锌钝化
					不锈钢：A1-50、C4-50	不经处理
34	方头长圆柱球面端紧定螺钉 GB/T 83—1988	M8~M20	A级	45H级，5g6g；其他等级，6g	钢：33H、45H	1）氧化 2）镀锌钝化
					不锈钢：A1-50、C4-50	不经处理
35	方头短圆柱锥端紧定螺钉 GB/T 86—1988	M5~M20	A级	45H级，5g6g；其他等级，6g	钢：33H、45H	1）氧化 2）镀锌钝化
					不锈钢：A1-50、C4-50	不经处理
36	方头凹端紧定螺钉 GB/T 84—1988	M5~M20	A级	45H级，5g6g；其他等级，6g	钢：33H、45H	1）氧化 2）镀锌钝化
					不锈钢：A1-50、C4-50	不经处理

（续）

序号	名称及标准号	规格范围	产品等级	螺纹公差	材料及性能等级	表面处理
37	开槽锥端定位螺钉 GB/T 72—1988	M3～M12	A级	6g	钢： 14H、33H	1）不经处理 2）氧化 3）镀锌钝化
					不锈钢： A1-50、C4-50	不经处理
38	开槽圆柱端定位螺钉 GB/T 829—1988	M1.6～M10	A级	6g	钢： 14H、33H	1）不经处理 2）镀锌钝化
					不锈钢： A1-50、C4-50	不经处理
39	开槽盘头定位螺钉 GB/T 828—1988	M1.6～M10	A级	6g	钢： 14H、33H	1）不经处理 2）镀锌钝化
					不锈钢： A1-50、C4-50	不经处理
40	开槽盘头不脱出螺钉 GB/T 837—1988	M3～M10	A级	6g	钢： 4.8	1）不经处理 2）镀锌钝化
					不锈钢： A1-50、C4-50	不经处理
41	开槽沉头不脱出螺钉 GB/T 948—1988	M3～M10	A级	6g	钢： 4.8	1）不经处理 2）镀锌钝化
					不锈钢： A1-50、C4-50	不经处理
42	开槽半沉头不脱出螺钉 GB/T 949—1988	M3～M10	A级	6g	钢： 4.8	1）不经处理 2）镀锌钝化
					不锈钢： A1-50、C4-50	不经处理
43	六角头不脱出螺钉 GB/T 838—1988	M5～M16	A级	6g	钢： 4.8	1）不经处理 2）镀锌钝化
					不锈钢： A1-50、C4-50	不经处理
44	滚花头不脱出螺钉 GB/T 839—1988	M3～M10	A级	6g	钢： 4.8	1）不经处理 2）镀锌钝化
					不锈钢： A1-50、C4-50	不经处理
45	开槽圆柱头轴位螺钉 GB/T 830—1988	M1.6～M10	A级	6g	钢： 4.8	1）不经处理 2）镀锌钝化
					不锈钢： A1-50、C4-50	不经处理
46	开槽球面圆柱头轴位螺钉 GB/T 946—1988	M1.6～M10	A级	6g	钢： 4.8	1）不经处理 2）镀锌钝化
					不锈钢： A1-50、C4-50	不经处理
47	开槽无头轴位螺钉 GB/T 831—1988	M1.6～M10	A级	6g	钢： 14H	1）不经处理 2）镀锌钝化
					不锈钢： A1-50、C4-50	不经处理

（续）

序号	名称及标准号	规格范围	产品等级	螺纹公差	材料及性能等级	表面处理
48	滚花高头螺钉 GB/T 834—1988	M1.6~ M10	A 级	6g	钢： 4.8	1) 不经处理 2) 镀锌钝化
					不锈钢： A1-50、C4-50	不经处理
49	滚花平头螺钉 GB/T 835—1988	M1.6~ M10	A 级	6g	钢： 4.8	1) 不经处理 2) 镀锌钝化
					不锈钢： A1-50、C4-50	不经处理
50	滚花小头螺钉 GB/T 836—1988	M1.6~ M6	A 级	6g	钢： 4.8	1) 不经处理 2) 镀锌钝化
					不锈钢： A1-50、C4-50	不经处理
51	塑料滚花头螺钉[1] GB/T 840—1988	M4~ M16	—	6g	钢（杆部）： A 型，14H B 型，33H	1) 氧化 2) 镀锌钝化
					ABS 塑料（头部）	
52	吊环螺钉[1] GB/T 825—1988	M8~ M100 ×6	—	8g	钢： 20、25 正火处理	1) 不经处理 2) 镀锌钝化 3) 镀铬
53	开槽无头螺钉 GB/T 878—2007	M1~ M10	A 级	6g	钢： 14H、22H、45H	1) 不经处理 2) 氧化 3) 电镀 4) 非电解锌片涂层
					不锈钢： A1-12H	简单处理
					有色金属： CU2、CU3、AL4	1) 简单处理 2) 电镀

① 商品紧固件品种，应优先选用。

② 轴肩螺钉由于结构原因，不能承受拉力试验，但 GB/T 3098，1 对 12.9 级规定的其他性能要求均应达到。

2.6.2　开槽螺钉（见表 3-152~表 3-158）

表 3-152　开槽圆柱头螺钉的型式和尺寸（摘自 GB/T 65—2016）

（单位：mm）

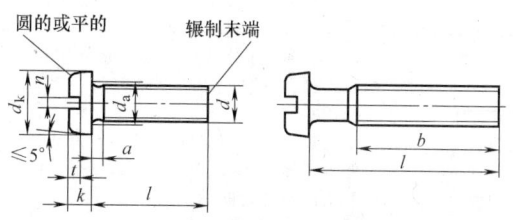

注：无螺纹部分杆径约等于螺纹中径或螺纹大径；末端按 GB/T 2 规定

标记示例：

螺纹规格 d=M5、公称长度 l=20mm、性能等级为 4.8 级、不经表面处理的 A 级开槽圆柱头螺钉的标记为：

螺钉　GB/T 65　M5×20

（续）

螺纹规格(d)(6g)	M1.6	M2	M2.5	M3	(M3.5)[②]	M4	M5	M6	M8	M10
a max	0.7	0.8	0.9	1.0	1.2	1.4	1.6	2.0	2.5	3.0
b min	25	25	25	25	38	38	38	38	38	38
d_a max	2.0	2.6	3.1	3.6	4.1	4.7	5.7	6.8	9.2	11.2
d_k 公称=max	3.00	3.80	4.50	5.50	6.00	7.00	8.50	10.00	13.00	16.00
k 公称=max	1.10	1.40	1.80	2.00	2.40	2.60	3.30	3.9	5.0	6.0
n 公称	0.4	0.5	0.6	0.8	1	1.2	1.2	1.6	2	2.5
t min	0.45	0.60	0.70	0.85	1.00	1.10	1.30	1.60	2.00	2.40
l[①]商品规格范围	2~16	3~20	3~25	4~30	5~35	5~40	6~50	8~60	10~80	12~80

① 公称长度 l（mm）系列为：2~5（1进位）、6~12（2进位）(14)、16、20~50（5进位）、(55)、60、(65)、70、(75)、80。

② 尽可能不采用括号内规格。

表 3-153 开槽盘头螺钉的型式和尺寸 （摘自 GB/T 67—2016）

（单位：mm）

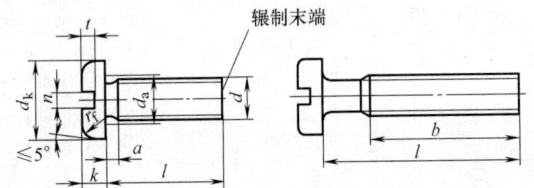

注:无螺纹部分杆径约等于螺纹中径或螺纹大径;末端按 GB/T 2 规定

标记示例：

螺纹规格 d = M5、公称长度 l = 20mm、性能等级为 4.8 级、不经表面处理的 A 级开槽盘头螺钉的标记为：

螺钉 GB/T 67 M5×20

螺纹规格(d)(6g)	M1.6	M2	M2.5	M3	(M3.5)[②]	M4	M5	M6	M8	M10
a max	0.7	0.8	0.9	1	1.2	1.4	1.6	2	2.5	3
b min	25	25	25	25	38	38	38	38	38	38
d_k max	3.2	4.0	5.0	5.6	7.00	8.00	9.50	12.00	16.00	20.00
d_a max	2	2.6	3.1	3.6	4.1	4.7	5.7	6.8	9.2	11.2
k max	1.00	1.30	1.50	1.80	2.10	2.40	3.00	3.6	4.8	6.0
n 公称	0.4	0.5	0.6	0.8	1	1.2	1.2	1.6	2	2.5
r_f 参考	0.5	0.6	0.8	0.9	1	1.2	1.5	1.8	2.4	3
t min	0.35	0.5	0.6	0.7	0.8	1	1.2	1.4	1.9	2.4
l[①]商品规格范围	2~16	2.5~20	3~25	4~30	5~35	5~40	6~50	80~60	10~80	12~80

① 公称长度 l（mm）系列为：2、2.5、3、4、5、6~12（2进位）、(14)、16、20~50（5进位）(55)、60、(65)、70、(75)、80。

② 尽可能不采用括号内规格。

表 3-154 开槽沉头螺钉的型式和尺寸 （摘自 GB/T 68—2016）

（单位：mm）

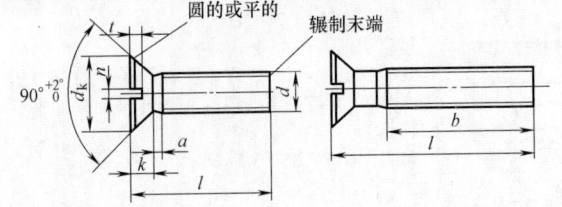

注:无螺纹部分杆径约等于螺纹中径或螺纹大径;末端按 GB/T 2 规定

标记示例：

螺纹规格 d = M5、公称长度 l = 20mm、性能等级为 4.8 级、不经表面处理的 A 级开槽沉头螺钉的标记为：

螺钉 GB/T 68 M5×20

（续）

螺纹规格(d)(6g)	M1.6	M2	M2.5	M3	(M3.5)[2]	M4	M5	M6	M8	M10
a　max	0.7	0.8	0.9	1	1.2	1.4	1.6	2	2.5	3
b　min	25	25	25	25	38	38	38	38	38	38
d_k　max	3	3.8	4.7	5.5	7.30	8.40	9.30	11.30	15.80	18.30
k　max	1	1.2	1.5	1.65	2.35	2.7	2.7	3.3	4.65	5
n　公称	0.4	0.5	0.6	0.8	1	1.2	1.2	1.6	2	2.5
t　min	0.32	0.4	0.50	0.60	0.9	1.0	1.1	1.2	1.8	2
l[1]商品规格范围	2.5~16	3~20	4~25	5~30	6~35	6~40	8~50	8~60	10~80	12~80

① 公称长度 l（mm）系列为：2.5、3、4、5、6~12（2 进位）、（14）、16、20~50（5 进位）、（55）、60、（65）、70、（75）、80。

② 尽可能不采用括号内规格。

表 3-155　开槽半沉头螺钉的型式和尺寸（摘自 GB/T 69—2016）

（单位：mm）

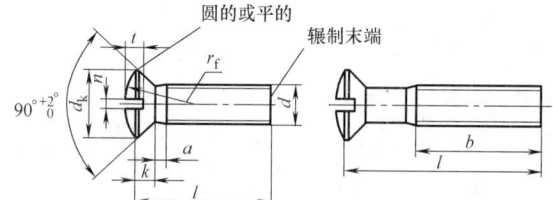

标记示例：
螺纹规格 d=M5、公称长度 l=20mm、性能等级为 4.8 级、不经表面处理的 A 级开槽半沉头螺钉的标记为：

螺钉　GB/T 69　M5×20

注：无螺纹部分杆径约等于螺纹中径或螺纹大径；末端按 GB/T 2 规定

螺纹规格(d)(6g)	M1.6	M2	M2.5	M3	(M3.5)[2]	M4	M5	M6	M8	M10
a　max	0.7	0.8	0.9	1	1.2	1.4	1.6	2	2.5	3
b　min	25	25	25	25	38	38	38	38	38	38
d_k　max	3	3.8	4.7	5.5	7.30	8.40	9.30	11.30	15.80	18.30
k　max	1	1.2	1.5	1.65	2.35	2.7	2.7	3.3	4.65	5
n　公称	0.4	0.5	0.6	0.8	1	1.2	1.2	1.6	2	2.5
r_f　≈	3	4	5	6	8.5	9.5	9.5	12	16.5	19.5
t　min	0.64	0.8	1	1.2	1.4	1.6	2	2.4	3.2	3.8
l[1]商品规格范围	2.5~16	3~20	4~25	5~30	6~35	6~40	8~50	8~60	10~80	12~80

① 公称长度 l（mm）系列为：2.5、3、4、5、6~12（2 进位）、（14）、16、20~50（5 进位）、（55）、60、（65）、70、（75）、80。

② 尽可能不采用括号内规格。

表 3-156　开槽带孔球面圆柱头螺钉的型式和尺寸（摘自 GB/T 832—1988）

（单位：mm）

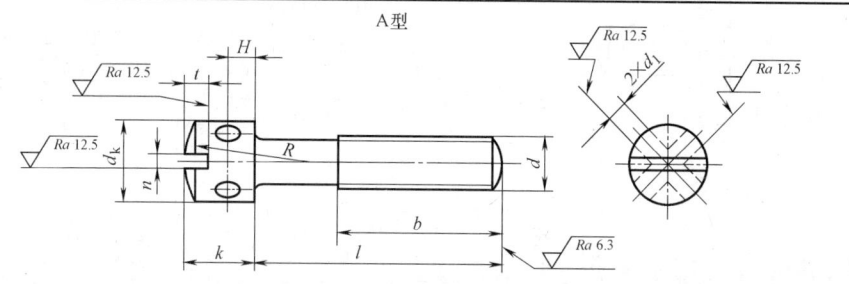

（续）

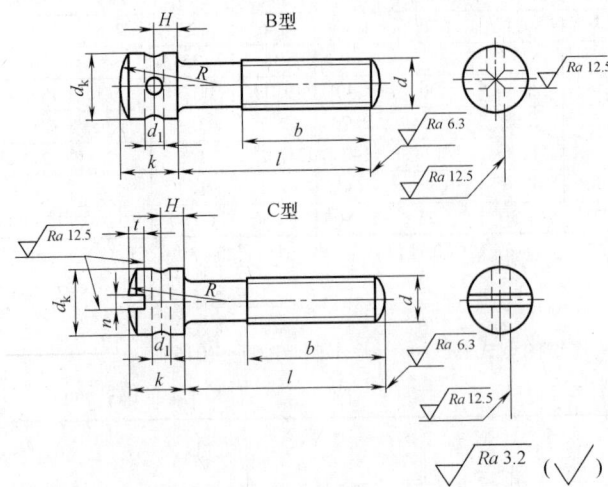

注：无螺纹部分杆径约等于螺纹中径或螺纹大径；末端按 GB/T 2 规定

螺纹规格（d）（6g）	M1.6	M2	M2.5	M3	M4	M5	M6	M8	M10
d_k　max	3	3.5	4.2	5	7	8.5	10	12.5	15
k　max	2.6	3	3.6	4	5	6.5	8	10	12.5
n　公称	0.4	0.5	0.6	0.8	1.0	1.2	1.5	2.0	2.5
t　min	0.6	0.7	0.9	1.0	1.4	1.7	2.0	2.5	3.0
d_1　min	1.0	1.0	1.2	1.5	2.0	2.0	3.0	3.0	4.0
H　公称	0.9	1.0	1.2	1.5	2.0	2.5	3.0	4.0	5.0
R　≈	5	6	8		10	15		20	25
b	15	16	17	18	20	22	24	28	32
l[1] 通用规格范围	2.5~16	2.5~20	3~25	4~30	6~40	8~50	10~60	12~60	20~60

① 公称长度 l（mm）系列为：2.5、3、4、5、6~16（2 进位）、20~60（5 进位）。

表 3-157　开槽大圆柱头螺钉的型式和尺寸（摘自 GB/T 833—1988）

（单位：mm）

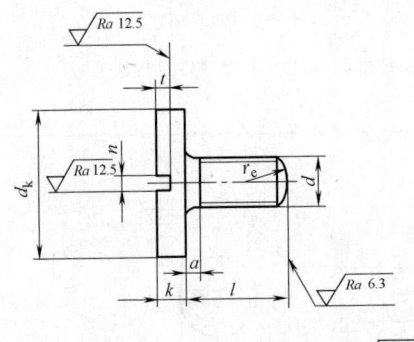

注：末端按 GB/T 2 规定

（续）

螺纹规格(d)(6g)	M1.6	M2	M2.5	M3	M4	M5	M6	M8	M10
a max	0.7	0.8	0.9	1	1.4	1.6	2	2.5	3
d_k max	6	7	9	11	14	17	20	25	30
k max	1.2	1.4	1.8	2	2.8	3.5	4	5	6
n 公称	0.4	0.5	0.6	0.8	1.2	1.2	1.6	2	2.5
t min	0.6	0.7	0.9	1	1.4	1.7	2	2.5	3
r_e ≈	2.24	2.8	3.5	4.2	5.6	7	8.4	11.2	14
l[1] 通用规格范围	2.5~5	3~6	4~8	4~10	5~12	6~14	8~16	10~16	12~20

① 公称长度 l（mm）系列为：2、2.5、3、4、5、6~16（2 进位）、20。

表 3-158 开槽球面大圆柱头螺钉的型式和尺寸（摘自 GB/T 947—1988）

（单位：mm）

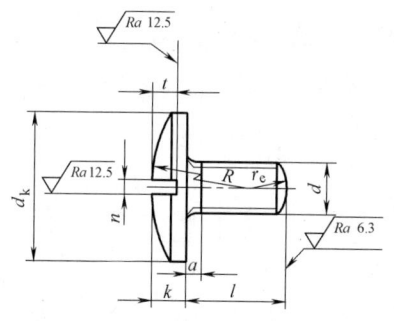

标记示例：

螺纹规格 d = M5、公称长度 l = 20mm、性能等级为 4.8 级、不经表面处理的开槽球面大圆柱头螺钉的标记为：

螺钉　GB/T 947　M5×20

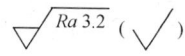

注：末端按 GB/T 2 规定

螺纹规格(d)(6g)		M1.6	M2	M2.5	M3	M4	M5	M6	M8	M10
a max		0.7	0.8	0.9	1	1.4	1.6	2	2.5	3
d_k max		6	7	9	11	14	17	20	25	30
k max		1.2	1.4	1.8	2	2.8	3.5	4	5	6
n 公称		0.4	0.5	0.6	0.8	1.2	1.2	1.6	2	2.5
t min		0.6	0.7	0.9	1	1.4	1.7	2	2.5	3
R ≈		10	12	14	16	20	25	30	36	40
r_e ≈		2.24	2.8	3.5	4.2	5.6	7	8.4	11.2	14
l[1] 通用规格范围	GB/T 833	2.5~5	3~6	4~8	4~10	5~12	6~14	8~16	10~16	12~20
	GB/T 947	2~5	2.5~6	3~8	4~10	5~12	6~14	8~16	10~20	12~20

① 公称长度 l（mm）系列为：2、2.5、3、4、5、6~16（2 进位）、20。

2.6.3　十字槽螺钉（见表3-159～表3-165）

表3-159　十字槽盘头螺钉的型式和尺寸（摘自 GB/T 818—2016）

（单位：mm）

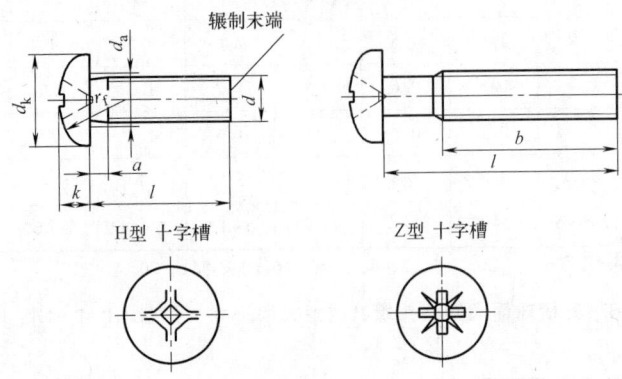

H型 十字槽　　　　Z型 十字槽

注：无螺纹部分杆径约等于螺纹中径或螺纹大径；末端按 GB/T 2 规定

标记示例：

螺纹规格 d＝M5、公称长度 l＝20mm、性能等级为4.8级、H型十字槽不经表面处理的 A 级十字槽盘头螺钉的标记为：

螺钉　GB/T 818　M5×20

螺纹规格（d）（6g）			M1.6	M2	M2.5	M3	(M3.5)[②]	M4	M5	M6	M8	M10
a　max			0.7	0.8	0.9	1	1.2	1.4	1.6	2	2.5	3
b　min			25	25	25	25	38	38	38	38	38	38
d_a　max			2	2.6	3.1	3.6	4.1	4.7	5.7	6.8	9.2	11.2
d_k　max			3.2	4.0	5.0	5.6	7.00	8.00	9.50	12.00	16.00	20.00
k　max			1.30	1.60	2.10	2.40	2.60	3.10	3.70	4.6	6.0	7.50
r_f　≈			2.5	3.2	4	5	6	6.5	8	10	13	16
十字槽	槽号 No.		0		1		2		3		4	
	插入深度	H型 min	0.70	0.9	1.15	1.4	1.4	1.9	2.4	3.1	4.0	5.2
		H型 max	0.95	1.2	1.55	1.8	1.9	2.4	2.9	3.6	4.6	5.8
		Z型 min	0.65	1.17	1.25	1.50	1.48	1.89	2.29	3.03	4.05	5.24
		Z型 max	0.96	1.42	1.50	1.75	1.93	2.34	2.74	3.46	4.50	5.69
l[①]商品规格范围			3～16	3～20	3～25	4～30	5～35	5～40	6～45	8～60	10～60	12～60

① 公称长度 l（mm）系列为：3、4、5、6～12（2进位）、(14)、16、20～50（5进位）、(55)、60。

② 尽可能不采用括号内的规格。

表 3-160　4.8 级十字槽沉头螺钉的型式和尺寸（摘自 GB/T 819.1—2016）

（单位：mm）

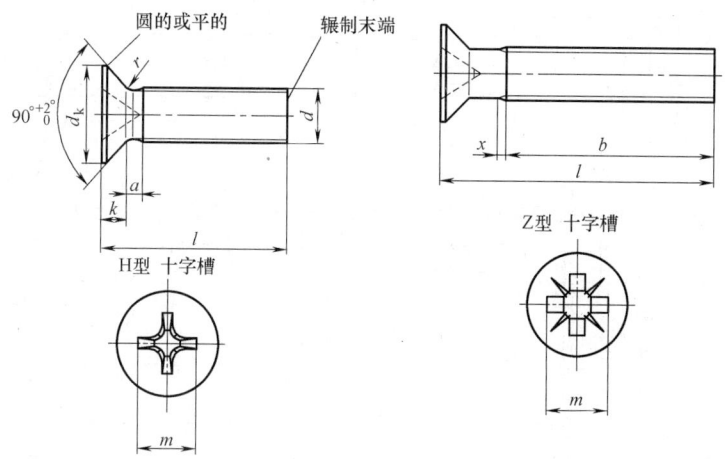

标记示例：

螺纹规格为 M5、公称长度 l = 20mm、性能等级为 4.8 级、H 型十字槽、表面不经处理的 A 级十字槽沉头螺钉的标记为：

螺钉　GB/T 819.1　M5×20

螺纹规格(d)			M1.6	M2	M2.5	M3	M(3.5)①	M4	M5	M6	M8	M10
P②			0.35	0.4	0.45	0.5	0.6	0.7	0.8	1	1.25	1.5
a　max			0.7	0.8	0.9	1	1.2	1.4	1.6	2	2.5	3
b　min			25	25	25	25	38	38	38	38	38	38
d_k③	理论值　max		3.6	4.4	5.5	6.3	8.2	9.4	10.4	12.6	17.3	20
	实际值	公称＝max	3.0	3.8	4.7	5.5	7.30	8.40	9.30	11.30	15.80	18.30
		min	2.7	3.5	4.4	5.2	6.94	8.04	8.94	10.87	15.37	17.78
k　公称＝max			1	1.2	1.5	1.65	2.35	2.7	2.7	3.3	4.65	5
r　max			0.4	0.5	0.6	0.8	0.9	1	1.3	1.5	2	2.5
x　max			0.9	1	1.1	1.25	1.5	1.75	2	2.5	3.2	3.8
十字槽（系列 1、深的④）	槽号 No.		0		1		2		3		4	
	H 型	m　参考	1.6	1.9	2.9	3.2	4.4	4.6	5.2	6.8	8.9	10
		插入深度　max	0.9	1.2	1.8	2.1	2.4	2.6	3.2	3.5	4.6	5.7
		插入深度　min	0.6	0.9	1.4	1.7	1.9	2.1	2.7	3.0	4.0	5.1
	Z 型	m　参考	1.6	1.9	2.8	3	4.1	4.4	4.9	6.6	8.8	9.8
		插入深度　max	0.95	1.20	1.73	2.01	2.20	2.51	3.05	3.45	4.60	5.64
		插入深度　min	0.70	0.95	1.48	1.76	1.75	2.06	2.60	3.00	4.15	5.19
l⑤优选长度范围			3~16	3~20	3~25	4~30	5~35	5~40	6~50	8~60	10~60	12~60

① 尽可能不采用括号内的规格。

② P 为螺距。

③ 见 GB/T 5279。

④ 见 GB/T 5279.2。

⑤ 公称长度 l（mm）系列为 3、4、5、6~12（2 进位）、（14）、16、20~50（5 进位）、（55）、60。

表 3-161　8.8 级、不锈钢及有色金属十字槽沉头螺钉的型式和尺寸（摘自 GB/T 819.2—2016）

（单位：mm）

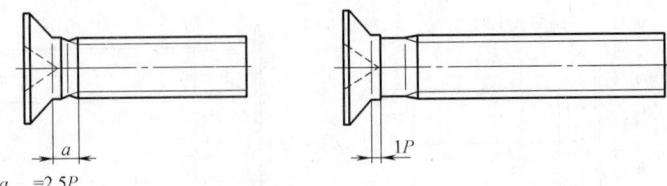

$a_{max}=2.5P$

注：无螺纹部分杆径约等于螺纹中径或允许等于螺纹大径；其余尺寸见图b～图d

a) 用于插入深度系列1(深的)头下带台肩的螺钉

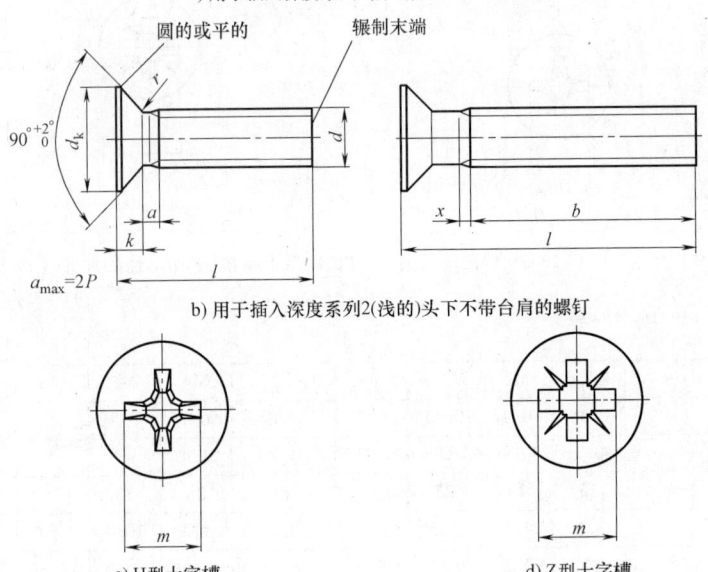

b) 用于插入深度系列2(浅的)头下不带台肩的螺钉

c) H型十字槽　　　　　　　d) Z型十字槽

标记示例：

螺纹规格为 M5、公称长度 l = 20mm、性能等级为 8.8 级、H 型十字槽、插入深度系列 1 或系列 2 由制造者任选、表面不经处理的 A 级十字槽沉头螺钉的标记为：

螺钉　GB/T 819.2　M5×20

如需指定插入深度系列时,应在标记中标明十字槽型式及系列数,如 H 型、系列 1 的标记为：

螺钉　GB/T 819.2　M5×20 H1

螺纹规格(d)			M2	M2.5	M3	(M3.5)[1]	M4	M5	M6	M8	M10
P[2]			0.4	0.45	0.5	0.6	0.7	0.8	1	1.25	1.5
b　min			25	25	25	38	38	38	38	38	38
d_k[3]	理论值	max	4.4	5.5	6.3	8.2	9.4	10.4	12.6	17.3	20
	实际值	max	3.8	4.7	5.5	7.3	8.4	9.3	11.3	15.8	18.3
		min	3.5	4.4	5.2	6.9	8.0	8.9	10.9	15.4	17.8
k　max			1.2	1.5	1.65	2.35	2.7	2.7	3.3	4.65	5
r　max			0.5	0.6	0.8	0.9	1	1.3	1.5	2	2.5
x　max			1	1.1	1.25	1.5	1.75	2	2.5	3.2	3.8

（续）

螺纹规格(d)				M2	M2.5	M3	(M3.5)①	M4	M5	M6	M8	M10
十字槽	系列1④（深的）	H型	槽号 No.	0	1		2			3	4	
			m 参考	1.9	2.9	3.2	4.4	4.6	5.2	6.8	8.9	10
			插入深度 min	0.9	1.4	1.7	1.9	2.1	2.7	3.0	4.0	5.1
			插入深度 max	1.2	1.8	2.1	2.4	2.6	3.2	3.5	4.6	5.7
		Z型	槽号 No.	0	1		2			3	4	
			m 参考	1.9	2.8	3	4.1	4.4	4.9	6.6	8.8	9.8
			插入深度 min	0.95	1.48	1.76	1.75	2.06	2.60	3.00	4.15	5.19
			插入深度 max	1.20	1.73	2.01	2.20	2.51	3.05	3.45	4.60	5.64
	系列2④（浅的）	H型	槽号 No.	0	1		2			3	4	
			m 参考	1.9	2.7	2.9	4.1	4.6	4.8	6.6	8.7	9.6
			插入深度 min	0.9	1.25	1.4	1.6	2.1	2.3	2.8	3.9	4.8
			插入深度 max	1.2	1.55	1.8	2.1	2.6	2.8	3.3	4.4	5.3
		Z型	槽号 No.	0	1		2			3	4	
			m 参考	1.9	2.5	2.8	4	4.4	4.6	6.3	8.5	9.4
			插入深度 min	0.95	1.22	1.48	1.61	2.06	2.27	2.73	3.87	4.78
			插入深度 max	1.20	1.47	1.73	2.05	2.51	2.72	3.18	4.32	5.23
l⑤优选长度范围				3~20	3~25	4~30	5~35	5~40	6~50	8~60	10~60	12~60

① 尽可能不采用括号内的规格。
② P 为螺距。
③ 见 GB/T 5279。
④ 见 GB/T 5279.2。
⑤ 公称长度 l（mm）系列为：3、4、5、6~12（2 进位）、(14)、16、20~50（5 进位）、(55)、60。

表 3-162　十字槽半沉头螺钉的型式和尺寸（摘自 GB/T 820—2015）

（单位：mm）

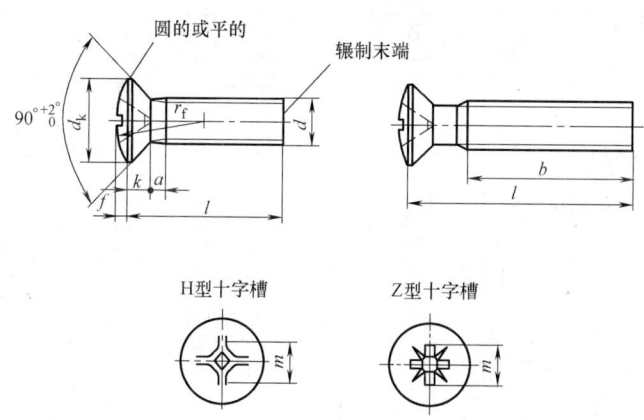

圆的或平的　　辗制末端

$90°^{+2°}_{0}$　　d_k　　r_f　　d

k　a　　l　　f

b　　l

H型十字槽　　Z型十字槽

注：无螺纹部分杆径约等于螺纹中径或螺纹大径；末端按 GB/T 2 规定

标记示例：

螺纹规格 d＝M5、公称长度 l＝20mm、性能等级为 4.8 级、不经表面处理的 H 型十字槽半沉头螺钉的标记为：

螺钉　GB/T 820　M5×20

（续）

螺纹规格 d(6g)		M1.6	M2	M2.5	M3	(M3.5)①	M4	M5	M6	M8	M10
a	max	0.7	0.8	0.9	1	1.2	1.4	1.6	2	2.5	3
b	min	25	25	25	25	38	38	38	38	38	38
d_k	max	3.0	3.8	4.7	5.5	7.30	8.40	9.30	11.30	15.80	18.30
k	max	1	1.2	1.5	1.65	2.35	2.7	2.7	3.3	4.65	5
r_f	≈	3	4	5	6	8.5	9.5	9.5	12	16.5	19.5
十字槽 插入深度	槽号 No.	0		1		2		3		4	
	H型 min	0.9	1.2	1.5	1.8	2.25	2.7	2.9	3.5	4.75	5.5
	H型 max	1.2	1.5	1.85	2.2	2.75	3.2	3.4	4.0	5.25	6.0
	Z型 min	0.95	1.15	1.50	1.83	2.25	2.65	2.90	3.40	4.75	5.60
	Z型 max	1.2	1.40	1.75	2.08	2.70	3.10	3.35	3.85	5.20	6.05
l② 商品规格范围		3~16	3~20	3~25	4~30	5~35	5~40	6~50	8~60	10~60	12~60

① 尽可能不采用括号内规格。
② 公称长度 l（mm）系列为：3、4、5、6~12（2 进位）、(14)、16、20~50（5 进位）、(55)、60。

表 3-163　十字槽圆柱头螺钉的型式和尺寸（摘自 GB/T 822—2016）

（单位：mm）

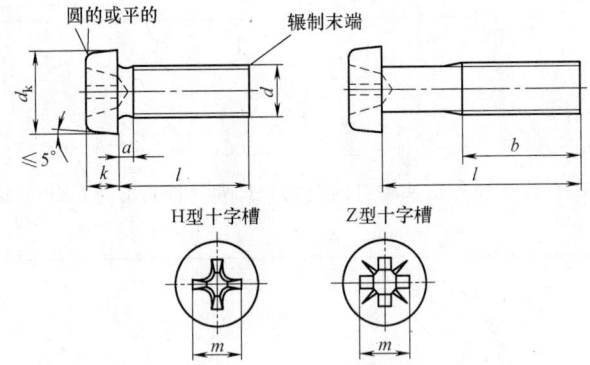

H型十字槽　　Z型十字槽

标记示例：
螺纹规格 d=M5、公称长度 l=20mm、性能等级为 4.8 级、H 型十字槽、不经表面处理的 A 级十字槽圆柱头螺钉的标记为：
螺钉　GB/T 822　M5×20

螺纹规格（d）(6g)			M2.5	M3	(M3.5)①	M4	M5	M6	M8
a	max		0.9	1	1.2	1.4	1.6	2	2.5
b	min		25	25	38	38	38	38	38
d_k	max		4.50	5.50	6.00	7.00	8.50	10.00	13.00
k	max		1.80	2.00	2.40	2.60	3.30	3.9	5.0
十字槽	槽号 No.		1	2	2	2	2	3	3
	H型	m 参考	2.7	3.5	3.8	4.1	4.8	6.2	7.7
		插入深度 min	1.20	0.86	1.15	1.45	2.14	2.25	3.73
		插入深度 max	1.62	1.43	1.73	2.03	2.73	2.86	4.36
	Z型	m 参考	2.4	3.5	3.7	4.0	4.6	6.1	7.5
		插入深度 min	1.10	1.22	1.34	1.60	2.26	2.46	3.88
		插入深度 max	1.35	1.47	1.80	2.06	2.72	2.92	4.34
l② 优选长度范围			3~25	4~30	5~35	5~40	6~50	8~60	10~80

① 尽可能不采用括号内的规格。
② 公称长度 l（mm）系列为：2、3、4、5、6~12（2 进位）、16、20~50（5 进位）、60、70、80。

表 3-164　十字槽小盘头螺钉的型式和尺寸 （摘自 GB/T 823—2016）

（单位：mm）

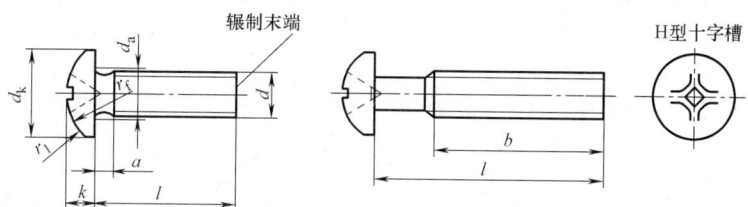

注：无螺纹部分杆径约等于螺纹中径或螺纹大径；末端按 GB/T 2 规定

标记示例：

螺纹规格 d = M5、公称长度 l = 20mm、性能等级为 4.8 级、H 型十字槽、不经表面处理的 A 级十字槽小盘头螺钉的标记为：

螺钉 GB/T 823　M5×20

螺纹规格 (d)（6g）		M2	M2.5	M3	(M3.5)[①]	M4	M5	M6	M8
a　max		0.8	0.9	1	1.2	1.4	1.6	2	2.5
b　min		25	25	25	38	38	38	38	38
d_a　max		2.6	3.1	3.6	4.1	4.7	5.7	6.8	9.2
d_k 公称＝max		3.5	4.5	5.5	6.0	7.0	9.0	10.5	14.0
k 公称＝max		1.4	1.8	2.15	2.45	2.75	3.45	4.1	5.4
r_f　≈		4.5	6	7	8	9	12	14	18
r_1　≈		0.6	0.8	1.0	1.1	1.3	1.6	1.9	2.6
十字槽	槽号 No.	1			2			3	
	H 型插入深度　max	1.01	1.42	1.43	1.73	2.03	2.73	2.86	4.36
	min	0.60	1.00	0.86	1.15	1.45	2.14	2.26	3.73
l[②]优选长度范围		3～20	3～25	4～30	5～35	5～40	6～50	8～50	10～50

① 尽可能不采用括号内的规格。

② 公称长度 l（mm）系列为：3、4、5、6～12（2 进位）、16、20～50（5 进位）。

表 3-165　精密机械用紧固件十字槽螺钉的型式和尺寸 （摘自 GB/T 13806.1—1992）

（单位：mm）

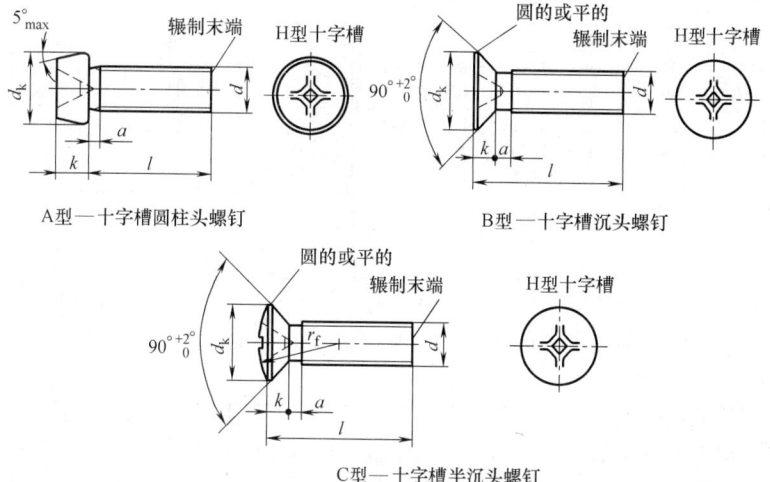

A 型—十字槽圆柱头螺钉　　　B 型—十字槽沉头螺钉

C 型—十字槽半沉头螺钉

（续）

标记示例：

螺纹规格 d＝M1.6、公称长度 l＝2.5mm、产品等级为 F 级、不经表面处理、用 Q215 制造的 A 型—十字槽圆柱头螺钉的标记为：

螺钉　GB/T 13806.1　M1.6×2.5

螺纹规格 d＝M1.6、公称长度 l＝2.5mm、产品等级为 A 级、不经表面处理、用 H68 制造的 A 型—十字槽圆柱头螺钉的标记为：

螺钉　GB/T 13806.1　M1.6×2.5A-H68

螺纹规格 d＝M1.6、公称长度 l＝2.5mm、产品等级为 F 级、不经表面处理、用 Q215 制造的 B 型—十字槽沉头螺钉的标记为：

螺钉　GB/T 13806.1　BM1.6×2.5

螺纹规格 d＝M1.6、公称长度 l＝2.5mm、产品等级为 A 级、不经表面处理、用 H68 制造的 B 型—十字槽沉头螺钉的标记为：

螺钉　GB/T 13806.1　BM1.6×2.5A-H68

螺纹规格 d＝M1.6、公称长度 l＝2.5mm、产品等级为 F 级、不经表面处理、用 Q215 制造的 C 型—十字槽半沉头螺钉的标记为：

螺钉　GB/T 13806.1　CM1.6×2.5

螺纹规格 d＝M1.6、公称长度 l＝2.5mm、产品等级为 A 级、不经表面处理、用 H68 制造的 C 型—十字槽半沉头螺钉的标记为：

螺钉　GB/T 13806.1　CM1.6×2.5A-H68

螺纹规格(d)			M1.2	(M1.4)[①]	M1.6	M2	M2.5	M3
螺纹公差			4h			6g		
a　max			0.5	0.6	0.7	0.8	0.9	1
d_k	A 型		2	2.3	2.6	3	3.8	5
	B 型		2	2.35	2.7	3.1	3.8	5.5
	C 型		2.2	2.5	2.8	3.5	4.3	5.5
k　max			0.7	0.7	0.8	0.9	1.1	1.4
r_f　≈			2.5	2.8	3.2	4.3	4.9	5.20
H 型 十 字 槽		槽号 No.	0	0	0	0	1	1
	插 入 深 度	A 型 min	0.20	0.25	0.28	0.30	0.40	0.85
		A 型 max	0.32	0.35	0.40	0.45	0.60	1.10
		B 型 min	0.5	0.5	0.6	0.7	0.8	1.1
		B 型 max	0.7	0.7	0.8	0.9	1.1	1.4
		C 型 min	0.7	0.7	0.8	0.9	1.1	1.2
		C 型 max	0.9	0.9	1.0	1.1	1.4	1.5
l[②] 商品规格范围			1.6~4	1.8~5	2~6	2.5~8	3~10	4~10

① 尽可能不采用括号内的规格。

② 公称长度 l（mm）系列为 1.6、(1.8)、2、(2.2)、2.5、(2.8)、3、(3.5)、4、(4.5)、5、(5.5)、6、(7)、8、(9)、10。

2.6.4　内六角和内六角花形螺钉（见表 3-166~表 3-174）

表 3-166　内六角圆柱头螺钉的型式和尺寸（摘自 GB/T 70.1—2008）

（单位：mm）

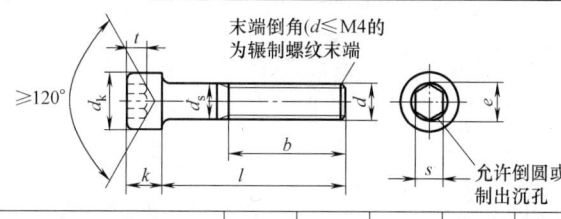

标记示例：

螺纹规格 d = M5、公称长度 l = 20mm、性能等级为 8.8 级、表面氧化的 A 级内六角圆柱头螺钉的标记为：

螺钉　GB/T 70.1　M5×20

螺纹规格(d)[①](5g6g)		M1.6	M2	M2.5	M3	M4	M5	M6	M8	M10	M12
b　参考		15	16	17	18	20	22	24	28	32	36
d_k	max[②]	3.00	3.80	4.50	5.50	7.00	8.50	10.00	13.00	16.00	18.00
	max[③]	3.14	3.98	4.68	5.68	7.22	8.72	10.22	13.27	16.27	18.27
d_s	max	1.60	2.00	2.50	3.00	4.00	5.00	6.00	8.00	10.00	12.00
	min	1.46	1.86	2.36	2.86	3.82	4.82	5.82	7.78	9.78	11.73
e　min		1.733	1.733	2.303	2.873	3.443	4.583	5.723	6.683	9.149	11.429
k　max		1.60	2.00	2.50	3.00	4.00	5.00	6.00	8.00	10.00	12.00
s	公称	1.5	1.5	2	2.5	3	4	5	6	8	10
	min	1.52	1.52	2.02	2.52	3.02	4.020	5.02	6.02	8.025	10.025
t　min		0.7	1	1.1	1.3	2	2.5	3	4	5	6
l[④]商品长度范围		2.5~16	3~20	4~25	5~30	6~40	8~50	10~60	12~80	16~100	20~120

螺纹规格(d)[①](5g6g)		(M14)	M16	M20	M24	M30	M36	M42	M48	M56	M64
b　参考		40	44	52	60	72	84	96	108	124	140
d_k	max[②]	21.00	24.00	30.00	36.00	45.00	54.00	63.00	72.00	84.00	96.00
	max[③]	21.33	24.33	30.33	36.39	45.39	54.46	63.46	72.46	84.54	96.54
d_s	max	14.00	16.00	20.00	24.00	30.00	36.00	42.00	48.00	56.00	64.00
	min	13.73	15.73	19.67	23.67	29.67	35.61	41.61	47.61	55.54	63.54
e　min		13.716	15.996	19.437	21.734	25.154	30.854	36.571	41.131	46.831	52.531
k　max		14.00	16.00	20.00	24.00	30.00	36.00	42.00	48.00	56.00	64.00
s	公称	12	14	17	19	22	27	32	36	41	46
	min	12.032	14.032	17.05	19.065	22.065	27.065	32.08	36.08	41.08	46.08
t　min		7	8	10	12	15.5	19	24	28	34	38
l[④]商品长度范围		25~140	25~160	30~200	40~200	45~200	55~200	60~300	70~300	80~300	90~300

① 螺纹公差：12.9 级为 5g6g，其他等级为 6g。
② 用于光滑头部。
③ 用于滚花头部。
④ 长度 l（mm）系列为 2.5、3~6（1 进位）、8、10、12、16、20~70（5 进位）、80~160（10 进位）、180~300（20 进位）。

表 3-167　内六角平圆头螺钉的型式和尺寸（摘自 GB/T 70.2—2015）

（单位：mm）

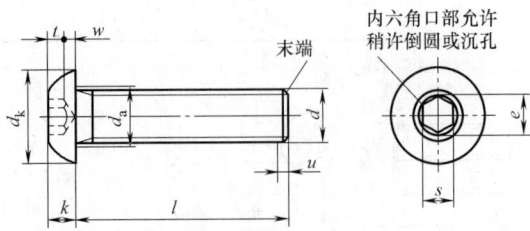

注：末端倒角，$d \leqslant$ M4 的为辗制末端，见 GB/T 2；不完整螺纹的长度 $u \leqslant 2P$；对切制内六角，当尺寸达到最大极限时，由于钻孔造成的过切不应超过内六角任何一面长度（t）的 20%

标记示例：

螺纹规格为 M12、公称长度 l = 40mm、性能等级为 08.8、表面不经处理的 A 级内六角平圆头螺钉的标记为：

螺钉　GB/T 70.2　M12×40

螺纹规格（d）①（5g6g）		M3	M4	M5	M6	M8	M10	M12	M16
d_a	max	3.6	4.7	5.7	6.8	9.2	11.2	13.7	17.7
d_k	max	5.70	7.60	9.50	10.50	14.00	17.50	21.00	28.00
e②	min	2.303	2.873	3.443	4.583	5.723	6.863	9.149	11.429
k	max	1.65	2.20	2.75	3.30	4.40	5.50	6.60	8.80
s③	公称	2	2.5	3	4	5	6	8	10
	min	2.020	2.520	3.020	4.020	5.020	6.020	8.025	10.025
t	min	1.04	1.30	1.56	2.08	2.60	3.12	4.16	5.2
w	min	0.20	0.30	0.38	0.74	1.05	1.45	1.63	2.25
l④优选长度范围		6~30	6~40	8~50	10~60	12~80	16~90	20~90	25~90

① 螺纹公差：12.9 级为 5g6g，其他等级为 6g。

② $e_{min} = 1.14 s_{min}$。

③ s 用综合测量方法进行检验。

④ 长度 l（mm）系列为 6~12（2 进位）、16、20~60（5 进位）、70~90（10 进位）。

表 3-168　内六角沉头螺钉的型式和尺寸（摘自 GB/T 70.3—2008）

（单位：mm）

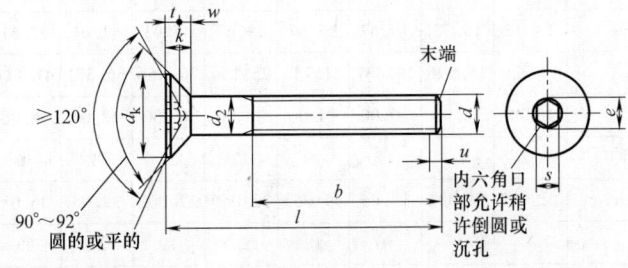

注：末端倒角，$d \leqslant$ M4 的为辗制末端，见 GB/T 2；不完整螺纹的长度 $u \leqslant 2P$；d_2 适用于规定了 l_{min} 数值的产品；对切制内六角，当尺寸达到最大极限时，由于钻孔造成的过切不应超过内六角任何一面长度（t）的 20%

标记示例：

螺纹规格 d = M12、公称长度 l = 40mm、性能等级为 8.8 级、表面氧化的 A 级内六角沉头螺钉的标记为：

螺钉　GB/T 70.3　M12×40

（续）

螺纹规格（d）		M3	M4	M5	M6	M8	M10	M12	(M14)[1]	M16	M20
b	参考	18	20	22	24	28	32	36	40	44	52
d	max	3.3	4.4	5.5	6.6	8.54	10.62	13.5	15.5	17.5	22
d_k	理论值 max	6.72	8.56	11.20	13.44	17.92	22.40	26.88	30.80	33.60	40.32
d_2	max	3.00	4.00	5.00	6.00	8.00	10.00	12.00	14.00	16.00	20.00
e[2]	min	2.3	2.87	3.44	4.58	5.72	6.86	9.15	11.43	11.43	13.72
k	max	1.86	2.48	3.1	3.72	4.96	6.2	7.44	8.4	8.8	10.16
s[3]	公称	2	2.5	3	4	5	6	8	10	10	12
	min	2.020	2.520	3.020	4.020	5.020	6.020	8.025	10.025	10.025	12.032
t	min	1.1	1.5	1.9	2.3	3	3.6	4.3	4.5	4.8	5.6
w	min	0.25	0.45	0.66	0.7	1.16	1.62	1.8	1.62	2.2	2.2
l[4]	商品长度规格	8~30	8~40	8~50	8~60	10~80	12~100	16~100	20~100	25~100	30~100

注：尽可能不采用括号内的规格。

[1] 螺纹公差：12.9 级为 5g6g，其他等级为 6g。

[2] $e_{min} = 1.14 s_{min}$。

[3] s 用综合测量方法进行检验。

[4] 长度 l（mm）系列为 6~12（2 进位）、16、20~70（5 进位）、80~100（10 进位）。

表 3-169　内六角圆柱头轴肩螺钉的型式和尺寸（摘自 GB/T 5281—1985）

（单位：mm）

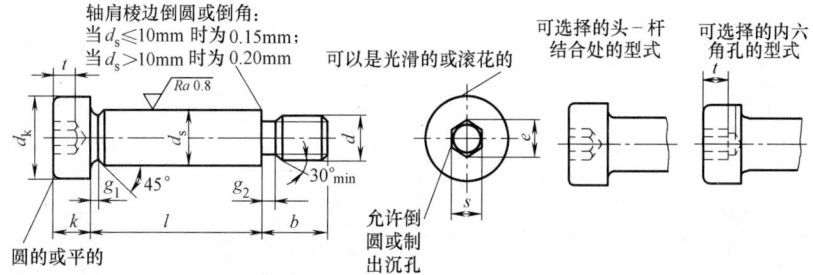

注：末端按 GB/T 2 规定

标记示例：

轴肩直径 d_s = 10mm（螺纹规格 d = M8）、公称长度 l = 40mm、表面氧化的内六角圆柱头轴肩螺钉的标记为：

螺钉　GB/T 5281　10×40

d_s	公称	6.5	8	10	13	16	20	25
d(5g6g)	公称	M5	M6	M8	M10	M12	M16	M20
b	max	9.75	11.25	13.25	16.40	18.40	22.40	27.40
d_k	max[1]	10	13	16	18	24	30	36
	max[2]	10.22	13.27	16.27	18.27	24.33	30.33	36.39
e	min	3.44	4.58	5.72	6.86	9.15	11.43	13.72
k	max	4.5	5.5	7	9	11	14	16
g_1	max	2.5	2.5	2.5	2.5	2.5	2.5	3
g_2	max	2	2.5	3.1	3.7	4.4	5	6.3
s	公称	3	4	5	6	8	10	12
t	min	2.4	3.3	4.2	4.9	6.6	8.8	10
l[3]	通用规格范围	10~40	12~50	16~120	30~120	40~120	50~120	

[1] 光滑头部。

[2] 滚花头部。

[3] 公称长度 l（mm）系列为 10、12、16、20、25、30~100（10 进位）、120。

表 3-170 内六角花形盘头螺钉的型式和尺寸（摘自 GB/T 2672—2017）

（单位：mm）

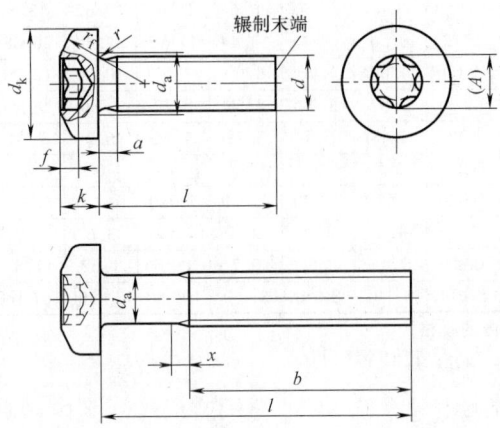

注：无螺纹部分杆径约等于螺纹中径或螺纹大径；末端按 GB/T 2 规定

标记示例：

螺纹规格 d = M6、公称长度 l = 20mm、性能等级为 4.8 级、不经表面处理的 A 级内六角花形盘头螺钉的标记为：

螺钉 GB/T 2672 M6×20

螺纹规格(d)		M2	M2.5	M3	(M3.5)[1]	M4	M5	M6	M8	M10
P 螺距		0.4	0.45	0.5	0.6	0.7	0.8	1.0	1.25	1.5
a max		0.8	0.9	1.0	1.2	1.4	1.6	2.0	2.5	3.0
b min		25	25	25	38	38	38	38	38	38
d_a max		2.6	3.1	3.6	4.1	4.7	5.7	6.8	9.2	11.2
d_k	公称 = max	4.00	5.00	5.60	7.00	8.00	9.50	12.00	16.00	20.00
	min	3.70	4.70	5.30	6.64	7.64	9.14	11.57	15.57	19.48
k	公称 = max	1.60	2.10	2.40	2.60	3.10	3.70	4.60	6.00	7.50
	min	1.46	1.96	2.26	2.46	2.92	3.52	4.30	5.70	7.14
r min		0.10	0.10	0.10	0.10	0.20	0.20	0.25	0.40	0.40
r_f ≈		3.2	4.0	5.0	6.0	6.5	8.0	10.0	13.0	16.0
x max		1.00	1.10	1.25	1.50	1.75	2.00	2.50	3.20	3.80
内六角花形	槽号 No.	6	8	10	15	20	25	30	45	50
	A 参考	1.75	2.40	2.80	3.35	3.95	4.50	5.60	7.95	8.95
	f max	0.77	1.04	1.27	1.33	1.66	1.91	2.42	3.18	4.02
	f min	0.63	0.91	1.01	1.07	1.27	1.52	2.02	2.79	3.62
l[2]优选长度范围		3～20	3～25	4～30	5～35	5～40	6～50	8～60	10～60	12～60

① 尽可能不采用括号内的规格。

② 公称长度 l（mm）系列为 3、4、5、6～12（2 进位）、(14)、16、20～50（5 进位）、(55)、60。

表 3-171　内六角花形沉头螺钉的型式和尺寸（摘自 GB/T 2673—2007）

（单位：mm）

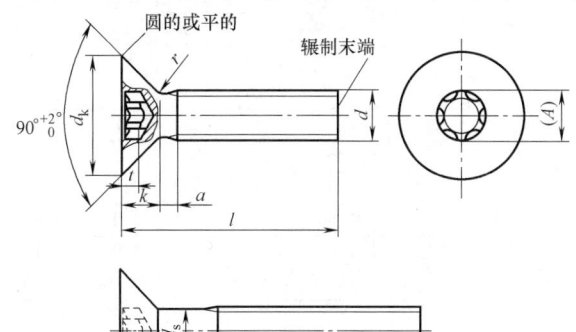

注:无螺纹部分杆径约等于螺纹中径或螺纹大径;末端按 GB/T 2 规定

标记示例:

螺纹规格 d = M6、公称长度 l = 20mm、性能等级为 4.8 级、不经表面处理的 A 级内六角花形沉头螺钉的标记为:

螺钉　GB/T 2673　M6×20

螺纹规格(d)(6g)			M6	M8	M10	M12	(M14)[1]	M16	M20
P	螺距		1	1.25	1.5	1.75	2	2	2.5
a	max		2	2.5	3	3.5	4	4	5
b	min		38	38	38	48	48	48	48
d_k	理论	max	12.6	17.3	20	24	28	32	70
	公称		11.3	15.8	18.3	22	25.5	29	36
	实际	min	10.9	15.4	17.8	21.5	25	28.5	35.4
k	max		3.3	4.65	5	6	7	8	10
r	max		1.5	2	2.5	2.5	2.5	3	3
x	max		2.5	3.2	3.8	4.3	5	5	6.3
内六角花形	槽号 No.		30	40	50	55	55	60	80
	A 参考		5.6	6.75	8.95	11.35	11.35	13.45	17.75
	t	max	1.8	2.5	2.7	3.5	3.7	4.1	6
		min	1.4	2.1	2.3	3.02	3.22	3.62	5.42
l[2]商品规格范围			8~60	10~80	12~80	20~80	25~80		35~80

① 尽可能不采用括号内的规格。

② 公称长度 l（mm）系列为 8~16（2 进位）、20~60（5 进位）、70、80。

表 3-172　内六角花形半沉头螺钉的型式和尺寸（摘自 GB/T 2674—2017）

（单位：mm）

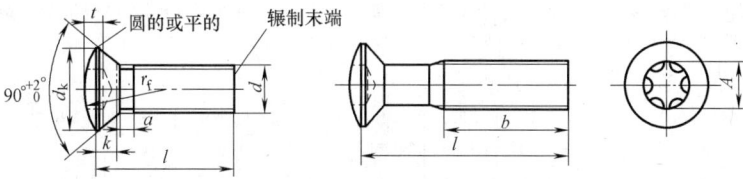

注:无螺纹部分杆径约等于螺纹中径或螺纹大径;辗制末端按 GB/T 2 规定

标记示例:

螺纹规格 d = M6、公称长度 l = 20mm、性能等级为 4.8 级、不经表面处理的 A 级内六角花形半沉头螺钉的标记:

螺钉　GB/T 2674　M6×20

（续）

螺纹规格（d）（6g）			M2	M2.5	M3	（M3.5）[1]	M4	M5	M6	M8	M10
a max			0.8	0.9	1.0	1.2	1.4	1.6	2.0	2.5	3.0
b min			25	25	25	38	38	38	38	38	38
d_k 公称=max			3.80	4.70	5.50	7.30	8.40	9.30	11.30	15.80	18.30
k 公称=max			1.20	1.50	1.65	2.35	2.70	2.70	3.30	4.65	5.00
r_f ≈			4.0	5.0	6.0	8.5	9.5	9.5	12.0	16.5	19.5
内六角花形	槽号 No.		6	8	10	15	20	25	30	45	50
	A 参考		1.75	2.40	2.80	3.35	3.95	4.50	5.60	7.95	8.95
	t	max	0.77	1.04	1.15	1.53	1.80	2.03	2.42	3.31	3.81
		min	0.63	0.91	0.88	1.27	1.42	1.65	2.02	2.92	3.42
l[2]商品规格范围			3~20	3~25	4~30	5~35	5~40	6~50	8~60	10~60	12~60

① 尽可能不采用括号内的规格

② 公称长度 l（mm）系列为 3、4、5、6、8~16（2进位）、20~60（5进位）

表 3-173　内六角花形低圆柱头螺钉的型式和尺寸（摘自 GB/T 2671.1—2017）

（单位：mm）

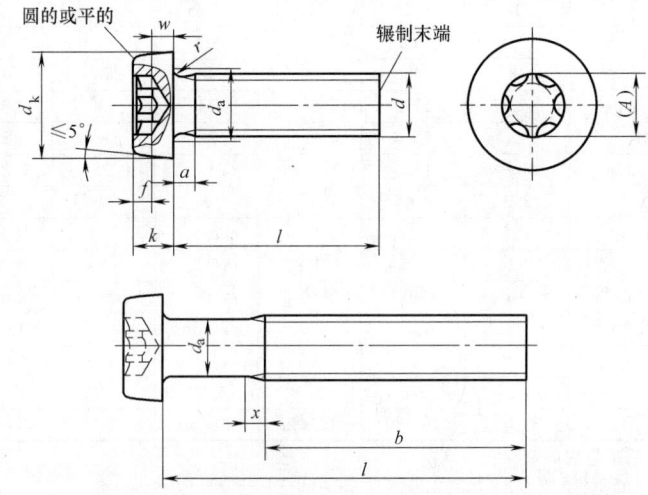

注:无螺纹杆径 d_a 约等于螺纹中径或螺纹大径;辗制末端见 GB/T 2;棱边可以是圆的或直的,由制造者任选

标记示例:

螺纹规格 d=M5、公称长度 l=20mm、钢制、性能等级为 4.8 级、表面不经处理、产品等级为 A 级的内六角花形低圆柱头螺钉的标记为:

螺钉　GB/T 2671.1　M5×20

螺纹规格（d）		M2	M2.5	M3	（M3.5）[1]	M4	M5	M6	M8	M10
P 螺距		0.4	0.45	0.5	0.6	0.7	0.8	1	1.25	1.5
a max		0.8	0.9	1.0	1.2	1.4	1.6	2.0	2.5	3.0
b min		25	25	25	38	38	38	38	38	38
d_k	公称=max	3.80	4.50	5.50	6.00	7.00	8.50	10.00	13.00	16.00
	min	3.62	4.32	5.32	5.82	6.78	8.28	9.78	12.73	15.73
d_a max		2.60	3.10	3.60	4.10	4.70	5.70	6.80	9.20	11.20

（续）

螺纹规格(d)			M2	M2.5	M3	(M3.5)[①]	M4	M5	M6	M8	M10
k	公称 = max		1.55	1.85	2.40	2.60	3.10	3.65	4.40	5.80	6.90
	min		1.41	1.71	2.26	2.46	2.92	3.47	4.10	5.50	6.54
r min			0.10	0.10	0.10	0.10	0.20	0.20	0.25	0.40	0.40
w min			0.50	0.70	0.75	1.00	1.10	1.30	1.60	2.00	2.40
x max			1.00	1.10	1.25	1.50	1.75	2.00	2.50	3.20	3.80
内六角花形[②]	槽号 No.		6	8	10	15	20	25	30	45	50
	A 参考		1.75	2.40	2.80	3.35	3.95	4.50	5.60	7.95	8.95
	f	max	0.84	0.91	1.27	1.33	1.66	1.91	2.29	3.05	3.43
		min	0.71	0.78	1.01	1.07	1.27	1.52	1.90	2.66	3.04
l[②] 优选长度范围			3~20	3~25	4~30	5~35	5~40	6~50	8~60	10~80	12~80

① 尽可能不采用括号内的规格。

② 公称长度 l（mm）系列为 3、4、5、6~12（2 进位）、（14）、16、20~50（5 进位）、（55）、60、（65）、70、（75）、80。

表 3-174　内六角花形圆柱头螺钉的型式和尺寸（摘自 GB/T 2671.2—2017）

（单位：mm）

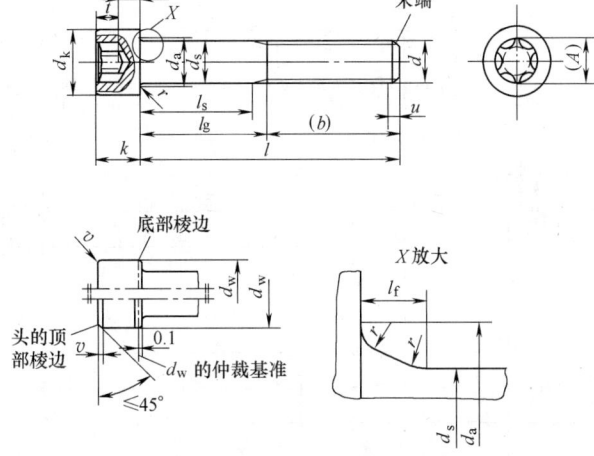

注：最大的头下圆角：

$$l_{f\,max} = 1.7 r_{max}$$

$$r_{max} = \frac{d_{s\,max} - d_{s\,max}}{2}$$

r_{min} 见表中数值

d_s 适用于规定了 $l_{s\,min}$ 数值的产品；末端倒角，或 $d \leqslant$ M4 的规格为辗制末端，见 GB/T 2；不完整螺纹的长度 $u \leqslant 2P$；头的顶部棱边可以是圆的或倒角的，由制造者任选；底部棱边可以是圆的或倒角到 d_w，但均不得有毛刺

标记示例：

螺纹规格 d = M5、公称长度 l = 20mm、钢制、性能等级为 8.8 级、表面不经处理、产品等级为 A 级内六角花形圆柱头螺钉的标记为：

螺钉　GB/T 2671.2　M5×20

（续）

螺纹规格（d）			M2		M2.5		M3		M4		M5		M6		M8	
P①			0.4		0.45		0.5		0.7		0.8		1		1.25	
b② 参考			16		17		18		20		22		24		28	
d_k	max③		3.80		4.50		5.50		7.00		8.50		10.00		13.00	
	max④		3.98		4.68		5.68		7.22		8.72		10.22		13.27	
	min		3.62		4.32		5.32		6.78		8.28		9.78		12.73	
d_a max			2.60		3.10		3.60		4.70		5.70		6.80		9.20	
d_s	max		2.00		2.50		3.00		4.00		5.00		6.00		8.00	
	min		1.86		2.36		2.86		3.82		4.82		5.82		7.78	
l_f max			0.51		0.51		0.51		0.60		0.60		0.68		1.02	
k	max		2.00		2.50		3.00		4.00		5.00		6.00		8.00	
	min		1.86		2.36		2.86		3.82		4.82		5.70		7.64	
r min			0.10		0.10		0.10		0.20		0.20		0.25		0.40	
v max			0.20		0.25		0.30		0.40		0.50		0.60		0.80	
d_w min			3.48		4.18		5.07		6.53		8.03		9.38		12.33	
w min			0.55		0.85		1.15		1.40		1.90		2.30		3.30	
内六角花形⑤	槽号 No.		6		8		10		20		25		30		45	
	A 参考		1.75		2.40		2.80		3.95		4.50		5.60		7.95	
	t	max	0.84		1.04		1.27		1.80		2.03		2.42		3.31	
		min	0.71		0.91		1.01		1.42		1.65		2.02		2.92	

l⑦ ——— l_s 和 l_g

公称	min	max	l_s min	l_g max	l_s min	l_g max	l_s min	l_g max	l_s min	l_g max	l_s min	l_g max	l_s min	l_g max	l_s min	l_g max
3	2.8	3.2														
4	3.76	4.24														
5	4.76	5.24														
6	5.76	6.24														
8	7.71	8.29														
10	9.71	10.29														
12	11.65	12.35														
16	15.65	16.35														
20	19.58	20.42	2	4												
25	24.58	25.42			5.75	8	4.5	7								
30	29.58	30.42					9.5	12	6.5	10	4	8				
35	34.5	35.5							11.5	15	9	13	6	11		
40	39.5	40.5							16.5	20	14	18	11	16	5.75	12
45	44.5	45.5									19	23	16	21	10.75	17
50	49.5	50.5									24	28	21	26	15.75	22
55	54.4	55.6											26	31	20.75	27
60	59.4	60.6											31	36	25.75	32
65	64.4	65.6													30.75	37
70	69.4	70.6													35.75	42
80	79.4	80.6													45.75	52

（续）

螺纹规格（d）			M10	M12	(M14)⑥	M16	(M18)⑥	M20
P①			1.5	1.75	2	2	2.5	2.5
b②	参考		32	36	40	44	48	52
d_k		max③	16.00	18.00	21.00	24.00	27.00	30.00
		max④	16.27	18.27	21.33	24.33	27.33	30.33
		min	15.73	17.73	20.67	23.67	26.67	29.67
d_a	max		11.20	13.70	15.70	17.70	20.20	22.40
d_s		max	10.00	12.00	14.00	16.00	18.00	20.00
		min	9.78	11.73	13.73	15.73	17.73	19.67
l_f	max		1.02	1.45	1.45	1.45	1.87	2.04
k		max	10.00	12.00	14.00	16.00	18.00	20.00
		min	9.64	11.57	13.57	15.57	17.57	19.48
r	min		0.4	0.6	0.6	0.6	0.6	0.8
v	max		1.0	1.2	1.4	1.6	1.8	2.0
d_w	min		15.33	17.23	20.17	23.17	25.87	28.87
w	min		4.0	4.8	5.8	6.8	7.8	8.6
内六角花形⑤	槽号 No.		50	55	60	70	80	90
	A	参考	8.95	11.35	13.45	15.70	17.75	20.20
	t	max	4.02	5.21	5.99	7.01	8.00	9.20
		min	3.62	4.82	5.62	6.62	7.50	8.69

l⑦			l_s 和 l_g											
公称	min	max	l_s min	l_g max	l_s min	l_g max	l_s min	l_g max	l_s min	l_g max	l_s min	l_g max
16	15.65	16.35										
20	19.58	20.42										
25	24.58	25.42										
30	29.58	30.42										
35	34.50	35.50										
40	39.50	40.50										
45	44.50	45.50	5.5	13								
50	49.50	50.50	10.5	18								
55	54.40	55.60	15.5	23	10.25	29						
60	59.40	60.60	20.5	28	15.25	24	10	20				
65	64.40	65.60	25.5	33	20.25	29	15	25	11	21		
70	69.40	70.60	30.5	38	25.25	34	20	30	16	26	9.5	22
80	79.40	80.60	40.5	48	35.25	44	30	40	26	36	19.5	32	15.5	28
90	89.30	90.70	50.5	58	45.25	54	40	50	36	46	29.5	42	25.5	38
100	99.30	100.70	60.5	68	55.25	64	50	60	46	56	39.5	52	35.5	48
110	109.30	110.70			65.25	74	60	70	56	66	49.5	62	45.5	58
120	119.30	120.70			75.25	84	70	80	66	76	59.5	72	55.5	68
130	129.20	130.80					80	90	76	86	69.5	82	65.5	78
140	139.20	140.80					90	100	86	96	79.5	92	75.5	88
150	149.20	150.80							96	106	89.5	102	85.5	98
160	159.20	160.80							106	116	99.5	112	95.5	108
180	179.20	180.80									119.5	132	115.5	128
200	199.075	200.925											135.5	148

注：阶梯实线间为优选长度范围。

① P 为螺距。

② 用于在虚线以下的长度。

③ 对光滑头部。

④ 对滚花头部。

⑤ 内六角花形的验收检查见 GB/T 6188。

⑥ 尽可能不采用括号内的规格。

⑦ 虚线以上的长度，螺纹制到距头部 $3P$ 以内；虚线以下的长度，l_s 和 l_g 按下式计算：

$$l_{g\,max} = l_{公称} - b; \quad l_{s\,min} = l_{s\,max} - 5P$$

2.6.5 紧定螺钉（见表 3-175～表 3-187）

表 3-175 开槽锥端紧定螺钉的型式和尺寸（摘自 GB/T 71—1985）

（单位：mm）

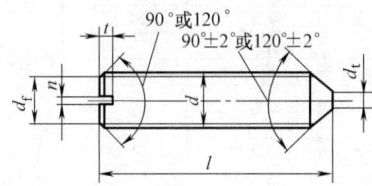

标记示例：

螺纹规格 d＝M5、公称长度 l＝12mm、性能等级为 14H、表面氧化处理的开槽锥端紧定螺钉的标记为：

螺钉 GB/T 71 M5×12

螺纹规格（d）(6g)	M1.2	M1.6	M2	M2.5	M3	M4	M5	M6	M8	M10	M12
d_f ≈	螺 纹 小 径										
d_t max	0.12	0.16	0.2	0.25	0.3	0.4	0.5	1.5	2	2.5	3
n 公称	0.2	0.25	0.25	0.4	0.4	0.6	0.8	1	1.2	1.6	2
t min	0.4	0.56	0.64	0.72	0.8	1.12	1.28	1.6	2	2.4	2.8
l[1]商品规格范围	2～6	2～8	3～10	3～12	4～16	6～20	8～25	8～30	10～40	12～50	14～60

注：尽可能不采用括号内的规格。

[1] 公称长度 l（mm）系列为 2、2.5、3、4、5、6～12（2 进位）、(14)、16、20～50（5 进位）、(55)、60。

表 3-176 开槽平端紧定螺钉的型式和尺寸（摘自 GB/T 73—2017）

（单位：mm）

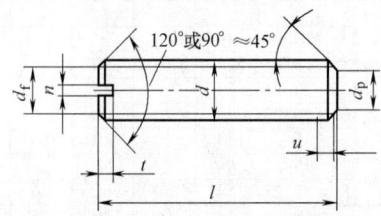

注：不完整螺纹的长度 u≤2P；45°仅适用于螺纹小径以内的末端部分；表中在虚阶梯线以上的短螺钉应制成 120°

标记示例：

螺纹规格为 M5、公称长度 l＝12mm、钢制、硬度等级 14H 级、表面不经处理、产品等级 A 级的开槽平端紧定螺钉的标记为：

螺钉 GB/T 73 M5×12

螺纹规格		M1.2	M1.6	M2	M2.5	M3	(M3.5)[1]	M4	M5	M6	M8	M10	M12
P[2]		0.25	0.35	0.4	0.45	0.5	0.6	0.7	0.8	1	1.25	1.5	1.75
d_f max		螺 纹 小 径											
d_p	min	0.35	0.55	0.75	1.25	1.75	1.95	2.25	3.20	3.70	5.20	6.64	8.14
	max	0.60	0.80	1.00	1.50	2.00	2.20	2.50	3.50	4.00	5.50	7.00	8.50
n	公称	0.2	0.25	0.25	0.4	0.4	0.5	0.6	0.8	1	1.2	1.6	2
	min	0.26	0.31	0.31	0.46	0.46	0.56	0.66	0.86	1.06	1.26	1.66	2.06
	max	0.40	0.45	0.45	0.60	0.60	0.70	0.80	1.00	1.20	1.51	1.91	2.31

（续）

螺纹规格			M1.2	M1.6	M2	M2.5	M3	(M3.5)[1]	M4	M5	M6	M8	M10	M12
t		min	0.40	0.56	0.64	0.72	0.80	0.96	1.12	1.28	1.60	2.00	2.40	2.80
		max	0.52	0.74	0.84	0.95	1.05	1.21	1.42	1.63	2.00	2.50	3.00	3.60
l[3]														
公称	min	max												
2	1.8	2.2												
2.5	2.3	2.7												
3	2.8	3.2												
4	3.7	4.3												
5	4.7	5.3												
6	5.7	6.3												
8	7.7	8.3												
10	9.7	10.3												
12	11.6	12.4												
(14)[1]	13.6	14.4												
16	15.6	16.4												
20	19.6	20.4												
25	24.6	25.4												
30	29.6	30.4												
35	34.5	35.5												
40	39.5	40.5												
45	44.5	45.5												
50	49.5	50.5												
55	54.4	55.6												
60	59.4	60.6												

注:阶梯实线间为优选长度范围。

[1] 尽可能不采用括号内的规格。

[2] P 为螺距。

[3] 最小和最大值按 GB/T 3103.1 规定,并圆整到小数点后 1 位。

表 3-177　开槽凹端紧定螺钉的型式和尺寸(摘自 GB/T 74—1985)

（单位:mm）

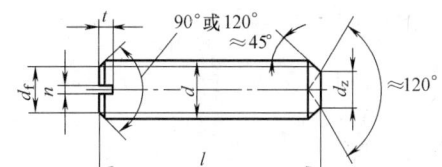

标记示例:

螺纹规格 d＝M5、公称长度 l＝12mm、性能等级为 14H、表面氧化处理的开槽凹端紧定螺钉的标记为:

螺钉　GB/T 74　M5×12

螺纹规格(d)(6g)		M1.6	M2	M2.5	M3	M4	M5	M6	M8	M10	M12
d_f	≈				螺纹小径						
d_z	max	0.8	1	1.2	1.4	2	2.5	3	5	6	8
n	公称	0.25	0.25	0.4	0.4	0.6	0.8	1	1.2	1.6	2
t	min	0.56	0.64	0.72	0.8	1.12	1.28	1.6	2	2.4	2.8
l[1] 商品规格范围		2~8	2.5~10	3~12	3~16	4~20	5~25	6~30	8~40	10~50	12~60

注:尽可能不采用括号内的规格。

[1] 公称长度 l(mm)系列为 2、2.5、3、4、5、6~12(2进位)、(14)、16、20~50(5进位)、(55)、60。

表 3-178 开槽长圆柱端紧定螺钉的型式和尺寸（摘自 GB/T 75—1985）

（单位：mm）

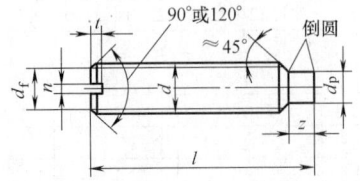

标记示例：

螺纹规格 d = M5、公称长度 l = 12mm、性能等级为 14H、表面氧化处理的开槽长圆柱端紧定螺钉的标记为：

螺钉　GB/T 75　M5×12

螺纹规格(d)(6g)	M1.6	M2	M2.5	M3	M4	M5	M6	M8	M10	M12
d_f ≈	螺纹小径									
d_p max	0.8	1	1.5	2	2.5	3.5	4	5.5	7	8.5
n 公称	0.25	0.25	0.4	0.4	0.6	0.8	1	1.2	1.6	2
t min	0.56	0.64	0.72	0.8	1.12	1.28	1.6	2	2.4	2.8
z max	1.05	1.25	1.5	1.75	2.25	2.75	3.25	4.3	5.3	6.3
l[1]商品规格范围	2.5~8	3~10	4~12	5~16	6~20	8~25	8~30	10~40	12~50	14~60

① 公称长度 l (mm) 系列为 2、2.5、3、4、5、6~12（2 进位）、（14）、16、20~50（5 进位）、（55）、60。注：尽可能不采用括号内的规格。

表 3-179　内六角平端紧定螺钉的型式和尺寸（摘自 GB/T 77—2007）

（单位：mm）

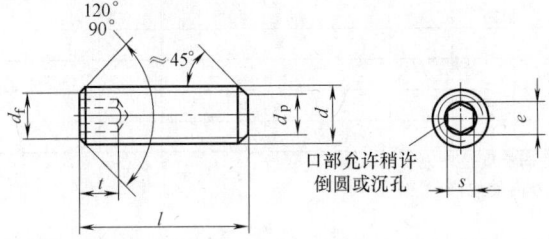

口部允许稍许倒圆或沉孔

注：切制内六角，当尺寸达到最大极限时，由钻孔造成的过切不应超过内六角任何一面长度（$e/2$）的 1/3；短螺钉应制成 120°；45°仅适用于螺纹小径以内的末端部分

允许制造的内六角型式

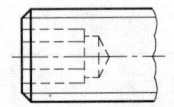

标记示例：

螺纹规格 d = M6、公称长度 l = 12mm、性能等级为 45H、表面氧化处理的 A 级内六角平端紧定螺钉的标记为：

螺钉　GB/T 77　M6×12

螺纹规格(d[1])	M1.6	M2	M2.5	M3	M4	M5	M6	M8	M10	M12	M16	M20	M24
d_p max	0.80	1.00	1.50	2.00	2.50	3.50	4.00	5.50	7.00	8.50	12.0	15.0	18.0
d_f ≈	螺纹小径												
e min	0.809	1.011	1.454	1.733	2.303	2.873	3.443	4.583	5.723	6.863	9.149	11.429	13.716
s 公称	0.7	0.9	1.3	1.5	2.0	2.5	3.0	4.0	5.0	6.0	8.0	10.0	12.0
t min ②	0.7	0.8	1.2	1.2	1.5	2.0	2.0	3.0	4.0	4.8	6.4	8.0	10.0
t min ③	1.5	1.7	2.0	2.0	2.5	3.0	3.5	5.0	6.0	8.0	10.0	12.0	15.0
l[4]商品长度规格	2~8	2~10	2.5~12	3~16	4~20	5~25	6~30	8~40	10~50	12~60	16~60	20~60	25~60

① 螺纹公差为 6g。
② 短螺钉的最小扳手啮合深度。
③ 长螺钉的最小扳手啮合深度。
④ 公称长度 l (mm) 系列为 2、2.5、3~6（1 进位）、8、10、12、16、20~60（5 进位）。

表 3-180　内六角锥端紧定螺钉的型式和尺寸（摘自 GB 78—2007）

（单位：mm）

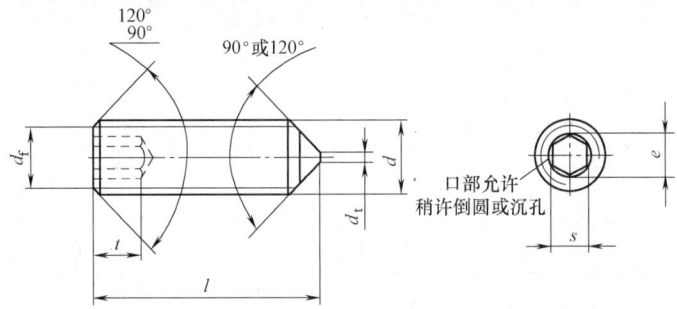

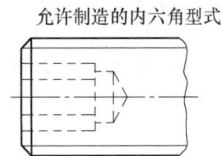

允许制造的内六角型式

注:对切制内六角,当尺寸达到最大极限时,由钻孔造成的过切不应超过内六角任何一面长度（$e/2$）的 1/3;短螺钉应制成 120°

标记示例:

螺钉规格 d＝M6、公称长度 l＝12mm、性能等级为 45H、表面氧化处理的 A 级内六角锥端紧定螺钉的标记为:

螺钉　GB/T 78　M6×12

螺纹规格(d[①])		M1.6	M2	M2.5	M3	M4	M5	M6	M8	M10	M12	M16	M20	M24
d_t	max	0.4	0.5	0.65	0.75	1	1.25	1.5	2.0	2.5	3.0	4.0	5.0	6
d_f	≈	螺纹小径												
e	min	0.809	1.011	1.454	1.733	2.303	2.873	3.443	4.583	5.723	6.863	9.149	11.429	13.716
s	公称	0.7	0.9	1.3	1.5	2.0	2.5	3.0	4.0	5.0	6.0	8.0	10.0	12
t	②	0.7	0.8	1.2	1.2	1.5	2	2	3	4	4.8	6.4	8	10
min	③	1.5	1.7	2	2	2.5	3	3.5	5	6	8	10	12	15
l[④]商品长度规格		2~8	2~10	2.5~12	3~16	4~20	5~25	6~30	8~40	10~50	12~60	16~60	20~60	25~60

① 螺纹公差为 6g。

② 短螺钉的最小扳手啮合深度。

③ 长螺钉的最小扳手啮合深度。

④ 公称长度 l（mm）系列为 2、2.5、3~6（1 进位）、8、10、12、16、20~60（5 进位）。

表 3-181　内六角圆柱端紧定螺钉的型式和尺寸（摘自 GB/T 79—2007）

（单位：mm）

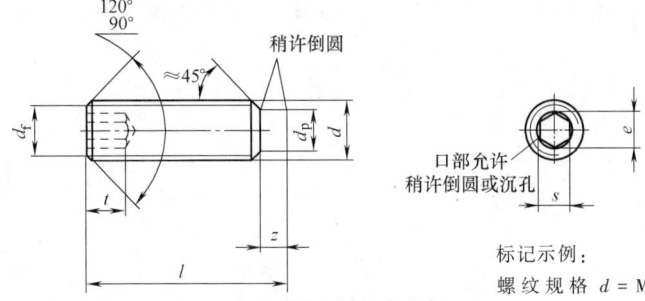

允许制造的内六角型式

注:对切制内六角,当尺寸达到最大极限时,由钻孔造成的过切不应超过内六角任何一面长度（$e/2$）的 1/3;短螺钉应制成 120°;45°仅适用于螺纹小径以内的末端部分

标记示例:

螺纹规格 d＝M6、公称长度 l＝12mm、性能等级为 45H、表面氧化的 A 级内六角圆柱端紧定螺钉的标记为:

螺钉　GB/T 79　M6×12

（续）

螺纹规格(d[1])	M1.6	M2	M2.5	M3	M4	M5	M6	M8	M10	M12	M16	M20	M24
d_p　max	0.80	1.00	1.50	2.00	2.50	3.5	4.0	5.5	7.0	8.5	12.0	15.0	18.0
d_f　≈	螺纹小径												
e　min	0.809	1.011	1.454	1.733	2.303	2.873	3.443	4.583	5.723	6.863	9.149	11.429	13.716
s　公称	0.7	0.9	1.3	1.5	2	2.5	3	4	5	6	8	10	12
z max　短圆柱端	0.65	0.75	0.88	1.00	1.25	1.50	1.75	2.25	2.75	3.25	4.3	5.3	6.3
长圆柱端	1.05	1.25	1.50	1.75	2.25	2.75	3.25	4.3	5.3	6.3	8.36	10.36	12.43
t min　[2]	0.7	0.8	1.2	1.2	1.5	2.0	2.0	3.0	4.0	4.8	6.4	8.0	10
[3]	1.5	1.7	2.0	2.0	2.5	3.0	3.5	5.0	6.0	8.0	10.0	12.0	15
l[4]商品长度规格	2~8	2.5~10	3~12	4~16	5~20	6~25	8~30	8~40	10~50	12~60	16~60	20~60	25~60

① 螺纹公差：6g。
② 短螺钉的最小扳手啮合深度。
③ 长螺钉的最小扳手啮合深度。
④ 公称长度 l（mm）系列为 2、2.5、3~6（1 进位）、8、10、12、16、20~60（5 进位）。

表 3-182　内六角凹端紧定螺钉的型式和尺寸（摘自 GB/T 80—2007）

（单位：mm）

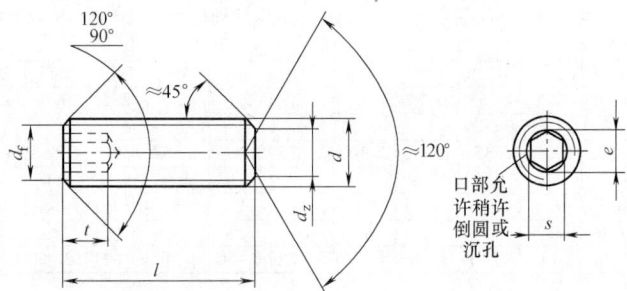

注：对切制内六角，当尺寸达到最大极
限时，由钻孔造成的过切不应超过内六角
任何一面长度（$e/2$）的 1/3；短螺钉应制
成 120°；45°仅适用于螺纹小径以内的末
端部分

允许制造的内六角型式

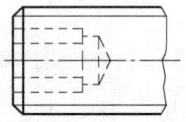

标记示例：
螺纹规格 d=M6、公称长度 l=12mm、性能等级为 45H、表面氧化处理的 A 级内六角凹端紧定螺钉的标记为：
螺钉　GB/T 80　M6×12

螺纹规格(d[1])	M1.6	M2	M2.5	M3	M4	M5	M6	M8	M10	M12	M16	M20	M24
d_z　max	0.80	1.00	1.20	1.40	2.00	2.50	3.0	5.0	6.0	8.0	10.0	14.0	16.0
d_f　≈	螺纹小径												
e　min	0.809	1.011	1.454	1.733	2.303	2.873	3.443	4.583	5.723	6.863	9.149	11.429	13.716
s　公称	0.7	0.9	1.3	1.5	2.0	2.5	3.0	4.0	5.0	6.0	8.0	10.0	12.0
t min　[2]	0.7	0.8	1.2	1.2	1.5	2	2	3	4	4.8	6.4	8	10
[3]	1.5	1.7	2	2	2.5	3	3.5	5	6	8	10	12	15
l[4]商品长度规格	2~8	2~10	2.5~12	3~16	4~20	5~25	6~30	8~40	10~50	12~60	16~60	20~60	25~60

① 螺纹公差为 6g。
② 短螺钉的最小扳手啮合深度。
③ 长螺钉的最小扳手啮合深度。
④ 公称长度 l（mm）系列为 2、2.5、3~6（1 进位）、8、10、12、16、20~60（5 进位）。

表 3-183 方头长圆柱球面端紧定螺钉的型式和尺寸 (摘自 GB/T 83—1988)

(单位：mm)

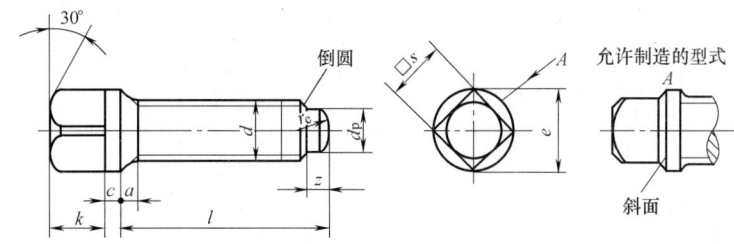

注：$a \leqslant 4P$，P 为螺距

标记示例：

螺纹规格 d＝M10、公称长度 l＝30mm、性能等级为 33H、表面氧化处理的方头长圆柱球面端紧定螺钉的标记为：

螺钉 GB/T 83 M10×30

螺纹规格 (d[①])	M8	M10	M12	M16	M20
d_p max	5.5	7	8.5	12	15
e min	9.7	12.2	14.7	20.9	27.1
k 公称	9	11	13	18	23
c ≈	2	3	3	4	5
z min	4	5	6	8	10
r_e ≈	7.7	9.8	11.9	16.8	21
s 公称	8	10	12	17	22
l[②] 通用规格范围	16～40	20～50	25～60	30～80	35～100

① 螺纹公差：45H 级为 5g6g；33H 级为 6g。

② 公称长度 l（mm）系列为 16、20～50（5 进位）、(55)、60～100（10 进位）。尽可能不采用括号内的规格。

表 3-184 方头凹端紧定螺钉的型式和尺寸 (摘自 GB/T 84—1988)

(单位：mm)

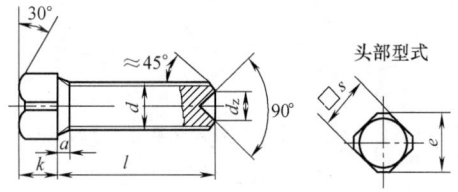

注：$a \leqslant 4P$，P 为螺距

标记示例：

螺纹规格 d＝M10、公称长度 l＝30mm、性能等级为 33H、表面氧化处理的方头凹端紧定螺钉的标记为：

螺钉 GB/T 84 M10×30

螺纹规格 (d[①])	M5	M6	M8	M10	M12	M16	M20
d_z max	2.5	3	5	6	7	10	13
e min	6	7.3	9.7	12.2	14.7	20.9	27.1
k 公称	5	6	7	8	10	14	18
s 公称	5	6	8	10	12	17	22
l[②] 通用规格范围	10～30	12～30	14～40	20～50	25～60	30～80	40～100

① 螺纹公差：钢制 45H 级为 5g6g；33H 级为 6g；不锈钢制为 6g。

② 公称长度 l（mm）系列为 10、12、(14)、16、20～50（5 进位）、(55)、60～100（10 进位）。尽可能不采用括号内的规格。

表 3-185　方头长圆柱端紧定螺钉的型式和尺寸（摘自 GB/T 85—1988）

（单位：mm）

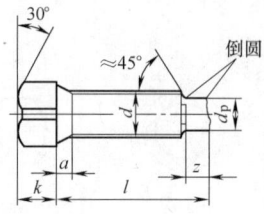 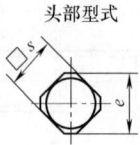

头部型式

注：$a \le 4P$，P 为螺距

标记示例：

螺纹规格 d＝M10、公称长度 l＝30mm、性能等级为 33H、表面氧化的方头长圆柱端紧定螺钉的标记：

螺钉　GB/T 85　M10×30

螺纹规格(d[1])	M5	M6	M8	M10	M12	M16	M20
d_p　max	3.5	4	5.5	7.0	8.5	12	15
e　min	6	7.3	9.7	12.2	14.7	20.9	27.1
k　公称	5	6	7	8	10	14	18
z　min	2.5	3.0	4.0	5.0	6.0	8.0	10
s　公称	5	6	8	10	12	17	22
l[2] 通用规格范围	12~30	12~30	14~40	20~50	25~60	25~80	40~100

① 螺纹公差：钢制 45H 级为 5g6g；33H 级为 6g；不锈钢制为 6g。

② 公称长度 l（mm）系列为 10、12、(14)、16、20~50（5 进位）、(55)、60~100（10 进位）。尽可能不采用括号内的规格。

表 3-186　方头短圆柱锥端紧定螺钉的型式和尺寸（摘自 GB/T 86—1988）

（单位：mm）

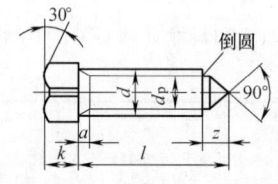 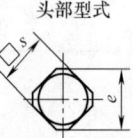

头部型式

注：$a \le 4P$，P 为螺距

标记示例：

螺纹规格 d＝M10、公称长度 l＝30mm、性能等级为 33H、表面氧化处理的方头短圆柱锥端紧定螺钉的标记为：

螺钉　GB/T 86　M10×30

螺纹规格(d[1])	M5	M6	M8	M10	M12	M16	M20
d_p　max	3.5	4	5.5	7	8.5	12	15
e　min	6	7.3	9.7	12.2	14.7	20.9	27.1
k　公称	5	6	7	8	10	14	18
z　min	3.5	4	5	6	7	9	11
s　公称	5	6	8	10	12	17	22
l[2] 通用规格范围	12~30	12~30	14~40	20~50	25~60	25~80	40~100

① 螺纹公差：钢制 45H 级为 5g6g；33H 级为 6g；不锈钢制为 6g。

② 公称长度 l（mm）系列为 10、12、(14)、16、20~50（5 进位）、(55)、60~100（10 进位）。尽可能不采用括号内的规格。

表 3-187   方头倒角端紧定螺钉的型式和尺寸（摘自 GB/T 821—1988）

（单位：mm）

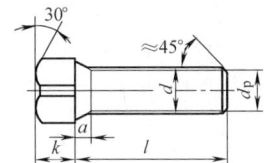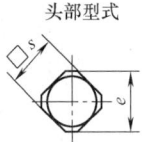

头部型式

注：$a \leqslant 4P$，P 为螺距
标记示例：
螺纹规格 d＝M10、公称长度 l＝30mm、性能等级为 33H、表面氧化处理的方头平端紧定螺钉的标记为：
螺钉 GB/T 821   M10×30

螺纹规格($d^①$)	M5	M6	M8	M10	M12	M16	M20
d_p max	3.5	4	5.5	7	8.5	12	15
e min	6	7.3	9.7	12.2	14.7	20.9	27.1
k 公称	5	6	7	8	10	14	18
s 公称	5	6	8	10	12	17	22
$l^②$通用规格范围	8~30	8~30	10~40	12~50	14~60	20~80	40~100

① 螺纹公差：钢制 45H 级为 5g6g；33H 级为 6g；不锈钢制为 6g。
② 公称长度 l（mm）系列为 10、12、(14)、16、20~50（5 进位）、(55)、60~100（10 进位）。尽可能不采用括号内的规格。

2.6.6 定位螺钉（见表 3-188~表 3-193）

表 3-188   开槽锥端定位螺钉的型式和尺寸（摘自 GB/T 72—1988）

（单位：mm）

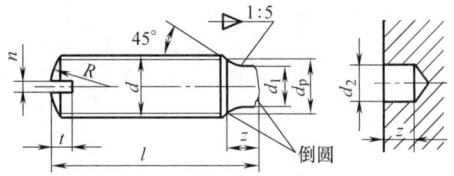

标记示例：
螺纹规格 d＝M10、公称长度 l＝20mm、性能等级为 14H 级、不经表面处理的开槽锥端定位螺钉的标记为：
螺钉 GB/T 72   M10×20

螺纹规格(d)(6g)	M3	M4	M5	M6	M8	M10	M12
d_p max	2	2.5	3.5	4	5.5	7	8.5
n 公称	0.4	0.6	0.8	1	1.2	1.6	2
t max	1.05	1.42	1.63	2	2.5	3	3.6
d_1 ≈	1.7	2.1	2.5	3.4	4.7	6	7.3
d_2 推荐	1.8	2.2	2.6	3.5	5	6.5	8
R ≈	3	4	5	6	8	10	12
z	1.5	2	2.5	3	4	5	6
$l^①$通用规格范围	4~16	4~20	5~20	6~25	8~35	10~45	12~50

① 公称长度 l（mm）系列为 1.5、2、2.5、3、4、5、6、8、10、12、(14)、16、20~50（5 进位）。尽可能不采用括号内的规格。

表 3-189 开槽圆柱端定位螺钉的型式和尺寸（摘自 GB/T 829—1988）

（单位：mm）

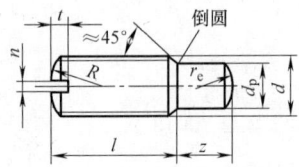

标记示例：

螺纹规格 d = M5、公称长度 l = 10mm、长度 z = 5mm、性能等级为 14H 级、不经表面处理的开槽圆柱端定位螺钉的标记为：

螺钉 GB/T 829 M5×10×5

螺纹规格(d)(6g)	M1.6	M2	M2.5	M3	M4	M5	M6	M8	M10	M12
d_p max	0.8	1	1.5	2	2.5	3.5	4	5.5	7	8.5
n 公称	0.25	0.25	0.4	0.4	0.6	0.8	1	1.2	1.6	2
t max	0.74	0.84	0.95	1.05	1.42	1.63	2	2.5	3	3.6
R ≈	1.6	2	2.5	3	4	5	6	8	10	12
r_e ≈	1.12	1.4	2.1	2.8	3.5	4.9	5.6	7.7	9.8	—
z[1] 通用规格范围	1~1.5	1~2	1.2~2.5	1.5~3	2~4	2.5~5	3~6	4~8	5~10	
l[2] 通用规格范围	1.5~3	1.5~4	2~5	2.5~6	3~8	4~10	5~12	6~16	8~20	

[1] z (mm) 的公称长度系列为：1、1.2、1.5、2、2.5、3、4、5、6、8、10。

[2] 公称长度 l (mm) 系列为 1.5、2、2.5、3、4、5、6、8、10、12、(14)、16、20~50（5 进位）。尽可能不采用括号内的规格。

表 3-190 开槽盘头定位螺钉的型式和尺寸（摘自 GB/T 828—1988）

（单位：mm）

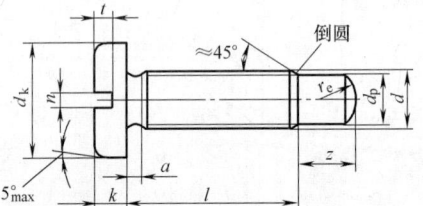

标记示例：

螺纹规格 d = M6、公称长度 l = 6mm、长度 z = 4mm、性能等级为 14H 级、不经表面处理的开槽盘头定位螺钉的标记为：

螺钉 GB/T 828 M6×6×4

螺纹规格 d(6g)		M1.6	M2	M2.5	M3	M4	M5	M6	M8	M10
a max		0.7	0.8	0.9	1.0	1.4	1.6	2.0	2.5	3.0
d_k max		3.2	4.0	5.0	5.6	8.0	9.5	12.0	16.0	20.0
k max		1.0	1.3	1.5	1.8	2.4	3.0	3.6	4.8	6.0
n 公称		0.4	0.5	0.6	0.8	1.2	1.2	1.6	2	5.5
d_p	max	0.8	1	1.5	2	2.5	3.5	4	5.5	7
	min	0.55	0.75	1.25	1.75	2.25	3.2	3.7	5.2	6.64
t min		0.35	0.5	0.6	0.7	1.0	1.2	1.4	1.9	2.4
r_e ≈		1.12	1.4	2.1	2.8	3.5	4.9	5.6	7.7	9.8
z[1] 通用规格范围		1~1.5	1~2	1.2~2.5	1.5~3	2~4	2.5~5	3~6	4~8	5~10
l[2] 通用规格范围		1.5~3	1.5~4	2~5	2.5~6	3~8	4~10	5~12	6~16	8~20

[1] z (mm) 的公称长度系列为 1、1.2、1.5、2、2.5、3、4、5、6、8、10。

[2] 公称长度 l (mm) 系列为 1、1.2、1.5、2、2.5、3、4、5、6、8、10。

表 3-191　开槽圆柱头轴位螺钉的型式和尺寸（摘自 GB/T 830—1988）（单位：mm）

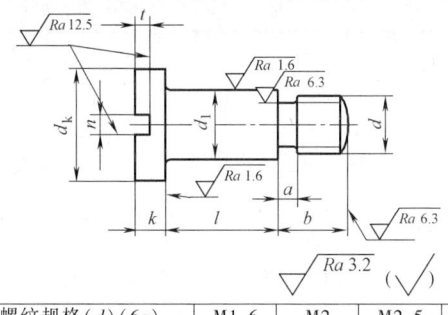

标记示例：

螺纹规格 d=M5、公称长度 l=10mm、性能等级为 4.8 级、不经表面处理的开槽圆柱头轴位螺钉的标记为：

螺钉　GB/T 830　M5×10

d_1 按 f9 制造时应加标记 f9：

螺钉　GB/T 830　M5f9×10

螺纹规格(d)(6g)		M1.6	M2	M2.5	M3	M4	M5	M6	M8	M10
d_1	max	2.48	2.98	3.47	3.97	4.97	5.97	7.96	9.96	11.95
	min	2.42	2.92	3.395	3.895	4.895	5.895	7.87	9.87	11.84
d_k	max	3.5	4	5	6	8	10	12	15	20
k	max	1.32	1.52	1.82	2.1	2.7	3.2	3.74	5.24	6.24
n	公称	0.4	0.5	0.6	0.8	1.2	1.2	1.6	2	2.5
t	min	0.35	0.5	0.6	0.7	1	1.2	1.4	1.9	2.4
a	≈	1				1.5		2		3
b		2.5	3	3.5	4	5	6	8	10	12
l[①]通用规格范围		1~6	1~8		1~10		1~12	1~14	2~16	2~20

注：轴位直径 d_1 也可按 f9 制造。

① 公称长度 l（mm）系列为 1、1.2、1.6、2、2.5、3、4、5、6~16（2 进位）、20。

表 3-192　开槽环面圆柱头轴位螺钉的型式和尺寸（摘自 GB/T 946—1988）

（单位：mm）

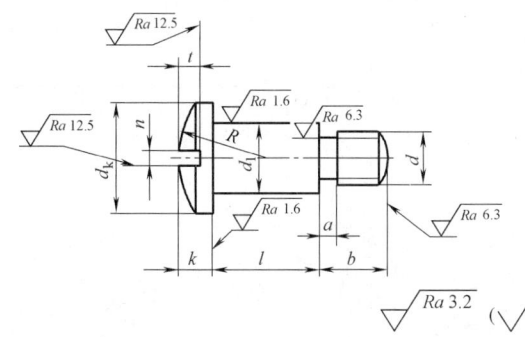

标记示例：

螺纹规格 d=M5、公称长度 l=10mm、性能等级为 4.8 级、不经表面处理的开槽球面圆柱头轴位螺钉的标记为：

螺钉　GB/T 946　M5×10

d_1 按 f9 制造时应加标记 f9：

螺钉　GB/T 946　M5f9×10

螺纹规格(d)(6g)		M1.6	M2	M2.5	M3	M4	M5	M6	M8	M10
d_1	max	2.48	2.98	3.47	3.97	4.97	5.97	7.96	9.96	11.95
	min	2.42	2.92	3.395	3.895	4.895	5.895	7.87	9.87	11.84
d_k	max	3.5	4	5	6	8	10	12	15	20
k	max	1.2	1.6	1.8	2	2.8	3.5	4	5	6
n	公称	0.4	0.5	0.6	0.8	1.2	1.2	1.6	2	2.5
t	min	0.6	0.7	0.9	1	1.4	1.7	2	2.5	3
a	≈	1				1.5		2		3
R	≈	3.5	4	5	6	8	10	12	15	20
b		2.5	3	3.5	4	5	6	8	10	12
l[①]通用规格范围		1~6	1~8		1~10		1~12	1~14	2~16	2~20

注：轴位直径 d_1 也可按 f9 制造。

① 公称长度 l（mm）系列为 1、1.2、1.6、2、2.5、3、4、5、6~16（2 进位）、20。

表 3-193　开槽无头轴位螺钉的型式和尺寸（摘自 GB/T 831—1988）

（单位：mm）

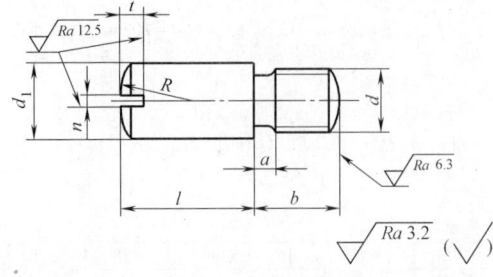

标记示例：

螺纹规格 d=M5、公称长度 l=10mm、性能等级为 14H 级、不经表面处理的开槽无头轴位螺钉的标记为：

螺钉　GB/T 831　M5×10

d_1 按 f9 制造时应加标记 f9：

螺钉　GB/T 831　M5f9×10

螺纹规格（d）		M1.6	M2	M2.5	M3	M4	M5	M6	M8	M10
d_1	max	2.48	2.98	3.47	3.97	4.97	5.97	7.96	9.96	11.95
	min	2.42	2.92	3.395	3.895	4.895	5.895	7.87	9.87	11.84
n 公称		0.4	0.5	0.5	0.6	0.8	0.8	1.2	1.6	2
t min		0.6	0.7	0.9	1	1.4	1.7	2	2.5	3
a ≈		1				1.5		2		3
R ≈		2.5	3	3.5	4	5	6	8	10	12
b		2.5	3	3.5	4	5	6	8	10	12
l[1]通用规格范围		2~3	2~4	2~5	2.5~6	3~8	4~10	5~12	6~16	8~20

注：轴位直径 d_1 也可按 f9 制造。

[1] 公称长度 l（mm）系列为 2、2.5、3、4、5、6~16（2 进位）、20。

2.6.7　不脱出螺钉（见表 3-194～表 3-198）

表 3-194　开槽盘头不脱出螺钉的型式和尺寸（摘自 GB/T 837—1988）

（单位：mm）

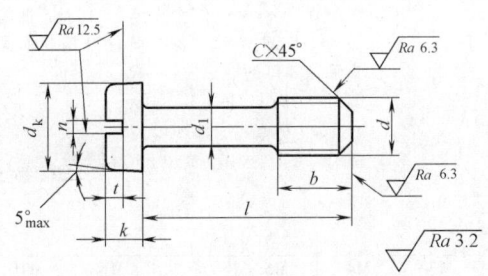

标记示例：

螺纹规格 d=M5、公称长度 l=16mm、性能等级为 4.8 级、不经表面处理的开槽盘头不脱出螺钉的标记为：

螺钉　GB/T 837　M5×16

螺纹规格（d）（6g）	M3	M4	M5	M6	M8	M10
d_k max	5.6	8.0	9.5	12.0	16.0	20.0
k max	1.8	2.4	3	3.6	4.8	6
n 公称	0.8	1.2	1.2	1.6	2	2.5
t min	0.7	1	1.2	1.4	1.9	2.4
d_1 max	2	2.8	3.5	4.5	5.5	7
b	4	6	8	10	12	15
C ≈	1	1.2	1.6	2	2.5	3
l[1]通用规格范围	10~25	12~30	14~40	20~50	25~60	30~60

[1] 公称长度 l（mm）系列为 10~16（2 进位）、20~60（5 进位）。

表 3-195　开槽沉头不脱出螺钉的型式和尺寸（摘自 GB/T 948—1988）

（单位：mm）

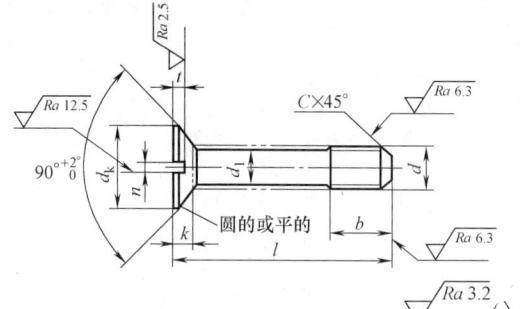

标记示例：

螺纹规格 d = M5、公称长度 l = 16mm、性能等级为 4.8 级、不经表面处理的开槽沉头不脱出螺钉的标记为：

螺钉　GB/T 948　M5×16

螺纹规格 d(6g)	M3	M4	M5	M6	M8	M10
d_k　max	5.5	8.4	9.3	11.3	15.8	18.3
k　max	1.65	2.70	2.70	3.30	4.65	5
n　公称	0.8	1.2	1.2	1.6	2	2.5
t　min	0.6	1	1.1	1.2	1.8	2
d_1　max	2	2.8	3.5	4.5	5.5	7
b	4	6	8	10	12	15
C　≈	1	1.2	1.6	2	2.5	3
l[①]通用规格范围	10~25	12~30	14~40	20~50	25~60	30~60

① 公称长度 l（mm）系列为 10~16（2 进位）、20~60（5 进位）。

表 3-196　开槽半沉头不脱出螺钉的型式和尺寸（摘自 GB/T 949—1988）

（单位：mm）

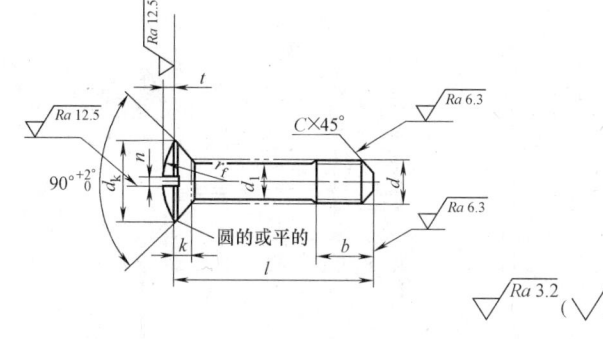

标记示例：

螺纹规格 d = M5、公称长度 l = 16mm、性能等级为 4.8 级、不经表面处理的开槽半沉头不脱出螺钉的标记为：

螺钉　GB/T 949　M5×16

螺纹规格(d)(6g)	M3	M4	M5	M6	M8	M10
d_k　max	5.5	8.4	9.3	11.3	15.8	18.3
k　max	1.65	2.70	2.70	3.30	4.65	5
n　公称	0.8	1.2	1.2	1.6	2	2.5
r_f　≈	6	9.5	9.5	12	16.5	19.5
t　min	1.2	1.6	2.0	2.4	3.2	3.8
d_1　max	2	2.8	3.5	4.5	5.5	7
b	4	6	8	10	12	15
C　≈	1	1.2	1.6	2	2.5	3
l[①]通用规格范围	10~25	12~30	14~40	20~50	25~60	30~60

① 公称长度 l（mm）系列为 10、12、(14)、16、18、20~50（5 进位）、(55)、60。尽可能不采用括号内的规格。

表 3-197　六角头不脱出螺钉的型式和尺寸（摘自 GB/T 838—1988）

（单位：mm）

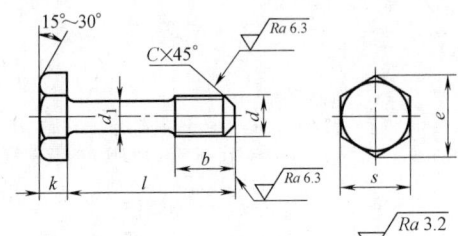

标记示例：
　　螺纹规格 d＝M6、公称长度 l＝20mm、性能等级为 4.8 级、不经表面处理的六角头不脱出螺钉的标记为：
　　螺钉　GB/T 838　M6×20

螺纹规格（d）（6g）	M5	M6	M8	M10	M12	（M14）	M16
d_1　max	3.5	4.5	5.5	7	9	11	12
s　max	8	10	13	16	18	21	24
k　公称	3.5	4	5.3	6.4	7.5	8.8	10
b	8	10	12	15	18	20	24
C	1.6	2	2.5	3	4	5	6
e　min	8.79	11.05	14.38	17.77	20.03	23.35	26.75
l[①]通用规格范围	14～40	20～50	25～65	30～80	30～100	35～100	40～100

注：尽可能不采用括号内的规格。

① 公称长度 l（mm）系列为（14）、16、20～50（5 进位）、（55）、60、（65）、70、75、80、90、100。

表 3-198　滚花头不脱出螺钉的型式和尺寸（摘自 GB/T 839—1988）

（单位：mm）

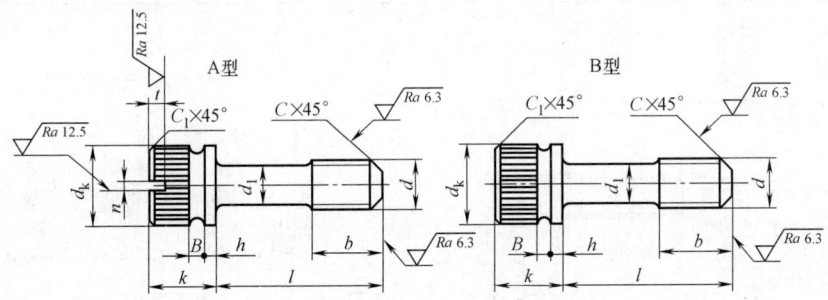

标记示例：
　　螺纹规格 d＝M6、公称长度 l＝20mm、性能等级为 4.8 级、不经表面处理、按 A 型制造的滚花头不脱出螺钉的标记为：
　　螺钉　GB/T 839　M6×20
　　按 B 型制造时应加标记 B：
　　螺钉　GB/T 839　BM6×20

螺纹规格（d）（6g）	M3	M4	M5	M6	M8	M10
d_1　max	2	·2.8	3.5	4.5	5.5	7
d_k（滚花前）　max	5	8	9	11	14	17
k　max	4.5	6.5	7	10	12	13.5
n　公称	0.8	1.2	1.2	1.6	2	2.5

（续）

螺纹规格(d)(6g)	M3	M4	M5	M6	M8	M10
t　min	0.7	1.0	1.2	1.4	1.9	2.4
b	4	6	8	10	12	15
h	1	1.5		2	2.5	
B　≈	1	1.5		2	2.5	3
C	1	1.2	1.6	2	2.5	3
C_1	0.3			0.5		0.8
$l^{①}$通用规格范围	10~25	12~30	14~40	20~50	25~60	30~60

① 公称长度 l（mm）系列为 10、12、(14)、16、20~50（5 进位）、(55)、60。尽可能不采用括号内的规格。

2.6.8　其他螺钉（见表 3-199~表 3-205）

表 3-199　滚花高头螺钉的型式和尺寸（摘自 GB/T 834—1988）

（单位：mm）

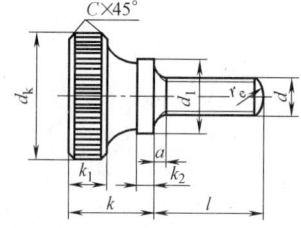

标记示例：
螺纹规格 d＝M5、公称长度 l＝20mm、性能等级为 4.8 级、不经表面处理的滚花高头螺钉的标记为：
螺钉　GB/T 834　M6×20

$\sqrt{Ra\,3.2}$ $(\sqrt{\quad})$

螺纹规格(d)(6g)	M1.6	M2	M2.5	M3	M4	M5	M6	M8	M10
d_k(滚花前)　max	7	8	9	11	12	16	20	24	30
k　max	4.7	5	5.5	7	8	10	12	16	20
k_1	2	2	2.2	2.8	3	4	5	6	8
k_2	0.8	1	1	1.2	1.5	2	2.5	3	3.8
r_e　≈	2.24	2.8	3.5	4.2	5.6	7	8.4	11.2	14
C	0.2	0.2	0.2	0.3	0.3	0.5	0.5	0.8	0.8
d_1	4	4.5	5	6	8	10	12	16	20
$l^{①}$通用规格范围	2~8	2.5~10	3~12	4~16	5~16	6~20	8~25	10~30	12~35

① 公称长度 l（mm）系列为：2、2.5、3、4、5、6~12（2 进位）、(14)、16、20~35（5 进位）。尽可能不采用括号内的规格。

表 3-200　滚花平头螺钉的型式和尺寸（摘自 GB/T 835—1988）

（单位：mm）

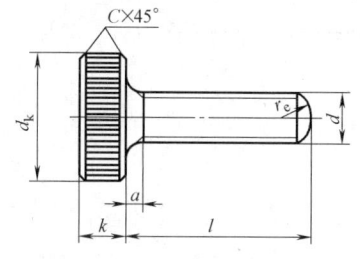

标记示例：
螺纹规格 d＝M5、公称长度 l＝20mm、性能等级为 4.8 级、不经表面处理的滚花平头螺钉的标记为：
螺钉　GB/T 835　M6×20

$\sqrt{Ra\,3.2}$

（续）

螺纹规格(d)（6g）	M1.6	M2	M2.5	M3	M4	M5	M6	M8	M10
d_k　max	7	8	9	11	12	16	20	24	30
k　max	2	2	2.2	2.8	3	4	5	6	8
r_e　≈	2.24	2.8	3.5	4.2	5.6	7	8.4	11.2	14
C	0.2	0.2	0.2	0.3	0.3	0.5	0.5	0.8	0.8
l[①] 通用规格范围	2~12	4~16	5~16	6~20	8~25	10~25	12~30	16~35	20~45

① 公称长度 l（mm）系列为 2、2.5、3、4、5、6~12（2进位）、（14）、16、20~45（5进位）。尽可能不采用括号内的规格。

表 3-201　滚花小头螺钉的型式和尺寸（摘自 GB/T 836—1988）

（单位：mm）

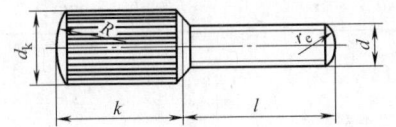

标记示例：
　　螺纹规格 d = M5、公称长度 l = 20mm、性能等级为 4.8 级、不经表面处理的滚花小头螺钉的标记为：
　　螺钉　GB/T 836　M6×20

螺纹规格(d)（6g）	M1.6	M2	M2.5	M3	M4	M5	M6
d_k（滚花前）max	3.5	4	5	6	7	8	10
k　max	10	11	11	12	12	13	13
R　≈	4	4	5	6	8	8	10
r_e　≈	2.24	2.8	3.5	4.2	5.6	7	8.4
l[①] 通用规格范围	3~16	4~20	5~20	6~25	8~30	10~35	12~40

① 公称长度 l（mm）系列为 3、4、5、6~12（2进位）、（14）、16、20~40（5进位）。尽可能不采用括号内的规格。

表 3-202　塑料滚花头螺钉的型式和尺寸（摘自 GB/T 840—1988）

（单位：mm）

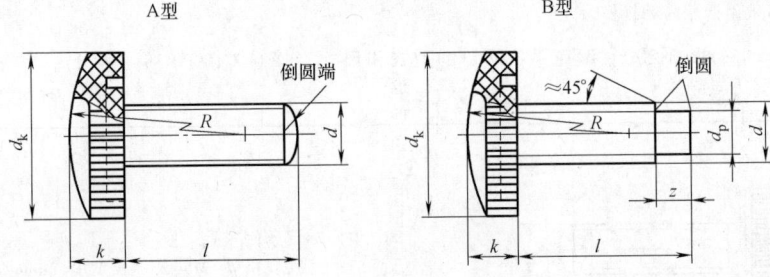

标记示例：
　　螺纹规格 d = M10、公称长度 l = 30mm、性能等级为 14H 级、表面氧化处理、按 A 型制造的塑料滚花头螺钉的标记为：
　　螺钉　GB/T 840　M10×30
　　按 B 型制造时应加标记 B：
　　螺钉　GB/T 840　BM10×30

（续）

螺纹规格(d)(6g)	M4	M5	M6	M8	M10	M12	M16
d_k	12	16	20	25	28	32	40
k	5	6	6	8	8	10	12
d_p　max	2.5	3.5	4	5.5	7	8.5	12
z　min	2	2.5	3	4	5	6	8
R　≈	25	32	40	50	55	65	80
l[①] 通用规格范围	8~30	10~40	12~40	16~45	20~60	25~60	30~80

① 公称长度 l（mm）系列为 8、10、12、16、20~50（5 进位）、60、70、80。

表 3-203　吊环螺钉的型式和尺寸（摘自 GB/T 825—1988）（单位：mm）

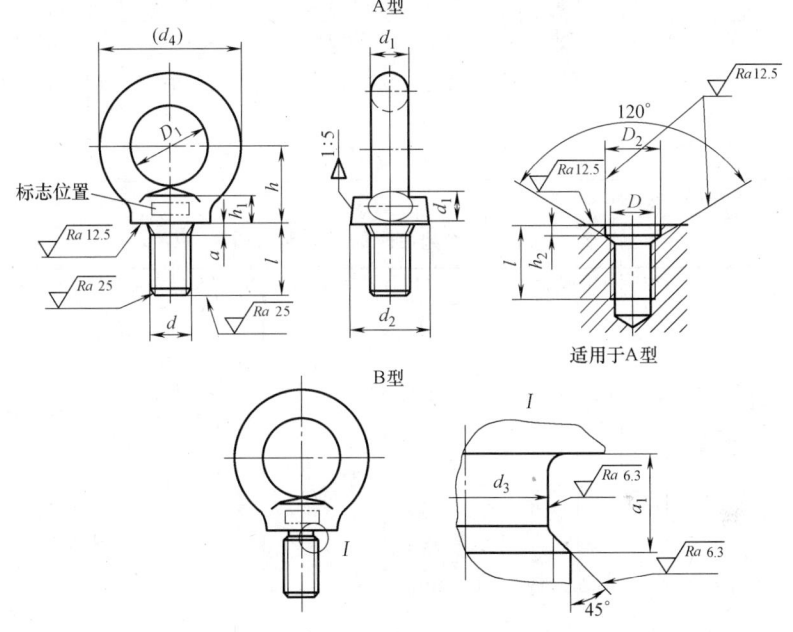

注:末端倒角或倒圆按 GB/T 2 规定;A 型无螺纹部分杆径约等于螺纹中径或螺纹大径
标记示例:
规格为 20mm、材料为 20 钢、经正火处理、不经表面处理的 A 型吊环螺钉的标记为:
螺钉　GB/T 825　M20

规格(d) (8g)	M8	M10	M12	M16	M20	M24	M30	M36	M42	M48	M56	M64	M72 ×6	M80 ×6	M100 ×6
d_1　min	7.6	9.6	11.6	13.6	15.6	19.6	23.5	27.5	31.2	37.1	41.1	46.9	58.8	66.8	73.6
D_1　公称	20	24	28	34	40	48	56	67	80	95	112	125	140	160	200
d_2　max	21.1	25.1	29.1	35.2	41.4	49.4	57.7	69	82.4	97.7	114.7	128.4	143.8	163.8	204.2
h_1　max	7	9	11	13	15.1	19.1	23.2	27.4	31.7	36.9	39.9	44.1	52.4	57.4	62.4
l 公称	16	20	22	28	35	40	45	55	65	70	80	90	100	115	140
l min	15.1	18.95	20.95	26.95	33.75	38.75	43.75	53.5	63.5	68.5	78.5	88.25	98.25	113.25	138
l max	16.9	21.05	23.05	29.05	36.25	41.25	46.25	56.5	66.5	71.5	81.5	91.75	101.75	116.75	142
d_4　参考	36	44	52	62	72	88	104	123	144	171	196	221	260	296	350
h	18	22	26	31	36	44	53	63	74	87	100	115	130	150	175

（续）

规格(d)(8g)		M8	M10	M12	M16	M20	M24	M30	M36	M42	M48	M56	M64	M72×6	M80×6	M100×6
a_1 max		3.75	4.5	5.25	6	7.5	9	10.5	12	13.5	15	16.5	18	18	18	18
d_3	公称(max)	6	7.7	9.4	13	16.4	19.6	25	30.8	35.6	41	48.3	55.7	63.7	71.7	91.7
	min	5.82	7.48	9.18	12.73	16.13	19.27	24.67	29.91	35.21	40.61	47.91	55.24	63.24	71.24	91.16
a max		2.5	3	3.5	4	5	6	7	8	9	10	11	12	12	12	12
D		M8	M10	M12	M16	M20	M24	M30	M36	M42	M48	M56	M64	M72×6	M80×6	M100×6
D_2	公称(min)	13	15	17	22	28	32	38	45	52	60	68	75	85	95	115
	max	13.43	15.43	17.52	22.52	28.52	32.62	38.62	45.62	52.74	60.74	68.74	75.74	85.87	95.87	115.87
h_2	公称(min)	2.5	3	3.5	4.5	5	7	8	9.5	10.5	11.5	12.5	13.5	14	14	14
	max	2.9	3.4	3.98	4.98	5.48	7.58	8.58	10.08	11.2	12.2	13.2	14.2	14.7	14.7	14.7
最小保证载荷/kN		3.2	5	8	12.5	20	32	50	80	125	160	200	320	400	500	800
轴向最小断裂载荷/kN		6.3	10	16	25	40	63	100	160	250	320	400	630	800	1000	1600

注：M8～M36为商品紧固件规格

表 3-204　平稳起吊时的最大起吊质量　（单位：kg）

规格 d	M8	M10	M12	M16	M20	M24	M30	M36	M42	M48	M56	M64	M72×6	M80×6	M100×6
单螺钉起吊	0.16	0.25	0.4	0.63	1	1.6	2.5	4	6.3	8	10	16	20	25	40
双螺钉起吊	0.08	0.125	0.2	0.32	0.5	0.8	1.25	2	3.2	4	5	8	10	12.5	20

注：表中数值系指平稳起吊时的最大起吊质量。

表 3-205　开槽无头螺钉的型式和尺寸　（摘自 GB/T 878—2007）

（单位：mm）

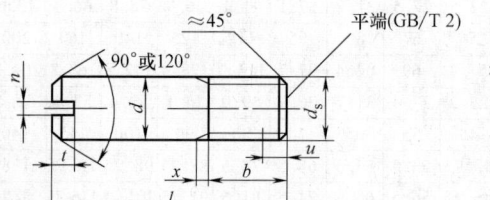

注:不完整螺纹长度 $u \leqslant 2P$；45°仅适用于螺纹小径以内的末端部分

标记示例：

螺钉规格为 M4、公称长度 l = 10mm、性能等级为 14H、表面氧化处理的 A 级开槽无头螺钉的标记为：

螺钉　GB/T 878　M4×10

（续）

螺纹规格(d)		M1	M1.2	M1.6	M2	M2.5	M3	(M3.5)[①]	M4	M5	M6	M8	M10
P[②]		0.25	0.25	0.35	0.4	0.45	0.5	0.6	0.7	0.8	1	1.25	1.5
b $^{+2P}_{\ \ 0}$		1.2	1.4	1.9	2.4	3	3.6	4.2	4.8	6	7.2	9.6	12
d_s	min	0.86	1.06	1.46	1.86	2.36	2.86	3.32	3.82	4.82	5.82	7.78	9.78
	max	1.0	1.2	1.6	2.0	2.5	3.0	3.5	4.0	5.0	6.0	8.0	10.0
n	公称	0.2	0.25	0.3	0.3	0.4	0.5	0.5	0.6	0.8	1	1.2	1.6
	min	0.26	0.31	0.36	0.36	0.46	0.56	0.56	0.66	0.86	1.06	1.26	1.66
	max	0.40	0.45	0.50	0.50	0.60	0.70	0.70	0.80	1.0	1.2	1.51	1.91
t	min	0.63	0.63	0.88	1.0	1.10	1.25	1.5	1.75	2.0	2.5	3.1	3.75
	max	0.78	0.79	1.06	1.2	1.33	1.5	1.78	2.05	2.35	2.9	3.6	4.25
x	max	0.6	0.6	0.9	1	1.1	1.25	1.5	1.75	2	2.5	3.2	3.8
l[③]商品长度规格		2.5~4	3~5	4~6	5~8	5~10	6~12	8~14	8~14	10~20	12~25	14~30	16~35

① 尽可能不采用括号内的规格。

② P 为螺距。

③ 公称长度 l（mm）系列为：2.5、3~5（1进位）、6~12（2进位）、(14)、16、20~35（5进位）。

2.7　木螺钉（见表3-206~表3-213）

表 3-206　木螺钉的品种、规格及技术要求

序号	名称及标准号	规格范围	螺纹	材　料	表面处理
1	开槽圆头木螺钉[①] GB/T 99—1986	1.6~10mm	见 GB/T 922	钢： Q215、Q235 铜及铜合金： H62、HPb59-1	不经处理
2	开槽沉头木螺钉[①] GB/T 100—1986	1.6~10mm	见 GB/T 922	钢： Q215、Q235 铜及铜合金： H62、HPb59-1	不经处理
3	开槽半沉头木螺钉[①] GB/T 101—1986	1.6~10mm	见 GB/T 922	钢： Q215、Q235 铜及铜合金： H62、HPb59-1	不经处理
4	十字槽圆头木螺钉[①] GB/T 950—1986	2~10mm	见 GB/T 922	钢： Q215、Q235 铜及铜合金： H62、HPb59-1	不经处理
5	十字槽沉头木螺钉[①] GB/T 951—1986	2~10mm	见 GB/T 922	钢： Q215、Q235 铜及铜合金： H62、HPb59-1	不经处理
6	十字槽半沉头木螺钉[①] GB/T 952—1986	2~10mm	见 GB/T 922	钢：* Q215、Q235 铜及铜合金： H62、HPb59-1	不经处理
7	六角头木螺钉 GB/T 102—1986	6~20mm	见 GB/T 922	钢： Q215、Q235 铜及铜合金： H62、HPb59-1	不经处理

① 商品紧固件品种，应优先选用。

表 3-207　开槽圆头木螺钉的型式和尺寸（摘自 GB/T 99—1986）

（单位：mm）

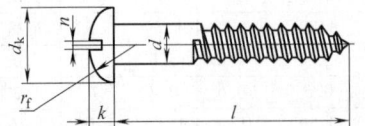

标记示例：

公称直径为 10mm、长度为 100mm、材料为 Q215、不经表面处理的开槽圆头木螺钉的标记为：

木螺钉　GB/T 99　10×100

d 公称	1.6	2	2.5	3	3.5	4	(4.5)	5	(5.5)	6	(7)	8	10
P	0.8	0.9	1	1.2	1.4	1.6	1.8	2	2.2	2.5	2.8	3	3.5
d_k max	3.2	3.9	4.63	5.8	6.75	7.65	8.6	9.5	10.5	11.05	13.35	15.2	18.9
k max	1.4	1.6	1.98	2.37	2.65	2.95	3.25	3.5	3.95	4.34	4.86	5.5	6.8
n 公称	0.4	0.5	0.6	0.8	0.9		1.2	1.2	1.4	1.6	1.8	2	2.5
r_f	1.6	2.3	2.6	3.4	4	4.8	5.2	6	6.5	6.8	8.2	9.7	12.1
$l^①$商品规格范围	6~12	6~14	6~22	8~25	8~38	12~65	14~80	16~90	22~90	22~120	38~120		65~120

注：1. 尽可能不采用括号内的规格。

　2. P 为螺距，后同。

① 公称长度 l（mm）系列为 6~20（2 进位）、(22)、25、30、(32)、35、(38)、40~50（5 进位）、(55)、60、(65)、70、(75)、80、(85)、90、100、120。

表 3-208　开槽沉头木螺钉的型式和尺寸（摘自 GB/T 100—1986）

（单位：mm）

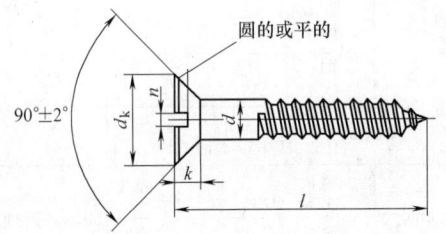

标记示例：

公称直径为 10mm、长度为 100mm、材料为 Q215、不经表面处理的开槽沉头木螺钉的标记为：

木螺钉　GB/T 100　10×100

d 公称	1.6	2	2.5	3	3.5	4	(4.5)	5	(5.5)	6	(7)	8	10
P	0.8	0.9	1	1.2	1.4	1.6	1.8	2	2.2	2.5	2.8	3	3.5
d_k max	3.2	4	5	6	7	8	9	10	11	12	14	16	20
k	1	1.2	1.4	1.7	2	2.2	2.7	3	3.2	3.5	4	4.5	5.8
n 公称	0.4	0.5	0.6	0.8	0.9		1.2	1.2	1.4	1.6	1.8	2	2.5
$l^①$商品规格范围	6~12	6~16	6~25	8~30	8~40	12~70	16~85	18~100	25~100	25~120	40~120		75~120

注：尽可能不采用括号内的规格。

① 公称长度 l（mm）系列为 6~20（2 进位）、(22)、25、30、(32)、35、(38)、40~90（5 进位）、100、120。

表 3-209　开槽半沉头木螺钉的型式和尺寸（摘自 GB/T 101—1986）

（单位：mm）

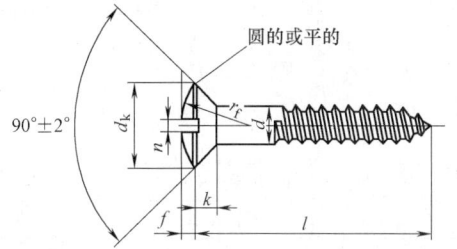

标记示例：

公称直径为 10mm、长度为 100mm、材料为 Q215、不经表面处理的开槽半沉头木螺钉的标记为：

木螺钉　GB/T 101　10×100

d 公称	1.6	2	2.5	3	3.5	4	(4.5)	5	(5.5)	6	(7)	8	10
P	0.8	0.9	1	1.2	1.4	1.6	1.8	2	2.2	2.5	2.8	3	3.5
d_k　max	3.2	4	5	6	7	8	9	10	11	12	14	16	20
k	1	1.2	1.4	1.7	2	2.2	2.7	3	3.2	3.5	4	4.5	5.8
n　公称	0.4	0.5	0.6	0.8	0.9		1.2	1.2	1.4	1.6	1.8	2	2.5
$r_f\approx$	2.8	3.6	4.3	5.5	6.1	7.3	7.9	9.1	9.7	10.9	12.4	14.5	18.2
$f\approx$	0.5	0.6	0.8	0.9	1.1	1.2	1.4	1.5	1.7	1.8	2.1	2.4	3
l[①] 商品规格 范围	6~ 12	6~ 16	6~ 25	8~ 30	8~ 40	12~ 70	16~ 85	18~ 100	30~ 100	30~ 120	40~ 120		70~ 120

注：尽可能不采用括号内的规格。

① 公称长度 l（mm）系列为 6~20（2 进位）、（22）、25、30、（32）、35、（38）、40~90（5 进位）、100、120。

表 3-210　六角头木螺钉的型式和尺寸（摘自 GB/T 102—1986）

（单位：mm）

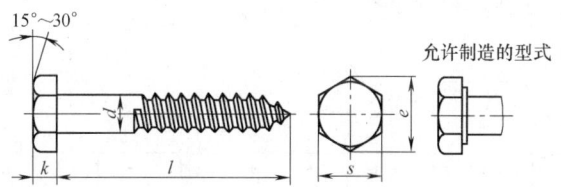

标记示例：

公称直径为 10mm、长度为 100mm、材料为 Q215、不经表面处理的六角头木螺钉的标记为：

木螺钉　GB/T 102　10×100

d　公称	6	8	10	12	16	20
P	2.5	3	3.5	4	5	6
e　min	10.89	14.20	17.59	19.85	26.17	32.95
k　公称	4	5.3	6.4	7.5	10	12.5
s　max	10	13	16	18	24	30
l[①] 通用规格范围	35~65	40~80	40~120	65~140	80~180	120~250

① 公称长度 l（mm）系列为 35、40、50、65、80~200（20 进位）、（225）、（250）。尽可能不采用括号内的规格。

表 3-211　十字槽圆头木螺钉的型式和尺寸（摘自 GB/T 950—1985）　（单位：mm）

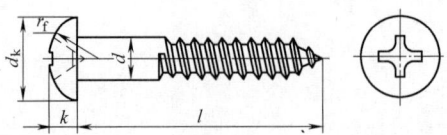

标记示例：

公称直径 10mm、长度 100mm、材料为 Q215、不经表面处理的十字槽圆头木螺钉的标记为：

木螺钉　GB/T 950 10×100

d	公称	2	2.5	3	3.5	4	(4.5)	5	(5.5)	6	(7)	8	10
P		0.9	1	1.2	1.4	1.6	1.8	2	2.2	2.5	2.8	3	3.5
d_k	max	3.9	4.63	5.8	6.75	7.65	8.6	9.5	10.5	11.05	13.35	15.2	18.9
k		1.6	1.98	2.37	2.65	2.95	3.25	3.5	3.95	4.34	4.86	5.5	6.8
r_f		2.3	2.6	3.4	4	4.8	5.2	6	6.5	6.8	8.2	9.7	12.1
十字槽（H 型）	槽号 No.	1		2						3		4	
	插入深度 max	1.32	1.52	1.63	1.83	2.23	2.43	2.63	2.76	3.26	3.56	4.35	5.35
	min	0.9	1.1	1.06	1.25	1.64	1.84	2.04	2.16	2.65	2.93	3.77	4.75
l[①] 商品规格范围		6~16	6~25	8~30	8~40	12~70	16~85	18~100	25~120		40~120		70~120

注：尽可能不采用括号内的规格。

① 公称长度 l（mm）系列为6~（22）(2 进位)、25、30、(32)、35、(38)、40~90(5 进位)、100、120。

表 3-212　十字槽沉头木螺钉的型式和尺寸（摘自 GB/T 951—1986）　（单位：mm）

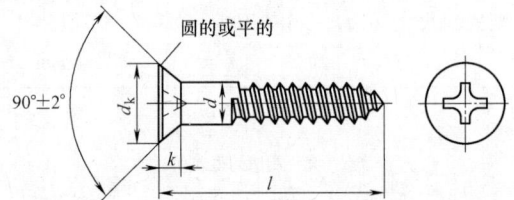

标记示例：

公称直径 10mm、长度 100mm、材料为 Q215、不经表面处理的十字槽沉头木螺钉的标记为：

木螺钉　GB/T 951 10×100

d	公称	2	2.5	3	3.5	4	(4.5)	5	(5.5)	6	(7)	8	10
P		0.9	1	1.2	1.4	1.6	1.8	2	2.2	2.5	2.8	3	3.5
d_k	max	4	5	6	7	8	9	10	11	12	14	16	20
k		1.2	1.4	1.7	2	2.2	2.7	3	3.2	3.5	4	4.5	5.8
十字槽（H 型）	槽号 No.	1		2						3		4	
	插入深度 max	1.32	1.52	1.73	2.13	2.73	3.13	3.33	3.36	3.96	4.46	4.95	5.95
	min	0.95	1.14	1.20	1.60	2.19	2.58	2.77	2.80	3.39	3.87	4.41	5.39
l[①] 商品规格范围		6~16	6~25	8~30	8~40	12~70	16~85	18~100	25~100	25~120	40~120		70~120

注：尽可能不采用括号内的规格。

① 公称长度 l（mm）系列为6~（22）(2 进位)、25、30、(32)、35、(38)、40~90(5 进位)、100、120。

表 3-213　十字槽半沉头木螺钉的型式和尺寸（摘自 GB/T 952—1986）　（单位：mm）

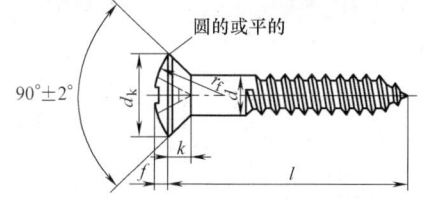

标记示例：

公称直径 10mm、长度 100mm、材料为 Q215、不经表面处理的十字槽半沉头木螺钉的标记为：

木螺钉　GB/T 952 10×100

d 公称			2	2.5	3	3.5	4	(4.5)	5	(5.5)	6	(7)	8	10
P			0.9	1	1.2	1.4	1.6	1.8	2	2.2	2.5	2.8	3	3.5
d_k　max			4	5	6	7	8	9	10	11	12	14	16	20
k　max			1.2	1.4	1.7	2	2.2	2.7	3	3.2	3.5	4	4.5	5.8
f　$\approx$			0.6	0.8	0.9	1.1	1.2	1.4	1.5	1.7	1.8	2.1	2.4	3
r_f　$\approx$			3.6	4.3	5.5	6.1	7.3	7.9	9.1	9.7	10.9	12.4	14.5	18.2
十字槽 （H 型）	槽号 No.		1		2						3		4	
	插入 深度	max	1.52	1.72	1.83	2.23	2.83	3.23	3.43	3.46	4.06	4.56	5.15	6.15
		min	1.14	1.34	1.30	1.69	2.28	2.68	2.87	2.90	3.48	3.97	4.60	5.58
l[①]商品规格范围			6~ 16	6~ 25	8~ 30	8~ 40	12~ 70	16~ 85	18~ 100	22~ 100	25~ 120	40~120		70~ 120

注：尽可能不采用括号内的规格。

① 公称长度 l（mm）系列为 6~（22）（2 进位）、25、30、（32）、35、（38）、40~90（5 进位）、100、120。

2.8　自攻螺钉、自挤螺钉及其他自攻螺钉

2.8.1　品种、规格及技术要求（见表 3-214）

表 3-214　自攻螺钉的品种、规格及技术要求

序号	名称及标准号	规格范围	产品等级	螺纹	材料及性能等级	表面处理
1	开槽盘头自攻螺钉① GB/T 5282—2017	ST 2.2~ ST 9.5	A 级	见 GB/T 5280	钢： 见 GB/T 3098.5	1) 不经处理 2) 电镀
2	开槽沉头自攻螺钉① GB/T 5283—2017	ST 2.2~ ST 9.5	A 级	见 GB/T 5280	不锈钢： A2-20H A4-20H A5-20H	1) 简单处理 2) 钝化
3	开槽半沉头自攻螺钉① GB/T 5284—2017	ST 2.2~ ST 9.5	A 级	见 GB/T 5280		
4	十字槽盘头自攻螺钉① GB/T 845—2017	ST 2.2~ ST 9.5	A 级	见 GB/T 5280	钢： 见 GB/T 3098.5	1) 不经处理 2) 电镀 3) 非电解锌片涂层
5	十字槽沉头自攻螺钉① GB/T 846—2017	ST 2.2~ ST9.5	A 级	见 GB/T 5280	不锈钢： A2-20H A4-20H A5-20H	1) 简单处理 2) 钝化处理

（续）

序号	名称及标准号	规格范围	产品等级	螺纹	材料及性能等级	表面处理
6	十字槽半沉头自攻螺钉[①] GB/T 847—2017	ST 2.2～ST 9.5	A级	见 GB/T 5280	钢： 见 GB/T3098.5	1）不经处理 2）电镀 3）非电解锌片涂层
7	六角头自攻螺钉 GB/T 5285—2017	ST 2.2～ST 9.5	A级	见 GB/T 5280	不锈钢： A2-20H、A4-20H、A5-20H	1）简单处理 2）钝化处理
8	十字槽凹穴六角头自攻螺钉 GB/T 9456—1988	ST 2.9～ST 8	A级	见 GB/T 5280	见 GB/T 3098.5	镀锌钝化
9	六角凸缘自攻螺钉 GB/T 16824.1—2016	ST 2.2～ST 8	A级	见 GB/T 5280	钢： 见 GB/T3098.5	1）不经处理 2）电镀 3）非电解锌片涂层
10	六角法兰面自攻螺钉 GB/T 16824.2—2016	ST 2.2～ST 9.5	A级	见 GB/T 5280	不锈钢： A2-20H、A4-20H、A5-20H	1）简单处理 2）钝化处理
11	精密机械用紧固件 带刮削端十字槽自攻螺钉 GB/T 13806.2—1992	ST 1.5～ST 4.2	A级	见 GB/T 5280	见 GB/T 3098.5	镀锌钝化
12	十字槽盘头自挤螺钉[①] GB/T 6560—2014	M2～M10	A级	见 GB/T 3103.1	见 GB/T 3098.7	1）电镀 2）非电解锌片涂层
13	十字槽沉头自挤螺钉[①] GB/T 6561—2014	M2～M10	A级	见 GB/T 3103.1	见 GB/T 3098.7	1）电镀 2）非电解锌片涂层
14	十字槽半沉头自挤螺钉[①] GB/T 6561—2014	M2～M10	A级	见 GB/T 3103.1	见 GB/T 3098.7	1）电镀 2）非电解锌片涂层
15	六角头自挤螺钉 GB/T 6563—2014	M2～M12	A级	见 GB/T 3103.1	见 GB/T 3098.7	1）电镀 2）非电解锌片涂层
16	内六角花形圆柱头自挤螺钉[①] GB/T 6564.1—2014	M2～M12	A级	见 GB/T 3103.1	见 GB/T 3098.7	1）电镀 2）非电解锌片涂层
17	十字槽盘头自钻自攻螺钉 GB/T 6556.1—2002	ST 2.9～ST 6.3	A级	见 GB/T 5280	见 GB/T 3098.11	1）不经表面处理 2）电镀
18	十字槽沉头自钻自攻螺钉 GB/T 6556.2—2002	ST 2.9～ST 6.3	A级	见 GB/T 5280	见 GB/T 3098.11	1）不经表面处理 2）电镀

（续）

序号	名称及标准号	规格范围	产品等级	螺　纹	材料及性能等级	表面处理
19	十字槽半沉头自钻自攻螺钉 GB/T 6556.3—2002	ST 2.9~ ST 6.3	A 级	见 GB/T 5280	见 GB/T 3098.11	1）不经表面处理 2）电镀
20	六角法兰面自钻自攻螺钉 GB/T 15856.4—2002	ST 2.9~ ST 6.3	A 级	见 GB/T 5280	见 GB/T 3098.11	1）不经表面处理 2）电镀
21	六角凸缘自钻自攻螺钉 GB/T 15856.5—2002	ST 2.9~ ST 6.3	A 级	见 GB/T 5280	见 GB/T 3098.11	1）不经表面处理 2）电镀
22	墙板自攻螺钉 GB/T 14210—1993	3.5 3.9 4.2	A 级	见 GB/T 14210	见 GB/T 14210	磷化处理

① 商品紧固件品种，应优先选用。

2.8.2　自攻螺钉（见表 3-215~表 3-225）

表 3-215　十字槽盘头自攻螺钉的型式和尺寸（摘自 GB/T 845—2017）　（单位：mm）

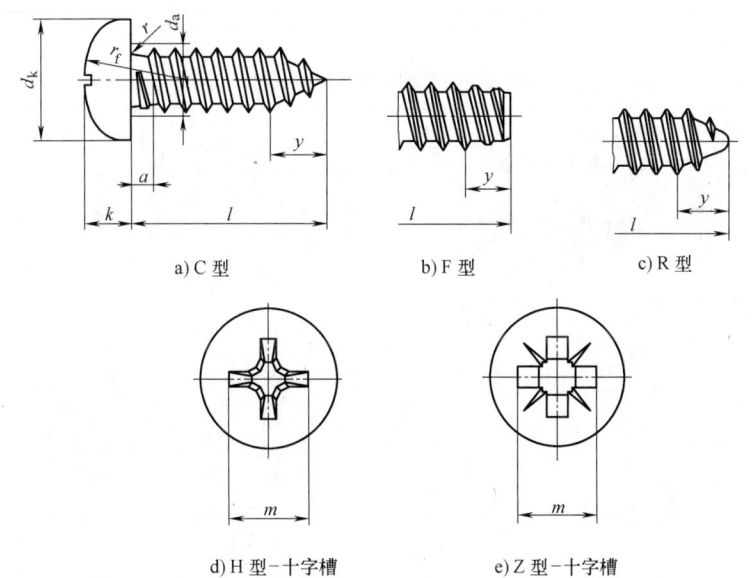

a）C 型　　　b）F 型　　　c）R 型

d）H 型-十字槽　　　e）Z 型-十字槽

注：尺寸 a 应在第一扣完整螺纹的小径处测量

标记示例：

螺纹规格 ST 3.5、公称长度 $l=16$mm、钢制、表面不经处理、末端 C 型、产品等级 A 级的 H 型十字槽盘头自攻螺钉的标记：

自攻螺钉　GB/T 845　ST 3.5×16

（续）

螺纹规格			ST 2.2	ST 2.9	ST 3.5	ST 4.2	ST 4.8	ST 5.5	ST 6.3	ST 8	ST 9.5
P	螺距		0.8	1.1	1.3	1.4	1.6	1.8	1.8	2.1	2.1
a	max		0.8	1.1	1.3	1.4	1.6	1.8	1.8	2.1	2.1
d_a	max		2.8	3.5	4.1	4.9	5.6	6.3	7.3	9.2	10.7
d_k	max		4.00	5.60	7.00	8.00	9.50	11.00	12.00	16.00	20.00
	min		3.70	5.30	6.64	7.64	9.14	10.57	11.57	15.57	19.48
k	max		1.60	2.40	2.60	3.10	3.70	4.00	4.60	6.00	7.50
	min		1.40	2.15	2.35	2.80	3.40	3.70	4.30	5.60	7.10
r	min		0.10	0.10	0.10	0.20	0.20	0.25	0.25	0.40	0.40
r_f	≈		3.2	5.0	6.0	6.5	8.0	9.0	10.0	13.0	16.0
十字槽	槽号 No.		0	1		2			3		4
	H型	m 参考	1.9	3.0	3.9	4.4	4.9	6.4	6.9	9.0	10.1
	插入深度	max	1.20	1.80	1.90	2.40	2.90	3.10	3.60	4.70	5.80
		min	0.85	1.40	1.40	1.90	2.40	2.60	3.10	4.15	5.20
	Z型	m 参考	2.0	3.0	4.0	4.4	4.8	6.2	6.8	8.9	10.1
	插入深度	max	1.20	1.75	1.90	2.35	2.75	3.00	3.50	4.50	5.70
		min	0.95	1.45	1.50	1.95	2.30	2.55	3.05	4.05	5.25
y 参考	C 型		2.0	2.6	3.2	3.7	4.3	5.0	6.0	7.5	8.0
	F 型		1.6	2.1	2.5	2.8	3.2	3.6	3.6	4.2	4.2
	R 型		—	—	2.7	3.2	3.6	4.3	5.0	6.3	—
l[1] 优选长度范围			4.5～16	6.5～19	9.5～25	9.5～32	9.5～38		13～38		16～50

[1] 公称长度 l（mm）系列为 4.5、6.5、9.5、13～25（3 进位）、32、38、45、50。

表 3-216　十字槽沉头自攻螺钉的型式和尺寸（摘自 GB/T 846—2017）　（单位：mm）

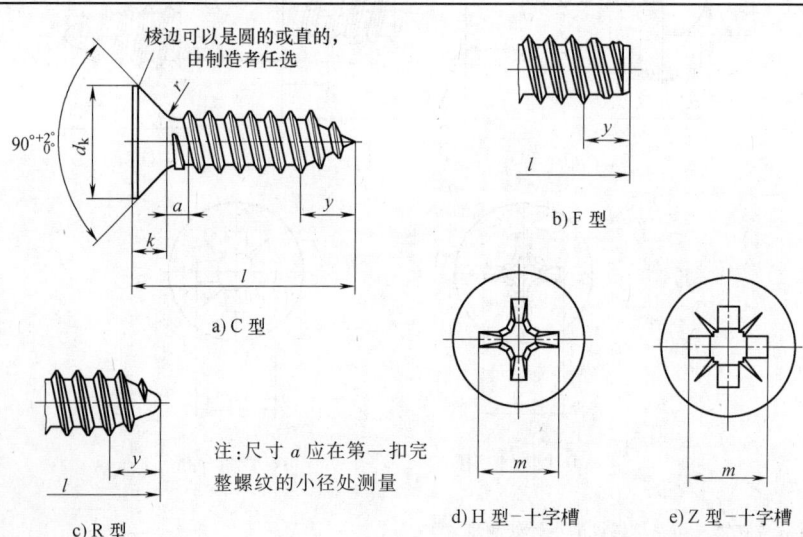

棱边可以是圆的或直的，由制造者任选

90°$^{+2°}_{0}$

a) C 型

b) F 型

c) R 型

注：尺寸 a 应在第一扣完整螺纹的小径处测量

d) H 型-十字槽

e) Z 型-十字槽

标记示例：

螺纹规格 ST 3.5、公称长度 l＝16mm、表面不经处理、末端 C 型、产品等级为 A 级的 H 型十字槽沉头自攻螺钉的标记为：

自攻螺钉 GB/T 846 ST 3.5×16

（续）

螺纹规格			ST 2.2	ST 2.9	ST 3.5	ST 4.2	ST 4.8	ST 5.5	ST 6.3	ST 8	ST 9.5
P[①]			0.8	1.1	1.3	1.4	1.6	1.8	1.8	2.1	2.1
a		max	1.6	2.2	2.6	2.8	3.2	3.6	3.6	4.2	4.2
d_k	理论值[②]	max	4.4	6.3	8.2	9.4	10.4	11.5	12.6	17.3	20.0
	实际值	max	3.8	5.5	7.3	8.4	9.3	10.3	11.3	15.8	18.3
		min	3.5	5.2	6.9	8.0	8.9	9.9	10.9	15.4	17.8
k		max	1.10	1.70	2.35	2.60	2.80	3.00	3.15	4.65	5.25
r		max	0.8	1.2	1.4	1.6	2.0	2.2	2.4	3.2	4.0
十字槽系列1(深)	槽号　No.		0	1	2			3		4	
	H 型	m　参考	1.9	3.2	4.4	4.6	5.2	6.6	6.8	8.9	10.0
		插入深度　max	1.2	2.1	2.4	2.6	3.2	3.3	3.5	4.6	5.7
		min	0.9	1.7	1.9	2.1	2.7	2.8	3.0	4.0	5.1
	Z 型	m　参考	2.0	3.0	4.1	4.4	4.9	6.3	6.6	8.8	9.8
		插入深度　max	1.20	2.01	2.20	2.51	3.05	3.18	3.45	4.60	5.64
		min	0.95	1.76	1.75	2.06	2.60	2.73	3.00	4.15	5.19
y　参考	C 型		2.0	2.6	3.2	3.7	4.3	5.0	6.0	7.5	8.0
	F 型		1.6	2.1	2.5	2.8	3.2	3.6	3.6	4.2	4.2
	R 型		—	—	2.7	3.2	3.6	4.3	5.0	6.3	—
l[③]优选长度范围			4.5~16	6.5~19	9.5~25	9.5~32		13~38		16~50	

① P 为螺距。

② 按 GB/T 5279。

③ 公称长度 l（mm）系列为 4.5、6.5、9.5、13~25（3 进位）、32、38、45、50。

表 3-217　十字槽半沉头自攻螺钉的型式和尺寸（摘自 GB/T 847—2017）　（单位：mm）

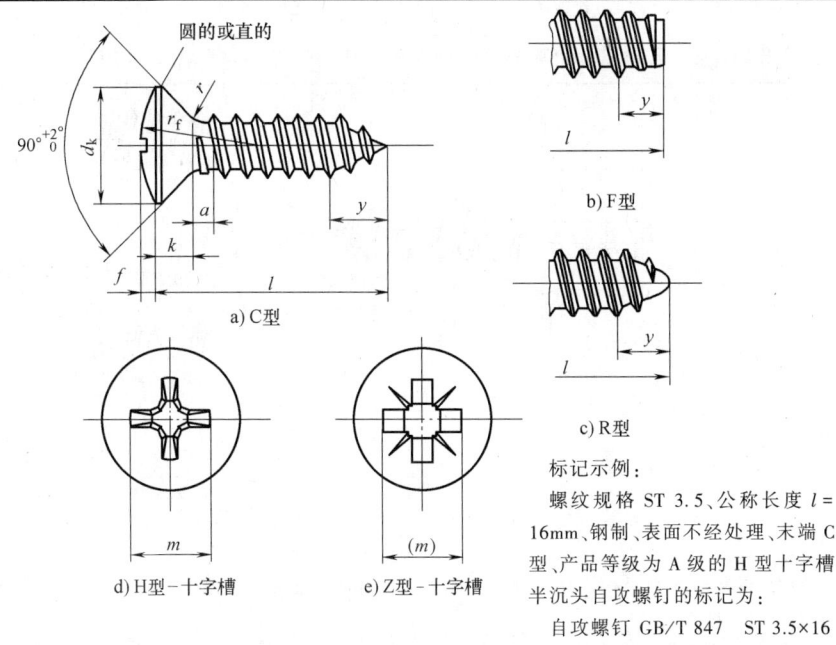

注：尺寸 a 应在第一扣完整螺纹的小径处测量

b) F 型

c) R 型

a) C 型

d) H 型 - 十字槽

e) Z 型 - 十字槽

标记示例：

螺纹规格 ST 3.5、公称长度 l = 16mm、钢制、表面不经处理、末端 C 型、产品等级为 A 级的 H 型十字槽半沉头自攻螺钉的标记为：

自攻螺钉 GB/T 847　ST 3.5×16

（续）

螺纹规格			ST 2.2	ST 2.9	ST 3.5	ST 4.2	ST 4.8	ST 5.5	ST 6.3	ST 8	ST 9.5
P[①]			0.8	1.1	1.3	1.4	1.6	1.8	1.8	2.1	2.1
a		max	1.6	2.2	2.6	2.8	3.2	3.6	3.6	4.2	4.2
d_k	理论值[②]	max	4.4	6.3	8.2	9.4	10.4	11.5	12.6	17.3	20.0
	实际值	max	3.8	5.5	7.3	8.4	9.3	10.3	11.3	15.8	18.3
		min	3.5	5.2	6.9	8.0	8.9	9.9	10.9	15.4	17.8
f		≈	0.5	0.7	0.8	1.0	1.2	1.3	1.4	2.0	2.3
k		max	1.10	1.70	2.35	2.60	2.80	3.00	3.15	4.65	5.25
r		max	0.8	1.2	1.4	1.6	2.0	2.2	2.4	3.2	4.0
r_f		≈	4.0	6.0	8.5	9.5	9.5	11.0	12.0	16.5	19.5
十字槽	槽号 No.		0	1		2			3		4
	H型 插入深度	m 参考	1.9	3.2	4.4	4.6	5.2	6.6	6.8	8.9	10.0
		max	1.2	2.1	2.4	2.6	3.2	3.3	3.5	4.6	5.7
		min	0.9	1.7	1.9	2.1	2.7	2.8	3.0	4.0	5.1
	Z型 插入深度	m 参考	2.0	3.0	4.1	4.4	4.9	6.3	6.6	8.8	9.8
		max	1.20	2.01	2.20	2.51	3.05	3.18	3.45	4.60	5.64
		min	0.95	1.76	1.75	2.06	2.60	2.73	3.00	4.15	5.19
y 参考	C型		2.0	2.6	3.2	3.7	4.3	5.0	6.0	7.5	8.0
	F型		1.6	2.1	2.5	2.8	3.2	3.6	3.6	4.2	4.2
	R型		—	—	2.7	3.2	3.6	4.3	5.0	6.3	—
l[③]优选长度范围			4.5~16	6.5~19	9.5~25	9.5~32			13~38		16~50

① P 为螺距。

② 按 GB/T 5279。

③ 公称长度 l（mm）系列为 4.5、6.5、9.5、13~25（3 进位）、32、38、45、50。

表 3-218　开槽盘头自攻螺钉的型式和尺寸（摘自 GB/T 5282—2017）（单位：mm）

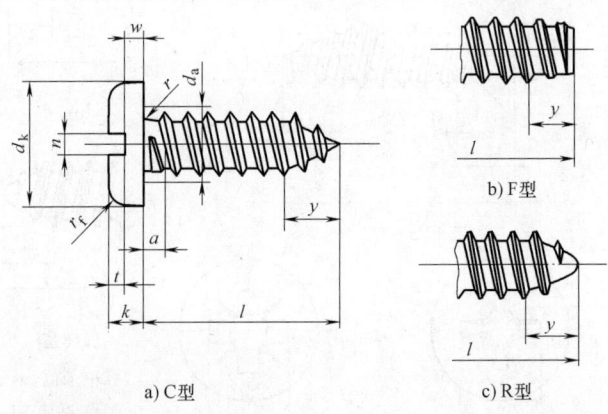

a) C型　　b) F型　　c) R型

注：尺寸 a 应在第一扣完整螺纹的小径处测量

标记示例：

螺纹规格为 ST 3.5、公称长度 l=16mm、钢制、表面不经处理、末端 C 型、产品等级为 A 级的开槽盘头自攻螺钉的标记为：

自攻螺钉　GB/T 5282　ST 3.5×16

（续）

螺纹规格		ST 2.2	ST 2.9	ST 3.5	ST 4.2	ST 4.8	ST 5.5	ST 6.3	ST 8	ST 9.5
P 螺距		0.8	1.1	1.3	1.4	1.6	1.8	1.8	2.1	2.1
a	max	0.8	1.1	1.3	1.4	1.6	1.8	1.8	2.1	2.1
d_a	max	2.8	3.5	4.1	4.9	5.5	6.3	7.1	9.2	10.7
d_k	max	4.0	5.6	7.0	8.0	9.5	11.0	12.0	16.0	20.0
	min	3.7	5.3	6.6	7.6	9.1	10.6	11.6	15.6	19.5
k	max	1.3	1.8	2.1	2.4	3.0	3.2	3.6	4.8	6.0
	min	1.1	1.6	1.9	2.2	2.7	2.9	3.3	4.5	5.7
n	公称	0.5	0.8	1.0	1.2	1.2	1.6	1.6	2.0	2.5
	max	0.70	1.00	1.20	1.51	1.51	1.91	1.91	2.31	2.81
	min	0.56	0.86	1.06	1.26	1.26	1.66	1.66	2.06	2.56
r	min	0.10	0.10	0.10	0.20	0.20	0.25	0.25	0.40	0.40
r_f	参考	0.6	0.8	1.0	1.2	1.5	1.6	1.8	2.4	3.0
t	min	0.5	0.7	0.8	1.0	1.2	1.3	1.4	1.9	2.4
w	min	0.5	0.7	0.8	0.9	1.2	1.3	1.4	1.9	2.4
y 参考	C 型	2.0	2.6	3.2	3.7	4.3	5.0	6.0	7.5	8.0
	F 型	1.6	2.1	2.5	2.8	3.2	3.6	3.6	4.2	4.2
	R 型	—	—	2.7	3.2	3.6	4.3	5.0	6.3	—
l[①] 优选长度范围		4.5~16	6.5~19	6.5~22	9.5~25	9.5~32	13~32	13~38	16~50	

① 公称长度 l（mm）系列为 4.5、6.5、9.5、13~25（3 进位）、32、38、45、50。

表 3-219　开槽沉头自攻螺钉的型式和尺寸（摘自 GB/T 5283—2017）　（单位：mm）

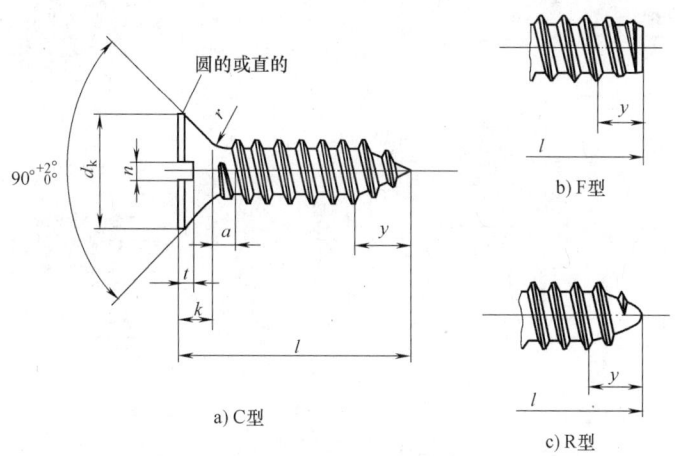

a）C 型　　b）F 型　　c）R 型

注：尺寸 a 应在第一扣完整螺纹的小径处测量

标记示例：

螺纹规格为 ST 3.5、公称长度 $l=16$mm、钢制、表面不经处理、末端 C 型、产品等级为 A 级的开槽沉头自攻螺钉的标记为：

自攻螺钉　GB/T 5283　ST 3.5×16

（续）

螺纹规格			ST 2.2	ST 2.9	ST 3.5	ST 4.2	ST 4.8	ST 5.5	ST 6.3	ST 8	ST 9.5
P 螺距			0.8	1.1	1.3	1.4	1.6	1.8	1.8	2.1	2.1
a	max		0.8	1.1	1.3	1.4	1.6	1.8	1.8	2.1	2.1
d_k	理论值 max		4.4	6.3	8.2	9.4	10.4	11.5	12.6	17.3	20.0
	实际值	max	3.8	5.5	7.3	8.4	9.3	10.3	11.3	15.8	18.3
		min	3.5	5.2	6.9	8.0	8.9	9.9	10.9	15.4	17.8
k	max		1.10	1.70	2.35	2.60	2.80	3.00	3.15	4.65	5.25
n	公称		0.5	0.8	1.0	1.2	1.2	1.6	1.6	2.0	2.5
	max		0.70	1.00	1.20	1.51	1.51	1.91	1.91	2.31	2.81
	min		0.56	0.86	1.06	1.26	1.26	1.66	1.66	2.06	2.56
r	max		0.8	1.2	1.4	1.6	2.0	2.2	2.4	3.2	4.0
t	max		0.60	0.85	1.20	1.30	1.40	1.50	1.60	2.30	2.60
	min		0.40	0.60	0.90	1.00	1.10	1.10	1.20	1.80	2.00
y 参考	C 型		2.0	2.6	3.2	3.7	4.3	5.0	6.0	7.5	8.0
	F 型		1.6	2.1	2.5	2.8	3.2	3.6	3.6	4.2	4.2
	R 型		—	—	2.7	3.2	3.6	4.3	5.0	6.3	—
l[1] 优选长度范围			4.5~16	6.5~19	9.5~25	9.5~32		13~38		16~50	19~50

[1] 公称长度 l（mm）系列为 4.5、6.5、9.5、13~25（3 进位）、32、38、45、50。

表 3-220　开槽半沉头自攻螺钉的型式和尺寸（摘自 GB/T 5284—2017）　（单位：mm）

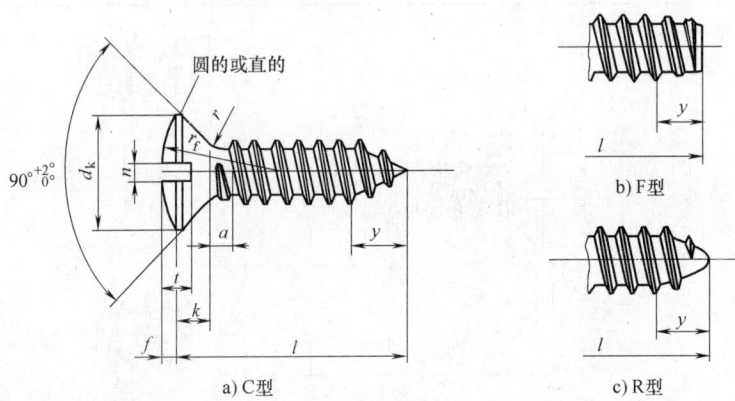

a) C 型　　b) F 型　　c) R 型

注：尺寸 a 应在第一扣完整螺纹的小径处测量

标记示例：

螺纹规格为 ST 3.5、公称长度 l=16mm、钢制、表面不经处理、末端 C 型、产品等级为 A 级的开槽半沉头自攻螺钉的标记为：

自攻螺钉　GB/T 5284　ST 3.5×16

（续）

螺纹规格			ST 2.2	ST 2.9	ST 3.5	ST 4.2	ST 4.8	ST 5.5	ST 6.3	ST 8	ST 9.5
P　螺距			0.8	1.1	1.3	1.4	1.6	1.8	1.8	2.1	2.1
a		max	0.8	1.1	1.3	1.4	1.6	1.8	1.8	2.1	2.1
d_k	理论值 max		4.4	6.3	8.2	9.4	10.4	11.5	12.6	17.3	20.0
	实际值	max	3.8	5.5	7.3	8.4	9.3	10.3	11.3	15.8	18.3
		min	3.5	5.2	6.9	8.0	8.9	9.9	10.9	15.4	17.8
f	≈		0.5	0.7	0.8	1.0	1.2	1.3	1.4	2.0	2.3
k	max		1.10	1.70	2.35	2.60	2.80	3.00	3.15	4.65	5.25
n	公称		0.5	0.8	1.0	1.2	1.2	1.6	1.6	2.0	2.5
	max		0.70	1.00	1.20	1.51	1.51	1.91	1.91	2.31	2.81
	min		0.56	0.86	1.06	1.26	1.26	1.66	1.66	2.06	2.56
r	max		0.8	1.2	1.4	1.6	2.0	2.2	2.4	3.2	4.0
r_f	≈		4.0	6.0	8.5	9.5	9.5	11.0	12.0	16.5	19.5
t	max		1.00	1.45	1.70	1.90	2.40	2.60	2.80	3.70	4.40
	min		0.8	1.2	1.4	1.6	2.0	2.2	2.4	3.2	3.8
y 参考	C 型		2.0	2.6	3.2	3.7	4.3	5.0	6.0	7.5	8.0
	F 型		1.6	2.1	2.5	2.8	3.2	3.6	3.6	4.2	4.2
	R 型		—	—	2.7	3.2	3.6	4.3	5.0	6.3	—
l[①]优选长度范围			4.5~16	6.5~19	9.5~22	9.5~25	9.5~32	13~32	13~38	16~50	19~50

① 公称长度 l（mm）系列为 4.5、6.5、9.5、13~25（3 进位）、32、38、45、50。

表 3-221　六角头自攻螺钉的型式和尺寸（摘自 GB/T 5285—2017）　　（单位：mm）

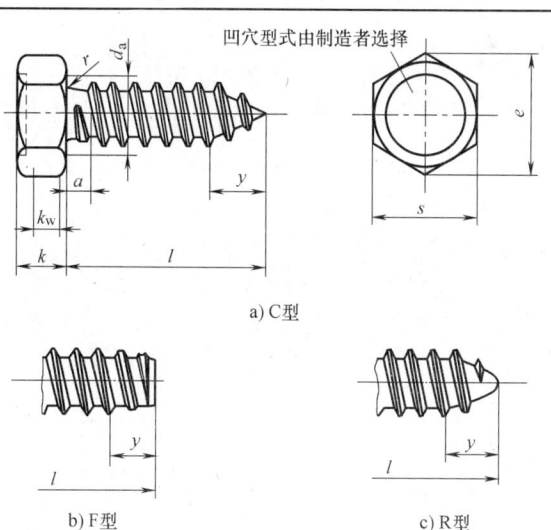

a) C 型

b) F 型　　　　　c) R 型

注：尺寸 a 应在第一扣完整螺纹的小径处测量

标记示例：

螺纹规格为 ST 3.5、公称长度 l=16mm、钢制、表面不经处理、末端 C 型、产品等级为 A 级的六角头自攻螺钉的标记为：

自攻螺钉　GB/T 5285　ST 3.5×16

（续）

螺纹规格		ST 2.2	ST 2.9	ST 3.5	ST 4.2	ST 4.8	ST 5.5	ST 6.3	ST 8	ST 9.5
P 螺距		0.8	1.1	1.3	1.4	1.6	1.8	1.8	2.1	2.1
a	max	0.8	1.1	1.3	1.4	1.6	1.8	1.8	2.1	2.1
d_a	max	2.8	3.5	4.1	4.9	5.5	6.3	7.1	9.2	10.7
s	max	3.20	5.00	5.50	7.00	8.00	8.00	10.00	13.00	16.00
	min	3.02	4.82	5.32	6.78	7.78	7.78	9.78	12.73	15.73
e	min	3.38	5.40	5.96	7.59	8.71	8.71	10.95	14.26	17.62
k	max	1.6	2.3	2.6	3.0	3.8	4.1	4.7	6.0	7.5
	min	1.3	2.0	2.3	2.6	3.3	3.6	4.1	5.2	6.5
k_w	min	0.9	1.4	1.6	1.8	2.3	2.5	2.9	3.6	4.5
r	min	0.10	0.10	0.10	0.20	0.20	0.25	0.25	0.40	0.40
y 参考	C 型	2.0	2.6	3.2	3.7	4.3	5.0	6.0	7.5	8.0
	F 型	1.6	2.1	2.5	2.8	3.2	3.6	3.6	4.2	4.2
	R 型	—	—	2.7	3.2	3.6	4.3	5.0	6.3	—
l[①] 优选长度范围		4.5~16	6.5~19	6.5~22	9.5~25	9.5~32	13~32	13~38	13~45	16~50

① 公称长度 l（mm）系列为 4.5、6.5、9.5、13~25（3 进位）、32、38、45、50。

表 3-222 十字槽凹穴六角头自攻螺钉的型式和

尺寸（摘自 GB/T 9456—1988）

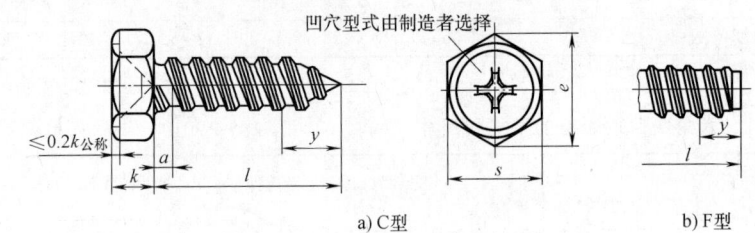

a) C 型　　　　　　　　　　　　　　　　b) F 型

标记示例：

螺纹规格为 ST 3.5、公称长度 l = 16mm、表面镀锌钝化、C 型的十字槽凹穴六角头自攻螺钉的标记为：

自攻螺钉　GB/T 9456　ST 3.5×16

螺纹规格			ST 2.9	ST 3.5	ST 4.2	ST 4.8	ST 6.3	ST 8
P 螺距			1.1	1.3	1.4	1.6	1.8	2.1
a		max	1.1	1.3	1.4	1.6	1.8	2.1
s		max	5	5.5	7	8	10	13
e		min	5.4	5.96	7.59	8.71	10.95	4.26
k		max	2.3	2.6	3.0	3.8	4.7	6
y 参考	C 型		2.6	3.2	3.7	4.3	6	7.5
	F 型		2.1	2.5	2.8	3.2	3.6	4.2
十字槽（H 型）	槽号 No.		1		2		3	
	插入深度	min	0.95	0.91	1.40	1.80	2.36	3.20
		max	1.32	1.43	1.90	2.33	2.86	3.86
l[①] 通用规格范围			6.5~19	6.5~22	9.5~25	9.5~32	13~38	13~50

① 公称长度 l（mm）系列为 6.5、9.5、13~25（3 进位）、32、38、45、50。

表 3-223　六角凸缘自攻螺钉的型式和

尺寸（摘自 GB/T 16824.1—2016）　　　　　　（单位：mm）

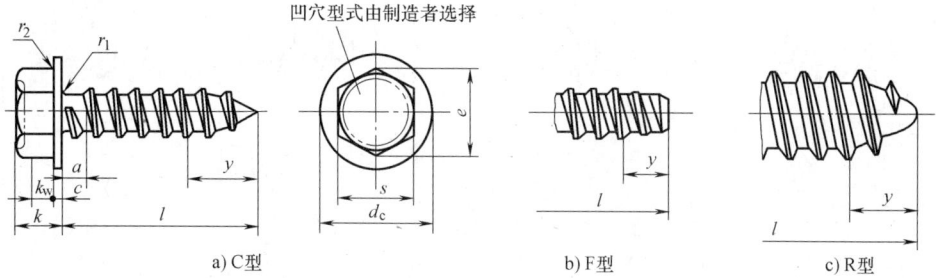

a) C 型　　　　　　　　b) F 型　　　　　　　　c) R 型

标记示例：

螺纹规格为 ST 3.5、公称长度 l = 16mm、钢机械性能按 GB/T 3098.5、C 型末端表面镀锌（A3L：镀锌、厚度 8μm、光亮、黄彩虹铬酸盐处理）、产品等级为 A 级的六角凸缘自攻螺钉的标记为：

自攻螺钉　GB/T 16824.1　ST 3.5×16

螺纹规格		ST 2.2	ST 2.9	ST 3.5	ST 3.9	ST 4.2	ST 4.8	ST 5.5	ST 6.3	ST 8
P　螺距		0.8	1.1	1.3	1.3	1.4	1.6	1.8	1.8	2.1
a	max	0.8	1.1	1.3	1.3	1.4	1.6	1.8	1.8	2.1
d_c	max	4.2	6.3	8.3	8.3	8.8	10.5	11.0	13.5	18.0
	min	3.8	5.8	7.6	7.6	8.1	9.8	10.0	12.2	16.7
c	min	0.25	0.4	0.6	0.6	0.8	0.9	1.0	1.0	1.2
s	公称 = max	3.00	4.00	5.50	5.50	7.00	8.00	8.00	10.00	13.00
	min	2.86	3.82	5.32	5.32	6.78	7.78	7.78	9.78	12.73
e	min	3.2	4.28	5.96	5.96	7.59	8.71	8.71	10.95	14.26
k	公称 = max	2.0	2.8	3.4	3.4	4.1	4.3	5.4	5.9	7.0
	min	1.7	2.5	3.0	3.0	3.6	3.8	4.8	5.3	6.4
k_w	min	0.9	1.3	1.5	1.5	1.8	2.2	2.7	3.1	3.3
r_1	min	0.3	0.4	0.5	0.5	0.6	0.7	0.8	0.9	1.1
r_2	max	0.15	0.20	0.25	0.25	0.30	0.30	0.40	0.50	0.60
y 参考	C 型	2.0	2.6	3.2	3.5	3.7	4.3	5.0	6.0	7.5
	F 型	1.6	2.1	2.5	2.7	2.8	3.2	3.6	3.6	4.2
	R 型	—	—	2.7	3.0	3.2	3.6	4.3	5.0	6.3
l[①]优选长度范围		4.5~19	6.5~19	6.5~22	9.5~25	9.5~25	9.5~32	13~38	13~50	16~50

① 公称长度 l（mm）系列为 4.5、6.5、9.5、13~25（3 进位）、32、38、45、50。

表 3-224　六角法兰面自攻螺钉的型式和

尺寸（摘自 GB/T 16824.2—2016）　　　　（单位：mm）

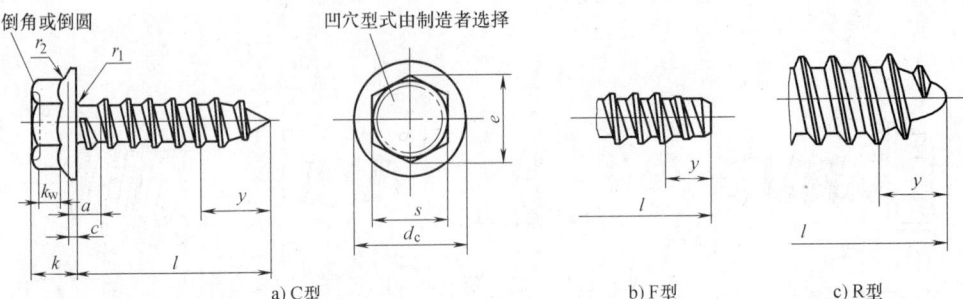

a) C 型　　　　　　　　　b) F 型　　　　　c) R 型

标记示例：

螺纹规格为 ST 3.5、公称长度 l＝16mm、不锈钢机械性能按 A4-20H（GB/T 3098.21）、R 型末端、表面简单处理、产品等级为 A 级的六角法兰面自攻螺钉的标记为：

自攻螺钉　GB/T 16824.2　ST 3.5×16　A4-20H　R

螺纹规格		ST 2.2	ST 2.9	ST 3.5	ST 4.2	ST 4.8	ST 5.5	ST 6.3	ST 8	ST 9.5
P　螺距		0.8	1.1	1.3	1.4	1.6	1.8	1.8	2.1	2.1
a	max	0.8	1.1	1.3	1.4	1.6	1.8	1.8	2.1	2.1
d_c	max	4.5	6.4	7.5	8.5	10.0	11.2	12.8	16.8	21.0
	min	4.1	5.9	6.9	7.8	9.3	10.3	11.8	15.5	19.3
c	min	0.3	0.4	0.5	0.6	0.6	0.8	1.0	1.2	1.4
s	公称＝max	3.00	4.00	5.00	5.50	7.00	7.00	8.00	10.00	13.00
	min	2.86	3.82	4.82	5.32	6.78	6.78	7.78	9.78	12.73
e	min	3.16	4.27	5.36	5.92	7.55	7.55	8.66	10.89	14.16
k	max	2.2	3.2	3.8	4.3	5.2	6	6.7	8.6	10.7
k_w	min	0.85	1.25	1.60	1.80	2.20	2.50	2.80	3.70	4.60
r_1	min	0.1	0.1	0.1	0.2	0.2	0.2	0.3	0.4	0.4
r_2	max	0.1	0.2	0.2	0.2	0.3	0.3	0.4	0.5	0.6
y 参考	C 型	2	2.6	3.2	3.7	4.3	5.0	6.0	7.5	8.0
	F 型	1.6	2.1	2.5	2.8	3.2	3.6	3.6	4.2	4.2
	R 型	—	—	2.7	3.2	3.6	4.3	5.0	6.3	—
l[①]优选长度范围		4.5～16	6.5～19	9.5～22	9.5～25	9.5～32	13～38	13～38	16～50	19～50

① 公称长度 l（mm）系列为 4.5、6.5、9.5、13～25（3 进位）、32、38、45、50。

表 3-225　精密机械用紧固件　带刮削端十字槽自攻螺钉

的型式和尺寸（摘自 GB/T 13806.2—1992）　　（单位：mm）

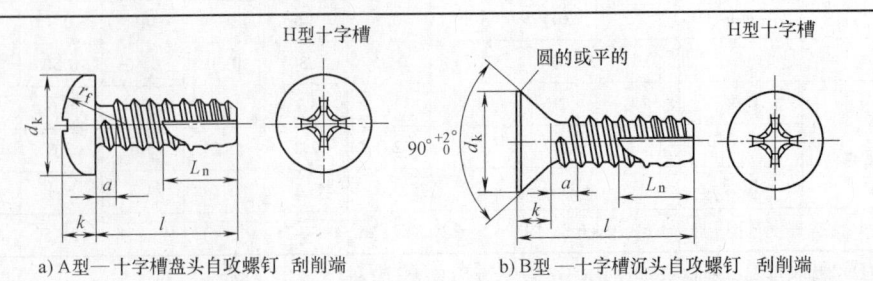

a) A型—十字槽盘头自攻螺钉 刮削端　　b) B型—十字槽沉头自攻螺钉 刮削端

（续）

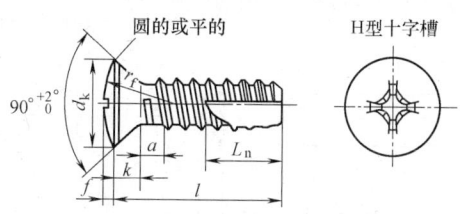

c) C型—十字槽半沉头自攻螺钉　刮削端

标记示例：

螺纹规格 ST 2.2、公称长度 $l=6$mm、镀锌钝化的 A 型——十字槽盘头自攻螺钉　刮削端的标记为：

自攻螺钉　GB/T 13806.2 ST 2.2×6

螺纹规格 ST 2.2、公称长度 $l=6$mm、镀锌钝化的 B 型——十字槽沉头自攻螺钉　刮削端的标记为：

自攻螺钉　GB/T 13806.2 B ST 2.2×6

螺纹规格 ST2.2、公称长度 $l=6$mm、镀锌钝化的 C 型——十字槽半沉头自攻螺钉　刮削端的标记为：

自攻螺钉　GB/T 13806.2 C ST 2.2×6

螺纹规格(d)			ST 1.5	(ST 1.9)	ST 2.2	(ST 2.6)	ST 2.9	ST 3.5	ST 4.2
P　螺距			0.5	0.6	0.8	0.9	1.1	1.3	1.4
a			0.5	0.6	0.8	0.9	1.1	1.3	1.4
d_k max	A 型		2.8	3.5	4.0	4.3	5.6	7.0	8.0
	B、C 型		2.8	3.5	3.8	4.8	5.5	7.3	8.4
k max	A 型		0.9	1.1	1.6	2.0	2.4	2.6	3.1
	B、C 型		0.8	0.9	1.1	1.4	1.7	2.35	2.6
r_f ≈	A 型		2	2.6	3.2	4	5	6	6.5
	C 型		3.2	4	4	4.8	6	8.5	—
f ≈　C 型			0.3	0.4	0.5	0.6	0.7	0.8	—
L_n　max			0.7	0.9	1.6	1.6	2.1	2.5	2.8
十字槽(H型)	槽号 No.		0	0	0	1	1	2	2
	插入深度	A 型 min	0.5	0.7	0.85	1.1	1.4	1.4	1.95
		A 型 max	0.7	0.9	1.2	1.5	1.8	1.9	2.35
		B 型 min	0.7	0.8	0.9	1.3	1.7	1.9	2.1
		B 型 max	0.9	1.0	1.2	1.6	2.1	2.4	2.6
		C 型 min	0.9	1.0	1.2	1.4	1.8	2.25	—
		C 型 max	1.1	1.2	1.5	1.8	2.2	2.75	—
l[①]商品规格范围			4~8	4~8	4.5~10	4.5~16	4.5~20	7~25	7~25

注：尽可能不采用括号内的规格；C 型最大规格为 ST 3.5。

① 公称长度 l（mm）系列为 4、(4.5)、5、(5.5)、6、(7)、8、(9.5)、10、13、16、20、(22)、25。

2.8.3 自挤螺钉（见表 3-226~表 3-230）

表 3-226 十字盘头自挤螺钉的型式和尺寸（摘自 GB/T 6560—2014）（单位：mm）

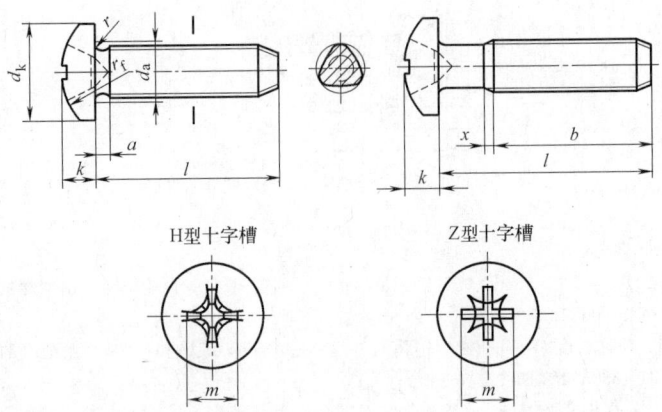

H 型十字槽　　　　　　　Z 型十字槽

标记示例：

螺纹规格为 M5、公称长度 $l=20\text{mm}$、H 型十字槽、表面镀锌（A3L：镀锌、厚度 8μm、光亮、黄彩虹铬酸盐处理）的 A 级十字槽盘头自挤螺钉的标记为：

自挤螺钉　GB/T 6560　M5×20

螺纹规格			M2	M2.5	M3	M4	M5	M6	M8	M10
P 螺距			0.4	0.45	0.5	0.7	0.8	1	1.25	1.5
a		max	0.8	0.9	1	1.4	1.6	2	2.5	3
b		min	25	25	25	38	38	38	38	38
d_a		max	2.6	3.1	3.6	4.7	5.7	6.8	9.2	11.2
d_k		公称=max	4	5	5.6	8	9.5	12	16	20
		min	3.7	4.7	5.3	7.64	9.14	11.57	15.57	19.48
k		公称=max	1.6	2.1	2.4	3.1	3.7	4.6	6	7.5
		min	1.46	1.96	2.26	2.92	3.52	4.3	5.7	7.14
r		min	0.1	0.1	0.1	0.2	0.2	0.25	0.4	0.4
r_f		≈	3.2	4	5	6.5	8	10	13	16
x		max	1	1.1	1.25	1.75	2	2.5	3.2	3.8
十字槽	槽号	No.	0		1		2	3		4
	H 型	m 参考	1.9	2.7	3	4.4	4.9	6.9	9	10.1
		插入深度 max	1.2	1.55	1.8	2.4	2.9	3.6	4.6	5.8
		min	0.9	1.15	1.4	1.9	2.4	3.1	4	5.2
	Z 型	m 参考	2.1	2.6	2.8	4.3	4.7	6.7	8.8	9.9
		插入深度 max	1.42	1.5	1.75	2.34	2.74	3.46	4.5	5.69
		min	1.17	1.25	1.5	1.89	2.29	3.03	4.05	5.24
l[1] 优选长度范围			3~16	4~20	4~25	6~30	8~40	8~50	10~60	16~80

[1] 公称长度 l（mm）系列为 3~6（1 进位）、8、10、12、(14)、16、20~50（5 进位）、(55)、60、70、80。尽可能不采用括号内的规格。

表 3-227　十字槽沉头自挤螺钉的型式和尺寸（摘自 GB/T 6561—2014）（单位：mm）

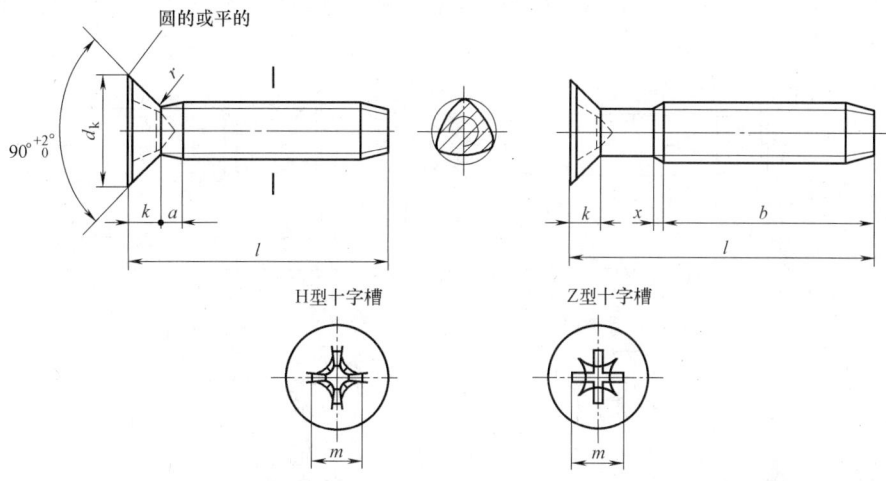

H型十字槽　　Z型十字槽

标记示例：

螺纹规格为 M5、公称长度 $l = 20$mm、H 型十字槽、表面镀锌（A3L；镀锌、厚度 8μm、光亮、黄彩虹铬酸盐处理）的 A 级十字槽沉头自挤螺钉的标记为：

自挤螺钉　GB/T 6561　M5×20

	螺纹规格			M2	M2.5	M3	M4	M5	M6	M8	M10
P	螺距			0.4	0.45	0.5	0.7	0.8	1	1.25	1.5
a			max	0.8	0.9	1	1.4	1.6	2	2.5	3
b			min	25	25	25	38	38	38	38	38
d_k	理论值		max	4.4	5.5	6.3	9.4	10.4	12.6	17.3	20
	实际值	公称 = max		3.8	4.7	5.5	8.4	9.3	11.3	15.8	18.3
		min		3.5	4.4	5.2	8.04	8.94	10.87	15.37	17.78
k	公称 = max			1.2	1.5	1.65	2.7	2.7	3.3	4.65	5
r			max	0.5	0.6	0.8	1	1.3	1.5	2	2.5
x			max	1	1.1	1.25	1.75	2	2.5	3.2	3.8
十字槽（系列2）	槽号		No.	0		1		2		3	4
	H 型	m	参考	1.9	2.7	2.9	4.6	4.8	6.6	8.7	9.6
		插入深度	max	1.2	1.55	1.8	2.6	2.8	3.3	4.4	5.3
			min	0.9	1.25	1.4	2.1	2.3	2.8	3.9	4.8
	Z 型	m	参考	1.9	2.5	2.8	4.4	4.6	6.3	8.5	9.4
		插入深度	max	1.2	1.47	1.73	2.51	2.72	3.18	4.32	5.23
			min	0.95	1.22	1.48	2.06	2.27	2.73	3.87	4.78
l[1]优选长度范围				4~16	5~20	6~25	8~30	10~40	10~50	14~60	20~80

[1] 公称长度 l（mm）系列为 4、5、6~12（2 进位）、（14）、16、20~50（5 进位）、55、60、70、80。尽可能不采用括号内的规格。

表 3-228　十字槽半沉头自挤螺钉的型式和尺寸（摘自 GB/T 6562—2014）

（单位：mm）

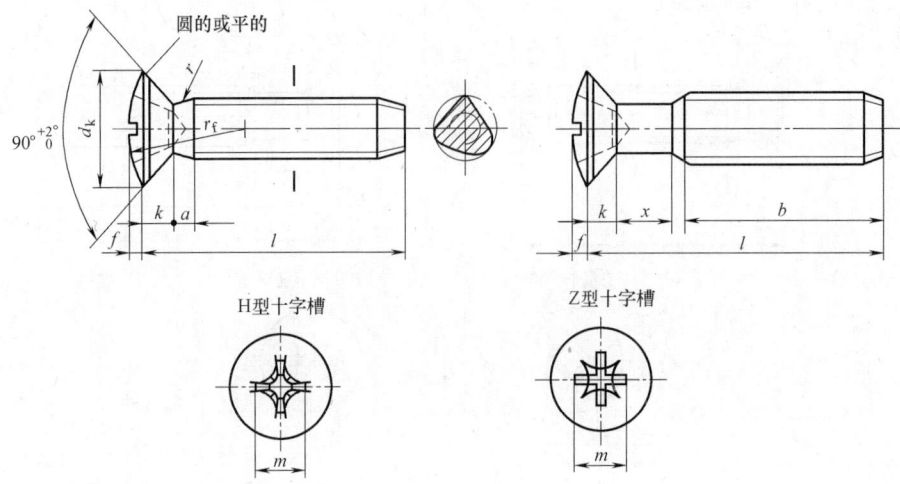

H 型十字槽　　　　Z 型十字槽

标记示例:

螺纹规格为 M5、公称长度 $l = 20$mm、H 型十字槽、表面镀锌（A3L：镀锌、厚度 8μm、光亮、黄彩虹铬酸盐处理）的 A 级十字槽半沉头自挤螺钉的标记为:

自挤螺钉　GB/T 6562　M5×20

螺纹规格				M2	M2.5	M3	M4	M5	M6	M8	M10
P 螺距				0.4	0.45	0.5	0.7	0.8	1	1.25	1.5
a			max	0.8	0.9	1	1.4	1.6	2	2.5	3
b			min	25	25	25	38	38	38	38	38
d_k	理论值		max	4.4	5.5	6.3	9.4	10.4	12.6	17.3	20
	实际值	公称 = max		3.8	4.7	5.5	8.4	9.3	11.3	15.8	18.3
		min		3.5	4.4	5.2	8.04	8.94	10.87	15.37	17.78
f			≈	0.5	0.6	0.7	1	1.2	1.4	2	2.3
k		公称 = max		1.2	1.5	1.65	2.7	2.7	3.3	4.65	5
r			max	0.5	0.6	0.8	1	1.3	1.5	2	2.5
r_f			≈	4	5	6	9.5	9.5	12	16.5	19.5
x			max	1	1.1	1.25	1.75	2	2.5	3.2	3.8
十字槽	槽号		No.	0	1		2		3		4
	H 型	m	参考	2	3	3.4	5.2	5.4	7.3	9.6	10.4
		插入深度	max	1.5	1.85	2.2	3.2	3.4	4	5.25	6
			min	1.2	1.5	1.8	2.7	2.9	3.5	4.75	5.5
	Z 型	m	参考	2.2	2.8	3.1	5	5.3	7.1	9.5	10.3
		插入深度	max	1.4	1.75	2.08	3.1	3.35	3.85	5.2	6.05
			min	1.15	1.5	1.83	2.65	2.9	3.4	4.75	5.6
l[①]优选长度范围				4~16	5~20	6~25	8~30	10~40	10~50	14~60	20~80

① 公称长度 l（mm）系列为 4、5、6~12（2 进位）、（14）、16、20~50（5 进位）、（55）、60、70、80。
尽可能不采用括号内的规格。

表 3-229　六角头自挤螺钉的型式和尺寸（摘自 GB/T 6563—2014）　　（单位：mm）

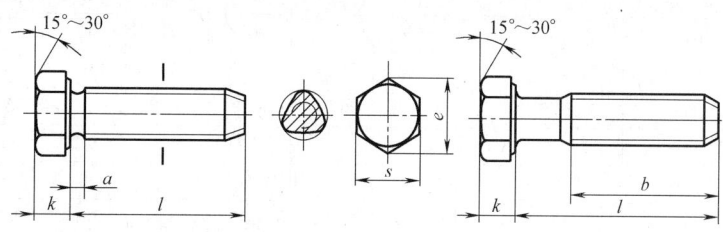

标记示例：

螺纹规格为 M6、公称长度 $l=30mm$、表面镀锌（A3L：镀锌、厚度 8μm、光亮、黄彩虹铬酸盐处理）的 A 级六角头自挤螺钉的标记：

自挤螺钉　GB/T 6563　M6×30

螺纹规格		M2	M2.5	M3	M4	M5	M6	M8	M10	M12
P	螺距	0.4	0.45	0.5	0.7	0.8	1	1.25	1.5	1.75
a	max	1.2	1.35	1.5	2.1	2.4	3	4	4.5	5.3
b	min	25	25	25	38	38	38	38	38	38
s	max	4	5	5.5	7	8	10	13	16	18
e	min	4.32	5.45	6.01	7.66	8.79	11.05	14.38	17.77	20.03
k	公称	1.4	1.7	2	2.8	3.5	4	5.3	6.4	7.5
l[1]优选 长度范围		3~16	4~20	4~25	6~30	8~40	8~50	10~60	12~80	14~80

[1] 公称长度 l（mm）系列为 3~6（进位）、8~12（2 进位）、（14）、16、20~50（5 进位）、（55）、60、70、80。尽可能不采用括号内的规格。

表 3-230　内六角花形圆柱头自挤螺钉的型式和

尺寸（摘自 GB/T 6564.1—2014）　　（单位：mm）

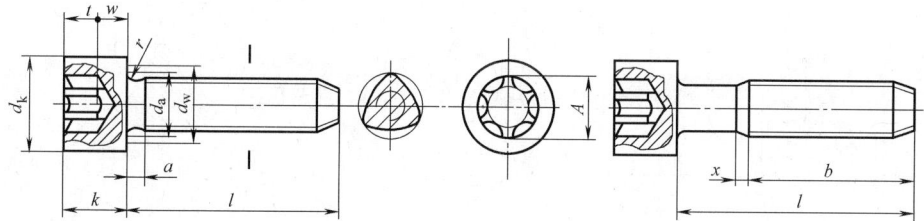

标记示例：

螺纹规格为 M6、公称长度 $l=30mm$、表面镀锌（A3L：镀锌、厚度 8μm、光亮、黄彩虹铬酸盐处理）的 A 级内六角花形圆柱头自挤螺钉的标记为：

自挤螺钉　GB/T 6564.1　M6×30

螺纹规格		M2	M2.5	M3	M4	M5	M6	M8	M10	M12
P	螺距	0.4	0.45	0.5	0.7	0.8	1	1.25	1.5	1.75
a	max	0.8	0.9	1	1.4	1.6	2	2.5	3	3.5
b	min	25	25	25	38	38	38	38	38	38

（续）

螺纹规格		M2	M2.5	M3	M4	M5	M6	M8	M10	M12
d_k	max[1]	3.8	4.5	5.5	7	8.5	10	13	16	18
	max[2]	3.98	4.68	5.68	7.22	8.72	10.22	13.27	16.27	18.27
	min	3.62	4.32	5.32	6.78	8.28	9.78	12.73	15.73	17.73
d_a	max	2.6	3.1	3.6	4.7	5.7	6.8	9.2	11.2	13.7
k	max	2	2.5	3	4	5	6	8	10	12
	min	1.86	2.36	2.86	3.82	4.82	5.7	7.64	9.64	11.57
r	min	0.1	0.1	0.1	0.2	0.2	0.25	0.4	0.4	0.6
d_w	min	3.48	4.18	5.07	6.53	8.03	9.38	12.33	15.33	17.23
w	min	0.55	0.85	1.15	1.4	1.9	2.3	3.3	4	4.8
内六角花形	槽号 No.	6	8	10	20	25	30	45	50	55
	A 参考	1.75	2.4	2.8	3.95	4.5	5.6	7.95	8.95	11.35
	t max	0.84	1.04	1.27	1.8	2.03	2.42	3.31	4.02	5.21
	t min	0.71	0.91	1.01	1.42	1.65	2.02	2.92	3.62	4.82
x	max	1	1.1	1.25	1.75	2	2.5	3.2	3.8	4.4
l[3]优选长度范围		3～16	4～20	4～25	6～30	8～40	8～50	10～60	12～80	16～80

[1] 对光滑头部。

[2] 对滚花头部。

[3] 公称长度 l（mm）系列为 3～6（1 进位）、8～12（2 进位）、（14）、16、20～50（5 进位）、（55）、60、70、80。尽可能不采用括号内的规格。

2.8.4 其他自攻螺钉（见表 3-231～表 3-236）

表 3-231 墙板自攻螺钉的型式和尺寸（摘自 GB/T 14210—1993）（单位：mm）

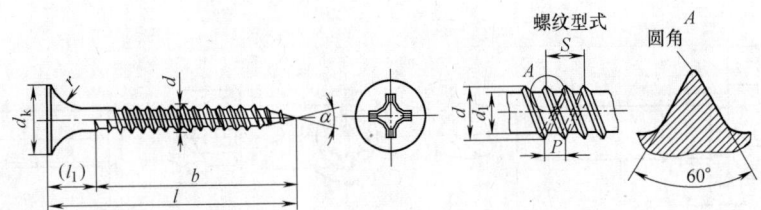

标记示例：

螺纹规格 d 为 3.5mm、公称长度 35mm、表面磷化的墙板自攻螺钉的标记为：

自攻螺钉 GB/T 14210 3.5×35

螺纹规格（d）		3.5	3.9	4.2
P	螺距	1.4	1.6	1.7
S[1]		2.8	3.2	3.4
d_k	max	8.58	8.58	8.58
r	≈	4.5	5.0	5.0
d	max	3.65	3.95	4.30
d_1	min	2.33	2.59	2.78

（续）

螺纹规格（d）			3.5	3.9	4.2
α			22°～28°		
十字槽 （H型）	槽号 No.		2		
	插入 深度	max	3.10		
		min	2.50		
l[2]	商品规格范围		19～45	35～55	40～70

注：$l \leqslant 50$mm 的螺钉制出全螺纹：$l_1 \approx 6$mm；$l > 50$mm 的螺钉，$b \geqslant 45$mm。

① S 为导程。

② 公称长度 l（mm）系列为 19、25、(32)、35、(38)、40～60（5 进位）、70。尽可能不采用括号内的规格。

表 3-232　十字槽盘头自钻自攻螺钉的型式和

尺寸（摘自 GB/T 15856.1—2002）　　　（单位：mm）

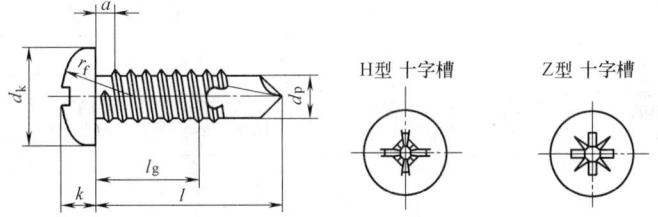

注：钻头部分（直径 d_p）的工作性能按 GB/T 3098.11 规定

标记示例：

螺纹规格 ST 3.5、公称长度 $l = 16$mm、H 型槽、镀锌钝化的十字槽盘头自钻自攻螺钉的标记为：自攻螺钉 GB/T 15856.1　ST 3.5×16

螺纹规格				ST 2.9	ST 3.5	ST 4.2	ST 4.8	ST 5.5	ST 6.3
P　螺距				1.1	1.3	1.4	1.6	1.8	1.8
a　max				1.1	1.3	1.4	1.6	1.8	1.8
d_k　max				5.6	7.00	8.00	9.50	11.00	12.00
k　max				2.40	2.60	3.1	3.7	4.0	4.6
r_f　≈				5	6	6.5	8	9	10
十字槽	插 入 深 度	槽号 No.		1	2			3	
		H 型	min	1.4	1.4	1.9	2.4	2.6	3.1
			max	1.8	1.9	2.4	2.9	3.1	3.6
		Z 型	min	1.45	1.5	1.95	2.3	2.55	3.05
			max	1.75	1.9	2.35	2.75	3	3.5
钻削范围（板厚）			≥	0.7	0.7	1.75	1.75	1.75	2
			≤	1.9	2.25	3	4.4	5.25	6
d_p　≈				2.3	2.8	3.6	4.1	4.8	5.8
l[1]　商品规格范围				13～19	13～25	13～38	16～50	19～50	19～50
l_g　min				6.6～12.5	6.2～18.1	4.3～29	5.8～39.5	8～39	7～38

注：1. 公称长度 l 应根据连接板的厚度、两板间的间隙或夹层厚度选择。

　　2. 公称长度 $l \leqslant 38$mm 的自攻螺钉，制出全螺纹；$l > 38$mm 的自攻螺钉，其螺纹长度由供需双方协议。

　　3. $l > 50$mm 的长度规格，由供需双方协议，但其长度规格应符合 $l = 55$mm、60mm、65mm、70mm、75mm、80mm、85mm、90mm、95mm、100mm。

① 公称长度 l（mm）系列为 13、16、19、22、25、32、38、45、50。

表 3-233 十字槽沉头自攻自钻螺钉的型式和

尺寸（摘自 GB/T 15856.2—2002） （单位：mm）

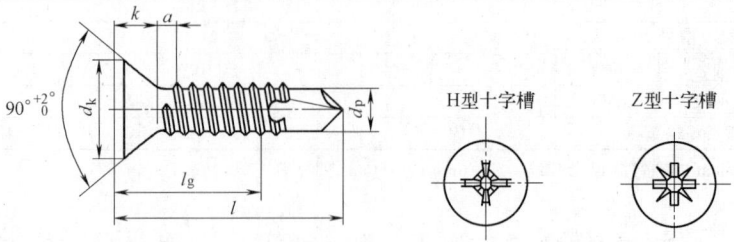

注：钻头部分（直径 d_p）的工作性能按 GB/T 3098.11 规定

标记示例：

螺纹规格 ST 3.5、公称长度 $l=16$mm、H 型槽、镀锌钝化的十字槽沉头自钻自攻螺钉的标记为：自攻螺钉
GB/T 15856.2 ST 3.5×16

螺纹规格				ST 2.9	ST 3.5	ST 4.2	ST 4.8	ST 5.5	ST 6.3
P 螺距				1.1	1.3	1.4	1.6	1.8	1.8
a max				1.1	1.3	1.4	1.6	1.8	1.8
d_k max				5.5	7.3	8.4	9.3	10.3	11.3
k max				2.4	2.6	3.1	3.7	4	4.6
				1.7	2.35	2.6	2.8	3	3.15
十字槽	插入深度	槽号 No.		1	2			3	
		H 型	min	1.7	1.9	2.1	2.7	2.8	3
			max	2.1	2.4	2.6	3.2	3.3	3.5
		Z 型	min	1.6	1.75	2.05	2.6	2.75	3
			max	2	2.2	2.5	3.05	3.2	3.45
钻削范围（板厚）		≥		0.7	0.7	1.75	1.75	1.75	2
		≤		1.9	2.25	3	4.4	5.25	6
d_p ≈				2.3	2.8	3.6	4.1	4.8	5.8
l[①] 商品规格范围				13~19	13~25	13~38	16~50	19~50	19~50
l_g min				6.6~12.5	6.2~18.1	4.3~29	5.8~39.5	8~39	7~38

注：1. 公称长度 l 应根据连接板的厚度、两板间的间隙或夹层厚度选择。

2. 公称长度 $l≤38$mm 的自攻螺钉，制出全螺纹；$l>38$mm 的自攻螺钉，其螺纹长度由供需双方协议。

3. $l>50$mm 的长度规格，由供需双方协议，但其长度规格应符合 $l=55$mm、60mm、65mm、70mm、75mm、80mm、85mm、90mm、95mm、100mm。

① 公称长度 l（mm）系列为 13、16、19、22、25、32、38、45、50。

表 3-234 十字槽半沉头自钻自攻螺钉的型式和

尺寸（摘自 GB/T 15856.3—2002） （单位：mm）

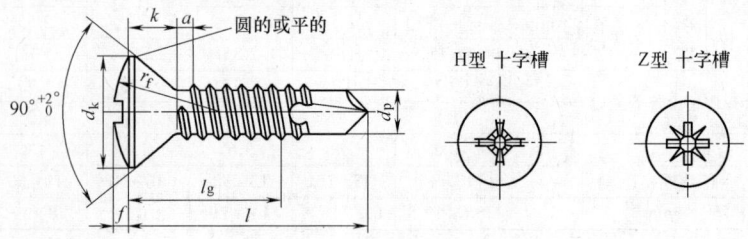

注：钻头部分（直径 d_p）的工作性能按 GB/T 3098.11 规定

标记示例：

螺纹规格 ST 3.5、公称长度 $l=16$mm、H 型槽、镀锌钝化的十字槽半沉头自钻自攻螺钉的标记为：自攻螺钉
GB/T 15856.3 ST 3.5×16

（续）

螺纹规格				ST 2.9	ST 3.5	ST 4.2	ST 4.8	ST 5.5	ST 6.3
P　螺距				1.1	1.3	1.4	1.6	1.8	1.8
a　max				1.1	1.3	1.4	1.6	1.8	1.8
d_k　max				5.5	7.3	8.4	9.3	10.3	11.3
k　max				1.7	2.35	2.6	2.8	3	3.15
r_f　≈				6	8.5	9.5	9.5	11	12
十字槽	插入深度	槽号 No.		1	2			3	
		H 型	min	1.8	2.25	2.7	2.9	2.95	3.5
			max	2.2	2.75	3.2	3.4	3.45	4
		Z 型	min	1.8	2.25	2.65	2.9	2.95	3.4
			max	2.1	2.7	3.1	3.35	3.4	3.85
钻削范围（板厚）		≥		0.7	0.7	1.75	1.75	1.75	2
		≤		1.9	2.25	3	4.4	5.25	6
d_p　≈				2.3	2.8	3.6	4.1	4.8	5.8
l[1]　商品规格范围				13～19	13～25	13～38	16～50	19～50	19～50
l_g　min				6.6～12.5	6.2～18.1	4.3～29	5.8～39.5	8～39	7～38

注：1. 公称长度 l 应根据连接板的厚度、两板间的间隙或夹层厚度选择。

　　2. 公称长度 $l \le 38$mm 的自攻螺钉，制出全螺纹；$l > 38$mm 的自攻螺钉，其螺纹长度由供需双方协议。

　　3. $l > 50$mm 的长度规格，由供需双方协议，但其长度规格应符合 $l = 55$mm、60mm、65mm、70mm、75mm、80mm、85mm、90mm、95mm、100mm。

① 公称长度 l（mm）系列为 13、16、19、22、25、32、38、45、50。

表 3-235　六角法兰面自钻自攻螺钉的型式和

尺寸（摘自 GB/T 15856.4—2002）　　　　（单位：mm）

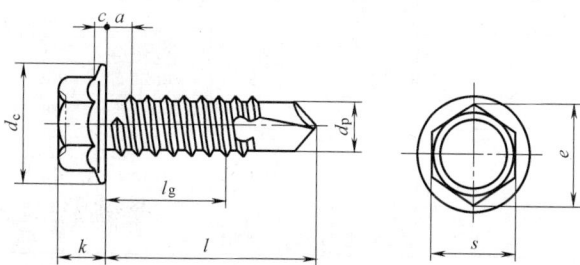

注：钻头部分（直径 d_p）的工作性能按 GB/T 3098.11 规定。

标记示例：

螺纹规格 ST 3.5、公称长度 $l = 16$mm、镀锌钝化的六角法兰面自钻自攻螺钉的标记为：自攻螺钉　GB/T 15856.4　ST 3.5×16

螺纹规格	ST 2.9	ST 3.5	ST 4.2	ST 4.8	ST 5.5	ST 6.3
P　螺距	1.1	1.3	1.4	1.6	1.8	1.8
a　max	1.1	1.3	1.4	1.6	1.8	1.8
d_c　max	6.3	8.3	8.8	10.5	11	13.5
c　min	0.4	0.6	0.8	0.9	1	1
s　公称＝max	4.00	5.50	7.00	8.00	8.00	10.00

（续）

螺纹规格	ST 2.9	ST 3.5	ST 4.2	ST 4.8	ST 5.5	ST 6.3
e min	4.28	5.96	7.59	8.71	8.71	10.95
k 公称=max	2.8	3.4	4.1	4.3	5.4	5.9
l[①] 商品规格范围	9.5~19	9.5~25	13~38	13~50	16~50	19~50
l_g min	3.25~12.5	2.85~18.1	4.3~29	3.7~39.5	5~39	7~38

① 公称长度 l（mm）系列为 9.5、13、16、19、22、25、32、38、45、50。

表 3-236　六角凸缘头自钻自攻螺钉的型式和

尺寸（摘自 GB/T 15856.5—2002）　　　（单位：mm）

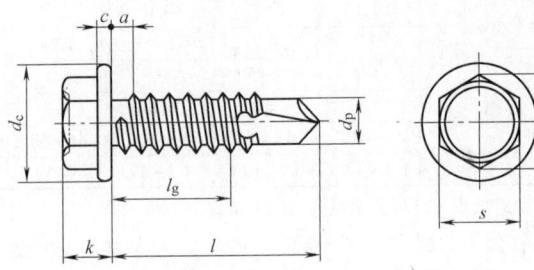

注：钻头部分（直径 d_p）的工作性能按 GB/T 3098.11 规定。

标记示例：

螺纹规格 ST 3.5、公称长度 $l=16$mm、镀锌钝化的六角凸缘自钻自攻螺钉的标记为：自攻螺钉　GB/T 15856.5　ST 3.5×16

螺纹规格	ST 2.9	ST 3.5	ST 4.2	ST 4.8	ST 5.5	ST 6.3
P 螺距	1.1	1.3	1.4	1.6	1.8	1.8
a max	1.1	1.3	1.4	1.6	1.8	1.8
d_c max	6.3	8.3	8.8	10.5	11	13.5
c min	0.4	0.6	0.8	0.9	1	1
s 公称=max	4.00	5.50	7.00	8.00	8.00	10.00
e min	4.28	5.96	7.59	8.71	8.71	10.95
k 公称=max	2.8	3.4	4.1	4.3	5.4	5.9
l[①] 商品规格范围	9.5~19	9.5~25	13~38	13~50	16~50	19~50
l_g min	3.25~12.5	2.85~18.1	4.3~29	3.7~39.5	5~39	7~38

① 公称长度 l（mm）系列为 9.5、13、16、19、22、25、32、38、45、50。

2.9　销

2.9.1　品种、规格及技术要求（见表 3-237）

表 3-237　销的品种、规格及技术要求

序号	名称及标准号	规格范围	螺纹公差	技术条件或材料[②]		表面处理
1	开口销[①] GB/T 91—2000	0.6~20mm	—	按 GB/T 91 规定		1）不经处理
				碳素钢： Q215、Q235		2）镀锌钝化 3）磷化

（续）

序号	名称及标准号	规格范围	螺纹公差	技术条件或材料②	表面处理
1	开口销① GB/T 91—2000	0.6~20mm	—	铜合金： H63	简单处理
				不锈钢： 12Cr17Ni7、(0Cr18Ni9Ti)	
2	圆锥销① GB/T 117—2000	0.6~50mm	—	易切钢： Y12、Y15	1)不经处理 2)氧化 3)磷化 4)镀锌钝化
				碳素钢： 35(28~38HRC)、 45(38~46HRC)	
				合金钢： 30CrMnSiA(35~41HRC)	
				不锈钢： 12Cr13、20Cr13；(Cr17Ni2)、 (0Cr18Ni9Ti)	简单处理
3	内螺纹圆锥销① GB/T 118—2000	6~50mm	—	易切钢： Y12、Y15	1)不经处理 2)氧化 3)磷化 4)镀锌钝化
				碳素钢： 35(28~38HRC)、 45(38~46HRC)	
				合金钢： 30CrMnSiA (35~41HRC)	
				不锈钢 12Cr13、20Cr13；(Cr17Ni2)； (0Cr18Ni9Ti)	简单处理
4	圆柱销　不淬硬钢和奥氏体不锈钢① GB/T 119.1—2000	0.6~50mm	—	钢： 硬度125~245HV30	1)不经处理 2)氧化 3)镀锌钝化 4)磷化
				奥氏体不锈钢： A1 硬度210~280HV30	简单处理
5	圆柱销　淬硬钢和马氏体不锈钢① GB/T 119.2—2000	1~20mm	—	钢： 硬度550~650HV30(A型，普通淬火) 表面硬度600~700HV1(B型，表面淬火)	1)不经处理 2)氧化 3)镀锌钝化 4)磷化
				马氏体不锈钢： C1 硬度460~560HV30	简单处理

（续）

序号	名称及标准号	规格范围	螺纹公差	技术条件或材料②	表面处理
6	内螺纹圆柱销 不淬硬钢和奥氏体不锈钢① GB/T 120.1—2000	6～50mm	—	钢： 硬度 125～245HV30	1）不经处理 2）氧化 3）镀锌钝化 4）磷化
				奥氏体不锈钢： A1 硬度 210～280HV30	简单处理
7	内螺纹圆柱销 淬硬钢和马氏体不锈钢① GB/T 120.2—2000	6～50mm	—	钢： 硬度 550～650HV30（A 型，普通淬火） 表面硬度 600～700HV1（B 型，表面淬火）	1）不经处理 2）氧化 3）镀锌钝化 4）磷化
				马氏体不锈钢： C1 硬度 460～560HV30	简单处理
8	弹性圆柱销 直槽 重型① GB/T 879.1—2000	1～50mm	—	优质碳素钢： 硬度 420～520HV30 硅锰钢： 硬度 420～560HV30	1）不经处理 2）氧化 3）磷化 4）镀锌钝化
				奥氏体不锈钢： C≤0.15%；Mn≤2.0%；Si≤1.5% 马氏体不锈钢： 硬度 440～560HV30	简单处理
9	弹性圆柱销 直槽 轻型① GB/T 879.2—2000	2～50mm	—	优质碳素钢： 硬度 420～520HV30 硅锰钢： 硬度 420～560HV30	1）不经处理 2）氧化 3）磷化 4）镀锌钝化
				奥氏体不锈钢： C≤0.15%；Mn≤2.0%；Si≤1.5% 马氏体不锈钢： 硬度 440～560HV30	简单处理
10	弹性圆柱销 卷制 重型① GB/T 879.3—2000	1.5～20mm	—	钢： 硬度 420～545HV30	1）不经处理 2）氧化 3）磷化 4）镀锌钝化
				奥氏体不锈钢： C≤0.15%；Mn≤2.0%；Si≤1.5% 马氏体不锈钢： 硬度 460～560HV30	简单处理
11	弹性圆柱销 卷制标准型① GB/T 879.4—2000	0.8～20mm	—	钢： 硬度 420～545HV30	1）不经处理 2）氧化 3）磷化 4）镀锌钝化

（续）

序号	名称及标准号	规格范围	螺纹公差	技术条件或材料[2]	表面处理
11	弹性圆柱销　卷制标准型[1] GB/T 879.4—2000	0.8～20mm	—	奥氏体不锈钢： C≤0.15%；Mn≤2.0%；Si≤1.5%	简单处理
				马氏体不锈钢： 硬度 460～560HV30	
12	弹性圆柱销　卷制轻型[1] GB/T 879.5—2000	1.5～8mm	—	钢： 硬度 420～545HV30	1)不经处理 2)氧化 3)磷化 4)镀锌钝化
				奥氏体不锈钢： C≤0.15%；Mn≤2.0%；Si≤1.5%	简单处理
				马氏体不锈钢： 硬度 440～560HV30	
13	开尾圆锥销[1] GB/T 877—1986	3～16mm	—	按 GB/T 121 规定	1)氧化 2)镀锌钝化 （磨削表面除外）
14	螺尾锥销[1] GB/T 881—2000	5～50mm	—	易切钢： Y12、Y15	1)不经处理 2)氧化 3)磷化 4)镀锌钝化
				碳素钢： 35(28～38HRC)、 45(38～41HRC)	
				合金钢： 30CrMnSiA (35～41HRC)	
				不锈钢： 12Cr13、20Cr13；(14Cr17Ni2)	简单处理
15	销轴[1] GB/T 882—2008	3～100mm	—	易切削： 硬度 125～245HV	1)氧化 2)磷化 3)镀锌铬酸盐转化膜
16	无头销轴[1] GB/T 880—2008	3～100mm	—	易切钢： 硬度 125～245HV	1)氧化 2)磷化 3)镀锌铬酸盐转化膜
17	带导杆及全长平行沟槽槽销[1] GB/T 13829.1—2004	1.5～25mm	—	碳素钢： 硬度 125～245HV30	1)不经处理 2)氧化 3)镀锌钝化 4)磷化
				奥氏体不锈钢： 硬度 210～280HV30	简单处理

（续）

序号	名称及标准号	规格范围	螺纹公差	技术条件或材料^②	表面处理
18	带倒角及全长平行沟槽销^① GB/T 13829.2—2004	1.5~25mm	—	碳素钢： 硬度 125~245HV30	1）不经处理 2）氧化 3）镀锌钝化 4）磷化
				奥氏体不锈钢： 硬度 210~280HV30	简单处理
19	中部槽长为 1/3 全长槽槽销^① GB/T 13829.3—2004	1.5~25mm	—	碳素钢： 硬度 125~245HV30	1）不经处理 2）氧化 3）镀锌钝化 4）磷化
				奥氏体不锈钢： 硬度 210~280HV30	简单处理
20	中部槽长为 1/2 全长槽槽销^① GB/T 13829.4—2004	1.5~25mm	—	碳素钢： 硬度 125~245HV30	1）不经处理 2）氧化 3）镀锌钝化 4）磷化
				奥氏体不锈钢： 硬度 210~280HV30	简单处理
21	全长锥槽槽销^① GB/T 13829.5—2004	1.5~25mm	—	碳素钢： 硬度 125~245HV30	1）不经处理 2）氧化 3）镀锌钝化 4）磷化
				奥氏体不锈钢： 硬度 210~280HV30	简单处理
22	半长锥槽槽销^① GB/T 13829.6—2004	1.5~25mm	—	碳素钢： 硬度 125~245HV30	1）不经处理 2）氧化 3）镀锌钝化 4）磷化
				奥氏体不锈钢： 硬度 210~280HV30	简单处理
23	半长倒锥槽槽销^① GB/T 13829.7—2004	1.5~25mm	—	碳素钢： 硬度 125~245HV30	1）不经处理 2）氧化 3）镀锌钝化 4）磷化
				奥氏体不锈钢： 硬度 210~280HV30	简单处理
24	圆头槽销^① GB/T 13829.8—2004	1.5~20mm	—	冷镦钢： 硬度 125~245HV30	1）不经处理 2）氧化 3）镀锌钝化 4）磷化

（续）

序号	名称及标准号	规格范围	螺纹公差	技术条件或材料[2]	表面处理
25	沉头槽销[1] GB/T 13829.9—2004	1.5～20mm	—	冷镦钢： 硬度 125～245HV30	1）不经处理 2）氧化 3）镀锌钝化 4）磷化

① 商品紧固件品种，应优先选用。

② 括号内为旧牌号。

2.9.2　开口销（见表 3-238）

表 3-238　开口销的型式和尺寸（摘自 GB/T 91—2000）　（单位：mm）

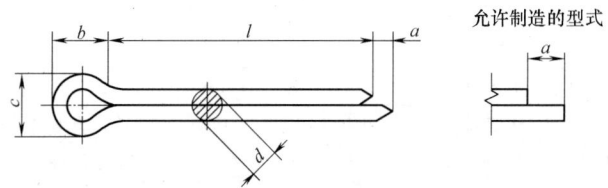

允许制造的型式

标记示例：

公称规格为 5mm、公称长度 $l=50$mm、材料为 Q235、不经表面处理的开口销的标记为：

销　GB/T 91　5×50

公称规格[1]		0.6	0.8	1	1.2	1.6	2	2.5	3.2	4	5	6.3	8	10	13	16	20
d	max	0.5	0.7	0.9	1.0	1.4	1.8	2.3	2.9	3.7	4.6	5.9	7.5	9.5	12.4	15.4	19.3
	min	0.4	0.6	0.8	0.9	1.3	1.7	2.1	2.7	3.5	4.4	5.7	7.3	9.3	12.1	15.1	19.0
a	min	0.8	0.8	0.8	1.25	1.25	1.25	1.25	1.6	2	2	2	2	3.15	3.15	3.15	3.15
	max	1.6	1.6	1.6	2.5	2.5	2.5	2.5	3.2	4	4	4	4	6.30	6.30	6.30	6.30
b	≈	2	2.4	3	3	3.2	4	5	6.4	8	10	12.6	16	20	26	32	40
c	min	0.9	1.2	1.6	1.4	2.4	3.2	4.0	5.1	6.5	8.0	10.3	13.1	16.6	21.7	27.0	33.8
适用的直径[2] 螺栓	>	—	2.5	3.5	4.5	5.5	7	9	11	14	20	27	39	56	80	120	170
	≤	2.5	3.5	4.5	5.5	7	9	11	14	20	27	39	56	80	120	170	—
适用的直径[2] U 形销	>	—	2	3	4	5	6	8	9	12	17	23	29	44	69	110	160
	≤	2	3	4	5	6	8	9	12	17	23	29	44	69	110	160	—
l[3] 商品规格范围		4～12	5～16	6～20	8～25	8～32	10～40	12～50	14～63	18～80	22～100	32～120	40～160	45～200	71～250	112～280	160～280

① 公称规格等于开口销孔的直径。根据供需双方的协议，允许采用公称规格为 3、6 和 12 的开口销。

② 用于铁道和在 U 形销中开口销承受交变横向载荷的场合，推荐使用的开口销规格应较本表规定加大一档。

③ 公称长度 l（mm）系列为 4、5、6～22（2 进位）、25、28、32、36、40、45、50、56、63、71、80、90、100、112、125、140、160、180、200、224、250、280。

2.9.3 圆柱销（见表3-239~表3-247）

表3-239 不淬硬钢和奥氏体不锈钢圆柱销的型式

和尺寸（摘自 GB/T 119.1—2000） （单位：mm）

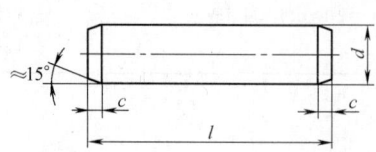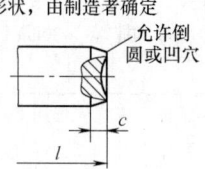

末端形状，由制造者确定

允许倒圆或凹穴

标记示例：

公称直径 $d=6mm$、公差为m6、公称长度 $l=30mm$、材料为钢、不经淬火、不经表面处理的圆柱销的标记为：

销 GB/T 119.1 6 m6×30

公称直径 $d=6mm$、公差为m6、公称长度 $l=30mm$、材料为 A1 组奥氏体不锈钢、表面简单处理的圆柱销的标记为：

销 GB/T 119.1 6 m6×30-A1

d m6/h8[①]	0.6	0.8	1	1.2	1.5	2	2.5	3	4	5
c ≈	0.12	0.16	0.2	0.25	0.3	0.35	0.4	0.5	0.63	0.8
l[②]商品规格范围	2~6	2~8	4~10	4~12	4~16	6~20	6~24	8~20	8~40	10~55
d m6/h8[①]	6	8	10	12	16	20	25	30	40	50
c ≈	1.2	1.6	2	2.5	3	3.5	4	5	6.3	8
l[②]商品规格范围	12~60	14~80	18~95	22~140	26~180	35~200	50~200	60~200	80~200	95~200

① 其他公差由供需双方协议。

② 公称长度 l（mm）系列为 2、3、4、5、6~32（2 进位）、35~100（5 进位）、120~200（20 进位），大于 200mm，按 20mm 进位。

表3-240 淬硬钢和马氏体不锈钢圆柱销的型式

和尺寸（摘自 GB/T 119.2—2000） （单位：mm）

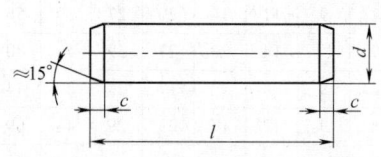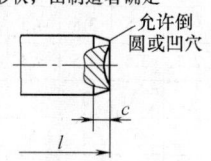

末端形状，由制造者确定

允许倒圆或凹穴

标记示例：

公称直径 $d=6mm$、公差为m6、公称长度 $l=30mm$、材料为钢、普通淬火（A 型）、表面氧化处理的圆柱销的标记为：

销 GB/T 119.2 6×30

公称直径 $d=6mm$、公差为m6、公称长度 $l=30mm$、材料为 C1 组马氏体不锈钢、表面简单处理的圆柱销的标记为：

销 GB/T 119.2 6×30-C1

（续）

d　m6[①]	1	1.5	2	2.5	3	4	5	6	8	10	12	16	20
c　≈	0.2	0.3	0.35	0.4	0.5	0.63	0.8	1.2	1.6	2	2.5	3	3.5
l[②] 商品 规格范围	3~10	4~16	5~20	6~24	8~30	10~40	12~50	14~60	18~80	22~100	26~100	40~100	50~100

① 其他公差由供需双方协议。

② 公称长度 l（mm）系列为 3、4、5、6~32（2 进位）、35~100（5 进位）。

表 3-241　不淬硬钢和奥氏体不锈钢内螺纹圆柱销的型式
和尺寸（摘自 GB/T 120.1—2000）　　　（单位：mm）

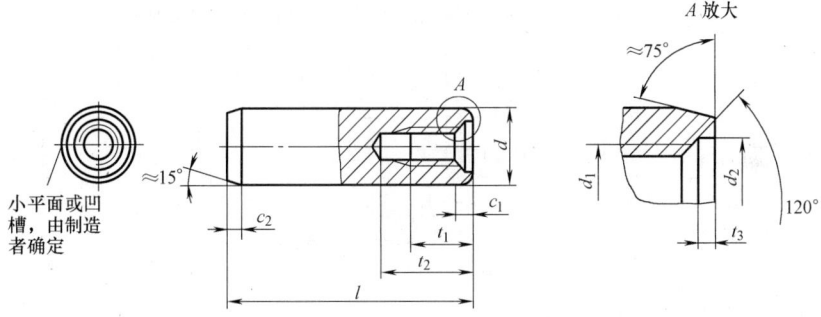

标记示例：

公称直径 d=6mm、公差为 m6、公称长度 l=30mm、材料为钢、不经淬火、不经表面处理的内螺纹圆柱销的标记为：

销　GB/T 120.1　6×30

公称直径 d=6mm、公差为 m6、公称长度 l=30mm、材料为 A1 组奥氏体不锈钢、表面简单处理的内螺纹圆柱销的标记为：

销　GB/T 120.1　6×30-A1

d　m6[①]	6	8	10	12	16	20	25	30	40	50
c_1　≈	0.8	1	1.2	1.6	2	2.5	3	4	5	6.3
c_2　≈	1.2	1.6	2	2.5	3	3.5	4	5	6.3	8
d_1	M4	M5	M6	M6	M8	M10	M16	M20	M20	M24
d_2	4.3	5.3	6.4	6.4	8.4	10.5	17	21	21	25
t_1	8	8	10	12	16	18	24	30	30	36
t_2　min	12	16	18	20	25	28	35	40	40	50
t_3	1	1.2	1.2	1.2	1.5	1.5	2	2	2.5	2.5
l[②] 商品规 格范围	16~60	18~80	22~100	26~120	32~160	40~200	50~200	60~200	80~200	100~200

① 其他公差由供需双方协议。

② 公称长度 l（mm）系列为 16~32（2 进位）、35~100（5 进位）、120~200（10 进位）。

表 3-242　淬硬钢和马氏体不锈钢内螺纹圆柱销的

型式和尺寸（摘自 GB/T 120.2—2000）　　　　（单位：mm）

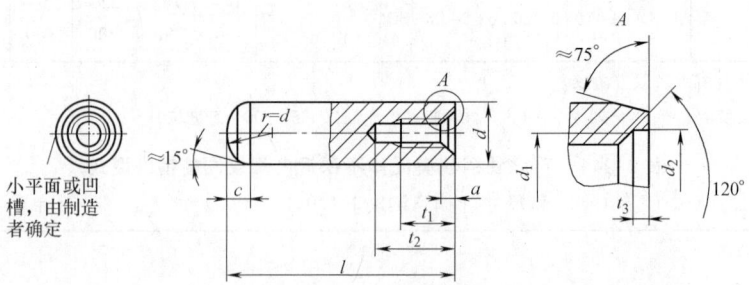

a) A型 — 球面圆柱端，适用于普通淬火钢和马氏体不锈钢

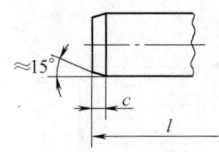

其余尺寸见 A 型

b) B型 — 平端，适用于表面淬火钢

标记示例：

公称直径 d = 6mm、公差为 m6、公称长度 l = 30mm、材料为钢、普通淬火（A 型）、表面氧化处理的内螺纹圆柱销的标记为：

销　GB/T 120.2　6×30-A

公称直径 d = 6mm、公差为 m6、公称长度 l = 30mm、材料为 C1 组马氏体不锈钢、表面简单处理的内螺纹圆柱销的标记为：

销　GB/T 120.2　6×30-C1

d　m6[①]	6	8	10	12	16	20	25	30	40	50
a　≈	0.8	1	1.2	1.6	2	2.5	3	4	5	6.3
c	2.1	2.6	3	3.8	4.6	6	6	7	8	10
d_1	M4	M5	M6	M6	M8	M10	M16	M20	M20	M24
d_2	4.3	5.3	6.4	6.4	8.4	10.5	17	21	21	25
t_1	6	8	10	12	16	18	24	30	30	36
t_2　min	10	12	16	20	25	28	35	40	40	50
t_3	1	1.2	1.2	1.2	1.5	1.5	2	2	2.5	2.5
l[②]商品规格范围	16~60	18~80	22~100	26~120	32~160	40~200	50~200	60~200	80~200	100~200

① 其他公差由供需双方协议。

② 公称长度 l（mm）系列为 16~32（2 进位）、35~100（5 进位）、120~200（10 进位）。

表 3-243　直槽重型弹性圆柱销的型式
和尺寸（摘自 GB/T 879.1—2000）　　　（单位：mm）

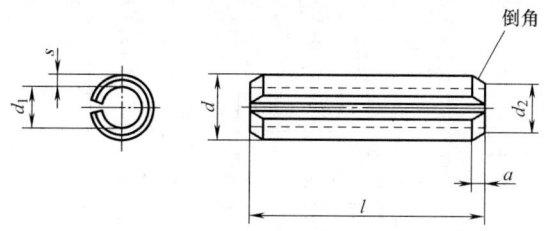

注：对 $d \geq 10$mm 的弹性销，也可由制造者选用单面倒角的型式；$d_2 < d_{公称}$

标记示例：

公称直径 $d = 6$mm、公称长度 $l = 30$mm、材料为钢、热处理硬度 500~560HV30、表面氧化处理。直槽、重型弹性圆柱销的标记为：

销　GB/T 879.1　6×30

d	公称	1	1.5	2	2.5	3	3.5	4	4.5	5	6	8	10	12	13
d_1	装配前	0.8	1.1	1.5	1.8	2.1	2.3	2.8	2.9	3.4	4	5.5	6.5	7.5	8.5
a	max	0.35	0.45	0.55	0.6	0.7	0.8	0.85	1.0	1.1	1.4	2.0	2.4	2.4	2.4
	min	0.15	0.25	0.35	0.4	0.5	0.6	0.65	0.8	0.9	1.2	1.6	2.0	2.0	2.0
s		0.2	0.3	0.4	0.5	0.6	0.75	0.8	1	1	1.2	1.5	2	2.5	2.5
l[①] 商品规格范围		4~20	4~20	4~30	4~30	4~40	4~40	4~50	5~50	5~80	10~100	10~120	10~160	10~180	10~180
d	公称	14	16	18	20	21	25	28	30	32	35	38	40	45	50
d_1	装配前	8.5	10.5	11.5	12.5	13.5	15.5	17.5	18.5	20.5	21.5	23.5	25.5	28.5	31.5
a	max	2.4	2.4	2.4	3.4	3.4	3.4	3.4	3.4	3.6	3.6	4.6	4.6	4.6	4.6
	min	2.0	2.0	2.0	3.0	3.0	3.0	3.0	3.0	3.0	3.0	4.0	4.0	4.0	4.0
s		3	3	3.5	4	4	5	5.5	6	6	7	7.5	7.5	8.5	9.5
l[①] 商品规格范围		10~200	10~200	10~200	10~200	14~200	14~200	14~200	14~200	20~200	20~200	20~200	20~200	20~200	20~200

① 公称长度 l（mm）系列为 4、5、6~32（2 进位）、35~100（5 进位）、120~200（10 进位）。

表 3-244　直槽轻型弹性圆柱销的型式和尺寸（摘自 GB/T 879.2—2000）　（单位：mm）

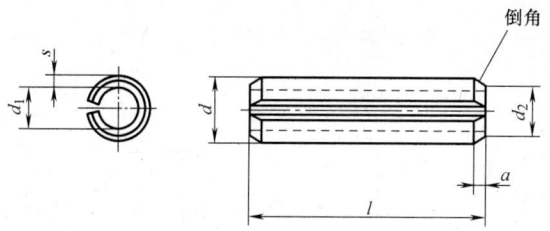

注：对 $d \geq 10$mm 的弹性销，也可由制造者选用单面倒角的型式；$d_2 < d_{公称}$

标记示例：

公称直径 $d = 6$mm、公称长度 $l = 30$mm、材料为钢、热处理硬度 500~560HV30、表面氧化处理。直槽、轻型弹性圆柱销的标记为：

销　GB/T 879.2　6×30

（续）

d 公称		2	2.5	3	3.5	4	4.5	5	6	8	10	12	13
d_1 装配前		1.9	2.3	2.7	3.1	3.4	3.9	4.4	4.9	7	8.5	10.5	11
a	max	0.4	0.45	0.45	0.5	0.7	0.7	0.7	0.9	1.8	2.4	2.4	2.4
	min	0.2	0.25	0.25	0.3	0.5	0.5	0.5	0.75	1.5	2.0	2.0	2.0
s		0.2	0.25	0.3	0.35	0.5	0.5	0.5	0.75	0.75	1	1	1.2
l[1] 商品规格范围		4~30	4~30	4~40	4~40	4~50	5~50	5~80	10~100	10~120	10~160	10~180	10~180
d 公称		14	16	18	20	21	25	28	30	35	40	45	50
d_1 装配前		11.5	13.5	15	16.5	17.5	21.5	23.5	25.5	28.5	32.5	37.5	40.5
a	max	2.4	2.4	2.4	2.4	2.4	3.4	3.4	3.4	3.6	4.6	4.6	4.6
	min	2.0	2.0	2.0	2.0	2.0	3.0	3.0	3.0	3.0	4.0	4.0	4.0
s		1.5	1.5	1.7	2	2	2	2.5	2.5	3.5	4	4	5
l[1] 商品规格范围		10~200	10~200	10~200	10~200	14~200	14~200	14~200	14~200	20~200	20~200	20~200	20~200

① 公称长度 l（mm）系列为 4、5、6~32（2 进位）、35~100（5 进位）、120~200（10 进位）。

表 3-245　卷制重型弹性圆柱销的型式

和尺寸（摘自 GB/T 879.3—2000）　　　　　（单位：mm）

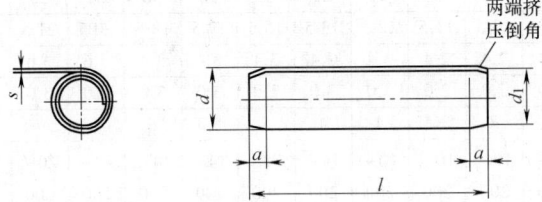

标记示例：

公称直径 $d=6$mm、公称长度 $l=30$mm、材料为钢、热处理硬度 420~545HV30、表面氧化处理。卷制、重型弹性圆柱销的标记为：

销　GB/T 879.3　6×30

公称直径 $d=6$mm、公称长度 $l=30$mm、材料为奥氏体不锈钢、不经热处理、表面简单处理。卷制、重型弹性圆柱销的标记为：

销　GB/T 879.3　6×30-A

d 公称	1.5	2	2.5	3	3.5	4	5	6	8	10	12	14	16	20
d_1 装配前	1.4	1.9	2.4	2.9	3.4	3.9	4.85	5.85	7.8	9.75	11.7	13.6	15.6	19.6
a ≈	0.5	0.7	0.7	0.9	1	1.1	1.3	1.5	2	2.5	3	3.5	4	4.5
s	0.17	0.22	0.28	0.33	0.39	0.45	0.56	0.67	0.9	1.1	1.3	1.6	1.8	2.2
l[1] 商品规格范围	4~26	4~40	5~45	6~50	6~50	8~60	10~60	12~80	16~120	20~120	24~160	28~200	35~200	45~200

① 公称长度 l（mm）系列为 4、5、6~32（2 进位）、35~100（5 进位）、120~200（10 进位）。

表 3-246　卷制标准型弹性圆柱销的型式

和尺寸（摘自 GB/T 879.4—2000）　　　　（单位：mm）

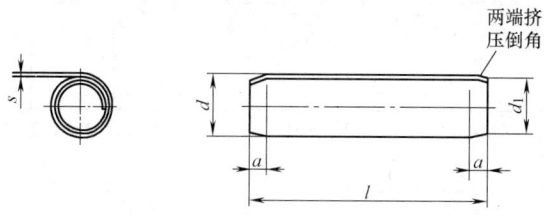

标记示例：

公称直径 $d=6$mm、公称长度 $l=30$mm、材料为钢、热处理硬度 420~545HV30、表面氧化处理、卷制、标准型弹性圆柱销的标记为：

销　GB/T 879.4　6×30

公称直径 $d=6$mm、公称长度 $l=30$mm、材料为奥氏体不锈钢、不经热处理、表面简单处理、卷制、标准型弹性圆柱销的标记为：

销　GB/T 879.4　6×30-A

d　公称	0.8	1	1.2	1.5	2	2.5	3	3.5	4
d_1　装配前	0.75	0.95	1.15	1.4	1.9	2.4	2.9	3.4	3.9
a　≈	0.3	0.3	0.4	0.5	0.7	0.7	0.9	1	1.1
s	0.07	0.08	0.1	0.13	0.17	0.21	0.25	0.29	0.33
l[①]商品规格范围	4~16	4~16	4~16	4~24	4~40	5~40	6~50	6~50	8~60
d　公称	5	6	8	10	12	14	16	20	
d_1　装配前	4.85	5.85	7.8	9.75	11.7	13.6	15.6	19.6	
a　≈	1.3	1.5	2	2.5	3	3.5	4	4.5	
s	0.42	0.5	0.67	0.84	1	1.2	1.3	1.7	
l[①]商品规格范围	10~60	12~75	16~120	20~120	24~160	28~200	32~200	45~200	

① 公称长度 l（mm）系列为 4、5、6~32（2 进位）、35~100（5 进位）、120~200（10 进位）。

表 3-247　卷制轻型弹性圆柱销的型式和

尺寸（摘自 GB/T 879.5—2000）　　　　（单位：mm）

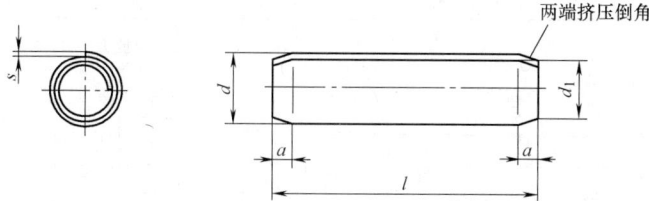

标记示例：

公称直径 $d=6$mm、公称长度 $l=30$mm、材料为钢、热处理硬度 420~545HV30、表面氧化处理、卷制、轻型弹性圆柱销的标记为：

销　GB/T 879.5　6×30

公称直径 $d=6$mm、公称长度 $l=30$mm、材料为奥氏体不锈钢、不经热处理、表面简单处理、卷制、轻型弹性圆柱销的标记为：

销　GB/T 879.5　6×30-A

（续）

d 公称	1.5	2	2.5	3	3.5	4	5	6	8
d_1 装配前	1.4	1.9	2.4	2.9	3.4	3.9	4.85	5.85	7.8
a ≈	0.5	0.7	0.7	0.9	1	1.1	1.3	1.5	2
s	0.08	0.11	0.14	0.17	0.19	0.22	0.28	0.33	0.45
l[①]商品规格范围	4~24	4~40	5~45	6~50	6~50	8~60	10~60	12~75	16~120

① 公称长度 l（mm）系列为 4、5、6~32（2 进位）、35~100（5 进位）、120~200（10 进位）。

2.9.4 圆锥销（见表 3-248～表 3-251）

表 3-248 圆锥销的型式和尺寸（摘自 GB/T 117—2000） （单位：mm）

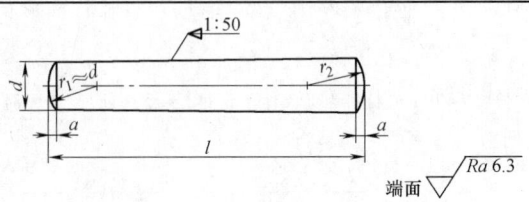

注：$r_2 \approx \dfrac{a}{2} + d + \dfrac{(0.02l)^2}{8a}$

标记示例：

公称直径 d=6mm、公称长度 l=30mm、材料为 35 钢、热处理硬度 28~38HRC、表面氧化处理的 A 型圆锥销的标记为：

销 GB/T 117 6×30

d 公称	0.6	0.8	1	1.2	1.5	2	2.5	3	4	5
a ≈	0.08	0.1	0.12	0.16	0.2	0.25	0.3	0.4	0.5	0.63
l[①]商品规格范围	4~18	5~12	6~16	6~20	8~24	10~35	10~35	12~45	14~55	18~60
d 公称	6	8	10	12	16	20	25	30	40	50
a ≈	0.8	1	1.2	1.6	2	2.5	3	4	5	6.3
l[①]商品规格范围	22~90	22~120	26~160	32~180	40~200	45~200	50~200	55~200	60~200	65~200

① 公称长度 l（mm）系列为 4、5、6~32（2 进位）、35~100（5 进位）、120~200（10 进位）。

表 3-249 内螺纹圆锥销的型式和尺寸（摘自 GB/T 118—2000） （单位：mm）

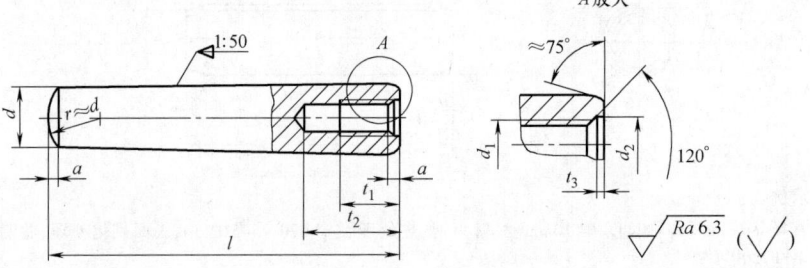

标记示例：

公称直径 d=6mm、公称长度 l=30mm、材料为 35 钢、热处理硬度 28~38HRC、表面氧化处理的 A 型圆内螺纹锥销的标记为：

销 GB/T 118 6×30

（续）

d h11[①]	6	8	10	12	16	20	25	30	40	50
a ≈	0.8	1	1.2	1.6	2	2.5	3	4	5	6.3
d_1	M4	M5	M6	M8	M10	M12	M16	M20	M20	M24
d_2	4.3	5.3	6.4	6.4	8.4	10.5	17	21	21	25
t_1	6	8	10	12	16	18	24	30	30	36
t_2 min	10	12	16	20	25	28	35	40	40	50
t_3	1	1.2	1.2	1.2	1.5	1.5	2	2	2.5	2.5
l[②]商品规格范围	16~60	18~80	22~100	26~120	32~160	40~200	50~200	60~200	80~200	100~200

① 其他公差由供需双方协议。

② 公称长度 l（mm）系列为 16~32（2 进位）、35~100（5 进位）、120~200（10 进位）。

表 3-250 开尾圆锥销的型式和尺寸（摘自 GB/T 877—1986） （单位：mm）

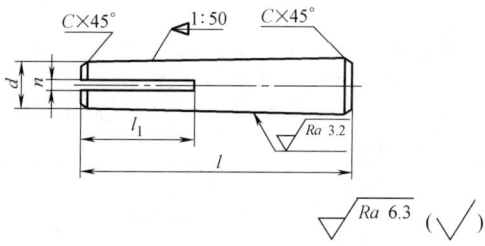

标记示例：

公称直径 d=10mm、长度 l=60mm、材料为 35 钢、不经表面处理及表面氧化的开尾圆锥销的标记为：

销 GB/T 877 10×60

d 公称	3	4	5	6	8	10	12	16
n 公称	0.8		1		1.6		2	
l_1	10		12	15	20	25	30	40
C ≈	0.5		1			1.5		
l[①]商品规格范围	30~55	35~60	40~80	50~100	60~120	70~160	80~200	100~200

① 公称长度 l（mm）系列为 30、32、35~100（5 进位）、120~200（20 进位）。

表 3-251 螺尾锥销的型式和尺寸（摘自 GB/T 881—2000） （单位：mm）

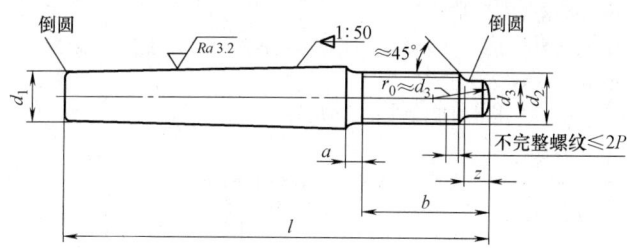

标记示例：

公称直径 d_1=6mm、公称长度 l=50mm、材料为 Y12 或 Y15、不经热处理、不经表面处理的螺尾锥销的标记为：

销 GB/T 881 6×50

（续）

d_1 h10[①]	5	6	8	10	12	16	20	25	30	40	50
a ≈	2.4	3	4	4.5	5.3	6	6	7.5	9	10.5	12
b min	14	18	22	24	27	35	35	40	46	58	70
d_2	M5	M6	M8	M10	M12	M16	M16	M20	M24	M30	M36
d_3 max	3.5	4	5.5	7	8.5	12	12	15	18	23	28
z max	1.5	1.75	2.25	2.75	3.25	4.3	4.3	5.3	6.3	7.59	9.4
l[②] 商品规格范围	40~50	45~60	55~75	65~100	85~120	100~160	120~190	140~250	160~280	190~360	220~400

① 其他公差由供需双方协议。

② 公称长度 l（mm）系列为 40~65（5 进位）、75、85、100~160（10 进位）、190、220、250、280、320、360、400。

2.9.5 销轴（见表 3-252 和表 3-253）

表 3-252　无头销轴的型式和尺寸（摘自 GB/T 880—2008）　　　　（单位：mm）

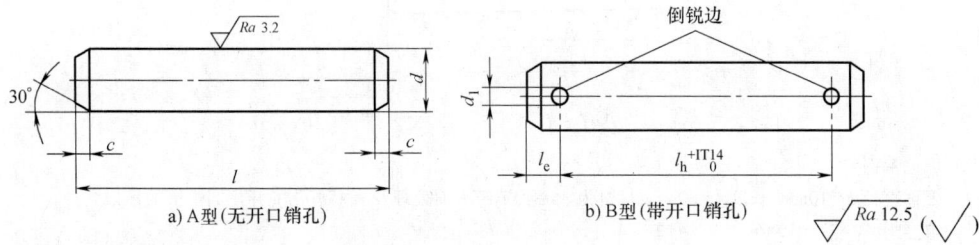

a) A 型（无开口销孔）　　　　b) B 型（带开口销孔）

注：用于铁路和开口销承受交变横向力的场合，推荐采用表中规定的下一档较大的开口销及相应的孔径；B 型其余尺寸、角度和表面粗糙度值见 A 型；在某些情况下，不能按 $l-l_e$ 计算 l_h 尺寸，所需要的尺寸应在标记中注明，但不允许 l_h 尺寸小于表注中的规定

标记示例：

公称直径 $d=20$mm、长度 $l=100$mm、由易切钢制造的硬度为 125~245HV、表面氧化处理的 B 型无头销轴的标记为：

销　GB/T 880　20×100

开口销孔为 6.3mm，其余要求与上述示例相同的无头销轴的标记为：

销　GB/T 880　20×100×6.3

孔距 $l_h=80$mm、开口销孔为 6.3mm，其余要求与上述示例相同的无头销轴的标记为：

销　GB/T 880　20×100×6.3×80

孔距 $l_h=80$mm，其余要求与上述示例相同的无头销轴的标记为：

销　GB/T 880　20×100×80

d h11[①]	3	4	5	6	8	10	12	14	16	18
d_1 H13[②]	0.8	1	1.2	1.6	2	3.2	3.2	4	4	5
c max	1	1	2	2	2	2	3	3	3	3
l_e min	1.6	2.2	2.9	3.2	3.5	4.5	5.5	6	6	7
l[③] 商品规格范围	6~30	8~40	10~50	12~60	16~80	20~100	24~120	26~140	32~160	35~180

（续）

d h11[1]	20	22	24	27	30	33	36	40
d_1 H13[2]	5	5	6.3	6.3	8	8	8	8
c max	4	4	4	4	4	4	4	4
l_e min	8	8	9	9	10	10	10	10
l[3] 商品规格范围	40~200	45~200	50~200	55~200	60~200	65~200	70~200	80~200
d h11[1]	45	50	55	60	70	80	90	100
d_1 H13[2]	10	10	10	10	13	13	13	13
c max	4	4	6	6	6	6	6	6
l_e min	12	12	14	14	16	16	16	16
l[3] 商品规格范围	90~200	100~200	120~200	120~200	140~200	160~200	180~200	200

注：$l_h = l_{公称} - 2c$，其公差为 +IT14。

[1] 其他公差，如 a11、c11、f8 应由供需双方协议。

[2] 孔径 d_1 等于开口销的公称规格（见 GB/T 91）。

[3] 公称长度 l（mm）系列为 6~32（2 进位）、35~100（5 进位）、120~200（20 进位）。

表 3-253　销轴的型式和尺寸（摘自 GB/T 882—2008）　　（单位：mm）

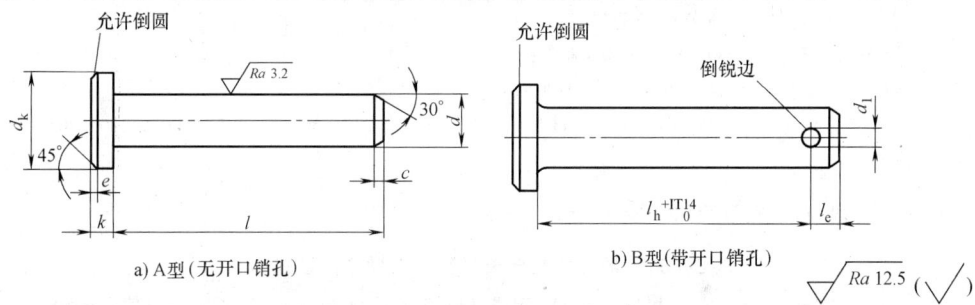

a) A 型（无开口销孔）　　　　b) B 型（带开口销孔）

注：用于铁路和开口销承受交变横向力的场合，推荐采用表中规定的下档较大的开口销及相应的孔径；B型的其余尺寸、角度和表面粗糙度值见 A 型；在某些情况下，不能按 $l - l_e$ 计算 l_h 尺寸，所需的尺寸应在标记中注明，但不允许 l_h 尺寸小于表注中的规定

标记示例：

公称直径 $d = 20$mm、长度 $l = 100$mm、由钢制造的硬度为 125~245HV、表面氧化处理的 B 型销轴的标记为：

　　销　GB/T 882　20×100

开口销孔为 6.3mm，其余要求与上述示例相同的销轴的标记为：

　　销　GB/T 882　20×100×6.3

孔距 $l_h = 80$mm、开口销孔为 6.3mm，其余要求与上述示例相同的销轴的标记为：

　　销　GB/T 882　20×100×6.3×80

孔距 $l_h = 80$mm，其余要求与上述示例相同的销轴的标记为：

　　销　GB/T 882　20×100×80

d h11[1]	3	4	5	6	8	10	12	14	16	18
d_k h14	5	6	8	10	14	18	20	22	25	28
d_1 H13[2]	0.8	1	1.2	1.6	2	3.2	3.2	4	4	5
c max	1	1	2	2	2	2	3	3	3.	3
k js14	1	1	1.6	2	3	4	4	4	4.5	4
l_e min	1.6	2.2	2.9	3.2	3.5	4.5	5.5	6	6	7
l[3] 商品规格范围	6~30	8~40	10~50	12~60	16~80	20~100	24~120	28~140	32~160	35~180

（续）

d	h11[1]	20	22	24	27	30	33	36	40
d_k	h14	30	33	36	40	44	47	50	55
d_1	H13[2]	5	5	6.3	6.3	8	8	8	8
c	max	4	4	4	4	4	4	4	4
k	js14	5	5.5	6	6	8	8	8	8
l_e	min	8	8	9	9	10	10	10	10
l[3]	商品规格范围	40~200	45~200	50~200	55~200	60~200	65~200	70~200	80~200
d	h11[1]	45	50	55	60	70	80	90	100
d_k	h14	60	66	72	78	90	100	110	120
d_1	H13[2]	10	10	10	10	13	13	13	13
c	max	4	4	6	6	6	6	6	6
e	≈	2	2	3	3	3	3	3	3
k	js14	9	9	11	12	13	13	13	13
l_e	min	12	12	14	14	16	16	16	16
l[3]	商品规格范围	90~200	100~200	120~200	120~200	140~200	160~200	180~200	200

注：$l_h = l_{公称} - (k+c)$，l_h 的公差为 +IT14。

[1] 其他公差，如 a11、c11、f8 应由供需双方协议。

[2] 孔径 d_1 等于开口销的公称规格（见 GB/T 91）。

[3] 公称长度 l（mm）系列为 6~32（2 进位）、35、40、45、48、50~100（5 进位）、120~200（20 进位）。

2.9.6 槽销（见表 3-254~表 3-262）

表 3-254　带导杆及全长平行沟槽槽销的型式和

尺寸（摘自 GB/T 13829.1—2004）　　　　（单位：mm）

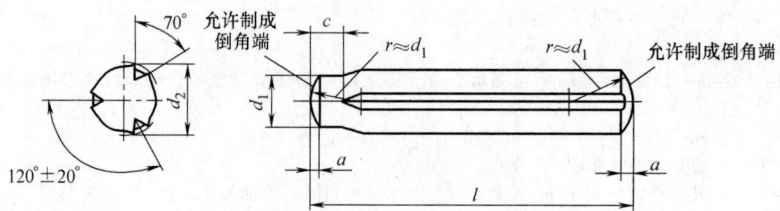

注：70°槽角仅适用于由碳素钢制造的槽销。槽角应按材料的弹性进行修正

标记示例：

公称直径 $d_1 = 6$mm、公称长度 $l = 50$mm、材料为碳素钢、硬度为 125~245 HV30、不经表面处理的带导杆及全长沟槽的槽销的标记为：

　销　GB/T 13829.1　6×50

公称直径 $d_1 = 6$mm、公称长度 $l = 50$mm、材料为 A1 组奥氏体不锈钢、硬度为 210~280 HV30、表面简单处理的带导杆及全长沟槽的槽销的标记为：

　销　GB/T 13829.1　6×50-A1

（续）

d_1	公称	1.5	2	2.5	3	4	5	6	8	10	12	16	20	25
	公差	h9				h11								
c	max	2	2	2.5	2.5	3	3	4	4	5	5	5	7	7
	min	1	1	1.5	1.5	2	2	3	3	4	4	4	6	6
a	$\approx$	0.2	0.25	0.3	0.4	0.5	0.63	0.8	1	1.2	1.6	2	2.5	3
最小剪切载荷/kN 双面剪		1.6	2.84	4.4	6.4	11.3	17.6	25.4	45.2	70.4	101.8	181	283	444
$l^{①}$商品长度 规格范围		8~ 20	8~ 30	10~ 30	10~ 40	10~ 60	14~ 60	14~ 80	14~ 100	14~ 100	18~ 100	22~ 100	26~ 100	26~ 100

注：1. 最小抗剪力仅适用于由碳素钢制造的槽销。

　　2. 扩展直径 d_2 仅适用于由碳素钢制造的槽销。对于其他材料，由供需双方协议。

　　3. 对 d_2 应使用光滑通、止环规进行检验。

① 公称长度 l（mm）系列为 8~32（2 进位）、35~100（5 进位）。

表 3-255　带倒角及全长平行沟槽槽销的型式和
尺寸（摘自 GB/T 13829.2—2004）　　　　（单位：mm）

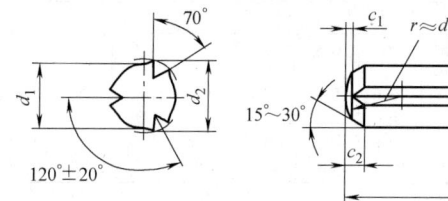

注：70°槽角仅适用于由碳素钢制造的槽销。槽角应按材料的弹性进行修正

标记示例：

公称直径 $d_1 = 6mm$、公称长度 $l = 50mm$、材料为碳素钢、硬度为 125~245 HV30、不经表面处理的带倒角及全长沟槽的槽销的标记为：

　　销　GB/T 13829.2　6×50

公称直径 $d_1 = 6mm$、公称长度 $l = 50mm$、材料为 A1 组奥氏体不锈钢、硬度为 210~280 HV30、表面简单处理的带倒角及全长沟槽的槽销的标记为：

　　销　GB/T 13829.2　6×50-A1

d_1	公称	1.5	2	2.5	3	4	5	6	8	10	12	16	20	25
	公差	h9				h11								
c_1	$\approx$	0.12	0.18	0.25	0.3	0.4	0.5	0.6	0.8	1	1.2	1.6	2	2.5
c_2		0.6	0.8	1	1.2	1.4	1.7	2.1	2.6	3	3.8	4.6	6	7.5
a	$\approx$	0.2	0.25	0.3	0.4	0.5	0.63	0.8	1	1.2	1.6	2	2.5	3
最小剪切载荷/kN 双面剪		1.6	2.84	4.4	6.4	11.3	17.6	25.4	45.2	70.4	101.8	181	283	444
$l^{①}$商品长度 规格范围		8~ 20	8~ 30	10~ 30	10~ 40	10~ 60	14~ 60	14~ 80	14~ 100	14~ 100	18~ 100	22~ 100	26~ 100	26~ 100

注：1. 最小抗剪力仅适用于由碳素钢制造的槽销。

　　2. 扩展直径 d_2 仅适用于由碳素钢制造的槽销。对于其他材料，由供需双方协议。

　　3. d_2 应使用光滑通、止环规进行检验。

① 公称长度 l（mm）系列为 8~32（2 进位）、35~100（5 进位）。

表 3-256 中部槽长为 1/3 全长槽销的型式和

尺寸（摘自 GB/T 13829.3—2004）　　　　　　（单位：mm）

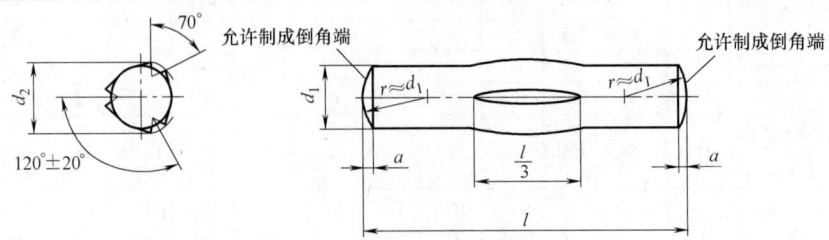

注：70°槽角仅适用于由碳素钢制造的槽销。槽角应按材料的弹性进行修正

标记示例：

公称直径 $d_1 = 6$mm、公称长度 $l = 50$mm、材料为碳素钢、硬度为 125~245 HV30、不经表面处理的中部槽长为 1/3 全长的槽销的标记为：

销　GB/T 13829.3　6×50

公称直径 $d_1 = 6$mm、公称长度 $l = 50$mm、材料为 A1 组奥氏体不锈钢、硬度为 210~280 HV30、表面简单处理的中部槽长为 1/3 全长的槽销的标记为：

销　GB/T 13829.3　6×50-A1

d_1	公称	1.5	2	2.5	3	4	5	6	8	10	12	16	20	25
	公差	h9				h11								
a ≈		0.2	0.25	0.3	0.4	0.5	0.63	0.8	1	1.2	1.6	2	2.5	3
最小剪切载荷/kN 双面剪		1.6	2.84	4.4	6.4	11.3	17.6	25.4	45.2	70.4	101.8	181	283	444
l[①] 商品长度 规格范围		8~20	12~30	12~30	12~40	18~60	18~60	22~80	26~100	32~160	40~200	45~200	45~200	45~200

注：1. 最小抗剪力仅适用于由碳素钢制造的槽销。

　　2. 扩展直径 d_2 仅适用于由碳素钢制造的槽销。对其他材料，如不锈钢，则应从给出的数值中减去一定的数量，并应经供需双方协议。

　　3. 对 d_2 应使用光滑通、止环规进行检验。

① 公称长度 l（mm）系列为 8~32（2 进位）、35~100（5 进位）、120~200（20 进位）。

表 3-257 中部槽长为 1/2 全长槽销的型式和

尺寸（摘自 GB/T 13829.4—2004）　　　　　　（单位：mm）

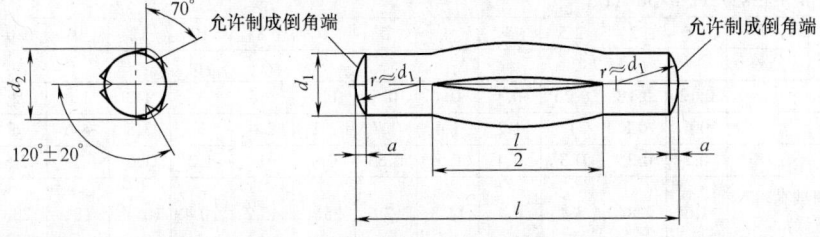

注：70°槽角仅适用于由碳素钢制造的槽销。槽角应按材料的弹性进行修正

标记示例：

公称直径 $d_1 = 6$mm、公称长度 $l = 50$mm、材料为碳素钢、硬度为 125~245 HV30、不经表面处理的中部槽长为 1/2 全长的槽销的标记为：

销　GB/T 13829.4　6×50

公称直径 $d_1 = 6$mm、公称长度 $l = 50$mm、材料为 A1 组奥氏体不锈钢、硬度为 210~280 HV30、表面简单处理的中部槽长为 1/2 全长的槽销的标记为：

销　GB/T 13829.4　6×50-A1

（续）

d_1	公称	1.5	2	2.5	3	4	5	6	8	10	12	16	20	25
	公差	h9				h11								
a ≈		0.2	0.25	0.3	0.4	0.5	0.63	0.8	1	1.2	1.6	2	2.5	3
最小剪切载荷/kN 双面剪		1.6	2.84	4.4	6.4	11.3	17.6	25.4	45.2	70.4	101.8	181	283	444
l[①]商品长度 规格范围		8~20	12~30	12~30	12~40	18~60	18~60	22~80	26~100	32~160	40~200	45~200	45~200	45~200

注：1. 最小抗剪力仅适用于由碳素钢制造的槽销。

　　2. 扩展直径 d_2 仅适用于由碳素钢制造的槽销。对其他材料，如不锈钢，则应从给出的数值中减去一定的数量，并应经供需双方协议。

　　3. 对 d_2 应使用光滑通、止环规进行检验。

① 公称长度 l（mm）系列为 8~32（2 进位）、35~100（5 进位）、120~200（20 进位）。

表 3-258　全长锥槽槽销的型式和尺寸（摘自 GB/T 13829.5—2004）　　（单位：mm）

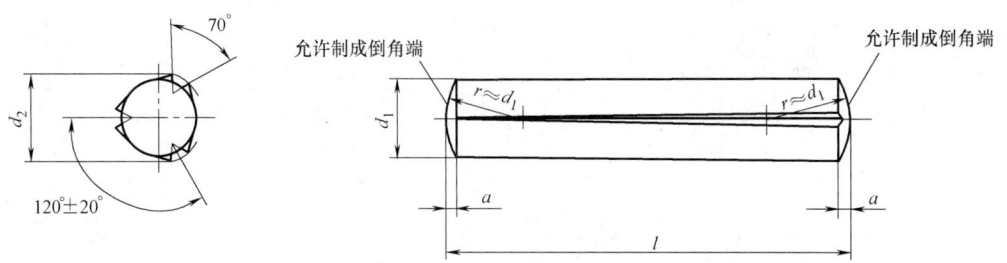

注：70°槽角仅适用于由碳素钢制造的槽销。槽角应按材料的弹性进行修正

标记示例：

公称直径 d_1=6mm、公称长度 l=50mm、材料为碳素钢、硬度为 125~245 HV30、不经表面处理的全长锥槽的槽销的标记为：

　销　GB/T 13829.5　6×50

公称直径 d_1=6mm、公称长度 l=50mm、材料为 A1 组奥氏体不锈钢、硬度为 210~280 HV30、表面简单处理的全长锥槽的槽销的标记为：

　销　GB/T 13829.5　6×50-A1

d_1	公称	1.5	2	2.5	3	4	5	6	8	10	12	16	20	25
	公差	h9				h11								
a ≈		0.2	0.25	0.3	0.4	0.5	0.63	0.8	1	1.2	1.6	2	2.5	3
最小剪切载荷/kN 双面剪		1.6	2.84	4.4	6.4	11.3	17.6	25.4	45.2	70.4	101.8	181	283	444
l[①]商品长度 规格范围		8~20	8~30	8~30	8~40	8~60	8~60	10~80	12~100	14~120	14~120	24~120	26~120	26~120

注：1. 最小抗剪力仅适用于由碳素钢制造的槽销。

　　2. 扩展直径 d_2 仅适用于由碳素钢制造的槽销。对其他材料，如不锈钢，则应从给出的数值中减去一定的数量，并应经供需双方协议。

　　3. 对 d_2 应使用光滑通、止环规进行检验。

① 公称长度 l（mm）系列为 8~32（2 进位）、35~100（5 进位）、120。

表 3-259 半长锥槽槽销的型式和尺寸（摘自 GB/T 13829.6—2004） （单位：mm）

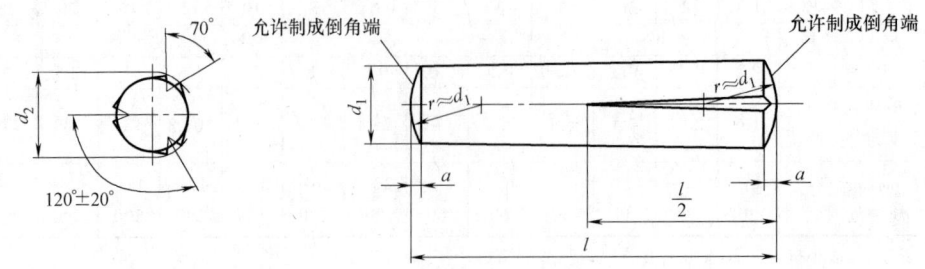

注：70°槽角仅适用于由碳素钢制造的槽销。槽角应按材料的弹性进行修正

标记示例：

公称直径 d_1 = 6mm、公称长度 l = 50mm、材料为碳素钢、硬度为 125～245 HV30、不经表面处理的半长锥槽的槽销的标记为：

销 GB/T 13829.6 6×50

公称直径 d_1 = 6mm、公称长度 l = 50mm、材料为 A1 组奥氏体不锈钢、硬度为 210～280 HV30、表面简单处理的半长锥槽的槽销的标记为：

销 GB/T 13829.6 6×50-A1

d_1	公称	1.5	2	2.5	3	4	5	6	8	10	12	16	20	25
	公差		h9						h11					
a $\approx$		0.2	0.25	0.3	0.4	0.5	0.63	0.8	1	1.2	1.6	2	2.5	3
最小剪切载荷/kN 双面剪		1.6	2.84	4.4	6.4	11.3	17.6	25.4	45.2	70.4	101.8	181	283	444
$l^{[1]}$ 商品长度 规格范围		8~20	8~30	8~30	8~40	10~60	10~60	10~80	14~100	14~200	18~200	26~200	26~200	26~200

注：1. 最小抗剪力仅适用于由碳素钢制造的槽销。

2. 扩展直径 d_2 仅适用于由碳素钢制造的槽销。对其他材料，如不锈钢，则应从给出的数值中减去一定的数量，并应经供需双方协议。

3. 对 d_2 应使用光滑通、止环规进行检验。

[1] 公称长度 l（mm）系列为 8～32（2 进位）、35～100（5 进位）、120～200（20 进位）。

表 3-260 半长倒锥槽槽销的型式和尺寸（摘自 GB/T 13829.7—2004） （单位：mm）

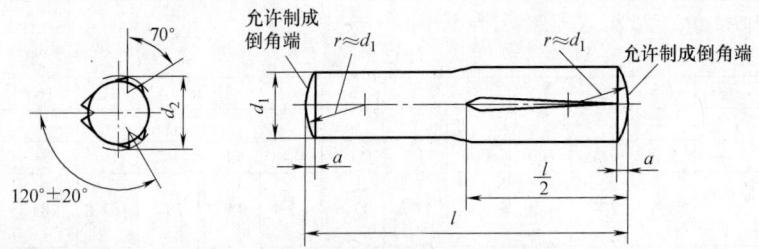

注：70°槽角仅适用于由碳素钢制造的槽销。槽角应按材料的弹性进行修正

标记示例：

公称直径 d_1 = 6mm、公称长度 l = 50mm、材料为碳素钢、硬度为 125～245 HV30、不经表面处理的半长倒锥槽的槽销的标记为：

销 GB/T 13829.7 6×50

公称直径 d_1 = 6mm、公称长度 l = 50mm、材料为 A1 组奥氏体不锈钢、硬度为 210～280 HV30、表面简单处理的半长倒锥槽的槽销的标记为：

销 GB/T 13829.7 6×50-A1

（续）

d_1	公称	1.5	2	2.5	3	4	5	6	8	10	12	16	20	25
	公差	h9				h11								
a	≈	0.2	0.25	0.3	0.4	0.5	0.63	0.8	1	1.2	1.6	2	2.5	3
最小剪切载荷/kN 双面剪[a]		1.6	2.84	4.4	6.4	11.3	17.6	25.4	45.2	70.4	101.8	181	283	444
l[①]商品长度 规格范围		8~20	8~30	8~30	8~40	10~60	10~60	12~80	14~100	18~160	26~200	26~200	26~200	26~200

注：1. 最小抗剪力仅适用于由碳素钢制造的槽销。

　　2. 扩展直径 d_2 仅适用于由碳素钢制造的槽销。对其他材料，如不锈钢，则应从给出的数值中减去一定的数量，并应经供需双方协议。

　　3. 对 d_2 应使用光滑通、止环规进行检验。

① 公称长度 l（mm）系列为 8~32（2 进位）、35~100（5 进位）、120~200（20 进位）。

表 3-261　圆头槽销的型式和尺寸（摘自 GB/T 13829.8—2004）　　（单位：mm）

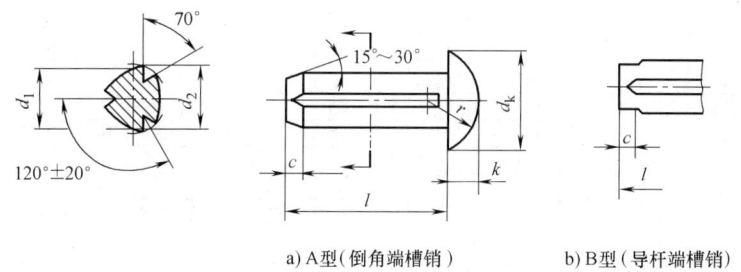

a) A 型（倒角端槽销）　　　　b) B 型（导杆端槽销）

注：70°槽角仅适用于由冷镦钢制造的槽销。槽角应按材料的弹性进行修正；B 型其他尺寸见 A 型。

标记示例：

公称直径 d_1=6mm、公称长度 l=30mm、材料为冷镦钢、硬度为 125~245 HV30、不经表面处理的圆头槽销的标记为：

销　GB/T 13829.8　6×30

在特殊情况下，如需指定一种型式，则应在标记中注明：

销　GB/T 13829.8　6×30-A

d_1	公称	1.4	1.6	2	2.5	3	4	5	6	8	10	12	16	20
	max	1.40	1.60	2.00	2.500	3.000	4.0	5.0	6.0	8.00	10.00	12.0	16.0	20.0
	min	1.35	1.55	1.95	2.425	2.925	3.9	4.9	5.9	7.85	9.85	11.8	15.8	19.8
d_k	max	2.6	3.0	3.7	4.6	5.45	7.25	9.1	10.8	14.4	16.0	19.0	25.0	32.0
	min	2.2	2.6	3.3	4.2	4.95	6.75	8.5	10.2	13.6	14.9	17.7	23.7	30.7
k	max	0.9	1.1	1.3	1.6	1.95	2.55	3.15	3.75	5.0	7.4	8.4	10.9	13.9
	min	0.7	0.9	1.1	1.4	1.65	2.25	2.85	3.45	4.6	6.5	7.5	10.0	13.0
r	≈	1.4	1.6	1.9	2.4	2.8	3.8	4.6	5.7	7.5	8	9.5	13	16.5
c		0.42	0.48	0.6	0.75	0.9	1.2	1.5	1.8	2.4	3.0	3.6	4.8	6
l[①]商品长度 规格范围		3~6	3~8	3~10	3~12	4~16	5~20	6~25	8~30	10~40	12~40	16~40	20~40	25~40

注：1. 扩展直径 d_2 仅适用于由冷镦钢制造的槽销。对其他材料，如不锈钢，则应从给出的数值中减去一定的数量，并应经供需双方协议。

　　2. 对 d_2 应使用光滑通、止环规进行检验。

① 公称长度 l（mm）系列为 3、4、5、6~12（2 进位）、16、20~40（5 进位）。

表 3-262　沉头槽销的型式和尺寸（摘自 GB/T 13829.9—2004）　　　（单位：mm）

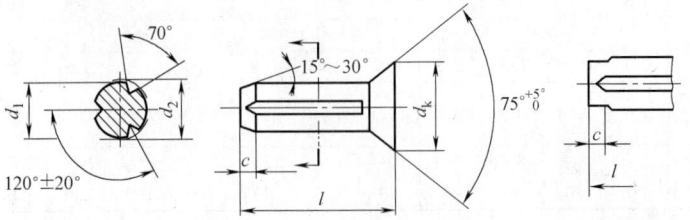

a) A型（倒角端槽销）　　　　b) B型（导杆端槽销）

注：70°槽角仅适用于由冷镦钢制造的槽销；槽角按材料的弹性进行修正；B 型其他尺寸见 A 型

标记示例：

公称直径 d_1 = 6mm、公称长度 l = 30mm、材料为冷镦钢、硬度为 125 ~ 245 HV30、不经表面处理的沉头槽销的标记为：

销　GB/T 13829.9　6×30

在特殊情况下，如需指定一种型式，则应在标记中注明：

销　GB/T 13829.9　6×30-A

	公称	1.4	1.6	2	2.5	3	4	5	6	8	10	12	16	20
d_1	max	1.40	1.60	2.00	2.500	3.000	4.0	5.0	6.0	8.00	10.00	12.0	16.0	20.0
	min	1.35	1.55	1.95	2.425	2.925	3.9	4.9	5.9	7.85	9.85	11.8	15.8	19.8
d_k	max	2.7	3.0	3.7	4.6	5.45	7.25	9.1	10.8	14.4	16.0	19.0	26.0	31.5
	min	2.3	2.6	3.3	4.2	4.95	6.75	8.5	10.2	13.6	14.9	17.7	23.7	30.7
c		0.42	0.48	0.6	0.75	0.9	1.2	1.5	1.8	2.4	3.0	3.6	4.8	6
l[①] 商品长度规格范围		3 ~ 6	3 ~ 8	4 ~ 10	4 ~ 12	5 ~ 16	6 ~ 20	8 ~ 25	8 ~ 30	10 ~ 40	12 ~ 40	16 ~ 40	20 ~ 40	25 ~ 40

注：1. 扩展直径 d_2 仅适用于由冷镦钢制造的槽销。对其他材料，如不锈钢，则应从给出的数值中减去一定的数量，并应经供需双方协议。

　　2. 对 d_2 应使用光滑通、止环规进行检验。

① 公称长度 l（mm）系列为 3、4、5、6~12（2 进位）、16、20~40（5 进位）。

2.10　铆钉

2.10.1　品种、规格及技术要求（见表 3-263）

表 3-263　铆钉的品种、规格及技术要求

序号	名称及标准号	规格范围	技术条件、材料及表面处理		
1	半圆头铆钉 GB/T 867—1986	0.6 ~ 16mm	见 GB/T 116—1986 其中：		
2	半圆头铆钉（粗制）[①] GB/T 863.1—1986	12 ~ 36mm	碳素钢[②]： Q215、Q235 BL3、BL2		1) 不经处理 2) 镀锌钝化
3	小半圆头铆钉（粗制） GB/T 863.2—1986	10 ~ 36mm	碳素钢[②]： 10、15 ML10、ML20		
4	平锥头铆钉[①] GB/T 868—1986	2 ~ 16mm	特种钢[②]： 06Cr18Ni9 06Cr18Ni11Ti		不经处理
5	平锥头铆钉（粗制） GB/T 864—1986	12 ~ 36mm	铜及其合金： T2、T3、H62		1) 不经处理 2) 钝化
6	沉头铆钉[①] GB/T 869—1986	1 ~ 16mm	铝及其合金[③]： 1035（L4）、2A01（LY1）、2A10（LY10）、5B05（LF10）、3A21（LF21）		1) 不经处理 2) 阳极氧化

（续）

序号	名称及标准号	规格范围	技术条件、材料及表面处理
7	沉头铆钉（粗制）① GB/T 865—1986	12~36mm	
8	半沉头铆钉 GB/T 870—1986	1~16mm	
9	半沉头铆钉（粗制） GB/T 866—1986	12~36mm	
10	120°沉头铆钉 GB/T 954—1986	1.2~8mm	
11	120°半沉头铆钉 GB/T 1012—1986	3~6mm	
12	平头铆钉 GB/T 109—1986	2~10mm	
13	扁平头铆钉① GB/T 872—1986	1.2~10mm	见 GB/T 116—1986 其中：
14	扁圆头铆钉 GB/T 871—1986	1.2~10mm	
15	大扁圆头铆钉 GB/T 1011—1986	2~8mm	
16	扁圆头半空心铆钉① GB/T 873—1986	1.2~10mm	
17	大扁圆头半空心铆钉 GB/T 1014—1986	2~8mm	
18	扁平头半空心铆钉① GB/T 875—1986	1.2~10mm	
19	平锥头半空心铆钉 GB/T 1013—1986	1.4~10mm	
20	沉头半空心铆钉 GB/T 1015—1986	1.4~10mm	
21	120°沉头半空心铆钉 GB/T 874—1986	1.2~8mm	
22	空心铆钉① GB/T 876—1986	1.4~6mm	
23	无头铆钉 GB/T 1016—1986	1.4~10mm	
24	标牌铆钉① GB/T 827—1986	1.6~5mm	

技术条件、材料及表面处理栏（序号13 对应区域）补充表：

材料	表面处理
碳素钢②： Q215、Q235 BL3、BL2	1)不经处理 2)镀锌钝化
碳素钢②： 10、15 ML10、ML20	
特种钢②： 06Cr18Ni9 06Cr18Ni11Ti	不经处理
铜及其合金： T2、T3、H62	1)不经处理 2)钝化
铝及其合金③： 1035（L4）、2A01（LY1）、2A10 （LY10）、5B05（LF10）、3A21 （LF21）	1)不经处理 2)阳极氧化

(续)

序号	名称及标准号	规格范围	技术条件、材料及表面处理
25	管状铆钉 JB/T 10582—2006	0.7~20mm	见 JB/T 10582—2006,其中(见下表)
26	开口型平圆头抽芯铆钉 10、11级① GB/T 12618.1—2006	2.4~6.4mm	见 GB/T 3098.19—2004,其中性能等级及材料(见下表)
27	开口型平圆头抽芯铆钉 30级① GB/T 12618.2—2006	2.4~6.4mm	
28	开口型平圆头抽芯铆钉 12级① GB/T 12618.3—2006	2.4~6.4mm	
29	开口型平圆头抽芯铆钉 51级① GB/T 12618.4—2006	3~5mm	
30	开口型平圆头抽芯铆钉 20、21、22级① GB/T 12618.5—2006	3~4.8mm	
31	开口型平圆头抽芯铆钉 40、41级① GB/T 12618.6—2006	3.2~6.4mm	
32	开口型沉头抽芯铆钉 10、11级① GB/T 12617.1—2006	2.4~5mm	
33	开口型沉头抽芯铆钉 30级① GB/T 12617.2—2006	2.4~6.4mm	
34	开口型沉头抽芯铆钉 12级① GB/T 12617.3—2006	2.4~6.4mm	
35	开口型沉头抽芯铆钉 51级① GB/T 12617.4—2006	3~5mm	
36	开口型沉头抽芯铆钉 20、21、22级① GB/T 12617.5—2006	3~4.8mm	
37	封闭型平圆头抽芯铆钉 11级① GB/T 12615.1—2004	3.2~6.4mm	
38	封闭型平圆头抽芯铆钉 30级① GB/T 12615.2—2004	3.2~6.4mm	
39	封闭型平圆头抽芯铆钉 06级① GB/T 12615.3—2004	3.2~6.4mm	
40	封闭型平圆头抽芯铆钉 51级① GB/T 12615.4—2004	3.2~6.4mm	
41	封闭型沉头抽芯铆钉 11级① GB/T 12616.1—2004	3.2~6.4mm	
42	扁圆头击芯铆钉① GB/T 15855.1—1995	3~6.4mm	钉体材料:铝合金,5056;钉芯材料:钢,10、15、35、45 见 GB/T 15855.3—1995 其中(见下表)
43	沉头击芯铆钉① GB/T 15855.2—1995	3~6.4mm	

序号25 技术条件:

碳素钢:20(冷拔)	镀锌钝化
铜及铜合金: T2(软) H62(软) H96(软)	1)钝化 2)镀锡 3)镀银

序号26~41 性能等级及材料:

性能等级	钉体材料 种类	钉体材料 牌号	钉芯材料 种类	钉芯材料 牌号
06	铝	1035	铝合金	7A03、5183
10	铝合金	5052、5A02	碳素钢	10、15、35、45
11	铝合金	5056、5A05	碳素钢	10、15、35、45
12	铝合金	5052、5A02	铝合金	7A03、5183
15	铝合金	5056、5A05	不锈钢	06Cr18Ni9 12Cr18Ni9
20	铜	T1 T2 T3	碳素钢	10、15、35、45
21	铜	T1 T2 T3	青铜	牌号由供需双方协议
22	铜	T1 T2 T3	不锈钢	06Cr18Ni9 12Cr18Ni9
30	碳素钢	08F、10	碳素钢	10、15、35、45
40	镍铜合金	NiCu28-2.5-1.5	碳素钢	10、15、35、45
41	镍铜合金	NiCu28-2.5-1.5	不锈钢	06Cr18Ni9 20Cr13
50	不锈钢	06Cr18Ni9 12Cr18Ni9	碳素钢	10、15、35、45
51	不锈钢	06Cr18Ni9 12Cr18Ni9	不锈钢	06Cr18Ni9 20Cr13

序号42~43 材料:

钉体材料 种类	钉体材料 牌号③	钉芯材料 种类	钉芯材料 牌号
铝合金	1100(LF5-1)	低碳、中碳结构钢丝	由制造者选择
		不锈钢	2Cr13
低碳钢	08F、10、15	低碳、中碳结构钢丝	由制造者选择

① 商品紧固件品种,应优先选用。

② 本栏所列材料可通用。

③ 括号内为旧牌号。

2.10.2　实心铆钉（见表 3-264~表 280）

表 3-264　半圆头铆钉（粗制）的型式和尺寸

（摘自 GB/T 863.1—1986）　　　　　　　　（单位：mm）

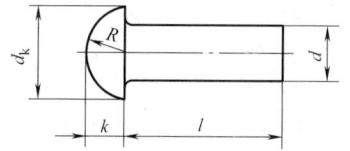

标记示例：

公称直径 $d = 12$mm、公称长度 $l = 50$mm、材料为 BL2 钢，不经表面处理的半圆头铆钉的标记为：

铆钉　GB/T 863.1　12×50

	公称	12	(14)	16	(18)	20	(22)	24	(27)	30	36
d	max	12.3	14.3	16.3	18.3	20.35	22.35	24.35	27.35	30.35	36.4
	min	11.7	13.7	15.7	17.7	19.65	21.65	23.65	26.65	29.65	35.6
d_k	max	22	25	30	33.4	36.4	40.4	44.4	49.4	54.8	63.8
	min	20	23	28	30.6	33.6	37.6	41.6	46.6	51.2	60.2
k	max	8.5	9.5	10.5	13.3	14.8	16.3	17.8	20.2	22.2	26.2
	min	7.5	8.5	9.5	11.7	13.2	14.7	16.2	17.8	19.8	23.8
R	≈	11	12.5	15.5	16.5	18	20	22	26	27	32
l[①]商品规格范围		20~90	22~100	26~110	32~150		38~180	52~180	55~180		58~200

注：1. 尽可能不采用括号内的规格。

　　2. 其他材料、热处理和表面处理见 GB/T 116。

① 公称长度系列为：20~32（2 进位）、35、38、40、42、45、48、50、52、55、58、60、100（5 进位）、100~200（10 进位）。

表 3-265　平锥头铆钉（粗制）的型式和尺寸

（摘自 GB/T 864—1986）　　　　　　　　（单位：mm）

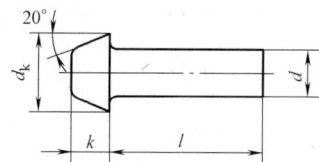

标记示例：

公称直径 $d = 12$mm、公称长度 $l = 50$mm、材料为 B2 钢、不经表面处理的平锥头铆钉的标记为：

铆钉　GB/T 864　12×50

	公称	12	(14)	16	(18)	20	(22)	24	(27)	30	36
d	max	12.3	14.3	16.3	18.3	20.35	22.35	24.35	27.35	30.35	36.4
	min	11.7	13.7	15.7	17.7	19.65	21.65	23.65	26.65	29.65	35.6
d_k	max	21	25	29	32.4	35.4	39.9	41.4	46.4	51.4	61.8
	min	19	23	27	29.6	32.6	37.1	38.6	43.6	48.6	58.2
k	max	10.5	12.8	14.8	16.8	17.8	20.2	22.7	24.7	28.2	34.6
	min	9.5	11.2	13.2	15.2	16.2	17.8	20.3	22.3	25.8	31.4
l[①]通用规格范围		20~100		24~110	30~150		38~180	50~180	58~180	65~180	70~200

注：1. 尽可能不采用括号内的规格。

　　2. 其他材料、热处理和表面处理见 GB/T 116。

① 公称长度 l(mm) 系列为 20~32、35、38、40、42、45、48、50、52、55、58、60~100（5 进位）、100~200（10 进位）。

表 3-266　沉头铆钉（粗制）的型式和尺寸（摘自 GB/T 865—1986）　（单位：mm）

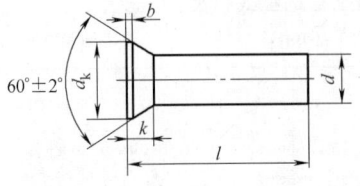

标记示例：

公称直径 d = 12mm、公称长度 l = 50mm、材料为 BL2 钢、不经表面处理的沉头铆钉的标记为：

铆钉　GB/T 865　12×50

	公称	12	(14)	16	(18)	20	(22)	24	(27)	30	36
d	max	12.3	14.3	16.3	18.30	20.35	22.35	24.35	27.35	30.35	36.4
	min	11.7	13.7	15.7	17.7	19.65	21.65	23.65	26.65	29.65	35.6
d_k	max	19.6	22.5	25.7	29	33.4	37.4	40.4	44.4	51.4	59.8
	min	17.6	20.6	23.7	27	30.6	34.6	37.6	41.6	48.6	56.2
b	max	0.6	0.6	0.6	0.8	0.8	0.8	0.8	0.8	0.8	0.8
k	≈	6	7	8	9	11	12	13	14	17	19
l[①]商品规格范围		20~75	20~100	24~100	28~150	30~150	38~180	50~180	55~180	60~200	65~200

注：1. 尽可能不采用括号内的规格。

　　2. 其他材料、热处理和表面处理见 GB/T 116。

① 公称长度 l（mm）系列为 20~32（2 进位）、35、38、40、42、45、48、50、52、55、58、60~100（5 进位）、100~200（10 进位）。

表 3-267　半沉头铆钉（粗制）的型式和尺寸（摘自 GB/T 866—1986）　（单位：mm）

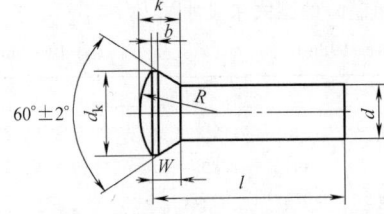

标记示例：

公称直径 d = 12mm、公称长度 l = 50mm、材料为 BL2 钢、不经表面处理的半沉头铆钉的标记为：

铆钉 GB/T 866　12×50

	公称	12	(14)	16	(18)	20	(22)	24	(27)	30	36
d	max	12.3	14.3	16.3	18.3	20.35	22.35	24.35	27.35	30.35	36.4
	min	11.7	13.7	15.7	17.7	19.65	21.65	23.65	26.65	29.65	35.6
d_k	max	19.6	22.5	25.7	29	33.4	37.4	40.4	44.4	51.4	59.8
	min	17.6	20.5	23.7	27	30.6	34.6	37.6	41.6	48.6	56.2
$k≈$		8.8	10.4	11.4	12.8	15.3	16.8	18.3	19.5	23	26
W	≈	6	7	8	9	11	12	13	14	17	19
b	max	0.6	0.6	0.6	0.8	0.8	0.8	0.8	0.8	0.8	0.8
R	≈	17.5	19.5	24.7	27.7	32	36	38.5	44.5	55	63.6
l[①]通用规格范围		20~75	20~100	24~100	28~150	30~150	38~180	50~180	55~180	60~200	65~200

注：1. 尽可能不采用括号内的规格。

　　2. 其他材料、热处理和表面处理见 GB/T 116。

① 公称长度 l（mm）系列为 20~32（2 进位）、35、38、40、42、45、48、50、52、55、58、60~100（5 进位）、100~200（10 进位）。

表 3-268　小半圆头铆钉（粗制）的型式和尺寸

（摘自 GB/T 863.2—1986）　　　　　　　（单位：mm）

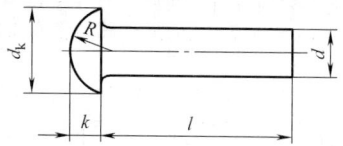

标记示例：

公称直径 $d = 12$mm、公称长度 $l = 50$mm、材料为 BL2 钢、不经表面处理的半圆头铆钉的标记为：

铆钉　GB/T 863.2　12×50

	公称	10	12	(14)	16	(18)	20	(22)	24	(27)	30	36
d	max	10.3	12.3	14.3	16.3	18.3	20.35	22.35	24.35	27.35	30.35	36.4
	min	9.7	11.7	13.7	15.7	17.7	19.65	21.65	23.65	26.65	29.65	35.6
d_k	max	16	19	22	25	28	32	36	40	43	48	58
	min	14.9	17.7	20.7	23.7	26.7	30.4	34.4	38.4	41.4	46.4	56.1
k	max	7.4	8.4	9.9	10.9	12.6	14.1	15.1	17.1	18.1	20.3	24.3
	min	6.5	7.5	9	10	11.5	13	14	16	17	19	23
R	$\approx$	8	9.5	11	13	14.5	16.5	18.5	20.5	22	24.5	30
l[①] 商品 规格范围		12~ 50	16~ 60	20~ 70	25~ 80	28~ 90	30~ 200	35~ 200	38~ 200	40~ 200	42~ 200	48~ 200

注：1. 尽可能不采用括号内的规格。

　　2. 其他材料、热处理和表面处理见 GB/T 116。

① 公称长度 l（mm）系列为 12~22（2 进位）、25、28、30、32、35、38、40、42、45、48、50、52、55、58、60、62、65、68、70~100（5 进位）、100~200（10 进位）。

表 3-269　半圆头铆钉的型式和尺寸（摘自 GB/T 867—1986）　　　（单位：mm）

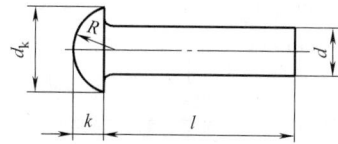

标记示例：

公称直径 $d = 8$mm、公称长度 $l = 50$mm、材料为 ML2、不经表面处理的半圆头铆钉的标记为：

铆钉　GB/T 867　8×50

	公称	0.6	0.8	1	(1.2)	1.4	(1.6)	2	2.5	3	(3.5)	4	5	6	8	10	12	(14)	16
d	max	0.64	0.84	1.06	1.26	1.46	1.66	2.06	2.56	3.06	3.58	4.08	5.08	6.08	8.1	10.1	12.12	14.12	16.12
	min	0.56	0.76	0.94	1.14	1.31	1.54	1.94	2.44	2.94	3.42	3.92	4.92	5.92	7.9	9.9	11.88	13.88	15.88
d_k	max	1.3	1.6	2	2.3	2.7	3.2	3.74	4.84	5.54	6.59	7.39	9.09	11.35	14.35	17.35	21.42	24.42	29.42
	min	0.9	1.2	1.6	1.9	2.3	2.8	3.26	1.36	5.06	6.01	6.81	8.51	10.65	13.65	16.65	20.58	23.58	28.58
k	max	0.5	0.6	0.7	0.8	0.9	1	1.4	1.8	2	2.3	2.6	3.2	3.84	5.04	6.24	8.29	9.29	10.29
	min	0.3	0.4	0.5	0.6	0.7	0.8	1	1.4	1.6	1.9	2.2	2.8	3.36	4.56	5.76	7.71	8.71	9.71
R	$\approx$	0.58	0.74	1	1.2	1.4	1.6	1.9	2.5	2.9	3.4	3.8	4.7	6	8	9	11	12.5	15.5
l[①]	通用 规格 范围	1~ 6	1.5~ 8	2~ 8	2.5~ 8	3~ 12		—	—	—	—	—	—	—	—	—	—	—	—
	商品 规格 范围	—	—	—	—	—		3~ 16	5~ 20	5~ 26	7~ 26	7~ 50	7~ 55	8~ 60	16~ 65	16~ 85	20~ 90	22~ 100	26~ 110

注：尽可能不采用括号内的规格。

① 公称长度 l（mm）系列为 2~4（0.5 进位）、5~20（1 进位）、22~52（2 进位）。

表 3-270　平锥头铆钉的型式和尺寸（摘自 GB/T 868—1986）　（单位：mm）

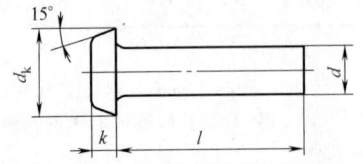

标记示例：

公称直径 d = 6mm、公称长度 l = 30mm、材料为 BL2 钢、不经表面处理的平锥头铆钉的标记为：

铆钉 GB/T 868　6×30

	公称	2	2.5	3	(3.5)	4	5	6	8	10	12	(14)	16
d	max	2.06	2.56	3.06	3.58	4.08	5.08	6.08	8.1	10.1	12.12	14.12	16.12
	min	1.94	2.44	2.94	3.42	3.92	4.92	5.92	7.9	9.9	11.88	13.88	15.88
d_k	max	3.84	4.74	5.64	6.59	7.49	9.29	11.15	14.75	18.35	20.42	24.42	28.42
	min	3.36	4.26	5.16	6.01	6.91	8.71	10.45	14.05	17.65	19.58	23.58	27.58
k	max	1.2	1.5	1.7	2	2.2	2.7	3.2	4.24	5.24	6.24	7.29	8.29
	min	0.8	1.1	1.3	1.6	1.8	2.3	2.8	3.76	4.76	5.76	6.71	7.71
l [1]	商品规格范围	3~16	4~20	6~24	6~28	8~32	10~40	12~40	16~60	16~90	—	—	—
	通用规格范围	—	—	—	—	—	—	—	—	—	—	18~110	24~110

注：尽可能不采用括号内的规格。

[1] 公称长度 l（mm）系列为 3、3.5、4~20（1 进位）、22~52（2 进位）、55、58~62（2 进位）、65、68、70~100（5 进位）、110。

表 3-271　平头铆钉的型式和尺寸（摘自 GB/T 109—1986）（单位：mm）

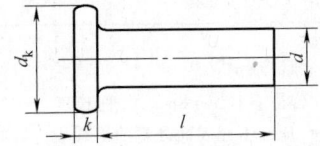

标记示例：

公称直径 d = 6mm、公称长度 l = 15mm、材料为 BL2 钢、不经表面处理的平头铆钉的标记为：

铆钉　GB/T 109　6×15

	公称	2	2.5	3	(3.5)	4	5	6	8	10
d	max	2.06	2.56	3.06	3.58	4.08	5.08	6.08	8.1	10.1
	min	1.94	2.44	2.94	3.42	3.92	4.92	5.92	7.9	9.9
d_k	max	4.24	5.24	6.24	7.29	8.29	10.29	12.35	16.35	20.42
	min	3.76	4.76	5.76	6.71	7.71	9.71	11.65	15.65	19.58
k	max	1.2	1.4	1.6	1.8	2	2.2	2.6	3	3.44
	min	0.8	1	1.2	1.4	1.6	1.8	2.2	2.6	2.96
l [1] 商品规格范围		4~8	5~10	6~14	6~18	8~22	10~26	12~30	16~30	20~30

注：尽可能不采用括号内的规格。

[1] 公称长度 l（mm）系列为 4~20（1 进位）、22~30（2 进位）。

表 3-272　扁圆头铆钉的型式和尺寸（摘自 GB/T 871—1986）　（单位：mm）

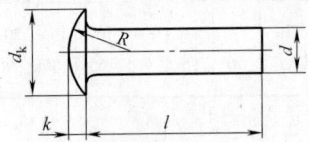

标记示例：

公称直径 d = 10mm、公称长度 l = 40mm、材料为 BL2 钢、不经表面处理的扁圆头铆钉的标记为：

铆钉　GB/T 871　10×40

（续）

	公称	(1.2)	1.4	(1.6)	2	2.5	3	(3.5)	4	5	6	8	10
d	max	1.26	1.46	1.66	2.06	2.56	3.06	3.58	4.08	5.08	6.08	8.1	10.1
	min	1.14	1.34	1.54	1.94	2.44	2.94	3.42	3.92	4.92	5.92	7.9	9.9
d_k	max	2.6	3	3.44	4.24	5.24	6.24	7.29	8.29	10.29	12.35	16.35	20.42
	min	2.2	2.6	2.96	3.76	4.76	5.76	6.71	7.71	9.71	11.65	15.65	19.58
k	max	0.6	0.7	0.8	0.9	0.9	1.2	1.4	1.5	1.9	2.4	3.2	4.24
	min	0.4	0.5	0.6	0.7	0.7	0.8	1	1.1	1.5	2	2.8	3.76
$R \approx$			1.7	1.9	2.2	2.9	4.3	5	5.7	6.8	8.7	9.3	12.2	14.5
$l^{①}$ 通用规格范围		1.5~6	2~8		2~13	3~16	3.5~30	5~36	5~40	6~50	7~50	9~50	10~50

注：尽可能不采用括号内的规格。

① 公称长度 l（mm）系列为 1.5~4（0.5 进位）、5~20（1 进位）、22~50（2 进位）。

表 3-273　扁平头铆钉的型式和尺寸（摘自 GB/T 872—1986）　　（单位：mm）

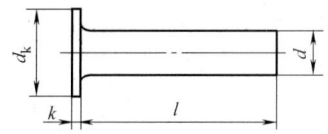

标记示例：

公称直径 $d = 6$mm、公称长度 $l = 30$mm、材料为 BL2 钢、不经表面处理的扁平头铆钉的标记为：

铆钉　GB/T 872　6×30

	公称	(1.2)	1.4	(1.6)	2	2.5	3	(3.5)	4	5	6	8	10
d	max	1.26	1.46	1.66	2.06	2.56	3.06	3.58	4.08	5.08	6.08	8.1	10.1
	min	1.14	1.34	1.54	1.94	2.44	2.94	3.42	3.92	4.92	5.92	7.9	9.9
d_k	max	2.4	2.7	3.2	3.74	4.74	5.74	6.79	7.79	9.79	11.85	15.85	19.42
	min	2	2.3	2.8	3.26	4.26	5.26	6.21	7.21	9.21	11.15	15.15	18.58
k	max	0.58	0.58	0.58	0.68	0.68	0.88	0.88	1.13	1.13	1.33	1.33	1.63
	min	0.42	0.42	0.42	0.52	0.52	0.72	0.72	0.87	0.87	1.07	1.07	1.37
$l^{①}$ 商品规格范围		1.5~6	2~7	2~8	2~13	3~15	3.5~30	5~36	5~40	6~50	7~50	9~50	10~50

注：尽可能不采用括号内的规格。

① 公称长度 l（mm）系列为 1.5~4（0.5 进位）、5~20（1 进位）、22~50（2 进位）。

表 3-274　大扁圆头铆钉的型式和尺寸（摘自 GB/T 1011—1986）　　（单位：mm）

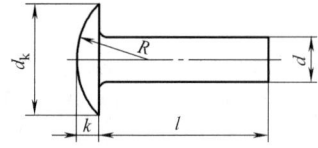

标记示例：

公称直径 $d = 6$mm、公称长度 $l = 30$mm、材料为 BL2 钢、不经表面处理的大扁圆头铆钉的标记为：

铆钉　GB/T 1011　6×30

（续）

	公称	2	2.5	3	(3.5)	4	5	6	8
d	max	2.06	2.56	3.06	3.58	4.08	5.08	6.08	8.1
	min	1.94	2.44	2.94	3.42	3.92	4.92	5.92	7.9
d_k	max	5.04	6.49	7.49	8.79	9.89	12.45	14.85	19.92
	min	4.56	5.91	6.91	8.21	9.31	11.75	14.15	19.08
k	max	1.0	1.4	1.6	1.9	2.1	2.6	3.0	4.14
	min	0.8	1.0	1.2	1.5	1.7	2.2	2.6	3.66
R	≈	3.6	4.7	5.4	6.3	7.3	9.1	10.9	14.5
l[①] 通用 规格范围		3.5~16	3.5~20	3.5~24	6~28	6~32	8~40	10~40	14~50

注：尽可能不采用括号内的规格。

① 公称长度 l（mm）系列为 3.5、4~20（1进位）、22~50（2进位）。

表 3-275　沉头铆钉的型式和尺寸（摘自 GB/T 869—1986）　　　（单位：mm）

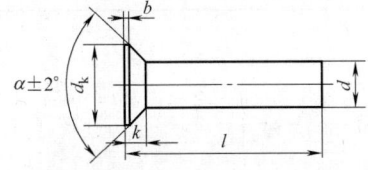

标记示例：

公称直径 d=5mm、公称长度 l=30mm、材料为 BL2 钢、不经表面处理的沉头铆钉的标记为：

铆钉　GB/T 869　5×30

	公称	1	(1.2)	1.4	(1.6)	2	2.5	3	(3.5)	4	5	6	8	10	12	(14)	16
d	max	1.06	1.26	1.46	1.66	2.06	2.56	3.06	3.58	4.08	5.08	6.08	8.1	10.1	12.12	14.12	16.12
	min	0.94	1.14	1.34	1.54	1.94	2.44	2.94	3.42	3.92	4.92	5.92	7.9	9.9	11.88	13.88	15.88
d_k	max	2.03	2.23	2.83	3.03	4.05	4.75	5.35	6.28	7.18	8.98	10.62	14.22	17.82	18.86	21.76	24.96
	min	1.77	1.97	2.57	2.77	3.75	4.45	5.05	5.92	6.82	8.62	10.18	13.78	17.38	18.34	21.24	24.44
α								90°							60°		
b	max	0.2	0.2	0.2	0.2	0.2	0.2	0.2	0.4	0.4	0.4	0.4	0.4	0.4	0.5	0.5	0.5
k	≈	0.5	0.5	0.7	0.7	1	1.1	1.2	1.4	1.6	2	2.4	3.2	4	6	7	8
l[①]	商品规格范围	—	—	—	—	3.5~16	5~18	5~22	6~24	6~30	6~50		12~60	16~75	—	—	—
	通用规格范围	2~8	2.5~8	3~12		—	—	—	—	—	—		—	—	18~75	20~100	24~100

注：尽可能不采用括号内的规格。

① 公称长度 l（mm）系列为 2~4（0.5进位）、5~20（1进位）、22~52（2进位）、55、58~62（2进位）、65、68、70~100（5进位）。

表 3-276　半沉头铆钉的型式和尺寸（摘自 GB/T 870—1986）　　　（单位：mm）

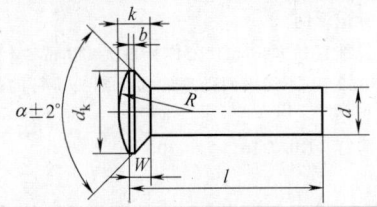

标记示例：

公称直径 d=6mm、公称长度 l=30mm、材料为 BL2 钢、不经表面处理的半沉头铆钉的标记为：

铆钉　GB/T 870　6×30

（续）

	公称	1	(1.2)	1.4	(1.6)	2	2.5	3	(3.5)	4	5	6	8	10	12	(14)	16
d	max	1.06	1.26	1.46	1.66	2.06	2.56	3.06	3.58	4.08	5.08	6.08	8.1	10.1	12.12	14.12	16.12
	min	0.94	1.14	1.34	1.54	1.94	2.44	2.94	3.42	3.92	4.92	5.92	7.9	9.9	11.88	13.88	15.88
d_k	max	2.03	2.23	2.83	3.03	4.05	4.75	5.35	6.28	7.18	8.98	10.62	14.22	17.82	18.86	21.76	24.96
	min	1.77	1.97	2.57	2.77	3.75	4.45	5.05	5.92	6.82	8.62	10.18	13.78	17.38	18.34	21.24	24.44
α		90°													60°		
k	≈	0.8	0.85	1.1	1.15	1.55	1.8	2.05	2.4	2.7	3.4	4	5.2	6.6	8.8	10.4	11.4
W	≈	0.5	0.5	0.7	0.7	1	1.1	1.2	1.4	1.6	2	2.4	3.2	4	6	7	8
b	max	0.2	0.2	0.2	0.2	0.2	0.2	0.2	0.4	0.4	0.4	0.4	0.4	0.4	0.4	0.5	0.5
R	≈	1.8	1.8	2.5	2.6	3.8	4.2	4.5	5.3	6.3	7.6	9.5	13.6	17	17.5	19.5	24.7
l[①] 通用规格范围		2~8	2.5~8	3~12		3.5~16	5~18	5~22	6~24	6~30	6~50		12~60	16~75	18~75	20~100	24~100

注：尽可能不采用括号内的规格。

① 公称长度 l（mm）系列为 2~4（0.5 进位）、5~20（1 进位）、22~52（2 进位）、55、58~62（2 进位）、65、68、70~100（5 进位）。

表 3-277　120°沉头铆钉的型式和尺寸（摘自 GB/T 954—1986）　（单位：mm）

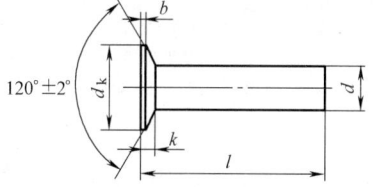

标记示例：

公称直径 d = 6mm、公称长度 l = 30mm、材料为 BL2 钢、不经表面处理的 120°沉头铆钉的标记为：

铆钉　GB/T 954　6×30

	公称	(1.2)	1.4	(1.6)	2	2.5	3	(3.5)	4	5	6	8
d	max	1.26	1.46	1.66	2.06	2.56	3.06	3.58	4.08	5.08	6.08	8.1
	min	1.14	1.34	1.54	1.94	2.44	2.94	3.42	3.92	4.92	5.92	7.9
d_k	max	2.83	3.45	3.95	4.75	5.35	6.28	7.08	7.98	9.68	11.72	15.82
	min	2.57	3.15	3.65	4.45	5.05	5.92	6.72	7.62	9.32	11.28	15.38
b	max	0.2	0.2	0.2	0.2	0.2	0.2	0.4	0.4	0.4	0.4	0.4
k	≈	0.5	0.6	0.7	0.8	0.9	1	1.1	1.2	1.4	1.7	2.3
l[①] 通用规格范围		1.5~6	2.5~8	2.5~10	3~10	4~15	5~20	6~36	6~42	7~50	8~50	10~50

注：尽可能不采用括号内的规格。

① 公称长度 l（mm）系列为 1.5~4（0.5 进位）、5~20（1 进位）、22~50（2 进位）。

表 3-278　120°半沉头铆钉的型式和尺寸（摘自 GB/T 1012—1986）　（单位：mm）

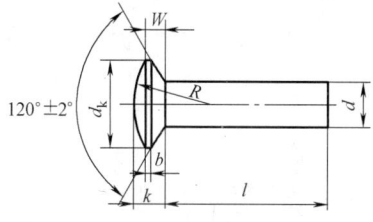

标记示例：

公称直径 d = 6mm，公称长度 l = 30mm，材料为 BL2 钢，不经表面处理的 120°半沉头铆钉的标记为：

铆钉　GB/T 1012　6×30

（续）

	公称	3	(3.5)	4	5	6
d	max	3.06	3.58	4.08	5.08	6.08
	min	2.94	3.42	3.92	4.92	5.92
d_k	max	6.28	7.08	7.98	9.68	11.72
	min	5.92	6.72	7.62	9.32	11.28
k ≈		1.8	1.9	2	2.2	2.5
W ≈		1	1.1	1.2	1.4	1.7
b max		0.2	0.4	0.4	0.4	0.4
R ≈		6.5	7.5	11	15.7	19
$l^{①}$ 通用规格范围		5~24	6~28	6~32	8~40	10~40

注：尽可能不采用括号内的规格。

① 公称长度 l（mm）系列为 5~20（1 进位）、22~40（2 进位）。

表 3-279 无头铆钉的型式和尺寸（摘自 GB/T 1016—1986） （单位：mm）

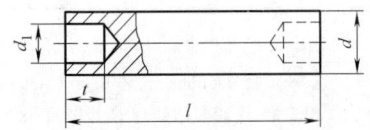

标记示例：

公称直径 d = 5mm、公称长度 l = 30mm、材料为 BL2 钢、不经表面处理的无头铆钉的标记为：

铆钉　GB/T 1016　5×30

	公称	1.4	2	2.5	3	4	5	6	8	10
d	max	1.4	2	2.5	3	4	5	6	8	10
	min	1.34	1.94	2.44	2.94	3.92	4.92	5.92	7.9	9.9
d_1	max	0.77	1.32	1.72	1.92	2.92	3.76	4.66	6.16	7.2
	min	0.65	1.14	1.54	1.74	2.74	3.52	4.42	5.92	6.9
t	max	1.74	1.74	2.24	2.74	3.24	4.29	5.29	6.29	7.35
	min	1.26	1.26	1.76	2.26	2.76	3.71	4.71	5.71	6.65
$l^{①}$ 通用规格范围		6~14	6~20	8~30	8~38	10~50	14~60	16~60	18~60	22~60

① 公称长度 l（mm）系列为 6~32（2 进位）、35、38、40、42、45、48、50、52、55、58、60。

表 3-280 标牌铆钉的型式和尺寸（摘自 GB/T 827—1986） （单位：mm）

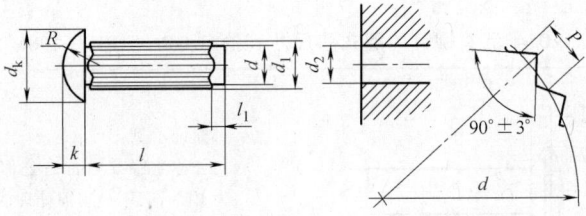

标记示例：

公称直径 d = 3mm、公称长度 l = 10mm、材料为 BL2 钢、不经表面处理的标牌铆钉的标记为：

铆钉　GB/T 827　3×10

（续）

d	公称	(1.6)	2	2.5	3	4	5
d_k	max	3.2	3.74	4.84	5.54	7.39	9.09
	min	2.8	3.26	4.36	5.06	6.81	8.51
k	max	1.2	1.4	1.8	2.0	2.6	3.2
	min	0.8	1.0	1.4	1.6	2.2	2.8
d_1	min	1.75	2.15	2.65	3.15	4.15	5.15
P	≈	0.72	0.72	0.72	0.72	0.84	0.92
l_1		1	1	1	1	1.5	1.5
R	≈	1.6	1.9	2.5	2.9	3.8	4.7
d_2	max	1.56	1.96	2.46	2.96	3.96	4.96
（推荐）	min	1.5	1.9	2.4	2.9	3.9	4.9
l[①]商品规格范围		3~6	3~8	3~10	4~12	6~18	8~20

注：尽可能不采用括号内的规格。

① 公称长度 l（mm）系列为 3~6（1 进位）、8、10、12、15、18、20。

2.10.3　半空心铆钉（见表 3-281~表 3-286）

表 3-281　平锥头半空心铆钉的型式和尺寸（摘自 GB/T 1013—1986）（单位：mm）

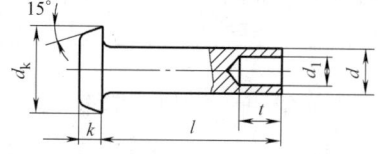

标记示例：

公称直径 $d=5$mm、公称长度 $l=30$mm、材料为 BL2 钢，不经表面处理的平锥头半空心铆钉的标记为：

铆钉　GB/T 1013　5×30

d	公称	1.4	(1.6)	2	2.5	3	(3.5)	4	5	6	8	10
d	max	1.46	1.66	2.06	2.56	3.06	3.58	4.08	5.08	6.08	8.1	10.1
	min	1.34	1.54	1.94	2.44	2.94	3.42	3.92	4.92	5.92	7.9	9.9
d_k	max	2.7	3.2	3.84	4.74	5.64	6.59	7.49	9.29	11.15	14.75	18.35
	min	2.3	2.8	3.36	4.26	5.16	6.01	6.91	8.71	10.45	14.05	17.65
k	max	0.9	0.9	1.2	1.5	1.7	2	2.2	2.7	3.2	4.24	5.24
	min	0.7	0.7	0.8	1.1	1.3	1.6	1.8	2.3	2.8	3.76	4.76
d_1 黑色	max	0.77	0.87	1.12	1.62	2.12	2.32	2.62	3.66	4.66	6.16	7.7
	min	0.65	0.75	0.94	1.44	1.94	2.14	2.44	3.42	4.42	5.92	7.4
有色	max	0.77	0.87	1.12	1.62	2.12	2.32	2.52	3.46	4.16	4.66	7.7
	min	0.65	0.75	0.94	1.44	1.94	2.14	2.34	3.22	3.92	4.42	7.4
t	max	1.64	1.84	2.24	2.74	3.24	3.79	4.29	5.29	6.29	8.35	10.35
	min	1.16	1.36	1.76	2.26	2.76	3.21	3.71	4.71	5.71	7.65	9.65
l[①]通用规格范围		3~8	3~10	4~14	5~16	6~18	8~20	8~24	10~40	12~40	14~50	18~50

注：1. 尽可能不采用括号内的规格。

　　2. d_1 栏内“黑色”适用于由钢材制成的铆钉，“有色”适用于由铝或铜材制成的铆钉。

① 公称长度 l（mm）系列为 3~8（1 进位）、12~50（2 进位）。

表 3-282　沉头半空心铆钉的型式和尺寸（摘自 GB/T 1015—1986）　（单位：mm）

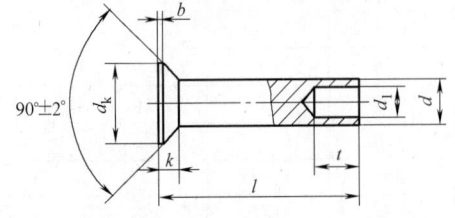

标记示例：

公称直径 $d = 6$mm、公称长度 $l = 30$mm、材料为 BL2 钢、不经表面处理的沉头半空心铆钉的标记为：

铆钉　GB/T 1015　6×30

	公称	1.4	(1.6)	2	2.5	3	(3.5)	4	5	6	8	10
d	max	1.46	1.66	2.06	2.56	3.06	3.58	4.08	5.08	6.08	8.1	10.1
	min	1.34	1.54	1.94	2.44	2.94	3.42	3.92	4.92	5.92	7.9	9.9
d_k	max	2.83	3.03	4.05	4.75	5.35	6.28	7.18	8.98	10.62	14.22	17.82
	min	2.57	2.77	3.75	4.45	5.05	5.92	6.82	8.62	10.18	13.78	17.38
d_1 黑色	max	0.77	0.87	1.12	1.62	2.12	2.32	2.62	3.66	4.66	6.16	7.7
	min	0.65	0.76	0.94	1.44	1.94	2.14	2.44	3.42	4.42	5.92	7.4
d_1 有色	max	0.77	0.87	1.12	1.62	2.12	2.32	2.52	3.46	4.16	4.66	7.7
	min	0.65	0.75	0.94	1.44	1.94	2.14	2.34	3.22	3.92	4.42	7.4
t	max	1.64	1.84	2.24	2.74	3.24	3.79	4.29	5.29	6.29	8.35	10.35
	min	1.16	1.36	1.76	2.26	2.76	3.21	3.71	4.71	5.71	7.65	9.65
k	≈	0.7	0.7	1	1.1	1.2	1.4	1.6	2	2.4	3.2	4
b	max	0.2	0.2	0.2	0.2	0.2	0.4	0.4	0.4	0.4	0.4	0.4
l[①] 通用规格范围		3～8	3～10	4～14	5～16	6～18	8～20	8～24	10～40	12～40	14～50	18～50

注：1. 尽可能不采用括号内的规格。

　　2. d_1 栏内"黑色"适用于由钢材制成的铆钉，"有色"适用于由铝或铜材制成的铆钉。

① 公称长度 l（mm）系列为 3～8（1 进位）、10～50（2 进位）。

表 3-283　扁圆头半空心铆钉的型式和尺寸（摘自 GB/T 873—1986）　（单位：mm）

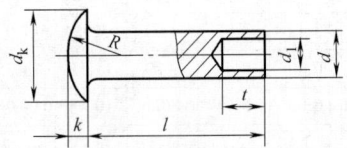

标记示例：

公称直径 $d = 5$mm、公称长度 $l = 30$mm、材料为 BL2 钢、不经表面处理的扁圆头半空心铆钉的标记为：

铆钉　GB/T 873　5×30

	公称	1.2	1.4	(1.6)	2	2.5	3	(3.5)	4	5	6	8	10
d	max	1.26	1.46	1.66	2.06	2.56	3.06	3.58	4.08	5.08	6.08	8.1	10.1
	min	1.14	1.34	1.54	1.94	2.44	2.94	3.42	3.92	4.92	5.92	7.9	9.9
d_k	max	2.6	3	3.44	4.24	5.24	6.24	7.29	8.29	10.29	12.35	16.35	20.42
	min	2.2	2.6	2.96	3.76	4.76	5.76	6.71	7.71	9.71	11.65	15.65	19.58
k	max	0.6	0.7	0.8	0.9	0.9	1.2	1.4	1.5	1.9	2.4	3.2	4.24
	min	0.4	0.5	0.6	0.7	0.7	0.8	1	1.1	1.5	2	2.8	3.76
d_1 黑色	max	0.66	0.77	0.87	1.12	1.62	2.12	2.32	2.62	3.66	4.66	6.16	7.7
	min	0.56	0.65	0.75	0.94	1.44	1.94	2.14	2.44	3.42	4.42	5.92	7.4
d_1 有色	max	0.66	0.77	0.87	1.12	1.62	2.12	2.32	2.52	3.46	4.16	4.66	7.7
	min	0.56	0.65	0.75	0.94	1.44	1.94	2.14	2.34	3.32	3.92	4.42	7.4

（续）

t	max	1.44	1.64	1.84	2.24	2.74	3.24	3.79	4.29	5.29	6.29	8.35	10.35
	min	0.96	1.16	1.36	1.76	2.26	2.76	3.21	3.71	4.71	5.71	7.65	9.65
$R\approx$		1.7	1.9	2.2	2.9	4.3	5	5.7	6.8	8.7	9.3	12.2	14.5
l[1]商品规格范围		1.5~6	2~8		2~13	3~16	3.5~30	5~36	5~40	6~50	7~50	9~50	10~50

注：1. 尽可能不采用括号内的规格。

　　2. d_1 栏内"黑色"适用于由钢材制成的铆钉，"有色"适用于由铝或铜材制成的铆钉。

[1] 公称长度 l（mm）系列为 1.5~4（0.5 进位）、5~20（1 进位）、22~50（2 进位）。

表 3-284　120°沉头半空心铆钉的型式和尺寸（摘自 GB/T 874—1986）　（单位：mm）

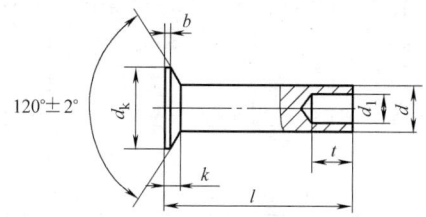

标记示例：

　　公称直径 d=5mm、公称长度 l=30mm、材料为 BL2 钢、不经表面处理的 120°沉头半空心铆钉的标记为：

　　铆钉　GB/T 874　5×30

	公称	(1.2)	1.4	(1.6)	2	2.5	3	(3.5)	4	5	6	8
d	max	1.26	1.46	1.66	2.06	2.56	3.06	3.58	4.08	5.08	6.08	8.1
	min	1.14	1.34	1.54	1.94	2.44	2.94	3.42	3.92	4.92	5.92	7.9
d_k	max	2.83	3.45	3.95	4.75	5.35	6.28	7.08	7.98	9.68	11.72	15.82
	min	2.57	3.15	3.65	4.45	5.05	5.92	6.72	7.62	9.32	11.28	15.38
d_1 黑色	max	0.66	0.77	0.87	1.12	1.62	2.12	2.32	2.62	3.66	4.66	6.16
	min	0.56	0.65	0.75	0.94	1.44	1.94	2.14	2.44	3.42	4.42	5.92
d_1 有色	max	0.66	0.77	0.87	1.12	1.62	2.12	2.32	2.52	3.46	4.16	4.66
	min	0.56	0.65	0.75	0.94	1.44	1.94	2.14	2.34	3.22	3.92	4.42
t	max	1.44	1.64	1.84	2.24	2.74	3.24	3.79	4.29	5.29	6.29	8.35
	min	0.96	1.16	1.36	1.76	2.26	2.76	3.21	3.71	4.71	5.71	7.65
b	max	0.2	0.2	0.2	0.2	0.2	0.2	0.4	0.4	0.4	0.4	0.4
$k\approx$		0.5	0.6	0.7	0.8	0.9	1	1.1	1.2	1.4	1.7	2.3
l[1]通用规格范围		1.5~6	2.5~8	2.5~10	3~10	4~15	5~20	6~36	6~42	7~50	8~50	10~50

注：1. 尽可能不采用括号内的规格。

　　2. d_1 栏内"黑色"适用于由钢材制成的铆钉，"有色"适用于由铝或铜材制成的铆钉。

[1] 公称长度 l（mm）系列为 1.5~4（0.5 进位）、5~20（1 进位）、22~50（2 进位）。

表 3-285　扁平头半空心铆钉的型式和尺寸（摘自 GB/T 875—1986）　（单位：mm）

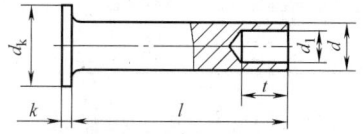

标记示例：

　　公称直径 d=5mm、公称长度 l=30mm、材料为 BL2 钢、不经表面处理的扁平头半空心铆钉的标记为：

　　铆钉　GB/T 875　5×30

（续）

	公称	(1.2)	1.4	(1.6)	2	2.5	3	(3.5)	4	5	6	8	10
d	max	1.26	1.46	1.66	2.06	2.56	3.06	3.58	4.08	5.08	6.08	8.1	10.1
	min	1.14	1.34	1.54	1.94	2.44	2.94	3.42	3.92	4.92	5.92	7.9	9.9
d_k	max	2.4	2.7	3.2	3.74	4.74	5.74	6.79	7.79	9.79	11.85	15.85	19.42
	min	2	2.3	2.8	3.26	4.26	5.26	6.21	7.21	9.21	11.15	15.15	18.58
k	max	0.58	0.58	0.58	0.68	0.68	0.88	0.88	1.13	1.13	1.33	1.33	1.63
	min	0.42	0.42	0.42	0.52	0.52	0.72	0.72	0.87	0.87	1.07	1.07	1.37
d_1 黑色	max	0.66	0.77	0.87	1.12	1.62	2.12	2.32	2.62	3.66	4.66	6.16	7.7
	min	0.56	0.65	0.75	0.94	1.44	1.94	2.14	2.44	3.42	4.42	5.92	7.4
d_1 有色	max	0.66	0.77	0.87	1.12	1.62	2.12	2.32	2.52	3.46	4.16	4.66	7.7
	min	0.56	0.65	0.75	0.94	1.44	1.94	2.14	2.34	3.22	3.92	4.42	7.4
t	max	1.44	1.64	1.84	2.24	2.74	3.24	3.79	4.29	5.29	6.29	8.35	10.35
	min	0.96	1.16	1.36	1.76	2.26	2.76	3.21	3.71	4.71	5.71	7.65	9.65
l[①] 商品规格范围		1.5~6	2~7	2~8	2~13	3~15	3.5~30	5~36	5~40	6~50	7~50	9~50	10~50

注：1. 尽可能不采用括号内的规格。

2. d_1 栏内"黑色"适用于由钢材制成的铆钉，"有色"适用于由铝或铜材制成的铆钉。

① 公称长度 l（mm）系列为 1.5~4（0.5 进位）、5~20（1 进位）、22~50（2 进位）。

表 3-286　大扁圆头半空心铆钉的型式和尺寸（摘自 GB/T 1014—1986）（单位：mm）

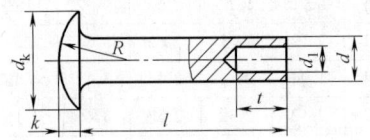

标记示例：

公称直径 $d = 5$mm、公称长度 $l = 30$mm、材料为 BL2 钢、不经表面处理的大扁圆头半空心铆钉的标记为：

铆钉 GB/T 1014　5×30

	公称	2	2.5	3	(3.5)	4	5	6	8
d	max	2.06	2.56	3.06	3.58	4.08	5.08	6.08	8.1
	min	1.94	2.44	2.94	3.42	3.92	4.92	5.92	7.9
d_k	max	5.04	6.49	7.49	8.79	9.89	12.45	14.85	19.92
	min	4.56	5.91	6.91	8.21	9.31	11.75	14.15	19.08
k	max	1	1.4	1.6	1.9	2.1	2.6	3	4.14
	min	0.8	1	1.2	1.5	1.7	2.2	2.6	3.66
d_1 黑色	max	1.12	1.62	2.12	2.32	2.62	3.66	4.66	6.16
	min	0.94	1.44	1.94	2.14	2.44	3.42	4.42	5.92
d_1 有色	max	1.12	1.62	2.12	2.32	2.52	3.46	4.16	4.66
	min	0.94	1.44	1.94	2.14	2.34	3.22	3.92	4.42
t	max	2.24	2.74	3.24	3.79	4.29	5.29	6.29	8.35
	min	1.76	2.26	2.76	3.21	3.71	4.71	5.71	7.65
R	≈	3.6	4.7	5.4	6.3	7.3	9.1	10.9	14.5
l[①] 通用规格范围		4~14	5~16	6~18	8~20	8~24	10~40	12~40	14~40

注：1. 尽可能不采用括号内的规格。

2. d_1 栏内"黑色"适用于由钢材制成的铆钉，"有色"适用于由铝或铜材制成的铆钉。

① 公称长度 l（mm）系列为 4~8（1 进位）、10~40（2 进位）。

2.10.4　空心铆钉（见表 3-287 和表 3-288）

表 3-287　空心铆钉的型式和尺寸（摘自 GB/T 876—1986）　（单位：mm）

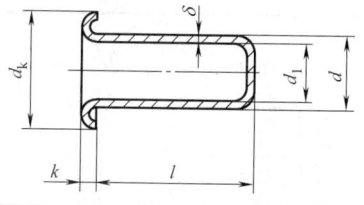

标记示例：

公称直径 $d = 3$mm、公称长度 $l = 10$mm、材料为 H62、不经表面处理的空心铆钉的标记为：

铆钉　GB/T 876　3×10

d	公称	1.4	(1.6)	2	2.5	3	(3.5)	4	5	6
	max	1.53	1.73	2.13	2.63	3.13	3.65	4.15	5.15	6.15
	min	1.27	1.47	1.87	2.37	2.87	3.35	3.85	4.85	5.85
d_k	max	2.6	2.8	3.5	4	5	5.5	6	8	10
	min	2.35	2.55	3.2	3.7	4.7	5.2	5.7	7.64	9.64
k	max	0.5	0.5	0.6	0.6	0.7	0.7	0.82	1.12	1.12
	min	0.3	0.3	0.4	0.4	0.5	0.5	0.58	0.88	0.88
d_1	min	0.8	0.9	1.2	1.7	2	2.5	2.9	4	5
δ		0.2	0.22	0.25	0.25	0.3	0.3	0.35	0.35	0.35
l[1] 商品规格范围		1.5~5	2~5	2~6	2~8	2~10	2.5~10	3~12	3~15	4~15

注：尽可能不采用括号内的规格。

① 公称长度 l（mm）系列为 1.5~4（0.5 进位）、5~15（1 进位）。

表 3-288　管状铆钉的型式和尺寸（摘自 JB/T 10582—2006⊖）　（单位：mm）

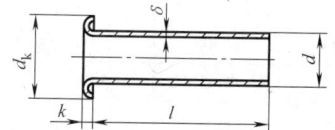

标记示例：

公称直径 $d = 3$mm、公称长度 $l = 10$mm、材料为 20 钢、不经表面处理的管状铆钉的标记为：

铆钉　GB/T 975　3×10

d		0.7	1	(1.2)	1.5	1.8	2	2.5	3	4	5	6	8	10	12	(14)	16	20
d_k	max	2	2.4	2.6	2.9	3.2	3.44	4.24	4.74	5.74	7.29	8.79	11.85	14.35	16.35	18.35	20.42	26.42
	min	1.6	2	2.2	2.5	2.8	2.96	3.76	4.26	5.26	6.71	8.21	11.15	13.65	15.65	17.65	19.58	25.58
k	max	0.28	0.38	0.38	0.5	0.5	0.6	0.6	0.92	0.92	1.12	1.12	1.65	1.65	1.65	2.15	2.15	2.65
	min	0.12	0.22	0.22	0.3	0.3	0.4	0.4	0.68	0.68	0.88	0.88	1.35	1.35	1.35	1.85	1.85	2.35
δ		0.15	0.15	0.15	0.2	0.2	0.25	0.25	0.5	0.5	0.5	0.5	1	1	1	1.5	1.5	1.5
留铆余量（推荐）		0.4	0.5	0.5	0.6	0.6	0.8	0.8	1.5	1.5	2.5	2.5	3.5	3.5	4	4	4.5	5
l[1] 通用规格范围		1~7	1~10	1.5~12	1.5~15	2~16	3~16	4~20	5~24	6~28	8~34	10~40	14~40	18~40	20~40	22~40	24~40	26~40

注：尽可能不采用括号内的规格。

① 公称长度 l（mm）系列为 1~4（0.5 进位）、5~40（1 进位）。

⊖ GB/T 975—1986 已经作废，降为 JB/T 10582—2006。

2.10.5 抽芯铆钉（见表3-289~表3-294）

表3-289 封闭型平圆头抽芯铆钉的型式和尺寸

（摘自 GB/T 12615.1~12615.4—2004） （单位：mm）

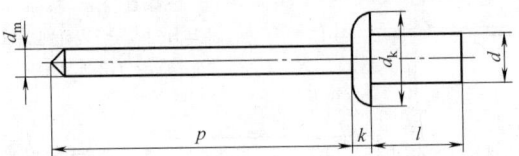

标记示例：

公称直径 d=4mm、公称长度 l=12.5mm、钉体由铝合金（AlA）制造、钉芯由钢（St）制造的、性能等级为11级的封闭型平圆头抽芯铆钉的标记为：

抽芯铆钉 GB/T 12615.1 4×12.5

公称直径 d=4mm、公称长度 l=12mm、钉体由钢（St）制造、钉芯由钢（St）制造的、性能等级为30级的封闭型平圆头抽芯铆钉的标记为：

抽芯铆钉 GB/T 12615.2 4×12

公称直径 d=4.8mm、公称长度 l=11mm、钉体由铝（Al）制造、钉芯由铝合金（AlA）制造、性能等级为06级的封闭型平圆头抽芯铆钉的标记为：

抽芯铆钉 GB/T 12615.3 4.8×11

公称直径 d=4mm、公称长度 l=12mm、钉体由奥氏体不锈钢制造、钉芯由不锈钢制造的、性能等级为51级的封闭型平圆头抽芯铆钉的标记为：

抽芯铆钉 GB/T 12615.4 4×12

		公称	3.2	4	4.8	5	6.4
钉体	d	max	3.28	4.08	4.88	5.08	6.48
		min	3.05	3.85	4.65	4.85	6.25
	d_k	max	6.7	8.4	10.1	10.5	13.4
		min	5.8	6.9	8.3	8.7	11.6
	k max		1.3	1.7	2	2.1	2.7
钉芯	d_m max	GB/T 12615.1	1.85	2.35	2.77	2.8	3.71
		GB/T 12615.2	5	2.35	2.95	—	3.9
		GB/T 12615.3	1.85	2.35	2.77		75
		GB/T 12615.4	2.15	2.75	3.2		3.9
	p min		25			27	
l[①]公称=min		GB/T 12615.1	6.5~12.5	8~14.5	8.5~21	—	12.5~21
		GB/T 12615.2	6~12	6~15	8~15	—	15~21
		GB/T 12615.3	8.0~11.0	9.5~12.5	8.0~18.0	—	12.5~18.0
		GB/T 12615.4	6~14	6~16	8~20		12~20

① 公称长度系列，GB/T 12615.1 为 6.5~8.5mm（1.5mm 进位）、9.5mm、11mm、12.5mm、13mm、14.5mm、15.5mm、16mm、18mm、21mm；GB/T 12615.2 为：6~12mm（2mm 进位）、15mm、16mm、21mm；GB/T 12615.3 为：8.0mm、9.5mm、11.0mm、11.5mm、12.5mm、14.5mm、18.0mm；GB/T 12615.4 为：6~16mm（2mm 进位）、20mm。

表 3-290　11 级封闭型沉头抽芯铆钉的型式和

尺寸（摘自 GB/T 12616.1—2004）　　　　　　（单位：mm）

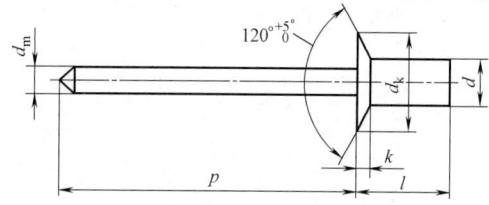

标记示例：

公称直径 $d = 4$mm、公称长度 $l = 12.5$mm、钉体由铝合金（AlA）制造、钉芯由钢（St）制造、性能等级为 11 级的封闭型沉头抽芯铆钉的标记为：

抽芯铆钉　GB/T 12616.1　4×12.5

		公称	3.2	4	4.8	5	6.4
钉体	d	max	3.28	4.08	4.88	5.08	6.48
		min	3.05	3.85	4.65	4.85	6.25
	d_k	max	6.7	8.4	10.1	10.5	13.4
		min	5.8	6.9	8.3	8.7	11.6
	k	max	1.3	1.7	2	2.1	2.7
钉芯	d_m	max	1.85	2.35	2.77	2.8	3.75
	p	min	25			27	
l[①]公称		min	8~12.5	8~14.5	8.5~21		12.5~15.5

① 公称长度 l（mm）系列为 8、8.5、9.5、11、12.5、13、14.5、15.5、16、18、21。

表 3-291　开口型沉头抽芯铆钉的型式和尺寸

（摘自 GB/T 12617.1~12617.5—2006）　　　　　　（单位：mm）

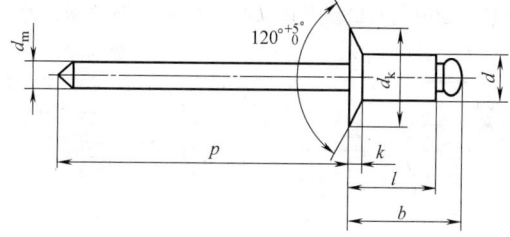

标记示例：

公称直径 $d = 4$mm、公称长度 $l = 12$mm、钉体由铝合金（AlA）制造、钉芯由钢（St）制造、性能等级为 10 级的开口型沉头抽芯铆钉的标记为：

抽芯铆钉　GB/T 12617.1　4×12

公称直径 $d = 4$mm、公称长度 $l = 12$mm、钉体由钢（St）制造、钉芯由钢（St）制造、性能等级为 30 级的开口型沉头抽芯铆钉的标记为：

抽芯铆钉　GB/T 12617.2　4×12

公称直径 $d = 4$mm、公称长度 $l = 12$mm、钉体由铝合金（AlA）制造、钉芯由铝合金（AlA）制造、性能等级为 12 级的开口型沉头抽芯铆钉的标记为：

抽芯铆钉　GB/T 12617.3　4×12

公称直径 $d = 4$mm、公称长度 $l = 12$mm、钉体由奥氏体不锈钢（A2）制造、钉芯由奥氏体不锈钢（A2）制造、性能等级为 51 级的开口型沉头抽芯铆钉的标记为：

抽芯铆钉　GB/T 12617.4　4×12

公称直径 $d = 4$mm、公称长度 $l = 12$mm、钉体由铜（Cu）制造、钉芯由钢（St）制造、性能等级为 20 级的开口型沉头抽芯铆钉的标记为：

抽芯铆钉　GB/T 12617.5　4×12

（续）

		公称	2.4	3	3.2	4	4.8	5	6	6.4
钉体	d	max	2.48	3.08	3.28	4.08	4.88	5.08	6.08	6.48
		min	2.25	2.85	3.05	3.85	4.65	4.85	5.85	6.25
	d_k	max	5.0	6.3	6.7	8.4	10.1	10.5	12.6	13.4
		min	4.2	5.4	5.8	6.9	8.3	8.7	10.8	11.6
	k max		1	1.3	1.3	1.7	2	2.1	2.5	2.7
钉芯	d_m max	GB/T 12617.1	1.55	2	2	2.45	2.95	2.95	—	—
		GB/T 12617.2	1.5	2.15	2.15	2.8	3.5	3.5	3.4	4
		GB/T 12617.3	1.6	—	2.1	2.55	3.05	—	—	4
		GB/T 12617.4	—	2.05	2.15	2.75	4.8	3.25	—	—
		GB/T 12617.5	—	2	2	2.45	2.95	—	—	—
盲区长度 b max	p min		25					27		
		GB/T 12617.1	$l_{max}+3.5$	$l_{max}+3.5$	$l_{max}+4$	$l_{max}+4$	$l_{max}+4.5$	$l_{max}+4.5$	—	—
		GB/T 12617.2	$l_{max}+3.5$	$l_{max}+3.5$	$l_{max}+4$	$l_{max}+4$	$l_{max}+4.5$	$l_{max}+4.5$	$l_{max}+5$	$l_{max}+5.5$
		GB/T 12617.3	$l_{max}+3$	—	$l_{max}+3$	$l_{max}+3.5$	$l_{max}+4$	—	—	$l_{max}+5.5$
		GB/T 12617.4	—	$l_{max}+4$	$l_{max}+4$	$l_{max}+4.5$	$l_{max}+5$	$l_{max}+5$	—	—
		GB/T 12617.5	—	$l_{max}+3.5$	$l_{max}+4$	$l_{max}+4$	$l_{max}+4.5$	—	—	—
l[①] max		GB/T 12617.1	5~13	7~26	—	9~26	9~31	—	—	—
		GB/T 12617.2	7~13	7~21	7~21	7~21	9~26	9~26	11~26	11~26
		GB/T 12617.3	7	—	7~21	9~21	9~21	—	—	13~21
		GB/T 12617.4	—	7~17	7~17	7~17	9~19	9~19	—	—
		GB/T 12617.5	6~15	6~15	6~17	6~17	—	—	—	—

① 铆钉长度 l（mm，max）系列：GB/T 12617.1 为 5~13（2 进位）、17、21、26、31；GB/T 12617.2 为 7~13（2 进位）、17、21、26；GB/T 12617.3 为 7~13（2 进位）、17、21；GB/T 12617.4 为 7~19（2 进位）；GB/T 12617.5 为 6、7~21（2 进位）。

表 3-292　开口型平圆头抽芯铆钉的型式和尺寸

（摘自 GB/T 12618.1~12618.6—2006）　　　　　（单位：mm）

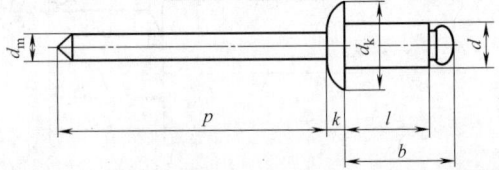

标记示例：

公称直径 $d=4$mm、公称长度 $l=12$mm、钉体由铝合金（AlA）制造、钉芯由钢（St）制造、性能等级为 10 级的开口型平圆头抽芯铆钉的标记为：

抽芯铆钉　GB/T 12618.1　4×12

公称直径 $d=4$mm、公称长度 $l=12$mm、钉体由钢（St）制造、钉芯由钢（St）制造、性能等级为 30 级的开口型平圆头抽芯铆钉的标记为：

抽芯铆钉　GB/T 12618.2　4×12

公称直径 $d=4$mm、公称长度 $l=12$mm、钉体由铝合金（AlA）制造、钉芯由铝合金（AlA）制造、性能等级为 12 级的开口型平圆头抽芯铆钉的标记为：

抽芯铆钉　GB/T 12618.3　4×12

公称直径 $d=4$mm、公称长度 $l=12$mm、钉体由奥氏体不锈钢（A2）制造、钉芯由奥氏体不锈钢（A2）制造、性能等级为 51 级的开口型平圆头抽芯铆钉的标记为：

抽芯铆钉　GB/T 12618.4　4×12

公称直径 $d=4$mm、公称长度 $l=12$mm、钉体由铜（Cu）制造、钉芯由钢（St）制造、性能等级为 20 级的开口型平圆头抽芯铆钉的标记为：

抽芯铆钉　GB/T 12618.5　4×12

公称直径 $d=4$mm、公称长度 $l=12$mm、钉体由镍铜合金（NiCu）制造、钉芯由钢（St）制造、性能等级为 40 级的开口型平圆头抽芯铆钉的标记为：

抽芯铆钉　GB/T 12618.6　4×12

（续）

		公称	2.4	3	3.2	4	4.8	5	6	6.4
钉体	d	max	2.48	3.08	3.28	4.08	4.88	5.08	6.08	6.48
		min	2.25	2.85	3.05	3.85	4.65	4.85	5.85	6.25
	d_k	max	5.0	6.3	6.7	8.4	10.1	10.5	12.6	13.4
		min	4.2	5.4	5.8	6.9	8.3	8.7	10.8	11.6
	k	max	1	1.3	1.3	1.7	2	2.1	2.5	2.7
钉芯 d_m max	GB/T 12618.1		1.55	2	2	2.45	2.95	2.95	3.4	3.9
	GB/T 12618.2		1.5	2.15	2.15	2.8	3.5	3.5	3.4	4
	GB/T 12618.3		1.6	—	2.1	2.55	3.05	—	—	4
	GB/T 12618.4		—	2.05	2.15	2.75	3.2	3.25	—	—
	GB/T 12618.5		—	2	2	2.45	2.95	—	—	—
	GB/T 12618.6		—	—	2.15	2.75	3.2	—	—	3.9
	p min		25				27			
盲区长度 b max	GB/T 12618.1		$l_{max}+3.5$	$l_{max}+3.5$	$l_{max}+4$	$l_{max}+4$	$l_{max}+4.5$	$l_{max}+4.5$	$l_{max}+5$	$l_{max}+5.5$
	GB/T 12618.2		$l_{max}+3.5$	$l_{max}+3.5$	$l_{max}+4$	$l_{max}+4$	$l_{max}+4.5$	$l_{max}+4.5$	$l_{max}+5$	$l_{max}+5.5$
	GB/T 12618.3		$l_{max}+3$	—	$l_{max}+3$	$l_{max}+3.5$	$l_{max}+4$	—	—	$l_{max}+5.5$
	GB/T 12618.4		—	$l_{max}+4$	$l_{max}+4$	$l_{max}+4.5$	$l_{max}+5$	$l_{max}+5$	—	—
	GB/T 12618.5		—	$l_{max}+3.5$	$l_{max}+4$	$l_{max}+4$	$l_{max}+4.5$	—	—	—
	GB/T 12618.6		—	—	$l_{max}+4$	$l_{max}+4$	$l_{max}+4.5$	—	—	$l_{max}+5.5$
$l^①$ max	GB/T 12618.1		5~13	5~26	5~26	7~26	7~31	7~31	9~31	13~31
	GB/T 12618.2		7~13	7~21	7~21	7~31	9~31	9~31	11~31	11~31
	GB/T 12618.3		7~13	—	6~26	7~26	7~31	—	—	13~31
	GB/T 12618.4		—	7~17	7~17	7~26	7~26	7~26	—	—
	GB/T 12618.5		—	6~15	6~15	6~17	9~17	—	—	—
	GB/T 12618.6		—	—	6~13	6~21	7~21	—	—	13~19

① 铆钉长度 l（mm，max）系列：GB/T 12618.1 为 5~13（2 进位）、17、21、26、31；GB/T 12618.2 为 7~13（2 进位）、17、21、26、31；GB/T 12618.3 为 6、7、9、10、11、13、17、21、26、31；GB/T 12618.4 为 7~21（2 进位）、26；GB/T 12618.5 为 6、7~21（2 进位）；GB/T 12618.6 为 6、7~21（2 进位）。

表 3-293　扁圆头击芯铆钉的型式和尺寸

（摘自 GB/T 15855.1—1995）　　　　　　　　（单位：mm）

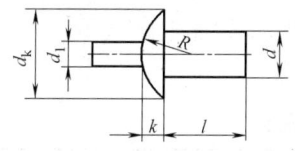
允许制造的钉芯型式

标记示例：

公称直径 $d=5mm$，公称长度 $l=10mm$ 扁圆头击芯铆钉的标记为：

铆钉　GB/T 15855.1　5×10

	公称	3	4	5	(6)	6.4
d	min	2.94	3.92	4.92	5.92	6.32
	max	3.06	4.08	5.08	6.08	6.48
d_k	max	6.24	8.29	9.89	12.35	13.29
	min	5.76	7.71	9.31	11.65	12.71

（续）

k max		1.4	1.7	2	2.4	3
d_1 参考		1.8	2.18	2.8	3.6	3.8
R ≈		5	6.8	8.7	9.3	9.3
$l^{①}$商品规格范围		6~15	6~20	8~32	8~45	

注：尽可能不采用括号内的规格。

① 公称长度系列为 6~45mm（1mm 进位），尽可能不采用下列公称长度（mm）系列：（11）、（13）、（15）、（17）、（19）、（21）、（23）、（25）、（27）、（29）、（31）、（33）、（35）、（37）、（39）、（41）、（43）、（45）。

表 3-294　沉头击芯铆钉的型式和尺寸

（摘自 GB/T 15855.2—1995）　　　（单位：mm）

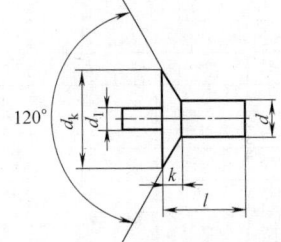

允许制造的钉芯型式
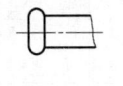

标记示例：

公称直径 $d=5$mm、公称长度 $l=10$mm 沉头击芯铆钉的标记为：

铆钉　GB/T 15855.2　5×10

	公称	3	4	5	(6)	6.4
d	min	2.94	3.92	4.92	5.92	6.32
	max	3.06	4.08	5.08	6.08	6.48
d_k	max	6.24	8.29	9.89	12.35	13.29
	min	5.76	7.71	9.31	11.65	12.71
k max		1.4	1.7	2	2.4	3
d_1 参考		1.8	2.18	2.8	3.6	3.8
$l^{①}$商品规格范围		6~15	6~20	8~32	8~45	

注：尽可能不采用括号内的规格。

① 公称长度系列为：6~45mm（1mm 进位）。尽可能不采用下列公称长度（mm）系列：（11）、（13）、（15）、（17）、（19）、（21）、（23）、（25）、（27）、（29）、（31）、（33）、（35）、（37）、（39）、（41）、（43）、（45）。

2.11　垫圈

2.11.1　品种、规格及技术要求（见表 3-295）

表 3-295　垫圈的品种、规格及技术要求

序号	名称和标准号	规格范围	产品等级	材料及性能等级	表面处理
1	平垫圈① A 级 GB/T 97.1—2002	1.6~64mm	A	钢： 硬度 200~300HV 300~370HV	1）不经处理 2）电镀 3）非电解锌片涂层
				不锈钢： 硬度 200~300HV	不经处理

（续）

序号	名称和标准号	规格范围	产品等级	材料及性能等级	表面处理
2	平垫圈① 倒角型 A 级 GB/T 97.2—2002	5~64mm	A	钢 硬度 200~300HV 300~370HV	1）不经处理 2）电镀 3）非电解锌片涂层
				不锈钢： 硬度 200~300HV	不经处理
3	销轴用平垫圈 GB/T 97.3—2002	3~100mm	A	钢 硬度 160~250HV	1）不经处理 2）镀锌钝化 3）磷化
4	平垫圈 用于螺钉和垫圈组合件 GB/T 97.4—2002	2~12mm	A	钢 硬度 200~300HV 300~370HV	1）不经处理 2）电镀
5	平垫圈 用于自攻螺钉和垫圈组合件 GB/T 97.5—2002	2.2~9.5mm	A	钢 硬度 180~300HV	1）不经处理 2）电镀
6	小垫圈① A 级 GB/T 848—2002	1.6~36mm	A	钢： 硬度 200~300HV 300~300HV	1）不经处理 2）电镀 3）非电解锌片涂层
				不锈钢： 硬度 200~300HV	不经处理
7	平垫圈 C 级 GB/T 95—2002	1.6~64mm	C	钢： 硬度 100~200HV	1）不经处理 2）电镀 3）非电解锌片涂层
8	大垫圈① A 级 GB/T 96.1—2002	3~36mm	A	钢 硬度 200~300HV 300~370HV	1）不经处理 2）电镀 3）非电解锌片涂层
				不锈钢： 硬度 200~300HV	不经处理
9	大垫圈① C 级 GB/T 96.2—2002	3~36mm	C	钢： 硬度 100~200HV	1）不经处理 2）电镀 3）非电解锌片涂层
10	特大垫圈① C 级 GB/T 96.3—2002	5~36mm	C	钢： 硬度 100~200HV	1）不经处理 2）电镀 3）非电解锌片涂层
11	标准型弹簧垫圈① GB/T 93—1987	2~48mm	—	弹簧钢： 65Mn、70、60Si2Mn	1）氧化 2）磷化 3）镀锌钝化
				不锈钢： 30Cr13、06Cr18Ni11Ti	—
				铜及其合金： QSi3-1	—

（续）

序号	名称和标准号	规格范围	产品等级	材料及性能等级	表面处理
12	轻型弹簧垫圈① GB/T 859—1987	3～30mm	—	弹簧钢：65Mn、70、60Si2Mn	1）氧化 2）磷化 3）镀锌钝化
				不锈钢：30Cr13、06Cr18Ni11Ti	—
				铜及其合金：QSi3-1	—
13	重型弹簧垫圈 GB/T 7244—1987	6～36mm	—	弹簧钢：65Mn、70、60Si2Mn	1）氧化 2）磷化 3）镀锌钝化
				不锈钢：30Cr13、06Cr18Ni11Ti	—
				铜及其合金：QSi3-1	—
14	鞍形弹簧垫圈① GB/T 7245—1987	3～30mm	—	弹簧钢：65Mn、70、60Si2Mn	1）氧化 2）磷化 3）镀锌钝化
				不锈钢：30Cr13、06Cr18Ni11Ti	—
				铜及其合金：QSi3-1	—
15	波形弹簧垫圈 GB/T 7246—1987	3～30mm	—	弹簧钢：65Mn、70、60Si2Mn	1）氧化 2）磷化 3）镀锌钝化
				不锈钢：30Cr13、06Cr18Ni11Ti	—
				铜及其合金：QSi3-1	—
16	鞍形弹簧垫圈① GB/T 860—1987	2～10mm		弹簧钢：65Mn	1）氧化 2）镀锌钝化
				铜及其合金：QSn6.5-0.1（硬）	钝化
17	波形弹簧垫圈① GB/T 955—1987	3～30mm		弹簧钢：65Mn	1）氧化 2）镀锌钝化
				铜及其合金：QSn6.5-0.1（硬）	钝化
18	内齿锁紧垫圈① GB/T 861.1—1987	2～20mm		弹簧钢：65Mn	1）氧化 2）镀锌钝化
				铜及其合金：QSn6.5-0.1（硬）	钝化
19	内锯齿锁紧垫圈① GB/T 861.2—1987	2～20mm		弹簧钢：65Mn	1）氧化 2）镀锌钝化
				铜及其合金：QSn6.5-0.1（硬）	钝化

（续）

序号	名称和标准号	规格范围	产品等级	材料及性能等级	表面处理
20	外齿锁紧垫圈[①] GB/T 862.1—1987	2～ 20mm	—	弹簧钢： 65Mn	1）氧化 2）镀锌钝化
				铜及其合金： QSn6.5-0.1（硬）	钝化
21	外锯齿锁紧垫圈[①] GB/T 862.2—1987	2～ 20mm	—	弹簧钢： 65Mn	1）氧化 2）镀锌钝化
				铜及其合金： QSn6.5-0.1（硬）	钝化
22	锥形锁紧垫圈[①] GB/T 956.1—1987	3～ 12mm	—	弹簧钢： 65Mn	1）氧化 2）镀锌钝化
				铜及其合金： QSn6.5-0.1（硬）	钝化
23	锥形锯齿锁紧垫圈[①] GB/T 956.2—1987	3～ 12mm	—	弹簧钢： 65Mn	1）氧化 2）镀锌钝化
				铜及其合金： QSn6.5-0.1（硬）	钝化
24	圆螺母用止动垫圈[①] GB/T 858—1988	10～ 200mm	—	钢： Q215、Q235； 10、15	氧化
25	单耳止动垫圈[①] GB/T 854—1988	2.5～ 48mm	—	钢： Q215、Q235； 10、15	氧化
26	双耳止动垫圈[①] GB/T 855—1988	2.5～ 48mm	—	钢： Q215、Q235； 10、15	氧化
27	外舌止动垫圈[①] GB/T 856—1988	2.5～ 48mm	—	钢： Q215、Q235； 10、15	氧化
28	球面垫圈 GB/T 849—1988	6～ 48mm	—	45钢： 热处理：40～48HRC	氧化
29	锥面垫圈 GB/T 850—1988	6～ 48mm	—	45钢： 热处理：40～48HRC	氧化
30	开口垫圈 GB/T 851—1988	5～ 36mm	—	45钢： 热处理：40～48HRC	氧化
31	工字钢用方斜垫圈[①] GB/T 852—1988	6～ 36mm	—	钢： Q215、Q235	不经处理
32	槽钢用方斜垫圈[①] GB/T 853—1988	6～ 36mm	—	钢： Q215、Q235	不经处理

① 商品紧固件品种，应优先选用。

2.11.2　平垫圈（表 3-296～表 3-305）

表 3-296　A 级平垫圈的型式和尺寸（摘自 GB/T 97.1—2002）　（单位：mm）

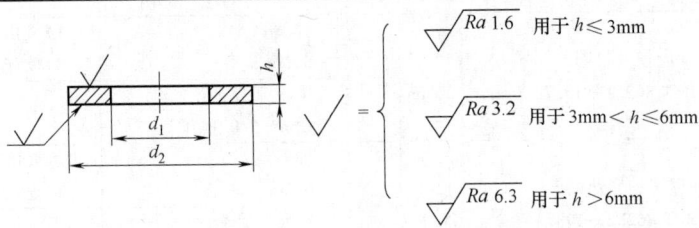

标记示例：

标准系列、公称规格 8mm、由钢制造的硬度等级为 200HV 级、不经表面处理、产品等级为 A 级的平垫圈的标记为：

垫圈　GB/T 97.1　8

标准系列、公称规格 8mm、由 A2 组不锈钢制造的硬度等级为 200HV 级、不经表面处理、产品等级为 A 级的平垫圈的标记：

垫圈　GB/T 97.1　8　A2

公称规格 （螺纹大径 d）	内径 d_1 公称（min）	外径 d_2 公称（max）	厚度 h 公称	公称规格 （螺纹大径 d）	内径 d_1 公称（min）	外径 d_2 公称（max）	厚度 h 公称
1.6	1.7	4	0.3	(22)	23	39	3
2	2.2	5	0.3	24	25	44	4
2.5	2.7	6	0.5	(27)	28	50	4
3	3.2	7	0.5	30	31	56	4
4	4.3	9	0.8	(33)	34	60	5
5	5.3	10	1	36	37	66	5
6	6.4	12	1.6	(39)	42	72	6
8	8.4	16	1.6	42	45	78	8
10	10.5	20	2	(45)	48	85	8
12	13	24	2.5	48	52	92	8
(14)	15	28	2.5	(52)	56	98	8
16	17	30	3	56	62	105	10
(18)	19	34	3	(60)	66	110	10
20	21	37	3	64	70	115	10

注：括号内为非优选尺寸。

表 3-297　倒角型 A 级平垫圈的型式和尺寸（摘自 GB/T 97.2—2002）　（单位：mm）

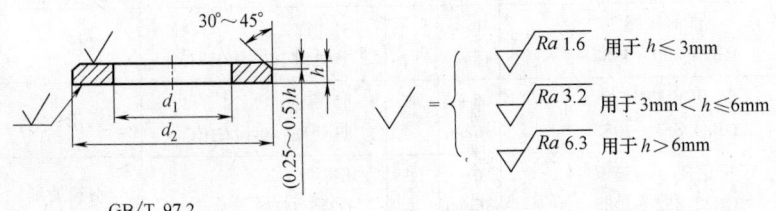

GB/T 97.2

标记示例：

标准系列、公称规格 8mm、由钢制造的硬度等级为 200HV 级、不经表面处理、产品等级为 A 级、倒角型平垫圈的标记为：

垫圈　GB/T 97.2　8

（续）

公称规格 （螺纹大径 d）	内径 d_1 公称（min）	外径 d_2 公称（max）	厚度 h 公称	公称规格 （螺纹大径 d）	内径 d_1 公称（min）	外径 d_2 公称（max）	厚度 h 公称
5	5.3	10	1	30	31	56	4
6	6.4	12	1.6	(33)	34	60	5
8	8.4	16	1.6	36	37	66	5
10	10.5	20	2	(39)	42	72	6
12	13	24	2.5	42	45	78	8
(14)	15	28	2.5	(45)	48	85	8
16	17	30	3	48	52	92	8
(18)	19	34	3	(52)	56	98	8
20	21	37	3	56	62	105	10
(22)	23	39	3	(60)	66	110	10
24	25	44	4	64	70	115	10
(27)	28	50	4				

注：括号内为非优选尺寸。

表 3-298　A 级小垫圈的型式和尺寸（摘自 GB/T 848—2002）　　　　（单位：mm）

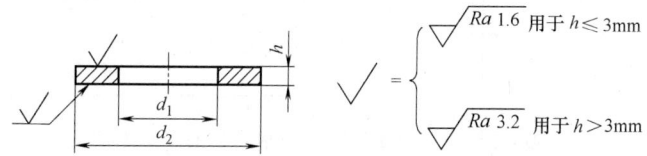

标记示例：

小系列、公称规格 8mm、由钢制造的硬度等级为 200HV 级、不经表面处理、产品等级为 A 级的平垫圈的标记为：

垫圈　GB/T 848　8

公称规格 （螺纹大径 d）	内径 d_1 公称（min）	外径 d_2 公称（max）	厚度 h 公称	公称规格 （螺纹大径 d）	内径 d_1 公称（min）	外径 d_2 公称（max）	厚度 h 公称
1.6	1.7	3.5	0.3	(14)	15	24	2.5
2	2.2	4.5	0.3	16	17	28	2.5
2.5	2.7	5	0.5	(18)	19	30	3
3	3.2	6	0.5	20	21	34	3
(3.5)	3.7	7	0.5	(22)	23	37	3
4	4.3	8	0.5	24	25	39	4
5	5.3	9	1	(27)	28	44	4
6	6.4	11	1.6	30	31	50	4
8	8.4	15	1.6	(33)	34	56	5
10	10.5	18	1.6	36	37	60	5
12	13	20	2				

注：括号内为非优选尺寸。

表 3-299　用于螺钉和垫圈组合件的平垫圈的型式

和尺寸（摘自 GB/T 97.4—2002）　　　　　（单位：mm）

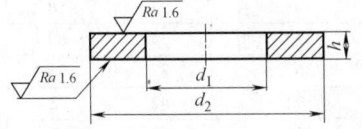

标记示例：

N 型（标准系列）、公称规格 8mm、由钢制造的硬度等级为 200HV 级、不经表面处理、产品等级为 A 级、螺钉和垫圈组合件用平垫圈的标记：

垫圈　GB/T 97.4　8

公称规格（螺纹大径 d）	S 型垫圈（小系列）			N 型垫圈（标准系列）			L 型垫圈（大系列）		
	内径 d_1 公称（min）	外径 d_2 公称（max）	厚度 h 公称	内径 d_1 公称（min）	外径 d_2 公称（max）	厚度 h 公称	内径 d_1 公称（min）	外径 d_2 公称（max）	厚度 h 公称
2	1.75	4.5	0.6	1.75	5	0.6	1.75	6	0.6
2.5	2.25	5	0.6	2.25	6	0.6	2.25	8	0.6
2	2.75	6	0.6	2.75	7	0.6	2.75	9	0.6
3.5	3.2	7	0.8	3.2	8	0.8	3.2	11	0.8
4	3.6	8	0.8	3.6	9	0.8	3.6	12	0.8
5	4.55	9	1	4.55	10	1	4.55	15	1
6	5.5	11	1.6	5.5	12	1.6	5.5	18	1.6
8	7.4	15	1.6	7.4	16	1.6	7.4	24	2
10	9.3	18	2	9.3	20	2	9.3	30	2.5
12	11	20	2	11	24	2.5	11	37	3

表 3-300　用于自攻螺钉和垫圈组合件的平垫圈的型式

和尺寸（摘自 GB/T 97.5—2002）　　　　　（单位：mm）

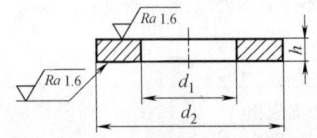

标记示例：

N 型（标准系列）、公称规格 4.2mm、由钢制造的硬度等级为 180HV 级、不经表面处理、产品等级为 A 级、自攻螺钉和垫圈组合件用平垫圈的标记：

垫圈　GB/T 97.5　4.2

公称规格（螺纹大径）	N 型垫圈（标准系列）			L 型垫圈（大系列）		
	内径 d_1 公称（min）	外径 d_2 公称（max）	厚度 h 公称	内径 d_1 公称（min）	外径 d_2 公称（max）	厚度 h 公称
2.2	1.9	5	1	1.9	7	1
2.9	2.5	7	1	2.5	9	1
3.5	3	8	1	3	11	1
4.2	3.55	9	1	3.55	12	1
4.8	4	10	1	4	15	1.6
5.5	4.7	12	1.6	4.7	15	1.6
6.3	5.4	14	1.6	5.4	18	1.6
8	7.15	16	1.6	7.15	24	2
9.5	8.8	20	2	8.8	30	2.5

表 3-301　C 级平垫圈的型式和尺寸（摘自 GB/T 95—2002）　　　　（单位：mm）

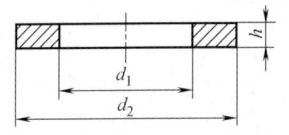

标记示例：

标准系列、公称规格 8mm、硬度等级为 100 HV 级、不经表面处理、产品等级为 C 级的平垫圈的标记：

垫圈　GB/T 95　8

公称规格 （螺纹大径）	内径 d_1 公称（min）	外径 d_2 公称（max）	厚度 h 公称	公称规格 （螺纹大径）	内径 d_1 公称（min）	外径 d_2 公称（max）	厚度 h 公称
1.6	1.8	4	0.3	(22)	24	39	3
2	2.4	5	0.3	24	26	44	4
2.5	2.9	6	0.5	(27)	30	50	4
3	3.4	7	0.5	30	33	56	4
(3.5)	3.9	8	0.5	(33)	36	60	5
4	4.5	9	0.8	36	39	66	5
5	5.5	10	1	(39)	42	72	6
6	6.6	12	1.6	42	45	78	8
8	9	16	1.6	(45)	48	85	8
10	11	20	2	48	52	92	8
12	13.5	24	2.5	(52)	56	98	8
(14)	15.5	28	2.5	56	62	105	10
16	17.5	30	3	(60)	66	110	10
(18)	20	34	3	64	70	115	10
20	22	37	3				

注：括号内为非优选尺寸。

表 3-302　A 级大垫圈的型式和尺寸（摘自 GB/T 96.1—2002）　　　　（单位：mm）

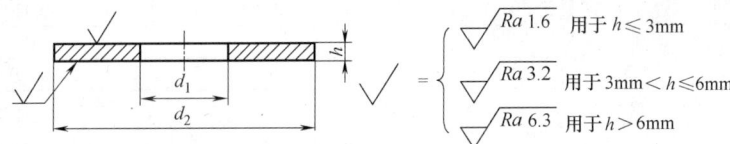

标记示例：

大系列、公称规格 8mm、由钢制造的硬度等级为 200HV 级、不经表面处理、产品等级为 A 级的平垫圈的标记为：

垫圈　GB/T 96.1　8

大系列、公称规格 8mm、由 A2 组不锈钢制造的硬度等级为 200HV 级、不经表面处理、产品等级为 A 级的平垫圈的标记为：

垫圈　GB/T 96.1　8　A2

公称规格 （螺纹大径）	内径 d_1 公称（min）	外径 d_2 公称（max）	厚度 h 公称	公称规格 （螺纹大径）	内径 d_1 公称（min）	外径 d_2 公称（max）	厚度 h 公称
3	3.2	9	0.8	6	6.4	18	1.6
(3.5)	3.7	11	0.8	8	8.4	24	2
4	4.3	12	1	10	10.5	30	2.5
5	5.3	15	1	12	13	37	3

（续）

公称规格 （螺纹大径）	内径 d_1 公称（min）	外径 d_2 公称（max）	厚度 h 公称	公称规格 （螺纹大径）	内径 d_1 公称（min）	外径 d_2 公称（max）	厚度 h 公称
(14)	15	44	3	24	25	72	5
16	17	50	3	(27)	30	85	6
(18)	19	56	4	30	33	92	6
20	21	60	4	(33)	36	105	6
(22)	23	66	5	36	39	110	8

注：括号内为非优选尺寸。

表 3-303 C 级大垫圈的型式和尺寸（摘自 GB/T 96.2—2002）   （单位：mm）

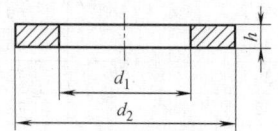

标记示例：

大系列、公称规格 8mm、由钢制造的硬度等级为 100 HV 级、不经表面处理、产品等级为 C 级的平垫圈的标记：

垫圈 GB/T 96.2 8

公称规格 （螺纹大径）	内径 d_1 公称（min）	外径 d_2 公称（max）	厚度 h 公称	公称规格 （螺纹大径）	内径 d_1 公称（min）	外径 d_2 公称（max）	厚度 h 公称
3	3.4	9	0.8	16	17.5	50	3
(3.5)	3.9	11	0.8	(18)	20	56	4
4	4.5	12	1	20	22	60	4
5	5.5	15	1	(22)	24	66	5
6	6.6	18	1.6	24	26	72	5
8	9	24	2	(27)	30	85	6
10	11	30	2.5	30	33	92	6
12	13.5	37	3	(33)	36	105	6
(14)	15.5	44	3	36	39	110	8

注：括号内为非优选尺寸。

表 3-304 C 级特大垫圈的型式和尺寸（摘自 GB/T 5287—2002）   （单位：mm）

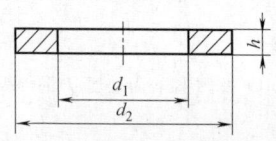

标记示例：

特大系列、公称规格 8mm、由钢制造的硬度等级为 100 HV 级、不经表面处理、产品等级为 C 级的平垫圈的标记为：

垫圈 GB/T 5287 8

公称规格 （螺纹大径）	内径 d_1 公称（min）	外径 d_2 公称（max）	厚度 h 公称	公称规格 （螺纹大径）	内径 d_1 公称（min）	外径 d_2 公称（max）	厚度 h 公称
5	5.5	18	2	12	13.5	44	4
6	6.6	22	2	(14)	15.5	50	4
8	9	28	3	16	17.5	56	5
10	11	34	3	(18)	20	60	5

（续）

公称规格	内径 d_1	外径 d_2	厚度 h	公称规格	内径 d_1	外径 d_2	厚度 h
（螺纹大径）	公称（min）	公称（max）	公称	（螺纹大径）	公称（min）	公称（max）	公称
20	22	72	6	30	33	105	6
（22）	24	80	6	（33）	36	115	8
24	26	85	6	36	39	125	8
（27）	30	98	6				

注：括号内为非优选尺寸。

表 3-305　销轴用平垫圈的型式和尺寸（摘自 GB/T 97.3—2000）　（单位：mm）

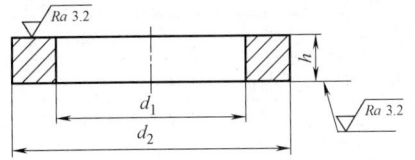

标记示例：

公称规格为 8mm、性能等级为 160 HV、不经表面处理的销轴用平垫圈的标记为：

垫圈　GB/T 97.3　8

公称规格	内径 d_1	外径 d_2	厚度 h	公称规格	内径 d_1	外径 d_2	厚度 h
（螺纹大径）	公称（min）	公称（max）	公称	（螺纹大径）	公称（min）	公称（max）	公称
3	3	6	0.8	28	28	40	5
4	4	8	0.8	30	30	44	5
5	5	10	1	32	32	46	5
6	6	12	1.6	33	33	47	5
8	8	15	2	36	36	50	6
10	10	18	2.5	40	40	56	6
12	12	20	3	45	45	60	6
14	14	22	3	50	50	66	8
16	16	24	3	55	55	72	8
18	18	28	4	60	60	78	10
20	20	30	4	70	70	92	10
22	22	34	4	80	80	98	12
24	24	37	4	90	90	110	12
25	25	38	4	100	100	120	12
27	27	39	5				

2.11.3　弹性垫圈（见表 3-306～表 3-312）

表 3-306　标准型弹簧垫圈的型式和尺寸（摘自 GB/T 93—1987）　（单位：mm）

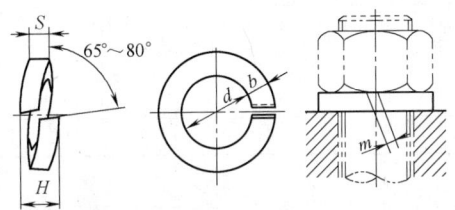

标记示例：

规格 16mm、材料为 65Mn、表面氧化处理的标准型弹簧垫圈的标记为：

垫圈　GB/T 93　16

（续）

规格 （螺纹大径）	d min	S(b) 公称	H max	m ≤	规格 （螺纹大径）	d min	S(b) 公称	H max	m ≤
2	2.1	0.5	1.25	0.25	20	20.2	5	12.5	2.5
2.5	2.6	0.65	1.63	0.33	(22)	22.5	5.5	13.75	2.75
3	3.1	0.8	2	0.4	24	24.5	6	15	3
4	4.1	1.1	2.75	0.55	(27)	27.5	6.8	17	3.4
5	5.1	1.3	3.25	0.65	30	30.5	7.5	18.75	3.75
6	6.1	1.6	4	0.8	(33)	33.5	8.5	21.25	4.25
8	8.1	2.1	5.25	1.05	36	36.5	9	22.5	4.5
10	10.2	2.6	6.5	1.3	(39)	39.5	10	25	5
12	12.2	3.1	7.75	1.55	42	42.5	10.5	26.25	5.25
(14)	14.2	3.6	9	1.8	(45)	45.5	11	27.5	5.5
16	16.2	4.1	10.25	2.05	48	48.5	12	30	6
(18)	18.2	4.5	11.25	2.25					

注：1. 尽可能不采用括号内的规格。

2. m 应大于零。

表 3-307　轻型弹簧垫圈的型式和尺寸（摘自 GB/T 859—1987）　（单位：mm）

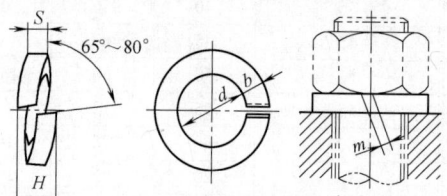

标记示例：

规格 16mm、材料为 65Mn、表面氧化处理的轻型弹簧垫圈的标记为：

垫圈 GB/T 859　16

规格 （螺纹大径）	d min	S(b) 公称	H max	m ≤	规格 （螺纹大径）	d min	S(b) 公称	H max	m ≤
2	—	—	—	—	(14)	3	4	7.5	1.5
2.5	—	—	—	—	16	3.2	4.5	8	1.6
3	0.6	1	1.5	0.3	(18)	3.6	5	9	1.8
4	0.8	1.2	2	0.4	20	4	5.5	10	2
5	1.1	1.5	2.75	0.55	(22)	4.5	6	11.25	2.25
6	1.3	2	3.25	0.65	24	5	7	12.5	2.5
8	1.6	2.5	4	0.8	(27)	5.5	8	13.75	2.75
10	2	3	5	1	30	6	9	15	3
12	2.5	3.5	6.25	1.25					

注：1. 尽可能不采用括号内的规格。

2. m 应大于零。

表 3-308　重型弹簧垫圈的型式和尺寸（摘自 GB/T 7244—1987）　　（单位：mm）

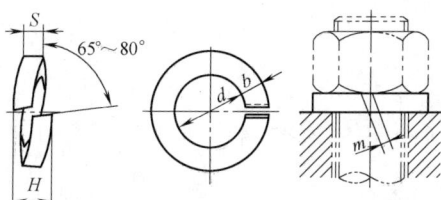

标记示例：

规格 16mm、材料为 65Mn、表面氧化处理的重型弹簧垫圈的标记为：

垫圈　GB/T 7244　16

规格 （螺纹大径）	d min	$S(b)$ 公称	H max	m ≤	规格 （螺纹大径）	d min	$S(b)$ 公称	H max	m ≤
2	—	—	—	—	16	4.8	5.3	12	2.4
2.5	—	—	—	—	(18)	5.3	5.8	13.25	2.65
3	—	—	—	—	20	6	6.4	15	3
4	—	—	—	—	(22)	6.6	7.2	16.5	3.3
5	—	—	—	—	24	7.1	7.5	17.75	3.55
6	1.8	2.6	4.5	0.9	(27)	8	8.5	20	4
8	2.4	3.2	6	1.2	30	9	9.3	22.5	4.5
10	3	3.8	7.5	1.5	(33)	9.9	10.2	24.75	4.95
12	3.5	4.3	8.75	1.75	36	10.8	11	27	5.4
(14)	4.1	4.8	10.25	2.05					

注：1. 尽可能不采用括号内的规格。

2. m 应大于零。

表 3-309　鞍形弹性垫圈的型式和尺寸（摘自 GB/T 860—1987）　　（单位：mm）

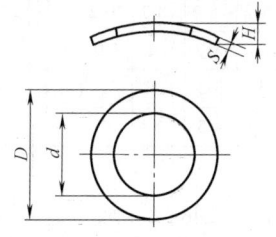

标记示例：

规格 6mm、材料为 65Mn、表面氧化的鞍形弹性垫圈的标记为：

垫圈　GB/T 860　6

规格（螺纹大径）	2	2.5	3	4	5	6	8	10
d　min	2.2	2.7	3.2	4.3	5.3	6.4	8.4	10.5
D　max	4.5	5.5	6	8	10	11	15	18
H　min	0.5	0.55	0.65	0.8	0.9	1.1	1.7	2
S		0.5		0.4		0.5		0.8

表 3-310　波形弹性垫圈的型式和尺寸（摘自 GB/T 955—1987）　　（单位：mm）

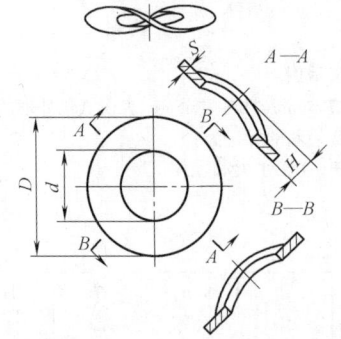

标记示例：

规格 6mm、材料为 65Mn、表面氧化处理的波形弹性垫圈的标记为：

垫圈　GB/T 955　6

规格（螺纹大径）	3	4	5	6	8	10	12	(14)	16	(18)	20	(22)	24	(27)	30
d　min	3.2	4.3	5.3	6.4	8.4	10.5	13	15	17	19	21	23	25	28	31
D　max	8	9	11	12	15	21	24	28	30	34	36	40	44	50	56
H　min	0.8	1	1.1	1.3	1.5	2.1	2.5	3	3.2	3.3	3.7	3.9	4.1	4.7	5
S		0.5			0.8	1.0	1.2		1.5		1.6		1.8		2

注：尽可能不采用括号内的规格。

表 3-311　鞍形弹簧垫圈的型式和尺寸（摘自 GB/T 7245—1987）

（单位：mm）

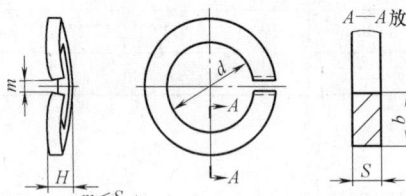

标记示例：

规格 16mm、材料为 65Mn、表面氧化处理的鞍形弹簧垫圈的标记为：

垫圈　GB/T 7245　16

规格（螺纹大径）	3	4	5	6	8	10	12	(14)	16	(18)	20	(22)	24	(27)	30
d　min	3.1	4.1	5.1	6.1	8.1	10.2	12.2	14.2	16.2	18.2	20.2	22.5	24.5	27.5	30.5
H　max	1.3	1.4	1.7	2.2	2.75	3.15	3.65	4.3	5.1	5.1	5.9	5.9	7.5	7.5	10.5
S　公称	0.6	0.8	1.1	1.3	1.6	2	2.5	3	3.2	3.6	4	4.5	5	5.5	6
b　公称	1	1.2	1.5	2	2.5	3	3.5	4	4.5	5	5.5	6	7	8	9

注：尽可能不采用括号内的规格。

表 3-312　波形弹簧垫圈的型式和尺寸（摘自 GB/T 7246—1987）　　（单位：mm）

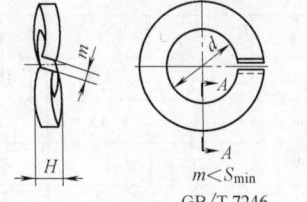

GB/T 7246

标记示例：

规格 16mm、材料为 65Mn、表面氧化处理的波形弹簧垫圈的标记为：

垫圈　GB/T 7246　16

（续）

规格（螺纹大径）	3	4	5	6	8	10	12	(14)	16	(18)	(20)	(22)	24	(27)	30
d　min	3.1	4.1	5.1	6.1	8.1	10.2	12.2	14.2	16.2	18.2	20.2	22.5	24.5	27.5	30.5
H　max	1.3	1.4	1.7	2.2	2.75	3.15	3.65	4.3	5.1	5.1	5.9	5.9	7.5	7.5	10.5
S　公称	0.6	0.8	1.1	1.3	1.6	2	2.5	3	3.2	3.6	4	4.5	5	5.5	6
b　公称	1	1.2	1.5	2	2.5	3	3.5	4	4.5	5	5.5	6	7	8	9

注：尽可能不采用括号内的规格。

2.11.4　锁紧垫圈（见表 3-313~表 3-318）

表 3-313　内齿锁紧垫圈的型式和尺寸（摘自 GB/T 861.1—1987）　（单位：mm）

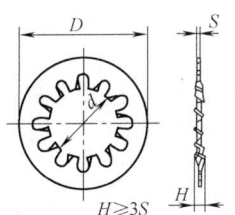

标记示例：
　规格 6mm、材料为 65Mn、表面氧化处理的内齿锁紧垫圈的标记为：
　垫圈　GB/T 861.1　6

规格（螺纹大径）	2	2.5	3	4	5	6	8	10	12	(14)	16	(18)	20
d　min	2.2	2.7	3.2	4.3	5.3	6.4	8.4	10.5	12.5	14.5	16.5	19	21
D　max	4.5	5.5	6	8	10	11	15	18	20.5	24	26	30	33
S[①]		0.3		0.4	0.5		0.6		0.8		1		1.2		1.5
齿数 min		6			8			9		10		12	

① S 为材料的实际厚度。

表 3-314　内锯齿锁紧垫圈的型式和尺寸（摘自 GB/T 861.2—1987）　（单位：mm）

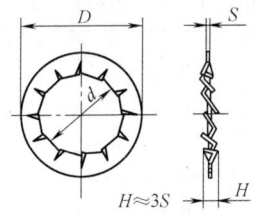

标记示例：
　规格 6mm、材料为 65Mn、表面氧化处理的内锯齿锁紧垫圈的标记为：
　垫圈　GB/T 861.2　6

规格（螺纹大径）	2	2.5	3	4	5	6	8	10	12	(14)	16	(18)	20
d　min	2.2	2.7	3.2	4.3	5.3	6.4	8.4	10.5	12.5	14.5	16.5	19	21
D　max	4.5	5.5	6	8	10	11	15	18	20.5	24	26	30	33
S[①]		0.3		0.4	0.5		0.6		0.8		1		1.2		1.5
齿数 min		7			8		9	10		12		14		16

① S 为材料的实际厚度。

表 3-315　外齿锁紧垫圈的型式和尺寸（摘自 GB/T 862.1—1987）　（单位：mm）

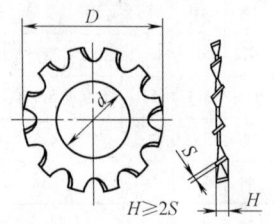

标记示例：
　规格 6mm、材料为 65Mn、表面氧化处理的外齿锁紧垫圈的标记为：
　　垫圈　GB/T 862.1　6

规格(螺纹大径)	2	2.5	3	4	5	6	8	10	12	(14)	16	(18)	20
d　min	2.2	2.7	3.2	4.3	5.3	6.4	8.4	10.5	12.5	14.5	16.5	19	21
D　max	4.5	5.5	6	8	10	11	15	18	20.5	24	26	30	33
S[①]		0.3		0.4	0.5		0.6		0.8		1		1.2		1.5
齿数 min		6				8			9		10		12

① S 为材料的实际厚度。

表 3-316　外锯齿锁紧垫圈的型式和尺寸（摘自 GB/T 862.2—1987）　（单位：mm）

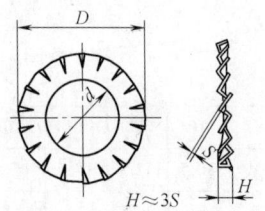

标记示例：
　规格 6mm、材料为 65Mn、表面氧化处理的外锯齿锁紧垫圈的标记为：
　　垫圈　GB/T 862.2　6

规格(螺纹大径)	2	2.5	3	4	5	6	8	10	12	(14)	16	(18)	20
d　min	2.2	2.7	3.2	4.3	5.3	6.4	8.4	10.5	12.5	14.5	16.5	19	21
D　max	4.5	5.5	6	8	10	11	15	18	20.5	24	26	30	33
S[①]		0.3		0.4	0.5		0.6		0.8		1		1.2		1.5
齿数 min		9			11		12	14		16		18		20

① S 为材料的实际厚度。

表 3-317　锥形锁紧垫圈的型式和尺寸（摘自 GB/T 956.1—1987）　（单位：mm）

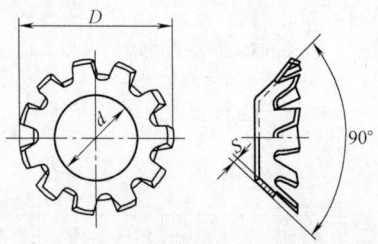

标记示例：
　规格 6mm、材料为 65Mn、表面氧化处理的锥形锁紧垫圈的标记为：
　　垫圈　GB/T 956.1　6

规格(螺纹大径)	3	4	5	6	8	10	12
d　　min	3.2	4.3	5.3	6.4	8.4	10.5	12.5
D　　≈	6	8	9.8	11.8	15.3	19	23
S[①]	0.4	0.5		0.6	0.8		1
齿数 min	6	8			10		

① S 为材料的实际厚度。

表 3-318　锥形锯齿锁紧垫圈的型式和尺寸（摘自 GB/T 956.2—1987）　（单位：mm）

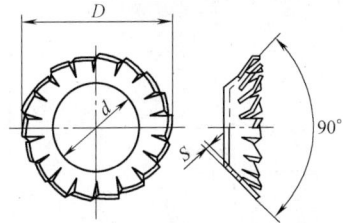

标记示例：

规格 6mm、材料为 65Mn、表面氧化处理的锥形锯齿锁紧垫圈的标记为：

垫圈 GB/T 956.2　6

规格(螺纹大径)	3	4	5	6	8	10	12
d　　min	3.2	4.3	5.3	6.4	8.4	10.5	12.5
D　　≈	6	8	9.8	11.8	15.3	19	23
$S^{①}$	0.4	0.5	0.6		0.8		1
齿数 min	12	14		16	18	20	26

① S 为材料的实际厚度。

2.11.5　止动垫圈（表 3-319～表 3-324）

表 3-319　单耳的型式和尺寸（摘自 GB/T 854—1988）　（单位：mm）

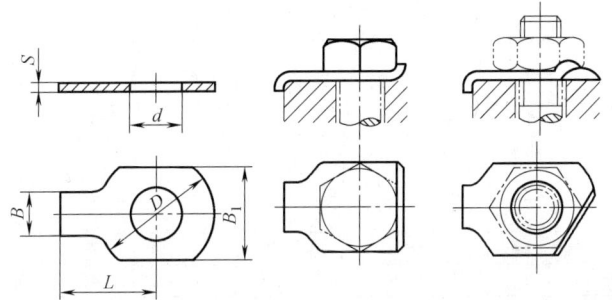

标记示例：

规格 10mm、材料为 Q215、经退化、表面氧化处理的单耳止动垫圈的标记为：

垫圈 GB/T 854　10

规格(螺纹大径)	2.5	3	4	5	6	8	10	12	(14)
d　min	2.7	3.2	4.2	5.3	6.4	8.4	10.5	13	15
L　公称	10	12	14	16	18	20	22	28	28
S	0.4			0.5				1	
B	3	4	5	6	7	8	10	12	
B_1	6	7	9	11	12	16	19	21	25
D　max	8	10	14	17	19	22	26	32	
规格(螺纹大径)	16	(18)	20	(22)	24	(27)	30	36	42	48
d　min	17	19	21	23	25	28	31	37	43	50
L　公称	32	36			42		48	52	62	70	80
S	1					1.5				
B	15	18		20			24	26	30	35	40
B_1	32	38		39	42		48	55	65	78	90
D　max	40	45		50			58	63	75	88	100

注：尽可能不采用括号内的规格。

表 3-320　双耳制动垫圈的型式和尺寸（摘自 GB/T 855—1988）　　（单位：mm）

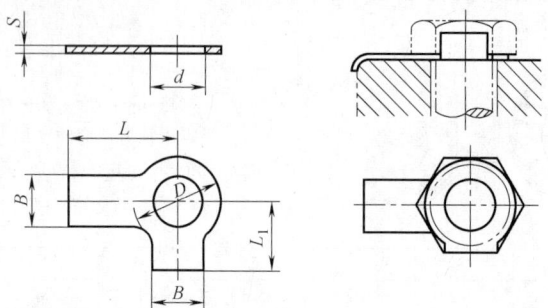

标记示例：

规格 10mm、材料为 Q215，经退化、表面氧化处理的双耳止动垫圈的标记为：

垫圈　GB/T 855　10

规格（螺纹大径）	2.5	3	4	5	6	8	10	12	(14)
d　min	2.7	3.2	4.2	5.3	6.4	8.4	10.5	13	15
L　公称	10	12	14	16	18	20	22	28	28
L_1　公称	4	5	7	8	9	11	13	16	16
S	0.4				0.5			1	
B	3	4	5	6	7	8	10	12	
D　max	5		8	9	11	14	17	22	

规格（螺纹大径）	16	(18)	20	(22)	24	(27)	30	36	42	48
d　min	17	19	21	23	25	28	31	37	43	50
L　公称	32	36			42	48	52	62	70	80
L_1　公称	20	22			25	30	32	38	44	50
S	1						1.5			
B	15	18			20	24	26	30	35	40
D　max	27	32			36	41	46	55	65	75

注：尽可能不采用括号内的规格。

表 3-321　外舌止动垫圈的型式和尺寸（摘自 GB/T 856—1988）　　（单位：mm）

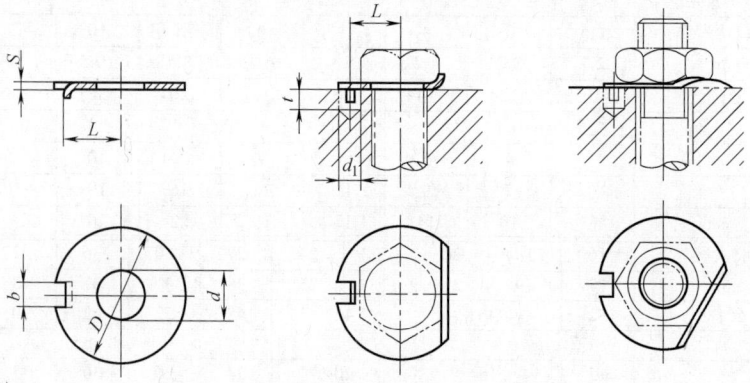

标记示例：

规格 10mm、材料为 Q215，经退化、表面氧化处理的外舌止动垫圈的标记为：

垫圈　GB/T 856　10

（续）

规格 (螺纹大径)	d min	D max	b max	L 公称	S	d₁	t
2.5	2.7	10	2	3.5	0.4	2.5	
3	3.2	12	2.5	4.5		3	3
4	4.2	14	2.5	5.5			
5	5.3	17	3.5	7	0.5	4	4
6	6.4	19	3.5	7.5			
8	8.4	22	3.5	8.5			
10	10.5	26	4.5	10		5	5
12	13	32	4.5	12			
(14)	15	32	4.5	12	1	6	6
16	17	40	5.5	15			
(18)	19	45	6	18		7	7
20	21	45	6	18	1	7	7
(22)	23	50	7	20		8	
24	25	50	7	20			
(27)	28	58	8	23		9	10
30	31	63	8	25			
36	37	75	11	31	1.5	12	
42	43	88	11	36			12
48	50	100	13	40		14	13
材料	Q215、Q235(GB/T 700)；10、15(GB/T 699)						
表面处理	表面氧化						
热处理	退火处理						

注：应尽可能不采用括号内的规格。

表 3-322　圆螺母用止动垫圈的型式和尺寸（摘自 GB/T 858—1988）　（单位：mm）

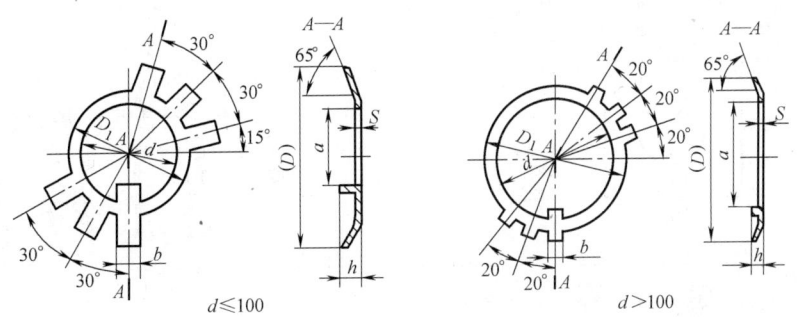

d≤100　　　　d>100

标记示例：

规格 16mm、材料为 Q215,经退火、表面氧化处理的圆螺母用止动垫圈的标记为：

垫圈　GB/T 858　16

规格 (螺纹大径)	d	D 参考	D₁	S	h	b	a
10	10.5	25	16	1	3	3.8	8
12	12.5	28	19				9
14	14.5	32	20				11
16	16.5	34	22				13
18	18.5	35	24				15
20	20.5	38	27				17
22	22.5	42	30		4	4.8	19
24	24.5	45	34				21
25①	25.5	45	34	1			22
27	27.5	48	37				24
30	30.5	52	40		5	5.7	27
33	33.5	56	43				30
35①	35.5	56	43	1.5	5	5.7	32
36	36.5	60	46				33
39	39.5	62	49				36
40①	40.5	62	49				37
42	42.5	66	53		6	7.7	39
45	45.5	72	59				42
48	48.5	76	61				45
50①	50.5	76	61				47
52	52.5	82	67				49
55①	56	82	67				52
56	57	90	74				53
60	61	94	79				57

（续）

规格 （螺纹大径）	d	D 参考	D₁	S	h	b	a	规格 （螺纹大径）	d	D 参考	D₁	S	h	b	a
64	65	100	84	1.5	6	9.6	61	61	110	156	135	2	7	13.5	106
65①	66						62	62	115	160	140				111
68	69	105	88				65	65	120	166	145				116
72	73	110	93		7		69	69	125	170	150				121
75①	76						71	71	130	176	155				126
76	77	115	98				72	72	140	186	165				136
80	81	120	103				76	76	150	206	180				146
85	86	125	108				81	81	160	216	190				156
90	91	130	112	2		11.6	86	86	170	226	200	2.5	8	15.5	166
95	96	135	117				91	91	180	236	210				176
100	101	140	122				96	96	190	246	220				186
105	106	145	127				101	101	200	256	230				196

① 仅用于滚动轴承锁紧装置。

表 3-323　工字钢用方斜垫圈的型式和尺寸（摘自 GB/T 852—1988）　　（单位：mm）

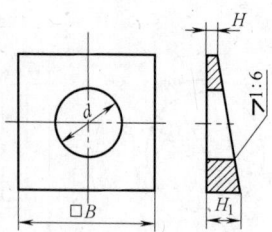

标记示例：
　规格 16mm、材料为 Q215，不经表面处理的工字钢用方斜垫圈的标记为：
　垫圈　GB/T 852　16

规格 （螺纹大径）	d min	B	H	H₁	规格 （螺纹大径）	d min	B	H	H₁
6	6.6	16	2	4.7	20	22	40	3	9.7
8	9	18		5.0	(22)	24			9.7
10	11	22		5.7	24	26	50		11.3
12	13.5	28		6.7	(27)	30			11.3
16	17.5	35		7.7	30	33	60		13.0
(18)	20	40	3	9.7	36	39	70		14.7

注：尽可能不采用括号内的规格。

表 3-324　槽钢用方斜垫圈的型式和尺寸（摘自 GB/T 853—1988）　　（单位：mm）

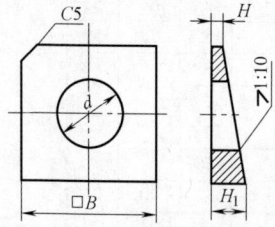

标记示例：
　规格 16mm、材料为 Q215，不经表面处理的槽钢用方斜垫圈的标记为：
　垫圈　GB/T 853　16

（续）

规格 （螺纹大径）	d min	B	H	H_1	规格 （螺纹大径）	d min	B	H	H_1
6	6.6	16	2	3.6	20	22	40	3	7
8	9	18		3.8	(22)	24			
10	11	22		4.2	24	26	50		8
12	13.5	28		4.8	(27)	30			
16	17.5	35		5.4	30	33	60		9
(18)	20	40	3	7	36	39	70		10

注：尽可能不采用括号内的规格。

2.11.6　球面、锥面垫圈（见表 3-325 和表 3-326）

表 3-325　球面垫圈的型式和尺寸（摘自 GB/T 849—1988）（单位：mm）

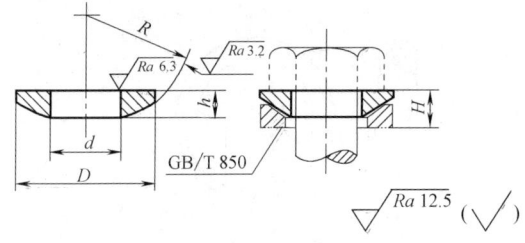

标记示例：

规格 16mm、材料为 45 钢、热处理硬度 40~48HRC、表面氧化处理的球面垫圈的标记为：

垫圈　GB/T 849　16

规格 （螺纹大径）	d min	D max	h max	R	$H\approx$	规格 （螺纹大径）	d min	D max	h max	R	$H\approx$
6	6.40	12.50	3.00	10	4	24	25.00	44.00	9.60	36	13
8	8.40	17.00	4.00	12	5	30	31.00	56.00	9.80	40	16
10	10.50	21.00	4.00	16	6	36	37.00	66.00	12.00	50	19
12	13.00	24.00	5.00	20	7	42	43.00	78.00	16.00	63	24
16	17.00	30.00	6.00	25	8	48	50.00	92.00	20.00	70	30
20	21.00	37.00	6.60	32	10						

表 3-326　锥面垫圈的型号和尺寸（摘自 GB/T 850—1988）（单位：mm）

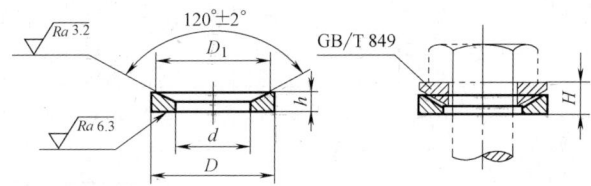

标记示例：

规格 16mm、材料为 45 钢、热处理硬度 40~48HRC、表面氧化处理的锥面垫圈的标记：

垫圈　GB/T 850　16

（续）

规格 （螺纹大径）	d min	D max	h max	D_1	$H\approx$	规格 （螺纹大径）	d min	D max	h max	D_1	$H\approx$
6	8	12.5	2.6	12	4	24	30	44	6.8	38.5	13
8	10	17	3.2	16	5	30	36	56	9.9	45.2	16
10	12.5	21	4	18	6	36	43	66	14.3	64	19
12	16	24	4.7	23.5	7	42	50	78	14.4	69	24
16	20	30	5.1	29	8	48	60	92	17.4	78.6	30
20	25	37	6.6	34	10						

2.11.7 开口垫圈（见表3-327）

表3-327 开口垫圈的型式和尺寸（摘自 GB/T 851—1988）（单位：mm）

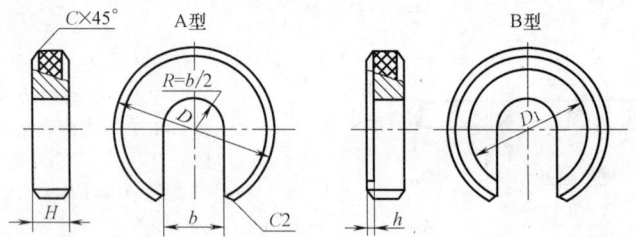

标记示例：

规格 16mm、外径为 50mm、材料为 45 钢、热处理硬度 40~48HRC、表面氧化处理、按 A 型制造的开口垫圈的标记为：

垫圈 GB/T 851 16-50

按 B 型制造时，应加标记 B：

垫圈 GB/T 851 B16-50

规格（螺纹大径）	5	6	8	10	12	16	20	24	30	36
b	6	8	10	12	14	18	22	26	32	40
D_1	13	15	19	23	26	32	42	50	60	72
h	0.6	0.8	1.0		1.5		2.0			2.5
C		0.5	0.8	1.0		1.5		2.0		2.5
D	H									
16	4									
20	4	5								
25	4	5	6							
30	4	6	6	7						
35		6	7	7	8					
40			7	8	8	10				
50			7	8	8	10	10			
60				8	10	10	10	12		
70					10	10	10	12	14	
80					10	12	12	12	14	
90						12	12	12	14	16

（续）

规格（螺纹大径）	5	6	8	10	12	16	20	24	30	36
100						12	12	14	14	16
110							14	14	16	—
120							14	16	16	16
130								16	18	—
140									18	18
160										20

2.12　挡圈

2.12.1　品种、规格及技术要求（见表 3-328）

表 3-328　挡圈的品种、规格及技术要求

序号	名称及标准号	规格范围	材料或技术条件	表面处理
1	推销锁紧挡圈 GB/T 883—1986	8~130mm	见 GB/T 959.3	1）不经处理 2）氧化
2	螺钉锁紧挡圈 GB/T 884—1986	8~200mm	见 GB/T 959.3	1）不经处理 2）氧化
3	带锁圈的螺钉锁紧挡圈 GB/T 885—1986	8~200mm	见 GB/T 959.3	1）不经处理 2）氧化
4	轴肩挡圈 GB/T 886—1986	20~120mm	见 GB/T 959.3	1）不经处理 2）氧化
5	螺钉紧固轴端挡圈 GB/T 891—1986	20~100mm	见 GB/T 959.3	1）不经处理 2）氧化
6	螺栓紧固轴端挡圈 GB/T 892—1986	20~100mm	见 GB/T 959.3	1）不经处理 2）氧化
7	孔用弹性挡圈[①] GB/T 893—2017	8~300mm	见 GB/T 959.1	1）氧化 2）镀锌钝化
8	轴用弹性挡圈[①] GB/T 894—2017	3~200mm	见 GB/T 959.1	1）氧化 2）镀锌钝化
9	孔用钢丝挡圈[①] GB/T 895.1—1986	7~125mm	见 GB/T 959.2	氧化
10	轴用钢丝挡圈[①] GB/T 895.2—1986	4~125mm	见 GB/T 959.2	氧化
11	开口挡圈[①] GB/T 896—1986	1.2~15mm	见 GB/T 959.1	1）氧化 2）镀锌钝化
12	夹紧挡圈[①] GB/T 960—1986	1.5~10mm	钢： Q215、Q235 黄铜： H62	不经处理
13	钢丝锁圈[①] GB/T 921—1986	15~236mm	碳素弹簧钢丝	氧化

① 商品紧固件品种，应优先选用。

2.12.2 刚性挡圈（见表3-329~表3-335）

表3-329 锥销锁紧挡圈的型式和尺寸（摘自 GB/T 883—1986⊖）　（单位：mm）

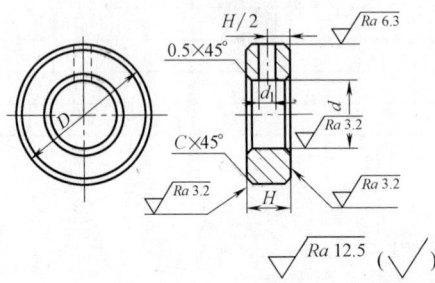

标记示例：

公称直径 $d = 20$mm、材料为 Q235、不经表面处理的锥销锁紧挡圈的标记为：

挡圈 GB/T 883　20

公称直径 d 公称尺寸	极限偏差	H 公称尺寸	极限偏差	D	d_1	C	圆锥销 GB/T 117（推荐）	公称直径 d 公称尺寸	极限偏差	H 公称尺寸	极限偏差	D	d_1	C	圆锥销 GB/T 117（推荐）
8	+0.036 / 0	10	0 / -0.36	20	3	0.5	3×22	40	+0.062 / 0	16	0 / -0.52	62	6	1	6×60
(9)		10		22	3	0.5	3×22	45		18		70	6	1	6×70
10		10		22	3	0.5	3×22	50		18		80	8	1	8×80
12		10		25	3	0.5	3×25	55		18		85	8	1	8×90
(13)		10		25	3	0.5	3×25	60		20		90	8	1	8×90
14	+0.043 / 0	12		28	4	0.5	4×28	65	+0.074 / 0	20		95	10	1	10×100
(15)		12		30	4	0.5	4×32	70		20		100	10	1	10×100
16		12		30	4	0.5	4×32	75		22		110	10	1	10×110
(17)		12		32	4	0.5	4×32	80		22		115	10	1	10×120
18		12		32	4	0.5	4×32	85		22		120	10	1	10×120
(19)		12	0 / -0.43	35	4	0.5	4×35	90		22		125	10	1	10×120
20		12		35	4	0.5	4×35	95		25		130	10	1.5	10×130
22	+0.052 / 0	12		38	5	1	5×40	100	+0.087 / 0	25		135	10	1.5	10×140
25		14		42	5	1	5×45	105		25		140	10	1.5	10×140
28		14		45	5	1	5×45	110		30		150	12	1.5	12×150
30		14		48	6	1	6×50	115		30		155	12	1.5	12×150
32	+0.062 / 0	14		52	6	1	6×55	120		30		160	12	1.5	12×160
35		16		56	6	1	6×55	(125)	+0.10 / 0	30		165	12	1.5	12×160
								130		30		170	12	1.5	12×180

注：1. 尽可能不采用括号内的规格。

　　2. d_1 孔在加工时，只钻一面，装配时钻透并铰孔。

⊖ GB/T 883—1986 中引用的部分标准已经更新，用户在引用该标准时应予以注意。

表 3-330   螺钉锁紧挡圈的型式和尺寸（摘自 GB/T 884—1986）   （单位：mm）

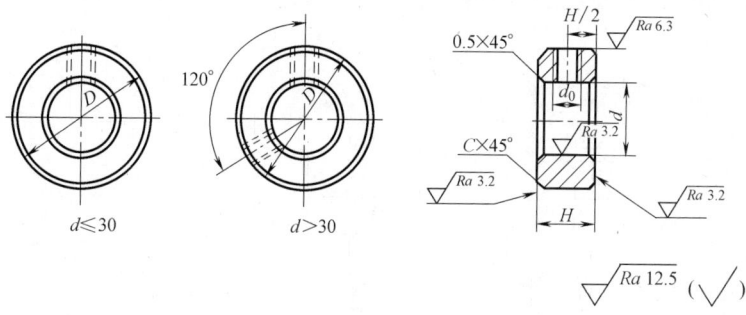

$d \leqslant 30$ $d > 30$

标记示例：

公称直径 $d = 20$mm、材料为 Q235、不经表面处理的螺钉锁紧挡圈的标记为：

挡圈   GB/T 884   20

公称直径 d		H		D	d_0	C	螺钉 GB/T 71 （推荐）
公称尺寸	极限偏差	公称尺寸	极限偏差				
8	+0.036 0	10	0 −0.36	20	M5	0.5	M5×8
(9)		10		22			
10		10		22			
12	+0.043 0	10		25			
(13)		10		25			
14	+0.043 0	12	0 −0.42	28	M6	1	M6×10
(15)		12		30			
16		12		30			
(17)		12		32			
18		12		32			
(19)	+0.052 0	12		35			
20		12		35			
22		12		38			
25		14		42	M8		M8×12
28		14		45			
30		14		48			
32	+0.062 0	14	0 −0.43	52			
35		16		56			M10×16
40		16		62			
45		18		70			
50		18		80	M10		
55		18		85			
60	+0.074 0	20	0 −0.52	90			M10×20
65		20		95			
70		20		100			
75		22		110	M12		M12×25
80		22		115			

（续）

公称直径 d		H		D	d_0	C	螺钉 GB/T 71 （推荐）
公称尺寸	极限偏差	公称尺寸	极限偏差				
85		22		120		1	
90		22		125			
95		25		130			
100	+0.087 0	25		135			
105		25		140			
110		30		150			M12×25
115		30		155			
120		30		160			
(125)		30		165			
130		30	0 -0.52	170	M12		
(135)		30		175		1.5	
140		30		180			
(145)	+0.1 0	30		190			
150		30		200			
160		30		210			
170		30		220			M12×30
180		30		230			
190	+0.115 0	30		240			
200		30		250			

注：尽可能不采用括号内的规格。

表 3-331　带锁圈的螺钉锁紧挡圈的型式和

尺寸（摘自 GB/T 885—1986）　　　　　（单位：mm）

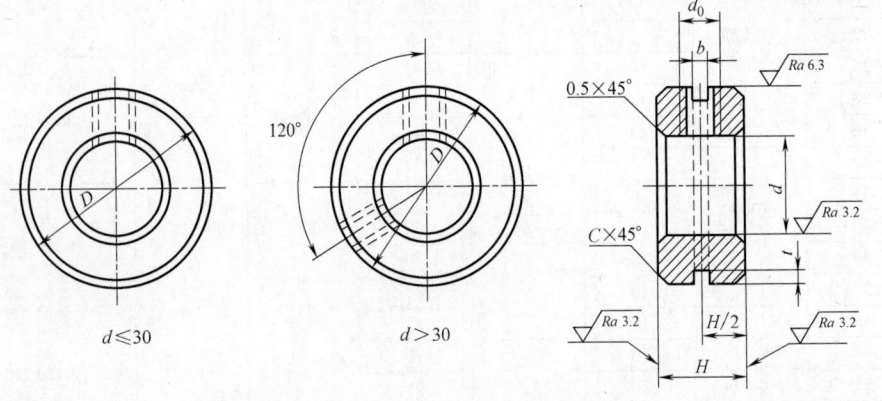

$d \leqslant 30$　　　　　$d > 30$

标记示例：

公称直径 $d = 20$mm、材料为 Q235、不经表面处理的带锁圈的螺钉锁紧挡圈的标记为：

挡圈　GB/T 885　20

（续）

d 公称尺寸	d 极限偏差	H 公称尺寸	H 极限偏差	b 公称尺寸	b 极限偏差	t 公称尺寸	t 极限偏差	D	d_0	C	螺钉 GB/T 71（推荐）	锁圈 GB/T 921
8	+0.036 0	10	0 −0.36	1		1.8	±0.18	20	M5	0.5	M5×8	15
(9)		10		1		1.8		22				17
10		10		1		1.8		22				17
12	+0.043 0	10		1		1.8		25				20
(13)		10		1		1.8		25				20
14	+0.043 0	12	0 −0.42	1	+0.20 +0.06	2	±0.20	28	M6	1	M6×10	23
(15)		12		1		2		30				25
16		12		1		2		30				25
(17)		12		1		2		32				27
18		12		1		2		32				27
(19)	+0.052 0	12		1		2		35				30
20		12		1		2		35				30
22		12		1		2		38				32
25		14	0 −0.43	1.2		2.5	±0.25	42	M8		M8×12	35
28		14		1.2		2.5		45				38
30		14		1.2		2.5		48				41
32	+0.062 0	14		1.2		2.5		52				44
35		16		1.6		3	±0.30	56	M10		M10×16	47
40		16		1.6		3		62				54
45		18		1.6		3		70				62
50		18		1.6		3		80				71
55	+0.074 0	18		1.6		3		85			M10×20	76
60		20		1.6		3		90				81
65		20		1.6		3		95				86
70		20		1.6		3		100				91
75		22	0 −0.52	2	+0.31 +0.06	3.6	±0.36	110	M12		M12×25	100
80		22		2		3.6		115				105
85	+0.087 0	22		2		3.6		120				110
90		22		2		3.6		125				115
95		25		2		3.6		130				120
100		25		2		3.6		135				124
105		25		2		3.6		140				129
110		30		2		4.5	±0.45	150		1.5		136
115		30		2		4.5		155				142
120		30		2		4.5		160				147
(125)	+0.1 0	30		2		4.5		165				152
130		30		2		4.5		170				156
(135)		30		2		4.5		175				162
140		30		2		4.5		180				166
(145)		30		2		4.5		190				176
150		30		2		4.5		200			M12×30	186
160		30		2		4.5		210				196

（续）

公称直径 d		H		b		t		D	d_0	C	螺钉 GB/T 71（推荐）	锁圈 GB/T 921
公称尺寸	极限偏差	公称尺寸	极限偏差	公称尺寸	极限偏差	公称尺寸	极限偏差					
170	+0.1	30		2		4.5		220				206
180	0	30	0	2	+0.31	4.5	±0.45	230	M12	1.5	M12×30	216
190	+0.115	30	−0.52	2	+0.06	4.5		240				226
200	0	30		2		4.5		250				236

注：尽可能不采用括号内的规格。

表 3-332　钢丝锁圈的型式和尺寸（摘自 GB/T 921—1986）　　　　（单位：mm）

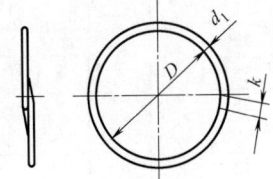

标记示例：

公称直径 $D=30$mm、材料为碳素弹簧钢丝、经低温回火及表面氧化处理的锁圈的标记为：

锁圈　GB/T 921　30

公称直径 D	d_1	k	适用的挡圈 GB/T 885	公称直径 D	d_1	k	适用的挡圈 GB/T 885	公称直径 D	d_1	k	适用的挡圈 GB/T 885	公称直径 D	d_1	k	适用的挡圈 GB/T 885
15			8	44	1		32	110			85	166			140
17	0.7	2	9,10	47			35	115		9	90	176			145
20			12,13	54		6	40	120			95	186			150
23			14	62			45	124			100	196	1.8	12	160
25			15,16	71	1.4		50	129			105	206			170
27	0.8	3	17,18	76			55	136	1.8		110	216			180
30			19,20	81			60	142			115	226			190
32			22	86		9	65	147		12	120	236			200
35			25	91			70	152			125				
38	1		28	100			75	156			130				
41			30	105	1.8		80	162			135				

表 3-333　轴肩挡圈的型式和尺寸（摘自 GB/T 886—1986）　　　　（单位：mm）

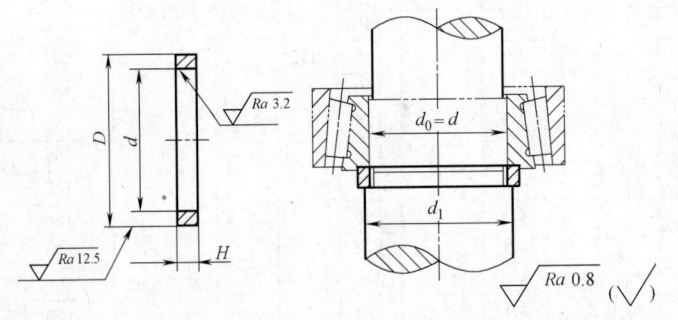

标记示例：

公称直径 $d=30$mm、外径 $D=40$mm、材料为 35 钢、不经热处理及表面处理的轴肩挡圈的标记为：

锁圈　GB/T 886　30×40

（续）

公称直径 d		d_1 ≥	轻系列径向轴承用			中系列径向轴承和轻系列径向推力轴承用			重系列径向轴承和中系列径向推力轴承用		
公称尺寸	极限偏差		D	H 公称尺寸	H 极限偏差	D	H 公称尺寸	H 极限偏差	D	H 公称尺寸	H 极限偏差
20	+0.13①	22	—	③	—	27	4		30	5	
25	0	27	—	③	—	32	4		35	5	
30		32	36	4		38	4		40	5	
35		37	42	4		45	4		47	5	
40	+0.16②	42	47	4		50	4		52	5	
45	0	47	52	4		55	4		58	5	0
50		52	58	4		60	4		65	5	−0.30
55		58	65	5		68	5	0	70	6	
60		63	70	5		72	5	−0.30	75	6	
65	+0.19	68	75	5	0	78	5		80	6	
70	0	73	80	5	−0.30	82	5		85	6	
75		78	85	5		88	5		90	6	
80		83	90	6		95	6		100	8	
85		88	95	6		100	6		105	8	
90		93	100	6		105	6		110	8	
95	+0.22	98	110	6		110	6		115	8	0
100	0	103	115	8		115	8		120	10	−0.36
105		109	120	8		120	8	0	130	10	
110		114	125	8	0	130	8	−0.36	135	10	
120		124	135	8	−0.36	140	8		145	10	

① 轻系列径向轴承用为+0.16；重系列径向轴承和中系列径向推力轴承用为+0.17。

② 重系列径向轴承和中系列径向推力轴承用为+0.17。

③ 轻系列径向轴承无此规格。

表 3-334　螺钉紧固轴端挡圈的型式和尺寸（摘自 GB/T 891—1986⊖）（单位：mm）

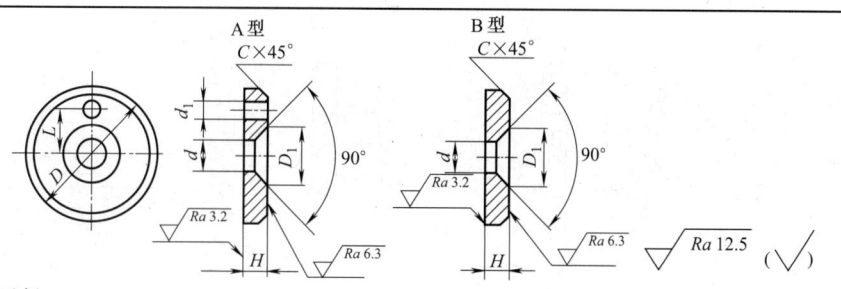

标记示例：

公称直径 D =45mm、材料为 Q235、不经表面处理的 A 型螺钉紧固轴端挡圈的标记为：

挡圈　GB/T 891　45

按 B 型制造时，应加标记 B：

挡圈　GB/T 891　B　45

⊖ GB/T 891—1986引用的部分标准已经更新，用户在引用该标准时应予以注意。

（续）

轴径 ≤	公称直径 D	H	L	d	d_1	C	圆柱销规格 GB/T 119 （推荐）	D_1	螺钉规格 GB/T 819 （推荐）
14	20	4	—	5.5	2.1	0.5	A2×10	11	M5×12
16	22								
18	25								
20	28								
22	30								
25	32	5	7.5	6.6	3.2	1	A3×12	13	M6×16
28	35								
30	38								
32	40								
35	45								
40	50								
45	55	6	16	9	4.2	1.5	A4×14	17	M8×20
50	60								
55	65								
60	70								
65	75		20						
70	80								
75	90	8	25	13	5.2	2	A5×16	25	M10×25
85	100								

表 3-335　螺栓紧固轴端挡圈的型式和尺寸（摘自 GB/T 892—1986[-]）（单位：mm）

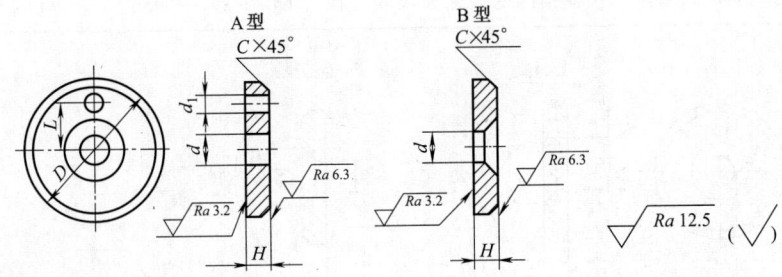

标记示例：

公称直径 D=45mm、材料为 Q235、不经表面处理的 A 型螺栓紧固轴端挡圈的标记为：

挡圈　GB/T 892　45

按 B 型制造时，应加标记 B：

挡圈　GB/T 892　B　45

[-] GB/T 892—1986 中引用的部分标准已经更新，用户在引用该标准时应予以注意。

822

（续）

轴径 ≤	公称直径 D	H	L	d	d_1	C	圆柱销规格 GB/T 119 （推荐）	螺栓规格 GB/T 5783 （推荐）	垫圈规格 GB/T 93 （推荐）
14	20		—						
16	22								
18	25	4		5.5	2.1	0.5	A2×10	M5×16	5
20	28								
22	30								
25	32								
28	35		7.5						
30	38								
32	40	5		6.6	3.2	1	A3×12	M6×20	6
35	45								
40	50								
45	55								
50	60		16						
55	65								
60	70	6		9	4.2	1.5	A4×14	M8×20	8.0
65	75		20						
70	80								
75	90	8	25	13	5.2	2	A5×16	M10×2	12.0
85	100								

注：当挡圈装在带螺纹孔的轴端时，紧固用螺栓允许加长。

2.12.3　弹性挡圈（表 3-336～表 3-339）

表 3-336　孔用弹性挡圈的型式和尺寸（摘自 GB/T 893—2017）　（单位：mm）

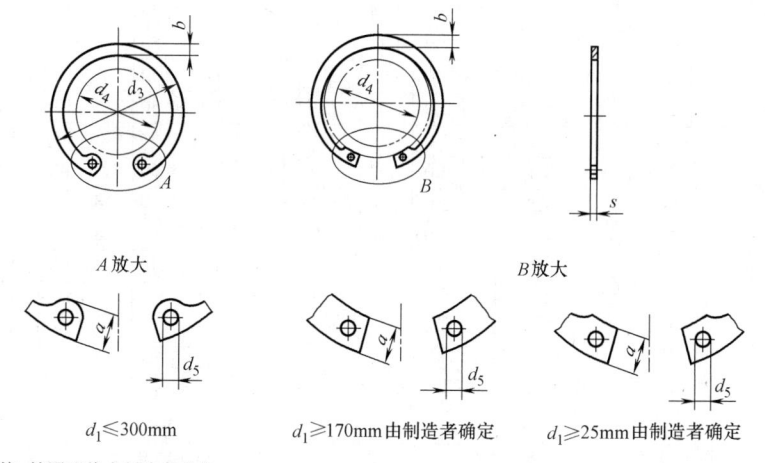

$d_1 \le 300$mm　　　　$d_1 \ge 170$mm 由制造者确定　　　　$d_1 \ge 25$mm 由制造者确定

注：挡圈形状由制造者确定

（续）

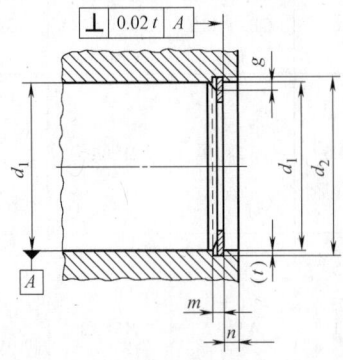

标记示例：

孔径 $d_1 = 40\text{mm}$、厚度 $s = 1.75\text{mm}$、材料 C67S、
表面磷化处理的 A 型孔用弹性挡圈的标记为：
挡圈　GB/T 893　40

孔径 $d_1 = 40\text{mm}$、厚度 $s = 2.00\text{mm}$、材料 C67S、
表面磷化处理的 B 型孔用弹性挡圈的标记为：
挡圈　GB/T 893　40B

公称规格 d_1	挡圈								沟槽					其他		
	s		d_3		a max	$b^①$ ≈	d_5 min	千件质量 ≈ kg	d_2		m H13	t	n min	d_4	g	安装工具规格^②
	公称尺寸	极限偏差	公称尺寸	极限偏差					公称尺寸	极限偏差						
标准型（A 型）																
8	0.80	0	8.7		2.4	1.1	1.0	0.14	8.4	+0.09	0.9	0.20	0.6	3.0	0.5	1.0
9	0.80	−0.05	9.8		2.5	1.3	1.0	0.15	9.4	0	0.9	0.20	0.6	3.7	0.5	
10	1.00		10.8		3.2	1.4	1.2	0.18	10.4		1.1	0.20	0.6	3.3	0.5	
11	1.00		11.8	+0.36 −0.10	3.3	1.5	1.2	0.31	11.4		1.1	0.20	0.6	4.1	0.5	1.5
12	1.00		13		3.4	1.7	1.5	0.37	12.5		1.1	0.25	0.8	4.9	0.5	
13	1.00		14.1		3.6	1.8	1.5	0.42	13.6	+0.11	1.1	0.30	0.9	5.4	0.5	
14	1.00		15.1		3.7	1.9	1.7	0.52	14.6	0	1.1	0.30	0.9	6.2	0.5	
15	1.00		16.2		3.7	2.0	1.7	0.56	15.7		1.1	0.35	1.1	7.2	0.5	
16	1.00		17.3		3.8	2.0	1.7	0.60	16.8		1.1	0.40	1.2	8.0	1.0	
17	1.00		18.3		3.9	2.1	1.7	0.65	17.8		1.1	0.40	1.2	8.8	1.0	
18	1.00	0 −0.06	19.5		4.1	2.2	2.0	0.74	19		1.1	0.50	1.5	9.4	1.0	
19	1.00		20.5	+0.42 −0.13	4.1	2.2	2.0	0.83	20	+0.13	1.1	0.50	1.5	10.4	1.0	
20	1.00		21.5		4.2	2.3	2.0	0.90	21	0	1.1	0.50	1.5	11.2	1.0	2.0
21	1.00		22.5		4.2	2.4	2.0	1.00	22		1.1	0.50	1.5	12.2	1.0	
22	1.00		23.5		4.2	2.5	2.0	1.10	23		1.1	0.50	1.5	13.2	1.0	
24	1.20		25.9	+0.42 −0.21	4.4	2.6	2.0	1.42	25.2		1.3	0.60	1.8	14.8	1.0	
25	1.20		26.9		4.5	2.7	2.0	1.50	26.2	+0.21	1.3	0.60	1.8	15.5	1.0	
26	1.20		27.9		4.7	2.8	2.0	1.60	27.2	0	1.3	0.60	1.8	16.1	1.0	
28	1.20		30.1		4.8	2.9	2.0	1.80	29.4		1.3	0.70	2.1	17.9	1.0	
30	1.20		32.1		4.8	3.0	2.0	2.06	31.4		1.3	0.70	2.1	19.9	1.0	
31	1.20		33.4		5.2	3.2	2.5	2.10	32.7		1.3	0.85	2.6	20.0	1.0	
32	1.20		34.4		5.4	3.2	2.5	2.21	33.7		1.3	0.85	2.6	20.6	1.0	
34	1.50		36.5	+0.50 −0.25	5.4	3.3	2.5	3.20	35.7	+0.25	1.60	0.85	2.6	22.6	1.5	2.5
35	1.50		37.8		5.4	3.4	2.5	3.54	37.0	0	1.60	1.00	3.0	23.6	1.5	
36	1.50		38.8		5.4	3.5	2.5	3.70	38.0		1.60	1.00	3.0	24.6	1.5	
37	1.50		39.8		5.5	3.6	2.5	3.74	39		1.60	1.00	3.0	25.4	1.5	
38	1.50		40.8		5.5	3.7	2.5	3.90	40		1.60	1.00	3.0	26.4	1.5	

（续）

公称规格 d_1	挡圈								沟槽					其他		
	s		d_3		a max	$b^{①}$ ≈	d_5 min	千件质量 ≈ kg	d_2		m H13	t	n min	d_4	g	安装工具规格^{②}
	公称尺寸	极限偏差	公称尺寸	极限偏差					公称尺寸	极限偏差						
标准型（A 型）																
40	1.75		43.5		5.8	3.9	2.5	4.70	42.5		1.85	1.25	3.8	27.8	2.0	2.5
42	1.75		45.5	+0.90 −0.39	5.9	4.1	2.5	5.40	44.5	+0.25 0	1.85	1.25	3.8	29.6	2.0	
45	1.75	0 −0.06	48.5		6.2	4.3	2.5	6.00	47.5		1.85	1.25	3.8	32.0	2.0	
47	1.75		50.5		6.4	4.4	2.5	6.10	49.5		1.85	1.25	3.8	33.5	2.0	
48	1.75		51.5		6.4	4.5	2.5	6.70	50.5		1.85	1.25	3.8	34.5	2.0	
50	2.00		54.2		6.4	4.6	2.5	7.30	53.0		2.15	1.50	4.5	36.3	2.0	
52	2.00		56.2		6.7	4.7	2.5	8.20	55.0		2.15	1.50	4.5	37.9	2.0	
55	2.00		59.2		6.8	5.0	2.5	8.30	58.0		2.15	1.50	4.5	40.7	2.0	
56	2.00		60.2		6.8	5.1	2.5	8.70	59.0		2.15	1.50	4.5	41.7	2.0	
58	2.00		62.2	+1.10 −0.46	6.9	5.2	2.5	10.50	61.0		2.15	1.50	4.5	43.5	2.0	
60	2.00		64.2		7.3	5.4	2.5	11.10	63.0	+0.30 0	2.15	1.50	4.5	44.7	2.0	
62	2.00		66.2		7.3	5.5	2.5	12.20	65.0		2.15	1.50	4.5	46.7	2.0	
63	2.00	0 −0.07	67.2		7.3	5.6	2.5	12.40	66.0		2.15	1.50	4.5	47.7	2.0	
65	2.50		69.2		7.6	5.8	3.0	14.30	68.0		2.65	1.50	4.5	49.0	2.5	
68	2.50		72.5		7.8	6.1	3.0	16.00	71.0		2.65	1.50	4.5	51.6	2.5	3.0
70	2.50		74.5		7.8	6.2	3.0	16.50	73.0		2.65	1.50	4.5	53.6	2.5	
72	2.50		76.5		7.8	6.4	3.0	18.10	75.0		2.65	1.50	4.5	55.6	2.5	
75	2.50		79.5		7.8	6.6	3.0	18.80	78.0		2.65	1.50	4.5	58.6	2.5	
78	2.50		82.5		8.5	6.6	3.0	20.4	81.0		2.65	1.50	4.5	60.1	2.5	
80	2.50		85.5		8.5	6.8	3.0	22.0	83.5		2.65	1.75	5.3	62.1	2.5	
82	2.50		87.5		8.5	7.0	3.0	24.0	85.5		2.65	1.75	5.3	64.1	2.5	
85	3.00		90.5		8.6	7.0	3.5	25.3	88.5		3.15	1.75	5.3	66.9	3.0	
88	3.00		93.5		8.6	7.2	3.5	28.0	91.5	+0.35 0	3.15	1.75	5.3	69.9	3.0	
90	3.00		95.5		8.6	7.6	3.5	31.0	93.5		3.15	1.75	5.3	71.9	3.0	
92	3.00	0 −0.08	97.5	+1.30 −0.54	8.7	7.8	3.5	32.0	95.5		3.15	1.75	5.3	73.7	3.0	
95	3.00		100.5		8.8	8.1	3.5	35.0	98.5		3.15	1.75	5.3	76.5	3.0	
98	3.00		103.5		9.0	8.3	3.5	37.0	101.5		3.15	1.75	5.3	79.0	3.0	
100	3.00		105.5		9.2	8.4	3.5	38.0	103.5		3.15	1.75	5.3	80.6	3.0	
102	4.00		108		9.5	8.5	3.5	55.0	106.0		4.15	2.00	6.0	82.0	3.0	
105	4.00		112		9.5	8.7	3.5	56.0	109.0		4.15	2.00	6.0	85.0	3.0	
108	4.00		115		9.5	8.9	3.5	60.0	112.0	+0.54 0	4.15	2.00	6.0	88.0	3.0	
110	4.00		117		10.4	9.0	3.5	64.5	114.0		4.15	2.00	6.0	88.2	3.0	
112	4.00		119		10.5	9.1	3.5	72.0	116.0		4.15	2.00	6.0	90.0	3.0	
115	4.00		122		10.5	9.3	3.5	74.5	119.0		4.15	2.00	6.0	93.0	3.0	
120	4.00	0 −0.10	127		11.0	9.7	3.5	77.0	124.0		4.15	2.00	6.0	96.9	3.0	4.0
125	4.00		132		11.0	10.0	4.0	79.0	129.0		4.15	2.00	6.0	101.9	3.0	
130	4.00		137	+1.50 −0.63	11.0	10.2	4.0	82.0	134.0		4.15	2.00	6.0	106.9	3.0	
135	4.00		142		11.2	10.5	4.0	84.0	139.0	+0.63 0	4.15	2.00	6.0	111.5	3.0	
140	4.00		147		11.2	10.7	4.0	87.5	144.0		4.15	2.00	6.0	116.5	3.0	
145	4.00		152		11.4	10.9	4.0	93.0	149.0		4.15	2.00	6.0	121.0	3.0	
150	4.00		158		12.0	11.2	4.0	105.0	155.0		4.15	2.50	7.5	124.8	3.0	

（续）

公称规格 d_1	挡圈				a max	b① ≈	d_5 min	千件质量 ≈ kg	沟槽		m H13	t	n min	其他		安装工具规格②
	s		d_3						d_2					d_4	g	
	公称尺寸	极限偏差	公称尺寸	极限偏差					公称尺寸	极限偏差						
标准型（A 型）																
155	4.00		164		12.0	11.4	4.0	107.0	160.0		4.15	2.50	7.5	129.8	3.5	
160	4.00		169	+1.50 −0.63	13.0	11.6	4.0	110.0	165.0	+0.63 0	4.15	2.50	7.5	132.7	3.5	
165	4.00		174.5		13.0	11.8	4.0	125.0	170.0		4.15	2.50	7.5	137.7	3.5	
170	4.00		179.5		13.5	12.2	4.0	140.0	175.0		4.15	2.50	7.5	141.6	3.5	
175	4.00	0 −0.10	184.5		13.5	12.7	4.0	150.0	180.0		4.15	2.50	7.5	146.6	3.5	4.0
180	4.00		189.5		14.2	13.2	4.0	165.0	185.0		4.15	2.50	7.5	150.2	3.5	
185	4.00		194.5		14.2	13.7	4.0	170.0	190.0		4.15	2.50	7.5	155.2	3.5	
190	4.00		199.5	+1.70 −0.72	14.2	13.8	4.0	175.0	195.0		4.15	2.50	7.5	160.2	3.5	
195	4.00		204.5		14.2	14.0	4.0	183.0	200.0	+0.72 0	4.15	2.50	7.5	165.2	3.5	
200	4.00		209.5		14.2	14.0	4.0	195.0	205.0		4.15	2.50	7.5	170.2	3.5	
210	5.00		220.0		14.2	14.0	4.0	270.0	216.0		5.15	3.00	9.0	180.2	4.0	
220	5.00		232.0		14.2	14.0	4.0	315.0	226.0		5.15	3.00	9.0	190.2	4.0	
230	5.00		242.0		14.2	14.0	4.0	330.0	236.0		5.15	3.00	9.0	200.2	4.0	
240	5.00		252.0		14.2	14.0	4.0	345.0	246.0		4.15	3.00	9.0	210.2	4.0	
250	5.00	0 −0.12	262.0		16.2	16.0	5.0	360.0	256.0		5.15	3.00	9.0	220.2	4.0	③
260	5.00		275.0	+2.00 −0.81	16.2	16.0	5.0	375.0	268.0		5.15	4.00	12.0	226.0	4.0	
270	5.00		285.0		16.2	16.0	5.0	388.0	278.0	+0.81 0	5.15	4.00	12.0	236.0	4.0	
280	5.00		295.0		16.2	16.0	5.0	400.0	288.0		5.15	4.00	12.0	246.0	4.0	
290	5.00		305.0		16.2	16.0	5.0	415.0	298.0		5.15	4.00	12.0	256.0	4.0	
300	5.00		315.0		16.2	16.0	5.0	435.0	308.0		5.15	4.00	12.0	266.0	4.0	
重型（B 型）																
20	1.50		21.5		4.5	2.4	2.0	1.41	21.0	+0.13 0	1.60	0.50	1.5	10.5	1.0	
22	1.50		23.5	+0.42 −0.21	4.7	2.8	2.0	1.85	23.0		1.60	0.50	1.5	12.1	1.0	
24	1.50		25.9		4.9	3.0	2.0	1.98	25.2		1.60	0.60	1.8	13.7	1.0	2.0
25	1.50		26.9		5.0	3.1	2.0	2.16	26.2	+0.21 0	1.60	0.60	1.8	14.5	1.0	
26	1.50		27.9		5.1	3.1	2.0	2.25	27.2		1.60	0.60	1.8	15.3	1.0	
28	1.50	0 −0.06	30.1		5.3	3.2	2.0	2.48	29.4		1.60	0.70	2.1	16.9	1.0	
30	1.50		32.1		5.5	3.3	2.0	2.84	31.4		1.60	0.70	2.1	18.4	1.0	
32	1.50		34.4		5.7	3.4	2.0	2.94	33.7		1.60	0.85	2.6	20.0	1.0	
34	1.75		36.5	+0.50 −0.25	5.9	3.7	2.5	4.20	35.7		1.85	0.85	2.6	21.6	1.5	
35	1.75		37.8		6.0	3.8	2.5	4.62	37.0		1.85	1.00	3.0	22.4	1.5	2.5
37	1.75		39.8		6.2	3.9	2.5	4.73	39.0	+0.25 0	1.85	1.00	3.0	24.0	1.5	
38	2.00		40.8		6.3	3.9	2.5	4.80	40.0		1.85	1.00	3.0	24.7	1.5	
40	2.00		43.5	+0.90 −0.39	6.5	3.9	2.5	5.38	42.5		2.15	1.25	3.8	26.3	2.0	
42	2.00		45.5		6.7	4.1	2.5	6.18	44.5		2.15	1.25	3.8	27.9	2.0	
45	2.00		48.5		7.0	4.3	2.5	6.86	47.5		2.15	1.25	3.8	30.3	2.0	
47	2.00	0 −0.07	50.5		7.2	4.4	2.5	7.00	49.5		2.15	1.25	3.8	31.9	2.0	3.0
50	2.50		54.2	+1.10 −0.46	7.5	4.6	2.5	9.15	53.0	+0.30 0	2.65	1.50	4.5	34.2	2.0	
52	2.50		56.2		7.7	4.7	2.5	10.20	55.0		2.65	1.50	4.5	35.8	2.0	
55	2.50		59.2		8.0	5.0	2.5	10.40	58.0		2.65	1.50	4.5	38.2	2.0	

（续）

公称规格 d_1	挡圈							沟槽					其他		
	s		d_3		a max	$b^{①}$ ≈	d_5 min	千件质量 ≈ kg	d_2		m H13	t	n min	d_4	g	安装工具规格②
	公称尺寸	极限偏差	公称尺寸	极限偏差					公称尺寸	极限偏差						
重型（B 型）																
60	3.00		64.2		8.5	5.4	2.5	16.60	63.0		3.15	1.50	4.5	42.1	2.0	
62	3.00		66.2		8.6	5.5	2.5	16.80	65.0		3.15	1.50	4.5	43.9	2.0	
65	3.00		69.2		8.7	5.8	3.0	17.20	68.0		3.15	1.50	4.5	46.7	2.5	
68	3.00	0 −0.08	72.5	+1.10 −0.46	8.8	6.1	3.0	19.20	71.0	+0.30 0	3.15	1.50	4.5	49.5	2.5	
70	3.00		74.5		9.0	6.2	3.0	19.80	73.0		3.15	1.50	4.5	51.1	2.5	
72	3.00		76.5		9.2	6.4	3.0	21.70	75.0		3.15	1.50	4.5	52.7	2.5	3.0
75	3.00		79.5		9.3	6.6	3.0	22.60	78.0		3.15	1.50	4.5	55.5	2.5	
80	4.00		85.5		9.5	7.0	3.0	35.20	83.5		4.15	1.75	5.3	60.0	2.5	
85	4.00		90.5		9.7	7.2	3.0	38.80	88.5		4.15	1.75	5.3	64.6	3.0	
90	4.00	0 −0.10	95.5	+1.30 −0.54	10.0	7.6	3.5	41.50	93.5	+0.35 0	4.15	1.75	5.3	69.0	3.0	
95	4.00		100.5		10.3	8.1	3.5	46.70	98.5		4.15	1.75	5.3	73.4	3.0	
100	4.00		105.5		10.5	8.4	3.5	50.70	103.5		4.15	1.75	5.3	78.0	3.0	

① 尺寸 b 不能超过 a_{max}。

② 挡圈安装工具按 JB/T 3411.48 规定。

③ 挡圈安装工具可以专门设计。

表 3-337 轴用弹性挡圈的型式和尺寸（摘自 GB/T 894—2017）   （单位：mm）

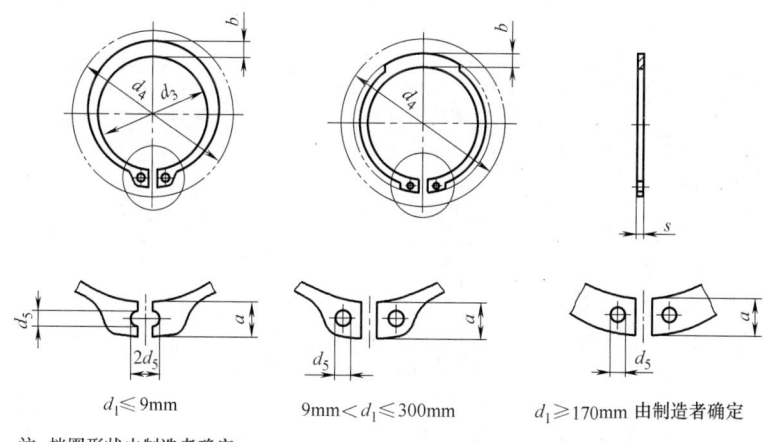

$d_1 \leqslant 9\text{mm}$ $9\text{mm} < d_1 \leqslant 300\text{mm}$ $d_1 \geqslant 170\text{mm}$ 由制造者确定

注：挡圈形状由制造者确定

（续）

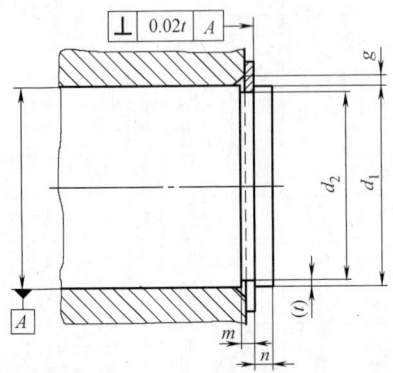

标记示例：

轴径 $d_1 = 40$mm、厚度 $s = 1.75$mm、材料 C67S、表面磷化处理的 A 型轴用弹性挡圈的标记为：

挡圈　GB/T 894　40

轴径 $d_1 = 40$mm、厚度 $s = 2.00$mm、材料 C67S、表面磷化处理的 B 型轴用弹性挡圈的标记为：

挡圈　GB/T 894　40B

公称规格 d_1	挡圈								沟槽					其他			
	s		d_3		a max	$b^{①}$ ≈	d_5 min	千件质量 ≈ kg	d_2		m H13	t	n min	d_4	g	$n_{ab1}^{②}$ r/min	安装工具规格③
	公称尺寸	极限偏差	公称尺寸	极限偏差					公称尺寸	极限偏差							
标准型（A 型）																	
3	0.40	0 −0.05	2.7	+0.04 −0.15	1.9	0.8	1.0	0.017	2.8	0 −0.04	0.5	0.10	0.3	7.0	0.5	360000	1.0
4	0.40		3.7		2.2	0.9	1.0	0.022	3.8	0 −0.05	0.5	0.10	0.3	8.6	0.5	211000	
5	0.60		4.7		2.5	1.1	1.0	0.066	4.8		0.7	0.10	0.3	10.3	0.5	154000	
6	0.70		5.6		2.7	1.3	1.2	0.084	5.7		0.8	0.15	0.5	11.7	0.5	114000	
7	0.80		6.5	+0.06 −0.18	3.1	1.4	1.2	0.121	6.7	0 −0.06	0.9	0.15	0.5	13.5	0.5	121000	
8	0.80		7.4		3.2	1.5	1.2	0.158	7.6		0.9	0.20	0.6	14.7	0.5	96000	
9	1.00		8.4		3.3	1.7	1.2	0.300	8.6		1.1	0.20	0.6	16.0	0.5	85000	
10	1.00		9.3		3.3	1.8	1.5	0.340	9.6		1.1	0.20	0.6	17.0	1.0	84000	1.5
11	1.00		10.2		3.3	1.8	1.5	0.410	10.5		1.1	0.25	0.8	18.0	1.0	70000	
12	1.00		11.0		3.3	1.8	1.7	0.500	11.5		1.1	0.25	0.8	19.0	1.0	75000	
13	1.00		11.9		3.4	2.0	1.7	0.530	12.4	0 −0.11	1.1	0.30	0.9	20.2	1.0	66000	
14	1.00		12.9	+0.10 −0.36	3.5	2.1	1.7	0.640	13.4		1.1	0.30	0.9	21.4	1.0	58000	
15	1.00		13.8		3.6	2.2	1.7	0.670	14.3		1.1	0.35	1.1	22.6	1.0	50000	
16	1.00		14.7		3.7	2.2	1.7	0.700	15.2		1.1	0.40	1.2	23.8	1.0	45000	
17	1.00		15.7		3.8	2.3	1.7	0.820	16.2		1.1	0.40	1.2	25.0	1.0	41000	
18	1.20	0 −0.06	16.5		3.9	2.4	2.0	1.11	17.0		1.30	0.50	1.5	26.2	1.5	39000	
19	1.20		17.5		3.9	2.5	2.0	1.22	18.0		1.30	0.50	1.5	27.2	1.5	35000	
20	1.20		18.5	+0.13 −0.42	4.0	2.6	2.0	1.30	19.0	0 −0.13	1.30	0.50	1.5	28.4	1.5	32000	2.0
21	1.20		19.5		4.1	2.7	2.0	1.42	20.0		1.30	0.50	1.5	29.6	1.5	29000	
22	1.20		20.5		4.2	2.8	2.0	1.50	21.0		1.30	0.50	1.5	30.8	1.5	27000	
24	1.20		22.2		4.4	3.0	2.0	1.77	22.9		1.30	0.55	1.7	33.2	1.5	27000	
25	1.20		23.2		4.4	3.0	2.0	1.90	23.9		1.30	0.55	1.7	34.2	1.5	25000	
26	1.20		24.2	+0.21 −0.42	4.5	3.1	2.0	1.96	24.9	0 −0.21	1.30	0.55	1.7	35.5	1.5	24000	
28	1.50		25.9		4.7	3.2	2.0	2.92	26.6		1.60	0.70	2.1	37.9	1.5	21200	
29	1.50		26.9		4.8	3.4	2.0	3.20	27.6		1.60	0.70	2.1	39.1	1.5	20000	
30	1.50		27.9		5.0	3.6	2.0	3.31	28.6		1.60	0.70	2.1	40.5	1.5	18900	

（续）

公称规格 d_1	挡圈								沟槽					其他			
	s		d_3		a max	$b^{①}$ ≈	d_5 min	千件质量 ≈ kg	d_2		m H13	t	n min	d_4	g	$n^{②}_{ab1}$ r/min	安装工具规格③
	公称尺寸	极限偏差	公称尺寸	极限偏差					公称尺寸	极限偏差							
标准型（A 型）																	
32	1.50		29.6		5.2	3.6	2.5	3.54	30.3		1.60	0.85	2.6	43.0	2.0	16900	
34	1.50		31.5		5.4	3.8	2.5	3.80	32.3		1.60	0.85	2.6	45.4	2.0	16100	
35	1.50		32.2	+0.25 −0.50	5.6	3.9	2.5	4.00	33.0		1.60	1.00	3.0	46.8	2.0	15500	2.5
36	1.75	0 −0.06	33.2		5.6	4.0	2.5	5.00	34.0		1.85	1.00	3.0	47.8	2.0	14500	
38	1.75		35.2		5.8	4.2	2.5	5.62	36.0	0 −0.25	1.85	1.00	3.0	50.2	2.0	13600	
40	1.75		36.5		6.0	4.4	2.5	6.03	37.0		1.85	1.25	3.8	52.6	2.0	14300	
42	1.75		38.5		6.5	4.5	2.5	6.5	39.5		1.85	1.25	3.8	55.7	2.0	13000	
45	1.75		41.5	+0.39 −0.90	6.7	4.7	2.5	7.5	42.5		1.85	1.25	3.8	59.1	2.0	11400	
48	1.75		44.5		6.9	5.0	2.5	7.9	45.5		1.85	1.25	3.8	62.5	2.0	10300	
50	2.00		45.8		6.9	5.1	2.5	10.2	47.0		2.15	1.50	4.5	64.5	2.0	10500	
52	2.00		47.8		7.0	5.2	2.5	11.1	49.0		2.15	1.50	4.5	66.7	2.5	9850	
55	2.00		50.8		7.2	5.4	2.5	11.4	52.0		2.15	1.50	4.5	70.2	2.5	8960	
56	2.00		51.8		7.3	5.5	2.5	11.8	53.0		2.15	1.50	4.5	71.6	2.5	8670	
58	2.00		53.8		7.3	5.6	2.5	12.6	55.0		2.15	1.50	4.5	73.6	2.5	8200	
60	2.00		55.8		7.4	5.8	2.5	12.9	57.0		2.15	1.50	4.5	75.6	2.5	7620	
62	2.00		57.8		7.5	6.0	2.5	14.3	59.0		2.15	1.50	4.5	77.8	2.5	7240	
63	2.00	0 −0.07	58.8	+0.46 −1.10	7.6	6.2	2.5	15.9	60.0		2.15	1.50	4.5	79.0	2.5	7050	
65	2.50		60.8		7.8	6.3	3.0	18.2	62.0	0 −0.30	2.65	1.50	4.5	81.4	2.5	6640	3.0
68	2.50		63.5		8.0	6.5	3.0	21.8	65.0		2.65	1.50	4.5	84.8	2.5	6910	
70	2.50		65.5		8.1	6.6	3.0	22.0	67.0		2.65	1.50	4.5	87.0	2.5	6530	
72	2.50		67.5		8.2	6.8	3.0	22.5	69.0		2.65	1.50	4.5	89.2	2.5	6190	
75	2.50		70.5		8.4	7.0	3.0	24.6	72.0		2.65	1.50	4.5	92.7	2.5	5740	
78	2.50		73.5		8.6	7.3	3.0	26.2	75.0		2.65	1.50	4.5	96.1	3.0	5450	
80	2.50		74.5		8.6	7.4	3.0	27.3	76.5		2.65	1.75	5.3	98.1	3.0	6100	
82	2.50		76.5		8.7	7.6	3.0	31.2	78.5		2.65	1.75	5.3	100.3	3.0	5860	
85	3.00		79.5		8.7	7.8	3.5	36.4	81.5		3.15	1.75	5.3	103.3	3.0	5710	
88	3.00		82.5		8.8	8.0	3.5	41.2	84.5		3.15	1.75	5.3	106.5	3.0	5200	
90	3.00	0 −0.08	84.5		8.8	8.2	3.5	44.5	86.5	0 −0.35	3.15	1.75	5.3	108.5	3.0	4980	
95	3.00		89.5		9.4	8.6	3.5	49.0	91.5		3.15	1.75	5.3	114.8	3.5	4550	
100	3.00		94.5		9.6	9.0	3.5	53.7	96.5		3.15	1.75	5.3	120.2	3.5	4180	
105	4.00		98.0	+0.54 −1.30	9.9	9.3	3.5	80.0	101.0		4.15	2.00	6.0	125.8	3.5	4740	
110	4.00		103.0		10.1	9.6	3.5	82.0	106.0	0 −0.54	4.15	2.00	6.0	131.2	3.5	4340	
115	4.00		108.0		10.6	9.8	3.5	84.0	111.0		4.15	2.00	6.0	137.3	3.5	3970	
120	4.00		113.0		11.0	10.2	3.5	86.0	116.0		4.15	2.00	6.0	143.1	3.5	3685	
125	4.00		118.0		11.4	10.4	4.0	90.0	121.0		4.15	2.00	6.0	149.0	4.0	3420	
130	4.00	0 −0.10	123.0		11.6	10.7	4.0	100.0	126.0		4.15	2.00	6.0	154.4	4.0	3180	4.0
135	4.00		128.0		11.8	11.0	4.0	104.0	131.0		4.15	2.00	6.0	159.8	4.0	2950	
140	4.00		133.0	+0.63 −1.50	12.0	11.2	4.0	110.0	136.0	0 −0.63	4.15	2.0	6.0	165.2	4.0	2760	
145	4.00		138.0		12.2	11.5	4.0	115.0	141.0		4.15	2.0	6.0	170.6	4.0	2600	
150	4.00		142.0		13.0	11.8	4.0	120.0	145.0		4.15	2.5	7.5	177.3	4.0	2480	
155	4.00		146.0		13.0	12.0	4.0	135.0	150.0		4.15	2.5	7.5	182.3	4.0	2710	

（续）

公称规格 d_1	挡圈								沟槽					其他			
	s		d_3		a max	$b^{①}$ ≈	d_5 min	千件质量 ≈ kg	d_2		m H13	t	n min	d_4	g	$n^{②}_{abl}$ r/min	安装工具规格③
	公称尺寸	极限偏差	公称尺寸	极限偏差					公称尺寸	极限偏差							
标准型（A型）																		
160	4.00		151.0		13.3	12.2	4.0	150.0	155.0		4.15	2.5	7.5	188.0	4.0	2540	
165	4.00		155.5		13.5	12.5	4.0	160.0	160.0		4.15	2.5	7.5	193.4	5.0	2520	
170	4.00		160.5	+0.63	13.5	12.9	4.0	170.0	165.0	0	4.15	2.5	7.5	198.4	5.0	2440	
175	4.00	0	165.5	-1.50	13.5	13.5	4.0	180.0	170.0	-0.63	4.15	2.5	7.5	203.4	5.0	2300	4.0
180	4.00	-0.10	170.5		14.2	13.5	4.0	190.0	175.0		4.15	2.5	7.5	210.0	5.0	2180	
185	4.00		175.5		14.2	14.0	4.0	200.0	180.0		4.15	2.5	7.5	215.0	5.0	2070	
190	4.00		180.5		14.2	14.0	4.0	210.0	185.0		4.15	2.5	7.5	220.0	5.0	1970	
195	4.00		185.5		14.2	14.0	4.0	220.0	190.0		4.15	2.5	7.5	225.0	5.0	1835	
200	4.00		190.5		14.2	14.0	4.0	230.0	195.0		4.15	2.5	7.5	230.0	5.0	1770	
210	5.00		198.0		14.2	14.0	4.0	248.0	204.0	0	5.15	3.0	9.0	240.0	6.0	1835	
220	5.00		208.0	+0.72	14.2	14.0	4.0	265.0	214.0	-0.72	5.15	3.0	9.0	250.0	6.0	1620	
230	5.00		218.0	-1.70	14.2	14.0	4.0	290.0	224.0		5.15	3.0	9.0	260.0	6.0	1445	
240	5.00		228.0		14.2	14.0	4.0	310.0	234.0		5.15	3.0	9.0	270.0	6.0	1305	
250	5.00	0	238.0		14.2	14.0	4.0	335.0	244.0		5.15	3.0	9.0	280	6.0	1180	④
260	5.00	-0.12	245.0		16.2	16.0	5.0	355.0	252.0		5.15	4.0	12.0	294	6.0	1320	
270	5.00		255.0		16.2	16.0	5.0	375.0	262.0	0	5.15	4.0	12.0	304	6.0	1215	
280	5.00		265.0	+0.81	16.2	16.0	5.0	398.0	272.0	-0.81	5.15	4.0	12.0	314	6.0	1100	
290	5.00		275.0	-2.00	16.2	16.0	5.0	418.0	282.0		5.15	4.0	12.0	324	6.0	1005	
300	5.00		285.0		16.2	16.0	5.0	440.0	292.0		5.15	4.0	12.0	334	6.0	930	
重型（B型）																		
15	1.50		13.8		4.8	2.4	2.0	1.10	14.3		1.60	0.35	1.1	25.1	1.0	57000	
16	1.50		14.7	+0.10	5.0	2.5	2.0	1.19	15.2	0	1.60	0.40	1.2	26.5	1.0	44000	
17	1.50		15.7	-0.36	5.0	2.6	2.0	1.39	16.2	-0.11	1.60	0.40	1.2	27.5	1.0	46000	
18	1.50	0	16.5		5.1	2.7	2.0	1.56	17.0		1.60	0.50	1.5	28.7	1.5	42750	
20	1.75	-0.06	18.5	+0.13	5.5	3.0	2.0	2.19	19.0	0	1.85	0.50	1.5	31.6	1.5	36000	2.0
22	1.75		20.5	-0.42	6.0	3.1	2.0	2.42	21.0	-0.13	1.85	0.50	1.5	34.6	1.5	29000	
24	1.75		22.2		6.3	3.2	2.0	2.76	22.9		1.85	0.55	1.7	37.3	1.5	29000	
25	2.00		23.2		6.4	3.4	2.0	3.59	23.9		2.15	0.55	1.7	38.5	1.5	25000	
28	2.00		25.9	+0.21	6.5	3.5	2.0	4.25	26.6	0	2.15	0.70	2.1	41.7	1.5	22200	
30	2.00		27.9	-0.42	6.5	4.1	2.0	5.35	28.6	-0.21	2.15	0.70	2.1	43.7	1.5	21100	
32	2.00		29.6		6.5	4.1	2.5	5.85	30.3		2.15	0.85	2.6	45.7	2.0	18400	
34	2.50		31.5		6.6	4.2	2.5	7.05	32.3		2.65	0.85	2.6	47.9	2.0	17800	
35	2.50	0	32.2	+0.25	6.7	4.2	2.5	7.20	33.0		2.65	1.00	3.0	49.1	2.0	16500	
38	2.50	-0.07	35.2	-0.50	6.8	4.3	2.5	8.30	36.0		2.65	1.00	3.0	52.3	2.0	14500	
40	2.50		36.5		7.0	4.4	2.5	8.60	37.5		2.65	1.25	3.8	54.7	2.0	14300	
42	2.50		38.5		7.2	4.5	2.5	9.30	39.5	0	2.65	1.25	3.8	57.2	2.0	13000	2.5
45	2.50		41.5		7.5	4.7	2.5	10.7	42.5	-0.25	2.65	1.25	3.8	60.8	2.0	11400	
48	2.50		44.5	+0.39	7.8	5.0	2.5	11.3	45.5		2.65	1.25	3.8	64.4	2.0	10300	
50	3.00	0	45.8	-0.90	8.0	5.1	2.5	15.3	47.0		3.15	1.50	4.5	66.8	2.0	10500	
52	3.00	-0.08	47.8		8.2	5.2	2.5	16.6	49.0		3.15	1.50	4.5	69.3	2.5	9850	

（续）

公称规格 d_1	挡圈								沟槽					其他			
	s		d_3		a max	$b^{①}$ $\approx$	d_5 min	千件质量 $\approx$ kg	d_2		m H13	t	n min	d_4	g	$n_{ab1}^{②}$ r/min	安装工具规格^{③}
	公称尺寸	极限偏差	公称尺寸	极限偏差					公称尺寸	极限偏差							
重型（B型）																	
55	3.00	0 −0.08	50.8		8.5	5.4	2.5	17.1	52.0		3.15	1.50	4.5	72.9	2.5	8960	2.5
58	3.00		53.8		8.8	5.6	2.5	18.9	55.0		3.15	1.50	4.5	76.5	2.5	8200	
60	3.00		55.8		9.0	5.8	2.5	19.4	57.0	0 −0.30	3.15	1.50	4.5	78.9	2.5	7620	
65	4.00		60.8	+0.46 −1.10	9.3	6.3	3.0	29.1	62.0		4.15	1.50	4.5	84.6	2.5	6640	
70	4.00		65.5		9.5	6.6	3.0	35.3	67.0		4.15	1.50	4.5	90.0	2.5	6530	3.0
75	4.00	0 −0.10	70.5		9.7	7.0	3.0	39.3	72.0		4.15	1.50	4.5	95.4	2.5	5740	
80	4.00		74.5		9.8	7.4	3.0	43.7	76.5		4.15	1.75	5.3	100.6	3.0	6100	
85	4.00		79.5		10.0	7.8	3.5	48.5	81.5		4.15	1.75	5.3	106.0	3.0	5710	
90	4.00		84.5	+0.54 −1.30	10.2	8.2	3.5	59.4	86.5	0 −0.35	4.15	1.75	5.3	111.5	3.0	4980	3.5
100	4.0		94.5		10.5	9.0	3.5	71.6	96.5		4.15	1.75	5.3	122.1	3.0	4180	

① 尺寸 b 不能超过 a_{max}。

② 适用于 C67S、C75S 制造的挡圈。

③ 挡圈安装工具按 JB/T 3411.47 规定。

④ 挡圈安装工具可以专门设计。

表 3-338　孔用钢丝挡圈的型式和尺寸（摘自 GB/T 895.1—1986）　（单位：mm）

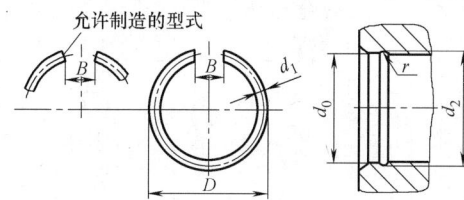

允许制造的型式

标记示例：

孔径 $d_0 = 40$mm、材料为碳素弹簧钢丝、经低温回火及表面氧化处理的孔用钢丝挡圈的标记为：

挡圈　GB/T 895.1　40

孔径 d_0	挡圈				沟槽（推荐）		孔径 d_0	挡圈				沟槽（推荐）	
	D		d_1	B $\approx$		d_2		D		d_1	B $\approx$		d_2
	公称尺寸	极限偏差			r	公称尺寸	极限偏差		公称尺寸	极限偏差			r	公称尺寸	极限偏差
7	8.0	+0.22 0	0.8	4	0.5	7.8	±0.045	28	30.5	+0.62 0	2.0	10	1.1	30.0	±0.105
8	9.0					8.8		30	32.5					32.0	
10	11.0	+0.43 0	1.0	6	0.5	10.8	±0.055	32	35.0			12		34.5	±0.125
12	13.5					13.0		35	38.0					37.6	
14	15.5					15.0		38	41.0	+1.00 0	2.5		1.4	40.6	
16	18.0		1.6	8	0.9	17.6	±0.065	40	43.0					42.6	
18	20.0					19.6		42	45.0					44.5	
20	22.5	+0.52 0	2.0	10	1.1	22.0	±0.105	45	48.0			16		47.5	
22	24.5					24.0		48	51.0					50.5	
24	26.5					26.0		50	53.0	+1.20 0				52.5	±0.150
25	27.5					27.0		55	59.0					58.2	
26	28.5					28.0		60	64.0		3.2	20	1.8	63.2	

（续）

孔径 d_0	挡圈 D 公称尺寸	挡圈 D 极限偏差	d_1	$B \approx$	r	沟槽 d_2 公称尺寸	沟槽 d_2 极限偏差	孔径 d_0	挡圈 D 公称尺寸	挡圈 D 极限偏差	d_1	$B \approx$	r	沟槽 d_2 公称尺寸	沟槽 d_2 极限偏差
65	69.0	+1.20 / 0	3.2	20	1.8	68.2	±0.150	100	104.0	+1.40 / 0	3.2	32	1.8	103.2	±0.175
70	74.0					73.2		105	109.0					108.3	
75	79.0					78.2		110	114.0					113.2	
80	84.0	+1.40 / 0		25	1.8	83.2	±0.175	115	119.0					118.2	
85	89.0					88.2		120	124.0	+1.60 / 0				123.2	±0.200
90	94.0					93.2		125	129.0					128.2	
95	99.0					98.2									

表 3-339　轴用钢丝挡圈的型式和尺寸（摘自 GB/T 895.2—1986）　（单位：mm）

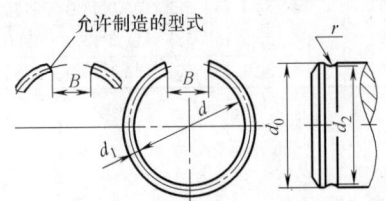

允许制造的型式

标记示例：

轴径 $d_0 = 40\text{mm}$、材料为碳素弹簧钢丝、经低温回火及表面氧化处理的轴用钢丝挡圈的标记为：

挡圈　GB/T 895.2　40

轴径 d_0	挡圈 d 公称尺寸	挡圈 d 极限偏差	d_1	$B \approx$	r	沟槽 d_2 公称尺寸	沟槽 d_2 极限偏差	轴径 d_0	挡圈 d 公称尺寸	挡圈 d 极限偏差	d_1	$B \approx$	r	沟槽 d_2 公称尺寸	沟槽 d_2 极限偏差
4	3	0 / -0.18	0.6	1	0.4	3.4	±0.037	40	37.0	0 / -1.00	2.5	4	1.4	37.5	±0.125
5	4					4.4		42	39.0					39.5	
6	5					5.4		45	42.0					42.5	
7	6	0 / -0.22	0.8	2	0.5	6.2	±0.045	48	45.0					45.5	
8	7					7.2		50	47.0					47.5	
10	9					9.2		55	51.0	0 / -1.20	3.2	5	1.8	51.8	±0.15
12	10.5	0 / -0.43	1	3	0.6	11.0	±0.055	60	56.0					56.8	
14	12.5					13.0		65	61.0					61.8	
16	14.0		1.6		0.9	14.4		70	66.0					66.8	
18	16.0					16.4		75	71.0					71.8	
20	17.5		2			18.0	±0.09	80	76.0					76.8	
22	19.5	0 / -0.52				20.0		85	81.0					81.8	
24	21.5				1.1	22.0		90	86.0					86.8	
25	22.5		2			23.0		95	91.0					91.8	
26	23.5					24.0	±0.105	100	96.0	0 / -1.40				96.8	±0.175
28	25.5					26.0		105	101.0					101.8	
30	27.5					28.0		110	106.0					106.8	
32	29.0					29.0		115	111.0					111.8	
35	32.0	0 / -1.00	2.5	4	1.4	32.5	±0.125	120	116.0					116.8	
38	35.0					35.5		125	121.0	0 / -1.60				121.8	±0.20

2.12.4　开口挡圈和夹紧挡圈（见表 3-340 和表 3-341）

表 3-340　开口挡圈的型式和尺寸（摘自 GB/T 896—1986）

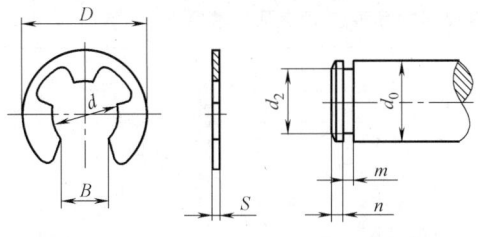

标记示例：

公称直径 $d = 6mm$、材料为 65Mn、热处理硬度 47~54HRC、表面氧化处理的开口挡圈的标记为：

挡圈　GB/T 896　6

挡　圈					沟槽（推荐）					轴径
公称直径 d		B	S	D	d_2		m		n	d_0
公称尺寸	极限偏差			≤	公称尺寸	极限偏差	公称尺寸	极限偏差	≥	
1.2		0.9	0.3	3	1.2		0.4			>1.5~2
1.5		1.2	0.4	4	1.5	+0.06	0.5		1	>2~2.5
2	0	1.7	0.4	5	2	0	0.5			>2.5~3
2.5	-0.14	2.2	0.4	6	2.5		0.5		1.2	>3~3.5
3		2.5	0.6	7	3		0.7			>3.5~4
3.5		3	0.6	8	3.5		0.7	+0.14		>4~5
4	0	3.5	0.8	9	4	+0.075	0.9	0	1.5	>5~6
5	-0.18	4.5	0.8	10	5	0	0.9			>6~7
6		5.5	1	12	6		1.1			>7~9
8	0	7.5	1	16	8	+0.09	1.1		1.8	>9~10
9	-0.22	8	1	18	9	0	1.1		2	>10~13
12	0	10.5	1.2	24	12	+0.11	1.3		2.5	>13~16
15	-0.27	13	1.5	30	15	0	1.6		3	>16~20

表 3-341　夹紧挡圈的型式和尺寸（摘自 GB/T 960—1986）（单位：mm）

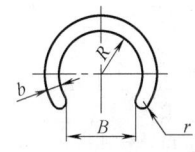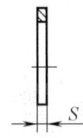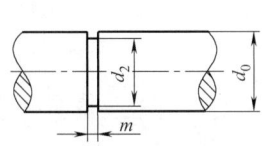

标记示例：

轴径 $d_0 = 6mm$、材料为 Q215、不经表面处理的夹紧挡圈的标记为：

挡圈　GB/T 960　6

轴径 d_0	挡　圈						沟槽（推荐）	
	B		R	b	S	r	d_2	m
	公称尺寸	极限偏差						
1.5	1.2	+0.14	0.65	0.6	0.35	0.3	1	0.4
2	1.7	0	0.95		0.4		1.5	0.45
3	2.5		1.4	0.8	0.6	0.4	2.2	0.65
4	3.2	+0.18	1.9	1		0.5	3	
5	4.3	0	2.5	1.2	0.8	0.6	3.8	0.85
6	5.6		3.2				4.8	
8	7.7	+0.22	4.5	1.6	1	0.8	6.6	1.05
10	9.6	0	5.8				8.4	

2.13 紧固件组合件及连接副

2.13.1 品种、规格及技术要求 （见表3-342）

表 3-342 紧固件组合件及连接副的品种、规格及技术要求

序号	名称及标准号	规格范围	螺纹公差	材料及性能等级	表面处理
1	螺栓或螺钉和平垫圈的组合件 GB/T 9074.1—2002	M2~M12	—	螺栓或螺钉：≤8.8级,垫圈：200HV; 螺栓或螺钉：9.8、10.9级,垫圈：300HV	电镀
2	六角头螺栓和弹簧垫圈组合件 GB/T 9074.15—1988	M3~M12	6g	钢：8.8、10.9级	1)镀锌钝化 2)氧化
				不锈钢：A2-70	不经处理
3	六角头螺栓和外锯齿锁紧垫圈组合件 GB/T 9074.16—1988	M3~M10	6g	钢：8.8、10.9级	1)镀锌钝化 2)氧化
				不锈钢：A2-70	不经处理
4	六角头螺栓、弹簧垫圈和平垫圈组合件 GB/T 9074.17—1988	M3~M12	6g	钢 8.8、10.9级	1)镀锌钝化 2)氧化
				不锈钢：A2-70	不经处理
5	十字槽凹穴六角头螺栓和平垫圈组合件 GB/T 9074.11—1988	M4~M8	6g	钢：5.8级	1)镀锌钝化 2)氧化
6	十字槽凹穴六角头螺栓和弹簧垫圈组合件 GB/T 9074.12—1988	M4~M8	6g	钢：5.8级	1)镀锌钝化 2)氧化
7	十字槽凹穴六角头螺栓和弹簧垫圈和平垫圈组合件 GB/T 9074.13—1988	M4~M8	6g	钢：5.8级	1)镀锌钝化 2)氧化
8	十字槽盘头螺钉和外锯齿锁紧垫圈组合件 GB/T 9074.2—1988	M3~M6	6g	钢：4.8级	1)镀锌钝化 2)氧化
				不锈钢：A2-70、A2-50	不经处理
9	十字槽盘头螺钉和弹簧垫圈组合件 GB/T 9074.3—1988	M3~M8	6g	钢：4.8级	1)镀锌钝化 2)氧化
				不锈钢：A2-70、A2-50	不经处理
10	十字槽盘头螺钉和弹簧垫圈组合件 GB/T 9074.4—1988	M3~M6	6g	钢：4.8级	1)镀锌钝化 2)氧化
				不锈钢：A2-70、A2-50	不经处理
11	六角头螺栓或螺钉和平垫圈组合件 GB/T 9074.5—2004	M2~M8	—	螺栓或螺钉：4.8级,垫圈：220HV	电镀
12	十字槽小盘头螺钉和弹簧垫圈组合件 GB/T 9074.7—1988	M2.5~M6	6g	钢：4.8级	1)镀锌钝化 2)氧化
				不锈钢：A1-50、C4-50	不经处理

（续）

序号	名称及标准号	规格范围	螺纹公差	材料及性能等级	表面处理
13	十字槽小盘头螺钉、弹簧垫圈及平垫圈组合件 GB/T 9074.8—1988	M2.5~M6	6g	钢:4.8 级	1）镀锌钝化 2）氧化
				不锈钢:A1-50、C4-50	不经处理
14	十字槽沉头螺钉和锥形锁紧垫圈组合件 GB/T 9074.9—1988	M3~M8	6g	钢:4.8 级	1）镀锌钝化 2）氧化
15	十字槽小盘头螺钉、弹簧垫圈及平垫圈组合件 GB/T 9074.10—1988	M3~M8	6g	钢:4.8 级	1）镀锌钝化 2）氧化
				不锈钢:A2-70、A2-50	不经处理
16	自攻螺钉和平垫圈组合件 GB/T 9074.18—2017	ST 2.2~ST 9.5	—	自攻螺钉:按 GB/T 3098.5 规定 垫圈:90HV~200HV	垫圈可镀铜
17	十字槽凹穴六角头自攻螺钉和平垫圈组合件 GB/T 9074.20—2004	ST 2.9~ST 8	—	自攻螺钉:按 GB/T 3098.5 规定 垫圈:按 GB/T 97.5,180HV	电镀
18	组合件用弹簧垫圈 GB/T 9074.26—1988	2.5~12mm	—	按 GB/T 94.1 规定	1）氧化 3）磷化 2）镀锌钝化
19	组合件用外锯齿锁紧垫圈 GB/T 9074.27—1988	3~12mm	—	按 GB/T 94.1 规定	1）氧化 3）磷化 2）镀锌钝化
20	组合件用锥形锁紧垫圈 GB/T 9074.28—1988	3~8mm	—	按 GB/T 94.1 规定	1）氧化 3）磷化 2）镀锌钝化
21	钢结构用高强度大六角头螺栓 GB/T 1228—2006	M12~M30	6g	8.8S、10.9S	进行保证连接副扭矩系数和防锈的表面处理
	钢结构用高强度大六角头螺母 GB/T 1229—2006	M12~M30	6H	8H、10H	
	钢结构用高强度垫圈 GB/T 1230—2006	12~30mm	—	329~436HV30	
22	钢结构用扭剪高强度螺栓连接副 GB/T 3632—2008	螺栓 M16~M30		10.9S	为保证连接副紧固轴力和防锈性能,螺栓、螺母和垫圈应进行表面处理
		螺母 M16~M30		10H	
		垫圈 16~30mm	—	329~436HV30	

（续）

序号	名称及标准号		规格范围	螺纹公差	材料及性能等级	表面处理
23	预载荷高强度栓接结构连接副　第3部分:HR 型大六角头螺栓和螺母连接副 GB/T 32076.3—2015	螺栓	M12~M36	6g	钢:8.8、10.9	1)不经处理 2)非电解锌片涂层 3)热浸镀锌层
		螺母	M12~M36	6H 或6AZ	钢:8、10	1)不经处理 2)非电解锌片涂层 3)热浸镀锌层
24	预载荷高强度栓接结构连接副　第4部分:HV 型大六角头螺栓和螺母连接副 GB/T 32076.4—2015	螺栓	M12~M36	6g	钢:10.9	1)不经处理 2)非电解锌片涂层 3)热浸镀锌层
		螺母	M12~M36	6H 或6AZ	钢:10	1)不经处理 2)非电解锌片涂层 3)热浸镀锌层
25	预载荷高强度栓接结构连接副第5部分:平垫圈 GB/T 32076.5—2015		12~36	—	硬度:345HV~445HV	1)不经处理 2)非电解锌片涂层 3)热浸镀锌层
26	预载荷高强度栓接结构连接副第6部分:倒角平垫圈 GB/T 32076.6—2015		12~36	—	硬度:345HV~445HV	1)不经处理 2)非电解锌片涂层 3)热浸镀锌层

2.13.2　螺栓组合件（表 3-343~表 3-350）

表 3-343　十字槽凹穴六角头螺栓和平垫
圈组合件的型式及尺寸（摘自 GB/T 9074.11—1988）　　（单位：mm）

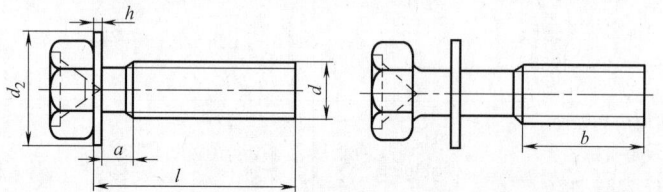

标记示例:

螺纹规格 d=M5、公称长度 l=20mm、性能等级为 5.8 级、表面镀锌钝化处理的十字槽凹穴六角头螺栓和平垫圈组合件的标记:

螺栓组合件　GB/T 9074.11　M5×20

螺纹规格 d		M4	M5	M6	M8
a	max	1.4	1.6	2.0	2.5
b	min	38	38	38	38
d_2	公称	9	10	12	16
h	公称	0.8	1.0	1.6	1.6
l[①] 通用规格范围		10~35	12~40	14~50	16~60

注：长度等于大于 40mm 时，制成全螺纹。

① 长度 l（mm）系列为 10、12、(14)、16、20、25、30、35、40、45、50、(55)、60。尽可能不采用括号内的规格。

表 3-344　十字槽凹穴六角头螺栓和弹簧垫圈组合件

的型式及尺寸（摘自 GB/T 9074.12—1988）　　　（单位：mm）

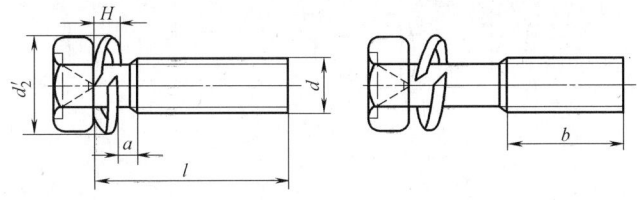

标记示例：

螺纹规格 d = M5、公称长度 l = 20mm、性能等级为 5.8 级、表面镀锌钝化的十字槽凹穴六角头螺栓和弹簧垫圈组合件的标记为：

螺栓组合件　GB/T 9074.12　M5×20

螺纹规格(d)	M4	M5	M6	M8	螺纹规格(d)	M4	M5	M6	M8
a　max	1.4	1.6	2	2.5	H　公称	2.2	2.6	3.2	4
b　min	38	38	38	38	l[1]通用 规格范围	10~35	12~40	14~50	16~60
d_2'　参考	6.78	8.75	10.71	13.64					

注：长度等于大于 40mm 时，制成全螺纹。

[1] 长度 l（mm）系列为 10、12、（14）、16、20、25、30、35、40、45、50、（55）、（60）。尽可能不采用括号内的规格。

表 3-345　十字槽凹穴六角头螺栓和弹簧垫圈及平垫圈组合件

的型式及尺寸（摘自 GB/T 9074.13—1988）　　　（单位：mm）

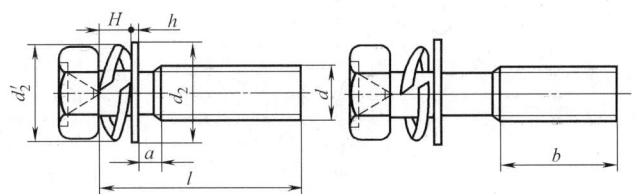

标记示例：

螺纹规格 d = M5、公称长度 l = 20mm、性能等级为 5.8 级、表面镀锌钝化的十字槽凹穴六角头螺栓、弹簧垫圈和平垫圈组合件的标记为：

螺栓组合件　GB/T 9074.13　M5×20

螺纹规格(d)	M4	M5	M6	M8	螺纹规格(d)	M4	M5	M6	M8
a　max	1.4	1.6	2	2.5	d_2'　参考	6.78	8.75	10.71	13.64
b　min	38	38	38	38	H　公称	2.2	2.6	3.2	4
d_2　公称	9	10	12	16	l[1]通用 规格范围	10~35	12~40	14~50	16~60
h　公称	0.8	1	1.6	1.6					

注：长度等于大于 40mm 时，制成全螺纹。

[1] 长度 l（mm）系列为 10、12、（14）、16、20、25、30、35、40、45、50、（55）、60。尽可能不采用括号内的规格。

表 3-346　螺栓或螺钉和平垫圈组合件的型式

及尺寸（摘自 GB/T 9074.1—2002）　　　　　　（单位：mm）

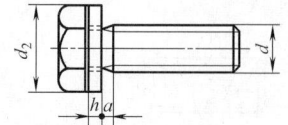
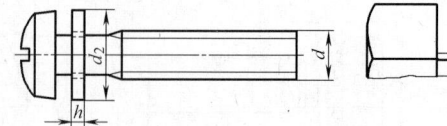

　　a) 螺纹制到垫圈处的螺栓　　　　　　b) 带光杆的螺钉　　　　　c) 过渡圆直径 d_{a1}

标记示例：

　　六角头螺栓和平垫圈组合件包括：一个 GB/T 5783　M6×30　8.8 级螺栓（代号 S1）和一个 GB/T 97.4 标准系列垫圈（代号 N）的标记为：

　　螺栓和垫圈组合件　GB/T 9074.1　M6×30　8.8　S1　N

　　六角头螺栓和平垫圈组合件包括：一个头下带 U 型沉割槽的 GB/T 5783　M6×30　8.8 级螺栓（代号 S1）和一个 GB/T 97.4 标准系列垫圈（代号 N）的标记为：

　　螺栓和垫圈组合件　GB/T 9074.1　M6×30　8.8　U　S1　N

螺纹规格[1] （d）	a[2] max	d_{a1} max	平垫圈尺寸[3]					
			小系列 S 型		标准系列 N 型		大系列 L 型	
			h 公称	d_2 max	h 公称	d_2 max	h 公称	d_2 max
M2		2.4	0.6	4.5	0.6	5	0.6	6
M2.5		2.8	0.6	5	0.6	6	0.6	8
M3		3.3	0.6	6	0.6	7	0.8	9
（M3.5）		3.7	0.8	7	0.8	8	0.8	11
M4	$2P$[4]	4.3	0.8	8	0.8	9	1	12
M5		5.2	1	9	1	10	1	15
M6		6.2	1.6	11	1.6	12	1.6	18
M8		8.4	1.6	15	1.6	16	2	24
M10		10.2	2	18	2	20	2.5	30
M12		12.6	2	20	2.5	24	3	37

① 尽可能不采用括号内的规格。

② 从垫圈支承面到第一扣完整螺纹始端的最大距离，当用平面（即用未倒角的环规）测量时，垫圈应与螺钉支承面或头下圆角接触。

③ 摘自 GB/T 97.4 的尺寸仅为信息。

④ P 为螺距。

表 3-347　螺栓或螺钉和垫圈的组合代号（摘自 GB/T 9074.1—2002）

螺栓或螺钉		垫圈[1]		
		S 型	N 型	L 型
标准编号	代号	代号 S	代号 N	代号 L
GB/T 5783	S1	—	×	×
GB/T 5782[2]	S2	—	×	×

（续）

螺栓或螺钉		垫圈[1]		
		S 型	N 型	L 型
标准编号	代号	代号 S	代号 N	代号 L
GB/T 818	S3	—	×	×
GB/T 70.1	S4	×	×	×
GB/T 67	S5	—	×	×
GB/T 65	S6	×	×	×

① 根据 GB/T 97.4。"—"表示无此型式；"×"表示可选用的组合件。

② GB/T 5782 的螺栓按第 3 章减小杆径后，与 GB/T 5784 的螺栓相似。

表 3-348　六角头螺栓和弹簧垫圈组合件的型式和尺寸

（摘自 GB/T 9074.15—1988）　　（单位：mm）

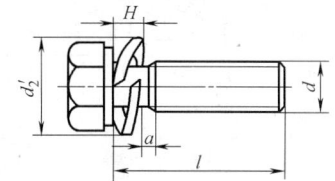

标记示例：

螺纹规格 d=M5、公称长度 l=20mm、性能等级为 8.8 级、表面镀锌钝化的六角头螺栓和弹簧垫圈组合件的标记为：

螺栓组合件　GB/T 9074.15　M5×20

螺纹规格（d）	M3	M4	M5	M6	M8	M10	M12
a　max	1.0	1.4	1.6	2.0	2.5	3.0	3.5
d_2'　参考	5.23	6.78	8.75	10.71	13.64	16.59	19.53
H　公称	2.00	2.75	3.25	4.00	5.00	6.25	7.50
l[1] 通用规格范围	8~30	10~35	12~40	16~50	20~65	25~80	30~100

① 公称长度 l（mm）系列为 8、10、12、16、20~50（5 进位）、(55)、60、(65)、70、80、90、100。尽可能不采用括号内的规格。

表 3-349　六角头螺栓和外锯齿锁紧垫圈组合件的型式及尺寸

（摘自 GB/T 9074.16—1988）　　（单位：mm）

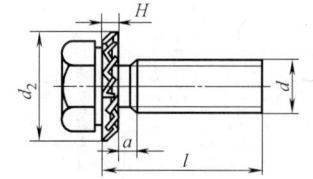

标记示例：

螺纹规格 d=M5、公称长度 l=20mm、性能等级为 8.8 级、表面镀锌钝化的六角头螺栓和外锯齿锁紧垫圈组合件的标记为：

螺栓组合件　GB/T 9074.16　M5×20

螺纹规格（d）	M3	M4	M5	M6	M8	M10	M12
a　max	1.0	1.4	1.6	2.0	2.5	3	3.5
d_2　公称	6	8	10	11	15	18	—
H≈	1.2	1.5	1.8	1.8	2.4	3.0	
l[1] 通用规格范围	8~30	10~35	12~40	16~50	20~65	25~80	30~100

① 公称长度 l（mm）系列为：8、10、12、16、20~50（5 进位）、(55)、60、(65)、70~100（10 进位）。尽可能不采用括号内的规格。

表 3-350　六角头螺栓、弹簧垫圈和平垫圈组合件的型式及尺寸

（摘自 GB/T 9074.17—1988）　　　　（单位：mm）

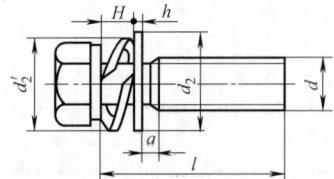

标记示例：

螺纹规格 d = M5、公称长度 l = 20mm、性能等级为 8.8 级、表面镀锌钝化的六角头螺栓、弹簧垫圈和平垫圈组合件的标记为：

螺栓组合件　GB/T 9074.17　M5×20

螺纹规格 (d)	M3	M4	M5	M6	M8	M10	M12
a　max	1	1.4	1.6	2	2.5	3	3.5
d_2　公称	7	9	10	12	16	20	24
h　公称	0.5	0.8	1.0	1.6	1.6	2	2.5
d_2'　参考	5.23	6.78	8.75	10.71	13.64	16.59	19.53
H　公称	2.00	2.75	3.25	4.00	5.00	6.25	7.50
$l^{①}$通用规格范围	8~30	10~35	12~40	20~50	25~65	30~80	35~100

① 公称长度 l（mm）系列为 8、10、12、16、20~50（5 进位）、（55）、60、（65）、70~100（10 进位）。尽可能不采用括号内的规格。

2.13.3　螺钉组合件（见表 3-351~表 3-359）

表 3-351　十字槽盘头螺钉和外锯齿锁紧垫圈组合件的型式及尺寸

（摘自 GB/T 9074.2—1988）　　　　（单位：mm）

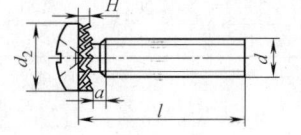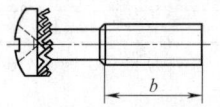

标记示例：

螺纹规格 d = M6、公称长度 l = 20mm、性能等级为 4.8 级、表面镀锌钝化的十字槽盘头螺钉和外锯齿锁紧垫圈组合件的标记为：

螺钉组合件　GB/T 9074.2　M6×20

螺纹规格 (d)	M3	M4	M5	M6	螺纹规格 (d)	M3	M4	M5	M6
a　max	1	1.4	1.6	2	$H≈$	1.2	1.5	1.8	1.8
b　min	25	38	38	38	$l^{①}$ 通用规格范围	8~30	10~40	12~45	14~50
d_2　公称	6	8	10	11	全螺纹时最大长度	25		40	

① 公称长度 l（mm）系列为 8、10、12、（14）、16、20~50（5 进位）。尽可能不采用括号内的规格。

表 3-352　十字槽盘头螺钉和弹簧垫圈组合件的型式及尺寸

（摘自 GB/T 9074.3—1988）　　　　（单位：mm）

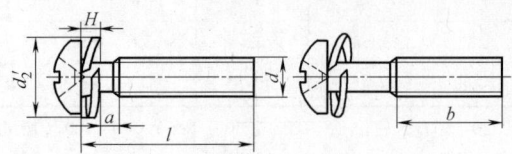

标记示例：

螺纹规格 d = M6、公称长度 l = 20mm、性能等级为 4.8 级、表面镀锌钝化的十字槽盘头螺钉和弹簧垫圈组合件的标记为：

螺钉组合件　GB/T 9074.3　M6×20

（续）

螺纹规格(d)	M3	M4	M5	M6	螺纹规格(d)	M3	M4	M5	M6
a　max	1	1.4	1.6	2	H　公称	1.6	2.2	2.6	3.2
b　min	25	38	38	38	l[1]通用规格范围	8~30	10~40	12~45	14~50
d_2'　公称	5.23	6.78	8.75	10.71	全螺纹时最大长度	25	40		

① 公称长度 l（mm）系列为 8、10、12、(14)、16、20~50（5 进位）。尽可能不采用括号内的规格。

表 3-353　十字槽盘头螺钉和弹簧垫圈及平垫圈组合件的型式及尺寸

（摘自 GB/T 9074.4—1988）　　　　　　（单位：mm）

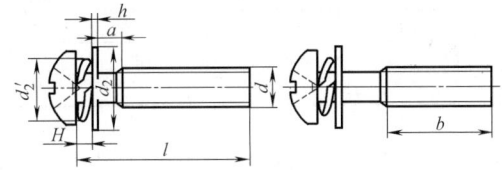

标记示例：

螺纹规格 d = M6、公称长度 l = 20mm、性能等级为 4.8 级、表面镀锌钝化的十字槽盘头螺钉、弹簧垫圈和平垫圈组合件的标记为：

螺钉组合件　GB/T 9074.4　M6×20

螺纹规格(d)	M3	M4	M5	M6	螺纹规格(d)	M3	M4	M5	M6
a　max	1	1.4	1.6	2	d_2'　（公称）	5.23	6.78	8.75	10.71
b　min	25	38	38	38	H　公称	1.6	2.2	2.6	3.2
d_2　公称	7	9	10	12	l[1]通用规格范围	8~30	10~40	12~45	14~50
h　公称	0.5	0.8	1	1.6	全螺纹时最大长度	25	40		

① 公称长度 l（mm）系列为 8、10、12、(14)、16、20、25、30、35、40、45、50。尽可能不采用括号内的规格。

表 3-354　十字槽小盘头螺钉和平垫圈组合件的型式及尺寸

（摘自 GB/T 9074.5—2004）　　　　　　（单位：mm）

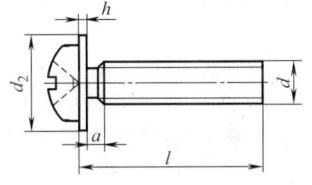
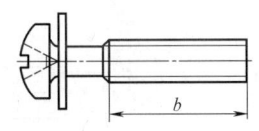
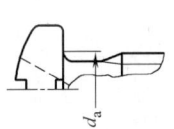

a) 全螺纹螺钉和平垫圈组合件　　　b) 带光杆的螺钉和平垫圈组合件　　　c) 过渡圆直径 d_a

标记示例：

十字槽小盘头螺钉和平垫圈组合件包括：一个 GB/T 823 M5×20-4.8 级螺钉（代号 S1）和一个 GB/T 97.4 标准系列垫圈（代号 N）；组合件表面镀锌钝化（省略标记）的标记为：

螺钉和垫圈组合件　GB/T 9074.5　M5×20　S1　N

十字槽小盘头螺钉和平垫圈组合件包括：一个 GB/T 823 M5×20-4.8 级螺钉（代号 S1）和一个 GB/T 97.4 大系列垫圈（代号 L）；组合件表面镀锌钝化（省略标记）的标记为：

螺钉和垫圈组合件　GB/T 9074.5　M5×20　S1　L

（续）

螺纹规格[1] (d)	a[2] max	d_a max	平垫圈尺寸[3]					
			小系列 S 型		标准系列 N 型		大系列 L 型	
			h 公称	d_2 max	h 公称	d_2 max	h 公称	d_2 max
M2		2.4	0.6	4.5	0.6	5	0.6	6
M2.5		2.8	0.6	5	0.6	6	0.6	8
M3		3.3	0.6	6	0.6	7	0.8	9
（M3.5）	2P[4]	3.7	0.8	7	0.8	8	0.8	11
M4		4.3	0.8	8	0.8	9	1	12
M5		5.2	1	9	1	10	1	15
M6		6.2	1.6	11	1.6	12	1.6	18
M8		8.4	1.6	15	1.6	16	2	24

[1] 尽可能不采用括号内的规格。

[2] a 为从垫圈支承面到第一扣完整螺纹始端的最大距离，当用平面（即用未倒角的环规）测量时，垫圈应与螺钉支承面或头下圆角接触。

[3] 摘自 GB/T 97.4 的尺寸仅为信息。

[4] P 为螺距。

表 3-355　螺钉和垫圈的型式代号（摘自 GB/T 9074.5—2004）

产 品	代 号	型 式	标准编号
十字槽小盘头螺钉	S1	—	GB/T 823
平垫圈 用于螺钉和垫圈组合件	S	S 型	GB/T 97.4
	N	N 型	
	L	L 型	

表 3-356　十字槽小盘头螺钉和弹簧垫圈组合件的型式
　　　　　及尺寸（摘自 GB/T 9074.7—1988）　　　　（单位：mm）

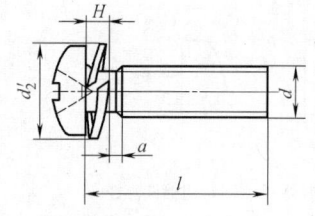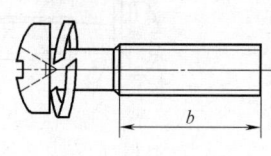

标记示例：

螺纹规格 d = M5、公称长度 l = 20mm、性能等级为 4.8 级、表面镀锌钝化的十字槽小盘头螺钉和弹簧垫圈组合件的标记为：

螺钉组合件　GB/T 9074.7 M5×20

螺纹规格（d）	M2.5	M3	M4	M5	M6
a　max	0.8	1.0	1.4	1.6	2.0
b　min	25	25	38	38	38
H　公称	1.50	2.00	2.75	3.25	4.00
d_2'　参考	4.34	5.23	6.78	8.75	10.71
l[1]　公称	6~25	8~30	10~35	12~40	14~50

[1] 公称长度 l（mm）系列为 6~12（2 进位）、（14）、16、20~50（5 进位）。尽可能不采用括号内的规格。

表 3-357　十字槽小盘头螺钉和弹簧垫圈及平垫圈组合件的型式

及尺寸（摘自 GB/T 9074.8—1988）　　　　（单位：mm）

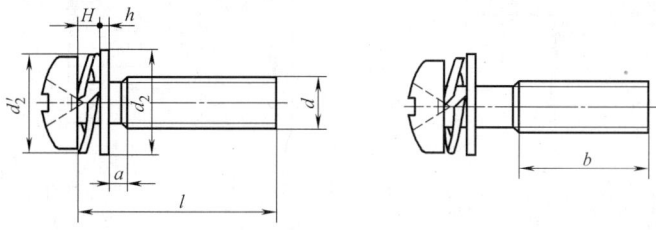

标记示例：

螺纹规格 d = M5、公称长度 l = 20mm、性能等级为 4.8 级、表面镀锌钝化的十字槽小盘头螺钉、弹簧垫圈和平垫圈组合件的标记为：

螺钉组合件　GB/T 9074.8　M5×20

螺纹规格(d)	M2.5	M3	M4	M5	M6
a　max	0.8	1.0	1.4	1.6	2.0
b　min	25	25	38	38	38
h　公称	0.5	0.5	0.8	1.0	1.6
H　公称	1.50	2.00	2.75	3.25	4.00
d_2　公称	6	7	9	10	12
d_2'　参考	4.34	5.2	6.78	8.75	10.71
l[①]公称	6~25	8~30	10~35	12~40	14~50

① 公称长度 l（mm）系列为 6~12（2 进位）、（14）、16、20~50（5 进位）。尽可能不采用括号内的
　规格。

表 3-358　十字槽沉头螺钉和锥形锁紧垫圈组合件的型式

及尺寸（摘自 GB/T 9074.9—1988）　　　　（单位：mm）

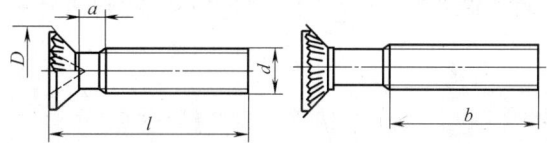

标记示例：

螺纹规格 d = M5、公称长度 l = 20mm、性能等级为 4.8 级、表面镀锌钝化的十字槽沉头螺钉和锥形锁紧垫圈组合件的标记为：

螺钉组合件　GB/T 9074.9　M5×20

螺纹规格(d)	M3	M4	M5	M6	M8
a　max	1	1.4	1.6	2	2.5
b　min	25	38	38	38	38
D　≈	6	8	9.8	11.8	15.3
l[①]通用规格范围	8~30	10~35	12~40	14~50	16~60
全螺纹时最大长度	30	45			

① 长度 l（mm）系列为 8、10、12、（14）、16、20~50（5 进位）、（55）、60。尽可能不采用括号内的
　规格。

表 3-359　十字槽半沉头螺钉和锥形锁紧垫圈组合件的型式

及尺寸（摘自 GB/T 9074.10—1988）　　　　（单位：mm）

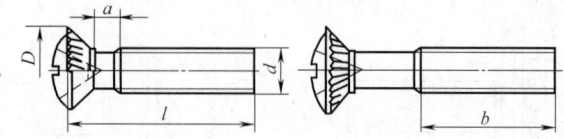

标记示例：

螺纹规格 d=M5、公称长度 l=20mm、性能等级为 4.8 级、表面镀锌钝化的十字槽半沉头螺钉和锥形锁紧垫圈组合件的标记为：

螺钉组合件　GB/T 9074.10　M5×20

螺纹规格（d）	M3	M4	M5	M6	M8
a　max	1	1.4	1.6	2	2.5
b　min	25	38	38	38	38
D　≈	6	8	9.8	11.8	15.3
l[①] 通用规格范围	8~30	10~35	12~40	14~50	16~60
全螺纹时最大长度	30	45			

① 长度 l（mm）系列为 8、10、12、（14）、16、20~50（5 进位）、（55）、60。尽可能不采用括号内的
　规格。

2.13.4　自攻螺钉组合件（见表 3-360~表 3-363）

表 3-360　自攻螺钉和平垫圈组合件的型式及尺寸

（摘自 GB/T 9074.18—2017）　　　　（单位：mm）

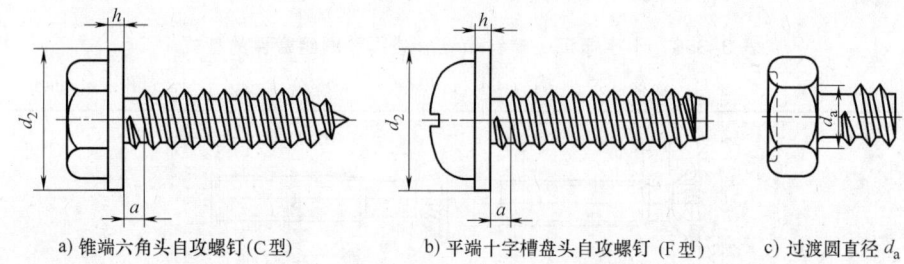

a) 锥端六角头自攻螺钉(C 型)　　b) 平端十字槽盘头自攻螺钉 (F 型)　　c) 过渡圆直径 d_a

标记示例：

六角头自攻螺钉和平垫圈组合件包括：一个 GB/T 5285　ST4.2×16、锥端（C）六角头自攻螺钉（代号 S1）和一个 GB/T 97.5 标准系列垫圈（代号 N）的标记为：

自攻螺钉和垫圈组合件　GB/T 9074.18　ST4.2×16　C　S1　N

十字槽盘头自攻螺钉和平垫圈组合件包括：一个 GB/T 845　ST4.2×16、锥端（C）、Z 型十字槽盘头自攻螺钉（代号 S2）和一个 GB/T 97.5 标准系列垫圈（代号 N）的标记为：

自攻螺钉和垫圈组合件　GB/T 9074.18　ST4.2×16　C　Z　S2　N

螺纹规格	a[①]　max	d_a　max	平垫圈尺寸[②]			
			标准系列 N 型		大系列 L 型	
			h 公称	d_2 max	h 公称	d_2 max
ST2.2	0.8	2.10	1	5	1	7

（续）

螺纹规格	a[①] max	d_a max	平垫圈尺寸[②]			
			标准系列 N 型		大系列 L 型	
			h 公称	d_2 max	h 公称	d_2 max
ST2.9	1.1	2.80	1	7	1	9
ST3.5	1.3	3.30	1	8	1	11
ST4.2	1.4	4.03	1	9	1	12
ST4.8	1.6	4.54	1	10	1.6	15
ST5.5	1.8	5.22	1.6	12	1.6	15
ST6.3	1.8	5.93	1.6	14	1.6	18
ST8	2.1	7.76	1.6	16	2	24
ST9.5	2.1	9.43	2.0	20	2.5	30

① 尺寸 a，在垫圈与螺钉支承面或头下圆角接触后进行测量。

② 摘自 GB/T 97.5 的尺寸仅为信息。

表 3-361　自攻螺钉和垫圈代号（摘自 GB/T 9074.18—2017）

自攻螺钉标准编号及名称		代　号
GB/T 5285	六角头自攻螺钉	S1
GB/T 845	十字槽盘头自攻螺钉	S2
GB/T 5282	开槽盘头自攻螺钉	S3
垫圈标准编号及名称	型　式	代　号
GB/T 97.5　平垫圈　用于自攻螺钉 和垫圈组合件	标准系列	N
	大系列	L

表 3-362　十字槽凹穴六角头自攻螺钉和平垫圈组合件的型式

及尺寸（摘自 GB/T 9074.20—2004）　　　　（单位：mm）

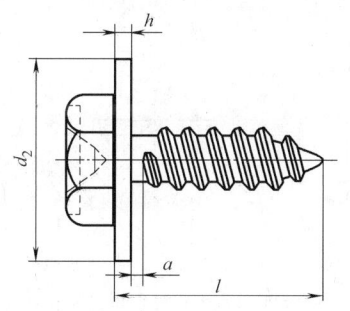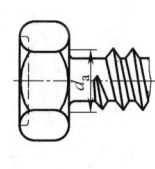

标记示例：

十字槽凹穴六角头自攻螺钉和平垫圈组合件包括：一个 GB/T 9456 ST4.2×16、锥端（C）十字槽凹穴六角头自攻螺钉（代号 S1）和一个 GB/T 97.5 标准系列垫圈（代号 N）组合件表面镀锌钝化（省略标记）的标记为：

自攻螺钉和垫圈组合件　GB/T 9074.20　ST4.2×16　S1　N

十字槽凹穴六角头自攻螺钉和平垫圈组合件包括：一个 GB/T 9456 ST4.2×16、锥端（C）十字槽凹穴六角头自攻螺钉（代号 S1）和一个 GB/T 97.5 大系列垫圈（代号 L）组合件表面镀锌钝化（省略标记）的标记为：

自攻螺钉和垫圈组合件　GB/T 9074.20　ST4.2×16　S1　L

（续）

螺纹规格	$a^{②}$ max	d_a max	平垫圈尺寸[①]			
			标准系列 N 型		大系列 L 型	
			h 公称	d_2 max	h 公称	d_2 max
ST2.9	1.1	2.8	1	7	1	9
ST3.5	1.3	3.3	1	8	1	11
ST4.2	1.4	4.03	1	9	1	12
ST4.8	1.6	4.54	1	10	1.6	15
ST6.3	1.8	5.93	1.6	14	1.6	18
ST8	2.1	7.76	1.6	16	2	24

① 摘自 GB/T 97.5 的尺寸仅为信息。

② 尺寸 a，在垫圈与螺钉支承面或头下圆角接触后进行测量。

表 3-363　自攻螺钉和垫圈的型式代号 （摘自 GB/T 9074.20—2004）

产　品	代　号	型　式	标准编号
十字槽凹穴 六角头自攻螺钉	S1	—	GB/T 9456
平垫圈 用于自攻螺钉和垫圈组合件	N	标准系列	GB/T 97.5
	L	大系列	

2.13.5　组合件用垫圈 （见表 3-364 ~ 表 3-366）

表 3-364　组合件用弹簧垫圈的型式和尺寸

（摘自 GB/T 9074.26—1988）　　　（单位：mm）

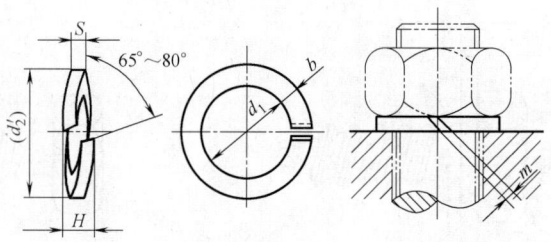

标记示例：

规格 4mm、材料为 65Mn、热处理硬度 42 ~ 50HRC、不经表面处理的组合件用弹簧垫圈的标记为：

垫圈　GB/T 9074.26　4

规格（螺纹大径）	2.5	3	4	5	6	8	10	12
d_1 max	2.34	2.83	3.78	4.75	5.71	7.64	9.59	11.53
S 公称	0.6	0.8	1.1	1.3	1.6	2.0	2.5	3.0
b 公称	1.0	1.2	1.5	2.0	2.5	3.0	3.5	4.0
H 公称(min)	1.2	1.6	2.2	2.6	3.2	4.0	5.0	6.0

（续）

规格(螺纹大径)	2.5	3	4	5	6	8	10	12
m ≤	0.30	0.40	0.55	0.65	0.80	1.00	1.25	1.50
d_2' 参考	4.34	5.23	6.78	8.75	10.71	13.64	16.59	19.53

表 3-365　组合件用外锯齿锁紧垫圈的型式和尺寸

（摘自 GB/T 9074.27—1988）　　　（单位：mm）

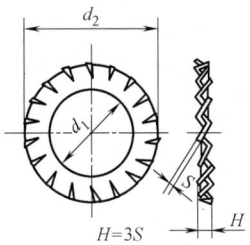

标记示例：

规格 4mm、材料为 65Mn、不经表面处理的组合件用外锯齿锁紧垫圈的标记为：

垫圈　GB/T 9074.27　4

规格(螺纹规格)	3	4	5	6	8	10	12
d_1　max	2.83	3.78	4.75	5.71	7.64	9.59	11.53
d_2	6	8	10	11	15	18	20.5
S	0.4	0.5	0.6	0.6	0.8	1	1
齿数　min	9	11	11	12	14	16	16

表 3-366　组合件用锥形锁紧垫圈的型式和尺寸

（摘自 GB/T 9074.28—1988）　　　（单位：mm）

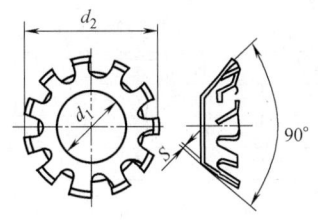

标记示例：

规格 4mm、材料为 65Mn、不经表面处理的组合件用锥形锁紧垫圈的标记为：

垫圈　GB/T 9074.28　4

规格(螺纹规格)	3	4	5	6	8
d_1　max	2.83	3.78	4.75	5.71	7.64
d_2　≈	6.0	8.0	9.8	11.8	15.3
S	0.4	0.5	0.6	0.6	0.8
齿数 min	6	8	8	10	10

2.13.6 连接副（见表 3-367～表 3-370）

表 3-367 钢结构用高强度大六角头螺栓的型式和尺寸

（摘自 GB/T 1228—2006） （单位：mm）

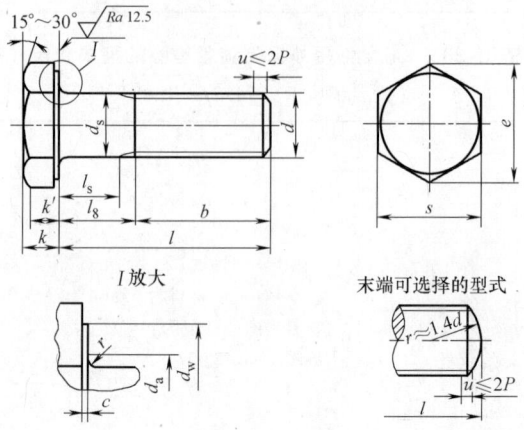

标记示例：

螺纹规格 d=M20、公称长度 l=100mm、性能等级为 10.9S 级的钢结构用高强度大六角头螺栓的标记为：

螺栓 GB/T 1228 M20×100

螺纹规格 d=M20、公称长度 l=100mm、性能等级为 8.8S 级的钢结构用高强度大六角头螺栓的标记为：

螺栓 GB/T 1228 M20×100-8.8S

螺纹规格 (d)		M12	M16	M20	(M22)	M24	(M27)	M30
P		1.75	2	2.5	2.5	3	3	3.5
c	max	0.8	0.8	0.8	0.8	0.8	0.8	0.8
	min	0.4	0.4	0.4	0.4	0.4	0.4	0.4
d_a	max	15.23	19.23	24.32	26.32	28.32	32.84	35.84
d_s	max	12.43	16.43	20.52	22.52	24.52	27.84	30.84
	min	11.57	15.57	19.48	21.48	23.48	26.16	29.16
d_w	min	19.2	24.9	31.4	33.3	38.0	42.8	46.5
e	min	22.78	29.56	37.29	39.55	45.20	50.85	55.37
k	公称	7.5	10	12.5	14	15	17	18.7
	max	7.95	10.75	13.40	14.90	15.90	17.90	19.75
	min	7.05	9.25	11.60	13.10	14.10	16.10	17.65
k'	min	4.9	6.5	8.1	9.2	9.9	11.3	12.4
r	min	1.0	1.0	1.5	1.5	1.5	2.0	2.0
s	max	21	27	34	36	41	46	50
	min	20.16	26.16	33	35	40	45	49
l[①]公称范围		35～40	45～75	45～50 / 55～130	50～60 / 65～160	55～65 / 70～220	60～70 / 75～240	65～75 / 80～260	70～80 / 85～260
b 参考		25	30	30 / 35	35 / 40	40 / 45	45 / 50	50 / 55	55 / 60

注：1. 括号内的规格为第二选择系列。

2. $l_{gmax}=l_{公称}-b_{参考}$；$l_{smin}=l_{gmax}-3P$。

① 公称长度 l（mm）系列为：35～95（5 进位）、100～200（10 进位）、220、240、260。

表 3-368　钢结构用高强度大六角螺母的型式和尺寸

（摘自 GB/T 1229—2006）　　　　　（单位：mm）

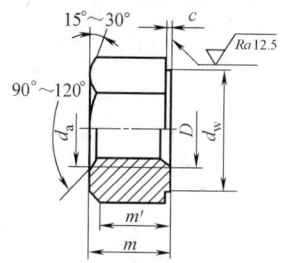 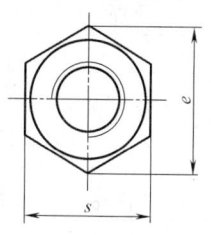

标记示例：

螺纹规格 D = M20、性能等级为 10H 级的钢结构用高强度大六角螺母的标记为：

螺母　GB/T 1229　M20

螺纹规格 D = M20、性能等级为 8H 级的钢结构用高强度大六角螺母的标记为：

螺母　GB/T 1229　M20-8H

螺纹规格 D		M12	M16	M20	（M22）	M24	（M27）	M30
P		1.75	2	2.5	2.5	3	3	3.5
d_a	max	13	17.3	21.6	23.8	25.9	29.1	32.4
	min	12	16	20	22	24	27	30
d_w	min	19.2	24.9	31.4	33.3	38.0	42.8	46.5
e	min	22.78	29.56	37.29	39.55	45.20	50.85	55.37
m	max	12.3	17.1	20.7	23.6	24.2	27.6	30.7
	min	11.87	16.4	19.4	22.3	22.9	26.3	29.1
m'	min	8.3	11.5	13.6	15.6	16.0	18.4	20.4
c	max	0.8	0.8	0.8	0.8	0.8	0.8	0.8
	min	0.4	0.4	0.4	0.4	0.4	0.4	0.4
s	max	21	27	34	36	41	46	50
	min	26.16	26.16	33	35	40	45	49
支承面对螺纹轴线的垂直度公差		0.29	0.38	0.47	0.50	0.57	0.64	0.70
每 1000 个钢螺母的理论质量/kg		27.68	61.51	118.77	146.59	202.67	288.51	374.01

注：括号内的规格为第二选择系列。

表 3-369　钢结构用高强度垫圈的型式和尺寸（摘自 GB/T 1230—2006）（单位：mm）

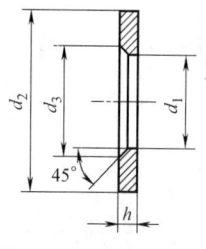 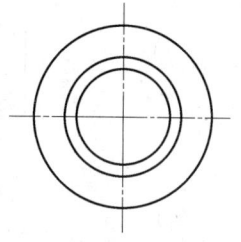

标记示例：

规格为 20mm、热处理硬度为 35 ～ 45HRC 的钢结构用高强度垫圈的标记为：

垫圈　GB/T 1230　20

（续）

规格(螺纹大径)		12	16	20	(22)	24	(27)	30
d_1	min	13	17	21	23	25	28	31
	max	13.43	17.43	21.52	23.52	25.52	28.52	31.62
d_2	min	23.7	31.4	38.4	40.4	45.4	50.1	54.1
	max	25	33	40	42	47	52	56
h	公称	3.0	4.0	4.0	5.0	5.0	5.0	5.0
	min	2.5	3.5	3.5	4.5	4.5	4.5	4.5
	max	3.8	4.8	4.8	5.8	5.8	5.8	5.8
d_3	min	15.23	19.23	24.32	26.32	28.32	32.84	35.84
	max	16.03	20.03	25.12	27.12	29.12	33.64	36.64
每1000个钢垫圈的理论质量/kg		10.47	23.40	33.55	43.34	55.76	66.52	75.42

注：括号内的规格为第二选择系列。

表 3-370　钢结构用扭剪型高强度螺栓连接副的型式

和尺寸（摘自 GB/T 3632—2008）　　　（单位：mm）

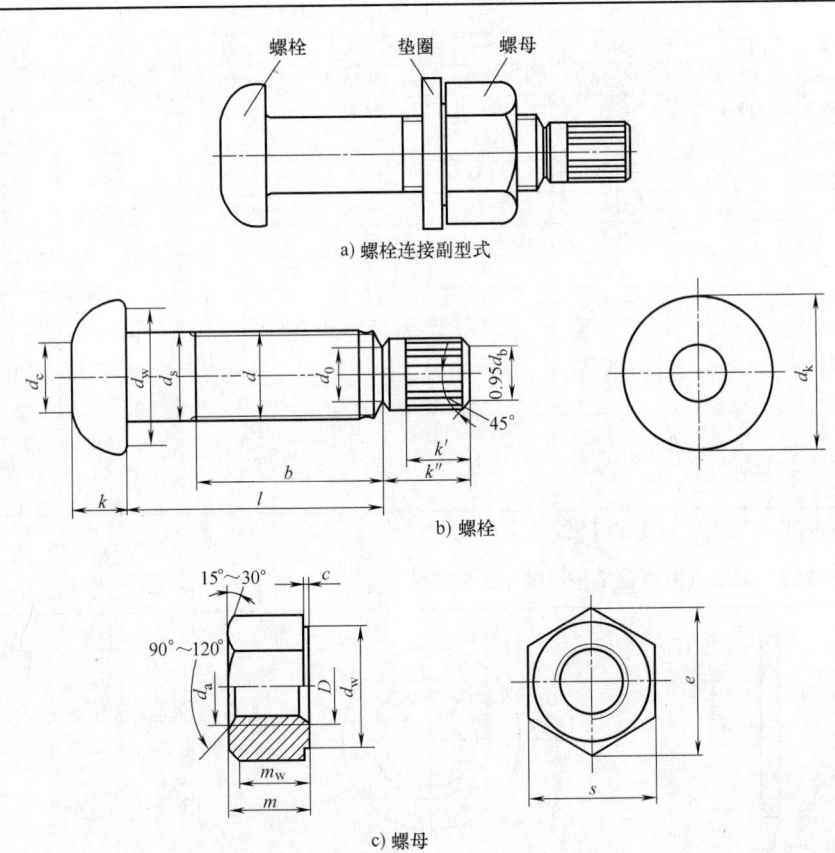

a) 螺栓连接副型式

b) 螺栓

c) 螺母

（续）

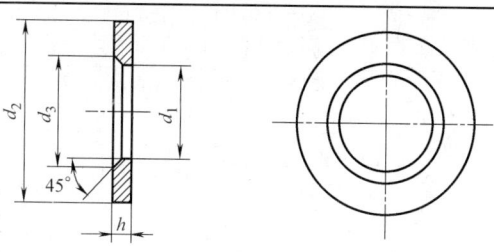

d) 垫圈

标记示例：

由螺纹规格 d = M20、公称长度 l = 100mm、性能等级为 10.9S 级、表面经防锈处理的钢结构用扭剪型高强度螺栓；螺纹规格 D = M20、性能等级为 10H 级、表面经防锈处理的钢结构用高强度大六角螺母和规格为 20mm、热处理硬度为 35～45HRC、表面经防锈处理的钢结构用高强度垫圈组成的钢结构用扭剪型高强度螺栓连接副的标记为：

连接副　GB/T 3632　M20×100

螺栓尺寸（见图 b）											
螺纹规格（d）		M16		M20		（M22）[①]		M24		（M27）[①]		M30
P[②]		2		2.5		2.5		3		3		3.5
d_s	max	16.43		20.52		22.52		24.52		27.84		30.84
d_w	min	27.9		34.5		38.5		41.5		42.8		46.5
d_k	max	30		37		41		44		50		55
k	公称	10		13		14		15		17		19
k'	min	12		14		15		16		17		18
k''	max	17		19		21		23		24		25
d_0	≈	10.9		13.6		15.1		16.4		18.6		20.6
d_b	公称	11.1		13.9		15.4		16.7		19.0		21.1
d_c	≈	12.8		16.1		17.8		19.3		21.9		24.4
l[③]公称范围		40～50	55～130	45～60	65～160	50～65	70～180	55～70	75～200	65～75	80～220	70～130	85～220
b　参考		30	35	35	40	40	45	45	50	50	55	55	60

螺母尺寸（见图 c）						
螺纹规格（D）		M16	M20	（M22）[①]	M24	（M27）[①]	M30
P[②]		2	2.5	2.5	3	3	3.5
d_a	max	17.3	21.6	23.8	25.9	29.1	32.4
	min	16	20	22	24	27	30
d_w	min	24.9	31.4	33.3	38.0	42.8	46.5
e	min	29.56	38.29	39.55	45.20	50.85	55.37
m	max	17.1	20.7	23.6	24.2	27.6	30.7
	min	16.4	19.4	22.3	22.9	26.3	29.1
m_w	min	11.5	13.6	15.6	16.0	18.4	20.4
c	max	0.8	0.8	0.8	0.8	0.8	0.8
	min	0.4	0.4	0.4	0.4	0.4	0.4
s	max	27	34	36	41	46	50
	min	26.16	33	35	40	45	49
支承面对螺纹轴线的全跳动公差		0.38	0.47	0.50	0.57	0.64	0.70
每 1000 件钢螺母的质量（ρ = 7.85kg/dm³）/≈kg		61.51	118.77	146.59	202.67	288.51	374.01

（续）

垫圈尺寸（见图 d）						
规格（螺纹大径）		16	20	(22)[①]	24	(27)[①]	30
d_1	min	17	21	23	25	28	31
	max	17.43	21.52	23.52	25.52	28.52	31.62
d_2	min	31.4	38.4	40.4	45.4	50.1	54.1
	max	33	40	42	47	52	56
h	公称	4.0	4.0	5.0	5.0	5.0	5.0
	min	3.5	3.5	4.5	4.5	4.5	4.5
	max	4.8	4.8	5.8	5.8	5.8	5.8
d_3	min	19.23	24.32	26.32	28.32	32.84	35.84
	max	20.03	25.12	27.12	29.12	33.64	36.64
每 1000 件钢垫圈的质量（$\rho = 7.85 \mathrm{kg/dm^3}$）/ ≈ kg		23.40	33.55	43.34	55.76	66.52	75.42

① 括号内的规格为第二选择系列，应优先选用第一系列（不带括号）的规格。

② P 为螺距。

③ 公称长度 l（mm）系列为 40~95（5 进位）、100~200（10 进位）、220。

3 弹簧

3.1 弹簧的类型、特性及用途（见表 3-371）

表 3-371 弹簧的类型、特性及用途

类型		结 构	特 性 线	特性和用途
圆柱螺旋压缩弹簧	圆形截面	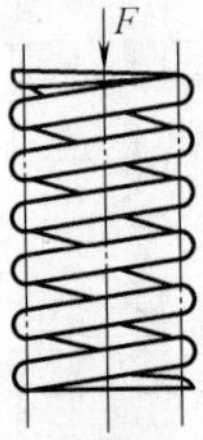	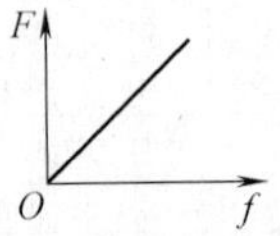	结构简单、制造方便,特性线接近直线,刚度较稳定,应用最广
	矩形截面	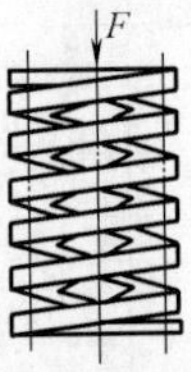	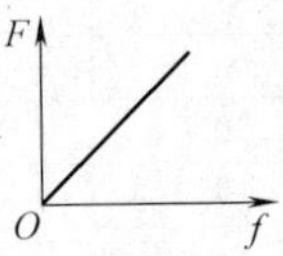	矩形截面材料比圆形截面材料的刚度大,吸收的能量多。特性线更接近于直线,刚度更接近于常数
	不等节距	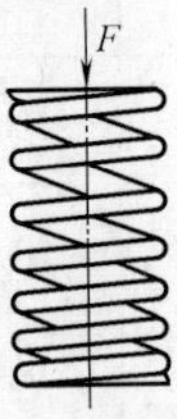	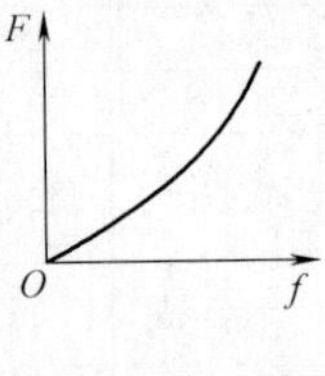	刚度逐渐增大,自振频率为变值,利于消除或缓和共振的影响。多用于高速变载荷的机构

（续）

类型		结　构	特　性　线	特性和用途
圆柱螺旋压缩弹簧	多股			刚度比较小,在一定载荷作用下,可以得到小的振幅,它比普通螺旋弹簧的强度高。由于钢丝之间的相互摩擦,具有较大的减振作用
圆柱螺旋拉伸弹簧				性能和特点与螺旋压缩弹簧相同
圆柱螺旋扭转弹簧				主要用于压紧和储能,以及传动系统中的弹性环节,具有线性特性线
变径螺旋弹簧	圆锥			刚度逐渐增大,特性线为渐增型,有利于消除或缓和共振。结构紧凑,稳定性好,多用于承受较大载荷和减振
	中凹和中凸形			这类弹簧的特性相当于圆锥形螺旋弹簧。中凸形螺旋弹簧在有些场合下代替圆锥形螺旋弹簧使用。中凹形螺旋弹簧多用作坐垫和床垫
	组合			可以得到任意特定的特性线

（续）

类型	结　　构	特 性 线	特性和用途
蜗卷弹簧			特性线的非线性段是急剧增加的,在行程不大的情况下,就能吸收较大的能量。结构紧凑,承受的载荷比较大。制造困难,除空间受限制外,一般不采用
非圆形螺旋弹簧			主要用在外廓尺寸有限制的情况下。特性线仍为直线型
扭杆弹簧			结构简单,但材料和制造精度要求高。单位体积变形能大。主要用于各种车辆的悬挂装置上
碟形弹簧			加载与卸载特性线不重合,在工作过程中有能量消耗,缓冲和减振能力强。多用于要求缓冲和减振能力强的场合
环形弹簧			在承受载荷时,圆锥面之间产生较大的摩擦力,因而减振能力很强。多用于要求缓冲能力强的场合
平面涡卷弹簧			分为非接触型和接触型两种,前者特性线为直线型,后者由于弹簧圈之间有摩擦,特性线为非线性,而具有能量损耗。这类弹簧圈数多,变形角大,储存能量大。多用作压紧,以及仪器和钟表等的储能装置
片弹簧			材料的厚度一般不超过 4mm。多根据特定要求确定其结构形状,因此这类弹簧结构形状繁多。多用作仪表的弹性元件

（续）

类型	结 构	特 性 线	特性和用途
板弹簧			板与板之间在工作时有摩擦力,加载与卸载特性线不重合,减振能力强,多用于车辆的悬挂装置
空气弹簧			可按特性线要求设计,而且高度可以调节。多用在车辆的悬挂装置和机械设备的隔振装置上
橡胶弹簧			弹性模量小,形状不受限制,各方向刚度可以自由选择,容易达到理想的非线型特性,同时可承受多方向的载荷
压缩气弹簧			结构轻巧、工作行程大,运动平稳,能起阻尼缓冲作用 用于支撑仓盖、门板、机盖
可销定气弹簧			结构轻巧、工作行程大,运动平稳,能起阻尼缓冲作用 用于座椅升降、角度的调节,有弹性锁定和刚性销定

3.2 圆柱螺旋弹簧

3.2.1 冷卷圆柱螺旋拉伸弹簧（见表 3-372）

表 3-372 冷卷圆柱螺旋拉伸弹簧的代号及端部结构型式（摘自 GB/T 1239.1—2009）

代号	简 图	端部结构型式
L I		半圆钩环

（续）

代号	简　图	端部结构型式
L Ⅱ		长臂半圆钩环
L Ⅲ		圆钩环扭中心（圆钩环）
L Ⅳ		长臂偏心半圆钩环
L Ⅴ		偏心圆钩环
L Ⅵ		圆钩环压中心
L Ⅶ		可调式拉簧
L Ⅷ		具有可转钩环

（续）

代号	简　图	端部结构型式
LⅨ	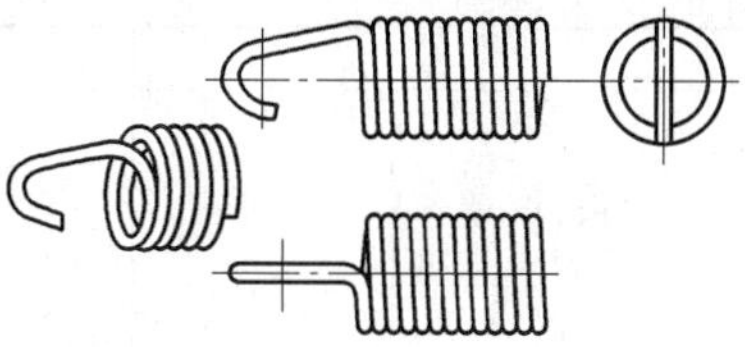	长臂小圆钩环
LⅩ	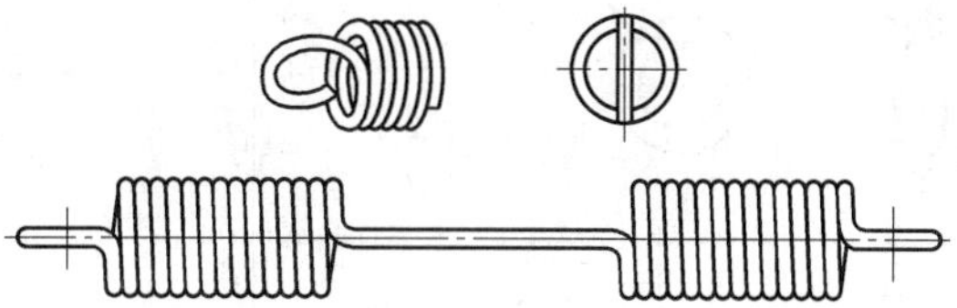	连接式圆钩环

注：弹簧结构型式推荐采用圆钩环扭中心。弹簧材料的截面直径大于等于 0.5mm。

3.2.2　冷卷圆柱螺旋压缩弹簧（见表 3-373）

表 3-373　冷卷圆柱螺旋压缩弹簧的代号及端部

结构型式（摘自 GB/T 1239.2—2008）

代号	简　图	端部结构型式
YⅠ	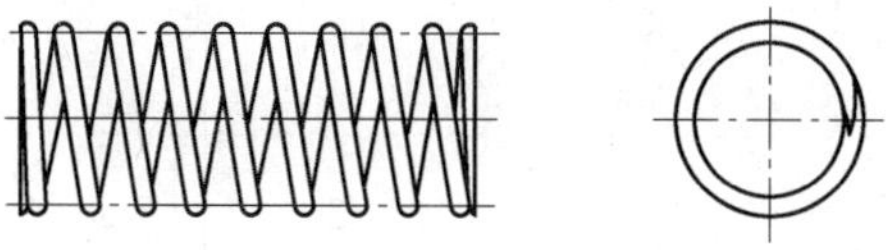	两端圈并紧磨平
YⅡ	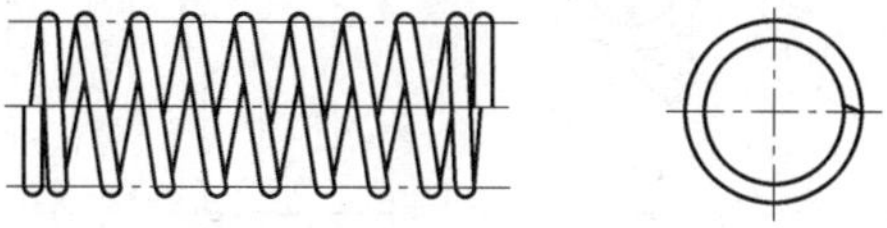	两端圈并紧不磨
YⅢ	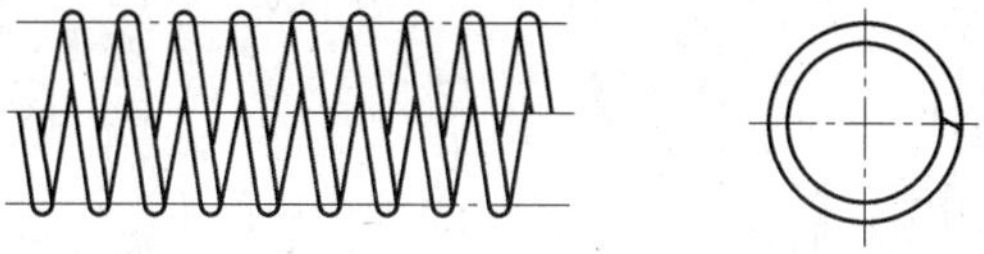	两端圈不并紧

注：弹簧材料的截面直径大于或等于 0.5mm。

3.2.3 冷卷圆柱螺旋扭转弹簧（见表 3-374）

表 3-374 冷卷圆柱螺旋扭转弹簧的代号及端部

结构型式（摘自 GB/T 1239.3—2008）

代号	简　图	端部结构型式
N I	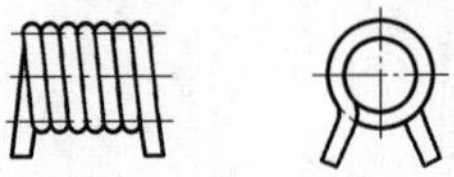	外臂扭转弹簧
N II	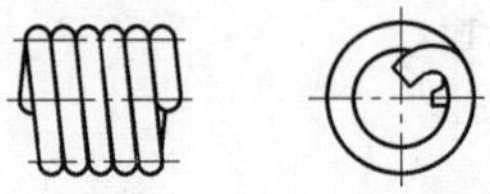	内臂扭转弹簧
N III	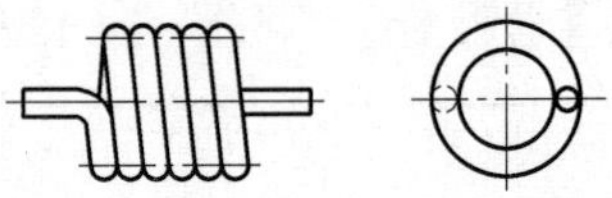	中心距扭转弹簧
N IV	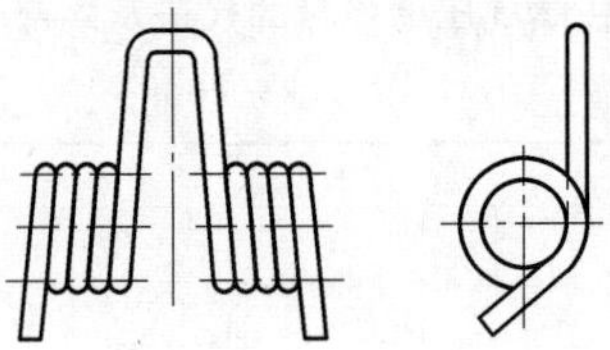	平列双扭弹簧
N V	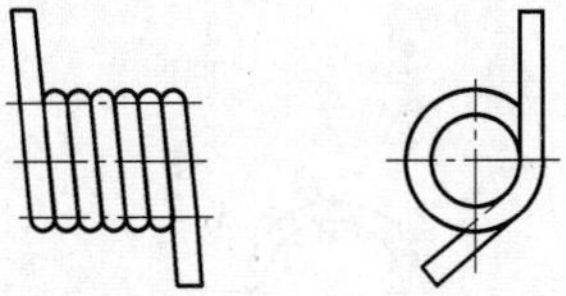	直臂扭转弹簧
N VI	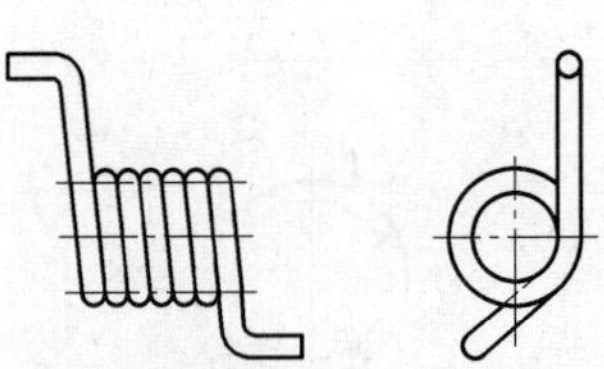	单臂弯曲扭转弹簧

注：弹簧材料的截面直径大于等于 0.5mm。

3.2.4　普通圆柱螺旋压缩弹簧尺寸及参数（见表 3-375）

表 3-375　普通圆柱螺旋压缩弹簧的类型、主要尺寸及参数

（摘自 GB/T 2089—2009）

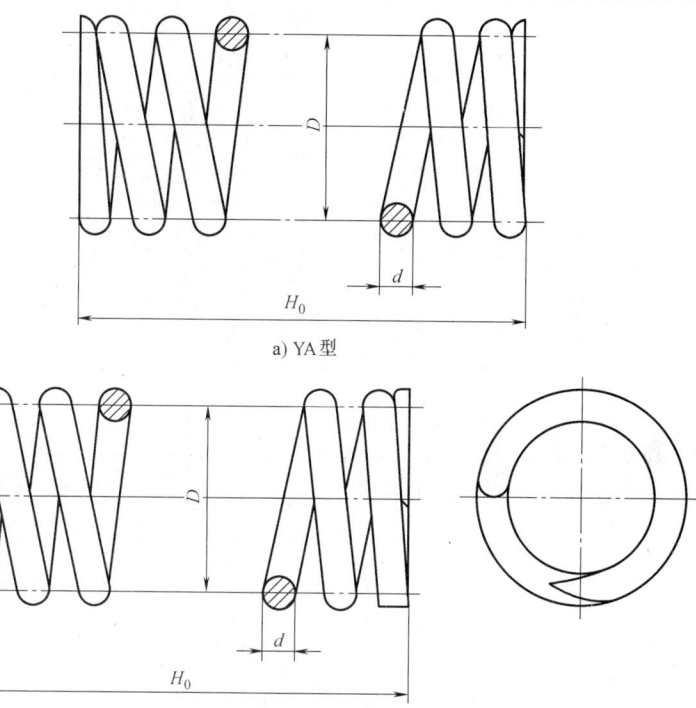

a) YA 型

b) YB 型

标记方法

弹簧的标记由类型代号、规格、精度代号、旋向代号和标准号组成,规定如下:

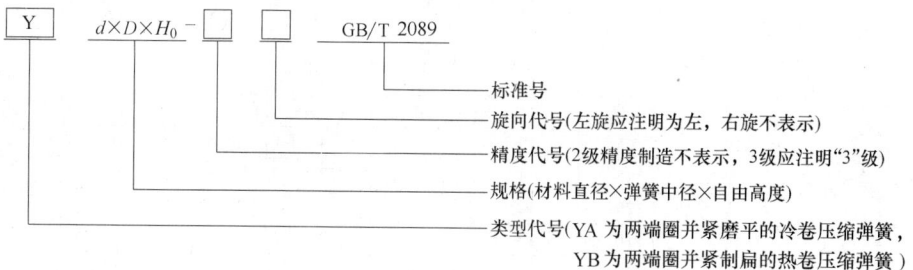

标准号

旋向代号(左旋应注明为左,右旋不表示)

精度代号(2级精度制造不表示,3级应注明"3"级)

规格(材料直径×弹簧中径×自由高度)

类型代号(YA 为两端圈并紧磨平的冷卷压缩弹簧,
YB 为两端圈并紧制扁的热卷压缩弹簧)

标记示例

示例 1:

YA 型弹簧,材料直径为 1.2mm,弹簧中径为 8mm,自由高度 40mm,精度等级为 2 级,左旋的两端圈并紧磨平的冷卷压缩弹簧标记为:

YA 1.2×8×40 左 GB/T 2089

示例 2:

YB 型弹簧,材料直径为 30mm,弹簧中径为 160mm,自由高度 200mm,精度等级为 3 级,右旋的并紧制扁的热卷压缩弹簧标记为:

YB 30×160×200-3　GB/T 2089

五 金 手 册

（续）

弹簧钢丝直径 d/mm	中径 D/mm	最大工作负荷 F_n/N	有效圈数 n/圈					
			2.5	4.5	6.5	8.5	10.5	12.5
			自由高度 H_0/mm					
0.5	3	14	4	7	10	11	14	16
	3.5	12	5	8	12	13	16	19
	4	11	6	9	14	15	19	22
	4.5	9.6	7	10	16	18	22	26
	5	8.6	8	12	18	21	26	30
0.8	4	40	6	9	12	15	18	22
	4.5	36	7	10	14	16	20	24
	5	32	8	11	15	18	22	28
	6	27	9	13	19	22	28	32
	7	23	10	15	23	28	32	38
	8	20	12	18	28	32	40	48
1	4.5	68	7	10	14	16	20	24
	5	62	8	11	15	18	22	26
	6	51	9	12	18	20	26	30
	7	44	10	14	21	26	30	35
	8	38	12	17	25	30	35	42
	9	34	13	20	29	35	42	48
	10	31	15	22	35	40	48	58
1.2	6	86	9	12	17	22	25	30
	7	74	10	14	20	25	30	35
	8	65	11	16	24	28	35	40
	9	58	12	20	28	35	45	50
	10	52	14	24	32	40	50	58
	12	43	17	26	40	48	58	70
1.4	7	114	10	15	20	26	30	35
	8	100	11	16	22	28	35	40
	9	89	12	18	24	32	38	45
	10	80	13	20	28	35	42	50
	12	67	16	24	35	45	52	60
	14	57	19	30	42	55	65	75
1.6	8	145	11	17	22	28	35	40
	9	129	12	19	24	32	38	45
	10	116	13	20	28	35	42	48
	12	97	15	24	32	42	50	60
	14	83	18	28	40	50	60	70
	16	73	22	36	48	60	70	85
1.8	9	179	13	18	25	32	38	42
	10	161	15	20	28	35	40	48
	12	134	16	24	32	40	50	58
	14	115	18	28	38	48	58	70
	16	101	20	32	45	60	70	80
	18	90	22	38	52	65	80	95

（续）

弹簧钢丝直径 d/mm	中径 D/mm	最大工作负荷 F_n/N	有效圈数 n/圈					
			2.5	4.5	6.5	8.5	10.5	12.5
			自由高度 H_0/mm					
2	10	215	13	20	28	35	40	48
	12	179	15	24	32	40	48	58
	14	153	17	26	38	50	55	65
	16	134	19	30	42	55	65	75
	18	119	22	35	48	65	75	90
	20	107	24	40	55	75	80	105
2.5	12	339	16	24	32	40	50	58
	14	291	17	28	38	48	55	65
	16	255	19	30	40	52	65	75
	18	276	20	30	48	58	70	85
	20	204	24	38	52	65	80	95
	22	185	26	42	58	75	90	105
	25	163	30	48	70	90	105	120
3	14	475	18	28	38	48	58	65
	16	416	20	30	40	52	65	75
	18	370	22	35	45	58	70	80
	20	333	24	38	50	65	75	90
	22	303	24	40	58	70	85	100
	25	266	28	45	65	80	100	115
	28	238	32	52	70	95	115	140
	30	222	35	58	80	100	120	150
3.5	16	661	22	32	45	55	65	75
	18	587	22	35	48	58	70	80
	20	528	24	38	50	65	75	90
	22	480	26	40	55	70	85	100
	25	423	28	45	65	80	95	110
	28	377	32	50	70	90	110	130
	30	352	35	55	75	95	115	140
	32	330	38	60	80	105	130	150
	35	302	40	65	90	115	140	170
4	20	764	26	38	52	65	80	90
	22	694	28	40	55	70	85	100
	25	611	30	45	60	80	95	110
	28	545	34	50	70	90	105	130
	30	509	36	55	75	95	115	140
	32	477	37	58	80	100	120	150
	35	436	41	65	90	115	140	160
	38	402	46	70	100	130	150	180
	40	382	48	75	105	142	160	190
4.5	22	988	28	42	58	70	85	100
	25	870	30	48	60	80	95	110
	28	777	32	50	70	85	105	120

五　金　手　册

（续）

弹簧钢丝直径 d/mm	中径 D/mm	最大工作负荷 F_n/N	有效圈数 n/圈					
			2.5	4.5	6.5	8.5	10.5	12.5
			自由高度 H_0/mm					
4.5	30	725	36	52	75	90	110	130
	32	680	37	58	75	100	120	140
	35	621	40	60	85	105	130	150
	38	572	44	65	90	110	145	160
	40	544	48	70	100	130	160	190
	45	483	54	85	120	150	180	220
5	25	1154	30	48	65	80	100	115
	28	1030	32	52	70	90	105	120
	30	962	35	55	75	95	115	130
	32	902	38	58	80	100	120	140
	35	824	40	60	85	110	130	150
	38	759	42	65	90	120	140	170
	40	721	45	70	100	130	150	180
	45	641	50	80	115	140	180	200
	50	577	55	95	130	170	200	240
6	30	1605	38	55	75	95	115	130
	32	1505	38	58	80	100	120	140
	35	1376	40	60	85	105	130	150
	38	1267	42	65	90	115	140	160
	40	1204	45	70	95	120	140	170
	45	1070	48	75	105	140	160	190
	50	963	52	85	120	150	190	220
	55	876	58	95	130	170	200	240
	60	803	65	105	150	190	240	280
8	32	3441	45	70	90	110	130	155
	35	3146	47	72	95	115	140	160
	38	2898	49	76	98	122	140	170
	40	2753	50	78	100	128	150	180
	45	2447	52	84	105	130	160	190
	50	2203	55	88	115	150	180	210
	55	2002	58	90	130	160	190	220
	60	1835	60	100	140	170	220	260
	65	1694	65	110	150	190	240	280
	70	1573	70	115	160	200	260	300
	75	1468	75	130	180	220	280	320
	80	1377	80	140	190	260	300	360
10	40	5181	56	80	110	140	160	190
	45	4605	58	85	115	140	170	200
	50	4145	61	90	120	150	190	220
	55	3768	64	95	130	170	200	240
	60	3454	68	105	140	180	210	260
	65	3188	72	110	150	190	220	260

862

（续）

弹簧钢丝直径 d/mm	中径 D/mm	最大工作负荷 F_n/N	有效圈数 n/圈					
			2.5	4.5	6.5	8.5	10.5	12.5
			自由高度 H_0/mm					
10	70	2961	75	115	160	200	240	280
	75	2763	80	120	170	220	260	300
	80	2591	86	130	180	240	280	340
	85	2438	92	140	190	255	300	360
	90	2303	94	150	200	270	320	380
	95	2181	98	160	220	280	340	400
	100	2072	100	170	240	300	360	420
12	50	6891	70	105	140	180	220	260
	55	6364	75	110	150	190	230	260
	60	5742	75	120	160	200	240	280
	65	5301	80	130	170	220	260	300
	70	4922	85	130	180	230	280	320
	75	4594	90	140	190	240	300	340
	80	4307	95	150	200	260	320	380
	85	4053	100	160	220	280	340	400
	90	3828	105	170	240	300	360	420
	95	3627	110	180	240	320	380	450
	100	3445	115	190	260	340	420	480
	110	3132	130	220	300	380	480	550
	120	2871	140	240	340	450	520	620
14	60	10627	82	130	170	220	260	300
	65	9808	85	135	180	230	270	320
	70	9109	90	140	190	240	280	340
	75	8501	95	145	200	250	300	360
	80	7970	105	150	210	270	320	380
	85	7501	110	160	220	280	340	400
	90	7084	115	170	240	300	360	420
	95	6712	120	180	240	320	380	450
	100	6376	125	190	260	320	400	480
	110	5796	130	200	280	360	450	520
	120	5313	140	220	320	400	500	580
	130	4905	150	260	360	450	550	650
16	65	14642	90	140	190	240	280	340
	70	13596	95	150	200	240	300	350
	75	12690	100	150	210	260	320	360
	80	11897	100	160	220	260	320	380
	85	11197	105	165	230	280	340	400
	90	10575	110	170	240	300	360	420
	95	10018	115	180	250	320	380	450
	100	7517	120	190	260	320	400	480
	110	8652	130	200	280	360	450	520
	120	7931	140	220	320	400	480	580

（续）

弹簧钢丝直径 d/mm	中径 D/mm	最大工作负荷 F_n/N	有效圈数 $n/$圈					
			2.5	4.5	6.5	8.5	10.5	12.5
			自由高度 H_0/mm					
16	130	7321	150	240	340	450	520	620
	140	6798	160	260	380	480	580	680
	150	6345	180	300	400	520	650	750
18	75	18068	105	160	220	260	320	380
	80	16939	105	160	230	280	340	400
	85	15943	110	170	240	290	350	410
	90	15057	115	180	250	300	360	420
	95	14264	120	185	260	320	380	450
	100	13551	120	190	270	340	400	480
	110	12319	130	200	280	360	450	520
	120	11293	140	220	300	400	480	550
	130	10424	150	240	340	420	520	620
	140	9679	160	260	360	450	550	650
	150	9034	170	280	400	500	620	720
	160	8470	190	300	420	550	680	800
	170	7971	200	340	480	600	720	850
20	80	23236	115	170	240	300	350	400
	85	21869	120	180	250	310	360	420
	90	20654	130	190	260	320	380	450
	95	19567	140	200	270	330	400	460
	100	18589	150	210	280	340	420	480
	110	16899	160	220	290	360	450	520
	120	15491	170	230	300	400	480	550
	130	14299	180	240	340	420	520	600
	140	13278	190	260	360	450	550	650
	150	12393	200	280	380	500	600	700
	160	11618	205	300	420	520	650	780
	170	10935	210	320	450	580	700	850
	180	10327	220	340	480	620	750	900
	190	9784	230	380	520	680	850	950
25	100	36306	140	220	300	360	420	520
	110	33006	150	230	310	380	460	550
	120	30255	160	240	320	400	500	580
	130	27928	160	260	340	420	520	620
	140	25933	170	270	360	450	550	650
	150	24204	180	280	380	500	600	700
	160	22691	190	300	420	520	620	750
	170	21357	200	320	450	550	680	800
	180	20170	210	340	450	600	720	850
	190	19109	220	360	500	620	780	880
	200	18153	240	380	520	680	800	900
	220	16503	260	450	580	750	850	950

（续）

弹簧钢丝直径 d/mm	中径 D/mm	最大工作负荷 F_n/N	有效圈数 n/圈					
			2.5	4.5	6.5	8.5	10.5	12.5
			自由高度 H_0/mm					
30	120	52281	170	260	340	450	520	620
	130	48259	180	280	360	460	550	650
	140	44812	185	290	380	480	580	680
	150	41825	190	300	400	500	620	720
	160	39211	210	310	420	520	650	750
	170	36904	220	320	450	550	680	800
	180	34854	230	340	460	580	720	850
	190	33020	240	360	480	620	750	880
	200	31369	250	380	520	650	800	910
	220	28517	260	420	580	720	900	950
	240	26141	280	450	620	800	920	—
	260	24130	300	500	700	900	980	—
35	140	71160	200	300	400	500	620	720
	150	68418	210	320	420	520	650	740
	160	62265	230	330	450	550	680	760
	170	58603	235	340	460	580	700	780
	180	55347	240	360	480	600	720	820
	190	52434	250	370	500	620	750	850
	200	49812	260	380	520	650	800	880
	220	45284	270	420	580	720	850	950
	240	41510	280	450	620	780	880	—
	260	38317	300	480	680	850	950	—
	280	35580	320	520	720	900	—	—
	300	33208	360	580	800	950	—	—
40	160	92944	220	340	460	580	700	780
	170	87477	230	360	480	600	720	820
	180	82617	240	370	500	620	740	840
	190	78269	250	380	520	650	760	860
	200	74355	260	400	520	680	780	900
	220	67596	280	420	580	720	820	950
	240	61963	290	450	620	750	850	—
	260	57196	300	480	680	780	950	—
	280	53111	320	520	720	850	—	—
	300	49570	340	550	780	900	—	—
	320	46472	380	600	850	950	—	—
45	180	117632	260	360	480	640	720	880
	190	111441	270	360	500	660	750	950
	200	105869	275	380	520	680	780	—
	220	96245	280	400	550	700	850	—
	240	88224	290	440	580	740	950	—
	260	81438	300	450	650	800	—	—
	280	75621	320	500	680	840	—	—

（续）

弹簧钢丝直径 d/mm	中径 D/mm	最大工作负荷 F_n/N	有效圈数 n/圈					
			2.5	4.5	6.5	8.5	10.5	12.5
			自由高度 H_0/mm					
45	300	70579	320	520	720	900	—	—
	320	66168	340	550	780	—	—	—
	340	62276	380	600	850	—	—	—
50	200	145225	280	450	580	720	850	
	220	132023	300	450	620	780	880	
	240	121021	320	480	650	800	950	
	260	111712	320	500	680	850	—	—
	280	103732	340	550	720	—	—	—
	300	96817	360	580	780	—	—	—
	320	90766	380	600	820	—	—	—
	340	85426	400	620	850	—	—	—
55	200	193294	310	460	610	740	900	
	220	175722	330	480	640	780	950	
	240	161079	350	500	670	800	—	—
	260	148688	370	520	700	860	—	—
	280	138067	390	540	730	900	—	—
	300	128863	410	560	750	950	—	—
	320	120809	430	580	790	—	—	—
	340	113703	450	600	830	—	—	—
60	200	193294	350	480	620	760	—	—
	220	175722	370	500	640	800	—	—
	240	161079	390	520	660	850	—	—
	260	148688	410	540	680	900	—	—
	280	138067	430	560	700	950	—	—
	300	128863	450	580	720	—	—	—
	320	120809	470	620	740	—	—	—
	340	113703	490	640	780	—	—	—

3.2.5　普通圆柱螺旋拉伸弹簧尺寸及参数（见表3-376）

表3-376　普通圆柱螺旋拉伸弹簧的类型、主要尺寸及参数（摘自 GB/T 2088—2009）

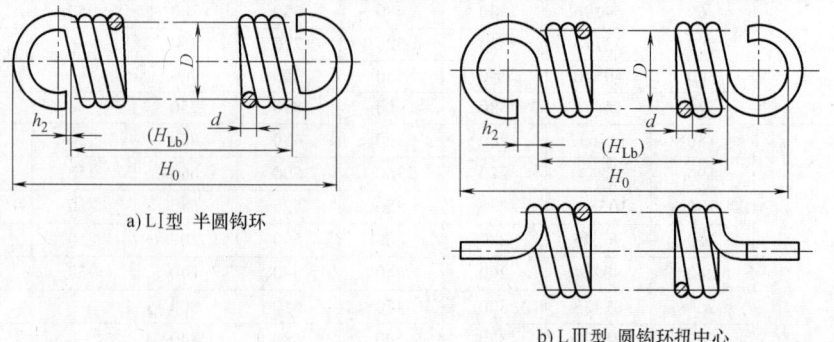

a) LⅠ型　半圆钩环

b) LⅢ型　圆钩环扭中心

（续）

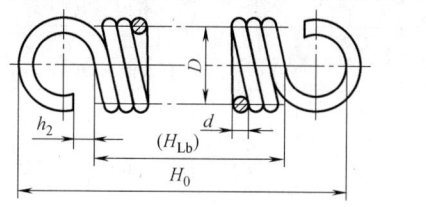

c) LⅥ型　圆钩环压中心

标记方法

弹簧的标记由类型代号、型式代号、规格、精度代号、旋向代号和标准编号组成,规定如下:

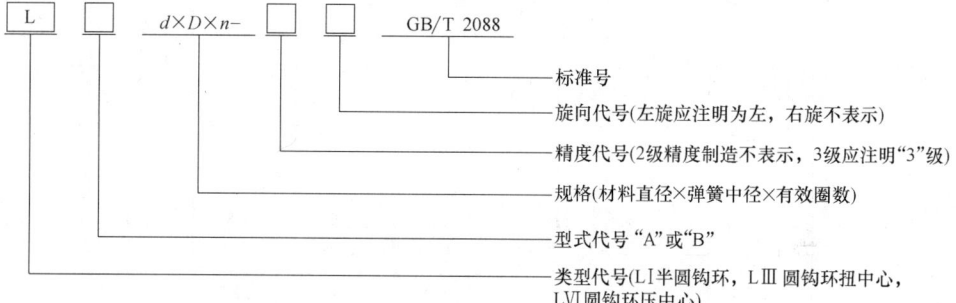

标记示例

示例 1:

LⅠ型弹簧,材料直径为 1mm,弹簧中径为 7mm,有效圈数为 10.5,精度等级为 3 级,A 型左旋弹簧的标记为:

LⅠ A 1×7×10.5-3 左 GB/T 2088

示例 2:

LⅢ型弹簧,材料直径为 1mm,弹簧中径为 5mm,有效圈数为 12.25,精度为 2 级的 B 型弹簧的标记为:

LⅢ B 1×5×12.25 GB/T 2088

示例 3:

LⅥ型弹簧,材料直径为 2.5mm,弹簧中径为 16mm,有效圈数为 30.25,精度为 3 级的 B 型弹簧的标记为:

LⅥ B 2.5×16×30.25-3 GB/T 2088

弹簧钢丝直径 d/mm	中径 D/mm	试验负荷 F_s/N	有效圈数 n/圈					
			8.25	10.5	12.25	15.5	18.25	20.5
			有效圈长度 H_{Lb}/mm					
0.5	3	14.4	4.6	5.8	6.6	8.3	9.6	10.7
	3.5	12.3						
	4	10.8						
	5	8.6						
	6	7.2						
0.6	3	23.9	5.6	6.9	7.9	9.9	11.6	12.9
	4	17.9						
	5	14.3						
	6	11.9						
	7	10.2						

（续）

弹簧钢丝直径 d/mm	中径 D/mm	试验负荷 F_s/N	有效圈数 n/圈					
			8.25	10.5	12.25	15.5	18.25	20.5
			有效圈长度 H_{Lb}/mm					
0.8	4	40.4	7.4	9.2	10.6	13.2	15.4	17.2
	5	32.3						
	6	26.9						
	8	20.2						
	9	18.0						
1.0	5	61.5	9.3	11.5	13.3	16.5	19.3	21.5
	6	51.3						
	7	44.0						
	8	38.5						
	10	30.8						
	12	25.6						
1.2	6	86.4	11.1	13.8	15.9	19.8	23.1	25.8
	7	74.0						
	8	64.8						
	10	51.8						
	12	43.2						
	14	37.0						
1.6	8	145	14.8	18.4	21.2	26.4	30.8	34.4
	10	116						
	12	97.0						
	14	83.1						
	16	72.7						
	18	64.7						
2.0	10	215	18.5	23.0	26.5	33.0	38.5	43.0
	12	179						
	14	153						
	16	134						
	18	119						
	20	107						
2.5	12	339	23.1	28.8	33.1	41.3	48.1	53.8
	14	291						
	16	255						
	18	226						
	20	204						
	25	163						

弹簧钢丝直径 d/mm	中径 D/mm	试验负荷 F_s/N	有效圈数 n/圈								
			8.25	10.5	12.25	15.5	18.25	20.5	25.5	30.25	40.5
			有效圈长度 H_{Lb}/mm								
3.0	14	475	2.8	34.5	39.8	49.5	57.8	64.5	79.5	93.8	124.5
	16	416									
	18	370									
	20	333									

（续）

弹簧钢丝直径 d/mm	中径 D/mm	试验负荷 F_s/N	有效圈数 n/圈								
			8.25	10.5	12.25	15.5	18.25	20.5	25.5	30.25	40.5
			有效圈长度 H_{Lb}/mm								
3.0	22	303	2.8	34.5	39.8	49.5	57.8	64.5	79.5	93.8	124.5
	25	266									
3.5	18	587	32.4	40.3	46.4	57.8	67.4	75.3	92.5	109.4	145.3
	20	528									
	22	480									
	25	423									
	28	377									
	35	302									
4.0	22	694	37.0	46.0	53.0	66	77.0	86.0	106	125.0	166.0
	25	611									
	28	545									
	32	477									
	35	436									
	40	382									
	45	339									
4.5	25	870	41.6	51.8	59.6	74.3	86.6	96.8	119.3	140.6	186.8
	28	777									
	32	680									
	35	621									
	40	544									
	45	483									
	50	435									
5.0	25	1154	46.3	57.5	66.3	82.5	96.3	107.5	132.5	156.3	207.5
	28	1030									
	32	902									
	35	824									
	40	721									
	45	641									
	50	525									
6.0	32	1505	55.5	69	79.5	99.0	116	129	159	188	249
	35	1376									
	40	1204									
	45	1070									
	50	963									
	60	803									
	70	688									
8.0	40	2753	132	154	172	132	154	172	212	250	332
	45	2447									
	50	2203									
	55	2002									
	60	1835									
	70	1573									
	80	1377									

3.3 碟形弹簧（摘自 GB/T 1972—2005）

3.3.1 碟形弹簧的尺寸、参数名称、代号及单位（见表 3-377）

表 3-377　碟形弹簧的尺寸、参数名称、代号及单位

尺寸、参数名称	代　号	单　位
外径	D	mm
内径	d	
中性径	D_0	
厚度	t	
有支承面碟簧减薄厚度	t'	
单片碟簧的自由高度	H_0	
组合碟簧的自由高度	H_z	
无支承面碟簧压平时变形量的计算值 $h_0 = H_0 - t$	h_0	
有支承面碟簧压平时变形量的计算值 $h_0' = H_0 - t'$	h_0'	
支承面宽度	b	
单片碟簧压平时的计算高度	H_c	
组合碟簧压平时的计算高度	H_z	
单片碟簧的负荷	F	N
压平时的碟簧负荷计算值	F_c	
与变形量 f_z 对应的组合碟簧负荷	F_z	
考虑摩擦时叠合组合碟簧负荷	F_R	
对应于碟簧变形量 $f_1, f_2, f_3, \cdots$ 的负荷	$F_1, F_2, F_3, \cdots$	
单片碟簧在 $f = 0.75h_0$ 时的负荷	$F_1 = 0.75h_0$	
与碟簧负荷 $F_1, F_2, F_3 \cdots$ 对应的碟簧高度	$H_1, H_2, H_3, \cdots$	mm
单片碟簧的变形量	f	
对应于碟簧负荷 $F_1, F_2, F_3 \cdots$ 的变形量	$f_1, f_2, f_3, \cdots$	
不考虑摩擦力时叠合组合碟簧或对合组合碟簧的变形量	f_z	
负荷降低值（松弛）	ΔF	N
高度减少值（蠕变）	ΔH	mm
对合组合碟簧中对合碟簧片数或叠合组合碟簧中叠合碟簧组数	i	
叠合组合碟簧中碟簧片数	n	
碟簧刚度	F'	N/mm
碟簧变形能	U	
组合碟簧变形能	U_z	mJ
直径比 $C = D/d$	C	
碟簧疲劳破坏时负荷循环作用次数	N	
摩擦因数	f_M, f_R	
弹性模量	E	MPa
泊松比	μ	
计算系数	K_1, K_2, K_3, K_4	
计算应力	σ	
位置 OM、Ⅰ、Ⅱ、Ⅲ、Ⅳ 处的计算应力	$\sigma_{OM}, \sigma_I, \sigma_{II}, \sigma_{III}, \sigma_{IV}$	MPa
变负荷作用时计算上限应力	σ_{max}	
变负荷作用时计算下限应力	σ_{min}	
变负荷作用时对应于工作行程的计算应力幅	σ_a	
疲劳强度上限应力	$\sigma_{r\,max}$	

（续）

尺寸、参数名称	代　号	单　位
疲劳强度下限应力	$\sigma_{r\,min}$	MPa
疲劳强度应力幅	σ_{ra}	
质量	m	kg

注：中性径 D_0 指碟簧截面翻转点（中性点）所在圆直径，$D_0 = (D-d)/\ln(D/d)$。

3.3.2　碟形弹簧的结构型式

碟形弹簧根据厚度可分为无支承面碟簧和有支承面碟簧，见表 3-378。

表 3-378　碟形弹簧的类别、结构型式、工艺方法及碟簧厚度

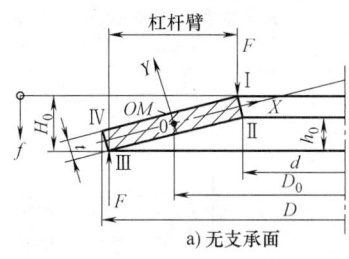
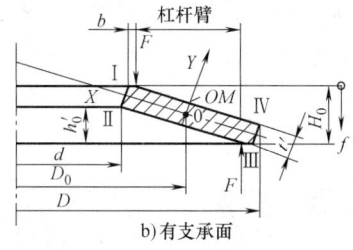

a) 无支承面　　　　　　　b) 有支承面

类　别	结构型式	工艺方法	碟簧厚度 t/mm
1	无支承面	冷冲成形,边缘倒圆角	<1.25
2		Ⅰ 切削内外圆或平面,边缘倒圆角;冷成形或热成形	1.25~6
		Ⅱ 精冲,边缘倒圆角,冷成形或热成形	
3	有支承面	冷成形或热成形,加工所有表面,边缘倒圆角	>6.0~16

3.3.3　碟形弹簧产品分类

碟形弹簧根据工艺方法分为 1、2、3 三类，每个类别的型式、工艺方法和碟簧厚度见表 3-378；根据 D/t 及 h_0/t 的比值不同分为 A、B、C 三个系列，每个系列的比值范围见表 3-379。

表 3-379　碟形弹簧的产品分类

系　列	比　值		备　注
	D/t	h_0/t	
A	≈18	≈0.4	材料弹性模量 $E = 206000 \text{N/mm}^2$,
B	≈28	≈0.75	泊松比 $\mu = 0.3$
C	≈40	≈1.3	

3.3.4　要求（见表 3-380~表 3-384）

表 3-380　碟簧内、外径的极限偏差　　　　　（单位：mm）

项　目	极限偏差	
	一级精度	二级精度
外径 D	h12	h13
内径 d	H12	H13

表 3-381 碟簧厚度的极限偏差 （单位：mm）

类 别	$t(t')$	$t(t')$ 的极限偏差 一、二级精度
1	$0.2 \leqslant t(t') \leqslant 0.6$	+0.02 -0.06
1	$0.6 < t(t') < 1.25$	+0.03 -0.09
2	$1.25 \leqslant t(t') \leqslant 3.8$	+0.04 -0.12
2	$3.8 < t(t') \leqslant 6$	+0.05 -0.15
3	$6 < t(t') \leqslant 16$	±0.10

注：在保证特性要求的条件下，厚度极限偏差在制造中可做适当调整，但其公差带不得超出本表规定的范围。

表 3-382 碟簧自由高度的极限偏差 （单位：mm）

类别	$t(t')$	H_0 的极限偏差 一、二级精度
1	<1.25	+0.10 -0.05
2	1.25~2	+0.15 -0.08
2	>2~3	+0.20 -0.10
2	>3~6	+0.30 -0.15
3	>6~16	±0.30

注：在保证特性要求的条件下，自由高度极限偏差在制造中可做适当调整，但其公差带不得超出本表规定的范围。

表 3-383 碟簧负荷的波动范围

类 别	t/mm	$H_0 - 0.75h_0$ 高度时负荷的极限偏差（%）	
		一级精度	二级精度
1	<1.25	+25.0 -7.5	+30 -10
2	1.25~3	+15.0 -7.5	+20 -10
2	>3~6	+10 -5	+15.0 -7.5
3	>6~16	±5	±10

表 3-384 碟簧的表面粗糙度 （单位：μm）

类 别	工 艺 方 法	表面粗糙度 Ra	
		上、下表面	内、外圆
1	冷冲成形,边缘倒圆角	3.2	12.5

（续）

类　别	工 艺 方 法	表面粗糙度 Ra	
		上、下表面	内、外圆
2	I 切削内外圆或平面,边缘倒圆角;冷成形或热成形	6.3	6.3
	II 精冲,边缘倒圆角,冷成形或热成形	6.3	3.2
3	冷成形或热成形,加工所有表面,边缘倒圆角	12.5	12.5

3.3.5　碟形弹簧的尺寸（见表 3-385 ~ 表 3-387）

表 3-385　A 系列碟形弹簧的尺寸（$D/t \approx 18$；$h_0/t \approx 0.4$；$E = 206000 \text{N/mm}^2$；$\mu = 0.3$）

类别	D/mm	d/mm	$t(t')$①/mm	h_0/mm	H_0/mm	$f \approx 0.75 h_0$					Q/(kg/1000 片)
						f/mm	(H_0-f)/mm	F/N	σ_{OM}②/MPa	σ_{II}、σ_{III}③/MPa	
1	8	4.2	0.4	0.2	0.6	0.15	0.45	210	−1200	1220 *	0.114
	10	5.2	0.5	0.25	0.75	0.19	0.56	329	−1210	1240 *	0.225
	12.5	6.2	0.7	0.3	1	0.23	0.77	673	−1280	1420 *	0.508
	14	7.2	0.8	0.3	1.1	0.23	0.87	813	−1190	1340 *	0.711
	16	8.2	0.9	0.35	1.25	0.26	0.99	1000	−1160	1290 *	1.050
	18	9.2	1	0.4	1.4	0.3	1.1	1250	−1170	1300 *	1.480
	20	10.2	1.1	0.45	1.55	0.34	1.21	1530	−1180	1300 *	2.010
2	22.5	11.2	1.25	0.5	1.75	0.38	1.37	1950	−1170	1320 *	2.940
	25	12.2	1.5	0.55	2.05	0.41	1.64	2910	−1210	1410 *	4.400
	28	14.2	1.5	0.65	2.15	0.49	1.66	2850	−1180	1280 *	5.390
	31.5	16.3	1.75	0.7	2.45	0.53	1.92	3900	−1190	1320 *	7.840
	35.5	18.3	2	0.8	2.8	0.6	2.2	5190	−1210	1330 *	11.40
	40	20.4	2.25	0.9	3.15	0.68	2.47	6540	−1210	1340	16.40
	45	22.4	2.5	1	3.5	0.75	2.75	7720	−1150	1300 *	23.50
	50	25.4	3	1.1	4.1	0.83	3.27	12000	−1250	1430 *	34.30
	56	28.5	3	1.3	4.3	0.98	3.32	11400	−1180	1280 *	43.00
	63	31	3.5	1.4	4.9	1.05	3.85	15000	−1140	1300 *	64.90
	71	36	4	1.6	5.6	1.2	4.4	20500	−1200	1330 *	91.80
	80	41	5	1.7	6.7	1.28	5.42	33700	−1260	1460 *	145.0
	90	46	5	2	7	1.5	5.5	31400	−1170	1300 *	184.5
	100	51	6	2.2	8.2	1.65	6.55	48000	−1250	1420 *	273.7
	112	57	6	2.5	8.5	1.88	6.62	43800	−1130	1240 *	343.8
3	125	64	8(7.5)	2.6	10.6	1.95	8.65	85900	−1280	330 *	533.0
	140	72	8(7.5)	3.2	11.2	2.4	8.8	85300	−1260	1280 *	666.6
	160	82	10(9.4)	3.5	13.5	2.63	10.87	139000	−1320	1340 *	1094
	180	92	10(9.4)	4	14	3	11	125000	−1180	1200	1387
	200	102	12(11.25)	4.2	16.2	3.15	13.05	183000	−1210	1230 *	2100
	225	112	12(11.25)	5	17	3.75	13.25	171000	−1120	1140	2640
	250	127	14(13.1)	5.6	19.6	4.2	15.4	24900	−1200	1220	3750

① 表中给出的 t 是碟簧厚度的公称数值；t' 是第 3 类碟簧的实际厚度。

② σ_{OM} 是碟簧上表面 OM 点的计算应力。

③ 有"*"号的数值是在位置II处的最大计算拉应力,无"*"号的数值是在位置III处的最大计算拉应力。

表 3-386 B系列碟形弹簧的尺寸（$D/t \approx 28$；$h_0/t \approx 0.75$；$E = 206000\text{N/mm}^2$；$\mu = 0.3$）

类别	D/mm	d/mm	$t(t')$①/mm	h_0/mm	H_0/mm	$f \approx 0.75h_0$					Q/(kg/1000片)
						f/mm	(H_0-f)/mm	F/N	σ_{OM}②/MPa	σ_{II}、σ_{III}③/MPa	
1	8	4.2	0.3	0.25	0.55	0.19	0.36	119	−1140	1330	0.086
	10	5.2	0.4	0.3	0.7	0.23	0.47	213	−1170	1300	0.180
	12.5	6.2	0.5	0.35	0.85	0.26	0.59	291	−1000	1110	0.363
	14	7.2	0.5	0.4	0.9	0.3	0.6	279	−970	1100	0.444
	16	8.2	0.6	0.45	1.05	0.34	0.71	412	−1010	1120	0.698
	18	9.2	0.7	0.5	1.2	0.38	0.82	572	−1040	1130	1.030
	20	10.2	0.8	0.55	1.35	0.41	0.94	745	−1030	1110	1.460
	22.5	11.2	0.8	0.65	1.45	0.49	0.96	710	−962	1080	1.880
	25	12.2	0.9	0.7	1.6	0.53	1.07	868	−938	1030	2.640
	28	14.2	1	0.8	1.8	0.6	1.2	1110	−961	1090	3.590
2	31.5	16.3	1.25	0.9	2.15	0.68	1.47	1920	−1090	1190	5.600
	35.5	18.3	1.25	1	2.25	0.75	1.5	1700	−944	1070	7.130
	40	20.4	1.5	1.15	2.65	0.86	1.79	2620	−1020	1130	10.95
	45	22.4	1.75	1.3	3.05	0.98	2.07	3660	−1050	1150	16.40
	50	25.4	2	1.4	3.4	1.05	2.35	4760	−1060	1140	22.90
	56	28.5	2	1.6	3.6	1.2	2.4	4440	−963	1090	28.70
	63	31	2.5	1.75	4.25	1.31	2.94	7180	−1020	1090	46.40
	71	36	2.5	2	4.5	1.5	3	6730	−934	1060	57.70
	80	41	3	2.3	5.3	1.73	3.57	10500	−1030	1140	87.30
	90	46	3.5	2.5	6	1.88	4.12	14200	−1030	1120	129.1
	100	51	3.5	2.8	6.3	2.1	4.2	13100	−926	1050	159.7
	112	57	4	3.2	7.2	2.4	4.8	17800	−963	1090	229.2
	125	64	5	3.5	8.5	2.63	5.87	30000	−1060	1150	355.4
	140	72	5	4	9	3	6	27900	−970	1100	444.4
	160	82	6	4.5	10.5	3.38	7.12	41100	−1000	1110	698.3
	180	92	6	5.1	11.1	3.83	7.27	37500	−895	1040	885.4
3	200	102	8(7.5)	5.6	13.6	4.2	9.4	76400	−1060	1250	1369
	225	112	8(7.5)	6.5	14.5	4.88	9.62	70800	−951	1180	1761
	250	127	10(9.4)	7	17	5.25	11.75	119000	−1050	1240	2687

① 表中给出的 t 是碟簧厚度的公称数值，t' 是第3类碟簧的实际厚度。

② σ_{OM} 是碟簧上表面 OM 点的计算应力。

③ 有"＊"号的数值是在位置Ⅱ处的最大计算拉应力，无"＊"号的数值是在位置Ⅲ处的最大计算拉应力。

表 3-387　C 系列碟形弹簧的尺寸　（$D/t \approx 40$；$h_0/t \approx 1.3$；$E = 206000 \mathrm{N/mm^2}$；$\mu = 0.3$）

类别	$D/$ mm	$d/$ mm	$t(t')$①$/$ mm	$h_0/$ mm	$H_0/$ mm	$f \approx 0.75 h_0$					$Q/$ (kg/1000 片)
						$f/$ mm	$(H_0-f)/$ mm	$F/$ N	σ_{OM}②$/$ MPa	σ_{I}、σ_{III}③$/$ MPa	
1	8	4.2	0.2	0.25	0.45	0.19	0.26	39	−762	1040	0.057
	10	5.2	0.25	0.3	0.55	0.23	0.32	58	−734	980	0.112
	12.5	6.2	0.35	0.45	0.8	0.34	0.46	152	−944	1280	0.251
	14	7.2	0.35	0.45	0.8	0.34	0.46	123	−769	1060	0.311
	16	8.2	0.4	0.5	0.9	0.38	0.52	155	−751	1020	0.466
	18	9.2	0.45	0.6	1.05	0.45	0.6	214	−789	1110	0.661
	20	10.2	0.5	0.65	1.15	0.49	0.66	254	−772	1070	0.912
	22.5	11.2	0.6	0.8	1.4	0.6	0.8	425	−883	1230	1.410
	25	12.2	0.7	0.9	1.6	0.68	0.92	601	−936	1270	2.060
	28	14.2	0.8	1	1.8	0.75	1.05	801	−961	1300	2.870
	31.5	16.3	0.8	1.05	1.85	0.79	1.06	687	−810	1130	3.580
	35.5	18.3	0.9	1.15	2.05	0.86	1.19	831	−779	1080	5.140
	40	20.4	1	1.3	2.3	0.98	1.32	1020	−772	1070	7.300
2	45	22.4	1.25	1.6	2.85	1.2	1.65	1890	−920	1250	11.70
	50	22.4	1.25	1.6	2.85	1.2	1.65	1550	−754	1040	14.30
	56	28.5	1.5	1.95	3.45	1.46	1.99	2620	−879	1220	21.50
	63	31	1.8	2.35	4.15	1.76	2.39	4240	−985	1350	33.40
	71	36	2	2.6	4.6	1.95	2.65	5140	−971	1340	46.20
	80	41	2.25	2.95	5.2	2.21	2.99	6610	−982	1370	65.50
	90	46	2.5	3.2	5.7	2.4	3.3	7680	−935	1290	92.20
	100	51	2.7	3.5	6.2	2.63	3.57	8610	−895	1240	123.2
	112	57	3	3.9	6.9	2.93	3.97	10500	−882	1220	171.9
	125	61	3.5	4.5	8	3.38	4.62	15100	−956	1320	248.9
	140	72	3.8	4.9	8.7	3.68	5.02	17200	−904	1250	337.7
	160	82	4.3	5.6	9.9	4.2	5.7	21800	−892	1240	500.4
	180	92	4.8	6.2	11	4.65	6.35	26400	−869	1200	708.4
	200	102	5.5	7	12.5	5.25	7.25	36100	−910	1250	1004
3	225	112	6.5(6.2)	7.1	13.6	5.33	8.27	44600	−840	1140	1456
	250	127	7(6.7)	7.8	14.8	5.85	8.95	50500	−814	1120	1915

① 表中给出的 t 是碟簧厚度的公称数值，t' 是第 3 类碟簧的实际厚度。

② σ_{OM} 是碟簧上表面 OM 点的计算应力。

③ 有"＊"号的数值是位置 II 处的最大计算拉应力，无"＊"号的数值是位置 III 处的最大计算拉应力。

3.4 平面涡卷弹簧

3.4.1 平面涡卷弹簧的型式（见图3-7）

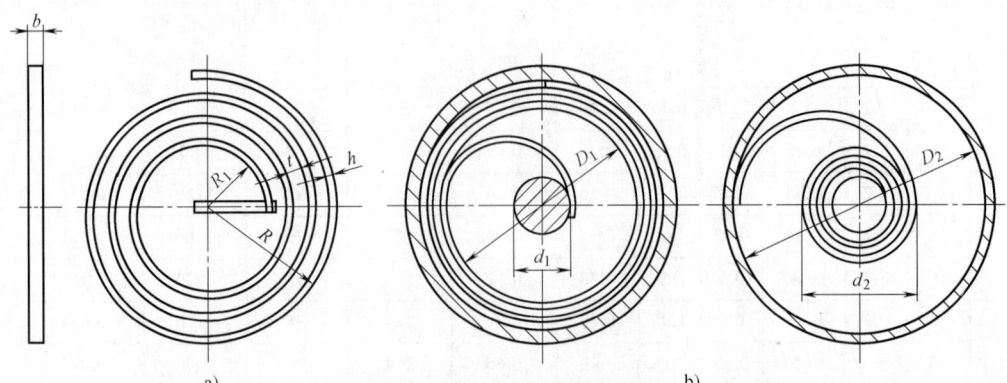

图3-7 平面涡卷弹簧的型式

a) A型 非接触型平面涡卷弹簧 b) B型 接触型平面涡卷弹簧

注：图中物理量的含义见表3-388。

3.4.2 平面涡卷弹簧的参数名称、代号及单位（见表3-388）

表3-388 平面涡卷弹簧的参数名称、代号及单位（摘自JB/T 7366—1994[⊖]）

参 数 名 称	代 号	单 位
材料宽度	b	
接触型弹簧卷紧在芯轴上簧圈的外径	d_2	
芯轴直径	d_1	
接触型弹簧盒内径	D_2	mm
接触型碟簧未受外转矩时簧圈的内径	D_1	
材料弹性模量	E	MPa
材料厚度	h	mm
材料截面惯性矩	I	mm^4
材料工作圈展开长度	l	
芯轴上材料固定长度	l_d	mm
簧盒上材料固定长度	l_D	
材料展开总长度	L	
弹簧的工作圈数	n	圈
弹簧自由状态下的圈数	n_0	
接触型弹簧未受转矩时的圈数	n_1	圈
接触型弹簧卷紧在芯轴上时的圈数	n_2	
非接触型弹簧的最大半径	R	
非接触型弹簧的最小半径	R_1	mm
节距	t	
碟簧转矩	T	
弹簧最小输出转矩	T_1	
弹簧最大轴出转矩	T_2	N·mm
弹簧极限转矩	T_j	
抗弯截面模量	Z	mm^2
材料截面上的弯曲应力	σ	
材料抗拉强度	R_m	MPa
材料的屈服强度	R_{eL}	
变形角	ψ	(°)

⊖ JB/T 7366—1994 中引用的部分标准已经更新，用户在引用该标准时，应予以注意。

3.4.3　平面涡卷弹簧的端部固定型式及应用范围（见表 3-389）

表 3-389　平面涡卷弹簧的端部固定型式及应用范围（摘自 JB/T 7366—1994）

型　式	应 用 范 围
	这种固定型式适用于具有大芯轴直径的弹簧
	这种固定型式适用于材料较厚的弹簧
	这种固定型式是将芯轴表面制成螺旋线形状,用弯钩将弹簧端部加以固定。适用于重要和精密机构中的弹簧
	这种固定型式简单,适用于不太重要机构中的弹簧。销子端将使弹簧材料产生较大应力集中
	这种固定型式圈间摩擦较大,使输出转矩降低很多,且刚度不稳,不适用于精密和特别重要机构中的弹簧
	这种固定型式圈间摩擦较铰式固定为低,适用于较大尺寸的弹簧
	这种固定型式的结构简单,适用于尺寸较小的弹簧。在弯曲处容易断裂
	这种固定型式是在端部铆接一衬片,将衬片两侧的两个凸耳分别插入盒底和盒盖的长方形孔中,由于衬片可在方孔中进行径向称动,从而卷紧时减少了圈间摩擦,具有较为稳定的刚度,是较为合理的一种固定型式

3.4.4 平面涡卷弹簧常用材料（见表3-390）

表3-390 平面涡卷弹簧常用材料（摘自 JB/T 7366—1994）

材料名称	牌号
热处理弹簧钢带 I、II、III 级	65Mn、T7A、T8A、T9A、60Si2MnA、70Si2CrA
汽车车身附件用异形钢丝	65Mn、50CrVA
弹簧钢、工具钢冷轧钢带	65Mn、50CrVA、60Si2MnA、20SiZMnA

3.4.5 常用材料的厚度（见表3-391）

表3-391 常用材料的厚度（摘自 JB/T 6654—1993）　（单位：mm）

0.20	0.22	0.25	0.28	0.30	0.35	0.40	0.45
0.50	0.55	0.60	0.70	0.80	0.90	1.00	1.10
1.20	1.40	1.50	1.60	1.80	2.0	2.2	2.5
2.8	3.0	3.2	3.5	3.8	4.0	—	—

3.4.6 常用材料的宽度（见表3-392）

表3-392 常用材料的宽度（摘自 JB/T 6654—1993）　（单位：mm）

3.0	3.5	4.0	4.5	5.0	5.5	6.0	7.0
8.0	9.0	10	12	14	16	18	20
22	25	28	30	32	35	40	45
50	60	70	80	—	—	—	—

3.4.7 钢带的强度级别（见表3-393）

表3-393 热处理弹簧钢带的硬度和强度（摘自 JB/T 7366—1994）

钢带的强度级别	硬度 HV	硬度 HRC	抗拉强度 R_m /MPa
I	375~485	40~48	1275~1600
II	486~600	48~55	1579~1863
III	>600	>55	>1863

注：1. II级强度钢带厚度不大于1.0mm。
　　2. III级强度钢带厚度不大于0.8mm。

3.5 气弹簧

3.5.1 压缩气弹簧（YQ系列）的原理和结构特征

压缩气弹簧的原理：高压气体被密封在缸筒内，缸筒内有部分油液起液力阻尼作用，单向节流阀沟通有杆腔和无杆腔。自由状态活塞杆始终伸出，呈伸展状态。其结构特征如图3-8所示。

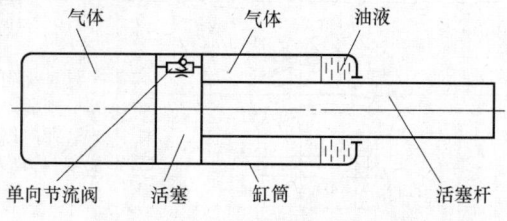

图3-8 压缩气弹簧的结构特征

3.5.2 刚性可锁定气弹簧（JKQ 系列）的原理和结构特征

刚性可锁定气弹簧的原理：截止阀沟通有杆腔和无杆腔的油（气）路，开启时活塞杆伸出，回程靠外力作用，隔离活塞隔离气体和油液，使其弹簧刚性增加。其结构特征如图 3-9 所示。

3.5.3 弹性可锁定气弹簧（SKQ 系列）的原理和结构特征

弹性可锁定的气弹簧的原理：截止阀沟通有杆腔和无杆腔的气体，开启时活塞杆伸出，关闭时活塞杆锁定，回程靠外力作用。其结构特征如图 3-10 所示。

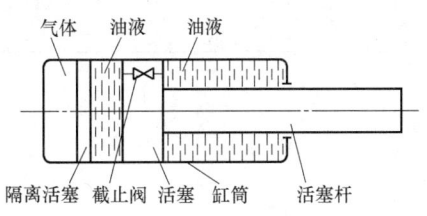

图 3-9 刚性可锁定气弹簧的结构特征

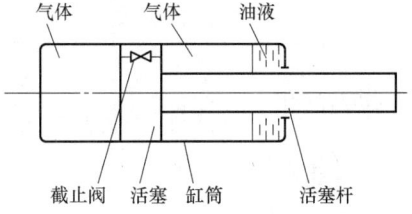

图 3-10 弹性可锁定气弹簧的结构特征

3.5.4 标记示例

示例 1：活塞杆直径为 10mm，缸筒外径为 27mm，行程为 60mm，伸展长度为 260mm，公称力为 350N 的可锁定气弹簧的标记为

KQ 10/27-60-260 F_a350 或 KQ 60-260 F_a350

示例 2：活塞杆直径为 10mm，缸筒外径为 27mm，行程为 30mm，伸展长度为 150mm，最小伸展力 600N 可锁定气弹簧的标记为

KQ 10/27-30-150 $F_1$600 或 KQ 30-150 $F_1$600

示例 3：活塞杆直径为 10mm，缸筒外径为 22mm，行程为 200mm，伸展长度为 500mm，最小伸展力 F_1（举力）为 650N 的压缩气弹簧的标记为

YQ 10/22-200-500 $F_1$650 或 YQ 200-500 $F_1$650

示例 4：活塞杆直径为 8mm，缸筒外径为 18mm，行程为 150mm，伸展长度为 400mm，公称力 F_a 为 350N 的压缩气弹簧的标记为

YQ 8/18-150-400 F_a350 或 YQ 150-400 F_a350

3.5.5 术语、符号及单位（见表 3-394）

表 3-394 气弹簧的术语、符号及单位

术语	符号	单位	术语	符号	单位	术语	符号	单位
活塞杆直径	d	mm	启动力	F_0	N	最大压缩力	F_4	N
缸筒内径	D_1	mm	伸展速度	v	mm/s	公称力 a	F_a	N
缸筒外径	D_2	mm	标称力	F_x	N	公称力 b	F_b	N
行程	S	mm	最小伸展力	F_1	N	动态摩擦力	F_r	N
伸展长度	L	mm	最大伸展力	F_2	N	弹力比率	α	—
开启力	F_k	N	最小压缩力	F_3	N	采力点	C	mm

3.5.6 气弹簧活塞杆直径与最小伸展力大小及行程范围（见表 3-395）

表 3-395 气弹簧活塞杆直径与最小伸展力及行程范围（摘自 JB/T 10418—2004）

序号	活塞杆直径 d/mm	最小伸展力 F_1/N		行程范围/mm
		推荐范围	可选范围	
1	6	50~250	50~350	50~400
2	8	200~450	100~700	100~700
3	10	300~700	100~1200	150~1100
4	12	450~1000	150~1500	150~1600
5	14	600~1400	200~2500	~2200
6	20	1250~3100	1000~5200	~4500

4 带传动

4.1 平带传动

4.1.1 平带和带轮基本尺寸（摘自 GB/T 11358—1999⊖）

（1）平带长度系列（见表 3-396）

表 3-396 平带长度系列　　　　（单位：mm）

优选系列	第 2 系列	优选系列	第 2 系列
500	530	1800	1900
560	600	2000	—
630	670	2240	—
710	750	2500	—
800	850	2800	—
900	950	3150	—
1000	1060	3550	—
1120	1180	4000	—
1250	1320	4500	—
1400	1500	5000	—
1600	1700		

注：1. 长度系列指在规定预紧力下的长度。
　　2. 表中所列长度值如不够使用，可在系列两端按 GB 321 中 R20 系列扩展，也可在系列中任意两个长度值间按 GB 321 中 R40 系列增项。
　　3. 如需要，可切去一部分带长，并在带的断头处连接起来，形成任意长度以适应特殊用途。

（2）平带宽度尺寸及其极限偏差（见表 3-397）

表 3-397 平带宽度尺寸及其极限偏差　　　　（单位：mm）

公称尺寸	极限偏差	公称尺寸	极限偏差
16	±2	71	±3
20		80	
25		90	
32		100	
40		112	
50		125	
63			

⊖ GB/T 11358—1999 中引用的部分标准已经更新,用户在引用该标准时应予以注意。

（续）

公称尺寸	极限偏差	公称尺寸	极限偏差
140		280	
160		315	
180		355	
200	±4	400	±5
224		450	
		500	
250		560	

（3）平带带轮轮冠截面形状

平带带轮轮冠截面形状是规则对称曲线，并在中部带有一段直线部分，如图 3-11 所示。其直线部分与曲线相切，宽度不大于轮宽的 40%。

轮冠高度值因带轮直径的不同而变化（对于大直径带轮，轮冠高度还与轮宽有关）。此外，轮冠高度值也与带的结构材料有关。

（4）带轮直径 20mm≤D≤710mm 时的轮冠高度（见表 3-398）

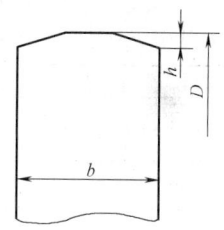

图 3-11　平带带轮轮冠的截面形状
h—轮冠高度　b—轮宽
D—带轮直径

表 3-398　带轮直径 20mm≤D≤710mm 时的轮冠高度　（单位：mm）

带轮直径 D	轮冠高度 h	带轮直径 D	轮冠高度 h
20~112	0.3	250~280	0.8
125~140	0.4	315~355	1
160~180	0.5	400~500	1
200~224	0.6	560~710	1.2

（5）带轮直径 800mm≤D≤2000mm 时的轮冠高度（见表 3-399）

表 3-399　带轮直径 800mm≤D≤2000mm 时的轮冠高度　（单位：mm）

带轮直径/D	轮宽	
	$b≤250$	$b≥280$
	轮冠高度 h	
800~1000	1.2	1.5
1120~1400	1.5	2
1600~2000	1.8	2.5

（6）轮宽尺寸及其极限偏差（见表 3-400）

表 3-400　轮宽尺寸及其极限偏差　（单位：mm）

公称尺寸	极限偏差	公称尺寸	极限偏差
20		80	
25		90	
32		100	
40	±1	112	±1.5
50		125	
63		140	
71			

（续）

公称尺寸	极限偏差	公称尺寸	极 限 偏 差
160		315	
180		355	
200	±2	400	
224		450	±3
250		500	
280		560	
		630	

（7）带轮的直径尺寸及其极限偏差（见表 3-401）

表 3-401 带轮的直径尺寸及其极限偏差 （单位：mm）

公称尺寸	极限偏差	公称尺寸	极限偏差
20	±0.4	224	±2.5
25		250	
32	±0.5	280	±3.2
40		315	
		355	
45	±0.6	400	±4
50		450	
		500	
56	±0.8	560	±5
63		630	
		710	
71	±1	800	±6.3
80		900	
		1000	
90	±1.2	1120	±8
100		1250	
112		1400	
125	±1.6	1600	
140			
160		1800	±10
180	±2		
200		2000	

（8）带宽与轮宽的对应关系（见表 3-402）

表 3-402 带宽与轮宽的对应关系 （单位：mm）

带 宽	轮 宽	带 宽	轮 宽
16	20	71	80
20	25	80	90
25	32	90	100
32	40	100	112
40	50	112	125
50	63	125	140
63	71	140	160

（续）

带 宽	轮 宽	带 宽	轮 宽
160	180	315	355
180	200	355	400
200	224	400	450
224	250	450	500
250	280	500	560
280	315	560	630

4.1.2 平带（摘自 GB/T 524—2007）

平传动带（简称平带）由涂覆有橡胶和塑料的一层或数层布或整体织物构成，整个平带应采用统一的方法硫化或熔合为一体。由帆布制成的平带称为帆布平带，帆布平带可以采用包边式或切边式结构。

（1）帆布平带的结构（见图 3-12）

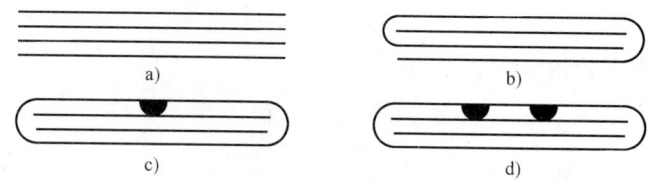

图 3-12 帆布平带的结构

a）切边式 b）包边式（边部封口） c）包边式（中部封口） d）包边式（双封口）

（2）标记

示例 1：

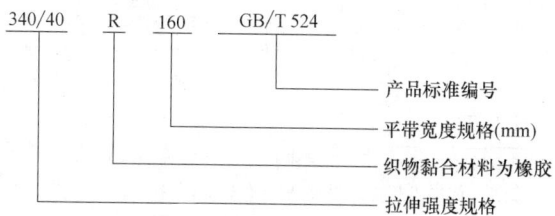

环形平带的标记除包括示例 1 的内容外，还应增加内周长度规格（见示例 2）。

示例 2：

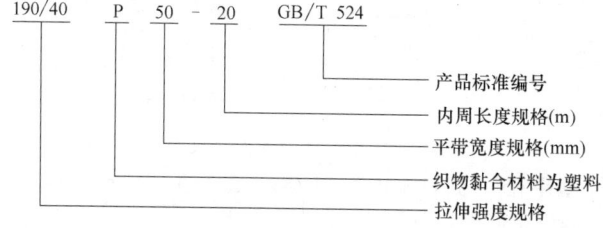

（3）平带宽度及其极限偏差（见表 3-403）

表 3-403　平带宽度及其极限偏差　　　　　　（单位：mm）

公　称　值	极 限 偏 差	公　称　值	极 限 偏 差
16		140	
20		160	
25		180	
32	±2	200	
40			±4
50		224	
63		250	
71		280	
80		315	
90		355	
100	±3	400	±5
112		450	
125		500	

（4）环形带的长度（见表 3-404）

表 3-404　环形带的长度　　　　　　（单位：mm）

优选系列[①]	第二系列	优选系列[①]	第二系列
500	530	1800	1900
560	600	2000	
630	670	2240	
710	750	2500	
800	850	2800	
900	950	3150	
1000	1060	3550	
1120	1180	4000	
1250	1320	4500	
1400	1500	5000	
1600	1700		

[①] 如果给出的长度范围不够用，可按下列原则进行补充：系列的两端以外，选用 R20 优先数系中的其他数；两相邻长度值之间，选用 R40 数系中的数（2000 以上）。

（5）有端平带的最小长度（见表 3-405）

表 3-405　有端平带的最小长度

平带宽度 b/mm	有端平带最小长度/m
≤90	8
>90～250	15
>250	20

4.1.3　聚酰胺片基平带（摘自 GB/T 11063—2014）

（1）平带的结构（见图 3-13）

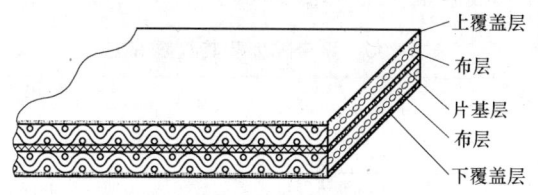

图 3-13　平带的结构

（2）平带结构材料及代号（见表 3-406）

表 3-406　平带结构材料及代号

结　　构		材料及代号
弹性体层	上覆盖层	橡胶（G）、皮革（L）或织物（F）
	下覆盖层	橡胶（G）、皮革（L）或织物（F）
片基层		聚酰胺片基

（3）平带型号和标记

1）型号。平带按其使用和结构不同，以覆盖层材料分成不同型号，分为上、下覆盖层均为橡胶型（GG 系列）；上、下覆盖层均为皮革型（LL 系列）；上覆盖层为橡胶、下覆盖层为皮革型（GL）等。

2）标记。符合 GB/T 11063、长度为 31800mm、宽度为 30mm、厚度为 3.0mm、片基厚度为 1.25mm 的双面橡胶平带标记为：

GB/T 11063-GG125-31800×30×3.0

（4）平带外观

平带应清洁、平整、两边光滑、对影响使用的外观缺陷经一次修补完善后，不允许有脱层、气泡、工作面局部凸起超过 0.5mm 等缺陷。

（5）环形平带内周长度及其极限偏差（见表 3-407）

表 3-407　环形平带内周长度及其极限偏差　　　　（单位：mm）

内周长度 L	极限偏差
$L<1000$	±5
$1000 \leqslant L<2000$	±10
$2000 \leqslant L<5000$	±0.5%L
$5000 \leqslant L<20000$	±0.3%L
$L \geqslant 20000$	±0.2%L

注：对非环形平带，其长度偏差为订货长度的 0~2%。

（6）平带宽度及其极限偏差（见表 3-408）

表 3-408　平带宽度及其极限偏差　　　　（单位：mm）

宽度 b		极限偏差
环形平带	≤60	±1
	>60~150	±1.5
	>150~540	±2

（7）平带厚度及其极限偏差（见表 3-409）

表 3-409　平带厚度及其极限偏差　　　　（单位：mm）

厚度 h	极 限 偏 差
<3.0	±0.2
≥3.0	±0.3

注：平带接头与带子成一体，接头厚度与带体厚度差 δ 的数值为 -0.05～0.1mm。

（8）平带的物理性能（见表 3-410）

表 3-410　平带的物理性能

物 理 性 能	数 值
1%定伸应力/MPa	≥18
拉伸强度/MPa	≥330
拉断伸长率(%)	≤27
黏合强度/(N/mm)	≥2.5
抗静电性能/Ω	≤3×10⁸
接头强度/MPa	≥70%拉伸强度
摩擦因数(对钢板)	皮革的摩擦因数≥0.3;橡胶的摩擦因数≥0.6

4.1.4　机用带扣（见表 3-411）

表 3-411　机用带扣的型式和尺寸（摘自 QB/T 2291—1997）（单位：mm）

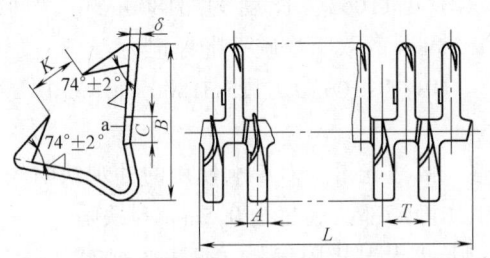

注:15 号机用带扣无 a 齿

规格（号）	15	20	25	27	35	45	55	65	75
L	190	290	290	290	290	290	290	290	290
B	15	20	22	25	30	34	40	47	60
A	2.30	2.60	3.30	3.30	3.90	5.00	6.70	6.90	8.50
T	5.59	6.44	8.06	8.06	9.67	12.08	16.11	16.11	20.71
C	3.00	3.00	3.30	3.30	4.70	5.50	6.50	7.20	9.00
K	5	6	7	8	9	10	12	14	18
δ	1.10	1.20	1.30	1.30	1.50	1.80	2.30	2.50	3.00
每支齿数	34	45	36	36	30	24	18	18	14

注：带扣适用于连接平传动带及运输带。

4.1.5　带用螺栓

带用螺栓用途同带扣，但其连接强度较高。带扣不能连接的较宽、较厚的各种平传动带和运输带，均可用带用螺栓连接。带用螺栓的型式及尺寸见表 3-412。

表 3-412 带用螺栓的型式和尺寸 （单位：mm）

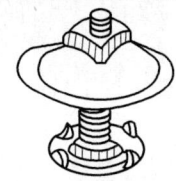

螺栓	直径	5	6	8	10
	长度	20	25	32	42
适用平带	宽度	20~40	40~100	100~125	125~300
	厚度	3~4	4~6	5~7	7~12

4.2 梯形齿同步带传动

4.2.1 米制节距梯形齿同步带（摘自 GB/T 28774—2012）

（1）带齿的型式和尺寸（见表 3-413）

表 3-413 带齿的型式和尺寸 （单位：mm）

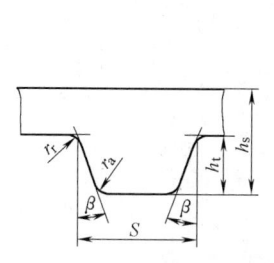

a) 单面齿同步带

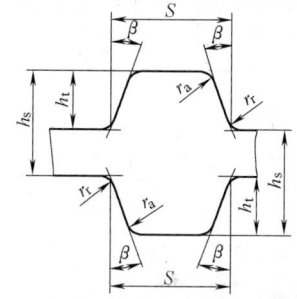

b) 对称双面齿同步带(DA型)

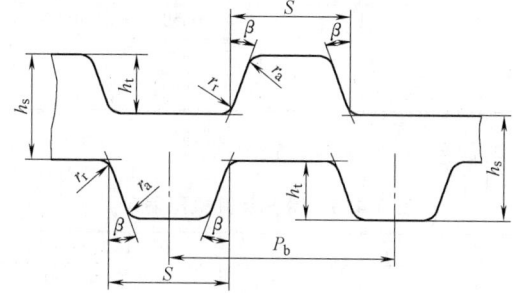

c) 交错双面齿同步带(DB型)

型号	带齿节距 P_b	齿形角 2β		齿根厚 S		齿高 h_t		带高 h_s		齿根圆角半径 r_r	齿顶圆角半径 r_a min
		公称值	极限偏差	公称值	极限偏差	公称值	极限偏差	公称值	极限偏差		
T2.5	2.5	40°	±2°	1.50	±0.05	0.7	±0.05	1.3	±0.15	0.2±0.1	0.2
T5	5.0	40°	±2°	2.65	±0.05	1.2	±0.05	2.2	±0.15	0.4±0.1	0.4
T10	10.0	40°	±2°	5.30	±0.10	2.5	±0.10	4.5	±0.30	0.6±0.1	0.6
T20	20.0	40°	±2°	10.15	±0.15	5.0	±0.15	8.0	±0.45	0.8±0.1	0.8

（2）标记

带的标记由节线长、型号和带宽组成。双面齿同步带还应在前面加型式代号 DA 或 DB。

示例：

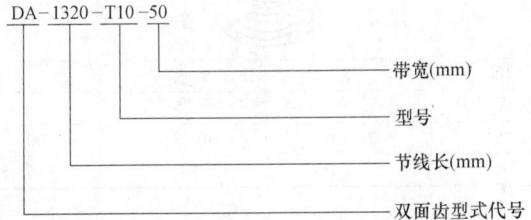

（3）带长及其极限偏差

带长以节线长表示，节线长及其极限偏差（见表3-414）

表 3-414　节线长及其极限偏差　（单位：mm）

节线长 L_p	极限偏差	节线长 L_p	极限偏差
$L_p \le 305$	±0.28	$3810 < L_p < 4060$	±1.52
$305 < L_p < 390$	±0.32	$4060 \le L_p < 4320$	±1.56
$390 \le L_p < 500$	±0.36	$4320 < L_p < 4570$	±1.62
$500 < L_p < 630$	±0.42	$4570 \le L_p < 4830$	±1.68
$630 \le L_p < 780$	±0.48	$4830 < L_p < 5080$	±1.74
$780 < L_p < 990$	±0.56	$5080 \le L_p < 5330$	±1.80
$990 \le L_p < 1250$	±0.64	$5330 < L_p < 5590$	±1.86
$1250 < L_p < 1560$	±0.76	$5590 \le L_p < 5840$	±1.92
$1560 \le L_p < 1960$	±0.88	$5840 < L_p < 6100$	±1.98
$1960 < L_p < 2250$	±1.04	$6100 \le L_p < 6350$	±2.04
$2250 \le L_p < 3100$	±1.22	$6350 < L_p < 6600$	±2.10
$3100 < L_p < 3620$	±1.46	$6600 \le L_p < 6860$	±2.16
$3620 \le L_p < 3810$	±1.48	$6860 < L_p < 7110$	±2.22

（4）带宽及其极限偏差（见表3-415）

表 3-415　带宽及其极限偏差

型号	带宽公称尺寸 /mm	节线长 L_p/mm		
		$L_p \le 840$	$840 < L_p \le 1680$	$L_p > 1680$
		极 限 偏 差		
T2.5	4	+0.2 −0.3	—	—
	6			
	10			
T5	6	±0.3	±0.4	±0.4
	10			
	16			
	25			

（续）

型号	带宽公称尺寸 /mm	节线长 L_p/mm		
		$L_p \leqslant 840$	$840 < L_p \leqslant 1680$	$L_p > 1680$
		极限偏差		
T10	16	±0.4	±0.4	±0.5
	25			
	32			
	50			
T20	32	—	±0.8	±1.0
	50			
	75			
	100			

4.2.2　米制节距梯形齿同步带轮（摘自 GB/T 28775—2012）

米制节距同步带传动使用梯形齿同步带轮。齿槽数不超过 20 的带轮采用 SE 型齿槽，齿槽数大于 20 的带轮采用 N 型齿槽。米制节距同步带传动不宜采用渐开线齿形同步带轮。

（1）标记

带轮标记由齿槽数、型号、轮宽和齿槽型式组成。

示例：

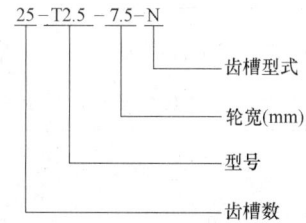

- 齿槽型式
- 轮宽(mm)
- 型号
- 齿槽数

$25 - T2.5 - 7.5 - N$

（2）齿槽型式和尺寸（见表 3-416）

表 3-416　齿槽型式和尺寸　　　　　（单位：mm）

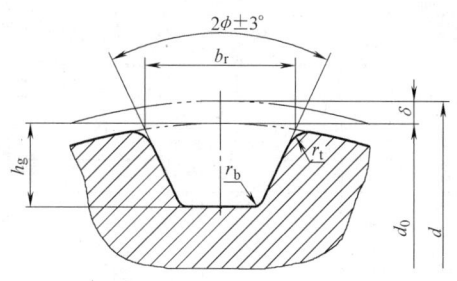

（续）

型号	齿槽顶宽 b_r		齿槽深 h_g[①]		齿槽角 $2\phi\pm3°$	齿根圆角半径 r_b	齿顶圆角半径 r_t	两倍节顶距 2δ
	SE 型	N 型	SE 型	N 型				
T2.5	$1.75^{+0.05}_{0}$	$1.83^{+0.05}_{0}$	$0.75^{+0.05}_{0}$	1.00	50°	≤0.2	$0.3^{+0.05}_{0}$	0.6
T5	$2.96^{+0.05}_{0}$	$3.32^{+0.05}_{0}$	$1.25^{+0.05}_{0}$	1.95	50°	≤0.4	$0.6^{+0.05}_{0}$	1.0
T10	$6.02^{+0.10}_{0}$	$6.57^{+0.10}_{0}$	$2.60^{+0.10}_{0}$	3.40	50°	≤0.6	$0.8^{+0.10}_{0}$	2.0
T20	$11.65^{+0.15}_{0}$	$12.60^{+0.15}_{0}$	$5.20^{+0.13}_{0}$	6.00	50°	≤0.8	$1.2^{+0.10}_{0}$	3.0

注：d 为带轮节径，d_0 为带轮外径，其值见表 3-419。
① 对 N 型为最小值。

（3）带轮的节距偏差（见表 3-417）

表 3-417　带轮的节距偏差

外径 d_0	节 距 偏 差	
	任意两相邻齿	90°弧内累积
≤25		±0.05
>25~50		±0.08
>50~100	±0.03	±0.10
>100~175		±0.13
>175		±0.15

（4）带轮尺寸（见表 3-418～表 3-420）

表 3-418　轮宽公称尺寸及允许最小实际轮宽　　（单位：mm）

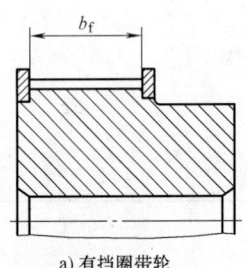

a) 有挡圈带轮　　　　　　　　b) 无挡圈带轮

型号	轮宽公称尺寸	最小轮宽	
		有挡圈 b_f	无挡圈 b'_f
T2.5	4	5.5	8
	6	7.5	10
	10	11.5	14
T5	6	7.5	10
	10	11.5	14
	16	17.5	20
	25	26.5	29

（续）

型号	轮宽公称尺寸	最小轮宽	
		有挡圈 b_f	无挡圈 b_f'
T10	16	18	21
	25	27	30
	32	34	37
	50	52	55
T20	32	34	38
	50	52	56
	75	77	81
	100	102	106

注：有挡圈带轮包括单、双边挡圈带轮。当传动中带轮平行性得到足够控制时，无挡圈带轮最小轮宽可以减小，但不得小于有挡圈带轮的最小轮宽。

表 3-419　带轮直径　　（单位：mm）

齿数	型　　号							
	T2.5		T5		T10		T20	
	节径 d	外径 d_0	节径 d	外径 d_0	节径 d	外径 d_0	节径 d	外径 d_0
10	8.05	7.45	16.05	15.05	—	—	—	—
11	8.85	8.25	17.65	16.65	—	—	—	—
12	9.60	9.00	19.25	18.25	38.35	36.35	—	—
13	10.40	9.80	20.85	19.85	41.55	39.55	—	—
14	11.20	10.60	22.45	21.45	44.70	42.70	—	—
15	12.00	11.40	24.05	23.05	47.90	45.90	95.65	92.65
16	12.80	12.20	26.60	24.60	51.10	49.10	102.00	99.00
17	13.60	13.00	27.20	26.20	54.25	52.25	108.35	105.35
18	14.40	13.80	28.80	27.80	57.45	55.45	114.75	111.75
19	15.20	14.60	30.40	29.40	60.65	58.65	121.10	118.10
20	16.00	15.40	32.00	31.00	63.80	61.80	127.45	124.45
22	17.60	17.00	35.25	34.15	70.20	68.20	140.20	137.20
25	19.95	19.35	39.95	38.95	79.75	77.75	159.30	156.30
28	22.35	21.75	44.75	43.75	89.25	87.25	178.40	175.40
32	25.55	24.95	51.10	50.10	102.00	100.00	203.85	200.85
36	28.75	28.15	57.45	56.45	114.75	112.75	229.35	226.35
40	31.90	31.30	63.85	62.85	127.45	125.45	254.80	251.80
48	38.30	37.70	76.55	75.55	152.95	150.95	305.70	302.70
60	47.85	47.25	95.65	94.65	191.15	189.15	382.10	379.10
72	57.40	56.80	114.75	113.75	229.30	227.30	458.50	455.50
84	66.95	66.35	133.90	132.90	267.50	265.50	534.90	531.90
96	76.50	75.90	153.00	152.00	305.70	303.70	611.30	608.30

注：带轮外径 $d_0 = d - 2\delta$（δ 为节顶距），δ 值见表 3-416。

表 3-420　带轮外径的极限偏差　　（单位：mm）

外径 d_0	极 限 偏 差
≤50	0 -0.05
>50~175	0 -0.08
>175~500	0 -0.10
>500	0 -0.15

（5）带轮挡圈的型式和尺寸（见表 3-421）

表 3-421　带轮挡圈的型式和尺寸　　　　　（单位：mm）

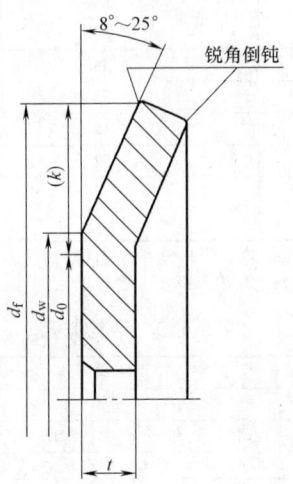

型　　号	挡圈最小高度(k)	挡圈最小厚度 t
T2.5	0.8	0.5
T5	1.2	1.0
T10	2.2	1.5
T20	3.2	4.0

注：d_0 为带轮外径（mm）；d_w 为挡圈弯曲处直径（mm），$d_w = (d_0 + 0.38) \pm 0.25$；$d_t$ 为挡圈外径（mm），$d_f = d_0 + 2k$。

（6）带轮的几何公差（见表 3-422）

表 3-422　带轮的几何公差

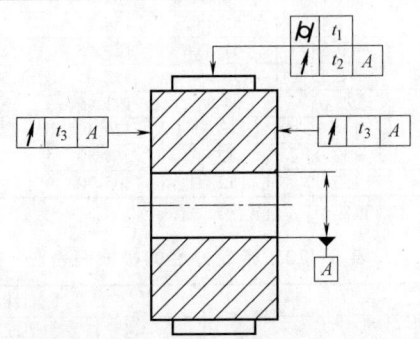

外径	圆柱度公差 t_1	径向圆跳动公差 t_2	端面圆跳动公差 t_3
≤100		0.08	0.1
>100~200	≤0.001b		0.001d_0
>200~250		0.08+0.0005(d_0-200)	
>250			0.25+0.0005(d_0-250)

注：b 为轮宽，b_f、b_f'的总称。齿槽应与轮孔的轴线平行，其平行度公差≤0.001b。

（7）带轮材质、表面粗糙度及平衡

带轮材质、表面粗糙度及平衡应符合 GB/T 11357—2008 的规定。

4.2.3　梯形齿带轮（摘自 GB/T 11361—2008）

（1）渐开线齿（见表 3-423～表 3-425）

表 3-423　加工渐开线齿的齿条刀具的尺寸及其极限偏差　（单位：mm）

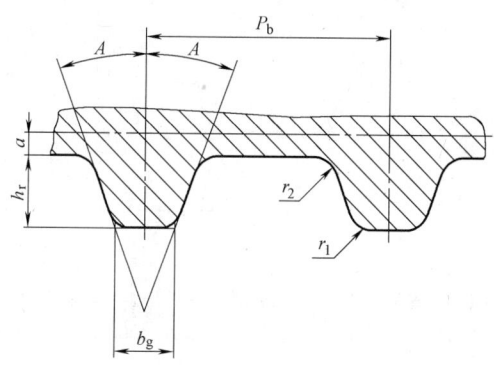

槽型	MXL		XXL	XL	L	H		XH	XXH
齿数	10~23	>23	≥10	≥10	≥10	14~19	>19	≥18	≥18
节距 $P_b \pm 0.003$	2.032		3.175	5.080	9.525	12.700		22.225	31.750
齿半角 $A \pm 0.12°$	28°	20°	25°	25°	20°	20°		20°	20°
齿高 $h_r {}^{+0.05}_{\ 0}$	0.64		0.84	1.40	2.13	2.59		6.88	10.29
齿顶厚 $b_g {}^{+0.05}_{\ 0}$	0.61	0.67	0.96	1.27	3.10	4.24		7.59	11.61
齿顶圆角半径 $r_1 \pm 0.03$	0.30		0.30	0.61	0.86	1.47		2.01	2.69
齿根圆角半径 $r_2 \pm 0.03$	0.23		0.28	0.61	0.53	1.04	1.42	1.93	2.82
两倍节根距 $2a$	0.508		0.508	0.508	0.762	1.372		2.794	3.048

表 3-424 直边齿廓带轮的轮齿尺寸及其极限偏差 （单位：mm）

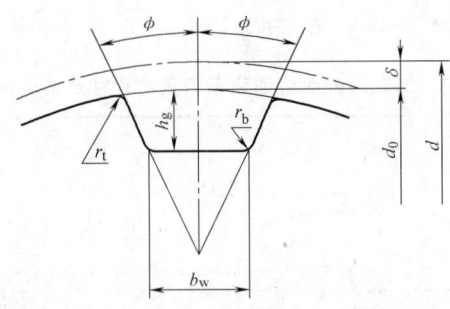

槽型	MXL	XXL	XL	L	H	XH	XXH
齿槽底宽 b_w	0.84 ± 0.05	$0.96^{+0.05}_{0}$	1.32 ± 0.05	3.05 ± 0.1	4.19 ± 0.13	7.90 ± 0.15	12.17 ± 0.18
齿槽深 h_g	$0.69^{0}_{-0.05}$	$0.84^{0}_{-0.05}$	$1.65^{0}_{-0.08}$	$2.67^{0}_{-0.10}$	$3.05^{0}_{-0.13}$	$7.14^{0}_{-0.13}$	$10.31^{0}_{-0.13}$
齿槽半角 $\phi\pm1.5°$	20°	25°	25°	20°	20°	20°	20°
齿顶圆角半径 r_t	$0.13^{+0.05}_{0}$	0.3 ± 0.05	$0.64^{+0.05}_{0}$	$1.17^{+0.13}_{0}$	$1.6^{+0.13}_{0}$	$2.39^{+0.13}_{0}$	$3.18^{+0.13}_{0}$
齿根圆角半径 r_b	0.25	0.35	0.41	1.19	1.60	1.98	3.96
两倍节顶距 2δ	0.508	0.508	0.508	0.762	1.372	2.794	3.048

注：d 为带轮节径，d_0 为带轮外径，其值见表 3-427。

表 3-425 带轮相邻齿间的节距偏差及在 90°弧以内的节距累计偏差

（单位：mm）

带轮外径 d_0	节距偏差	
	任意两相邻齿	90°弧内累积
≤25.4		±0.05
>25.4~50.8		±0.08
>50.8~101.6		±0.10
>101.6~177.8	±0.03	±0.13
>177.8~304.8		±0.15
>304.8~508		±0.18
>508		±0.2

（2）带轮尺寸（见表 3-426～表 3-429）

表 3-426　带轮宽度及最小实际宽度　　　　　　　（单位：mm）

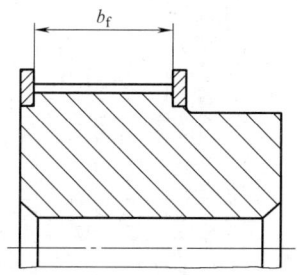
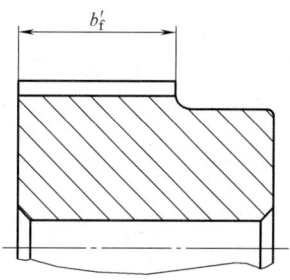

槽型	轮宽代号	轮宽公称尺寸	有挡圈带轮 最小实际宽度 b_f	无挡圈带轮 最小实际宽度 b_f'
MXL	012	3.2	3.8	5.6
	019	4.8	5.3	7.1
	025	6.4	7.1	8.9
XXL	012	3.2	3.8	5.6
	019	4.8	5.3	7.1
	025	6.4	7.1	8.9
XL	025	6.4	7.1	8.9
	031	7.9	8.6	10.4
	037	9.5	10.4	12.2
L	050	12.7	14	17
	075	19.1	20.3	23.3
	100	25.4	26.7	29.7
H	075	19.1	20.3	24.8
	100	25.4	26.7	31.2
	150	38.1	39.4	43.9
	200	50.8	52.8	57.3
	300	76.2	79	83.5
XH	200	50.8	56.6	62.6
	300	76.2	83.8	89.8
	400	101.6	110.7	116.7
XXH	200	50.8	56.6	64.1
	300	76.2	83.8	91.3
	400	101.6	110.7	118.2
	500	127	137.7	145.2

注：有挡圈带轮包括带有单、双边挡圈的带轮。当传动中带轮平行性得到足够控制时，无挡圈带轮最小
　　宽度可以减小，但不得小于有挡圈带轮的最小宽度。

表 3-427　带轮的直径

齿数	MXL 节径 d	MXL 外径 d_0	XXL 节径 d	XXL 外径 d_0	XL 节径 d	XL 外径 d_0	L 节径 d	L 外径 d_0	H 节径 d	H 外径 d_0	XH 节径 d	XH 外径 d_0	XXH 节径 d	XXH 外径 d_0
10	6.47	5.96	10.11	9.6	16.17	15.66	—	—	—	—	—	—	—	—
11	7.11	6.61	11.12	10.61	17.79	17.28	—	—	—	—	—	—	—	—
12	7.76	7.25	12.13	11.62	19.4	18.9	36.38	35.62	—	—	—	—	—	—
13	8.41	7.9	13.14	12.63	21.02	20.51	39.41	38.65	—	—	—	—	—	—
14	9.06	8.55	14.15	13.64	22.04	22.13	42.45	41.69	56.6	55.23	—	—	—	—
15	9.7	9.19	15.16	14.65	24.26	23.75	45.48	44.72	60.64	59.27	—	—	—	—
16	10.35	9.84	16.17	15.66	25.87	25.36	48.51	47.75	64.68	63.31	—	—	—	—
17	11	10.49	17.18	16.67	27.49	26.98	51.54	50.78	68.72	67.35	—	—	—	—
18	11.64	11.13	18.19	17.68	29.11	28.6	54.57	53.81	72.77	71.39	127.34	124.55	181.91	178.86
19	12.29	11.78	19.2	18.69	30.72	30.22	57.61	56.84	76.81	75.44	134.41	131.62	192.02	188.97
20	12.94	12.43	20.21	19.7	32.34	31.83	60.64	59.88	80.85	79.48	141.49	138.69	202.13	199.08
(21)	13.58	13.07	21.22	20.72	33.96	33.45	63.67	62.91	84.89	83.52	148.56	145.77	212.23	209.18
22	14.23	13.72	22.23	21.73	35.57	35.07	66.7	65.94	88.94	87.56	155.64	152.84	222.34	219.29
(23)	14.88	14.37	23.24	22.74	37.19	36.68	69.73	68.97	92.98	91.61	162.71	159.92	232.45	229.4
(24)	15.52	15.02	24.26	23.75	38.81	38.3	72.77	72	97.02	95.65	169.79	166.99	242.55	239.5
25	16.17	15.66	25.27	24.76	40.43	39.92	75.8	75.04	101.06	99.69	176.86	174.07	252.66	249.61
(26)	16.82	16.31	26.28	25.77	42.04	41.53	78.83	78.07	105.11	103.73	183.94	181.14	262.76	259.72
(27)	17.46	16.96	27.29	26.78	43.66	43.15	81.86	81.1	109.15	107.78	191.01	188.22	272.87	269.82
28	18.11	17.6	28.3	27.79	45.28	44.77	84.89	84.13	113.19	111.82	198.08	195.29	282.98	279.93
(30)	19.4	18.9	30.32	29.81	48.51	48	90.96	90.2	121.28	119.9	212.23	209.44	303.19	300.14
32	20.7	20.19	32.34	31.83	51.74	51.24	97.02	96.26	129.36	127.99	226.38	223.59	323.4	320.35
36	23.29	22.78	36.38	35.87	58.21	57.70	109.15	108.39	145.53	144.16	254.68	251.89	363.83	360.78
40	25.37	25.36	40.43	39.92	64.68	64.17	121.28	120.51	161.7	160.33	282.98	280.18	404.25	401.21
48	31.05	30.54	48.51	48	77.62	77.11	145.53	144.77	194.04	192.67	339.57	336.78	485.1	482.06
60	38.81	38.3	60.64	60.13	97.02	96.51	181.91	181.15	242.55	241.18	424.47	421.67	606.38	603.33
72	46.57	46.06	72.77	72.26	116.43	115.92	218.3	217.53	291.06	289.69	509.36	506.57	727.66	724.61
84	—	—	—	—	—	—	254.68	253.92	339.57	338.2	594.25	591.46	848.93	845.88
96	—	—	—	—	—	—	291.06	290.3	388.08	386.71	679.15	676.35	970.21	967.16
120	—	—	—	—	—	—	363.83	363.07	485.1	483.73	848.93	846.14	1212.76	1209.71
156	—	—	—	—	—	—	—	—	630.64	629.26	—	—	—	—

注：括号内的尺寸尽量不采用。

表 3-428　带轮外径及其极限偏差　　　　　（单位：mm）

外径 d_0	极限偏差	外径 d_0	极限偏差
$d_0 \leqslant 25.4$	+0.05 0	>304.8~508	+0.18 0
>25.4~50.8	+0.08 0	>508~762	+0.20 0
>50.8~101.6	+0.10 0	>762~1016	+0.23 0
>101.6~177.8	+0.13 0	>1016	+0.25 0
>177.8~304.8	+0.15 0		

表 3-429　带轮挡圈的型式和尺寸　　　　　（单位：mm）

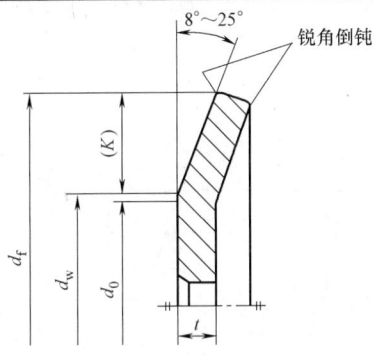

注：d_0 为带轮外径（mm）；d_w 为挡圈弯曲处直径（mm），$d_w = (d_0 + 0.38) \pm 0.25$；$K$ 为挡圈最小高度（mm）
d_f 为挡圈外径（mm），$d_f = d_w + 2K$

槽型	MXL	XXL	XL	L	H	XH	XXH
挡圈最小高度(K)	0.5	0.8	1	1.5	2	4.8	6.1

（3）带轮的几何公差（见表 3-430）

表 3-430　带轮的几何公差　　　　　（单位：mm）

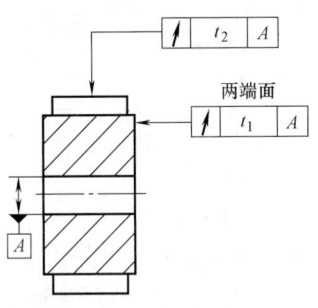

（续）

项　目	外径	极限值
轴向圆跳动	≤101.6	0.1
	>101.6~254	$0.001\,d_0$
	>254	$0.25+0.0005(d_0-254.00)$
径向圆跳动	≤203.2	0.13
	>203.2	$0.13+0.0005(d_0-203.20)$
轮齿与带轮轴线的平行度	各种尺寸	平行度≤$0.001b$
锥度	各种尺寸	带轮外径在给定的公差范围内,锥度≤$0.001b$

注:b 为轮宽,b_f、b_f'、b_f''的总称。

4.2.4 节距型号 MXL、XXL、XL、L、H、XH 和 XXH 同步带尺寸（摘自 GB/T 11616—2013）

（1）型式（见图 3-14）

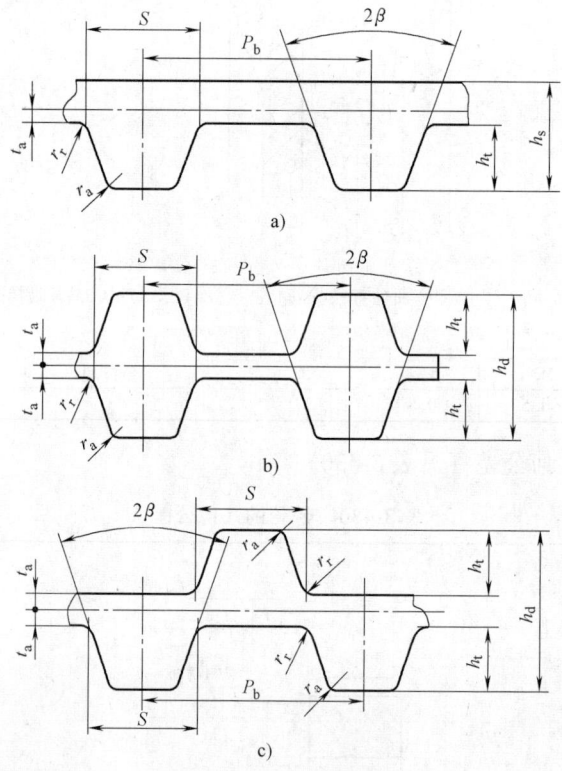

图 3-14　同步带的型式

a）单面齿同步带　b）对称双面齿同步带（DA）　c）交错双面齿同步带（DB）

P_b—节距　S—齿根厚　h_t—齿高　r_r—齿根圆角半径　r_a—齿顶圆角半径

h_s、h_d—带高　β—齿形角　t_a—节线差

（2）标记

带的标记由长度代号、型号、宽度代号组成。对于双面同步带，还应在最前面表示出型式代号 DA 或 DB。

示例：

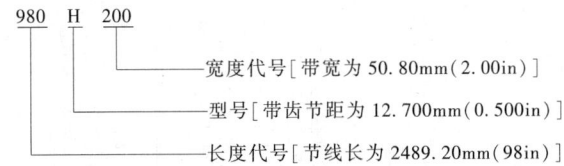

- 宽度代号［带宽为 50.80mm（2.00in）］
- 型号［带齿节距为 12.700mm（0.500in）］
- 长度代号［节线长为 2489.20mm（98in）］

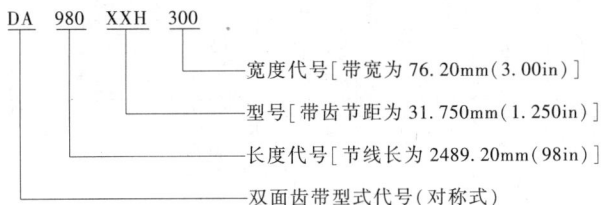

- 宽度代号［带宽为 76.20mm（3.00in）］
- 型号［带齿节距为 31.750mm（1.250in）］
- 长度代号［节线长为 2489.20mm（98in）］
- 双面齿带型式代号（对称式）

MXL 和 XXL 型号带也可采用另一种标记方式：

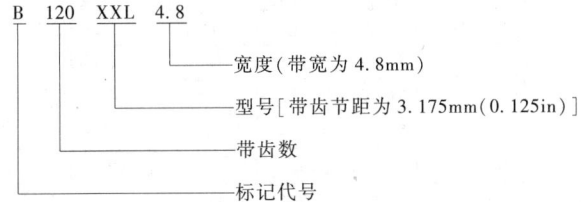

- 宽度（带宽为 4.8mm）
- 型号［带齿节距为 3.175mm（0.125in）］
- 带齿数
- 标记代号

（3）尺寸（见表 3-431~表 3-436）

表 3-431　型号和节距

型　　号	节距 P_b/mm	节距 P_b/in	节线差 t_a/mm	节线差 t_a/in
MXL	2.032	0.080	0.254	0.010
XXL	3.175	0.125	0.254	0.010
XL	5.080	0.200	0.254	0.010
L	9.525	0.375	0.381	0.015
H	12.700	0.500	0.686	0.027
XH	22.225	0.875	1.397	0.055
XXH	31.750	1.250	1.524	0.060

表 3-432　带齿尺寸

型号	2β/(°)	齿根厚 S/mm	齿根厚 S/in	齿高 h_t/mm	齿高 h_t/in	齿根圆角半径 r_r/mm	齿根圆角半径 r_r/in	齿顶圆角半径 r_a/mm	齿顶圆角半径 r_a/in
MXL	40	1.14	0.045	0.51	0.020	0.13	0.005	0.13	0.005
XXL	50	1.73	0.068	0.76	0.030	0.20	0.008	0.30	0.012
XL	50	2.57	0.101	1.27	0.050	0.38	0.015	0.38	0.015
L	40	4.65	0.183	1.91	0.075	0.51	0.020	0.51	0.020
H	40	6.12	0.241	2.29	0.090	1.02	0.040	1.02	0.040
XH	40	12.57	0.495	6.35	0.250	1.57	0.062	1.19	0.047
XXH	40	19.05	0.750	9.53	0.375	2.29	0.090	1.52	0.060

表 3-433　XL、L、H、XH、XXH 型单面齿同步带带长及其极限偏差

长度代号	节线长 L_p /mm	节线长 L_p /in	极限偏差 /mm	极限偏差 /in	齿　数				
					XL	L	H	XH	XXH
60	152.4	6	±0.41	±0.016	30				
70	177.8	7	±0.41	±0.016	35				
80	203.2	8	±0.41	±0.016	40	—	—	—	—
90	228.6	9	±0.41	±0.016	45				
100	254	10	±0.41	±0.016	50				
110	279.4	11	±0.46	±0.018	55				
120	304.8	12	±0.46	±0.018	60	—			
124	314.33	12.375	±0.46	±0.018	—	33	—	—	—
130	330.20	13.000	±0.46	±0.018	65				
140	355.60	14.000	±0.46	±0.018	70	—			
150	381.00	15.000	±0.46	±0.018	75	40			
160	406.40	16.000	±0.51	±0.02	80				
170	431.80	17.000	±0.51	±0.02	85	—	—	—	—
180	457.20	18.000	±0.51	±0.02	90				
187	476.25	18.750	±0.51	±0.02	—	50			
190	482.60	19.000	±0.51	±0.02	95				
200	508.00	20.000	±0.51	±0.02	100				
210	533.40	21.000	±0.61	±0.024	105	56			
220	558.80	22.000	±0.61	±0.024	110				
225	571.50	22.500	±0.61	±0.024	—	60			
230	584.20	23.000	±0.61	±0.024	115	—	—		
240	609.60	24.000	±0.61	±0.024	120	64	48		
250	635.00	25.000	±0.61	±0.024	125	—			
255	647.70	25.500	±0.61	±0.024	—	68	—		
260	660.40	26.000	±0.61	±0.024	130	—			
270	685.80	27.000	±0.61	±0.024		72	54		
285	723.90	28.500	±0.61	±0.024		76	—		
300	762.00	30.000	±0.61	±0.024	—	80	60	—	—
322	819.15	32.250	±0.66	±0.026		86	—		
330	838.20	33.000	±0.66	±0.026		—	66		
345	876.30	34.500	±0.66	±0.026		92	—		
360	914.40	36.000	±0.66	±0.026		—	72		
367	933.45	36.750	±0.66	±0.026	—	98	—	—	—
390	990.60	39.000	±0.66	±0.026		104	78		
420	1066.80	42.000	±0.76	±0.03		112	84		
450	1143.00	45.000	±0.76	±0.03		120	90		
480	1219.20	48.000	±0.76	±0.03		128	96		
507	1289.05	50.750	±0.81	±0.032		—	—	58	—
510	1295.40	51.000	±0.81	±0.032		136	102		
540	1371.60	54.000	±0.81	±0.032		144	108		

（续）

长度代号	节线长 L_p /mm	节线长 L_p /in	极限偏差 /mm	极限偏差 /in	齿数 XL	L	H	XH	XXH
560	1422.40	56.000	±0.81	±0.032			—	64	
570	1447.80	57.000	±0.81	±0.032		—	114		
600	1524.00	60.000	±0.81	±0.032	—	160	120		—
630	1600.20	63.000	±0.86	±0.034			126	72	
660	1676.40	66.000	±0.86	±0.034			132	—	
700	1778.00	70.000	±0.86	±0.034			140	80	56
750	1905.00	75.000	±0.91	±0.036			150	—	
770	1955.80	77.000	±0.91	±0.036	—	—	—	88	
800	2032.00	80.000	±0.91	±0.036			160	—	64
840	2133.60	84.000	±0.97	±0.038			—	96	
850	2159.00	85.000	±0.97	±0.038			170		
900	2286.00	90.000	±0.97	±0.038			180	—	72
980	2489.20	98.000	±1.02	±0.04	—	—	—	112	
1000	2540.00	100.000	±1.02	±0.04			200		80
1100	2794.00	110.000	±1.07	±0.042			220		
1120	2844.80	112.000	±1.12	±0.044				128	—
1200	3048.00	120.000	±1.12	±0.044			—		96
1250	3175.00	125.000	±1.17	±0.046			250		
1260	3200.40	126.000	±1.17	±0.046			—	144	
1400	3556.00	140.000	±1.22	±0.048			280	160	112
1540	3911.60	154.000	±1.32	±0.052				176	—
1600	4064.00	160.000	±1.32	±0.052					128
1700	4318.00	170.000	±1.37	±0.054	—	—	340		
1750	4445.00	175.000	±1.42	±0.056				200	—
1800	4572.00	180.000	±1.42	±0.056			—		144

注：带长以节线长表示。双面齿同步带的带长与单面齿同步带的带长相同，正偏差为单面齿同步带正偏差的 1.5 倍，负偏差为单面齿同步带负偏差的 2 倍。

表 3-434　MXL、XXL 型单面齿同步带带长及其极限偏差

长度代号	节线长 L_p /mm	节线长 L_p /in	极限偏差 /mm	极限偏差 /in	齿数 MXL	XXL
36.0	91.44	3.600	±0.41	±0.016	45	
40.0	101.60	4.000	±0.41	±0.016	50	
44.0	111.76	4.400	±0.41	±0.016	55	—
48.0	121.92	4.800	±0.41	±0.016	60	
50.0	127.00	5.000	±0.41	±0.016	—	40
56.0	142.24	5.600	±0.41	±0.016	70	—
60.0	152.40	6.000	±0.41	±0.016	75	48
64.0	162.56	6.400	±0.41	±0.016	80	—
70.0	177.80	7.00	±0.41	±0.016	—	56
72.0	182.88	7.200	±0.41	±0.016	90	—
80.0	203.20	8.000	±0.41	±0.016	100	64
88.0	223.52	8.800	±0.41	±0.016	110	—
90.0	228.60	9.000	±0.41	±0.016	—	72
100.0	254.00	10.000	±0.41	±0.016	125	80

（续）

长度代号	节线长 L_p /mm	节线长 L_p /in	极限偏差 /mm	极限偏差 /in	齿数 MXL	齿数 XXL
110.0	179.40	11.000	±0.46	±0.018	—	88
112.0	284.48	11.200	±0.46	±0.018	140	—
120.0	304.80	12.000	±0.46	±0.018	—	96
124.0	314.96	12.400	±0.46	±0.018	155	—
130.0	330.20	13.000	±0.46	±0.018	—	104
140.0	355.60	14.000	±0.46	±0.018	175	112
150.0	381.00	15.000	±0.46	±0.018	—	120
160.0	406.40	16.000	±0.51	±0.020	200	128
180.0	457.20	18.000	±0.51	±0.020	—	144
200.0	508.00	20.000	±0.51	±0.020	225	160
220.0	558.80	22.000	±0.61	±0.024	250	176

注：带长以节线长表示。双面齿同步带的带长与单面齿同步带的带长相同，正偏差为单面齿同步带正偏差的 1.5 倍，负偏差为单面齿同步带负偏差的 2 倍。

表 3-435　单面齿同步带的带宽和带高

型号	带高 h_s /mm	带高 h_s /in	带宽公称尺寸 公称尺寸 /mm	带宽公称尺寸 公称尺寸 /in	带宽公称尺寸 代号	带宽极限偏差 节线长 <838.2mm（33in） mm	in	带宽极限偏差 节线长 838.2mm(33in)~ 1676.4mm(66in) mm	in	带宽极限偏差 节线长 >1676.4mm (66in) mm	in
MXL	1.14	0.045	3.2	0.12	012	+0.5 -0.8	+0.02 -0.03	—	—	—	—
			4.8	0.19	019						
			6.4	0.25	025						
XXL	1.52	0.06	3.2	0.12	012	+0.5 -0.8	+0.02 -0.03	—			
			4.8	0.19	019						
			6.4	0.25	025						
XL	2.30	0.09	6.4	0.25	025	+0.5 -0.8	+0.02 -0.03	—	—	—	—
			7.9	0.31	031						
			9.5	0.37	037						
L	3.60	0.14	12.7	0.5	050	+0.8 -0.8	+0.03 -0.03	+0.8 -1.3	+0.03 -0.05	—	—
			19.1	0.75	075						
			25.4	1.00	100						
H	4.30	0.17	19.1	0.75	075	+0.8 -0.8	+0.03 -0.03	+0.8 -1.3	+0.03 -0.05	+0.8 -1.3	+0.03 -0.05
			25.4	1.00	100						
			38.1	1.5	150						
			50.8	2.00	200	+1.3 -1.5	+0.05 -0.06	+1.5 -1.5	+0.06 -0.06	+1.5 -2	+0.06 -0.08
			76.2	3.00	300	+1.3 -1.5	+0.05 -0.06	+1.5 -1.5	+0.06 -0.06	+1.5 -2	+0.06 -0.08
XH	11.20	0.44	50.8	2.00	200	—	—	+4.8 -4.8	+0.19 -0.19	+4.8 -4.8	+0.19 -0.19
			76.2	3.00	300						
			101.6	4.00	400						
XXH	15.7	0.62	50.8	2.00	200	—	—	—	—	+4.8 -4.8	+0.19 -0.19
			76.2	3.00	300						
			101.6	4.00	400						
			127	5.00	500						

4.2.5 一般传动用同步带（摘自 GB/ T 13487—2017）

（1）产品分类

同步带的型式按齿的分布情况分为单面齿同步带和双面齿同步带，按齿的形状分为梯形齿同步带、曲线齿同步带和圆弧齿同步带。双面齿同步带又分为对称齿同步带和交错齿同步带。

表 3-436　双面齿同步带的带高

型　　号	带高 h_d/mm	带高 h_d/in
MXL	1.53	0.060
XXL	2.03	0.080
XL	3.05	0.120
L	4.58	0.180
H	5.95	0.234
XH	15.49	0.610
XXH	22.10	0.870

梯形齿同步带按齿节距分为 T2.5、T5、T10、T20、MXL、XXL、XL、L、H、XH、XXH 共 11 种型号。

曲线齿同步带有 H、S、R 3 种齿型，每种齿型各有 3M、5M、8M、14M、20M 5 种节距，因此共有 15 种型号。

圆弧齿同步带按齿节距分为 3M、5M、8M、14M、20M 共 5 种型号。

（2）结构和材料

同步带一般由带背、芯绳、带齿和齿布四部分组成，如图 3-15 所示。

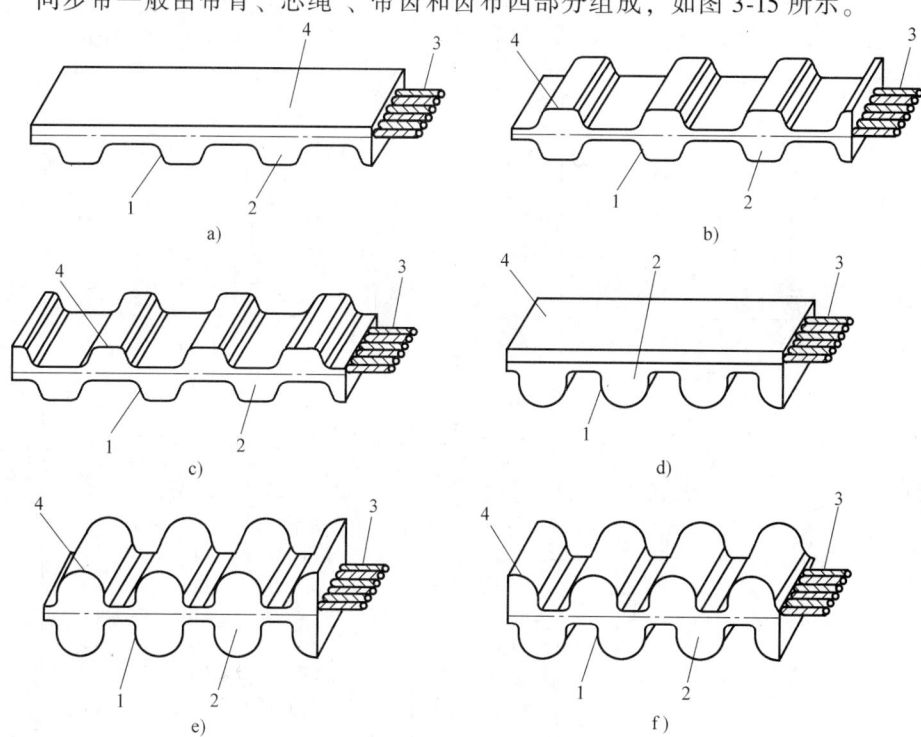

图 3-15　一般传动用同步带的结构

a）单面梯形齿结构　b）对称双面梯形齿结构　c）交错双面梯形齿结构　d）单面曲线齿、圆弧齿结构

e）对称双面曲线齿、圆弧齿结构　f）交错双面曲线齿、圆弧齿结构

1—齿布　2—带齿　3—芯绳　4—带背

（3）尺寸

梯形齿同步带的尺寸及极限偏差应符合 GB/T 11616—2013、GB/T 28774—2012 的规定，曲线齿同步带的尺寸及极限偏差应符合 GB/T 24619—2009 的规定，圆弧齿同步带的尺寸及极限偏差应符合 JB/T 7512.1—2014 的规定。

（4）物理性能（见表 3-437）

表 3-437　单面齿同步带物理性能

项　　　目		拉伸强度/（N/mm）≥	参考力伸长率		齿布黏合强度/（N/mm）≥	芯绳黏合强度/N≥	齿体剪切强度/（N/mm）≥	带背硬度
			参考力/（N/mm）	伸长率（%）≤				
曲线齿	H3M、S3M、R3M	90	70		—	—	—	由供需双方协商决定
	H5M、S5M、R5M	160	130		6	400	50	
	H8M、S8M、R8M	300	240		10	700	60	
	H14M、S14M、R14M	400	320		12	1200	80	
	H20M、S20M、R20M	520	410		15	1600	100	
圆弧齿	3M	90	70		—	—	—	
	5M	160	130		6	400	50	
	8M	300	240		10	700	60	
	14M	400	320	4.0	12	1200	80	
	20M	520	410		15	1600	100	
梯形齿	MXL、T2.5	60	45		—	—	—	
	XXL	70	55		—	—	—	
	XL、T5	80	60		5	200	50	
	L	120	90		6.5	380	60	
	H、T10	270	220		8	600	70	
	XH、T20	380	300		10	800	75	
	XXH	450	360		12	1500	90	

注：1. 拉伸强度值是对采用切开的带段作为试样时的测定结果的要求，当采用环形带作为试样时，需将测定结果除以 2，再与表中值进行比较。
　　2. 齿布黏合强度指齿体的黏合强度。

4.3　圆弧齿同步带传动

4.3.1　带（摘自 JB/T 7512.1—2014）

（1）型号

圆弧齿同步带按节距分为 3M、5M、8M、14M 和 20M 共五种型号；按带齿分布情况分为单面齿同步带和双面齿同步带。双面齿同步带根据齿的相对位置又分为对称双面同步带和交错双面齿同步带。对称双面齿同步带型式代号为 DA，交错双面齿同步带型式代号为 DB。

（2）标记

带的标记由带节线长、型号和带宽组成，双面齿同步带还应在前面加型式代号 DA 或 DB。

示例：

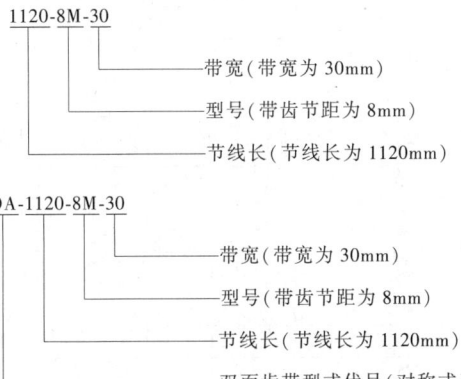

（3）尺寸（见表 3-438～表 3-445）

表 3-438　带齿齿型及尺寸　　　　　　　　（单位：mm）

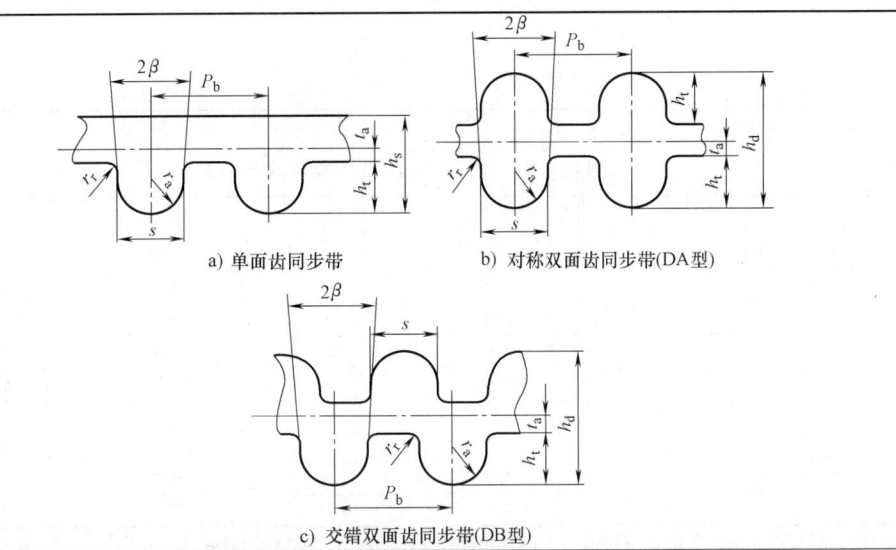

a) 单面齿同步带　　　　b) 对称双面齿同步带(DA型)

c) 交错双面齿同步带(DB型)

（续）

型号	节距 P_b	齿高 h_t	齿顶圆角半径 r_a	齿根圆角半径 r_r	齿根厚 s	齿形角 2β	带高（单面）h_s	带高（双面）h_d	节线差 t_a
3M	3	1.22	0.87	0.30	1.78	≈14°	2.4	3.2	0.381
5M	5	2.06	1.49	0.41	3.05	≈14°	3.8	5.3	0.572
8M	8	3.38	2.46	0.76	5.15	≈14°	6.0	8.1	0.686
14M	14	6.02	4.50	1.35	9.40	≈14°	10.0	14.8	1.397
20M	20	8.40	6.50	2.03	14	≈14°	13.2	—	2.159

表 3-439　带宽和极限偏差　　　　　　　　　　（单位：mm）

型号	带宽 b_s	带宽极限偏差		
		$L_p \leqslant 840$	$840 < L_p \leqslant 1680$	$L_p > 1680$
3M	6	±0.3	±0.4	—
	9	±0.4	±0.4	±0.6
	15	±0.4	±0.6	±0.8
5M	9	±0.4	±0.4	±0.6
	15	±0.4	±0.6	±0.8
	25			
8M	20	±0.6	±0.8	±0.8
	30			
	50	±1.0	±1.2	±1.2
	85	±1.5	±1.5	±2.0
14M	40	±0.8	±0.8	±1.2
	55	±1.0	±1.2	±1.2
	85	±1.2	±1.2	±1.5
	115	±1.5	±1.5	±1.8
	170			
20M	115	±1.8	±1.8	±2.2
	170			
	230			
	290	—	—	±4.8
	340			

注：L_p 为节线长。

表 3-440　3M 圆弧齿同步带标准节线长系列

节线长 L_p /mm	齿数	节线长 L_p /mm	齿数	节线长 L_p /mm	齿数
120	40	252	84	486	162
144	48	264	88	501	167
150	50	276	92	537	179
177	59	300	100	564	188
192	64	339	113	633	211
201	67	384	128	750	250
207	69	420	140	936	312
225	75	459	153	1800	600

注：带长以节线长表示，单面齿同步带节线长与双面齿同步带节线长相同。后同。

表 3-441　5M 圆弧齿同步带标准节线长系列

节线长 L_p /mm	齿数	节线长 L_p /mm	齿数	节线长 L_p /mm	齿数
295	59	635	127	975	195
300	60	645	129	1000	200
320	64	670	134	1025	205
350	70	695	139	1050	210
375	75	710	142	1125	225
400	80	740	148	1145	229
420	84	830	166	1270	254
450	90	845	169	1295	259
475	95	860	172	1350	270
500	100	870	174	1380	276
520	104	890	178	1420	284
550	110	900	180	1595	319
560	112	920	184	1800	360
565	113	930	186	1870	374
600	120	940	188	2350	470
615	123	950	190	—	—

表 3-442　8M 圆弧齿同步带标准节线长系列

节线长 L_p /mm	齿数	节线长 L_p /mm	齿数	节线长 L_p /mm	齿数
416	52	1000	125	1800	225
424	53	1040	130	200	250
480	60	1056	132	2240	280
560	70	1080	135	2272	284
600	75	1120	140	2400	300
640	80	1200	150	2600	325
720	90	1248	156	2800	350
760	95	1280	160	3048	381
800	100	1392	174	3200	400
840	105	1400	175	3280	410
856	107	1424	178	3600	450
880	110	1440	180	4400	550
920	115	1600	200	—	—
960	120	1760	220	—	—

表 3-443　14M 圆弧齿同步带标准节线长系列

节线长 L_p /mm	齿数	节线长 L_p /mm	齿数	节线长 L_p /mm	齿数
966	69	2100	150	3500	250
1196	85	2198	157	3850	275
1400	100	2310	165	4326	309
1540	110	2450	175	4578	327
1610	115	2590	185	4956	354
1778	127	2800	200	5320	380
1890	135	3150	225	—	—
2002	143	3360	240	—	—

表 3-444　20M 圆弧齿同步带标准节线长系列

节线长 L_p /mm	齿数	节线长 L_p /mm	齿数	节线长 L_p /mm	齿数
2000	100	4600	230	5800	290
2500	125	5000	250	6000	300
3400	170	5200	260	6200	310
3800	190	5400	270	6400	320
4200	210	5600	280	6600	330

表 3-445　单面齿同步带节线长极限偏差

节线长 L_p /mm	节线长极限偏差 /mm	节线长 L_p /mm	节线长极限偏差 /mm
≤254	±0.40	>3320~3556	±1.22
>254~381	±0.46	>3556~3810	±1.28
>381~508	±0.50	>3810~4064	±1.32
>508~762	±0.60	>4064~4318	±1.38
>762~1016	±0.66	>4318~4572	±1.42
>1016~1270	±0.76	>4572~4826	±1.46
>1270~1524	±0.82	>4826~5008	±1.52
>1524~1778	±0.86	>5008~5334	±1.58
>1778~2032	±0.92	>5334~5588	±1.64
>2032~2286	±0.96	>5588~5842	±1.70
>2286~2540	±1.02	>5842~6069	±1.76
>2540~2794	±1.06	>6069~6350	±1.82
>2794~3048	±1.12	>6350~6604	±1.88
>3048~3320	±1.16	>6604~6858	±1.94

注：双面齿同步带节线长正偏差为单面齿同步带正偏差的 1.5 倍，负偏差为单面齿同步带负偏差的 2 倍。

4.3.2　带轮（JB/T 7512.2—2014）

（1）型号

带轮按节距分为 3M、5M、8M、14M 和 20M 五种型号。

（2）标记

带轮的标记由带轮代号 P、齿槽数、型号、轮宽组成。

示例：

齿槽数 50、5M 型、轮宽 40mm 的带轮标记为：

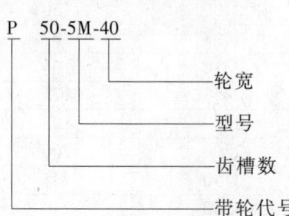

P　50-5M-40

轮宽

型号

齿槽数

带轮代号

（3）轮齿尺寸（见表 3-446 和表 3-447）

表 3-446 轮槽形状和尺寸 （单位：mm）

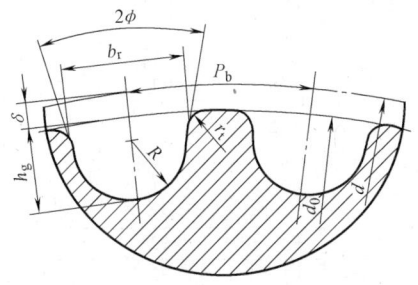

型号	节距 P_b	齿槽深 h_g	底圆半径 R	齿顶圆角半径 r_t	齿槽顶宽 b_r	两倍节顶距 2δ	齿槽角 2ϕ
3M	3±0.03	1.28±0.05	0.91±0.05	0.26~0.35	1.90±0.05	0.762	≈14°
5M	5±0.03	2.16±0.05	1.56±0.05	0.48~0.52	3.25±0.05	1.144	≈14°
8M	8±0.04	3.54±0.05	2.57±0.05	0.78~0.84	5.35±0.10	1.372	≈14°
14M	14±0.04	6.20±0.07	4.65±0.08	1.36~1.50	9.80±0.13	2.794	≈14°
20M	20±0.05	8.60±0.09	6.84±0.13	1.95~2.25	14.80±0.18	4.320	≈14°

注：d 为带轮节径，d_0 为带轮外径，其值见表 3-449～表 3-453。

表 3-447 带轮的节距允许偏差

带轮外径 d_0/mm	节距允许偏差/mm	
	任意两相邻齿	90°弧内累积
≤25.40		0.05
>25.40~50.80		0.08
>50.80~101.60		0.10
>101.60~177.80	0.03	0.13
>177.80~304.80		0.15
>304.80~508.00		0.18
>508.00		0.20

（4）带轮尺寸（见表 3-448～表 3-455）

表 3-448 带轮基本宽度及允许的实际轮宽 （单位：mm）

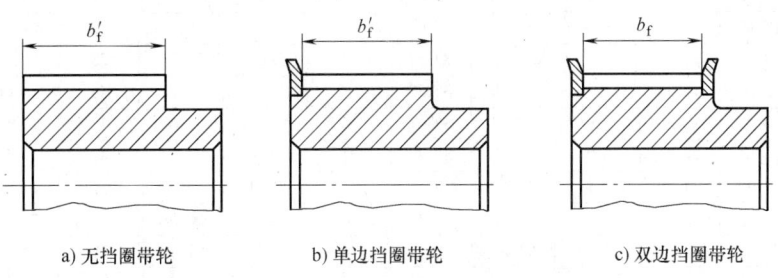

a) 无挡圈带轮　　　　b) 单边挡圈带轮　　　　c) 双边挡圈带轮

（续）

型号	带轮基本宽度	最小允许的实际轮宽	
		双边挡圈 b_f	无挡圈或单边挡圈 b'_f
3M	6	8	11
	9	11	14
	15	17	20
5M	9	11	15
	15	17	21
	25	27	31
8M	20	22	30
	30	32	40
	50	53	60
	85	89	96
14M	40	42	55
	55	58	70
	85	89	101
	115	120	131
	170	175	186
20M	115	120	134
	170	175	189
	230	235	251
	290	300	311
	340	350	361

表 3-449　3M 带轮直径基本尺寸　（单位：mm）

齿数	节径 d	外径 d_0	齿数	节径 d	外径 d_0	齿数	节径 d	外径 d_0	齿数	节径 d	外径 d_0
10	9.55	8.79	28	26.74	25.98	46	43.93	43.17	64	61.12	60.36
11	10.50	9.74	29	27.69	26.93	47	44.88	44.12	65	62.07	61.31
12	11.46	10.70	30	28.65	27.89	48	45.84	45.08	66	63.03	62.27
13	12.41	11.65	31	29.60	28.84	49	46.79	46.03	67	63.98	63.22
14	13.37	12.61	32	30.56	29.80	50	47.75	46.99	68	64.94	64.18
15	14.32	13.56	33	31.51	30.75	51	48.70	47.94	69	65.89	65.13
16	15.28	14.52	34	32.47	31.71	52	49.66	48.90	70	66.84	66.08
17	16.23	15.47	35	33.42	32.66	53	50.61	49.85	71	67.80	67.04
18	17.19	16.43	36	34.38	33.62	54	51.57	50.81	72	68.75	67.99
19	18.14	17.38	37	35.33	34.57	55	52.52	51.76	73	69.71	68.95
20	19.10	18.34	38	36.29	35.53	56	53.48	52.72	74	70.66	69.90
21	20.05	19.29	39	37.24	36.48	57	54.43	53.67	75	71.62	70.86
22	21.01	20.25	40	38.20	37.44	58	55.39	54.63	76	72.57	71.81
23	21.96	21.20	41	39.15	38.39	59	56.34	55.58	77	73.53	72.77
24	22.92	22.16	42	40.11	39.35	60	57.30	56.54	78	74.48	73.72
25	23.87	23.11	43	41.06	40.30	61	58.25	57.49	79	75.44	74.68
26	24.83	24.07	44	42.02	41.26	62	59.21	58.45	80	76.39	75.63
27	25.78	25.02	45	42.97	42.21	63	60.16	59.40	81	77.35	76.59

（续）

齿数	节径 d	外径 d_0	齿数	节径 d	外径 d_0	齿数	节径 d	外径 d_0	齿数	节径 d	外径 d_0
82	78.30	77.54	100	95.49	94.73	118	112.68	111.92	136	129.87	129.11
83	79.26	78.50	101	96.45	95.69	119	113.64	112.88	137	130.83	130.07
84	80.21	79.45	102	97.40	96.64	120	114.59	113.83	138	131.78	131.02
85	81.17	80.41	103	98.36	97.60	121	115.55	114.79	139	132.73	131.97
86	82.12	81.36	104	99.31	98.55	122	116.50	115.74	140	133.69	132.93
87	83.08	82.32	105	100.27	99.51	123	117.46	116.70	141	134.64	133.88
88	84.03	83.27	106	101.22	100.46	124	118.41	117.65	142	135.60	134.84
89	84.99	84.23	107	102.18	101.42	125	119.37	118.61	143	136.55	135.79
90	85.94	85.18	108	103.13	102.37	126	120.32	119.56	144	137.51	136.75
91	86.90	86.14	109	104.09	103.33	127	121.28	120.52	145	138.46	137.70
92	87.85	87.09	110	105.04	104.28	128	122.23	121.47	146	139.42	138.66
93	88.81	88.05	111	106.00	105.24	129	123.19	122.43	147	140.37	139.61
94	89.76	89.00	112	106.95	106.19	130	124.14	123.38	148	141.33	140.57
95	90.72	89.96	113	107.91	107.15	131	125.10	124.34	149	142.28	141.52
96	91.67	90.91	114	108.86	108.10	132	126.05	125.29	150	143.24	142.48
97	92.63	91.87	115	109.82	109.06	133	127.01	126.25			
98	93.58	92.82	116	110.77	110.01	134	127.96	127.20			
99	94.54	93.78	117	111.73	110.97	135	128.92	128.16			

表 3-450　5M 带轮直径基本尺寸　　　（单位：mm）

齿数	节径 d	外径 d_0	齿数	节径 d	外径 d_0	齿数	节径 d	外径 d_0	齿数	节径 d	外径 d_0
14	22.28	21.14	35	55.70	54.56	56	89.13	87.99	77	122.55	121.41
15	23.87	22.73	36	57.30	56.16	57	90.72	89.58	78	124.14	123.00
16	25.46	24.32	37	58.89	57.75	58	92.31	91.17	79	125.73	124.59
17	27.06	25.92	38	60.48	59.34	59	93.90	92.76	80	127.32	126.18
18	28.65	27.51	39	62.07	60.93	60	95.49	94.35	81	128.92	127.78
19	30.24	29.10	40	63.66	62.52	61	97.08	95.94	82	130.51	129.37
20	31.83	30.69	41	62.25	64.11	62	98.68	97.54	83	132.10	130.96
21	33.42	32.28	42	66.84	65.70	63	100.27	99.13	84	133.69	132.55
22	35.01	33.87	43	68.44	67.30	64	101.86	100.72	85	135.28	134.14
23	36.61	35.47	44	70.03	68.89	65	103.45	102.31	86	136.87	135.73
24	38.20	37.06	45	71.62	70.48	66	105.04	103.90	87	138.46	137.32
25	39.79	38.65	46	73.21	72.07	67	106.63	105.49	88	140.06	138.92
26	41.38	40.24	47	74.80	73.66	68	108.23	107.09	89	141.65	140.51
27	42.97	41.83	48	76.39	75.25	69	109.82	108.68	90	143.24	142.10
28	44.56	43.42	49	77.99	76.85	70	111.41	110.27	91	144.83	143.69
29	46.15	45.01	50	79.58	78.44	71	113.00	111.86	92	146.42	145.28
30	47.75	46.61	51	81.17	80.03	72	114.59	113.45	93	148.01	146.87
31	49.34	48.20	52	82.76	81.62	73	116.18	115.04	94	149.61	148.47
32	50.93	49.79	53	84.35	83.21	74	117.77	116.63	95	151.20	150.06
33	52.52	51.38	54	85.94	84.80	75	119.37	118.23	96	152.79	151.65
34	54.11	52.97	55	87.54	86.40	76	120.96	119.82	97	154.38	153.24

（续）

齿数	节径 d	外径 d_0	齿数	节径 d	外径 d_0	齿数	节径 d	外径 d_0	齿数	节径 d	外径 d_0
98	155.97	154.83	114	181.44	180.30	130	206.90	205.76	146	232.37	231.23
99	157.56	156.42	115	183.03	181.89	131	208.49	207.35	147	233.96	232.82
100	159.15	158.01	116	184.62	183.48	132	210.08	208.94	148	235.55	234.41
101	160.75	159.61	117	186.21	185.07	133	211.68	210.54	149	237.14	236.00
102	162.34	161.20	118	187.80	186.66	134	213.27	212.13	150	238.73	237.59
103	163.93	162.79	119	189.39	188.25	135	214.86	213.72	151	240.32	239.18
104	165.52	164.38	120	190.99	189.85	136	216.45	215.31	152	241.91	240.77
105	167.11	165.97	121	192.58	191.44	137	218.04	216.90	153	243.51	242.37
106	168.70	167.56	122	194.17	193.03	138	219.63	218.49	154	245.10	243.96
107	170.30	169.16	123	195.76	194.62	139	221.22	220.08	155	246.69	245.55
108	171.89	170.75	124	197.35	196.21	140	222.82	221.68	156	248.28	247.14
109	173.48	172.34	125	198.94	197.80	141	224.41	223.27	157	249.87	248.73
110	175.07	173.93	126	200.53	199.39	142	226.00	224.86	158	251.46	250.32
111	176.66	175.52	127	202.13	200.99	143	227.59	226.45	159	253.06	251.92
112	178.25	177.11	128	203.72	202.58	144	229.18	228.04	160	254.65	253.51
113	179.84	178.70	129	205.31	204.17	145	230.77	229.63			

表 3-451　8M 带轮直径基本尺寸 （单位：mm）

齿数	节径 d	外径 d_0	齿数	节径 d	外径 d_0	齿数	节径 d	外径 d_0	齿数	节径 d	外径 d_0
22	56.02	54.65	45	114.59	113.22	68	173.16	171.79	91	231.73	230.36
23	58.57	57.20	46	117.14	115.77	69	175.71	174.34	92	234.28	232.91
24	61.12	59.75	47	119.68	118.31	70	178.25	176.88	93	236.82	235.45
25	63.66	62.29	48	122.23	120.86	71	180.80	179.43	94	239.37	238.00
26	66.21	64.84	49	124.78	123.41	72	183.35	181.98	95	241.91	240.54
27	68.75	67.38	50	127.32	125.95	73	185.89	184.52	96	244.46	243.09
28	71.30	69.93	51	129.87	128.50	74	188.44	187.07	97	247.01	245.64
29	73.85	72.48	52	132.42	131.05	75	190.99	189.62	98	249.55	248.18
30	76.39	75.02	53	134.96	133.59	76	193.53	192.16	99	252.10	250.73
31	78.94	77.57	54	137.51	136.14	77	196.08	194.71	100	254.65	253.28
32	81.49	80.12	55	140.06	138.69	78	198.62	197.25	101	257.19	255.82
33	84.03	82.66	56	142.60	141.23	79	201.17	199.80	102	259.74	258.37
34	86.58	85.21	57	145.15	143.78	80	203.72	202.35	103	262.29	260.92
35	89.13	87.76	58	147.70	146.33	81	206.26	204.89	104	264.83	263.46
36	91.67	90.30	59	150.24	148.87	82	208.81	207.44	105	267.38	266.01
37	94.22	92.85	60	152.79	151.42	83	211.36	209.99	106	269.93	268.56
38	96.77	95.40	61	155.33	153.96	84	213.90	212.53	107	272.47	271.10
39	99.31	97.94	62	157.88	156.51	85	216.45	215.08	108	275.02	273.65
40	101.86	100.49	63	160.43	159.06	86	219.00	217.63	109	277.57	276.20
41	104.41	103.04	64	162.97	161.60	87	221.54	220.17	110	280.11	278.74
42	106.95	105.58	65	165.52	164.15	88	224.09	222.72	111	282.66	281.29
43	109.50	108.13	66	168.07	166.70	89	226.64	225.27	112	285.20	283.83
44	112.04	110.67	67	170.61	169.24	90	229.18	227.81	113	287.75	286.38

（续）

齿数	节径 d	外径 d_0	齿数	节径 d	外径 d_0	齿数	节径 d	外径 d_0	齿数	节径 d	外径 d_0
114	290.30	288.93	134	341.23	339.86	154	392.16	390.79	174	443.09	441.72
115	292.84	291.47	135	343.77	342.40	155	394.70	393.33	175	445.63	444.26
116	295.39	294.02	136	346.32	344.95	156	397.25	395.88	176	448.18	446.81
117	297.94	296.57	137	348.87	347.50	157	399.80	398.43	177	450.73	449.36
118	300.48	299.11	138	351.41	350.04	158	402.34	400.97	178	453.27	451.90
119	303.03	301.66	139	353.96	352.59	159	404.89	403.52	179	455.82	454.45
120	305.58	304.21	140	356.51	355.14	160	407.44	406.07	180	458.37	457.00
121	308.12	306.75	141	359.05	357.68	161	409.98	408.61	181	460.91	459.54
122	310.67	309.30	142	361.60	360.23	162	412.53	411.16	182	463.46	462.09
123	313.22	311.85	143	364.15	362.78	163	415.08	413.71	183	466.00	464.63
124	315.76	314.39	144	366.69	365.32	164	417.62	416.25	184	468.55	467.18
125	318.31	316.94	145	369.24	367.87	165	420.17	418.80	185	471.10	469.73
126	320.86	319.49	146	371.79	370.42	166	422.71	421.34	186	473.64	472.27
127	323.40	322.03	147	374.33	372.96	167	425.26	423.89	187	476.19	474.82
128	325.95	324.58	148	376.88	375.51	168	427.81	426.44	188	478.74	477.37
129	328.50	327.13	149	379.42	378.05	169	430.35	428.98	189	481.28	479.91
130	331.04	329.67	150	381.97	380.60	170	432.90	431.53	190	483.83	482.46
131	333.59	332.22	151	384.52	383.15	171	435.45	434.08	191	486.38	485.01
132	336.13	334.76	152	387.06	385.69	172	437.99	436.62	192	488.92	487.55
133	338.68	337.31	153	389.61	388.24	173	440.54	439.17			

表 3-452   14M 带轮直径基本尺寸   （单位：mm）

齿数	节径 d	外径 d_0	齿数	节径 d	外径 d_0	齿数	节径 d	外径 d_0	齿数	节径 d	外径 d_0
28	124.78	121.99	47	209.45	206.66	66	294.12	291.33	85	378.79	376.00
29	129.23	126.44	48	213.90	211.11	67	298.57	295.78	86	383.24	380.45
30	133.69	130.90	49	218.36	215.57	68	303.03	300.24	87	387.70	384.91
31	138.15	135.36	50	222.82	220.03	69	307.49	304.70	88	392.16	389.37
32	142.60	139.81	51	227.27	224.48	70	311.94	309.15	89	396.61	393.82
33	147.06	144.27	52	231.73	228.94	71	316.40	313.61	90	401.07	398.28
34	151.52	148.73	53	236.19	233.40	72	320.86	318.07	91	405.53	402.74
35	155.97	153.18	54	240.64	237.85	73	325.31	322.52	92	409.98	407.19
36	160.43	157.64	55	245.10	242.31	74	329.77	326.98	93	414.44	411.65
37	164.88	162.09	56	249.55	246.76	75	334.22	331.43	94	418.89	416.10
38	169.34	166.55	57	254.01	251.22	76	338.68	335.89	95	423.35	420.56
39	173.80	171.01	58	258.47	255.68	77	343.14	340.35	96	427.81	425.02
40	178.25	175.46	59	262.92	260.13	78	347.59	344.80	97	432.26	429.47
41	182.71	179.92	60	267.38	264.59	79	352.05	349.26	98	436.72	433.93
42	187.17	184.38	61	271.84	269.05	80	356.51	353.72	99	441.18	438.39
43	191.62	188.83	62	276.29	273.50	81	360.96	358.17	100	445.63	442.84
44	196.08	193.29	63	280.75	277.96	82	365.42	362.63	101	450.09	447.30
45	200.53	197.74	64	285.20	282.41	83	369.88	367.09	102	454.55	451.76
46	204.99	202.20	65	289.66	286.87	84	374.33	371.54	103	459.00	456.21

（续）

齿数	节径 d	外径 d_0	齿数	节径 d	外径 d_0	齿数	节径 d	外径 d_0	齿数	节径 d	外径 d_0
104	463.46	460.67	121	539.22	536.43	138	614.97	612.18	155	690.73	687.94
105	467.91	465.12	122	543.67	540.88	139	619.43	616.64	156	695.19	692.40
106	472.37	469.58	123	548.13	545.34	140	623.89	621.10	157	699.64	696.85
107	476.83	474.04	124	552.58	549.79	141	628.34	625.55	158	704.10	701.31
108	481.28	478.49	125	557.04	554.25	142	632.80	630.01	159	708.56	705.77
109	485.74	482.95	126	561.50	558.71	143	637.25	634.46	160	713.01	710.22
110	490.20	487.41	127	565.95	563.16	144	641.71	638.92	161	717.47	714.68
111	494.65	491.86	128	570.41	567.62	145	646.17	643.38	162	721.93	719.14
112	499.11	496.32	129	574.87	572.08	146	650.62	647.83	163	726.38	723.59
113	503.57	500.78	130	579.32	576.53	147	655.08	652.29	164	730.84	728.05
114	508.02	505.23	131	583.78	580.99	148	659.54	656.75	165	735.29	732.50
115	512.48	509.69	132	588.24	585.45	149	663.99	661.20	166	739.75	736.96
116	516.93	514.14	133	592.69	589.90	150	668.45	665.66	167	744.21	741.42
117	521.39	518.60	134	597.15	594.36	151	672.91	670.12	168	748.66	745.87
118	525.85	523.06	135	601.60	598.81	152	677.36	674.57	169	753.12	750.33
119	530.30	527.51	136	606.06	603.27	153	681.82	679.03	170	757.58	754.79
120	534.76	531.97	137	610.52	607.73	154	686.27	683.48	171	762.03	759.24

表 3-453　20M 带轮直径基本尺寸　　　　（单位：mm）

齿数	节径 d	外径 d_0	齿数	节径 d	外径 d_0	齿数	节径 d	外径 d_0	齿数	节径 d	外径 d_0
34	216.45	212.13	56	356.51	352.19	78	496.56	492.24	100	636.62	632.30
35	222.82	218.50	57	362.87	358.55	79	502.93	498.61	101	642.98	638.66
36	229.18	224.86	58	369.24	364.92	80	509.29	504.97	102	649.35	645.03
37	235.55	231.23	59	375.60	371.28	81	515.66	511.34	103	655.72	651.40
38	241.92	237.60	60	381.97	377.65	82	522.03	517.71	104	662.08	657.76
39	248.28	243.96	61	388.34	384.02	83	528.39	524.07	105	668.45	664.13
40	254.65	250.33	62	394.70	390.38	84	534.76	530.44	106	674.82	670.50
41	261.01	256.69	63	401.07	396.75	85	541.13	536.81	107	681.18	676.86
42	267.38	263.06	64	407.44	403.12	86	547.49	543.17	108	687.55	683.23
43	273.75	269.43	65	413.80	409.48	87	553.86	549.54	109	693.91	689.59
44	280.11	275.79	66	420.17	415.85	88	560.22	555.90	110	700.28	695.96
45	286.48	282.16	67	426.53	422.21	89	566.59	562.27	111	706.65	702.33
46	292.84	288.52	68	432.90	428.58	90	572.96	568.64	112	713.01	708.69
47	299.21	294.89	69	439.27	434.95	91	579.32	575.00	113	719.38	715.06
48	305.58	301.26	70	445.63	441.31	92	585.69	581.37	114	725.74	721.42
49	311.94	307.62	71	452.00	447.68	93	592.06	587.74	115	732.11	727.79
50	318.31	313.99	72	458.37	454.05	94	598.42	594.10	116	738.48	734.16
51	324.68	320.36	73	464.73	460.41	95	604.79	600.47	117	744.84	740.52
52	331.04	326.72	74	471.10	466.78	96	611.15	606.83	118	751.21	746.89
53	337.41	333.09	75	477.46	473.14	97	617.52	613.20	119	757.58	753.26
54	343.77	339.45	76	483.83	479.51	98	623.89	619.57	120	763.94	759.62
55	350.14	345.82	77	490.20	485.88	99	630.25	625.93	121	770.31	765.99

（续）

齿数	节径 d	外径 d_0	齿数	节径 d	外径 d_0	齿数	节径 d	外径 d_0	齿数	节径 d	外径 d_0
122	776.67	772.35	135	859.43	855.11	148	942.20	937.88	161	1024.96	1020.64
123	783.04	778.72	136	865.80	861.48	149	948.56	944.24	162	1031.32	1027.00
124	789.41	785.09	137	872.17	867.85	150	954.93	950.61	163	1037.69	1033.37
125	795.77	791.45	138	878.53	874.21	151	961.29	956.97	164	1044.05	1039.73
126	802.14	797.82	139	884.90	880.58	152	967.66	963.34	165	1050.42	1046.10
127	808.51	804.19	140	891.27	886.95	153	974.03	969.71	166	1056.79	1052.47
128	814.87	810.55	141	897.63	893.31	154	980.39	976.07	167	1063.15	1058.83
129	821.24	816.92	142	904.00	899.68	155	986.76	982.44	168	1069.52	1065.20
130	827.60	823.28	143	910.36	906.04	156	993.12	988.80	169	1075.88	1071.56
131	833.97	829.65	144	916.73	912.41	157	999.49	995.17	170	1082.25	1077.93
132	840.34	836.02	145	923.10	918.78	158	1005.86	1001.54	171	1088.62	1084.30
133	846.70	842.38	146	929.46	925.14	159	1012.22	1007.90			
134	853.07	848.75	147	935.83	931.51	160	1018.59	1014.27			

表 3-454　带轮外径及其极限偏差

外径 d_0/mm	极限偏差/mm
≤25.4	+0.05 0
>25.4~50.8	+0.08 0
>50.8~101.6	+0.10 0
>101.6~177.8	+0.13 0
>177.8~304.8	+0.15 0
>304.8~508.0	+0.18 0
>508.0	+0.20 0

表 3-455　带轮最小许用齿数 Z_{min}

转速 n /(r/min)	型号				
	3M	5M	8M	14M	20M
	齿数 Z_{min}				
$n \leq 900$	10	14	22	28	34
>900~1200	14	20	28	28	34
>1200~1800	16	24	32	32	38
>1800~3600	20	28	36	—	—
>3600~4800	22	30	—	—	—

（5）带轮挡圈的型式和尺寸（见表 3-456）

表 3-456　带轮挡圈的型式及尺寸　　　　　（单位：mm）

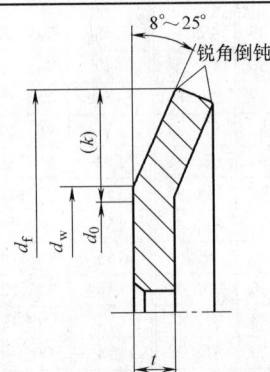

型　号	3M	5M	8M	14M	20M
挡圈最小高度(k)	2.0～2.5	2.5～3.5	4.0～5.5	7.0～7.5	8.0～8.5
挡圈厚度 t	1.0～2.0	1.5～2.0	1.5～2.5	2.5～3.0	3.0～3.5

注：d_0 为带轮外径（mm），其值见表 3-449～表 3-453；d_w 为挡圈弯曲处直径（mm），$d_w = (d_0 + 0.38) \pm 0.25$；$d_f$ 为挡圈外径（mm），$d_f = d_0 + 2k$。

（6）带轮的几何公差（见表 3-457 和表 3-458）

表 3-457　带轮的圆跳动公差　　　　　（单位：mm）

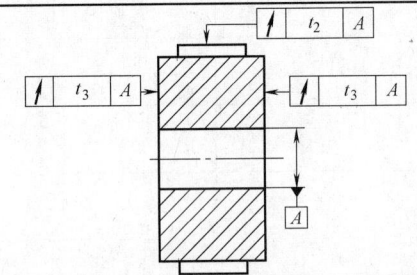

外径 d_0	径向圆跳动公差 t_2	轴向圆跳动公差 t_3
$d_0 \leqslant 24.5$	0.05	0.05
$24.5 < d_0 \leqslant 50.8$	0.07	0.07
$50.8 < d_0 \leqslant 101.6$	0.10	0.10
$101.6 < d_0 \leqslant 203.2$	0.13	$0.001(d_0 - 101.6)$
$d_0 > 203.2$	$0.13 + 0.0005(d_0 - 203.2)$	$0.25 + 0.0005(d_0 - 254.0)$

表 3-458　带轮的圆柱度和平行度公差

轮宽 b	带轮圆柱度公差	平行度公差
$b \leqslant 20$	0.02	0.03
$20 < b \leqslant 40$	0.04	0.04
$40 < b \leqslant 80$	0.08	0.05
$80 < b \leqslant 120$	0.12	0.06
$120 < b \leqslant 160$	0.16	0.07
$160 < b \leqslant 340$	$0.16 + 0.001(b - 160)$	0.08

注：b 表示轮宽，为 b_f、b_f' 的总称。

4.4　曲线齿同步带传动（摘自 GB/T 24619—2009）

4.4.1　型号

曲线齿同步带和带轮分为 H、S、R 三种齿型，8mm、14mm 两种节距共六种型号。

1）H 齿型：H8M 型、H14M 型。

2）S 齿型：S8M 型、S14M 型。

3）R 齿型：R8M 型、R14M 型。

4.4.2　标记

（1）带的标记

带的标记由带节线长（mm）、带型号（包括齿型和节距）和带宽 mm（对于 S 齿型为实际带宽的 10 倍）组成，双面齿带还应在型号前加字母 D。

示例：

节线长为 1400mm、节距为 14mm、宽为 40mm 的曲线齿同步带标记为：

1）H 齿型（单面）：1400H14M40，H 齿型（双面）：1400DH14M40。

2）S 齿型（单面）：1400S14M400，S 齿型（双面）：1400DS14M400。

3）R 齿型（单面）：1400R14M40，R 齿型（双面）：1400DR14M40。

（2）带轮的标记

带轮标记由带轮代号 P、带轮齿数、带轮槽型和带轮宽度 mm（对于 S 齿型为实际带轮宽度的 10 倍）组成。

示例：

齿数为 30、节距为 14mm、宽度为 40mm 的曲线齿同步带轮标记为：

1）H 齿型：P30H14M40。

2）S 齿型：P30S14M400。

3）R 齿型：P30R14M40。

4.4.3　H 型带（见表 3-459 和表 3-460）

表 3-459　H 型带齿的型式和尺寸

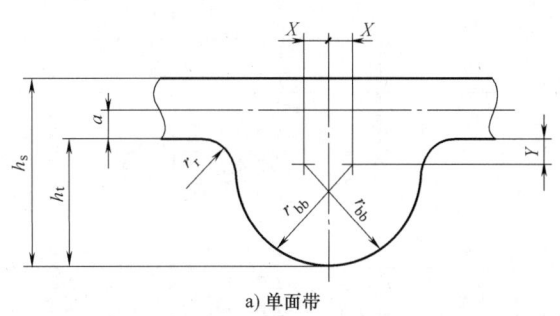

a) 单面带

（续）

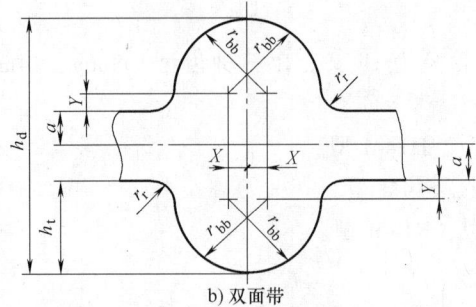

b) 双面带

齿型	节距 P_b	带高 h_s	带高 h_d	齿高 h_t	根部半径 r_r	顶部半径 r_{bb}	节线差 a	X	Y
H8M	8	6	—	3.38	0.76	2.59	0.686	0.089	0.787
DH8M	8	—	8.1	3.38	0.76	2.59	0.686	0.089	0.787
H14M	14	10	—	6.02	1.35	4.55	1.397	0.152	1.470
DH14M	14	—	14.8	6.02	1.35	4.55	1.397	0.152	1.470

表 3-460　H 型（包括 R 型和 S 型）带的宽度和极限偏差

带　型	带宽 b_a/mm	带宽极限偏差/mm		
		$L_p \leqslant 840$	$840 < L_p \leqslant 1680$	$L_p > 1680$
H8M DH8M R8M DR8M	20 30	+0.8 -0.8	+0.8 -1.3	+0.8 -1.3
	50	+1.3 -1.3	+1.3 -1.3	+1.3 -1.5
	85	+1.5 -1.5	+1.5 -2.0	+2 -2
H14M DH14M R14M DR14M	40	+0.8 -1.3	+0.8 -1.3	+1.3 -1.5
	55	+1.3 -1.3	+1.5 -1.5	+1.5 -1.5
	85	+1.5 -1.5	+1.5 -2.0	+2.0 -2.0
	115 170	+2.3 -2.3	+2.3 -2.8	+2.3 -3.3
S8M DS8M	15 25	+0.8 -0.8	+0.8 -1.3	+0.8 -1.3
	60	+1.3 -1.5	+1.5 -1.5	+1.5 -2.0
S14M DS14M	40	+0.8 -1.3	+0.8 -1.3	+1.3 -1.5
	60	+1.3 -1.5	+1.5 -1.5	+1.5 -2.0
	80 100	+1.5 -1.5	+1.5 -2.0	+2.0 -2.0
	120	+2.3 -2.3	+2.3 -2.8	+2.3 -3.3

注：L_p 为节线长。

4.4.4　H 型带轮（见表 3-461～表 3-464）

表 3-461　加工 H 型带轮齿廓的齿条刀具尺寸和极限偏差　（单位：mm）

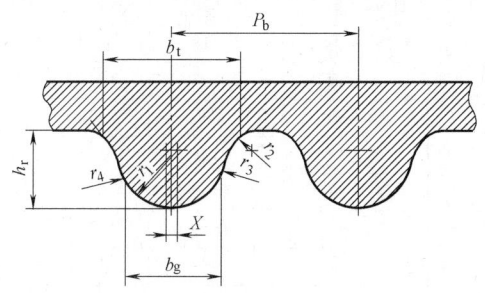

齿型	H8M			H14M		
齿数	22～27	28～89	90～200	28～36	37～89	90～216
P_b ±0.012	8	8	8	14	14	14
h_r ±0.015	3.29	3.61	3.63	6.32	6.20	6.35
b_g	3.48	4.16	4.24	7.11	7.73	8.11
b_t	6.04	6.05	5.69	11.14	10.79	10.26
r_1 ±0.012	2.55	2.77	2.64	4.72	4.66	4.62
r_2 ±0.012	1.14	1.07	0.94	1.88	1.83	1.91
r_3 ±0.012	0	12.90	0	20.83	15.75	20.12
r_4 ±0.012	0	0.73	0	1.14	1.14	0.25
X	0	0.25	0	0	0	0

表 3-462　H 型带轮齿槽的形状和尺寸　　　　（单位：mm）

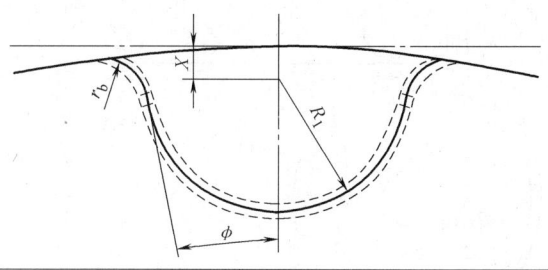

齿型	齿数 Z		R_1	r_b	X	$\phi(°)$
H8M	22～27	标准值	2.675	0.874	0.620	11.3
		最大值	2.764	1.052		
		最小值	2.598	0.798		

（续）

齿型	齿数 Z		R_1	r_b	X	$\phi(°)$
H8M	28~89	标准值	2.629	1.024	0.975	7
		最大值	2.718	1.201		
		最小值	2.553	0.947		
	90~200	标准值	2.639	1.008	0.991	6.6
		最大值	2.728	1.186		
		最小值	2.563	0.932		
H14M	28~32	标准值	4.859	1.544	1.468	7.1
		最大值	4.948	1.722		
		最小值	4.783	1.468		
	33~36	标准值	4.834	1.613	1.494	5.2
		最大值	4.923	1.791		
		最小值	4.757	1.537		
	37~57	标准值	4.737	1.654	1.461	9.3
		最大值	4.826	1.831		
		最小值	4.661	1.577		
	58~89	标准值	4.669	1.902	1.529	8.9
		最大值	4.757	2.080		
		最小值	4.592	1.826		
	90~153	标准值	4.636	1.704	1.692	6.9
		最大值	4.724	1.882		
		最小值	4.559	1.628		
	154~216	标准值	4.597	1.770	1.730	8.6
		最大值	4.686	1.948		
		最小值	4.521	1.694		

表 3-463　H 型带轮直径　　　　　（单位：mm）

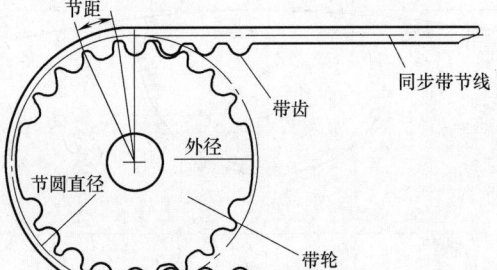

注：包括 R 型和 S 型

（续）

齿数	带 轮 槽 型			
	H8M		H14M	
	节径 d	外径 d_0	节径 d	外径 d_0
22	56.02[①]	54.65	—	—
24	61.12[①]	59.74	—	—
26	66.21[①]	64.84	—	—
28	71.30[①]	70.08	124.78[①]	122.12
29	—	—	129.23[①]	126.57
30	76.39[①]	75.13	133.69[①]	130.99
32	81.49	80.11	142.60[①]	139.88
34	86.58	85.21	151.52[①]	148.79
36	91.67	90.30	160.43	157.68
38	96.77	95.39	169.34	166.60
40	101.86	100.49	178.25	175.49
44	112.05	110.67	196.08	193.28
48	122.23	120.86	213.90	211.11
52	—	—	231.73	228.94
56	142.60	141.23	249.55	246.76
60	—	—	267.38	264.59
64	162.97	161.60	285.21	282.41
68	—	—	303.03	300.24
72	183.35	181.97	320.86	318.06
80	203.72	202.35	356.51	353.71
90	229.18	227.81	401.07	398.28
112	285.21[①]	283.83	499.11	496.32
144	366.69[①]	365.32	641.71	638.92
168	—	—	748.66[①]	745.87
192	488.92[①]	487.55	855.62[①]	852.82
216	—	—	962.57[①]	959.78

① 通常不是适用所有宽度。

表 3-464　H 型（包括 R 型）带轮的标准宽度和最小宽度

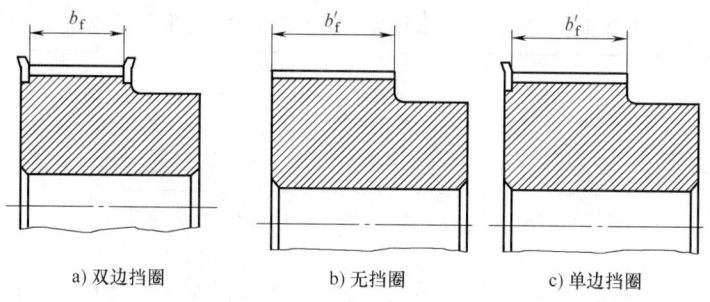

a) 双边挡圈　　　　b) 无挡圈　　　　c) 单边挡圈

（续）

带轮槽型	带轮标准宽度/mm	最小宽度/mm	
		双边挡圈 b_f	无或单边挡圈 b_f'
H8M R8M	20	22	30
	30	32	40
	50	53	60
	85	89	96
H14M R14M	40	42	55
	55	58	70
	85	89	101
	115	120	131
	170	175	186

4.4.5 R型带（见表3-465）

表 3-465   R 型带齿的型式和尺寸　　　　（单位：mm）

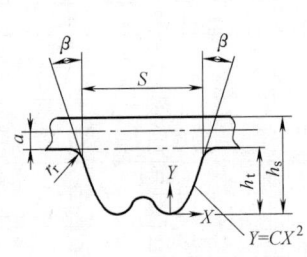 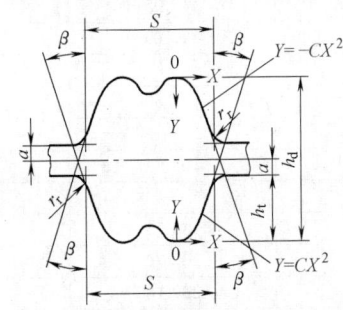

a) 单面带　　　　　　　　　　　　　b) 双面带

齿型	节距 P_b	齿形角 β	齿根厚 S	带高 h_s	带高 h_d	齿高 h_t	根部半径 r_r	节线差 a	C
R8M	8	16°	5.50	5.40	—	3.2	1	0.686	1.228
DR8M	8	16°	5.50	—	7.80	3.2	1	0.686	1.228
R14M	14	16°	9.50	9.70	—	6	1.75	1.397	0.643
DR14M	14	16°	9.50	—	14.50	6	1.75	1.397	0.643

4.4.6 R型带轮（见表3-466~表3-468）

表 3-466   加工 R 型带轮齿廓齿条刀具的尺寸和极限偏差　　（单位：mm）

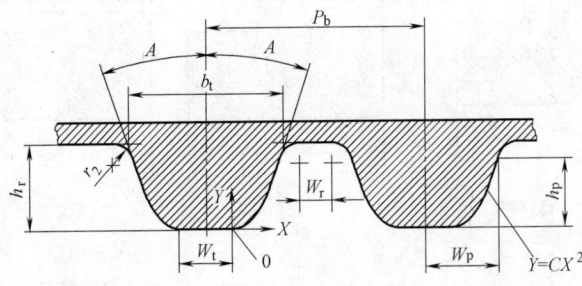

（续）

齿型	齿数 Z	带齿节距 $P_b \pm 0.012$	齿形角 A $\pm 0.5°$	b_t	h_p[1]	h_r	W_p[1]	W_r[1]	$W_t \pm$ 0.025	$r_2 \pm$ 0.025	C
R8M	$22 \sim 27$	7.780	18.00	5.900 ± 0.025	2.83	$3.45^{+0}_{-0.05}$	2.75	0.58	1.820	0.900	0.8373
	≥ 28	7.890	18.00	5.900 ± 0.025	2.79	$3.45^{+0.00}_{-0.05}$	2.74	0.61	1.840	0.950	0.8477
R14M	≥ 28	13.800	18.00	$10.45^{+0.05}_{-0.00}$	4.93	$6.04^{+0.05}_{-0.00}$	4.87	1.02	3.320	1.600	0.4799

[1] 为参考值。

表 3-467　R 型带轮齿槽的形状和尺寸　　　　（单位：mm）

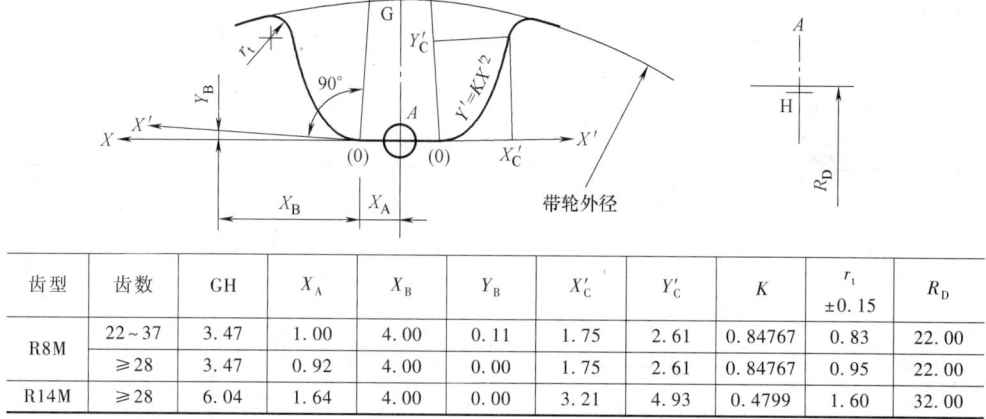

齿型	齿数	GH	X_A	X_B	Y_B	X'_C	Y'_C	K	r_t ± 0.15	R_D
R8M	$22 \sim 37$	3.47	1.00	4.00	0.11	1.75	2.61	0.84767	0.83	22.00
	≥ 28	3.47	0.92	4.00	0.00	1.75	2.61	0.84767	0.95	22.00
R14M	≥ 28	6.04	1.64	4.00	0.00	3.21	4.93	0.4799	1.60	32.00

表 3-468　R 型带轮直径　　　　（单位：mm）

齿数 Z	带轮槽型			
	R8M		R14M	
	节径 d	外径 d_0	节径 d	外径 d_0
22	56.02[1]	54.65	—	—
24	61.12[1]	59.74	—	—
26	66.21[1]	64.84	—	—
28	71.30[1]	69.93	124.78[1]	121.98
29	—	—	129.23[1]	126.44
30	76.39[1]	75.02	133.69[1]	130.90
32	81.49	80.12	142.60[1]	139.81
34	86.58	85.21	151.52[1]	148.72
36	91.67	90.30	160.43	157.63
38	96.77	95.39	169.34	166.55
40	101.86	100.49	178.25	175.46
44	112.05	110.67	196.08	193.28
48	122.23	120.86	213.90	211.11
52	—	—	231.73	228.94
56	142.60	141.23	249.55	246.76

（续）

齿数	带轮槽型			
	R8M		R14M	
Z	节径 d	外径 d_0	节径 d	外径 d_0
60	—		267.38	264.59
64	162.97	161.60	285.21	282.41
68	—		303.03	300.24
72	183.35	181.97	320.86	318.06
80	203.72	202.35	356.51	353.71
90	229.18	227.81	401.07	398.28
112	285.21[①]	283.83	499.11	496.32
144	366.69[①]	365.32	641.71	638.92
168	—		748.66[①]	745.87
192	488.92[①]	487.55	855.62[①]	852.82
216	—	—	962.57[①]	959.78

① 通常不是适用所有宽度。

4.4.7　S 型带（见表 3-469）

表 3-469　S 型带齿的型式和尺寸　　　　　（单位：mm）

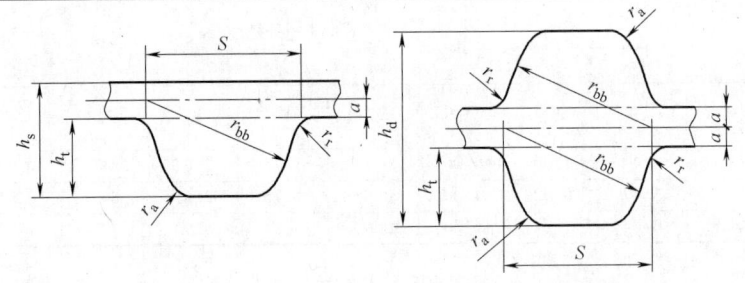

a) 单面带　　　　　　　　b) 双面带

齿型	节距 P_b	带高 h_s	带高 h_d	齿高 h_t	根部半径 r_r	顶部半径 r_{bb}	节线差 a	S	r_a
S8M	8	5.3	—	3.05	0.8	5.2	0.686	5.2	0.8
DS8M	8	—	7.5	3.05	0.8	5.2	0.686	5.2	0.8
S14M	14	10.2	—	5.3	1.4	9.1	1.397	9.1	1.4
DS14M	14	—	13.4	5.3	1.4	9.1	1.397	9.1	1.4

4.4.8　S 型带轮（见表 3-470~表 3-473）

表 3-470　加工 S 型带轮齿廓的齿条刀具尺寸和极限偏差　（单位：mm）

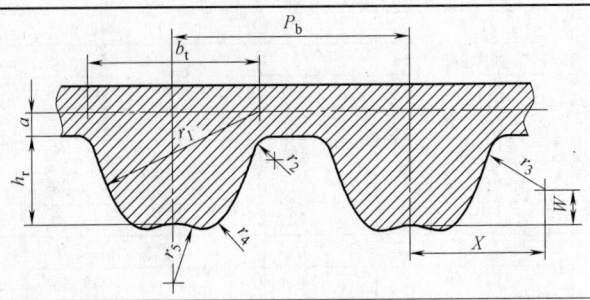

（续）

齿型	齿数	$P_b \pm 0.012$	$h_r^{+0.05}_{\ 0}$	$b_t^{+0.05}_{\ 0}$	$r_1^{+0.05}_{\ 0}$	$r_2 \pm 0.03$	$r_3 \pm 0.03$	$r_4 \pm 0.03$	$r_5 \pm 0.10$	X	W	a
S8M	≥22	8	2.83	5.2	5.3	0.75	2.71	0.4	4.04	5.05	1.13	0.686
S14M	≥28	14	4.95	9.1	9.28	1.31	4.8	0.7	7.07	8.84	1.98	1.397
S8M （可选刀具）	22~26	7.611	2.83	4.22	4.74	0.8	—	0.27	5.68	—	—	0.256
	27~33	7.689					—	0.29	5.28	—	—	0.279
	34~46	7.767					—	0.32	4.92	—	—	0.299
	47~74	7.844					—	0.35	4.59	—	—	0.321
	75~216	7.928					—	0.38	4.28	—	—	0.342
S14M （可选刀具）	28~34	13.441	4.95	7.50	8.38	1.36	—	0.52	9.17	—	—	0.784
	35~47	13.577					—	0.56	8.57	—	—	0.819
	48~75	13.716					—	0.61	8.03	—	—	0.856
	76~216	13.876					—	0.66	7.46	—	—	0.896

注：标准刀具和可选刀具所加工出的带轮都在可接受的公差范围内，但是可选刀具所加工出的带轮更加
　　接近于理想带轮形状。

表 3-471　S 型带轮的齿槽的形状、尺寸和极限偏差　　（单位：mm）

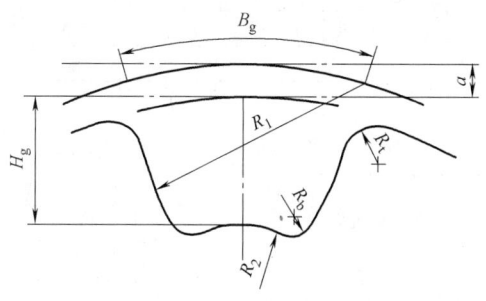

齿型	齿数	$B_g^{+0.10}_{-0.00}$	$H_g \pm 0.03$	$R_2 \pm 0.1$	$R_b \pm 0.1$	$R_t^{+0.10}_{-0.00}$	a	$R_1^{+0.10}_{-0.00}$
S8M	≥22	5.20	2.83	4.04	0.40	0.75	0.686	5.30
S14M	≥28	9.10	4.95	7.07	0.70	1.31	1.397	9.28

表 3-472　S 型带轮直径　　（单位：mm）

齿数 Z	带 轮 槽 型			
	S8M		S14M	
	节径 d	外径 d_0	节径 d	外径 d_0
22	56.02[①]	54.65	—	—
24	61.12[①]	59.74	—	—
26	66.21[①]	64.84	—	—
28	71.30[①]	69.93	124.78[①]	121.98
29	—	—	129.23[①]	126.44
30	76.39[①]	75.02	133.69[①]	130.90
32	81.49	80.16	142.60[①]	139.81
34	86.58	85.21	151.52[①]	148.72
36	91.67	90.30	160.43	157.63
38	96.77	95.39	169.34	166.55

（续）

齿数 Z	带轮槽型			
	S8M		S14M	
	节径 d	外径 d_0	节径 d	外径 d_0
40	101.86	100.49	178.25	175.46
44	112.05	110.67	196.08	193.28
48	122.23	120.86	213.90	211.11
52	—		231.73	228.94
56	142.60	141.23	249.55	246.76
60	—	—	267.38	264.59
64	162.97	161.60	285.21	282.41
68	—	—	303.03	300.24
72	183.35	181.97	320.86	318.06
80	203.72	202.35	356.51	353.71
90	229.18	227.81	401.07	398.28
112	285.21[①]	283.83	499.11	496.32
144	366.69[①]	365.32	641.71	638.92
168	— ·	—	748.66[①]	745.87
192	488.92[①]	487.55	855.62[①]	852.82
216	—	—	962.57[①]	959.78

① 通常不是适用所有宽度。

表 3-473　S 型带轮标准宽度及最小宽度　　（单位：mm）

带轮槽型	带轮标准宽度	最小宽度	
		双边挡圈 b_f	无或单边挡圈 b_f'
S8M	15	16.3	25
	25	26.6	35
	40	42.1	50
	60	62.7	70
S14M	40	41.8	55
	60	62.9	76
	80	83.4	96
	100	103.8	116
	120	124.3	136

注：如果传动中带轮的找正可控制时，无挡圈带轮的宽度可适当减小，但不能小于双边挡圈带轮的最小宽度。

4.4.9　各型号曲线齿同步带节线长和极限偏差（见表 3-474）

表 3-474　各型号曲线齿同步带节线长和极限偏差　　（单位：mm）

长度代号	节线长	节线长极限偏差				齿数	
		8M	14M	D8M	D14M	8M	14M
480	480	±0.51	—	+1.02/−0.76	—	60	—
560	560	±0.61	—	+1.22/−0.91		70	—
640	640	±0.61	—	+1.22/−0.91		80	—
720	720	±0.61	—	+1.22/−0.91		90	—

（续）

长度代号	节线长	节线长极限偏差				齿数	
		8M	14M	D8M	D14M	8M	14M
800	800	±0.66	—	+1.32/−0.99	—	100	—
880	880	±0.66	—	+1.32/−0.99	—	110	—
960	960	±0.66	—	+1.32/−0.99	—	120	—
966	966	—	±0.66	—	+1.32/−0.99	—	69
1040	1040	±0.76	—	+1.52/−1.14	—	130	—
1120	1120	±0.76	—	+1.52/−1.41	—	140	—
1190	1190	—	±0.76	—	+1.52/−1.14	—	85
1200	1200	±0.76	—	+1.52/−1.14	—	150	—
1280	1280	±0.81	—	+1.62/−1.21	—	160	—
1400	1400	—	±0.81	—	+1.62/−1.21	—	100
1440	1440	±0.81	—	+1.62/−1.21	—	180	—
1600	1600	±0.86	—	+1.73/−1.29	—	200	—
1610	1610	—	+0.86	—	+1.73/−1.29	—	115
1760	1760	±0.86	—	+1.73/−1.29	—	220	—
1778	1778	—	±0.91	—	+1.82/−1.36	—	127
1800	1800	±0.91	—	+1.82/−1.36	—	225	—
1890	1890	—	±0.91	—	+1.82/−1.36	—	135
2000	2000	±0.91	—	+1.82/−1.36	—	250	—
2100	2100	—	±0.97	—	+1.94/−1.45	—	150
2310	2310	—	±1.02	—	+2.04/−1.53	—	165
2400	2400	±1.02	—	+2.04/−1.53	—	300	—
2450	2450	—	±1.02	—	+2.04/−1.53	—	175
2590	2590	—	±1.07	—	+2.14/−1.60	—	185
2600	2600	±1.07	—	+2.14/−1.60	—	325	—
2800	2800	±1.12	±1.12	+2.24/−1.68	+2.24/−1.68	350	200
3150	3150	—	±1.17	—	+2.34/−1.75	—	225
3360	3360	—	±1.22	—	+2.44/−1.83	—	240
3500	3500	—	±1.22	—	+2.44/−1.83	—	250
3600	3600	±1.28	—	+2.56/−1.92	—	450	—
3850	3850	—	±1.32	—	+2.64/−1.98	—	275
4326	4326	—	±1.42	—	+2.84/−2.13	—	309
4400	4400	±1.42	—	+2.84/−2.13	—	550	—
4578	4578	—	±1.46	—	+2.92/−2.19	—	327
4956	4956	—	±1.52	—	+3.04/−2.28	—	354
5320	5320	—	±1.58	—	+3.16/−2.37	—	380
5740	5740	—	±1.70	—	+3.40/−2.55	—	410
6160	6160	—	±1.82	—	+3.64/−2.73	—	440
6860	6860	—	±2.00	—	+4.00/−3.00	—	490

4.4.10　各型号带轮尺寸极限偏差（见表3-475和表3-476）

表3-475　带轮的节距偏差

外径 d_0/mm	节距偏差/mm	
	任意两相邻齿间	90°弧内累积[①]
>50.8~101.6		±0.10
>101.6~177.8		±0.13
>177.8~304.8	±0.03	±0.15
>304.8~508		±0.18
>508		±0.20

注：当90°弧所含齿数不是整数时，按大于90°弧取最小整数齿。

[①] 包括大于90°弧所取最小整数齿。

表3-476　带轮外径及其极限偏差

带轮外径 d_0/mm	极限偏差/mm	带轮外径 d_0/mm	极限偏差/mm
>50.8~101.6	+0.10 0	>508~762	+0.20 0
>101.6~177.8	+0.13 0	>762~1016	+0.23 0
>177.8~304.8	+0.15 0	>1016	+0.25 0
>304.8~508	+0.18 0		

4.4.11　各型号带轮的几何公差（见表3-477）

表3-477　各型号带轮的几何公差　（单位：mm）

外径 d_0	径向圆跳动公差 t_2	轴向圆跳动公差 t_3	平行度	圆柱度
≤101.6	0.13	0.10	齿槽应与轮孔的轴线平行，其平行度公差 ≤0.001b（轮宽）	带轮直径在极限偏差范围内，圆柱度公差≤ 0.001b（轮宽）
>101.6~203.2		0.001d_0		
>203.2~254	0.13+0.0005 (d_0-203.2)			
>254		0.25+0.0005 (d_0-254)		

注：b为轮宽，b_f、b_f'的总称。

4.4.12　其他型号同步带及带轮尺寸

（1）H型带（见表3-478和表3-479）

表3-478　H3M型、H5M型和H20M型带齿的型式和尺寸　（单位：mm）

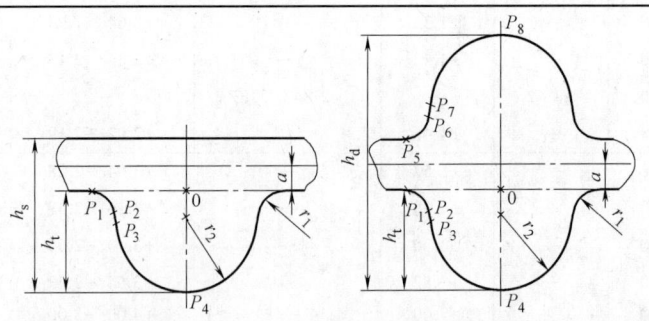

（续）

齿型	H3M	DH3M	H5M	DH5M	H20M
节距 P_b	3	3	5	5	20
带高 h_s	2.4	—	3.8	—	13.2
带高 h_d	—	3.2	—	5.3	—
齿高 h_t	1.21	—	2.08	—	8.68
$P_1(X,Y)$	-1.14,0.00	—	-1.85,0.00	—	-8.34,0.00
$P_5(X,Y)$	—	-1.14,0.76	—	-1.85,1.14	—
根部半径 r_1	0.3	0.3	0.41	0.41	2.03
$P_2(X,Y)$	-0.83,-0.30	—	-1.44,-0.42	—	-6.32,-1.84
$P_6(X,Y)$	—	-0.83,1.06	—	-1.44,1.56	—
$P_3(X,Y)$	-0.83,-0.35	—	-1.44,-0.53	—	-6.22,-2.90
$P_7(X,Y)$	—	-0.83,1.11	—	-1.44,1.67	—
顶部半径 r_2	0.86	0.86	1.5	1.5	6.4
$P_4(X,Y)$	0.00,-1.21	—	0.00,-2.08	—	0.00,-8.68
$P_8(X,Y)$	—	0.00,1.97	—	0.00,3.22	—
节线差 a	0.381	0.381	0.572	0.572	2.159

表 3-479　H 型（包括 R 型）带的宽度和极限偏差　（单位：mm）

带型	带宽 b_a	带宽极限偏差		
		$L_p \leqslant 840$	$840 < L_p \leqslant 1680$	$L_p > 1680$
H3M DH3M	6 9	+0.4 -0.8	+0.4 -0.8	—
R3M DR3M	15	+0.8 -0.8	+0.8 -1.2	+0.8 -1.2
H5M DH5M	9	+0.4 -0.8	+0.4 -0.8	—
R5M DR5M	15 25	+0.8 -0.8	+0.8 -1.2	+0.8 -1.2
H20M R20M	115 170	+2.3 -2.3	+2.3 -2.8	+2.3 -3.3
	230 290 340	—	—	+4.8 -6.4

注：L_p 为节线长。

（2）H 型带轮（见表 3-480～表 3-483）

表 3-480　加工 H3M、H5M 和 H20M 型带轮齿廓的齿条刀具尺寸和极限偏差　　　　　（单位：mm）

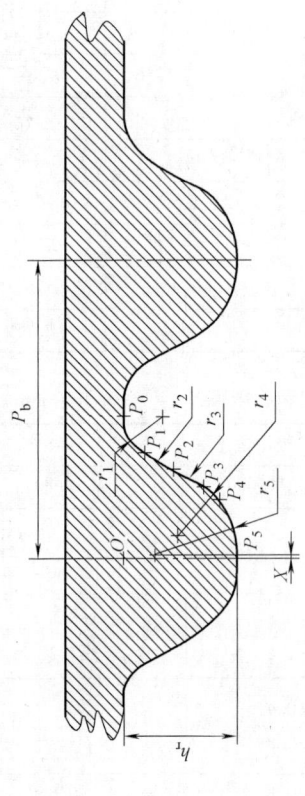

齿型	齿数	$P_b\pm0.012$	$h_r\pm0.015$	P_0 (X,Y)	$r_1\pm0.012$	P_1 (X,Y)	$r_2\pm0.012$	P_2 (X,Y)	$r_3\pm0.012$	P_3 (X,Y)	$r_4\pm0.012$	P_4 (X,Y)	$r_5\pm0.012$	P_5 (X,Y)	X
H3M	9~13	3.000	1.196	1.423,0	0.414	1.061, -0.213	—	—	8	0.712, -0.840	0.559	0.574, -1.004	0.869	0.029, -1.196	0.029
	14~25	3.000	1.173	1.324, 0	0.254	1.139, -0.080	0.792	0.992, -0.300	8	0.747, -0.860	0.254	0.687, -0.944	0.844	0.114, -1.168	0.114
	26~80	3.000	1.227	1.223, 0	0.262	0.982, -0.159	2.616	0.820, -0.679	—	—	0.493	0.733, -0.877	0.869	0.036, -1.227	0.036
	81~200	3.000	1.232	1.333, 0	0.358	0.981, -0.290	—	—	8	0.923, -0.554	—	—	0.866	0.077, -1.232	0.077
H5M	12~16	5.000	1.986	2.334, 0	0.659	1.739, -0.316	4.475	1.522, -0.720	8	1.124, -1.560	0.691	0.773, -1.895	1.133	0.328, -1.986	0.328
	17~31	5.000	2.024	2.242, 0	0.610	1.871, -0.126	1.431	1.540, -0.593	8	1.163, -1.566	0.612	1.013, -1.789	1.219	0.295, -2.024	0.295
	32~79	5.000	2.032	2.073, 0	0.493	1.675, -0.203	1.359	1.501, -0.566	8	1.37, -1.035	1.402	1.088, -1.617	1.300	0.135, -2.032	0.135
	80~200	5.000	2.065	2.160, 0	0.610	1.564, -0.483	—	—	8	1.443, -1.050	—	—	1.471	0.043, -2.065	0.043
H20M	34~45	20.000	8.644	9.786, 0	2.814	7.105, -1.825	—	—	8	5.972, -4.947	—	—	5.625	0.753, -8.644	0.753
	46~100	20.000	8.591	9.529, 0	2.667	7.041, -1.662	20.329	6.015, -5.121	—	—	—	—	5.842	0.711, -8.591	0.711
	101~220	20.000	8.690	9.787, 0	2.676	7.305, -1.760	—	—	8	6.165, -4.855	—	—	5.833	0.739, -8.690	0.739

表 3-481 H3M、H5M 和 H20M 型带轮的齿槽形状、尺寸和极限偏差

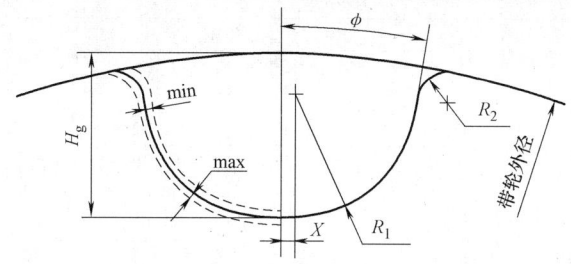

齿型	齿数 Z	H_g/mm	X/mm	R_1/mm	R_2/mm	$\phi(°)$	极限偏差/mm
H3M	9~13	1.190	0.029	0.991	0.181	15	±0.051
	14~25	1.179	0.112	0.889	0.229	9	
	26~80	1.219	0.028	0.927	0.191	8	
	81~200	1.234	0.074	0.925	0.301	4	
H5M	12~16	1.989	0.307	1.265	0.432	10	±0.051
	17~31	2.009	0.320	1.270	0.508	6	
	32~79	2.052	0.081	1.438	0.488	2	
	80~200	2.056	0.028	1.552	0.569	5	
H20M	34~45	8.649	0.544	6.185	2.184	15	±0.089
	46~100	8.661	0.544	6.185	2.540	10	
	101~220	8.700	0.544	6.185	2.540	18	

表 3-482 H3M、H5M 和 H20M 型带轮直径 （单位：mm）

齿数	带 轮 槽 型					
	H3M		H5M		H20M	
	节径 d	外径 d_0	节径 d	外径 d_0	节径 d	外径 d_0
14	13.37	12.61	22.28	21.14	—	—
15	14.32	13.56	23.87	22.73	—	—
16	15.28	14.52	25.46	24.32	—	—
17	16.23	15.47	27.06	25.91	—	—
18	17.19	16.43	28.65	27.50	—	—
19	18.14	17.38	30.24	29.10	—	—
20	19.10	18.34	31.83	30.69	—	—
21	20.05	19.29	33.42	32.28	—	—
22	21.01	20.25	35.01	33.87	—	—
24	22.92	22.16	38.20	37.05	—	—
26	24.83	24.07	41.38	40.24	—	—
28	26.74	25.98	44.56	43.42	—	—
29	—	—	—	—	—	—
30	28.65	27.89	47.75	46.60	—	—
32	30.56	29.80	50.93	49.79	—	—
34	32.47	31.71	54.11	52.97	216.45	212.13
36	34.83	33.62	57.30	56.15	229.18	224.87
38	36.29	35.53	60.48	59.33	241.92	237.60

（续）

齿数	带轮槽型					
	H3M		H5M		H20M	
	节径 d	外径 d_0	节径 d	外径 d_0	节径 d	外径 d_0
40	38.20	37.44	63.66	62.52	254.65	250.33
43	41.06	40.30	68.44	67.29	—	—
44	42.02	41.25	70.03	68.88	280.11	275.79
46	43.93	43.16	73.21	72.07	—	—
48	45.84	45.07	76.39	75.25	305.58	301.26
49	46.79	46.03	77.99	76.84	—	—
50	47.75	46.98	79.58	78.43	—	—
52	49.66	48.89	82.76	81.62	331.04	326.72
55	52.52	51.76	87.54	86.39	—	—
56	—	—	89.13	87.98	356.51	352.19
60	57.30	56.53	95.49	94.35	381.97	377.65
62	—	—	98.68	97.53	—	—
64	—	—	—	—	407.44	403.12
65	62.07	61.31	103.45	102.31	—	—
68	—	—	—	—	432.90	428.58
70	66.85	66.08	111.41	110.26	—	—
72	68.75	67.99	—	—	458.37	454.05
78	74.48	73.72	124.14	123.00	—	—
80	76.39	75.63	127.32	126.18	509.30	504.98
90	85.94	85.18	143.24	142.10	572.96	568.64
100	95.49	94.73	159.15	158.01	—	—
110	105.04	104.28	175.07	173.93	—	—
112	—	—	—	—	713.01	708.70
120	114.59	113.83	190.99	189.84	—	—
130	124.14	123.38	206.90	205.76	—	—
140	133.69	132.93	222.82	221.67	—	—
144	—	—	—	—	916.73	912.41
150	143.24	142.48	238.73	237.59	—	—
160	152.79	152.03	254.65	235.50	—	—
168	—	—	—	—	1069.52	1065.20
192	—	—	—	—	1222.31	1217.99
212	—	—	—	—	1349.63	1345.32
216	—	—	—	—	1375.10	1370.78

表 3-483　H3M、H5M 和 H20M 型（包括 R 型）带轮的标准宽度和最小宽度

带轮槽型	带轮标准宽度/mm	最小宽度/mm	
		双边挡圈 b_f	无或单边挡圈 b_f'
H3M R3M	6	8	11
	9	11	14
	15	17	20

（续）

带 轮 槽 型	带轮标准宽度/m	最小宽度/mm	
		双边挡圈 b_f	无或单边挡圈 b_f'
H5M R5M	9	11	15
	15	17	21
	25	27	31
H20M R20M	115	120	134
	170	175	189
	230	235	251
	290	300	311
	340	350	361

（3）R 型带（见表 3-484）

表 3-484　R3M、R5M 和 R20M 型带齿尺寸　　（单位：mm）

齿型	节距 P_b	齿形角 β	齿根厚 S	带高 h_a	带高 h_d	齿高 h_t	根部半径 r_r	节线差 a	C
R3M	3	16°	1.95	2.40	—	1.27	0.380	0.380	3.0567
DR3M	3	16°	1.95	—	3.3	1.27	0.380	0.380	3.0567
R5M	5	16°	3.30	3.80	—	2.15	0.630	0.570	1.7952
DR5M	5	16°	3.30	—	5.44	2.15	0.630	0.570	1.7952
R20M	20	16°	13.60	14.50	—	8.75	2.50	2.160	2.2882

注：R 型带齿的型式见表 3-465 中图。

（4）R 型带轮（见表 3-485～表 3-487）

表 3-485　加工 R3M、R5M 和 R20M 型齿廓齿条刀具尺寸和极限偏差

（单位：mm）

齿型	齿数 Z	带齿节距 $P_b\pm0.012$	齿形角 $A\pm0.5$[①]	b_t	h_p	h_r	W_p[①]	W_r[①]	W_t	r_2 ±0.025	C
R3M	8～15	2.761	16.00	$2.06^{+0.05}_{-0.00}$	0.925	1.15 ±0.025	0.9660	0.2340	$0.870^{+0.05}_{-0.00}$	0.310	3.285
	16～30	2.867	16.00	$2.06^{+0.05}_{-0.00}$	0.925	$1.15\pm$ 0.025	0.9660	0.3400	$0.870^{+0.05}_{-0.00}$	0.310	3.285
	≥31	3.000	16.00	$2.00^{+0.05}_{-0.00}$	0.896	$1.20\pm$ 0.025	0.9130	0.3670	$0.798^{+0.05}_{-0.00}$	0.410	3.394
R5M	10～21	4.761	16.00	3.48 ±0.025	1.604	$2.06^{+0.05}_{-0.00}$	1.6090	0.3320	1.379 ±0.025	0.630	1.896
	≥22	5.000	16.00	3.48 ±0.025	1.604	$2.06^{+0.05}_{-0.00}$	1.6090	0.5710	1.379 ±0.025	0.630	1.896
R20M	≥30	19.6915	18.00	$14.85^{+0.05}_{-0.00}$	6.7034	$8.50^{+0.05}_{-0.00}$	6.8412	1.6036	4.9701 ±0.025	2.600	0.3532

注：加工 R 型带轮齿廓齿条刀具见表 3-466 中图。

① 为参考值。

表 3-486　R3M、R5M 和 R20M 型带轮的齿槽尺寸和极限偏差

（单位：mm）

齿型	齿数	GH	X_A	X_B	Y_B	X'_C	Y'_C	K	r_t	R_D
R3M	8～15	1.15	0.39	4.00	0.08	0.54	0.940	3.210	0.28	4.00
	16～30	1.15	0.40	4.00	0.00	0.53	0.930	3.285	0.30	13.00
	≥31	1.20	0.40	4.00	0.00	0.53	0.930	3.394	0.40	18.00
R5M	10～21	2.06	0.63	4.00	0.06	0.97	1.697	1.790	0.63	9.00
	≥22	2.06	0.70	4.00	0.00	0.95	1.660	1.829	0.50	18.00
R20M	≥30	8.50	2.50	4.00	0.00	4.40	6.8	0.349	2.42	150.00

注：R 型带轮齿槽的形状见表 3-467 中图。

表 3-487　R3M、R5M 和 R20M 型带轮直径　（单位：mm）

齿数 Z	带轮槽型					
	R3M		R5M		R20M	
	节径 d	外径 d_0	节径 d	外径 d_0	节径 d	外径 d_0
14	13.37	12.61	22.28	21.14	—	—
15	14.32	13.56	23.87	22.73	—	—
16	15.28	14.52	25.46	24.32	—	—
17	16.23	15.47	27.06	25.91	—	—
18	17.19	16.43	28.65	27.50	—	—
19	18.14	17.38	30.24	29.10	—	—
20	19.10	18.34	31.83	30.69	—	—
21	20.05	19.29	33.42	32.28	—	—
22	21.01	20.25	35.01	33.87	—	—
24	22.92	22.16	38.20	37.05	—	—
26	24.83	24.07	41.38	40.24	—	—
28	26.74	25.98	44.56	43.42	—	—
29	27.69	26.93	46.15	45.01	—	—
30	28.65	27.89	47.75	46.60	—	—
32	30.56	29.80	50.93	49.79	—	—
34	32.47	31.71	54.11	52.97	216.45	212.13
36	34.83	33.62	57.30	56.15	229.18	224.87
38	36.29	35.53	60.48	59.34	241.92	237.60
40	38.20	37.44	63.66	62.52	254.65	250.33
44	42.02	41.25	70.03	68.89	280.11	275.79
48	45.84	45.07	76.39	75.25	305.58	301.26
52	49.66	48.89	82.76	81.62	331.04	326.72
56	53.48	52.71	89.13	87.98	356.51	352.19
60	57.30	56.53	95.49	94.35	381.97	377.65
64	61.12	60.35	101.86	100.72	407.44	403.12
68	64.94	64.17	108.23	107.08	432.90	428.58
72	68.75	67.99	114.59	113.45	458.37	454.05
80	76.39	75.63	127.32	126.18	509.30	504.98
90	85.94	85.18	143.24	142.10	572.96	568.64
112	106.95	106.19	178.25	177.11	713.01	708.70
144	—	—	—	—	916.73	912.41
168	—	—	—	—	1069.52	1065.20
192	—	—	—	—	1222.31	1217.99
216	—	—	—	—	1375.10	1370.78

4.5　普通 V 带和窄 V 带传动（基准宽度制）

4.5.1　普通 V 带（摘自 GB/T 11544—2012）

（1）带的截面尺寸

截面为 Y、Z、A、B、C、D、E 型的 V 带称为普通 V 带，而截面为 SPZ、SPA、SPB、SPC 型的 V 带称为窄 V 带。基准宽度制的普通 V 带和窄 V 带，其对应的带轮槽型基本宽度规定如下：

1）Y 型（用于基准宽度 5.3mm 的槽型）。

2）Z 型（用于基准宽度 8.5mm 的槽型）。

3）A 型（用于基准宽度 11mm 的槽型）。

4）B 型（用于基准宽度 14mm 的槽型）。

5）C 型（用于基准宽度 19mm 的槽型）。

6）D 型（用于基准宽度 27mm 的槽型）。

7）E 型（用于基准宽度 32mm 的槽型）。

8）SPZ 型（用于基准宽度 8.5mm 的槽型）。

9）SPA 型（用于基准宽度 11mm 的槽型）。

10）SPB 型（用于基准宽度 14mm 的槽型）。

11）SPC 型（用于基准宽度 19mm 的槽型）。

V 带的截面公称尺寸见表 3-488。

表 3-488　V 带的截面公称尺寸

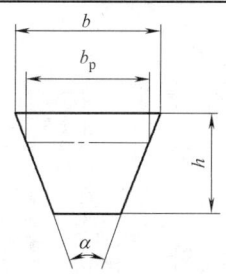

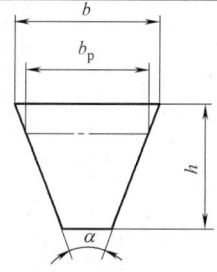

a) 普通V带　　　　　　b) 窄V带

型号	节宽 b_p /mm	顶宽 b /mm	高度 h /mm	楔角 α /（°）
Y	5.3	6	4	40
Z	8.5	10	6	40
A	11.0	13	8	40
B	14.0	17	11	40
C	19.0	22	14	40
D	27.0	32	19	40
E	32.0	38	23	40
SPZ	8.5	10	8	40
SPA	11.0	13	10	40
SPB	14.0	17	14	40
SPC	19.0	22	18	40

（2）V带露出高度（见表 3-489）

表 3-489　V 带露出高度

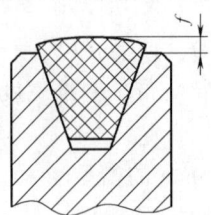

型　　号	露出高度 f/mm	
	最大	最小
Y/YX	+0.8	−0.8
Z/ZX	+1.6	−1.6
A/AX	+1.6	−1.6
B/BX	+1.6	−1.6
C/CX	+1.5	−2.0
D/DX	+1.6	−3.2
E/EX	+1.6	−3.2
SPZ/XPZ	+1.1	−0.4
SPA/XPA	+1.3	−0.6
SPB/XPB	+1.4	−0.7
SPC/XPC	+1.5	−1.0

（3）普通 V 带基准长度（见表 3-490）

表 3-490　普通 V 带基准长度　　　　　（单位：mm）

截 面 型 号						
Y	Z	A	B	C	D	E
200	406	630	930	1565	2740	4660
224	475	700	1000	1760	3100	5040
250	530	790	1100	1950	3330	5420
280	625	890	1210	2195	3730	6100
315	700	990	1370	2420	4080	6850
355	780	1100	1560	2715	4620	7650
400	920	1250	1760	2880	5400	9150
450	1080	1430	1950	3080	6100	12230
500	1330	1550	2180	3520	6840	13750
	1420	1640	2300	4060	7620	15280
	1540	1750	2500	4600	9140	16800
		1940	2700	5380	10700	
		2050	2870	6100	12200	
		2200	3200	6815	13700	
		2300	3600	7600	15200	
		2480	4060	9100		
		2700	4430	10700		
			4820			
			5370			
			6070			

注：基准长度（Y 型除外）应根据 GB/T 321 从优先数系 R20 常用值选取。当 R20 优先数系不能满足需要时，Z、A、B、C、D、E 型普通 V 带的基准长度数值应从本表中选取。

（4）窄 V 带（基准宽度制）基准长度（见表 3-491）

表 3-491　窄 V 带基准长度 L_d　　　　（单位：mm）

L_d	SPZ	SPA	SPB	SPC	L_d	SPZ	SPA	SPB	SPC
630	+				3150	+	+	+	+
710	+				3550	+	+	+	+
800	+	+			4000		+	+	+
900	+	+			4500		+	+	+
1000	+	+			5000			+	+
1120	+	+			5600			+	+
1250	+	+	+		6300			+	+
1400	+	+	+		7100			+	+
1600	+	+	+		8000			+	+
1800	+	+	+		9000				+
2000	+	+	+	+	10000				+
2240	+	+	+	+	11200				+
2500	+	+	+	+	12500				+
2800	+	+	+	+					

注："+"符号表示为推荐使用的尺寸。

（5）V 带基准长度的极限偏差（见表 3-492）

表 3-492　V 带基准长度的极限偏差　　　　（单位：mm）

基准长度 L_d	极 限 偏 差	
	Y、YX、Z、ZX、A、AX、B、BX、C、CX、D、DX、E、EX	SPZ、XPZ、SPA、XPA、SPB、XPB、SPC、XPC
≤250	+8 −4	
>250~315	+9 −4	
>315~400	+10 −5	
>400~500	+11 −6	
>500~630	+13 −6	±6
>630~800	+15 −7	±8
>800~1000	+17 −8	±10
>1000~1250	+19 −10	±13
>1250~1600	+23 −11	±16
>1600~2000	+27 −13	±20
>2000~2500	+31 −16	±25
>2500~3150	+37 −18	±32

（续）

基准长度 L_d	极 限 偏 差	
	Y、YX、Z、ZX、A、AX、B、BX、C、CX、D、DX、E、EX	SPZ、XPZ、SPA、XPA、SPB、XPB、SPC、XPC
>3150~4000	+44 -22	±40
>4000~5000	+52 -26	±50
>5000~6300	+63 -32	±63
>6300~8000	+77 -38	±80
>8000~10000	+93 -46	±100
>10000~12500	+112 -66	±125
>12500~16000	+140 -70	
>16000~20000	+170 -85	

4.5.2 普通 V 带轮（见表 3-493~表 3-495）

表 3-493 带轮轮槽的截面尺寸（摘自 GB/T 13575.1—2008）（单位：mm）

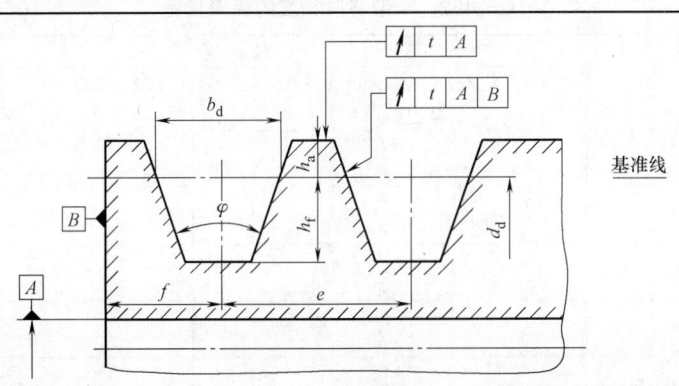

槽型		b_d	h_{amin}	h_{fmin}	e	e 值累计极限偏差	f_{min}	d_d			
								与 φ 相对应的 d_d			
普通 V 带	窄 V 带							$\varphi=32°$	$\varphi=34°$	$\varphi=36°$	$\varphi=38°$
								φ 的极限偏差:±0.5°			
Y		5.3	1.6	4.7	8±0.3	±0.6	6	≤60	—	>60	—
Z	SPZ	8.5	2	7 9	12±0.3	±0.6	7	—	≤80	—	>80
A	SPA	11	2.75	8.7 11	15±0.3	±0.6	9	—	≤118	—	>118
B	SPB	14	3.5	10.8 14	19±0.4	±0.8	11.5	—	≤190	—	>190
C	SPC	19	4.8	14.3 19	25.5±0.5	±1.0	16	—	≤315	—	>315
D		27	8.1	19.9	37±0.6	±1.2	23	—	—	≤475	>475
E		32	9.6	23.4	44.5±0.7	±1.4	28	—	—	≤600	>600

表 3-494　V 带轮的基准直径（摘自 GB/T 13575.1—2008）

d_d	槽　型						
	Y	Z / SPZ	A / SPA	B / SPB	C / SPC	D	E
20	+						
22.4	+						
25	+						
28	+						
31.5	+						
35.5	+						
40	+						
45	+						
50	+	+					
56	+	+					
63		·					
71		·					
75		·	+				
80	+	·	+				
85			+				
90	+	·	·				
95			·				
100	+	·	·				
106			·				
112	+	·	·				
118			·				
125	+	·	·	+			
132		·	·	+			
140		·	·	·			
150		·	·	·			
160		·	·	·			
170			·	·			
180			·	·			
200		·	·	·	+		
212					+		
224		·	·	·	·		
236					·		
250			·		·		
265							
280			·	·	·		
300							
315		·	·	·	·		
335					·		
355		·	·	·	·	+	
375						+	
400		·	·	·	·	+	
425						+	
450			·	·	·	+	
475						+	

（续）

d_d	槽 型						
	Y	Z SPZ	A SPA	B SPB	C SPC	D	E
500		·	·	·	·	+	+
530							+
560			·	·	·	+	+
600				·	·	+	+
630		·	·	·	·	+	+
670							+
710			·	·	·	+	+
750			·	·	·	+	
800		·		·	·	+	+
900					·	+	+
1000				·	·	+	+
1060						+	
1120			·		·	+	+
1250					·	+	+
1350							
1400						+	+
1500						+	+
1600					·	+	+
1700							
1800						+	+
2000					·	+	+
2120							
2240							+
2360							
2500							+

注：1. 表中带 "+" 符号的尺寸只适用于普通 V 带。
2. 表中带 "·" 符号的尺寸同时适用于普通 V 带和窄 V 带。
3. 不推荐使用表中未注符号的尺寸。

表 3-495　带轮的最小基准直径（摘自 GB/T 13575.1—2008）

槽 型	d_{dmin}/mm
Y	20
Z	50
A	75
B	125
C	200
D	355
E	500
SPZ	63
SPA	90
SPB	140
SPC	224

4.6　窄 V 带传动（有效宽度制）（摘自 GB/T 13575.2—2008）

4.6.1　窄 V 带（见表 3-496 ~ 表 3-498）

表 3-496　单根窄 V 带的截面尺寸

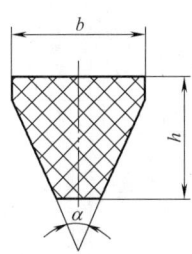

带　　型	b/ mm	h/ mm	α
9N	9.5	8	
15N	16	13.5	40°
25N	25.5	23	

表 3-497　联组窄 V 带的截面尺寸

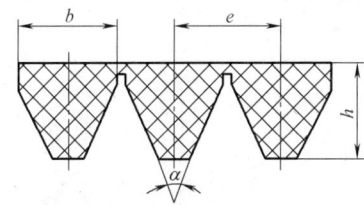

带型	b/ mm	h/ mm	e/ mm	α	联组数
9J	9.5	10	10.3		
15J	16	16	17.5	40°	2 ~ 5
25J	25.5	26.5	28.6		

注：联组数一般不超过 5。

表 3-498　有效宽度制窄 V 带的有效长度　　　　　　　（单位：mm）

L_e 公称尺寸	带　　型		
	9N、9J	15N、15J	25N、25J
630	+		
670	+		
710	+		
760	+		
800	+		
850	+		
900	+		
950	+		
1015	+		
1080	+		

（续）

L_e 公称尺寸	带　型		
	9N、9J	15N、15J	25N、25J
1145	+		
1205	+		
1270	+	+	
1345	+	+	
1420	+	+	
1525	+	+	
1600	+	+	
1700	+	+	
1800	+	+	
1900	+	+	
2030	+	+	
2160	+	+	
2290	+	+	
2410	+	+	
2540	+	+	+
2690	+	+	+
2840	+	+	+
3000	+	+	+
3180	+	+	+
3350	+	+	+
3550	+	+	+
3810		+	+
4060		+	+
4320		+	+
4570		+	+
4830		+	+
5080		+	+
5380		+	+
5690		+	+
6000		+	+
6350		+	+
6730		+	+
7100		+	+
7620		+	+
8000		+	+
8500		+	+
9000		+	+
9500			+
10160			+
10800			+
11430			+
12060			+
12700			+

注："+"符号表示为推荐使用的尺寸。

4.6.2 窄 V 带轮 （见表 3-499～表 3-501）

表 3-499 窄 V 带轮轮槽的截面尺寸 （单位：mm）

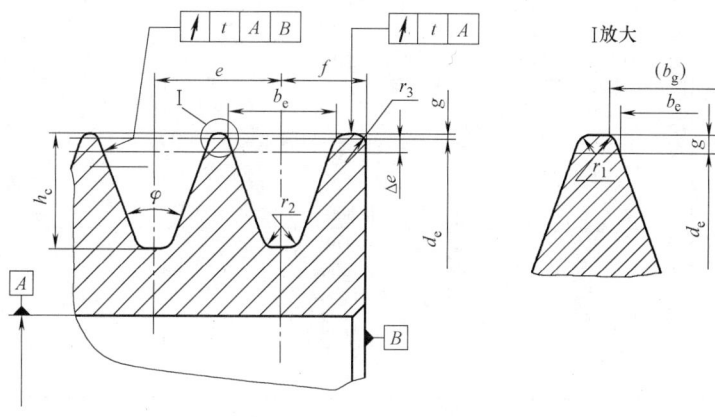

槽型	d_e	$\varphi/$ (°)	b_e	Δe	e	f_{min}	h_e	(b_g)	g	r_1	r_2	r_3
9N、 9J	≤90	36	8.9	0.6	10.3 ±0.25	9	$9.5^{+0.5}_{0}$	9.23	0.5	0.2～ 0.5	0.5～ 1.0	1～ 2
	>90～150	38						9.24				
	>150～305	40						9.26				
	>305	42						9.28				
15N、 15J	≤255	38	15.2	1.3	17.5 ±0.25	13	$15.5^{+0.5}_{0}$	15.54	0.5	0.2～ 0.5	0.5～ 1.0	2～ 3
	>255～405	40						15.56				
	>405	42						15.58				
25N、 25J	≤405	38	25.4	2.5	28.6 ±0.25	19	$25.5^{+0.5}_{0}$	25.74	0.5	0.2～ 0.5	0.5～ 1.0	3～ 5
	>405～570	40						25.76				
	>570	42						25.78				

表 3-500 窄 V 带轮的有效直径系列 （单位：mm）

9N、9J	15N、15J	25N、25J
67	180	315
71	190	335
75	200	355
80	212	375
85	224	400
90	236	425
92.5	243	450
100	250	475
103	258	500
112	265	530
118	272	560
125	280	600
132	300	630
140	315	750
150	335	800

（续）

9N、9J	15N、15J	25N、25J
160	355	900
165	375	1000
175	400	1120
200	475	1250
250	500	1320
265	530	1600
315	600	1800
355	630	2000
400	710	2500
475	800	
500	950	
630	1000	
800	1120	
850	1250	
	1600	
	1800	

表 3-501　窄 V 带轮的最小有限直径

槽　　　型	9N、9J	15N、15J	25N、25J
d_{emin}/mm	67	180	315

4.6.3　联组普通 V 带轮（有效宽度制）（见表 3-502～表 3-505）

表 3-502　联组普通 V 带轮轮槽的截面尺寸　　　　（单位：mm）

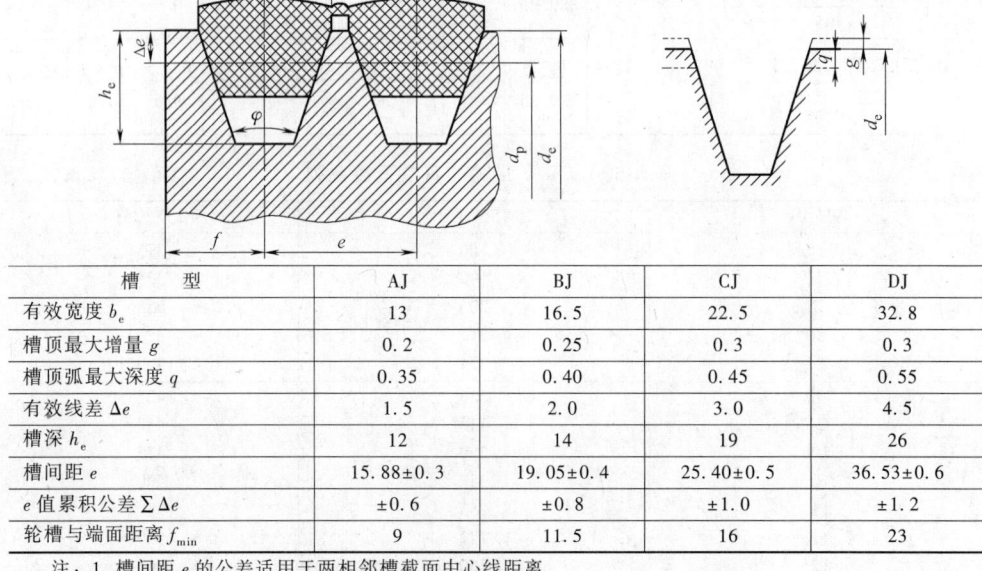

槽　　　型	AJ	BJ	CJ	DJ
有效宽度 b_e	13	16.5	22.5	32.8
槽顶最大增量 g	0.2	0.25	0.3	0.3
槽顶弧最大深度 q	0.35	0.40	0.45	0.55
有效线差 Δe	1.5	2.0	3.0	4.5
槽深 h_e	12	14	19	26
槽间距 e	15.88±0.3	19.05±0.4	25.40±0.5	36.53±0.6
e 值累积公差 $\sum \Delta e$	±0.6	±0.8	±1.0	±1.2
轮槽与端面距离 f_{min}	9	11.5	16	23

注：1. 槽间距 e 的公差适用于两相邻槽截面中心线距离。
　　2. 带轮各实际槽距对公称值 e 的误差总和不得超过表中规定的 e 值累积公差。
　　3. f 值的公差应与带轮的找正一起考虑。
　　4. 槽角 φ 和 d_{emin} 见表 3-502 和表 3-503。

表 3-503　联组普通 V 带轮轮槽槽角

槽　　型	槽角 φ		
	34°	36°	38°
	有效直径 d_e/mm		
AJ	$d_e \leqslant 125$	—	$d_e > 125$
BJ	$d_e \leqslant 195$	—	$d_e > 195$
CJ	$d_e \leqslant 325$	—	$d_e > 325$
DJ	—	$d_e \leqslant 490$	$d_e > 490$

表 3-504　联组普通 V 带轮最小有效直径 d_{emin}

槽　　型	d_{emin}/mm	槽　　型	d_{emin}/mm
AJ	80	CJ	212
BJ	132	DJ	375

表 3-505　联组普通 V 带轮轮槽工作面的径向和斜向圆跳动公差

（单位：mm）

d_e	径向圆跳动公差	斜向圆跳动公差
$\leqslant 125$	0.2	0.3
$>125 \sim 315$	0.3	0.4
$>315 \sim 710$	0.4	0.6
$>710 \sim 1000$	0.6	0.8
$>1000 \sim 1250$	0.8	1.0
$>1250 \sim 1600$	1.0	1.2
$>1600 \sim 2500$	1.2	1.2

4.7　多楔带传动（摘自 GB/T 16588—2009）

4.7.1　多楔带

（1）带型与截面尺寸（见表 3-506）

表 3-506　带型与截面尺寸　　　　　　　（单位：mm）

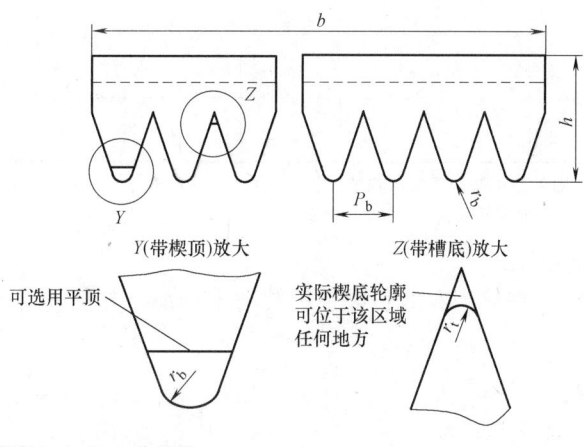

Y(带楔顶)放大　　　　　　Z(带槽底)放大

可选用平顶　　　　　　实际楔底轮廓
可位于该区域
任何地方

注：节面位置公称宽度 $b = n \times P_b$，n 为楔数

（续）

型　　号	PH	PJ	PK	PL	PM
楔距 P_b	1.6	2.34	3.56	4.7	9.4
楔顶圆弧半径 r_b（最小值）	0.3	0.4	0.5	0.4	0.75
楔底圆弧半径 r_t（最大值）	0.15	0.2	0.25	0.4	0.75
带高 h（近似值）	3	4	6	10	17

注：楔距与带高的值仅为参考尺寸。全部楔距的累积偏差是一个重要参数，但它常受带的张力和抗拉体弹性模量的影响。

（2）多楔带的有效长度及其极限偏差（见表 3-507）

表 3-507　多楔带的有效长度及其极限偏差

有效长度 L_e/mm	极限偏差/mm				
	PH	PJ	PK	PL	PM
>200~500	+4 -8	+4 -8	+4 -8		
>500~750	+5 -10	+5 -10	+5 -10		
>750~1000	+6 -12	+6 -12	+6 -12	+6 -12	
>1000~1500	+8 -16	+8 -16	+8 -16	+8 -16	
>1500~2000	+10 -20	+10 -20	+10 -20	+10 -20	
>2000~3000	+12 -24	+12 -24	+12 -24	+12 -24	+12 -24
>3000~4000				+15 -30	+15 -30
>4000~6000				+20 -40	+20 -40
>6000~8000				+30 -60	+30 -60
>8000~12500					+45 -90
>12500~17000					+60 -120

注：有效长度的极限偏差可按以下方法粗略计算，上偏差为 $+0.3\sqrt[3]{L_e}+0.003L_e$，下偏差为 $-2\times(0.3\sqrt[3]{L_e}+0.003L_e)$，$L_e$ 为有效长度。

（3）多楔带的标记

多楔带以楔数、型号和有效长度表示其技术特征。其标记用按下述顺序的数字和字母表示：

1）第一组数字表示楔数。

2）字母表示型号。

3）第二组数字表示有效长度（mm）。

示例：

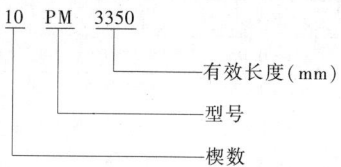

4.7.2　多楔带轮（见表 3-508～表 3-512）

表 3-508　多楔带轮的截面尺寸　　　　（单位：mm）

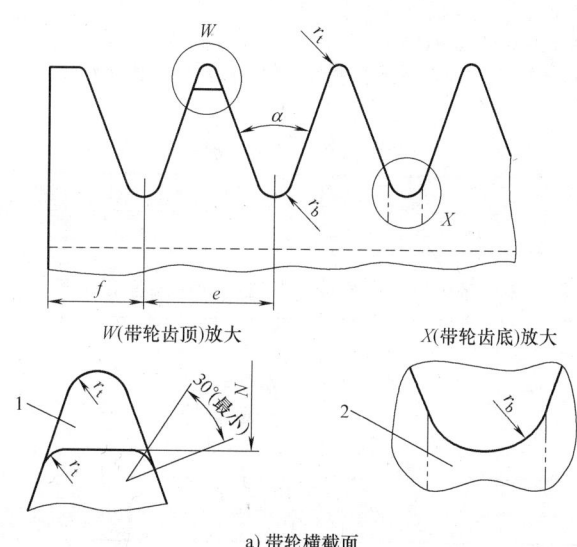

a) 带轮横截面

1—轮槽槽顶轮廓线可位于该区域的任何部位，该轮廓线的两端应有一个与轮槽侧面相切的圆角（最小 30°）
2—轮槽槽底轮廓线可位于 r_b 弧线以下
注：N 值见图 b

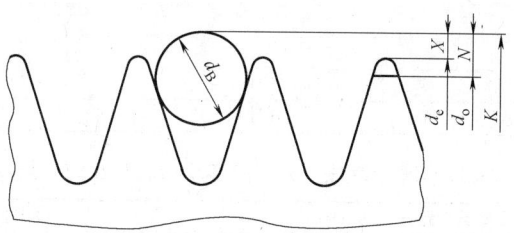

b) 带轮直径

d_e—有效直径　d_o—外径　K—球（或柱）外缘处带轮直径
d_B—检验用圆球或圆柱直径

（续）

项　目	PH	PJ	PK	PL	PM
槽距 e[①②]	1.6±0.03	2.34±0.03	3.56±0.05	4.7±0.05	9.4±0.08
槽角 α[③]	40°±0.5°	40°±0.5°	40°±0.5°	40°±0.5°	40°±0.5°
楔顶圆弧半径 r_t（最小值）	0.15	0.2	0.25	0.4	0.75
槽底圆弧半径 r_b（最大值）	0.3	0.4	0.5	0.4	0.75
检验用圆球或圆柱直径 d_B	1±0.01	1.5±0.01	2.5±0.01	3.5±0.01	7±0.01
$2X$（公称值）	0.11	0.23	0.99	2.36	4.53
$2N$[④]（最大值）	0.69	0.81	1.68	3.5	5.92
f（最小值）	1.3	1.8	2.5	3.3	6.4

① 表中所列 e 值极限偏差仅用于两邻槽中心线的间距。
② 槽距的累积偏差不得超过±0.3mm。
③ 槽的中心线应对带轮轴线呈 90°±0.5°。
④ N 值与带轮公称直径无关，它是指从置于轮槽中的测量用球（或柱）与轮槽的接触点到测量用球（或柱）外缘之间的径向距离。

表 3-509　带轮最小有效直径

项目	PH	PJ	PK	PL	PM
最小有效直径 d_e/mm	13	20	45	75	180

表 3-510　同一多楔带轮不同轮槽的有效直径的最大差值（槽间直径差值）

有效直径 d_e/mm	槽数 n	直径最大差值/mm
≤74	≤6	0.1
	>6	槽数每增加 1,增加 0.003
>74~500	≤10	0.15
	>10	槽数每增加 1,增加 0.005
>500	≤10	0.25
	>10	槽数每增加 1,增加 0.01

表 3-511　多楔带轮轮槽圆跳动和表面粗糙度

	有效直径 d_e/mm	公差值/mm
径向圆跳动	≤74	0.13
	74~250	0.25
	>250	0.25+0.0004(d_e-250)
轴向圆跳动	各种尺寸	0.002d_e
轮槽表面粗糙度	各种尺寸	Ra≤3.2μm

表 3-512　球（或柱）外缘处多楔带轮直径的极限偏差

球（或柱）外缘处多楔带轮直径 K/mm	极限偏差/mm
≤75	±0.3
75~200	±0.6
>200 后每增加 25mm	增加±0.1

多楔带轮以槽数、型号和有效直径来表示其尺寸特征。其标记按下述顺序的数字和字母表示：

示例：

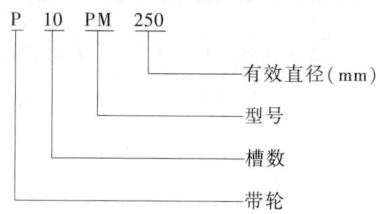

5 链条

5.1 链条产品分类（见表 3-513~表 3-516）

表 3-513　链条产品的分类方法、类别及说明

分类方法	类别及说明			
按使用功能	用于传递动力的传动链	用于输送物料的输送链	用于拉曳和起重的曳引链（起重链）	用于专用机械上具有特殊功能和结构的专用特种链
按链条排数	单排链	双排链		多排链
按链条节距	短节距链	双节距链		长节距链
按链条精度	普通精度链	精密滚子（套筒）链		高精度链

表 3-514　链条产品类别及常用系列和相关标准（摘自 JB/T 6368—2010）

类别	系列（示例）	相关标准	
传动链	传动用短节距精密滚子链	GB/T 1243	传动用短节距精密滚子链、套筒链、附件和链轮
	传动用短节距精密套筒链		
	传动用双节距精密滚子链	GB/T 5269	传动与输送用双节距精密滚子链、附件和链轮
	重载传动用弯板滚子链	GB/T 5858	重载传动用弯板滚子链和链轮
	传动用齿形链	GB/T 10855	齿形链和链轮
	摩托车链条	GB/T 14212	摩托车链条　技术条件和试验方法
	自行车链条	GB/T 3579	自行车链条　技术条件和试验方法
	油田链条	SY/T 5595	油田链条和链轮
	时规链条		
输送链	输送用短节距精密滚子链	GB/T 1243	传动用短节距精密滚子链、套筒链、附件和链轮
	输送用短节距精密套筒链		
	输送用双节距精密滚子链	GB/T 5269	传动和输送用双节距精密滚子链、附件和链轮
	长节距输送链	GB/T 8350	输送链、附件和链轮
	输送用平顶链	GB/T 4140	输送用平顶链和链轮
		JB/T 10867	输送用塑料平顶链和链轮
	悬挂输送链	JB/T 8546	双铰接输送链
	输送用易拆链	GB/T 17482	输送用模锻易拆链
	埋刮板输送机用链条	JB/T 9154	埋刮板输送机用链条、刮板和链轮
	倍速输送链	JB/T 7364	倍速输送链和链轮
	输送用空心销轴链	JB/T 10841	输送用单节距和双节距空心销轴链及附件
	输送用钢制滚子链	JB/T 10703	输送用钢制滚子链、附件和链轮
	钢制套筒链	JB/T 5398	钢制套筒链、附件和链轮

（续）

类别	系列（示例）	相 关 标 准
输送链	农用滚子输送链	GB/T 10857　S 型和 C 型钢制滚子链条、附件和链轮
	农机用夹持输送链	JB/T 8883　农业机械用夹持输送链
	自动扶梯链	JB/T 8545　自动扶梯梯级链、附件和链轮
	冶金链	
	木材输送链	
	糖机链	
曳引链	板式链	GB/T 6074　板式链、连接环和槽轮　尺寸、测量力和抗拉强度
	有衬套拉曳链	JB/T 10842　有衬套拉曳链
	无衬套拉曳链	JB/T 10843　无衬套拉曳链
	圆环链	GB/T 12718　矿用高强度圆环链 GB/T 20652　M(4)、S(6) 和 T(8) 级焊接吊链
专用特种链	滑片式无级变速链	JB/T 9152　滑片式无级变速链
	联轴器链条	
	电缆拖链	
	农用拨禾链	
	收割机链条	
	立体车库链	
	侧弯链	
	锯链	
	刀具运载链条	
	管钳链条	
	梳棉机链条	

表 3-515　链条产品品种示例（摘自 JB/T 6368—2010）

产 品 系 列	品　　　种
传动用短节距精密滚子链	碳素钢
	不锈钢
	全合金钢
	工程塑料
	其他材质
输送用短节距精密滚子链	水平附板
	直立附板
	加长销轴
	其他附件型式

表 3-516　链条产品规格示例（摘自 JB/T 6368—2010）

产品系列	品种			规格	
	材质	附件型式	排数	节距 mm	链节数
传动用短节距精密滚子链	碳素钢		双排	38.10	60
传动用短节距精密套筒链	碳素钢		单排	6.35	40
长节距输送链	碳素钢	水平附板	单排	100	80

5.2　术语

（1）根据结构命名链条

1）滚子链条。包括短节距滚子链条（单排滚子链条、双排滚子链条、三排滚子链条、多排滚子链条）、双节距滚子链条、S 型和 C 型农用滚子链条、弯板链条、带附件滚子链条、空心销轴滚子链条和侧弯滚子链条。

2）套筒链条。

3）输送链条。包括实心销轴输送链条、空心销轴输送链条、双节距输送链条、加高链板输送链条、并排输送链条、外置滚轮输送链条和组合输送链条。

4）多板链条。包括板式链条、多板销轴链条和齿形链条（无声链条）。

5）其他结构链条。包括平顶链条、月牙板输送链条、易拆方框链条、块式链条、模锻易拆链条、销合链条、组合刮板链条、十字节链条、推式链条、整体内节链条和带密封圈链条。

（2）根据用途命名链条

1）传动链条。包括自行车链条、摩托车链条、时规链条、拨块驱动链条和农机链条。

2）输送链条。包括自动扶梯梯级链条、糖机链条（输糖机链条）、糖机链条（榨糖机链条）、糖机链条（刮渣链条）、农机链条、悬挂输送链条、烘箱链和积放链条。

3）其他用途链条。包括叉车链条、起重链条、闸门链条、拉拔链条、板钳链条、梳棉机链条、联轴器链条、升降机链条、锯链和刀具运载链条。

（3）链条术语

链条：由若干组件（或元件）以铰链副形式串接起来的挠性件，如图 3-16所示。

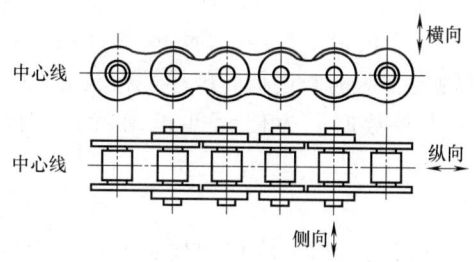

图 3-16　链条

纵向：链条长度方向。

侧向：链条宽度方向。

横向：链条高度方向。

中心线：链条伸直时，侧向中心平面于横向中心平面的交线。

链段测量长度（l_{nc}）：在测量载荷下，链段两端滚子（或套筒）同侧母线间的距离。

链段基本长度（l_n）：链段所含链节数 n 与基本节距 p 的乘积，即 $l_n = np$。

节距（p）：两相邻链节铰链副理论中心间的距离。

测量节距（p_c）：在测量载荷下，相邻链节的滚子（或套筒）同侧母线间的距离。

排距（p_t）：双排及多排链中，相邻两排链条中心线间的距离。

侧弯半径（R）：在施加一定的测量力使链条侧向弯曲时，各铰链侧向中心所形成曲线的平均半径，如图 3-17。

链条通道高度（h_1）：保证链条可自由穿过的通道的高度，如图 3-18。

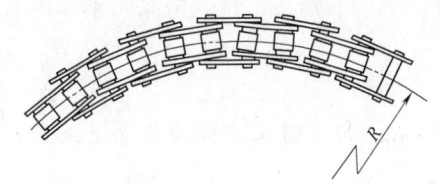

图 3-17　侧弯半径　　　　　　　　图 3-18　链条通道高度

链长相对偏差：链段测量长度 l_{nc} 与基本长度 l_n 之差同基本长度之比，即 $(l_{nc} - l_n)/l_n$。

节距相对偏差：测量节距 p_c 与基本节距 p 之差同基本节距之比，即：$(p_n - p)/p$。

扭曲量：在沿纵向施加一定的测量力且一端无扭转约束的条件下，链段两端链节侧向中心面之间的扭转角。

极限拉伸载荷（Q）：拉伸试验时，链条破坏前所能承受的最大载荷。

最小极限拉伸载荷：链条的极限拉伸载荷所必须到达的最小值。

检验载荷：按标准规定，对链条进行非破坏性检验的载荷。

测量载荷：测量尺寸参数时，为使元件正确就位，按标准规定所施加的载荷。

（4）常用符合（代号）

p—节距；b_1—内链节内宽；b_4—销轴长度；d_1—滚子外径；d_2—销轴直径；h_2—链板高度；t—链板厚度；Q—极限拉伸载荷（kN）；q—重量（kg/m）。

5.3　传动用短节距精密滚子链、套筒链和附件（摘自 GB/T 1243—2006）

5.3.1　链条

（1）滚子链型式（见图 3-19）

（2）链节型式（见图 3-20）

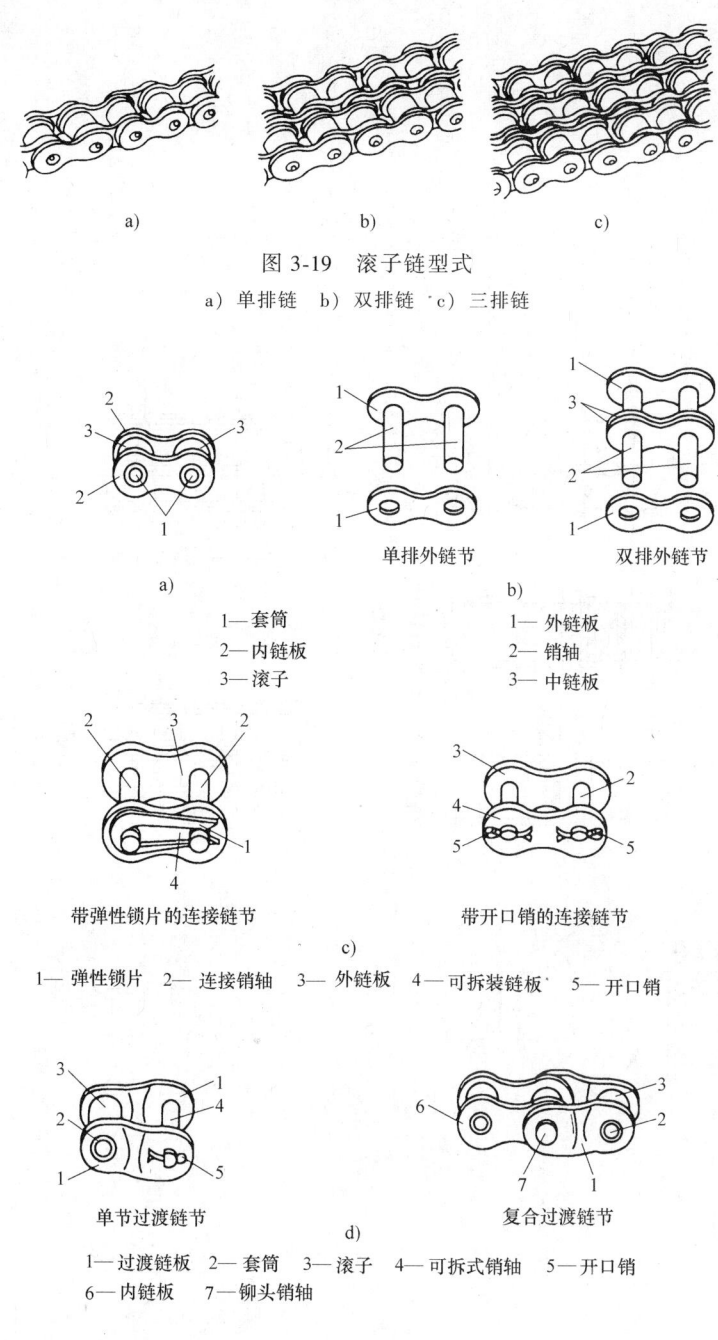

图 3-19　滚子链型式

a）单排链　b）双排链　c）三排链

单排外链节　　　　　双排外链节

a)　　　　　　　　　　b)

1—套筒　　　　　　　1—外链板
2—内链板　　　　　　2—销轴
3—滚子　　　　　　　3—中链板

带弹性锁片的连接链节　　　带开口销的连接链节

c)

1—弹性锁片　2—连接销轴　3—外链板　4—可拆装链板　5—开口销

单节过渡链节　　　　　复合过渡链节

d)

1—过渡链板　2—套筒　3—滚子　4—可拆式销轴　5—开口销
6—内链板　7—铆头销轴

图 3-20　链节型式

a）内链节　b）铆头外链节　c）可拆装连接链节　d）过渡链节

（3）链条的结构、主要尺寸及基本参数（见表 3-517 和表 3-518）

表 3-517 链条的结构、主要尺寸及基本参数

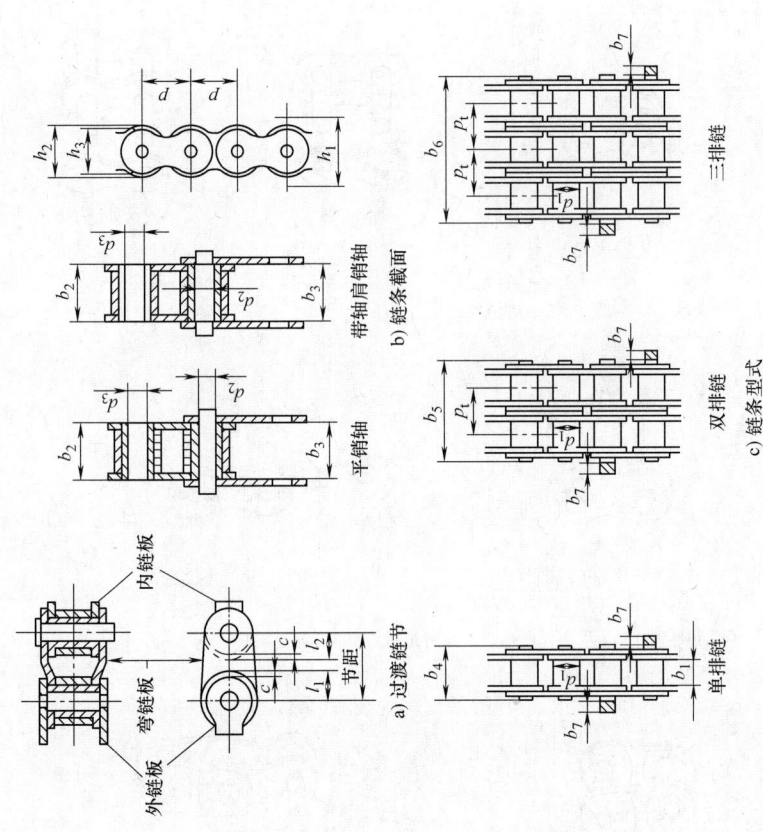

a) 过渡链节

b) 链条截面

c) 链条型式

注:尺寸 c 表示弯链板与直链板之间回转间隙;链条通道高度 h_1 是装配好的链条要通过的通道最小高度;用止锁零件锁住接头的链条全宽是:当一端有带止锁件的接头时,对端部铆头销轴长度为 b_4、b_5 或 b_6 再加上 b_7(或带头有止锁轴的加 1.6b_7),当两端都有止锁件时加 2b_7;对三排以上的链条,其链条全宽为 b_4+p_t(链条排数-1)

链号[①]	节距 p nom (mm)	滚子直径 d_1 max	内节内宽 b_1 min	销轴直径 d_2 max	套筒孔径 d_3 min	链条通道高度 h_1 min	内链板高度 h_2 max	外或中链板高度 h_3 max	过渡链节尺寸[②] l_1 min	l_2 min	c	排距 p_t	内节外宽 b_2 max	外节内宽 b_3 min	销轴长度 单排 b_4 max	双排 b_5 max	三排 b_6 max	止锁件附加宽度[③] b_7 max	测量力 单排 (N)	双排	三排	抗拉强度 F_u 单排 min (kN)	双排 min	三排 min	动载强度[④][⑤][⑥] 单排 F_d min (N)
04C	6.35	3.30[⑦]	3.10	2.31	2.34	6.27	6.02	5.21	2.65	3.08	0.10	6.40	4.80	4.85	9.1	15.5	21.8	2.5	50	100	150	3.5	7.0	10.5	630
06C	9.525	5.08[⑦]	4.68	3.60	3.62	9.30	9.05	7.81	3.97	4.60	0.10	10.13	7.46	7.52	13.2	23.4	33.5	3.3	70	140	210	7.9	15.8	23.7	1410
05B	8.00	5.00	3.00	2.31	2.36	7.37	7.11	7.11	3.71	3.71	0.08	5.64	4.77	4.90	8.6	14.3	19.9	3.1	50	100	150	4.4	7.8	11.1	820
06B	9.525	6.35	5.72	3.28	3.33	8.52	8.26	8.26	4.32	4.32	0.08	10.24	8.53	8.66	13.5	23.8	34.0	3.3	70	140	210	8.9	16.9	24.9	1290
08A	12.70	7.92	7.85	3.98	4.00	12.33	12.07	10.42	5.29	6.10	0.08	14.38	11.17	11.23	17.8	32.3	46.7	3.9	120	250	370	13.9	27.8	41.7	2480
08B	12.70	8.51	7.75	4.45	4.50	12.07	11.81	10.92	5.66	6.12	0.08	13.92	11.30	11.43	17.0	31.0	44.9	3.9	120	250	370	17.8	31.1	44.5	2480
081	12.70	7.75	3.30	3.66	3.71	10.17	9.91	9.91	5.36	5.36	0.08	—	5.80	5.93	10.2	—	—	1.5	125	—	—	8.0	—	—	—
083	12.70	7.75	4.88	4.09	4.14	10.56	10.30	10.30	5.36	5.36	0.08	—	7.90	8.03	12.9	—	—	1.5	125	—	—	11.6	—	—	—
084	12.70	7.75	4.88	4.09	4.14	11.41	11.15	11.15	5.77	5.77	0.08	—	8.80	8.93	14.8	—	—	1.5	125	—	—	15.6	—	—	—
085	12.70	7.77	6.25	3.60	3.62	10.17	9.91	8.51	4.35	5.03	0.08	—	9.06	9.12	14.0	—	—	2.0	80	—	—	6.7	—	—	1340
10A	15.875	10.16	9.40	5.09	5.12	15.35	15.09	13.02	6.61	7.62	0.10	18.11	13.84	13.89	21.8	39.9	57.9	4.1	200	390	590	21.8	43.6	65.4	3850
10B	15.875	10.16	9.65	5.08	5.13	14.99	14.73	13.72	7.11	7.62	0.10	16.59	13.28	13.41	19.6	36.2	52.8	4.1	200	390	590	22.2	44.5	66.7	3330
12A	19.05	11.91	12.57	5.96	5.98	18.34	18.10	15.62	7.90	9.15	0.10	22.78	17.75	17.81	26.9	49.8	72.6	4.6	280	560	840	31.3	62.6	93.9	5490
12B	19.05	12.07	11.68	5.72	5.77	16.39	16.13	16.13	8.33	8.33	0.10	19.46	15.62	15.75	22.7	42.2	61.7	4.6	280	560	840	28.9	57.8	86.7	3720
16A	25.40	15.88	15.75	7.94	7.96	24.39	24.13	20.83	10.55	12.20	0.13	29.29	22.60	22.66	33.5	62.7	91.9	5.4	500	1000	1490	55.6	111.2	166.8	9550
16B	25.40	15.88	17.02	8.28	8.33	21.34	21.08	21.08	11.15	11.15	0.13	31.88	25.45	25.58	36.1	68.0	99.9	5.4	500	1000	1490	60.0	106.0	160.0	9530
20A	31.75	19.05	18.90	9.54	9.56	30.48	30.17	26.04	13.16	15.24	0.15	35.76	27.45	27.51	41.1	77.0	113.0	6.1	780	1560	2340	87.0	174.0	261.0	14600
20B	31.75	19.05	19.56	10.19	10.24	26.68	26.42	26.42	13.89	13.89	0.15	36.45	29.01	29.14	43.2	79.7	116.1	6.1	780	1560	2340	95.0	170.0	250.0	13500
24A	38.10	22.23	25.22	11.11	11.14	36.55	36.2	31.24	15.80	18.27	0.18	45.44	35.45	35.51	50.8	96.3	141.7	6.6	1110	2220	3340	125.0	250.0	375.0	20500

（续）

链号①	节距 p nom	滚子直径 d_1 max	内节内宽 b_1 min	销轴直径 d_2 max	套筒孔径 d_3 min	链条通道高度 h_1 min	内链板高度 h_2 max	外或中链板高度 h_3 max	过渡链节尺寸② l_1 min	l_2 min	c	排距 p_t	内节外宽 b_2 max	外节内宽 b_3 min	销轴长度 单排 b_4 max	双排 b_5 max	三排 b_6 max	止锁件附加宽度③ b_7 max	测量力 单排	双排	三排	抗拉强度 F_u 单排 min	双排 min	三排 min	动载强度③⑤⑥ 单排 F_d min
	mm																	N			kN			N
24B	38.10	25.40	25.40	14.63	14.68	33.73	33.4	33.40	17.55	17.55	0.18	48.36	37.92	38.05	53.4	101.8	150.2	6.6	1110	2220	3340	160.0	280.0	425.0	19700
28A	44.45	25.40	25.22	12.71	12.74	42.67	42.23	36.45	18.42	21.32	0.20	48.87	37.18	37.24	54.9	103.6	152.4	7.4	1510	3020	4540	170.0	340.0	510.0	27300
28B	44.45	27.94	30.99	15.90	15.95	37.46	37.08	37.08	19.51	19.51	0.20	59.56	46.58	46.71	65.1	124.7	184.3	7.4	1510	3020	4540	200.0	360.0	530.0	27100
32A	50.80	28.58	31.55	14.29	14.31	48.74	48.26	41.68	21.04	24.33	0.20	58.55	45.21	45.26	65.5	124.2	182.9	7.9	2000	4000	6010	223.0	446.0	669.0	34800
32B	50.80	29.21	30.99	17.81	17.86	42.72	42.29	42.29	22.20	22.20	0.20	58.55	45.57	45.70	67.4	126.0	184.5	7.9	2000	4000	6010	250.0	450.0	670.0	29900
36A	57.15	35.71	35.48	17.46	17.49	54.86	54.30	46.86	23.65	27.36	0.20	65.84	50.85	50.90	73.9	140.0	206.0	9.1	2670	5340	8010	281.0	562.0	843.0	44500
40A	63.50	39.68	37.85	19.85	19.87	60.93	60.33	52.07	26.24	30.36	0.20	71.55	54.88	54.94	80.3	151.9	223.5	10.2	3110	6230	9340	347.0	694.0	1041.0	53600
40B	63.50	39.37	38.10	22.89	22.94	53.49	52.96	52.96	27.76	27.76	0.20	72.29	55.75	55.88	82.6	154.9	227.2	10.2	3110	6230	9340	355.0	630.0	950.0	41800
48A	76.20	47.63	47.35	23.81	23.84	73.13	72.39	62.49	31.45	36.40	0.20	87.83	67.81	67.87	95.5	183.4	271.3	10.5	4450	8900	13340	500.0	1000.0	1500.0	73100
48B	76.20	48.26	45.72	29.24	29.29	64.52	63.88	63.88	33.45	33.45	0.20	91.21	70.56	70.69	99.1	190.4	281.6	10.5	4450	8900	13340	560.0	1000.0	1500.0	63600
56B	88.90	53.98	53.34	34.32	34.37	78.64	77.85	77.85	40.61	40.61	0.20	106.60	81.33	81.46	114.6	221.2	327.8	11.7	6090	12190	20000	850.0	1600.0	2240.0	88900
64B	101.60	63.50	60.96	39.40	39.45	91.08	90.17	90.17	47.07	47.07	0.20	119.89	92.02	92.15	130.9	250.8	370.7	13.0	7960	15920	27000	1120.0	2000.0	3000.0	106900
72B	114.30	72.39	68.58	44.48	44.53	104.67	103.63	103.63	53.37	53.37	0.20	136.27	103.81	103.94	147.4	283.7	420.0	14.3	10100	20190	33500	1400.0	2500.0	3750.0	132700

① 重载系列链条详见表 3-518。
② 对于高应力使用场合，不推荐使用过渡链节。
③ 止锁件的实际尺寸不应超过规定尺寸，使用者应从制造商处取得详细资料。
④ 动载强度值不适用于过渡链节，连接链节或附有附件链的链条。
⑤ 双排链和三排链的动载试验不能用于过渡链节或带有附件链单排链件的值按比例套用。
⑥ 动载强度值是基于 5 个链节的试样，不含 36A、40A、40B、48A、48B、56B、64B 和 72B，这些链条是基于 3 个链节的试样。
⑦ 套筒直径。

表 3-518　ANSI 重载系列链条的主要尺寸及基本参数

链号	节距 p nom	滚子直径 d_1 max	内节内宽 b_1 min	销轴直径 d_2 max	套筒孔径 d_3 min	链条通道高度 h_1 min	内链板高度 h_2 max	外或中链板高度 h_3 max	过滤链节尺寸① l_1 min	l_2 min	c	排距 p_t	内节外宽 b_2 max	外节内宽 b_3 min	销轴长度 单排 b_4 max	双排 b_5 max	三排 b_6 max	止锁件附加宽度② b_7 max	测量力 单排	双排	三排	抗拉强度 F_u 单排 min	双排 min	三排 min	动载强度③④⑤ 单排 F_d min
									mm										N			kN			N
60H	19.05	11.91	12.57	5.96	5.98	18.34	18.10	15.62	7.90	9.15	0.10	26.11	19.43	19.48	30.2	56.3	82.4	4.6	280	560	840	31.3	62.6	93.9	6330
80H	25.40	15.88	15.75	7.94	7.96	24.39	24.13	20.83	10.55	12.20	0.13	32.59	24.28	24.33	37.4	70.0	102.6	5.4	500	1000	1490	55.6	112.2	166.8	10700
100H	31.75	19.05	18.90	9.54	9.56	30.48	30.17	26.04	13.16	15.24	0.15	39.09	29.10	29.16	44.5	83.6	122.7	6.1	780	1560	2340	87.0	174.0	261.0	16000
120H	38.10	22.23	25.22	11.11	11.14	36.55	36.2	31.24	15.80	18.27	0.18	48.87	37.18	37.24	55.0	103.9	152.8	6.6	1110	2220	3340	125.0	250.0	375.0	22200
140H	44.45	25.40	25.22	12.71	12.74	42.67	42.23	36.45	18.42	21.32	0.20	52.20	38.86	38.91	59.0	111.2	163.4	7.4	1510	3020	4540	170.0	340.0	510.0	29200
160H	50.80	28.58	31.55	14.29	14.31	48.74	48.26	41.66	21.04	24.33	0.20	61.90	46.88	46.94	69.4	131.3	193.2	7.9	2000	4000	6010	223.0	446.0	669.0	36900
180H	57.15	35.71	35.48	17.46	17.49	54.86	54.30	46.86	23.65	27.36	0.20	69.16	52.50	52.55	77.3	146.5	215.7	9.1	2670	5340	8010	281.0	562.0	843.0	46900
200H	63.50	39.68	37.85	19.85	19.87	60.93	60.33	52.07	26.24	30.36	0.20	78.31	58.29	58.34	87.1	165.4	243.7	10.2	3110	6230	9340	347.0	694.0	1041.0	58700
240H	76.20	47.63	47.35	23.81	23.84	73.13	72.39	62.49	31.45	36.40	0.20	101.22	74.54	74.60	111.4	212.6	313.8	10.5	4450	8900	13340	500.0	1000.0	1500.0	84400

① 对于高应力使用场合，不推荐使用过渡链节。

② 止锁件的实际尺寸取决于其类型，但都不应超过规定尺寸，使用者应从制造商处获取详细资料。

③ 动载强度值不适用于过渡链节，连接链节或带有附件的链条。

④ 双排链和三排链的动载试验不能用单排链的值按比例套用。

⑤ 动载强度值是基于 5 个链节的试样，不含 180H，200H，240H，这些链条是基于 3 个链节的试样。

（4）链条标示

链条使用标准链号来标示。链号后加一连线和后缀，其中后缀 1 表示为单排链，2 为双排链，3 为三排链，如 16B-1、16B-2、16B-3 等。链条 081、083、084 和 085 不遵循这一规则，因为这些链条通常仅以单排形式使用。

ANSI 重载系列链条的标示为：链号后加一连线和后缀的形式表示，其中后缀 1 表示为单排链，2 为双排链，3 为三排链，如 80H-1、80H-2、80H-3 等。

5.3.2 附件（见表 3-519～表 3-521）

表 3-519　K 型附板的型式和尺寸　　（单位：mm）

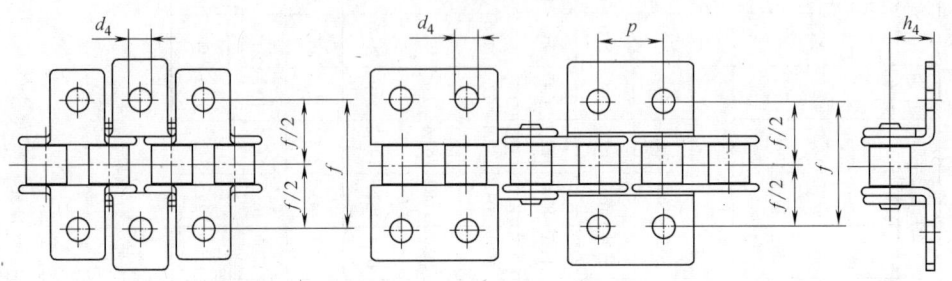

链　号	附板平台高 h_4	板孔直径 d_4 min	孔中心间横向距离 f
06C	6.4	2.6	19.0
08A	7.9	3.3	25.4
08B	8.9	4.3	
10A	10.3	5.1	31.8
10B		5.3	
12A	11.9	5.1	38.1
12B	13.5	6.4	
16A	15.9	6.6	50.8
16B		6.4	
20A	19.8	8.2	63.5
20B		8.4	
24A	23.0	9.8	76.2
24B	26.7	10.5	
28A	28.6	11.4	88.9
28B		13.1	
32A	31.8	13.1	101.6
32B			
40A	42.9	16.3	127.0

注：1. K 型附板既可装在外链节，也可装在内链节。K1 和 K2 型附板可以相同，区别是 K1 型附板中心有一个孔。K2 型附板不能逐节安装。

2. p 值见表 3-517。

表 3-520　M 型附板的型式和尺寸　　　　　　（单位：mm）

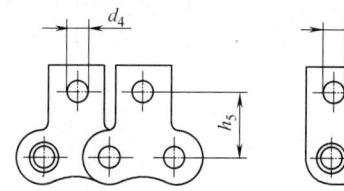
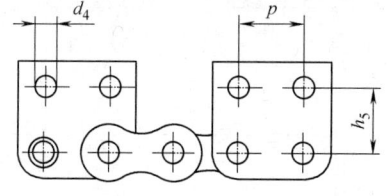

链　号	附板孔与链板中心的距离 h_5	板孔直径 d_4 min
06C	9.5	2.6
08A	12.7	3.3
08B	13.0	4.3
10A	15.9	5.1
10B	16.5	5.3
12A	18.3	5.1
12B	21.0	6.4
16A	24.6	6.6
16B	23.0	6.4
20A	31.8	8.2
20B	30.5	8.4
24A	36.5	9.8
24B	36.0	10.5
28A	44.4	11.4
32A	50.8	13.1
40A	63.5	16.3

注：1. M 型附板既可装在外链节，也可装在内链节。M1 和 M2 型附板可以相同，区别是 M1 型附板中心
　　有一个孔。M2 型附板不推荐逐节安装。

　　2. p 值见表 3-517。

表 3-521　X 型加长销轴和 Y 型加长销轴的型式和尺寸　　　（单位：mm）

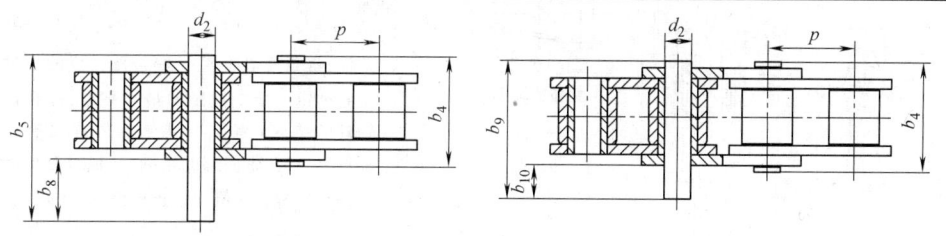

a) X 型加长销轴　　　　　　　　　　　　　　b) Y 型加长销轴

链　号	X 型加长销轴		Y 型加长销轴		X 型和 Y 型销轴直径
	b_8 max	b_5 max	b_{10} max	b_9 max	d_2 max
05B	7.1	14.3	—	—	2.31
06C	12.3	23.4	10.2	21.9	3.60
06B	12.2	23.8	—	—	3.28

（续）

链 号	X 型加长销轴		Y 型加长销轴		X 型和 Y 型销轴直径
	b_8	b_5	b_{10}	b_9	d_2
	max	max	max	max	max
08A	16.5	32.3	10.2	26.3	3.98
08B	15.5	31.0	—	—	4.45
10A	20.6	39.9	12.7	32.6	5.09
10B	18.5	36.2	—	—	5.08
12A	25.7	49.8	15.2	40.0	5.96
12B	21.5	42.2	—	—	5.72
16A	32.2	62.7	20.3	51.7	7.94
16B	34.5	68.0	—	—	8.28
20A	39.1	77.0	25.4	63.8	9.54
20B	39.4	79.7	—	—	10.19
24A	48.9	96.3	30.5	78.6	11.11
24B	51.4	101.8	—	—	14.63
28A	—	—	35.6	87.5	12.71
32A	—	—	40.60	102.6	14.29

注：X 型加长销轴基于双排链，Y 型加长销轴通常用在 "A" 系列链条。

5.4 传动与输送用双节距精密滚子链和附件（摘自 GB/T 5269—2008）

双节距精密滚子链主要适用于中小载荷、中低速和中心距较长的传动。链条除链板孔距比短节距精密滚子链加长一倍外，其余的零件和链条结构均相同。在同样长度时，其重量轻且经济。

5.4.1 传动链条的结构型式、主要尺寸和基本参数（见表 3-522）

表 3-522 传动链条的结构型式、主要尺寸和基本参数

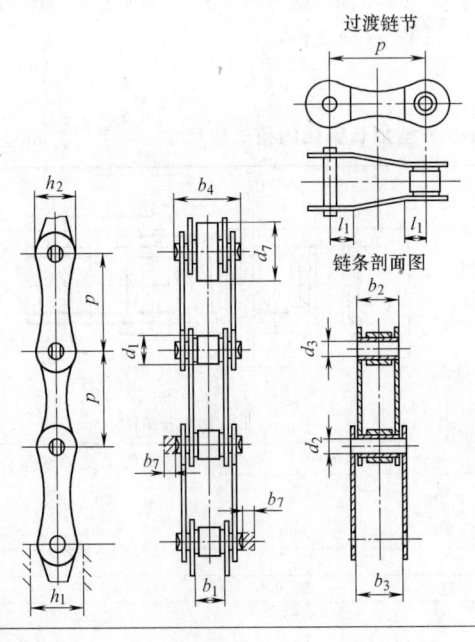

过渡链节

链条剖面图

注:链条通道高度 h_1 是装配完成的小滚子系列链条所能通过的最小高度;带有止锁件的链条全宽为:铆头销轴、一侧带有止锁件,b_4+b_7;带头部的销轴、一侧带有止锁件,$b_4+1.6b_7$;两侧均带止锁件:b_4+2b_7

（续）

链号	节距 p	小滚子直径 d_1 max	大滚子直径[①] d_7 max	内链节内宽 b_1 min	销轴直径 d_2 max	套筒内径 d_3 min	链条通道高度 h_1 min	链板高度 h_2 max	过渡链板尺寸[②] l_1 min	内链节外宽 b_2 max	外链节内宽 b_3 min	销轴长度 b_4 max	销轴止锁端加长量[③] b_7 max	测量力	抗拉强度 min
						mm								N	kN
208A	25.4	7.92	15.88	7.85	3.98	4.00	12.33	12.07	6.9	11.17	11.31	17.8	3.9	120	13.9
208B	25.4	8.51	15.88	7.75	4.45	4.50	12.07	11.81	6.9	11.30	11.43	17.0	3.9	120	17.8
210A	31.75	10.16	19.05	9.40	5.09	5.12	15.35	15.09	8.4	13.84	13.97	21.8	4.1	200	21.8
210B	31.75	10.16	19.05	9.65	5.08	5.13	14.99	14.73	8.4	13.28	13.41	19.6	4.1	200	22.2
212A	38.1	11.91	22.23	12.57	5.96	5.98	18.34	18.10	9.9	17.75	17.88	26.9	4.6	280	31.3
212B	38.1	12.07	22.23	11.68	5.72	5.77	16.39	16.13	9.9	15.62	15.75	22.7	4.6	280	28.9
216A	50.8	15.88	28.58	15.75	7.94	7.96	24.39	24.13	13	22.60	22.74	33.5	5.4	500	55.6
216B	50.8	15.88	28.58	17.02	8.28	8.33	21.34	21.08	13	25.45	25.58	36.1	5.4	500	60.0
220A	63.5	19.05	39.67	18.90	9.54	9.56	30.48	30.17	16	27.45	27.59	41.1	6.1	780	87.0
220B	63.5	19.05	39.67	19.56	10.19	10.24	26.68	26.42	16	29.01	29.14	43.2	6.1	780	95.0
224A	76.2	22.23	44.45	25.22	11.11	11.14	36.55	36.20	19.1	35.45	35.59	50.8	6.6	1110	125.0
224B	76.2	25.4	44.45	25.40	14.63	14.68	33.73	33.40	19.1	37.92	38.05	53.4	6.6	1110	160.0
228B	88.9	27.94	—	30.99	15.90	15.95	37.46	37.08	21.3	46.58	46.71	65.1	7.4	1510	200.0
232B	101.6	29.21	—	30.99	17.81	17.86	42.72	42.29	24.4	45.57	45.70	67.4	7.9	2000	250.0

① 大滚子链条在链号后加 L，它主要用于输送，但有时也用于传动。

② 对繁重的工况不推荐使用过渡链节。

③ 实际尺寸取决于止锁件的形式，但不得超过所给尺寸，详细资料应从链条制造商得到。

5.4.2 输送链条的主要尺寸和基本参数（见表 3-523）

表 3-523　输送链条的主要尺寸和基本参数

链号[①]	节距 p	小滚子直径 d_1 max	大滚子直径 d_7 max	内链节内宽 b_1 min	销轴直径 d_2 max	套筒内径 d_3 min	链条通道高度 h_1 min	链板高度 h_2 max	过渡链板尺寸[②] l_1 min	内链节外宽 b_2 max	外链节内宽 b_3 min	销轴长度 b_4 max	销轴止锁端加长量[③] b_7 max	测量力	抗拉强度 min
						mm								N	kN
C208A	25.4	7.92	15.88	7.85	3.98	4.00	12.33	12.07	6.9	11.17	11.31	17.8	3.9	120	13.9
C208B	25.4	8.51	15.88	7.75	4.45	4.50	12.07	11.81	6.9	11.30	11.43	17.0	3.9	120	17.8
C210A	31.75	10.16	19.05	9.40	5.09	5.12	15.35	15.09	8.4	13.84	13.97	21.8	4.1	200	21.8
C210B	31.75	10.16	19.05	9.65	5.08	5.13	14.99	14.73	8.4	13.28	13.41	19.6	4.1	200	22.2
C212A	38.1	11.91	22.23	12.57	5.96	5.98	18.34	18.10	9.9	17.75	17.88	26.9	4.6	280	31.3
C212A-H	38.1	11.91	22.23	12.57	5.96	5.98	18.34	18.10	9.9	19.43	19.56	30.2	4.6	280	31.3
C212B	38.1	12.07	22.23	11.68	5.72	5.77	16.39	16.13	9.9	15.62	15.75	22.7	4.6	280	28.9
C216A	50.8	15.88	28.58	15.75	7.94	7.96	24.39	24.13	13	22.60	22.74	33.5	5.4	500	55.6
C216A-H	50.8	15.88	28.58	15.75	7.94	7.96	24.39	24.13	13	24.28	24.41	37.4	5.4	500	55.6
C216B	50.8	15.88	28.58	17.02	8.28	8.33	21.34	21.08	13	25.45	25.58	36.1	5.4	500	60.0

（续）

链号①	节距 p	小滚子直径 d_1 max	大滚子直径 d_7 max	内链节内宽 b_1 min	销轴直径 d_2 max	套筒内径 d_3 min	链条通道高度 h_1 min	链板高度 h_2 max	过渡链板尺寸② l_1 min	内链节外宽 b_2 max	外链节内宽 b_3 min	销轴长度 b_4 max	销轴止锁端加长量③ b_7 max	测量力	抗拉强度 min
							mm							N	kN
C220A	63.5	19.05	39.67	18.90	9.54	9.56	30.48	30.17	16	27.45	27.59	41.1	6.1	780	87.0
C220A-H	63.5	19.05	39.67	18.90	9.54	9.56	30.48	30.17	16	29.11	29.24	44.5	6.1	780	87.0
C220B	63.5	19.05	39.67	19.56	10.19	10.24	26.68	26.42	16	29.01	29.14	43.2	6.1	780	95.0
C224A	76.2	22.23	44.45	25.22	11.11	11.14	36.55	36.20	19.1	35.45	35.59	50.8	6.6	1110	125.0
C224A-H	76.2	22.23	44.45	25.22	11.11	11.14	36.55	36.20	19.1	37.18	37.31	55.0	6.6	1110	125.0
C224B	76.2	25.4	44.45	25.40	14.63	14.68	33.73	33.40	19.1	37.92	38.05	53.4	6.6	1110	160.0
C232A-H	101.6	28.58	57.15	31.55	14.29	14.31	48.74	48.26	25.2	46.88	47.02	69.4	7.9	2000	222.4

注：带大滚子链条的基本尺寸传动链条的尺寸相同，其链板通常是直边的（不是曲边的）。

① 链号是从表 3-521 基本链号派生出来的，前缀加字母 C 表示输送链，字尾加 S 表示小滚子链、L 表示大滚子链、加 H 表示重载链条。

② 重载应用场合，不推荐使用过渡链节。

③ 实际尺寸取决于止锁件的形式，但不得超过所给尺寸。详细资料应从链条制造商得到。

5.4.3 附件（见表 3-524～表 3-527）

表 3-524 K 型附板的型式和尺寸 　　　　（单位：mm）

K2型附板带有两个孔；K1附板只在中间开一个孔

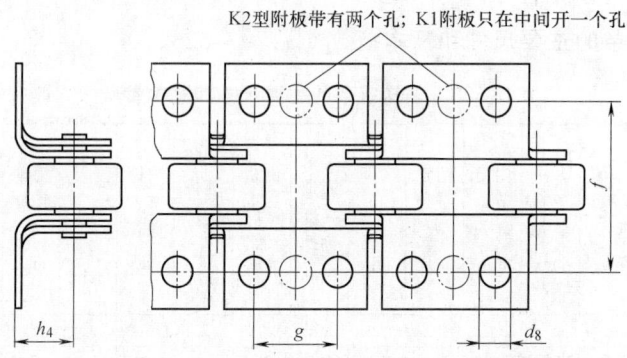

链号①	附板平台高度 h_4	附板孔中心线之间横向距离 f	最小孔径 d_8	附板孔中心线之间纵向距离 g
C208A	9.1	25.4	3.3	9.5
C208B	9.1	25.4	4.3	12.7
C210A	11.1	31.8	5.1	11.9
C210B	11.1	31.8	5.3	15.9
C212A	14.7	42.9	5.1	14.3
C212A-H	14.7	42.9	5.1	14.3

（续）

链号[①]	附板平台高度 h_4	附板孔中心线之间横向距离 f	最小孔径 d_8	附板孔中心线之间纵向距离 g
C212B	14.7	38.1	6.4	19.1
C216A	19.1	55.6	6.6	19.1
C216A-H	19.1	55.6	6.6	19.1
C216B	19.1	50.8	6.4	25.4
C220A	23.4	66.6	8.2	23.8
C220A-H	23.4	66.6	8.2	23.8
C220B	23.4	63.5	8.4	31.8
C224A	27.8	79.3	9.8	28.6
C224A-H	27.8	79.3	9.8	28.6
C224B	27.8	76.2	10.5	38.1
C232A-H	36.5	104.7	13.1	38.1

① 重载链条标以后缀 H。

表 3-525　M1 型附板的型式和尺寸

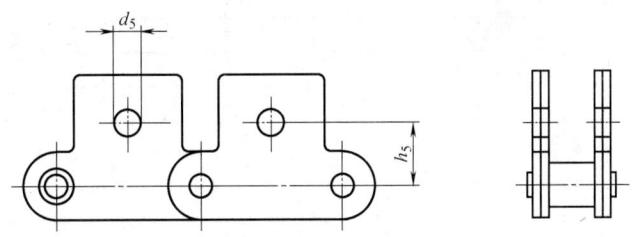

链号[①]	附板孔至链条中心线高度 h_5/mm	最小孔径 d_5/mm
C208A	11.1	5.1
C208B	13.0	4.3
C210A	14.3	6.6
C210B	16.5	5.3
C212A	17.5	8.2
C212A-H	17.5	8.2
C212B	21.0	6.4
C216A	22.2	9.8
C216A-H	22.2	9.8
C216B	23.0	6.4
C220A	28.6	13.1
C220A-H	28.6	13.1
C220B	30.5	8.4
C224A	33.3	14.7
C224A-H	33.3	14.7
C224B	36.0	10.5
C232A-H	44.5	19.5

注：M1 型附板既可放在内链板上，也可放在外链板上。

① 重载链条标以后缀 H。

表 3-526　M2 型附板的型式和尺寸　　　　　　　　（单位：mm）

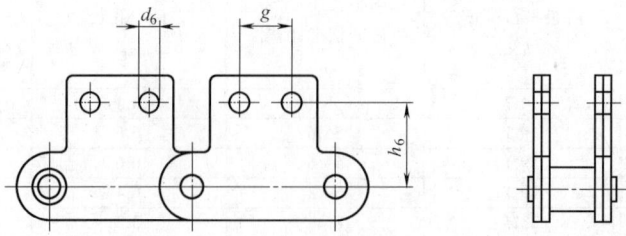

链号[①]	附板孔至链条中心线高度 h_6	最小孔径 d_6	附板孔中心线之间纵向距离 g
C208A	13.5	3.3	9.5
C208B	13.7	4.3	12.7
C210A	15.9	5.1	11.9
C210B	16.5	5.3	15.9
C212A	19.0	5.1	14.3
C212A-H	19.0	5.1	14.3
C212B	18.5	6.4	19.1
C216A	25.4	6.6	19.1
C216A-H	25.4	6.6	19.1
C216B	27.4	6.4	25.4
C220A	31.8	8.2	23.8
C220A-H	31.8	8.2	23.8
C220B	33.0	8.4	31.8
C224A	37.3	9.8	28.6
C224A-H	37.3	9.8	28.6
C224B	42.7	10.5	38.1
C232A-H	50.8	13.1	38.1

注：M2 型附板既可放在内链板上，也可放在外链板上。

① 重载链条标以后缀 H。

表 3-527　X 型加长销轴和 Y 型加长销轴的型式和尺寸　　　（单位：mm）

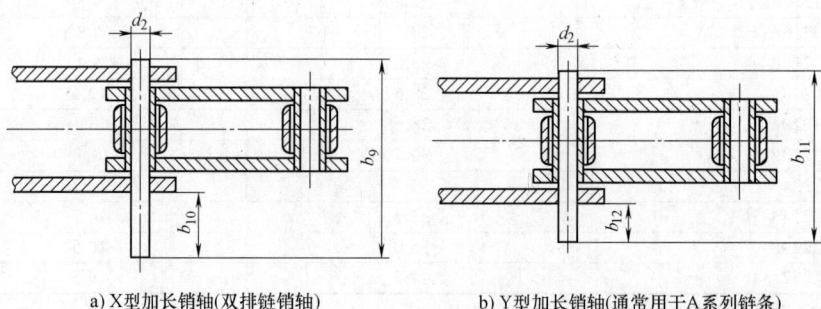

a) X型加长销轴(双排链销轴)　　　　　b) Y型加长销轴(通常用于A系列链条)

（续）

链号[①]	X 型销轴加长量		Y 型销轴加长量		销轴直径
	b_{10}	b_9	b_{12}	b_{11}	d_2
	max	max	max	max	max
C208A	—	—	10.2	26.3	3.98
C208B	15.5	31.0	—	—	4.45
C210A	—	—	12.7	32.6	5.09
C210B	18.5	36.2	—	—	5.08
C212A	—	—	15.2	40.0	5.96
C212A-H	—	—	15.2	43.3	5.96
C212B	21.5	42.2	—	—	5.72
C216A	—	—	20.3	51.7	7.94
C216A-H	—	—	20.3	55.3	7.94
C216B	34.5	68.0	—	—	8.28
C220A	—	—	25.4	63.8	9.54
C220A-H	—	—	25.4	67.2	9.54
C220B	39.4	79.7	—	—	10.19
C224A	—	—	30.5	78.6	11.11
C224A-H	—	—	30.5	82.4	11.11
C224B	51.4	101.8	—	—	14.63
C232A-H	—	—	40.6	106.3	14.29

① 重载链条标以后缀 H。

5.5 重载传动用弯板滚子链

重载传动用弯板滚子链适用于低速重载，工矿恶劣和有冲击载荷的传动场合，如矿山机械、建筑机械等。

5.5.1 结构特点

链板为直边弯曲形状，无内外链节的区分，有较好的缓冲能力。

5.5.2 链条的型式、主要尺寸和基本参数 （见表 3-528）

表 3-528 链条的型式、主要尺寸和基本参数 （摘自 GB/T 5858—1997）

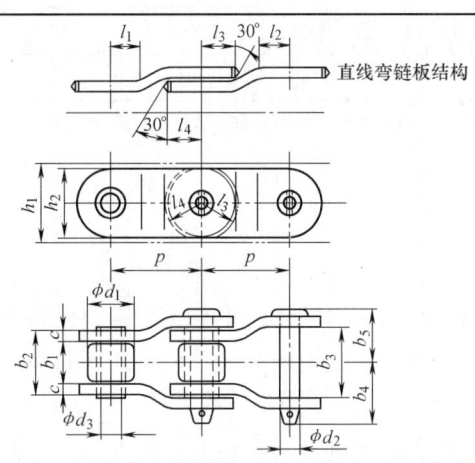

（续）

链号	节距 p	滚子直径 d_1 max	窄端内宽 $b_1^{①}$ 名义	销轴直径 d_2 max	套筒内径 d_3 min	链条通道高度 h_1 min	链板高度 h_2 max	弯链板间隙尺寸^{②} l_1 min	l_2 min
					mm				
2010	63.5	31.75	38.1	15.9	15.95	48.3	47.8	22.4	23.9
2512	77.9	41.28	39.6	19.08	19.13	61.1	60.5	26.9	29.5
2814	88.9	44.45	38.1	22.25	22.33	61.6	60.5	31.8	33.3
3315	103.45	45.24	49.3	23.85	23.93	64.1	63.5	33.3	35.1
3618	114.3	57.15	52.3	27.97	28.07	80	79.2	39.6	41.2
4020	127	63.5	69.9	31.78	31.88	93	91.9	47.8	52.3
4824	152.4	76.2	76.2	38.13	38.25	105.7	104.6	55.6	58.7
5628	177.8	88.9	82.6	44.48	44.63	134.6	133.4	65	68.1

链号	窄端外宽 b_2 max	宽端内宽 b_3 min	销轴尾端至中线的距离 b_4 max	销轴头端至中线的距离 b_5 max	链板厚度 c 名义	测量力	抗拉载荷 min
			mm			N	kN
2010	54.38	54.51	47.8	42.9	7.9	900	250
2512	59.13	59.26	55.6	47.8	9.7	1300	340
2814	64.01	64.14	62	55.6	12.7	1800	470
3315	78.28	78.41	71.4	63.5	14.2	2200	550
3618	81.46	81.58	76.2	65	14.2	2700	760
4020	102.39	102.51	90.4	77.7	15.7	3600	990
4824	115.09	115.21	98.6	88.9	19	5000	1400
5628	127.79	129.91	114.3	101.6	22.4	6800	1890

注：连接链节总宽 $= b_4 + b_5$，两端都有止锁销的总宽 $= 2b_4$。

① 最小宽度 $= 0.95b_1$。

② $l_{3max} = l_{1min}$；$l_{4max} = l_{2min}$。

5.6 齿形链

齿形链和链轮适用于高速、高精度、平稳、无噪声的传动场合。齿形链与链轮的啮合为直线型外接触啮合，即链条参与啮合的工作边是链板外侧直边。

5.6.1 链号

（1）9.52mm 及以上节距链条链号　链号由字母 SC 与表示链条节距和链条公

称宽度的数字组成，数字的前一位或前两位乘以 3.175mm（1/8in）为链条节距值，最后两位或三位数乘以 6.35mm（1/4in）为齿形链的公称链宽。例如，SC302表示节距为 9.525mm、公称链宽为 12.70mm 的齿形链。

（2）4.76mm 节距链条链号　链号由字母 SC 与表示链条节距和链条公称宽度的数字组成，0 后面的第一位数字乘以 1.5875mm（1/16in）为链条节距值，最后一位或两位数乘以 0.79375mm（1/32in）为齿形链的公称链宽。例如，SC0309 表示节距为 4.762mm 和公称链宽为 7.14mm 的齿形链。4.762mm 节距齿形链条的链板公称厚度均为 0.76mm，因此链号中的宽度数值也就是链条宽度方向的链板数量。

5.6.2　9.52mm 及以上节距链条链板形状和链节参数（见表 3-529）

表 3-529　9.52mm 及以上节距链条链板形状和链节参数（摘自 GB/T 10855—2016）

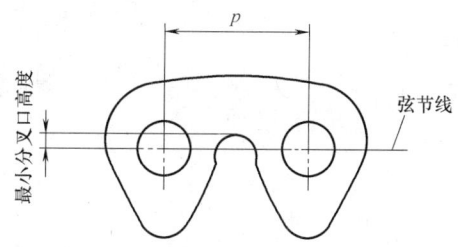

注：最小分叉口高度 $= 0.062p$

链号（6.35mm 单位链宽）	节距 p/mm	标记	最小分叉口高度/mm
SC3	9.525	SC3 或 3	0.590
SC4	12.70	SC4 或 4	0.787
SC5	15.875	SC5 或 5	0.985
SC6	19.05	SC6 或 6	1.181
SC8	25.40	SC8 或 8	1.575
SC10	31.75	SC10 或 10	1.969
SC12	38.10	SC12 或 12	2.362
SC16	50.80	SC16 或 16	3.150

5.7　摩托车链条（摘自 GB/T 14212—2010）

摩托车链条按结构分为滚子链和套筒链，其链节分为内链节、外链节和连接链节。滚子链主要用于传动；套筒链主要用于发动机正时传动。

链条的结构型式、主要尺寸和基本参数见表 3-530。

表 3-530　摩托车链条的结构型式、主要尺寸和基本参数

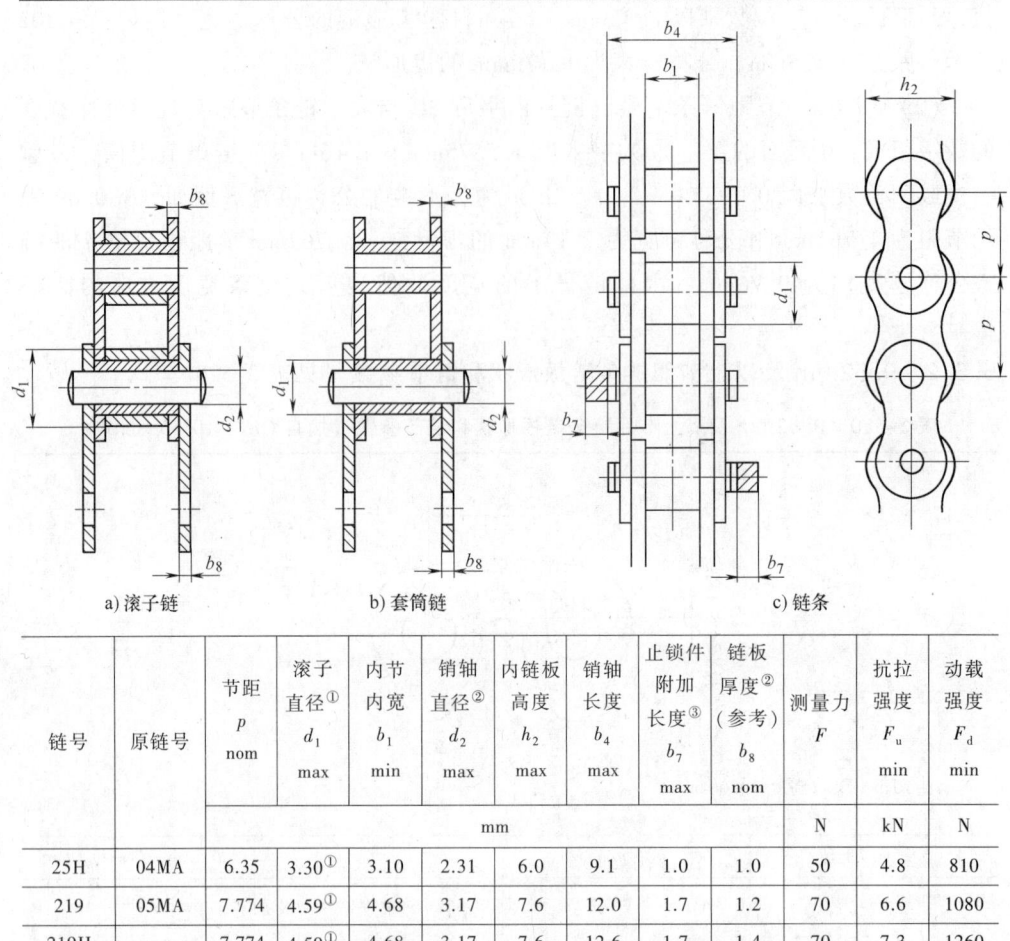

a) 滚子链　　　　　　　　b) 套筒链　　　　　　　　c) 链条

链号	原链号	节距 p nom	滚子直径[①] d_1 max	内节内宽 b_1 min	销轴直径[②] d_2 max	内链板高度 h_2 max	销轴长度 b_4 max	止锁件附加长度[③] b_7 max	链板厚度[②] (参考) b_8 nom	测量力 F	抗拉强度 F_u min	动载强度 F_d min
						mm				N	kN	N
25H	04MA	6.35	3.30[①]	3.10	2.31	6.0	9.1	1.0	1.0	50	4.8	810
219	05MA	7.774	4.59[①]	4.68	3.17	7.6	12.0	1.7	1.2	70	6.6	1080
219H	—	7.774	4.59[①]	4.68	3.17	7.6	12.6	1.7	1.4	70	7.3	1260
05T	05MB	8.00	4.73[①]	4.55	3.17	7.8	12.1	1.7	1.3	70	6.8	1190
270H	05MC	8.50	5.00[①]	4.75	3.28	8.6	13.3	—	1.6	70	10.8	1720
415M	083	12.70	7.77	4.68	3.97	10.4	11.8	1.9	1.3	120	11.8	1780
415	084	12.70	7.77	4.68	3.97	12.0	13.3	1.5	1.5	120	15.6	2860
415MH	—	12.70	7.77	4.68	3.97	12.0	13.5	1.9	1.5	120	17.7	2860
420	08MA	12.70	7.77	6.25	3.99	12.0	14.9	1.5	1.5	120	15.6	2860
420MH	—	12.70	7.77	6.25	3.99	12.0	17.5	1.5	1.8	120	18.0	3420
428	08MB	12.70	8.51	7.85	4.51	12.0	16.9	1.9	1.5	140	16.7	2860
428MH	08MC	12.70	8.51	7.85	4.51	12.0	18.9	1.9	2.0	140	20.5	3420
520	10MA	15.875	10.16	6.25	5.09	15.3	17.5	2.2	2.0	200	26.4	4840
520MH	—	15.875	10.22	6.25	5.25	15.3	19.0	2.2	2.2	200	30.5	5170
525	—	15.875	10.16	7.85	5.09	15.3	19.3	2.2	2.0	200	26.4	4840
525MH	—	15.875	10.22	7.85	5.25	15.3	21.2	2.0	2.2	200	30.5	5170

（续）

链号	原链号	节距 p nom	滚子直径[1] d_1 max	内节内宽 b_1 min	销轴直径[2] d_2 max	内链板高度 h_2 max	销轴长度 b_4 max	止锁件附加长度[3] b_7 max	链板厚度[2]（参考） b_8 nom	测量力 F	抗拉强度 F_u min	动载强度 F_d min
		mm								N	kN	N
530	10MB	15.875	10.16	9.40	5.09	15.3	20.8	2.1	2.0	200	26.4	4840
530MH	—	15.875	10.22	9.40	5.40	15.3	23.1	2.0	2.4	200	30.4	5490
630	12MA	19.05	11.91	9.40	5.96	18.6	24.0	2.2	2.4	280	35.3	7290

① 链号为 25H、219、219H、05T 以及 270H 的链条是套筒链，其对应的 d_1 是最大套筒直径。

② 销轴直径和链板厚度仅为参考值，不同商标的链条可以不同；不同厂家的产品不允许连接在一起使用。

③ 止锁件附加长度仅为参考值，不推荐使用止锁件；在各种使用场合应尽可能将链条铆接成封闭形式。

5.8　自行车链条

自行车链条用于自行车配套和维修。链条的结构型式、主要尺寸和基本参数见表 3-531。

表 3-531　自行车链条的结构型式、主要尺寸和基本参数（摘自 GB/T 3579—2006）

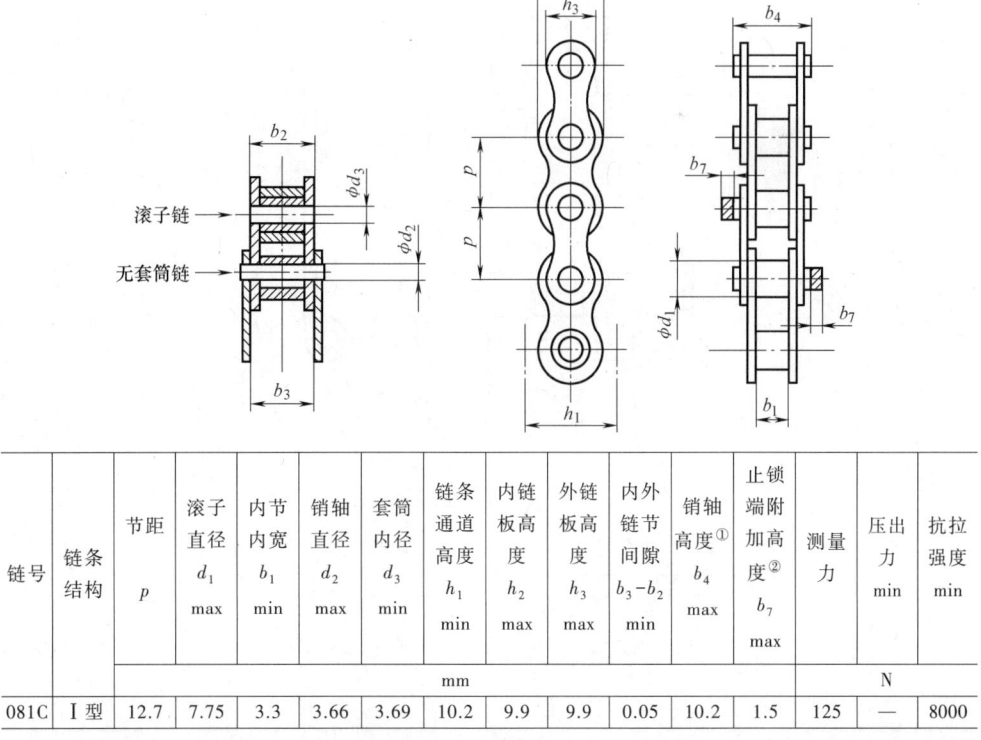

链号	链条结构	节距 p max	滚子直径 d_1 max	内节内宽 b_1 min	销轴直径 d_2 max	套筒内径 d_3 max	链条通道高度 h_1 min	内链板高度 h_2 max	外链板高度 h_3 max	内外链节间隙 b_3-b_2 min	销轴高度[1] b_4 max	止锁端附加高度[2] b_7 max	测量力	压出力 min	抗拉强度 min
		mm											N		
081C	I 型	12.7	7.75	3.3	3.66	3.69	10.2	9.9	9.9	0.05	10.2	1.5	125	—	8000

（续）

链号	链条结构	节距 p	滚子直径 d_1 max	内节内宽 b_1 min	销轴直径 d_2 max	套筒内径 d_3 min	链条通道高度 h_1 min	内链板高度 h_2 max	外链板高度 h_3 max	内外链节间隙 b_3-b_2 min	销轴高度[1] b_4 max	止锁端附加高度[2] b_7 max	测量力	压出力 min	抗拉强度 min
							mm							N	
082C	Ⅰ型	12.7	7.75	2.38	3.66	3.69	10.2	9.9	9.9	0.1	8.2	—	125	780	8000[3]
082C	Ⅱ型	12.7	7.75	2.38	3.66	3.69	9	8.7	8.7	0.05	7.4	—	125	780	8000[3]

① 082C 链条的实际尺寸取决于所使用自行车变速器的类型，但不应超过表中规定尺寸，详情由用户向制造商咨询。

② 实际尺寸取决于所使用止锁件的类型，但不应超过表中规定尺寸，详情由用户向制造商咨询。

③ 如果用户与制造商之间协商同意，最小抗拉强度可以大于表中规定值。

5.9 输送用平顶链（摘自 GB/T 4140—2003）

5.9.1 单铰链式平顶链（见表 3-532）

表 3-532 单铰链式平顶链的型式、尺寸和基本参数

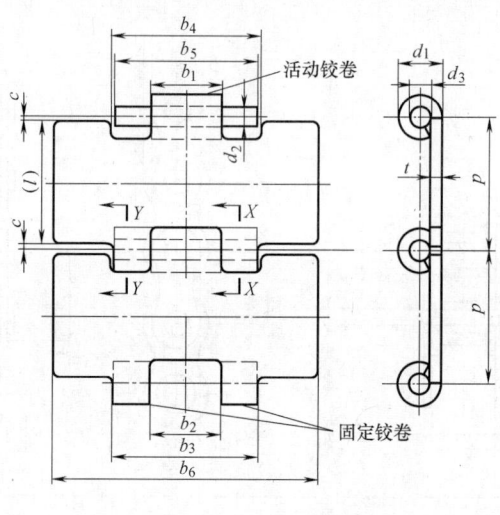

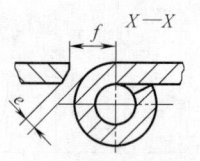

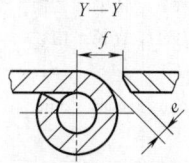

（续）

链号	节距[1] p	铰卷外径 d_1 max	销轴直径 d_2 max	活动铰卷孔径 d_3 min	链板厚度 t max	活动铰卷宽度 b_1 max	固定铰卷内宽 b_2 min	固定铰卷外宽 b_3 max	链板凹槽宽度 b_4 min
	mm								
C12S									
C13S									
C14S									
C16S	38.10	13.13	6.38	6.40	3.35	20.00	20.10	42.05	42.10
C18S									
C24S									
C30S									

链号	销轴长度 b_5 max	链板宽度 b_6 max	链板宽度 b_6 nom	链板长度[2] l	链板间隙 c min	铰链间隙 切向[3] e min	铰链间隙 直线[3][4] f min	测量力	抗拉强度 min
	mm							N	
C12S		77.20	76.20						
C13S		83.60	82.60					碳钢	
C14S		89.90	88.90					200	1000
C16S	42.60	102.60	101.60	37.28	0.41	0.14	5.08	一级耐蚀钢[5]	
C18S		115.30	114.30					160	8000
C24S		153.40	152.40					二级耐蚀钢[5]	
C30S		191.50	190.50					120	6250

① 链条节距是一个理论尺寸，用以计算链条长度和链轮尺寸，它并不用作对单个链节的检验尺寸。

② 图中尺寸 l 加了括号，仅作参考，随实际尺寸 c 而定。

③ e 和 f 由 t 和 d_1 的最大值而定，若 t 和 d_1 取其他值，e 和 f 必须重新计算。

④ 所给尺寸用于指导工具制造。

⑤ 这些等级无确定划分，且仅与耐蚀钢相应的抗拉强度有关。有关钢的抗腐蚀性能的详情，请向制造厂咨询。

5.9.2　双铰链式平顶链（见表 3-533）

表 3-533　双铰链式平顶链的型式、尺寸和基本参数

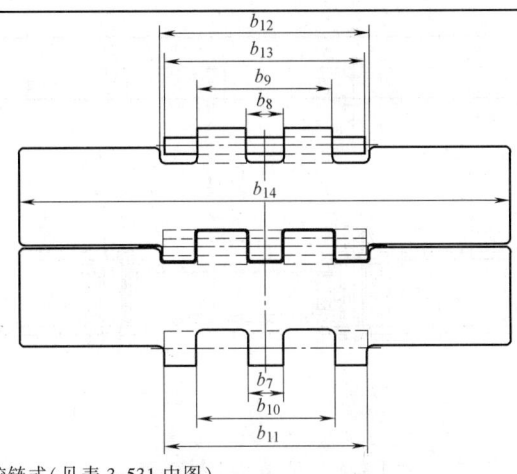

注：其余尺寸同单铰链式（见表 3-531 中图）

（续）

链号	中央固定铰卷宽度 b_7 max	活动铰卷间宽 b_8 min	活动铰卷跨宽 b_9 max	外侧固定铰卷间宽 b_{10} min	外侧固定铰卷跨宽 b_{11} max	链板凹槽总宽度 b_{12} min	销轴长度 b_{13} max	链板宽度 b_{14}		测量力	抗拉强度 min
								max	nom		
	mm										N
										碳钢	
										400	20000
										一级耐蚀钢	
C30D	13.50	13.70	53.50	53.60	80.50	80.60	81.00	191.50	190.50	320	16000
										二级耐蚀钢	
										250	12500

5.10　输送链和附件

5.10.1　链条的结构型式 （见图 3-21）

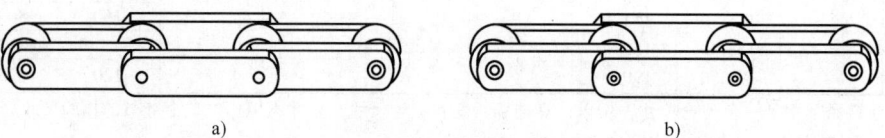

a)　　　　　　　　　　　　　　b)

图 3-21　链条的结构型式

a）实心销轴链条　b）空心销轴链条

5.10.2　链条尺寸和符号 （见图 3-22）

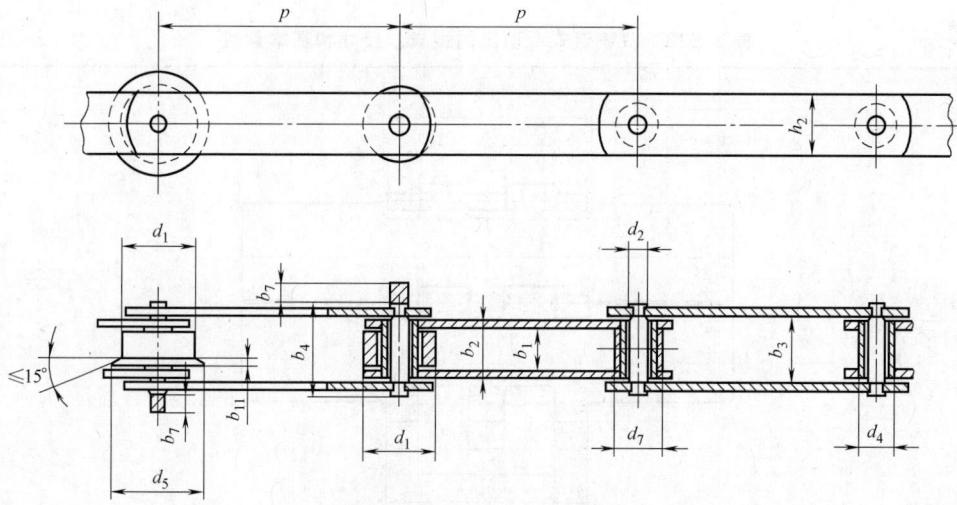

图 3-22　链条尺寸和符号

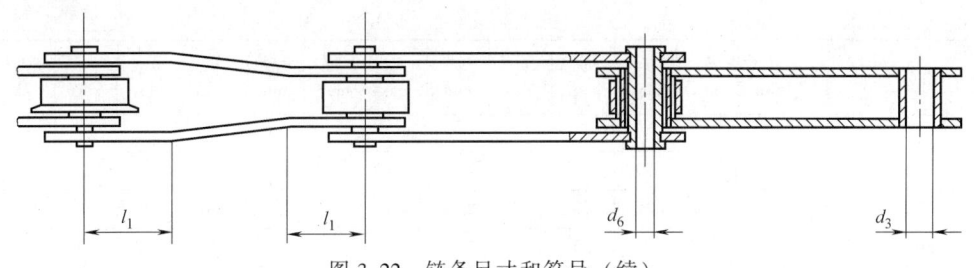

图 3-22 链条尺寸和符号（续）

b_1—内链节内宽	d_3—套筒孔径
b_2—内链节外宽	d_4—套筒外径
b_3—外链节内宽	d_5—带边滚子边缘直径
b_4—销轴长度	d_6—空心销轴内径
b_7—销轴止锁端加长量	d_7—小滚子直径
b_{11}—带边滚子边缘宽度	h_2—链板高度
d_1—大滚子或带边滚子直径	l_1—过渡链节尺寸
d_2—销轴直径	p—节距

注：1. 销轴可以设计成带肩的，如本图所示，也可以是平直的，如图 3-22 所示。

2. 以上图示并不定义链板、销轴、套筒或滚子的真实形状。

5.10.3 实心销轴输送链的主要尺寸和技术要求（见表 3-534）

表 3-534 实心销轴输送链的主要尺寸和技术要求（摘自 GB/T 8350—2008）

链号 （基本）	抗拉 强度 min	d_1 max	节距 p[①][②][③]													
			40	50	63	80	100	125	160	200	250	315	400	500	630	800	1000
	kN		mm													
M20	20	25	×													
M28	28	30		×												
M40	40	36														
M56	56	42				×										
M80	80	50														
M112	112	60					×									
M160	160	70						×								
M224	224	85							×							
M315	315	100								×						
M450	450	120														
M630	630	140														
M900	900	170										×				

(续)

链号 (基本)	d_2 max	d_3 min	d_4 max	h_2 max	b_1 min	b_2 max	b_3 min	b_4 max	b_7 max	l_1[④] min	d_5 max	b_{11} max	d_7 max	测量 力
	mm													kN
M20	6	6.1	9	19	16	22	22.2	35	7	12.5	32	3.5	12.5	0.4
M28	7	7.1	10	21	18	25	25.2	40	8	14	36	4	15	0.56
M40	8.5	8.6	12.5	26	20	28	28.3	45	9	17	42	4.5	18	0.8
M56	10	10.1	15	31	24	33	33.3	52	10	20.5	50	5	21	1.12
M80	12	12.1	18	36	28	39	39.4	62	12	23.5	60	6	25	1.6
M112	15	15.1	21	41	32	45	45.5	73	14	27.5	70	7	30	2.24
M160	18	18.1	25	51	37	52	52.5	85	16	34	85	8.5	36	3.2
M224	21	21.2	30	62	43	60	60.6	98	18	40	100	10	42	4.5
M315	25	25.2	36	72	48	70	70.7	112	21	47	120	12	50	6.3
M450	30	30.2	42	82	56	82	82.8	135	25	55	140	14	60	9
M630	36	36.2	50	103	66	96	97	154	30	66.5	170	16	70	12.5
M900	44	44.2	60	123	78	112	113	180	37	81	210	18	85	18

① 节距 p 是理论参考尺寸,用来计算链长和链轮尺寸,而不是用作检验链节的尺寸。

② 用×表示的链条节距规格仅用于套筒链条和小滚子链条。

③ 实线范围内的节距规格是优选节距规格。

④ 过渡链节尺寸 l_1 决定最大链板长度和对铰链轨迹的最小限制。

5.10.4 空心销轴输送链的主要尺寸和技术要求 (见表 3-535)

表 3-535 空心销轴输送链的主要尺寸和技术要求 (摘自 GB/T 8350—2008)

链号 (基本)	抗拉强度 min	d_1 max	节距									
			63	80	100	125	160	200	250	315	400	500
	kN		mm									
MC28	28	36										
MC56	56	50										
MC112	112	70										
MC224	224	100										

链号 (基本)	d_2 max	d_3 min	d_4 max	h_2 max	b_1 min	b_2 max	b_3 min	b_4 max	b_7 max	l_1 min	d_5 max	b_{11} max	d_6 min	d_7 max	测量 力
	mm														kN
MC28	13	13.1	17.5	26	20	28	28.3	42	10	17.0	42	4.5	8.2	25	0.56
MC56	15.5	15.6	21.0	36	24	33	33.3	48	13	23.5	60	5	10.2	30	1.12
MC112	22	22.2	29.0	51	32	45	45.5	67	19	34.0	85	7	14.3	42	2.24
MC224	31	31.2	41.0	72	43	60	60.6	90	24	47.0	120	10	20.3	60	4.50

5.10.5　附件 （见表 3-536 和表 3-537）

表 3-536　K 型附板的型式和尺寸 （摘自 GB/T 8350—2008）（单位：mm）

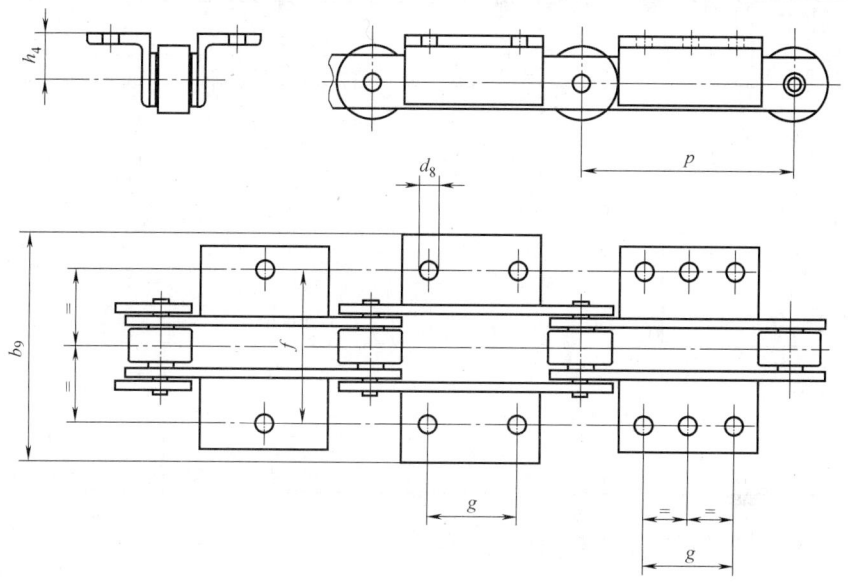

b_9—附板横向外宽　　　　　　g—附板孔中心线之间的纵向距离

d_8—附板孔直径　　　　　　　h_4—附板平台高度

f—附板孔中心线之间的横向距离　　p—节距

链号	d_8	h_4	f	b_9 max	纵向孔心距					
					短		中		长	
					p① min	g	p① min	g	p① min	g
M20	6.6	16	54	84	63	20	80	35	100	50
M28	9	20	64	100	80	25	100	40	125	65
M40	9	25	70	112	80	20	100	40	125	65
M56	11	30	88	140	100	25	125	50	160	85
M80	11	35	96	160	125	50	160	85	200	125
M112	14	40	110	184	125	35	160	65	200	100
M160	14	45	124	200	160	50	200	85	250	145
M224	18	55	140	228	200	65	250	125	315	190
M315	18	65	160	250	200	50	250	100	315	155
M450	18	75	180	280	250	85	315	155	400	240
M630	24	90	230	380	315	100	400	190	500	300
M900	30	110	280	480	315	65	400	155	500	240
MC28	9	25	70	112	80	20	100	40	125	65
MC56	11	35	88	152	125	50	160	85	200	125
MC112	14	45	110	192	160	50	200	85	250	145
MC224	18	65	140	220	200	50	250	100	315	155

① 对应纵向孔心距 g 的最小链条节距。

表 3-537　加高链板的高度（摘自 GB/T 8350—2008）

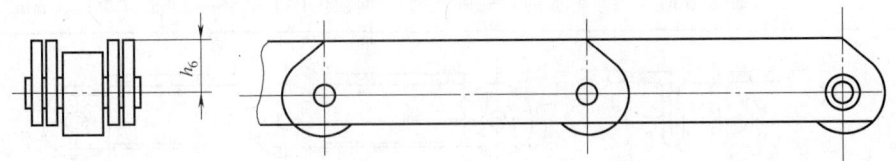

链　号	加高链板高度 h_6/mm	链　号	加高链板高度 h_6/mm
M20	16	M315	65
M28	20	M450	80
M40	22.5	M630	90
M56	30	M900	120
M80	32.5	MC28	22.5
M112	40	MC56	32.5
M160	45	MC112	45
M224	60	MC224	65

5.11　埋刮板输送机用链条和刮板

5.11.1　结构型式

埋刮板输送链由链条和刮板构成。链条的结构型式可以是叉型链、滚子输送链或其他结构型式的链条。埋刮板输送链可以由刮板链节与曳引链节的不同组合连接而成。叉型埋刮板输送链的刮板链节由链杆、刮板、销轴、垫圈和止锁件等零件构成，如图 3-23 所示。

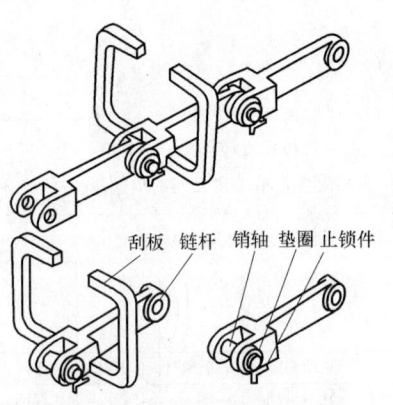

刮板　链杆　销轴　垫圈　止锁件

图 3-23　叉型链的结构型式

5.11.2　叉型链的基本参数和主要尺寸（见表 3-538）

表 3-538　叉型链的基本参数和主要尺寸（摘自 JB/T 9154—2008）　　（单位：mm）

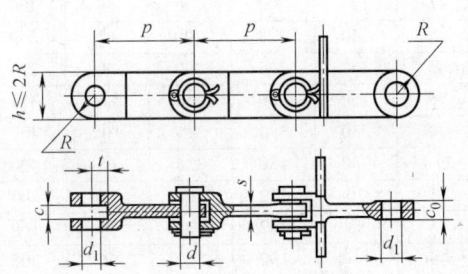

（续）

链号	抗拉强度 min	节距 p							销轴公称直径 d	销轴直径 d_{max}	链杆大头半径 R 公称	链杆厚度 s 公称	链杆叉口宽 c_{min}	链杆小头宽 c_{0max}	链杆孔径 d_{1min}	链杆回转间隙 t_{min}
	kN	80	100	125	160	200	250	315								
MCL56	56	#	#	#					10	9.92	10	6	12.0	11	10.00	12
MCL80	80	#	#	#					12	11.905	12	7	14.0	13	12.00	14
MCL112	112		#	#	#				15	14.905	15	8	16.5	15	15.00	17
MCL160	160			#	#	#			18	17.905	18	10	18.5	17	18.00	20
MCL224	224				#	#	#		21	20.89	21	12	22.0	20	21.00	23
MCL315	315					#	#	#	25	24.89	25	14	26.0	24	25.00	27
MCL450	450					#	#	#	30	29.88	30	16	30.0	28	30.00	32
MCL630	630						#	#	36	35.88	36	20	32.0	30	36.00	40
MCL900	900						#	#	44	43.87	45	24	40.0	38	44.00	48

注：1. 链号由字母与数字组成，字母为埋刮板叉型链条的汉语拼音字头代号，数字表示由千牛顿（kN）计的极限拉伸载荷。

　　2. 链杆厚度 s 供设计链轮时参考。

　　3. "#" 表示优先选用。

5.11.3　刮板的结构型式和主要尺寸（见表 3-539）

表 3-539　刮板的结构型式和主要尺寸（摘自 JB/T 9154—2008）

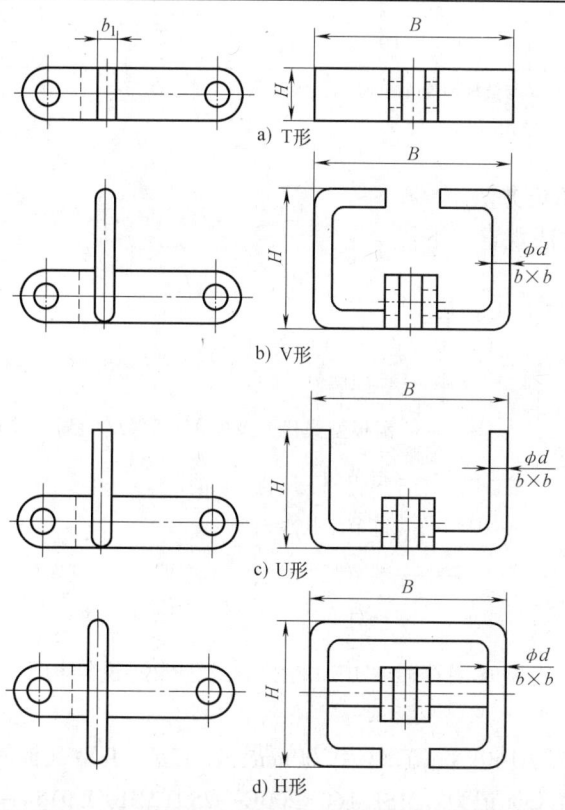

a) T形

b) V形

c) U形

d) H形

(续)

链条节距 p/mm								刮板宽度 B_{max}/mm	U形、V形刮板高度 H_{max}/mm	H形刮板高度 H_{max}/mm	U、V、H形刮板截面的直径 ϕd 或边宽 b/mm	T形刮板厚度 b_{1min}/mm	刮板与链杆的联结强度/MPa
80	100	125	142	160	200	250	315						
#	#							112.5	90		12~18	6	
#	#	#						150	110		12~18	6	
	#	#	#					190	120	185	12~18	8	
		#	#	#				235	145	230	16~20	10	
			#	#	#			305	185	290	16~20	12	≥400
				#	#	#		385	230	370	18~24	14	
					#	#	#	485	260	470	18~24	16	
					#	#	#	610	290		20~26	16	
					#	#	#	780			20~26	20	
						#	#	980			20~26	20	

注：1. T形刮板高度 H 与链杆高度 h 相等。

2. "#" 表示优先选用。

5.11.4　链条的标记方法

链条的标记方法规定如下：

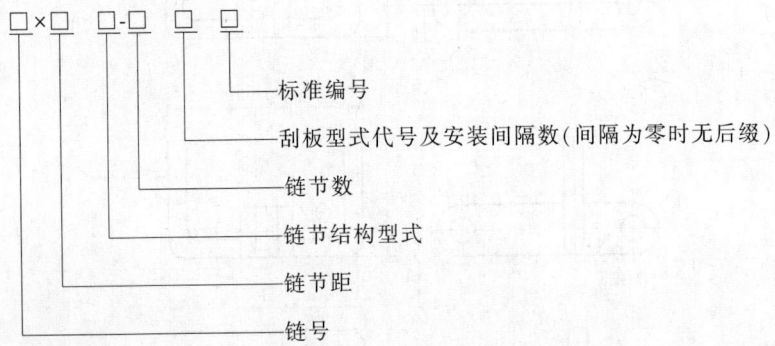

注：叉型链结构型式用符号"C"表示；滚子输送链结构型式用"G"表示。

标记示例：

最小抗拉强度为 160kN、节距为 200mm、250 节、T 型刮板间隔数为 2 的埋刮板输送机用叉型链条标记为：MSL 160×200C—250T2 JB/T 9154—2008

5.12 倍速输送链

5.12.1 倍速输送链的结构型式、主要尺寸和基本参数（见表 3-540）

表 3-540 倍速输送链的结构型式、主要尺寸和基本参数（摘自 JB/T 7364—2014）

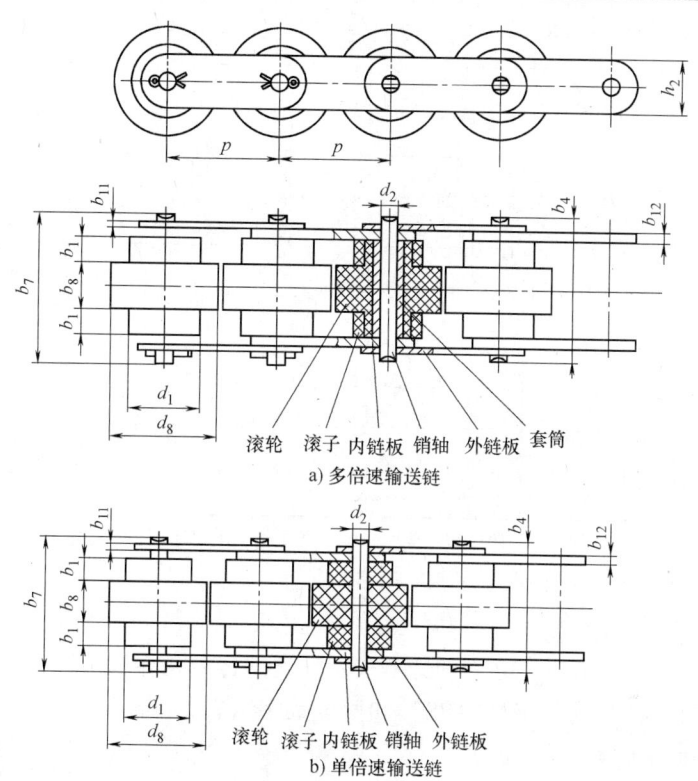

a) 多倍速输送链

滚轮 滚子 内链板 销轴 外链板 套筒

b) 单倍速输送链

滚轮 滚子 内链板 销轴 外链板

链　　号	节距 p nom	滚子外径 d_1 max	滚轮外径 d_8 max	滚子高度 b_1 max	滚轮高度 b_8 max	销轴直径 d_2 max	链板高度 h_2 max	外链板厚度 b_{11} max	内链板厚度 b_{12} max	销轴长度 b_4 max	连接销轴长度 b_7 max	测量力 N	抗拉强度 min kN
					mm							N	kN
2.5 倍速输送链和单倍速输送链(2.5)													
BS25-C206B BS10-C206B(2.5)	19.05	11.91	18.3	4	8	3.28	9	1.3	1.5	24.2	27.5	70	8.9
BS25-C208A BS10-C208A(2.5)	25.4	15.88	24.6	5.7	10.3	3.98	12.07	1.5	2	32.6	36.5	120	13.9
BS25-C210A BS10-C210A(2.5)	31.75	19.05	30.6	7.1	13	5.09	15.09	2	2.4	40.2	44.3	200	21.8
BS25-C212A BS10-C212A(2.5)	38.1	22.23	36.6	8.5	15.5	5.96	18.08	3	4	51.1	55.7	280	31.3
BS25-C216A BS10-C216A(2.5)	50.8	28.58	49	11	21.5	7.94	24.13	4	5	66.2	71.6	500	55.6

（续）

链　号	节距 p nom	滚子外径 d_1 max	滚轮外径 d_8 max	滚子高度 b_1 max	滚轮高度 b_8 max	销轴直径 d_2 max	链板高度 h_2 max	外链板厚度 b_{11} max	内链板厚度 b_{12} max	销轴长度 b_4 max	连接销轴长度 b_7 max	测量力 N	抗拉强度 min
					mm							N	kN
3倍速输送链和单倍速输送链（3.0）													
BS30-C206B BS10-C206B（3.0）	19.05	9	18.3	4.5	9.1	3.28	7.28	1.3	1.5	26.7	30	70	7.0
BS30-C208A BS10-C208A（3.0）	25.4	11.91	24.6	6.1	12.5	3.98	9.6	1.5	2	35.6	39.5	120	13.9
BS30-C210A BS10-C210A（3.0）	31.75	14.8	30.6	7.5	15	5.09	12.2	2	2.4	43	47.1	200	21.8
BS30-C212A BS10-C212A（3.0）	38.1	18	37	9.75	20	5.96	15	3.2	4	58.5	63.1	280	31.3
BS30-C216A BS10-C216A（3.0）	50.8	22.23	49	12	25.2	7.94	18.6	4	5	71.9	77.3	500	55.6

注：（2.5）表示该单倍速输送链的结构外形尺寸与同规则2.5倍速输送链相同，（3.0）表示该单倍速输送链的结构外形尺寸与同规格3倍速输送链相同。

5.12.2　标号

倍速输送链采用表3-540中的链号表示。这些链号是在输送用直边链板的双节距精密滚子链的链号前加字母"BS"和两位数字组成。"BS"表示"倍速链"，两位数字为倍速的10倍。

示例1：

节距为25.4mm的2.5倍速输送链的标号为：

倍速链 JB/T 7364—2014-BS25-C208A。

节距为38.1mm的3.0倍速输送链的标号为：

倍速链 JB/T 7364—2014-BS30-C212A。

单倍速输送链由于滚轮外形尺寸有2.5倍速或3倍速输送链之分，因此在以上链号后再加（2.5）或（3.0）加以区分。

示例2：

节距为25.4mm、滚轮外形尺寸为2.5倍速的单倍速输送链的标号为：

倍速链 JB/T 7364—2014-BS10-C208A（2.5）。

节距为38.1mm、滚轮外形尺寸为3倍速的单倍速输送链的标号为：

倍速链 JB/T 7364—2014-BS10-C212A（3.0）。

5.13　工程用焊接结构弯板链和附件

工程用钢制焊接弯板链主要用于有强烈冲击、物料磨损以及含有大量粉尘的较差工作环境，并在低速工况下承载。它由一系列的弯板链节铰接而成整链，不需过渡链节。一挂整链的链节数可以是偶数或奇数。

5.13.1　标识和标记

工程用焊接结构弯板链应按表 3-541 中给出的标准链号做标识。这些链号源自被其代替的铸造式销合链或钢制工程链，前缀 W 表示链条是焊接式的。

链条应标记有制造商名称或商标，并应标有表 3-541 中列出的链号。

链条的标记不应与附件相混淆。

5.13.2　链条的结构型式、主要尺寸和基本参数（见表 3-541）

表 3-541　链条的结构型式、主要尺寸和基本参数（摘自 GB/T 15390—2005）

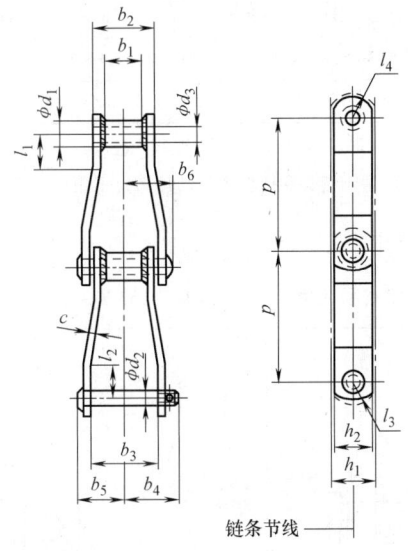

注:链板上 l_1 与 l_2 之间的形状为直线

链号	节距 $p^①$	套筒外径 d_1 max	链节窄端与链轮接触处宽度 b_1 min	连接销轴直径 d_2 max	套筒内径 d_3 min	链条通道高度 h_1 max	链板高度 h_2 max	链板弯部尺寸 l_1 min	链板弯部尺寸 l_2 min	链板端部尺寸 l_3 max	链板端部尺寸 l_4 max	链节窄端外宽 b_2 max	链节宽端内宽 b_3 min	止锁端至中心线宽度 b_4 max	锁轴端至中心线宽度 b_5 max	铆头至中心线宽度 b_6 max	链板厚度 c nom	测量力	抗拉强度 热处理销轴 min	抗拉强度 全部热处理 min
							mm												kN	
W78	66.27	22.9	28.4	12.78	12.90	30.0	28.4	16.5	17.0	16.8	16.8	51.0	51.6	45.2	39.6	42.7	6.4	0.90	93	107
W82	78.10	31.5	31.8	14.35	14.48	33.5	31.8	19.8	21.1	19.6	20.8	57.4	57.9	48.3	41.7	45.2	6.4	1.33	100	131
W106	152.40	37.1	41.2	19.13	19.25	39.6	38.1	22.9	27.2	26.4	26.9	71.6	72.1	62.2	56.4	59.4	9.6	1.78	169	224
W110	152.40	32.0	46.7	19.13	19.25	39.6	38.1	22.9	27.2	26.4	26.9	76.5	77.0	62.2	54.9	59.4	9.6	1.33	169	224

（续）

链号	节距 $p^{①}$	套筒外径 d_1 max	链节窄端与链轮接触处宽度 b_1 min	连接销轴直径 d_2 max	套筒内径 d_3 min	链条通道高度 h_1 max	链板高度 h_2 max	链板弯部尺寸		链板端部尺寸		链节窄端宽端外宽 b_2 max	链节宽端内宽 b_3 min	止锁端至中心线宽度 b_4 max	锁轴端至中心线宽度 b_5 max	铆头至中心线宽度 b_6 max	链板厚度 c nom	测量力	抗拉强度	
								l_1 min	l_2 min	l_3 max	l_4 max								热处理销轴 min	全部热处理 min
								mm										kN		
W111	120.90	37.1	57.2	19.13	19.25	39.6	38.1	22.9	27.2	22.6	26.9	85.6	86.4	69.8	63.5	64.3	9.6	1.78	169	224
W124	101.60	37.1	41.2	19.13	19.25	39.6	38.1	22.9	27.2	22.6	26.9	71.6	72.1	62.0	56.4	59.4	9.6	1.78	169	224
W124H	103.20	41.7	41.2	22.30	22.43	52.3	50.8	28.2	30.5	27.9	30.2	76.5	77.0	70.6	62.5	65.8	12.7	3.11	275	355
W132	153.67	44.7	69.85	25.48	25.60	52.3	50.8	30.0	30.5	30.0	30.2	111.8	112.3	88.1	79.2	83.3	12.7	3.11	275	378
W855	153.67	44.7	69.85	28.57	28.78	65.0	63.5	37.1	38.1	36.5	37.8	118.64	118.87	94.5	84.8	88.9	15.87	4.44	—	552

注：连接链节的总宽度为，铆接时，b_5+b_6；单侧止锁时，b_4+b_5；双侧止锁时，$2b_4$。

① 节距 p 是一理论参考尺寸，用于链长和链轮尺寸的计算，不用作测量单个链节。

5.13.3 附件（见表 3-542～表 3-549）

表 3-542 A1 型附件的型式和尺寸（摘自 GB/T 15390—2005）　　　（单位：mm）

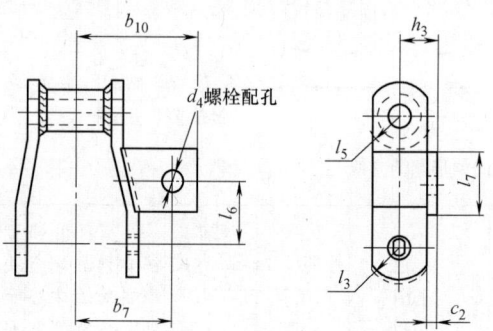

注：l_3 尺寸见表 3-541

链号 No.	b_7	l_6	l_7 max	h_3 max	b_{10} max	c_2	l_5	螺栓直径 $d_4^{①}$
W78	50.8	31.8	36.6	22.4	65.0	6.4	16.8	9.7
W82	53.3	38.1	46.0	23.9	71.4	6.4	20.3	9.7

① 孔的直径可按螺栓直径 d_4 来定，使装配后有适当间隙。

表 3-543　A2 型附件的型式和尺寸（摘自 GB/T 15390—2005）　　　（单位：mm）

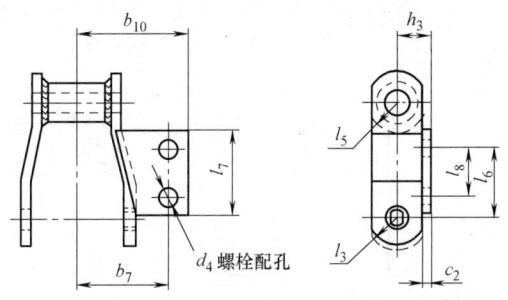

注：l_3 尺寸见表 3-541

链号 No.	b_7	l_6	l_7 max	l_8	h_3 max	b_{10} max	c_2	l_5	螺栓直径 $d_4$①
W78	50.8	38.9	52.3	28.4	22.4	65.0	6.4	16.8	9.7
W82	54.1	52.3	62.0	33.3	23.9	71.4	6.4	20.3	9.7
W110	67.6	98.6	84.1	44.4	30.0	84.1	9.7	23.1	9.7
W111	79.5	89.9	90.4	58.7	30.0	96.8	9.7	23.1	12.7
W124	66.8	71.4	77.7	49.3	30.0	90.4	9.7	23.1	9.7
W124H	66.8	73.2	80.8	49.3	39.6	82.8	12.7	28.4	12.7
W132	95.2	111.3	106.2	69.8	39.6	117.3	12.7	30.2	12.7

① 孔的直径可按螺栓直径 d_4 来定，使装配后有适当间隙。

表 3-544　A22 型附件的型式和尺寸（摘自 GB/T 15390—2005）　　　（单位：mm）

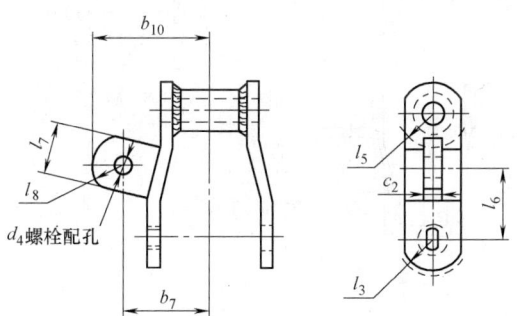

注：l_3 尺寸见表 3-541

链号 No.	b_7	l_6	l_7 max	b_{10} max	c_2	l_8 max	l_5	螺栓直径 $d_4$①
W78	47.8	33.3	30.0	65.0	9.7	18.3	16.8	9.7

① 孔的直径可按螺栓直径 d_4 来定，使装配后有适当间隙。

表 3-545　F2 型附件的型式和尺寸（摘自 GB/T 15390—2005）　　　（单位：mm）

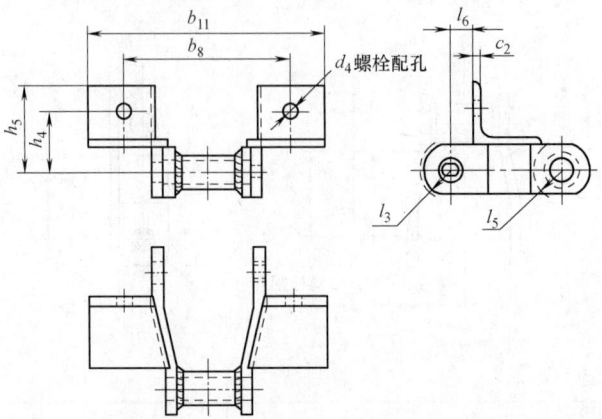

注：l_3 尺寸见表 3-541

链号 No.	b_8	l_6 max	h_4	h_5 max	b_{11} max	c_2	l_5	螺栓直径 $d_4^{①}$
W78	95.5	15.7	36.6	60.5	138.2	6.4	16.8	9.7

① 孔的直径可按螺栓直径 d_4 来定，使装配后有适当间隙。

表 3-546　F4 型附件的型式和尺寸（摘自 GB/T 15390—2005）　　　（单位：mm）

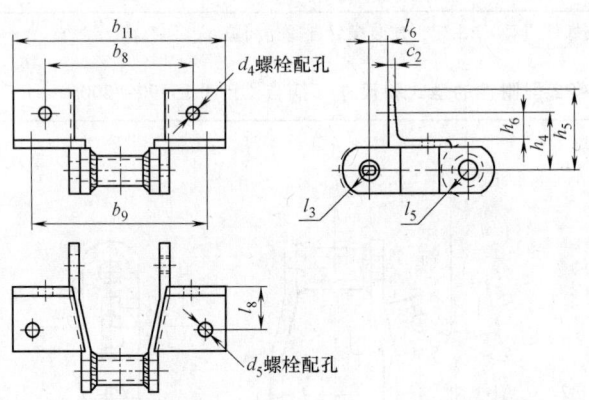

注：l_3 尺寸见表 3-541

链号 No.	b_9	l_6	l_8	h_4	h_6	h_5 max	b_8	b_{11} max	c_2	l_5	螺栓直径	
											$d_4^{①}$	$d_5^{①}$
W78	114.3	17.3	31.8	44.4	23.8	60.5	95.2	141.2	6.4	16.8	9.7	9.7
W82	127.0	20.6	28.4	46.2	23.8	62.0	104.6	150.9	6.4	20.3	9.7	9.7
W124	133.6	22.4	36.6	52.3	23.6	73.2	111.3	157.0	9.7	23.1	9.7	9.7

① 孔的直径可按螺栓直径 d_4 与 d_5 来定，使装配后有适当间隙。

表 3-547　K1 型附件的型式和尺寸（摘自 GB/T 15390—2005）　　（单位：mm）

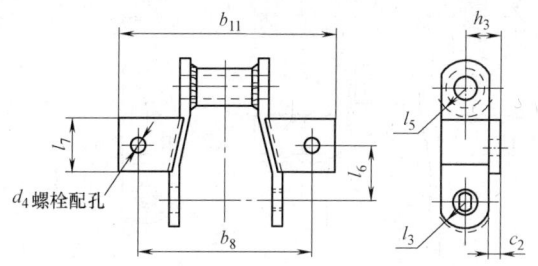

注:l_3 尺寸见表 3-541

链号 No.	b_8	l_6	l_7 max	h_3 max	b_{11} max	c_2	l_5	螺栓直径 $d_4^{①}$
W78	101.6	31.8	36.6	22.4	130.0	6.4	16.8	9.7
W82	106.7	38.1	46.0	23.9	142.7	6.4	20.3	9.7

① 孔的直径可按螺栓直径 d_4 来定，使装配后有适当间隙。

表 3-548　K2 型附件的型式和尺寸（摘自 GB/T 15390—2005）　　（单位：mm）

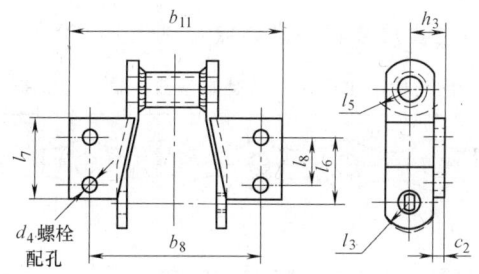

注:l_3 尺寸见表 3-541

链号 No.	b_8	l_6	l_7 max	l_8	h_3 max	b_{11} max	c_2	l_5	螺栓直径 $d_4^{①}$
W78	101.6	38.9	52.3	28.4	22.4	130.0	6.4	16.8	9.7
W82	108.2	52.3	62.0	33.3	23.9	142.7	6.4	20.3	9.7
W110	135.1	98.6	84.1	44.4	30.0	168.1	9.7	23.1	9.7
W111	159.0	89.9	90.4	58.7	30.0	193.5	9.7	23.1	12.7
W124	133.6	71.4	77.7	49.3	30.0	180.8	9.7	23.1	9.7
W124H	133.6	73.2	80.8	49.3	39.6	165.6	12.7	28.4	12.7
W132	190.5	111.3	106.2	69.8	39.6	234.7	12.7	30.2	12.7

① 孔的直径可按螺栓直径 d_4 来定，使装配后有适当间隙。

表 3-549　W1 型附件的型式和尺寸（摘自 GB/T 15390—2005）　　　　（单位：mm）

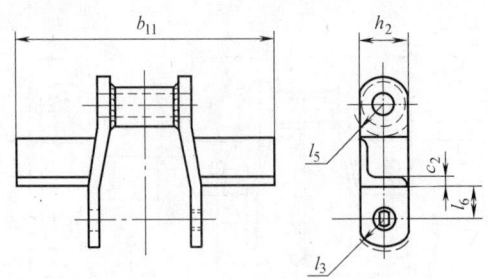

注:l_3 尺寸见表 3-541

链号 No.	l_6	h_2 max	b_{11} max	c_2	l_5
W78	19.1	26.9	153.9	6.4	17.0
W82	23.9	33.3	166.6	6.4	20.3
W124	30.0	39.6	217.4	6.4	23.1
W124H	35.1	52.3	217.4	9.7	28.4
W132	38.1	52.3	316.0	9.7	30.2

5.14　S 型和 C 型钢制滚子链条和附件

钢制滚子链条主要用于农业机械、建筑机械、采石机械和装卸机械上，多作为输送链用，也可用于传动。

5.14.1　链条的结构、主要尺寸和基本参数（见表 3-550）

表 3-550　链条的结构、主要尺寸及基本参数（摘自 GB/T 10857—2005）

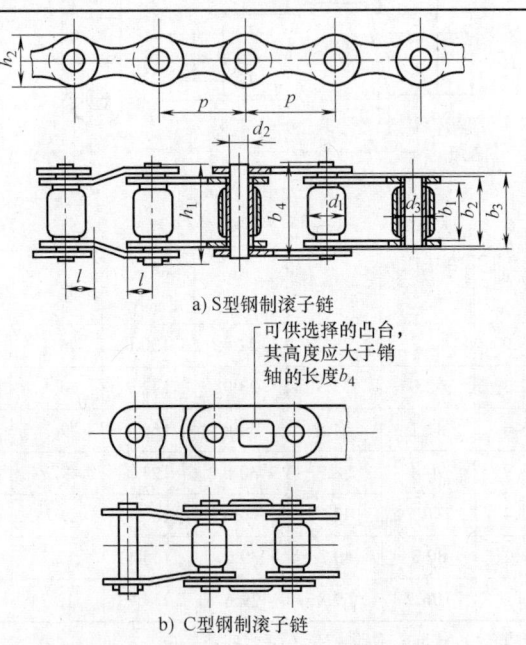

a) S型钢制滚子链

可供选择的凸台，其高度应大于销轴的长度 b_4

b) C型钢制滚子链

（续）

链号	节距 p	滚子直径 d_1 max	内节内宽 b_1 min	外节内宽 b_3 min	链板高度 h_2 max	销轴直径 d_2 max	内节外宽 b_2 max	销轴长度 b_4 max	可拆链节外宽 h_1 max	测量力	抗拉强度 min
					mm					kN	
S32	29.21	11.43	15.88	20.57	13.5	4.47	20.19	26.7	31.8	0.13	8
S32-H	29.21	11.43	15.88	20.57	13.5	4.47	20.19	26.7	31.8	0.13	17.5
S42	34.93	14.27	19.05	25.65	19.8	7.01	25.4	34.3	39.4	0.22	26.7
S42-H	34.93	14.27	19.05	25.65	19.8	7.01	25.4	34.3	39.4	0.22	41
S45	41.4	15.24	22.23	28.96	17.3	5.74	28.58	38.1	43.2	0.22	17.8
S45-H	41.4	15.24	22.23	28.96	17.3	5.74	28.58	38.1	43.2	0.22	32
S52	38.1	15.24	22.23	28.96	17.3	5.74	28.58	38.1	43.2	0.22	17.8
S52-H	38.1	15.24	22.23	28.96	17.3	5.74	28.58	38.1	43.2	0.22	32
S55	41.4	17.78	22.23	28.96	17.3	5.74	28.58	38.1	43.2	0.22	17.8
S55-H	41.4	17.78	22.23	28.96	17.3	5.74	28.58	38.1	43.2	0.22	32
S62	41.91	19.05	25.4	32	17.3	5.74	31.8	40.6	45.7	0.44	26.7
S62-H	41.91	19.05	25.4	32	17.3	5.74	31.8	40.6	45.7	0.44	32
S77	58.34	18.26	22.23	31.5	26.2	8.92	31.17	43.2	52.1	0.56	44.5
S77-H	58.34	18.26	22.23	31.5	26.2	8.92	31.17	43.2	52.1	0.56	80
S88	66.27	22.86	28.58	37.85	26.2	8.92	37.52	50.8	58.4	0.56	44.5
S88-H	66.27	22.86	28.58	37.85	26.2	8.92	37.52	50.8	58.4	0.56	80
C550	41.4	16.87	19.81	26.16	20.2	7.19	26.04	35.6	39.7	0.44	39.1
C550-H	41.4	16.87	19.81	26.16	20.2	7.19	26.04	35.6	39.7	0.44	57.8
C620	42.01	17.91	24.51	31.72	20.2	7.19	31.6	42.2	46.8	0.44	39.1
C620-H	42.01	17.91	24.51	31.72	20.2	7.19	31.6	42.2	46.8	0.44	57.8

注：最小套筒内径应比最大销轴直径 d_2 大 0.1mm，对于恶劣工况，建议不使用弯板链节。

5.14.2 附件（见表 3-551~表 3-555）

表 3-551 S 型链条 K1 型附板的型式和尺寸（摘自 GB/T 10857—2005）（单位：mm）

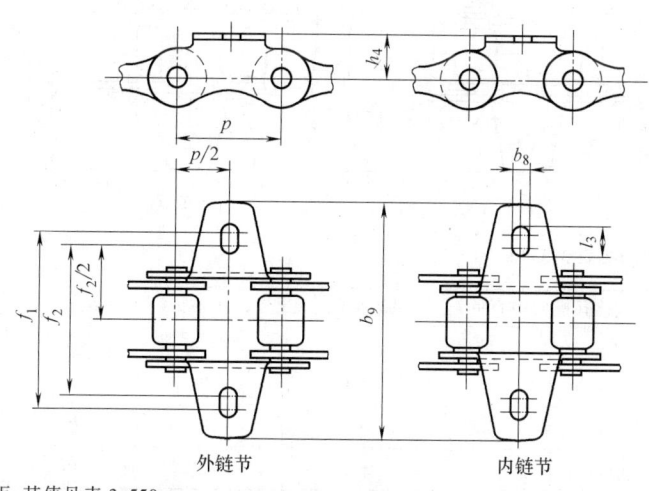

外链节　　　　　　内链节

注：p 为节距，其值见表 3-550

（续）

链号	螺栓孔横向中心距[1]		螺栓孔宽	螺栓孔长	附板全宽	平台高
	f_1 max	f_2 min	b_8 min	l_3 min	b_9 max	h_4
S32	44.5	41.3	5.3	6.9	61	8.6
S42	57.2	50.8	8.3	11.5	74.9	14
S45	57.2	50.8	8.3	11.5	74.9	11.4
S52	60.3	57.2	8.3	9.9	77.5	11.4
S55	57.2	50.8	8.3	11.5	74.9	11.4
S62	73	60.3	8.3	14.7	95.3	11.4
S77	79.4	73	8.3	11.5	101.6	20.8
S88	98.4	95.3	8.3	9.9	119.4	20.8

[1] 附板螺栓孔的公称中心距 $=\dfrac{f_1+f_2}{2}$，螺栓孔要给螺栓提供间隙以便安装，间隙可在横向中心距 f_1 到 f_2 之间变化。

表 3-552　C 型链条 K1 型附板的型式和尺寸（摘自 GB/T 10857—2005）（单位：mm）

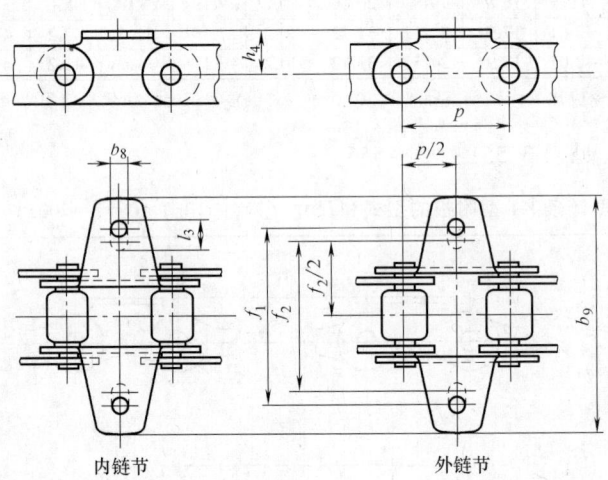

内链节　　　　　　　　　外链节

注：p 为节距，其值见表 3-550

链号	螺栓孔横向中心距		螺栓孔宽	螺栓孔长	附板全宽	平台高
	f_1 max	f_2[1] min	b_8 min	l_3 min	b_9 max	h_4
C550	54.2	50.8	8.3	10	76.2	12.7
C550	50.8	—	6.7	—	76.2	12.7

[1] 螺栓孔的位置可选择变化。

表 3-553 C 型链条 F1 型附板的型式和尺寸（摘自 GB/T 10857—2005）

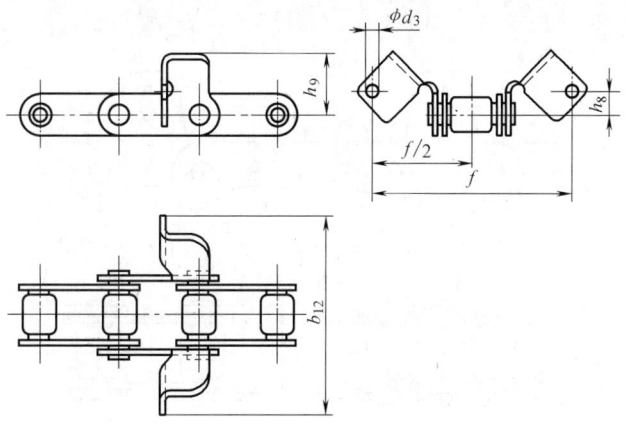

链号	螺栓孔横向中心距 f	附板外宽 b_{12} max	螺栓孔直径 d_3 min	螺栓孔中心高 h_8	全高 h_9 max
C550	79.4	104.8	8.3	15.9	31.8

表 3-554 C 型链条 F4 型附板的型式和尺寸（摘自 GB/T 10857—2005）（单位：mm）

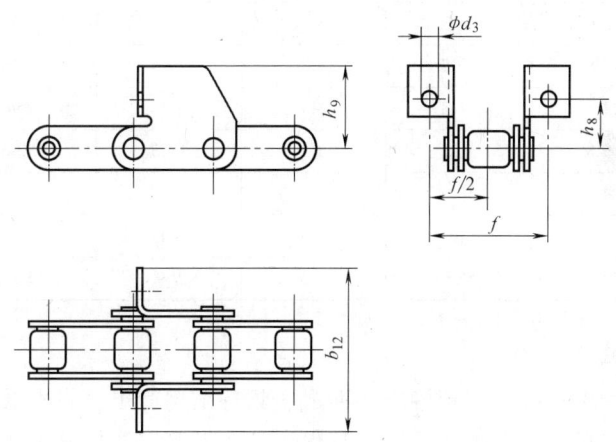

链号	螺栓孔横向中心距 f	附板外宽 b_{12} max	螺栓孔直径 d_3 min	螺栓孔中心高 h_8	全高 h_9 max
C550	47.6	68.2	8.7	31	43.2
S45	58	90	6.5	20	30.9
S55	58	90	6.5	20	30.9

表 3-555　S 型链条 M1 型附板的型式和尺寸（摘自 GB/T 10857—2005）（单位：mm）

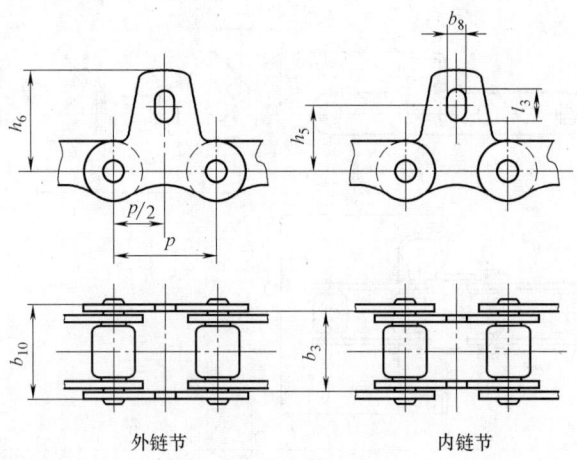

注：p 为节距，其值见表 3-550

链号	螺孔中心高 h_5	全高 h_6 max	螺栓孔宽 b_8 min	螺栓孔长 l_3 min	外链节内宽 b_3 min	外链节外宽 b_{10} max
S32	17.3	26.2	5.3	6.9	20.57	24.4
S42	23.6	34.3	8.3	11.5	25.65	31.8
S45	19.8	30.2	8.3	11.5	28.96	35.1
S52	22.1	31.8	8.3	9.9	28.96	35.1
S55	19.8	30.2	8.3	11.5	28.96	35.1
S62	24.6	38.6	8.3	14.7	32	38.1
S77	36.3	50	8.3	11.5	31.50	40.1
S88	43.7	55.6	8.3	9.9	37.85	46.5

5.15　板式链

板式链是由多片链板和销轴组装而成，具有结构简单、成本低、载重量大等优点，广泛用于起重叉车、平衡重物、环保清洁车辆等需要提升重物的装置上。

5.15.1　链条的板数组合形式和尺寸代号（见图 3-24）

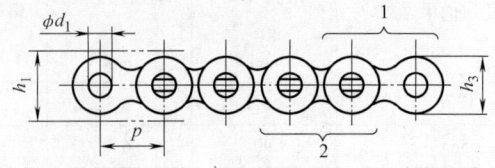

图 3-24　链条的板数组合形式和尺寸代号

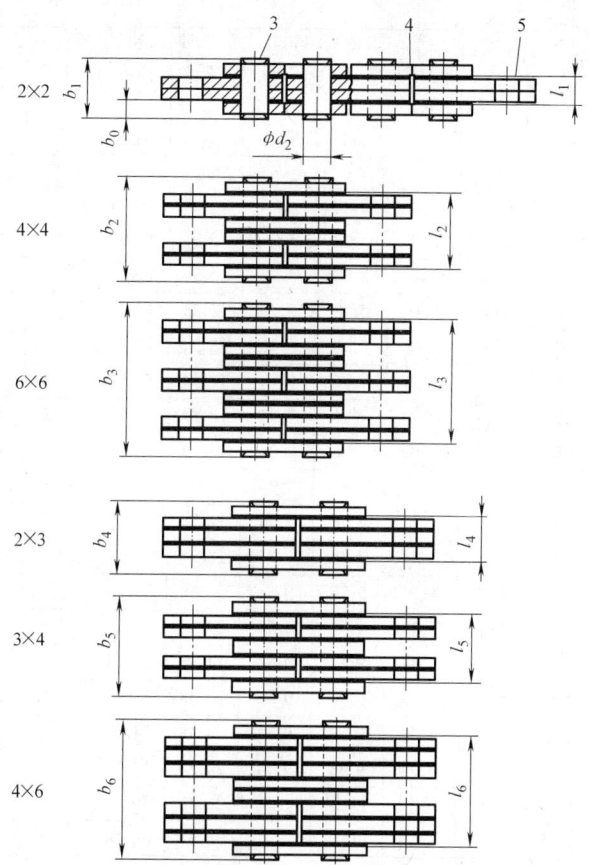

图 3-24　链条的板数组合形式和尺寸代号（续）

1—内链节　2—外链节　3—销轴　4—外链板　5—内链板

注：图中尺寸见表 3-556 和表 3-557。

表 3-556　LH 系列链条的主要尺寸和基本参数（摘自 GB/T 6074—2006）

链号	ASME 链号	节距 p nom	板数组合	链板厚度 b_0 max	内链板孔径 d_1 min	销轴直径 d_2 max	链条通道高度 h_1[①] min	链板高度 h_3 max	铆接销轴高度 $b_1 \sim b_6$ max	外链节内宽 $l_1 \sim l_6$ min	测量力	抗拉强度 min
		mm					mm				N	kN
LH0822[②]	BL422	12.7	2×2	2.08	5.11	5.09	12.32	12.07	11.1	4.2	222	22.2
LH0823	BL423	12.7	2×3	2.08	5.11	5.09	12.32	12.07	13.2	6.3	222	22.2
LH0834	BL434	12.7	3×4	2.08	5.11	5.09	12.32	12.07	17.4	10.4	334	33.4
LH0844[②]	BL444	12.7	4×4	2.08	5.11	5.09	12.32	12.07	19.6	12.4	445	44.5
LH0846	BL446	12.7	4×6	2.08	5.11	5.09	12.32	12.07	23.8	16.6	445	44.5
LH0866	BL466	12.7	6×6	2.08	5.11	5.09	12.32	12.07	28	21	667	66.7
LH1022[②]	BL522	15.875	2×2	2.48	5.98	5.96	15.34	15.09	12.9	4.9	334	33.4

（续）

链号	ASME 链号	节距 p nom mm	板数组合	链板厚度 b_0 max	内链板孔径 d_1 min	销轴直径 d_2 max	链条通道高度 h_1[①] min	链板高度 h_3 max	铆接销轴高度 $b_1 \sim b_6$ max	外链节内宽 $l_1 \sim l_6$ min	测量力 N	抗拉强度 min kN
LH1023	BL523	15.875	2×3	2.48	5.98	5.96	15.34	15.09	15.4	7.4	334	33.4
LH1034	BL534	15.875	3×4	2.48	5.98	5.96	15.34	15.09	20.4	12.3	489	48.9
LH1044[②]	BL544	15.875	4×4	2.48	5.98	5.96	15.34	15.09	22.8	14.7	667	66,7
LH1046	BL546	15.875	4×6	2.48	5.98	5.96	15.34	15.09	27.7	19.5	667	66.7
LH1066	BL566	15.875	6×6	2.48	5.98	5.96	15.34	15.09	32.7	24.6	1000	100.1
LH1222[②]	BL622	19.05	2×2	3.3	7.96	7.94	18.34	18.11	17.4	6.6	489	48.9
LH1223	BL623	19.05	2×3	3.3	7.96	7.94	18.34	18.11	20.8	9.9	489	48.9
LH1234	BL634	19.05	3×4	3.3	7.96	7.94	18.34	18.11	27.5	16.5	756	75.6
LH1244[②]	BL644	19.05	4×4	3.3	7.96	7.94	18.34	18.11	30.8	19.8	979	97.9
LH1246	BL646	19.05	4×6	3.3	7.96	7.94	18.34	18.11	37.5	26.4	979	97.9
LH1266	BL666	19.05	6×6	3.3	7.96	7.94	18.34	18.11	44.2	33.2	1468	146.8
LH1622[②]	BL822	25.4	2×2	4.09	9.56	9.54	24.38	24.13	21.4	8.2	845	84.5
LH1623	BL823	25.4	2×3	4.09	9.56	9.54	24.38	24.13	25.5	12.3	845	84.5
LH1634	BL834	25.4	3×4	4.09	9.56	9.54	24.38	24.13	33.8	20.5	1290	129
LH1644[②]	BL844	25.4	4×4	4.09	9.56	9.54	24.38	24.13	37.9	24.6	1690	169
LH1646	BL846	25.4	4×6	4.09	9.56	9.54	24.38	24.13	46.2	32.7	1690	169
LH1666	BL866	25.4	6×6	4.09	9.56	9.54	24.38	24.13	54.5	41.1	2536	253.6
LH2022[②]	BL1022	31.75	2×2	4.9	11.14	11.11	30.48	30.18	25.4	9.8	1156	115.6
LH2023	BL1023	31.75	2×3	4.9	11.14	11.11	30.48	30.18	30.4	14.8	1156	115.6
LH2034	BL1034	31.75	3×4	4.9	11.14	11.11	30.48	30.18	40.3	24.5	1824	182.4
LH2044[②]	BL1044	31.75	4×4	4.9	11.14	11.11	30.48	30.18	45.2	29.5	2313	231.3
LH2046	BL1046	31.75	4×6	4.9	11.14	11.11	30.48	30.18	55.1	39.4	2313	231.3
LH2066	BL1066	31.75	6×6	4.9	11.14	11.11	30.48	30.18	65	49.2	3470	347
LH2422[②]	BL1222	38.1	2×2	5.77	12.74	12.71	36.55	36.2	29.7	11.6	1512	151.2
LH2423	BL1223	38.1	2×3	5.77	12.74	12.71	36.55	36.2	35.5	17.4	1512	151.2
LH2434	BL1234	38.1	3×4	5.77	12.74	12.71	36.55	36.2	47.1	28.9	2446	244.6
LH2444[②]	BL1244	38.1	4×4	5.77	12.74	12.71	36.55	36.2	52.9	34.4	3025	302.5
LH2446	BL1246	38.1	4×6	5.77	12.74	12.71	36.55	36.2	64.6	46.3	3025	302.5
LH2466	BL1266	38.1	6×6	5.77	12.74	12.71	36.55	36.2	76.2	57.9	4537	453.7
LH2822[②]	BL1422	44.45	2×2	6.6	14.31	14.29	42.67	42.24	33.6	13.2	1913	191.3
LH2823	BL1423	44.45	2×3	6.6	14.31	14.29	42.67	42.24	40.2	19.7	1913	191.3
LH2834	BL1434	44.45	3×4	6.6	14.31	14.29	42.67	42.24	53.4	32.7	3158	315.8
LH2844[②]	BL1444	44.45	4×4	6.6	14.31	14.29	42.67	42.24	60.0	39.1	3826	382.6
LH2846	BL1446	44.45	4×6	6.6	14.31	14.29	42.67	42.24	73.2	52.3	3826	382.6
LH2866	BL1466	44.45	6×6	6.6	14.31	14.29	42.67	42.24	86.4	65.5	5783	578.3
LH3222[②]	BL1622	50.8	2×2	7.52	17.49	17.46	48.74	48.26	40.0	15.0	2891	289.1
LH3223	BL1623	50.8	2×3	7.52	17.49	17.46	48.74	48.26	46.6	22.5	2891	289.1

（续）

链号	ASME链号	节距 p nom	板数组合	链板厚度 b_0 max	内链板孔径 d_1 min	销轴直径 d_2 max	链条通道高度 h_1[①] min	链板高度 h_3 max	铆接销轴高度 $b_1 \sim b_6$ max	外链节内宽 $l_1 \sim l_6$ min	测量力	抗拉强度 min
		mm					mm				N	kN
LH3234	BL1634	50.8	3×4	7.52	17.49	17.46	48.74	48.26	61.8	37.5	4404	440.4
LH3244[②]	BL1644	50.8	4×4	7.52	17.49	17.46	48.74	48.26	69.3	44.8	5783	578.3
LH3246	BL1646	50.8	4×6	7.52	17.49	17.46	48.74	48.26	84.5	59.9	5783	578.3
LH3266	BL1666	50.8	6×6	7.52	17.49	17.46	48.74	48.26	100.0	75.0	8674	867.4
LH4022[②]	BL2022	63.5	2×2	9.91	23.84	23.81	60.88	60.33	51.8	19.9	4337	433.7
LH4023	BL2023	63.5	2×3	9.91	23.84	23.81	60.88	60.33	61.7	29.8	4337	433.7
LH4034	BL2034	63.5	3×4	9.91	23.84	23.81	60.88	60.33	81.7	49.4	6494	649.4
LH4044[②]	BL2044	63.5	4×4	9.91	23.84	23.81	60.88	60.33	91.6	59.1	8674	867.4
LH4046	BL2046	63.5	4×6	9.91	23.84	23.81	60.88	60.33	111.5	78.9	8674	867.4
LH4066	BL2066	63.5	6×6	9.91	23.84	23.81	60.88	60.33	131.4	99.0	13011	1301.1

① 链条通道高度是装配好的链条应能通过的最小高度。

② 与具有相同节距和相同最小抗拉强度的非偶数组合的链条相比，这些链条已经降低了疲劳强度和磨损寿命。当选择特殊应用的链条时应引起注意。

表 3-557　LL 系列链条的主要尺寸和基本参数（摘自 GB/T 6074—2006）

链号	节距 p nom	板数组合	链板厚度 b_0 max	内链板孔径 d_1 min	销轴直径 d_2 max	链条通道高度 h_1[①] min	链板高度 h_3 max	铆接销轴高度 $b_1 \sim b_3$ max	外链节内宽 $l_1 \sim l_3$ min	测量力	抗拉强度 min
	mm					mm				N	kN
LL0822		2×2						8.5	3.1	180	18
LL0844	12.7	4×4	1.55	4.46	4.45	11.18	10.92	14.6	9.1	360	36
LL0866		6×6						20.7	15.2	540	54
LL1022		2×2						9.3	3.4	220	22
LL1044	15.875	4×4	1.65	5.09	5.08	13.98	13.72	16.1	10.1	440	44
LL1066		6×6						22.9	16.8	660	66
LL1222		2×2						10.7	3.9	290	29
LL1244	19.05	4×4	1.9	5.73	5.72	16.39	16.13	18.5	11.6	580	58
LL1266		6×6						26.3	19.0	870	87
LL1622		2×2						17.2	6.2	600	60
LL1644	25.4	4×4	3.2	8.3	8.28	21.34	21.08	30.2	19.4	1200	120
LL1666		6×6						43.2	31.0	1800	180
LL2022		2×2						20.1	7.2	950	95
LL2044	31.75	4×4	3.7	10.21	10.19	26.68	26.42	35.1	22.4	1900	190
LL2066		6×6						50.1	36.0	2850	285
LL2422		2×2						28.4	10.2	1700	170
LL2444	38.1	4×4	5.2	14.65	14.63	33.73	33.4	49.4	30.6	3400	340
LL2466		6×6						70.4	51.0	5100	510

（续）

链号	节距 p nom mm	板数组合	链板厚度 b_0 max	内链板孔径 d_1 min	销轴直径 d_2 max	链条通道高度 h_1[①] min	链板高度 h_3 max	铆接销轴高度 $b_1 \sim b_3$ max	外链节内宽 $l_1 \sim l_3$ min	测量力 N	抗拉强度 min kN
LL2822		2×2						34	12.8	2000	200
LL2844	44.45	4×4	6.45	15.92	15.9	37.46	37.08	60	38.4	4000	400
LL2866		6×6						86	64.0	6000	600
LL3222		2×2						35	12.8	2600	260
LL3244	50.8	4×4	6.45	17.83	17.81	42.72	42.29	61	38.4	5200	520
LL3266		6×6						87	64.0	7800	780
LL4022		2×2						44.7	16.2	3600	360
LL4044	63.5	4×4	8.25	22.91	22.89	53.49	52.96	77.9	48.6	7200	720
LL4066		6×6						111.1	81.0	10800	1080
LL4822		2×2						56.1	20.2	5600	560
LL4844	76.2	4×4	10.3	29.26	29.24	64.52	63.88	97.4	60.6	11200	1120
LL4866		6×6						138.9	101.0	16800	1680

① 链条通道高度是装配好的链条应能通过的最小高度。

5.15.2 链条标号

由 GB/T 1243 A 系列派生出的板式链条用前缀"LH"标号；由 GB/T 1243 B 系列派生出的板式链条用前缀"LL"标号；标号中的头两位数字表示链条节距，它是 3.175mm（1/16in）的倍数；后两位数字表示链板组合（外链板数目和内链板数目的组合）。

同样的原理被使用在 ASME"BL"的标号方法中，标号的头一位或两位数字表示链条节距，它是 1/8 in 的倍数。

例 1：由 GB/T 1243 08B 派生出的公称节距为 12.7mm，包含各 2 片内外链板的板式链标号为：

LL 0822

例 2：由 GB/T 1243 12A（ASME 60 号链条）派生出的公称节距为 19.05mm，包含 3 片外链板和 4 片内链板的板式链标号为：

LH 1234 ［BL634］

6 滚动轴承

6.1 滚动轴承分类

6.1.1 滚动轴承结构类型分类

1）轴承按其所能承受的载荷方向或公称接触角的不同，分为：

① 向心轴承——主要用于承受径向载荷的滚动轴承，其公称接触角为 $0° \leqslant \alpha \leqslant 45°$。按公称接触角不同，又分为：

a. 径向接触轴承——公称接触角为 0° 的向心轴承。

b. 角接触向心轴承——公称接触角为 0°<α≤45° 的轴承。

② 推力轴承——主要用于承受轴向载荷的滚动轴承，其公称接触角为 45°<α≤90°。按公称接触角的不同，又分为：

a. 轴向接触轴承——公称接触角为 90° 的推力轴承。

b. 角接触推力轴承——公称接触角为 45°<α<90° 的推力轴承；

2）轴承按滚动体的种类，分为：

① 球轴承——滚动体为球。

② 滚子轴承——滚动体为滚子。

滚子轴承按滚子种类，又分为：

a. 圆柱滚子轴承——滚动体是圆柱滚子的轴承。

b. 滚针轴承——滚动体是滚针的轴承。

c. 圆锥滚子轴承——滚动体是圆锥滚子的轴承。

d. 调心滚子轴承——滚动体是球面滚子的轴承。

3）轴承按其能否调心，分为：

① 调心轴承——滚道是球面形的，能适应两滚道轴心线间的角偏差及角运动的轴承。

② 非调心轴承——能阻抗滚道间轴心线角偏移的轴承。

4）轴承按滚动体的列数，分为：

① 单列轴承——具有一列滚动体的轴承。

② 双列轴承——具有两列滚动体的轴承。

③ 多列轴承——具有多于两列的滚动体并承受同一方向载荷的轴承。如三列、四列轴承。

5）轴承按主要用途，分为：

① 通用轴承——应用于通用机械或一般用途的轴承。

② 专用轴承——专门用于或主要用于特定主机或特殊工况的轴承。

6）轴承按外形尺寸是否符合标准尺寸系列，分为：

① 标准轴承——外形尺寸符合标准尺寸系列规定的轴承。

② 非标轴承——外形尺寸中任一尺寸不符合标准尺寸系列规定的轴承。

7）轴承按其是否有密封圈或防尘盖，分为：

① 开型轴承——无防尘盖及密封圈的轴承；

② 闭型轴承——带有防尘盖或密封圈的轴承。

8）轴承按其外形尺寸及公差的表示单位，分为：

① 公制（米制）轴承——外形尺寸及公差采用公制（米制）单位表示的滚动轴承。

② 英制（寸制）轴承——外形尺寸及公差采用英制（寸制）单位表示的滚动

轴承。

9）滚动轴承按其组件能否分离，分为：

① 可分离轴承——分部件之间可分离的轴承。

② 不可分离轴承——分部件之间不可分离的轴承。

10）滚动轴承按产品扩展分类，分为：

① 轴承；

② 组合轴承；

③ 轴承单元。

11）轴承按其结构形状（如：有无内外圈、有无保持架、有无装填槽，以及套圈的形状、挡边的结构等）还可以分为多种结构类型。

6.1.2 滚动轴承尺寸大小分类

滚动轴承按其公称外径尺寸大小，分为：

1）微型轴承——公称外径尺寸 $D \leqslant 26$mm 的轴承。

2）小型轴承——公称外径尺寸 26mm$<D<60$mm 的轴承。

3）中小型轴承——公称外径尺寸 60mm$\leqslant D<120$mm 的轴承。

4）中大型轴承——公称外径尺寸 120mm$\leqslant D<200$mm 的轴承。

5）大型轴承——公称外径尺寸 200mm$\leqslant D \leqslant 440$mm 的轴承。

6）特大型轴承——公称外径尺寸 440mm$<D \leqslant 2000$mm 的轴承。

7）重大型轴承——公称外径尺寸 $D>2000$mm 的轴承。

6.1.3 常用滚动轴承结构类型分类（见表 3-558）

表 3-558　常用滚动轴承结构类型分类（摘自 GB/T 271—2017）

轴承结构分类							名　称	简　图	类型代号	标准编号
向心轴承	径向接触轴承	径向接触球轴承	深沟球轴承	单列	不可分离型	无装填槽	— 深沟球轴承		6	GB/T 276
						外球面	带顶丝外球面球轴承		UC	GB/T 3882
							带偏心套外球面球轴承		UEL	
							圆锥孔外球面球轴承		UK	

（续）

轴承结构分类							名　称	简　图	类型代号	标准编号
向心轴承	径向接触球轴承	深沟球轴承	单列	不可分离型	有装填槽		有装填槽、有保持架的深沟球轴承		6①	—
			双列		无装填槽		双列深沟球轴承		4	—
	径向接触滚子轴承	圆柱滚子轴承	单列	可分离型	内圈双挡边		外圈无挡边圆柱滚子轴承		N	GB/T 283
							外圈单挡边圆柱滚子轴承		NF	
					内圈双挡边	带平挡圈	外圈单挡边、带平挡圈圆柱滚子轴承		NFP	—
					外圈双挡边	不带挡圈	内圈无挡边圆柱滚子轴承		NU	
							内圈单挡边圆柱滚子轴承		NJ	GB/T 283
						带平挡圈	内圈单挡边、带平挡圈圆柱滚子轴承		NUP	
			双列		外圈无挡边		内圈双挡边双列圆柱滚子轴承		NN	GB/T 285
					外圈双挡边		内圈无挡边双列圆柱滚子轴承		NNU	

（续）

轴承结构分类				名 称	简 图	类型代号	标准编号
向心轴承	径向接触轴承	径向接触滚子轴承	滚针轴承 可分离型 外圈双挡边	滚针轴承		NA	GB/T 5801
			单列 无内圈 无外圈	向心滚针和保持架组件		K	GB/T 20056
			冲压外圈 开口型	开口型冲压外圈滚针轴承		HK	GB/T 290
			封口型	封口型冲压外圈滚针轴承		BK	GB/T 290
			滚轮外圈无挡边	内圈带平挡圈滚轮滚针轴承		NATR	GB/T 6445
				内圈带螺栓轴滚轮滚针轴承		KR	
	角接触向心轴承	角接触向心球轴承	调心球轴承 双列 不可分离型 外圈球面滚道	调心球轴承		1	GB/T 281
			角接触球轴承 单列	锁口在外圈的角接触球轴承		7	GB/T 292
				锁口在内圈的角接触球轴承		B7	

（续）

轴承结构分类				名　称	简　图	类型代号	标准编号
向心轴承	角接触向心轴承	角接触向心球轴承	角接触球轴承	单列	可分离型	外圈可分离的角接触球轴承		S7	—
				内圈可分离的角接触球轴承		SN7	—
				双半内圈四点接触球轴承		QJ	GB/T 294
				双半外圈四点接触球轴承		QJF	
				双半内圈三点接触球轴承		QJS	
			双列	不可分离型	无装填槽	双列角接触球轴承		0[①]	GB/T 296
				有装填槽	有装填槽的双列角接触球轴承			
	角接触向心滚子轴承	圆锥滚子轴承	单列	可分离型	—	圆锥滚子轴承		3	GB/T 297
			双列		—	双内圈双列圆锥滚子轴承		35	GB/T 299

（续）

轴承结构分类				名　称	简　图	类型代号	标准编号
向心轴承	角接触向心轴承	角接触向心滚子轴承	圆锥滚子轴承 可分离型	双列 —	双外圈双列圆锥滚子轴承		37	—
				四列 双内圈	四列圆锥滚子轴承		38	GB/T 300
			调心滚子轴承 不可分离型	双列 外圈球面滚道	调心滚子轴承		2	GB/T 288
		长弧面滚子轴承		单列 弧面滚道	长弧面滚子轴承		C	—
推力轴承	轴向接触轴承	轴向接触球轴承	推力球轴承 可分离型	单列 单向 平底型	推力球轴承		5	GB/T 301
				球面型	单向调心推力球轴承			GB/T 28697
				双列 双向 平底型	双向推力球轴承			GB/T 301
				球面型	双向调心推力球轴承			GB/T 28697
		轴向接触滚子轴承	推力圆柱滚子轴承	单列 单向 平底型	推力圆柱滚子轴承		8	GB/T 4663

（续）

轴承结构分类							名　称	简　图	类型代号	标准编号
推力轴承	轴向接触轴承	轴向接触滚子轴承	推力圆柱滚子轴承	可分离型	单向	平底型	双列或多列推力圆柱滚子轴承		8	—
					双向		双向推力圆柱滚子轴承			GB/T 4663
			推力滚针轴承	—		无垫圈型	推力滚针和保持架组件		AXK	GB/T 4605
	角接触推力轴承	角接触推力球轴承	推力角接触球轴承	单列	单向		推力角接触球轴承		56 76	JB/T 8717 GB/T 24604
				双列	双向		双向推力角接触球轴承		23	JB/T 6362
		角接触推力滚子轴承	推力圆锥滚子轴承	单列	单向	平底型	推力圆锥滚子轴承		9	JB/T 7751
				双列	双向		双向推力圆锥滚子轴承			
			推力调心滚子轴承	单列	单向		推力调心滚子轴承		2	GB/T 5859

（续）

轴承结构分类					名 称	简 图	类型代号	标准编号
组合轴承	可分离型	单向	推力球轴承		带外罩的滚针和满装推力球组合轴承		NX	GB/T 25760
					滚针和推力球组合轴承		NKX	
		双向	向心滚针	角接触推力球轴承	滚针和角接触球组合轴承		NKIA	GB/T 25761
					滚针和三点接触球组合轴承		NKIB	
		单向		推力圆柱滚子轴承	滚针和推力圆柱滚子组合轴承		NKXR	GB/T 16643
		双向			滚针和双向推力圆柱滚子组合轴承		ZARN	GB/T 25768

① 类型代号一般在轴承代号中省略，不表示。

6.1.4　滚动轴承综合分类结构图（见图 3-25）

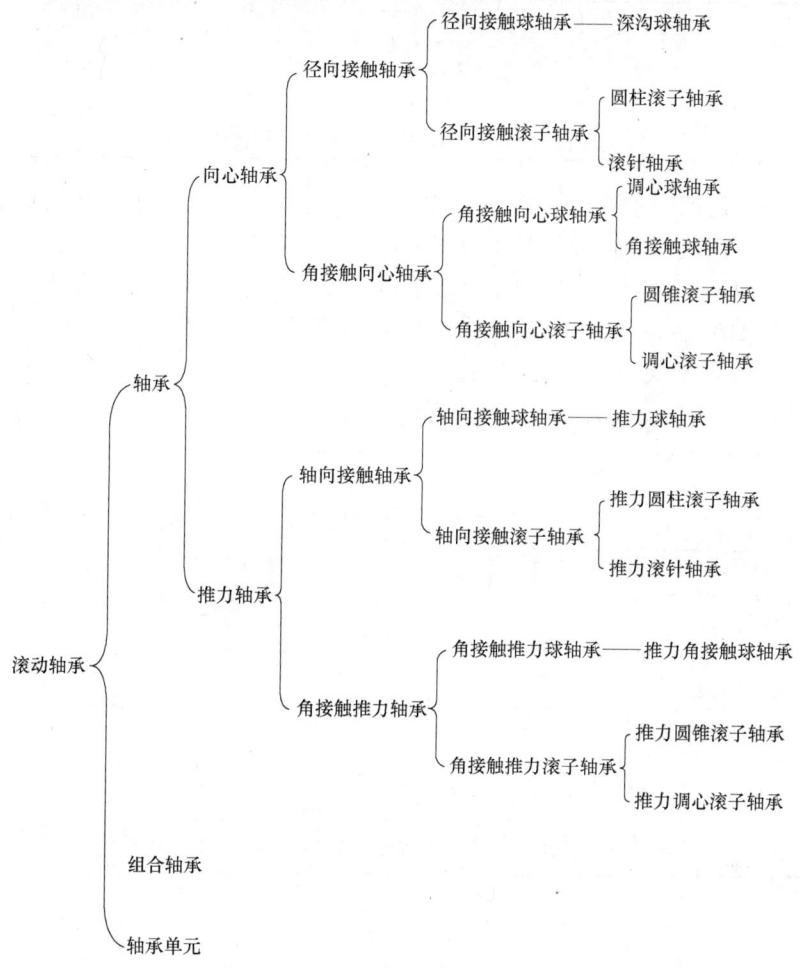

图 3-25　滚动轴承综合分类结构图

6.2　滚动轴承代号

6.2.1　代号的构成

滚动轴承代号由基本代号、前置代号和后置代号构成。

基本代号表示轴承的基本类型、结构和尺寸，是轴承代号的基础；前置、后置代号是轴承在结构形状、尺寸、公差、技术要求等有改变时，在其基本代号左右添加的补充代号。轴承代号的排列顺序见表 3-559。

6.2.2　基本代号

除滚针轴承外，轴承外形符合 GB 273.1、GB 273.2、GB 273.3 和 GB 3882 任一标准规定的外形尺寸，其基本代号由轴承类型代号、尺寸系列代号、内径代号构成。

表 3-559　轴承代号的排列顺序（摘自 GB/T 272—2017）

前置代号	基本代号				后置代号
	轴承系列			内径代号	
	类型代号	尺寸系列代号			
		宽度(或高度)系列代号	直径系列代号		

　　类型代号用阿拉伯数字（以下简称数字）或大写拉丁字母（以下简称字母）表示，尺寸系列代号和内径代号用数字表示。

　　例：6204，6—类型代号，2—尺寸系列（02）代号，04—内径代号。

　　　　N2210，N—类型代号，22—尺寸系列代号，10—内径代号。

（1）轴承类型代号（见表 3-560）

表 3-560　轴承类型代号（摘自 GB/T 272—2017）

代号	轴承类型	代号	轴承类型
0	双列角接触球轴承	7	角接触球轴承
1	调心球轴承	8	推力圆柱滚子轴承
2	调心滚子轴承和推力调心滚子轴承	N	圆柱滚子轴承
3	圆锥滚子轴承		双列或多列用字母 NN 表示
4	双列深沟球轴承	U	外球面球轴承
5	推力球轴承	QJ	四点接触球轴承
6	深沟球轴承		

注：在表中代号后或前加字母或数字表示该类轴承中的不同结构。

（2）轴承尺寸系列代号（见表 3-561）

表 3-561　轴承尺寸系列代号（摘自 GB/T 272—2017）

直径系列代号	向心轴承								推力轴承			
	宽度系列代号								高度系列代号			
	8	0	1	2	3	4	5	6	7	9	1	2
	尺寸系列代号											
7	—	—	17	—	37	—	—	—	—	—	—	—
8	—	08	18	28	38	48	58	68	—	—	—	—
9	—	09	19	29	39	49	59	69	—	—	—	—
0	—	00	10	20	30	40	50	60	70	90	10	—
1	—	01	11	21	31	41	51	61	71	91	11	—
2	82	02	12	22	32	42	52	62	72	92	12	22
3	83	03	13	23	33	—	—	—	73	93	13	23
4	—	04	—	24	—	—	—	—	74	94	14	24
5	—	—	—	—	—	—	—	—	—	95	—	—

（3）轴承系列代号

常用的轴承类型、尺寸系列代号及组成的轴承系列代号见表 3-562。

表 3-562 轴承系列代号 (摘自 GB/T 272—2017)

轴承类型	简 图	类型代号	尺寸系列代号	轴承系列代号	标准号
双列角接触球轴承		(0)	32	32	GB/T 296
			33	33	
调心球轴承		1	39	139	GB/T 281
		1	(1)0	10	
		1	30	130	
		1	(0)2	12	
		(1)	22	22	
		1	(0)3	13	
		(1)	23	23	
调心滚子轴承		2	38	238	GB/T 288
			48	248	
			39	239	
			49	249	
			30	230	
			40	240	
			31	231	
			41	241	
			22	222	
			32	232	
			03[①]	213	
			23	223	
推力调心滚子轴承		2	92	292	GB/T 5859
			93	293	
			94	294	
圆锥滚子轴承		3	29	329	GB/T 297
			20	320	
			30	330	
			31	331	
			02	302	
			22	322	
			32	332	
			03	303	
			13	313	
			23	323	
双列深沟球轴承		4	(2)2	42	—
			(2)3	43	
推力球轴承 推力球轴承		5	11	511	GB/T 301
			12	512	
			13	513	
			14	514	

（续）

轴承类型	简　图	类型代号	尺寸系列代号	轴承系列代号	标准号
推力球轴承 双向推力球轴承		5	22	522	GB/T 301
			23	523	
			24	524	
带球面座圈的推力球轴承		5	12②	532	GB/T 28697
			13②	533	
			14②	534	
带球面座圈的双向推力球轴承		5	22③	542	
			23③	543	
			24③	544	
深沟球轴承		6	17	617	GB/T 276
			37	637	
			18	618	
			19	619	
		16	(0)0	160	
		6	(1)0	60	
			(0)2	62	
			(0)3	63	
			(0)4	64	
角接触球轴承		7	18	718	GB/T 292
			19	719	
			(1)0	70	
			(0)2	72	
			(0)3	73	
			(0)4	74	
推力圆柱滚子轴承		8	11	811	GB/T 4663
			12	812	
圆柱滚子轴承 外圈无挡边圆柱滚子轴承		N	10	N10	GB/T 283
			(0)2	N2	
			22	N22	
			(0)3	N3	
			23	N23	
			(0)4	N4	
内圈无挡边圆柱滚子轴承		NU	10	NU10	
			(0)2	NU2	
			22	NU22	
			(0)3	NU3	
			23	NU23	
			(0)4	NU4	

（续）

轴承类型		简　图	类型代号	尺寸系列代号	轴承系列代号	标准号
圆柱滚子轴承	内圈单挡边圆柱滚子轴承		NJ	(0)2	NJ2	GB/T 283
				22	NJ22	
				(0)3	NJ3	
				23	NJ23	
				(0)4	NJ4	
	内圈单挡边并带平挡圈圆柱滚子轴承		NUP	(0)2	NUP2	
				22	NUP22	
				(0)3	NUP3	
				23	NUP23	
				(0)4	NUP4	
	外圈单挡边圆柱滚子轴承		NF	(0)2	NF2	
				(0)3	NF3	
				23	NF23	
	双列圆柱滚子轴承		NN	49	NN49	GB/T 285
				30	NN30	
	内圈无挡边双列圆柱滚子轴承		NNU	49	NNU49	GB/T 285
				41	NNU41	
外球面球轴承	带顶丝外球面球轴承		UC	2	UC2	GB/T 3882
				3	UC3	
	带偏心套外球面球轴承		UEL	2	UEL2	
				3	UEL3	
	圆锥孔外球面球轴承		UK	2	UK2	
				3	UK3	
四点接触球轴承			QJ	(0)2	QJ2	GB/T 294
				(0)3	QJ3	
				10	QJ10	

（续）

轴承类型	简 图	类型代号	尺寸系列代号	轴承系列代号	标准号
长弧面滚子轴承		C	29	C29	
			39	C39	
			49	C49	
			59	C59	
			69	C69	
			30	C30	
			40	C40	
			50	C50	
			60	C60	
			31	C31	
			41	C41	
			22	C22	
			32	C32	

注：表中用"（ ）"括住的数字表示在组合代号中省略。

① 尺寸系列实为 03，用 13 表示。

② 尺寸系列实为 12，13，14，分别用 32，33，34 表示。

③ 尺寸系列实为 22，23，24，分别用 42，43，44 表示。

（4）轴承内径代号（见表 3-563）

表 3-563　轴承内径代号（摘自 GB/T 272—2017）

轴承公称内径 mm		内径代号	示例
0.6~10（非整数）		用公称内径毫米数直接表示，在其与尺寸系列代号之间用"/"分开	深沟球轴承　617/0.6　$d=0.6$mm 深沟球轴承　618/2.5　$d=2.5$mm
1~9（整数）		用公称内径毫米数直接表示，对深沟及角接触球轴承直径系列 7、8、9，内径与尺寸系列代号之间用"/"分开	深沟球轴承　625　$d=5$mm 深沟球轴承　618/5　$d=5$mm 角接触球轴承　707　$d=7$mm 角接触球轴承　719/7　$d=7$mm
10~17	10	00	深沟球轴承　6200　$d=10$mm
	12	01	调心球轴承　1201　$d=12$mm
	15	02	圆柱滚子轴承　NU 202　$d=15$mm
	17	03	推力球轴承　51103　$d=17$mm
20~480（22、28、32 除外）		公称内径除以 5 的商数，商数为个位数，需在商数左边加"0"，如 08	调心滚子轴承　22308　$d=40$mm 圆柱滚子轴承　NU 1096　$d=480$mm
≥500 以及 22、28、32		用公称内径毫米数直接表示，但在尺寸系列之间用"/"分开	调心滚子轴承　230/500　$d=500$mm 深沟球轴承　62/22　$d=22$mm

6.2.3　前置代号（见表 3-564）

表 3-564　滚动轴承前置代号

代号	含 义	示 例
L	可分离轴承的可分离内圈或外圈	LNU 207，表示 NU207 轴承的内圈 LN 207，表示 N207 轴承的外圈

（续）

代号	含　义	示　例
LR	带可分离内圈或外圈与滚动体的组件	—
R	不带可分离内圈或外圈的组件 （滚针轴承仅适用于 NA 型）	RNU 207，表示 NU207 轴承的外圈和滚子组件 RNA 6904，表示无内圈的 NA6904 滚针轴承
K	滚子和保持架组件	K81107，表示无内圈和外圈的 81107 轴承
WS	推力圆柱滚子轴承轴圈	WS 81107
GS	推力圆柱滚子轴承座圈	GS 81107
F	带凸缘外圈的向心球轴承（仅适用于 $d \leqslant 10mm$）	F 618/4
FSN	凸缘外圈分离型微型角接触球轴承（仅适用于 $d \leqslant 10mm$）	FSN 719/5-Z
KIW-	无座圈的推力轴承组件	KIW-51108
KOW-	无轴圈的推力轴承组件	KOW-51108

6.2.4　后置代号

后置代号用字母（或加数字）表示，后置代号所表示轴承的特性及排列顺序按表 3-565 的规定。

表 3-565　后置代号的排列顺序（摘自 GB/T 272—2017）

组别	1	2	3	4	5	6	7	8	9
含义	内部结构	密封与防尘与外部形状	保持架及其材料	轴承零件材料	公差等级	游隙	配置	振动及噪声	其他

（1）后置代号的编制规则

1）后置代号置于基本代号的右边并与基本代号空半个汉字距（代号中有符号"-""/"除外）。当改变项目多，具有多组后置代号，按表 3-565 所列从左至右的顺序排列。

2）改变为第 4 组（含第 4 组）以后的内容，则在其代号前用"/"与前面代号隔开，如 6205-2Z/P6，22308/P63。

3）改变内容为第 4 组后的两组，在前组与后组代号中的数字或文字表示含义可能混淆时，两代号间空半个汉字距，如 6208/P63 V1。

（2）后置代号及含义

1）内部结构代号。内部结构代号用于表示类型和外形尺寸相同但内部结构不同的轴承。其代号及含义按表 3-566 的规定。

表 3-566　内部结构代号及含义（摘自 GB/T 272—2017）

代号	含　义	示　例
A	无装球缺口的双列角接触或深沟球轴承	3205A

代号	含 义	示 例
A	滚针轴承外圈带双锁圈($d>9$mm, $F_w>12$mm)	—
	套圈直滚道的深沟球轴承	—
AC	角接触球轴承 公称接触角 $\alpha=25°$	7210AC
B	角接触球轴承 公称接触角 $\alpha=40°$	7210B
	圆锥滚子轴承 接触角加大	32310B
C	角接触球轴承 公称接触角 $\alpha=15°$	7005C
	调心滚子轴承 C 型 调心滚子轴承设计改变,内圈无挡边,活动中挡圈,冲压保持架,对称型滚子,加强型	23122C
CA	C 型调心滚子轴承,内圈带挡边,活动中挡圈,实体保持架	23084CA/W33
CAB	CA 型调心滚子轴承,滚子中部穿孔,带柱销式保持架	—
CABC	CAB 型调心滚子轴承,滚子引导方式有改进	—
CAC	CA 型调心滚子轴承,滚子引导方式有改进	22252CACK
CC	C 型调心滚子轴承,滚子引导方式有改进 注:CC 还有第二种解释,见表 3-371	22205CC
D	剖分式轴承	K50×55×20D
E	加强型[①]	NU207E
ZW	滚针保持架组件 双列	K20×25×40ZW

① 加强型,即内部结构设计改进,增大轴承载能力。

2)密封、防尘与外部形状变化代号。密封、防尘与外部形状变化代号及含义按表 3-567 的规定。

表 3-567 密封、防尘与外部形状变化代号及含义（摘自 GB/T 272—2017）

代号	含 义	示 例
D	双列角接触球轴承,双内圈	3307D
	双列圆锥滚子轴承,无内隔圈,端面不修磨	—
D1	双列圆锥滚子轴承,无内隔圈,端面修磨	—
DC	双列角接触球轴承,双外圈	3924-2KDC
DH	有两个座圈的单向推力轴承	—
DS	有两个轴圈的单向推力轴承	—
-FS	轴承一面带毡圈密封	6203-FS
-2FS	轴承两面带毡圈密封	6206-2FSWB
K	圆锥孔轴承 锥度为 1:12(外球面球轴承除外)	1210K,锥度为 1:12 代号为 1210 的圆锥孔调心球轴承
K30	圆锥孔轴承 锥度为 1:30	24122 K30,锥度为 1:30 代号为 24122 的圆锥孔调心滚子轴承
-2K	双圆锥孔轴承,锥度为 1:12	QF2308-2K
L	组合轴承带加长阶梯形轴圈	ZARN1545L
-LS	轴承一面带骨架式橡胶密封圈(接触式,套圈不开槽)	—
-2LS	轴承两面带骨架式橡胶密封圈(接触式,套圈不开槽)	NNF5012-2LSNV
N	轴承外圈上有止动槽	6210N
NR	轴承外圈上有止动槽,并带止动环	6210NR

（续）

代号	含义	示例
N1	轴承外圈有一个定位槽口	—
N2	轴承外圈有两个或两个以上的定位槽口	—
N4	N+N2 定位槽口和止动槽不在同一侧	—
N6	N+N2 定位槽口和止动槽在同一侧	—
P	双半外圈的调心滚子轴承	
PP	轴承两面带软质橡胶密封圈	NATR8PP
PR	同P,两半外圈间有隔圈	—
-2PS	滚轮轴承,滚轮两端为多片卡簧式密封	—
R	轴承外圈有止动挡边(凸缘外圈)(不适用于内径小于10mm的向心球轴承)	30307R
-RS	轴承一面带骨架式橡胶密封圈(接触式)	6210-RS
-2RS	轴承两面带骨架式橡胶密封圈(接触式)	6210-2RS
-RSL	轴承一面带骨架式橡胶密封圈(轻接触式)	6210-RSL
-2RSL	轴承两面带骨架式橡胶密封圈(轻接触式)	6210-2RSL
-RSZ	轴承一面带骨架式橡胶密封圈(接触式)、一面带防尘盖	6210-RSZ
-RZZ	轴承一面带骨架式橡胶密封圈(非接触式)、一面带防尘盖	6210-RZZ
-RZ	轴承一面带骨架式橡胶密封圈(非接触式)	6210-RZ
-2RZ	轴承两面带骨架式橡胶密封圈(非接触式)	6210-2RZ
S	轴承外圈表面为球面(外球面球轴承和滚轮轴承除外)	—
S	游隙可调(滚针轴承)	NA4906S
SC	带外罩向心轴承	—
SK	螺栓型滚轮轴承,螺栓轴端部有内六角盲孔 注:对螺栓型滚轮轴承,滚轮两端为多片卡簧式密封,螺栓轴端部有内六角盲孔,后置代号可简化为-2PSK	—
U	推力球轴承 带调心座垫圈	53210U
WB	宽内圈轴承(双面宽)	—
WB1	宽内圈轴承(单面宽)	—
WC	宽外圈轴承	—
X	滚轮轴承外圈表面为圆柱面	KR30X NUTR30X
Z	带防尘罩的滚针组合轴承	NK25Z
Z	带外罩的滚针和满装推力球组合轴承(脂润滑)	—
-Z	轴承一面带防尘盖	6210-Z
-2Z	轴承两面带防尘盖	6210-2Z
-ZN	轴承一面带防尘盖,另一面外圈有止动槽	6210-ZN
-2ZN	轴承两面带防尘盖,外圈有止动槽	6210-2ZN
-ZNB	轴承一面带防尘盖,同一面外圈有止动槽	6210-ZNB
-ZNR	轴承一面带防尘盖,另一面外圈有止动槽并带止动环	6210-ZNR
ZH	推力轴承,座圈带防尘罩	—
ZS	推力轴承,轴圈带防尘罩	—

注:密封圈代号与防尘盖代号同样可以与止动槽代号进行多种组合。

3）保持架及其材料。保持架在结构型式、材料与 GB/T 272—2017 中的附录 C 不相同时，其代号及含义按表 3-568 的规定。

表 3-568　保持架代号及含义（摘自 GB/T 272—2017）

代号		含　义	代号		含　义
保持架材料	F	钢、球墨铸铁或粉末冶金实体保持架	保持架结构型式及表面处理	A	外圈引导
	J	钢板冲压保持架		B	内圈引导
	L	轻合金实体保持架		C	有镀层的保持架（C1——镀银）
	M	黄铜实体保持架		D	碳氮共渗保持架
	Q	青铜实体保持架		D1	渗碳保持架
	SZ	保持架由弹簧丝或弹簧制造		D2	渗氮保持架
	T	酚醛层压布管实体保持架		D3	低温碳氮共渗保持架
	TH	玻璃纤维增强酚醛树脂保持架（管型）		E	磷化处理保持架
				H	自锁兜孔保持架
	TN	工程塑料模注保持架		P	由内圈或外圈引导的拉孔或冲孔的窗形保持架
	Y	铜板冲压保持架			
	ZA	锌铝合金保持架		R	铆接保持架（用于大型轴承）
无保持架	V	满载滚动体		S	引导面有润滑槽
				W	焊接保持架

注：保持架结构型式及表面处理的代号只能与保持架材料代号结合使用。

4）轴承零件材料。轴承零件材料改变，其代号及含义按表 3-569 的规定。

表 3-569　轴承零件材料代号及含义（摘自 GB/T 272—2017）

代号	含　义	示　例
/CS	轴承零件采用碳素结构钢制造	—
/HC	套圈和滚动体或仅是套圈由渗碳轴承钢（/HC—G20Cr2Ni4A；/HC1—G20Cr2Mn2MoA；/HC2—15Mn）制造	—
/HE	套圈和滚动体由电渣重熔轴承钢 GCr15Z 制造	6204/HE
/HG	套圈和滚动体或仅是套圈由其他轴承钢（/HG—5CrMnMo；/HG1—55SiMoVA）制造	—
/HN	套圈、滚动体由高温轴承钢（/HN—Cr4Mo4V；/HN1—Cr14Mo4；/HN2—Cr15Mo4V；/HN3—W18Cr4V）制造	NU208/HN
/HNC	套圈和滚动体由高温渗碳轴承钢 G13Cr4Mo4Ni4V 制造	—
/HP	套圈和滚动体由铍青铜或其他防磁材料制造	—
/HQ	套圈和滚动体由非金属材料（/HQ—塑料；/HQ1—陶瓷）制造	—
/HU	套圈和滚动体由 1Cr18Ni9Ti 不锈钢制造	6004/HU
/HV	套圈和滚动体由可淬硬不锈钢（/HV—G95Cr18；/HV1—G102Cr18Mo）制造	6014/HV

5）公差等级。公差等级代号及含义按表 3-570 的规定。

表 3-570　公差等级代号及含义（摘自 GB/T 272—2017）

代号	含　义	示　例
/PN	公差等级符合标准规定的普通级，代号中省略不表示	6203

（续）

代号	含　　义	示　　例
/P6	公差等级符合标准规定的 6 级	6203/P6
/P6X	公差等级符合标准规定的 6X 级	30210/P6X
/P5	公差等级符合标准规定的 5 级	6203/P5
/P4	公差等级符合标准规定的 4 级	6203/P4
/P2	公差等级符合标准规定的 2 级	6203/P2
/SP	尺寸精度相当于 5 级,旋转精度相当于 4 级	234420/SP
/UP	尺寸精度相当于 4 级,旋转精度高于 4 级	234730/UP

6）游隙。游隙代号及含义按表 3-571 的规定。

表 3-571　游隙代号及含义（摘自 GB/T 272—2017）

代号	含　　义	示　　例
/C2	游隙符合标准规定的 2 组	6210/C2
/CN	游隙符合标准规定的 N 组,代号中省略不表示	6210
/C3	游隙符合标准规定的 3 组	6210/C3
/C4	游隙符合标准规定的 4 组	NN3006K/C4
/C5	游隙符合标准规定的 5 组	NNU4920K/C5
/CA	公差等级为 SP 和 UP 的机床主轴用圆柱滚子轴承径向游隙	—
/CM	电机深沟球轴承游隙	6204-2RZ/P6CM
/CN	N 组游隙。/CN 与字母 H、M 和 L 组合,表示游隙范围减半,或与 P 组合,表示游隙范围偏移,例如： /CNH—N 组游隙减半,相当于 N 组游隙范围的上半部 /CNL—N 组游隙减半,相当于 N 组游隙范围的下半部 /CNM—N 组游隙减半,相当于 N 组游隙范围的中部 /CNP—偏移的游隙范围,相当于 N 组游隙范围的上半部及 3 组游隙范围的下半部组成	—
/C9	轴承游隙不同于现标准	6205-2RS/C9

注: 公差等级代号与游隙代号需同时表示时, 可进行简化, 取公差等级代号加上游隙组号（N 组不表示）组合表示。

示例 1：/P63 表示轴承公差等级 6 级, 径向游隙 3 组。

示例 2：/P52 表示轴承公差等级 5 级, 径向游隙 2 组。

7）配置。配置代号及含义按表 3-572 的规定。

表 3-572　配置代号及含义（摘自 GB/T 272—2017）

代号	含　　义	示　　例
/DB	成对背靠背安装	7210C/DB
/DF	成对面对面安装	32208/DF
/DT	成对串联安装	7210C/DT

（续）

代号		含　义	示　例
配置组中轴承数目	/D	两套轴承	配置组中轴承数目和配置中轴承排列可以组合成多种配置方式，例如，成对配置的/DB、/DF、/DT；三套配置的/TBT、/TFT、/TT；四套配置的/QBC、/QFC、/QT、/QBT、/QFT等
	/T	三套轴承	
	/Q	四套轴承	
	/P	五套轴承	
	/S	六套轴承	
配置中轴承排列	B	背对背	7210C/TFT—接触角 $\alpha = 15°$ 的角接触球轴承7210C，三套配置，两套串联和一套面对面
	F	面对面	7210C/PT—接触角 $\alpha = 15°$ 的角接触球轴承7210C，五套串联配置
	T	串联	7210AC/QBT—接触角 $\alpha = 25°$ 的角接触球轴承7210AC，四套成组配置，三套串联和一套背对背
	G	万能组配	
	BT	背对背和串联	
	FT	面对面和串联	
	BC	成对串联的背对背	
	FC	成对串联的面对面	
预载荷	G	特殊预紧，附加数字直接表示预紧的大小（单位为N）用于角接触球轴承时，"G"可省略	7210C/G325—接触角 $\alpha = 15°$ 的角接触球轴承7210C，特殊预载荷为325N
	GA	轻预紧，预紧值较小（深沟及角接触球轴承）	7210C/DBGA—接触角 $\alpha = 15°$ 的角接触球轴承7210C，成对背对背配置，有轻预紧
	GB	中预紧，预紧值大于GA（深沟及角接触球轴承）	—
	GC	重预紧，预紧值大于GB（深沟及角接触球轴承）	—
	R	径向载荷均匀分配	NU210/QTR—圆柱滚子轴承NU210，四套配置，均匀预紧
轴向游隙	CA	轴向游隙较小（深沟及角接触球轴承）	—
	CB	轴向游隙大于CA（深沟及角接触球轴承）	—
	CC	轴向游隙大于CB（深沟及角接触球轴承）	—
	CG	轴向游隙为零（圆锥滚子轴承）	—

8）振动及噪声。振动及噪声代号及含义按表3-573的规定。

表3-573　振动及噪声代号及含义（摘自 GB/T 272—2017）

代号	含　义	示　例
/Z	轴承的振动加速度级极值组别。附加数字表示极值不同： Z1—轴承的振动加速度级极值符合有关标准中规定的Z1组 Z2—轴承的振动加速度级极值符合有关标准中规定的Z2组 Z3—轴承的振动加速度级极值符合有关标准中规定的Z3组 Z4—轴承的振动加速度级极值符合有关标准中规定的Z4组	6204/Z1 6205-2RS/Z2 — —
/ZF3	振动加速度级达到Z3组，且振动加速度级峰值与振动加速度级之差不大于15dB	—
/ZF4	振动加速度级达到Z4组，且振动加速度级峰值与振动加速度级之差不大于15dB	—

（续）

代号	含义	示　例
/V	轴承的振动速度级极值组别。附加数字表示极值不同： V1—轴承的振动速度级极值符合有关标准中规定的 V1 组 V2—轴承的振动速度级极值符合有关标准中规定的 V2 组 V3—轴承的振动速度级极值符合有关标准中规定的 V3 组 V4—轴承的振动速度级极值符合有关标准中规定的 V4 组	— 6306/V1 6304/V2 — —
/VF3	振动速度达到 V3 组且振动速度波峰因数达到 F 组[①]	—
/VF4	振动速度达到 V4 组且振动速度波峰因数达到 F 组[①]	—
/ZC	轴承噪声值有规定，附加数字表示限值不同	—

① F—低频振动速度波峰因数不大于 4，中、高频振动速度波峰因数不大于 6。

9）其他。在轴承摩擦力矩、工作温度、润滑等要求特殊时，其代号及含义按表 3-574 的规定。

表 3-574　其他特性代号及含义（摘自 GB/T 272—2017）

代　号		含　义	示　例
工作温度	/S0	轴承套圈经过高温回火处理，工作温度可达 150℃	N210/S0
	/S1	轴承套圈经过高温回火处理，工作温度可达 200℃	NUP212/S1
	/S2	轴承套圈经过高温回火处理，工作温度可达 250℃	NU214/S2
	/S3	轴承套圈经过高温回火处理，工作温度可达 300℃	NU308/S3
	/S4	轴承套圈经过高温回火处理，工作温度可达 350℃	NU214/S4
摩擦力矩	/T	对起动力矩有要求的轴承，后接数字表示起动力矩	—
	/RT	对转动力矩有要求的轴承，后接数字表示转动力矩	—
润滑	/W20	轴承外圈上有三个润滑油孔	
	/W26	轴承内圈上有六个润滑油孔	
	/W33	轴承外圈上有润滑油槽和三个润滑油孔	23120 CC/W33
	/W33X	轴承外圈上有润滑油槽和六个润滑油孔	
	/W513	W26+W33	—
	/W518	W20+W26	—
	/AS	外圈有油孔，附加数字表示油孔数（滚针轴承）	HK2020/AS1
	/IS	内圈有油孔，附加数字表示油孔数（滚针轴承）	NAO17×30×13/IS1
	/ASR	外圈有润滑油孔和沟槽	NAO15×28×13/ASR
	/ISR	内圈有润滑油孔和沟槽	
润滑脂	/HT	轴承内充特殊高温润滑脂。当轴承内润滑脂的装填量和标准值不同时附加字母表示： A—润滑脂的装填量少于标准值 B—润滑脂的装填量多于标准值 C—润滑脂的装填量多于 B（充满）	NA6909/ISR/HT
	/LT	轴承内充特殊低温润滑脂	—
	/MT	轴承内充特殊中温润滑脂	—
	/LHT	轴承内充特殊高、低温润滑脂	—
表面涂层	/VL	套圈表面带涂层	—

（续）

代　号		含　义	示　例
其他	/Y	Y 和另一个字母（如 YA、YB）组合用来识别无法用现有后置代号表达的非成系列的改变,凡轴承代号中有 Y 的后置代号,应查阅图纸或补充技术条件以便了解其改变的具体内容: YA—结构改变（综合表达） YB—技术条件改变（综合表达）	—

6.2.5　带附件轴承代号（见表 3-575）

表 3-575　带附件轴承代号

所带附件名称[①]	带附件轴承代号[②]	示　例
带紧定套	轴承代号+紧定套代号	22208K+H308
带退卸衬套	轴承代号+退卸套衬代号	22208K+AH308
带内圈	适用于无内圈的滚针轴承、滚针组合轴承 轴承代号+内圈代号 IR	HKX30+IR
带斜挡圈	适用于圆柱滚子轴承 轴承代号+斜挡圈代号 HJ[③]	NJ210+HJ210

① 紧定套、退卸衬套代号按 GB/T 9160.1 的规定。

② 仅适用于带附件轴承的包装及图样、设计文件、手册的标记,不适用于轴承标志。

③ 可组合简化,NJ…+HJ…=NH…,如 NH210。

6.3　深沟球轴承

6.3.1　特点及用途

深沟球轴承主要承受径向载荷,但也可用于承受径向与轴向的联合载荷,其中轴向载荷应不超过未被利用的径向载荷的 70%。在转速较高不宜采用推力球轴承的情况下,也可用此类轴承承受双向纯轴向载荷;当深沟球加大轴承的径向游隙时,具有角接触球轴承的性质,可承受较大的轴向载荷,但寿命随之缩短,并出现较大的运行噪声;深沟球轴承与尺寸相同的其他类型轴承相比,其摩擦损失最小,极限转速较高,适用于刚性的双支承轴,以及支承距离小于轴承内径 10 倍的短轴。

60000N 型、60000-N/R 型轴承外圈带止动槽,放入止动环后可简化轴承的外壳孔的轴向紧固（可做成通孔）,也缩短了轴向尺寸,此种轴承与 60000 型相同,但承受轴向载荷小,只用于不重要的传动中。

60000-Z、60000-2Z 型轴承带防尘盖,可防止污物侵入轴承,60000-2Z 型轴承在制造时已装入适量润滑脂,在轴承的寿命期内可不加油,主要用在难以单独安装防尘装置,以及不易对轴承进行加油和检查的机件中。

60000-RS、RZ 型和 60000-2RS、2RZ 型轴承带密封圈,能较严密地防止污物浸入轴承,在轴承的寿命期内可不加油,用在对密封要求较高的部件中。

　　外球面球轴承外圈外径为球面，与轴承座的凹球面配合能自动调心，适用于密封要求较高的长轴、安装或受载荷时弯曲、倾斜较大的轴上，其内圈较一般轴承宽，可供装置密封圈及紧定螺丝或偏心套用。

6.3.2　结构型式（见图 3-26）

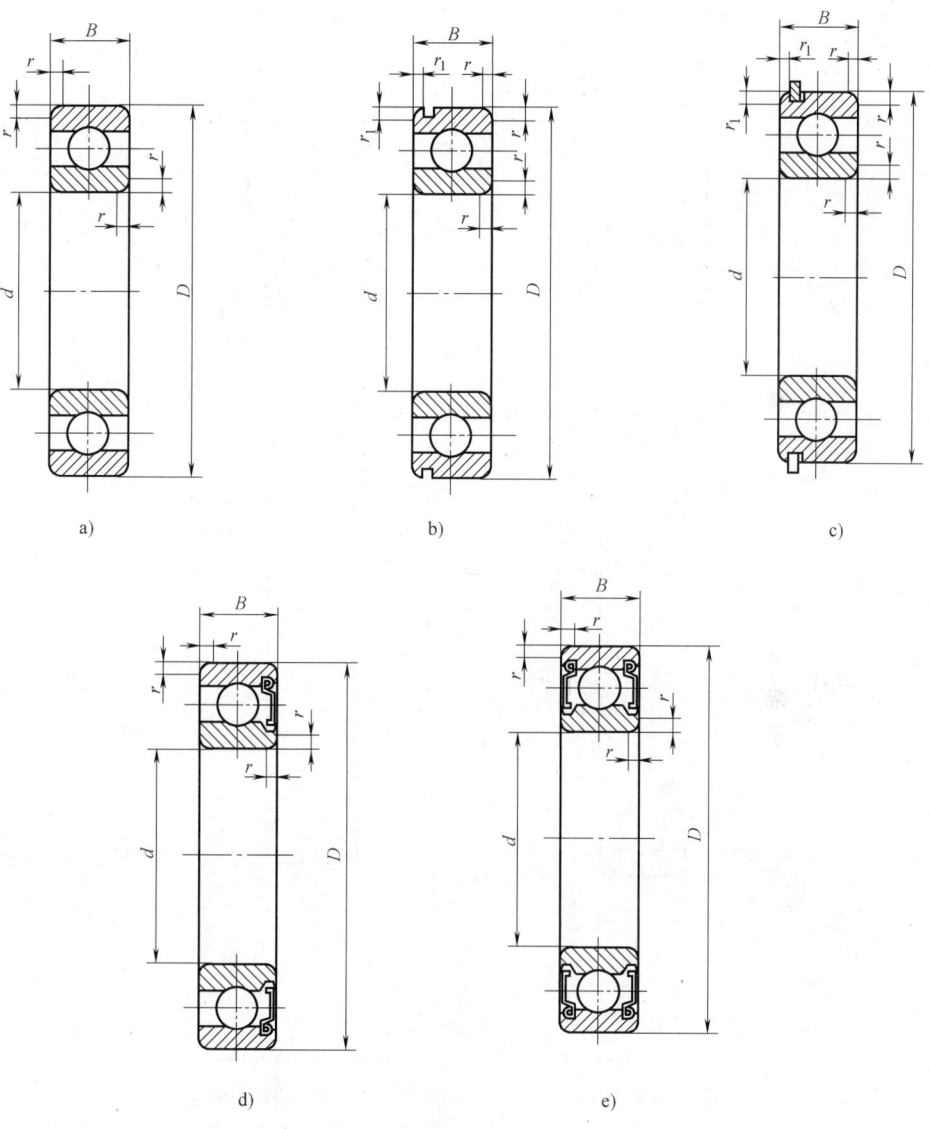

图 3-26　深沟球轴承的结构型式

a）深沟球轴承 60000 型　　b）外圈有止动槽的深沟球轴承 60000N 型

c）外圈有止动槽并带止动环的深沟球轴承 60000NR 型　　d）一面带防尘盖的深沟球轴承 60000-Z 型

e）两面带防尘盖的深沟球轴承 60000-2Z 型

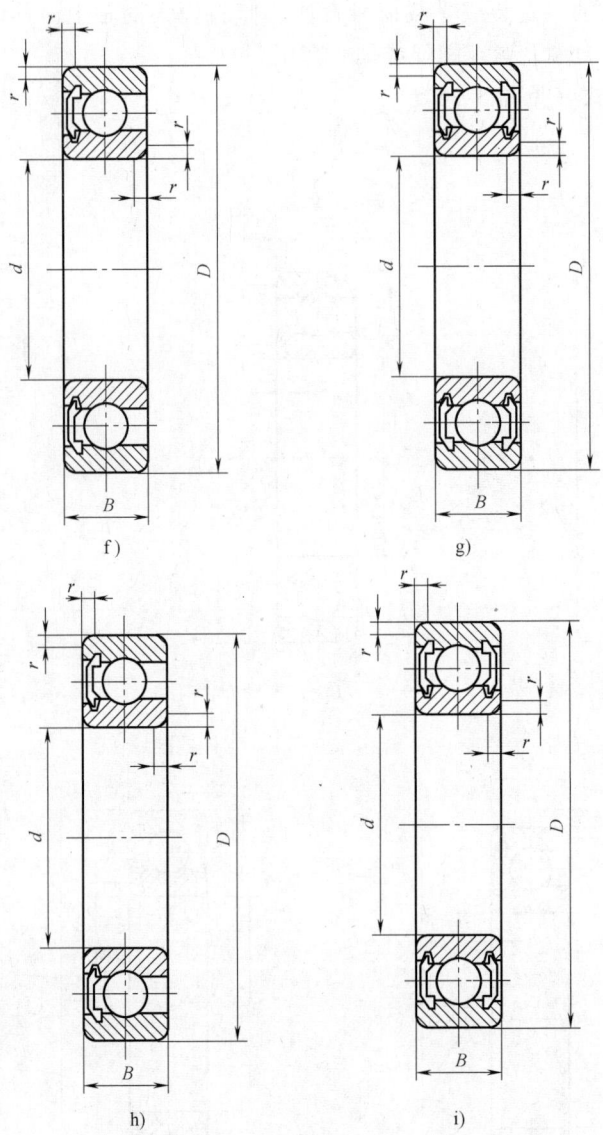

图 3-26　深沟球轴承的结构型式（续）

f）一面带密封圈（接触式）的深沟球轴承 60000-RS 型

g）两面带密封圈（接触式）的深沟球轴承 60000-2RS 型

h）一面带密封圈（非接触式）的深沟球轴承 60000-RZ 型

i）两面带密封圈（非接触式）的深沟球轴承 60000-2RZ 型

D—轴承外径　d—轴承内径　B—轴承宽度　r—轴承内、外圈倒角尺寸

r_1—轴承外圈止动槽端倒角尺寸

注：图形仅为结构示例。

6.3.3　外形尺寸（见表 3-576～表 3-584）

表 3-576　17 系列深沟球轴承的型号及外形尺寸

（摘自 GB/T 276—2013）　　　（单位：mm）

轴 承 型 号			外 形 尺 寸			
60000 型	60000-Z 型	60000-2Z 型	d	D	B	r_{smin} [①]
617/0.6	—	—	0.6	2	0.8	0.05
617/1	—	—	1	2.5	1	0.05
617/1.5	—	—	1.5	3	1	0.05
617/2	—	—	2	4	1.2	0.05
617/2.5	—	—	2.5	5	1.5	0.08
617/3	617/3-Z	617/3-2Z	3	6	2	0.08
617/4	617/4-Z	617/4-2Z	4	7	2	0.08
617/5	617/5-Z	617/5-2Z	5	8	2	0.08
617/6	617/6-Z	617/6-2Z	6	10	2.5	0.1
617/7	617/7-Z	617/7-2Z	7	11	2.5	0.1
617/8	617/8-Z	617/8-2Z	8	12	2.5	0.1
617/9	617/9-Z	617/9-2Z	9	14	3	0.1
61700	61700-Z	61700-2Z	10	15	3	0.1

① r_{smin} 为 r 的最小单一倒角尺寸，其最大倒角尺寸规定在 GB/T 274—2000 中。

表 3-577　37 系列深沟球轴承的型号及外形尺寸

（摘自 GB/T 276—2013）　　　（单位：mm）

轴 承 型 号			外 形 尺 寸			
60000 型	60000-Z 型	60000-2Z 型	d	D	B	r_{smin} [①]
637/1.5	—	—	1.5	3	1.8	0.05
637/2	—	—	2	4	2	0.05
637/2.5	—	—	2.5	5	2.3	0.08
637/3	637/3-Z	637/3-2Z	3	6	3	0.08
637/4	637/4-Z	637/4-2Z	4	7	3	0.08
637/5	637/5-Z	637/5-2Z	5	8	3	0.08
637/6	637/6-Z	637/6-2Z	6	10	3.5	0.1
637/7	637/7-Z	637/7-2Z	7	11	3.5	0.1
637/8	637/8-Z	637/8-2Z	8	12	3.5	0.1
637/9	637/9-Z	637/9-2Z	9	14	4.5	0.1
63700	63700-Z	63700-2Z	10	15	4.5	0.1

① r_{smin} 为 r 的最小单一倒角尺寸，其最大倒角尺寸规定在 GB/T 274—2000 中，后同。

表 3-578　18 系列深沟球轴承的型号及外形尺寸

（摘自 GB/T 276—2013）　　　（单位：mm）

轴 承 型 号									外 形 尺 寸				
60000 型	60000N 型	60000NR 型	60000-Z 型	60000-2Z 型	60000-RS 型	60000-2RS 型	60000-RZ 型	60000-2RZ 型	d	D	B	r_{smin}	r_{1smin} [①]
618/0.6	—	—	—	—	—	—	—	—	0.6	2.5	1	0.05	—

（续）

轴 承 型 号									外 形 尺 寸				
60000 型	60000N 型	60000NR 型	60000-Z 型	60000-2Z 型	60000-RS 型	60000-2RS 型	60000-RZ 型	60000-2RZ 型	d	D	B	r_{smin}	r_{1smin}[①]
618/1	—	—	—	—	—	—	—	—	1	3	1	0.05	—
618/1.5	—	—	—	—	—	—	—	—	1.5	4	1.2	0.05	—
618/2	—	—	—	—	—	—	—	—	2	5	1.5	0.08	—
618/2.5	—	—	—	—	—	—	—	—	2.5	6	1.8	0.08	—
618/3	—	—	—	—	—	—	—	—	3	7	2	0.1	—
618/4	—	—	—	—	—	—	—	—	4	9	2.5	0.1	—
618/5	—	—	—	—	—	—	—	—	5	11	3	0.15	—
618/6	—	—	—	—	—	—	—	—	6	13	3.5	0.15	—
618/7	—	—	—	—	—	—	—	—	7	14	3.5	0.15	—
618/8	—	—	—	—	—	—	—	—	8	16	4	0.2	—
618/9	—	—	—	—	—	—	—	—	9	17	4	0.2	—
61800	—	—	61800-Z	61800-2Z	61800-RS	61800-2RS	61800-RZ	61800-2RZ	10	19	5	0.3	—
61801	—	—	61801-Z	61801-2Z	61801-RS	61801-2RS	61801-RZ	61801-2RZ	12	21	5	0.3	—
61802	—	—	61802-Z	61802-2Z	61802-RS	61802-2RS	61802-RZ	61802-2RZ	15	24	5	0.3	—
61803	—	—	61803-Z	61803-2Z	61803-RS	61803-2RS	61803-RZ	61803-2RZ	17	26	5	0.3	—
61804	61804N	61804NR	61804-Z	61804-2Z	61804-RS	61804-2RS	61804-RZ	61804-2RZ	20	32	7	0.3	0.3
61805	61805N	61805NR	61805-Z	61805-2Z	61805-RS	61805-2RS	61805-RZ	61805-2RZ	25	37	7	0.3	0.3
61806	61806N	61806NR	61806-Z	61806-2Z	61806-RS	61806-2RS	61806-RZ	61806-2RZ	30	42	7	0.3	0.3
61807	61807N	61807NR	61807-Z	61807-2Z	61807-RS	61807-2RS	61807-RZ	61807-2RZ	35	47	7	0.3	0.3
61808	61808N	61808NR	61808-Z	61808-2Z	61808-RS	61808-2RS	61808-RZ	61808-2RZ	40	52	7	0.3	0.3
61809	61809N	61809NR	61809-Z	61809-2Z	61809-RS	61809-2RS	61809-RZ	61809-2RZ	45	58	7	0.3	0.3
61810	61810N	61810NR	61810-Z	61810-2Z	61810-RS	61810-2RS	61810-RZ	61810-2RZ	50	65	7	0.3	0.3
61811	61811N	61811NR	61811-Z	61811-2Z	61811-RS	61811-2RS	61811-RZ	61811-2RZ	55	72	9	0.3	0.3
61812	61812N	61812NR	61812-Z	61812-2Z	61812-RS	61812-2RS	61812-RZ	61812-2RZ	60	78	10	0.3	0.3
61813	61813N	61813NR	61813-Z	61813-2Z	61813-RS	61813-2RS	61813-RZ	61813-2RZ	65	85	10	0.6	0.5
61814	61814N	61814NR	61814-Z	61814-2Z	61814-RS	61814-2RS	61814-RZ	61814-2RZ	70	90	10	0.6	0.5
61815	61815N	61815NR	61815-Z	61815-2Z	61815-RS	61815-2RS	61815-RZ	61815-2RZ	75	95	10	0.6	0.5
61816	61816N	61816NR	61816-Z	61816-2Z	61816-RS	61816-2RS	61816-RZ	61816-2RZ	80	100	10	0.6	0.5
61817	61817N	61817NR	61817-Z	61817-2Z	61817-RS	61817-2RS	61817-RZ	61817-2RZ	85	110	13	1	0.5
61818	61818N	61818NR	61818-Z	61818-2Z	61818-RS	61818-2RS	61818-RZ	61818-2RZ	90	115	13	1	0.5
61819	61819N	61819NR	61819-Z	61819-2Z	61819-RS	61819-2RS	61819-RZ	61819-2RZ	95	120	13	1	0.5
61820	61820N	61820NR	61820-Z	61820-2Z	61820-RS	61820-2RS	61820-RZ	61820-2RZ	100	125	13	1	0.5
61821	61821N	61821NR	61821-Z	61821-2Z	61821-RS	61821-2RS	61821-RZ	61821-2RZ	105	130	13	1	0.5
61822	61822N	61822NR	61822-Z	61822-2Z	61822-RS	61822-2RS	61822-RZ	61822-2RZ	110	140	16	1	0.5
61824	61824N	61824NR	61824-Z	61824-2Z	61824-RS	61824-2RS	61824-RZ	61824-2RZ	120	150	16	1	0.5
61826	61826N	61826NR	61826-Z	61826-2Z	61826-RS	61826-2RS	61826-RZ	61826-2RZ	130	165	18	1.1	0.5
61828	61828N	61828NR	61828-Z	61828-2Z	61828-RS	61828-2RS	61828-RZ	61828-2RZ	140	175	18	1.1	0.5
61830	61830N	61830NR	—	—	—	—	—	—	150	190	20	1.1	0.5
61832	61832N	61832NR	—	—	—	—	—	—	160	200	20	1.1	0.5

（续）

轴承型号									外形尺寸				
60000型	60000N型	60000NR型	60000-Z型	60000-2Z型	60000-RS型	60000-2RS型	60000-RZ型	60000-2RZ型	d	D	B	r_{smin}	r_{1smin} [1]
61834	—	—	—	—	—	—	—	—	170	215	22	1.1	—
61836	—	—	—	—	—	—	—	—	180	225	22	1.1	—
61838	—	—	—	—	—	—	—	—	190	240	24	1.5	—
61840	—	—	—	—	—	—	—	—	200	250	24	1.5	—
61844	—	—	—	—	—	—	—	—	220	270	24	1.5	—
61848	—	—	—	—	—	—	—	—	240	300	28	2	—
61852	—	—	—	—	—	—	—	—	260	320	28	2	—
61856	—	—	—	—	—	—	—	—	280	350	33	2	—
61860	—	—	—	—	—	—	—	—	300	380	38	2.1	—
61864	—	—	—	—	—	—	—	—	320	400	38	2.1	—
61868	—	—	—	—	—	—	—	—	340	420	38	2.1	—
61872	—	—	—	—	—	—	—	—	360	440	38	2.1	—
61876	—	—	—	—	—	—	—	—	380	480	46	2.1	—
61880	—	—	—	—	—	—	—	—	400	500	46	2.1	—
61884	—	—	—	—	—	—	—	—	420	520	46	2.1	—
61888	—	—	—	—	—	—	—	—	440	540	46	2.1	—
61892	—	—	—	—	—	—	—	—	460	580	56	3	—
61896	—	—	—	—	—	—	—	—	480	600	56	3	—
618/500	—	—	—	—	—	—	—	—	500	620	56	3	—
618/530	—	—	—	—	—	—	—	—	530	650	56	3	—
618/560	—	—	—	—	—	—	—	—	560	680	56	3	—
618/600	—	—	—	—	—	—	—	—	600	730	60	3	—
618/630	—	—	—	—	—	—	—	—	630	780	69	4	—
618/670	—	—	—	—	—	—	—	—	670	820	69	4	—
618/710	—	—	—	—	—	—	—	—	710	870	74	4	—
618/750	—	—	—	—	—	—	—	—	750	920	78	5	—
618/800	—	—	—	—	—	—	—	—	800	980	82	5	—
618/850	—	—	—	—	—	—	—	—	850	1030	82	5	—
618/900	—	—	—	—	—	—	—	—	900	1090	85	5	—
618/950	—	—	—	—	—	—	—	—	950	1150	90	5	—
618/1000	—	—	—	—	—	—	—	—	1000	1220	100	6	—
618/1060	—	—	—	—	—	—	—	—	1060	1280	100	6	—
618/1120	—	—	—	—	—	—	—	—	1120	1360	106	6	—
618/1180	—	—	—	—	—	—	—	—	1180	1420	106	6	—
618/1250	—	—	—	—	—	—	—	—	1250	1500	112	6	—
618/1320	—	—	—	—	—	—	—	—	1320	1600	122	6	—
618/1400	—	—	—	—	—	—	—	—	1400	1700	132	7.5	—
618/1500	—	—	—	—	—	—	—	—	1500	1820	140	7.5	—

① r_{1smin} 为 r_1 的最小单一倒角尺寸，其最大倒角尺寸规定在 GB/T 274—2000 中，后同。

表 3-579　19 系列深沟球轴承的型号及外形尺寸

（摘自 GB/T 276—2013）　　　　　　　　（单位：mm）

轴　承　型　号									外 形 尺 寸				
60000型	60000N型	60000NR型	60000-Z型	60000-2Z型	60000-RS型	60000-2RS型	60000-RZ型	60000-2RZ型	d	D	B	r_{smin}	r_{1smin}
619/1	—	—	619/1-Z	619/1-2Z	—	—	—	—	1	4	1.6	0.1	—
619/1.5	—	—	619/1.5-Z	619/1.5-2Z	—	—	—	—	1.5	5	2	0.15	—
619/2	—	—	619/2-Z	619/2-2Z	—	—	—	—	2	6	2.3	0.15	—
619/2.5	—	—	619/2.5-Z	619/2.5-2Z	—	—	—	—	2.5	7	2.5	0.15	—
619/3	—	—	619/3-Z	619/3-2Z	—	—	619/3-RZ	619/3-2RZ	3	8	3	0.15	—
619/4	—	—	619/4-Z	619/4-2Z	619/4-RS	619/4-2RS	619/4-RZ	619/4-2RZ	4	11	4	0.15	—
619/5	—	—	619/5-Z	619/5-2Z	619/5-RS	619/5-2RS	619/5-RZ	619/5-2RZ	5	13	4	0.2	—
619/6	—	—	619/6-Z	619/6-2Z	619/6-RS	619/6-2RS	619/6-RZ	619/6-2RZ	6	15	5	0.2	—
619/7	—	—	619/7-Z	619/7-2Z	619/7-RS	619/7-2RS	619/7-RZ	619/7-2RZ	7	17	5	0.3	—
619/8	—	—	619/8-Z	619/8-2Z	619/8-RS	619/8-2RS	619/8-RZ	619/8-2RZ	8	19	6	0.3	—
619/9	—	—	619/9-Z	619/9-2Z	619/9-RS	619/9-2RS	619/9-RZ	619/9-2RZ	9	20	6	0.3	—
61900	61900N	61900NR	61900-Z	61900-2Z	61900-RS	61900-2RS	61900-RZ	61900-2RZ	10	22	6	0.3	0.3
61901	61901N	61901NR	61901-Z	61901-2Z	61901-RS	61901-2RS	61901-RZ	61901-2RZ	12	24	6	0.3	0.3
61902	61902N	61902NR	61902-Z	61902-2Z	61902-RS	61902-2RS	61902-RZ	61902-2RZ	15	28	7	0.3	0.3
61903	61903N	61903NR	61903-Z	61903-2Z	61903-RS	61903-2RS	61903-RZ	61903-2RZ	17	30	7	0.3	0.3
61904	61904N	61904NR	61904-Z	61904-2Z	61904-RS	61904-2RS	61904-RZ	61904-2RZ	20	37	9	0.3	0.3
61905	61905N	61905NR	61905-Z	61905-2Z	61905-RS	61905-2RS	61905-RZ	61905-2RZ	25	42	9	0.3	0.3
61906	61906N	61906NR	61906-Z	61906-2Z	61906-RS	61906-2RS	61906-RZ	61906-2RZ	30	47	9	0.3	0.3
61907	61907N	61907NR	61907-Z	61907-2Z	61907-RS	61907-2RS	61907-RZ	61907-2RZ	35	55	10	0.6	0.5
61908	61908N	61908NR	61908-Z	61908-2Z	61908-RS	61908-2RS	61908-RZ	61908-2RZ	40	62	12	0.6	0.5
61909	61909N	61909NR	61909-Z	61909-2Z	61909-RS	61909-2RS	61909-RZ	61909-2RZ	45	68	12	0.6	0.5
61910	61910N	61910NR	61910-Z	61910-2Z	61910-RS	61910-2RS	61910-RZ	61910-2RZ	50	72	12	0.6	0.5
61911	61911N	61911NR	61911-Z	61911-2Z	61911-RS	61911-2RS	61911-RZ	61911-2RZ	55	80	13	1	0.5
61912	61912N	61912NR	61912-Z	61912-2Z	61912-RS	61912-2RS	61912-RZ	61912-2RZ	60	85	13	1	0.5
61913	61913N	61913NR	61913-Z	61913-2Z	61913-RS	61913-2RS	61913-RZ	61913-2RZ	65	90	13	1	0.5
61914	61914N	61914NR	61914-Z	61914-2Z	61914-RS	61914-2RS	61914-RZ	61914-2RZ	70	100	16	1	0.5
61915	61915N	61915NR	61915-Z	61915-2Z	61915-RS	61915-2RS	61915-RZ	61915-2RZ	75	105	16	1	0.5
61916	61916N	61916NR	61916-Z	61916-2Z	61916-RS	61916-2RS	61916-RZ	61916-2RZ	80	110	16	1	0.5
61917	61917N	61917NR	61917-Z	61917-2Z	61917-RS	61917-2RS	61917-RZ	61917-2RZ	85	120	18	1.1	0.5
61918	61918N	61918NR	61918-Z	61918-2Z	61918-RS	61918-2RS	61918-RZ	61918-2RZ	90	125	18	1.1	0.5
61919	61919N	61919NR	61919-Z	61919-2Z	61919-RS	61919-2RS	61919-RZ	61919-2RZ	95	130	18	1.1	0.5
61920	61920N	61920NR	61920-Z	61920-2Z	61920-RS	61920-2RS	61920-RZ	61920-2RZ	100	140	20	1.1	0.5
61921	61921N	61921NR	61921-Z	61921-2Z	61921-RS	61921-2RS	61921-RZ	61921-2RZ	105	145	20	1.1	0.5
61922	61922N	61922NR	61922-Z	61922-2Z	61922-RS	61922-2RS	61922-RZ	61922-2RZ	110	150	20	1.1	0.5
61924	61924N	61924NR	61924-Z	61924-2Z	61924-RS	61924-2RS	61924-RZ	61924-2RZ	120	165	22	1.1	0.5
61926	61926N	61926NR	61926-Z	61926-2Z	61926-RS	61926-2RS	61926-RZ	61926-2RZ	130	180	24	1.5	0.5
61928	61928N	61928NR	—	—	61928-RS	61928-2RS	—	—	140	190	24	1.5	0.5
61930	—	—	—	—	61930-RS	61930-2RS	—	—	150	210	28	2	—

（续）

轴承型号										外形尺寸				
60000型	60000N型	60000NR型	60000-Z型	60000-2Z型	60000-RS型	60000-2RS型	60000-RZ型	60000-2RZ型	d	D	B	r_{smin}	r_{1smin}
61932	—	—	—	—	61932-RS	61932-2RS	—	—	160	220	28	2	—
61934	—	—	—	—	61934-RS	61934-2RS	—	—	170	230	28	2	—
61936	—	—	—	—	61936-RS	61936-2RS	—	—	180	250	33	2	—
61938	—	—	—	—	61938-RS	61938-2RS	—	—	190	260	33	2	—
61940	—	—	—	—	61940-RS	61940-2RS	—	—	200	280	38	2.1	—
61944	—	—	—	—	61944-RS	61944-2RS	—	—	220	300	38	2.1	—
61948	—	—	—	—	—	—	—	—	240	320	38	2.1	—
61952	—	—	—	—	—	—	—	—	260	360	46	2.1	—
61956	—	—	—	—	—	—	—	—	280	380	46	2.1	—
61960	—	—	—	—	—	—	—	—	300	420	56	3	—
61964	—	—	—	—	—	—	—	—	320	440	56	3	—
61968	—	—	—	—	—	—	—	—	340	460	56	3	—
61972	—	—	—	—	—	—	—	—	360	480	56	3	—
61976	—	—	—	—	—	—	—	—	380	520	65	4	—
61980	—	—	—	—	—	—	—	—	400	540	65	4	—
61984	—	—	—	—	—	—	—	—	420	560	65	4	—
61988	—	—	—	—	—	—	—	—	440	600	74	4	—
61992	—	—	—	—	—	—	—	—	460	620	74	4	—
61996	—	—	—	—	—	—	—	—	480	650	78	5	—
619/500	—	—	—	—	—	—	—	—	500	670	78	5	—
619/530	—	—	—	—	—	—	—	—	530	710	82	5	—
619/560	—	—	—	—	—	—	—	—	560	750	85	5	—
619/600	—	—	—	—	—	—	—	—	600	800	90	5	—
619/630	—	—	—	—	—	—	—	—	630	850	100	6	—
610/670	—	—	—	—	—	—	—	—	670	900	103	6	—
610/710	—	—	—	—	—	—	—	—	710	950	106	6	—
610/750	—	—	—	—	—	—	—	—	750	1000	112	6	—
619/800	—	—	—	—	—	—	—	—	800	1060	115	6	—

表3-580　00系列深沟球轴承的型号及外形尺寸

（摘自 GB/T 276—2013）　　　　（单位：mm）

轴承型号					外形尺寸			
60000型	60000-Z型	60000-2Z型	60000-RS型	60000-2RS型	d	D	B	r_{smin}
16001	16001-Z	16001-2Z	16001-RS	16001-2RS	12	28	7	0.3
16002	16002-Z	16002-2Z	16002-RS	16002-2RS	15	32	8	0.3
16003	16003-Z	16003-2Z	16003-RS	16003-2RS	17	35	8	0.3
16004	16004-Z	16004-2Z	16004-RS	16004-2RS	20	42	8	0.3
16005	16005-Z	16005-2Z	16005-RS	16005-2RS	25	47	8	0.3
16006	16006-Z	16006-2Z	16006-RS	16006-2RS	30	55	9	0.3

（续）

轴承型号					外形尺寸			
60000 型	60000-Z 型	60000-2Z 型	60000-RS 型	60000-2RS 型	d	D	B	r_{smin}
16007	16007-Z	16007-2Z	16007-RS	16007-2RS	35	62	9	0.3
16008	16008-Z	16008-2Z	16008-RS	16008-2RS	40	68	9	0.3
16009	16009-Z	16009-2Z	16009-RS	16009-2RS	45	75	10	0.6
16010	16010-Z	16010-2Z	16010-RS	16010-2RS	50	80	10	0.6
16011	16011-Z	16011-2Z	16011-RS	16011-2RS	55	90	11	0.6
16012	16012-Z	16012-2Z	16012-RS	16012-2RS	60	95	11	0.6
16013	—	—	—	—	65	100	11	0.6
16014	—	—	—	—	70	110	13	0.6
16015	—	—	—	—	75	115	13	0.6
16016	—	—	—	—	80	125	14	0.6
16017	—	—	—	—	85	130	14	0.6
16018	—	—	—	—	90	140	16	1
16019	—	—	—	—	95	145	16	1
16020	—	—	—	—	100	150	16	1
16021	—	—	—	—	105	160	18	1
16022	—	—	—	—	110	170	19	1
16024	—	—	—	—	120	180	19	1
16026	—	—	—	—	130	200	22	1.1
16028	—	—	—	—	140	210	22	1.1
16030	—	—	—	—	150	225	24	1.1
16032	—	—	—	—	160	240	25	1.5
16034	—	—	—	—	170	260	28	1.5
16036	—	—	—	—	180	280	31	2
16038	—	—	—	—	190	290	31	2
16040	—	—	—	—	200	310	34	2
16044	—	—	—	—	220	340	37	2.1
16048	—	—	—	—	240	360	37	2.1
16052	—	—	—	—	260	400	44	3
16056	—	—	—	—	280	420	44	3
16060	—	—	—	—	300	460	50	4
16064	—	—	—	—	320	480	50	4
16068	—	—	—	—	340	520	57	4
16072	—	—	—	—	360	540	57	4
16076	—	—	—	—	380	560	57	4

表 3-581　10 系列深沟球轴承的型号及外形尺寸

（摘自 GB/T 276—2013）　　　　　（单位：mm）

轴承型号									外形尺寸				
60000 型	60000N 型	60000NR 型	60000-Z 型	60000-2Z 型	60000-RS 型	60000-2RS 型	60000-RZ 型	60000-2RZ 型	d	D	B	r_{smin}	r_{1smin}
604	—	—	604-Z	604-2Z	—	—	—	—	4	12	4	0.2	—

（续）

轴 承 型 号									外 形 尺 寸				
60000 型	60000N 型	60000NR 型	60000-Z 型	60000-2Z 型	60000-RS 型	60000-2RS 型	60000-RZ 型	60000-2RZ 型	d	D	B	r_{smin}	r_{1smin}
605	—	—	605-Z	605-2Z	—	—	—	—	5	14	5	0.2	
606	—	—	606-Z	606-2Z	—	—	—	—	6	17	6	0.3	
607	—	—	607-Z	607-2Z	607-RS	607-2RS	607-RZ	607-2RZ	7	19	6	0.3	
608	—	—	608-Z	608-2Z	608-RS	608-2RS	608-RZ	608-2RZ	8	22	7	0.3	
609	—	—	609-Z	609-2Z	609-RS	609-2RS	609-RZ	609-2RZ	9	24	7	0.3	
6000	—	—	6000-Z	6000-2Z	6000-RS	6000-2RS	6000-RZ	6000-2RZ	10	26	8	0.3	
6001	—	—	6001-Z	6001-2Z	6001-RS	6001-2RS	6001-RZ	6001-2RZ	12	28	8	0.3	
6002	6002N	6002NR	6002-Z	6002-2Z	6002-RS	6002-2RS	6002-RZ	6002-2RZ	15	32	9	0.3	0.3
6003	6003N	6003NR	6003-Z	6003-2Z	6003-RS	6003-2RS	6003-RZ	6003-2RZ	17	35	10	0.3	0.3
6004	6004N	6004NR	6004-Z	6004-2Z	6004-RS	6004-2RS	6004-RZ	6004-2RZ	20	42	12	0.6	0.5
60/22	60/22N	60/22NR	60/22-Z	60/22-2Z	—	—	—	60/22-2RZ	22	44	12	0.6	0.5
6005	6005N	6005NR	6005-Z	6005-2Z	6005-RS	6005-2RS	6005-RZ	6005-2RZ	25	47	12	0.6	0.5
60/28	60/28N	60/28NR	60/28-Z	60/28-2Z	—	—	—	60/28-2RZ	28	52	12	0.6	0.5
6006	6006N	6006NR	6006-Z	6006-2Z	6006-RS	6006-2RS	6006-RZ	6006-2RZ	30	55	13	1	0.5
60/32	60/32N	60/32NR	60/32-Z	60/32-2Z	—	—	—	60/32-2RZ	32	58	13	1	0.5
6007	6007N	6007NR	6007-Z	6007-2Z	6007-RS	6007-2RS	6007-RZ	6007-2RZ	35	62	14	1	0.5
6008	6008N	6008NR	6008-Z	6008-2Z	6008-RS	6008-2RS	6008-RZ	6008-2RZ	40	68	15	1	0.5
6009	6009N	6009NR	6009-Z	6009-2Z	6009-RS	6009-2RS	6009-RZ	6009-2RZ	45	75	16	1	0.5
6010	6010N	6010NR	6010-Z	6010-2Z	6010-RS	6010-2RS	6010-RZ	6010-2RZ	50	80	16	1	0.5
6011	6011N	6011NR	6011-Z	6011-2Z	6011-RS	6011-2RS	6011-RZ	6011-2RZ	55	90	18	1.1	0.5
6012	6012N	6012NR	6012-Z	6012-2Z	6012-RS	6012-2RS	6012-RZ	6012-2RZ	60	95	18	1.1	0.5
6013	6013N	6013NR	6013-Z	6013-2Z	6013-RS	6013-2RS	6013-RZ	6013-2RZ	65	100	18	1.1	0.5
6014	6014N	6014NR	6014-Z	6014-2Z	6014-RS	6014-2RS	6014-RZ	6014-2RZ	70	110	20	1.1	0.5
6015	6015N	6015NR	6015-Z	6015-2Z	6015-RS	6015-2RS	6015-RZ	6015-2RZ	75	115	20	1.1	0.5
6016	6016N	6016NR	6016-Z	6016-2Z	6016-RS	6016-2RS	6016-RZ	6016-2RZ	80	125	22	1.1	0.5
6017	6017N	6017NR	6017-Z	6017-2Z	6017-RS	6017-2RS	6017-RZ	6017-2RZ	85	130	22	1.1	0.5
6018	6018N	6018NR	6018-Z	6018-2Z	6018-RS	6018-2RS	6018-RZ	6018-2RZ	90	140	24	1.5	0.5
6019	6019N	6019NR	6019-Z	6019-2Z	6019-RS	6019-2RS	6019-RZ	6019-2RZ	95	145	24	1.5	0.5
6020	6020N	6020NR	6020-Z	6020-2Z	6020-RS	6020-2RS	6020-RZ	6020-2RZ	100	150	24	1.5	0.5
6021	6021N	6021NR	6021-Z	6021-2Z	6021-RS	6021-2RS	6021-RZ	6021-2RZ	105	160	26	2	0.5
6022	6022N	6022NR	6022-Z	6022-2Z	6022-RS	6022-2RS	6022-RZ	6022-2RZ	110	170	28	2	0.5
6024	6024N	6024NR	6024-Z	6024-2Z	6024-RS	6024-2RS	6024-RZ	6024-2RZ	120	180	28	2	0.5
6026	6026N	6026NR	6026-Z	6026-2Z	6026-RS	6026-2RS	6026-RZ	6026-2RZ	130	200	33	2	0.5
6028	6028N	6028NR	6028-Z	6028-2Z	6028-RS	6028-2RS	6028-RZ	6028-2RZ	140	210	33	2	0.5
6030	6030N	6030NR	6030-Z	6030-2Z	6030-RS	6030-2RS	6030-RZ	6030-2RZ	150	225	35	2.1	0.5
6032	6032N	6032NR	6032-Z	6032-2Z	6032-RS	6032-2RS	6032-RZ	6032-2RZ	160	240	38	2.1	0.5
6034	—	—	—	—	—	—	—	—	170	260	42	2.1	—
6036	—	—	—	—	—	—	—	—	180	280	46	2.1	—
6038	—	—	—	—	—	—	—	—	190	290	46	2.1	—
6040	—	—	—	—	—	—	—	—	200	310	51	2.1	—

（续）

轴承型号									外形尺寸				
60000型	60000N型	60000NR型	60000-Z型	60000-2Z型	60000-RS型	60000-2RS型	60000-RZ型	60000-2RZ型	d	D	B	r_{smin}	r_{1smin}
6044	—	—	—	—	—	—	—	—	220	340	56	3	—
6048	—	—	—	—	—	—	—	—	240	360	56	3	—
6052	—	—	—	—	—	—	—	—	260	400	65	4	—
6056	—	—	—	—	—	—	—	—	280	420	65	4	—
6060	—	—	—	—	—	—	—	—	300	460	74	4	—
6064	—	—	—	—	—	—	—	—	320	480	74	4	—
6068	—	—	—	—	—	—	—	—	340	520	82	5	—
6072	—	—	—	—	—	—	—	—	360	540	82	5	—
6076	—	—	—	—	—	—	—	—	380	560	82	5	—
6080	—	—	—	—	—	—	—	—	400	600	90	5	—
6084	—	—	—	—	—	—	—	—	420	620	90	5	—
6088	—	—	—	—	—	—	—	—	440	650	94	6	—
6092	—	—	—	—	—	—	—	—	460	680	100	6	—
6096	—	—	—	—	—	—	—	—	480	700	100	6	—
60/500	—	—	—	—	—	—	—	—	500	720	100	6	—

表 3-582　02 系列深沟球轴承的型号及外形尺寸

（摘自 GB/T 276—2013）　　　　　　（单位：mm）

轴承型号									外形尺寸				
60000型	60000N型	60000NR型	60000-Z型	60000-2Z型	60000-RS型	60000-2RS型	60000-RZ型	60000-2RZ型	d	D	B	r_{smin}	r_{1smin}
623	—	—	623-Z	623-2Z	623-RS	623-2RS	623-RZ	623-2RZ	3	10	4	0.15	—
624	—	—	624-Z	624-2Z	624-RS	624-2RS	624-RZ	624-2RZ	4	13	5	0.2	—
625	—	—	625-Z	625-2Z	625-RS	625-2RS	625-RZ	625-2RZ	5	16	5	0.3	—
626	626N	626NR	626-Z	626-2Z	626-RS	626-2RS	626-RZ	626-2RZ	6	19	6	0.3	0.3
627	627N	627NR	627-Z	627-2Z	627-RS	627-2RS	627-RZ	627-2RZ	7	22	7	0.3	0.3
628	628N	628NR	628-Z	628-2Z	628-RS	628-2RS	628-RZ	628-2RZ	8	24	8	0.3	0.3
629	629N	629NR	629-Z	629-2Z	629-RS	629-2RS	629-RZ	629-2RZ	9	26	8	0.3	0.3
6200	6200N	6200NR	6200-Z	6200-2Z	6200-RS	6200-2RS	6200-RZ	6200-2RZ	10	30	9	0.6	0.5
6201	6201N	6201NR	6201-Z	6201-2Z	6201-RS	6201-2RS	6201-RZ	6201-2RZ	12	32	10	0.6	0.5
6202	6202N	6202NR	6202-Z	6202-2Z	6202-RS	6202-2RS	6202-RZ	6202-2RZ	15	35	11	0.6	0.5
6203	6203N	6203NR	6203-Z	6203-2Z	6203-RS	6203-2RS	6203-RZ	6203-2RZ	17	40	12	0.6	0.5
6204	6204N	6204NR	6204-Z	6204-2Z	6204-RS	6204-2RS	6204-RZ	6204-2RZ	20	47	14	1	0.5
62/22	62/22N	62/22NR	62/22-Z	62/22-2Z	—	—	—	62/22-2RZ	22	50	14	1	0.5
6205	6205N	6205NR	6205-Z	6205-2Z	6205-RS	6205-2RS	6205-RZ	6205-2RZ	25	52	15	1	0.5
62/28	62/28N	62/28NR	62/28-Z	62/28-2Z	—	—	—	62/28-2RZ	28	58	16	1	0.5
6206	6206N	6206NR	6206-Z	6206-2Z	6206-RS	6206-2RS	6206-RZ	6206-2RZ	30	62	16	1	0.5
62/32	62/32N	62/32NR	62/32-Z	62/32-2Z	—	—	—	62/32-2RZ	32	65	17	1	0.5
6207	6207N	6207NR	6207-Z	6207-2Z	6207-RS	6207-2RS	6207-RZ	6207-2RZ	35	72	17	1.1	0.5

（续）

轴 承 型 号									外 形 尺 寸				
60000 型	60000N 型	60000NR 型	60000-Z 型	60000-2Z 型	60000-RS 型	60000-2RS 型	60000-RZ 型	60000-2RZ 型	d	D	B	r_{smin}	r_{1smin}
6208	6208N	6208NR	6208-Z	6208-2Z	6208-RS	6208-2RS	6208-RZ	6208-2RZ	40	80	18	1.1	0.5
6209	6209N	6209NR	6209-Z	6209-2Z	6209-RS	6209-2RS	6209-RZ	6209-2RZ	45	85	19	1.1	0.5
6210	6210N	6210NR	6210-Z	6210-2Z	6210-RS	6210-2RS	6210-RZ	6210-2RZ	50	90	20	1.1	0.5
6211	6211N	6211NR	6211-Z	6211-2Z	6211-RS	6211-2RS	6211-RZ	6211-2RZ	55	100	21	1.5	0.5
6212	6212N	6212NR	6212-Z	6212-2Z	6212-RS	6212-2RS	6212-RZ	6212-2RZ	60	110	22	1.5	0.5
6213	6213N	6213NR	6213-Z	6213-2Z	6213-RS	6213-2RS	6213-RZ	6213-2RZ	65	120	23	1.5	0.5
6214	6214N	6214NR	6214-Z	6214-2Z	6214-RS	6214-2RS	6214-RZ	6214-2RZ	70	125	24	1.5	0.5
6215	6215N	6215NR	6215-Z	6215-2Z	6215-RS	6215-2RS	6215-RZ	6215-2RZ	75	130	25	1.5	0.5
6216	6216N	6216NR	6216-Z	6216-2Z	6216-RS	6216-2RS	6216-RZ	6216-2RZ	80	140	26	2	0.5
6217	6217N	6217NR	6217-Z	6217-2Z	6217-RS	6217-2RS	6217-RZ	6217-2RZ	85	150	28	2	0.5
6218	6218N	6218NR	6218-Z	6218-2Z	6218-RS	6218-2RS	6218-RZ	6218-2RZ	90	160	30	2	0.5
6219	6219N	6219NR	6219-Z	6219-2Z	6219-RS	6219-2RS	6219-RZ	6219-2RZ	95	170	32	2.1	0.5
6220	6220N	6220NR	6220-Z	6220-2Z	6220-RS	6220-2RS	6220-RZ	6220-2RZ	100	180	34	2.1	0.5
6221	6221N	6221NR	6221-Z	6221-2Z	6221-RS	6221-2RS	6221-RZ	6221-2RZ	105	190	36	2.1	0.5
6222	6222N	6222NR	6222-Z	6222-2Z	6222-RS	6222-2RS	6222-RZ	6222-2RZ	110	200	38	2.1	0.5
6224	6224N	6224NR	6224-Z	6224-2Z	6224-RS	6224-2RS	6224-RZ	6224-2RZ	120	215	40	2.1	0.5
6226	6226N	6226NR	6226-Z	6226-2Z	6226-RS	6226-2RS	6226-RZ	6226-2RZ	130	230	40	3	0.5
6228	6228N	6228NR	6228-Z	6228-2Z	6228-RS	6228-2RS	6228-RZ	6228-2RZ	140	250	42	3	0.5
6230	—	—	—	—	—	—	—	—	150	270	45	3	—
6232	—	—	—	—	—	—	—	—	160	290	48	3	—
6234	—	—	—	—	—	—	—	—	170	310	52	4	—
6236	—	—	—	—	—	—	—	—	180	320	52	4	—
6238	—	—	—	—	—	—	—	—	190	340	55	4	—
6240	—	—	—	—	—	—	—	—	200	360	58	4	—
6244	—	—	—	—	—	—	—	—	220	400	65	4	—
6248	—	—	—	—	—	—	—	—	240	440	72	4	—
6252	—	—	—	—	—	—	—	—	260	480	80	5	—
6256	—	—	—	—	—	—	—	—	280	500	80	5	—
6260	—	—	—	—	—	—	—	—	300	540	85	5	—
6264	—	—	—	—	—	—	—	—	320	580	92	5	—

表 3-583　03 系列深沟球轴承的型号及外形尺寸

（摘自 GB/T 276—2013）　　　　　　　　（单位：mm）

轴 承 型 号									外 形 尺 寸				
60000 型	60000N 型	60000NR 型	60000-Z 型	60000-2Z 型	60000-RS 型	60000-2RS 型	60000-RZ 型	60000-2RZ 型	d	D	B	r_{smin}	r_{1smin}
633	—	—	633-Z	633-2Z	633-RS	633-2RS	633-RZ	633-2RZ	3	13	5	0.2	—
634	—	—	634-Z	634-2Z	634-RS	634-2RS	634-RZ	634-2RZ	4	16	5	0.3	—
635	635N	635NR	635-Z	635-2Z	635-RS	635-2RS	635-RZ	635-2RZ	5	19	6	0.3	0.3

（续）

轴 承 型 号									外 形 尺 寸				
60000 型	60000N 型	60000NR 型	60000-Z 型	60000-2Z 型	60000-RS 型	60000-2RS 型	60000-RZ 型	60000-2RZ 型	d	D	B	r_{smin}	r_{1smin}
6300	6300N	6300NR	6300-Z	6300-2Z	6300-RS	6300-2RS	6300-RZ	6300-2RZ	10	35	11	0.6	0.5
6301	6301N	6301NR	6301-Z	6301-2Z	6301-RS	6301-2RS	6301-RZ	6301-2RZ	12	37	12	1	0.5
6302	6302N	6302NR	6302-Z	6302-2Z	6302-RS	6302-2RS	6302-RZ	6302-2RZ	15	42	13	1	0.5
6303	6303N	6303NR	6303-Z	6303-2Z	6303-RS	6303-2RS	6303-RZ	6303-2RZ	17	47	14	1	0.5
6304	6304N	6304NR	6304-Z	6304-2Z	6304-RS	6304-2RS	6304-RZ	6304-2RZ	20	52	15	1.1	0.5
63/22	63/22N	63/22NR	63/22-Z	63/22-2Z	—	—	—	63/22-2RZ	22	56	16	1.1	0.5
6305	6305N	6305NR	6305-Z	6305-2Z	6305-RS	6305-2RS	6305-RZ	6305-2RZ	25	62	17	1.1	0.5
63/28	63/28N	63/28NR	63/28-Z	63/28-2Z	—	—	—	63/28-2RZ	28	68	18	1.1	0.5
6306	6306N	6306NR	6306-Z	6306-2Z	6306-RS	6306-2RS	6306-RZ	6306-2RZ	30	72	19	1.1	0.5
63/32	63/32N	63/32NR	63/32-Z	63/32-2Z	—	—	—	63/32-2RZ	32	75	20	1.1	0.5
6307	6307N	6307NR	6307-Z	6307-2Z	6307-RS	6307-2RS	6307-RZ	6307-2RZ	35	80	21	1.5	0.5
6308	6308N	6308NR	6308-Z	6308-2Z	6308-RS	6308-2RS	6308-RZ	6308-2RZ	40	90	23	1.5	0.5
6309	6309N	6309NR	6309-Z	6309-2Z	6309-RS	6309-2RS	6309-RZ	6309-2RZ	45	100	25	1.5	0.5
6310	6310N	6310NR	6310-Z	6310-2Z	6310-RS	6310-2RS	6310-RZ	6310-2RZ	50	110	27	2	0.5
6311	6311N	6311NR	6311-Z	6311-2Z	6311-RS	6311-2RS	6311-RZ	6311-2RZ	55	120	29	2	0.5
6312	6312N	6312NR	6312-Z	6312-2Z	6312-RS	6312-2RS	6312-RZ	6312-2RZ	60	130	31	2.1	0.5
6313	6313N	6313NR	6313-Z	6313-2Z	6313-RS	6313-2RS	6313-RZ	6313-2RZ	65	140	33	2.1	0.5
6314	6314N	6314NR	6314-Z	6314-2Z	6314-RS	6314-2RS	6314-RZ	6314-2RZ	70	150	35	2.1	0.5
6315	6315N	6315NR	6315-Z	6315-2Z	6315-RS	6315-2RS	6315-RZ	6315-2RZ	75	160	37	2.1	0.5
6316	6316N	6316NR	6316-Z	6316-2Z	6316-RS	6316-2RS	6316-RZ	6316-2RZ	80	170	39	2.1	0.5
6317	6317N	6317NR	6317-Z	6317-2Z	6317-RS	6317-2RS	6317-RZ	6317-2RZ	85	180	41	3	0.5
6318	6318N	6318NR	6318-Z	6318-2Z	6318-RS	6318-2RS	6318-RZ	6318-2RZ	90	190	43	3	0.5
6319	6319N	6319NR	6319-Z	6319-2Z	6319-RS	6319-2RS	6319-RZ	6319-2RZ	95	200	45	3	0.5
6320	6320N	6320NR	6320-Z	6320-2Z	6320-RS	6320-2RS	6320-RZ	6320-2RZ	100	215	47	3	0.5
6321	6321N	6321NR	6321-Z	6321-2Z	6321-RS	6321-2RS	6321-RZ	6321-2RZ	105	225	49	3	0.5
6322	6322N	6322NR	6322-Z	6322-2Z	6322-RS	6322-2RS	6322-RZ	6322-2RZ	110	240	50	3	0.5
6324	—	—	6324-Z	6324-2Z	6324-RS	6324-2RS	6324-RZ	6324-2RZ	120	260	55	3	—
6326	—	—	6326-Z	6326-2Z	—	—	—	—	130	280	58	4	—
6328	—	—	—	—	—	—	—	—	140	300	62	4	—
6330	—	—	—	—	—	—	—	—	150	320	65	4	—
6332	—	—	—	—	—	—	—	—	160	340	68	4	—
6334	—	—	—	—	—	—	—	—	170	360	72	4	—
6336	—	—	—	—	—	—	—	—	180	380	75	4	—
6338	—	—	—	—	—	—	—	—	190	400	78	5	—
6340	—	—	—	—	—	—	—	—	200	420	80	5	—
6344	—	—	—	—	—	—	—	—	220	460	88	5	—
6348	—	—	—	—	—	—	—	—	240	500	95	5	—
6352	—	—	—	—	—	—	—	—	260	540	102	6	—
6356	—	—	—	—	—	—	—	—	280	580	108	6	—

表 3-584　04 系列深沟球轴承的型号及外形尺寸

（摘自 GB/T 276—2013）　　　　　　　　（单位：mm）

轴 承 型 号									外 形 尺 寸				
60000 型	60000N 型	60000NR 型	60000-Z 型	60000-2Z 型	60000-RS 型	60000-2RS 型	60000-RZ 型	60000-2RZ 型	d	D	B	r_{smin}	r_{1smin}
6403	6403N	6403NR	6403-Z	6403-2Z	6403-RS	6403-2RS	6403-RZ	6403-2RZ	17	62	17	1.1	0.5
6404	6404N	6404NR	6404-Z	6404-2Z	6404-RS	6404-2RS	6404-RZ	6404-2RZ	20	72	19	1.1	0.5
6405	6405N	6405NR	6405-Z	6405-2Z	6405-RS	6405-2RS	6405-RZ	6405-2RZ	25	80	21	1.5	0.5
6406	6406N	6406NR	6406-Z	6406-2Z	6406-RS	6406-2RS	6406-RZ	6406-2RZ	30	90	23	1.5	0.5
6407	6407N	6407NR	6407-Z	6407-2Z	6407-RS	6407-2RS	6407-RZ	6407-2RZ	35	100	25	1.5	0.5
6408	6408N	6408NR	6408-Z	6408-2Z	6408-RS	6408-2RS	6408-RZ	6408-2RZ	40	110	27	2	0.5
6409	6409N	6409NR	6409-Z	6409-2Z	6409-RS	6409-2RS	6409-RZ	6409-2RZ	45	120	29	2	0.5
6410	6410N	6410NR	6410-Z	6410-2Z	6410-RS	6410-2RS	6410-RZ	6410-2RZ	50	130	31	2.1	0.5
6411	6411N	6411NR	6411-Z	6411-2Z	6411-RS	6411-2RS	6411-RZ	6411-2RZ	55	140	33	2.1	0.5
6412	6412N	6412NR	6412-Z	6412-2Z	6412-RS	6412-2RS	6412-RZ	6412-2RZ	60	150	35	2.1	0.5
6413	6413N	6413NR	6413-Z	6413-2Z	6413-RS	6413-2RS	6413-RZ	6413-2RZ	65	160	37	2.1	0.5
6414	6414N	6414NR	6414-Z	6414-2Z	6414-RS	6414-2RS	6414-RZ	6414-2RZ	70	180	42	3	0.5
6415	6415N	6415NR	6415-Z	6415-2Z	6415-RS	6415-2RS	6415-RZ	6415-2RZ	75	190	45	3	0.5
6416	6416N	6416NR	6416-Z	6416-2Z	6416-RS	6416-2RS	6416-RZ	6416-2RZ	80	200	48	3	0.5
6417	6417N	6417NR	6417-Z	6417-2Z	6417-RS	6417-2RS	6417-RZ	6417-2RZ	85	210	52	4	0.5
6418	6418N	6418NR	6418-Z	6418-2Z	6418-RS	6418-2RS	6418-RZ	6418-2RZ	90	225	54	4	0.5
6419	6419N	6419NR	6419-Z	6419-2Z	6419-RS	6419-2RS	6419-RZ	6419-2RZ	95	240	55	4	0.5
6420	6420N	6420NR	6420-Z	6420-2Z	6420-RS	6420-2RS	6420-RZ	6420-2RZ	100	250	58	4	0.5
6422	—	—	6422-Z	6422-2Z	6422-RS	6422-2RS	6422-RZ	6422-2RZ	110	280	65	4	—

6.4　调心球轴承

6.4.1　特点及用途

　　调心球轴承主要承受径向载荷，也可同时承受少量的双向载荷。不宜承受纯轴向载荷，因此时将使载荷仅由一列钢球承受。

　　此种轴承可将内圈（轴）对外圈（外壳）沿轴向两面的位移限制在轴承轴向游隙内，但其轴向限位精度很低。

　　调心球轴承具有自动调心性能，允许内圈（轴）对外圈（外壳）的倾斜不超过 2°~3°。适用于多支承传动轴、在外载荷下有较大弯曲的双支承轴，以及支承座孔不易保证严格同心的部件中，还可用在车辆等经受颠簸的轮轴上。

　　10000K 型调心球轴承安装在锥形轴颈上，通过轴向移动内圈，可微量调整轴承的径向游隙。

　　10000K+H0000 型调心球轴承利用紧定套，可装在无轴肩的光轴上。移动紧定套可微量调整轴承的径向游隙。

6.4.2　结构型式（见图 3-27）

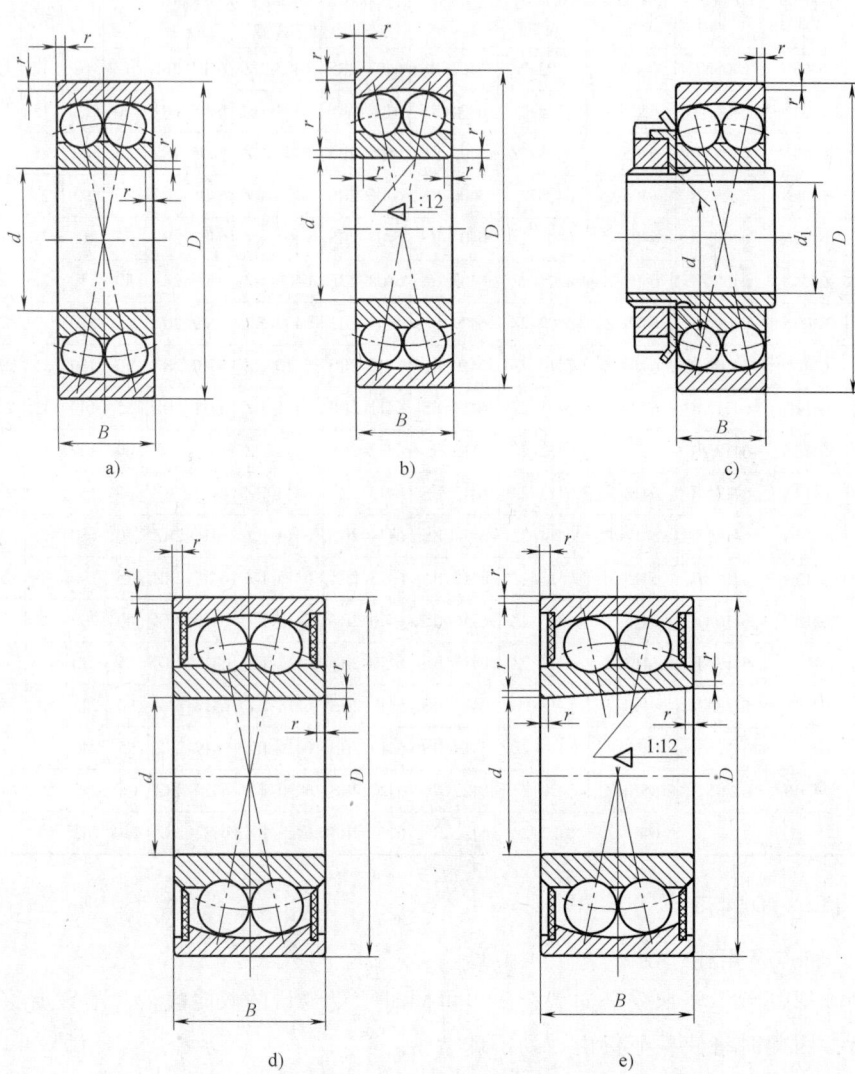

图 3-27　调心球轴承的结构型式

a）圆柱孔调心球轴承 10000 型　　b）圆锥孔调心球轴承 10000K 型

c）带紧定套的调心球轴承 10000K+H 型

d）两面带密封圈的圆柱孔调心球轴承 10000-2RS 型

e）两面带密封圈的圆锥孔调心球轴承 10000 K-2RS 型

D—轴承外径　d—轴承内径　d_1—紧定套内径

B—轴承宽度　r—轴承内、外圈倒角尺寸

6.4.3　外形尺寸（见表 3-585～表 3-591）

表 3-585　39 系列调心球轴承的型号及外形尺寸

（摘自 GB/T 281—2013）　　　　　　　　（单位：mm）

轴承型号	外 形 尺 寸			
	d	D	B	r_{smin} [①]
13940	200	280	60	2.1
13944	220	300	60	2.1
13948	240	320	60	2.1

① r_{smin} 为 r 的最小单一倒角尺寸，其最大倒角尺寸规定在 GB/T 274—2000 中，后同。

表 3-586　10 系列调心球轴承的型号及外形尺寸

（摘自 GB/T 281—2013）　　　　　　　　（单位：mm）

轴承型号	外 形 尺 寸			
	d	D	B	r_{smin}
108	8	22	7	0.3

表 3-587　30 系列调心球轴承的型号及外形尺寸

（摘自 GB/T 281—2013）　　　　　　　　（单位：mm）

轴承型号	外 形 尺 寸			
	d	D	B	r_{smin}
13030	150	225	56	2.1
13036	180	280	74	2.1

表 3-588　02 系列调心球轴承的型号及外形尺寸

（摘自 GB/T 281—2013）　　　　　　　　（单位：mm）

轴 承 型 号			外 形 尺 寸				
10000 型	10000K 型	10000K+H 型	d	d_1	D	B	r_{smin}
126	—	—	6	—	19	6	0.3
127	—	—	7	—	22	7	0.3
129	—	—	9	—	26	8	0.3
1200	1200K	—	10	—	30	9	0.6
1201	1201K	—	12	—	32	10	0.6
1202	1202K	—	15	—	35	11	0.6
1203	1203K	—	17	—	40	12	0.6
1204	1204K	1204K+H204	20	17	47	14	1
1205	1205K	1205K+H205	25	20	52	15	1
1206	1206K	1206K+H206	30	25	62	16	1
1207	1207K	1207K+H207	35	30	72	17	1.1
1208	1208K	1208K+H208	40	35	80	18	1.1
1209	1209K	1209K+H209	45	40	85	19	1.1
1210	1210K	1210K+H210	50	45	90	20	1.1
1211	1211K	1211K+H211	55	50	100	21	1.5
1212	1212K	1212K+H212	60	55	110	22	1.5

（续）

轴承型号			外形尺寸				
10000 型	10000K 型	10000K+H 型	d	d_1	D	B	r_{smin}
1213	1213K	1213K+H213	65	60	120	23	1.5
1214	1214K	1214K+H214	70	60	125	24	1.5
1215	1215K	1215K+H215	75	65	130	25	1.5
1216	1216K	1216K+H216	80	70	140	26	2
1217	1217K	1217K+H217	85	75	150	28	2
1218	1218K	1218K+H218	90	80	160	30	2
1219	1219K	1219K+H219	95	85	170	32	2.1
1220	1220K	1220K+H220	100	90	180	34	2.1
1221	1221K	1221K+H221	105	95	190	36	2.1
1222	1222K	1222K+H222	110	100	200	38	2.1
1224	1224K	1224K+H3024	120	110	215	42	2.1
1226	—	—	130	—	230	46	3
1228	—	—	140	—	250	50	3

表 3-589　22 系列调心球轴承的型号及外形尺寸

（摘自 GB/T 281—2013）　　　　　（单位：mm）

轴承型号[①]					外形尺寸				
10000 型	10000-2RS 型	10000K 型	10000K-2RS 型	10000K+H 型	d	d_1	D	B	r_{smin}
2200	2200-2RS	—	—	—	10	—	30	14	0.6
2201	2201-2RS	—	—	—	12	—	32	14	0.6
2202	2202-2RS	2202K	—	—	15	—	35	14	0.6
2203	2203-2RS	2203K	—	—	17	—	40	16	0.6
2204	2204-2RS	2204K	—	2204K+H304	20	17	47	18	1
2205	2205-2RS	2205K	2205K-2RS	2205K+H305	25	20	52	18	1
2206	2206-2RS	2206K	2206K-2RS	2206K+H306	30	25	62	20	1
2207	2207-2RS	2207K	2207K-2RS	2207K+H307	35	30	72	23	1.1
2208	2208-2RS	2208K	2208K-2RS	2208K+H308	40	35	80	23	1.1
2209	2209-2RS	2209K	2209K-2RS	2209K+H309	45	40	85	23	1.1
2210	2210-2RS	2210K	2210K-2RS	2210K+H310	50	45	90	23	1.1
2212	2212-2RS	2212K	2212K-2RS	2212K+H312	60	55	110	28	1.5
2213	2213-2RS	2213K	2213K-2RS	2213K+H313	65	60	120	31	1.5
2214	2214-2RS	2214K	2214K-2RS	2214K+H314	70	60	125	31	1.5
2215	—	2215K	—	2215K+H315	75	65	130	31	1.5
2216	—	2216K	—	2216K+H316	80	70	140	33	2
2217	—	2217K	—	2217K+H317	85	75	150	36	2
2218	—	2218K	—	2218K+H318	90	80	160	40	2
2219	—	2219K	—	2219K+H319	95	85	170	43	2.1
2220	—	2220K	—	2220K+H320	100	90	180	46	2.1
2221	—	2221K	—	2221K+H321	105	95	190	50	2.1
2222	—	2222K	—	2222K+H322	110	100	200	53	2.1

① 类型代号 "1" 按 GB/T 272—1993 的规定省略。

表 3-590　03 系列调心球轴承的型号及外形尺寸

（摘自 GB/T 281—2013）　　　　　　（单位：mm）

轴 承 型 号			外 形 尺 寸				
10000 型	10000K 型	10000K+H 型	d	d_1	D	B	r_{smin}
135	—	—	5	—	19	6	0.3
1300	1300K	—	10	—	35	11	0.6
1301	1301K	—	12	—	37	12	1
1302	1302K	—	15	—	42	13	1
1303	1303K	—	17	—	47	14	1
1304	1304K	1304K+H304	20	17	52	15	1.1
1305	1305K	1305K+H305	25	20	62	17	1.1
1306	1306K	1306K+H306	30	25	72	19	1.1
1307	1307K	1307K+H307	35	30	80	21	1.5
1308	1308K	1308K+H308	40	35	90	23	1.5
1309	1309K	1309K+H309	45	40	100	25	1.5
1310	1310K	1310K+H310	50	45	110	27	2
1311	1311K	1311K+H311	55	50	120	29	2
1312	1312K	1312K+H312	60	55	130	31	2.1
1313	1313K	1313K+H313	65	60	140	33	2.1
1314	1314K	1314K+H314	70	60	150	35	2.1
1315	1315K	1315K+H315	75	65	160	37	2.1
1316	1316K	1316K+H316	80	70	170	39	2.1
1317	1317K	1317K+H317	85	75	180	41	3
1318	1318K	1318K+H318	90	80	190	43	3
1319	1319K	1319K+H319	95	85	200	45	3
1320	1320K	1320K+H320	100	90	215	47	3
1321	1321K	1321K+H321	105	95	225	49	3
1322	1322K	1322K+H322	110	100	240	50	3

表 3-591　23 系列调心球轴承的型号及外形尺寸

（摘自 GB/T 281—2013）　　　　　　（单位：mm）

轴 承 型 号[①]				外 形 尺 寸				
10000 型	10000-2RS 型	10000K 型	10000K+H 型	d	d_1	D	B	r_{smin}
2300	—	—	—	10	—	35	17	0.6
2301	—	—	—	12	—	37	17	1
2302	2302-2RS	—	—	15	—	42	17	1
2303	2303-2RS	—	—	17	—	47	19	1
2304	2304-2RS	2304K	2304K+H2304	20	17	52	21	1.1
2305	2305-2RS	2305K	2305K+H2305	25	20	62	24	1.1
2306	2306-2RS	2306K	2306K+H2306	30	25	72	27	1.1
2307	2307-2RS	2307K	2307K+H2307	35	30	80	31	1.5
2308	2308-2RS	2308K	2308K+H2308	40	35	90	33	1.5

（续）

轴承型号[①]				外形尺寸				
10000 型	10000-2RS 型	10000K 型	10000K+H 型	d	d_1	D	B	r_{smin}
2309	2309-2RS	2309K	2309K+H2309	45	40	100	36	1.5
2310	2310-2RS	2310K	2310K+H2310	50	45	110	40	2
2311	—	2311K	2311K+H2311	55	50	120	43	2
2312	—	2312K	2312K+H2312	60	55	130	46	2.1
2313	—	2313K	2313K+H2313	65	60	140	48	2.1
2314	—	2314K	2314K+H2314	70	60	150	51	2.1
2315	—	2315K	2315K+H2315	75	65	160	55	2.1
2316	—	2316K	2316K+H2316	80	70	170	58	2.1
2317	—	2317K	2317K+H2317	85	75	180	60	3
2318	—	2318K	2318K+H2318	90	80	190	64	3
2319	—	2319K	2319K+H2319	95	85	200	67	3
2320	—	2320K	2320K+H2320	100	90	215	73	3
2321	—	2321K	2321K+H2321	105	95	225	77	3
2322	—	2322K	2322K+H2322	110	100	240	80	3

① 类型代号"1"按 GB/T 272—1993 的规定省略。

6.5 角接触球轴承

6.5.1 特点及用途

角接触球轴承极限转速较高，其接触角大的轴向承载能力也较大。当轴承受径向载荷时将引起附加轴向力，故此类轴承一般均成对安装（同名端面相对安装）。

角接触球轴承适用于支承间距离不大的刚性双支承轴，以及在安装和使用过程中需要调节轴承游隙和转数较高的机构。

三点和四点接触球轴承、成对双联角接触球轴承（背靠背和面对面）、双列角接触球轴承承受径向和双向轴向载荷的联合载荷；限制轴（外壳）的双向轴向移动在轴承轴向游隙范围内。其余各型号轴承承受径向和单向轴向载荷和联合载荷，限制轴（外壳）的单向轴向移动。

角接触球轴承内外圈可分别安装，仅用在安装或使用条件受限制，而不能采用不可分离型轴承时才允许采用。

三点和四点接触球轴承钢球和滚道有三点或四点接触，与其他类型轴承相比，当径向游隙相同时，轴向游隙较小。

成对安装双联角接触球轴承，由生产厂选配组合成套提供，一般安装于部件后有预过盈，完全消除了轴承中的游隙，因而提高了整套组合轴承的承载能力、刚性和旋转精度。背靠背的比面对面的轴承刚性好，面对面的轴承常用预过盈安装以增加刚性。串联的轴承用以承受大的轴向载荷。

双列角接触球轴承主要用于要限制轴或外壳双向轴向位移的部件中，转速比成对安装的稍高。

6.5.2　结构型式（见图 3-28）

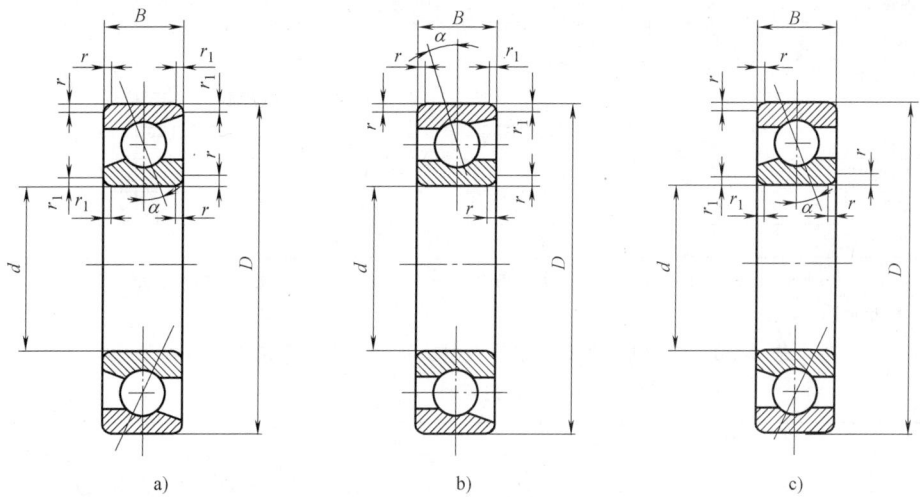

a)　　　　　　　　　　　b)　　　　　　　　　　　c)

图 3-28　角接触球轴承的结构型式

a）锁口内圈和锁口外圈型角接触球轴承　b）锁口外圈型角接触球轴承　c）锁口内圈型角接触球轴承

D—轴承外径　B—轴承宽度　d—轴承内径　r—倒角尺寸　r_1—套圈窄端面倒角尺寸　α—接触角

6.5.3　外形尺寸（见表 3-592~表 3-598）

表 3-592　锁口内圈和锁口外圈以及锁口外圈型角接触球轴承

（718 系列）的型号及外形尺寸（摘自 GB/T 292—2007）　（单位：mm）

轴承型号	外 形 尺 寸				
$\alpha = 15°$	d	D	B	r_{smin}[①]	r_{1smin}[①]
71805C	25	37	7	0.3	0.15
71806C	30	42	7	0.3	0.15
71807C	35	47	7	0.3	0.15
71808C	40	52	7	0.3	0.15
71809C	45	58	7	0.3	0.15
71810C	50	65	7	0.3	0.15
71811C	55	72	9	0.3	0.15
71812C	60	78	10	0.3	0.15
71813C	65	85	10	0.6	0.15
71814C	70	90	10	0.6	0.15
71815C	75	95	10	0.6	0.15
71816C	80	100	10	0.6	0.15
71817C	85	110	13	1	0.3
71818C	90	115	13	1	0.3
71819C	95	120	13	1	0.3
71820C	100	125	13	1	0.3
71821C	105	130	13	1	0.3
71822C	110	140	16	1	0.3

（续）

轴承型号	外 形 尺 寸				
$\alpha = 15°$	d	D	B	r_{smin} ①	r_{1smin} ①
71824C	120	150	16	1	0.3
71826C	130	165	18	1.1	0.6
71828C	140	175	18	1.1	0.6
71830C	150	190	20	1.1	0.6
71832C	160	200	20	1.1	0.6
71834C	170	215	22	1.1	0.6

① r_{smin} 为 r 的最小单一倒角尺寸，r_{1smin} 为 r_1 的最小单一倒角尺寸，其最大倒角尺寸规定在 GB/T 274—2000 中，后同。

表 3-593　锁口内圈和锁口外圈型以及锁口外圈型角接触球轴承

（719 系列）的型号及外形尺寸（摘自 GB/T 292—2007）　（单位：mm）

轴 承 型 号		外 形 尺 寸				
$\alpha = 15°$	$\alpha = 25°$	d	D	B	r_{smin}	r_{1smin}
719/7C	—	7	17	5	0.3	0.1
719/8C	—	8	19	6	0.3	0.1
719/9C	—	9	20	6	0.3	0.1
71900C	71900AC	10	22	6	0.3	0.1
71901C	71901AC	12	24	6	0.3	0.1
71902C	71902AC	15	28	7	0.3	0.1
71903C	71903AC	17	30	7	0.3	0.1
71904C	71904AC	20	37	9	0.3	0.15
71905C	71905AC	25	42	9	0.3	0.15
71906C	71906AC	30	47	9	0.3	0.15
71907C	71907AC	35	55	10	0.6	0.15
71908C	71908AC	40	62	12	0.6	0.15
71909C	71909AC	45	68	12	0.6	0.15
71910C	71910AC	50	72	12	0.6	0.15
71911C	71911AC	55	80	13	1	0.3
71912C	71912AC	60	85	13	1	0.3
71913C	71913AC	65	90	13	1	0.3
71914C	71914AC	70	100	16	1	0.3
71915C	71915AC	75	105	16	1	0.3
71916C	71916AC	80	110	16	1	0.3
71917C	71917AC	85	120	18	1.1	0.6
71918C	71918AC	90	125	18	1.1	0.6
71919C	71919AC	95	130	18	1.1	0.6
71920C	71920AC	100	140	20	1.1	0.6
71921C	71921AC	105	145	20	1.1	0.6
71922C	71922AC	110	150	20	1.1	0.6
71924C	71924AC	120	165	22	1.1	0.6
71926C	71926AC	130	180	24	1.5	0.6
71928C	71928AC	140	190	24	1.5	0.6
71930C	71930AC	150	210	28	2	1

（续）

轴承型号		外形尺寸				
$\alpha = 15°$	$\alpha = 25°$	d	D	B	r_{smin}	r_{1smin}
71932C	71932AC	160	220	28	2	1
71934C	71934AC	170	230	28	2	1
71936C	71936AC	180	250	33	2	1
71938C	71938AC	190	260	33	2	1
71940C	71940AC	200	280	38	2	1
71944C	71944AC	220	300	38	2	1

表 3-594　锁口内圈和锁口外圈型以及锁口外圈型角接触型球轴承

（70 系列）的型号及外形尺寸（摘自 GB/T 292—2007）　（单位：mm）

轴承型号		外形尺寸				
$\alpha = 15°$	$\alpha = 25°$	d	D	B	r_{smin}	r_{1smin}
705C	705AC	5	14	5	0.2	0.1
706C	706AC	6	17	6	0.3	0.1
707C	707AC	7	19	6	0.3	0.1
708C	708AC	8	22	7	0.3	0.1
709C	709AC	9	24	7	0.3	0.1
7000C	7000AC	10	26	8	0.3	0.1
7001C	7001AC	12	28	8	0.3	0.1
7002C	7002AC	15	32	9	0.3	0.1
7003C	7003AC	17	35	10	0.3	0.1
7004C	7004AC	20	42	12	0.6	0.3
7005C	7005AC	25	47	12	0.6	0.3
7006C	7006AC	30	55	13	1	0.3
7007C	7007AC	35	62	14	1	0.3
7008C	7008AC	40	68	15	1	0.3
7009C	7009AC	45	75	16	1	0.3
7010C	7010AC	50	80	16	1	0.3
7011C	7011AC	55	90	18	1.1	0.6
7012C	7012AC	60	95	18	1.1	0.6
7013C	7013AC	65	100	18	1.1	0.6
7014C	7014AC	70	110	20	1.1	0.6
7015C	7015AC	75	115	20	1.1	0.6
7016C	7016AC	80	125	22	1.1	0.6
7017C	7017AC	85	130	22	1.1	0.6
7018C	7018AC	90	140	24	1.5	0.6
7019C	7019AC	95	145	24	1.5	0.6
7020C	7020AC	100	150	24	1.5	0.6
7021C	7021AC	105	160	26	2	1
7022C	7022AC	110	170	28	2	1
7024C	7024AC	120	180	28	2	1
7026C	7026AC	130	200	33	2	1
7028C	7028AC	140	210	33	2	1
7030C	7030AC	150	225	35	2.1	1

（续）

轴 承 型 号		外 形 尺 寸				
$\alpha = 15°$	$\alpha = 25°$	d	D	B	r_{smin}	r_{1smin}
7032C	7032AC	160	240	38	2.1	1
7034C	7034AC	170	260	42	2.1	1.1
7036C	7036AC	180	280	46	2.1	1.1
7038C	7038AC	190	290	46	2.1	1.1
7040C	7040AC	200	310	51	2.1	1.1
7044C	7044AC	220	340	56	3	1.1

表 3-595　锁口内圈和锁口外圈型以及锁口外圈型角接触球轴承

（72 系列）的型号及外形尺寸（摘自 GB/T 292—2007）　（单位：mm）

轴 承 型 号			外 形 尺 寸					
$\alpha = 15°$	$\alpha = 25°$	$\alpha = 40°$	d	D	B	r_{smin}	r_{1smin}	
							$\alpha \leqslant 30°$	$\alpha > 30°$
723C	723AC	—	3	10	4	0.15	0.08	0.08
724C	724AC	—	4	13	5	0.2	0.1	0.1
725C	725AC	—	5	16	5	0.3	0.15	0.15
726C	726AC	—	6	19	6	0.3	0.15	0.15
727C	727AC	—	7	22	7	0.3	0.15	0.15
728C	728AC	—	8	24	8	0.3	0.15	0.15
729C	729AC	—	9	26	8	0.3	0.15	0.15
7200C	7200AC	7200B	10	30	9	0.6	0.3	0.3
7201C	7201AC	7201B	12	32	10	0.6	0.3	0.3
7202C	7202AC	7202B	15	35	11	0.6	0.3	0.3
7203C	7203AC	7203B	17	40	12	0.6	0.3	0.6
7204C	7204AC	7204B	20	47	14	1	0.3	0.6
7205C	7205AC	7205B	25	52	15	1	0.3	0.6
7206C	7206AC	7206B	30	62	16	1	0.3	0.6
7207C	7207AC	7207B	35	72	17	1.1	0.3	0.6
7208C	7208AC	7208B	40	80	18	1.1	0.6	0.6
7209C	7209AC	7208B	45	85	19	1.1	0.6	0.6
7210C	7210AC	7210B	50	90	20	1.1	0.6	0.6
7211C	7211AC	7211B	55	100	21	1.5	0.6	1
7212C	7212AC	7212B	60	110	22	1.5	0.6	1
7213C	7213AC	7213B	65	120	23	1.5	0.6	1
7214C	7214AC	7214B	70	125	24	1.5	0.6	1
7215C	7215AC	7215B	75	130	25	1.5	0.6	1
7216C	7216AC	7216B	80	140	26	2	1	1
7217C	7217AC	7217B	85	150	28	2	1	1
7218C	7218AC	7218B	90	160	30	2	1	1
7219C	7219AC	7219B	95	170	32	2.1	1.1	1.1
7220C	7220AC	7220B	100	180	34	2.1	1.1	1.1
7221C	7221AC	7221B	105	190	36	2.1	1.1	1.1
7222C	7222AC	7222B	110	200	38	2.1	1.1	1.1

（续）

轴承型号			外形尺寸					
$\alpha = 15°$	$\alpha = 25°$	$\alpha = 40°$	d	D	B	r_{smin}	r_{1smin}	
							$\alpha \leqslant 30°$	$\alpha > 30°$
7224C	7224AC	7224B	120	215	40	2.1	1.1	1.1
7226C	7226AC	7226B	130	230	40	3	1.1	1.1
7228C	7228AC	7228B	140	250	42	3	1.1	1.1
7230C	7230AC	7230B	150	270	45	3	1.1	1.1
7232C	7232AC	7232B	160	290	48	3	1.1	1.1
7234C	7234AC	7234B	170	310	52	4	1.5	1.5
7236C	7236AC	7236B	180	320	52	4	1.5	1.5
7238C	7238AC	7238B	190	340	55	4	1.5	1.5
7240C	7240AC	7240B	200	360	58	4	1.5	1.5
7244C	7244AC	—	220	400	65	4	1.5	1.5

表 3-596　锁口内圈和锁口外圈型以及锁口外圈型角接触球轴承

（73系列）的型号及外形尺寸（摘自 GB/T 292—2007）　（单位：mm）

轴承型号			外形尺寸					
$\alpha = 15°$	$\alpha = 25°$	$\alpha = 40°$	d	D	B	r_{smin}	r_{1smin}	
							$\alpha \leqslant 30°$	$\alpha > 30°$
7300C	7300AC	7300B	10	35	11	0.6	0.3	0.3
7301C	7301AC	7301B	12	37	12	1	0.3	0.6
7302C	7302AC	7302B	15	42	13	1	0.3	0.6
7303C	7303AC	7303B	17	47	14	1	0.3	0.6
7304C	7304AC	7304B	20	52	15	1.1	0.6	0.6
7305C	7305AC	7305B	25	62	17	1.1	0.6	0.6
7306C	7306AC	7306B	30	72	19	1.1	0.6	0.6
7307C	7307AC	7307B	35	80	21	1.5	0.6	1
7308C	7308AC	7308B	40	90	23	1.5	0.6	1
7309C	7309AC	7309B	45	100	25	1.5	0.6	1
7310C	7310AC	7310B	50	110	27	2	1	1
7311C	7311AC	7311B	55	120	29	2	1	1
7312C	7312AC	7312B	60	130	31	2.1	1.1	1.1
7313C	7313AC	7313B	65	140	33	2.1	1.1	1.1
7314C	7314AC	7314B	70	150	35	2.1	1.1	1.1
7315C	7315AC	7315B	75	160	37	2.1	1.1	1.1
7316C	7316AC	7316B	80	170	39	2.1	1.1	1.1
7317C	7317AC	7317B	85	180	41	3	1.1	1.1
7318C	7318AC	7318B	90	190	43	3	1.1	1.1
7319C	7319AC	7319B	95	200	45	3	1.1	1.1
7320C	7320AC	7320B	100	215	47	3	1.1	1.1
7321C	7321AC	7321B	105	225	49	3	1.1	1.1
7322C	7322AC	7322B	110	240	50	3	1.1	1.1
7324C	7324AC	7324B	120	260	55	3	1.1	1.1

（续）

轴 承 型 号			外 形 尺 寸					
$\alpha = 15°$	$\alpha = 25°$	$\alpha = 40°$	d	D	B	r_{smin}	r_{1smin}	
							$\alpha \leqslant 30°$	$\alpha > 30°$
7326C	7326AC	7326B	130	280	58	4	1.5	1.5
7328C	7328AC	7328B	140	300	62	4	1.5	1.5
7330C	7330AC	7330B	150	320	65	4	1.5	1.5
7332C	7332AC	7332B	160	340	68	4	1.5	1.5
7334C	7334AC	7334B	170	360	72	4	1.5	1.5
7336C	7336AC	7336B	180	380	75	4	1.5	2
7338C	7338AC	7338B	190	400	78	5	2	2
7340C	7340AC	7340B	200	420	80	5	2	2

表 3-597　锁口内圈型角接触球轴承（B70 系列）的型号

及外形尺寸（摘自 GB/T 292—2007）　　（单位：mm）

轴 承 型 号		外 形 尺 寸				
$\alpha = 15°$	$\alpha = 25°$	d	D	B	r_{smin}	r_{1smin}
B705C	B705AC	5	14	5	0.2	0.1
B706C	B706AC	6	17	6	0.3	0.1
B707C	B707AC	7	19	6	0.3	0.1
B708C	B708AC	8	22	7	0.3	0.1
B709C	B709AC	9	24	7	0.3	0.1
B7000C	B7000AC	10	26	8	0.3	0.1
B7001C	B7001AC	12	28	8	0.3	0.1
B7002C	B7002AC	15	32	9	0.3	0.1
B7003C	B7003AC	17	35	10	0.3	0.1
B7004C	B7004AC	20	42	12	0.6	0.3
B7005C	B7005AC	25	47	12	0.6	0.3
B7006C	B7006AC	30	55	13	1	0.3
B7007C	B7007AC	35	62	14	1	0.3
B7008C	B7008AC	40	68	15	1	0.3
B7009C	B7009AC	45	75	16	1	0.3
B7010C	B7010AC	50	80	16	1	0.3
B7011C	B7011AC	55	90	18	1.1	0.6
B7012C	B7012AC	60	95	18	1.1	0.6
—	B7013AC	65	100	18	1.1	0.6
—	B7014AC	70	110	20	1.1	0.6
—	B7015AC	75	115	20	1.1	0.6
—	B7016AC	80	125	22	1.1	0.6
—	B7017AC	85	130	22	1.1	0.6
—	B7018AC	90	140	24	1.5	0.6
—	B7019AC	95	145	24	1.5	0.6
—	B7020AC	100	150	24	1.5	0.6
—	B7021AC	105	160	26	2	1
—	B7022AC	110	170	28	2	1
—	B7024AC	120	180	28	2	1

表 3-598　锁口内圈型角接触球轴承（B72 系列）的型号

及外形尺寸（摘自 GB/T 292—2007）　　　　　　（单位：mm）

轴 承 型 号		外 形 尺 寸				
$\alpha = 15°$	$\alpha = 25°$	d	D	B	r_{smin}	r_{1smin}
B723C	B723AC	3	10	4	0.15	0.15
B724C	B724AC	4	13	5	0.2	0.2
B725C	B725AC	5	16	5	0.3	0.2
B726C	B726AC	6	19	6	0.3	0.2
B727C	B727AC	7	22	7	0.3	0.2
B728C	B728AC	8	24	8	0.3	0.2
B729C	B729AC	9	26	8	0.3	0.2
B7200C	B7200AC	10	30	9	0.6	0.3
B7201C	B7201AC	12	32	10	0.6	0.3
B7202C	B7202AC	15	35	11	0.6	0.3
B7203C	B7203AC	17	40	12	0.6	0.3
B7204C	B7204AC	20	47	14	1	0.3
B7205C	B7205AC	25	52	15	1	0.3
B7206C	B7206AC	30	62	16	1	0.3
B7207C	B7207AC	35	72	17	1.1	0.3
B7208C	B7208AC	40	80	18	1.1	0.6
B7209C	B7209AC	45	85	19	1.1	0.6
B7210C	B7210AC	50	90	20	1.1	0.6
B7211C	B7211AC	55	100	21	1.5	0.6
B7212C	B7212AC	60	110	22	1.5	0.6
B7213C	B7213AC	65	120	23	1.5	0.6
B7214C	B7214AC	70	125	24	1.5	0.6
B7215C	B7215AC	75	130	25	1.5	0.6
B7216C	B7216AC	80	140	26	2	1
B7217C	B7217AC	85	150	28	2	1
B7218C	B7218AC	90	160	30	2	1
B7219C	B7219AC	95	170	32	2.1	1.1
B7220C	B7220AC	100	180	34	2.1	1.1
B7221C	B7221AC	105	190	36	2.1	1.1
B7222C	B7222AC	110	200	38	2.1	1.1
B7224C	B7224AC	120	215	40	2.1	1.1

6.6　圆柱滚子轴承

6.6.1　特点及用途

圆柱滚子轴承带挡边的引导套圈与保持架和滚子组成一组合件，可与另一无挡边的套圈分离，安装拆卸比较方便。与同尺寸的深沟轴承相比，径向承载能力较大，但允许内、外圈轴线偏斜 $2' \sim 4'$，故只能用于刚性较大的轴上，并要求支承座孔能很好地对中。

此类轴承常用于受外力弯曲较小的固定短轴上，也常用于因发热而使轴伸长的机件上，此时，在一个支点上安装无挡边的滚子轴承，另一支点上则应安装使轴与轴箱能固定起来的轴承。

NF、NH、NUP 型轴承主要承受径向载荷，也可承受少量的单向轴向载荷（NF）或双向轴向载荷（NH、NUP），并限制轴（外壳）的单向或双向轴向移动，其余均仅能承受径向载荷，且不限制轴（外壳）的轴向移动。

RN、RNU 型轴承用于径向尺寸受限制的部件中，此时轴颈或外壳与滚动体接触的表面硬度应不低于 HRC60，表面粗糙度 $Ra \leqslant 0.4\mu m$。

NNU……K 型轴承安装在锥形轴颈上，可微量调整轴承的径向游隙。

6.6.2　结构型式和外形尺寸（摘自 GB/T 283—2007）

（1）结构型式（见图 3-29）

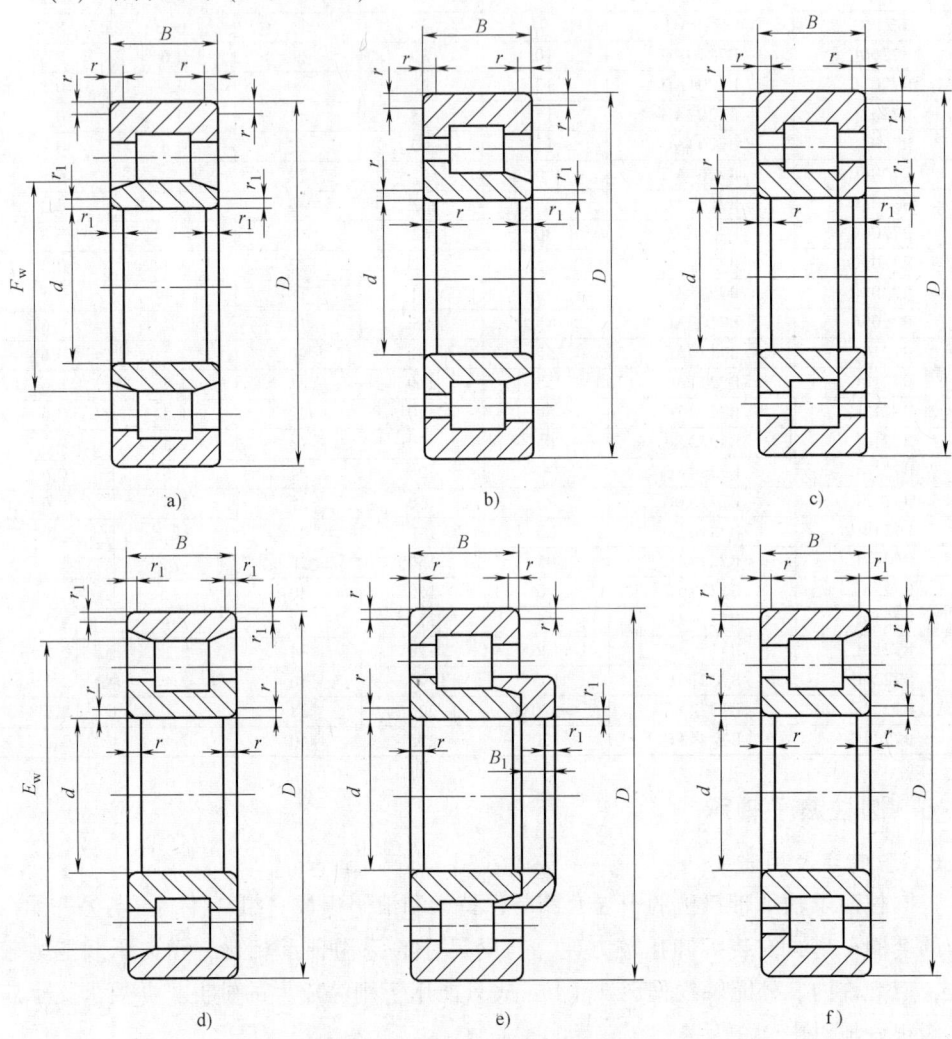

图 3-29　圆柱滚子轴承的结构型式

a）内圈无挡边圆柱滚子轴承 NU 型　b）内圈单挡边圆柱滚子轴承 NJ 型
c）内圈单挡边、带平挡圈圆柱滚子轴承 NUP 型　d）外圈无挡边圆柱滚子轴承 N 型
e）内圈单挡边、带斜挡圈圆柱滚子轴承 NH 型（NJ+HJ）　f）外圈单挡边圆柱滚子轴承 NF 型

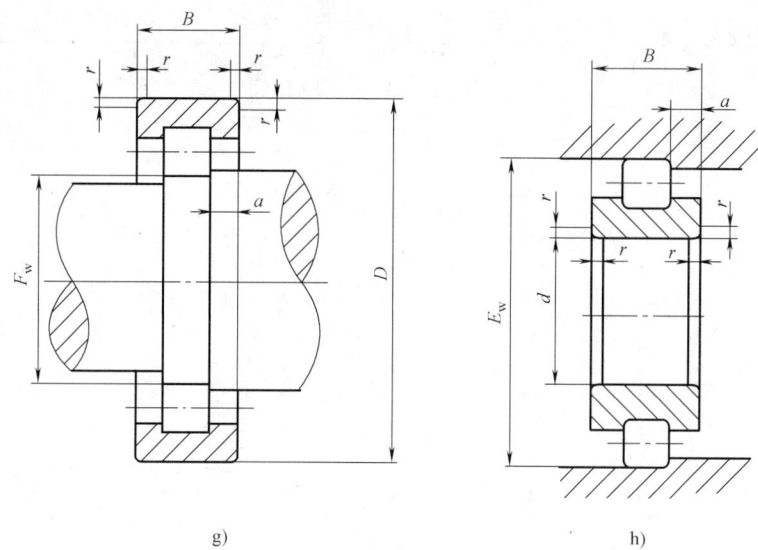

g)　　　　　　　　　　　　　　h)

图 3-29　圆柱滚子轴承的结构型式（续）

g）无内圈圆柱滚子轴承 RNU 型　h）无外圈圆柱滚子轴承 RN 型

D—轴承外径　d—轴承内径　B—轴承宽度　B_1—斜挡圈超出内圈端面的宽度　r—轴承内外圈倒角尺寸

r_1—轴承内、外圈（挡圈）窄端面倒角尺寸　F_w—滚子组内径　E_w—滚子组外径　a—挡边宽度

（2）外形尺寸（见表 3-599～表 3-602）

表 3-599　NU 型、NJ 型、NUP 型、N 型和 NH 型

圆柱滚子轴承的型号及外形尺寸　　　　　（单位：mm）

轴承型号					外形尺寸							斜挡圈
NU 型	NJ 型	NUP 型	N 型	NH 型	d	D	B	F_w	E_w	r_{smin}[①]	r_{1smin}[①]	型号
NU202E	NJ202E	—	N202E	NH202E	15	35	11	19.3	30.3	0.6	0.3	HJ202E
NU203E	NJ203E	NUP203E	N203E	NH203E	17	40	12	22.1	35.1	0.6	0.3	HJ203E
NU204E	NJ204E	NUP204E	N204E	NH204E	20	47	14	26.5	41.5	1	0.6	HJ204E
NU205E	NJ205E	NUP205E	N205E	NH205E	25	52	15	31.5	46.5	1	0.6	HJ205E
NU206E	NJ206E	NUP206E	N206E	NH206E	30	62	16	37.5	55.5	1	0.6	HJ206E
NU207E	NJ207E	NUP207E	N207E	NH207E	35	72	17	44	64	1.1	0.6	HJ207E
NU208E	NJ208E	NUP208E	N208E	NH208E	40	80	18	49.5	71.5	1.1	1.1	HJ208E
NU209E	NJ209E	NUP209E	N209E	NH209E	45	85	19	54.5	76.5	1.1	1.1	HJ209E
NU210E	NJ210E	NUP210E	N210E	NH210E	50	90	20	59.5	81.5	1.1	1.1	HJ210E
NU211E	NJ211E	NUP211E	N211E	NH211E	55	100	21	66	90	1.5	1.1	HJ211E
NU212E	NJ212E	NUP212E	N212E	NH212E	60	110	22	72	100	1.5	1.5	HJ212E
NU213E	NJ213E	NUP213E	N213E	NH213E	65	120	23	78.5	108.5	1.5	1.5	HJ213E
NU214E	NJ214E	NUP214E	N214E	NH214E	70	125	24	83.5	113.5	1.5	1.5	HJ214E
NU215E	NJ215E	NUP215E	N215E	NH215E	75	130	25	88.5	118.5	1.5	1.5	HJ215E
NU216E	NJ216E	NUP216E	N216E	NH216E	80	140	26	95.3	127.3	2	2	HJ216E
NU217E	NJ217E	NUP217E	N217E	NH217E	85	150	28	100.5	136.5	2	2	HJ217E
NU218E	NJ218E	NUP218E	N218E	NH218E	90	160	30	107	145	2	2	HJ218E

（续）

轴 承 型 号					外 形 尺 寸							斜挡圈型号
NU 型	NJ 型	NUP 型	N 型	NH 型	d	D	B	F_w	E_w	r_{smin}[①]	r_{1smin}[①]	
NU219E	NJ219E	NUP219E	N219E	NH219E	95	170	32	112.5	154.5	2.1	2.1	HJ219E
NU220E	NJ220E	NUP220E	N220E	NH220E	100	180	34	119	163	2.1	2.1	HJ220E
NU221E	NJ221E	NUP221E	N221E	NH221E	105	190	36	125	173	2.1	2.1	HJ221E
NU222E	NJ222E	NUP222E	N222E	NH222E	110	200	38	132.5	180.5	2.1	2.1	HJ222E
NU224E	NJ224E	NUP224E	N224E	NH224E	120	215	40	143.5	195.5	2.1	2.1	HJ224E
NU226E	NJ226E	NUP226E	N226E	NH226E	130	230	40	153.5	209.5	3	3	HJ226E
NU228E	NJ228E	NUP228E	N228E	NH228E	140	250	42	169	225	3	3	HJ228E
NU230E	NJ230E	NUP230E	N230E	NH230E	150	270	45	182	242	3	3	HJ230E
NU232E	NJ232E	NUP232E	N232E	NH232E	160	290	48	195	259	3	3	HJ232E
NU234E	NJ234E	NUP234E	N234E	NH234E	170	310	52	207	279	4	4	HJ234E
NU236E	NJ236E	NUP236E	N236E	NH236E	180	320	52	217	289	4	4	HJ236E
NU238E	NJ238E	NUP238E	N238E	NH238E	190	340	55	230	306	4	4	HJ238E
NU240E	NJ240E	NUP240E	N240E	NH240E	200	360	58	243	323	4	4	HJ240E
NU244E	NJ244E	NUP244E	N244E	NH244E	220	400	65	268	358	4	4	HJ244E
NU248E	NJ248E	—	N248E	NH248E	240	440	72	293	393	4	4	HJ248E
NU252E	NJ252E	—	—	NH252E	260	480	80	317	—	5	5	HJ252E
NU256E	—	—	—	—	280	500	80	337	—	5	5	—
NU260E	—	—	—	—	300	540	85	364	—	5	5	—
NU264E	—	—	—	—	320	580	92	392	—	5	5	—
NU2203E	NJ2203E	NUP2203E	N2203E	NH2203E	17	40	16	22.1	35.1	0.6	0.6	HJ2203E
NU2204E	NJ2204E	NUP2204E	N2204E	NH2204E	20	47	18	26.5	41.5	1	0.6	HJ2204E
NU2205E	NJ2205E	NUP2205E	N2205E	NH2205E	25	52	18	31.5	46.5	1	0.6	HJ2205E
NU2206E	NJ2206E	NUP2206E	N2206E	NH2206E	30	62	20	37.5	55.5	1	0.6	HJ2206E
NU2207E	NJ2207E	NUP2207E	N2207E	NH2207E	35	72	23	44	64	1.1	0.6	HJ2207E
NU2208E	NJ2208E	NUP2208E	N2208E	NH2208E	40	80	23	49.5	71.5	1.1	1.1	HJ2208E
NU2209E	NJ2209E	NUP2209E	N2209E	NH2209E	45	85	23	54.5	76.5	1.1	1.1	HJ2209E
NU2210E	NJ2210E	NUP2210E	N2210E	NH2210E	50	90	23	59.5	81.5	1.1	1.1	HJ2210E
NU2211E	NJ2211E	NUP2211E	N2211E	NH2211E	55	100	25	66	90	1.5	1.1	HJ2211E
NU2212E	NJ2212E	NUP2212E	N2212E	NH2212E	60	110	28	72	100	1.5	1.5	HJ2212E
NU2213E	NJ2213E	NUP2213E	N2213E	NH2213E	65	120	31	78.5	108.5	1.5	1.5	HJ2213E
NU2214E	NJ2214E	NUP2214E	N2214E	NH2214E	70	125	31	83.5	113.5	1.5	1.5	HJ2214E
NU2215E	NJ2215E	NUP2215E	N2215E	NH2215E	75	130	31	88.5	118.5	1.5	1.5	HJ2215E
NU2216E	NJ2216E	NUP2216E	N2216E	NH2216E	80	140	33	95.3	127.3	2	2	HJ2216E
NU2217E	NJ2217E	NUP2217E	N2217E	NH2217E	85	150	36	100.5	136.5	2	2	HJ2217E
NU2218E	NJ2218E	NUP2218E	N2218E	NH2218E	90	160	40	107	145	2	2	HJ2218E
NU2219E	NJ2219E	NUP2219E	N2219E	NH2219E	95	170	43	112.5	154.5	2.1	2.1	HJ2219E
NU2220E	NJ2220E	NUP2220E	N2220E	NH2220E	100	180	46	119	163	2.1	2.1	HJ2220E
NU2222E	NJ2222E	NUP2222E	N2222E	NH2222E	110	200	53	132.5	180.5	2.1	2.1	HJ2222E
NU2224E	NJ2224E	NUP2224E	N2224E	NH2224E	120	215	58	143.5	195.5	2.1	2.1	HJ2224E
NU2226E	NJ2226E	NUP2226E	N2226E	NH2226E	130	230	64	153.5	209.5	3	3	HJ2226E
NU2228E	NJ2228E	NUP2228E	N2228E	NH2228E	140	250	68	169	225	3	3	HJ2228E
NU2230E	NJ2230E	NUP2230E	N2230E	NH2230E	150	270	73	182	242	3	3	HJ2230E

（续）

轴承型号					外形尺寸							斜挡圈型号
NU 型	NJ 型	NUP 型	N 型	NH 型	d	D	B	F_w	E_w	r_{smin}[①]	r_{1smin}[①]	型号
NU2232E	NJ2232E	NUP2232E	N2232E	NH2232E	160	290	80	193	259	3	3	HJ2232E
NU2234E	NJ2234E	NUP2234E	N2234E	NH2234E	170	310	86	205	279	4	4	HJ2234E
NU2236E	NJ2236E	NUP2236E	N2236E	NH2236E	180	320	86	215	289	4	4	HJ2236E
NU2238E	NJ2238E	NUP2238E	N2238E	NH2238E	190	340	92	228	306	4	4	HJ2238E
NU2240E	NJ2240E	NUP2240E	N2240E	NH2240E	200	360	98	241	323	4	4	HJ2240E
NU2244E	—	NUP2244E			220	400	108	259	—	4	4	
NU2248E	—	—			240	440	120	287	—	4	4	—
NU2252E	—	—	—		260	480	130	313	—	5	5	—
NU2256E	—	—	—		280	500	130	333	—	5	5	—
NU2260E	—	—	—		300	540	140	355	—	5	5	—
NU2264E	—	—	—		320	580	150	380	—	5	5	—
NU303E	NJ303E	NUP303E	N303E	NH303E	17	47	14	24.2	40.2	1	0.6	HJ303E
NU304E	NJ304E	NUP304E	N304E	NH304E	20	52	15	27.5	45.5	1.1	0.6	HJ304E
NU305E	NJ305E	NUP305E	N305E	NH305E	25	62	17	34	54	1.1	1.1	HJ305E
NU306E	NJ306E	NUP306E	N306E	NH306E	30	72	19	40.5	62.5	1.1	1.1	HJ306E
NU307E	NJ307E	NUP307E	N307E	NH307E	35	80	21	46.2	70.2	1.5	1.1	HJ307E
NU308E	NJ308E	NUP308E	N308E	NH308E	40	90	23	52	80	1.5	1.5	HJ308E
NU309E	NJ309E	NUP309E	N309E	NH309E	45	100	25	58.5	88.5	1.5	1.5	HJ309E
NU310E	NJ310E	NUP310E	N310E	NH310E	50	110	27	65	97	2	2	HJ310E
NU311E	NJ311E	NUP311E	N311E	NH311E	55	120	29	70.5	106.5	2	2	HJ311E
NU312E	NJ312E	NUP312E	N312E	NH312E	60	130	31	77	115	2.1	2.1	HJ312E
NU313E	NJ313E	NUP313E	N313E	NH313E	65	140	33	82.5	124.5	2.1	2.1	HJ313E
NU314E	NJ314E	NUP314E	N314E	NH314E	70	150	35	89	133	2.1	2.1	HJ314E
NU315E	NJ315E	NUP315E	N315E	NH315E	75	160	37	95	143	2.1	2.1	HJ315E
NU316E	NJ316E	NUP316E	N316E	NH316E	80	170	39	101	151	2.1	2.1	HJ316E
NU317E	NJ317E	NUP317E	N317E	NH317E	85	180	41	108	160	3	3	HJ317E
NU318E	NJ318E	NUP318E	N318E	NH318E	90	190	43	113.6	169.5	3	3	HJ318E
NU319E	NJ319E	NUP319E	N319E	NH319E	95	200	45	121.5	177.5	3	3	HJ319E
NU320E	NJ320E	NUP320E	N320E	NH320E	100	215	47	127.5	191.5	3	3	HJ320E
NU321E	NJ321E	NUP321E	N321E	NH321E	105	225	49	133	201	3	3	HJ321E
NU322E	NJ322E	NUP322E	N322E	NH322E	110	240	50	143	211	3	3	HJ322E
NU324E	NJ324E	NUP324E	N324E	NH324E	120	260	55	154	230	3	3	HJ324E
NU326E	NJ326E	NUP326E	N326E	NH326E	130	280	58	167	247	4	4	HJ326E
NU328E	NJ328E	NUP328E	N328E	NH328E	140	300	62	180	260	4	4	HJ328E
NU330E	NJ330E	NUP330E	N330E	NH330E	150	320	65	193	283	4	4	HJ330E
NU332E	NJ332E	NUP332E	N332E	NH332E	160	340	68	204	300	4	4	HJ332E
NU334E	NJ334E	—	N334E	NH334E	170	360	72	218	318	4	4	HJ334E
NU336E	NJ336E	—	—	NH336E	180	380	75	231	—	4	4	HJ336E
NU338E	—	—	—	—	190	400	78	245	—	5	5	—
NU340E	NJ340E	—	—	—	200	420	80	258	—	5	5	—
NU344E	—	—	—	—	220	460	88	282	—	5	5	—

（续）

轴 承 型 号					外 形 尺 寸							斜挡圈
NU 型	NJ 型	NUP 型	N 型	NH 型	d	D	B	F_w	E_w	r_{smin} [1]	r_{1smin} [1]	型号
NU348E	NJ348E	—	—	—	240	500	95	306	—	5	5	—
NU352E	—	—	—	—	260	540	102	337	—	6	6	—
NU356E	NJ356E	—	—	—	280	580	108	362	—	6	6	—
NU2304E	NJ2304E	NUP2304E	N2304E	NH2304E	20	52	21	27.5	45.5	1.1	0.6	HJ2304E
NU2305E	NJ2305E	NUP2305E	N2305E	NH2305E	25	62	24	34	54	1.1	1.1	HJ2305E
NU2306E	NJ2306E	NUP2306E	N2306E	NH2306E	30	72	27	40.5	62.5	1.1	1.1	HJ2306E
NU2307E	NJ2307E	NUP2307E	N2307E	NH2307E	35	80	31	46.2	70.2	1.5	1.1	HJ2307E
NU2308E	NJ2308E	NUP2308E	N2308E	NH2308E	40	90	33	52	80	1.5	1.5	HJ2308E
NU2309E	NJ2309E	NUP2309E	N2309E	NH2309E	45	100	36	58.5	88.5	1.5	1.5	HJ2309E
NU2310E	NJ2310E	NUP2310E	N2310E	NH2310E	50	110	40	65	97	2	2	HJ2310E
NU2311E	NJ2311E	NUP2311E	N2311E	NH2311E	55	120	43	70.5	106.5	2	2	HJ2311E
NU2312E	NJ2312E	NUP2312E	N2312E	NH2312E	60	130	46	77	115	2.1	2.1	HJ2312E
NU2313E	NJ2313E	NUP2313E	N2313E	NH2313E	65	140	48	82.5	124.5	2.1	2.1	HJ2313E
NU2314E	NJ2314E	NUP2314E	N2314E	NH2314E	70	150	51	89	133	2.1	2.1	HJ2314E
NU2315E	NJ2315E	NUP2315E	N2315E	NH2315E	75	160	55	95	143	2.1	2.1	HJ2315E
NU2316E	NJ2316E	NUP2316E	N2316E	NH2316E	80	170	58	101	151	2.1	2.1	HJ2316E
NU2317E	NJ2317E	NUP2317E	N2317E	NH2317E	85	190	60	108	160	3	3	HJ2317E
NU2318E	NJ2318E	NUP2318E	N2318E	NH2318E	90	190	64	113.5	169.5	3	3	HJ2318E
NU2319E	NJ2319E	NUP2319E	N2319E	NH2319E	95	200	67	121.5	177.5	3	3	HJ2319E
NU2320E	NJ2320E	NUP2320E	N2320E	NH2320E	100	215	73	127.5	191.5	3	3	HJ2320E
NU2322E	NJ2322E	NUP2322E	N2322E	NH2322E	110	240	80	143	211	3	3	HJ2322E
NU2324E	NJ2324E	NUP2324E	N2324E	NH2324E	120	260	86	154	230	3	3	HJ2324E
NU2326E	NJ2326E	NUP2326E	N2326E	NH2326E	130	280	93	167	247	4	4	HJ2326E
NU2328E	NJ2328E	NUP2328E	N2328E	NH2328E	140	300	102	180	260	4	4	HJ2328E
NU2330E	NJ2330E	NUP2330E	N2330E	NH2330E	150	320	108	193	283	4	4	HJ2330E
NU2332E	NJ2332E	NUP2332E	N2332E	NH2332E	160	340	114	204	300	4	4	HJ2332E
NU2334E	NJ2334E	—	—	—	170	360	120	216		4	4	
NU2336E	NJ2336E	—	—	—	180	380	126	227		4	4	
NU2338E	NJ2338E	—	—	—	190	400	132	240		5	5	
NU2340E	NJ2340E	—	—	—	200	420	138	253		5	5	
NU2344E	—	—	—	—	220	460	145	277		5	5	
NU2348E	—	—	—	—	240	500	155	303		5	5	
NU2352E	—	—	—	—	260	540	165	324	—	6	6	
NU2356E	—	—	—	—	280	580	175	351	—	6	6	

[1] r_{smin} 为 r 的最小单一倒角尺寸，r_{1smin} 为 r_1 的最小单一倒角尺寸，其对应的最大倒角尺寸规定在 GB/T 274—2000 中，后同。

表 3-600　NU 型、N 型圆柱滚子轴承的型号及外形尺寸　（单位：mm）

轴承型号		外形尺寸						
NU 型	N 型	d	D	B	F_w	E_w	r_{smin}	r_{1smin}
NU1005	N1005	25	47	12	30.5	41.5	1	0.3
NU1006	N1006	30	55	13	36.5	48.5	1	0.6
NU1007	N1007	35	62	14	42	55	1	0.6
NU1008	N1008	40	68	15	47	61	1	0.6
NU1009	N1009	45	75	16	52.5	67.5	1	0.6
NU1010	N1010	50	80	16	57.5	72.5	1	0.6
NU1011	N1011	55	90	18	64.5	80.5	1.1	1
NU1012	N1012	60	95	18	69.5	85.5	1.1	1
NU1013	N1013	65	100	18	74.5	90.5	1.1	1
NU1014	N1014	70	110	20	80	100	1.1	1
NU1015	N1015	75	115	20	85	105	1.1	1
NU1016	N1016	80	125	22	91.5	113.5	1.1	1
NU1017	N1017	85	130	22	96.5	118.5	1.1	1
NU1018	N1018	90	140	24	103	127	1.5	1.1
NU1019	N1019	95	145	24	108	132	1.5	1.1
NU1020	N1020	100	150	24	113	137	1.5	1.1
NU1021	N1021	105	160	26	119.5	145.5	2	1.1
NU1022	N1022	110	170	28	125	155	2	1.1
NU1024	N1024	120	180	28	135	165	2	1.1
NU1026	N1026	130	200	33	148	182	2	1.1
NU1028	N1028	140	210	33	158	192	2	1.1
NU1030	N1030	150	225	35	169.5	205.5	2.1	1.5
NU1032	N1032	160	240	38	180	220	2.1	1.5
NU1034	N1034	170	260	42	193	237	2.1	2.1
NU1036	N1036	180	280	46	205	255	2.1	2.1
NU1038	N1038	190	290	46	215	265	2.1	2.1
NU1040	N1040	200	310	51	229	281	2.1	2.1
NU1044	N1044	220	340	56	250	310	3	3
NU1048	N1048	240	360	56	270	330	3	3
NU1052	N1052	260	400	65	296	364	4	4
NU1056	N1056	280	420	65	316	384	4	4
NU1060	N1060	300	460	74	340	420	4	4
NU1064	N1064	320	480	74	360	440	4	4
NU1068	N1068	340	520	82	385	475	5	5
NU1072	N1072	360	540	82	405	495	5	5
NU1076	N1076	380	560	82	425	515	5	5
NU1080	—	400	600	90	450	—	5	5
NU1084	—	420	620	90	470	—	5	5
NU1088	—	440	650	94	493	—	6	6

（续）

轴 承 型 号		外 形 尺 寸						
NU 型	N 型	d	D	B	F_w	E_w	r_{smin}	r_{1smin}
NU1092	—	460	680	100	516	—	6	6
NU1096	—	480	700	100	536	—	6	6
NU10/500	—	500	720	100	556	—	6	6
NU10/530	—	530	780	112	593	—	6	6
NU10/560	—	560	820	115	626	—	6	6
NU10/600	—	600	870	118	667	—	6	6

表 3-601　RNU 型圆柱滚子轴承的型号及外形尺寸　　（单位：mm）

轴承型号	外 形 尺 寸					
	F_w		D	B	r_{smin}	a
	公称尺寸	公差[①]				
RNU202E	19.3	+0.010 0	35	11	0.6	—
RNU203E	22.1		40	12	0.6	—
RNU204E	26.5		47	14	1	2.5
RNU205E	31.5		52	15	1	3
RNU206E	37.5		62	16	1	3
RNU207E	44	+0.015 0	72	17	1.1	3
RNU208E	49.5		80	18	1.1	3.5
RNU209E	54.5		85	19	1.1	3.5
RNU210E	59.5		90	20	1.1	4
RNU211E	66		100	21	1.5	3.5
RNU212E	72		110	22	1.5	4
RNU213E	78.5		120	23	1.5	4
RNU214E	83.5		125	24	1.5	4
RNU215E	88.5		130	25	1.5	4
RNU216E	95.3	+0.020 0	140	26	2	4.5
RNU217E	100.5		150	28	2	4.5
RNU218E	107		160	30	2	5
RNU219E	112.5		170	32	2.1	5
RNU220E	119		180	34	2.1	5
RNU221E	125		190	36	2.1	—
RNU222E	132.5		200	38	2.1	6
RNU224E	143.5		215	40	2.1	6
RNU304E	27.5	+0.010 0	52	15	1.1	2.5
RNU305E	34		62	17	1.1	3
RNU306E	40.5		72	19	1.1	3.5
RNU307E	46.2	+0.015 0	80	21	1.5	3.5
RNU308E	52		90	23	1.5	4
RNU309E	58.5		100	25	1.5	4.5
RNU310E	65		110	27	2	5
RNU311E	70.5	+0.020 0	120	29	2	5
RNU312E	77		130	31	2.1	5.5

（续）

轴承型号	外形尺寸					
	F_w		D	B	r_{smin}	a
	公称尺寸	公差[①]				
RNU313E	82.5		140	33	2.1	5.5
RNU314E	89		150	35	2.1	5.5
RNU315E	95		160	37	2.1	5.5
RNU316E	101	+0.020 0	170	39	2.1	6
RNU317E	108		180	41	3	6.5
RNU318E	113.5		190	43	3	6.5
RNU319E	121.5		200	45	3	7.5
RNU320E	127.5		215	47	3	7.5
RNU1005	30.5		47	12	0.6	3.25
RNU1006	36.5		55	13	1	3.5
RNU1007	42	+0.015 0	62	14	1	3.75
RNU1008	47		68	15	1	4
RNU1009	52.5		75	16	1	4.25
RNU1010	57.5		80	16	1	4.25
RNU1011	64.5		90	18	1.1	5
RNU1012	69.5		95	18	1.1	5
RNU1013	74.5		100	18	1.1	5
RNU1014	80		110	20	1.1	5
RNU1015	85		115	20	1.1	5
RNU1016	91.5		125	22	1.1	5.5
RNU1017	96.5	+0.020 0	130	22	1.1	5.5
RNU1018	103		140	24	1.5	6
RNU1019	108		145	24	1.5	6
RNU1020	113		150	24	1.5	6
RNU1021	119.5		160	26	2	6.5
RNU1022	125		170	28	2	6.5
RNU1024	135		180	28	2	6.5
RNU1026	148		200	33	2	8
RUN1028	158		210	33	2	8
RUN1030	169.5		225	35	2.1	8.5
RUN1032	180	+0.025 0	240	38	2.1	9
RUN1034	193		260	42	2.1	10
RUN1036	205		280	46	2.1	10.5
RUN1038	215		290	46	2.1	10.5
RUN1040	229		310	51	2.1	12.5
RNU1044	250	+0.030 0	340	56	3	13
RNU1048	270		360	56	3	13
RNU1052	296		400	65	4	15.5
RNU1056	316	+0.035 0	420	65	4	15.5
RNU1060	340		460	74	4	17

（续）

轴承型号	外 形 尺 寸					
	F_w		D	B	r_{smin}	a
	公称尺寸	公差[①]				
RNU1064	360		480	74	4	17
RNU1068	385	+0.040 0	520	82	5	18.5
RNU1072	405		540	82	5	18.5
RNU1076	425		560	82	5	18.5
RNU1080	450		600	90	5	20

① 当订户有特殊要求时，可另行规定。

表 3-602　RN 型圆柱滚子轴承的型号及外形尺寸　　　（单位：mm）

轴承型号	外 形 尺 寸					
	E_w		d	B	r_{smin}	a
	公称尺寸	公差[①]				
RN202E	30.3	0 −0.010	15	11	0.6	—
RN203E	35.1		17	12	0.6	—
RN204E	41.5		20	14	1	2.5
RN205E	46.5		25	15	1	3
RN206E	55.5		30	16	1	3
RN207E	64	0 −0.015	35	17	1.1	3
RN208E	71.5		40	18	1.1	3.5
RN209E	76.5		45	19	1.1	3.5
RN210E	81.5		50	20	1.1	4
RN211E	90		55	21	1.5	3.5
RN212E	100		60	22	1.5	4
RN213E	108.5		65	23	1.5	4
RN214E	113.5		70	24	1.5	4
RN215E	118.5		75	25	1.5	4
RN216E	127.3	0 −0.020	80	26	2	4.5
RN217E	136.5		85	28	2	4.5
RN218E	145		90	30	2	5
RN219E	154.5		95	32	2.1	5
RN220E	163		100	34	2.1	5
RN211E	173		105	36	2.1	—
RN222E	180.5		110	38	2.1	6
RN224E	195.5		120	40	2.1	6
RN304E	45.5	0 −0.010	20	15	1.1	2.5
RN305E	54		25	17	1.1	3
RN306E	62.5		30	19	1.1	3.5
RN307E	70.2		35	21	1.5	3.5
RN308E	80	0 −0.015	40	23	1.5	4
RN309E	88.5		45	25	1.5	4.5
RN310E	97		50	27	2	5
RN311E	106.5		55	29	2	5

（续）

轴承型号	外形尺寸					
	E_w		d	B	$r_{s\min}$	a
	公称尺寸	公差①				
RN312E	115		60	31	2.1	5.5
RN313E	124.5		65	33	2.1	5.5
RN314E	133		70	35	2.1	5.5
RN315E	143	0	75	37	2.1	5.5
RN316E	151	−0.020	80	39	2.1	6
RN317E	160		85	41	3	6.5
RN318E	169.5		90	43	3	6.5
RN319E	177.5		95	45	3	7.5
RN320E	191.5		100	47	3	7.5

① 当订户有特殊要求时，可另行规定。

6.6.3　双列圆柱滚子轴承（摘自 GB/T 285—2013）

（1）结构型式（见图 3-30）

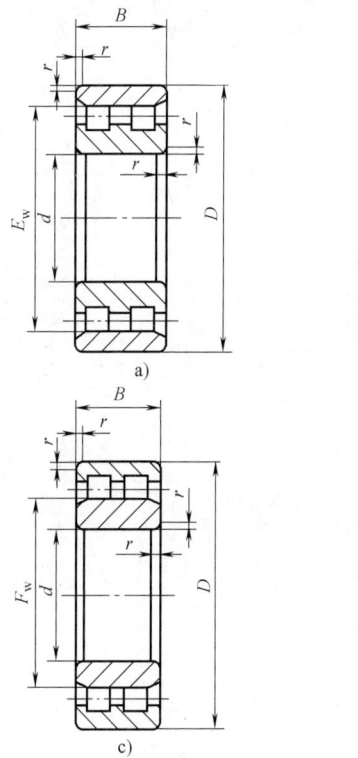
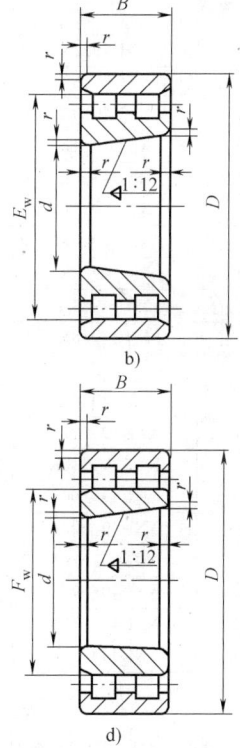

图 3-30　双列圆柱滚子轴承的结构型式

a）双列圆柱滚子轴承 NN 型　b）圆锥孔双列圆柱滚子轴承 NN…K 型

c）内圈无挡边双列圆柱滚子轴承 NNU 型　d）内圈无挡边、圆锥孔双列圆柱滚子轴承 NNU…K 型

D—轴承外径　d—轴承内径　B—轴承宽度

E_w—滚子组外径　F_w—滚子组内径　r—轴承内、外圈倒角尺寸

（2）外形尺寸（见表 3-603～表 3-606）

表 3-603　NNU 型 49 系列双列圆柱滚子轴承的型号及外形尺寸　　　　　（单位：mm）

轴承型号		外形尺寸				
NNU 型	NNU…K 型	d	D	B	F_w	r_{smin}①
NNU4920	NNU4920K	100	140	40	113	1.1
NNU4921	NNU4921K	105	145	40	118	1.1
NNU4922	NNU4922K	110	150	40	123	1.1
NNU4924	NNU4924K	120	165	45	134.5	1.1
NNU4926	NNU4926K	130	180	50	146	1.5
NNU4928	NNU4928K	140	190	50	156	1.5
NNU4930	NNU4930K	150	210	60	168.5	2
NNU4932	NNU4932K	160	220	60	178.5	2
NNU4934	NNU4934K	170	230	60	188.5	2
NNU4936	NNU4936K	180	250	69	202	2
NNU4938	NNU4938K	190	260	69	212	2
NNU4940	NNU4940K	200	280	80	225	2.1
NNU4944	NNU4944K	220	300	80	245	2.1
NNU4948	NNU4948K	240	320	80	265	2.1
NNU4952	NNU4952K	260	360	100	292	2.1
NNU4956	NNU4956K	280	380	100	312	2.1
NNU4960	NNU4960K	300	420	118	339	3
NNU4964	NNU4964K	320	440	118	359	3
NNU4968	NNU4968K	340	460	118	379	3
NNU4972	NNU4972K	360	480	118	399	3
NNU4976	NNU4976K	380	520	140	426	4
NNU4980	NNU4980K	400	540	140	446	4
NNU4984	NNU4984K	420	560	140	466	4
NNU4988	NNU4988K	440	600	160	490	4
NNU4992	NNU4992K	460	620	160	510	4
NNU4996	NNU4996K	480	650	170	534	5
NNU49/500	NNU49/500K	500	670	170	554	5
NNU49/530	NNU49/530K	530	710	180	588	5
NNU49/560	NNU49/560K	560	750	190	623	5
NNU49/600	NNU49/600K	600	800	200	666	5
NNU49/630	NNU49/630K	630	850	218	704	6
NNU49/670	NNU49/670K	670	900	230	738	6
NNU49/710	NNU49/710K	710	950	243	782	6
NNU49/750	NNU49/750K	750	1000	250	831	6

① r_{smin} 为 r 的最小单一倒角尺寸，其最大倒角尺寸规定在 GB/T 274—2000 中，后同。

表 3-604　NNU 型 41 系列双列圆柱滚子轴承的型号及外形尺寸　　　　　（单位：mm）

轴承型号		外形尺寸				
NNU 型	NNU…K 型	d	D	B	F_w	r_{smin}
NU4120	NNU4120K	100	165	65	117	2
NNU4121	NNU4121K	105	175	69	124	2

（续）

轴承型号		外形尺寸				
NNU 型	NNU…K 型	d	D	B	F_w	r_{smin}
NNU4122	NNU4122K	110	180	69	129	2
NNU4124	NNU4124K	120	200	80	142	2
NNU4126	NNU4126K	130	210	80	151	2
NNU4128	NNU4128K	140	225	85	161	2.1
NNU4130	NNU4130K	150	250	100	177	2.1
NNU4132	NNU4132K	160	270	109	188	2.1
NNU4134	NNU4134K	170	280	109	198	2.1
NNU4136	NNU4136K	180	300	118	211	3
NNU4138	NNU4138K	190	320	128	222	3
NNU4140	NNU4140K	200	340	140	235	3
NNU4144	NNU4144K	220	370	150	258	4
NNU4148	NNU4148K	240	400	160	282	4
NNU4152	NNU4152K	260	440	180	306	4
NNU4156	NNU4156K	280	460	180	326	5
NNU4160	NNU4160K	300	500	200	351	5
NNU4164	NNU4164K	320	540	218	375	5
NNU4168	NNU4168K	340	580	243	402	5
NNU4172	NNU4172K	360	600	243	422	5
NNU4176	NNU4176K	380	620	243	442	5
NNU4180	NNU4180K	400	650	250	463	6
NNU4184	NNU4184K	420	700	280	497	6
NNU4188	NNU4188K	440	720	280	511	6
NNU4192	NNU4192K	460	760	300	537	7.5
NNU4196	NNU4196K	480	790	308	557	7.5
NNU41/500	NNU41/500K	500	830	325	582	7.5
NNU41/530	NNU41/530K	530	870	335	618	7.5
NNU41/560	NNU41/560K	560	920	355	653	7.5
NNU41/600	NNU41/600K	600	980	375	699	7.5
NNU41/630	NNU41/630K	630	1030	400	734	7.5
NNU41/670	NNU41/670K	670	1090	412	774	7.5
NNU41/710	NNU41/710K	710	1150	438	820	9.5
NNU41/750	NNU41/750K	750	1220	475	871	9.5
NNU41/800	NNU41/800K	800	1280	475	921	9.5

表 3-605　NN 型 49 系列双列圆柱滚子轴承的型号及外形尺寸　　（单位：mm）

轴承型号		外形尺寸				
NN 型	NN…K 型	d	D	B	E_w	r_{smin}
NN4920	NN4920K	100	140	40	130	1.1
NN4921	NN4921K	105	145	40	134	1.1
NN4922	NN4922K	110	150	40	140	1.1
NN4924	NN4924K	120	165	45	153	1.1
NN4926	NN4926K	130	180	50	168	1.5

（续）

轴承型号		外形尺寸				
NN 型	NN…K 型	d	D	B	E_w	r_{smin}
NN4928	NN4928K	140	190	50	178	1.5
NN4930	NN4930K	150	210	60	195	2
NN4932	NN4932K	160	220	60	206	2
NN4934	NN4934K	170	230	60	216	2
NN4936	NN4936K	180	250	69	232	2
NN4938	NN4938K	190	260	69	243	2
NN4940	NN4940K	200	280	80	260	2.1
NN4944	NN4944K	220	300	80	279	2.1
NN4948	NN4948K	240	320	80	300	2.1
NN4952	NN4952K	260	360	100	336	2.1
NN4956	NN4956K	280	380	100	356	2.1
NN4960	NN4960K	300	420	118	388	3
NN4964	NN4964K	320	440	118	400	3

表 3-606　NN 型 30 系列双列圆柱滚子轴承的型号及外形尺寸　　（单位：mm）

轴承型号		外形尺寸				
NN 型	NN…K 型	d	D	B	E_w	r_{smin}
NN3005	NN3005K	25	47	16	41.3	0.6
NN3006	NN3006K	30	55	19	48.5	1
NN3007	NN3007K	35	62	20	55	1
NN3008	NN3008K	40	68	21	61	1
NN3009	NN3009K	45	75	23	67.5	1
NN3010	NN3010K	50	80	23	72.5	1
NN3011	NN3011K	55	90	26	81	1.1
NN3012	NN3012K	60	95	26	86.1	1.1
NN3013	NN3013K	65	100	26	91	1.1
NN3014	NN3014K	70	110	30	100	1.1
NN3015	NN3015K	75	115	30	105	1.1
NN3016	NN3016K	80	125	34	113	1.1
NN3017	NN3017K	85	130	34	118	1.1
NN3018	NN3018K	90	140	37	127	1.5
NN3019	NN3019K	95	145	37	132	1.5
NN3020	NN3020K	100	150	37	137	1.5
NN3021	NN3021K	105	160	41	146	2
NN3022	NN3022K	110	170	45	155	2
NN3024	NN3024K	120	180	46	165	2
NN3026	NN3026K	130	200	52	182	2
NN3028	NN3028K	140	210	53	192	2
NN3030	NN3030K	150	225	56	206	2.1

（续）

轴 承 型 号		外 形 尺 寸				
NN 型	NN…K 型	d	D	B	E_w	r_{smin}
NN3032	NN3032K	160	240	60	219	2.1
NN3034	NN3034K	170	260	67	236	2.1
NN3036	NN3036K	180	280	74	255	2.1
NN3038	NN3038K	190	290	75	265	2.1
NN3040	NN3040K	200	310	82	282	2.1
NN3044	NN3044K	220	340	90	310	3
NN3048	NN3048K	240	360	92	330	3
NN3052	NN3052K	260	400	104	364	4
NN3056	NN3056K	280	420	106	384	4
NN3060	NN3060K	300	460	118	418	4
NN3064	NN3064K	320	480	121	438	4
NN3068	NN3068K	340	520	133	473	5
NN3072	NN3072K	360	540	134	493	5
NN3076	NN3076K	380	560	135	513	5
NN3080	NN3080K	400	600	148	549	5
NN3084	NN3084K	420	620	150	569	5
NN3088	NN3088K	440	650	157	597	6
NN3092	NN3092K	460	680	163	624	6
NN3096	NN3096K	480	700	165	644	6
NN30/500	NN30/500K	500	720	167	664	6
NN30/530	NN30/530K	530	780	185	715	6
NN30/560	NN30/560K	560	820	195	755	6
NN30/600	NN30/600K	600	870	200	803	6
NN30/630	NN30/630K	630	920	212	845	7.5
NN30/670	NN30/670K	670	980	230	900	7.5

6.7　调心滚子轴承

6.7.1　特点及用途

调心滚子轴承主要承受径向载荷，其承载能力大于相同外形尺寸的同类调心球轴承，在承受径向载荷的同时，也可承受少量任一方向的轴向载荷，但不宜使之承受纯轴向载荷，因此时载荷仅由一列滚子承受，将会大大缩短轴承的工作寿命。

调心滚子轴承允许工作转速一般低于向心滚子轴承或向心类球轴承，此种轴承能将轴或外壳的轴向位移限制在轴的轴向游隙的限度内，但其轴向限位的精度相对较低。

调心滚子轴承具有自动调心性能，允许内圈（轴）对外圈（外壳）的倾斜角达 1°，最大不超过 3°。适用于承受较大载荷，并因刚度差而有较大弯曲的双支承轴或多支承轴，以及由于加工精度较差而不能严格保证同轴度的外壳孔（如阶梯孔），或是同一根轴的多外壳组合件（如一组轴承座）。当有调心要求而同类调心球轴承载荷容量不能满足时，便可采用此种轴承。

　　带锥孔的调心滚子轴承通常与紧定套（或退卸套）同时使用，也可直接装在锥形轴颈上，可微量调整轴承的径向间隙。

6.7.2　结构型式（见图3-31）

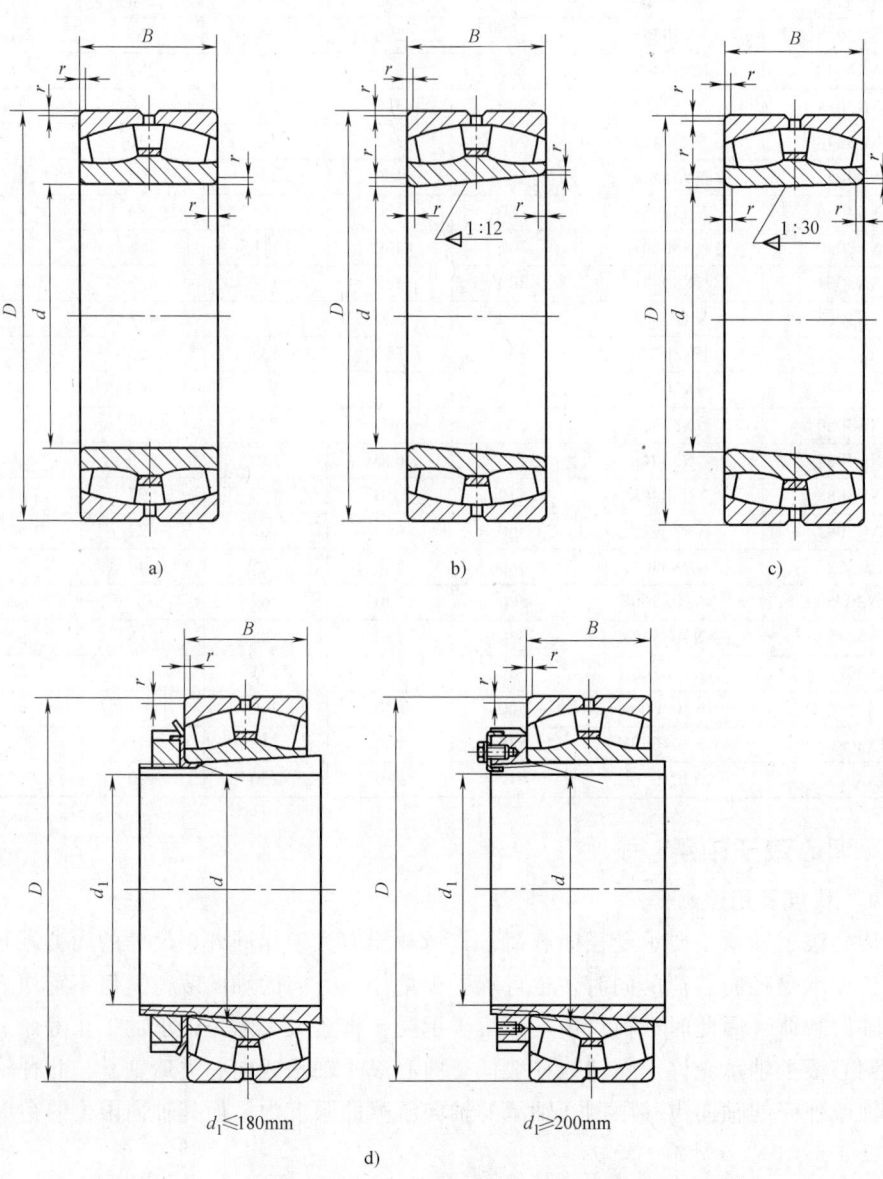

a)　　　　　　　　　b)　　　　　　　　　c)

$d_1 \leqslant 180mm$　　　　　　$d_1 \geqslant 200mm$

d)

图 3-31　调心滚子轴承的结构型式
a）调心滚子轴承 20000 型　　b）圆锥孔调心滚子轴承（1∶12）20000K 型
c）圆锥孔调心滚子轴承（1∶30）20000K30 型　d）带紧定套的调心滚子轴承 20000K+H 型
B—轴承宽度　D—轴承外径　d—轴承内径　d_1—紧定套内径　r—轴承内、外圈倒角尺寸

6.7.3　外形尺寸（见表 3-607～表 3-624）

表 3-607　38 系列调心滚子轴承的型号及外形尺寸

（摘自 GB/T 288—2013）　　　　　　（单位：mm）

轴承型号		外形尺寸			
20000 型	20000K 型	d	D	B	r_{smin}[①]
23856	23856K	280	350	52	2
23860	23860K	300	380	60	2.1
23864	23864K	320	400	60	2.1
23868	23868K	340	420	60	2.1
23872	23872K	360	440	60	2.1
23876	23876K	380	480	75	2.1
23880	23880K	400	500	75	2.1
23884	23884K	420	520	75	2.1
23888	23888K	440	540	75	2.1
23892	23892K	460	580	90	3
23896	23896K	480	600	90	3
238/500	238/500K	500	620	90	3
238/530	238/530K	530	650	90	3
238/560	238/560K	560	680	90	3
238/600	238/600K	600	730	98	3
238/630	238/630K	630	780	112	4
238/670	238/670K	670	820	112	4
238/710	238/710K	710	870	118	4
238/750	238/750K	750	920	128	5
238/800	238/800K	800	980	136	5
238/850	238/850K	850	1030	136	5
238/900	238/900K	900	1090	140	5
238/950	238/950K	950	1150	150	5
238/1000	238/1000K	1000	1220	165	6
238/1060	238/1060K	1060	1280	165	6
238/1120	238/1120K	1120	1360	180	6
238/1180	238/1180K	1180	1420	180	6

① r_{smin} 为 r 的最小单一倒角尺寸，其最大倒角尺寸规定在 GB/T 274—2000 中，后同。

表 3-608　48 系列调心滚子轴承的型号及外形尺寸

（摘自 GB/T 288—2013）　　　　　　（单位：mm）

轴承型号		外形尺寸			
20000 型	20000K30 型	d	D	B	r_{smin}
24892	24892K30	460	580	118	3
24896	24896K30	480	600	118	3
248/500	248/500K30	500	620	118	3
248/530	248/530K30	530	650	118	3
248/560	248/560K30	560	680	118	3
248/600	248/600K30	600	730	128	3
248/630	248/630K30	630	780	150	4
248/670	248/670K30	670	820	150	4

（续）

轴承型号		外形尺寸			
20000 型	20000K30 型	d	D	B	r_{smin}
248/710	248/710K30	710	870	160	4
248/750	248/750K30	750	920	170	5
248/800	248/800K30	800	980	180	5
248/850	248/850K30	850	1030	180	5
248/900	248/900K30	900	1090	190	5
248/950	248/950K30	950	1150	200	5
248/1000	248/1000K30	1000	1220	218	6
248/1060	248/1060K30	1060	1280	218	6
248/1120	248/1120K30	1120	1360	243	6
248/1180	248/1180K30	1180	1420	243	6
248/1250	248/1250K30	1250	1500	250	6
248/1320	248/1320K30	1320	1600	280	6
248/1400	248/1400K30	1400	1700	300	7.5
248/1500	248/1500K30	1500	1820	315	7.5
248/1600	248/1600K30	1600	1950	345	7.5
248/1700	248/1700K30	1700	2060	355	7.5
248/1800	248/1800K30	1800	2180	375	9.5

表 3-609　39 系列调心滚子轴承的型号及外形尺寸

（摘自 GB/T 288—2013）　　　　　　（单位：mm）

轴承型号		外形尺寸			
20000 型	20000K 型	d	D	B	r_{smin}
23936	23936K	180	250	52	2
23938	23938K	190	260	52	2
23940	23940K	200	280	60	2.1
23944	23944K	220	300	60	2.1
23948	23948K	240	320	60	2.1
23952	23952K	260	360	75	2.1
23956	23956K	280	380	75	2.1
23960	23960K	300	420	90	3
23964	23964K	320	440	90	3
23968	23968K	340	460	90	3
23972	23972K	360	480	90	3
23976	23976K	380	520	106	4
23980	23980K	400	540	106	4
23984	23984K	420	560	106	4
23988	23988K	440	600	118	4
23992	23992K	460	620	118	4
23996	23996K	480	650	128	5
239/500	239/500K	500	670	128	5
239/530	239/530K	530	710	136	5
239/560	239/560K	560	750	140	5
239/600	239/600K	600	800	150	5

（续）

轴承型号		外形尺寸			
20000 型	20000K 型	d	D	B	r_{smin}
239/630	239/630K	630	850	165	6
239/670	239/670K	670	900	170	6
239/710	239/710K	710	950	180	6
239/750	239/750K	750	1000	185	6
239/800	239/800K	800	1060	195	6
239/850	239/850K	850	1120	200	6
239/900	239/900K	900	1180	206	6
239/950	239/950K	950	1250	224	7.5
239/1000	239/1000K	1000	1320	236	7.5
239/1060	239/1060K	1060	1400	250	7.5
239/1120	239/1120K	1120	1460	250	7.5
239/1180	239/1180K	1180	1540	272	7.5

表 3-610　49 系列调心滚子轴承的型号及外形尺寸

（摘自 GB/T 288—2013）　　　　（单位：mm）

轴承型号		外形尺寸			
20000 型	20000K30 型	d	D	B	r_{smin}
249/710	249/710K30	710	950	243	6
249/750	249/750K30	750	1000	250	6
249/800	249/800K30	800	1060	258	6
249/850	249/850K30	850	1120	272	6
249/900	249/900K30	900	1180	280	6
249/950	249/950K30	950	1250	300	7.5
249/1000	249/1000K30	1000	1320	315	7.5
249/1060	249/1060K30	1060	1400	335	7.5
249/1120	249/1120K30	1120	1460	335	7.5
249/1180	249/1180K30	1180	1540	335	7.5
249/1250	249/1250K30	1250	1630	375	7.5
249/1320	249/1320K30	1320	1720	400	7.5
249/1400	249/1400K30	1400	1820	425	9.5
249/1500	249/1500K30	1500	1950	450	9.5

表 3-611　30 系列调心滚子轴承的型号及外形尺寸

（摘自 GB/T 288—2013）　　　　（单位：mm）

轴承型号		外形尺寸			
20000 型	20000K 型	d	D	B	r_{smin}
23020	23020K	100	150	37	1.5
23022	23022K	110	170	45	2
23024	23024K	120	180	46	2
23026	23026K	130	200	52	2
23028	23028K	140	210	53	2
23030	23030K	150	225	56	2.1

（续）

轴承型号		外形尺寸			
20000 型	20000K 型	d	D	B	r_{smin}
23032	23032K	160	240	60	2.1
23034	23034K	170	260	67	2.1
23036	23036K	180	280	74	2.1
23038	23038K	190	290	75	2.1
23040	23040K	200	310	82	2.1
23044	23044K	220	340	90	3
23048	23048K	240	360	92	3
23052	23052K	260	400	104	4
23056	23056K	280	420	106	4
23060	23060K	300	460	118	4
23064	23064K	320	480	121	4
23068	23068K	340	520	133	5
23072	23072K	360	540	134	5
23076	23076K	380	560	135	5
23080	23080K	400	600	148	5
23084	23084K	420	620	150	5
23088	23088K	440	650	157	6
23092	23092K	460	680	163	6
23096	23096K	480	700	165	6
230/500	230/500K	500	720	167	6
230/530	230/530K	530	780	185	6
230/560	230/560K	560	820	195	6
230/600	230/600K	600	870	200	6
230/630	230/630K	630	920	212	7.5
230/670	230/670K	670	980	230	7.5
230/710	230/710K	710	1030	236	7.5
230/750	230/750K	750	1090	250	7.5
230/800	230/800K	800	1150	258	7.5
230/850	230/850K	850	1220	272	7.5
230/900	230/900K	900	1280	280	7.5
230/950	230/950K	950	1360	300	7.5
230/1000	230/1000K	1000	1420	308	7.5
230/1060	230/1060K	1060	1500	325	9.5
230/1120	230/1120K	1120	1580	345	9.5
230/1180	230/1180K	1180	1660	355	9.5
230/1250	230/1250K	1250	1750	375	9.5

表 3-612　40 系列调心滚子轴承的型号及外形尺寸

（摘自 GB/T 288—2013）　　　　（单位：mm）

轴承型号		外形尺寸			
20000 型	20000K30 型	d	D	B	r_{smin}
24015	24015K30	75	115	40	1.1
24016	24016K30	80	125	45	1.1

（续）

轴承型号		外形尺寸			
20000 型	20000K30 型	d	D	B	r_{smin}
24017	24017K30	85	130	45	1.1
24018	24018K30	90	140	50	1.5
24020	24020K30	100	150	50	1.5
24022	24022K30	110	170	60	2
24024	24024K30	120	180	60	2
24026	24026K30	130	200	69	2
24028	24028K30	140	210	69	2
24030	24030K30	150	225	75	2.1
24032	24032K30	160	240	80	2.1
24034	24034K30	170	260	90	2.1
24036	24036K30	180	280	100	2.1
24038	24038K30	190	290	100	2.1
24040	24040K30	200	310	109	2.1
24044	24044K30	220	340	118	3
24048	24048K30	240	360	118	3
24052	24052K30	260	400	140	4
24056	24056K30	280	420	140	4
24060	24060K30	300	460	160	4
24064	24064K30	320	480	160	4
24068	24068K30	340	520	180	5
24072	24072K30	360	540	180	5
24076	24076K30	380	560	180	5
24080	24080K30	400	600	200	5
24084	24084K30	420	620	200	5
24088	24088K30	440	650	212	6
24092	24092K30	460	680	218	6
24096	24096K30	480	700	218	6
240/500	240/500K30	500	720	218	6
240/530	240/530K30	530	780	250	6
240/560	240/560K30	560	820	258	6
240/600	240/600K30	600	870	272	6
240/630	240/630K30	630	920	290	7.5
240/670	240/670K30	670	980	308	7.5
240/710	240/710K30	710	1030	315	7.5
240/750	240/750K30	750	1090	335	7.5
240/800	240/800K30	800	1150	345	7.5
240/850	240/850K30	850	1220	365	7.5
240/900	240/900K30	900	1280	375	7.5
240/950	240/950K30	950	1360	412	7.5
240/1000	240/1000K30	1000	1420	412	7.5
240/1060	240/1060K30	1060	1500	438	9.5
240/1120	240/1120K30	1120	1580	462	9.5

表 3-613　31 系列调心滚子轴承的型号及外形尺寸

（摘自 GB/T 288—2013）　　　　　　（单位：mm）

轴承型号		外形尺寸			
20000 型	20000K 型	d	D	B	r_{smin}
23120	23120K	100	165	52	2
23122	23122K	110	180	56	2
23124	23124K	120	200	62	2
23126	23126K	130	210	64	2
23128	23128K	140	225	68	2.1
23130	23130K	150	250	80	2.1
23132	23132K	160	270	86	2.1
23134	23134K	170	280	88	2.1
23136	23136K	180	300	96	3
23138	23138K	190	320	104	3
23140	23140K	200	340	112	3
23144	23144K	220	370	120	4
23148	23148K	240	400	128	4
23152	23152K	260	440	144	4
23156	23156K	280	460	146	5
23160	23160K	300	500	160	5
23164	23164K	320	540	176	5
23168	23168K	340	580	190	5
23172	23172K	360	600	192	5
23176	23176K	380	620	194	5
23180	23180K	400	650	200	6
23184	23184K	420	700	224	6
23188	23188K	440	720	226	6
23192	23192K	460	760	240	7.5
23196	23196K	480	790	248	7.5
231/500	231/500K	500	830	264	7.5
231/530	231/530K	530	870	272	7.5
231/560	231/560K	560	920	280	7.5
231/600	231/600K	600	980	300	7.5
231/630	231/630K	630	1030	315	7.5
231/670	231/670K	670	1090	336	7.5
231/710	231/710K	710	1150	345	9.5
231/750	231/750K	750	1220	365	9.5
231/800	231/800K	800	1280	375	9.5
231/850	231/850K	850	1360	400	12
231/900	231/900K	900	1420	412	12
231/950	231/950K	950	1500	438	12
231/1000	231/1000K	1000	1580	462	12

表 3-614　41 系列调心滚子轴承的型号及外形尺寸

（摘自 GB/T 288—2013）　　　　　　　（单位：mm）

轴承型号		外形尺寸			
20000 型	20000K30 型	d	D	B	r_{smin}
24120	24120K30	100	165	65	2
24122	24122K30	110	180	69	2
24124	24124K30	120	200	80	2
24126	24126K30	130	210	80	2
24128	24128K30	140	225	85	2.1
24130	24130K30	150	250	100	2.1
24132	24132K30	160	270	109	2.1
24134	24134K30	170	280	109	2.1
24136	24136K30	180	300	118	3
24138	24138K30	190	320	128	3
24140	24140K30	200	340	140	3
24144	24144K30	220	370	150	4
24148	24148K30	240	400	160	4
24152	24152K30	260	440	180	4
24156	24156K30	280	460	180	5
24160	24160K30	300	500	200	5
24164	24164K30	320	540	218	5
24168	24168K30	340	580	243	5
24172	24172K30	360	600	243	5
24176	24176K30	380	620	243	5
24180	24180K30	400	650	250	6
24184	24184K30	420	700	280	6
24188	24188K30	440	720	280	6
24192	24192K30	460	760	300	7.5
24196	24196K30	480	790	308	7.5
241/500	241/500K30	500	830	325	7.5
241/530	241/530K30	530	870	335	7.5
241/560	241/560K30	560	920	355	7.5
241/600	241/600K30	600	980	375	7.5
241/630	241/630K30	630	1030	400	7.5
241/670	241/670K30	670	1090	412	7.5
241/710	241/710K30	710	1150	438	9.5
241/750	241/750K30	750	1220	475	9.5
241/800	241/800K30	800	1280	475	9.5
241/850	241/850K30	850	1360	500	12
241/900	241/900K30	900	1420	515	12
241/950	241/950K30	950	1500	545	12
241/1000	241/1000K30	1000	1580	580	12

表 3-615 22 系列调心滚子轴承的型号及外形尺寸

（摘自 GB/T 282—2013）　　　　　　　　（单位：mm）

轴承型号		外形尺寸			
20000 型	20000K 型	d	D	B	r_{smin}
22205	22205K	25	52	18	1
22206	22206K	30	62	20	1
22207	22207K	35	72	23	1.1
22208	22208K	40	80	23	1.1
22209	22209K	45	85	23	1.1
22210	22210K	50	90	23	1.1
22211	22211K	55	100	25	1.5
22212	22212K	60	110	28	1.5
22213	22213K	65	120	31	1.5
22214	22214K	70	125	31	1.5
22215	22215K	75	130	31	1.5
22216	22216K	80	140	33	2
22217	22217K	85	150	36	2
22218	22218K	90	160	40	2
22219	22219K	95	170	43	2.1
22220	22220K	100	180	46	2.1
22222	22222K	110	200	53	2.1
22224	22224K	120	215	58	2.1
22226	22226K	130	230	64	3
22228	22228K	140	250	68	3
22230	22230K	150	270	73	3
22232	22232K	160	290	80	3
22234	22234K	170	310	86	4
22236	22236K	180	320	86	4
22238	22238K	190	340	92	4
22240	22240K	200	360	98	4
22244	22244K	220	400	108	4
22248	22248K	240	440	120	4
22252	22252K	260	480	130	5
22256	22256K	280	500	130	5
22260	22260K	300	540	140	5
22264	22264K	320	580	150	5
22268	22268K	340	620	165	6
22272	22272K	360	650	170	6

表 3-616　32 系列调心滚子轴承的型号及外形尺寸

（摘自 GB/T 288—2013）　　　　　　　（单位：mm）

轴承型号		外形尺寸			
20000 型	20000K 型	d	D	B	r_{smin}
23216	23216K	80	140	44.4	2
23217	23217K	85	150	49.2	2
23218	23218K	90	160	52.4	2
23219	23219K	95	170	55.6	2.1
23220	23220K	100	180	60.3	2.1
23222	23222K	110	200	69.8	2.1
23224	23224K	120	215	76	2.1
23226	23226K	130	230	80	3
23228	23228K	140	250	88	3
23230	23230K	150	270	96	3
23232	23232K	160	290	104	3
23234	23234K	170	310	110	4
23236	23236K	180	320	112	4
23238	23238K	190	340	120	4
23240	23240K	200	360	128	4
23244	23244K	220	400	144	4
23248	23248K	240	440	160	4
23252	23252K	260	480	174	5
23256	23256K	280	500	176	5
23260	23260K	300	540	192	5
23264	23264K	320	580	208	5
23268	23268K	340	620	224	6
23272	23272K	360	650	232	6
23276	23276K	380	680	240	6
23280	23280K	400	720	256	6
23284	23284K	420	760	272	7.5
23288	23288K	440	790	280	7.5
23292	23292K	460	830	296	7.5
23296	23296K	480	870	310	7.5
232/500	232/500K	500	920	336	7.5
232/530	232/530K	530	980	355	9.5
232/560	232/560K	560	1030	365	9.5
232/600	232/600K	600	1090	388	9.5
232/630	232/630K	630	1150	412	12
232/670	232/670K	670	1220	438	12
232/710	232/710K	710	1280	450	12
232/750	232/750K	750	1360	475	15

表 3-617　03 系列调心滚子轴承的型号及外形尺寸

（摘自 GB/T 288—2013）　　　　　（单位：mm）

轴承型号		外形尺寸			
20000 型	20000K 型	d	D	B	r_{smin}
21304	21304K	20	52	15	1.1
21305	21305K	25	62	17	1.1
21306	21306K	30	72	19	1.1
21307	21307K	35	80	21	1.5
21308	21308K	40	90	23	1.5
21309	21309K	45	100	25	1.5
21310	21310K	50	110	27	2
21311	21311K	55	120	29	2
21312	21312K	60	130	31	2.1
21313	21313K	65	140	33	2.1
21314	21314K	70	150	35	2.1
21315	21315K	75	160	37	2.1
21316	21316K	80	170	39	2.1
21317	21317K	85	180	41	3
21318	21318K	90	190	43	3
21319	21319K	95	200	45	3
21320	21320K	100	215	47	3
21321	21321K	105	225	49	3
21322	21322K	110	240	50	3

表 3-618　23 系列调心滚子轴承的型号及外形尺寸

（摘自 GB/T 288—2013）　　　　　（单位：mm）

轴承型号		外形尺寸			
20000 型	20000K 型	d	D	B	r_{smin}
22307	22307K	35	80	31	1.5
22308	22308K	40	90	33	1.5
22309	22309K	45	100	36	1.5
22310	22310K	50	110	40	2
22311	22311K	55	120	43	2
22312	22312K	60	130	46	2.1
22313	22313K	65	140	48	2.1
22314	22314K	70	150	51	2.1
22315	22315K	75	160	55	2.1
22316	22316K	80	170	58	2.1
22317	22317K	85	180	60	3
22318	22318K	90	190	64	3
22319	22319K	95	200	67	3
22320	22320K	100	215	73	3

（续）

轴承型号		外形尺寸			
20000 型	20000K 型	d	D	B	r_{smin}
22322	22322K	110	240	80	3
22324	22324K	120	260	86	3
22326	22326K	130	280	93	4
22328	22328K	140	300	102	4
22330	22330K	150	320	108	4
22332	22332K	160	340	114	4
22334	22334K	170	360	120	4
22336	22336K	180	380	126	4
22338	22338K	190	400	132	5
22340	22340K	200	420	138	5
22344	22344K	220	460	145	5
22348	22348K	240	500	155	5
22352	22352K	260	540	165	6
22356	22356K	280	580	175	6
22360	22360K	300	620	185	7.5
22364	22364K	320	670	200	7.5
22368	22368K	340	710	212	7.5
22372	22372K	360	750	224	7.5
22376	22376K	380	780	230	7.5
22380	22380K	400	820	243	7.5

表 3-619　30 系列（带紧定套）调心滚子轴承的型号
及外形尺寸（摘自 GB/T 288—2013）　　　（单位：mm）

轴承型号	外形尺寸				
20000K+H 型	d_1	d	D	B	r_{smin}
23024K+H3024	110	120	180	46	2
23026K+H3026	115	130	200	52	2
23028K+H3028	125	140	210	53	2
23030K+H3030	135	150	225	56	2.1
23032K+H3032	140	160	240	60	2.1
23034K+H3034	150	170	260	67	2.1
23036K+H3036	160	180	280	74	2.1
23038K+H3038	170	190	290	75	2.1
23040K+H3040	180	200	310	82	2.1
23044K+H3044	200	220	340	90	3
23048K+H3048	220	240	360	92	3
23052K+H3052	240	260	400	104	4
23056K+H3056	260	280	420	106	4
23060K+H3060	280	300	460	118	4
23064K+H3064	300	320	480	121	4
23068K+H3068	320	340	520	133	5

（续）

轴承型号	外 形 尺 寸				
20000K+H 型	d_1	d	D	B	r_{smin}
23072K+H3072	340	360	540	134	5
23076K+H3076	360	380	560	135	5
23080K+H3080	380	400	600	148	5
23084K+H3084	400	420	620	150	5
23088K+H3088	410	440	650	157	6
23092K+H3092	430	460	680	163	6
23096K+H3096	450	480	700	165	6
230/500K+H30/500	470	500	720	167	6

表 3-620　31 系列（带紧定套）调心滚子轴承的型号

及外形尺寸（摘自 GB/T 288—2013）　　　（单位：mm）

轴承型号	外 形 尺 寸				
20000K+H 型	d_1	d	D	B	r_{smin}
23120K+H3120	90	100	165	52	2
23122K+H3122	100	110	180	56	2
23124K+H3124	110	120	200	62	2
23126K+H3126	115	130	210	64	2
23128K+H3128	125	140	225	68	2.1
23130K+H3130	135	150	250	80	2.1
23132K+H3132	140	160	270	86	2.1
23134K+H3134	150	170	280	88	2.1
23136K+H3136	160	180	300	96	3
23138K+H3138	170	190	320	104	3
23140K+H3140	180	200	340	112	3
23144K+H3144	200	220	370	120	4
23148K+H3148	220	240	400	128	4
23152K+H3152	240	260	440	144	4
23156K+H3156	260	280	460	146	5
23160K+H3160	280	300	500	160	5
23164K+H3164	300	320	540	176	5
23168K+H3168	320	340	580	190	5
23172K+H3172	340	360	600	192	5
23176K+H3176	360	380	620	194	5
23180K+H3180	380	400	650	200	6
23184K+H3184	400	420	700	224	6
23188K+H3188	410	440	720	226	6
23192K+H3192	430	460	760	240	7.5
23196K+H3196	450	480	790	248	7.5
231/500K+H31/500	470	500	830	264	7.5

表 3-621　22 系列（带紧定套）调心滚子轴承的型号

及外形尺寸（摘自 GB/T 288—2013）　　（单位：mm）

轴承型号	外 形 尺 寸				
20000K+H 型	d_1	d	D	B	r_{smin}
22208K+H308	35	40	80	23	1.1
22209K+H309	40	45	85	23	1.1
22210K+H310	45	50	90	23	1.1
22211K+H311	50	55	100	25	1.5
22212K+H312	55	60	110	28	1.5
22213K+H313	60	65	120	31	1.5
22214K+H314	60	70	125	31	1.5
22215K+H315	65	75	130	31	1.5
22216K+H316	70	80	140	33	2
22217K+H317	75	85	150	36	2
22218K+H318	80	90	160	40	2
22219K+H319	85	95	170	43	2.1
22220K+H320	90	100	180	46	2.1
22222K+H322	100	110	200	53	2.1
22224K+H3124	110	120	215	58	2.1
22226K+H3126	115	130	230	64	3
22228K+H3128	125	140	250	68	3
22230K+H3130	135	150	270	73	3
22232K+H3132	140	160	290	80	3
22234K+H3134	150	170	310	86	4
22236K+H3136	160	180	320	86	4
22238K+H3138	170	190	340	92	4
22240K+H3140	180	200	360	98	4
22244K+H3144	200	220	400	108	4
22248K+H3148	220	240	440	120	4
22252K+H3152	240	260	480	130	5
22256K+H3156	260	280	500	130	5
22260K+H3160	280	300	540	140	5

表 3-622　32 系列（带紧定套）调心滚子轴承的型号

及外形尺寸（摘自 GB/T 288—2013）　　（单位：mm）

轴承型号	外 形 尺 寸				
20000K+H 型	d_1	d	D	B	r_{smin}
23218K+H2318	80	90	160	52.4	2
23220K+H2320	90	100	180	60.3	2.1
23222K+H2322	100	110	200	69.8	2.1
23224K+H2324	110	120	215	76	2.1
23226K+H2326	115	130	230	80	3
23228K+H2328	125	140	250	88	3

（续）

轴承型号	外 形 尺 寸				
20000K+H 型	d_1	d	D	B	r_{smin}
23230K+H2330	135	150	270	96	3
23232K+H2332	140	160	290	104	3
23234K+H2334	150	170	310	110	4
23236K+H2336	160	180	320	112	4
23238K+H2338	170	190	340	120	4
23240K+H2340	180	200	360	128	4
23244K+H2344	200	220	400	144	4
23248K+H2348	220	240	440	160	4
23252K+H2352	240	260	480	174	5
23256K+H2356	260	280	500	176	5
23260K+H3260	280	300	540	192	5
23264K+H3264	300	320	580	208	5
23268K+H3268	320	340	620	224	6
23272K+H3272	340	360	650	232	6
23276K+H3276	360	380	680	240	6
23280K+H3280	380	400	720	256	6
23284K+H3284	400	420	760	272	7.5
23288K+H3288	410	440	790	280	7.5
23292K+H3292	430	460	830	296	7.5
23296K+H3296	450	480	870	310	7.5
232/500K+H32/500	470	500	920	336	7.5

表 3-623 03 系列（带紧定套）调心滚子轴承的型号

及外形尺寸（摘自 GB/T 288—2013）   （单位：mm）

轴承型号	外 形 尺 寸				
20000K+H 型	d_1	d	D	B	r_{smin}
21304K+H304	17	20	52	15	1.1
21305K+H305	20	25	62	17	1.1
21306K+H306	25	30	72	19	1.1
21307K+H307	30	35	80	21	1.5
21308K+H308	35	40	90	23	1.5
21309K+H309	40	45	100	25	1.5
21310K+H310	45	50	110	27	2
21311K+H311	50	55	120	29	2
21312K+H312	55	60	130	31	2.1
21313K+H313	60	65	140	33	2.1
21314K+H314	60	70	150	35	2.1
21315K+H315	65	75	160	37	2.1
21316K+H316	70	80	170	39	2.1
21317K+H317	75	85	180	41	3

（续）

轴承型号	外 形 尺 寸				
20000K+H 型	d_1	d	D	B	r_{smin}
21318K+H318	80	90	190	43	3
21319K+H319	85	95	200	45	3
21320K+H320	90	100	215	47	3
21321K+H321	95	105	225	49	3
21322K+H322	100	110	240	50	3

表 3-624 23 系列（带紧定套）调心滚子轴承的型号
及外形尺寸（摘自 GB/T 288—2013）   （单位：mm）

轴承型号	外 形 尺 寸				
20000K+H 型	d_1	d	D	B	r_{smin}
22308K+H2308	35	40	90	33	1.5
22309K+H2309	40	45	100	36	1.5
22310K+H2310	45	50	110	40	2
22311K+H2311	50	55	120	43	2
22312K+H2312	55	60	130	46	2.1
22313K+H2313	60	65	140	48	2.1
22314K+H2314	60	70	150	51	2.1
22315K+H2315	65	75	160	55	2.1
22316K+H2316	70	80	170	58	2.1
22317K+H2317	75	85	180	60	3
22318K+H2318	80	90	190	64	3
22319K+H2319	85	95	200	67	3
22320K+H2320	90	100	215	73	3
22322K+H2322	100	110	240	80	3
22324K+H2324	110	120	260	86	3
22326K+H2326	115	130	280	93	4
22328K+H2328	125	140	300	102	4
22330K+H2330	135	150	320	108	4
22332K+H2332	140	160	340	114	4
22334K+H2334	150	170	360	120	4
22336K+H2336	160	180	380	126	4
22338K+H2338	170	190	400	132	5
22340K+H2340	180	200	420	138	5
22344K+H2344	200	220	460	145	5
22348K+H2348	220	240	500	155	5
22352K+H2352	240	260	540	165	6
22356K+H2356	260	280	580	175	6

6.7.4 22、23 系列密封轴承

（1）结构型式（见图 3-32）

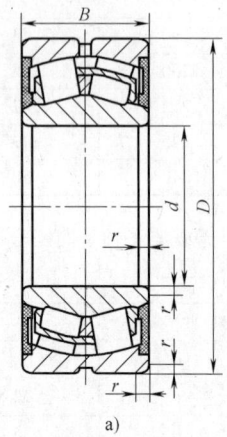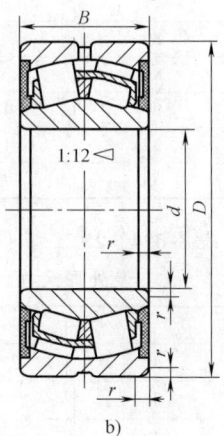

a)   b)

图 3-32　密封轴承的结构型式

a）圆柱孔密封轴承　　　　　b）圆锥孔密封轴承

BS2-2200-2RS 型　　　　　BS2-2200-2RSK 型

BS2-2300-2RS 型　　　　　BS2-2300-2RSK 型

B—轴承宽度　D—轴承外径　d—轴承内径　r—轴承内外圈倒角尺寸

（2）外形尺寸（见表 3-625 和表 3-626）

表 3-625　BS2-22 系列密封轴承的型号及外形尺寸　　（单位：mm）

轴 承 型 号		外 形 尺 寸			
BS2-2200-2RS 型	BS2-2200-2RS K 型	d	D	B	r_{smin}[①]
BS2-2205-2RS	BS2-2205-2RS K	25	52	23	1.0
BS2-2206-2RS	BS2-2206-2RS K	30	62	25	1.0
BS2-2207-2RS	BS2-2207-2RS K	35	72	28	1.1
BS2-2208-2RS	BS2-2208-2RS K	40	80	28	1.1
BS2-2209-2RS	BS2-2209-2RS K	45	85	28	1.1
BS2-2210-2RS	BS2-2210-2RS K	50	90	28	1.1
BS2-2211-2RS	BS2-2211-2RS K	55	100	31	1.5
BS2-2212-2RS	BS2-2212-2RS K	60	110	34	1.5
BS2-2213-2RS	BS2-2213-2RS K	65	120	38	1.5
BS2-2214-2RS	BS2-2214-2RS K	70	125	38	1.5
BS2-2215-2RS	BS2-2215-2RS K	75	130	38	1.5
BS2-2216-2RS	BS2-2216-2RS K	80	140	40	2.0
BS2-2217-2RS	BS2-2217-2RS K	85	150	44	2.0
BS2-2218-2RS	BS2-2218-2RS K	90	160	48	2.0
BS2-2220-2RS	BS2-2220-2RS K	100	180	55	2.1
BS2-2222-2RS	BS2-2222-2RS K	110	200	63	2.1
BS2-2224-2RS	BS2-2224-2RS K	120	215	69	2.1
BS2-2226-2RS	BS2-2226-2RS K	130	230	75	3.0

① r_{smin} 为 r 的最小单一倒角尺寸，其最大倒角尺寸规定在 GB/T 274—2000 中。

表 3-626　BS2-23 系列密封轴承的型号及外形尺寸　（单位：mm）

轴承型号		外形尺寸			
BS2-2300-2RS 型	BS2-2300-2RS K 型	d	D	B	r_{smin} [①]
BS2-2308-2RS	BS2-2308-2RS K	40	90	38	1.5
BS2-2309-2RS	BS2-2309-2RS K	45	100	42	1.5
BS2-2310-2RS	BS2-2310-2RS K	50	110	45	2.0
BS2-2311-2RS	BS2-2311-2RS K	55	120	49	2.0
BS2-2312-2RS	BS2-2312-2RS K	60	130	53	2.1
BS2-2313-2RS	BS2-2313-2RS K	65	140	53	2.1
BS2-2314-2RS	BS2-2314-2RS K	70	150	60	2.1
BS2-2315-2RS	BS2-2315-2RS K	75	160	64	2.1
BS2-2316-2RS	BS2-2316-2RS K	80	170	67	2.1

① r_{smin} 为 r 的最小单一倒角尺寸，其最大倒角尺寸规定在 GB/T 274—2000 中。

6.8　圆锥滚子轴承

6.8.1　特点及用途

圆锥滚子轴承的内圈和外圈可分别安装，在安装和使用中可以通过调整内、外圈的轴向相对位置来调整其径向和轴向游隙，也可实施预过盈装配。

30000 型单列圆锥滚子轴承一般不宜单独用来承受纯轴向载荷，当成对配置（同名端面相对安装）时，可用以承受纯径向载荷。可承受以径向载荷为主的径向和轴向（单向）载荷的联合载荷，限制轴（外壳）的单向轴向移动。

350000 型双列圆锥滚子轴承的两内圈之间有隔圈，通过改变隔圈的厚度可达到调整游隙的目的，能承受联合载荷，其径向承载能力为相应单列轴承的 170%，任一方向的轴向承载能力可达未被利用的径向载荷的 40%。

380000 型四列圆锥滚子轴承承载能力大，极限转速较低。可承受以径向载荷为主的径向和双向轴向载荷的联合载荷，径向承载能力为单列的三倍，轴向承载能力可达未被利用的径向载荷的 20%。可限制轴（外壳）的双向轴向移动。

6.8.2　外形尺寸

（1）单列圆锥滚子轴承（见图 3-33，表 3-627~表 3-636）

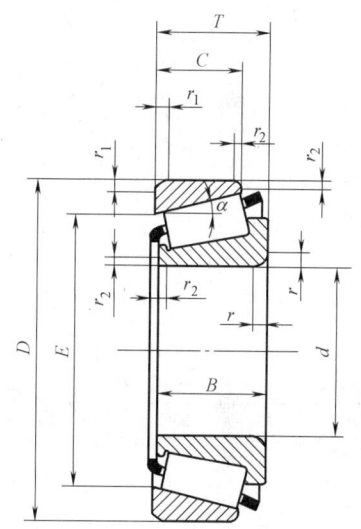

图 3-33　单列圆锥滚子轴承
30000 型的结构型式

B—轴承内圈宽度　C—轴承外圈宽度

D—轴承外径　d—轴承内径

E—外圈背面内径　r—内圈背
面倒角尺寸　r_1—外圈背面倒角尺寸

r_2—外圈和内圈前面倒角尺寸

T—轴承宽度　α—接触角

注：图形仅为结构示例，轴承不必与图示
　　结构完全一致，但应符合规定的尺寸。

表 3-627　29 系列 30000 型单列圆锥滚子轴承的
型号及外形尺寸（摘自 GB/T 297—2015）　　　（单位：mm）

轴承型号	d	D	T	B	r_{smin} [①]	C	r_{1smin} [①]	α	E	ISO 尺寸系列
32904	20	37	12	12	0.3	9	0.2	12°	29.621	2BD
329/22	22	40	12	12	0.3	9	0.3	12°	32.665	2BC
32905	25	42	12	12	0.3	9	0.3	12°	34.608	2BD
329/28	28	45	12	12	0.3	9	0.3	12°	37.639	2BD
32906	30	47	12	12	0.3	9	0.3	12°	39.617	2BD
329/32	32	52	14	14	0.6	10	0.6	12°	44.261	2BD
32907	35	55	14	14	0.6	11.5	0.6	11°	47.220	2BD
32908	40	62	15	15	0.6	12	0.6	10°55′	53.388	2BC
32909	45	68	15	15	0.6	12	0.6	12°	58.852	2BC
32910	50	72	15	15	0.6	12	0.6	12°50′	62.748	2BC
32911	55	80	17	17	1	14	1	11°39′	69.503	2BC
32912	60	85	17	17	1	14	1	12°27′	74.185	2BC
32913	65	90	17	17	1	14	1	13°15′	78.849	2BC
32914	70	100	20	20	1	16	1	11°53′	88.590	2BC
32915	75	105	20	20	1	16	1	12°31′	93.223	2BC
32916	80	110	20	20	1	16	1	13°10′	97.974	2BC
32917	85	120	23	23	1.5	18	1.5	12°18′	106.599	2BC
32918	90	125	23	23	1.5	18	1.5	12°51′	111.282	2BC
32919	95	130	23	23	1.5	18	1.5	13°25′	116.082	2BC
32920	100	140	25	25	1.5	20	1.5	12°23′	125.717	2CC
32921	105	145	25	25	1.5	20	1.5	12°51′	130.359	2CC
32922	110	150	25	25	1.5	20	1.5	13°20′	135.182	2CC
32924	120	165	29	29	1.5	23	1.5	13°05′	148.464	2CC
32926	130	180	32	32	2	25	1.5	12°45′	161.652	2CC
32928	140	190	32	32	2	25	1.5	13°30′	171.032	2CC
32930	150	210	38	38	2.5	30	2	12°20′	187.926	2DC
32932	160	220	38	38	2.5	30	2	13°	197.962	2DC
32934	170	230	38	38	2.5	30	2	14°20′	206.564	3DC
32936	180	250	45	45	2.5	34	2	17°45′	218.571	4DC
32938	190	260	45	45	2.5	34	2	17°39′	228.578	4DC
32940	200	280	51	51	3	39	2.5	14°45′	249.698	3EC
32944	220	300	51	51	3	39	2.5	15°50′	267.685	3EC
32948	240	320	51	51	3	39	2.5	17°	286.852	4EC
32952	260	360	63.5	63.5	3	48	2.5	15°10′	320.783	3EC
32956	280	380	63.5	63.5	3	48	2.5	16°05′	339.778	4EC
32960	300	420	76	76	4	57	3	14°45′	374.706	3FD
32964	320	440	76	76	4	57	3	15°30′	393.406	3FD
32968	340	460	76	76	4	57	3	16°15′	412.043	4FD
32972	360	480	76	76	4	57	3	17°	430.612	4FD

① 对应的最大倒角尺寸规定在 GB/T 274—2000 中。

表 3-628　20 系列 30000 型单列圆锥滚子轴承的
型号及外形尺寸（摘自 GB/T 297—2015）　　　（单位：mm）

轴承型号	d	D	T	B	$r_{s\min}$ ①	C	$r_{1s\min}$ ①	α	E	ISO 尺寸系列
32004	20	42	15	15	0.6	12	0.6	14°	32.781	3CC
320/22	22	44	15	15	0.6	11.5	0.6	14°50′	34.708	3CC
32005	25	47	15	15	0.6	11.5	0.6	16°	37.393	4CC
320/28	28	52	16	16	1	12	1	16°	41.991	4CC
32006	30	55	17	17	1	13	1	16°	44.438	4CC
320/32	32	58	17	17	1	13	1	16°50′	46.708	4CC
32007	35	62	18	18	1	14	1	16°50′	50.510	4CC
32008	40	68	19	19	1	14.5	1	14°10′	56.897	3CD
32009	45	75	20	20	1	15.5	1	14°40′	63.248	3CC
32010	50	80	20	20	1	15.5	1	15°45′	67.841	3CC
32011	55	90	23	23	1.5	17.5	1.5	15°10′	76.505	3CC
32012	60	95	23	23	1.5	17.5	1.5	16°	80.634	4CC
32013	65	100	23	23	1.5	17.5	1.5	17°	85.567	4CC
32014	70	110	25	25	1.5	19	1.5	16°10′	93.633	4CC
32015	75	115	25	25	1.5	19	1.5	17°	98.358	4CC
32016	80	125	29	29	1.5	22	1.5	15°45′	107.334	3CC
32017	85	130	29	29	1.5	22	1.5	16°25′	11.788	4CC
32018	90	140	32	32	2	24	1.5	15°45′	119.948	3CC
32019	95	145	32	32	2	24	1.5	16°25′	124.927	4CC
32020	100	150	32	32	2	24	1.5	17°	129.269	4CC
32021	105	160	35	35	2.5	26	2	16°30′	137.685	4DC
32022	110	170	38	38	2.5	29	2	16°	146.290	4DC
32024	120	180	38	38	2.5	29	2	17°	155.239	4DC
32026	130	200	45	45	2.5	34	2	16°10′	172.043	4EC
32028	140	210	45	45	2.5	34	2	17°	180.720	4DC
32030	150	225	48	48	3	36	2.5	17°	193.674	4EC
32032	160	240	51	51	3	38	2.5	17°	207.209	4EC
32034	170	260	57	57	3	43	2.5	16°30′	223.031	4EC
32036	180	280	64	64	3	48	2.5	15°45′	239.898	3FD
32038	190	290	64	64	3	48	2.5	16°25′	249.853	4FD
32040	200	310	70	70	3	53	2.5	16°	266.039	4FD
32044	220	340	76	76	4	57	3	16°	292.464	4FD
32048	240	360	76	76	4	57	3	17°	310.356	4FD
32052	260	400	87	87	5	65	4	16°10′	344.432	4FC
32056	280	420	87	87	5	65	4	17°	361.811	4FC
32060	300	460	100	100	5	74	4	16°10′	395.676	4GD
32064	320	480	100	100	5	74	4	17°	415.640	4GD

① 对应的最大倒角尺寸规定在 GB/T 274—2000 中。

表 3-629　30 系列 30000 型单列圆锥滚子轴承的
型号及外形尺寸（摘自 GB/T 297—2015）　　（单位：mm）

轴承 型号	d	D	T	B	r_{smin}①	C	r_{1smin}①	α	E	ISO 尺 寸系列
33005	25	47	17	17	0.6	14	0.6	10°55′	38.278	2CE
33006	30	55	20	20	1	16	1	11°	45.283	2CE
33007	35	62	21	21	1	17	1	11°30′	51.320	2CE
33008	40	68	22	22	1	18	1	10°40′	57.290	2BE
33009	45	75	24	24	1	19	1	11°05′	63.116	2CE
33010	50	80	24	24	1	19	1	11°55′	67.775	2CE
33011	55	90	27	27	1.5	21	1.5	11°45′	76.656	2CE
33012	60	95	27	27	1.5	21	1.5	12°20′	80.422	2CE
33013	65	100	27	27	1.5	21	1.5	13°05′	85.257	2CE
33014	70	110	31	31	1.5	25.5	1.5	10°45′	95.021	2CE
33015	75	115	31	31	1.5	25.5	1.5	11°15′	99.400	2CE
33016	80	125	36	36	1.5	29.5	1.5	10°30′	107.750	2CE
33017	85	130	36	36	1.5	29.5	1.5	11°	112.838	2CE
33018	90	140	39	39	2	32.5	1.5	10°10′	122.363	2CE
33019	95	145	39	39	2	32.5	1.5	10°30′	126.346	2CE
33020	100	150	39	39	2	32.5	1.5	10°50′	130.323	2CE
33021	105	160	43	43	2.5	34	2	10°40′	139.304	2DE
33022	110	170	47	47	2.5	37	2	10°50′	146.265	2DE
33024	120	180	48	48	2.5	38	2	11°30′	154.777	2DE
33026	130	200	55	55	2.5	43	2	12°50′	172.017	2EE
33028	140	210	56	56	2.5	44	2	13°30′	180.353	2DE
33030	150	225	59	59	3	46	2.5	13°40′	194.260	2EE

① 对应的最大倒角尺寸规定在 GB/T 274—2000 中。

表 3-630　31 系列 30000 型单列圆锥滚子轴承的
型号及外形尺寸（摘自 GB/T 297—2015）　　（单位：mm）

轴承 型号	d	D	T	B	r_{smin}①	C	r_{1smin}①	α	E	ISO 尺 寸系列
33108	40	75	26	26	1.5	20.5	1.5	13°20′	61.169	2CE
33109	45	80	26	26	1.5	20.5	1.5	14°20′	65.700	3CE
33110	50	85	26	26	1.5	20	1.5	15°20′	70.214	3CE
33111	55	95	30	30	1.5	23	1.5	14°	78.893	3CE
33112	60	100	30	30	1.5	23	1.5	14°50′	83.522	3CE
33113	65	110	34	34	1.5	26.5	1.5	14°30′	91.653	3DE
33114	70	120	37	37	2	29	1.5	14°10′	99.733	3DE
33115	75	125	37	37	2	29	1.5	14°50′	104.358	3DE
33116	80	130	37	37	2	29	1.5	15°30′	108.970	3DE
33117	85	140	41	41	2.5	32	2	15°10′	117.097	3DE
33118	90	150	45	45	2.5	35	2	14°50′	125.283	3CE

（续）

轴承型号	d	D	T	B	r_{smin}[①]	C	r_{1smin}[①]	α	E	ISO 尺寸系列
33119	95	160	49	49	2.5	38	2	14°35′	133.240	3EE
33120	100	165	52	52	2.5	40	2	15°10′	137.129	3EE
33121	105	175	56	56	2.5	44	2	15°05′	144.427	3EE
33122	110	180	56	56	2.5	43	2	15°35′	149.127	3EE
33124	120	200	62	62	2.5	48	2	14°50′	166.144	3FE

① 对应的最大倒角尺寸规定在 GB/T 274—2000 中。

表 3-631　02 系列 30000 型单列圆锥滚子轴承的
型号及外形尺寸（摘自 GB/T 297—2015）　（单位：mm）

轴承型号	d	D	T	B	r_{smin}[①]	C	r_{1smin}[①]	α	E	ISO 尺寸系列
30202	15	35	11.75	11	0.6	10	0.6	—	—	
30203	17	40	13.25	12	1	11	1	12°57′10″	31.408	2DB
30204	20	47	15.25	14	1	12	1	12°57′10″	37.304	2DB
30205	25	52	16.25	15	1	13	1	14°02′10″	41.135	3CC
30206	30	62	17.25	16	1	14	1	14°02′10″	49.990	3DB
302/32	32	65	18.25	17	1	15	1	14°	52.500	3DB
30207	35	72	18.25	17	1.5	15	1.5	14°02′10″	58.844	3DB
30208	40	80	19.75	18	1.5	16	1.5	14°02′10″	65.730	3DB
30209	45	85	20.75	19	1.5	16	1.5	15°06′34″	70.440	3DB
30210	50	90	21.75	20	1.5	17	1.5	15°38′32″	75.078	3DB
30211	55	100	22.75	21	2	18	1.5	15°06′34″	84.197	3DB
30212	60	110	23.75	22	2	19	1.5	15°06′34″	91.876	3EB
30213	65	120	24.75	23	2	20	1.5	15°06′34″	101.934	3EB
30214	70	125	26.25	24	2	21	1.5	15°38′32″	105.748	3EB
30215	75	130	27.25	25	2	22	1.5	16°10′20″	110.408	4DB
30216	80	140	28.25	26	2.5	22	2	15°38′32″	119.169	3EB
30217	85	150	30.5	28	2.5	24	2	15°38′32″	126.685	3EB
30218	90	160	32.5	30	2.5	26	2	15°38′32″	134.901	3FB
30219	95	170	34.5	32	3	27	2.5	15°38′32″	143.385	3FB
30220	100	180	37	34	3	29	2.5	15°38′32″	151.310	3FB
30221	105	190	39	36	3	30	2.5	15°38′32″	159.795	3FB
30222	110	200	41	38	3	32	2.5	15°38′32″	168.548	3FB
30224	120	215	43.5	40	3	34	2.5	16°10′20″	181.257	4FB
30226	130	230	43.75	40	4	34	3	16°10′20″	196.420	4FB
30228	140	250	45.75	42	4	36	3	16°10′20″	212.270	4FB
30230	150	270	49	45	4	38	3	16°10′20″	227.408	4GB
30232	160	290	52	48	4	40	3	16°10′20″	244.958	4GB
30234	170	310	57	52	5	43	4	16°10′20″	262.483	4GB
30236	180	320	57	52	5	43	4	16°41′57″	270.928	4GB

（续）

轴承型号	d	D	T	B	r_{smin}①	C	r_{1smin}①	α	E	ISO尺寸系列
30238	190	340	60	55	5	46	4	16°10′20″	291.083	4GB
30240	200	360	64	58	5	48	4	16°10′20″	307.196	4GB
30244	220	400	72	65	5	54	4	15°38′32″②	339.941②	3GB②
30248	240	440	79	72	5	60	4	15°38′32″②	374.976②	3GB②
30252	260	480	89	80	6	67	5	16°25′56″②	410.444②	4GB②
30256	280	500	89	80	6	67	5	17°03′②	423.879②	4GB②

① 对应的最大倒角尺寸规定在 GB/T 274—2000 中。

② 参考尺寸。

表 3-632 22 系列 30000 型单列圆锥滚子轴承的
型号及外形尺寸（摘自 GB/T 297—2015） （单位：mm）

轴承型号	d	D	T	B	r_{smin}①	C	r_{1smin}①	α	E	ISO尺寸系列
32203	17	40	17.25	16	1	14	1	11°45′	31.170	2DD
32204	20	47	19.25	18	1	15	1	12°28′	35.810	2DD
32205	25	52	19.25	18	1	16	1	13°30′	41.331	2CD
32206	30	62	21.25	20	1	17	1	14°02′10″	48.982	3DC
32207	35	72	24.25	23	1.5	19	1.5	14°02′10″	57.087	3DC
32208	40	80	24.75	23	1.5	19	1.5	14°02′10″	64.715	3DC
32209	45	85	24.75	23	1.5	19	1.5	15°06′34″	69.610	3DC
32210	50	90	24.75	23	1.5	19	1.5	15°38′32″	74.226	3DC
32211	55	100	26.75	25	2	21	1.5	15°06′34″	82.837	3DC
32212	60	110	29.75	28	2	24	1.5	15°06′34″	90.236	3EC
32213	65	120	32.75	31	2	27	1.5	15°06′34″	99.484	3EC
32214	70	125	33.25	31	2	27	1.5	15°38′32″	103.765	3EC
32215	75	130	33.25	31	2	27	1.5	16°10′20″	108.932	4DC
32216	80	140	35.25	33	2.5	28	2	15°38′32″	117.466	3EC
32217	85	150	38.5	36	2.5	30	2	15°38′32″	124.970	3EC
32218	90	160	42.5	40	2.5	34	2	15°38′32″	132.615	3FC
32219	95	170	45.5	43	3	37	2.5	15°38′32″	140.259	3FC
32220	100	180	49	46	3	39	2.5	15°38′32″	148.184	3FC
32221	105	190	53	50	3	43	2.5	15°38′32″	155.269	3FC
32222	110	200	56	53	3	46	2.5	15°38′32″	164.022	3FC
32224	120	215	61.5	58	3	50	2.5	16°10′20″	174.825	4FD
32226	130	230	67.75	64	4	54	3	16°10′20″	187.088	4FD
32228	140	250	71.75	68	4	58	3	16°10′20″	204.046	4FD
32230	150	270	77	73	4	60	3	16°10′20″	219.157	4GD
32232	160	290	84	80	4	67	3	16°10′20″	234.942	4GD
32234	170	310	91	86	5	71	4	16°10′20″	251.873	4GD
32236	180	320	91	86	5	71	4	16°41′57″	259.938	4GD

（续）

轴承型号	d	D	T	B	r_{smin}①	C	r_{1smin}①	α	E	ISO 尺寸系列
32238	190	340	97	92	5	75	4	16°10′20″	279.024	4GD
32240	200	360	104	98	5	82	4	15°10′	294.880	3GD
32244	220	400	114	108	5	90	4	16°10′20″②	326.455②	4GD②
32248	240	440	127	120	5	100	4	16°10′20″②	356.929②	4GD②
32252	260	480	137	130	6	105	5	16°②	393.025②	4GD②
32256	280	500	137	130	6	105	5	16°②	409.128②	4GD②
32260	300	540	149	140	6	115	5	16°10′②	443.659②	4GD②

① 对应的最大倒角尺寸规定在 GB/T 274—2000 中。

② 参考尺寸。

表 3-633　32 系列 80000 型单列圆锥滚子轴承的
型号及外形尺寸（摘自 GB/T 297—2015）　　（单位：mm）

轴承型号	d	D	T	B	r_{smin}①	C	r_{1smin}①	α	E	ISO 尺寸系列
33205	25	52	22	22	1	18	1	13°10′	40.411	2DE
332/28	28	58	24	24	1	19	1	12°45′	45.846	2DE
33206	30	62	25	25	1	19.5	1	12°50′	49.524	2DE
332/32	32	65	26	26	1	20.5	1	13°	51.791	2DE
33207	35	72	28	28	1.5	22	1.5	13°15′	57.186	2DE
33208	40	80	32	32	1.5	25	1.5	13°25′	63.405	2DE
33209	45	85	32	32	1.5	25	1.5	14°25′	68.075	2DE
33210	50	90	32	32	1.5	24.5	1.5	15°25′	72.727	3DE
33211	55	100	35	35	2	27	1.5	14°55′	81.240	3DE
33212	60	110	38	38	2	29	1.5	15°05′	89.032	3EE
33213	65	120	41	41	2	32	1.5	14°35′	97.863	3EE
33214	70	125	41	41	2	32	1.5	15°15′	102.275	3EE
33215	75	130	41	41	2	31	1.5	15°55′	106.675	3EE
33216	80	140	46	46	2.5	35	2	15°50′	114.582	3EE
33217	85	150	49	49	2.5	37	2	15°35′	122.894	3EE
33218	90	160	55	55	2.5	42	2	15°40′	129.820	3FE
33219	95	170	58	58	3	44	2.5	15°15′	138.642	3FE
33220	100	180	63	63	3	48	2.5	15°05′	145.949	3FE
33221	105	190	68	68	3	52	2.5	15°	153.622	3FE

① 对应的最大倒角尺寸规定在 GB/T 274—2000 中。

表 3-634　03 系列 30000 型单列圆锥滚子轴承的
型号及外形尺寸（摘自 GB/T 297—2015）　　（单位：mm）

轴承型号	d	D	T	B	r_{smin}①	C	r_{1smin}①	α	E	ISO 尺寸系列
30302	15	42	14.25	13	1	11	1	10°45′29″	33.272	2FB

（续）

轴承型号	d	D	T	B	r_{smin}①	C	r_{1smin}①	α	E	ISO尺寸系列
30303	17	47	15.25	14	1	12	1	10°45′29″	37.420	2FB
30304	20	52	16.25	15	1.5	13	1.5	11°18′36″	41.318	2FB
30305	25	62	18.25	17	1.5	15	1.5	11°18′36″	50.637	2FB
30306	30	72	20.75	19	1.5	16	1.5	11°51′35″	58.287	2FB
30307	35	80	22.75	21	2	18	1.5	11°51′35″	65.769	2FB
30308	40	90	25.25	23	2	20	1.5	12°57′10″	72.703	2FB
30309	45	100	27.25	25	2	22	1.5	12°57′10″	81.780	2FB
30310	50	110	29.25	27	2.5	23	2	12°57′10″	90.633	2FB
30311	55	120	31.5	29	2.5	25	2	12°57′10″	99.146	2FB
30312	60	130	33.5	31	3	26	2.5	12°57′10″	107.769	2FB
30313	65	140	36	33	3	28	2.5	12°57′10″	116.846	2GB
30314	70	150	38	35	3	30	2.5	12°57′10″	125.244	2GB
30315	75	160	40	37	3	31	2.5	12°57′10″	134.097	2GB
30316	80	170	42.5	39	3	33	2.5	12°57′10″	143.174	2GB
30317	85	180	44.5	41	4	34	3	12°57′10″	150.433	2GB
30318	90	190	46.5	43	4	36	3	12°57′10″	159.061	2GB
30319	95	200	49.5	45	4	38	3	12°57′10″	165.861	2GB
30320	100	215	51.5	47	4	39	3	12°57′10″	178.578	2GB
30321	105	225	53.5	49	4	41	3	12°57′10″	186.752	2GB
30322	110	240	54.5	50	4	42	3	12°57′10″	199.925	2GB
30324	120	260	59.5	55	4	46	3	12°57′10″	214.892	2GB
30326	130	280	63.75	58	5	49	4	12°57′10″	232.028	2GB
30328	140	300	67.75	62	5	53	4	12°57′10″	247.910	2GB
30330	150	320	72	65	5	55	4	12°57′10″	265.955	2GB
30332	160	340	75	68	5	58	4	12°57′10″	282.751	2GB
30334	170	360	80	72	5	62	4	12°57′10″	299.991	2GB
30336	180	380	83	75	5	64	4	12°57′10″	319.070	2GB
30338	190	400	86	78	6	65	5	12°57′10″②	333.507②	2GB②
30340	200	420	89	80	6	67	5	12°57′10″②	352.209②	2GB②
30344	220	460	97	88	6	73	5	12°57′10″②	383.498②	2GB②
30348	240	500	105	95	6	80	5	12°57′10″②	416.303②	2GB②
30352	260	540	113	102	6	85	6	13°29′32″②	451.991②	2GB②

① 对应的最大倒角尺寸规定在 GB/T 274—2000 中。

② 参考尺寸。

表 3-635　13 系列 30000 型单列圆锥滚子轴承的
型号及外形尺寸（摘自 GB/T 297—2015）　　　（单位：mm）

轴承型号	d	D	T	B	r_{smin}①	C	r_{1smin}①	α	E	ISO尺寸系列
31305	25	62	18.25	17	1.5	13	1.5	28°48′39″	44.130	7FB

（续）

轴承型号	d	D	T	B	r_{smin}①	C	r_{1smin}①	α	E	ISO 尺寸系列
31306	30	72	20.75	19	1.5	14	1.5	28°48′39″	51.771	7FB
31307	35	80	22.75	21	2	15	1.5	28°48′39″	58.861	7FB
31308	40	90	25.25	23	2	17	1.5	28°48′39″	66.984	7FB
31309	45	100	27.25	25	2	18	1.5	28°48′39″	75.107	7FB
31310	50	110	29.25	27	2.5	19	2	28°48′39″	82.747	7FB
31311	55	120	31.5	29	2.5	21	2	28°48′39″	89.563	7FB
31312	60	130	33.5	31	3	22	2.5	28°48′39″	93.236	7FB
31313	65	140	36	33	3	23	2.5	28°48′39″	106.359	7GB
31314	70	150	38	35	3	25	2.5	28°48′39″	113.449	7GB
31315	75	160	40	37	3	26	2.5	28°48′39″	122.122	7GB
31316	80	170	42.5	39	3	27	2.5	28°48′39″	129.213	7GB
31317	85	180	44.5	41	4	28	3	28°48′39″	137.403	7GB
31318	90	190	46.5	43	4	30	3	28°48′39″	145.527	7GB
31319	95	200	49.5	45	4	32	3	28°48′39″	151.584	7GB
31320	100	215	56.5	51	4	35	3	28°48′39″	162.739	7GB
31321	105	225	58	53	4	36	3	28°48′39″	170.724	7GB
31322	110	240	63	57	4	38	3	28°48′39″	180.014	7GB
31324	120	260	68	62	4	42	3	28°48′39″	197.022	7GB
31326	130	280	72	66	5	44	4	28°48′39″	211.753	7GB
31328	140	300	77	70	5	47	4	28°48′39″	227.999	7GB
31330	150	320	82	75	5	50	4	28°48′39″	244.244	7GB

① 对应的最大倒角尺寸规定在 GB/T 274—2000 中。

表 3-636　23 系列 30000 型单列圆锥滚子轴承的
型号及外形尺寸（摘自 GB/T 297—2015）　　（单位：mm）

轴承型号	d	D	T	B	r_{smin}①	C	r_{1smin}①	α	E	ISO 尺寸系列
32303	17	47	20.25	19	1	16	1	10°45′29″	36.090	2FD
32304	20	52	22.25	21	1.5	18	1.5	11°18′36″	39.518	2FD
32305	25	62	25.25	24	1.5	20	1.5	11°18′36″	48.637	2FD
32306	30	72	28.75	27	1.5	23	1.5	11°51′35″	55.767	2FD
32307	35	80	32.75	31	2	25	1.5	11°51′35″	62.829	2FE
32308	40	90	35.25	33	2	27	1.5	12°57′10″	69.253	2FD
32309	45	100	38.25	36	2	30	1.5	12°57′10″	78.330	2FD
32310	50	110	42.25	40	2.5	33	2	12°57′10″	86.263	2FD
32311	55	120	45.5	43	2.5	35	2	12°57′10″	94.316	2FD
32312	60	130	48.5	46	3	37	2.5	12°57′10″	102.939	2FD
32313	65	140	51	48	3	39	2.5	12°57′10″	111.786	2GD
32314	70	150	54	51	3	42	2.5	12°57′10″	119.724	2GD
32315	75	160	58	55	3	45	2.5	12°57′10″	127.887	2GD
32316	80	170	61.5	58	3	48	2.5	12°57′10″	136.504	2GD

（续）

轴承型号	d	D	T	B	r_{smin}[1]	C	r_{1smin}[1]	α	E	ISO尺寸系列
32317	85	180	63.5	60	4	49	3	12°57′10″	144.223	2GD
32318	90	190	67.5	64	4	53	3	12°57′10″	151.701	2GD
32319	95	200	71.5	67	4	55	3	12°57′10″	160.318	2GD
32320	100	215	77.5	73	4	60	3	12°57′10″	171.650	2GD
32321	105	225	81.5	77	4	63	3	12°57′10″	179.359	2GD
32322	110	240	84.5	80	4	65	3	12°57′10″	192.071	2GD
32324	120	260	90.5	86	4	69	3	12°57′10″	207.039	2GD
32326	130	280	98.75	93	5	78	4	12°57′10″	223.692	2GD
32328	140	300	107.75	102	5	85	4	13°08′03″	240.000	2GD
32330	150	320	114	108	5	90	4	13°08′03″	256.671	2GD
32332	160	340	121	114	5	95	4	—	—	—
32334	170	360	127	120	5	100	4	13°29′32″[2]	286.222[2]	2GD[2]
32336	180	380	134	126	5	106	4	13°29′32″[2]	303.693[2]	2GD[2]
32338	190	400	140	132	6	109	5	13°29′32″[2]	321.711[2]	2GD[2]
32340	200	420	146	138	6	115	5	13°29′32″[2]	335.821[2]	2GD[2]
32344	220	460	154	145	6	122	5	12°57′10″[2]	368.132[2]	2GD[2]
32348	240	500	165	155	6	132	5	12°57′10″[2]	401.268[2]	2GD[2]

[1] 对应的最大倒角尺寸规定在 GB/T 274—2000 中。

[2] 参考尺寸。

（2）双列圆锥滚子轴承（见图3-34，表3-637~表3-644）

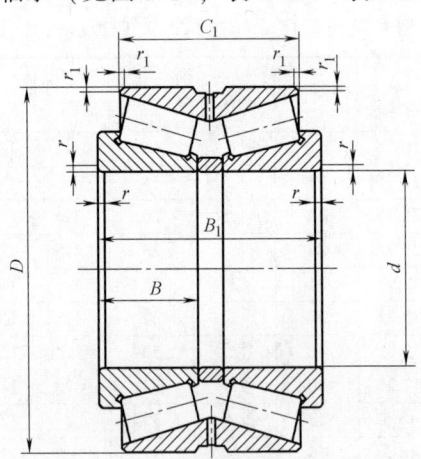

图 3-34　双列圆锥滚子轴承的结构型式

B—单个内圈宽度　B_1—轴承宽度　C_1—双滚道外圈宽度

D—轴承外径　d—轴承内径　r—内圈背面倒角尺寸　r_1—外圈前面倒角尺寸

注：外圈可有或无润滑油槽、油孔。

表 3-637　29 系列双列圆锥滚子轴承的型号及外形

尺寸（摘自 GB/T 299—2008）　　　（单位：mm）

轴承型号	外形尺寸							ISO 系列代号
	d	D	B_1	C_1	B	r_{smin} [①]	r_{1smin} [①]	
352926	130	180	73	59	32	2	0.6	2CC
352928	140	190	73	59	32	2	0.6	2CC
352930	150	210	86	70	38	2.5	0.6	2DC
352932	160	220	86	70	38	2.5	0.6	2DC
352934	170	230	86	70	38	2.5	0.6	3DC
352936	180	250	102	80	45	2.5	0.6	4DC
352938	190	260	102	80	45	2.5	0.6	4DC
352940	200	280	116	92	51	3	1	3EC
352944	220	300	116	92	51	3	1	3EC
352948	240	320	116	92	51	3	1	4EC
352952	260	360	141	110	63.5	3	1	3EC
352956	280	380	141	110	63.5	3	1	4EC
352960	300	420	166	128	76	4	1	3FD
352964	320	440	166	128	76	4	1	3FD
352968	340	460	166	128	76	4	1	4FD
352972	360	480	166	128	76	4	1	4FD

① r_{smin} 为内圈背面最小单一倒角尺寸，r_{1smin} 为外圈前面最小单一倒角尺寸，后同。

表 3-638　19 系列双列圆锥滚子轴承的型号及外形

尺寸（摘自 GB/T 299—2008）　　　（单位：mm）

轴承型号	外形尺寸						r_{1smin}
	d	D	B_1	C_1	B	r_{smin}	
351976	380	520	145	105	65	4	1.1
351980	400	540	150	105	65	4	1.1
351984	420	560	145	105	65	4	1.1
351988	440	600	170	125	74	4	1.1
351992	460	620	174	130	74	4	1.1
351996	480	650	180	130	78	5	1.1
3519/500	500	670	180	130	78	5	1.5
3519/530	530	710	190	136	82	5	1.5
3519/560	560	750	213	156	85	5	1.5
3519/600	600	800	205	156	90	5	1.5
3519/630	630	850	242	182	100	6	1.5
3519/670	670	900	240	180	103	6	2.5
3519/710	710	950	240	175	106	6	2.5
3519/750	750	1000	264	194	112	6	2.5
3519/800	800	1060	270	204	115	6	2.5
3519/850	850	1120	268	188	118	6	2.5
3519/900	900	1180	275	205	122	6	2.5
3519/950	950	1250	300	220	132	7.5	3

表 3-639　20 系列双列圆锥滚子轴承的型号及外形

尺寸（摘自 GB/T 299—2008）　　　　（单位：mm）

轴承型号	外形尺寸							ISO 系列代号
	d	D	B_1	C_1	B	r_{smin}	r_{1smin}	
352004	20	42	34	28	15	0.6	0.3[①]	3CC
352005	25	47	34	27	15	0.6	0.3[①]	4CC
352006	30	55	39	31	17	1	0.3	4CC
352007	35	62	41	33	18	1	0.3	4CC
352008	40	68	44	35	19	1	0.3	3CD
352009	45	75	46	37	20	1	0.3	3CC
352010	50	80	46	37	20	1	0.3	3CC
352011	55	90	52	41	23	1.5	0.6	3CC
352012	60	95	52	41	23	1.5	0.6	4CC
352013	65	100	52	41	23	1.5	0.6	4CC
352014	70	110	57	45	25	1.5	0.6	4CC
352015	75	115	58	46	25	1.5	0.6	4CC
352016	80	125	66	52	29	1.5	0.6	3CC
352017	85	130	67	53	29	1.5	0.6	4CC
352018	90	140	73	57	32	2	0.6	3CC
352019	95	145	73	57	32	2	0.6	4CC
352020	100	150	73	57	32	2	0.6	4CC
352021	105	160	80	62	35	2.5	0.6	4DC
352022	110	170	86	68	38	2.5	0.6	4DC
352024	120	180	88	70	38	2.5	0.6	4DC
352026	130	200	102	80	45	2.5	0.6	4EC
352028	140	210	104	82	45	2.5	0.6	4DC
352030	150	225	110	86	48	3	1	4EC
352032	160	240	116	90	51	3	1	4EC
352034	170	260	128	100	57	3	1	4EC
352036	180	280	142	110	64	3	1	3FD
352038	190	290	142	110	64	3	1	4FD
352040	200	310	154	120	70	3	1	4FD
352044	220	340	166	128	76	4	1	4FD
352048	240	360	166	128	76	4	1	4FD
352052	260	400	190	146	87	5	1.1	4FC
352056	280	420	190	146	87	5	1.1	4FC
352060	300	460	220	168	100	5	1.1	4GD
352064	320	480	220	168	100	5	1.1	4GD

① 为最大尺寸。

表 3-640　10 系列双列圆锥滚子轴承的型号及外形

尺寸（摘自 GB/T 299—2008）　　　　（单位：mm）

轴承型号	外形尺寸						
	d	D	B_1	C_1	B	r_{smin}	r_{1smin}
351068	340	520	180	135	82	5	1.5
351072	360	540	185	140	82	5	1.5

（续）

轴承型号	外形尺寸						
	d	D	B_1	C_1	B	r_{smin}	r_{1smin}
351076	380	560	190	140	82	5	1.5
351080	400	600	206	150	90	5	1.5
351084	420	620	206	150	90	5	1.5
351088	440	650	212	152	94	6	2.5
351092	460	680	230	175	100	6	2.5
351096	480	700	240	180	100	6	2.5
3510/500	500	720	236	180	100	6	2.5
3510/530	530	780	255	180	112	6	2.5
3510/560	560	820	260	185	115	6	2.5
3510/600	600	870	270	198	118	6	2.5
3510/630	630	920	295	213	128	7.5	3
3510/670	670	980	310	215	136	7.5	3
3510/710	710	1030	315	220	140	7.5	3
3510/750	750	1090	365	255	150	7.5	3
3510/800	800	1150	380	265	155	7.5	3
3510/850	850	1220	400	280	165	7.5	3
3510/900	900	1280	410	300	170	7.5	3
3510/950	950	1360	440	305	180	7.5	3

表 3-641   21 系列双列圆锥滚子轴承的型号及外形尺寸   （单位：mm）

轴承型号	外形尺寸						
	d	D	B_1	C_1	B	r_{smin}	r_{1smin}
352122	110	180	95	76	42	2	0.6
352124	120	200	110	90	48	2	0.6
352126	130	210	110	90	48	2	0.6
352128	140	225	115	90	50	2.5	1
352130	150	250	138	112	60	2.5	1
352132	160	270	150	120	66	2.5	1
352134	170	280	150	120	66	2.5	1
352136	180	300	164	134	72	3	1
352138	190	320	170	130	78	3	1
352140	200	340	184	150	82	3	1
352144	220	370	195	150	88	4	1.1
352148	240	400	210	163	95	4	1.1
352152	260	440	225	180	106	4	1.1

表 3-642   11 系列双列圆锥滚子轴承的型号及外形尺寸   （单位：mm）

轴承型号	外形尺寸						
	d	D	B_1	C_1	B	r_{smin}	r_{1smin}
351156	280	460	185	140	82	5	1.5
351160	300	500	205	152	90	5	1.5

（续）

轴承型号	外形尺寸						
	d	D	B_1	C_1	B	r_{smin}	r_{1smin}
351164	320	540	225	160	100	5	1.5
351168	340	580	242	170	106	5	1.5
351172	360	600	242	170	106	5	1.5
351176	380	620	242	170	106	5	1.5
351180	400	650	255	180	112	6	2.5
351184	420	700	275	200	122	6	2.5
351188	440	720	275	190	122	6	2.5
351192	460	760	300	210	132	7.5	3
351196	480	790	310	224	136	7.5	3
3511/500	500	830	325	230	145	7.5	3
3511/530	530	870	340	240	150	7.5	3
3511/560	560	920	352	250	160	7.5	3
3511/600	600	980	370	265	170	7.5	3
3511/630	630	1030	390	280	175	7.5	3
3511/670	670	1090	410	295	185	7.5	3
3511/710	710	1150	430	310	195	9.5	4
3511/750	750	1220	452	320	206	9.5	4

表 3-643　22 系列双列圆锥滚子轴承的型号及外形尺寸　（单位：mm）

轴承型号	外形尺寸						
	d	D	B_1	C_1	B	r_{smin}	r_{1smin}
352208	40	80	55	43.5	23	1.5	0.6
352209	45	85	55	43.5	23	1.5	0.6
352210	50	90	55	43.5	23	1.5	0.6
352211	55	100	60	48.5	25	2	0.6
352212	60	110	66	54.5	28	2	0.6
352213	65	120	73	61.5	31	2	0.6
352214	70	125	74	61.5	31	2	0.6
352215	75	130	74	61.5	31	2	0.6
352216	80	140	78	63.5	33	2.5	0.6
352217	85	150	86	69	36	2.5	0.6
352218	90	160	94	77	40	2.5	0.6
352219	95	170	100	83	43	3	1
352220	100	180	107	87	46	3	1
352221	105	190	115	95	50	3	1
352222	110	200	121	101	53	3	1
352224	120	215	132	109	58	3	1
352226	130	230	145	117.5	64	4	1

（续）

轴承型号	外形尺寸						
	d	D	B_1	C_1	B	r_{smin}	r_{1smin}
352228	140	250	153	125.5	68	4	1
352230	150	270	164	130	73	4	1
352232	160	290	178	144	80	4	1
352234	170	310	192	152	86	5	1.1
352236	180	320	192	152	86	5	1.1
352238	190	340	204	160	92	5	1.1
352240	200	360	218	174	98	5	1.1

表 3-644　13 系列双列圆锥滚子轴承的型号及外形

尺寸（摘自 GB/T 299—2008）　　　　（单位：mm）

轴承型号	外形尺寸							ISO 系列代号
	d	D	B_1	C_1	B	r_{smin}	r_{1smin}	
351305	25	62	42	31.5	17	1.5	0.6	7FB
351306	30	72	47	33.5	19	1.5	0.6	7FB
351307	35	80	51	35.5	21	2	0.6	7FB
351308	40	90	56	39.5	23	2	0.6	7FB
351309	45	100	60	41.5	25	2	0.6	7FB
351310	50	110	64	43.5	27	2.5	0.6	7FB
351311	55	120	70	49	29	2.5	0.6	7FB
351312	60	130	74	51	31	3	1	7FB
351313	65	140	79	53	33	3	1	7GB
351314	70	150	83	57	35	3	1	7GB
351315	75	160	88	60	37	3	1	7GB
351316	80	170	94	63	39	3	1	7GB
351317	85	180	99	66	41	4	1	7GB
351318	90	190	103	70	43	4	1	7GB
351319	95	200	109	74	45	4	1	7GB
351320	100	215	124	81	51	4	1	7GB
351321	105	225	127	83	53	4	1	7GB
351322	110	240	137	87	57	4	1	7GB
351324	120	260	148	96	62	4	1	7GB
351326	130	280	156	100	66	5	1.1	7GB
351328	140	300	168	108	70	5	1.1	7GB
351330	150	320	178	114	75	5	1.1	7GB

（3）四列圆锥滚子轴承（见图3-35，表3-645～表3-650）

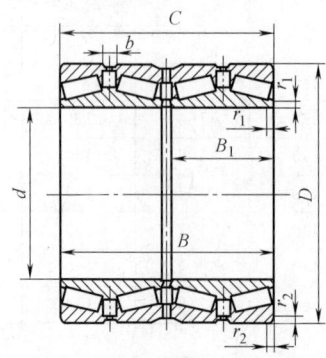

图 3-35　四列圆锥滚子轴承的结构型式

B—轴承内圈总宽度　B_1—双道内圈宽度　b—外隔圈宽度

C——轴承外圈总宽度　r_1—内圈前面倒角尺寸　r_2—外圈背面倒角尺寸

表 3-645　29 系列四列圆锥滚子轴承的型号及外形

尺寸（摘自 GB/T 300—2008）　　　　　　　（单位：mm）

轴承型号	外 形 尺 寸							
	d	D	C	B	B_1	b	r_{1smin} [①]	r_{2smin} [①]
382926	130	180	135	135	63	13	2	1.5
382928	140	190	135	135	63	13	2	1.5
382930	150	210	165	165	77.5	17.5	2.5	2
382932	160	220	165	165	77.5	17.5	2.5	2
382934	170	230	165	165	77.5	17.5	2.5	2
382936	180	250	185	185	86.5	18.5	2.5	2
382938	190	260	185	185	86.5	18.5	2.5	2
382940	200	280	210	210	98	20	3	2.5
382944	220	300	210	210	98	20	3	2.5
382948	240	320	210	210	98	20	3	2.5
382952	260	360	265	265	125.5	29.5	3	2.5
382956	280	380	265	265	125.5	29.5	3	2.5
382960	300	420	300	300	143	29	4	3
382964	320	440	300	300	143	29	4	3
382968	340	460	310	310	148	34	4	3
382972	360	480	310	310	148	34	4	3
382976	380	520	400	400	192	30	5	4
382980	400	540	400	400	192	30	5	4
382984	420	560	400	400	192	30	5	4

注：B_1、b 为参考尺寸。

① r_{1smin} 为内圈前面最小单一倒角尺寸，r_{2smin} 为外圈背面最小单一倒角尺寸，后同。

表 3-646　19 系列四列圆锥滚子轴承的型号及外形

尺寸（摘自 GB/T 300—2008）　　　（单位：mm）

轴承型号	外形尺寸							
	d	D	C	B	B_1	b	r_{1smin}	r_{2smin}
381992	460	620	310	310	148	32	4	3
381996	480	650	338	338	159	39	5	4
3819/560	560	750	368	368	170	42	5	4
3819/600	600	800	380	380	183.5	40.5	5	4
3819/630	630	850	418	418	196	40	6	5
3819/670	670	900	412	412	194	38	6	5

注：B_1、b 系参考尺寸。

表 3-647　20 系列四列圆锥滚子轴承的型号及外形

尺寸（摘自 GB/T 300—2008）　　　（单位：mm）

轴承型号	外形尺寸							
	d	D	C	B	B_1	b	r_{1smin}	r_{2smin}
382026	130	200	185	185	86.5	18.5	2.5	2
382028	140	210	185	185	85.5	17.5	2.5	2
382030	150	225	195	195	90.5	18.5	3	2.5
382032	160	240	210	210	98	22	3	2.5
382034	170	260	230	230	108	22	3	2.5
382036	180	280	260	260	123	27	3	2.5
382038	190	290	260	260	123	27	3	2.5
382040	200	310	275	275	130.5	24.5	3	2.5
382044	220	340	305	305	145.5	31.5	4	3
382048	240	360	310	310	148	34	4	3
382052	260	400	345	345	164.5	34.5	5	4
382056	280	420	345	345	164.5	34.5	5	4
382060	300	460	390	390	185	37	5	4
382064	320	480	390	390	185	37	5	4
3820/950	950	1360	880	880	420	60	7.5	6
3820/1000	1000	1420	950	950	455	65	7.5	6
3820/1060	1060	1500	1000	1000	480	70	9.5	8

注：B_1、b 系参考尺寸。

表 3-648　10 系列四列圆锥滚子轴承的型号及外形

尺寸（摘自 GB/T 300—2008）　　　（单位：mm）

轴承型号	外形尺寸							
	d	D	C	B	B_1	b	r_{1smin}	r_{2smin}
381068	340	520	325	325	158.5	31	5	4
381072	360	540	325	325	156	28.5	5	4

（续）

轴承型号	外形尺寸							
	d	D	C	B	B_1	b	r_{1smin}	r_{2smin}
381076	380	560	325	325	154.5	30.5	5	4
381080	400	600	356	356	170	36	5	4
381084	420	620	356	356	170	36	5	4
381088	440	650	376	376	180	44	6	5
381092	460	680	410	410	195	39	6	5
381096	480	700	420	420	200	40	6	5
3810/500	500	720	420	420	202	38	6	5
3810/530	530	780	450	450	215	49	6	5
3810/560	560	820	465	465	222	54	6	5
3810/600	600	870	480	480	230	52	6	5
3810/630	630	920	515	515	245	57	7.5	6
3810/670	670	980	540	540	257.5	67.5	7.5	6
3810/710	710	1030	555	555	266	70	7.5	6
3810/750	750	1090	605	605	290	74	7.5	6
3810/800	800	1150	655	655	310	80	7.5	6
3810/850	850	1220	700	700	335	85	7.5	6
3810/900	900	1280	750	750	360	90	7.5	6

注：B_1、b 系参考尺寸。

表 3-649　21 系列四列圆锥滚子轴承的型号及外形

尺寸（摘自 GB/T 300—2008）　　　（单位：mm）

轴承型号	外形尺寸							
	d	D	C	B	B_1	b	r_{1smin}	r_{2smin}
382126	130	210	215	215	102	16	2.5	2
382128	140	225	226	226	108	20	2.5	2.1
382130	150	250	260	260	125	23	2.5	2.1
382132	160	270	280	280	134	22	2.5	2.1
382134	170	280	280	280	134	22	2.5	2.1
382136	180	300	304	304	146	24	3	2.5
382138	190	320	322	322	155	29	3	2.5
382140	200	340	344	344	166	28	3	2.5
382144	220	370	370	370	178	28	4	3
382148	240	400	382	382	184	28	4	3
382152	260	440	420	420	202	30	4	3

注：B_1、b 系参考尺寸。

表 3-650 11 系列四列圆锥滚子轴承的型号及外形

尺寸（摘自 GB/T 300—2008） （单位：mm）

轴承型号	外 形 尺 寸							
	d	D	C	B	B_1	b	r_{1smin}	r_{2smin}
381156	280	460	324	324	154	30	5	4
381160	300	500	370	370	177.5	39	5	4
381164	320	540	406	406	194	36	5	4
381168	340	580	425	425	204.5	50.5	5	4
381172	360	600	420	420	202	48	5	4
381176	380	620	420	420	200	48	5	4
381180	400	650	456	456	218	48	6	5
381184	420	700	480	480	232.5	48	6	5
381188	440	720	480	480	230	50	6	5
381192	460	760	520	520	250	52	7.5	6
381196	480	790	530	530	255	53	7.5	6
3811/500	500	830	570	570	272	64	7.5	6
3811/530	530	870	590	590	283	60	7.5	6
3811/560	560	920	620	620	300	70	7.5	6
3811/600	600	980	650	650	314	71	7.5	6
3811/630	630	1030	670	670	324	78	7.5	6
3811/670	670	1090	710	710	342	72	7.5	6
3811/710	710	1150	750	750	362	74	9.5	8
3811/750	750	1220	840	840	405	65	9.5	8
3811/800	800	1280	850	850	403	63	9.5	8
3811/850	850	1360	900	900	428	88	12	9.5

注：B_1、b 系参考尺寸。

6.9 滚针轴承

6.9.1 特点及用途

滚针轴承仅能承受径向载荷，不限制轴（外壳）的轴向移动，与其他类型轴承相比，在径向载荷相同的情况下，其外径最小，故适合用于径向尺寸受限制的部件中，特别是轴的周围有摆动性运动的部件，如活塞销、轴摆杆等。

对无套圈或无内、外圈之一的轴承，与之配合的外壳孔和轴的表面将直接作为滚动面，其硬度应不低于 HRC60，表面粗糙度 $Ra \leqslant 0.4\mu m$，安装时，轴承外圈轴线与内圈轴线不允许有倾斜。

NA 型轴承可分别安装内圈及外圈（带锁圈，全套滚针和保持架），此种轴承因保持架将滚针隔开，减少了摩擦，故可用于转速较高的部件中。

6.9.2 外形尺寸

（1）NA 型、RNA 型滚针轴承（见图 3-36，表 3-651～表 3-653）

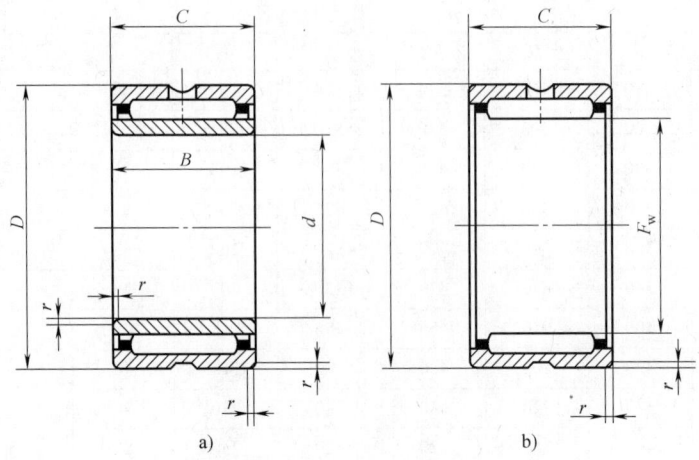

图 3-36 滚针轴承的结构型式

a）NA 型成套滚针轴承 b）RNA 型无内圈滚针轴承

C—轴承外圈宽度 B—轴承内圈宽度 D—轴承外径

d—轴承内径 F_w—滚针总体内径 r—轴承内、外圈倒角尺寸

注：滚针轴承可带保持架或不带保持架，可具有一列或两列滚针，外圈上可有或无润滑槽
和润滑孔。

表 3-651 48 系列 NA 型、RNA 型滚针轴承的型号

及外形尺寸（摘自 GB/T 5801—2006） （单位：mm）

轴承型号		外形尺寸				
NA 型	RNA 型	d	F_w	D	B、C	r_{smin} [①]
NA4822	RNA4822	110	120	140	30	1
NA4824	RNA4824	120	130	150	30	1
NA4826	RNA4826	130	145	165	35	1.1
NA4828	RNA4828	140	155	175	35	1.1
NA4830	RNA4830	150	165	190	40	1.1
NA4832	RNA4832	160	175	200	40	1.1
NA4834	RNA4834	170	185	215	45	1.1
NA4836	RNA4836	180	195	225	45	1.1
NA4838	RNA4838	190	210	240	50	1.5
NA4840	RNA4840	200	220	250	50	1.5
NA4844	RNA4844	220	240	270	50	1.5
NA4848	RNA4848	240	265	300	60	2
NA4852	RNA4852	260	285	320	60	2
NA4856	RNA4856	280	305	350	69	2
NA4860	RNA4860	300	330	380	80	2.1

（续）

轴 承 型 号		外 形 尺 寸				
NA 型	RNA 型	d	F_w	D	B、C	r_{smin} [①]
NA4864	RNA4864	320	350	400	80	2.1
NA4868	RNA4868	340	370	420	80	2.1
NA4872	RNA4872	360	390	440	80	2.1

① r_{smin} 为 r 的最小单一倒角尺寸，其最大倒角尺寸规定在 GB/T 274—2000 中，后同。

表 3-652　49 系列 NA 型、RNA 型滚针轴承的型号

及外形尺寸（摘自 GB/T 5801—2006）　　　（单位：mm）

轴 承 型 号		外 形 尺 寸				
NA 型	RNA 型	d	F_w	D	B、C	r_{smin}
NA49/5	RNA49/5	5	7	13	10	0.15
NA49/6	RNA49/6	6	8	15	10	0.15
NA49/7	RNA49/7	7	9	17	10	0.15
NA49/8	RNA49/8	8	10	19	11	0.2
NA49/9	RNA49/9	9	12	20	11	0.3
NA4900	RNA4900	10	14	22	13	0.3
NA4901	RNA4901	12	16	24	13	0.3
NA4902	RNA4902	15	20	28	13	0.3
NA4903	RNA4903	17	22	30	13	0.3
NA4904	RNA4904	20	25	37	17	0.3
NA49/22	RNA49/22	22	28	39	17	0.3
NA4905	RNA4905	25	30	42	17	0.3
NA49/28	RNA49/28	28	32	45	17	0.3
NA4906	RNA4906	30	35	47	17	0.3
NA49/32	RNA49/32	32	40	52	20	0.6
NA4907	RNA4907	35	42	55	20	0.6
NA4908	RNA4908	40	48	62	22	0.6
NA4909	RNA4909	45	52	68	22	0.6
NA4910	RNA4910	50	58	72	22	0.6
NA4911	RNA4911	55	63	80	25	1
NA4912	RNA4912	60	68	85	25	1
NA4913	RNA4913	65	72	90	25	1
NA4914	RNA4914	70	80	100	30	1
NA4915	RNA4915	75	85	105	30	1
NA4916	RNA4916	80	90	110	30	1
NA4917	RNA4917	85	100	120	35	1.1
NA4918	RNA4918	90	105	125	35	1.1
NA4919	RNA4919	95	110	130	35	1.1

（续）

轴承型号		外形尺寸				
NA 型	RNA 型	d	F_w	D	$B 、C$	r_{smin}
NA4920	RNA4920	100	115	140	40	1.1
NA4922	RNA4922	110	125	150	40	1.1
NA4924	RNA4924	120	135	165	45	1.1
NA4926	RNA4926	130	150	180	50	1.5
NA4928	RNA4928	140	160	190	50	1.5

表 3-653　69 系列 NA 型、RNA 型滚针轴承的型号
及外形尺寸（摘自 GB/T 5801—2006）　　　　（单位：mm）

轴承型号		外形尺寸				
NA 型	RNA 型	d	F_w	D	$B 、C$	r_{smin}
NA6900	RNA6900	10	14	22	22	0.3
NA6901	RNA6901	12	16	24	22	0.3
NA6902	RNA6902	15	20	28	23	0.3
NA6903	RNA6903	17	22	30	23	0.3
NA6904	RNA6904	20	25	37	30	0.3
NA69/22	RNA69/22	22	28	39	30	0.3
NA6905	RNA6905	25	30	42	30	0.3
NA69/28	RNA69/28	28	32	45	30	0.3
NA6906	RNA6906	30	35	47	30	0.3
NA69/32	RNA69/32	32	40	52	36	0.6
NA6907	RNA6907	35	42	55	36	0.6
NA6908	RNA6908	40	48	62	40	0.6
NA6909	RNA6909	45	52	68	40	0.6
NA6910	RNA6910	50	58	72	40	0.6
NA6911	RNA6911	55	63	80	45	1
NA6912	RNA6912	60	68	85	45	1
NA6913	RNA6913	65	72	90	45	1
NA6914	RNA6914	70	80	100	54	1
NA6915	RNA6915	75	85	105	54	1
NA6916	RNA6916	80	90	110	54	1
NA6917	RNA6917	85	100	120	63	1.1
NA6918	RNA6918	90	105	125	63	1.1
NA6919	RNA6919	95	110	130	63	1.1
NA6920	RNA6920	100	115	140	71	1.1

（2）无内圈冲压外圈滚针轴承（见图 3-37，表 3-654～表 3-661）

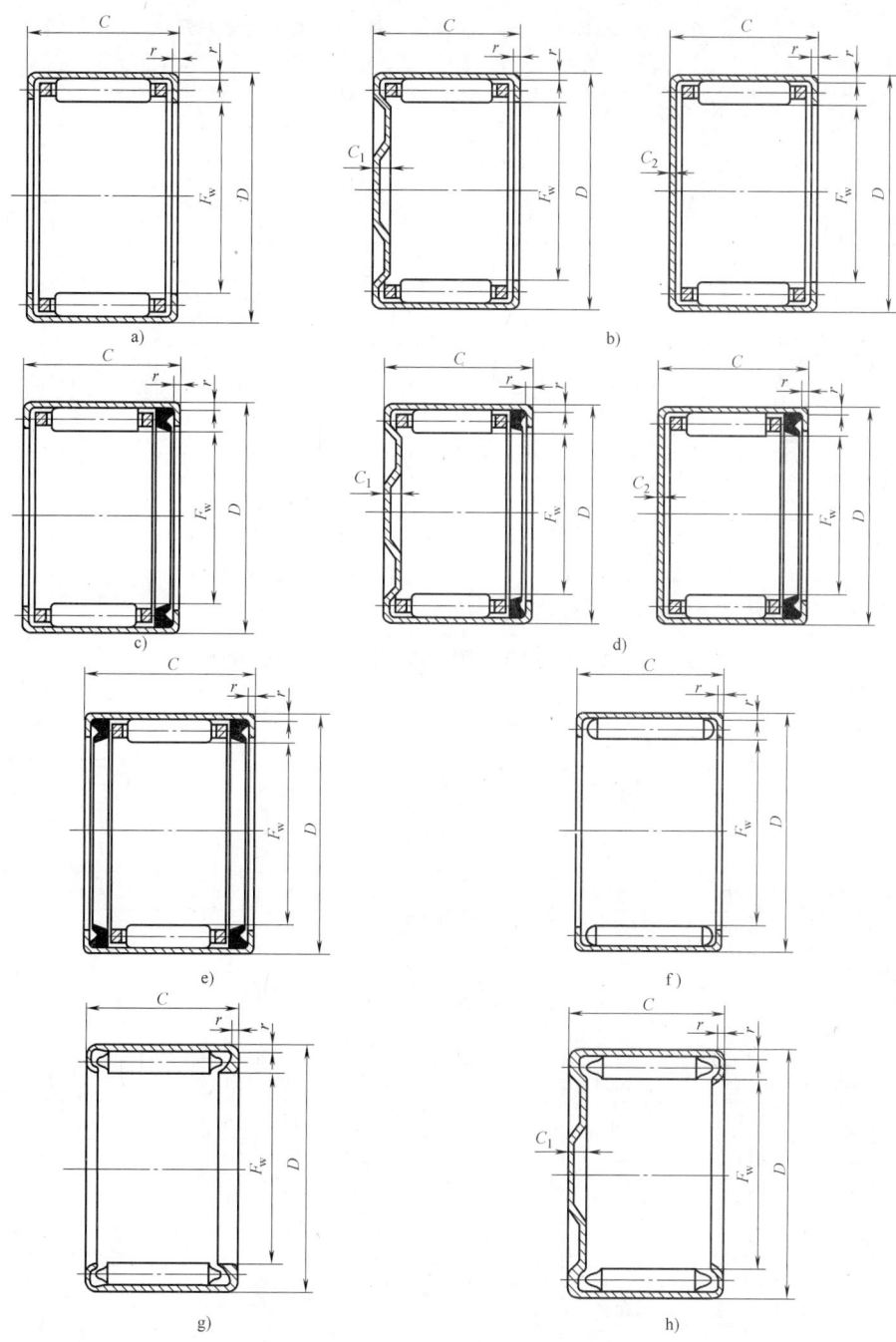

图 3-37　无内圈冲压外圈滚针轴承的结构型式

a) 开口型 HK0000 型　b) 封口型 BK0000 型　c) 一面带密封圈的开口型 HK0000-RS 型
d) 一面带密封圈的封口型 BK0000-RS 型　e) 两面带密封圈的开口型 HK0000-2RS 型
f) 开口型满装 (油脂限位) FY-0000 型　g) 开口型满装 F-0000 型　h) 封口型满装 MF-0000 型
C—冲压外圈宽度　C_1—封口型冲压外圈成形底面的端部厚度　C_2—封口型冲压外圈平底端部厚度
D—冲压外圈外径　F_w—成套轴承滚针组总体内径　r—倒角尺寸

注: 图形仅为结构示例。

表 3-654　21D 系列无内圈冲压外圈滚针轴承的型号及

外形尺寸（摘自 GB/T 290—2017）　　　（单位：mm）

滚针轴承型号				外形尺寸					
HK0000 型	BK0000 型	F-0000 型	MF-0000 型	F_w	D	C	C_1[①] max	C_2[①] max	r_{smin}[②]
HK0306	BK0306	—		3	6	6	1.9	1	0.3
HK2010	BK2010	—	—	20	26	10	2.8	1.3	0.4
HK2210	BK2210	—	—	22	28	10	2.8	1.3	0.4
HK2512	BK2512	F-2512	MF-2512	25	32	12	2.8	1.3	0.8
HK3012	BK3012	F-3012	MF-3012	30	37	12	2.8	1.3	0.8
HK3512	BK3512	F-3512	MF-3512	35	42	12	2.8	1.3	0.8
HK4012	BK4012	F-4012	MF-4012	40	47	12	2.8	1.3	0.8
HK4512	BK4512	F-4512	MF-4512	45	52	12	2.8	1.3	0.8

① 规定 C_1、C_2 的最大值是为了在使用中避免轴端和冲压外圈端部之间产生接触，如果需要这种接触，用户可与制造厂协商确定。

② r_{smin} 为 r 的最小单一倒角尺寸，未规定最大倒角尺寸。

表 3-655　31D 系列无内圈冲压外圈滚针轴承的型号及

外形尺寸（摘自 GB/T 290—2017）　　　（单位：mm）

滚针轴承型号					外形尺寸					
HK0000 型	BK0000 型	F-0000 型	FY-0000 型	MF-0000 型	F_w	D	C	C_1[①] max	C_2[①] max	r_{smin}[②]
HK0408	BK0408	—	—	—	4	8	8	1.9	1	0.3
HK0508	BK0508	—	—	—	5	9	8	1.9	1	0.4
HK0608	BK0608	F-0608	—	MF-0608	6	10	8	1.9	1	0.4
HK0708	BK0708	F-0708	—	MF-0708	7	11	8	1.9	1	0.4
HK0808	BK0808	F-0808	FY-0808	MF-0808	8	12	8	1.9	1	0.4
HK0908	BK0908	F-0908	—	MF-0908	9	13	8	1.9	1	0.4
HK1008	BK1008	F-1008	—	MF-1008	10	14	8	1.9	1	0.4
HK1208	BK1208	F-1208	—	MF-1208	12	16	8	1.9	1	0.4
HK1412	BK1412	F-1412	FY-1412	MF-1412	14	20	12	2.8	1.3	0.4
HK1512	BK1512	F-1512	—	MF-1512	15	21	12	2.8	1.3	0.4
HK1612	BK1612	F-1612	FY-1612	MF-1612	16	22	12	2.8	1.3	0.4
HK1712	BK1712	F-1712	—	MF-1712	17	23	12	2.8	1.3	0.4
HK1812	BK1812	F-1812	—	MF-1812	18	24	12	2.8	1.3	0.4
HK2012	BK2012	F-2012	—	MF-2012	20	26	12	2.8	1.3	0.4
HK2212	BK2212	F-2212	—	MF-2212	22	28	12	2.8	1.3	0.4

① 规定 C_1、C_2 的最大值是为了在使用中避免轴端和冲压外圈端部之间产生接触，如果需要这种接触，用户可与制造厂协商确定。

② r_{smin} 为 r 的最小单一倒角尺寸，未规定最大倒角尺寸。

表 3-656　41D 系列无内圈冲压外圈滚针轴承的型号及

外形尺寸（摘自 GB/T 290—2017）　　　　（单位：mm）

滚针轴承型号							外形尺寸				
HK0000 型	HK0000-RS 型	HK0000-2RS 型	BK0000 型	BK0000-RS 型	F-0000 型	MF-0000 型	F_w	D	C	$C_1$① max	$C_2$① max	r_{smin}②
HK0409	—	—	BK0409	—			4	8	9	1.9	1	0.3
HK0509	—	—	BK0509	—	F-0509	MF-0509	5	9	9	1.9	1	0.4
HK0609	—	—	BK0609	—	F-0609	MF-0609	6	10	9	1.9	1	0.4
HK0709	—	—	BK0709	—	F-0709	MF-0709	7	11	9	1.9	1	0.4
HK0809	—	—	BK0809	—	F-0809	MF-0809	8	12	9	1.9	1	0.4
HK0909	—	—	BK0909	—	F-0909	MF-0909	9	13	9	1.9	1	0.4
HK1009	—	—	BK1009	—	F-1009	MF-1009	10	14	9	1.9	1	0.4
HK1209	—	—	BK1209	—	F-1209	MF-1209	12	16	9	1.9	1	0.4
HK1414	HK1414-RS	—	BK1414	BK1414-RS	F-1414	MF-1414	14	20	14	2.8	1.3	0.4
HK1514	HK1514-RS	—	BK1514	BK1514-RS	F-1514	MF1514	15	21	14	2.8	1.3	0.4
HK1614	HK1614-RS	—	BK1614	BK1614-RS	F-1614	MF-1614	16	22	14	2.8	1.3	0.4
HK1714	HK1714-RS	—	BK1714		F-1714	MF-1714	17	23	14	2.8	1.3	0.4
HK1814	HK1814-RS	—	BK1814		F-1814	MF-1814	18	24	14	2.8	1.3	0.4
HK2014	HK2014-RS	—	BK2014		F-2014	MF-2014	20	26	14	2.8	1.3	0.4
HK2214	HK2214-RS	—	BK2214		F-2214	MF-2214	22	28	14	2.8	1.3	0.4
HK2516	HK2516-RS	HK2516-2RS	BK2516		F-2516	MF-2516	25	32	16	2.8	1.3	0.8
HK2816	—	HK2816-RS	BK2816		—	—	28	35	16	2.8	1.3	0.8
HK3016	HK3016-RS	HK3016-2RS	BK3016				30	37	16	2.8	1.3	0.8
HK3516	—	HK3516-2RS	BK3516				35	42	16	2.8	1.3	0.8
HK3816	—	HK3816-2RS	BK3816				38	45	16	2.8	1.3	0.8
HK4016	—	HK4016-2RS	BK4016		—	—	40	47	16	2.8	1.3	0.8
HK4216	—	HK4216-2RS	BK4216		—	—	42	49	16	2.8	1.3	0.8
HK4516	—	HK4516-2RS	BK4516		—	—	45	52	16	2.8	1.3	0.8

① 规定 C_1、C_2 的最大值是为了在使用中避免轴端和冲压外圈端部之间产生接触，如果需要这种接触，用户可与制造厂协商确定。

② r_{smin} 为 r 的最小单一倒角尺寸，未规定最大倒角尺寸。

表 3-657　51D 系列无内圈冲压外圈滚针轴承的型号及

外形尺寸（摘自 GB/T 290—2017）　　　　（单位：mm）

滚针轴承型号							外形尺寸				
HK0000 型	HK0000-RS 型	HK0000-2RS 型	BK0000 型	F-0000 型	FY-0000 型	MF-0000 型	F_w	D	C	$C_1$① max	$C_2$① max	r_{smin}②
HK0610	—	—	BK0610	—	—	—	6	10	10	1.9	1	0.4
HK0710	—	—	BK0710	—	—	—	7	11	10	1.9	1	0.4
HK0810	HK0810-RS	HK0810-2RS	BK0810	F-0810	FY-0810	MF-0810	8	12	10	1.9	1	0.4
HK0910	—	—	BK0910	F-0910		MF0910	9	13	10	1.9	1	0.4
HK1010	—	—	BK1010	F-1010	FY-1010	MF-1010	10	14	10	1.9	1	0.4
HK1210	—	—	BK1210	F-1210	FY-1210	MF-1210	12	16	10	1.9	1	0.4

（续）

滚 针 轴 承 型 号							外 形 尺 寸					
HK0000 型	HK0000-RS 型	HK0000-2RS 型	BK0000 型	F-0000 型	FY-0000 型	MF-0000 型	F_w	D	C	C_1[①] max	C_2[①] max	r_{smin}[②]
HK1416	—	HK1416-2RS	BK1416	F-1416	—	MF-1416	14	20	16	2.8	1.3	0.4
HK1516	—	HK1516-2RS	BK1516	F-1516	FY-1516	MF-1516	15	21	16	2.8	1.3	0.4
HK1616	—	HK1616-2RS	BK1616	F-1616	—	MF1616	16	22	16	2.8	1.3	0.4
HK1716	—	HK1716-2RS	BK1716	F-1716	—	MF-1716	17	23	16	2.8	1.3	0.4
HK1816	—	HK1816-2RS	BK1816	F-1816	FY-1816	MF-1816	18	24	16	2.8	1.3	0.4
HK2016	—	HK2016-2RS	BK2016	F-2016	FY-2016	MF-2016	20	26	16	2.8	1.3	0.4
HK2216	—	HK2216-2RS	BK2216	F-2216	—	MF-2216	22	28	16	2.8	1.3	0.4
HK2518	HK2518-RS	—	BK2518	—	—	—	25	32	18	2.8	1.3	0.8
HK2818	HK2818-RS	—	BK2818	—	—	—	28	35	18	2.8	1.3	0.8
HK3018	HK3018-RS	—	BK3018	—	—	—	30	37	18	2.8	1.3	0.8
HK3518	HK3518-RS	—	BK3518	—	—	—	35	42	18	2.8	1.3	0.8
HK3818	HK3818-RS	—	BK3818	—	—	—	38	45	18	2.8	1.3	0.8
HK4018	HK4018-RS	—	BK4018	—	—	—	40	47	18	2.8	1.3	0.8
HK4218	HK4218-RS	—	BK4218	—	—	—	42	49	18	2.8	1.3	0.8
HK4518	HK4518-RS	—	BK4518	—	—	—	45	52	18	2.8	1.3	0.8
HK5020	—	—	BK5020	—	FY-5020	—	50	58	20	2.8	1.6	0.8
HK5520	—	—	BK5520	—	—	—	55	63	20	2.8	1.6	0.8
HK6020	—	—	BK6020	—	—	—	60	68	20	2.8	1.6	0.8

① 规定 C_1、C_2 的最大值是为了在使用中避免轴端和冲压外圈端部之间产生接触，如果需要这种接触，用户可与制造厂协商确定。

② r_{smin} 为 r 的最小单一倒角尺寸，未规定最大倒角尺寸。

表 3-658 61D 系列无内圈冲压外圈滚针轴承的型号及

外形尺寸（摘自 GB/T 290—2017） （单位：mm）

滚 针 轴 承 型 号							外 形 尺 寸					
HK0000 型	HK0000-RS 型	HK0000-2RS 型	BK0000 型	F-0000 型	FY-0000 型	MF-0000 型	F_w	D	C	C_1[①] max	C_2[①] max	r_{smin}[②]
HK0812	HK0812-RS	HK0812-2RS	BK0812	—	—	—	8	12	12	1.9	1	0.4
HK0912	HK0912-RS	—	BK0912	—	—	—	9	13	12	1.9	1	0.4
HK1012	HK1012-RS	HK1012-2RS	BK1012	—	—	—	10	14	12	1.9	1	0.4
HK1212	—	—	BK1212	F-1212	—	MF-1212	12	16	12	1.9	1	0.4
HK1418	—	—	BK1418	F-1418	—	MF-1418	14	20	18	2.8	1.3	0.4
HK1518	HK1518-RS	—	BK1518	F-1518	—	MF-1518	15	21	18	2.8	1.3	0.4
HK1618	—	—	BK1618	F-1618	—	MF-1618	16	22	18	2.8	1.3	0.4
HK1718	—	—	BK1718	F-1718	—	MF-1718	17	23	18	2.8	1.3	0.4
HK1818	—	—	BK1818	F-1818	—	MF-1818	18	24	18	2.8	1.3	0.4
HK2018	HK2018-RS	—	BK2018	F-2018	—	MF-2018	20	26	18	2.8	1.3	0.4

（续）

滚针轴承型号							外形尺寸					
HK0000型	HK0000-RS型	HK0000-2RS型	BK0000型	F-0000型	FY-0000型	MF-0000型	F_w	D	C	C_1[①] max	C_2[①] max	r_{smin}[②]
HK2218	HK2218-RS	—	BK2218	F-2218	—	MF-2218	22	28	18	2.8	1.3	0.4
HK2520	HK2520-RS	HK2520-2RS	BK2520	—	FY-2520	—	25	32	20	2.8	1.3	0.8
HK2820	HK2820-RS	HK2820-2RS	BK2820	—	FY-2820	—	28	35	20	2.8	1.3	0.8
HK3020	—	HK3020-2RS	BK3020	—	—	—	30	37	20	2.8	1.3	0.8
HK3220	—	—	—	—	—	—	32	39	20	2.8	1.3	0.8
HK3520	—	HK3520-2RS	BK3520	—	FY-3520	—	35	42	20	2.8	1.3	0.8
HK3820	—	HK3820-2RS	BK3820	—	—	—	38	45	20	2.8	1.3	0.8
HK4020	—	HK4020-2RS	BK4020	—	FY-4020	—	40	47	20	2.8	1.3	0.8
HK4220	—	HK4220-2RS	BK4220	—	—	—	42	49	20	2.8	1.3	0.8
HK4520	—	HK4520-2RS	BK4520	—	FY-4520	—	45	52	20	2.8	1.3	0.8
HK5024	—	HK5024-2RS	BK5024	—	—	—	50	58	24	2.8	1.6	0.8
HK5524	—	—	BK5524	—	—	—	55	63	24	2.8	1.6	0.8
HK6024	—	—	BK6024	—	—	—	60	68	24	2.8	1.6	0.8

① 规定 C_1、C_2 的最大值是为了在使用中避免轴端和冲压外圈端部之间产生接触，如果需要这种接触，用户可与制造厂协商确定。

② r_{smin} 为 r 的最小单一倒角尺寸，未规定最大倒角尺寸。

表 3-659　71D 系列无内圈冲压外圈滚针轴承的型号及

外形尺寸（摘自 GB/T 290—2017）　（单位：mm）

滚针轴承型号		外形尺寸					
HK0000型	HK0000-2RS型	F_w	D	C	C_1[①] max	C_2[①] max	r_{smin}[②]
—	HK1014-2RS	10	14	14	1.9	1	0.4
—	HK1214-2RS	12	16	14	1.9	1	0.4
—	HK1520-2RS	15	21	20	2.8	1.3	0.4
—	HK1620-2RS	16	22	20	2.8	1.3	0.4
HK2020	HK2020-2RS	20	26	20	2.8	1.3	0.4
HK2220	HK2220-2RS	22	28	20	2.8	1.3	0.4
—	HK2524-2RS	25	32	24	2.8	1.3	0.8
—	HK3024-2RS	30	37	24	2.8	1.3	0.8
HK3224	—	32	39	24	2.8	1.3	0.8
HK5528	—	55	63	28	2.8	1.6	0.8

① 规定 C_1、C_2 的最大值是为了使用中避免轴端和冲压外圈端部之间产生接触，如果需要这种接触，用户可与制造厂协商确定。

② r_{smin} 为 r 的最小单一倒角尺寸，未规定最大倒角尺寸。

表 3-660　22D 系列无内圈冲压外圈滚针轴承的型号及

外形尺寸（摘自 GB/T 290—2017）　　　　（单位：mm）

滚针轴承型号		外形尺寸					
HKH0000 型	BKH0000 型	F_w	D	C	C_1[①] max	C_2[①] max	r_{smin}[②]
HKH0810	BKH0810	8	14	10	2.8	1.3	0.4
HKH1010	—	10	16	10	2.8	1.3	0.4
HKH1210	BKH1210	12	18	10	2.8	1.3	0.4
HKH1512		15	23	10	2.8	1.3	0.4
HKH2212		22	30	12	2.8	1.3	0.8
HKH2514		25	35	14	3.4	1.6	0.8
HKH3514		35	45	14	3.4	1.6	0.8
HKH4014		40	50	14	3.4	1.6	0.8

① 规定 C_1、C_2 的最大值是为了使用中避免轴端和冲压外圈端部之间产生接触，如果需要这种接触，用户可与制造厂协商确定。

② r_{smin} 为 r 的最小单一倒角尺寸，未规定最大倒角尺寸。

表 3-661　32D 系列无内圈冲压外圈滚针轴承的型号及

外形尺寸（摘自 GB/T 290—2017）　　　　（单位：mm）

滚针轴承型号		外形尺寸					
HKH0000 型	BKH0000 型	F_w	D	C	C_1[①] max	C_2[①] max	r_{smin}[②]
HKH0812	BKH0812	8	14	12	2.8	1.3	0.4
HKH1012	—	10	16	12	2.8	1.3	0.4
HKH1212	BKH1212	12	18	12	2.8	1.3	0.4

① 规定 C_1、C_2 的最大值是为了使用中避免轴端和冲压外圈端部之间产生接触，如果需要这种接触，用户可与制造厂协商确定。

② r_{smin} 为 r 的最小单一倒角尺寸，未规定最大倒角尺寸。

6.10　推力球轴承

6.10.1　特点及用途

推力球轴承在工作中必须加以最小轴向力，以保证钢球与两面球沟的接触。

为消除可能产生轴线不同心或轴线与外壳支承面不垂直的不良影响，安装时应使活圈外径与外壳孔之间保留 0.5~1mm 的间隙，有时还可在支承面上垫以弹性材料，如皮革、耐油橡胶等。

51000 型单向推力球轴承承受单向轴向载荷，可限制轴（外壳）的单向轴向移动。

52000 型双向推力球轴承承受双向轴向载荷，可限制轴（外壳）的双向轴向移动。

适用于有很大轴向推力的支承部位，尤其是以轴为垂直安装的场合。

6.10.2 外形尺寸

（1）单向推力球轴承（见图 3-38，表 3-662～表 3-665）

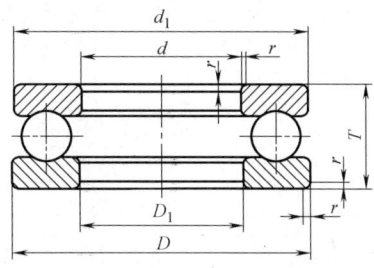

图 3-38 51000 型单向推力球轴承的结构型式

D—座圈外径 D_1—座圈内径 d—单向轴承轴圈内径

d_1—单向轴承轴圈外径 T—单向轴承高度 r—座圈和单向轴承轴圈背面倒角尺寸

表 3-662 11 系列单向推力球轴承的型号及外形尺寸

（摘自 GB/T 301—2015） （单位：mm）

轴承型号	d	D	T	D_{1smin}[①]	d_{1smax}[②]	r_{smin}[③]
51100	10	24	9	11	24	0.3
51101	12	26	9	13	26	0.3
51102	15	28	9	16	28	0.3
51103	17	30	9	18	30	0.3
51104	20	35	10	21	35	0.3
51105	25	42	11	26	42	0.6
51106	30	47	11	32	47	0.6
51107	35	52	12	37	52	0.6
51108	40	60	13	42	60	0.6
51109	45	65	14	47	65	0.6
51110	50	70	14	52	70	0.6
51111	55	78	16	57	78	0.6
51112	60	85	17	62	85	1
51113	65	90	18	67	90	1
51114	70	95	18	72	95	1
51115	75	100	19	77	100	1
51116	80	105	19	82	105	1
51117	85	110	19	87	110	1
51118	90	120	22	92	120	1
51120	100	135	25	102	135	1
51122	110	145	25	112	145	1
51124	120	155	25	122	155	1
51126	130	170	30	132	170	1
51128	140	180	31	142	178	1
51130	150	190	31	152	188	1

（续）

轴承型号	d	D	T	D_{1smin} [1]	d_{1smax} [2]	r_{1smin} [3]
51132	160	200	31	162	198	1
51134	170	215	34	172	213	1.1
51136	180	225	34	183	222	1.1
51138	190	240	37	193	237	1.1
51140	200	250	37	203	247	1.1
51144	220	270	37	223	267	1.1
51148	240	300	45	243	297	1.5
51152	260	320	45	263	317	1.5
51156	280	350	53	283	347	1.5
51160	300	380	62	304	376	2
51164	320	400	63	324	396	2
51168	340	420	65	344	416	2
51172	360	440	65	364	436	2
51176	380	460	65	384	456	2
51180	400	480	65	404	476	2
51184	420	500	65	424	495	2
51188	440	540	80	444	535	2.1
51192	460	560	80	464	555	2.1
51196	480	580	80	484	575	2.1
511/500	500	600	80	504	595	2.1
511/530	530	640	85	534	635	3
511/560	560	670	85	564	665	3
511/600	600	710	85	604	705	3
511/630	630	750	95	634	745	3
511/670	670	800	105	674	795	4

① D_{1smin} 为座圈最小单一内径，后同。

② d_{1smax} 为轴圈最大单一外径，后同。

③ r_{smin} 为 r 的最小单一倒角尺寸，其对应的最大倒角尺寸在 GB/T 274 中规定。

表 3-663　12 系列单向推力球轴承的型号及外形尺寸

（摘自 GB/T 301—2015）　　　　（单位：mm）

轴承型号	d	D	T	D_{1smin}	d_{1smax}	r_{smin} [1]
51200	10	26	11	12	26	0.6
51201	12	28	11	14	28	0.6
51202	15	32	12	17	32	0.6
51203	17	35	12	19	35	0.6
51204	20	40	14	22	40	0.6
51205	25	47	15	27	47	0.6
51206	30	52	16	32	52	0.6
51207	35	62	18	37	62	1
51208	40	68	19	42	68	1

（续）

轴承型号	d	D	T	D_{1min}	d_{1smax}	r_{smin}[①]
51209	45	73	20	47	73	1
51210	50	78	22	52	78	1
51211	55	90	25	57	90	1
51212	60	95	26	62	95	1
51213	65	100	27	67	100	1
51214	70	105	27	72	105	1
51215	75	110	27	77	110	1
51216	80	115	28	82	115	1
51217	85	125	31	88	125	1
51218	90	135	35	93	135	1.1
51220	100	150	38	103	150	1.1
51222	110	160	38	113	160	1.1
51224	120	170	39	123	170	1.1
51226	130	190	45	133	187	1.5
51228	140	200	46	143	197	1.5
51230	150	215	50	153	212	1.5
51232	160	225	51	163	222	1.5
51234	170	240	55	173	237	1.5
51236	180	250	56	183	247	1.5
51238	190	270	62	194	267	2
51240	200	280	62	204	277	2
51244	220	300	63	224	297	2
51248	240	340	78	244	335	2.1
51252	260	360	79	264	355	2.1
51256	280	380	80	284	375	2.1
51260	300	420	95	304	415	3
51264	320	440	95	325	435	3
51268	340	460	96	345	455	3
51272	360	500	110	365	495	4
51276	380	520	112	385	515	4

① r_{smin} 为 r 的最小单一倒角尺寸，其对应的最大倒角尺寸在 GB/T 274 中规定。

表 3-664　13 系列单向推力球轴承的型号及外形尺寸

（摘自 GB/T 301—2015）　　　　　（单位：mm）

轴承型号	d	D	T	D_{1min}	d_{1smax}	r_{smin}[①]
51304	20	47	18	22	47	1
51305	25	52	18	27	52	1
51306	30	60	21	32	60	1
51307	35	68	24	37	68	1
51308	40	78	26	42	78	1

（续）

轴承型号	d	D	T	D_{1smin}	d_{1smax}	r_{smin}[①]
51309	45	85	28	47	85	1
51310	50	95	31	52	95	1.1
51311	55	105	35	57	105	1.1
51312	60	110	35	62	110	1.1
51313	65	115	36	67	115	1.1
51314	70	125	40	72	125	1.1
51315	75	135	44	77	135	1.5
51316	80	140	44	82	140	1.5
51317	85	150	49	88	150	1.5
51318	90	155	50	93	155	1.5
51320	100	170	55	103	170	1.5
51322	110	190	63	113	187	2
51324	120	210	70	123	205	2.1
51326	130	225	75	134	220	2.1
51328	140	240	80	144	235	2.1
51330	150	250	80	154	245	2.1
51332	160	270	87	164	265	3
51334	170	280	87	174	275	3
51336	180	300	95	184	295	3
51338	190	320	105	195	315	4
51340	200	340	110	205	335	4
51344	220	360	112	225	355	4
51348	240	380	112	245	375	4

① r_{smin} 为 r 的最小单一倒角尺寸，其对应的最大倒角尺寸在 GB/T 274 中规定。

表 3-665 14 系列单向推力球轴承的型号及外形尺寸

（摘自 GB/T 301—2015）   （单位：mm）

轴承型号	d	D	T	D_{1smin}	d_{1smax}	r_{smin}[①]
51405	25	60	24	27	60	1
51406	30	70	28	32	70	1
51407	35	80	32	37	80	1.1
51408	40	90	36	42	90	1.1
51409	45	100	39	47	100	1.1
51410	50	110	43	52	110	1.5
51411	55	120	48	57	120	1.5
51412	60	130	51	62	130	1.5
51413	65	140	56	68	140	2
51414	70	150	60	73	150	2
51415	75	160	65	78	160	2
51416	80	170	68	83	170	2.1
51417	85	180	72	88	177	2.1

（续）

轴承型号	d	D	T	D_{1smin}	d_{1smax}	r_{smin}[①]
51418	90	190	77	93	187	2.1
51420	100	210	85	103	205	3
51422	110	230	95	113	225	3
51424	120	250	102	123	245	4
51426	130	270	110	134	265	4
51428	140	280	112	144	275	4
51430	150	300	120	154	295	4
51432	160	320	130	164	315	5
51434	170	340	135	174	335	5
51436	180	360	140	184	355	5

① r_{smin} 为 r 的最小单一倒角尺寸，其对应的最大倒角尺寸在 GB/T 274 中规定。

（2）双向推力球轴承（见图 3-39，表 3-666~表 3-668）

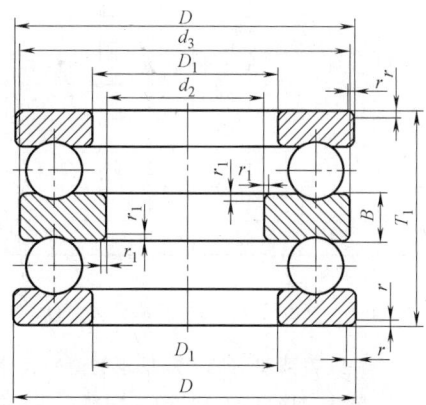

图 3-39　52000 型双向推力球轴承的结构型式

B—双向轴承中圈高度　D—座圈外径　D_1—座圈内径　d_2—双向轴承中圈内径

d_3—双向轴承中圈外径　r—双向轴承中圈端面倒角尺寸　r_1—双向轴承中圈端面倒角尺寸

T_1—双向轴承高度

表 3-666　22 系列双向推力球轴承的型号及外形

尺寸（摘自 GB/T 301—2015）　　　　　　（单位：mm）

轴承型号	d_2	D	T_1	d[①]	B	d_{3smax}	D_{1smin}	r_{smin}[②]	r_{1smin}[②]
52202	10	32	22	15	5	32	17	0.6	0.3
52204	15	40	26	20	6	40	22	0.6	0.3
52205	20	47	28	25	7	47	27	0.6	0.3
52206	25	52	29	30	7	52	32	0.6	0.3
52207	30	62	34	35	8	62	37	1	0.3
52208	30	68	36	40	9	68	42	1	0.6
52209	35	73	37	45	9	73	47	1	0.6

（续）

轴承型号	d_2	D	T_1	$d^①$	B	d_{3smax}	D_{1smin}	$r_{smin}^②$	$r_{1smin}^②$
52210	40	78	39	50	9	78	52	1	0.6
52211	45	90	45	55	10	90	57	1	0.6
52212	50	95	46	60	10	95	62	1	0.6
52213	55	100	47	65	10	100	67	1	0.6
52214	55	105	47	70	10	105	72	1	1
52215	60	110	47	75	10	110	77	1	1
52216	65	115	48	80	10	115	82	1	1
52217	70	125	55	85	12	125	88	1	1
52218	75	135	62	90	14	135	93	1.1	1
52220	85	150	67	100	15	150	103	1.1	1
52222	95	160	67	110	15	160	113	1.1	1
52224	100	170	68	120	15	170	123	1.1	1.1
52226	110	190	80	130	18	189.5	133	1.5	1.1
52228	120	200	81	140	18	199.5	143	1.5	1.1
52230	130	215	89	150	20	214.5	153	1.5	1.1
52232	140	225	90	160	20	224.5	163	1.5	1.1
52234	150	240	97	170	21	239.5	173	1.5	1.1
52236	150	250	98	180	21	249	183	1.5	2
52238	160	270	109	190	24	269	194	2	2
52240	170	280	109	200	24	279	204	2	2
52244	190	300	110	220	24	299	224	2	2

① d 对应于表 3-662 的单向轴承轴圈内径。

② r_{smin}、r_{1smin} 分别为 r、r_1 的最小单一倒角尺寸，其对应的最大倒角尺寸在 GB/T 274 中规定。

表 3-667　23 系列双向推力球轴承的型号及外形

尺寸（摘自 GB/T 301—2015）　　　　　（单位：mm）

轴承型号	d_2	D	T_1	$d^①$	B	d_{3smax}	D_{1smin}	$r_{smin}^②$	$r_{1smin}^②$
52305	20	52	34	25	8	52	27	1	0.3
52306	25	60	38	30	9	60	32	1	0.3
52307	30	68	44	35	10	68	37	1	0.3
52308	30	78	49	40	12	78	42	1	0.6
52309	35	85	52	45	12	85	47	1	0.6
52310	40	95	58	50	14	95	52	1.1	0.6
52311	45	105	64	55	15	105	57	1.1	0.6
52312	50	110	64	60	15	110	62	1.1	0.6
52313	55	115	65	65	15	115	67	1.1	0.6
52314	55	125	72	70	16	125	72	1.1	1
52315	60	135	79	75	18	135	77	1.5	1
52316	65	140	79	80	18	140	82	1.5	1
52317	70	150	87	85	19	150	88	1.5	1
52318	75	155	88	90	19	155	93	1.5	1

（续）

轴承型号	d_2	D	T_1	$d^{①}$	B	d_{3smax}	D_{1smin}	$r_{smin}^{②}$	$r_{1smin}^{②}$
52320	85	170	97	100	21	170	103	1.5	1
52322	95	190	110	110	24	189.5	113	2	1
52324	100	210	123	120	27	209.5	123	2.1	1.1
52326	110	225	130	130	30	224	134	2.1	1.1
52328	120	240	140	140	31	239	144	2.1	1.1
52330	130	250	140	150	31	249	154	2.1	1.1
52332	140	270	153	160	33	269	164	3	1.1
52334	150	280	153	170	33	279	174	3	1.1
52336	150	300	165	180	37	299	184	3	2
52338	160	320	183	190	40	319	195	4	2
52340	170	340	192	200	42	339	205	4	2

① d 对应于表 3-663 的单向轴承轴圈内径。

② r_{smin}、r_{1smin} 分别为 r、r_1 的最小单一倒角尺寸，其对应的最大倒角尺寸在 GB/T 274 中规定。

表 3-668　24 系列双向推力球轴承的型号及外形尺寸（摘自 GB/T 301—2015）　　　　（单位：mm）

轴承型号	d_2	D	T_1	$d^{①}$	B	d_{3smax}	D_{1smin}	$r_{smin}^{②}$	$r_{1smin}^{②}$
52405	15	60	45	25	11	27	60	1	0.6
52406	20	70	52	30	12	32	70	1	0.6
52407	25	80	59	35	14	37	80	1.1	0.6
52408	30	90	65	40	15	42	90	1.1	0.6
52409	35	100	72	45	17	47	100	1.1	0.6
52410	40	110	78	50	18	52	110	1.5	0.6
52411	45	120	87	55	20	57	120	1.5	0.6
52412	50	130	93	60	21	62	130	1.5	0.6
52413	50	140	101	65	23	68	140	2	1
52414	55	150	107	70	24	73	150	2	1
52415	60	160	115	75	26	78	160	2	1
52416	65	170	120	80	27	83	170	2.1	1
52417	65	180	128	85	29	88	179.5	2.1	1.1
52418	70	190	135	90	30	93	189.5	2.1	1.1
52420	80	210	150	100	33	103	209.5	3	1.1
52422	90	230	166	110	37	113	229	3	1.1
52424	95	250	177	120	40	123	249	4	1.5
52426	100	270	192	130	42	134	269	4	2
52428	110	280	196	140	44	144	279	4	2
52430	120	300	209	150	46	154	299	4	2
52432	130	320	226	160	50	164	319	5	2
52434	135	340	236	170	50	174	339	5	2.1
52436	140	360	245	180	52	184	359	5	3

① d 对应于表 3-664 的单向轴承轴圈内径。

② r_{smin}、r_{1smin} 分别为 r、r_1 的最小单一倒角尺寸，其对应的最大倒角尺寸在 GB/T 274 中规定。

6.11 推力圆柱滚子轴承

6.11.1 特点及用途

推力圆柱滚子轴承用于承受大的轴向载荷且轴垂直安装的机械中，常用于重型机械部件，其余应用特点与推力球轴承相同。

80000 轴承承受单向轴向载荷，适用于低转速，82000 型轴承可自动调心。

推力滚子轴承主要承受轴向载荷，也可同时承受一定量的径向载荷（不超过未被利用的允许轴向载荷的 15%）。

6.11.2 外形尺寸

（1）推力圆柱滚子轴承（见图 3-40，表 3-669~表 3-671）

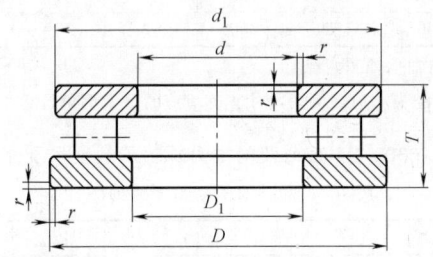

图 3-40　单向推力圆柱滚子轴承的结构型式（图形仅为结构示例）

D—座圈外径　D_1—座圈内径　d—单向轴承轴圈内径

d_1—单向轴承轴圈外径　r—单向轴承轴圈和座圈背面倒角尺寸　T—单向轴承高度

表 3-669　11 系列单向推力圆柱滚子轴承的型号及外形

尺寸（摘自 GB/T 4663—2017）　　　　　　（单位：mm）

轴承型号	d	D	D_{1smin}①	d_{1smax}②	T	r_{smin}③
81100	10	24	11	24	9	0.3
81101	12	26	13	26	9	0.3
81102	15	28	16	28	9	0.3
81103	17	30	18	30	9	0.3
81104	20	35	21	35	10	0.3
81105	25	42	26	42	11	0.6
81106	30	47	32	47	11	0.6
81107	35	52	37	52	12	0.6
81108	40	60	42	60	13	0.6
81109	45	65	47	65	14	0.6
81110	50	70	52	70	14	0.6
81111	55	78	57	78	16	0.6
81112	60	85	62	85	17	1
81113	65	90	67	90	18	1
81114	70	95	72	95	18	1
81115	75	100	77	100	19	1

（续）

轴承型号	d	D	D_{1smin}①	d_{1smax}②	T	r_{smin}③
81116	80	105	82	105	19	1
81117	85	110	87	110	19	1
81118	90	120	92	120	22	1
81120	100	135	102	135	25	1
81122	110	145	112	145	25	1
81124	120	155	122	155	25	1
81126	130	170	132	170	30	1
81128	140	180	142	178	31	1
81130	150	190	152	188	31	1
81132	160	200	162	198	31	1
81134	170	215	172	213	34	1.1
81136	180	225	183	222	34	1.1
81138	190	240	193	237	37	1.1
81140	200	250	203	247	37	1.1
81144	220	270	223	267	37	1.1
81148	240	300	243	297	45	1.5
81152	260	320	263	317	45	1.5
81156	280	350	283	347	53	1.5
81160	300	380	304	376	62	2
81164	320	400	324	396	63	2
81168	340	420	344	416	64	2
81172	360	440	364	436	65	2
81176	380	460	384	456	65	2
81180	400	480	404	476	65	2
81184	420	500	424	495	65	2
81188	440	540	444	535	80	2.1
81192	460	560	464	555	80	2.1
81196	480	580	484	575	80	2.1
811/500	500	600	504	595	80	2.1
811/530	530	640	534	635	85	3
811/560	560	670	564	665	85	3
811/600	600	710	604	705	85	3
811/630	630	750	634	745	95	3
811/670	670	800	674	795	105	4
811/710	710	850	714	845	112	4
811/750	750	900	755	895	120	4
811/800	800	950	805	945	120	4
811/850	850	1000	855	955	120	4
811/900	900	1060	1054	906	130	5
811/950	950	1120	1114	956	135	5
811/1000	1000	1180	1005	1175	140	5
811/1060	1060	1250	1065	1245	150	5

（续）

轴承型号	d	D	D_{1smin} [1]	d_{1smax} [2]	T	r_{smin} [3]
811/1120	1120	1320	1125	1315	160	5
811/1180	1180	1400	1185	1395	175	6
811/1250	1250	1460	1255	1455	175	6
811/1320	1320	1540	1325	1535	175	6
811/1400	1400	1630	1410	1620	180	6
811/1500	1500	1750	1510	1740	195	6
811/1600	1600	1850	1610	1840	195	6
811/1700	1700	1970	1710	1960	212	7.5
811/1800	1800	2080	1810	2070	220	7.5

① D_{1smin} 为座圈最小单一内径。

② d_{1smax} 为轴圈最大单一外径。

③ r_{smin} 为 r 的最小单一倒角尺寸，其最大倒角尺寸规定在 GB/T 274 中。

表 3-670　12 系列单向推力圆柱滚子轴承的型号及外形

尺寸（摘自 GB/T 4663—2017）　　　（单位：mm）

轴承型号	d	D	D_{1smin} [1]	d_{1smax} [2]	T	r_{smin} [3]
81200	10	26	12	26	11	0.6
81201	12	28	14	28	11	0.6
81202	15	32	17	32	12	0.6
81203	17	35	19	35	12	0.6
81204	20	40	22	40	14	0.6
81205	25	47	27	47	15	0.6
81206	30	52	32	52	16	0.6
81207	35	62	37	62	18	1
81208	40	68	42	68	19	1
81209	45	73	47	73	20	1
81210	50	78	52	78	22	1
81211	55	90	57	90	25	1
81212	60	95	62	95	26	1
81213	65	100	67	100	27	1
81214	70	105	72	105	27	1
81215	75	110	77	110	27	1
81216	80	115	82	115	28	1
81217	85	125	88	125	31	1
81218	90	135	93	135	35	1.1
81220	100	150	103	150	38	1.1
81222	110	160	113	160	38	1.1
81224	120	170	123	170	39	1.1
81226	130	190	133	187	45	1.5

（续）

轴承型号	d	D	D_{1smin} ①	d_{1smax} ②	T	r_{smin} ③
81228	140	200	143	197	46	1.5
81230	150	215	153	212	50	1.5
81232	160	225	163	222	51	1.5
81234	170	240	173	237	55	1.5
81236	180	250	183	247	56	1.5
81238	190	270	194	267	62	2
81240	200	280	204	277	62	2
81244	220	300	224	297	63	2
81248	240	340	244	335	78	2.1
81252	260	360	264	355	79	2.1
81256	280	380	284	375	80	2.1
81260	300	420	304	415	95	3
81264	320	440	325	435	95	3
81268	340	460	345	455	96	3
81272	360	500	365	495	110	4
81276	380	520	385	515	112	4
81280	400	540	405	535	112	4
81284	420	580	425	575	130	5
81288	440	600	445	595	130	5
81292	460	620	465	615	130	5
81296	480	650	485	645	135	5
812/500	500	670	505	665	135	5
812/530	530	710	535	705	140	5
812/560	560	750	565	745	150	5
812/600	600	800	605	795	160	5
812/630	630	850	635	845	175	6
812/670	670	900	675	895	180	6
812/710	710	950	715	945	190	6
812/750	750	1000	755	995	195	6
812/800	800	1060	805	1055	205	7.5
812/850	850	1120	855	1115	212	7.5
812/900	900	1180	905	1175	220	7.5
812/950	950	1250	955	1245	236	7.5
812/1000	1000	1320	1005	1315	250	9.5
812/1060	1060	1400	1065	1395	265	9.5

① D_{1smin} 为座圈最小单一内径。

② d_{1smax} 为轴圈最大单一外径。

③ r_{smin} 为 r 的最小单一倒角尺寸，其最大倒角尺寸规定在 GB/T 274 中。

表 3-671　22 系列双向推力圆柱滚子轴承的结构型式、型号

及外形尺寸（摘自 GB/T 301—2015）　　　　（单位：mm）

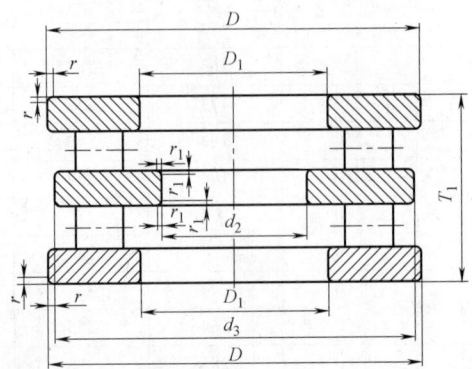

注：D 为座圈外径；D_1 为座圈内径；d_2 为双向轴承中圈内径；d_3 为双向轴承中圈外径；r 为座圈背面倒角尺寸；r_1 为中圈端面倒角尺寸；T_1 为双向轴承高度

轴承型号	d[1]	d_2	D	D_{1smin}[2]	d_{3smax}[3]	T_1	r_{smin}[4]	r_{1smin}[4]
82211	55	45	90	57	90	45	1	0.6
82212	60	50	95	62	95	46	1	0.6
82213	65	55	100	67	100	47	1	0.6
82214	70	55	105	72	105	47	1	1
82215	75	60	110	77	110	47	1	1
82216	80	65	115	82	115	48	1	1
82217	85	70	125	88	125	55	1	1
82218	90	75	135	93	135	62	1.1	1
82220	100	85	150	103	150	67	1.1	1
82222	110	95	160	113	160	67	1.1	1
82224	120	100	170	123	170	68	1.1	1.1
82226	130	110	190	133	189.5	80	1.5	1.1
82228	140	120	200	143	199.5	81	1.5	1.1
82230	150	130	215	153	214.5	89	1.5	1.1
82232	160	140	225	163	224.5	90	1.5	1.1
82234	170	150	240	173	239.5	97	1.5	1.1
82236	180	150	250	183	249	98	1.5	2
82238	190	160	270	194	269	109	2	2
82240	200	170	280	204	279	109	2	2
82244	220	190	300	224	299	110	2	2

① d 为表 3-669 中的相应单向轴承直径系列 2 轴圈的内径。

② D_{1smin} 为座圈最小单一内径。

③ d_{3smax} 为双向轴承中圈最大单一外径。

④ r_{smin}、r_{1smin} 为 r、r_1 的最小单一倒角尺寸，其对应的最大倒角尺寸规定在 GB/T 274 中。

（2）推力圆锥滚子轴承（见图 3-41，表 3-672～表 3-674）

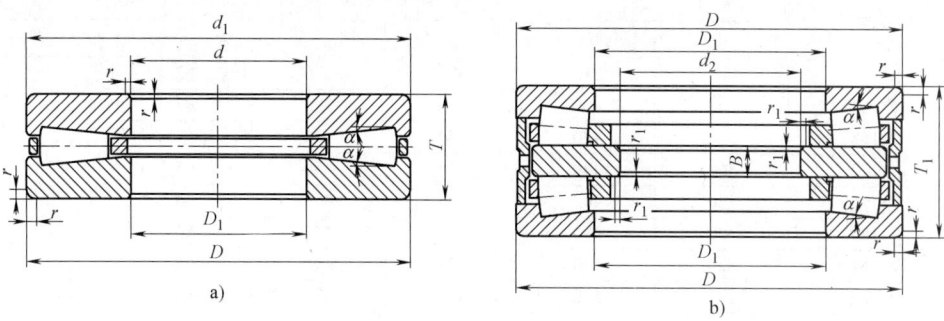

图 3-41　推力圆锥滚子轴承的结构型式

a）单向推力圆锥滚子轴承　b）双向推力圆锥滚子轴承

D_1—单、双向轴承座圈内径　d_1—单向轴承轴圈外径　d_2—双向轴承中圈内径

T—单向轴承高度　T_1—双向轴承高度　r、r_1—倒角尺寸

表 3-672　11 系列单向推力圆锥滚子轴承的型号及外形

尺寸（摘自 JB/T 7751—2016）　　　　　　（单位：mm）

轴承型号	外形尺寸					
	d	D	D_{1smin} [①]	d_{1smax} [②]	T	r_{smin} [③]
91110	50	70	52	70	14	0.6
91111	55	78	57	78	16	0.6
91112	60	85	62	85	17	1
91113	65	90	67	90	18	1
91114	70	95	72	95	18	1
91115	75	100	77	100	19	1
91116	80	105	82	105	19	1
91117	85	110	87	110	19	1
91118	90	120	92	120	22	1
91120	100	135	102	135	25	1
91122	110	145	112	145	25	1
91124	120	155	122	155	25	1
91126	130	170	132	170	30	1
91128	140	180	142	178	31	1
91130	150	190	152	188	31	1
91132	160	200	162	198	31	1
91134	170	215	172	213	34	1.1
91136	180	225	183	222	34	1.1
91138	190	240	193	237	37	1.1
91140	200	250	203	247	37	1.1
91144	220	270	223	267	37	1.1
91148	240	300	243	297	45	1.5
91152	260	320	263	317	45	1.5
91156	280	350	283	347	53	1.5

（续）

轴承型号	外形尺寸					
	d	D	D_{1smin} [1]	d_{1smax} [2]	T	r_{smin} [3]
91160	300	380	304	376	62	2
91164	320	400	324	396	63	2
91168	340	420	344	416	64	2
91172	360	440	364	436	65	2
91176	380	460	384	456	65	2
91180	400	480	404	476	65	2
91184	420	500	424	495	65	2
91188	440	540	444	535	80	2.1
91192	460	560	464	555	80	2.1
91196	480	580	484	575	80	2.1
911/500	500	600	504	595	80	2.1
911/530	530	640	534	635	85	3
911/560	560	670	564	665	85	3
911/600	600	710	604	705	85	3
911/630	630	750	634	745	95	3
911/670	670	800	674	795	105	4
911/710	710	850	714	845	112	4
911/750	750	900	755	895	120	4
911/800	800	950	805	945	120	4
911/850	850	1000	855	955	120	4
911/1000	1000	1180	1005	1175	140	5
911/1060	1060	1250	1065	1245	150	5
911/1120	1120	1320	1125	1315	160	5
911/1180	1180	1400	1185	1395	175	6
911/1250	1250	1460	1255	1455	175	6
911/1320	1320	1540	1325	1535	175	6
911/1400	1400	1630	1410	1620	180	6
911/1500	1500	1750	1510	1740	195	6
911/1600	1600	1850	1610	1840	195	6
911/1700	1700	1970	1710	1960	212	7.5
911/1800	1800	2080	1810	2070	220	7.5

① D_{1smin} 为轴承座圈最小单一内径。

② d_{1smin} 为轴承轴圈最大单一外径。

③ r_{smin} 为 r 的最小单一倒角尺寸，其对应的最大倒角尺寸规定在 GB/T 274—2000 中。

表 3-673　12 系列单向圆锥滚子轴承的型号及外形

尺寸（摘自 JB/T 7751—2016）　　　　　　（单位：mm）

轴承型号	外形尺寸					
	d	D	D_{1smin} [1]	d_{1smax} [2]	T	r_{smin} [3]
91210	50	78	52	78	22	1
91211	55	90	57	90	25	1
91212	60	95	62	95	26	1
91213	65	100	67	100	27	1

（续）

轴承型号	外形尺寸					
	d	D	D_{1smin} [1]	d_{1smax} [2]	T	r_{smin} [3]
91214	70	105	72	105	27	1
91215	75	110	77	110	27	1
91216	80	115	82	115	28	1
91217	85	125	88	125	31	1
91218	90	135	93	135	35	1.1
91220	100	150	103	150	38	1.1
91222	110	160	113	160	38	1.1
91224	120	170	123	170	39	1.1
91226	130	190	133	187	45	1.5
91228	140	200	143	197	46	1.5
91230	150	215	153	212	50	1.5
91232	160	225	163	222	51	1.5
91234	170	240	173	237	55	1.5
91236	180	250	183	247	56	1.5
91238	190	270	194	267	62	2
91240	200	280	204	277	62	2
91244	220	300	224	297	63	2
91248	240	340	244	335	78	2.1
91252	260	360	264	355	79	2.1
91256	280	380	284	375	80	2.1
91260	300	420	304	415	95	3
91264	320	440	325	435	95	3
91268	340	460	345	455	96	3
91272	360	500	365	495	110	4
91276	380	520	385	515	112	4
91280	400	540	405	535	112	4
91284	420	580	425	575	130	5
91288	440	600	445	595	130	5
91292	460	620	465	615	130	5
91296	480	650	485	645	135	5
912/500	500	670	505	665	135	5
912/530	530	710	535	705	140	5
912/560	560	750	565	745	150	5
912/600	600	800	605	795	160	5
912/630	630	850	635	845	175	6
912/670	670	900	675	895	180	6
912/710	710	950	715	945	190	6
912/750	750	1000	755	995	195	6
912/800	800	1060	805	1055	205	7.5

（续）

轴承型号	外形尺寸					
	d	D	D_{1smin}①	d_{1smax}②	T	r_{smin}③
912/850	850	1120	855	1115	212	7.5
912/900	900	1180	905	1175	220	7.5
912/950	950	1250	955	1245	236	7.5
912/1000	1000	1320	1005	1315	250	9.5
912/1060	1060	1400	1065	1395	265	9.5

① D_{1smin}为轴承座圈最小单一内径。

② d_{1smax}为轴承轴圈最大单一外径。

③ r_{smin}为 r 的最小单一倒角尺寸，其对应的最大倒角尺寸规定在 GB/T 274—2000 中。

表 3-674　21 系列双向推力圆锥滚子轴承的型号及外形

尺寸（摘自 JB/T 7751—2016）　　　　（单位：mm）

轴承型号	外形尺寸						
	d_2	D	D_{1smin}①	B②	T_1	r_{smin}③	r_{1smin}③
92120	100	200	110	18	85	2	1.1
92122	110	220	120	19	90	2	1.1
92124	120	240	135	20	95	2	1.1
92126	130	260	150	30	125	2	1.1
92128	140	280	165	32	130	2	1.1
91230	150	290	180	35	135	2	1.1
92132	160	300	190	35	140	2	1.1
92134	170	310	195	37	145	2	1.1
92136	180	320	205	40	150	3	1.5
92138	190	330	215	40	155	3	1.5
92140	200	350	226	40	155	3	1.5
92142	210	360	236	42	160	4	2
92144	220	380	250	45	165	4	2
92146	230	390	260	47	170	4	2
92148	240	400	270	47	170	4	2
92150	250	410	280	50	175	4	2
92152	260	420	290	50	175	4	2
92154	270	430	300	50	180	4	2
92156	280	440	310	50	185	4	2
92158	290	450	320	50	185	4	2
92160	300	460	330	52	190	5	3
92162	310	470	340	52	190	5	3
92164	320	480	350	52	190	5	3
92166	330	490	360	52	190	5	3
92168	340	510	370	55	200	5	3
92190	450	650	500	60	215	5	3
92192	460	660	510	60	215	5	3

（续）

轴承型号	外形尺寸						
	d_2	D	D_{1smin}①	B②	T_1	r_{smin}③	r_{1smin}③
92194	470	680	520	62	225	5	3
92196	480	690	530	62	225	5	3
92198	490	700	540	63	230	5	3
921/500	500	710	550	65	240	6	4
921/530	530	740	580	70	260	6	4
921/550	550	760	610	70	260	6	4
921/600	600	820	670	75	280	6	4
921/670	670	900	740	80	300	6	4

① D_{1smin} 为轴承座圈最小单一内径。

② 为参考尺寸。

③ r_{smin}、r_{1smin} 为 r、r_1 最小单一倒角尺寸，其对应的最大倒角尺寸规定在 GB/T 274—2000 中。

（3）推力调心滚子轴承（见图 3-42，表 3-675 ~ 表 3-677）

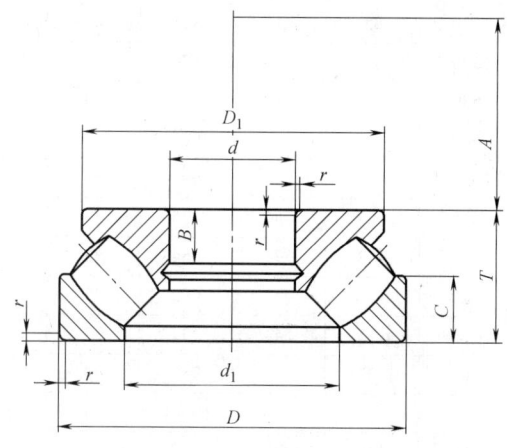

图 3-42　推力调心滚子轴承的结构型式

A—座圈滚道表面曲率中心到轴圈背面的距离　B—轴圈与轴配合处的公称高度

C—座圈公称高度　D—轴承座圈公称外径　D_1—轴承轴圈公称外径

d—轴承轴圈公称内径　d_1—轴承座圈公称内径

r—轴圈、座圈背面公称倒角尺寸　T—轴承公称高度

表 3-675　92 系列推力调心滚子轴承的型号及

外形尺寸（摘自 GB/T 5859—2008）　（单位：mm）

轴承型号	外形尺寸								
	d	D	T	d_{1max}	D_{1max}	B_{min}	C①	A	r_{smin}②
29230	150	215	39	178	208	14	19	82	1.5
29232	160	225	39	188	219	14	19	86	1.5

（续）

轴承型号	外 形 尺 寸								
	d	D	T	d_{1max}	D_{1max}	B_{min}	$C^{①}$	A	$r_{smin}^{②}$
29234	170	240	42	198	233	15	20	92	1.5
29236	180	250	42	208	243	15	20	92	1.5
29238	190	270	48	223	262	15	24	104	2
29240	200	280	48	236	271	15	24	108	2
29244	220	300	48	254	292	15	24	117	2
29248	240	340	60	283	330	19	30	130	2.1
29252	260	360	60	302	350	19	30	139	2.1
29256	280	380	60	323	370	19	30	150	2.1
29260	300	420	73	353	405	21	38	162	3
29264	320	440	73	372	430	21	38	172	3
29268	340	460	73	395	445	21	37	183	3
29272	360	500	85	423	485	25	44	194	4
29276	380	520	85	441	505	27	42	202	4
29280	400	540	85	460	526	27	42	212	4
29284	420	580	95	489	564	30	46	225	5
29288	440	600	95	508	585	30	49	235	5
29292	460	620	95	530	605	30	46	245	5
29296	480	650	103	556	635	33	55	259	5
292/500	500	670	103	574	654	33	55	268	5
292/530	530	710	109	612	692	35	57	288	5
292/560	560	750	115	644	732	37	60	302	5
292/600	600	800	122	688	780	39	65	321	5
292/630	630	850	132	728	830	42	67	338	6
292/670	670	900	140	773	880	45	74	364	6
292/710	710	950	145	815	930	46	75	380	6
292/750	750	1000	150	861	976	48	81	406	6
292/800	800	1060	155	915	1035	50	81	426	7.5
292/850	850	1120	160	966	1095	51	82	453	7.5
292/900	900	1180	170	1023	1150	54	84	477	7.5
292/950	950	1250	180	1081	1220	58	90	507	7.5
292/1000	1000	1320	190	1139	1290	61	98	540	9.5
292/1060	1060	1400	206	1208	1370	66	108	566	9.5
292/1120	1120	1460	206	1272	1385	72	101	601	9.5
292/1180	1180	1520	206	1331	1450	83	101	625	9.5

① 系参考尺寸。

② 对应的最大倒角尺寸规定在 GB/T 274—2000 中。

表 3-676　93 系列推力调心滚子轴承的型号及外形

尺寸（摘自 GB/T 5859—2008）　　　　（单位：mm）

轴承型号	外形尺寸								
	d	D	T	d_{1max}	D_{1max}	B_{min}	$C^{①}$	A	r_{smin} ②
29317	85	150	39	114	143.5	13	19	50	1.5
29318	90	155	39	117	148.5	13	19	52	1.5
29320	100	170	42	129	163	14	20.8	58	1.5
29322	110	190	48	143	182	16	23	64	2
29324	120	210	54	159	200	18	26	70	2.1
29326	130	225	58	171	215	19	28	76	2.1
29328	140	240	60	183	230	20	29	82	2.1
29330	150	250	60	194	240	20	29	87	2.1
29332	160	270	67	208	260	23	32	92	3
29334	170	280	67	216	270	23	32	96	3
29336	180	300	73	232	290	25	35	103	3
29338	190	320	78	246	308	27	38	110	4
29340	200	340	85	261	325	29	41	116	4
29344	220	360	85	280	345	29	41	125	4
29348	240	380	85	300	365	29	41	135	4
29352	260	420	95	329	405	32	45	148	5
29356	280	440	95	348	423	32	46	158	5
29360	300	480	109	379	460	37	50	168	5
29364	320	500	109	399	482	37	53	180	5
29368	340	540	122	428	520	41	59	192	5
29372	360	560	122	448	540	41	59	202	5
29376	380	600	132	477	580	44	63	216	6
29380	400	620	132	494	596	44	64	225	6
29384	420	650	140	520	626	48	68	235	6
29388	440	680	145	548	655	49	70	245	6
29392	460	710	150	567	685	51	72	257	6
29396	480	730	150	590	705	51	72	270	6
293/500	500	750	150	611	725	51	74	280	6
293/530	530	800	160	648	772	54	76	295	7.5
293/560	560	850	175	690	822	60	85	310	7.5
293/600	600	900	180	731	870	61	87	335	7.5
293/630	630	950	190	767	920	65	92	345	9.5
293/670	670	1000	200	813	963	68	96	372	9.5
293/710	710	1060	212	864	1028	72	102	394	9.5
293/750	750	1120	224	910	1086	76	108	415	9.5
293/800	800	1180	230	965	1146	78	112	440	9.5

（续）

轴承型号	外形尺寸								
	d	D	T	d_{1max}	D_{1max}	B_{min}	$C^{①}$	A	$r_{smin}^{②}$
293/850	850	1250	243	1024	1205	85	118	468	12
293/900	900	1320	250	1086	1280	86	120	496	12
293/950	950	1400	272	1150	1360	93	132	525	12
293/1000	1000	1460	276	1192	1365	100	137	561	12

① 系参考尺寸。

② 对应的最大倒角尺寸规定在 GB/T 274—2000 中。

表 3-677　94 系列推力调心滚子轴承的型号及

外形尺寸（摘自 GB/T 5859—2008）　　　（单位：mm）

轴承型号	外形尺寸								
	d	D	T	d_{1max}	D_{1max}	B_{min}	$C^{①}$	A	$r_{smin}^{②}$
29412	60	130	42	89	123	15	20	38	1.5
29413	65	140	45	96	133	16	21	42	2
29414	70	150	48	103	142	17	23	44	2
29415	75	160	51	109	152	18	24	47	2
29416	80	170	54	117	162	19	26	50	2.1
29417	85	180	58	125	170	21	28	54	2.1
29418	90	190	60	132	180	22	29	56	2.1
29420	100	210	67	146	200	24	32	62	3
29422	110	230	73	162	220	26	35	69	3
29424	120	250	78	174	236	29	37	74	4
29426	130	270	85	189	255	31	41	81	4
29428	140	280	85	199	268	31	41	86	4
29430	150	300	90	214	285	32	44	92	4
29432	160	320	95	229	306	34	45	99	5
29434	170	340	103	243	324	37	50	104	5
29436	180	360	109	255	342	39	52	110	5
29438	190	380	115	271	360	41	55	117	5
29440	200	400	122	286	380	43	59	122	5
29444	220	420	122	308	400	43	58	132	6
29448	240	440	122	326	420	43	59	142	6
29452	260	480	132	357	460	48	64	154	6
29456	280	520	145	387	495	52	68	166	6
29460	300	540	145	402	515	52	70	175	6
29464	320	580	155	435	555	55	75	191	7.5
29468	340	620	170	462	590	61	82	201	7.5
29472	360	640	170	480	610	61	82	210	7.5
29476	380	670	175	504	640	63	85	230	7.5
29480	400	710	185	534	680	67	89	236	7.5
29484	420	730	185	556	700	67	89	244	7.5

（续）

轴承型号	外形尺寸								
	d	D	T	d_{1max}	D_{1max}	B_{min}	$C^{①}$	A	$r_{smin}^{②}$
29488	440	780	206	588	745	74	100	260	9.5
29492	460	800	206	608	765	74	100	272	9.5
29496	480	850	224	638	810	81	108	280	9.5
294/500	500	870	224	661	830	81	107	290	9.5
294/530	530	920	236	700	880	87	114	309	9.5
294/560	560	980	250	740	940	92	120	328	12
294/600	600	1030	258	785	990	92	127	347	12
294/630	630	1090	280	830	1040	100	136	365	12
294/670	670	1150	290	880	1105	106	138	387	15
294/710	710	1220	308	925	1165	113	150	415	15
294/750	750	1280	315	983	1220	116	152	436	15
294/800	800	1360	335	1040	1310	120	163	462	15
294/850	850	1440	354	1060	1372	126	168	494	15
294/900	900	1520	372	1168	1460	138	180	518	15
294/950	950	1600	390	1209	1470	153	191	546	15

① 系参考尺寸。

② 对应的最大倒角尺寸规定在 GB/T 274—2000 中。

第4章 量具、刃具

1 量具

1.1 尺类量具

1.1.1 金属直尺（见表4-1）

表4-1 金属直尺的型式与基本参数（摘自 GB/T 9056—2004）

（单位：mm）

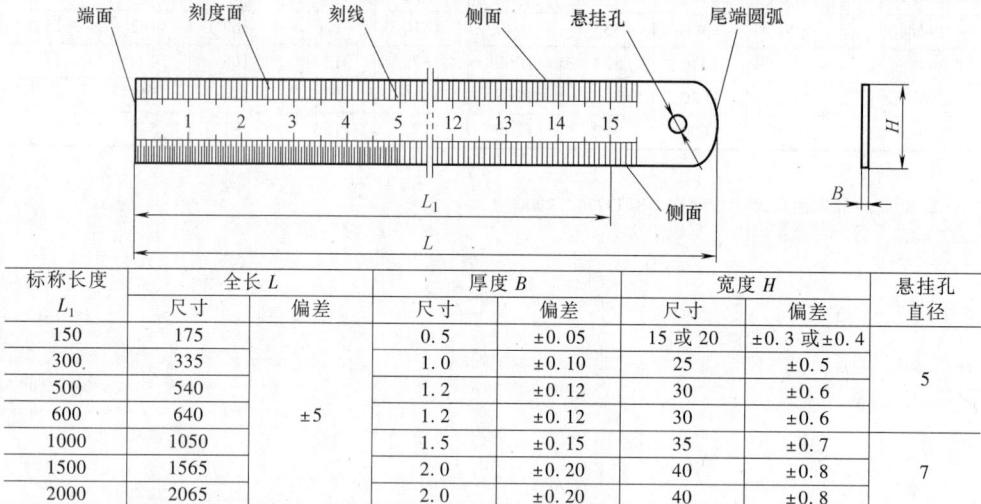

标称长度	全长 L		厚度 B		宽度 H		悬挂孔
L_1	尺寸	偏差	尺寸	偏差	尺寸	偏差	直径
150	175		0.5	±0.05	15 或 20	±0.3 或 ±0.4	
300	335		1.0	±0.10	25	±0.5	
500	540		1.2	±0.12	30	±0.6	5
600	640	±5	1.2	±0.12	30	±0.6	
1000	1050		1.5	±0.15	35	±0.7	
1500	1565		2.0	±0.20	40	±0.8	7
2000	2065		2.0	±0.20	40	±0.8	

1.1.2 纤维卷尺（见表4-2）

表4-2 纤维卷尺的型式、尺带规格和尺带截面尺寸（摘自 QB/T 1519—2011）

（单位：mm）

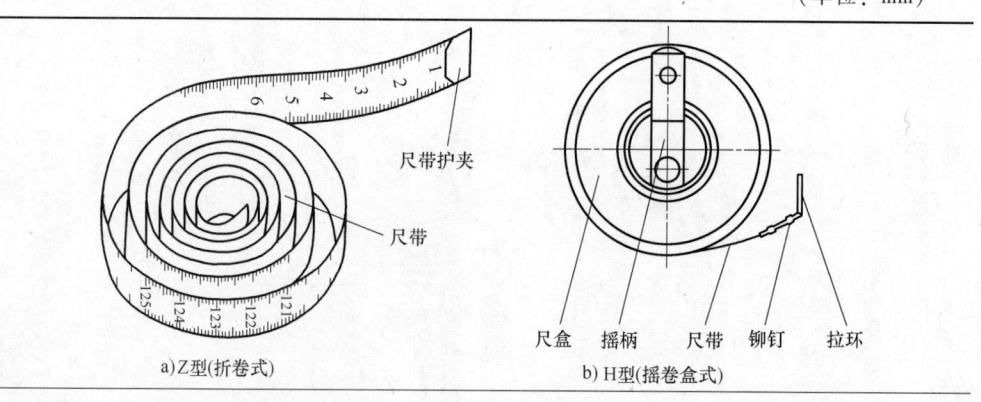

a)Z型(折卷式)　　　　b)H型(摇卷盒式)

（续）

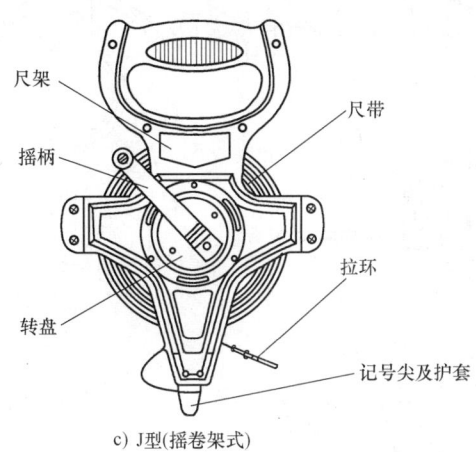

c) J型(摇卷架式)

型式	尺带规格 /m	尺带截面尺寸/mm			
		宽度		厚度	
		公称尺寸	允许偏差	公称尺寸	允许偏差
Z 型	0.5 的整数倍(5m 以下)				
H 型					
Z 型	5 的整数倍	4~40	±4%	0.45	±0.18
H 型					
J 型					

注：有特殊要求的尺带不受本表限制。

1.1.3　钢卷尺 （见表 4-3）

表 4-3　钢卷尺的型式、尺带规格和尺带截面尺寸（摘自 QB/T 2443—2011）

（单位：mm）

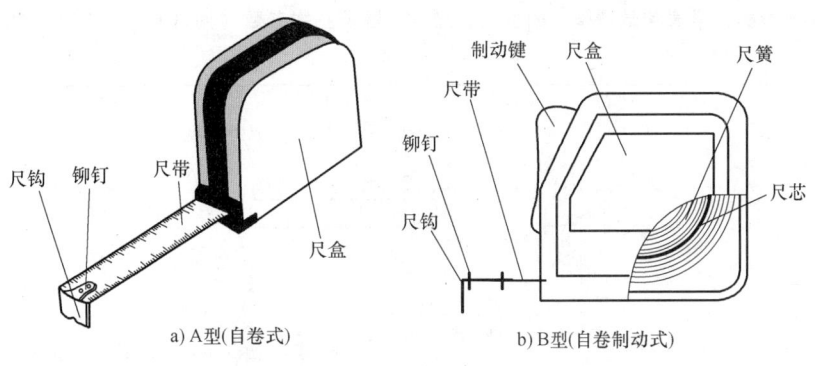

a) A型(自卷式)　　　　　　　　b) B型(自卷制动式)

（续）

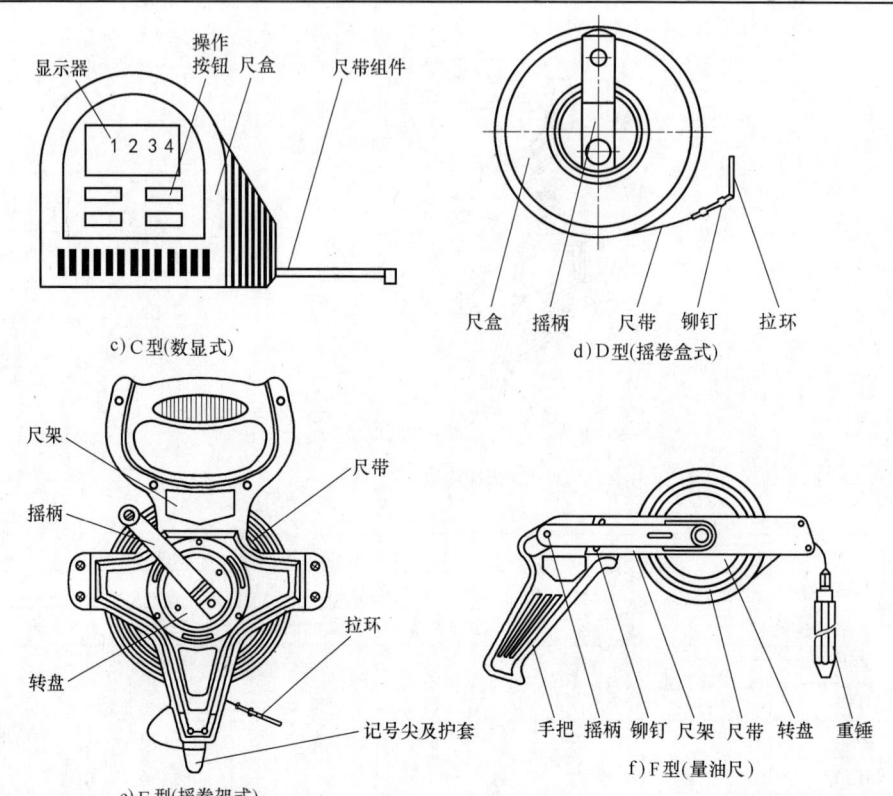

c）C型（数显式）

d）D型（摇卷盒式）

e）E型（摇卷架式）

f）F型（量油尺）

型式	尺带规格/m	尺带截面				形状
		宽度/mm		厚度/mm		
		基本尺寸	允许偏差	基本尺寸	允许偏差	
A、B、C型	0.5的整数倍	4~40	0	0.11~0.16	0	弧面或平面
D、E、F型	5的整数倍	10~16	-0.02	0.14~0.28	-0.02	平面

注：1. 有特殊要求的尺带不受本表限制。
　　2. 尺带的宽度和厚度系指金属材料的宽度和厚度。

1.1.4　游标、带表和数量卡尺 （见表4-4）

表4-4　游标、带表和数量卡尺的型式、测量范围及基本参数 （摘自 GB/T 21389—2008）

（单位：mm）

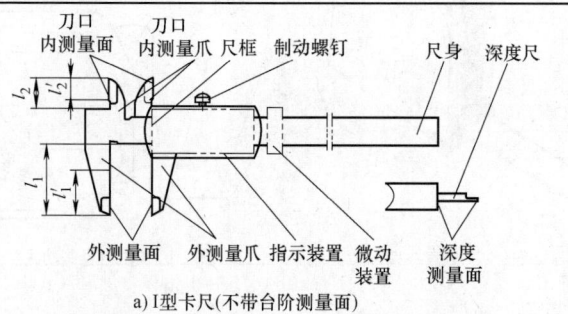

a）I型卡尺（不带台阶测量面）

（续）

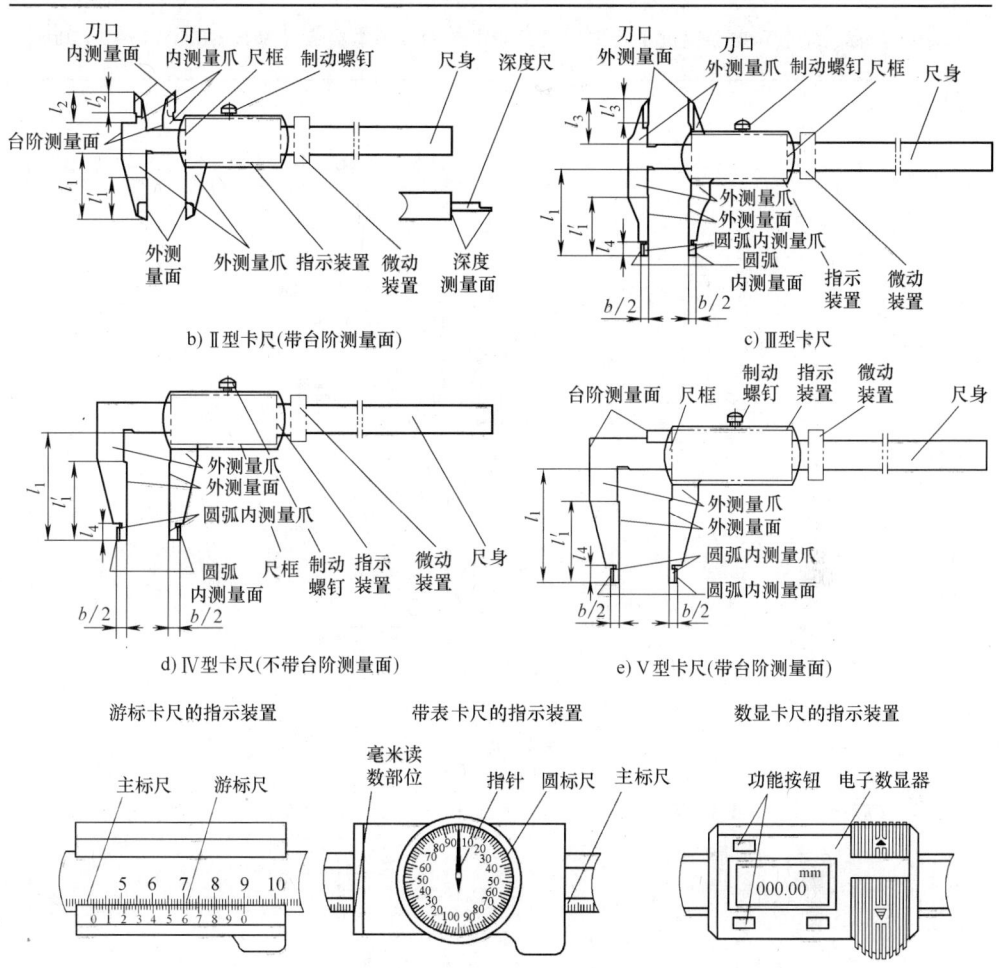

b) Ⅱ型卡尺(带台阶测量面)

c) Ⅲ型卡尺

d) Ⅳ型卡尺(不带台阶测量面)

e) Ⅴ型卡尺(带台阶测量面)

游标卡尺的指示装置　　　带表卡尺的指示装置　　　数显卡尺的指示装置

f) 卡尺的指示装置

测量范围	基本参数（推荐值）							
	l_1[1]	l_1'	l_2	l_2'	l_3[1]	l_3'	l_4	b[2]
0~70	25	15	10	6	—	—	—	
0~150	40	24	16	10	20	12	6	
0~200	50	30	18	12	28	18	8	10
0~300	65	40	22	14	36	22	10	
0~500	100	60	40	24	54	32	12(15)	10(20)
0~1000	130	80	48	30	64	38	18	
0~1500	150	90	56	34	74	45	20	20(30)
0~2000	200	120						
0~2500	250	150						
0~3000								
0~3500	260		—	—	—	—	35	40
0~4000								

[1] 当外测量爪的伸出长度 l_1、l_3 大于表中推荐值时，其技术指标由供需双方技术协议确定。

[2] 当 $b = 20$mm 时，$L_4 = 15$mm。

1.1.5 游标、带表和数显高度卡尺（见表 4-5）

表 4-5 游标、带表和数显高度卡尺的型式、测量范围及基本参数（摘自 GB/T 21390—2008）

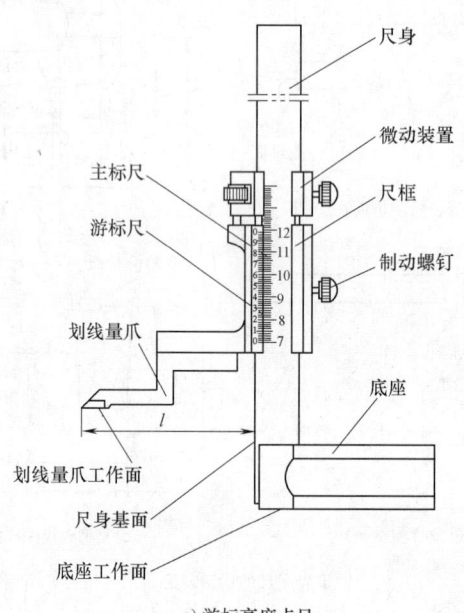

a) 游标高度卡尺

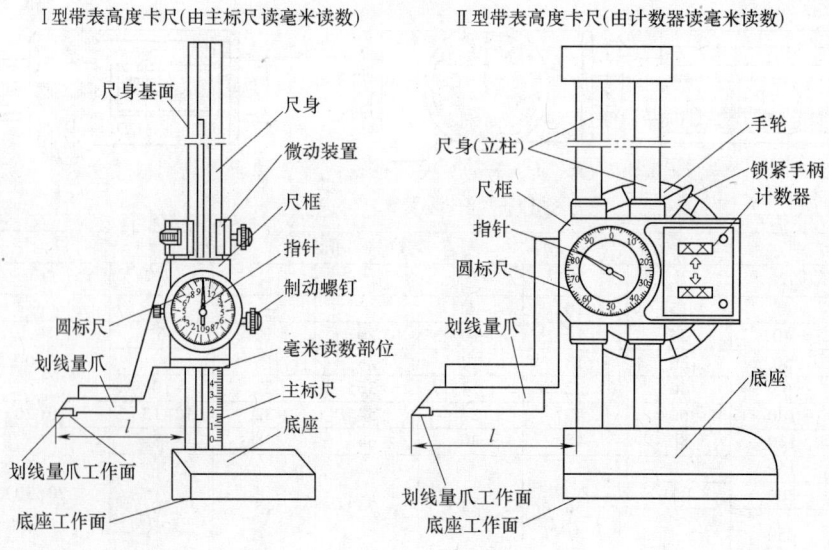

b) 带表高度卡尺

（续）

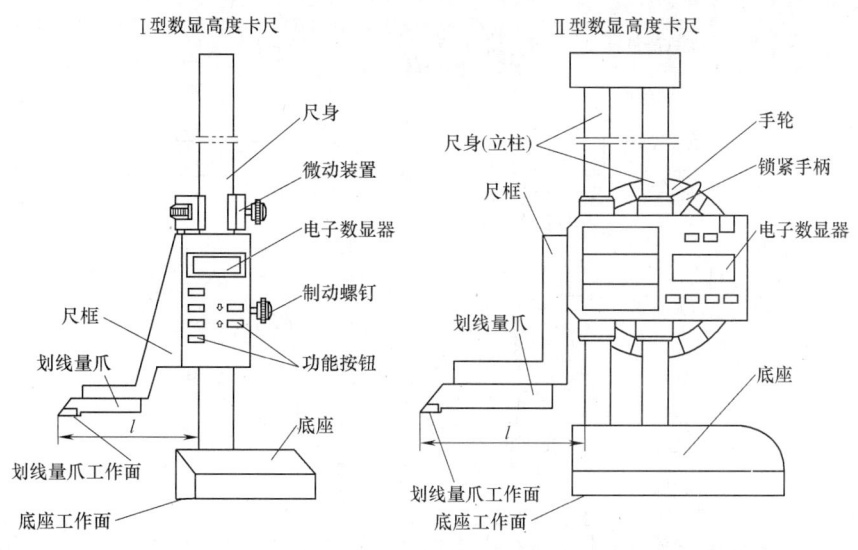

c) 数显高度卡尺

测量范围上限/mm	基本参数 $l^{①}$（推荐值）/mm
≤150	45
>150~400	65
>400~600	100
>600~1000	130

① 当 l 的长度超过表中推荐值时，其技术指标由供需双方技术协议确定。

1.1.6　游标、带表和数显深度卡尺 （见表 4-6）

表 4-6　游标、带表和数显深度卡尺的型式、测量范围及基本参数 （摘自 GB/T 21388—2008）

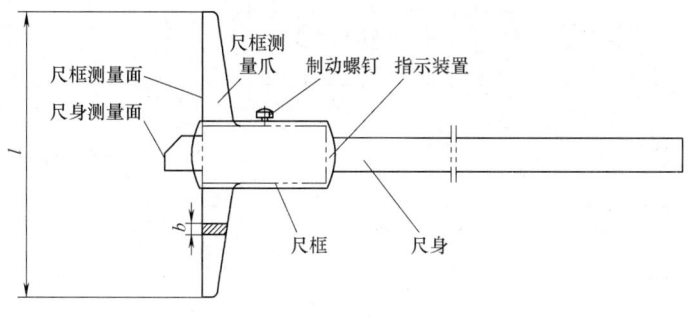

a) I 型深度卡尺

(续)

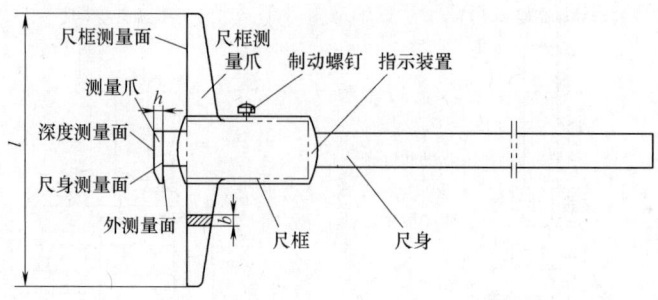

b) Ⅱ型深度卡尺(单钩型)

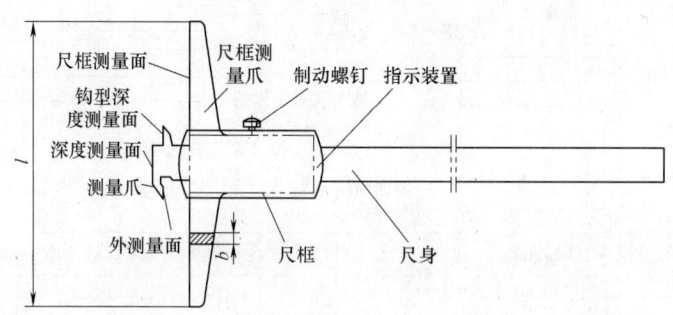

c)Ⅲ型深度卡尺(双钩型)

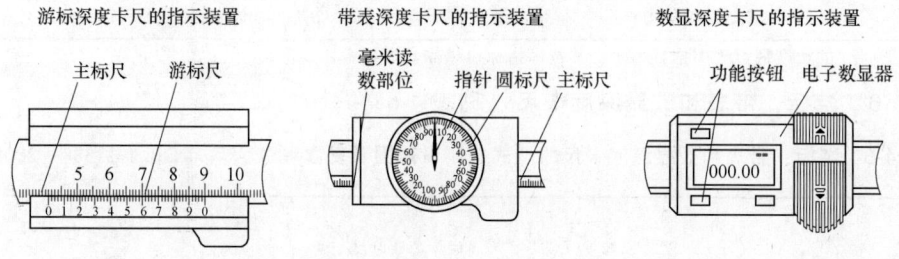

d) 深度卡尺的指示装置

测量范围/mm	基本参数(推荐值)	
	尺框测量面长度 l/mm ≥	尺框测量面宽度 b/mm ≥
0~100、0~150	80	5
0~200、0~300	100	6
0~500	120	6
0~1000	150	7

1.1.7　游标、带表和数显齿厚卡尺（见表 4-7）

表 4-7　游标、带表和数显齿厚卡尺的型式及基本参数（摘自 GB/T 6316—2008）

（单位：mm）

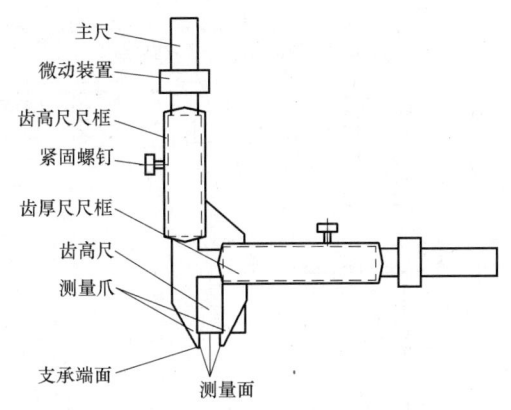

a) 齿厚卡尺的型式

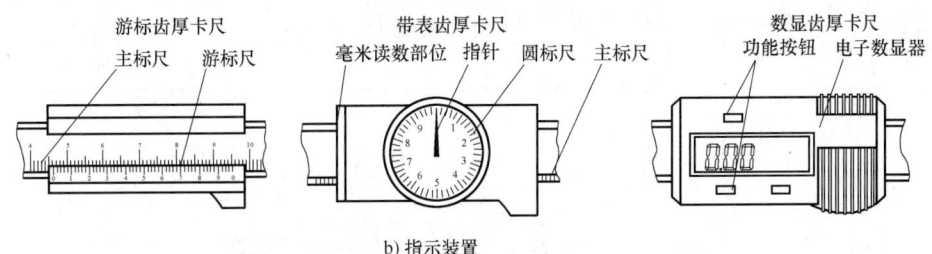

b) 指示装置

测量齿轮模数范围	分度值
1~16、1~26、5~32、15~55	0.010、0.020

1.1.8　外径千分尺（见表 4-8）

表 4-8　外径千分尺的型式与测量范围（摘自 GB/T 1216—2004）

（单位：mm）

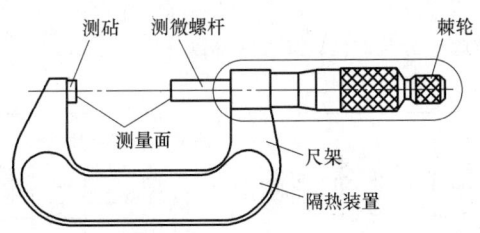

测　量　范　围
0~25、25~50、50~75、75~100、100~125、125~150、150~175、175~200、200~225、225~250、250~275、275~300、300~325、325~350、350~375、375~400、400~425、425~450、450~475、475~500、500~600、600~700、700~800、800~900、900~1000

注：外径千分尺的量程为 25mm，测微螺杆螺距为 0.5mm 和 1mm。

1.1.9 公法线千分尺（见表4-9）

表4-9 公法线千分尺的型式与基本参数（摘自 GB/T 1217—2004）

（单位：mm）

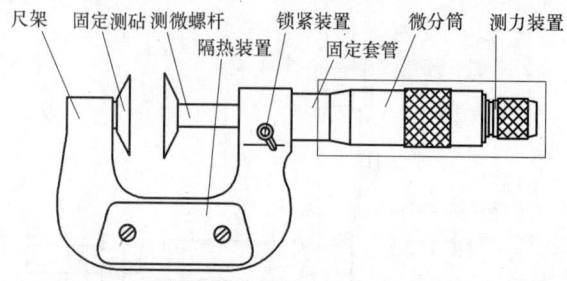

测微头量程	测量上限	测微螺杆螺距	分度值	测量齿轮模数
25	<200	0.5、1	0.01、0.001、0.002	≥1

1.1.10 深度千分尺（见表4-10）

表4-10 深度千分尺的型式与基本参数（摘自 GB/T 1218—2004）

（单位：mm）

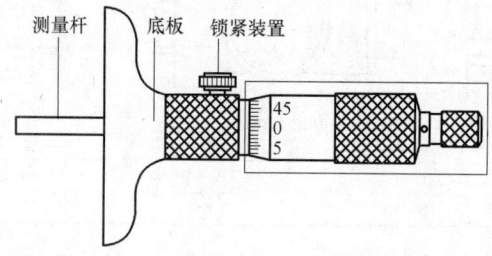

分 度 值	测微头量程	测 量 范 围
0.01、0.001、0.002、0.005	25	≤300

1.1.11 壁厚千分尺（见表4-11）

表4-11 壁厚千分尺的型式与基本参数（摘自 GB/T 6312—2004）

（单位：mm）

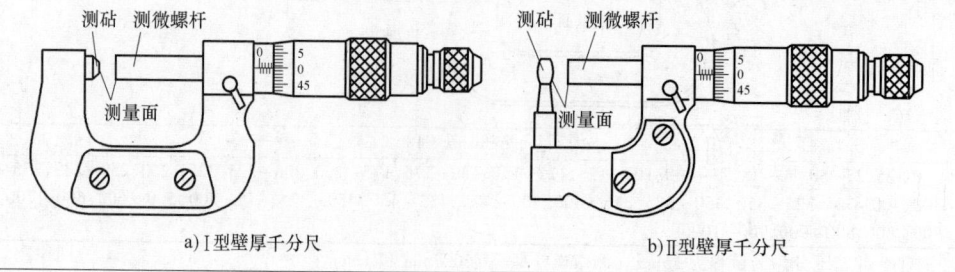

a) I型壁厚千分尺　　　　　　　　　　　b) II型壁厚千分尺

（续）

分　度　值	测微螺杆螺距	测量范围
0.01、0.001、0.002、0.005	0.005、1	≤50

1.1.12　尖头千分尺（见表 4-12）

表 4-12　尖头千分尺的型式与基本参数（摘自 GB/T 6313—2004）

（单位：mm）

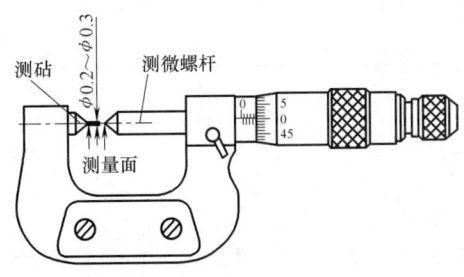

分　度　值	测量范围
0.01、0.001、0.002、0.005	0~25、25~50、50~75、75~100

1.1.13　三爪内径千分尺（见表 4-13）

表 4-13　三爪内径千分尺的型式与测量范围（摘自 GB/T 6314—2004）

（单位：mm）

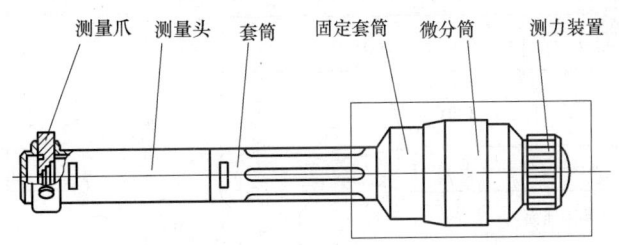

a) 适用于通孔的三爪内径千分尺（I 型）

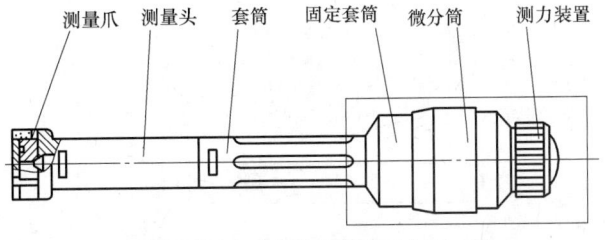

b) 适用于通孔、盲孔的三爪内径千分尺（II 型）

（续）

型式	测量范围/mm
Ⅰ型	6~8、8~10、10~12、11~14、14~17、17~20、20~25、25~30、30~35、35~40、40~50、50~60、60~70、70~80、80~90、90~100
Ⅱ型	3.5~4.5、4.5~5.5、5.5~6.5、8~10、10~12、11~14、14~17、17~20、20~25、25~30、30~35、35~40、40~50、50~60、60~70、70~80、80~90、90~100、100~125、125~150、150~175、175~200、200~225、225~250、250~275、275~300

1.1.14 两点内径千分尺 （见表 4-14）

表 4-14 两点内径千分尺的型式与基本参数 （摘自 GB/T 8177—2004）

（单位：mm）

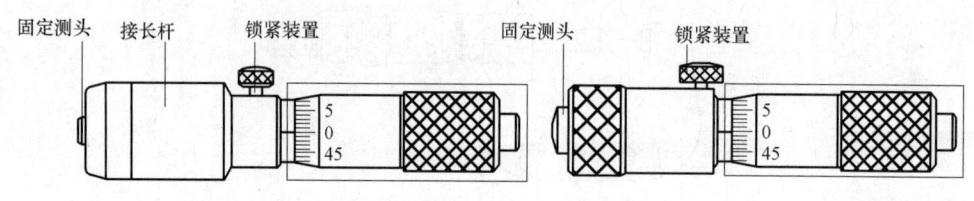

分 度 值	测微螺杆螺距	测微头量程	测量范围
0.01、0.001、0.002、0.005	0.5、1.0	13、25、50	≤6000

1.1.15 塞尺 （见表 4-15）

表 4-15 塞尺的型式与基本参数 （摘自 GB/T 22523—2008）（单位：mm）

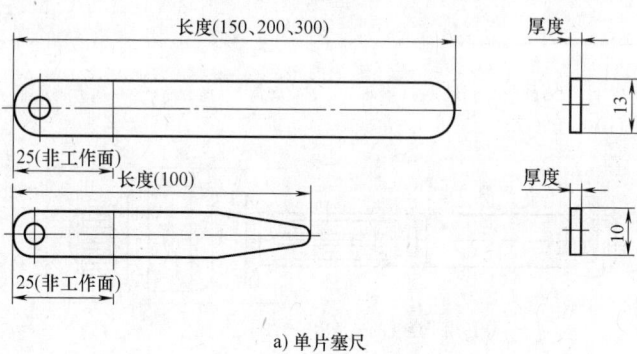

a) 单片塞尺

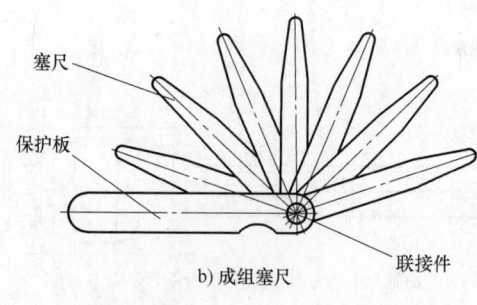

b) 成组塞尺

（续）

厚度尺寸系列/mm	间隔/mm	数　量
0.02、0.03、0.04、…、0.10	0.01	9
0.15、0.20、0.25、…、1.00	0.05	18

成组塞尺的片数	塞尺的长度/mm	塞尺厚度尺寸及组装顺序/mm
13	100、150、200、300	0.10、0.02、0.02、0.03、0.03、0.04、0.04、0.05、0.05、0.06、0.07、0.08、0.09
14		1.00、0.05、0.06、0.07、0.08、0.09、0.10、0.15、0.20、0.25、0.30、0.40、0.50、0.75
17		0.50、0.02、0.03、0.04、0.05、0.06、0.07、0.08、0.09、0.10、0.15、0.20、0.25、0.30、0.35、0.40、0.45
20		1.00、0.05、0.10、0.15、0.20、0.25、0.30、0.35、0.40、0.45、0.50、0.55、0.60、0.65、0.70、0.75、0.80、0.85、0.90、0.95
21		0.50、0.02、0.02、0.03、0.03、0.04、0.04、0.05、0.05、0.06、0.07、0.08、0.09、0.10、0.15、0.20、0.25、0.30、0.35、0.40、0.45

1.2　指示表

1.2.1　指示表的外形（摘自 GB/T 1219—2008）

指示表的外形如图 4-1 所示。

分度值为 0.10mm、0.01mm 的指示表，量程不超过 100mm；分度值为 0.002mm 的指示表，量程不超过 10mm；分度值为 0.001mm 的指示表，量程不超过 5mm。

分度值为 0.10mm 的指示表，也称为十分表；分度值为 0.01mm 的指示表，也称为百分表；分度值为 0.001mm 和 0.002mm 的指示表，也称为千分表。

转数指针
指针
表圈
度盘

ϕ6h8、ϕ8h8或ϕ10h8

图 4-1　指示表的外形

1.2.2　内径指示表（见表 4-16）

表 4-16　内径指示表的型式与基本参数（摘自 GB/T 8122—2004）

（单位：mm）

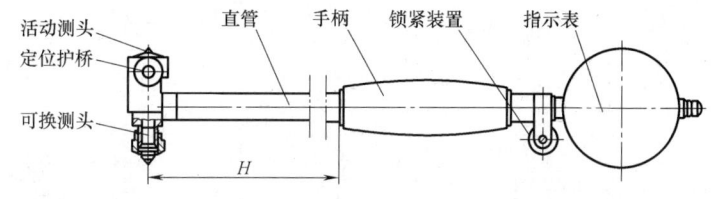

活动测头
定位护桥
可换测头
直管
手柄
锁紧装置
指示表
H

（续）

分度值	测量范围	活动测量头的工作行程	活动测量头的预压量	手柄下部长度 H
0.01	6～10	≥0.6	0.1	≥40
	10～18	≥0.8		
	18～35	≥1.0		
	35～50	≥1.2		
	50～100			
	100～160	≥1.6		
	160～250			
	250～450			
0.001	6～10	≥0.6	0.05	
	18～35			
	35～50			
	50～100	≥0.8		
	100～160			
	160～250			
	250～450			

1.3 其他量具

1.3.1 扭簧比较仪（见表4-17）

表4-17 扭簧比较仪的型式与基本参数（摘自 GB/T 4755—2004）

（单位：mm）

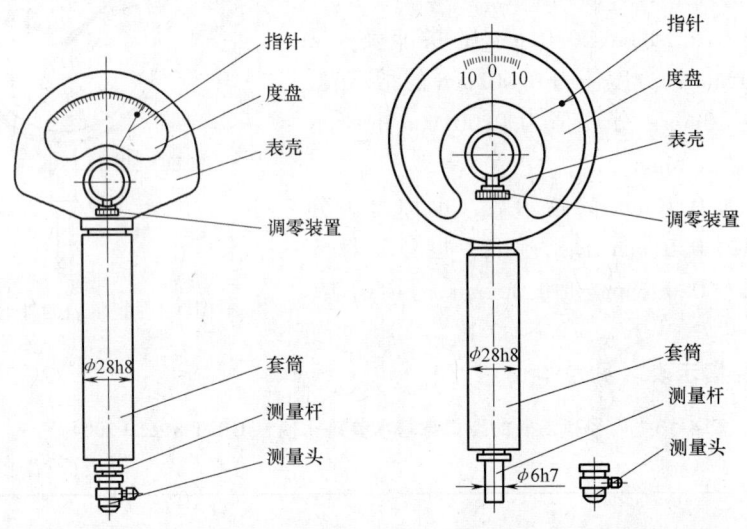

分度值	示 值 范 围		
	±30 标尺分度	±60 标尺分度	±100 标尺分度
0.1	±3	±6	±10
0.2	±6	±12	±20
0.5	±15	±30	±50
1	±30	±60	±100
2	±60		
5	±150	—	—
10	±300		

1.3.2　游标、带表和数显万能角度尺（见表 4-18）

表 4-18　游标、带表和数显万能角度尺的型式与基本参数（摘自 GB/T 6315—2008）

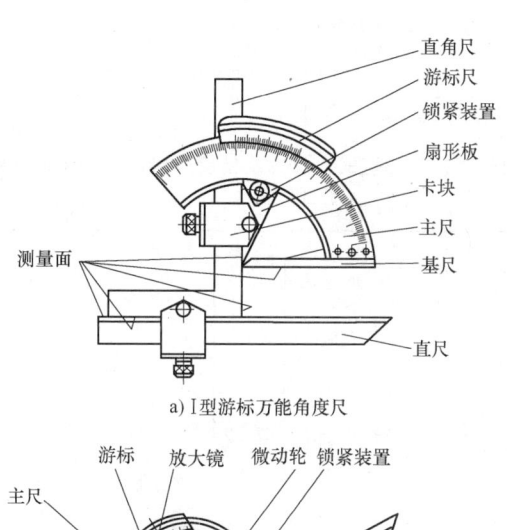

a) I 型游标万能角度尺

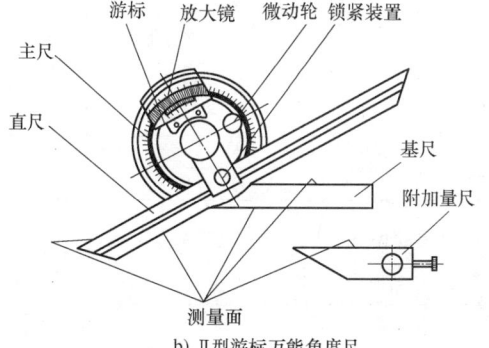

b) II 型游标万能角度尺

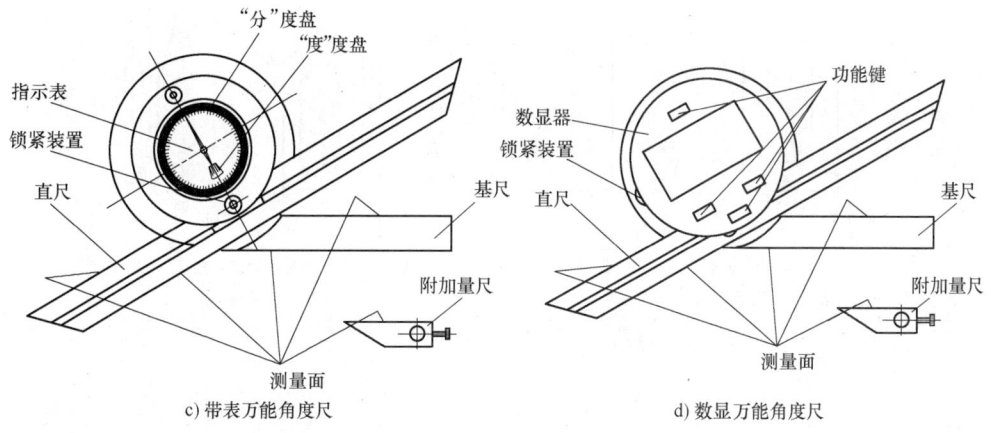

c) 带表万能角度尺　　　　　　　　d) 数显万能角度尺

（续）

形　　式	测量范围	直尺测量面标称长度/mm	基尺测量面标称长度/mm	附加量尺测量面标称长度/mm
Ⅰ型游标万能角度尺	0°~320°	≥150	≥50	—
Ⅱ型游标万能角度尺	0°~360°	150或200或300		≥70
带表万能角度尺				
数显万能角度尺				

1.3.3　直角尺（见表4-19~表4-24）

表4-19　圆柱直角尺的型式、尺寸及精度等级（摘自 GB/T 6092—2004）

（单位：mm）

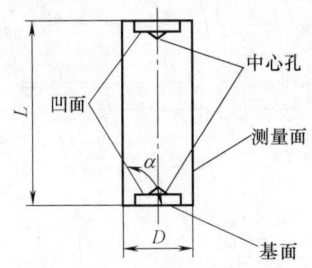

注:图中α角为直角尺的工作角

精度等级		00级、0级				
公称尺寸	L	200	315	500	800	1250
	D	80	100	125	160	200

表4-20　矩形直角尺的型式、尺寸及精度等级（摘自 GB/T 6092—2004）

（单位：mm）

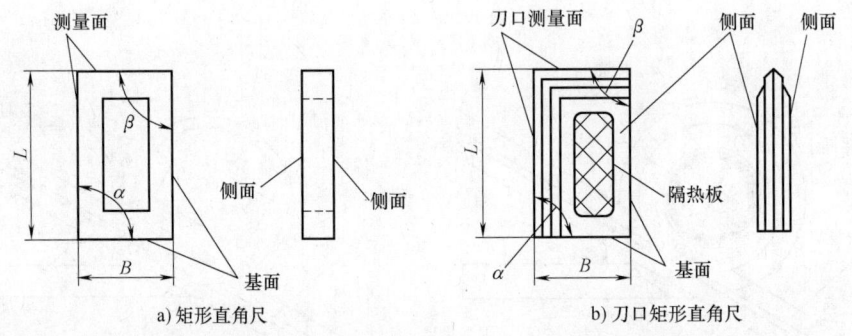

a) 矩形直角尺　　　　b) 刀口矩形直角尺

注:图中α、β角为直角尺的工作角

矩形直角尺	精度等级		00级、0级、1级				
	基本尺寸	L	125	200	315	500	800
		B	80	125	200	315	500
刀口矩形直角尺	精度等级		00级、0级				
	基本尺寸	L	63		125		200
		B	40		80		125

表 4-21　三角形直角尺的型式、尺寸及精度等级（摘自 GB/T 6092—2004）

（单位：mm）

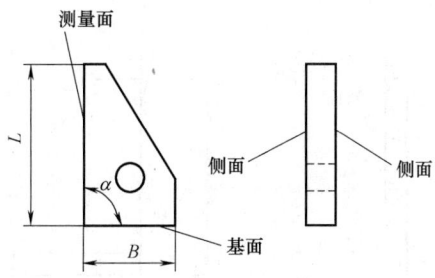

注：图中 α 角为直角尺的工作角

精度等级		00 级、0 级					
基本尺寸	L	125	200	315	500	800	1250
	B	80	125	200	315	500	800

表 4-22　刀口形直角尺的型式、尺寸及精度等级（摘自 GB/T 6092—2004）

（单位：mm）

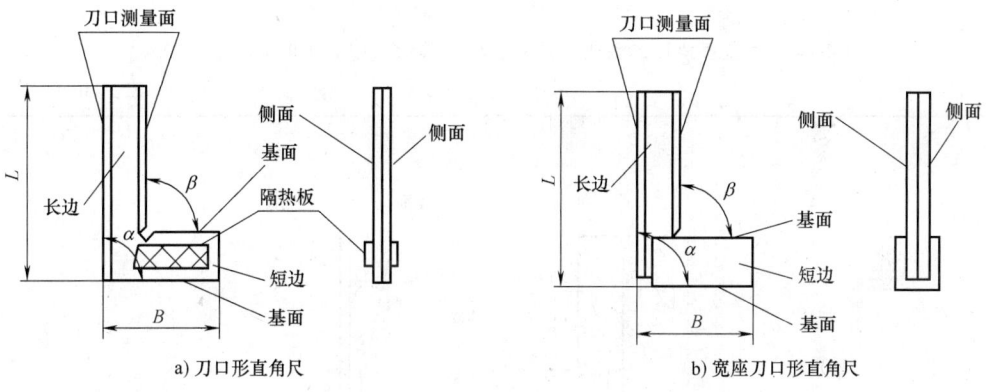

a) 刀口形直角尺　　　　　　　　　　　　　b) 宽座刀口形直角尺

注：图中 α、β 角为直角尺的工作角

刀口形直角尺	精度等级		0 级、1 级						
	基本尺寸	L	50	63	80	100	125	160	200
		B	32	40	50	63	80	100	125
宽座刀口形直角尺	精度等级		0 级、1 级								
	基本尺寸	L	50	75	100	150	200	250	300	500	750	1000
		B	40	50	70	100	130	165	200	300	400	550

表 4-23　平面形直角尺的型式、尺寸及精度等级（摘自 GB/T 6092—2004）

（单位：mm）

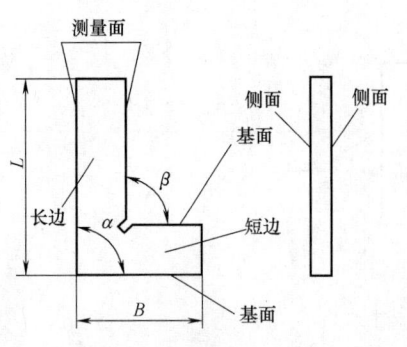 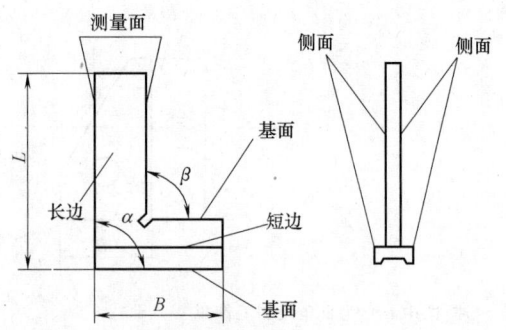

a) 平面形直角尺　　　　　　　　　　　　　b) 带座平面形直角尺

注:图中 α、β 角为直角尺的工作角

平面形直角尺和带座平面形直角尺	精度等级		0 级、1 级和 2 级									
	基本尺寸	L	50	75	100	150	200	250	300	500	750	1000
		B	40	50	70	100	130	165	200	300	400	550

表 4-24　宽座直角尺的型式、尺寸及精度等级（摘自 GB/T 6092—2004）

（单位：mm）

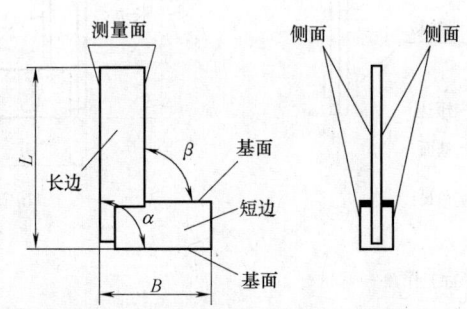

注:图中 α、β 角为直角尺的工作角。

精度等级		0 级、1 级和 2 级													
基本尺寸	L	63	80	100	125	160	200	250	315	400	500	630	800	1000	1250	1600
	B	40	50	63	80	100	125	160	200	250	315	400	500	630	800	1000

2　刃具

2.1　钻头

2.1.1　锥柄麻花钻（见表 4-25～表 4-28）

表 4-25　莫氏锥柄麻花钻的型式和尺寸（摘自 GB/T 1438.1—2008）

（单位：mm）

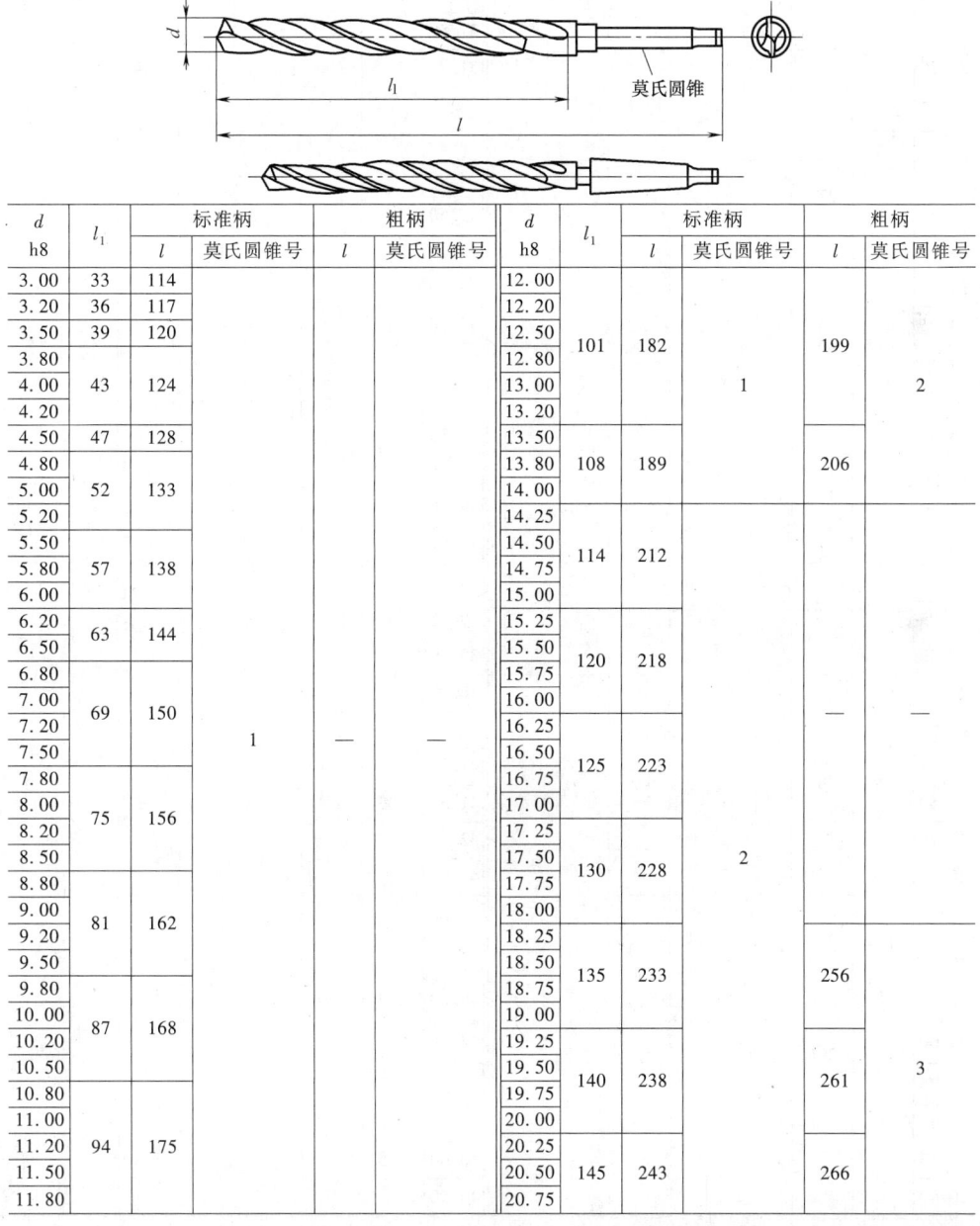

d h8	l_1	标准柄 l	标准柄 莫氏圆锥号	粗柄 l	粗柄 莫氏圆锥号	d h8	l_1	标准柄 l	标准柄 莫氏圆锥号	粗柄 l	粗柄 莫氏圆锥号
3.00	33	114				12.00					
3.20	36	117				12.20					
3.50	39	120				12.50	101	182		199	
3.80						12.80					
4.00	43	124				13.00			1		2
4.20						13.20					
4.50	47	128				13.50					
4.80						13.80	108	189		206	
5.00	52	133				14.00					
5.20						14.25					
5.50						14.50	114	212			
5.80	57	138				14.75					
6.00						15.00					
6.20	63	144				15.25					
6.50						15.50	120	218			
6.80						15.75					
7.00	69	150				16.00				—	—
7.20						16.25					
7.50			1	—	—	16.50	125	223			
7.80						16.75					
8.00	75	156				17.00					
8.20						17.25					
8.50						17.50	130	228	2		
8.80						17.75					
9.00	81	162				18.00					
9.20						18.25					
9.50						18.50	135	233		256	
9.80						18.75					
10.00	87	168				19.00					
10.20						19.25					3
10.50						19.50	140	238		261	
10.80						19.75					
11.00						20.00					
11.20	94	175				20.25					
11.50						20.50	145	243		266	
11.80						20.75					

（续）

d h8	l_1	标准柄 l	标准柄 莫氏圆锥号	粗柄 l	粗柄 莫氏圆锥号	d h8	l_1	标准柄 l	标准柄 莫氏圆锥号	粗柄 l	粗柄 莫氏圆锥号
21.00	145	243		266		30.25					
21.25						30.50					
21.50						30.75	180	301		329	
21.75	150	248		271		31.00			3		4
22.00			2		3	31.25					
22.25						31.50					
22.50						31.75		306		334	
22.75		253				32.00					
23.00	155			276		32.50	185	334			
23.25						33.00					
23.50						33.50					
23.75						34.00					
24.00						34.50	190	339			
24.25	160	281				35.00					
24.50						35.50					
24.75						36.00				—	—
25.00				—	—	36.50	195	344			
25.25						37.00					
25.50						37.50					
25.75	165	286				38.00					
26.00						38.50					
26.25						39.00	200	349			
26.50						39.50					
26.75			3			40.00			4		
27.00						40.50					
27.25						41.00					
27.50	170	291		319		41.50	205	354		392	
27.75						42.00					
28.00						42.50					
28.25						43.00					
28.50					4	43.50					5
28.75						44.00	210	359		397	
29.00	175	296		324		44.50					
29.25						45.00					
29.50						45.50					
29.75						46.00	215	364		402	
30.00						46.50					

（续）

d h8	l₁	标准柄		粗柄		d h8	l₁	标准柄		粗柄	
		l	莫氏圆锥号	l	莫氏圆锥号			l	莫氏圆锥号	l	莫氏圆锥号
47.00	215	364	4	402	5	72.00	255	442	5	509	6
47.50						73.00					
48.00	220					74.00					
48.50						75.00					
49.00		369		407		76.00		447		514	
49.50						77.00	260	514	6	—	—
50.00						78.00					
50.50		374		412		79.00					
51.00	225	412	5		—	80.00					
52.00						81.00	265	519			
53.00						82.00					
54.00	230	417				83.00					
55.00						84.00					
56.00						85.00					
57.00	235	422		—		86.00	270	524			
58.00						87.00					
59.00						88.00					
60.00						89.00					
61.00	240	427				90.00					
62.00						91.00	275	529			
63.00						92.00					
64.00	245	432		499	6	93.00					
65.00						94.00					
66.00						95.00					
67.00						96.00	280	534			
68.00	250	427		504		97.00					
69.00						98.00					
70.00						99.00					
71.00						100.0					

表 4-26　莫氏锥柄长麻花钻的型式和尺寸（摘自 GB/T 1438.2—2008）

（单位：mm）

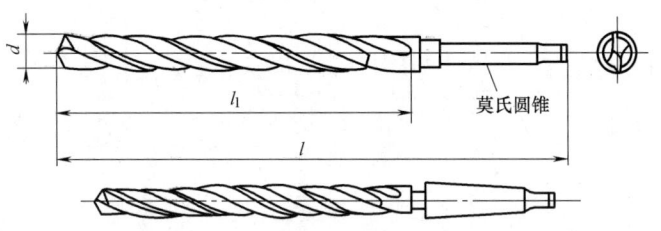

d h8	l_1	l	莫氏圆锥号	d h8	l_1	l	莫氏圆锥号
5.00	74	155		14.25	147	245	
5.20				14.50			
5.50	80	161		14.75			
5.80				15.00			
6.00	86	167		15.25	153	251	
6.20				15.50			
6.50				15.75			
6.80	93	174		16.00			
7.00				16.25	159	257	
7.20				16.50			
7.50				16.75			
7.80	100	181		17.00			
8.00				17.25	165	263	
8.20				17.50			
8.50				17.75			
8.80	107	188		18.00			
9.00				18.25	171	269	2
9.20			1	18.50			
9.50				18.75			
9.80	116	197		19.00			
10.00				19.25	177	275	
10.20				19.50			
10.50				19.75			
10.80	125	206		20.00			
11.00				20.25	184	282	
11.20				20.50			
11.50				20.75			
11.80				21.00			
12.00	134	215		21.25	191	289	
12.20				21.50			
12.50				21.75			
12.80				22.00			
13.00				22.25			
13.20				22.50	198	296	
13.50	142	223		22.75			
13.80				23.00			
14.00				23.25	198	319	3

（续）

d h8	l_1	l	莫氏圆锥号	d h8	l_1	l	莫氏圆锥号
23.50	198	319		33.00	248	397	
23.75				33.50			
24.00	206	327		34.00	257	406	
24.25				34.50			
24.50				35.00			
24.75				35.50			
25.00				36.00	267	416	
25.25	214	335		36.50			
25.50				37.00			
25.75				37.50			
26.00				38.00	277	426	
26.25				38.50			
26.50				39.00			
26.75	222	343		39.50			
27.00				40.00			
27.25				40.50	287	436	
27.50			3	41.00			4
27.75				41.50			
28.00				42.00			
28.25	230	351		42.50			
28.50				43.00	298	447	
28.75				43.50			
29.00				44.00			
29.25				44.50			
29.50				45.00			
29.75	239	360		45.50	310	459	
30.00				46.00			
30.25				46.50			
30.50				47.00			
30.75				47.50			
31.00				48.00	321	470	
31.25				48.50			
31.50				49.00			
31.75	248	369		49.50			
32.00	248	397	4	50.00			
32.50				—			

表 4-27　莫氏锥柄加长麻花钻的型式和尺寸（摘自 GB/T 1438.3—2008）

（单位：mm）

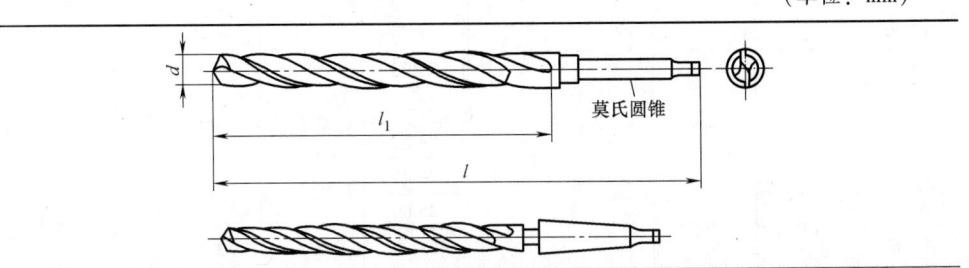

（续）

d h8	l_1	l	莫氏圆锥号	d h8	l_1	l	莫氏圆锥号
6.00	145	225		15.75	195	295	
6.20	150	230		16.00			
6.50				16.25	200	300	
6.80	155	235		16.50			
7.00				16.75			
7.20				17.00			
7.50				17.25	205	305	
7.80	160	240		17.50			
8.00				17.75			
8.20				18.00			
8.50				18.25	210	310	
8.80	165	245		18.50			
9.00				18.75			
9.20				19.00			
9.50				19.25	220	320	2
9.80	170	250	1	19.50			
10.00				19.75			
10.20				20.00			
10.50				20.25	230	330	
10.80	175	255		20.50			
11.00				20.75			
11.20				21.00			
11.50				21.25	235	335	
11.80				21.50			
12.00	180	260		21.75			
12.20				22.00			
12.50				22.25			
12.80				22.50			
13.00				22.75	240	340	
13.20				23.00			
13.50	185	265		23.25	240	360	
13.80				23.50			
14.00				23.75			
14.25	190	290		24.00	245	365	3
14.50				24.25			
14.75			2	24.50			
15.00				24.75			
15.25	195	295		25.00			
15.50				25.25	255	375	

（续）

d h8	l_1	l	莫氏圆锥号	d h8	l_1	l	莫氏圆锥号
25.50				28.00	265	385	
25.75	255	375		28.25			
26.00	255	375		28.50			
26.25				28.75			
26.50			3	29.00			
26.75				29.25	275	395	3
27.00				29.50			
27.25	265	385		29.75			
27.50				30.00			
27.75				—			

表 4-28　莫氏锥柄超长麻花钻的型式和尺寸（摘自 GB/T 1438.4—2008）

（单位：mm）

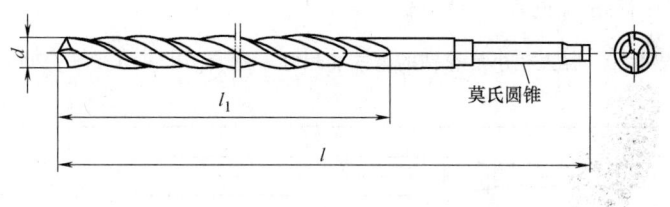

d h8	$l=200$	$l=250$	$l=315$	$l=400$	$l=500$	$l=630$	莫氏圆锥号
				l_1			
6.00							
6.50							
7.00							
7.50	110			—			
8.00							
8.50							
9.00		160	225		—		1
9.50							
10.00					—		
11.00							
12.00				310			
13.00							
14.00	—						
15.00							
16.00							
17.00	—		215	300	400		2
18.00							
19.00							

（续）

d h8	l=200	l=250	l=315	l=400	l=500	l=630	莫氏圆锥号
			l₁				
20.00							
21.00			215	300	400	—	2
22.00							
23.00							
24.00							
25.00				275	375	505	3
28.00							
30.00	—	—					
32.00							
35.00			—	250			
38.00							
40.00					350	480	4
42.00							
45.00							
48.00			—				
50.00							

2.1.2 直柄麻花钻（见表4-29～表4-33）

表4-29 粗直柄小麻花钻的型式和尺寸（摘自 GB/T 6135.1—2008）

（单位：mm）

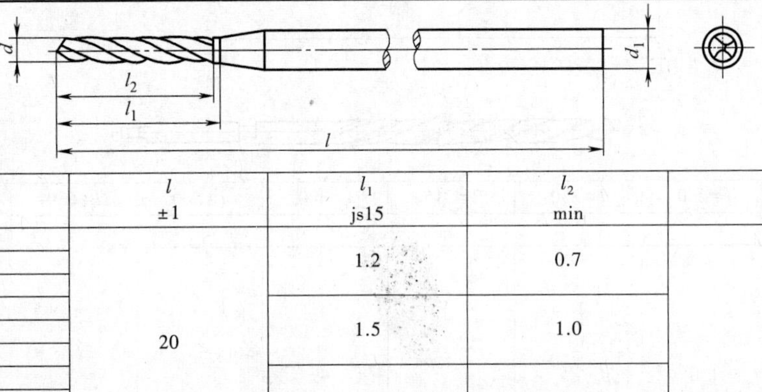

d h7	l ±1	l₁ js15	l₂ min	d₁ h8
0.10				
0.11		1.2	0.7	
0.12				
0.13				
0.14	20	1.5	1.0	1
0.15				
0.16				
0.17		2.2	1.4	
0.18				
0.19				
0.20				
0.21				
0.22		2.5	1.8	
0.23				
0.24				
0.25				
0.26				
0.27		3.2	2.2	
0.28	20			1
0.29				
0.30				
0.31				
0.32				
0.33		3.5	2.8	
0.34				
0.35				

表 4-30　直柄短麻花钻的型式和尺寸（摘自 GB/T 6135.2—2008）

（单位：mm）

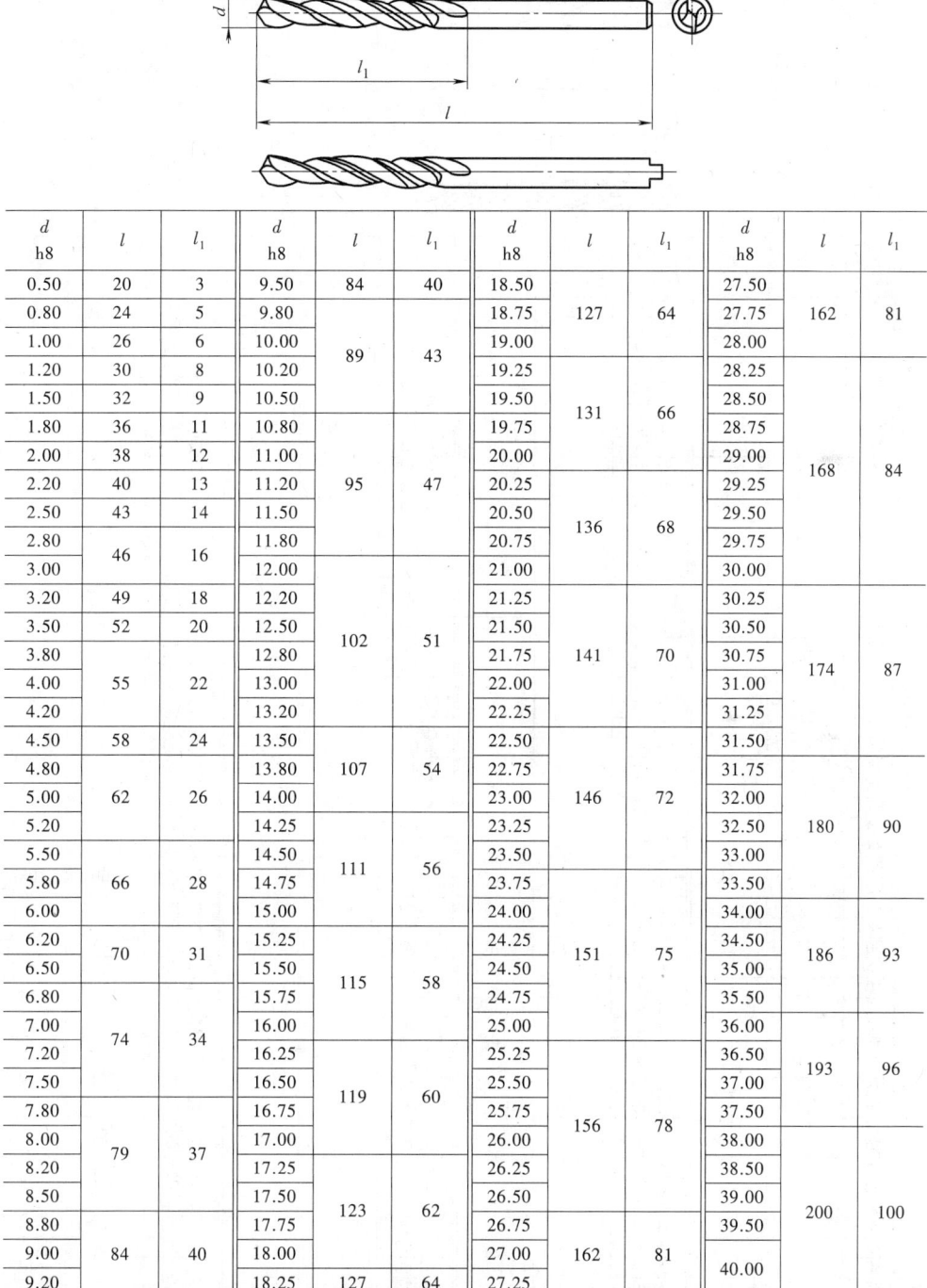

d h8	l	l_1	d h8	l	l_1	d h8	l	l_1	d h8	l	l_1
0.50	20	3	9.50	84	40	18.50			27.50		
0.80	24	5	9.80			18.75	127	64	27.75	162	81
1.00	26	6	10.00	89	43	19.00			28.00		
1.20	30	8	10.20			19.25			28.25		
1.50	32	9	10.50			19.50	131	66	28.50		
1.80	36	11	10.80			19.75			28.75		
2.00	38	12	11.00			20.00			29.00	168	84
2.20	40	13	11.20	95	47	20.25			29.25		
2.50	43	14	11.50			20.50	136	68	29.50		
2.80	46	16	11.80			20.75			29.75		
3.00			12.00			21.00			30.00		
3.20	49	18	12.20			21.25			30.25		
3.50	52	20	12.50	102	51	21.50			30.50		
3.80			12.80			21.75	141	70	30.75	174	87
4.00	55	22	13.00			22.00			31.00		
4.20			13.20			22.25			31.25		
4.50	58	24	13.50			22.50			31.50		
4.80			13.80	107	54	22.75			31.75		
5.00	62	26	14.00			23.00	146	72	32.00		
5.20			14.25			23.25			32.50	180	90
5.50			14.50	111	56	23.50			33.00		
5.80	66	28	14.75			23.75			33.50		
6.00			15.00			24.00			34.00		
6.20	70	31	15.25			24.25	151	75	34.50	186	93
6.50			15.50	115	58	24.50			35.00		
6.80			15.75			24.75			35.50		
7.00	74	34	16.00			25.00			36.00		
7.20			16.25			25.25			36.50	193	96
7.50			16.50	119	60	25.50			37.00		
7.80			16.75			25.75			37.50		
8.00	79	37	17.00			26.00	156	78	38.00		
8.20			17.25			26.25			38.50		
8.50			17.50	123	62	26.50			39.00	200	100
8.80			17.75			26.75			39.50		
9.00	84	40	18.00			27.00	162	81	40.00		
9.20			18.25	127	64	27.25					

表 4-31　直柄麻花钻的型式和尺寸（摘自 GB/T 6135.2—2008）

（单位：mm）

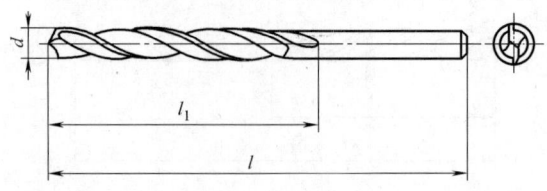

d h8	l	l_1	d h8	l	l_1	d h8	l	l_1	d h8	l	l_1
0.2		2.5	1.90	46	22	5.80			10.80		
0.22			1.95			5.90	93	57	10.90		
0.25			2.00	49	24	6.00			11.00		
0.28	19	3	2.05			6.10			11.10		
0.30			2.10			6.20			11.20		
0.32		4	2.15			6.30	101	63	11.30	142	94
0.35			2.20	53	27	6.40			11.40		
0.38			2.25			6.50			11.50		
0.40			2.30			6.60			11.60		
0.42	20	5	2.35			6.70			11.70		
0.45			2.40			6.80			11.80		
0.48			2.45			6.90			11.90		
0.50	22	6	2.50	57	30	7.00			12.00		
0.52			2.55			7.10	109	69	12.10		
0.55			2.60			7.20			12.20		
0.58	24	7	2.65			7.30			12.30		
0.60			2.70			7.40			12.40		
0.62	26	8	2.75			7.50			12.50	151	101
0.65			2.80			7.60			12.60		
0.68			2.85	61	33	7.70			12.70		
0.70	28	9	2.90			7.80			12.80		
0.72			2.95			7.90			12.90		
0.75			3.00			8.00	117	75	13.00		
0.78			3.10			8.10			13.10		
0.80	30	10	3.20	65	36	8.20			13.20		
0.82			3.30			8.30			13.30		
0.85			3.40			8.40			13.40		
0.88			3.50	70	39	8.50			13.50		
0.90	32	11	3.60			8.60			13.60	160	108
0.92			3.70			8.70			13.70		
0.95			3.80			8.80			13.80		
0.98			3.90			8.90			13.90		
1.00	34	12	4.00	75	43	9.00	125	81	14.00		
1.05			4.10			9.10			14.25		
1.10	36	14	4.20			9.20			14.50	169	114
1.15			4.30			9.30			14.75		
1.20			4.40			9.40			15.00		
1.25	38	16	4.50	80	47	9.50			15.25		
1.30			4.60			9.60			15.50	178	120
1.35			4.70			9.70			15.75		
1.40	40	18	4.80			9.80			16.00		
1.45			4.90			9.90			16.50	184	125
1.50			5.00	86	52	10.00			17.00		
1.55			5.10			10.10	133	87	17.50	191	130
1.60	43	20	5.20			10.20			18.00		
1.65			5.30			10.30			18.50	198	135
1.70			5.40			10.40			19.00		
1.75			5.50	93	57	10.50			19.50		
1.80	46	22	5.60			10.60			20.00	205	140
1.85			5.70			10.70	142	94			

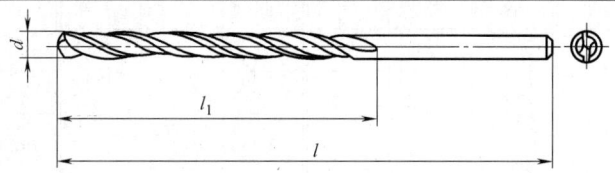

表 4-32　直柄长麻花钻的型式和尺寸（摘自 GB/T 6135.3—2008）

（单位：mm）

d h8	l	l_1	d h8	l	l_1	d h8	l	l_1	d h8	l	l_1
1.00	56	33	4.40			7.80			11.20		
1.10	60	37	4.50	126	82	7.90			11.30		
1.20	65	41	4.60			8.00			11.40		
1.30			4.70			8.10	165	109	11.50	195	128
1.40	70	45	4.80			8.20			11.60		
1.50			4.90			8.30			11.70		
1.60	76	50	5.00	132	87	8.40			11.80		
1.70			5.10			8.50			11.90		
1.80	80	53	5.20			8.60			12.00		
1.90			5.30			8.70			12.10		
2.00	85	56	5.40			8.80			12.20		
2.10			5.50			8.90			12.30		
2.20	90	59	5.60			9.00			12.40		
2.30			5.70	139	91	9.10	175	115	12.50		
2.40			5.80			9.20			12.60	205	134
2.50	95	62	5.90			9.30			12.70		
2.60			6.00			9.40			12.80		
2.70			6.10			9.50			12.90		
2.80	100	66	6.20			9.60			13.00		
2.90			6.30			9.70			13.10		
3.00			6.40	148	97	9.80			13.20		
3.10			6.50			9.90			13.30		
3.20	106	69	6.60			10.00			13.40		
3.30			6.70			10.10	184	121	13.50		
3.40			6.80			10.20			13.60	214	140
3.50			6.90			10.30			13.70		
3.60	112	73	7.00			10.40			13.80		
3.70			7.10			10.50			13.90		
3.80			7.20	156	102	10.60			14.00		
3.90			7.30			10.70			14.25		
4.00	119	78	7.40			10.80			14.50	220	144
4.10			7.50			10.90	195	128	14.75		
4.20			7.60	165	109	11.00			15.00		
4.30	126	82	7.70			11.10			15.25	227	149

（续）

d h8	l	l1	d h8	l	l1	d h8	l	l1	d h8	l	l1
15.50	227	149	19.75	254	166	24.00	282	185	28.25	307	201
15.75			20.00			24.25			28.50		
16.00			20.25	261	171	24.50			28.75		
16.25	235	154	20.50			24.75			29.00		
16.50			20.75			25.00			29.25		
16.75			21.00			25.25			29.50		
17.00			21.25	268	176	25.50	290	190	29.75		
17.25	241	158	21.50			25.75			30.00	316	207
17.50			21.75			26.00			30.25		
17.75			22.00			26.25			30.50		
18.00			22.25			26.50			30.75		
18.25	247	162	22.50	275	180	26.75	298	195	31.00		
18.50			22.75			27.00			31.25		
18.75			23.00			27.25			31.50		
19.00			23.25			27.50					
19.25	254	166	23.50	282	185	27.75					
19.50			23.75			28.00					

表 4-33　直柄超长麻花钻的型式和尺寸（摘自 GB/T 6135.4—2008）

（单位：mm）

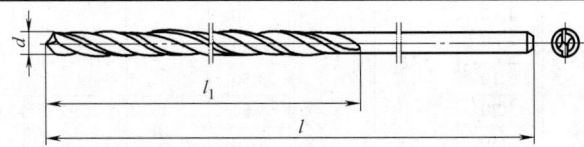

d h8	l=125、 l1=80	l=160、 l1=100	l=200、 l1=150	l=250、 l1=200	l=315、 l1=250	l=400、 l1=300
2.0	√	√	—			—
2.5	√	√		—		
3.0		√	√			—
3.5		√	√	√		—
4.0		√	√	√	√	
4.5		√	√	√	√	
5.0			√	√	√	√
5.5			√	√	√	√
6.0			√	√	√	√
6.5			√	√	√	√
7.0			√	√	√	√
7.5			√	√	√	√
8.0	—			√	√	√
8.5				√	√	√
9.0				√	√	√
9.5		—		√	√	√
10.0				√	√	√
10.5				√	√	√
11.0		—		√	√	√
11.5				√	√	√
12.0				√	√	√
12.5				√	√	√
13.0				√	√	√
13.5				√	√	
14.0				√	√	√

注：√表示有的规格。

2.1.3　攻螺纹前钻孔用阶梯麻花钻（见表 4-34 和表 4-35）

表 4-34　直柄阶梯麻花钻的型式和尺寸（摘自 GB/T 6138.1—2007）

（单位：mm）

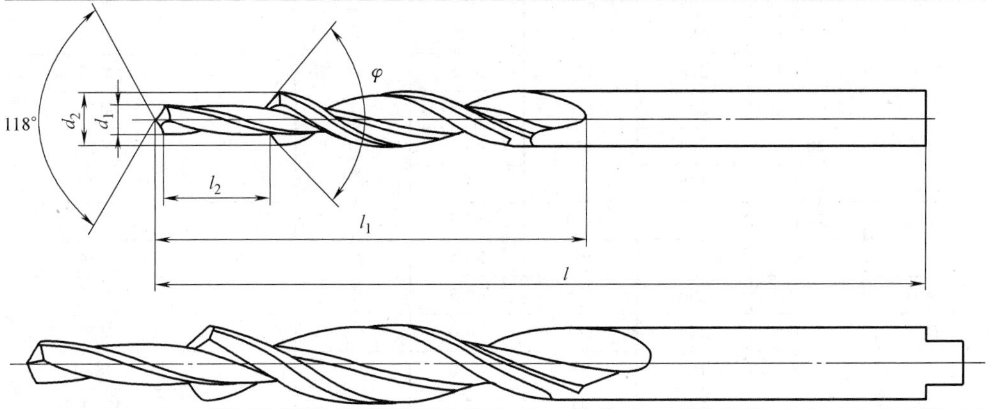

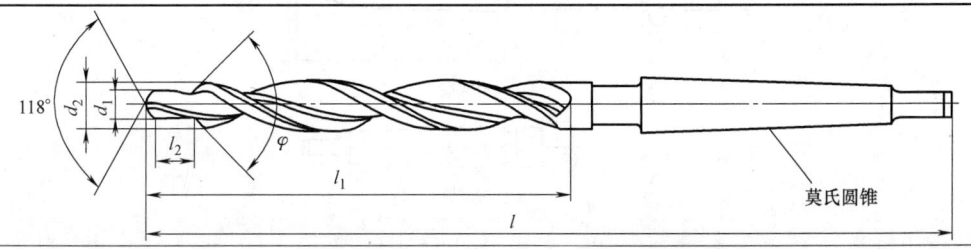

d_1 [1]	d_2 [1]	l	l_1	l_2	φ	适用的螺纹孔
2.5	3.4	70	39	8.8		M3
3.3	4.5	80	47	11.4		M4
4.2	5.5	93	57	13.6		M5
5.0	6.6	101	63	16.5	90°	M6
6.8	9.0	125	81	21.0	(120°)	M8
8.5	11.0	142	94	25.5	(180°)	M10
10.2	13.5(14.0)	160	108	30.0		M12
12.0	15.5(16.0)	178	120	34.5		M14
2.65	3.4	70	39	8.8		M3×0.35
3.50	4.5	80	47	11.4		M4×0.5
4.50	5.5	93	57	13.6		M5×0.5
5.20	6.6	101	63	16.5	90°	M6×0.75
7.00	9.0	125	81	21.0	(120°)	M8×1
8.80	11.0	142	94	25.5	(180°)	M10×1.25
10.50	14.0	160	108	30.0		M12×1.5
12.50	16.0	178	120	34.5		M14×1.5

注：根据用户需要选择括号内的角度。

[1] 阶梯麻花钻钻孔部分直径（d_1）公差为：普通级 h9，精密级 h8；锪孔部分直径（d_2）公差为：普通级 h9，精密级 h8。

表 4-35　莫氏锥柄阶梯麻花钻的型式和尺寸（摘自 GB/T 6138.2—2007）

（单位：mm）

（续）

$d_1^{①}$	$d_2^{①}$	l	l_1	l_2	φ	莫氏圆锥号	适用的螺纹孔
6.8	9.0	162	81	21.0			M8
8.5	11.0	175	94	25.5		1	M10
10.2	13.5（14.0）	189	108	30.0			M12
12.0	15.5（16.0）	218	120	34.5			M14
14.0	17.5（18.0）	228	130	38.5	90°	2	M16
15.5	20.0	238	140	43.5	（120°）		M18
17.5	22.0	248	150	47.5	（180°）		M20
19.5	24.0	281	160	51.5			M22
21.0	26.0	286	165	56.5		3	M24
24.0	30.0	296	175	62.5			M27
26.5	33.0	334	185	70.0		4	M30
7.0	9.0	162	81	21.0			M8×1
8.8	11.0	175	94	25.5		1	M10×1.25
10.5	14.0	189	108	30.0			M12×1.5
12.5	16.0	218	120	34.5			M14×1.5
14.5	18.0	228	130	38.5	90°		M16×1.5
16.0	20.0	238	140	43.5	（120°）	2	M18×2
18.0	22.0	248	150	47.5	（180°）		M20×2
20.0	24.0	281	160	51.5			M22×2
22.0	26.0	286	165	56.5		3	M24×2
25.0	30.0	296	175	62.5			M27×2
28.0	33.0	334	185	70.0		4	M30×2

注：根据用户需要选择括号内的直径和角度。

① 阶梯麻花钻钻孔部分直径（d_1）公差为：普通级 h9，精密级 h8；锪孔部分直径（d_2）公差为：普通级 h9，精密级 h8。

2.1.4 硬质合金锥柄麻花钻（见表 4-36）

表 4-36 硬质合金锥柄麻花钻的型式、尺寸及极限偏差（摘自 GB 10946—1989）

（单位：mm）

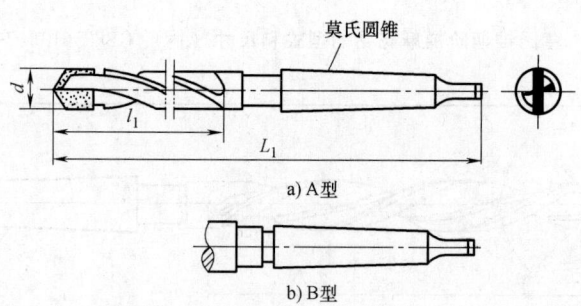

a) A 型

b) B 型

（续）

d		L_1		l_1		莫氏圆锥号	参考	
基本尺寸		基本尺寸		基本尺寸			硬质合金刀片型号	型式
第一系列	第二系列	长型	短型	长型	短型			
10.00		168	140	87	60	1	E211	A
10.20								
10.50								
10.80		175	145	94	65		E213	
11.00								
11.20								
11.50								
11.80								
12.00		199	170	101	70	2	E214	
	12.20							
	12.30							
	12.40							
12.50								
12.80								
13.00								
	13.20							
13.50		206		108			E215	
13.80								
14.00								
	14.25	212	175	114	75		E216	
14.50								
	14.75							
15.00								
	15.25	218	180	120	80		E217	
	15.40							
15.50								
	15.75							
16.00								
	16.25	223	185	125	185		E218	
16.50								
	16.75							
17.00								
	17.25	228	190	130	90		E219	
	17.40							
17.50								
	17.75							
18.00								
	18.25	256	195	135	95	3	E220	A 或 B
18.50								
	18.75							
19.00								
	19.25	261	220	140	100		E221	A
	19.40							

（续）

d		L_1		l_1		莫氏圆锥号	参考	
基本尺寸		基本尺寸		基本尺寸			硬质合金刀片型号	型式
第一系列	第二系列	长型	短型	长型	短型			
19.50		261	220	140	100	3	E221	A
	19.75							
20.00								
	20.25	266	225	145	105		E222	
20.50								
	20.75							
21.00								
	21.25	271		150			E223	
21.50								
	21.75							
22.00			230		110		E224	
	22.25							
22.50								
	22.75	276		155			E225	
23.00								
	23.25							
23.50								
	23.75	281		160			E226	A 或 B
24.00								
	24.25							
24.50								
	24.75		235		115		E227	
25.00								
	25.25							
25.50		286		165				
	25.75							
26.00								
	26.25						E228	E
26.50								
	25.75	291	240					
27.00				170	120	4		
	27.25	319	270				E229	
27.50								
	27.75							A
28.00								
	28.25							
28.50							E230	
	28.75							
29.00		324	275	175	125			
	29.25							
29.50							E231	
	29.75							
30								

注：第一系列的麻花钻应优先使用和生产。

2.1.5 中心钻 （见表4-37~表4-39）

表 4-37 A 型中心钻的型式、尺寸及极限偏差 （摘自 GB/T 6078—2016）

（单位：mm）

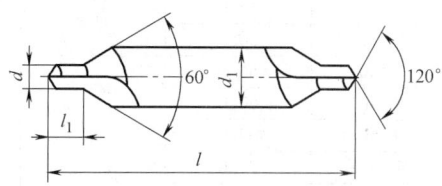

d	d₁	l		l₁	
k12	h9	基本尺寸	极限偏差	基本尺寸	极限偏差
(0.50)				0.8	+0.2 / 0
(0.63)				0.9	+0.3 / 0
(0.80)	3.15	31.5	±2	1.1	+0.4 / 0
1.00				1.3	+0.6 / 0
(1.25)				1.6	
1.60	4.0	35.5		2.0	+0.8 / 0
2.00	5.0	40.0		2.5	
2.50	6.3	45.0	±2	3.1	+1.0 / 0
3.15	8.0	50.0		3.9	
4.00	10.0	56.0		5.0	
(5.00)	12.5	63.0		6.3	+1.2 / 0
6.30	16.0	71.0	±3	8.0	
(8.00)	20.0	80.0		10.1	+1.4 / 0
10.00	25.0	100.0		12.8	

注：1. 括号内尺寸尽量不采用。

2. 中心钻直径 d 和 60°锥角与 GB/T 145 中 A 型对应尺寸一致。

表 4-38 B 型中心钻的型式、尺寸及极限偏差 （摘自 GB/T 6078—2016）

（单位：mm）

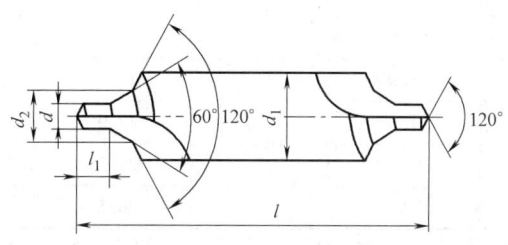

（续）

d k12	d_1 h9	d_2 k12	l		l_1	
			基本尺寸	极限偏差	基本尺寸	极限偏差
1.00	4.0	2.12	35.5		1.3	+0.6
(1.25)	5.0	2.65	40.0	±2	1.6	0
1.60	6.3	3.35	45.0		2.0	+0.8
2.00	8.0	4.25	50.0		2.5	0
2.50	10.0	5.30	56.0		3.1	+1.0
3.15	11.2	6.70	60.0		3.9	0
4.00	14.0	8.50	67.0	±3	5.0	+1.2
(5.00)	18.0	10.60	75.0		6.3	0
6.30	20.0	13.20	80.0		8.0	
(8.00)	25.0	17.00	100.0	±3	10.1	+1.4
10.00	31.5	21.20	125.0		12.8	0

注：1. 括号内尺寸尽量不采用。

2. 中心钻直径 d、d_2、60°锥角和120°护锥角与 GB/T 145 中 B 型对应尺寸一致。

表 4-39　R 型中心钻的型式、尺寸及极限偏差（摘自 GB/T 6078—2016）

（单位：mm）

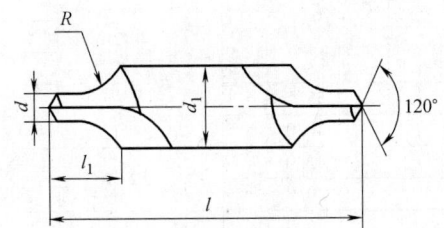

d k12	d_1 h9	l		l_1	R	
		基本尺寸	极限偏差	基本尺寸	max	min
1.00	3.15	31.5		3.0	3.15	2.5
(1.25)				3.35	4.0	3.15
1.60	4.0	35.5		4.25	5.0	4.0
2.00	5.0	40.0	±2	5.3	6.3	5.0
2.50	6.3	45.0		6.7	8.0	6.3
3.15	8.0	50.0		8.5	10.0	8.0
4.00	10.0	56.0		10.6	12.5	10.0
(5.00)	12.5	63.0		13.2	16.0	12.5
6.30	16.0	71.0	±3	17.0	20.0	16.0
(8.00)	20.0	80.0		21.2	25.0	20.0
10.00	25.0	100.0		26.5	31.5	25.0

注：1. 括号内尺寸尽量不采用。

2. 中心钻直径 d 和 R 与 GB/T 145 中 R 型对应尺寸一致。

2.1.6　锪钻（见表 4-40～表 4-46）

表 4-40　60°、90°、120°莫氏锥柄锥面锪钻的型式和尺寸（摘自 GB/T 1143—2004）

（单位：mm）

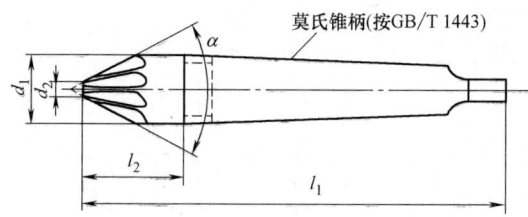

莫氏锥柄(按GB/T 1443)

公称尺寸 d_1	小端直径 $d_2$①	总长 l_1		钻体长 l_2		莫氏锥柄号
		$\alpha=60°$	$\alpha=90°$或120°	$\alpha=60°$	$\alpha=90°$或120°	
16	3.2	97	93	24	20	1
20	4	120	116	28	24	2
25	7	125	121	33	29	2
31.5	9	132	124	40	32	2
40	12.5	160	150	45	35	3
50	16	165	153	50	38	3
63	20	200	185	58	43	4
80	25	215	196	73	54	4

注：α 偏差为 $^{0°}_{-1°}$。

① 不规定前端部结构。

表 4-41　60°、90°、120°直柄锥面锪钻的型式和尺寸（摘自 GB/T 4258—2004）

（单位：mm）

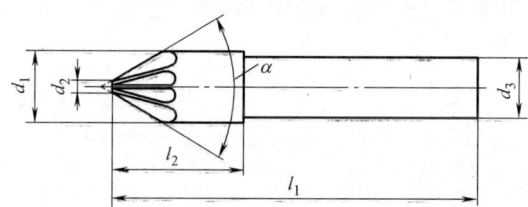

公称尺寸 d_1	小端直径 $d_2$①	总长 l_1		钻体长 l_2		柄部直径 d_3 h9
		$\alpha=60°$	$\alpha=90°$或120°	$\alpha=60°$	$\alpha=90°$或120°	
8	1.6	48	44	16	12	8
10	2	50	46	18	14	8
12.5	2.5	52	48	20	16	8
16	3.2	60	56	24	20	10
20	4	64	60	28	24	10
25	7	69	65	33	29	10

注：α 的偏差为 $^{0°}_{-1°}$。

① 不规定前端部结构。

表 4-42　带整体导柱的直柄平底锪钻的型式和尺寸（摘自 GB/T 4260—2004）

（单位：mm）

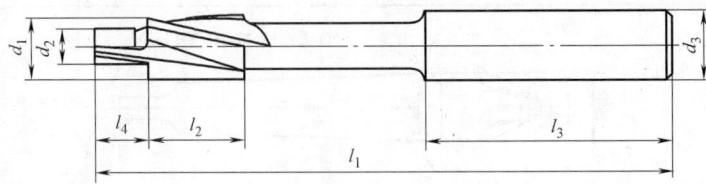

注：图示为切削直径 d_1 大于 5mm 的锪钻

切削直径 d_1 z9	导柱直径 d_2 e8	柄部直径 d_3 h9	总长 l_1	刃长 l_2	柄长 l_3 ≈	导柱长 l_4
2~3.15			45	7		
>3.15~5			56	10	—	
>5~8	按引导孔直径配套要求规定 （最小直径 $d_2 = 1/3 d_1$）	$= d_1$	71	14	31.5	$\approx d_2$
>8~10			80	18	35.5	
>10~12.5		10				
>12.5~20		12.5	100	22	40	

表 4-43　带可换导柱的莫氏锥柄平底锪钻的型式和尺寸（摘自 GB/T 4261—2004）

（单位：mm）

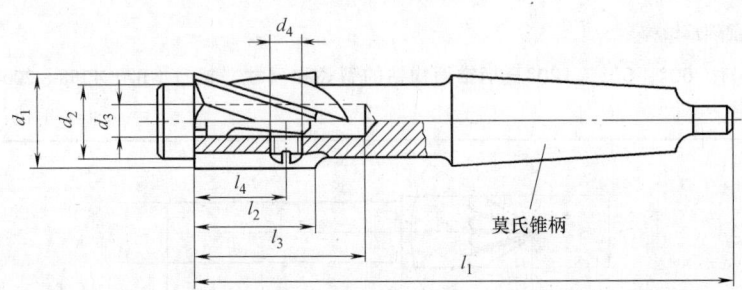

莫氏锥柄

切削直径 d_1 z9	导柱直径 d_2 e8	d_3 H8	d_4	l_1	l_2	l_3	l_4	莫氏圆 锥号
>12.5~16	>5~14	4	M3	132	22	30	16	
>16~20	>6.3~18	5	M4	140	25	38	19	2
>20~25	>8~22.4	6	M5	150	30	46	23	
>25~31.5	>10~28	8	M6	180	35	54	27	3
>31.5~40	>12.5~35.5	10	M8	190	40	64	32	
>40~50	>16~45	12	M8	236	50	76	42	4
>50~63	>20~56	16	M10	250	63	88	53	

表 4-44　带整体导柱的直柄 90°锥面锪钻的型式和尺寸（摘自 GB/T 4263—2004）

（单位：mm）

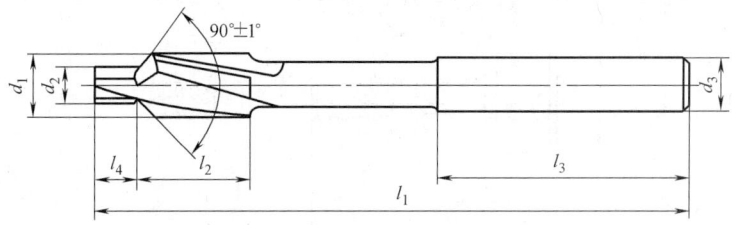

注：图示为切削直径 d_1 大于 5mm 的锪钻

切削直径 d_1 z9	导柱直径 d_2 e8	柄部直径 d_3 h9	总长 l_1	刃长 l_2	柄长 l_3 ≈	导柱长 l_4
2~3.15	按引导孔直径配套要求规定（最小直径 $d_2 = 1/3d_1$）	= d_1	45	7	—	≈ d_2
>3.15~5			56	10		
>5~8			71	14	31.5	
>8~10			80	18	35.5	
>10~12.5		10				
>12.5~20		12.5	100	22	40	

表 4-45　带可换导柱的莫氏锥柄 90°锥面锪钻的型式和尺寸（摘自 GB/T 4264—2004）

（单位：mm）

90°±1°

莫氏锥柄

切削直径 d_1 z9	导柱直径 d_2 e8	d_3 h8	螺钉 d_4	d_5	l_1	l_2	l_3	l_4	莫氏圆锥号
>12.5~16	>6.3~14	4	M3	6	132	22	30	16	2
>16~20	>6.3~18	5	M4	6	140	25	38	19	
>20~25	>8~22.4	6	M5	7.5	150	30	46	23	
>25~31.5	>10~28	8	M6	9.5	180	35	54	27	3
>31.5~40.4	>12.5~35.5	10	M8	12	190	40	64	32	

表 4-46　锪钻用可换导柱的型式和尺寸（摘自 GB/T 4266—2004）

（单位：mm）

d_2 f7	d_1 e8	a 0 -0.1	l_1	l_2	l_3
4	>5~6.3	3.6	5	20	3
	>6.3~8		6		
	>8~10		7		
	>10~12.5		8		4
	>12.5~14		10		
5	>6.3~8	4.6	6	23	3
	>8~10		7		
	>10~12.5		8		
	>12.5~16		10		4
	>16~18		12		
6	>8~10	5.5	7	28	4
	>10~12.5		8		
	>12.5~16		10		
	>16~20		12		5
	>20~22.4		15		
8	>10~12.5	7.5	8	32	4
	>12.5~16		10		
	>16~20		12		
	>20~25		15		5
	>25~28		18		
10	>12.5~16	9.1	10	40	5
	>16~20		12		
	>20~25		15		
	>25~31.5		18		6
	>31.5~35.5		22		
12	>16~20	11.3	12	50	5
	>20~25		15		
	>25~31.5		18		
	>31.5~40		22		6
	>40~45		27		
16	>20~25	15.2	15	60	6
	>25~31.5		18		
	>31.5~40		22		
	>40~50		27		
	>50~56		30		

2.2　铣刀

2.2.1　立铣刀（见表 4-47～表 4-54）

表 4-47　直柄立铣刀的型式和尺寸（摘自 GB/T 6117.1—2010）

（单位：mm）

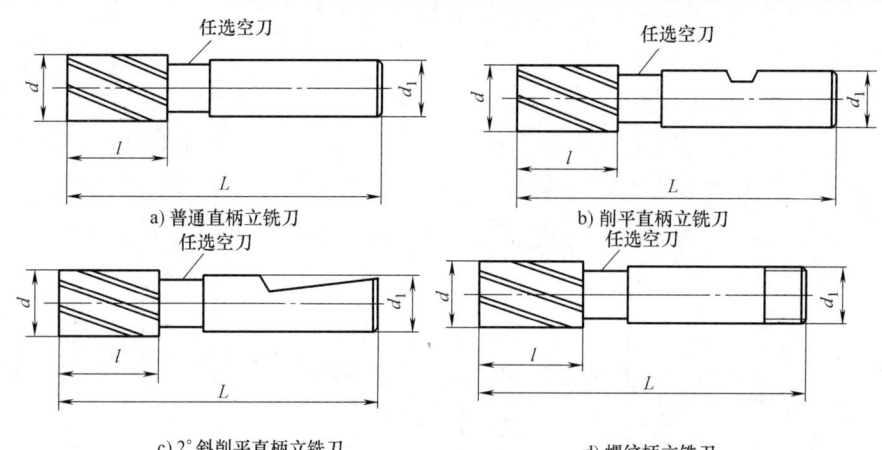

a) 普通直柄立铣刀　　　b) 削平直柄立铣刀

c) 2°斜削平直柄立铣刀　　　d) 螺纹柄立铣刀

直径范围 d	推荐直径 d		d_1[①] I组	d_1[①] II组	标准系列 l	标准系列 L[②] I组	标准系列 L[②] II组	长系列 l	长系列 L[②] I组	长系列 L[②] II组	齿数 粗齿	齿数 中齿	齿数 细齿
>1.9~2.36	2	—	4③	—	7	39	51	10	42	54	3	4	—
>2.36~3	2.5	3	4③	—	8	40	52	12	44	56	3	4	—
>3~3.75	—	3.5	4③	6	10	42	54	15	47	59	3	4	—
>3.75~4	4	—	5③	6	11	43	55	19	51	63	3	4	—
>4~4.75	—	—	5③	6	11	45	55	19	53	63	3	4	—
>4.75~5	5	—	5③	6	13	47	57	24	58	68	3	4	—
>5~6	6	—	6	6	13	57	57	24	68	68	3	4	—
>6~7.5	—	7	8	10	16	60	66	30	74	80	3	4	—
>7.5~8	8	—	8	10	19	63	69	38	82	88	3	4	—
>8~9.5	—	9	10	10	19	69	69	38	88	88	3	4	5
>9.5~10	10	—	10	10	22	72	72	45	95	95	3	4	5
>10~11.8	—	11	12	12	22	79	79	45	102	102	3	4	5
>11.8~15	12	14	12	12	26	83	83	53	110	110	3	4	5
>15~19	16	18	16	16	32	92	92	63	123	123	3	4	5
>19~23.6	20	22	20	20	38	104	104	75	141	141	3	4	6
>23.6~30	24, 25	28	25	25	45	121	121	90	166	166	3	4	6
>30~37.5	32	36	32	32	53	133	133	106	186	186	4	6	8
>37.5~47.5	40	45	40	40	63	155	155	125	217	217	4	6	8
>47.5~60	50	56	50	50	75	177	177	150	252	252	4	6	8
>60~67	63	—	50	63	90	192	202	180	282	292	6	8	10
>67~75	—	71	63	63	90	202	202	180	292	292	6	8	10

① 柄部尺寸和公差分别按 GB/T 6131.1、GB/T 6131.2、GB/T 6131.3 和 GB/T 6131.4 的规定。

② 总长尺寸的 I 组和 II 组分别与柄部直径的 I 组和 II 组相对应。

③ 只适用于普通直柄。

表 4-48 莫氏锥柄立铣刀的型式和尺寸 （摘自 GB/T 6117.2—2010）

（单位：mm）

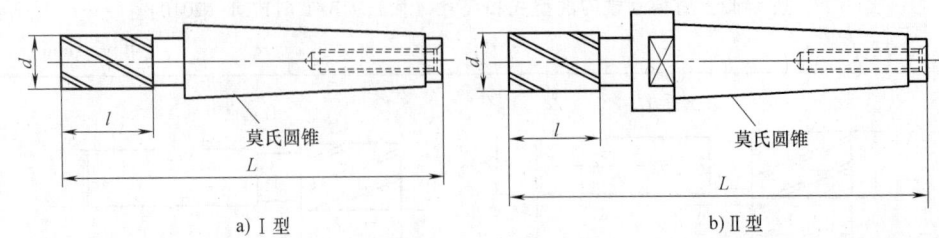

a) Ⅰ型 b) Ⅱ型

直径范围 d	推荐直径 d	l 标准系列	l 长系列	L 标准系列 Ⅰ型	L 标准系列 Ⅱ型	L 长系列 Ⅰ型	L 长系列 Ⅱ型	莫氏圆锥号	齿数 粗齿	齿数 中齿	齿数 细齿
>5~6	6 / —	—	13	24	83		94					
>6~7.5	—	7	16	30	86		100					—
>7.5~9.5	8 / —	— / 9	19	38	89		108		1			
>9.5~11.8	10	11	22	45	92		115					5
>11.8~15	12	14	26	53	96 / 111	—	123 / 138	—		3	4	
>15~19	16	18	32	63	117		148		2			
>19~23.6	20	22	38	75	123 / 140		160 / 177					6
>23.6~30	24 / 25	28	45	90	147		192		3			
>30~37.5	32	36	53	106	155 / 178	201	208 / 231	254	4			
>37.5~47.5	40	45	63	125	188 / 221	211 / 249	250 / 283	273 / 311	4 / 5	4	6	8
>47.5~60	50 / —	— / 56	75	150	200 / 233	223 / 261	275 / 308	298 / 336	4 / 5	6	8	10
>60~75	63	71	90	180	248	276	338	366	5			

表 4-49 7:24 锥柄立铣刀的型式和尺寸 （摘自 GB/T 6117.3—2010）

（单位：mm）

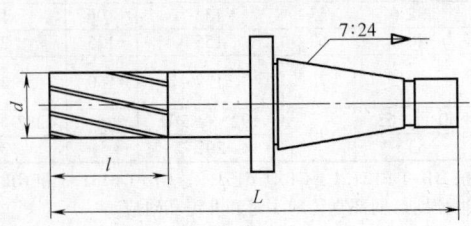

（续）

直径范围 d	推荐直径 d		l		L		7∶24 圆锥号	齿数		
			标准系列	长系列	标准系列	长系列		粗齿	中齿	细齿
>23.6~30	25	28	45	90	150	195	30	3	4	6
					158	211				
>30~37.5	32	36	53	106	188	241	40	4	6	8
					208	261	45			
					198	260	40			
>37.5~47.5	40	45	63	125	218	280	45			
					240	302	50			
>47.5~60	50	—	75	150	210	285	40	4	6	8
					230	305	45			
					252	327	50			
	—	56			210	285	40	6	8	10
					230	305	45			
					252	327	50			
>60~75	63	71	90	180	245	335	45			
					267	357	50			
>75~95	80	—	106	212	283	389				

表 4-50　套式立铣刀的型式和尺寸（摘自 GB/T 1114—2016）（单位：mm）

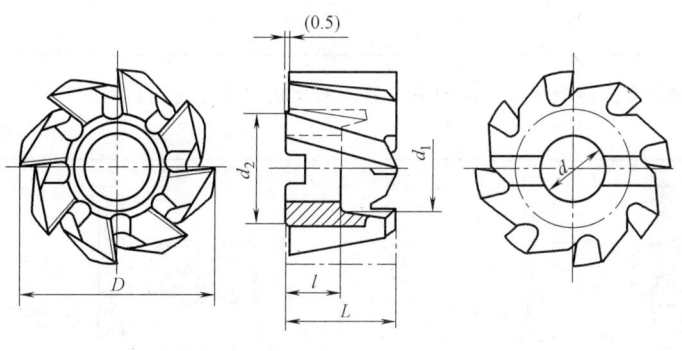

D js16	d H7	L k16	l +1 0	d_1 min	d_2 min
40	16	32	18	23	33
50	22	36	20	30	41
63	27	40	22	38	49
80		45			
100	32	50	25	45	59
125	40	56	28	56	71
160	50	63	31	67	91

注：背面上 0.5mm 不硬性规定。

表 4-51　硬质合金螺旋齿直柄立铣刀的型式和尺寸（摘自 GB/T 16456.1—2008）

（单位：mm）

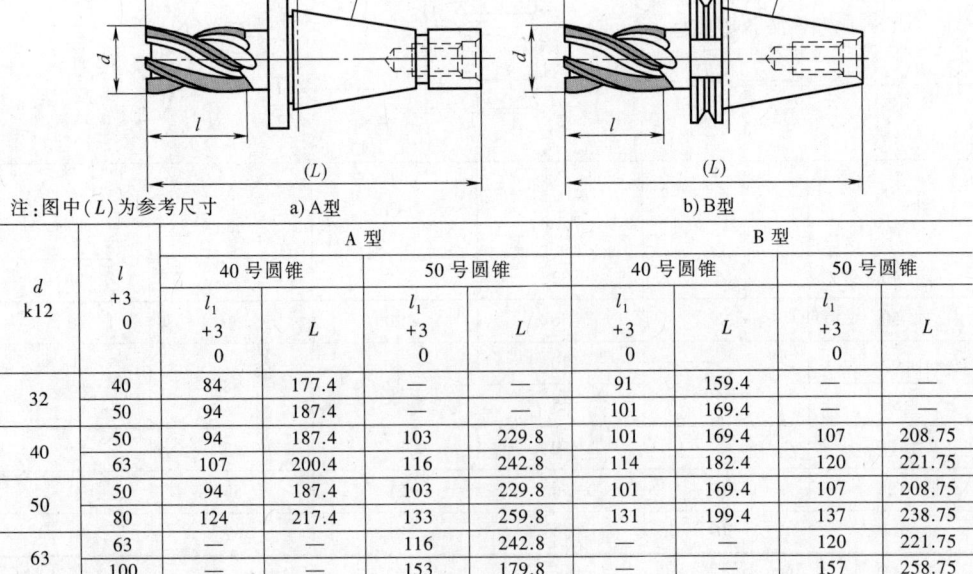

a) A型　　　　　　　　　　　b) B型

d k12	l 公称尺寸	极限偏差	d_1	L +2 0
12	20		12	75
	25			80
16	25	+2 0	16	88
	32			95
20	32		20	97
	40			105
25	40		25	111
	50			121
32	40	+3 0	32	120
	50			130
40	50		40	140
	63			153

表 4-52　硬质合金螺旋齿 7∶24 锥柄立铣刀的型式和尺寸（摘自 GB/T 16456.2—2008）

（单位：mm）

注：图中（L）为参考尺寸　　　a) A型　　　　　　　　　b) B型

d k12	l +3 0	A 型 40号圆锥		A 型 50号圆锥		B 型 40号圆锥		B 型 50号圆锥	
		l_1 +3 0	L	l_1 +3 0	L	l_1 +3 0	L	l_1 +3 0	L
32	40	84	177.4	—	—	91	159.4	—	—
	50	94	187.4	—	—	101	169.4	—	—
40	50	94	187.4	103	229.8	101	169.4	107	208.75
	63	107	200.4	116	242.8	114	182.4	120	221.75
50	50	94	187.4	103	229.8	101	169.4	107	208.75
	80	124	217.4	133	259.8	131	199.4	137	238.75
63	63	—	—	116	242.8	—	—	120	221.75
	100	—	—	153	179.8	—	—	157	258.75

表 4-53 硬质合金螺旋齿莫氏锥柄立铣刀的型式和尺寸 （摘自 GB/T 16456.3—2008）

（单位：mm）

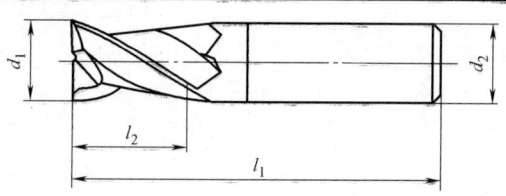

莫氏圆锥

d k12	l +2 0	L +2 0	莫氏圆锥号
16	25	110	2
	32	117	
20	32	117	2
	40	125	
		142	3
25	40	142	3
	50	152	
32	40	165	4
	50	175	
40	50	181	4
	63	194	
50	63	194	4
	80	238	5
63	63	221	5
	100	258	

表 4-54 整体硬质合金直柄立铣刀的型式和尺寸 （摘自 GB/T 16770.1—2008）

（单位：mm）

直径 d_1 h10	柄部直径 d_2 h6	总长 l_1		刃长 l_2	
		公称尺寸	极限偏差	公称尺寸	极限偏差
1.0	3	38	+2 0	3	+1 0
	4	43			
1.5	3	38		4	
	4	43			
2.0	3	38	+2 0	7	+1 0
	4	43			

1165

（续）

直径 d_1 h10	柄部直径 d_2 h6	总长 l_1 公称尺寸	总长 l_1 极限偏差	刃长 l_2 公称尺寸	刃长 l_2 极限偏差
2.5	3	38		8	
	4	57			
3.0	3	38		8	+1
	6	57			0
3.5	4	43		10	
	6	57			
4.0	4	43		11	
	6	57			
5.0	5	47	+2	13	
	6	57	0		
6.0	6	57		13	+1.5
7.0	8	63		16	0
8.0	8	63		19	
9.0	10	72		19	
10.0	10	72		22	
12.0	12	76		22	
		83		26	
14.0	14	83		26	+2
16.0	16	89	+3	32	0
18.0	18	92	0	32	
20.0	20	101		38	

注：1. 2齿立铣刀中心刃切削（加工键槽）。3齿或多齿立铣刀可以中心刃切削。
　　2. 表内尺寸可按 GB/T 6131.2 做成削平直柄立铣刀。

2.2.2　槽铣刀（见表4-55~表4-60）

表 4-55　普通直柄、削平直柄和螺纹柄 T 型槽铣刀的型式和尺寸（摘自 GB/T 6124—2007）

（单位：mm）

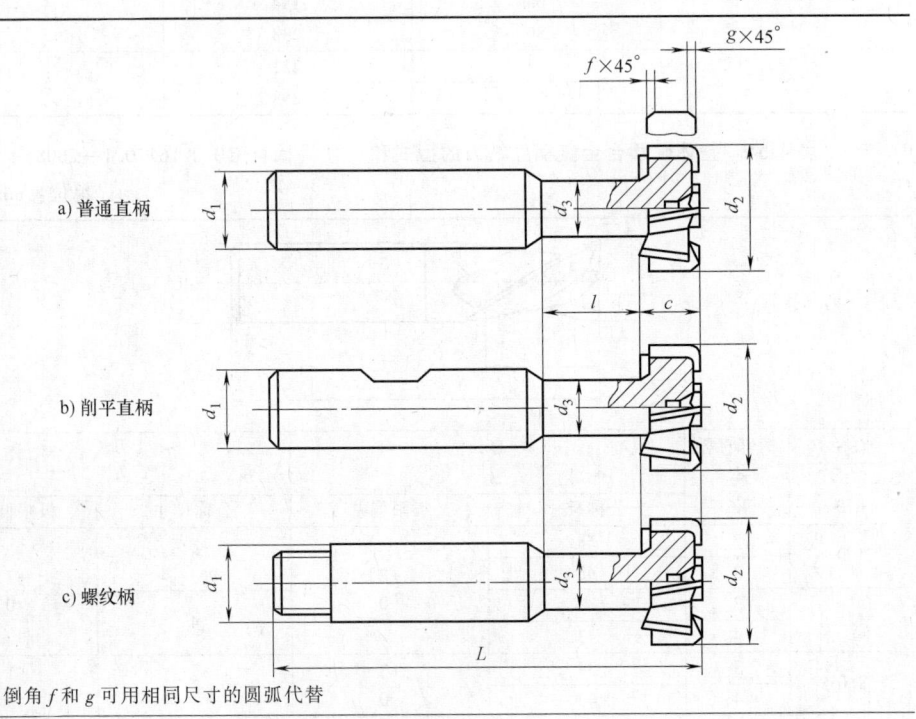

a) 普通直柄

b) 削平直柄

c) 螺纹柄

注：倒角 f 和 g 可用相同尺寸的圆弧代替

（续）

d_2 h12	c h12	d_3 max	l +1 0	$d_1$①	L js18	f max	g max	T 型槽宽度
11	3.5	4	6.5		53.5			5
12.5	6	5	7	10	57		1	6
16	8	7	10		62	0.6		8
18		8	13	12	70			10
21	9	10	16		74			12
25	11	12	17	16	82		1.6	14
32	14	15	22		90			18
40	18	19	27	25	108	1		22
50	22	25	34	32	124		2.5	28
60	28	30	43		139			36

注：普通直柄和螺纹柄适用公差代号为 h8，削平直柄适用公差代号为 h6。

① d_1 的公差按照 GB/T 6131.1、GB/T 6131.2 和 GB/T 6131.4 的规定。

表 4-56　带螺纹孔的莫氏锥柄 T 型槽铣刀的型式和尺寸（摘自 GB/T 6124—2007）

（单位：mm）

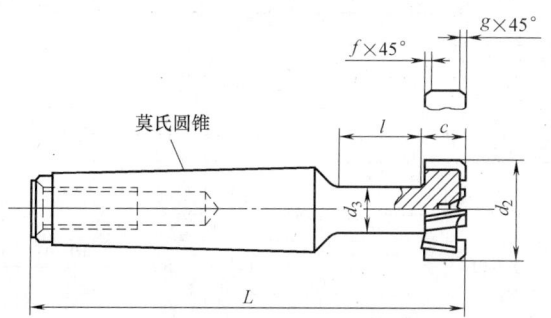

注：倒角 f 和 g 可用相同尺寸的圆弧代替

d_2 h12	c h12	d_3 max	l +1 0	L	f max	g max	莫氏圆锥号	T 形槽宽度
18	8	8	13	82			1	10
21	9	10	16	98	0.6	1		12
25	11	12	17	103			2	14
32	14	15	22	111		1.6	3	18
40	18	19	27	138				22
50	22	25	34	173	1	2.5	4	28
60	28	30	43	188				36
72	35	36	50	229	1.6	4		42
85	40	42	55	240	2	6	5	48
95	44	44	62	251				54

表 4-57　直柄键槽铣刀的型式和尺寸（摘自 GB/T 1112—2012）

（单位：mm）

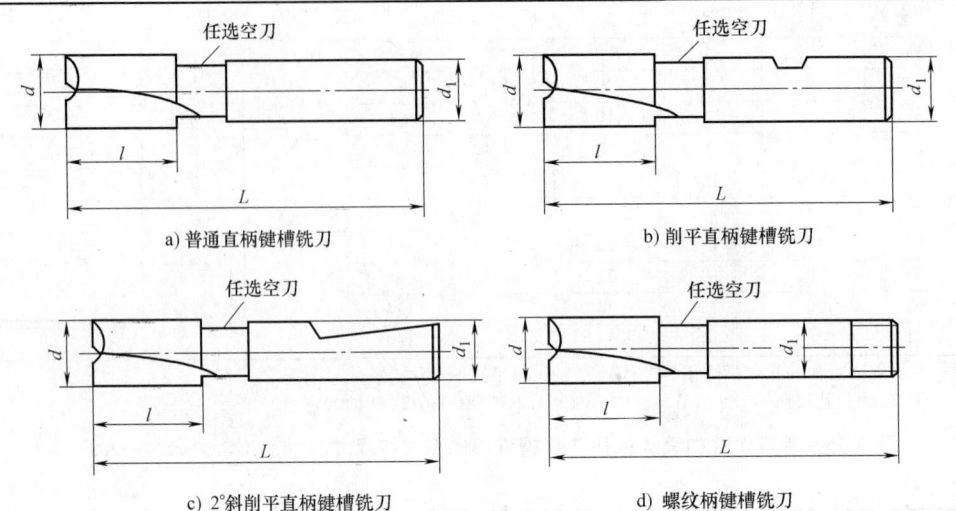

a) 普通直柄键槽铣刀　　　　b) 削平直柄键槽铣刀

c) 2°斜削平直柄键槽铣刀　　　　d) 螺纹柄键槽铣刀

d 公称尺寸	极限偏差 e8	极限偏差 d8	d_1		推荐系列 l	推荐系列 L	短系列 l	短系列 L	标准系列 l	标准系列 L
2	−0.014 −0.028	−0.020 −0.034	3①	4	4	30	4	36	7	39
3					5	32	5	37	8	40
4	−0.020 −0.038	−0.030 −0.048	4		7	36	7	39	11	43
5			5		8	40	8	42	13	47
6			6		10	45		52		57
7	−0.025 −0.047	−0.040 −0.062	8		14	50	10	54	16	60
8							11	55	19	63
10			10		18	60	13	63	22	72
12	−0.032 −0.059	−0.050 −0.077	12		22	65	16	73	26	83
14			12	14①	24	70				
16			16		28	75	19	79	32	92
18			16	18①	32	80				
20	−0.040 −0.073	−0.065 −0.098	20		36	85	22	88	38	104

注：当 d≤14mm 时，根据用户要求 e8 级的普通直柄键槽铣刀柄部直径偏差允许按圆周刃部直径的偏差制造，并须在标记和标志上予以注明。

① 此尺寸不推荐采用；如果采用，应与相同规格的键槽铣刀相区别。

表 4-58　莫氏锥柄键槽铣刀的型式和尺寸（摘自 GB/T 1112—2012）

（单位：mm）

a) 锥柄键槽铣刀I型　　　　b) 锥柄键槽铣刀II型

（续）

公称尺寸	d 极限偏差 e8	d 极限偏差 d8	推荐系列 l (Ⅰ型)	推荐系列 L (Ⅰ型)	短系列 l	短系列 L Ⅰ型	短系列 L Ⅱ型	标准系列 l	标准系列 L Ⅰ型	标准系列 L Ⅱ型	莫氏锥柄号
6	−0.020 −0.038	−0.030 −0.048			8	78		13	83		1
7	−0.025 −0.047	−0.040 −0.062	—		10	80		16	86		1
8					11	81		19	89		
10					13	83		22	92		
12	−0.032 −0.059	−0.050 −0.077			16	86		26	96		2
						101			111		
14			24	110		86			96		1
						101			111		
16			28	115	19	104	—	32	117		2
18			32	120							
20	−0.040 −0.073	−0.065 −0.098	36	125	22	107		38	123		3
						124			140		
22						107			123		2
						124			140		
24			40	145	26	128		45	147		3
25											
28			45	150							
32	−0.050 −0.089	−0.080 −0.119	50	155	32	134		53	155		4
						157	180		178	201	
36			—			134	—		155	—	3
			55	185		157	180		178	201	4
38			60	190	38	163	186	63	188	211	4
						196	224		221	249	5
40			—			163	186		188	211	4
			65	195		196	224		221	249	5
45			—		45	170	193	75	200	223	4
			65	195		203	231		233	261	5
50	−0.060 −0.106	−0.100 −0.146				170	193		200	223	4
			—			203	231		233	261	5
56					53	211	239	90	248	276	5
63											

表 4-59　半圆键槽铣刀的型式和尺寸（摘自 GB/T 1127—2007）

（单位：mm）

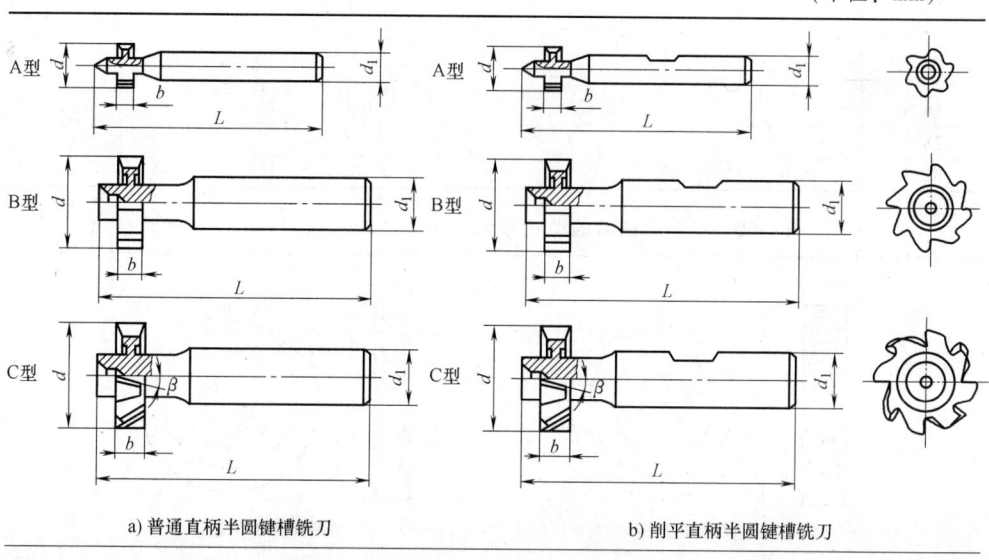

a) 普通直柄半圆键槽铣刀　　　　　b) 削平直柄半圆键槽铣刀

（续）

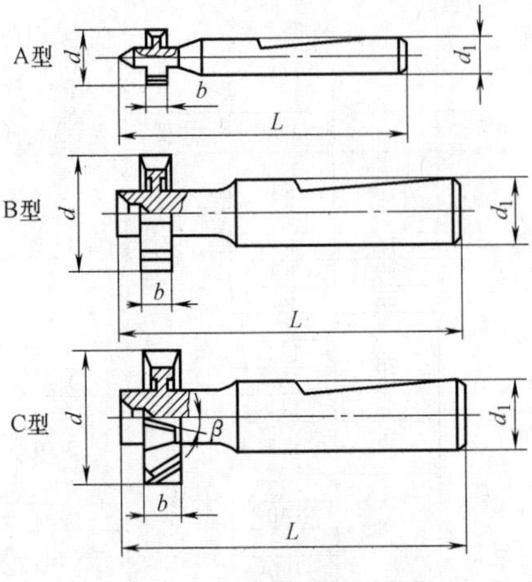

c) 2°斜削平直柄半圆键槽铣刀

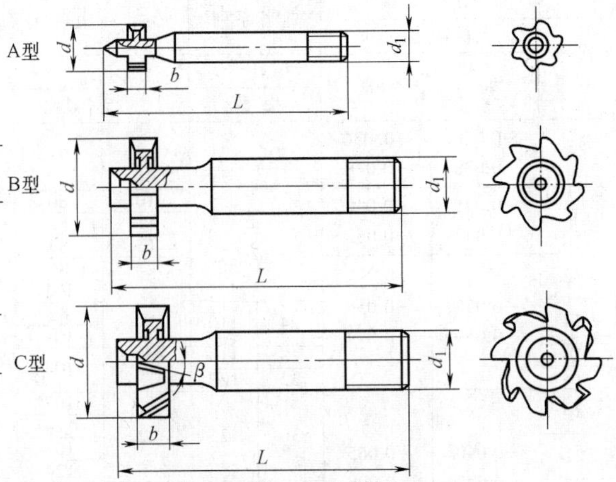

d) 螺纹柄半圆键槽铣刀

d h11	b e8	d_1	L js18	半圆键的基本尺寸 （按照 GB/T 1098—2003） 宽×直径	铣刀型式	β
4.5	1.0	6	50	1.0×4	A	—
7.5	1.5			1.5×7		
	2.0			2.0×7		
10.5				2.0×10		
	2.5			2.5×10		
13.5	3.0	10	55	3.0×13	B	
				3.0×16		
16.5	4.0			4.0×16		
	5.0			5.0×16		
19.5	4.0			4.0×19		
	5.0			5.0×19		
22.5	5.0	12	60	5.0×22	C	12°
	6.0			6.0×22		
25.5				6.0×25		
28.5	8.0		65	8.0×28		
32.5	10.0			10.0×32		

表 4-60　三面刃铣刀的型式和尺寸（摘自 GB/T 6119—2012）（单位：mm）

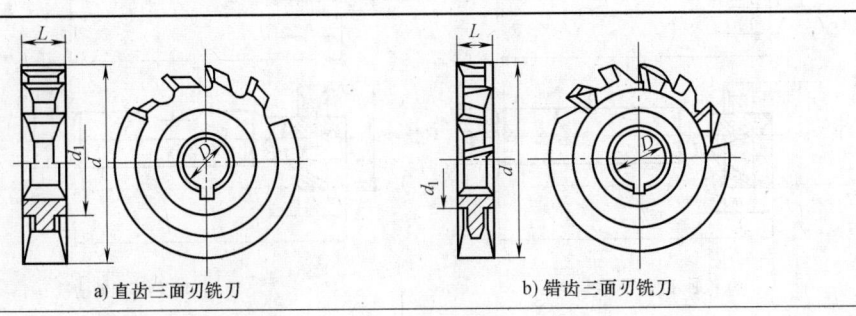

a) 直齿三面刃铣刀　　　　　　　　b) 错齿三面刃铣刀

（续）

d js16	D H7	d1 min	4	5	6	8	10	12	14	16	18	20	22	25	28	32	36	40
50	16	27	✓	✓	✓	✓	✓	—	—	—								
63	22	34	✓	✓	✓	✓	✓	✓	✓	✓		—	—					
80	27	41			✓	✓	✓	✓	✓	✓	✓	✓			—			
100	32	47		—		✓	✓	✓	✓	✓	✓	✓	✓	✓			—	—
125							✓	✓	✓	✓	✓	✓	✓	✓	✓	✓		
160	40	55			—			✓	✓	✓	✓	✓	✓	✓	✓	✓		
200						—		✓	✓	✓	✓	✓	✓	✓	✓	✓	✓	✓

注：✓表示有此规格。

2.2.3 锯片铣刀（见表 4-61 和表 4-62）

表 4-61 锯片铣刀的型式和尺寸（摘自 GB/T 6120—2012）（单位：mm）

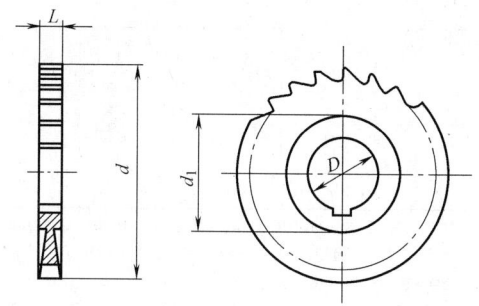

d js16		20	25	32	40	50	63	80	100	125	160	200	250	315
D H7		5	5	8	10 (13)	13	16	22	22 (27)	22 (27)	32	32	40	40
L Js11	粗齿	—	—	—	—	0.80 ~ 5.00	0.80 ~ 6.00	0.80 ~ 6.00	0.80 ~ 6.00	1.00 ~ 6.00				
	中齿	—	—	0.30 ~ 3.00	0.30 ~ 4.00	0.30 ~ 5.00	0.30 ~ 6.00	0.60 ~ 6.00			1.20 ~ 6.00	1.60 ~ 6.00	2.00 ~ 6.00	2.50 ~ 6.00
	细齿	0.20 ~ 2.00	0.20 ~ 2.50	0.20 ~ 3.00	0.20 ~ 4.00	0.25 ~ 5.00	0.30 ~ 6.00	0.50 ~ 6.00	0.60 ~ 6.00	0.80 ~ 6.00				

注：1. 括号内的尺寸尽量不采用，如要采用，则在标记中注明尺寸 D。

2. $d \geqslant 80\text{mm}$，且 $L < 3\text{mm}$ 时，允许不做支承台 d_1。

3. L 系列 为：0.20mm、0.25mm、0.30mm、0.40mm、0.50mm、0.60mm、0.80mm、1.00mm、1.20mm、1.60mm、2.00mm、2.50mm、3.00mm、4.00mm、5.00mm、6.00mm。

表 4-62　整体硬质合金锯片铣刀的型式和尺寸（摘自 GB/T 14301—2008）

（单位：mm）

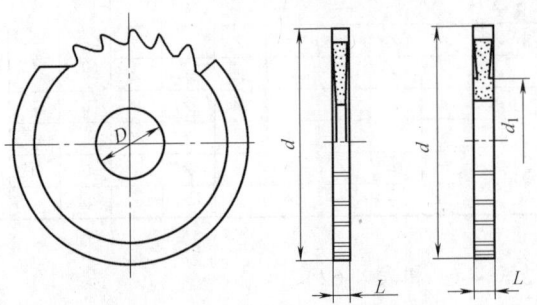

d=8～63mm 型式　　d= 80～125mm 型式

d js13	8	10	12	16	20	25	32	40	50	63	80	100	125
D H7	3	5	5	5	5	5	8	10	13	16	22	22	22
d_1（参考）	—	—	—	—	—	—	—	—	—	—	34	34	34
L Js10	0.20 ~ 0.80	0.20 ~ 0.80	0.20 ~ 1.00	0.20 ~ 1.20	0.20 ~ 1.50	0.30 ~ 1.80	0.30 ~ 2.00	0.30 ~ 2.50	0.30 ~ 4.00	0.30 ~ 4.00	0.60 ~ 5.00	0.60 ~ 5.00	1.00 ~ 5.00

注：$d \leqslant 32$mm 时，L 系列为 0.20～0.80mm（0.05mm 进位）、0.90～1.60mm（0.1mm 进位），1.80mm、2.00mm；$d>40$mm 时，L 系列为 0.30～0.60mm（0.1mm 进位）、0.80～1.20mm（0.2mm 进位）、1.60mm、2.00mm、2.50mm、3.00mm、4.00mm、5.00mm；$d=40$mm 时，L 系列为 0.30～0.60mm（0.50mm 进位）、0.80～1.20mm（0.2mm 进位）、1.60mm、2.00mm、2.50mm。

2.3　螺纹加工工具

2.3.1　圆板牙和板牙架（见表 4-63 和表 4-64）

表 4-63　圆板牙的型式和尺寸（摘自 GB/T 970.1—2008）（单位：mm）

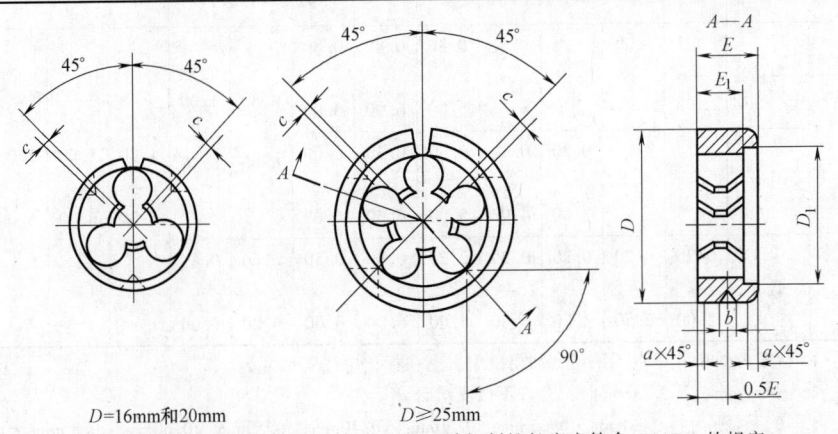

D=16mm 和 20mm　　　　$D \geqslant 25$mm

注：不规定容屑孔数；切削锥由制造厂自定，但至少有一端切削锥长度应符合 GB/T 3 的规定

（续）

粗牙普通螺纹用圆板牙

代号	公称直径 d	螺距 P	D	D₁	E	E₁	c	b	a
M1	1		16	11	5		0.5	3	0.2
M1.1	1.1	0.25				2			
M1.2	1.2								
M1.4	1.4	0.3							
M1.6	1.6	0.35				2.5			
M1.8	1.8								
M2	2	0.4							
M2.2	2.2	0.45				3			
M2.5	2.5								
M3	3	0.5	20						
M3.5	3.5	0.6						4	
M4	4	0.7							
M4.5	4.5	0.75			7		0.6		
M5	5	0.8							
M6	6	1							0.5
M7	7								
M8	8	1.25	25		9		0.8		
M9	9							5	
M10	10	1.5	30		11		1.0		
M11	11								
M12	12	1.75	38		14				
M14	14	2							
M16	16						1.2	6	1
M18	18	2.5	45		18①				
M20	20			—		—			
M22	22		55		22		1.5		
M24	24	3							
M27	27								
M30	30	3.5	65		25				
M33	33						1.8	8	
M36	36	4							
M39	39		75		30				
M42	42	4.5							2
M45	45								
M48	48	5	90				2		
M52	52								
M56	56	5.5	105		36				
M60	60							10	
M64	64	6	120				2.5		
M68	68								

（续）

细牙普通螺纹用圆板牙

代号	公称直径 d	螺距 P	D	D_1	E	E_1	c	b	a
M1×0.2	1								
M1.1×0.2	1.1								
M1.2×0.2	1.2	0.2							
M1.4×0.2	1.4					2		3	
M1.6×0.2	1.6		16	11					
M1.8×0.2	1.8								
M2×0.25	2	0.25			5		0.5		0.2
M2.2×0.25	2.2								
M2.5×0.35	2.5					2.5			
M3×0.35	3	0.35		15		3			
M3.5×0.35	3.5								
M4×0.5	4							4	
M4.5×0.5	4.5	0.5	20						
M5×0.5	5								
M5.5×0.5	5.5								
M6×0.75	6			—	7	—	0.6		
M7×0.75	7	0.75							
M8×0.75	8		25		9		0.8		0.5
M8×1		1							
M9×0.75	9	0.75							
M9×1		1						5	
M10×0.75	10	0.75		24		8			
M10×1		1	30	—	11	—	1		
M10×1.25		1.25							
M11×0.75	11	0.75		24		8			
M11×1		1							
M12×1	12								1
M12×1.25		1.25							
M12×1.5		1.5		—		—		6	
M14×1	14	1	38		10		1.2		
M14×1.25		1.25							
M14×1.5		1.5							
M15×1.5	15								

（续）

细牙普通螺纹用圆板牙

代号	公称直径 d	螺距 P	D	D₁	E	E₁	c	b	a
M16×1	16	1		36		10			
M16×1.5		1.5		—		—			
M17×1.5	17								
M18×1	18	1		36		10			
M18×1.5		1.5	45	—	14	—	1.2	6	
M18×2		2							
M20×1	20	1		36		10			
M20×1.5		1.5		—		—			
M20×2		2							
M22×1	22	1		45		12			
M22×1.5		1.5		—		—			
M22×2		2							
M24×1	24	1	55	45	16	12			
M24×1.5		1.5					1.5		1
M24×2		2							
M25×1.5	25	1.5		—		—			
M25×2		2							
M27×1	27	1		54		12			
M27×1.5		1.5		—		—			
M27×2		2							
M28×1	28	1		54		12			
M28×1.5		1.5		—	18	—		8	
M28×2		2							
M30×1	30	1		54		12			
M30×1.5		1.5	65	—		—			
M30×2		2					1.8		
M30×3		3			25				
M32×1.5	32	1.5							
M32×2		2			18				
M33×1.5	33	1.5		—		—			2
M33×2		2							
M33×3		3			25				
M35×1.5	35	1.5			18				
M36×1.5	36								

（续）

细牙普通螺纹用圆板牙

代号	公称直径 d	螺距 P	D	D_1	E	E_1	c	b	a
M36×2	36	2	65	—	18	—	1.8		2
M36×3		3			25				
M39×1.5	39	1.5		63	20	16			
M39×2		2		—					
M39×3		3			30				
M40×1.5	40	1.5	75	63	20	16			
M40×2		2		—					
M40×3		3			30				
M42×1.5	42	1.5		63	20	16			
M42×2		2							
M42×3		3		—	30				
M42×4		4							
M45×1.5	45	1.5		75	22	18		8	
M45×2		2							
M45×3		3			36				
M45×4		4							
M48×1.5	48	1.5	90	75	22	18	2		
M48×2		2							
M48×3		3		—					
M48×4		4			36				
M50×1.5	50	1.5		75	22	18			
M50×2		2							
M50×3		3			36				
M52×1.5	52	1.5		75	22	18			
M52×2		2							
M52×3		3							
M52×4		4			36				
M55×1.5	55	1.5		90	22	18			
M55×2		2							
M55×3		3			36				
M55×4		4							
M56×1.5	56	1.5	105	90	22	18	2.5	10	
M56×2		2							
M56×3		3			36				
M56×4		4							

① 根据用户需要，M16 圆板牙的厚度 E 尺寸可按 14mm 制造。

表 4-64　圆板牙架的型式和互换尺寸（摘自 GB/T 970.1—2008）　　　（单位：mm）

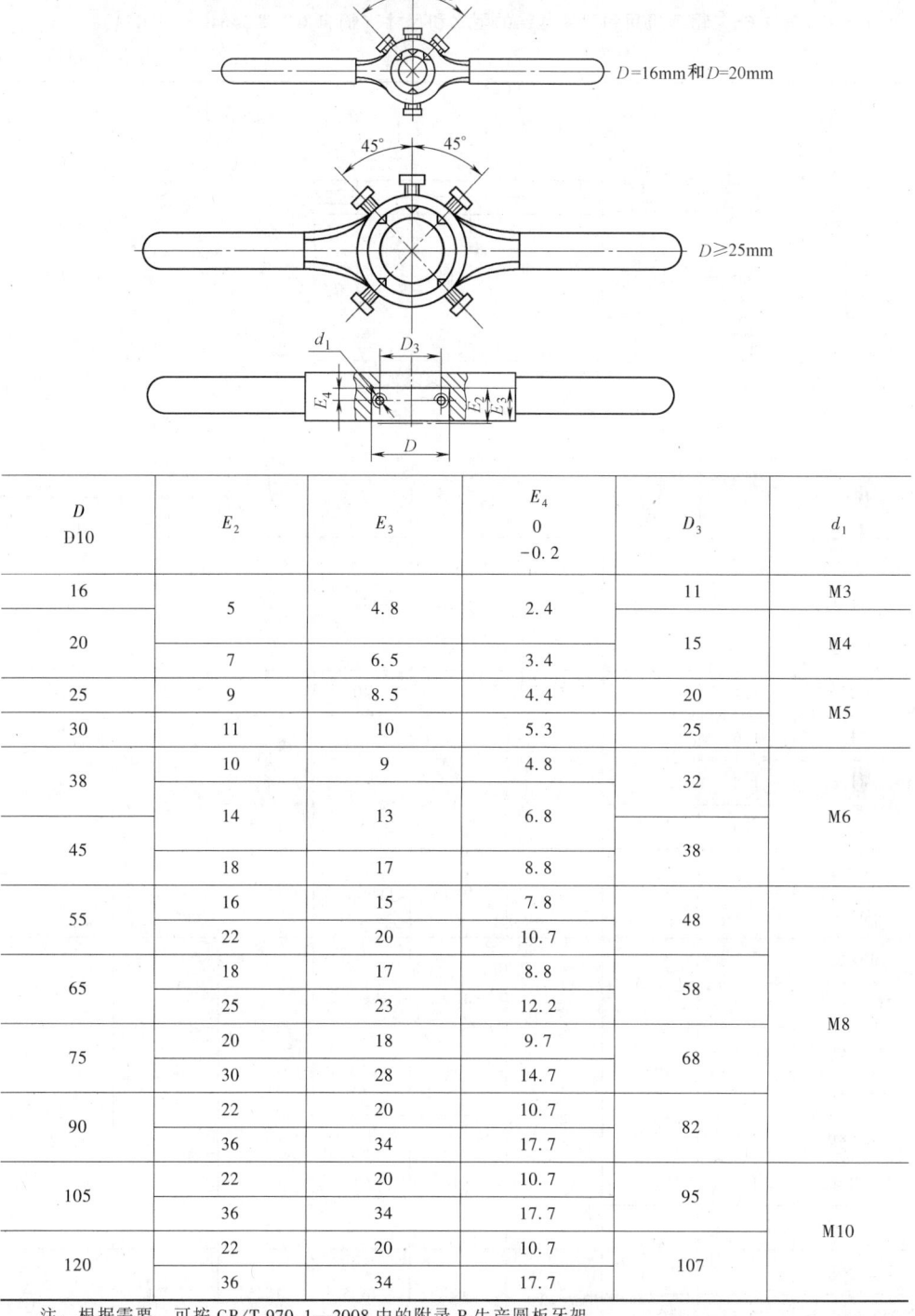

D D10	E_2	E_3	E_4 0 -0.2	D_3	d_1
16	5	4.8	2.4	11	M3
20	7	6.5	3.4	15	M4
25	9	8.5	4.4	20	M5
30	11	10	5.3	25	
38	10	9	4.8	32	M6
	14	13	6.8		
45	18	17	8.8	38	
55	16	15	7.8	48	
	22	20	10.7		
65	18	17	8.8	58	M8
	25	23	12.2		
75	20	18	9.7	68	
	30	28	14.7		
90	22	20	10.7	82	
	36	34	17.7		
105	22	20	10.7	95	M10
	36	34	17.7		
120	22	20	10.7	107	
	36	34	17.7		

注：根据需要，可按 GB/T 970.1—2008 中的附录 B 生产圆板牙架。

2.3.2 通用柄机用和手用丝锥（见表 4-65~表 4-67）

表 4-65 粗柄机用和手用丝锥的型式和尺寸（摘自 GB/T 3464.1—2007）

（单位：mm）

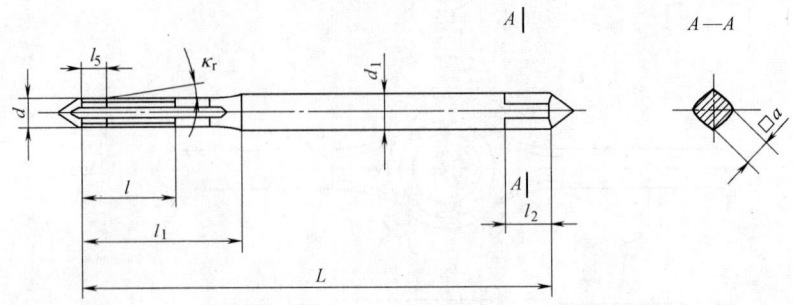

注：l_5、κ_r 值见表 4-68

代号	公称直径 d	螺距 P	d_1	l	L	l_1	方头	
							a	l_2
M1	1							
M1.1	1.1	0.25		5.5	38.5	10		
M1.2	1.2							
M1.4	1.4	0.3	2.5	7	40	12	2	4
M1.6	1.6	0.35				13		
M1.8	1.8			8	41			
M2	2	0.4				13.5		
M2.2	2.2	0.45	2.8	9.5	44.5	15.5	2.24	5
M2.5	2.5							
M1×0.2	1			5.5	38.5	10		
M1.1×0.2	1.1							
M1.2×0.2	1.2	0.2	2.5	7	40	12	2	4
M1.4×0.2	1.4							
M1.6×0.2	1.6					13		
M1.8×0.2	1.8			8	41			
M2×0.25	2	0.25				13.5		
M2.2×0.25	2.2		2.8	9.5	44.5	15.5	2.24	5
M2.5×0.35	2.5	0.35						

表 4-66　粗柄带颈机用和手用丝锥的型式和尺寸（摘自 GB/T 3464.1——2007）

（单位：mm）

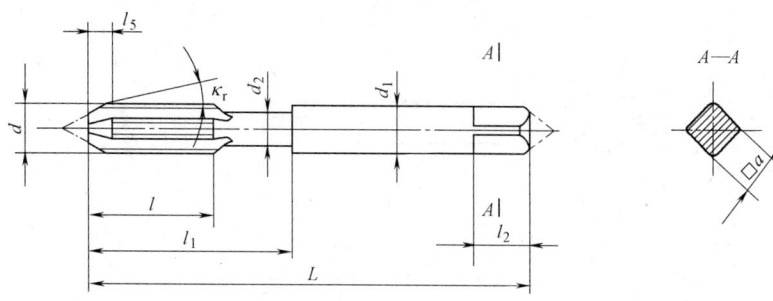

注：l_5、κ_r 值见表 4-68

代号	公称直径 d	螺距 P	d_1	l	L	d_2 min	l_1	方头	
								a	l_2
M3	3	0.5	3.15	11	48	2.12	18	2.5	5
M3.5	3.5	(0.6)	3.55		50	2.5	20	2.8	5
M4	4	0.7	4	13	53	2.8	21	3.15	6
M4.5	4.5	(0.75)	4.5			3.15		3.55	6
M5	5	0.8	5	16	58	3.55	25	4	7
M6	6	1	6.3	19	66	4.5	30	5	8
M7	7		7.1			5.3		5.6	8
M8	8	1.25	8	22	72	6	35	6.3	9
M9	9		9			7.1	36	7.1	10
M10	10	1.5	10	24	80	7.5	39	8	11
M3×0.35	3	0.35	3.15	11	48	2.12	18	2.5	5
M3.5×0.35	3.5		3.55		50	2.5	20	2.8	5
M4×0.5	4		4	13	53	2.8	21	3.15	6
M4.5×0.5	4.5		4.5			3.15		3.55	6
M5×0.5	5	0.5	5	16	58	3.55	25	4	7
M5.5×0.5	5.5		5.6	17	62	4	26	4.5	7
M6×0.5	6		6.3	19	66	4.5	30	5	8
M6×0.75		0.75							8
M7×0.75	7		7.1			5.3		5.6	8
M8×0.5	8	0.5	8			6	32	6.3	9
M8×0.75		0.75							9
M8×1		1		22	72		35		9
M9×0.75	9	0.75	9	19	66	7.1	33	7.1	10
M9×1		1		22	72		36		10
M10×0.75		0.75		20	73		35		11
M10×1	10	1	10	24	80	7.5	39	8	11
M10×1.25		1.25							11

注：1. 括号内的尺寸尽可能不用。
　　2. 允许无空刀槽，无空刀槽时螺纹部分长度尺寸应为 $l+(l_1-l)/2$。

表 4-67　细柄机用和手用丝锥的型式和尺寸（摘自 GB/T 3464.1—2007）

（单位：mm）

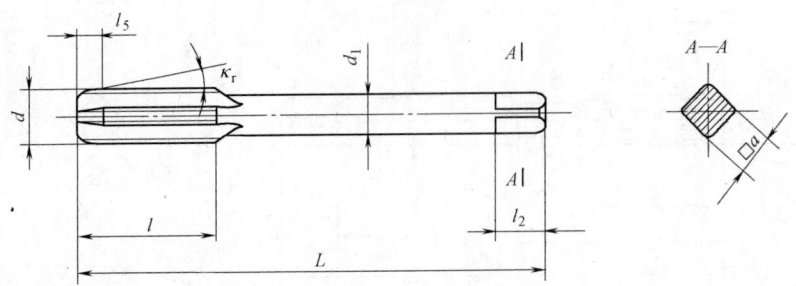

注：l_5、κ_r 值见表 4-68

代号	公称直径 d	螺距 P	d_1	l	L	方头	
						a	l_2
M3	3	0.5	2.24	11	48	1.8	4
M3.5	3.5	(0.6)	2.5		50	2	
M4	4	0.7	3.15	13	53	2.5	5
M4.5	4.5	(0.75)	3.55			2.8	
M5	5	0.8	4	16	58	3.15	6
M6	6	1	4.5	19	66	3.55	
M7	(7)		5.6			4.5	7
M8	8	1.25	6.3	22	72	5	8
M9	(9)		7.1			5.6	
M10	10	1.5	8	24	80	6.3	9
M11	(11)			25	85		
M12	12	1.75	9	29	89	7.1	10
M14	14	2	11.2	30	95	9	12
M16	16		12.5	32	102	10	13
M18	18	2.5	14	37	112	11.2	14
M20	20						
M22	22		16	38	118	12.5	16
M24	24	3	18	45	130	14	18
M27	27		20		135	16	20
M30	30	3.5		48	138		
M33	33		22.4	51	151	18	22
M36	36	4	25	57	162	20	24
M39	39		28	60	170	22.4	26
M42	42	4.5					

（续）

代号	公称直径 d	螺距 P	d_1	l	L	方头	
						a	l_2
M45	45	4.5	31.5	67	187	25	28
M48	48	5					
M52	52		35.5	70	200	28	31
M56	56	5.5					
M60	60		40	76	221	31.5	34
M64	64	6		79	224		
M68	68		45		234	35.5	38
M3×0.35	3	0.35	2.24	11	48	1.8	4
M3.5×0.35	3.5		2.5		50	2	
M4×0.5	4		3.15	13	53	2.5	5
M4.5×0.5	4.5	0.5	3.55			2.8	
M5×0.5	5		4	16	58	3.15	6
M5.5×0.5	(5.5)			17	62		
M6×0.75	6		4.5			3.55	
M7×0.75	(7)	0.75	5.6	19	66	4.5	7
M8×0.75	8		6.3			5	
M8×1		1		22	72		8
M9×0.75	(9)	0.75	7.1	19	66	5.6	
M9×1		1		22	72		
M10×0.75	10	0.75	8	20	73	6.3	9
M10×1		1		24			
M10×1.25		1.25					
M11×0.75	(11)	0.75			80		
M11×1		1		22			
M12×1	12	1	9			7.1	10
M12×1.25		1.25		29	89		
M12×1.5		1.5					
M14×1	14	1	11.2	22	87	9	12
M14×1.25[①]		1.25					
M14×1.5		1.5		30	95		
M15×1.5	(15)						
M16×1	16	1	12.5	22	92	10	13
M16×1.5		1.5		32	102		
M17×1.15	(17)						

（续）

代号	公称直径 d	螺距 P	d_1	l	L	方头	
						a	l_2
M18×1		1		22	97		
M18×1.5	18	1.5		37	112		
M18×2		2	14			11.2	14
M20×1		1		22	102		
M20×1.5	20	1.5		37	112		
M20×2		2					
M22×1		1		24	109		
M22×1.5	22	1.5	16	38	118	12.5	16
M22×2		2					
M24×1		1		24	114		
M24×1.5	24	1.5					
M24×2		2		45	130		
M25×1.5	25	1.5	18			14	18
M25×2		2					
M26×1.5	26	1.5		35	120		
M27×1		1		25			
M27×1.5	27	1.5		37	127		
M27×2		2					
M28×1		1		25	120		
M28×1.5	(28)	1.5	20	37	127	16	20
M28×2		2					
M30×1		1		25	120		
M30×1.5	30	1.5		37	127		
M30×2		2					
M30×3		3		48	138		
M32×1.5	(32)	1.5		37	137		
M32×2		2					
M33×1.5		1.5	22.4			18	22
M33×2	33	2					
M33×3		3		51	151		
M35×1.5[2]	(35)	1.5		39	144		
M36×1.5		1.5	25			20	24
M36×2	36	2					
M36×3		3		57	162		
M38×1.5	38	1.5		39	149		
M39×1.5		1.5	28			22.4	26
M39×2	39	2					
M39×3		3		60	170		

（续）

代号	公称直径 d	螺距 P	d_1	l	L	方头	
						a	l_2
M40×1.5	(40)	1.5	28	39	149	22.4	26
M40×2		2					
M40×3		3		60	170		
M42×1.5	42	1.5		39	149		
M42×2		2					
M42×3		3		60	170		
M42×4		(4)					
M45×1.5	45	1.5	31.5	45	165	25	28
M45×2		2					
M45×3		3		67	187		
M45×4		(4)					
M48×1.5	48	1.5		45	165		
M48×2		2					
M48×3		3		67	187		
M48×4		(4)					
M50×1.5	(50)	1.5		45	165		
M50×2		2					
M50×3		3		67	187		
M52×1.5	52	1.5	35.5	45	175	28	31
M52×2		2					
M52×3		3		70	200		
M52×4		4					
M55×1.5	(55)	1.5		45	175		
M55×2		2					
M55×3		3		70	200		
M55×4		4					
M56×1.5	56	1.5		45	175		
M56×2		2					
M56×3		3		70	200		
M56×4		4					
M58×1.5	58	1.5	40	76	193	31.5	34
M58×2		2					
M58×3		(3)			209		
M58×4		(4)					
M60×1.5	60	1.5			193		
M60×2		2					
M60×3		3			209		
M60×4		4					

（续）

代号	公称直径 d	螺距 P	d_1	l	L	方头	
						a	l_2
M62×1.5	62	1.5	40	76	193	31.5	34
M62×2		2					
M62×3		(3)			209		
M62×4		(4)					
M64×1.5	64	1.5			193		
M64×2		2					
M64×3		3			209		
M64×4		4					
M65×1.5	65	1.5			193		
M65×2		2					
M65×3		(3)			209		
M65×4		(4)					
M68×1.5	68	1.5	45	79	203	35.5	38
M68×2		2					
M68×3		3			219		
M68×4		4					
M70×1.5	70	1.5			203		
M70×2		2					
M70×3		(3)			219		
M70×4		(4)					
M70×6		(6)			234		
M72×1.5	72	1.5			203		
M72×2		2					
M72×3		3			219		
M72×4		4					
M72×6		6			234		
M75×1.5	75	1.5			203		
M75×2		2					
M75×3		(3)			219		
M75×4		(4)					
M75×6		(6)			234		
M76×1.5	76	1.5	50	83	226	40	42
M76×2		2					
M76×3		3			242		
M76×4		4					
M76×6		6			258		
M78×2	78	2			226		

（续）

代号	公称直径 d	螺距 P	d_1	l	L	方头	
						a	l_2
M80×1.5	80	1.5	50	83	226	40	42
M80×2		2					
M80×3		3			242		
M80×4		4					
M80×6		6			258		
M82×2	82	2			226		
M85×2	85	2		86			
M85×3		3			242		
M85×4		4					
M85×6		6			261		
M90×2	90	2			226		
M90×3		3			242		
M90×4		4					
M90×6		6			261		
M95×2	92	2	56	89	244	45	46
M95×3		3			260		
M95×4		4					
M95×6		6			279		
M100×2	100	2			244		
M100×3		3			260		
M100×4		4					
M100×6		6			279		

注：括号内的尺寸尽可能不用。

① 仅用于火花塞。

② 仅用于滚动轴承锁紧螺母。

表 4-68　单支和成组丝锥的适用范围、切削锥角和切削锥长度（摘自 GB/T 3464.1—2007）

分类	适用范围 /mm	名称	切削锥角 κ_r	切削锥长度 l_5	图　示
单支和成组（等径）丝锥	$P \leqslant 2.5$	初锥	4°30′	8 牙	
		中锥	8°30′	4 牙	
		底锥	17°	2 牙	
成组（不等径）丝锥	$P > 2.5$	第一粗锥	6°	6 牙	
		第二粗锥	8°30′	4 牙	
		精锥	17°	2 牙	

注：1. 螺距 $P \leqslant 2.5$mm 丝锥，优先按中锥单支生产供应。当使用需要时也可按成组不等径丝锥供应。

　　2. 成组丝锥每组支数，按使用需要，由制造厂自行决定。

　　3. 成组不等径丝锥，在第一、第二粗锥柄部应分别切制 1 条、2 条圆环或以顺序号 Ⅰ、Ⅱ 标志。

2.3.3 细长柄机用丝锥（见表 4-69）

表 4-69　细长柄机用丝锥的型式和尺寸（摘自 GB/T 3464.2—2003）

（单位：mm）

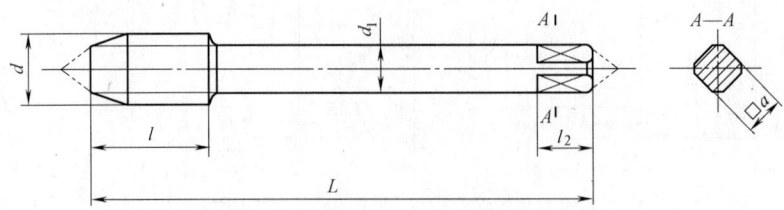

代号		公称直径 d	螺距		d_1 h9	l max	L h16	方头	
粗牙	细牙		粗牙	细牙				a h11	l_2 ±0.8
M3	M3×0.35	3	0.5	0.35	2.24	11	66	1.8	4
M3.5	M3.5×0.35	3.5	0.6		2.5		68	2	
M4	M4×0.5	4	0.7	0.5	3.15	13	73	2.5	5
M4.5	M4.5×0.5	4.5	0.75		3.55			2.8	
M5	M5×0.5	5	0.8		4	16	79	3.15	6
—	M5.5×0.5	5.5	—			17	84		
M6	M6×0.75	6	1	0.75	4.50	19	89	3.55	7
M7	M7×0.75	7			5.60			4.5	
M8	M8×1	8	1.25	1	6.30	22	97	5.0	8
M9	M9×1	9			7.1			5.6	
M10	M10×1	10	1.5	1.25	8	24	108	6.3	9
	M10×1.25								
M11	—	11		—		25	115		
M12	M12×1.25	12	1.75	1.25	9	29	119	7.1	10
	M12×1.5			1.5					
M14	M14×1.25	14	2	1.25	11.2	30	127	9	12
	M14×1.5			1.5					
—	M15×1.5	15							
M16	M16×1.5	16	2	1.5	12.5	32	137	10	13
—	M17×1.5	17							
M18	M18×1.5	18	2.5	1.5	14	37	149	11.2	14
	M18×2			2					
M20	M20×1.5	20		1.5					
	M20×2			2					
M22	M22×1.5	22		1.5	16	38	158	12.5	16
	M22×2			2					
M24	M24×1.5	24	3	1.5	18	45	172	14	18
	M24×2			2					

2.3.4 短柄机用和手用丝锥（见表 4-70～表 4-72）

表 4-70 粗短柄机用和手用丝锥的型式和尺寸（摘自 GB/T 3464.3—2007）

（单位：mm）

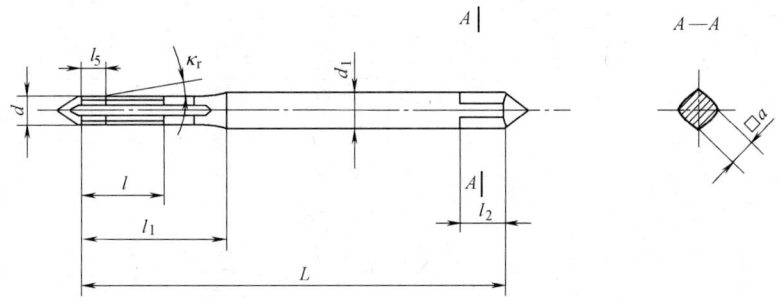

注：l_5、κ_r 值见表 4-68

代号	公称直径 d	螺距 P	d_1	l	L	l_1	方头	
							a	l_2
M1	1							
M1.1	1.1	0.25		5.5	28	10		
M1.2	1.2							
M1.4	1.4	0.3	2.5	7		12	2	4
M1.6	1.6	0.35		8	32	13		
M1.8	1.8							
M2	2	0.4				13.5		
M2.2	2.2	0.45	2.8	9.5	36	15.5	2.24	5
M2.5	2.5							
M1×0.2	1							
M1.1×0.2	1.1			5.5	28	10		
M1.2×0.2	1.2	0.2						
M1.4×0.2	1.4		2.5	7		12	2	4
M1.6×0.2	1.6			8	32	13		
M1.8×0.2	1.8							
M2×0.25	2	0.25				13.5		
M2.2×0.25	2.2		2.8	9.5	36	15.5	2.24	5
M2.5×0.35	2.5	0.35						

表 4-71 粗柄带颈短柄机用和手用丝锥的型式和尺寸（摘自 GB/T 3464.3—2007）

（单位：mm）

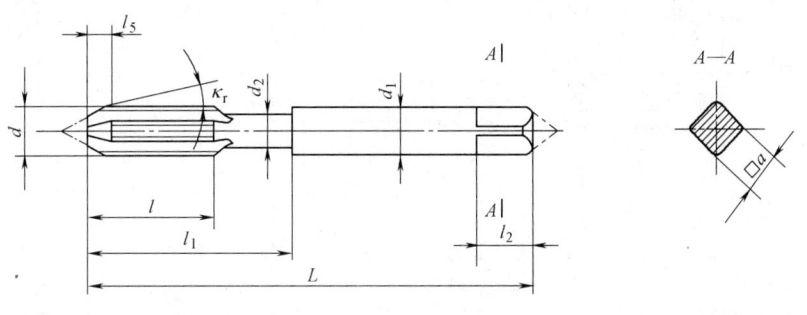

注：l_5、κ_r 值见表 4-68

（续）

代号	公称直径 d	螺距 P	d_1	l	L	d_2 min	l_1	方头 a	方头 l_2
M3	3	0.5	3.15	11	40	2.12	18	2.5	5
M3.5	3.5	(0.6)	3.55			2.5	20	2.8	
M4	4	0.7	4	13	45	2.8	21	3.15	6
M4.5	4.5	(0.75)	4.5			3.15		3.55	
M5	5	0.8	5	16	50	3.55	25	4	7
M6	6	1	6.3	19	55	4.5	30	5	8
M7	7		7.1			5.3		5.6	
M8	8	1.25	8	22	65	6	35	6.3	9
M9	9		9			7.1	36	7.1	10
M10	10	1.5	10	24	70	7.5	39	8	11
M3×0.35	3	0.35	3.15	11	40	2.12	18	2.5	5
M3.5×0.35	3.5		3.55			2.5	20	2.8	
M4×0.5	4	0.5	4	13	45	2.8	21	3.15	6
M4.5×0.5	4.5		4.5			3.15		3.55	
M5×0.5	5	0.5	5	16	50	3.55	25	4	7
M5.5×0.5	5.5		5.6	17		4	26	4.5	
M6×0.5	6		6.3	19	50	4.5	30	5	8
M6×0.75		0.75							
M7×0.75	7	0.75	7.1	19		5.3		5.6	
M8×0.5	8	0.5	8			6	32	6.3	9
M8×0.75		0.75			60				
M8×1		1		22			35		
M9×0.75	9	0.75	9	19		7.1	33	7.1	10
M9×1		1		22			36		
M10×0.75	10	0.75	10	20		7.5	35	8	11
M10×1		1		24	65		39		
M10×1.25		1.25							

注：1. 括号内的尺寸尽可能不用。

2. 允许无空刀槽，无空刀槽时螺纹部分长度尺寸应为 $l+(l_1-l)/2$。

表 4-72　细短柄机用和手用丝锥的型式和尺寸（摘自 GB/T 3464.3—2007）

（单位：mm）

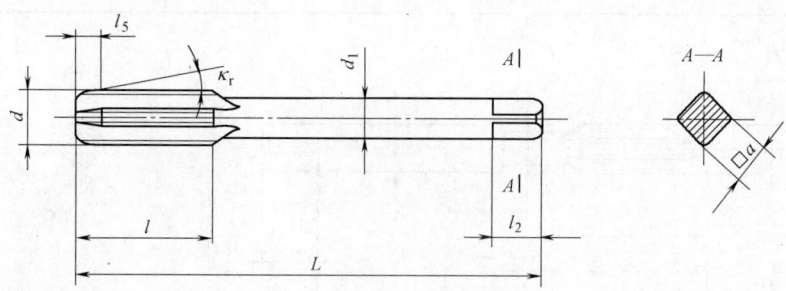

注：l_5、κ_r 的值见表 4-68

(续)

代号	公称直径 d	螺距 P	d_1	l	L	方头	
						a	l_2
M3	3	0.5	2.24	11	40	1.8	4
M3.5	3.5	(0.6)	2.5			2	
M4	4	0.7	3.15	13	45	2.5	5
M4.5	4.5	(0.75)	3.55			2.8	
M5	5	0.8	4	16	50	3.15	6
M6	6	1	4.5	19	50	3.55	
M7	(7)		5.6			4.5	7
M8	8	1.25	6.3	22	65	5	8
M9	(9)		7.1			5.6	
M10	10	1.5	8	24	70	6.3	9
M11	(11)			25			
M12	12	1.75	9	29	80	7.1	10
M14	14	2	11.2	30	90	9	12
M16	16		12.5	32		10	13
M18	18	2.5	14	37	100	11.2	14
M20	20						
M22	22		16	38	110	12.5	16
M24	24	3	18	45	120	14	18
M27	27		20			16	20
M30	30	3.5		48	130		
M33	33		22.4	51		18	22
M36	36	4	25	57	145	20	24
M39	39		28	60		22.4	26
M42	42	4.5			160		
M45	45	4.5	31.5	67	160	25	28
M48	48	5			175		
M52	52		35.5	70		28	31
M3×0.35	3	0.35	2.24	11	40	1.8	4
M3.5×0.35	3.5		2.5			2	
M4×0.5	4	0.5	3.15	13	45	2.5	5
M4.5×0.5	4.5		3.55			2.8	
M5×0.5	5		4	16	50	3.15	6
M5.5×0.5	(5.5)			17			
M6×0.75	6	0.75	4.5	19		3.55	
M7×0.75	(7)		5.6			4.5	7
M8×0.75	8		6.3	22	60	5	8
M8×1		1					
M9×0.75	(9)	0.75	7.1	19		5.6	
M9×1		1		22			
M10×0.75	10	0.75	8	20	65	6.3	9
M10×1		1		24			
M10×1.25		1.25					
M11×0.75	(11)	0.75		22			
M11×1		1					

（续）

代号	公称直径 d	螺距 P	d_1	l	L	方头	
						a	l_2
M12×1	12	1	9	22	70	7.1	10
M12×1.25		1.25		29			
M12×1.5		1.5					
M14×1	14	1	11.2	22		9	12
M14×1.25①		1.25		30			
M14×1.5		1.5					
M15×1.5	(15)	1.5					
M16×1	16	1	12.5	22	80	10	13
M16×1.5		1.5		32			
M17×1.5	(17)	1.5					
M18×1	18	1	14	22	90	11.2	14
M18×1.5		1.5		37			
M18×2		2					
M20×1	20	1		22			
M20×1.5		1.5		37			
M20×2		2					
M22×1	22	1	16	24		12.5	16
M22×1.5		1.5		38			
M22×2		2					
M24×1	24	1	18	24	95	14	18
M24×1.5		1.5		45			
M24×2		2					
M25×1.5	25	1.5					
M25×2		2					
M26×1.5	26	1.5		35			
M27×1	27	1	20	25		16	20
M27×1.5		1.5		37			
M27×2		2					
M28×1	(28)	1		25			
M28×1.5		1.5		37			
M28×2		2					
M30×1	30	1		25	105		
M30×1.5		1.5		37			
M30×2		2					
M30×3		3		48			
M32×1.5	(32)	1.5	22.4	37	115	18	22
M32×2		2					
M33×1.5	33	1.5					
M33×2		2					
M33×3		3		51			
M35×1.5②	(35)	1.5	25	39	125	20	24
M36×1.5	36	1.5					
M36×2		2					
M36×3		3		57			
M38×1.5	38	1.5	28	39	130	22.4	26
M39×1.5	39	1.5					
M39×2		2					
M39×3		3		60			
M40×1.5	(40)	1.5		39			
M40×2		2					
M40×3		3		60			

（续）

代号	公称直径 d	螺距 P	d_1	l	L	方头	
						a	l_2
M42×1.5	42	1.5	28	39	130	22.4	26
M42×2		2					
M42×3		3		60			
M42×4		(4)					
M45×1.5	45	1.5	31.5	45	140	25	28
M45×2		2					
M45×3		3		67			
M45×4		(4)					
M48×1.5	48	1.5		45			
M48×2		2					
M48×3		3		67			
M48×4		(4)					
M50×1.5	(50)	1.5		45	150		
M50×2		2					
M50×3		3		67			
M52×1.5	52	1.5	35.5	45		28	31
M52×2		2					
M52×3		3		70			
M52×4		4					

注：括号内的尺寸尽可能不用。
① 仅用于火花塞。
② 仅用于滚动轴承锁紧螺母。

2.3.5　螺旋槽丝锥（见表 4-73 和表 4-74）

表 4-73　螺旋槽丝锥的型式和尺寸（摘自 GB/T 3506—2008）

（单位：mm）

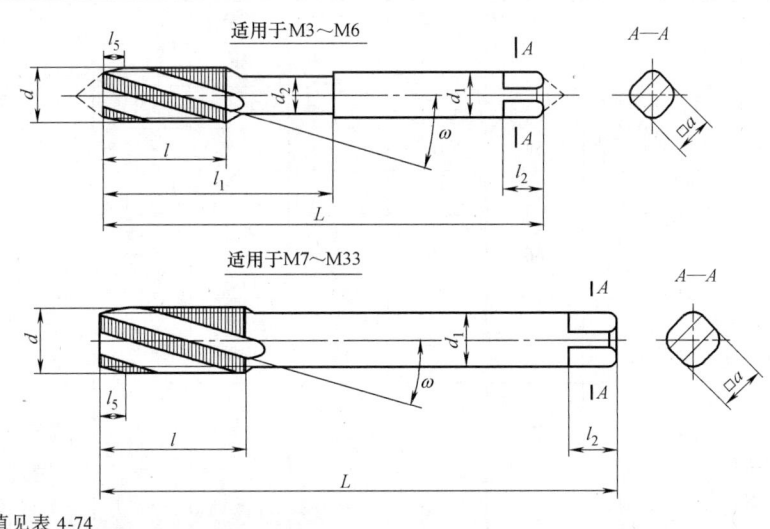

注：ω 值见表 4-74

（续）

代号	公称直径 d	螺距 P	L	l	l_1	d_1	d_2 min	a	l_2
M3	3	0.5	48	11	18	3.15	2.12	2.5	5
M3.5	3.5	0.6	50	13	20	3.55	2.5	2.8	5
M4	4	0.7	53	13	21	4	2.8	3.15	6
M4.5	4.5	0.75	53	13	21	4.5	3.15	3.55	6
M5	5	0.8	58	16	25	5	3.55	4	7
M6	6	1	66	19	30	6.3	4.5	5	8
M7	7	1	66	19	30	5.6	4.5	4.5	7
M8	8	1.25	72	22	30	6.3	4.5	5	8
M9	9	1.25	72	22	30	7.1	4.5	5.6	8
M10	10	1.5	80	24	30	8	4.5	6.3	9
M11	11	1.5	85	25	30	8	4.5	6.3	9
M12	12	1.75	89	29	30	9	4.5	7.1	10
M14	14	2	95	30	—	11.2	—	9	12
M16	16	2	102	32	—	12.5	—	10	13
M18	18	2.5	112	37	—	14	—	11.2	14
M20	20	2.5	112	37	—	14	—	11.2	14
M22	22	2.5	118	38	—	16	—	12.5	16
M24	24	3	130	45	—	18	—	14	18
M27	27	3	135	45	—	20	—	16	20
M3×0.35	3	0.35	48	11	18	3.15	2.12	2.50	5
M3.5×0.35	3.5	0.35	50	13	20	3.55	2.50	2.80	5
M4×0.5	4	0.5	53	13	21	4	2.8	3.15	6
M4.5×0.5	4.5	0.5	53	13	21	4.5	3.15	3.55	6
M5×0.5	5	0.5	58	16	25	5	3.55	4	7
M5.5×0.5	5.5	0.5	62	17	26	5.6	4	4.5	7
M6×0.75	6	0.75	66	19	30	6.3	4.5	5	8
M7×0.75	7	0.75	66	19	30	5.6	4.5	4.5	7
M8×1	8	1	72	22	30	6.3	4.5	5	8
M9×1	9	1	72	22	30	7.1	4.5	5.6	8
M10×1	10	1	80	24	—	8	—	6.3	9
M10×1.25	10	1.25	80	24	—	8	—	6.3	9
M12×1.25	12	1.25	89	29	—	9	—	7.1	10
M12×1.5	12	1.5	89	29	—	9	—	7.1	10

（续）

代号	公称直径 d	螺距 P	L	l	l_1	d_1	d_2 min	a	l_2
M14×1.25	14	1.25	95	30		11.2		9	12
M14×1.5		1.5							
M15×1.5	15								
M16×1.5	16		102	32		12.5		10	13
M17×1.5	17								
M18×1.5	18		112	37		14		11.2	14
M18×2		2							
M20×1.5	20	1.5							
M20×2		2							
M22×1.5	22	1.5	118	38		16		12.5	16
M22×2		2							
M24×1.5	24	1.5	130	45		18		14	18
M24×2		2			—		—		
M25×1.5	25	1.5							
M25×2		2							
M27×1.5	27	1.5	127	37		20		16	20
M27×2		2							
M28×1.5	28	1.5							
M28×2		2							
M30×1.5	30	1.5							
M30×2		2							
M30×3		3	138	48					
M32×1.5	32	1.5	137	37		22.4		18	22
M32×2		2							
M33×1.5	33	1.5							
M33×2		2							
M33×3		3	151	51					

注：1. 允许无空刀槽，无空刀槽时螺纹部分长度尺寸应为 $l+(l_1-l)/2$。
　　2. 公称直径 $d \leqslant 10\text{mm}$ 的丝锥可制成外顶尖。
　　3. 丝锥按单锥生产，切削锥长度 l_5 推荐为 1.5~3 牙。

表 4-74　丝锥的螺旋槽角 ω

螺旋方向	螺旋槽角名称	ω		加工对象
		选取范围	选定值偏差	
右螺旋	小螺旋槽角	10°~20°	±2°	碳素钢、合金钢等
	中螺旋槽角	20°~40°		
	大螺旋槽角	>40°		不锈钢、有色金属等
左螺旋	按用户要求			

2.3.6 长柄螺母丝锥（见表4-75）

表4-75 长柄螺母丝锥的型式和尺寸（摘自 GB/T 28257—2012）

（单位：mm）

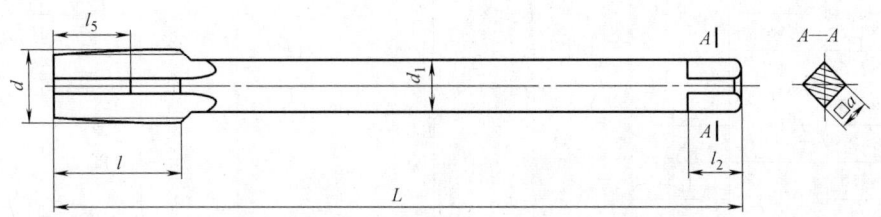

			\multicolumn{8}{c} 粗牙普通螺纹用长柄螺母丝锥							
代号	公称直径 d	螺距 P	L		l		l_5		d_1	方头	
			Ⅰ型	Ⅱ型	Ⅰ型	Ⅱ型	Ⅰ型	Ⅱ型		a	l_2
M3	3	0.5	80	120	10	15	6	10	2.24	1.8	4
M3.5	3.5	0.6			12	18	7	12	2.5	2	
M4	4	0.7	100	140	14	21	8	14	3.15	2.5	5
M4.5	4.5	0.75		160	15	22	9	15	3.55	2.8	
M5	5	0.8			16	24	10	16	4	3.15	6
M6	6	1	115	180	20	30	12	20	4.5	3.55	
M7	7								5.6	4.5	7
M8	8	1.25	130	200	25	38	15	25	6.3	5	8
M9	9								7.1	5.6	
M10	10	1.5	150	220	30	45	18	28	8	6.3	9
M11	11										
M12	12	1.75	170	250	35	53	21	35	9	7.1	10
M14	14	2	190		40	60	24	40	11.2	9	12
M16	16		200	280					12.5	10	13
M18	18								14	11.2	14
M20	20	2.5	220	320	50	75	30	50			
M22	22								16	12.5	16
M24	24	3	250		60	90	36	60	18	14	18
M27	27			340					20	16	20
M30	30	3.5	280		70	105	42	70			
M33	33								22.4	18	22

（续）

细牙普通螺纹用长柄螺母丝锥

代号	公称直径 d	螺距 P	L		l		l_5		d_1	方头	
			Ⅰ型	Ⅱ型	Ⅰ型	Ⅱ型	Ⅰ型	Ⅱ型		a	l_2
M3×0.35	3	0.35	75	115	7	10.5	4	7	2.24	1.8	4
M3.5×0.35	3.5								2.5	2	
M4×0.5	4		95	130					3.15	2.5	5
M4.5×0.5	4.5	0.5		150	10	15	6	10	3.55	2.8	
M5×0.5	5		105						4	3.15	6
M5.5×0.5	5.5			170							
M6×0.75	6	0.75	110						4.5	3.55	7
M7×0.75	7				15	22	9	15	5.6	4.5	
M8×0.75	8	0.75	120	190					6.3	5	8
M8×1		1			20	30	12	20			
M9×0.75	9	0.75	120	190	15	22	9	15	7.1	5.6	8
M9×1		1			20	30	12	20			
M10×0.75	10	0.75			15	22	9	15	8	6.3	9
M10×1		1			20	30	12	20			
M10×1.25		1.25	140	210	25	38	15	25			
M11×0.75	11	1			15	22	9	15			
M11×1		0.75			20	30	12	20			
M12×1	12	1			20	30	12	20	9	7.1	10
M12×1.25		1.25	160	240	25	38	15	25			
M12×1.5		1.5			30	45	18	30			
M14×1	14	1			20	30	12	20	11.2	9	12
M14×1.25		1.25	180	240	25	38	15	25			
M14×1.5		1.5			30	45	18	30			
M15×1.5	15										
M16×1	16	1			20	30	12	20	12.5	10	13
M16×1.5		1.5			30	45	18	30			
M17×1.5	17		190	260							
M18×1	18	1			20	30	12	20			
M18×1.5		1.5			30	45	18	30			
M18×2		2			40	60	24	40	14	11.2	14
M20×1	20	1			20	30	12	20			
M20×1.5		1.5	210	300	30	45	18	30			
M20×2		2			40	60	24	40			
M22×1	22	1			20	30	12	20	16	12.5	16
M22×1.5		1.5	210	300	30	45	18	30			
M22×2		2			40	60	24	40			
M24×1	24	1			20	30	12	20			
M24×1.5		1.5	230	310	30	45	18	30			
M24×2		2			40	60	24	40	18	14	18
M25×1.5	25	1.5			30	45	18	30			
M25×2		2	230	310	40	60	24	40			
M26×1.5	26	1.5			30	45	18	30			

（续）

细牙普通螺纹用长柄螺母丝锥

代号	公称直径 d	螺距 P	L		l		l_5		d_1	方头	
			Ⅰ型	Ⅱ型	Ⅰ型	Ⅱ型	Ⅰ型	Ⅱ型		a	l_2
M27×1	27	1	230	310	20	30	12	20	20	16	20
M27×1.5		1.5			30	45	18	30			
M27×2		2			40	60	24	40			
M28×1	28	1			20	30	12	20			
M28×1.5		1.5			30	45	18	30			
M28×2		2			40	60	24	40			
M30×1	30	1			20	30	12	20			
M30×1.5		1.5			30	45	18	30			
M30×2		2			40	60	24	40			
M30×3		3			60	90	36	60			
M32×1.5	32	1.5	270	320	30	45	18	30	22.4	18	22
M32×2		2			40	60	24	40			
M33×.5	33	1.5			30	45	18	30			
M33×2		2			40	60	24	40			
M33×3		3			60	90	36	60			
M35×1.5	35	1.5			30	45	18	30	25	20	24
M36×1.5	36										
M36×2		2			40	60	24	40			
M36×3		3			60	90	36	60			
M38×1.5	38	1.5			30	45	18	30			
M39×1.5	39	1.5			30	45	18	30	28	22.4	26
M39×2		2			40	60	24	40			
M39×3		3			60	90	36	60			
M40×1.5	40	1.5			30	45	18	30			
M40×2		2			40	60	24	40			
M40×3		3			60	90	36	60			
M42×1.5	42	1.5	280	340	30	45	18	30			
M42×2		2			40	60	24	40			
M42×3		3			60	90	36	60			
M42×4		4			80	120	48	80			
M45×1.5	45	1.5			30	45	18	30			
M45×2		2			40	60	24	40			
M45×3		3			60	90	36	60			
M45×4		4			80	120	48	80			
M48×1.5	48	1.5			30	45	18	30	31.5	25	28
M48×2		2			40	60	24	40			
M48×3		3			60	90	36	60			
M48×4		4			80	120	48	80			
M50×1.5	50	1.5			30	45	18	30			
M50×2		2			40	60	24	40			
M50×3		3			60	90	36	60			
M52×1.5	50	1.5			30	45	18	30	35.5	28	31
M52×2		2			40	60	24	40			
M52×3		3			60	90	36	60			
M52×4		4			80	120	48	80			

注: 1. Ⅰ型为短刃型丝锥，Ⅱ型为长刃型丝锥。
  2. 表中切削锥长度 l_5 为推荐尺寸。

2.3.7　螺母丝锥（见表 4-76 ～表 4-78）

表 4-76　直径 $d \leqslant 5mm$ 的螺母丝锥的型式和尺寸（摘自 GB/T 967—2008）

（单位：mm）

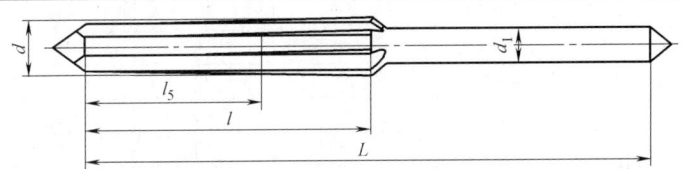

代号	公称直径 d	螺距 P	L	l	l_5	d_1
$d \leqslant 5mm$ 的粗牙普通螺纹用螺母丝锥						
M2	2	0.4	36	12	8	1.4
M2.2	2.2	0.45		14	10	1.6
M2.5	2.5					1.8
M3	3	0.5	40	15	12	2.24
M3.5	3.5	0.6	45	18	14	2.5
M4	4	0.7	50	21	16	3.15
M5	5	0.8	55	24	19	4
$d \leqslant 5mm$ 的细牙普通螺纹用螺母丝锥						
M3×0.35	3	0.35	40	11	8	2.24
M3.5×0.35	3.5		45			2.5
M4×0.5	4	0.5	50	15	11	3.15
M5×0.5	5		55			4

注：表中切削锥长度 l_5 为推荐尺寸。

表 4-77　5mm$<d \leqslant 30mm$ 圆柄（无方头）的螺母丝锥的型式和尺寸（摘自 GB/T 967—2008）

（单位：mm）

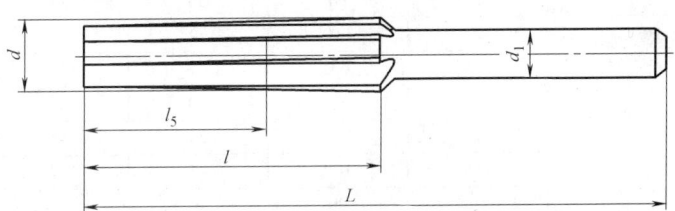

代号	公称直径 d	螺距 P	L	l	l_5	d_1
5mm$<d \leqslant 30mm$ 圆柄粗牙普通螺纹用螺母丝锥						
M6	6	1	60	30	24	4.5
M8	8	1.25	65	36	31	6.3
M10	10	1.5	70	40	34	8
M12	12	1.75	80	47	40	9
M14	14	2	90	54	46	11.2
M16	16		95	58	50	12.5
M18	18	2.5	110	62	52	14
M20	20					16
M22	22					18
M24	24	3	130	72	60	
M27	27					22.4
M30	30	3.5	150	84	70	25

（续）

代号	公称直径 d	螺距 P	L	l	l_5	d_1
5mm<d≤30mm 圆柄细牙普通螺纹用螺母丝锥

代号	公称直径 d	螺距 P	L	l	l_5	d_1
M6×0.75	6	0.75	55	22	17	4.5
M8×1	8	1	60	30	25	6.3
M8×0.75		0.75	55	22	17	
M10×1.25	10	1.25	65	36	30	8
M10×1	10	1	60	30	25	8
M10×0.75		0.75	55	22	17	
M12×1.5	12	1.5	80	45	37	9
M12×1.25		1.25	70	36	30	
M12×1		1	65	30	25	
M14×1.5	14	1.5	80	45	37	11.2
M14×1		1	70	30	25	
M16×1.5	16	1.5	85	45	37	12.5
M16×1		1	70	30	25	
M18×2	18	2	100	54	44	14
M18×1.5		1.5	90	45	37	
M18×1		1	80	30	25	
M20×2	20	2	100	54	44	16
M20×1.5		1.5	90	45	37	
M20×1		1	80	30	25	
M22×2	22	2	100	54	44	18
M22×1.5		1.5	90	45	37	
M22×1		1	80	30	25	
M24×2	24	2	110	54	44	
M24×1.5		1.5	100	45	37	
M24×1		1	90	30	25	
M27×2	27	2	110	54	44	22.4
M27×1.5		1.5	100	45	37	
M27×1		1	90	30	25	
M30×2	30	2	120	54	44	25
M30×1.5		1.5	110	45	37	
M30×1		1	100	30	25	

注：表中切削锥长度 l_5 为推荐尺寸。

表 4-78　直径 d>5mm 的螺母丝锥（带方头）的型式和尺寸（摘自 GB/T 967—2008）

（单位：mm）

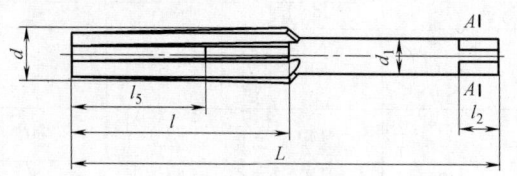
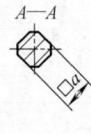

（续）

d＞5mm 粗牙普通螺纹用螺母丝锥

代号	公称直径 d	螺距 P	L	l	l_5	d_1	方头	
							a	l_2
M6	6	1	60	30	24	4.5	3.55	6
M8	8	1.25	65	36	31	6.3	5	8
M10	10	1.5	70	40	34	8	6.3	9
M12	12	1.75	80	47	40	9	7.1	10
M14	14	2	90	54	46	11.2	9	12
M16	16		95	58	50	12.5	10	13
M18	18	2.5	110	62	52	14	11.2	14
M20	20					16	12.5	16
M22	22					18	14	18
M24	24	3	130	72	60			
M27	27					22.4	18	22
M30	30	3.5	150	84	70	25	20	24
M33	33							
M36	36	4	175	96	80	28	22.4	26
M39	39					31.5	25	28
M42	42	4.5	195	108	90			
M45	45					35.5	28	31
M48	48	5	220	120	100			
M52	52					40	31.5	34

d＞5mm 细牙普通螺纹用螺母丝锥

代号	公称直径 d	螺距 P	L	l	l_5	d_1	方头	
							a	l_2
M6×0.75	6	0.75	55	22	17	4.5	3.55	6
M8×1	8	1	60	30	25	6.3	5	8
M8×0.75		0.75	55	22	17			
M10×1.25	10	1.25	65	36	30	8	6.3	9
M10×1		1	60	30	25			
M10×0.75		0.75	55	22	17			
M12×1.5	12	1.5	80	45	37	9	7.1	10
M12×1.25		1.25	70	36	30			
M12×1		1	65	30	25			
M14×1.5	14	1.5	80	45	37	11.2	9	12
M14×1		1	70	30	25			
M16×1.5	16	1.5	85	45	37	12.5	10	13
M16×1		1	70	30	25			

（续）

<table>
<tr><td colspan="9" align="center">d>5mm 细牙普通螺纹用螺母丝锥</td></tr>
<tr><td rowspan="2">代号</td><td rowspan="2">公称直径
d</td><td rowspan="2">螺距
P</td><td rowspan="2">L</td><td rowspan="2">l</td><td rowspan="2">l₅</td><td rowspan="2">d₁</td><td colspan="2">方头</td></tr>
<tr><td>a</td><td>l₂</td></tr>
<tr><td>M18×2</td><td rowspan="3">18</td><td>2</td><td>100</td><td>54</td><td>44</td><td rowspan="3">14</td><td rowspan="3">11.2</td><td rowspan="3">14</td></tr>
<tr><td>M18×1.5</td><td>1.5</td><td>90</td><td>45</td><td>37</td></tr>
<tr><td>M18×1</td><td>1</td><td>80</td><td>30</td><td>25</td></tr>
<tr><td>M20×2</td><td rowspan="3">20</td><td>2</td><td>100</td><td>54</td><td>44</td><td rowspan="3">16</td><td rowspan="3">12.5</td><td rowspan="3">16</td></tr>
<tr><td>M20×1.5</td><td>1.5</td><td>90</td><td>45</td><td>37</td></tr>
<tr><td>M20×1</td><td>1</td><td>80</td><td>30</td><td>25</td></tr>
<tr><td>M22×2</td><td rowspan="3">22</td><td>2</td><td>100</td><td>54</td><td>44</td><td rowspan="3">18</td><td rowspan="3">14</td><td rowspan="3">18</td></tr>
<tr><td>M22×1.5</td><td>1.5</td><td>90</td><td>45</td><td>37</td></tr>
<tr><td>M22×1</td><td>1</td><td>80</td><td>30</td><td>25</td></tr>
<tr><td>M24×2</td><td rowspan="3">24</td><td>2</td><td>110</td><td>54</td><td>44</td><td rowspan="3">18</td><td rowspan="3">14</td><td rowspan="3">18</td></tr>
<tr><td>M24×1.5</td><td>1.5</td><td>100</td><td>45</td><td>37</td></tr>
<tr><td>M24×1</td><td>1</td><td>90</td><td>30</td><td>25</td></tr>
<tr><td>M27×2</td><td rowspan="3">27</td><td>2</td><td>110</td><td>54</td><td>44</td><td rowspan="3">22.4</td><td rowspan="3">18</td><td rowspan="3">22</td></tr>
<tr><td>M27×1.5</td><td>1.5</td><td>100</td><td>45</td><td>37</td></tr>
<tr><td>M27×1</td><td>1</td><td>90</td><td>30</td><td>25</td></tr>
<tr><td>M30×2</td><td rowspan="3">30</td><td>2</td><td>120</td><td>54</td><td>44</td><td rowspan="5">25</td><td rowspan="5">20</td><td rowspan="5">24</td></tr>
<tr><td>M30×1.5</td><td>1.5</td><td>110</td><td>45</td><td>37</td></tr>
<tr><td>M30×1</td><td>1</td><td>100</td><td>30</td><td>25</td></tr>
<tr><td>M33×2</td><td rowspan="2">33</td><td>2</td><td>120</td><td>55</td><td>44</td></tr>
<tr><td>M33×1.5</td><td>1.5</td><td>110</td><td>45</td><td>37</td></tr>
<tr><td>M36×3</td><td rowspan="3">36</td><td>3</td><td>160</td><td>80</td><td>68</td><td rowspan="3">28</td><td rowspan="3">22.4</td><td rowspan="3">26</td></tr>
<tr><td>M36×2</td><td>2</td><td>135</td><td>55</td><td>46</td></tr>
<tr><td>M36×1.5</td><td>1.5</td><td>125</td><td>45</td><td>37</td></tr>
<tr><td>M39×3</td><td rowspan="3">39</td><td>3</td><td>160</td><td>80</td><td>68</td><td rowspan="6">31.5</td><td rowspan="6">25</td><td rowspan="6">28</td></tr>
<tr><td>M39×2</td><td>2</td><td>135</td><td>55</td><td>46</td></tr>
<tr><td>M39×1.5</td><td>1.5</td><td>125</td><td>45</td><td>37</td></tr>
<tr><td>M42×3</td><td rowspan="3">42</td><td>3</td><td>170</td><td>80</td><td>68</td></tr>
<tr><td>M42×2</td><td>2</td><td>145</td><td>55</td><td>46</td></tr>
<tr><td>M42×1.5</td><td>1.5</td><td>135</td><td>45</td><td>37</td></tr>
<tr><td>M45×3</td><td rowspan="3">45</td><td>3</td><td>170</td><td>80</td><td>68</td><td rowspan="6">35.5</td><td rowspan="6">28</td><td rowspan="6">31</td></tr>
<tr><td>M45×2</td><td>2</td><td>145</td><td>55</td><td>46</td></tr>
<tr><td>M45×1.5</td><td>1.5</td><td>135</td><td>45</td><td>37</td></tr>
<tr><td>M48×3</td><td rowspan="3">48</td><td>3</td><td>180</td><td>80</td><td>68</td></tr>
<tr><td>M48×2</td><td>2</td><td>155</td><td>55</td><td>46</td></tr>
<tr><td>M48×1.5</td><td>1.5</td><td>145</td><td>45</td><td>37</td></tr>
<tr><td>M52×3</td><td rowspan="3">52</td><td>3</td><td>180</td><td>80</td><td>68</td><td rowspan="3">40</td><td rowspan="3">31.5</td><td rowspan="3">34</td></tr>
<tr><td>M52×2</td><td>2</td><td>155</td><td>55</td><td>46</td></tr>
<tr><td>M52×1.5</td><td>1.5</td><td>145</td><td>45</td><td>37</td></tr>
</table>

注：表中切削锥长度 l_5 为推荐尺寸。

2.3.8 滚丝轮（见表 4-79）

表 4-79 滚丝轮的型式和尺寸（摘自 GB/T 971—2008） （单位：mm）

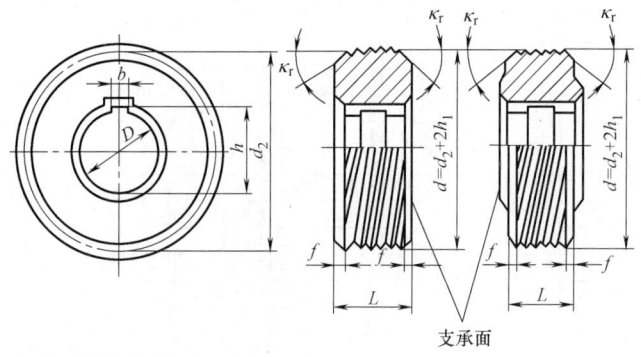

支承面

注：滚丝轮分为带凸台和不带凸台两种

滚丝轮的型式、内孔和键槽尺寸			
型式	内孔	键槽	
	D	b	h
45 型	$45^{+0.025}_{0}$	$12^{+0.36}_{+0.12}$	$47.9^{+0.62}_{0}$
54 型	$54^{+0.030}_{0}$		$57.5^{+0.74}_{0}$
75 型	$75^{+0.030}_{0}$	$20^{+0.42}_{+0.14}$	$79.3^{+0.74}_{0}$

45 型粗牙普通螺纹用滚丝轮						
被加工螺纹公称直径 d		螺距 P	滚丝轮螺纹头数 Z	中径 d_2	宽度 L（推荐）	倒角	
第一系列	第二系列					κ_r	f
3		0.5	54	144.450	30	45°	0.5
	3.5	0.6	46	143.060			0.6
4		0.7	40	141.800			0.7
	4.5	0.75	35	140.455			0.75
5		0.8	32	143.360			0.8
6		1.0	27	144.450	30、40		1.5
8		1.25	20	143.760			2.0
10		1.5	16	144.416	40、50		2.5
12		1.75	13	141.219			
	14	2	11	139.711	40、60	25°	3.0
16			10	147.010			
	18		9	147.384			
20		2.5	8	147.008	40、60		4.0
	22		7	142.632			

（续）

45型细牙普通螺纹用滚丝轮

被加工螺纹公称直径 d		螺距 P	滚丝轮螺纹头数 Z	中径 d_2	宽度 L（推荐）	倒角	
第一系列	第二系列					κ_r	f
8			20	147.00	30、40		
10		1.0	16	149.600	40、50		
12			13	147.550	40、50		1.5
	14		11	146.850	50、70		
16			9	138.150	50、70		
10			16	147.008	40、50		
12		1.25	13	145.444	40、50		2.0
	14		11	145.068	50、70		
12			13	143.338	40、50		
	14		11	143.286			
16			10	150.260			
	18		8	136.208			
20			7	133.182			
	22	1.5		147.182	50、70	25°	2.5
24			6	138.156			
	27		5	130.130			
30				145.130			
	33		4	128.104			
36				140.104			
	39		3	114.078			
	18		9	150.309			
20			8	149.608			
	22		7	144.907			
24			6	136.206			
	27	2.0	5	128.505	40、60		3.0
30				143.505			
	33		4	126.804			
36				138.804			
	39		3	113.103			

54型粗牙普通螺纹用滚丝轮

被加工螺纹公称直径 d		螺距 P	滚丝轮螺纹头数 Z	中径 d_2	宽度 L（推荐）	倒角	
第一系列	第二系列					κ_r	f
3		0.5	54	144.450			0.5
	3.5	0.6	46	143.060			0.6
4		0.7	40	141.800	30	45°	0.7
	4.5	0.75	35	140.455			0.75
5		0.8	32	143.360			0.8
6		1.0	27	144.450	30、40		1.5
8		1.25	20	143.760	30、40		2.0
10		1.5	16	144.416	40、50		2.5
12		1.75	13	141.219	40、50		2.5
	14	2	12	152.412	50、70		3.0
16			10	147.010			
	18		9	147.384			
20		2.5	8	147.008	60、80	25°	4.0
	22		7	142.632			
24		3.0		154.357	70、90		4.5
	27		6	150.306			
30		3.5	5	138.635			5.5
	33			153.635	80、100		
36		4.0	4	133.608			6.0
	39			145.608			

（续）

54 型细牙普通螺纹用滚丝轮

被加工螺纹公称直径 d		螺距 P	滚丝轮螺纹头数 Z	中径 d_2	宽度 L（推荐）	倒角	
第一系列	第二系列					κ_r	f
8		1.0	20	147.000	30、40	25°	1.5
10			16	149.600	40、50		
12			13	147.550			
	14		11	146.850	50、70		
16			10	153.500			
10		1.25	16	147.008	40、50		2.0
12			13	145.444			
	14		11	145.068	50、70		
12		1.5	13	143.338	40、50		2.5
	14		11	143.286	50、70		
16			10	150.260			
	18		8	136.208	60、80		
20				152.208			
	22		7	147.182			
24			6	138.156	70、90		
	27		5	130.130			
30				145.130			
	33		4	128.104	80、100		
36				140.104			
	39			152.104			
42			3	123.078			
	45			132.078			
	18	2.0	9	150.309	60、80		3.0
20			8	149.608			
	22		7	144.907			
24			6	136.206	70、90		
	27		5	128.505			
30				143.505			
	33		4	126.804	80、100		
36		2.0		138.804			
	39			150.804			
42			3	122.103			
	45			131.103			
36		3.0	4	136.204			4.5
	39			148.204			
42			3	120.153			
	45			129.153			

（续）

75型粗牙普通螺纹用滚丝轮

第一系列	第二系列	螺距 P	滚丝轮螺纹头数 Z	中径 d_2	宽度 L（推荐）	κ_r	f
6		1.0	33	176.550	45		1.5
8		1.25	23	165.324			2.0
10		1.5	19	171.494			2.5
12		1.75	16	173.808	60、70		
	14	2.0	14	177.814			3.5
16			12	176.412			
	18		11	180.136			
20		2.5	10	183.760		25°	4.0
	22		9	183.384			
24		3.0	8	1176.408			4.5
	27		7	175.357	70、80		
30		3.5	6	194.089			5.5
	33			184.362			
36		4.0	5	167.010			6.0
	39			182.010			
42		4.5		193.385			6.5

75型细牙普通螺纹用滚丝轮

第一系列	第二系列	螺距 P	滚丝轮螺纹头数 Z	中径 d_2	宽度 L（推荐）	κ_r	f
8			23	169.050	45		1.5
10			18	168.300			
12		1.0	15	170.250	50、60		
	14		13	173.550			
16			11	168.850			
10			19	174.572			2.0
12		1.25	16	179.008			
	14		13	171.444	45、50		
12			16	176.416			
	14		14	182.364			
16			12	180.312			
	18		10	170.260			
20			9	171.234			2.5
	22			189.234	60、70	25°	
24		1.5	8	184.208			
	27		7	182.182			
30			6	174.156			
	33			192.156			
36			5	175.130			
	39			190.130	70、80		
42			4	164.104			
	45			176.104			
	18		11	183.711	50、60		3.0
20			10	187.010			
	22		9	186.309			
24			8	181.608			
	27		7	179.907			
30		2.0	6	172.206			
	33			190.206	60、70		
36			5	173.505			
	39			188.505			
42			4	162.804	70、80		
	45			174.804			
36			5	170.255			4.5
	39			185.255	90、100		
42		3.0		200.255			
	45		4	172.204			

2.3.9 搓丝板（见表4-80）

表4-80 搓丝板的型式和尺寸（摘自 GB/T 972—2008） （单位：mm）

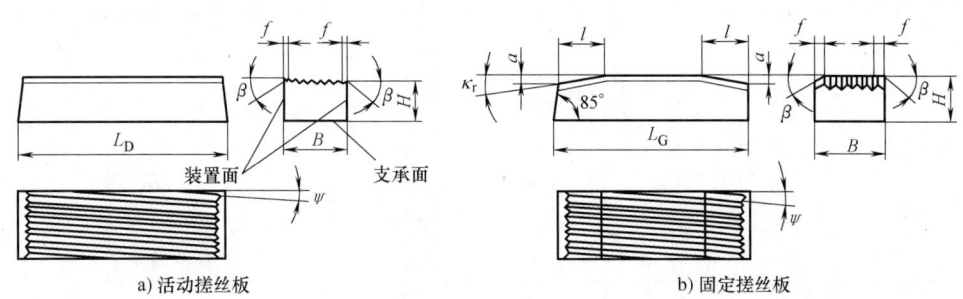

a) 活动搓丝板　　　　　　　　　　　　　　b) 固定搓丝板

普通螺纹用搓丝板				
L_D	L_G	B	H（推荐）	适用范围
50	45	15	20	M1 ~ M3
		20		
55		22	22	M1.6 ~ M3
60	55	20	25	M1.4 ~ M3
		25		
65		30	28	M1.6 ~ M3
70	65	20	25	M1.6 ~ M4
		25		
		30		
		40		
80	70	30	28	M1.6 ~ M5
85	78	20	25	M2.5 ~ M5
		25		
		30		
		40		
		50		
125	110	40		M3 ~ M8
		50		
		60		
170	150	50	30	M5 ~ M10
		60		
		70		
210	190	80	40	M5 ~ M14
		55		
		80		
220	200	50		M8 ~ M14
		60		
		70		
250	230	60	45	M12 ~ M16
		70		
		80		
310	285	70	50	M16 ~ M22
		80		
		105		
400	375	80		M20 ~ M24
		100		

（续）

粗牙普通螺纹用搓丝板

被加工螺纹公称直径 d	螺距 P	l	a	Ψ	κ_r	f	β
1				5°44′			
1.1	0.25	6.1	0.16	5°05′		0.11	
1.2				4°35′			
1.4	0.30	7.3	0.19	4°43′			
1.6	0.35	8.4	0.22	4°49′		0.50	
1.8				4°11′			
2	0.40	9.9	0.26	4°19′		0.60	
2.2	0.45	11.0	0.29	4°25′		0.70	
2.5				3°48′			
3	0.50	12.2	0.32	3°29′		0.80	
3.5	0.60	16.0	0.42	3°35′		0.90	
4	0.70	18.7	0.49	3°40′	1°30′	1.0	25°
4.5	0.75	20.2	0.53	3°28′		1.2	
5	0.80	21.4	0.56	3°18′		1.5	
6	1.00	26.7	0.70	3°27′			
8	1.25	33.6	0.88	3°12′		2.0	
10	1.50	40.1	1.05	3°04′		2.5	
12	1.75	47.0	1.23	2°58′		2.7	
14	2.00	53.5	1.40	2°54′		3.0	
16				2°30′			
18				2°48′			
20	2.50	76.4	2.00	2°30′		4.0	
22				2°15′			
24	3.00	91.7	2.40	2°30′		4.5	

细牙普通螺纹用搓丝板

被加工螺纹公称直径 d	螺距 P	l	a	Ψ	κ_r	f	β
1				4°23′			
1.1				3°55′			
1.2	0.20	5.0	0.13	3°32′		0.3	
1.4				2°58′			
1.6				2°33′			45°
1.8				2°14′			
2	0.25	6.1	0.16	2°33′		0.4	
2.2				2°17′			
2.5				2°52′		0.5	
3	0.35	8.4	0.22	2°21′			
3.5				1°59′			
4	0.5	13.4	0.35	2°31′	1°30′	0.8	
5				1°58′			
6	0.75	20.3	0.53	2°31′		1.2	
8	1.0	26.7	0.70	2°30′		1.5	
10				1°58′			
12	1.25	33.6	0.88	2°03′		2.0	
				2°30′			
14				2°07′			
16	1.5	40.1	1.05	1°50′		2.4	25°
18				1°37′			
20				1°27′			
22				1°18′			
24	2.0	53.5	1.40	1°37′		3.0	

第5章 工 具

1 钳类工具

1.1 夹扭钳

1.1.1 断线钳 （见表 5-1）

表 5-1 断线钳的型式和尺寸 （摘自 QB/T 2206—2011） （单位：mm）

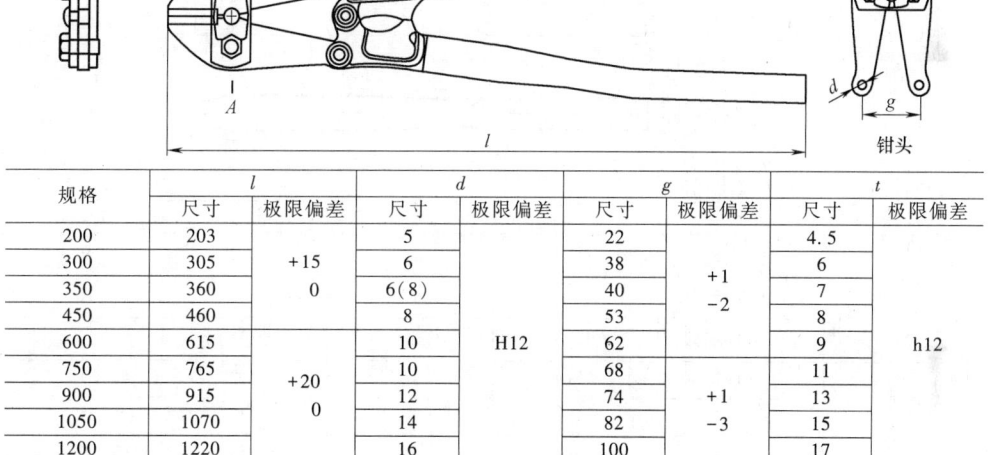

钳头

规格	l		d		g		t	
	尺寸	极限偏差	尺寸	极限偏差	尺寸	极限偏差	尺寸	极限偏差
200	203	+15 0	5	H12	22	+1 -2	4.5	h12
300	305		6		38		6	
350	360		6(8)		40		7	
450	460		8		53		8	
600	615	+20 0	10		62		9	
750	765		10		68		11	
900	915		12		74	+1 -3	13	
1050	1070		14		82		15	
1200	1220		16		100		17	

注：括号内尺寸为可选尺寸。

1.1.2 尖嘴钳 （见表 5-2）

表 5-2 尖嘴钳的型式和尺寸 （摘自 QB/T 2440.1—2007） （单位：mm）

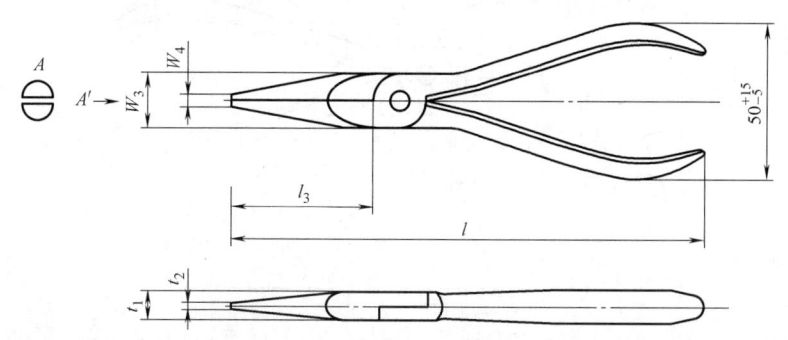

（续）

公称长度 l	l_3	W_{3max}	W_{4max}	t_{1max}	t_{2max}
140±7	40±5	16	2.5	9	2
160±8	53±6.3	19	3.2	10	2.5
180±10	60±8	20	5	11	3
200±10	80±10	22	5	12	4
280±14	80±14	22	5	12	4

1.1.3 扁嘴钳（见表5-3）

表5-3 扁嘴钳的型式和尺寸（摘自 QB/T 2440.2—2007）（单位：mm）

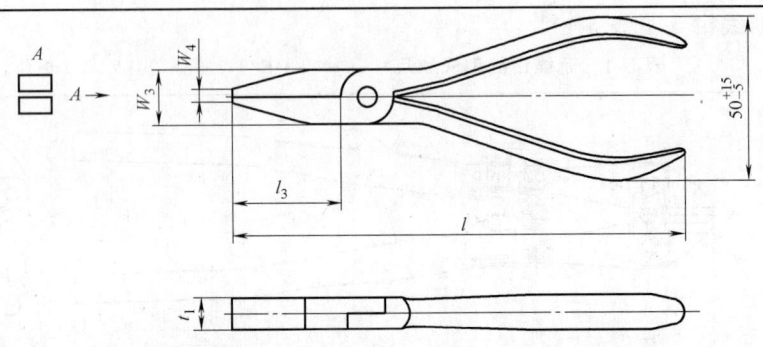

注：钳子头部在 l_3 长度上允许呈锥度

钳嘴类型	公称长度 l	l_3	W_{3max}	W_{4max}	t_{1max}
短嘴 （S）	125±6	25_{-5}^{0}	16	3.2	9
	140±7	$32_{-6.3}^{0}$	18	4	10
	160±8	40_{-8}^{0}	20	5	11
长嘴 （L）	140±7	40±4	16	3.2	9
	160±8	50±5	18	4	10
	180±9	63±6.3	20	5	11

1.1.4 圆嘴钳（见表5-4）

表5-4 圆嘴钳的型式和尺寸（摘自 QB/T 2440.3—2007）（单位：mm）

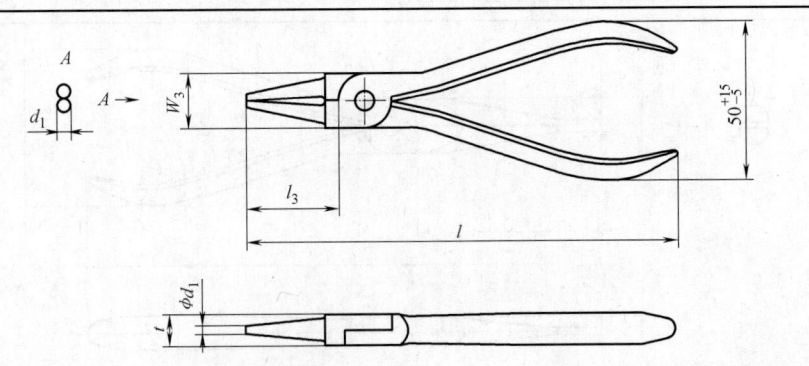

（续）

钳嘴类型	公称长度 l	l_3	d_{1max}	W_{3max}	t_{max}
短嘴 （S）	125±6.3	$25_{-5}^{\ 0}$	2	16	9
	140±8	$32_{-6.3}^{\ 0}$	2.8	18	10
	160±8	$40_{-8}^{\ 0}$	3.2	20	11
长嘴 （L）	140±7	40±4	2.8	17	9
	160±8	50±5	3.2	19	10
	180±9	63±6.3	3.6	20	11

1.1.5　水泵钳（见表 5-5）

表 5-5　水泵钳的型式、尺寸和抗弯强度（摘自 QB/T 2440.4—2007）

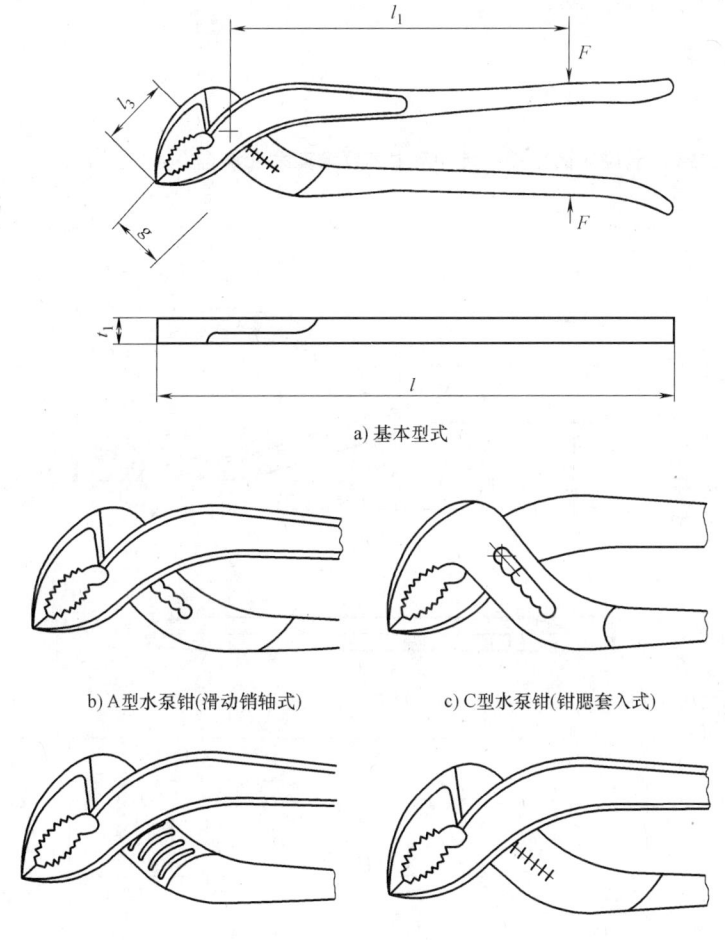

a) 基本型式

b) A 型水泵钳(滑动销轴式)

c) C 型水泵钳(钳腮套入式)

d) B 型水泵钳(榫槽叠置式)

e) D 型水泵钳(其他型式)

注:g 为两钳口平行开口尺寸;F 为抗弯强度试验中施加的载荷

（续）

公称长度 l /mm	t_{1max}/mm	g_{min}/mm	l_{3min}/mm	l_1/mm	开口最小调整档数	抗弯强度	
						载荷 F/N	永久变形量 $S_{max}^{①}$/mm
100±10	5	12	7.5	71	3	400	1
125±15	7	12	10	80	3	500	1.2
160±15	10	16	18	100	4	630	1.4
200±15	11	22	20	125	4	800	1.8
250±15	12	28	25	160	5	1000	2.2
315±20	13	35	35	200	5	1250	2.8
350±20	13	45	40	224	6	1250	3.2
400±30	15	80	50	250	8	1400	3.6
500±30	16	125	70	315	10	1400	4

① $S = W_1 - W_2$，见 GB/T 6291。

1.2 剪切钳

1.2.1 斜嘴钳（见表 5-6）

表 5-6 斜嘴钳的型式、尺寸及主要技术要求（摘自 QB/T 2441.1—2007）

（单位：mm）

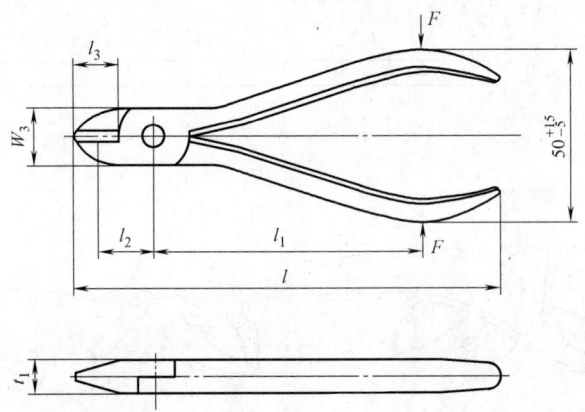

注：F 为抗弯强度试验中施加的载荷或剪切试验中施加的力 F_1

公称长度 l	l_1	l_2	l_{3max}	W_{3max}	t_{1max}	剪切性能		抗弯强度	
						试验钢丝直径 d	剪切力 F_{1max} /N	载荷 F /N	永久变形 S_{max}
125±6	80	12.5	18	22	10	1.0	450	800	1
140±7	90	14	20	25	11	1.6	450	900	1
160±8	100	16	22	28	12	1.6	460	1000	1
180±9	112	18	25	32	14	1.6	460	1120	1
200±10	125	20	28	36	16	1.6	460	1250	1

1.2.2 顶切钳 （见表 5-7）

表 5-7 顶切钳的型式、尺寸及主要技术要求 （摘自 QB/T 2441.2—2007）

（单位：mm）

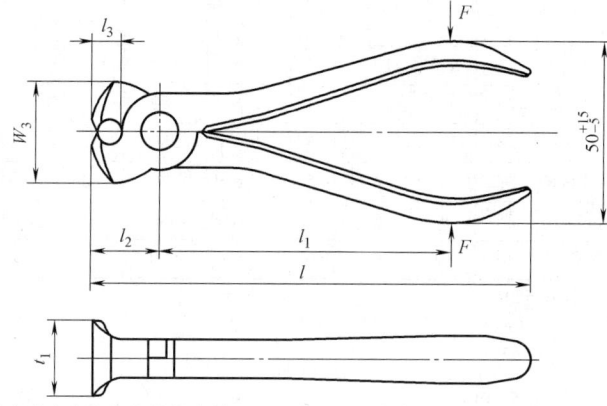

注：F 为抗弯强度试验中施加的载荷或剪切试验中施加的力 F_1

公称长度 l	l_1	l_2	l_{3max}	W_{3max}	t_{1max}	剪切性能		抗弯强度	
						试验钢丝直径 d	剪切力 F_{1max}/N	载荷 F/N	永久变形 S_{max} [①]
125±7	90	18	8	25	20	1.6	570	900	0.7
140±8	100	20	9	28	22	1.6	570	1000	1
160±9	112	22	10	32	25	1.6	570	1120	1
180±10	125	25	11	36	28	1.6	570	1250	1
200±11	140	28	12	40	32	1.6	570	1400	1

① $S = W_1 - W_2$，见 GB/T 6291。

1.3 夹扭剪切钳

1.3.1 钢丝钳 （见表 5-8）

表 5-8 钢丝钳的型式、尺寸及主要技术要求 （摘自 QB/T 2442.1—2007）

（单位：mm）

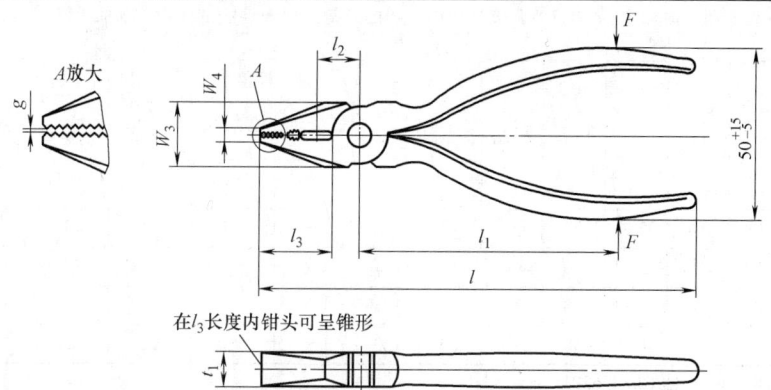

注：g 在钳子闭合时测定；F 为抗弯强度试验中施加的载荷或剪切性能试验中施加的力 F_1

（续）

公称长度 l	l_1	l_2	l_3	W_{3max}	W_{4max}	t_{1max}	g_{max}	剪切性能		扭力[2]		抗弯强度	
								试验钢丝直径 d[3]	剪切力 F_{1max} /N	扭矩 T /N·m	扭矩角 α_{max}	载荷 F /N	永久变形 S_{max}[1]
140±8	70	14	30±4	23	5.6	10	0.3	1.6	580	15	15°	1000	1
160±9	80	16	32±5	25	6.3	11.2	0.4	1.6	580	15	15°	1120	1
180±10	90	18	36±6	28	7.1	12.3	0.4	1.6	580	15	15°	1260	1
200±11	100	20	40±8	32	8	14	0.5	1.6	580	20	20°	1400	1
220±12	110	22	45±10	35	9	16	0.5	1.6	580	20	20°	1400	1
250±14	125	25	45±12	40	10	20	0.6	1.6	580	20	20°	1400	1

① $S = W_1 - W_2$，见 GB/T 6291。
② 见 GB/T 6291。
③ 试验用钢丝，见 GB/T 6291。

1.3.2 电工钳 （见表 5-9）

表 5-9 电工钳的型式、尺寸及主要技术要求 （摘自 QB/T 2442.2—2007）

（单位：mm）

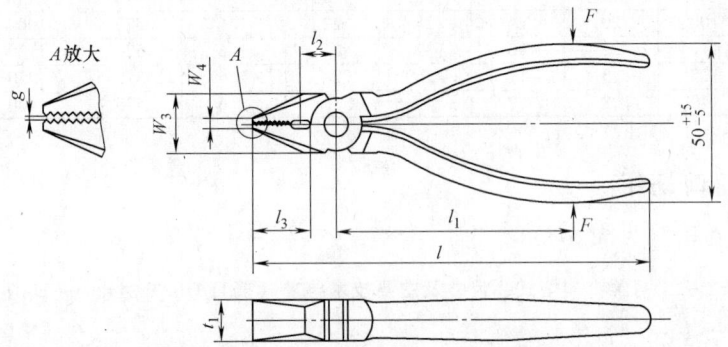

注：g 在钳子闭合时测定；F 为抗弯强度试验中施加的载荷或剪切性能试验中施加的力 F_1

公称长度 l	l_1	l_2	l_3	W_{3max}	W_{4max}	t_{1max}	g_{max}	剪切性能		扭力[2]		抗弯强度	
								试验钢丝直径 d[3]	剪切力 F_{1max} /N	扭矩 T /N·m	扭矩角 α_{max}	载荷 F /N	永久变形 S_{max}[1]
165±14	90	16	32±7	27	9	17	1.1	1.6	580	15	15°	1120	1
190±14	100	18	33±7	30	9	17	1.1	1.6	580	15	15°	1260	1
215±14	120	20	38±8	38	10	20	1.3	1.6	580	20	15°	1400	1
250±14	140	22	40±8	38	10	20	1.3	1.6	580	20	15°	1400	1

① $S = W_1 - W_2$，见 GB/T 6291。
② 见 GB/T 6291（试验方法同钢丝钳）。
③ 试验用钢丝，见 GB/T 6291。

1.3.3 带刃尖嘴钳（见表5-10）

表5-10 带刃尖嘴钳的型式、尺寸及主要技术要求（摘自 QB/T 2442.3—2007）

（单位：mm）

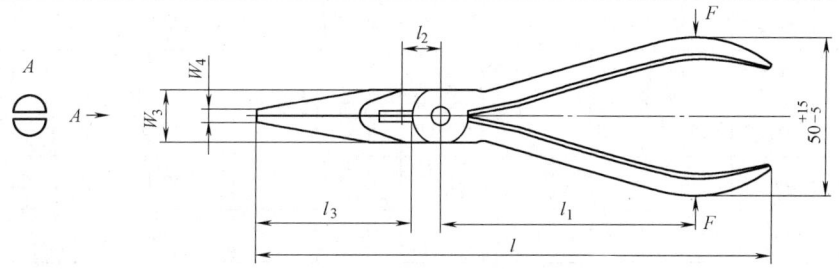

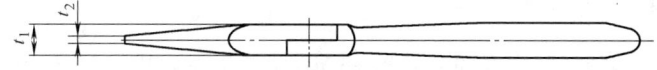

注：F 为抗弯强度试验中施加的载荷或剪切性能试验中施加的力 F_1

公称 长度 l	l_1	l_2	l_3	W_{3max}	W_{4max}	t_{1max}	t_{2max}	剪切性能		抗弯强度	
								试验钢 丝直径 d[②]	剪切力 F_{1max} /N	载荷 F /N	永久 变形 S_{max}[①]
140±7	63	12.5	40±5	16	2.5	9	2	1.6	570	630	1
160±8	71	14	53±6.3	19	3.2	10	2.5	1.6	570	710	1
180±10	80	16	60±8	20	5	11	3	1.6	570	800	1
200±10	90	18	80±10	22	5	12	4	1.6	570	900	1

① $S = W_1 - W_2$，见 GB/T 6291。
② 试验用钢丝，见 GB/T 6291。

1.3.4 鲤鱼钳（见表5-11）

表5-11 鲤鱼钳的型式、尺寸及抗弯强度（摘自 QB/T 2442.4—2007）

（单位：mm）

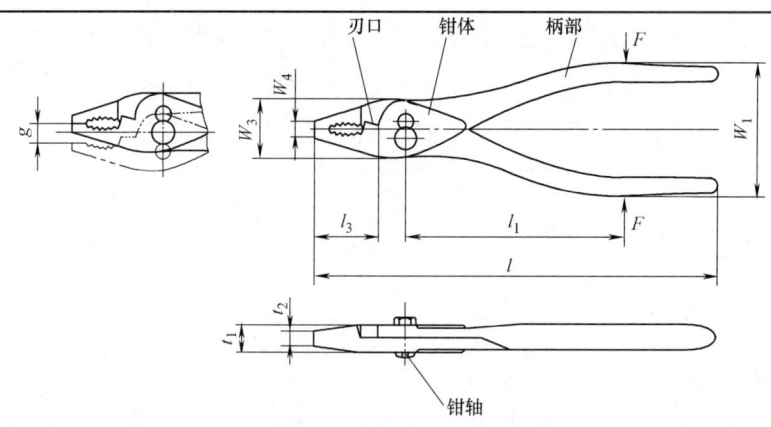

注：g 在两钳口平行时测定；$t_2 \leqslant t_1$；F 为抗弯强度试验中施加的载荷

（续）

公称长度 l	W_1	W_{3max}	W_{4max}	t_{1max}	l_1	l_3	g_{min}	抗弯强度	
								载荷 F/N	永久变形量 $S_{max}^{①}$/mn
125±8	40^{+15}_{-5}	23	8	9	70	25±5	7	900	1
160±8	48^{+15}_{-5}	32	8	10	80	30±5	7	1000	1
180±9	49^{+15}_{-5}	35	10	11	90	35±5	8	1120	1
200±10	50^{+15}_{-5}	40	12.5	12.5	100	35±5	9	1250	1
250±10	50^{+15}_{-5}	45	12.5	12.5	125	40±5	10	1400	1.5

① $S = W_1 - W_2$，见 GB/T 6291。

1.4 剥线钳（见表 5-12）

表 5-12　剥线钳的型式、规格及尺寸（摘自 QB/T 2207—2017）

（单位：mm）

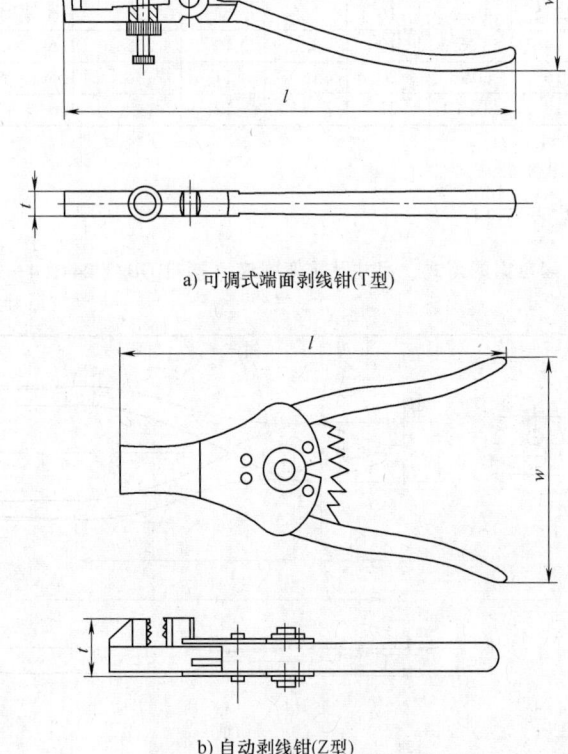

a) 可调式端面剥线钳(T型)

b) 自动剥线钳(Z型)

（续）

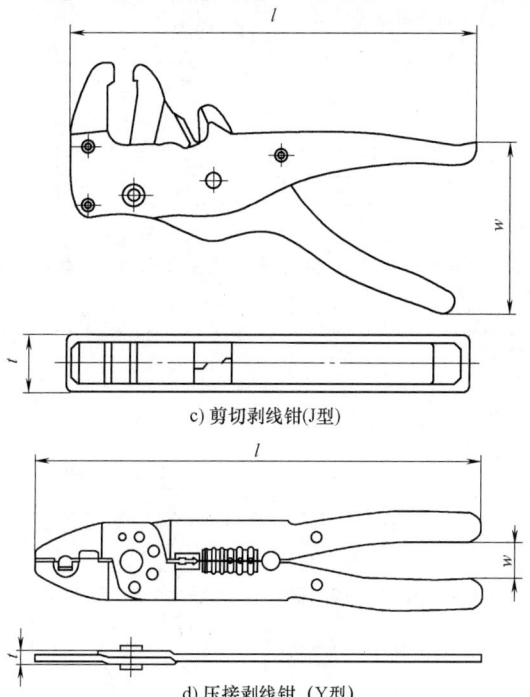

c) 剪切剥线钳(J型)

d) 压接剥线钳（Y型）

型式	规格	全长 l	柄宽 w	t
T 型	160	160±8	50±5	≤7.5
Z 型	170	170±8	120±5	≤30.0
J 型	170	170±8	80±5	≤20.0
Y 型	160	160±8	≥10	≥5.5
	180	180±8		≥5.5
	200	200±8		≥7.0

1.5　管子钳

1.5.1　管子钳的型式、规格及尺寸（见表 5-13～表 5-17）

表 5-13　铸钢（铁）通用型管子钳（Z 型）的型式、规格及尺寸（摘自 QB/T 2508—2016）

（单位：mm）

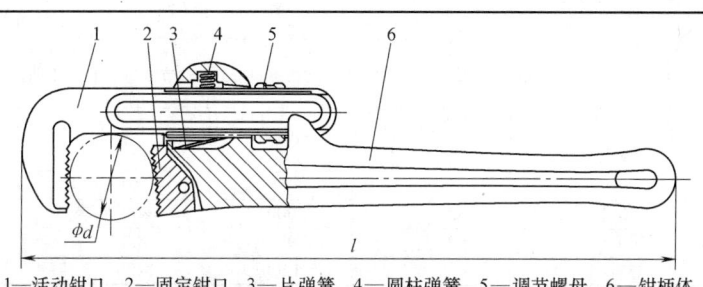

1—活动钳口　2—固定钳口　3—片弹簧　4—圆柱弹簧　5—调节螺母　6—钳柄体

（续）

规格	全长[1]l min	最大有效夹持直径 d	规格	全长[1]l min	最大有效夹持直径 d
150	150	21	450	450	60
200	200	27	600	600	73
250	250	33	900	900	102
300	300	42	1200	1200	141
350	350	480	1300	1300	210

[1] 夹持最大有效夹持直径 d 时。

表 5-14 锻钢通用型管子钳（D 型）的型式、规格及尺寸（摘自 QB/T 2508—2016）

（单位：mm）

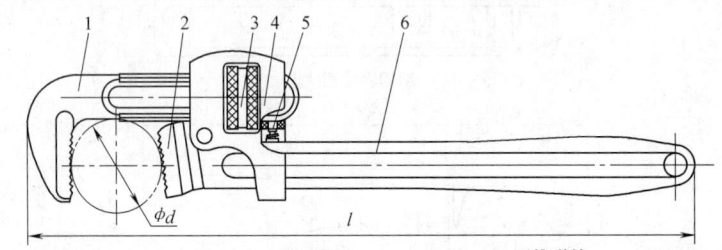

1—活动钳口　2—固定钳口　3—调节螺母　4—活动框　5—圆锥弹簧　6—钳柄体

规格	全长[1]l min	最大有效夹持直径 d	规格	全长[1]l min	最大有效夹持直径 d
200	200	27	450	450	60
250	250	33	600	600	73
300	300	42	900	900	102
350	350	48	1200	1200	141

[1] 夹持最大有效夹持直径 d 时。

表 5-15 铸铝通用型管子钳（L 型）的型式、规格及尺寸（摘自 QB/T 2508—2016）

（单位：mm）

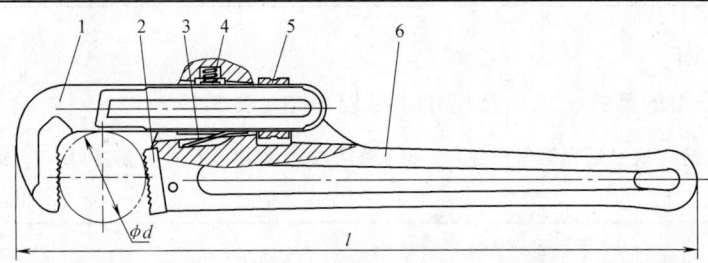

1—活动钳口　2—固定钳口　3—片弹簧　4—圆柱弹簧　5—调节螺母　6—钳柄体

规格	全长[1]l min	最大有效夹持直径 d	规格	全长[1]l min	最大有效夹持直径 d
200	200	27	450	450	60
250	250	33	600	600	73
300	300	42	900	900	102
350	350	48	1200	1200	141

[1] 夹持最大有效夹持直径 d 时。

表 5-16　铸钢（铁）角度型管子钳（ZJ 型）的型式、规格及尺寸（摘自 QB/T 2508—2016）

（单位：mm）

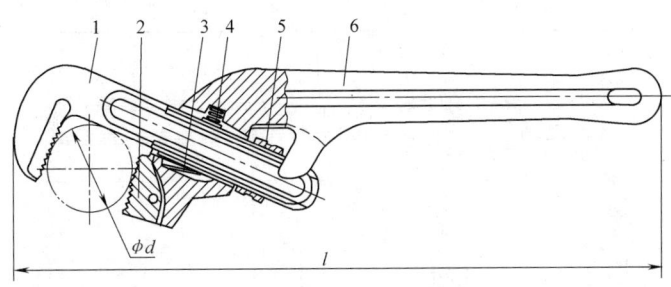

1—活动钳口　2—固定钳口　3—片弹簧　4—圆柱弹簧　5—调节螺母　6—钳柄体

规格	全长[1] l min	最大有效夹持直径 d	规格	全长[1] l min	最大有效夹持直径 d
200	200	19	450	450	51
250	250	25	600	600	64
300	300	32	900	900	89
350	350	38			

[1] 夹持最大有效夹持直径 d 时。

表 5-17　伸缩型管子钳（S 型）的型式、规格及尺寸（摘自 QB/T 2508—2016）

（单位：mm）

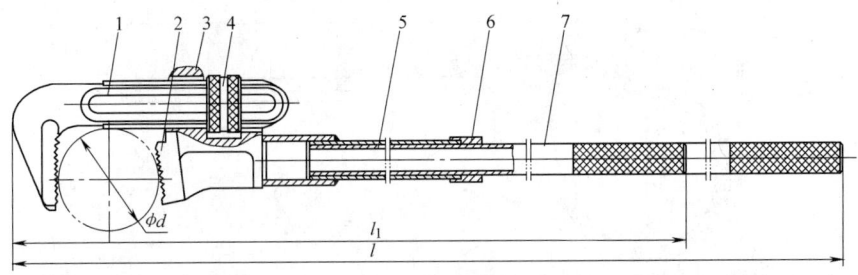

1—活动钳口　2—固定钳口　3—钳体　4—调节螺母　5—钳柄　6—固定套　7—伸缩柄

规格[2]	全长[1]		最大有效夹持直径 d	规格[2]	全长[1]		最大有效夹持直径 d
	l min	l_1 min			l min	l_1 min	
80	680	490	80	132	1200	850	132
95	780	570	95	152	1280	900	152
108	950	720	108	195	1400	1050	195

[1] l 为夹持最大有效夹持直径 d，且伸缩柄拉出最大时；l_1 为夹持最大有效夹持直径 d，且伸缩柄缩进最小时。

[2] 规格按照最大有效夹持直径 d。

1.5.2 链条管子钳（见表 5-18～表 5-20）

表 5-18 A 型链条管子钳的型式、规格及尺寸（摘自 QB/T 1200—2017）

（单位：mm）

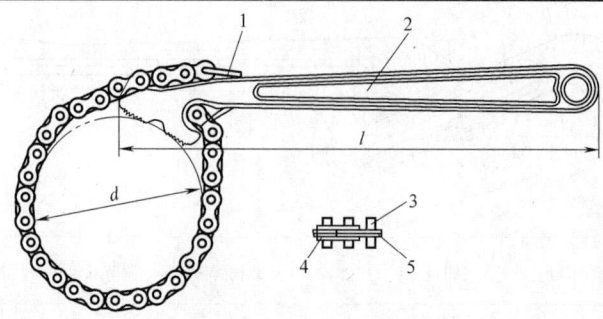

1—挂环 2—钳柄 3—销轴 4—外链板 5—内链板

规　格	l	有效夹持管径 d[①]
150	150±8	30～105
225	225±8	30～110
300	300±10	55～110
375	375±10	60～140
600	600±15	70～170

① 链条管子钳应能有效夹持合适管径的工件。

表 5-19 B 型链条管子钳的型式、规格及尺寸（摘自 QB/T 1200—2017）

（单位：mm）

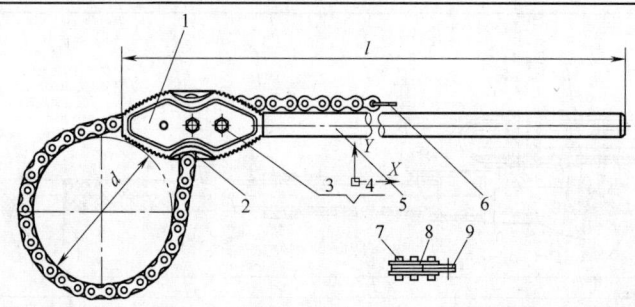

1—钳口 2—链条连接体 3—螺栓 4—螺母 5—钳柄 6—挂环 7—销轴 8—外链板 9—内链板

规　格	l	有效夹持管径 d[①]
350	350±10	13～49
700	700±15	13～73
900	900±15	26～114
1000	1000±15	33～168
1200	1200±20	48～219
1300	1300±20	50～250
1400	1400±20	50～300
1600	1600±25	60～323
2200	2200±30	114～457

① 链条管子钳应能有效夹持合适管径的工件。

表 5-20　C 型链条管子钳的型式、规格及尺寸（摘自 QB/T 1200—2017）

（单位：mm）

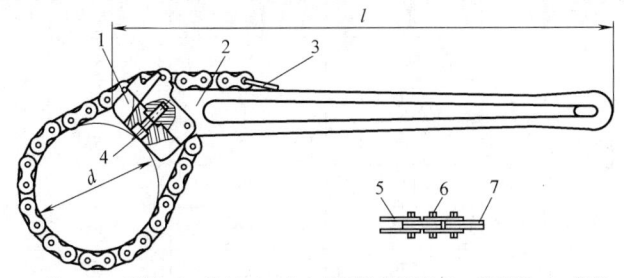

1—钳口　2—钳柄　3—挂环　4—内六角圆柱头螺钉　5—外链板　6—销轴　7—内链板

规　　格	l	有效夹持管径 $d^{①}$
350	350±10	50~125
450	450±15	60~125
600	600±15	75~125
730	730±15	110~185

① 链条管子钳应能有效夹持合适管径的工件。

1.6　台虎钳

1.6.1　普通台虎钳（见表 5-21）

表 5-21　普通台虎钳的型式、规格及尺寸（摘自 QB/T 1558.2—2017）

（单位：mm）

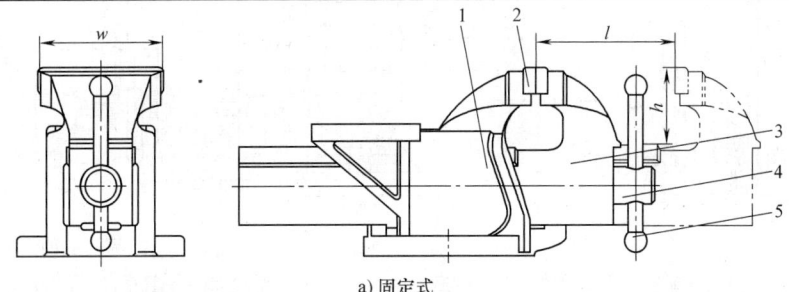

a) 固定式

1—固定钳体　2—钳口铁　3—活动钳体　4—螺杆　5—拨杆

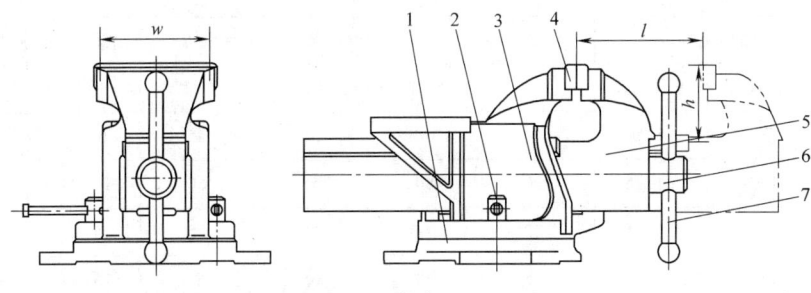

b) 回转式

1—底座　2—锁紧件　3—固定钳体　4—钳口铁　5—活动钳体　6—螺杆　7—拨杆

（续）

规格	钳口宽度 w		最小开口度 l		最小喉部深度 h	
	公称尺寸	极限偏差	重级	轻级	重级	轻级
75	75	±1.50	75	50	45	40
90	90	±1.50	90	64	50	43
100	100	±1.75	100	75	55	45
115	115	±1.75	115	90	60	50
125	125	±1.75	125	100	65	55
150	150	±2.00	150	125	75	65
200	200	±2.00	200	150	100	80

注：钳口宽度、开口度、喉部深度的定义见 QB/T 1558.1。

1.6.2 多用台虎钳（见表 5-22）

表 5-22 多用台虎钳的型式、规格及尺寸（摘自 QB/T 1558.3—2017）

（单位：mm）

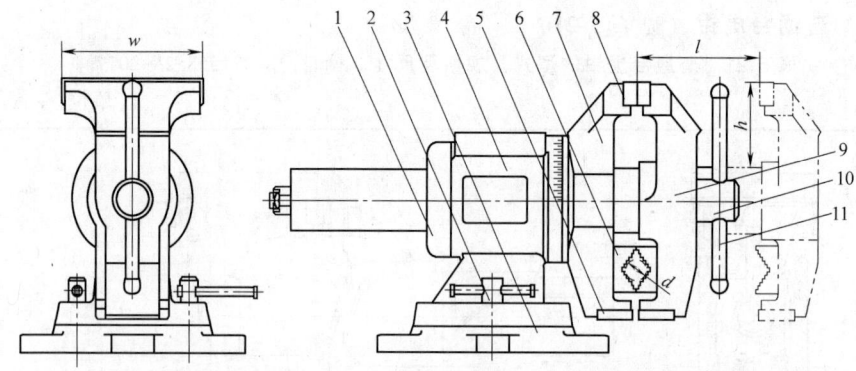

1—导螺母　2—锁紧件　3—底座　4—支座　5—V 型钳口　6—管钳口
7—固定钳体　8—钳口铁　9—活动钳体　10—螺杆　11—拨杆

规格	钳口宽度 w		最小开口度 l		最小喉部深度 h		管钳口夹持范围 d	
	公称尺寸	极限偏差	重级	轻级	重级	轻级	重级	轻级
75	75	±1.50	75	60	50	45	6~40	6~30
100	100	±1.75	100	80	55	50	10~50	10~40
120	120	±1.75	120	100	65	55	15~60	15~50
125	125	±1.75	125	100	65	55	15~60	15~50
150	150	±2.00	150	120	80	75	15~65	15~60

注：钳口宽度、开口度、喉部深度和管钳口夹持范围的定义见 QB/T 1558.1。

1.6.3 燕尾桌虎钳（见表 5-23）

表 5-23 燕尾桌虎钳的型式、规格及尺寸（摘自 QB/T 2096.2—2017）

（单位：mm）

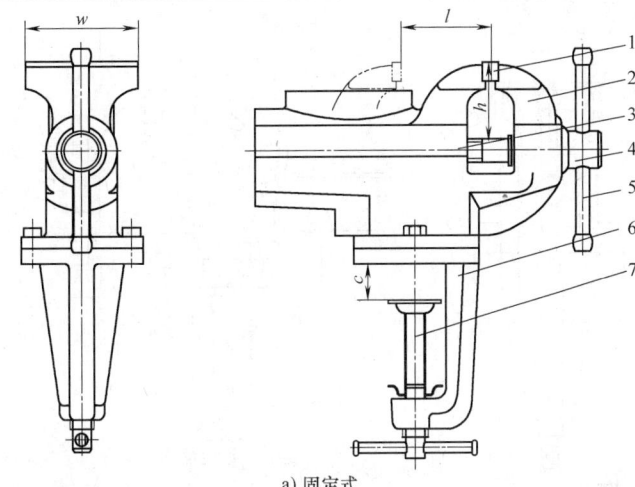

a) 固定式

1—钳口铁　2—固定钳体　3—活动钳体　4—螺杆　5—拨杆　6—底座　7—紧固螺钉

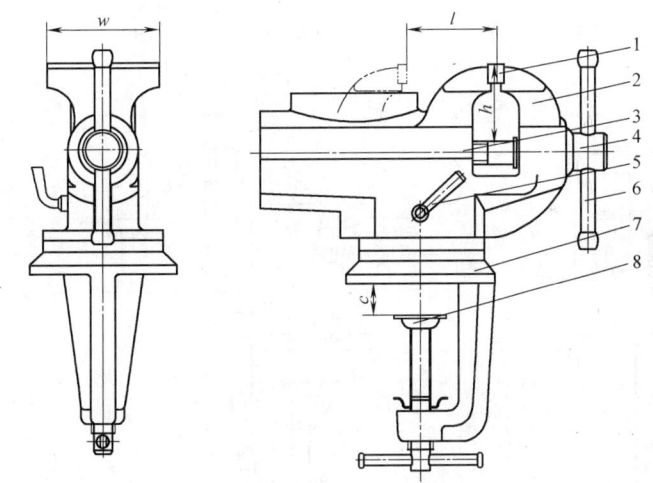

b) 回转式

1—钳口铁　2—固定钳体　3—活动钳体　4—螺杆　5—锁紧件　6—拨杆　7—底座　8—紧固螺钉

规格	钳口宽度 w		最小开口度 l	最小喉部深度 h	紧固范围 c
	公称尺寸	极限偏差			
25	25	±1.05	25	20	10～30
40	40	±1.25	35	25	10～30
50	50	±1.25	45	30	15～45
60	60	±1.50	55	30	15～45
65	65	±1.50	55	30	15～45
75	75	±1.50	70	40	20～50

注：钳口宽度、开口度、喉部深度和紧固范围的定义见 QB/T 2096.1。

1.6.4 方孔桌虎钳（见表 5-24）

表 5-24 方孔桌虎钳的型式、规格及尺寸（摘自 QB/T 2096.3—2017）

（单位：mm）

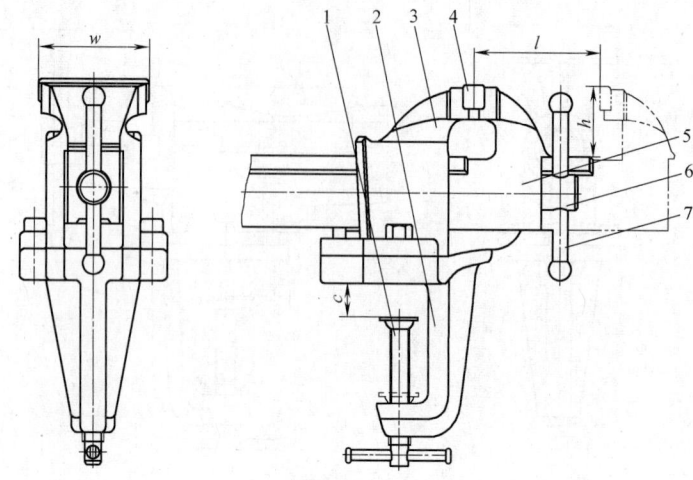

a) 固定式

1—紧固螺钉 2—固定底座 3—固定钳体 4—钳口铁 5—活动钳体 6—螺杆 7—拨杆

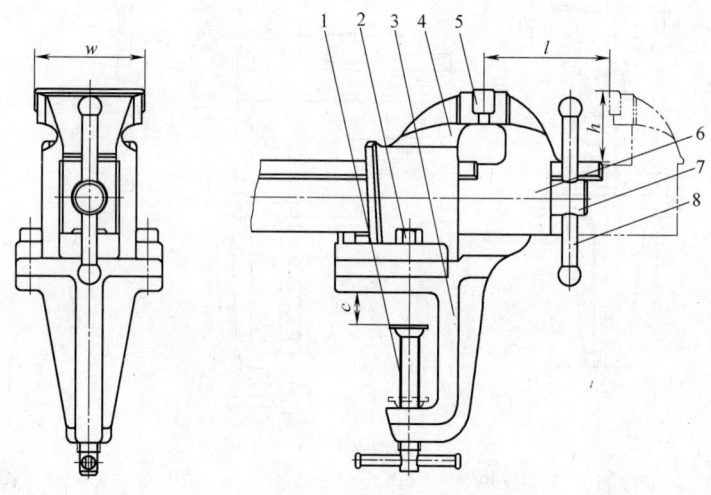

b) 回转式

1—紧固螺钉 2—锁紧件 3—底座 4—固定钳体 5—钳口铁 6—活动钳体 7—螺杆 8—拨杆

规格	钳口宽度 w		最小开口度 l	最小喉部深度 h	紧固范围 c
	宽度	极限偏差			
40	40	±1.25	35	25	10~30
50	50	±1.25	45	30	15~45
60	60	±1.50	55	30	15~45
65	65	±1.50	55	30	15~45

注：钳口宽度、开口度、喉部深度和紧固范围的定义见 QB/T 2096.1。

1.6.5　管子台虎钳（见表 5-25）

表 5-25　管子台虎钳的型式、规格及有效夹持范围（摘自 QB/T 2211—2017）

（单位：mm）

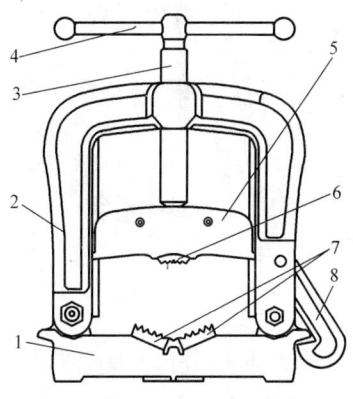

a) 桌面型管子台虎钳

1—底座　2—支架　3—丝杠　4—扳杠　5—导板　6—上牙板　7—下牙板　8—挂钩

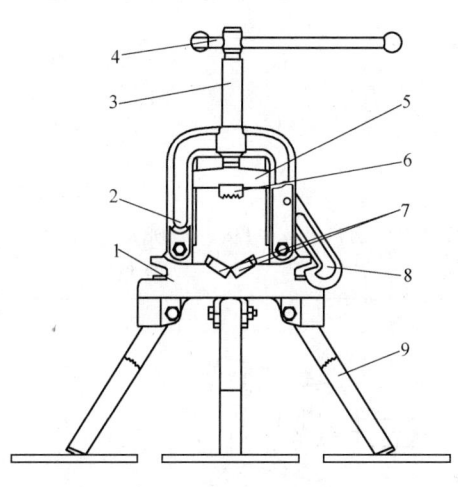

b) 三脚架型管子台虎钳

1—底座　2—支架　3—丝杠　4—扳杠　5—导板
6—上牙板　7—下牙板　8—挂钩　9—管脚

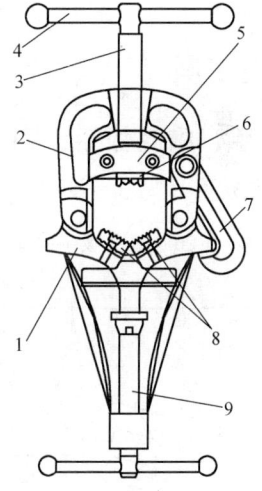

c) 轻便型管子台虎钳

1—底座　2—支架　3—丝杠　4—扳杠　5—导板
6—上牙板　7—挂钩　8—下牙板　9—紧固螺钉

（续）

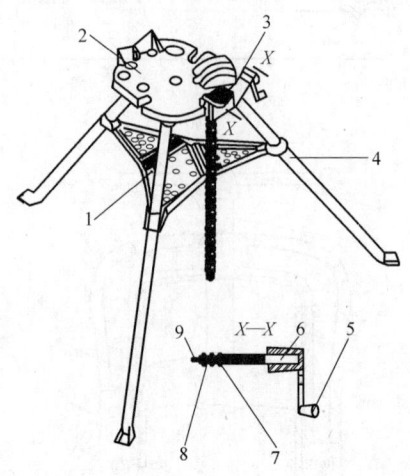

d) 链条管子台虎钳

1—托盘　2—支架　3—牙板　4—管脚　5—扳手　6—丝杠　7—销轴　8—外链板　9—内链板

规格	40	60	75	90	100	115	165	220	325
有效夹持范围	10～40	10～60	10～75	15～90	15～100	15～115	30～165	30～220	30～325

2　扳手类工具

2.1　呆扳手、梅花扳手、两用扳手

2.1.1　双头扳手（见表 5-26）

表 5-26　双头扳手的型式、规格及尺寸（摘自 GB/T 4388—2008）

（单位：mm）

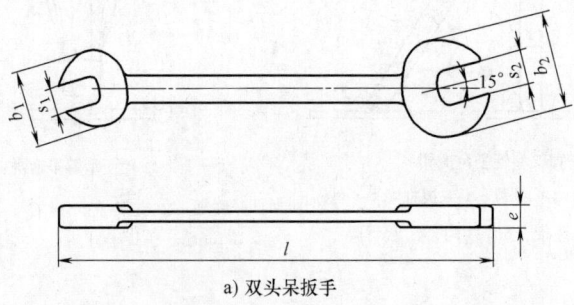

a) 双头呆扳手

（续）

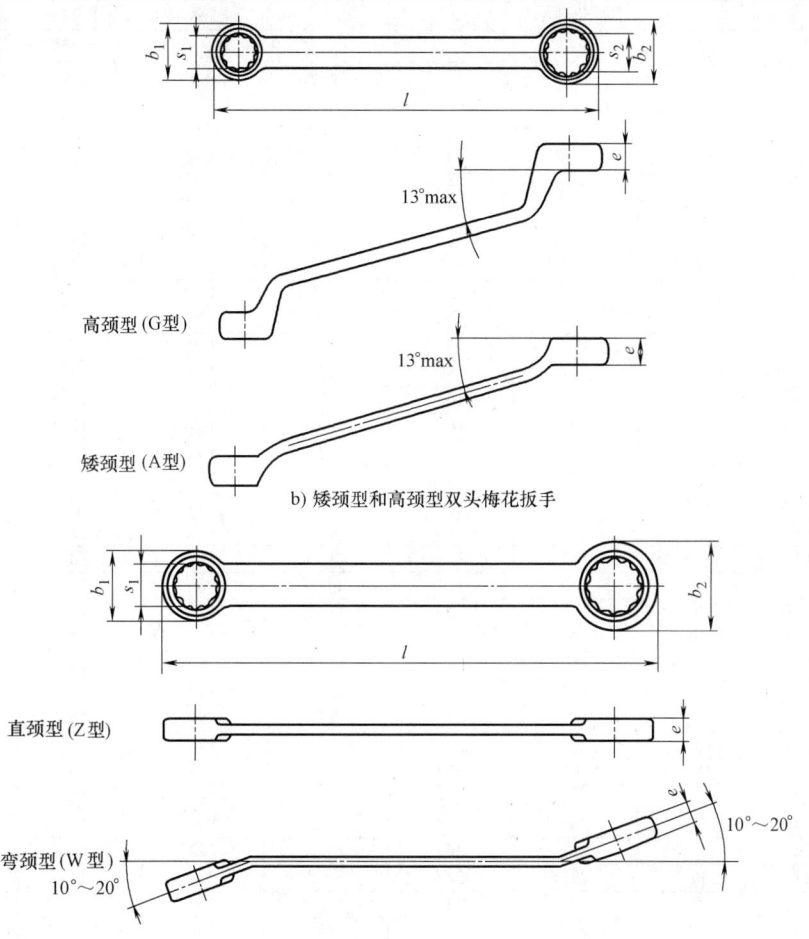

高颈型 (G型)

矮颈型 (A型)

b) 矮颈型和高颈型双头梅花扳手

直颈型 (Z型)

弯颈型 (W型)

c) 直颈型和弯颈型双头梅花扳手

注：b_1、b_2 的尺寸数值参照表 5-28

规格[①]（对边尺寸组配）$s_1 \times s_2$	双头呆扳手			双头梅花扳手			
	厚度 e max	短型	长型	直颈、弯颈		矮颈、高颈	
		全长 l min	全长 l min	厚度 e max	全长 l min	厚度 e max	全长 l min
3.2×4	3	72	81				
4×5	3.5	78	87				
5×5.5	3.5	85	95				
5.5×7	4.5	89	99				
(6×7)	4.5	92	103	6.5	73	7	134
7×8	4.5	99	111	7	81	7.5	143
(8×9)	5	106	119	7.5	89	8.5	152
8×10	5.5	106	119	8	89	9	152
(9×11)	6	113	127	8.5	97	9.5	161
10×11	6	120	135	8.5	105	9.5	170

（续）

规格① （对边尺寸组配） $s_1 \times s_2$	厚度 e max	双头呆扳手		双头梅花扳手			
		短型	长型	直颈、弯颈		矮颈、高颈	
		全长 l min		厚度 e max	全长 l min	厚度 e max	全长 l min
（10×12）	6.5	120	135	9	105	10	170
10×13	7	120	135	9.5	105	11	170
11×13	7	127	143	9.5	113	11	179
（12×13）	7	134	151	9.5	121	11	188
（12×14）	7	134	159	9.5	121	11	188
（13×14）	7	141	159	9.5	129	11	197
13×15	7.5	141	159	10	129	12	197
13×16	8	141	159	10.5	129	12	197
（13×17）	8.5	141	159	11	129	13	197
（14×15）	7.5	148	167	10	137	12	206
（14×16）	8	148	167	10.5	137	12	206
（14×17）	8.5	148	167	11	137	13	206
15×16	8	155	175	10.5	145	12	215
（15×18）	8.5	155	175	11.5	145	13	215
（16×17）	8.5	162	183	11	153	13	224
16×18	8.5	162	183	11.5	153	13	224
（17×19）	9	169	191	11.5	166	14	233
（18×19）	9	176	199	11.5	174	14	242
18×21	10	176	199	12.5	174	14	242
（19×22）	10.5	183	207	13	182	15	251
（19×24）	11	183	207	13.5	182	16	251
（20×22）	10	190	215	13	190	15	260
（21×22）	10	202	223	13	198	15	269
（21×23）	10.5	202	223	13	198	15	269
21×24	11	202	223	13.5	198	16	269
（22×24）	11	209	231	13.5	206	16	278
（24×26）	11.5	223	247	15.5	222	16.5	296
24×27	12	223	247	14.5	222	17	296
（24×30）	13	223	247	15.5	222	18	296
（25×28）	12	230	255	15	230	17.5	305
（27×29）	12.5	244	271	15	246	18	323
27×30	13	244	271	15.5	246	18	323
（27×32）	13.5	244	271	16	246	19	323
（30×32）	13.5	265	295	16	275	19	330
30×34	14	265	295	16.5	275	20	330
（30×36）	14.5	265	295	17	275	21	330
（32×34）	14	284	311	16.5	291	20	348
（32×36）	14.5	284	311	17	291	21	348
34×36	14.5	298	327	17	307	21	366
36×41	16	312	343	18.5	323	22	384
41×46	17.5	357	383	20	363	24	429
46×50	19	392	423	21	403	25	474
50×55	20.5	420	455	22	435	27	510
55×60	22	455	495	23.5	475	28.5	555
60×65	23	490					
65×70	24	525					
70×75	25.5	560					
75×80	27	600					

① 括号内的对边尺寸组配为非优先组配。

2.1.2 单头和两用扳手（见表 5-27）

表 5-27 单头扳手和两用扳手的型式、规格及尺寸（摘自 GB/T 4388—2008）

（单位：mm）

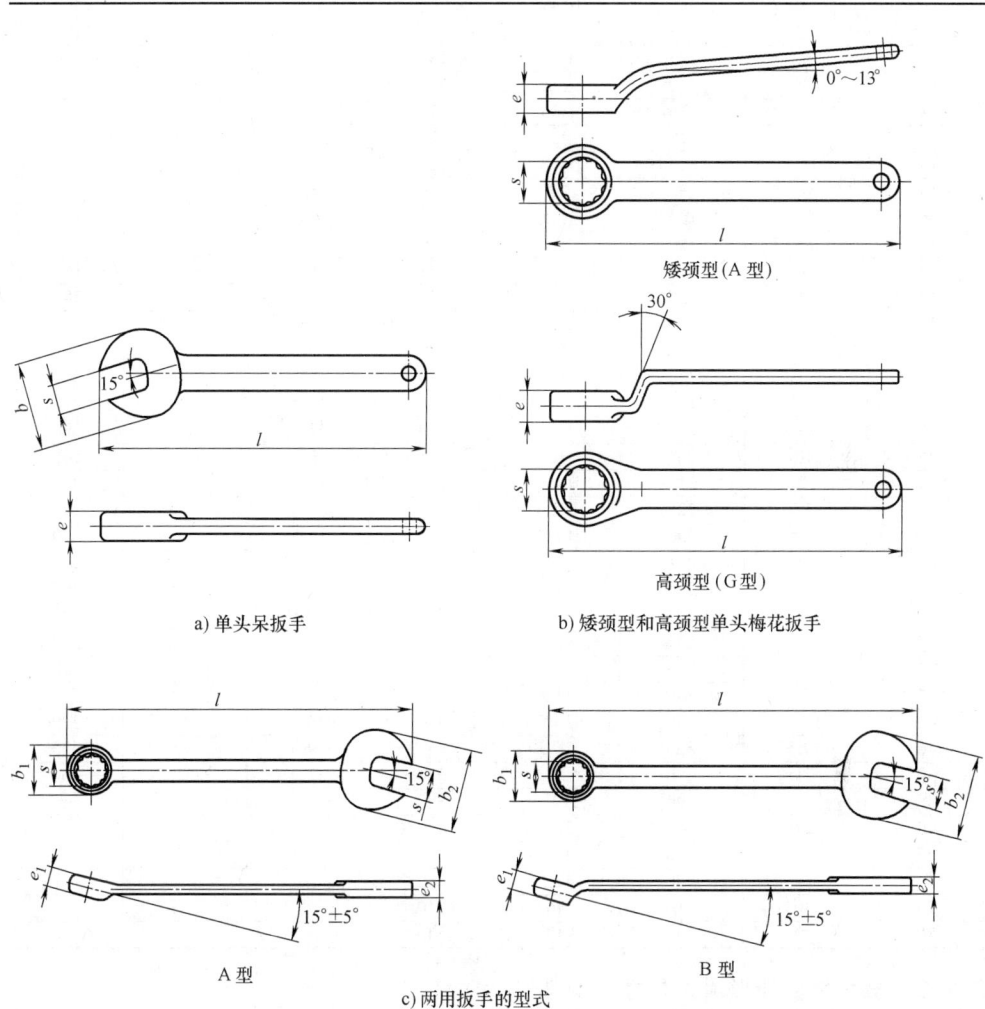

矮颈型（A 型）

高颈型（G 型）

a) 单头呆扳手

b) 矮颈型和高颈型单头梅花扳手

A 型

B 型

c) 两用扳手的型式

注：b、b_1、b_2 的尺寸数值见表 5-28

规格	单头呆扳手		单头梅花扳手		两用扳手		
s	厚度 e	全长 l	厚度 e	全长 l	厚度 e_1	厚度 e_2	全长 l
	max	min	max	min	max	max	min
3.2					5	3.3	55
4					5.5	3.5	55
5					6	4	65
5.5	4.5	80			6.3	4.2	70
6	4.5	85			6.5	4.5	75
7	5	90			7	5	80
8	5	95			8	5	90

（续）

规格 s	单头呆扳手		单头梅花扳手		两用扳手		
	厚度 e max	全长 l min	厚度 e max	全长 l min	厚度 e_1 max	厚度 e_2 max	全长 l min
9	5.5	100			8.5	5.5	100
10	6	105	9	105	9	6	110
11	6.5	110	9.5	110	9.5	6.5	115
12	7	115	10.5	115	10	7	125
13	7	120	11	120	11	7	135
14	7.5	125	11.5	125	11.5	7.5	145
15	8	130	12	130	12	8	150
16	8	135	12.5	135	12.5	8	160
17	8.5	140	13	140	13	8.5	170
18	9	150	14	150	14	9	180
19	9	155	14.5	155	14.5	9	185
20	9.5	160	15	160	15	9.5	200
21	10	170	15.5	170	15.5	10	205
22	10.5	180	16	180	16	10.5	215
23	10.5	190	16.5	190	16.5	10.5	220
24	11	200	17.5	200	17.5	11	230
25	11.5	205	18	205	18	11.5	240
26	12	215	18.5	215	18.5	12	245
27	12.5	225	19	225	19	12.5	255
28	12.5	235	19.5	235	19.5	12.5	270
29	13	245	20	245	20	13	280
30	13.5	255	20	255	20	13.5	285
31	14	265	20.5	265	20.5	14	290
32	14.5	275	21	275	21	14.5	300
34	15	285	22.5	285	22.5	15	320
36	15.5	300	23.5	300	23.5	15.5	335
41	17.5	330	26.5	330	26.5	17.5	380
46	19.5	350	28.5	350	29.5	19.5	425
50	21	370	32	370	32	21	460
55	22	390	33.5	390			
60	24	420	36.5	420			
65	26	450	39.5	450			
70	28	480	42.5	480			
75	30	510	46	510			
80	32	540	49	540			

2.1.3 扳手头部外形最大尺寸 （见表 5-28）

表 5-28 扳手头部外形和最大尺寸 （摘自 GB/T 4389—2013）

（单位：mm）

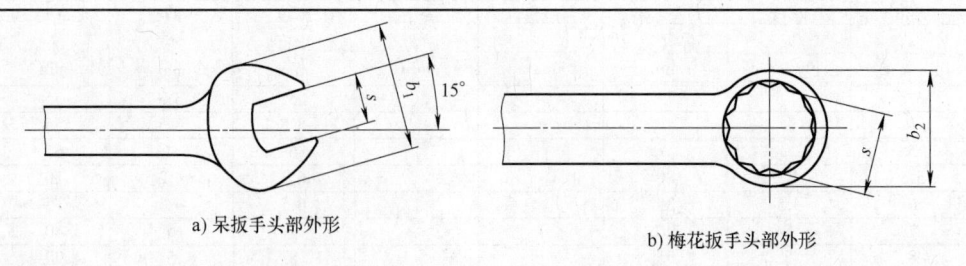

a) 呆扳手头部外形   b) 梅花扳手头部外形

（续）

对边尺寸 s [①]	b_{1max} [②]	b_{2max} [③]
3.2	14	7
4	15	8
5	18	10
5.5	19	10.5
(6)	20	11
7	22	12.5
8	24	14
(9)	26	15.5
10	28	17
11	30	18.5
(12)	32	20
13	34	21.5
(14)	36	23
15	39	24.5
16	41	26
(17)	43	27.5
18	45	29
(19)	47	30.5
(20)	49	32
21	51	33.5
(22)	53	35
(23)	55	36.5
24	57	38
(25)	60	39.5
(26)	62	41
27	64	42.5
(28)	66	44
(29)	68	45.5
30	70	47
(31)	72	48.5
(32)	74	50
34	78	53
36	83	56
(38)	87	59
41	93	63.5
46	104	71
50	112	77
55	123	84.5
60	133	92
(65)	144	99.5
(70)	154	107
(75)	165	114.5
(80)	175	122

注：括号内尺寸为非优选尺寸。

[①] 对边尺寸按照 GB/T 3104 的规定；扳手开口和扳手孔的常用公差按照 GB/T 4390 的规定。

[②] $b_{1max} \approx 2.1s + 7$。

[③] $b_{2max} \approx 1.5s + 2$。

2.1.4　双头扳手的对边尺寸组配（见表 5-29）

表 5-29　双头扳手的对边尺寸组配（摘自 GB/T 4391—2008）（单位：mm）

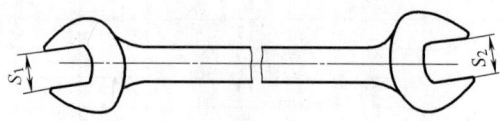

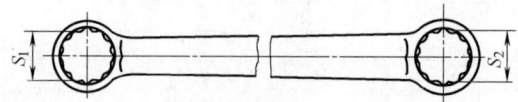

双头扳手对边尺寸的优先组配	
$S_1 \times S_2$	$S_1 \times S_2$
3.2×4	16×18
4×5	18×21
5×5.5	21×24
5.5×7	24×27
7×8	27×30
8×10	30×34
10×11	34×36
10×13	36×41
11×13	41×46
13×15	46×50
13×16	50×55
15×16	55×60
双头扳手对边尺寸的非优先组配	
6×7	20×22
8×9	21×22
12×13	21×23
12×14	22×24
13×14	24×26
13×17	24×30
14×15	25×28
14×17	27×29
15×18	27×32
16×17	30×32
17×19	30×36
18×19	32×34
19×22	32×36
19×24	

2.2　手动套筒扳手

2.2.1　套筒（见表 5-30）

表 5-30　套筒的型式和尺寸（摘自 GB/T 3390.1—2013）　（单位：mm）

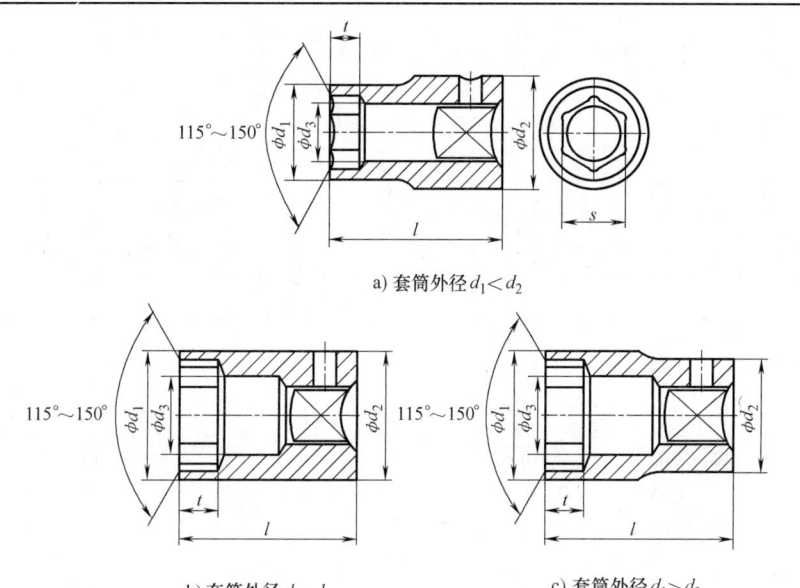

a) 套筒外径 $d_1 < d_2$

b) 套筒外径 $d_1 = d_2$　　　　c) 套筒外径 $d_1 > d_2$

					6.3 系列套筒		
s	t min	d_1 max	d_2 max	d_3 min		l	
					A 型 max	B 型 min	
3.2	1.8	5.9	12.5	1.9			
4	2.1	6.9	12.5	2.4			
4.5	2.3	7.9	12.5	2.4			
5	2.4	8.2	12.5	3			
5.5	2.7	8.8	12.5	3.6			
6	3.1	9.4	12.5	4			
7	3.5	11	12.5	4.8			
8	4.24	12.2	12.5	6	26	45	
9	4.51	13.5	13.5	6.5			
10	4.74	14.7	14.7	7.2			
11	5.54	16	16	8.4			
12	5.74	17.2	17.2	9			
13	6.04	18.5	18.5	9.6			
14	6.74	19.7	19.7	10.5			
15	7.0	21.5	21.5	11.3			
16	7.19	22	22	12.3			
				10 系列套筒			
7	3.5	11		4.8			
8	4.24	12.2		6			
9	4.51	13.5		6.5			
10	4.74	14.7	20	7.2	32	44	
11	5.54	16		8.4			
12	5.74	17.2		9			
13	6.04	18.5		9.6			

（续）

\multicolumn{6}{c}{10 系列套筒}					
s	t min	d_1 max	d_2 max	d_3 min	\multicolumn{2}{c}{l}
					A 型 max	B 型 min
14	6.74	19.7		10.5	32	45
15	7.0	21.0	24	11.3		
16	7.19	22.2		12.3	35	50
17	7.73	23.5		13		54
18	8.29	24.7	24.7	14.4		
19	8.72	26	26	15	38	60
21	9.59	28.5	28.8	16.8		
22	9.98	29.7	29.7	17		
24	10.79	32.5	32.5	19.2		65

\multicolumn{6}{c}{12.5 系列套筒}					
8	4.24	14		6		
10	4.74	15.5		7.2		
11	5.54	16.7		8.4		
12	5.74	18	24	9	40	
13	6.04	19.2		9.6		
14	6.74	20.5		10.5		
15	7.0	21.7		11.3		75
16	7.19	23		12.3		
17	7.73	24.2	25.5	13		
18	8.29	25.5		14.4	42	
19	8.72	26.7	26.7	15		
21	9.59	29.2	29.2	16.8	44	
22	9.98	30.5	30.5	17		
24	10.79	33	33	19.2	46	
27	12.35	36.7	36.7	21.6	48	
30	13.35	40.5	40.5	24	50	
32	14.11	43	43	26		
34	14.85	46.5	46.5	26.4	52	

\multicolumn{6}{c}{20 系列套筒}					
21	9.59	32.1		16.8	55	
22	9.98	33.3	40	17		
24	10.79	35.8		19.2		
27	12.35	39.6		21.6	60	85
30	13.35	43.3	43.3	24		
32	14.11	45.8	45.8	26		
34	14.85	48.3	48.3	26.4	65	
36	15.85	50.8	50.8	28.8	67	
41	17.85	57.1	57.1	32.4	70	
46	19.62	63.3	63.3	36	83	
50	21.92	68.3	68.3	39.6	89	100
55	23.42	74.6	74.6	43.2	95	
60	25.92	84.5	84.5	45.6	100	

（续）

						25 系列套筒
s	t	d_1	d_2	d_3	l	
	min	max	max	min	A 型 max	
41	17.85	61	59.7	32.4	83	
46	19.62	66.4	55	36	80	
50	21.92	71.4	55	39.6	85	
55	23.42	77.6	57	43.2	95	
60	25.92	83.9	61	45.6	103	
65	26.92	90.1	78	50.4	110	
70	28.92	96.5	84	55.2	116	
75	30.92	110	90	60	120	
80	34	115	95	65	125	

2.2.2　传动方榫和方孔（见表 5-31 和表 5-32）

表 5-31　传动方榫的型式和尺寸（摘自 GB/T 3390.2—2013）（单位：mm）

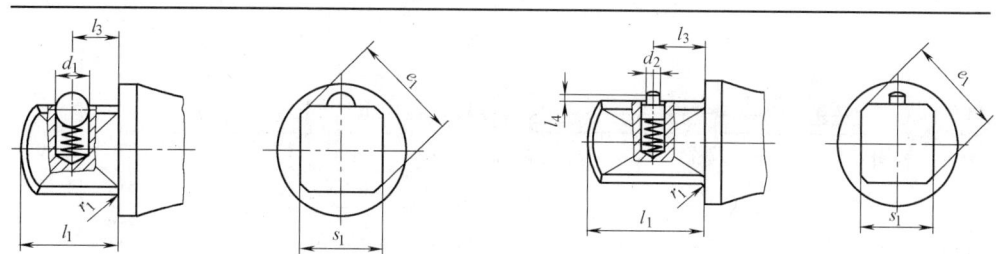

a) A 型传动方榫　　　　　　　　　　　　b) B 型传动方榫

型式	系列	s_1		d_1	d_2	e_1		l_1	l_3		l_4[①]	r_1
		max	min	$\approx$	max	max	min	max	公称尺寸	极限偏差	min	max
A(B)	6.3	6.35	6.26	3	2	8.4	8.0	8.5	4	+0.4 0	0.9	0.5
A(B)	10	9.53	9.44	5	2.6	12.7	12.2	11	5.5		0.9	0.6
A(B)	12.5	12.70	12.59	6	3	16.9	16.3	15.5	8	+0.6 0	1.0	0.8
B(A)	20	19.05	18.92	7	4.3	25.4	24.4	23	10.2		1.0	1.2
B(A)	25	25.40	25.27	—	5	34.0	32.4	28	15		1.0	1.6

注：不推荐 B 型方榫和 C 型方孔配合使用。带括号的型式为非优选。

① $l_{4,min} = s_{2,max} - s_{1,min} + 0.5 mm$。$s_2$ 的最大尺寸见表 5-32。

表 5-32　传动方孔的型式和尺寸（摘自 GB/T 3309.2—2013）（单位：mm）

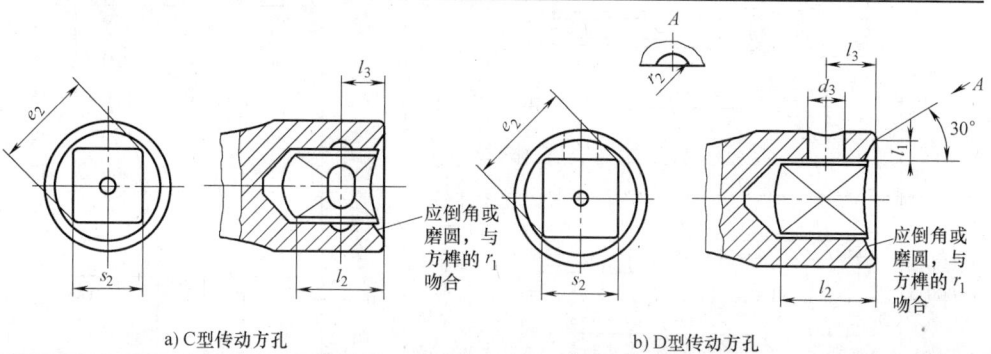

a) C 型传动方孔　　　　　　　　　　　　b) D 型传动方孔

（续）

型式	系列	s_2		d_3	e_2	l_2	l_3		r_2	t_1
		max	min	min	min	min	公称尺寸	极限偏差		
C、D	6.3	6.63	6.41	2.5	8.5	9	4	0	—	—
C（D）	10	9.80	9.58	5	12.9	11.5	5.5	−0.4	—	—
C（D）	12.5	13.03	12.76	6	17.1	16	8		4	3
D	20	19.44	19.11	6	25.6	24	10.2	0	4	3.5
								−0.6		
D	25	25.79	25.46	6.5	34:4	29	15		6	4

注：不推荐 B 型方榫和 C 型方孔配合使用。带括号的型式为非优选。

2.2.3 传动附件（见表 5-33）

表 5-33 传动附件的编号和基本尺寸（摘自 GB/T 3390.3—2013）

（单位：mm）

编号	图 例	名称	传动方榫系列	基 本 尺 寸			
6100040		滑行头手柄		d_{max}	l_{1min}	l_{1max}	l_{2max}
			6.3	14	100	160	24
			10	23	150	250	35
			12.5	27	220	320	50
			20	40	430	510	62
			25	52	500	760	80
6100060 6100061		快速摇柄		b_{min}	l_{1max}	l_{2min}	l_{2max}
			6.3	30	420	60	115
			10	40	470	70	125
			12.5	50	510	85	145
6100090		棘轮扳手		d_{max}	l_{1min}	l_{1max}	l_{2max}
			6.3	25	110	150	27
			10	35	140	220	36
			12.5	50	230	300	45
			20	70	430	630	62
6100100 6100101		可逆式棘轮扳手		d_{max}	l_{1min}	l_{1max}	l_{2max}
			6.3	25	110	150	27
			10	35	140	220	36
			12.5	50	230	300	45
			20	70	430	630	62
			25	90	500	900	80
6100010 6100011		旋柄		b_{min}		l_{1max}	
			6.3	30		165	
			10	40		190	

（续）

编号	图　　例	名称	传动方榫系列	基 本 尺 寸	
6100030		转向手柄		l_{1max}	
	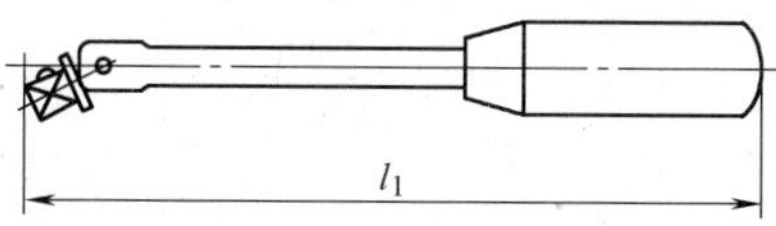		6.3	165	
			10	270	
			12.5	490	
			20	600	
			25	850	
6100050 6100051		弯柄		l_{1max}	l_{2max}
	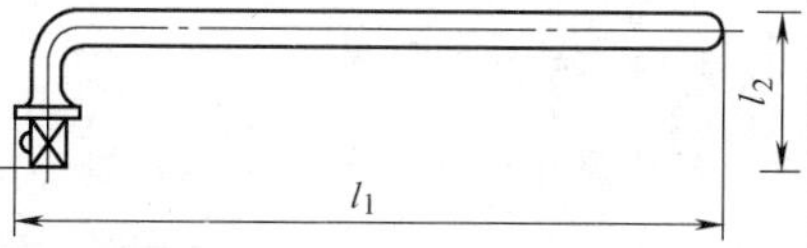		6.3	110	35
			10	210	45
			12.5	250	60
			20	500	120

2.2.4　连接附件（见表 5-34）

表 5-34　连接附件的编号和基本尺寸（摘自 GB/T 3309.4—2013）

（单位：mm）

编号	图　　例	名称	传动方榫和传动方孔		基 本 尺 寸	
			方孔	方榫	l_{max}	d_{max}
5100030	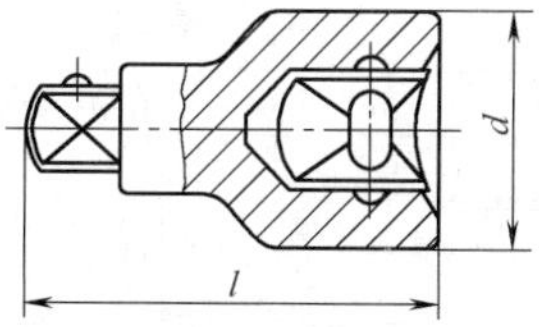	接头	10	6.3	32	20
			12.5	10	44	25
			20	12.5	58	38
			25	20	85	52
	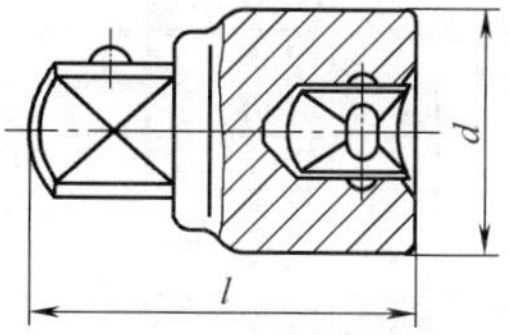		6.3	10	27	16
			10	12.5	38	23
			12.5	20	50	30
			20	25	68	40
5100040 5100041		接杆	方榫和方孔		l	d_{max}
	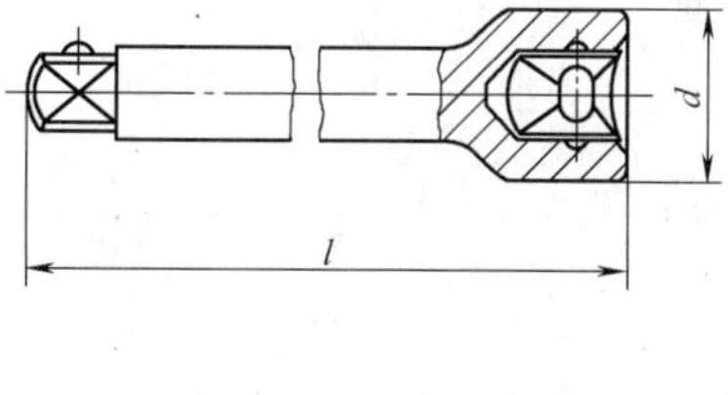		6.3		55±3	12.5
					100±5	
					150±8	
			10		75±4	20
					125±6	
					250±12	
			12.5		75±4	25
					125±6	
					250±12	
			20		200±10	38
					400±20	
			25		200±10	52
					400±20	

（续）

编号	图 例	名称	传动方榫和传动方孔		基本尺寸	
			方榫和方孔		l_{max}	d_{max}
5100050	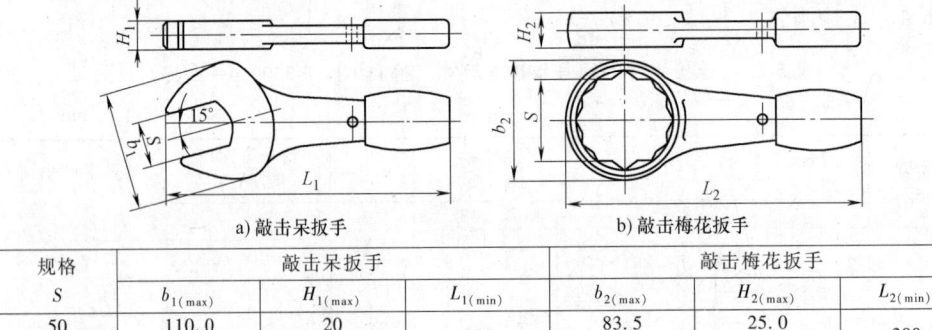	万向接头	6.3		45	14
			10		68	23
			12.5		80	28
			20		110	42

2.3 敲击呆扳手和敲击梅花扳手（见表5-35）

表 5-35 敲击呆扳手和敲击梅花扳手的型式、规格及尺寸（摘自 GB/T 4392—1995）

（单位：mm）

a) 敲击呆扳手

b) 敲击梅花扳手

规格	敲击呆扳手			敲击梅花扳手		
S	$b_{1(max)}$	$H_{1(max)}$	$L_{1(min)}$	$b_{2(max)}$	$H_{2(max)}$	$L_{2(min)}$
50	110.0	20	300	83.5	25.0	300
55	120.5	22		91.0	27.0	
60	131.0	24	350	98.5	29.0	350
65	141.5	26		106.0	30.6	
70	152.0	28	375	113.5	32.5	375
75	162.5	30		121.0	34.0	
80	173.0	32	400	128.5	36.5	400
85	183.5	34		136.0	38	
90	188.0	36	450	143.5	40.0	450
95	198.0	38		151.0	42.0	
100	208.0	40		158.5	44.0	
105	218.0	42	500	166.0	45.6	500
110	228.0	44		173.5	47.5	
115	238.0	46		181.0	49.0	
120	248.0	48		188.5	51.0	
130	268.0	52	600	203.5	55.0	600
135	278.0	54		211.0	57.0	
145	298.0	58		226.0	60.6	
150	308.0	60		233.5	62.5	
155	318.0	62	700	241.0	64.5	700
165	338.0	66		256.0	68.0	
170	345.0	68		263.5	70.0	
180	368.0	72		278.5	74.0	
185	378.0	74		286.0	75.6	
190	388.0	76	800	293.5	77.5	800
200	408.0	80		308.5	81.0	
210	425.0	84		323.5	85.0	

2.4 活扳手（见表 5-36）

表 5-36 活扳手的型式和尺寸（摘自 GB/T 4440—2008）（单位：mm）

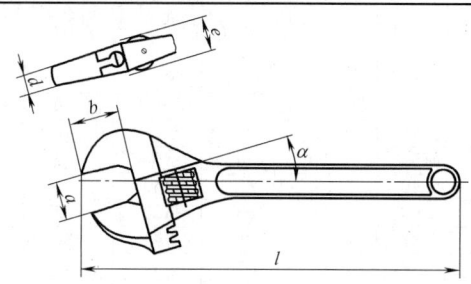

长度 l		开口尺寸 a	开口深度 b	扳口前端厚度 d	头部厚度 e	夹角 α	
规格	公差	≥	min	max	max	A 型	B 型
100		13	12	6	10		
150	+15	19	17.5	7	13		
200	0	24	22	8.5	15		
250		28	26	11	17	15°	22.5°
300	+30	34	31	13.5	20		
375	0	43	40	16	26		
450	+45	52	48	19	32		
600	0	62	57	28	36		

2.5 内六角扳手（见表 5-37）

表 5-37 内六角扳手的型式和尺寸（摘自 GB/T 5356—2008）（单位：mm）

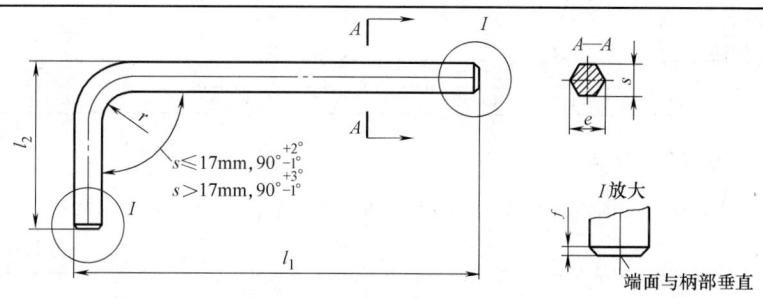

注：$f_{max}=\dfrac{e_{max}-s_{min}}{2}$；弯曲半径 $r \geqslant s^2$，且不应小于 1.5mm

对边尺寸 s			对角宽度 e		长度 l_1				长度 l_2	
标准	max	min	max	min	标准长	长型 M	加长型 L	极限偏差	长度	极限偏差
0.7	0.71	0.70	0.79	0.76	33	—	—		7	
0.9	0.89	0.88	0.99	0.96	33	—	—		11	
1.3	1.27	1.24	1.42	1.37	41	63.5	81	0 −2	13	0 −2
1.5	1.50	1.48	1.68	1.63	46.5	63.5	91.5		15.5	
2	2.00	1.96	2.25	2.18	52	77	102		18	

（续）

对边尺寸 s			对角宽度 e		长度 l_1				长度 l_2	
标准	max	min	max	min	标准长	长型 M	加长型 L	极限偏差	长度	极限偏差
2.5	2.50	2.46	2.82	2.75	58.5	87.5	114.5		20.5	
3	3.00	2.96	3.39	3.31	66	93	129		23	
3.5	3.50	3.45	3.96	3.91	69.5	98.5	140		25.5	
4	4.00	3.95	4.53	4.44	74	104	144	0 −4	29	
4.5	4.50	4.45	5.10	5.04	80	114.5	156		30.5	
5	5.00	4.95	5.67	5.58	85	120	165		33	0 −2
6	6.00	5.95	6.81	6.71	96	141	186		38	
7	7.00	6.94	7.94	7.85	102	147	197		41	
8	8.00	7.94	9.09	8.97	108	158	208		44	
9	9.00	8.94	10.23	10.10	114	169	219	0 −6	47	
10	10.00	9.94	11.37	11.23	122	180	234		50	
11	11.00	10.89	12.51	12.31	129	191	247		53	
12	12.00	11.89	13.65	13.44	137	202	262		57	
13	13.00	12.89	14.79	14.56	145	213	277		63	
14	14.00	13.89	15.93	15.70	154	229	294		70	
15	15.00	14.89	17.07	16.83	161	240	307	0 −7	73	0 −3
16	16.00	15.89	18.21	17.97	168	240	307		76	
17	17.00	16.89	19.35	19.09	177	262	337		80	
18	18.00	17.89	20.49	20.21	188	262	358		84	
19	19.00	18.87	21.63	21.32	199	—	—		89	
21	21.00	20.87	23.91	23.58	211	—	—		96	
22	22.00	21.87	25.05	24.71	222	—	—		102	
23	23.00	22.87	26.16	25.86	233	—	—		108	
24	24.00	23.87	27.33	26.97	248	—	—		114	
27	27.00	26.87	30.75	30.36	277	—	—	0 −12	127	0 −5
29	29.00	28.87	33.03	32.59	311	—	—		141	
30	30.00	29.87	34.17	33.75	315	—	—		142	
32	32.00	31.84	36.45	35.98	347	—	—		157	
36	36.00	35.84	41.01	40.50	391	—	—		176	

2.6 内六角花形扳手（见表 5-38）

表 5-38 内六角花形扳手的型式和尺寸（摘自 GB/T 5357—1998）

（单位：mm）

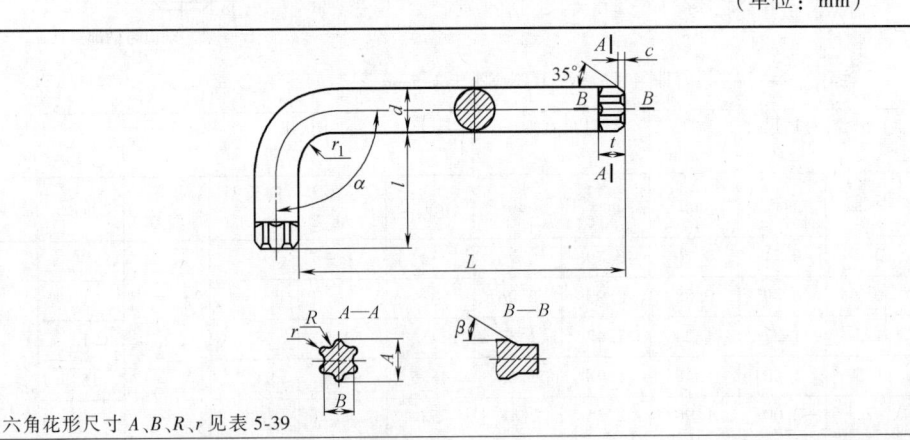

注：六角花形尺寸 A、B、R、r 见表 5-39

（续）

代号	L	l	t	c	α	β	r_1
T30	70	24	3.30				
T40	76	26	4.57				
T50	96	32	6.05	$<\dfrac{A-B}{4}$	90°±2°	40°±5°	≈d
T55	108	35	7.65				
T60	120	38	9.07				
T80	145	46	10.62				

表 5-39　工作部分的六角花形尺寸　　　　（单位：mm）

代号	A		B		R	r
	公称尺寸	极限偏差	公称尺寸	极限偏差		
T30	5.575	-0.070	3.990	-0.070	1.181	0.463
T40	6.705	-0.145	4.798	-0.145	1.416	0.558
T50	8.890	-0.080	6.398	-0.080	1.805	0.787
T55	11.277	-0.170	7.962	-0.170	2.656	0.799
T60	13.360		9.547		2.859	1.092
T80	17.678	-0.095 -0.205	12.705	0.095 0.205	3.605	1.549

注：表中所列的六角花形尺寸系参考 GB/T 2670《六角花形尺寸》。

2.7　侧面孔钩扳手（见表 5-40）

表 5-40　侧面孔钩扳手的型式和尺寸（摘自 JB/T 3411.88—1999）

（单位：mm）

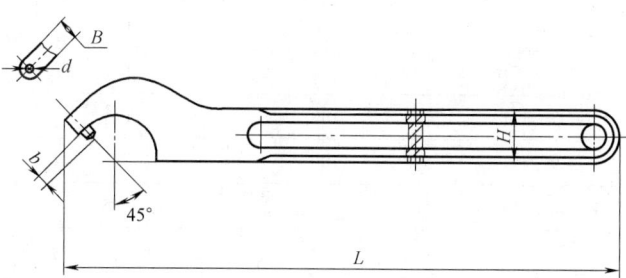

d	L	H	B	b	螺母外径
2.5	140	12	5	2	14~20
3.0	160	15	6	3	22~35
5.0	180	18	8	4	35~60

3 旋具

3.1 一字槽螺钉旋具（见表 5-41）

表 5-41　一字槽螺钉旋具的产品型式、规格及尺寸（摘自 QB/T 2564.4—2012）

（单位：mm）

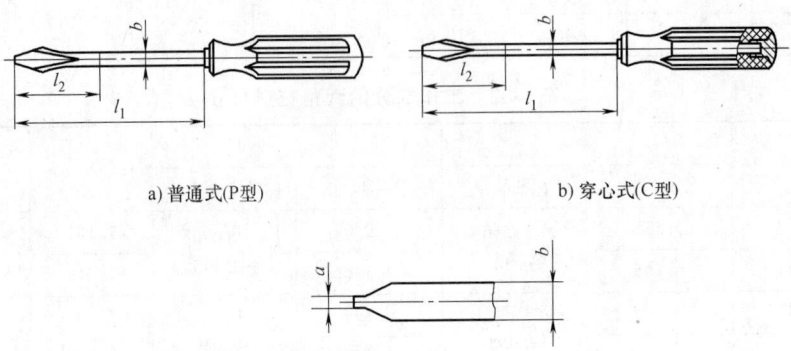

a) 普通式(P型)　　　　　　　　　　　　b) 穿心式(C型)

注：b 在 l_2 的范围内应保证一致，并符合 QB/T 2564.2 的规定，$l_{2,min} = 3b$

规格[1] $a \times b$	旋杆长度 $l_1{}^{+5}_{\ 0}$			
	A 系列[2]	B 系列	C 系列	D 系列
0.4×2		40		
0.4×2.5		50	75	100
0.5×3		50	75	100
0.6×3		75	100	125
0.6×3.5	25(35)	75	100	125
0.8×4	25(35)	75	100	125
1×4.5	25(35)	100	125	150
1×5.5	25(35)	100	125	150
1.2×6.5	25(35)	100	125	150
1.2×8	25(35)	125	150	175
1.6×8		125	150	175
1.6×10		150	175	200
2×12		150	200	250
2.5×14		200	250	300

[1] 规格 $a \times b$ 按 QB/T 2564.2 的规定。
[2] 括号内的尺寸为非推荐尺寸。

3.2 十字槽螺钉旋具（见表 5-42）

表 5-42 十字槽螺钉旋具的产品型式、槽号及旋杆长度（摘自 QB/T 2564.5—2012）

（单位：mm）

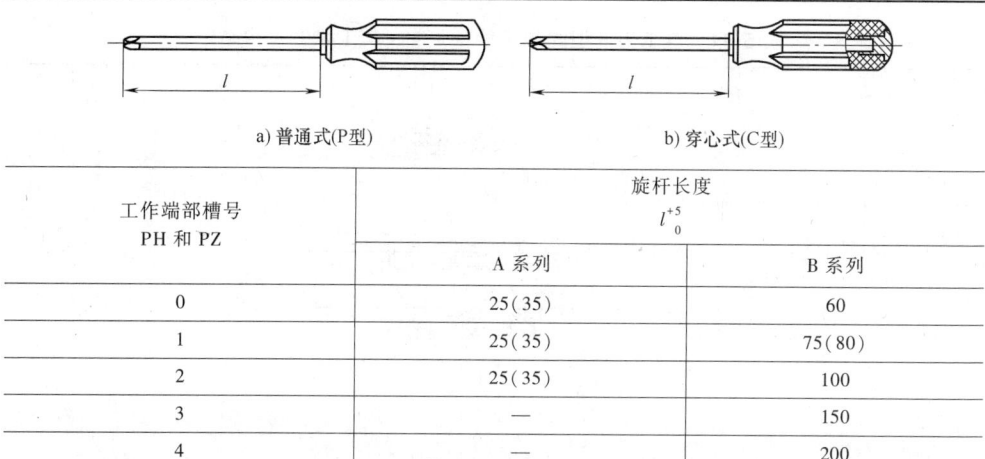

| a) 普通式(P型) | b) 穿心式(C型) |

工作端部槽号 PH 和 PZ	旋杆长度 l_0^{+5}	
	A 系列	B 系列
0	25(35)	60
1	25(35)	75(80)
2	25(35)	100
3	—	150
4	—	200

注：括号内的尺寸为非推荐尺寸。

3.3 螺旋棘轮螺钉旋具（见表 5-43）

表 5-43 螺旋棘轮螺钉旋具的型式和尺寸（摘自 QB/T 2564.6—2002）

（单位：mm）

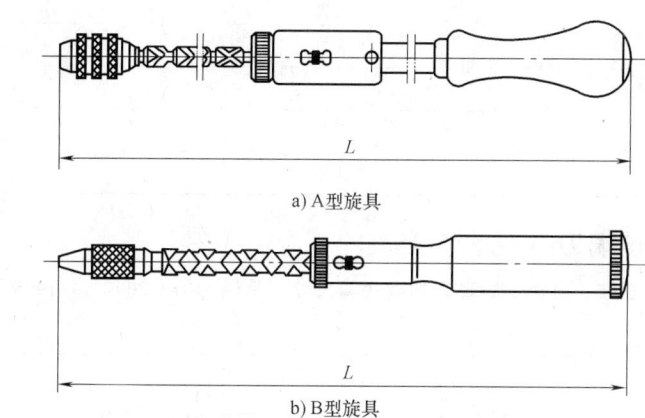

a) A 型旋具

b) B 型旋具

型 式	规 格	L	
		公称尺寸	极限偏差
A 型	220	220	±1
	300	300	±2
B 型	300	300	±3
	450	450	±3

4 切割工具

4.1 电工刀（见表 5-44）

表 5-44 电工刀的型式和尺寸（摘自 QB/T 2208—1996）

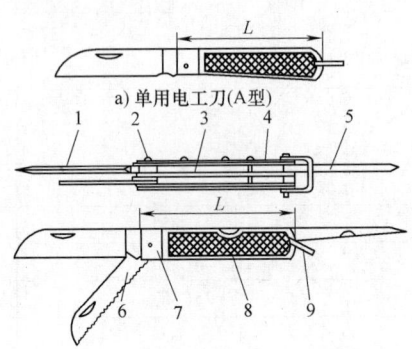

a) 单用电工刀(A型)

b) 多用电工刀(B型)

1—刀片　2—铆钉　3—弹簧　4—衬壳　5—引锥　6—锯片
7—包头　8—刀壳　9—刀环

型 式 代 号	产品规格代号	刀柄长度 L/mm
A	1 号	115
	2 号	105
	3 号	95
B	1 号	115
	2 号	105
	3 号	95

4.2 金刚石玻璃刀（见表 5-45）

表 5-45 金刚石玻璃刀的型式和尺寸（摘自 QB/T 2097.1—1995）

（单位：mm）

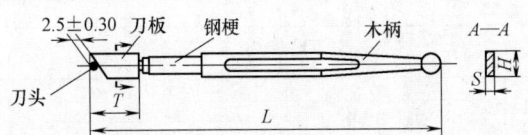

规 格 代 号	全长 L	刀板长 T	刀板宽 H	刀板厚 S
1~3	182	25	13	5
4~6	184	27	16	6

4.3 管子割刀（见表 5-46）

表 5-46 管子割刀的型式、规格及基本参数（摘自 QB/T 2350—1997）

（单位：mm）

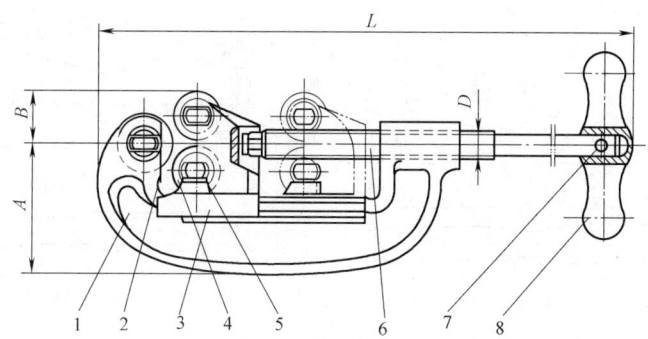

a) 通用型(GT型)

1—割刀体　2—刀片　3—滑块　4—滚轮　5—轴销　6—螺杆　7—手柄销　8—手柄

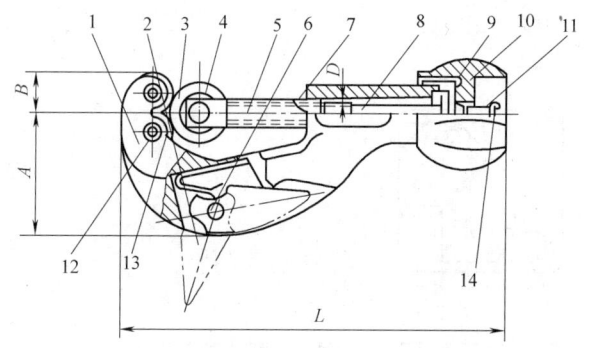

b) 轻型(GQ型)

1—割刀体　2—刮刀片　3—刀片　4—刀片螺钉　5—刀杆　6—撑簧

7—刮刀销　8—螺杆　9—螺母　10—手轮　11—垫圈

12—滚轮轴　13—滚轮　14—半圆头螺钉

型式	规格代号	A	B	L	D	可切断管子的最大外径和壁厚
GQ	1	41	12.7	124	左 M8×1	25×1
GT	1	60	22	260	M12×17.5	33.50×3.25
	2	76	31	375	M16×2	60×3.50
	3	111	44	540	M20×2.5	88.50×4
	4	143	63	665	M20×2.5	114×4

5　手动拉铆枪（见表 5-47）

表 5-47　手动拉铆枪的型式、规格及尺寸（摘自 QB/T 2292—2017）

（单位：mm）

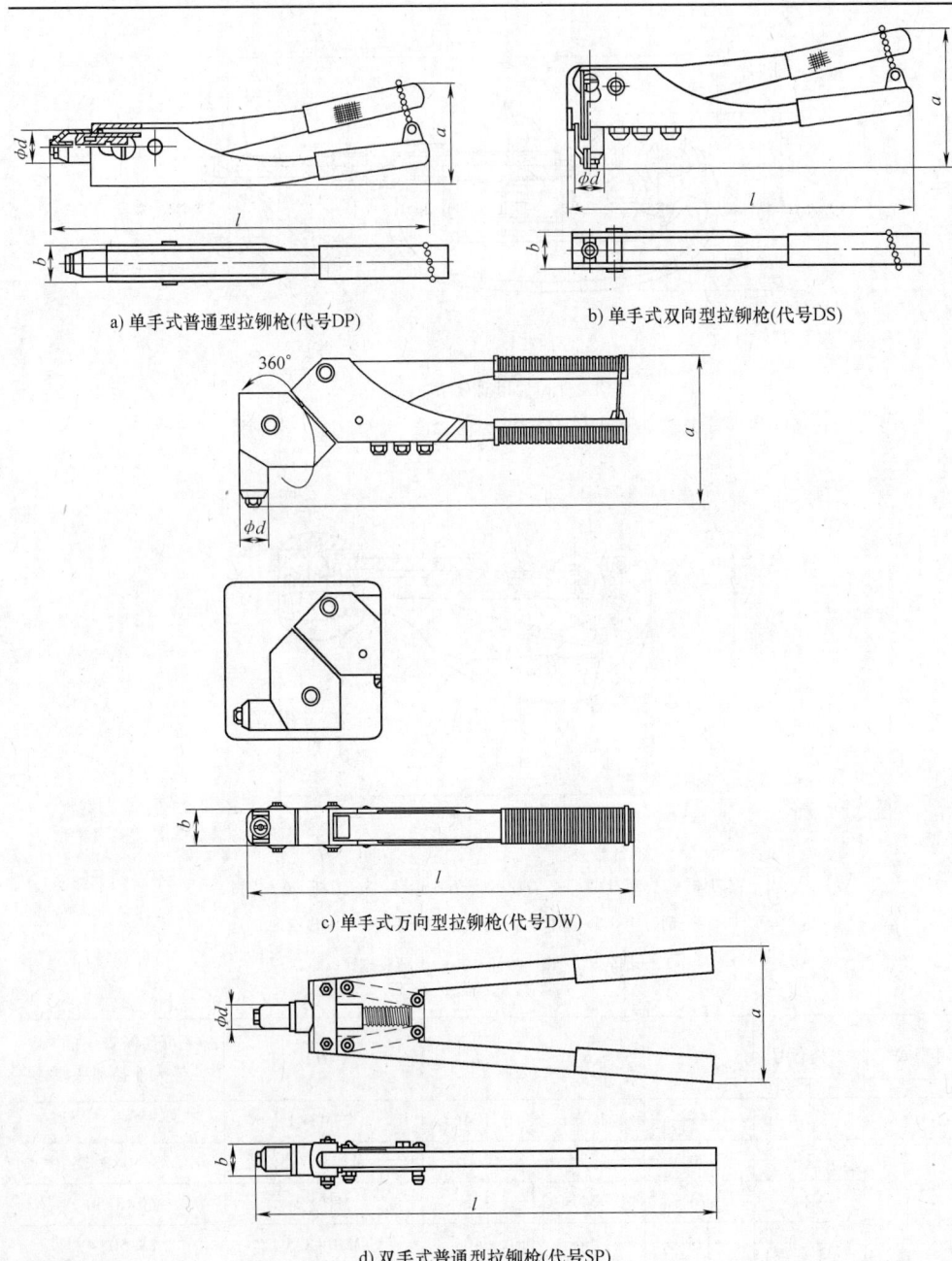

a) 单手式普通型拉铆枪(代号DP)

b) 单手式双向型拉铆枪(代号DS)

c) 单手式万向型拉铆枪(代号DW)

d) 双手式普通型拉铆枪(代号SP)

（续）

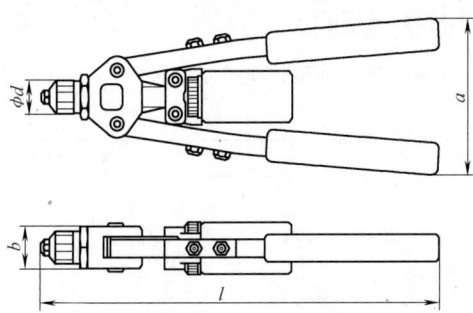

e) 双手式环保型拉铆枪(代号SH)

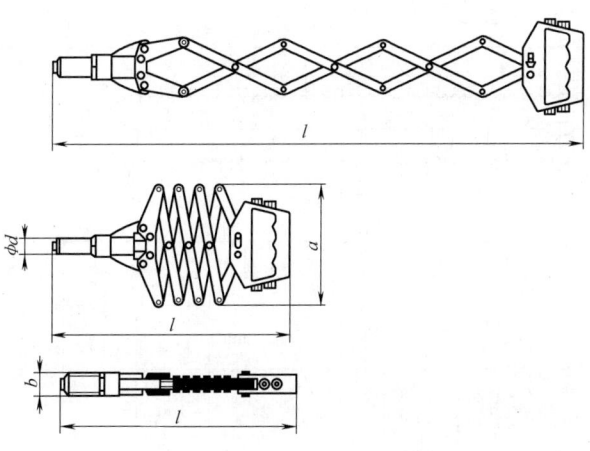

f) 拉伸式拉铆枪(代号L)

型式	规格	适用铆钉规格 ≤	l	a	b	ϕd
单手式	240	4.8	240±5	90~120	28~32	18~19
	255	4.8	255±5	100~120		18~22
	265	4.8	265±5	95~120	28~35	
双手式	430	6.4	430±5	100~120	32~37	22~24
	460	6.4	460±5			
	530	6.4	530±5	100~130		
	610	6.4	610±5	100~155	32~41	
拉伸式	800	6.4	800±5	185~190	32~34	24~26

6 锯

6.1 手用钢锯条（见表 5-48）

表 5-48 手用钢锯条的型式和尺寸（摘自 GB/T 14764—2008）

（单位：mm）

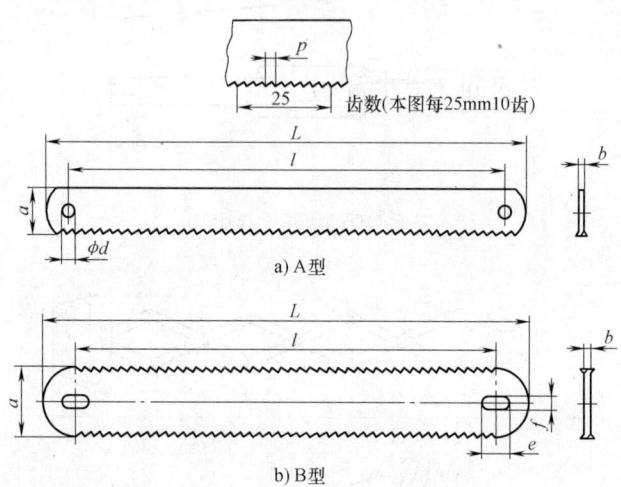

a) A 型

b) B 型

型式	长度 l		宽度 a		厚度 b		齿数	齿距 p		销孔 d(e×f)		全长 L max
	公称尺寸	极限偏差	公称尺寸	极限偏差	公称尺寸	极限偏差	每 25mm	公称尺寸	极限偏差	公称尺寸	极限偏差	公称尺寸
A 型	300	±2	12.0 或 10.7	+0.20 -0.50	0.65	0 -0.06	32 24 20	0.8 1.0 1.2	±0.08	3.8	+0.30 0	315
	250			+0.20 -0.30			18 16 14	1.4 1.5 1.8				265
B 型	296	±2	22	+0.20 -0.80	0.65	0 -0.06	32 24	0.8 1.0	±0.08	8×5	±0.30	315
	292		25				18	1.4		12×6		

6.2 钢锯架（见表 5-49）

表 5-49 钢锯架的结构型式和主要尺寸（摘自 QB/T 1108—2015）

（单位：mm）

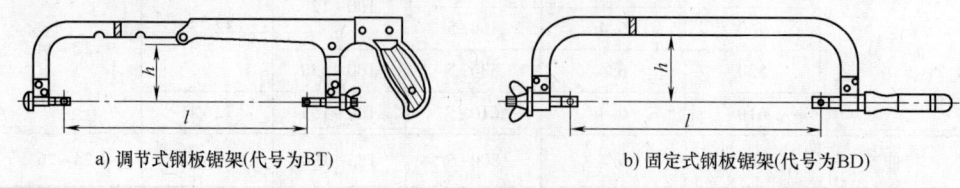

a) 调节式钢板锯架(代号为 BT)   b) 固定式钢板锯架(代号为 BD)

（续）

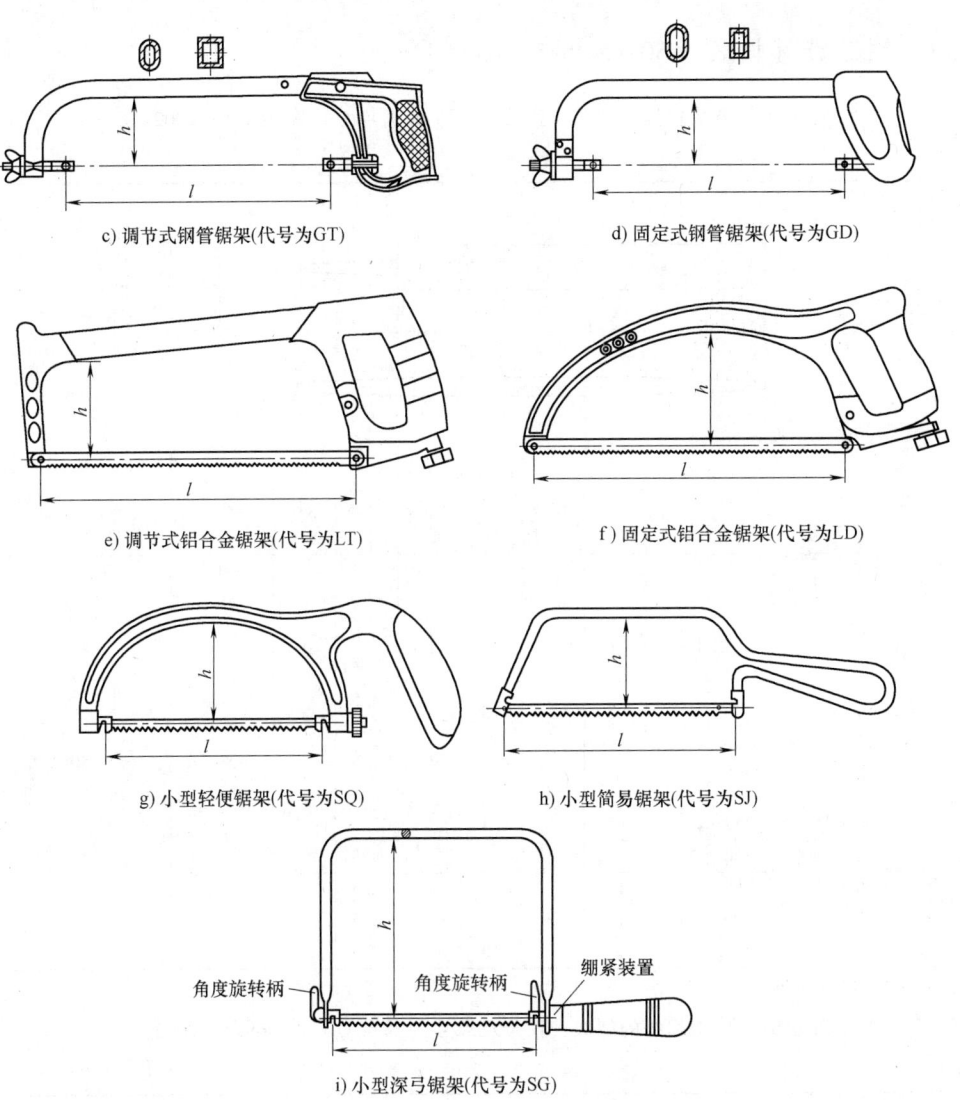

c) 调节式钢管锯架(代号为GT)

d) 固定式钢管锯架(代号为GD)

e) 调节式铝合金锯架(代号为LT)

f) 固定式铝合金锯架(代号为LD)

g) 小型轻便锯架(代号为SQ)

h) 小型简易锯架(代号为SJ)

i) 小型深弓锯架(代号为SG)

产品分类	结构型式	规格 l [①]		弓深 h
钢板锯架	调节式	300(250)		≥64
	固定式	250	300	
钢管锯架	调节式	300(250)		≥74
	固定式	250	300	
铝合金锯架	调节式	300(250)		≥64
	固定式	250	300	
小型锯架	固定式	150	180	—

注：小型锯架的弓深和特殊规格产品可不受本表限制。

① l 为适用钢锯条长度，括号内数值为可调节使用钢锯条长度。

7 钢锉

7.1 钳工锉（见表 5-50～表 5-55）

表 5-50 齐头扁锉的型式、代号及尺寸（摘自 QB/T 2569.1—2002）

（单位：mm）

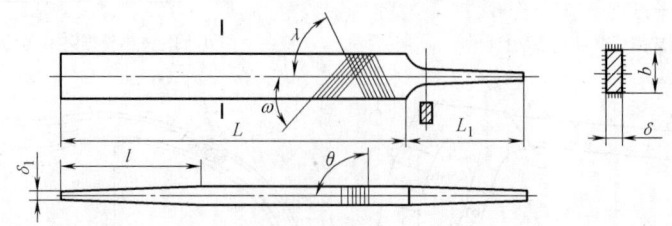

注：λ、ω 和 θ 值见表 5-56

代　　号	L		L_1		b		δ		δ_1	l
	公称尺寸	极限偏差	公称尺寸	极限偏差	公称尺寸	极限偏差	公称尺寸	极限偏差		
Q-01-100-1～5	100	±3	35	±3	12	-1.0	2.5(3)	-0.6	≤80%δ	(25～50)%L
Q-01-125-1～5	125		40		14		3.0(3.5)			
Q-01-150-1～5	150		45		16		3.5(4)			
Q-01-200-1～5	200	±4	55	±4	20	-1.2	4.5(5)	-0.8		
Q-01-250-1～5	250		65		24		5.5			
Q-01-300-1～5	300		75		28		6.5			
Q-01-350-1～5	350	±5	85	±5	32	-1.4	7.5	-1.0		
Q-01-400-1～5	400		90		36		8.5			
Q-01-450-1～5	450		90		40		9.5			

注：带括号的尺寸为非推荐尺寸。

表 5-51 尖头扁锉的型式、代号及尺寸（摘自 QB/T 2569.1—2002）

（单位：mm）

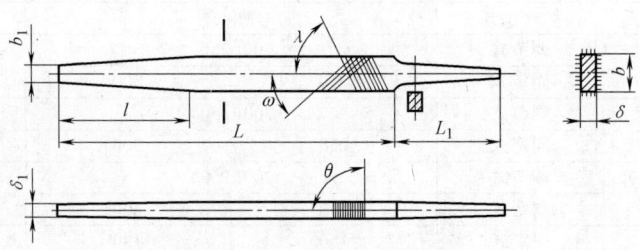

注：λ、ω 和 θ 值见表 5-56

（续）

代　号	L 公称尺寸	L 极限偏差	L_1 公称尺寸	L_1 极限偏差	b 公称尺寸	b 极限偏差	δ 公称尺寸	δ 极限偏差	b_1	δ_1	l
Q-02-100-1~5	100	±3	35	±3	12	-1.0	2.5(3)	-0.6	≤80%b	≤80%δ	(25~50)%L
Q-02-125-1~5	125		40		14		3.0(3.5)				
Q-02-150-1~5	150		45		16		3.5(4)				
Q-02-200-1~5	200	±4	55	±4	20	-1.2	4.5(5)	-0.8			
Q-02-250-1~5	250		65		24		5.5				
Q-02-300-1~5	300		75		28		6.5				
Q-02-350-1~5	350	±5	85	±5	32	-1.4	7.5	-1.0			
Q-02-400-1~5	400		90		36		8.5				
Q-02-450-1~5	450		90		40		9.5				

注：带括号的尺寸为非推荐尺寸。

表 5-52　半圆锉的型式、代号及尺寸（摘自 QB/T 2569.1—2002）

（单位：mm）

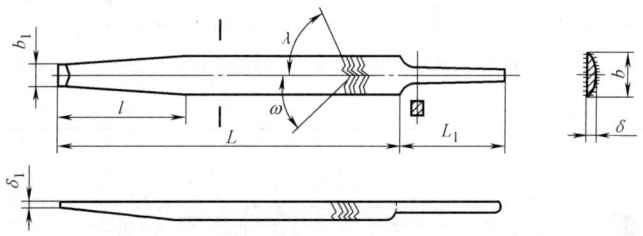

注：λ、ω 值见表 5-56

代　号	L 公称尺寸	L 极限偏差	L_1 公称尺寸	L_1 极限偏差	b 公称尺寸	b 极限偏差	δ 公称尺寸 薄型	δ 公称尺寸 厚型	δ 极限偏差	b_1	δ_1	l
Q-03b/03h-100-1~5	100	±3	35	±3	12	-1.0	3.5	4	-0.6	≤80%b	≤80%δ	(25~50)%L
Q-03b/03h-125-1~5	125		40		14		4	4.5				
Q-03b/03h-150-1~5	150		45		16		4.5	5				
Q-03b/03h-200-1~5	200	±4	55	±4	20	-1.2	5.5	6.5	-0.8	≤80%b	≤80%δ	(25~50)%L
Q-03b/03h-250-1~5	250		65		24		7	8				
Q-03b/03h-300-1~5	300		75		28		8	9				
Q-03b/03h-350-1~5	350	±5	85	±5	32	-1.4	9	10	-1.0			
Q-03b/03h-400-1~5	400		90		36		10	11.5				

表 5-53　三角锉的型式、代号及尺寸（摘自 QB/T 2569.1—2002）

（单位：mm）

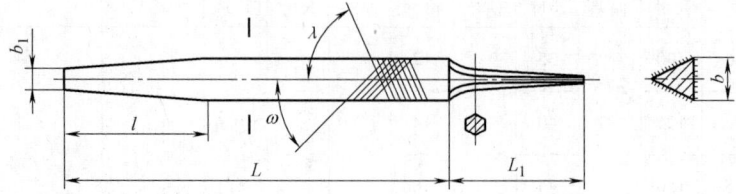

注：λ、ω 值见表 5-56

代　号	L		L_1		b		b_1	l
	公称尺寸	极限偏差	公称尺寸	极限偏差	公称尺寸	极限偏差		
Q-04-100-1~5	100	±3	35	±3	8	-1.0	≤80%b	(25~50)%L
Q-04-125-1~5	125		40		9.5			
Q-04-150-1~5	150		45		11			
Q-04-200-1~5	200	±4	55	±4	13	-1.2		
Q-04-250-1~5	250		65		16			
Q-04-300-1~5	300		75		19			
Q-04-350-1~5	350	±5	85	±5	22	-1.4		
Q-04-400-1~5	400		90		26			

表 5-54　方锉的型式、代号及尺寸（摘自 QB/T 2569.1—2002）

（单位：mm）

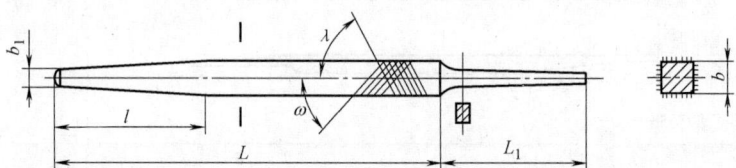

注：λ、ω 值见表 5-56

代　号	L		L_1		b		b_1	l
	公称尺寸	极限偏差	公称尺寸	极限偏差	公称尺寸	极限偏差		
Q-05-100-1~5	100	±3	35	±3	3.5	-1.0	≤80%b	(25~50)%L
Q-05-125-1~5	125		40		4.5			
Q-05-150-1~5	150		45		5.5			
Q-05-200-1~5	200	±4	55	±4	7	-1.2		
Q-05-250-1~5	250		65		9			
Q-05-300-1~5	300		75		11			
Q-05-350-1~5	350		85		14			
Q-05-400-1~5	400	±5	90	±5	18	-1.4		
Q-05-450-1~5	450		90		22			

表 5-55 圆锉的型式、代号及尺寸（摘自 QB/T 2569.1—2002）

（单位：mm）

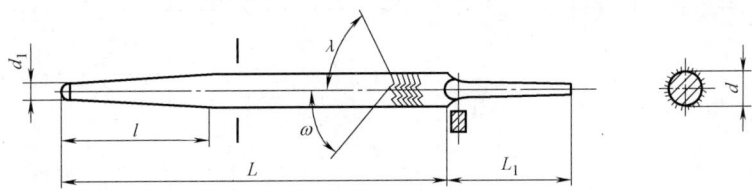

注：λ、ω 值见表 5-56

代　号	L		L_1		d		d_1	l
	公称尺寸	极限偏差	公称尺寸	极限偏差	公称尺寸	极限偏差		
Q-06-100-1~5	100	±3	35	±3	3.5	-0.6	≤80%d	(25~50)%L
Q-06-125-1~5	125		40		4.5			
Q-06-150-1~5	150		45		5.5			
Q-06-200-1~5	200	±4	55	±4	7	-0.8		
Q-06-250-1~5	250		65		9			
Q-06-300-1~5	300		75		11			
Q-06-350-1~5	350	±5	85	±5	14	-1.0		
Q-06-400-1~5	400		90		18			

表 5-56 钳工锉（双纹）的锉纹参数（摘自 GB/T 5806—2003）

锉纹号	主锉纹斜角 λ	辅锉纹斜角 ω	边锉纹斜角 θ	极限偏差
1	65°	45°	90°	±5°
2				
3				
4	72°	52°		
5				

7.2 锯锉（见表 5-57～表 5-61）

表 5-57 齐头三角锯锉的型式、代号及尺寸（摘自 QB/T 2569.2—2002）

（单位：mm）

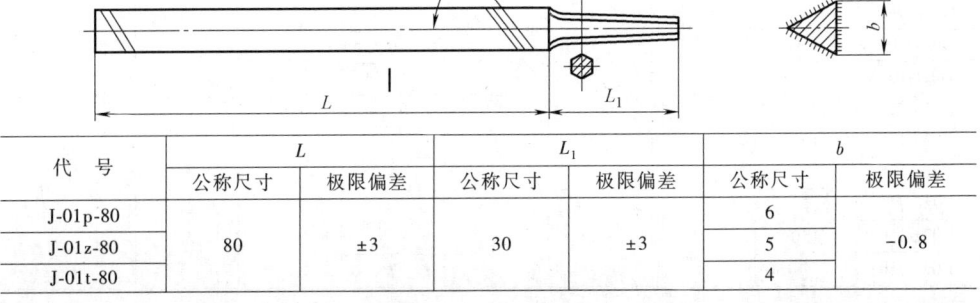

代　号	L		L_1		b	
	公称尺寸	极限偏差	公称尺寸	极限偏差	公称尺寸	极限偏差
J-01p-80	80	±3	30	±3	6	-0.8
J-01z-80					5	
J-01t-80					4	

（续）

代　号	L		L₁		b	
	公称尺寸	极限偏差	公称尺寸	极限偏差	公称尺寸	极限偏差
J-01p-100	100	±3	35	±3	8	-0.8
J-01z-100					6	
J-01t-100					5	
J-01p-125	125		40		9.5	
J-01z-125					7	
J-01t-125					6	
J-01p-150	150		45		11	
J-01z-150					8.5	
J-01t-150					7	
J-01p-175	175	±4	50	±4	12	-1.0
J-01z-175					10	
J-01t-175					8.5	
J-01p-200	200		55		13	
J-01z-200					12	
J-01t-200					10	
J-01p-250	250		65		16	
J-01z-250					14	

表 5-58　尖头三角锯锉的型式、代号及尺寸（摘自 QB/T 2569.2—2002）

（单位：mm）

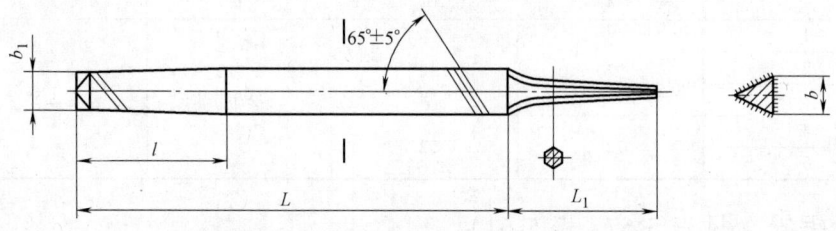

代号	L		L₁		b		b₁	l
	公称尺寸	极限偏差	公称尺寸	极限偏差	公称尺寸	极限偏差		
J-02p-80	80	±3	30	±3	6	-0.8	≤80%b	(25~50)%L
J-02z-80					5			
J-02t-80					4			
J-02p-100	100		35		8			
J-02z-100					6			
J-02t-100					5			
J-02p-125	125		40		9.5			
J-02z-125					7			
J-02t-125					6			
J-02p-150	150		45		11			
J-02z-150					8.5			
J-02t-150					7			

（续）

代号	L		L₁		b		b₁	l
	公称尺寸	极限偏差	公称尺寸	极限偏差	公称尺寸	极限偏差		
J-02p-175	175		50		12			
J-02z-175					10			
J-02t-175					8.5			
J-02p-200	200	±4	55	±4	13	-1.0	≤80%b	(25~50)%L
J-02z-200					12			
J-02t-200					10			
J-02p-250	250		65		16			
J-02z-250					14			

表 5-59　齐头扁锯锉的型式、代号及尺寸（摘自 QB/T 2569.2—2002）

（单位：mm）

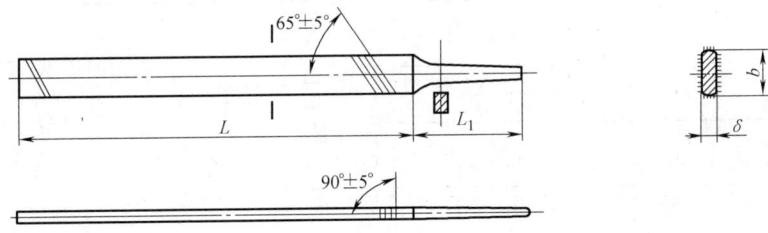

代　号	L		L₁		b		δ	
	公称尺寸	极限偏差	公称尺寸	极限偏差	公称尺寸	极限偏差	公称尺寸	极限偏差
J-03-100-1~2	100		35		12		1.8	
J-03-125-1~2	120	±3	40	±3	14	-1.0	2.0	-0.5
J-03-150-1~2	150		45		16		2.5	
J-03-175-1~2	175		50		18		3.0	
J-03-200-1~2	200	±4	55	±4	20	-1.2	3.5	-0.6
J-03-250-1~2	250		65		24		4.5	
J-03-300-1~2	300		75		28		5.0	
J-03-350-1~2	350	±5	85	±5	32	-1.4	6.0	-0.8

表 5-60　尖头扁锯锉的型式、代号及尺寸（摘自 QB/T 2569.2—2002）

（单位：mm）

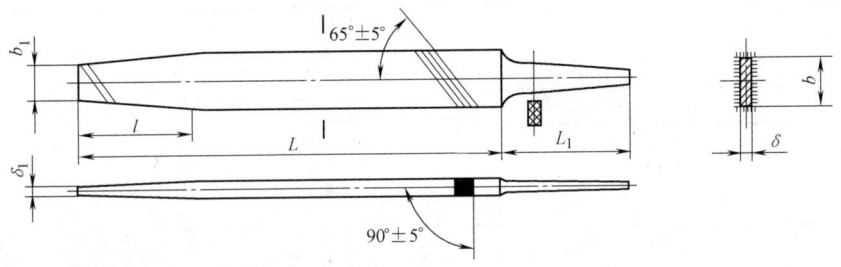

（续）

代号	L		L₁		b		δ		b₁	δ₁	l
	公称尺寸	极限偏差	公称尺寸	极限偏差	公称尺寸	极限偏差	公称尺寸	极限偏差			
J-04-100-1~5	100		35		12		1.8				
J-04-125-1~5	125	±3	40	±3	14	-1.0	2.0	-0.5			
J-04-150-1~5	150		45		16		2.5				
J-04-175-1~5	175		50		18		3.0		≤80%b	≤80%δ	(25~50)%L
J-04-200-1~5	200	±4	55	±4	20		3.5				
J-04-250-1~5	250		65		24	-1.2	4.5	-0.6			
J-04-300-1~5	300		75		28		5.0				
J-04-350-1~5	350	±5	85	±5	32	-1.4	6.0	-0.8			

表 5-61　菱形锯锉的型式、代号及尺寸（摘自 QB/T 2569.2—2002）

（单位：mm）

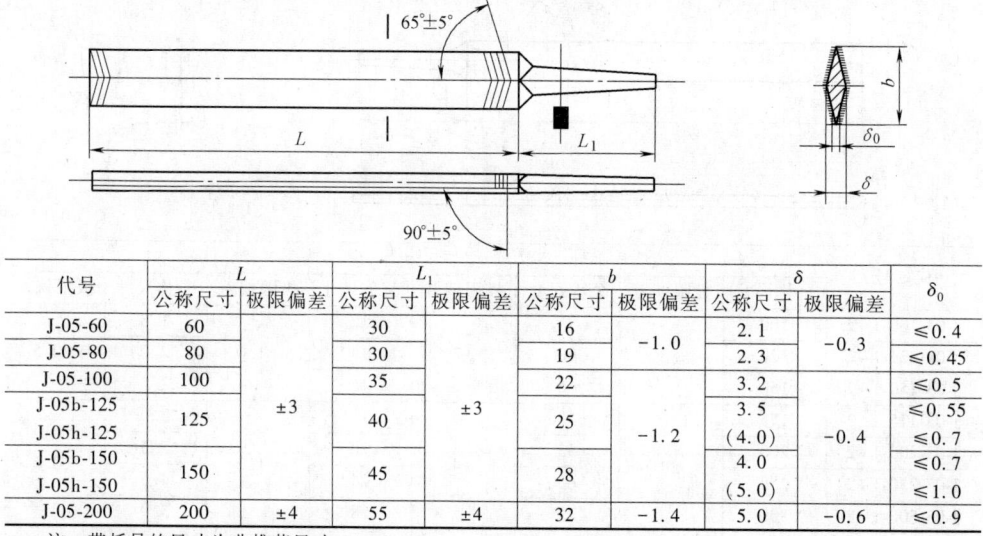

代号	L		L₁		b		δ		δ₀
	公称尺寸	极限偏差	公称尺寸	极限偏差	公称尺寸	极限偏差	公称尺寸	极限偏差	
J-05-60	60		30		16	-1.0	2.1	-0.3	≤0.4
J-05-80	80		30		19		2.3		≤0.45
J-05-100	100		35		22		3.2		≤0.5
J-05b-125	125	±3	40	±3	25		3.5	-0.4	≤0.55
J-05h-125						-1.2	(4.0)		≤0.7
J-05b-150	150		45		28		4.0		≤0.7
J-05h-150							(5.0)		≤1.0
J-05-200	200	±4	55	±4	32	-1.4	5.0	-0.6	≤0.9

注：带括号的尺寸为非推荐尺寸。

7.3　整形锉（见表 5-62～表 5-73）

表 5-62　齐头扁锉的型式、代号及尺寸（摘自 QB/T 2569.3—2002）

（单位：mm）

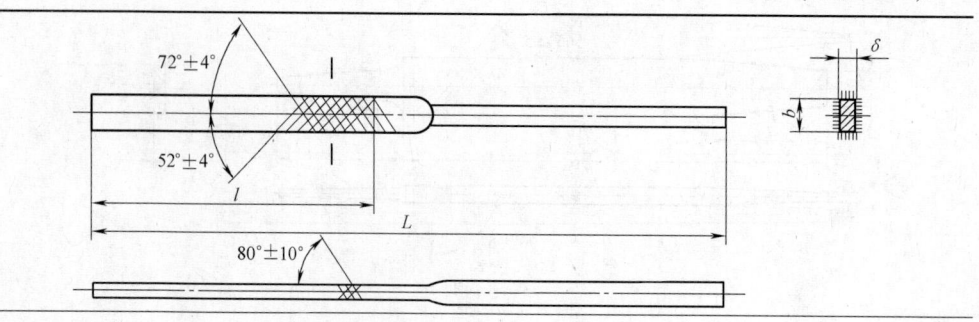

（续）

代　号	L		l		b	δ
	公称尺寸	极限偏差	公称尺寸	极限偏差		
Z-01-100-2～8	100		40		2.8	0.6
Z-01-120-1～7	120		50		3.4	0.8
Z-01-140-0～6	140	±3	65	±3	5.4	1.2
Z-01-160-00～3	160		75		7.3	1.6
Z-01-180-00～2	180		85		9.2	2.0

注：b 和 δ 的极限偏差按 GB/T 1804—2000 中 c 的规定。

表 5-63　尖头扁锉的型式、代号及尺寸（摘自 QB/T 2659.3—2002）

（单位：mm）

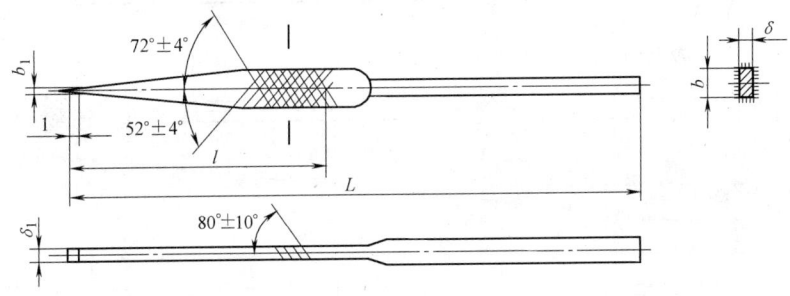

代　号	L		l		b	δ	b_1	δ_1
	公称尺寸	极限偏差	公称尺寸	极限偏差				
Z-02-100-2～8	100		40		2.8	0.6	0.4	0.5
Z-02-120-1～7	120		50		3.4	0.8	0.5	0.6
Z-02-140-0～6	140	±3	65	±3	5.4	1.2	0.7	1.0
Z-02-160-00～3	160		75		7.3	1.6	0.8	1.2
Z-02-180-00～2	180		85		9.2	2.0	1.0	1.7

注：1. 梢部长度不小于锉身的 50%。

　　2. b、δ、b_1 和 δ_1 的极限偏差按 GB/T 1804—2000 中 c 的规定。

表 5-64　半圆锉的型式、代号及尺寸（摘自 QB/T 2659.3—2002）

（单位：mm）

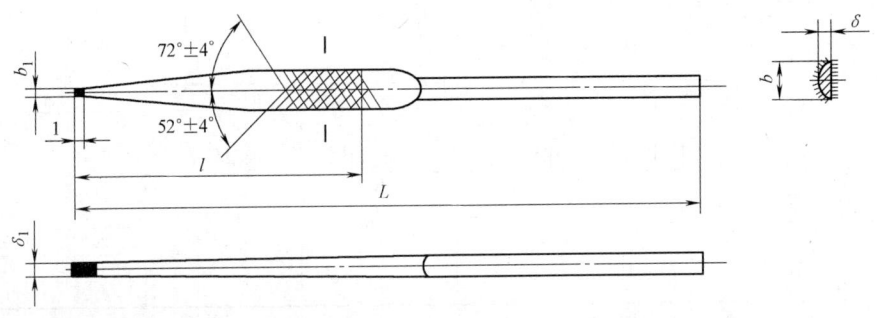

（续）

代 号	L		l		b	δ	b_1	δ_1
	公称尺寸	极限偏差	公称尺寸	极限偏差				
Z-03-100-2~8	100		40		2.9	0.9	0.5	0.4
Z-03-120-1~7	120		50		3.3	1.2	0.6	0.5
Z-03-140-0~6	140	±3	65	±3	5.2	1.7	0.8	0.6
Z-03-160-00~3	160		75		6.9	2.2	0.9	0.7
Z-03-180-00~2	180		85		8.5	2.9	1.0	0.9

注：1. 梢部长度不小于锉身的 50%。

2. b、δ、b_1 和 δ_1 的极限偏差按 GB/T 1804—2000 中 c 的规定。

表 5-65　三角锉的型式、代号及尺寸（摘自 QB/T 2569.3—2002）

（单位：mm）

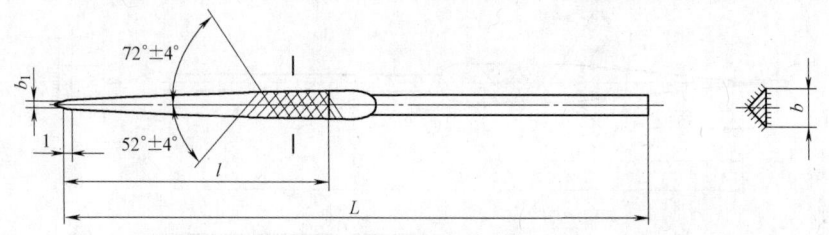

代 号	L		l		b	b_1
	公称尺寸	极限偏差	公称尺寸	极限偏差		
Z-04-100-2~8	100		40		1.9	0.4
Z-04-120-1~7	120		50		2.4	0.6
Z-04-140-0~6	140	±3	65	±3	3.6	0.7
Z-04-160-00~3	160		75		4.8	0.8
Z-04-180-00~2	180		85		6.0	1.1

注：1. 梢部长度不小于锉身的 50%。

2. b 和 b_1 的公差按 GB/T 1804—2000 中 c 的规定。

表 5-66　方锉的型式、代号及尺寸（摘自 QB/T 2569.3—2002）

（单位：mm）

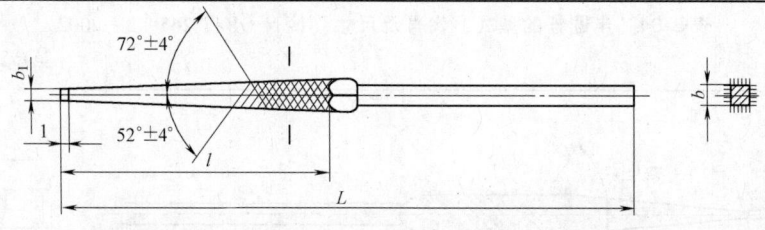

代 号	L		l		b	b_1
	公称尺寸	极限偏差	公称尺寸	极限偏差		
Z-05-100-2~8	100		40		1.2	0.4
Z-05-120-1~7	120		50		1.6	0.6
Z-05-140-0~6	140	±3	65	±3	2.6	0.7
Z-05-160-00~3	160		75		3.4	0.8
Z-05-180-00~2	180		85		4.2	1.0

注：1. 梢部长度不小于锉身的 50%。

2. b 和 b_1 的极限偏差按 GB/T 1804—2000 中 c 的规定。

表 5-67　圆锉的型式、代号及尺寸（摘自 QB/T 2569.3—2002）

（单位：mm）

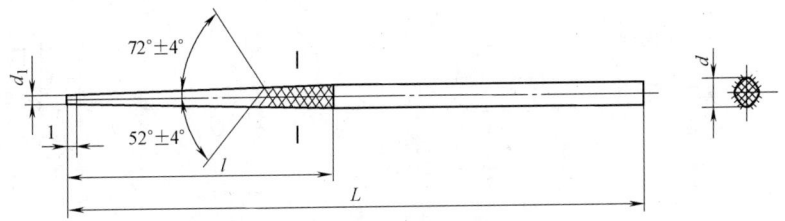

代　号	L		l		d	d_1
	公称尺寸	极限偏差	公称尺寸	极限偏差		
Z-06-100-2～8	100		40		1.4	0.4
Z-06-120-1～7	120		50		1.9	0.5
Z-06-140-0～6	140	±3	65	±3	2.9	0.7
Z-06-160-00～3	160		75		3.9	0.9
Z-06-180-00～2	180		85		4.9	1.1

注：1. 梢部长度不小于锉身的 50%。

2. d 和 d_1 的极限偏差按 GB/T 1804—2000 中 c 的规定。

表 5-68　单面三角锉的型式、代号及尺寸（摘自 QB/T 2569.3—2002）

（单位：mm）

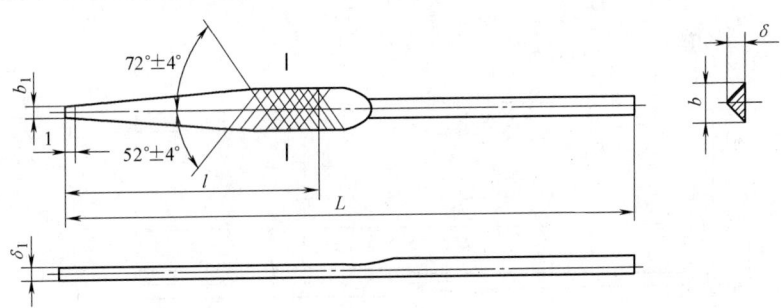

代　号	L		l		b	δ	b_1	δ_1
	公称尺寸	极限偏差	公称尺寸	极限偏差				
Z-07-100-2～8	100		40		3.4	1.0	0.4	0.3
Z-07-120-1～7	120		50		3.8	1.4	0.6	0.4
Z-07-140-0～6	140	±3	65	±3	5.5	1.9	0.7	0.5
Z-07-160-00～3	160		75		7.1	2.7	0.9	0.8
Z-07-180-00～2	180		85		8.7	3.4	1.3	1.1

注：1. 梢部长度不小于锉身的 50%。

2. b、δ、b_1 和 δ_1 的极限偏差按 GB/T 1804—2000 中 c 的规定。

表 5-69　刀形锉的型式、代号及尺寸（摘自 QB/T 2569.3—2002）

（单位：mm）

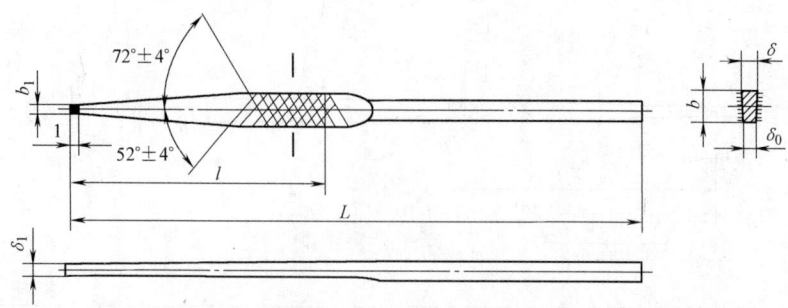

代　号	L		l		b	δ	b_1	δ_1	δ_0
	公称尺寸	极限偏差	公称尺寸	极限偏差					
Z-08-100-2~8	100		40		3.0	0.9	0.5	0.4	0.3
Z-08-120-1~7	120		50		3.4	1.1	0.6	0.5	0.4
Z-08-140-0~6	140	±3	65	±3	5.4	1.7	0.8	0.7	0.6
Z-08-160-00~3	160		75		7.0	2.3	1.1	1.0	0.8
Z-08-180-00~2	180		85		8.7	3.0	1.4	1.3	1.0

注：1. 梢部长度不小于锉身的 50%。

　　2. b、δ、b_1、δ_1 和 δ_0 极限偏差按 GB/T 1804—2000 中 c 的规定。

表 5-70　双半圆锉的型式、代号及尺寸（摘自 QB/T 2569.3—2002）

（单位：mm）

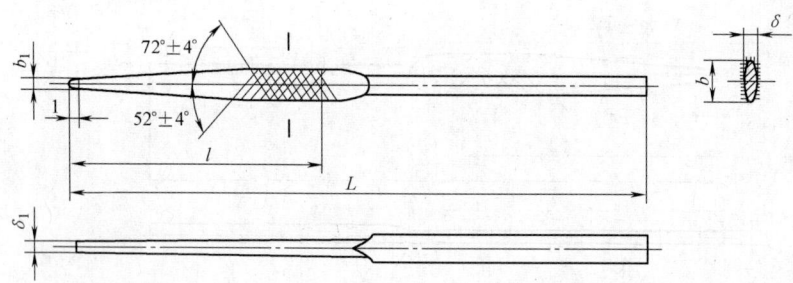

代　号	L		l		b	δ	b_1	δ_1
	公称尺寸	极限偏差	公称尺寸	极限偏差				
Z-09-100-2~8	100		40		2.6	1.0	0.4	0.3
Z-09-120-1~7	120		50		3.2	1.2	0.6	0.5
Z-09-140-0~6	140	±3	65	±3	5.0	1.8	0.7	0.6
Z-09-160-00~3	160		75		6.3	2.5	0.8	0.6
Z-09-180-00~2	180		85		7.8	3.4	1.0	0.8

注：1. 梢部长度不小于锉身的 50%。

　　2. b、δ、b_1 和 δ_1 的极限偏差按 GB/T 1804—2000 中 c 的规定。

表 5-71 椭圆锉的型式、代号及尺寸（摘自 QB/T 2569.3—2002）

（单位：mm）

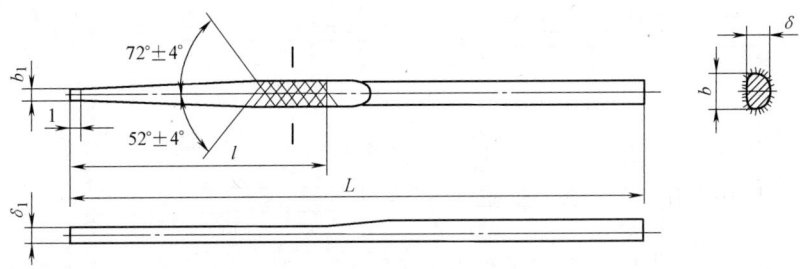

代 号	L		l		b	δ	b_1	δ_1
	公称尺寸	极限偏差	公称尺寸	极限偏差				
Z-10-100-2~8	100		40		1.8	1.2	0.4	0.3
Z-10-120-1~7	120		50		2.2	1.3	0.6	0.5
Z-10-140-0~6	140	±3	65	±3	3.4	2.4	0.7	0.6
Z-10-160-00~3	160		75		4.4	3.4	0.9	0.8
Z-10-180-00~2	180		85		6.4	4.3	1.0	0.9

注：1. 梢部长度不小于锉身的 50%。
　　2. b、δ、b_1 和 δ_1 的极限偏差按 GB/T 1804—2000 中 c 的规定。

表 5-72 圆边扁锉的型式、代号及尺寸（摘自 QB/T 2569.3—2002）

（单位：mm）

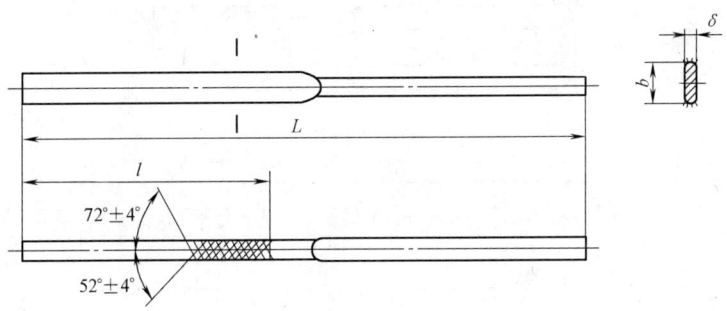

代 号	L		l		b	δ
	公称尺寸	极限偏差	公称尺寸	极限偏差		
Z-11-100-2~8	100		40		2.8	0.6
Z-11-120-1~7	120		50		3.4	0.8
Z-11-140-0~6	140	±3	65	±3	5.4	1.2
Z-11-160-00~3	160		75		7.3	1.6
Z-11-180-00~2	180		85		9.2	2.0

注：b 和 δ 的极限偏差按 GB/T 1804—2000 中 c 的规定。

表 5-73　菱形锉的型式、代号及尺寸（摘自 QB/T 2569.3—2002）

（单位：mm）

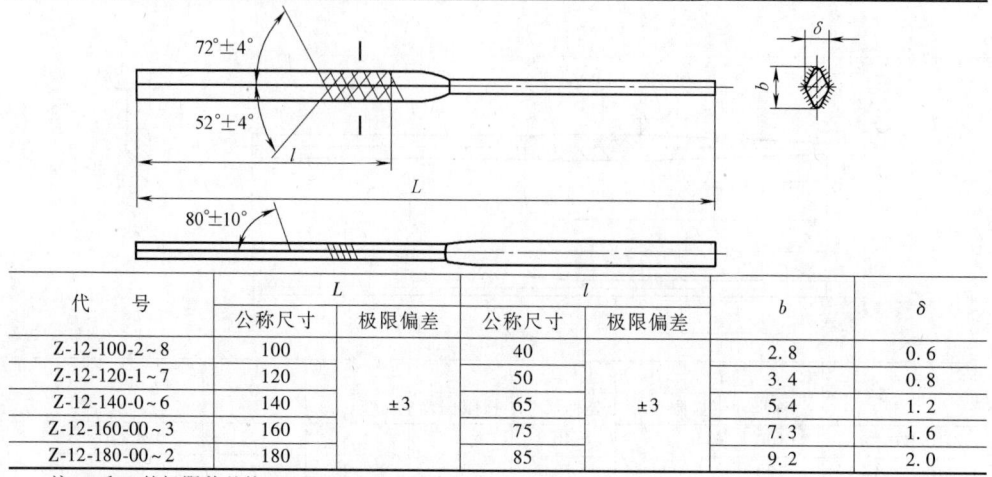

代　　号	L		l		b	δ
	公称尺寸	极限偏差	公称尺寸	极限偏差		
Z-12-100-2~8	100		40		2.8	0.6
Z-12-120-1~7	120		50		3.4	0.8
Z-12-140-0~6	140	±3	65	±3	5.4	1.2
Z-12-160-00~3	160		75		7.3	1.6
Z-12-180-00~2	180		85		9.2	2.0

注：b 和 δ 的极限偏差按 GB/T 1804—2000 中 c 的规定。

8　钢锤

8.1　八角锤（见表 5-74）

表 5-74　八角锤的产品型式、规格及尺寸（摘自 QB/T 1290.1—2010）

（单位：mm）

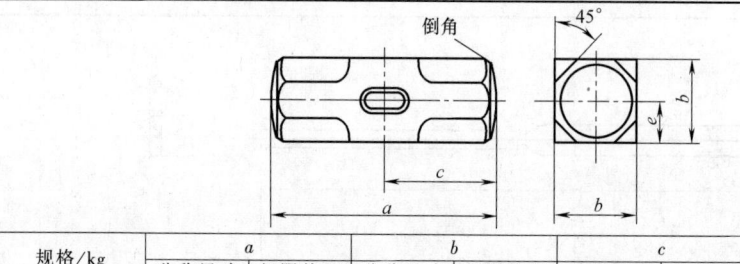

规格/kg	a		b		c		e	
	公称尺寸	极限偏差	公称尺寸	极限偏差	公称尺寸	极限偏差	公称尺寸	极限偏差
0.9	105		38		52.5		19.0	
1.4	115	±1.5	44		57.5	±0.6	22.0	
1.8	130		48		65.0		24.0	±0.7
2.7	152		54		76.0		27.0	
3.6	165		60		82.5		30.0	
4.5	180	±3.0	64		90.0		32.0	
5.4	190		68	+1.0	95.0		34.0	
6.3	198		72	−1.5	99.0		36.0	
7.2	208		75		104.0	±0.7	37.5	±1.0
8.1	216		78		108.0		39.0	
9.0	224	±3.5	81		112.0		40.5	
10.0	230		84		115.0		42.0	
11.0	236		87		118.0		43.5	

注：1. 表中不包括特殊型式的八角锤。

　　2. 锤孔的尺寸参照 GB/T 13473 的附录。

8.2 圆头锤（见表 5-75）

表 5-75 圆头锤的产品型式、规格及尺寸（摘自 QB/T 1290.2—2010）

（单位：mm）

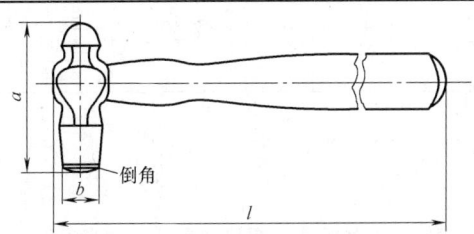

规格/kg	l		a		b	
	公称尺寸	极限偏差	公称尺寸	极限偏差	公称尺寸	极限偏差
0.11	260	±4.00	66	±1.00	18	±0.70
0.22	285		80		23	
0.34	315		90		26	
0.45	335		101		29	±1.00
0.68	355	±4.50	116	±1.50	34	
0.91	375		127		38	
1.13	400		137		40	
1.36	400		147		42	

注：1. 表中不包括特殊型式的圆头锤。

2. 锤孔的尺寸可参照 GB/T 13473 的附录。

8.3 钳工锤

8.3.1 A 型钳工锤（见表 5-76）

表 5-76 A 型钳工锤的产品型式、规格及尺寸（摘自 QB/T 1290.3—2010）

（单位：mm）

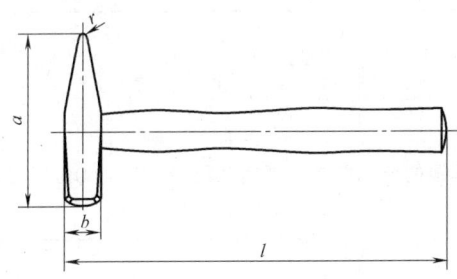

规格/kg	l		a		r_{min}	b×b	
	公称尺寸	极限偏差	公称尺寸	极限偏差		公称尺寸	极限偏差
0.1	260	±4.00	82	±1.50	1.25	15×15	±0.40
0.2	280		95		1.75	19×19	
0.3	300		105		2.00	23×23	
0.4	310		112	±2.00	2.00	25×25	±0.50
0.5	320		118		2.50	27×27	
0.6	330		122		2.50	29×29	

（续）

规格/kg	l		a		r_{min}	b×b	
	公称尺寸	极限偏差	公称尺寸	极限偏差		公称尺寸	极限偏差
0.8	350		130		3.00	33×33	
1.0	360	±5.00	135	±2.50	3.50	36×36	±0.60
1.5	380		145		4.00	42×42	
2.0	400		155		4.00	47×47	

注：1. 表中不包括特殊型式的钳工锤。
　　2. 锤孔的尺寸参照 GB/T 13473 的附录。

8.3.2　B 型钳工锤（见表 5-77）

表 5-77　B 型钳工锤的产品型式、规格及尺寸（摘自 QB/T 1290.3—2010）

（单位：mm）

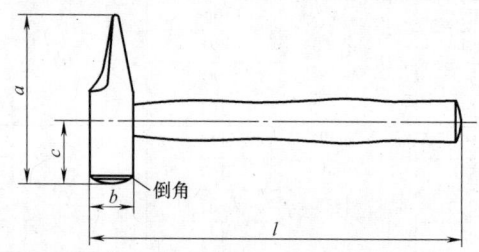

规格/kg	l		a		b		c	
	公称尺寸	极限偏差	公称尺寸	极限偏差	公称尺寸	极限偏差	公称尺寸	极限偏差
0.28	290		85		25		34	
0.40	310	±6.0	98	±2.0	30	±0.5	40	±0.8
0.67	310		105		35		42	
1.50	350		131		45		53	

注：1. 表中不包括特殊型式的钳工锤。
　　2. 锤孔的尺寸参照 GB/T 13473 的附录。

8.4　扁尾锤（见表 5-78）

表 5-78　扁尾锤的产品型式、规格及尺寸（摘自 QB/T 1290.4—2010）

（单位：mm）

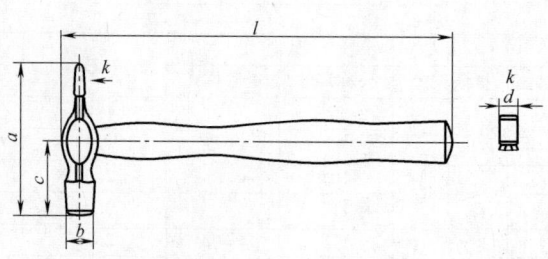

（续）

规格/kg	l		a		b		c		d
	公称尺寸	极限偏差	公称尺寸	极限偏差	公称尺寸	极限偏差	公称尺寸	极限偏差	
0.10	240	±2.30	83	±1.75	14	±0.40	40	±0.65	14
0.14	255		87		16		44		16
0.18	270		95		18		47		18
0.22	285	±2.60	103	±2.00	20	±0.50	51	±0.75	20
0.27	300		110		22		54		22
0.35	325		122		25		59		25

注：1. 表中不包括特殊型式的扁尾锤。

2. 锤孔的尺寸参照 GB/T 13473 的附录。

8.5 检车锤

8.5.1 A 型检车锤 （见表 5-79）

表 5-79 A 型检车锤的产品型式、规格及尺寸 （摘自 QB/T 1290.5—2010）

（单位：mm）

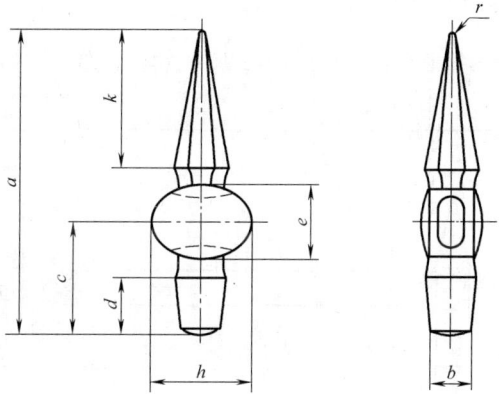

规格/kg		a	b	c	d	e	h	r	k
0.25	公称尺寸	120	18	47.5	27	27	42	1.5	52
	极限偏差	±2.5	±1.1	±1.9	±1.3	—	±1.6	—	±1.3

注：1. 表中不包括特殊型式的检车锤。

2. 锤孔的尺寸参照 GB/T 13473 的附录。

8.5.2 B型检车锤（见表5-80）

表5-80 B型检车锤的产品型式、规格及尺寸（摘自 QB/T 1290.5—2010）

（单位：mm）

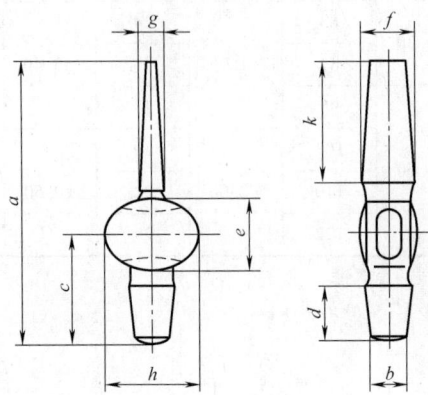

规格/kg		a	b	c	d	e	f	g	h	k
0.25	公称尺寸	120	18	47.5	27	27	19	3	42	52
	极限偏差	±2.5	±1.1	±1.9	±1.3	—	±1.3	±0.75	±1.6	±1.3

注：1. 表中不包括特殊型式的检车锤。

　　2. 锤孔的尺寸参照 GB/T 13473 的附录。

8.6 敲锈锤（见表5-81）

表5-81 敲锈锤的产品型式、规格及尺寸（摘自 QB/T 1290.6—2010）

（单位：mm）

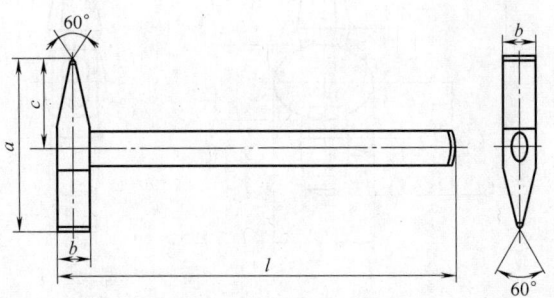

规格/kg	l		a		b		c	
	公称尺寸	极限偏差	公称尺寸	极限偏差	公称尺寸	极限偏差	公称尺寸	极限偏差
0.2	285.0		115.0		19.0	±0.40	57.5	±0.50
0.3	300.0	±4.00	126.0	±2.00	22.0		63.0	
0.4	310.0		134.0		25.0	±0.50	67.0	±0.75
0.5	320.0		140.0		28.0		70.0	

注：1. 表中不包括特殊型式的敲锈锤。

　　2. 锤孔的尺寸参照 GB/T 13473 的附录。

8.7　焊工锤（见图 5-1）

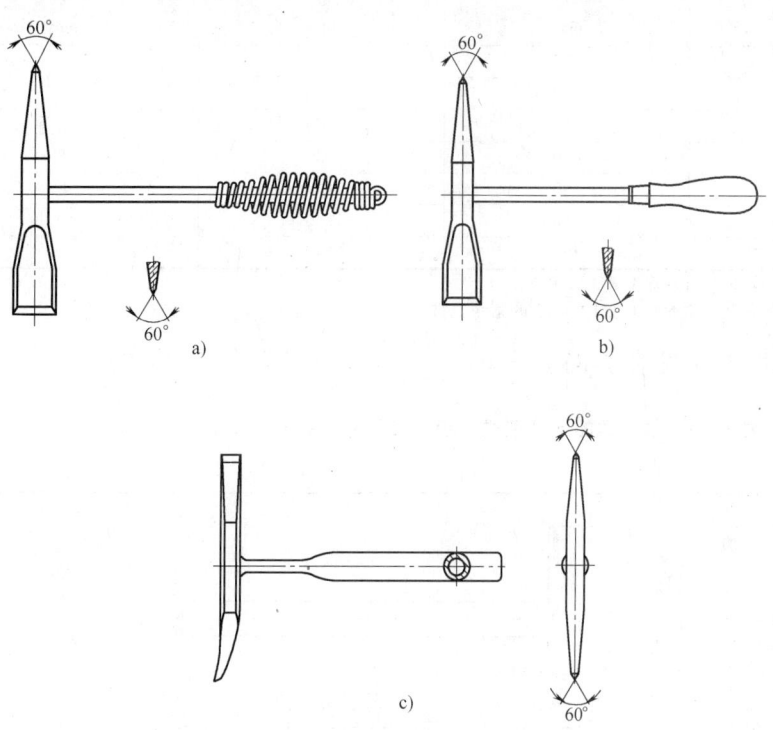

图 5-1　焊工锤的产品型式

a）A 型焊工锤　b）B 型焊工锤　c）C 型焊工锤

8.8　羊角锤（见表 5-82）

表 5-82　羊角锤的产品型式、规格及尺寸（摘自 QB/T 1290.8—2010）

（单位：mm）

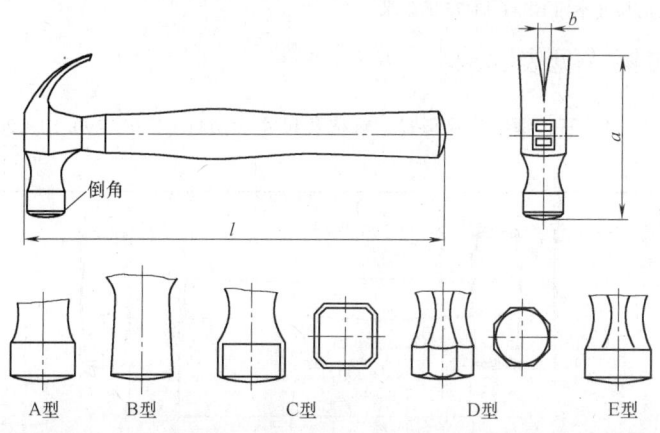

（续）

规格/kg	l	a	b
	max	max	max
0.25	305	105	7
0.35	320	120	7
0.45	340	130	8
0.50	340	130	8
0.55	340	135	8
0.65	350	140	9
0.75	350	140	9

注：1. 表中不包括特殊型式的羊角锤。

2. 锤孔的尺寸参照 GB/T 13473 的附录。

8.9　木工锤（见表5-83）

表 5-83　木工锤的产品型式、规格及尺寸（摘自 QB/T 1290.9—2010）

（单位：mm）

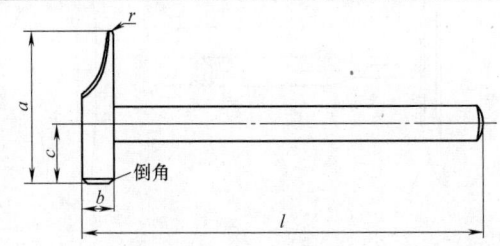

规格/kg	l		a		b		c		r
	公称尺寸	极限偏差	公称尺寸	极限偏差	公称尺寸	极限偏差	公称尺寸	极限偏差	max
0.20	280	±2.00	90	±1.00	20	±0.65	36	±0.80	6.0
0.25	285		97		22		40		6.5
0.33	295		104		25		45		8.0
0.42	308	±2.50	111		28		48		8.0
0.50	320		118		30		50		9.0

注：1. 表中不包括特殊型式的木工锤。

2. 锤孔的尺寸参照 GB/T 13473 的附录。

8.10　石工锤（见表5-84）

表 5-84　石工锤的产品型式、规格及尺寸（摘自 QB/T 1290.10—2010）

（单位：mm）

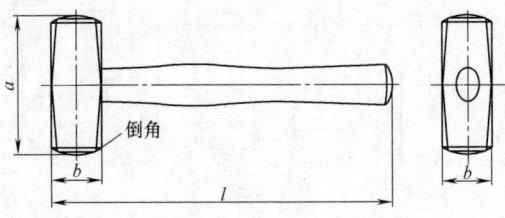

（续）

规格/kg	l		a		b	
	公称尺寸	极限偏差	公称尺寸	极限偏差	公称尺寸	极限偏差
0.80	240		90	±1.1	36	±0.5
1.00	260		95		40	
1.25	260	±4.5	100		43	
1.50	280		110	±2.0	45	±0.6
2.00	300		120		50	

注：1. 表中不包括特殊型式的石工锤。
　　2. 锤孔的尺寸参照 GB/T 13473 的附录。

9　土木及园林工具

9.1　钢锹（见表 5-85）

表 5-85　钢锹的分类、型式代号、规格代号及主要尺寸（摘自 QB/T 2095—1995）

（单位：mm）

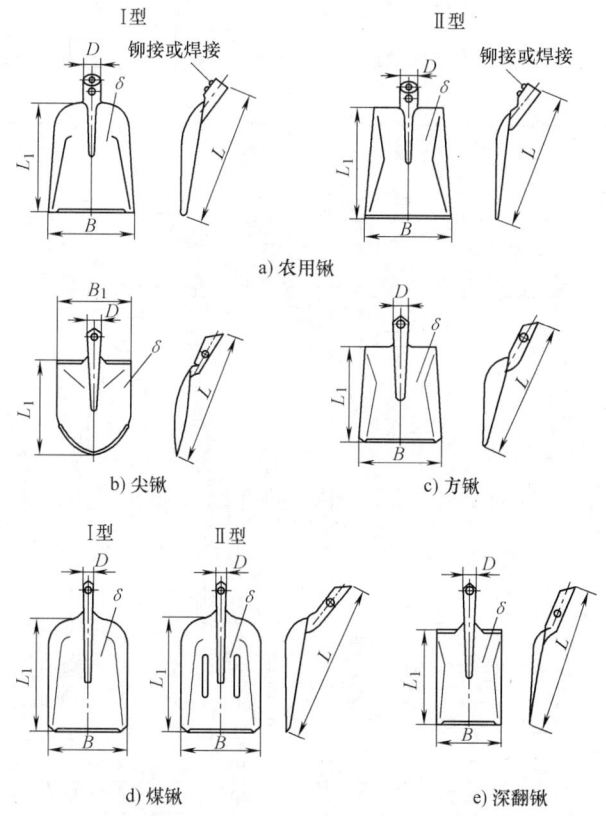

a) 农用锹

b) 尖锹　　　　　　　　c) 方锹

d) 煤锹　　　　　　　　e) 深翻锹

（续）

分类	型式代号	规格代号	主要尺寸					
			全长 L	身长 L_1	前幅宽 B	后幅宽 B_1	锹裤外径 D	厚度 δ
农用锹	I II	—	345±10	290±5	230±5	—	42±1	1.7±0.15
尖锹	—	1号	460±10	320±5		260±5	37±1	1.6±0.15
		2号	425±10	295±5	—	235±5		
		3号	380±10	265±5		220±5		
方锹	—	1号	420±10	295±5	250±5		37±1	1.6±0.15
		2号	380±10	280±5	230±5	—		
		3号	340±10	235±5	190±5			
煤锹	I II	1号	550±12	400±6	285±5		38±1	1.6±0.15
		2号	510±12	380±6	275±5			
		3号	490±12	360±6	250±5			
深翻锹	—	1号	450±10	300±5	190±5		37±1	1.7±0.15
		2号	400±10	265±5	170±5	—		
		3号	350±10	225±5	150±5			

9.2　钢镐（见表5-86~表5-89）

表5-86　双尖A型钢镐的型式和尺寸（摘自 QB/T 2290—1997）

（单位：mm）

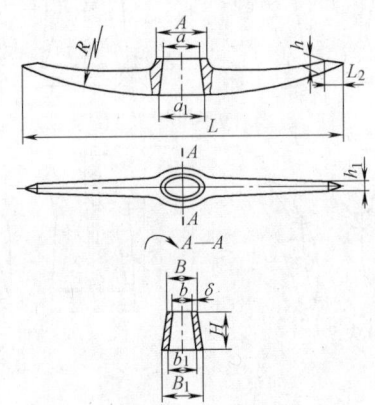

规格质量[①] /kg	总长 L	镐身圆弧 R	柄 孔 尺 寸									尖部尺寸		
			A	a	a_1	B	b	b_1	B_1	H	δ	L_2	h	h_1
1.5	450	700	60	50	60	45	35	40	56	54	5	20	15	13
2	500	800	68	58	70	48	38	45	65	62	5	25	17	14
2.5	520	800	68	58	70	48	38	45	65	62	5	25	17	14
3	560	1000	76	64	76	52	40	48	68	65	6	30	18	16
3.5	580	1000	76	64	76	52	40	48	68	65	6	30	18	16
4	600	1000	76	64	76	52	40	48	68	65	6	30	18	17

① 质量允差±5%。

表 5-87　双尖 B 型钢镐的型式和尺寸（摘自 QB/T 2290—1997）

（单位：mm）

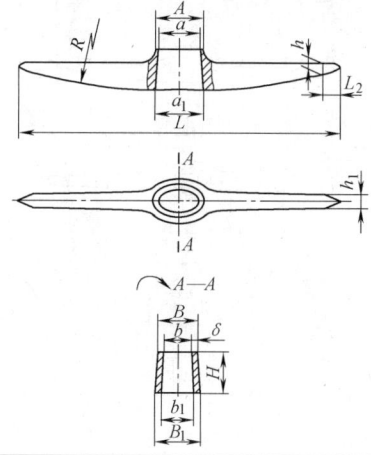

规格质量[①]	总长	镐身圆弧	柄孔尺寸									尖部尺寸		
/kg	L	R	A	a	a_1	B	b	b_1	B_1	H	δ	L_2	h	h_1
3	500	1000	76	64	76	52	40	48	68	65	6	30	18	16
3.5	520	1000	76	64	76	52	40	48	68	65	6	30	20	16
4	540	1000	76	64	76	52	40	48	68	65	6	30	20	17

① 质量允差±5%。

表 5-88　尖扁 A 型钢镐的型式和尺寸（摘自 QB/T 2290—1997）

（单位：mm）

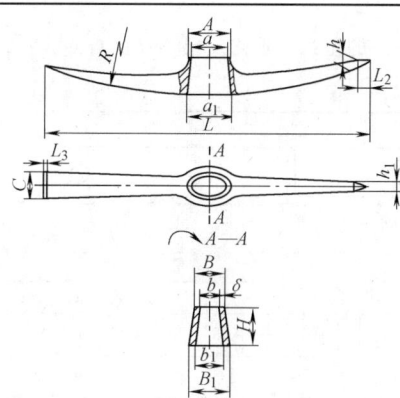

规格质量[①]	总长	镐身圆弧	柄孔尺寸									尖部尺寸			扁部尺寸	
/kg	L	R（max）	A	a	a_1	B	b	b_1	B_1	H	δ	L_2	h	h_1	C	L_3
1.5	450	700	60	50	60	45	35	40	56	54	5	20	15	13	30	4
2	500	800	68	58	70	48	38	45	65	62	5	25	17	14	35	5
2.5	520	800	68	58	70	48	38	45	65	62	5	25	17	14	38	5
3	560	1000	76	64	76	52	40	48	68	65	6	30	18	15	40	6
3.5	600	1000	76	64	76	52	40	48	68	65	6	30	19	16	42	6
4	620	1000	76	64	76	52	40	48	68	65	6	30	20	17	44	7

① 质量允差±5%。

表 5-89 尖扁 B 型钢镐的型式和尺寸（摘自 QB/T 2290—1997）

（单位：mm）

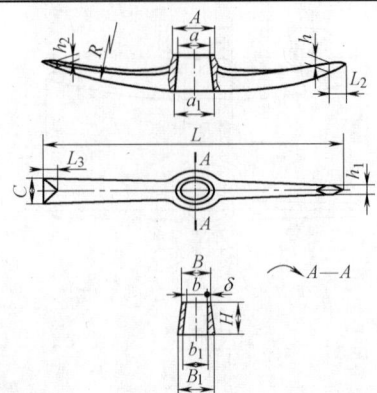

规格质量[①] /kg	总长	镐身圆弧	柄孔尺寸									尖部尺寸			扁部尺寸		
	L	R（max）	A	a	a_1	B	b	b_1	B_1	H	δ	L_2	h	h_1	C	h_2	L_3
1.5	420	670	60	50	60	45	35	40	56	54	5	30	18	15	45	14	35
2.5	520	800	68	58	70	48	38	45	65	62	5	25	17	14	38	16	28
3	550	1000	76	64	76	52	40	48	68	65	6	30	21	17	40	17	40
3.5	570	1000	76	64	76	52	40	48	68	65	6	30	22	18	42	17	40

① 质量允差±5%。

9.3 木工锯

9.3.1 木工锯条（见表 5-90）

表 5-90 木工锯条的型式、规格及尺寸（摘自 QB/T 2094.1—2015）

（单位：mm）

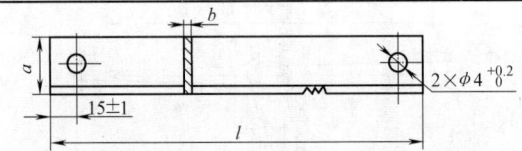

规格	长度 l	宽度 a	厚度 b
400	400	22、25	0.5
450	450		
500	500	25、32	
550	550		
600	600	32、38	0.6
650	650		
700	700	38、44	0.7
750	750		
800	800		
850	850		
900	900		
950	950		
1000	1000		
1050	1050	44、50	0.80、0.90
1100	1100		
1150	1150		

注：特殊规格锯条的尺寸可不受本表的限制。

9.3.2 木工绕锯条（见表 5-91）

表 5-91 木工绕锯条的型式、规格及尺寸（摘自 QB/T 2094.4—2015）

（单位：mm）

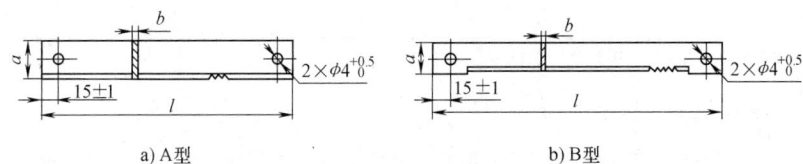

a) A 型   b) B 型

规格	长度 l	宽度 a	厚度 b
400	400		
450	450		0.50
500	500		
550	550		
600	600	10	0.60
650	650		
700	700		0.70
750	750		
800	800		

注：特殊规格锯条的尺寸可不受本表的限制。

9.3.3 伐木锯（见表 5-92 和表 5-93）

表 5-92 圆弧形伐木锯的型式、规格及尺寸（摘自 QB/T 2094.2—2015）

（单位：mm）

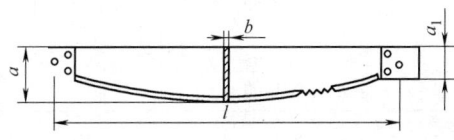

规格	长度 l	锯片小端宽 a_1	锯片大端宽 a	厚度 b
1000	1000		110	1.0
1200	1200		120	1.2
1400	1400	70	130	
1600	1600		140	1.4
1800	1800		150	1.4
				1.6

注：特殊锯片的尺寸可不受本表限制。

表 5-93 直线形伐木锯的型式、规格及尺寸（摘自 QB/T 2094.2—2015）

（单位：mm）

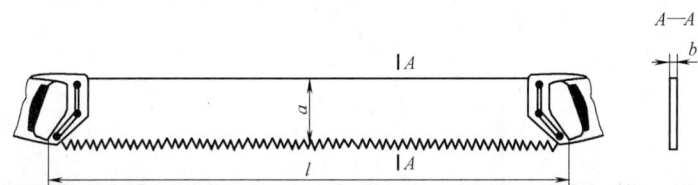

（续）

规格	锯片长度 l	锯片厚度 b	锯片宽度 a
1000	1000	1.0	110
1200	1200		
1400	1400	1.2	140
1600	1600		

注：特殊规格锯片的尺寸可不受本表的限制。

9.3.4 手板锯（见表5-94～表5-97）

表5-94 固定式普通型手板锯的型式、规格及尺寸（摘自 QB/T 2094.3—2015）

（单位：mm）

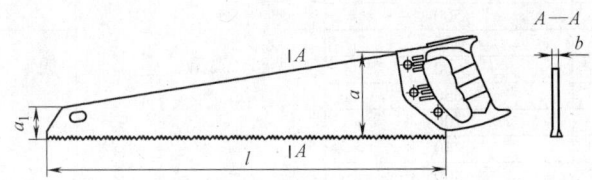

规格	长度 l	锯片厚度 b	锯片大端宽 a	锯片小端宽 a_1
300	300	0.80		
350	350	0.85		
400	400	0.90		
450	450	0.85	90～130	25～50
500	500	0.90		
550	550	0.95		
600	600	1.00		

注：特殊规格锯片的尺寸可不受本表限制。

表5-95 固定式直柄型手板锯的型式、规格及尺寸（摘自 QB/T 2094.3—2015）

（单位：mm）

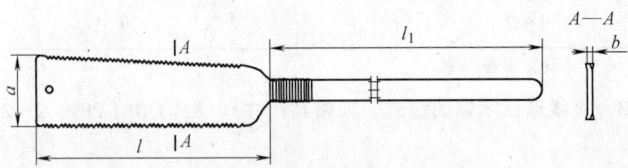

规格	长度 l	锯片厚度 b	锯片大端宽 a	直柄长度 l_1
300	300			
350	350	0.8	80～100	300～500
400	400	0.9		
450	450			

注：特殊规格锯片的尺寸可不受本表限制。

表 5-96　分解式普通型手板锯的型式、规格及尺寸（摘自 QB/T 2094.3—2015）

（单位：mm）

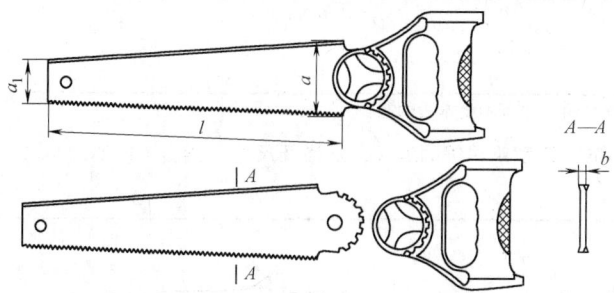

规格	长度 l	锯片厚度 b	锯片大端宽 a	锯片小端宽 a₁
300	300	0.80 0.85 0.90	50~100	25~50
350	350			
400	400			
450	450			

注：特殊规格锯片的尺寸可不受本表限制。

表 5-97　分解式直柄型手板锯的型式、规格及尺寸（摘自 QB/T 2094.3—2015）

（单位：mm）

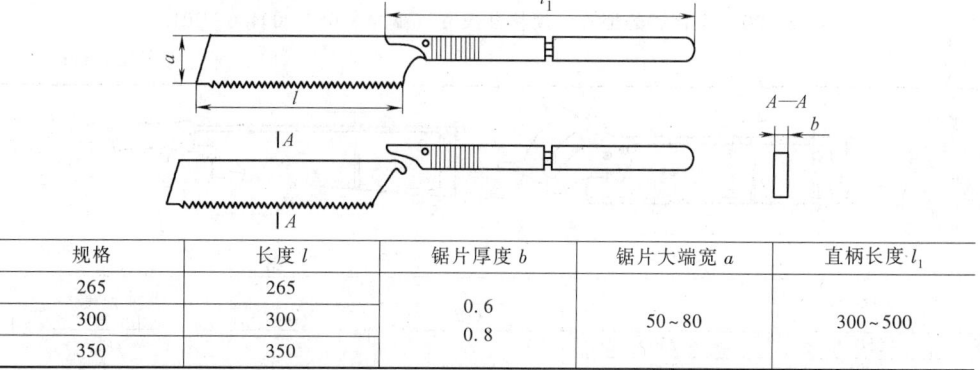

规格	长度 l	锯片厚度 b	锯片大端宽 a	直柄长度 l₁
265	265	0.6 0.8	50~80	300~500
300	300			
350	350			

注：特殊规格锯片的基本尺寸可不受本表限制。

9.3.5　鸡尾锯（见表 5-98 和表 5-99）

表 5-98　A 型鸡尾锯的型式、规格及尺寸（摘自 QB/T 2094.5—2015）

（单位：mm）

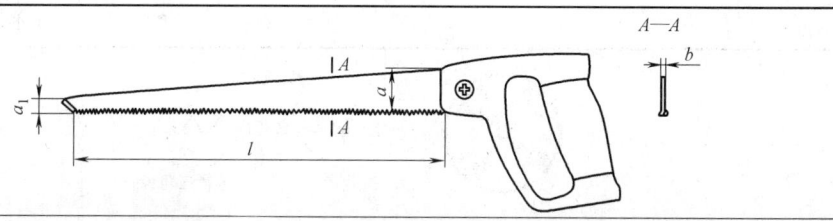

（续）

规格	长度 l	锯片厚度 b	锯片大端宽 a	锯片小端宽 a_1
250	250	0.85		
300	300	0.90	25 ~ 40	5 ~ 10
350	350	1.00		
400	400	1.20		

注：特殊规格锯片的尺寸可不受本表的限制。

表 5-99　B 型鸡尾锯的型式、规格及尺寸（摘自 QB/T 2094.5—2015）

（单位：mm）

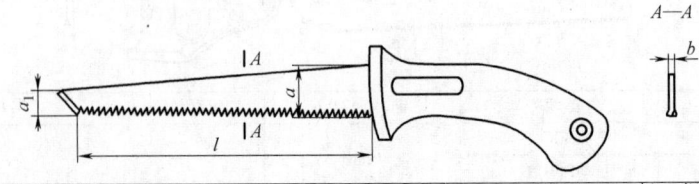

规格	长度 l	锯片厚度 b	锯片大端宽 a	锯片小端宽 a_1
125	125	1.2		
150	150	1.5	20 ~ 30	6 ~ 12
175	175	2.0		
200	200	2.5		

注：特殊规格锯片的尺寸可不受本表的限制。

9.3.6　夹背锯（见表 5-100）

表 5-100　夹背锯的型式、规格及尺寸（摘自 QB/T 2094.6—2015）

（单位：mm）

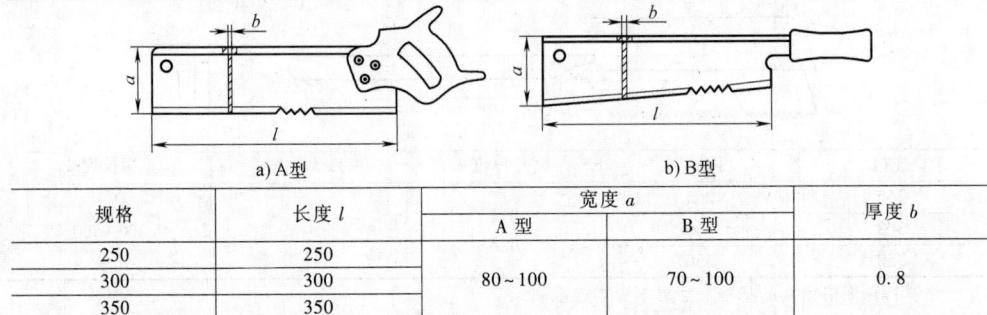

a) A 型　　　　　b) B 型

规格	长度 l	宽度 a		厚度 b
		A 型	B 型	
250	250			
300	300	80 ~ 100	70 ~ 100	0.8
350	350			

注：特殊规格锯条的尺寸可不受本表的限制。

9.4　木工圆锯片（见表 5-101）

表 5-101　木工圆锯片的型式和尺寸（摘自 GB/T 13573—1992）

（单位：mm）

折背齿　　直背齿　　等腰三角齿

（续）

外　　径	孔径	厚　　度	齿数(个)
160	20、(30)	0.8、1.0、1.2、1.6	
(180)、200、(225)、250、(280)	30、60	0.8、1.0、1.2、1.6、2.0	80、100
315、(355)		1.0、1.2、1.6、2.0、2.5	
400		1.0、1.2、1.6、2.0、2.5	
(450)	30、85	1.2、1.6、2.0、2.5、3.2	
500、(560)		1.2、1.6、2.0、2.5、3.2	
630		1.6、2.0、2.5、3.2、4.0	
(710)、800	40、(50)	1.6、2.0、2.5、3.2、4.0	72、100
(900)、1000		2.0、2.5、3.2、4.0、5.0	
1250	60	3.2、3.6、4.0、5.0	
1600		3.2、4.5、5.0、6.0	
2000		3.6、5.0、7.0	

注：1. 括号内的尺寸尽量不选用。
　　2. 齿形分直背齿（N）、折背齿（K）、等腰三角齿（A）三种。

9.5　木工手用刨刀和盖铁（见表 5-102 和表 5-103）

表 5-102　木工手用刨刀的型式、规格及尺寸（摘自 QB/T 2082—2017）

（单位：mm）

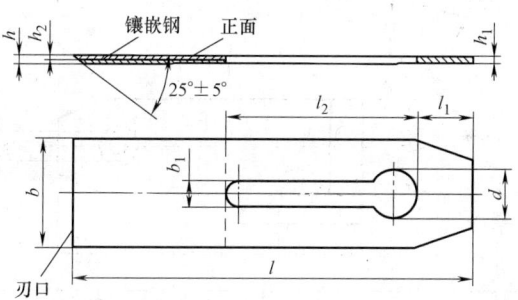

a) 复合型

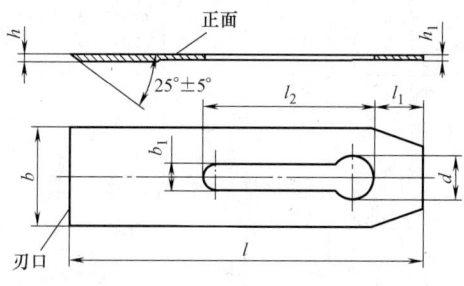

b) 全钢型

（续）

规格	b		b₁		d	h	h₁	h₂①	l	l₁	l₂
	公称尺寸	极限偏差	公称尺寸	极限偏差							
19	19	±0.4	—	—	—						
25	25		9	±0.30	≥16						
32	32	±0.5				3.00± 0.30	$2.5^{+0.30}_{0}$	≥0.7	≥180	32.0± 0.5	≥90
38	38										
44	44		11	±0.35	≥19						
51	51										
57	57	±0.6									
60	60										
64	64										

① h_2 为镶嵌钢厚度，应在与本体分离后测量。

表 5-103 木工手用盖铁的型式、规格及尺寸（摘自 QB/T 2082—2017）

（单位：mm）

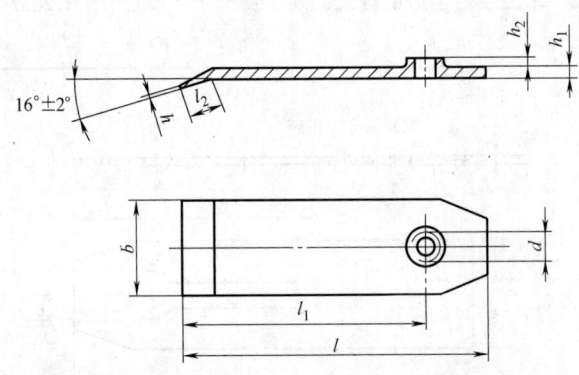

规格	b		d	l	l₁	l₂	h	h₁	h₂
	公称尺寸	极限偏差							
19	19	0 −0.8	—						
25	25								
32	32	0 −1.0							
38	38			≥96	≥68	≥8	≤1.2	3.00±0.20	2.00±0.50
44	44								
51	51		M10						
57	57	0 −1.2							
60	60								
64	64								

9.6　钢斧

9.6.1　采伐斧（见表 5-104）

表 5-104　采伐斧的型式、规格及尺寸（摘自 QB/T 2565.2—2002）

（单位：mm）

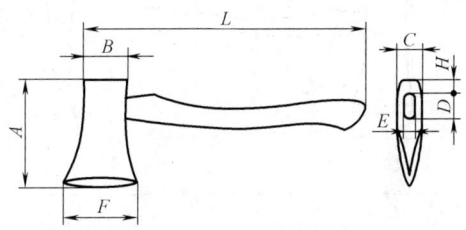

规格 （kg）	L	A min	B min	C min	F min	H min	D		E	
							公称尺寸	极限偏差	公称尺寸	极限偏差
0.7	380	130	50	20	82	15	46		16	
0.9	430	155	58	22	92	16	50		18	
1.1	510	165	62	22	98	18	60		20	
1.3	710	174	68	23	105	19	63		23	
1.6		180	74	24	110	20	63	0 −2.0	23	0 −1.5
1.8		185	76	25	110	21	73		25	
2.0	710~910	185	76	26	122	21	73		25	
2.2		190	78	27	124	22	73		25	
2.4		220	84	28	134	29	75		25	

注：斧孔的形状和尺寸可根据订货方要求商定。

9.6.2　劈柴斧（见表 5-105）

表 5-105　劈柴斧的型式、规格及尺寸（摘自 QB/T 2565.3—2002）

（单位：mm）

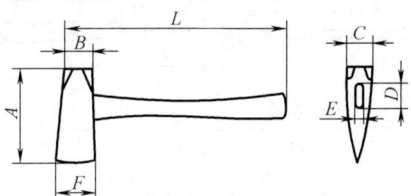

规格 （kg）	A min	B min	C min	D		E		F min	L
				公称尺寸	极限偏差	公称尺寸	极限偏差		
2.5	200	51	49	60	0 −2.0	22	0 −2.0	90	810~910
3.2	215	56	54	60		22		106	

注：斧孔的形状尺寸可根据订货方要求商定。

9.6.3　木工斧（见表 5-106）

表 5-106　木工斧的型式、规格及尺寸（摘自 QB/T 2565.5—2002）

（单位：mm）

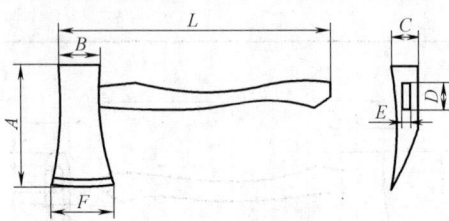

注：L 的经验值约为 400mm

规格	A	B	C	D		E		F
/kg	min	min	min	公称尺寸	极限偏差	公称尺寸	极限偏差	min
1.0	120	34	26	32	0 -2.0	14	0 -1.0	78
1.25	135	36	28	32		14		78
1.5	160	48	35	32		14		78

9.7　手用木工凿（见表 5-107～表 5-109）

表 5-107　斜边平口凿的型式、规格及尺寸（摘自 QB/T 1201—2017）

（单位：mm）

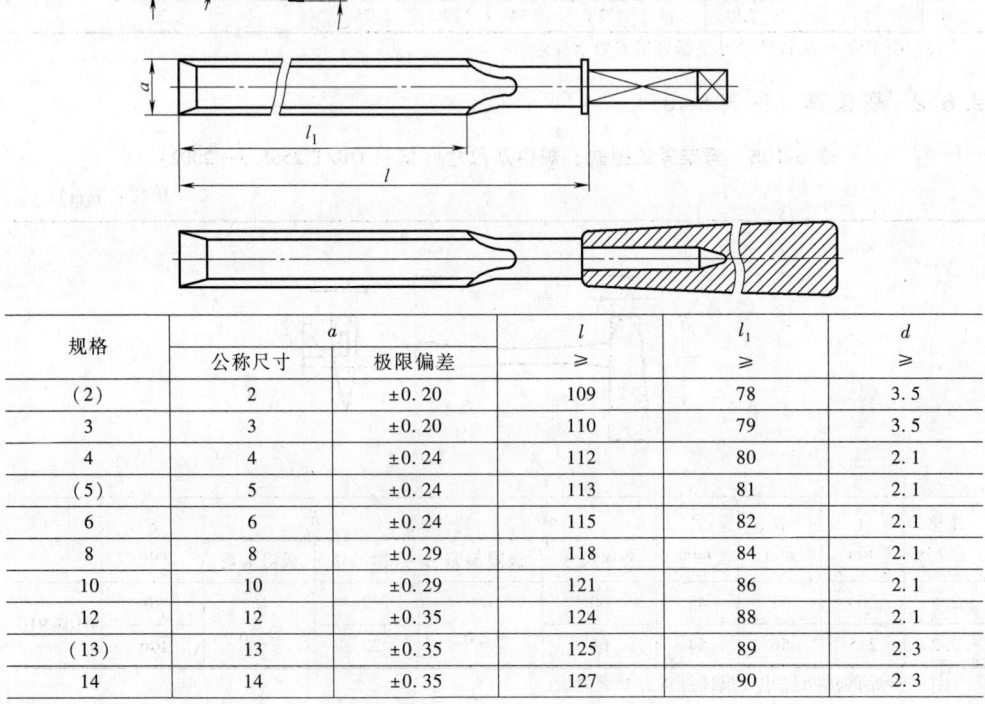

规格	a		l	l_1	d
	公称尺寸	极限偏差	≥	≥	≥
(2)	2	±0.20	109	78	3.5
3	3	±0.20	110	79	3.5
4	4	±0.24	112	80	2.1
(5)	5	±0.24	113	81	2.1
6	6	±0.24	115	82	2.1
8	8	±0.29	118	84	2.1
10	10	±0.29	121	86	2.1
12	12	±0.35	124	88	2.1
(13)	13	±0.35	125	89	2.3
14	14	±0.35	127	90	2.3

（续）

规格	a		l	l_1	d
	公称尺寸	极限偏差	≥	≥	≥
（15）	15	±0.35	128	91	2.4
16	16	±0.35	130	92	2.4
18	18	±0.35	133	94	2.6
（19）	19	±0.42	134	95	2.6
20	20	±0.42	136	96	2.6
（22）	22	±0.42	139	98	2.8
25	25	±0.42	143	101	2.9
（28）	28	±0.42	148	104	2.9
（30）	30	±0.42	150	106	3.1
32	32	±0.50	154	108	3.1
（35）	35	±0.50	158	111	3.3
（38）	38	±0.50	160	114	3.3
40	40	±0.50	166	116	3.3

注：括号内规格为非优选系列。

表 5-108　平边平口凿的型式、规格及尺寸（摘自 QB/T 1201—2017）

（单位：mm）

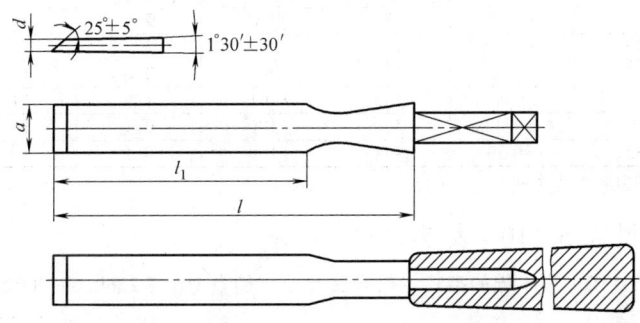

规格	a		l	l_1	d
	公称尺寸	极限偏差	≥	≥	≥
6	6	±0.24	104	76	2.1
10	10	±0.29	107	76	2.1
（13）	13	±0.35	109	76	2.3
16	16	±0.35	111	76	2.4
（19）	19	±0.42	113	76	2.6
25	25	±0.42	118	76	2.9
32	32	±0.50	122	76	3.1
（38）	38	±0.50	127	76	3.3
50	50	±0.50	135	76	3.5

注：括号内规格为非优选系列。

表 5-109　半圆凿的型式、规格及尺寸（摘自 QB/T 1201—2017）

（单位：mm）

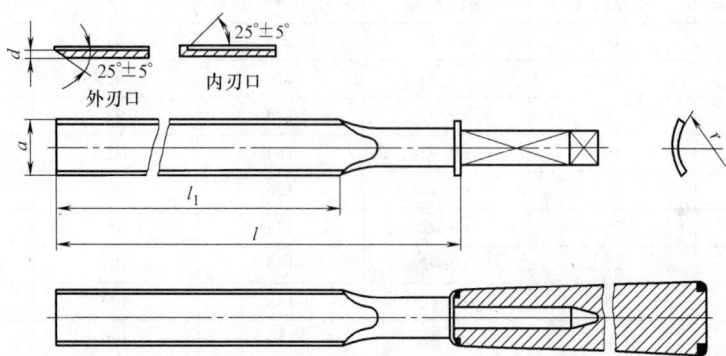

规格	a		l	l_1	d	r	
	公称尺寸	极限偏差	≥	≥	≥	公称尺寸	极限偏差
(3)	3	±0.20	110	79	3.5	3	±0.45
6	6	±0.24	115	82	2.1	4	±0.60
8	8	±0.29	118	84	2.1	5	±0.60
10	10	±0.29	121	86	2.1	6	±0.60
12	12	±0.35	124	88	2.1	7	±0.60
(13)	13	±0.35	125	89	2.3	7	±0.75
(15)	15	±0.35	128	91	2.4	8	±0.75
(16)	16	±0.35	130	92	2.4	9	±0.75
18	18	±0.35	133	94	2.6	10	±0.75
(19)	19	±0.42	134	95	2.6	11	±0.90
20	20	±0.42	136	96	2.6	12	±0.90
(22)	22	±0.42	139	98	2.8	13	±0.90
25	25	±0.42	143	101	2.9	14	±0.90
(30)	30	±0.42	150	106	3.1	16	±0.90
(32)	32	±0.50	154	108	3.1	18	±0.90

注：括号内规格为非优选系列。

9.8　钢锉（见表 5-110～表 5-113）

表 5-110　扁木锉的型式、代号及尺寸（摘自 QB/T 2569.6—2002）

（单位：mm）

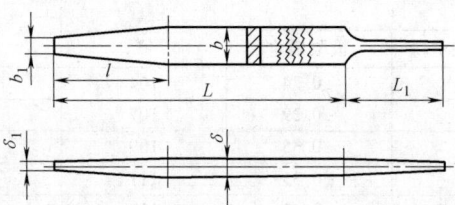

代号	L		L_1	b		δ		b_1	δ_1	l
	公称尺寸	极限偏差		公称尺寸	极限偏差	公称尺寸	极限偏差			
M-01-200	200		55	20		6.5				
M-01-250	250	±6	65	25	±2	7.5	±2	≤80%b	≤80%δ	≤80%L
M-01-300	300		75	30		8.5				

表 5-111　半圆木锉的型式、代号及尺寸（摘自 QB/T 2569.6—2002）

（单位：mm）

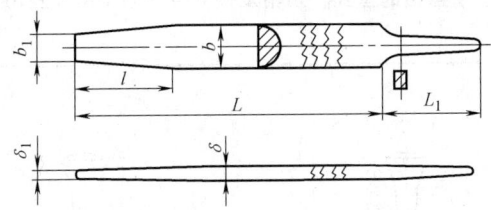

代号	L		L_1	b		δ		b_1	δ_1	l
	公称尺寸	极限偏差		公称尺寸	极限偏差	公称尺寸	极限偏差			
M-02-150	150	±4	45	16		6		≤80%b	≤80%δ	≤80%L
M-02-200	200		55	21	±2	7.5	±2			
M-02-250	250	±6	65	25		8.5				
M-02-300	300		75	30		10				

表 5-112　圆木锉的型式、代号及尺寸（摘自 QB/T 2569.6—2002）

（单位：mm）

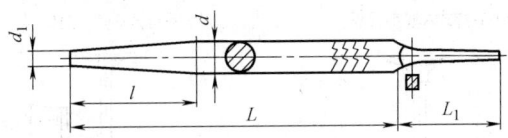

代号	L		L_1	d		d_1	l
	公称尺寸	极限偏差		公称尺寸	极限偏差		
M-03-150	150	±4	45	7.5		≤80%d	（25~50）%L
M-03-200	200		55	9.5	±2		
M-03-250	250	±6	65	11.5			
M-03-300	300		75	13.5			

表 5-113　家具半圆木锉的型式、代号及尺寸（摘自 QB/T 2569.6—2002）

（单位：mm）

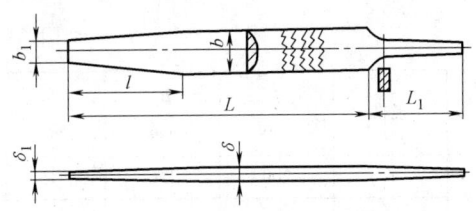

代号	L		L_1	b		δ		b_1	δ_1	l
	公称尺寸	极限偏差		公称尺寸	极限偏差	公称尺寸	极限偏差			
M-04-150	150		45	18		4		≤80%b	≤80%δ	（25~50）%L
M-04-200	200	±6	55	25	±2	6	±2			
M-04-250	250		65	29		7				
M-04-300	300		75	34		8				

9.9 手摇钻（见表5-114）

表5-114 手摇钻的型式、规格及尺寸（摘自 QB/T 2210—1996）

（单位：mm）

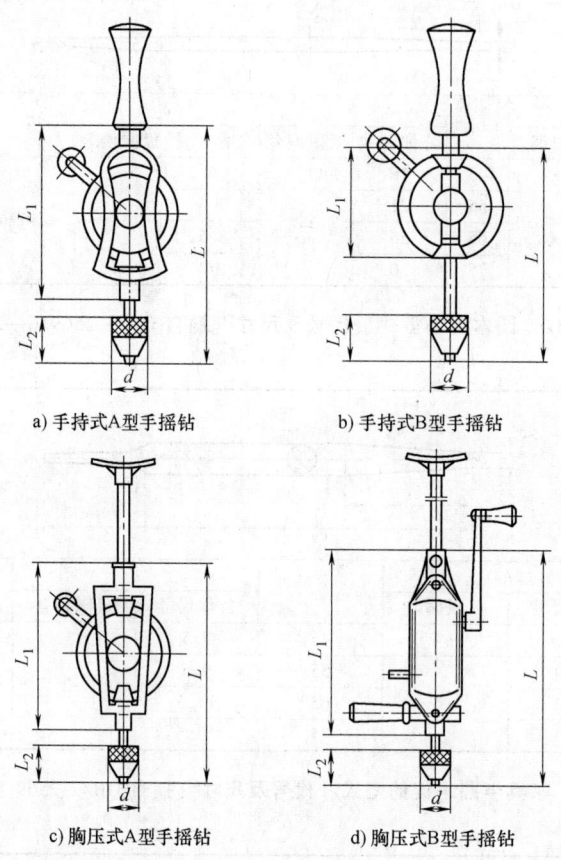

a) 手持式A型手摇钻   b) 手持式B型手摇钻

c) 胸压式A型手摇钻   d) 胸压式B型手摇钻

型　　式		规格	L max	L_1 max	L_2 max	d max	夹持直径 max
手持式	A 型	6	200	140	45	28	6
		9	250	170	55	34	9
	B 型	6	150	85	45	28	6
胸压式	A 型	9	250	170	55	34	9
		12	270	180	65	38	12
	B 型	9	250	170	55	34	9

9.10　木工钻（见表5-115~表5-117）

表 5-115　双刀短柄木工钻和单刀短柄木工钻的型式、规格及尺寸（摘自 QB/T 1736—1993）

（单位：mm）

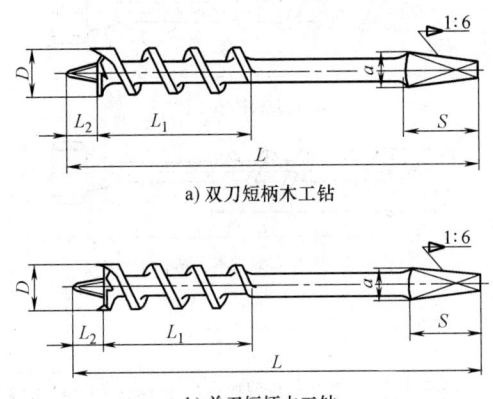

a) 双刀短柄木工钻

b) 单刀短柄木工钻

规格	D		L		L_1		L_2		S		a	
	公称尺寸	极限偏差	公称尺寸	极限偏差	公称尺寸	极限偏差	公称尺寸	极限偏差	公称尺寸	极限偏差	公称尺寸	极限偏差
5	5	+0.4　0	150	±5	65	±6	4.5	±1.0	19	±1.6	5.5	±0.60
6	6						5					
6.5	6.5		170		75							
8	8						6		21		6.5	
9.5	9.5						6.5		24		7.5	
10	10											
11	11		200		95		7				8	
12	12						7.5		26		9	
13	13						8					
14	14	+0.5　0	230		110	±7	9		28		9.5	±0.75
(14.5)	14.5											
16	16								30			
19	19						10		31		10	
20	20						13					
22	22		250	±0.6	120	±8		±1.4				
(22.5)	22.5						14		33		10.5	±0.90
24	24											
25	25											
(25.5)	25.5						15		35		11	
28	28											
(28.5)	28.5											
30	30	+0.6　0							36			
32	32		280		130	±9	16		37		11.5	
38	38						18					

注：表中括号内的规格和尺寸尽可能不采用。

表 5-116 双刀长柄木工钻和单刀长柄木工钻的型式、规格及尺寸（摘自 QB/T 1736—1993）

（单位：mm）

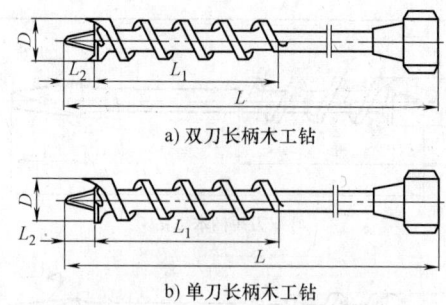

a) 双刀长柄木工钻

b) 单刀长柄木工钻

规格	D		L		L_1		L_2	
	公称尺寸	极限偏差	公称尺寸	极限偏差	公称尺寸	极限偏差	公称尺寸	极限偏差
5	5		250		120		4.5	
6	6						5	
6.5	6.5		380		170			
8	8						6	
9.5	9.5	+0.4 0		±8		±7	6.5	
10	10							
11	11		420		200		7	
12	12						7.5	
13	13						8	
14	14							
(14.5)	14.5						9	
16	16		500	±9	250	±8	10	
19	19							
20	20	+0.5 0					13	
22	22							±1
(22.5)	22.5						14	
24	24							
25	25		560	±10	300	±9		
(25.5)	25.5							
28	28						15	
(28.5)	28.5	+0.6 0						
30	30						16	
32	32		610		320	±10		
38	38						18	

注：表中括号内的规格和尺寸尽可能不采用。

表 5-117 电工钻的型式、规格及尺寸（摘自 QB/T 1736—1993）

（单位：mm）

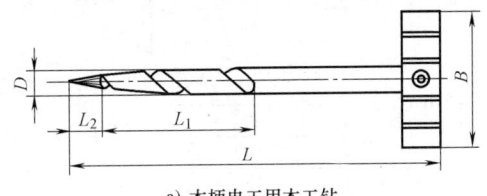

a) 木柄电工用木工钻

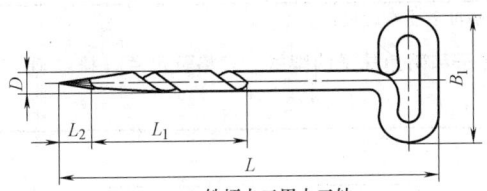

b) 铁柄电工用木工钻

规格	D		L		L_1		L_2		B		B_1	
	公称尺寸	极限偏差	公称尺寸	极限偏差	公称尺寸	极限偏差	公称尺寸	极限偏差	公称尺寸	极限偏差	公称尺寸	极限偏差
4	4	+0.3 0	120	±5	50	±4	10	±1	70	±3	70	±3
5	5				55							
6	6		130		60		11		80		80	
8	8						12		90		85	
10	10		150		70		13					
12	12						14		95		90	
(14)	14		170		75		15					

注：1. 表中括号内的规格和尺寸尽可能不采用。
　　2. 特殊规格由供需双方协商规定。

9.11　建筑工具（泥工类）

9.11.1　泥抹子（见表 5-118 和表 5-119）

表 5-118　尖头形平抹子、长方形平抹子和梯形平抹子的型式、规格及尺寸

（摘自 QB/T 2212.2—2011）　　（单位：mm）

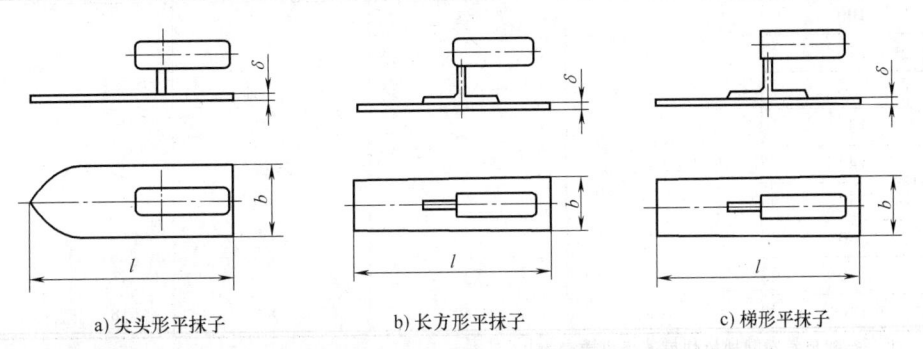

a) 尖头形平抹子　　　　b) 长方形平抹子　　　　c) 梯形平抹子

（续）

规格 *l*	极限偏差	*b*	极限偏差	*δ*
220		80		
230		85		
240		90		
250	±2.0	90	±2.0	≥0.7
260		95		
280		100		
300		100		
320		110		

注：特殊型式和其他规格可不受本表限制。

表 5-119　阳角抹子和阴角抹子的型式、规格及尺寸（摘自 QB/T 2212.2—2011）

（单位：mm）

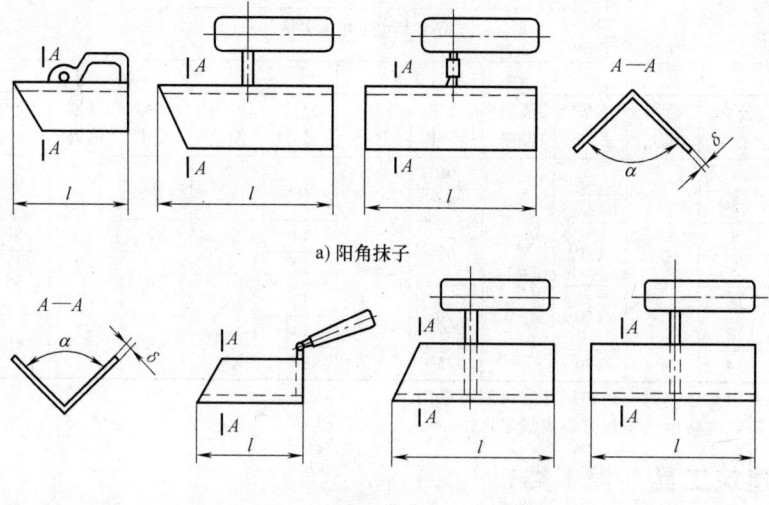

a) 阳角抹子

b) 阴角抹子

规格 *l*	极限偏差	*δ*	*α*	
			阳角抹子	阴角抹子
100				
110				
120				
130				
140	±2.0	≥1.0	92°±1°	88°±1°
150				
160				
170				
180				

注：特殊型式和其他规格可不受本表限制。

9.11.2　泥压子（见表 5-120）

表 5-120　泥压子的型式、规格及尺寸（摘自 QB/T 2212.3—2011）

（单位：mm）

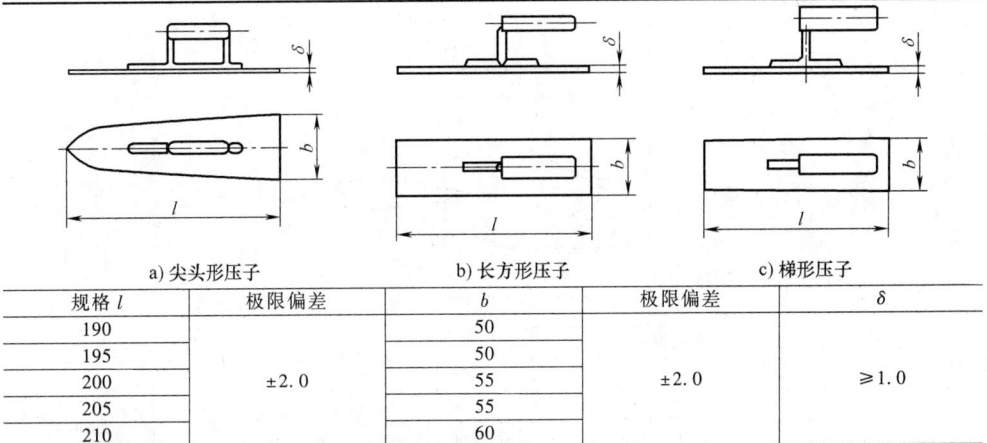

a) 尖头形压子　　　　b) 长方形压子　　　　c) 梯形压子

规格 l	极限偏差	b	极限偏差	δ
190		50		
195		50		
200	±2.0	55	±2.0	≥1.0
205		55		
210		60		

注：特殊型式和其他规格可不受本表限制。

9.11.3　砌铲（见表 5-121～表 5-123）

表 5-121　尖头形砌铲的型式、规格和尺寸（摘自 QB/T 2212.4—2011）

（单位：mm）

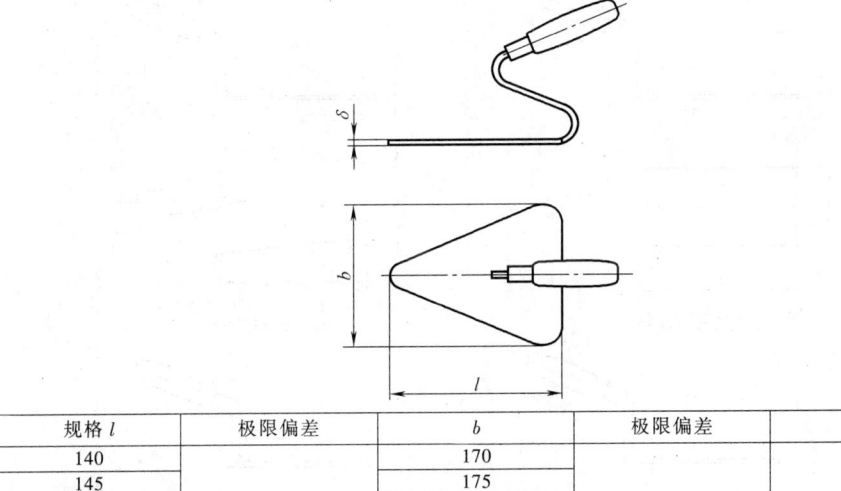

规格 l	极限偏差	b	极限偏差	δ
140		170		
145		175		
150		180		
155		185		
160	±2.0	190	±2.0	≥1.0
165		195		
170		200		
175		205		
180		210		
185		215		

注：特殊型式和其他规格可不受本表限制。

表 5-122　菱形砌铲的型式、规格及尺寸（摘自 QB/T 2212.4—2011）

（单位：mm）

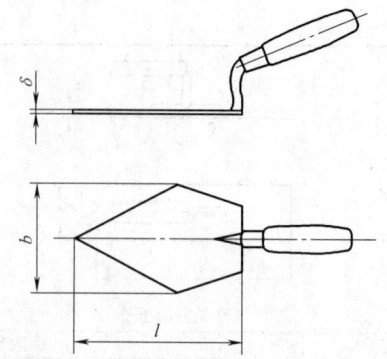

规格 l	极限偏差	b	极限偏差	δ
180		125		
200	±2.0	140	±2.0	≥1.0
230		160		
250		175		

注：特列型式和其他规格可不受本表限制。

表 5-123　长方形砌铲、梯形砌铲、叶形砌铲、圆头形砌铲、椭圆形砌铲的型式、
　　　　　规格及尺寸（摘自 QB/T 2212.4—2011）　　（单位：mm）

a) 长方形砌铲　　　　　　　　　　　　b) 梯形砌铲

c) 叶形砌铲　　　　　　　　　　　　d) 圆头形砌铲

（续）

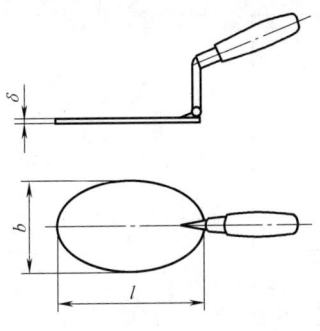

e) 椭圆形砌铲

规格 l	极限偏差	b	极限偏差	δ
125		60		
140		70		
150		75		
165		80		
180		90		
190	±2.0	95	±2.0	≥1.0
200		100		
215		105		
230		115		
240		120		
250		125		

注：特殊型式和其他规格可不受本表限制。

9.11.4　砌刀（见表 5-124）

表 5-124　砌刀的型式、规格及尺寸（摘自 QB/T 2212.5—2011）

（单位：mm）

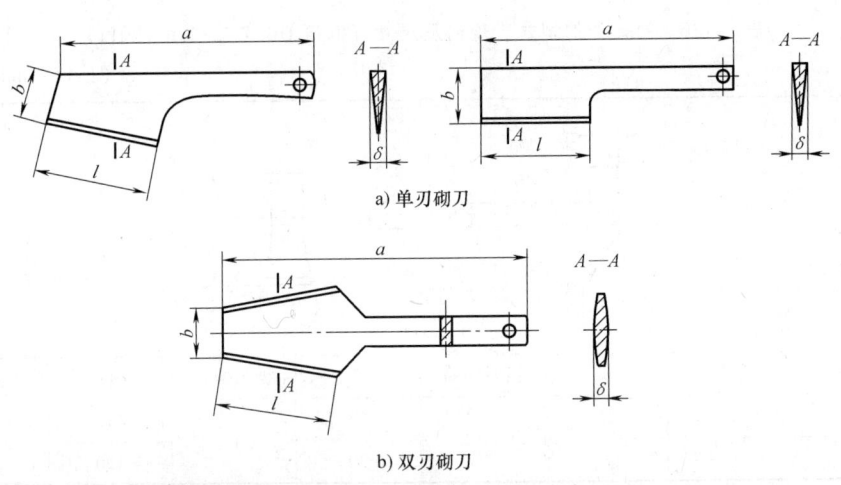

a) 单刃砌刀

b) 双刃砌刀

（续）

规格 l	极限偏差	b	极限偏差	a	极限偏差	δ
135		50		335		
140		50		340		
145		50		345		≥4.0
150		50		350		
155	±2.0	55	±1.5	355	±3.0	
160		55		360		
165		55		365		
170		60		370		≥6.0
175		60		375		
180		60		380		

注 1：刃口厚度不小于 1.0mm。

　　2：特殊型式和其他规格可不受本表限制。

9.11.5　打砖工具（见表 5-125 和表 5-126）

表 5-125　打砖刀的型式、规格及尺寸（摘自 QB/T 2212.6—2011）

（单位：mm）

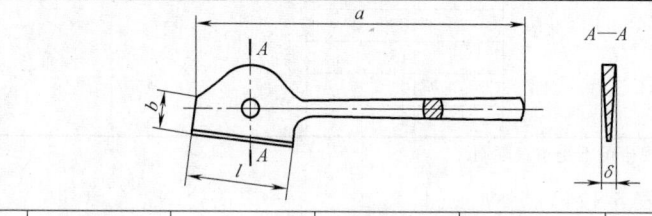

规格 l	极限偏差	b	极限偏差	a	极限偏差	δ
110	±2.0	75	±1.5	300	±2.5	≥6.0

注：特殊型式和其他规格可不受本表限制。

表 5-126　打砖斧的型式、规格及尺寸（摘自 QB/T 2212.6—2011）

（单位：mm）

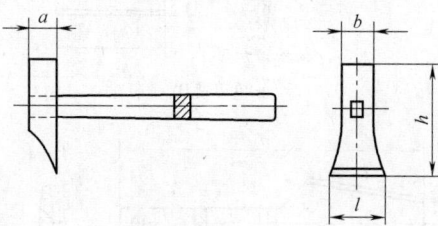

规格 l	极限偏差	a	极限偏差	b	极限偏差	h	极限偏差
50	±1.5	20	±1.5	25	±1.5	110	±2.0
55		25		30		120	

注：特殊型式和其他规格可不受本表限制。

9.11.6 勾缝器（见表5-127~表5-129）

表 5-127 分格器的型式、规格及尺寸（摘自 QB/T 2212.7—2011）

（单位：mm）

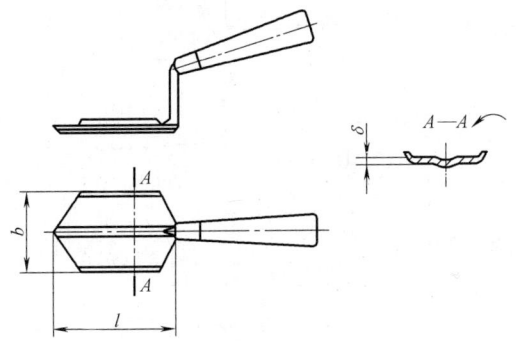

规格 l	极限偏差	b	极限偏差	δ
80		45		
100	±2.0	60	±1.5	≥1.5
110		65		

注：特殊型式和其他规格可不受本表限制。

表 5-128 缝溜子的型式、规格及尺寸（摘自 QB/T 2212.7—2011）

（单位：mm）

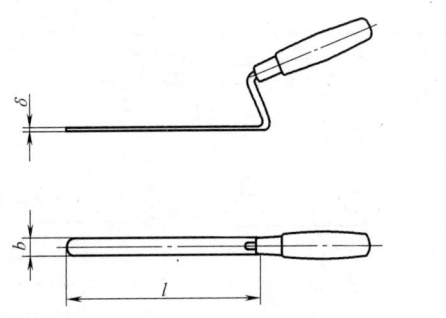

规格 l	极限偏差	b	极限偏差	δ
100				
110				
120				
130	±1.5	10	±1.0	≥2.5
140				
150				
160				

注：特殊型式和其他规格可不受本表限制。

表 5-129　缝扎子的型式、规格及尺寸（摘自 QB/T 2212.7—2011）

（单位：mm）

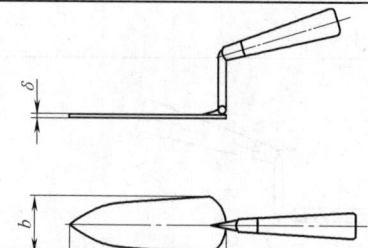

规格 l	极限偏差	b	极限偏差	δ
50		20		
80		25		
90		30		
100		35		
110	±1.5	40	±1.0	≥1.0
120		45		
130		50		
140		55		
150		60		

注：特殊型式和其他规格可不受本表限制。

9.12　园艺工具

9.12.1　剪枝剪（见表 5-130）

表 5-130　剪枝剪的产品型式、规格及尺寸（摘自 QB/T 2289.4—2012）

（单位：mm）

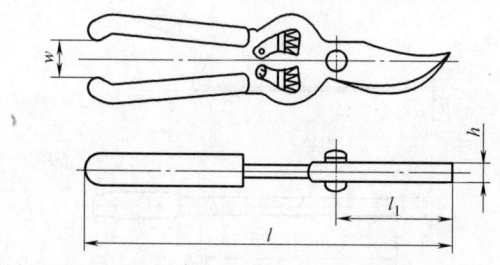

产品型式	规格	l	l_1	h	w_{min}
Z 型、S 型、L 型、G 型	150	150±5	45±4	$8_{-2}^{\ 0}$	15
Z 型、S 型、L 型、G 型	180	180±5	60±4		15
Z 型、S 型、L 型、G 型	200	200±10	68±5	12_{-3}^{+1}	15
Z 型、S 型、L 型、G 型	230	230±10	72±5		15
Z 型、S 型、L 型、G 型	250	250±10	75±8	13_{-3}^{+1}	15
C 型	550	550±100	90±10	15_{-3}^{+1}	150
C 型	800	800±100	90±10	15_{-3}^{+1}	150
T 型	900	900(600)±100	90±10	15_{-3}^{+1}	150

注：1. T 型 l 括号内 600 和 w 是伸长前的尺寸。
　　2. 特殊规格的尺寸可不受本表限制。

9.12.2　整篱剪（见表 5-131）

表 5-131　整篱剪的产品型式、规格及尺寸（摘自 QB/T 2289.5—2012）

（单位：mm）

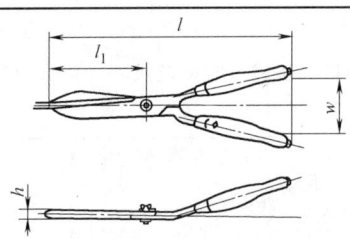

产品型式	规格	l	l_1	h_{max}		w_{min}
				钢板制	锻制	
Z 型	600	600±50	200±10	8	10	15
	700	700±50	250±10	10	13	15
T 型	800	800（650）±50	200±10	10	—	15
	1100	1100（750）±50	250±10	10	—	15

注：1. T 型：l 括号内（650）和（750）是伸长前的尺寸。
　　2. 特殊规格的基本尺寸可不受本表限制

9.12.3　稀果剪（见表 5-132）

表 5-132　稀果剪的产品型式、规格及尺寸（摘自 QB/T 2289.1—2012）

（单位：mm）

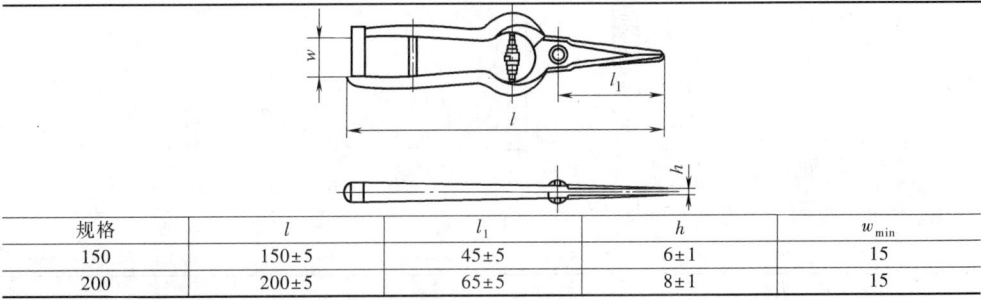

规格	l	l_1	h	w_{min}
150	150±5	45±5	6±1	15
200	200±5	65±5	8±1	15

注：特殊规格的基本尺寸可不受本表限制。

9.12.4　桑剪（见表 5-133）

表 5-133　桑剪的产品型式、规格及尺寸（摘自 QB/T 2289.2—2012）

（单位：mm）

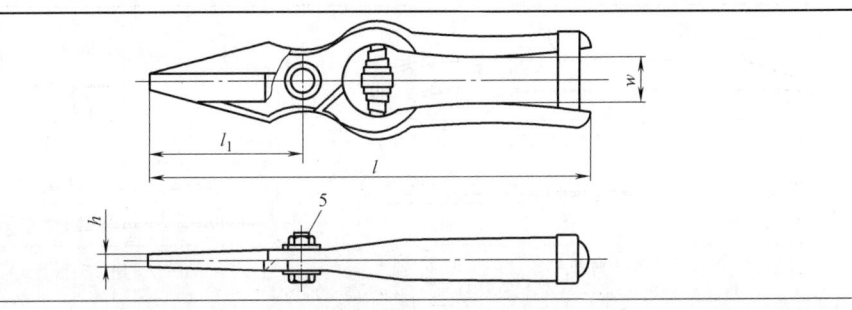

（续）

规格	l	l_1	h	w_{min}
200	200±5	72±5	8±1	15

注：特殊规格的基本尺寸可不受本表限制。

9.12.5 高枝剪 （见表5-134）

表5-134 高枝剪的产品型式、规格及尺寸 （摘自 QB/T 2289.3—2012）

（单位：mm）

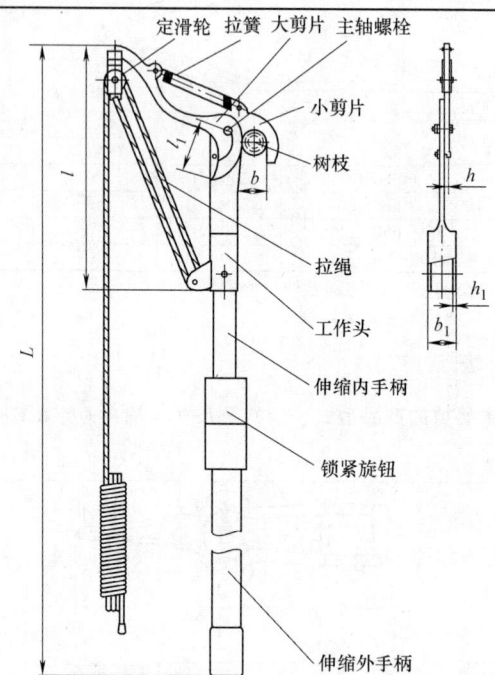

规格	l	l_1	b	b_1	h	h_1	L
300	300±10	60±5	45±5	$\phi(30\pm5)$	8±1	2±0.5	3500~5500

注：1. L 为伸长后的尺寸。

    2. 特殊规格高枝剪的尺寸可不受本表限制。

9.12.6 手锯 （见表5-135～表5-137）

表5-135 普通式和折叠式手锯的产品型式、规格及尺寸 （摘自 QB/T 2289.6—2012）

（单位：mm）

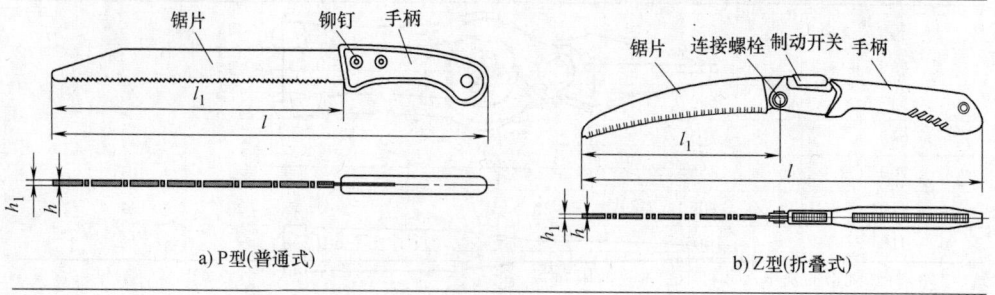

a) P型(普通式)　　　　　　　　　　b) Z型(折叠式)

（续）

规　格		l_{max}	l_{1max}	h_{min}	h_{1min}
P 型	210	345	218	0.8	1.5×h
	260	405	265	0.9	1.5×h
Z 型	120	195	125	0.8	1.5×h
	230	395	235	1.1	2×h

注：特殊规格的基本尺寸可不受本表的限制。

表 5-136　伸缩式手锯的产品型式、规格及尺寸（摘自 QB/T 2289.6—2012）

（单位：mm）

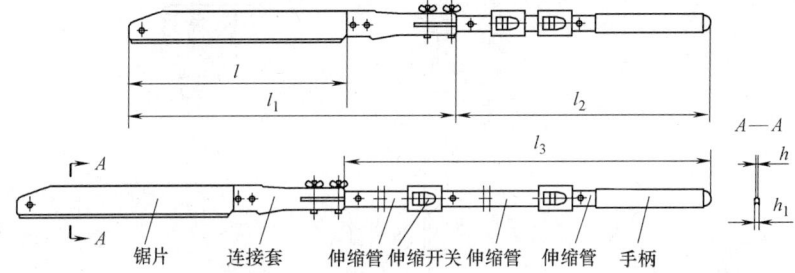

规格	l_{max}	l_{1max}	l_{2max}	l_{3max}	h_{min}	h_{1min}
1500	380	570	600	1100	1.5	2.8
2500	380	570	1000	2100	1.5	2.8
4500	380	570	1750	4100	1.5	2.8

注：特殊规格的基本尺寸可不受本表的限制。

表 5-137　弓形式手锯的产品型式、规格及尺寸（摘自 QB/T 2289.6—2012）

（单位：mm）

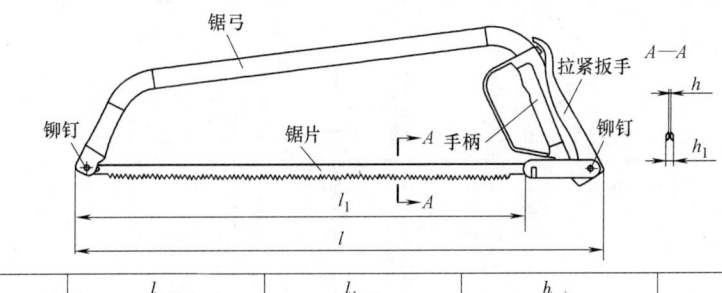

规格	l_{max}	l_{1max}	h_{min}	h_{1min}
300	425	305	0.7	1.4
450	555	458	0.7	1.4
530	630	534	0.7	1.4
610	705	610	0.7	1.4
760	855	762	0.7	1.4
810	905	813	0.7	1.4
910	1005	915	0.7	1.4

注：特殊规格的基本尺寸可不受本表的限制。

10 起重工具

10.1 千斤顶

10.1.1 千斤顶的型式和尺寸 （见表5-138）

表5-138 千斤顶的型式和尺寸 （摘自 JB/T 3411.58—1999）（单位：mm）

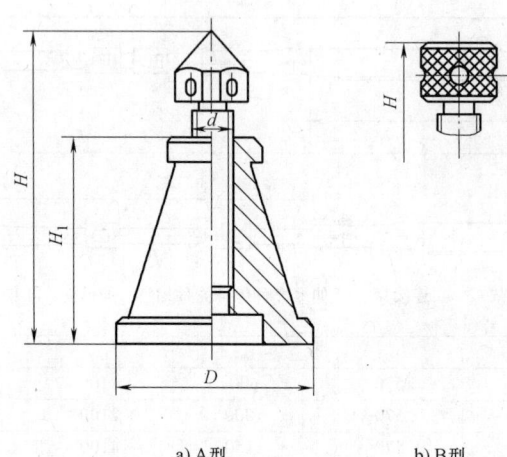

a) A 型   b) B 型

d	A 型		B 型		H_1	D
	H_{min}	H_{max}	H_{min}	H_{max}		
M6	36	50	36	48	25	30
M8	47	60	42	55	30	35
M10	56	70	50	65	35	40
M12	67	80	58	75	40	45
M16	76	95	65	85	45	50
M20	87	110	76	100	50	60
Tr 26×5	102	130	94	120	65	80
Tr 32×6	128	155	112	140	80	100
Tr 40×7	158	185	138	165	100	120
Tr 55×9	198	255	168	225	130	160

10.1.2　螺旋千斤顶 （见图 5-2）

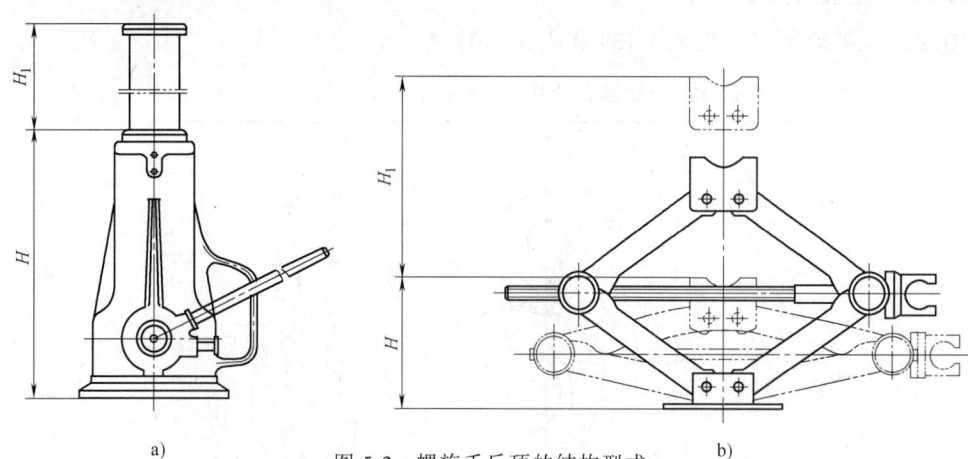

a)　　　　　　　　　　　　　　b)

图 5-2　螺旋千斤顶的结构型式

a）普通型螺旋千斤顶　b）剪式螺旋千斤顶

H—最低高度　H_1—起重高度

千斤顶的基本参数应包括额定起重量 G_n、最低高度 H、起升高度 H_1 等。

普通型螺旋千斤顶的额定起重量 G_n 推荐如下 （单位为 t）：1.5、2、3.2、5、8、10、16、20、32、50、100。

剪式螺旋千斤顶的额定起重量 G_n 推荐如下 （单位为 t）：0.5、1、1.6、2。

10.1.3　立式油压千斤顶 （见图 5-3）

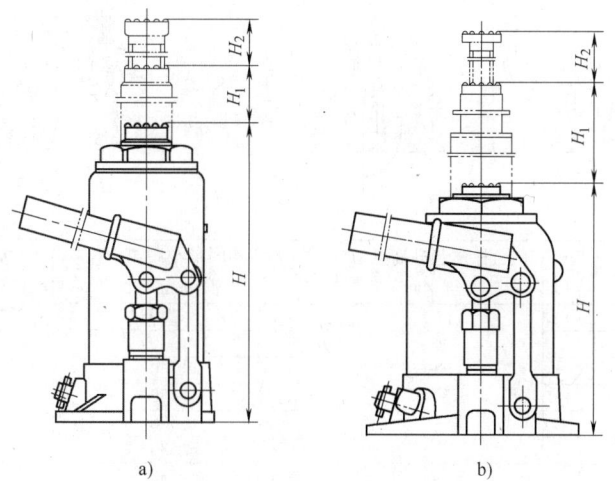

a)　　　　　　　　　　　　　　b)

图 5-3　立式油压千斤顶的结构型式

a）单级活塞杆千斤顶　b）多级活塞杆千斤顶

H—最低高度　H_1—起升高度　H_2—调整高度

优先选用的额定起重量 G_n 推荐如下 （单位为 t）：2、3、5、8、10、12、16、20、32、50、70、100、200、320、500。

10.2 起重葫芦

10.2.1 手动葫芦（见表 5-139 和表 5-140）

表 5-139 手动葫芦的基本参数（摘自 JB/T 7334—2016）

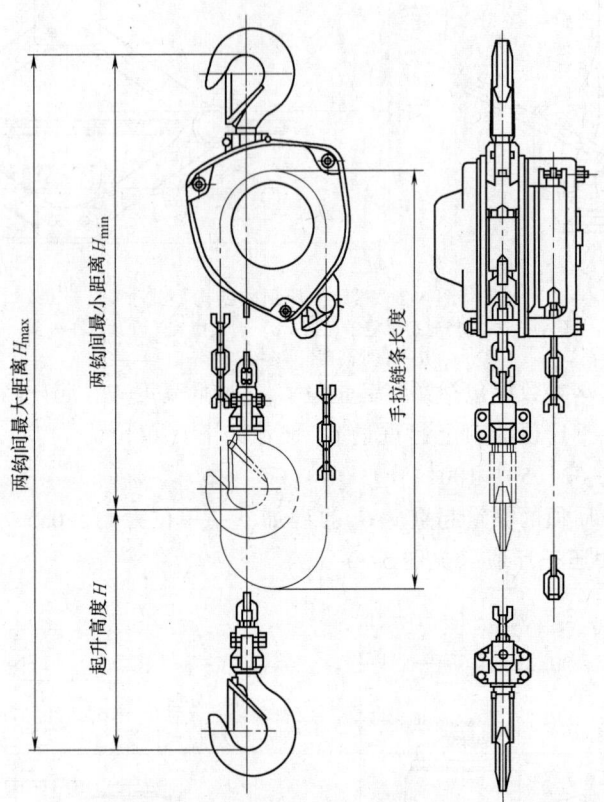

额定起重量 G_n/t	标准起升高度 H /m	两钩间最小距离 H_{min} /mm	标准手拉链条长度 /m
0.25		≤240	
0.5		≤330	
1		≤360	
1.6	2.5	≤430	2.5
2		≤500	
2.5		≤530	
3.2		≤580	
5		≤700	
8		≤850	
10		≤950	
16	3	≤1200	3
20		≤1350	
32		≤1600	
40		≤2000	
50		≤2200	

表 5-140 环链手扳葫芦的基本参数（摘自 JB/T 7335—2016）

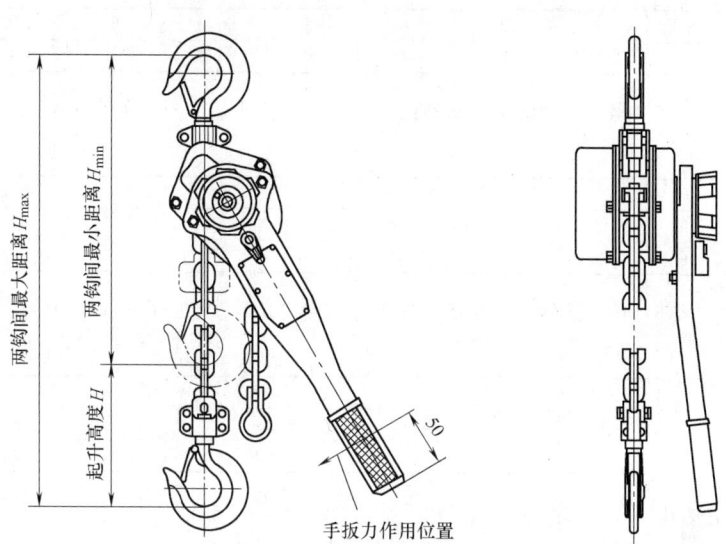

额定起重量 G_n/t	0.25	0.5	0.8	1	1.6	2	3.2	5	6.3	9	12
标准起升高度/m	1	1.5									
两钩间最小距离 H_{min}/mm	≤250	≤300	≤350	≤380	≤400	≤450	≤500	≤600	≤700	≤800	≤850

10.2.2 电动葫芦

（1）钢丝绳电动葫芦的基本参数（见表 5-141~表 5-145）

表 5-141 钢丝绳电动葫芦起升机构的工作级别（摘自 JB/T 9008.1—2014）

载荷状态级别	机构载荷谱系数 K_m	使用等级 T									
		T_0	T_1	T_2	T_3	T_4	T_5	T_6	T_7	T_8	T_9
		总使用时间 t_T/h									
		≤200	>200~400	>400~800	>800~1600	>1600~3200	>3200~6300	>6300~12500	>12500~25000	>25000~50000	>50000
L1	≤0.125	M1	M1	M1	M2	M3	M4	M5	M6	M7	M8
L2	>0.125~0.250	M1	M1	M2	M3	M4	M5	M6	M7	M8	M8
L3	>0.250~0.500	M1	M2	M3	M4	M5	M6	M7	M8	M8	M8
L4	>0.500~1.000	M2	M3	M4	M5	M6	M7	M8	M8	M8	M8

表 5-142 钢丝绳电动葫芦的额定起重量（摘自 JB/T 9008.1—2014）

（单位：t）

0.1	0.125	0.16	0.2	0.25	0.32	0.4	0.5	0.63	0.8
1	1.25	1.6	2	2.5	3.2	4	5	6.3	8
10	12.5	16	20	25	32	40	50	63	80
100	125	160	—	—	—	—	—	—	—

表 5-143　钢丝绳电动葫芦的起升高度（摘自 JB/T 9008.1—2014）

（单位：m）

—	—	—	3.2	4	5	6.3	8	10	12.5
16	20	25	32	40	50	63	80	100	125

表 5-144　钢丝绳电动葫芦的起升速度（摘自 JB/T 9008.1—2014）

（单位：m/min）

—	—	—	0.25	0.32	0.4	0.5	0.63	0.8	1
1.25	1.6	2	2.5	3.2	4	5	6.3	8	10
12.5	16	20	25	32	40	50	63	—	—

表 5-145　钢丝绳电动葫芦的运行速度（摘自 JB/T 9008.1—2014）

（单位：m/min）

3.2	4	5	6.3	8	10
12.5	16	20	25	32	40
50	63	—	—	—	—

（2）防爆电动葫芦的基本参数（见表 5-146～表 5-150）

表 5-146　防爆电动葫芦起升机构的工作级别（摘自 JB/T 10222—2011）

载荷状态级别	载荷谱系数 K_m	使用等级和总使用时间						
		T_0	T_1	T_2	T_3	T_4	T_5	T_6
		200h	400h	800h	1600h	3200h	6300h	12500h
L1	≤0.125	—	—	M1	M2	M3	M4	M5
L2	>0.125~0.250	—	M1	M2	M3	M4	M5	—
L3	>0.250~0.500	M1	M2	M3	M4	M5	—	—
L4	>0.500~1.00	M2	M3	M4	M5	—	—	—

表 5-147　防爆电动葫芦的额定起重量（摘自 JB/T 10222—2011）

（单位：t）

—	—	—	—	—	—	—	—	—	0.08
0.1	0.125	0.16	0.2	0.25	0.32	0.4	0.5	0.63	0.8
1	1.25	1.6	2	2.5	3.2	4	5	6.3	8
10	12.5	16	20	25	32	40	50	63	80
100	—	—	—	—	—	—	—	—	—

表 5-148　防爆电动葫芦的起升高度（摘自 JB/T 10222—2011）（单位：m）

1	1.25	1.6	2	2.5	3.2	4	5	6.3	8
10	12.5	16	20	25	32	40	50	63	80
100	125	—	—	—	—	—	—	—	—

表 5-149　防爆电动葫芦的起升速度（摘自 JB/T 10222—2011）

（单位：m/min）

—	—	—	—	0.25	0.32	0.4	0.5	0.63	0.8
1	1.25	1.6	2	2.5	3.2	4	5	6.3	8
10	12.5	16	20	25	—	—	—	—	—

表 5-150 防爆电动葫芦的运行速度（摘自 JB/T 10222—2011）

（单位：m/min）

—	—	—	—	2.5	3.2	4	5	6.3	8
10	12.5	16	20	25	—	—	—	—	—

（3）环链电动葫芦的基本参数（见表 5-151～表 5-155）

表 5-151 环链电动葫芦起升机构的工作级别（摘自 JB/T 5317—2016）

载荷状态级别	机构名义载荷谱系数 K_m	使用等级 T									
		T_0	T_1	T_2	T_3	T_4	T_5	T_6	T_7	T_8	T_9
		总使用时间 t_T/h									
		≤200	>200 ~ 400	>400 ~ 800	>800 ~ 1600	>1600 ~ 3200	>3200 ~ 6300	>6300 ~ 12500	>12500 ~ 25000	>25000 ~ 50000	>50000
L1	≤0.125	M1	M1	M1	M2	M3	M4	M5	M6	M7	M8
L2	>0.125 ~ 0.250	M1	M1	M2	M3	M4	M5	M6	M7	M8	—
L3	>0.250 ~ 0.500	M1	M2	M3	M4	M5	M6	M7	M8	—	—
L4	>0.500 ~ 1.000	M2	M3	M4	M5	M6	M7	M8	—	—	—

表 5-152 环链电动葫芦的额定起重量（摘自 JB/T 5317—2016）（单位：t）

0.1	0.125	0.16	0.2	0.25	0.32	0.4	0.5	0.63	0.8
1	1.25	1.6	2	2.5	3.2	4	5	6.3	8
10	12.5	16	20	25	32	40	50	63	80
100	—	—	—	—	—	—	—	—	—

表 5-153 环链电动葫芦的起升高度（摘自 JB/T 5317—2016）（单位：m）

—	—	—	3.2	4	5	6.3	8	10	12.5
16	20	25	32	40	50	63	80	100	125
160	—	—	—	—	—	—	—	—	—

表 5-154 环链电动葫芦的起升速度（摘自 JB/T 5317—2016）

（单位：m/min）

—	—	—	0.25	0.32	0.4	0.5	0.63	0.8	1
1.25	1.6	2	2.5	3.2	4	5	6.3	8	10
12.5	16	20	25	32	—	—	—	—	—

表 5-155 环链电动葫芦的运行速度（摘自 JB/T 5317—2016）

（单位：m/min）

3.2	4	5	6.3	8	10
12.5	16	20	25	32	40

第6章 建筑五金

1 建筑用金属型材

1.1 钢筋和钢丝

1.1.1 钢筋混凝土用热轧光圆钢筋 （见表 6-1~表 6-3）

表 6-1 热轧光圆钢筋的公称横截面面积与理论质量 （摘自 GB/T 1499.1—2017）

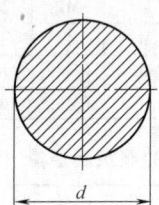

公称直径/mm	公称横截面面积/mm²	理论质量/（kg/m）
6	28.27	0.222
8	50.27	0.395
10	78.54	0.617
12	113.1	0.888
14	153.9	1.21
16	201.1	1.58
18	254.5	2.00
20	314.2	2.47
22	380.1	2.98

注：表中理论质量按密度为 7.85g/cm³ 计算。

表 6-2 热轧光圆钢筋的牌号及化学成分 （熔炼分析）（摘自 GB/T 1499.1—2017）

牌　号	化学成分（质量分数，%）≤				
	C	Si	Mn	P	S
HPB300	0.25	0.55	1.50	0.045	0.045

表 6-3 热轧光圆钢筋的力学性能 （摘自 GB/T 1499.1—2017）

牌　号	下屈服强度 R_{eL} /MPa	抗拉强度 R_m /MPa	断后伸长率 A （%）	最大力总伸长率 A_{gt} （%）	冷弯试验 180° d—弯芯直径 a—钢筋公称直径
	不小于				
HPB300	300	420	25	10.0	$d = a$

1.1.2 钢筋混凝土用热轧带肋钢筋（见表6-4~表6-7）

表6-4 热轧带肋钢筋的公称截面面积和理论质量（摘自 GB 1499.2—2007）

公称直径/mm	公称横截面面积/mm²	理论质量/（kg/m）
6	28.27	0.222
8	50.27	0.395
10	78.54	0.617
12	113.1	0.888
14	153.9	1.21
16	201.1	1.58
18	254.5	2.00
20	314.2	2.47
22	380.1	2.98
25	490.9	3.85
28	615.8	4.83
32	804.2	6.31
36	1018	7.99
40	1257	9.87
50	1964	15.42

注：理论质量按密度为 7.85g/cm³ 计算。

表6-5 月牙肋钢筋（带纵肋）的形状和尺寸（摘自 GB 1499.2—2007）

（单位：mm）

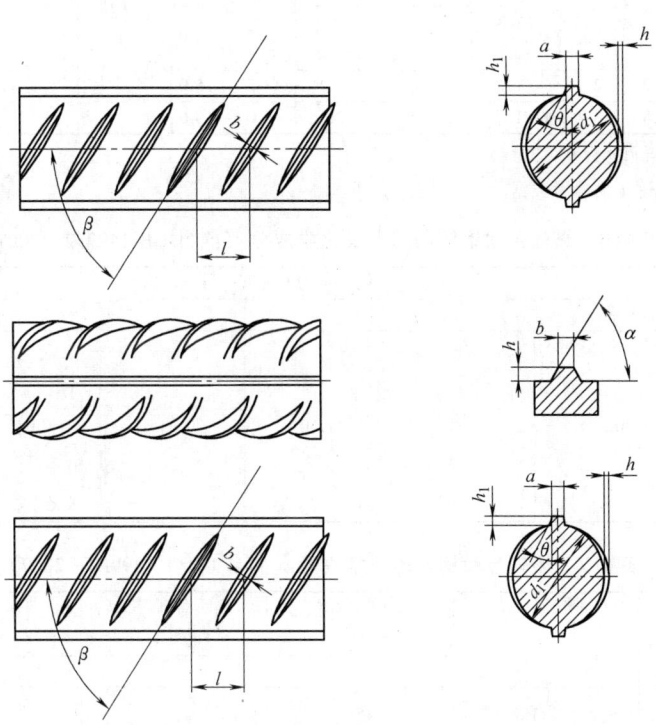

（续）

 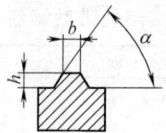

公称直径 d	内径 d_1		横肋高 h		纵肋高 h_1（不大于）	横肋宽 b	纵肋宽 a	间距 1		横肋末端最大间隙（公称周长的10%弦长）
	公称尺寸	允许偏差	公称尺寸	允许偏差				公称尺寸	允许偏差	
6	5.8	±0.3	0.6	±0.3	0.8	0.4	1.0	4.0		1.8
8	7.7		0.8	+0.4 −0.3	1.1	0.5	1.5	5.5		2.5
10	9.6		1.0	±0.4	1.3	0.6	1.5	7.0	±0.5	3.1
12	11.5	±0.4	1.2	+0.4 −0.5	1.6	0.7	1.5	8.0		3.7
14	13.4		1.4		1.8	0.8	1.8	9.0		4.3
16	15.4		1.5		1.9	0.9	1.8	10.0		5.0
18	17.3		1.6	±0.5	2.0	1.0	2.0	10.0		5.6
20	19.3		1.7		2.1	1.2	2.0	10.0		6.2
22	21.3	±0.5	1.9		2.4	1.3	2.5	10.5	±0.8	6.8
25	24.2		2.1	±0.6	2.6	1.5	2.5	12.5		7.7
28	27.2		2.2		2.7	1.7	3.0	12.5		8.6
32	31.0	±0.6	2.4	+0.8 −0.7	3.0	1.9	3.0	14.0	±1.0	9.9
36	35.0		2.6	+1.0 −0.8	3.2	2.1	3.5	15.0		11.1
40	38.7	±0.7	2.9	±1.1	3.5	2.2	3.5	15.0		12.4
50	48.5	±0.8	3.2	±1.2	3.8	2.5	4.0	16.0		15.5

注：1. 纵肋斜角 θ 为 0°~30°。

2. 尺寸 a、b 为参考数据。

表6-6 热轧带肋钢筋的牌号及化学成分（摘自 GB 1499.2—2007）

牌　号	化学成分(质量分数,%)≤					
	C	Si	Mn	P	S	Ceq
HRB335 HRBF335	0.25	0.80	1.60	0.045	0.045	0.52
HRB400 HRBF400						0.54
HRB500 HRBF500						0.55

表6-7 热轧带肋钢筋的力学性能（摘自 GB/T 1499.2—2007）

牌　号	下屈服强度 R_{eL} /MPa	抗拉强度 R_m /MPa	断后伸长率 A （%）	最大力总伸长率 A_{gt} （%）
	≥			
HRB335 HRBF335	335	455	17	7.5

（续）

牌　号	下屈服强度 R_{eL} /MPa	抗拉强度 R_m /MPa	断后伸长率 A （%）	最大力总伸长率 A_{gt} （%）
		≥		
HRB400 HRBF400	400	540	16	7.5
HRB500 HRBF500	500	630	15	

1.1.3　钢筋混凝土用余热处理钢筋（见表6-8～表6-10）

表6-8　余热处理钢筋的公称截面面积和理论质量（摘自 GB/T 13014—2013）

公称直径/mm	公称横截面面积/mm²	理论质量/(kg/m)
8	50.27	0.395
10	78.54	0.617
12	113.1	0.888
14	153.9	1.21
16	201.1	1.58
18	254.5	2.00
20	314.2	2.47
22	380.1	2.98
25	490.9	3.85
28	615.8	4.83
32	804.2	6.31
36	1018	7.99
40	1257	9.87
50	1964	15.42

注：1. 理论质量按密度 7.85g/cm³ 计算。

2. 月牙肋钢筋的形状和尺寸见表6-5，规格范围8～50mm。

表6-9　余热处理钢筋的牌号及化学成分（摘自 GB/T 13014—2013）

牌　号	化学成分(质量分数,%) ≤					
	C	Si	Mn	P	S	碳当量
RRB400 RRB500	0.30	1.00	1.60	0.045	0.045	—
RRB400W	0.25	0.80	1.60	0.045	0.045	0.50

表6-10　余热处理钢筋的力学性能（摘自 GB/T 13014—2013）

牌　号	R_{eL}/MPa	R_m/MPa	A(%)	A_{gt}(%)
		≥		
RRB400	400	540	14	5.0
RRB500	500	630	13	
RRB400W	430	570	16	7.5

注：时效后检验结果。

1.1.4 预应力混凝土用钢棒（见表 6-11~表 6-16）

表 6-11 光圆钢棒的尺寸及允许偏差、理论质量（摘自 GB/T 5223.3—2017）

公称直径 D_n/mm	直径允许偏差 /mm	公称横截面面积 S_n/mm²	每米理论质量 /（g/m）
6	±0.10	28.3	222
7		38.5	302
8		50.3	395
9	±0.12	63.6	499
10		78.5	616
11		95.0	746
12		113	887
13		133	1044
14		154	1209
15		177	1389
16		201	1578

注：每米理论质量=公称横截面面积×钢的密度。计算钢棒每米理论质量时，钢的密度为 7.85g/cm³。

表 6-12 螺旋槽钢棒的外形、尺寸、理论质量及允许偏差（摘自 GB/T 5223.3—2017）

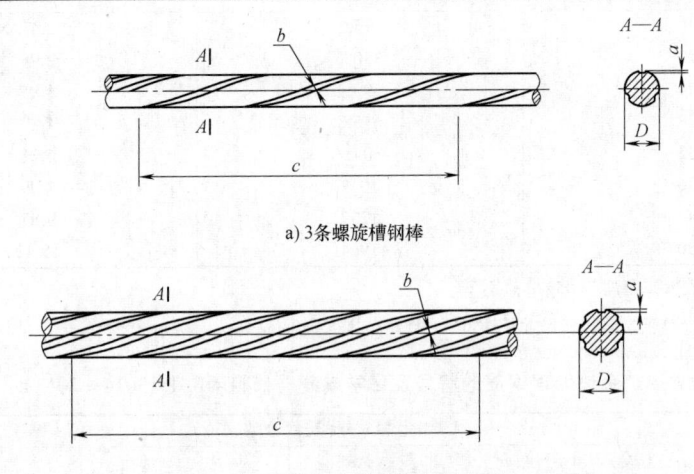

a) 3条螺旋槽钢棒

b) 6条螺旋槽钢棒

公称直径 D_n /mm	公称横截面面积 S_n /mm	每米理论质量 /（g/m）	每米理论质量 /（g/m） max	每米理论质量 /（g/m） min	螺旋槽数量/条	外轮廓直径及偏差 直径 D/mm	外轮廓直径及偏差 允许偏差 /mm	螺旋槽尺寸 深度 a/mm	螺旋槽尺寸 允许偏差 /mm	螺旋槽尺寸 宽度 b/mm	螺旋槽尺寸 允许偏差 /mm	导程及偏差 导程 c/mm	导程及偏差 允许偏差 /mm
7.1	40	314	327	306	3	7.25	±0.15	0.20	±0.10	1.70	±0.10	公称直径的10倍	±10
9.0	64	502	522	490	6	9.25		0.30		1.50			
10.7	90	707	735	689	6	11.10	±0.20	0.30		2.00			
12.6	125	981	1021	957	6	13.10		0.45	±0.15	2.20			
14.0	154	1209	1257	1179	6	14.30	±0.25	0.45		2.30			

表 6-13 螺旋肋钢棒的外形、尺寸、理论质量及允许偏差（摘自 GB/T 5223.3—2017）

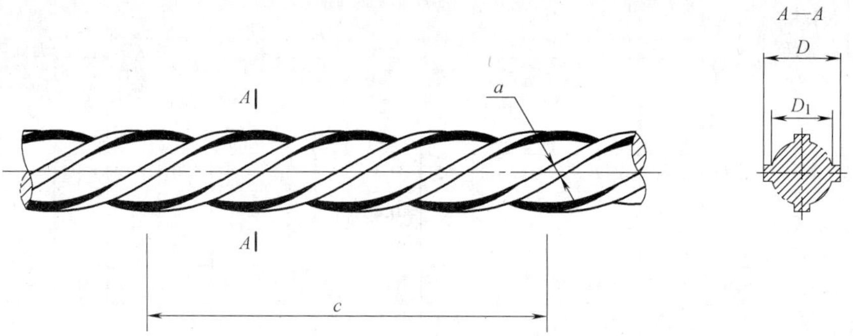

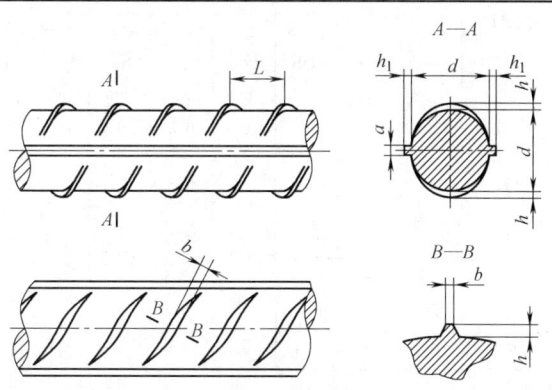

公称直径 D_n /mm	公称横截面面积 S_n /mm²	每米理论质量 /（g/m）	每米理论质量 /（g/m） max	每米理论质量 /（g/m） min	螺旋肋数量/条	基圆尺寸 基圆直径 D_1 /mm	基圆尺寸 允许偏差 /mm	外轮廓尺寸 外轮廓直径 D /mm	外轮廓尺寸 允许偏差 /mm	单肋尺寸 宽度 a/mm	螺旋肋导程 c/mm
6	28.3	222	231	217		5.80		6.30		2.20~2.60	40~50
7	38.5	302	314	295		6.73	±0.10	7.46	±0.15	2.60~3.00	50~60
8	50.3	395	411	385		7.75		8.45		3.00~3.40	60~70
9	63.6	499	519	487		8.75		9.45		3.40~3.80	65~75
10	78.5	616	641	601		9.75		10.45		3.60~4.20	70~85
11	95.0	746	776	727		10.75		11.45		4.00~4.60	75~90
12	113	887	923	865	4	11.70	±0.15	12.50	±0.20	4.20~5.00	85~100
13	133	1044	1086	1018		12.75		13.45		4.60~5.40	95~110
14	154	1209	1257	1179		13.75		14.40		5.00~5.80	100~115
16	201	1578	1641	1538		15.75	±0.05	16.70	±0.10	3.50~4.50	65~75
18	254	1994	2074	1944		17.68	±0.06	18.68	±0.12	4.00~5.00	80~90
20	314	2465	2563	2403		19.62	±0.08	20.82	±0.16	4.50~5.50	90~100
22	380	2983	3102	2908		21.60	±0.10	23.20	±0.20	5.50~6.50	100~110

注：16~22mm 预应力螺旋肋钢棒主要用于矿山支护用钢棒。

表 6-14 有纵肋带肋钢棒的外形、尺寸、理论质量及允许偏差（摘自 GB/T 5223.3—2017）

（续）

公称直径 D_n /mm	公称横截面面积 S_n /mm	每米理论质量 /(g/m)	每米理论质量 /(g/m)		内径 d		横肋高 h		纵肋高 h_1		横肋宽 b /mm	纵肋宽 a /mm	间距 L		横肋末端最大间隙（公称周长的10%弦长）/mm
			max	min	公称尺寸 /mm	允许偏差 /mm	公称尺寸 /mm	允许偏差 /mm	公称尺寸 /mm	允许偏差 /mm			公称尺寸 /mm	允许偏差 /mm	
6	28.3	222	231	217	5.8	±0.4	0.5	±0.3	0.6	±0.3	0.4	1.0	4.0	±0.5	1.8
8	50.3	395	411	385	7.7	±0.5	0.7	+0.4 -0.3	0.8	±0.5	0.6	1.2	5.5		2.5
10	78.5	616	641	601	9.6		1.0		1.0	±0.6	1.0	1.5	7.0		3.1
12	113	887	923	865	11.5		1.2		1.2		1.2	1.5	8.0		3.7
14	154	1209	1257	1179	13.4		1.4	+0.4 -0.5	1.4	±0.8	1.2	1.8	9.0		4.3
16	201	1578	1641	1538	15.4		1.5		1.5		1.2	1.8	10.0		5.0

注：1. 纵肋斜角 θ 为 0°～30°。

　　2. 尺寸 a、b 为参考数据。

表 6-15　无纵肋带肋钢棒的外形、尺寸、理论质量及允许偏差（摘自 GB/T 5223.3—2017）

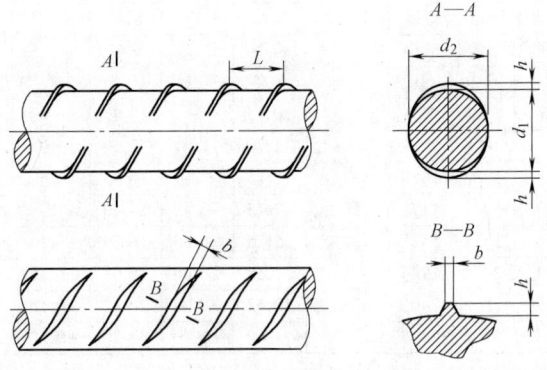

公称直径 D_n/mm	公称横截面面积 S_n/mm	每米理论质量 /(g/m)	每米理论质量 /(g/m)		垂直内径 d_1		水平内径 d_2		横肋高 h		横肋宽 b /mm	间距 L	
			max	min	公称尺寸 /mm	允许偏差 /mm	公称尺寸 /mm	允许偏差 /mm	公称尺寸 /mm	允许偏差 /mm		公称尺寸 /mm	允许偏差 /mm
6	28.3	222	231	217	5.7	±0.4	6.2	±0.4	0.5	±0.3	0.4	4.0	±0.5
8	50.3	395	411	385	7.5	±0.5	8.3	±0.5	0.7	+0.4 -0.3	0.6	5.5	
10	78.5	616	641	601	9.4		10.3		1.0	±0.4	1.0	7.0	
12	113	887	923	865	11.3		12.3		1.2	+0.4 -0.5	1.2	8.0	
14	154	1209	1257	1179	13.0		14.3		1.4		1.2	9.0	
16	201	1578	1641	1538	15.0		16.3		1.5		1.2	10.0	

注：尺寸 b 为参考数据。

表 6-16　钢棒的力学性能和工艺性能（摘自 GB/T 5223.3—2017）

表面形状类型	公称直径 D_n/mm	抗拉强度 R_m/MPa ≥	规定塑性延伸强度 $R_{p0.2}$/MPa ≥	弯曲性能 性能要求	弯曲半径/mm	应力松弛性能 初始应力为公称抗拉强度的百分数(%)	1000h 应力松弛率 r(%) ≥
光圆	6	1080 1230 1420 1570	930 1080 1280 1420	反复弯曲不小于 4 次	15	60 70 80	1.0 2.0 4.5
	7				20		
	8				20		
	9				25		
	10				25		
	11			弯曲 160°~180° 后弯曲处无裂纹	弯曲压头直径为钢棒公称直径的 10 倍		
	12						
	13						
	14						
	15						
	16						
螺旋槽	7.1	1080 1230 1420 1570	930 1080 1280 1420	—			
	9.0						
	10.7						
	12.6						
	14.0						
螺旋肋	6	1080 1230 1420 1570	930 1080 1280 1420	反复弯曲不小于 4 次/180°	15	60 70 80	1.0 2.0 4.5
	7				20		
	8				20		
	9				25		
	10				25		
	11			弯曲 160°~180° 后弯曲处无裂纹	弯曲压头直径为钢棒公称直径的 10 倍		
	12						
	13						
	14						
	16	1080 1270	930 1140				
	18						
	20						
	22						
带肋钢棒	6	1080 1230 1420 1570	930 1080 1280 1420	—			
	8						
	10						
	12						
	14						
	16						

1.1.5 预应力混凝土用钢丝（见表 6-17~表 6-21）

表 6-17 光圆钢丝的尺寸、允许偏差及理论质量（摘自 GB/T 5223—2014）

公称直径 d_n/mm	直径允许偏差 /mm	公称横截面面积 S_n/mm²	理论质量 /（g/m）
4.00	±0.04	12.57	98.6
4.80		18.10	142
5.00	±0.05	19.63	154
6.00		28.27	222
6.25		30.68	241
7.00		38.48	302
7.50		44.18	347
8.00	±0.06	50.26	394
9.00		63.62	499
9.50		70.88	556
10.00		78.54	616
11.00		95.03	746
12.00		113.1	888

表 6-18 螺旋肋钢丝的外形、尺寸及允许偏差（摘自 GB/T 5223—2014）

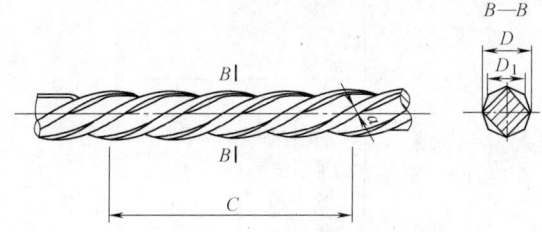

公称直径 d_n/mm	螺旋肋数量/条	基圆尺寸		外轮廓尺寸		单肋尺寸	螺旋肋导程
		基圆直径 D_1/mm	允许偏差 /mm	外轮廓直径 D/mm	允许偏差 /mm	宽度 a/mm	C/mm
4.00	4	3.85		4.25	±0.05	0.90~1.30	24~30
4.80	4	4.60		5.10		1.30~1.70	28~36
5.00	4	4.80		5.30			
6.00	4	5.80		6.30		1.60~2.00	30~38
6.25	4	6.00		6.70			30~40
7.00	4	6.73	±0.05	7.46		1.80~2.20	35~45
7.50	4	7.26		7.96		1.90~2.30	36~46
8.00	4	7.75		8.45		2.00~2.40	40~50
9.00	4	8.75		9.45	±0.10	2.10~2.70	42~52
9.50	4	9.30		10.10		2.20~2.80	44~53
10.00	4	9.75		10.45		2.50~3.00	45~58
11.00	4	10.76		11.47		2.60~3.10	50~64
12.00	4	11.78		12.50		2.70~3.20	55~70

表 6-19　三面刻痕钢丝的外形、尺寸及允许偏差（摘自 GB/T 5223—2014）

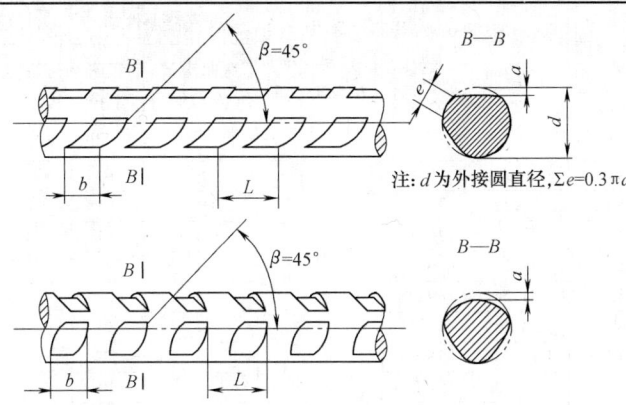

注：d 为外接圆直径，$\Sigma e = 0.3\pi d$

公称直径	刻痕深度		刻痕长度		节距	
d_n/mm	公称深度 a/mm	允许偏差 /mm	公称长度 b/mm	允许偏差 /mm	公称节距 L/mm	允许偏差 /mm
≤5.00	0.12	±0.05	3.5	±0.5	5.5	±0.5
>5.00	0.15		5.0		8.0	

注：公称直径指横截面面积等同于光圆钢丝横截面面积时所对应的直径，$d = d_n$。

表 6-20　压力管道用冷拉钢丝的力学性能（摘自 GB/T 5223—2014）

公称直径 d_n /mm	公称抗拉强度 R_m/MPa	最大力的特征值 F_m/kN	最大力的最大值 $F_{m,max}$/kN	0.2%屈服力 $F_{p0.2}$/kN ≥	每 210mm 扭矩的扭转次数 N ≥	断面收缩率 $Z(\%)$ ≥	氢脆敏感性能负载为 70%最大力时,断裂时间 t/h≥	应力松弛性能初始力为最大力 70%时,1000h 应力松弛率 r/% ≤
4.00	1470	18.48	20.99	13.86	10	35		
5.00		28.86	32.79	21.65	10	35		
6.00		41.56	47.21	31.17	8	30		
7.00		56.57	64.27	42.42	8	30		
8.00		73.88	83.93	55.41	7	30		
4.00	1570	19.73	22.24	14.80	10	35		
5.00		30.82	34.75	23.11	10	35		
6.00		44.38	50.03	33.29	8	30		
7.00		60.41	68.11	45.31	8	30	75	7.5
8.00		78.91	88.96	59.18	7	30		
4.00	1670	20.99	23.50	15.74	10	35		
5.00		32.78	36.71	24.59	10	35		
6.00		47.21	52.86	35.41	8	30		
7.00		64.26	71.96	48.20	8	30		
8.00		83.93	93.99	62.95	6	30		
4.00	1770	22.25	24.76	16.69	10	35		
5.00		34.75	38.68	26.06	10	35		
6.00		50.04	55.69	37.53	8	30		
7.00		68.11	75.81	51.08	6	30		

表 6-21 消除应力光圆及螺旋肋钢丝的力学性能 (摘自 GB/T 5223—2014)

公称直径 d_n /mm	公称抗拉强度 R_m/MPa	最大力的特征值 F_m/kN	最大力的最大值 $F_{m,max}$/kN	0.2%屈服力 $F_{p0.2}$/kN ≥	最大力总伸长率 ($L_0=200mm$) A_{gt}/% ≥	弯曲次数 /(次/180°) ≥	弯曲半径 R/mm	初始力相当于实际最大力的百分数/%	1000h应力松弛率 r/% ≤
4.00		18.48	20.99	16.22		3	10		
4.80		26.61	30.23	23.35		4	15		
5.00		28.86	32.78	25.32		4	15		
6.00		41.56	47.21	36.47		4	15		
6.25		45.10	51.24	39.58		4	20		
7.00		56.57	64.26	49.64		4	20		
7.50	1470	64.94	73.78	56.99		4	20		
8.00		73.88	83.93	64.84		4	20		
9.00		93.52	106.25	82.07		4	25		
9.50		104.19	118.37	91.44		4	25		
10.00		115.45	131.16	101.32		4	25		
11.00		139.69	158.70	122.59		—	—		
12.00		166.26	188.88	145.90		—	—		
4.00		19.73	22.24	17.37		3	10		
4.80		28.41	32.03	25.00		4	15		
5.00		30.82	34.75	27.12		4	15		
6.00		44.38	50.03	39.06		4	15		
6.25		48.17	54.31	42.39		4	20		
7.00		60.41	68.11	53.16		4	20		
7.50	1570	69.36	78.20	61.04	3.5	4	20	70	2.5
8.00		78.91	88.96	69.44		4	20		
9.00		99.88	112.60	87.89		4	25		
9.50		111.28	125.46	97.93		4	25	80	4.5
10.00		123.31	139.02	108.51		4	25		
11.00		149.20	168.21	131.30		—	—		
12.00		177.57	200.19	156.26		—	—		
4.00		20.99	23.50	18.47		3	10		
5.00		32.78	36.71	28.85		4	15		
6.00		47.21	52.86	41.54		4	15		
6.25	1670	51.24	57.38	45.09		4	20		
7.00		64.26	71.96	56.55		4	20		
7.50		73.78	82.62	64.93		4	20		
8.00		83.93	93.98	73.86		4	20		
9.00		106.25	118.97	93.50		4	25		
4.00		22.25	24.76	19.58		3	10		
5.00		34.75	38.68	30.58		4	15		
6.00	1770	50.04	55.69	44.03		4	15		
7.00		68.11	75.81	59.94		4	20		
7.50		78.20	87.04	68.81		4	20		
4.00		23.38	25.89	20.57		3	10		
5.00	1860	36.51	40.44	32.13		4	15		
6.00		52.58	58.23	46.27		4	15		
7.00		71.57	79.27	62.98		4	20		

1.1.6　预应力混凝土用钢绞线（见表 6-22～表 6-29）

表 6-22　1×2 结构钢绞线的外形、尺寸及允许偏差、截面面积、

理论质量（摘自 GB/T 5224—2014）

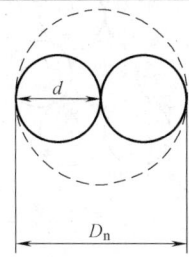

钢绞线结构	公称直径		钢绞线直径 允许偏差/mm	钢绞线公称横截 面面积 S_n/mm^2	理论质量 /(g/m)
	钢绞线直径 D_n/mm	钢丝直径 d/mm			
1×2	5.00	2.50	+0.15 −0.05	9.82	77.1
	5.80	2.90		13.2	104
	8.00	4.00	+0.25 −0.10	25.1	197
	10.00	5.00		39.3	309
	12.00	6.00		56.5	444

表 6-23　1×3 结构钢绞线的外形、尺寸及允许偏差、截面面积、

理论质量（摘自 GB/T 5224—2014）

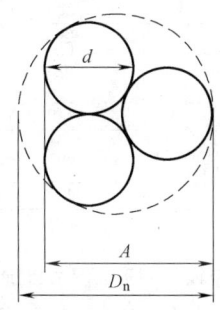

钢绞线 结构	公称直径		钢绞线测量尺寸 A/mm	测量尺寸 A 允许偏差 /mm	钢绞线公称 横截面面积 S_n /mm^2	理论质量 /(g/m)
	钢绞线直径 D_n/mm	钢丝直径 d/mm				
1×3	6.20	2.90	5.41	+0.15 −0.05	19.8	155
	6.50	3.00	5.60		21.2	166
	8.60	4.00	7.46	+0.20 −0.10	37.7	296
	8.74	4.05	7.56		38.6	303
	10.80	5.00	9.33		58.9	462
	12.90	6.00	11.20		84.8	666
1×3I	8.70	4.04	7.54		38.5	302

表 6-24　1×7 结构钢绞线的外形、尺寸及允许偏差、截面面积、
理论质量（摘自 GB/T 5224—2014）

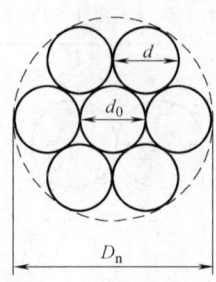

钢绞线结构	公称直径 D_n/mm	直径允许偏差 /mm	钢绞线公称横截面面积 S_n/mm²	理论质量 /(g/m)	中心钢丝直径 d_0 加大范围(%) ≥
1×7	9.50 (9.53)	+0.30 −0.15	54.8	430	2.5
	11.10 (11.11)		74.2	582	
	12.70	+0.40 −0.15	98.7	775	
	15.20 (15.24)		140	1101	
	15.70		150	1178	
	17.80 (17.78)		191 (189.7)	1500	
	18.90		220	1727	
	21.60		285	2237	
1×7I	12.70	+0.40 −0.15	98.7	775	
	15.20 (15.24)		140	1101	
(1×7)C	12.70	+0.40 −0.15	112	890	
	15.20 (15.24)		165	1295	
	18.00		223	1750	

注：可按括号内规格供货。

表 6-25　1×19 结构钢绞线的外形、尺寸及允许偏差、截面面积、
理论质量（摘自 GB/T 5224—2014）

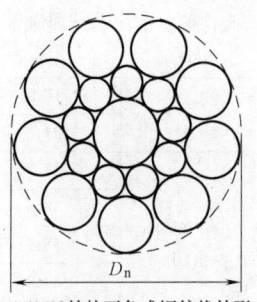

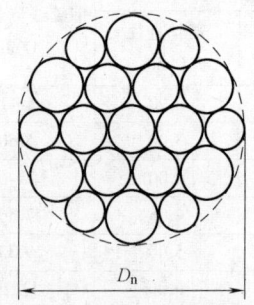

a) 1×19结构西鲁式钢绞线外形　　　　b) 1×19结构瓦林吞式钢绞线

（续）

钢绞线结构	公称直径 D_n/mm	直径允许偏差 /mm	钢绞线公称横截面面积 S_n/mm²	理论质量 /(g/m)
1×19S (1+9+9)	17.8	+0.40 −0.15	208	1652
	19.3		244	1931
	20.3		271	2149
	21.8		313	2482
	28.6		532	4229
1×19W (1+6+6/6)	28.6		532	4229

注：1×19 钢绞线的公称直径为钢绞线的外接圆的直径。

表 6-26　1×2 结构钢绞线的力学性能（摘自 GB/T 5224—2014）

钢绞线结构	钢绞线公称直径 D_n/mm	公称抗拉强度 R_m/MPa	整根钢绞线最大力 F_m/kN ≥	整根钢绞线最大力的最大值 $F_{m,max}$/kN ≤	0.2%屈服力 $F_{p0.2}$/kN ≥	最大力总伸长率 ($L_0 \geq 400mm$) A_{gt}(%) ≥	应力松弛性能	
							初始负荷相当于实际最大力的百分数(%)	1000h 应力松弛率 r(%) ≤
1×2	8.00	1470	36.9	41.9	32.5	对所有规格 3.5	对所有规格 70 80	对所有规格 2.5 4.5
	10.00		57.8	65.6	50.9			
	12.00		83.1	94.4	73.1			
	5.00	1570	15.4	17.4	13.6			
	5.80		20.7	23.4	18.2			
	8.00		39.4	44.4	34.7			
	10.00		61.7	69.6	54.3			
	12.00		88.7	100	78.1			
	5.00	1720	16.9	18.9	14.9			
	5.80		22.7	25.3	20.0			
	8.00		43.2	48.2	38.0			
	10.00		67.6	75.5	59.5			
	12.00		97.2	108	85.5			
	5.00	1860	18.3	20.2	16.1			
	5.80		24.6	27.2	21.6			
	8.00		46.7	51.7	41.1			
	10.00		73.1	81.0	64.3			
	12.00		105	116	92.5			
	5.00	1960	19.2	21.2	16.9			
	5.80		25.9	28.5	22.8			
	8.00		49.2	54.2	43.3			
	10.00		77.0	84.9	67.8			

表 6-27　1×3 结构钢绞线的力学性能 （摘自 GB/T 5224—2014）

钢绞线结构	钢绞线公称直径 D_n/mm	公称抗拉强度 R_m/MPa	整根钢绞线最大力 F_m/kN ≥	整根钢绞线最大力的最大值 $F_{m,max}$/kN ≤	0.2%屈服力 $F_{p0.2}$/kN ≥	最大力总伸长率 (L_0≥400mm) A_{gt}(%) ≥	初始负荷相当于实际最大力的百分数(%)	1000h 应力松弛率 r(%) ≤
1×3	8.60	1470	55.4	63.0	48.8	对所有规格	对所有规格	对所有规格
	10.80		86.6	98.4	76.2			
	12.90		125	142	110			
	6.20	1570	31.1	35.0	27.4			
	6.50		33.3	37.5	29.3			
	8.60		59.2	66.7	52.1			
	8.74		60.6	68.3	53.3			
	10.80		92.5	104	81.4			
	12.90		133	150	117			
	8.74	1670	64.5	72.2	56.8			
	6.20	1720	34.1	38.0	30.0			
	6.50		36.5	40.7	32.1		3.5	70	2.5
	8.60		64.8	72.4	57.0			
	10.80		101	113	88.9			
	12.90		146	163	128			
	6.20	1860	36.8	40.8	32.4			
	6.50		39.4	43.7	34.7			
	8.60		70.1	77.7	61.7		80	4.5
	8.74		71.8	79.5	63.2			
	10.80		110	121	96.8			
	12.90		158	175	139			
	6.20	1960	38.8	42.8	34.1			
	6.50		41.6	45.8	36.6			
	8.60		73.9	81.4	65.0			
	10.80		115	127	101			
	12.90		166	183	146			
1×3I	8.70	1570	60.4	68.1	53.2			
		1720	66.2	73.9	58.3			
		1860	71.6	79.3	63.0			

表 6-28　1×7 结构钢绞线的力学性能 （摘自 GB/T 5224—2014）

钢绞线结构	钢绞线公称直径 D_n/mm	公称抗拉强度 R_m/MPa	整根钢绞线最大力 F_m/kN ≥	整根钢绞线最大力的最大值 $F_{m,max}$/kN ≤	0.2%屈服力 $F_{p0.2}$/kN ≥	最大力总伸长率 (L_0≥500mm) A_{gt}(%) ≥	初始负荷相当于实际最大力的百分数(%)	1000h 应力松弛率 r(%) ≤
1×7	15.20 (15.24)	1470	206	234	181	对所有规格	对所有规格	对所有规格
		1570	220	248	194	3.5	70	2.5
		1670	234	262	206		80	4.5

（续）

钢绞线结构	钢绞线公称直径 D_n/mm	公称抗拉强度 R_m/MPa	整根钢绞线最大力 F_m/kN ≥	整根钢绞线最大力的最大值 $F_{m,max}$/kN ≤	0.2%屈服力 $F_{p0.2}$/kN ≥	最大力总伸长率（L_0≥500mm）A_{gt}(%) ≥	应力松弛性能	
							初始负荷相当于实际最大力的百分数(%)	1000h应力松弛率 r(%) ≤
1×7	9.50 (9.53)	1720	94.3	105	83.0	对所有规格	对所有规格	对所有规格
	11.10 (11.11)		128	142	113			
	12.70		170	190	150			
	15.20 (15.24)		241	269	212			
	17.80 (17.78)		327	365	288			
	18.90	1820	400	444	352			
	15.70	1770	266	296	234			
	21.60		504	561	444			
	9.50 (9.53)	1860	102	113	89.8			
	11.10 (11.11)		138	153	121			
	12.70		184	203	162		70	2.5
	15.20 (15.24)		260	288	229			
	15.70		279	309	246	3.5		
	17.80 (17.78)		355	391	311			
	18.90		409	453	360		80	4.5
	21.60		530	587	466			
	9.50 (9.53)	1960	107	118	94.2			
	11.10 (11.11)		145	160	128			
	12.70		193	213	170			
	15.20 (15.24)		274	302	241			
1×7I	12.70	1860	184	203	162			
	15.20 (15.24)		260	288	229			
(1×7)C	12.70	1860	208	231	183			
	15.20 (15.24)	1820	300	333	264			
	18.00	1720	384	428	338			

表 6-29 1×19 结构钢绞线的力学性能（摘自 GB/T 5224—2014）

钢绞线结构	钢绞线公称直径 D_n/mm	公称抗拉强度 R_m/MPa	整根钢绞线最大力 F_m/kN ≥	整根钢绞线最大力的最大值 $F_{m,max}$/kN ≤	0.2%屈服力 $F_{p0.2}$/kN ≥	最大力总伸长率 (L_0≥500mm) A_{gt}(%) ≥	应力松弛性能 初始负荷相当于实际最大力的百分数(%)	应力松弛性能 1000h 应力松弛率 r(%) ≤
	28.6	1720	915	1021	805	对所有规格	对所有规格	对所有规格
1×19S (1+9 +9)	17.8	1770	368	410	334	3.5	70	2.5
	19.3		431	481	379			
	20.3		480	534	422			
	21.8		554	617	488			
	28.6		942	1048	829			
	20.3	1810	491	545	432			
	21.8		567	629	499			
	17.8	1860	387	428	341		80	4.5
	19.3		454	503	400			
	20.3		504	558	444			
	21.8		583	645	513			
1×19W (1+6 +6/6)	28.6	1720	915	1021	805			
		1770	942	1048	829			
		1860	990	1096	854			

1.2 建筑用型钢和钢板

1.2.1 焊接 H 型钢（见表 6-30）

表 6-30 焊接 H 型钢的外形、型号、尺寸及基本参数（摘自 YB/T 3301—2005）

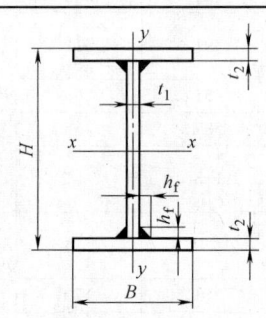

型号	尺寸 H	尺寸 B	尺寸 t_1	尺寸 t_2	截面面积 /cm²	理论质量 /(kg/m)	截面特性参数 x-x I_x /cm⁴	W_x /cm³	i_x /cm	截面特性参数 y-y I_y /cm⁴	W_y /cm³	i_y /cm	焊脚尺寸 h_f/mm
			mm										
WH100×50	100	50	3.2	4.5	7.41	5.82	122	24	4.05	9	3	1.10	3
	100	50	4	5	8.60	6.75	137	27	3.99	10	4	1.07	4
WH100×75	100	75	4	6	12.5	9.83	221	44	4.20	42	11	1.83	4
WH100×100	100	100	4	6	15.5	12.2	288	57	4.31	100	20	2.54	4
	100	100	6	8	21.0	16.5	369	73	4.19	133	26	2.51	5

（续）

型　号	尺　寸				截面面积 /cm²	理论质量 /(kg/m)	截面特性参数						焊脚尺寸
	H	B	t_1	t_2			x-x			y-y			h_f/mm
							I_x /cm⁴	W_x /cm³	i_x /cm	I_y /cm⁴	W_y /cm³	i_y /cm	
	mm												
WH125×75	125	75	4	6	13.5	10.6	366	58	5.20	42	11	1.76	4
WH125×125	125	125	4	6	19.5	15.3	579	92	5.44	195	31	3.16	4
WH150×75	150	75	3.2	4.5	11.2	8.8	432	57	6.21	31	8	1.66	3
	150	75	4	6	14.5	11.4	554	73	6.18	42	11	1.70	4
	150	75	5	8	18.7	14.7	705	94	6.14	56	14	1.73	5
WH150×100	150	100	3.2	4.5	13.5	10.6	551	73	6.38	75	15	2.35	3
	150	100	4	6	17.5	13.8	710	94	6.36	100	20	2.39	4
	150	100	5	8	22.7	17.8	907	120	6.32	133	26	2.42	5
WH150×150	150	150	4	6	23.5	18.5	1021	136	6.59	337	44	3.78	4
	150	150	5	8	30.7	24.1	1311	174	6.53	450	60	3.82	5
	150	150	6	8	32.0	25.2	1331	177	6.44	450	60	3.75	5
WH200×100	200	100	3.2	4.5	15.1	11.9	1045	104	8.31	75	15	2.22	3
	200	100	4	6	19.5	15.3	1350	135	8.32	100	20	2.26	4
	200	100	5	8	25.2	19.8	1734	173	8.29	133	26	2.29	5
WH200×150	200	150	4	6	25.5	20.0	1915	191	8.66	337	44	3.63	4
	200	150	5	8	33.2	26.1	2472	247	8.62	450	60	3.68	5
WH200×200	200	200	5	8	41.2	32.3	3210	321	8.82	1066	106	5.08	5
	200	200	6	10	50.8	39.9	3904	390	8.76	1333	133	5.12	5
WH250×125	250	125	4	6	24.5	19.2	2682	214	10.4	195	31	2.82	4
	250	125	5	8	31.7	24.9	3463	277	10.4	260	41	2.86	5
	250	125	6	10	38.8	30.5	4210	336	10.4	325	52	2.89	5
WH250×150	250	150	4	6	27.5	21.6	3129	250	10.6	337	44	3.50	4
	250	150	5	8	35.7	28.0	4048	323	10.6	450	60	3.55	5
	250	150	6	10	43.8	34.4	4930	394	10.6	562	74	3.58	5
WH250×200	250	200	5	8	43.7	34.3	5220	417	10.9	1066	106	4.93	5
	250	200	5	10	51.5	40.4	6270	501	11.0	1333	133	5.08	5
	250	200	6	10	53.8	42.2	6371	509	10.8	1333	133	4.97	5
	250	200	6	12	61.5	48.3	7380	590	10.9	1600	160	5.10	6
WH250×250	250	250	6	10	63.8	50.1	7812	624	11.0	2604	208	6.38	5
	250	250	6	12	73.5	57.7	9080	726	11.1	3125	250	6.52	6
	250	250	8	14	87.7	68.9	10487	838	10.9	3646	291	6.44	6
WH300×200	300	200	6	8	49.0	38.5	7968	531	12.7	1067	106	4.66	5
	300	200	6	10	56.8	44.6	9510	634	12.9	1333	133	4.84	5
	300	200	6	12	64.5	50.7	11010	734	13.0	1600	160	4.98	6
	300	200	8	14	77.7	61.0	12802	853	12.8	1867	186	4.90	6
	300	200	10	16	90.8	71.3	14522	968	12.6	2135	213	4.84	6
WH300×250	300	250	6	10	66.8	52.4	11614	774	13.1	2604	208	6.24	5
	300	250	6	12	76.5	60.1	13500	900	13.2	3125	250	6.39	6
	300	250	8	14	91.7	72.0	15667	1044	13.0	3646	291	6.30	6
	300	250	10	16	106	83.8	17752	1183	12.9	4168	333	6.27	6

(续)

型号	尺寸				截面面积 /cm²	理论质量 /(kg/m)	截面特性参数						焊脚尺寸 h_f/mm
							x-x			y-y			
	H	B	t_1	t_2			I_x /cm⁴	W_x /cm³	i_x /cm	I_y /cm⁴	W_y /cm³	i_y /cm	
	mm												
WH300×300	300	300	6	10	76.8	60.3	13717	914	13.3	4500	300	7.65	5
	300	300	8	12	94.0	73.9	16340	1089	13.1	5401	360	7.58	6
	300	300	8	14	105	83.0	18532	1235	13.2	6301	420	7.74	6
	300	300	10	16	122	96.4	20981	1398	13.1	7202	480	7.68	6
	300	300	10	18	134	106	23033	1535	13.1	8102	540	7.77	7
	300	300	12	20	151	119	25317	1687	12.9	9003	600	7.72	8
WH350×175	350	175	4.5	6	36.2	28.4	7661	437	14.5	536	61.2	3.84	4
	350	175	4.5	8	43.0	33.8	9586	547	14.9	714	81	4.07	4
	350	175	6	8	48.0	37.7	10051	574	14.4	715	81.7	3.85	5
	350	175	6	10	54.8	43.0	11914	680	14.7	893	102	4.03	5
	350	175	6	12	61.5	48.3	13732	784	14.9	1072	122	4.17	6
	350	175	8	12	68.0	53.4	14310	817	14.5	1073	122	3.97	6
	350	175	8	14	74.7	58.7	16063	917	14.6	1251	142	4.09	6
	350	175	10	16	87.8	68.9	18309	1046	14.4	1431	163	4.03	6
WH350×200	350	200	6	8	52.0	40.9	11221	641	14.6	1067	106	4.52	5
	350	200	6	10	59.8	46.9	13360	763	14.9	1333	133	4.72	5
	350	200	6	12	67.5	53.0	15447	882	15.1	1600	160	4.86	6
	350	200	8	10	66.4	52.1	13959	797	14.4	1334	133	4.48	5
	350	200	8	12	74.0	58.2	16024	915	14.7	1601	160	4.65	6
	350	200	8	14	81.7	64.2	18040	1030	14.8	1868	186	4.78	6
	350	200	10	16	95.8	75.2	20542	1173	14.6	2135	213	4.72	6
WH350×250	350	250	6	10	69.8	54.8	16251	928	15.2	2604	208	6.10	5
	350	250	6	12	79.5	62.5	18876	1078	15.4	3125	250	6.26	6
	350	250	8	12	86.0	67.6	19453	1111	15.0	3126	250	6.02	6
	350	250	8	14	95.7	75.2	21993	1256	15.1	3647	291	6.17	6
	350	250	10	16	111	87.7	25008	1429	15.0	4169	333	6.12	6
WH350×300	350	300	6	10	79.8	62.6	19141	1093	15.4	4500	300	7.50	5
	350	300	6	12	91.5	71.9	22304	1274	15.6	5400	360	7.68	6
	350	300	8	14	109	86.2	25947	1482	15.4	6301	420	7.60	6
	350	300	10	16	127	100	29473	1684	15.2	7202	480	7.53	6
	350	300	10	18	139	109	32369	1849	15.2	8102	540	7.63	7
WH350×350	350	350	6	12	103	81.3	25733	1470	15.8	8575	490	9.12	6
	350	350	8	14	123	97.2	29901	1708	15.5	10005	571	9.01	6
	350	350	8	16	137	108	33403	1908	15.6	11434	653	9.13	6
	350	350	10	16	143	113	33939	1939	15.4	11435	653	8.94	6
	350	350	10	18	157	124	37334	2133	15.4	12865	735	9.05	7
	350	350	12	20	177	139	41140	2350	15.2	14296	816	8.98	8

（续）

型 号	尺 寸				截面面积 /cm²	理论质量 /(kg/m)	截面特性参数						焊脚尺寸 h_f/mm
							x-x			y-y			
	H	B	t_1	t_2			I_x /cm⁴	W_x /cm³	i_x /cm	I_y /cm⁴	W_y /cm³	i_y /cm	
	mm												
WH400×200	400	200	6	8	55.0	43.2	15125	756	16.5	1067	106	4.40	5
	400	200	6	10	62.8	49.3	17956	897	16.9	1334	133	4.60	5
	400	200	6	12	70.5	55.4	20728	1036	17.1	1600	160	4.76	6
	400	200	8	12	78.0	61.3	21614	1080	16.6	1601	160	4.53	6
	400	200	8	14	85.7	67.3	24300	1215	16.8	1868	186	4.66	6
	400	200	8	16	93.4	73.4	26929	1346	16.9	2134	213	4.77	6
	400	200	8	18	101	79.4	29500	1475	17.0	2401	240	4.87	7
	400	200	10	16	100	79.1	27759	1387	16.6	2136	213	4.62	6
	400	200	10	18	108	85.1	30304	1515	16.7	2403	240	4.71	7
	400	200	10	20	116	91.1	32794	1639	16.8	2669	266	4.79	7
WH400×250	400	250	6	10	72.8	57.1	21760	1088	17.2	2604	208	5.98	5
	400	250	6	12	82.5	64.8	25246	1262	17.4	3125	250	6.15	6
	400	250	8	14	99.7	78.3	29517	1475	17.2	3647	291	6.04	6
	400	250	8	16	109	85.9	32830	1641	17.3	4168	333	6.18	6
	400	250	8	18	119	93.5	36072	1803	17.4	4689	375	6.27	7
	400	250	10	16	116	91.7	33661	1683	17.0	4169	333	5.99	6
	400	250	10	18	126	99.2	36876	1843	17.1	4690	375	6.10	7
	400	250	10	20	136	107	40021	2001	17.1	5211	416	6.19	7
WH400×300	400	300	6	10	82.8	65.0	25563	1278	17.5	4500	300	7.37	5
	400	300	6	12	94.5	74.2	29764	1488	17.7	5400	360	7.55	6
	400	300	8	14	113	89.3	34734	1736	17.5	6301	420	7.46	6
	400	300	10	16	132	104	39562	1978	17.3	7203	480	7.38	6
	400	300	10	18	144	113	43447	2172	17.3	8103	540	7.50	7
	400	300	10	20	156	122	47248	2362	17.4	9003	600	7.59	7
	400	300	12	20	163	128	48025	2401	17.1	9005	600	7.43	8
WH400×400	400	400	8	14	141	111	45169	2258	17.8	14934	746	10.2	6
	400	400	8	18	173	136	55786	2789	17.9	19201	960	10.5	7
	400	400	10	16	164	129	51366	2568	17.6	17069	853	10.2	6
	400	400	10	18	180	142	56590	2829	17.7	19203	960	10.3	7
	400	400	10	20	196	154	61701	3085	17.7	21336	1066	10.4	7
	400	400	12	22	218	172	67451	3372	17.5	23471	1173	10.3	8
	400	400	12	25	242	190	74704	3735	17.5	26671	1333	10.4	8
	400	400	16	25	256	201	76133	3806	17.2	26678	1333	10.2	10
	400	400	20	32	323	254	93211	4660	16.9	34155	1707	10.2	12
	400	400	20	40	384	301	109568	5478	16.8	42688	2134	10.5	12
WH450×250	450	250	8	12	94.0	73.9	33937	1508	19.0	3126	250	5.76	6
	450	250	8	14	103	81.5	38288	1701	19.2	3647	291	5.95	6
	450	250	10	16	121	95.6	43774	1945	19.0	4170	333	5.87	6
	450	250	10	18	131	103	47927	2130	19.1	4690	375	5.98	7
	450	250	10	20	141	111	52001	2311	19.2	5211	416	6.07	7
	450	250	12	22	158	125	57112	2538	19.0	5735	458	6.02	8
	450	250	12	25	173	136	62910	2796	19.0	6516	521	6.13	8

（续）

型 号	尺 寸				截面面积 /cm²	理论质量 /(kg/m)	截面特性参数						焊脚尺寸 h_f/mm
							x-x			y-y			
	H	B	t_1	t_2			I_x /cm⁴	W_x /cm³	i_x /cm	I_y /cm⁴	W_y /cm³	i_y /cm	
	mm												
WH450×300	450	300	8	12	106	83.3	39694	1764	19.3	5401	360	7.13	6
	450	300	8	14	117	92.4	44943	1997	19.5	6301	420	7.33	6
	450	300	10	16	137	108	51312	2280	19.3	7203	480	7.25	6
	450	300	10	18	149	117	56330	2503	19.4	8103	540	7.37	7
	450	300	10	20	161	126	61253	2722	19.5	9003	600	7.47	7
	450	300	12	20	169	133	62402	2773	19.2	9005	600	7.29	8
	450	300	12	22	180	142	67196	2986	19.3	9905	660	7.41	8
	450	300	12	25	198	155	74212	3298	19.3	11255	750	7.53	8
WH450×400	450	400	8	14	145	114	58255	2589	20.0	14935	746	10.1	6
	450	400	10	16	169	133	66387	2950	19.8	17070	853	10.0	6
	450	400	10	18	185	146	73136	3250	19.8	19203	960	10.1	7
	450	400	10	20	201	158	79756	3544	19.9	21336	1066	10.3	7
	450	400	12	22	224	176	87364	3882	19.7	23472	1173	10.2	8
	450	400	12	25	248	195	96816	4302	19.7	26672	1333	10.3	8
WH500×250	500	250	8	12	98.0	77.0	42918	1716	20.9	3127	250	5.64	6
	500	250	8	14	107	84.6	48356	1934	21.2	3647	291	5.83	6
	500	250	8	16	117	92.2	53701	2148	21.4	4168	333	5.96	6
	500	250	10	16	126	99.5	55410	2216	20.9	4170	333	5.75	6
	500	250	10	18	136	107	60621	2424	21.1	4691	375	5.87	7
	500	250	10	20	146	115	65744	2629	21.2	5212	416	5.97	7
	500	250	12	22	164	129	72359	2894	21.0	5735	458	5.91	8
	500	250	12	25	179	141	79685	3187	21.0	6516	521	6.03	8
WH500×300	500	300	8	12	110	86.4	50064	2002	21.3	5402	360	7.00	6
	500	300	8	14	121	95.6	56625	2265	21.6	6302	420	7.21	6
	500	300	8	16	133	105	63075	2523	21.7	7201	480	7.35	6
	500	300	10	16	142	112	64783	2591	21.3	7203	480	7.12	6
	500	300	10	18	154	121	71081	2843	21.4	8103	540	7.25	7
	500	300	10	20	166	130	77271	3090	21.5	9003	600	7.36	7
	500	300	12	22	186	147	84934	3397	21.3	9906	660	7.29	8
	500	300	12	25	204	160	93800	3752	21.4	11256	750	7.42	8
WH500×400	500	400	8	14	149	118	73163	2926	22.1	14935	746	10.0	6
	500	400	10	16	174	137	83531	3341	21.9	17070	853	9.90	6
	500	400	10	18	190	149	92000	3680	22.0	19203	960	10.0	7
	500	400	10	20	206	162	100324	4012	22.0	21337	1066	10.1	7
	500	400	12	22	230	181	110085	4403	21.8	23473	1173	10.1	8
	500	400	12	25	254	199	122029	4881	21.9	26673	1333	10.2	8
WH500×500	500	500	10	18	226	178	112919	4516	22.3	37503	1500	12.8	7
	500	500	10	20	246	193	123378	4935	22.3	41670	1666	13.0	7
	500	500	12	22	274	216	135236	5409	22.2	45839	1833	12.9	8
	500	500	12	25	304	239	150258	6010	22.2	52089	2083	13.0	8
	500	500	20	25	340	267	156333	6253	21.4	52113	2084	12.3	12

（续）

型号	尺 寸				截面面积 /cm²	理论质量 /(kg/m)	截面特性参数						焊脚尺寸 h_f/mm
							x-x			y-y			
	H	B	t_1	t_2			I_x /cm⁴	W_x /cm³	i_x /cm	I_y /cm⁴	W_y /cm³	i_y /cm	
	mm												
WH600×300	600	300	8	14	129	102	84603	2820	25.6	6302	420	6.98	6
	600	300	10	16	152	120	97144	3238	25.2	7204	480	6.88	6
	600	300	10	18	164	129	106435	3547	25.4	8104	540	7.02	7
	600	300	10	20	176	138	115594	3853	25.6	9004	600	7.15	7
	600	300	12	22	198	156	127488	4249	25.3	9908	660	7.07	8
	600	300	12	25	216	170	140700	4690	25.5	11257	750	7.21	8
WH600×400	600	400	8	14	157	124	108645	3621	26.3	14935	746	9.75	6
	600	400	10	16	184	145	124436	4147	26.0	17071	853	9.63	6
	600	400	10	18	200	157	136930	4564	26.1	19204	960	9.79	7
	600	400	10	20	216	170	149248	4974	26.2	21338	1066	9.93	7
	600	400	10	25	255	200	179281	5976	26.5	26671	1333	10.2	8
	600	400	12	22	242	191	164255	5475	26.0	23474	1173	9.84	8
	600	400	12	28	289	227	199468	6648	26.2	29874	1493	10.1	8
	600	400	12	30	304	239	210866	7028	26.3	32007	1600	10.2	9
	600	400	14	32	331	260	224663	7488	26.0	34145	1707	10.1	9
WH700×300	700	300	10	18	174	137	150008	4285	29.3	8105	540	6.82	7
	700	300	10	20	186	146	162718	4649	29.5	9005	600	6.95	7
	700	300	10	25	215	169	193822	5537	30.0	11255	750	7.23	8
	700	300	12	22	210	165	179979	5142	29.2	9909	660	6.86	8
	700	300	12	25	228	179	198400	5668	29.4	11259	750	7.02	8
	700	300	12	28	245	193	216484	6185	29.7	12609	840	7.17	8
	700	300	12	30	256	202	228354	6524	29.8	13509	900	7.26	9
	700	300	12	36	291	229	263084	7516	30.0	16209	1080	7.46	9
	700	300	14	32	281	221	244364	6981	29.4	14414	960	7.16	9
	700	300	16	36	316	248	271340	7752	29.3	16221	1081	7.16	10
WH700×350	700	350	10	18	192	151	170944	4884	29.8	12868	735	8.18	7
	700	350	10	20	206	162	185844	5309	30.0	14297	816	8.33	7
	700	350	10	25	240	188	222312	6351	30.4	17870	1021	8.62	8
	700	350	12	22	232	183	205270	5864	29.7	15730	898	8.23	8
	700	350	12	25	253	199	226889	6482	29.9	17873	1021	8.40	8
	700	350	12	28	273	215	248113	7088	30.1	20017	1143	8.56	8
	700	350	12	30	286	225	262044	7486	30.2	21446	1225	8.65	9
	700	350	12	36	327	257	302803	8651	30.4	25734	1470	8.87	9
	700	350	14	32	313	246	280090	8002	29.9	22881	1307	8.54	9
	700	350	16	36	352	277	311059	8887	29.7	25746	1471	8.55	10
WH700×400	700	400	10	18	210	165	191879	5482	30.2	19205	960	9.56	7
	700	400	10	20	226	177	208971	5970	30.4	21338	1066	9.71	7
	700	400	10	25	265	208	250802	7165	30.7	26672	1333	10.0	8
	700	400	12	22	254	200	230561	6587	30.1	23476	1173	9.61	8
	700	400	12	25	278	218	255379	7296	30.3	26676	1333	9.79	8
	700	400	12	28	301	237	279742	7992	30.4	29875	1493	9.96	8

（续）

型 号	尺 寸				截面面积 /cm²	理论质量 /(kg/m)	截面特性参数						焊脚尺寸 h_f/mm
							x-x			y-y			
	H	B	t_1	t_2			I_x /cm⁴	W_x /cm³	i_x /cm	I_y /cm⁴	W_y /cm³	i_y /cm	
	mm												
WH700×400	700	400	12	30	316	249	295734	8449	30.5	32009	1600	10.0	9
	700	400	12	36	363	285	342523	9786	30.7	38409	1920	10.2	9
	700	400	14	32	345	271	315815	9023	30.2	34147	1707	9.94	9
	700	400	16	36	388	305	350779	10022	30.0	38421	1921	9.95	10
WH800×300	800	300	10	18	184	145	202302	5057	33.1	8106	540	6.63	7
	800	300	10	20	196	154	219141	5478	33.4	9006	600	6.77	7
	800	300	10	25	225	177	260468	6511	34.0	11256	750	7.07	8
	800	300	12	22	222	175	243005	6075	33.0	9910	660	6.68	8
	800	300	12	25	240	188	267500	6687	33.3	11260	750	6.84	8
	800	300	12	28	257	202	291606	7290	33.6	12610	840	7.00	8
	800	300	12	30	268	211	307462	7686	33.8	13510	900	7.10	8
	800	300	12	36	303	238	354011	8850	34.1	16210	1080	7.31	9
	800	300	14	32	295	232	329792	8244	33.4	14416	961	6.99	9
	800	300	16	36	332	261	366872	9171	33.2	16224	1081	6.99	10
WH800×350	800	350	10	18	202	159	229826	5745	33.7	12868	735	7.98	7
	800	350	10	20	216	170	249568	6239	33.9	14298	817	8.13	7
	800	350	10	25	250	196	298020	7450	34.5	17870	1021	8.45	8
	800	350	12	22	244	192	276304	6907	33.6	15731	898	8.02	8
	800	350	12	25	265	208	305052	7626	33.9	17875	1021	8.21	8
	800	350	12	28	285	224	333343	8333	34.1	20019	1143	8.38	8
WH700×300	700	300	12	25	228	179	198400	5668	29.4	11259	750	7.02	8
	700	300	12	28	245	193	216484	6185	29.7	12609	840	7.17	8
	700	300	12	30	256	202	228354	6524	29.8	13509	900	7.26	9
	700	300	12	36	291	229	263084	7516	30.0	16209	1080	7.46	9
	700	300	14	32	281	221	244364	6981	29.4	14414	960	7.16	9
	700	300	16	36	316	248	271340	7752	29.3	16221	1081	7.16	10
WH700×350	700	350	10	18	192	151	170944	4884	29.8	12868	735	8.18	7
	700	350	10	20	206	162	185844	5309	30.0	14297	816	8.33	7
	700	350	10	25	240	188	222312	6351	30.4	17870	1021	8.62	8
	700	350	12	22	232	183	205270	5864	29.7	15730	898	8.23	8
	700	350	12	25	253	199	226889	6482	29.9	17873	1021	8.40	8
	700	350	12	28	273	215	248113	7088	30.1	20017	1143	8.56	8
	700	350	12	30	286	225	262044	7486	30.2	21446	1225	8.65	8
	700	350	12	36	327	257	302803	8651	30.4	25734	1470	8.87	8
	700	350	14	32	313	246	280090	8002	29.9	22881	1307	8.54	9
	700	350	16	36	352	277	311059	8887	29.7	25746	1471	8.55	10
WH700×400	700	400	10	18	210	165	191879	5482	30.2	19205	960	9.56	7
	700	400	10	20	226	177	208971	5970	30.4	21338	1066	9.71	7
	700	400	10	25	265	208	250802	7165	30.7	26672	1333	10.0	8
	700	400	12	22	254	200	230561	6587	30.1	23476	1173	9.61	8
	700	400	12	25	278	218	255379	7296	30.3	26676	1333	9.79	8

（续）

型　号	尺　寸				截面面积 /cm²	理论质量 /(kg/m)	截面特性参数						焊脚尺寸 h_f/mm
							x-x			y-y			
	H	B	t_1	t_2			I_x /cm⁴	W_x /cm³	i_x /cm	I_y /cm⁴	W_y /cm³	i_y /cm	
	mm												
WH700×400	700	400	12	28	301	237	279742	7992	30.4	29875	1493	9.96	8
	700	400	12	30	316	249	295734	8449	30.5	32009	1600	10.0	9
	700	400	12	36	363	285	342523	9786	30.7	38409	1920	10.2	9
	700	400	14	32	345	271	315815	9023	30.2	34147	1707	9.94	9
	700	400	16	36	388	305	350779	10022	30.0	38421	1921	9.95	10
WH800×300	800	300	10	18	184	145	202302	5057	33.1	8106	540	6.63	7
	800	300	10	20	196	154	219141	5478	33.4	9006	600	6.77	7
	800	300	10	25	225	177	260468	6511	34.0	11256	750	7.07	8
	800	300	12	22	222	175	243005	6075	33.0	9910	660	6.68	8
	800	300	12	25	240	188	267500	6687	33.3	11260	750	6.84	8
	800	300	12	28	257	202	291606	7290	33.6	12610	840	7.00	8
	800	300	12	30	268	211	307462	7686	33.8	13510	900	7.10	9
	800	300	12	36	303	238	354011	8850	34.1	16210	1080	7.31	9
	800	300	14	32	295	232	329792	8244	33.4	14416	961	6.99	9
	800	300	16	36	332	261	366872	9171	33.2	16224	1081	6.99	10
WH800×350	800	350	10	18	202	159	229826	5745	33.7	12868	735	7.98	7
	800	350	10	20	216	170	249568	6239	33.9	14298	817	8.13	7
	800	350	10	25	250	196	298020	7450	34.5	17870	1021	8.45	8
	800	350	12	22	244	192	276304	6907	33.6	15731	898	8.02	8
	800	350	12	25	265	208	305052	7626	33.9	17875	1021	8.21	8
	800	350	12	28	285	224	333343	8333	34.1	20019	1143	8.38	8
WH1100×500	1100	500	12	20	327	252	702368	12770	46.3	41681	1667	11.2	8
	1100	500	12	22	346	272	756993	13763	46.7	45848	1833	11.5	8
	1100	500	12	25	376	295	838158	15239	47.2	52098	2083	11.7	8
	1100	500	12	28	405	318	918401	16698	47.6	58348	2333	12.0	8
	1100	500	14	30	445	350	990134	18002	47.1	62523	2500	11.8	9
	1100	500	14	32	465	365	1042497	18954	47.3	66690	2667	11.9	9
	1100	500	14	36	503	396	1146018	20836	47.7	75023	3000	12.2	9
	1100	500	16	40	563	442	1265627	23011	47.4	83368	3334	12.1	10
WH1200×400	1200	400	14	20	322	253	739117	12318	47.9	21359	1067	8.1	9
	1200	400	14	22	337	265	790879	13181	48.4	23493	1174	8.3	9
	1200	400	14	25	361	283	867852	14464	49.0	26692	1334	8.5	9
	1200	400	14	28	384	302	944026	15733	49.5	29892	1494	8.8	9
	1200	400	14	30	399	314	994366	16572	49.9	32026	1601	8.9	9
	1200	400	14	32	415	326	1044355	17405	50.1	34159	1707	9.0	9
	1200	400	14	36	445	350	1143281	19054	50.6	38425	1921	9.2	9
	1200	400	16	40	499	392	1264230	21070	50.3	42704	2135	9.2	10
WH1200×450	1200	450	14	20	342	269	808744	13479	48.6	30401	1351	9.4	9
	1200	450	14	22	359	282	867210	14453	49.1	33438	1486	9.6	9
	1200	450	14	25	386	303	954154	15902	49.7	37995	1688	9.9	9
	1200	450	14	28	412	324	1040195	17336	50.2	42551	1891	10.1	9

（续）

型 号	尺 寸				截面面积 /cm²	理论质量 /(kg/m)	截面特性参数						焊脚尺寸 h_f/mm
							x-x			y-y			
	H	B	t_1	t_2			I_x /cm⁴	W_x /cm³	i_x /cm	I_y /cm⁴	W_y /cm³	i_y /cm	
	mm												
WH1200×450	1200	450	14	30	429	337	1097056	18284	50.5	45588	2026	10.3	9
	1200	450	14	32	447	351	1153520	19225	50.7	48625	2161	10.4	9
	1200	450	14	36	481	378	1265261	21087	51.2	54700	2431	10.6	9
	1200	450	16	36	504	396	1289182	21486	50.5	54713	2431	10.4	10
	1200	450	16	40	539	423	1398843	23314	50.9	60788	2701	10.6	10
WH1200×500	1200	500	14	20	362	284	878371	14639	49.2	41693	1667	10.7	9
	1200	500	14	22	381	300	943542	15725	49.7	45859	1834	10.9	9
	1200	500	14	25	411	323	1040456	17340	50.3	52109	2084	11.2	9
	1200	500	14	28	440	346	1136364	18939	50.8	58359	2334	11.5	9
	1200	500	14	32	479	376	1262686	21044	51.3	66692	2667	11.7	9
	1200	500	14	36	517	407	1387240	23120	51.8	75025	3001	12.0	9
	1200	500	16	36	540	424	1411161	23519	51.1	75038	3001	11.7	10
	1200	500	16	40	579	455	1533457	25557	51.4	83371	3334	11.9	10
	1200	500	16	45	627	493	1683888	28064	51.8	93787	3751	12.2	11
WH1200×600	1200	600	14	30	519	408	1405126	23418	52.0	108026	3600	14.4	9
	1200	600	16	36	612	481	1655120	27585	52.0	129638	4321	14.5	10
	1200	600	16	40	659	517	1802683	30044	52.3	144038	4801	14.7	10
	1200	600	16	45	717	563	1984195	33069	52.6	162037	5401	15.0	11
WH1300×450	1300	450	16	25	425	334	1174947	18076	52.5	38011	1689	9.4	10
	1300	450	16	30	468	368	1343126	20663	53.5	45604	2026	9.8	10
	1300	450	16	36	520	409	1541390	23713	54.4	54716	2431	10.2	10
	1300	450	18	40	579	455	1701697	26179	54.2	60809	2702	10.2	11
	1300	450	18	45	622	489	1861130	28632	54.7	68402	3040	10.4	11
WH1300×500	1300	500	16	25	450	353	1276562	19639	53.2	52126	2085	10.7	10
	1300	500	16	30	498	391	1464116	22524	54.2	62542	2501	11.2	10
	1300	500	16	36	556	437	1685222	25926	55.0	75041	3001	11.6	10
	1300	500	18	40	619	486	1860510	28623	54.8	83392	3335	11.6	11
	1300	500	18	45	667	524	2038396	31359	55.2	93808	3752	11.8	11
WH1300×600	1300	600	16	30	558	438	1706096	26247	55.2	108042	3601	13.9	10
	1300	600	16	36	628	493	1972885	30352	56.0	129641	4321	14.3	10
	1300	600	18	40	699	549	2178137	33509	55.8	144059	4801	14.3	11
	1300	600	18	45	757	595	2392929	36814	56.2	162058	5401	14.6	11
	1300	600	20	50	840	659	2633000	40507	55.9	180080	6002	14.6	12
WH1400×450	1400	450	16	25	441	346	1391643	19880	56.1	38014	1689	9.2	10
	1400	450	16	30	484	380	1587923	22684	57.2	45608	2027	9.7	10
	1400	450	18	36	563	442	1858657	26552	57.4	54739	2432	9.8	11
	1400	450	18	40	597	469	2010115	28715	58.0	60814	2702	10.0	11
	1400	450	18	45	640	503	2196872	31383	58.5	68407	3040	10.3	11

（续）

型　号	尺　寸				截面面积 /cm²	理论质量 /(kg/m)	截面特性参数						焊脚尺寸 h_f/mm
							x - x			y - y			
	H	B	t_1	t_2			I_x /cm⁴	W_x /cm³	i_x /cm	I_y /cm⁴	W_y /cm³	i_y /cm	
	mm												
WH1400×500	1400	500	16	25	466	366	1509820	21568	56.9	52129	2085	10.5	10
	1400	500	16	30	514	404	1728713	24695	57.9	62545	2501	11.0	10
	1400	500	18	36	599	470	2026141	28944	58.1	75064	3002	11.1	11
	1400	500	18	40	637	501	2195128	31358	58.7	83397	3335	11.4	11
	1400	500	18	45	685	538	2403501	34335	59.2	93813	3752	11.7	11
WH1400×600	1400	600	16	30	574	451	2010293	28718	59.1	108045	3601	13.7	10
	1400	600	16	36	644	506	2322074	33172	60.0	129645	4321	14.1	10
	1400	600	18	40	717	563	2565155	36645	59.8	144064	4802	14.1	11
	1400	600	18	45	775	609	2816758	40239	60.2	162063	5402	14.6	11
	1400	600	18	50	834	655	3064550	43779	60.6	180063	6002	14.6	11
WH1500×500	1500	500	18	25	511	401	1817189	24229	59.6	52153	2086	10.1	11
	1500	500	18	30	559	439	2068797	27583	60.8	62569	2502	10.5	11
	1500	500	18	36	617	484	2366148	31548	61.9	75069	3002	11.0	11
	1500	500	18	40	655	515	2561626	34155	62.5	83402	3336	11.2	11
	1500	500	20	45	732	575	2849616	37994	62.3	93844	3753	11.3	12
WH1500×550	1500	550	18	30	589	463	2230887	29745	61.5	83257	3027	11.8	11
	1500	550	18	36	653	513	2559083	34121	62.6	99894	3632	12.3	11
	1500	550	18	40	695	546	2774839	36997	63.1	110985	4035	12.6	11
	1500	550	20	45	777	610	3087857	41171	63.0	124875	4540	12.6	12
WH1500×600	1500	600	18	30	619	486	2392977	31906	62.1	108069	3602	13.2	11
	1500	600	18	36	689	541	2752019	36693	63.1	129669	4322	13.7	11
	1500	600	18	40	735	577	2988053	39840	63.7	144069	4802	14.0	11
	1500	600	20	45	822	645	3326098	44347	63.6	162094	5403	14.0	12
	1500	600	20	50	880	691	3612333	48164	64.0	180093	6003	14.3	12
WH1600×600	1600	600	18	30	637	500	2766519	34581	65.9	108074	3602	13.0	11
	1600	600	18	36	707	555	3177382	39717	67.0	129674	4322	13.5	11
	1600	600	18	40	753	592	3447731	43096	67.6	144073	4802	13.8	11
	1600	600	20	45	842	661	3839070	47988	67.5	162100	5403	13.8	12
	1600	600	20	50	900	707	4167500	52093	68.0	180100	6003	14.1	12
WH1600×650	1600	650	18	30	667	524	2951409	36892	66.5	137387	4227	14.3	11
	1600	650	18	36	743	583	3397570	42469	67.6	164849	5072	14.8	11
	1600	650	18	40	793	623	3691144	46139	68.2	183157	5635	15.1	11
	1600	650	20	45	887	696	4111173	51389	68.0	206069	6340	15.2	12
	1600	650	20	50	950	746	4467916	55848	68.5	228954	7044	15.5	12
WH1600×700	1600	700	18	30	697	547	3136299	39203	67.0	171574	4902	15.6	11
	1600	700	18	36	779	612	3617757	45221	68.1	205874	5882	16.2	11
	1600	700	18	40	833	654	3934557	49181	68.7	228740	6535	16.5	11
	1600	700	20	45	932	732	4383277	54790	68.5	257350	7352	16.6	12
	1600	700	20	50	1000	785	4768333	59604	69.0	285933	8169	16.9	12

(续)

型 号	尺 寸				截面面积 /cm²	理论质量 /(kg/m)	截面特性参数						焊脚尺寸 h_f/mm
	H	B	t_1	t_2			x-x			y-y			
							I_x /cm⁴	W_x /cm³	i_x /cm	I_y /cm⁴	W_y /cm³	i_y /cm	
	mm												
WH1700×600	1700	600	18	30	655	514	3171921	37316	69.5	108079	3602	12.8	11
	1700	600	18	36	725	569	3638098	42801	70.8	129679	4322	13.3	11
	1700	600	18	40	771	606	3945089	46412	71.5	144078	4802	13.6	11
	1700	600	20	45	862	677	4394141	51695	71.3	162107	5403	13.7	12
	1700	600	20	50	920	722	4767666	56090	71.9	180106	6003	13.9	12
WH1700×650	1700	650	18	30	685	538	3381111	39777	70.2	137392	4227	14.1	11
	1700	650	18	36	761	597	3887337	45733	71.4	164854	5072	14.7	11
	1700	650	18	40	811	637	4220702	49655	72.1	183162	5635	15.0	11
	1700	650	20	45	907	712	4702358	55321	72.0	206076	6340	15.0	12
	1700	650	20	50	970	761	5108083	60095	72.5	228960	7044	15.3	12
WH1700×700	1700	700	18	32	742	583	3773285	44391	71.3	183012	5228	15.7	11
	1700	700	18	36	797	626	4136577	48665	72.0	205879	5882	16.0	11
	1700	700	18	40	851	669	4496315	52897	72.6	228745	6535	16.3	11
	1700	700	20	45	952	747	5010574	58947	72.5	257357	7353	16.4	12
	1700	700	20	50	1020	801	5448500	64100	73.0	285940	8169	16.7	12
WH1700×750	1700	750	18	32	774	608	3995890	47010	71.8	225079	6002	17.0	11
	1700	750	18	36	833	654	4385816	51597	72.5	253204	6752	17.4	11
	1700	750	18	40	891	700	4771929	56140	73.1	281328	7502	17.7	11
	1700	750	20	45	997	783	5318790	62574	73.0	316513	8440	17.8	12
	1700	750	20	50	1070	840	5788916	68104	73.5	351669	9377	18.1	12
WH1800×600	1800	600	18	30	673	528	3610083	40112	73.2	108084	3602	12.6	11
	1800	600	18	36	743	583	4135065	45945	74.6	129683	4322	13.2	11
	1800	600	18	40	789	620	4481027	49789	75.3	144083	4802	13.5	11
	1800	600	20	45	882	692	4992313	55470	75.2	162114	5403	13.5	12
	1800	600	20	50	940	738	5413833	60153	75.8	180113	6003	13.8	12
WH1800×650	1800	650	18	30	703	552	3845073	42723	73.9	137397	4227	13.9	11
	1800	650	18	36	779	612	4415156	49057	75.2	164858	5072	14.5	11
	1800	650	18	40	829	651	4790840	53231	76.0	183166	5635	14.8	11
	1800	650	20	45	927	728	5338892	59321	75.8	206082	6340	14.9	12
	1800	650	20	50	990	777	5796750	64408	76.5	228967	7045	15.2	12
WH1800×700	1800	700	18	32	760	597	4286071	47623	75.0	183017	5229	15.5	11
	1800	700	18	36	815	640	4695248	52169	75.9	205883	5882	15.8	11
	1800	700	18	40	869	683	5100653	56673	76.6	228750	6535	16.2	11
	1800	700	20	45	972	763	5685471	63171	76.4	257364	7353	16.2	12
	1800	700	20	50	1040	816	6179666	68662	77.0	285946	8169	16.5	12
WH1800×750	1800	750	18	32	792	622	4536164	50401	75.6	225084	6002	16.8	11
	1800	750	18	36	851	668	4975339	55281	76.4	253208	6752	17.2	11
	1800	750	18	40	909	714	5410467	60116	77.1	281333	7502	17.5	11
	1800	750	20	45	1017	798	6032049	67022	77.0	316520	8440	17.6	12
	1800	750	20	50	1090	856	6562583	72917	77.5	351675	9378	17.9	12

（续）

型　号	尺　寸				截面面积 /cm²	理论质量 /(kg/m)	截面特性参数						焊脚尺寸 h_f/mm
	H	B	t_1	t_2			x-x			y-y			
							I_x /cm⁴	W_x /cm³	i_x /cm	I_y /cm⁴	W_y /cm³	i_y /cm	
	mm												
WH1900×650	1900	650	18	30	721	566	4344195	45728	77.6	137401	4227	13.8	11
	1900	650	18	36	797	626	4981928	52441	79.0	164863	5072	14.3	11
	1900	650	18	40	847	665	5402458	56867	79.8	183171	5636	14.7	11
	1900	650	20	45	947	743	6021776	63387	79.7	206089	6341	14.7	12
	1900	650	20	50	1010	793	6534916	68788	80.4	228974	7045	15.0	12
WH1900×700	1900	700	18	32	778	611	4836881	50914	78.8	183022	5229	15.3	11
	1900	700	18	36	833	654	5294671	55733	79.7	205888	5882	15.7	11
	1900	700	18	40	887	697	5748471	60510	80.5	228755	6535	16.0	11
	1900	700	20	45	992	779	6408967	67462	80.3	257370	7353	16.1	12
	1900	700	20	50	1060	832	6962833	73292	81.0	285953	8170	16.4	12
WH1900×750	1900	750	18	34	839	659	5362275	56445	79.9	239151	6377	16.8	11
	1900	750	18	36	869	682	5607415	59025	80.3	253213	6752	17.0	11
	1900	750	18	40	927	728	6094485	64152	81.0	281338	7502	17.4	11
	1900	750	20	45	1037	814	6796158	71538	80.9	316526	8440	17.4	12
	1900	750	20	50	1110	871	7390750	77797	81.5	351682	9378	17.7	12
WH1900×800	1900	800	18	34	873	686	5658274	59560	80.5	290222	7255	18.2	11
	1900	800	18	36	905	710	5920158	62317	80.8	307288	7682	18.4	11
	1900	800	18	40	967	760	6440498	67794	81.6	341421	8535	18.7	11
	1900	800	20	45	1082	849	7183350	75614	81.4	384120	9603	18.8	12
	1900	800	20	50	1160	911	7818666	82301	82.0	426786	10669	19.1	12
WH2000×650	2000	650	18	30	739	580	4879377	48793	81.2	137406	4227	13.6	11
	2000	650	18	36	815	640	5588551	55885	82.8	164868	5072	14.2	11
	2000	650	18	40	865	679	6056456	60564	83.6	183176	5636	14.5	11
	2000	650	20	45	967	759	6752010	67520	83.5	206096	6341	14.5	12
	2000	650	20	50	1030	809	7323583	73235	84.3	228980	7045	14.9	12
WH2000×700	2000	700	18	32	796	625	5426616	54266	82.5	183027	5229	15.1	11
	2000	700	18	36	851	668	5935746	59357	83.5	205893	5882	15.5	11
	2000	700	18	40	905	711	6440669	64406	84.3	228759	6535	15.8	11
	2000	700	20	45	1012	794	7182064	71820	84.2	257377	7353	15.9	12
	2000	700	20	50	1080	848	7799000	77990	84.9	285960	8170	16.2	12
WH2000×750	2000	750	18	34	857	673	6010279	60102	83.7	239156	6377	16.7	11
	2000	750	18	36	887	696	6282942	62829	84.1	253218	6752	16.8	11
	2000	750	18	40	945	742	6824883	68248	84.9	281343	7502	17.2	11
	2000	750	20	45	1057	830	7612118	76121	84.8	316533	8440	17.3	12
	2000	750	20	50	1130	887	8274416	82744	85.5	351689	9378	17.6	12
WH2000×800	2000	800	18	34	891	700	6338850	63388	84.3	290227	7255	18.0	11
	2000	800	18	36	923	725	6630137	66301	84.7	307293	7682	18.2	11
	2000	800	20	40	1024	804	7327061	73270	84.5	341461	8536	18.2	12
	2000	800	20	45	1102	865	8042171	80421	85.4	384127	9603	18.6	12
	2000	800	20	50	1180	926	8749833	87498	86.1	426793	10669	19.0	12

（续）

型　号	尺　寸				截面面积/cm²	理论质量/(kg/m)	截面特性参数						焊脚尺寸 h_f/mm
							x-x			y-y			
	H	B	t_1	t_2			I_x/cm⁴	W_x/cm³	i_x/cm	I_y/cm⁴	W_y/cm³	i_y/cm	
	mm												
WH2000×850	2000	850	18	36	959	753	6977333	69773	85.2	368568	8672	19.6	11
	2000	850	18	40	1025	805	7593309	75933	86.0	409509	9635	19.9	11
	2000	850	20	45	1147	900	8472225	84722	85.9	460721	10840	20.0	12
	2000	850	20	50	1230	966	9225249	92252	86.6	511897	12044	20.4	12
	2000	850	20	55	1313	1031	9970389	99703	87.1	563073	13248	20.7	12

注：1. 表列 H 型钢的板件宽厚比应根据钢材牌号和 H 型钢用于结构的类型验算腹板和翼缘的局部稳定性，当不满足时应按 GB 50017 及相关规范、规程的规定进行验算并采取相应措施（如设置加劲肋等）。

　　2. 特定工作条件下的焊接 H 型钢板件宽厚比限值，应遵守相关现行国家规范、规程的规定。

　　3. 表中理论质量未包括焊缝质量。

　　4. H 为高度，B 为宽度，t_1 为腹板厚度，t_2 为翼缘厚度，h_f 为焊脚尺寸（高度）。

1.2.2　护栏波形梁用冷弯型钢（见表 6-31）

表 6-31　冷弯型钢的截面形状、尺寸及基本参数（摘自 YB/T 4081—2007）

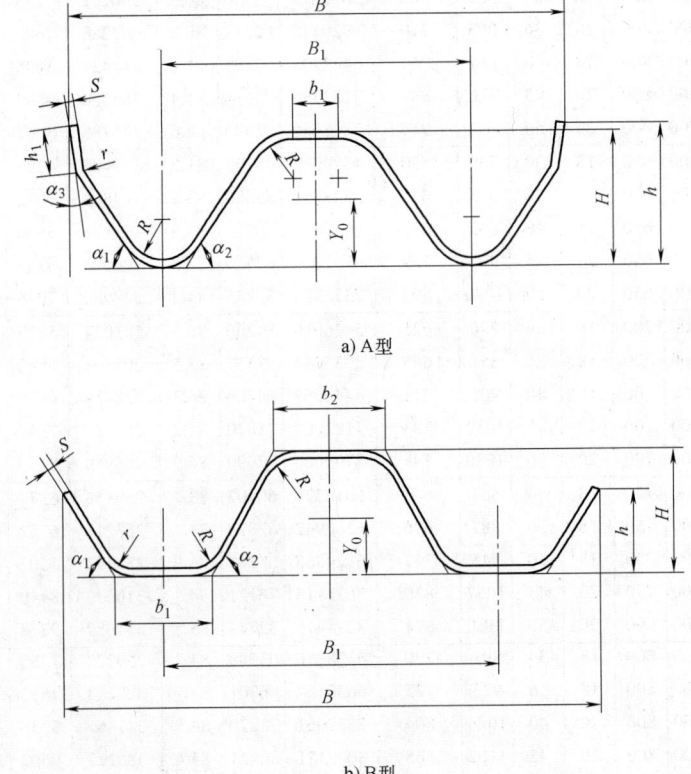

a) A型

b) B型

（续）

截面	公称尺寸/mm										弯曲角度 α(°)			截面面积 /cm²	理论质量 /(kg/m)	重心位置 i_{yo}/cm	惯性矩 I_{yo} /cm⁴	截面系数 W_{yo}/cm³
	H	h	h_1	B	B_1	b_1	b_2	R	r	S	α_1	α_2	α_3					
A 型	83	85	27	310	192	—	28	24	10	3	55	55	10	14.5	11.4	4.4	110.7	24.6
B 型	75	55	—	350	214	63	69	25	25	4	55	60	—	18.6	14.6	3.2	119.9	27.9
	75	53	—	350	218	68	75	25	20	4	57	62	—	18.7	14.7	3.1	117.8	26.8
	79	42	—	350	227	45	60	14	14	4	45	50	—	17.8	14.0	3.4	122.1	27.1
	53	34	—	350	223	63	63	14	14	3.2	45	45	—	13.2	10.4	2.1	45.5	14.2
	52	33	—	350	224	63	63	14	14	2.3	45	45	—	9.4	7.4	2.1	33.2	10.7

注：表中钢的理论质量按密度为 7.85g/cm³ 计算。

1.2.3　建筑用压型钢板（摘自 GB/T 12755—2008）

（1）压型钢板典型板型（见图 6-1）

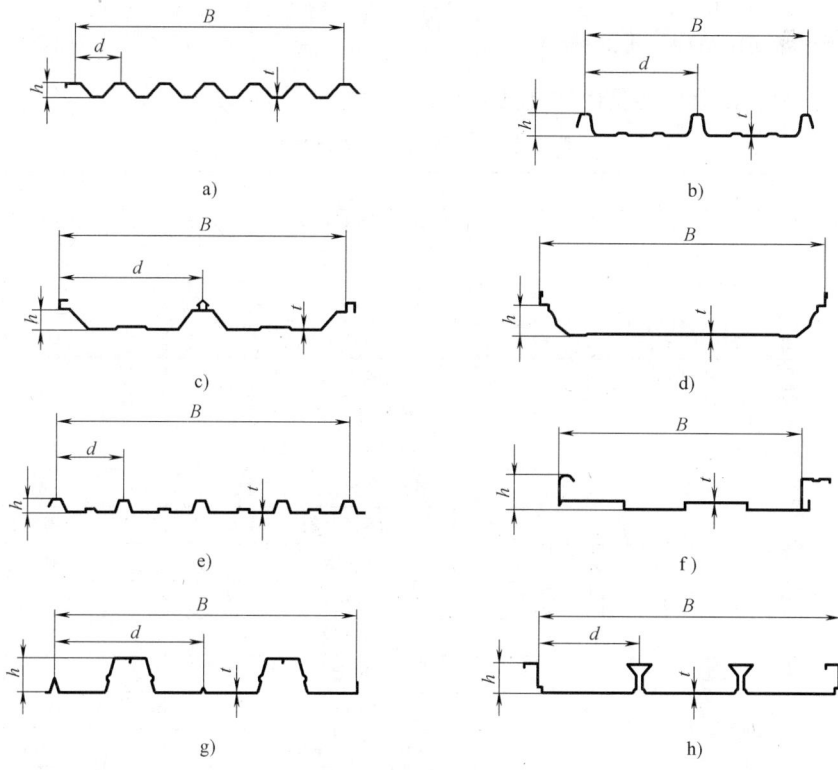

图 6-1　压型钢板典型板型

a）搭接型屋面板　b）扣合型屋面板　c）咬合型屋面板（180°）　d）咬合型屋面板（360°）

e）搭接型墙面板（紧固件外露）　f）搭接型墙面板（紧固件隐藏）

g）楼盖板（开口型）　h）楼盖板（闭口型）

（2）涂层板的牌号及用途（见表 6-32）

表 6-32　涂层板的牌号及用途

涂层板的牌号					用　途
热镀锌基板	热镀锌铁合金基板	热镀铝锌合金基板	热镀锌铝合金基板	电镀锌基板	
TDC51D+Z	TDC51D+ZF	TDC51D+AZ	TDC51D+ZA	TDC01+ZE	一般用
TDC52D+Z	TDC52D+ZF	TDC52D+AZ	TDC52D+ZA	TDC03+ZE	冲压用
TDC53D+Z	TDC53D+ZF	TDC53D+AZ	TDC53D+ZA	TDC04+ZE	深冲压用
TDC54D+Z	TDC54D+ZF	TDC54D+AZ	TDC54D+ZA	—	特深冲压用
TS250GD+Z	TS250GD+ZF	TS250GD+AZ	TS250GD+ZA	—	结构用
TS280GD+Z	TS280GD+ZF	TS280GD+AZ	TS280GD+ZA	—	
—	—	TS300GD+AZ	—	—	
TS320GD+Z	TS320GD+ZF	TS320GD+AZ	TS320GD+ZA	—	
TS350GD+Z	TS350GD+ZF	TS350GD+AZ	TS350GD+ZA	—	
TS550GD+Z	TS550GD+ZF	TS550GD+AZ	TS550GD+ZA	—	

注：结构板牌号中 250、280、320、350、550 分别表示其屈服强度的级别；Z、ZF、AZ、ZA 分别表示镀层种类为锌、锌铁、铝锌与锌铝。

（3）涂层板的分类及代号（见表 6-33）

表 6-33　涂层板的分类及代号

分　类	项　目	代　号
用途	建筑外用	JW
	建筑内用	JN
	家电	JD
	其他	QT
基板类型	热镀锌基板	Z
	热镀锌铁合金基板	ZF
	热镀铝锌合金基板	AZ
	热镀锌铝合金基板	ZA
	电镀锌基板	ZE
涂层表面状态	涂层板	TC
	压花板	YA
	印花板	YI
面漆种类	聚酯	PE
	硅改性聚酯	SMP
	高耐久性聚酯	HDP
	聚偏氟乙烯	PVDF
涂层结构	正面二层、反面一层	2/1
	正面二层、反面二层	2/2
热镀锌基板表面结构	光整小锌花	MS
	光整无锌花	FS

1.2.4 彩色涂层钢板及钢带（见表 6-34~表 6-36）

表 6-34 彩涂板的牌号及用途（摘自 GB/T 12754—2006）

彩涂板的牌号					用 途
热镀锌基板	热镀锌铁合金基板	热镀铝锌合金基板	热镀锌铝合金基板	电镀锌基板	
TDC51D+Z	TDC51D+ZF	TDC51D+AZ	TDC51D+ZA	TDC01+ZE	一般用
TDC52D+Z	TDC52D+ZF	TDC52D+AZ	TDC52D+ZA	TDC03+ZE	冲压用
TDC53D+Z	TDC53D+ZF	TDC53D+AZ	TDC53D+ZA	TDC04+ZE	深冲压用
TDC54D+Z	TDC54D+ZF	TDC54D+AZ	TDC54D+ZA	—	特深冲压用
TS250GD+Z	TS250GD+ZF	TS250GD+AZ	TS250GD+ZA	—	结构用
TS280GD+Z	TS280GD+ZF	TS280GD+AZ	TS280GD+ZA	—	
—	—	TS300GD+AZ	—	—	
TS320GD+Z	TS320GD+ZF	TS320GD+AZ	TS320GD+ZA	—	
TS350GD+Z	TS350GD+ZF	TS350GD+AZ	TS350GD+ZA	—	
TS550GD+Z	TS550GD+ZF	TS550GD+AZ	TS550GD+ZA	—	

表 6-35 彩涂板的分类及代号（摘自 GB/T 12754—2006）

分 类	项 目	代 号
用途	建筑外用	JW
	建筑内用	JN
	家电	JD
	其他	QT
基板类型	热镀锌基板	Z
	热镀锌铁合金基板	ZF
	热镀铝锌合金基板	AZ
	热镀锌铝合金基板	ZA
	电镀锌基板	ZE
涂层表面状态	涂层板	TC
	压花板	YA
	印花板	YI
面漆种类	聚酯	PE
	硅改性聚酯	SMP
	高耐久性聚酯	HDP
	聚偏氟乙烯	PVDF
涂层结构	正面二层、反面一层	2/1
	正面二层、反面二层	2/2
热镀锌基板表面结构	光整小锌花	MS
	光整无锌花	FS

表 6-36 彩涂板的尺寸（摘自 GB/T 12754—2006）

项 目	公称尺寸/mm	项 目	公称尺寸/mm
公称厚度	0.20~2.0	钢板公称长度	1000~6000
公称宽度	600~1600	钢卷内径	450、508 或 610

1.2.5 热轧花纹钢板（见表6-37）

表6-37 热轧花纹钢板的外形、尺寸及理论质量（摘自 GB/T 33974—2017）

（单位：mm）

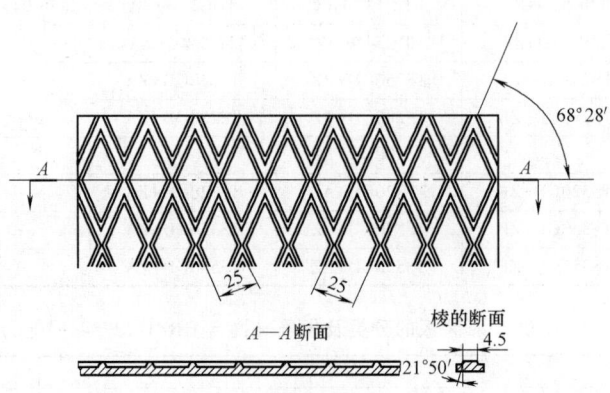

a) 菱形花纹

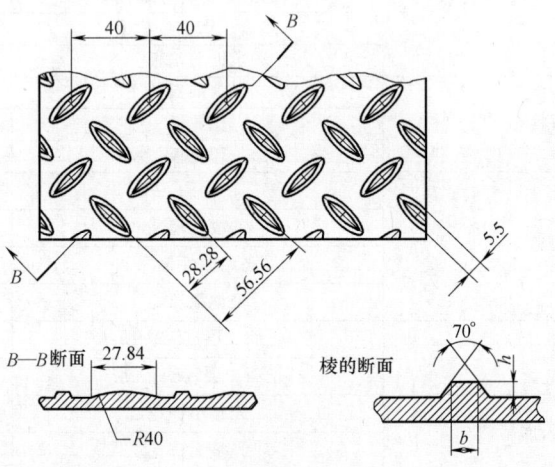

b) 扁豆形花纹

（续）

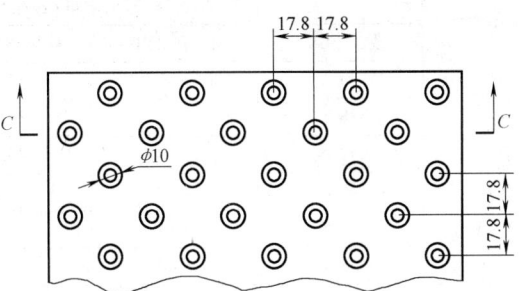

C—C

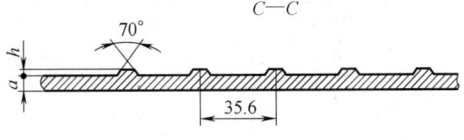

c) 圆豆形花纹

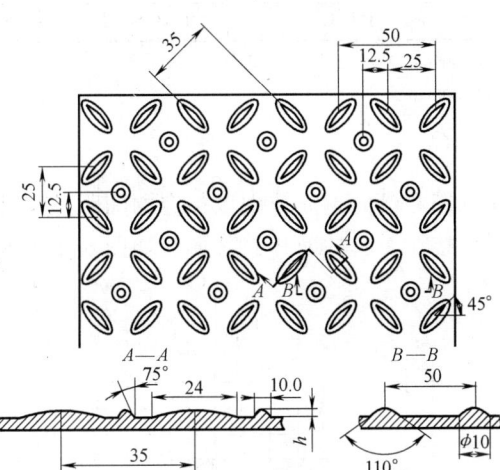

d) 组合形花纹

基本厚度	允许偏差	钢板理论质量/kg/m²			
		菱形（LX）	圆豆形（YD）	扁豆形（BD）	组合形（ZH）
1.4		11.9	11.2	11.1	11.1
1.5		12.7	11.9	11.9	11.9
1.6	±0.25	13.6	12.7	12.8	12.8
1.8		15.4	14.4	14.4	14.4
2.0		17.1	16.0	16.2	16.1
2.5		21.1	19.9	20.1	20.0
3.0	±3.0	25.6	23.9	24.6	24.3
3.5		30.0	27.9	28.8	28.4

（续）

基本厚度	允许偏差	钢板理论质量/kg/m²			
		菱形（LX）	圆豆形（YD）	扁豆形（BD）	组合形（ZH）
4.0	+0.40	34.4	31.9	32.8	32.4
4.5		38.3	35.9	36.7	36.4
5.0	+0.40 −0.50	42.2	39.8	40.7	40.3
5.5		46.6	43.8	44.9	44.4
6.0		50.5	47.7	48.8	48.4
7.0		58.4	55.6	56.7	56.2
8.0	+0.50 −0.70	67.1	63.6	64.9	64.4
10.0		83.2	79.3	80.8	80.2
11.0		91.1	87.2	88.7	88.0
12.0		98.9	95.0	96.5	95.9
13.0		106.8	102.9	104.4	103.7
14.0		114.6	110.7	112.2	111.6
15.0		122.5	118.6	120.1	119.4
16.0		130.3	126.4	127.9	127.3

注：1. 钢板宽度为 600~2000mm。

2. 钢板长度为 2000~16000mm。

1.2.6 钢筋焊接网

钢筋焊接网指纵向钢筋和横向钢筋分别以一定的间距排列且互成直角，全部交叉点均用电阻点焊方法焊接在一起的网片，其形状如图 6-2 所示。

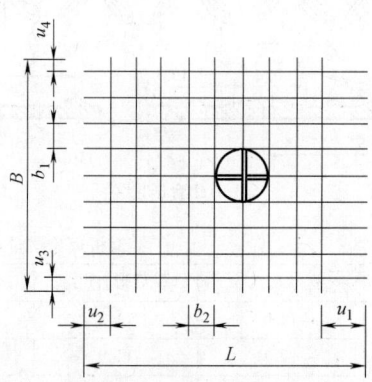

图 6-2　钢筋焊接网的形状

B—网片宽度　b_1—纵向间距　b_2—横向间距

u_1、u_2、u_3、u_4—伸出长度　L—网片长度

（1）定型钢筋焊接网（见表 6-38）

表 6-38 定型钢筋焊接网的型号及基本参数（摘自 GB/T 1499.3—2010）

钢筋焊接网型号	纵向钢筋			横向钢筋			质量 /（kg/m²）
	公称直径 /mm	间距 /mm	每延米面积 /（mm²/m）	公称直径 /mm	间距 /mm	每延米面积 /（mm²/m）	
A18	18		1273	12		566	14.43
A16	16		1006	12		566	12.34
A14	14		770	12		566	10.49
A12	12		566	12		566	8.88
A11	11		475	11		475	7.46
A10	10	200	393	10	200	393	6.16
A9	9		318	9		318	4.99
A8	8		252	8		252	3.95
A7	7		193	7		193	3.02
A6	6		142	6		142	2.22
A5	5		98	5		98	1.54
B18	18		2545	12		566	24.42
B16	16		2011	10		393	18.89
B14	14		1539	10		393	15.19
B12	12		1131	8		252	10.90
B11	11		950	8		252	9.43
B10	10	100	785	8	200	252	8.14
B9	9		635	8		252	6.97
B8	8		503	8		252	5.93
B7	7		385	7		193	4.53
B6	6		283	7		193	3.73
B5	5		196	7		193	3.05
C18	18		1697	12		566	17.77
C16	16		1341	12		566	14.98
C14	14		1027	12		566	12.51
C12	12		754	12		566	10.36
C11	11		634	11		475	8.70
C10	10	150	523	10	200	393	7.19
C9	9		423	9		318	5.82
C8	8		335	8		252	4.61
C7	7		257	7		193	3.53
C6	6		189	6		142	2.60
C5	5		131	5		98	1.80
D18	18		2545	12		1131	28.86
D16	16		2011	12		1131	24.68
D14	14		1539	12		1131	20.98
D12	12		1131	12		1131	17.75
D11	11		950	11		950	14.92
D10	10	100	785	10	100	785	12.33
D9	9		635	9		635	9.98
D8	8		503	8		503	7.90
D7	7		385	7		385	6.04
D6	6		283	6		283	4.44
D5	5		196	5		196	3.08

（续）

钢筋焊接网型号	纵向钢筋			横向钢筋			质量 /（kg/m²）
	公称直径 /mm	间距 /mm	每延米面积 /（mm²/m）	公称直径 /mm	间距 /mm	每延米面积 /（mm²/m）	
E18	18		1697	12		1131	19.25
E16	16		1341	12		754	16.46
E14	14		1027	12		754	13.99
E12	12		754	12		754	11.84
E11	11		634	11		634	9.95
E10	10	150	523	10	150	523	8.22
E9	9		423	9		423	6.66
E8	8		335	8		335	5.26
E7	7		257	7		257	4.03
E6	6		189	6		189	2.96
E5	5		131	5		131	2.05
F18	18		2545	12		754	25.90
F16	16		2011	12		754	21.70
F14	14		1539	12		754	18.00
F12	12		1131	12		754	14.80
F11	11		950	11		634	12.43
F10	10	100	785	10	150	523	10.28
F9	9		635	9		423	8.32
F8	8		503	8		335	6.58
F7	7		385	7		257	5.03
F6	6		283	6		189	3.70
F5	5		196	5		131	2.57

（2）桥面用标准钢筋焊接网（见表6-39）

表6-39　桥面用标准钢筋焊接网的型号及基本参数（摘自 GB/T 1499.3—2010）

序号	网片编号	网片型号		网片尺寸		伸出长度				单片钢网		
		直径	间距	纵向	横向	纵向钢筋		横向钢筋		纵向钢筋数	横向钢筋数	质量
						u_1	u_2	u_3	u_4			
		mm	mm	mm	mm	mm	mm	mm	mm	根	根	kg
1	QW-1	7	100	10250	2250	50	300	50	300	20	100	129.9
2	QW-2	8	100	10300	2300	50	350	50	350	20	100	172.2
3	QW-3	9	100	10350	2250	50	400	50	400	19	100	210.4
4	QW-4	10	100	10350	2250	50	400	50	400	19	100	260.2
5	QW-5	11	100	10400	2250	50	450	50	450	19	100	319.0

（3）建筑用标准钢筋焊接网（见表6-40）

表6-40　建筑用标准钢筋焊接网的型号及基本参数（摘自 GB/T 1499.3—2010）

序号	网片编号	网片型号		网片尺寸		伸出长度				单片钢网		
		直径	间距	纵向	横向	纵向钢筋		横向钢筋		纵向钢筋根数	横向钢筋根数	质量
						u_1	u_2	u_3	u_4			
		mm	mm	mm	mm	mm	mm	mm	mm	根	根	kg
1	JW-1a	6	150	6000	2300	75	75	25	25	16	40	41.7
2	JW-1b	5	150	5950	2350	25	375	25	375	14	38	38.3

（续）

序号	网片编号	网片型号		网片尺寸		伸出长度				单片钢网		
		直径	间距	纵向	横向	纵向钢筋		横向钢筋		纵向钢筋根数	横向钢筋根数	质量
						u_1	u_2	u_3	u_4			
		mm	mm	mm	mm	mm	mm	mm	mm	根	根	kg
3	JW-2a	7	150	6000	2300	75	75	25	25	16	40	56.8
4	JW-2b	7	150	5950	2350	25	375	25	375	14	38	52.1
5	JW-3a	8	150	6000	2300	75	75	25	25	16	40	74.3
6	JW-3b	8	150	5950	2350	25	375	25	375	14	38	68.2
7	JW-4a	9	150	6000	2300	75	75	25	25	16	40	93.8
8	JW-4b	9	150	5950	2350	25	375	25	375	14	38	86.1
9	JW-5a	10	150	6000	2300	75	75	25	25	16	40	116.0
10	JW-5b	10	150	5950	2350	25	375	25	375	14	38	106.5
11	JW-6a	12	150	6000	2300	75	75	25	25	16	40	166.9
12	JW-6b	12	150	5950	2350	25	375	25	375	14	38	153.3

1.2.7　混凝土结构用成型钢筋制品（摘自 GB/T 29733—2013）

按规定形状、尺寸，通过机械加工成型的普通钢筋制品，分为单件成型钢筋制品和组合成型钢筋制品。

（1）标记示例

1）单件成型钢筋制品标记。2010 型，两端需要接头 T2，钢筋牌号 HRB400，钢筋公称直径 22mm，钢筋下料长度 2000mm 的单件成型钢筋制品，标记为：2010 T2 HRB400/22-2000。

2）组合成型钢筋制品标记。ZGY100 型，最大直径 1500mm，最大长度 16000mm，设计构件编号为 123456 的组合成型钢筋制品，标记为：ZGY100/1500-16000-123456。

（2）成型钢筋制品允许尺寸偏差（见表 6-41）

表 6-41　混凝土结构用成型钢筋制品允许尺寸偏差

序号	项　目		偏差值
1	调直直线度/（mm/m）		≤4
2	调直切断长度/mm		±5
3	纵向钢筋长度方向全长的净尺寸/mm		±10
4	弯折角度/（°）		≤3
5	弯起钢筋的弯折位置/mm		±20
6	箍筋内净尺寸/mm		±5
7	闪光对焊封闭箍筋	接头处弯折角/（°）	≤3
		接头处轴线偏移/mm	≤2
		接头所在直线边直线度/mm	≤5
8	组合成型钢筋制品	主筋间距/mm	±10
		箍筋间距/mm	±20
		高度、宽度、直径/mm	±5
		总长度/mm	±25 或规定长度 0.5% 的较大值

（3）单件成型钢筋制品的形状及代码（见表 6-42）

表 6-42　混凝土结构用单件成型钢筋制品的形状及代码

形状代码	形状示意图	形状代码	形状示意图
0000		3010	
1000	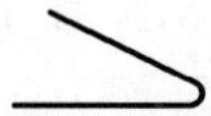	3011	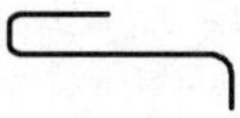
1010		3012	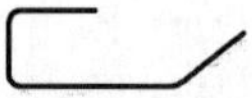
1020		3013	
1030		3020	
2010		3021	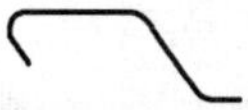
2011		3022	
2020		3030	
2021		3031	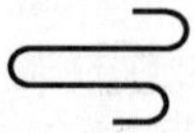
2030		4010	
2031	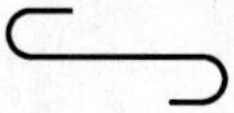	4011	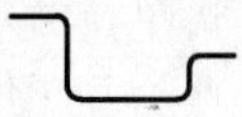
2040	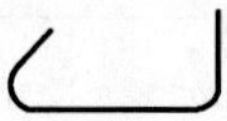	4012	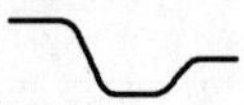
2041	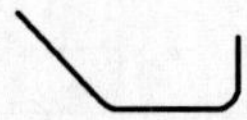	4013	
2050	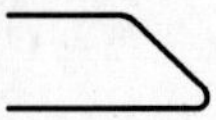	4020	
2060		4021	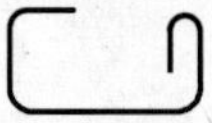

（续）

形状代码	形状示意图	形状代码	形状示意图
4030		5031	
4031		5032	
4040		5033	
5010		6010	
5011		6011	
5012		6012	
5013		6013	
5020		6020	
5021		6021	
5022		6022	
5023		6023	
5024		7010	
5025		7011	
5026		7012	
5030		8010	

（续）

形状代码	形状示意图	形状代码	形状示意图
8020		8040	
8021	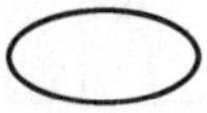	8041	
8030		8050	
8031		8051	

注：1. 形状代码第一位数字代表单件成型钢筋制品的弯折次数（不含端头弯钩）。其中 8 代表圆弧状或螺旋状连续弯曲，9 代表所有其他弯折（曲）类型。

2. 形状代码第二位数字代表单件成型钢筋制品端头弯钩特征：0 表示无弯钩；1 表示一端弯钩；2 表示两端弯钩。

3. 形状代码第三、四位数字代表单件成型钢筋制品的形状。

（4）组合成型钢筋制品的形状及代码（见表 6-43）

表 6-43　混凝土结构用组合成型钢筋制品的形状及代码

形状代码	形状示意图
ZGY100	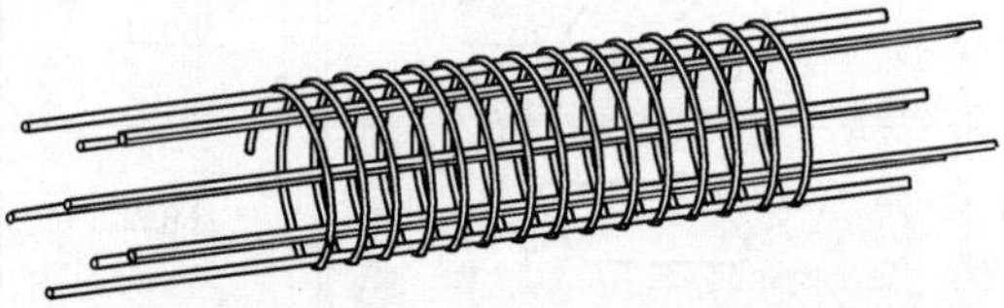
ZGY200	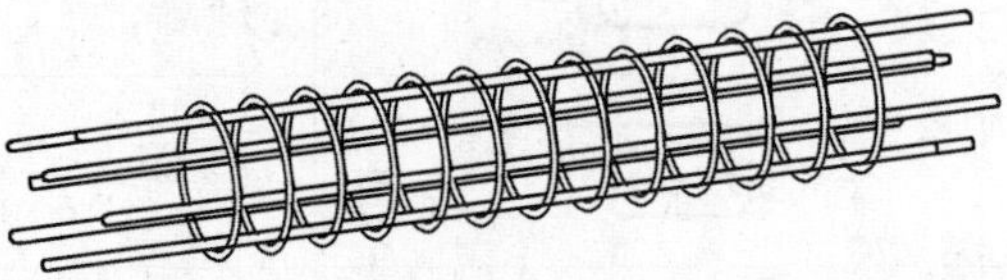
ZGJ100	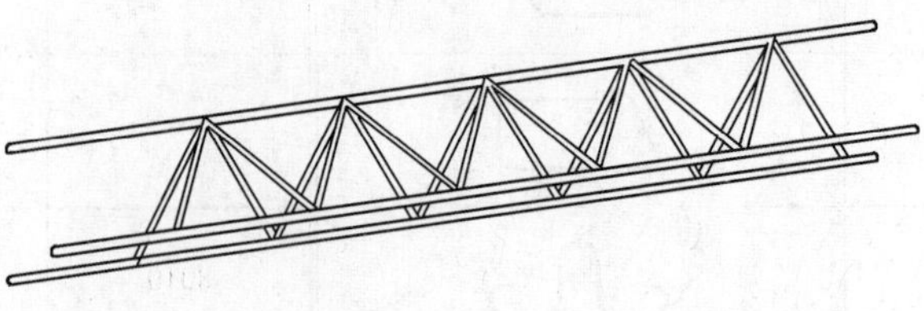

（续）

形状代码	形状示意图
ZGF100	
ZGF110	
ZGF200	
ZGF210	
ZGD100	
ZGD200	

（续）

形状代码	形状示意图
ZGT100	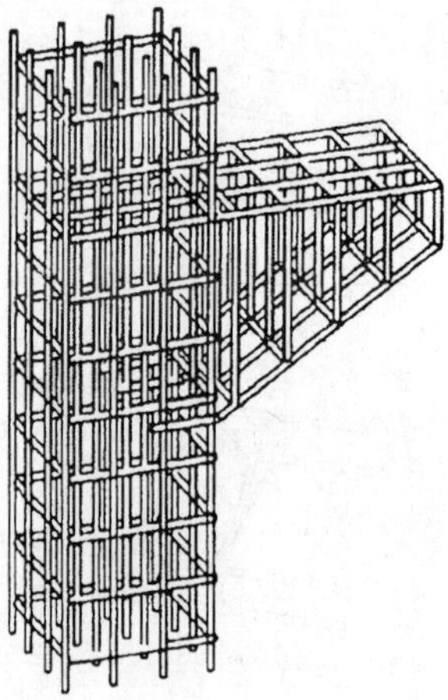
ZGT200	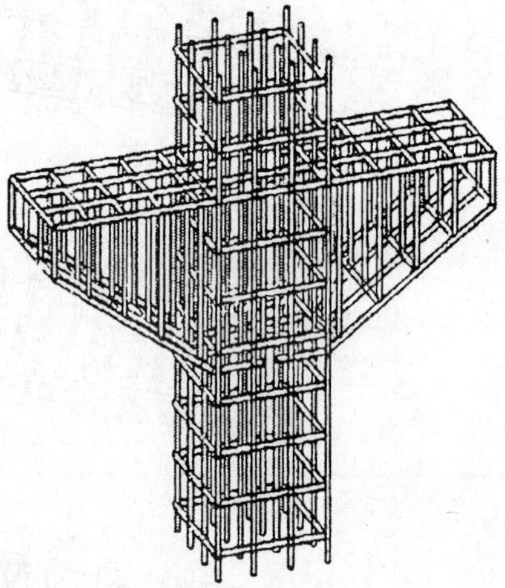

1.3 铝及铝合金板

1.3.1 铝及铝合金压型板（见表 6-44）

表 6-44 铝及铝合金压型板的型号、板型、牌号、状态及规格（摘自 GB/T 6891—2008）

（单位：mm）

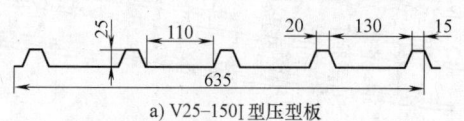

a) V25-150Ⅰ型压型板

（续）

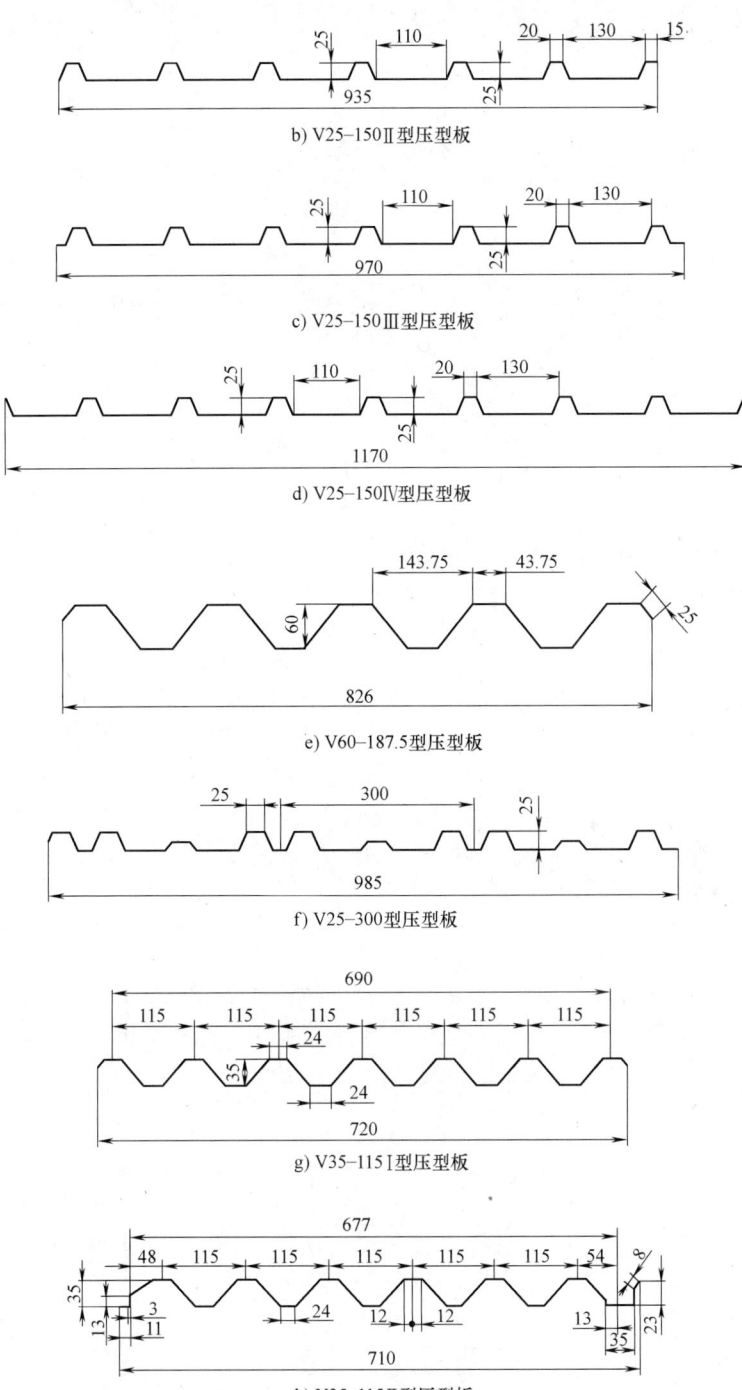

b) V25-150Ⅱ型压型板

c) V25-150Ⅲ型压型板

d) V25-150Ⅳ型压型板

e) V60-187.5型压型板

f) V25-300型压型板

g) V35-115Ⅰ型压型板

h) V35-115Ⅱ型压型板

（续）

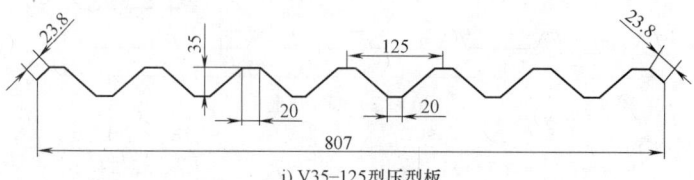

i) V35-125型压型板

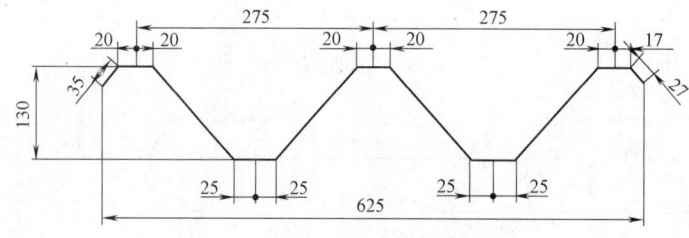

j) V130-550型压型板

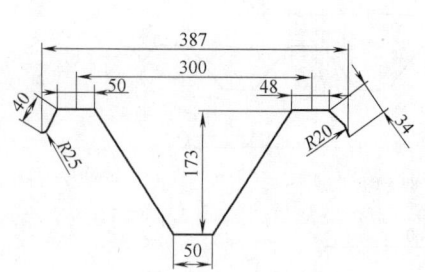

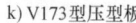

k) V173型压型板

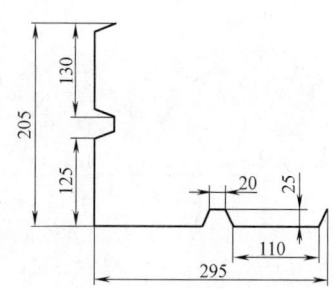

l) Z295型压型板

型　号	板型	牌　号	状　态	规　格				
				波高	波距	坯料厚度	宽度	长　度
V25-150 Ⅰ	见图 a	1050A、1050、1060、1070A、1100、1200、3003、5005	H18	25	150	0.6~1.0	635	1700~6200
V25-150 Ⅱ	见图 b						935	
V25-150 Ⅲ	见图 c						970	
V25-150 Ⅳ	见图 d						1170	
V60-187.5	见图 e		H16、H18	60	187.5	0.9~1.2	826	1700~6200
V25-300	见图 f		H16	25	300	0.6~1.0	985	1700~5000
V35-115 Ⅰ	见图 g		H16、H18	35	115	0.7~1.2	720	≥1700
V35-115 Ⅱ	见图 h						710	
V35-125	见图 i		H16、H18	35	125	0.7~1.2	807	≥1700
V130-550	见图 j		H16、H18	130	550	1.0~1.2	625	≥6000
V173	见图 k		H16、H18	173	—	0.9~1.2	387	≥1700
Z295	见图 l		H18	—	—	0.6~1.0	295	1200~2500

1.3.2　铝及铝合金花纹板（见表 6-45）

表 6-45　铝及铝合金花纹板的花纹代号、图案及牌号、
状态和规格（摘自 GB/T 3618—2006）

a) 1号花纹板

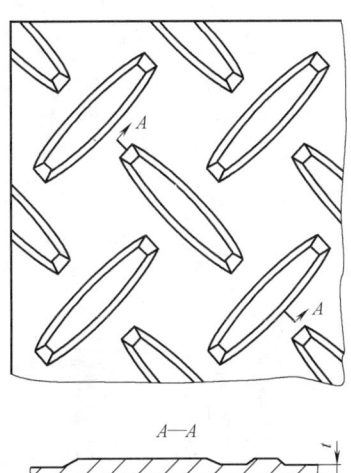

b) 2号花纹板

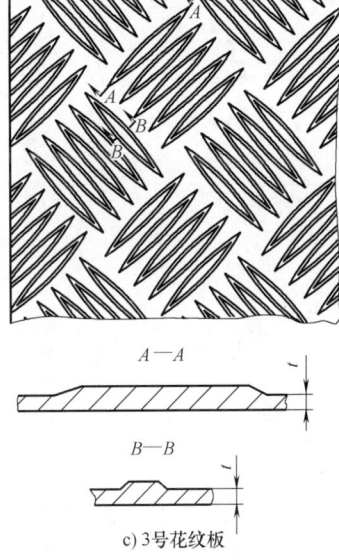

c) 3号花纹板

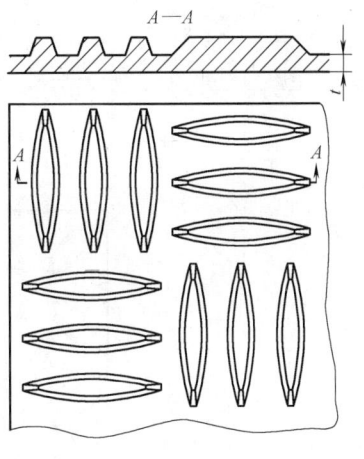

d) 4号花纹板

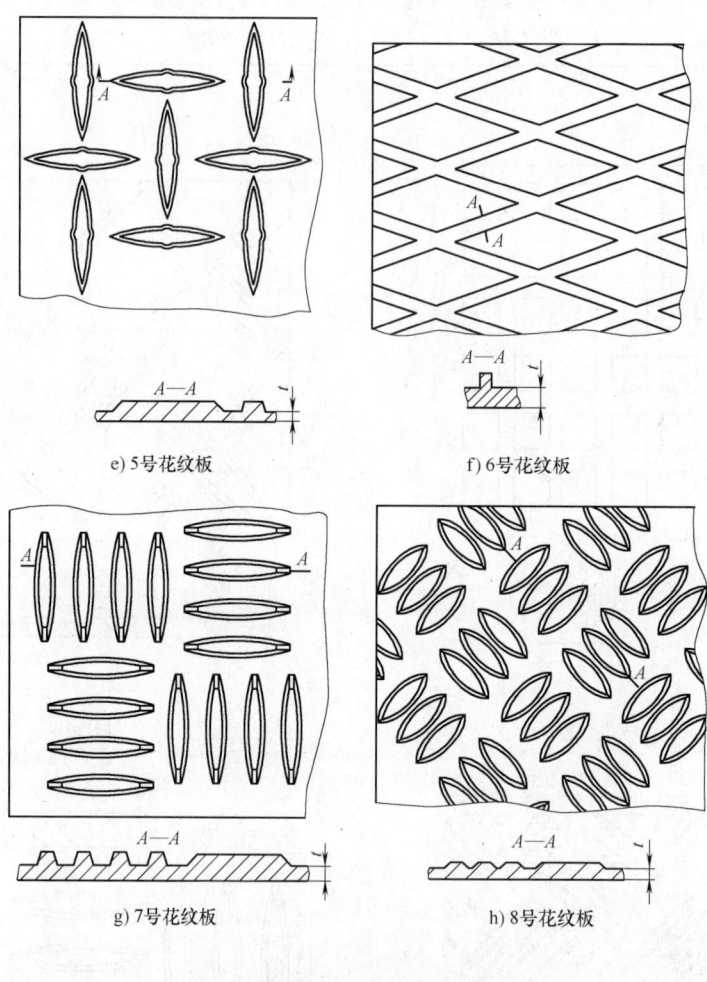

e) 5号花纹板　　　　　　f) 6号花纹板

g) 7号花纹板　　　　　　h) 8号花纹板

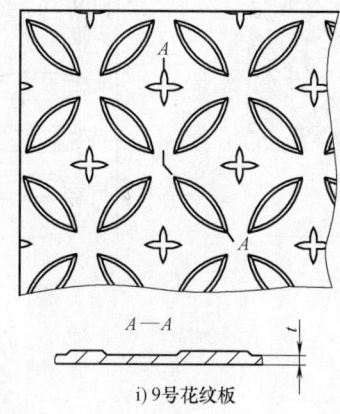

i) 9号花纹板

（续）

花纹代号	花纹图案	牌　号	状　态	底板厚度	筋高	宽度	长度
					mm		
1号	方格型（见图 a）	2A12	T4	1.0~3.0	1.0	1000~1600	2000~10000
2号	扁豆型（见图 b）	2A11、5A02、5052	H234	2.0~4.0	1.0		
		3105、3003	H194				
3号	五条型（见图 c）	1×××、3003	H194	1.5~4.5	1.0		
		5A02、5052、3105、5A43、3003	O、H114				
4号	三条型（见图 d）	1×××、3003	H194	1.5~4.5	1.0		
		2A11、5A02、5052	H234				
5号	指针型（见图 e）	1×××	H194	1.5~4.5	1.0		
		5A02、5052、5A43	O、H114				
6号	菱型（见图 f）	2A11	H234	3.0~8.0	0.9		
7号	四条型（见图 g）	6061	O	2.0~4.0	1.0		
		5A02、5052	O、H234				
8号	三条型（见图 h）	1×××	H114、H234、H194	1.0~4.5	0.3		
		3003	H114、H194				
		5A02、5052	O、H114、H194				
9号	星月型（见图 i）	1×××	H114、H234、H194	1.0~4.0	0.7		
		2A11	H194				
		2A12	T4	1.0~3.0			
		3003	H114、H234、H194	1.0~4.0			
		5A02、5052	H114、H234、H194				

注：1. 要求其他合金、状态及规格时，应由供需双方协商并在合同中注明。

　　2. 2A11、2A12 合金花纹板双面可带有 1A50 合金包覆层，其每面包覆层的平均厚度应不小于底板公称厚度的 4%。

1.3.3　铝及铝合金波纹板（见表 6-46）

表 6-46　铝及铝合金波纹板的牌号、状态、代号及规格（摘自 GB/T 4438—2006）

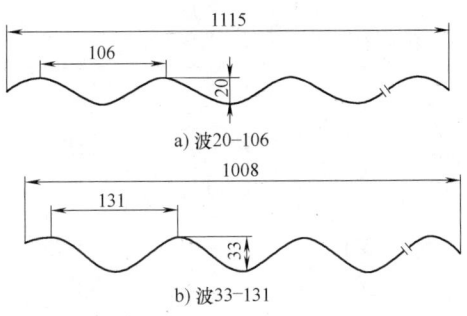

a) 波20-106

b) 波33-131

（续）

牌　号	状态	波型代号	规格/mm				
			坯料厚度	长度	宽度	波高	波距
1050A、1050、 1060、1070A、 1100、1200、3003	H18	波20-106 （波型见图 a）	0.60~1.00	2000~10000	1115	20	106
		波33-131 （波型见图 b）			1008	33	131

2　拉手

2.1　小拉手

小拉手广泛用于木制的或金属的门、窗、橱、柜等，其外形、规格及基本参数见表6-47。

表 6-47　小拉手的外形、规格及基本参数　　　　（单位：mm）

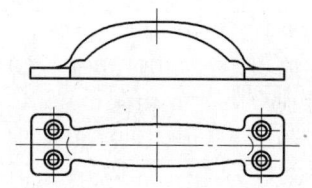

种　类	规格	长度	配用木螺钉		材　质
			直径×长度	数目	
普通式	75	75	3×16	4	Q195~Q235
	100	100	3.5×20	4	
蝴蝶式	125	125	3.5×20	4	
	150	150	4×25	4	

2.2　圆拉手

圆拉手用于各种橱、柜门，其外形、型号及规格见表6-48。

表 6-48　圆拉手的外形、型号及规格　　　　（单位：mm）

外形					

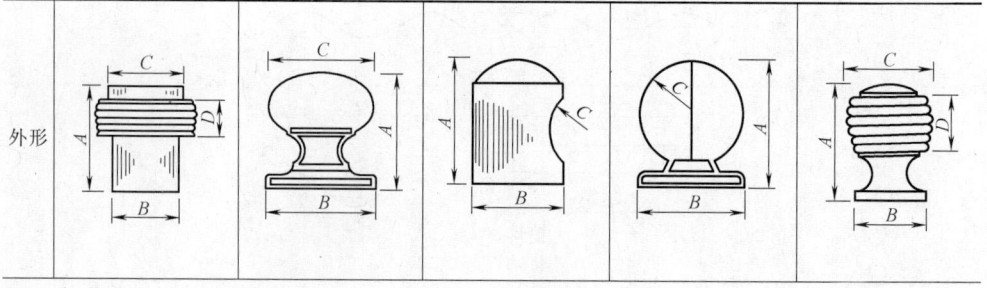

（续）

型号	AB-301		AB-302		AB-303		AB-304		AB-305	
规格	L	S	M	S	L	S	L	M	L	S
A	26.5	21.5	30	25	31	26	36.5	29	32	27.5
B	φ18	φ14	φ30	φ25	φ25	φ19	φ28	φ24	φ23	φ19.5
C	φ20	φ15	φ30	φ25	R10	R8	R14	R12	φ29	φ25
D	9	9							15.4	14.4
外形										

型号	AB-306		AB-307		AB-308		AB-309		AB-310	
规格	L	S	L	S	L	S	L	S	L	M
A	35.7	29.7	31	28	22	18.5	28.7	20.5	27	23
B	φ23	φ19.2	φ15.5	φ12	φ19	φ15	φ25	φ18	φ18	14.5
C	φ29	φ24.7	φ37.5	φ30	φ31.5	φ23			φ29.5	φ24
D										
外形										

型号	AB-311		AB-312		AB-317		AB-127		AB-318	
规格	L	S			L	M			L	S
A	38	32.5	41		23	21.5	50		42	35
B	φ20	φ16	35		35	30	59		φ37	φ31
C	φ28	φ22.5	φ10				φ220		φ42.5	φ38
D							25			

2.3 底板拉手、推板拉手

底板拉手和推板拉手主要用于铝合金门及较大木门等的开关，其外形、规格及基本参数见表6-49。

表6-49 底板拉手和推板拉手的外形、规格及基本参数 （单位：mm）

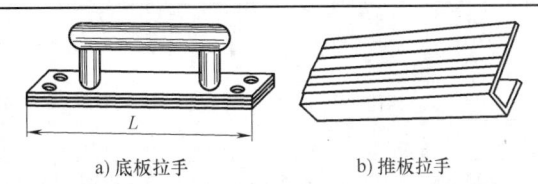

a) 底板拉手　　　　　　b) 推板拉手

（续）

规格	底板长 L	普通式		方柄式		推板式		配用木螺钉（参考值）		材　质
		底板宽	底板高	底板宽	底板高	规格	螺钉	直径×长度	数目	
150	150	42	6	30	2	—	—	M3.5×25	4	底板拉手采用 Q235；推板拉手 采用铝合金等
200	200	50	7	40	3	200	M4	M3.5×25	4	
250	250	58	8	50	3	250	M4	M4×25	4	
300	300	66	8	60	4	300	M4	M4×25	4	

2.4　大门拉手（见表6-50）

表6-50　大门拉手的外形、型号及规格　（单位：mm）

外形										
型号	AA-103		AA-118		AA-116		AA-120		AA-122	
规格	L	S	L	S	XL	M	XL	L	L	S
A	200	166	324	164	510	375	544	405	520	490
B	340	306	450	240	800	600	800	600	830	800
C	34	34	38	33	φ63	φ51	φ63	φ51	φ63	φ63
D	φ25	φ25	φ29	φ19	80	63	69	52	79.5	79.5

外形										
型号	AA-123		AA-117		AA-119		AA-102		AA-131	
规格	L	S	M	S	L	S	L	S	L	S
A	594	384	190	145	170	136	185	166	267	200
B	660	450	300	240	300	240	302	260	400	300
C	50	42	34	30	37	32.5	34	30	40	33
D	φ45	φ35.8	φ25.4	φ19	φ25.4	φ19	φ25.4	φ19	φ30	φ25.4

（续）

外形	 (AA-101)		(AA-111)		(AA-112)		(AA-114B)		(AA-104)	
型号	AA-101		AA-111		AA-112		AA-114B		AA-104	
规格	XL	M	XL	M	L	S	L	S	XXL	S
A	424	164	312	154	560	310	649	428	576	150
B	800	305	600	300	600	350	700	466	800	300
C	122	58	110	60.5	79	79	116	93	101	74
D					$\phi31.8$	$\phi31.8$	$\phi55$	$\phi43$	$\phi50.8$	$\phi31.8$

外形	(AA-108)		(AA-107)		(AA-106)		(AA-109)		(AA-121)	
型号	AA-108		AA-107		AA-106		AA-109		AA-121	
规格	XL	S	XL	S	L	S	M	S	XXL	XL
A	576	310	1137	837	205	130	426	271	816	482
B	800	450	1200	900	340	260	455	300	1200	830
C	103	76	122	122	38	38	70	70	76.5	75
D	$\phi50.8$	$\phi31.8$	$\phi50.8$	$\phi50.8$	$\phi18$	$\phi18$	$\phi29$	$\phi29$	$\phi63$	$\phi51$

2.5 蟹壳拉手

蟹壳拉手一般用于抽屉的启闭，分普通型与方型，其外形、型号及基本参数见表 6-51。

表 6-51 蟹壳拉手的外形、型号及基本参数 （单位：mm）

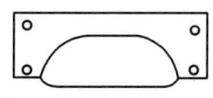

普通型　　　　　　　方型

型 号	长 度	配用木螺钉		材 质
		直径×长度	数 目	
65 普通型	65	M3×16	3	Q215~Q235
80 普通型	80	M3.5×20	3	（表面镀硬铬）
90 方型	90	M3.5×20	4	

2.6 铝合金门窗拉手 (摘自 QB/T 3889—1999)

2.6.1 型式和代号 (见表 6-52 和表 6-53)

表 6-52 门用拉手的型式和代号

型式名称	杆 式	板 式	其 他
代 号	MG	MB	MQ

表 6-53 窗用拉手的型式和代号

型式名称	板 式	盒 式	其 他
代 号	CB	CH	CQ

2.6.2 尺寸 (见表 6-54)

表 6-54 门用拉手和窗用拉手的外形长度　　　　(单位: mm)

名　　　称	外形长度					
门用拉手	200	250	300	350	400	450
	500	550	600	650	700	750
	800	850	900	950	1000	
窗用拉手	50		60		70	80
	90		100		120	150

注: 门用拉手的底板宽度应不大于 50mm。

3 合页

3.1 普通型合页 (见表 6-55 ~ 表 6-57)

表 6-55 全嵌型普通型合页的型式和尺寸 (摘自 QB/T 4595.1—2013)

(单位: mm)

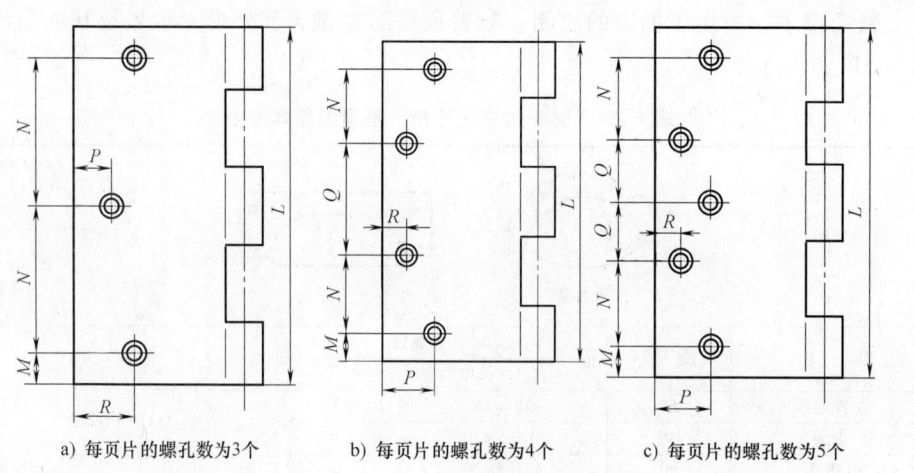

a) 每页片的螺孔数为3个　　　b) 每页片的螺孔数为4个　　　c) 每页片的螺孔数为5个

（续）

尺寸	图 a	图 b		图 c
L	88.90	114.3	127.0	152.40
M	9.02	12.90	12.90	12.70
N	35.43	28.58	31.75	32.54
P	9.14	25.40	25.40	23.80
Q	—	31.34	37.70	30.96
R	17.45	9.53		9.53

表 6-56　无缝合页的型式和尺寸（摘自 QB/T 4595.1—2013）

（单位：mm）

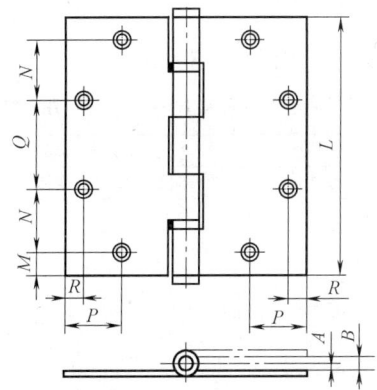

A	2.38	
B	4.76	
L	101.60	114.30
M	13.00	12.90
N	25.50	28.58
P	19.05	25.40
Q	24.60	31.34
R	9.53	

表 6-57　普通型合页的产品型式、系列编号及尺寸（摘自 QB/T 4595.1—2013）

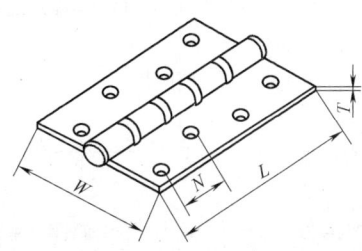

（续）

系列编号	合页长度 L/mm		合页厚度 T/mm	每片页片最少螺孔数/个
	Ⅰ组	Ⅱ组		
A35	88.90	90.00	2.50	3
A40	101.60	100.00	3.00	4
A45	114.30	110.00	3.00	4
A50	127.00	125.00	3.00	4
A60	152.40	150.00	3.00	5
B45	114.30	110.00	3.50	4
B50	127.00	125.00	3.50	4
B60	152.40	150.00	4.00	5
B80	203.20	200.00	4.50	7

注：1. 系列编号中 A 为中型合页，B 为重型合页，后跟两个数字表示合页长度，35 = 3 1/2in.（88.90mm），40 = 4in.（101.60mm），依次类推。

2. Ⅰ组为英制系列，Ⅱ组为公制系列。

3.2 轻型合页（见表 6-58 和表 6-59）

表 6-58 轻型合页的系列编号和尺寸（摘自 QB/T 4595.2—2013）

系列编号	合页长度/mm		合页厚度/mm		每片页片的最少螺孔数/个
	Ⅰ组	Ⅱ组	公称尺寸	极限偏差	
C10	25.40		0.70		2
C15	38.10		0.80		2
C20	50.80	50.00	1.00	0 −0.10	3
C25	63.50	65.00	1.10		3
C30	76.20	75.00	1.10		4
C35	88.90	90.00	1.20		4
C40	101.60	100.00	1.30		4

注：C 为轻型合页，后面两个数字表示合页长度，35 = 3 1/2in.（88.90mm），40 = 4in.（101.60mm），依次类推。Ⅰ组为英制系列，Ⅱ组为公制系列。

表 6-59 轻型合页产品的型式和尺寸（摘自 QB/T 4595.2—2013）　　（单位：mm）

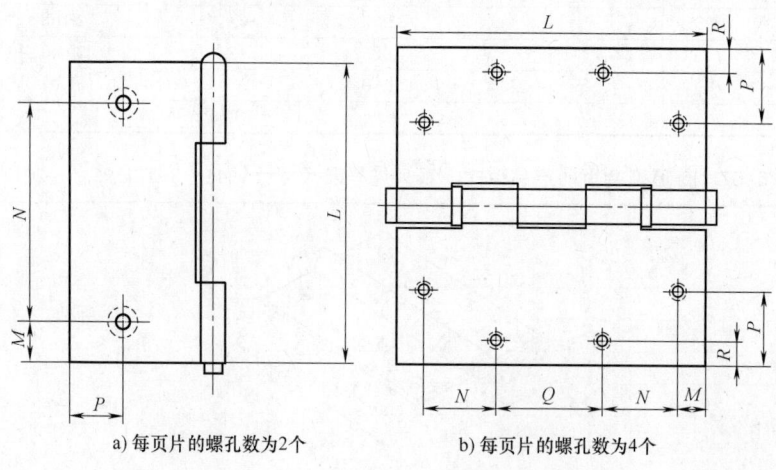

a) 每页片的螺孔数为2个　　b) 每页片的螺孔数为4个

（续）

尺寸	图 a		图 b		
L	25.40	38.10	76.20	88.90	101.60
M	3.50	5.50	9.50	9.50	90.00
N	18.00	27.00	15.00	21.50	28.00
P	4.00	4.50	13.00	13.00	13.00
Q	—	—	27.00	27.00	28.00
R	—	—	8.00	10.00	8.00

3.3 抽芯型合页（见表 6-60 和表 6-61）

表 6-60 抽芯型合页的系列编号和尺寸（摘自 QB/T 4595.3—2013） （单位：mm）

系列编号	合页长度/mm		合页厚度/mm		每片页片的螺孔数/个
	Ⅰ 组	Ⅱ 组	公称尺寸	极限偏差	
D15	38.10		1.20	±0.10	2
D20	50.80	50.00	1.30		3
D25	63.50	65.00	1.40		3
D30	76.20	75.00	1.60		4
D35	88.90	90.00	1.60		4
D40	101.60	100.00	1.80		4

注：D 为抽芯型合页，后面两个数字表示合页长度，35＝3 1/2in.（88.90mm），40＝4in.（101.60mm），依
　　次类推。Ⅰ组为英制系列，Ⅱ组为公制系列。

表 6-61 抽芯型合页产品的型式和尺寸（摘自 QB/T 4595.3—2013） （单位：mm）

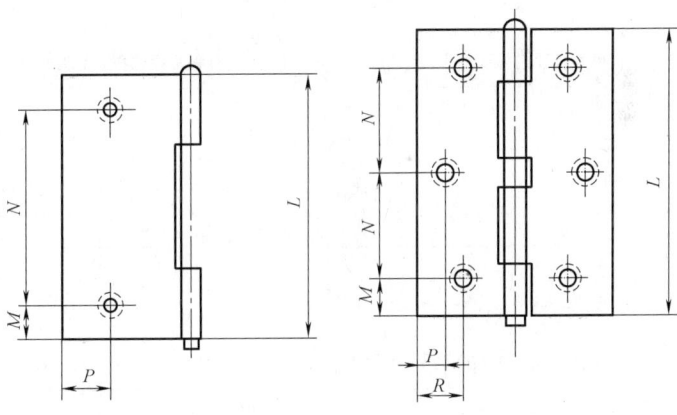

a) 每页片的螺孔数为2个　　　　　b) 每页片的螺孔数为3个

尺寸	图 a	图 b	
L	38.1	50.80	63.50
M	6.00	7.00	9.50
N	36.00	18.00	23.00
P	6.50	7.50	7.00
R	—	9.00	9.00

3.4 H型合页（见表6-62和表6-63）

表 6-62　H型合页的系列编号和尺寸（摘自 QB/T 4595.4—2013）

系列编号	合页长度/mm	合页厚度/mm		每片页片的最少螺孔数/个
		公称尺寸	极限偏差	
H30	80.00	2.00		3
H40	95.00	2.00	0	3
H45	110.00	2.00	−0.10	3
H55	140.00	2.50		4

注：H 为 H 型合页，后面两个数字表示合页长度，30 表示约为 3in，45 表示约为 4 1/2in，依次类推。

表 6-63　H型合页产品的型式和尺寸（摘自 QB/T 4595.4—2013）　　　（单位：mm）

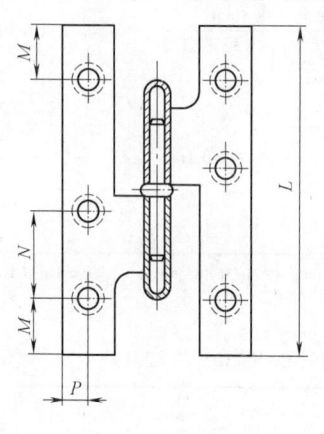 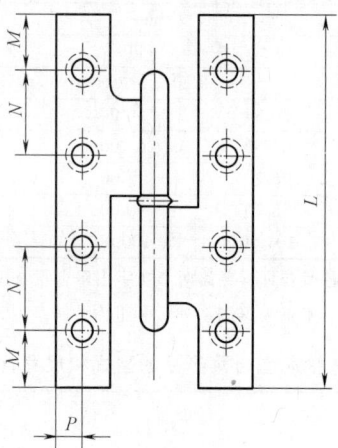

a) 每页片的螺孔数为3个　　　　　　　b) 每页片的螺孔数为4个

尺寸	图 a			图 b
L	80.00	95.00	110.00	140.00
M	8.00	8.00	9.00	10.00
N	22.00	27.50	33.00	40.00
P	7.00	7.00	7.50	7.50

3.5 T型合页（见表6-64和表6-65）

表 6-64　T型合页的系列编号和尺寸（摘自 QB/T 4595.5—2013）

系列编号	合页长度/mm		合页厚度/mm		每片页片的最少螺孔数/个
	I 组	II 组	公称尺寸	极限偏差	
T30	76.20	75.00	1.40		3
T40	101.60	100.00	1.40		3
T50	127.00	125.00	1.50	±0.10	4
T60	152.40	150.00	1.50		4
T80	203.20	200.00	1.80		4

注：T 表示 T 型合页，后面两个数字表示合页长度，30 = 3in.（76.20mm），40 = 4in.（101.60mm），依次
类推。I 组为英制系列，II 组为公制系列。

表 6-65　T 型合页产品的型式和尺寸（摘自 QB/T 4595.5—2013）　　　（单位：mm）

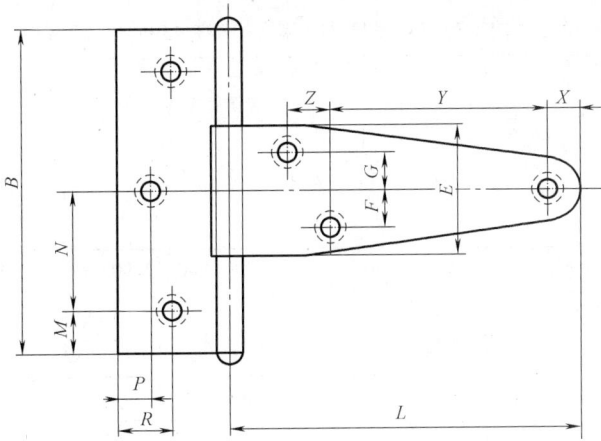

a) 每页片的螺孔数为3个

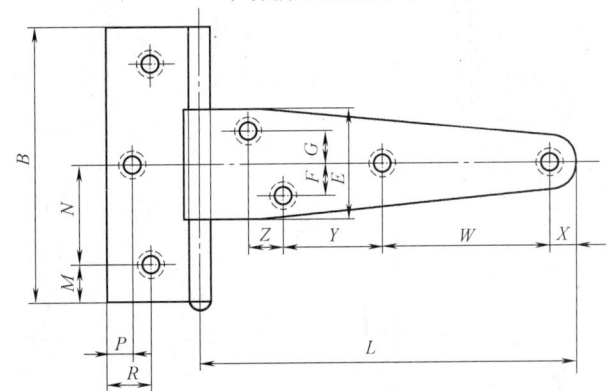

b) 每页片的螺孔数为4个

尺寸	图 a		图 b		
L	76.20	101.60	127.00	152.40	203.00
B	63.50	63.50	70.00	70.00	73.00
M	8.00	8.00	8.00	8.00	9.00
N	23.75	23.75	27.00	27.00	27.50
P	7.00	7.00	7.00	7.00	8.00
R	9.00	9.00	9.00	9.00	10.00
X	9.00	9.00	11.00	11.00	12.00
Y	41.00	63.00	35.00	45.00	68.00
W	—	—	50.00	63.00	87.00
Z	12.00	14.00	14.00	18.00	19.00
E	26.00	26.00	28.00	28.00	32.00
F	5.00	5.30	5.60	5.80	6.80
G	6.50	6.50	6.50	6.70	7.70

3.6 双袖型合页（见表6-66和表6-67）

表6-66 双袖型合页的系列编号和尺寸（摘自 QB/T 4595.6—2013）　（单位：mm）

系列编号	合页长度/mm	合页厚度/mm		每片页片的螺孔数/个
		公称尺寸	极限偏差	
G30	75.00	1.50		3
G40	100.00	1.50	±0.10	3
G50	125.00	1.80		4
G60	150.00	2.00		4

注：G 表示双袖型合页，后面两个数字表示合页长度，30 = 3in.（75.00mm），40 = 4in.（100mm），依次类推。

表6-67 双袖型合页产品的型式和尺寸（摘自 QB/T 4595.6—2013）　（单位：mm）

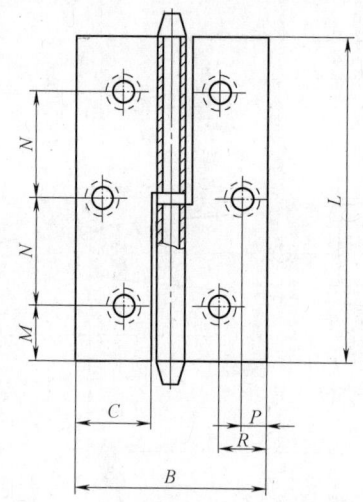
a) 每页片的螺孔数为3个

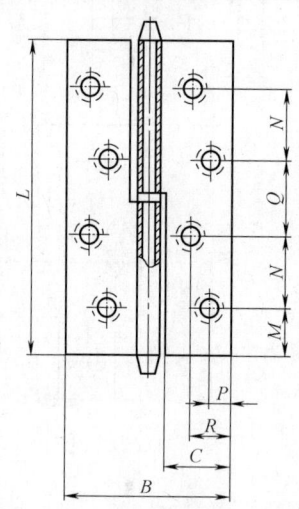
b) 每页片的螺孔数为4个

尺寸	图 a		图 b	
L	75.00	100.00	125.00	150.00
M	9.00	9.50	13.00	15.00
N	28.50	40.50	33.00	40.00
Q	—	—	33.00	40.00
P	8.00	9.00	10.00	10.00
R	15.00	17.00	15.00	17.00
C	23.00	28.00	33.00	38.00
B	60.00	70.00	85.00	95.00

3.7 弹簧合页（摘自 QB/T 1738—1993）

单弹簧合页用于朝一个方向启闭（90°~160°范围）的门扇上；双弹簧合页用于朝两个方向启闭（180°~320°范围）的门扇上。弹簧合金的型式、规格及尺寸见表6-68。

表 6-68 弹簧合页产品的型式、规格及尺寸

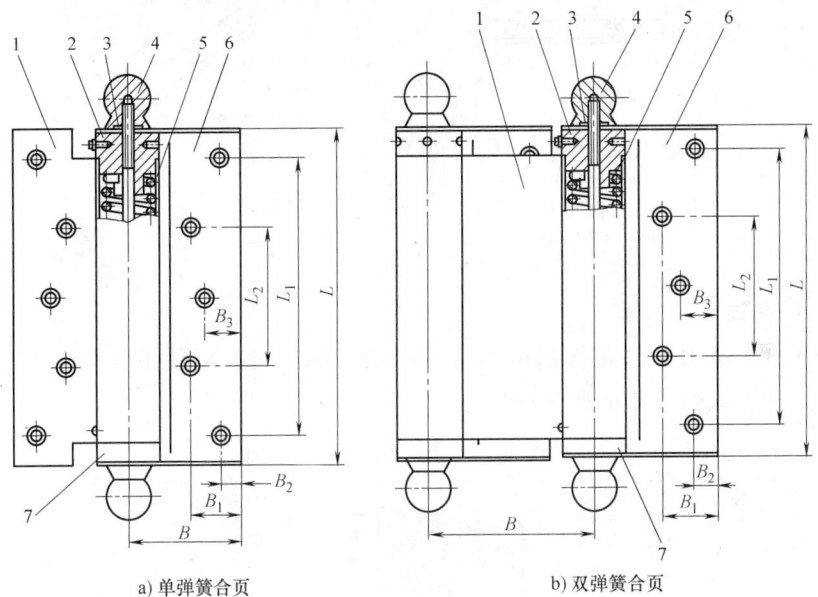

a) 单弹簧合页　　　　　　　　　　　b) 双弹簧合页

1—筒管 2—调节器 3—弹簧垫圈 4—圆头　　1—筒管 2—调节器 3—弹簧垫圈 4—圆头
5—弹簧 6—页片 7—底座　　　　　　　　5—弹簧 6—页片 7—底座

	规　格		75	100	125	150	200	250
L	Ⅱ型	公称尺寸	75	100	125	150	200	250
		极限偏差	±0.95	±1.10	±1.25		±1.45	
	Ⅰ型	公称尺寸	76	102	127	152	203	254
		极限偏差	±0.95	±1.10	±1.25		±1.45	±1.60
B	图 a	公称尺寸	36	39	45	50	71	—
		极限偏差	±1.95				±2.3	—
	图 b	公称尺寸	48	56	64		95	
		极限偏差	±1.95	±2.3			±2.7	
L_1		公称尺寸	58	76	90	120	164	—
		极限偏差	±0.95		±1.10		±1.25	
L_2		公称尺寸	34	43	44	70	82	—
		极限偏差	±0.80			±0.95	±1.10	
B_1		公称尺寸	13	16	19	20	32	
		极限偏差	30.55		±0.65		±0.80	
B_2		公称尺寸	8	9		10	14	
		极限偏差	±0.45				±0.55	
B_3		公称尺寸	—	—	—	—	15	23
		极限偏差	—	—	—	±0.55		±0.65

3.8　平面合页

　　平面合页用于装在门的上、下方，转动灵活，外观不露铰链，表面美观平整。平面合页的型式如图 6-3 所示。

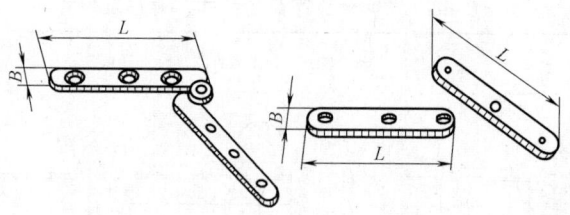

图 6-3　平面合页的型式

注：$L=70$，$B=12$

3.9　弯角合页

弯角合页适用于刨花板制造的家具门的纵向连接，可使里外搭门展开 180°。弯角合页的型式和尺寸见表 6-69。

表 6-69　弯角合页的型式和尺寸　　　　　　　　（单位：mm）

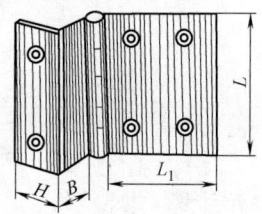

L	B	H	L_1
45	20	35	45
45	20	17	35

3.10　弯角平面合页（见图 6-4）

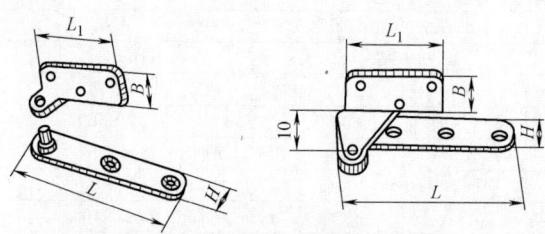

图 6-4　弯曲平面合页的型式

注：$L=70$，$B=17$，$H=14$，$L_1=40$

3.11　翻窗合页

翻窗合页通常安装在活动气窗上，窗扇可以在水平或垂直方向围绕合页轴转动，使窗户开启或闭合，翻窗合页常与翻窗插销配合使用。翻窗合页的型式、规格及尺寸见表 6-70。

表 6-70 翻窗合页的型式、规格及尺寸　　　　　（单位：mm）

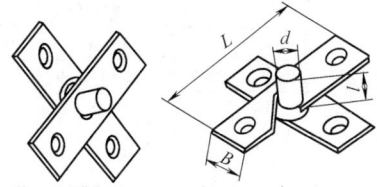

规　格	页 板 尺 寸				配 木 螺 钉	
	L	B	d	l	长度×直径	数　目
50	50				18×3.5	
65	65				18×3.5	
75	75	19	9	12	25×4	8
90	90				25×4	
100	100				25×4	

4　插销

4.1　钢插销（见表 6-71～表 6-74）

表 6-71 普通型、封闭型单动插销的型式和尺寸（摘自 QB/T 2032—2013）

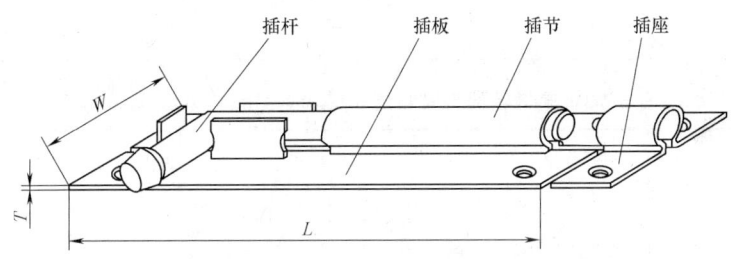

a) 普通型单动插销

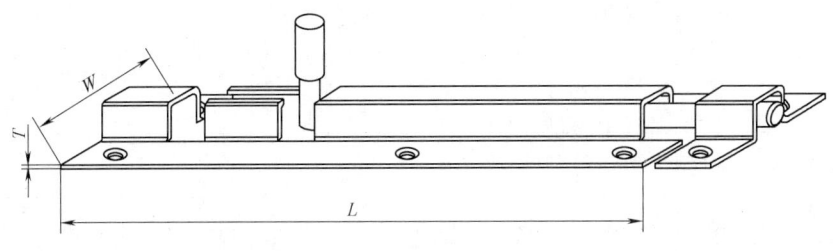

b) 封闭型单动插销

（续）

插板长度 L/mm	插板宽度 W/mm		插板厚度 T/mm		配用螺钉		
	普通型	封闭型	普通型	封闭型	普通型(直径×长度) /(mm×mm)	封闭型(直径×长度) /(mm×mm)	数目/个
100	28	29	1.0	1.0	3×16	3.5×16	6
150	28	29	1.2	1.2	3×18	3.5×16	8
200	28	36	1.2	1.2	3×18	4×18	8
250	28	—	1.2	—	3×18	—	8
300	28	—	1.2	—	3×18	—	8

表 6-72　蝴蝶型插销的型式和尺寸 （QB/T 2032—2013）

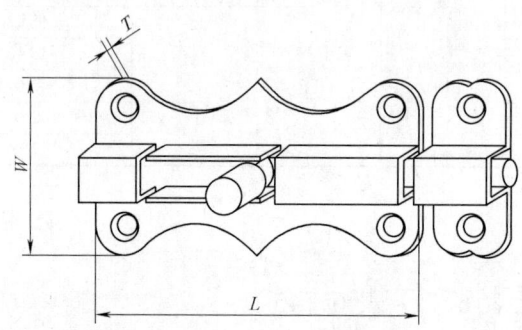

插板长度 L/mm	插板宽度 W/mm	插板厚度 T/mm	插杆直径 /mm	配用螺钉	
				封闭型(直径×长度)/(mm×mm)	数目/个
40	35	1.2	7	3.5×18	6
50	44	1.2	8	3.5×18	6

表 6-73　暗插销的型式和尺寸 （摘自 QB/T 2032—2013）

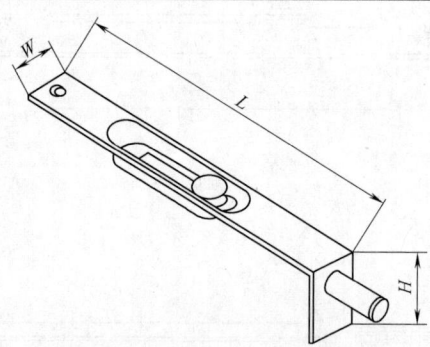

插板长度 L/mm	插板宽度 W/mm	插板深度 H/mm	配用螺钉	
			直径×长度/(mm×mm)	数目/个
150	20	35	3.5×18	5
200	20	40	3.5×18	5
250	22	45	4×25	5
300	25	50	4×25	5

表 6-74　翻窗插销的型式和尺寸（摘自 QB/T 2032—2013）

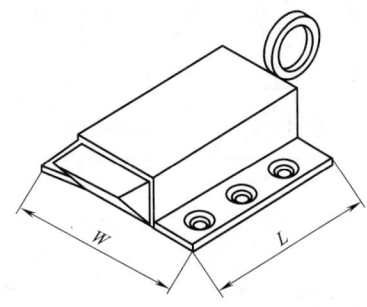

插板长度 L/mm	插板宽度 W/mm	销舌伸出量/mm	配用螺钉 直径×长度/（mm×mm）
30	43	9	3.5×18
35	46	11	3.5×20
45	48	12	3.5×22

4.2　B 型插销

B 型插销用于木制门窗及橱柜的启闭闩锁，其型式和尺寸见表 6-75。

表 6-75　B 型插销的型式和尺寸

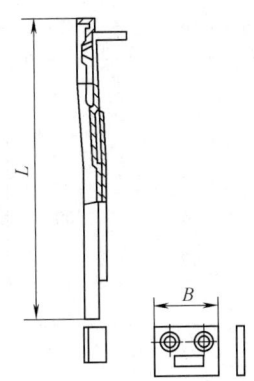

规　格	插板长度 L/mm	插板宽度 B/mm	配用木螺钉		材　　质
			直径	数目	
50	50	13	M3	4	Q195、Q215、Q235
100	100	18	M3.5	4	

5 板网、窗纱及玻璃

5.1 钢板网

5.1.1 普通钢板网（见表6-76）

表6-76 普通钢板网的型式和尺寸（摘自 QB/T 2959—2008）　　（单位：mm）

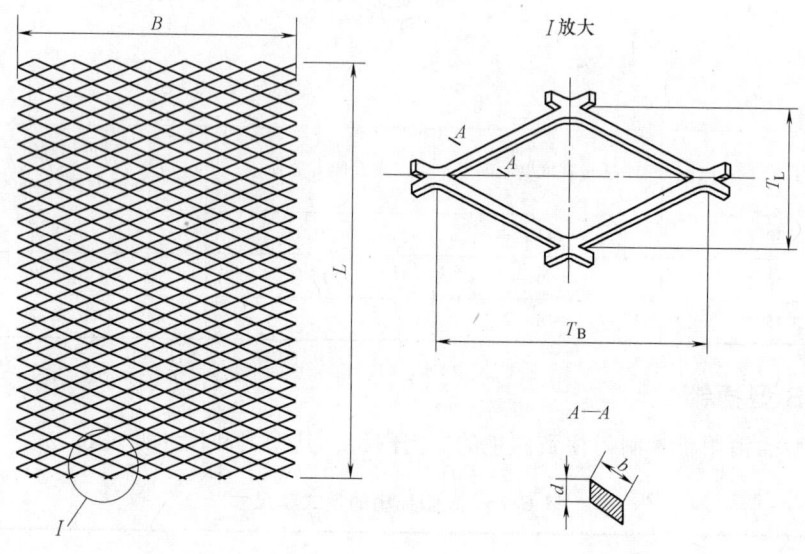

d	网格尺寸			网面尺寸		钢板网理论质量
	T_L	T_B	b	B	L	/（kg/m²）
0.3	2	3	0.3	100~500	—	0.71
	3	4.5	0.4			0.63
0.4	2	3	0.4	500		1.26
	3	4.5	0.5			1.05
0.5	2.5	4.5	0.5	500		1.57
	5	12.5	1.11	1000		1.74
	10	25	0.96	2000	600~4000	0.75
0.8	8	16	0.8	1000	600~5000	1.26
	10	20	1.0			1.26
	10	25	0.96			1.21
1.0	10	25	1.10	2000	600~5000	1.73
	15	40	1.68		4000~5000	1.76

（续）

d	网格尺寸			网面尺寸		钢板网理论质量/(kg/m²)
	T_L	T_B	b	B	L	
1.2	10	25	1.13			2.13
	15	30	1.35			1.7
	15	40	1.68			2.11
1.5	15	40	1.69		4000~5000	2.65
	18	50	2.03			2.66
	24	60	2.47			2.42
2.0	12	25	2			5.23
	18	50	2.03			3.54
	24	60	2.47			3.23
3.0	24	60	3.0		4800~5000	5.89
	40	100	4.05		3000~3500	4.77
	46	120	4.95		5600~6000	5.07
	55	150	4.99		3300~3500	4.27
4.0	24	60	4.5	2000	3200~3500	11.77
	32	80	5.0		3850~4000	9.81
	40	100	6.0		4000~4500	9.42
5.0	24	60	6.0		2400~3000	19.62
	32	80	6.0		3200~3500	14.72
	40	100	6.0		4000~4500	11.78
	56	150	6.0		5600~6000	8.41
6.0	24	60	6.0		2900~3500	23.55
	32	80	7.0		3300~3500	20.60
	40	100			4150~4500	16.49
	56	150			5800~6000	11.77
8.0	40	100	8.0		3650~4000	25.12
			9.0		3250~3500	28.26
	60	150			4850~5000	18.84
10.0	45	100	10.0	1000	4000	34.89

注：d 为 0.3~0.5mm 一般长度为卷网。钢板网长度根据市场可供钢板做调整。

5.1.2 建筑网（见表 6-77 和表 6-78）

表 6-77 有肋扩张网的型式和尺寸（摘自 QB/T 2959—2008） （单位：mm）

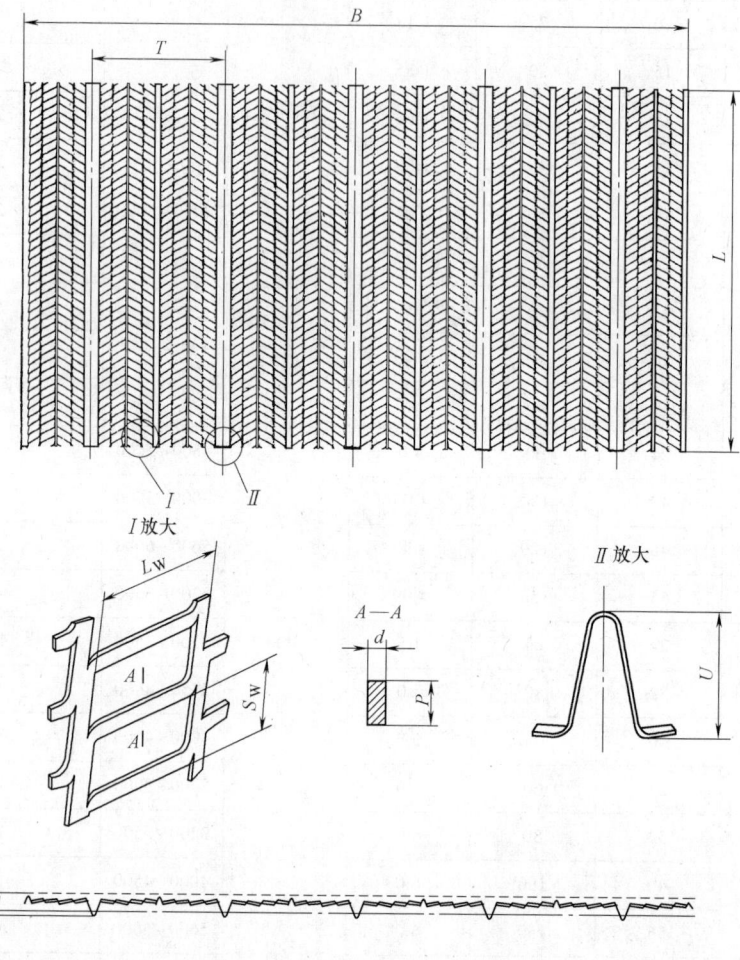

注：网面翘起 h 见 QB/T 2959

网格尺寸			网面尺寸				材料镀锌层双面质量/（g/m²）	钢板网理论质量/（kg/m²）					
								d					
S_W	L_W	P	U	T	B	L		0.25	0.3	0.35	0.4	0.45	0.5
5.5	8	1.28	9.5	97	686	2440	≥120	1.16	1.40	1.63	1.86	2.09	2.33
11	16	1.22	8	150	600	2440	≥120	0.66	0.79	0.92	1.05	1.17	1.31
8	12	1.20	8	100	900	2440	≥120	0.97	1.17	1.36	1.55	1.75	1.94
5	8	1.42	12	100	600	2440	≥120	1.45	1.76	2.05	2.34	2.64	2.93
4	7.5	1.20	5	75	600	2440	≥120	1.01	1.22	1.42	1.63	1.82	2.03
3.5	13	1.05	6	75	750	2440	≥120	1.17	1.42	1.65	1.89	2.12	2.36
8	10.5	1.10	8	50	600	2440	≥120	1.18	1.42	1.66	1.89	2.13	2.37

表 6-78　批荡网的型式和尺寸（摘自 QB/T 2959—2008）

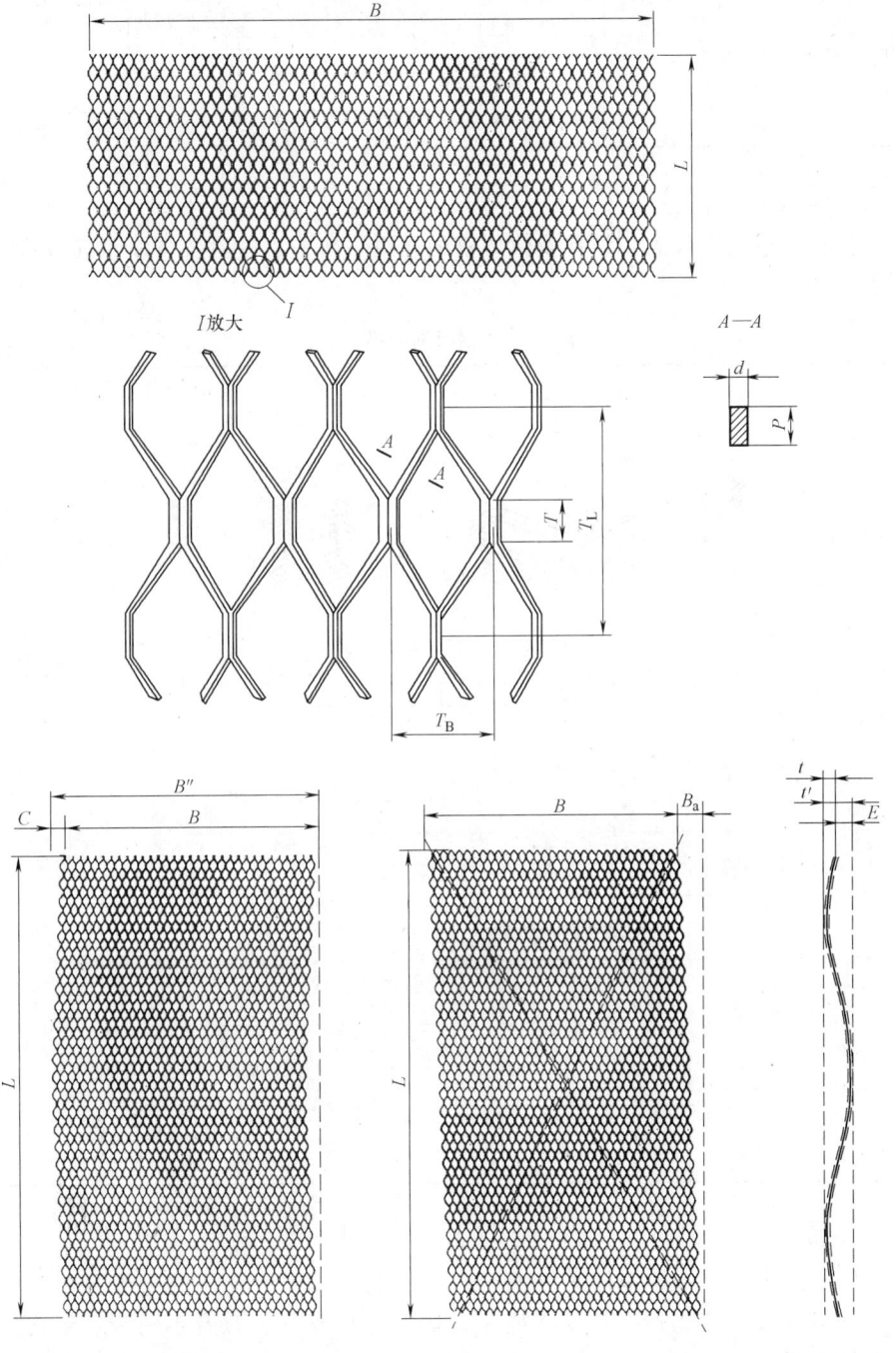

注：当批荡网 $L \geqslant 1000 mm$ 时，直线差 $C (C = B'' - B)$ 和平行四边差边差 B_a 应不超过 L 的 1%

（续）

d	P	网格尺寸/mm		网面尺寸/mm			网面不平度 $E(t'-t)$	材料镀锌层双面质量/(g/m²)	钢板网理论质量/(kg/m²)
		T_L	T_B	T	L	B			
0.4	1.5	17	8.7				≤20		0.95
0.5	1.5	20	9.5	4	2440	690	≤22	≥120	1.36
0.6	1.5	17	8				≤24		1.84

5.2 铝板网

铝板网适用于仪表，设备及建筑物的通风、防护、过滤及装饰，其型式和尺寸见表6-79。

表6-79 铝板网的型式和尺寸 　　　　　（单位：mm）

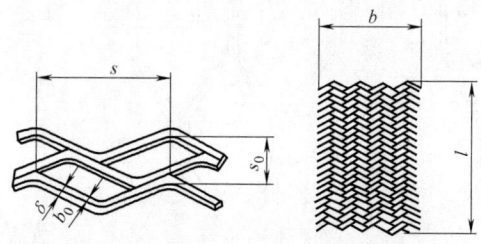

种类	板厚 δ	短节距 s_0	长节距 s	丝梗宽 b_0	宽度 b	长度 l	材　质
铝板网	0.3	1.1	3	0.4	≤500	500~2000	1060、1050
		1.5	4	0.5			
		3	6	0.6			
	0.4	1.5	4	0.5			
		2.3	6	0.6			
	0.5	3	8	0.7	≥400		
		5	10	0.8			
	1.0	4		1.1			
		5	12.5	1.2			
人字形铝板网	0.4	1.7	6	0.5	≤400	500~2000	
		2.2	8	0.5			
	0.5	1.7	6	0.6	≤500		
		2.8	10	0.7			
		3.5	12.5	0.8			
	1.0	2.8	10	2.5	1000		
		3.5	12.5	3.1	2000		

5.3 窗纱

用于防止蚊虫与扬尘侵入、供建筑物和卫生设施上使用的窗纱，包括玻璃纤维、合成纤维（聚乙烯、涤纶、尼龙）等非金属材料，以及不锈钢、铝合金、低碳钢等金属材料；用于纱窗、纱门、菜橱、菜罩、蝇拍、捕虫器等；工作温度不宜超过50℃。

5.3.1　产品材料（见表 6-80）

表 6-80　窗纱产品材料（摘自 QB/T 4285—2012）

材料	非金属丝					金属丝			
	玻璃纤维	合成纤维				不锈钢	铝合金	低碳钢	其他
		涤纶(PET)	聚乙烯(PE)	尼龙(PA)	其 他				
代号	B	D	J	N	Q	X	L	G	T

5.3.2　型式和尺寸（见表 6-81）

表 6-81　窗纱的型式和尺寸（摘自 QB/T 4285—2012）

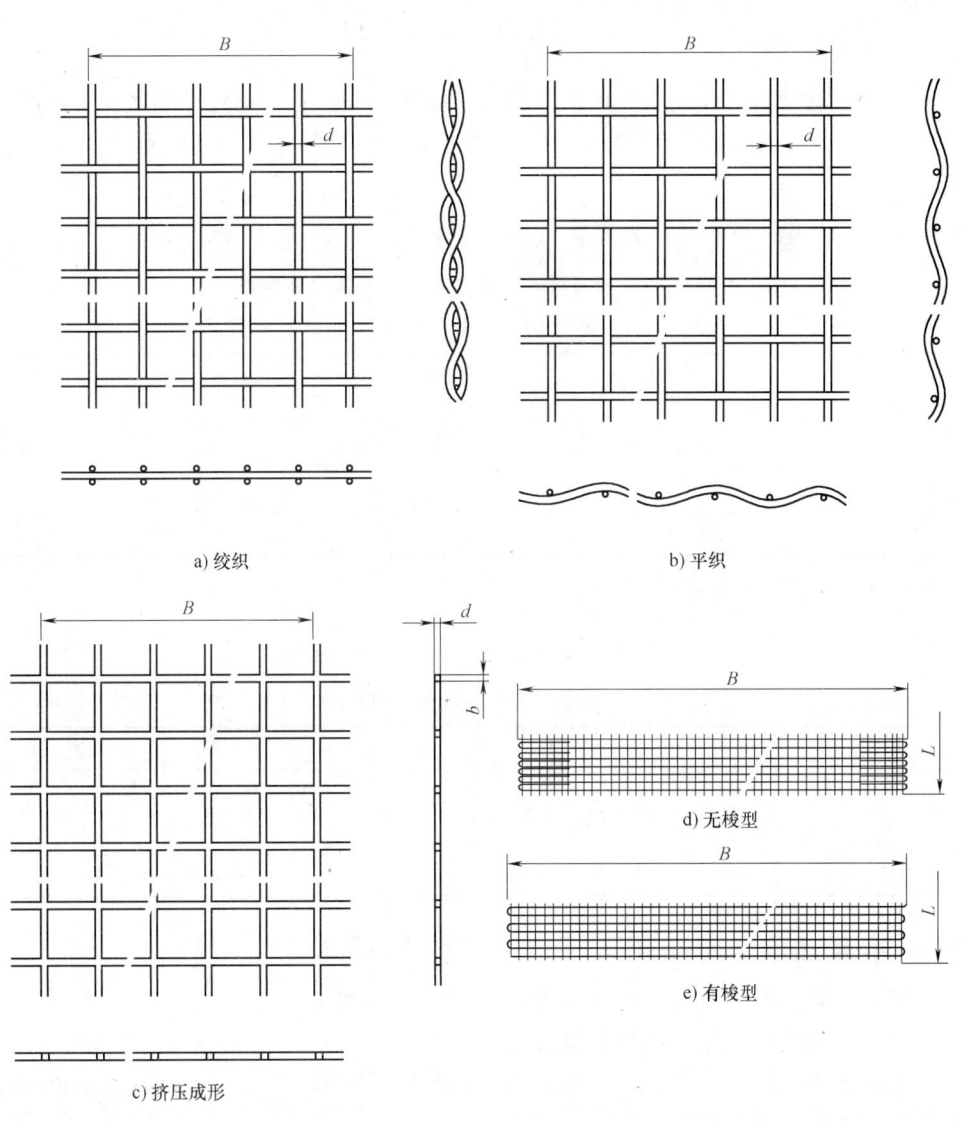

a) 绞织

b) 平织

d) 无梭型

e) 有梭型

c) 挤压成形

（续）

丝径	0.15~0.25mm,极限偏差±0.01mm						
基本目数	20×20	18×18	18×16	16×16	14×16	14×14	12×12
宽度	900mm、1000mm、1200mm、1500mm;允许偏差为-10~0mm						
长度	30m,实际长度应在标称值的±1%						

5.4 平板玻璃（摘自 GB 11614—2009）

按公称厚度分为：2mm、3mm、4mm、5mm、6mm、8mm、10mm、12mm、15mm、19mm、22mm、25mm。

5.5 中空玻璃

中空玻璃指由两片或多片玻璃以有效支撑均匀隔开，并周边黏结密封，使玻璃层间形成干燥气体空间的玻璃制品。可供建筑、建筑以外的冷藏、装饰及交通中使用。

5.5.1 长（宽）度及其允许偏差（见表6-82）

表 6-82　中空玻璃的长（宽）度及其允许偏差

（摘自 GB/T 11944—2012）　　　　　　（单位：mm）

长(宽)度 L	允许偏差
$L < 1000$	±2
$1000 \leqslant L < 2000$	+2 -3
$L \geqslant 2000$	±3

5.5.2 厚度及其允许偏差（见表6-83）

表 6-83　中空玻璃的厚度及其允许偏差

（摘自 GB/T 11944—2012）　　　　　　（单位：mm）

公称厚度 D	允许偏差
$D < 17$	±1.0
$17 \leqslant D < 22$	±1.5
$D \geqslant 22$	±2.0

5.6 夹丝玻璃（摘自 JC 433—1991，1996 确认）

夹丝玻璃用于建筑物门、窗及防火、防震等场合。

产品分为夹丝压花玻璃和夹丝磨光玻璃两种。

按厚度分为 6mm、7mm、10mm 三种规格。外形尺寸一般不小于 600mm×400mm，不大于 2000mm×1200mm。

6　铝合金门窗配件

6.1　铝合金门插销（见表6-84）

表6-84　铝合金门插销的型式和主要尺寸（摘自 QB/T 3885—1999）　（单位：mm）

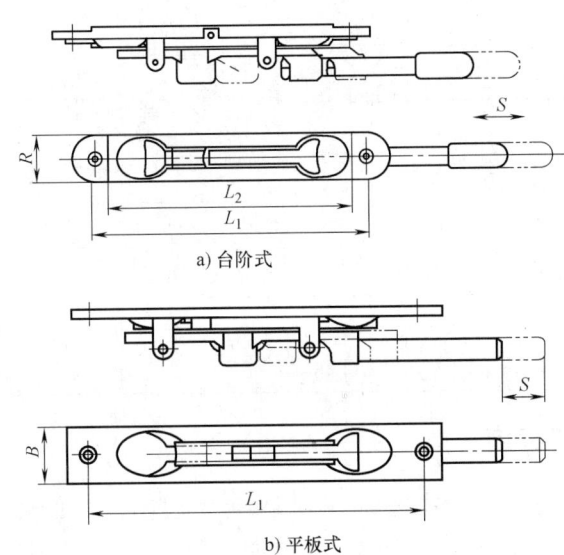

a) 台阶式

b) 平板式

行程 S	宽度 B	孔距 L_1		台阶 L_2	
		公称尺寸	极限偏差	公称尺寸	极限偏差
>16	22	130	±0.20	110	±0.25
	25	155			

6.2　铝合金窗撑挡（见表6-85）

表6-85　铝合金窗撑挡的型式和尺寸（摘自 QB/T 3887—1999）　（单位：mm）

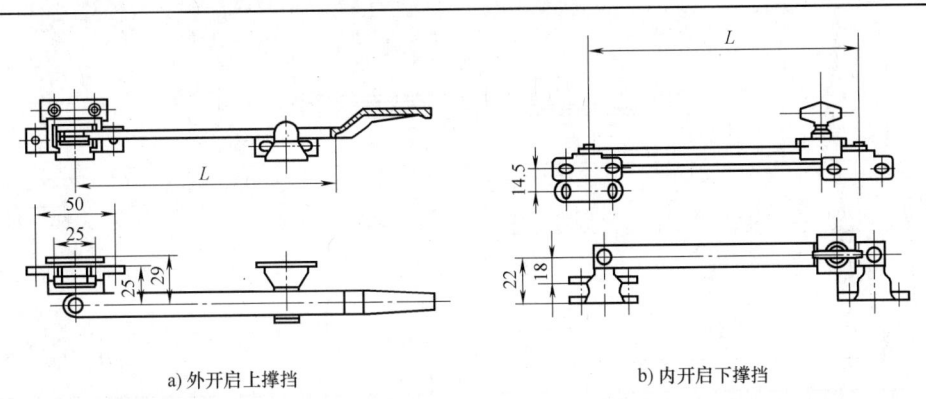

a) 外开启上撑挡　　　　　　　　　　　　b) 内开启下撑挡

（续）

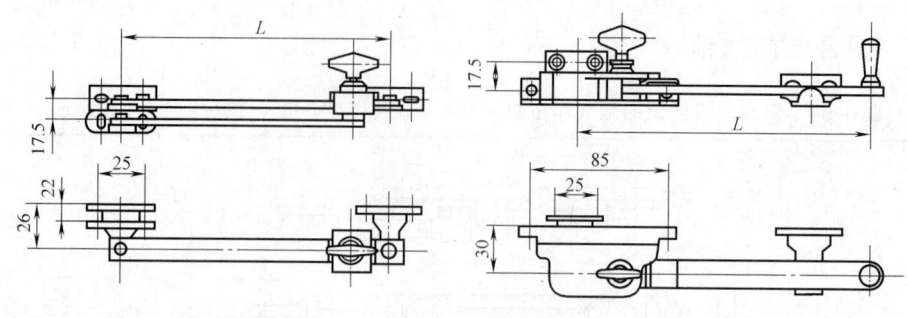

c) 外开启下撑挡   d) 带纱窗下撑挡

品　种		L						安装孔距	
								壳体	拉搁脚
平开窗	上	—	260	—	300	—	—	50	25
	下	240	260	280	—	310	—	—	
带纱窗	上撑挡	—	260	—	300	—	320	50	
	下撑挡	240	—	280	—	—	320	85	

6.3　铝合金窗不锈钢滑撑（见表 6-86）

表 6-86　铝合金窗不锈钢滑撑的型式、规格及尺寸

（摘自 QB/T 3888—1999）　　　　（单位：mm）

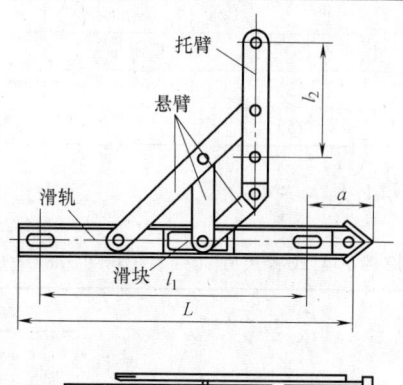

托臂

悬臂

滑轨

滑块 l_1

注：本图仅作结构参考用

规格	长度 L	滑轨安装孔距 l_1	托臂安装孔距 l_2	a	托臂悬臂材料厚度 δ	开启角度
200	200	170	113		≥2	60°±2°
250	250	215	147			
300	300	260	156	18~22	≥2.5	85°+3°
350	350	300	195			
400	400	360	205		≥3	
450	450	410	205			

注：规格 200mm 适用于上悬窗。

6.4　平开铝合金窗执手（见表6-87）

表6-87　平开铝合金窗执手的型式和尺寸（摘自 QB/T 3886—1999）　　（单位：mm）

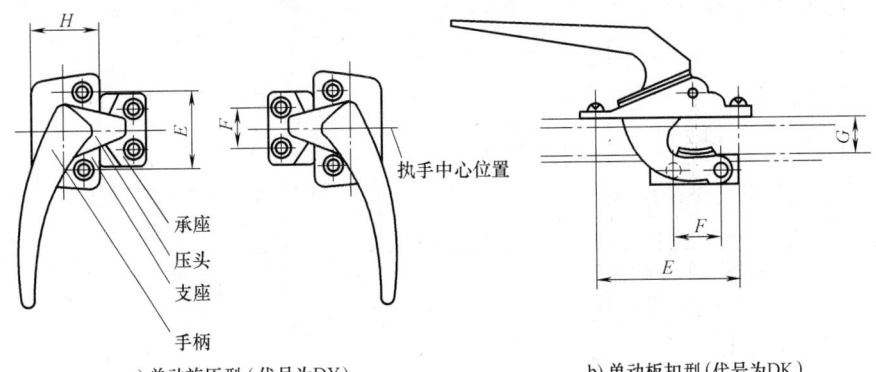

a) 单动旋压型（代号为DY）　　　　　　b) 单动板扣型（代号为DK）

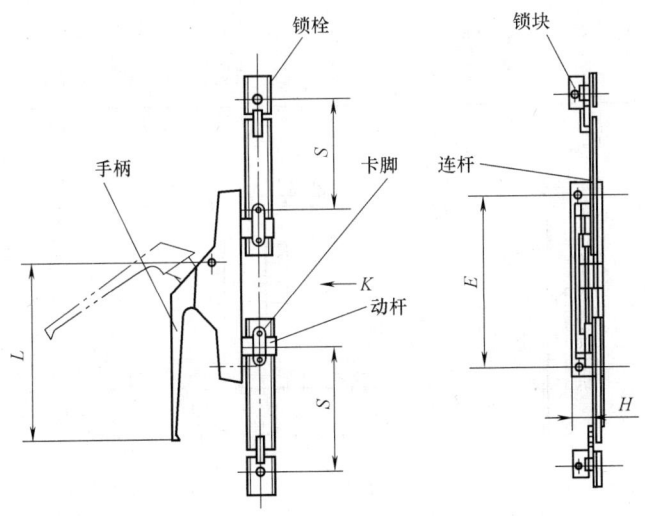

c) 单头双向板扣型（代号为DSK）

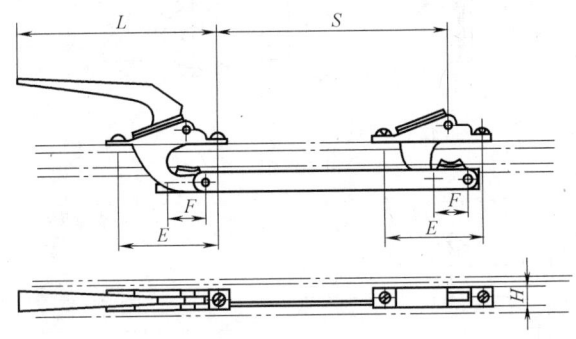

d) 双头联动板扣型（代号为SLK）

（续）

型 式	执手安装孔距 E		执手支座宽度 H		承座安装孔距 F		执手座底面至锁紧面距离 G		执手柄长度 L
	公称尺寸	极限偏差	公称尺寸	极限偏差	公称尺寸	极限偏差	公称尺寸	极限偏差	
DY 型	35		29		16		—		
			24		19				
DK 型	60	±0.5	12	±0.5	23	±0.5	12	±0.5	≥70
	70		13		25				
DSK 型	128		22		—				
SLK 型	60		12		23		12	±0.5	
	70		13		25				

注：1. 当安装孔为椭圆可调形状时，表中安装孔距偏差不适用。

2. 联动杆长度 S 由供需双方协商确定。

6.5 推拉铝合金门窗用滑轮（见表6-88）

表 6-88 推拉铝合金门窗用滑轮的型式、规格及尺寸（摘自 QB/T 3892—1999）

（单位：mm）

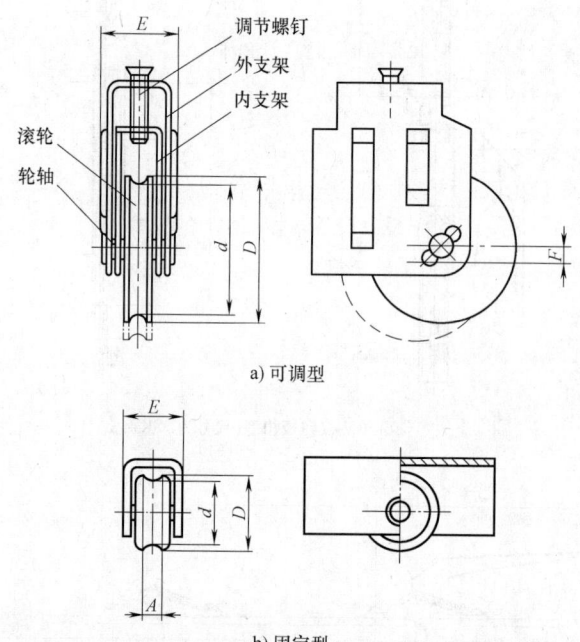

a) 可调型

b) 固定型

规格 D	底径 d	滚轮槽宽 A		外支架宽度		调节高度 F
		一系列	二系列	一系列	二系列	—
20	16	8	—	16	6~16	—
24	20	6.50		—	12~16	—
30	26	4	3~9	13	12~20	—
36	31	7		17	—	≥5

（续）

规格 D	底径 d	滚轮槽宽 A		外支架宽度		调节高度 F
		一系列	二系列	一系列	二系列	—
42	36	6	6~13	24	—	≥5
45	38				—	

注：第二系列尺寸选用整数。

7 管件

7.1 灰铸铁管件（见表 6-89 ~ 表 6-102）

表 6-89 异型管件承、插口的形状和尺寸（摘自 GB/T 3420—2008）

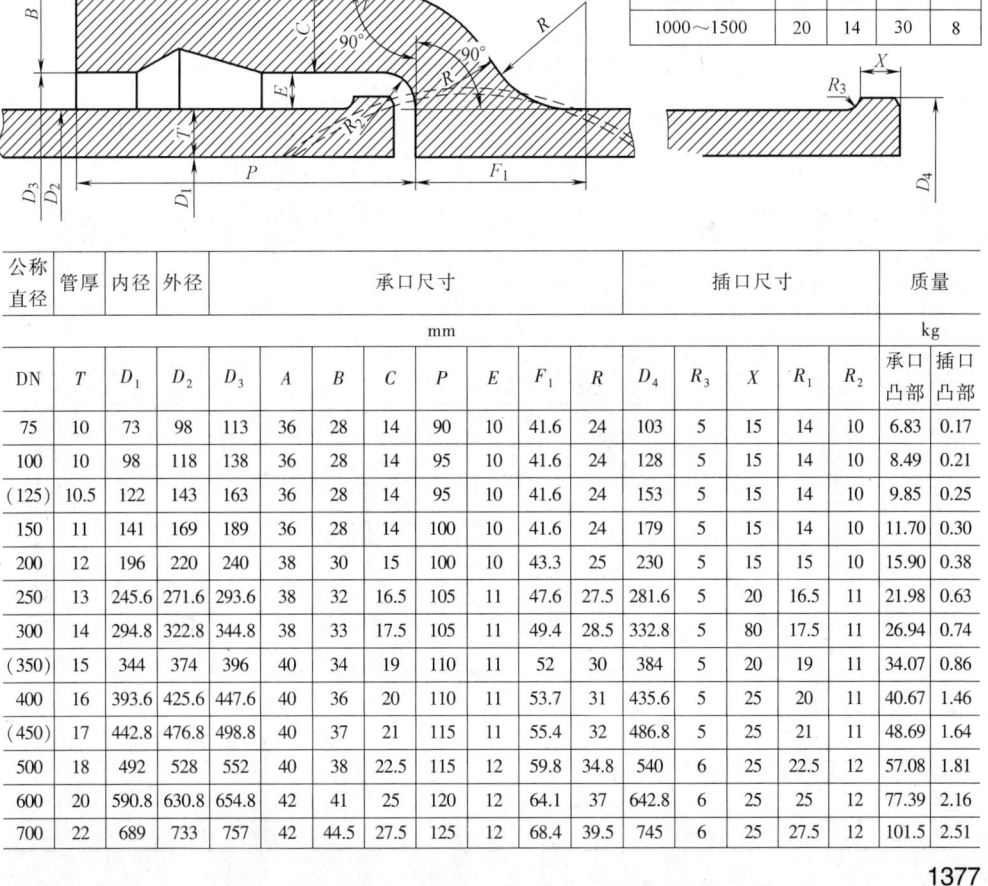

(mm)

公称口径	各部尺寸			
Dg	a	b	c	e
75~450	15	10	20	6
500~900	18	12	25	7
1000~1500	20	14	30	8

公称直径	管厚	内径	外径	承口尺寸							插口尺寸					质量	
				mm												kg	
DN	T	D_1	D_2	D_3	A	B	C	P	E	F_1	R	D_4	R_3	X	R_1	R_2	承口凸部	插口凸部
75	10	73	98	113	36	28	14	90	10	41.6	24	103	5	15	14	10	6.83	0.17
100	10	98	118	138	36	28	14	95	10	41.6	24	128	5	15	14	10	8.49	0.21
(125)	10.5	122	143	163	36	28	14	95	10	41.6	24	153	5	15	14	10	9.85	0.25
150	11	141	169	189	36	28	14	100	10	41.6	24	179	5	15	14	10	11.70	0.30
200	12	196	220	240	38	30	15	100	10	43.3	25	230	5	15	15	10	15.90	0.38
250	13	245.6	271.6	293.6	38	32	16.5	105	11	47.6	27.5	281.6	5	20	16.5	11	21.98	0.63
300	14	294.8	322.8	344.8	38	33	17.5	105	11	49.4	28.5	332.8	5	80	17.5	11	26.94	0.74
(350)	15	344	374	396	40	34	19	110	11	52	30	384	5	20	19	11	34.07	0.86
400	16	393.6	425.6	447.6	40	36	20	110	11	53.7	31	435.6	5	25	20	11	40.67	1.46
(450)	17	442.8	476.8	498.8	40	37	21	115	11	55.4	32	486.8	5	25	21	11	48.69	1.64
500	18	492	528	552	40	38	22.5	115	12	59.8	34.8	540	6	25	22.5	12	57.08	1.81
600	20	590.8	630.8	654.8	42	41	25	120	12	64.1	37	642.8	6	25	25	12	77.39	2.16
700	22	689	733	757	42	44.5	27.5	125	12	68.4	39.5	745	6	25	27.5	12	101.5	2.51

（续）

公称直径	管厚	内径	外径	承口尺寸								插口尺寸					质量	
				mm													kg	
DN	T	D_1	D_2	D_3	A	B	C	P	E	F_1	R	D_4	R_3	X	R_1	R_2	承口凸部	插口凸部
800	24	788	836	860	45	48	30	130	12	72.7	42	848	6	25	30	12	130.3	2.86
900	26	887	939	963	45	51.5	32.5	135	12	77.1	44.5	951	6	25	32.5	12	163.0	3.21
1000	28	985	1041	1067	50	55	35	140	13	83.1	48	1053	6	25	35	13	202.8	3.55
1200	32	1182	1246	1272	52	62	40	150	13	91.8	53	1258	6	25	40	13	294.5	4.25
1500	38	1478	1554	1580	57	72.5	47.5	165	13	104.8	60.5	1566	6	25	47.5	13	474.4	4.29

注：公称直径 DN 中不带括号为第一系列，优先采用；带括号为第二系列，不推荐使用，计算质量时，
铸铁密度按 7200kg/m³ 计。以下各表相同。

表 6-90　异型管件法兰盘的形状和尺寸（摘自 GB/T 3420—2008）

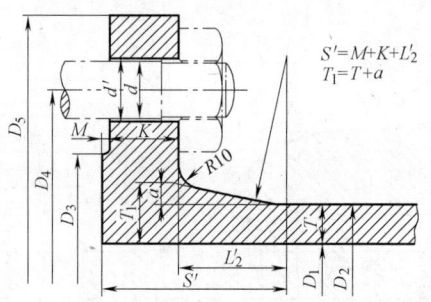

$$S' = M + K + L'_2$$
$$T_1 = T + a$$

公称直径	管厚	内径	外径	法兰盘尺寸						螺栓				质量
										中心圆	直径	孔径	数量	
				mm									个	kg
DN	T	D_1	D_2	D_5	D_3	K	M	a	L'_2	D_4	d	d'	N	法兰凸部
75	10	73	93	200	133	19	4	4	25	160	16	18	8	3.69
100	10	98	118	220	158	19	4.5	4	25	180	16	18	8	4.14
(125)	10.5	122	143	250	184	19	4.5	4	25	210	16	18	8	5.04
150	11	147	169	285	212	20	4.5	4	25	240	20	22	8	6.60
200	12	196	220	340	268	21	4.5	4	25	295	20	22	8	8.86
250	13	245.6	271.6	395	320	22	4.5	4	25	350	20	22	12	11.31
300	14	294.8	322.8	445	370	23	4.5	5	30	400	20	22	12	13.63
(350)	15	344	374	505	430	24	5	5	30	460	20	22	16	17.60
400	16	393.6	425.6	565	482	25	5	5	30	515	24	26	16	21.76
(450)	17	442.8	476.8	615	532	26	5	5	30	565	24	26	20	24.65
500	18	492	528	670	585	27	5	5	30	620	24	26	20	28.75
600	20	590.8	630.8	780	685	28	5	5	30	725	27	30	20	36.51
700	22	689	733	895	800	29	5	5	30	840	27	30	24	47.52
800	24	788	836	1015	905	31	5	6	35	950	30	33	24	63.61
900	26	887	939	1115	1005	33	5	6	35	1050	30	33	28	73.47
1000	28	985	1041	1230	1110	34	6	6	35	1160	33	36	28	90.26
1200	32	1182	1246	1455	1330	38	6	6	35	1380	36	39	32	131.88
1500	38	1478	1554	1785	1640	42	6	7	40	1700	39	42	36	197.80

表 6-91　承盘短管的形状和尺寸（摘自 GB/T 3420—2008）

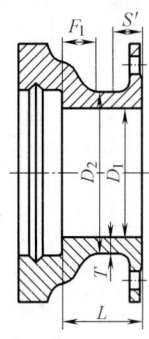

公称直径	管厚	外径	内径	管长	质量
		mm			kg
DN	T	D_2	D_1	L	
75	10	93	73	120	12.78
100	10	118	98	120	16.01
（125）	10.5	143	122	120	18.67
150	11	169	147	120	23.00
200	12	220	196	120	31.53
250	13	271.6	245.6	170	46.21
300	14	322.8	294.8	170	57.18
（350）	15	374	344	170	72.36
400	16	425.6	393.6	170	87.62
（450）	17	476.8	442.8	170	103.38
500	18	528	492	170	121.11
600	20	630.8	590.8	250	182.95
700	22	733	689	250	237.42
800	24	836	788	250	304.04
900	26	939	887	250	370.65
1000	28	1041	985	250	460.89
1200	32	1246	1182	320	707.44
1500	38	1554	1478	320	1088.97

注：承口及法兰盘各部尺寸按表 6-89 和表 6-90。

表 6-92　插盘短管的形状和尺寸（摘自 GB/T 3420—2008）

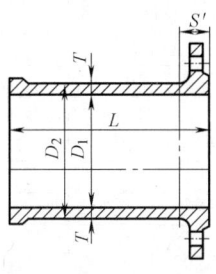

（续）

公称直径	管厚	外径	内径	管长	质量
		mm			kg
DN	T	D_2	D_1	$L^{①}$	
75	10	93	73	400（700）	12.26（17.90）
100	10	118	98	400（700）	15.3（22.62）
（125）	10.5	143	122	400（700）	19.4（28.84）
150	11	169	147	400（700）	24.56（36.34）
200	12	220	196	500（700）	40.8（51.59）
250	13	271.6	245.6	500（700）	53.85（68.05）
300	14	322.8	294.8	500（700）	68/86（88.41）
（350）	15	374	344	500（700）	86.51（110.86）
400	16	425.6	393.6	500（750）	106.19（143.23）
（450）	17	476.8	442.8	500（750）	125.43（169.61）
500	18	528	492	500（750）	147.2（199.09）
600	20	630.8	590.8	600（750）	222.22（263.65）
700	22	733	689	600（750）	284.84（337.89）
800	24	836	788	600（750）	362.1（428.18）
900	26	939	887	600（800）	437.86（545.16）
1000	28	1041	985	600（800）	526.71（654.91）
1200	32	1246	1182	700（800）	820.32（908.12）
1500	38	1554	1478	700（800）	1229.4（1359.6）

注：插口及法兰盘各部尺寸按表6-89和表6-90。

① 管长 L 括号内尺寸为加长管，供用户按不同接口工艺时选用。

表 6-93　90°双承弯管的形状和尺寸（摘自 GB/T 3420—2008）

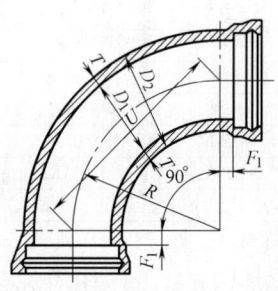

公称直径	内径	外径	管厚	各部尺寸		质量
			mm			kg
DN	D_1	D_2	T	R	U	
75	73	93	10	137	193.7	19.26
100	98	118	10	155	219.2	24.97
（125）	122	143	10.5	177.5	251	31.09
150	147	169	11	200	282.8	39.01
200	196	220	12	245	346.5	58.41
250	245.6	271.6	13	290	410.1	85.84
300	294.8	322.8	14	335	473.8	115.00

（续）

公称直径	内径	外径	管厚	各部尺寸		质量
		mm				kg
DN	D_1	D_2	T	R	U	
(350)	344	374	15	380	537.4	153.51
400	393.6	425.6	16	425	601	196.22
(450)	442.8	476.8	17	470	664.7	247.49
500	492	528	18	515	728.3	306.96
600	590.8	630.8	20	605	855.6	452.78
700	689	733	22	695	982.9	637.64
800	788	836	24	785	1110.1	868.21
900	887	939	26	875	1237.4	1146.80
1000	985	1041	28	965	1364.7	1484.72
1200	1182	1246	32	1145	1619.3	2330.63
1500	1478	1554	38	1415	2001.1	4118.09

注：承口各部尺寸按表 6-89。

表 6-94　45°双承弯管的形状和尺寸（摘自 GB/T 3420—2008）

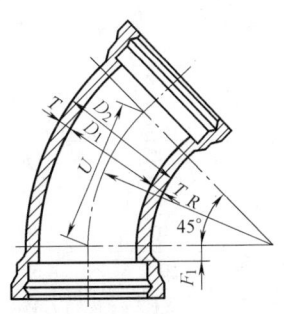

公称直径	内径	外径	管厚	各部尺寸		质量
		mm				kg
DN	D_1	D_2	T	R	U	
75	73	93	10	280	214.3	19.35
100	98	118	10	300	229.6	24.97
(125)	122	143	10.5	325	248.8	30.35
150	147	169	11	350	267.9	37.47
200	196	220	12	400	306.2	54.42
250	245.6	271.6	13	450	344.4	78.08
300	294.8	322.8	14	500	382.7	101.94
(350)	344	374	15	550	421	133.42
400	393.6	425.6	16	600	459.2	167.12
(450)	442.8	476.8	17	650	497.5	207.22
500	492	528	18	700	535.8	253.14
600	590.8	630.8	20	800	612.3	363.80
700	689	733	22	900	688.9	501.48

（续）

公称直径	内径	外径	管厚	各部尺寸		质量
		mm				
DN	D_1	D_2	T	R	U	kg
800	788	836	24	1000	765.4	670.87
900	887	939	26	1100	841.9	872.68
1000	985	1041	28	1200	918.5	1116.87
1200	1182	1246	32	1400	1071.6	1716.40
1500	1478	1554	38	1700	1301.2	2961.62

注：承口各部尺寸按表6-89。

表6-95 22.5°双承弯管的形状和尺寸（摘自 GB/T 3420—2008）

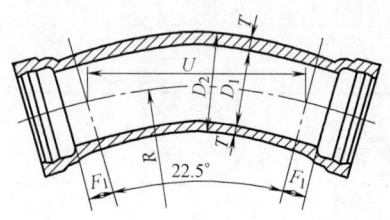

公称直径	内径	外径	管厚	各部尺寸		质量
		mm				
DN	D_1	D_2	T	R	U	kg
75	73	93	10	280	109.2	17.28
100	98	118	10	300	117	21.90
（125）	122	143	10.5	325	126.8	26.34
150	147	169	11	350	136.6	32.06
200	196	220	12	400	156.1	45.55
250	245.6	271.6	13	450	175.6	64.64
300	294.8	322.8	14	500	195.1	82.74
（350）	344	372	15	550	214.6	107.11
400	393.6	425.6	16	600	234.1	132.19
（450）	442.8	476.8	17	650	253.6	162.09
500	492	528	18	700	273.1	196.06
600	590.8	630.8	20	800	312.1	276.99
700	689	733	22	900	351.1	376.43
800	788	836	24	1000	390.2	497.76
900	887	939	26	1100	429.2	640.74
1000	985	1041	28	1200	468.2	814.54
1200	1182	1246	32	1400	546.2	1233.30
1500	1478	1554	38	1700	663.3	2091.71

注：承口各部尺寸按表6-89。

表 6-96　11.25°双承弯管的形状和尺寸（摘自 GB/T 3420—2008）

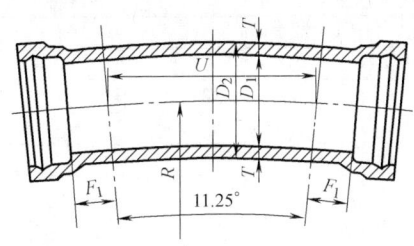

公称直径	内径	外径	管厚	各部尺寸		质量
mm						kg
DN	D_1	D_2	T	R	U	
75	73	93	10	280	54.9	16.25
100	98	118	10	300	58.8	20.46
(125)	122	143	10.5	325	63.7	24.33
150	147	169	11	350	68.6	29.36
200	196	220	12	400	78.4	41.11
250	245.6	271.6	13	450	88.2	57.92
300	294.8	322.8	14	500	98	73.14
(350)	344	374	15	550	107.8	93.95
400	393.6	425.6	16	600	117.6	112.02
(450)	442.8	476.8	17	650	127.4	139.53
500	492	528	18	700	137.2	167.52
600	590.8	630.8	20	800	156.8	233.58
700	689	733	22	900	176.4	313.90
800	788	836	24	1000	196.1	411.21
900	887	939	26	1100	215.7	524.77
1000	985	1041	28	1200	235.3	663.37
1200	1182	1246	32	1400	274.5	991.75
1500	1478	1554	38	1700	333.3	1656.75

注：承口各部尺寸按表 6-89。

表 6-97　全承丁字管的形状和尺寸（摘自 GB/T 3420—2008）

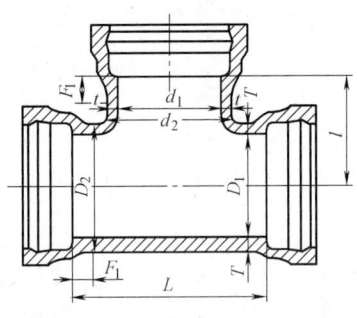

（续）

公称直径		管厚		外径		内径		管长		质量
DN	DN	T	t	D_2	d_2	D_1	d_1	L	l	kg
						mm				
75	75	10	10	93	93	73	73	212	106	25.47
100	75	10	10	118	93	98	73	240	116	30.58
	100		10		118		98		120	32.60
(125)	75	10.5	10	143	93	122	73	275	128.5	36.05
	100		10		118		98		132.5	38.01
	(125)		10.5		143		122		137.5	39.90
150	75	11	10	169	93	147	73	310	141	43.24
	100		10		118		98		145	45.16
	(125)		10.5		143		122		150	46.97
	150		11		169		147		155	49.46
200	75	12	10	220	93	196	73	380	166	60.84
	100		10		118		98		170	62.72
	(125)		10.5		143		122		175	64.45
	150		11		169		147		180	66.80
	200		12		220		196		190	72.17
250	75	13	10	271.6	93	245.6	73	450	191	85.71
	100		10		118		98		195	87.54
	(125)		10.5		143		122		200	89.21
	150		11		169		147		205	91.43
	200		12		220		196		215	96.80
	250		13		271.6		245.6		225	104.86
300	75	14	10	322.8	93	294.8	73	520	216	112.22
	100		10		118		98		220	114.00
	(125)		10.5		143		122		225	115.63
	150		11		169		147		230	117.75
	200		12		220		196		240	122.91
	250		13		271.6		245.6		250	130.59
	300		14		322.8		294.8		260	138.04
(350)	200	15	12	374	220	344	196	590	265	157.89
	250		13		271.6		245.6		275	165.33
	300		14		322.8		294.8		285	172.20
	350		15		374		344		295	182.33
400	200	16	12	425.6	220	393.6	196	660	290	196.62
	250		13		271.6		245.6		300	203.73
	300		14		322.8		294.8		310	210.37
	(350)		15		374		344		320	220.25
	400		16		425.6		393.6		330	230.46
(450)	250	17	13	476.8	271.6	442.8	245.6	730	325	250.61
	300		14		322.8		294.8		335	256.80
	350		15		374		344		345	266.15
	400		16		425.6		393.6		355	276.15
	450		17		476.8		442.8		365	288.37

（续）

公称直径		管厚		外径		内径		管长		质量
				mm						kg
DN	DN	T	t	D_2	d_2	D_1	d_1	L	l	
500	250	18	13	528	271.6	492	245.6	800	350	303.78
	300		14		322.8		294.8		360	309.87
	(350)		15		374		344		370	318.78
	400		16		425.6		393.6		380	327.70
	(450)		17		476.8		442.8		390	339.52
	500		18		528		492		400	353.60
600	300	20	14	630.8	322.8	590.8	294.8	940	410	442.51
	(350)		15		374		344		420	450.74
	400		16		425.6		393.6		430	459.41
	(450)		17		476.8		442.8		440	469.63
	500		18		528		492		450	482.84
	600		20		630.8		590.8		470	515.31
700	(350)	22	15	733	374	689	344	1080	470	619.45
	400		16		425.6		393.6		480	627.51
	(450)		17		476.8		442.8		490	637.08
	500		18		528		492		500	648.97
	600		20		630.8		590.8		520	679.08
	700		22		733		689		540	718.98
800	400	24	16	836	425.6	788	393.6	1220	530	838.27
	(450)		17		476.8		442.8		540	847.29
	500		18		528		492		550	857.39
	600		20		630.8		590.8		570	884.63
	700		22		733		689		590	922.42
	800		24		836		788		610	971.79
900	(450)	26	17	939	476.8	887	442.8	1360	590	1101.88
	500		18		528		492		600	1111.18
	600		20		630.8		590.8		620	1136.31
	700		22		733		689		640	1170.17
	800		24		836		788		660	1217.32
	900		26		939		887		680	1275.12
1000	500	28	18	1041	528	985	492	1500	630	1419.46
	600		20		630.8		590.8		670	1442.61
	700		22		733		689		690	1474.07
	800		24		836		788		710	1515.41
	900		26		939		887		730	1571.26
	1000		28		1041		985		750	1641.99
1200	600	32	20	1246	630.8	1182	590.8	1780	770	2217.36
	700		22		733		689		790	2244.3
	800		24		836		788		810	2280.05
	900		26		939		887		830	2326.61
	1000		28		1041		985		850	2390.05
	1200		32		1246		1182		890	2625.90

（续）

公称直径		管厚		外径		内径		管长		质量
				mm						kg
DN	DN	T	t	D_2	d_2	D_1	d_1	L	l	
	700		22		733		689		940	3885.88
	800		24		836		788		960	3914.93
1500	900	38	26	1554	939	1478	887	2200	980	3951.46
	1000		28		1041		985		1000	4001.45
	1200		32		1246		1182		1040	4203.77
	1500		38		1554		1478		1100	4477.26

注：承口各部尺寸按表6-89。

表 6-98　全承十字管的形状和尺寸 （摘自 GB/T 3420—2008）

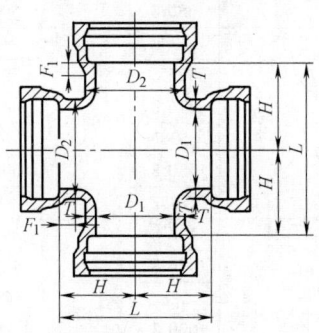

公称直径	管厚	外径	内径	管长		质量
		mm				kg
DN	T	D_2	D_1	L	H	
200	12	220	196	380	190	91.68
250	13	271.6	245.6	450	225	131.54
300	14	322.8	294.8	520	260	171.35
(350)	15	374	344	590	295	224.83
400	16	425.6	393.6	660	330	281.73
(450)	17	476.8	442.8	730	365	350.32
500	18	528	492	800	400	426.93
600	20	630.8	590.8	940	470	616.09
700	22	733	689	1080	540	852.85
800	24	836	788	1220	610	1145.19
900	26	939	887	1360	680	1692.09
1000	28	1041	985	1500	750	1916.01
1200	32	1246	1182	1780	890	2960.46

注：承口各部尺寸按表6-89。

表 6-99 承插、插承渐缩管的形状和尺寸（摘自 GB/T 3420—2008）

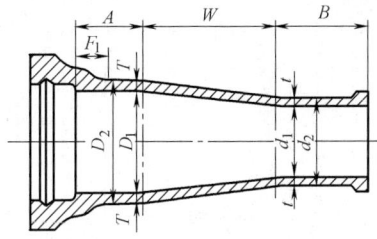

a) 承插渐缩管

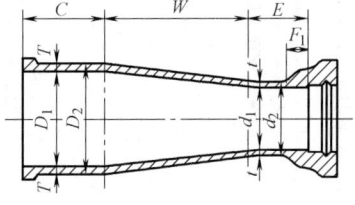

b) 插承渐缩管

公称直径		管厚		外径		内径		各部尺寸					质量	
						mm							kg	
DN	DN	T	t	D_2	d_2	D_1	d_1	A	B	C	E	W	承插	插承
100	75	10	10	118	93	98	73	50	200	200	50	300	20.57	19.35
(125)	75	10.5	10	143	93	122	73	50	200	200	50	300	22.87	21.83
	100		10		118		98						24.89	25.08
150	100	11	10	169	118	147	98	55	200	200	50	300	28.44	27.80
	(125)		10.5		143		122						31.01	30.17
200	100	12	10	220	118	196	98	60	200	200	50	300	36.29	33.73
	(125)		10.5		143		122				55		38.89	36.15
	150		11		169		147						41.73	39.83
250	100	13	10	271.6	118	245.6	98	70	200	200	50	400	51.79	45.40
	(125)		10.5		143		122					55		54.86	48.29
	150		11		169		147					60		58.19	52.46
	200		12		220		196							62.42	58.58
300	100	14	10	322.8	118	294.8	98	80	200	200	50	400	63.07	53.67
	(125)		10.5		143		122					55		66.21	56.64
	150		11		169		147					60		69.62	60.88
	200		12		220		196							76.95	70.11
	250		13		271.6		245.6					70		85.26	82.27
(350)	150	15	11	374	169	344	147	80	200	200	55	400	82.96	70.07
	200		12		220		196					60		90.44	79.45
	250		13		271.6		245.6					70		98.91	91.77
	300		14		322.8		294.8					80		107.93	103.80
400	150	16	11	425.6	169	393.6	147	90	200	220	50	500	106.67	92.44
	200		12		220		196					60		115.32	102.99
	250		13		271.6		245.6					70		125.06	116.58
	300		14		322.8		294.8					80		135.42	129.95
	(350)		15		374		344							146.63	145.29

（续）

公称直径		管厚		外径		内径		各部尺寸					质量	
						mm							kg	
DN	DN	T	t	D_2	d_2	D_1	d_1	A	B	C	E	W	承插	插承
(450)	200	17	12	476.8	220	442.8	196	100	200	230	60	500	133.96	117.50
	250		13		271.6		245.6				70		143.89	131.28
	300		14		322.8		294.8				80		154.44	144.84
	(350)		15		374		344				90		165.83	160.36
	400		16		425.6		393.6						178.63	177.46
500	250	18	13	528	271.6	492	245.6	110	200	230	70	500	164.29	145.34
	300		14		322.8		294.8				80		175.03	159.14
	(350)		15		374		344		220		90		189.06	174.86
	400		16		425.6		393.6						202.56	192.14
	(450)		17		476.8		442.8		230		100		218.21	211.92
600	300	20	14	630.8	322.8	590.8	294.8	120	200	230	80	500	220.92	190.56
	(350)		15		374		344						235.32	206.66
	400		16		425.6		393.6		220		90		249.21	224.32
	(450)		17		476.8		442.8				100		265.24	244.48
	500		18		528		492		230		110		280.68	266.21
700	400	22	16	733	425.6	689	393.6	130	220	240	90	700	352.48	312.33
	(450)		17		476.8		442.8				100		372.15	336.13
	500		18		528		492		230		110		391.40	361.67
	600		20		630.8		590.8				120		433.18	417.92
800	(450)	24	17	836	476.8	788	442.8	140	230	240	100	700	445.99	386.68
	500		18		528		492				110		463.69	410.67
	600		20		630.8		590.8				120		506.53	467.98
	700		22		733		689				130		562.86	533.63
900	500	26	18	939	528	887	492	150	230	260	110	700	545.15	474.76
	600		20		630.8		590.8				120		589.06	533.14
	700		22		733		689				130		640.51	599.85
	800		24		836		788				140		693.77	676.40
1000	500	28	18	1041	528	985	492	170	230	260	110	700	645.31	534.15
	600		20		630.8		590.8				120		690.28	593.59
	700		22		733		689		240		130		742.80	661.37
	800		24		836		788				140		797.11	738.97
	900		26		939		887		260		150		866.52	825.75
1200	700	32	22	1246	733	1182	689	190	240	280	130	800	1026.89	875.48
	800		24		836		788				140		1088.37	960.25
	900		26		939		887		260		150		1165.25	1054.50
	1000		28		1041		985				170		1237.67	1167.87

（续）

公称直径		管厚		外径		内径		各部尺寸					质量	
				mm									kg	
DN	DN	T	t	D_2	d_2	D_1	d_1	A	B	C	E	W	承插	插承
1500	900	38	26	1554	939	1478	887	230	260	300	150	800	1633.6	1357.10
	1000		28		1041		985				170		1706.88	1471.33
	1200		32		1246		1182		280		190		1891.32	1725.27

注：承、插口各部尺寸按表 6-89。

表 6-100 承插单盘排气管的形状和尺寸（摘自 GB/T 3420—2008）

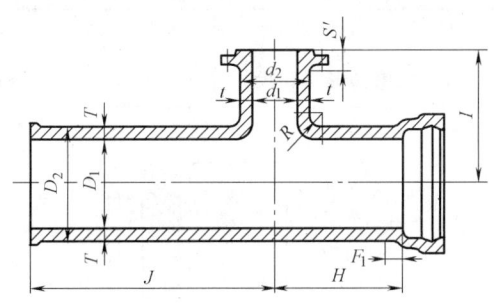

公称直径		管厚		外径		内径		各部尺寸				质量
				mm								kg
DN	DN	T	t	D_2	d_2	D_1	d_1	R	H	I	J	
150	100	11	10	169	118	147	98	50	160	260	520	46.77
	150		11		169		147					51.63
200	100	12	10	220	118	196	98	50	170	270	530	63.33
	150		11		169		147					67.74
250	100	13	10	271.6	118	245.6	98	50	180	280	530	83.69
	150		11		169		147					87.68
300	100	14	10	322.8	118	294.8	98	50	190	300	540	105.93
	150		11		169		147					109.72
(350)	100	15	10	374	118	344	98	50	200	310	540	131.49
	150		11		169		147					134.96
400	100	16	10	425.6	118	393.6	98	60	210	320	550	160.76
	150		11		169		147					163.93
(450)	100	17	12	476.8	118	442.8	94	60	220	340	550	192.77
	150		13		169		143					196.05
500	100	18	12	528	118	492	94	60	230	360	560	229.01
	150		13		169		143					232.10
600	100	20	12	630.8	118	590.8	94	60	240	410	570	309.3
	150		13		169		143					312.20
700	100	22	14	733	118	689	90	70	260	480	580	408.14
	150		15		169		139					411.56
800	100	24	14	836	118	788	90	70	270	520	590	518.72
	150		15		169		139					521.75

（续）

公称直径		管厚		外径		内径		各部尺寸				质量
				mm								kg
DN	DN	T	t	D_2	d_2	D_1	d_1	R	H	I	J	
900	100	26	14	939	118	887	90	80	300	590	620	667.16
	150		15		169		139					670.43
1000	100	28	16	1041	118	985	86	80	320	640	640	829.68
	150		17		169		135					833.14
1200	100	32	16	1246	118	1182	86	90	360	750	680	1220.15
	150		17		169		135					1223.52
1500	100	38	18	1554	118	1478	82	100	420	910	720	1973.32
	150		19		169		131					1976.78

注：承、插口及法兰盘各部尺寸按表6-89和表6-90。

表6-101　承堵的形状和尺寸（摘自 GB/T 3420—2008）

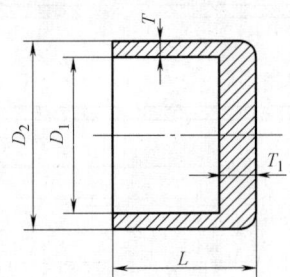

公称直径	各 部 尺 寸					质量
	mm					kg
DN	D_2	D_1	L	T	T_1	
75	93	73	130	10	21	3.07
100	118	98	135	10	22	4.49
（125）	143	122	140	10.5	22.5	6.30
150	169	147	145	11	23	8.51
200	220	196	150	12	24.5	14.36
250	271.6	245.6	155	13	26	21.42
300	322.8	294.8	160	14	27.5	29.16

表6-102　插堵的形状和尺寸（摘自 GB/T 3420—2008）

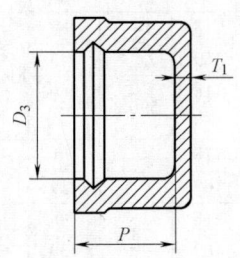

（续）

公称直径	各部尺寸			质量
	mm			kg
DN	D_3	T_1	P	
75	113	21	90	7.86
100	138	22	95	10.67
(125)	163	22.5	95	12.45
150	189	23	100	15.41
200	240	24.5	100	22.61
250	293.6	26	105	32.83
300	344.8	27.5	105	43.14
(350)	396	29	110	57.01
400	447.6	30	110	71.40
(450)	498.8	31.5	115	89.19
500	552	33	115	109.10
600	654.8	36	120	158.39
700	757	38.5	125	218.47
800	860	41.5	130	294.31
900	963	44	135	382.31
1000	1067	47	140	490.82
1200	1272	52.5	150	768.82
1500	1580	61	165	1307.42

注：1. 超过公称直径 DN300，插堵底部可以向内凸出，并加筋。

2. 承口各部尺寸按表 6-89。

7.2　可锻铸铁管路连接件（表 6-103～表 6-126）

表 6-103　弯头、三通、四通的型式和尺寸（摘自 GB/T 3287—2011）

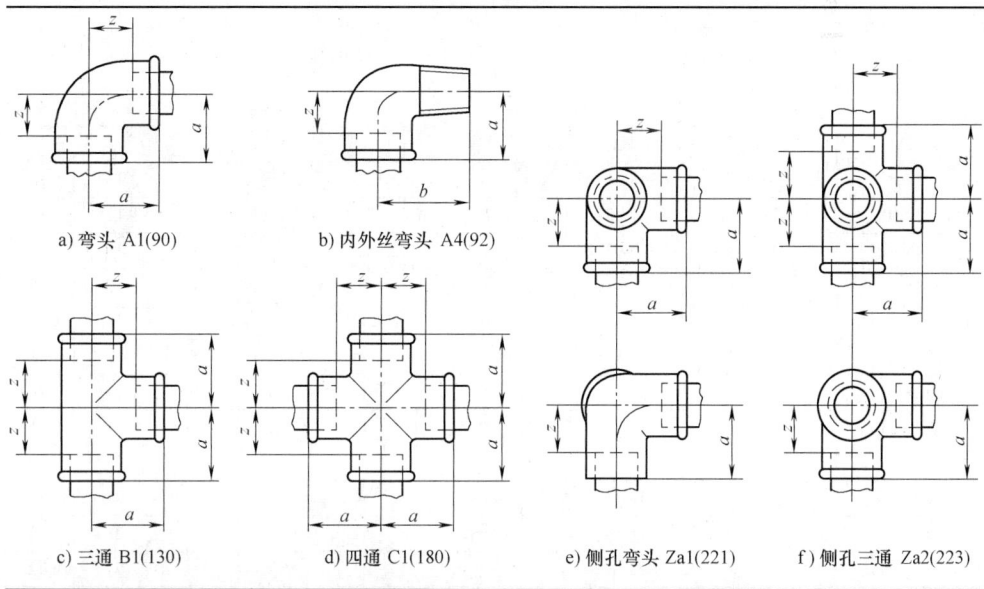

a) 弯头 A1(90)　　b) 内外丝弯头 A4(92)　　e) 侧孔弯头 Za1(221)

c) 三通 B1(130)　　d) 四通 C1(180)　　f) 侧孔三通 Za2(223)

（续）

公称尺寸 DN						管件规格						尺寸/mm		安装长度 z
A1	A4	B1	C1	Za1	Za2	A1	A4	B1	C1	Za1	Za2	a	b	/mm
6	6	6	—	—	—	1/8	1/8	1/8		—	—	19	25	12
8	8	8	(8)	—	—	1/4	1/4	1/4	(1/4)	—	—	21	28	11
10	10	10	10	(10)	(10)	3/8	3/8	3/8	3/8	(3/8)	(3/8)	25	32	15
15	15	15	15	15	(15)	1/2	1/2	1/2	1/2	1/2	(1/2)	28	37	15
20	20	20	20	20	(20)	3/4	3/4	3/4	3/4	3/4	(3/4)	33	43	18
25	25	25	25	(25)	(25)	1	1	1	1	(1)	(1)	38	52	21
32	32	32	32	—	—	1¼	1¼	1¼	1¼	—	—	45	60	26
40	40	40	40	—	—	1½	1½	1½	1½	—	—	50	65	31
50	50	50	50	—	—	2	2	2	2	—	—	58	74	34
65	65	65	(65)	—	—	2½	2½	2½	(2½)	—	—	69	88	42
80	80	80	(80)	—	—	3	3	3	(3)	—	—	78	98	48
100	100	100	(100)	—	—	4	4	4	(4)	—	—	96	118	60
(125)	—	(125)	—	—	—	(5)	—	(5)	—	—	—	115	—	75
(150)	—	(150)	—	—	—	(6)	—	(6)	—	—	—	131	—	91

表 6-104　异径弯头的型式和尺寸（摘自 GB/T 3287—2011）

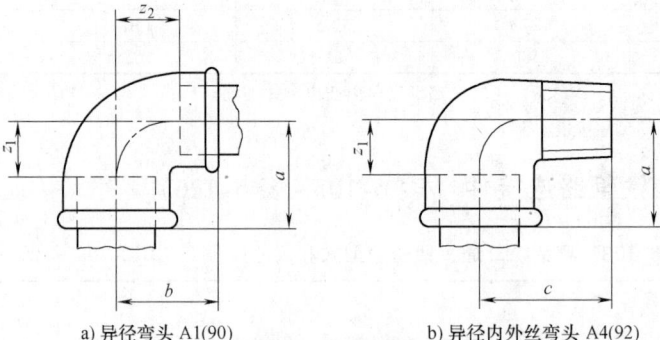

a) 异径弯头 A1(90)　　　　b) 异径内外丝弯头 A4(92)

公称尺寸 DN		管件规格		尺寸/mm			安装长度/mm	
A1	A4	A1	A4	a	b	c	z1	z2
(10×8)	—	(3/8×1/4)	—	23	23	—	13	13
15×10	15×10	1/2×3/8	1/2×3/8	26	26	33	13	16
(20×10)	—	(3/4×3/8)	—	28	28	—	13	18
20×15	20×15	3/4×1/2	3/4×1/2	30	31	40	15	18
25×15	—	1×1/2	—	32	34	—	15	21
25×20	25×20	1×3/4	1×3/4	35	36	46	18	21
32×20	—	1¼×3/4	—	36	41	—	17	26
32×25	32×25	1¼×1	1¼×1	40	42	56	21	25
(40×25)	—	(1½×1)	—	42	46	—	23	29
40×32	—	1½×1¼	—	46	48	—	27	29
50×40	—	2×1½	—	52	56	—	28	36
(65×50)	—	(2½×2)	—	61	66	—	34	42

表 6-105　45°弯头的型式和尺寸（摘自 GB/T 3287—2011）

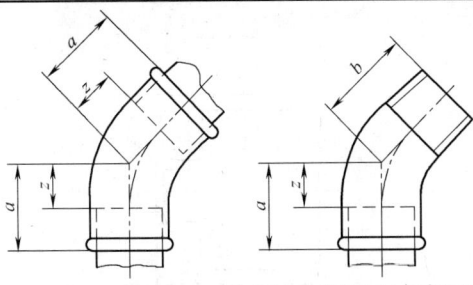

a) 45°弯头A1/45°(120)　　b) 45°内外丝弯头A4/45°(121)

公称尺寸 DN		管件规格		尺寸/mm		安装长度 z
A1/45°	A4/45°	A1/45°	A4/45°	a	b	/mm
10	10	3/8	3/8	20	25	10
15	15	1/2	1/2	22	28	9
20	20	3/4	3/4	25	32	10
25	25	1	1	28	37	11
32	32	1¼	1¼	33	43	14
40	40	1½	1½	36	46	17
50	50	2	2	43	55	19

表 6-106　中大异径三通的型式和尺寸（摘自 GB/T 3287—2011）

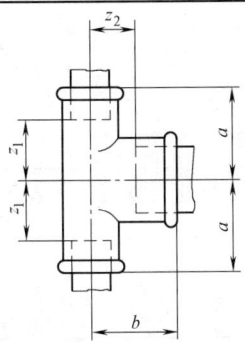

中大异径三通 B1(130)

公称尺寸 DN	管件规格	尺寸/mm		安装长度/mm	
		a	b	z_1	z_2
10×15	3/8×1/2	26	26	16	13
15×20	1/2×3/4	31	30	18	15
(15×25)	(1/2×1)	34	32	21	15
20×25	3/4×1	36	35	21	18
(20×32)	(3/4×1¼)	41	36	26	17
25×32	1×1¼	42	40	25	21
(25×40)	(1×1½)	46	42	29	23
32×40	1¼×1½	48	46	29	27
(32×50)	(1¼×2)	54	48	35	24
40×50	1½×2	55	52	36	28

表 6-107　中小异径三通的型式和尺寸（摘自 GB/T 3287—2011）

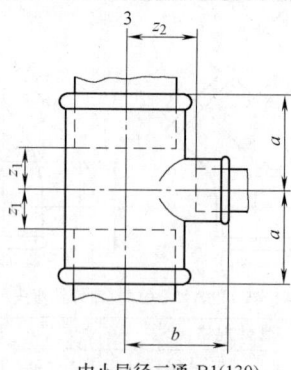

中小异径三通 B1(130)

公称尺寸 DN	管件规格	尺寸/mm		安装长度/mm	
		a	b	z_1	z_2
10×8	3/8×1/4	23	23	13	13
15×8	1/2×1/4	24	24	11	14
15×10	1/2×3/8	26	26	13	16
(20×8)	(3/4×1/4)	26	27	11	17
20×10	3/4×3/8	28	28	13	18
20×15	3/4×1/2	30	31	15	18
(25×8)	(1×1/4)	28	31	11	21
25×10	1×3/8	30	32	13	22
25×15	1×1/2	32	34	15	21
25×20	1×3/4	35	36	18	21
(32×10)	(1¼×3/8)	32	36	13	26
32×15	1¼×1/2	34	38	15	25
32×20	1¼×3/4	36	41	17	26
32×25	1¼×1	40	42	21	25
40×15	1½×1/2	36	42	17	29
40×20	1½×3/4	38	44	19	29
40×25	1½×1	42	46	23	29
40×32	1½×1¼	46	48	27	29
50×15	2×1/2	38	48	14	35
50×20	2×3/4	40	50	16	35
50×25	2×1	44	52	20	35
50×32	2×1¼	48	54	24	35
50×40	2×1½	52	55	28	36
65×25	2½×1	47	60	20	43
65×32	2½×1¼	52	62	25	43
65×40	2½×1½	55	63	28	44
65×50	2½×2	61	66	34	42
80×25	3×1	51	67	21	50
(80×32)	(3×1¼)	55	70	25	51

（续）

公称尺寸 DN	管件规格	尺寸/mm		安装长度/mm	
		a	b	z_1	z_2
80×40	3×1½	58	71	28	52
80×50	3×2	64	73	34	49
80×65	3×1½	72	76	42	49
100×50	4×2	70	86	34	62
100×80	4×3	84	92	48	62

表 6-108　异径三通的型式和尺寸（摘自 GB/T 3287—2011）

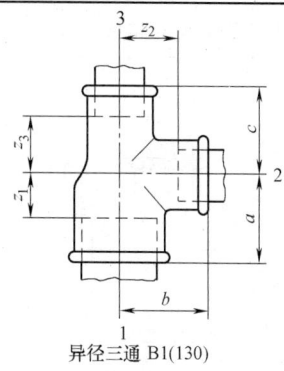

异径三通 B1(130)

公称尺寸 DN	管件规格	尺寸/mm			安装长度/mm		
标记方法 1　2　3	标记方法 1　2　3	a	b	c	z_1	z_2	z_3
15×10×10	1/2×3/8×3/8	26	26	25	13	16	15
20×10×15	3/4×3/8×1/2	28	28	26	13	18	13
20×15×10	3×4×1/2×3/8	30	31	26	15	18	16
20×15×15	3/4×1/2×1/2	30	31	28	15	18	15
25×15×15	1×1/2×1/2	32	34	28	15	21	15
25×15×20	1×1/2×3/4	32	34	30	15	21	15
25×20×15	1×3/4×1/2	35	36	31	18	21	18
25×20×20	1×3/4×3/4	35	36	33	18	21	18
32×15×25	1¼×1/2×1	34	38	32	15	25	15
32×20×20	1¼×3/4×3/4	36	41	33	17	26	18
32×20×25	1¼×3/4×1	36	41	35	17	26	18
32×25×20	1¼×1×3/4	40	42	36	21	25	21
32×25×25	1¼×1×1	40	42	38	21	25	21
40×15×32	1½×1/2×1¼	36	42	34	17	29	15
40×20×32	1½×3/4×1¼	38	44	36	19	29	17
40×25×25	1½×1×1	42	46	38	23	29	21
40×25×32	1½×1×1¼	42	46	40	23	29	21
(40×32×25)	(1½×1¼×1)	46	48	42	27	29	25
40×32×32	1½×1¼×1¼	46	48	45	27	29	26

（续）

公称尺寸 DN	管件规格	尺寸/mm			安装长度/mm		
标记方法 1　2　3	标记方法 1　2　3	a	b	c	z_1	z_2	z_3
50×20×40	2×3/4×1½	40	50	39	16	35	19
50×25×40	2×1×1½	44	52	42	20	35	23
50×32×32	2×1¼×1¼	48	54	45	24	35	26
50×32×40	2×1¼×1½	48	54	46	24	35	27
(50×40×32)	(2×1½×1¼)	52	55	48	28	36	29
50×40×40	2×1½×1½	52	55	50	28	36	31

表 6-109　侧小异径三通的型式和尺寸（摘自 GB/T 3287—2011）

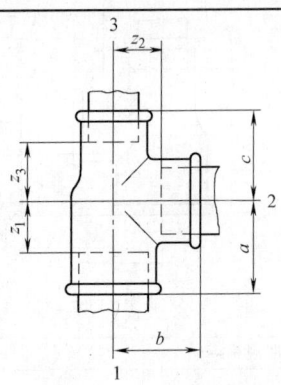

侧小异径三通 B1(130)

公称尺寸 DN	管件规格	尺寸/mm			安装长度/mm		
标记方法 1　2　3	标记方法 1　2　3	a	b	c	z_1	z_2	z_3
15×15×10	1/2×1/2×3/8	28	28	26	15	15	16
20×20×10	3/4×3/4×3/8	33	33	28	18	18	18
20×20×15	3/4×3/4×1/2	33	33	31	18	18	18
(25×25×10)	(1×1×3/8)	38	38	32	21	21	22
25×25×15	1×1×1/2	38	38	34	21	21	21
25×25×20	1×1×3/4	38	38	36	21	21	21
32×32×15	1¼×1¼×1/2	45	45	38	26	26	25
32×32×20	1¼×1¼×3/4	45	45	41	26	26	26
32×32×25	1¼×1¼×1	45	45	42	26	26	25
40×40×15	1½×1½×1/2	50	50	42	31	31	29
40×40×20	1½×1½×3/4	50	50	44	31	31	29
40×40×25	1½×1½×1	50	50	46	31	31	29
40×40×32	1½×1½×1¼	50	50	48	31	31	29
50×50×20	2×2×3/4	58	58	50	34	34	35
50×50×25	2×2×1	58	58	52	34	34	35
50×50×32	2×2×1¼	58	58	54	34	34	35
50×50×40	2×2×1½	58	58	55	34	34	36

表 6-110　异径四通的型式和尺寸（摘自 GB/T 3287—2011）

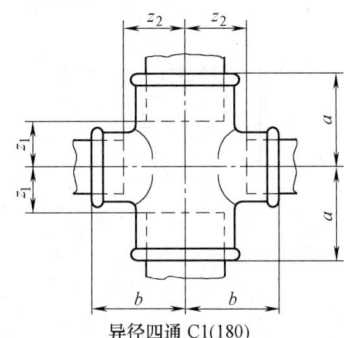

异径四通 C1(180)

公称尺寸 DN	管件规格	尺寸/mm		安装长度/mm	
		a	b	z_1	z_2
（15×10）	（1/2×3/8）	26	26	13	16
20×15	3/4×1/2	30	31	15	18
25×15	1×1/2	32	34	15	21
25×20	1×3/4	35	36	18	21
（32×20）	（1¼×3/4）	36	41	17	26
32×25	1¼×1	40	42	21	25
（40×25）	（1½×1）	42	46	23	29

表 6-111　短月弯、单弯三通、双弯弯头的型式和尺寸（摘自 GB/T 3287—2011）

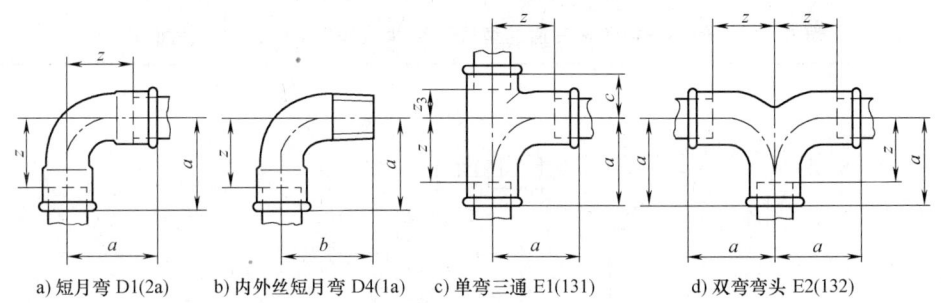

a) 短月弯 D1(2a)　　b) 内外丝短月弯 D4(1a)　　c) 单弯三通 E1(131)　　d) 双弯弯头 E2(132)

公称尺寸 DN				管件规格				尺寸/mm		安装长度/mm	
D1	D4	E1	E2	D1	D4	E1	E2	$a=b$	c	z	z_3
8	8			1/4	1/4	—	—	30	—	20	
10	10	10	10	3/8	3/8	3/8	3/8	36	19	26	9
15	15	15	15	1/2	1/2	1/2	1/2	45	24	32	11
20	20	20	20	3/4	3/4	3/4	3/4	50	28	35	13
25	25	25	25	1	1	1	1	63	33	46	16
32	32	32	32	1¼	1¼	1¼	1¼	76	40	57	21
40	40	40	40	1½	1½	1½	1½	85	43	66	24
50	50	50	50	2	2	2	2	102	53	78	29

表 6-112　中小异径单弯三通的型式和尺寸（摘自 GB/T 3287—2011）

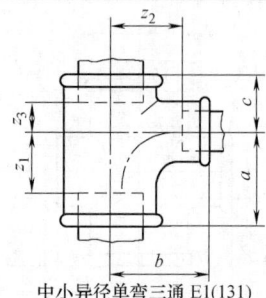

中小异径单弯三通 E1(131)

公称尺寸 DN	管件规格	尺寸/mm			安装长度/mm		
		a	b	c	z_1	z_2	z_3
20×15	3/4×1/2	47	48	25	32	35	10
25×15	1×1/2	49	51	28	32	38	11
25×20	1×3/4	53	54	30	36	39	13
32×15	1¼×1/2	51	56	30	32	43	11
32×20	1¼×3/4	55	58	33	36	43	14
32×25	1¼×1	66	68	36	47	51	17
(40×20)	(1½×3/4)	55	61	33	36	46	14
(40×25)	1½×1	66	71	36	47	54	17
(40×32)	(1½×1¼)	77	79	41	58	60	22
(50×25)	(2×1)	70	77	40	46	60	16
(50×32)	(2×1¼)	80	85	45	56	66	21
(50×40)	(2×1½)	91	94	48	57	75	24

表 6-113　侧小异径单弯三通的型式和尺寸（摘自 GB/T 3287—2011）

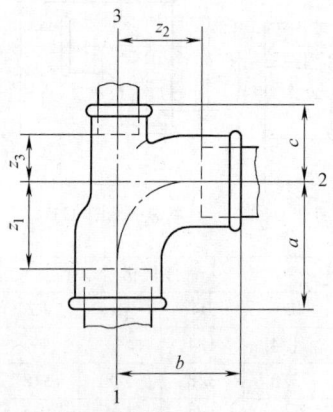

侧小异径单弯三通 E1(131)

公称尺寸 DN	管件规格	尺寸/mm			安装长度/mm		
标记方法 1 2 3	标记方法 1 2 3	a	b	c	z_1	z_2	z_3
20×20×15	3/4×3/4×1/2	50	50	27	35	35	14

表 6-114　异径单弯三通的型式和尺寸（摘自 GB/T 3287—2011）

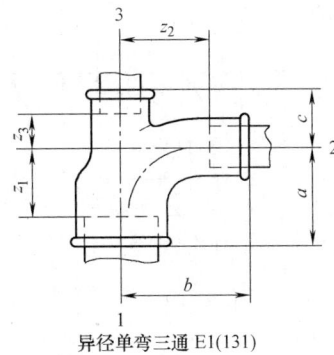

异径单弯三通 E1(131)

公称尺寸 DN	管件规格	尺寸/mm			安装长度/mm		
标记方法 1　2　3	标记方法 1　2　3	a	b	c	z_1	z_2	z_3
20×15×15	3/4×1/2×1/2	47	48	24	32	35	11
25×15×20	1×1/2×3/4	49	51	25	32	38	10
25×20×20	1×3/4×3/4	53	54	28	36	39	13

表 6-115　异径双弯弯头的型式和尺寸（摘自 GB/T 3287—2011）

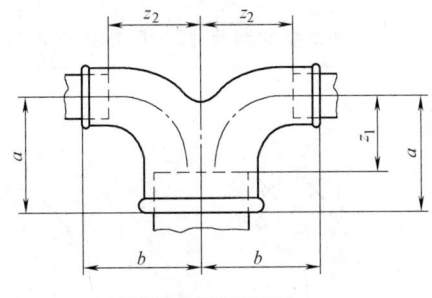

异径双弯弯头 E2(132)

公称尺寸 DN	管件规格	尺寸/mm		安装长度/mm	
		a	b	z_1	z_2
(20×15)	(3/4×1/2)	47	48	32	35
(25×20)	(1×3/4)	53	54	36	39
(32×25)	(1¼×1)	66	68	47	51
(40×32)	(1½×1¼)	77	79	58	60
(50×40)	(2×1½)	91	94	67	75

表 6-116　长月弯的型式和尺寸（摘自 GB/T 3287—2011）

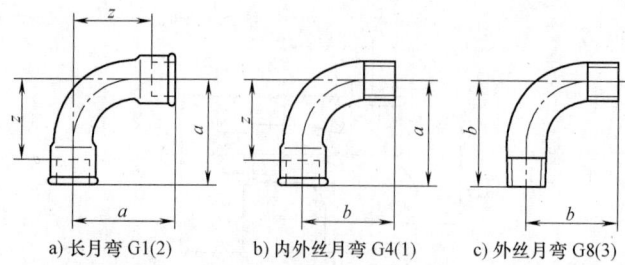

a) 长月弯 G1(2)　　　b) 内外丝月弯 G4(1)　　　c) 外丝月弯 G8(3)

公称尺寸 DN			管件规格			尺寸/mm		安装长度 z
G1	G4	G8	G1	G4	G8	a	b	/mm
—	(6)	—	—	(1/8)	—	35	32	28
8	8	—	1/4	1/4	—	40	36	30
10	10	(10)	3/8	3/8	(3/8)	48	42	38
15	15	15	1/2	1/2	1/2	55	48	42
20	20	20	3/4	3/4	3/4	69	60	54
25	25	25	1	1	1	85	75	68
32	32	(32)	1¼	1¼	(1¼)	105	95	86
40	40	(40)	1½	1½	(1½)	116	105	97
50	50	(50)	2	2	(2)	140	130	116
65	(65)	—	2½	(2½)	—	176	165	149
80	(80)	—	3	(3)	—	205	190	175
100	(100)	—	4	(4)	—	260	245	224

表 6-117　45°月弯的型式和尺寸（摘自 GB/T 3287—2011）

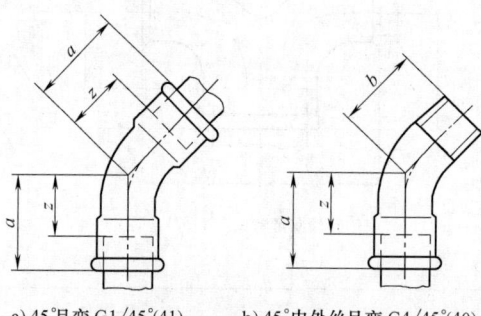

a) 45°月弯 G1/45°(41)　　　b) 45°内外丝月弯 G4/45°(40)

公称尺寸 DN		管件规格		尺寸/mm		安装长度 z
G1/45°	G4/45°	G1/45°	G4/45°	a	b	/mm
—	(8)	—	(1/4)	26	21	16
(10)	10	(3/8)	3/8	30	24	20
15	15	1/2	1/2	36	30	23
20	20	3/4	3/4	43	36	28
25	25	1	1	51	42	34

（续）

公称尺寸 DN		管件规格		尺寸/mm		安装长度 z
G1/45°	G4/45°	G1/45°	G4/45°	a	b	/mm
32	32	1¼	1¼	64	54	45
40	40	1½	1½	68	58	49
50	50	2	2	81	70	57
(65)	(65)	(2½)	(2½)	99	86	72
(80)	(80)	(3)	(3)	113	100	83

表 6-118　外接头的型式和尺寸（摘自 GB/T 3287—2011）

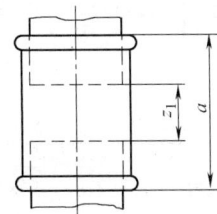

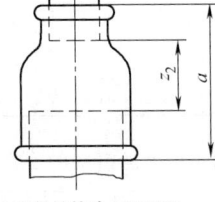

a) 外接头 M2(270)
左右旋外接头 M2R–L(271)

b) 异径外接头 M2(240)

公称尺寸 DN			管件规格			尺寸 a	安装长度/mm	
M2	M2R-L	异径 M2	M2	M2R-L	异径 M2	/mm	z_1	z_2
6	—	—	1/8	—	—	25	11	—
8	—	8×6	1/4	—	1/4×1/8	27	7	10
		(10×6)			(3/8×1/8)			13
10	10	10×8	3/8	3/8	3/8×1/4	30	10	10
15	15	15×8	1/2	1/2	1/2×1/4	36	10	13
		15×10			1/2×3/8			13
20	20	(20×8)	3/4	3/4	(3/4×1/4)	39	9	14
		20×10			3/4×3/8			14
		20×15			3/4×1/2			11
25	25	25×10	1	1	1×3/8	45	11	18
		25×15			1×1/2			15
		25×20			1×3/4			13
32	32	32×15	1¼	1¼	1¼×1/2	50	12	18
		32×20			1¼×3/4			16
		32×25			1¼×1			14
40	40	(40×15)	1½	1½	(1½×1/2)	55	17	23
		40×20			1½×3/4			21
		40×25			1½×1			19
		40×32			1½×1¼			17
(50)	(50)	(50×15)	(2)	(2)	(2×1/2)	65	17	28
		(50×20)			(2×3/4)			26
		50×25			2×1			24
		50×32			2×1¼			22
		50×40			2×1½			22

（续）

公称尺寸 DN			管件规格			尺寸 a /mm	安装长度/mm	
M2	M2R-L	异径 M2	M2	M2R-L	异径 M2		z_1	z_2
（65）	—	（65×32）	（2½）		（2½×1¼）	74	20	28
		（65×40）			（2½×1½）			28
		（65×50）			（2½×2）			23
（80）	—	（80×40）	（3）		（3×1½）	80	20	31
		（80×50）			（3×2）			26
		（80×65）			（3×2½）			23
（100）	—	（100×50）	（4）		（4×2）	94	22	34
		（100×65）			（4×2½）			31
		（100×80）			（4×3）			28
（125）	—	—	（5）		—	109	29	—
（150）	—	—	（6）		—	120	40	—

表 6-119 内外丝接头的型式和尺寸（摘自 GB/T 3287—2011）

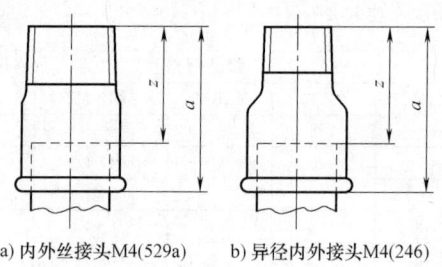

a) 内外丝接头M4(529a)　　　b) 异径内外接头M4(246)

公称尺寸 DN		管件规格		尺寸 a/mm	安装长度 z/mm
M4	异径 M4	M4	异径 M4		
10	10×8	3/8	3/8×1/4	35	25
15	15×8	1/2	1/2×1/4	43	30
	15×10		1/2×3/8		
20	（20×10）	3/4	（3/4×3/8）	48	33
	20×15		3/4×1/2		
25	25×15	1	1×1/2	55	38
	25×20		1×3/4		
32	32×20	1¼	1¼×3/4	60	41
	32×25		1¼×1		
—	40×25	—	1½×1	63	44
	40×32		1½×1¼		
—	（50×32）	—	（2×1¼）	70	46
	（50×40）		（2×1½）		

表 6-120 内外螺丝的型式和尺寸（摘自 GB/T 3287—2011）

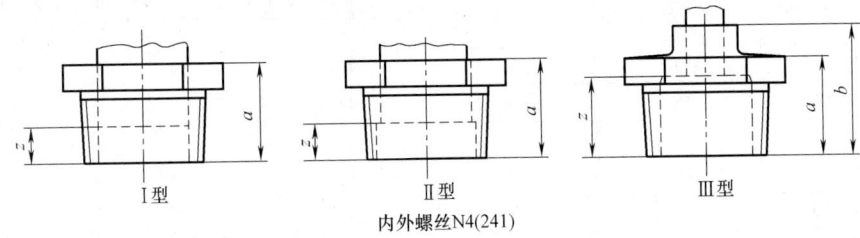

Ⅰ型　　　　　　　　　　Ⅱ型　　　　　　　　　　Ⅲ型

内外螺丝N4(241)

公称尺寸 DN	管件规格	型式	尺寸/mm		安装长度 z
			a	b	/mm
8×6	1/4×1/8	Ⅰ	20	—	13
10×6	3/8×1/8	Ⅱ	20	—	13
10×8	3/8×1/4	Ⅰ	20	—	10
15×6	1/2×1/8	Ⅱ	24	—	17
15×8	1/2×1/4	Ⅱ	24	—	14
15×10	1/2×3/8	Ⅰ	24	—	14
20×8	3/4×1/4	Ⅱ	26	—	16
20×10	3/4×3/8	Ⅱ	26	—	16
20×15	3/4×1/2	Ⅰ	26	—	13
25×8	1×1/4	Ⅱ	29	—	19
25×10	1×3/8	Ⅱ	29	—	19
25×15	1×1/2	Ⅱ	29	—	16
25×20	1×3/4	Ⅰ	29	—	14
32×10	1¼×3/8	Ⅱ	31	—	21
32×15	1¼×1/2	Ⅱ	31	—	18
32×20	1¼×3/4	Ⅱ	31	—	16
32×25	1¼×1	Ⅰ	31	—	14
(40×10)	(1½×3/8)	Ⅱ	31	—	21
40×15	1½×1/2	Ⅱ	31	—	18
40×20	1½×3/4	Ⅱ	31	—	16
40×25	1½×1	Ⅱ	31	—	14
40×32	1½×1¼	Ⅰ	31	—	12
50×15	2×1/2	Ⅲ	35	48	35
50×20	2×3/4	Ⅲ	35	48	33
50×25	2×1	Ⅱ	35	—	18
50×32	2×1¼	Ⅱ	35	—	16
50×40	2×1½	Ⅱ	35	—	16
65×25	2½×1	Ⅲ	40	54	37
65×32	2½×1¼	Ⅲ	40	54	35
65×40	2½×1½	Ⅱ	40	—	21
65×50	2½×2	Ⅱ	40	—	16
80×25	3×1	Ⅲ	44	59	42
80×32	3×1¼	Ⅲ	44	59	40

（续）

公称尺寸 DN	管件规格	型式	尺寸/mm a	尺寸/mm b	安装长度 z /mm
80×40	3×1½	III	44	59	40
80×50	3×2	II	44	—	20
80×65	3×2½	II	44	—	17
100×50	4×2	III	51	69	45
100×65	4×2½	III	51	69	42
100×80	4×3	III	51	—	21

表 6-121　内接头的型式和尺寸（摘自 GB/T 3287—2011）

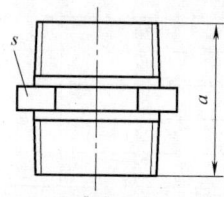
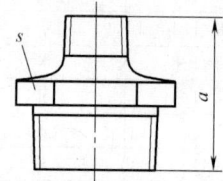

a) 内接头N8(280)
左右旋内接头 N8R−L(281)

b) 异径内接头N8(245)

公式尺寸 DN			管件规格			尺寸 a /mm
N8	N8R-L	异径 N8	N8	N8R-L	异径 N8	
6	—	—	1/8	—	—	29
8	—	—	1/4	—	—	36
10	—	10×8	3/8	—	3/8×1/4	38
15	15	15×8	1/2	1/2	1/2×1/4	44
		15×10			1/2×3/8	
20	20	20×10	3/4	3/4	3/4×3/8	47
		20×15			3/4×1/2	
25	(25)	25×15	1	(1)	1×1/2	53
		25×20			1×3/4	
	—	(32×15)	1¼	—	(1¼×1/2)	57
		32×20			1¼×3/4	
		32×25			1¼×1	
40	—	(40×20)	1½	—	(1½×3/4)	59
		40×25			1½×1	
		40×32			1½×1¼	
50	—	(50×25)	2	—	(2×1)	68
		50×32			2×1¼	
		50×40			2×1½	
65	—	(65×50)	2½	—	(2½×2)	75
80	—	(80×50)	3	—	(3×2)	83
		(80×65)			(3×2½)	
100	—	—	4	—	—	95

表 6-122 锁紧螺母的型式和尺寸 (摘自 GB/T 3287—2011)

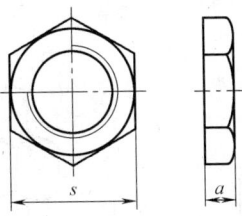

锁紧螺母P4(310)

公称尺寸 DN	管件规格	尺寸 a_{min}/mm
8	1/4	6
10	3/8	7
15	1/2	8
20	3/4	9
25	1	10
32	1¼	11
40	1½	12
50	2	13
65	2½	16
80	3	19

表 6-123 管帽和管堵的型式和尺寸 (摘自 GB/T 3287—2011)

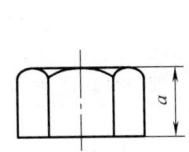 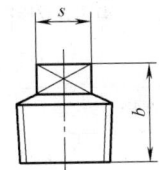 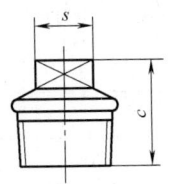 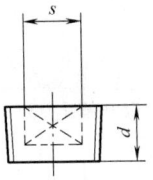

a) 管帽T1(300)　　　b) 外方管堵T8(291)　　　c) 带边外方管堵T9(290)　　　d) 内方管堵T11(596)

公称尺寸 DN				管件规格				尺寸/mm			
T1	T8	T9	T11	T1	T8	T9	T11	a_{min}	b_{min}	c_{min}	d_{min}
(6)	6	6	—	(1/8)	1/8	1/8	—	13	11	20	—
8	8	8	—	1/4	1/4	1/4	—	15	14	22	—
10	10	10	(10)	3/8	3/8	3/8	(3/8)	17	15	24	11
15	15	15	(15)	1/2	1/2	1/2	(1/2)	19	18	26	15
20	20	20	(20)	3/4	3/4	3/4	(3/4)	22	20	32	16
25	25	25	(25)	1	1	1	(1)	24	23	36	19
32	32	32	—	1¼	1¼	1¼	—	27	29	39	—
40	40	40	—	1½	1½	1½	—	27	30	41	—
50	50	50	—	2	2	2	—	32	36	48	—
65	65	65	—	2½	2½	2½	—	35	39	54	—
80	80	80	—	3	3	3	—	38	44	60	—
100	100	100	—	4	4	4	—	45	58	70	—

表 6-124　活接头的型式和尺寸（摘自 GB/T 3287—2011）

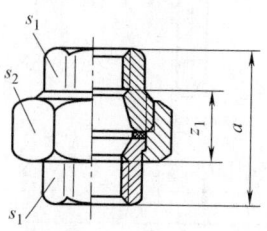

a) 平座活接头U1(330)

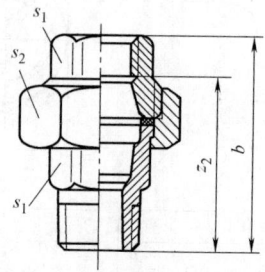

b) 内外丝平座活接头U2(331)

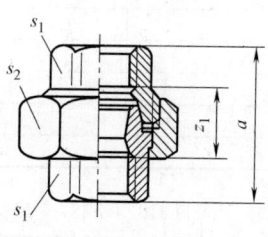

c) 锥座活接头U11(340)

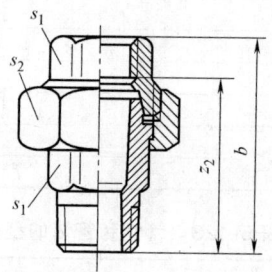

d) 内外丝锥座活接头U12(341)

公称尺寸 DN				管件规格				尺寸/mm		安装长度/mm	
U1	U2	U11	U12	U1	U2	U11	U12	a	b	z_1	z_2
—	—	(6)	—	—	—	(1/8)	—	38	—	24	—
8	8	8	8	1/4	1/4	1/4	1/4	42	55	22	45
10	10	10	10	3/8	3/8	3/8	3/8	45	58	25	48
15	15	15	15	1/2	1/2	1/2	1/2	48	66	22	53
20	20	20	20	3/4	3/4	3/4	3/4	52	72	22	57
25	25	25	25	1	1	1	1	58	80	24	63
32	32	32	32	1¼	1¼	1¼	1¼	65	90	27	71
40	40	40	40	1½	1½	1½	1½	70	95	32	76
50	50	50	50	2	2	2	2	78	106	30	82
65	—	65	65	2½	—	2½	2½	85	118	31	91
80	—	80	80	3	—	3	3	95	130	35	100
—	—	100	—	—	—	4	—	100	—	38	—

表 6-125 活接弯头的型式和尺寸（摘自 GB/T 3287—2011）

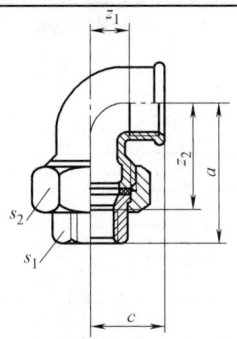

a) 平座活接弯头UA1(95)

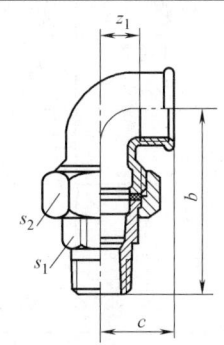

b) 内外丝平座活接弯头UA2(97)

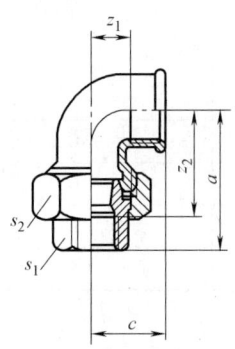

c) 锥座活接弯头UA11(96)

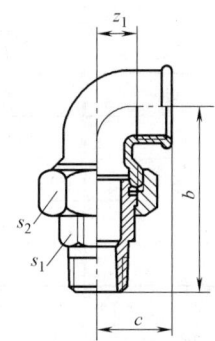

d) 内外丝锥座活接弯头UA12(98)

公称尺寸 DN				管件规格				尺寸/mm			安装长度/mm	
UA1	UA2	UA11	UA12	UA1	UA2	UA11	UA12	a	b	c	z_1	z_2
—	—	8	8	—	—	1/4	1/4	48	61	21	11	38
10	10	10	10	3/8	3/8	3/8	3/8	52	65	25	15	42
15	15	15	15	1/2	1/2	1/2	1/2	58	76	28	15	45
20	20	20	20	3/4	3/4	3/4	3/4	62	82	33	18	47
25	25	25	25	1	1	1	1	72	94	38	21	55
32	32	32	32	1¼	1¼	1¼	1¼	82	107	45	26	63
40	40	40	40	1½	1½	1½	1½	90	115	50	31	71
50	50	50	50	2	2	2	2	100	128	58	34	76

表 6-126 垫圈的型式和尺寸（摘自 GB/T 3287—2011）

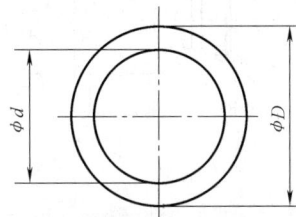

平座活接头和活接弯头垫圈
U1(330)、U2(331)、UA1(95)和UA2(97)

（续）

活接头和活接弯头		垫圈尺寸/mm		活接头螺母的螺纹尺寸代号
公称尺寸 DN	管件规格	d	D	（仅作参考）
6	1/8	—	—	G1/2
8	1/4	13	20	G5/8
		17	24	G3/4
10	3/8	17	24	G3/4
		19	27	G7/8
15	1/2	21	30	G1
		24	34	G1⅛
20	3/4	27	38	G1¼
25	1	32	44	G1½
32	1¼	42	55	G2
40	1½	46	62	G23/4
50	2	60	78	G23/4
65	2½	75	97	G31/2
80	3	88	110	G4
100	4	—	—	G5、G5½

8　阀门和水嘴

8.1　卫生洁具及暖气管道用直角阀（见表 6-127）

表 6-127　卫生洁具及暖气管道用直角阀的型式和尺寸

（摘自 GB 2759—2006）　　　　　　　（单位：mm）

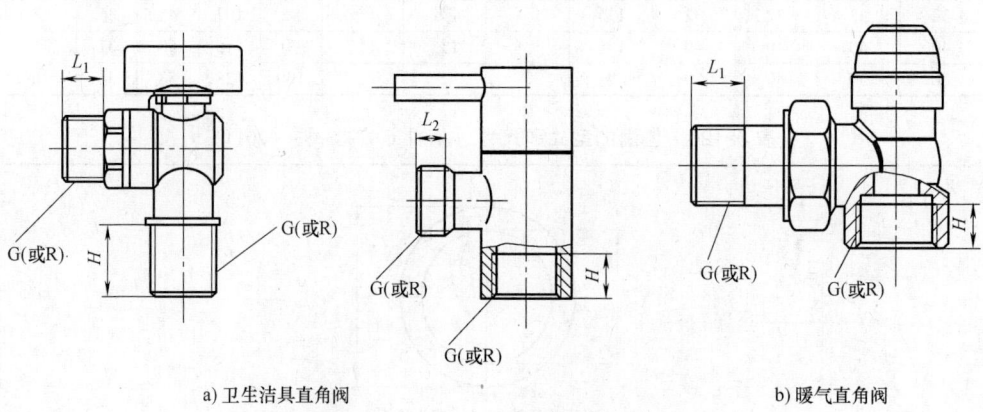

a) 卫生洁具直角阀　　　　　　　　　　　　b) 暖气直角阀

（续）

产品名称	公称通径 DN	螺纹尺寸代号	H	L_1	L_2
卫生洁具直角阀	15	G1/2	≥12	≥8	≥6
暖气直角阀	15	G1/2	≥10	≥16	—
	20	G3/4	≥14	≥16	—
	25	G1	≥14.5	≥18	—

8.2　铁制和铜制螺纹连接阀门（摘自 GB/T 8464—2008）

8.2.1　螺纹连接闸阀的结构型式（见图 6-5）

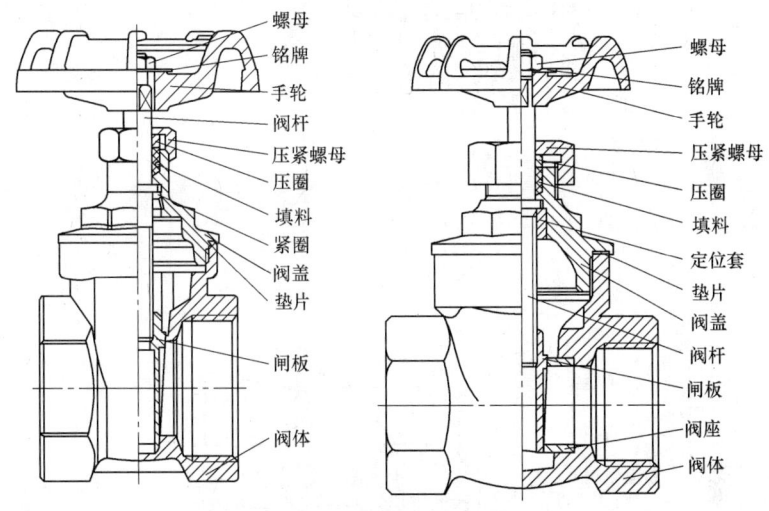

图 6-5　螺纹连接闸阀的结构型式

8.2.2　螺纹连接截止阀的结构型式（见图 6-6）

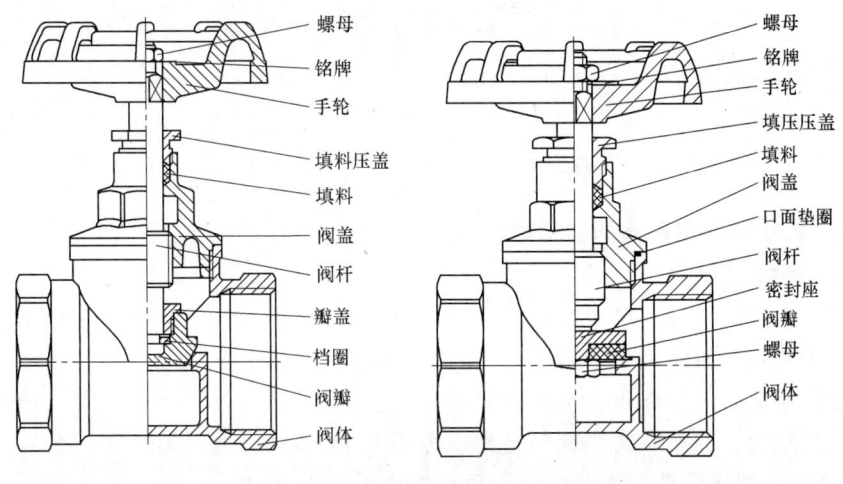

图 6-6　螺纹连接截止阀的结构型式

8.2.3 螺纹连接球阀的结构型式（见图6-7）

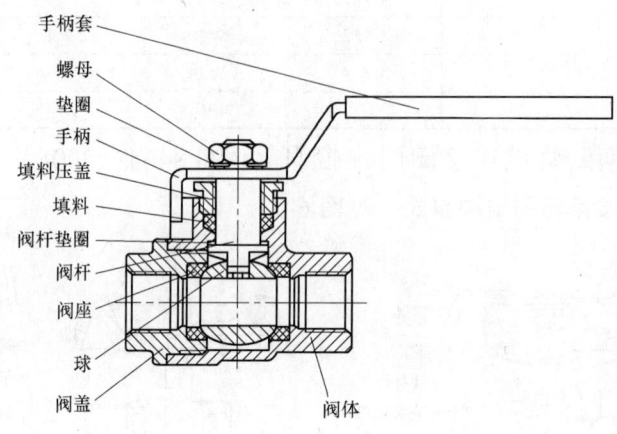

手柄套
螺母
垫圈
手柄
填料压盖
填料
阀杆垫圈
阀杆
阀座
球
阀盖
阀体

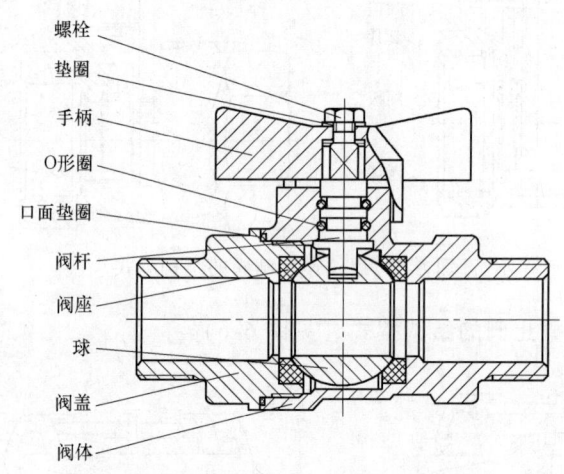

螺栓
垫圈
手柄
O形圈
口面垫圈
阀杆
阀座
球
阀盖
阀体

图6-7 螺纹连接球阀的结构型式

8.2.4 螺纹连接止回阀的结构型式（见图6-8）

8.2.5 参数

螺纹连接阀门公称尺寸按 GB/T 1047《管道元件 DN（公称尺寸）的定义和选用》的规定，且不大于 DN100。

螺纹连接阀门公称压力按 GB/T 1048《管道元件 PN（公称压力）的定义和选用》的规定，并且灰铸铁阀门公称压力不大于 PN16、可锻铸铁阀门公称压力不大于 PN25、球墨铸铁和铜合金阀门公称压力不大于 PN40。

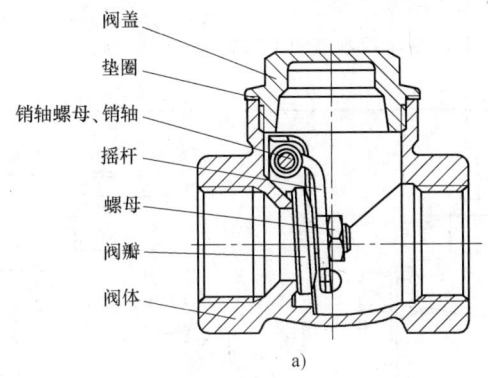

阀盖
垫圈
销轴螺母、销轴
摇杆
螺母
阀瓣
阀体

a)

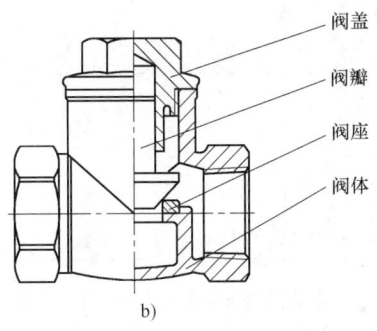

阀盖
阀瓣
阀座
阀体

b)

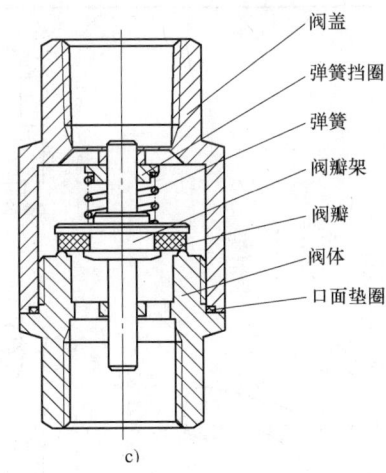

阀盖
弹簧挡圈
弹簧
阀瓣架
阀瓣
阀体
口面垫圈

c)

图 6-8　螺纹连接止回阀的结构型式

a) 旋启式　b) 升降式　c) 升降立式

8.3　水嘴（见表6-128~表6-133）

表 6-128　壁式明装单柄单控水嘴的型式和尺寸（摘自 QB/T 1334—2013）

（单位：mm）

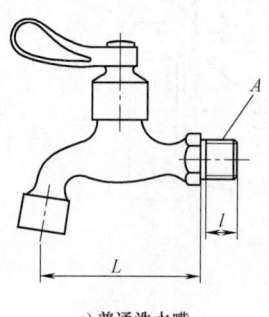

a) 普通洗水嘴

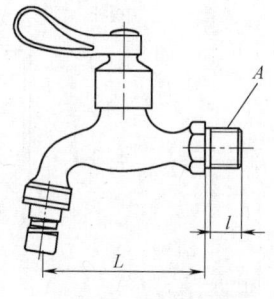

b) 洗衣机水嘴

尺寸代号	A	l(螺纹有效长度)		L
		圆柱管螺纹	圆锥管螺纹	
要求	G1/2B 或 $R_1$1/2 或 $R_2$1/2	≥10	≥11.4	≥55
	G3/4B 或 $R_1$3/4 或 $R_2$3/4	≥12	≥12.7	≥70
	G1B 或 R_1I 或 R_2I	≥14	≥14.5	≥80

表 6-129　台式明装洗面器水嘴的型式和尺寸（摘自 QB/T 1334—2013）

（单位：mm）

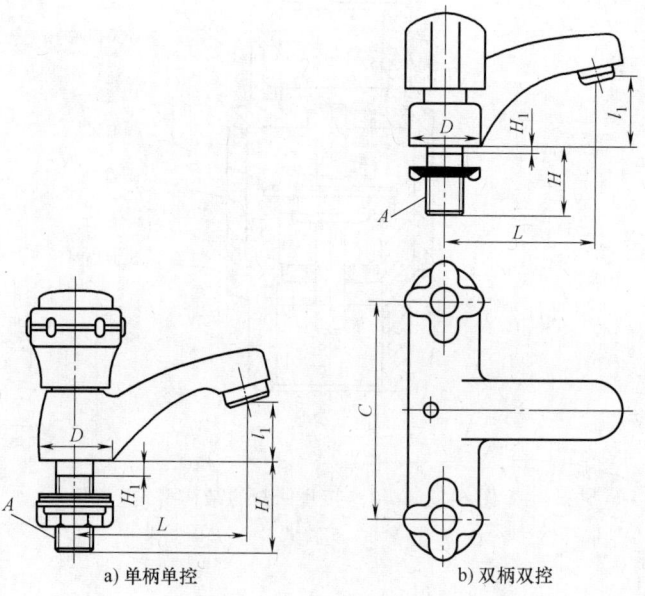

a) 单柄单控

b) 双柄双控

（续）

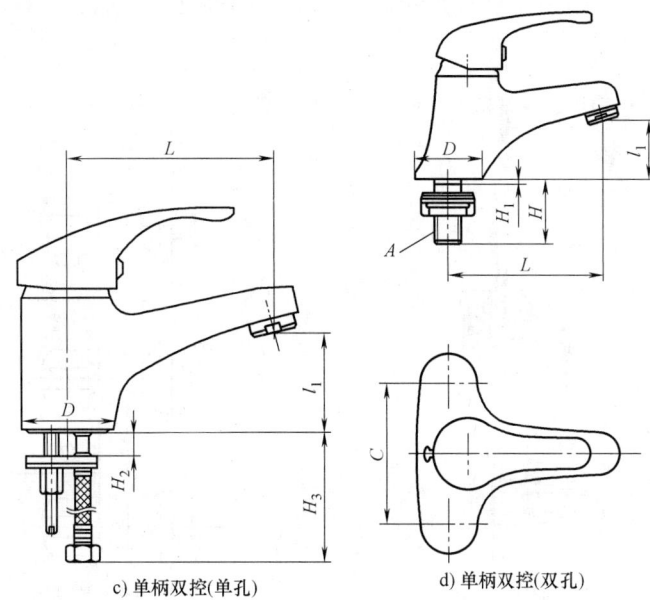

c) 单柄双控(单孔)　　　　d) 单柄双控(双孔)

尺寸代号	A	H	H_1	H_2	H_3	l_1	D	L	C
要求	G1/2B 或 $R_1$1/2 或 $R_2$1/2	≥48	≤8	≥35	≥350	≥25	≥40	≥65	102±1 152±1 204±1

表 6-130　壁式明装（暗装）浴缸（淋浴）水嘴的型式和尺寸（摘自 QB/T 1334—2013）

（单位：mm）

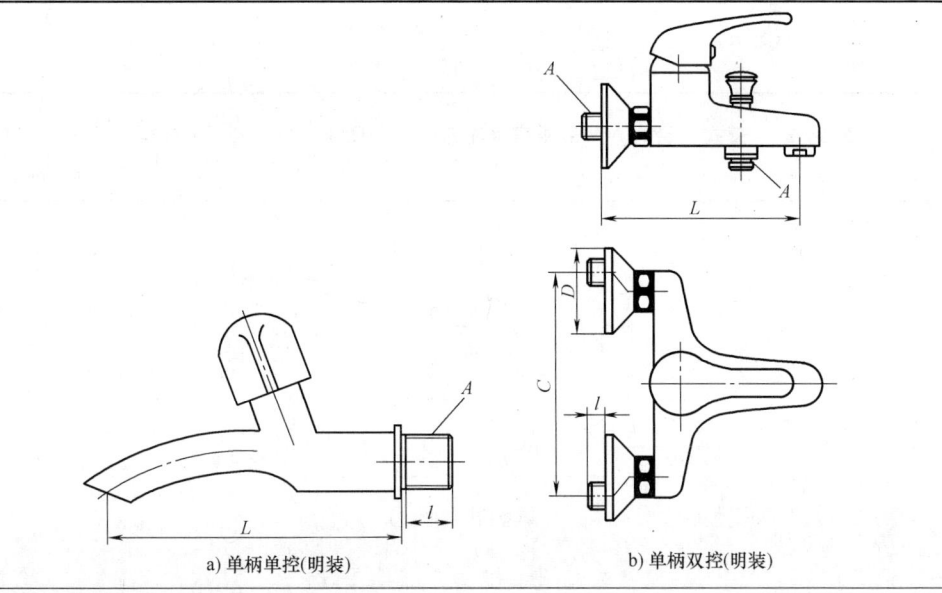

a) 单柄单控(明装)　　　　b) 单柄双控(明装)

（续）

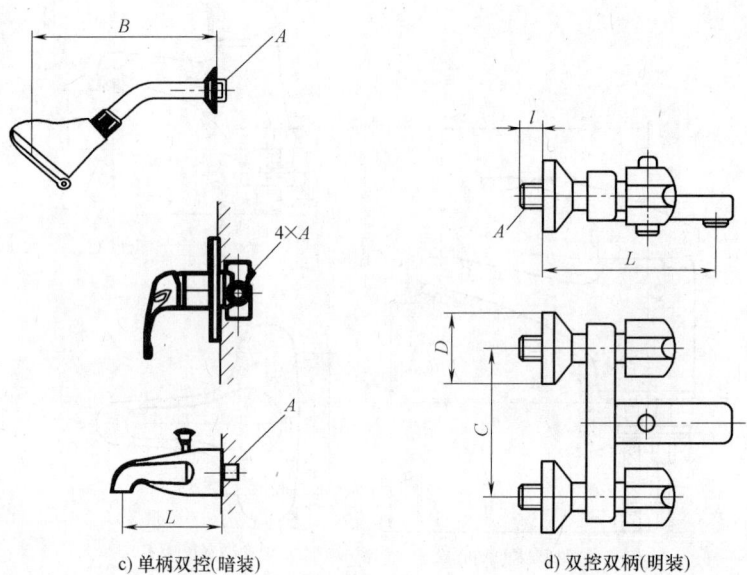

c) 单柄双控(暗装)   d) 双控双柄(明装)

尺寸代号	A	l(螺纹有效长度)			D	C	B		L
							明装	暗装	
要求	G1/2B 或 $R_1 1/2$ 或 $R_2 1/2$	≥10			≥45	140~160	≥120	≥150	≥110
	G3/4B 或 $R_1 3/4$ 或 $R_2 3/4$	混合	非混合		≥50				
			圆柱螺纹	圆锥螺纹					
		≥15	≥12	≥12.7					

表 6-131   壁式（台式）明装厨房水嘴的型式和尺寸（摘自 QB/T 1334—2013）

（单位：mm）

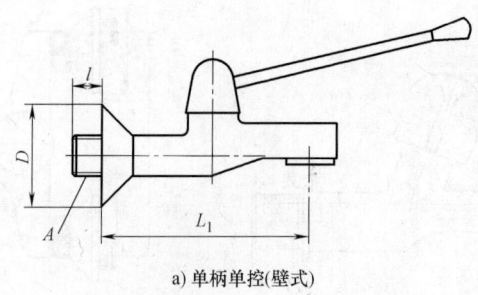

a) 单柄单控(壁式)

（续）

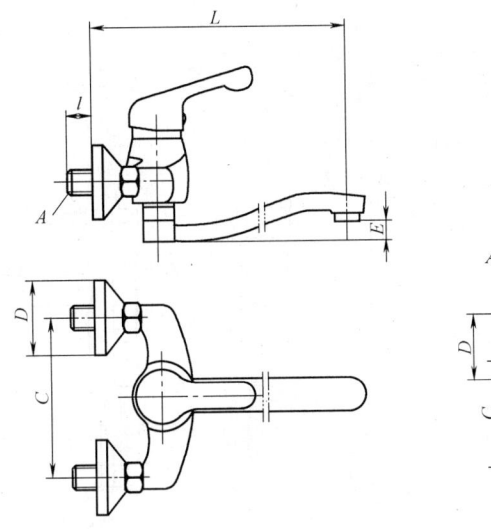

b) 单柄双控(壁式)　　　　　　　c) 双柄双控(壁式)

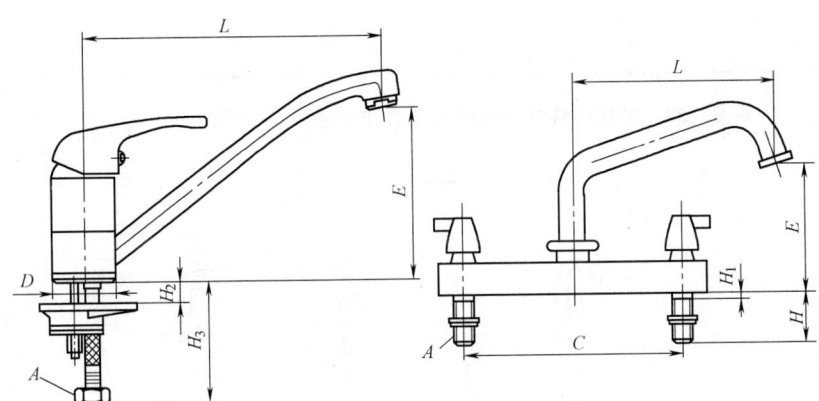

d) 单柄双控(台式、单孔)　　　　e) 双柄双控(台式)

尺寸代号	A	l	D	C		L	L_1	H	H_1	H_2	H_3	E
				台式	壁式							
要求	G1/2B	≥13	≥45	102±1 152±1 204±1	140~160	≥170	≥100	≥48	≤8	≥35	≥350	≥25

表 6-132 台身明装净身水嘴的型式和尺寸（摘自 QB/T 1334—2013）

（单位：mm）

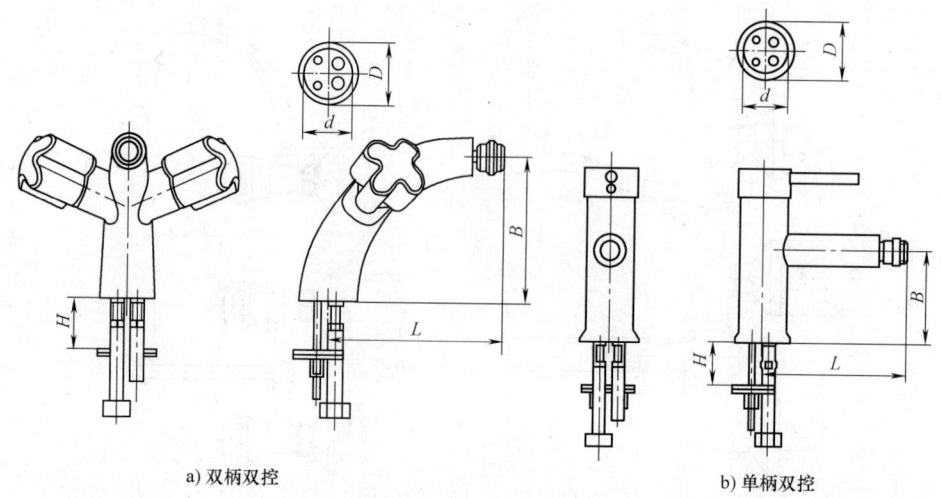

a) 双柄双控   b) 单柄双控

尺寸代号	L	B	D	d	H
要求	≥105	≥25	≥40	≤33	≥35

表 6-133 壁式明装淋浴水嘴的型式和尺寸（摘自 QB/T 1334—2013）

（单位：mm）

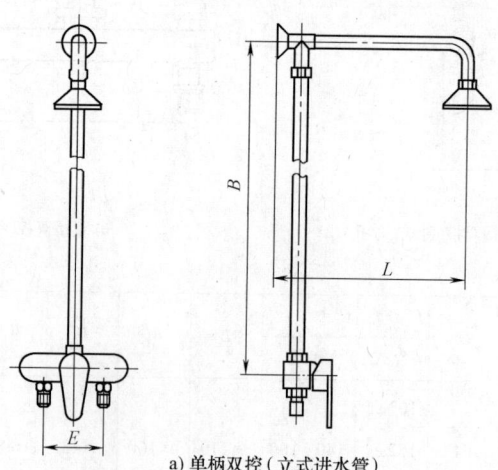

a) 单柄双控（立式进水管）

（续）

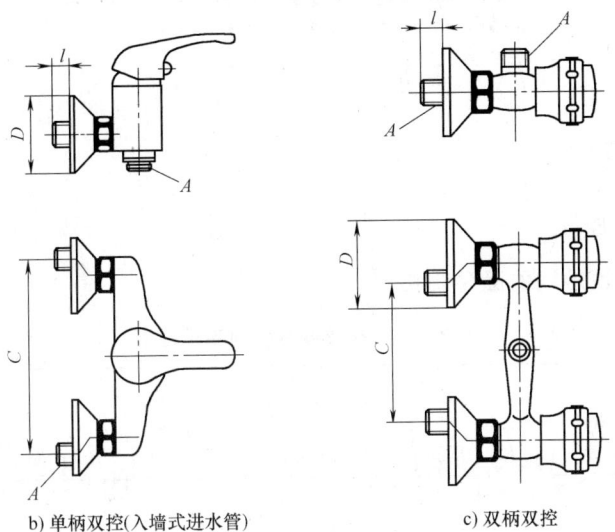

b) 单柄双控(入墙式进水管)　　　　c) 双柄双控

尺寸代号	A	l(螺纹有效长度)			L	B	C	D	E
要求	G1/2B 或 $R_1 1/2$ 或 $R_2 1/2$	≥10			≥300	≥1000	140~160	≥45	≥95
	G3/4B 或 $R_1 3/4$ 或 $R_2 3/4$	混合	非混合						
			圆柱螺纹	圆锥螺纹					
		≥15	≥12	≥12.7					

第7章 日 用 五 金

1 厨房用具

1.1 铸铁炒锅

1.1.1 一般铸铁炒锅的品种规格（见表7-1）

表 7-1 一般铸铁炒锅的品种规格　　　　　　　　（单位：mm）

名称	代号	小 锅			中 锅			大 锅			材质
		锅径 D	锅深 H	每档累进	锅径 D	锅深 H	每档累进	锅径 D	锅深 H	每档累进	
耳 锅	EG-1	280~600	0.26D	20	—	—	—	—	—	—	HT150 或其他杂铁
	EG-2		0.30D		620~980	0.30D	20				
	EG-3		0.30D		—	—	—				
	EG-4		0.35D		—	—	—				
	EG-5		0.40D		—	—	—				
单边锅	DG-6	400~600	0.28D	20	620~980	0.32D	20	—	—	—	
	DG-7		0.32D			0.32D					
双边锅	SG-8	300~600	0.34D	20	620~980	0.34D	20	1000	0.36D	50	
	SG-9		0.35D			0.35D		1300	0.36D		
宽边锅	KG-10	300~600	分级	20	620~980	0.38D	20	—	—	—	
	KG-11	340~600	0.36D			0.36D					
桶 锅	TG-12	300~600	0.40D	20	—	—	—				
把 锅	BG-13	240~300	分级	10							
平底锅	PG-14	300~600	分级	40	620						
	PG-15	340~540	分级	40							

1.1.2 特殊铸铁炒锅的品种规格（见表7-2）

表 7-2 特殊铸铁炒锅的品种规格

名 称		蒸 锅	顶 锅	烙 子	笼 锅	汤 锅
规格	锅径/mm	280~600	760~500	220~650	400~540	16~340
	每档累进/mm	20	20	20	20	20
	规格数量/个	17	17	17	7	9
	主要材料	HT200	HT100、HT250	HT100、HT300	HT200	HT100
	备 注	蒸馒头、烧水用	蒸饭、烧水用	烙饼用	蒸煮食物用	温水用

1.2　不锈钢炒锅（见表 7-3）

表 7-3　不锈钢炒锅的基本参数

锅口内径 /cm	锅深 /cm	锅耳胶 把质量 /g	锅耳不锈钢 板套件质量 /g	锅耳钢筋 电镀件质量 /g	材　质
31	8.0	—	—	100	
32	8.2	60	—	—	10Cr17、
34	9.0	—	—	100	12Cr13、
36	9.7	—	100	—	20Cr13、
38	10.2	—	100	—	06Cr19Ni10
40	10.7	—	100	—	
42	11.2	—	100	—	

1.3　铝锅（摘自 QB/T 1957—1994）

1.3.1　产品分类（见表 7-4）

表 7-4　铝锅的产品分类

按功能分	按结构分	按表面处理分
煮类锅	深锅、浅锅、柿形锅	砂光类铝锅、抛光类铝锅、
蒸类锅	单箅蒸锅、双箅蒸锅、多箅蒸锅	洗白类铝锅、阳极氧化类铝锅

1.3.2　规格尺寸（见表 7-5）

表 7-5　铝锅的类型、规格及尺寸

类　型	规格系列/cm														
	12	14	16	18	20	22	24	26	28	30	32	34	36	38	40
	尺寸/mm														
浅锅、柿形锅、煮奶锅、单箅蒸锅	120	140	160	180	200	220	240	260	280	—					
	±3														
深锅、双箅蒸锅、多箅蒸锅	120	140	160	180	200	220	240	260	280	300	320	340	360	380	400
	±3														

注：尺寸按锅口最大有效内径或内对边长度确定。

1.3.3　锅底中心最小厚度（见表 7-6）

表 7-6　铝锅锅底中心最小厚度

类　型	规格系列/cm														
	12	14	16	18	20	22	24	26	28	30	32	34	36	38	40
	锅底中心最小厚度/mm														
浅锅、柿形锅、煮奶锅、单箅蒸锅	0.40			0.43		0.48		0.53		—					
深锅、双箅蒸锅、多箅蒸锅	0.55		0.60		0.65		0.70		0.80		0.90		1.00		1.10

1.3.4　使用性能

锅身不许渗水，手柄组件及铆接处经强度试验后，手柄应无开裂、明显变形，手柄架不许松动。

锅盖、箅与锅身配合适宜，锅盖与锅身径向间隙应不超过 2mm（规格<20cm）或 3mm（规格≥20cm）。

1.3.5 锅身不分等的外观要求

铆钉完整，铆接端正、伏贴，各零部件应齐全，无缺口和裂纹。无缩陷，锅底无尖形瘪，同一部位的两面无气泡和起皮，阳极氧化表面应无明显腐蚀性斑点及未氧化表面。

1.3.6 锅身分等的外观要求 （见表7-7）

表 7-7　锅身分等外观要求

序号	项目	锅身分等	
		一 等 品	合 格 品
		指　　标	
1	表面处理	1)砂光表面细洁均匀,砂光痕基本一致 2)抛光表面光亮,光泽基本一致 3)洗白表面无碱渍、油斑 4)阳极氧化表面色泽基本一致,无烧损	1)砂光表面不许露底 2)抛光表面光亮 3)洗白表面无明显碱渍,锅底无碱渍 4)阳极氧化表面烧损 2mm^2 以下,不超过 3 点,锅底无烧损
2	起皮	1)长 6mm(口径值的 1/3)、宽 1~2mm 的起皮,规格 26cm 以下的不超过 3 条,其中锅底不超过 1 条;规格 26cm 和 26cm 以上的不超过 4 条,其中锅底不超过 2 条 2)直径为 3~5mm 的起皮,不超过 2 块,锅底无	1)长 6mm(口径值的 1/3)、宽 1~3mm 的起皮,不超过 4 条 2)直径为 3~8mm 的起皮,不超过 2 块
3	气泡	直径为 1~2mm 的气泡,不超过 2 点,锅底无	直径为 1~3mm 的气泡,不超过 5 点,锅底不超过 3 点
4	坑	直径为 1~2mm 的坑,规格 26cm 以下的不超过 5 点,其中锅底不超过 2 点;规格 26cm 和 26cm 以上的不超过 7 点,其中锅底不超过 4 点	直径为 1~3mm 的坑,规格 26cm 以下的不超过 7 点,其中锅底不超过 3 点;规格 26cm 和 26cm 以上的不超过 10 点,其中锅底不超过 5 点
5	瘪	直径为 6mm 以下的瘪,规格 26cm 以下的不超过 2 个,规格 26cm 和 26cm 以上的不超过 3 个(测量凹陷一侧)	直径为 10mm 以下的瘪,不超过 4 个,10~30mm 以内的瘪经整形后稍有印子,不超过 1 个(测量凹陷一侧)
6	皱折	边口部,周向的皱折不超过周长的 1/6,其他部位无	边口部,周向的皱折不超过周长的 1/3;超出边口部部分,周向的皱折不超过周长的 1/5,锅底无
7	划伤	长 20mm(口径值的 1/3)、宽 0.5mm 以下的划伤,不超过 2 条	长 20mm(口径值的 1/3)、宽 0.5mm 以下的划伤,不超过 4 条
8	旋压痕	均匀细浅	不许有鱼鳞状痕迹
9	毛刺	外露部位无	边口部无,其他外露部位不明显
10	标志	端正、清楚	能辨认

1.4　铝压力锅和不锈钢压力锅

1.4.1　产品分类

产品按结构型式分为旋合式、落盖式和压盖式，如图 7-1 所示。

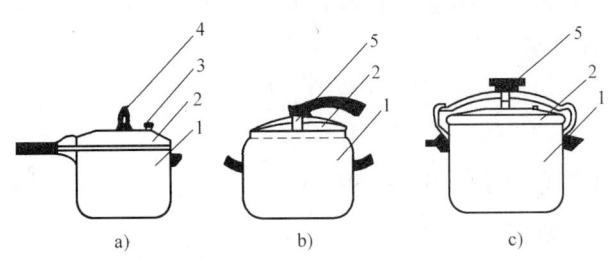

图 7-1　压力锅的结构型式

a）旋合式　b）落盖式　c）压盖式

1—锅身　2—锅盖　3—安全阀　4—限压阀　5—压力调节装置

产品规格以锅口内径（落盖式、压盖式以锅身直壁内径）、容积和公称工作压力表示。

公称工作压力为 50~120kPa，容积不大于 18L，锅口内径系列为 20cm、22cm、24cm 和 26cm。

1.4.2　产品标记

产品标记由产品品种、锅口内径、锅身容积、公称工作压力（或公称工作压力范围）及标准编号表示。

示例 1：锅口内径为 26cm，锅身容积为 10L，公称工作压力为 100kPa 的旋合式铝压力锅的标记为：

A26-10.0-100 GB 13623—2003

示例 2：锅口内径为 24cm，锅身容积为 8.3L，公称工作压力为 50~100kPa 的压盖式铝压力锅的标记为：

C24-8.3-50~100 GB 13623—2003

示例 3：锅口内径为 26cm，锅身容积为 10L，公称工作压力为 100kPa 的旋合式多层复底不锈钢压力锅的标记为：

AS26-10.0-100 GB 15066—2004

示例 4：锅口内径为 24cm，锅身容积为 8.3L，公称工作压力为 50~100kPa 的压盖式单复底不锈钢压力锅的标记为：

CD24-8.3-50~100 GB 15066—2004

1.4.3　要求

（1）不锈钢压力锅的材料

锅身、锅盖应采用符合 GB/T 3280—2015 中规定的 12Cr18Ni9、06Cr19Ni10 或采用性能不低于上述规定的其他不锈钢。

单复底金属采用 GB/T 3190—2008 中的工业纯铝板材或其他导热性良好的金属板材。复合层（不含锅身材料）厚度不低于 2.5mm。

多层复底金属板的里层应采用与单复底相同的材料，外层应采用有防护和装饰作用的金属板。复合层（不含锅身材料）厚度不低于 2.5mm。

（2）工作压力和安全压力

工作压力为 0.9~1.1 倍公称工作压力。

安全压力为 1.4~2 倍最大公称工作压力。

1.5 铝壶（摘自 QB/T 1691—1993）

1.5.1 产品分类（见表 7-8）

表 7-8 铝壶的产品分类及代号

分　类	产品功能、结构				表面处理方式				
	普通壶		自鸣壶		洗白	砂光	抛光	氧　化	
	整体	镶底	整体	镶底				草酸	硫酸
代　号	ZH	FH	MZH	MFH	B	S	P	C	L

1.5.2 产品规格

产品规格按额定容量（单位为 L）分为 0.5、1.0、1.5、2.0、（2.5）、3.0、（3.5）、4.0、（4.5）、5.0、（5.5）、6.0、7.0、8.0、9.0。

注：不带括号的规格为优先采用系列。

1.5.3 产品标记

产品标记表示如下：

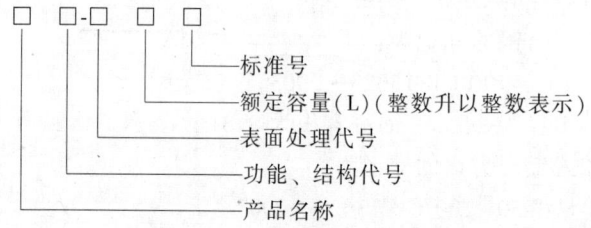

标记示例

示例 1：工业纯铝制成的额定容量为 4.0L 的抛光普通整体壶的标记为：

纯铝壶 ZH-P4 QB/T 1691

示例 2：铝合金制成的额定容量为 5.5L 的草酸轻氧化自鸣镶底壶的标记为：

铝合金壶 MFH-CQ5.5 QB/T 1691

1.5.4 壶底中心最小厚度（见表 7-9）

表 7-9 铝壶壶底中心最小厚度　　　　　（单位：mm）

额定容量/L	纯　铝　壶	铝 合 金 壶
0.5	0.65	0.65
1.0		

（续）

额定容量/L	纯 铝 壶	铝合金壶
1.5	0.70	0.70
2.0	0.80	0.80
(2.5)	0.90	0.85
3.0		
(3.5)	1.00	0.95
4.0		
(4.5)	1.10	1.05
5.0		
(5.5)		
6.0		
7.0		
8.0		
9.0		

注：尽可能不采用括号内的规格。

1.6 不锈钢水壶（摘自 GB/T 34221—2017）

不锈钢水壶的结构如图 7-2 所示。

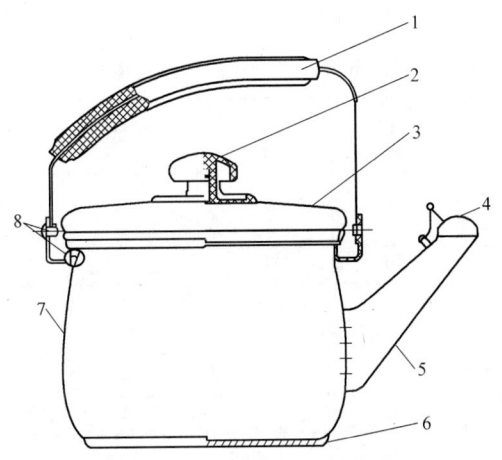

图 7-2 不锈钢水壶的结构

1—手柄 2—盖耳 3—壶盖 4—鸣笛
5—壶嘴 6—复合底 7—壶体 8—连接件

1.6.1 产品分类

（1）品种

1）产品按材料分为不锈钢板（G）、不锈钢复合板（F）。

2）产品按底部结构分为单层底（D）、复合底（F）。

3）产品按功能分为普通式（P）、自鸣式（Z）。

（2）规格

规格以最大容量表示，单位为升（L），数值取至小数点后一位数。

1.6.2 产品标记

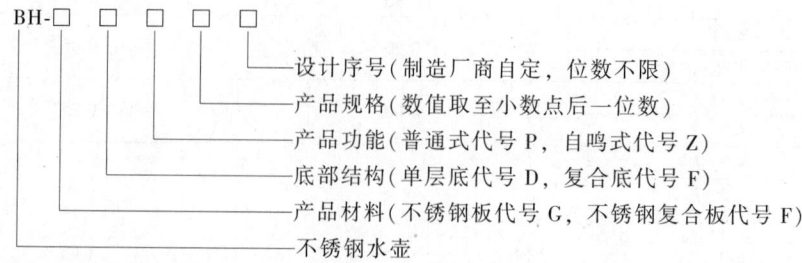

BH-□ □ □ □ □
设计序号（制造厂商自定，位数不限）
产品规格（数值取至小数点后一位数）
产品功能（普通式代号 P，自鸣式代号 Z）
底部结构（单层底代号 D，复合底代号 F）
产品材料（不锈钢板代号 G，不锈钢复合板代号 F）
不锈钢水壶

示例 1：BH-GFZ3.5×××

表示 3.5L 的以不锈钢板加工成型的复合底水壶，自鸣式，设计序号为×××。

示例 2：BH-FDP3.5×××

表示 3.5L 的以不锈钢复合板加工成型的单层底水壶，普通式，设计序号为×××。

1.7 不锈钢勺、铲（见表 7-10）

表 7-10 不锈钢勺、铲的种类、型式及尺寸 （单位：mm）

种　类	型　式①			铲宽	长度	材质
	I	II	III			
饭勺	—	—	—	—	180	06Cr19Ni10、12Cr13、20Cr13
汤勺	88	98	—	—	340	
漏勺	125	140	—	—	340	
提勺	75	—	—	—	340	
舌勺	—	—	—	—	340	
舌形漏勺	—	—	—	—	340	
平铲	105	—	—	75	340	
漏铲	115	—	—	70	340	
炒勺	—	—	—	—	—	

① 表内数字指勺口直径。

1.8 灶具和热水器

1.8.1 家用燃气灶具（摘自 GB 16410—2007）

（1）分类和型号编制方法

1）灶具的分类

① 按燃气类别可分为人工燃气灶具、天然气灶具、液化石油气灶具。

② 按灶眼数可分为单眼灶、双眼灶、多眼灶。

③ 按功能可分为灶、烤箱灶、烘烤灶、烤箱、烘烤器、饭锅、气电两用灶具。

④ 按结构形式可分为台式、嵌入式、落地式、组合式、其他形式。

⑤ 按加热方式可分为直接式、半直接式、间接式。

2）灶具的型号编制方法。燃气灶具类型代号按功能不同用大写汉语拼音字母表示为：

JZ 表示燃气灶；JKZ 表示烤箱灶；JHZ 表示烘烤灶；JH 表示烘烤器；JK 表示烤箱；JF 表示饭锅。

灶具的型号由灶具的类型代号、燃气类别代号和企业自编号组成，表示为：

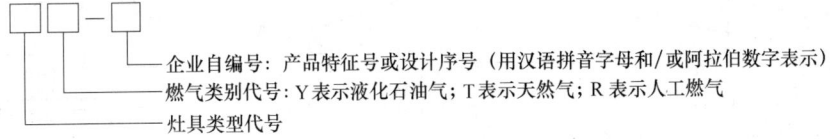

企业自编号：产品特征号或设计序号（用汉语拼音字母和/或阿拉伯数字表示）
燃气类别代号：Y 表示液化石油气；T 表示天然气；R 表示人工燃气
灶具类型代号

示例：

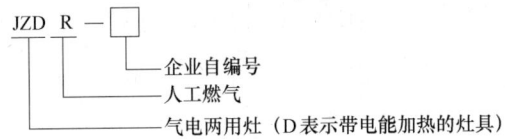

企业自编号
人工燃气
气电两用灶（D 表示带电能加热的灶具）

（2）要求

1）灶具前额定燃气供气压力见表 7-11。

表 7-11　灶具前额定燃气供气压力　　　　　　（单位：Pa）

燃气类别	代　号	灶具前额定燃气供气压力
人工燃气	3R、4R、5R、6R、7R	1000
天然气	3T、4T、6T	1000
	10T、12T	2000
液化石油气	19Y、20Y、22Y	2800

注：对特殊气源，如果当地宣称的额定燃气供气压力与本表不符时，应使用当地宣称的额定燃气供气压力。

2）灶具气密性要求。①从燃气入口到燃气阀门在 4.2kPa 压力下，每小时漏气量≤0.07L；②自动控制阀门在 4.2kPa 压力下，每小时漏气量≤0.55L；③从燃气入口到燃烧器火孔用 0-1 气点燃，不向外泄漏。

1.8.2　家用燃气快速热水器（摘自 GB 6932—2015）

热水器根据使用燃气种类、安装位置及给排气方法、使用用途，供暖热水循环方式进行分类，见表 7-12~表 7-14。

表 7-12　按安装位置及给排气方式分类

名称		分类内容	简称	代号	示意图
室内型	自然排气式	燃烧时所需空气取自室内,通过排烟管在自然抽力下将烟气排至室外	烟道式	D	见图1
	强制排气式	燃烧时所需空气取自室内,在风机作用下通过排烟管强制将烟气排至室外	强排式	Q	见图2
	自然给排气式	将给排气管接至室外,利用自然抽力进行给排气	平衡式	P	见图3a
	强制给排气式	将给排气管接至室外,利用风机强制进行给排气	强制平衡式	G	见图3b
室外型		只可以安装在室外的热水器	室外型	W	见图4

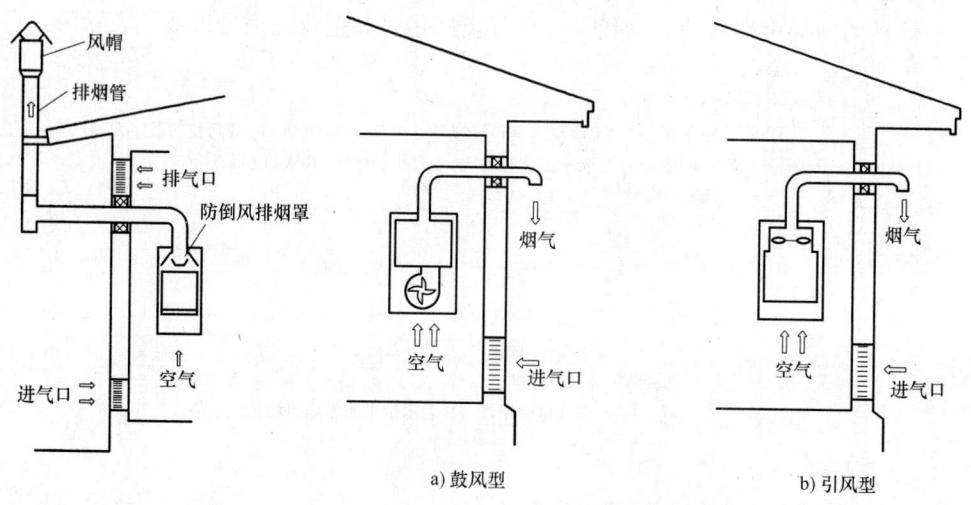

图1　室内型自然排气式

a) 鼓风型　　　b) 引风型

图2　室内型强制排气式

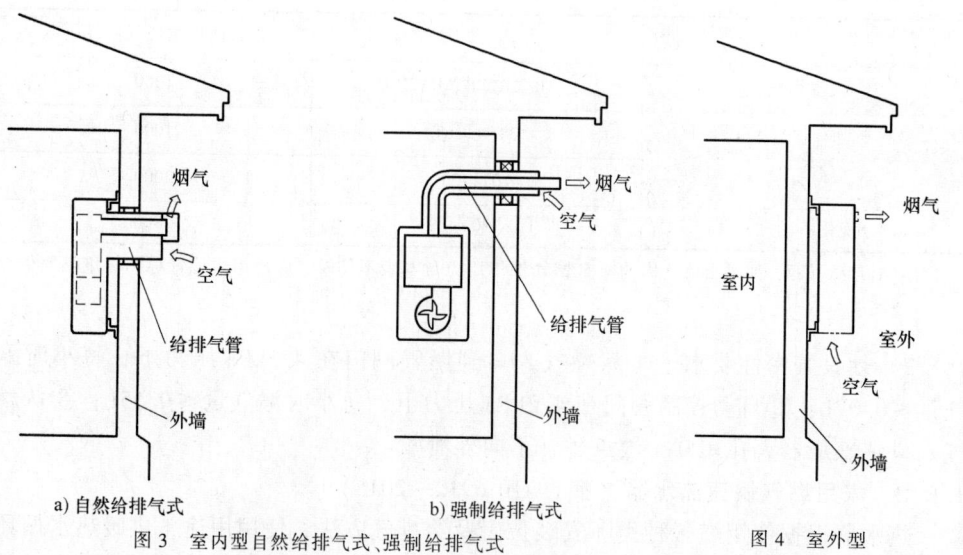

a) 自然给排气式　　　b) 强制给排气式

图3　室内型自然给排气式、强制给排气式

图4　室外型

表 7-13　按使用用途分类

类　别	用　途	代　号	示意图
供热水型	仅用于供热水	JS	—
供暖型	仅用于供暖	JN	见图 1、见图 2
两用型	供热水和供暖两用	JL	见图 3、见图 4

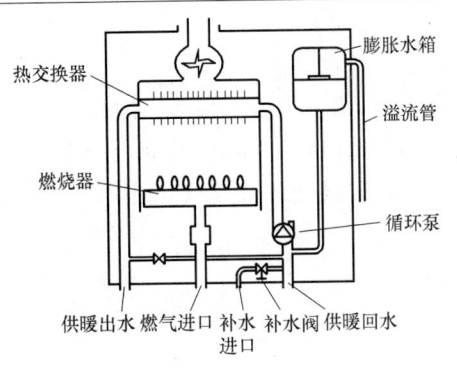

图 1　供暖型开放式　　　　　　　　图 2　供暖型封闭式

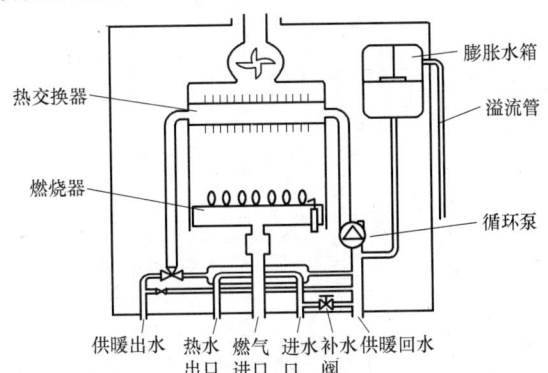

图 3　两用型开放式

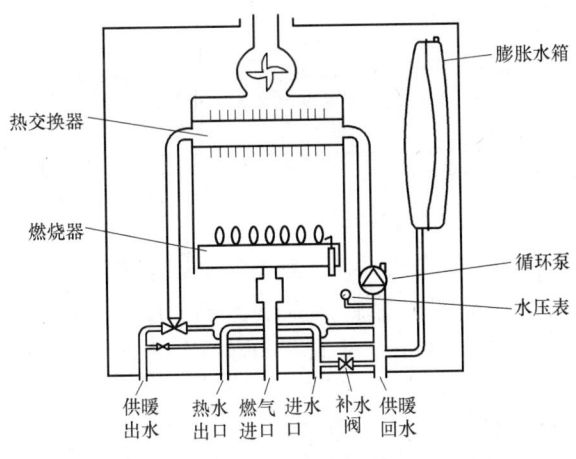

图 4　两用型封闭式

表 7-14　按供暖热水循环方式分类

循环方式	分 类 内 容	代　号	示意图
开放式	热水器供暖循环通路与大气相通	K	见表 7-13 中的图 1、图 3
密闭式	热水器供暖循环通路与大气隔绝	B	见表 7-13 中的图 2、图 4

1.9　不锈钢厨房设备

1.9.1　洗涮台（摘自 QB/T 2139.2—1995）

1）产品分类。洗涮台一般分为单槽、双槽、三槽、带沥水板等不同品种。

2）型号编制。洗涮台的型号编制应符合 QB/T 2139.1—1995 的规定。

示例：长度为 1800mm，宽度为 600mm，第一次设计的双槽带沥水板洗涮台，其型号标记为：

ZS-2SB1860-1

3）结构型式及外形尺寸见表 7-15。

表 7-15　洗涮台的结构型式及外形尺寸　　　　　（单位：mm）

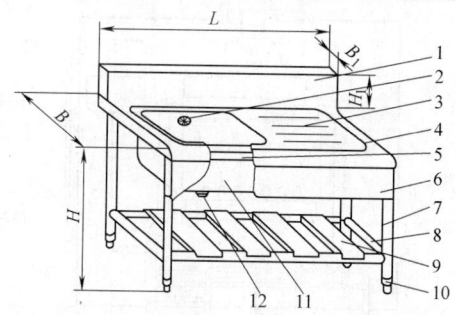

1—防溅板　2—溢水口　3—沥水板　4—台面　5—上架　6—装饰板
7—立柱　8—下框架　9—搁板　10—调整脚　11—水槽　12—落水口

L	B	B_1	H	H_1
600				
900				
1200	600、750	20、40、60	800、850	120、150
1500				
1800				

注：特殊规格可由供需双方协商确定。

1.9.2　操作台（摘自 QB/T 2139.3—1995）

操作台分为简易式和柜厨式两种，多用不锈钢、木板等材质。

1）型号编制　操作台的型号编制应符合 QB/T 2139.1 的规定。

示例：长度为 1200mm，宽度为 600mm，第一次设计的双抽屉操作柜，其型号标记为

ZC-2T1260-1

2）结构型式及外形尺寸见表 7-16。

表 7-16 操作台的结构型式及外形尺寸 （单位：mm）

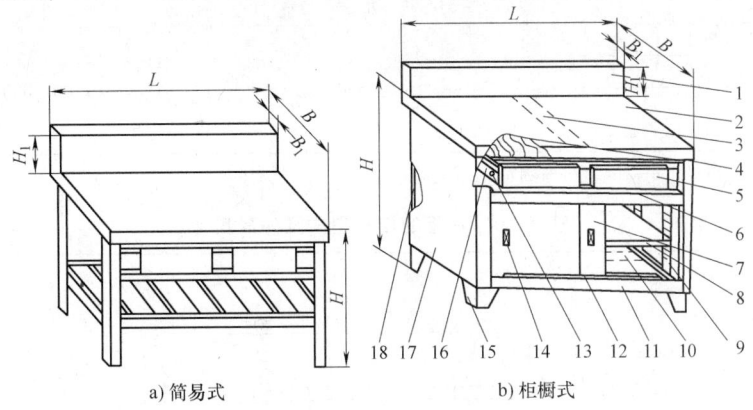

a) 简易式　　　　　　　　b) 柜橱式

1—防溅板　2—台面　3—台面加强肋　4—衬板　5—抽屉　6—中横梁
7—拉门　8—搁板　9—搁板支架　10—底板加强肋　11—底板　12—下滑道
13—滚轮　14—抠手　15—底脚　16—铺屉滑道　17—侧板　18—背板

L	B	H	B_1	H_1
600				
900				
1200	600、750、900	800、850	20、40、60	120、150
1500				
1800				

注：特殊规格可由供需双方协商确定。

1.9.3 贮藏柜和吊柜 （摘自 QB/T 2139.4—1995）

1）型号编制。贮藏柜、吊柜的型号编制，应符合 QB/T 2139.1 的规定。

示例：长度为 1200mm，宽度为 600mm，第一次设计的贮藏柜，其型号标记为

ZG1260-1

长度为 900mm，宽度为 350mm，第一次设计的吊柜，其型号标记为

ZD-9035-1

2）结构型式及外形尺寸见表 7-17 和表 7-18。

表 7-17 贮藏柜的结构型式及外形尺寸 （单位：mm）

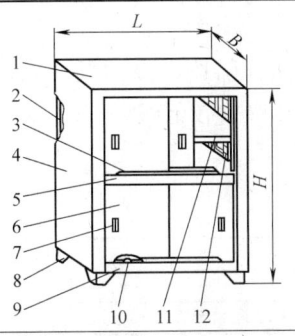

1—顶板　2—背板　3—滑道
4—侧板　5—中搁板　6—拉门
7—抠手　8—底脚　9—底板
10—滚轮　11—搁板　12—搁板支架

（续）

L	B	H
900	450、600	1500、1800
1200		
1500		
1800		

注：特殊规格可由供需双方协商确定。

表 7-18　吊柜的结构型式及外形尺寸　　　　　（单位：mm）

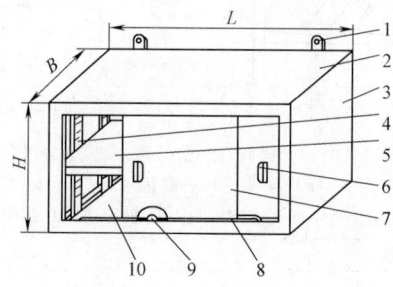

1—吊耳　2—顶板　3—侧板　4—搁板支架　5—搁板
6—抠手　7—拉门　8—下滑道　9—滚轮　10—底板

L	B	H
900	300、350	500~800，级差 50
1200		
1500		

注：特殊规格可由供需双方协商确定。

2　锁具

2.1　外装门锁（摘自 QB/T 2473—2017）

2.1.1　产品分类

1）产品按锁体结构分为手动锁闭和自动锁闭。

2）产品的锁头阻止活动件种类分为弹子、叶片及弹子加叶片等。

2.1.2　要求

产品的保密度、牢固度、耐用度和耐腐蚀指标分别按由高到低的顺序分为 A、B、C 三个等级，A 级为较高级，B 级为中等级，C 级为较低级。

（1）保密度（见表 7-19）

表 7-19　保密度

项　　目		要　　求		
		A	B	C
钥匙齿数/个	≥	6	5	5

（续）

项 目		要 求		
		A	B	C
钥匙理论牙花数/种	≥	50000	14000	6000
钥匙牙花不同高度数/个	≥	3	3	3
同一牙花相邻数/个	≤	2	2	2
互开率(%)	≤	0.021	0.082	0.205
锁头防拨安全装置/项	≥	3	2	1

（2）牢固度（见表7-20）

表 7-20　牢固度

项 目		要 求		
		A	B	C
斜舌伸出长度/mm	≥	12	12	12
双扣门锁斜舌伸出长度/mm	≥	4.5	4.5	4.5
呆舌伸出长度/mm	≥	18	14.5	14.5
双扣门锁呆舌伸出长度/mm	≥	8	8	8
斜舌侧向静载荷/N		3000	2000	1500
呆舌侧向静载荷/N		5000	3000	1500
斜舌(带保险机构)轴向静载荷/N		500	500	500
呆舌轴向静载荷/N		1000	670	500
旋钮(执手)扭矩/N·m		$M = 400R_{max}$ 式中　R_{max}—旋钮(执手)的最大半径(mm)		
旋钮(执手)轴向静拉力/N		600	500	400
执手径向静载荷/N		1110	670	670
斜舌拉手静拉力/N		400	300	300
钥匙扭矩/N·m		3.0	2.5	2.0
锁扣盒(板)侧向静载荷(斜舌孔)/N		3000	2000	1500
锁扣盒(板)侧向静载荷(呆舌孔)/N		5000	3000	1500
锁芯扭矩/N·m		15	10	5
锁头轴向静载荷/N		3500	2500	1500
安全链静拉力/N		800	800	800
锁头传动条扭矩/N·m		3.0	2.5	2.0
锁体拨动件扭矩/N·m		3.0	2.5	2.0
铆接牢固度		锁的各种铆接件应无松动		

（3）使用寿命（见表7-21）

表 7-21　使用寿命

项 目	要 求		
	A	B	C
斜舌机构使用寿命/次	300000	100000	60000
呆舌机构手动锁闭使用寿命/次	50000	25000	10000

（续）

项　目	要　求		
	A	B	C
呆舌机构自动锁闭使用寿命/次	200000	100000	50000
旋钮机构使用寿命/次	50000	25000	10000
保险机构使用寿命/次	25000	25000	10000

（4）灵活度

1）钥匙启、闭锁舌力矩不大于 1.0N·m。

2）旋钮（执手）启、闭锁舌力矩不大于 3N·m。

3）不大于 6 颗阻止活动件的锁头，钥匙插入和拔出力不应大于 13N；大于 6 颗阻止活动件的锁头，钥匙插入和拔出力不应大于 22N。

4）斜舌返回力应大于 2.5N。

5）斜舌关闭力不应大于 20N。

2.2　插芯门锁（摘自 QB/T 2474—2017）

2.2.1　产品分类

1）产品按锁体与锁头配套形式分为有锁头插芯门锁和无锁头叶片插芯门锁。

2）产品按锁体与锁舌配套数量分为单舌插芯门锁和多舌插芯门锁。

3）产品的锁头阻止活动件种类分为弹子、叶片及弹子加叶片等。

2.2.2　要求

产品的保密度、牢固度、耐用度和耐腐蚀指标分别按由高到低的顺序分为 A、B、C 三个等级，A 级为较高级，B 级为中等级，C 级为较低级。

（1）保密度（见表 7-22）

表 7-22　保密度

项　目		要　求		
		A	B	C
钥匙齿数/个	≥	6	5	5
钥匙理论牙花数/种	≥	50000	14000	6000
钥匙牙花不同高度数/个	≥	3	3	3
同一牙花相邻数/个	≤	2	2	2
有锁头插芯门锁互开率（%）	≤	0.021	0.082	0.205
无锁头叶片插芯门锁互开率（%）	≤	0.051	0.051	0.051
锁头防拨安全装置/项	≥	3	2	1

（2）牢固度（见表 7-23）

表 7-23　牢固度

项　目		要　求		
		A	B	C
单舌斜舌伸出长度/mm	≥	19	12	12
多舌斜舌伸出长度/mm	≥	12	11	11

（续）

项　目	要　求		
	A	B	C
呆舌伸出长度/mm　　　　　　≥	20.0	14.5	12.5
钩舌伸出长度/mm　　　　　　≥	14.0	12.5	12.5
斜舌侧向静载荷/N	3000	2000	1500
呆舌、钩舌侧向静载荷/N	5000	3000	1500
保险舌轴向静载荷/N	1600	1100	670
呆舌轴向静载荷/N	3000	2000	1000
钩舌静拉力/N	3000	1500	800
锁定状态外弯形执手扭矩/N·mm	40	30	20
锁定状态外球形执手扭矩/N·mm	34	17	14
解锁状态弯形执手扭矩/N·mm	35	25	17
解锁状态球形执手扭矩/N·mm	30	15	12
执手径向静载荷/N	1100	1100	1100
弯形执手轴向静拉力/N	1600	1000	1000
球形执手轴向静拉力/N	2200	1500	1000
旋钮扭矩/N·mm	3	3	3
旋钮轴向静拉力/N	670	670	670
锁定状态外按压按钮静载荷/N	670	670	670
解锁状态外按压按钮静载荷/N	300	300	300
锁芯扭矩/N·mm	15	10	5
钥匙扭矩/N·mm	3.0	2.5	2.0
锁扣板侧向静载荷(斜舌孔)/N	3000	2000	1500
锁扣板侧向静载荷(呆舌孔)/N	5000	3000	1500
锁扣板静拉力/N	3000	1500	800
锁头轴向静载荷/N	1500	1000	500
锁头传动条扭矩/N·m	3.0	2.5	2.0
铆接牢固度	锁的各种铆接件应无松动		
覆板(盖圈)抗冲击厚度/mm　　≤	2.5	3.8	3.8

（3）使用寿命（见表7-24）

表 7-24　使用寿命

项　目	要　求		
	A	B	C
斜舌机构使用寿命/次	300000	200000	100000
呆舌、钩舌机构手动锁闭使用寿命/次	50000	25000	10000
呆舌、钩舌机构自动锁闭使用寿命/次	100000	75000	50000
锁头机构使用寿命/次	100000	75000	50000
执手机构使用寿命/次	300000	200000	100000
旋钮机构使用寿命/次	100000	75000	50000
按压按钮机构使用寿命/次	300000	200000	100000

注：1. 斜舌机构使用寿命试验可同执手机构使用寿命试验同时进行；按压按钮机构使用寿命试验后可同时视作完成斜舌机构使用寿命试验。

2. 呆舌、钩舌机构使用寿命试验可同锁头机构或旋钮机构使用寿命合并进行。

（4）灵活度

1）钥匙、旋钮启、闭锁舌力矩不应大于 1N·m。

2）弯形执手启、闭锁舌力矩不应大于 3N·m；球形执手启、闭锁舌力矩不应大于 1N·m。

3）按压按钮开启斜舌的力不应大于 40N。

4）不大于 6 颗阻止活动件的锁头，钥匙插入和拔出力不应大于 13N；大于 6 颗阻止活动件的锁头，钥匙插入和拔出力不应大于 22N。

5）斜舌返回力应大于 2.5N。

6）斜舌关闭力不应大于 20N。

7）在呆舌端部施加 15N 的轴向静载荷后，用钥匙或旋钮启、闭应顺畅，不应有滑档现象。

2.3 球形门锁（摘自 QB/T 2476—2017）

2.3.1 产品分类

产品按结构分为圆筒球形门锁、三杆球形门锁、固定锁、拉手套锁。

产品的锁头阻止活动件种类分为弹子、叶片及弹子加叶片等。

2.3.2 要求

产品的保密度、牢固度、使用寿命和耐腐蚀指标分别按由高到低的顺序分为 A、B、C 三个等级，A 级为较高级，B 级为中等级，C 级为较低级。

（1）保密度（见表 7-25）

表 7-25 保密度

项　　目		要　　求		
		A	B	C
钥匙齿数/个	≥	6	5	5
钥匙理论牙花数/种	≥	50000	14000	6000
钥匙牙花不同高度数/个	≥	3	3	3
同一牙花相邻数/个	≤	2	2	2
互开率(%)	≤	0.021	0.082	0.205
锁头防拨安全装置/项	≥	3	2	1

（2）牢固度（见表 7-26）

表 7-26 牢固度

项　　目	要　　求		
	A	B	C
斜舌伸出长度/mm	≥12	≥12	≥11
呆舌伸出长度/mm	≥25	≥25	≥25
保险舌有效伸出长度/mm	≥6.4	≥6.4	≥6.4
斜舌侧向静载荷/N	3600	2700	1500
固定锁呆舌侧向静载荷/N	3600	1900	1400

（续）

项　目	要　求		
	A	B	C
保险舌轴向静载荷/N	450	350	300
固定锁呆舌轴向静载荷/N	700	500	350
固定锁呆舌防锯时间/min	5	5	5
锁定状态外弯形执手扭矩/N·m	40	20	14
锁定状态外球形执手扭矩/N·m	25	17	12
解锁状态弯形执手扭矩/N·m	25	17	14
解锁状态球形执手扭矩/N·m	17	14	10
执手径向静载荷/N	1150	1150	800
弯形执手轴向静拉力/N	1400	1000	1000
球形执手轴向静拉力/N	1400	1400	1000
固定锁旋钮扭矩/N·m	3	3	3
固定锁旋钮轴向静拉力/N	500	500	500
锁定状态外按压按钮静载荷/N	670	300	300
解锁状态外按压按钮静载荷/N	300	300	300
锁芯扭矩/N·m	15	10	5
钥匙扭矩/N·m	3.0	2.5	2.0
锁扣板侧向静载荷(斜舌孔)/N	3600	2700	1500
锁扣板侧向静载荷(呆舌孔)/N	3600	1900	1400
固定锁锁头轴向静拉力/N	1500	1000	500
固定锁锁头传动条扭矩/N·m	3.0	2.5	2.0
铆接牢固度	锁的各种铆接件应无松动		
外盖圈抗冲击厚度/mm	≤1.9	≤2.5	≤3.8
外球形执手抗变形(%)	≤10	≤25	≤30
外盖圈抗变形力/N	2900	2500	2000

（3）使用寿命（见表7-27）

表 7-27　使用寿命

项　目	要　求		
	A	B	C
斜舌机构使用寿命/次	300000	200000	100000
呆舌机构使用寿命/次	100000	100000	60000
固定锁锁头机构使用寿命/次	100000	100000	60000
执手机构使用寿命/次	300000	200000	100000
固定锁旋钮机构使用寿命/次	100000	100000	60000
按压按钮机构使用寿命/次	300000	200000	100000

注：1. 斜舌机构使用寿命试验可同执手机构使用寿命试验同时进行；按压按钮机构使用寿命试验后可同时视作完成斜舌机构使用寿命试验。

　　2. 呆舌机构使用寿命试验可同固定锁锁头机构或旋钮机构使用寿命合并进行。

（4）灵活度

1）钥匙、固定锁旋钮启、闭锁舌力矩不应大于 1N·m。

2）弯形执手启、闭锁舌力矩不应大于 3N·m；球形执手启、闭锁舌力矩不应大于 1N·m。

3）按压按钮开启斜舌的力不应大于 40N。

4）不大于 6 颗阻止活动件的锁头，钥匙插入和拔出力不应大于 13N；大于 6 颗阻止活动件的锁头，钥匙插入和拔出力不应大于 22N。

5）斜舌返回力应大于 2.5N。

6）斜舌关闭力不应大于 20N。

7）在呆舌端部施加 15N 的轴向静载荷后，用钥匙或旋钮启、闭应顺畅，不应有滑档现象。

（5）耐腐蚀（见表 7-28）

表 7-28　产品成品的耐腐蚀

等级	中性盐雾试验时间/h	耐腐蚀要求	
		外露表面的保护评级（R_p）	试验后的操作能力
A	96	10 级	锁舌功能应正常,启、闭力矩不应超过灵活度中 1）和 2）的 30%
B	48		
C	24		

注：外露表面是指将门关闭后，可见的锁具表面。

2.4　家具锁（QB/T 1621—2015）

2.4.1　分类

按锁舌型式分为方舌锁、弹子锁、叶片锁、密码锁。

2.4.2　型式和尺寸（见表 7-29 和表 7-30）

表 7-29　类型 1 锁的型式和尺寸（摘自 QB/T 1621—2015）（单位：mm）

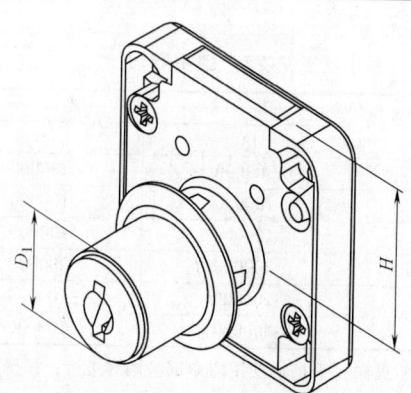

项目名称	规格尺寸			
锁头直径 D_1	16	18	20	22
安装中心距 H	20、22.5			

注：1. 锁头直径、安装中心距均按公差 $h12$ 生产制造。

2. 安装中心距的规格尺寸可根据客户需求选择。

表 7-30　类型 2 锁的型式和尺寸（摘自 QB/T 1621—2015）（单位：mm）

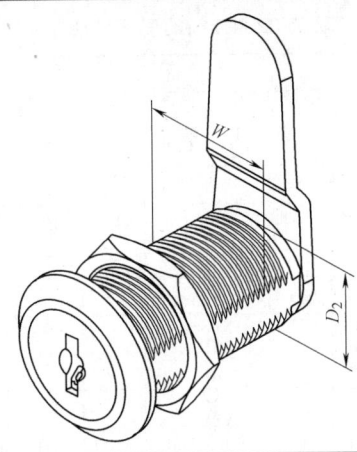

项目名称	规格尺寸					
锁头直径 (螺纹、非螺纹) D_2	12	16	18	19	22	28
安装边宽 W	10.6	13	16		18	26

注：锁头直径（非螺纹）按公差 h12 生产制造；锁头直径（螺纹）按公差 b12 生产制造；安装边宽按公差 h12 生产制造。

2.4.3　弹子锁、叶片锁钥匙的牙花数及互开率（见表 7-31）

表 7-31　弹子锁、叶片锁的牙花数及互开率

项目名称		弹子锁				叶片锁	
		锁头直径<20mm		锁头直径≥20mm			
钥匙牙花/个		4	5	4	5	5	6
钥匙不同牙花数/种	≥	200	750	500	2500	150	500
互开率(%)	≤	0.575	0.612	0.327	0.245	1.379	0.612

2.5　挂锁（摘自 QB/T 1918—2011）

2.5.1　产品分类

1）按结构分为弹子结构挂锁、叶片结构挂锁、号码结构挂锁。

2）按锁闭方式分为有锁舌挂锁和无锁舌挂锁。

3）按开启方式分为直开挂锁、横开挂锁、顶开挂锁和双开挂锁。

2.5.2　要求

（1）灵活度

1）开锁操作。挂锁开锁灵活，钥匙开锁力矩 M_1 应不大于 1N·m，锁梁应能打开。号码锁的按键或号码轮应定位准确，在设定的编码位置，锁梁开、闭无卡阻。

2）钥匙插拔力。钥匙插拔力应不大于 12N。

3）锁梁下压闭合力。锁梁下压闭合力应不大于 90N。

（2）保安性能（见表 7-32）

表 7-32　挂锁的保安性能

技术要求	项目名称		等　级									
			1	2	3	4	5	6	7	8	9	10
牢固度	锁梁抗拉力 F_1/kN	≥	0.68	0.88	0.98	1.57	1.96	2.25	3.80	5.88	7.84	11.76
	锁梁扭矩 M_2/N·m	≥	5	10	30	40	50	60	100	200	300	400
	锁梁防剪切 F_2/kN	≥	—	—	6	10	10	15	15	30	40	50
	耐冲击　质量 m/kg		—	—	—	—	—	—	—	1	2	3	4
	耐冲击　高度 h/m		—	—	—	—	—	—	—	1	1	1	1
	锁芯抗拉力 F_3/kN	≥	—	—	0.5	1	1	1	2	2	2	3
	锁梁防锯时间 t/min	≥	—	—	—	—	—	—	—	2	4	8
	防敲击开启次数/次		1	1	1	1	1	1	1	1	1	1
保密度	钥匙不同牙花数 n/种	≥	300	1500	1800	1800	1800	1800	8000	15000	18000	18000
	互开率（%）	≤	0.345	0.204	0.204	0.204	0.204	0.204	0.163	0.122	0.122	0.082
	防拨安全装置/项	≥	1	1	1	1	1	1	2	2	2	2
耐用度	使用寿命/次	≥	7000	7000	7000	7000	7000	7000	9000	9000	9000	15000

（3）牢固度

锁梁承受表 7-32 中拉力 F_1、扭矩 M_2，锁不应被打开，承受剪切力 F_2 应不被剪断；锁芯销子和锁定机构承受拉力 F_3，锁芯不应与锁体分离；挂锁承受表 7-32 中规定冲击力不应开启；挂锁的锁梁达到表 7-32 中防锯的时间 t，应不被锯断；经过表 7-32 中规定的敲击次数后，锁不应被打开。

挂锁抗跌落性能：从 1.8m 高处跌落的锁，仍能正常使用，不应出现锁梁断裂和锁体开裂。

（4）保密度

1）号码锁编码数不少于 900 个。

2）号码锁除设定编码外，应无法开锁。

3）弹子结构挂锁防拨安全装置、弹子锁和叶片锁钥匙不同牙花数、弹子锁和叶片锁互开率应符合表 7-33 中的规定。

2.6　自行车锁（摘自 QB 1001—2006）

2.6.1　产品分类

1）自行车锁按锁头结构不同，分为弹子自行车锁（简称弹子锁）、叶片自行车锁（简称叶片锁）、密码自行车锁（简称密码锁）。

2）自行车锁按外观形状不同，分为蟹钳形自行车锁、条形自行车锁和 U 形自行车锁（简称 U 形锁）。

其中，条形自行车锁根据锁条材质不同，可分为钢缆自行车锁（简称钢缆锁）、钢丝自行车锁（简称钢丝锁）、链条自行车锁（简称链条锁）。

2.6.2　结构和主要零部件（见图7-3~图7-5）

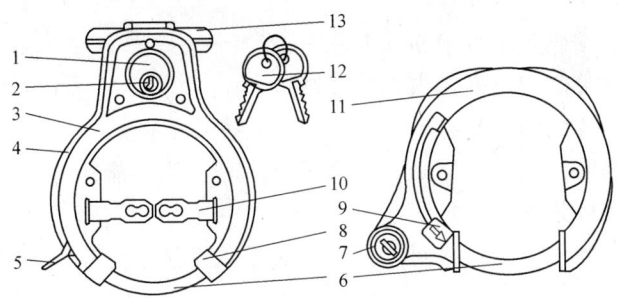

图 7-3　蟹钳形自行车锁的结构和主要零部件

1—锁头　2—锁芯　3—上锁壳　4—下锁壳　5—扳手　6—锁环　7—锁头　8—套嘴
9—扳手（带锁环保险装置）　10—边夹　11—上锁壳　12—钥匙　13—后夹

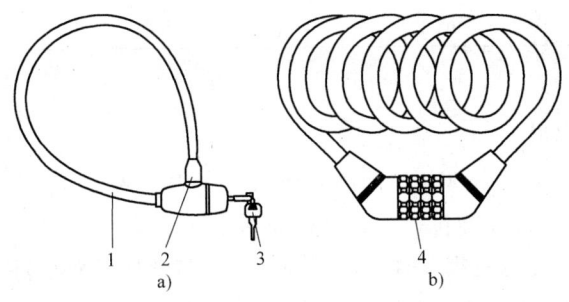

图 7-4　条形自行车锁的结构和主要零部件

a）用钥匙开启的条形锁　b）用密码开启的条形锁

1—锁条　2—插头　3—钥匙　4—密码轮

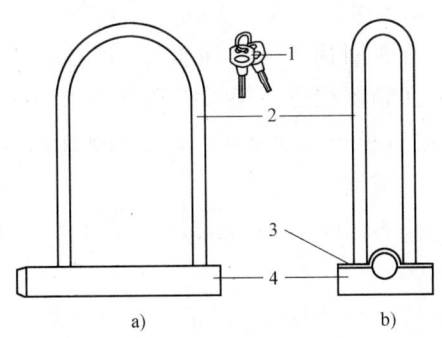

图 7-5　U形自行车锁的结构和主要零部件

a）锁自行车轮胎的U形锁　b）锁自行车辐条的U形锁

1—钥匙　2—锁梁　3—安装夹　4—锁体

2.6.3 要求

（1）保密度

1）密码锁的编码数不少于 900 个。

2）密码锁除设定编码外，应无法开锁。

3）弹子锁锁头结构应具有不少于一项的防拨安全装置。

4）弹子锁和叶片锁经"防敲击开启试验"后，锁不能开启。

5）弹子锁和叶片锁留匙角度不小于 15°。

6）弹子锁和叶片锁钥匙不同牙花数、互开率应符合表 7-33 的规定。

表 7-33　弹子锁和叶片锁的牙花数和互开率

项目名称	弹子锁					叶片锁	
	条形锁		蟹钳锁、U 形锁				
钥匙牙花数/个	4	≥5	4	5	≥6	5	≥6
钥匙不同牙花数/种　≥	200	800	500	800	3000	150	500
互开率(%)　　　　≤	0.526	0.327		0.204	0.163	0.920	0.409

（2）牢固度

1）蟹钳锁牢固度。

① 外露锁头在承受 2800N 径向静载荷后，仍能正常使用。

② 套嘴在承受 120N 静拉力后，不得脱落。

③ 蟹钳锁在安装闭锁状态时，锁环分别承受与锁环平面平行和垂直的 500N 静拉（推）力后，仍能正常使用。

④ 扳手与锁环连接牢固，在承受 300N 静拉力后，无松动（扳手在锁环回位时不受力的不在此范围内）。

⑤ 蟹钳锁经"防撬试验"，不应被打开。

⑥ 蟹钳锁应先动作锁环保险装置，才能实现闭锁。

2）条形锁牢固度。在锁闭状态承受 1400N 静拉力后，仍能正常使用。

3）U 形锁牢固度。在锁闭状态，锁梁直径不小于 10mm，承受 2000N 静拉力后，仍能正常使用；锁梁直径小于 10mm，承受 1400N 静拉力后，仍能正常使用；U 形锁经"防撬试验"，不应被打开。

4）弹子锁和叶片锁锁芯承受 10N·m 的扭矩，不得破坏。

（3）灵活度

1）钥匙插拔顺畅，开启时锁芯转动灵活，有回位要求的锁芯关闭时应自然回位。拔匙的静拉力应小于 8N。

2）在闭合力作用下实现闭锁的自行车锁，闭合力应小于 34N。

3）蟹钳锁开启时，锁环回位可靠。

4）密码锁的密码轮转动灵活，定位准确，在设定的编码位置，插头插、拔无卡阻。

2.7 EM 系列磁力门锁

EM 系列磁力门锁是一种无机械卡扣、全部依靠电磁力吸合的锁具。电源为 12 或 24V 直流电，产生约 4900N（500kgf）的拉力，闭锁可靠；安装容易，操作时无噪声，断电后无残磁，适用于任何环境。

EM 系列磁力门锁的型式、型号及基本参数见表 7-34。

表 7-34 EM 系列磁力门锁的型式、型号及基本参数

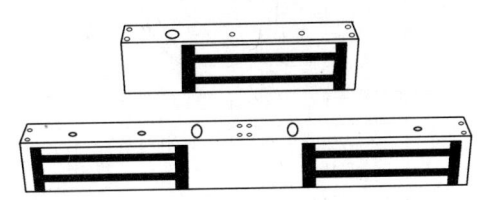

型 号		EM11	EM4	EM6	EM12	EM8	EM10	EM2	EM2H
电源（DC）/V		12/24	12/24	12/24	12/24	12/24	12/24	12/24	12/24
电流/mA		500/250	500/250	500/250	500/250	500/250	500/250	500/250	500/250
拉力/N		4900	4900	4900	4900×2	4900×2	4900×2	2744	2744
残磁力/N		0	0	0	0	0	0	0	0
安装	埋入							△	
	外置	△	△	△	△	△	△		△
配合门式	单门	△	△	△					△
	双门				△	△	△		
	拉门							△	
功能	灯		△	△		△	△		△
	继电器		△	△		△	△		△
	磁簧							△	
	霍尔 IC			△			△		

注：表中△号表示现有品种。

3 日用小五金

3.1 剪刀

3.1.1 民用剪刀（摘自 QB/T 1966—1994）

民用剪刀按表面处理分为电镀剪、发蓝剪，其结构、代号及尺寸见表 7-35。

表 7-35　民用剪刀的结构、代号及尺寸　　　　　（单位：mm）

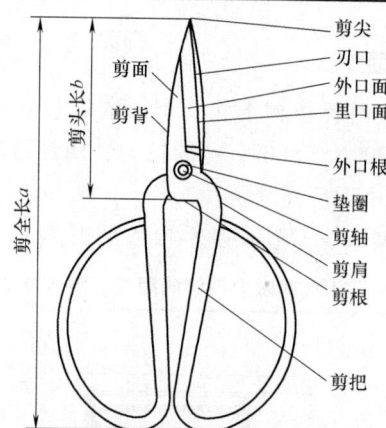

代　　号		剪全长 a		剪头长 b	
		公称尺寸	极限偏差	公称尺寸	极限偏差
1	A	198		95	
	B	215		120	
2	A	174		83	
	B	200		110	
3	A	153	±4	73	±3
	B	185		95	
4	A	123		52	
	B	160		75	
5	A	104		42	
	B	145		70	

3.1.2　裁剪刀（见表 7-36）

表 7-36　裁剪刀的型式和基本参数

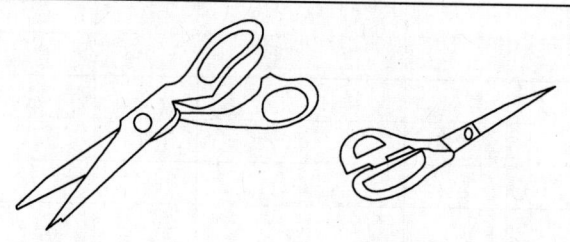

裁剪					
产品类别	规格/in	装箱数量/打	箱形尺寸/cm	毛重/kg	净重/kg
C-8	8		45×28×26	15	14
C-9	9		50×29×28	19	17.5
C-10	10	5	50×30×30	23	21.5
C-11	11		58×32×30.5	29	27
C-12	12		56×33×39	33	30.5

（续）

组合裁剪					
产品类别	装箱数量/打	箱形尺寸/cm	毛重/kg	净重/kg	材质
79254	5	50×27×31	22.5	21	不锈钢
CS-10（规格为10in）		55×30×30	23	21.5	

精制裁剪					
产品类别	规格/in	装箱数量/打	箱形尺寸/cm	毛重/kg	净重/kg
73203-A CN-8	8	5	45×28×26	15	14
73229-A CN-9	9		50×29×28	19	17.5
73254-A CN-10	10		55×30×30	23	21.5
73279-A CN-11	11		58×32×30.5	29	27

Z-20绸布花齿剪（镀镍）				
产品类别	装箱数量/打	箱形尺寸/cm	毛重/kg	净重/kg
8001ST-20	20	48×32×19	14	7.2

注：1in＝2.54cm，1打＝12把。

3.1.3 旅行剪刀（QB/T 1234—1991）

旅行剪刀按表面处理方式分为电镀剪刀和发蓝剪刀两种，其型式、规格及尺寸见表7-37。

表 7-37 旅行剪刀的型式、规格及尺寸 （单位：mm）

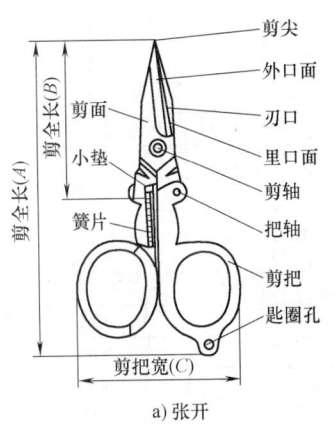
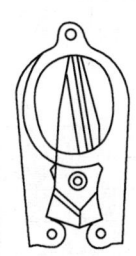

a) 张开　　　　b) 折叠

规格(剪全长)	代 号		
	A	B	C
	极限偏差		
大号>110	±1.3	±0.6	±2.3
中号 90~110	±1.1	±0.6	±2.3
小号<90	±1.1	±0.5	±2.0

3.2 手用缝纫针（见表 7-38）

表 7-38 手用缝纫针的结构、品种、规格及尺寸 　　（单位：mm）

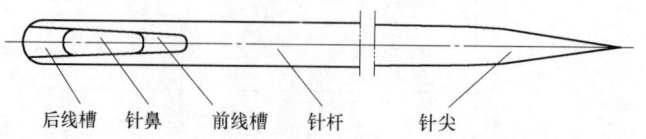

后线槽　针鼻　前线槽　针杆　针尖

注：允许没有前线槽

品　　种	规格（针号）	针　长	直　径	材　料
丝绸针	1	52	0.9	
	2	49	0.8	
	3	46	0.7	
	4	43	0.7	
	5	40	0.65	
	6	37	0.65	
	7	34	0.55	
	8	31	0.55	
	9	28	0.55	
棉纱针、丝光麻针	1	45	0.90	
	2	42	0.80	
	3	39	0.70	
	4	36	0.70	
	5	34	0.65	
	6	32	0.65	
	7	30	0.60	
	8	28	0.60	
	9	26	0.55	热轧圆钢和方钢中的 60 钢、65 钢
棉布针	1	44	1.05	
	2	41	0.90	
	3	38	0.80	
	4	35	0.80	
	5	33	0.70	
	6	31	0.70	
	7	29	0.65	
	8	27	0.65	
	9	25	0.55	
缝纫针、其他用针	7/0	7	1.50	
	6/0	67	1.05	
	5/0	61	0.90	
	4/0	54	1.25	
	3/0	61	1.10	
	2/0	48	1.15	
绒线针（球型锐尖）	1	52	1.25	
	2	46	1.05	
	3	41	0.85	

（续）

品　　　种	规格(针号)	针　长	直　径	材　料
绒线针 （球型锐尖）	4	37	0.70	
	粗 8/0	45	1.25	
	细 8/0	42	1.16	
绣花针	1	33	0.55	
	2	29	0.45	
	3	22	0.35	
帐篷针	1	53	1.5	
	2	58	2	
	3	60	1.8	
	4	74	2	
麻袋针（包括直形、弯形、三角形和菱形等）	—	100	2	
			2.6	
			3	
			3.6	
		125	2	
			2.6	
			3	
			3.6	
		150	2	
			2.6	
			3	
			3.6	
		175	2	热轧圆钢和方钢中的 60 钢、65 钢
			2.6	
			3	
			3.6	
编织针	6	400、360、250	4.88	
	7		4.47	
	8		4.06	
	9		3.66	
	10		3.75	
	11		2.95	
	12		2.67	
	13		2.35	
	14		2.04	
环形针	9	142	3.66	
	10		3.25	
	11		2.95	
	12		2.67	
勾针	10	142	3.25	
	11		2.95	
	12		2.67	
	13		2.35	
织补针	1	57	0.55	
	2	56	0.50	

（续）

品　　种	规格(针号)	针　长	直　径	材　料
织补针	3	55	0.45	
	4	54	0.40	热轧圆钢和方钢中的60钢、65钢
缝被针	1	57	0.90	
	2	55	0.90	
	3	51	0.80	
锥针	—	63	1.5	
活扣针	—	125	5.5	

3.3　拉链

3.3.1　金属拉链（见表 7-39）

表 7-39　金属拉链的型式、型号及尺寸（摘自 QB/T 2171—2014）

（单位：mm）

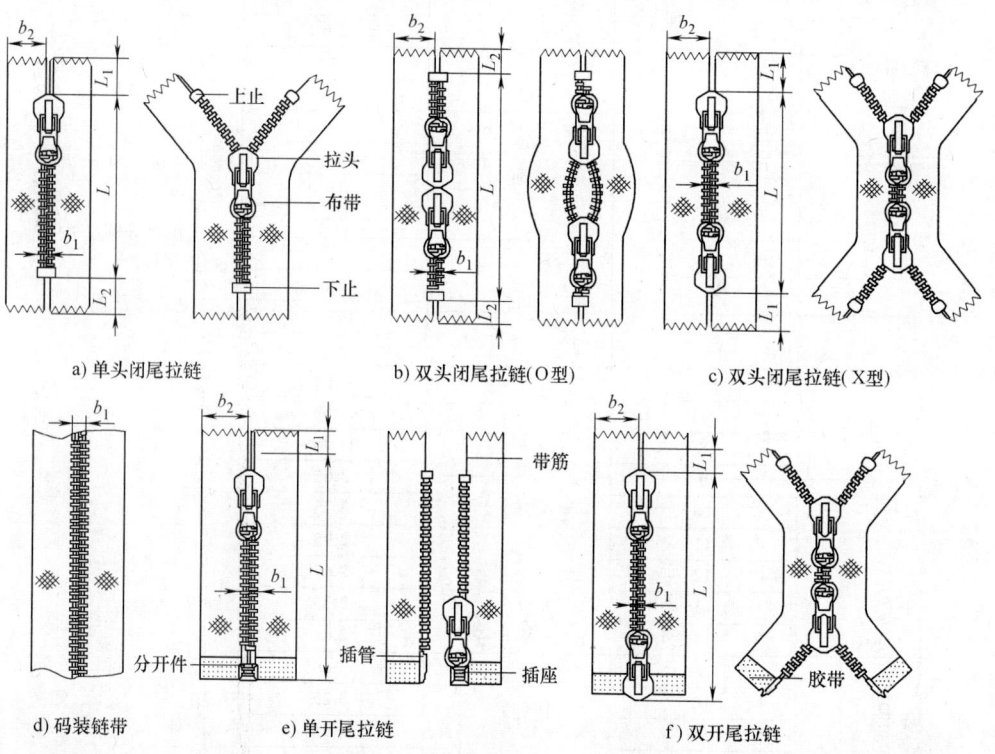

a) 单头闭尾拉链　b) 双头闭尾拉链(O型)　c) 双头闭尾拉链(X型)

d) 码装链带　e) 单开尾拉链　f) 双开尾拉链

型号	拉链长度 L		布带宽度(单宽)b_2	前带头长度L_1	后带头长度L_2	链牙啮合宽度b_1
	公称尺寸	极限偏差				
3	≤315	±3	≥11	≥15	≥13	3.9~4.8
	>315~630	±5				
	>630~1000	±6				
	>1000	±(L×1%)				

（续）

型号	拉链长度 L		布带宽度（单宽）b_2	前带头长度 L_1	后带头长度 L_2	链牙啮合宽度 b_1
	公称尺寸	极限偏差				
4	≤315	±4	≥11			4.9~5.4
	>315~630	±6				
	>630~1000	±7				
	>1000	±(L×1%)		≥15	≥13	
5	≤315	±4	≥13			5.5~6.2
	>315~630	±6				
	>630~1000	±7				
	>1000	±(L×1%)				
7	≤315	±4				6.3~7.1
	>315~630	±6				
	>630~1000	±7				
	>1000	±(L×1%)				
8	≤315	±5	≥17	≥17	≥15	7.2~8.1
	>315~630	±7				
	>630~1000	±9				
	>1000	±(L×1%)				
10	≤315	±5				8.2~9.2
	>315~630	±7				
	>630~1000	±9				
	>1000	±(L×1%)				

3.3.2　注塑拉链（见表7-40）

表7-40　注塑拉链的型式、型号及尺寸（摘自 QB/T 2172—2014）

（单位：mm）

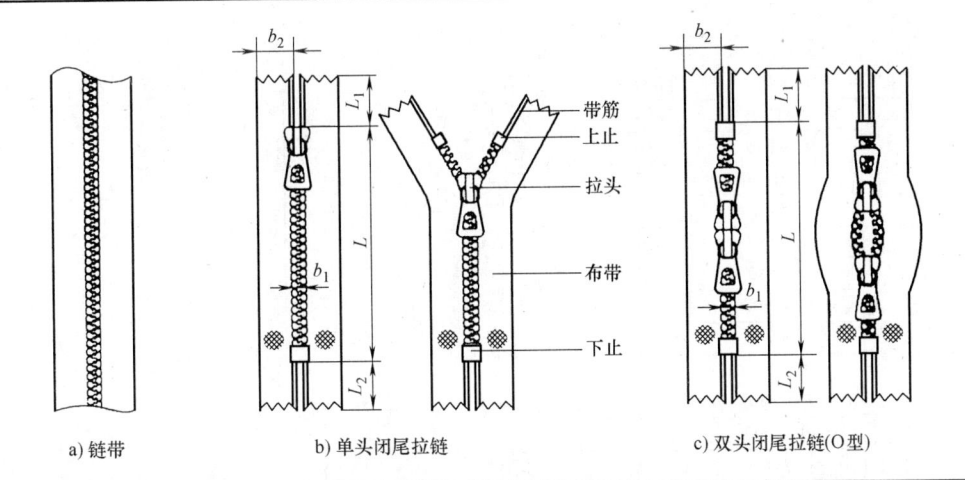

a) 链带　　　　b) 单头闭尾拉链　　　　c) 双头闭尾拉链(O型)

（续）

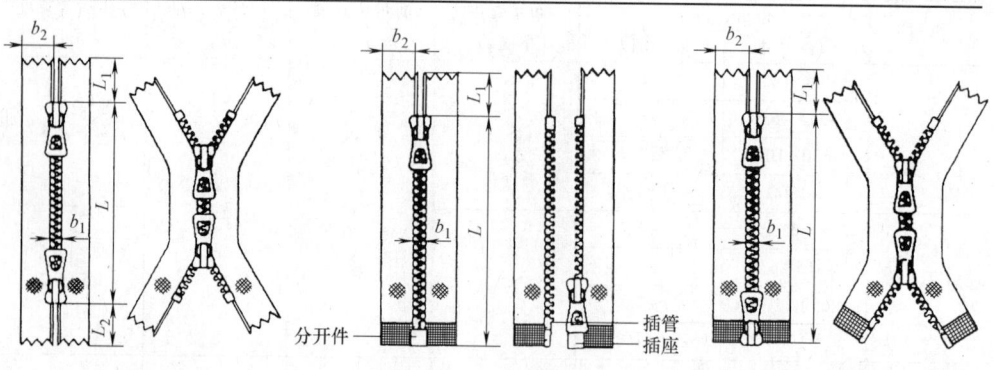

d) 双头闭尾拉链（X型）　　　　e) 单头开尾拉链　　　　f) 双头开尾拉链

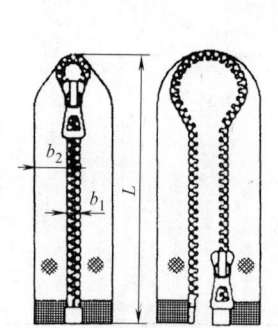
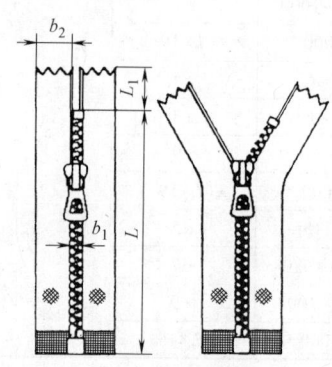

g) 单头开尾拉链　　　　　　h) 单头开尾拉链
　　（环形拉链）　　　　　　　（快速分开拉链）

型号	拉链长度 L		布带宽度（单宽）b_2	前带头长度 L_1	后带头长度 L_2	链牙啮合宽度 b_1
	公称尺寸	极限偏差				
3	≤315	±3	≥11			3.9~4.8
	>315~630	±5				
	>630~1000	±6				
	>1000	±(L×1%)				
4	≤315	±4				4.9~5.4
	>315~630	±6				
	>630~1000	±7				
	>1000	±(L×1%)		≥15	≥13	
5	≤315	±4				5.5~6.2
	>315~630	±6				
	>630~1000	±7				
	>1000	±(L×1%)	≥13			
6	≤315	±4				6.3~7.0
	>315~630	±6				
	>630~1000	±7				
	>1000	±(L×1%)				

（续）

型号	拉链长度 L		布带宽度（单宽）b_2	前带头长度 L_1	后带头长度 L_2	链牙啮合宽度 b_1
	公称尺寸	极限偏差				
8	≤315	±5	≥17	≥17	≥15	7.2~8.0
	>315~630	±7				
	>630~1000	±9				
	>1000	±(L×1%)				
10	≤315	±5				8.7~9.2
	>315~630	±7				
	>630~1000	±9				
	>1000	±(L×1%)				

3.3.3　尼龙拉链（见表 7-41）

表 7-41　尼龙拉链的型式、型号及尺寸（摘自 QB/T 2173—2014）

（单位：mm）

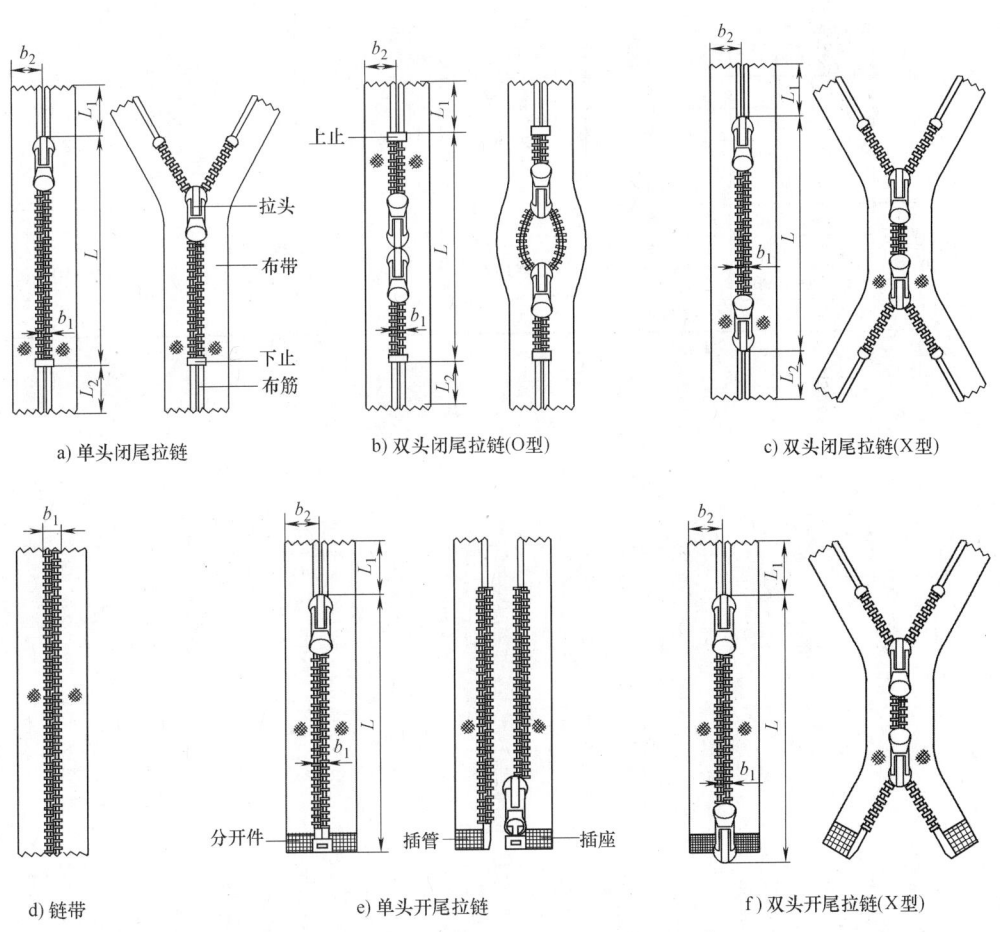

a) 单头闭尾拉链　　　　b) 双头闭尾拉链(O型)　　　　c) 双头闭尾拉链(X型)

d) 链带　　　　e) 单头开尾拉链　　　　f) 双头开尾拉链(X型)

（续）

型号	拉链长度 L		布带宽度（单宽）b_2	前带头长度 L_1	后带头长度 L_2	链牙啮合宽度 b_1
	公称尺寸	极限偏差				
3	≤315	±3	≥11	≥15	≥13	3.9~4.5
	>315~630	±5				
	>630~1000	±6				
	>1000	±(L×1%)				
4	≤315	±4	≥13	≥15	≥13	4.9~5.4
	>315~630	±6				
	>630~1000	±7				
	>1000	±(L×1%)				
5	≤315	±4	≥15			5.5~6.2
	>315~630	±6				
	>630~1000	±7				
	>1000	±(L×1%)				
7	≤315	±4				6.3~7.0
	>315~630	±6				
	>630~1000	±7				
	>1000	±(L×1%)				
8	≤315	±5	≥16	≥17	≥15	7.2~8.0
	>315~630	±7				
	>630~1000	±9				
	>1000	±(L×1%)				
10	≤315	±5	≥19			10.0~10.6
	>315~630	±7				
	>630~1000	±9				
	>1000	±(L×1%)				